“三个一百”原创图书出版工程项目

催化重整工艺与工程

（第二版）

徐承恩　主编

中国石化出版社
·北京·

内 容 提 要

本书系统地总结了国内外催化重整工艺技术的发展、科研成果、设计经验和工业实践。内容包括：催化重整过程的原料和产品、原料预处理、催化重整化学、催化重整反应动力学模型及其应用、催化重整工艺过程和操作参数、催化重整催化剂和催化剂的失活与再生以及催化剂烧炭动力学模型、连续重整催化剂循环系统、反应系统的环境控制、主要设备和过程控制、芳烃抽提与抽提精馏、催化重整工艺中的分析技术、催化重整技术经济分析、开(停)工及事故处理和安全健康及环境保护等，本书还对催化重整工艺未来的发展进行了阐述。

本书具有科学性、系统性、新颖性、理论性和实用性，突出理论与实践相结合、工艺与工程相结合、技术与经济相结合、国内与国外相结合的特点。

本书读者对象为石油和石油化工广大科技工作者，包括：科研、设计、生产、管理和基本建设等方面的专业人员，也适用于大专院校的师生。

图书在版编目(CIP)数据

催化重整工艺与工程／徐承恩主编. —2版.
—北京：中国石化出版社，2014.9(2025.6重印)
ISBN 978-7-5114-2985-8

Ⅰ.①催… Ⅱ.①徐… Ⅲ.①催化重整-基本知识
Ⅳ.TE624.4

中国版本图书馆CIP数据核字(2014)第195573号

中国石化出版社出版发行

地址：北京市东城区安定门外大街58号
邮编：100011 电话：(010)57512500
发行部电话：(010)57512575
http://www.sinopec-press.com
E-mail：press@sinopec.com
北京科信印刷有限公司印刷
全国各地新华书店经销

*

787毫米×1092毫米 16开本 68印张 4插页 1506千字
2025年6月第2版第3次印刷
定价：360.00元

序

催化重整是石油加工中极为重要的工艺过程。生产高标号清洁汽油需要催化重整提供高辛烷值调合组分；生产苯、甲苯和对、间、邻位二甲苯需要催化重整提供原料；炼油过程还希望催化重整提供廉价的氢气。为了满足国内市场对高标号清洁汽油的迫切需求，为了改变我国对二甲苯大量依赖进口的局面，我国还需要建设一批催化重整装置，已经建成投入运行的催化重整装置也需要通过采用新的催化剂、工艺和技术进行技术改造，不断提高技术水平。更重要的是要培养和造就一支在催化重整领域具有较深技术造诣的专业技术人员队伍。

中国工程院徐承恩院士主编的《催化重整工艺与工程》，从原料到原料的预处理，从重整化学、反应动力学到数学模型，从催化剂、工艺到反应器，从正常操作控制、开停工到事故处理，从催化剂失活、再生到废催化剂中贵金属的回收，从过程控制到仪表、设备，从原料、中间产物到产品质量的分析，从技术经济分析到安全卫生、环境保护，对催化重整工艺与工程作了系统的论述，全面介绍了催化重整催化剂、工艺技术开发的进展与最新成果。坚持理论与实践并重，既有较强的理论性，又和装置的设计、操作紧密结合，有很强的可实践性，是一本系统性、新颖性、学术性、实用性得到充分反映的好书。该书的正式出版发行十分有助于我国石油化工领域的广大科技人员，也包括在校学习石油化工专业的学生更系统深入地了解催化重整工艺和过程。尤其对从事催化重整催化剂、工艺及工程研究、催化重整装置设计、催化重整生产运行、技术、设备管理的专业技术人员更是不可多得的有价值的学习材料。

当今世界，知识借助现代化的信息技术手段迅速传递，每个人获取新知识变得越来越容易，途径也越来越多元化。但是知识的传递速度快，获得知识的途径多，容易获得知识决不意味着个人知识会以同样的速度多起来。书刊、杂志、网络等各种传媒上的知识都必须经过个人的阅读、理解、消化、吸收，才能真正成为自己掌握的知识。就每个个人而言，阅读、理解、消化吸收掌握知识的能力和现代化的信息手段没有关系。要想成为知识丰富的人依然需要个人的刻苦和努力，舍此，必然是知识浅薄之人。我想我们应该以刻苦学习、在学习中增长知识共勉。在石油化工领域从业尤其是在催化重整领域从业的各类专业技术人员则要以强烈的求知欲，经常阅读《催化重整工艺与工程》，不仅要刻苦学习，而且要善于结合自己的实际工作去思考研究问题，运用学到的知识去解决问题，在实践中丰富自己的知识，努力使自己早日成为一个真正的"催化重整"专家。

衷心感谢徐承恩院士等一批专家为我们奉献了《催化重整工艺与工程》一书。

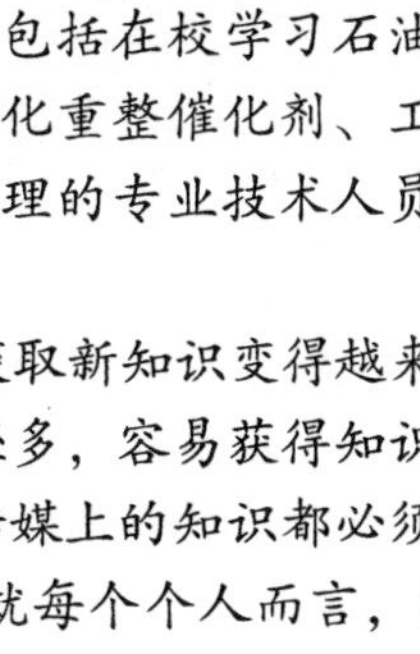

第二版 前言

《催化重整工艺与工程》一书自2006年问世以来，使从事催化重整工作的科研、设计、生产人员得到了有益的帮助，因而深受广大读者的欢迎。

进入21世纪以来，环境保护要求越来越严格，汽油质量升级步伐加快，炼油厂对氢气的需求越来越大，石油化工的快速发展增加了对芳烃的需求，这些因素促使我国催化重整装置的建设得到迅猛发展。到2013年12月底，我国在运行的催化重整装置共85套(CCR56套、SR29套)，总加工能力61.06Mt/a，仅次于美国位居世界第二，技术上也有一些新的变化。为了适应这种新形势，帮助从事催化重整工作的技术人员及时了解催化重整技术的新进展，中国石化出版社组织了《催化重整工艺与工程》(第二版)的编写工作，对原书内容全面进行了补充和更新。

本着“尊重原著，保持文风，改旧添新，总体控制”的修订原则，第二版编写的章节和体例基本与原书保持一致，仅有两处做了调整，即原书第五章“催化重整反应动力学模型及其催化剂烧炭动力学模型”调整为“催化重整反应动力学模型及其应用”，而将催化剂烧炭动力学模型的内容并入第十三章，并将第十三章改为“催化剂的失活与再生及催化剂烧炭动力学模型”。

为了保持第二版编写的原则与文风尽量与原书一致，第二版的编写工作仍然请原编写者担任，但有三章做了变动。第五章由于原编写者马夔琦同志不幸去世，第二版的编写邀请华东理工大学的翁惠新教授担任，并请中国石化工程建设有限公司的朱敬镐同志担任校审；由于人事变动，第三章“原料预处理”第二版的编写请中国石化石油化工科学研究院的夏国富和牛传峰同志担任；第十二章“催化重整装置的开停工及事故处理”第二版的编写请中国石化石油化工科学研究院的张新宽同志担任。对翁惠新教授、朱敬镐、夏国富、牛传峰和张新宽同志对本书第二版编写工作的热情支持，谨在此致谢。

由于全体参与第二版编写工作的同志和编辑部成员的辛勤努力，以及中国石化石油化工科学研究院、中国石化工程建设有限公司、华东理工大学等单位的大力支持，本书得以顺利出版，在此一并致谢。

徐承恩

第一版　前言

在现代化的炼油厂中，催化重整装置起着三个重要作用：生产优质清洁汽油组分；生产重要的石油化工原料——轻质芳烃和提供廉价氢气。因此，催化重整装置是现代化炼油厂中必不可缺的重要生产装置。随着我国的环境保护要求日趋严格，对油品的质量要求愈来愈高，聚酯工业的快速发展，以及炼油厂对氢气需求的日益增大，使我国催化重整装置的生产能力，近十年来有了较大的增长。据统计，到2004年底，我国催化重整装置的生产能力为21.79Mt/a，是1995年的2.7倍。

从20世纪50年代开始，我国就进行了催化重整的科研工作。经过半个多世纪的努力，在催化重整工艺、催化剂研究、工程设计与生产实践等方面都取得了不少成果，积累了丰富的知识和经验。为了适应我国石油、石化工业迅猛发展的形势，全面总结我国催化重整的成果和经验，并系统地介绍国外有关的新发展，以裨益于我国石油、石化工业的科技工作者和促进我国催化重整的发展显得十分必要。中国石化出版社及时组织编写本书是极具远见的。

参加本书编写的主要是中国石化石油化工科学研究院和中国石化工程建设公司多年来一直从事催化重整科研和设计工作的同志，另外还邀请了清华大学王金福教授参与有关章节的编写。这些同志都具有较高的理论水平和丰富的实践经验，为本书的质量提供了基本保证。

本书的编写力求做到理论与实践相结合，工艺与工程相结合、技术与经济相结合、国内与国外相结合，以使本书具有科学性、新颖性、系统性和实用性。但由于多数撰写者都有繁忙的本职工作，时间有限，虽经多次审查、讨论和修改，仍难免有不妥或不足之处，敬请广大读者批评指正。

中国工程院曹湘洪院士在百忙之中为本书写序，中国石化石油化工科学研究院、中国石化工程建设公司和中国石化出版社的领导在本书的编写过程中给予了大力支持，谨在此致谢。

徐承恩

目　　录

Contents

第一章 绪 论

催化重整(Catalytic Reforming)是石油炼制主要过程之一。它是在一定温度、压力、临氢和催化剂存在的条件下，使石脑油转变成富含芳烃的重整生成油，并副产氢气的过程。

重整生成油可直接用作车用汽油的调合组分，也可经芳烃抽提制取苯、甲苯和二甲苯，副产的氢气是炼油厂加氢装置(如：加氢精制、加氢裂化等)用氢的主要来源之一[1~5]。

图1-1为催化重整过程在现代炼油厂加工流程中所处地位的一个实例[4]。一般催化重整装置加工能力约占原油一次加工能力的10%~30%(体积分数)[3,5,6]。

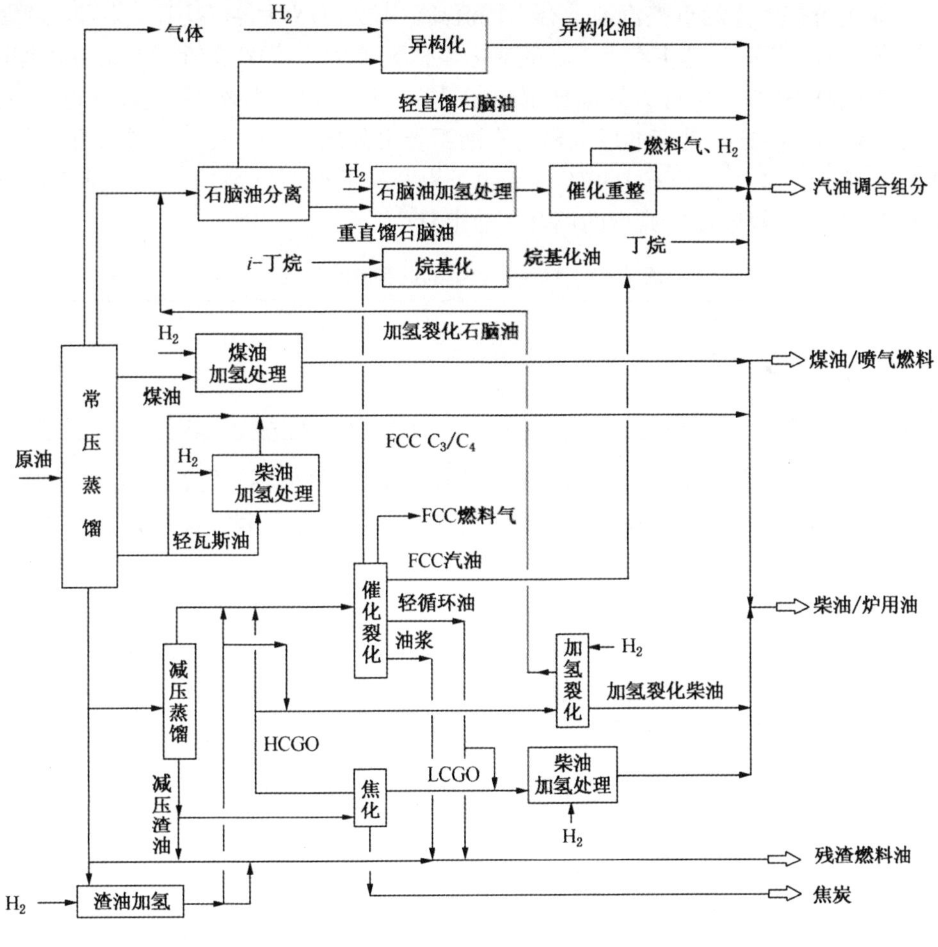

图1-1 催化重整过程在现代炼油厂加工流程中的地位

催化重整过程的主要化学反应有：六元环烷烃脱氢、五元环烷烃异构脱氢、链烷烃脱氢环化、直链烷烃异构化、烃类的氢解和加氢裂化、脱甲基、芳烃脱烷基和结炭反应等[3,5]。

催化重整过程所用的催化剂主要由三大部分组成：金属组元、载体和酸性组元。重整催化剂按金属组元分为两大类：非贵金属催化剂和贵金属催化剂。重整催化剂是负载型催化剂，一般均以氧化铝为载体。重整催化剂上的酸性组元为卤素的氯(Cl)或氟(F)组元。由于催化剂对催化毒物(如：烯烃、水、砷、铅、铜、硫、和氮)敏感，原料须先经预处理除去这些杂质[3,5]。

催化重整装置主要是加工直馏石脑油、加氢裂化和加氢改质石脑油，也可加工热加工石脑油(经加氢处理后的焦化石脑油和减黏裂化石脑油)、乙烯裂解汽油的抽余油和加氢后的催化裂化重石脑油馏分等。

催化重整过程的主要目的是生产高辛烷值汽油或芳烃。当生产高辛烷值汽油时，进料为宽馏分，沸点范围一般为60～180℃。当生产芳烃时，进料为窄馏分，沸点范围一般为60～145℃或60～165℃。

催化重整装置所生产的高辛烷值重整生成油，其收率约为75%～82%(体积分数)[3,5]。催化重整生成的重整汽油具有辛烷值高(一般RON为94～102，石油化工型炼油厂的重整汽油辛烷值可高达106[6]，新型催化重整装置生产高辛烷值调合组分(HOBC)的合理范围是RON为97～101)，烯烃含量低(0.1%～1.0%)，基本不含硫的特点，可直接作为车用汽油调合组分，是炼油厂主要的汽油调合组分之一。一般复杂型炼油厂中催化重整汽油约占调合汽油中的30%～40%，有的拔头——重整型炼油厂，其比例高达80%左右[6]。表1－1为一般炼油厂典型的调合汽油组分[3,5～7]。

表1－1 炼油厂典型的调合汽油组成

组　分	组成/%	组　分	组成/%
丁　烷	0～10	催化裂化汽油	25～50
轻石脑油	10～20	烷基化油/叠合油	0～15
催化重整汽油	20～60	其他(裂化石脑油,各种含氧化物以及外购芳烃等)	0～10

苯、甲苯和二甲苯(Benzene、Toluene、Xylene，简称BTX)是石油化工工业的基本原料。按世界范围计算，催化重整装置生产的BTX约占世界BTX生产量的70%左右[3,5]。

副产氢气是炼油厂加氢装置用氢的重要来源之一。催化重整的纯氢产率为2.5%～4.0%，典型的催化重整的产氢量为100～270Nm^3/m^3原料，氢产品的纯度一般为80%～90%(体积分数)，可直接用于炼油厂中的各种加氢装置。世界炼油厂的加氢装置的用氢量约一半左右是催化重整装置提供，美国炼油厂的催化重整装置约提供全美炼油厂用氢量的65%[3,5,7]。

第一节　概　况

催化重整过程的第一个工业化装置于1940年在美国德克萨斯州的炼油厂投产。在第二次世界大战期间，催化重整装置主要用于生产三硝基甲苯(TNT炸药)的原料甲苯和航空汽油。第二次世界大战后催化重整过程主要用于生产高辛烷值汽油和芳烃。至今，世界上大部分炼油厂均有催化重整装置。

当今，随着人们对赖以生存的环境的要求，各种环境保护法规、条例日趋严格。运输燃料和全球对芳烃原料需求的增加，以及清洁燃料的需求促进加氢工艺的发展需要提供廉价氢源等因素，催化重整工艺正处于发展环境中。因此，催化重整工艺在今后相当长一段时期仍然是炼油工业中主要加工工艺之一。

据美国"Oil & Gas Journal"杂志2013年1月1日统计，2012年底全球共有炼油厂655座，原油蒸馏总加工能力达4448.17Mt/a，其中催化重整装置加工能力为494.19Mt/a[8]，约占原油加工能力的11.11%。

表1－2为2012年世界各主要国家和地区的炼油能力的排序[8]。表1－3为2012年世界各地区一、二次加工能力的统计[8]。表1－4为2012年世界各主要国家催化重整加工能力[8]。表1－5为2000～2012年世界各地区的催化重整加工能力[7～9]。

表1－2 2012年世界各主要国家和地区炼油能力①② Mt/a

序号	国家和地区	炼油厂数/座	蒸馏能力	焦化	热加工	催化裂化	催化重整	加氢裂化	加氢处理
1	美国	125	907.12	140.27	1.87	283.44	150.70	87.17	670.55
2②	中国	54	353.30	8.58	0	29.40	7.65	9.25	25.43
	中国台湾省	4	65.50	2.81	0	10.90	4.95	1.25	31.61
3	俄罗斯	40	275.00	5.19	21.04	16.54	32.20	6.11	102.04
4	日本	30	237.79	6.79	1.10	49.35	35.66	9.08	235.76
5	印度	22	217.14	9.33	3.99	24.92	2.22	8.28	9.57
6	韩国	6	147.93	1.05	0	15.70	16.94	16.50	70.61
7	德国	15	112.36	5.82	13.62	17.45	17.41	10.15	94.72
8	意大利	16	109.76	2.48	22.67	16.08	11.31	14.84	55.38
9	沙特阿拉伯	7	105.60	0	7.60	5.18	8.31	6.69	23.19
10	巴西	13	95.87	6.34	0.54	25.26	1.05	0	13.37
11	加拿大	17	95.49	3.21	6.88	24.02	15.24	10.27	65.28
12	法国	12	87.37	0	7.80	14.87	10.93	3.84	58.16
13	英国	10	84.00	3.55	5.59	22.24	14.52	1.80	59.96
14	墨西哥	6	77.00	10.51	0	19.03	12.01	0	43.52
15	伊朗	9	72.55	0	15.99	1.75	7.08	6.83	8.61
	世界合计	655	4448.17	258.32	204.57	730.13	494.19	278.32	2155.15

①换算系数：蒸馏、催化裂化、加氢裂化：1桶/日历日＝50t/a；焦化、热加工：1桶/日历日＝55t/a；加氢处理：1桶/日历日＝47t/a；催化重整：1桶/日历日＝43t/a。

②此表中的数据与我国实际数据有出入——编者注。

表1－3 2012年世界各地区一、二次加工能力的统计① Mt/a

地 区	炼油厂数/座	原油蒸馏	催化裂化	催化重整	加氢裂化	加氢处理
非洲	45	160.88	10.52	19.71	3.09	39.18
亚太地区	165	1282.02	158.65	97.13	62.25	480.74
东欧和前苏联	89	530.41	42.90	63.09	19.70	199.43

续表

地　区	炼油厂数/座	原油蒸馏	催化裂化	催化重整	加氢裂化	加氢处理
中东	44	363.87	17.88	28.40	29.84	96.21
北美	148	1079.61	326.49	177.95	97.44	779.35
南美及加勒比海地区	66	329.75	65.55	17.26	6.62	89.50
西欧	98	701.63	108.15	90.63	59.38	470.73
全球总计	655	4448.17	730.13	494.19	278.32	2155.14

①换算系数：蒸馏、催化裂化、加氢裂化：1 桶/日历日 =50t/a；催化重整：1 桶/日历日 =43t/a。

从表1－3可见，2012年按地区划分，亚太地区和北美地区的原油加工能力分别为1282.02Mt/a和1079.61Mt/a，位居世界前二位。而北美和亚太地区的催化重整加工能力分别为177.95Mt/a和97.13Mt/a，位于世界各地区的前二位，其催化重整加工能力分别占原油加工能力16.48%和7.58%，分别位于世界各地区的第一位和第六位。

表1－4　2012年世界各主要国家催化重整加工能力①②

序号	国家和地区	炼油厂数/座	原油加工能力/(Mt/a)	催化重整能力/(Mt/a)	催化重整能力占原油加工能力/%	催化重整能力占世界催化重整能力/%
1	美国	125	907.12	150.70	16.61	30.49
2	日本	30	237.79	35.66	15.00	7.22
3	俄罗斯	40	275.00	32.20	11.71	6.52
4	德国	15	112.36	17.41	15.49	3.52
5	韩国	6	147.93	16.50	11.15	3.34
6	加拿大	17	95.49	15.24	15.96	3.08
7	英国	10	84.00	14.52	17.29	2.94
8	墨西哥	6	77.00	12.01	15.60	2.43
9	意大利	16	109.76	11.31	10.30	2.20
10	法国	12	87.37	10.93	12.51	2.21
11	西班牙	9	63.58	8.46	13.31	1.71
12	沙特阿拉伯	7	105.60	8.31	7.87	1.68
13②	中国(不包括台湾省)	54	353.30	7.65	2.17	1.55
14	澳大利亚	7	38.03	7.36	19.35	1.49
15	伊朗	9	72.55	7.08	9.76	1.43
	世界合计	655	4448.17	494.19	11.11	100.00

① 换算系数：蒸馏：1 桶/日历日 =50t/a；催化重整：1 桶/日历日 =43t/a。

② 此表中的数据与我国实际数据有出入——编者注。

从表1－4可见，美国的催化重整装置加工能力为150.70Mt/a，占世界催化重整总加工能力的30.49%，居世界第一位。其次分别为日本、俄罗斯、德国和韩国，其催化重整装置加工能力依次为35.66Mt/a、32.20Mt/a、17.41Mt/a和16.50Mt/a，分别占世界催化重整装置总加工能力的7.22%、6.52%、3.52%和3.34%。

据2012年底统计，我国实际运转的催化重整装置为83套，总加工能力为55.61Mt/a，仅次于美国，居世界第二位。如按占原油加工能力(2012年原油加工能力为575Mt/a)计，则催化重整加工能力占原油加工能力的9.67%。

从表1-5可见，2000~2012年世界催化重整加工能力综合年均增长率(CAGR)为0.25%，其中非洲地区的综合年均增长率高于其他地区为0.75%，其次为北美、东欧及前苏联则分别为0.24%和0.18%。2012年世界催化重整加工能力占原油加工能力的11.11%，高于此平均数的有北美、西欧、非洲、东欧及前苏联地区，分别为16.48%、12.92%、12.25%和11.89%。

表1-5 2000~2012年世界各地区的催化重整加工能力①

地区	2012年原油加工能力/(Mt/a)	催化重整加工能力/(Mt/a)				2012年催化重整加工能力占原油加工能力/%	2000~2012年催化重整加工能力的增长率/%	2000~2012年催化重整加工能力的综合年均增长率/%
		2012年	2010年	2005年	2000年			
北美	1079.61	177.95	179.66	179.43	172.80	16.48	2.89	0.24
南美	329.75	17.28	17.28	18.36	16.92	5.24	2.08	0.17
西欧	701.63	90.63	94.20	92.10	88.84	12.92	1.98	0.16
东欧及前苏联	530.41	63.09	63.40	64.24	61.71	11.89	2.19	0.18
中东	363.87	28.40	28.40	28.04	27.91	7.80	1.73	0.14
非洲	160.88	19.71	19.73	20.47	17.93	12.25	9.03	0.75
亚洲-太平洋	1282.02	97.13	92.45	82.86	83.08	7.58	1.45	0.12
世界合计	4448.17	494.19	495.11	485.56	479.19	11.11	3.04	0.25

① 换算系数：原油蒸馏 1桶/日历日=50t/a；催化重整 1桶/日历日=43t/a。

图1-2为2012年底世界各地区催化重整加工能力的分布[8]。从图中可见，北美、亚洲-太平洋、西欧和东欧及前苏联地区的催化重整加工能力分别占世界催化重整加工能力的36%、20%、18%和13%。

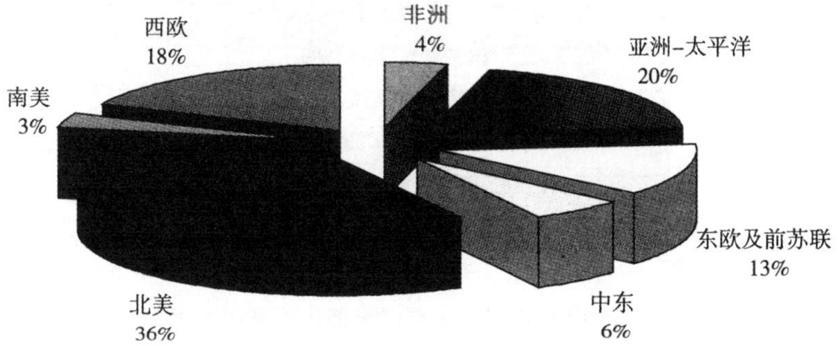

图1-2 2012年底世界各地区催化重整加工能力的分布

图1-3为1960~2012年和2000~2012年间世界催化重整加工能力的发展[3,5,7~9]。图1-4为2000~2012年世界各主要国家催化重整加工能力的发展[3,5,7~9]。从图中可见，前50年，即：1960年和2010年世界催化重整加工能力分别为1.15亿t和4.95亿t[3,5,7~9]，这段时期是催化重整工艺大发展的50年。此期间年均增长率约为6.61%。而近10年，即：2000年和2010年世界催化重整加工能力分别为4.75亿t和4.95亿t[3,5,7~9]，

2000～2010 年世界催化重整装置加工能力呈起伏发展，年均增长率约为 0.43%，原因是其他清洁汽油生产装置的崛起和发展[10,11]。

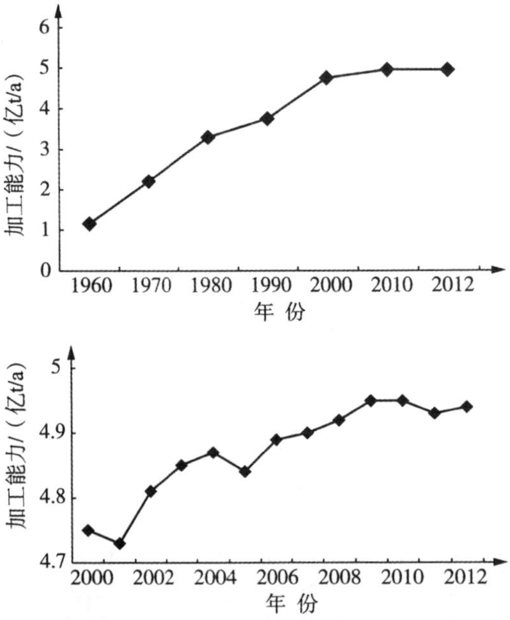

图 1－3 1960～2012 年和 2000～2012 年间世界催化重整加工能力的发展

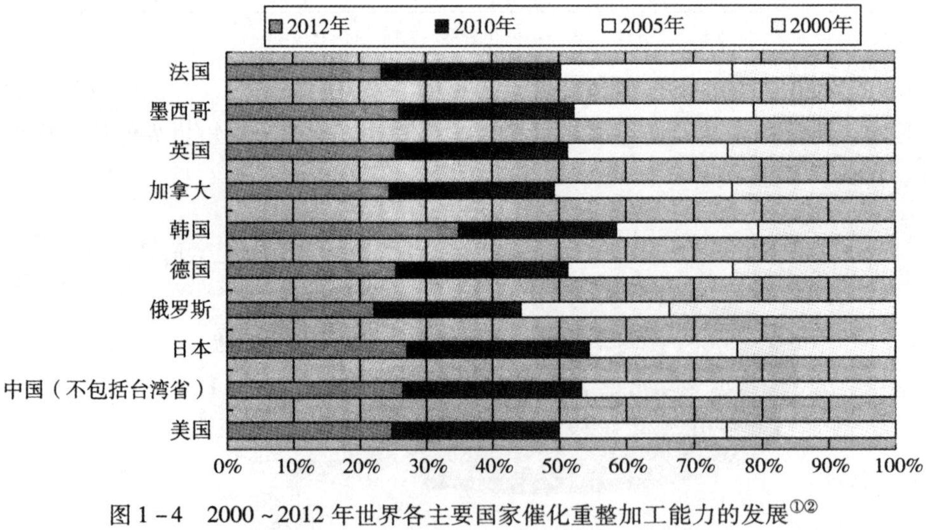

图 1－4 2000～2012 年世界各主要国家催化重整加工能力的发展①②

①俄罗斯 2000 年的数据为前苏联的数据——编者注

②统计至 2013 年 1 月 1 日

据美国 UOP 公司报道，20 世纪 70 年代设计的连续再生式催化重整(CCR)装置最大加工能力为 1.72Mt/a(40000bbl/d)，目前设计的 CCR 装置最大加工能力可达 4.09Mt/a(95000bbl/d)，目前该公司设计的 CCR 装置的加工能力范围为 0.26～4.30Mt/a(6000～100000bbl/d)[7,10,11]。

目前，世界上已投产的催化重整装置中，生产能力较大的装置有：美国马拉松石油公司(Marathon Petroleum Co.)的加里维尔(Garyville)炼油厂新建的催化重整装置，加工能力为2.80Mt/a；2009年投产的沙特阿拉伯的Al Jubail炼油厂的催化重整装置，加工能力为2.80Mt/a，印度信任(Reliance)公司贾姆纳格尔(Jamnagar)炼油厂的催化重整装置，加工能力为2.45Mt/a[8]，中国大连石化和惠州炼油厂的催化重整装置的规模也都超过了2.00Mt/a。

目前世界炼油厂中规模最大的催化重整装置仍然与美国SRI Consulting公司在2007年的“World Petrochemicals”报道相同，只是在加工能力上略有出入，如：规模最大的半再生式、连续再生式和循环再生式催化重整装置分别是位于维尔京群岛的Hovensa公司圣克鲁瓦(St. Croix)炼油厂的催化重整装置，加工能力为2.20Mt/a，美国ExxonMobil炼制与供应公司博蒙特(Beaumont)炼油厂的催化重整装置，加工能力为2.98Mt/a和英国BP公司位于美国德克萨斯城(Texas. City)炼油厂的催化重整装置，加工能力为2.68Mt/a[7,9,12,13]。但至今世界上仍有加工能力仅为43kt/a(1000bbl/d)的半再生催化重整装置仍在操作，位于美国大瀑布城(Great Falls)，属Montana Refining Co.的大瀑布城炼油厂[原油加工能力为409kt/a(9500bbl/d)]的装置[8]。

目前，我国最大的半再生催化重整装置是大连西太平洋公司的半再生催化重整装置，加工能力为0.80Mt/a，最大的连续再生式催化重整装置分别是大连石化公司和广西钦州炼油厂的催化重整装置，加工能力均为2.20Mt/a。近期，我国还有一批高处理能力的催化重整装置正在设计和建设中。

第二节 催化重整装置的构成和类型

催化重整装置按产品用途分为两种：一种是用于生产高辛烷值汽油调合组分；另一种则用于生产芳烃(苯、甲苯、二甲苯，简称BTX)，作为石油化工基本原料。全球约有70%的催化重整装置用于生产汽油，提高辛烷值，研究法辛烷值(RON)为95～102；全球约有30%的催化重整装置用于生产BTX石化产品[3,5,6,10]。

由于目的产品不同，装置构成也不相同，用于生产高辛烷值汽油调合组分的催化重整装置包括：原料预处理部分、催化重整反应部分和产品稳定等部分。用于生产芳烃(BTX)的催化重整装置除上述以外，还包括芳烃抽提和芳烃精馏等部分。图1－5为催化重整装置的基本构成[14]。

一、生产汽油的催化重整装置

催化重整装置的原料油，在进入重整反应系统之前一般都要先进行预处理，以切取适合的馏分和除去有害的杂质。预处理过程包括预分馏和预加氢(石脑油加氢精制)两部分。催化重整反应部分是使 C_6 ~ C_{11} 石脑油馏分的原料，在一定操作条件和催化剂的作用下，烃分子重新排列，使环烷烃和烷烃转化为芳烃和异构烷烃(即：重整生成油)，并同时产生氢气。一般重整生成油均经过稳定塔脱除轻烃(C_4^-)后出装置，直接作为汽油调合组分。

稳定塔的操作模式有两种，一种是按照汽油规格要求的蒸气压操作模式，生产出蒸气

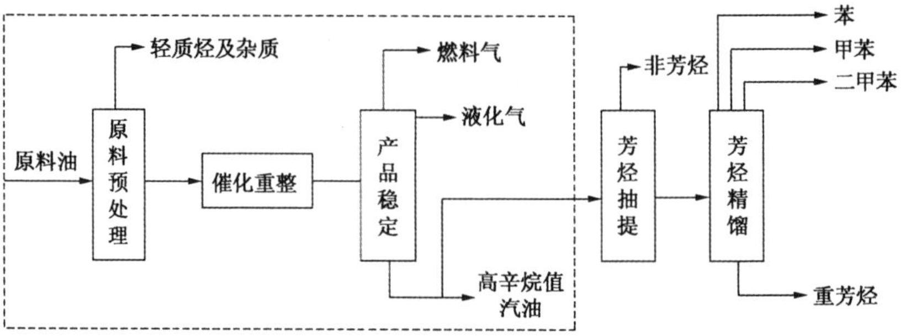

图 1－5 催化重整装置的构成

压合格的汽油。这种汽油除含有一部分丁烷之外，还有少量丙烷。另一种操作模式是按照脱丁烷要求操作，按这种操作模式则可使稳定塔出来的重整生成油中的丁烷含量不超过1%，并且不含丙烷，汽油蒸气压在出装置后再按照需要用掺入丁烷的方法进行调整，这种脱丁烷的操作模式，可以最大量地生产汽油。

二、生产芳烃的催化重整装置

催化重整装置生产的重整生成油，其典型组成为65% ~82%的芳烃和18% ~35%的非芳烃[15]。芳烃和非芳烃因会形成共沸物难以分离，生产芳烃时一般先脱除戊烷再用溶剂抽提和精馏方法得出苯、甲苯和混合二甲苯。苯作为石油化工的基础原料，市场需求量都很大。甲苯可用作生产苯和其他化工产品的原料，也可用作汽油的调合组分。混合二甲苯中的邻二甲苯是苯酐原料，对二甲苯是聚酯纤维原料。邻二甲苯一般可用芳烃精馏直接从混合二甲苯中分离得到。如要最大量的从混合二甲苯中得到对二甲苯，则需要采用芳烃转化和分离技术。工业上采用的芳烃转化技术有歧化、烷基转位和异构化等，而分离技术有冷冻分离或吸附分离等过程。这些转化工艺和分离工艺都不是单独使用的，需要把它们组合在一起成为芳烃联合加工流程，以提高产品收率和降低加工能耗。

由于原料性质和产品方案不同，生产芳烃的催化重整工艺流程按其芳烃联合加工流程的不同，可以有多种不同的加工流程，主要可分为两大类型，即生产 BTX 的工艺流程及生产对二甲苯和苯的工艺流程，后者又称为芳烃联合装置[5,15]。

(一)生产 BTX 的工艺流程

催化重整的生成油经溶剂抽提和精馏后，分离成苯、甲苯和混合二甲苯等产品，可以直接出厂使用或送到其他石油化工厂进一步加工。这种流程较简单，加工深度浅，而且设有芳烃之间的转化和分离过程，苯和对二甲苯等产品收率较低。

1. 生产苯、甲苯和二甲苯

用于生产苯、甲苯和二甲苯作为石油化工基础原料的催化重整装置，除生产汽油调合组分的部分之外，还应包括芳烃抽提和芳烃精馏部分。

由于重整生成油中芳烃和非芳烃的沸点相近或有共沸现象，一般用精馏方法很难将它们分开，为了获得所需要纯度的芳烃，通常采用溶剂抽提方式，将芳烃和非芳烃分开。溶剂抽提出的混合芳烃，采用精馏的方法切割成苯、甲苯和混合二甲苯等化工产品，这些化工产品可以出厂直接使用或送到其他石油化工厂进一步加工。

抽余油(非芳烃)可切割成不同规格的溶剂油或作为裂解乙烯原料，或作为汽油调合组分。

2. 苯抽提

由于苯有毒，在汽油规格中对苯有严格限制，为了减少重整生成油中的苯含量，常采用苯抽提法。就是从重整生成油中切取 C_6 馏分进行低温加氢或白土处理脱除烯烃后，进行溶剂抽提，将烷烃和芳烃分开。芳烃经精馏后可直接作为苯产品，烷烃可直接作为6号溶剂油。这种苯抽提的方法既解决汽油中含苯问题，也生产出高附加值的苯和6号溶剂油产品。

(二)生产对二甲苯和苯的工艺流程(芳烃联合装置)

催化重整生成油经过溶剂抽提和精馏后，混合二甲苯再经分离和转化过程进一步加工，得到对二甲苯和苯等。这是目前石油化工一体化生产中应用最广泛的一种流程。

溶剂抽提的芳烃经精馏后得到苯、甲苯和混合二甲苯(xylol)。混合二甲苯是邻二甲苯(*o*-xylene)、间二甲苯(*m*-xylene)、对二甲苯(*p*-xylene，简称PX)和乙苯(ethylbenzene)的混合物，统称 C_8 芳烃异构物。不同物料中 C_8 芳烃异构物的组成如表1-6所示[15]。

2011年世界PX消费量为32Mt，预计2015年将达到46Mt，年均增长率约为10.94%。其中亚洲-太平洋地区PX需求量最高，其次为中东地区[16]。

预测邻二甲苯今后几年也将以年均6.0%的速率增长，需求量相对较大。

表1-6　C_8 芳烃异构物的分类　%

组　分	重整油	裂解汽油	歧化(C_7/C_9 进料)	异构化
乙　苯	17.7	42.3	4.0	8.3~8.6
对二甲苯	18.3	11.4	22.5	21.0~22.6
间二甲苯	39.7	29.5	50.1	50.2~51.9
邻二甲苯	24.3	16.8	23.4	20.5~21.9
对二甲苯/乙苯	1.03	0.27	5.62	2.5~6.3

从表1-6可见，由于对二甲苯在重整油和裂解汽油中的比例相对较低以及 C_8 芳烃异构物供需之间的平衡和产品价格因素的影响，需用歧化/烷基转移、二甲苯异构化和精馏过程，将甲苯、乙苯、邻二甲苯、间二甲苯和 C_9 芳烃转化为对二甲苯，然后分出需求量大的对二甲苯。这种芳烃间的转化过程——歧化/烷基转移、二甲苯异构化和对二甲苯分离等工艺过程组成芳烃联合装置，以生产对二甲苯和苯，满足需求的增长。

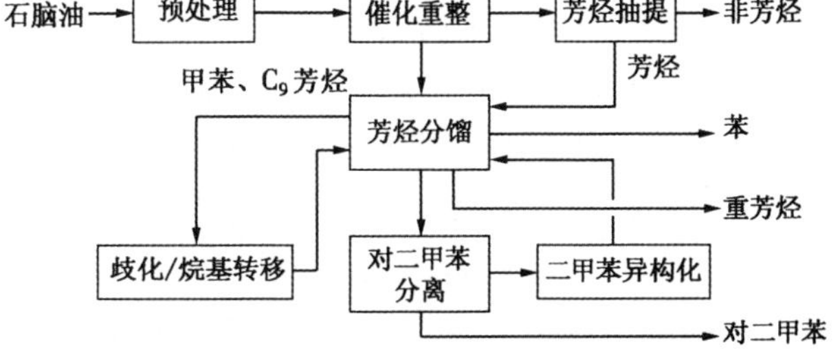

图1-6　典型的生产对二甲苯的芳烃联合装置方框图

典型的生产对二甲苯的芳烃联合装置方框图如图1-6所示[14,15,17,18]。催化重整生成油经过溶剂抽提和精馏后，混合二甲苯再经分离和转化过程进一步加工，得到高收率的对二甲苯和苯等。

从图 1 -6 可见，以石脑油为原料生产对二甲苯的芳烃联合装置一般包括七个部分，即：预处理、催化重整、芳烃抽提、芳烃分馏、歧化/烷基转移、二甲苯异构化和对二甲苯分离七个操作单元。

预处理——石脑油精制；

催化重整——芳构化反应；

芳烃抽提——芳烃与非芳烃分离；

芳烃分馏——芳烃分离；

歧化和烷基转移——使甲苯与 C_9/C_{10} 芳烃反应生成二甲苯和苯；

对二甲苯分离——将对二甲苯与其他同分异构体分离；

二甲苯异构化——二甲苯同分异构体的转化。

芳烃联合装置是以上各操作单元的组合装置，根据可利用的原料、目的产品和投资资本等因素，组合成不同目的配置的芳烃联合装置，如生产苯、甲苯、混合二甲苯、邻二甲苯，最大量的生产对二甲苯和最大量的生产苯及对二甲苯的芳烃联合装置，以适应未来市场在产品质量规格和产品需求的变化，提升炼油厂的经济效益。

世界上不同的国家和不同的公司都有自己独特的芳烃生产工艺，如美国的 UOP 公司、法国的 Axens 公司和美国前 Mobil 公司等。2011 年采用美国 UOP 公司专利技术在世界范围内建设了 94 套芳烃联合装置，500 多套生产芳烃的独立装置，其中包括 209 套催化剂连续再生式催化重整装置、155 套 Sulfolane 芳烃抽提装置、73 套 Isomar 装置和 90 套 Parex 装置[18]。

1. 芳烃抽提

芳烃抽提装置的原料主要为催化重整装置的重整生成油和乙烯装置副产的裂解加氢汽油，抽提后得到抽提油和抽余油。抽提油为高纯度的混合芳烃，经普通精馏得到高纯度的苯、甲苯和混合二甲苯，抽余油为非芳烃产品。

自 1952 年美国环球油品公司(UOP)和道化学公司(DOW)研究成功以二(三)甘醇(DEG、TEG)为溶剂的 Udex 法投入生产以后，各国又相继研究开发了不少芳烃抽提工艺[15]，如：

(1) 中国石化石油化工科学研究院(RIPP)的三(四)甘醇为溶剂的芳烃抽提简化工艺。

(2) 美国 Union Cabide 公司的以四甘醇为溶剂的 Tetra 液 - 液抽提法工艺。

(3) Shell/UOP 公司的以环丁砜(Sulfolane)为溶剂的 Sulfolane 工艺。

(4) 德国 Lurgi 公司的以 *N* - 甲基吡咯烷酮(NMP)和乙二醇为溶剂的 Arosolvan 工艺。

(5) 法国 IFP 的以二甲基亚砜为溶剂的 DMSO 液 - 液抽提工艺。

(6) 美国 HRI 公司和 Arco 公司共同开发的以环丁砜为溶剂的 Arco 工艺[3,5]。

(7) 德国 Krupp kopper 公司的以 *N* - 甲酰基吗啉(NFM)溶剂的 Morphylane 抽提蒸馏工艺，以后在此基础上开发了 Octener 抽提蒸馏工艺[3,5]。

(8) 意大利 SNAM 公司的以 *N* - 甲酰基吗啉为溶剂的 Formax 工艺[3~5,15]。

(9) 德国 Lurgi 的以 *N* - 甲基吡咯烷酮(NMP)为溶剂的 Distapex 抽提蒸馏工艺。

（10）中国石化石油化工科学研究院（RIPP）的以环丁砜为溶剂的 SED（SED Ⅰ 和 SED Ⅱ）抽提蒸馏工艺。

（11）美国 GTC 公司的以环丁砜为主溶剂的 GT－BTX 三苯抽提蒸馏工艺。

2. 芳烃歧化和烷基转移

重整生成油中混合芳烃中含有 40% ～60% 的甲苯和 C_9 芳烃，为了充分利用这部分资源，增产需求量大的对二甲苯和苯，需要采用歧化和烷基转移技术。通过歧化和烷基转移（TDT）调节苯、甲苯、二甲苯和 C_9 芳烃之间的平衡关系。TDT 工艺过程以甲苯和 C_9、C_{10} 重芳烃为原料，通过甲苯歧化反应和甲苯与重芳烃之间的烷基转移等反应生产苯和二甲苯，为下游装置增产 PX 产品提供 C_8 芳烃原料。TDT 过程可以直接生产苯产品，增产的 C_8 芳烃作为 PX 原料，少量不能循环利用的重芳烃至燃料油作调合组分。

甲苯和 C_9 芳烃在分子筛催化剂作用下，选择性的转化成苯和二甲苯，主要有临氢和非临氢两大系列转化技术。

工业上应用的甲苯歧化和烷基转移的主要工艺有[15]：

（1）美国 Atlantic Richfield 公司（简称 ARCO 公司）的 Xylene－Plus（二甲苯增产法）工艺；

（2）美国 UOP 公司等的 Tatoray 工艺；

（3）美国 Mobil Chem 公司的 LTD（Low Temperature Disproportionation，低温歧化法）工艺；

（4）美国 Mobil 公司的 MTDP 工艺；

（5）Fina & Chemical 公司的 T_2BX 工艺；

（6）美国 Mobil 公司的 MSTDP（Mobil Selective Toluene Disproportionation Process）工艺；

（7）美国 Exxon Mobil Chemical 公司和 CPC 公司共同开发的 Trans Plus 工艺[19]；

（8）美国 UOP 公司的 PX－Plus 工艺[14,18]；

（9）中国石化上海石油化工研究院的 S－TDT 工艺。

3. 二甲苯异构化

C_8 芳烃异构化工艺技术是一种通过异构化反应将 C_8 芳烃增产为 PX 的技术。

C_8 芳烃中的对二甲苯是聚酯纤维的原料，而邻二甲苯则是制取苯酐的原料，二者的需求量约占 C_8 芳烃总量的 95%，但在重整 C_8 芳烃中，它们分别只占 20% 左右（表 1－6），其余均为间二甲苯和乙基苯。为了增产对二甲苯，工业上采用二甲苯异构化工艺，把已分离出对二甲苯或邻二甲苯的非热力学平衡的 C_8 芳烃，通过催化作用，转化成热力学平衡的 C_8 芳烃，以便再分离出更多的对二甲苯和邻二甲苯。

工业上应用的二甲苯异构化的主要工艺有[3,5,14,15]：

（1）美国 Engelhard 公司的 Octafining 工艺和 Octafining－Ⅱ 工艺；

（2）美国 UOP 公司的 Isomar 工艺和 Newest Isomar 工艺；

（3）日本东丽公司的 Isolene－Ⅰ 工艺和 Isolene－Ⅱ 工艺；

（4）中国石化石油化工科学研究院（RIPP）的 SKI 异构化工艺；

(5) 美国 Mobil 公司的 LTI(低温异构)、MVPI(气相异构)、MLPI(低压异构)、MHTI(高温异构)和 MHAI(高活性异构)工艺;

(6) 日本瓦斯化学公司的 JGCC 工艺;

(7) 英国帝国化学(ICI)公司的 ICI 工艺;

(8) 美国 Exxon Mobil 公司的 XyMax 工艺[15];

(9)法国 IFP 公司的 Oprais 工艺[17]。

4. 对二甲苯分离

对二甲苯分离就是从 C_8 芳烃异构体中分离出对二甲苯的工艺过程。

催化重整生成油经溶剂抽提得到芳烃混合物，主要包括苯、甲苯和 C_8 芳烃，由于苯、甲苯沸点(分别为 80.10℃和 110.63℃)和 C_8 芳烃沸点(136.19 ~ 144.42℃)相差比较多，采用精馏技术就可分开。C_8 芳烃的同分异构体包括邻二甲苯、间二甲苯、对二甲苯和乙苯，它们之间沸点相近(表 1-7)[15]，不能采用精馏技术进行分离。各公司开发了许多 C_8 芳烃同分异构体的分离工艺过程，其中有模拟移动床吸附分离、结晶分离和膜分离等方法。吸附分离最重要的优点是能够在单程回收率高达 97% 条件下，生产纯度为 99.7% ~ 99.8% 的对二甲苯。其次还能接受在含有大量乙苯和其他稀释剂的进料，仍能保持高水平的回收率[20]。结晶分离是较老的技术，但仍然被使用。当进料中对二甲苯浓度从 25%(混合二甲苯中对二甲苯的平衡值)提高到 90% 时，单程结晶器的 PX 回收率可从 65% 提高到 >90%[20]。目前工业上广泛应用的是模拟移动床吸附分离工艺。

近期一些专利技术公司开发了吸附分离和结晶分离组合的新工艺，即：将吸附分离放在结晶分离的上游，生产纯度为 95% 的 PX[20]。

表 1-7 C_8 芳烃各种同分异构体的分离特性因数

物理性质	邻二甲苯	间二甲苯	对二甲苯	乙 苯
沸点/℃	144.2	139.10	138.35	136.19
熔点/℃	-25.18	-47.87	+13.26	-94.98
相对吸收浓缩因子	0.2	0.3	1.0	0.5
与 $HF-BF_3$ 形成络合物的相对稳定性	2	20	1	

工业上常用的模拟移动床吸附分离的工艺过程有：

(1) 美国 UOP 公司的 Parex 工艺;

(2) 日本东丽公司的 Aromax 工艺;

(3) 法国 Axens 公司的 Eluxyl 工艺[17]。

在 20 世纪 70 年代吸附分离技术工业化以前，深冷结晶分离法是分离对二甲苯的唯一有效方法。由于对二甲苯冰点(13.26℃)比邻二甲苯(-25.18℃)、间二甲苯(-47.87℃)和乙苯(-94.98℃)高得多，因此可以通过深冷结晶分离方法从混合二甲苯中分离对二甲苯。尽管现在吸附分离技术发展很快，但在 1996 年约有 35% 的对二甲苯生产依然采用结晶分离技术。

自20世纪70年代以来，吸附分离已逐步成为分离对二甲苯的主要手段，UOP和Axens先后开发了模拟移动床工艺技术，并得到普遍利用。

吸附分离工艺是采用一种特殊的分子筛吸附剂，这种吸附剂对于C_8芳烃中的PX的优先选择吸附能力，使吸附剂在吸附室内与混合C_8芳烃逆流接触，进行反复多次的传质分离，使PX在吸附剂上逐步提浓，并使用对二乙苯作为解吸剂将PX从吸附剂上脱吸下来，得到的抽出液通过精馏方法生产出高纯度的PX，达到从C_8芳烃中分离出对二甲苯的目的。

随着新吸附剂的开发和应用，PX回收的单套吸附分离装置生产能力已从0.4～0.5Mt/a提高到1.0Mt/a以上，应用新吸附剂可使装置加工能力提高30%以上[16,20]。吸附过程的单程回收率可高达97%，在此条件下可生产纯度为99.7%～99.9%的PX[20]。

美国UOP公司开发的Parex工艺采用模拟移动床吸附分离技术，于1971年开始工业化，最大的装置生产PX能力为1.2Mt/a(三条生产线)，最小的只有28kt/a平均218kt/a。2011年底，该公司在世界上已转让专利技术Parex™装置共有88套，PX生产能力21～160Mt/a。采用ADS－37和ADS－40吸咐剂，产品纯度99.9%，回收率高达97%[18]。

法国Axens公司近年也开发了自己的模拟移动床吸附分离技术，称为Eluxyl工艺，于1997年工业化。目前，该公司在世界上已转让专利技术Eluxyl装置共有20套，生产总能力达16Mt/a[17]。

5. 最大量的生产苯和对二甲苯的加工流程

芳烃中苯和对二甲苯是应用最广泛的品种。以下为最大量的生产苯和对二甲苯的芳烃联合装置的加工流程。

(1)最大量的生产苯的加工流程

通常存在于原料中的苯和二甲苯的比例低于市场需求，而甲苯又以相对过量存在，应使过量的甲苯与低价值的C_8～C_{10}重芳烃在芳烃联合装置转化成高价值的苯和/或二甲苯。

图1－7为最大量的生产苯的加工流程[20]。该流程中甲苯转化过程被设置在苯和甲苯抽提与二甲苯回收过程之间，抽提出的甲苯全部和部分循环到甲苯转化装置，而不是全部取出及加入调合车用汽油池或作为溶剂使用。在甲苯转化过程中籍助于甲苯歧化(TDP)、烷基转移和加氢脱烷基(HDA)过程以使达到最大的苯产率。

(2)最大量的生产对二甲苯和苯的加工流程

图1－8最大量的生产对二甲苯和苯的加工流程[20]。该流程的转化过程中是利用调节C_7/ C_9芳烃的比例以提高对二甲苯的产率。

我国于20世纪80年代实现了芳烃抽提装置工艺技术和工程设计国产化。90年代又实现了芳烃联合装置的工程设计国产化。2012年又开发拥有自主知识产权的芳烃联合装置成套技术。预加氢、催化重整、歧化和异构化催化剂均实现了国产化，其性能达到国际先进水平。图1－9为典型的芳烃联合装置总工艺流程图[21]。

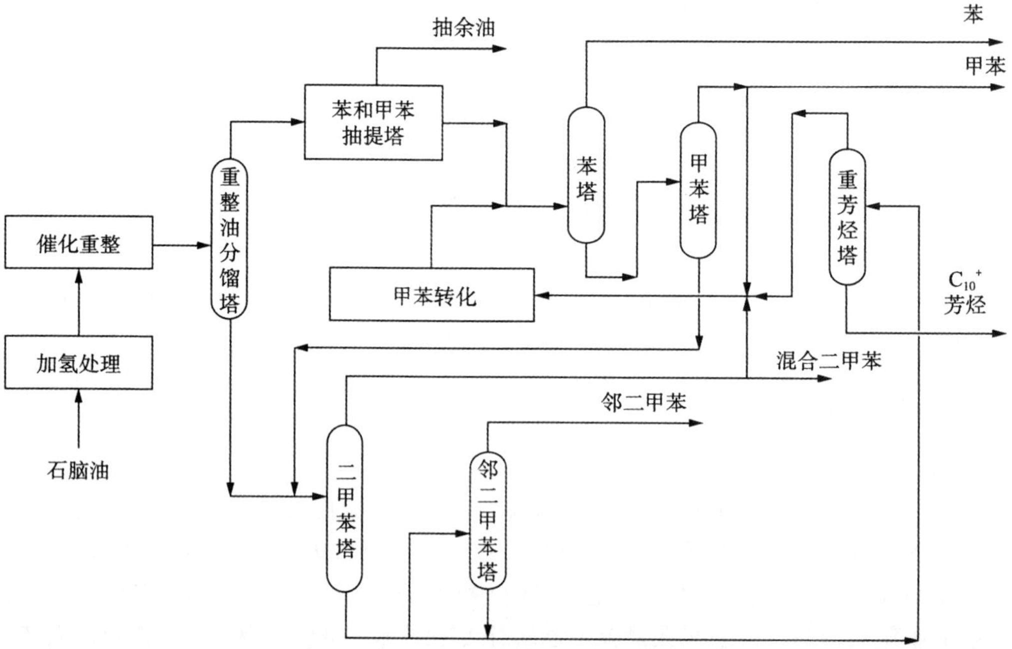

图 1-7　最大量的生产苯的加工流程

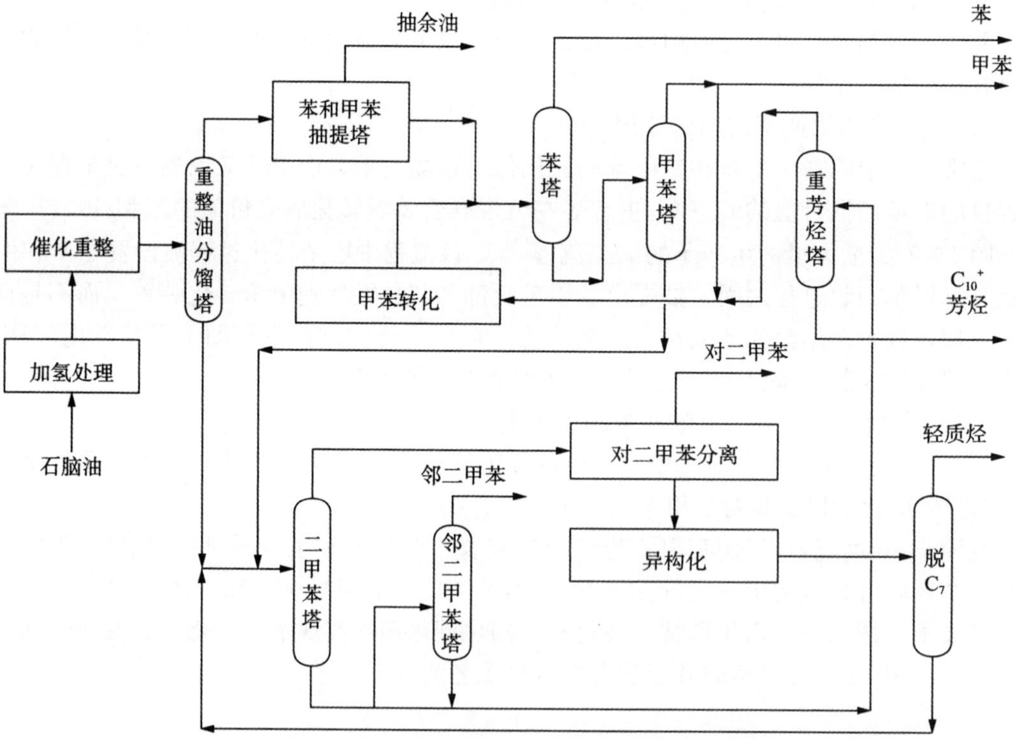

图 1-8　最大量的生产对二甲苯和苯的加工流程

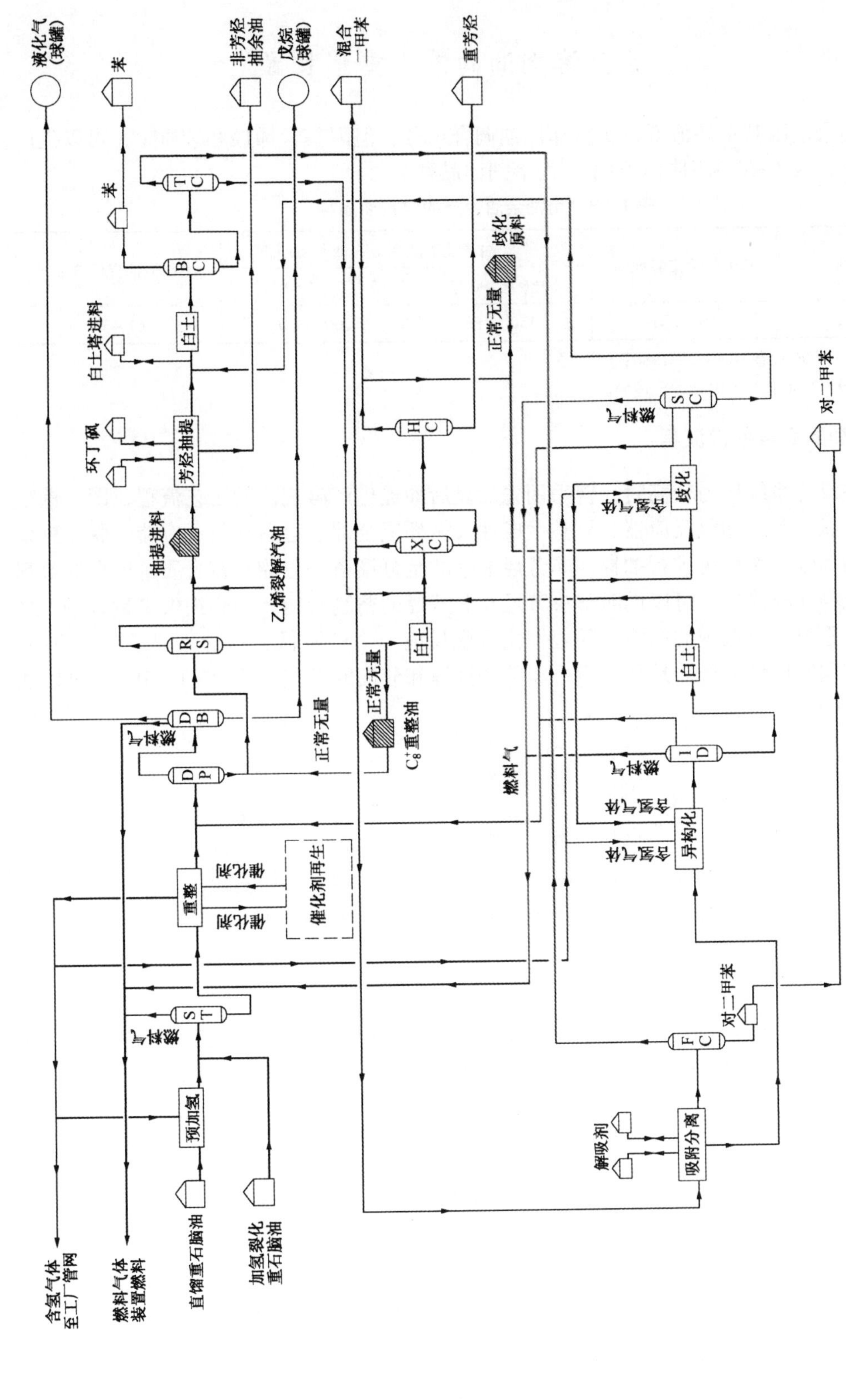

图1-9 芳烃联合装置总工艺流程图

DP—脱戊烷塔；RS—重整油塔；ST—预加氢汽提塔；DB—脱丁烷塔；TC—甲苯塔；

XC—二甲苯塔；HC—重芳烃塔；FC—成品塔；ID—脱庚烷塔；SC—歧化汽提塔；

储罐或中间检查罐；中间原料罐

三、生产溶剂油的催化重整装置

重整抽余油因其辛烷值低，不宜作汽油调合组分，但因其含烯烃和杂质少，可以生产各种溶剂油，表 1－8 为用抽余油生产的溶剂油品种。

表 1－8　用抽余油生产的溶剂油品种

产品名称	120 号橡胶溶剂油	油漆及清洗用溶剂油①		植物油抽提溶剂油②
		2 号(原 190 号)	5 号(原 260 号)	
馏程/℃	80～120	150～185	200～300	61～76

①GB1922—2006 代替 GB1992—1980；
②GB16629—2008 代替 GB16629—1966。

(一) 加氢后再抽提流程

在重整反应系统压力较高时，曾采用先加氢后抽提生产溶剂油的工艺流程，即：重整反应器后串联一台后加氢反应器，重整生成油及循环氢全部通过后加氢反应器，脱除重整生成油中的烯烃，然后再进行抽提，非芳烃抽余油至分馏塔，分馏出符合质量标准的溶剂油。这种流程比较简单，可以同时解决芳烃和非芳烃的精制问题，但会损失少量芳烃，且增加了催化重整临氢系统的压降。随着催化重整反应压力的降低，这种流程已不被使用。现在也有采用脱戊烷油经简易加氢后再经芳烃抽提和分馏的工艺流程(图 1－10)，可以达到同样的目的。

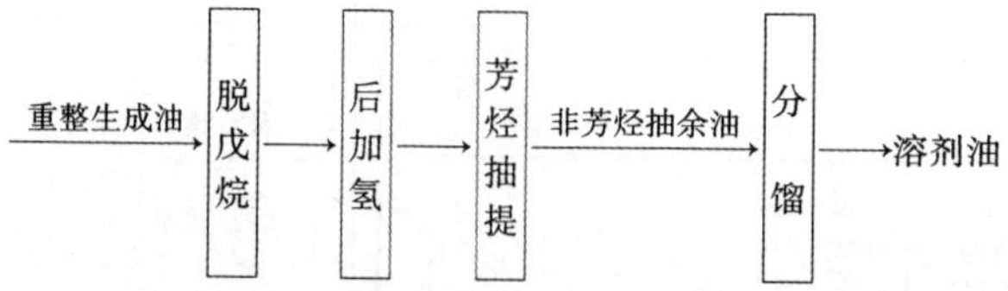

图 1－10　生产溶剂油的流程——加氢后再抽提流程

(二) 先抽提后加氢流程

图 1－11 为溶剂油生产流程中的先抽提后加氢流程。这种流程的优点是加氢条件缓和，加氢反应器负荷大大降低，同时也避免了芳烃损失，设备可采用碳钢。

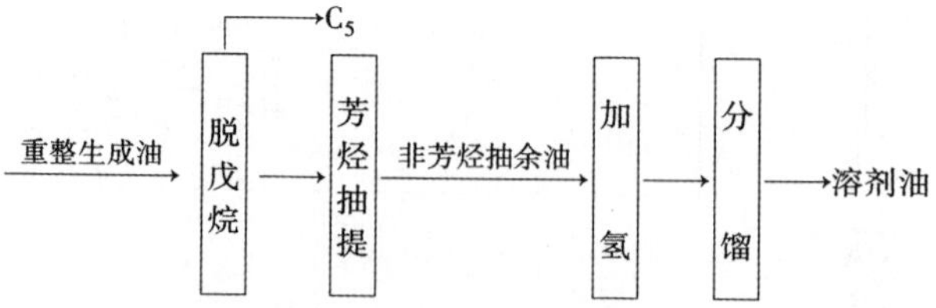

图 1－11　生产溶剂油的流程——先抽提分馏后加氢流程

(三) 典型的溶剂油生产工艺流程

图 1－12 为典型的溶剂油生产装置的工艺流程图。

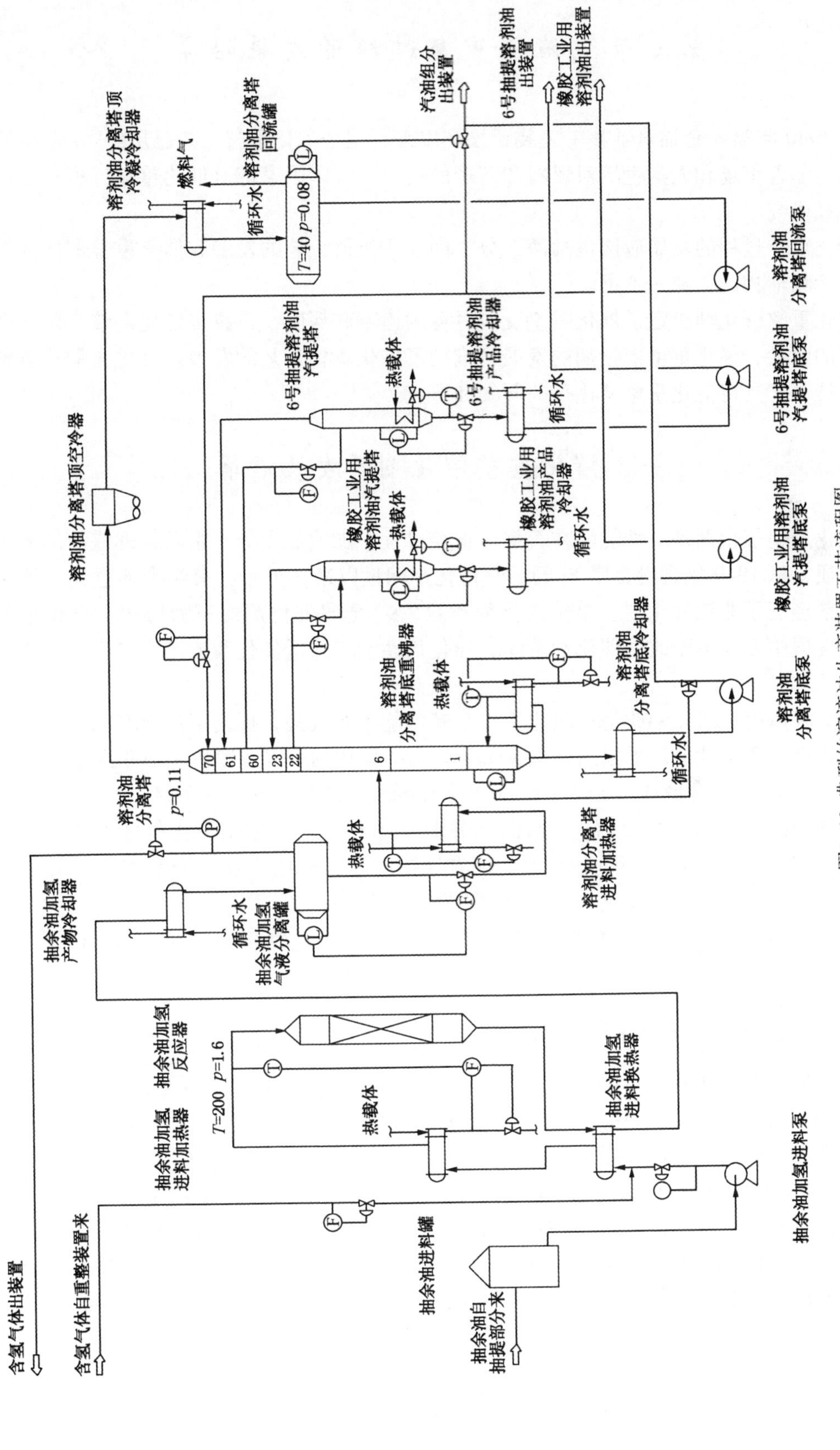

图1-12　典型的溶济油生产装置工艺流程图

T—温度，℃；p—压力，MPa；T—温度控制；P—压力控制；L—液面控制；F—流量控制

第三节 催化重整过程的发展沿革

自1940年第一套临氢重整工艺装置投产以来，至今催化重整工艺已历经70多年的发展历程，随着市场和人类生活对燃料和芳烃的需求，许多国家都对催化重整过程不断进行了开发和研究。

催化重整过程的发展应该包括两部分：即催化重整工艺的发展和催化重整催化剂的发展，二者相辅相成，缺一不可。

催化重整催化剂决定了催化重整反应过程的速率和深度，是决定催化重整工艺过程中最重要的因素，催化重整催化剂的发展又推动了催化重整工艺的发展。反之，催化重整工艺的发展，又支持催化重整催化剂的开发和研究。

一、催化重整催化剂的发展沿革

催化重整催化剂是一种能够在石脑油重整过程中加速烃类分子重新排列成新的分子结构的物质，从1949年含贵金属Pt的重整催化剂问世以来，至今已有半个多世纪。催化重整催化剂经历了非铂催化剂、单铂催化剂和双(多)金属催化剂的三大历程。含铂重整催化剂的发展主要在不断改进催化剂载体、催化剂性能和降低催化剂成本等方面。其表现概括为：

(1) 载体由η氧化铝改为γ氧化铝，且其性能不断改进，提高了催化剂的活性，选择性、稳定性及再生性能。据报道法国Axens公司的催化剂可以连续再生700次[22]。

(2) 贵金属Pt含量从0.37%～0.60%下降到现在的0.15%～0.30%。

从最初的Pt－Re/Al_2O_3催化剂的铼铂比≤1.0，提高到铼铂比等于2的R－62、E－803、CB－7和CB－8系列催化剂，还有铼铂比等于3的E－611催化剂。

(3) 酸性组元卤素的变化，由全氯型取代了氟氯型。

(4) 逐渐形成半再生重整催化剂以Pt－Re为主，连续再生催化剂以Pt－Sn为主的格局。

(一) 国外催化重整催化剂的发展沿革

催化重整催化剂的研究和开发，已经历过许多人几十年的工作。早在20世纪初(1911年)，俄罗斯化学家 н д 泽林斯基和 B A 卡赞斯基等，在实验室使用含铂催化剂对催化重整反应进行了研究。但含铂催化剂具有工业意义的开发工作是美国UOP公司的化学家V Haensel等人于1937年在对含铂催化剂进行了深入研究的基础上，成功地开发了以贵金属铂为活性组元的重整催化剂Pt/Al_2O_3，商业牌号R－4[15]。UOP公司以此为基础，于1949年春天将铂/氧化铝催化剂(R－4)投入工业运转，这就是世界上第一套固定床铂重整(Platforming)工业装置。在此以前，催化重整一直使用金属氧化物为催化剂，如Cr_2O_3/Al_2O_3。

1. 国外催化重整催化剂的发展

催化重整催化剂的发展，大致可分为以下五个阶段：

（1）第一阶段(1935～1949年)的铬、钼、钴金属氧化物催化剂

从1935年到1949年，此期间的催化重整工业装置上主要采用铬、钼、钴等金属氧化物为活性组分的催化剂(MoO_3/Al_2O_3、CoO_3-MoO_3/Al_2O_3和Cr_2O_3/Al_2O_3等)，其活性及芳构化选择性较低，尤其是烷烃的芳构化选择性较低，稳定性差，操作周期短，反应4～12h后，即需进行催化剂的烧焦再生[3,5,15]。

1940年美国投入工业化生产的临氢催化重整装置，使用的是MoO_3/Al_2O_3催化剂，称之为钼重整，以后又出现Cr_2O_3/Al_2O_3为催化剂的铬重整。德国在第二次世界大战期间使用的催化重整催化剂是CuO/Al_2O_3。这些均称为非铂催化剂。它与铂催化剂相比，活性和稳定性低，运转周期短和操作费用高，在第二次世界大战时期，因战争需要得以发展。后因铂催化剂的出现非铂催化剂逐渐自行消亡。

（2）第二阶段(1949～1967年)的铂重整催化剂

1937年，美国人V Haensel等在将油品通过一个铂/活性炭催化剂使六元环烷烃脱氢的实验方法中得到启示，经过一系列试验发现一种含氟氧化铝载体的铂催化剂，可以大幅度提高汽油辛烷值，又能长期运转，这就为铂重整催化剂的开发奠定了基础。

1949年美国UOP公司成功开发了以贵金属铂为活性金属的负载型重整催化剂(Pt/Al_2O_3)，商业牌号为R－4，并建成和投产了世界上第一套铂重整(Platforming)工业装置，直到1967年为单铂重整催化剂阶段。这个阶段催化重整催化剂有了明显进步，载体也有重要改进，铂却一直是关键组元。

Pt/Al_2O_3催化重整催化剂的成功发明，可以说使催化重整催化剂实现了一次划时代的飞跃，开创了铂重整工艺的新纪元。Pt/Al_2O_3催化剂比非铂的MoO_3/Al_2O_3催化剂活性高十多倍，比Cr_2O_3/Al_2O_3催化剂的活性高100多倍，而且催化剂的选择性好、液体产品收率高、稳定性好和连续运转周期长。上述优点使Pt/Al_2O_3催化剂在20世纪50～60年代得到了极大的发展，并很快取代了含铬、钼和钴金属氧化物的催化剂。

在这个阶段中，各国相继开发了多种牌号含铂的催化重整催化剂。这是一种双功能催化剂，除含有作为加氢/脱氢活性组分的贵金属铂之外，还含有具有异构化性能的酸性组元卤素。最初有使用氟化氢作酸性组分的。研究证明，氟化氢具有较高的酸性和酸强度，且运转过程中流失缓慢，初活性较高，但酸性不易调节控制，后各公司都改用氯作为酸性组分。

催化剂的载体最初选用$\eta-Al_2O_3$，其比表面积大(约为$400m^2/g$以上)，但热稳定性较差，孔分布较弥散，孔径较小。随后各公司都改用$\gamma-Al_2O_3$作为催化重整催化剂的载体，并在制备技术上进行了大量改进工作。近代催化重整催化剂的$\gamma-Al_2O_3$载体，一般具有杂质低、纯度高、孔分布集中和水热稳定性好等特点。

（3）第三阶段(1967～1979年)的双(多)金属重整催化剂

20世纪60年代后期，在催化重整催化剂中引入第二组元，如铼(Re)、锡(Sn)、锗(Ge)和铱(Ir)，形成双金属催化剂。第二组元和Pt之间的相互作用提高了催化剂的汽油选择性和稳定性，使工业装置可能在较低压力下运转。

1967 年美国 Chevron Research 公司首次宣布发明成功铂－铼/氧化铝双金属重整催化剂，并在美国埃尔帕索(EI Parsol)炼油厂投入工业应用，命名为“铼重整(Rheniforming)”。自此，重整催化剂开始进入双(多)金属催化重整催化剂阶段[3,5]。

这种双(多)金属催化剂不仅活性和芳构化选择性得到了改进，温度对烷烃脱氢环化反应速率的影响大于或等于加氢裂化速率，更主要的是稳定性比 Pt/Al_2O_3 催化剂有着成倍的提高，从而可使催化重整装置能在较低压力(1.5～2.0MPa)下长期运转，烃类芳构化选择性的显著改善，使重整液体产品和氢气产率明显增加。

铂－铼双(多)金属催化剂的问世，给催化重整技术带来了一个“革命”性的进展。40 多年来，各国相继研究开发成功了铂－铼、铂－锡、铂－铱等系列的多种双(多)金属重整催化剂，反应性能不断得到改进，较快地取代了 Pt/Al_2O_3 催化剂。

1969 年，Compagnie Francaise de Raffinage 发表了关于铂－锡双金属催化剂专利(FR 2031984)。

1971 年，美国 UOP 公司开发以铂－锡为活性组元的双金属催化剂 R－30，并用于该公司的 CCR Platforming 工艺。与单金属重整催化剂相比，该种催化剂的选择性和稳定性进一步提高，锡组元的引入，对催化剂烧焦过程中金属集聚起到阻碍作用。

20 世纪 70 年代初，美国 Exxon 公司开发研究了 KX－130 型 Pt－Ir 系列催化剂。法国 IFP 也研究开发了 RG 系列的 Pt－Ir 催化剂。由于 Ir 元素资源贫乏，价格又高于 Re 元素，Pt－Ir 催化剂的选择性和稳定性都不及 Pt－Re 催化剂高。因此，Pt－Ir 系列就逐渐被 Pt－Re 系列和 Pt－Sn 系列催化剂所替代。

这个阶段投入工业化的催化剂，主要是 Pt－Re 系列催化剂，其中有：

美国 UOP 公司的 R－16G 催化剂，R－10 和 R－20 系列催化剂，R－32 催化剂和 R－50 型催化剂；美国 Chevron 公司的 B 型和 E 型催化剂；法国 IFP 公司的 RG－451(Pt－Ir 系列催化剂)等催化剂；荷兰 Akzo 公司的 CK－433 催化剂和美国 Engelhard 公司的 E－603 和 E－612 型催化剂等。

(4) 第四阶段(1980～2000 年)的高铼铂比铂－铼和铂－锡系列双(多)金属催化剂

据 1993 年“Oil & Gas Journal”的“Catalyst Report”统计，Pt－Re 催化剂已达到了 26 种。在此期间各国公司都在研究降低催化剂中的铂含量，相继开发了多种高铼铂比的催化剂，铼/铂比由过去的 1.0 提高到 2.0 左右，大大提高了催化剂的稳定性，如 Engelhard 公司的 E－803(铼铂比为 2.0)，比 E－603 (铼铂比为 1.0)催化剂的稳定性提高 0.8 倍，从而为提高固定床催化重整装置的反应苛刻度创造了必要条件。

由于这个时期环境保护对无铅汽油的要求和石油化工对芳烃需求量的增加，以及炼油厂所需氢气日益增加，连续重整装置得以迅速发展，用于连续重整装置的 Pt－Sn 催化剂也得到迅速发展。据 1997 年“Oil & Gas Journal”的“Catalyst Report”统计，Pt－Sn 催化剂已达到了 20 余种。

20 世纪 70 年代，出现了一种命名为 ZSM－5 的新型分子筛，由于其独特的孔道结构，对许多有机催化反应都表现出择形催化作用。国外 20 世纪 80 年代开始进行了含分子筛的催化重整催化剂的研究和开发工作，包括 ZSM－5 分子筛、载铂丝光沸石、β 沸石和 L 型分子筛等[23]。20 世纪 90 年代先后有了采用分子筛催化剂的工业化运行的报道，如美国 Mobil 公司开发的 MZ－forming 工艺就是采用 ZSM－5 分子筛的催化剂。日本三菱公司和日本千代田公司合作开发的 Z－forming 催化重整工艺已在俄罗斯建设了一套 50kt/a 的工业化装置[15]。美国 Chevron 公司和 UOP 公司分别应用含 Pt 的 L 沸石催化剂工业化了各自的 AROMAX 工艺和 R2 铂重整工艺[3,5,23]。美国 Mobil 公司将 MRU(Mobil Reformate Upgrading)工艺中载有酸性沸石催化剂置于半再生式催化重整装置的末反应器中[3,5,23]。

在这个阶段催化重整催化剂的发展正处于一个相对稳定的时期。催化重整催化剂金属组元，固定床以 Pt/Re 为主导，连续重整以 Pt/Sn 为主导，有的公司引入第三金属组元(或复合金属组元)，以改善催化剂的活性、选择性和稳定性。

由于半再生式催化重整和连续再生式催化重整的操作模式不同，对催化剂的要求也有所不同。一般半再生催化剂要求催化剂有更好的稳定性和选择性，而连续重整催化剂是在系统内连续再生，对催化剂要求有良好的低压反应性能、抗积炭性能和再生性能、金属抗烧结性能和金属再分散性能、适当的堆积密度和良好的机械性能、高抗磨强度、高水热稳定性和氯保持能力以保证催化剂寿命。连续重整催化剂开始是延用半再生的 Pt－Re 催化剂，由于选择性欠佳，很快就被稳定性较差但选择性良好的 Pt－Ⅳ 族金属(Pt－Ge，Pt－Sn)催化剂所替代。各公司都按照对催化剂的要求不断研究改进和开发新的催化剂。

图 1－13 为美国 UOP 公司开发的连续重整催化剂(1971～2000 年)[18]。图 1－14 为美国 UOP 公司催化剂系列的发展[18]。

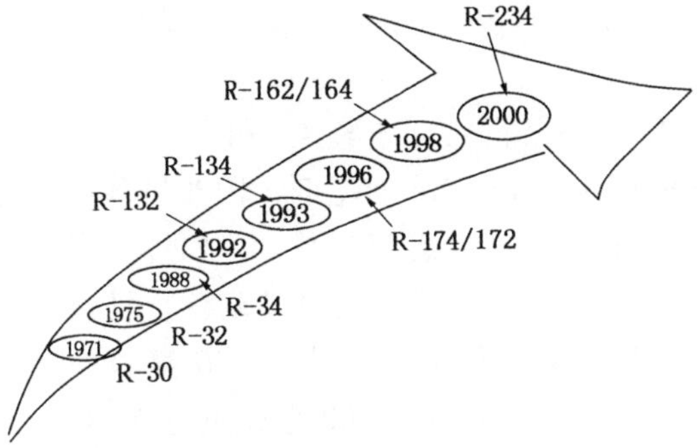

图 1－13　美国 UOP 公司开发的连续重整催化剂(1971～2000 年)

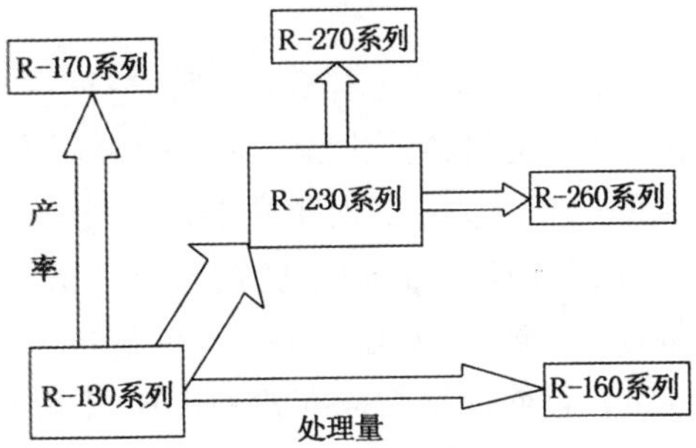

图 1－14　美国 UOP 公司催化剂系列的发展

在这个阶段美国 UOP 公司开发连续重整催化剂的过程如下：

1972 年前，开发了 R－16、R－17 和 R－30 催化剂，这些催化剂的缺点是低水热稳定性和低选择性；

1974～1988 年，解决了第一代催化剂选择性较低问题，开发了低水热稳定性，改善选择性的 R－32 和 R－34(R－30 系列)催化剂；

1992～1998 年，开发了高活性、高水热稳定性和较高选择性的 R－130、R－160、R－170 系列催化剂，解决了 R－130 系列催化剂水热稳定性较低问题；

1999 年之后，开发了低积炭速率和高选择性的 R－230、R－260 及 R－270 系列催化剂。

UOP 公司连续重整催化剂的开发向系列化发展。R－130 和 R－230 系列催化剂是通用型催化剂，适合绝大多数情况；R－160 和 R－260 系列催化剂增加了堆密度，适合老装置扩能伴有催化剂贴壁现象的情况；R－170 和 R－270 系列催化剂的活性和同系列相比，活性下降，但选择性提高，适合于用干点低、芳烃潜含量特别低的原料生产高辛烷值产品的情况。在这种情况下，要求加热炉具备额外的能力，不然会引起装置加工能力的下降。

法国 Axens 公司开发的催化重整催化剂，按压力分类的发展和应用过程如图 1－15 所示[24]。

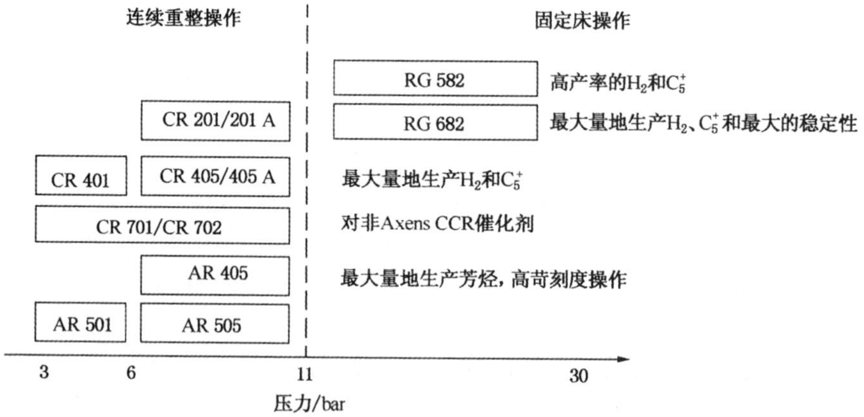

图 1－15 Axens 公司开发的催化剂的应用

注：1bar＝100kPa

法国 Axens 公司有 CR 系列(连续重整用)、RG 系列(固定床重整用)和 AR 系列(芳烃生产用)三类重整催化剂。对在较高压力下操作的固定床 Pt－Re 催化剂，因改进载体上各金属间的相互关系，对催化剂总性能有良好效果，特别是能容忍硫干扰。一种平衡的Pt－Re 催化剂 RG482 比单金属铂剂开工初期 C_5^+ 收率高，活性和稳定性明显改善，延长了操作周期。在第二代铂－铼催化剂 RG－582 配方中增加第三种金属，使开工初期收率提高了1%，操作周期与标准的 Pt－Re 双金属催化剂相同，目前 RG－582 催化剂已在 60 多套工业装置上使用。另一种“斜交”配方的三金属催化剂 RG－682 催化剂，可用于半再生装置，也可用于循环再生装置，提高了稳定性和活性，更易再生，改进了耐焦性，C_5^+ 收率提高了 0.6%～1.0%，循环寿命比传统的平衡双金属 Pt/Re 催化剂高 35% 以上，目前已有超过 15 套装置正在运转，工业实践证明：RG－682 改进了催化剂的选择性、活性、稳定性、再生能力及硫干扰后的恢复能力[17]。斜交配方的三金属催化剂比以前的三金属催化剂有较高的氢产率，例如 RG－682 比 RG－582 的氢产率高 5%，操作初期温度可低 3℃[17,25～27]。

法国 Axens 公司根据汽油和芳烃生产不同要求，确定催化剂配方。产品分为 CR400/700 系列和 AR500 系列，所有催化剂根据要求可提供氧化态和还原态。CR401/R501 专门为 345～621kPa(g)[50～90lbf/in^2(g)]反应压力开发的，采用较高压力运转装置选用 CR505/AR505 催化剂，当需要降低催化剂装填量时，选用性能更好的低密度的 CR701 和 CR702 系列催化剂[17,26]。

以前的催化剂 CR201 用于中压和高压装置，现在新催化剂 CR401 则用于低压装置。这两种催化剂的主要区别是后者采用了优化的金属相沉积技术。该催化剂(CR401)的床层入口温度可降低3℃，C_5^+ 收率可提高0.7%，积炭量降低了22.5%，并延长催化剂寿命。CR702催化剂与CR401催化剂相比，可提高 C_5^+ 收率约2%（校正原料变化、苛刻度和流量因素以后）。由于催化剂粉尘在过程中积累会影响压力降，直至造成停工。换用CR702后粉末减少了，氯化物加入量也大大降低了。

为了在现有设备压力条件下生产最佳产品，已开发和工业化了两种新催化剂AR501和AR505。以前的AR405催化剂已用新一代催化剂置换以提高 C_5^+ 收率，特别是芳烃收率。采用AR505催化剂的工业装置，C_5^+ 收率比用AR405催化剂高1%～2%。虽然AR405也能达到性能目标，但在操作压力上并没优化。

AR501是已优化用于低压操作的催化剂，在低压催化重整装置中用AR501可提高操作苛刻度，具有较高的选择性，提高 C_5^+ 收率和降低积炭量。

美国Criterion公司开发的连续重整催化剂有PS－10/20和PS－40。其中PS－40催化剂的积炭比PS－20减少30%～50%，强度也有所改进，最低颗粒压碎强度增加5～7N，磨损量减少，活性及其他物性与PS－20相同。据报道，PS－40已成功地在许多装置中运转。P－15和PR－50也在几套装置上应用[16,25～27]。

（5）第五阶段（2000年后）的添加第三和/或多金属组元催化剂

2000年后，催化重整催化剂的改进主要表现在金属配比、添加第三和/或多金属组元、催化剂制备技术进步和在载体上做出适当的调整，以在提高催化剂性能的同时降低成本。世界各国各公司均推出各自新开发的催化剂，新催化剂的应用不仅增加催化重整装置和/或整个炼油厂的经济效益，而且催化重整装置和/或整个炼油厂可利用现有的资产对市场的需求迅速做出相应的应变。

① 2000年后美国UOP公司的半再生和连续再生式催化剂及其工业应用

美国UOP公司为了进一步提高装置加工能力，提高重整生成油、氢气和芳烃的收率，改进了催化剂的配方和生产技术，开发了多种半再生和连续再生式催化剂。

（a）美国UOP公司的半再生式催化重整催化剂

美国UOP公司已向世界许多国家炼油厂转让的半再生式催化重整装置达600多套[18]。该公司推出的最新半再生式催化剂为R－98和R－500型催化剂，该催化剂除使用Pt－Re外，还添加了一些助剂以利于提高催化剂的选择性并得到最大的经济效益[10,18,28,29]。

2001年，该公司推出高铼铂比催化剂R－86和等铼铂比催化剂R－88[18,29]。

2005年，该公司推出采用专有助剂Pt－Re催化剂R－98，以降低金属裂化性能，最大限度提高选择性和经济性。与该公司的R－56和R－86催化剂相比，C_5^+ 收率分别高出1%～2%，并可多产100Nft^3/bbl以上的氢气产品[18,29,30]。

2010年，该公司推出已在美国一家炼油厂半再生装置使用R－500高密度的Pt－Re催化剂，该催化剂使用专有助剂，其活性非常高，与该公司其他半再生催化剂相比高出5.56℃以上，并可以降低8.3℃左右的催化重整反应器的初始温度，有利于减少燃料使用量或至少延长25%的循环周期。如果装置循环周期保持不变，则装置可在更苛刻的操作条件下运转[29]。表1－9为2000年后美国UOP公司半再生催化重整催化剂[18,29,30]。

表1-9　2000年后美国UOP公司半再生催化重整催化剂

名　称	推出时间/年	相对密度	助金属	主要特点	工业应用
R-86	2001	低	无	装填成本低、有丰富经验	100套
R-98	2005	低	有	选择性高，装填成本低	25套
R-500	2010	高	有	稳定性、活性、选择性均高	1套

(b)美国UOP公司连续再生式催化重整催化剂

美国UOP公司的大多数连续重整催化剂都含有Pt和Sn双金属，有些催化剂也含有一些助金属，以提高催化剂的选择性。图1-16为持续发展的美国UOP公司连续再生式催化重整催化剂[18]。

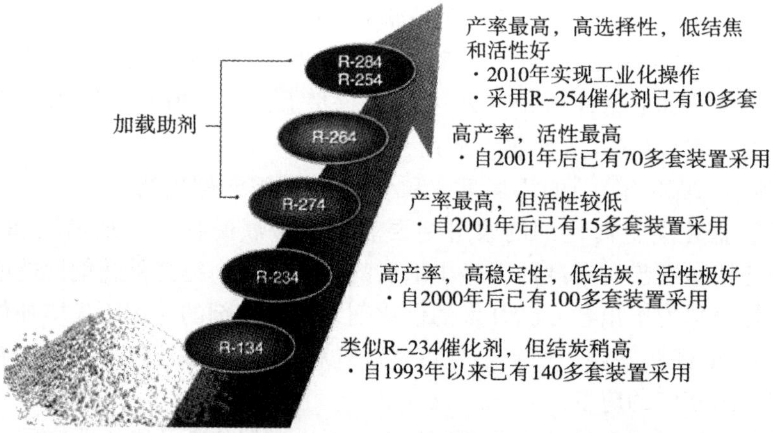

图1-16　持续发展的美国UOP公司连续再生式催化重整催化剂

2000年，美国UOP公司的R-230系列催化剂实现工业化。R-230催化剂与R-130系列催化剂相比，C_5^+ 收率提高0.5%～0.7%，氢产率增加35Nft^3/bbl，生焦量减少20%～25%，该催化剂的使用寿命预计等于或大于高稳定性的R-130系列催化剂[29]。目前世界上共有100多套UOP的连续重整装置应用该催化剂[18]。

2002年，铂含量为0.29%的R-274催化剂实现工业化。该催化剂与R-134催化剂相比，C_5^+ 产率提高1%～2%(体积分数)，氢产率增加5%，积炭下降25%～40%。此外，该催化剂还能提高总芳烃和C_8芳烃的收率[18,29]。

2004年和2007年，该公司推出为增加装置能力，提高产率和降低积炭量的R-264和R-262催化剂，目前已在50多套工业装置上得到应用[29,30]。高密度的R-264/R-262系列催化剂可增加10%～20%的装置能力。R-262催化剂的Pt含量高于R-264催化剂，在加工高硫原料时能保持适当的金属功能，以达到C_5^+ 液体收率、芳烃产率和氢气收率最高。其次，高密度催化剂有利于减小反应器和再生器的尺寸[30,31]。R-262和R-264催化剂在高活性模式下操作，可以提高处理能力和增加C_5^+ 液体和氢气收率，在高选择性模式下操作，可以最大量的生产芳烃和增加C_5^+ 液体及氢气产率，选择合适的苛刻度模式操作，可以最大量的生产C_5^+ 液体和氢气[32]。R-264催化剂适用于新建装置和以生产芳烃为目的的装置，而R-262催化剂可以减少催化剂贴壁现象，可用于装置脱瓶颈改造项目[30,31,33]。

2010 年，该公司推出低密度的 R－254 催化剂和高密度的 R－284 催化剂。R－254 催化剂是 R－274 催化剂的改进型，采用更有效的助金属。经试验表明，R－254 新催化剂比 R－274 在产率相同的条件下活性高 4℃，并证实助金属能有效降低 $C_3 + C_4$（减少酸性裂化）和 $C_1 + C_2$ 产率（减少金属性裂化）。经工业应用证实氢产率提高 20 %，C_5^+ 产率提高 1% ~4%（体积分数），重整生成油研究法辛烷值（净）至少可提高 1 个单位，在保持重整生成油相当时，反应器床层加权平均温度（WABT）降低 5.6 ~11.2℃，催化剂生焦量低于 R－234。由于 R－254 催化剂表面积的增加，增加了氯化物滞留量，使氯化物注入量减少 20% ~50% [31,32]。

R－284 催化剂是选用该公司的高密度氧化铝载体，与 R－264 相比，其催化剂密度、金属和氯化物含量相同，但添加了与 R－254 和 R－274 催化剂相同的助金属，其活性比 R－254 高 2℃，产率也更高些[29]。

R－284 催化剂适用于重整装置受贴壁限制的装置消除瓶颈项目和新建装置，也适用于希望得到最大芳烃和二甲苯产率的芳烃型装置。表 1－10 为 2000 年后美国 UOP 公司连续再生式催化重整催化剂[18,29~33]。

表 1－10 2000 年后 UOP 公司连续再生式催化重整催化剂①

名 称	推出时间/年	相对密度	助金属	主要特点	工业应用
R－234	2000	低	无	选择性好、活性高、装填成本低	
R－274	2002	低	有	选择性优异	15 套
R－264	2004	高	无	活性最高、选择性高、抗磨性好	50 多套
R－262	2007	高	无	抗污染性能好、抗磨性好	
R－254②	2010	低	无	选择性高、活性高	1 套
R－284	2010	高	有	选择性最高、活性高、抗磨性好	

①目前世界上共有 50 多套装置应用 R－234 和 R－232 催化剂（包括 UOP 公司设计和非 UOP 公司设计的连续再生式催化重整装置）。

②R－254 催化剂于 2011 年在美国实现工业化。

（c）美国 UOP 公司催化剂的工业应用

ⓐR－264 催化剂。R－264 催化剂是专门为连续重整装置提高加工量和提高 C_5^+ 和/或芳烃产率而设计的高密度催化剂，其密度大约比 R－130、R－230 和 R－270 系列催化剂高 20%，并具有很高的活性，第一次工业应用情况表明，在原有装置不增加新设备的投资下，既可提高装置加工能力又能提高氢产量[29,30,33]。

A 炼油厂的连续重整装置由于催化剂贴壁的限制不能提高原料加工量。换用 R－264 催化剂的目的是在保持循环气量不变和节省投资改造装置的情况下，提高 10% 的加工量。表 1－11 为 A 炼油厂置换催化剂后的运转数据[33]。该数据表明：在用 R－134 催化剂时，装置的加工量是 1.638Mt/a（38100bbl/d），产品的研究法辛烷值（RONC）为 105，C_5^+ 收率为 83.1%。进料组成 P/N/A 为 60%/30%/10%（体积分数），终馏点（D－86）为 144℃。用高密度催化剂 R－264 替代 R－134 催化剂，装置的加工量提高到 1.802Mt/a（41900bbl/d）[33]。

由于R－264催化剂活性更高、生焦更少，与用R－134催化剂相比，在保持C_5^+、氢气和芳烃产率和C_5^+产品的辛烷值不变的条件下，加工能力提高10%，产品量增加，估计总经济效益每年约增加1100万美元[33]。

表1－11　A炼油厂换催化剂后的运转数据

催化剂	R－134	R－264
操作条件		
进料量/[Mt/a(桶/日)]	1.638(38100)	1.802(41900)
分离器压力/MPa	2.4	2.4
C_5^+ RONC	105	105
加权平均温度/℃	基准	基准＋1.1
产率		
C_5^+/%	83.1	83.1
H_2/(m^3/m^3)	319	319
效益/(万美元/年)		
H_2＋重整生成油	基准	＋6640
进料＋公用工程	基准	－5560
总效益	基准	＋1100

B炼油厂连续重整装置因反应器入口温度受限制不能提高加工量，换用R－264催化剂后，在保持循环气量不变的条件下，加工能力提高7%，如表1－12所示[33]。

表1－12　B炼油厂换催化剂的运转数据

催化剂	R－134	R－264
操作条件		
进料量/[Mt/a(桶/日)]	3.83(89000)	4.09(95200)
分离器压力/MPa	6.1	6.1
C_5^+ RONC	105	105
加权平均温度/℃	基准	基准
产率		
C_5^+/%	88.5	88.6
H_2/(m^3/m^3)	258	258
效益/(万美元/年)		
H_2＋重整生成油	基准	＋11570
进料＋公用工程	基准	－9020
总效益	基准	＋2500

数据表明，用R－134催化剂时，装置的加工量为3.83Mt/a(89000bbl/d)，进料组成*P/N/A*为49%/27%/24%(体积分数)，终馏点(ASTM D—86)为171℃，产品研究法辛烷值(RONC)为105，C_5^+产率为88.5%。用R－264代替R－134以后，由于活性高和生焦少，和A炼油厂一样，在产品的辛烷值和产率保持不变的条件下，加工量提高到4.09Mt/a

(95200bbl/d)。由于产品产量增加，估计总经济效益每年约增加2500万美元[33]。

R－264催化剂在2004年2季度首次用于欧洲一家炼油厂的连续重整装置，目的是提高产品产率，特别是氢气，同时改善装置的灵活性。自投产以来，装置运行平稳，比预期的情况要好。用R－264催化剂的第二套连续重整装置于2004年3季度投产，目的是提高加工量[18]。

ⓑ R－254催化剂。R－254催化剂是美国UOP公司2010年推出的新一代连续再生式催化剂，由于该催化剂含有提高选择性的助剂，因而其选择性高、活性好和相对密度低的特点。2011年该催化剂首次应用在美国堪萨斯州McPherson的炼油厂[18,32]。该厂的固定床半再生催化重整装置建于1955年，1974年、1979年和1992年历经三次改造，1992年改造为UOP公司专利技术的连续再生式催化重整装置，常压再生，设计为三台反应器叠置，加工能力20000bbl/d，催化剂连续再生循环量为1000 lb/h，分离器压力为1.4 MPa，原料油包括15%加氢处理后的焦化石脑油，10%加氢裂化石脑油和75%的直馏石脑油。

1992年该装置改造后，开始使用R－34催化剂，后用R－134催化剂作为补充，2000年用R－234催化剂替代R－134催化剂。2011年又用R－254催化剂替代R－234催化剂。工业运转6个月表明(表1－13)[32]，C_5^+液体产品产率提高1%～2%(体积分数)，氢气产率平均增加20%(250Nft³/bbl进料)，补氯量减少20%～50%(视操作条件而异)，重整产物的辛烷值至少增加一个单位，平均反应器床层温度(WABT)降低10～20 ℉。由于换剂后氢产率的增加，减少了甲烷蒸汽转化制氢的供应量，估计每天可节省8500美元，每年可得到130万美元的经济效益，考虑到R－254催化剂的费用，投资回收期不到一年[32]。

表1－13 R－254催化剂工业运转6个月的结果

项 目	R－234运转末期	R－254运转初期	差值
C_5^+产率/%(体积分数)	75～76	76～77	+(1～2)
氢气产率/(Nft³/bbl)	约1100	约1350	+20%
WAIT/WABT①	基准	+0/－10	降低
催化剂生焦量	基准	降低	降低
氯化物注入量/%	基准	－(20～50)	减少
催化剂细粉量/(lb/d)	5～8	10	+2

①WAIT/WABT为加权平均反应器入口温度/加权平均反应器床层温度。

② 2000年后法国Axens公司的半再生和连续再生式催化剂

法国Axens公司于2011年对美国Criterion公司的催化重整催化剂业务，包括生产设施和专有技术进行了收购。美国Criterion公司的催化重整催化剂的业务被列入法国Axens公司范畴之内[341]。

(a)法国Axens公司的半再生式催化重整催化剂

2007年，美国Criterion公司推出新开发的PR－30固定床催化剂。该催化剂利用氧化铝改质技术，改善了催化剂的酸性功能，其次降低了烷烃的裂解性能提高催化剂的初始活性和稳定性，并在高铼铂比催化剂中加入助剂以提高催化剂的活性和选择性。与该公司的PR－29相比，PR－30催化剂运转末期C_5^+收率可提高20 %。由于该催化剂生焦速度较慢，在不缩短运转周期的前提下提高收率[35]。

之后，法国Axens公司藉助RG系列催化剂生产线，推出采用高纯度氧化铝载体，具有多助剂和高密度的固定床 PR－33 催化剂。该催化剂具有更好的稳定性，更高的重整生成油和氢产率并能承受多次再生[17,34]。

(b)法国 Axens 公司的连续再生式催化重整催化剂

法国 Axens 公司新的连续再生式催化重整催化剂家族系列(图 1－17)[34]是在传统的 Pt－Sn 连续再生重整催化剂配方上添加助剂，目的是提高重整汽油收率和催化剂的稳定性。该系列催化剂的比表面积增加 10% 以上，以得到更好的容氯能力，减少对下游的腐蚀性。新的催化剂家族系列能够满足从低压到中压，从生产汽油或生产芳烃不同模式操作的工艺要求[34]。

新开发的多助剂催化剂系列包括：用于 Axens 公司连续重整装置的 Pt 含量为 0.25% 的高密度汽油型催化剂 CR－601 和 CR－607，Pt 含量为 0.30% 的芳烃型催化剂 AR－701 和 AR－707，以及用于其他重整装置的 Pt 含量为 0.29% 的低密度催化剂 CR－617[34]。

目前 CR 系列催化剂已有三个催化剂投入工业化运转，极大地提高了产率选择性，减少焦炭形成和提高催化剂的持氯能力。实践证明：该系列催化剂 C_5^+ 收率可提高 1.0% ～ 1.5%，氢气质量收率可提高 0.1% 以上(50Nft³/bbl)，并可获得更高的芳烃产率，而焦炭产率可降低 20% 左右。催化剂性能的提高将改善边际效益和允许更苛刻的操作条件以适应加工原料的广泛性[17,34,35]。

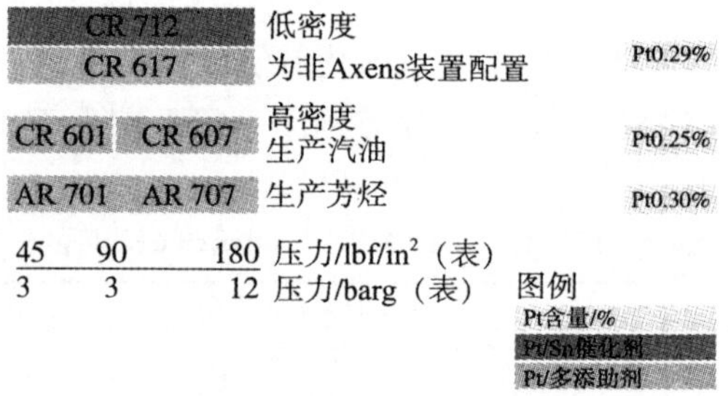

图 1－17 Axens 公司连续再生式催化重整催化剂家族系列

2007 年，Criterion 公司为了应对受加热炉限制的装置，推出 PR－80 连续再生式催化剂。该催化剂铂含量 0.3%，与 PR－40 相同。但活性比 PR－40 提高 5.56℃，催化剂装填量可减少 15% ～20%，C_5^+ 收率或重整生成油辛烷值均有不同程度提高，不仅可增加装置加工能力，而且避免催化剂贴壁现象[36]。

2012 年，法国 Axens 公司在 110 届 AFPM(美国燃料和石化制造业协会)年会的采访中，介绍了最新的 PS－100 高密度连续再生式催化剂，该催化剂采用 Criterion 公司的高品质氧化铝，可在不影响活性前提下，提高催化剂的选择性和活性。与 Pt－Sn 催化剂相比，在汽油操作模式下，C_5^+ 收率可提高 1.0% ～1.5%，氢产率提高 0.10% ～0.15%，在芳烃操作模式下，芳烃产率可增加 0.9%，氢产率提高 0.15%。如果与之前的多助剂催化剂相比，在一般苛刻度条件下，装置能力可提高 15% ～17%。

据法国 Axens 公司称，如果再生系统采用该公司最先进的干式燃烧循环回路设计，在催化剂寿命范围内再生次数可以达到 700 多次[221]。

近期，法国 Axens 公司，改进了催化剂助剂的应用，催化剂的制造的浸渍方法和载体设计，创新了一种低密度连续重整催化剂家族，即相对于 Pt－Sn 体系引入金属助剂，四金属体系与双金属和三金属体系催化剂相比(图 1 - 18)[16]，权衡了催化剂活性、选择性和稳定性性能，提供极好的选择性，而没有活性和稳定性的衰减，使催化剂用量减少 20%，重整生成油收率可提高 0.8%，氢产率增加 0.1%（50Nft^3/bbl），催化剂寿命可超过 7 ~ 9a[16]。

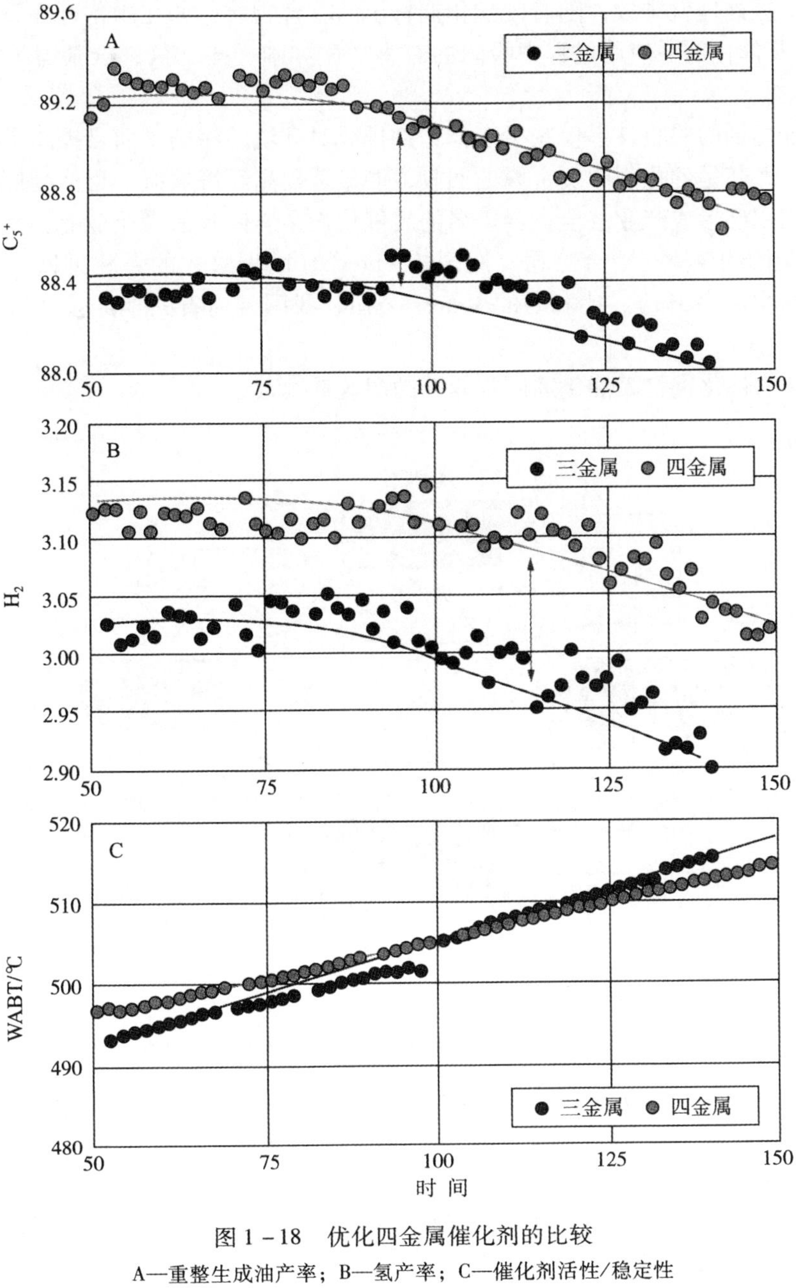

图 1 - 18 优化四金属催化剂的比较

A—重整生成油产率；B—氢产率；C—催化剂活性/稳定性

2. 催化重整废催化剂回收技术的发展

催化剂在石油化工生产中占有相当重要地位，其中约 90% 以上的化学品是借助催化剂生产的。随着石油化工业的发展，催化剂的用量也随之增加。据统计，目前全世界每年工业催化剂用量中炼油催化剂约占52%[37]。据报道，估计全世界每年有10000~15000t的含Pt、Pt-Re、Pt-Ir和Pd的催化重整和其他炼油催化剂可供回收。如果每千克废催化剂以大约70美元的价格(以2001年5月平均的贵金属价格为基准)计算，全世界贵金属回收的总价值约为7亿~10亿美元[3,5,38]同时炼油工业每年也产生大量废催化剂，这些废催化剂如果不经处理就排放，随着废催化剂排出的有害物质，如在制备过程添加的有毒组分CrO_3等以及催化剂在使用过程中吸附的有害物质如砷、硫、氯、羰基镍等均会对环境造成污染。

开展废催化剂的回收，不仅减少废催化剂排放对环境的污染，而且提高了废催化剂资源的再利用，尤其是催化剂中贵金属的回收，能显著提高经济效益。目前废催化剂中贵金属的回收和利用已形成产业，全世界著名的废催化剂金属回收的大企业有：美国的CRI-MET公司、美国的海湾与冶金公司、法国的EureCat(欧洲最大的催化剂回收厂家，年回收量占世界的5%~10%)、比利时的Meterx公司、我国台湾省的丰产公司以及欧洲金属公司(Euromet)等。

图1-19为催化重整废催化剂回收业务的产业链[3,5]。

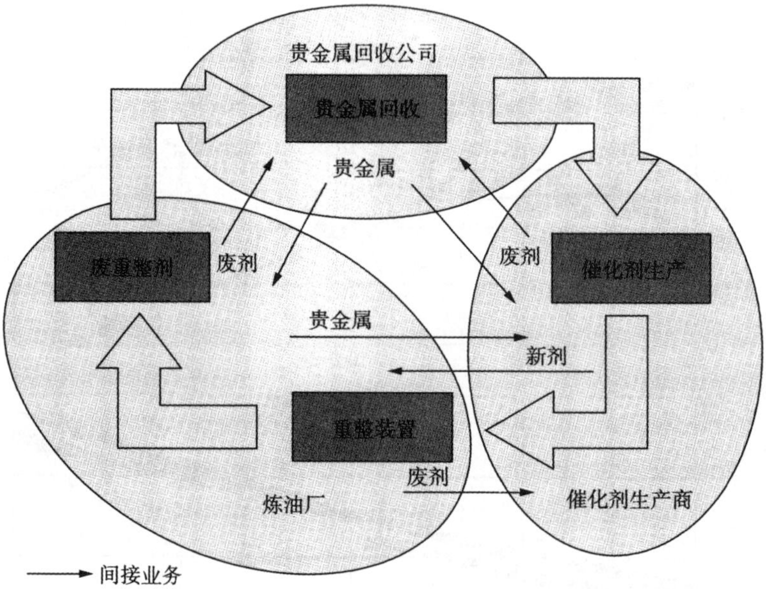

图1-19　催化重整废催化剂回收业务的产业链

从废重整催化剂中回收贵金属可以采用湿法和气相法，但一般多采用湿法回收。

催化重整催化剂含0.2%~0.4%铂，铼/铂=1.5~3.5。从废重整催化剂中回收铂铼贵金属，已有多种工艺：

① 日本专利介绍的首先用还原剂对废催化剂进行预处理，然后，直接用酸溶解载体，铂回收率98%，铼回收率97%[39]。

② 日本的电解法提取铂族金属，铂族金属回收率>89.2%[40]。

③ 俄罗斯的电解法可使含铂0.4%的废催化剂中回收铂，铂的回收率为98%[41]。

④ 日本的萃取法提取铂族金属，铂回收率达98%[42]。

⑤ 英国的一种纤维技术可快速、有效地回收贵金属[43]。

综上所述，国外半再生催化重整催化剂的技术进步，主要表现在进一步提高催化剂的活性、选择性和稳定性。对催化剂性能的改善集中在载体和金属组元二大方面，在载体方面，目前国外多选用热稳定性好的 $\gamma-Al_2O_3$ 作载体，也有专利报道采用 η 和 γ 混合的 Al_2O_3 载体，其形状有球状和条状等。如近几年美国 UOP 公司推出的最新系列催化剂 R－86 及 R－500 等和 Axens 公司推出的 RG－482、RG－492、RG－582 和 RG－682 等，其堆密度均比较低，密相装填密度一般在 0.678g/mL 左右。在金属组元方面，主要改进是组元的配比和第三组元的加入，如 Axens 公司的 RG－582 和 RG－682，UOP 公司的 R－72 催化剂(Pt－Ge 系列)。

国外连续重整催化剂性能的改进，主要表现在改进催化剂的低压高温反应性能，改进再生性能、机械性能、高水热稳定性和持氯能力以及降低催化剂的生产成本。如美国 UOP 公司最近推出的 R－272/274、Axens 公司 CR－701/702、AR－405/501、PS－10/20 和 PS－40 催化剂。

表 1－14 为世界石脑油催化重整催化剂的统计概况[3,5,17,18,29,34,44]。

表 1－14　世界石脑油催化重整催化剂的统计概况

公司及牌号	主要特征	应用(原料)	应用(产品)	形状	堆密度/[(kg/m³)(lb/ft³)]	载体	活性组分
Axens							
AR405,501/505	生产芳烃	石脑油	芳烃	球形	656(41)	Al_2O_3	Pt,Sn
CR 201,301,401/405	连续重整	石脑油	汽油	球形	656(41)	Al_2O_3	Pt
CR 502	循环重整,半再生,(Pt)	石脑油	汽油	球形	560(35)	Al_2O_3	Pt
CR 701,702	连续重整(高稳定性)	石脑油	汽油,芳烃	球形	560(35)	Al_2O_3	Pt,Sn
RG 412	半再生(Pt)	石脑油	汽油	挤条	656(41)	Al_2O_3	Pt
RG 482	半再生(Pt,Re)	石脑油,$S<0.5\mu g/g$	汽油,芳烃	挤条	656(41)	Al_2O_3	Pt,Re
RG 492	双金属	石脑油	汽油	挤条	688(43)	Al_2O_3	Pt
RG 532	循环再生(Pt－Re＋助剂)	石脑油	汽油	挤条	656(41)	Al_2O_3	Pt
RG 582,582A	半再生以得到最大 H_2,C_5^+ 产率	石脑油,$S<1.0\mu g/g$	汽油	挤条	672(42)	Al_2O_3	Pt,Re,助剂
RG 682,682A	半再生(Pt,Re)	石脑油,$S<0.5\mu g/g$	汽油	挤条	688(43)	Al_2O_3	Pt、Re 助剂
CR－712	连续重整	石脑油	汽油	挤条	560	Al_2O_3	Pt、Sn
CR－617	连续重整	石脑油	汽油	挤条	560	Al_2O_3	Pt、Sn、助剂
CR－601/607	连续重整	石脑油	汽油	挤条	690	Al_2O_3	Pt、Sn、助剂
AR－701/707	连续重整	石脑油	芳烃	挤条	690	Al_2O_3	Pt、Sn、助剂
Criterion Catalyst Co							
KX－120,130,160,170,190	见 Exxon Research and Engineering Co.						

续表

公司及牌号	主要特征	应用(原料)	应用(产品)	形状	堆密度/[(kg/m³)(lb/ft³)]	载体	活性组分
P-15	高活性,单金属,低结焦,改进稳定性,高产率	石脑油	汽油或 BTX	专有	705	Al_2O_3	Pt,Cl
P-93,96	单金属	石脑油	汽油或 BTX	专有	专有	Al_2O_3	Pt,Cl
PHF-43,46	单金属	石脑油	汽油或 BTX	专有	专有	Al_2O_3	Pt,Cl
PR-9,11	双金属	石脑油	汽油或 BTX	专有	专有	Al_2O_3	Pt,Re,Cl
PR-15,29,30,33	双金属、半再生	石脑油	汽油或 BTX	专有	专有	Al_2O_3	Pt,Re,Cl
PR-40,80	双金属、连续重整	石脑油	汽油或 BTX	专有	专有	Al_2O_3	Pt,Sn
PS-10	双金属	石脑油	汽油或 BTX	专有	专有	Al_2O_3	Pt,Cl
PS-20,30,40	双金属	石脑油	汽油或 BTX	专有	专有	Al_2O_3	Pt,Cl
PS-100	双金属、连续重整	石脑油	汽油或 BTX	专有	专有	Al_2O_3	Pt,助剂
Engelhard Corp							
E-801	双金属,半再生	石脑油	汽油,BTX	挤条	640(40)	氧化铝	Pt,Re,Cl
E-802	双金属,半再生	石脑油	汽油,BTX	挤条	640(40)	氧化铝	Pt,Re,Cl
E-803	双金属,半再生	石脑油	汽油,BTX	挤条	640(40)	氧化铝	Pt,Re,Cl
Exxon Research & Engineering Co							
KX-120	多金属,半再生或循环再生	直馏/裂化后石脑油	高辛烷值汽油,芳烃	圆柱,挤条	688(43)	Al_2O_3	Pt,Re,Cl
KX-130	多金属	直馏石脑油	高辛烷值汽油	圆柱	704(44)	Al_2O_3	Pt,Re,Cl
KX-160,170	多金属,半再生	直馏石脑油	高辛烷值汽油	圆柱	704(44)	Al_2O_3	Pt,Re,Cl
KX-190	多金属,循环再生	直馏石脑油	高辛烷值汽油	圆柱	688(43)	Al_2O_3	Pt,Sn
Indian Petrochemicals Corp Ltd							
ICR-1001	单金属,高稳定性	石脑油,S<5μg/g	芳烃,汽油	圆柱,挤条	624(39)	Al_2O_3	Pt,Cl
ICR-1002	单金属,低铂,高稳定性	石脑油,S<5μg/g	芳烃,汽油	圆柱,挤条	624(39)	Al_2O_3	Pt,Cl
ICR-2001	双金属,高活性,高稳定	石脑油,S<5μg/g	芳烃,汽油	圆柱,挤条	624(39)	Al_2O_3	Pt,Re,Cl
ICR-3001	多金属,高活性,高稳定	石脑油,S<5μg/g	芳烃,汽油	圆柱,挤条	672(42)	Al_2O_3	Pt,Re,助剂
UOP							
R-55	单金属,半再生	石脑油	汽油或芳烃	挤条	768(48)	Al_2O_3	Pt
R-56	双金属,半再生	石脑油	汽油或芳烃	挤条	768(48)	Al_2O_3	Pt,Re
R-62	双金属,半再生	石脑油	汽油或芳烃	小球	专有	Al_2O_3	Pt,Re
R-85	单金属,半再生	石脑油	汽油或芳烃	挤条	656(41)	Al_2O_3	Pt
R-86,88	双金属,半再生	石脑油	汽油或芳烃	挤条	657	Al_2O_3	Pt,Re
R-98	双金属,半再生	石脑油	汽油或芳烃	挤条	656(41)	Al_2O_3	Pt,Re 助剂
R-500	双金属,半再生	石脑油	汽油或芳烃	挤条	专有	Al_2O_3	Pt
R-132,134	连续重整,高活性	石脑油	汽油或芳烃	小球	560(35)	Al_2O_3	Pt,助剂
R-162,164	连续重整,高密度	石脑油	汽油或芳烃	小球	672(42)	Al_2O_3	Pt,助剂
R-232,234	连续重整,低结焦性能	石脑油	汽油或芳烃	小球	560(35)	Al_2O_3	Pt,助剂

续表

公司及牌号	主要特征	应用(原料)	应用(产品)	形状	堆密度/[(kg/m³)(lb/ft³)]	载体	活性组分
R-272,274	连续重整,低结焦性能,高产率	石脑油	汽油或芳烃	小球	560(35)	Al_2O_3	Pt,助剂
RZ-100	C_6,C_7选择性转化为苯,甲苯	石脑油	BTX	挤条	656(41)	沸石	Pt
R-264	连续重整,活性最高,选择性好,抗磨性好	石脑油	汽油和芳烃	挤条	专有	Al_2O_3	Pt,助剂
R-262	连续重整,抗污染性能好,抗磨性好	石脑油	汽油和芳烃	挤条	专有	Al_2O_3	Pt,助剂
R-254	连续重整,活性和选择性高	石脑油	汽油和芳烃	挤条	专有	Al_2O_3	Pt,助剂
R-284	连续重整,活性高,抗磨性好,选择性最高	石脑油	汽油和芳烃	挤条	专有	Al_2O_3	Pt,助剂
Insti tuto Mexi cano del Petroleco(IMP)							
RNA-1	双金属,半再生	石脑油	汽油	三叶状	专有	Al_2O_3	Pt-Re
RNA-1(M)	双金属,半再生	石脑油(宽馏分)	汽油		专有	Al_2O_3	Pt-Re
RNA-2	双金属	石脑油	芳烃		专有	Al_2O_3	Pt-Re
RNA-4	双金属,连续再生	石脑油	汽油		专有	Al_2O_3	Pt-Sn
SINOPEC							
PS-V	连续重整,高活性	石脑油	汽油或芳烃	小球	560	Al_2O_3	Pt,Sn
PS-V1	连续重整,高选择性	石脑油	汽油或芳烃	小球	560	Al_2O_3	Pt,Sn 助剂
PRT-C	多金属,半再生	石脑油	汽油	挤条	专有	Al_2O_3	Pt,Re 助剂
PRT-D	多金属,半再生	石脑油	汽油	挤条	专有	Al_2O_3	Pt,Re 助剂

(二) 国内催化重整催化剂的发展沿革

我国催化重整催化剂的研究和开发工作始于20世纪50年代，1958年研制开发成功了我国第一个铂重整催化剂，并于1965年成功地应用到大庆炼油厂我国自行设计、建设的第一套铂重整装置中。此后，又开发了一系列单铂和双(多)金属催化剂并先后实现了工业化。20世纪80年代以后，又开发了新一代的Pt-Re双(多)金属催化剂。进入20世纪90年代后，主要开展了连续重整催化剂(Pt-Sn)系列的研究和应用，并在国内连续重整装置上得以广泛应用。实践证明，国产催化剂无论从贵金属含量、理化性质和反应性能等方面都已达到世界先进水平。

1. 国内半再生催化重整催化剂的发展

1980年以前的单铂催化重整催化剂在我国催化重整发展的历史上发挥了重要作用。20世纪80年代以后开发的用于固定床半再生重整装置的高铼铂比系列催化重整催化剂有CB-6、CB-7、CB-8、CB-9、CB-70、CB-11、3932和3933等工业牌号，这个时期的Pt-Re/$\gamma-Al_2O_3$双(多)金属催化剂，其稳定性、抗积炭能力、液体产率和芳烃产率等方面均达到或超过国外同类催化剂的指标。据1997年年底统计，国产的Pt-Re系列重整催化剂国内市场占有率已达到93%以上。

在以往的研究和工业化运转的基础上，以低压操作为目标，提高催化剂活性、选择性和稳定性，大幅降低催化剂积炭量，提高 C_5^+ 液体收率、芳烃产率、氢产量及处理量为目的，采用成本较低，物化性能优异的载体，引入新的催化组元 X 及制备技术等多项新技术，于2002年研究开发成功的新一代多金属 PRT 系列半再生催化重整催化剂，工业牌号为 PRT－A、PRT－B、PRT－C、和 PRT－D。PRT－A 和 PRT－C 为等铼铂比催化剂，PRT－B 和 PRT－D 的铼铂比大于1。该系列催化剂以铂、铼和助催化金属组元及氯为活性成分，高纯氧化铝为载体，具有氯保持能力强，再生能力好的特点，适用加工各种性质的石脑油原料。PRT－C 和 PRT－D 催化剂与 CB－6 和 CB－7 相比，C_5^+ 收率增加3.34%，芳烃产率提高2.19%，芳烃转化率高30.2%，氢产率高0.18%，氢纯度提高5.23%。工业应用结果证实，PRT－C/PRT－D 催化剂处理初馏点/终馏点＝75/172℃，$P/N/A$＝42.62%/46.50%/10.88%的原料时，反应器入口温度530℃，压力0.69MPa 条件下，芳烃产率70.87%，RONC＝102.8，辛烷值产率87.4%。表1－15为国内半再生催化重整催化剂概况。

表1－15 国内半再生催化重整催化剂概况

商品牌号	金属组元/%		堆密度/(kg/m^3)	形 状	载 体	工业化时间/年	备 注
	铂	Re/第三组元					
3741	0.50	Re 0.26	780	ϕ2～3 小球	$\eta-Al_2O_3$	1974	$S<1\mu g/g$
3741－乙	0.50	Re 0.45	760	ϕ1.8～2.5 小球	$\gamma-Al_2O_3$	1985	$S<1\mu g/g$
3752	0.60	Ir 0.1、Ce 0.22	760	小球	$\eta-Al_2O_3$	1977	$S<1\mu g/g$
CB－4	0.48	Sn 0.27	820	小球	$\eta-Al_2O_3$	1977	$S<1\mu g/g$
CB－5	0.47	Re 0.35	820	ϕ1.6～2.5 小球	$\gamma-Al_2O_3$	1985	$S<0.5\mu g/g$
CB－5B	0.47	Re 0.35	760	ϕ1.5～2.5 小球	改性 $\gamma-Al_2O_3$	1992	$S<0.5\mu g/g$
CB－6	0.30	Re 0.28	820	ϕ1.5～2.5 小球	$\gamma-Al_2O_3$	1986	$S<0.5\mu g/g$
CB－60	0.25	Re 0.25	760	ϕ1.4～1.6 条	$\gamma-Al_2O_3$	1995	$S<0.5\mu g/g$
3982	0.25	Re 0.25	760	ϕ1.4～1.6 条	$\gamma-Al_2O_3$	1995	$S<0.5\mu g/g$
CB－7	0.22	Re 0.44	820	ϕ1.5～2.5 小球	$\gamma-Al_2O_3$	1990	$S<0.5\mu g/g$
CB－70	0.22	Re 0.44	760	ϕ1.4～1.6 条	$\gamma-Al_2O_3$	1995	$S<0.5\mu g/g$
3933	0.22	Re 0.44	760	ϕ1.4～1.6 条	$\gamma-Al_2O_3$	1995	$S<0.5\mu g/g$
CB－8	0.15	Re 0.30	760	ϕ1.5～2.5 小球	改性 $\gamma-Al_2O_3$	1991	$S<0.5\mu g/g$
CB－9	0.25	Re 0.25＋X	820	ϕ1.5～2.5 小球	$\gamma-Al_2O_3$	1997	$S<0.5\mu g/g$
CB－11	0.25	Re 0.40	760	ϕ1.5～2.5 小球	改性 $\gamma-Al_2O_3$	1998	$S<0.5\mu g/g$
3861－II	0.58	Sn 0.50	580	小球	$\gamma-Al_2O_3$	1998	$S<0.5\mu g/g$
PRT－A	0.25	Re 0.25/X_1		γ－挤条	$\gamma-Al_2O_3$	2002	低压
PRT－B	0.21	Re 0.48/X_2		γ－挤条	$\gamma-Al_2O_3$	2002	低压
PRT－C	0.25	Re 0.25/X_1		γ－挤条	$\gamma-Al_2O_3$	2003	低压
PRT－D	0.21	Re 0.48/X_2		γ－挤条	$\gamma-Al_2O_3$	2003	低压

据2012年6月统计，国内已有33套固定床催化重整装置和国外3个国家各有一套固定床催化重整装置应用 PRT 系列催化剂。

2. 国内连续重整催化剂的发展

20世纪80年代以后，主要开展研究适应连续重整装置的 Pt－Sn 系列催化剂，1986年我国自行开发的第一个国产化连续重整催化剂(3861)于1990年成功地应用到石油三厂引进的400kt/a连续重整装置中,替代了国外的催化剂。随后又相继开发了新的低铂含量的Pt-Sn催化剂,工业牌号为GCR-10,并于1994年成功地应用到广州石化引进的400kt/a连续重整装置上。这些Pt-Sn催化剂在工业试用后均表现出良好的选择性、活性和抗磨性。随着连续催化重整的广泛应用,我国已研究开发一批高水热稳定性和高活性的连续重整催化剂,2000年后,开发了具有独特的孔型结构、高耐磨性和高表面积稳定性,显著改善水热稳定性的PS-Ⅴ和PS-Ⅶ催化剂。PS-Ⅶ催化剂与PS-Ⅳ和PS-Ⅴ催化剂相比,液体收率增加2.0%,芳烃收率提高1.15%,积炭量降低20%,更适合用于以生产芳烃为目的高苛刻度的连续再生式的催化重整装置。这些催化剂具有以下特点:

(1) 以高纯氢氧化铝为原料制备的,具有特殊孔结构的球型氧化铝为载体,使催化剂的水热稳定性得到显著提高,催化剂的活性和机械性能也得到进一步的改善。

(2) 采用了独特的助剂引入方式和混合竞争吸附等技术,使金属组元在催化剂上达到高度分散,贵金属铂的用量低于国外同类型催化剂。

(3) 在催化剂生产厂实现了催化剂卤素含量的最佳调节,改进了催化剂器外还原技术。

表1-16为国内连续重整催化剂的概况。

表1-16 国内连续重整催化剂概况

催化剂牌号(工业牌号)	金属组元/%		堆密度/(kg/m^3)	形 状	载 体	工业化时间/年	备 注
	铂	其他					
PS-Ⅱ(3861)	0.38	Sn 0.30	560	ϕ1.4~2.0小球	$\gamma-Al_2O_3$	1990	反应性能好、高耐磨性
PS-Ⅲ(GCR-10)	0.29	Sn 0.30	560	ϕ1.4~2.0小球	$\gamma-Al_2O_3$	1994	反应性能好、高耐磨性、低铂
PS-Ⅳ(3961/GCR-100A)	0.35	Sn 0.31	560	ϕ1.4~2.0小球	$\gamma-Al_2O_3$	1996	高水热稳定性、高活性
PS-Ⅴ(GCR-100/3981)	0.28	Sn 0.30	560	ϕ1.4~2.0小球	$\gamma-Al_2O_3$	1998	高水热稳定性、高活性、低铂
PS-Ⅵ(FR-11/RC011)	0.28	Sn 0.31+X	560	ϕ1.4~2.0小球	$\gamma-Al_2O_3$	2001	高选择性、低积炭、低铂
PS-Ⅶ(RC-031)	0.35	Sn 0.31+X	560	ϕ1.4~2.0小球	$\gamma-Al_2O_3$	2004	高选择性、低积炭、高铂

按照催化剂的特点,上述表中的连续重整催化剂的开发可以分为三个阶段。

第一阶段:3861和GCR-10催化剂,活性、选择性、再生性能好,磨损小。

第二阶段:3961和GCR-100催化剂,活性和选择性有较大提高,尤其是水热稳定性得到大幅度改善。

第三阶段:RC-011催化剂,在保持3961和GCR-100催化剂的水热稳定性和活性的同时,进一步提高其选择性,特别是催化剂的积炭大幅度降低。RC-011催化剂适用于各种类型的连续重整装置,特别是再生能力受限制的连续重整装置的扩能改造。

继 RC-011 催化剂之后,国内又开发成功高活性、高芳烃产率和低积炭特性的PS-Ⅶ催化剂,并于2004年成功应用于工业装置。

目前,我国连续再生式催化重整催化剂持续发展,成功地研究开发了两种新的催化剂,这两种催化剂具有更高的液体收率如芳烃产率,并具有抗磨性能、高活性、高选择性能和低积炭性能。

二、催化重整工艺的发展沿革

(一) 国外催化重整工艺的发展

1. 国外催化重整工艺的发展

催化重整工艺的发展与催化重整催化剂的发展密切相关,两者相辅相成。

1936~1940年,С К Макаров 和 А В Агафонов 在研究热重整汽油加氢稳定反应过程中,采用钼催化剂,在氢压4.0~6.0MPa和400~450℃的条件下,发现藉助烷烃脱氢环化反应生成芳烃,焦炭沉积很少。这一发现被应用于随后的工业芳构化过程——临氢重整。

1940年,美国 Mobil 公司在得克萨斯城的泛美公司炼油厂建成了世界上第一套催化重整装置,以氧化钼(或氧化铬)/氧化铝为催化剂,称之为"临氢重整",又称钼重整(或铬重整)。在480~560℃、1.0~2.0MPa氢压下,以80~200℃的直馏汽油为原料,得到辛烷值约80的汽油组分。由于该方法处理量小,催化剂活性低,积炭速率很快,因而反应周期短,操作费用大。第二次世界大战后,就停止了发展[15]。

1949年,美国 UOP 公司建成了世界上第一套以铂-氧化铝为双功能催化剂的固定床重整装置,称之为铂重整(Platforming)工业装置。该装置建设在美国密执安州的马斯基根(Muskegon)的老荷兰(Old Dutch)炼油厂,装置的处理量为7.5kt/a。装置可在较缓和的条件下(450~520℃、1.5~5.0MPa氢压),得到辛烷值约90的汽油组分,液体收率高达90%左右,催化剂活性较高,积炭速率较慢,一般可以连续生产半年至一年而不需要再生催化剂。铂重整工业装置的投产,是世界催化重整工艺过程发展中的一个重要里程碑。从此,催化重整得到了迅速的发展[14,45]。

1955年,为了提高铂重整反应苛刻度,美国 Exxon Research&Engineering 公司开发了采用循环再生的强化重整和半再生式强化重整[4,45,46]。Indiana Standard Oil 公司开发了采用循环再生的超重整[45]。

1967年,由于铂-铼双金属重整催化剂的工业化,美国 Chevron Research 公司开发了采用铂-铼双金属催化剂的铼重整(Rheniforming)工艺,使催化重整工艺又有了新的突破[3~5,44,45]。

1971年和1973年,美国 UOP 公司的 CCR (Catalyst Continuous Regeneration) Platforming 工艺和法国 IFP 的辛烷值化(Octanizing)工艺工业化以后,使积炭催化剂得以连续再生,催化剂可长期显示最高活性,重整生成油的液体收率和芳烃产率可达到最佳状态,催化重整工艺技术达到一个崭新的阶段。

半个世纪以来,根据所使用的催化剂类型、工艺流程和催化剂的再生方式的特点,各国各公司相继开发了多种催化重整工艺过程,其中有:UOP 公司的铂重整(Platforming)、

Houdry Div. of Air Product and chemicals 公司的胡德利重整(Houdriforming)工艺和 Iso – Plus Houdriforming 工艺、Indiana Standard Oil 公司的超重整(Ultraforming)工艺、Exxon Research & Engineering 公司的强化重整(Powerforming)工艺、Engelhard Minerals & Chemicals 公司的麦格纳重整(Magnaforming)工艺、Chevron Research 公司的铼重整(Rheniforming)工艺、UOP 公司的连续重整(CCR Platforming)工艺和 IFP 的辛烷值化/芳构化(Octanizing/Aromizing)工艺等。表 1 – 17 为各种工业化的催化重整工艺[3~5,14,15,45]。

表 1 – 17　各种工业化的催化重整工艺

方法名称	专利公司	公布时间	首次工业化时间	床形及再生方式	催 化 剂
固定床临氢重整 Fixed – bed Hydroforming	Mobil	1939	1940. 3	固定床 循环再生	MoO_2/Al_2O_3
铂重整 Platforming	UOP	1949. 3	1949. 10	固定床 半再生	Pt/Al_2O_3
卡特重整 Catforming	Atlantic Refining	1951. 2	1952. 8	固定床 半再生	$Pt/SiO_3 - Al_2O_3$
流化床临氢重整 Fluid Hydroforming	Mobil	1951. 5	1952. 12	流化床 连续再生	MoO_3/Al_2O_3
胡德利重整 Houdriforming	Houdry Div. of Air Product Chemicals	1951. 5	1953. 9	固定床 半再生	Pt/Al_2O_3
塞莫重整 Thermofor Catalytic Reforming (TCR)	Socony – Vacuum	1951. 5	1955. 3	移动床 连续再生	CrO_2/Cr_2O_3
超重整 Ultraforming	Indiana Standard Oil	1953. 11	1954. 5	固定床 循环再生	Pt/Al_2O_3
正流式流化重整 Orthoforming	Kellogg	1953. 7	1955. 4	流化床 连续再生	MoO_3/Al_2O_3
索伐重整 Sovaforming	Socony – Vacuum	1954. 1	1954. 11	固定床 半再生	Pt/Al_2O_3
移动床重整 Hyperforming	Union Oil Co. of California	1952. 2	1955. 5	移动床 连续再生	$CoO_3 - MoO_3/Al_2O_3$
强化重整 Powerforning	Exxon Research & Engineering	1955. 3	1955	固定床 循环再生或半再生	Pt/Al_2O_3
IFP 催化重整 IFP Catalytic Reforming	IFP	1960	1962	固定床 半再生	Pt/Al_2O_3
麦格纳重整 Magnaforming	Engelhard Minerals & Chemicals	1965	1967. 5	固定床 半再生	Pt/Al_2O_3

续表

方法名称	专利公司	公布时间	首次工业化时间	床形及再生方式	催化剂
铼重整 Rheniforming	Chevron Research	1967	1970.1	固定床 半再生	$Pt-Re/Al_2O_3$
连续催化剂再生铂重整 CCR Platforming	UOP	1971	1971.1	移动床 连续再生	$Pt-Re/Al_2O_3$
Axens 连续重整 Octanizing/Aromizing (辛烷值化/芳构化)	Axens	1971	1973	移动床 连续再生	$Pt-Sn/Al_2O_3$
沸石重整 (Zeoforming Process)	SEC Zeosit		1992	固定床 半再生	沸石基催化剂 IC-30

(1)固定床临氢重整(Fixed-bed hydroforming)工艺

临氢重整工艺是最早在工业中应用的催化重整工艺过程。属固定床循环再生型式。

1939 年，美国的 Mobil 石油公司、Kellogg 公司和 Indiana Mobil 石油公司宣布固定床临氢重整工艺方法，取名为"临氢重整"。该工艺为固定床、循环再生式工艺流程，使用 $(MoO_2/MoO_3)/Al_2O_3$ 催化剂[4]。装置有 4 个固定床反应器，每 2 个反应器串联成一组，分成 A、B 两组，交替切换操作，即：A 组进行反应时，B 组催化剂进行烧焦再生。工艺操作参数为：反应压力 1.0~2.0MPa，反应温度 480~560℃，体积空速 0.35~1.0h^{-1}，循环氢气 1000~1500$Nm^3/(m^3$ 油·h)，反应周期 4~16h[4]。这种"临氢重整"装置在第二次世界大战期间共建了 7 套工业装置，用于生产 TNT 炸药原料——甲苯和航空汽油。第二次世界大战后，这些临氢重整装置用于生产车用汽油调合组分。图 1-20a 为固定床临氢重整(Hydroforming)工艺流程。[4,15]

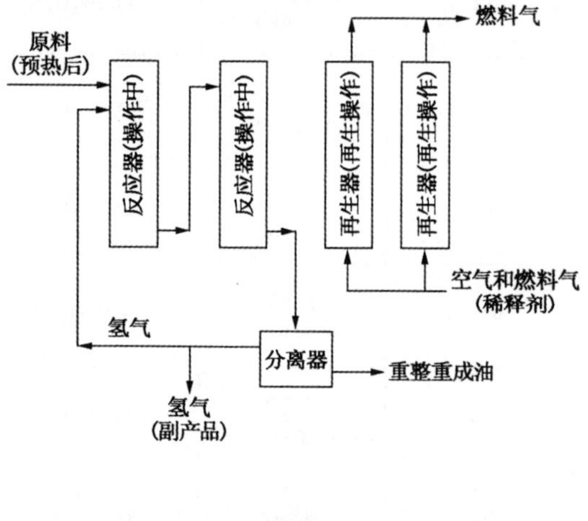

图 1-20a 固定床 Hydroforming 工艺流程

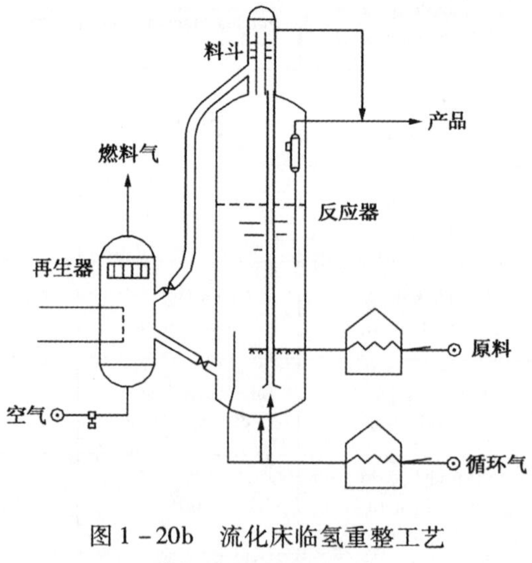

图 1-20b 流化床临氢重整工艺
(Fluid Hydroforming)

(2)流化床临氢重整(Fluid Hydroforming)工艺

Mobil 石油公司自1939年第一个"临氢重整"工艺装置投产以后，1952年又推出了铬、钼和钴-钼氧化物/氧化铝为催化剂的流化床临氢重整(Fluid Hydroforming)。由于流化床临氢重整采用金属氧化物 MoO_3(Cr_2O_3)/Al_2O_3 为催化剂，其活性低、反应温度较高(480~540℃)，液时空速较低(0.3~1.0h^{-1})，工艺操作较复杂、反应效率低，因而在工业上未得到广泛应用。图1-20b为当时的流化床临氢重整工艺流程[15]。

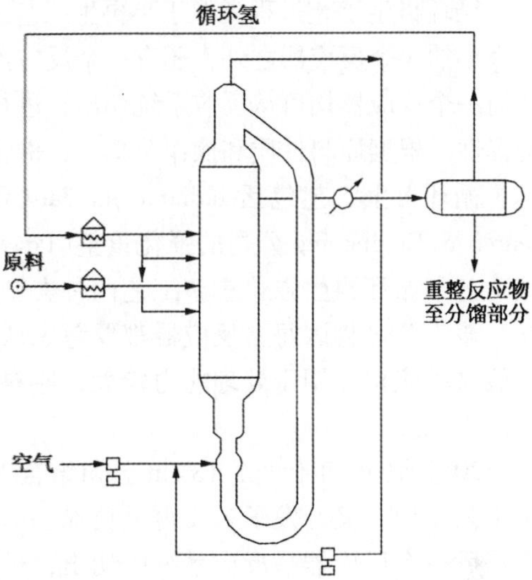

图1-21a 移动床催化重整(Hyperforming)工艺流程示意图

(3)移动床催化重整(Hyperforming)工艺

Hyperforming 工艺是移动床重整工艺(Moving-bed reforming process)。

1955年，美国加州联合油公司(Union Oil Co. of California)开发的移动床催化重整也是采用金属氧化物 CoO_3-(MoO_2/MoO_3)/Al_2O_3 为催化剂[11]。以直馏石脑油原料，反应器的工艺操作条件为温度425~480℃(800~895℉)，压力2758kPa(400lbf/in^2)。催化剂在510℃(950℉)和2861kPa(415lbf/in^2)的操作条件下再生[4]。但因催化剂活性低、反应温度较高，操作较复杂，因而在工业上也未得到广泛应用。图1-21a为移动床催化重整工艺流程示意图[15]。图1-21b为 Hyperforming 工艺流程[4]。

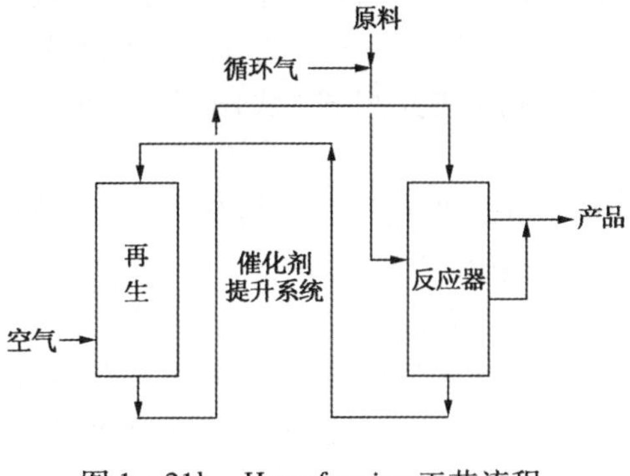

图1-21b Hyperforming工艺流程

(4)半再生催化重整工艺(Semiregenerative catalytic reforming process)

固定床半再生式工艺过程是早期发展的催化重整工艺，第一套工业化装置于1949年建成投产，是美国UOP公司研究开发的。此工艺至今也是世界上应用较为广泛的工艺过程。据2011年统计，UOP公司在世界范围的授权的固定床 Plat forming 工艺装置已超过600套[18,29]。

半再生式催化重整工艺，反应器采用固定床形式，并列布置。当运转一定时期后，因催化剂活性降低而不能继续使用，必须将装置停下来进行催化剂的再生(或更新新的催化剂)，然后重新开工运转。其中以UOP公司的铂重整(Platforming)工艺、Houdry Division of Air Products and Chemicals 公司的胡德利(Houdriforming)工艺、Engelhard Minerals and Chemicals 公司的麦格纳重整(Magnaforming)工艺和 Chevron Research 公司的铼重整(Rheniforming)工艺应用较多。

近年来，由于采用工业化的双(多)金属催化剂，根据原料和产品要求，固定床半再生催化重整装置也可生产RON达85~100的重整汽油。催化剂一般可再生5~10次，装置操作周期一般为1～3年[4]。

(5)循环再生(全再生)催化重整工艺(Cyclical catalytic reforming process)

循环再生工艺过程类似于半再生工艺过程，反应器采用固定床形式，不同的是除采用同样大小的4个反应器之外，还有一个反应器作为交替切换用，即游动反应器(Swing reactor)。任何一个反应器均可从反应系统切出，进行催化剂就地再生，以保持系统中催化剂的活性与选择性。根据原料性质和操作苛刻度，催化剂再生周期可从几天至几周或数月。

循环再生工艺包括Indiana Standard Oil公司的超重整(Ultraforming)工艺，Exxon Research & Engineeing公司的强化重整(Powerforming)工艺。强化重整工艺有半再生式强化重整工艺和循环再生强化重整工艺两种类型[32,33]。

该工艺过程因每台反应器都要考虑从系统中单独切出，管线和阀门较多，流程复杂。一般这种流程适用于处理能力较大、原料较难处理以及高苛刻度操作生产高辛烷值汽油产品的工况。

20世纪70年代末，Exxon公司结合KX-130铂-铱重整催化剂的应用，依据循环再生工艺原理，又开发了末反再生技术。即在系统内设置3～4个反应器串联操作，必要时将最后一个反应器从反应系统中切出，进行再生后再返入系统。

循环再生型工艺可在低压和低氢烃比下操作，原料为宽馏分，研究法辛烷值为100～104，但焦炭沉积率很高，催化剂再生时间为16～72h，而使用间隔为1周之内至1个月[3,5]。

(6)连续再生(移动床)催化重整工艺(Continuous catalytic reforming process)

连续再生催化重整工艺流程与半再生和循环再生工艺流程不同的是除反应器外，还设一个再生器，反应器为移动床形式。催化剂可以连续地从前一个反应器的下部进入到后一个反应器的上部，并从最后一个反应器下部提升到再生器内再生，再生后催化剂返回到第一反应器。这种流程允许装置在高苛刻条件下操作，压力和氢油比较低，产品收率较高，而且操作稳定，运转周期长，可以生产RON95～106左右的汽油馏分。

目前世界上的连续重整有重叠式(美国UOP公司)和并列式(法国IFP/Axens)两种工艺。

连续(再生)重整工艺自20世纪70年代工业化以来，发展迅速。据统计，世界连续再生式催化重整加工能力占整个催化重整加工能力的比例由2000年的29.7%增长至2010年的47%[29]。2010年世界范围授权的CCR催化重整装置中超过250套是UOP公司的CCR Platforming工艺装置[18,29]。美国UOP公司授权的连续催化重整工艺最大规模装置的加工能力为2.45Mt/a，最大再生规模为2041kg/h。采用Axens专利技术的连续重整工艺装置已超过100套[17,34]，最大规模装置加工能力为1.90Mt/a，该公司目前正在设计单套装置加工能力为3.00Mt/a(70000bbl/d)的装置。

1971年美国UOP公司在美国海岸炼油厂投产了世界上第一套催化剂连续再生式的连续重整装置(CCR Platforming)，常压再生，处理能力为0.902Mt/a。1974年又投产了处理能力为2.0Mt/a的连续重整装置。1979年该公司完成了世界上第一套半再生催化重整装置改造为催化剂连续再生式的催化重整装置。1988年11月在美国Koch炼制公司的得克萨斯州的Corpus Cristi炼油厂投产了世界上第一套加压再生的连续重整装置，装置处理能力为1.30Mt/a。1993年该公司又开发了CycleMax新的连续再生技术，进一步简化了操作和提高操作性能。

1973 年法国 IFP/Axens 的第一套连续再生式催化重整装置(Octanizing)在意大利的 San Quirico 炼油厂投产，处理能力为 81.6kt/a，该装置是由半再生式催化重整装置改造为连续再生式催化重整装置，催化剂按间歇批量再生。1988 年在意大利的 IROM 投产了 IFP 的低压连续再生催化重整装置，加工能力为 645kt/a。1991 年在韩国 Ssangyong 公司的炼油厂投产了 IFP 的第一套 RagenB 再生式催化重整，随后该公司相继开发了 RegenC 和 Regen C2 等再生技术。

IFP 的连续重整用于生产高辛烷值汽油组分的称为辛烷值化(Octanizing)工艺，用于生产芳烃的称为芳构化(Aromizing)工艺[3~5,17]。

催化剂连续再生催化重整装置的工业化，标志着催化重整工艺过程的操作条件向着更苛刻方向发展，催化剂的理化性质、反应性能和再生性能也进入一个崭新的时期。

半再生流程最为简单，循环再生次之，连续再生较复杂。后两种流程由于能使催化剂经常保持较高的活性，同时由于在低压(0.35 ~ 1.7MPa)、低氢油摩尔比(3.3 ~ 5.0)和高空速下操作，因此具有很多优点，如生产的重整油其无铅研究法辛烷值可达 95 ~ 108，重整油收率一般比半再生要高。在生产操作中，如原料质量变差，或催化剂受原料中毒物暂时污染，或短期内原料预处理生产波动等都影响不大。除了催化剂永久中毒或热破坏之外，都能很快地恢复催化剂的活性。

在循环再生装置中，即便是永久中毒或热破坏，也可以在不停工的情况下更换一个反应器的催化剂。在原料组成一定的条件下，连续再生工艺由于在较低的压力下操作，因此氢气和汽油收率较高，但因投资和操作费用高，所以规模小的装置不经济。

三种再生形式的催化重整工艺的比较见表 1 - 18[14]。

近十多年来，由于人们对运输燃料和芳烃增长的需要，新型活性、稳定性和选择性较为优异的双(多)金属催化剂的研制成功和催化重整装置规模日益扩大，移动床连续再生重整加工能力增长较快，固定床半再生和循环再生工艺的比例有所下降。[29]

表 1 - 19 为 2002 年世界催化重整中各种再生形式的加工能力按地区区分的统计[7]。

表 1 - 18 三种再生形式的催化重整工艺的比较

工艺类型	半再生(SR)	连续再生(CCR)	循环再生
装置规模	随意	较大	中等
典型压力/MPa	1.4 ~ 2.1	0.35 ~ 0.85	1.0 左右
氢油摩尔比	5 ~ 8	1.5 ~ 2.5	3 ~ 4
C_5^+ 产物 RON	~96	97 ~ 105	~100
C_5^+ 收率/%	基准	高	稍高
氢气产率/%	基准	高	稍高
原料适应性	一般	好	较好
生产灵活性	一般	大	较大
装置运转周期	基准	长	长
装置能耗	较低	较高	较高
总投资	较低	高	较高

表1-19　2002年世界各地区催化重整各种再生形式的比较

地　区	2002年催化重整加工能力/(Mt/a)	2002年各种再生型式的加工能力/(Mt/a)			
		半再生	循环再生	连续再生	其　他①
美　国	151.03	63.46	38.54	49.03	
加拿大	15.00	11.79	0.73	2.48	
拉美和加勒比海地区	30.23	25.10	0.19	4.32	0.60
西　欧	89.20	49.95	11.58	26.06	1.61
独联体和中/东欧	63.50	51.96	2.04	9.01	0.49
中　东	28.54	17.73	2.00	1.87	1.87
非　洲	16.65	14.30	0.19	0.30	1.86
亚洲-太平洋	86.83	34.33	5.90	39.74	6.87
世界合计	480.99	268.61	61.18	137.88	13.32

① 其他形式表示没有明确分类再生形式。

由于受经济、地区、装置规模和产品不同的影响，目前催化重整工艺仍然是固定床催化重整工艺(包括半再生和循环再生)和连续重整工艺并存，但连续重整装置加工能力显示增加趋势，而固定床催化重整装置加工能力则趋向下降。2010年中国的连续重整装置的产能已占催化重整装置总产能的47%[10,29]。

图1-22为2000年和2010年世界各地区连续重整加工能力[29]。图1-23为世界催化重整装置各种再生形式的加工能力[29]。图1-24为世界各地区连续重整装置能力增长[29]。

从图中可见，连续重整装置的加工能力呈稳步增长趋势，而固定床半再生重整装置的加工能力则呈下降趋势。连续重整装置的加工能力增长最快的是中国、印度和中东，2010年连续重整装置的加工能力已占世界连续重整装置总加工能力的17%[29]。

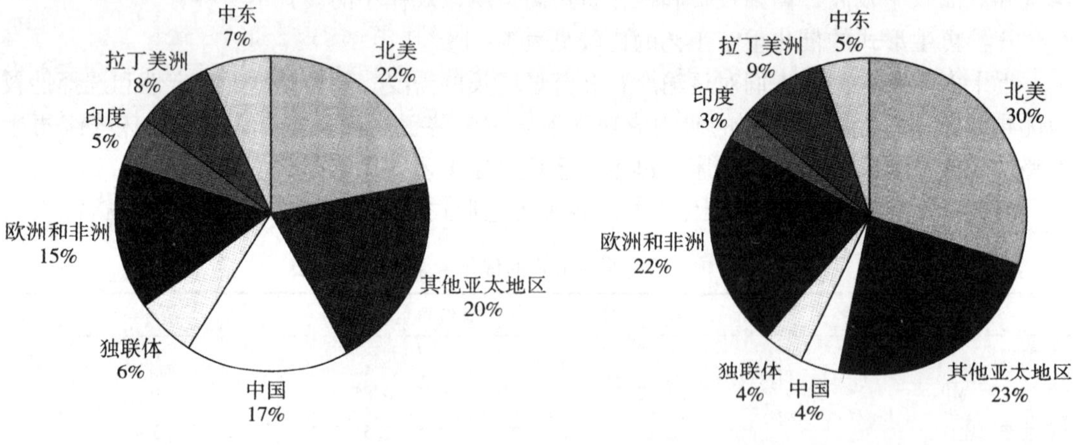

图1-22　2000年和2010年世界各地区连续重整加工能力分布

过去10年间，2001~2010年，连续重整装置加工能力综合年均增长率(CAGR)为4.5%，而固定床半再生式重整装置加工能力的CAGR则为负值，即-4.5%[29]，其原因是陈旧的固定床半再生式重整装置逐渐被高效大型的连续重整装置所替代。其中，中国、印度、独联体和中东地区连续重整装置加工能力明显增加而北美和欧洲，增速非常缓慢，仅为1%[29]。表1-20为2001~2010年世界各地区连续重整装置加工能力的增长[29]。

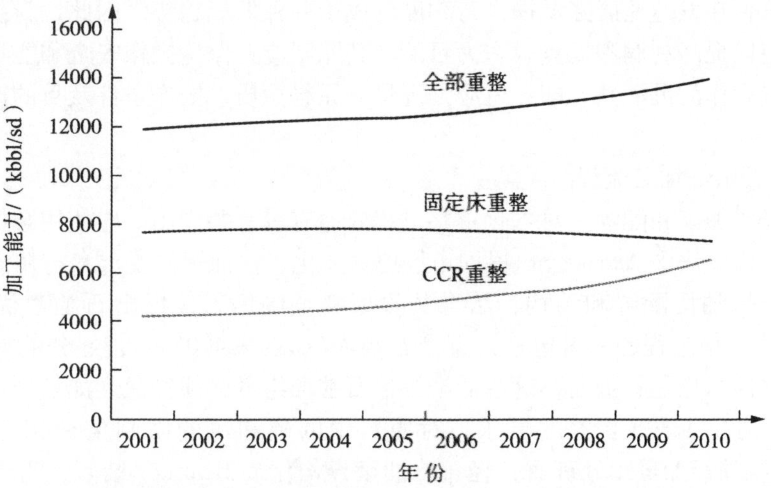

数据来源：PIRA能源集团—世界炼油数据库，Q4 2010能力数据

图 1－23 世界催化重整装置各种再生形式的加工能力

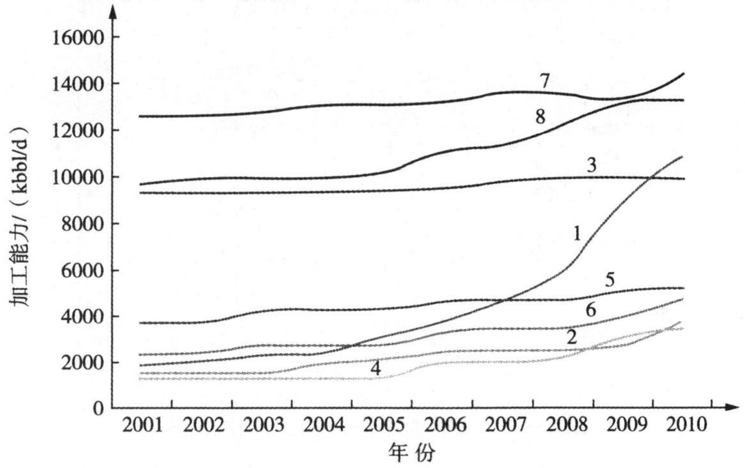

数据来源：PIRA能源集团—世界炼油数据库，Q4 2010能力数据

图 1－24 世界各地区连续重整装置加工能力增长

1—中国；2—独联体；3—欧洲和美洲；4—印度；5—拉美；6—中东；

7—北美；8—其他亚太地区

表 1－20 2001～2010 年世界各地区连续重整装置加工能力的增长 %

地区	中国	独联体	欧洲和非洲	印度	拉丁美洲	中东	北美	其他亚太地区	平均
CAGR	19.4	9.4	0.7	10.7	3.3	7.4	1.4	3.2	4.5

据统计，2010 年世界催化重整装置加工能力为 495.11Mt/a，其中连续再生式催化重整装置加工能力占总催化重整装置加工能力的 47%，则其加工能力为 232.70Mt/a[8,29]。

2. 国外催化重整装置工程设计技术进步

为适应高辛烷值汽油、石油化工原料（BTX）和氢气需求的增长，将新建和改造现有的催化重整装置，尤其是许多装置的原料和操作条件与原设计已有很大差别；其次，大多数情况下，为了达到最大量生产氢气和低限控制辛烷值的平衡，装置实际运转的苛刻度远远低于原设计值，在发达地区降低操作苛刻度已成为一种发展趋势。因此，新装置设计和现有装置改造应以提高利润和能量效率为目的。其原则应在保持操作安全和能量效率的条件下，考虑装置操作的灵活性，即：适应处理量、原料性质、操作条件及目的产品等诸多因素的变化。

(1)优化石脑油加工流程

石脑油资源加工和配置，对催化重整过程效益有着重要作用。应使用合适的模型评估原料变化和性质。法国 Axens 公司根据市场原料变化、汽油规格要求和与在汽车燃烧的最终排放限制、炼油厂配置和结构，结合装置原料范围增宽，提出石脑油优化加工流程(图 1－25)[34]。该过程的原料包括：直馏石脑油(C_5 ~ ±400 ℉)、馏分油或渣油加氢处理装置的石脑油和焦化石脑油，这些低辛烷值石脑油组分必须经深度加氢处理才能满足下游(重整和异构化工艺)装置的要求，对原料中的硫和氮的限制值分别为 0.5μg/g 和 0.2μg/g。石脑油经加氢预处理后，轻石脑油至异构化或 $Benfree_C$ 装置，得到的低苯含量的汽油入汽油池；重质石脑油进催化重整装置后经分馏后得到高辛烷值汽油进入汽油池。

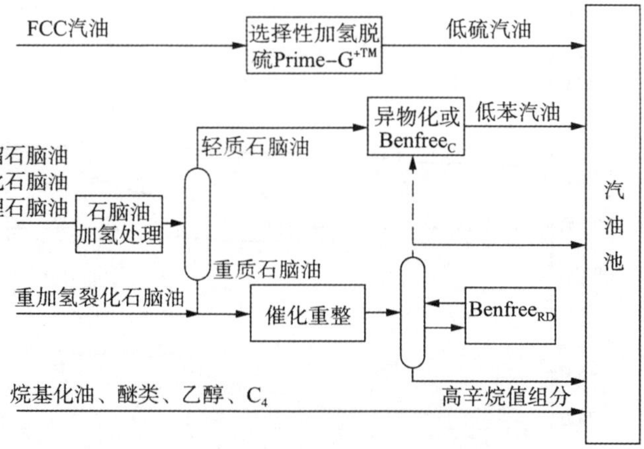

图 1－25 石脑油加工一体化工艺流程图

(2)装置优化

按照市场需求，装置设计应具有灵活操作模式，既可生产相对较低辛烷值的汽油燃料，又能生产富含芳烃的高辛烷值产品；

在降低 CCR 重整装置运转苛刻度时，一般有富余的再生能力，可以选用加工更困难的原料(如：焦化石脑油)，也无需任何改造就可以利用现有富裕的再生能力[29]。

在有两个以上催化重整装置的炼油厂，如果将 CCR 重整装置产能扩大到淘汰固定床催化重整装置，不但可以提高重整生成油和氢气产率，而且大幅提高装置加工能力。用新的 CCR 重整装置替代和/或淘汰原有固定床催化重整装置，设计复杂程度取决于固定床催化重整装置的使用年限和加工目标等因素。可以用增加新的叠置式反应器、加热炉、进料/产物换热器、氢气压缩机和再生单元等；设计还包括更换反应器内件(入口分配器和中心管等)，改进催化剂的输送系统，如：阀门的改进和提升管顶部增加无冲击弯管(impactless elbow)等[29]。

(3)提高能量效率

提高能量效率是保持装置和/或炼油厂盈利的重要因素。一座 7.50Mt/a 的炼油厂，配置原油蒸馏、FCC、CCR、焦化、加氢脱硫、烷基化和硫磺回收等装置，CCR 装置的能耗约占全厂总能耗的 18.06%，几乎接近 1/5[47]。一般半再生重整装置能耗约为 0.70～0.90 Gcal/t 进料，连续重整装置约为 0.7～1.05Gcal/t 进料。

降低操作压力以使产率最高，但将增加操作苛刻度和增加催化剂所需的再生频率，并可能限制反应器单元的流体输送能力。同样，可以降低氢气的循环速率达到循环压缩机节能的效果，但也会增加催化剂再生频率的增加。采用实时的优化解决方案，可以平衡各种参数，实现最佳的操作条件，但这种优化随原料性质、处理量和目标产品变化而改变[29]。

采用低压降和末端温差小的 Packinox 焊板式进料/产物换热器，可直接减少能源消耗。

(4)控制系统升级

升级控制系统，包括采用最新的催化剂再生控制系统(CRCS)、故障诊断技术，如美国 UOP 公司的 OpAware™工具等[10,29]。

(5)催化剂 Catapat 密相装填技术和 Texicap 催化剂床层顶部的导流板技术[26,27]。

(二) 我国催化重整工艺的发展沿革

1. 概况

自 20 世纪 60 年代初在石油三厂建成 20kt/a 的催化重整工业实验装置以后，1965 年我国大庆炼油厂建成投产了第一套 100kt/a 的催化重整工业装置[48]。至今，我国的催化重整工业历经了约半个多世纪的发展，从研制催化剂开始，到目前已能生产各种先进的催化重整催化剂和承担各种催化重整工艺装置的工程设计(包括各种催化剂连续再生方式的催化重整装置)、自行建设、开工和长周期运转[48]。迄止 2013 年 1 月 1 日，我国的催化重整装置共有 83 套，总加工能力为 55.61Mt/a，约占原油加工能力的 9.67%，其中连续重整装置 52 套，加工能力为 48.26Mt/a，单套装置平均能力为 0.93Mt/a。半再生装置 31 套，加工能力为 7.35Mt/a，单套装置平均加工能力为 0.24Mt/a。半再生装置和连续重整装置的加工能力分别占催化重整装置总加工能力的 13.22% 和 86.78%。

在 83 套装置中，目的产品为芳烃的有 17 套，加工能力为 7.35Mt/a，占总能力的 29.83%。目的产品为高辛烷值汽油组分的有 50 套，加工能力为 22.32Mt/a，占总能力的 40.14%。其余 16 套是生产芳烃同时兼顾生产汽油，加工能力 16.70Mt/a，占总能力的 30.03%。表 1-21 为我国催化重整装置的概况。

表 1-21　我国催化重整装置的概况①

分类	形式	套数	加工能力/(Mt/a)	平均能力/(Mt/a)
再生形式	半再生①	31	7.35	0.24(占总加工能力的 13.22%)
	连续再生	52	48.26	0.93(占总加工能力的 86.78%)
	合计	83	55.61	
目的产品	芳烃	17	16.59	占总加工能力的 29.83%
	高辛烷值汽油	50	22.32	占总加工能力的 40.14%
	二者兼顾	16	16.70	占总加工能力的 30.03%
	合计	83	55.61	

①因有几个炼油厂的连续再生式催化重整装置投产后，停运的半再生式催化重整装置。

图 1－26 表示我国催化重整逐年发展概况[48]。图 1－27 表示世界主要国家和我国的催化重整加工能力占原油加工能力的比例[8]。图 1－28 表示我国连续再生催化重整装置的发展概况。图 1－29 表示我国的半再生催化重整装置的发展概况[48]。图 1－30 表示我国两种再生形式的催化重整装置加工能力的比较。

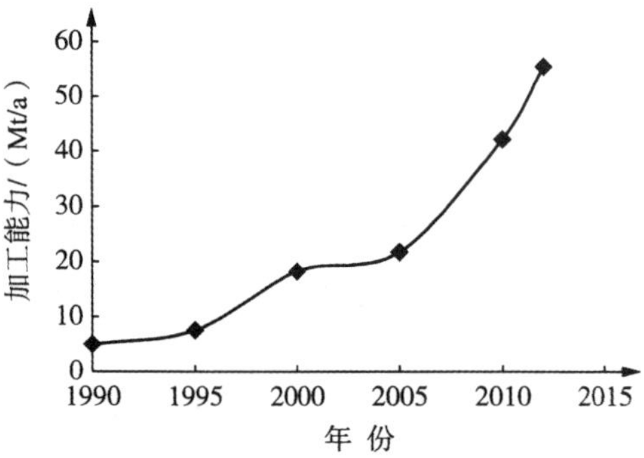

图 1－26 我国催化重整装置逐年发展概况

2. 我国催化重整工艺的发展

从 20 世纪 50 年代开始，我国的炼油科研、设计、施工和生产单位在炼油工业的催化裂化、催化重整、延迟焦化、尿素脱蜡和催化剂及添加剂方面作了大量的科研开发、设计和生产建设工作，先后取得了一系列的成就，并被称誉为炼油工业的“五朵金花”，使得我国炼油工业

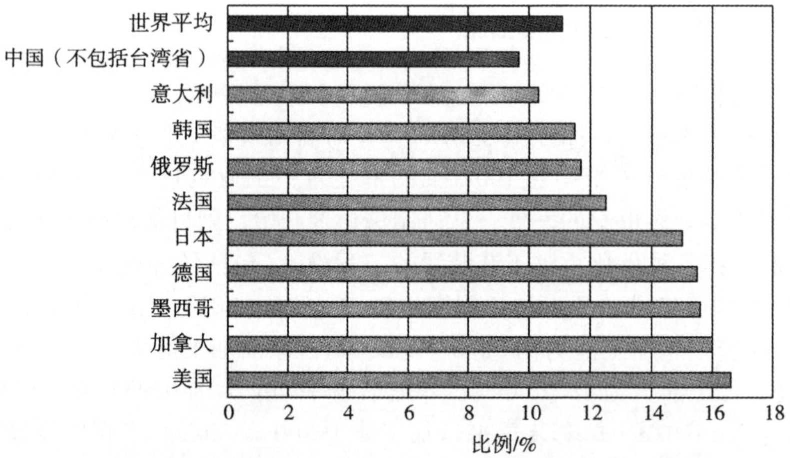

图 1－27 2012 年世界主要国家与我国催化重整加工能力占原油加工能力的比例

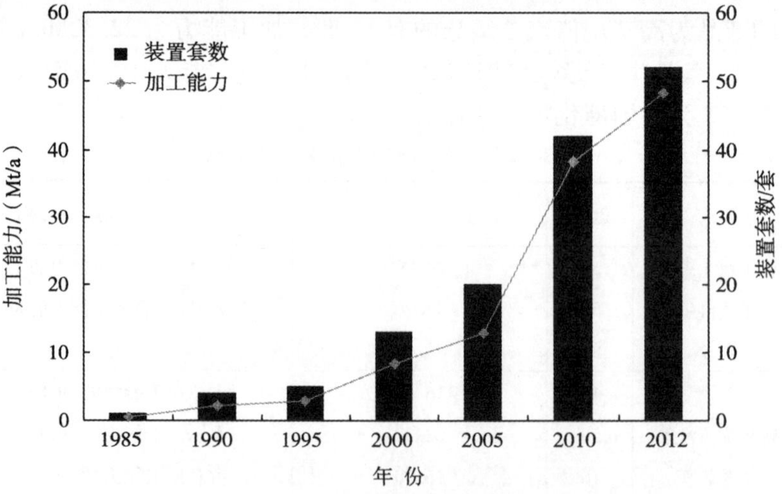

图 1－28 我国连续再生催化重整装置的发展概况

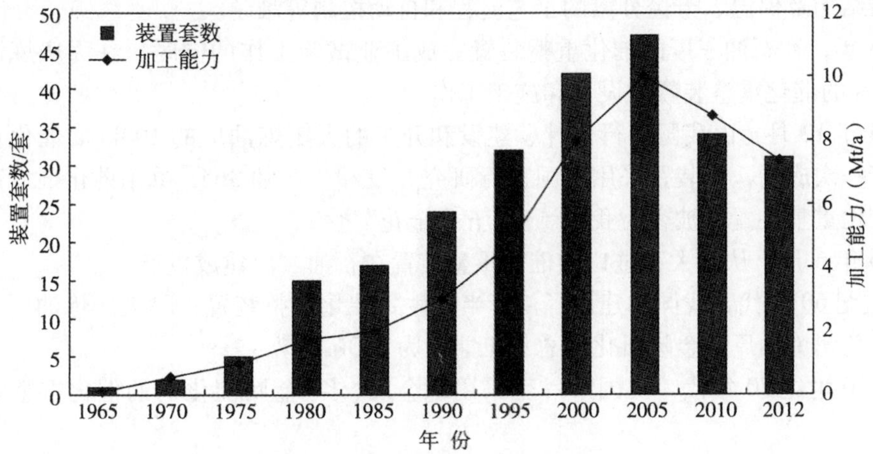

图 1－29 我国半再生催化重整装置的发展概况

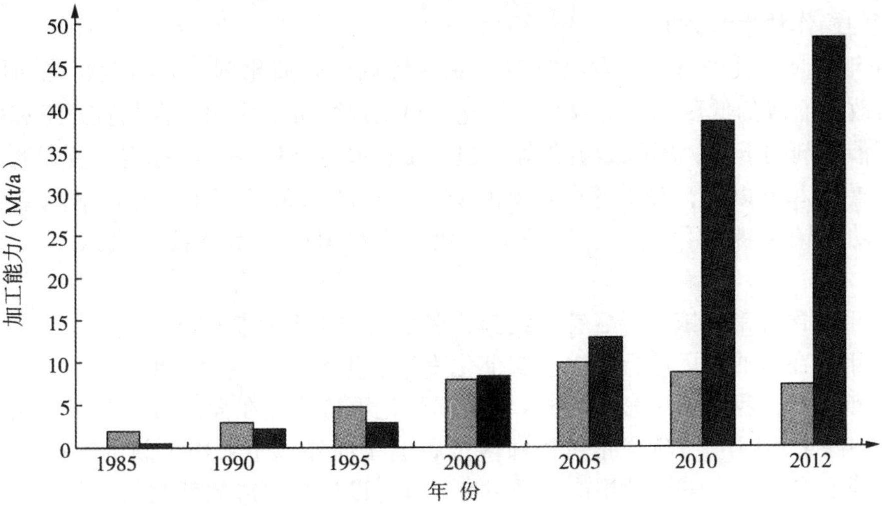

图 1－30 我国两种再生形式的催化重整装置加工能力的比较

的二次加工技术有了较大的技术进步[48]。

我国催化重整工艺的研究开发工作于 20 世纪 50 年代开始，1965 年实现工业化。由于我国原油性质较重，所含重整原料少。因此，20 世纪 80 年代前所建设的装置，大多数是规模较小的固定床半再生式催化重整。20 世纪 80 年代以后陆续引进了美国 UOP 公司和法国 IFP 的连续再生式催化重整工艺技术，规模也逐步大型化，至今不但掌握世界最先进的催化重整工艺和工程技术还研究开发和设计建设拥有自主专利技术的催化重整催化剂和工艺过程，并投入工业化运转。其过程大致分为五个阶段：

（1）20 世纪 60 年代，被誉为我国炼油五朵金花之一的催化重整装置诞生

从 20 世纪 50 年代中期开始，我国开始研制催化重整催化剂并进行工业实验，1955 年在实验室研究并制成了铂催化剂，并进行小型恒温反应实验。20 世纪 50 年代后期，开始进行了利用二乙二醇醚溶剂抽提生产芳烃的实验室工作。

20 世纪 60 年代初，在石油三厂建成 20kt/a 的催化重整工业试验装置，开始了研究、设计、生产相结合的催化重整工业试验工作。在试验期间先后克服了催化剂的砷中毒、重

整反应器结构及保温、芳烃分离的工艺流程和自动控制等难题。

1963 年，在石油三厂的催化重整装置完成工业试验工作的同时，在大庆炼油厂进行了 100kt/a 的催化重整装置的设计和施工工作。

1965 年 12 月，由我国自行设计、建设和开工的大庆炼油厂的 100kt/a 催化重整装置试运投产一次成功，该装置采用我国自行研究开发和生产的 3651 单铂催化剂。这是我国第一套催化重整装置，被誉为我国炼油“五朵金花”之一。

1966 年 6 月，从意大利进口的催化重整装置在石油二厂建成投产。

20 世纪 60 年代，我国共建设了 4 套半再生式催化重整装置，除大庆炼油厂和石油二厂外还有兰州炼油厂和金陵石化，总加工能力为 550kt/a[48]。

(2) 20 世纪 70 年代，我国第一套采用双金属(多)金属催化剂的催化重整装置建成投产

在 20 世纪 70 年代期间，我国催化重整工艺技术取得了新的发展，主要表现在开发应用了双(多)金属催化剂和相应的催化重整工艺，改进了催化重整反应器的结构，以及改进了装置的操作技术等方面。

1974 年 9 月，我国自主开发出“3741”铂 - 铼双金属催化剂，并在兰州炼油厂的催化重整装置改建而成的低压铂 - 铼双金属催化重整工业装置上应用。在装置开工和操作中先后解决了催化剂的干燥、还原和硫化等问题，使装置运行良好。经标定，装置的芳烃转化率比原装置高 20% 以上，轻质芳烃收率由 28.5% 提高到 36% 以上。铂 - 铼双金属催化剂的研制成功和铂 - 铼催化重整装置的工业化，使我国催化重整技术进入了一个新的发展阶段。

1975 年，含有铂、铱、铝、铈等组分的多金属催化剂研制成功。

1976 年，在石油三厂进行了多金属催化重整催化剂工业放大试生产。

1977 年 5 月，我国第一套 150kt/a 多金属催化重整装置在大连石油七厂建成投产。该装置设计中除采用国产“3752”铂铱铝铈多金属催化剂外，还采用了新的蒸馏脱水流程和低压反应等工艺过程。该装置并首次采用我国自行设计和制造的径向反应器、多流路加热炉、纯逆流立式换热器、多流路加热炉和联合烟道等新设备和国产微量分析仪、芳烃在线分析仪等仪器。该套装置操作条件为：压力 1.3MPa(表压)，温度 502℃，体积空速 $1.96h^{-1}$ 和氢油体积比 1460。以大庆直馏石脑油为原料，重整芳烃产率 55.4%，循环氢系统压力降 0.526MPa，达到当时引进同类装置的技术水平[49]。

1977 年在催化重整装置上首次实现了二段混氢新工艺，提高了反应的选择性和 BTX 收率，而且降低了系统压降和能耗。此外，还进行了氟氯型单铂催化剂的氯化更新的研究，不仅改善了催化剂的活性和稳定性，而且保证了装置的长周期操作。有的装置加强了对单铂催化剂的水氯调整，改进环境控制，强化操作，使 BTX 产率提高了 2.5 个单位，芳烃转化率提高 6 个单位[49]。

20 世纪 70 年代开始进行了芳烃联合装置的引进工作，接触国外先进的芳烃生产工艺技术。该时期共有 9 套半再生催化重整装置投产，总加工能力 920kt/a[48]。

20 世纪 70 年代，我国共有半再生催化重整装置 13 套，总加工能力为 2140kt/a[48]。

表 1 - 22 为该阶段几套催化重整装置的操作条件和产率[50]。

表 1-22 几套催化重整装置的操作条件和产率

厂名及装置类型	大庆炼油厂 铂重整	长岭炼油厂 铂重整	兰州炼油厂 铂铼重整	长岭炼油厂 铂锡重整	石油七厂 多金属重整
标定时期	1966 年 11 月	1973 年 3 月	1974 年 1 月	1977 年 7 月	1977 年 5 月
原 料	大庆 (初~130℃)	大庆 (初~130℃)	大庆 (初~145℃)	大庆 (初~135℃)	大庆 (初~145℃)
芳烃潜含量/%	36.2	41.5	41.8		44.96
操作条件					
压力/MPa(kgf/cm^2)	2.68(27.3)	2.60(26.5)	1.3~1.8(14~18)	1.72(17.5)	1.30(13.23)
温度/℃	495	485	485	490~496	490
空速/h^{-1}	6.6	3.35	2.0	1.96	1.93
氢油体积比	1015	1480	1310	1030	1460
反应总温降/℃	96.6	93	123	139.3	148
脱戊烷油收率/%	89.36	88	84.7	89.8	82.8①
脱戊烷油芳含/%	35.4	36.8	52.5	47.4	67
重整芳烃产率/%	31.6	32.6	44.5	42.55	55.4
重整转化率/%	84	78	106	113	123
实得 BTX 收率/%	30.12	27.98	38.6	39.6	49.2
其中:苯/%	7.1	5.38	7.1	8.45	9.7
甲苯/%	13.9	12.1	16.7	18.07	21.2
二甲苯/%	9.12	10.5	14.8	13.11	18.3

① 为稳定塔塔底的液体收率,包括戊烷。

(3) 20 世纪 80 年代,开始建设催化剂连续再生式的催化重整装置

20 世纪 80 年代开始建设引进的催化剂连续再生式催化重整装置。同时我国自行研究和开发的催化重整工艺和重整催化剂均取得一定的发展和成果。在此期间共有 21 套催化重整装置建成,总加工能力达 3.35Mt/a。其中半再生重整装置 20 套,总加工能力为 2.75Mt/a,连续重整装置 1 套,加工能力为 600kt/a。

1983 年,石油三厂开始筹备建设一套采用法国 IFP 专利技术的连续催化重整装置。由国内承担工程设计,第一次在引进的连续重整装置上使用国产催化剂,有 96% 以上的设备由国内自行制造。这套装置于 1990 年 8 月试车投产成功。

1985 年 3 月上海金山石化 400kt/a 连续重整装置投产,采用 UOP 公司重叠式反应器和常压催化剂连续再生技术生产芳烃,重整反应压力 0.8MPa。1998 年已改造为 500kt/a。

1989 年,我国自行设计的第一套以环丁砜为溶剂的 200kt/a 的芳烃抽提装置在锦州石油六厂建成投产。

在这个时期投产的半再生重整装置有7套(天津、锦西、镇海、克拉玛依、吉林、泽普、乌鲁木齐和锦州)，总加工能力为1.28Mt/a。投产的连续重整装置只有上海金山石化的400kt/a装置。

(4) 20世纪90年代后，催化重整进入大发展时期，催化剂连续再生式催化重整装置迅速发展

为了满足生产高辛烷值汽油和增产芳烃与氢气的需要，20世纪90年代以后，我国催化重整进入了大发展时期，尤其是连续重整装置迅速增加。同时开始设计和建设以生产对二甲苯为主要产品的芳烃联合装置。

到20世纪90年代末，我国共有催化重整装置51套，总加工能力为15.65Mt/a，其中半再生重整装置39套，总加工能力为7.75Mt/a，连续重整装置12套，总加工能力为7.90Mt/a，超过半再生重整装置的总加工能力，占催化重整装置总加工能力的50.47%。

20世纪90年代，我国的扬子石化、广州石化、石油三厂、洛阳炼油厂、辽阳化纤、吉林石化、镇海炼油厂、燕山石化、金陵石化、高桥石化、兰州石化先后投产了11套连续重整装置，总加工能力达7.30Mt/a。其中属于UOP公司常压再生技术的2套，加压再生技术的4套，CycleMax技术的2套。属于IFP(Axens)分批再生技术的2套，RegenB再生技术的1套。在此期间大多数催化重整装置只引进专利技术，工程设计和工程承包均由国内承担。

20世纪90年代，我国开始建设辽化二期芳烃联合装置，它包括石脑油加氢、催化重整、芳烃抽提、歧化、异构化、二甲苯分馏和吸附分离等7套装置组成的联合装置，年产250kt对二甲苯、25kt邻二甲苯和120kt苯。联合装置中的7套装置分别采用美国UOP公司的连续重整技术、环丁砜为溶剂的芳烃抽提、Isomar异构化技术、Tatoray歧化技术和Parex吸附分离技术。辽阳化纤的这套芳烃联合装置，由国内承包，大部分设备均由国内自行制造。装置于1996年8月一次投产成功，对二甲苯的产品纯度达99.9%，邻二甲苯产品纯度达99.20%，苯的冰点5.46℃，达到同类型联合装置的先进水平。

这个时期还分别建设了天津石化和洛阳石化的芳烃联合装置。

(5)进入21世纪，我国自主开拓创新的催化重整工艺过程相继投入工业应用

2000年1月，我国第一套只付专利费，由自己编制工艺包和工程设计的600kt/a连续重整装置在齐鲁石化公司一次投产成功。装置采用国产的GCR-10催化剂，操作压力为0.37MPa，反应温度525℃，空速$2.2h^{-1}$，H_2/HC摩尔比为2.2。生产RON为102的高辛烷值汽油组分，重整汽油收率为86%，氢气产量约为$40000Nm^3/h$(氢纯度92%)。

2000年9月，由我国承担EPC总承包的天津石化250kt/a芳烃联合装置投产。这套联合装置采用美国UOP公司专利技术，主要设计工作由国内负责，基本采用国内自行制造的设备和国产催化剂。

2002年3月，我国自行研究开发、设计和建设的500kt/a的低压组合床催化重整装置，在长岭炼油厂投产成功。组合床重整工艺中，前部采用固定床反应器，后部或最后一个反应器采用移动床反应器，并配置催化剂连续再生系统。我国开发的低压组合床工艺较原半再生重整装置的重整生成油收率可提高3.0%以上，芳烃收率提高2%~3%，氢产率明显提高[50]。表1-23为国内的低压组合床和国外同类装置的比较[50]。

表 1-23 国内低压组合床与国外同类工艺技术的比较

项 目	国外参比装置 1	国外参比装置 2	国 内
工艺名称			LPCBR
反应压力/MPa	1.2	1.54	0.7 ~ 0.9
氢烃摩尔比	4.6	5.0 ~ 6.0	3.0 ~ 4.0
氢产率/%	2.6	2.4	~3.0
运转周期/月	12	12	>12

2002 年 7 月，在锦西石化公司成功投产了我国自行承担全部设计的 600kt/a、采用美国 UOP 公司专利 CycleMax 再生技术的连续重整装置。

2002 年 9 月，在乌鲁木齐石化公司投产了我国第一套采用 IFP 的 RegenC 连续再生新工艺的 400kt/a 连续重整装置。

2003 年 2 月，在镇海石化公司投产了采用美国 UOP 公司 CycleMax 技术的 1.20Mt/a 连续重整装置，这套装置的投产使我国连续重整装置向大型化又前进了一步。

2006 年 12 月和 2008 年 8 月，青岛丽东石化公司和大连石化公司分别投产了加工能力为 1.50Mt/a 和 2.20Mt/a 的连续再生式催化重整装置，这两套装置的投产标志着我国的连续再生式催化重整装置步入世界大型化的行列。

2009 年，我国第一套自行研究开发、设计和建设的 1.0Mt/a 连续再生式催化重整装置在广州石化建成投产。该装置采用国内自主开发的“超低压连续重整成套技术”，产品方案为汽油或芳烃型，适宜的催化剂为 PS－Ⅵ。反应压力为 0.35MPa，四台重整反应器两两重叠布置，反应器内件为向心流动形式，物流上进下出。再生部分的再生器氯化区气体单独抽出，与再生气体混合碱洗脱氯，而不直接进入烧焦区以减少再生器的氯腐蚀。烧焦区的再生气经换热冷却和干燥脱水后，实现“干冷”循环，循环气中的水含量可从“热循环”流程的 35000×10^{-6}降到不大于 2000×10^{-6}。闭锁料斗采用“新型无阀输送”，并且布置在再生器的上方，利用再生器上部的缓冲区作为闭锁料斗的高压区，使压力更加稳定，操作平稳。该装置的催化剂再生能力为 1135kg/h，再生器压力 0.55MPa，苛刻度为 RON104，C_5^+ 液体收率、芳烃产率和纯氢产率分别达到 87%、72.46% 和 3.61%。目前应用该技术的连续再生式催化重整装置有 7 套，总加工能力为 6.5Mt/a[51]。

2011 年 12 月，固相脱氯型连续再生型的催化重整技术的工业装置在北海炼油化工厂建成投产，装置加工能力为 0.60Mt/a，再生器循环气中氯含量为脱氯罐入口的 60μg/g，出口循环气中基本不含氯。装置其他操作数据(2012 年 4 月标定)为重整生成油液体收率 > 88%，芳烃转化率 > 170%，纯氢产率 > 3.6%，催化剂损失率 < 2.5kg/d，催化剂装填量 90t，其寿命约 8 年[51]。

自 2009 年 1 月至 2012 年 1 月，在短短的 3 年间，建成投产了 16 套连续再生式催化重整装置，产能增加约 16.75Mt/a，相当于我国从 1965 年至 2005 年 40 年间所增加的生产能力[51]。

2012 年，我国国内又有九江石化公司等 4 套连续再生式催化重整装置建成投产，增加产能约 3.40Mt/a。

2013 年 9 月，我国首套 0.6Mt/a 逆流移动床连续再生式催化重整装置在济南炼油厂建成投产。表 1-24 为我国典型的催化剂连续再生式催化重整装置的发展情况，其中包括我国第一套连续再生式催化重整装置、采用各石油公司各种专利技术和我国自主创新拥有自主专利技术的催化剂连续再生式催化重整装置。表1-25为与催化重整工艺相配套的新设备的开发。

表1-24 我国典型的连续再生式催化重整的发展情况

序号	建厂地点	投产时间/(年·月)	能力/(kt/a)	技术	特点
1	上海石化公司	1985.3	500①	UOP常压再生②	重叠式，反应0.8MPa，常压CCR
2	扬子石化公司	1990.2	1390①	UOP常压再生	重叠式，反应0.8MPa，常压CCR
3	抚顺石油三厂	1990.8	400	IFP分批再生②	并列式，反应0.8MPa，批量再生
4	洛阳石化总厂	1993.1	700	IFP分批再生	并列式，反应0.8MPa，批量再生
5	辽阳化纤公司	1996.8	400	UOP加压再生②	重叠式，反应0.35MPa，加压CCR
6	镇海炼化公司	1996.12	1000	UOP加压再生	重叠式，反应0.35MPa，加压CCR
7	金陵石化公司	1997.11	600	IFP RegenB②	并列式，反应0.35MPa，Regen B
8	高桥石化公司	1998.5	600	UOP CycleMax②	重叠式，反应0.35MPa，CycleMax再生
9	大连石化公司	2001.10	600	UOP CycleMax	重叠式，反应0.35MPa，CycleMax再生
10	锦西石化公司	2002.7	600	UOP CycleMax	重叠式，反应0.35MPa，CycleMax再生
11	乌鲁木齐石化公司	2002.9	400	IFP RegenC②	并列式，反应0.35MPa，Regen C再生
12	青岛丽东	2006.12	1100	UOP CycleMax	重叠式，反应0.35MPa，CycleMax再生
13	大连石化公司	2008.6	2200	UOP CycleMax	重叠式，反应0.35MPa，CycleMax再生
14	广州石化公司	2009.4	1000	LPEC/RIPP②	重叠式，反应0.35MPa
15	惠州炼油厂	2009.4	2000	UOP CycleMax	重叠式，反应0.35MPa，CycleMax再生
16	长岭炼油厂	2009.6	500	LPEC/RIPP	重叠式，反应0.35MPa
17	大连福佳	2009.7	1800	IFP RegenC	并列式，反应0.35MPa，Regen C再生
18	钦州炼油厂	2010.9	2200	UOP CycleMax	重叠式，反应0.35MPa，CycleMax再生
19	乌鲁木齐石化公司	2010.10	1000	UOP CycleMax	重叠式，反应0.35MPa，CycleMax再生
20	辽化公司(Ⅲ)	2010.12	1400	UOP CycleMax	重叠式，反应0.35MPa，CycleMax再生
21	九江石化公司	2012.7	1200	LPEC/RIPP	重叠式，反应0.35MPa
22	上海石化(Ⅲ)	2012.10	1000	UOP CycleMax	重叠式，反应0.35MPa，CycleMax再生
23	呼和浩特	2012.11	600	UOP CycleMax	重叠式，反应0.35MPa，CycleMax再生
24	辽河石化	2012.12	600	UOP CycleMax	重叠式，反应0.35MPa，CycleMax再生

①改造后加工能力；

②国内采用该类专利技术的第一套装置。

表1-25 与催化重整工艺相配套的主要应用的国产新设备

序号	主要应用的国产新设备
1	固定床径向反应器
2	移动床径向反应器
3	大型并列式连续重整反应器
4	大型四合一重叠式连续重整反应器
5	大型并列式连续重整反应器内件中心管和大型外筛网
6	大型四合一重叠式连续重整反应器内件中心管和扇形筒

续表

序 号	主要应用的国产新设备
7	3952m^2 大型重整进料/产物列管式立式换热器，管束长度23.5m
8	大型重整进料/产物板壳式换热器
9	大型重整进料/产物绕管式换热器
10	大型多流路低压降“四合一”重整加热炉
11	催化剂粉尘收集器
12	表面蒸发空冷器

第四节 催化重整过程在炼油和石油化工工业中的地位和作用

石油资源是不可再生资源，需要合理开发和利用，最大限度转化为运输燃料和石油化工基础原料。

催化重整过程是以辛烷值较低(RON为30~60)的石脑油为原料生产高辛烷值汽油和芳烃的过程，同时副产氢气和液化气，成为现代炼油和石油化工工业中主要加工工艺之一。催化重整过程生产的汽油具有辛烷值高，烯烃含量低和硫含量低的特点，对提高调合汽油质量的作用很大。

催化重整过程生产的芳烃－苯、甲苯和二甲苯，占世界总芳烃生产量的60%左右，芳烃又是石油化工基本原料，所以在石油化工型炼油厂内，催化重整过程也占有十分重要的地位。

随着环境保护要求的日益严格，炼油厂加氢装置的建设愈来愈多，对氢气的需求日益增加，作为氢源供应者的催化重整装置也就倍受人们重视。

据2012年统计，全世界共有655个炼油厂，其中469个炼油厂共有519套催化重整装置[8]，其中约2/3的催化重整装置用于生产高辛烷值(RON95~102)汽油，约1/3的催化重整用于生产BTX石油化工产品[8,29]。

一、催化重整过程在炼油厂的地位和作用

在各个历史时期催化重整过程的目的产品各不相同。第二次世界大战期间，主要用于生产军用的甲苯和航空汽油。现阶段主要生产高辛烷值汽油和芳烃。预计未来炼油厂结构中，催化重整仍是生产高辛烷值汽油和芳烃的主要过程，副产的氢气也是炼油厂氢气的重要来源。

（一）第二次世界大战时期

第二次世界大战爆发后，战争需要航空汽油、车用汽油、柴油、甲苯、合成橡胶和各种特殊军用润滑油等军用石油产品和化工产品，其中有些油品和化工产品均由炼油厂的催

化重整装置生产。以美国 Exxon 公司的贝汤(Baytown)炼油厂为例，当时炼油厂处理量为 10 Mt/a,其中约 30% 左右的加工量用于生产航空汽油、甲苯、合成橡胶和军用润滑油。该厂临氢重整和热重整装置主要用于生产辛烷值为 100 的航空汽油的主要调合组分。该厂的超精馏和临氢重整装置主要生产纯度为 99% ~99.5% 的硝化级甲苯，作为生产三硝基甲苯(TNT)的原料。自珍珠港事件以后，该厂生产的三硝基甲苯原料几乎占同盟国消费量的一半左右，其总流程见图 1 -31。

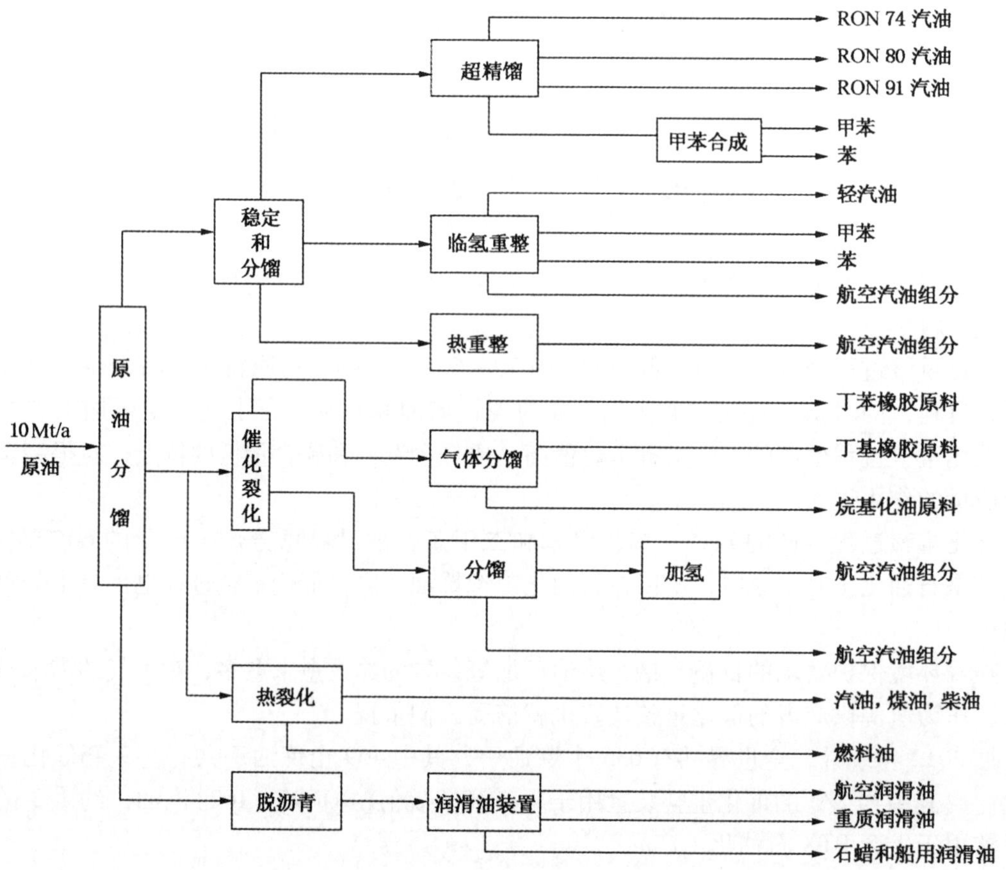

图 1 -31 第二次世界大战期间美国贝汤炼油厂的总流程图

(二) 催化重整过程在目前炼油厂的地位和作用

随着原油性质变重、变劣，原油价格上涨，汽、柴油需求增长和燃料油需求下降，发动机排放尾气对环境污染日趋严重，各国对油品的质量，特别是汽、柴油质量提出了严格要求，除相应地增加了加氢处理装置外，还增加烷基化和异构化等装置。因而炼油厂加工流程的复杂程度有所增加。

在现代炼油厂中，催化重整过程除用于生产高辛烷值汽油调合组分和芳烃外，另一种重要作用就是为各种加氢装置提供廉价氢气。一般燃料型炼油厂是最大量的生产高辛烷值汽油调合组分。石油化工型炼油厂在增加催化重整装置操作苛刻的同时，最大量的生产芳烃[29,34]。随着 MSAT Ⅱ(Mobil Source Air Toxics 移动源大气毒物规范第二阶段)的颁布和实施，有些石油公司在炼油厂总流程设计中组合了从重整生成油中降低苯含量的工艺装置[53,54]。图1-32为21世纪初美国海湾沿岸炼油厂的典型流程[52]。

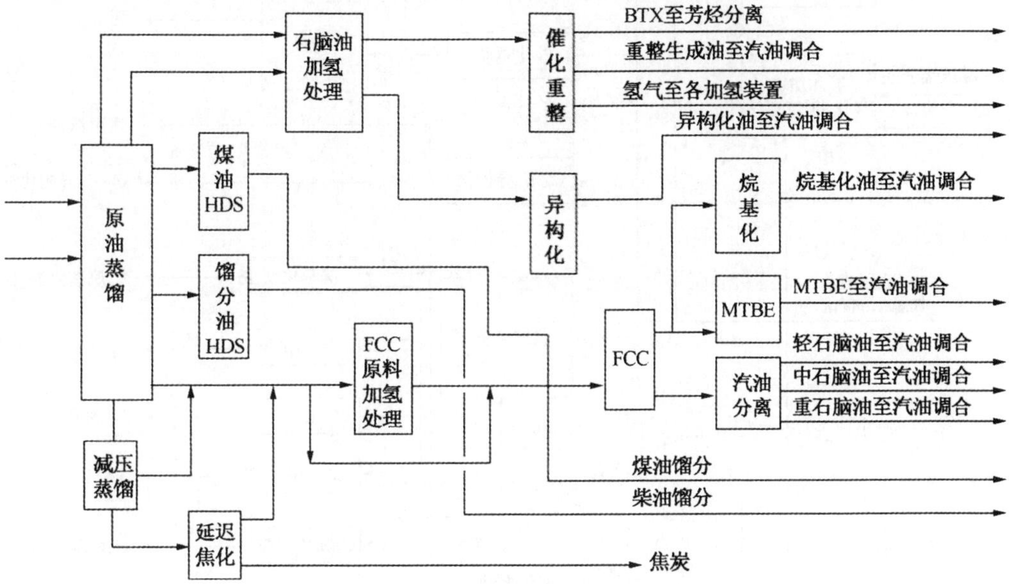

图1-32　21世纪初美国海湾沿岸炼油厂的典型流程

(三)催化重整过程在未来炼油厂中的地位和作用

今后对汽油中的芳烃和苯含量限制将更加严格，为达到汽油中芳烃、苯和烯烃含量的要求，提高汽油辛烷值，在生产汽油方案的炼油厂总流程图中，要增设生产清洁汽油的调合组分(烷基化油、异构化油和含氧化合物)的装置，或增建芳烃生产装置(抽提蒸馏、溶剂抽提和二甲苯分离等)抽出芳烃组分，作为产品直接出售或供石油化工基本原料。

图1-33为2010年后炼油厂生产清洁汽油的加工流程[53,54]。车用汽油的主要来源还是催化裂化装置和催化重整装置，芳烃的主要来源仍然是催化重整装置。催化重整副产氢气是炼油厂主要氢源。

二、催化重整汽油在清洁汽油生产中的作用

一般车用汽油的调合组分有：直馏汽油、重整汽油、催化裂化汽油、热加工汽油(主要是焦化汽油)、加氢裂化汽油、烷基化油、异构化油、叠合汽油、MTBE和丁烷等组分。

(一)重整汽油是主要的车用调合汽油组分之一

表1-26为北美和欧洲汽油调合组分的构成[55,56]；表1-27为美国汽油组成[46,55,57,58]；表1-28为我国车用汽油调合组分的构成[57~59]。

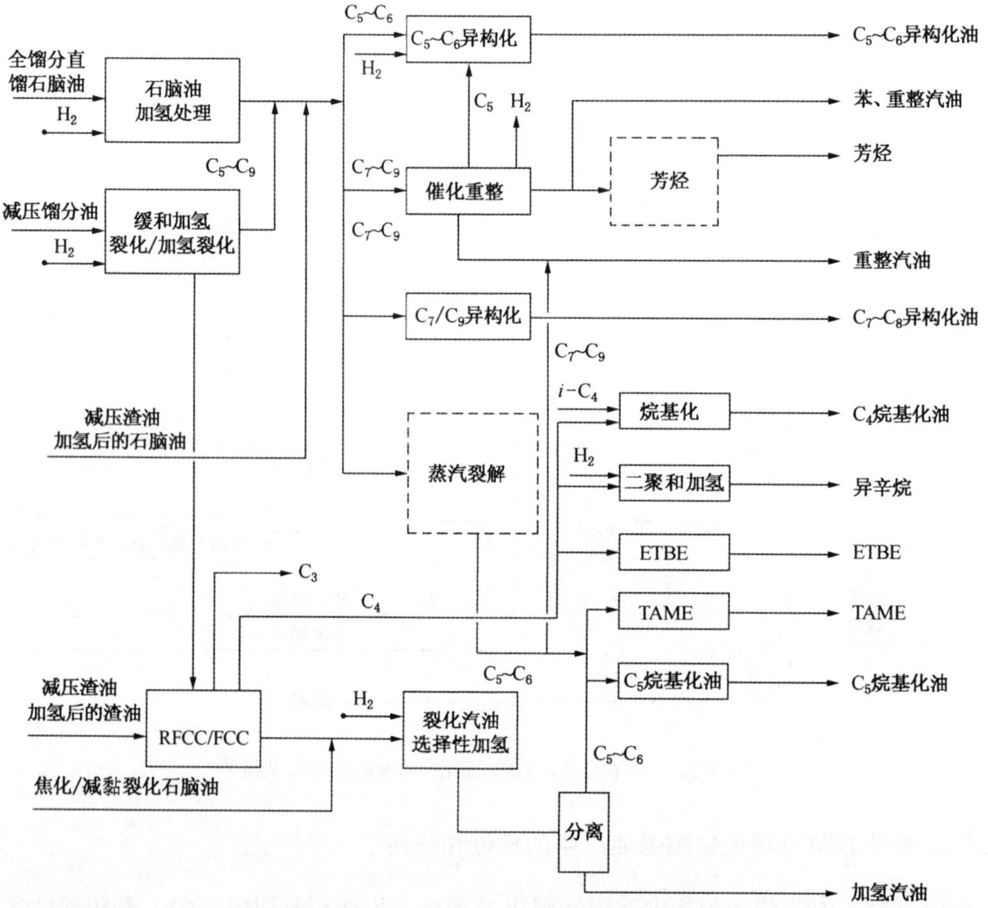

图 1－33 2010 年后炼油厂生产清洁汽油的典型总流程

表 1－26 北美和欧洲汽油调合组分的构成 %

汽油调合组分	世界范围总和	北 美	东/西欧
占世界汽油总产量	100.0	40.0	38.0
FCC C_6^+	26.0	27.0	22.0
FCC C_5	8.0	10.0	6.0
重整汽油	33.0	29.0	41.0
烷基化油	8.0	13.0	4.0
叠合/二聚油	0.8	1.0	1.0
加氢裂化汽油	2.0	3.0	3.0
C_5/C_6 异构化油	6.0	6.0	9.0
直馏汽油	9.0	4.0	8.0
丁 烷	5.0	5.0	5.0
MTBE	1.0	1.3	0.8
ETBE	0.1		0.1
TAME	0.1	0.1	0.3
乙 醇	0.9	1.4	0.5
合 计①	100.0	100.0	100.0

① 此行中各项之和分别应为 99.9、100.8 和 100.7——编者注。

表 1－27 历年美国汽油池组成 %

项 目	1979 年	1988 年	1999 年①	2004 年	2008 年		2010 年
丁烷	6.00	7.00					
重整汽油	12.00	35.20	34.00	31.00	17.00②	20.00③	24.00
轻直馏馏分	12.00	3.00	2.00	8.00			
异构化油		5.00		7.00			
催化裂化汽油	35.00	33.00	36.00	23.00	39.00②	34.00③	38.00
加氢裂化汽油	3.00	2.00	2.00	13.00			
焦化汽油	2.00	0.60	1.00				
烷基化汽油	10.00	11.20	12.00	13.00	17.00②	23.00③	19.00④
MTBE(乙醇)		2.50	2.00		12.00②	(6.00)③	
异辛烷/异辛烯			5.00	5.00			
其他					15.00②	17.00③	19.00

①体积分数。

②根据加州标准，使用 MTBE 的汽油组分构成。

③根据加州标准，使用乙醇的汽油组分构成。

④包括异构化油。

表 1－28 我国汽油调合组分的构成 %

项 目	1985 年	1990 年	1995 年	2001 年	2002 年	2003 年	2010①
直馏汽油	24.05	18.49	16.10	4.00	10.30	9.80	
催化裂化汽油	66.00	70.77	73.96	81.40	76.50	74.10	68.70
重整汽油	1.20	4.43	6.55	12.60	11.40	14.60	17.70
烷基化油	0.61	0.99	0.25		0.40	0.40	0.30
加氢裂化汽油	0.38	4.32	0.97				
焦化、热裂化汽油	6.81	0.58	0.80				
芳 烃	0.19	0.32	0.60				
MTBE	1.07	1.41	1.82	2.00	1.40	1.10	

①仅为中国石化。

从表 1－26 可见，由于各国家和地区炼油厂装置结构不同，生产的调合汽油组分构成也不相同。北美的汽油总量占世界总汽油量的 40% 左右，东/西欧则为 38%，这两个区域的汽油总产量几乎占世界汽油总产量的 80% 左右。在调合汽油组分的构成中，欧洲与北美相比，更多地采用重整汽油，占调合组分的 41.0%，而 FCC 汽油和异构化油，分别占调合组分的 22% 和 9.0%。北美催化裂化汽油占调合汽油的 37.0%。世界范围的汽油调合组分中，FCC 汽油和重整汽油的比例大致相同，分别为 34.0% 和 33%。

美国新配方汽油(RFG)占美国汽油总量的 32%，在 RFG 中成品汽油的组分为催化重整汽油 33%(体积分数)(RON 96)、FCC 汽油 34%(体积分数)(RON 92)、烷基化油 12%(体积分数)(RON 98)、MTBE3.2%(体积分数)(RON 117)、乙醇 1.3%(体积分数)(RON 110)和其他组分 16.5%(体积分数)[46]。

从表 1－27 可以看到，美国汽油组成以催化裂化汽油和催化重整汽油为主，其中

2010 年的催化裂化汽油为 38%，而催化重整汽油的比例为 24%，烷基化油和异构化油约占 1/5，并呈上升趋势。

从表 1-28 可见，我国调合汽油组分中，以催化裂化汽油为主。2010 年中国石化的催化裂化汽油占汽油池的 68.70%。[58] 重整汽油的比例较低，近几年有上升趋势，2010 年中国石化的重整汽油占调合汽油组分比例已升至 17.70%[58]。

汽油池的调合组分的组成与催化裂化和催化重整装置的能力之比有关。国外该比例一般低于 2，而我国(以中国石化为例)2010 年为 4[58]。虽然我国近期规模较大的催化重整装置能力迅速增加，但大多数装置用于生产芳烃。

(二) 汽车消费增长和环境保护条例日趋严格促进了清洁汽油需求增长

21 世纪炼油工业的重要任务之一是生产符合环境保护要求的运输燃料，把油品对人类健康的危害降低到最低。

1. 世界轿车和车用汽油消费量的增加促进了清洁汽油需求的增加

现代汽车工业的发展，给人们生活带来了方便和舒适，也带动了相关工业的发展，同时也给大气造成了污染。据国际卫生组织统计资料，大气中 64% 的 CO、69% 的 NO_x、33% 的 CO_2、40% 的悬浮颗粒物(碳氢化合物、硫的化合物和多种矿物微粒的混合物)和 80% 的噪声都是由汽车交通产生的[53]。

人们对流动性愿望的增长，致使世界车辆的数量也随之增加。在过去 20 年内，世界轿车数量由 3.3 亿辆增加到 5.5 亿辆。世界汽油消费量也由 1980 年的 500Mt 上升到 2010 年的 803Mt[10,29]。据预测，未来 20 年这个趋势将继续增长，特别是亚洲和东欧。预计 2020 年轿车量为 9.5 亿辆，汽油消费量约为 1200Mt。图 1-34 为全世界轿车和汽油消费量的增长趋势[60]。

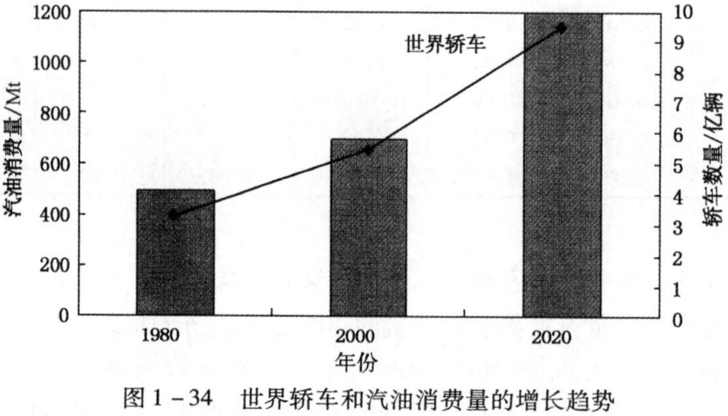

图 1-34 世界轿车和汽油消费量的增长趋势

据美国 Jacobs 咨询公司预测，美国未来汽油需求占炼制产品 45%，占世界汽油 40%。由于全球金融危机和油价的高位震荡、全球柴油化趋势、可再生燃料标准(RFS)实施和汽油中调入乙醇等因素，导致汽油需求呈下降趋势，而馏分油的需求却保持相对较强的增长态势[61]。从 2000 年开始，全球柴油需求量已超过汽油需求量，这一趋势将会持续到 2018 年，与汽油供应相比，柴油市场供应更紧张，柴油的生产存在更大的利润，低硫、高品质柴油消费的增长速度高于燃料油和汽油。据预测，未来 10 年间全世界馏分油的需求量将达到 5Mbbl/d 以上。增长率约为 2.0%，而汽油需求量为 1.6Mbbl/d，增长率仅为

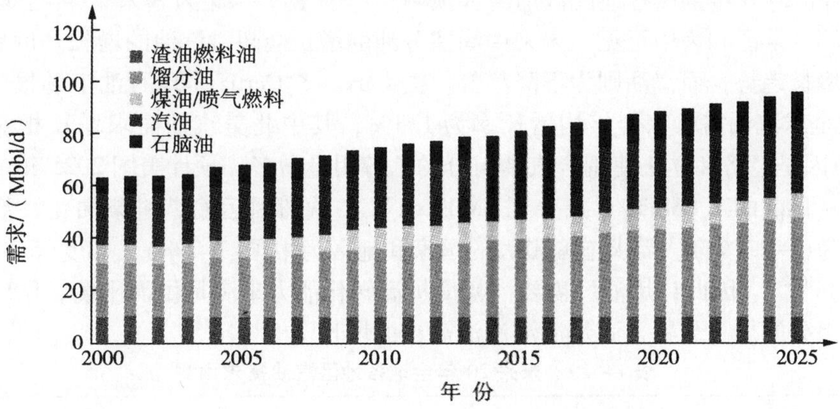

图 1－35　世界范围内对炼油产品的需求

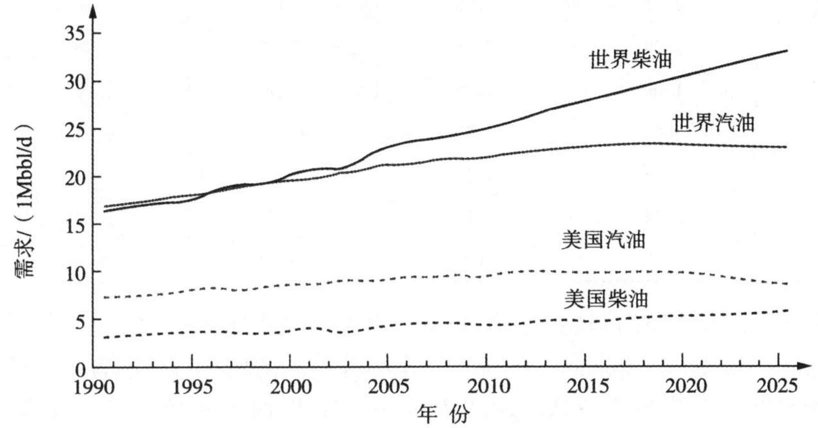

图 1－36　世界和美国汽油和柴油的需求趋势

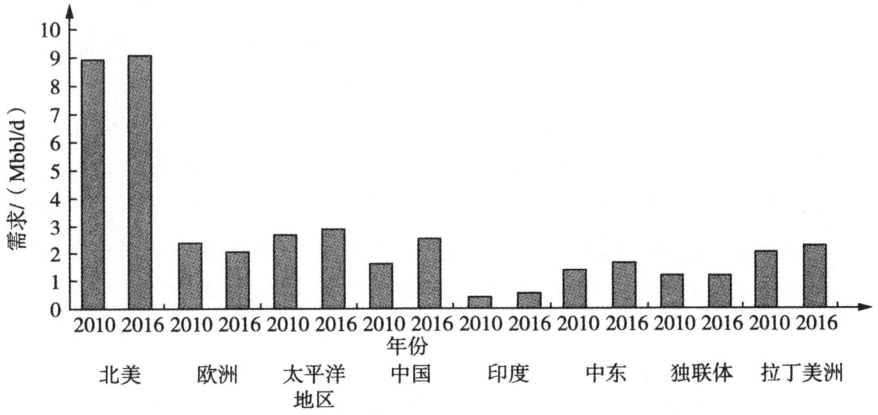

图 1－37　2010 和 2016 年全球各地区汽油需求预测

0.7%[62,63]。估计到 2030 年馏分油消耗量将增加 58%，同期汽油消耗量仅增加 22%[64]。图 1－35 为世界炼油产品的需求[65]，图 1－36 为世界和美国汽油需求趋势[61,66,67]，图 1－37

为2010年和2016年全球各地区汽油需求预测[10,29]。表1-29为未来20年全球各地区汽油需求预测。从图和表中可见，未来中间馏分油的增长会超过汽油的增长。世界和美国的柴油呈现增长趋势，而汽油则为下降趋势。据Purvin & Gertiz全球石油市场报告，2010～2016年间全球汽油需求综合年均增长率为1.3%，其中北美汽油需求增长相对缓慢仅为0.3%，原因是经济和立法使调合汽油组分的乙醇用量增多，预计美国2025年的烃类汽油需求量将从目前的7.8Mbbl/d减少到6Mbbl/d[61]。欧洲因运输燃料柴油化，汽油需求呈下降趋势为(-2.7%)。需求增幅最大的国家和地区为中国(7.7%)、印度(6.8%)以及中东(3.3%)[10,29]。因此，炼油厂需要大幅度提高转化能力来满足供需平衡，同时也要增加生产汽油组分的加工装置，满足清洁汽油需求的增长[62]。

表1-29 未来20年全球各地区汽油需求预测 Mbbl/d

地区	2010年	2015年	2020年	2025年	2030年
北美	9.90	9.89	9.42	8.38	7.63
拉丁美洲	2.31	2.69	3.03	3.34	3.61
欧洲	2.34	2.18	2.00	1.85	1.78
独联体	1.09	1.38	1.58	1.76	1.92
亚太	4.69	5.32	6.14	6.97	7.82
中东	1.35	1.63	1.87	2.17	2.39
非洲	0.74	0.85	0.99	1.12	1.22
小计	22.34	23.94	25.02	25.58	26.36

催化重整工艺装置是高辛烷值汽油和苯、甲苯及二甲苯的石油化工原料的重要来源，通常也是炼油厂氢气的主要来源。据统计，世界和美国的催化重整装置生产的汽油和芳烃分别占世界和美国汽油和芳烃总产量的34%～39%及24%～28%和60%及69%[6]。为此，目前及今后相当一段时间内，催化重整工艺仍将会持续发展。

2. 清洁汽油规格日趋严格

清洁汽油是一种既能为汽车提供有效的动力，又能减少有害气体的排放的车用燃料，在组成上主要是严格控制硫含量、苯含量、芳烃含量和烯烃含量，从而减少汽车的排放污染。

近30年来，发达国家采取了机内净化(改进发动机设计、改善燃烧条件和减少污染物生成)、机外净化(汽车安装尾气转化器)等一系列措施，使汽车尾气造成大气污染状况有所改进。为了降低汽车排气污染，保护环境，20世纪90年代以来，美国和欧洲相继实施了新的汽车排放污染物控制标准和汽油标准，对汽车和燃料提出了较高的要求，除全面使用无铅汽油外，还对汽油中的硫含量、苯含量、芳烃含量和烯烃含量都进行了严格的限制。

(1) 美国车用汽油规格

美国于1990年率先提出并颁布了新配方汽油法案(RFC)，规定在2004年以前分阶段、分地区实施。其方向是低硫、低苯、低芳烃、低烯烃、低蒸气压和添加含氧化合物及清净剂。美国的新配方汽油对世界各国影响很大，各国都根据本国的汽油质量提出了各自的汽油标准。表1-30为美国加利福尼亚州第三阶段新配方汽油规格。

表1-30 美国加利福尼亚州第三阶段新配方汽油规格

项 目	美国加利福尼亚州第三阶段新配方汽油(GaRFG3)
执行时间	2012年9月
硫含量/(μg/g)	25/15/20①
烯烃含量/%(体积分数)	6/4/10①
芳烃含量/%(体积分数)	25/22/35①
苯含量/%(体积分数)	0.8/0.7/1.1①
氧含量/%(体积分数)	1.8~2.2/-/1.8~3.5①
雷德蒸汽压(37.8℃)/kPa	48.3/48.3/44~50①②

① 统一值/平均值/最高值;
② 各限制值依季节和地区而异;
资料来源:美国环境保护署(EPA),加利福尼亚州大气资源局(CARB)。

(2)欧洲联盟(简称欧盟,EU)车用汽油质量标准

1987年欧洲多数国家通过相关标准禁止使用普通含铅汽油,1989年10月开始使用无铅汽油。2005年才开始完全废除含铅汽油的使用;1993年欧盟开始实施欧Ⅰ排放标准相对应的EN228—1993汽油标准;1998年开始实施与欧Ⅱ排放标准相对应的EN228—1998标准;2000年实施与欧Ⅲ排放标准相对应的EN228—1999汽油标准;2005年实施与欧Ⅳ排放标准对应的EN228—2004汽油标准;2009年实施与欧Ⅴ排放标准相对应的EN228—2008汽油标准,其中硫含量将降到10μg/g。表1-31为欧盟车用汽油标准的主要指标[68]。

表1-31 欧盟车用汽油标准的主要指标

排放标准	欧Ⅰ EN228—1993	欧Ⅱ EN228—1998	欧Ⅲ EN228—1999	欧Ⅳ/Ⅴ EN228—2004/2008
实施时间/年	1993	1998	2000	2005
RON	≮95	≮95	≮95	≮95
MON	≮85	≮85	≮85	≮85
密度(20℃)/(kg/m³)	725~780	725~780	720~775	720~775
硫/(μg/g)	≯1000	≯500	≯150	≯50(2005.1.1执行) ≯10(2009.9.1执行)
烯烃/%			≯18	≯18
芳烃/%			≯42	≯35
苯/%	≯5.0	≯5.0	≯1.0	≯1.0
氧/%			≯2.7	≯2.7

(3)世界燃料规范中的车用无铅汽油质量指标

美国汽车制造商协会(AAMA)、欧洲汽车制造商协会(ACEA)和日本汽车制造商协会(JAMA)于1996年发起组织的"世界燃料委员会"结合近几年发达国家情况,于2004年4月修改并公布了新版本的"世界燃料规范",建议世界各国参照此规范实施。表1-32为世界燃料规范中车用无铅汽油的部分质量指标[57]。

表 1-32 世界燃料规范中车用无铅汽油的部分质量指标

项　目	Ⅰ	Ⅱ	Ⅲ	Ⅳ
RON	91、95、98	91、95、98	91、95、98	91、95、98
MON	82、85、88	82、85、88	82、85、88	82、85、88
密度/(kg/m^3)	715~780	715~770	715~770	715~770
氧化安定性/min	≥360	≥480	≥480	≥480
硫含量/(μg/g)	<1000	<200	<30	0(<5~10)
烯烃含量/%(体积分数)		<20	<10	<10
芳烃含量/%(体积分数)	<50	<40	<35	<35
苯含量/%(体积分数)	<5.0	<2.5	<1.0	<1.0
氧含量/%	<2.7	<2.7	<2.7	<2.7

《世界燃油规范》不允许汽油中加入锰、铅等金属的添加剂，并根据不同的类别对硫、烯烃、芳烃和苯的含量分别加以限制，其中硫含量的下降幅度最大。《世界燃油规范》不仅对汽油的组分有限制指标，还对汽油的性能评定方面提出了严格的要求。

(4) 我国车用汽油质量标准

我国清洁汽油的发展是从20世纪90年代开始的。1993年7月1日执行GB 484—93《车用汽油》的标准中，将铅含量GB 484—89《车用汽油》标准中的≯1.0g/L，下降为≯0.35g/L(90号)和0.45g/L(93号)。同年还推出SH 0041—93《无铅汽油》标准，铅含量≯0.013g/L。但这两个标准中，只限制硫含量要求不大于0.15%，对芳烃、苯和烯烃含量均无限制。1999年我国颁布了GB 17930—1999《车用无铅汽油》标准，该标准规定为适应大城市环境保护的需要，从2000年7月1日起，在北京、上海、广州执行硫含量不大于0.08%，从2003年1月1日起在全国范围内执行硫含量不大于0.08%。该标准除将铅含量降至不大于0.005g/L外，还对汽油中的硫、苯、芳烃和烯烃的含量均进行了限制。2006年12月6日起，车用汽油硫含量不大于500μg/g。2010年1月1日起，执行车用汽油硫含量低于150μg/g，烯烃不大于30%(体积分数)，苯不大于1%(体积分数)。2011年5月12日颁布的GB 17930—2011规范中要求硫含量低于50μg/g，烯烃不大于28%(体积分数)[68]。表1-33为我国车用汽油标准的主要指标[68]。

表 1-33 我国车用汽油标准的主要指标

标准号	GB 17930—1999	GB 17930—2006 车用汽油Ⅱ	GB 17930—2006 车用汽油 Ⅲ	GB 17930—2011 车用汽油 Ⅳ
对应排放标准	欧Ⅰ	欧Ⅱ	欧Ⅲ	欧Ⅳ
执行时间	2003.1.1	2006.12.6	2010.1.1	2014.1.1
硫/%	≯0.08	≯0.05	≯0.015	≯0.005
烯烃/%	≯35	≯35	≯30	≯28
芳烃/%	≯40	≯40	≯40	≯40
苯/%	≯2.5	≯2.5	≯1	≯1

按照“大气污染防治行动计划”，2013年底前全国供应符合国家第四阶段标准的车用汽油。2015年年底前，京津冀、长三角、珠三角等区域内重点城市全部供应符合国家第五阶段标准的车用汽油。2017年年底前全国供应符合国家第五阶段标准的车用汽油。

（三）重整汽油是理想的车用汽油调合组分

表1－34列出了各种车用汽油调合组分的性质[34]。

重整汽油组分具有辛烷值高（RONC为95～105）、烯烃含量低（0.1%～0.6%）、芳烃含量较高（55%～80%）、基本不含硫、氮、氧等杂质和安定性好等特点，是十分理想的车用汽油调合组分。

表1－34 各种车用汽油调合组分的性质

项 目	芳烃/%（体积分数）	苯/%（体积分数）	烯烃/%（体积分数）	RON	RVP/kPa[lbf/in²（表压）]
FCC汽油	25～35	0.51	20～40	92	34.47(5)
重整汽油	60～70	0.55⁺	1	94～102	20.68(3)
烷基化汽油	0	0	0	97	34.47(5)
轻直馏汽油（C_5/C_6）	1～10	1～10	0	65～70	75.83(11)
异构化汽油	0	0	0	81～90	89.62(13)
正丁烷	0	0	0	93	358.49(52)
MTBE①	0	0	0	118	62.05(9)
乙醇	0	0	0	132	75.83(11)
汽油池目标②	30±	0.62	0	94±	41.36～62.05(6～9)

①在美国禁止使用；

②美国地区/州应用情况不同和复杂模型可能超过规格限制。

1. 重整汽油辛烷值高，是调合汽油辛烷值的主要贡献者

催化重整过程中，C_5^+ 重整油辛烷值与所采用的工艺条件、操作苛刻度、催化剂性能、原料油组成等均有关系。一般半再生重整汽油的研究法辛烷值可达95以上，连续重整汽油的研究法辛烷值可达100左右。重整汽油的辛烷值可以根据需要进行调节，大大增加了汽油生产的灵活性，这也是其他炼油工艺如：催化裂化、烷基化、异构化等所无法实现的。此外，提高催化重整的反应温度可以增加产品辛烷值，但收率会降低，如果降低催化重整反应温度，产品辛烷值会降低，但会提高产收收率，如何选择操作条件则视具体装置需求而定。表1－35为典型的半再生式重整和连续重整汽油的性质。

表1－35 催化重整汽油的性质

项目	半再生式催化重整①					连续再生式催化重整②				
馏程/℃	初馏点	10%	50%	90%	终馏点	初馏点	10%	50%	90%	终馏点
	54	74	113	153	188	42	71	114	180	190
辛烷值										
RON	98.0					100.3				
MON	87.5					89.8				
(RON＋MON)/2	92.8					95.1				
烯烃/%	<0.5					0.97%[1.01%（体积分数）]				
硫/(μg/g)	<1					<1				

① Pt－Re催化剂，反应条件：WABT＝495.1℃，LHSV＝2.0h⁻¹，p＝1.8MPa，H_2/HC（体积比）＝1390，原料油为大庆80～180℃直馏汽油，$P/N/A$＝52.0/45.2/2.8%。

② Pt－Sn催化剂，反应条件：WABT＝497.5℃，LHSV＝2.3h⁻¹，p＝0.88MPa，H_2/HC（摩尔比）＝3.1，原料油为中东78～169℃直馏汽油，$P/N/A$＝61.57/28.82/9.53%。

催化裂化汽油的研究法辛烷值一般只有90左右。炼油厂要生产高标号汽油(如93号和95号)，一般都需要用催化重整汽油作调合汽油组分。

2. 催化重整汽油的烯烃含量少，对调合汽油的降烯烃作用大

催化裂化汽油是炼油厂调合汽油中的一个主要组分，其烯烃含量一般在20%～40%，重油催化裂化甚至高达50%以上，不能满足汽油规格要求。重整汽油含烯烃量都很低，一般不高于2%。因此，催化重整汽油作为车用汽油调合组分，可大幅度地降低成品油中的烯烃含量。表1-36为催化重整汽油、催化裂化汽油中烯烃含量在典型汽油中的比例。

我国炼油厂汽油的生产是以催化裂化装置为主，因此用催化重整汽油来降低调合汽油中的烯烃尤为重要。

表1-36 催化重整汽油、催化裂化汽油中烯烃含量在典型汽油中的比例

汽油组分	组分的烯烃含量在典型汽油中的比例/%	汽油组分	组分的烯烃含量在典型汽油中的比例/%
轻质催化裂化汽油	88	催化重整汽油	2
重质催化裂化汽油	10		

3. 催化重整汽油的硫含量很低，对调合汽油的降硫作用大

降低汽油中硫含量是世界性趋势。图1-38为世界各地区汽油中最高硫含量的限制[69]。表1-37为汽油硫含量标准进程[63,69,70]，表中表示出一些明显的趋势，那就是超低硫汽油会成为世界性标准[69]。

表1-37 汽油硫含量标准进程

地　区	汽油硫含量/(μg/g)
欧洲：EU2005标准	50
EU2009标准	10
美国：Tier 2(2000～2006年)	30
CARB 3(美国加州)	10
2010⁺ CARB 4(美国加州)	5
Tier 3(2015～2018年)①	10
日本：2007年标准	10

①美国环境保护署已于2013年3月28日批准，Tier3将于2017年在全美执行。

催化重整汽油的硫含量一般不高于1μg/g。重整汽油作为车用汽油调合组分，可大幅降低成品汽油中的硫含量。典型汽油调合组分对成品汽油的硫贡献率如表1-38所示[71]。

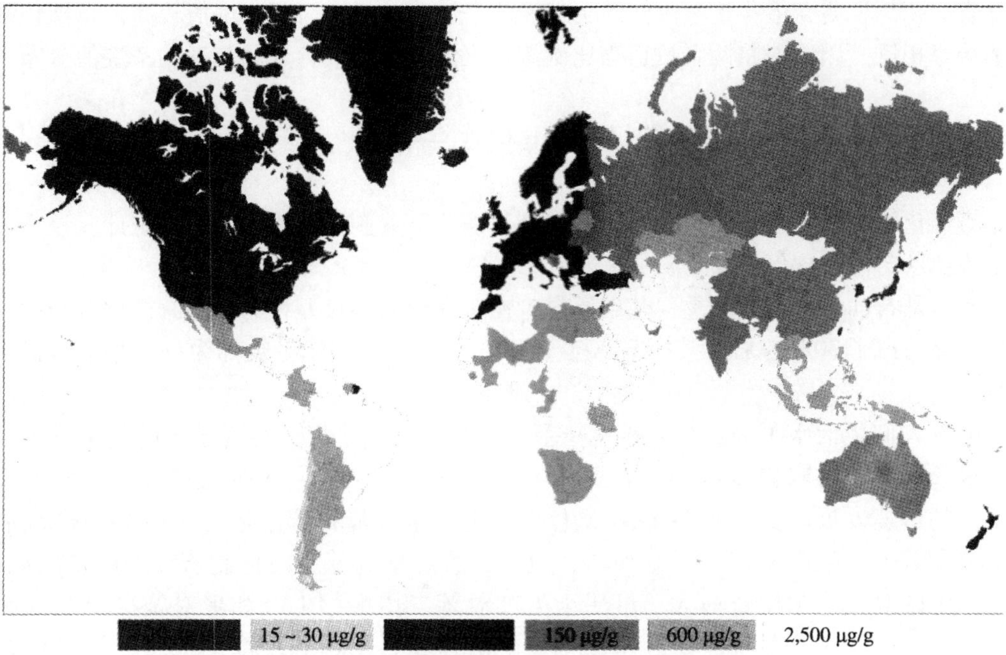

资料来源：International Fuel Quality Center,January 2011

图 1－38　目前世界汽油中最高硫含量限制

表 1－38　典型汽油调合组分对成品汽油的硫贡献率

汽油组分	硫含量/(μg/g)	调合比例/%	对成品汽油的硫贡献率/%
全馏分催化裂化汽油	~300	45	99
轻直馏石脑油	150	3	<1
丁　烷	10	5	<<1
烷基化油	3	10	<<1
催化重整稳定汽油	1	32	<<1
C_5/C_6 异构化油	3	5	<<1

4. 催化重整汽油的辛烷值分布与催化裂化汽油恰好相反，二者调合可以改善汽油辛烷值分布

车用汽油的辛烷值分布不良会导致汽车的使用性能变差，污染物排放增加。所谓辛烷值分布，指的是汽油的 <100℃ 馏分(俗称头部馏分)和 >100℃ 馏分油的辛烷值情况。汽油辛烷值分布的好坏，以其各段馏分辛烷值与全馏分油辛烷值差异的大小来衡量。表 1－39比较了大庆 VGO 催化裂化汽油和大庆宽馏分催化重整油的辛烷值分布。

表 1－39　催化裂化汽油和催化重整汽油的辛烷值分布比较

项　　目	大庆 VGO FCC 汽油		大庆宽馏分重整油	
	MONC	RONC	MONC	RONC
A(<100 馏分)	79.9	91.6	70.0	72.0
B(>100 馏分)	74.7	82.1	93.5	102.5
C(全馏分)	78.2	87.1	86.0	97.0
Δ_1 = A − C	+1.7	+4.5	−16.0	−25.0
Δ_2 = B − C	−3.5	−5.0	+7.0	+5.0

表1－39说明，催化重整汽油的头部馏分辛烷值较低，后部辛烷值较高，与催化裂化汽油恰好相反。因此，将两者按适当比例掺入汽油中，可改善成品汽油的辛烷值分布。

三、催化重整过程在石油化工一体化中的地位和作用

石油化学工业产品已成为炼油厂下游价值链不可分割的组成部分。据统计，该产业占整个炼油厂产出的比例约为8%～12%[72]。

芳烃是石油化学工业的重要基础原料，在总数约为八百万种的已知有机化合物中，芳烃化合物约占了30%左右，其中BTX芳烃(苯、甲苯和二甲苯)被称为一级基本有机化工原料。

随着人们生活水平的提高和科学技术的进步，促进了以芳烃为基础的化学纤维、塑料、橡胶等合成材料以及溶剂、农药、医药、染料、涂料、添加剂等有机合成中间体等生产的迅速发展。其中苯主要用于生产乙苯、异丙苯和苯乙烯等；甲苯用作汽油调合组分和溶剂，生产TNT炸药的原料，也可经脱烷基制苯和歧化制苯和二甲苯的原料；二甲苯中的对二甲苯用量最大，可用于生产对苯二甲酸(PTA)和聚对苯二甲酸二甲酯(PMT)；邻二甲苯是生产苯酐、增塑剂、醇酸树脂、不饱和聚酯的原料；间二甲苯经异构化可生产对二甲苯，也可氧化为间苯二甲酸等。

据德国“欧洲油气杂志”2013年报道，全球芳烃(按原料来源计)主要来自石脑油催化重整生成油(54%)、裂解汽油(27%)、加氢脱烷基油(16%)，少部分来自煤焦油(3%)。全球芳烃来源(按地区计)，亚洲及太平洋地区最高(53%)，其次分别为北美地区(19%)、欧洲地区(13%)和中东地区(11%)。表1－40为催化重整过程的原料和重整生成油中各种芳烃的组成[15]。由于重整生成油中的芳烃组成和芳烃之间供需关系的不同，近年来通过轻质烷烃芳构化及重质芳烃轻质化来生产BTX技术得到迅速发展。为了满足各种芳烃不同需要，相应发展了芳烃间的转化和分离技术，芳烃生产的生产链也有所延长。

表1－40　重整原料油和重整生成油中芳烃的组成　%(体积分数)

组　分	重整原料油	重整生成油	组　分	重整原料油	重整生成油
苯	1～4	3～10	混合二甲苯	3～8	16～33
甲　苯	3～7	14～27	C_9^+ 芳烃	2～7	10～22

芳烃的主要来源是催化重整过程。2002年全球550套催化重整装置中约有115套装置设有苯和芳烃的回收系统，为下游提供生产石油化工原料。美国共有143个炼油厂，其中120个炼油厂有催化重整装置，总加工能力为150.5Mt/a，有34个炼油厂设有苯回收装置。美国海湾地区的35套催化重整装置中有21套配有苯回收装置，其中包括Baytown炼油厂，Baton Rouge炼油厂和Beaumont炼油厂等[73]。

芳烃的另一重要来源是裂解汽油，但在裂解汽油芳烃中是以苯含量(25%～34%)为主，而不像重整油芳烃中苯含量(3%～12%)较少。

人类生产和利用BTX芳烃及芳烃衍生物已有百余年历史，从1860年以来，有相当长一段期间芳烃几乎全部由煤炭干馏产物分离而得。随着炼油工业的发展和芳烃需求的增长，开始了石油芳烃的生产。

预计未来几年，生产芳烃的催化重整装置产能增长率为3%～4%。全世界的芳烃中来

自炼油厂催化重整装置的芳烃占世界产能为苯37.0%、甲苯71.3%和二甲苯79.0%[33]。

(一) 催化重整过程是芳烃的主要来源

1. 苯

在典型的重整生成油中苯含量占7%～9%(体积分数)。由于苯与C_6～C_7非芳烃沸点相近，用传统精馏方法不可能生产出纯苯，只能用溶剂抽提的方法，一般从芳烃抽提生产的苯纯度可达99.9%。

图1－39为世界苯产量来源分布[75]。从图中可见，世界苯产量的主要来源为乙烯副产和催化重整装置分别为38%和36%。

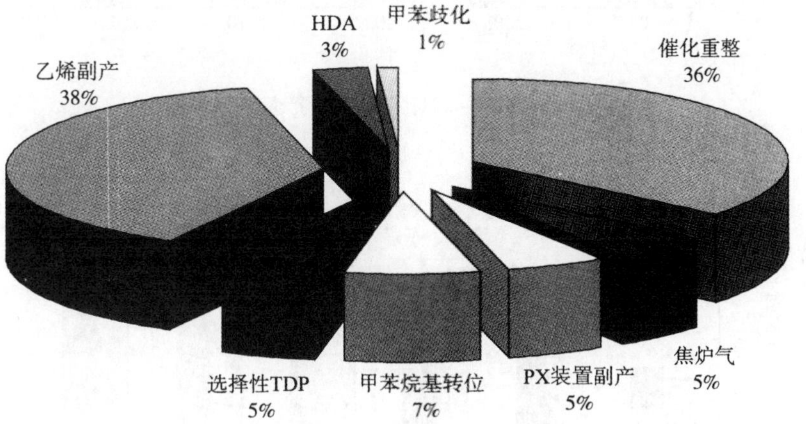

图1－39　2012年世界苯产量来源分布
(美国目前尚未采用甲苯的烷基转位)

由于苯是毒性较大的物质，在汽油规格中有严格限制。当重整汽油为汽油的主要调合组分之一时，苯可能超标，需要从汽油中脱除。因此催化重整装置对苯的供应将会更多。

大约全球苯总产量的52%(纯度为99.9%)用于乙烯烃化生产乙苯和苯乙烯；20%用于与丙烯烃化生产异丙苯和苯酚；还有14%用于生产环己烷、环己醇、己二酸和尼龙66；仅有4%的苯用于生产直链烷基苯。

2012年，世界苯产量约为41.9Mt[76]。据CMAI预测，未来10年，苯产能平均增长率为2.5%，苯消费量平均增长率为3.2%，需求大于供应量[75]。图1－40为2007～2011年世界苯产量和消费量[75～77]。

石油苯主要来自催化重整、乙烯副产和PX联产，分别为43%、34%和18%。苯的下游产品主要有苯乙烯(49%)、己内酰胺及己二酸(17%)和苯胺(10%)[75]。据报道2012年我国纯苯供应缺口高达850kt[77]。图1－41为2007～2012年我国苯的产量和消费量[75～77]。按2010～2015年我国苯的当量消费以平均4%的速度增长，则2015年纯苯需求将达到10.00Mt[76]。因此，苯的需求增长，给予作为纯苯主要来源之一的催化重整过程提供了一定的发展空间。

2. 甲苯

19世纪后期甲苯主要由焦化副产物中回收。第二次世界大战期间，以甲苯为原料生产的三硝基甲苯(即TNT)需求量剧增，甲苯的来源转为用石油为原料生产。到20世纪50

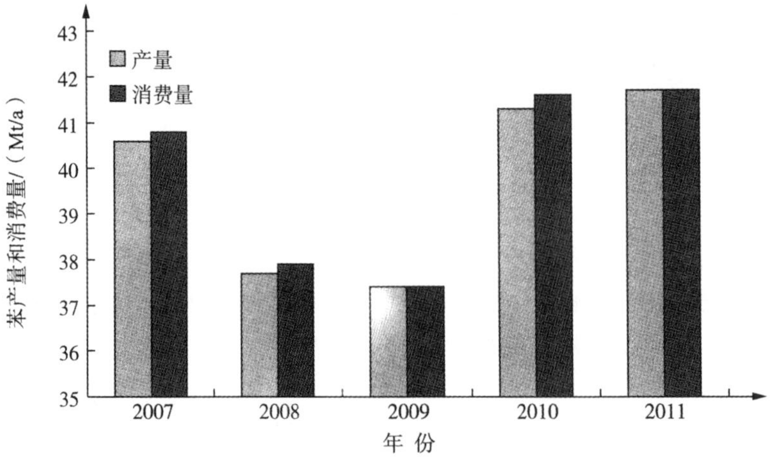

图1-40　2007~2011年世界苯产量和消费量

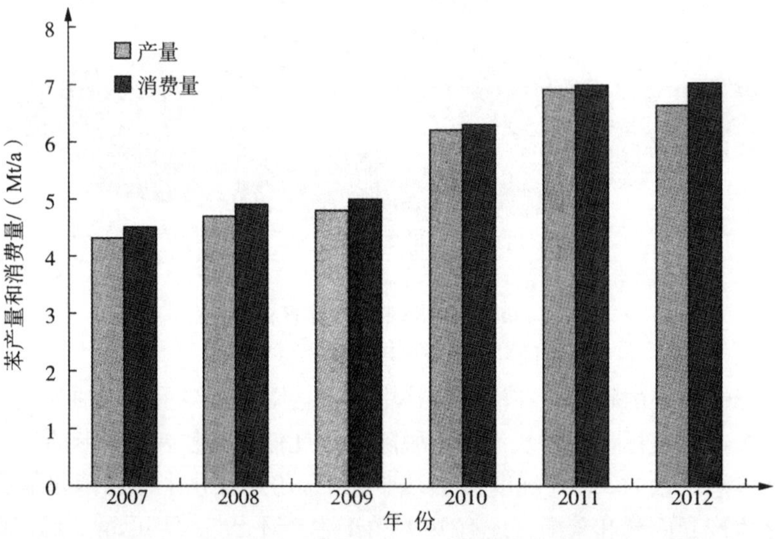

图1-41　2007~2012年我国苯产量和消费量

年代，甲苯的主要来源已转为催化重整和烃类裂解装置。美国甲苯的主要来源于催化重整生成油，而西欧和日本则以裂解汽油为主。

甲苯可用作生产苯和其他化工产品的原料，也可作为提高辛烷值的汽油的调合组分，它也是涂料、油墨和硝酸纤维素的溶剂。

甲苯的生产和消费主要集中在亚洲、北美和西欧地区，中东地区生产和消费速度最快。下游衍生物主要是苯，占总消费量的36.0%，其次是二甲苯和溶剂，分别占总消费量的20.4%的12.0%。

2011年，世界甲苯生产的产能为34.6Mt，产能分布为亚洲47%、北美25.6%、西欧11.2%、中东欧5.9%和中东6%[78]。据CMAI预测，未来10年甲苯产能平均增长率为2.7%，甲苯消费量的平均增长率为2.9%[78]。2011年，我国甲苯生产的产能为7.3Mt，占世界总产能的21.10%。甲苯的消费量为5.2Mt，占世界总消费量的22.50%。图1-42和图1-43分别为2007~2011年世界和我国甲苯的产量和消费量[75,76,78]。

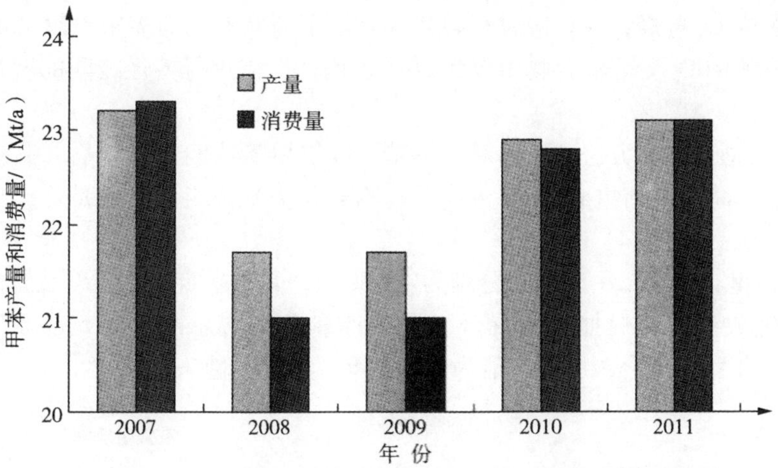

图 1－42　2007～2011 年世界甲苯的产量和消费量

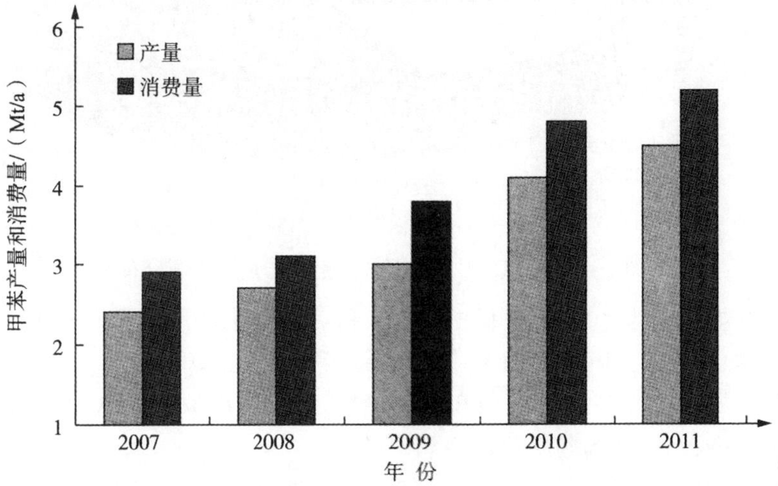

图 1－43　2007～2011 年我国甲苯的产量和消费量

3. C_8 芳烃和对二甲苯

C_8 芳烃有 4 种异构体，邻二甲苯、间二甲苯、对二甲苯和乙苯，主要用于高辛烷值汽油调合组分或溶剂，也是有机化学工业的重要原料。

1923 年，C 麦金托使用煤焦油副产粗苯得到二甲苯，1848 年德国化学家 A W 霍夫曼和 C 曼斯菲尔德提出了从煤焦油中分离芳烃的方法。第二次世界大战期间，开始从催化重整汽油中得到苯、甲苯、二甲苯，使二甲苯的来源转向于石油。20 世纪 60 年代开始从裂解汽油中得到 C_8 芳烃。因此，C_8 芳烃主要来源于催化重整、热裂解汽油，其次是甲苯歧化/烷基转移及煤焦油等。各种来源的 C_8 芳烃组成见表 1－41[15]。

表 1－41　不同来源的 C_8 芳烃组成　　%

组　　分	催化重整	裂解汽油	苯歧化	炼焦副产粗苯
邻二甲苯	20	15	24	20
间二甲苯	40	40	50	50
对二甲苯	20	15	26	20
乙苯＋苯乙烯	15(乙苯)	30	—	10

各种来源的 C_8 芳烃，在反应过程中基本处于平衡状态，而需求量最大的对二甲苯在催化重整生成油的 C_8 芳烃混合物中仅为 20%，因此，需进行芳烃之间的转化和分离来增产对二甲苯。

当 C_8 芳烃通过分离方法分离出对二甲苯、邻二甲苯或间二甲苯后，其他异构体可通过异构化方法，将非平衡组成的 C_8 芳烃混合物转化为平衡组成，这是增产对、邻或间二甲苯的有效方法。

2012 年，世界混合二甲苯产量分别为 46.80Mt，其中来自催化重整装置的重整生成油分馏和重整生成油的芳烃抽提的混合二甲苯产量分别占总产量的 51% 和 18%（图 1－44）[75]。2012 年我国混合二甲苯产能为 13.65Mt，实际产量 7.99Mt[76,78]。

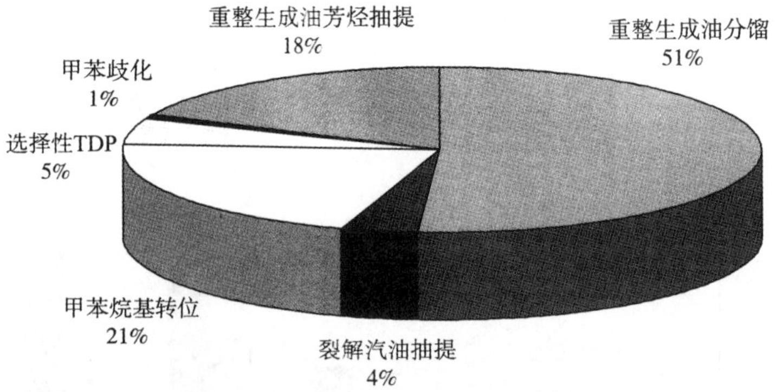

图 1－44　2012 年世界混合二甲苯产量的来源分布

对二甲苯主要用于生产对苯二甲酸（PTA）和对苯二甲酸二甲酯（DMT）。而 PTA 又是用于生产聚对苯二甲酸二甲酯（PMT）、聚对苯二甲酸乙二醇（PET）、聚对苯二甲酸丙二醇酯（PTT）和聚对苯二甲酸丁二醇酯（PBT）的原料。我国 75% 的 PTA 用于生产聚酯纤维，20% 生产瓶级聚酯，5% 作为膜级聚酯原料[76,78]。

2012 年全球 PX 产能约为 36.56Mt，其中亚洲地区为 30.87Mt，占全球总产能的 84%[75]，其中约 98% 左右用于生产聚酯[79]。2012 年我国 PX 产能约为 8.83Mt，占全球总产能的 24.15%。2012 年我国 PX 产量 7.75Mt，表观消费量 13.85Mt，消费量占全球 35% 以上[79]。图 1－45 为 2007～2011 年世界 PX 产量和消费量[76,78,80]，图 1－46 为 2007～2012 年我国 PX 产量和消费量[76,78,80]。2012 年我国 PTA 新增产能超过 10.00Mt，达到 31.00Mt，增幅高达 47.6%。我国 PX 自给率已从 2000 年的 88% 降至 2012 年的 56%，缺口巨大[81]。图 1－47 为我国 2000～2012 年 PX 产能和自给率[81]。

（二）催化重整装置在石油化工一体化生产链中的作用

1. BTX 的回收和转化的增值效益

美国斯坦福研究所曾指出：1t 原油直接作为燃料，仅产生 100 的价值；如用于生产油品，则价值为 226；加工成有机合成原料，则价值为 1470；如再进一步加工成精细化学品，能增值 200 多倍。美国商业部曾统计：一美元的石油产品经深加工之后，一般可增值到 100～500 美元。炼油业只有向石油化工一体化方向发展，才能走出目前的低利润困境，提高经济效益。

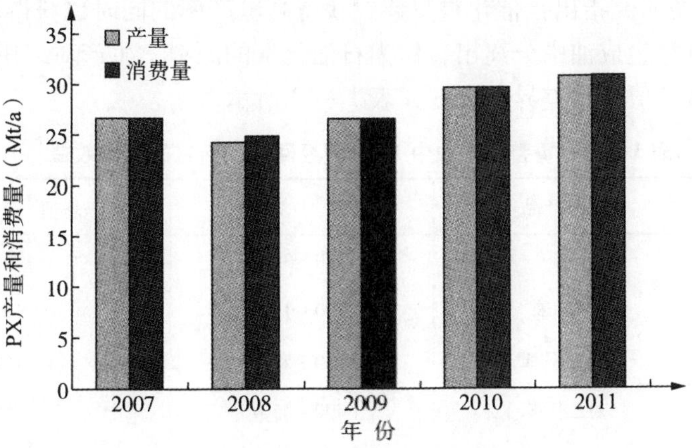

图1－45　2007～2011年世界PX产量和消费量

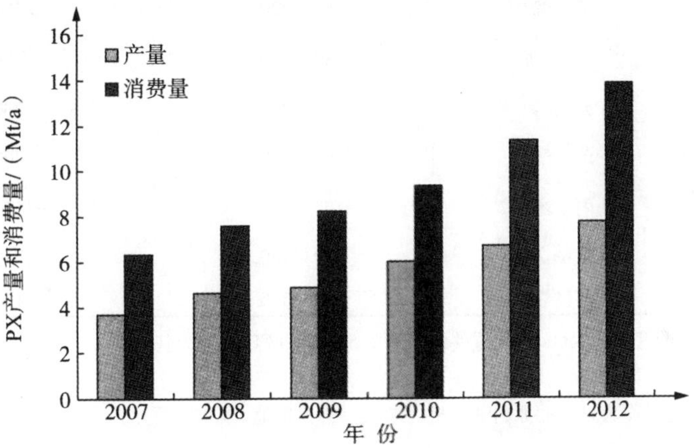

图1－46　2007～2012年我国PX的产量和消费量

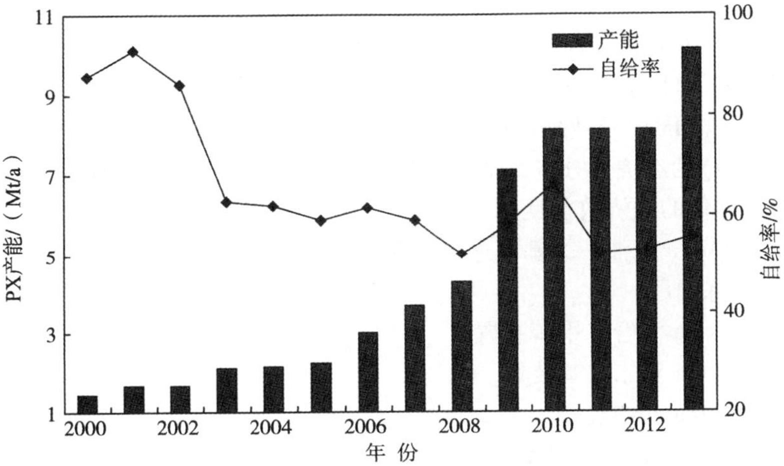

资料来源：中国石油和化学工业规划院

图1－47　我国2000～2012年PX产能和自给率

美国 Flour 公司研究指出：催化重整装置获得高氢产率的同时也获得高产率的 BTX 芳烃。可将它们从重整生成油中分离出，作为石油化工的原料，生产对二甲苯、苯乙烯、苯酚及其衍生物，其增值范围差异很大，如表 1－42 所示[82]。

表 1－42 重整生成油中 BTX 芳烃回收和转化的增值效益①

原 料	可能产品	产能②/(kt/a)	增值③范围/(美元/t)
重整生成油	苯	140～320	200～250
	甲 苯	120～140	190～250
	混二甲苯	280～500	150～250
	对二甲苯	400～450	250～400
	邻二甲苯	10～450	250～300
	乙 苯	190～440	250～300
	苯乙烯	180～420	450～650
	聚苯乙烯	180～420	750～1000
	异丙苯	190～460	200～300
	苯 酚	160～380	400～500
	丙 酮	100～230	150～250
	双酚 A	180～440	750～850
	环己烷	140～320	150～200

① 以 10Mt/a 炼油厂配套 1.72Mt/a 催化重整装置和 2.50Mt/a FCC 装置为基础。

② 产能指单项产品最大能力。

③ 增值指产品价格超过作为燃料的原料的价格。增值仅为典型值，因地区而异。

炼油厂将低价值 BTX 芳烃转化成高价值的化工产品，方案的选择要考虑到目前炼油厂的操作情况、现在和未来市场需求、产品灵活性、市场周期性变化、可变费用以及投资回收率等因素。

2. 芳烃回收和转化在石油化工一体化中的经济效益

美国 Bechtel 石油化学公司技术执行董事长 R Ragsdale 和能源咨询专家 C L Emy 利用工艺工业模型系统(PIMS)及数据和估算技术，结合对中东实际项目(炼油厂的芳烃和烯烃的回收和转化应用)的经济性分析，结果充分反映了炼油厂的芳烃和烯烃回收并转化的应用或石油化工一体化的经济效益良好。

方案研究以 5Mt/a 炼油厂为基础进行研究，各种情况组合如下：

A——5Mt/a 炼油厂

B——A＋730kt/a 混合二甲苯装置

C——B＋510kt/a 对二甲苯装置

D——C＋450kt/a 乙烯装置

E——D＋460kt/a 聚乙烯装置

F——E＋220kt/a 聚丙烯装置

各种方案的经济性预测列于表 1－43 中[83]。

表 1-43 炼油厂芳烃利用的经济性

建设方案	A	B	C	D	E	F
装置组成	炼油厂	A + BTX	B + PX	C + 乙烯	D + PE	E + PP
投资/亿美元	11.2	14.0	18.0	24.0	26.0	27.1
净收益/(亿美元/a)	2.24	3.60	5.60	6.80	8.60	9.34
内部收益率/%			23.0		38.20	
投资回收期/a	5.0	3.8	3.1	3.5	3.0	2.9

由于D、E、F方案涉及烯烃的回收和转化利用，暂且不讨论。从表1-43可见，从A到C方案，投资由11.2亿美元增加到18.0亿美元，提高了1.6倍。但年净收益则由2.24亿美元/年增加到5.60亿美元/年，提高了2.5倍。而投资回收期从5.0年降低到3.1年，几乎减少了近二年。

3. 催化重整装置在石油化工一体化产业链上的作用

现代的炼油工业已逐渐形成三大产业链分支，分别为汽油、煤油、柴油和润滑油等石油油品生产链；乙烯、基本有机原料和合成材料等产业链；芳烃-PX、PTA(PET)、瓶级树脂、薄膜和化纤等产业链，如图1-48所示。

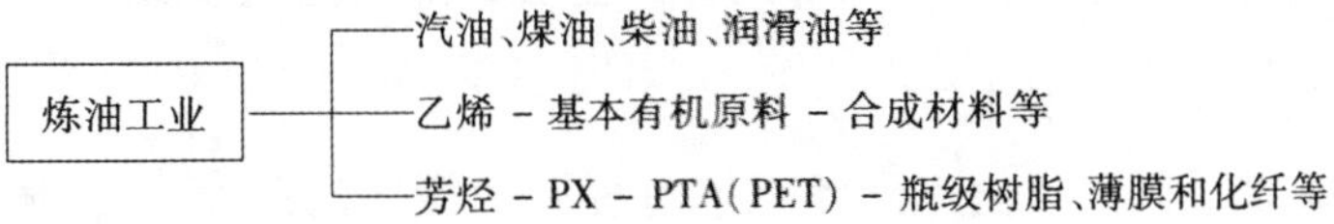

图1-48 炼油工业的三大分支产业链

美国UOP LLC公司利用炼油厂复杂系数和物流方向分析了炼油厂和石油化工厂一体化的可能性和层次。研究指出：炼油厂中的催化重整装置生产的BTX，正好是下游石油化工的极好原料，而化工产品最大的可变成本是原料，通过一体化，可以优化原料以及派生出中间产品和产品，使之成为高价值产品以提高利润。

催化重整装置生产的苯和FCC装置的丙烯可直接转化为高价值的异丙苯；或在催化重整装置之后增加甲苯脱烷基和二甲苯异构化装置，以生产异丙苯和邻二甲苯，这两种产品市场需求量大，而且比甲苯作为辛烷值调合组分的效益更加显著。或将炼油厂催化重整装置的重整生成油集中在一起，送至更大规模的BTX抽提装置；或与其他物料(如已处理过的裂解汽油)合在一起进行抽提，然后作为一个规模化和一体化的生产烯烃及芳烃的石油化工厂，以生产对二甲苯，供作聚酯纤维原料。由于合成纤维的需求在全球呈二位数字增加和因其价格因素，效益可观。图1-49为催化重整工艺在石油化工一体化产业链上的作用[75]。

四、催化重整过程的副产氢气是加氢过程的重要氢源

催化重整过程除了生产高辛烷值汽油和芳烃之外，还副产大量氢气，炼油厂为提高油品质量，相继建设加氢装置，氢气的需求量也日益增加，而催化重整装置副产氢气是提供加氢过程的重要氢源。据SRI报告，全世界石油化工过程所需的氢气约50%以上来自催

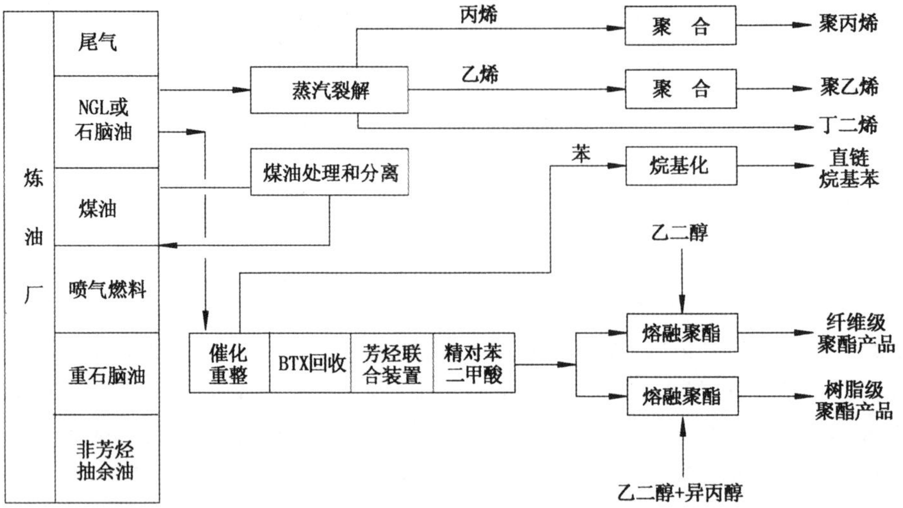

图1-49 催化重整工艺在石油化工一体化产业链上作用

化重整装置，美国约60%以上来自催化重整装置，西欧也达到50%左右[7]。

(一) 催化重整装置是炼油厂和石油化工厂重要的氢气生产装置

1. 催化重整过程氢气产率较高

表1-44为炼油厂和石油化工厂各工艺过程副产氢气的产率[85]。从表中可见，催化重整工艺过程副产氢气产率较高。

表1-44 炼油厂和石油化工厂的工艺装置氢气生产产率 %

工艺过程	产率(占进料的质量分数)	工艺过程	产率(占进料的质量分数)
半再生式催化重整	2.0~2.5	柴油裂解制乙烯副产氢气	0.58
连续再生式催化重整	3.1~4.0	加氢尾油裂解制乙烯副产氢气	0.46~0.69
催化裂化	0.1	乙烷裂解制乙烯副产氢气	3.86~5.0
石脑油裂解制乙烯副产氢气	0.76~0.89		

2. 重整气体中氢气含量最高

炼油厂低浓度氢气主要来源有：催化重整装置、加氢装置、催化裂化装置和延迟焦化装置的副产气体。表1-45为几种含氢气体的组成[85]。从表中可见，催化重整气体中氢含量(体积分数)最高，一般为65%~90%(体积分数)。图1-50为各个年代重整油RONC和氢气产率的关系[14]。

表1-45 各装置副产气体的组成 %(体积分数)

组成	催化重整装置	催化裂化装置	加氢处理装置	延迟焦化装置①
H_2	65~90	5~20	40~65	6.1
N_2				
CH_4	4~10	10~50	20~35	31.9
$C_2H_4+C_2H_6$	4~10	40	0~5	26.8

续表

组 成	催化重整装置	催化裂化装置	加氢处理装置	延迟焦化装置①
$C_3H_6+C_3H_8$	2~6	10~30	0~3	20.5
C_4^+	2~10	0~19	0~1	12.2
H_2O/酸性气体	有	有	有	H_2S 1.6

① 以大庆减压渣油为原料。

从各装置副产的气体中回收低浓度的氢气，一般有变压吸附(PSA)工艺、膜分离工艺和深冷分离工艺三种。由于这些回收工艺的投资远比新建制氢装置低(可低至10倍左右)，且操作简单，因此在炼油厂中应用越来越广泛。据统计，全球在1994~1999年，由炼油厂各种副产气体中回收的氢气约占炼油厂总产氢量的30%左右。以美国和西欧为例，几乎有近$100\times10^4Nm^3/h$的氢气来自炼油厂副产气体的提浓装置[85]。

20世纪80年代以来，为了节约石油资源，我国逐渐利用PSA方法提浓或回收加氢低分气体、催化重整气体和催化裂化干气中的氢气。以一座12Mt/a的炼油厂为例，全厂由催化重整装置所得的氢气约占总产氢量的20%左右，由加氢排放气提浓所得氢占总产氢量的7%，其余73%由新建制氢装置提供[85]。

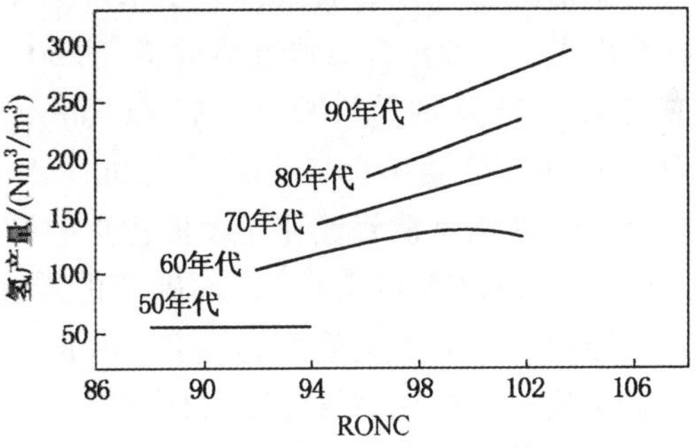

图1-50 各个年代重整油RONC和氢产率的关系

(二)催化重整过程的操作工况决定了副产氢气的产率

催化重整的氢产率与工艺类型、重整装置操作苛刻度、原料的种类和组成、催化剂性能有关，如图1-51和图1-52所示[14]。表1-46为半再生与连续再生式催化重整装置的氢产率和氢纯度的比较[14]。由表1-46可以看出催化重整的氢产率一般为2.9%~3.7%，氢纯度为91%~93%。无论是氢气产率还是氢纯度，连续再生均较半再生式为高。

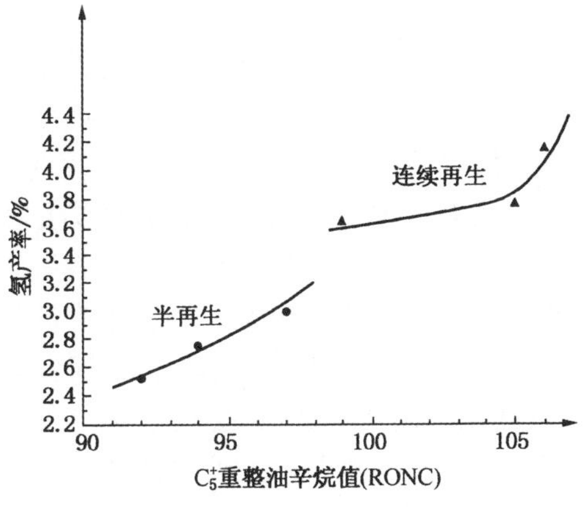

图1-51 氢产率与C_5^+重整油辛烷值(RONC)的关系

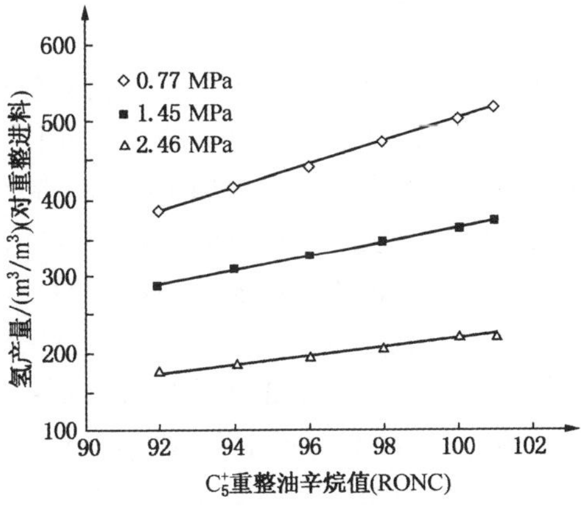

图1-52 氢产率与反应压力、C_5^+重整油辛烷值的关系

表 1-46 半再生与连续再生式催化重整装置的氢产率和氢纯度的比较

	半再生式催化重整	连续再生式催化重整
原料组成(*P/N/A*)/%	64/30/6	64/30/6
处理量/(kt/a)	600	600
C_5^+ 产品辛烷值(RONC)	98	102
平均反应压力/MPa(g)	1.5	0.35
反应器入口温度/℃	500/500/510/510	325/325/525/525
氢油摩尔比	3.43/6.86	2.2
催化剂型号	GB-6/CB-7	GCR-100
催化剂再生规模/(kg/h)		500
C_5^+ 液体收率/%	85.93	87.56
芳烃产率/%	61.98	67.14
纯氢产率/%	2.85	3.69
产氢纯度/%(摩尔分数)	91.00	92.7

根据催化重整装置的原料、操作苛刻度和采用的工艺过程及催化剂型号不同，产氢量也各不相同，一般折合每吨重整进料产 250~500Nm³ 氢气，如按规模计算，300kt/a 半再生重整装置，产氢约为 10000~12000Nm³/h，而 600kt/a 连续重整装置产氢约 20000~37500Nm³/h，纯度在 85%~92%之间。

半再生催化重整装置和连续催化重整装置的产物分离器压力分别为 1.0~1.2MPa(表压)和 0.7~0.23MPa(表压)，而副产的重整氢是直接由产物分离器送出装置，它将携带较多的轻烃，降低了重整氢的纯度。一般工业上用再接触方式、膜分离方法和变压吸附法提纯重整氢气，提纯后氢纯度可达 92%~99%。目前变压吸附法已得到广泛应用[85]。

此外，重整氢含有 HCl 杂质，其含量与催化重整过程、催化剂类型和氢提纯方法有关。重整氢中的杂质含量受下游装置催化剂和设备材质要求的限制，一般送至下游装置重整氢中的 HCl 含量要降至 $<1\mu L/L$。

第五节 催化重整工艺的发展和展望

近年来，催化重整工艺技术本质上没有突出的创新和发展，仍然延续着传统的半再生式、循环再生式和连续再生式的传统催化重整工艺。只是新建和/或改造的连续再生式催化重整装置不断增多，装置加工能力不断增大，装置操作苛刻度不断提高，工艺改进的着重点在如何提升装置操作灵活性和安全性，以根据市场需求增产运输燃料和芳烃满足人们生活需求，最大化的生产氢气满足炼油厂氢气的需求，如何提高产品质量以满足各种环境保护法规的要求。但是，当前催化重整装置的发展也受到一些负面影响，如：来自非常规原油和/或重(劣)质原油加工的焦化石脑油增多；MAST Ⅱ法规限制汽油中的苯含量≯0.6%(体积分数)和可再生燃料法规(RSF2)要求和汽油中增加乙醇的使用。这样就要求降低重整装置的操作苛刻度，这种趋势又与氢气需求增长和满足 MAST Ⅱ法规中降低苯含量交融在一起。因此，催化重整装置目前重要的是改进催化剂配方，以提供更好的选择性、稳定性和持氯能力的催化剂以提高产品收率和降低成本。同时又要选择合适的装置操作苛刻度，以平衡氢产率和汽油总辛烷值的关系[30]。

一、未来催化重整工艺的发展空间

由于石油燃料燃烧后排出的废气成为主要污染源，这些物质不仅污染了大气，还会导致酸雨、光化学烟雾和臭氧层破坏等环境问题，为此各国都制订了各种日益严格的环境保护条例和法规，由于对汽油和柴油规格不断提升，各国清洁汽油的标准都朝着高辛烷值、低(超低)硫、低烯烃、低苯和低芳烃方向发展，而催化重整汽油虽然芳烃和苯含量高但因其具有辛烷值高、烯烃含量低、基本不含硫、氮、氧等杂质的特点，是理想的汽油调合组分。同时催化重整又可为加氢工艺提供廉价的氢气，为石油化工提供芳烃。这些给予催化重整工艺的发展提供了广阔的空间，预计在21世纪，催化重整工艺将得到进一步的应用和持续发展。

(一) 未来几十年内汽油仍是不可能被完全替代的车用燃料

进入21世纪，全球仍然不断改进传统汽油和柴油燃料质量以使资源和环境和谐。由于石油是不可再生的资源，石油的供需矛盾将日益突出，石油价格上扬和对石油产品需求上升以及石油贸易的增长，促使人们寻找新的石油资源和开发代用燃料。

美国AIChE的替代燃料工作组报告中指出：在可以预见的未来，虽然美国将仍然依赖石油产品，但出现可以补充或替代传统的汽油和柴油的燃料是可能的。

确定替代燃料(ATFs)的可行性要考虑工业生产方法、燃料费用、交通工具费用、能源依赖性、净能源效率、温室(非温室)气体排放、基础设施和驾驶性能等因素。目前已试验的ATFs有：醇类(甲醇、乙醇等)、气态烃[包括压缩天燃气(CNG)、液化天然气(LNG)和液化石油气(LPG)]、合成燃料、二甲醚(DME)、生物柴油和汽油、氢气、电力和燃料电池等[73,86]。

目前，在世界范围内各种ATFs均在不同程度和不同范围中逐步应用，且有一定的增长势头，几种替代燃料的综合评价指数，如表1－47所示[87]。预计在未来10～20年内，气态烃和醇类燃料将会首先投入市场，合成燃料、二甲醚和生物柴油将主要用于混合动力车，燃料电池技术将取得明显的技术进步，并投入小批量生产。但没有一种ATFs无论就其价格、开车里程、能源效率、燃料特性、可靠性和储存运输的安全性能与石油基车用汽油和柴油相比。据法国Axens公司对世界能源发展趋势的研究的报告，替代燃料在发展，但其市场所占份额极小(如表1－48)[87]。生物燃料比传统燃料成本(不含税)高2～4倍，氢气成本(包括生产成本和分销成本)则更高。其次对于目前在运输行业中仅少量应用的替代燃料，首先要解决的是降低CO_2和其他温室气体排放。为此，预计在未来20年内车用汽油仍将占主导地位。

表1－47　技术比较成熟的代用燃料的综合评价指数①

项　目	指　数	备　注	项　目	指　数	备　注
乙　醇	2.6		CNG	4.1	易投入使用
甲　醇	3.1		LPG	4.0	易投入使用
电　力	3.2				

① 指数越大越好。

表1-48 欧盟委员会提议的替代燃料推广进程[①]

项　目	2000年	2005年	2010年	2020年
石油基燃料合计/(Mt/a)	272	297	314	325
其中:汽油	132	142	144	150
柴油	140	155	170	175
替代燃料合计/%	0	2	8	23
其中:生物燃料		2	6	8
天然气			2	10
氢气				5

① 在欧洲,2000年有少量乙醇和脂肪酸甲酯用作石油替代燃料,因所占比例甚小,忽略不计。

(二)在未来清洁汽油标准日趋严格的条件下,催化重整汽油仍然是清洁汽油不可缺少的调合组分

1. 未来清洁汽油质量的发展

自20世纪90年代初清洁燃料问世以来,加快推广使用清洁燃料和加快清洁燃料标准的升级换代已成为世界各国实施可持续发展战略的需要和21世纪不可逆转的世界潮流。

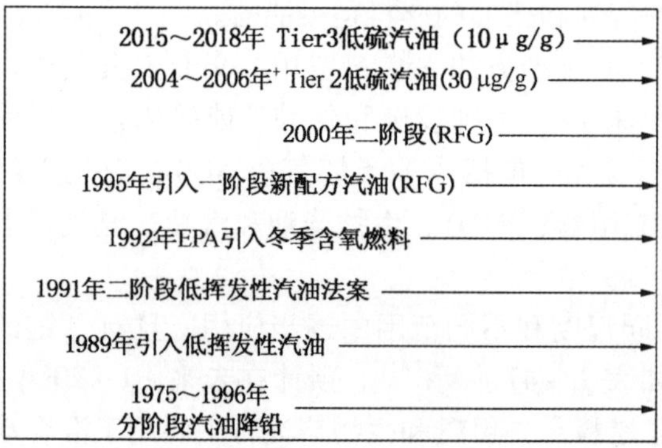

图1-53 美国车用汽油燃料质量的发展

世界范围的汽油质量发展趋势是:硫含量越来越低,甚至达到超低硫或无硫;苯和芳烃被限制在较低的含量;烯烃和蒸气压也有所限制;含氧化合物继续用作汽油添加剂(在美国许多州均限制和禁止使用MTBE);辛烷值的保持显得极其重要。一些可以生产低芳烃、无(低)硫、低蒸气压、高辛烷值汽油调合组分的工艺诸如烷基化工艺、异构化工艺和催化重整工艺将倍受世人关注。

图1-53为美国车用汽油燃料质量的发展历程[70,88]。从图1-53中可以看到美国车用清洁汽油质量的升级换代趋势。特别是大幅度降低硫和苯含量。

2. 催化重整汽油是清洁汽油不可缺少的调合组分

辛烷值是车用汽油的关键性质。辛烷值与燃料分子组成有关,一般直链烷烃和环烷烃的辛烷值较低,而芳烃、异构烷烃和烯烃有较高的辛烷值,醇、醚等通常有很高的调合辛烷值。表1-49为各种化合物和调合组分的性质[87]。从表1-49中可见,重整汽油和催化裂化汽油的相对可获量较高,而烷基化油和异构化油相对可获量较少,只能起辅助作用。

汽油中的硫在汽车发动机中燃烧后,全部转化为SO_2和SO_3,与排气管中的凝结水相遇,形成强腐蚀的亚硫酸和硫酸。SO_2和SO_3排入大气会导致酸雨,污染环境,破坏生态,对人体产生危害。因此,汽油中的硫含量一定要严格控制。清洁汽油生产技术的难点,就是在保持汽油辛烷值和收率不降低的条件下,降低硫含量和烯烃含量[89,90]。

表 1-49 各种化合物和调合组分的性质比较

项 目	RON	RON - MON	芳烃/%	苯/%	相对可获量/%(对原油)
纯化合物					
苯	106	15	100	100	
甲 苯	1.4	8	100	0	
异构烷烃	100	0	0	0	
调合组分					
重整汽油	98 ~ 102	12	68 ~ 75	2 ~ 8	12 ~ 30
异构化油	81 ~ 87	2	0	3 ~ 5	3 ~ 5
全馏分裂化汽油	91 ~ 93	10 ~ 12	20 ~ 30	10 ~ 15	10 ~ 15
烷基化油	92 ~ 96	2	0	2 ~ 3	2 ~ 3
MTBE	115	16	0	0	(根据最大氧含量规格,调合物中限量 <15%)

(三)催化重整装置副产氢气是炼油厂重要氢气来源

1. 清洁燃料的生产需要大量的氢气

未来30年,全世界在石油炼制上的投资估计为4100亿美元[86],利用这些投资可以增加炼油能力,提升炼油技术水平,使其能生产出满足环境保护要求的清洁产品。为了达到这个目的,解决的方法是采用加氢工艺脱除产品中的各种杂质。因此,加氢工艺近年来发展很快,例如:催化裂化原料预处理,汽油选择性加氢和柴油深度加氢等等工艺。此外,对加工高硫、高金属、重质原油和生产石油化工产品均需要加氢工艺,氢气的需求量将大幅度上升,而催化重整装置的产氢正好适应这一需求。重整氢是催化重整的副产品,而轻油制氢一般要3~3.5t油制1t氢气,因而重整氢成本相对较低。

一般来说,连续再生式催化重整装置的纯氢产率为3.0%~4.0%,半再生催化重整装置纯氢产率为2.0%~2.5%。一套600kt/a的半再生重整装置,每年约产纯氢量15kt。一套600kt/a的连续再生装置,年产纯氢量约24kt,可供一套1.20~2.00Mt/a柴油加氢精制的用氢量。每吨重整进料约可提供副产氢250~500Nm^3(因工艺条件、原料性质和催化剂性能而各不相同)。

2. 催化重整装置的副产氢气是廉价的氢源

炼油厂为解决氢气的需要,可以选择从现有供给系统或厂家购买氢气,建造新的制氢装置或提高现有催化重整装置的氢产率。

从现有供给系统购买氢气或输送氢气到现场,往往受地理位置限制而花费十分巨大。随着未来对氢气需求的增加,预计价格也将会有所调整,而建设新的制氢装置,除了需要受权许可和占地之外,一套以燃料气为原料($6.8\times10^4 Nm^3/d$)的制氢装置,投资回收期为4年,如用改造重整装置来增加氢产量,则投资回收期为1.9~2.4年[96]。因此,催化重整装置是廉价的氢气来源。

车用燃料标准对炼油厂氢气的需求与供应有平衡作用。一方面,由于为了得到更深度的脱硫及芳烃饱和,氢气的消耗急剧增加。另一方面,减少汽油芳烃含量会导致催化重整装置生产的氢气减少。其次,由于轻质燃料需求增加,燃料油需求下降,这就需要增加转化能力,对氢气的需求也随之增加。将来随着劣质、重质原油的增加,炼油厂则需要从劣质原油中生产轻质燃料，必将增加炼油厂氢气的需求。炼油厂面临满足产品构成和质量标准的情况下，以最低的氢气成本生产清洁燃料的挑战。降低重整装置的操作压力和更换催化剂，从半再生重整升级到连续重整，可以显著改善氢气的生产，同时还可提供连续氢源。

(四) 芳烃需求的增长为催化重整工艺的发展提供更大的空间

炼油厂的石油化工资源，是石油化工原料十分重要的组成部分。据报道，在世界范围内从炼油为石油化工行业提供总值为 750 亿美元/年的芳烃和重要化学品原料，生产出 2550 亿美元/年聚合物材料(63%)，以及价值达 1500 亿美元/年的其他产品(37%)，产生附加值为每年 3300 亿美元。

一般来说，炼油厂都配有催化重整装置，在大多数情况下，主要用于生产清洁汽油和联产氢气，但也有的催化重整装置主要为石油化工提供 BTX 芳烃。据美国 UOP 公司 2010 年数据表明，世界上约 1/3 的催化重整装置用于生产芳烃，约 2/3 的催化重整用于生产高辛烷值汽油。该公司估计，中国近 60% 的连续重整加工能力用于生产芳烃[10,29]。

1. 世界芳烃需求量将以 3%/a 以上的速率增加

由于 21 世纪石油化工业的发展，特别是聚酯产品的需求增长需要大量的芳烃。据 SRI 咨询报告预测，未来 5 年世界芳烃需求量的年平均增长率为 3% 以上，亚太地区高于世界年平均增长率为 7% ~9%[10,29]。

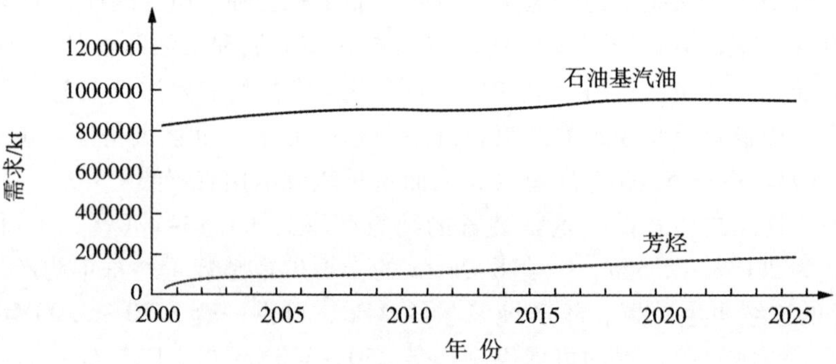

图 1 - 54 世界未来汽油和芳烃需求趋势

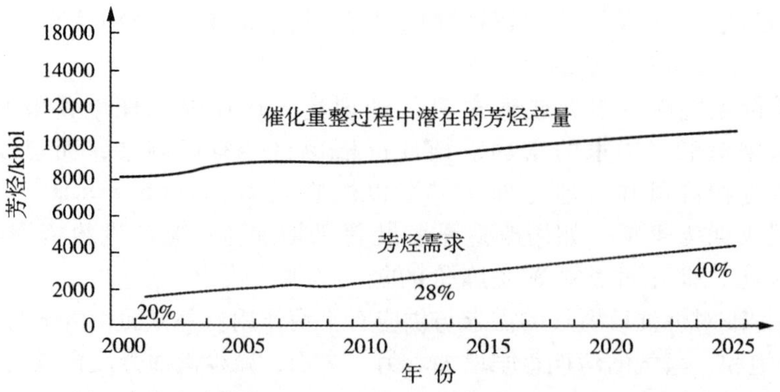

图 1 -55 为未来世界石脑油生产芳烃的供需平衡

未来世界汽油和芳烃需求趋势[75]见图1－54。未来世界石脑油生产芳烃的供需平衡[75]见图1－55。从图中可见，未来10年，芳烃消费增长率明显比汽油更高。到2025年芳烃的总需求量几乎接近汽油需求量的20%[75]。与此同时，由于乙烯裂解原料趋向轻质化，增加了生产芳烃原料的供应，目前可提供的石脑油原料为12.5Mbbl/d，2025年将增加到15.0Mbbl/d。2000年生产芳烃需求的石脑油量为可利用的石脑油资源的20%，2012年为28%，2025年将增加到40%[75]。

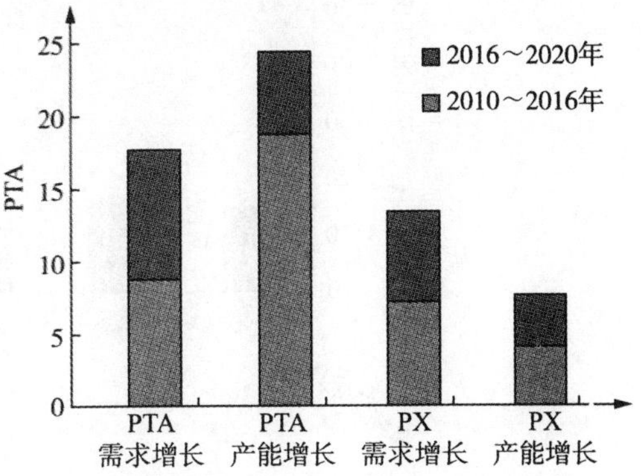

资料来源：CMAI Industry Work shops 2011

图1－56　PTA和PX需求和产能的增长

2. PX和PTA的需求增长，推进我国催化重整和芳烃联合装置的发展

美国化学品销售联合公司预测：到2020年，混合二甲苯的生产能力因受到聚酯需求的拉动，估计可能翻一番。据战略商务分析报告称，预计在今后十年内年均增长率将超过6%[12]。由于汽油需求减少，汽油规格限制芳烃含量，将石脑油组分转化为芳烃，也为芳烃的发展提供发展空间。图1－56为世界PTA和PX需求和产能的增长[6]。从图中可见，PX的产能增量远远满足不了PTA的需求。

在美国，因为原料改变，汽油需求下降和消费者的选择及政府监管，催化重整是芳烃供应主要来源。由于汽油需求下降，重整装置调整开工率，从而减少芳烃供应，可再生燃料标准(RFS)也影响了芳烃供应。强制执行在出售的汽中必须调合一定比例乙醇，不仅占据部分汽油份额，而且减少对高辛烷值组分的需求，也为依赖汽油生产来提供芳烃供应创造空间。其次由于页岩和页岩油(气)开发，美国裂解原料转向使用成本更低的乙烷，这种原料不能生产芳烃，自2005年以后，美国裂解装置丙烯产量已下降30%左右，苯产量情况也相似[30,75]。

由于上述原因，无论就生产高辛烷值汽油调合组分、生产石油化工基本原料的芳烃和生产清洁汽油及柴油所需的氢气来说，催化重整装置都是炼油工业中需快速发展的主要加工工艺之一。尤其是当今运输燃料需求的增长和全球环境保护条例、法规日趋严格和石油化工业的发展，都给予催化重整过程的发展提供了广阔的发展空间。

早在第十五届世界石油大会上，专家们就预示了未来催化重整工艺的发展趋势：保持高产氢气，降低苯含量，为清洁汽油提供合格组分。为此，催化重整装置必须采用新型催化剂并改进其工艺技术，就工艺开发和应用角度来看，近期的发展趋势是：

① 半再生式重整装置通过老装置改造和采用加助剂的双(多)金属催化剂，使其仍具活力，例如：改造成低压组合式催化重整和麦格纳重整等。

② 采用新型催化剂。

③ 连续式重整装置通过开发的CycleMax和Hi－Q型再生器以及RegenC2再生工艺等新技术，以改善烧焦灵活性和铂的分散度。

④ 加强重整装置的苯管理，降低重整生成油的苯含量。

图1－57为2015年各种炼油加工能力相对于2005年增长情况[65]。美国UOP公司预测，相对于2005年催化重整工艺仍有15%以上的发展空间。

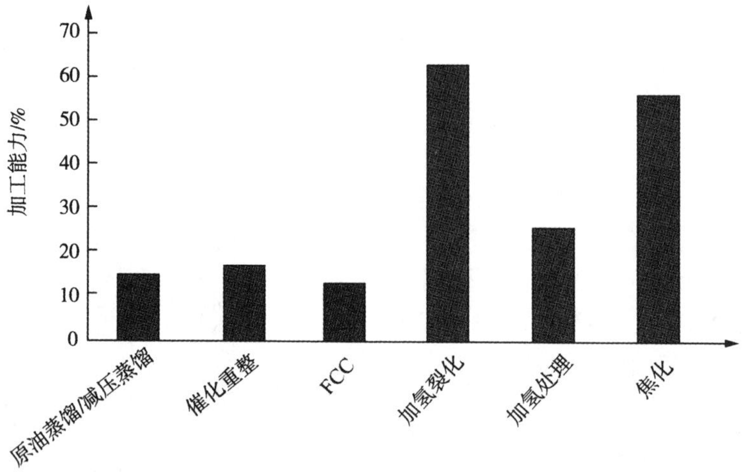

图 1-57 2015 年各种加工能力相对于 2005 年增长情况

二、新建大型催化重整装置将以连续再生式催化重整装置为主

自 1970 年连续再生式催化重整装置问世以来，由于其液体收率、氢产率和开工周期等方面明显优于半再生催化重整装置，因此发展很快（见图 1-58）[8,9,29]。表 1-50～表 1-53 分别为连续重整装置和半再生重整装置的操作形式、产率、安装费用和经济性方面的比较[14]。

21 世纪以来，固定床催化重整装置加工能力的综合年均增长率为负值，而连续催化重整装置加工能力的综合年均增长率为 4.5% 左右[10,29]。

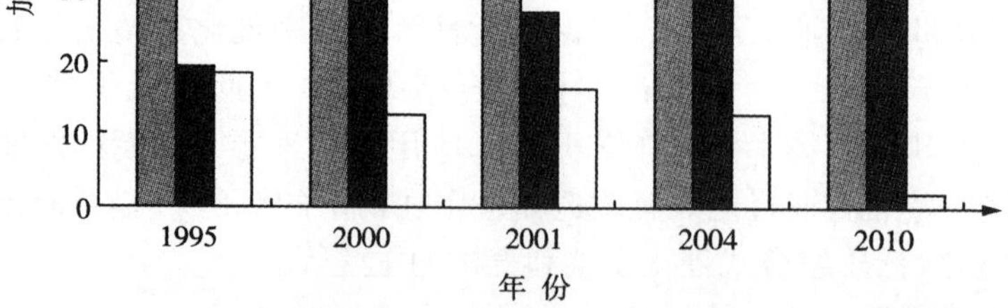

图 1-58 世界催化重整过程中各种再生形式加工能力的比较

表 1-50 连续重整装置和半再生装置的操作形式

项 目	半再生	连续再生
催化剂	R-56	R-134
进料量/[(t/d)(bbl/d)]	2351(20000)	2351(20000)

续表

项 目	半再生	连续再生
LHSV/h^{-1}	基准	基准×1.8
H_2/HC	基准	基准×0.5
RONC	97	102
反应器压力/kPa(lbf/in^2)(表压)	基准	基准-1035(基准-150)
催化剂寿命/月	12	连续

表1-51 连续重整装置和半再生重整装置的产率比较

项 目	半再生	连续再生	差 值
氢产率/[(Nm^3/m^3)(Nft^3/bbl)]	193.2(1085)	304.4(1709.0)	+111.1(+624.0)
氢纯度/mol%	80	92.6	+12.6
C_5^+ 液体体积收率/%	79.3	79.4	+0.1
C_5^+ 液体质量收率/%	85.2	88.2	+3
辛烷值-桶/(Mbbl/a)	513	583	+70
辛烷值-吨/(Mt/a)	64.9	76.3	+11.4

表1-52 估计的安装费用

项 目	费用/百万美元	
	半再生	连续再生
估计的安装费用	33	48.3
催化剂基础费用	0.9	1.1
催化剂金属费用	2.5	1.5

表1-53 经济性汇总

项 目	半再生	连续再生
主要产品总产值①/(百万美元/年)	120	141
(原料②-副产品)产值③/(百万美元/年)	98	103
消耗品④/(百万美元/年)	0.3	0.75
公用工程②/(百万美元/年)	2.8	6.2
总的固定成本⑤/(百万美元/年)	5.5	6.5
折旧/(百万美元/年)	3.5	5.2
净生产成本/(百万美元/年)	110	121
利润(税前)/(百万美元/年)	10	20
投资收益率(税前,PROI)/%	30	41
投资回收期(含建设期)/年	1.5	1.3

① 重整生成油的辛烷值-桶；

② 可变费用；

③ 原料费用-副产品的产值(副产品包括 LPG、H_2 和燃料气)；

④ 包括催化剂和因磨损及回收损失而补充的铂金属；

⑤ 包括人工费、修理费、管理费和利息支出。

从以上可见，连续再生装置的氢产率、C_5^+ 液体收率、辛烷值-桶和辛烷值-吨等均明显高于半再生装置，但安装费、总的固定成本、利息支出和净生产成本等也高于半再生装置，但由于连续重整装置的税前利润高于半再生装置，因而连续重整装置的偿还期少于半再生装置，显示其在经济上的优越性。由于连续重整工艺提高了催化重整装置的开工率，而且可以获得最大液体产率和氢产率，以满足新型超低硫燃料加氢处理装置对可靠性和氢气的要求。因此，今后新建较大规模的装置，仍将以连续重整装置为主。

三、半再生装置的改造和换用新型催化剂以使其继续保持活力

据美国"Oil & Gas Journal"杂志2010年1月1日统计，全世界2010年催化重整总加工能力为495Mt/a，其中连续催化重整装置的加工能力约占催化重整总加工能力的47%，即233Mt/a[29]。传统的半再生装置的加工能力仍稍高于连续再生和循环再生及其他形式的加工能力。但是由于半再生装置的 C_5^+ 液体收率、氢产率等都比较低，一些炼油商将选择以较低投资来改造现有的半再生装置。

目前，世界上运行的半再生装置，由于设计条件和技术方式不同，差别较大。一般反应器压力在1.06~3.2MPa(150~450lbf/in^2)(g)。老式的高压重整装置生成油和氢气收率相对较低。新型的半再生装置的操作压力约为1.4MPa(200lbf/in^2)(g)。一般半再生装置的改造可以用降低反应操作压力、更换新的催化剂和改进反应器的内构件等方法。

(一) 降低反应压力

在其他反应条件相同时，重整反应压力越低，装置的液体收率、芳烃产率及氢产率越高。但催化剂上的积炭速率也加快，操作周期会缩短。

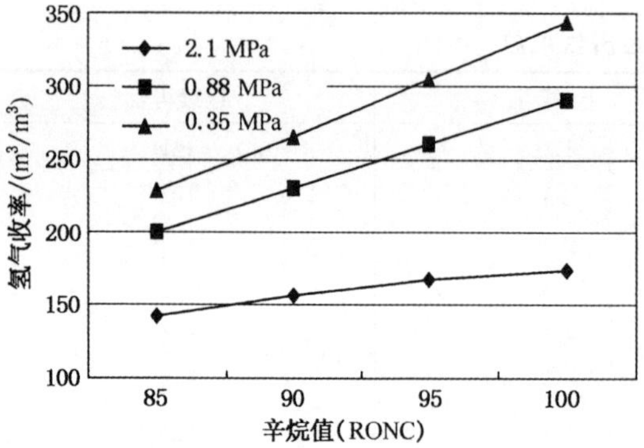

图1-59 压力与氢气收率及辛烷值的关系

一般情况下，反应压力在1.2~1.4MPa的催化重整装置，在产品辛烷值为95(RONC)左右时，其反应压力每降低0.1MPa，C_5^+ 液体收率增加0.5%左右。对于一套300kt/a的半再生重整装置，操作压力降低0.1MPa，每年可增产汽油约1500t，增加的效益十分可观，反应压力降低，重整氢产率明显提高。图1-59为一定的原料和采用相同的催化剂时，反应压力与氢气收率及辛烷值的关系[91]。从图中可以看出，产品辛烷值(RONC)在90~100范围内，反应压力由2.1MPa降低到0.88MPa，每立方米原料油多产氢气55~115m^3；而反应压力由2.1MPa降低到0.35MPa，每立方米原料油多产氢气85~175m^3。并且辛烷值越高，降低反应压力可使氢气收率增加的幅度越大。

因此，降低重整反应压力使装置液体收率、芳烃产率及氢气产率都增加，可大幅度的提高重整装置的经济效益。

(二) 更换新的催化剂

使用美国UOP公司的R-80系列催化剂，R-98和R-500催化剂。因为R-98催

化剂 C_5^+ 收率比 R－56 高 1%～2%，比 R－86 高 1%，更换 R－98 催化剂后，可多产 100Nft³/bbl 的空气产品[30]。R－500 催化剂是 2010 年推出的采用专有助剂的高密度催化剂，该催化剂比 UOP 公司其他固定床重整催化剂活性高 5.56℃以上，稳定性高 25%[29]。如果在保持装置循环周期不变的条件下，换用该催化剂可以提高进料速率，降低反应压力和提高产品苛刻度。

Axens 公司开发的 RG－582 和 RG－682 系列催化剂为加有第三金属助剂的改性 Pt/Re 催化剂，与传统的铂铼催化剂相比，C_5^+ 液收可增加 1.0%，H_2 产率可增加 0.12%，其中 RG－682催化剂的活性，选择性和稳定性更好，抗积炭能力更强，与 RG－582 相比，C_5^+ 液体收率可提高 0.6%～1.0%，H_2 产率也可增加 0.6%，寿命增加 35%～40%，活性提高 3～5℃。目前，RG－582 已在 60 余套装置应用，RG－682 已在 15 套装置应用成效显著[17,34]。

Axens 公司的多助剂 Pt－Sn 系列连续重整催化剂，包括低密度 CR－617、高密度 CR－601和 CR－601 以及 AR－701 和 AR－707 系列，工业实践证明 C_5^+ 收率可提高 1%，H_2 产率增加 0.1%(50 标准立方英尺/桶)。PS－100 催化剂在汽油操作模式中，C_5^+ 收率提高 1.0%～1.5%，氢产率增加 0.10%～0.15%。芳烃操作模式中，芳烃产率提高 0.9%，氢产率增加 0.15%[34]。

我国开发的 PRT 系列催化剂，适应低压操作，催化剂的活性、选择性和稳定性均有所提高，能大幅度降低催化剂的生焦能力，提高 C_5^+ 液体收率、芳烃产率、氢产量和装置处理能力。

（三）美国 UOP 公司和 Axens 公司的半再生装置改造技术

1. 美国 UOP 公司对原有半再生装置改造，一般采用四种技术[3,5,92]

（1）改造为复合型 CCR 工艺

将半再生装置改造成复合型 CCR 重整装置，可以保留现有的反应部分不变，但要增加一台采用移动床技术的末端反应器(简称末反)和连续再生系统。最常用的办法是降低前端固定床反应器的苛刻度，以达到理想的操作周期，并通过应用 CCR 技术提高新的末反的苛刻度，使生成油辛烷值提高。这种方法主要是用于提高苛刻度，但也用于适当增加处理量或降低操作压力。

进行复合型 CCR 改造时，若是新增移动床末端反应器而不是更换反应器，则还需增加一台中间的加热炉，假如此台移动床反应器是用来顶替现有的一台反应器，而且原料生成油换热器已改造时，则不需改造或更换加热炉，原有的管壳式混合原料换热器通常要更换为新型的 Packinox 换热器。

（2）改造为完全 CCR 工艺

固定床重整装置用完全 CCR 重整技术改造后，重整的效率可超过复合型 CCR 重整装置。这种改造需要把现有的反应器换成现代化的移动床重叠式反应器，要增加一台新的 CCR 再生器，以及几乎在每项改造中都要把现有的混合进料换热器改为热效率更高和压降更低的 Packinox 换热器。此外，由于反应热的增加和重新分配，通常还需要增加一台新的中间加热炉及重新布置现有的加热炉。至今为止，每一项改造工程中几乎都保留了重整生成油稳定塔。改造后更换下来的反应器和换热器可用于包括 C_5/C_6 异构化在内的装置上，它们正好是这些装置所需要的设备。

这种改造项目的投资回收期一般情况下为 1 ~ 3 年，这是按改造用投资为新建装置时的 25% ~ 80% 估算的。UOP 公司大多数改造项目的投资仅为新建装置的 25% ~ 50%。

(3) 改造为 LPLS CCR 工艺(低压低苛刻度连续重整)

UOP 公司在 1992 年推出了 LPLS CCR 的低压低苛刻度的催化重整工艺。该工艺无需采用四个反应器操作，采用 R - 132 重整催化剂，它与 R - 32 相比，处理量至少可提高 20%，芳烃产率提高 1.2%。这种工艺适用于在低投资条件下改造固定床重整装置，改造后的 LPLS CCR 的反应压力为 0.63MPa。改造投资约为新建 CCR 装置的 30% ~ 50%。表 1 - 54表示将固定床半再生装置改造为 CCR 装置与新建 CCR 装置的比较[92]，表 1 - 55 表示改造前后的半再生式重整装置的比较[92]。

表 1 - 54　固定床半再生装置改造为 CCR 装置与新建 CCR 装置的比较

项　　目	半再生	改造方案		新建 CCR
		复合型	完全 CCR	
操作条件				
催化剂类型	R - 62	R - 62	R - 34	R - 34
进料量/(Mt/a)		1.07	1.07	1.07
反应器平均压力/MPa(g)		1.2	0.7	0.03
氢烃摩尔比		4.6	1.0	2.5
操作周期/月		12		
催化剂再生量/(kg/h)		204.12	907.2	1360.8
产品产率和质量				
C_1 ~ C_4 产率/%		15.67	11.44	9.25
C_5^+ 产率/%(体积分数)		74.34	77.54	77.55
芳烃总产率/%(体积分数)		50.00	54.41	58.60
RONC		101	101	103
经济性比较				
重整生成油辛烷值 - 桶/10^6	基准	+5.40	+37.60	+49.90
氢产量(标准状态)/Nm^3	基准	+24.19	+87.16	+163.29
芳烃产量/km^3	基准	+51	+119.1	+175
蒸气压/MPa	基准	+0.02	-0.001	-0.002
年操作费用/百万美元	基准	+1.7	+4.5	+7.2
年产品收入/百万美元	基准	+8.9	+17.4	+25.5
年净收入/百万美元	基准	+5.2	+12.9	+18.3
估计投资/百万美元	基准	+9.5	+17.0	+35.0
投资回收期/月	基准	+1.8	+1.3	+1.9

表 1 - 55　改造前后的半再生式重整装置的比较

项　　目	半再生装置压力不变	半再生装置降低压力	改造为 LPLS CCR 装置
反应压力/MPa	2.1	1.4	0.63
运转周期/a	3	1	连续
C_5^+ 产率/%(体积分数)	基准	基准 +12	基准 +42
氢气量/(km^3/d)			
生产	基准	基准 +84	基准 +294
需要	基准	基准	基准
过剩(短缺)	(213)	(129)	81
设备费用/万美元	0	100	250
连续再生部分费用/万美元			720

(4) 美国 UOP 公司的 CycleX™ 系统

美国 UOP 公司开发的 CycleX™ 系统是由一台反应器、一台再生器和一台中间加热炉组成，用于处理能力在 215～645kt/a(5000～15000bbl/d) 的固定床、并列式或重叠式反应器催化重整的改造方案，以适应催化重整装置的新要求。本工艺的主要好处是能在最少的投资条件下增加重整生成油的辛烷值和氢气量。预计 C_5^+ 产率可提高 2%～5%（体积分数），氢产增加 (35.6～53.4) Nm^3/m^3 (200～300Nft^3/bbl)，并能延长运转周期，与加氢脱硫 (HDS) 装置匹配，运转周期通常为 24 个月。图 1－60 和图 1－61 分别为 CycleX™ 系统和加入到固定床催化重整装置中的 CycleX™ 系统[3,5,25,92]。

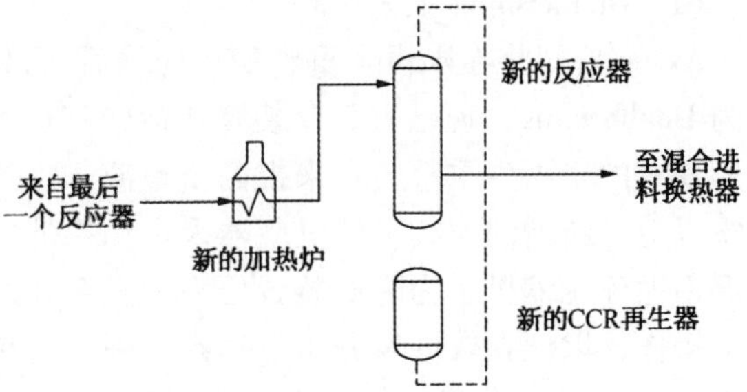

图 1－60 CycleX™ 系统

采用 CycleX™ 系统改造是对现有固定床装置改造量最小的方法，可保留主要设备和系统（现有反应器、加热炉、混合进料换热器、分馏和气体提纯单元），只增加 R4 反应器、加热炉和小的 CCR 再生器。反应器和再生器叠置布置，所占空间小，整个改造期为 10～12 个月，停工不到 30d。表 1－56 为一个处理能力 516kt/a 的重整装置采用 CycleX™ 系统改造以增产氢气的经济效益[92]。

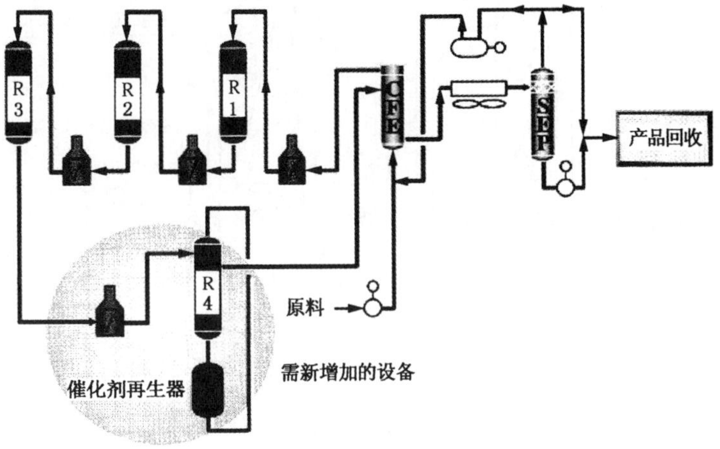

图 1－61 加入到固定床催化重整装置中的 CycleX™ 系统

表 1－56 增加炼油厂氢气产量几种方案的经济分析

项目	制氢装置	采用 CycleX™ 系统改造固定床并采用改进的催化剂	将一次通过完全改造为 CCR
氢气增量/[(Nm^3/m^3)(Nft^3/bbl)]	35.6(200)	44.5(250)	98.0(550)
投资/百万美元	5	9.1	30.6
投资回收期限/a	4	1.9	2.4
10 年净现值/百万美元	1.5	14.2	33.4

从表 1 – 56 可见，采用 CycleX™ 系统改造固定床并采用改进的催化剂，氢气可增加 44.5Nm³/m³，投资 910 万美元，投资回收期为 1.9a，10 年净现值为 1420 万美元[92]。

2. 法国 Axens 公司的半再生装置改造技术

(1) Dualforming 工艺

Axens 公司将在半再生重整的反应器后面再加一套移动床反应器和再生器的这种工艺称为 Dualforming，现已有 5 套装置在运转，还有一些装置在设计中[25~27]。此技术可充分利用现有的半再生重整装置来提高重整液体收率和氢气产量，所用投资比新建连续重整低 50% 以上。新增的连续重整反应器采用铂锡催化剂，必须在低于 1.4MPa 压力下操作。为了保留循环压缩机，为降低装置压力和氢循环速率，半再生部分要在较低苛刻度和反应温度下操作，以便在较低氢分压下达到长周期运转的要求。平均反应器压力需从 2.6MPa 降至 1.5MPa，为此，要采取一些降低压降的措施，如：更换原料/产物换热器、增设增压压缩机以输出氢气和装置上游增设液相硫防护床层以延长固定床反应器运转周期。由于连续重整的苛刻度高，因此可提高重整液辛烷值，同时可降低固定床反应器的苛刻度，以延长运转周期或提高处理量。Dualforming 工艺在 20 年前就已工业化，工业数据已验证了装置运转的可靠性。图 1 – 62 为 Dualforming 工艺流程[25~27]。

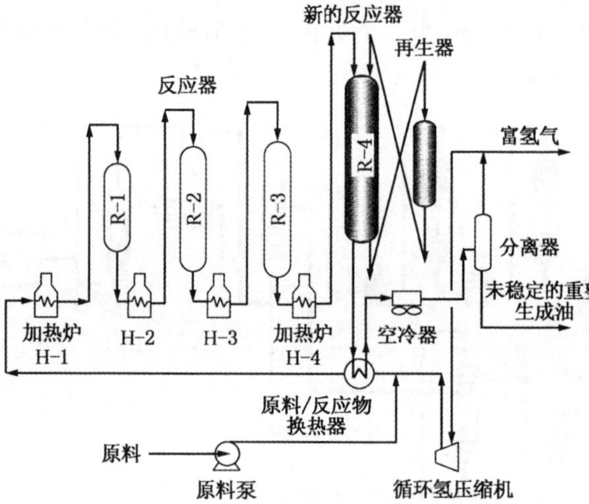

图 1 – 62 Dualforming 工艺流程

(2) Dualforming Plus 工艺

将新反应器和连续催化剂再生器加到半再生重整装置的后部，即现有装置的产品分离器后，来自现有分离器的氢也送到新反应器，以一次通过模式操作，需要增加一台新加热炉、产品分离器和氢气增压机。由于单设新反应器系统，可在低于常规反应系列的低压下操作，实际上相当于第二段重整。由于对现有装置不做任何改动仍可继续操作，从而减少了停工时间，重整操作苛刻度更加灵活，场地不受限制。图 1 – 63 为 Dualforming Plus 工艺流程[25~27]。

(3) 采用 Octanizing 工艺

将现有装置全部改造成连续再生，并增加中间加热炉、进料/出料换热器和增压机，对原循环氢压缩机、产品分离罐和重整油稳定塔均加以利用[25]。表 1 – 57 为 Axens 公司三种半再生装置改造情况的比较[25~27]。

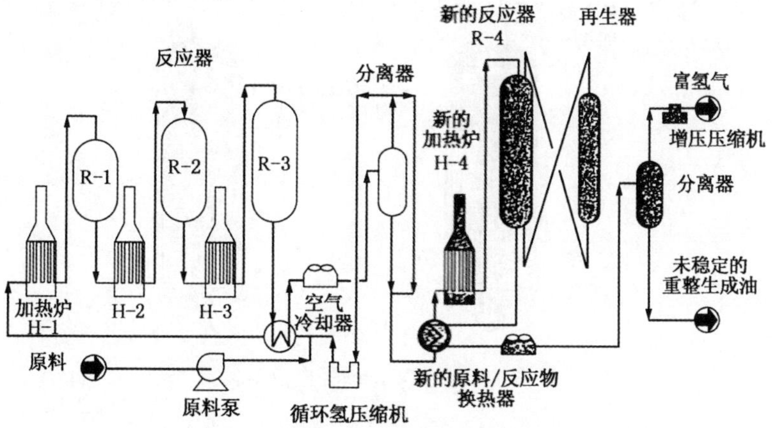

图1-63　Dualforming Plus 工艺流程

表1-57　860kt/a(20000bbl/d)装置改造的比较

项　目	半再生	Dualforming	Dualforming Plus	Octanizing CCR
RON	100	100	100	100
循环周期/月	6	12/连续	12/连续	连续
产　率				
H_2/(Nm^3/m^3)	148.66	209.56	227.47	270.46
H_2/%	1.7	2.4	2.6	3.1
C_5^+/%	76.3	81.9	83.8	87.4
改造投资/百万美元	基准	+18	+22	+40
催化剂和公用工程费用/(百万美元/年)	3.1①	5.3	7.0	7.8
生产收入差值/(美元/年)		14.1	17.4	28.4

① 催化剂不替换,投资中不包括专利费、设计费和催化剂的贵金属费用。

(四) 用于固定床催化重整的 Texicap 径向反应器和 Catapac 床层密相装填技术

以前标准的固定床径向反应器设计在反应器顶部留有约15%的空间(有折流板)，以避免反应物在床层沉降时短路。Axens 公司开发了一种利用此死空间的方法，即采用一种按床层表面形状压制的活动导板 Texicap，可随床层下降，因此无需设计死空间，充分利用了以前未用的空间，从而使催化剂床层截面较大，反应器压降降低，反应器加工能力可增加10%~15%。

Texicap 是由耐热纤维组成的工程复合材料(不含石棉)制成，它不渗透，可承受多次再生的苛刻操作条件，其安装和拆卸也很容易，可改进装置的性能和经济性，包括：延长开工周期、提高苛刻度、减少铂藏量、烧焦完全、减少中心管维护和减少换催化剂的停工时间。第一套 Texicap 于1992年安装在意大利 IES 炼油厂，现在欧洲炼油厂内，已有近70座径向反应器采用了 Texicap[26]。

图1-64为 Texicap 径向反应器与一般径向反应器的比较[26]。

Catapac 密相床层装填技术与常规布袋装填法相比可降低25%的空隙率(与催化剂形

状和颗粒分布相关)，即使装入球形催化剂，也可降低13%的空隙率[17,26]。

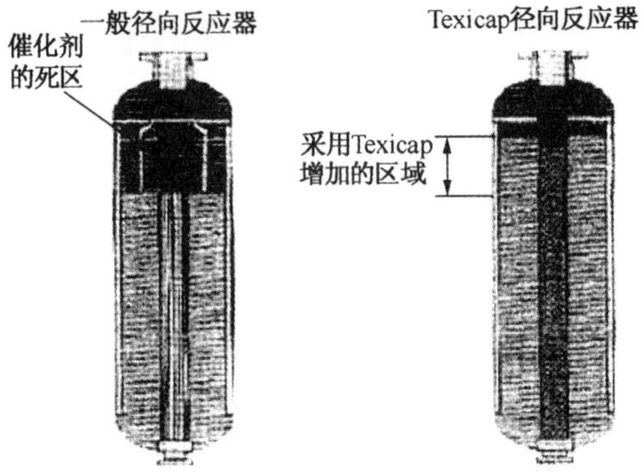

图1-64 Texicap径向反应器

四、降低重整生成油中的苯含量

(一)重整汽油是芳烃含量和苯含量最高的调合组分

美国职业安全与卫生管理局(OSHA)、国际癌症研究机构(IARC)和美国政府工业卫生学家会议(ACGIH)已证实苯是多部位的致癌物[87]。

芳烃由于含碳量高，在发动机中容易出现燃烧不完全而产生碳臭，使发动机排放污染增大，多环芳烃还是致癌物质。芳烃在光化学反应作用下产生臭氧，而空气中臭氧浓度为0.4 mg/m^{3}时，可促使中枢神经系统紊乱，臭氧也是一种突变性、致癌性和致畸胎性物质[90]。

图1-65为汽油调合组分的辛烷值与芳烃的关系[85]。从图中可见，苯和芳烃主要来自催化重整汽油。催化重整汽油中的芳烃含量和苯含量的降低，可以减少汽车尾气对大气的污染。

图1-66表示芳烃含量对汽车排气中苯含量的影响[87]。有资料表明：汽油中芳烃含量由45%降至20%会使CO、HC和苯的排放分别减少13.6%、6.3%和42%[90]。

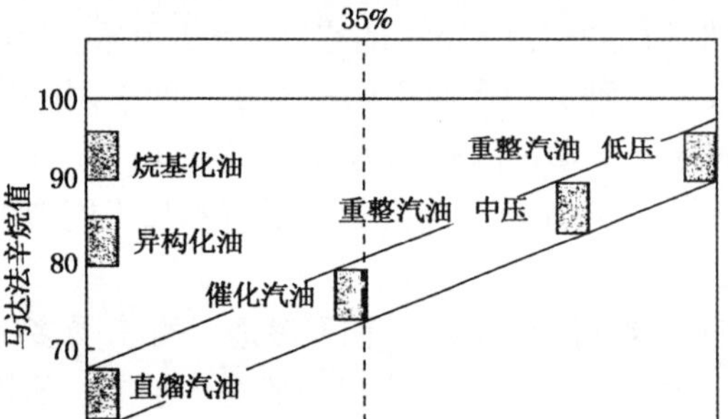

图1-65 汽油调合组分的辛烷值与芳烃的关系

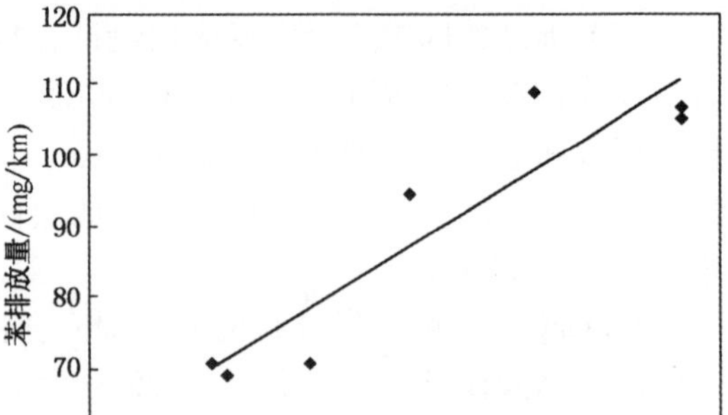

图1-66 汽油中芳烃含量对汽车排气中苯含量的影响

因此，未来的清洁汽油对苯含量提出了苛刻的极限要求。2011 年美国要求（除加利福尼亚州外）汽油中的苯含量 <0.62%（体积分数），美国加利福尼亚州要求汽油中的苯含量为 0.55% ~0.8%（体积分数）。

燃料型炼油厂重整油中的苯含量通常为 2.0% ~4.0%（体积分数），化工型炼油厂重整油中的苯含量甚至高达 9.0%（体积分数）。一般汽油调合组分中50% ~90% 的苯是来自重整生成油，炼油厂降低重整苛刻度可降低重整汽油中的芳烃含量。但是，重整操作苛刻度降低，重整汽油辛烷值降低，同时氢产量大幅度减少，不能满足生产低硫和超低硫汽油和柴油对氢气的需求，又带来新问题。

（二）降低重整汽油中苯含量的方法

1. 美国环境保护署（EPA）的 MSAT Ⅱ 标准（2010 年 1 月 1 日执行）和欧洲汽油标准对苯含量的规定

1999 年，美国对 177 种空气毒物进行了评价，确定苯为最有毒气体。2011 年 1 月 1 日美国除加州（加州仍将继续执行 CARB 标准）以外美国所有地区销售的汽油都将执行美国 EPA 新的苯含量标准 MSAT Ⅱ（Mobil Source Air Toxics Ⅱ移动源空气毒物规范Ⅱ），新标准设二个苯含量限制[34,94,97]。美国汽油中苯含量限制的进程为：

1990 年全美汽油苯含量平均为 1.60%（体积分数）（EPA - HQ - OAR - 2005 - 0036, p. 15835）；

20 世纪 90 年代中期实施的 RFG（新配方汽油）和 GARB（美国加州新配方汽油）苯含量平均为 <1.60%（体积分数）；

2003 年全美汽油苯含量平均为 0.94%（体积分数）（EPA - HQ - OAR - 2005 - 0036, p. 15883）；

2003 年美国常规汽油苯含量平均为 1.11%（体积分数）（EPA - HQ - OAR - 2005 - 0036, p. 15883）；

2011 年 1 月 1 日执行 MSAT Ⅱ的汽油苯含量年度平均值为 0.62%（体积分数）低限标准，允许炼油商和进口商使用信贷来满足限制值要求。

2012 年 6 月 1 日执行的炼油商和进口商提供的汽油苯含量为 1.30%（体积分数）高限标准，不允许使用信贷方式满足此限制值要求。

对于加工量小于 7.75Mt/a（155kbbl/d）的小炼油厂，可以延长 4 年（即 2011 ~2015 年）执行。

大部分发展中国家苯的限制值为 <1%（体积分数）[54,94]。欧洲汽油仍将继续限制硫、苯、烯烃和芳烃含量，无硫汽油（S <10μg/g）2013 年强制执行。而欧洲汽油中的苯含量的限制值从 1993 年的欧Ⅰ到 2009 年的欧Ⅴ，则从≯5%提高到≯1%[34]。表 1 -58 欧洲和美国汽油中的苯和芳烃的限制[54,94,95]。图 1 -67 为目前世界汽油苯含量限制状况[109]。表 1 -59 为不同汽油组分的苯含量及在汽油中典型的调入比例[54,94,95]。

2. 降低重整汽油中苯含量的方法

汽油中苯的来源在每一座炼厂各不相同，但最主要的来源是重整油。美国环保署测算，在美国调合汽油中来自重整油的苯约占 50% ~78%[31]。

降低苯含量不存在技术问题，一般对苯的控制常用的方法有：从重整原料油中切除生成苯的母体或从重整产物中分离出 C_6 组分；采用异构化、苯饱和、苯抽提、苯烷基化等工艺降低汽油中苯含量[94]；调整催化重整操作条件；选用低压连续重整工艺；轻重整油液相加氢；重整生成油萃取精馏；选用降低苯含量的催化剂和选用降低苯含量的工艺流程[96]，其中脱除苯的母体，以免在重整反应器中转化为苯和利用分离或化学转化方法对重整油进行后处理是炼油厂的常用方法，各炼油厂可视自身需求选择相应的技术。

(1)切除重整原料中生成苯的母体(Prefractionation)

苯的母体即在重整过程中转化为苯的分子，苯的母体主要是 C_6 烷烃、环己烷和甲基环戊烷。苯的母体含量取决于原油品种，重整进料中苯的母体含量对重整生成油的苯含量有决定性影响。

表 1-58　欧洲和美国汽油中的苯和芳烃的限制

项　目	1993/1995 年	2000 年	2005 年	2006 年后	
汽车排放标准	欧Ⅱ	欧Ⅲ	欧Ⅳ	欧Ⅴ	美国
硫/(μg/g)　≯	1000/500	150	50(10)	10	10
芳烃/%(体积分数)≯	—	42	35	35	25
烯烃/%(体积分数)≯	—	18	18	18	8.5
苯/%(体积分数)　≯	5.0	1.0	1.0	1.0	0.62
蒸汽压/kPa　≯	35-100	60/70	60/70	56/66	48.5

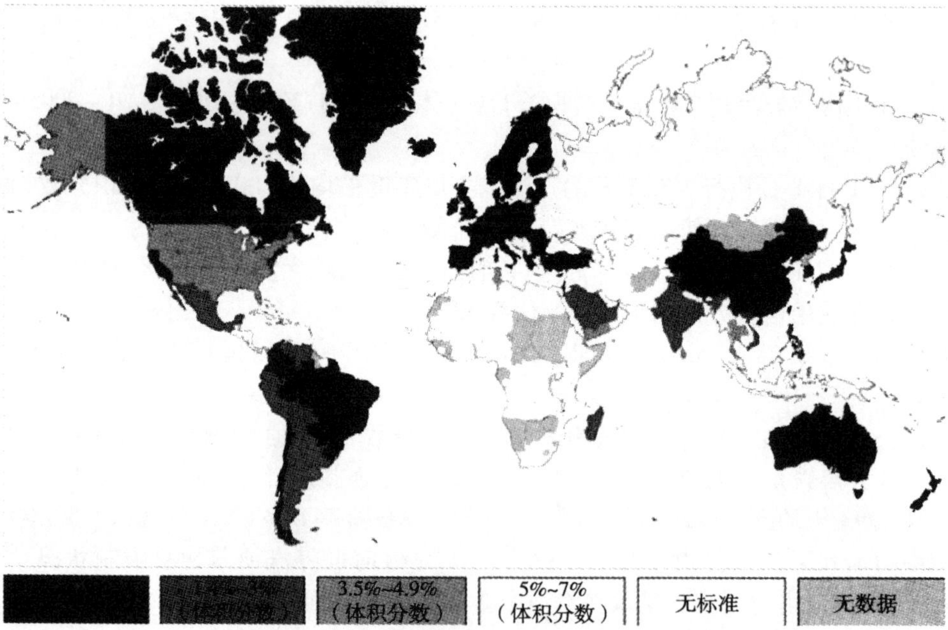

资料来源：International Fuel Quality Center，January 2011

图 1-67　目前世界汽油苯含量限制状况

表 1－59 不同汽油组分的苯含量及在汽油中典型的调入比例

工艺或调合物名称	在汽油中的平均比例/%（体积分数）	典型的苯含量/%（体积分数）	苯的贡献率/%
重整汽油	30	1～6	70～85
FCC 汽油	35～40	0.5～1.2	10～25
加氢裂化轻油	0～4	1～3	4
烷基化油	10～15	0	—
异构化油	5～10	0	—
轻直馏石脑油	5～10	0.3～4	2
轻焦化石脑油	0～2	1～3	1
气体（天然）汽油	0～5	0.3～3	1
丁烷	3～5	0	—

来源：EPA－HQ－OAR－2005－0036；FRL－8041－2，表Ⅶ.F－2。

为了切出重整原料中的苯母体，可以改变石脑油的切割点和提高分馏效率，为提高分馏效率，石脑油分馏塔的设计必须有 40 层以上塔盘并提高回流比，重整原料中切除 C_6 组分后可使重整生成油中的苯含量从 3%～5%（体积分数）降至 1%（体积分数）左右[95]。除去生成苯的母体（C_6 烃类），以降苯的优点是投资少，但随同苯母体切除的同时，副产氢的产率随之降低。切除的 C_6 轻组分需与 C_5 一起异构化才能添加到汽油中去，此过程不能除去重整过程中脱烷基而新产生的苯。

除去重整原料油中生成苯的母体的示意流程见图 1－68。

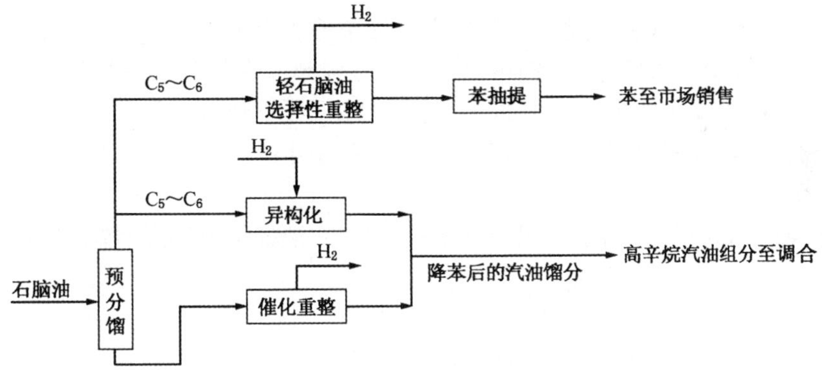

图 1－68 脱出原料油中生成苯的母体的示意流程图（Prefractionation）

在图 1－68 的示意流程中，从重整进料中脱出苯和生成苯的母体，切除的轻石脑油可以用以下方法加工：

送入异构化装置可以增加轻石脑油的辛烷值和使苯饱和；

如果轻石脑油的苯含量低或炼油厂对汽油辛烷值要求不高，则可以直接调合成汽油；

在轻石脑油的选择性重整（采用沸石催化剂）装置中，可以生产市场要求的苯产品；

作为乙烯裂解原料。

（2）从重整生成油中脱出苯（Postfractionation）

图 1－69 为从重整生成油中脱出苯的示意流程。

催化重整过程可以在高辛烷值苛刻度下操作，富含苯的轻石脑油可以从重整生成油的分馏塔中切出，然后可用下列方法脱出其中的苯。

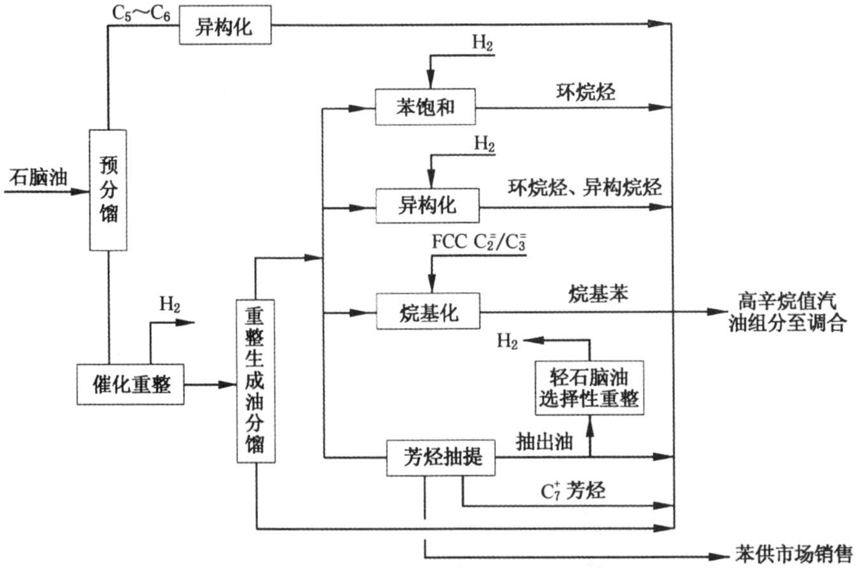

图 1 - 69 从重整生成油中脱出苯(Postfractionation)

在图 1 - 69 示意流程中，先从重整生成油中将含苯馏分切出，然后采用下列方法降低苯含量；

在异构化装置或苯饱和装置中，重整生成油中的苯被饱和；

在烷基化装置中，重整生成油中的 C_6 组分与从 FCC 装置来的烯烃(如乙烯、丙烯)生成 C_9 芳烃，从而脱除重整生成油中的 C_6 组分。该过程不耗氢，并且能增加轻重整生成油的辛烷值，而汽油中的芳烃并不能降低。此外，由于生成的异丙基苯的沸点较高，可能导致汽油组分 T_{90} 升高；

如果炼油厂邻近石油化工厂，则可采用苯的液 - 液抽提或抽提蒸馏方法，抽出重整生成油中的苯供石油化工业作原料。

通过苯抽提从富含苯的重整油中分出苯，并可作为产品在市场上出售。除非炼油厂有现成的装置或能力可用，否则投资新建小规模的苯抽提装置经济上并不合算。许多炼油厂选用已经工业应用的苯加氢方法饱和工艺，但该工艺会带来重大辛烷值损失和高氢耗，具体数值与选用原料有关。一般，每桶苯转化为环己烷要消耗 112m^3(4000ft^3)以上的氢气并有着几十个单位的辛烷值损失[95]。

3. 降低重整汽油中苯含量的几种工艺过程

工业上可应用的脱出苯的工艺过程有：CD Tech 公司的 CD Hydro 工艺[98]、芬兰 Neste 公司的 NExSAT 工艺、美国 Mobil 公司的 MBR 工艺、GTC - Technology LP 公司的 GT - BTX 和 GT - BTX Plus^{SM}[99,100]、美国 UOP 公司的 Bensat 工艺[93]、法国 Axens 公司的 Benfree 家族工艺[34]、美国 ExxonMobil 公司的 BenzOUT™工艺等[96]。BenzOUT™通过工业实践证实，一个处理 5500bbl/d 重整生成油装置，投资仅 1900 万美元，重整生成油的马达辛烷值可提高 2 ~ 3 个单位，汽油中苯含量满足 MSAT Ⅱ 法规要求，投资回收期约 20 个月[96,101,102]。

但这些工艺过程在应用中也存在一些问题，例如苯抽提方法，若装置太小，经济上不可行，苯加氢方法需要新设备，又要消耗氢。

五、催化重整催化剂的发展趋势

按照“理论产率”的定义，即：原料油中的烷烃和环烷烃以100%选择性地转化为相同碳数的芳烃(不考虑裂解)计算出的产率，其辛烷值由产物组成计算得到。如用这个概念来衡量含铂催化剂的催化重整的发展过程和水平，则在20世纪各个阶段的发展和水平如图1-70所示[3,5]。从图1-70中可见，由于催化重整催化剂和工艺技术的不断进步，反应效率不断提高，随着辛烷值增加而 C_5^+ 重整生成油收率下降幅度较小，由此说明，随着催化重整催化剂和工艺技术的进步，反应效率越来越接近理论产率。

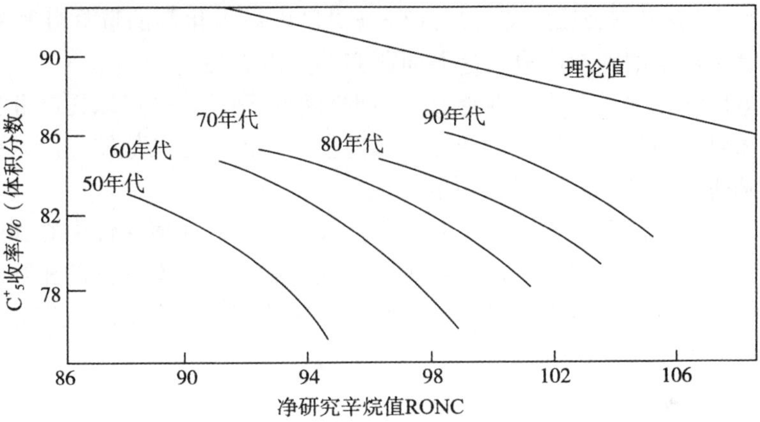

图1-70 催化重整反应效率的改进

(一) 催化重整催化剂的近期发展

随着全球经济走出衰退和能源价格保持适中，2013年全球炼油催化剂市场将增至约31.2亿美元，年均增长率为2%。其中，催化重整催化剂将增至1.49亿美元，年均增长率为1%[16]。实际上，据美国“化学周刊”报道，2013年世界催化重整催化剂消费量占世界炼油催化剂总消费量的6%，价值约2.70亿美元。改进催化剂性能，促进工艺技术水平的提高，二者之间的关系是相辅相成的，最终实现提高重整装置的经济效益。近期各国也相继出现各种新型催化剂，如：美国UOP公司2001年推出的一种半再生式催化重整催化剂R-86，采用新型低密度载体，并使金属和酸性活性平衡得到优化，它与R-56和R-62催化剂相比，在运转周期不变的情况下，收率可提高1%，同时由于密度降低，因而减少了金属用量，对一个516kt/a的半再生催化重整装置，可节约的催化剂载体和金属用量约56万美元。该催化剂已在世界各地的100多套固定床催化重整装置得到应用[10,29]。2010年又推出专用助剂以最大限度提高选择性和利润的R-500催化剂[10,29]。同年该公司又推出具有可提高选择性的专有助剂的高密度催化剂R-284。该催化剂具有高选择性的同时，还具有高活性性能[10,29]。

又如：Axens公司陆续推出了RG-482、RG-492、RG-582和RG-682等，其中半

再生催化重整采用的 RG－682 催化剂是 Axens 公司最新的加有第三金属助剂改性的 Pt－Re 催化剂，具有良好的抗积炭能力，其周期寿命比传统的平衡双金属催化剂高 35% 以上[34]。新推出的连续再生用 CR－617 催化剂比前一代催化剂 C_5^+ 收率提高 1%，氢气收率提高 0.1% 以上，而结焦量降低 20%[17,34]。

（二）开发新型的催化重整的催化剂

据报道，未来催化重整催化剂的发展趋势是开发新的三(多)金属催化剂系统，催化剂主要改进方向是提高重整生成油和氢产率，改进催化剂的选择性和稳定性以适应低压重整的操作以及延长装置的开工周期。借助组合化学、计算化学、纳米控制技术、先进的表征及试验方法和制造技术等持续进步，不断推出新的类型和系列的催化剂[34]。

在金属组元方面，主要的改进是在组元的配比和第三金属组元和/或多金属组元的加入，第三金属组元和/或多金属组元的加入可以明显提高催化剂的选择性和稳定性，因此寻找更合适的第三或第四助剂应成为这方面研究的重点。

有专利报道用镁铝水滑石或碱性沸石作为重整催化剂的载体可以提高催化剂的芳构化性能。这类载体对 C_6 和 C_7 的转化成芳烃选择性很好，但存在其他缺点。因此，对这类载体应在加强基础研究的基础上开展进一步的研究。

在催化剂制备技术的研究方面，开展在纳米级别上控制金属活性中心和酸性活性中心在载体上的均匀分布，使金属组元之间和金属组元与载体之间有良好的相互作用。

重视对催化剂系列化的研究，特别是研究开发适合于生产高辛烷值汽油和芳烃的催化剂、适合于不同原料的催化剂等。

催化重整催化剂的发展趋势为：

（1）通过载体性能的调节，提高 C_5^+ 液体产物和氢气的收率，降低催化剂的积炭速率。

（2）在双金属组元基础上引入新的组元，最大限度的提高催化剂的选择性。

（3）改进催化剂(包括载体)制备方法，如纳米分散技术，提高催化剂的活性和选择性。

由于催化重整催化剂是属负载型催化剂，除对其活性金属的选择、浓度分布、载体的性质和孔结构以及表面积等都需要继续深入研究外，还要对新催化剂材料的应用进行探索。

20 世纪 70 年代，出现了 ZSM－5 新型分子筛，由于其独特的孔道结构，对许多有机催化反应都表现出选择性催化作用。1974 年美国 Mobil 公司利用 ZSM－5 分子筛这一择形特性开发了选择性催化重整，即：它可使正烷烃裂化而不影响芳烃，对催化重整工艺过程的进步具有一定的意义。目前国内外已开展研究的新兴催化剂材料有：纳米分子筛、介孔分子筛、过渡金属氮化物/碳化物/磷化物和离子液体等。选择一些具有开发成工业应用的新兴催化剂材料进行探索和研究，无疑对催化重整催化剂的进步和催化重整工艺的进步都是有意义的[103~105]。

六、扩大和优化催化重整原料已成为发展催化重整装置的关键

（一）石脑油原料短缺在一定程度上已成为制约我国催化重整发展的重要问题

石脑油、轻烃(包括乙烷、丙烷、丁烷和LPG)、凝析油、轻柴油、加氢裂化尾油和抽余油等都可以作为裂解乙烯的原料。目前，由于原油价格维持在高位波动，天然气价格相对较低和页岩油(气)资源的开发，世界裂解乙烯的原料趋向于轻质化和多元化。图1－71为美国乙烯原料轻质化趋势[75]。

目前我国乙烯使用的原料仍以石脑油为主，其次是轻柴油、加氢裂化尾油等。图1－72为2013年我国乙烯裂解原料的结构[107]，图1－73为我国石脑油作为裂解原料的变化[107,108]。从图中可见，因我国缺乏适宜于作乙烯原料的天然气凝析油等轻烃，目前乙烯裂解原料仍以炼油厂石脑油为主，2013年仍为63.9%[107]。

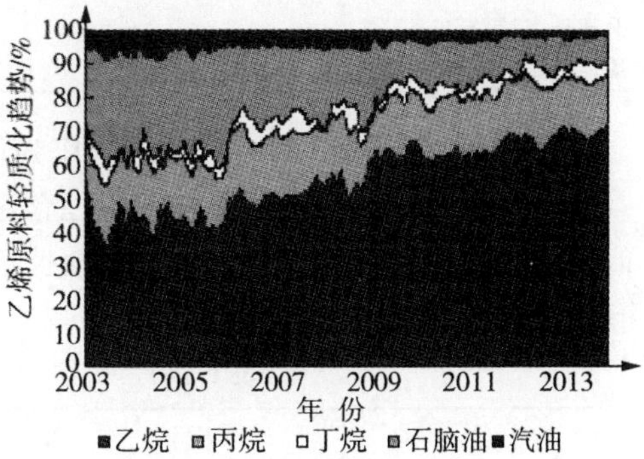

图1－71　美国乙烯原料轻质化趋势

因为催化重整装置是采用直馏石脑油为原料，而我国原油的直馏石脑油收率又比较低，例如：大庆原油的石脑油收率仅为8%左右，其他原油的石脑油收率也不高，因此石脑油原料短缺成为制约我国催化重整发展的首要问题。

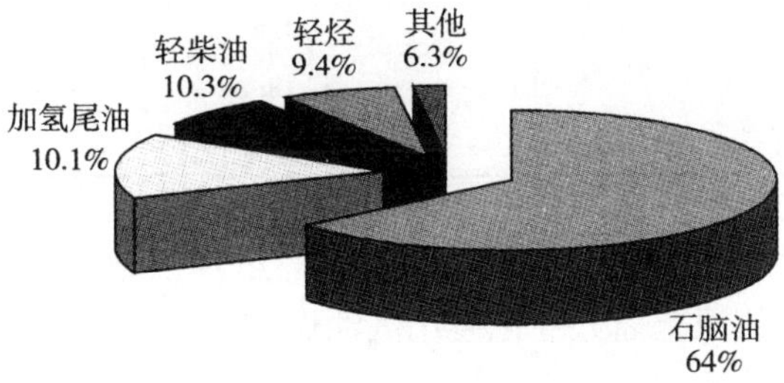

图1－72　2013年我国乙烯裂解原料的结构

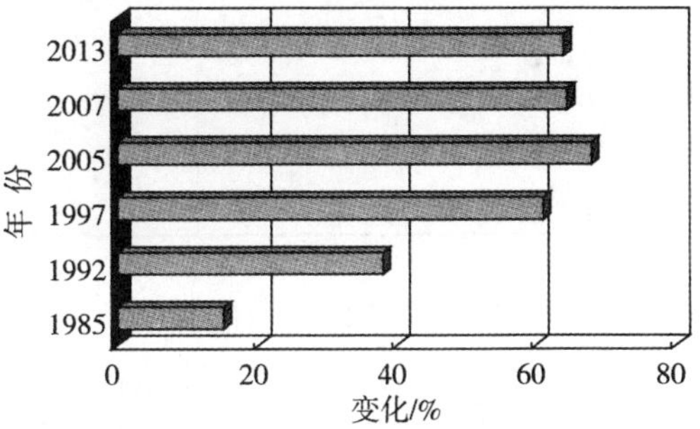

图1－73　我国石脑油作为裂解原料的变化

（二）扩大和优化催化重整装置原料已成为发展催化重整工艺的关键

催化重整装置原料除直馏石脑油外，各种加氢生产的石脑油和经加氢处理后的焦化和减黏石脑油都可以作为催化重整装置的原料，乙烯裂解汽油经抽提后也是十分理想的催化重整装置原料。国外有些炼油厂已发展到切取催化裂化汽油的合适馏分经加氢处理后作重整装置原料。

1. 乙烯裂解汽油经抽提后是十分理想的催化重整装置原料

乙烯裂解汽油经抽提后的抽余油基本上都是环烷烃，如将其返回做裂解原料，裂解乙烯收率低，很不合理，但它却是催化重整装置的理想原料。因此，用基本上是链烷烃，而

辛烷值又较低的重整抽余油替代出乙烯裂解抽余油，使其作为重整装置原料是优化和扩大重整装置原料来源的有效途径。一组典型的乙烯裂解汽油经抽提后的 C_6 ~ C_7 抽余油的组成见表 1 -60，从表中可见环烷烃和芳烃含量高达60%以上[91]。

表 1 -60　乙烯裂解汽油 C_6 ~ C_7 抽余油组成 %

组　分	组　成	组　分	组　分
环戊烷	1.68	乙基环戊烷	2.78
C_6 烷烃	6.56	C_8 烷烃	4.17
甲基环戊烷	46.06	二甲基环己烷总和	0.91
环己烷	12.92	苯	1.20
C_7 烷烃	11.62	甲　苯	0.69
二甲基环戊烷总和	6.54	合　计	100.00
甲基环己烷	4.87		

2. 切取催化裂化汽油的合适组分作为催化重整装置原料

催化裂化汽油具有辛烷值高、烯烃含量高的特点，烯烃大多分布在前段馏分中，芳烃分布在后段馏分中。后段馏分的辛烷值比前段高。表 1 -61 列出一组实际的催化裂化汽油族组成[91]。

表 1 -61　一组实际的催化裂化汽油族组成 %(体积分数)

项　目	催化裂化汽油 A	催化裂化汽油 B
烷烃	19.06	18.65
烯烃	50.21	58.26
其中:链烯烃	39.58	48.4
双烯烃	8.68	5.18
环烯烃	1.95	4.68
环烷烃	8.12	4.66
芳烃	30.4	18.2
未知	2.21	0.3

切取 77 ~149℃馏分的催化裂化汽油作为催化重整装置原料油必须经过加氢精制[3]。这样，可以部分的解决目前各炼油厂普遍存在的因全馏分催化裂化汽油做汽油调合组分导致汽油产品中烯烃含量过高以及重整原料不足的问题。

3. 加氢裂化装置多产石脑油是炼油厂增加催化重整装置原料的重要措施

加氢裂化石脑油产率因加氢裂化工艺流程和催化剂的不同而异，少则7% ~8%，多则60% ~70%，因此可以通过选择催化剂和工艺流程，最大量生产催化重整装置原料。加氢裂化重石脑油的质量较好，其环状烃(环烷烃和芳烃)含量高达40% ~50%，是理想的催化重整装置原料。在美国，所有加氢裂化重石脑油都用作催化重整装置原料。在我国也有多套重整装置以加氢裂化重石脑油为原料油。因此，扩大加氢裂化装置规模或采用多产石脑油的加氢裂化催化剂和工艺是炼油厂扩大重整装置原料的重要措施。

4. 采用加氢处理后焦化和减黏石脑油作催化重整装置原料

焦化和减黏裂化石脑油的硫、氮含量高，辛烷值低，安定性差，如要将它作为汽油调合组分，一般都是经深度加氢精制后再进入催化重整装置。焦化和减黏裂化石脑油中链烷烃较多，作为重整原料油的效果不如加氢裂化和催化裂化汽油好。重整进料中的焦化或减黏裂化石脑油掺入量对催化剂积炭量和活性稳定性的影响较大。

此外，合理选择原油是解决我国催化重整原料油不足的有效措施。国内目前提倡的“宜油则油，宜芳则芳，宜烯则烯”的原则，可以充分利用原油的不同特点，进行油品、芳烃和乙烯的生产，提高原料的利用率，合理利用有限的石油资源。

参 考 文 献

[1] 杨光启,侯祥麟等．中国大百科全书(化工)[M]．北京:中国大百科全书出版社,1987

[2] 陈冠荣等．化工百科全书第 14 卷[M]. 北京:化学工业出版社,1997

[3] 徐承恩等．石脑油催化重整[M]. 北京:中国石化出版社,2009

[4] James G Speigt Baki Ozum. Petroleum Refining Processes [M]. New York: Marcel Pekker Inc. 2002

[5] George J. Antos et al. Catalytic Naphtha Reforming Science and Technology [M]. New York: Marcel Dekker Inc. , 1995

[6] Daivd Netzer. Reduce Benzene While Elevating Octane and Co - Producing Petrochemicals[C]. NPRA Annual Meeting AM - 07 - 49, 2007

[7] “Worldwide Refinery Processing Review”Third Quarter 2003[J]. Hydrocarbon Publishing Co. ,2004

[8] Jeannle Stell. 2012 World Refining Survey [J]. Oil & Gas Journal Dec. 20, 2012

[9] 王基铭．世界石油与石油化工数据手册[M]. 北京:中国石化经济信息研究院,2005

[10] Anthony Poparad, Beatrix Ellis et al. Improved Performance from Reforming[J] . Petroleum Technology Quarterly 2011 Revamps:19 ~ 29

[11] “Worldwide Refinery Processing Review”Third Quarter 2003(J). Hydro - carbon Publishing Co. 2004

[12] 胡德铭．国外催化重整工艺技术进展(1)[J]. 炼油技术与工程,2008,38(11):1 ~ 5

[13] 胡德铭．国外催化重整工艺技术进步[J]. 炼油技术与工程,2012,42(4):1 ~ 10

[14] Robert A. Meyers. Handbook of Petroleum Refining Processes (Second edition) [M]. New York: Graw Hill, 1997

[15] 赵仁殿．芳烃工学[M]. 北京:化学工业出版社,2001

[16] P. Y. Le - Goff et al. Redefining Reformining Catalyst Performance, High Selectivity and Stability[J] . Hydrocarbon Processing,2012,92(9):47 ~ 55

[17] http://www. axens. net/product/technology/1002s/octanizing. Html/10036leluxyl. html

[18] http//www. uop. com/producting - solution/pertrochemicals/benzenes - para - xylene - production

[19] David A Stachelczyk. Trans Plus(A Flexible Approach for Upgrading Heavy Aromatics[C]. NPRA Annual Meeting AM - 00 - 60, 2000

[20] J. Zhou et al. Improve Integration Opportunity for Aromatics Units Part(1)[J]. Hydrocarbon Processing, 2012,92(11):77 ~ 84

[21] 曹坚．芳烃联合装置的设计及考核[J]. 炼油设计,2002,34(9):46 ~ 49

[22] “国际炼油与石化”编辑部．Question & Answers[J]. 国际炼油与石化,2011 年第 1 季:1

[23] 郭春垒．分子筛重整催化剂研究进展[J]. 化工进展,2012,31(4):9 ~ 14

[24] Pierre - Yves Le Goff, lncreasing performance throngh catalytic solutions[J]. ERTC,2002

[25] Bruno Domergue. Octanizing Reformer Options[J]. Petroleum Technology Quarterly,2006 Q1:67 ~ 72

[26] Guido Aru et al. The Role of FCC Add itives in the Production Clean Fuels[C]. NPRA Annual Meeting AM - 05 - 07,2005

[27] Joy Ross et al. Balancing Octane Hydrogen with ULS Fuels[J]. Petroleum Technology Quarterly, winter,

2004:49 - 59

[28] Joseph Gentry et al. FCC Gasoline and C_4 Streams for BTX Production [J]. Petroleum Technology Quarterly, 2009, Q_4:96 ~ 105.

[29] Anthony Poparad et al. Reforming Solutions for Improved Profits in an Up - Down World[C]. NPRA Annual Meeting AM - 11 - 59,2011

[30] Roneld Long et al. Hydrogen Solutions for Improved Profits [C]. NPRA Annual Meeting AM - 11 - 62, 2011

[31] UOP LLC. Right on Target. [J]. Hydrocarbon Engineering, Nov. 2011: 49 ~ 54

[32] Matthew Young. CCR Reforming Reload Economics[C]. NPRA Annual Meeting AM - 12 - 09,2009

[33] Mark T Latinski. Innovating for increased Reforming Capacity[J]. Hydrocarbon Processing, 2004,83(9): 29 ~ 33

[34] Jay Ross. Advances in Naphtha Processing for Reformated Fuels Production[C]. NPRA Annual Meeting AM - 10 - 148,2010

[35] Dean Edgar. New Reforming Catalysts Helps Refiners Cope with Greater Demand for Gasoline[C]. NPRA Annual Meeting AM - 07 - 68,2007

[36] P Y Le Goff. Cosider Advanced Multi - Promoted Catalysts to Optimize Reformer[J]. Hydrocarbon Processing ,2009,88(10):81 ~ 85

[37] R Heinen. Catalyst Developments: The Last 90 Years[J]. Hydrocarbon Processing, 2012,91(7):39 ~ 45

[38] K M Beirne. How to Choose a Refiner for You Precious Metals Catalyst [J]. Hydrocarbon Processing, 2013,93(2):26 ~ 30

[39] JP58199832,1983

[40] JP01108390,1989

[41] RU2198947,2003

[42] JP63203728,1988

[43] Buckley Stephanie et al. Smopex for seavenging precious metals from spent catalyst[J]. Speciality Chemicals Magazine 22(9):12 ~ 13

[44] Jeunnic Stell. Catalyst Price, demand on the rise[J], Oil & Gras Journal, 2005, 103(9):50 ~ 53

[45] 石油化工研究院综合研究所等. 催化重整[M]. 北京:燃料化学工业部科学技术情报研究所,1974

[46] Milevinbuk et al. Reduction of Aromatics and Benzene in Reformates from Semi - regeneration Reformers for Reformulated Gasoline Production[C]. NPRA Annual Meeting AM - 09 - 74, 2009

[47] Jack Davis et al. Energy Management: A New Imperative [C]. NPRA Annual Meeting AM - 09 - 46, 2009

[48] 《中国炼油工业》编辑委员会. 中国炼油工业[M]. 北京:石油工业出版社,1989

[49] 石油化工部炼油设计研究院工艺室. 我国催化重整的现状及今后设计努力的方向[J]. 炼油设计, 1978,8(2):36 ~ 47

[50] 张兰新等. 低压组合床重整技术的研究与开发[J]. 石油炼制与化工,2002,33(10):1 ~ 5

[51] 张世芳. 催化重整工艺技术发展[J]. 中外能源,2012,17(6):60 ~ 65

[52] M. Khorram et al . US Refiners need more hydrogen to Satisfy future gasoline and Diesel Specifications[J] . Oil & Gas Journal Nov. 25, 2002:42 ~ 47

[53] 世界石油大会中国国家委员会. 第十六届世界石油大会论文集(上册)[G]. 北京:中国石化出版社,2002

[54] D. Gaffetetal 等. 2010 年炼厂的加工方案[J]. 当代石油石化,2001,9(1):41 ~ 44

[55] Sampsa Halinen et al . Economic Evaluation of Production and Blending of Iso - octene and Iso - octane

Produced by Iso - butylene Dimerization - Fortum Oil[C]. NPRA Annual Meeting AM - 05 - 28, 2005
[56] Scott w Shorey et al. Improvement in Sulfuric Acid Alkylation - CD Tech. [C]. NPRA Annual Meeting, AM - 05 - 76,2005
[57] 高步良．高辛烷值汽油组分生产技术[M]．北京:中国石化出版社,2005
[58] 大会组委会．第六届(2012)北京国际炼油技术进展交流会论文集[G]．北京:中国石化出版社,2012
[59] 吕家欢．提高我国汽柴油质量的相关问题思考[J]．当代石油石化,2004,12(4):8 ~ 11
[60] 世界石油大会中国国家委员会．第十六届世界石油大会论文集(下册)[G]．北京:中国石化出版社,2002
[61] Matther Young. CCR Reforming Reload Economics[C]. NPRA Annual Meeting AM - 12 - 09, 2012
[62] Roger Lawrence et al. Hydrocracking Technology Innovations for Seasonal Economic Flexibility[C]. NPRA Annual Meeting AM - 10 - 144, 2010
[63] Richard Rossi. Maximizing Diesel from Existing Assets[C]. NPRA Annual Meeting AM - 09 - 33, 2009
[64] Tim McGuirk. Co - Catalysts Provide Refiners with FCC Operational Flexibility[C]. NPRA Annual Meeting AM - 10 - 110, 2010
[65] Vasant Thakker et al. Innovative Hydrocracking Applicationsfor Conversion of Heavy Feedstocks[C]. NPRA Annual Meeting AM - 07 - 08, 2007
[66] P K Niccum. Maximize Diesel Production in an FCC Centred Refinery, Part I [J]. Hydrocarbon Processing, 2012, 91(9):39 ~ 47
[67] Phillip Niccum. Gasoline Demand Analysis and Outlook[C]. AFPM Annual Meeting AM - 12 - 08, 2012
[68] 华炜等．炼油主要产品标准的发展历程与生产技术进步[J]．炼油技术与工程,2013,43(5):1 ~ 8
[69] Delphine Largeteau et al. The Challenges & Opportunities of 10 ppm Sulfur Gasoline: lessons Learned from FCC Pre - treat v. Pos - treat Projects[C]. NPRA Annual Meeting AM - 11 - 57, 2011
[70] Bill Flanders. Addressing Tier 3 Specification in a Declining Gasoline Market: Options for the Future[C]. AFPM Annual Meeting AM - 12 - 08, 2012
[71] Norman H Sweed et al. Meeting the low Sulphur Mogas Challenge[C]. Petroleum Technology Quarterly, Autumn, 2001:45 - 51
[72] Michael Krenck. Where to Here? Perspectives on the Global Petrochemicals Industry[C]. AFPM Annual Meeting AM - 12 - 10, 2012
[73] David Netzer et al. Benzene Recovery from Refinery Sources By - Production of Olefins[C]. NPPA Annual Meeting AM - 03 - 10, 2003
[74] Hydrocracking and Catalytic Reforming[J]. Worldwide Refinery Processing Review,3Q. 2009
[75] Blake Eskew, Chris Geisler. Petrochemical Integration: Changing Markets, Changing Strategies[C]. AFPM Annual Meeting AM - 13 - 65, 2013
[76] 瞿国华．PX 项目事件与我国石油加工业的可持续发展[J]．中外能源,2013:18(7)
[77] 韩勇春．纯苯产业发展刍议[J]．中国化工信息,2013(17/18):9
[78] 李希宏等．中国石油石化产业经济研究年度报告(2012 版)[R]．北京:中国石化咨询公司,2013:668 ~ 676
[79] 胡世明．为何要上 PX 项目 - 供不应求的主要材料 [J]．中国化工信息,2013(25):5
[80] 中国化工学会等．揭开 PX 的神秘面纱 - PX 究竟是什么[J]．中国化工信息,2013(23):5
[81] 沈小根．PX 产业,我们可以不发展吗[N]．人民日报,2013 - 7 - 30(40)
[82] C. D. Drawford et al. Integrating Petrochemical into the Refinery [J]. Hydrocarbon Engineering,2002, Sep:35 ~ 38

[83] Ralph Bagsdal. The Economics of Integrating Refining and Petrochemicals[J]. Petroleum Technology Quarterly, Spring 1999:69 ~ 75

[84] David W. Penner. Achieving Integration[J]. Hydrocarbon Engineering,2002, Sep: 26 ~ 34

[85] 李大东. 加氢处理工艺与工程[M]. 北京:中国石化出版社,2004

[86] 国际能源署:世界能源展望2002[M]. 北京:中国石化出版社,2004

[87] 世界石油大会中国国家委员会. 第十七届世界石油大会论文集[C]. 北京:中国石油出版社,2004

[88] Guido Aru et al. The Role of FCC Additives in the Reduction of Clean Fuels[C]. NPAR Annual Meeting AM - 05 - 07, 2005

[89] Andre Douanol. Oil, Gas, Hydrogen, Electricity - Energies of Future for Road Transport[C]. Processing of the 17th World Petroleum Congress. 3 vol. 1 Review and Forecast, paper:203 ~ 207

[90] Bill Baade et al. The Road to Clean Fuels[J]. Hydrocarbon Engineering Nov. 2002:37 ~ 42

[91] Yuan Zhongxun. Development Forecast of Catalytic Reforming in China[J]. China Petroleum Processing and Petrochemical Technology. 2003,(2):13 ~ 18

[92] Steven T Peters. Platforming™ Technology Advances: CycleX™ System for increased Hydrogen Production from A Fixed Bed Reforming Unit[C]. NPRA Annual Meeting AM - 03 - 93, 2003

[93] 胡德铭. 国外催化重整工艺技术进展(2)[J]. 炼油技术与工程,2008,38(12):1 ~ 5

[94] Rebecca Spuring. Reducing Benzene in Gasoline: The Nations Challenge[C]. NPRA Annual Meeting AM - 07 - 08, 2007

[95] Jill Meister. Gasoline Production in the Post - Energy Bill[C]. NPRA Annual Meeting AM - 06 - 39, 2006

[96] El - Mekki, El - Malki et al. Gasoline Benzene Reduction Through Reformate Alkylation Catalytic Technology: BenzOUT™[C]. AFPM Annual Meeting AM - 13 - 75, 2013

[97] Michael Armstrong, Martin Brandt. Naphtha Train Optimization for the Next Decade[C]. AFPM Annual Meeting AM - 13 - 69, 2013

[98] Kerry Rock. Benzene Reduction at Lowest Capital Cost[C]. NPRA Annual Meeting AM - 08 - 14,2008

[99] Ron Conmier. Benzene Recovery[C]. NPRA Annual Meeting AM - 08 - 15,2008

[100] Scatt W Smetters et al. Benzene Management vis Saturation and Isomerzation[C]. NPRA Annual Meeting AM - 09 - 75,2009

[101] Michael C Clark. Gasoline Benzene eduction Through ExxonMobil Research and Engineering Company's Reformate Alkylation Catalytic Technology: BenzOUT™ [C]. NPRA Annual Meeting AM - 10 - 147, 2010

[102] T Thom et al. Consider Advanced Technology to Removed Benzene from Gasoline Blending Pool [J]. Hydrocarbon Processes. 2013 92(2):22 ~ 26

[103] 闵恩泽,石油炼制催化技术创新途径的探讨[J]. 世界石油工业,2003(5):23 - 26

[104] Ricando Prade Silvy. Catalyst Report[J]. Oil & Gas Journal, Sep. 2,2002

[105] Pierre Yves Le Goff et al. New Catalysts for Reformers[J]. Petroleum Technology Quarterly Catalysis, 2003:52 - 53

[106] Gary A Marr. New Catalyst Formulation for semi - regenerative Reformers[J]. Petroleum Technology Quarterly, Catalysis, 2003:50

[107] 曲岩松等. 中国乙烯路在何方[J]. 当代石油石化,2012,21(9):9 ~ 14,39

[108] 朱和. 中国炼油和乙烯工业现状与未来发展态势[C]. 北京:2014 年国际轻烃利用大会,2014

第二章　原料和产品

第一节　重整原料类型和性质

按照现在的炼油工艺及技术，能够提供满足重整所需要的原料类型有直馏石脑油、加氢裂化石脑油、焦化石脑油、催化裂化石脑油、乙烯裂解石脑油抽余油等。实际上，绝大部分炼油厂的催化重整装置主要是用于加工常减压装置得到的低辛烷值直馏石脑油(粗汽油)。部分炼油厂还将加氢裂化装置得到的重石脑油送到重整装置，与直馏石脑油一起作为重整原料。还有些炼油厂，为了提高全厂汽油的辛烷值，将低辛烷值焦化石脑油、减黏石脑油经加氢精制后也送到催化重整装置处理。国外有的炼油厂甚至把催化裂化石脑油中辛烷值较低的馏分经加氢后送到重整装置进行加工。我国目前由于石脑油缺乏，为了解决重整装置与乙烯装置争料问题，以及为了改善催化裂化石脑油的品质，使汽油达到环保要求，因此，也开始将催化裂化石脑油作为催化重整原料。

一、直馏石脑油

直馏石脑油是指原油经常压蒸馏后，得到的石脑油沸程范围内的烃类化合物。直馏石脑油按其沸程可分为两部分，即轻直馏石脑油和重直馏石脑油，重直馏石脑油作为重整原料。

直馏石脑油的量及性质主要取决于原油的性质，不同的原油所含直馏石脑油的量和性质有着很大的差别。我国主要油区原油的实沸点蒸馏馏分收率见表 2 - 1，主要原油的石脑油馏分性质及杂质含量见表 2 - 2。

由表 2 - 1 可见，我国主要原油实沸点蒸馏收率的变化较大，特别是轻馏分含量随原油不同差异较大。对于适合作重整原料馏分，即初馏点 ~ 200℃的轻馏分含量而言，塔中原油中的含量高达 31.75%，惠州原油中的含量为 20.18%，中原原油中的含量为 16.00%。除此之外，其他原油较重，石脑油馏分含量较低，均小于 15%。特别是北疆和胜利原油，其石脑油馏分含量还不足 6%。我国原油中石脑油资源的不足，限制了催化重整的加工能力。

表 2 - 1　我国主要原油实沸点蒸馏收率[1]　　%

切割点/℃ \ 原油	大庆	胜利	辽河	华北	北疆	大港	中原	惠州	塔中
初馏点	0	0	0	0	0	0	0	0	0
100	1.57	0.91	1.12	4.40		2.03	4.27	4.35	11.42
150	4.05	3.09	3.65	8.30	3.01	4.25	9.96	11.70	21.76
200	8.19	5.82	6.42	13.00	5.71	7.67	16.00	20.18	31.75

续表

切割点/℃ \ 原油	大庆	胜利	辽河	华北	北疆	大港	中原	惠州	塔中
250	12.72	9.09	10.37	18.90	10.77	13.66	24.75	26.82	40.80
300	18.42	13.82	16.47	26.50	17.77	18.29	34.16	37.90	49.42
350	26.00	20.22	24.38	36.60	25.50	26.04	43.08	49.96	58.15
400	30.50	29.70	31.97	46.60	28.60	32.97	46.61	60.20	64.27
450	42.68	38.00	44.11	58.20	42.70	37.07	59.09	73.55	72.00
500	53.66	47.30	55.29	67.00	51.20	54.61	68.24	83.09	78.00
>500	46.34	54.32	44.71	33.00	48.80	45.39	31.76	16.91	21.00

表 2-2 我国主要原油石脑油馏分的性质[1]

原　油	大庆	胜利	辽河	华北	北疆	大港	中原	惠州	塔中
实沸点范围/℃	初馏点~160	初馏点~130	初馏点~200	初馏点~140	初馏点~200	初馏点~160	初馏点~200	初馏点~200	初馏点~200
收率占原油/%	4.83	3.46	6.42	4.86	5.71	4.88	16.00	20.18	30.81
密度(20℃)/(g/cm³)	0.7221	0.7355	0.7733	0.7240	0.7579	0.7363	0.7571	0.7332	0.7336
馏程/℃									
初馏点	55	65	76	59	81	62	76	59	48
10%	83	88	110	82	114.0	92	103	97	83
50%	111	110	147	103	151.0	116	142	142	128
90%	141	142	182	127	183.0	144	185	180	172
终馏点	164	167	203	156	200.0	166	206	195	192
硫含量/(μg/g)	150	89		14	77		100	734	140
酸度/(mgKOH/100mL)	0.29	0.82	1.19	0.50	3.95		2.23	1.90	0.23

由表 2-2 可见，大庆直馏石脑油的密度为 0.7221g/cm³，而辽河直馏石脑油的密度为 0.7733g/cm³，其他介于两者之间。实际上，直馏石脑油的密度除取决于原油的种类外，还取决于直馏石脑油的馏程；酸度随原油的不同变化较大，北疆和中原直馏石脑油酸度超过了 2.0mgKOH/100mL，胜利、华北、塔中和大庆直馏石脑油酸度不超过 1.0mgKOH/100mL；硫含量变化较大，惠州直馏石脑油的硫含量高达 734μg/g，大庆和塔中硫含量分别为 150μg/g 和 140μg/g，其余均不超过 100μg/g。

表 2-3 为中东地区原油石脑油馏分的收率和性质。由表 2-3 可见，中东地区原油石脑油馏分的收率一般都比较高，大多数原油石脑油馏分的收率都超过了 15%，其中也门原油石脑油馏分(初馏点~165℃)的收率高达 41.44%，阿联酋穆尔班原油石脑油馏分(初馏点~180℃)的收率也达到了 28.68%。

表 2-3 中东地区原油石脑油馏分的收率及性质[1]

原　油	阿曼	也门	沙特阿拉伯			伊　朗		阿联酋		伊拉克	科威特
			轻质	中质	重质	轻质	重质	穆尔班	迪拜		
汽油馏分/℃	初馏点~180	初馏点~165	初馏点~200	初馏点~200	初馏点~200	初馏点~200	初馏点~200	初馏点~180	初馏点~145	初馏点~160	初馏点~130
收率/%	16.99	41.44	22.64	21.61	16.99	23.20	21.83	28.68	16.34	16.34	8.89
密度(20℃)/(g/cm³)	0.7236	0.7253	0.7190	0.7263	0.7273	0.7377	0.7380	0.7341	0.7192	0.7152	0.6865

续表

原 油	阿曼	也门	沙特阿拉伯			伊 朗		阿联酋		伊拉克	科威特
			轻质	中质	重质	轻质	重质	穆尔班	迪拜		
酸度/(mgKOH/100mL)	1.98	2.55	0.26	0.39	1.14	2.44	2.32	1.20	0.11	0.97	0.01
硫含量/(μg/g)	200	50	410	620	400	800	1100	10	200	130	310
辛烷值[MON(RON)]	<40.0		(52.8)	(52.5)	38.0	53.8 (52.5)	52.9 (51.6)	42.6		46.7	

中东地区原油石脑油馏分的密度较低，初馏点~200℃馏分的伊朗重质原油石脑油的密度最高，为0.7380g/cm^3，初馏点~130℃的科威特原油石脑油的密度仅为0.6865g/cm^3；也门、伊朗轻质原油石脑油和伊朗重质原油石脑油的酸度较高，均超过了2.0mgKOH/100cm^3，但伊拉克、沙特阿拉伯中质和轻质原油石脑油、阿联酋迪拜原油石脑油、科威特原油石脑油的酸度均在1.0mgKOH/100cm^{3}以下，以科威特原油石脑油的酸度最低，仅为0.01mgKOH/100cm^3；硫含量随地区变化较大，最高的为伊朗重质原油石脑油，达到了1100μg/g，最低的为阿联酋穆尔班原油石脑油，只有10μg/g。

表2-4为亚太地区原油石脑油馏分的收率及性质。由表2-4可知，亚太地区原油石脑油馏分的收率变化较大，巴布亚新几内亚的库图布、马来西亚的塔皮斯、文莱及印度尼西亚的阿朱纳原油的石脑油馏分收率很高，分别达到了41.00%、37.01%、36.00%和31.55%。但是，印度尼西亚的杜里和越南的白虎原油的石脑油馏分收率很低，分别只有4.49%和8.86%。

表2-4 亚太地区原油石脑油馏分的收率及性质[1]

国 家	印度尼西亚			澳大利亚	马来西亚		文莱	巴新	越南
产 油 区	阿朱纳	辛塔	杜里	斯库阿	塔皮斯	都兰		库图布(重)	白虎
汽油馏分/℃	初馏点~200	初馏点~180	初馏点~200	初馏点~145	初馏点~200	初馏点~200	初馏点~180	初馏点~200	初馏点~145
收率/%	31.55	12.02	4.49	19.53	37.01	16.45	36.00	41.00	8.86
密度(20℃)/(g/cm^3)	0.7588	0.7477	0.7974	0.7344	0.7400	0.7789	0.7393	0.7525	0.7140
酸度/(mgKOH/100cm^3)	0.50	5.19	5.23	0.15	1.06	9.54	0.01	1.11	0.33
硫含量/(μg/g)	67	48	84	2	8	49	43	160	6
辛烷值(RON)	66.6			62.0	43.0	60.2	62.0	55.0	—

亚太地区原油石脑油馏分的密度较高，印度尼西亚的杜里和阿朱纳、马来西亚的都兰、巴新的库图布原油石脑油都超过了0.7500g/cm^3，初馏点~145℃的澳大利亚斯库阿和越南白虎原油石脑油也分别达到了0.7344g/cm^{3}和0.7140g/cm^3；酸度随地区的变化特别大，马来西亚的都兰、印度尼西亚的杜里和辛塔原油石脑油分别达到了9.54mgKOH/100cm^3、5.23mgKOH/100cm^3、5.19mgKOH/100cm^3，但印度尼西亚的阿朱纳、越南白虎、澳大利亚斯库阿以及文莱原油石脑油都没超过0.5mgKOH/100cm^3；亚太地区原油石脑油馏分的硫含量较低，除巴新库图布原油石脑油的硫含量为160μg/g外，其余均在100μg/g以下。

西非地区原油直馏馏分的收率和性质列于表2－5中。由表2－5可知，除加蓬的拉比和刚果的杰诺原油的石脑油收率低于15%外，其他原油的石脑油收率都比较高，其中尼日利亚的布拉斯河原油的石脑油(初馏点～200℃)收率高达35.06%。

西非地区原油直馏石脑油馏分的密度介于0.7614～0.7276g/cm^{3}之间；酸度以卡宾达和杰诺较高，分别为2.32mgKOH/100cm^{3}和2.05mgKOH/100cm^3，布拉斯河和内姆巴较低，分别为0.38mgKOH/100cm^{3}和0.31mgKOH/100cm^3；杰诺的硫含量最高，超过了1000μg/g，其余均在100μg/g以下。

直馏石脑油除含有硫外，还含有氮、金属杂质(As、Cu、Pb等)以及烯烃和水，这些对催化剂均有毒害作用，因此，直馏石脑油必须经过预处理才能作为重整装置的合格原料。

表2－5 西非地区原油直馏馏分的收率及主要性质[1]

国　家	尼日利亚	安哥拉				加蓬	刚果
地　区	布拉斯河	索约	内姆巴	帕兰卡	卡宾达	拉比	杰诺
石脑油馏分/℃	初馏点～200	80～180	初馏点～200	初馏点～160	初馏点～200	80～180	初馏点～200
收率/%	35.06	20.82	28.72	19.13	16.35	9.73	12.68
密度(20℃)/(g/cm^3)	0.7477	0.7480	0.7443	0.7276	0.7438	0.7614	0.7513
酸度/(mgKOH/100mL)	0.38		0.31		2.32		2.05
硫含量/(μg/g)	20	74	2		98	28	1099
辛烷值(RON)					51		51

二、加氢裂化重石脑油

加氢裂化重石脑油的产率主要与产品方案和流程特点有关(见表2－6)。用于生产石脑油的加氢裂化一般为石油化工型缓和加氢裂化、高压一段串联全循环加氢裂化、高压两段全循环加氢裂化。这些工艺的特点是通过对流程的选择和反应条件的控制，控制反应的深度，从而达到最大量生产适合作重整原料的重石脑油的目的。例如，选择合适的原料油(大庆减压馏分油：胜利减压馏分油＝8：2)、采用合适的反应条件(14.8MPa和373℃)和工艺过程("石脑油"型一段串联全循环工艺流程)，重石脑油的收率可以高达66.37%[2]。

加氢裂化重石脑油的质量与加氢裂化原料油的种类有关。我国大庆减压瓦斯油的特性因数K值为12.5，属石蜡基原料，胜利减压瓦斯油K值为12.1，属中间基原料，而孤岛原油减压瓦斯油K值为11.6，属芳香基原料。对这三种原料用国产"3824"催化剂(以超稳Y沸石为载体的Mo－Ni加氢裂化催化剂)，在氢分压为12～15MPa下，进行加氢裂化反应，所得窄馏分重整原料(65～132℃)的芳烃潜含量，以孤岛油的61.2%为最高，大庆油最低，为44.9%，胜利油居中，为52.7%。因此生产重整原料的加氢裂化最适宜的原料油为中间基或芳香基。

表 2-6 不同产品方案中石脑油的产率

工艺特点	单段一次通过	单段串联一次通过	单段串联全循环	单段一次通过缓和加氢	两段全循环
产品方案	燃料、润滑油	中间馏分油	石脑油	轻质油、馏分油	石脑油
原　料	大庆常三、减一	大庆减压瓦斯油	大庆减压瓦斯油、胜利减压瓦斯油	南阳重柴	减压馏分油
裂化段温度/℃	391	400	373	372	371
裂化段压力/MPa	14.5	17.45	14.8	7.2	16.28
石脑油收率/%	17.98	21.60	66.37	37.71	61.75
文　献	[3]	[3]	[2]	[3]	[4]

另外，反应条件对加氢裂化重石脑油的产量和质量有较大影响。例如，提高反应温度，可使加氢裂化速度加快，反应产物的中沸点组分含量增加，但是产品中烷烃含量增加，而环烷烃含量下降，异构烷烃与正构烷烃比例下降。因此，兼顾重石脑油的产量和质量，就必须选择合适的反应条件。

加氢裂化石脑油的密度与直馏石脑油差异不大，一般在 0.6900～0.7800g/cm^3 之间。由于经过了加氢过程，大部分烯烃以及在加氢裂化过程中所产生的烯烃被饱和。另外，经过加氢裂化过程，许多无机杂质和有机杂质大部分被除去。因此，加氢裂化石脑油的突出特点是不饱和烃含量低和有害杂质含量少，是理想的重整原料。

加氢裂化重石脑油中的杂质含量与许多因素有关，不仅与原料、操作条件、催化剂等有关，还与工艺流程有关。一般来说，经过加氢裂化后，加氢裂化重石脑油的硫含量和氮含量均在 0.5μg/g 以下[3,5~9]，其他杂质含量也能够满足重整进料的要求，因此，可不用经过预加氢，而直接作为催化重整进料。

三、焦化石脑油

焦化石脑油是延迟焦化加工工艺的产品，反应条件对焦化产品的分布有较大影响。根据延迟焦化目的产品的不同，可以大概将延迟焦化工艺分成三个方面：即多产重馏分油延迟焦化、多产焦化汽柴油延迟焦化和生产优质石油焦延迟焦化。不同延迟焦化工艺对产品的分布影响较大。由表 2-7 可见，以大庆减压渣油为原料，多产焦化汽柴油延迟焦化工艺的石脑油收率可达 28.7%，而多产重馏分油延迟焦化工艺石脑油收率仅有 15.7%。此外，原料油不同，石脑油的收率变化较大。采用多产焦化汽柴油延迟焦化工艺时，大庆减压渣油的石脑油收率为 28.7%，而鲁宁管输减压渣油的石脑油收率仅为17.9%。

表 2-7 延迟焦化产品收率　　%

原　料	大庆减压渣油		鲁宁管输减压渣油	
工艺方案	汽柴油[10]	重馏分油[11]	汽柴油[10]	重馏分油[11]
气　体	19.5	8.3	10.1	8.3
石脑油	28.7	15.7	17.9	15.9
柴　油	38.0	36.3	41.7	32.3

续表

原　　料	大庆减压渣油		鲁宁管输减压渣油	
重馏分油	0	25.7	5.0	20.7
焦　炭	13.8	14.0	25.3	22.8

一般来说，经过热加工后，石脑油、柴油和重馏分油中的硫、氮含量都会明显减少，大部分都分解在气体中和浓缩在焦炭中。焦化石脑油中硫含量大约比直馏石脑油的硫含量高10~20倍。而重金属则几乎全部集中在焦炭中。表2-8为几种减压渣油延迟焦化石脑油馏分的性质，表2-9为国外几种典型原料油焦化石脑油的性质。由表2-8及表2-9可见，焦化石脑油中杂质硫的含量变化较大。焦化石脑油中杂质硫的含量首先主要与焦化原料油中的硫含量和硫分布有关，其次，还与焦化的条件和产品方案有关。另外，焦化石脑油中的氮含量也比较高，有时高达几百μg/g。因此，作为重整原料，必须调整焦化分馏塔的操作，降低焦化石脑油的终馏点。

焦化石脑油的密度一般为0.7300~0.7500g/cm^3，主要取决于原料油的种类和焦化石脑油的馏程；辛烷值较低，RON一般在40~65之间，大部分小于60，抗爆性能不佳；与直馏石脑油和加氢裂化重石脑油相比，焦化石脑油的另一个特点是烯烃含量较高，且变化较大，溴价在40~60gBr/100g之间。因此，焦化石脑油必须经过预处理，才能作为重整装置的合格原料。

焦化石脑油除了杂质含量和烯烃含量较高外，原料环烷烃含量少、芳烃潜含量也很低，不是理想的重整原料。表2-10为一种典型的加氢焦化石脑油的性质及组成。

表2-8　几种减压渣油延迟焦化石脑油的性质[12,13]

原料油	大庆减压渣油	胜利减压渣油	鲁宁管输渣油	辽河减压渣油	沈北减压渣油
密度(20℃)/(g/cm^3)	0.7414	0.7329	0.7413	0.7401	0.7315
溴价/(gBr/100g)	41.4	57.0	53.0	58.0	54.6
硫/(μg/g)	100		4200	1100	128
氮/(μg/g)	140		200	330	61
辛烷值(MON)	58.5	61.8	62.4	60.8	43.4
馏程/℃					
初馏点	52	54	57	58	64
10%	89	84	91	88	91
50%	127	119	129	128	139
90%	162	159	167	164	185
终馏点	192	184	192	201	210

表2-9　国外几种典型原料油焦化石脑油的硫含量①[14~18]

原料油	Brega	Orinoco	Alaskan	Maya	阿拉伯重	阿拉伯轻
密度(20℃)/(g/cm^3)	0.7362	0.7796	0.7483	0.7591	0.7563	0.7436
硫/(μg/g)	1100	12500	7000	9000	11000	10000

① 石脑油馏分为C_5~193℃。

表 2-10 一种加氢焦化石脑油性质及组成

密度(20℃)/(kg/m³)	722.4						
馏程(ASTM D—86)/℃	初馏点	10%	30%	50%	70%	90%	终馏点
	80	95	113	127	140	157	180

族组成	P	N	A
C_5^-	3.76	0.37	
C_6	8.93	2.27	0.14
C_7	13.32	4.81	0.90
C_8	17.32	7.00	2.00
C_9	15.98	5.59	2.25
C_{10}	8.99	2.12	0.94
C_{11}	3.12	0.19	
合计	71.42	22.35	6.23

四、催化裂化石脑油

催化裂化石脑油产率为原料油的38%～54%，C_5～221℃石脑油对转化率的选择性为66%～70%。产率的一般规律为石蜡基高于中间基原料，渣油原料低于馏分油原料。表2-11及表2-12分别为催化裂化工艺石脑油的收率和重油催化裂化工艺石脑油的收率。催化裂化工艺和重油催化裂化工艺石脑油的收率一般为40%～62%[3,4,19~21]，最高时可达67%[4]。在重油催化裂化工艺中，随着掺渣比的提高，原料性质变差，石脑油收率下降。

表 2-11 催化裂化石脑油收率[3]

原料油	大 庆	大 港	胜 利	鲁宁管输	江 汉	新 疆	辽 河
原料馏分范围/℃	290～536	259～512	268～523	245～536	303～492	160.5～518	273～504
掺炼焦化蜡油/%	20.0	0	0	0	0	25～30	25.7
收率/%	50.4	48.73	42.7	50.9	52.0	54.72	43.17

表 2-12 重油催化裂化石脑油收率[3,4]

原料油	大庆常渣	混合重油	任丘常渣	任丘重油	鲁宁管输		新疆长庆
密度(20℃)/(g/cm³)	0.8900	0.8805	0.8880	0.8942	0.9050	0.9090	0.8950
石脑油收率/%	50.1	49.14	43.6	47.68	49.15	48.17	55.5

催化裂化石脑油的收率除与原料油有关外，最主要的还取决于操作参数和催化剂的性质等。为了适应石油化工的发展，在催化裂化的基础上，我国近几年又相继成功地开发了多产低分子烯烃的催化裂化工艺DCC、最大量生产汽油和液化石油气的催化裂化工艺MGG、多产液化气和柴油催化裂化工艺MGD，最大量生产低碳烯烃和高辛烷值汽油的催化裂化工艺MIO，多产异构烷烃的催化裂化工艺MIP，重油直接制取乙烯和丙烯的催化裂

解工艺技术 CPP。对于这几个不同的工艺，石脑油的收率变化较大。就石脑油的收率而言，最大量生产汽油和液化石油气的催化裂化工艺 MGG 的石脑油收率最高，比常规的催化裂化工艺增加 4 个百分点[21]，多产异构烷烃的催化裂化工艺 MIP 的石脑油收率次之，比常规的催化裂化工艺略有增加[22]，其他几个工艺石脑油的收率比常规的催化裂化工艺都减少，最大量生产低碳烯烃和高辛烷值汽油的催化裂化工艺 MIO 降低约 5 个百分点[23,24]，多产液化气和柴油催化裂化工艺 MGD 的石脑油收率降低，一般降低 9.76% ~ 6.05%[25]，催化裂解工艺 DCC 石脑油的收率(见表 2 - 13)和重油直接制取乙烯和丙烯的催化裂解工艺技术 CPP 的石脑油的收率最低，分别为 20% ~30% 和 14% ~22.01%[24,26]。一般说来，催化裂化反应的苛刻度增大，产品中干气产率和总的烯烃产率增加，石脑油产率则下降[24]。

表 2 - 13 催化裂解石脑油收率[3]

原料油	大庆 VGO	鲁宁管输油 VGO	临胜油 VGO	南洋油 VGO	大庆胜利混合油 VGO
馏程范围/℃	316 ~ 537	266 ~ 522	275 ~ 528	306 ~ 501	316 ~ 537
石脑油收率/%	26.13	27.29	22.72 ~ 21.37	21.6	28.0

催化裂化石脑油的典型化学组成见表 2 - 14。由表 2 - 14 可见，催化裂化石脑油主要为烷烃、烯烃和芳烃，同时含有一定量环烷烃，并且烷烃、烯烃一般多为异构产物[27 ~ 30]。石蜡基原料生产的催化裂化石脑油，烷烃含量较高，而芳烃含量较低，致使辛烷值偏低。掺渣油的石蜡基原料所产石脑油含烯烃通常高达 45% 以上，个别达 60% 以上。在原料相同的情况下，催化裂化石脑油的化学组成可以通过控制反应条件、催化剂等进行控制。例如，DCC 和 CPP 石脑油中芳烃含量可以达到 70% 以上[3,26]。采用降烯烃催化剂和助剂的催化裂化石脑油中的烯烃可以降低 10 个百分点[31 ~ 33]。MIP 石脑油的烯烃含量降低，但异构烷烃和芳烃含量提高[22]。

表 2 - 14 我国催化裂化石脑油的典型组成[34] %

项目	P	O	N	A	合计
C_4	0.81	3.50			4.31
C_5	7.03	10.66			17.69
C_6	7.28	9.26	1.33	0.35	18.22
C_7	5.82	7.65	2.17	1.63	17.27
C_8	4.94	4.94	1.67	4.41	15.96
C_9	3.54	2.50	1.87	5.04	12.95
C_{10}	3.02	0.51	0.67	3.59	7.79
C_{11}	2.55	0.61	1.14		4.3
C_{12}	1.33				1.33
C_{13}	0.06				0.06
合计	36.38	39.63	8.85	15.02	99.88

催化裂化石脑油辛烷值 RON 在 88 ~ 92 之间，一般规律是中间基原料高于石蜡基原料，渣油原料高于馏分油原料。

催化裂化石脑油硫含量主要与原料油有关，对未加氢的原料油大体为原料油的 1/10，预加氢之后的原料则为1/20。我国不同炼油厂生产的催化裂化石脑油的硫含量存在较大差异，硫含量为100～1500μg/g[22,35,36]。实际上，硫含量还与产品方案及工艺流程特点有关，例如，催化裂解石脑油中硫含量有时可以高达2400μg/g以上[3]。

催化裂化石脑油中还含有杂质氮，但与硫相比较，一般较低，含量通常为2～110 μg/g[3,37,38]，个别催化裂化石脑油的氮含量可达到1000μg/g[4]。

另外，催化裂化石脑油中还含有胶质，含量一般为0.4～5.1mg/100cm^3[3,4]。

由于催化裂化石脑油环烷烃含量少，因此，并不是理想的重整原料。当催化裂化石脑油做重整原料时，由于含有大量烯烃，且硫、氮等化合物含量高，必须进行预处理。在预加氢条件下，催化裂化石脑油中的烯烃会产生很高的温升，而且所含的硫化物也可能是较难加工的噻吩类化合物，现有的预加氢装置很难适应，因此，必须经过特殊的加氢处理，才能作为重整原料。如果作为重整原料直接进预加氢装置，掺入的比例不宜大于20%。

五、乙烯裂解抽余油

在裂解生产乙烯的过程中，有裂解石脑油产生，裂解石脑油经抽提后的抽余油可以作为催化重整原料。乙烯裂解抽余油的收率与裂解原料、工艺技术、工艺流程以及操作条件有关。表2－15为不同原料和裂解深度对产物收率的影响。由表2－15可见，随着原料油变重和裂解苛刻度减缓，乙烯的收率减少，裂解石脑油和抽余油收率增加。

表2－15　原料和裂解深度对产物收率的影响　%

原料	乙烷	丙烷	正丁烷/异丁烷	全馏分石脑油		常压柴油	减压柴油
				高深度裂解	中深度裂解		
乙烯收率	77.0	42.0	42.0	32.64	29.40	26.00	20.76
裂解石脑油	1.88	7.39	11.36	23.45	24.90	18.60	18.99
抽余油	0.73	3.74	4.35	4.35	12.34	7.54	9.70

裂解石脑油中一般含有烯烃以及硫、砷、氮等杂质，由于在芳烃抽提前，裂解石脑油需要加氢处理，饱和烯烃及脱除杂质，因此，裂解石脑油抽余油中的烯烃较低，硫、氮杂质一般小于0.5μg/g(见表2－16)，一般情况下能够满足重整进料的要求。

裂解石脑油抽余油的烷烃含量较低，环烷烃和芳烃含量高达60%以上(见表2－16)，因而是良好的重整原料油。由于裂解石脑油抽余油中的环烷烃中，C_6和C_7环烷烃含量较高，因此其重整产物中C_6和C_7芳烃含量较高。

表2－16　乙烯裂解抽余油的性状和组成

密度(20℃)/(kg/m^3)	747.7				
馏程(ASTM D—86)/℃	初馏点	10%	50%	90%	终馏点
	74	80	89	131	170
族组成/%	*P*	*N*	*O*	*A*	芳潜
C_4	0.02				

续表

密度(20℃)/(kg/m^3)	747.7				
C_5	0.17	1.77			
C_6	12.44	34.65	0.07	0.36	32.54
C_7	6.87	14.61	0.10	0.15	13.87
C_8	5.95	10.07		1.44	10.97
C_9	2.08	2.44		4.05	6.37
C_{10}^+	1.43	1.23		0.01	1.18
硫/(μg/g)	<0.5				
氮/(μg/g)	<0.5				

第二节 重整原料馏分选取与产品的关系

一、原料的表征

(一) 馏程

原料油的馏程是重整原料的一个非常重要的性质，也是炼油厂对原料油进行控制的一个非常重要的参数。一般采用 ASTM D—86 蒸馏的方法来确定原料油的馏程。按照一般炼油厂的加工流程，石脑油的终馏点是由上游装置的蒸馏塔控制，石脑油的初馏点是由石脑油分馏塔控制。

重整原料油的馏程与重整原料的组成有关，重整原料中涉及的主要组分环烷烃、芳烃和烷烃的沸点列于表 2-17 中。

甲基环戊烷和环己烷是形成苯的组分，正戊烷、异戊烷和环戊烷在重整过程中不能转化为芳烃，因此重整原料中一般包括六碳烷烃和环烷烃，不包括五碳烷烃和环烷烃。由表 2-17 可知，正己烷和 2-甲基戊烷的沸点分别为 68.7℃ 和 60.3℃，甲基环戊烷和环己烷的沸点分别为 71.8℃ 和 80.7℃，正戊烷、异戊烷和环戊烷的沸点分别为 36.1℃、27.8℃ 和 49.3℃，因此，重整原料的最低 ASTM 初馏点通常为 60℃。

由于超过 204℃ 的烃在重整过程中形成多环芳烃的量明显增加，多环芳烃与催化剂上的积炭有关，缩短催化剂的运转周期。因此，通常规定重整进料的最高组成的 ASTM 终馏点是 204℃。

Dean Edgar 认为[39]，在最高 ASTM 终馏点是 204℃，终馏点每增加 0.6℃，催化剂的运转周期减少 0.9% ~1.3%。如果最高 ASTM 终馏点是 216℃，终馏点每增加 0.6℃，运转周期的减少为 2.1% ~2.8%。L R Mains 认为[39]，在原料的终馏点为 191 ~218℃，原料终馏点增加 14℃，催化剂的寿命就减少 35%。一些炼油工作者将重整反应进料的终馏点控制远远低于 204℃，以避免意外的高沸点物质的混入。图 2-1 为原料油的终馏点与催化剂积炭的关系。由图 2-1 可见，随原料终馏点的升高，积炭相对速率增加，当终馏点超过175℃时，随终馏点的增加，催化剂的相对积炭速率明显加快。

表2－17　重整原料中主要组分烃的沸点[39]

烃	分子式	沸点/℃	烃	分子式	沸点/℃
环烷烃			间二甲苯	C_8H_{10}	139.1
环戊烷	C_5H_{10}	49.3	对二甲苯	C_8H_{10}	128.4
甲基环戊烷	C_6H_{12}	71.8	乙　苯	C_8H_{10}	136.2
环己烷	C_6H_{12}	80.7	烷　烃		
乙基环戊烷	C_7H_{14}	103.4	正戊烷	C_5H_{12}	36.1
1－顺式,2－二甲基环戊烷	C_7H_{14}	99.6	异戊烷	C_5H_{12}	27.8
甲基环己烷	C_7H_{14}	100.9	正己烷	C_6H_{14}	68.7
环庚烷	C_7H_{14}	118.8	2－甲基戊烷	C_6H_{14}	60.3
异丙基环戊烷	C_8H_{16}	126.4	正庚烷	C_7H_{16}	98.4
乙基环己烷	C_8H_{16}	131.8	2,2－二甲基戊烷	C_7H_{16}	79.2
1,1－二甲基环己烷	C_8H_{16}	119.6	正辛烷	C_8H_{18}	125.6
1,1,2－三甲基环己烷	C_9H_{18}	145.2	2,2－二甲基己烷	C_8H_{18}	106.8
1,2,4－三甲基环己烷	C_9H_{18}	141.2	2,2,3－三甲基戊烷	C_8H_{18}	109.8
正丁基环己烷	$C_{10}H_{20}$	180.9	正壬烷	C_9H_{20}	150.8
芳　烃			2,2－二甲基庚烷	C_9H_{20}	132.7
苯	C_6H_6	80.1	正癸烷	$C_{10}H_{22}$	174.1
甲　苯	C_7H_8	110.6	正十一烷	$C_{11}H_{24}$	195.9
邻二甲苯	C_8H_{10}	144.4	正十二烷	$C_{12}H_{26}$	216.3

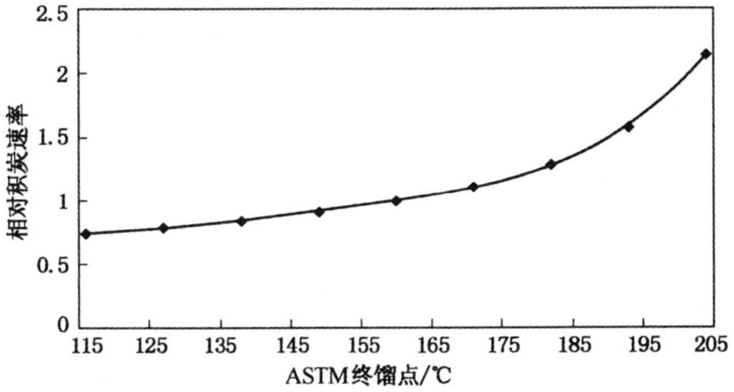

图2－1　重整原料的终馏点与催化剂相对积炭速率的关系

表 2-18　重整原料油烃组成

原料油	大庆直馏	胜利直馏	辽河直馏	惠州直馏	中原直馏	塔中直馏	大港直馏	新疆直馏	长庆直馏	加氢裂化重石脑油①	伊朗直馏	阿曼直馏	沙轻直馏
馏程/℃	初馏点~160	65~180	初馏点~180	初馏点~160	65~145	初馏点~160	96~172	81~162	85~196	82~177	95~169	92~170	86~148
烷烃/%													
C_3	0.05												
C_4	1.43	0.01	0.1	0.38	0.10	0.51							
C_5	6.33	0.64	1.4	2.93	1.21	6.50	0.03	0.40	1.60				0.42
C_6	10.98	3.92	4.5	6.81	5.91	12.26	3.56	8.20	5.82	7.69	3.77	9.81	8.77
C_7	14.60	9.06	6.1	9.67	13.97	12.48	11.00	13.10	8.57	12.19	13.20	17.28	16.81
C_8	16.27	9.90	6.8	16.66	17.35	12.48	11.77	16.90	9.68	12.16	14.77	19.43	18.31
C_9	13.19	12.10	7.1	17.43	9.87	10.27	10.47	12.20	10.90	10.12	13.48	16.44	17.65
C_{10}	1.51	11.12	8.9	16.80	0.75	9.62	6.50	2.30	13.70	6.01	10.81	2.93	6.56
C_{11}		1.85	3.22			2.50							
Σ	64.36	48.60	38.1	70.68	49.16	65.62	43.33	53.00	50.27	48.17	56.03	65.89	68.52
环烷烃/%													
C_5	1.24	0.14	0.3		0.21	0.30	0.01	0.10	0.40				0.09
C_6	7.89	4.34	4.4	2.18	5.39	3.08	5.23	5.60	5.24	6.36	3.16	3.44	2.28
C_7	12.48	8.78	10.5	6.29	9.50	5.33	13.50	9.90	11.71	13.75	7.65	5.57	4.25
C_8	6.31	9.41	12.0	6.03	8.31	4.36	10.45	13.60	11.12	13.11	7.50	3.90	4.83
C_9	5.96	9.39	11.8	7.18	4.99	4.85	8.72	11.50	7.95	10.56	8.47	9.87	4.07
C_{10}	0.25	4.72	7.3	0.98	0.22	1.23	3.64	0.40	4.78	4.52	0.43		1.23
C_{11}		0.33				0.05							
Σ	34.13	37.11	46.3	22.66	28.62	19.20	41.55	41.10	41.20	48.30	27.21	22.78	16.75
芳烃/%													
C_6	0.26	0.34	0.4		5.87	0.08	0.92	1.10	0.22	0.73	0.83	0.96	0.54
C_7		3.91	1.7	0.90	8.87	1.77	4.11	1.50	2.02	0.88	4.00	1.86	3.35
C_8	0.92	4.93	7.2	3.00	6.93	7.31	6.53	2.90	2.90	1.02	6.72	3.47	6.34
C_9	0.32	3.90	4.9	2.76	0.55	5.08	3.56	0.30	3.39	0.90	5.21	5.04	4.50
C_{10}		1.21	1.4			0.94							
Σ	1.50	14.29	15.6	6.66	22.22	15.18	15.12	5.80	8.53	3.53	16.76	11.33	14.73

① 胜利 VGO 加氢裂化重石脑油。

控制终馏点的另一个原因是重整产物的终馏点比原料的终馏点更高。石脑油经过重整后，重整生成油的干点一般增加 20～30℃。按照我国车用无铅汽油标准，汽油的终馏点为 205℃，因此，我国用于汽油生产的重整原料的终馏点最高为 180℃。

重整原料的馏程对 C_5^+ 液收也有较大的影响。原料 50% 沸点（简称 T_{50}）与 C_5^+ 液收的关系如图 2－2所示。由图 2－2 可见，在低温区（＜135℃），随原料的 50% 沸点的增加，C_5^+ 的液收的增加幅度很大。但当超过 135℃后，曲线的上升变得平缓，超过 150℃，再增加 50% 沸点，C_5^+ 液收的增加幅度反而下降。

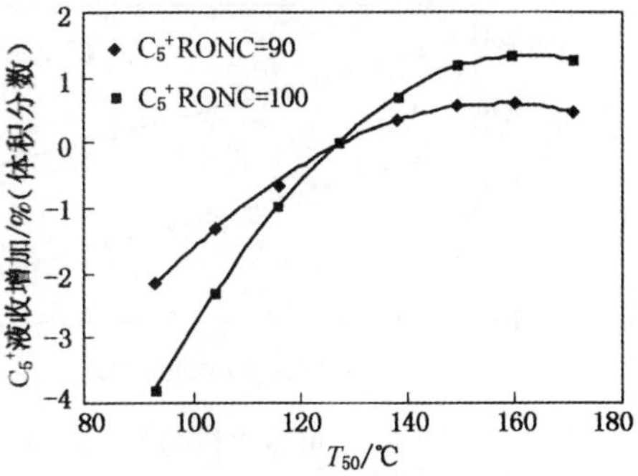

图 2－2　重整原料的 T_{50} 与 C_5^+ 的液收的关系

（二）组成

重整原料中含有超过一百多种可以确定的组分，还有一些不可确定的组分以及微量杂质毒物。按元素组成分析，重整原料中主要含有碳和氢、少量的硫、氧、氮以及微量的氯、砷、铜、铅等元素。一般碳和氢的含量在 99% 以上，硫、氧、氮三种元素的总和通常不大于 0.5%。因此，重整原料中的基本组分是碳和氢两种元素。但碳和氢元素不是独立存在的，而是以碳氢化合物（烃）的形式存在于重整原料中。

一般重整原料中含有烷烃、环烷烃、芳烃和烯烃，但经过预加氢后，烯烃达到了饱和，因此重整进料中一般不再含有烯烃。表 2－18 为几种国内外重整原料的按碳数分布的烃族组成数据。可以看出，不同原油石脑油的烃组成会有很大变化。

（三）芳构化指数

重整原料的组成与产品的收率和重整操作条件等密切相关。早期常采用一些简便的方法估算原料的贫富、重整产物的收率等。这些简便的估算方法是依据原料中的环烷烃与芳烃的含量，表示为 $N+A$、$N+2A$ 或 $N+3.5A$ 的液体体积百分数，重整原料的 $N+A$、$N+2A$ 或 $N+3.5A$ 就称为芳构化指数或重整指数。重整指数通常用（$N+2A$）表示，N 表示环烷烃含量，A 表示芳烃含量，它的具体定义为：

$$(N+2A) = \sum C_i^N\% + 2\sum C_i^A\%$$

式中　$C_i^N\%$——原料中环烷烃的体积百分含量；

$C_i^A\%$——原料中芳烃的体积百分含量；

i——碳原子数。

原料中环烷烃和芳烃的含量越高，重整生成油的芳烃产量越大，辛烷值越高，这就是重整指数的基本涵义。

我国几种原油重整原料的（$N+2A$）值见表 2－19。由表 2－19 可见，辽河初馏点～180℃馏分、中原 65～145℃馏分及胜利 65～180℃馏分（$N+2A$）值较高，是优质的重整原料。

表 2-19 重整原料的($N+2A$)值

原油	大庆	胜利	辽河	惠州	中原	塔中
实沸点范围/℃	初馏点~160	65~180	初馏点~180	初馏点~160	65~145	初馏点~160
$N+2A$/%(体积分数)	34.6	51.1	71.9	33.5	68.0	46.1

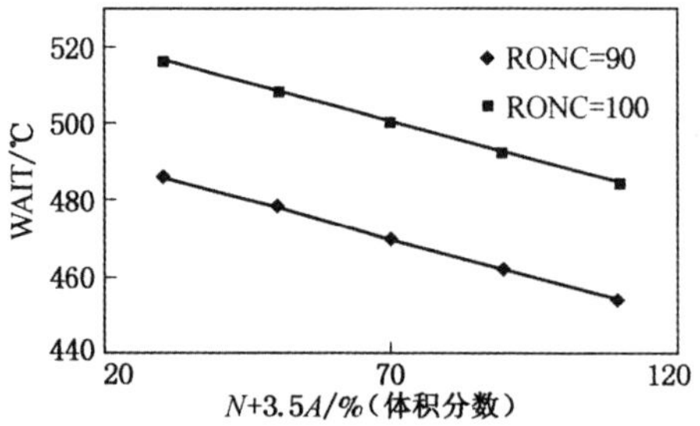

图 2-3 重整原料的 $N+3.5A$ 与加权平均进口温度的关系

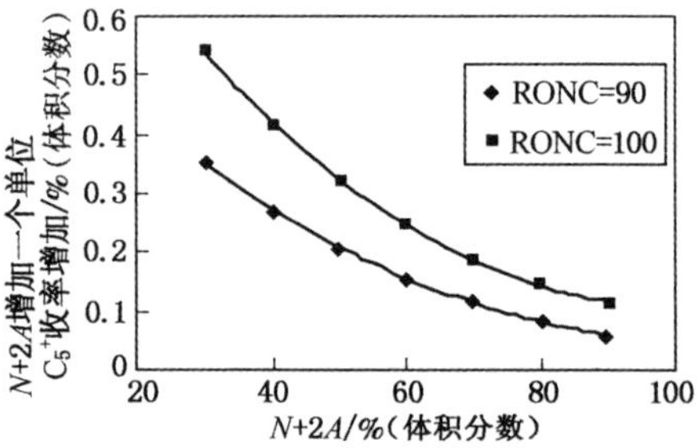

图 2-4 重整原料的 $N+2A$ 与重整收率的关系

在实际应用中可以利用原料中的环烷烃和芳烃的含量来估算重整操作条件、重整产率和辛烷值。图 2-3 为重整原料的 $N+3.5A$ 与加权平均进口温度(WAIT)的关系，原料中 $N+3.5A$ 的含量越高，达到相同辛烷值时需要的 WAIT 就越低。图 2-4 为重整原料的 $N+2A$ 与重整收率的关系，随着原料中 $N+2A$ 的增加，C_5^+ 液收增加，原料中 $N+2A$ 数值越高，C_5^+ 液收增加幅度越小。图 2-5 为重整原料的 $N+A$ 与催化剂积炭速率的关系，随原料中 $N+A$ 的增加，相对积炭速率下降。应该指出的是，这些变化曲线是与催化剂的性质密切相关的，性能不同的催化剂，曲线的变化规律不尽相同。一般，重整工艺或催化剂的专利商要提供以上所用的对应关系。

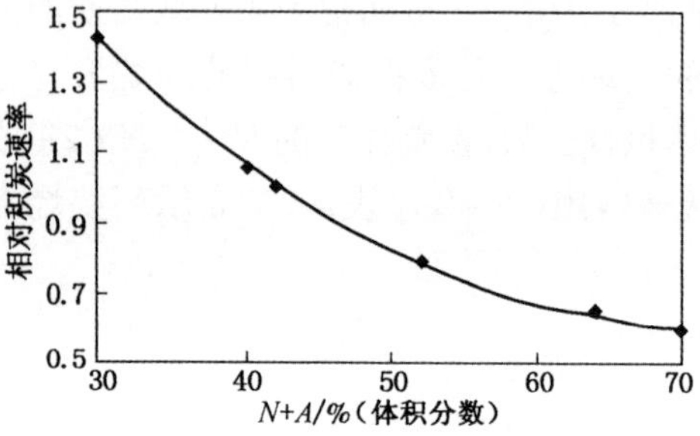

图 2-5 重整原料的 $N+A$ 与催化剂积炭速率的关系

芳烃潜含量是表征原料性质的另一指数。芳烃潜含量 Ar(%)的含义与重整指数($N+2A$)的含义相近。原料中 C_6 以上的环烷烃全部转化为芳烃的量与原料中的芳烃量之和，称为“芳烃潜含量”。重整生成油中芳烃产率与原料的芳烃潜含量之比称为“芳烃转化率”。芳烃转化率与芳烃潜含量的计算方法如下：

Ar(%) = 苯潜含量 + 甲苯潜含量 + C_8 芳烃潜含量 + C_9^+ 芳烃潜含量

苯潜含量(%) = C_6N(%) × 78/84 + 苯(%)

甲苯潜含量(%) = C_7N(%) × 92/98 + 甲苯(%)

C_8 芳烃潜含量(%) = C_8N(%) × 106/112 + C_8 芳烃(%)

C_9 以上依此类推。

式中的 78、84、92、98、106、112 分别为苯、C_6N、甲苯、C_7N、C_8A、C_8N 的相对分子质量。

重整转化率(%)=[芳烃产率(%)/芳烃潜含量(%)]×100

例如，某重整原料油中含环己烷4.5%，甲基环戊烷2.5%，C_7 环烷烃18%，C_8 环烷烃14%，C_9 环烷烃4%，苯0.5%，甲苯1.5%，二甲苯1.6%，C_9 芳烃0.4%，其芳烃潜含量为：

$$Ar\% = 7\times78/84 + 18\times92/98 + 14\times106/112 + 4\times120/126 + (0.5+1.5+1.6+0.4) = 44.46\%$$

原料中芳烃潜含量只能说明生产芳烃的可能性，实际的芳烃转化率除取决于催化剂的性能和操作条件外，还取决于环烷烃的分子结构。例如，文献[39]给出了在1.72MPa、采用馏程为84~157℃、$P/N/A$ 为49.5/37.2/13.3的重整原料，当产品的辛烷值RONC为97时，各类环烷烃对芳烃的贡献。依此为依据，计算出各类环烷烃的转化率如表2-20所示。因此，对于生产芳烃来说，良好的重整原料不仅要求环烷烃含量高，而且其中的甲基环戊烷含量不要太高。环烷烃高的原料不仅在重整时可以得到较高的芳烃产率，而且可以采用较大的空速，催化剂的积炭少，运转周期也较长。

表2-20 各类环烷烃的转化率

环烷烃	甲基环戊烷	环己烷	二甲基环戊烷	甲基环己烷	C_8^+ 环烷烃
转化率/%	35.94	79.45	36.53	82.30	83.63

另外，在重整反应条件下，烷烃也可以转化为芳烃。

重整指数和芳烃潜含量都是描述重整原料油质量的具体指标。国外多用重整指数，而我国一般用芳烃潜含量。

二、芳烃和高辛烷值汽油调合组分生产的原料选取

现有的催化重整装置主要有两种生产目的，即生产高辛烷值汽油调合组分或芳烃。

（一）生产芳烃

生产芳烃的重整工艺是要得到苯、甲苯、二甲苯等轻质芳烃。重整原料中应包括能生成苯的甲基环戊烷和环己烷。因此，初馏点要低，不需要产生重芳烃，所以终馏点要低，尽可能把 C_9^+ 去除。生产各种芳烃的适宜馏程列于表2-21中。生产 $C_6\sim C_8$ 轻芳烃时，适宜的馏程是60~145℃，但其中的130~145℃属于喷气燃料的馏程范围，因此在同时生产喷气燃料的炼油厂，重整原料一般采用的馏程是60~130℃。

表2-21 生产高辛烷值汽油调合组分以及各种芳烃时原料的适宜馏程

目的产物	适宜馏程/℃	目的产物	适宜馏程/℃
苯	60~85	苯-甲苯-二甲苯	60~145
甲　苯	85~110	苯-甲苯-二甲苯①	60~165
二甲苯	110~145	高辛烷值石脑油调合组分	80~180

① 要求最大量生产二甲苯并配建有歧化装置的芳烃厂，原料油终馏点可达165℃

上述馏程的选择主要是根据重整过程中进行的化学反应和有关单体烃的沸点决定的（见表2-17）。重整反应中最主要的反应是生成芳烃的反应，这类反应大多数是分子中碳

原子数不变的反应。例如环己烷脱氢生成苯、甲基环戊烷异构脱氢生成苯以及正庚烷环化脱氢生成甲苯。因此，在选择原料的馏程时应根据芳烃的碳原子数来确定。由表2-17所列的单体烃的沸点可见，C_6、C_7、C_8 主要烃类的沸点分别为60~81℃、80~111℃、110~145℃，因此，当生产苯、甲苯、二甲苯时，重整原料的沸程分别选择60~85℃、85~110℃、110~145℃。沸点小于60℃的烃类分子中的碳原子数小于6，原料中含有<60℃馏分进入反应器不仅不能增加芳烃的产率，而且会降低装置的有效处理能力。

(二)生产高辛烷值石脑油调合组分

当生产高辛烷值汽油调合组分时，一般采用80~180℃馏分。

对生产高辛烷值汽油调合组分来说，C_6 以及以下的烷烃本身已经具有较高的辛烷值，而 C_6 环烷烃转化为苯后，其辛烷值反而下降(见表2-22)，因此，重整原料一般应切取 $>C_6$ 的馏分，因为沸点最低的 C_7 异构烷烃的沸点为79.2℃，所以初馏点应选取在80℃左右。至于原料终馏点则一般最高取180℃，因为烷烃和环烷烃转化为芳烃后，其沸点会升高，如果原料的终馏点过高，则重整汽油的终馏点会超过要求。通常原料经重整后其终馏点升高20~30℃。此外，切取太重，则在反应时焦炭和气体产率增加，使液体收率降低，生产周期缩短。前面图2-1给出了原料的终馏点对催化剂积炭的影响。由图2-1可见，当终馏点超过180℃，随终馏点的升高，催化剂的积炭速率近乎成直线增加。

表2-22 环烷烃及芳烃的调合辛烷值(RON)[40]

化合物	调合辛烷值	化合物	调合辛烷值
甲基环戊烷	107	乙基环己烷	43
环己烷	110	苯	99
乙基环戊烷	75	甲　苯	124
二甲基环戊烷	95	对二甲苯	146
甲基环己烷	104	邻二甲苯	120
二甲基环己烷	67~95	间二甲苯	145
三甲基环己烷	94	乙　苯	124

(三)同时生产芳烃和高辛烷值汽油调合组分

在同时生产芳烃和高辛烷值汽油调合组分时，可采用60~180℃宽馏分作重整原料，这时，重整生成油可通过分馏塔，切取其中的 C_6~C_8 部分或全部馏分去进行抽提以制取芳烃，其余部分则作为高辛烷值汽油的调合组分。

三、原料组成与产物收率和产物分布

(一)原料组成对产物收率和产物分布的影响

原料组成对重整反应有重要影响。尽管在实际应用中经常利用原料中的环烷烃和芳烃的含量来估算重整操作条件和重整产率，然而原料的族组成只是粗略估算原料好坏的一个判据，并不能全面科学地评价原料的优劣。表 2-23 中给出了两种基本具有相同 $N+A$ 和芳潜的重整原料的组成，表 2-24 中给出了相应的连续重整液体收率、氢气产率、芳烃产率和主要芳烃分布等。由表 2-24 可见，尽管原料 A 与原料 B 的 $N+A$ 和芳潜基本相同，但是重整产物的液体收率、氢气产率、芳烃产率等却有较大差别；由于原料的组成不同，导致了重整产物的芳烃分布变化较大。因此，原料的组成对重整产物的液体收率、氢气产率、芳烃产率以及产物分布等均有较大影响。

表 2-23　两种具有基本相同 $N+A$ 的重整原料的组成　　%

原　料	原料 A			原料 B		
族组成	P	N	A	P	N	A
C_5	0.01	0.02		0.00	0.00	
C_6	7.39	2.32	0.45	20.28	4.57	0.28
C_7	17.90	5.09	2.55	19.38	7.76	2.11
C_8	19.57	5.49	5.14	19.74	8.02	3.15
C_9	16.88	4.42	3.63	9.92	3.80	0.23
C_{10}	8.09	0.92	0.13	0.36	0.00	0.00
合计	69.84	18.26	11.90	69.69	24.15	6.17
$N+A$	30.16			30.31		
芳　潜	29.12			28.91		

在重整过程中，根据碳原子数以及结构的不同，环烷烃转化为芳烃的速率差异较大。除此之外，部分烷烃也转化为芳烃，并且转化速率与碳原子数及结构也有很大关系。因此，从原料的详细组成出发，根据催化重整反应规律和催化剂特点，才能够科学预测重整产率及产物分布。表 2-25 中列出了几种典型原料及其对应连续重整产品分布的数据。

表 2-24　两种重整原料的主要反应结果

项　　目	原料 A 反应产物	原料 B 反应产物
C_5^+ RON	102	102
C_5^+ 产品液收/%	87.94	85.57
C_5^+ 产品芳含/%	78.72	76.78
$\sum P$/%	26.04	25.93
$\sum N$/%	0.63	0.54
$\sum A$/%	69.23	65.70
C_6A	3.60	8.05
C_7A	14.63	20.69
C_8A	25.25	25.48
C_9^+A	25.75	11.48
纯氢产率/%	3.80	3.93

表 2-25　几种典型原料及其连续重整产物分布

项　目	原料 C	产物 C	原料 D	产物 D	原料 E	产物 E	产物 E	原料 F	产物 F	原料 G	产物 G
C_5^+ RON		105		105		102	104		106		105
H_2/%		3.98		4.31		3.58	3.74		4.05		4.21

续表

项　目	原料 C	产物 C	原料 D	产物 D	原料 E	产物 E	产物 E	原料 F	产物 F	原料 G	产物 G
C_5^+/%		84.81		87.55		90.47	89.73		91.93		84.43
$\sum P$/%	66.27	10.3	58.14	10.36	49.55	23.24	20.92	26.27	14.29	71.73	23.87
C_5P	0.00		0.05		0.04			0.99			3.41
C_6P	0.83		1.98		9.85			1.92		14.70	
C_7P	24.14		17.75		9.79			6.28		18.90	
C_8P	24.86		18.61		10.92			6.74		16.48	
C_9P	16.06		14.05		10.53			5.97		14.99	
C_{10}^+P	1.15		5.70		8.42			4.36		6.66	
$\sum N$/%	22.34	0.72	35.42	0.61	36.07	0.89	0.79	61.97	1.36	20.06	0.77
C_5N								0.16			
C_6N	2.90		2.42		4.14			3.16		3.03	
C_7N	5.20		9.53		8.40			14.48		5.22	
C_8N	8.09		12.87		9.65			19.95		5.45	
C_9N	5.57		9.25		8.03			17.15		2.90	
C_{10}^+N	0.58		1.35		5.85			7.08		3.46	
$\sum A$/%	10.62	72.88	6.49	75.71	14.38	72.29	74.55	11.76	80.30	8.21	71.75
C_6A	0.40	4.14	0.21	3.09	0.50	4.65	5.48	0.54	3.44	0.42	6.09
C_7A	2.75	16.92	1.43	17.31	2.27	12.81	14.21	3.14	17.35	2.66	18.89
C_8A	5.20	30.36	3.27	28.63	4.32	20.9	21.98	4.53	27.46	3.65	23.74
C_9A	2.27	20.19	1.54	21.59	5.13	21.06	20.09	2.76	32.05	0.27	22.43
C_{10}^+A	0.00	1.27	0.04	5.09	2.16	12.87	12.79	0.80	3.44	1.20	

（二）反应工艺条件对产物收率和产物分布的影响

1. 重整工艺形式的影响

依据催化重整的工艺不同，产品的收率和产品分布变化较大。表 2-26 为重整原料 H 的组成，表 2-27 为重整技术形式对产率和产物分布的影响。由表 2-27 可见，采用连续重整技术时，尽管产物的 RON 为 102，远远大于采用半再生技术时的 95，但是，液体收率、芳烃产率、氢气产率均远远高于半再生重整。从芳烃分布来看，除苯的产率略低外，其他芳烃的产率均远远高于半再生重整，并且碳数越大，差距越大。

表 2-26　重整原料 H 的组成　　%

族组成	*P*	*N*	*A*
C_5	0.09	0.19	0
C_6	10.8	3.73	0.68
C_7	12.57	7.24	1.64
C_8	15.73	8.95	4.29
C_9	13.36	7.25	3.88
C_{10}	7.22	1.35	0.21
C_{11}	0.83	0	0
合计	60.6	28.71	10.69

表 2－27　原料 H 的主要反应条件和反应结果

项　目	连续再生	固定床
反应压力/MPa	0.35	1.40
C_5^+ 产品辛烷值(RON)	102	95
氢油摩尔比	2.4	3.75/6.55①
C_5^+ 产品液收/%	89.81	87.03
C_5^+ 产品芳含/%	77.60	61.61
$\sum P$/%	24.87	41.80
$\sum N$/%	1.64	2.15
$\sum A$/%	69.79	53.62
C_6A	4.80	4.94
C_7A	13.82	12.15
C_8A	22.69	18.25
C_9^+A	28.39	18.26
纯氢产率/%	3.79	2.43

① 一段的氢油摩尔比为 3.75，二段的氢油摩尔比为 6.55。

2. 工艺条件的影响

在重整过程中，重整的工艺条件对产品的收率和产品分布有较大影响。

表 2－28 中为重整原料 I 的组成，表 2－29 为连续重整压力、产物 RON 以及氢油比对产率和产物分布的影响。由表 2－29 可见，随着反应压力降低，液体收率、芳烃产率和氢气产率增加，产物分布也发生变化，芳烃分布呈现重芳烃增加、轻芳烃减少的趋势；随着产物 RON 增加，液体收率、烷烃、环烷烃减少，芳烃产率和氢气产率增加，产物分布变化较大，苯、甲苯增加，苯产率从 4.33% 增加到 6.21%；随着氢油比降低、液体收率、芳烃产率和氢气产率增加，产物分布也略有变化，烷烃、环烷烃减少，重芳烃略有增加，轻芳烃略有减少。

在以上连续重整的工艺条件中，产物的 RON 对产品的收率和产品分布影响最大。表 2－30为两种典型原料油和对应不同产物 RON 的产物分布。

表 2－28　重整原料 I 的组成　%

族 组 成	*P*	*N*	*A*
C_6	9.92	4.07	0.63
C_7	20.32	7.28	3.77
C_8	17.69	7.67	5.15
C_9	16.08	4.02	0.37
C_{10}	2.26	0.77	0.00
合计	66.27	23.81	9.92

表2-29 原料I的主要反应条件和反应结果

项目	工况1	工况2	工况3	工况4
反应压力/MPa	0.35	0.40	0.35	0.35
C_5^+ 产品辛烷值(RON)	105	105	102	105
氢油摩尔比	2.5	2.5	2.5	2.0
C_5^+ 产品液收/%	84.22	83.35	87.43	84.54
C_5^+ 产品芳含/%	85.37	85.25	79.47	85.38
$\sum P$/%	23.51	24.54	24.86	23.22
$\sum N$/%	0.56	0.53	1.81	0.54
$\sum A$/%	71.90	71.06	69.48	72.18
C_6A	6.21	6.27	4.33	6.11
C_7A	20.19	19.77	19.50	20.38
C_8A	26.73	26.56	26.69	26.79
C_9A	16.57	16.28	16.68	16.66
C_{10}^+A	2.20	2.18	2.28	2.24
纯氢产率/%	4.03	3.87	3.85	4.06

表2-30 两种典型原料及其在不同产物RON下的连续重整产物分布

项目	原料I	产物I1	产物I2	产物I3	产物I4	原料J	产物J1	产物J2	产物J3	产物J4
C_5^+ RON		102	103	104	105		102	103	104	105
H_2/%		3.85	3.89	3.95	4.03		3.59	3.68	3.75	3.86
C_5^+/%		87.43	86.59	85.59	84.22	0	90.30	89.66	88.92	87.69
$\sum P$/%	66.27	24.86	24.38	23.94	23.51	51.84	22.11	21.39	20.73	19.87
C_6P	9.92					9.11				
C_7P	20.32					10.89				
C_8P	17.69					11.84				
C_9P	18.34					20.00				
$\sum N$/%	23.81	1.81	1.35	0.93	0.56	35.49	1.97	1.46	0.97	0.47
C_6N	4.07					4.21				
C_7N	7.28					8.37				
C_8N	7.67					9.57				
C_9^+N	4.79					13.34				
$\sum A$/%	9.92	69.48	70.38	71.18	71.90	12.67	72.33	73.47	74.55	75.8
C_6A	0.63	4.33	4.86	5.46	6.21	0.51	3.98	4.51	5.15	6.13
C_7A	3.77	19.50	19.82	20.05	20.19	1.95	14.24	14.57	14.85	15.14
C_8A	5.15	26.69	26.74	26.75	26.73	3.77	20.27	20.48	20.64	20.73
C_9A	0.37	16.68	16.69	16.67	16.57	4.52	20.92	20.92	20.9	20.86
C_{10}^+A	0.00	2.28	2.27	2.25	2.20	1.92	12.92	12.99	13.01	12.94

第三节　原料油中主要杂质类型及其分布

一、硫化合物

（一）硫化物类型

石脑油中的硫化物类型比较复杂，主要有硫化氢、硫醇、硫醚、噻吩、苯并噻吩和二硫化物等。文献[41]通过对中东高硫原油的直馏石脑油和重油催化裂化石脑油的有机硫化物色谱研究，给出了硫化物的定性结果(见表2-31)。研究结果表明，重油催化裂化石脑油中的硫化物主要以噻吩和苯并噻吩类硫化物形态存在，另外有少量的低碳硫醇，而中东高硫原油的直馏石脑油中有机硫形态比较复杂，其含量顺序如下：

硫醇硫 > 噻吩硫 > 硫醚硫 > 二硫化物 > 苯并噻吩 > 硫化氢

通过对直馏石脑油、催化裂化石脑油和焦化石脑油的研究发现，直馏石脑油中的含硫化合物主要为硫醇 RSH、硫醚 RSR 和噻吩类化合物，其分布和原料油的来源密切相关，例如，哈萨克斯坦原油的直馏石脑油馏分中很大部分是硫醇类化合物，而伊朗轻质原油直馏石脑油中的硫醚则相对多一些。催化裂化石脑油中的含硫化合物主要是噻吩类化合物和苯并噻吩类化合物，硫醇和硫醚类化合物较少，其中苯并噻吩类的含量取决于分馏时的切割温度，当切割温度 <180℃时，将没有或只有少量的苯并噻吩(沸点221℃)。焦化石脑油中的含硫化合物和催化裂化石脑油类似。

表2-31　石脑油中硫化物的定性结果[41]

峰号	化合物名称	经验分子式	保留时间/min	峰号	化合物名称	经验分子式	保留时间/min
1	硫化氢	H_2S	1.51	19	正戊硫醇	$C_5H_{12}S$	4.16
2	甲硫醇	CH_4S	1.56	20	丙基异丙基硫醇	$C_6H_{14}S$	4.40
3	乙硫醇	C_2H_6S	1.66	21	甲基环硫杂戊烷	$C_5H_{10}S$	4.63
4	二硫化碳	CS_2	1.78	22	异己硫醇	$C_6H_{14}S$	4.81
5	甲基乙基硫醚	C_3H_8S	1.89	23	2-乙基噻吩	$C_6H_{12}S$	4.95
6	丙硫醇	C_3H_8S	1.95	24	2,5-二甲基噻吩	$C_6H_{12}S$	5.04
7	噻　吩	C_4H_4S	2.27	25	2,4-二甲基噻吩	$C_6H_{12}S$	4.18
8	异丁硫醇	$C_4H_{10}S$	2.33	26	环硫杂己烷	$C_5H_{10}S$	5.23
9	甲基异丙基硫醚	$C_4H_{10}S$	2.46	27	2,3-二甲基噻吩	$C_6H_{12}S$	5.36
10	二乙基硫醚	$C_4H_{10}S$	2.57	28	2,4-二甲基噻吩	$C_6H_{12}S$	5.63
11	正丁硫醇	$C_4H_{10}S$	2.69	29	异己硫醇	$C_6H_{10}S$	5.80
12	乙基异丙基硫醚	$C_5H_{12}S$	3.03	30	异丙基噻吩	$C_7H_{14}S$	5.92
13	异戊硫醇	$C_5H_{12}S$	3.20	31	正己硫醇	$C_6H_{14}S$	5.96
14	异戊硫醇	$C_5H_{12}S$	3.34	32	异庚硫醇	$C_7H_{16}S$	6.08
15	2-甲基噻吩	C_5H_6S	3.43	33	异庚硫醇	$C_7H_{16}S$	6.20
16	3-甲基噻吩	C_5H_6S	3.56	34	C_3-噻吩	$C_7H_{14}S$	6.36~6.79
17	异戊硫醇	$C_5H_{12}S$	3.72	35	异庚硫醇	$C_7H_{16}S$	6.88
18	环硫杂戊烷	C_4H_8S	3.86	36	C_3-噻吩	$C_7H_{14}S$	6.93

续表

峰号	化合物名称	经验分子式	保留时间/min	峰号	化合物名称	经验分子式	保留时间/min
37	C_3-噻吩	$C_7H_{14}S$	7.13	44	C_4-噻吩	$C_8H_{16}S$	7.96~8.62
38	异庚硫醇	$C_7H_{16}S$	7.28	45	正辛硫醇	$C_8H_{18}S$	8.80
39	C_3-噻吩	$C_7H_{14}S$	7.34	46	苯并噻吩	C_8H_6S	9.28
40	异庚硫醇	$C_7H_{16}S$	7.44	47	正壬硫醇	$C_9H_{20}S$	9.69
41	C_3-噻吩	$C_7H_{14}S$	7.51	48	甲基苯噻吩	C_9H_8S	9.85~10.67
42	正庚硫醇	$C_7H_{16}S$	7.61	49	正葵硫醇	$C_{10}H_{22}S$	10.79
43	异辛硫醇	$C_8H_{18}S$	7.93				

(二)硫化物的分布

1. 总硫含量

不同来源的石脑油的总硫含量和分布有很大不同，图2-6为直馏石脑油、加氢裂化重石脑油、焦化石脑油和催化裂化石脑油中总硫随馏程的典型分布。

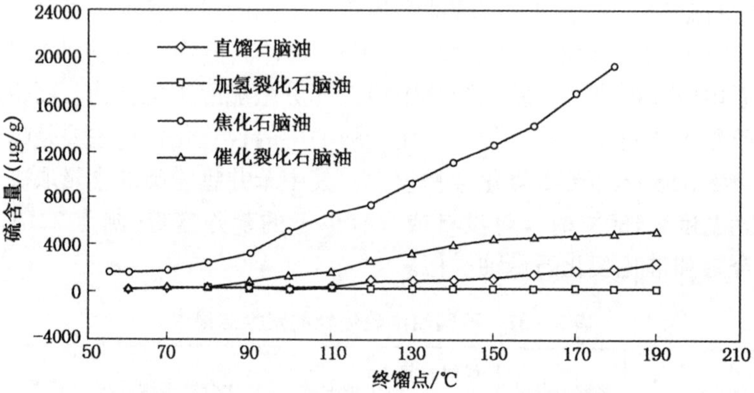

图2-6 总硫在不同石脑油中随馏程的典型分布

由图2-6可见，加氢裂化石脑油的硫含量很低，甚至比直馏石脑油还低，通常都在1μg/g以下。直馏石脑油、焦化石脑油和催化裂化石脑油的硫含量与原油中的硫含量有关。对于同一种原油，催化裂化石脑油中的硫含量是直馏石脑油的2~5倍，然而，焦化石脑油中的硫含量比直馏石脑油高10~20倍。尽管在不同石脑油中总硫含量差异较大，但总硫随馏程的变化呈现相似的变化规律，即轻馏分中，硫含量较低，随着终馏点的升高，硫含量明显增加，特别是焦化石脑油，当超过80℃后，硫含量随终馏点几乎呈现直线增加。加氢裂化重石脑油硫含量较低，且随终馏点升高，硫含量略有增加，但幅度较小。

几种典型直馏石脑油馏分中总硫含量的分布见表2-32。由表2-32可见，除哈萨克斯坦直馏石脑油的硫含量随馏程变化不大外，其他几种直馏石脑油中总硫含量差别较大，但是，硫含量随馏程的分布规律却具有相似性。轻馏分(50~100℃)中硫含量较低，随着馏程升高，硫含量增加；重馏分(150~200℃)中的硫含量大约为轻馏分的2.5~5倍。科威特、沙轻和沙中直馏石脑油的中馏分(100~150℃)的硫含量与轻馏分(50~100℃)中硫含量基本相同，而伊轻和伊重中馏分(100~150℃)的硫含量大约为轻馏分(50~100℃)中硫含量的2倍。

表 2－32　典型直馏石脑油馏分中总硫的分布　μg/g

馏程范围/℃	50～100	100～150	150～200
伊　轻	278	608	1361
伊　重	530	965	2188
沙　轻	170	153	711
沙　中	294	287	1043
科威特	211	258	561
哈萨克斯坦	2845	2383	2778
伊拉克	530	965	2188

2. 类型硫

研究结果表明，石脑油中所含硫化物存在形式有元素硫、硫化氢、硫醇、硫醚、二硫化物以及噻吩等，有机硫是石脑油中的主要含硫化合物[41]。直馏石脑油和催化裂化石脑油中的类型硫典型分布如图 2－7 所示。由图 2－7 可见，直馏石脑油中类型硫的含量为：硫醇硫＞噻吩硫＞硫醚硫。催化裂化石脑油中类型硫的含量为：噻吩硫＞硫醇硫＞硫醚硫。即催化裂化石脑油中的硫含量以噻吩硫为主[42]，而直馏石脑油中的类型硫以硫醇硫为主。

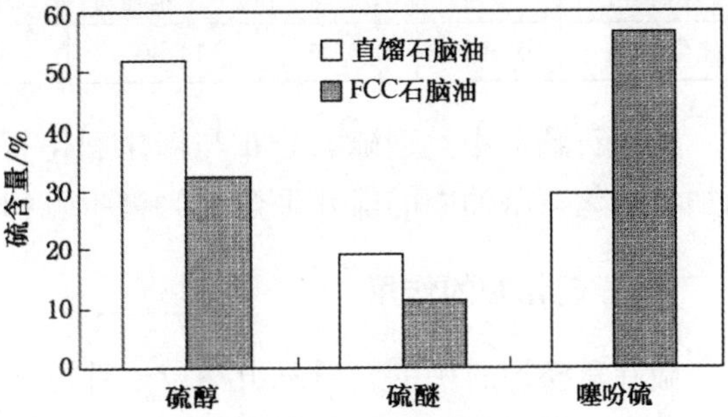

图 2－7　直馏石脑油和催化裂化石脑油中类型硫的典型分布

催化裂化和渣油催化裂化石脑油中类型硫含量如表 2－33 所示，类型硫的含量分布见图 2－8。从图 2－8 可见，催化裂化石脑油中类型硫含量分布为：硫醇硫和二硫化物硫含量较少，占总硫含量的 15% 左右；硫醚硫占总硫含量的 25% 左右；噻吩硫占总硫含量的 60% 以上；硫醚硫和噻吩硫之和占总硫含量的 85% 以上。渣油催化裂化石脑油中类型硫含量分布规律基本与催化裂化石脑油类似。

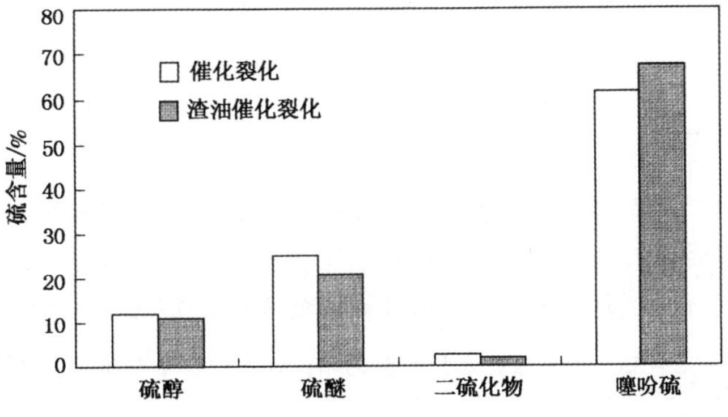

图 2－8　催化裂化和渣油催化裂化石脑油中类型硫的含量分布[43]

表 2-33 催化裂化和渣油催化裂化石脑油中类型硫含量

石脑油类型	硫含量/(μg/g)					
	总 硫	硫 醇	硫 醚	二硫化物	硫化氢	噻吩硫
催化裂化	519	58.7	129.0	13.0	0.0	318.5
渣油催化裂化	1318.6	138.4	269.0	21.1	0.0	890.1

高于100℃的催化裂化石脑油馏分中硫化合物的含量见表2-34[44]。从表2-34数据可以看出，高于100℃的催化裂化石脑油馏分中的硫化合物除了少量的硫醇、硫醚和二硫化物外，主要是不同取代基的噻吩，其中，以二甲基噻吩的含量最高，达34.47%，其次是三甲基噻吩，占26.52%，2-甲基噻吩和3-甲基噻吩之和也达到了14.40%。

表 2-34 高于100℃的催化裂化石脑油馏分中硫化合物的含量[44]

硫化合物种类	噻吩	硫醇	2-甲基噻吩+3-甲基噻吩	硫醚和二硫化物	二甲基噻吩	三甲基噻吩	C_4 取代噻吩
硫化物/%	0.6948	0.3243	14.40	11.13	34.47	26.52	12.45

焦化石脑油中类型硫的分布与催化裂化石脑油相类似，噻吩硫和硫醚硫占绝对比例，而加氢裂化石脑油中的硫几乎全部为噻吩硫和硫醇硫。

(三) 硫化物的作用

硫在重整原料中的含量从几μg/g到几百μg/g不等，它对催化重整过程有独特的作用。首先，它是重整催化剂的毒物，在催化重整的条件下，重整原料油中硫含量超过0.5μg/g，可以使双金属重整催化剂的活性和选择性受到损害，由于硫中毒造成重整装置停工的事故并不罕见。但是另一方面，利用硫对重整催化剂活性的减活作用，可限制某些催化剂如Pt-Re催化剂开工时超温现象，因此，铂铼重整装置开工时，通常需要向催化剂床层注硫，利用硫对催化剂进行钝化，这就是所谓的预硫化过程。

二、氮化合物

(一) 氮化物类型

石脑油中的氮化合物大致可以分成两类，碱性氮化合物和非碱性氮化合物，碱性氮和非碱性氮之和为石脑油的总氮。碱性氮化合物主要有脂肪族胺类、吡啶类、喹啉类和苯胺类。表2-35为胜利催化裂化石脑油中碱性氮化合物的定性定量分析结果。

表 2-35 胜利催化裂化石脑油中碱性氮化合物色谱分析[45]

峰 号	相对分子质量	碱性氮化合物	相对含量/%	含量/(μg/g)
1	79	吡啶	0.37	0.18
2	93	2-甲基吡啶	0.95	0.47
3	93	4-甲基吡啶	0.57	0.28

续表

峰　号	相对分子质量	碱性氮化合物	相对含量/%	含量/(μg/g)
4	107	2,3－二甲基吡啶	0.74	0.36
5	133	四氢喹啉	0.04	0.02
6	107	2－乙基吡啶	0.74	0.36
7	107	3,4－二甲基吡啶	0.68	0.33
8	107	2,4－二甲基吡啶	0.20	0.10
9	121	3－乙基－4 甲基吡啶	0.12	0.06
10	107	3－乙基吡啶	0.15	0.07
11	121	2－甲基－6－乙基吡啶	0.32	0.15
12	93	苯胺	13.93	6.83
13	121	2,4,6－三甲基吡啶	0.73	0.36
14	135	2－丁基吡啶	0.20	0.10
15	121	2,3,6－三甲基吡啶	0.66	0.32
16	121	2－甲基－6－乙基吡啶	0.19	0.09
17	121	2－甲基－4－乙基吡啶	0.07	0.03
18	121	3－乙基－5－乙基吡啶	0.06	0.03
19	121	C_3－吡啶	0.06	0.03
20	135	2,4－二甲基－6－乙基吡啶	0.05	0.02
21	135	2－顺丁基吡啶	0.09	0.05
22	107	2－甲基苯胺	22.26	10.91
23	107	4－乙基吡啶	20.43	10.01
24	135	C_4－吡啶	0.09	0.05
25	135	C_4－吡啶	0.27	0.13
26	149	*N*－乙基－4－乙基苯胺	0.06	0.03
27	135	C_4－吡啶	0.12	0.06
28	149	*N*－乙基－3－乙基苯胺	0.21	0.11
29	121	5－乙基－2－甲基吡啶	2.22	1.09
30	121	2,3－二甲基苯胺	10.62	5.21
31	121	2,6－二甲基苯胺	9.33	4.57
32	121	3,4－二甲基苯胺	4.36	2.13
33	121	2,5－二甲基苯胺	3.85	1.89
34	135	*N*－乙基－2－甲基苯胺	0.12	0.06
35	135	*N*－乙基－*N*－苯基甲酰胺	0.71	0.35
36	135	4－(1,1－二甲基乙基)吡啶	0.37	0.18
37	135	2,6－二甲基－3－乙基吡啶	0.22	0.11
38	135	C_4－吡啶	0.88	0.43
39	135	3,4－二羟基－1,1－苯并恶嗪	0.74	0.36
40	135	C_4－吡啶	0.15	0.07

续表

峰　号	相对分子质量	碱性氮化合物	相对含量/%	含量/(μg/g)
41	135	C_4 - 吡啶	0.49	0.24
42	135	2,6 - 二甲基 - 4 - 乙基吡啶	0.62	0.30
43	143	2 - 甲基喹啉	0.07	0.03
44	149	C_5 - 吡啶	0.12	0.06
45	149	C_5 - 吡啶	0.12	0.06
46	149	C_5 - 吡啶	0.08	0.04
47	157	C_2 - 喹啉	0.04	0.02
48	157	2,6 - 二甲基喹啉	0.16	0.08
49	157	2,4 - 二甲基喹啉	0.02	0.01
50	171	5 - 氨基 - 4 - 苯基嘧啶	0.04	0.02
51	171	2 - 异丙基喹啉	0.04	0.02
52	171	2,3,4 - 三甲基喹啉	0.05	0.02
53	171	C_3 - 喹啉	0.06	0.03
54	171	C_3 - 喹啉	0.06	0.03

由于从石油及其馏分中分离非碱性氮化合物的技术难度较大，因此这方面的工作进展比较缓慢，远没有碱性氮化合物那么深入。然而大量的研究结果表明，非碱性氮化合物主要有吡咯类、吲哚类、咔唑类、吩嗪类、腈类和酰胺类[46]。

(二) 氮化物分布

1. 总氮含量分布

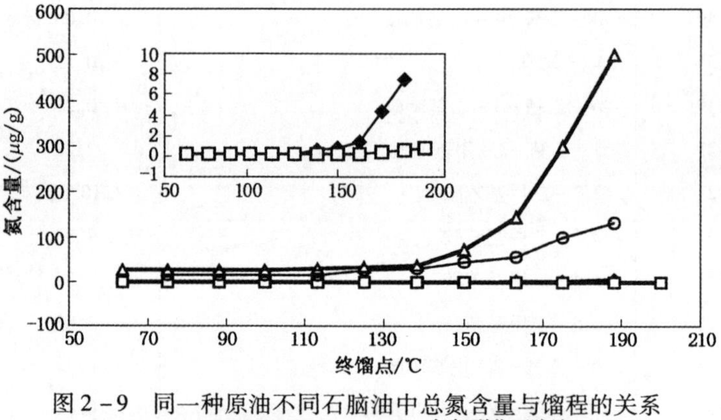

图 2 - 9　同一种原油不同石脑油中总氮含量与馏程的关系

◆ 直馏石脑油；□ 加氢裂化石脑油；△ 焦化石脑油；○ 催化裂化石脑油

同一种原油不同石脑油中总氮含量与馏程的关系如图 2 - 9 所示。直馏石脑油的氮含量一般比硫低一个数量级。与硫的变化趋势一致，加氢裂化石脑油中的氮含量最低，同一种原油直馏石脑油中的氮含量随着馏程的升高，呈现一个尖锐的拖尾，即氮含量迅速增加(见图 2 - 9 中的放大图)。当接近终馏点时，焦化石脑油和催化裂化石脑油中的氮含量比直馏石脑油高 20 ~ 50 倍。

2. 不同类型氮化合物的分布

在作为重整原料的石脑油中，虽然含有碱性氮化合物和非碱性氮化合物，但是，非碱性氮化合物的含量极低，且吡咯类化合物非常难分离[47]。因此，重整原料的石脑油主要为碱性氮化合物，且氮化合物的含量随着馏分沸点的升高而增加。

梁咏梅等人[47]的研究结果表明，在渣油催化裂化石脑油中的氮化合物主要是苯胺类化合物，同时还有少量吡啶类及喹啉类化合物，非碱性氮化合物主要是吡咯。苯胺类化合物、吡啶类及喹啉类化合物等的含量见表 2 - 36。在催化裂化石脑油中，苯胺类约占全部氮化合物的 2/3，吡啶约占 1/3。

表 2 - 36　渣油催化裂化石脑油中氮化合物分布

化合物	苯胺类	吡啶类	喹啉类	苯酚类	其　他
含量/%	59.2 ~ 86.4	0.4 ~ 2.8	0.2 ~ 0.3	9.4 ~ 30.9	3.6 ~ 6.8

在石脑油低沸点馏分中氮含量很低，且主要是碱性氮化合物，非碱性氮化合物主要集中在较重的馏分中，且随馏分沸点的升高而增加[48]。

（三）氮化物的作用

在重整原料中氮的含量通常比硫还少。和硫一样，氮也是重整催化剂的毒物。在重整反应条件下，氮化物将转化为 NH_3 和烃，NH_3 是碱性化合物，将降低催化剂的酸性功能，使催化剂性能受到影响。同时，NH_3 可以与 HCl 结合成为固体白色粉末 NH_4Cl，造成下游机泵的严重堵塞。

三、氯 化 合 物

原油中一般不含有氯化物，但是，近年来，油田采用了化学处理手段来提高采收率，其中，有的采用了氯化物，造成原油中氯含量升高。这部分氯在原油中绝大部分集中在石脑油馏分中，因此造成石脑油中氯化物含量增加。

有关石脑油中氯的报道较少。在我国的石脑油中曾经检测出 8 种有机氯化物，这些氯化物为三氯甲烷、1,2 - 二氯乙烷、1,1 - 二氯乙烷、三氯乙烯、三氯乙烷、四氯乙烯、四氯乙烷等[49]。

石脑油中的氯化物对催化重整过程具有十分重要的影响。首先，催化重整催化剂需要保持一定的氯含量，使催化剂具有足够的酸性，满足双功能重整催化剂金属 - 酸性平衡的需要，另一方面，反应过程及再生过程中 Pt 晶粒的分散需要氯的参与。因此，催化重整的操作参数之一是催化剂的水氯平衡控制。为了充分发挥催化剂的性能，要求催化剂在运转过程中保持氯含量为 1.0% ~ 1.3%。氯含量太低，会造成催化剂 Pt 晶粒的长大和酸性功能的下降，影响催化剂的性能和寿命。而氯含量太高，催化剂的酸性功能太强，会造成催化剂的裂化和积炭功能太强，影响催化剂的选择性和寿命。因此，在催化重整以及再生过程中，必须注水、注氯，实现水氯平衡控制，这就要求对重整进料中的氯含量进行控制。

原料中的氯含量太高，或原料中水含量过高进而导致注氯量过高，都会引起重整预加氢和下游用氢装置设备腐蚀，如装置加工含氮量高的原料时，会生成氯化铵，从而堵塞下游压缩机和管道等，影响正常生产。因此，必须对原料油中的氯含量以及水含量进行控制，有关重整原料中氯的脱除，详见第三章中的第四节。

四、金属有机化合物

在重整原料中，除硫和氮等杂原子化合物之外，通常还含有一些金属有机化合物，它们是含砷化合物、含铜化合物和含铅化合物等。

(一) 含砷化合物

人们对于重整原料中砷的研究工作较少，重整原料中含有多少种砷的化合物以及砷化合物的结构状态尚不清楚。但是，一般重整原料中有代表性的含砷有机化合物有二乙基胂化氢$(C_2H_5)_2AsH$，沸点为161℃；三乙基胂$(C_2H_5)_3As$，沸点140℃，三甲基胂化氢$(CH_3)_3AsH$，沸点52℃。大量的研究和工业实践表明，砷能与铂生成PtAs化合物，使催化剂丧失活性，而且不能再生，造成重整催化剂永久性中毒。因此，对砷的要求很严格，通常重整进料中含砷量不得大于1ng/g。

(二) 含铜、铅化合物

含铜、铅化合物与含砷化合物一样，也是重整催化剂的永久毒物。各种不同来源的重整原料中多含有微量的含铜、铅化合物，大庆直馏石脑油中的铜、铅含量比砷低得多。而且，在原料预加氢或预脱砷的同时，也能被除去。

第四节　重整催化剂对原料中杂质含量的要求

对重整原料中杂质的要求，通常与所使用催化剂的类型和操作参数有密切关系。一般来讲，对于不同类型的催化剂耐受杂质能力的次序为：非铂催化剂 > 单铂催化剂 > 双(多)金属催化剂。对于铂含量不同的同类催化剂耐受杂质的能力的次序为：高铂催化剂 > 低铂催化剂。对于不同的操作条件，如铂催化剂的反应压力较高时，允许的杂质含量稍高，对于双金属催化剂和反应压力较低时，对杂质的限制就更加严格，特别是水和硫。随着重整催化剂的不断发展和对杂质影响的认识加深，对原料中杂质含量的限制也越来越严格。

一、金属氧化物催化剂

1940年建成了第一套以氧化钼/氧化铝作催化剂的催化重整工业装置，以后又有使用氧化铬/氧化铝作催化剂的工业装置。这个时期一般采用固定床循环再生工艺，以80～200℃的石脑油为原料，在480～560℃、1.0～2.0MPa下进行反应，也称为铬重整或钼重整，也称为临氢重整。在这种情况下，对重整原料中杂质并未提出特殊要求，只要进料无机械杂质和明水。

二、单铂催化剂

20 世纪 50～60 年代，以卤素为助剂的 Pt/Al_2O_3 双功能催化剂开始推广应用。由于一些杂质会使此类催化剂中毒，因而，开始对原料中的杂质进行限制。下面以 Engelhard 公司的单铂重整催化剂为例，说明单铂催化剂对原料中杂质含量的要求。表 2－37 列出了一些工业化的单铂重整催化剂的铂含量、使用压力以及对杂质含量的要求。

表 2－37 国内外单铂重整催化剂对原料中杂质含量的要求

催化剂	国外 A 催化剂	国外 B 催化剂	国外 C 催化剂	国内
铂含量/%	0.35	0.6	0.55	0.30/0.50
反应压力/MPa	2.0～3.5	2.0～3.5	2.0～3.5	2.0～3.5
S/(μg/g)	≯5	≯30	≯10	≯10
N/(μg/g)	≯1	≯1	≯1	≯2
Cl/(μg/g)	≯1	≯1	≯1	≯1
O/(μg/g)	≯1	≯1	≯1	
H_2O/(μg/g)	≯5	≯5	≯5	≯30
Pb/(ng/g)	≯5	≯5	≯5	≯20
As/(ng/g)	≯5	≯5	≯5	≯1
Cu/(ng/g)				≯15
Hg/(ng/g)				≯10

由表 2－37 可见，催化剂的铂含量为 B > C > A，对于硫含量的要求为分别不超过 30μg/g、10μg/g、5μg/g。对于单铂催化剂，铂含量越低，对于杂质含量的要求就越严格。表中给出了国内单铂催化剂对原料中杂质含量的要求。与国外单铂催化剂相比，国内单铂催化剂对原料中杂质含量的要求基本相似。

另外，由表 2－37 的数据还可以看出，单铂催化剂对于氮和金属的要求比较严格，而对于硫、水、氯的要求比较宽松。

三、双(多)金属催化剂

20 世纪 70 年代以来，Pt－Re、Pt－Ir、Pt－Sn/Al_2O_3 等系列双(多)金属重整催化剂开始应用，逐渐取代了单铂催化剂，同时，反应压力也由早期的单铂催化剂时的 3.0～3.5MPa 降低到 1.4～2.0MPa，因而，对重整进料中的杂质含量提出了更为严格的要求。

在表2-38列出了两种工业化双金属重整催化剂对原料中杂质含量的要求。

表2-38 国外双多金属重整催化剂对原料中杂质含量的要求

公司	S/(μg/g)	N/(μg/g)	Cl/(μg/g)	O/(μg/g)	H_2O/(μg/g)	Cu/(ng/g)	Pb/(ng/g)	As/(ng/g)	其他金属/(ng/g)
A	0.25~0.5	≤0.5	≤0.5	≤2.0	≤2.0	≤20	≤10	≤1	≤20
B	≤0.5	≤0.5	≤1.0		<4	≤5	≤3	≤3	≤20①

① 全部重金属含量。

Engelhard公司新型的高铼铂比重整催化剂要求原料中的硫含量更低，最好是在无硫的条件下操作。据介绍原料中的硫含量为0.5μg/g时，E-803高铼铂比催化剂的稳定性是E-301单铂重整催化剂的10.8倍，而重整原料中的硫含量为0.1μg/g时，则E-803的稳定性是E-301的15.7倍。

我国双(多)金属重整催化剂对原料中杂质含量的要求与限制见表2-39。

表2-39 我国双(多)金属重整催化剂对原料中杂质含量的要求与限制

杂质	半再生催化剂	连续重整催化剂	杂质	半再生催化剂	连续重整催化剂
As/(ng/g)	<1	<1	S/(μg/g)	<0.5	0.25~0.5
Pb/(ng/g)	<10	<10	Cl/(μg/g)	<0.5	<0.5
Cu/(ng/g)	<10	<10	H_2O/(μg/g)	<5	<5
N/(μg/g)	<0.5	<0.5			

第五节 重整产品

一、高辛烷值汽油组分

(一)车用汽油标准

近年来，随着经济的快速发展，城市人口密度和汽车拥有量不断增加，汽车尾气对环境的污染日益严重，已经成为城市首要污染源，引起广泛重视。美国和欧洲等发达国家相继颁布了汽车尾气排放标准，限制汽车尾气中的CO、HC、SO_x、NO_x、PM和炭烟等有害污染物的含量。

实现汽车达标排放的关键在于提高车用燃料油的质量。为此，美、欧、日等都提出了清洁的车用汽油标准。美国1990年率先推行新配方汽油，加州地区实施了更苛刻的汽油标准。2000年以后，美国执行RFG复杂模型第二阶段(RFGⅡ)汽油标准。1998年由美、欧、日的汽车制造商协会包括AA-MA、ACEA和JAMA组成的世界燃料委员会也提出了世界燃料规范，对车用汽油的组成确定了具体指标。欧洲自1993年开始实施欧盟机动车污染物排放第Ⅰ阶段标准(欧Ⅰ排放标准)相对应的EN228标准以来，车用汽油标准不断更新。表2－40为欧洲汽油质量标准，表2－41为欧洲联盟轻型汽油车排放标准，表2－42为世界燃油规范的汽油标准。从表2－40和表2－42的数据来看，汽油质量变化的主要趋势是硫含量、芳烃含量、苯含量和烯烃含量的不断降低，欧盟最新标准中硫含量已经降低到0.001%(体积分数)，芳烃含量35%(体积分数)，苯含量1%(体积分数)，烯烃含量18%(体积分数)。

表2－40　欧洲汽油质量标准

实施时间	1993	1998	2000	2005	2009
汽油标准	EN228—1993	EN228—1998	EN228—1999	EN228—2004	EN228—2008
硫/%	≯0.1	≯0.05	≯0.015	≯0.005	≯0.001
苯/%(体积分数)	≯5	≯5	≯1	≯1	≯1
芳烃/%(体积分数)	—	—	≯42	≯35	≯35
烯烃/%(体积分数)	—	—	≯18	≯18	≯18
氧/%(体积分数)	—	—	≯2.7	≯2.7	≯2.7
对应排放标准	欧Ⅰ	欧Ⅱ	欧Ⅲ	欧Ⅳ	欧Ⅴ

表2－41　欧洲联盟轻型汽油车排放标准

	执行时间/年	CO/(g/km)	HC/(g/km)	非甲烷烃 NMHC/(g/km)	NO_x/(g/km)	HC＋NO_x/(g/km)	PM(仅限于直喷车)/(g/km)	PN(仅限于直喷车)/(个/km)
欧Ⅰ	1992～1995	≯3.16	—	—	—	≯1.13	—	—
欧Ⅱ	1996～1999	≯2.2	—	—	—	≯0.5	—	—
欧Ⅲ	2000～2005	≯2.3	≯0.20	—	≯0.15	—	—	—
欧Ⅳ	2005～2009	≯1.0	≯0.10	—	≯0.08	—	—	—
欧Ⅴ	2009－	≯1.0	≯0.10	0.068	≯0.06	—	0.005－0.0045	
欧Ⅵ		≯1.0	≯0.10	0.068	≯0.06	—	0.005－0.0045	2014－09－01之前确定

表2－42　世界燃油规范石脑油标准

燃油规范	Ⅰ	Ⅱ	Ⅲ	Ⅳ
硫/%	≯0.10	≯0.02	≯0.003	≯0.001
烯烃/%(体积分数)	—	≯20.0	≯10.0	≯10.0
芳烃/%(体积分数)	≯50.0	≯40.0	≯35.0	≯35.0
苯/%(体积分数)	≯5.0	≯2.5	≯1.0	≯1.0
氧/%(体积分数)	≯2.7	≯2.7	≯2.7	≯2.7
铅/(g/L)	≯0.013	未检出	未检出	未检出

表 2-43 我国主要车用汽油质量标准对比

汽油标准	GB17930—1999	GB17930—2006	GB17930—2011(Ⅲ)	GB17930—2011(Ⅳ)	GB17930—2011 建议性(Ⅴ)	DB11/238—2004	DB11/238—2007	DB31 427—2009	DB44/694—2009	DB11/238—2012
实施时间	2000-01-01	2006-12-06	2011-05-12	2014-01-01		2004-10-01	2008-01-01	2009-10-01	2010-06-01	2012-05-31
硫/%	≯0.10	≯0.05	≯0.015	≯0.005	≯0.001	≯0.05	≯0.005	≯0.005	≯0.005	≯0.001
锰/(mg/L)	—	≯0.018	≯0.016	≯0.008	≯0.002	—	≯0.006	≯0.006	≯0.008	≯0.002
铅(g/L)	≯0.005	≯0.005	≯0.005	≯0.005	≯0.005	≯0.005	≯0.005	≯0.005	≯0.005	≯0.005
苯/%(体积分数)	≯2.5	≯2.5	≯1.0	≯1.0	≯1.0	≯2.5	≯1.0	≯1.0	≯1.0	≯1.0
芳烃/%(体积分数)	≯40	≯40	≯40	≯40	≯40	≯40	—	—	—	—
芳烃+烯烃/%(体积分数)	—	—	—	—	—	—	<60	<60	<60	<60
烯烃/%(体积分数)	≯35	≯35	≯30	≯28	≯25	≯30	≯25	≯25	≯25	≯25
氧/%(体积分数)	—	≯2.7	≯2.7	≯2.7	≯2.7	≯2.7	≯2.7	≯2.7	≯2.7	≯2.7
蒸气压/kPa	冬季≯88 夏季≯74	冬季≯88 夏季≯74	冬季≯88 夏季≯72	冬季 42~85 夏季 40~68	冬季 45~85 夏季 40~65	冬季≯88 夏季≯70	冬季≯88 夏季≯65	冬季≯88 夏季≯65	冬季≯60 夏季≯45	冬季 45~85 夏季 42~65

表 2－44　GB 17930—2011 车用汽油(Ⅳ)的技术要求和试验方法

项　目	90 号	93 号	95 号	试验方法
抗爆性				
研究法辛烷值(RON)	≮90	≮93	≮97	GB/T 5487
抗爆指数(RON + MON)/2	≮85	≮88	报告	GB/T 503、GB/T 5487
铅含量/(g/L)		0.005		GB/T 8020
馏程				GB/T 6536
10%蒸发温度/℃		≯70		
50%蒸发温度/℃		≯120		
90%蒸发温度/℃		≯190		
终馏点/℃		≯205		
残留量/%(体积分数)		≯2		
蒸气压/kPa				GB/T 8017
从 11 月 1 日至次年 4 月 30 日		42～85		
从 5 月 1 日至 10 月 31 日		40～68		
溶剂洗胶质含量/(mg/100mL)		≯5		GB/T 8019
诱导期/min		≮480		GB/T 8018
硫含量/(mg/kg)		≯50		SH/T 0689
硫醇(需满足下列要求之一)即判断为合格:				
博士试验		通过		SH/T 0174
硫醇硫含量(质量分数)/%		≯0.001		GB/T 1792
铜片腐蚀(50℃, 3h)/级		≯1		GB/T 5096
水溶性酸或碱		无		GB/T 259
机械杂质及水分		无		目测
苯含量/%(体积分数)		≯1.0		SH/T 0713
芳烃含量/%(体积分数)		≯40		GB/T 11132
烯烃含量/%(体积分数)		≯28		GB/T 11132
氧含量/%(体积分数)		≯2.7		SH/T 0663
甲醇含量/%(体积分数)		≯0.3		SH/T 0663
锰含量/(g/L)		≯0.008		SH/T 0711
铁含量/(g/L)		≯0.01		SH/T 0712

表 2－45　我国车用乙醇汽油质量标准

汽油标准	GB 17931—2001	GB 17931—2004	GB 17931—2010
实施时间	2001－04－15	2004－12－01	2011－07－01
硫/%	≯0.10	≯0.08	≯0.015
锰/(mg/L)	—	≯0.018	≯0.016
铅/(g/L)	≯0.005	≯0.005	≯0.005

续表

汽油标准	GB 17931—2001	GB 17931—2004	GB 17931—2010
乙醇/%(体积分数)	9.0~10.5　10±0.5	10±2.0	10±2.0
苯/%(体积分数)	≯2.5	≯2.5	≯1.0
芳烃/%(体积分数)	≯40	≯40	≯40
芳烃+烯烃/%(体积分数)	—	—	—
烯烃/%	≯35	≯35	≯30
其他有机含氧化合物/%(体积分数)	—	≯0.1	≯0.5
蒸气压/kPa	冬季≯88 夏季≯74	冬季≯88 夏季≯74	冬季≯88 夏季≯72

我国车用汽油在20世纪经历了高标号化和无铅化后，于2000年开始逐步转入清洁化生产过程。在借鉴了国际经验、结合我国石油加工行业的实际情况并考虑可操作性的基础上，我国制定出了一系列车用汽油标准，其中包括一些地方标准，这些地方标准的制定为车用汽油的质量升级起了带头示范作用，并与国家车用汽油标准相互借鉴，相互参考，使我国车用汽油的清洁化道路持续而有成效地向前推进。表2-43中列出了其中一些重要的标准对比。

从2000年1月1日开始，在全国范围内执行GB 17930—1999《车用无铅汽油》标准。GB 17930—1999标准是我国第一套与欧洲机动车污染物排放体系接轨的成品油质量标准体系，其技术要求是参照欧美标准和世界燃油规范并充分考虑到我国石油加工行业的技术水平制定的。该标准较欧洲EN 228—98的硫含量限值要高很多，同时对烯烃含量做了要求。

进入2004年，我国车用汽油清洁化的步伐加快，几个大中城市相继出台了各自的车用汽油地方标准，出现了车用汽油国家标准和地方标准齐头并进的局面。北京市率先执行DB 11/238—2004《车用汽油》标准，该标准分2个阶段执行，具有一定的超前性：第1阶段自2004年10月1日开始执行，即京标A(国Ⅱ汽油标准，相当于欧洲Ⅱ汽油标准)，其技术要求修改采用GB 17930—1999标准；第2阶段自2005年7月1日开始执行，即京标B(国Ⅲ汽油标准)，其修改采用欧盟标准EN 228—99，相当于欧洲Ⅲ汽油标准。

2006年，国家质检总局对GB 17930—1999标准进行了修订，发布了GB 17930—2006《车用汽油》标准。新的GB 17930—2006标准分别规定了车用汽油(Ⅱ)和车用汽油(Ⅲ)质量指标，其中车用汽油(Ⅱ)从标准发布之日，即2006年12月6日起实施；而车用汽油(Ⅲ)于2010年1月1日执行。

2006年8月，广东省技术监督局发布了DB 44/345—2006《车用汽油》地方标准，标志着广州市将逐步迈入执行国Ⅲ汽油标准的行列，成为继北京市之后我国第2个使用符合国Ⅲ汽油标准的车用汽油的城市。随后，珠三角几个城市陆续开始实施DB 44/345—2006地方标准。

深圳与香港有着密切的经济来往，考虑到香港于2005年就已经推广使用符合国Ⅳ汽油标准、硫含量为50 mg/kg的清洁汽油，深圳市于2007年1月发布了SZJG 12—2007《含清净剂车用汽油》地方标准，并于2007年3月1日开始执行。SZJG 12—2007技术规范是在 GB 17930—2006《车用汽油》，即国Ⅲ汽油标准的基础上制定的，比广东省的 DB 44/345—2006《车用汽油》，即粤国Ⅲ汽油标准的要求更全面。

2007 年 7 月 4 日，北京出台了符合国Ⅳ汽油标准的 DB 11/238—2007《车用汽油》地方标准，并于 2008 年 1 月 1 日执行。

2009 年 2 月，上海市发布了 DB 31/427—2009《车用汽油》地方标准，标志着上海市由执行国Ⅱ汽油标准直接过渡到执行符合我国国Ⅳ汽油标准的阶段，成为继北京市之后第 2 个推广国Ⅳ汽油标准的国内城市。

2009 年 11 月，广州市发布了 DB 44/694—2009《车用汽油(仅用于实施第四阶段国家机动车污染物排放标准的车用汽油)》地方标准，成为第 3 个使用国Ⅳ汽油标准的国内城市。

在全国其他省份彻底淘汰了国Ⅱ汽油标准，成功转入生产符合国Ⅲ汽油标准的车用汽油后，国家质量监督检验检疫总局于 2011 年 5 月 11 日颁布了 GB 17930—2011《车用汽油》标准，其中包含了车用汽油(Ⅲ)、车用汽油(Ⅳ)和建议性车用汽油[车用汽油(Ⅴ)]技术要求和试验方法。北京自 2008 年 1 月 1 日在国内率先实施车用汽油(Ⅳ)后，已经于 2012 年 5 月 31 日在北京市开始实施车用汽油(Ⅴ)。国家环保部于 2012 年 1 月 10 日发布公告，要求各地对汽油车立即严格实施国Ⅳ标准。表 2－44 中列出了 GB 17930—2011 车用汽油(Ⅳ)的技术要求和试验方法。

此外，我国为了缓解石油资源短缺、解决粮食过剩，于 2001 年在 GB 17930—1999 车用无铅汽油标准的基础上制定了 GB 18351—2001 车用乙醇汽油标准，2004 年又颁布了 GB 18351—2004 车用乙醇汽油标准，2011 年又出台了 GB 18351—2011 车用乙醇汽油标准，这些标准的对比如表 2－45 所示。由表 2－45 可见，车用乙醇汽油中乙醇的体积分数为8%～12%，其硫、苯、芳烃及烯烃含量与相应的车用汽油基本相同。

(二)催化重整生成油是理想的清洁汽油调合组分

在炼油厂中，很多炼油装置都能生产汽油组分，并用来调合成汽油产品，但是，各种不同类型装置生产出来的汽油辛烷值有很大差异(见表 2－46)，因此，并不是所有汽油组分都是调合高辛烷值汽油的理想组分。

表 2－46　几种汽油调合组分的辛烷值

汽油调合组分	RON	MON	(RON + MON)/2
催化裂化汽油	89～91	79～81	84～86
催化重整汽油	95～102	85～92	90～97
烷基化油	94～96	92～94	93～95
异构化油	79～91	77～88	78～89.5
甲基叔丁基醚	110	101	105.5
直馏汽油	38～69	36～67	37～68
焦化汽油	54～70	52～64	53～67

催化重整汽油是生产无铅汽油，特别是调合优质无铅汽油的重要组分，虽然有些组分的辛烷值也很高，如烷基化油，异构化油和甲基叔丁基醚等组分，但它们受到资源的限

制，产量有限。因此，重整汽油是比较重要的组分。重整汽油作为汽油调合组分具有以下特点：

1．对调合汽油的辛烷值贡献大

重整汽油的辛烷值高。半再生式重整的稳定汽油的研究法辛烷值一般可达到95以上，连续重整的稳定汽油的研究法辛烷值可达到102左右。因此，调合一定量的重整汽油，可以大幅度提高汽油的辛烷值。

国外最近提出了“提高辛烷值能力”的新概念，所谓提高辛烷值能力，是指催化重整、烷基化及醚化生产的总能力占全国原油一次加工能力的百分数。在构成“提高辛烷值能力”的诸多要素中，催化重整生产能力是首要因素。按照“提高辛烷值能力”的概念来衡量，美国的提高辛烷值能力最高，为31.9%；欧洲次之，为18.4%；日本排名第三，为15.1%；我国的提高辛烷值能力极低，仅为7.9%，不到世界平均(16.8%)水平的一半。我国必须大力发展催化重整，以使我国的“提高辛烷值能力”迅速提高。

2．大幅度降低调合汽油的烯烃含量

典型的催化重整汽油的性质见表2－47。由表2－47可见，重整汽油的烯烃含量很低，一般低于2%，作为车用汽油调合组分可大幅度降低成品汽油中的烯烃含量，其降烯烃作用随着重整汽油掺入比例的提高而增大。

表2－47 典型的催化重整汽油的性质

项 目	半再生重整	连续重整
馏程/℃		
初馏点	54	42
10%	74	71
50%	113	114
90%	153	160
终馏点	188	190
RON	98	100.3
MON	87.5	89.8
(RON + MON)/2	92.8	95.1
烯烃含量/%%(体积分数)	<0.5	<1
硫含量/(μg/g)	<1	<1
芳烃含量/%(体积分数)	65	69

3．大幅度降低调合汽油的硫含量

重整汽油的硫含量很低，一般低于1μg/g(见表2－47)。作为车用汽油调合组分可大幅度降低汽油中的硫含量，其降硫作用随着掺入比例的提高而增大。

4．有效改善汽油辛烷值分布

车用汽油的辛烷值分布是个值得重视的问题。辛烷值分布不良会影响车用汽油的使用性能，导致汽车的使用性能变差，污染物排放增加。这里所说的辛烷值分布，指的是汽油的<100℃馏分(俗称头部馏分)和>100℃馏分油的辛烷值与全馏分油辛烷值的差异。汽油辛烷值分布的好坏以其各段馏分辛烷值与全馏分油辛烷值差异的大小来衡量，差异小为辛烷值分布好。国外汽油的此值一般为1～1.5个单位，而目前我国汽油的头部馏分辛烷值与全馏分油的辛烷值差值达3～4个单位。这是由于我国汽油组分构成不合理的缘故。

表2－48比较了大庆VGO催化裂化汽油和大庆宽馏分重整生成油的辛烷值分布。表2－48说明，重整汽油的辛烷值分布与催化裂化恰好相反。因此，将两者按适当比例掺入汽油中，可改善成品汽油的辛烷值分布。

表2－48　催化裂化汽油和重整汽油的辛烷值分布

项　目	大庆VGO催化裂化汽油		大庆宽馏分重整生成油	
	MONC	RONC	MONC	RONC
A<100℃馏分	79.9	91.6	70.0	72.0
B>100℃馏分	74.7	82.1	93.5	102.5
C全馏分	78.2	87.1	86.0	97.0
$\Delta_1=\|A-C\|$	1.7	4.5	16.0	25.0
$\Delta_2=\|B-C\|$	3.5	5.0	7.0	5.0

(三)催化重整生成油的现状和发展趋势

1. 各国对催化重整汽油的需求不同

众所周知，在欧美发达国家的汽油池中，催化裂化汽油约占三分之一，催化重整生成油约占三分之一，烷基化油、异构化油等约占三分之一。表2－49中列出了近年来我国汽油组分构[50,51]。可以看出，我国的车用汽油中主要为催化裂化汽油，重整汽油比例一直偏低，2001年仅为12.6%。近年来随着国内重整能力的不断扩大，重整汽油比例不断增加，到2010年已经上升到20.2%。

表2－49　我国汽油组分构成　%

年　代	2001[50]	2002[50]	2003[50]	2005[51]	2010[51]
催化裂化汽油	81.4	76.5	74.1	74.7	69.4②
重整汽油	12.6	11.4	14.6	17.7	20.2
烷基化油		0.4	0.5		
MTBE	1.4	1.4	1.0	3.8	4.9
其他	4.6	10.3	9.8	3.8①	5.5①

①包含烷基化油；

②包含31.5%的加氢处理后的催化裂化汽油。

由于今后汽油质量变化趋势是降低芳烃含量，控制烯烃和苯含量，降低硫含量。这就决定了今后我国和欧美的催化重整的发展前景有很大不同。由于欧美现行车用汽油中催化重整汽油的比例已经达到三分之一，车用汽油中芳烃含量的进一步下降，势必限制高芳烃含量的重整生成油的比例，因此，欧美的重整能力将过剩，实际上现在欧美等发达国家正在研究今后过剩的重整加工能力的利用问题。

但是对于中国来说，情况正好相反。目前，我国的重整加工能力不足问题非常明显，在车用汽油中，重整汽油的比例与发达国家相比，尚有较大差距，车用汽油的产品升级非常需要催化重整汽油，因而，我国的催化重整具有非常大的发展潜力。目前我国催化重整所面临的主要问题是：重整能力占一次加工能力的比例小，重整装置的规模小，装置的能耗大等。

2. 页岩气的开采与利用带来新机会与新挑战

随着世界各地页岩气的开采与利用，改变了一直以来乙烯与重整争料的局面。页岩气中回收的轻烃当前的主要用途之一就是用作蒸汽裂解装置的原料，生产乙烯，并联产丙烯、丁二烯和苯。美国和加拿大在页岩气开发和利用方面的突破，增加了原料供应，降低了轻质原料的价格，在乙烯等的生产方面使其比其他采用石脑油为原料的国家的优势显而易见。

当前世界各国都在积极开展页岩气的开采与利用。我国具有巨大的页岩气储藏量，正在加大开采和

利用的力度，预计 2020 年前后我国页岩气年产量为 100 亿 m^3 左右，2030 年有望达到 600 亿 m^3[52]。

页岩气的开采与利用，导致蒸汽裂解装置大量采用从页岩气中回收的轻烃，使石脑油资源相对过剩，为此，将更多的石脑油转化为高辛烷值汽油组分是今后催化重整发展的重要推动力。

(四)降低重整汽油中苯含量

由于汽车尾气中的苯是空气污染的重要因素之一，对 177 种空气中毒物进行的评价结果表明，苯为最有毒气体之一，具有最大的致癌危险[53]。当人们长期吸入含苯的汽车尾气后，会降低抵抗力，出现呼吸道感染或败血症等。为此，在世界各国的车用汽油标准的升级中，对于苯的含量也提出了越来越严格的限制。

从 2000 年开始实施的欧洲汽油质量标准 EN228—99 以及世界燃料规范中Ⅲ和Ⅳ类车用汽油的苯含量均限制为不大于 1.0%(体积分数)。我国 2006 年发布并实施的 GB 17930—2006《车用无铅汽油》国家标准中，苯含量从以前的 2.5%(体积分数)降低到不大于 1.0%(体积分数)。美国制订了 EPA MSAT Ⅱ(Mobil Source Air Toxcis Ⅱ车辆排放空气毒物规范Ⅱ)[53]，适用于所有汽油(常规汽油和新配方汽油)，要求从 2011 年 1 月 1 日起除加州将继续执行 CARB 标准外，其他地区都执行新标准，新标准规定[54~55]：2011 年 1 月 1 日起汽油中平均苯含量降低到 0.62%(体积分数)，2012 年 6 月 1 日起凡通过购买苯空额来达到平均标准的炼油厂，其汽油中苯含量的平均值最高不超过 1.30%(体积分数)。

1. 汽油中苯的来源

清洁汽油调合组分中一般包括 FCC 汽油、重整汽油、烷基化油、异构化油等，尽管不同国家与地区的各种汽油调合组分的比例不尽相同，但是，FCC 汽油和重整汽油是其中的主要组分。表 2 - 50 中列出了美国车用汽油中各调合组分的比例、苯含量及对汽油中苯含量的贡献[53]。

表 2 - 50 调合组分中的苯对汽油中苯含量的贡献

项 目	在汽油中的比例/%(体积分数)	苯含量/%(体积分数)	对汽油中苯含量的贡献/%
重整汽油	30	1 ~ 6	70 ~ 85
FCC 汽油	35 ~ 40	0.5 ~ 1.2	10 ~ 25
烷基化油	10 ~ 15	0	0
异构化油	5 ~ 10	0	0

续表

项　目	在汽油中的比例/%(体积分数)	苯含量/%(体积分数)	对汽油中苯含量的贡献/%
加氢裂化轻油	0~4	1~3	4
轻直馏油	5~10	0.3~4	2
焦化轻石脑油	0~2	1~3	1
天然汽油	0~5	0.3~3	1
丁烷	3~5	0	0

由表2-50可见，炼油厂多种汽油调合组分对汽油苯含量的贡献中，70%~85%的苯来源于催化重整装置的重整汽油，10%~25%来自于FCC汽油，4%来自于加氢裂化轻质油，2%来自于轻直馏油，1%来自于焦化轻石脑油。因此，催化重整装置重整生成油中的苯是汽油中苯的主要来源，降低汽油中苯含量的关键是对重整生成油中苯含量的有效控制。

在催化重整过程中，苯的来源主要有以下几种途径：①原料中原有的苯；②环己烷脱氢生成苯；③甲基环戊烷异构为环己烷，再脱氢生成苯；④C_6烷烃转化为环己烷，再脱氢生成苯；⑤C_7^+芳烃加氢裂化(脱烷基)生成苯。

在重整过程中，原料中的环己烷几乎100%地转化为苯，大约一半的甲基环戊烷和20%的C_6烷烃转化为苯，较重芳烃加氢裂化(脱烷基)生成苯的量与重整装置的操作压力和苛刻度有关。

2. 降低汽油中苯含量的技术途径

降低重整汽油中的苯含量主要有三种途径，一是选择适合的重整操作方案；二是脱除重整原料中的苯以及苯的前驱体；三是当苯生成后，从重整生成油中将其除去。

(1)重整操作方案的选择

重整方案的选择主要包括降低重整装置压力、更换催化剂等。从化学热力学和动力学角度出发，降低重整装置压力，由于氢分压降低，减少了加氢脱烷基(HAD)反应，从而减少了苯的生成。同时重整装置压力降低，有助于氢气产量的增加、汽油产率的提高、产品雷氏蒸气压(RVP)的降低。重整催化剂的性能对反应有较大影响，通过调整催化剂的组分等可以调整催化剂的功能，在一定程度上可以减少由烷烃和环烷烃生成的苯以及烷基苯加氢脱烷基生成的苯，使总苯产率降低。重整操作方案对苯生成的影响见表2-51。由表2-51可见，采用了较高反应压力和$Pt-Re/Al_2O_3$的固定床半再生重整方案，当C_5^+产品研究法辛烷值与低压连续重整方案相同时，C_5^+产品苯含量比低压连续重整方案高1.8个百分点，并且C_5^+产品液体收率和纯氢产率也明显低于低压连续重整方案。与其他方法相比，改变重整操作，并不能根除苯，但是可以在一定程度上降低苯含量。

表2-51　重整方案对苯生成的影响

项　目	固定床半再生重整	低压连续重整
催化剂	$Pt-Re/Al_2O_3$	$Pt-Sn/Al_2O_3$
原料中P/N/A/%	60.60/28.71/10.69	60.60/28.71/10.69
原料中$C_6P/C_6N/C_6A$/%	10.80/3.73/0.68	10.80/3.73/0.68

续表

项　目	固定床半再生重整	低压连续重整
平均反应压力(表)/MPa	1.4	0.35
C_5^+ 产品的 RON	95	95
C_5^+ 产品收率/%	87.03	93.64
C_5^+ 产品中苯含量/%	5.68	3.88
纯氢产率/%	2.43	3.34

注：P、N、A 分别代表烷烃、环烷烃、芳烃。

(2) 切除重整原料中苯前驱体

苯的前驱体是指在重整过程中能够转化为苯的分子。环己烷和甲基环戊烷是苯的两种主要前驱体。苯前驱体的含量取决于原油品种，对重整生成油的苯含量有决定性影响。除去重整原料油中苯前驱体的流程如图 2-10 所示。从重整原料中脱除苯前驱体可以使重整生成油中的苯保持在较低含量。然而，在轻汽油中苯体积分数可以从 0.5% 急剧增加到 5%，有些苯含量高的原油可以使脱己烷塔顶苯体积分数达到 8% ~10%。脱己烷塔顶流量可以增加约 1/3，导致重整进料量下降约 6%。

这种方案的优点是在较少的投资下，使重整生成油和脱己烷塔顶轻汽油两股物流的总苯减少 40% 以上。但由于全部氢气损失不能通过增加重整苛刻度来弥补，导致了大约 10% 的氢气损失。切除的脱己烷塔顶轻组分由于含有苯并且辛烷值较低，不能直接添加到汽油中去。另外，此方案不能除去重整过程中脱烷基而新产生的苯，因此依据反应条件的不同，重整生成油中的苯体积分数一般为 0.3% ~1.0%。采用不同催化剂和反应条件，对预分馏后的重整原料进行重整，重整生成油中的苯含量列于表 2-52 中。

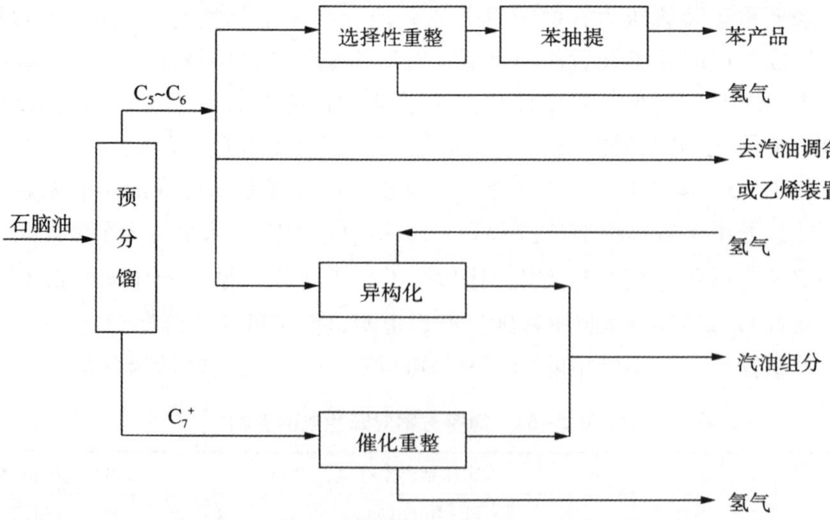

图 2-10　脱出原料油中苯前驱体的流程示意图

表 2-52　反应条件和催化剂对苯生成的影响

项　目	固定床半再生重整	低压连续重整
催化剂	$Pt-Re/Al_2O_3$	$Pt-Sn/Al_2O_3$
原料中 *P/N/A*/%	48.44/41.98/9.42	54.57/36.87/8.56
原料中 $C_6P/C_6N/C_6A$/%	0.00/0.17/0.00	0.04/0.06/0.04
平均反应压力(表)/MPa	1.2	0.35
体积空速/h^{-1}	2.0	1.8
WABT/℃	463/477/490	495
C_5^+ 产品中苯/%(体积分数)	0.52/0.73/1.04	0.42

注：WABT 表示加权平均床层温度。

从重整进料中脱出苯和生成苯的前驱体后，脱己烷塔顶的轻石脑油可以用以下方法加工：①如果轻石脑油的苯含量低或炼油厂对汽油辛烷值要求不高，则可以直接调合成汽油；②采用异构化技术，轻石脑油的苯可以通过饱和、开环、异构化等反应，C_5/C_6 烷烃发生异构化反应，最终反应产物可作为汽油调合组分；③采用选择重整，在沸石催化剂(例如 Pt/KL)的作用下，可以将 C_6 和 C_7 组分转化为苯和甲苯，进而生产化学品市场要求的苯产品；④作为乙烯裂解原料，乙烯收率一般比石脑油还高。

(3) 从重整生成油中脱除苯

含有 C_6^+ 的重整原料直接进入重整装置，催化重整过程可以在高辛烷值苛刻度下操作，生成的富含苯的轻石脑油可以从重整生成油的分馏塔中切出，流程如图 2-11 所示。

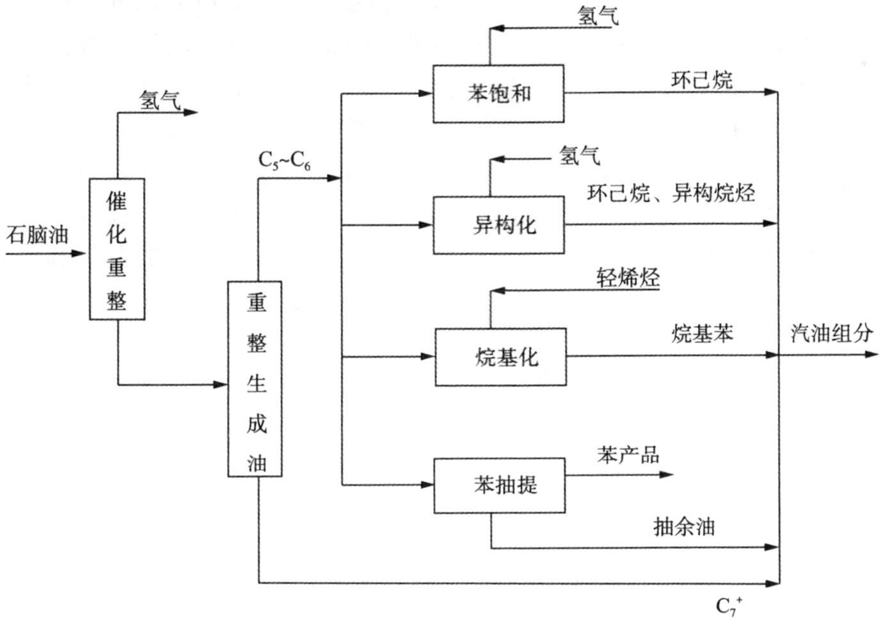

图 2-11　从重整生成油中脱除苯的流程示意图

从重整生成油的分馏塔中切出的富含苯的轻石脑油可以采用下列方式进行处理加工：ⓐ在苯加氢饱和装置中，重整生成油中的苯被加氢饱和为环己烷。

ⓑ在异构化装置中，重整生成油中的苯发生饱和、开环、异构化等反应，同时 C_5/C_6 烷烃发生异构化反应，使产物辛烷值提高。

ⓒ在烷基化装置中，重整生成油中的 C_6 组分与乙烯、丙烯等发生烷基化反应，生成烷基化芳烃。该过程不耗氢，并且能增加轻重整生成油的辛烷值。但是，汽油中的芳烃并不能降低。此外，由于生成的重质芳烃的沸点较高，可能导致汽油组分 T90 升高。

ⓓ在芳烃抽提装置中，重整生成油中的苯可采用液－液抽提或抽提蒸馏的方法，抽出重整生成油中的苯，作为石油化工的原料。

① 苯加氢饱和技术

通过苯加氢饱和反应可以有效降低重整生成油中的苯含量，主要产物是环己烷，在某些条件下有极少量的环己二烯和环己烯产生。苯加氢饱和为环己烷，辛烷值有较大变化。纯苯的调合辛烷值为 99，而环己烷的调合辛烷值可以高达 110。

脱除重整生成油中苯的加氢饱和技术已经比较成熟，有多家公司技术可供选择，主要有美国 CD Tech 公司的 CD Hydro 工艺、芬兰 Neste 公司的 NExSAT 工艺、美国 UOP 公司的 Bensat 工艺、Axens 公司的 Benfree 工艺等。下面就其中主要工艺的特点进行了总结。

(a) 美国 CD Tech 公司的 CD Hydro 工艺[56]。美国 CD Tech 公司的 CD Hydro 工艺是 20 世纪 90 年代推出的一种催化蒸馏专利工艺，它将加氢反应器与产品汽提塔结合在一起，流程如图 2－12 所示。

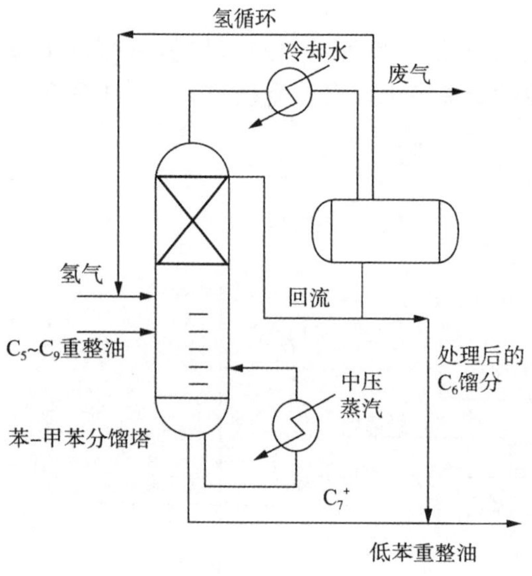

图 2－12 CD Hydro 苯加氢饱和示意流程图

重整生成油和氢气被送进催化蒸馏柱，在催化蒸馏柱内实现将苯加氢为环己烷，加氢饱和放出的反应热让液体气化。通过压力恒定的沸腾系统实现催化剂区域温度的精确控制，较低的反应温度和等温操作增加了安全性。通过控制氢气的加入，实现对苯饱和程度的控制，苯加氢为环己烷的转化率可以超过 90%，工业上大多数的 CD Hydro 装置均按转化率 70% ~95% 进行设计。处理后的 C_6 产品从顶部取出，过量的氢气和轻烃被循环并从顶罐排除。C_7^+ 产品主要是重芳烃，从塔底取出全部回收。该工艺操作压力低，一般不超过 0.7MPa，装置投资低。回流的冲洗作用将重化合物从催化剂上冲洗掉，使聚合物的形成最小化，延长了催化剂寿命。世界上第一套汽油苯加氢工艺装置于 1995 年 12 月由美国 Texaco 公司在加利福尼亚州的 Bakersfield 炼油厂建成投产。

(b)美国 UOP 公司的 Bensat 工艺[57]。美国 UOP 公司的 Bensat 工艺流程如图 2－13 所示。BenSat 工艺是用于处理高苯含量的 C_5 ~ C_6 原料，主要处理苯体积分数 30% 或以上的原料。既可用于石脑油分馏塔拔头油中苯的脱除，也可以用于重整生成油中苯的脱除。

在固定床催化剂上发生苯饱和反应，高选择性地转化为 C_6 环烷烃，无副反应发生。苯饱和反应的大量反应热被妥善管理用于控制反应器的温度。反应条件温和，仅仅需要稍高于化学计量的氢气。由于苯饱和生成的环己烷体积的膨胀，产物的体积收率大于100%。对苯体积分数5%～30%的原料，C_5^+ 体积产率为101%～106%。而同时不增加产品的雷氏蒸气压。

(c) 法国IFP的Benfree工艺。自2001年法国Axens公司的第一套Benfree™(图2－14)工业化装置投产以后[58]，近年来，该公司又对Benfree™进行了技术创新[59]，推出了处理轻质重整油的Benfree$_C$(图2－15)工艺和Benfree$_{RD}$工艺(图2－16)。

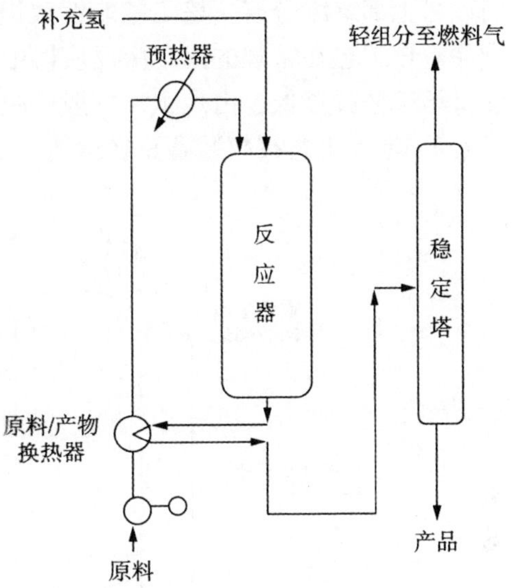

图2－13　Bensat示意流程图

在Benfree™流程中(图2－14)，重整生成油分离塔的侧线抽出富苯馏分，进入一个反应器，在这个反应器中进行加氢饱和，使苯转化为环己烷，生成无苯和无 C_7 的轻重整生成油。由于环己烷不会与 C_7 形成共沸物，所以该工艺可降低轻重整生成油中环烷烃含量。此外无苯的轻重整生成油是良好的异构化原料，如有需要可送至异构化装置。Benfree™装置完全可利旧废设备，也无须过量的氢气，因此投资费用较低。

Benfree$_C$ 流程中(图2－15)，重整生成油分离塔的侧线抽出富苯馏分，进入一个反应器，与引入的氢气在这个反应器中进行加氢饱和，使苯转化为环己烷。反应后的产物经过产物分离后，得到的苯<0.1%液相产物与重整生成油分离塔底的液体产物混合后出装置。由于采用低成本、高活性的贵金属或非贵金属镍基催化剂，在较低的温度和压力下液相操作，就可使所有的芳烃饱和成环烷烃。因此，进入反应器的富苯馏分要严格排除甲苯以减少辛烷值损失。

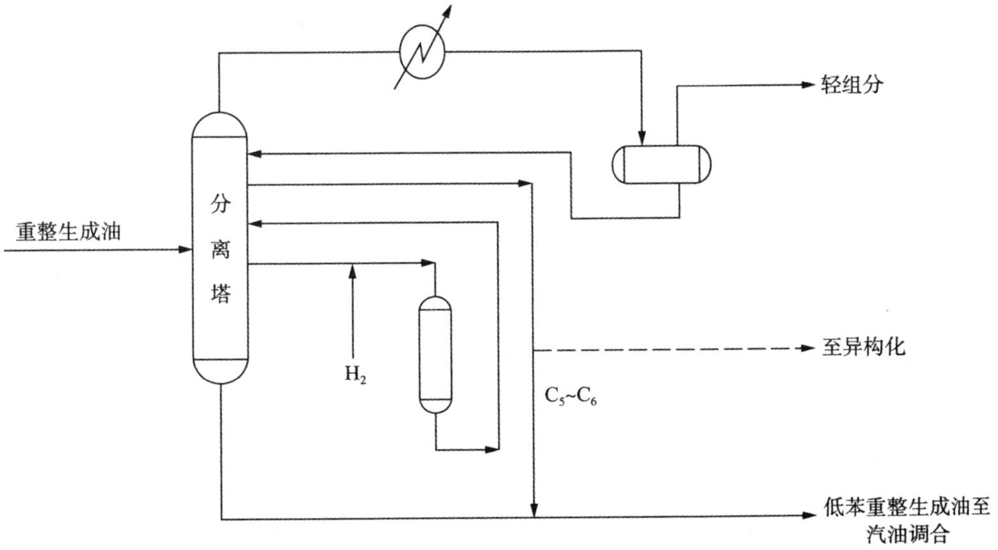

图2－14　Benfree示意流程简图

Benfree$_{RD}$工艺流程(图 2-16)与 Benfree 工艺流程基本相同，只是 Benfree$_{RD}$工艺强化了利用反应加氢与重整汽油分离蒸馏塔相结合的反应蒸馏的概念。可以最小投资实现对苯的灵活控制。在重整油分馏塔抽出侧线进行苯饱和，苯饱和度 80%～90%，加氢产物返回该塔上部继续分离。该工艺能够改进分离操作，并为异构化装置提供更清洁的 C_5～C_6 产品。该工艺在常规的固定床反应器中，改为专有的催化剂填料，催化剂装填和更换更方便。该工艺投资低、占地少，一般可脱除重整汽油中的97%的苯。目前，全世界已有 40 多套 Benfree 工艺授权装置正在运转。

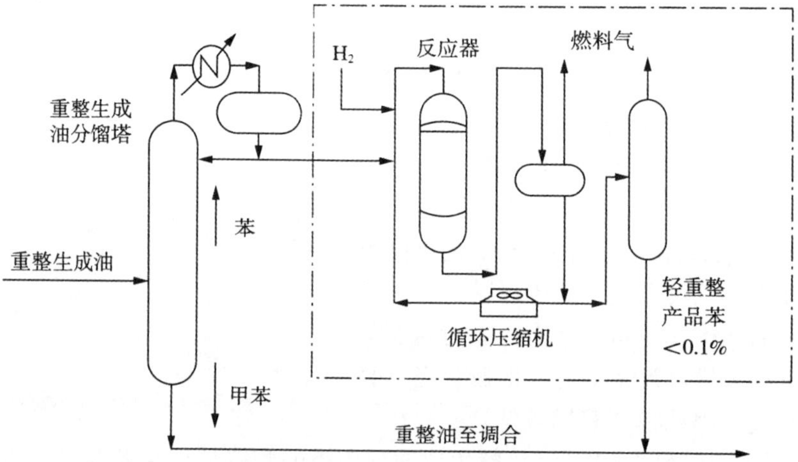

图 2-15 Benfree$_C$ 示意流程简图

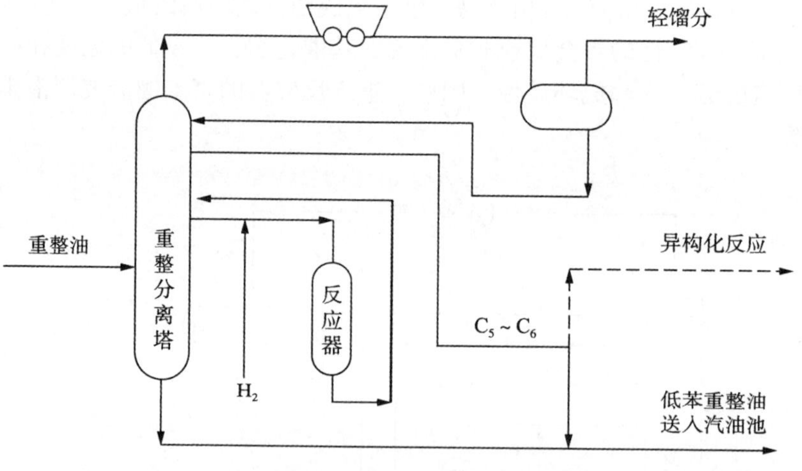

图 2-16 Benfree$_{RD}$示意流程简图

② 异构化技术[60]。C_5/C_6烷烃异构化技术是一个成熟的技术，在国外得到广泛的应用。按照反应温度的高低，异构化催化剂可以划分为低温型、中温分子筛及超强酸等类型。烷烃异构化工艺可分为两类，即一次通过流程和循环流程。典型的一次通过流程国外有 UOP 公司的 Penex 流程、Shell 公司的 Hysomer 流程、BP 公司的 BP 流程，国内有 RIPP 的 RISO 异构化技术。循环流程包括 C_5 循环、C_6 循环、全异构(TIP)、C_5 循环+全异构、C_6 循环+全异构等流程，不同异构化工艺辛烷值对比见表 2-53。

表2-53　不同异构化工艺辛烷值RON对比

工艺流程	沸石催化剂	低温催化剂
一次通过	80	83
脱异戊烷+一次通过	82	84
脱异己烷+循环	86	88
循环+脱异戊烷+吸附	88	90
循环+脱异己烷+吸附	89	92

从重整生成油的分馏塔中切出的富含苯的轻石脑油在异构化过程中，主要发生苯饱和和C_5/C_6烷烃异构化反应。苯饱和反应的主要产品是环己烷，在异构化条件下，环己烷可以发生开环、异构化等反应。环己烷的异构化反应，可生成纯物质辛烷值91.3而调合辛烷值高达107的甲基环戊烷。正戊烷和正己烷异构化反应为异戊烷和异己烷可以增加产物的辛烷值，异戊烷纯物质的辛烷值比正戊烷高35个单位，而异己烷纯物质的辛烷值比正己烷高约50个单位以上。然而，苯加氢的放热以及C_7^+裂化引起的异构化催化剂失活等是异构化装置必然面临的问题。

③烷基化技术[61~63]。利用烷基化技术，可以将重整生成油中的苯转化为烷基苯，不仅可以降低苯含量，同时由于烷基苯的辛烷值(例如乙基苯调合RON为124、正丙苯调合RON为127、异丙苯调合RON为132)比苯更高，因此也使液体产物辛烷值得到提高。

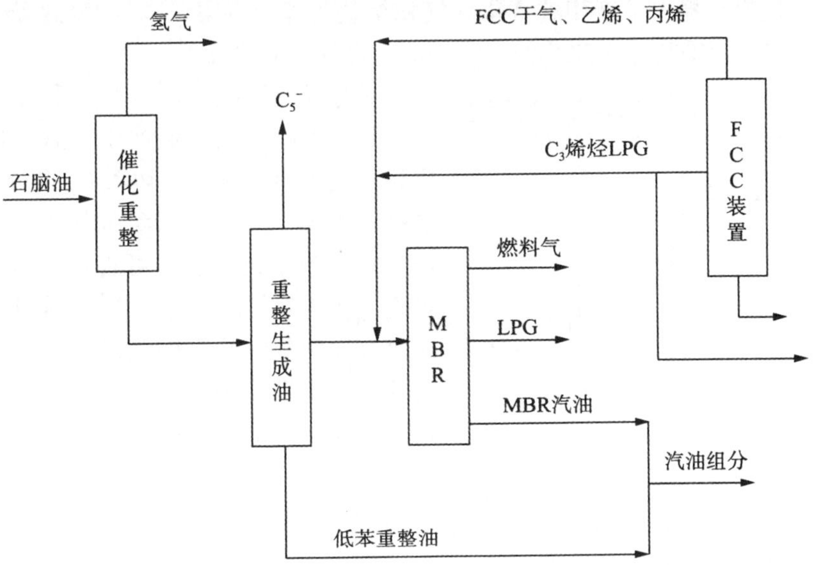

图2-17　MBR工艺流程示意图

Mobil Research & Development Corp. 开发了MBR(Mobil Benzene Reduction)工艺，该工艺采用密相流化床反应器和特制的ZSM-5催化剂，原料为来自稳定塔的苯中心馏分或者是重整生成油分馏塔塔顶馏分，烯烃来自FCC干气、焦化燃料气、轻FCC石脑油等。在适当的操作条件下，苯与轻烯烃反应生成烷基苯，同时还会发生轻烯烃齐聚形成C_5^-烯烃、C_5^+烯烃裂化形成轻烯烃、C_6^-直链烷烃裂化形成低碳烷烃和烯烃、烯烃聚合形成C_5和多环芳烃等反应。通过这些化学反应过程，重整生成油中的苯被烷基化，燃料气中的烯烃也被改质成汽油。该工艺与苯饱和技术相比，不仅避免了氢气消耗，还降低了汽油中苯和烯烃的含量，同时提高了汽油的辛烷值，尤其是提高了MON。

MBR工艺典型的操作压力为1.2~1.5MPa，其基本流程如图2-17所示。全流程的C_5^+重整生成油被分割成C_5馏分、富含苯的重整产物苯中心馏分和高辛烷值的C_7^+重整重馏分。苯中心馏分进入MBR装置，FCC干气通过一接触器经胺精制后进入MBR装置，与中心馏分进行反应。另外一个可选择的方案是，C_6环烷烃不经过催化重整反应器，直接进入MBR装置，炼油厂可根据实际情况选用。

当利用催化裂化的轻烯烃气体原料来降低重整汽油中的苯时，MBR装置的烯烃一次通过转化率大于90%，苯转化率为60%~70%。如果将MBR反应物料部分循环，苯的总转化率可提高到90%。由于烯烃转化为汽油组分、重整汽油数量有所增加，苯蒸气压有所降低，因而在汽油中可调入更多的丁烷。

当以重整产物的苯中心馏分作为原料(约占C_5^+重整生成油的20%~30%)时，通过MBR工艺后体积约增加7%，研究法辛烷值增加10个单位，马达法辛烷值增加5个单位，蒸气压可降低3.42kPa。

1998年12月1日，Exxon和Mobil公司合并成立ExxonMobil公司后，ExxonMobile Research and Engineering Company (EMRE)为了避免移动床带来的基建投资增加过多的问题，推出了重整生成油烷基化BenzOUT工艺(图2-18)，采用了固定床反应器和单程周期长并可完全再生的固体酸催化剂，设置了轻烯烃预处理设施，除去其中的硫和氮杂质。为了提高轻烯烃利用率，提出了液相烷基化和气相烷基化组合方案[61~63]。美国ExxonMobil公司的BenzOUT™专利工艺已在北美的一家炼油厂得到工业验证[64]。

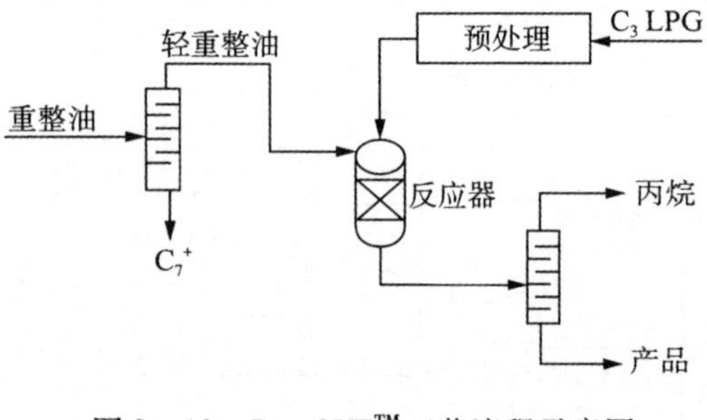

图2-18 BenzOUT™工艺流程示意图

④芳烃抽提技术。苯是一种很有价值的石化产品，因此降低汽油池中苯含量的另一种策略就是从重整生成油中切取C_6馏分进行低温加氢脱除烯烃，然后进行溶剂抽提，将烷烃和芳烃分开，芳烃经精馏后可直接作苯产品，烷烃可直接作为6号溶剂油。这种苯抽提的方法既解决汽油中苯含量高的问题，也生产出高附加值的苯和6号溶剂油产品。具体见第十七章芳烃抽提与抽提精馏部分。

3. 几种降苯方案技术对比

为了对比不同降苯方案的技术指标，以一种常规石脑油为例(见表2-54)，对比了几种主要降苯方案的结果见表2-55。

表2-54 一种常规石脑油组成[60]

族组成/%	P	N	A
C_5	0.10	0.21	
C_6	9.88	6.39	0.51
C_7	11.69	6.98	2.19
C_8	14.07	10.66	3.64

续表

族组成/%	P	N	A
C_9	12.23	10.24	1.25
C_{10}	6.98	2.68	0.00
C_{11}	0.30	0.00	0.00
Σ	55.26	37.16	7.59

表 2-55 几种降苯方案技术对比[60]

项 目	DH + CCR	DH + 异构化 + CCR	CCR + 苯饱和	CCR + 烷基化	CCR + 抽提
辛烷收率①	87.52	90.08	93.27 ②	>95.64 ③	85.90
汽油中苯含量/%	0.98	0.43	0.70	0.70	<0.05
LPG 产率/%	3.46	3.71	5.85	>7.85	5.85
干气产率/%	1.39	1.39	2.87	>3.27	2.87
氢气产率/%	3.25	3.20	3.30	3.74	3.74
商品苯产率/%	0	0	0	0	6.33

①为液体产率与辛烷值 RON 的乘积。

②环己烷和苯的 RON 分别按照 110、98，苯转化率按照 90% 计算。

③通过 MBR 工艺后体积约增加 7%，研究法辛烷值增加 10，MBR 前后的密度分别取 0.741g/mL 和 0.777g/mL，RON 分别取 87 和 97 计算。

DH、CCR 分别表示预分馏脱己烷、连续重整。

由表 2-55 可知，重整原料脱除苯的前驱体后再进行重整方案，由于脱己烷塔顶的轻石脑油又直接调回汽油中，因此脱己烷塔顶的轻石脑油中的苯和重整生成油中的苯全部进入汽油池，使重整汽油中苯含量保持在 0.98%。同时，脱己烷塔顶的轻石脑油辛烷值较低，因此对辛烷收率有较大影响，仅比 CCR 抽提方案略高。

脱己烷塔顶的轻石脑油异构化与脱除苯前驱体后原料进行重整方案，由于经过异构化后脱己烷塔顶的轻石脑油辛烷值得到进一步提高，使辛烷收率提高到 90.08。

CCR + 苯饱和方案，由于重整生成油中的苯被饱和为环己烷，尽管环己烷的纯物质 RON 只有 83，但是调合 RON 却可以达到 110，因此使辛烷收率比 DH + 异构化 + CCR 方案得到进一步提高。但是，由于重整过程中 C_6^- 的加氢裂化和氢解，使 LPG 和干气产率增加明显。氢气产率比前两个方案略有增加。

CCR + 烷基化方案，由于苯烷基化后辛烷值的增加和轻烯烃转化为 C_5^+，使辛烷产率明显增加，但是由于轻烃以及轻重整生成油在烷基化过程中副反应的发生，使其 LPG 和干气产率明显提高。本方案中，辛烷产率、LPG、和干气的产率均为最高，相对于石脑油的产物总收率大于 100%，是燃料气中的烯烃也被改质成汽油的贡献。同时本方案的氢气产率也是最高的。

CCR + 抽提方案，由于重整生成油中的苯被抽提后，单独作为化工原料出售，因此导致汽油收率降低，因而使其辛烷收率最低，但是氢气产率最高。

总之，辛烷收率、液化气、干气、氢气的收率与所选择方案相关，可以根据各自的具体情况以及技术经济评估情况进行选择，对于化工原料市场较好时，还可以考虑生产苯的

CCR + 抽提方案。

二、苯

苯为无色透明、易挥发、可燃、具有特殊芳香气味的液体，熔点为5.49℃、沸点为80.1℃、相对密度(d_4^{20})为0.8790、折光率(n_4^{20})为1.5010。能与乙醇、乙醚、丙酮、氯仿、二硫化碳及乙酸等以任意比例混合，微溶于水。我国石油苯的国家标准为GB 3405—2011，具体指标见第十七章表17-50。

苯的用途十分广泛，主要用途如下：

(1) 制备生产塑料和橡胶的原料——乙苯；

(2) 制备生产表面活性剂和聚酰胺塑料的原料——苯酚；

(3) 制备生产聚酰胺的原料——环已烷；

(4) 制备生产染料、橡胶、塑料的原料——苯胺；

(5) 制备生产塑料、食品添加剂的原料——马来酐；

(6) 制备生产表面活性剂的原料——烷基苯；

(7) 是生产药物、杀菌剂、染料、杀虫剂等的基本原料。

催化重整生成油中苯的含量与多种因素有关。首先，与重整原料的组成有关。一般来讲，在重整过程中，苯主要由C_6环烷烃脱氢生成。同时，重整原料中的C_6烷烃也可以发生环化脱氢反应生成苯，但转化率较低。此外，C_7^+芳烃可以发生脱烷基反应生成苯，但转化率一般较小。因此，重整原料中的C_6环烷烃和芳烃含量越大，重整生成油中的苯含量就越高。

三、甲　苯

甲苯为无色透明、易挥发、有芳香气味可燃液体；熔点-94.991℃，沸点110.625℃、相对密度(d_4^{20})为0.8669、折光率(n_4^{20})为1.4969。能与醇、醚、丙酮、氯仿、二硫化碳及乙酸等以任意比例混合，不溶于水。我国石油甲苯的国家标准为GB 3406—2010，具体指标见第十七章表17-51。

作为化工原料，甲苯主要用于脱烷基制苯、硝基甲苯及其衍生物、甲苯二异氰酸酯、苯甲醛、苯甲酸及其衍生物、甲苯磺酸和甲酚等。另外，甲苯还可以用作树脂、树胶、乙酸纤维素的溶剂及植物成分的浸出剂。

(一) 脱烷基制苯

在美国、日本或西欧一些国家，有10%~30%的苯是由甲苯脱烷基而来，甲苯脱烷基有热解法和催化法两种。一般认为，只有当苯的价格为甲苯的1.3倍时，用甲苯脱烷基制苯才有经济效益。因此，甲苯脱烷基的开工率取决于苯和甲苯的市场价格，一般只有60%左右。

（二）硝基甲苯及其衍生物

硝基甲苯简称为 MNT，分子式为 $C_7H_7NO_2$，相对分子质量为 137.14。

工业上生产硝基苯均以甲苯为原料，用硝化试剂，经硝化反应而得到邻、间和对三种异构体的硝基甲苯。三种异构体的比例为邻：间：对＝60：4：36。混合硝基甲苯经过分离，得到各种异构体的工业品，是合成染料、农药、医药的重要的化工原料。硝基甲苯经过二次硝化的二硝基甲苯，用于合成甲苯二异氰酸酯，经过三次硝化得到三硝基甲苯，可直接作为烈性炸药 TNT。

（三）用甲苯制甲苯二异氰酸酯（TDI）

甲苯二异氰酸酯常见的有 2,4－和 2,6－两种异构体，TDI 商品多为两种异构体的混合物。两种异构体含量的多少，主要取决于合成路线，其异构体的比率直接影响 TDI 产品性质。

甲苯二异氰酸酯的制备一般是从甲苯的硝化开始，经氢气还原、伯胺光气化等步骤合成甲苯二异氰酸酯。

甲苯二异氰酸酯是生产聚氨酯的基本原料，同时，甲苯二异氰酸酯还用于涂料和弹性体的生产。聚氨酯是人们现代生活中不可缺少的东西，它广泛用于生产家具、车辆、地毯等。

（四）甲苯制苯甲醛

苯甲醛俗称苦杏仁油，广泛存在于杏仁、桃仁、樱桃仁中，是结构最简单，也是工业上最重要的芳香醛。苯甲醛纯品是无色、挥发性油状液体，有苦杏仁味。可燃，燃烧时具有芳香味。微溶于水，与乙醇、乙醚、苯和氯仿混溶。

苯甲醛的制备方法有甲苯氯水解法、甲苯直接催化氧化法和电合成法。其中，甲苯直接氧化法有液相空气氧化法和气相空气氧化法。

苯甲醛主要用作医药、染料和香料的中间体，是生产晶绿、月桂酸和月桂醛的重要原料。

（五）苯甲酸及其衍生物

苯甲酸又名安息酸，以游离态或以盐、酯的形式广泛存在于自然界，是结构最简单的芳香酸。苯甲酸是无色片状结晶，微溶于水，溶于乙醇、乙醚、二硫化碳、四氯化碳、松节油、苯和氯仿。在 100℃迅速升华，能随水蒸气同时挥发。

目前，苯甲酸主要有三种生产方法，即甲苯氯化法、邻苯二甲酸酐脱羧法和甲苯氧化法。甲苯氧化法是目前生产苯甲酸的主要方法，甲苯的单程转化率达 35%，苯甲酸的产率在 90% 以上。与其他两种方法相比，此方法原料易得，生产工艺简单，生产成本较低，环境污染较小。

苯甲酸和它的钠盐是食品的重要防腐剂，苯甲酸还广泛用作制药和染料的中间体，合成树脂的改性剂，增塑剂、香料和钢制设备的防腐剂等。

(六)甲苯磺酸和甲酚

甲苯磺酸有三个异构体，它们在常温下都是固体，邻甲苯磺酸是无色晶体，熔点67.5℃，沸点128.8℃(3.33kPa)。溶于水、乙醇和乙醚。对甲苯磺酸是无色叶状晶体，熔点106~107℃，沸点140℃(2.67kPa)，溶于水、乙醇、乙醚。

甲苯磺酸由甲苯磺化制得。主要用于制造甲酚，也广泛用作酯化和缩合的催化剂、呋喃树脂的固化剂。

四、C_8 芳烃

间二甲苯、邻二甲苯、对二甲苯和乙基苯都是 C_8 芳烃。和苯、甲苯一样，它们也都是无色、芳香、具有挥发性和可燃性等性质。

乙苯主要用于制备不饱和聚酯树脂、聚苯乙烯泡沫塑料、氯苯乙烯(树脂改性剂)；邻二甲苯主要用于制备苯酐，后者是苯二甲酸增塑剂的原料；对二甲苯主要用于生产对苯二甲酸，后者是生产涤纶和聚对苯二甲酰对苯二胺树脂的重要原料；间二甲苯主要用于生产增塑剂、固化剂和树脂的原料偏苯三酸酐，环氧树脂和不透气塑料瓶的原料间苯二腈，芳香族聚酰胺的原料间苯二甲酰氯，杀虫剂、防霉剂对氯间二甲基苯酚的原料3,5-二甲基苯酚。

(一)邻二甲苯制取苯酐

邻苯二甲酸酐俗称苯酐，常温下为一种无色针状或小片状斜方或单斜晶体，有升华性和特殊轻微的刺激性气味，相对密度1.53，熔点130.8℃，沸点284.5℃。

苯酐是重要的有机化工原料，有60%以上用于制造聚氯乙烯增塑剂，30%用于聚酯树脂和醇酸树脂，其余10%则用于油漆、染料、医药和农药。20世纪80年代以来，世界各国相继开发了以邻二甲苯为原料的氧化工艺，使苯酐的生产工艺与技术有了较大技术进步。

(二)间二甲苯制间苯二甲酸

间苯二甲酸，又名1,3-苯二甲酸或异酞酸，相对分子质量166.13，为无色针状结晶，它有较强的耐热性和水解稳定性。间苯二甲酸主要用于制造不饱和聚酯、醇酸树脂、纤维增强塑料等。

最早生产间苯二甲酸是采用石油二甲苯为原料，经分离精制得到纯度为95%~98%的间二甲苯，把间二甲苯放入氨水介质中，在320℃和7~14MPa下用硫氧化生成酰胺，酰胺用硫酸水解得到纯度98%的间苯二甲酸。目前，工业化生产间苯二甲酸所使用的原料都是间二甲苯，采用在催化剂(钴盐、锰盐等)作用下的空气氧化法技术。其中以Amoco化学公司的一步氧化法最为著名。

(三)对二甲苯制对苯二甲酸

对苯二甲酸是白色针状或无定形的固体，不溶于沸水和普通有机溶剂，受热不熔化而在300℃以上升华。精对苯二甲酸主要用于聚酯的生产，其在聚酯原料中所占比例已超过

70%。世界各国生产的对二甲苯几乎全部用来生产对苯二甲酸二甲酯和对苯二甲酸，进而制取聚酯。

对苯二甲酸最先采用对二甲苯硝酸氧化法生产，由于存在缺点，已被后来的方法取代。目前，广泛采用 Amoco 法、ICI 法、三井 - Amoco 法以及意大利 INCA 公司的对二甲苯氧化工艺，这些工艺都是以醋酸钴、醋酸锰作催化剂，用溴化剂作促进剂，在一定的温度和压力下，使对二甲苯在乙酸溶剂中空气氧化生成粗对苯二甲酸。

我国用于化工生产和溶剂的混合二甲苯分为 3℃ 二甲苯和 5℃ 二甲苯两个牌号，国家标准编号为 GB 3407—2010，具体指标见第十七章表 17 - 52；石油邻二甲苯行业标准列于表 2 - 56；工业乙苯行业标准列于表 2 - 57；对二甲苯产品分离方法很多，不同方法分离出来产品质量不尽相同，表 2 - 58 为阿洛麦克斯法生产的对二甲苯产品性状，表 2 - 59为石油对二甲苯行业标准；表 2 - 60 为美国 ASTM 硝化级、甲苯和二甲苯的规格。

表 2 - 56 石油邻二甲苯行业标准(SH/T 1613. 1—95)

项 目	指 标		分析方法
	优等品	一级品	
外 观	清晰，无沉淀物		注
纯度/%	≥98	≥95	SH/T 1613. 2
非芳烃 + 碳九芳烃/%	≤1. 0	≤1. 5	SH/T 1613. 2
色度/铂 - 钴色号	≤10	≤20	GB/T 3143
酸洗比色	酸层颜色不深于重铬酸钾含量为 0. 15g/L 标准比色液的颜色		GB/T 2012
总硫/(mg/kg)	≤5	≤5	SH/T 1147
水溶性酸碱	无	无	GB/T 259
馏程(101. 325kPa)/℃	≤2(包括 144. 4)	≤2(包括 144. 4)	GB/T 3146
不挥发物/($mg/100cm^3$)	≤2	≤5	GB/T 3209

注：将试样注入 $100cm^3$ 量筒中，在 30℃ 下目测。

表 2 - 57 工业用乙苯行业标准(SH/T1140—2001)

项 目	指 标		试验方法
	优等品	一级品	
外 观	无色透明均匀液体，无机械杂质和游离水		目测①
密度(20℃)/(g/cm^3)	0. 866 ~ 0. 870		GB/T 4472
水浸出物酸碱性(pH 值)	6. 0 ~ 8. 0		SH/T 1146
纯度/ %	≥99. 70	≥99. 50	SH/T 1148
二甲苯/ %	≥0. 10	≥0. 15	SH/T 1148

续表

项目	指标		试验方法
	优等品	一级品	
异丙苯/%	≥0.03	0.05	SH/T 1148
二乙苯/%	≥0.001	0.001	SH/T 1148
硫/%	≤0.0003	不测定	SH/T 1147

①将试样注入 $50cm^3$ 比色管中，液面与刻度齐平，在有足够自然光线或有白色背景的灯光下径向目测。发生争议时，按 GB/T 605 仲裁，铂－钴标度应不大于 5 号。

表 2－58 阿洛麦克斯法对二甲苯质量标准

相对密度(15/4℃)	0.865	纯度/%	99.52(GC 法)
色泽(APHA)	<10	杂质/%	GC 法
含硫试验	阴性	非芳烃	0.01
溴值/(gBr/100g)	<0.01	甲苯	0.01
蒸馏范围/℃	最大 1	间二甲苯	0.06
总硫/(μg/g)	<1	邻二甲苯	0.03
总氮/(μg/g)	<1	乙苯	0.37

表 2－59 石油对二甲苯质量标准(SH/T 1486.1—2008)

项目	指标		试验方法
	优等品	一等品	
外观	清澈透明，无机械杂质，无游离水		目测①
纯度②/%	≥99.7		SH/T 1489、SH/T1486.2
非芳烃含量②/%	≤0.10		SH/T 1489、SH/T1486.2
甲苯含量②/%	≤0.10		SH/T 1489、SH/T1486.2
乙苯含量②/%	≤0.20	≤0.30	SH/T 1489、SH/T1486.2
间二甲苯含量②/%	≤0.20	≤0.30	SH/T 1489、SH/T1486.2
邻二甲苯含量②/%	≤0.10		SH/T 1489、SH/T1486.2
总硫含量/(mg/kg)	≤1.0	≤2.0	SH/T 1147
颜色(铂－钴色号)/号	≤10		GB/T 3143
酸洗比色	酸层颜色应不深于重铬酸钾含量为 0.10g/L 标准比色液的颜色		GB/T 2012
溴指数③/(mgBr/100g)	≤200		SH/T 1551、SH/T1767
馏程(在 101.3kPa 下，包括 138.3℃)/℃	≤1.0		GB/T 3146

① 在 18.3～25.6℃进行目测。

② 在有异议时，以 SH/T 1489 方法为测定结果标准。

③ 在有异议时，以 SH/T 1551 方法为测定结果标准

表 2-60 ASTM 硝化级芳烃规格

项 目	甲苯		二甲苯	
	ASTM D841—10	试验方法①	ASTM D843—06	试验方法①
非芳烃/%(体积分数)	≤1.5(1.2)	D2360/D7504	≤4.0	D6563
最大酸色度	2	D848	6	D848
铜腐蚀性	1A/1B	D849	1A/1B	D849
外观	②		②	
在 101.3kPa(760mmHg)的蒸馏范围/℃	≤1.0(包括 110.6℃)	D1209/D5386	≤5	D850
颜色，Pt/Co 色号	≤20	D850	≤20	D1209/D5386
1，4-二氧杂环乙烷最高含量/(mg/kg)	按需求	D7504		
最低初馏点/℃			≥137	D850
最高终馏点/℃			≤143	D850

①如果列出了多个方法，生产者和使用者应该同意采用仲裁方法。

②无色透明均匀液体，在 18.3～25.6℃观察时，无沉淀和烟雾。

五、溶 剂 油

在芳烃生产过程中，重整生成油经芳烃抽提后分离出轻质芳烃(苯、甲苯、二甲苯)，同时，产生部分抽余油。抽余油的产率与重整原料、所用催化剂、操作条件等因素有关，通常占重整进料的 25%～50%。

重整抽余油的典型组成如表 2-61 所示，其主要组分为烷烃和环烷烃，含有少量的芳烃(通常≯5%)和微量杂质。按照碳原子数，重整抽余油的主要组分为 C_6～C_8 的烷烃和环烷烃。

表 2-61 重整抽余油的典型组成[65]

化合物	烷烃/%	烯烃/%	环烷烃/%	芳烃/%
C_5	0.25	0	0	0
C_6	43.88	0.07	1.42	0.03
C_7	43.15	0.03	1.26	0.08
C_8	7.96	0	0.63	0.02
C_9	0.19	0	0.17	0.09
C_{10}	0.29	0	0.10	0.09
C_{11}	0.24	0	0.00	0.04
合计	95.97	0.10	3.58	0.35

由于重整抽余油不含有硫化物、氮化物以及重金属有害物质，是生产优质溶剂的良好原料。溶剂油的品种一般有 7 种(见表 2-62)，其中 6 号、90 号和 120 号溶剂油需求量最大。

表 2－62 用重整抽余油生产溶剂油的品种

产品名称	60 号石油醚	90 号石油醚	120 号橡胶溶剂油	100 号抽提溶剂油	70 号香花溶剂油	6 号抽提溶剂油	180 号洗涤溶剂油
馏程/℃	30～60	60～90	80～120	90～110	60～71	60～90	40～180

各种溶剂油都有其特殊的质量标准。橡胶生产过程中使用的橡胶溶剂油、医药和化学试剂用的石油醚、香料抽提用的香花溶剂油等对馏分都有特殊要求，以保证要求的挥发性能和溶解度指标。同时，这些溶剂油要求良好的稳定性。影响油品稳定性的关键组分是烯烃，特别是双烯烃，极易氧化而生成胶质。为了减少芳烃对人体的危害，在橡胶溶剂油中必须严格控制芳烃含量，通常要求不大于3%。橡胶工业用溶剂油的质量指标如表 2－63 所示。

表 2－63 橡胶工业用溶剂油(120 号溶剂油)质量指标(SH 0004—90)

项 目	优等品	一级品	合格品	试验方法
密度(20℃)/(kg/m^3)	≤700	≤730		GB/T 1884
初馏点/℃	≥80	≥80	≥80	GB/T 6536
110℃馏出量/%	≥98	≥93		
120℃馏出量/%		≥98	≥98	
残留量/%	≤1.0	≤1.5		GB/T 6536
溴值/(gBr/100g)	≤0.12	≤0.14	≤0.31	SH/T 0236
芳香烃含量/%	≤1.5	≤3.0	≤3.0	SH/T 0166
硫含量/%	≤0.018	≤0.020	≤0.050	GB/T 380
博士试验	通过	通过	通过	SH/T 0174
水溶剂酸或碱	无	无	无	GB/T 259
机械杂质及水分	无	无	无	
油渍试验	合格	合格	合格	

为了满足溶剂油对烯烃的质量指标的要求，脱除重整生成油的烯烃，使其产品溴指数达到要求。脱除重整生成油烯烃的方法主要有白土精制和加氢二种工艺路线。但是，由于白土精制条件掌握困难、白土用量大、寿命短、切换频繁、废白土对环境污染严重等问题，目前，白土精制工艺正在逐渐被淘汰。

六、氢　　气

氢气作为催化重整反应的副产品，具有极其宝贵的使用价值。

现代炼油、石油化工和合成行业(例如合成氨、合成甲醇等)等，都离不开氢气。以炼油厂为例，由于环境保护和渣油深度加工，使炼油厂耗氢量不断增加。在我国，重整氢气除了少量用于重整预加氢装置外，绝大部分经提纯后送出装置供炼油厂加氢装置用，可以为加氢精制、加氢改质、加氢裂化等提供氢源。此外，重整氢可以补充芳烃歧化装置、芳烃异构化装置和烷烃异构化装置的耗氢。

重整氢在今后的清洁燃料生产中将发挥更大的作用。为了满足日益严格的环保要求，进一步降低汽柴油中的烯烃和硫含量必然要大力发展加氢技术，催化裂化原料的前加氢、催化裂化产品的后加氢、加氢脱硫技术、加氢异构技术等将有较大发展。同时，随着炼油业的微利和加工成本的不断提高，炼油企业越来越重视降低成本和增加效益。因此，重整氢必然成为各类加氢技术的主要氢源。

参 考 文 献

[1] 候祥麟. 中国炼油技术(第二版)[M]. 北京:中国石化出版社,2001

[2] 许经武. 上海石化总厂加氢裂化装置简介[J]. 炼油设计,1986,5~6:123~130

[3] 侯芙生. 炼油工程师手册(第一版)[M]. 北京:石油工业出版社,1995

[4] 程之光. 重油加工技术(第一版)[M]. 北京:中国石化出版社,1994

[5] 关明华,丁连会,王凤来等. 3955 轻油型加氢裂化催化剂的研制[J]. 石油炼制与化工,2000,31(12):1~4

[6] 石亚华,石玉林,聂红等. 多产中间馏分油的中压加氢裂化技术的开发[J]. 石油炼制与化工,2000,31(11):7~10

[7] 王凤来,关明华,胡永康. 3976 高抗氮高生产灵活性加氢裂化催化剂性能研究[J]. 石油炼制与化工,2001,32(8):36~39

[8] 胡永康,葛再贵,韩崇仁等. 轻油型加氢裂化催化剂(3825)的研制与工业应用[J]. 石油炼制与化工,1994:25(11),50~56

[9] 史建文,朱义勤,聂红等. RT－1 单段加氢处理催化剂的性能及工业应用[J]. 石油炼制与化工,1996,27(5):26~31

[10] Stolfa F. New roles for thermal cracking. Hydrocarbon Processing[J], 1980,59(5):101~109

[11] 刘训峰. 延迟焦化装置的技术改进[J]. 石油炼制与化工,2001,32(8):15~18

[12] 候祥麟. 中国炼油技术(第一版)[M]. 北京:中国石化出版社,1991

[13] 候祥麟. 中国炼油技术.(第二版)[M]. 北京:中国石化出版社,2001

[14] Debiase R. Here is what's new in delayed coking[J]. Oil Gas J, 1970,68(14):92

[15] Debiase R, Elliott J D. Coking process reflects trends, innovation[J]. Oil Gas J., 1982,80(16):81~88

[16] Debiase R. Delayed coking: latest trends[J]. Hydrocarbon Processing, 1982,61(5):99~104

[17] 杨华宗译. 重油加工译文集[M]. 北京:中国石化出版社,1990

[18] Rose K E. Delayed coking…What you should know[J]. Hydrocarbon Processing, 1971,50(7):85~92

[19] 刘环昌,范中碧,周素静等. Orbit 系列重油裂化催化剂的研究开发[J]. 石油炼制与化工,1998,29(9):27~32

[20] 刘垚,吴秀章,杨宝康. 大庆减压渣油催化裂化技术[J]. 石油炼制与化工,2001,32(8):6~10

[21] 王亚民. MGG 工艺技术———条油气结合、油气并举的新途径[J]. 世界石油工业,1996,3(4):58~63

[22] 许友好,张久顺,龙军. 生产清洁汽油组分的催化裂化新工艺 MIP[J]. 石油炼制与化工,2001,32(8):1~5

[23] 刘怀元. MIO 技术的工业应用[J]. 石油炼制与化工,1998,29(8):10~13

[24] 汪燮卿,蒋福康. 论重质油生产气体烯烃几种技术的特点及前景[J]. 石油炼制与化工,1994,25(7):1~8

[25] 陈祖庇,张久顺,钟乐新等. MGD 工艺技术的特点[J]. 石油炼制与化工,2002,33(3):21~25

[26] 谢朝刚,汪燮卿,郭志雄等. 催化热裂解(CPP)制取烯烃技术的开发及其工业试验[J]. 石油炼制与化工,2001,32(12):7~10

[27] 钟孝湘,张执刚,梨仕克等. 催化裂化多产液化气和柴油工艺技术的开发与应用[J]. 石油炼制与化工,2001,32(11):1~5

[28] 曹祖宾．沈北催化裂化汽油窄馏分辛烷值与烃类组成分析[J]．抚顺石油学院学报,1996,16(1):10～14

[29] 杨建．提高汽油抗氧化性能途径的探讨[J]．石化技术,2000,7(3):157～160

[30] 山红红,李春义,袁起民等．催化裂化汽油脱硫添加剂 USY/ZnO/Al_2O_3 的性能评价[J]．催化学报,2002,23(3):245～249

[31] 甘俊,张正义,邓阳等．降低汽油烯烃含量催化裂化催化剂 GOR 的开发与工业应用[J]．工业催化,2001,9(1):50～54

[32] 徐志成,许明德,田辉平等．催化裂化催化剂 GOR 的氢转移活性与降低汽油烯烃含量性能的研究[J]．石油炼制与化工,2002,33(1):22～26

[33] 王立新．降低催化裂化汽油烯烃助剂的工业试验[J]．精细石油化工,2001,(4):71～75

[34] 冯翠兰,曹祖宾,徐贤伦等．催化裂化汽油降烯烃工艺研究进展[J]．抚顺石油学院学报,2002,22(2):25～29

[35] 张晓静,秦如意,刘金龙．催化裂化汽油吸附脱硫工艺研究[J]．炼油设计,2001,31(6):44～47

[36] 王爱民,房少华,廖启铃等．催化裂化汽油溶剂萃取脱硫工艺的研究[J]．炼油设计,2000,30(10):32～34

[37] 蔺爱国,王德会,戴立顺．催化裂化汽油改质的研究与探讨[J]．石油炼制与化工,2001,32(7):9～12

[38] 范志明,柯明,刘溆蕃．催化裂化汽油中硫醇性硫和碱性氮化物分布规律的考察[J]．石油大学学报(自然科学版),1998,22(5):86～89

[39] Donald M L. Catalytic Reforming [M]. Tulsa, Okalhoma, United State of America: PennWell Publishing Company, 1985

[40] George J. Antos, Abdullah M. Aitani, José M. Parera. Catalytic Naphtha Reforming [M]. New York: Marcel Dekker, INC. 1995

[41] 章炜,陈富强,沈捷．用毛细管气相色谱与等离子体原子发射检测器联用技术测定汽油中的硫化物[J]．石油炼制与化工,1996,27(1):46～50

[42] 梁咏梅,刘文惠,刘耀芳．重油催化裂化汽油中含硫化合物的分析[J]．色谱,2002,20(3):283～285

[43] 殷长龙,夏道宏．催化裂化汽油中类型硫含量分布[J]．燃料化学学报,2001,29(3):256～258

[44] 山红红,李春义,赵博艺等．FCC 汽油中硫分布和催化脱硫研究[J]．石油大学学报(自然科学版),2001,25(6):78～80

[45] 孙传经．第二届毛细管色谱报告会议集[C]．兰州,1984 北京:中国化学会, 1984:306～308

[46] Latham D R, et al. ASTM STP389 [S], 1965:385～398

[47] 梁咏梅,刘文惠,史权等．重油催化裂化汽油中含氮化合物的分析[J]．分析测试学报,2002,21(1):84～86

[48] 文萍,于道水,沐宝泉等．渣油热转化产物中氮分布的研究[J]．齐鲁石油化工,2002,30(2):92～95

[49] 张恩德,应玉芝,龚永生．气相色谱法测定石脑油中的微量有机氯[J]．石油炼制,1992(12):49～52

[50] 吕家欢．提高我国汽柴油质量的相关问题思考[J]．当代石油化工,2004,12(4):8～11

[51] 孙丽丽．清洁汽柴油生产方案的优化选择[J]．炼油技术与工程,2012,42(2):1～7

[52] 赵文智,董大忠,李建忠,张国生．中国页岩气资源潜力及其在天然气未来发展中的地位[J]．中国工程科学,2012,14(7):46～52

[53] Palmer R E, Shipman Ray, Kao Shih－Hsin. Options for reducing benzene in the refinery Gasoline pool

[C]. AM - 08 - 10. 2008 NPRA Annual Meeting, San Diego, 2008

[54] Ross Jay, Largeteau Delphina et al. Advances in naphtha processing for reformulated fuels production [C]. NPRA Annual Meeting AM - 10 - 148, 2010;27

[55] 胡德铭. 国外催化重整工艺技术的进展(2)[J]. 炼油工程与技术, 2008, 38(12): 1 - 5

[56] Kerry Rockm, Arvids Judzis, Maarten Almering. Cost effective solutions for reduction of benzene in gasoline [C]. AM - 08 - 14, 2008 NPRA Annual Meeting, San Diego, 2008

[57] Brian J Sciavone. Technology advancetments in benzene saturation [C]. NPRA Q & A technology forum, Octuber 11, 2007:4

[58] Delphine Largeteau, Quentin Debuisschert, Jean - Luc Nocca. Benzene management in a MSAT 2 environment [C]. AM - 08 - 11, 2008 NPRA Annual Meeting, San Diego, 2008

[59] Ross Jay, Largeteau Delphina et al. Advances in naphtha processing for reformulated fuels production [C]. AM - 10 - 148, 2010 NPRA Annual Meeting, Pheonix, 2010

[60] 马爱增,张大庆,潘锦程等. 降低汽油中苯含量的技术选择[J]. 石油炼制与化工,2009,40(9),1 ~ 7

[61] Benjamin S. Umansky, Michael C Clark. Liquid phase aromitics alkylation process, USP 7476774B2 [P], 2009

[62] Benjamin S Umansky, Michael C Clark, Ajit B, et al. Vapor phase aromitics alkylation process: USP 7498474B2[P], 2009

[63] Alan R. Goelzer, Agustin Hernandez - Robinson, Sanjeev Ram, et al. Refiners have several options for reducing gasoline benzene [J]. J. Oil Gas Journal,1993,91(37): 63 - 69

[64] Michael C. Clark. Gasoline benzene reduction through ExxonMobil Research and Engineering Company's Reformate alkylation catalytic technology: BenzOUT™ [C]. AM - 10 - 147, 2010 NPRA Annual Meeting, Pheonix, 2010

[65] 唐忠,陶庭树,冯仰渝等. 重整抽余油组成对制氢催化剂性能的影响[J]. 精细石油化工进展, 2001,2(2):9 ~ 11

第三章 原料预处理

催化重整所用的贵金属催化剂对硫、氮、砷、铅、铜等化合物的中毒作用十分敏感，因此对原料中杂质的限值要求也极其严格。而大部分石脑油原料的硫含量以及一些原料中的砷、氮含量不符合要求，原料的脱硫、脱氮、脱砷等预处理便成为催化重整装置不可缺少的一个组成部分。此外，原料预处理还担负着为重整装置提供馏程适宜、水分合格的进料的任务。为了达到这些目标，通常采用石脑油加氢精制工艺，也称为重整原料预加氢或简称预加氢。预处理需具有三方面功能：原料油的切割、加氢精制脱除重整原料油中的杂原子化合物以及加氢产物的脱水脱硫化氢。因此原料预处理部分通常由原料预分馏、预加氢反应和汽提塔三部分组成，典型流程图见图 3－1。

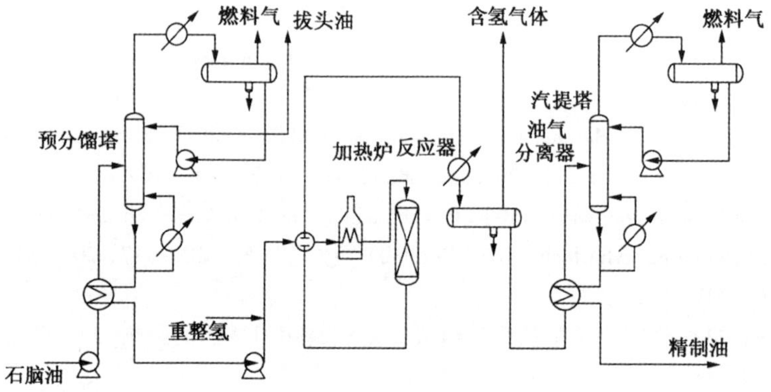

图 3－1 原料预处理典型流程

（一）原料预分馏

重整装置目的产品不同，要求进料的馏程也不同。此外重整进料中不应含有 C_5 以下的轻烃，因为轻烃不仅不能生成芳烃，而且会带来一些不利的影响，如增加装置能耗，降低产氢纯度等。因此为了提高重整装置的经济性，需要通过原料预分馏来选取合适的馏分。

（二）原料预加氢

除对原料馏程有一定要求外，重整装置进料对杂质含量也有非常严格的要求。双(多)金属重整催化剂通常要求进料中硫含量 <0.5μg/g、氮含量 <0.5μg/g、砷含量 <1ng/g、铅含量 <10ng/g、铜含量 <10ng/g、水含量 <5μg/g、氯含量 <0.5μg/g 等。预加氢反应部分则是在适宜的催化剂和工艺条件下，将原料油中有机杂质转化为无机杂质。如果原料油中砷含量和氯含量超高，则还需要专门的脱砷和脱氯设施。

（三）汽提塔

预加氢反应器出来的油气混合物经冷却后在产物分离器进行气液分离。由于相平衡的原因，分出的液体产物中溶解有硫化氢、氨和水等，需通过汽提塔进一步将油中溶解的硫化氢、氨以及水等杂质脱除。早期汽提塔采用吹氢型汽提，预加氢生成油进入塔顶，塔底通入氢气。为了提高脱硫脱水效果，现在已经改为蒸馏型汽提塔，塔顶打回流。

第一节 工艺流程

一、预分馏部分工艺流程

原料油的预分馏单元由分馏塔及其所属系统构成，其作用是根据重整产物的要求切割一定沸程范围的馏分。预分馏过程同时脱除原料油中的部分水分。

根据分馏塔在预处理系统中的先后位置不同，可分为前分馏流程和后分馏流程。所谓前分馏流程，顾名思义，就是先分馏，后加氢。而后分馏流程则是先加氢，再分馏。

预分馏的方式又可以根据原料馏程不同大致分为：①原料油的终馏点由上游装置控制合格，但初馏点过低。这种情况可采用单塔蒸馏流程，除去原料中较轻的组分，塔底产品作为重整进料馏分；②原料油初馏点符合重整进料要求而终馏点过高。这种情况很少见也采用单塔蒸馏流程，塔顶的轻组分作重整进料；③原料油的初馏点过低和终馏点过高，都不符合重整进料要求。这种情况很少见，也可采用双塔蒸馏流程或单塔开侧线流程。双塔流程即采用两个塔，分别拔掉轻组分和切除重组分；而单塔开侧线流程则为塔顶出轻组分，塔底出重组分，侧线为重整装置进料的合格馏分。

目前工业装置预分馏方式大多数为第一种，即原料油的终馏点由上游装置控制而初馏点过低。因为预加氢装置进料绝大多数情况来自常压塔顶，即其进料的初馏点与原油初馏点有关，而干点可以由常压塔控制，通常不大于165～177℃。所以可以采用单个预分馏塔切割，塔顶馏出的拔头油送出装置，塔底的重组分作为重整原料。因此，在本节中仅对前分馏流程和后分馏流程以单塔流程进行描述。

（一）前分馏流程

前分馏流程是典型的原料预处理流程，其基本流程为：全馏分石脑油由原料油泵从原料罐抽出并升压后，通过换热、达到预定的温度后进入预分馏塔，在分馏塔切割分为轻、重两个组分，塔顶轻组分出装置，塔底重组分送到预加氢反应部分。前分馏工艺原则流程见图3－1。采用这种流程，可以降低预加氢反应部分的处理负荷，预加氢汽提塔顶全回流，目的只是脱除 H_2S、NH_3、HCl 和 H_2O。但所得拔头油没有经过加氢精制，仍含有一定量的杂质。因此这种工艺流程对于拔头油硫含量要求不高的场合比较合适。

（二）后分馏流程

随着加工原油硫含量的增加，有些重整装置要求拔头油也需要经过加氢处理。否则因其硫含量高而无法作为汽油调和组分或下一道加工工序的进料，因而需要对预处理原料油全馏分加氢，然后再分馏以切取适宜重整原料油组分，即所谓后分馏流程。后分馏流程根据汽提塔和预分馏塔组合方式不同，后分馏流程又可以分为三种类型：双塔并列流程、双塔合一流程和双塔流程(先拔头后汽提)。

1. 双塔并列流程(先汽提后分馏)

双塔并列流程(先汽提后分馏)的原则工艺流程见图3-2。这种工艺流程的特点是分馏塔设在汽提塔后面。全馏分石脑油进预加氢装置界区后，经泵升压并与氢气混合，混合油气与预加氢反应器出口物流换热到一定的温度，再经过预加氢反应加热炉加热到所需的反应温度，进加氢反应器进行加氢精制反应，反应生成物经换热进预加氢油气分离器进行气液分离。生成油进汽提塔，脱除硫化氢、氨、氯化氢和水等，汽提塔底油进预分馏塔，将产品油中轻组分从塔顶拔出，塔底油作重整进料。该流程的缺点是加氢反应部分的负荷较前分馏流程大，预分馏塔为了重整装置需要而提高操作压力或者需要设置重整进料泵。

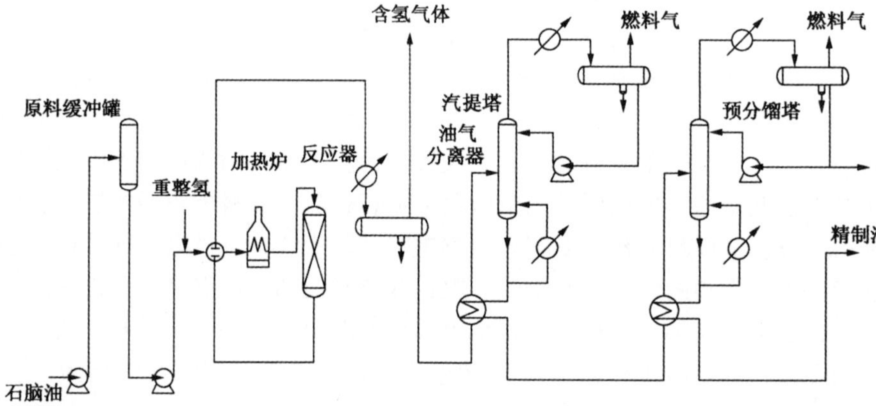

图3-2 后分馏流程(先汽提后分馏)

2. 双塔合一流程

预分馏塔和汽提塔合二为一，原则工艺流程见图3-3。双塔合一工艺流程的优点是省去一个塔，减少投资和占地，但缺点是预加氢反应部分的负荷要加大，而且拔头油由于在汽提塔回流罐内与H_2S浓度很高的气体处于汽液平衡状态，因而含硫量高，还需要进一步处理，方可进入后续生产装置或作为产品出厂。

3. 双塔流程(先拔头后汽提)

双塔流程(先拔头后汽提)见图3-4。这种工艺流程的主要特点是原料油先经过加氢

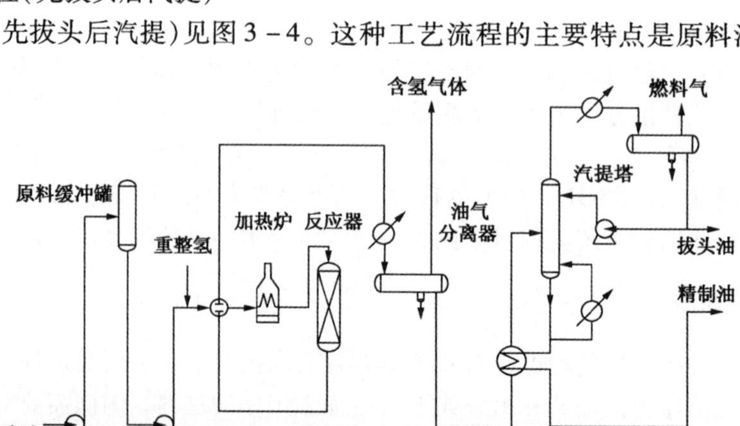

图3-3 后分馏流程(双塔合一)

反应部分，油气分离后的生成油再经过预分馏塔拔头、脱硫和脱水，分馏塔底油作重整进料，分馏塔顶拔头油进一个小汽提塔进行脱硫化氢。

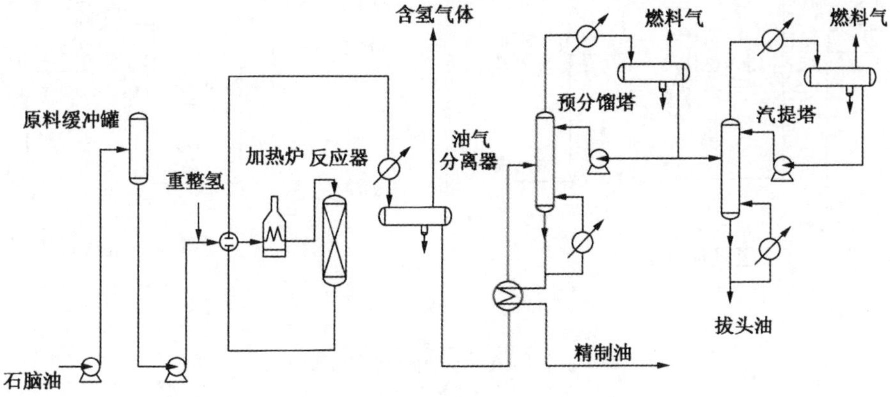

图 3－4　后分馏流程(先拔头后汽提)

二、预加氢反应部分流程

预加氢装置反应部分通常按照氢气是否循环使用而采用两种工艺流程：氢气循环流程；重整氢一次通过流程。

(一) 氢气循环流程

采用氢气循环的原则流程见图 3－5。采用氢气循环流程，预加氢反应部分需投用一台循环氢压缩机，反应系统内氢气不断循环。由于装置存在氢耗，则需向装置补充重整氢。这种流程的优点：重整产氢不必全部通过预加氢系统，预加氢氢油比较小，重整产氢是在重整系统送出装置，不含 H_2S、NH_3 等杂质，对于原料油中硫、氮含量高，要求预加氢压力较高时，采用循环流程优于一次通过流程。由于有循环压缩机，操作比较灵活，且开、停工灵活性大。这种流程的缺点是：流程相对复杂，如不采取增压等提纯措施，装置产氢压力低，重整产氢的纯度比一次通过式低 2%～4%(体积分数)。

(二) 重整氢一次通过流程

重整氢一次通过流程见图 3－6。此流程预加氢部分不需要循环氢压缩机，部分或全部重整氢气进入预加氢反应系统，重整产氢经过油气分离器后送出装置。这种流程的优点在于：流程比较简单，重整产氢经过预加氢系统汽液平衡后氢纯度可提高 2%～4%(体积分数)，对下游用氢装置有利，并且经过预加氢增压机增压后，氢气出装置压力高，提高了下游用氢装置压缩机入口压力，减少压缩级数。这种流程的缺点是：重整产氢通过预加氢后 H_2S、NH_3、HCl 等杂质含量增加，由于没有循环压缩机预加氢系统不能单独循环，在催化剂干燥、硫化再生等操作过程中有些困难，这种流程一般用于原料油中硫、氯及氮等杂质较低，预加氢原料油先经过预分馏，对氢气压力要求不高的情况。

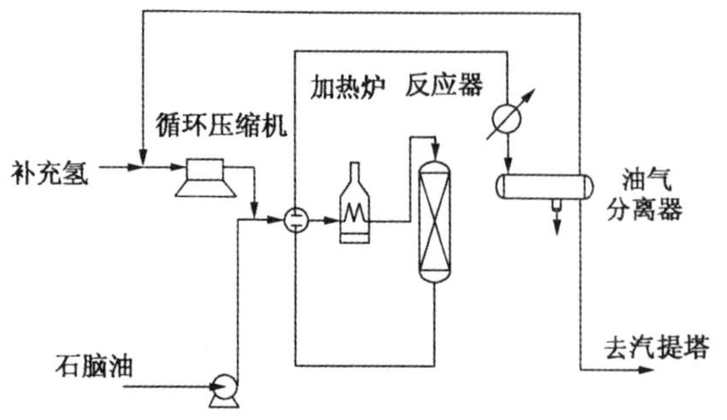

图 3-5 氢气循环流程

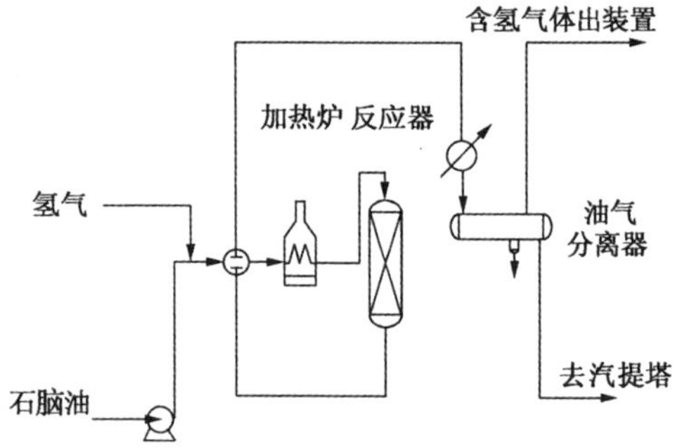

图 3-6 重整氢一次通过流程

三、汽提塔部分流程

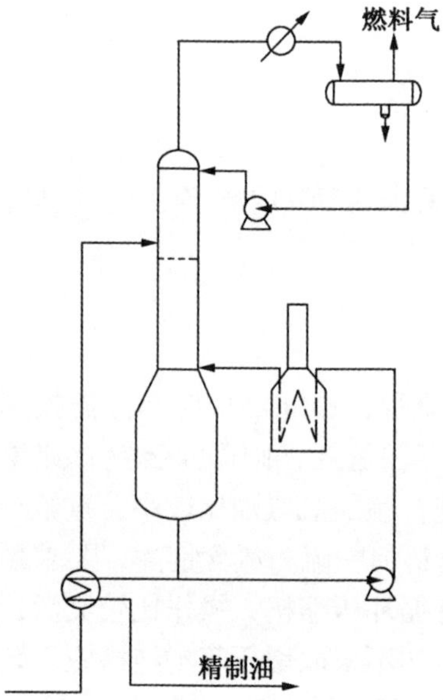

图 3-7 汽提塔流程示意图

预加氢反应器出来的油-气混合物经冷却后在油气分离器中进行气液分离。由于相平衡的原因，反应生成的 H_2S、NH_3、H_2O 和 HCl 等杂质，一部分从气相排出，另一部分溶解在生成油中。为保护重整催化剂，必须除去这些溶解在加氢生成油中的杂质。

通常不采用惰性气体汽提的方法从液相中分离出上述气相杂质，因为采用纯粹汽提的方法还是不能够满足重整进料对水和硫的要求。为此需要采用蒸馏汽提的方法控制水分和硫含量。工艺流程示意见图 3-7。从油气分离器来的生成油经过换热后进入汽提塔，塔底设重沸炉将塔底油加热后返回塔内。汽提塔约在 1.0MPa 压力下操作，在汽提塔顶部得到酸性水和轻油的共沸物，塔底得到几乎不含水分的油。加氢生成油中溶解的 H_2S 随共沸物从塔顶蒸出，共沸物的蒸汽经过冷凝和冷却后，在塔顶回流罐经过气液闪蒸，分成气相、油相和水相，油全部作为塔顶回流，水被排出，气体去燃料气管网[1]。

第二节 原料的预加氢

重整原料的预加氢是一个催化反应过程。石脑油与氢气在一定的反应条件下通过加氢催化剂的作用发生如下反应：硫、氮、氧和氯化物等加氢分解，分别生成 H_2S、NH_3、H_2O、HCl 等；烯烃加氢饱和；金属有机物加氢分解，并沉积在催化剂上。

一、预加氢的化学反应

预加氢反应是放热反应。通常原料油溴价每下降1个单位时放热8.12kJ/kg进料，硫含量每下降1%时放热16.25kJ/kg进料。在预加氢反应中，脱砷、脱硫最快，其次是烯烃饱和，而脱氮反应最慢[1]。

（一）加氢脱硫（HDS）

在石脑油馏分中，硫化物类型主要有硫醇类、硫醚类、二硫化物、环硫化物和噻吩类。表3－1列出了一种直馏石脑油的硫化物类型及分布。

表3－1　一种直馏石脑油的硫化物类型分布

项　目	含量/(μg/g)	分布/%（对总硫）
总　硫	583	100.0
硫醇类	302	51.8
硫醚（包括二硫化物和环硫化物类）	111	19.0
噻吩类	170	29.2

石脑油中硫化物的HDS反应式如下：

硫醇　$RSH + H_2 \longrightarrow RH + H_2S$

硫醚　$RSR' + 2H_2 \longrightarrow R'H + RH + H_2S$

二硫化物　$RSSR' + 3H_2 \longrightarrow R'H + RH + 2H_2S$

环硫化物

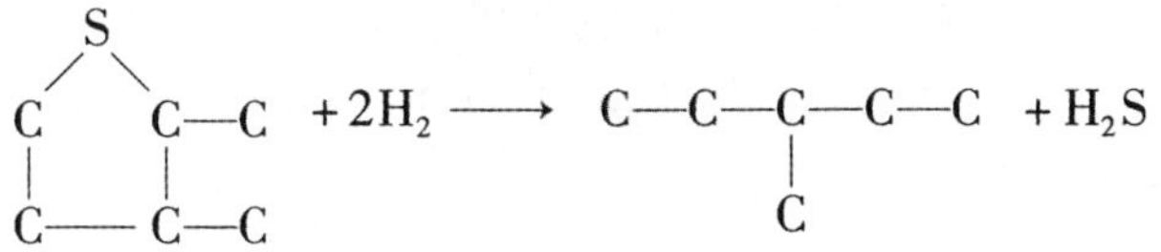

噻吩类

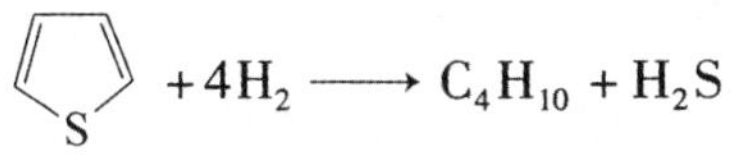

由上述反应式可见，石脑油中存在的硫化物在加氢过程中均会发生C—S键的断裂反应，生成相应的烃类及硫化氢。硫醇类、硫醚类、二硫化物以及环硫化物的HDS反应相对比较容易，噻吩及其衍生物由于其中硫杂环的芳香性，不易发生C—S键的氢解反应，导致噻吩类化合物的HDS比其它类硫化物困难得多。由此，噻吩类硫化物的HDS反应机理也受到了广泛的研究。

在研究噻吩HDS反应机理过程中，许多学者提出了各自不同的观点。较早时，Owens和Amberg提出[2]，噻吩HDS反应步骤是噻吩先加氢脱硫成丁二烯，然后生成丁烯；而有一些学者[3]则认为噻吩HDS反应是先加氢饱和成四氢噻吩（THT），然后再脱硫生成丁烯；也有一些研究者如Pokorny提出THT先脱硫成丁二烯，丁二烯再加氢饱和成丁烯[4]；还有观点认为噻吩直接脱硫生成丁烯[5]。到目前为止，对噻吩的HDS反应路径提出了如图3－8所示的可能性。

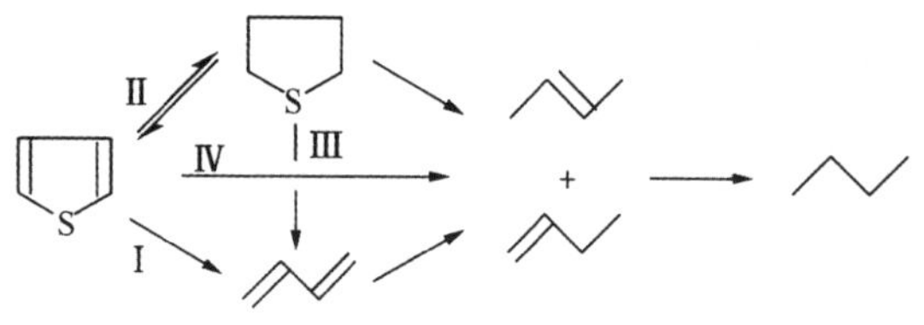

图3-8 噻吩的HDS反应途径

同时研究者们对噻吩HDS的动力学也做了深入的研究，最初Satterfied和Roberts用稳态内循环连续流反应器，Co-Mo/Al_2O_3(Co 3%，Mo 7%)催化剂，在235~265℃条件下测定了噻吩HDS反应动力学[6]，实验发现噻吩转化符合Langmuir-Hinshelwood速率方程：

$$r_{HDS} = K_{HDS}K_Tp_TK_Hp_H/(1 + K_Tp_T + K_{H_2S}p_{H_2S})^2 \qquad (3-1)$$

式中 r_{HDS}——加氢脱硫反应速率；

K_{HDS}——加氢脱硫反应速率常数；

K_T——噻吩反应速率常数

p_T——噻吩的氢分压，MPa；

K_H——氢气反应速率常数；

p_H——氢气的氢分压，MPa；

K_{H_2S}——硫化氢反应速率常数；

p_{H_2S}——硫化氢的氢分压，MPa。

式(3-1)说明了噻吩与H_2的反应是速率决定步骤，H_2S与噻吩竞争吸附在同一活性中心，测得的HDS反应活化能相当低，仅为3.7kcal/mol。接着，一些研究者用Co-Mo/Al_2O_3、Ni-Mo/Al_2O_3、Ni-W/Al_2O_3催化剂也得到了相似的速率方程表示式[7~10]，而Ozimek等[7]和Morooka等[8]人报道了Co-Mo/Al_2O_3催化剂上的噻吩HDS反应活化能分别为90.3kJ/mol(21.6kcal/mol)和83.6kJ/mol(20kcal/mol)。

后来，Radomysky等人[9]利用较宽的工艺条件：压力0.10~1.81MPa，温度243~265℃、306~328℃、Co-Mo/Al_2O_3($MoO_3$15.8%，CoO 5.3%)催化剂，发现实验结果符合下列速率方程式：

$$r_{HDS} = K_{HDS}K_Tp_TK_Hp_H/(1 + K_Tp_T) \times (K_Hp_H/(1 + K_Hp_H + K_{H_2S}p_{H_2S}) \qquad (3-2)$$

式(3-2)说明，在HDS反应中，噻吩吸附在一种活性中心，而氢和硫化氢竞争吸附在另一种活性中心。计算得出，在两个温度段范围，噻吩HDS反应活化能分别是10.8 kcal/mol和5.6kcal/mol。

Van Parijs和Froment[10]通过宽范围条件(260~350℃、0.2~3.0MPa、H_2/噻吩摩尔比4~9、Co-Mo/Al_2O_3催化剂)试验，又提出如下速率方程：

$$r_{HDS} = K_{HDS}K_Tp_TK_Hp_H/[(1 + K_Hp_H)^{1/2} + K_Tp_T + K_{H_2S}p_{H_2S}/p_H]^3 \qquad (3-3)$$

式(3-3)说明噻吩、H_2、H_2S竞争性吸附在同一个活性中心上，测得的噻吩HDS反应活化能为29.9 kcal/mol。

最近，Topsoe等[11]对噻吩HDS反应进行了深入的研究，并提出了硫化态催化剂上的反应机理，如图3-9。

上述HDS反应机理，则支持噻吩平面吸附-(部分)加氢-断键-脱硫的反应路程，H_2S也在反应中起抑制作用。

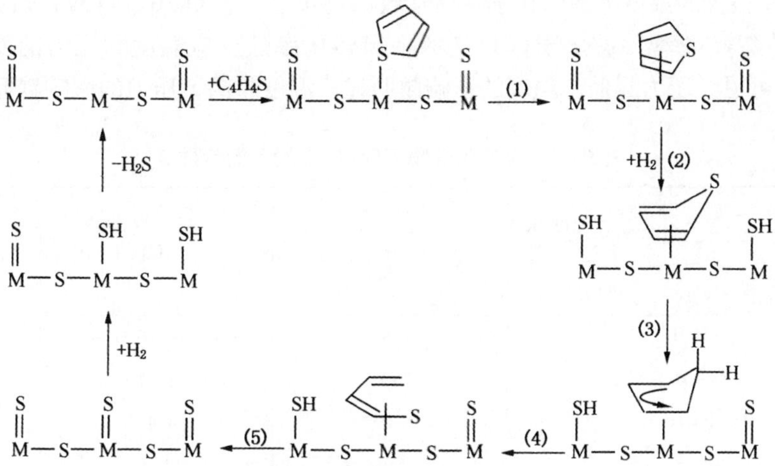

图 3－9　Topsoe 提出的噻吩 HDS 反应机理

无论何种反应机理，均认为 HDS 活性中心为硫阴离子空穴，而反应生成的硫化氢竞争吸附硫阴离子空穴阻碍噻吩的吸附，对 HDS 反应起抑制作用。图 3－10 为硫化氢在 HDS 催化剂活性中心上竞争吸附模型。

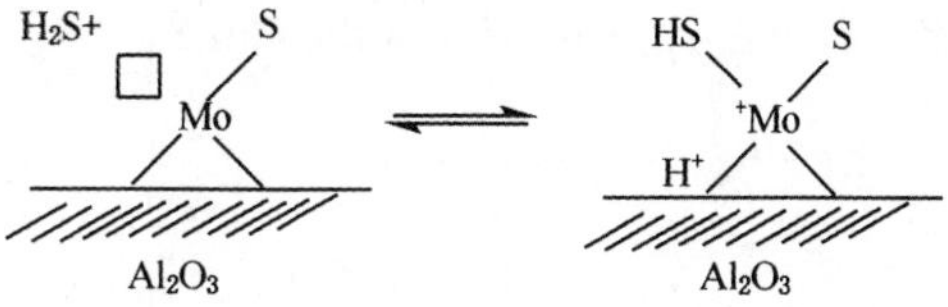

图 3－10　硫化氢在 HDS 催化剂的竞争吸附[12]

石脑油中存在的硫化物的 HDS 反应中，绝大多数为放热反应，表 3－2 中列出了不同含硫化合物 HDS 反应的热效应。

表 3－2　含硫化合物 HDS 反应的热效应

反　　应	ΔH_m(700K)/(kJ/mol)
$C_2H_5SH + H_2 \rightleftharpoons C_2H_6 + H_2S$	－70
$C_4H_9SH + H_2 \rightleftharpoons C_4H_{10} + H_2S$	－67
$(C_2H_5)_2S + 2H_2 \rightleftharpoons 2C_2H_6 + H_2S$	－117
$(C_4H_9)_2S + 2H_2 \rightleftharpoons 2C_4H_{10} + H_2S$	－122
$C_3H_7—S—S—C_3H_7 + 3H_2 \rightleftharpoons 2C_3H_8 + 2H_2S$	－162
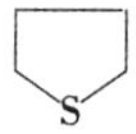 $+ 2H_2 \rightleftharpoons n\text{-}C_4H_{10} + H_2S$	－122
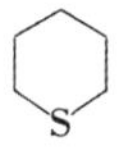 $+ 2H_2 \rightleftharpoons n\text{-}C_5H_{12} + H_2S$	－133
 $+ 4H_2 \rightleftharpoons n\text{-}C_4H_{10} + H_2S$	－281
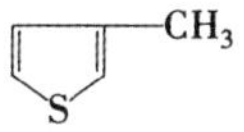 $+ 4H_2 \rightleftharpoons i\text{-}C_4H_{10} + H_2S$	－276

由于 HDS 反应为放热反应，因此其热力学规律也值得关注。在表 3－3 中列出了含硫化合物 HDS 反应的平衡常数 K_p，可见在 500～900K 的温度范围内，除噻吩以外，其他硫化物

的 HDS 反应在很大的温度范围内化学平衡常数都是正值，表明 HDS 反应在热力学上都可以达到很高的平衡转化率。噻吩 HDS 反应的平衡转化率随反应温度和压力的变化情况列于表 3－4。由表可见，压力越低，温度的影响越明显；温度越高，压力的影响越显著。

表 3－3 含硫化合物 HDS 反应的平衡常数 K_p

反应 \ $\lg K_p$ \ 温度/K	500	700	900
$CH_3SH + H_2 \rightleftharpoons CH_4 + H_2S$	8.37	6.10	4.69
$C_2H_5SH + H_2 \rightleftharpoons C_2H_6 + H_2S$	7.06	5.01	3.84
$n\text{-}C_3H_7SH + H_2 \rightleftharpoons C_3H_8 + H_2S$	6.05	4.45	3.52
$(CH_3)_2S + 2H_2 \rightleftharpoons 2CH_4 + H_2S$	15.68	11.42	8.96
$(C_2H_5)_2S + 2H_2 \rightleftharpoons 2C_2H_6 + H_2S$	12.52	9.11	7.13
$CH_2—S—S—CH_3 + 3H_2 \rightleftharpoons 2CH_4 + 2H_2S$	26.08	19.03	14.97
$C_2H_5—S—S—C_2H_5 + 3H_2 \rightleftharpoons 2C_2H_6 + 2H_2S$	22.94	16.79	13.23
 $+ 2H_2 \rightleftharpoons n\text{-}C_4H_{10} + H_2S$	8.79	5.26	3.24
 $+ 2H_2 \rightleftharpoons n\text{-}C_5H_{12} + H_2S$	9.22	5.92	3.97
 $+ 4H_2 \rightleftharpoons n\text{-}C_4H_{10} + H_2S$	12.07	3.85	－0.85
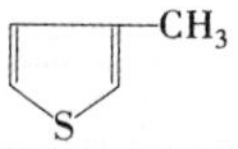 $+ 4H_2 \rightleftharpoons i\text{-}C_4H_{10} + H_2S$	11.27	3.17	－1.43

表 3－4 噻吩 HDS 平衡转化率

温度/K \ 转化率/mol% \ 压力/MPa	0.1	1.0	4.0	10.0
500	99.2	99.9	100	100
600	98.1	99.5	99.8	99.8
700	90.7	97.6	99.0	99.4
800	68.4	92.3	96.6	98.0
900	28.7	79.5	91.8	95.1

硫化物的 HDS 反应速率一般按下列顺序减小：

硫醇＞二硫化物＞硫醚≈四氢噻吩＞噻吩＞烷基取代的噻吩

(二) 加氢脱氮(HDN)

石脑油中氮化合物可以分为两大类：碱性和非碱性。而按氮化物结构可以分为三类：①脂肪胺及芳香胺类；②吡啶类的碱性氮杂环化合物；③吡咯类的非碱性氮化物。

加氢脱氮过程中涉及到三类反应：杂环加氢饱和、芳环加氢饱和以及 C—N 键的氢解。脂肪胺只涉及到 C—N 键的氢解反应；芳香胺涉及到芳环加氢饱和以及 C—N 键的氢解两类反应；吡啶和吡咯涉及到杂环加氢饱和及 C—N 键的氢解两类反应；存在于较重馏分中的喹啉、咔唑等氮化物的 HDN 反应则涉及到所有三类反应。

在各族氮化物中，脂肪胺类的反应能力最强，芳香胺类次之，碱性或非碱性氮化物，特别是多环氮化物很难反应。在加氢过程中，氮化物在催化剂作用下加氢转化为 NH_3 和相应的烃，从而被除去。

1. 胺类

$$R—NH_2 + H_2 \longrightarrow RH + NH_3$$

2. 吡啶类

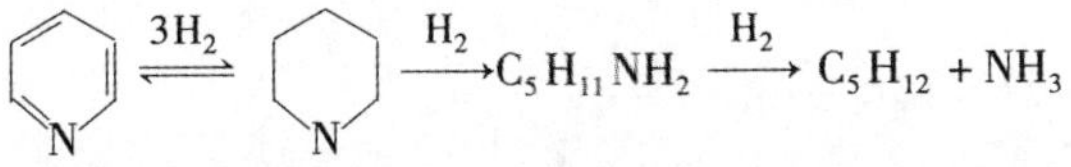

在重整预加氢反应过程中，吡啶加氢生成哌啶的反应很快达到平衡，而哌啶加氢生成正戊胺的反应是慢反应，是吡啶加氢脱氮反应的控制步骤。

3. 吡咯类

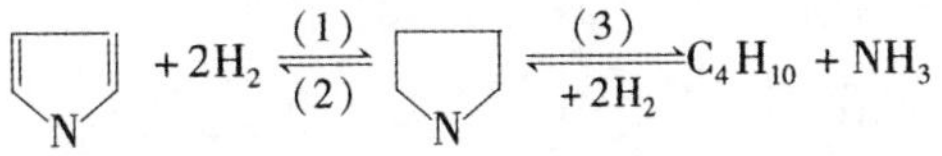

吡咯生成四氢吡咯的反应很快达到平衡，正丁胺脱氮反应也很快；而四氢吡咯中的 C—N 键的断裂变成正丁胺的反应则很慢，是整个吡咯 HDN 反应的控制步骤。由于吡咯环的加氢饱和受到化学平衡的限制，不太高的氢分压下，随反应温度升高平衡向左移动。因此在热力学上不利于 HDN 反应的进行。但是，从动力学角度而言，升高温度，(1)、(2)、(3)的反应速度将同时加快，特别是第(3)步速度的加快导致 HDN 转化率增加。上述热力学和动力学两种效果的综合效应，使得吡咯加氢脱氮率在反应温度升高到某一值后达到最大，再增加反应温度脱氮率反而下降。

在石脑油馏分中，无论是碱性氮化物或非碱性氮化物，它们的 HDN 反应动力学方程都很类似。因此用总氮对馏分油中的氮化物进行集总基本上能满足要求。许多模型氮化物的 HDN 反应结果表明，HDN 反应符合拟一级反应速度方程[13]：

$$\frac{dC_N}{dt} = -kC_N \tag{3-4}$$

式中　k——HDN 反应速度常数；

C_N——氮含量，μg/g。

(三) 烯烃的加氢饱和

直馏石脑油中烯烃含量很少，但需要加氢饱和才能做重整进料。若掺炼二次加工石脑油，由于烯烃含量很高，还含有一定量的双烯，就更需要进行烯烃的加氢饱和。

烯烃、二烯烃以及环烯烃的加氢反应如下：

$$R—CH═CH_2 + H_2 \longrightarrow RCH_2CH_3$$

$$R—CH═CH—CH═CH_2 + 2H_2 \longrightarrow RCH_2CH_2CH_2CH_3$$

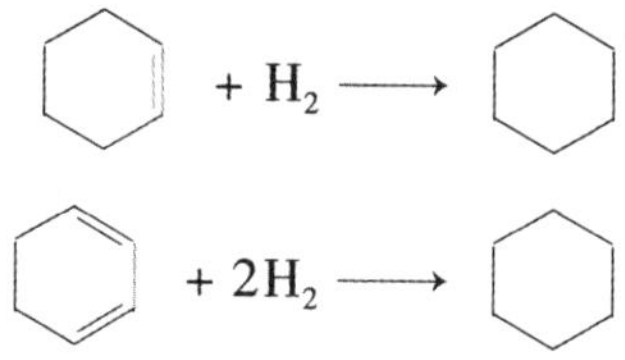

研究表明[14~21]，烯烃的加氢反应发生在催化剂的加氢活性中心。如图 3－11 乙烯的加氢饱和反应机理所示，氢分子解离吸附在两个加氢活性位上，烯烃分子的双键也联合地吸附于两个加氢活性位上，它既可以是以 σ 形式键合，也可以是 π 键形式键合。

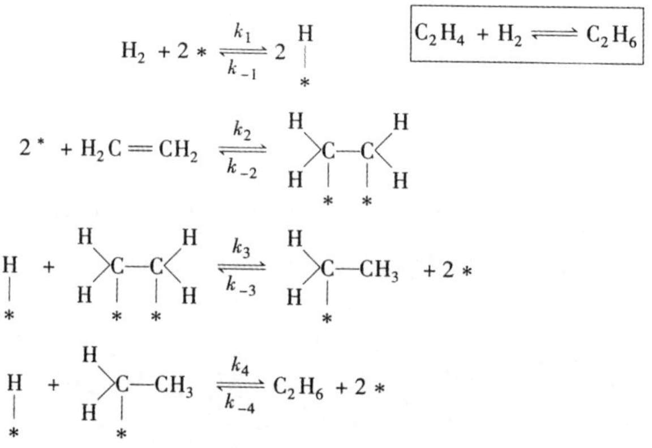

图 3－11　乙烯加氢反应机理

氢气在烯烃加氢反应中为一级。

动力学研究表明，烯烃的加氢饱和反应速度与烯烃分子在催化剂表面上的吸附强度有关，其中链烯烃的吸附强度大于环已烯，而链烯烃中乙烯、乙炔等低分子的烯烃有更强的吸附。采用 $RhCl(PPh)_3$ 催化剂的研究发现，不同烯烃分子加氢的反应速度可以相差 50 倍。不同结构链烯烃的加氢反应速度顺序如图 3－12。

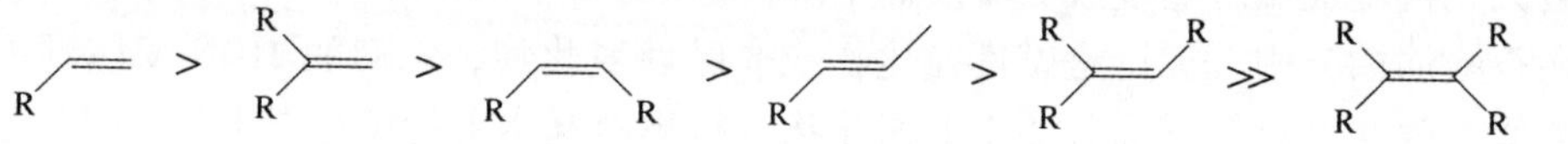

图 3－12　链烯烃加氢反应速度顺序

烯烃的加氢反应为强放热过程，在表 3－5 中列出了一些单烯烃的反应热数据。

表 3－5　单烯烃加氢饱和反应的反应热

烯　烃	ΔH/(kJ/mol)	烯　烃	ΔH/(kJ/mol)
$C_4^=$	－52.6	$C_8^=$	－139.5 ~ －103.9
$C_5^=$	－89.5 ~ －70.1	$C_9^=$	－125.5 ~ －112.9
$C_6^=$	－105.3 ~ －93.3	$C_{10}^=$	－134.4 ~ －101.0
$C_7^=$	－147.6 ~ －109.4		

(四) 加氢脱氧

石油中的含氧化合物如苯酚、环烷酸等在加氢条件下能转化成相应的烃和水。

1. 酚

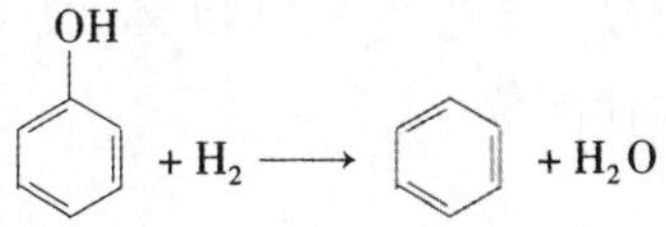

2. 环烷酸

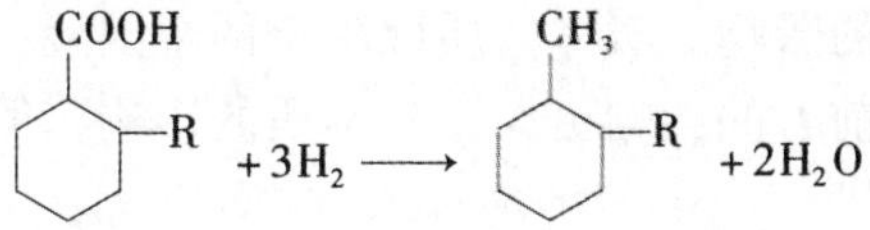

（五）加氢脱金属

在石脑油馏分中，重金属(Cu、Pb 等)含量很少，有的已经达到重整进料要求。但对于不同的原料油，砷含量差别很大，而且该物质对重整催化剂毒害极大，因此对于砷含量高的原料必须进行脱砷预处理。本章的第三节将详细介绍原料的脱砷。

绝大多数金属(包括砷)经过预加氢反应器时，沉积在催化剂表面，并且其沉积是从预加氢反应器的催化剂上层开始，逐步下移。当金属沉积穿透预加氢催化剂床层而使得预加氢生成油中的金属杂质含量不能满足重整催化剂要求时，必须更换预加氢催化剂。

二、加氢催化剂

（一）加氢催化剂组成

1. 活性组分

最常用的加氢催化剂的金属组分是 Co－Mo、Ni－Mo、Ni－W 体系，通常认为 Mo 或 W 是主要活性组分，Co 或 Ni 是助活性组分。

各种金属组分对加氢精制过程中各种基本类型的反应(加氢脱氮、加氢脱硫、加氢脱金属、芳烃饱和、烯烃加氢以及异构化等)影响的研究结果[1]表明，除贵金属外，Ni－W 体系具有最好的加氢活性。不同活性金属组配对于 HDN、加氢脱金属、芳烃饱和、烯烃加氢以及异构化反应的活性顺序如下：

$$Ni-W > Ni-Mo > Co-Mo$$

对于 HDS 反应，不同活性金属组配活性顺序与上所述有所不同，通常是 Co－Mo 或 Ni－Mo 活性高于 Ni－W。我国的石脑油氮含量普遍较高，而且掺混二次加工石脑油其氮含量会更高。因此，就总体性能而言，推荐选用 Ni－W、Ni－Mo 体系催化剂，它们除对直馏石脑油具有良好的适应性外，对于掺混部分二次加工石脑油具有更好的脱氮性能，因此对不同原料油具有更好的适应性。

活性组分选定后，如何使活性组分最有效地发挥作用，是催化剂研究的重点。为了开发性能优良的加氢催化剂，必须弄清活性组分的结构或状态与催化剂反应性能的关系，并了解使催化剂活性达到最佳状态的方法或措施。如在催化剂制备过程中，活性组分 Ni^{2+}，很容易与氧化铝相互作用形成尖晶石结构，而这种结构的 Ni^{2+} 和 Co^{2+} 在预硫化过程中不能转化成活泼的硫化物，从而使催化剂的活性下降。通常认为在加氢催化剂中的 Ni^{2+} 和

Co^{2+}可能有八面体配位和四面体两种配位形式，只有八面体配位才能有效地发挥作用，而四面体配位的Ni^{2+}和Co^{2+}不仅没有活性也难以和Mo或W形成有效的活性中心。形成尖晶石结构的Ni^{2+}和Co^{2+}是四面体配位。

2. 载体

载体的性质如孔分布、孔容、比表面等，不仅影响催化剂的活性和稳定性，而且还对催化剂的机械强度有决定性的影响。载体性质取决于两个因素：氢氧化铝原粉性质和载体制备技术。在这两个因素中前者的影响更大，是本质的影响，但采用适当的成型技术能够改善载体性质。

对石脑油加氢催化剂而言，要求载体孔分布集中，绝大多数在6~10nm范围内，表3-6为几种石脑油加氢催化剂载体的孔分布数据。

表3-6 几种石脑油加氢催化剂载体的孔分布数据

编号	孔径分布/%				可几孔径/nm
	<6nm	6~10nm	10~20nm	20~40nm	
A		56.2	43.8		7.2
B	0.1	95.0	4.5	0.4	7.4
C		92.5	6.2	1.3	8.6
D	0.2	65.3	28.5	6.18	7.8
E		82.7	13.8	3.5	6.8
F	4.2	92.1	3.2	0.5	7.2

(二)重整预加氢催化剂的选择

目前国内外用于预加氢装置上的石脑油加氢催化剂牌号很多，因此在选择重整预加氢催化剂时，要结合原料油性质、装置状况来综合考虑以选择合适的加氢催化剂。例如，加工掺入杂质含量较高的二次加工石脑油时，因二次加工石脑油氮化物含量高，催化剂的加氢脱氮活性显得极为重要，在这种情况下，通常应考虑优先选用Ni-W、Ni-Mo系列催化剂。

1. 对重整预加氢催化剂的要求

选择重整预加氢催化剂至少应该满足如下要求：

(1)能够使原料中的烯烃加氢饱和而不使芳烃加氢饱和；

(2)能够脱除原料中各种不利于重整反应的杂质；

(3)对重金属、砷、铅等毒物有一定的抵抗性；

(4)有很好的机械强度。

2. 国内预加氢催化剂

在国内重整原料预加氢装置上进行工业应用的催化剂有3641、3665、CH-3、481、3761、481-3、RN-1、RS-1、RS-20、FDS-4A、RS-30等。各种催化剂的基本活性组分和物化性状见表3-7。

3. 国外预加氢催化剂

国外重整原料预加氢催化剂的牌号很多，如标准催化剂公司开发的424、DC-185、DN-200等；克罗斯费尔德催化剂公司开发的477、520、504K、506、594、599、465；

ExxonMobil公司开发的RT－3；墨西哥石油研究院开发的IMP－DSD－1K、IMP－DSD－3⁺；UOP公司的S－12、S－120、S－15、S－16等；IFP公司的HR304、HR306等。各种催化剂的基本活性组分和物化性质见表3－8。

表3－7　国内预加氢催化剂物化性质

催化剂牌号	性　状	堆密度/(g/mL)	活性组分/载体
3665	ϕ 6mm×(3～4)mm，片		Mo－Ni/γ－Al_2O_3
CH－3	ϕ1.8mm×(6～8)mm，条	0.75	Mo－Ni/γ－Al_2O_3
481	ϕ2～3mm 球	0.89	Mo－Ni－Si/Al_2O_3
3761	ϕ1.6mm×(6～8)mm，条	0.90～1.00	Mo－Co－Ni/γ－Al_2O_3
481－3	ϕ2～3mm 球	0.75～0.85	Mo－Co－Ni/ Al_2O_3
RN－1	三叶草形 ϕ1.4mm，条	0.88	W－Ni/ Al_2O_3
RS－1	三叶草形 ϕ1.4mm，条	0.75～0.80	W－Ni－Co/Al_2O_3－SiO_2
FDS－4A	ϕ1.5～2.5mm 球	0.75～0.85	Mo－Co/Al_2O_3
RS－20	三叶草形 ϕ1.4mm，条	0.95～1.00	W－Ni－Co/Al_2O_3
RS－30	蝶形 ϕ1.4mm，条	0.75～0.85	W－Ni－Co/Al_2O_3

表3－8　国外预加氢催化剂物化性质

催化剂牌号	性　状	活性组分	所属公司
424	三叶草形 ϕ1.3mm	Ni－Mo	CRITERION
DC－185	三叶草形 ϕ1.3mm	Co－Mo	CRITERION
DN－200	三叶草形 ϕ1.3mm	Ni－Mo	CRITERION
477	圆柱条形	Co－Mo	Crosfield
520	圆柱条形	Ni－Mo	Crosfield
504K	圆柱条形	Ni－Mo	Crosfield
506	圆柱条形	Ni－Mo	Crosfield
594	圆柱条形	Ni－Mo	Crosfield
599	辘形	Ni－Mo	Crosfield
465	辘形	Co－Mo	Crosfield
RT－3		Co－Mo	ExxonMobil
IMP－DSD－1K	球形	Ni－Mo－P	IMP
IMP－DSD－3⁺	三叶草	Ni－Mo	IMP
S－12	圆柱条形	Co－Mo	UOP
S－120	圆柱条形	Co－Mo	UOP
S－15	圆柱条形	Ni－Mo	UOP
S－16	圆柱条形	Ni－Mo	UOP
HR304	圆柱条形	Ni－Mo－Co	IFP
HR306	圆柱条形	Ni－Mo－Co	IFP
TK－400		Ni－Mo	Topsϕe
TK－500		Ni－Mo	Topsϕe
KF－752	四叶草形 ϕ1.3mm	Co－Mo	美国雅宝公司
KF－842	四叶草形 ϕ1.3mm	Ni－Mo	美国雅宝公司

续表

催化剂牌号	性　状	活性组分	所属公司
KF－845	四叶草形 ϕ1.3mm	Co－Mo	美国雅宝公司
ICR－158	非对称三叶草形	Co－Mo	CHEVRON
M8－21	圆柱条形	Co－Mo	BASF

(三)催化剂性能

随着重整催化剂的发展，对原料中杂质要求更为严格，同时随着重整工艺技术的提高，重整原料油来源更为广泛，对预加氢催化剂的活性、选择性及稳定性的要求也相应提高。目前国内比较有代表性的预加氢催化剂有 RS－1、FDS－4A 以及 481－3 等预加氢催化剂，其活性及稳定都要优于国外催化剂。在表 3－9 为国内预加氢催化剂与国外催化剂活性比较，其性能要优于国外催化剂。

表 3－9　国内外预加氢催化剂的活性比较

催化剂	RS－1	国外参比剂 1	国外参比剂 2	4813	国外参比剂 3	国外参比剂 2
原料油性质		大庆直馏汽油			大庆宽馏分油	
密度(20℃)/(g/cm^3)					0.7239	
硫含量/(μg/g)		239			215	
氮含量/(μg/g)		1.0			2.0	
溴价/(gBr/100mL)		2.8			2.0	
操作条件						
氢分压/MPa		1.6			1.2	
温度/℃		260			300	
体积空速/h^{-1}		10			4.0	
氢油体积比		90			150	
生成油性质						
硫含量/(μg/g)	<0.5	1.9	0.7	<1.0	1.4	<1.0
氮含量/(μg/g)	<0.5	0.55	<0.5	0.08	0.17	0.11
溴价/(gBr/100mL)	0.1	0.1	0.4	0.1	0.1	0.1

我国早期的重整预加氢装置由于原料油中的硫含量较低均采用低压、低空速、氢气一次通过操作方案。近年来，由于预加氢催化剂性能不断提高，预加氢催化剂可以在比较高的空速下操作，表 3－10 为几套装置的典型操作数据。

表 3－10　重整预加氢装置典型操作数据

装　置	苏丹炼油厂	湛江东兴	石油三厂	广州石化	镇海炼化
催化剂	RS－1	RS－1	RS－20	RS－30	FDS－4A
操作条件					
反应压力/MPa	1.6	1.7	2.5	2.4	2.3
反应温度/℃	280	280	280	280	300
体积空速/h^{-1}	8.0	10.0	6.0	9.0	6.5

三、加氢操作参数

影响加氢反应的操作参数主要有温度、压力、氢油比和空速。

(一) 温度

加氢过程是放热反应，工业装置通常采用绝热反应器，这样将导致催化剂床层出现温升。为了准确表述催化剂床层的反应温度，通常采用催化剂床层加权平均温度(WABT)来表示。

反应温度对加氢反应速度的影响可用阿累尼乌斯公式描述：

$$k = Ae^{-E_a/RT} \tag{3-5}$$

式中 A——指前因子；

R——气体常数，$R = 8.314 J/(mol \cdot K)$；

T——反应温度，K；

E_a——反应活化能，kJ/mol。

对于直馏石脑油，反应温度升高，脱硫、脱氮反应速度加快，加氢深度增加；但温度过高，将降低生成油的液体产品收率，并促使焦炭生成速度增加，损害催化剂的活性。预加氢装置操作通常采用控制反应器入口温度来调整脱硫、脱氮率。然而，反应器入口温度不是独立的操作变量，它是进料质量的函数。当进料性质和数量一定时，反应器入口温度通常应控制在所需的最低值。随着运转时间的增长，催化剂的活性逐渐衰减，可提高反应温度来补偿。但是，最高的预加氢反应温度通常不超过370℃，超过此值，焦炭生成速度极快，而且将有裂化反应发生，加氢效果甚微。同时，在高温下，烯烃饱和反应达到平衡状态，产物中烯烃会与硫化氢结合，生成硫醇，其反应如下：

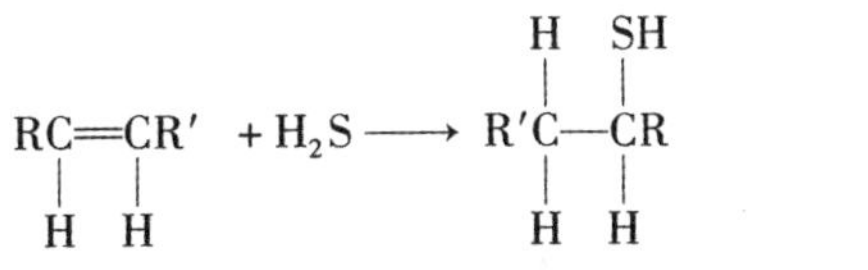

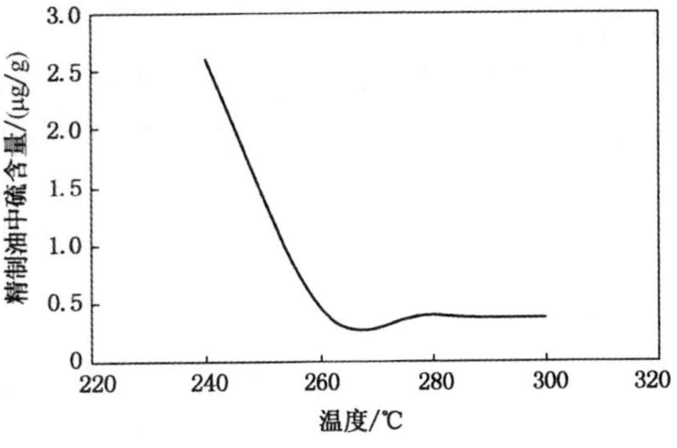

图3-13 温度对催化剂HDS活性的影响

反应条件：空速为$10h^{-1}$、氢分压为1.6MPa、氢油比为$90Nm^3/m^3$、催化剂为RS-1

以沙中直馏石脑油为原料(硫含量360μg/g、氮含量为1.2μg/g)，考察不同反应温度对HDS活性影响的试验结果见图3-13。由图可见，随温度升高，脱硫活性上升，但温度超过一定值后，精制油中的硫含量已经达到极小值，基本没有变化。

对于掺有二次加工石脑油的原料，存在烯烃和H_2S生成硫醇的反应，如催化裂化石脑油的加氢，在脱硫、脱氮、烯烃饱和反应的同时，还存在烯烃和H_2S生成硫醇的反应。升高温度，加快了脱硫、脱氮、烯烃饱和的反应速度，同时也加快烯烃和H_2S反应生成硫醇的速度。因此，在掺炼二次加工石脑油时，随着反应温度的升高，脱硫率会逐渐增大，但若温度太高则会由于烯烃和H_2S反应重新生成硫醇而使脱硫率反而降低。图3-14

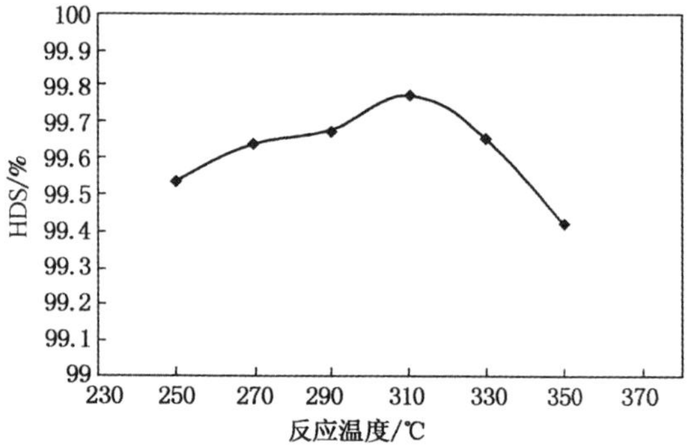

图 3-14 加氢脱硫率随反应温度的变化

反应条件：氢分压 2.4MPa、氢油体积比 $500Nm^3/m^3$、空速 $5h^{-1}$、催化剂为 RS-1

说明了这一点。

目前国内炼油厂掺炼二次加工石脑油的厂家很少，主要有独山子炼油厂、福建炼油厂以及玉门炼油厂。对于按加工直馏石脑油设计预加氢装置来说，很难用于加工掺炼二次加工石脑油。因为二次加工石脑油油如焦化石脑油或催化石脑油，含有大量的烯烃，在加工过程中会产生大量的反应热，使得床层温度很难控制，需要增加冷氢设备。同时若反应器出口温度太高，烯烃和 H_2S 会重新生成硫醇。

(二) 压力

压力对催化剂的活性也有影响。通常，压力有三个概念：反应器内氢分压、系统总压(反应器入口压力、反应器出口压力或油气分离器压力)以及循环氢中的氢分压。在本章不作特定说明的话，所提到的“氢分压”，均指循环氢中的氢分压。压力对加氢反应影响的实际因素是反应器内氢分压。较高的氢分压有利于抑制脱氢反应，促进加氢反应，阻止或减少催化剂表面积炭的生成，提高催化剂的稳定性。

反应器内氢分压的大小取决于操作压力、氢油比、循环氢浓度以及原料油的汽化率。对预加氢反应来说，由于正常操作条件下是纯气相反应，因此原料油的汽化率为 100%。

反应器出口总压、反应器出口氢分压与反应器出口氢浓度之间的关系可以用下述方程表达：

$$p_T = p_H / Y_{H_2} \quad (3-6)$$

式中 p_T——反应器出口总压，MPa；

p_H——反应器出口氢分压，MPa；

Y_{H_2}——反应器出口氢浓度，%(摩尔分数)。

反应器出口氢分压计算可按下式进行：

$$p_H = (X_{H_2} \times A + Y_{H_2} \times B - C) \times p_T / (A + B - C + D + V) \quad (3-7)$$

式中 X_{H_2}——新氢纯度，%(摩尔分数)；

A——新氢量，m^3/t；

Y_{H_2}——循环氢纯度，%(摩尔分数)；

B——循环氢量，m^3/t；

C——化学氢耗，m^3/t；

D——硫化氢产率，m^3/t；

V——进料汽化后体积，m^3/t。

提高压力有利于提高脱硫、脱氮率，有利于将烯烃完全饱和，从而有利于深度脱硫。表3-11为考察压力对加氢产品性质影响的试验结果。试验的原料为掺20%催化裂化石脑油的沙轻直馏石脑油，反应条件为：温度270℃、空速$5h^{-1}$、氢油体积比300、催化剂为RS-1。

表3-11 氢分压对产品性质的影响

产品性质 \ 氢分压/MPa	3.8	3.2	2.4	1.6
密度(20℃)/(g/cm^3)	0.7254	0.7260	0.7264	0.7266
折光率/(20℃)	1.4097	1.4100	1.4104	1.4108
溴价/(gBr/100mL)	0.16	0.21	0.26	0.31
氮含量/(μg/g)	0.30	0.32	0.34	0.35
脱硫率/%	99.2	98.9	98.8	97.2

从表3-11可以看出，其他条件一定时，提高压力，使加氢反应的速度加快，有利于提高加氢深度。为了达到深度脱硫目的，需要使烯烃完全饱和，要求较高的氢分压。

图3-15为加工掺焦化石脑油的直馏石脑油情况下，考察不同氢分压对催化剂的HDN活性影响的试验结果。由图3-15可见，操作压力提高，催化剂的脱氮性能增加。

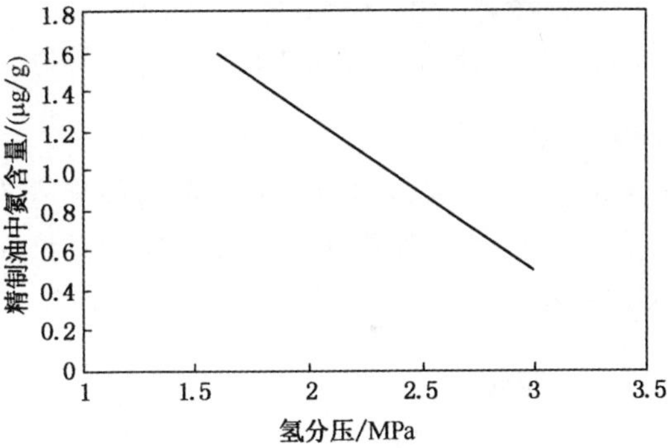

图3-15 氢分压对催化剂HDN性能的影响

反应条件：空速为$8h^{-1}$、温度为280℃、氢油体积比为180、催化剂为RS-1

（三）氢油比

在工业装置上，通用的氢油体积比是指在单位时间内进入反应器的氢气在标准状态下的体积量与进入反应器的原料油的体积(20℃时)量之比。在加氢过程中，如果不涉及反应工程的影响，仅就反应过程而言，氢油比的变化实质是影响反应过程的氢分压。

反应器内氢分压计算可按下式进行：

$$p_H = (X_{H_2}A + Y_{H_2}B)p_T/[A + B + (A + B) \times 22.4/F \times \text{密度} / \text{油相对分子质量}] \quad (3-8)$$

式中 X_{H_2}——新氢纯度,%(摩尔分数)；

A——新氢量，mol/h；

Y_{H_2}——循环氢纯度,%(摩尔分数)；

B——循环氢量，mol；

F——氢油体积比。

从式(3-8)可以看出，氢油体积比F越大，反应器内氢分压越大，对HDS、HDN等反应越有利。另外，较高的氢油比还有助于减缓催化剂表面的结焦速度，延长催化剂的使用周期。

对加工一般的直馏石脑油来说，氢油体积比通常为50~120，但是对于掺炼二次加工油的原料，则需要在较高的氢油比。

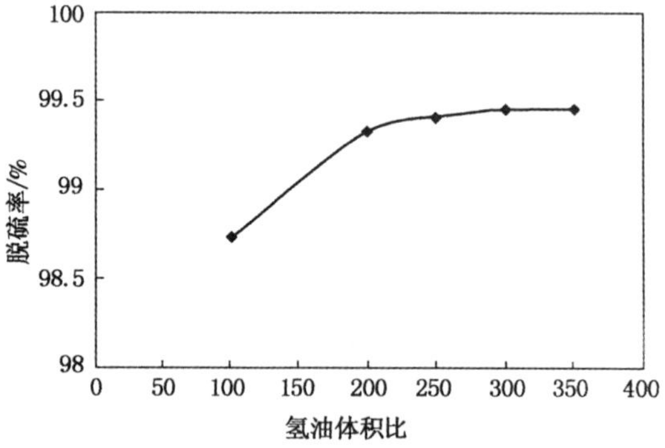

图3-16 氢油比对脱硫率的影响

反应条件：温度250℃、氢分压3.2MPa、空速$3h^{-1}$、催化剂为RS-1

以掺炼催化裂化石脑油的混合油为原料，在250℃、3.2MPa、$3h^{-1}$的反应条件下，脱硫率随氢油比的变化见图3-16。从图3-16可以看出，氢油体积比在小于200范围时，脱硫率随氢油比增加而上升，当氢油体积比大于200时脱硫率增加变化趋缓，再继续提高氢油比对脱硫深度的影响不大。这种现象可解释为在反应总压力不变的情况下，提高氢油比可以提高氢分压，有利于加快反应速度，但同时降低了油汽分压，且油汽与催化剂的接触时间缩短，又产生不利的影响。因此，在掺炼比不太高的情况下，比较合适的氢油体积比范围为200~300。

综上所述，重整预加氢反应要选择合适的氢油比。氢油比选择的一般原则是原料油含二次加工石脑油，如焦化石脑油或催化石脑油，则氢油比较大；加工直馏石脑油，则氢油比相应较小。

(四) 空速

体积空速是指单位时间内每单位体积催化剂上流动通过的原料油的体积。如果取体积空速(*LHSV*)的倒数$1/LHSV=\tau$，则τ表示表观接触时间($\tau=LHSV^{-1}$)。因此空速的大小反映了反应物在反应器内停留时间的长短。工业上希望采用较高的空速以提高装置的处理能力，但空速的选择受反应速率的限制。

以沙轻直馏石脑油作重整原料的预加氢可以采用较高的空速，由图3-17可见。最高空速可以接近$14h^{-1}$。

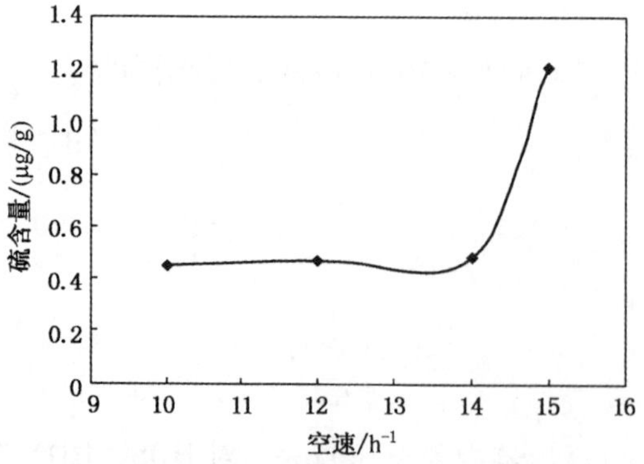

图3-17 空速对直馏石脑油HDS反应的影响

反应条件：温度为260℃、氢分压为1.6MPa、氢油体积比为90、催化剂为RS-1

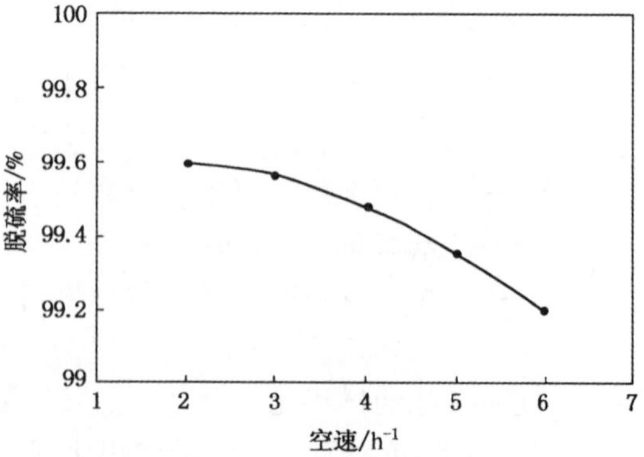

图3-18 不同空速对脱硫率的影响

反应条件：温度290℃、氢分压2.4MPa、氢油体积比300、催化剂为RS-1

加工掺炼二次加工石脑油时，由于原料中含有较多的反应速率相对较慢的噻吩类硫化物，尤其是2,3,4－三甲基噻吩、2,3,5－三甲基噻吩等多取代基的噻吩类化合物，在大空速下，反应时间短，这些硫化物不能被完全加氢脱除。图3－18是不同空速对脱硫率的影响。

从图3－18可以看出，加工含有二次加工石脑油，要达到深度脱硫的水平，需要较低的空速，使反应速率较慢的烷基取代噻吩与催化剂的接触时间足够长。

四、预加氢催化剂的硫化

从国内外加氢催化剂硫化研究来看，可以分为两个方面。一方面是硫化理论的基础性研究，一是工业应用性研究。硫化理论的基础性研究大多集中在硫化态催化剂的活性中心上，经过大量的工作，提出了许多不同的结构模型来描述加氢催化剂的活性中心。比较典型的有单层模型、层间插入模型、接触效应模型、Co－Mo－S、Ni－Mo－S及Ni－W－S相模型以及近年发展起来的STARS模型等。虽然这些理论对活性金属的硫化态结构描述各不相同，但研究得出了相似的结论，认为活性中心与硫化过程中形成的S阴离子空位有关，硫化过程中催化剂上形成了MoS_2、WS_2类晶相，它们是催化剂的活性组分。

1. 硫化与不硫化的比较

试验研究和工业实践结果证明，硫化态催化剂的脱硫、脱氮活性要比氧化态催化剂的高许多。但采用氧化态催化剂开工后，原料油中的硫又可以逐渐将氧化态催化剂转化为硫化态，催化剂的活性也逐渐提高。

2. 催化剂的硫化方法

催化剂硫化又可以分为气相硫化和液相硫化两大类。

所谓液相硫化就是在催化剂预硫化过程中采用向反应器内连续注入一种含硫油，在氢气、热的条件下，硫化物分解成硫化氢，进而使催化剂的活性金属组分从氧化态还原成为硫化态的方法。这种油叫做硫化携带油。液相硫化又分为携带油中另行添加含硫的有机硫化物的强化硫化和靠携带油本身所含硫化物进行催化剂硫化的非强化硫化两个分支。由于液相硫化具有良好的传热传质环境，因而使液相强化硫化过程稳定，易于取得良好的硫化效果，在工业加氢装置广泛被采用，特别是高金属含量的催化剂，更是如此。

液相强化硫化时，硫化剂通常选用易分解而硫含量又高的有机硫化物，硫化剂在携带油中的浓度通常是在0.1%～1.0%范围内。我国炼油厂的重整预加氢装置大多数采用液相强化硫化工艺。

液相非强化硫化通常选用硫含量高的馏分油作为硫化剂，但由于馏分油分解产生的不饱和烃多，硫化时间长，硫化后催化剂积炭多，对金属含量高的催化剂常常难以完全硫化，使得催化剂的活性和稳定性都不能充分发挥。

最早的气相硫化则是利用富含H_2S的炼油厂瓦斯气对催化剂进行预硫化。但炼油厂瓦斯中往往含有较高量的烯烃和非烃杂质而又难以净化，采用这种瓦斯气体硫化催化剂时极易发生超温、催化剂中毒等危险，因此在炼油厂中很少使用。目前气相硫化的携带介质为氢气，在反应器入口处，向氢气流中注入DMDS或CS_2的方法进行催化剂气相硫化。

(1) 硫化剂

强化硫化过程中硫化剂的选择十分重要，概括说来，硫化剂的选择应当注意以下几点：

① 硫化剂本身硫含量高；

② 硫化剂分解温度低；

③ 硫化剂毒性低，使用安全；

④ 硫化剂价廉易得。

以前我国工业加氢装置，主要以二硫化碳作为硫化剂，但由于二硫化碳腐蚀性强、毒性高、闪点过低，从环境保护和使用安全考虑，逐步由二甲基二硫化物或二甲基硫化物取代二硫化碳作为硫化剂，表3-12为几种常见硫化剂的性质。

表3-12 几种硫化剂的性质比较

硫化剂	硫含量/%	分解温度/℃	沸点/℃	闪点/℃	自燃点/℃
二硫化碳	84.2	175	46	-22	100
二甲基二硫	68.1	200	109	59	>300
二甲基硫	51.1	250	>97	≤0	206
正-丁基硫醚	34.7	225	>205	19	

(2) 催化剂硫化原理

Mo、Co、Ni、W等在高温下其氧化物都是活泼的金属组元，在硫化过程中发生还原和硫化的竞争反应，Harman Hallie等人提出了以下的可能反应途径：

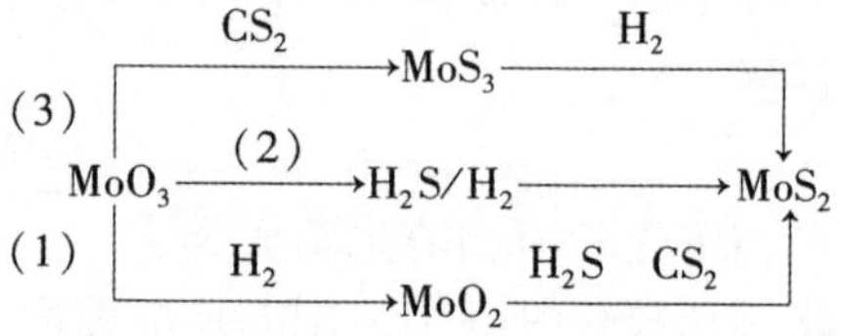

途径(1)：MoO_2与H_2S反应生成活性硫化物的速度十分缓慢，这是所不希望的。

途径(2)：没有发现金属组元的还原，Steuents等人用电子扫描看到存在MoS_3，同时存在有MoS_2和少量的MoO_2和MoO_3。

途径(3)：硫化和还原同时发生。

催化剂预硫化过程同时放出热量，以Ni-Mo催化剂为例，某些硫化反应的热效应数据如下：

$$CS_2 + H_2 \longrightarrow CH_4 + 2H_2S \qquad -232.4\ kJ/mol$$

$$CH_3SCH_3 + 3H_2 \longrightarrow 2CH_4 + 2H_2S \qquad -166.6\ kJ/mol$$

$$MoO_3 + 2H_2S + H_2 \longrightarrow MoS_2 + 3H_2O \qquad -163.3\ kJ/mol$$

$$3NiO + 2H_2S + H_2 \longrightarrow Ni_3S_2 + 3H_2O \qquad -129.8\ kJ/mol$$

(3) 液相强化硫化步骤

① 为了防止空气与氢气的接触，首先系统用氮气置换合格后，泄压，然后正向引氢至反应系统，直到系统氢气置换合格。

② 以一定的速度升压至操作压力。在装置设计有循环氢压缩机的情况下，开启循环氢压缩机，建立氢气循环。

③ 氢气循环平稳后，进硫化油，加氢催化剂进油前的床层最高温度一般应不超

过150℃。

④ 根据装置的具体情况，调整进油量，由小到大，逐步调到硫化要求的空速。

⑤ 进油后的前几个小时，可视生成油的污浊程度外排至污油管线。然后硫化油回进料缓冲罐(预分馏塔)，建立硫化油循环。

⑥ 将反应器入口温度升到一定值(这个数值视选择硫化剂的分解温度而定)，开始注硫化剂。

⑦ 升温预硫化。关于升温程序，不同的催化剂供货商对他们所出售的催化剂会推荐使用适合自己催化剂的特定的升温曲线，但目的都是将催化剂硫化完全，并保证在催化剂硫化过程中不会产生超温等现象。

3. 使用器外预硫化催化剂

传统的加氢催化剂硫化方法是器内强化硫化技术，氧化态催化剂装入反应器后，在一定温度下同时通入氢气和硫化氢或硫化剂(干法)，或氢气和含硫化剂的馏分油(湿法)，经过一定时间的反应，使氧化态金属硫化成硫化态活性组分。这种方法在炼厂的工业装置上进行，存在诸如开工时间较长、一次性投资较大、设备管理困难和环境污染严重等问题。为了克服这些问题，80年代初期，Eurecat. S. A公司与AKZO Chemicals公司[4]联合开发了加氢催化剂器外预硫化技术，第一代器外预硫化催化剂称为“EasyActive”。于1986年在法国La Voulte炼厂首次成功工业应用。以后器外预硫化催化剂的应用数量增长很快，器外预硫化加氢催化剂已得到广泛应用。在我国，石油化工科学研究院和抚顺石化研究院也先后开发了重整预加氢催化剂的器外预硫化技术并已成功工业应用。

器外预硫化催化剂是一种在出厂前已经过硫化物处理的催化剂，其活性金属组分通常以金属氧硫化态存在。因此器外预硫化催化剂在装入反应器后，还需在一定的条件下与氢气反应，使生成活性高的金属硫化态形式，这个过程叫做器内活化。采用器外预硫化催化剂有很多优越性：工业装置在开工过程中不需准备硫化剂；简化装置工艺流程，减少设备投资；减少装置占地面积；节省硫化剂的购置费用；可以消除硫化剂在储存运输及使用过程中对人体健康的危害以及对环境的污染；器外预硫化催化剂在使用方面可以简化硫化步骤，减小硫化操作与控制的难度；显著缩短装置开工时间等。

器外预硫化的催化剂上的S以化学键固定在催化剂表面上，但活性金属如Mo、W、Ni、Co等并不是被完全转化为相应的硫化物，并非真正意义上的硫化态催化剂。因此在空气中可以稳定存在，不会有着火的危险。与氧化态催化剂相比，器外预硫化的催化剂含有氧化态金属完全生成硫化态所需要的S的数量，而且残留下一些烃的化合物。这些S和烃类化合物占据着催化剂的孔。因此，器外预硫化催化剂在出厂时的密度和灼烧损失比原始的相应氧化态催化剂要高。

在H_2升温活化过程，吸附了S的催化剂上发生如下反应：

$$MoO_xS_y \xrightarrow[H_2]{} MoS_2 + H_2O$$

$$CoO_xS_y \xrightarrow[H_2]{} CoS_2 + H_2O$$

反应生成了金属硫化物，该过程释放的热量约为50 kcal/kg - 催化剂。器外预硫化与器内预硫化开工时间比较结果见图3 - 19。

从图3 - 19可见，器外预硫化已到达反应所需的操作温度时，常规器内预硫化还在升温阶段。硫化时间的缩短，可以缩短开工时间，使装置早日进入生产状态，有利于提高企业经济效益。

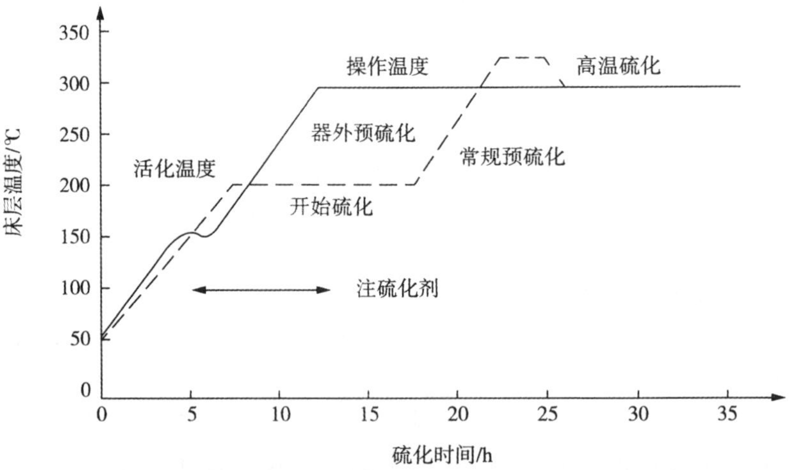

图3-19 器外预硫化与器内预硫化开工时间比较

五、加氢催化剂的再生

(一) 催化剂失活[22~27]

预加氢催化剂在使用过程中，由于众多因素的影响，其活性逐渐下降直至最终丧失。除非出现突发干扰或破坏性操作，催化剂的失活过程是连续的、缓慢的，活性损失难以明显觉察。通过对加氢产物某些关键指标的控制分析，可以跟踪催化反应的动态，有时候捕捉到一些催化剂失活迹象。在通常情况下，提高反应温度，可以补偿催化剂的活性损失，从而保证预加氢产品符合重整进料要求。一般来说，加氢催化剂失活的主要原因不外乎是积炭(或结焦)、中毒及老化。催化剂积炭是最常见的失活原因。

1. 催化剂积炭失活

在生产过程中，催化剂由于积炭的增加而逐渐失活。催化剂富积的焦炭是从开工至运转末期长时间和较高温度共同作用的结果。一方面，加氢原料中含有的重质组分、芳烃、杂原子化合物在进入反应器后吸附在催化剂表面上，如果没有充分氢解反应，它们将覆盖在催化剂的活性中心上，经过长时间运转，这些组分逐渐积聚、缩合成大分子化合物，最后形成焦炭。另一方面，如果操作条件不恰当或环境的影响，使得加氢过程的副反应—脱氢反应有所加剧，助长了加氢生焦的趋势。焦炭的形成将占据催化剂的有效孔道，减少催化剂的表面积和孔容积，结果是催化剂活性降低。通常预加氢催化剂积炭达到5%~7%，催化剂使用温度就达到了末期温度，此时再提高反应温度也很难提高催化剂的脱硫和脱氮活性，甚至由于热裂化副反应的加剧而导致产物中硫醇硫含量上升，脱硫率下降，催化剂就需要再生。

2. 催化剂中毒失活

催化剂的中毒是造成预加氢催化剂失活的另一个主要原因。中毒失活是在运转过程中某些化合物在催化剂表面强烈吸附的结果。这些毒物可能是外来的也可能是反应本身的副产物。一般来讲，如果毒物与催化剂活性组元之间的化学反应是可逆的，或者并不发生化学反应而只是吸附在表面上，仅仅由于延缓了活性点位置的更新，从而降低其活性，但通过适当的净化，可以全部或部分恢复催化剂活性，这种中毒称为“暂时性中毒”或“可逆性中毒”，如果毒物与构成活性中心的物质发生化学反应(不可逆的)转变为无活性的物质，则是“永久性中毒”或“不可逆中毒”。

一般认为，存在于油中的砷、铅、铜、钠、铁、镍和钒等金属，由于沉积，使得催化剂孔口堵塞、表面覆盖以及与催化剂的载体作用等导致催化剂永久性中毒。

以下介绍几种主要金属与杂质造成催化剂失活的原因[26]：

(1) Na^+是一显著的失活因素，催化剂上的Na^+沉积达到1%～3%，催化剂失活50%，Na^+能渗入催化剂微孔结构中，降低催化剂机械强度。Na^+中毒最严重的危害发生在催化剂再生时，渗入到催化剂载体内部的Na^+能在高温下促进烧结，使催化剂表面积降低、活性金属聚集。通常催化剂上Na^+沉积超过0.25%，就不再进行再生。此外Na^+的污染还造成压降上升。因此从常压塔顶过来的预加氢进料不能进行碱洗处理。

(2) Fe^{2+}是由于石脑油进料中氯含量过高，存在氯腐蚀预加氢加热炉炉管，而将Fe^{2+}带到预加氢反应器床层内。在加工高酸值原油时，即使是石脑油馏分，也会由于高酸性而在一定的温度范围很快地腐蚀金属，油中产生Fe^{2+}。Fe^{2+}聚集深度为60～100nm，孔口基本堵死。Fe^{2+}的毒害是增大压力降。因为Fe^{2+}很容易被脱除并与反应系统里存在的硫化氢反应生成FeS而积存在催化剂床层入口的颗粒之间，而FeS具有强的脱氢活性，所以在FeS旁极易发生油的脱氢缩合并形成焦炭，最终FeS与附在上面的焦炭形成很硬的壳，压降增加。解决Fe^{2+}的问题的关键是解决设备腐蚀，其次是采用大孔径保护剂、脱Fe剂及催化剂分级装填等。

(3) Ni与V中毒机理是堵塞催化剂微孔孔口，催化剂上载有3%～4%(V+Ni)时，活性降低50%。此外P、Ca、K、Mg等均会给催化剂带来负面影响，应从原料中清除。

(4) As是以有机化合物形式存在于油中，它的中毒机理是由于As与金属硫化物中的金属相结合，属于永久性中毒。

(二)催化剂的再生及再生方法

目前，工业上使用的催化剂再生方法有两种，一种为器内再生，即催化剂在反应器中不卸出，直接在高温下向反应器内通入含氧气体，使催化剂表面沉积的焦炭烧掉，催化剂活性得到恢复，这是早期的催化剂再生方法；另一种为近期越来越普遍使用的器外再生方法，它是将待再生的失活催化剂从反应器中卸出，运送到专门的催化剂再生工厂进行再生。

1. 催化剂器内再生技术

按再生时所用惰性气体(热载体)介质不同，可分为“水蒸气－空气”再生和“氮气－空气”循环再生两种方法。

(1) 水蒸气－空气再生

在20世纪60～70年代我国早期建设的加氢装置，普遍采用“水蒸气－空气”一次通过反应器，尾气直接排放的再生法，这种方法流程简单，也容易操作，较适合于小型加氢装置。但是由于用蒸汽作热载体介质，当再生系统进行升温、降温、流程切换等操作时，要特别注意防止冷凝水带入催化剂床层中，或蒸汽在催化剂床层中发生冷凝现象，导致催化剂粉化板结而损害催化剂。即使没有冷凝水的出现，催化剂也由于长时间受高温水蒸气的作用，导致催化剂老化，使高度分散的活性金属凝聚，催化剂活性损失大。由于催化剂受损，再生后的反应系统，从流体分布的均匀性上、活性上、床层压降上均难以保证较长周期的运转。并且，在催化剂烧焦的4~6天时间里，再生烧焦尾气就近排放，其噪声、CO_2、SO_2、水气对装置区的污染也是非常严重的。

（2）氮气－空气循环再生

由于水蒸气－空气再生法存在的较大缺陷，后来又采用了氮气－空气再生法。由于氮气来源相对昂贵，因此通常采用循环的方式进行。氮气－空气循环再生，可以减缓再生过程催化剂受水蒸气老化而活性受损的程度，催化剂的活性可以得到较好的恢复。但是，由于氮气的热容性比水蒸气差，相比于水蒸气再生，更容易因氧含量控制不当，或反应器升温控制不稳等原因而发生超温的危险。同时，由于再生尾气需要在系统内净化后循环使用，因此，对设备的防腐问题也极为重要。因此，一个完整的循环烧焦系统，仅有一个加氢反应系统(主流程)是不够的，还应包括可以灵活调节的配风系统，稳定运行的补充碱液和循环碱液系统，准确计量的注氨系统，注水系统和CO_2、O_2、SO_2、pH在线监测分析等系统组成，示意流程图见图3－20。

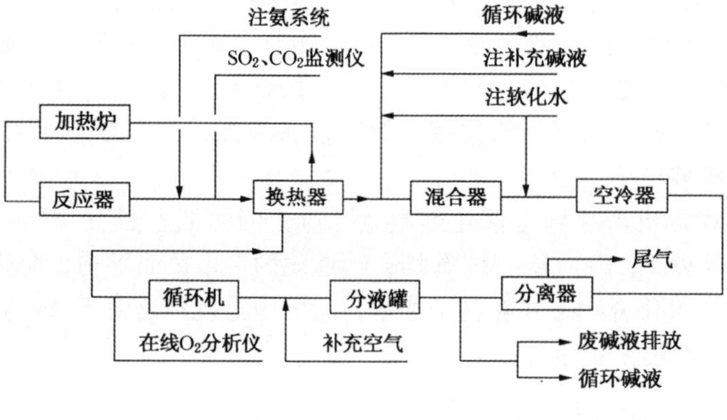

图3－20 氮气－空气循环再生系统流程图

由图3－20可见，再生工艺流程在通常的反应工艺流程图中相应部位，需增设以下设施：

①在新增混合器前，配置循环碱液，补充碱液，软化水的注入系统；

②在反应器出口配置一套注氨系统；

③反应器出口安装CO_2、SO_2在线分析监测仪表；

④在补充H_2压缩机处增设一套补充空气调节系统(按混H_2流程并入)；

⑤在反应器入口，配置一套O_2含量在线分析监测仪表；

⑥在循环碱液线上，安装pH在线监测仪。

2. 器内再生的缺点

多年器内再生的实践表明，器内再生存在如下不足之处：

(1) 生产装置因再生所需要的停工时间较长；

(2) 再生条件难以严格控制，易于导致催化剂再生效果差，活性恢复不理想；

(3) 再生时产生的有害气体(SO_2、SO_3、NO_2)及含硫、含盐污水，若控制或处理不当，会严重腐蚀设备，污染所在社区的环境；

(4) 预加氢装置的操作运转周期长，操作人员多年才能遇到一次再生操作，技术熟练的程度远不及专业再生操作人员，某些操作上的失误或考虑不周、处理不当，不仅影响其再生效果，甚至可能会发生超温等危险，严重时损伤催化剂和设备。

3. 催化剂的器外再生技术

器外再生是指催化剂不经再生就直接卸出，运到专门的器外再生工厂进行的烧焦再生。器外再生时，催化剂经过筛处理，于专用装置内烧焦再生，可准确地控制再生温度和速度。通过分析待生剂的物化性质，事先确定再生各区段的温度和进料速度，可节省再生时间，提高再生效果。而且器外再生是在专用装置上由专业人员操作，可靠性较高。此外，再生装置一般都带有气体处理装置，故不会污染环境。

同器内再生技术相比，器外再生技术有很多可取之处，如再生效果好，节省时间，可免除催化剂床层上部结块、粉尘堵塞所引起的床层压降上升，有利于减少设备腐蚀、环境污染，技术经济效益好，质量有保证等。从20世纪70年代中期以来，器外再生技术逐渐为炼油厂所接受，美国、法国、日本等国相继采用了催化剂器外再生技术。

(三) 再生中的防腐

由于预加氢催化剂为硫化态催化剂，因此催化剂上沉积有较多的硫。因此，积炭的催化剂在再生烧焦时会产生大量的SO_2、SO_3、CO、CO_2等有毒物质。

再生中的主要化学反应有：

$$NiS + O_2 \longrightarrow NiO + SO_2$$

$$MoS_2 + O_2 \longrightarrow MoO + SO_2$$

$$HC + O_2 \longrightarrow H_2O + CO_2$$

$$C + O_2 \longrightarrow CO_2$$

$$S + O_2 \longrightarrow SO_2 \text{ 或 } SO_3$$

在烧焦过程中，这些有害物质被循环气带至空冷器、循环压缩机等要害部位，在遇低温循环气中的H_2O后易发生下列反应：

$$SO_2 + H_2O \longrightarrow H_2SO_3$$

$$SO_3 + H_2O \longrightarrow H_2SO_4$$

$$CO_2 + H_2O \longrightarrow H_2CO_3$$

稀硫酸、亚硫酸、碳酸、硝酸等化合物在低温下，对循环气压缩机、空冷、临氢管线会产生严重的腐蚀，如不及时采取中和措施，将会对设备造成严重的损坏。为了保护设备，在再生过程中采取中和措施。

1. 注氨

再生废气中加入无水液氨，目的在于中和流出物中的CO_2和可能产生的SO_3，它们发生如下反应：

$$SO_3 + 2NH_3 + H_2O \longrightarrow (NH_4)_2SO_4$$

$$CO_2 + NH_3 + H_2O \longrightarrow NH_4HCO_3$$

注入液氨的位置应该靠近反应器出口。注氨量可以根据循环气中的 SO_3、CO_2 含量决定，注氨量一般控制在 2～2.5kg/kmol SO_2。为了避免生成的铵盐结晶堵塞管道，需要按照相平衡曲线，注入一定量的脱氧水。

2. 注碱

注碱的目的在于全部中和烧焦产生的 SO_2 并部分中和 CO_2，其反应为：

$$SO_2 + 2NaOH \longrightarrow Na_2SO_3 + H_2O$$

$$CO_2 + 2NaOH \longrightarrow Na_2CO_3 + H_2O$$

SO_2 一旦返回催化剂床层形成 SO_3，而且当氧、水、硫化物同时存在，可能生成连多硫酸使奥氏体不锈钢破裂，所以必须彻底洗涤以中和全部 SO_2。注碱点的温度过高会发生碱脆，为了防止碱脆，注碱点的温度应该低于200℃，但温度过低，又会在注碱之前发生露点腐蚀。通常，比较适宜的注碱温度在 140～180℃。

3. 注缓蚀剂

在空冷器前注入的稀碱液中加入 20～50μg/g 的缓蚀剂，可以有效地保护金属表面不受酸介质的冲击和腐蚀。

（四）再生后的活性恢复

催化剂经过氮气或水蒸气再生后比表面积和孔体积都有较好的恢复，积炭基本烧净。但经过水蒸气－空气再生烧焦后的催化剂强度有一定的下降。经过再生后，不同的催化剂，其活性恢复也不同。以石科院研制开发的催化剂 RN－1 为例，再生剂脱氮活性损失较多，脱硫活性损失较少，相对于新鲜剂，用水蒸气－空气再生，再生剂的相对脱氮活性在75%～80%之间，相对脱硫活性在 90% 以上；用氮气－空气循环再生，相对脱氮活性在95%左右，相对脱硫活性在95%～99%之间。

第三节　原料的脱砷

砷化物是非常有害的物质，原料中极少量的砷化物就能促使催化剂发生永久性中毒失活，特别是重整催化剂中的铂对砷更敏感，它能与 As 结合生成 PtAs，永久性失活。通常催化重整装置要求进料中的砷含量小于 1ng/g，而一般的硫化态加氢催化剂对砷不象重整催化剂那么敏感，要求进料中砷含量小于 200 ng/g。

我国的大庆原油和新疆原油含砷都较高，表 3－13 为我国一些直馏石脑油的含砷情况。

表 3－13　我国一些直馏石脑油的含砷情况

原油来源	石脑油馏分含砷量/(ng/g)	原油来源	石脑油馏分含砷量/(ng/g)
大庆原油	200～2000	胜利原油	50～200
新疆原油	100～500		

石油馏分中的砷化物通常具有 R_3As 的形式，其中 R 为一个氢原子或一个碳氢集团，也可以是不同的碳氢集团。表 3－14 为一些砷化物分子式和沸点，可见这些砷化物在石油蒸馏过程中，按其沸点的高低，将会分别进入石脑油、柴油等馏分中。

表 3－14　某些砷化物的沸点

化学物	分子式	沸点/℃	化学物	分子式	沸点/℃
砷化氢	AsH_3	-55	三甲基砷	$(CH_3)_3As$	52
甲基砷化氢	CH_3AsH_2	2	三乙基砷	$(C_2H_5)_3As$	140
二甲基砷化氢	$(CH_3)_2AsH$	35.6	二苯基砷化氢	$(C_6H_5)_2AsH$	161
乙基砷化氢	$(C_2H_5)_2AsH$	36	三苯基砷	$(C_6H_5)_3As$	360

石脑油作为预加氢进料，砷含量超过 200ng/g，会对加氢催化剂的活性和稳定性产生很大影响。因此对于加工含砷量高的原料油时，首先采用预脱砷的办法将原料油中常量砷脱除，剩余的微量砷（<200ng/g）再由预加氢剂深度脱砷，获得重整要求的原料油。这样既可以保证预加氢生成油中含砷量满足重整生产要求，又可以延长预加氢催化剂的使用寿命。

一、脱砷方法

目前常用的脱砷方法有以下几种：氧化脱砷、吸附脱砷、加氢脱砷。

（一）氧化脱砷

以过氧化氢异丙苯（CHP）为氧化剂，原料油和 CHP 在 80℃条件下，反应 3min，使油品中的砷化物氧化后提高沸点或水溶性，然后用蒸馏和水洗的方法将其除去。这种脱砷方法可以脱除原料油中 95% 左右砷化物，会产生大量的含砷废液引起环境的严重污染。

（二）吸附脱砷

用浸硫酸铜的硅铝小球为吸附剂，采用吸附的方法脱除原料的砷化物。这种吸附剂制备方法通常是用硫酸或元素硫与负载在载体上的 Cu_2O 或 CuO 相互作用，生成 Cu_xS_y 此吸附剂中 Cu 含量超过 50%[30]。吸附脱砷方法也存在着缺陷，主要是其砷容量低（砷容量约为 0.3%），使用寿命短，使用后含砷废弃物不易处理，又产生新的污染。

（三）临氢脱砷

普通加氢催化剂虽可作为脱砷剂，但砷容量低（砷容量 2%～3%）、使用寿命短。而对于加工高砷的原料，大多采用专门开发的脱砷剂。目前，国内用在预加氢装置的脱砷剂有 DAs－2、FDAs－1、RAs－2、RAs－20 以及 RAs－3 等。

脱砷剂的特点是：砷容量高、脱砷效率高、环境友好。目前采用加氢脱砷流程有两种：

（1）在预加氢反应器前面加一脱砷反应器，与预加氢反应器串联使用。该流程优点，一旦脱砷剂失效后，可将脱砷反应器切出系统，更换新鲜脱砷剂；缺点则需要增加一脱砷反应器，设备投资和占地面积增加。

(2) 脱砷剂和预加氢催化剂装填在同一反应器，脱砷剂放置在主催化剂的上部，操作条件随主催化剂而定。该流程较为简便，投资降低，但脱砷剂和主剂在更换和再生时很难分开，且脱砷剂的砷容量要和催化剂使用周期要很好的匹配。

二、脱砷机理

石脑油的脱砷过程按照脱砷方法的不同也存在着两种机理，一种是吸附脱砷机理，另一种是化学反应脱砷机理。吸附过程是在较低的温度下，砷化物在脱砷剂与活性金属之间以化学吸附的形式结合在一起，砷同活性金属发生部分电子云转移：

$$R_3As + M \rightleftharpoons R_3As^{\delta-} \cdots\cdots M^{\delta+}$$

脱砷剂上的活性金属常以活性基团形式分散，吸附过程在较低的温度下进行，因而只能在活性基团的表面发生吸附，所以其砷容量很低，如过去常用的硫酸铜硅铝小球吸附剂等。

化学反应机理是：在一定的温度条件下，砷化物在脱砷剂的催化作用下，首先发生氢解反应，砷化物氢解为 AsH_3，AsH_3 同活性金属反应生成稳定的多种形式的双金属化合物。

$$RsAs + 3H_2 \longrightarrow 3RH + AsH_3$$

$$AsH_3 + MO \longrightarrow MAs + H_2O$$

由于这个过程所发生的是化学反应，反应温度较高，因而所发生的反应可以进入活性基团的体相，活性金属充分发挥作用，所以砷容量大。

脱砷机理表明，化学反应脱砷的过程是个不可逆过程，容砷后的脱砷剂是不可再生的。因此，一旦催化剂因砷中毒失活就会是永久性失活，中毒后必须更换催化剂。

砷化物的吸附和反应首先在反应器床层上部进行，当上部催化剂的容砷量达到一定饱和度后，才逐步向下推移，直至整个催化剂床层全部砷饱和，但下部催化剂的砷容量明显低于上部催化剂的砷容量，这是由于脱砷过程需要一定的停留时间及合适的高径比，一旦高径比太低，就不能达到预期脱砷率，需要更换新的脱砷剂。例如有 1 台反应器处理含砷 1150ng/g 的原料油，反应器出口油料砷含量降至 20ng/g 以下，在操作 300 天后测定顶部催化剂砷含量为 2.73%，而床层 2m 以下的催化剂砷含量均小于 0.1%。催化剂床层中不同高度的砷含量如图 3-21 所示[2]。

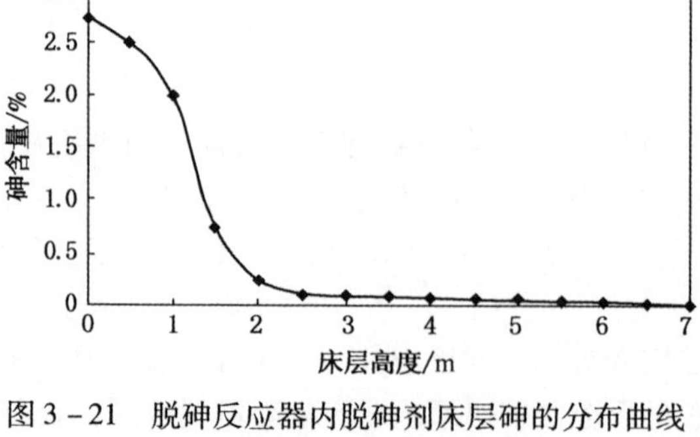

图 3-21 脱砷反应器内脱砷剂床层砷的分布曲线

三、脱砷工艺条件

影响石油馏分加氢脱砷效果的主要操作参数为反应压力、温度、空速和氢油比。

(一)反应压力

研究结果表明[29]，在反应压力大于1.0MPa时，反应压力的变化对石油馏分的脱砷结果影响较小。采用预硫化脱砷剂，以一种常顶汽油为原料(含砷量为580ng/g)，在290℃、氢油体积比150∶1的条件下进行对比实验，结果见表3－15。

表3－15 反应压力对脱砷活性的影响

反应压力/MPa	1.0	1.5	2.0
体积空速/h^{-1}	6	6	6
生成油含砷/(ng/g)	3.25	3.19	3.13
脱砷率/%	99.44	99.45	99.46

由表3－15可见，反应压力由1.0MPa升到2.0MPa，脱砷剂活性几乎保持不变，脱砷率均达到99%以上。

(二)反应温度

石油馏分加氢脱砷的过程，首先是在脱砷剂的作用下，砷化物发生氢解反应，因此需要一定的反应温度，而且反应速度随着反应温度的升高而增加。在生产初期，由于催化剂活性很高而采用较低的反应起始温度，以后随着催化剂表面积炭的增加，脱砷剂的活性下降而需要逐步提高反应温度。一旦提高反应温度仍不能达到质量要求时，就应将脱砷剂进行更换。

对于石油馏分的加氢脱砷反应温度一般为260～340℃。脱砷剂在不同反应温度对比试验结果见表3－16[29]。由表3－16可见，在较低反应温度260℃下脱砷率即达95.4%；随着反应温度的增加，脱砷率进一步提高。从生成油砷含量看，达到了后续催化剂对原料砷含量的要求。

表3－16 反应温度对脱砷活性的影响

反应温度/℃	260	290	300
氢油体积比	150	150	150
生成油含砷/(ng/g)	28.2	3.1	1.2
脱砷率/%	95.4	99.5	99.8

(三)空速

石油馏分的加氢脱砷反应速度很快，因此可以达到较大的空速。对直馏石脑油，液时空速在6～20h^{-1}左右；对掺混二次加工石脑油的原料油，液时空速在4～10h^{-1}左右。一种脱砷剂在不同空速下对比试验结果见表3－17[29]。

表3-17 空速对脱砷活性的影响

反应压力/MPa	2.0	2.0	2.0
体积空速/h^{-1}	6	12	20
生成油含砷/(ng/g)	3.13	4.35	4.70
脱砷率/%	99.44	99.25	98.14

由表3-17可见，反应空速从$6h^{-1}$提高到$20h^{-1}$，对脱砷活性影响甚微，脱砷率从99.44%降至98.14%，说明加氢脱砷反应速度很快。

(四) 氢油比

加氢脱砷过程中，氢耗较低，氢油比主要决定于原料油的性质。同时增加氢油比，也有利于减缓催化剂表面积炭速度，延长催化剂的寿命。但增加氢油比，循环氢用量增加，将增加氢耗与能耗，因此需要综合分析，才能选择合适的氢油比。

第四节 原料的脱氯

原油中存在的氯主要有两种形式，一种以有机的形式存在，另一种则是以无机的形式存在。而在直馏石脑油中的氯主要以有机的形式存在，其氯含量与原油来源有关，表3-18为一些直馏石脑油的氯分布。

表3-18 直馏石脑油中氯含量分布

样品名称	氯含量/(μg/g)	样品名称	氯含量/(μg/g)
中原直馏石脑油	29.0	冀东直馏石脑油	40.2
初馏点~60℃	204	40~50℃	179
61~80℃	68.0	50~55℃	572
81~100℃	3.9	55~65℃	200
101~120℃	6.3	65~75℃	7
120~140℃	4.5	75~85℃	4.3
>140℃	0.8	85~90℃	3.5
胜利直馏汽油	39.0	>90℃	<3
初馏点~80℃	20.0		
81~100℃	10.6		
101~160℃	65.7		
161~175℃	33.3		
>175℃	—		

含有机氯的原料油经预加氢后，由有机氯变成氯化氢，会造成预处理部分的换热器、空冷器、水冷器等设备的腐蚀。同时氯化氢与生成氨结合生成铵盐，造成堵塞，使得装置压降过大。

为解决氯化氢对预加氢及下游装置的设备腐蚀和催化剂的危害，工业上在预加氢单元通过增加脱氯罐的方法加以解决。但目前脱氯技术仅停留在脱除氯化氢等无机氯化物阶段，还不能够有效地脱除油中的有机氯。因此有机氯化物的脱除只能依靠加氢的方法解决。物料经过预加氢反应器后，不经过冷却，直接进入脱氯罐，在与预加氢的操作温度、压力和氢油比基本相同条件下，脱除生成的氯化氢。

一、氯的来源

原料油中氯主要来自两个方面：一方面是由于油田开采时加入了有机氯化物(氯代烷为主)的降凝剂、减粘剂等试剂；另一方面，在油田的循环水处理中也加入了含有机氯化物的水处理剂。而且有机氯化物的沸点低，电脱盐仅对无机氯化物有一定的脱除能力，但对有机氯化物不起作用。因此有机氯化物便残存在炼油装置的蒸发塔顶的馏分中，这些馏分油正是重整、制氢、制氨的原料，经预加氢后生成氯化氢进入加氢物料，造成下游设备腐蚀和堵塞。

二、氯在加氢系统中的腐蚀

原料油中所含的氯主要是以有机氯形式存在，对设备并不产生腐蚀，原料中的有机氯在加氢条件发生如下反应：

$$R—Cl + H_2 \longrightarrow R—H + HCl$$

生成的HCl气体对设备也不产生腐蚀或者腐蚀很轻，但在冷凝区出现液体水后便和物流中的硫化氢杂质一道形成腐蚀性很强的$HCl-H_2S-H_2O$体系，而且HCl和H_2S相互促进而构成循环腐蚀更为严重。其反应如下：

$$Fe + 2HCl \longrightarrow FeCl_2 + H_2$$

$$FeCL_2 + H_2S \longrightarrow FeS + 2HCl$$

$$Fe + H_2S \longrightarrow FeS + H_2$$

$$FeS + 2HCl \longrightarrow FeCl_2 + H_2S$$

除此之外，若加工氮含量较高的原料油时，HCl还与NH_3反应生成NH_4Cl(白色)与Fe反应生成$FeCl_2$(绿色)等化合物在相变处析出，从而堵塞管道设备，引起系统压降升高，严重影响装置的正常操作 。

三、国内外脱氯剂的研究状况

随着严格的化学操作和环保要求，氯的危害日益引起化学工业的高度重视，因此对脱氯剂的研究也更加活跃，研究内容也十分广泛，仅脱氯剂的活性组分研究已经扩大到了Fe_2O_3、K_2O、Cu、Mn、Zn、Mg、V、Ni、NaOH、KOH、Na_2O、Na_2CO_3、CaO、$CaCO_3$等，同时对脱氯剂的反应机理也开始了深入研究，另外对有机氯化物的脱除也做了探索性试验，取得了一定的效果。

国外生产脱氯剂的大厂家不多，主要有英国的ICI公司、德国的BASF公司和美国的 UCI 公司等。他们生产的脱氯剂从使用场合来看，一类是用于保护蒸汽转化催化剂，另一类则是专门保护低温变换催化剂，其组成与低温变换催化剂相似。改性氧化铝脱氯剂如 ICI 公司的 59－1、59－2 和 59－3，使用温度为 150～500℃；UCI 公司的 G－92 则用于室温将氯脱至 0.2μg/g。铜系脱氯剂如 ICI 公司的 52－1G，前苏联的 KC－4 均用于 180～250℃，保护低温变换催化剂。锌系脱氯剂有 BASF 公司的 R5－11 和 UCI 公司的 C125－1。最近，又开发出了 Al_2O_3－Y 型分子筛及浸渍活性金属的活性碳脱氯剂。

国内开发脱氯剂始于 20 世纪 80 年代初，目前从事研究和生产脱氯剂的单位有很多家，牌号也非常之多，国内主要脱氯剂牌号及研究单位见表 3－19，国内典型的脱氯剂性能见表 3－20[30]，国内外脱氯剂性能比较见表 3－21[30]。

表 3－19 国内脱氯剂情况

脱氯剂牌号	活性组分	所属公司
NC－1		南京化工学院
NC		南京化工学院
JX－5A	Ca	北京三聚环保新材料有限公司
HD－4	Ca、Na	石油化工科学研究院
WGL－A	Ca、Na	石油化工科学研究院
TL－A	Ca	石油化工科学研究院
HD－16	Ca	石油化工科学研究院
T402	Na	西北化工研究院
T403		西北化工研究院
T404		西北化工研究院
T406		西北化工研究院
T408		西北化工研究院
KT405	Ca、Al、Zn	西北化工研究院
KT407	Ca、Al、Zn	西北化工研究院
HSD－T－1		海顺德钛催化剂有限公司

表 3－20 国内脱氯剂性能

型 号	WGL－A	KT405	T408	KT409
堆密度/(g/cm^3)	0.75～0.80	0.7～0.8	0.7～0.9	0.9～1.1
比表面积/(m^2/g)	60	50～80		
侧压强度/(N/cm)	>100	>70	>50	>50
活性组分/%	>30			
穿透氯容/%	>30	>30	25～35	>29
使用压力/MPa	1.65～1.95	0.1～5.0	0.1～5.0	0.1～5.0
使用温度/℃	270～300	120～350	200～400	50～400
空速/h^{-1}	<3300	1000～3500	1000～3000	1000～3000
入口氯含量/(μL/L)	1～1000	1～200	<1000	10～1000
出口氯含量/(μL/L)	<1	<0.1	<0.2	脱除率>99%

表 3-21　国内外脱氯剂性能比较

牌　号	中国 T402	中国 KT405	国外参比剂 1	国外参比剂 2
活性组分	Zn - Ca		Na	Cu - Al - Zn
使用温度/℃	100 ~ 370	120 ~ 350	300 ~ 400	315 ~ 400
入口氯含量/(μL/L)	100	20		10
出口氯含量/(μL/L)	<0.1	<0.1	<0.1	<0.1
穿透氯容/%	14	30	8	5 ~ 10

四、氯的脱除

原料油中的氯主要是有机氯的形式存在，而经预加氢后就转化成无机氯。脱除无机氯可采用化学吸附法，其反应可以表述为：

$$M^{n+} + nHCl \longrightarrow MCl_n \quad (3-9)$$

式中　M——活性金属；

$n = 1、2、3\cdots$。

显然，这是个酸碱中和反应，只要 M 具有足够的能力和 Cl^- 相结合，并将 Cl^- 固定下来，在运转过程中 M 本身不会流失和对重整催化剂造成危害，则 M 便是一个可适用重整装置的脱氯剂的活性组元。从脱氯反应可知，只要选择有足够碱性的元素 M 所形成的某种或某几种适当的化合物即可。南京化工学院则分别从热力学和动力学的角度研究了脱氯反应。

（一）脱氯热力学[30]

脱氯过程，是气相的氯化氢被吸附在脱氯剂，与其有效组分进行化学反应。该反应的标准自由焓为：

$$\Delta G^0 = -123.5\text{kJ/mol}$$

对应的反应平衡常数为：

$$K_p = p_{H_2O}/p_{HCl} = 4.388 \times 10^{21} \quad (3-10)$$

即平衡时氯化氢与水蒸气的含量为：

$$y_{HCl} = 0.228 \times 10^{-21} y_{H_2O} \quad (3-11)$$

由式(3-11)可见，即使气相中水蒸气的含量 y_{H_2O} 很高，反应达平衡时氯化氢的含量也甚微。因此，这一脱氯过程可视为不可逆的化学反应，只要传质性能良好，脱氯的净化度是很高的。

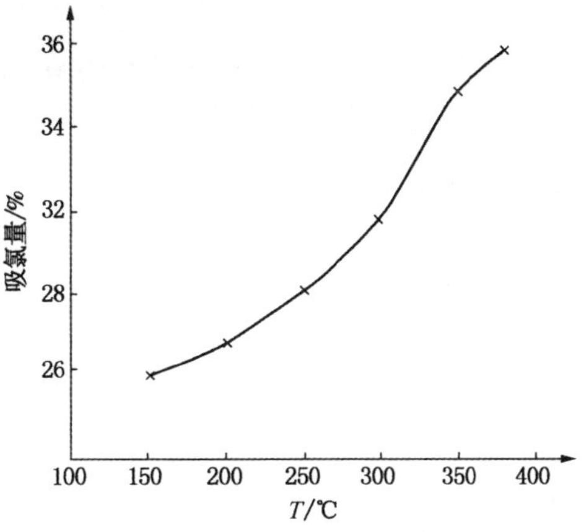

图 3-22　脱氯容量和温度的关系

（二）脱氯动力学[31]

脱氯过程的宏观动力学性能，即在脱氯剂

装填量一定、且停留时间和 HCl 初始含量一定的条件下，测定不同温度下的脱氯容量，其结果示于图 3－22。从图中曲线看出，随着脱氯温度的升高，脱氯容量增加，但增加的幅度不太大，其主要原因是 HCl 在脱氯剂微孔中的扩散速度受到限制。

第五节 二次加工石脑油加氢工艺

增加催化重整的规模是增产高品质汽油和芳烃的有效途径。随着乙烯工业的迅速发展，目前我国存在催化重整同乙烯裂解争原料的矛盾，炼油厂均面临着直馏石脑油的重整原料越来越紧张的局面。掺炼部分二次加工石脑油，包括焦化石脑油和催化裂化石脑油等，可扩大重整原料的来源。

一、焦化石脑油加氢工艺

焦化石脑油加氢后作为重整料，不但可以提高汽油的辛烷值，生产低硫、低烯烃的汽油调和组分，而且还可以为其他装置提供廉价的氢源。对没有乙烯裂解装置的炼油厂，也存在焦化石脑油的利用问题，石脑油加氢处理后作为重整料是焦化石脑油一个较好的利用途径。

(一)高脱氮活性重整预加氢催化剂开发

由于二次加工石脑油氮含量高，掺混部分焦化石脑油或加氢后的焦化石脑油的重整预加氢对预加氢催化剂脱氮性能有着更严格的要求。通常情况下氮比硫更难以反应，特别是在低压下脱氮难度更大，因此在预加氢系统不变的情况下，必须要开发更高活性特别是更高脱氮活性的预加氢催化剂，来满足工业生产的要求。由于 Ni－W 体系催化剂脱氮性能优于 Ni－Mo 及 Co－Mo 体系催化剂，因此优选 Ni－W 体系催化剂。表 3－22 列出了一组 Ni－W/氧化铝催化剂对掺炼部分焦化汽油的精制效果[32]。

表 3－22 掺炼二次加工石脑油的预加氢精制

催化剂	Ni－W/Al_2O_3 催化剂	
预加氢操作条件		
反应器压力/MPa	2.0	
反应温度/℃	300	
体积空速/h^{-1}	8	
氢油体积比	200	
原料油	管输直馏石脑油＋25％加氢后焦化汽油	
杂质分析	精制前	精制后
S/(μg/g)	110	<0.5
N/(μg/g)	32.0	<0.5

(二)焦化石脑油单独加氢工艺

过去我国炼油厂焦化石脑油的产量较小，常与焦化柴油、催化柴油等一起混和加氢精制，但随着焦化装置的规模不断扩大，焦化石脑油也常常单独加氢精制，大庆石化、金陵石化、安庆石化、广州石化、荆门石化等均采用了焦化石脑油单独加氢精制工艺。

焦化石脑油单独加氢的典型工艺流程如图3－23所示。

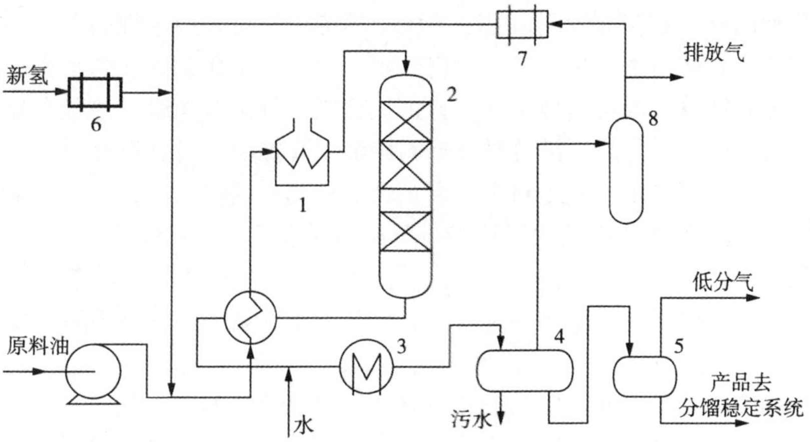

图3－23　焦化石脑油加氢精制典型工艺流程

1—加热炉；2—反应器；3—冷却器；4—高压分离器；5—低压分离器；
6—新氢压缩机；7—循环氢压缩机；8—气液分离罐

原料油和新氢、循环氢混合后，与反应产物换热，再经过加热炉加热到一定的反应温度进入反应器，完成硫、氮等非烃化合物的氢解和烯烃加氢反应。反应产物从反应器底部流出，经过换热冷却后进入高压分离器，分离出氢气和不凝气，氢气循环使用，油则进入低压分离器进一步分离轻烃组分，产品去分馏系统。

由于焦化石脑油的氮含量较高，一般焦化石脑油加氢装置压力等级为3.0～4.0MPa。同时焦化石脑油中含有大量的二烯烃，二烯烃的缩合结焦常带来压降升高问题，严重影响装置的平稳操作。中国石化某分公司炼油二部Ⅰ号加氢装置是焦化石脑油加氢精制装置，在加氢精制过程中，在换热器出口及加氢反应器上部常常出现结焦，表现为炉前过滤器堵塞，反应器压降大，不得不频繁反吹和撇头，一般3～5天需要清洗一次过滤器，一年内要撇头2～3次，严重影响加氢装置的正常运行，国内外同类型装置均不同程度存在类似问题。

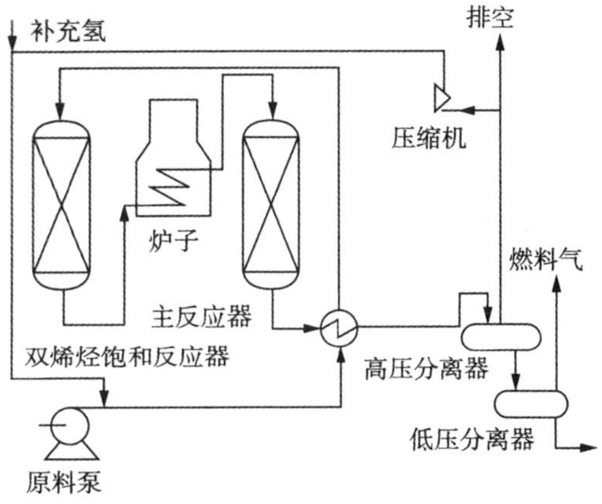

图3－24　带保护反应器的焦化石脑油加工工艺流程图

为了解决此类问题首先要从设备上着手，主要是加强反应器入口过滤和反冲洗，对原料系统充惰性气体，防止其与氧接触。向原料油中加防焦剂或阻垢剂抑制生焦，也可延长开工周期。为此专门开发了HAC－1焦化石脑油加氢精制防焦剂[33]，可以有效阻止烯烃聚合，防止结焦前驱物在固体表面聚集，达到防止或减缓结焦目的。另外，为了更有效的解决二烯烃结焦问题，催化剂装填可以采用级配装填技术，或在主反应器前增加一个保护反应器，其工艺流程图见图3－24。保护反应器在低温、高空速下运转，可以有效解决二烯烃结焦问题。

(三)掺混焦化石脑油的重整预加氢工艺[34~39]

焦化石脑油的硫、氮含量较高，且含有大量的烯烃，对采用常规的重整预加氢压力和空速条件的装置，直接通过一次加氢难以得到硫、氮均小于0.5μg/g的重整进料。一般情况下先将焦化石脑油单独或与其他馏分混合加氢精制，得到氮含量、烯烃含量符合重整预加氢进料要求的石脑油，然后再部分同直馏石脑油混合加氢，得到符合重整进料要求的石脑油。也可以采用直接在预加氢进料中掺混少量的焦化石脑油方法，但其比例一般不能超过10%，并且对预加氢催化剂的脱氮性能有更高的要求。

焦化石脑油用作重整料时，需要严格控制其干点不大于180℃。随着干点的提高，石脑油中的硫、氮会急剧增加，而且易造成重整催化剂积碳增加，活性下降，影响装置的长周期运行。

但焦化石脑油的芳潜较低，掺入焦化石脑油后重整装置的产氢量会有所减少，循环氢的浓度下降，为了达到相同的反应深度，需要提高重整的反应温度，这样就会造成C_5^+收率的降低。据报道，当直馏石脑油中掺混20%焦化石脑油后，循环氢纯度下降5%，为了达到相同的辛烷值，需要提高重整第三、第四反应器入口温度5℃。现在安庆石化、荆门石化等企业根据企业实际情况，重整预加氢装置掺混10%～35%加氢后焦化石脑油作为重整装置的进料，扩大了重整原料的来源。

中国石化某分公司将部分加氢后低辛烷值的焦化汽油掺入到直馏石脑油中作为重整预加氢原料，直馏汽油掺混了加氢后焦化汽油比例为5%～35%。在预加氢工艺条件不变的情况下，产物中硫、氮含量均小于0.5μg/g，符合重整进料的要求。表3－23列出了部分工业应用结果。工业应用结果重复了实验室的试验结果，说明RS－1催化剂具有好的脱硫、脱氮性能。

表3－23　重整预加氢RS－1催化剂工业装置运转部分结果

加氢后焦化汽油掺入质量分数/%	0		12.5		31.2		34.1	
分析项目	原料油	精制油	原料油	精制油	原料油	精制油	原料油	精制油
S/(μg/g)	301	<0.5	224	<0.5	221	<0.5	336	<0.5
N/(μg/g)	1.9	<0.5	5.3	<0.5	8.5	<0.5	13.4	<0.5

注：反应条件：氢分压1.8MPa、反应温度285℃、氢油体积比180～200、体积空速3.8～3.9h^{-1}。

(四)焦化石脑油加氢过程中应注意问题

1．压降问题

焦化石脑油加氢装置在运转过程中，往往会因为催化剂床层压力降增加而被迫停工处理。文献报道了[38]焦化石脑油加氢工业装置运转情况，由于床层压力降的上升，多次采取再生、撇头和反吹等措施以增加装置的运转时间。反应器的压差主要集中在上床层，上床层顶部积碳最为严重，将积垢采样分析后认为，这些积垢主要来自二烯烃的聚合。同时，焦化石脑油中含有的焦粉及腐蚀性物质如硫化铁等也是产生压降的重要原因。

根据不同企业的运转经验[41]，可以采用以下方法减少焦化石脑油加氢装置的压降，延长催化剂运转周期。

(1)在原料罐和装置缓冲罐设氮气保护措施，隔绝空气，防止结焦前驱物的生成。

(2)在焦化石脑油进原料罐前增设两组过滤器，可以切换使用，内装 DV - F 纤维和毛毡作填料，对焦粉进行先期过滤。

(3)在焦化石脑油进料泵前注入阻垢剂，有效终止系统中结构物形成中的聚合反应，达到抑止积垢物的形成和分散积垢物的作用。

(4)在反应器顶部设置防垢篮筐，增加过滤面积，减少反应器顶部积垢。

(5)采用空隙率高的保护剂如鸟巢型、多孔柱型、拉西环型保护剂进行级配装填，使得有足够空间把颗粒及细粉捕集下来，以避免催化剂床层压降过快增加。

(6)注意做好保护剂活性过渡。在反应器最上层催化剂上面装填活性较低的保护剂。由于低活性保护剂的作用，使得在较低的温度下，原料油中易氧化的杂质部分饱和，避免反应器顶部催化剂结焦，延长催化剂使用周期。

(7)优化操作条件，控制反应器入口温度和最高点温度，避免因反应器内部超温而造成催化剂的结焦；尽量在大氢油比条件下操作；控制一定的空速，避免因进料过低，物料在炉管内流速不够、停留时间过长而导致的结焦现象。

2. 硅的问题[42~44]

硅是加氢催化剂的一种毒物。图 3 - 25 展示了硅对加氢精制催化剂的活性影响，从图 3 - 25 可以看出，当硅沉积到一定量时，催化剂活性急剧下降，其对烯烃饱和的影响大于对脱硫的影响。

焦化石脑油中的硅主要来自延迟焦化装置的消泡剂。国内某个焦化装置中焦化石脑油中硅含量列于表 3 - 24。可以看出其硅含量较高且稳定。

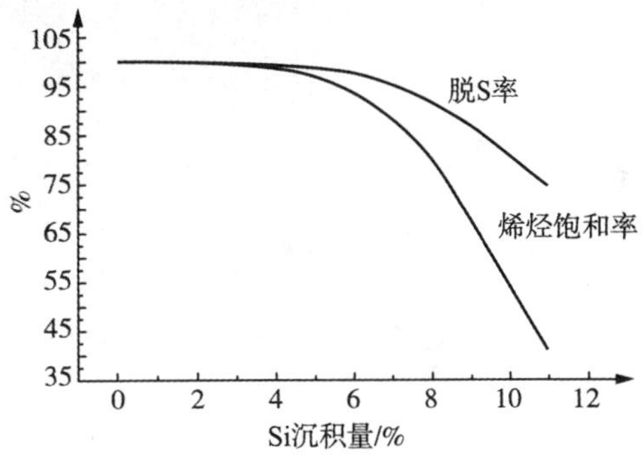

图 3 - 25　硅含量对脱硫及烯烃饱和的影响

表 3 - 24　焦化石脑油中硅含量分析

采样时间	焦化石脑油中硅浓度/(mg/L)
2000 - 03 - 14	14
2000 - 03 - 23	16
2000 - 03 - 31	13
2000 - 04 - 12	12

有报道表明[44]，石脑油在加氢过程中，来源于焦化石脑油或减黏石脑油中的硅沿加氢催化剂的孔道均匀沉积到催化剂内部，堵塞催化剂孔道，降低催化剂的比表面积和孔体积从而使催化剂中毒，图 3 - 26 显示了这种沉积分布。

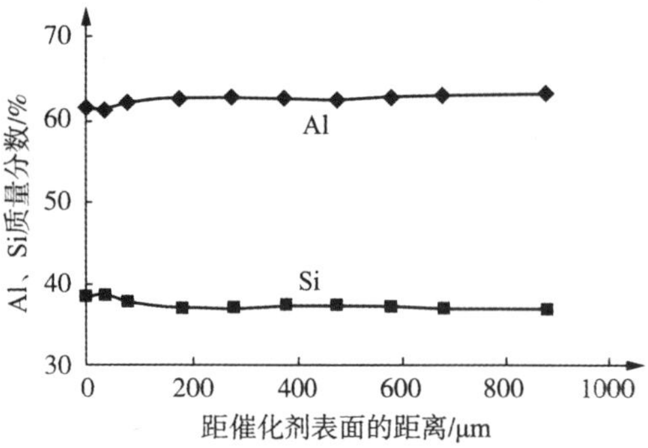

图3-26 硅沿催化剂颗粒的径向分布

为了确定硅在失活催化剂中的分布情况，取工业装置中失活加氢精制催化剂RN-10B，对其做电子探针分析，结果如图3-27所示。

在图3-27中，横坐标为催化剂截面径向长度，纵坐标为信号强度，表示硅含量的相对多少。从图3-27中可看出，硅在失活催化剂中为非均匀分布，在催化剂表面分布较多，在催化剂内部分布则较少，由外向内逐渐减少。

目前，解决催化剂硅中毒的主要办法是选用容硅性能较好的加氢催化剂，并采用组合装填。如美国West-Coast炼油厂采用Akzo Nobel公司的KF841/647以及KF859催化剂组合装填，不但提高了装置的脱硫、脱氮能力，而且较大的提高了容硅能力，装置运转可超过420天。

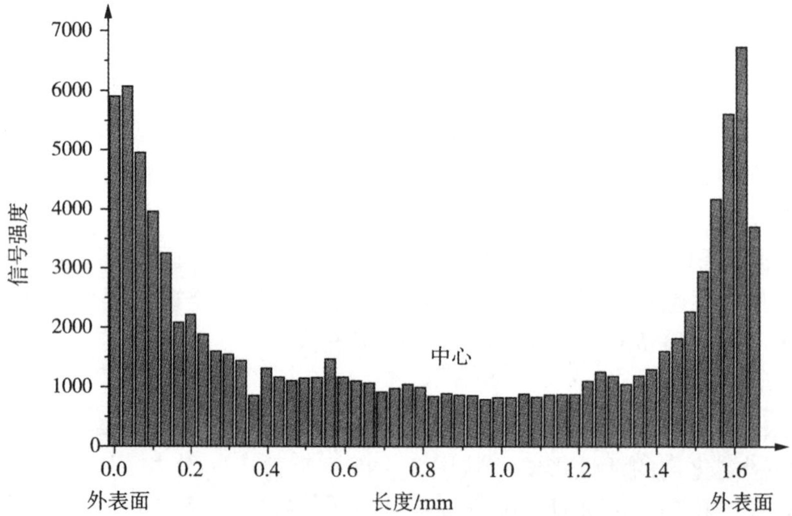

图3-27 硅在失活催化剂中的分布

二、催化裂化石脑油加氢作重整料工艺[40~44]

催化裂化汽油可以用作催化重整工艺的原料。具体说，就是蒸馏出催化裂化汽油某一适宜的馏分，然后对其进行深度加氢脱硫、脱氮及烯烃饱和，以满足催化重整进料的要求。采用该技术方案具有以下好处：①通过催化重整工艺可以增产无硫、无烯烃、高辛烷值的汽油调合组分或芳烃。②扩大了催化重整装置原料的来源，并可顶替出直馏石脑油用于蒸汽裂解原料生产乙烯等化工产品。③在催化重整过程中产生的氢气可以用于加氢装置，降低炼厂加氢装置氢气消耗的成本。

针对催化裂化石脑油的性质特点，石油化工科学研究院对催化裂化石脑油加氢精制作重整原料的技术路线进行系统的研究，针对不同炼油企业的具体情况提出了三条技术路线：①重整预加氢进料掺炼部分催化裂化石脑油直接生产重整原料；②催化裂化石脑油单独加工，生产重整预加氢的原料；③催化裂化石脑油与柴油混合加氢，生产重整预加氢的原料。石油化工科学研究院在中型加氢试验装置上进行了系统工艺研究，为各条技术路线在工业装置上的推广应用提供必要的技术基础，其中催化汽油与柴油混合加氢生产重整预加氢原料的技术路线已在中国石化燕山分公司进行工业试验。

将20%催化裂化石脑油85~172℃馏分掺入直馏石脑油中进行加氢试验，试验结果见表3-25。从表3-25可见，在氢分压为3.2MPa、体积空速$3h^{-1}$时可得到硫、氮含量都小于0.5μg/g的加氢产品，而进料体积空速提高到$5h^{-1}$时，加氢产品的硫含量升高到0.9μg/g，不能满足催化重整催化剂进料性质要求。

表3-25 直馏石脑油掺20%催化汽油加氢试验结果

项　目			A	B
工艺条件				
氢分压/MPa			3.2	3.2
体积空速/h^{-1}			3	5
油品性质	85~172℃催化裂化石脑油	预加氢进料	加氢产品	加氢产品
硫含量/(μg/g)	1085	683	<0.5	0.9
氮含量/(μg/g)	50	10	<0.5	<0.5
烯烃含量/%	29.2	5.8	0	0

为发挥柴油加氢装置的潜力，2003年燕山分公司对1Mt/a柴油加氢装置进行了掺炼催化重汽油，以及从柴油加氢装置得到的加氢粗汽油作连续重整原料的工业试验。

柴油加氢装置的掺炼催化重石脑油的比例约为20%(柴油处理量不变)，操作压力为7.5MPa，体积空速$1.1h^{-1}$，催化剂床层平均温度为323℃。催化重石脑油和加氢石脑油的性质见表3-26。由表3-26可见，加氢石脑油的杂质含量，特别是氮和砷含量都很低，符合连续重整装置预加氢进料要求。

表3-26 柴油加氢装置掺炼的催化裂化重石脑油和得到的加氢粗石脑油性质

油品名称	催化裂化重石脑油	加氢粗汽油
密度(20℃)/($g \cdot cm^{-3}$)	0.7626	0.7282
硫含量/(μg/g)	182	3
氮含量/(μg/g)	92	0.6
砷含量/(ng/g)	351	<1
族组成/%		
链烷烃	28.7	64.5
烯　烃	35.9	0
环烷烃	10.9	17.9
芳　烃	24.5	17.6
研究法辛烷值	87	56
马达法辛烷值	79	52
馏程(ASTM D-86)/℃		
初馏点~终馏点	76~185	64~173

以47.3%的加氢粗石脑油掺入到连续重整装置的预加氢单元进料中。表3－27列出了掺炼加氢粗石脑油前后连续重整装置的操作数据。可见，掺入加氢粗石脑油后，重整反应器的加权平均入口温度(WAIT)和加权平均床层温度(WABT)提高，总温降减小，脱戊烷油性质变化不大，氢气产率有所降低。

表3－27 掺混催化石脑油的连续重整装置操作性能

项　目	未掺加氢粗石脑油	掺47.3%加氢粗石脑油
预加氢进料性质		
密度(20℃)/(g·cm^{-3})	0.7221	0.7221
(链烷烃/环烷烃/芳烃)/%	57.2/37.3/5.5	62.3/27.1/10.6
连续重整操作性能:		
进料量/(t/h)	49	53
加权平均入口温度(WAIT)/℃	505	511
加权平均床层温度(WABT)/℃	471	483
总温降/℃	310	267
脱戊烷油质量收率/%	88.4	87.1
脱戊烷油芳含/%	76.1	73.4
脱戊烷油辛烷值(研究法辛烷值/马达辛烷值)	99/88	98/87
纯氢质量产率/%	3.58	3.24

采用适宜的工艺条件和催化剂，催化裂化石脑油无论是按一定比例直接掺入重整预加氢装置进料中，还是先将催化汽油单独加氢或者与柴油混合加氢后作为重整预加氢装置的进料，都可以生产出硫、氮含量都小于0.5μg/g的催化重整催化剂进料。这样既降低了汽油池的烯烃含量，同时也增加了高辛烷值汽油组分。

第六节　重整预加氢生产中出现的问题及解决方法

重整预加氢生产过程中常出现的问题主要可归纳为两类：压降增大问题和产品不合格问题。以下案例是一些重整预加氢单元工业运转中出现过的问题及解决方法。

一、压降问题及处理方法

压降增大问题是重整预加氢装置最常遇到的问题，主要是由于固体颗粒物、腐蚀物、积碳或金属沉积等堵塞催化剂床层造成压降上升。

案例1：某炼厂重整预处理装置在开工11个月、15个月和18个月后三次由于反应器床层压降偏高而撇头处理，其中有一次在撇头前最高压降达到0.80MPa。每次撇头时发现反应器顶部瓷球表面有黑色粉末，瓷球与催化剂接触面有一层结盖。撇完头之后，反应器压降就减小。

在表 3－28 列出了撇头的反应器顶部粉末和催化剂的分析结果。

表 3－28　样品分析数据

样品名称	分析项目/m%									
	C	S	Fe	Na	Ca	W	Ni	Cu	Mg	Cl
催化剂	2.18	4.07	0.13	0.31	0.13	20.0	2.3	—	1.1	0.334
板结催化剂	0.11	0.072	0.23	0.52	0.14	21.3	2.2	—	0.71	0.037
粉末	9.28	11.71	10	8	0.23	—	0.50	0.02	0.2	—

从分析结果可以看出，反应器顶粉末样中的 Fe、Na 及 C 含量都非常高。Na 是由于在原料油碱洗过程中，沉淀时间不充分，被油携带进预加氢反应系统。大量的水（由于误操作预加氢系统连续进水 10t 以上）和碱液进入装置，水会使催化剂的强度变差，导致催化剂粉化；Na 沉积在催化剂间的空隙和催化剂的外孔中，不仅使顶层催化剂结块，而且使其顶层催化剂丧失活性。因此必须消除 Na^+ 对装置的影响，即进预加氢装置的油不能够经过碱洗。

粉末中的积炭含量和 Fe 含量偏高，这是由于频繁停电造成。据了解，该炼油厂重整装置停电较频繁，且停电之后预加氢反应器压降会有大幅度上涨。停电造成炉管瞬时超温，导致在炉管中的油热裂解积炭。Fe 来源于设备和炉管腐蚀。装置重新开启后，会产生脉动气流，将加热炉炉管中的机械杂质带到反应器入口。同时装置在重新开工过程中，反复充压和泄压，将反应器顶部的机械杂质、C、Fe 以及 Na 等物质压实，形成结盖，导致装置的压降升高很快。

解决方案：

①消除 Na^+ 对装置的影响，即进预加氢装置的油不能够经过碱洗。

②消除原料中水和机械杂质的影响，脱水沉淀控制好，预分馏到预加氢反应器之间的流程中加一个过滤器，消除外来的机械杂质对装置的影响。

③装置再次开工前，将预加氢系统彻底清扫干净，特别是对反应器入口管线进行爆破性吹扫。

④催化剂再生、撇头、过筛，并且补充一定量的新剂。

⑤优化停电后的操作。对瞬间断电，在最短时间内将所有的参数恢复正常；对长时间断电，从压缩机入口补氮气，从压缩机出口排放，保持系统流动，尽快降温。

案例 2：某炼油厂重整预加氢装置有两台串联的反应器，开始一反压降上升，打开一反旁路线原料直接进二反，不久发生断电事故致使所有电机停运，重新开工后二反压降立即大幅上升。

压降升高的原因如下：根据预加氢反应器一反温升最高能达到 20℃ 来判断，预加氢装置进料中含有一定量的烯烃，其溴价能达到 10gBr/100g，而普通直馏石脑油的溴价通常为 1.0 gBr/100g。此外该公司石脑油中间储罐没有采用氮气保护，石脑油中的不饱和烯烃，尤其是二烯烃会与空气中的氧发生反应生成结焦前驱物。结焦前驱物随原料进入预加氢反应系统，在加热炉炉管中，由于石脑油进料全部汽化，而携带的结焦前驱物则会形成软焦沉积在炉管内壁和反应器顶部。随运转时间的延长，软焦逐渐转变成硬焦，而且在反应器顶部越积越多，导致反应器的压降也就越来越高。此外当装置生产波动较大时，如装置断电。在断电瞬间，炉管中无介质流动，炉膛温度很难在瞬间内降下来，导致炉管内局部超温，原本黏附在炉管内的焦炭，发生崩裂或松动。当装置恢复生产后，突然开启循环压缩机和进料泵，该物流对炉管产生的脉冲，使炉管中掉落的粘附物随原料进入到反应器顶部，并沉积下来，造成装置掉电后装置重新开工后，预加氢装置的反应器压降很快升高。

解决方案：

①在装置停工期间，对预加氢加热炉炉管进行烧焦处理，避免开工初期炉管内的结焦物脱落被带到反应器顶部，造成反应器压降上升。

②装置停工检修期间，对两台预加氢反应器进行撇头处理，补充部分新的催化剂。

案例 3：2009 年 8 月某厂重整预加氢装置开工一个月后压降上升，同时精制油硫、氮含量均不合格。卸剂后经分析认定是由于所加工的原料中含有的非直馏石脑油组分导致催化剂积炭严重，混入的非直馏石脑油组分引起反应器顶部催化剂层结焦严重，从而导致压降上升。与此同时在外购的石脑油原料中发现含有的重金属锰，锰在反应过程中沉积在催化剂上。多种因素共同作用引起了催化剂的失活以及压降上升，导致了精制油产品不合格。

二、产品质量不合格问题及原因

重整预加氢装置如果产品质量不合格，首先检查是不是分析仪器有问题，如果分析仪器没有问题，则需要检查装置和催化剂。

案例 1：2008 年 3 月某厂采用硫化态催化剂开工，开工后发现硫氮含量超高，后来经检查发现系分析仪器原因，催化剂活性没有任何问题。

案例 2：2009 年某厂 600kt/a 重整预加氢开工，开工后发现精制油硫含量超高，从气提塔底取样经汞洗后分析，精制油硫含量合格。因此可以判定是汽提塔操作问题。后各参数调整后精制油分析合格。

案例 3：2011 年某公司重整预加氢装置精制油硫含量超高，从汽提塔底和汽提塔底与气提塔进料换热器后取样分析发现，汽提塔底油分析合格，经换热后分析不合格。认定该换热器泄漏，经处理后正常。

案例 4：2011 年某厂重整预加氢装置采用再生后的氧化态催化剂开工，开工后发现精制油产品不合格，后来对该催化剂进行重新硫化后开工，精制油产品分析合格。因此可以判定为催化剂硫化度不够，活性没能充分发挥。

案例 5：2010 年某公司重整预加氢装置氮含量分析不合格，出现问题前该装置进过颜色发黑的原料，后来发现常减压装置一台预加氢原料与原油的换热器泄漏，原油漏到预加氢原料中，一定量的金属和沥青质沉积到催化剂上，导致催化剂的活性损失。后来该装置更换新的催化剂后正常。

重整预加氢单元虽小，但由于重整预加氢出现问题后将严重影响重整装置的运行，给炼油厂带来很大损失，因此必须对重整预加氢给予足够重视。在设计新装置时，不能一味追求高空速。如果未来有可能加工高氮原料油，需对主剂留下一定裕量；如果原料油为高酸或高氯原料，或含有二次加工石脑油，或需要外购大量石脑油时，则必须装填足够的保护催化剂。必要时增加一个保护反应器，当压降上升时走旁路并将第一反应器隔离换剂，延长装置操作周期。总之，重整预加氢工艺条件的选择需要留有一定的余量，稳定产品质量至关重要，以免导致催化重整装置产生重大经济损失。

参 考 文 献

[1] 林世雄．石油炼制工程(下册)[M]．北京:石油工业出版社,1988

[2] P J Owens, C H Amberg. Thiophene Desulfurization by a Microreactor Technique[J]. Adv Chem Ser,1961,33:182

[3] A E Hargreaves, J R H Ross. An investigation of the mechanism of the hydrodesulfurization of thiophene over sulfided Co－Mo/Al_2O_3 catalysts: II. The effect of promotion by cobalt on the C－S bond cleavage and double－bond hydrogenation/dehydrogenation activities of tetrahydrothiophene and related compounds[J]. J Catal, 1979,56:363

[4] P Pokorny, M Zdrazil. Single and competitive hydrodesulphurization of thiophene and benzo[b]thiophene on molybdenum catalysts[J]. Collect Czech Chem Commun,1981,36:2185

[5] A N Startsev, V A Burmistrov, Yu I, Hermakov. Sulphide catalysts on silica as a support: VIII. Peculiarities of thiophene hydrogenolysis and probable nature of "synergetic effect"[J]. Appl Catal,1988,45:191

[6] C N Satterfield, G W Roberts. Kinetics of thiophene hydrogenolysis on a cobalt molybdate catalyst[J]. AIChE J,1988,14:159

[7] B Ozimek, B Radomyski. Chem Stosowana, 1976,20:245

[8] F E Massoth. Studies of molybdena－alumina catalysts: VI. Kinetics of thiophene hydrogenolysis[J]. J Catal, 1977,47:316

[9] B Rodomyski, J Szczyiel, J Trawczynski. Reaction of thiophene with hydrogen over cobalt－molybdenum/alumina catalysts. II. The kinetics of the reaction[J]. Appl Catal,1988,39:25

[10] I A Van Parijs , G F Froment. Kinetics of hydrodesulfurization on a cobalt－molybdenum/gamma－alumina catalyst. 1. Kinetics of the hydrogenolysis of thiophene[J]. Ind Eng Chem Prod Res Dev,1986,25:431

[11] H Topsoe, B S Clausen, F E Massoth. Hydrotreating Catalysis[M]. Berlin:Springer, 1996. 111

[12] S H Yang, C N Satterfield. Catalytic hydrodenitrogenation of quinoline in a trickle－bed reactor. Effect of hydrogen sulfide[J]. Ind Eng Chem Res,1984,23:25

[13] 刘丹禾,魏小波,郝代军等. 降低催化裂化汽油烯烃助剂的实验研究[J]. 炼油设计,2000,30(6):56～58

[14] Baxley G T, Weakley T J R, Miller W K et al. Synthesis and catalytic chemistry of two new water－soluble chelating phosphines. Comparison of ionic and nonionic functionalities[J]. J Mol Catal A: Chemical, 1997, 116: 191～198

[15] Borowski A F, Cole－Hamilton D J, Wilkinson G. Water－soluble transition metal phosphine complexes and their use in two－phase catalytic reactions with olefins[J]. Nouv J Chim, 1978, 2:137～144

[16] Smith R T, Ungar R K, Sanderson L J, Baird M C. Rhodium complexes of the water－soluble phosphine $Ph_2PCH_2CH_2NMe^{3+}$. Their complexes with hydride, olefin, and carbon monoxide ligands. Their use as olefin hydrogenation and hydroformylation catalysts in aqueous solution and in aqueous/organic solvent two－phase systems, and adsorbed on a cation－exchange resin[J]. Organometallics, 1983, 2: 1138～1144

[17] Renaud E, Russell R B, Fortier S et al. Synthesis of a new family of water－soluble tertiary phosphine ligands and of their rhodium(I) complexes; olefin hydrogenation in aqueous and biphasic media[J]. J Organomet Chem, 1991, 419: 403～415

[18] 陈华,黎耀忠,程溥明等. 水溶性铑-膦配合物催化烯烃加氢反应的研究[J]. 分子催化,1993,7(5):377~384

[19] 李瑞祥,陈骏如,李绪国等.水溶性铑膦配合物催化苯乙烯加氢反应研究[J]. 分子催化,1996,10(2):115~119

[20] 黎耀忠,程溥明,李贤均等.水溶性钯-膦配合物催化1-己烯加氢反应研究[J]. 分子催化,1996,10(3):171~177

[21] 陈华,黎耀忠,李东文等.水溶性均相络合催化研究进展.化学进展.1998,10(2):146~157

[22] 韩崇仁主编.加氢裂化工艺与工程. 北京:中国石化出版社,2001

[23] 赵琰,张喜文.加氢裂化催化剂失活与再生[J]. 工业催化,1999(6):46

[24] Furimsky E,massoth F. Regeneration of hydroprocessing catalysts[J]. Catal today,1993,17(4):537

[25] Grimblot J. Genesis, architecture and nature of sites of Co(Ni) - MoS_2 supported hydroprocessing catalysts [J]. Cataly Today,1998,41:111~128

[26] Structure - Function Relations in Molybdenum Sulfide Catalysts: The "Rim - Edge" Model[J]. 1994,149(2):414~427

[27] P M马萨古托夫等.刘忠惠译.石油加工和石油中催化剂再生. 北京:中国石化出版社,1992

[28] Didillon Blaise, Savary Laurent; Uzio Denis, et al. Elimination of arsenic in liquid hydrocarbon feed: France. 2762004[P].1998-10-16

[29] 合金,愈杰,王占宇. FDAs-1脱砷剂的研究与开发[J]. 工业催化,2004,12(3):14

[30] 吴永忠.铜系净化剂的应用和技术进展[J]. 化学工业与工程技术,2004,25(3):39

[31] 刘晓勤,姚虎卿.石脑油脱氯过程的研究与应用[J]. 南京化工学院学报,1994.16:45

[32] 王致善等. 高空速重整预加氢催化剂RS-1的研制开发[R]. 石油化工科学研究院内部报告,1996

[33] 产圣等. 焦化汽油加氢防焦剂研制[J]. 石化技术,2006,13(4):5

[34] 王晓璐. 加氢焦化汽油作重整原料的工业试验[J]. 石油炼制与化工,2002,32(2)

[35] 姜恒等. 焦化汽油加氢催化剂床层结垢机理分析[J]. 齐鲁石油化工,2004,32(1):63~64

[36] 秦孝良等. 焦化汽柴油混和加氢可延长催化剂运转周期[C]. 加氢技术论文集(2006):204~208

[37] 邱继军等. RS-1催化剂用于掺炼焦化汽油的重整原料预加氢[J]. 石油炼制与化工,2001,32(8):43~45

[38] 郭颀等. RS-1与Co-Mo型催化剂在重整预加氢装置上的对比[J]. 石油炼制与化工,2004,35(9):30~32

[39] 蒋福山等. 焦化汽油加氢试生产重整原料的技术分析[J]. 石油炼制与化工,2003,34(1)

[40] 程华进. 困扰焦化汽油加氢装置长周期生产的因素分析与解决方法探讨[C]. 加氢论文集. 中国石化集团公司加氢科技情报站,2004.166~173

[41] 刘建明等. RN-1催化剂的应用及延长使用周期的经验[J]. 石油炼制与化工1995,26(4):27~30

[42] 方向晨. 加氢精制[M]. 北京:中国石化出版社,2006

[43] 李大东. 加氢处理工艺与工程[M]. 北京:中国石化出版社,2004

[44] 张孔远等. 加工劣质石脑油的加氢精制催化剂失活原因分析[J]. 石油炼制与化工,2003,34(7):13~15

[45] 戴立顺等. 催化裂化汽油加氢生产重整原料油技术路线研究[J]. 石化技术与应用,2005,23(4):267~270

[46] 李明丰等. 催化裂化汽油选择性加氢脱硫催化剂RSDS-1的开发[J]. 石油炼制与化工,2003,34(7):1~4

第四章　催化重整化学

催化重整是炼油和石油化工工业中最重要的加工工艺之一，也是催化作用在工业上最重要的应用之一。催化重整的目的是从低辛烷值的汽油馏分制取高辛烷值的车用汽油调合组分，或者是制取石油化工所需要的芳烃原料，特别是苯、甲苯、乙苯和二甲苯等轻质芳烃。

催化重整原料主要含有链烷烃和环烷烃等饱和烃，也含有少量芳香烃。不同原油的重整原料的组成可以有很大的差别，但芳烃含量一般均在15%以下。由于混合芳烃的辛烷值明显高于链烷烃和环烷烃，因此，对催化重整来说，无论其目的是生产高辛烷值汽油调合组分还是生产芳烃，都是要最大限度的将链烷烃和环烷烃转化为芳烃。在催化重整反应条件下，芳香烃的芳环十分稳定。因此，在讨论催化重整所涉及的催化反应时主要考虑的是链烷烃和环烷烃的转化反应，其中包括六元环烷烃的脱氢、五元环烷烃的脱氢异构、链烷烃的脱氢环化以及链烷烃的异构化等有利于生成芳烃或高辛烷值汽油组分的主要反应，也包括这些饱和烃类的氢解和加氢裂化等生成轻烃产物的副反应。在重整条件下，芳烃也可能发生少量的脱烷基和烷基转移等反应；此外，还会发生使催化剂逐渐失活的生焦反应，即由于中间产物烯烃的聚合和环化生成的稠环化合物，会逐渐积累在催化剂表面，导致表面焦炭的生成。

催化重整之区别于热重整，就在于通过催化剂的使用使得生成高辛烷值组分的有利反应能够选择性地进行，减少裂解反应，从而大大提高高辛烷值汽油组分或芳烃的收率。一般工业催化重整催化剂是双功能型催化剂，即具有金属催化的加氢、脱氢的功能，又具有异构化、裂解等酸性功能。通过两种功能的协调作用使重整反应朝有利的方向进行。

目前常用的重整催化剂主要有两大类，一种采用铂铼双金属组元，主要用于固定床半再生式重整工艺；另一种采用铂锡双金属组元，用于移动床低压连续再生式重整工艺。催化剂的酸性功能均由担载金属的氧化铝载体和引入少量氯化物来提供。此外，工业上也应用了铂铱、铂锗和含多金属组元的催化剂，但相对数量较少。重整催化剂中活性组分铂的含量一般只有0.2%～0.4%，且处于高度分散状态，加之催化剂中含有第二金属组元和卤素，存在着金属之间、金属和载体等酸性组元之间的相互作用，从而使催化作用机理和活性中心本质的研究成为相当困难但又十分吸引人的课题。几十年来，大量的研究工作者已经并继续在为此付出努力。

第一节　重整反应热力学

化学反应热力学决定某化学反应的可行性、化学反应平衡和反应在一定条件下可能达到的最高转化深度。根据化学热力学原理，一般可根据某化学反应标准自由能的变化 ΔF_R^0 来判断某化学反应的可行性。如果 ΔF_R^0 为负值，则反应是可行的，反之则反应向反方向进行。化学反应的 ΔF_R^0 值与温度和压力有关，某些反应在温度和压力发生变化时其可行性会发生变化。化学反应的 ΔF_R^0 值可以由反应产物与起始物的标准生成自由能差值求得，因此，从文献或工具书[1,2]中查到反应物和生成物的标准生成自由能就可计算出该反应的自由能变化。假设体系为理想气体，以分压表示的气相反应的化学平衡常数 K_p 与自由能变化存在以下关系：

$$\Delta F_R^0 = -RT\ln K_p \qquad (4-1)$$

式中，R 为气体常数，T 为以绝对温度表示的反应温度。以摩尔分数表示的平衡常数 K_x 与 K_p 的关系为：$K_x = K_p p^{-\Delta y}$，式中 p 代表总压，Δy 为产品与原料化学计量数之差。因而从反应自由能的变化可求得化学反应平衡常数并可进一步求得各反应物的平衡摩尔分数。

一、六元环烷烃脱氢反应

表 4－1 为几种六元环烷烃脱氢反应的反应热和平衡常数。

表 4－1　六元环烷烃脱氢反应的反应热和平衡常数

反　应	ΔH(500℃)/(kJ/mol)	K_p(500℃,0.1MPa)
环己烷⇌苯 + $3H_2$	221	7.1×10^5
甲基环己烷⇌甲苯 + $3H_2$	216	9.6×10^5
乙基环己烷⇌乙苯 + $3H_2$	213	2.5×10^6
1,3－二甲基环己烷⇌间二甲苯 + $3H_2$	224	1.2×10^7

表 4－1 数据说明：

(1) 环烷脱氢反应的热焓变化 ΔH 为正值，反应的热焓有很大的增加，说明反应为强吸热反应，因此提高反应温度应有利于反应的进行。

(2) 脱氢反应有很大的平衡常数值，因此，不仅在热力学上是可行的，而且平衡几乎完全向芳烃方向移动。

(3) 随着分子中碳数增加，平衡常数增加，热力学上更加有利。

图 4－1 和图 4－2 为温度、压力以及氢气的引入对甲基环己烷脱氢反应的影响[3]。图 4－1表明高温、低压有利于环烷脱氢生成芳烃的反应；图 4－2 则表示出为抑制催化剂表面积炭，在重整过程中引入氢气后对环烷脱氢反应平衡的影响。可以看到在低温下氢气引入的影响较明显，而在高温下这种影响实际上可以忽略。

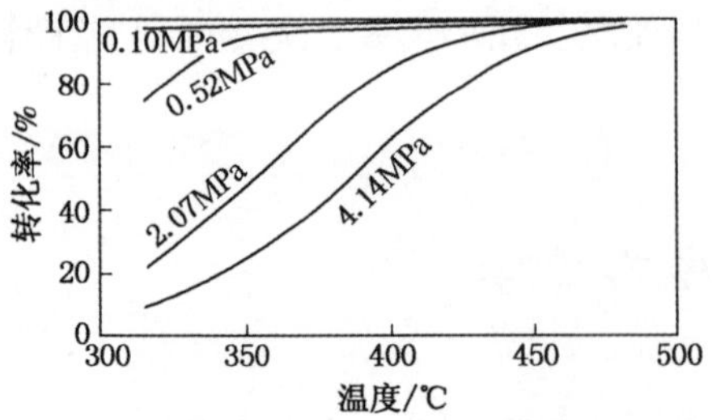

图 4－1　温度和压力对甲基环己烷脱氢生成甲苯的影响

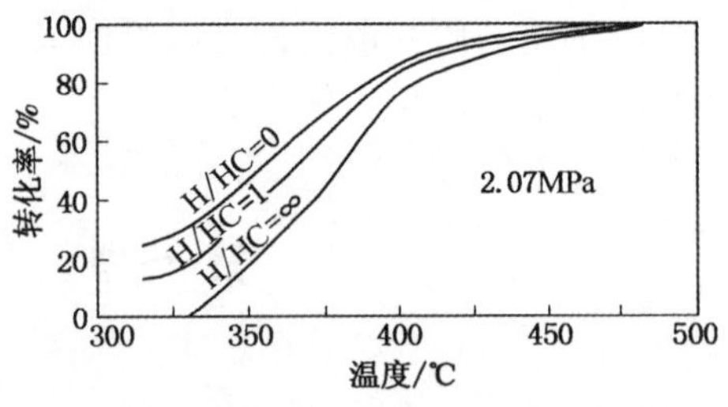

图 4－2　引入氢对甲基环己烷转化生成甲苯的影响

二、五元环烷烃脱氢异构化反应

催化重整原料组成中的环烷烃，除六元环烷烃外还含有相当数量的五元环烷烃。表4－2为几种重整原料的甲基环戊烷与环己烷含量分析结果。可以看到在六碳环烷烃总量中五元环烷烃量最高可占60%以上。因此，烷基环戊烷脱氢异构化反应在生产芳烃和提高汽油辛烷值的催化重整反应中占有十分重要的地位。

表4－2　几种催化重整原料六碳环烷烃的含量

原料产地	馏程范围	甲基环戊烷①/%	环己烷②/%	[①/(①+②)]/%
大　庆	初馏～130℃	3.91	5.29	42.5
大　港	初馏～165℃	2.56	3.13	45.0
任　丘	初馏～130℃	4.26	2.60	62.1

表4－3为几种烷基环戊烷脱氢异构化反应的反应热和平衡常数。可以看到，五元环烷烃脱氢异构化反应同样是强吸热反应，在常压和500℃条件下平衡非常有利于芳烃的生成，分子中碳数增加时更加有利。

表4－3　五元环烷烃脱氢异构化反应的反应热和平衡常数

反　应	ΔH(500℃)/(kJ/mol)	K_p(500℃,0.1MPa)
甲基环戊烷⇌苯＋$3H_2$	205	5.6×10^4
乙基环戊烷⇌甲苯＋$3H_2$	192	1.4×10^6
正丙基环戊烷⇌乙苯＋$3H_2$	193	1.6×10^6

图4－3为温度和氢分压对甲基环戊烷脱氢异构化生成苯的平衡反应的影响。图中曲线分别表示在氢分压0.5MPa、1.5MPa和3.0MPa条件下苯的平衡产率随温度的变化情况，可以看到高温和低压有利于苯的生成。

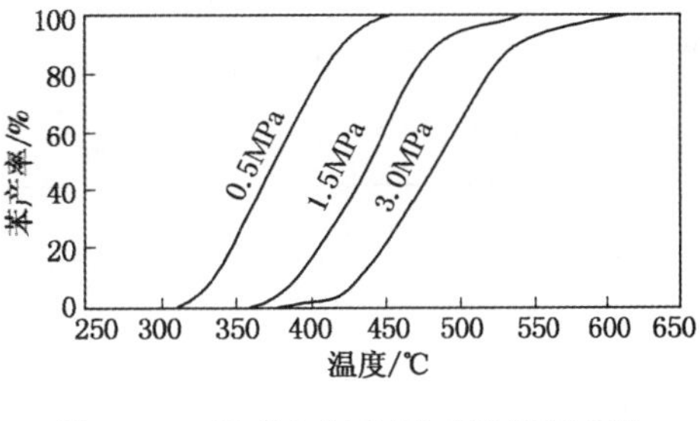

图4－3　温度和氢分压对甲基环戊烷脱氢异构化反应平衡的影响

三、链烷烃异构化反应

重整原料中含有相当数量的正构烷烃，在重整过程中将它们转化为异构烷烃有利于提高重整产物的辛烷值。特别是人类在进入21世纪之际，对环境保护的要求进一步提高。对汽车发动机燃料中芳烃和烯烃含量的限制使人们寄更多的希望于提高催化重整工艺的烷烃异构化功能，以弥补芳烃和烯烃含量降低带来的辛烷值的损失。然而，烷烃异构化反应热力学表明，在催化重整反应条件下，烷烃异构化不会使产品辛烷值明显提高。主要原因有二：一是因为重整的高温反应条件对于生成具有高辛烷值的多支链的异构烷烃不利；二是因为随相对分子质量增加烷烃异构体的辛烷值明显下降，而重整原料中主要含C_7以上的烷烃，其异构化对于辛烷值的贡献较小。表4－4为不同温度下己烷和庚烷不同支链异构体的平衡浓度[4]和辛烷值[5]，可以看到，随温度增加正构烷烃和单支链烷烃平衡浓度增加，而具有高辛烷值的多支链烷烃的平衡浓度减少。图4-4为温度与计算的平衡混合物辛烷值的关系。图4-5为不同相对分子质量的烷烃在482℃异构化至平衡分布时应达到的辛烷值[6]。两图均表明，在催化重整采用的500℃左右的高温条件下烷烃的异构，特别是C_7以上的烷烃的异构化对辛烷值的改善不会有明显的贡献。

表4-4 烷烃异构物平衡浓度①

温度/K	298	400	500	600	800	900	RONC
正己烷	0.013	0.061	0.13	0.19	0.26	0.31	24.8
2-甲基戊烷	0.071	0.16	0.24	0.27	0.28	0.27	73.4
3-甲基戊烷	0.025	0.075	0.12	0.15	0.18	0.20	74.5
2,2-二甲基丁烷	0.84	0.61	0.41	0.29	0.18	0.13	91.8
2,3-二甲基丁烷	0.054	0.092	0.105	0.104	0.096	0.088	104.3
正庚烷	0.009	0.032	0.062	0.092	0.14	0.17	0
2-甲基己烷	0.068	0.12	0.15	0.16	0.17	0.18	42.4
3-甲基己烷	0.056	0.13	0.18	0.22	0.26	0.29	52.0
3-乙基戊烷	0.004	0.013	0.020	0.027	0.035	0.039	65.0
2,2-二甲基戊烷	0.30	0.15	0.10	0.068	0.044	0.033	92.8
2,3-二甲基戊烷	0.27	0.31	0.29	0.27	0.22	0.18	91.1
2,4-二甲基戊烷	0.090	0.079	0.068	0.056	0.043	0.037	83.1
3,3-二甲基戊烷	0.100	0.102	0.085	0.074	0.061	0.053	80.8
2,2,3-三甲基丁烷	0.103	0.068	0.046	0.035	0.024	0.019	112

① 平衡浓度为摩尔分数。

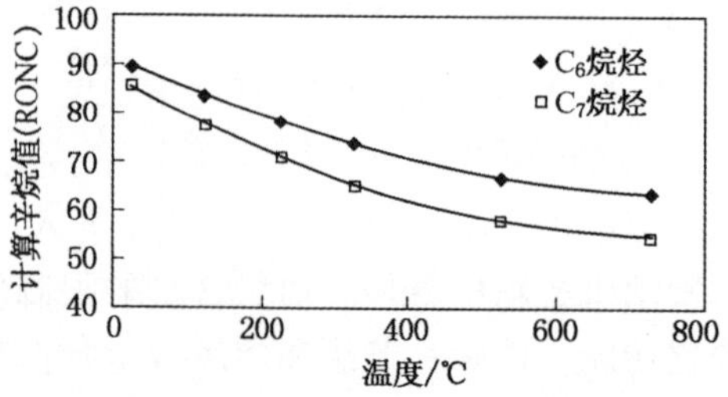

图4-4 烷烃平衡辛烷值与温度的关系

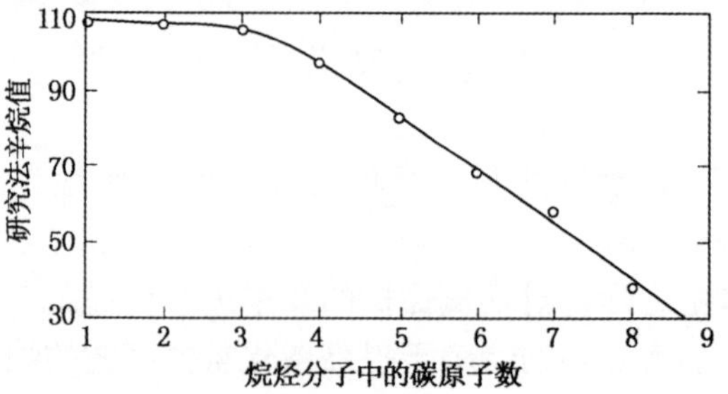

图4-5 烷烃异构平衡混合物的辛烷值(482℃)

正构烷烃异构化反应是放热反应，但热效应很小(2~20kJ/mol)且很少随温度变化。随温度增加正构烷烃向异构烷烃转化的平衡常数减少，说明从热力学角度出发低温对反应有利，而总压和氢分压对平衡都没有影响。

四、链烷烃脱氢环化反应

随着催化重整工艺的发展、催化剂的改进和反应苛刻度的提高，烷烃脱氢环化反应在催化重整中的作用也愈加显著。这一类反应在所有重整反应中对辛烷值的贡献最为明显（表4－5），同时由于脱氢环化时一分子烷烃可产生四分子的氢气，因此也是重要的产氢反应。表4－5为一组脱氢环化反应在800K条件下的气相平衡常数和反应热数据。可以看到，烷烃脱氢环化是强吸热反应，在给定的条件下平衡几乎完全向芳烃方向移动。

表4－5 链烷烃脱氢环化反应热和平衡常数(800K,0.1MPa)

反应		ΔH/(kJ/mol)	K_p
RONC①	正己烷⇌苯 + $4H_2$ 19　　98	266	3.39×10^5
RONC	正庚烷⇌甲苯 + $4H_2$ 0　　124	252	7.74×10^6
RONC	正辛烷⇌乙苯 + $4H_2$ －18　　124	254	9.85×10^6
RONC	正壬烷⇌正丙苯 + $4H_2$ －18　　127	252	1.49×10^7

① 表中辛烷值数据为调合辛烷值，取自文献[5]。

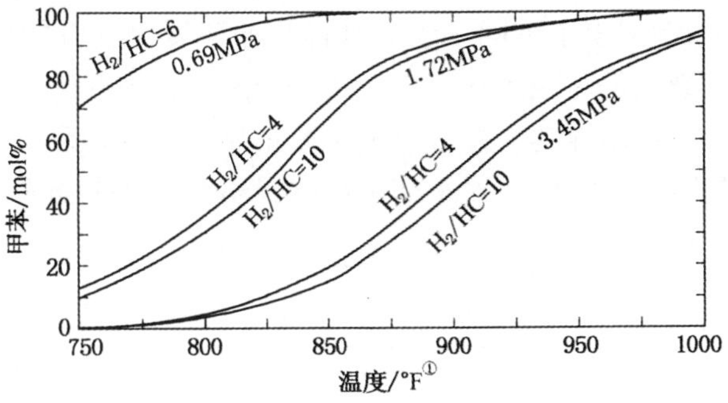

图4－6 正庚烷－甲苯－氢气体系平衡分布

① 换算关系 $t(°F)=\frac{9}{5}t(°C)+32$，下同。

热力学表明，温度和压力对链烷烃的脱氢环化反应平衡都有明显的影响。图4－6[7]为温度和压力与正庚烷脱氢环化反应平衡混合物中甲苯含量的关系，同时也表示出不同氢烃摩尔比的影响。显然，高温、低压有利于正庚烷向甲苯的转化，而氢烃摩尔比从4∶1变化到10∶1对转化的影响很小。

烷烃的碳数增加对转化为芳烃有利。从表4－5可以看到，随碳数增加反应的平衡常数 K_p 值增加。图4－7为在1.0MPa氢压下，C_6、C_7 和 C_8 正构烷烃脱氢环化反应中苯、甲苯和乙苯的平衡含量与温度变化的关系，说明碳数增加有利于向芳烃的转化，特别是在 C_6 和 C_7 之间差别较大。

五、烷烃的氢解和加氢裂化反应

烷烃的氢解和加氢裂化都是发生碳链断裂的大分子变小分子的反应，但两者的催化作用中心不同，产物组成也不同。氢解反应在金属中心上进行，主要发生分子末端碳链的断裂，气体产物以甲烷为主；加氢裂化在酸性中心进行，主要在分子的中间位置发生碳链的断裂，气体产物中以 C_3 和 C_4 烷烃为主。比较典型的说明产物组成分布不同的例子是以2,3－二甲基丁烷为原料在 Pd/SiO_2 催化剂上进行氢解反应时[8]，产物组成中甲烷占43.3mol%，异戊烷为45.0mol%，其余为丙烷11.7mol%；同样的原料在 Pt/Al_2O_3 重整催化剂上进行反应时[9]，主要得到加氢裂化产物，其中丙烷占82mol%，甲烷量很少，只占7mol%。

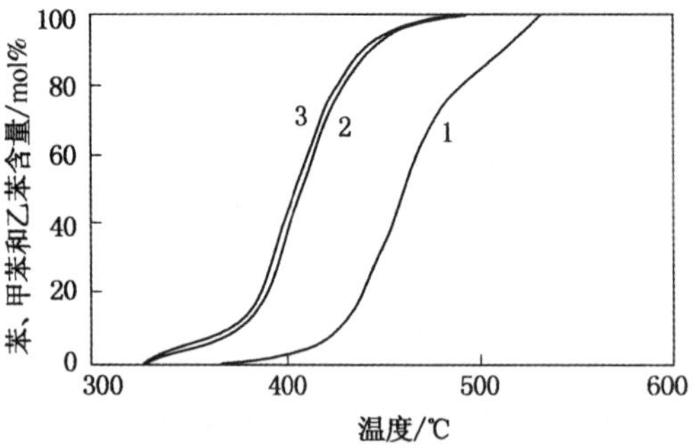

图4－7 不同碳数正构烷烃脱氢环化反应平衡混合物中芳烃含量

1—正己烷脱氢环化反应平衡混合物中苯含量；
2—正庚烷脱氢环化反应平衡混合物中甲苯含量；
3—正辛烷脱氢环化反应平衡混合物中乙苯含量

氢解和加氢裂化反应都使重整反应的液体收率减少，选择性降低，同时由于是耗氢反应，也导致氢产率的降低。如果说加氢裂化产生的液化气体尚有一定使用价值，那么氢解产生的主要是低价值的甲烷，因此它属于人们最不希望发生的反应。

表4－6以正庚烷为例列出了不同温度下氢解和加氢裂化反应的反应热和平衡常数数据。烷烃的氢解和加氢裂化都是强放热反应，铂铼重整催化剂开工前必须进行预硫化就是为了防止过度氢解放热导致温度的失控。热力学数据还表明两种反应均有很高的平衡常数值，说明反应有很大的可行性。温度对平衡有影响，温度增加平衡常数值减少。压力对平衡没有影响。

表4－6 氢解和加氢裂化反应的反应热和平衡常数

反应	ΔH/(kJ/mol)			K_p(0.1MPa)		
	300K	500K	800K	300K	500K	800K
正庚烷＋氢⇌丙烷＋丁烷	－40.8	－45.7	－51.0	3.4×10^8	2.6×10^5	3.1×10^3
正庚烷＋氢⇌甲烷＋己烷	－54.3	－57.9	－62.5	2.1×10^{10}	2.6×10^6	1.2×10^4

第二节 催化重整反应动力学和反应机理

上一节从化学反应热力学角度介绍了各类催化重整反应的可行性、化学平衡以及反应条件对平衡的影响。但化学热力学并不能决定某类化学反应的反应速度。反应速度以及温度、压力和催化剂等因素对反应速度的影响属于化学动力学研究的范畴。同时反应速度的研究必然涉及到反应历程和反应的控制步骤等反应机理问题。本节将分别介绍各类重整反应在反应动力学和反应机理方面的研究情况。

一、六元环烷烃类催化脱氢反应

在所有的催化重整反应中，六元环烷类催化脱氢反应是速度最快的反应。这个反应在双功能催化剂上只由金属功能催化。最活泼的催化剂包括铬、钼的氧化物和铂族金属等，其中铂的活性最高。有数据表明环己烷在铂催化剂上的脱氢速率可达到氧化钼/氧化铝催化剂的500～1300倍[7]。在催化重整反应条件下，担载在载体上的少量的铂(0.2%～0.6%)即可使六元环烷脱氢转化为芳烃达到或接近热力学平衡值。因此，可以认为这一反应在催化重整条件下基本不存在动力学方面的限制。

六元环烷类脱氢反应动力学的研究多数是在比实际重整反应温度低得多的温度下进行的。主要原因可能是在较高温度下催化剂表面反应速度很快，很难避免扩散因素的限制，同时由于强吸热效应也难以维持催化剂床层的等温条件。Sinfelt等在305～372℃范围研究了甲基环己烷在0.3% Pt/Al_2O_3 催化剂上的脱氢反应动力学[10]。试验的甲基环己烷分压从7～223kPa(0.07～2.2atm)、氢分压从111～415kPa(1.1～4.1atm)范围变化。试验发现，在所研究的范围内脱氢反应速度几乎与甲基环己烷分压无关。譬如，甲基环己烷分压增加10倍的情况下反应速度的增加不到1倍。同时发现脱氢速度与氢分压也无关。因此，甲基环己烷脱氢反应对甲基环己烷和氢气二者来说均接近是零级反应。作者将速度表达式写成：

$$r = k'bp_m/(1 + bp_m) \tag{4-2}$$

式中，k'为速度常数，p_m为甲基环己烷分压，b为温度函数。

k'可从$1/r$对$1/p_m$作图得到，再由$\ln k'$对$1/T$的Arrhenius图得到反应的活化能为138kJ/mol(33kcal/mol)。在足够高的甲基环己烷分压下，式(4-2)可表示为：

$$r \cong k' \tag{4-3}$$

k'代表真正零级反应条件下的反应速度。作者认为反应接近零级的行为说明铂活性中心几乎完全被由甲基环己烷生成的吸附的分子或自由基所覆盖，反应速度由甲苯的脱附速度决定。

庞礼等采用流动循环法研究了环己烷在工业重整催化剂上的脱氢反应动力学[11]。试验在常压和低于300℃的条件下进行。试验表明在300℃和保持氢分压为50.66kPa(0.5atm)条件下，脱氢反应速度随环己烷分压增加而直线式增加；在保持氢分压和环己烷分压恒定情况下反应速度的倒数随苯分压增加而直线上升；试验结果还表明氢分压并不影响脱氢反应速度。根据试验结果推导出的动力学方程式为：

$$r = Kp_1/(1 + a_2p_2) \tag{4-4}$$

式中，K及a_2为常数，p_1、p_2分别为环己烷和苯的分压。

式(4-4)的相应反应机理是以环己烷的化学吸附为反应的控制步骤，从该式求出的反应活化能即环己烷的化学吸附活化能为69.0kJ/mol(16.5kcal/mol)。式(4-4)还表明脱氢反应是受产品抑制的一级反应，当产物苯的分压低到可以忽略时上式可演变为一级反应式。

Maatman等以氮气稀释环己烷在150℃测定了铂/氧化铝催化剂的脱氢反应活性[12]。结果发现环己烷分压在101.33kPa(1atm)附近时，环己烷分压对活性的影响很小，因此脱氢反应基本是零级反应。根据试验结果推论反应速度不决定于气相环己烷在活性中心上的吸附速度，并进一步假设铂表面中心是完全被反应物覆盖的，反应的控制步骤是一个表面反应过程。在解释不同研究工作得到的不同结果时，作者认为由于表面活性中心覆盖度随反应温度升高而下降，因此预期在较高温度下反应级数会大于零，这可以解释庞礼等在300℃、低苯分压下一级反应结果。对于 Sinfelt 等在 315 ~ 372℃得到的零级反应结果，则认为其所使用的甲基环己烷较环己烷有更强的吸附能力，因此，即使是在 315 ~ 372℃，催化剂表面覆盖度仍很高，脱氢反应表现为零级反应。

Козлов 等研究了不同方法制备的三种铂铼/氧化铝催化剂上的环己烷脱氢反应动力学[13]。三种催化剂组成相同，但在制备中一个不加竞争吸附剂，另外两个分别加入1.0%的乙酸和1.6%的盐酸。动力学试验在无梯度反应器装置中进行。试验条件为常压、200 ~ 300℃，环己烷用氮气携带进入反应器，其分压为 16.21kPa(0.16atm)。通过改变环己烷体积空速测定的苯生成速度可用一级速度式描述：

$$r = kC^n \tag{4-5}$$

式中，$n=1$，C 为环己烷的浓度，k 为反应速度常数。试验表明在制备中加入竞争剂的催化剂的环己烷脱氢反应速度较高，但三种催化剂的反应活化能基本相同，均在 71kJ/mol(17kcal/mol)左右。Susu 等也采用了一种工业铂铼/氧化铝催化剂研究了环己烷脱氢反应动力学[14]。试验在 101 ~ 404kPa(1 ~ 4atm)的总压和 159 ~ 300℃条件下进行。采用了脉冲和连续反应两种装置，并分别使用了氦、氮、氩和氢等气体作载气。结果表明所有数据也均可用一级反应式处理。

从以上介绍的工作结果可见，尽管在六元环烷烃脱氢动力学方面进行了大量的工作，但由于不同研究工作者采用的试验条件和方法不同，特别是由于表面反应的复杂性和动力学研究方法本身的局限性，已经报道的铂催化剂上六元环烷烃脱氢反应的反应级数和活化能数据往往存在矛盾，对反应控制步骤的解释也没有一致的看法。

六元环烷在金属催化剂表面上脱氢时，环上的六个氢原子是同时脱除生成芳烃，还是分步脱除，先生成烯烃再生成芳烃，这也曾经是反应机理研究中争论的一个焦点。前苏联学者 Баландин 在其建立多位理论的早期就研究了环己烷脱氢反应的六位模型[15,16]。根据这一模型，反应物分子和催化剂之间存在着对称性元素，六元环平铺在原子以等边三角形分布的金属面上，并同时脱除六个氢原子(图 4-8)。

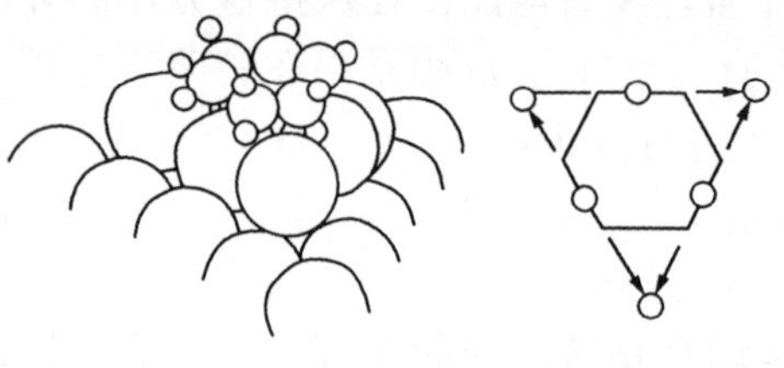

图 4-8 环己烷在金属上的六位平面模型

根据模型预言，只有具有面心立方和六方密堆积晶格的金属有可能成为六元环烷脱氢的催化剂，因为只有这两种晶格的晶面才有符合要求的等边三角形形式的、均匀的原子分布；另一个必要条件是这些原子间的最小原子间距应在一个确定的范围之内(0.27746 ~ 0.24916nm)。间距过小，由于环上氢原子的干扰，六元环将不能平放在晶格平面上；间距过大则环上的氢原子过分远离吸引它们的催化剂原子。根据多位理论，符合以上条件的金属有 Pt、Pd、Ir、Rh、Cu、Co、Ni、Re、Tc、Os、Zn 和 Ru 等。多位理论预言了铼可以使六元环烷脱氢，这一预言为后来的试验所证明。

六元环烷类脱氢六位理论的一个重要依据就是在脱氢产物中很难检出有环己烯和环己

二烯存在。但是，这一依据被后来的一些试验结果所动摇。Anderson 等在铂膜上进行环己烷与氘交换反应[17]，发现主要产物是 $C_6H_{11}D$ 而不是 $C_6H_6D_6$，这与六位模型是矛盾的。更直接的证明环己烯是反应中间物的试验是由 Haensel 等完成的[18,19]。由于在重整反应条件下中间产物转化速度非常快，必须采用特殊的试验方法降低转化率，并采用准确的低浓度分析技术来检测可能产生的中间物。Haensel 等使用不含卤素的 Pt/Al_2O_3 催化剂，在 520℃、2.1MPa 的重整反应条件下进行了试验。试验以比例为 1∶1 的环己烷和苯为原料，设计并采用了非常高的体积空速（1000～32000h^{-1}），测定了低转化率下产物中环己烯和生成的苯的比例的变化。表 4－7 为试验的主要结果。从表 4－7 数据可见，随空速增加和转化率的降低环己烯与生成的苯的比例稳定增加，表明环己烯是从环己烷生成苯的一个中间体。作者还采用硫中毒的方法降低 Pt/Al_2O_3 催化剂上环己烷脱氢反应速率，也发现环己烯与生成的苯的比例显著增加并解释为硫中毒时环己烯脱氢为苯的速度下降要大于环己烷脱氢为环己烯。

表 4－7　环己烷在 Pt/Al_2O_3 催化剂上的转化

体积空速/h^{-1}	1000	2000	4000	8000	16000	32000
环己烷转化/%	32.0	27.5	18.0	9.1	5.5	2.9
(环己烯/苯)/$\times 10^3$	1	7	17	24	28	29

与硫中毒类似的是，在铂锡双金属催化剂研究中[20]发现锡的引入降低了环己烷脱氢为苯的活性，同时在产物中发现有明显量的环己烯和微量的环己二烯。因此推论反应按如下顺序进行：

环己烷→环己烯→环己二烯→苯

二、五元环烷脱氢异构化反应

根据 Mills 等人[21]提出的双功能重整催化剂的概念，重整催化剂具有两种不同的催化性能，一种是酸性，主要起异构化作用，另一种是金属性能，起加氢和脱氢作用。烷基环戊烷脱氢异构化反应正是典型的双功能催化的反应。Mills 等提出的在双功能催化剂上进行的重整反应的历程表示在图 4－9 中。图中沿纵坐标方向进行的反应是在金属中心上发生，沿横坐标方向进行的反应在酸性中心上发生。可以看到，烷基环戊烷脱氢异构反应首先是在金属中心脱氢生成烷基环戊烯，然后转移到酸性中心进行异构化反应生成烷基环己烯，再进一步在金属中心脱氢，经过中间物环己二烯后生成烷基苯。

Mills 等使用仅具有单功能的脱氢催化剂、单功能的异构化催化剂以及双功能催化剂进行了甲基环戊烷在重整反应条件下转化反应的研究，结果表明，在异构化和脱氢催化剂上仅有很少量的芳烃生成，而在双功能催化剂情况下，有大量的苯生成，如果计算中不考虑裂解产物，则从甲基环戊烷生成的苯量已达到平衡值。Hindin 等[22]和 Weisz[23]都采用了将两种单功能催化剂机械混合的方法考察了在两种催化功能分开有一定距离的情况下甲基环戊烷转化的情况。表 4－8 为 Weisz 的试验结果。其中催化剂 X 为 0.3% Pt/SiO_2，Y 为 SiO_2/Al_2O_3，催化剂颗粒大小为 0.8～1.4mm；反应条件为常压，510℃，氢分压 81.1kPa（0.8atm），甲基环戊烷压力 20.3kPa（0.2atm），停留时间 2.5s。

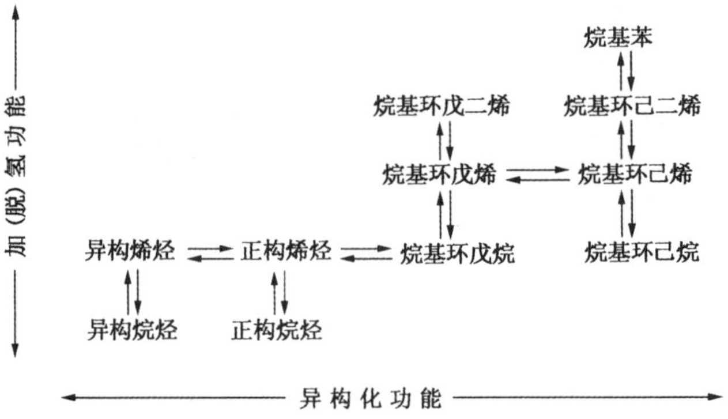

图4-9 双功能催化剂上的烃类重整反应

表4-8 甲基环戊烷脱氢异构化液体产物分析结果 mol%

催化剂	甲基环戊烷 ⇌(X) 甲基环戊烯 ⇌(X) 甲基环戊二烯；甲基环戊烯 ⇓(Y) 环己烯 →(X) 苯			
10mL SiAl	98	0	0	0.1
10mL Pt/SiO_2	62	20	18	0.8
SiAl + Pt/SiO_2	65	14	10	10.0

从表4-8可见，只有 SiO_2/Al_2O_3 酸性中心存在时基本无反应发生；Pt/SiO_2 可使甲基环戊烷脱氢为甲基环戊烯和甲基环戊二烯，但只生成很少量的芳烃；只有两者机械混合后才有明显量的苯生成，说明脱氢异构化反应需要两种中心的协同作用，并且反应的中间产物是环烯烃。机械混合催化剂的试验结果还说明反应中间物可以通过气相从一类催化中心扩散到另一类中心。

关于两种中心的协同作用，Haensel等进行了另外一组试验[19]。在固定 Pt/Al_2O_3 催化剂中Pt含量为0.3%情况下改变催化剂上的氟含量，在500℃、1.84MPa(18.2atm)，体积空速 $4h^{-1}$ 条件下进行甲基环戊烷反应得到如下结果：

氟/%	0.05	0.15	0.30	0.50	1.0	1.25
苯/%	25	31.5	41	59	71	71.5

氟含量从0.05%增加至0.5%时转化率直线增加，当氟含量超过1.0%时由于生成的苯量已达到平衡值，转化率不再进一步增加。同样条件下，固定催化剂上的氟含量为0.77%，改变催化剂上的铂含量得到的结果如下：

Pt/%	0.012	0.03	0.05	0.075	0.10	0.15	0.20	0.30
苯/%	14.5	45	56	63	63.5	63	63.5	63

可以看到，很低的铂含量即可满足甲基环戊烷脱氢异构化反应的要求，当铂含量超过0.075%时转化率不再增加，此时转化率的提高受到氟含量的限制。

Keulemans和Voge[24]采用常压脉冲反应技术，在350℃、过量氢存在下测定了30种 $C_5 \sim C_8$ 单体环烷烃在 $Pt-Al_2O_3$ -卤素催化剂上的反应活性。发现五元环烷烃类转化为芳烃要比一般的六元环烷转化慢得多。作者提出的烷基环戊烷转化为芳烃的主要步骤为：

① 首先在金属中心上脱氢为烯烃；

② 烯烃迁移到酸性中心；

③ 在酸性中心上添加一个质子形成正碳离子；

④ 正碳离子发生碳骨架重排的异构化反应；

⑤ 生成一个新烯烃并向金属中心迁移；

⑥ 在金属中心上烯烃脱氢为芳烃。

在这一复杂的反应中步骤④，即正碳离子的骨架异构化是反应的控制步骤。根据伯、仲、叔三种正碳离子的不同稳定性以及根据烷基环戊烷开环并生成六元环的可能路径数可计算出不同五元环烷烃反应生成的芳烃量，其计算结果与试验结果有较好的一致性。

在烷基环戊烷脱氢异构化反应动力学研究方面 Sinfelt 等曾进行了 Pt/Al_2O_3 催化剂上甲基环戊烷生成环己烷和苯的反应研究[25]。在 471℃，氢压 0 ~ 2. 03MPa(0 ~ 20atm) 和甲基环戊烷分压 0. 01 ~ 1. 01MPa(0. 1 ~ 10atm) 范围内测定的反应速度值列于表 4 - 9 中。

表 4 - 9 中数据表明：

① 在没有氢气存在($p_H = 0$)时 r_I 等于零，即不发生脱氢异构反应；

② p_M 一定的条件下随氢压增加 r_I 通过一个最大值，即氢压过高时速度下降；

③ r_{HC} 随氢压增加而增加；

④ 在 2. 03MPa(20atm) 氢压下 r_I 和 r_{HC} 均随甲基环戊烷压力增加而增加，但在 202. 7kPa(2atm) 的低氢压下则随甲基环戊烷压力的增加而降低。作者在解释以上试验结果时认为，在氢气不存在的情况下铂表面几乎完全被深度脱氢及聚合等副反应产生的缺氢的烃类残留物所覆盖，氢气的主要作用是保持表面的洁净。设想在低氢压下甲基环戊烷脱氢异构反应的控制步骤是中间物甲基环戊烯的生成，反应如下：

$$MCP \longleftrightarrow [MCP^{=}] \rightarrow [R] \rightarrow R'$$

表 4 - 9 甲基环戊烷反应速度数据(471℃)

p_M	p_H	F/W	r_I	r_{HC}
1. 0	0	0. 30	0	0. 0009
0. 1	2. 0	0. 31	0. 0077	0. 0048
0. 33	2. 0	0. 30	0. 0061	0. 0045
1. 0	2. 0	0. 31	0. 0028	0. 0026
1. 0	6. 0	0. 30	0. 019	0. 014
1. 0	20. 0	0. 30	0. 011	0. 021
10. 0	20. 0	0. 52	0. 036	0. 036

p_M—甲基环戊烷分压；p_H—氢压；F—进料速度(mol/h)；W—催化剂质量(g)；r_I—转化为苯和环己烷的速度；r_{HC}—转化为 C_6 以下的开环和裂解产物的速度。

其中用括号代表表面上的物质，[R]代表表面残留物，R′是由氢气净化反应脱除到气相的烃类。假设表面残留物达到一个稳态浓度，可写出：

$$d\theta_R/dt = k_1\theta_{M'} - k_2\theta_R\theta_H = 0 \tag{4-6}$$

式中，$\theta_{M'}$、θ_R 和 θ_H 分别为铂表面中心上甲基环戊烯、表面残留物和氢的覆盖度；$k_1\theta_{M'}$ 为从吸附的甲基环戊烯生成表面残留物的速度；$k_2\theta_R\theta_H$ 为表面残留物被吸附氢脱除的速度。在足够低的氢压下 θ_H 很小，表面几乎全部被残留物覆盖，即 θ_R 接近等于 1。这时可得到 $\theta_{M'} = (k_2/k_1)\theta_H$。因为 θ_H 随氢压增加而增加，$\theta_{M'}$ 也将增加，脱氢异构反应的总速度($r = k'\theta_{M'}$)也将增加，说明了在低压下氢压的增加有利于反应速度的提高。此外，由于甲基环戊烷与氢的竞争吸附，恒定氢压下甲基环戊烷压力的增加将使 θ_H 减少，从而使 $\theta_{M'}$减少，又将使总速度降低，可解释在 202kPa(2atm)氢压下甲基环戊烷压力的影响；在很高的氢压下铂表面被残留物的覆盖不再是限制因素，式(4－6)不再成立，此时不再是铂，而是催化剂的酸性功能起决定作用。

Iijima 等[26]在总压 1.72MPa(17atm)和反应温度 400～450℃条件下考察了新鲜的和含炭的 Pt/Al_2O_3 催化剂上甲基环戊烷加氢开环和异构生成苯和环己烷的反应。结果表明异构化生成六元环的反应以及加氢开环和裂化反应对于甲基环戊烷分压均近似为一级反应，其表观活化能均为 135～146kJ/mol(30～35kcal/mol)。Donnis[27]的研究结果则表明 $Pt-Al_2O_3-Cl$ 催化剂上甲基环戊烷转化为苯和环己烷反应的反应级数对甲基环戊烷分压为 0.8，对氢分压为 －0.8～－1.0，说明氢气抑制反应的进行；所测得的反应活化能值为 213～230kJ/mol(51～55kcal/mol)，与 Iijima 等的结果有较大的差别。

三、链烷烃异构化反应

链烷烃异构化反应在各类重整反应中是速度较快的反应。表 4－10[6]中对比了正庚烷异构化反应与其他几类主要反应的初始转化速度(转化率趋近于零时的速度)。

从表 4－10 可见，在几类重整反应中甲基环己烷脱氢生成芳烃的反应速度最快，约为正庚烷总转化速度的 3～4 倍；而在正庚烷反应中异构化速度明显高于加氢裂化和脱氢环化反应速度。

正己烷在 Pt/Al_2O_3 双功能重整催化剂上进行重整反应的反应网络以及各反应的速度常数值[单位为 10^{-3}kmol/(kg cat·h·0.1MPa)]表示在图 4－10中[9]。同样可看到，正己烷在异构化反应同时还发生加氢裂化和脱氢环化反应，异构化反应速度显著高于加氢裂化和脱氢环化。图 4－10 还表明正己烷不能直接生成多支链的异构体，需要先生成 2－甲基戊烷再转化为 2,3－二甲基丁烷，同时反应速度明显降低。

表 4－10　正庚烷重整反应速度

[r 为初始转化速度，mol/(h·g cat)]

温度/℃	压力/MPa(atm)	正庚烷反应				甲基环己烷芳构化 r_4	二甲基环戊烷芳构化 r_5
		总转化 r_0	加氢裂化 r_1	异构化 r_2	脱氢环化 r_3		
496	3.55(35)	0.3	0.10	0.16	0.04	0.95	
496	2.48(24.5)	0.28	0.08	0.15	0.05		
496	1.42(14)	0.26	0.05	0.13	0.06	0.95	0.13
468	3.55(35)	0.18	0.05	0.12	0.01		
468	1.42(14)	0.16	0.04	0.09	0.02		

一般接受的重整条件下链烷烃异构化反应机理仍是 Mills 等提出的双功能反应机理(参见图 4－9)。正构烷烃首先在金属中心上脱氢为正构烯烃，然后迁移到酸性中心上并进行异构化反应生成异构烯烃，再转移到金属中心加氢为异构烷烃。Weisz 等曾采用两种单功能催化剂及其机械混合物进行正己烷异构化反应试验[28]。使用的具有加氢－脱氢功能的催化剂是载于惰性 SiO_2 或碳载体上的铂催化剂，具有酸性功能的催化剂是 $SiO_2-Al_2O_3$。试验证实了烷烃异构化反应的进行需要金属和酸功能的协同作用，结果列入表 4－11。

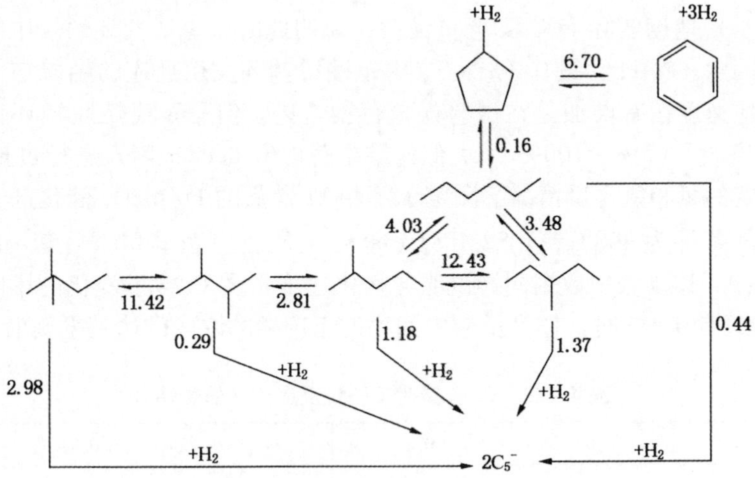

图 4-10　Pt/Al_2O_3 催化剂上正己烷转化反应

条件：420℃，1MPa，$H_2/HC=10$

表 4-11　金属和酸功能的协同作用

催化剂	温度/℃	转化为异己烷/%	催化剂	温度/℃	转化为异己烷/%
ⅰ　4.7g Pt/SiO_2	373	0.9	ⅰ　4.4g Pt/C	448	1.5
ⅱ　7.0g Si/Al	373	0.3	ⅱ　7.0g Si/Al	448	0.9
ⅲ　ⅰ和ⅱ混合物	373	6.8	ⅲ　ⅰ和ⅱ混合物	448	6.4

条件：常压，正己烷进料 26mL/h，氢/正己烷摩尔比 5：1。

通过只改变双功能催化剂中的金属含量或只改变催化剂的酸性可以判断在哪一种活性中心上的反应是控制步骤。表 4-12 为 Pt/Al_2O_3 催化剂中 Pt 含量对正庚烷异构化反应速度影响的数据，同时列出了脱氢环化和甲基环戊烷脱氢异构反应速度数据[29]。

表 4-12　$Pt-Al_2O_3$ 催化剂中 Pt 含量对正庚烷和甲基环戊烷反应的影响

Pt 含量/%	0	0.10	0.30	0.60
反应速度①				
n-C_7 异构化				
471℃	0	0.035	0.035	0.038
527℃	0	0.12	0.13	0.12
n-C_7 脱氢环化				
471℃	0	0.0022	0.0027	0.0045
527℃	0	0.020	0.025	0.035
MCP 脱氢异构				
471℃	0		0.019	0.021
527℃	0		0.039	0.043

① 单位为 mol/(h · g cat)。条件：压力 2.13MPa(21atm)，氢/烃 = 5。

在 Pt 含量为零，即只有氧化铝时，没有反应发生。在 Pt 含量为 0.1% ~0.6% 范围内正庚烷异构化反应速度实际上与 Pt 含量无关，说明此时脱氢活性和烯烃中间物的生成不是反应的控制因素。在 Pt 含量 0.3% ~0.6% 范围甲基环戊烷反应的结果与正庚烷异构化反应相似，反应速度稍有增加是在试验误差范围之内。但是正庚烷脱氢环化反应速度随 Pt 含量增加而增加了 75% ~100% 。类似的结果曾由 Callender 等人进行过报道[30]。在保持催化剂上恒定的氯和氟含量情况下测定了不同 Pt 含量的 Pt/Al_2O_3 催化剂上的正庚烷反应活性。采用的条件为 468℃，1.82MPa(18atm)，质量空速 $225h^{-1}$，氢/正庚烷摩尔比 4.8。结果见表 4－13。表中数据同样说明异构化速度不受 Pt 含量变化的影响，同时可以看到在 Pt 含量只有 0.1% 时，作为反应中间物的正庚烯的浓度已达到平衡值。

表 4－13　Pt 含量对正庚烷反应活性的影响

Pt 含量/%	0	0.1	0.38	0.75	0.99
异构化速度①	0	68	81	72	72
环化速度①	0	9.6	16	32	37
正庚烯/%	0	0.67	0.68	0.92	0.66

① 单位为 μmol/(s·g cat)。

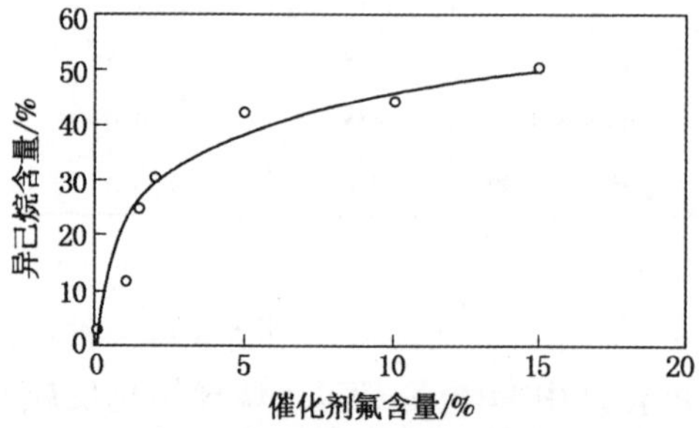

图 4－11　催化剂氟含量对正己烷异构化反应的影响

试验条件：400℃，4MPa，空速 $1.5h^{-1}$，$H_2/HC=6$

改变 Pt/Al_2O_3 催化剂酸性的影响表示在图 4－11 中[31]。在催化剂不含氟时基本不发生正己烷异构化反应，随着氟含量增加到 5%，正己烷异构化产物从 2% ~3% 增加到 40% ~45%，说明酸性中心上的反应阶段控制着异构化反应的进行。

Sinfelt 等在 372℃，氢压 0.78 ~ 2.81MPa (7.7 ~27.7atm) 和氢/烃摩尔比 1.4 ~18 范围研究了 $Pt-Al_2O_3$ 催化剂上正戊烷异构化反应动力学[32]。所测得的反应速度数据概括在表 4－14 中。

表 4－14　正戊烷在 372℃异构化反应速度

压力/MPa(atm)					
总压	2.47(24.4)	0.78(7.7)	2.13(21.0)	2.81(27.7)	1.11(11.0)
n-C_5	0.13(1.3)	0.13(1.3)	0.35(3.5)	0.47(4.6)	0.47(4.6)
H_2	2.34(23.1)	0.65(6.4)	1.77(17.5)	2.34(23.1)	0.65(6.4)
反应速度①	0.011	0.018	0.017	0.020	0.034

① 初始速度(零转化率)，mol/(h·g cat)。

试验结果表明反应速度随正戊烷压力增加而增加，但随氢压增加而降低，在一定 n-C_5/H_2 摩尔比情况下反应速度与总压无关。反应速度数据满足如下方程式：

$$r = k\left(\frac{p_{n\text{-}C_5}}{p_{H_2}}\right)^n \tag{4-7}$$

式中，k、n 在 372℃时分别为 0.04 和 0.5。作者认为这一结果支持了如下反应机理，即烷烃异构化是通过烯烃中间物，并且速度控制步骤是在酸性中心上的烯烃的反应：

$$n\text{-}C_5 \xrightleftharpoons{Pt} n\text{-}C_5^{=} + H_2 \qquad (快)$$

$$n\text{-}C_5^{=} \xrightarrow{酸性} i\text{-}C_5^{=} \qquad (慢)$$

$$H_2 + i\text{-}C_5^{=} \xrightleftharpoons{Pt} i\text{-}C_5 \qquad (快)$$

在 Pt 中心上生成的 $n\text{-}C_5^{=}$ 在气相与 $n\text{-}C_5$ 和 H_2 处于平衡，则 $n\text{-}C_5^{=}$ 分压为：

$$p_{n\text{-}C_5^{=}} = K\frac{p_{n\text{-}C_5}}{p_{H_2}} \tag{4-8}$$

式中，K 为热力学平衡常数，p 为分压。

$n\text{-}C_5^{=}$ 迁移并吸附在酸性中心上，通过正碳离子机构进行异构化反应。假设这一阶段是控制步骤，则反应总速度为：

$$r = k'[n\text{-}C_5^{=}]_a \tag{4-9}$$

式中，k'为速度常数，$[n\text{-}C_5^{=}]_a$ 为吸附的 $n\text{-}C_5^{=}$ 浓度。$[n\text{-}C_5^{=}]_a$ 可通过描述非均匀表面的 Freundlich 型关系式同气相中的 $n\text{-}C_5^{=}$ 分压关联：

$$[n\text{-}C_5^{=}]_a = bp^n_{n\text{-}C_5^{=}} \tag{4-10}$$

式中，b 和 n 为常数。将式(4－8)和式(4－10)代入式(4－9)得到速度表达式为：

$$r = k'bK^n\left(\frac{p_{n\text{-}C_5}}{p_{H_2}}\right)^n = k\left(\frac{p_{n\text{-}C_5}}{p_{H_2}}\right)^n \tag{4-11}$$

式(4－11)同试验得到的方程(4－7)完全相同。

除上述的双功能反应机理外，早已发现单功能的金属中心上也可以发生烷烃异构化和脱氢环化等反应。Anderson 等[33]在研究金属蒸发膜上新戊烷和新己烷加氢裂解时发现新戊烷在铂蒸发膜上反应时产物中有 17% 的正丁烷生成，说明在裂解反应的同时也有异构化反应发生。此后又报道了正丁烷和异丁烷在铂蒸发膜上加氢裂解同时均可发生骨架异构化反应[34]。Barron 等[35]的研究也表明单功能铂催化剂上可以发生己烷的骨架异构化反应。关于单功能金属中心上烷烃异构化反应机理的研究已有一些文章进行了综述和讨论[36,37,38]。但一般认为尽管这些研究在金属催化的理论研究方面有重要意义，在实际的催化重整条件下，在双功能催化剂中铂金属本身催化的骨架异构化反应对总反应的贡献很小并可以忽略[39]。如前所述，改变双功能催化剂中铂含量时，异构化反应速度不变，总反应受酸性中心控制。

四、链烷烃脱氢环化反应

烷烃脱氢环化反应是速度相当慢的反应。各类重整反应的反应速度测定数据表明，烷烃脱氢环化反应速度远低于环己烷类脱氢反应，也低于环戊烷类脱氢异构和烷烃异构化反应，其速度与加氢裂化反应相当(参见表 4－10)[6]。Burnett 等在进行重整反应模拟计算机模型研究时，测定了在典型的工业重整催化剂上 C_7 烷烃的各类反应的比速度数据[40]。

采用的 C_7 烷烃反应的简化模型如下：

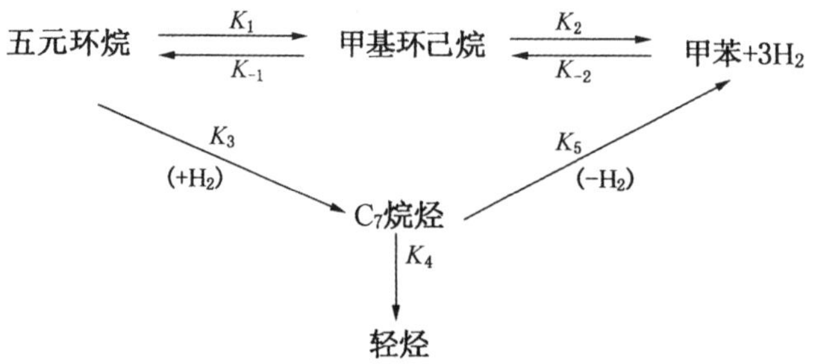

上式中 K_1 代表环烷烃异构化反应，K_2 为环烷脱氢反应，K_3 为开环反应，K_4 为加氢裂化反应，K_5 为脱氢环化反应。各反应的活化能和比速度数据列入表 4－15。表中数据同样表明，在所采用的重整反应条件下，烷烃脱氢环化是最慢的反应，其速度比环烷脱氢反应低两个数量级，比环烷异构化反应低一个数量级。因此，在工业重整装置中烷烃脱氢环化反应受动力学限制，只能进行到一定程度，达不到热力学平衡并且与烷烃的碳原子数有关。曾经报道在催化重整条件下，C_6 烷烃的脱氢环化只能完成 0% ～5%，C_7、C_8 和 C_9 烷烃则分别可完成 25% ～45%、30% ～50% 和 55% ～65%[41]。

表 4－15　烃类重整反应

反　应	活化能/(kJ/mol)	比速度/[mol/(h · g cat)]	反　应	活化能/(kJ/mol)	比速度/[mol/(h · g cat)]
K_1(环烷异构)	52.3	1.7	K_4(加氢裂化)	130.1	0.27
K_2(环烷脱氢)	60.2	14	K_5(脱氢环化)	136.8	0.21
K_3(开环)	61.9	0.4			

条件:510℃，1.75MPa，H_2/HC＝6。

关于烷烃的碳原子数对烷烃脱氢环化反应速度的影响，Sinfelt 等的工作表明，在 471℃、1.11MPa(11atm)下，铂/氧化铝催化剂上正辛烷脱氢环化的总速度(包括生成环烷与芳烃)约为正己烷脱氢环化速度的 2.5 倍。如果只考虑生成芳烃的速度，则前者为后者的 12 倍[42]。Krane 等[43]采用单体烃在 499℃，1.06～3.20MPa(10.5～31.5atm)下进行的试验则表明，正庚烷环化反应速度是正己烷的 4 倍；而采用全馏分石脑油进行的试验表明，在 C_6 烷烃环化反应速度可以忽略的情况下，C_7、C_8、C_9 和 C_{10} 的相对脱氢环化反应速度分别为 0.58、1.33、1.81 和 2.54。Sinfelt 等的结果还表明，直链烷烃的脱氢环化速度显著高于碳原子数相同的带支链的烷烃。在所采用的条件下，正辛烷的总脱氢环化速度约为2,2,4－三甲基戊烷的 3.5 倍，正庚烷脱氢环化速度比 3－甲基己烷高 40% ～50%。

提高温度和降低反应压力都有利于加快脱氢环化反应的进行。表 4－16 为在 0.6% Pt/Al_2O_3 上正庚烷重整反应试验结果[6]。可以看到，脱氢环化产物随反应温度增加和反应压力的降低而增加；但是，由于裂解产物也随反应温度增加，因此提高温度对环化反应的选择性无明显改善，而降低压力的结果是在提高脱氢环化反应速度同时还可以明显改善环化选择性。从表 4－15 也可看到脱氢环化与加氢裂化反应的活化能基本相同，即两反应的温度效应基本相同，因此，只改变温度不会对环化选择性有明显影响。

Sokolov 等在 470～510℃，1.01～5.07MPa(10～50atm)范围研究了氢压对 Pt/Al_2O_3、

Pt/Al_2O_3-F 和 $Pt-Re/Al_2O_3$ 上正庚烷脱氢环化反应的影响[44,45]。采用无梯度法得到的动力学方程式为：

$$r_d = k_d \times p_{nh} \times p_{H_2}^n / \Sigma p_j \tag{4-12}$$

式中，r_d 为甲苯生成速度，k_d 为甲苯生成速度常数，p_{nh} 和 p_{H_2} 分别为正庚烷和氢分压，p_j 为反应体系中第 j 个烃组分的分压。

表 4－16　正庚烷重整反应结果

反应压力/MPa	1.4		2.45	3.5	
温度/℃	468	496	496	468	496
正庚烷转化/%	83.7	96.0	96.0	85.8	95.3
环化产物/%	20.3	37.7	25.0	8.6	16.9
裂解产物/%	28.2	50.6	56.5	36.8	62.7
环化选择性/%①	41.9	42.7	30.7	18.9	21.2

① 环化选择性＝[环化产物/(环化产物＋裂解产物)]×100%。

表 4－17 为不同氢分压下测得的甲苯生成反应中氢的反应级数 n 值。

表 4－17　不同压力下甲苯生成反应中氢的动力学级数(n)

催化剂	氢分压/MPa(atm)				
	0.83(8.2)	1.70(16.8)	2.53(25.0)	3.40(33.6)	4.26(42.0)
Pt/Al_2O_3	－1.0	－1.2	－1.4	－1.5	－1.6
Pt/Al_2O_3-F	－1.0	－1.4	－1.5	－1.6	
$Pt-Re/Al_2O_3$	－0.7	－1.3	－1.7	－1.9	－1.9

表 4－17 中数据说明对于甲苯生成反应，氢的反应级数是负值，随氢分压增加氢的反应级数的负值增加，即氢对反应的抑制作用增加。

烷烃脱氢环化生成芳烃的反应机理十分复杂，在不同反应条件下，不同分子结构的烷烃可能经过多种反应途径进行，包括在单功能的金属中心上的反应和涉及金属和酸性中心的双功能催化反应，五元或六元关环反应以及一系列的顺序进行的串行或并行反应等。早在 1936 年前苏联学者 Казанский 等就发现在单功能的 Pt/C 催化剂上烷烃可以直接环化为六元环并随后脱氢为芳烃。以后的工作又表明在 Pt/C 催化剂上可平行发生 C_5 和 C_6 脱氢环化反应生成五元环和六元环[46]。20 世纪 50 年代初使用 $Pt-Al_2O_3$－卤素双功能催化剂的催化重整工艺实现了工业化，进一步推进了对脱氢环化反应机理的研究。1953 年 Mills 等首先提出了工业条件下各类重整反应的双功能反应机理[21]。双功能反应机理(图 4－9)考虑了两种催化中心的协同作用，对于脱氢环化反应来说，烷烃首先在金属中心脱氢生成烯烃，然后烯烃在酸性中心上环化生成烷基环戊烷，后者再在金属中心上脱氢成烷基环戊烯，再转移到酸性中心异构化为环己烯，然后由金属中心催化脱氢为芳烃。由于金属中心上的加氢－脱氢反应很快进行，酸性中心上的反应应该是双功能反应中的控制步骤。

Parera 等[51]在 Mills 等的基础上提出了六碳原子烃类双功能重整反应图示的一个扩充形式，其中补充了甲基环戊烷和环己烷在金属中心上的开环反应并提出了一个新的甲基环戊二烯扩环到环己二烯的反应。

关于在酸性中心上环化的详细的反应机理仍待进一步深入研究。Sinfelt 等曾设想在金属中心脱氢生成的烯烃与酸性中心作用，在催化剂表面生成仲正碳离子烯烃，在正己烷的情况下环化生成五元环，而在正辛烷情况下也可以生成六元环[42]：

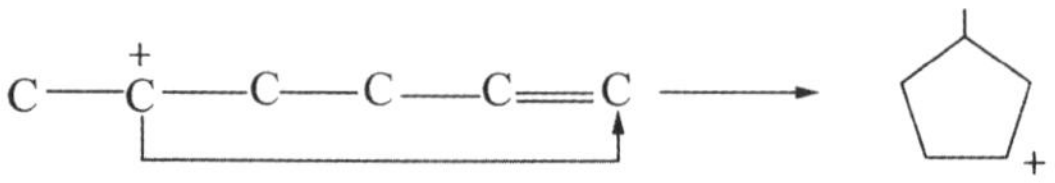

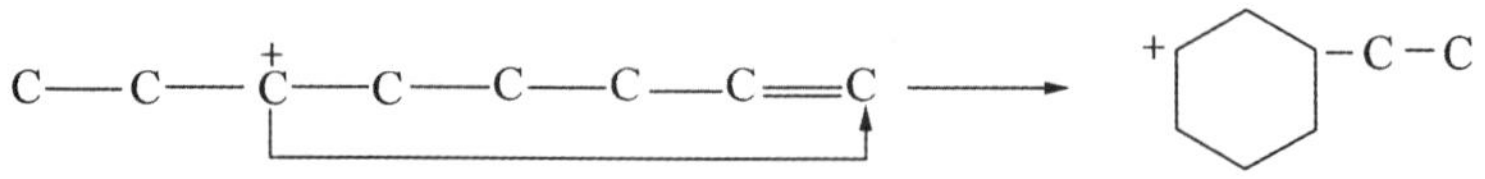

一些作者的研究也证明，氧化铝本身的确可以催化烯烃的环化反应[30,47,48]。Callender[30]等人的结果表明，在有卤素存在的氧化铝上 1 - 己烯环化主要生成甲基环戊烷，2 - 庚烯环化主要生成 1,2 - 二甲基环戊烷。这种环化作用的机理可以解释为烯烃，如 2 - 庚烯，吸附在一个质子中心上形成一个正碳离子，同时在碳链上第六位碳原子上的一个质子被脱除剩下一对未配位的电子对。通过正碳离子同电子对反应直接关环为 1,2 - 二甲基环戊烷：

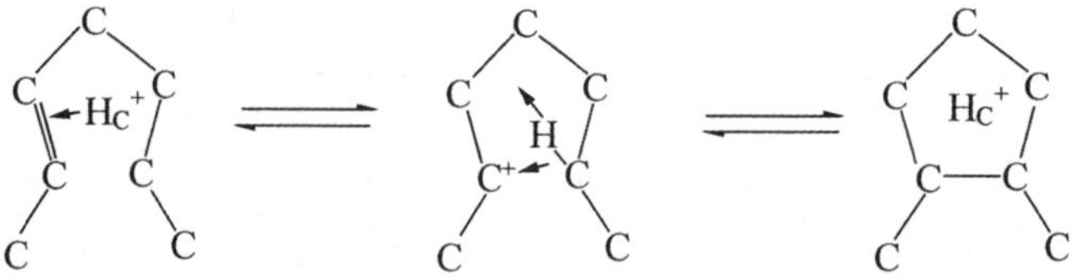

另一种可能的机理是考虑到在氧化铝上不仅有酸性中心，而且还存在碱性中心。关环反应可以用协同作用机理解释，即双键由酸性中心质子化，同时在碱性中心影响下质子从链上的碳原子上脱除。

关于双功能催化剂中酸性功能的作用 Hettinger 等曾采用氨中毒的方法进行考察[6]。在正庚烷和正壬烷原料中分别引入氨和二乙基胺使芳烃产率大幅度下降；同时二乙基胺的引入对甲基环己烷脱氢却没有任何影响。Шипикин 等[49]采用经过半工业装置 15000h 运转后的 Pt/Al_2O_3 催化剂进行的试验表明，氯和氟含量大量流失后的催化剂仍保持了很高的环烷脱氢活性，但烷烃异构化和脱氢环化活性显著降低。失活催化剂经氯化处理后，氯含量增加至 0.8%，烷烃脱氢环化活性可以完全恢复，甚至超过新鲜的氟氯型 Pt/Al_2O_3 催化剂的水平，说明提高催化剂酸性可以提高烷烃脱氢环化反应的活性。

为证明烷烃双功能环化反应机理，Silvestri 等[50]用 Pt/C 催化剂作为脱氢组分和氧化铝作为酸性组分进行了试验。在正庚烷原料中含 100μg/g 硫的情况下，Pt/C 催化剂和氧化铝均不具有脱氢环化活性，但 Pt/C 催化剂仍保持了足够高的脱氢活性。当将两种催化剂以一定比例混合后，环状化合物的生成量有很大的增加，说明烷烃环化反应是按照先在金属中心脱氢为烯烃，然后在酸性中心上环化的双功能机理进行。

烷烃脱氢环化的双功能反应机理很好地说明了工业重整催化剂中金属和酸性两种活性中心的作用，工业实践也表明两种活性中心缺一不可。但情况并非如此简单。自烷烃芳构化反应发现以来，特别是开发了催化重整工艺以后，一直存在着有关烷烃芳构化的可能途径的争论，并且公开发表了一些不同的甚至针锋相对的观点[52~57]。一些试验结果表明，当双功能催化剂中 Pt 含量增加时，脱氢环化反应速度增加[6,29,30,58]，这表明在双功能重整催化剂中 Pt 本身就具有脱氢环化的功能。与此同时，对于单功能 Pt 催化剂上的环化反应也进行了大量的研究[60~63]。这些研究表明，与双功能反应机理不同，烷烃芳构化反应可以通过直接的 C_6 关环而不需要经过 C_5 环扩环到 C_6 环的步骤。因此一些研究工作者[57]指出，双功能反应途径并不是烷烃脱氢环化反应的惟一途径。Paàl 等[52]根据试验结果认为芳构化反应的另一种途径是开链烷烃在金属中心上的逐步脱氢生成己三烯，顺式己三烯可以很快的转化为苯。Shum 等[54]则根据试验结果甚至提出在双功能催化剂中金属功能控制脱氢环化，因而是催化剂的关键功能。Sivasanker 等[59]通过在常压下的试验说明对于正己烷和正庚烷的脱氢环化反应金属功能是关键的因素，而对于正辛烷则金属和酸性都是重要的。所有这些结果和观点都是对传统的双功能反应机理的一种挑战。

但是，人们在研究过程中也越来越深刻地认识到环境和条件以及催化剂本身的组成、结构和失活等因素对反应途径和机理的影响。Henningsen[64]在他们的试验中注意到催化剂暴露在烃类中的开始几小时期间，其活性，特别是选择性有很大的变化，认为在活性稳定后正庚烷脱氢环化到甲苯的主要途径是双功能催化的，因为 Pt 脱氢环化活性对硫或积炭失活比 Pt 脱氢活性要敏感得多。Christoffel 等[65]采用双功能的 Pt/酸性载体催化剂在300~500℃，0~4.5MPa 氢分压条件下进行的 C_6 ~ C_8 烃类转化的研究表明，在 350℃以下主要发生金属 Pt 催化的反应；在约 400℃温度区间，由于积炭，Pt 的氢解和异构化活性发生很大变化；而在 400℃以上由于不可逆的积炭，Pt 仅仅表现出加(脱)氢活性，此时反应主要是由酸催化控制。因此，Pt/Al_2O_3 催化剂暴露在苛刻的生炭条件下几乎表现出完全的双功能性质。Parera[39,53]认为，在工业重整过程中，硫总是存在的。微量的硫足以使金属功能的脱氢环化活性部分或全部中毒，而反应主要或完全按双功能反应机理进行。同时指出，金属功能虽然可保持其脱氢活性，但这种活性随氢压增加而下降，在工业重整的高氢压条件下不可能将正己烷脱氢到己三烯，Paàl 等提出的通过己三烯的环化路线只是在特定条件下，如低总压、低氢压和不存在酸功能的情况下，才是可行的。Sparks 和 Davis 等[63,66]在 0.69MPa 和 482℃条件下研究了正辛烷在单功能和双功能 Pt/Al_2O_3 催化剂上的脱氢环化反应，发现双功能催化剂产生芳烃的速度接近单功能催化剂的 10 倍，生成芳烃的选择性约比单功能催化剂大 5 倍。因此，对于从正烷烃生成芳烃，双功能路线提供最快也是最有选择性的途径。

综上所述，尽管双功能路线不是烷烃芳构化的惟一途径，但已有的研究结果和争论使如下的看法趋于一致，即在工业催化重整条件下烷烃的脱氢环化反应主要通过双功能反应机理进行。

五、氢解和加氢裂化反应

氢解反应是在氢存在下，在催化剂金属中心上发生的 C—C 键断裂和 C—H 键生成的反应。这一反应需要催化剂上有相邻的金属原子中心。最简单和典型的乙烷氢解反应表示如下[67]：

$$C_2H_6 \rightleftharpoons C_2H_5(\text{吸附}) + H(\text{吸附})$$

$$C_2H_5(\text{吸附}) + H(\text{吸附}) \rightleftharpoons C_2H_x(\text{吸附}) + aH_2$$

$$C_2H_x(\text{吸附}) \longrightarrow \text{吸附的 } C_1 \text{ 碎片}$$

吸附的 C_1 碎片被加氢生成甲烷从而完成这一反应。式中 a 的数值等于 $(6-x)/2$。对于相对分子质量较大的烷烃，除了类似乙烷的 1,2 吸附外还可发生 1,3 吸附：

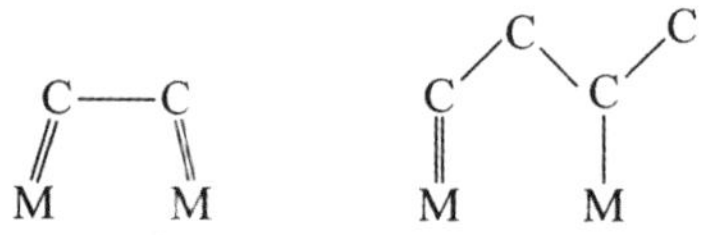

1,2吸附　　1,3吸附

曾经测定过不同相对分子质量和不同结构的烷烃在 Pt/Al_2O_3 催化剂上的氢解反应速度，如 Leclercq 等[68]的结果表明在常压和 300℃ 条件下一些烃类的氢解反应速度依下列顺序增加：乙烷、丙烷、新戊烷、异丁烷、丁烷和异戊烷。说明反应速度不仅和分子中的碳数有关，也同分子的结构有关。很显然，对于新戊烷分子来说，只能发生 1,3 吸附而不能进行 1,2 吸附。相对分子质量大的烷烃氢解速度较高可能是由于 1,3 吸附的分子的 C—C 键裂解活性较高，也可能是由于大分子中 C—C 键的平均解离能较低的缘故。

反应动力学研究[68,69]表明饱和烃氢解反应速度随温度和烃分压增加，但氢分压对反应的影响则随不同烃分子而不同。乙烷氢解对氢分压的反应级数呈现为负值，丙烷、异丁烷和新戊烷氢解对氢的反应级数则出现最大值，而对异戊烷则氢的反应级数为正值。Bond 等[70]指出，当氢不存在时，氢解反应速度不可避免的将降为零，因此氢为负级数的速度表达式是不能令人满意的。关于氢的反应级数出现最大值，一般接受的推论是烷烃同氢在金属表面竞争吸附，烷烃失去一些氢原子后变为活化态。在低于速度最大值的压力下氢的正级数反映需要氢原子同脱氢后活化态的烷烃反应并发生 C—C 键的断裂；而在超过速度最大值后氢的负级数是由于需要吸附中心来容纳烷烃活化必须失去的氢原子。

氢解反应的研究对于阐明金属催化作用的机理有重要的科学意义，但目前的研究停留在常压和小相对分子质量烃类范围，研究方法和所用催化剂各异，很难得出一致的认识。

目前在催化重整的工业实践中已经采用了有效的抑制氢解反应的方法，其中包括在开工过程中进行催化剂的预硫化或采用硫化态催化剂开工，以及在催化剂制备中引入金属添加物进行催化剂改性等。此外研究工作表明[71]在重整反应中，氢解反应对催化剂积炭最为敏感，在初期积炭过程中氢解反应已快速下降。因此，在正常重整工艺条件下氢解反应不起重要作用。

同氢解反应相比，加氢裂化反应在催化重整中的重要性要大得多。至今，如何控制加氢裂化反应，提高催化剂的选择性即改善高辛烷值汽油的收率和芳烃产率仍然是催化重整研究中的重要课题。

加氢裂化反应中烃类的裂化同催化裂化一样是在催化剂的酸性中心上发生。但与催化裂化不同的是，加氢裂化反应是在氢压下和含有金属加(脱)氢组元的双功能重整催化剂上进行。金属组元的存在起到两方面的作用。其一是在金属组元上烷烃首先脱氢为烯烃，后者更容易在酸性中心上生成正碳离子而发生裂化反应；其二是裂化反应产生的烯烃可以在金属中心上很快的加氢为饱和烃，由于加氢裂化产物主要为饱和烃，因此催化剂失活速率要比催化裂化慢得多。

按双功能机理进行的正烷烃加氢裂化反应包括下列步骤[72]：

① 正烷烃在催化剂金属中心脱氢为正烯烃。

② 正烯烃吸附在催化剂酸性中心上生成仲正碳离子：

$$CH_3CH{=}CHCH_2CH_2CH_2CH_3 + H^+ \rightleftharpoons CH_3CH_2{-}C^+HCH_2CH_2CH_2CH_3$$

③ 在正碳离子中，相对于带正电荷的碳原子的β键的位置优先发生裂化生成较小的正碳离子和烯烃：

$$CH_3CH{-}C^+HCH_2CH_2CH_2CH_3 \rightleftharpoons CH_3CH_2CH{=}CH_2 + C^+H_2CH_2CH_3$$

$$\rightleftharpoons CH_3CH_2CH{=}CH_2 + CH_3C^+HCH_3$$

此外，仲正碳离子也可能转变为更稳定的叔正碳离子从而生成异构烷烃。

④ 裂化生成的正烯烃异构化为异烯烃：

$$CH_3CH_2CH{=}CH_2 + H^+ \rightleftharpoons CH_3CH_2C^+HCH_3$$

$$CH_3CH_2C^+HCH_3 \rightleftharpoons CH_3C^+H(CH_3)CH_3 \rightleftharpoons CH_3CH(CH_3){=}CH_2 + H^+$$

⑤ 生成的烯烃在催化剂的金属中心上加氢为相应的烷烃。

影响加氢裂化反应速度的主要因素是：

① 反应温度——加氢裂化反应是催化重整中活化能最高的反应，随反应温度提高反应速度明显加快。

② 反应压力——反应速度随烃分压、氢分压和总压的增加而增加。

③ 催化剂酸性——酸性增加时反应速度增加。

此外，正烷烃加氢裂化反应速度随分子中碳原子数增加而明显提高。$C_6 \sim C_{12}$正烷烃在Pt/Al_2O_3催化剂上，在3MPa、450℃条件下的加氢裂化反应的研究[73]表明，反应速度常数正比于分子中碳原子数的4次方：

$$k_N = AN^4 \tag{4-13}$$

式中，N为分子中碳原子数；k为速度常数；A为比例系数。由式(4－13)可得到

$$k_{N_1}/k_{N_2} = (N_1/N_2)^4 \tag{4-14}$$

从而可得到正庚烷、正辛烷和正壬烷的加氢裂化速度分别为正己烷的1.9、3.2和5.1倍。

烷烃的结构对加氢裂化反应速度也有影响，曾经测定过己烷的几种异构体在1MPa和420℃下的加氢裂化反应速度常数[9]，其顺序为2,2－二甲基丁烷＞3－甲基戊烷＞2－甲基戊烷＞正己烷＞2，3－二甲基丁烷。

第三节 各类重整反应化学特性的比较

表4－18对于各类主要重整反应的热力学和动力学特性进行了归纳和对比[39]。表中“＋”号代表温度或压力提高时对该反应平衡转化率或反应速率的提高有利，而“－”号则代表的意义相反。表中前三个反应都可达到热力学平衡，后两类反应则受动力学控制。最希望发生的有利于提高辛烷值和芳烃产率的三类反应，即六元环烷脱氢、五元环烷脱氢异构和烷烃脱氢环化反应，都是在低压和高温条件下有利的。其中烷烃脱氢环化反应进行的同时伴随着烷烃加氢裂化反应。由于温度提高对加氢裂化同样有利，因此降低压力是提高

烷烃脱氢环化反应的选择性的最有效的途径。压力的降低和温度的提高都会加速催化剂的积炭失活(见第十一章)，对于半再生重整工艺，为了保证有足够的运转周期，一般反应压力仍需保持在1.2MPa以上；对于连续重整工艺，反应压力最低已降至0.28MPa，但由于结焦速率直接与再生器能力有关，因此研制低积炭速率催化剂对两种工艺均有重要意义。

表4-18 各类重整反应热力学和动力学的比较①

反 应	反应速度	热效应	达到热力学平衡	热力学		动力学		H_2	蒸气压	密度	液体产率
				压力	温度	压力	温度				
六元环烷脱氢	很快	强吸热	是	-	+	-	+	产氢	降低	增	降
五元环烷脱氢异构	快	强吸热	是	-	+	-	+	产氢	降低	增	降
烷烃异构化	快	轻度放热	是	无	-②	+	+	不产	略降	略降	略增
烷烃脱氢环化	慢	强吸热	否	-	+	-	+	产氢	降低	增	降
加氢裂化,氢解	很慢	放热	否	无	-	+ +	+ +	耗氢	显著增	降	显著降

① +代表压力或温度增加时平衡转化率或反应速度增加；+ +代表有很大增加；-代表减少。
② 影响程度较轻。

参 考 文 献

[1] Rossini F D, Pitzer K S, Arnett R L, et al. Selected Values of Physical and Thermodynamic Properties of Hydrocarbons and Related Compounds. Pittsburgh, Carnegie Press, 1953

[2] Татеьского В М. Физико - Химические Сьоиства Идивидуальных Углеводродоь. МОСКВА, ГОСТОПТЕХИЗДАТ, 1960

[3] Draeger G T, Gwin G T, Leesemann C J G, et al. Production of High - octane Gasoline Compounds[J]. Petroleum Refiner, 1951, 30(8): 71

[4] Egloff G, hulla G, Komarewsky V I. Isomerization of Pure Hydrocarbons[M]. New York, USA, Reinhold Publishing Corp., 1942

[5] ASTM, Knocking Characteristics of Pure Hydrocarbons[M]. API Research Projects 45, Phila., 1958

[6] Hettinger W P, Keith C D, Gring J L, et al. Hydroforming Reactions[J]. I E C, 1955, 47(4): 719

[7] Ciapetta F G, Dobres R M, Baker R W. In: Emmett P H Ed. Catalysis Vol 6[M]. New York: Reinhold Publishing Corp, 1958

[8] Matsumoto H, Saito Y, Yoheda. The Classification of Metal Catalysts in Hydrogenolysis of Hexane Isomers[J]. J Catalysis, 1971, 22(2): 182

[9] Marin G B, Froment G F. Reforming of C_6 Hydrocarbons on a Pt - Al_2O_3 Catalyst[J]. Chem Eng Sci, 1982, 37(5): 759

[10] Sinfelt J H, Hurwitz H, Shulman R A. Kinetics of Methylcyclohexane Dehydrogenation over Pt - Al_2O_3[J]. J Phys Chem, 1960, 64: 1559

[11] 庞礼，丁余庆，李大东. 流动循环法研究环己烷在铂重整催化剂上的脱氢反应动力学[J]. 燃料化学学报，1965，6(3)：175~186

[12] Maatman R W, Mahaffy P, Hoekstra P, et al. The Preparation of Pt - Alumina Catalyst and its Role in Cyclohexane Dehydrogenation[J]. J. Catalysis, 1971, 23: 105~117

[13] Козлов Н С, Давидовская А М, Корнейчук Г П, ид., Кинетика дегидрирования циклогексана на алюмоплатинорениевых катализаторах, Докл. Акад. Наук БССР, 1979 Том Х Х Ⅲ (7): 623

~626
[14] Susu A A, Enoh F E, Ogunye A F, Cyclohexene Dehydrogenation Kinetics on a Platinum – Rhenium/Aluminium oxide Catalyst with Hydrogen and Inert Diluents[J]. J Chem Tech Biotechnol, 1980, 30: 735 ~ 747
[15] Баландин А А. Мультиплетная Теория Катализа[M]. Издательство МГУ, 1963
[16] Trapnell B M W. Balandins Contribution to Heterogeneous Catalysis. [M] In: W G Frankenburg et al, eds. Adv in Catalysis Vol 3. 1951
[17] Anderson J R, Kemball C. Catalysis on Evaporated Metal Films[J]. Proc Roy Soc. ser A. 1954, 226: 472
[18] Haensel V, Donaldson G R, Riedl F J. Mechanisms of Cyclohexane Conversion over Platinum – Alumina Catalysts[C]. Proc. 3rd Int Congr Catal Amsterdam, 1964, 1: 294
[19] Sterba M J, Haensel V. Catalytic Reforming[J], I E C. Proc Res Dev. 1976, 15(1): Section C
[20] Кузнецов Б Н, Дуплякин В К, Ковальчук В Н. и. д, Особенности привращения углеводородов на нанесенных катализаторах, полученных разложением поверхнотных комплексов [J]. Кинетика и Катализ, 1981, Том XXII, вып 6, 1484 ~ 1489
[21] Mills G A, Heinemann H, Milliken T H, and Oblad A G, Catalytic Mechanism[J], I E C. 1953, 45(1): 134
[22] Hindin S G, Weller S W, Mills G A. Mechanically Mixed Dual Function Catalysts. J Phys Chem, 1958, 62(1): 244
[23] Weisz P B. Principles of Polystep Catalytic Conversion and the Transformation of Hydrocarbons. Actes du Deuxieme Congr. Intern. de Catalyse, Ed. Technip, Paris, 1961, 1: 937
[24] Keulemans A I M, Voge H H. Reactivities of Naphthenes over a Platinum Reforming Catalyst by a Gas Chromatographic Technique[J]. J Phys Chem, 1959, 63: 476
[25] Sinfelt J H and Rohrer J C. Kinetics of the Catalytic Isomerization – Dehydrisomerization of Methylcyclopentane[J]. J Phys Chem, 1961, 65(6): 978
[26] Iijima K, Shimizu S, Furukawa T, Yoshida N. Hydrodecyclization of Methylcyclopentane and Benzene in the Presence of a Reforming Catalyst[J]. Bulletin of The Japan Petroleum Institute, 1963, 5(3): 1
[27] Donnis B B. Platinum/Alumina Catalysts in Reforming Methylcyclopentane[J]. I E C. Prod Res Dev, 1976, 15(4): 254
[28] Weisz P B, Swegler E W. Stepwise Reaction on Separate Catalytic Centers: Isomerization of Saturated Hydrocarbons[J]. Science, 1957, 126: 31
[29] Sinfelt J H, Hurwitz H, Rohrer J C. Role of Dehydrogenation Activity in the Catalytic Isomerization and Dehydrocyclization of Hydrocarbons[J]. J Catalysis, 1962, 1: 481
[30] Callender W L, Brandenberger S G, Meerbott W K. Mechanisms of Ring Closure over Platinum – Alumina Catalysts[C]. In: Proc fifth Intern Congr on Catal. 1972. 1265
[31] Маслянский Г М, Бурсиан Н Р, Баркан С А. Исследования платиновых катализаторов для изомеризации парафиновых углеводородов[J]. Ж П Х, 1966, 39(3): 650
[32] Sinfelt J H, Hurwitz H, Rohrer J C. Kinetics of *n* – Pentane Isomerization over Pt – Al_2O_3 Catalyst[J]. J Phys Chem, 1960, 64(7): 892
[33] Anderson J R and Baker B G. Hydrocraking of Neopentane and Neohexane over Evaporated Metal Films [J]. Nature, 1960, 187(4741): 937
[34] Anderson J R, Baker B G. The Hydrocraking of Saturated Hydrocarbons over Evaporated Metal Films[J]. Proc Roy Soc ser A, 1963. 271: 402

[35] Barron Y, Cornet D, Maire G. Gault F G, The Mechanism of Isomerization of Hexanes on Platinum Catalysts[J]. J Catalysis, 1963, 2: 152

[36] Gault F G. Mechanisms of Skeletal Isomerization of Hydrocarbons on Metals[M]. In "Adv. in Catal", 1981, 30(1)

[37] Maire G L C, Garin F G. Metal Catalysed Skeletal Reactions of Hydrocarbons on Metal Catalysts[J]. Catalysis Sci Technol, 1984, 6: 161

[38] Gates B C , Katzer R J , Schuit G C A. Chemistry of Catalytic Processes [M]. Chapter 3. New York: McGraw - Hill, 1979

[39] Parera J M, Figoli N S. Reactions in Commercial Reformer[M]. In: Catalytic Naphtha Reforming. Antos G J etal , eds. 1995

[40] Burnett R L , Steinmetz H L , Blue E M, Noble J J. An Analog Computer Model of Conversion in a Catalytic Reformer[J]. A C S Preprints, Div Petrol Chem, 1965 , 10(1)

[41] Bannifay P, Cha B, Barbier J c, et al. Maximizing Aromatics Production Goal of IFP Process[J]. Oil & Gas J, 1976, 74(3): 48 ~ 52

[42] Sinfelt J H, Rohrer. Reactivity of Some C_6 ~ C_8 Paraffins over Pt - Al_2O_3 [J]. J Chem & Eng Data, 1963, 8(1): 109 ~ 111

[43] Krane H G, Groh A B, Schulman B L, Sinfelt J H. Reactions in Catalytic Reforming of Naphthas[C]. Proc 5th World Petrol Congr. New York: 1959, Ⅲ - 4. 39

[44] Sokolov V P, Shport I, Zaidman N M. Investigation of n - Heptane Conversion over Pt - Al_2O_3 Catalysts under Gradientless Reforming Conditions[J]. Reaction Kinetics and Catalysis Letters, 1975, 2(4): 389 ~ 396

[45] Sokolov V P, Shport I, Zaidman N M. Effect of Pressure on the Rate of n - Heptane Conversion on Pt - Al_2O_3 Catalysts[J]. Reaction Kinetics and Catalysis Letters, 1976, 4, (2): 179 ~ 186

[46] Казанский Б А, Либерман А Л, Лоза Г В. Васина Т В, О Параллельном Образовании Пяти - и Шести - членных Циклов из Парафинов (C_5 - и C_6 - Дегидроцилизация) на Платинированном Угле[J]. Д А Н СССР, 1959, 128(6): 1188 ~ 1191

[47] Фомичев Ю В, Гостунская И В, Казанский Б А. Циклизация Гексена - 1 и Гертена - 1 в Присутствии γ - Al_2O_3[J]. Д. А. Н. СССР, 1967, 177(1): 138 ~ 139

[48] Höffkes H, Baumgarten E, Hollenberg D. Reaction of Hexene on Silica-aluminas and Aluminas with Special Regard to Cyclization Reactions[J]. J Catalysis, 1982, 77(1): 257 ~ 262

[49] Шипикин В В, Маслянский Г Н, Жарков Б Б , Бурсиан Н Р. Превращения Углеводородов в Присутствии Отработанного и Реактивировенного Платиновых Катализаторов Реформинга[J]. Нефтехимия, 1966, 6(3): 401 ~ 406

[50] Silvestri A J, Naro P A, Smith R L. Direct Evidence for Dual - Functional Cyclization of Paraffins over Platinum Reforming Catalysts[J]. J Catalysis, 1969, 14: 386 ~ 388

[51] Parera J M, Beltramini J N, Querini C A, et al. The Role of Re and S in the Pt - Re - S/Al_2O_3 Catalyst [J]. J Catalysis, 1986, 99: 39 ~ 52

[52] Paál Z. On the Possible Reaction Scheme of Aromatization in Catalytic Reforming[J]. J Catalysis, 1987, 105: 540 ~ 542

[53] Parera J M. Reply to "On the Possible Reaction Scheme of Aromatization in Catalytic Reforming" [J]. 1987, 105: 543

[54] Shum V K, Butt J B, Sachtler W M H. The Dehydrocyclization - Controlling Site in Bifuctional Reforming Catalysts[J]. Applied Catalysis, 1984, 11: 151 ~ 154

[55] Margitfalvi J, Göbölös. Dehydrocyclization Controlling Site in Bifuctional Reforming Catalysts[J]. Applied Catalysis, 1988, 36: 331 ~ 335

[56] Shum V K, Butt J B, Sachtler W M H. Dehydrocyclization Controlling Site in Bifuctional Reforming Catalysts (Reply to letter by Margitfalvi and Göbölös)[J]. Applied Catalysis, 1988, 36: 337 ~ 339

[57] Menon P G, Paál Z. Some Aspects of the Mechanisms of Catalytic Reforming Reaction[J]. I E C, Res, 1997, 36: 3282 ~ 3291

[58] Nix P S, Weisz P B. Hydrocarbon Reaction Path Studies with Fluidized Dual Function Catalyst Component Mixtures[J]. J Catalysis, 1964, 3: 179 ~ 182

[59] Sivasanker S, Padalkar S R. Mechanism of Dehydrocyclization of n – Alkanes over Platinum – Alumina Catalysts[J]. Applied Catalysis, 1988, 39: 123 ~ 126

[60] Dautzenberg F M, Platteeuw J C. Isomerization and Dehydrocyclization of Hexane over Monofunctional Supported Platinum Catalysts[J]. J Catalysis, 1970, 19: 41 ~ 48

[61] Davis B H. ^{14}C Tracer Study of the Dehydrocyclization of n – Heptane over Pt on Nonacidic Alumina[J]. J Catalysis, 1973, 29: 398

[62] Davis B H. Conversion of Labeled Hydrocarbons[J]. J Catalysis, 1977, 46: 348

[63] Davis B H. Alkane Dehydrocyclization Mechanism[J]. Catalysis Today, 1999, 53: 443 ~ 516

[64] Henningsen J. Discussion in Proc. fifth Intern[C]. Congr on Catal, 1972: 1273

[65] Christoffel E G, Paál Z. Activity and Selectivity of Bifuctional Platinum Catalysts in Hydrocarbon Reactions[J]. J Catalysis, 1982, 73: 30 ~ 44

[66] Spraks D E. Srinivasan R and Davis B H, Paraffin Dehydrocyclization. Part 8. Conversion of n – Octane with mono and bifuctional Pt – Al_2O_3 Catalysts at 100 psig[J]. J Molecular Catalysis, 1994, 88: 325 ~ 342

[67] Sinfelt J H. Heterogeneous Catalysis by Metals[J]. Progress in Solid State Chemistry, 1975, 10: 55 ~ 69

[68] Leclercq G, Leclercq L, Maurel R. Hydrogenolysis of Saturated Hydrocarbons[J]. J Catalysis, 1976, 44: 68 ~ 75

[69] Sinfelt J H. Hydrogenolysis of Ethane over Supported Platinum[J]. J Phys Chem, 1964, 68: 344 ~ 346

[70] Bond G C, Cunningham R H. Alkane Transformations on Supported Platinum Catalysts[J]. J Catalysis, 1997, 166: 172 ~ 185

[71] Querini C A, Figoli N S, Parera J M. Hydrocarbons Reforming on Pt – Re – S/Al_2O_3 Coked in a Commercial Reactor[J]. Applied Catalysis, 1989, 52: 249 ~ 262

[72] Маслянский Г Н. Шапиро Р Н, Каталитический Реформинг Бензинов: Химия и Технология[M]. Л.: Химия, 1985

[73] Гольдфарб Ю. Я, Бацобашвили Я Р, Куликова Е А, Розенталь А Л. Каталитический Гидрокрекинг Бинарных смесей н – Алканов[J]. Нефтехимия, 1980, 20(6): 833 ~ 836

第五章　催化重整反应动力学模型及其应用

第一节　综　　述

一、催化重整反应动力学简介

（一）催化重整反应[1,2]

催化重整过程是以 $C_6 \sim C_{11}$ 石脑油馏分为原料，在一定的操作条件和铂催化剂（单铂或含铂的双、多金属催化剂）的作用下，烃类分子结构发生重新排列的过程。在该过程中主要发生下列反应：

① 六元环烷烃脱氢生成芳烃；

② 五元环烷烃异构化生成六元环烷烃；

③ 烷烃异构化；

④ 烷烃脱氢环化；

⑤ 烷烃和环烷烃的加氢裂化；

⑥ 烷烃和芳烃的脱甲基（或称氢解）；

⑦ 芳烃脱烷基；

⑧ 积炭反应。烃类的深度脱氢，生成烯烃和二烯烃；烯烃进一步聚合及环化，形成稠环芳烃，吸附在催化剂上，最终转化成积炭，而使催化剂失活。

上述各反应的速率均有所不同。

催化重整反应动力学即系研究上述各反应速率与其影响因素（如反应物浓度、催化剂性能、反应温度、反应压力、进料空速等）之间的定量关系。

（二）催化重整反应特点[3~7]

（1）因 $C_6 \sim C_{11}$ 石脑油馏分，在重整操作条件下呈气相，重整催化剂则为固相，故催化重整反应是一个典型的气固催化反应，整个反应由以下 7 个步骤组成：

① 反应物分子由气相主体向催化剂外表面扩散（外扩散）；

② 反应物分子由催化剂外表面向催化剂孔隙的内表面扩散（内扩散）；

③ 反应物分子在催化剂孔隙的内表面上被吸附（表面吸附）；

④ 被吸附的反应物分子在催化剂孔隙的内表面上发生化学反应，转化成产物（表面反应）；

⑤ 反应生成的产物分子从催化剂孔隙的内表面上脱附下来（表面脱附）；

⑥ 脱附下来的产物分子从催化剂孔隙的内表面向催化剂外表面扩散(内扩散)；

⑦ 产物分子从催化剂外表面向气相主体扩散(外扩散)。

整个气固相催化反应的速率即由以上 7 个步骤的速率所决定。如果 7 个步骤中的某一个步骤的速率较其他各步骤的速率慢得多，则整个气固相催化反应速率将取决于这一步骤的速率，该步骤即被称为“控制步骤”。

由此可知研究气固相催化反应动力学不仅涉及催化剂表面的反应动力学问题，还涉及吸附、脱附和扩散动力学问题。

由于反应系在催化剂表面上进行，因此反应速率应与催化剂表面上的反应物浓度有关，而这表面上的反应物浓度至今尚无法直接测定，因此需借助于一定的模型和假设来间接计算。

工程上常用的非均相反应动力学方程有以下两类：

(a) 双曲线型方程

双曲线型方程是由欣谢尔伍德(Hinshelwood)根据郎格谬尔(Langmuir)的均匀表面吸附理论导出的，其后豪根(Hougen)和华生(Watson)用此模型成功地处理了许多气固相催化反应。1950 年杨光华和 Hougen 对单分子反应和双分子反应推导了不同速率控制步骤的双曲线型动力学方程。因此双曲线型方程又被称为 Langmuir - Hinshelwood 或 Hougen - Watson 方程。

该反应动力学模型的基本假定是：

ⓐ催化剂的所有活性中心的动力学性质和热力学性质都是均一的。吸附分子间除了对活性中心的竞争外，不存在其他相互作用；

ⓑ吸附、反应和脱附三步骤中有一步骤是速率控制步骤，其余两步骤被认为处于平衡状态；

ⓒ方程中的所有参数均根据反应的实验数据确定，不独立进行吸附常数的测定；

ⓓ对表面反应的详细机理不作任何假设。

双曲线型动力学方程的一般形式为：

$$r = \frac{(\text{动力学系数})(\text{推动力项})}{(\text{吸附项})^n}$$

式中　r——反应速率；

动力学系数——包含反应速率常数，此外大都还含有吸附平衡常数；

推动力项——包含气相中反应物及产物的分压和平衡常数。它反映了离平衡状态的远近，离平衡状态越远则推动力越大，平衡状态时的推动力为零。

吸附项——以组分分压和吸附平衡常数的乘积表示各组分对活性中心竞争所产生的影响。如果反应物 A、B 和产物 M、N 及惰性物质 I 都能在催化剂活性中心上吸附时，则吸附项应为$(1 + K_A p_A + K_B p_B + K_M p_M + K_N p_N + K_I p_I)$。如某一组分的吸附相对地要弱得多，则吸附项中的该 K、p 项可略去。如所有组分均为弱吸附，则吸附项便近似地等于 1。如所有组分均为强吸附，则吸附项中的 1 可略去。

n——表示与反应有关的相邻活性中心数目。单一活性中心起反应，则 $n = 1$。两个相邻活性中心起反应，则 $n = 2$。其余类推。

现以反应 A + B $\rightleftharpoons$ M + N 为例，当吸附组分间的表面反应为速率控制步骤时双曲线型反应动力学方程为：

$$r_A = \frac{k_f(p_A p_B - p_M p_N / K)}{(1 + K_A p_A + K_B p_B + K_M p_M + K_N p_N)^2}$$

式中 r_A——净反应速率；

k_f——正反应速率常数；

K——化学平衡常数；

K_A、K_B、K_M、K_N——组分 A、B、M、N 的吸附平衡常数；

p_A、p_B、p_M、p_N——组分 A、B、M、N 的分压。

当组分 A 的吸附为速率控制步骤时的双曲线型反应动力学方程为：

$$r_A = \frac{k_f\left(p_A - \frac{p_M p_N}{p_B K}\right)}{1 + \frac{K_A p_M p_N}{K p_B} + K_B p_B + K_M p_M + K_N p_N}$$

(b) 幂函数型方程

对气固相催化反应，幂函数型动力学方程可由捷姆金(темкин)的非均匀表面吸附理论导出。在数学形式上幂函数型模型也可视为双曲线型模型的一种简化。但通常在工程上可将幂函数型动力学方程视为一种纯经验的关联方式以拟合反应动力学的实验数据。

例如对不可逆反应

$$aA + bB \xrightarrow{k} mM + nN$$

其幂函数型动力学方程为：

$$r_A = KC_A^a C_B^b$$

对可逆反应

$$aA + bB \underset{k_r}{\overset{k_f}{\rightleftharpoons}} mM + nN$$

其幂函数型动力学方程为：

$$r_A = k_f C_A^a C_B^b - k_r C_M^m C_N^n$$

此外对于排除了内、外扩散的影响而得到的纯粹是化学过程(即催化剂表面上的吸附、反应和脱附过程)的动力学方程称为本征动力学方程。包括内、外扩散与化学过程的动力学方程称为表观动力学方程。

(2)催化重整反应是一个典型的复杂反应体系(complex reaction systems)

所谓复杂反应体系是指含有大量组分并发生大量反应的体系，一般来说，复杂反应体系具有以下特征：

①反应体系中包含的反应物与产物的数目巨大，有的甚至超出了目前分析手段所能够达到的范围。

②在复杂反应体系中，每种单体都可各自进行形形色色的反应，使得反应过程异常复杂。

③在复杂反应体系中各种反应之间高度偶联，使每一个组分的浓度变化均受到其他组

分的影响。

目前仅通过气相色谱仪就能分析测出的催化重整反应组分已多达300种以上，而且各组分间的耦联性强，使整个反应体系由许许多多的平行、连串、可逆和不可逆等反应组合成一个复杂的反应网络。显然，催化重整反应属于复杂反应体系。

由此可见，对于复杂反应体系要想详细地研究每一种组分的反应过程，按照常规的动力学研究方法，建立每一组分的动力学方程，这显然是不可能的也是不现实的。

基于动力学研究在化工过程的开发、放大、优化中的重要性，20世纪50年代开始，人们就为解决复杂反应体系的动力学模型问题进行了大量的研究工作，至今可归纳为三大方法：

①关联法。如上所述，反应动力学方程是研究化学反应速率及其影响因素之间关系的定量表达式。于是对于暂时尚无法理清的复杂反应体系，人们就首先想到用一个简单的处理方法：即以某种动力学方程式为基础，依据各种中试装置的试验数据或者生产装置的实测数据，采用数学回归等工具，整理出计算各产品产率和有关性质的关联式或模型，即为纯经验的数据关联法，如清华大学开发的催化重整数学关联模型[8]就是其中之一。对于复杂反应体系这样一种难以进行理论解析的过程来说，这种方法还是有实用意义的，因为关联模型数学形式上比较简单，通常采用幂函数的形式，因此使用方便，很适用于装置的自动控制。

除了传统的幂函数形式的关联模型被应用于复杂反应系统的反应动力学研究和模拟控制计算外，研究者也尝试采用一些新兴的关联方法，较为典型的就是神经网络法(neural networks)。神经网络法起源于20世纪40年代，它是由大量的，同时也是很简单的处理单元广泛连接构成的复杂网络系统。由于它能够模仿生物脑的基本结构和功能，具有良好的自适应性、自组织性和容错性，具有较强的学习、记忆、联想、识别功能等等，能够解决一些传统计算机极难求解的问题，所以被广泛地应用于科学研究的各个领域并且取得了显著的成效。C. McGreavy等[9]就采用了神经网络法来描述流化催化裂化行为并预测产物分布。

但是，通过数据回归得到的关联模型不能完整地描述过程的内在规律，回归出的参数并不具有实际的物理意义，是完全的"黑箱"模型，因此只能在实测范围内有效，外推性较差，一旦装置的操作发生大的改变，关联模型就不能胜任了，这一点特别不适于新工艺动力学模型的开发。要解决这个问题，就必须依赖于能反映过程行为细节、建立于反应机理之上的反应动力学模型，这就必须采用新的复杂反应系统反应动力学研究方法。

基于关联模型较简单易上，但有较大局限性，故本章不作重点展开，读者若想更进一步了解可自行阅读有关的参考文献。

②集总法。由于复杂反应系统中参与反应的组分数众多，各反应组分之间的反应网络又异常复杂，采用常规方法直接完全解析反应系统中各组分的反应动力学几乎不可能。因此，对于复杂反应系统而言，建立于反应机理之上的反应动力学模型发展一直较为迟缓，直到出现了集总体系的动力学速率常数矩阵法[10]后，才使复杂反应体系的动力学研究有了重大突破。

所谓集总(lumping)法，就是将复杂反应体系中众多的单一化合物，按其动力学特性相似的原则，归并为若干个虚拟的组分，称为集总；而在动力学的研究中，则把每个集总作为一虚拟的单一组分来考虑，然后去开发这些虚拟的集总组分的反应网络，建立简化了的集总反应网络的动力学模型。这种集总法，首先在炼油催化加工过程的动力学研究中得到了成功的应用，并在指导优化工业装置的设计、操作和控制中取得了很好的效果。

对一具体的复杂反应体系来说是否适合用集总反应动力学模型进行描述，从根本上说是由体系所含组分的动力学特性决定的。如果反应体系中确实含有在动力学性质上比较接近的组分，那么按动力学性质相似的要求把所有组分分成若干个集总，把每一集总作为一独立实体建立的动力学模型，将能够近似地描述原始体系的反应性能；相反，如果反应体系中所有组分的动力学性质差别很大，集总反应动力学方法就难以实行。在这方面，石油炼制中的一些反应过程具有得天独厚的有利条件，因为石油馏分中相对分子质量相近的同系物往往具有比较接近的反应特性，集总反应动力学模型方法首先即是由 R. B. Smith 于 1959 年在催化重整动力学模型解析过程中提出[11]，以后又在催化裂化、加氢裂化等石油加工过程中取得成功，并不是偶然的。

总之，只有当把具有相似动力学特性的化合物分在一个集总里时，模型的函数形式和参数对集总品种中所含组分的初始组成才变得不太敏感，这时集总反应动力学模型才有较好的预测能力。因此必须在模型的预测能力、可靠性和集总的细致程度以及由此引起的实验和计算工作量之间进行权衡。

由于反应混合物中所有化合物的反应动力学性质一般是无法知道的，故人们往往总是根据某些比较容易测定的性质，例如烃族组成、沸点、碳原子数等等来进行集总。对于某一具体过程，究竟应以哪一种性质来进行集总，迄今为止，主要还是取决于实验者的经验和才能，当某种性质被用来将反应混和物分成若干集总品种时，开发得到的模型的可靠性取决于化合物的这种性质和动力学之间的联系，在某些例子中，例如加氢脱氮过程，组分的沸点和它们的反应特性之间存在某种联系，因此按照沸点范围来集总，对这一过程可能是恰当的。但对一些别的过程来说，组分的沸点和动力学特性之间如果只存在很弱的联系，这时为了避免将动力学特性具有很大差别的化合物分在一个集总里，用别的性质来作为集总的标准就变得极为重要的了。S B Jaffe[12] 提出的加氢过程模型是这条原理的极佳应用。他注意到对石油烃的加氢来说，虽然烯烃、芳烃的加成和烷烃、环垸径的裂解放出的热量都是不同的，但是对每一类反应来说，反应的热效应十分接近，他按发生反应的碳键的种类，即烷烃的 δ 键、烯烃的 π 键和芳烃的大 π 键对反应混和物进行集总。结果该集总动力学模型成功地预测了反应的总的热效应和氢气消耗量。有关催化重整集总反应动力学模型将在第二节作详细介绍。

集总反应动力学模型中，参与反应的各集总是由众多单一化合物构成的虚拟化合物。尽管集总划分的过程中尽可能地将动力学特性相似的组分划为一个集总，但当原料组成发生较大变化时，单个集总中各组分的比例也会有大的变动，相应地集总反应动力学常数将会随着有较大变化。换句话说，集总模型的动力学参数与进料组成有关，当进料组成发生较大变化时，需重新进行测定，实验工作量就较大。为了减弱这种依赖性，集总划分就需尽量细化，这样集总组分就大量增加，随之而来的问题即是所需估计的动力学参数大大增加，给参数估计带来很大困难。另一方面，随着环保要求的提高，复杂反应过程，特别是石油化工过程，需要实现分子管理以满足日益严格的动力燃料规范。由于集总反应动力学模型没有详细考虑进料中各组分的反应，对集总中各组分转化过程没有详细解析，因而无法预测集总中各组分的具体组成，显然集总反应动力学难以适应新的发展要求。采用新的方法，开发复杂反应系统的分子尺度反应动力学已成为复杂反应系统动力学发展的一个重要方向。

③分子尺度法。随着科技的发展和社会的进步，人类对环保的要求日益严格，人们不仅需要更多的各种油品，更需要清洁油品，于是对石油加工过程的认识深度、对其产品的质量要求也均需提高到分子级水平。近20年来，由于现代分析技术的快速发展，使人们对复杂反应体系中的复杂组成的认知度愈来愈提高，不仅可以对气体、汽油等轻质馏分分析出几乎所有的组成，对原料油的分析也愈来愈深入；此外计算机发展令人瞩目，容量大、体积小、计算速度快，使得许多数学工具都可以运用到化工计算当中。所有这些，不仅表明了开展复杂反应系统分子尺度反应动力学研究的必要性，同时也表明了对其进行研究的可能性。在此前提下，科学家们为构建分子尺度反应动力学模型作了大量的研究工作，进行了多方面的尝试，其中具有代表性的构建分子尺度反应动力学模型方法有：结构化模型法[13,14]；蒙特卡罗模拟法[15,16]；结构导向集总模型法[17~19]和单事件动力学模型法[20~24]，有关内容将在本章第三节中介绍。

这些方法建立的分子尺度复杂反应系统反应动力学模型都能够对化学反应的本质作出比关联法和集总法更为精确的反映，能在分子尺度上对反应历程进行模拟，并对产物的分布及性质作出预测，这些模型虽然在具体的建立方法上各不相同，但仔细剖析，也有其共同的特点[25]，主要表现在：

ⓐ尽管现代分析技术已经使我们对原料油的组成所知甚多，但并不能对原料油进行完全解析。以上几种分子尺度动力学模型几乎都是在不同深度的原料油组成分析的基础上，再通过数学手段对原料油的组成进行模拟，因而其分子为虚拟分子，由于缺乏直接的分析证明，故还是进行了一定程度集总的。只不过与传统集总方法相比，其集总划分得更为细致，是在分子尺度上的集总，能够反映出原料油的结构特性。

ⓑ几种分子尺度的反应动力学模型所使用的数学工具基本上是一致的。第一是运用了图论，将各种分子以矩阵的形式表现，其好处是能够方便地用计算机进行计算；第二是运用了概率论来求解非线性问题。蒙特卡罗方法更是数理统计的直接产物，它的核心思想是随机抽样，即是说每一次抽样的结果是随机的、不真实的，但是大量抽样的平均(即数学期望)必然反映出对象的特征，因而是可信的。

ⓒ普遍性和特殊性。以上几种分子尺度的反应动力学模型并非针对某一特定过程而言，而是带有普遍的指导意义，在具体应用过程中可以根据研究对象的实际情况加以灵活运用。石油加工中的复杂反应体系很多，如催化重整、催化裂化、催化加氢等等各有其特点，建立分子尺度反应动力学模型时也应考虑量体裁衣，事实也是如此，如单事件动力学模型法就在酸催化或酸性载体负载金属催化的复杂反应体系的很多分子尺度动力学模拟中具有独特的优势。

本章将重点介绍已处于成熟阶段的催化重整集总反应动力学模型的建立及其应用和正处于发展阶段的催化重整分子尺度反应动力学模型的研究概况及单事件法催化重整分子尺度反应动力学模型的建立。

二、本章所采用的集总组分符号

本章所采用的集总组分符号如表 5－1 所示。

表 5－1 集总组分的符号表

集总组分名称	符 号	集总组分名称	符 号
烷 烃	P	异庚烷	iP_7
环烷烃	N	单支链碳七烷烃	SBP_7
芳 烃	A	多支链碳七烷烃	MBP_7
甲 烷	P_1	碳七环烷烃	N_7
乙 烷	P_2	碳七环戊烃	$5N_7$
丙 烷	P_3	甲基环己烷	$6N_7$
碳四以下(含碳四)的裂化组分	P_4^-	甲 苯	A_7
丁 烷	P_4	辛 烷	P_8
正丁烷	nP_4	正辛烷	nP_8
异丁烷	iP_4	异辛烷	iP_8
碳五以下(含碳五)的裂化组分	P_5^-	单支链碳八烷烃	SBP_8
戊 烷	P_5	多支链碳八烷烃	MBP_8
正戊烷	nP_5	碳八环烷烃	N_8
异戊烷	iP_5	碳八环戊烃	$5N_8$
己 烷	P_6	碳八环己烃	$6N_8$
正己烷	nP_6	丙基环戊烷	PCP
异己烷	iP_6	除丙基环戊烷以外的碳八环戊烷	$5N'_8$
单支链碳六烷烃	SBP_6	乙基环己烷	ECH
多支链碳六烷烃	MBP_6	二甲基环己烷	DMCH
碳六环烷烃	N_6	碳八芳烃	A_8
甲基环戊烷	$5N_6$	乙 苯	EB
环己烷	$6N_6$	二甲苯	X
苯	A_6	碳八以上(含碳八)烷烃	P_8^+
庚 烷	P_7	碳八以上(含碳八)正构烷烃	nP_8^+
正庚烷	nP_7	碳八以上(含碳八)异构烷烃	iP_8^+
碳八以上(含碳八)环戊烷	$5N_8^+$	碳九以上(含碳九)异构烷烃	iP_9^+
碳八以上(含碳八)环己烷	$6N_8^+$	碳九以上(含碳九)环烷烃	N_9^+
碳八以上(含碳八)芳烃	A_8^+	碳九以上(含碳九)环戊烷	$5N_9^+$
壬 烷	P_9	碳九以上(含碳九)环己烷	$6N_9^+$
正壬烷	nP_9	碳九以上(含碳九)芳烃	A_9^+
异壬烷	iP_9	癸 烷	P_{10}
碳九环烷烃	N_9	碳十环烷烃	N_{10}
碳九环戊烷	$5N_9$	碳十芳烃	A_{10}
碳九环己烷	$6N_9$	碳十以上(含碳十)烃	C_{10}^+
碳九芳烃	A_9	碳十一烷烃	P_{11}
碳九以上(含碳九)烷烃	P_9^+	碳十一环烷烃	N_{11}
碳九以上(含碳九)正构烷烃	nP_9^+	碳十一芳烃	A_{11}

第二节　催化重整集总反应动力学模型及其应用

基于催化重整在石油加工中的重要地位，因此对该反应过程的动力学研究一直很受人关注。第一个获得成功开发和应用的集总反应动力学模型就是由 R B Smith 于 1959 年提出的催化重整四集总反应动力学模型[11]，此后，不仅各种不同细致程度的催化重整集总反应动力学模型层出不穷，而更重要的是成为了其他石油加工过程如催化裂化、催化加氢等集总动力学模型研发的样板，于是整个复杂反应体系反应动力学模型研究进入了一个突破性进展阶段。

就催化重整而言，自 R B Smith 于 1959 年提出的催化重整四集总反应动力学模型[11]后，各大石油公司在综合权衡了研究和工业应用的需要，实验及计算工作量等因素后，研究开发的各种不同的催化重整集总反应动力学模型主要有：Krane 催化重整 20 集总反应动力学模型[26]、Kmak 催化重整 22 集总反应动力学模型[27]、Pace 公司的催化重整 30 集总反应动力学模型[28]、Wolff 催化重整 5 集总反应动力学模型[29]、Froment 催化重整 28 集总反应动力学模型[30]、Ramage 催化重整 13 集总反应动力学模型[31,32]、Taskar 催化重整 35 集总反应动力学模型[33]、Jorge 催化重整 24 集总反应动力学模型[34,35]等等。我国开展复杂反应体系集总反应动力学模型研究于 20 世纪 80 年代初，虽然起步较晚，但发展较快，尤其具有符合国情、切合实际的特色，使模型研究与工业应用结合得较好。较有代表性的有华东理工大学 16 集总催化重整反应动力学模型[36~38]、北京化工大学 17 集总反应动力学模型[39,40]、浙江大学 17 集总[41]和 20 集总催化重整反应动力学模型[42]、解新安 28 集总反应动力学模型[43,44]以及翁惠新等人的 27 集总反应动力学模型[45~47]等。在催化重整反应过程中，这些集总反应动力学模型可被用作描述总转化率、各种产物产率、过程的热效率等，甚至还可被用作预测产品的质量、寻求最佳生产和操作条件等。随着计算机技术的高速发展，现代化的炼厂都采用计算机进行过程的监督和控制，于是建立适合工艺过程的动力学模型，对实现可靠和高效的监督和控制就显得尤为必要。

限于篇幅，本节将对几个具有代表性的典型的催化重整集总反应动力学模型及其应用作一较详细的介绍，以供读者研究和应用参考，有些模型读者若需进一步了解，可参阅有关文献。

一、史密斯(Smith)的 4 集总组分石脑油催化重整反应动力学模型

1954 年 R B Smith 发表了在铂催化剂上石脑油重整的 4 集总组分反应动力学模型[11]。

(一) Smith 在开发该模型时所作的考虑

(1) 假设该复杂的石脑油混合物由烷烃、环烷烃和芳烃三类烃组成。而每类烃均以其平均性质的单一化合物来代表。且该三类烃具有相同的碳原子数 n。

碳原子数 n 可由下式求得：

$$N_P M_P + N_N M_N + N_A M_A = M_F$$

式中 N_P、N_N、N_A——烷烃、环烷烃和芳烃的摩尔分数；

M_P、M_N、M_A、M_F——烷烃、环烷烃、芳烃和石脑油进料的相对分子质量。

或 $$N_P(C_nH_{2n+2}) + N_N(C_nH_{2n}) + N_A(C_nH_{2n-6}) = M_F$$

则 $$n = \frac{1}{14}[M_F - 2N_P + 6N_A]$$

(2) 只考虑下列主要的催化重整反应：

① 环烷烃脱氢生成芳烃；

② 烷烃环化生成环烷烃；

③ 环烷烃加氢裂化；

④ 烷烃加氢裂化。

(3) 加氢裂化反应的试验结果表明所产甲烷、乙烷、丙烷、丁烷和戊烷的摩尔分率乎是相等的。

因此烷烃加氢裂化时：

$$C_nH_{2n+2} + \left(\frac{n-3}{3}\right)H_2 \longrightarrow \frac{n}{15}(CH_4 + C_2H_6 + C_3H_8 + C_4H_{10} + C_5H_{12})$$

环烷烃加氢裂化时：

$$C_nH_{2n} + \frac{n}{3}H_2 \longrightarrow \frac{n}{15}(CH_4 + C_2H_6 + C_3H_8 + C_4H_{10} + C_5H_{12})$$

按上述考虑，Smith 在该模型中确定了 N、P、A 和 P_5^- 四个集总组分。

其反应网络为

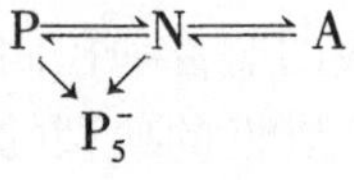

代表了下列四个反应方程：

$$N \rightleftharpoons A + 3H_2$$

$$P \rightleftharpoons N + H_2$$

$$P + \left(\frac{n-3}{3}\right)H_2 \longrightarrow \frac{n}{15}P_1 + \frac{n}{15}P_2 + \frac{n}{15}P_3 + \frac{n}{15}P_4 + \frac{n}{15}P_5$$

$$N + \frac{n}{3}H_2 \longrightarrow \frac{n}{15}P_1 + \frac{n}{15}P_2 + \frac{n}{15}P_3 + \frac{n}{15}P_4 + \frac{n}{15}P_5$$

(二) 反应速率方程和温度变化率方程

1. 反应速率方程

虽然催化重整反应是非均相反应，但如按均相反应考虑时仍可得到满意的关联式。

(1) 环烷烃脱氢生成芳烃

$$N(1mol) \underset{k_r}{\overset{k_f}{\rightleftharpoons}} A(1mol) + 3H_2$$

其反应速率为：

$$\frac{-dN_N}{dV_R} = k_f p_N - k_r p_A p_{H_2}^3$$

式中　N_N——环烷烃的摩尔分数；

V_R——空速的倒数，lb 催化剂/lbmol 新鲜进料/h 或 kg 催化剂/mol 新鲜进料/h❶；

k_f——正反应速率常数；

k_r——逆反应速率常数；

p_N、p_A、p_{H_2}——环烷烃、芳烃和氢的分压。

其平衡常数为：

$$K_P = \frac{k_f}{k_r} = \frac{p_A p_{H_2}^3}{p_N}$$

将 K_P 代入反应速率方程则

$$\frac{-dN_N}{dV_R} = \frac{k_f}{k_P} p_N \left(K_P - \frac{p_A p_{H_2}^3}{p_N} \right)$$

（2）环烷烃开环生成烷烃（其逆反应即烷烃环化生成环烷烃）

$$N(1mol) + H_2 \underset{k_r}{\overset{k_f}{\rightleftharpoons}} P(1mol)$$

其反应速率为：

$$\frac{-dN_N}{dV_R} = k_f p_N p_{H_2} - k_r p_P$$

式中　p_P——烷烃的分压。

其平衡常数为：

$$K_P = \frac{k_f}{k_r} = \frac{p_P}{p_N p_{H_2}}$$

将 K_P 代入反应速率方程则

$$\frac{-dN_N}{dV_R} = \frac{k_f}{k_P} p_N p_{H_2} \left(K_P - \frac{p_P}{p_N p_{H_2}} \right)$$

（3）烷烃加氢裂化

$$P(1mol) + \left(\frac{n-3}{3}\right) H_2 \longrightarrow \frac{n}{15} P_1 + \frac{n}{15} P_2 + \frac{n}{15} P_3 + \frac{n}{15} P_4 + \frac{n}{15} P_5$$

---

❶编者注：为了避免在单位换算时可能产生的错误，编者将 Smith 在文献[11]中所写的 mol 单位改写为 lbmol 单位。

其反应速率为：

$$\frac{-\mathrm{d}N_{\mathrm{P}}}{\mathrm{d}V_{\mathrm{R}}}=\frac{k_{\mathrm{c}}}{\pi}p_{\mathrm{P}}$$

式中 k_c——加氢裂化反应速率常数；

π——系统压力，大气压。

（4）环烷烃加氢裂化

$$\mathrm{N(1mol)}+\frac{n}{3}\mathrm{H_2}\longrightarrow\frac{n}{15}\mathrm{P_1}+\frac{n}{15}\mathrm{P_2}+\frac{n}{15}\mathrm{P_3}+\frac{n}{15}\mathrm{P_4}+\frac{n}{15}\mathrm{P_5}$$

其反应速率为：
$$\frac{-\mathrm{d}N_{\mathrm{N}}}{\mathrm{d}V_{\mathrm{R}}}=\frac{k_{\mathrm{c}}}{\pi}p_{\mathrm{N}}$$

2. 温度变化率方程

在有氢气参与的重整反应范围内反应热几乎与组分的相对分子质量无关。

由一绝热系统的焓平衡给出了温度的变化：

$$\mathrm{d}N_{\mathrm{N\to P}}\Delta H_{\mathrm{N\to P}}+\mathrm{d}N_{\mathrm{N\to A}}\Delta H_{\mathrm{N\to A}}+\mathrm{d}N_{\mathrm{PC}}\Delta H_{\mathrm{PC}}+\mathrm{d}N_{\mathrm{NC}}\Delta H_{\mathrm{NC}}=N_{\mathrm{T}}C_{\mathrm{P}}\mathrm{d}T$$

式中 ΔH——反应热；

C_{P}——定压热容；

T——温度；

下标 PC——烷烃加氢裂化；

下标 NC——环烷烃加氢裂化；

下标 T——总量。

除以 $\mathrm{d}V_{\mathrm{R}}$ 并重新排列

$$\frac{\mathrm{d}N_{\mathrm{N\to P}}}{\mathrm{d}V_{\mathrm{R}}}\cdot\frac{\Delta H_{\mathrm{N\to P}}}{N_{\mathrm{T}}C_{\mathrm{P}}}+\frac{\mathrm{d}N_{\mathrm{N\to A}}}{\mathrm{d}V_{\mathrm{R}}}\cdot\frac{\Delta H_{\mathrm{N\to A}}}{N_{\mathrm{T}}C_{\mathrm{P}}}+\frac{\mathrm{d}N_{\mathrm{PC}}}{\mathrm{d}V_{\mathrm{R}}}\cdot\frac{\Delta H_{\mathrm{PC}}}{N_{\mathrm{T}}C_{\mathrm{P}}}+\frac{\mathrm{d}N_{\mathrm{NC}}}{\mathrm{d}V_{\mathrm{R}}}\cdot\frac{\Delta H_{\mathrm{NC}}}{N_{\mathrm{T}}C_{\mathrm{P}}}=\frac{\mathrm{d}T}{\mathrm{d}V_{\mathrm{R}}}$$

（三）试验结果

用原始活性的 Sinclair-Baker 铂催化剂在空速极端的范围内重整运转所得的数据确定了平衡常数与反应速率常数。

1. 环烷烃脱氢生成芳烃

（1）平衡常数

$$K_{\mathrm{P}}=\exp\left(46.15-\frac{46045}{T(^{\circ}\mathrm{R})}\right)\quad(\mathrm{atm})^3=\exp\left(46.15-\frac{25581}{T(\mathrm{K})}\right)(0.00104)\quad(\mathrm{MPa})^3$$

式中 $T(^{\circ}\mathrm{R})$——温度，°R；

$T(\mathrm{K})$——温度，K。

（2）反应速率方程

$$\frac{-\mathrm{d}N_{\mathrm{N}}}{\mathrm{d}V_{\mathrm{R}}}=\frac{k_{\mathrm{f}}}{K_{\mathrm{P}}}p_{\mathrm{N}}\left(K_{\mathrm{P}}-\frac{p_{\mathrm{A}}p_{\mathrm{H_2}}^3}{p_{\mathrm{N}}}\right)$$

$$k_f = \exp\left(23.21 - \frac{34750}{T(°R)}\right) \quad \frac{lbmol}{(h)(lb\ 催化剂)(atm)}$$

$$= \exp\left(23.21 - \frac{19306}{T(K)}\right)(9.869) \quad \frac{mol}{(h)(kg\ 催化剂)(MPa)}$$

（3）反应热

$$反应热 = 30500Btu/lbmol\ H_2(吸热)$$
$$= 70939kJ/kmol\ H_2(吸热)$$

（4）温度变化率

$$\frac{dT(°R)}{dV_R} = \frac{dN_N}{dV_R}\frac{(91500)}{N_T C_P}$$

$$\frac{dT(K)}{dV_R} = \frac{1}{1.8}\frac{dN_N}{dV_R}\frac{70815}{N_T C'_P} = \frac{dN_N}{dV_R}\frac{39342}{N_T C'_P}$$

式中　C_P——摩尔定压比热容，Btu/(lbmol・℉)；

C'_P——摩尔定压比热容，kJ/(mol・K)。

2. 环烷烃开环生成烷烃

（1）平衡常数

$$K_P = \exp\left(\frac{8000}{T(°R)} - 7.12\right) \quad (atm^{-1}) = \exp\left(\frac{4444}{T(K)} - 7.12\right)(9.689) \quad (MPa)^{-1}$$

（2）反应速率方程

$$\frac{-dN_N}{dV_R} = \frac{k_f}{K_P}p_N p_{H_2}\left(K_P - \frac{p_P}{p_N p_{H_2}}\right)$$

$$k_f = \exp\left(35.98 - \frac{59600}{T(°R)}\right) \quad \frac{lbmol}{(h)(lb\ 催化剂)(atm)}$$

$$= \exp\left(35.98 - \frac{33111}{T(K)}\right)(9.869) \quad \frac{mol}{(h)(kg\ 催化剂)(MPa)}$$

（3）反应热

$$反应热 = -19000Btu/lbmol\ H_2(放热)$$
$$= -44191kJ/mol\ H_2(放热)$$

（4）温度变化率

$$\frac{dT(°R)}{dV_R} = \frac{dN_N}{dV_R}\frac{(-19000)}{N_T C_P}$$

$$\frac{dT(K)}{dV_R} = \frac{1}{1.8}\frac{dN_N}{dV_R}\frac{(-14705)}{N_T C'_P} = \frac{dN_N}{dV_R}\frac{(-8169)}{N_T C'_P}$$

3. 烷烃加氢裂化

（1）反应速率方程

$$\frac{-dN_P}{dV_R} = \frac{k_c}{\pi}P_P$$

$$k_c = \exp\left(42.97 - \frac{62300}{T(°R)}\right) \quad \frac{\text{lbmol}}{(\text{h})(\text{lb 催化剂})}$$

$$= \exp\left(42.97 - \frac{34611}{T(\text{K})}\right) \quad \frac{\text{mol}}{(\text{h})(\text{kg 催化剂})}$$

(2) 反应热

$$\text{反应热} = -24300\text{Btu/lbmol } H_2(\text{放热})$$

$$= -56518\text{kJ/mol } H_2(\text{放热})$$

(3) 温度变化率

$$\frac{dT(°R)}{dV_R} = \frac{dN_P}{dV_R}\frac{(-24300)\left(\frac{n-3}{3}\right)}{N_T C_P}$$

$$\frac{dT(\text{K})}{dV_R} = \frac{1}{1.8}\frac{dN_P}{dV_R}\frac{(-18807)\left(\frac{n-3}{3}\right)}{N_T C'_P} = \frac{dN_P}{dV_R}\frac{(-10448)\left(\frac{n-3}{3}\right)}{N_T C'_P}$$

4. 环烷烃加氢裂化

(1) 反应速率方程

$$\frac{-dN_N}{dV_R} = \frac{k_c}{\pi}P_N$$

$$k_c = \exp\left(42.97 - \frac{62300}{T(°R)}\right) \quad \frac{\text{lbmol}}{(\text{h})(\text{lb 催化剂})}$$

$$= \exp\left(42.97 - \frac{34611}{T(\text{K})}\right) \quad \frac{\text{mol}}{(\text{h})(\text{kg 催化剂})}$$

(2) 反应热

$$\text{反应热} = -22300\text{Btu/lbmol } H_2(\text{放热})$$

$$= -51867\text{kJ/mol } H_2(\text{放热})$$

(3) 温度变化率

$$\frac{dT(°R)}{dV_R} = \frac{dN_N}{dV_R}\frac{(-22300)\frac{n}{3}}{N_T C_P}$$

$$\frac{dT(\text{K})}{dV_R} = \frac{1}{1.8}\frac{dN_N}{dV_R}\frac{(-17259)\frac{n}{3}}{N_T C'_P} = \frac{dN_N}{dV_R}\frac{(-9588)\frac{n}{3}}{N_T C'_P}$$

(四) 重整产物的辛烷值

由于重整产物中芳烃的辛烷值范围为 120~140，烷烃的辛烷值范围为 40~60，因此对已知进料组成的重整产物存在着芳烃浓度与辛烷值之间的简单关系。三种不同进料组成的重整产物芳烃浓度与辛烷值之间的关系如图 5-1 所示。

(五) 应用实例

石脑油进料的性质和操作条件如表 5-2 所示。

利用上述模型计算的结果如表5-3和图5-2所示。

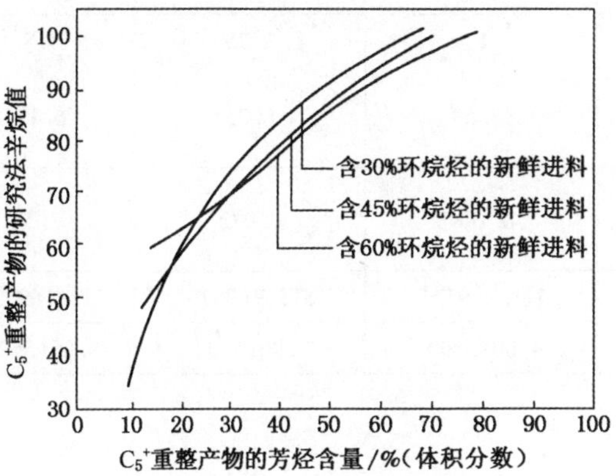

图5-1 3种进料的重整产物的辛烷值与芳烃含量的关系

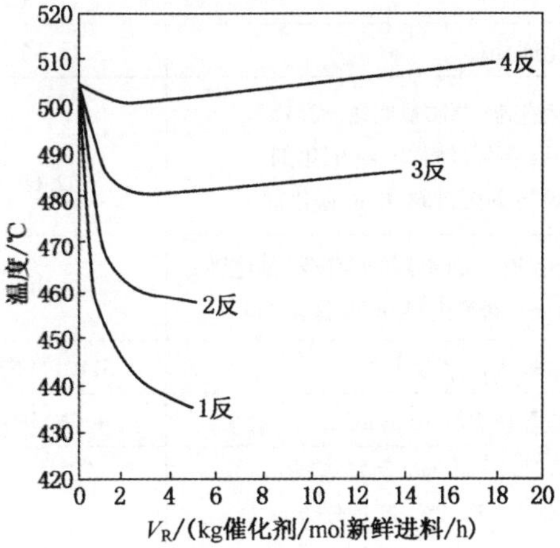

图5-2 计算结果

表5-2 进料分析与操作条件

(1) 进 料	
API度(d_4^{20}=0.7568)	54.3
ASTM D—86蒸馏/℃(℉)	
初馏点	83.3(182)
10%	114.4(238)
50%	128.9(264)
90%	154.4(310)
终馏点	180(356)
相对分子质量	114.8

进料组分[基准=15.9m³(100bbl)]

组 分	%(摩尔分数)	相对分子质量	kg(lb)	mol(lbmol)
烷 烃	31.0	$C_{8.2}H_{18.4}$=116.8	3815(8410)	32.7(72.0)
环烷烃	58.3	$C_{8.2}H_{16.4}$=114.8	7051(15544)	61.4(135.4)
芳 烃	10.7	$C_{8.2}H_{10.4}$=108.8	1229(2709)	11.3(24.9)
合 计	100	平均114.8	合计12095(26663)	合计105.4(232.3)

组 分	mol/m³(lbmol/bbl)	m³(bbl)
烷 烃	6.25(2.19)	5.23(32.9)
环烷烃	6.62(2.32❶)	9.28(58.4)
芳 烃	8.16(2.86)	1.39(8.7)
	平均6.63(2.32)	合计15.9(100)

❶编者注：编者已将Smith在文献[11]中所列环烷烃的2.33 lbmol/bbl值改正为2.32 1lbmol/bbl。

续表

(2) 操作条件				
催化剂分布	反-1	反-2	反-3	反-4
质量空速(总质量空速=2.75)/	1	1	2.75	3.5
(kg 新鲜进料/h/kg 催化剂或 lb 新鲜进料/h/lb 催化剂)	22.69	22.69	8.25	6.48
摩尔空速/(mol 新鲜进料/h/kg 催化剂或 lbmol 新鲜进料/h/lb 催化剂)	0.198	0.198	0.072	0.056
反应器入口温度❶/℃(℉)	511.1(952)	511.1(952)	513.9(957)	511.1(952)
反应器压力/[MPa(lbf/in^2)(a)]	4.04(586)	4.00(580)	3.96(575)	3.86(560)
循环比/(mol/mol 新鲜进料)	6.9			
循环气中 H_2/%(摩尔分数)	85.3			
循环气相对分子质量	6.0			
闪蒸罐压力/[MPa(lbf/in^2)(a)]	3.55(515)			
闪蒸罐温度/℃(℉)	37.8(100)			

表5-3 计算结果及与工业运转的比较

计算基准=新鲜进料 15.9m^3(100bbl)

	计算结果				工业运转结果			
总质量空速	2.75				2.75			
反应器顺序号	1	2	3	4	1	2	3	4
催化剂分布	1	1	2.75	3.5	1	1	2.75	3.5
各反应器的操作条件								
质量空速	22.69	22.69	8.25	6.48	22.69	22.69	8.25	6.48
入口温度/℃(℉)	506.1 (943)	506.1 (943)	506.1 (943)	506.1 (943)	511.1 (952)	511.1 (952)	513.9 (957)	511.1 (952)
出口温度/℃(℉)	436.1 (817)	458.9 (858)	486.7 (908)	509.4 (949)	439.4 (823)	471.7 (881)	488.9 (912)	503.9 (939)
温降/℃(℉)	70 (126)	47.2 (85)	19.4 (35)	-3.3 (-6)	71.7 (129)	39.4 (71)	25 (45)	7.2 (13)
C_6^+ 离开反应器时								
烷烃/kgmol (lbmol)	34.47 (76.0)		35.92 (79.2)		34.02 (75.0)		19.28 (42.5)	
环烷烃/kgmol (lbmol)	36.29 (80.0)		17.96 (39.6)		5.76 (12.7)		2.22 (4.9)	
芳烃/kgmol (lbmol)	33.88 (74.7)		49.67 (109.5)		58.70 (129.4)		63.55 (140.1)	
合计/kgmol (lbmol)	104.64 (230.7)		103.55 (228.3)		98.48 (217.1)		85.05 (187.5)	

❶编者注：Smith 在文献[11]中所列各反应器入口的操作温度(或工业运转温度)，表1与表2有所矛盾，前者分别为943、943、943和943℉，而后者分别为952、952、957和952℉。编者认为：该文献表1的温度值有误，应改为952、952、957和952℉。

续表

综合结果				
反应器总温降/℃(℉)	133.3(240)		143.3(258)	
产率/[kgmol(lbmol)]			产率/[kgmol(lbmol)]	
H_2	114.5(252.5)	126.83kgmol/15.9m³ 进料	iC_5	7.4(16.3②)
C_1	11.1(24.5)	(279.6 lbmol/100bbl 进料)	nC_5	3.7(8.2②)
C_2	11.1(24.5)		C_6^+ 烷烃	19.3(42.5)
C_3	11.1(24.5)		环烷烃	2.2(4.9)
iC_4	5.5(12.2)①		芳　烃	63.5(140.1)
nC_4	5.5(12.2①)		合　计	254.9(255.1)
	m³(bbl)		m³(bbl)	
总 C_4			0.40(2.5)	
iC_5	0.86(5.4)		0.40(2.5)	
nC_5	0.43(2.7)		0.25(1.6)	
C_6^+ 烷烃	3.08(19.4)		3.39(21.3)	
环烷烃	0.33(2.1)		0.32(2.0)	
芳　烃	7.93(49.9)		8.16(51.3)	
C_5～终馏点合计	12.63(79.5)		12.52(78.7❶)	
C_5～终馏点重整产物中				
芳烃/%(体积分数)	62.8		63.2	
重整产物的未加铅研究法辛烷值(图5-1)	95.4		95.5	

① iC_4 的 mol 数 $=\frac{1}{2}$(总 C_4 的 mol 数)；

② iC_5 的 mol 数 $=\frac{2}{3}$(总 C_5 的 mol 数)。

需要指出的是：为了取得相同的产品辛烷值，计算所需的反应器入口温度较工业运转时记录的温度低。这是由于计算时采用的是原始活性催化剂，而在工业运转时催化剂已不是原始活性催化剂，其活性已有些下降。

图5-2显示了4个绝热反应器的温度分布。第一和第二反应器的温降大，这是由于其中的主要反应是吸热的脱氢反应。在第三反应器中虽然通过整个催化剂床层的温降仍为正值，但必须指出由于环烷烃和烷烃显著的加氢裂化，使温度分布曲线的右部为正的斜率(positive slope)。在第四反应器内产生更大程度的加氢裂化。

(六)小结

Smith 在其模型中把催化重整过程包含的所有化合物分成烷烃、环烷烃、芳烃和碳五及碳五以下裂解产物4个集总，模型虽然简单，但在当时情况下用于催化重整装置的模拟计算，取得了明显的经济效益，所提供的计算方法可用于选择 工业反应器系统的操作条件，具有中间加热炉的反应器数量以及催化剂床层的尺寸。用此计算方法所得的结果与许多工业装置的实际操作能很好的相吻合。但该模型毕竟较粗糙，不能计算产物中不同碳数的各种烃类的含量、辛烷值、芳烃分布，而且各反应速率常数将随原料而变，对原料的适应性差。但它为以后的集总反应动力学模型研究指出了方向，具有重要的开创性意义。

❶编者注：编者已将 Smith 在文献[11]中所列 C_5～终馏点合计 81.2 bbl 值改正为 78.7bbl。

二、柯然(Krane)等人的20集总组分石脑油催化重整反应动力学模型

1959年Krane H G等人(以下简称Krane)发表了20集总组分石脑油催化重整反应动力学模型[26]。

(一) Krane对催化重整反应的研究

Krane采用不同分子组成的单体烃和石脑油全馏分，在循环再生式重整装置[如超重整(Ultraforming)和强化重整(Powerforming)]所采用的一定的反应条件范围内对催化重整反应进行了研究。确定了≤10碳的单体烃的主要催化重整反应，开发了石脑油全馏分催化重整反应动力学模型，以预测重整反应产物的分子组成和产率。

单体烃在试验室规模的等温装置中进行重整反应。所研究的单体烃为六碳系统的正己烷、甲基环戊烷和苯以及七碳系统的正庚烷、甲基环己烷和甲苯。催化剂中铂在氧化铝载体上的质量分数为0.3%，用惰性小球稀释以保持等温条件。

1. 单体烃的反应条件

① 反应压力：正庚烷在1.03MPa、2.07MPa和3.10MPa(g)压力下重整；其他单体烃在2.07MPa(g)压力下重整；

② 反应温度：499℃；

③ 氢烃摩尔比：对烷烃和环烷烃进料为5:1或6:1❶；对芳烃进料为3:1。氢气系一次通过；

④ 质量空速在5～200h^{-1}范围内变动，以控制转化率为10%～40%。

2. 石脑油全馏分的反应条件

石脑油全馏分采用中大陆(Mid-Continent)原油的93～182℃馏分。在绝热的中试装置中重整时其进料量为0.159m^3/d；在等温的中试装置中重整时其进料量为0.040m^3/d。在绝热装置中的单个反应器中，催化剂放置在4个等体积的床层中，每个床层由含有惰性材料的预热段隔开。在等温装置内单个床层的催化剂被惰性材料稀释以保持等温条件。催化剂中铂的质量分数为0.6%。石脑油全馏分的反应条件为：

① 反应压力：0.69～3.10MPa(g)；

② 反应温度：471～516℃；

③ 氢烃摩尔比：(2:1)～(8:1)；

④ 质量空速：0.7～5h^{-1}。

在绝热中试装置中压力、动力学平均温度和氢烃比保持不变。由循环气提供氢气。空速随重整转化率的范围而变动。

等温中试装置中的试验条件在一广泛的范围内变动以求得操作变量的影响。保持进料速率一定，改变催化剂量，以改变空速。个别试验条件的选择系基于联锁的因子设计(interlocking factorial design)。

---

❶编者注：在文献[26]中对烷烃和环烷烃进料的氢烃摩尔比值，在文字说明中为5:1，而在表中为6:1。

试验结果表明了烃的类型、碳原子数和工艺变量对重整反应的影响，采用低转化率以减少二次反应，从而求得包括六碳和七碳单体烃的主要反应步骤的速率。由石脑油全馏分的试验结果求得包括多达十碳烃的反应。研究了主要的工艺变量，以确定反应条件对这些烃转化率的影响。

根据六碳和七碳烃重整时所得产物组成的数据，绘测特定组分的转化百分率对相应的 gmol 进料/(h · g 催化剂)的曲线。估计在转化率为 0 时的曲线斜率，即可确定反应速率。

一些反应速率的数据如表 5－4 所示。

表 5－4　反应速率　　gmol/(h · g cat)

项　目	正己烷	正庚烷	甲基环戊烷	甲基环己烷
异构化				
由正构烷烃转化为异构烷烃	0.12	0.16		
由五碳环转化为六碳环			0.13	
环　化	0.012	0.05		
加氢开环			0.09	
加氢裂化	0.05	0.06		
脱　氢				1.4

各种烷烃主要反应的速率有所不同。

对正己烷而言：其异构化速率大于其加氢裂化速率的两倍，而其环化速率只是其加氢裂化速率的 1/4。因此正己烷的芳烃转化率是低的。

正庚烷的异构化和加氢裂化速率大致与正己烷相同，但正庚烷的环化速率是正己烷的 4 倍，因此导致较多的正庚烷转化为芳烃。

环烷烃的反应，在五碳环和六碳环之间有显著的差别。甲基环己烷很易脱氢生成甲苯，并且没有观察到其他明显的反应。而甲基环戊烷在异构化生成环己烷的同时还加氢开环生成烷烃。虽然甲基环戊烷异构化后很快地脱氢生成芳烃，但由于完成开环反应的速率也较快，是异构化反应速率的 0.7 倍，因此甲基环戊烷生成的芳烃量较甲基环己烷为少。

苯和甲苯的转化较烷烃和环烷烃的转化慢得多，所观察到的产物，主要是烷烃系列，这是由于开环和加氢裂化的结果。由苯生成少量的甲苯以及由甲苯生成少量的苯和乙基苯，这是增加和断裂侧链的证明。

石脑油全馏分重整时所发生的组成变化为含有 1～10 碳烃的重整反应的推断提供了依据。对中大陆石脑油和五个重整产物的分析，可以得到烃的类型以及每一个含有 1～9 碳的分子和含有混合的≥10 碳的分子的数量，重整产物覆盖了广泛范围的转化率，得到了反映因催化剂焦含量不同而使催化剂活性改变时的数据。活性，被定义为未结焦的催化剂活性的百分率，是在周期性的试验中监测到的。

石脑油和重整产物的组成对重整苛刻度的关系如图 5－3 所示，重整苛刻度表示为催化剂的活性除以空速。每一烃类型分子的消失和生成可以根据对单体烃的研究来解释。

8～10 碳的重烷烃可以很快地被加氢裂化和环化所转化。烷烃越重则转化越快，例如在苛刻度为 25 时，只剩下 20% 含有≥10 碳的烷烃，而含有 8 碳的烷烃尚剩有 60%。

重烷烃的裂化和加氢产物表现为含有 1～7 碳的轻烷烃。较重的分子消失，生成较小的 6 碳和 7 碳的烷烃，而这些烷烃会继续转化。庚烷首先消失，在进一步的重整中己烷可能消失。1～5 碳的烷烃会持续地增加，这些分子的产生不仅是由于较重烷烃的转化，还由于从环烷烃和芳烃侧链的断裂和开环后的再加氢裂化。

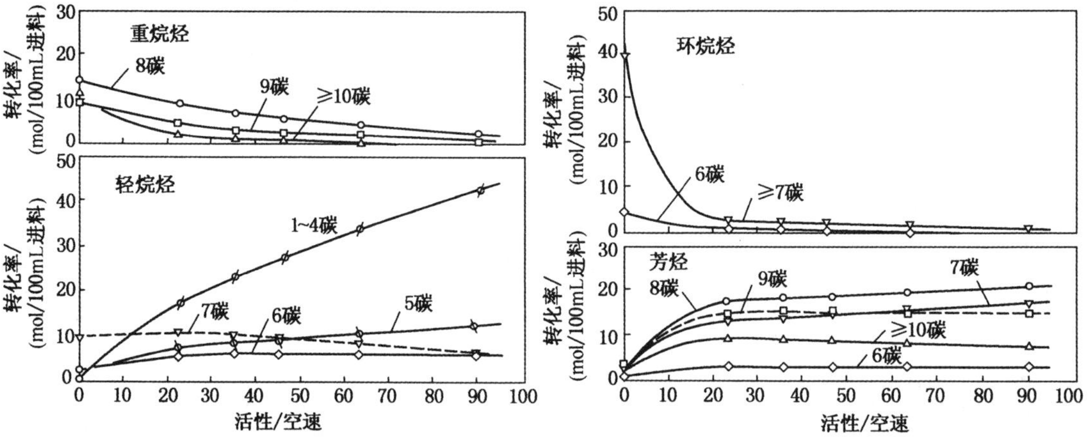

图 5－3　石脑油全馏分的转化率

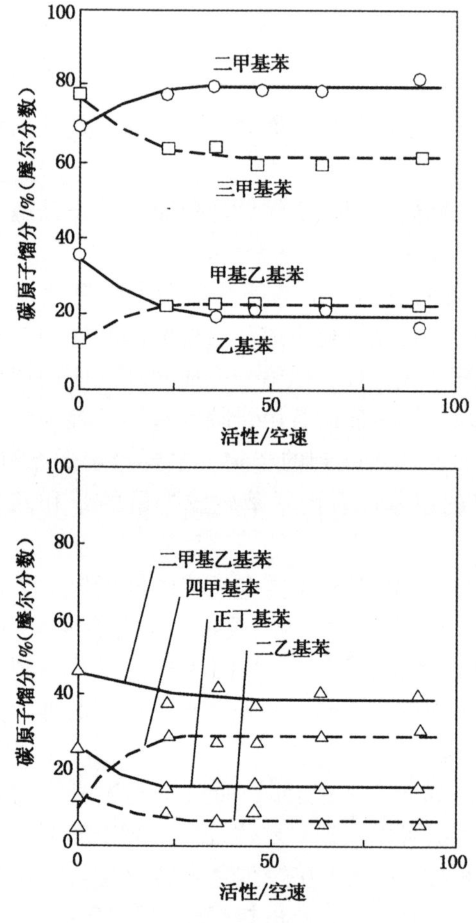

图 5－4　芳烃异构物的分布与重整苛刻度的关系

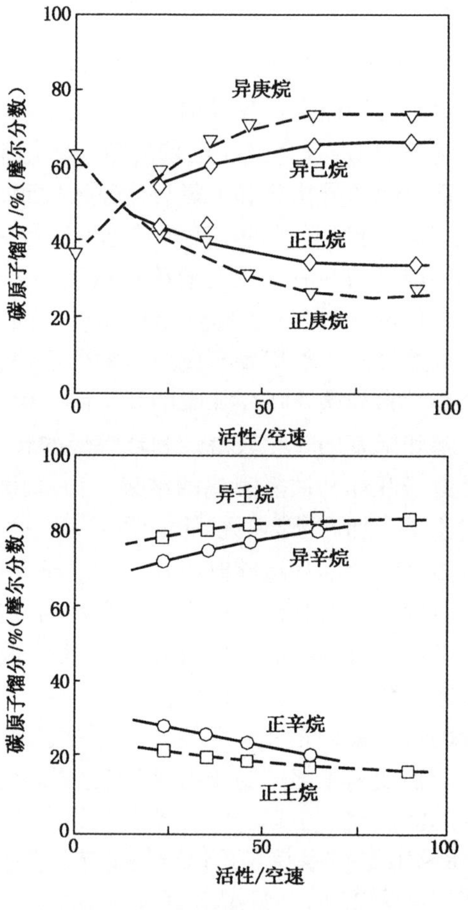

图 5－5　烷烃异构物的分布随重整苛刻度的变化

环烷烃转化成芳烃的反应在低苛刻度时已基本完成。对其他重整产物的详细分析，指出剩下的环烷烃约有 90% 为烷基环戊烷。

环烷烃脱氢能很快地生成芳烃。在苛刻度为 25 时芳烃生成得很快，在苛刻度为 90 时生成 90% 的芳烃。7 碳、8 碳、9 碳的芳烃在开始的迅速生成后增加得很慢。那些含有≥10 碳的芳烃在高苛刻时生成量的减少是由于侧链断裂和开环反应。虽然 <10 碳的芳烃也进行这些相同的反应，但这些化合物的产量还是净增的，再进一步提高苛刻度时他们的产量也会减少。

光谱分析显示较重的芳烃通常含有 1 个或更多的正烷基的苯环。一些含有 8 碳、9 碳、10 碳的芳烃异构物分布与重整苛刻度的关系曲线如图 5－4 所示。超过低苛刻度重整范围，其分布并无显著的改变。在同一碳原子数的芳烃异构物之间显然建立了热力学平衡。

烷烃异构物的分布在较广泛的重整苛刻度范围内的变化如图 5－5 所示。带支链化合物的比例随苛刻度和相对分子质量的增加而增加。在高苛刻时带支链的分子与带直链的分子之间达到了热力学平衡。

3. 工艺条件的影响

压力、温度和氢烃比能影响重整反应的相对速率和烃的总转化率。正庚烷重整在低转化率时显示出压力对主要反应的影响。石脑油全馏分重整在高转化率并包括可逆反应时显示出工艺变量对烃总转化率的影响。

压力对正庚烷转化为环状化合物、较低碳原子的烷烃和异庚烷的影响如图 5－6 所示，环化的速率基本上与压力无关。当压力增为 3 倍时，加氢裂化和异构化的速率增加 50%。

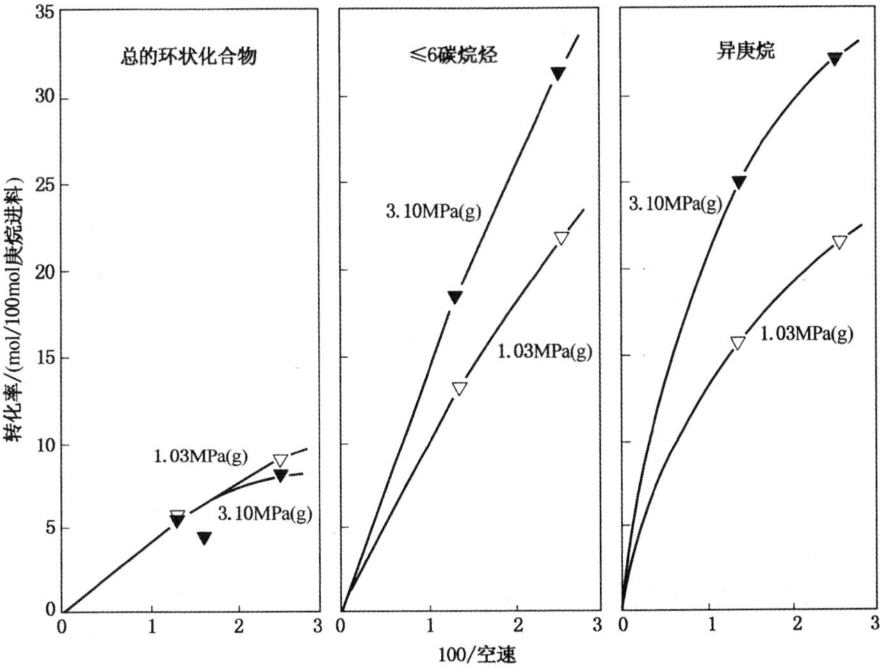

图 5－6 压力对正庚烷转化率的影响

注：数据得自于含焦炭的催化剂，因此从这些数据得到的速率与表 5－4 中的速率不一致

从试验中取得了石脑油全馏分在广泛范围条件下重整产物的详细组成。由于在同一时间内有一个以上的变量在改变，为了符合试验设计，该数据在数字计算机上用多元回归(multiple regression)关联，并应用最小二乘方法得到组分产率与变量之间的经验方程式。从这些方程式推导出的曲线揭示了特定变量对转化率的影响。

压力和温度对含有≥6碳的烷烃重整和所有芳烃的影响见图5-7。

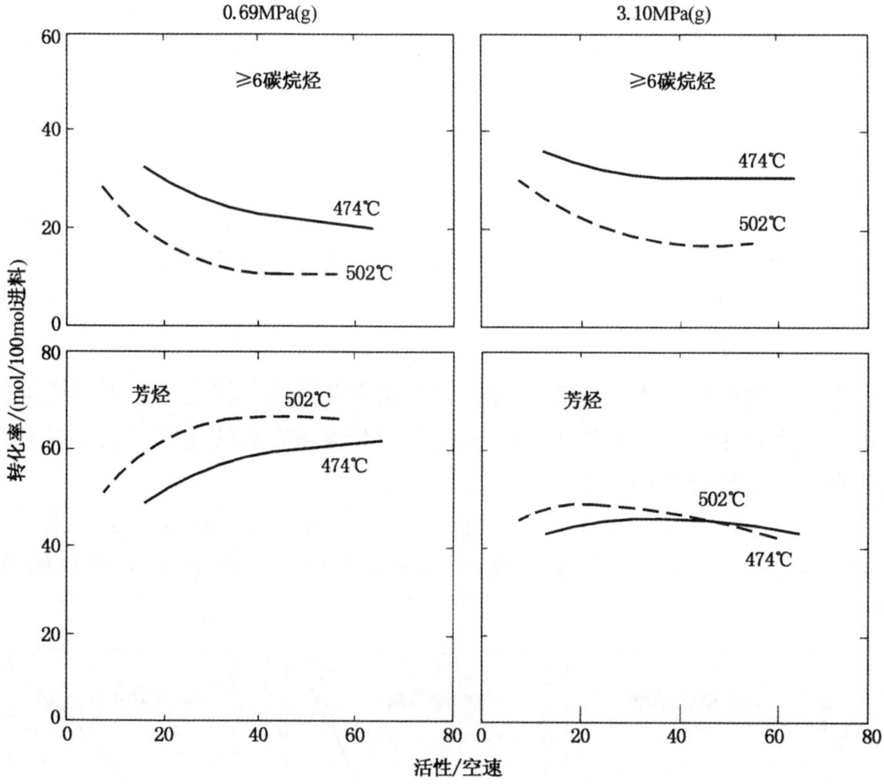

图5-7 压力和温度对石脑油全馏分转化率的影响

烷烃在低压和高温下的转化较完全，相应地产生较多的芳烃。在3.10MPa(g)、高苛刻度时大量的烷烃显然剩下来未转化，生成的芳烃量相应地较低。

虽然正庚烷重整的数据表明了压力对环化的速率无影响，但石脑油全馏分重整生成的芳烃量随压力而变化，在低压时生成较多的芳烃。

在0.69MPa(g)下氢烃比对烷烃转化和生成芳烃的影响如图5-8所示。虽然苛刻度不是低到足以建立初始的速率，在较高苛刻度时氢烃比改变4倍时对总的转化率影响很小❶。

氢烃比对生成芳烃的种类有显著的影响，低氢烃比有利于较轻芳烃的生成。根据3.10MPa(g)和474℃的数据建议增加氢烃比，以减少烷烃转化成芳烃的速率。这样在不同的压力下氢烃比对转化率有不同的影响。

❶编者注：在文献[26]中，图5-8在苛刻度为40时所表示的转化率数据可能有误，只有2组氢烃比为8:1时的转化率数据，而无氢烃比为2:1时的转化率数据。

（二）石脑油全馏分的催化重整反应动力学模型

研究所得到的数据只提供了特定进料的产品产率和组成。为了得到普遍的应用，需要对这些数据进行关联，使对任何进料都可确定其产品产率和组成。最佳的关联式是建立在重整反应动力学模型上。该模型包括一整套描述依据组成和反应条件下的每个反应速率的微分方程，通过积分，这些方程提供了贯穿整个反应区域的组成变化。

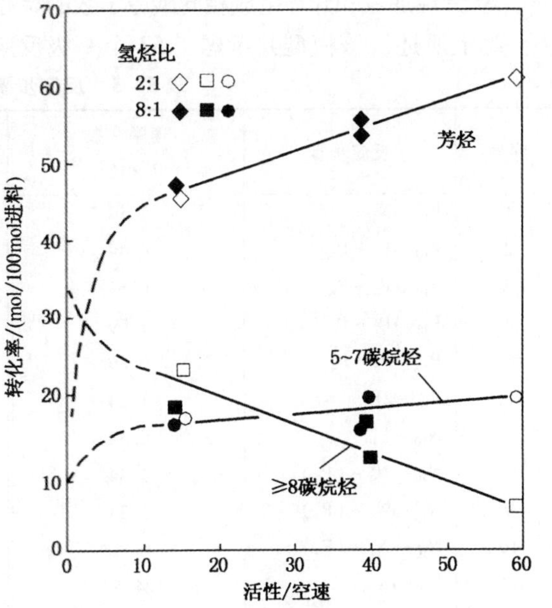

图 5－8　氢烃比对转化率的影响

理想的反应动力学模型应描述每一个反应步骤包括所有的仅含有微量组成的中间步骤。但大多数的模型必须综合考虑下列情况：或者是缺乏数据；或者是避免过于复杂。大量的组分使石脑油全馏分的催化重整动力学模型非常复杂，除非忽略某些反应或者将某些反应予以合并。即使综合考虑了简化，动力学模型仍然是描述在重整反应中复杂组成变化的有力工具。

所开发的石脑油全馏分催化重整动力学模型，考虑了下列 20 个集总组分：

P_1、P_2、P_3、P_4、P_5；　　P_8、N_8、A_8；

P_6、N_6、A_6；　　P_9、N_9、A_9；

P_7、N_7、A_7；　　P_{10}、N_{10}、A_{10}。

在考虑集总组分时，对每一个碳原子族的异构物分布未予考虑。

该模型描述了在缓和重整条件下的主要反应、速率方程、给出了每个集总组分的转化率和生成量。

考虑该模型时作了如下假定：

① 所有反应就烃而论，均系虚拟的一级反应；

② 加氢裂化反应系发生在一个 C—C 键处的开裂，生成 2 个较轻的烷烃。

该模型考虑了下列各类烃的反应步骤❶：

① 烷烃加氢裂化生成较低碳原子数的烷烃，以及烷烃环化生成相同碳原子数的环烷烃❷；

② 环烷烃加氢开环生成相同碳原子数的烷烃，环烷烃脱氢生成相同碳原子数的芳烃，以及环烷烃脱烷基生成较低碳原子数的环烷烃；

---

❶编者注：在文献[26]中所述的“反应步骤”与本章其他动力学模型中所述反应网络中的“反应方程”有所不同。例如其他模型中的 1 个可逆反应方程 $P_{10} \rightleftharpoons N_{10}$ 在该文献中则表示为 $P_{10} \rightarrow N_{10}$ 和 $N_{10} \rightarrow P_{10}$ 两个反应步骤。因此该文献中的 53 个反应步骤相当于 47 个反应方程（其中 6 个系可逆反应、41 个系不可逆反应）。

❷编者注：在文献[26]的此段文字中曾有“忽略了己烷的环化”的说法，但在该文献中的“反应步骤及其速率常数”表中考虑 53 个反应步骤时仍考虑了 $P_6 \rightarrow N_6$ 的反应步骤，只是其速率常数为 0.00。因此编者在此处删去了“忽略了己烷的环化”字样。

③ 芳烃加氢和开环生成相同碳原子数的烷烃，以及芳烃脱烷基生成较低碳原子数的芳烃。综上所述，该模型共考虑了 53 个一级反应步骤，详见表 5 – 5❶。

表 5 – 5　反应步骤及其速率常数

序号	反应步骤	速率常数 $k \times 10^2$	序号	反应步骤	速率常数 $k \times 10^2$
1	$P_{10} \to N_{10}$	2. 54	28	$P_8 \to N_8$	1. 33
2	$P_{10} \to P_9 + P_1$	0. 49	29	$P_8 \to P_7 + P_1$	0. 19
3	$P_{10} \to P_8 + P_2$	0. 63	30	$P_8 \to P_6 + P_2$	0. 25
4	$P_{10} \to P_7 + P_3$	1. 09	31	$P_8 \to P_5 + P_3$	0. 43
5	$P_{10} \to P_6 + P_4$	0. 89	32	$P_8 \to 2P_4$	0. 35
6	$P_{10} \to 2P_5$	1. 24	33	$N_8 \to P_8$	0. 47
7	$N_{10} \to P_{10}$	0. 54	34	$N_8 \to N_7 + (P_1)$	0. 09
8	$N_{10} \to N_9 + (P_1)$	1. 34	35	$N_8 \to A_8$	21. 50
9	$N_{10} \to N_8 + (P_2)$	1. 34	36	$A_8 \to P_8$	0. 16
10	$N_{10} \to N_7 + (P_3)$	0. 80	37	$A_8 \to A_7 + (P_1)$	0. 01
11	$N_{10} \to A_{10}$	24. 50	38	$P_7 \to N_7$	0. 58
12	$A_{10} \to P_{10}$	0. 16	39	$P_7 \to P_6 + P_1$	0. 14
13	$A_{10} \to A_9 + (P_1)$	0. 06	40	$P_7 \to P_5 + P_2$	0. 18
14	$A_{10} \to A_8 + (P_2)$	0. 06	41	$P_7 \to P_4 + P_3$	0. 32
15	$A_{10} \to A_7 + (P_3)$	0. 00	42	$N_7 \to P_7$	0. 20
16	$P_9 \to N_9$	1. 81	43	$N_7 \to A_7$	9. 03
17	$P_9 \to P_8 + P_1$	0. 30	44	$A_7 \to P_7$	0. 16
18	$P_9 \to P_7 + P_2$	0. 39	45	$P_6 \to N_6$	0. 00
19	$P_9 \to P_6 + P_3$	0. 68	46	$P_6 \to P_5 + P_1$	0. 14
20	$P_9 \to P_5 + P_4$	0. 55	47	$P_6 \to P_4 + P_2$	0. 18
21	$N_9 \to P_9$	0. 54	48	$P_6 \to 2P_3$	0. 27
22	$N_9 \to N_8 + (P_1)$	1. 27	49	$N_6 \to P_6$	1. 48
23	$N_9 \to N_7 + (P_2)$	1. 27	50	$N_6 \to A_6$	4. 02
24	$N_9 \to A_9$	24. 50	51	$A_6 \to N_6$	0. 45
25	$A_9 \to P_9$	0. 16	52	$P_5 \to P_4 + P_1$	0. 12
26	$A_9 \to A_8 + (P_1)$	0. 05	53	$P_5 \to P_3 + P_2$	0. 15
27	$A_9 \to A_7 + (P_2)$	0. 05			

其反应网络如图 5 – 9 所示❷。

❶编者注：在文献[26]中的"反应步骤及其速率常数表"中，环烷烃和芳烃的加氢脱烷基反应步骤(即序号为 8、9、10、13、14、15、22、23、26、27、34、37 的反应步骤)中未列出所生成的烷烃(P_1、P_2 或 P_3)，在绘制反应网络图和推导 P_1、P_2 及 P_3 的速率方程时很容易引起错误。因此编者在该"反应步骤及其速度常数"表中，对环烷烃和芳烃加氢脱烷基反应步骤，增加了所生成的烷烃，表示在括弧中。

❷编者注：在文献[26]中未列出反应网络图。编者根据该文献中所列出的反应步骤绘制了反应网络图。编者为减少反应网络线路的复杂程度，采取了一些简化线路的措施。例如将 $P_{10} \to P_9 + P_1$、$P_{10} \to P_8 + P_2$、$P_{10} \to P_7 + P_3$、$P_{10} \to P_6 + P_4$ 和 $P_{10} \to 2P_5$ 反应步骤表示为

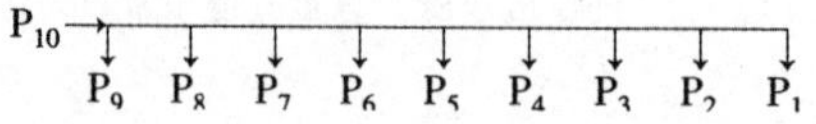

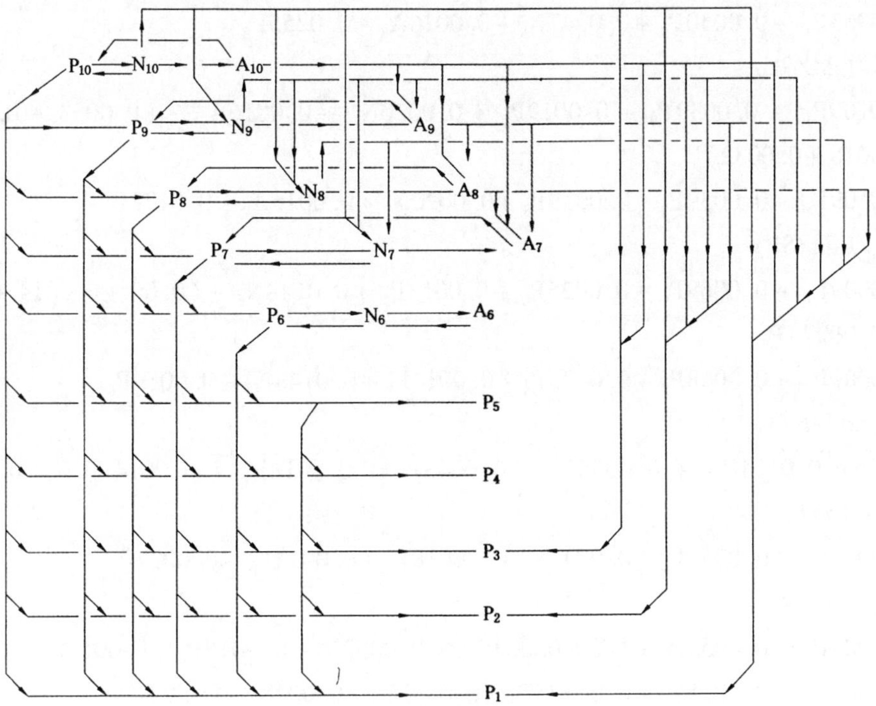

图 5-9　反应网络图

每一反应步骤的速率方程为：

$$\frac{dR}{d\frac{A}{SV}} = -kR$$

式中　R——mol 反应组分/mol 液相进料；

A/SV——活性/空速；

k——速率常数，k 包括了温度、压力、氢流率和进料相对分子质量影响的因数。

所有反应步骤的速率方程组合成联立的 20 个集总组分的速率微分方程，构成数学模型。该 20 个集总组分的速率方程❶如下所示：

$dP_{10}/(dA/SV)$

$=0.0054N_{10}+0.0016A_{10}-(0.0254+0.0049+0.0063+0.0109+0.0089+0.0124)P_{10}$

$=0.0054N_{10}+0.0016A_{10}-0.0688P_{10}$

$dP_9/(dA/SV)$

$=0.0049P_{10}+0.0054N_9+0.0016A_9-(0.0181+0.0030+0.0039+0.0068+0.0055)P_9$

$=0.0049P_{10}+0.0054N_9+0.0016A_9-0.0373P_9$

$dP_8/(dA/SV)$

$=0.0063P_{10}+0.0030P_9+0.0047N_8+0.0016A_8-(0.0133+0.0019+0.0025+0.0043$

❶编者注：在文献[26]中只列出了 P_7 的速率方程，编者根据“反应步骤及其速率常数”表补齐了其余 19 个集总组分的速率方程。

$+0.0035)P_8$

$=0.0063P_{10}+0.0030P_9+0.0047N_8+0.0016A_8-0.0255P_8$

$dP_7/(dA/SV)$

$=0.0109P_{10}+0.0039P_9+0.0019P_8+0.0020N_7+0.0016A_7-(0.0058+0.0014+0.0018+0.0032)P_7$

$=0.0109P_{10}+0.0039P_9+0.0019P_8+0.0020N_7+0.0016A_7-0.0122P_7$

$dP_6/(dA/SV)$

$=0.0089P_{10}+0.0068P_9+0.0025P_8+0.0014P_7+0.0148N_6-(0.00+0.0014+0.0018+0.0027)P_6$

$=0.0089P_{10}+0.0068P_9+0.0025P_8+0.0014P_7+0.0148N_6-0.0059P_6$

$dP_5(dA/SV)$

$=1/2\times 0.0124P_{10}+0.0055P_9+0.0043P_8+0.0018P_7+0.0014P_6-(0.0012+0.0015)P_5$

$=0.0062P_{10}+0.0055P_9+0.0043P_8+0.0018P_7+0.0014P_6-0.0027P_5$

$dP_4(dA/SV)$

$=0.0089P_{10}+0.0055P_9+1/2\times 0.0035P_8+0.0032P_7+0.0018P_6+0.0012P_5$

$=0.0089P_{10}+0.0055P_9+0.00175P_8+0.0032P_7+0.0018P_6+0.0012P_5$

$dP_3/(dA/SV)$

$=0.0109P_{10}+0.0080N_{10}+0.00A_{10}+0.0068P_9+0.0043P_8+0.0032P_7+1/2\times 0.0027P_6+0.0015P_5$

$=0.0109P_{10}+0.0080N_{10}+0.0068P_9+0.0043P_8+0.0032P_7+0.00135P_6+0.0015P_5$

$dP_2/(dA/SV)$

$=0.0063P_{10}+0.0134N_{10}+0.0006A_{10}+0.0039P_9+0.0127N_9+0.0005A_9+0.0025P_8+0.0018P_7+0.0018P_6+0.0015P_5$

$dP_1/(dA/SV)$

$=0.0049P_{10}+0.0134N_{10}+0.0006A_{10}+0.0030P_9+0.0127N_9+0.0005A_9+0.0019P_8+0.0009N_8+0.0001A_8+0.0014P_7+0.0014P_6+0.0012P_5$

$dN_{10}/(dA/SV)$

$=0.0254P_{10}-(0.0054+0.0134+0.0134+0.0080+0.2450)N_{10}$

$=0.0254P_{10}-0.2852N_{10}$

$dN_9/(dA/SV)$

$=0.0134N_{10}+0.0181P_9-(0.0054+0.0127+0.0127+0.2450)N_9$

$=0.0134N_{10}+0.0181P_9-0.2758N_9$

$dN_8/(dA/SV)$

$=0.0134N_{10}+0.0127N_9+0.0133P_8-(0.0047+0.0009+0.2150)N_8$

$=0.0134N_{10}+0.0127N_9+0.0133P_8-0.2206N_8$

$dN_7/(dA/SV)$

$= 0.0080N_{10} + 0.0127N_9 + 0.0009N_8 + 0.0058P_7 - (0.0020 + 0.0903)N_7$

$= 0.0080N_{10} + 0.0127N_9 + 0.0009N_8 + 0.0058P_7 - 0.0923N_7$

$dN_6/(dA/SV)$

$= 0.00P_6 + 0.0045A_6 - (0.0148 + 0.0402)N_6$

$= 0.0045A_6 - 0.0550N_6$

$dA_{10}/(dA/SV)$

$= 0.2450N_{10} - (0.0016 + 0.0006 + 0.0006 + 0.00)A_{10}$

$= 0.2450N_{10} - 0.0028A_{10}$

$dA_9/(dA/SV)$

$= 0.0006A_{10} + 0.2450N_9 - (0.0016 + 0.0005 + 0.0005)A_9$

$= 0.0006A_{10} + 0.2450N_9 - 0.0026A_9$

$dA_8/(dA/SV)$

$= 0.0006A_{10} + 0.0005A_9 + 0.2150N_8 - (0.0016 + 0.0001)A_8$

$= 0.0006A_{10} + 0.0005A_9 + 0.2150N_8 - 0.0017A_8$

$dA_7/(dA/SV)$

$= 0.00A_{10} + 0.0005A_9 + 0.0001A_8 + 0.0903N_7 - 0.0016A_7$

$= 0.0005A_9 + 0.0001A_8 + 0.0903N_7 - 0.0016A_7$

$dA_6/(dA/SV) = 0.0402N_6 - 0.0045A_6$

速率方程的速率常数主要由在绝热条件下石脑油全馏分重整的数据所确定。

在数字计算机上对速率方程进行数值积分可以得到计算的组成。从速率方程计算所得的组成与中大陆石脑油重整时所观测到的组成的对比如图 5－10 所示，计算所得的组成与观测值能很好地吻合，最大的偏差出现在中等苛刻度时预测庚烷和在高苛刻度时预测戊烷的情况。

对炼油工作者来说，最感兴趣的是应用动力学模型计算在不同辛烷值时的重整产率。通过掺合关联式(与 Smith R B 于 1958 年 9 月 21～24 日在盐湖城召开的美国化学工程师协会全国会议上所发表的关联式相似)可以把辛烷值与芳烃浓度相关。对具有 ASTM 沸程为 52～182℃的中大陆石脑油和科威特石脑油，其计算的和试验的产率与辛烷值的关系如图 5－11 所示。应用动力学模型计算科威特石脑油时，虽然科威特石脑油含有 20% 的戊烷和己烷以及约 70% 的总烷烃，与中大陆石脑油进料组成有很大的差别，而且所采用动力学模型中的速率常数是基于中大陆石脑油的数据，但科威科石脑油的计算和试验结果吻合得很好。

上述研究成果已应用于截止 1959 年已有的和规划建设的超重整和强化重整装置上。其总生产能力超过 $79491m^3/d$。

利用该模型有如下优点：

① 有利于对重整最优化进料的选择。而选择重整的最优化进料是炼油厂操作中一个重要的经济因素；

② 有利于选择超重整和强化重整的最优化操作条件；

③ 有利于对重整工艺流程中一些问题的考虑。

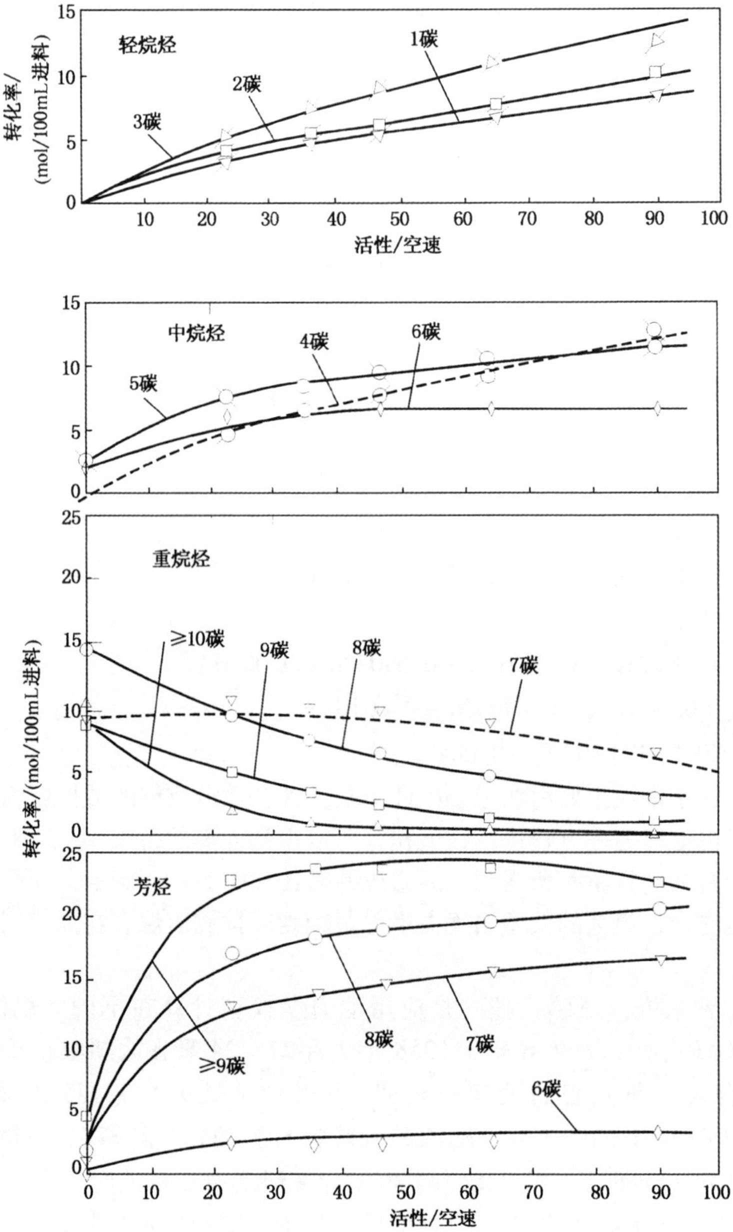

图5-10 石脑油全馏分转化率试验值与计算值的对比

(三)小结

Krane 等人依据催化重整反应机理，即不同碳原子数的烃的反应动力学性质的差别，不仅按烃族组成将重整原料分为烷烃、环烷烃和芳烃，而且还进一步按碳原子数将所有化合物分成：烷烃($C_1 \sim C_{10}$)、环烷烃($C_6 \sim C_{10}$)和芳经($C_6 \sim C_{10}$)，建立了20集总催化重整反应动力学模型。显然，与 Smith 的4集总模型相比，该模型精细多了，于是在功能上也更为全面，不仅能预测重整产物产率，而且还能预测产物性质如辛烷值等，事实也证明该模型在应用于超重整和强化重整的优化 操作、指导选择重整的最优化进料等方面，都取得了很好的效果。

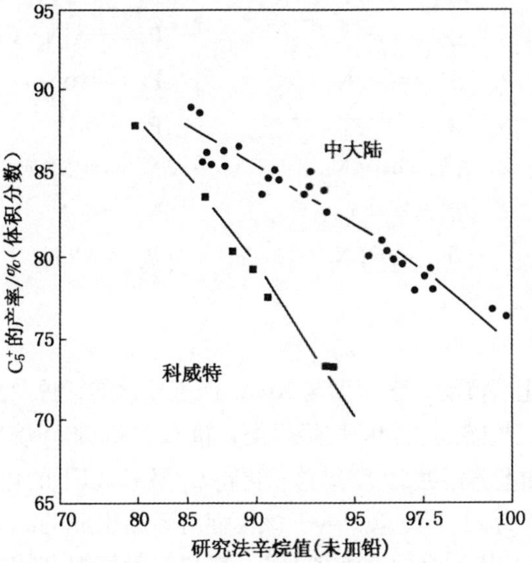

图 5－11　石脑油全馏分产率与辛烷值关系试验值与计算值的对比

三、柯马克(Kmak)的 22 集总组分强化重整反应动力学模型

1971 年 Kmak W S 发表了 22 集总组分强化重整反应动力学模型[27]。

该模型的 22 集总组分为：

nP_6、nP_7、nP_8、nP_9；

iP_6、iP_7、iP_8、iP_9；

$5N_6$、$5N_7$、$5N_8$、$5N_9$；

$6N_6$、$6N_7$、$6N_8$、$6N_9$；

A_6、A_7、A_8、A_9；

P_5^-；

C_{10}^+。

该模型的反应网络如图 5－12 所示。

代表了下列 37 个反应：

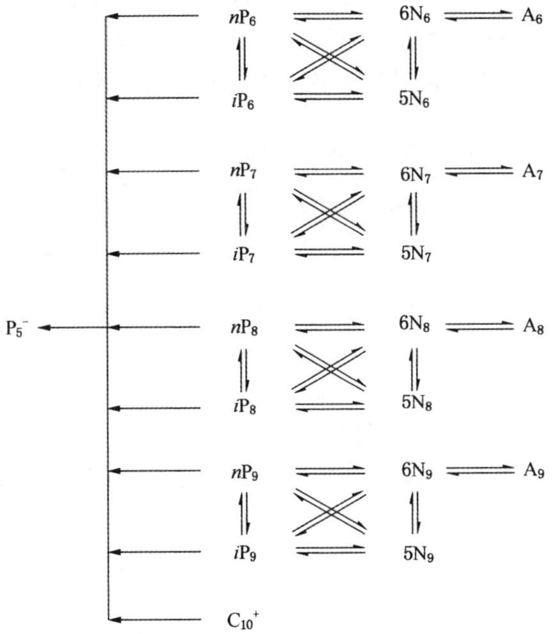

图 5－12　Kmak 模型的反应网络

$nP_6 \rightleftharpoons 6N_6$

$nP_6 \rightleftharpoons iP_6$

$nP_6 \rightleftharpoons 5N_6$

$nP_6 \rightleftharpoons P_5^-$

$iP_6 \rightleftharpoons 5N_6$

$iP_6 \rightleftharpoons 6N_6$

$iP_6 \longrightarrow P_5^-$

$6N_6 \rightleftharpoons 5N_6$

$6N_6 \rightleftharpoons A_6$

$nP_7 \rightleftharpoons 6N_7$

$nP_7 \rightleftharpoons iP_7$

$nP_7 \rightleftharpoons 5N_7$

$nP_7 \rightleftharpoons P_5^-$

$iP_7 \rightleftharpoons 5N_7$

$iP_7 \rightleftharpoons 6N_7$

$iP_7 \longrightarrow P_5^-$

$6N_7 \rightleftharpoons 5N_7$

$6N_7 \rightleftharpoons A_7$

$nP_8 \rightleftharpoons 6N_8$

$nP_8 \rightleftharpoons iP_8$

$nP_8 \rightleftharpoons 5N_8$

$nP_8 \longrightarrow P_5^-$

$iP_8 \rightleftharpoons 5N_8$

$iP_8 \rightleftharpoons 6N_8$

$iP_8 \longrightarrow P_5^-$

$6N_8 \rightleftharpoons 5N_8$

$6N_8 \rightleftharpoons A_8$

$nP_9 \rightleftharpoons 6N_9$

$nP_9 \rightleftharpoons iP_9$

$nP_9 \rightleftharpoons 5N_9$

$nP_9 \longrightarrow P_5^-$

$iP_9 \rightleftharpoons 5N_9$

$iP_9 \rightleftharpoons 6N_9$

$iP_9 \longrightarrow P_5^-$

$6N_9 \rightleftharpoons 5N_9$

$6N_9 \rightleftharpoons A_9$

$C_{10}^+ \longrightarrow P_5^-$

小结

Kmak 的22集总催化重整动力学模型与Krane模型相比的特色及更为精细之处在于将 $C_6 \sim C_9$ 的烷烃进一步划分为正构烷烃和异构烷烃两类，将 $C_6 \sim C_9$ 的环烷烃进一步划分为五元环烷烃和六元环烷烃两类，加上芳烃共20个集总。再将 C_5 及 C_5 以下的化合物和 C_{10} 及 C_{10} 以上的化合物各为一个集总，总共为22个集总。由于该模型对烃族组成的细分，所以模型无论在预测产物分布还是产物性质(尤其是汽油辛烷值)等，都与实际值拟合较好，模型中还包括热量衡算，可计算反应器中催化剂床层的温度分布曲线。

四、佩斯(Pace)公司的30集总组分催化重整反应动力学模型❶

1980年Jenkins J H和Stephens T W发表了Pace公司的催化重整反应动力学模型[28]。

该模型的集总组分为30个，其中包括 A_9^+、P_9^+ 和 N_9^+ 三个集总组分。

该模型的反应网络由70个反应方程所组成。

(一) 该模型的速率方程

基本的速率方程为：

$$r = F(\partial X'/\partial w) \tag{5-1}$$

式中 r——每单位重量催化剂的反应速率；

X'——进料组分的转化率；

w——催化剂质量；

F——反应器内总进料流率。

将式(5-1)对反应器内的催化剂总量进行积分，即可求得反应器内进料组分的转化率。

然而计算该积分值的复杂性在于如何确定反应速率 r。因此，如何计算所有进料组分在温度不断下降的各个反应器内的反应速率，是建立该模型的核心。

---

❶编者注：Jenkins 等人在文献[28]中称该模型包括31个组分。根据编者分析：该31个组分中系包括 H_2 组分。而一般其他模型的集总组分数均仅指烃的集总组分数而不包括 H_2 组分。因此编者将Pace公司模型的集总组分数改称为30个。

现以下述简单的可逆反应为例，说明如何建立反应速率方程：

$$aA + bB \underset{k_r}{\overset{k_f}{\rightleftharpoons}} cC + dD$$

式中　k_f——正反应速率常数；

k_r——逆反应速率常数。

传统的动力学显示净反应速率为：

$$r = k_f(X_A)^a(X_B)^b - k_r(X_C)^c(X_D)^d \tag{5-2}$$

式中　r——净反应速率；

X——每一组分的浓度。

反应达到平衡时，$r=0$，并定义平衡常数 K 为：

$$K = k_f/k_r \tag{5-3}$$

将式(5－3)代入式(5－2)得

$$r = k_f[(X_A)^a(X_B)^b] - \frac{(X_C)^c(X_D)^d}{K} \tag{5-4}$$

在该模型中定义 k_f 如下：

$$k_f = (k)(\pi)^x(CA)(AF) \tag{5-5}$$

式中　k——特定的速率常数(specific rate constant)[1]；

π——总压；

x——总压的指数；

CA——酸性或金属的活性水平(activity level)；

AF——催化剂总的活性因数(activify factor)。

将式(5－5)代入式(5－4)，则总的速率方程为：

$$r = (k)(\pi)^x(CA)(AF)\left[(X_A)^a(X_B)^b - \frac{(X_C)^c(X_D)^d}{K}\right] \tag{5-6}$$

解上述速率方程时：

① 特定的速率常数 k　有些可以从文献中查得，有些可由原始试验数据回归。

② 总压的指数 x　各类重整反应的总压的指数见表 5－6。

表 5－6　各类重整反应的总压的指数 x

反应类型	总压的指数 x	反应类型	总压的指数 x
异构化	0.37	加氢脱烷基化	0.50
脱氢环化	－0.70	脱　氢	0.00
加氢裂化	0.433		

③ 平衡常数。在该模型中烷烃和环烷烃的加氢裂化反应及甲基环戊烷转化成苯的反

[1] 编者注：编者认为：所谓“特定的速率常数”系指该常数与温度的关系符合 Arrhenius 方程。

应是不可逆反应，因此这些反应不存在平衡常数问题。而所有其他的反应是可逆反应，其相应的平衡常数可根据基本的热力学性质由下式求得：

$$\Delta F^{\circ} = -RT\ln K \tag{5-7}$$

式中 ΔF°——在已知温度时某特定反应的自由能变化；

R——气体常数；

T——温度；

K——平衡常数。

标准自由能变化与焓一样是热力学状态的函数，是在任意选定的标准状态下，产物和反应物的自由能差值，此标准状态通常为298.16K。

有些反应的自由能值可从文献中查得，而对大多数的反应需按下式计算 ΔF°

$$\Delta F^{\circ} = \Delta H^{\circ} - T\Delta S^{\circ}$$

因此

$$\frac{\Delta F^{\circ}}{T} = -\int_{T_0}^{T} \frac{\Delta H^{\circ}\mathrm{d}T}{T^2} \tag{5-8}$$

式中 ΔH°——标准焓的变化；

ΔS°——标准熵的变化；

T_0——绝对零度；

T——反应温度。

④ 速率方程[式(5-6)]的积分。为提供总收率必须对所有组分的速率方程进行积分。由于不可能有一个对所有速率方程进行积分的解析方法，因此必须借助于数值积分。有许多数值积分的方法，但所有数值积分的方法都具有一个共同的有限的数值微分的计算：

$$\Delta Y/\Delta X = f(X,Y) \tag{5-9}$$

此式接近于无限大或某已知点(X_0，Y_0)的实微分 $\mathrm{d}Y/\mathrm{d}X$。因此当 $X = X_0 + \Delta X$ 时可预测 Y 值。

计算积分最简单的方法是求在两个 X 值时的 Y 值，并假定 Y 在此区间内是线性的。数字计算机的离散特性要求此区间是有限的，如果被积分的方程是非线性的，则随 X 区间值的增大而增大数值积分时所产生的误差，所以当在 X 轴保持有限的步长时，将改进数值积分方法的精确度。

龙格-库达(Runge-Kutta)数值积分方法借助于插值法使方程的非线性得以补偿以改进简单积分的精确度。然而此方法对每一个有限区间需要计算导函数(derivative function)4次，对模型中需要计算的已知数量的方程，用Runge-Kutta方法全部计算积分时需要作惊人数量的计算。

第二个数值积分方法，即阿达姆-默尔顿(Adams-Moulton)积分方法，具有对每一个区间只需计算函数二次而不会牺牲精确度的优点。然而，为应用Adams-Moulton方法，必须知道紧靠所考虑区间前面的3个区间的导数值。因此Pace公司模型先用Runge-Kutta方法确定每一步前3个区间的积分，随后凭借Adams-Moulton方法以简省计算时间。

（二）该模型的工业应用

为了准确预测产率和温度分布，模型必须不仅能预测反应器内的工况，而且能预测装置辅助部分的工况。例如 Pace 公司模型设置了闪蒸计算的模块以寻求循环气体的组成与计算压缩机的操作条件，同时还有计算辛烷值的模块以及综合经济分析的子程序。

用 Pace 公司模型进行计算时：

① 采用能代表工业数据的最简单的速率方程；

② 根据可能取得的纯组分数据计算速率常数；

③ 使用非线性的回归技术调整此基本模型以适应特殊的催化剂。

尽一切努力以保证 Pace 公司模型尽可能通用，但由于不同催化剂的选择性与活性有所不同，以及装置结构（configuration）的不同，不可能编制出一个完全通用的模型。因此为了准确地模拟一个特殊装置，必需有一套可靠的试验运转数据。

催化剂之间选择性和活性的差异可以通过调节速率方程中的酸性或金属的活性水平得以补偿。当某种催化剂显示出有利于某一特殊反应的选择性时，需调整该反应的特定的速率常数以反映出其选择性。

表 5－7 显示了实际工厂数据与按 Pace 公司模型计算结果的对比。

表 5－7　工厂试验与按模型计算结果的对比

项　目	试验 1		试验 2		试验 3	
	工厂试验	按模型计算结果	工厂试验	按模型计算结果	工厂试验	按模型计算结果
产物（对全部进料的）/%（摩尔分数）						
H_2	129.9	141.6	120.0	130.7	124.7	119.1
C_1/C_4	12.6	11.9	11.5	11.7	18.9	19.4
C_5	1.9	2.2	1.6	2.1	2.7	3.5
P_6	2.5	2.9	1.9	2.4	3.7	4.5
N_6	0.7	0.1	0.7	0.2	0.8	0.2
A_6	1.7	2.1	1.2	1.4	1.9	2.3
P_7	9.9	9.0	9.1	8.1	10.5	10.5
N_7	0.6	1.0	1.0	1.6	0.7	1.1
A_7	17.4	16.2	17.7	17.2	15.0	15.7
P_8	7.9	7.4	10.3	10.1	7.5	7.4
N_8	0.6	0.6	0.8	0.9	0.5	0.6
A_8	29.2	28.4	29.1	29.6	27.1	26.7
P_9^+	4.7	7.7	7.1	7.1	6.6	6.6
N_9^+	0.6	0.1	1.0	0.2	1.3	0.1
A_9^+	21.8	21.4	18.0	18.4	19.5	19.0
P_6^+	25.0	27.0	28.4	27.6	28.3	29.0
N_6^+	2.5	1.8	3.4	2.8	3.3	2.0
A_6^+	70.1	68.1	66.1	66.6	63.5	63.7
ΣC_6^+	97.6	96.9	97.9	97.0	95.1	94.7
反应器温度降 ΔT/℃						
反－1	66.7	62.8	62.2	56.7	60.6	56.1

续表

项目	试验1		试验2		试验3	
	工厂试验	按模型计算结果	工厂试验	按模型计算结果	工厂试验	按模型计算结果
反-2	40	39.4	38.3	39.4	35.0	35.0
反-3	29.4	25.0	27.8	31.7	25.6	25.6
反-4	12.8	8.3	10.6	11.7	8.9	6.7
合计	148.9	135.5	138.9	139.5	130.1	123.4
C_5^+/%(体积分数)	88.5	88.9	90.3	89.7	88.0	87.9
研究法辛烷值(净)	95.6	96.2	94.7	95.3	95.3	95.7
研究法辛烷值(+0.79mL/L四乙基铅)❶	100.5	100.8	100.1	100.5	101.1	101.3
催化剂活性/%		79.4		64.3		53.0

(三)小结

Pace公司的30集总催化重整反应动力学模型的特点是:

(1)将C_9以上的烃类分为烷烃、环烷烃和芳烃,并将各碳数的正异构烷烃分开,五元和六元环烷分开,根据芳烃生产需要,将C_8芳烃和环烷烃细分。

(2)对于这样一个由30个集总,70个反应方程组成的复杂反应网络,Pace公司采用了Runge-Kutta法与Adams-Moulton法相结合的数值积分法,不仅大大缩短了计算时间,同时也确保了计算的精度。

(3)设置了不少辅助模块,如:闪蒸计算模块以计算循环气体的组成及压缩机的操作条件;计算辛烷值的模块及综合经济分析的子程序等。

五、华尔夫(Wolff)的4集总组分石脑油催化重整反应动力学模型

1983年Wolff A发表了4集总组分石脑油催化重整反应动力学模型[29]。

Wolff在开发该模型时,选用了波兰炼油厂具有3个固定床反应器的催化重整装置,在催化剂初始活性情况下的实际操作数据,予以拟合。

该催化重整进料为经预分馏和加氢脱硫的从罗玛什金(Romashkino)原油中得到的终馏点为180℃的石脑油。其族组分为:

芳烃/%(体积分数)	8.0~7.5
环烷烃/%(体积分数)	36.8~29.1

❶编者注:参考文献[29]中有关原文为"RON,+3"漏注其单位。根据编者分析,其单位可能是mL/gal。因此将+3mL/gal换算为+0.79mL/L。

烷烃/%(体积分数)	55.2~63.4
催化剂为 Engelhard Pt/Al_2O_3	
催化重整的操作条件为:	
进料速率/(m^3/h)	48.0~65.7
重整产物速率/(m^3/h)	36.5~49.1
催化剂分布(反-1:反-2:反-3)	1:2:6
催化剂质量负荷/h^{-1}	1.2~1.8
压力/MPa(atm)	3.04~3.55(30.0~35.0)

各反应器入口温度/K
各反应器出口温度/K
重整产物的产率/%
重整产物的芳烃含量/%
} 见后面表5-9。

(一) 该模型的集总组分

该模型的4个集总组分为N、A、P和P_4^-,其反应网络为:

$$P \rightleftharpoons N \rightleftharpoons A, \quad P \searrow P_4^- \swarrow N$$

代表了下列4个反应:

$$N \underset{W_2}{\overset{W_1}{\rightleftharpoons}} A + 3H_2$$

$$P \underset{W_4}{\overset{W_3}{\rightleftharpoons}} N + H_2$$

$$P + (n-1)H_2 \xrightarrow{W_5} nP_4^-$$

$$N + nH_2 \xrightarrow{W_6} nP_4^-$$

式中$(n-1)$系烷烃集总组分平均分子的C—C键断裂数。

该模型忽略了异构化反应和催化剂减活的影响。

各反应速率方程为:

$$W_1 = k_1 g_N \qquad W_2 = k_2 g_A g_{H_2}^3 \qquad W_3 = k_3 g_P$$

$$W_4 = k_4 g_N g_{H_2} \qquad W_5 = k_5 g_P g_{H_2}^{(n-1)} \qquad W_6 = k_6 g_N g_{H_2}^n$$

式中 $W_1 \sim W_6$——反应速率,mol/(kg催化剂 h);

$k_1 \sim k_6$——反应速率常数,mol/(kg催化剂 h);

g_N、g_A、g_P、g_{H_2}——各组分的质量分率。

各组分的质量平衡方程为:

$$-\frac{1}{M_A}\frac{dg_A}{dV_K} = -W_1 + W_2$$

$$-\frac{1}{M_N}\frac{dg_N}{dV_K}=W_1-W_2-W_3+W_4+W_6$$

$$-\frac{1}{M_P}\frac{dg_P}{dV_K}=W_3-W_4+W_5$$

$$-\frac{1}{M_{H_2}}\frac{dg_{H_2}}{dV_K}=-3(W_1-W_2)-W_3+W_4+(n-1)W_5+nW_6$$

$$-\frac{1}{M_{P4}^-}\frac{dg_{P4}^-}{dV_K}=-nW_5-nW_6$$

式中 M_A、M_N、M_P、M_{H_2}、M_{P4}^-——各组分的相对分子质量；

$1/V_K$——催化剂的质量负荷 kg/(kg 催化剂 h)；

催化重整反应的能量平衡方程为❶：

$$-\frac{dT}{dV_K}=\frac{1}{C_P}[-(W_1-W_2)\Delta H_{NA}-(W_3-W_4)\Delta H_{PN}-W_5\Delta H_{PP_4^-}-W_6\Delta H_{NP_4^-}]$$

式中 T——温度，K；

C_P——比热，kJ/(kg·K)；

ΔH_{NA}——环烷烃脱氢的反应热，kJ/mol；

ΔH_{PN}——烷烃环化的反应热，kJ/mol；

$\Delta H_{PP_4^-}$——烷烃加氢裂化的反应热，kJ/mol；

$\Delta H_{NP_4^-}$——环烷烃加氢裂化的反应热，kJ/mol。

（二）该模型的参数估计

Wolff 采用产品组成及重整反应器出口温度的计算值和实测值的相对方差(relative squared deviation)和最小作为目标函数来估计模型参数。

目标函数的数学表达式为：

$$F=\sum_{m=1}^{M}\xi_m[(\bar{X}_m-X_m)/\bar{X}_m]^2$$

式中 ξ_m——对不同目标函数计算精度的校正系数；

X_m——计算值；

$\bar{X}_m$——实测值；

M——目标函数所考察的元素数目。

当采用参数估计求出各个不同温度时的反应速率常数 k_j 后，再利用 Arrhenius 方程：

$$k_j=k_{0j}\exp\left(-\frac{E_j}{RT}\right)$$

求得反应的频率因子 k_{0j} 和活化能 E_j。

估计的动力学参数平均值见表 5-8。

---

❶编者注：编者对 Wolff 在文献[29]中所列能量平衡方程中的错误之处已予以修正。

表 5－8　估计的动力学参数平均值

反　应	动力学参数		反　应	动力学参数	
N ⟶A	k_{01}	2.66×10^{12}		E_4	82396(19680)
	E_1	147166(35150)	P ⟶P_4^-	k_{05}	4.13×10^{18}
A ⟶N	k_{02}	54.60		E_5	186731(44600)
	E_2	266699(63700)		$n-1$	3.42
P ⟶N	k_{03}	41.38	N ⟶P_4^-	k_{06}	3.85×10^{14}
	E_3	6950(1660)		E_6	72850(17400)
N ⟶P	k_{04}	4.04×10^{9}			

注：k_{0j}单位为(kg cal · h)/mol；E_j 单位为 kJ/mol，括弧内为 cal/mol。

(三)该模型的效果

用上述估计的动力学参数计算所得的各反应器出口温度、重整产物的产率和芳烃含量的数值与实测值比较一致(参看表 5－9)，因此该模型的拟合能力良好。

但由于该模型是根据波兰工业重整装置的实际操作数据关联和拟合的，其模型的各项参数会随原料和装置操作条件等的变化而变化，因此该模型尚不能预测原料等不同时重整产物的产率和芳烃含量。

表 5－9　反应器温度及重整产物产率的计算值与实测值的比较

运转编号	反应器入口温度/K			反应器出口温度/K						重整产物产率/%	
	反－1	反－2	反－3	反－1 实测值	反－1 计算值	反－2 实测值	反－2 计算值	反－3 实测值	反－3 计算值	实测值	计算值
1	790	787	784	747	747.0	773	770.9	776	777.0	79.9	79.7
2	791	785	782	751	752.4	773	774.1	775	780.5	78.8	78.3
3	790	785	782	751	751.6	773	773.5	774	777.4	79.6	79.2
4	787	781	778	746	746.7	768	765.4	772	770.3	79.1	79.0
5	789	786	782	749	748.5	774	770.7	776	775.7	78.1	78.1
6	780	779	776	739	738.6	766	764.4	772	772.0	79.1	78.9
7	781	778	773	745	744.7	765	765.0	768	767.4	78.6	78.5
8	781	777	775	741	739.9	765	759.5	768	766.2	79.6	79.5
9	782	778	775	737	736.0	762	757.9	769	767.1	78.8	78.9
10	780	773	772	740	739.8	759	757.1	766	766.1	78.3	78.2
11	785	783	777	747	746.2	769	764.9	770	768.8	78.1	78.2

运转编号	重整产物中芳烃含量/%		反－1 中芳烃产率/%	反应器进出口温差/K						$\Sigma\Delta T$	
				反－1　ΔT_1		反－2　ΔT_2		反－3　ΔT_3			
	实测值	计算值	计算值	实测值	计算值	实测值	计算值	实测值	计算值	实测值	计算值
1	48.5	48.5	55	43	43.0	14	16.1	8	7.0	65	66.1
2	45.9	47.3	58	40	38.6	12	10.9	7	1.5	59	51.0
3	47.0	47.9	53	39	38.4	12	11.5	8	4.6	59	54.5

续表

运转编号	重整产物中芳烃含量/%		反-1中芳烃产率/%	反应器进出口温差/K						ΣΔT	
				反-1 ΔT_1		反-2 ΔT_2		反-3 ΔT_3			
	实测值	计算值	计算值	实测值	计算值	实测值	计算值	实测值	计算值	实测值	计算值
4	51.7	52.1	50	41	40.3	13	15.6	6	7.7	60	63.6
5	54.8	53.4	48	40	40.5	12	15.3	6	6.3	58	62.1
6	48.9	48.6	46	41	41.4	13	14.6	4	4.0	58	60
7	50.0	49.8	50	36	36.3	13	13.0	5	5.6	54	54.9
8	49.1	47.6	46	40	41.1	12	17.5	7	8.8	59	67.4
9	51.7	50.0	44	45	46.0	16	20.1	6	7.9	67	74.0
10	53.7	53.2	51	40	40.2	14	15.9	6	5.9	60	62.0
11	53.3	51.8	44	38	38.8	14	18.1	7	8.2	59	65.1

(四)小结

Wolff 的 4 集总催化重整反应动力学模型尽管集总组分非常简单，与最初的 Smith 的 4 集总模型有点类似，但它的创新意义在于采用了炼厂 3 个固定床反应器的催化重整装置的实际操作数据来予以拟合，建立模型。结果表明对于相同装置、原料组成又基本不变的情况，模型的拟合性能良好。虽然该模型的外推性受到一定的限制，但由于它大大减少了实验工作量和缩短了模型开发周期，简单易上又能解决实际问题，而为各大石油公司针对本公司的需要，开发适合本装置特点的简便可靠的催化重整反应动力学模型树立了样板。

六、伏罗门(Froment)等人的 28 集总组分催化重整反应动力学模型

1983 年 Froment G F 和 Marin G B 等人发表了 28 集总组分催化重整反应动力学模型[30]。

该模型具有下列 28 个集总组分：

nP_6、SBP_6、MBP_6、$5N_6$、$6N_6$、A_6；

nP_7、SBP_7、MBP_7、$5N_7$、$6N_7$、A_7；

nP_8、SBP_8、MBP_8、$5N_8$、$6N_8$、A_8；

nP_9^+、iP_9^+、$5N_9^+$、$6N_9^+$、A_9^+；

P_1、P_2、P_3、P_4、P_5。

该模型的反应网络如图 5-13 所示。

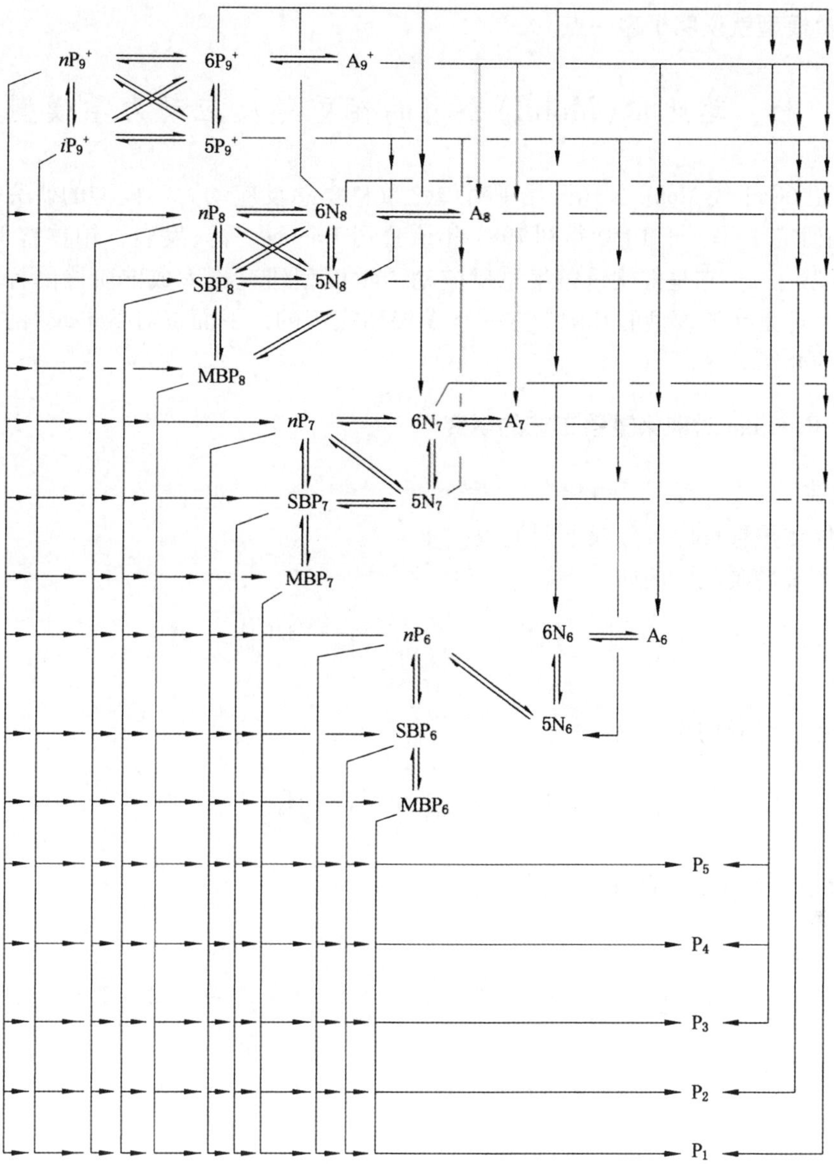

图 5-13　Froment 等人模型的反应网络

小结

Froment 等人的 28 集总催化重整反应动力学模型将全部组分按碳数分成 $C_1 \sim C_9$ 的组分，并将五碳以上的组分分成正构烷烃、异构烷烃、五元环烷烃、六元环烷烃和芳烃。将碳数相同的烃类的反应分为异构化、环化、脱氢及加氢裂化反应，并考虑到某些烃类之间的可逆反应等，该反应网络共有 84 个反应。可见该模型颇具代表性，但因至今没见 Froment 等人发表该反应网络的动力学参数，故无应用实例。由此可见，对于集总的划分并不是越细越好，在满足应用的前提下，还需确保动力学参数与进料组成无关，并兼顾实验条件和参数估计的能力等，要不其实用性就会受到影响。Froment 等人的 28 集总催化重整反应动力学模型就说明了这一点。

七、莫比尔(Mobil)公司的铂重整反应动力学模型

20 世纪 60 年代 Mobil 公司开始了对催化重整集总反应动力学模型的研究，经过了长达 20 年的研究工作，于 1980 年和 1987 年该公司 Ramage 等人发表了铂重整 13 集总反应动力学模型[31,32]，它是催化重整集总反应动力学模型研究进入成熟阶段的标志，此后的研究基本上都是在该模型的基础上进一步发展和完善的，下面将对 Ramage 的研究工作进行较详细的介绍。

(一) Ramage 对催化重整工艺的研究

1. 化学

通常催化重整反应可分成下列类型：

(1) 环烷烃脱氢。例如：

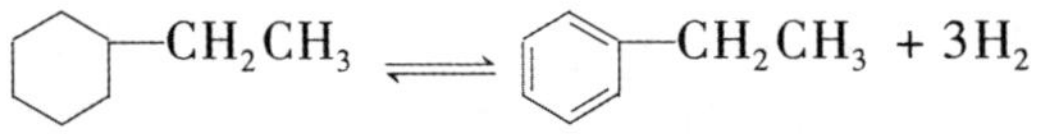

(2) 环烷烃异构化。例如：

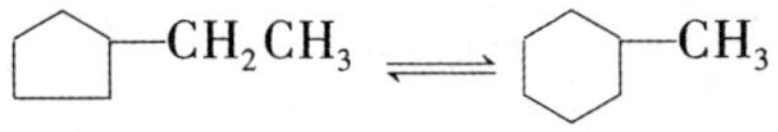

(3) 烷烃异构化。例如：

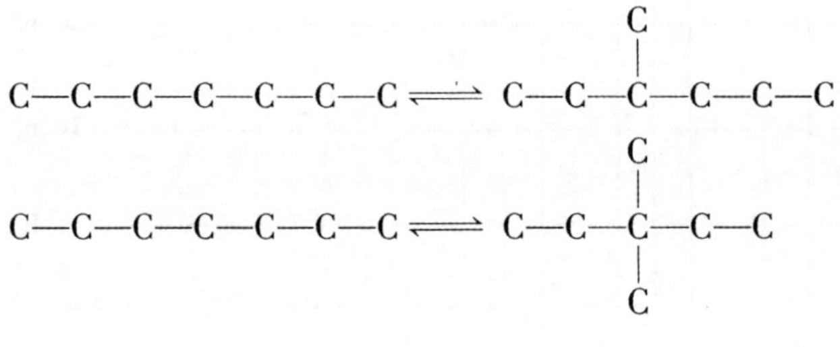

(4) 烷烃加氢裂化。例如：

$$nC_7H_{16} + H_2 \longrightarrow C_4H_{10} + C_3H_8$$

(5) 烷烃环化。例如：

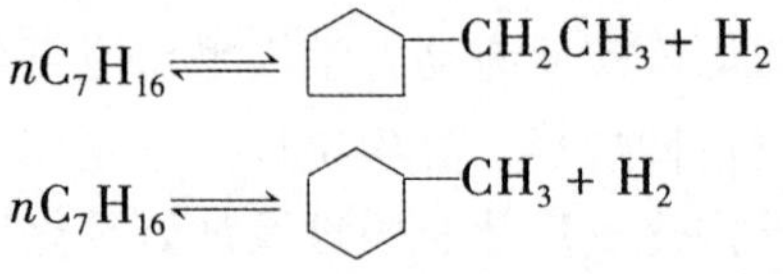

(6) 芳烃脱烷基。例如：

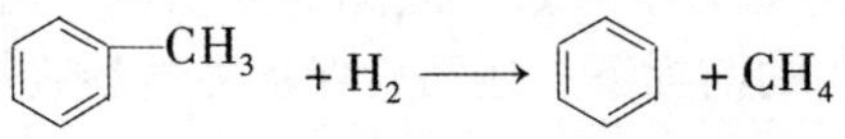

典型催化重整反应的反应参数见表 5 - 10。

表 5 - 10　典型催化重整反应的反应参数

反应类型	相对反应速率	反应热 ΔH_{RX}/(kJ/mol)
环烷烃脱氢 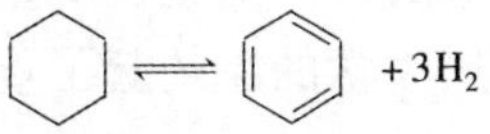	很快(51)	400
环烷烃/烷烃异构化 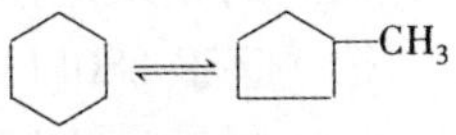	快(2)	-27
烷烃加氢裂化 C—C—C—C—C—C ⟶ C—C—C—C + C—C	慢(0.03)	-37
烷烃环化 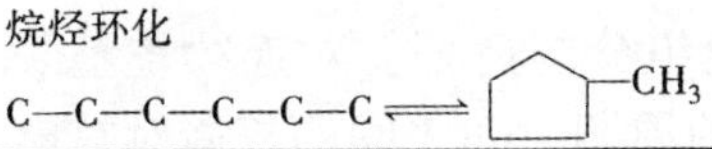	很慢(0.01)	120

一个含有己烷、苯、环己烷和甲基环戊烷的混合 C_6 组分在 521℃、2620kPa 重整时所生成产物的组成分布如图 5 - 14 所示。图中 A 区为脱氢区、B 区为异构化区，C 区为环化及加氢裂化区。

在 A 区：由于环己烷脱氢反应速率很快并迅速达到平衡浓度，使苯初期增长得很快。

在 B 区：甲基环戊烷异构化生成环己烷，环己烷再很快地脱氢生成苯。同时烷烃异构化生成带有支链的烷烃。

在 C 区：烷烃环化生成五元和六元环烷烃。由于环烷烃能很快地脱氢生成芳烃，因此环化反应最能增加产物的辛烷值。此外，烷烃加氢裂化生成低碳原子数的烷烃。由于烷烃环化速率慢，并接近于烷烃加氢裂化的速率，因此当重整装置的苛刻度力求取得高辛烷值(高芳烃产率)时，将造成显著的汽油产率损失。

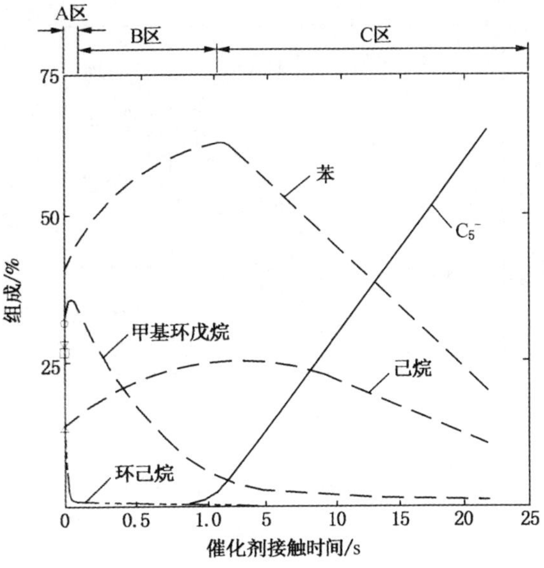

图 5 - 14　在 521℃、2620kPa 重整时反应组成的分布图

同时，在 C 区热力学对苯的产率有明显的影响。由于环烷烃脱氢生成苯的反应是可逆反应，在 A 区和 B 区形成的苯，在一定条件下会被加氢生成环烷烃，使苯的浓度下降。又由于烷烃环化生成环烷烃的反应也是可逆反应，环烷烃在一定条件下会开环生成烷烃。烷烃最终加氢裂化生成 C_5^- 轻气体。所以通常希望的工艺条件是有利于环化而不利于加氢裂化和开环。例如低压、高温和增加烷烃的碳原子数就是这样希望的条件。烷烃的芳构化选择性是压力和碳原子数的函数如表 5 - 11 所示。

表5-11　烷烃的芳构化选择性[①]

碳原子数	1241kPa	3103kPa
6	0.26	0.04
7	0.41	0.19
≥8	0.63	0.54

①在510℃时所产生的芳烃质量除以转化的烷烃质量。

模型开发的重要要素是首先从300个可识别的物质中确定一套集总的化学物质，然后确定集总之间的反应途径，因此可预测到如图5-14所示的反应组成的分布图。由于大多数的重整反应是可逆的，因此在理解重整化学和模型开发时，热力学的制约起了重要作用。C_6~97℃中大陆石脑油重整时芳烃的生成量是压力和温度的函数，如图5-15所示。低压与高温有利于芳烃的高产率与全部汽油的高产率，因为生成C_5^-烷烃的副反应减少至最低程度。工业重整装置的操作区如图5-15中的阴影面积所示。压力低于680kPa在工业操作上是不可行的，因为催化剂迅速地失活，如图5-16所示：重整装置压力降低，老化的相对速率显著增加。半再生重整装置设计的操作压力范围为1700~4100kPa，具有0.5~2年的周期时间。UOP连续再生重整装置和EXXON循环重整装置在较低压力(UOP连续重整装置大约在680kPa)下操作，以增加高辛烷值组分的产率。对连续重整装置，其平均的催化剂周期时间可短到1星期。高产率与合理的周期时间之间的权衡对重整模型来说是一个有意义的和重要的优化问题。

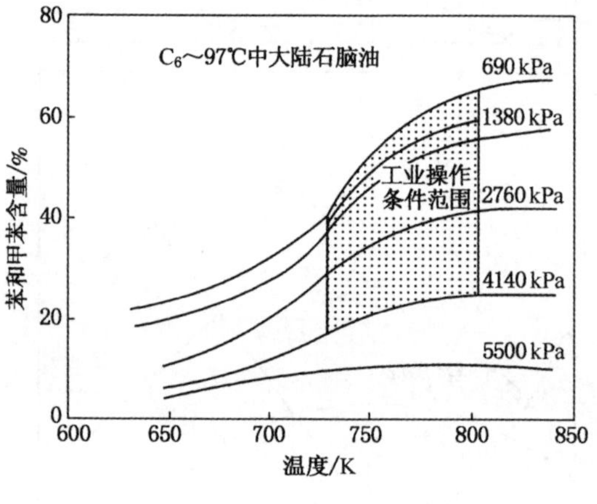

图5-15　操作条件对芳烃生成量的影响

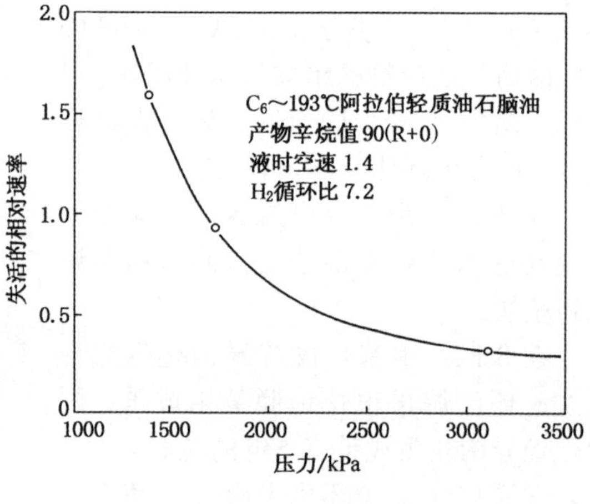

图5-16　压力对失活速率的影响

虽然早期讨论的反应级数已足以描述烃转化的动力学，但为了描述催化剂的失活，还是有必要了解基本反应的顺序。对全部反应中的某些反应而言，在其基本反应顺序中会形成烯烃中间物。这些烯烃中间物最终导致生成焦炭，接着发生催化剂失活。例如环化反应：

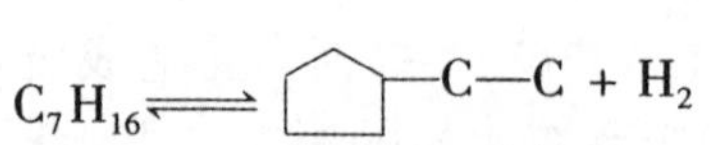

烷烃需先脱氢生成烯烃，接着发生碳构架的重新安排生成环烷烃：

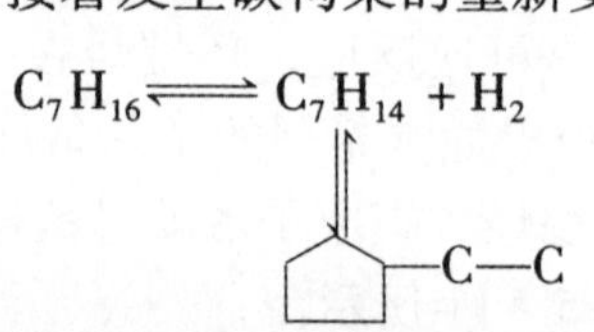

同样地，正构烷烃转化成异构烷烃时，首先脱氢生成直链烯烃，然后碳构架重新安排生成异构烯烃，再加氢生成异构烷烃。

例如对环异构化反应，在甲基环戊烷生成环己烷的反应顺序中，先生成甲基环戊烯中间物。此中间物可进一步脱氢生成甲基环戊二烯，即焦炭的前身物。白克兰(Bakulen)等人叙述甲基环戊二烯能进行 Diels-Alder 反应，生成大的多核芳烃焦物质(large polynuclear aromatic coke species)。一旦形成任何的烯烃中间物，它或者能生成希望的产物或者进一步脱氢及聚合成焦炭的前身物。在希望产物与生焦之间的选择性关系结果如右所示：

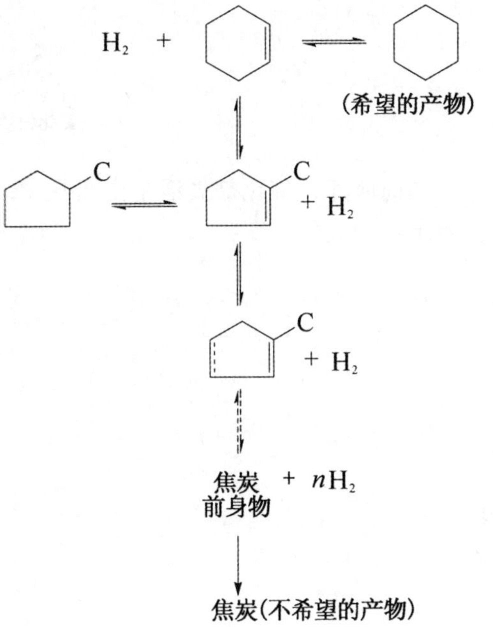

催化剂失活主要是由于活性中心被烯烃中间物生成的焦炭所堵塞。较高的氢压抑制双烯烃的生成，有利于烯烃中间物与液体产物(与焦炭产物相反)之间的选择性。然而较高的压力减少芳烃在所需液相产物中的选择性。这样，一个严格的模型必需正确地预测：不仅是产物生成的速率，而且是焦炭前身物的速率以及它们在反应器广泛的温度和压力范围内对催化剂失活的影响。

2. 重整催化剂

典型的重整催化剂是 Al_2O_3 载体上的 Pt/Re 和 Al_2O_3 载体上的 Pt/Ir。金属和载体两者在催化剂中起关键作用。Pt 的作用是促进脱氢 - 加氢反应。氯化的矾土作为一种酸并通过正碳离子机理促使碳构架的重新安排。正常的酸活性一般由在进料中注入的微量氯化物所维持。第二金属 Re 或 Ir 充当稳定剂和抑制催化剂失活。它还能影响反应的选择性。在催化剂稳定性中第二金属的作用尚未被人们所完全认识。

除了石脑油脱氢只需要催化剂的 Pt 中心外，所有其他的主要反应需要中心之间的相互作用。环和烷烃的异构化需要 Pt 的作用使脱氢生成烯烃，酸的作用使碳构架重新安排以及金属再次作用使烯烃加氢，例如：

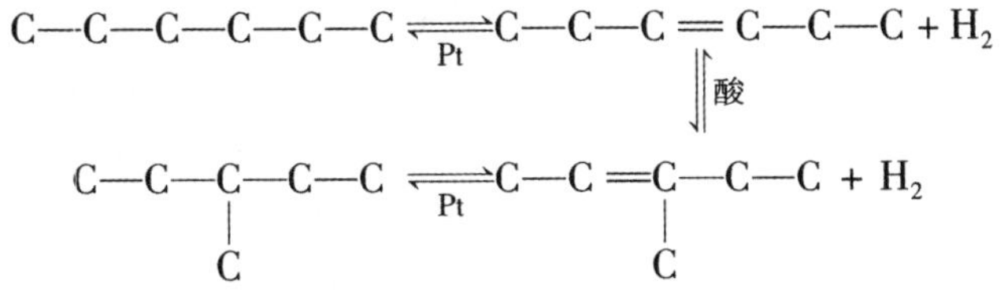

环化能通过在 Pt 中心上的烷烃脱氢，随后在酸中心上的碳构架重新安排而实现。然而有资料说明环化能在由 Pt、矾土和氯化物组成的单中心上直接进行。

裂化反应能或者在酸中心或者在 Pt 中心上进行。酸性裂化由于正碳离子机理，其特点为形成 C_3 和 C_4 烷烃。金属裂化(氢解)正如辛菲而特(Sinfelt)所指出的，是偶然发生的，并且相对于酸性裂化而言形成更多的 C_1 和 C_2 气体。

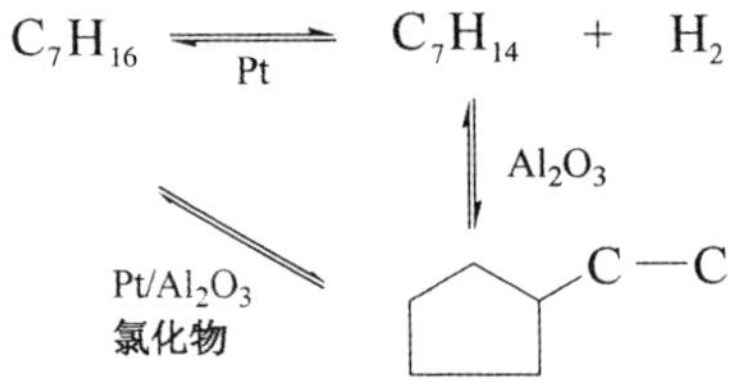

如前所述，催化剂失活是由于在 Pt 和酸中心上形成的焦。对乙基环戊烷的总流程如下所示：

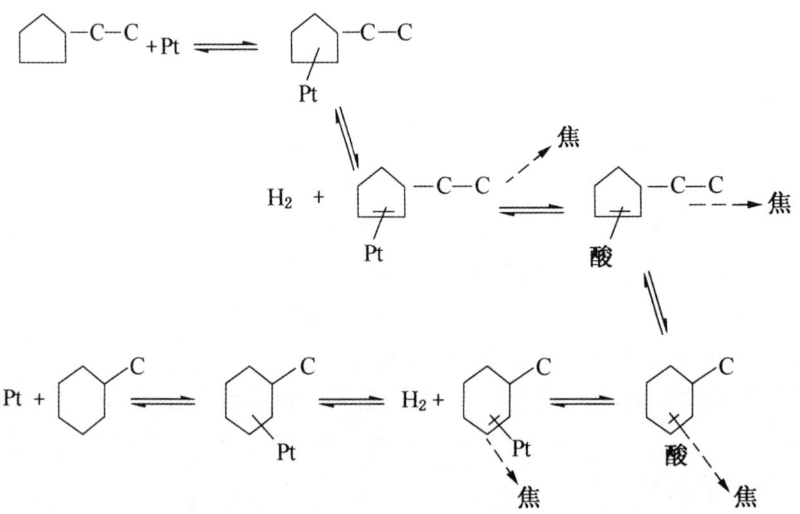

通常考虑第二金属 Re 或 Ir 可降低这些焦炭前身物的生成速率。

一个重整动力学模型必须能正确地体现出这些催化剂的效应。这样，催化剂的组成和状态因子：如金属的类型和活性，通过氯化物控制的酸活性，矾土类型以及第二金属的作用均需装入动力学模型中。

3. 重整反应器的配置

半再生式重整装置具有三个各自装填不等量催化剂及相同入口温度的绝热床反应器。从低压油气分离器分出的含有 65% ~95% H_2 的循环氢气与重整原料混合后进入第一加热炉。

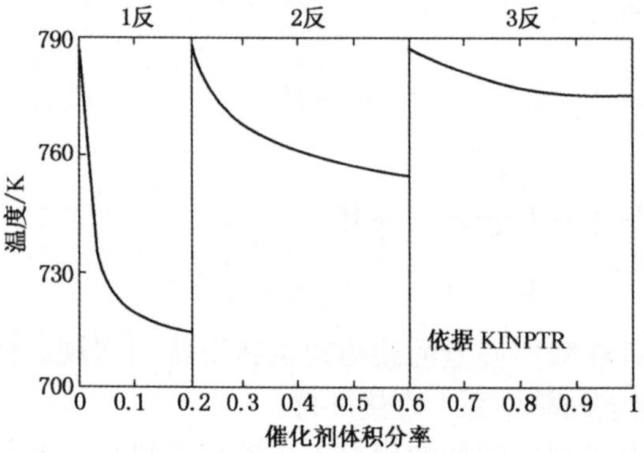

图 5－17　反应器温度分布

当三个反应器的入口温度均为 783K (510℃)时，典型的三个反应器的温度分布如图5－17所示。

在第一反应器内主要进行环烷烃脱氢反应。

在第二反应器入口剩余的五元环烷烃异构化成六元环烷烃，随后脱氢生成芳烃。一旦五元环烷烃反应后，发生烷烃环化和烷烃加氢裂化反应。

在第三反应器内进行烷烃环化和烷烃加氢裂化反应。温度、压力和空速等工艺条件对烷烃环化和烷烃加氢裂化之间的选择性有显著的影响。也即工艺条件对产率 - 辛烷值关系有广泛的影响。由于一般要求重整装置的操作能达到一定目标的重整产物辛烷值，因此在第三反应器内必须使烷烃充分转化以达到此目标。

各反应器内的组成分布如图 5 - 18 所示。

在催化剂失活的情况下，为了维持目标辛烷值，需提高反应器的入口温度。典型的与工艺连续开工时间有关的温度分布如图 5 - 19所示。温度的提高进一步增加了失活的速率。此外，失活将改变催化剂酸和金属的平衡，从而对选择性有影响。在失活的同时，由于烷烃加氢裂化降低了目标辛烷值时的汽油产率。当温度达到反应器金属的耐温极限或者汽油产率损失太大时，催化剂就需要再生。对半再生式重整装置，典型的催化剂再生周期时间为 0.5 ~2 年。

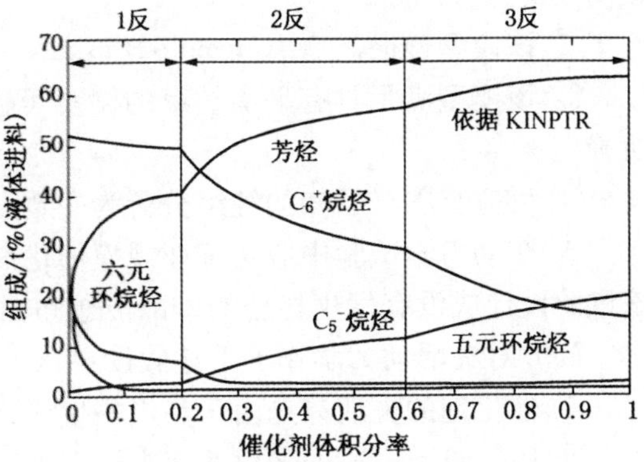

图 5 - 18　以分子类型表示的反应器内组成分布

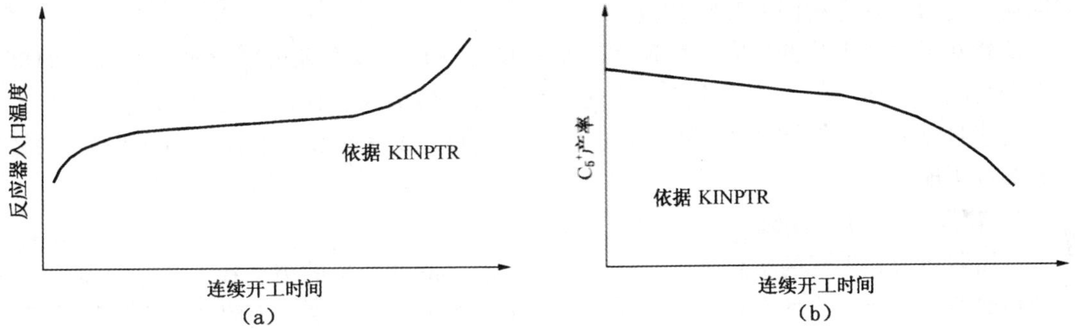

图 5 - 19　典型的半再生式操作的老化曲线

(二) Ramage 对重整动力学模型的开发

1. 模型开发

一个有效的重整动力学模型必须能正确地描述，由气相色谱分析所测定的、含有超过 300 个化学物质的系统的化学相互作用。模拟如此复杂的系统是非常困难的。然而如能作出正确的假设，则既可缩小问题的规模又可不失其正确性。大量的化学组分可以减少为易于处理的、较少的动力学集总组，每个集总含有非常相似反应特性的化学物质。KINPTR 动力学被定义为利用一个最少的集总的化学物质组，而在这些集总的化学物质之间具有最少数目的、但是充分的反应途径。

如果集总和反应途径能正确地描述重整系统，则动力学速率参数将与原料的组成无关以及在正确预测时无需补充相关的调整因数。

(1) 在模型开发时应用了下述策略：

① 对周期初始和失活动力学两者均定义了各自的烃集总和反应网络；

② 通过利用它们相差悬殊的时间常数，可以使周期初始动力学的问题从失活动力学得到去耦(uncouple)。

③ 开发了一个将总的问题分解为许多较小的参数估计问题的试验设计。此方法可减少对周期初始和失活动力学两者参数之间的混淆。

(2) 对周期初始动力学作了下述假设：

① 非线性的速率表达式是虚拟的单分子形式，使非线性参数估计问题能分解为两个较简单的线性问题；

② 该模型遵循具有 Langmuir-Hinshelwood 吸附的质量作用动力学；

③ 该模型满足具有平衡约束的微观可逆性。该平衡约束由自由能数据得到的推测值所确定；

④ 反应步骤与已知的纯组分行为一致。例如苯裂化反应是不允许的；

⑤ 在动力学试验中应用工业规模催化剂时将扩散效应合并成表观的动力学速率常数。该试验设计成没有发生显著的外部传递和轴向的扩散效应。

(3) 对失活动力学作了下述假设：

① 催化剂的失活只是由于焦炭的生成；

② 用一级不可逆的老化速率来模拟失活；

③ 该模型遵循单中心、不离解的 Langmuir-Hinshelwood 中毒原理，这样导致对失活和周期初始动力学具有相同的吸附系数。

此外基于对纯组分的研究，发现老化速率取决于时间以及靠近催化中心的局部温度、压力和组成。这样对每一个反应的老化速率系沿着反应器长度作轴向变化。

这些假设的正确性被 KINPTP 能用于预测广泛的工业重整装置的操作和不需要原料额外的参数所证实。

2. 集总方案与反应网络

对周期初始和失活的集总采用相同的判断标准。周期初始的集总基于热力学和分子反应的相似性。失活动力学集总包括作为一个子集的周期初始集总。而附加的失活集总是为了适当地描述碳原子数对老化速率影响的需要。

(1) 周期初始的集总方案

热力学平衡的例子见表 5-12。

表 5-12 重整平衡①

碳原子数	A/6N②	A/5N②	(5N+6N)/P②
6	4.6	2.3	-3.7
7	5.4	4.2	-2.4
8	6.3	5.8	-1.4
9	7.1	7.0	-1.4

① 条件为 483℃和 1360kPa。

② 质量比的自然对数。A—芳烃；6N—六元环烷烃；5N—五元环烷烃；P—烷烃。

五元环烷烃和六元环烷烃转化成芳烃是十分有利的反应。其中甲基环戊烷的转化是最不利的。随碳原子数的增加，增进了生成芳烃的平衡。对五元环烷烃：在六碳和七碳组分之间出现了最大的改进[即表 5-12 中 $\Delta(A/5N)=4.2-2.3=1.9$]，在更高的碳原子数组成之间其改进的差值有所减小。

烷烃转化为环烷烃是很不利的反应(参看表5-12最末列)当烷烃环化生成环烷烃时，环烷烃必需处于很低的浓度。当存在明显的环烷烃浓度，例如在短的催化剂接触时间时，能发生环烷烃开环而生成烷烃。再着，随碳原子数增加，有利于增进平衡。碳八与碳九烷烃具有十分相似的行为。

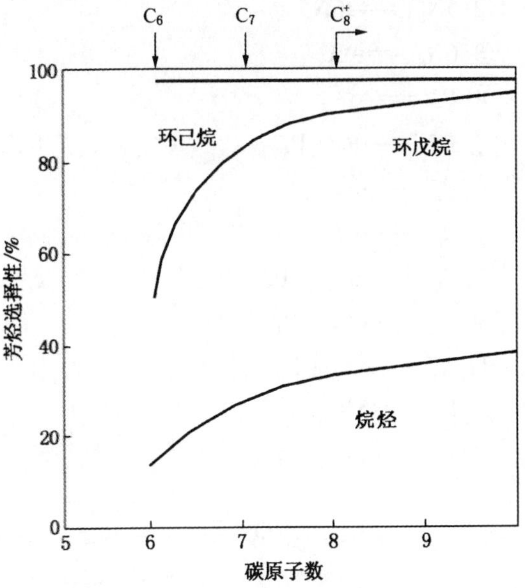

图5-20 组分在483℃ 1379kPa重整时的性能

由于这些热力学行为上的很大差异，在准确的集总方案中需要对烷烃、环戊烷、环己烷和芳烃予以分别对待。

在集总方案中碳原子数的影响见表5-12，但在图5-20中表示得更清楚。对每一种分子类别的芳烃选择性(即芳烃重量产率/烃原料的重量)表示为碳原子数的函数并且说明热力学和反应动力学两者的效应。对烷烃和环戊烷，当各自的碳原子数为六、七、八时，其芳烃选择性有相当大的差异。对每一种分子类别的烃，当各自的碳原子数为八或八以上时，其芳烃选择性没有显著的差异。所以在同一分子类别范围内可以假设 C_6、C_7 和 C_8^+ 碳原子数集总。

由于重整动力学的行为已能得到模拟，因此无需再将一些集总分解为它们各自的异构物(例如异己烷和正己烷)。为了质量平衡，需要一个 P_5^- 轻气体集总。该 P_5^- 集总中的组分分布可用以后所述的简单关系式表示。

因此在KINPTR周期初始动力学中定义了13个烃集总如表5-13所示。

表5-13 KINPTR周期初始动力学集总

碳原子数	六元环烷烃(6N)	五元环烷烃(5N)	烷 烃(P)	芳 烃(A)
C_8^+	C_8^+ 环己烷(1) $6N_8^+$	C_8^+ 环戊烷(2) $5N_8^+$	C_8^+ 烷烃(3) P_8^+	C_8^+ 芳烃(4) A_8^+
C_7	甲基环己烷(5) $6N_7$	C_7 环戊烷(6) $5N_7$	庚烷(7) P_7	甲苯(8) A_7
C_6	环己烷(9) $6N_6$	甲基环戊烷(10) $5N_6$	己烷(11) P_6	苯(12) A_6
C_5^-			P_5^- 烃(13) P_5^-	

注：括号内的数字系集总组分的编号。

详细说明13个动力学集总之间相互转化的周期初始反应网络见图5-21。

该反应网络代表的下列22个反应方程❶。

① $P_8^+ \rightleftharpoons 5N_8^+$

② $5N_8^+ \rightleftharpoons 6N_8^+$

③ $6N_8^+ \rightleftharpoons A_8^+$

④ $P_8^+ \rightleftharpoons 6N_8^+$

⑤ $P_8^+ \longrightarrow P_7 + P_5^-$

⑥ $P_8^+ \longrightarrow P_6 + P_5^-$

⑦ $P_8^+ \longrightarrow P_5^-$

⑧ $P_8^+ \longrightarrow 6N_7 + P_5^-$

⑨ $A_8^+ \longrightarrow A_7 + P_5^-$

⑩ $A_8^+ \longrightarrow A_6 + P_5^-$

⑪ $P_7 \rightleftharpoons 5N_7$

⑫ $5N_7 \rightleftharpoons 6N_7$

⑬ $6N_7 \rightleftharpoons A_7$

⑭ $P_7 \rightleftharpoons 6N_7$

⑮ $P_7 \longrightarrow P_6 + P_5^-$

⑯ $P_7 \longrightarrow P_5^-$

⑰ $P_7 \longrightarrow 6N_6 + P_5^-$

⑱ $A_7 \longrightarrow A_6 + P_5^-$

⑲ $P_6 \rightleftharpoons 5N_6$

⑳ $5N_6 \rightleftharpoons 6N_6$

㉑ $6N_6 \rightleftharpoons A_6$

㉒ $P_6 \longrightarrow P_5^-$

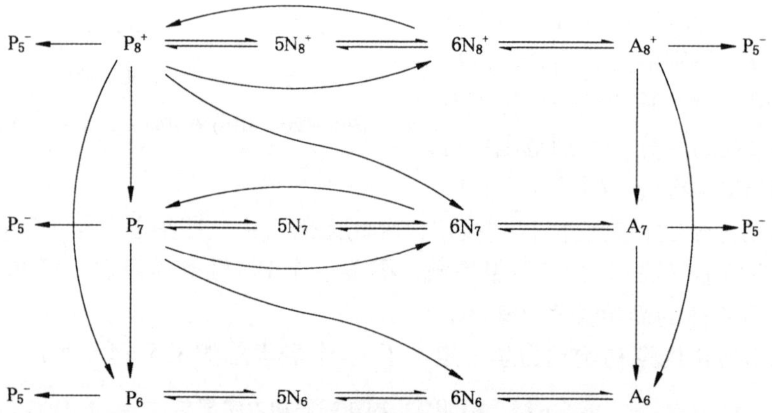

图5-21 重整集总的反应网络

此反应网络是由于对纯组分和石脑油窄馏分的动力学研究所得出的结果。它包括加氢裂化、环化、环异构化和脱氢的基本重整反应，这些在相同碳原子数集总组分之间的反应是可逆的。这些生成降低碳原子数集总组分的反应(例如加氢裂化)是不可逆的。需要指出的是，对六碳组分不存在直接的烷烃脱氢环化生成六元环的反应而必需按照简单的串联反应顺序。

(2) 失活集总方案

根据Mobil公司鲍尔斯包罗(Paulsboro)试验室和其他人所作的试验，显示催化剂老化是组分沸点的强函数，具有较高沸点的组分产生非常大的失活速率。对已知类别的反应，例如环化的失活速率是碳原子数的强函数。如芳烃碳原子数对环化失活速率的影响见

❶编者注：Ramage在文献[31]和[32]中只发表了反应网络，而未发表所有的反应方程。编者系根据该反应网络，列出了所代表的22个反应方程。

表5-14。因此在周期初始动力学中的C_8^+集总在老化动力学中需分成C_8、C_9、C_{10}和C_{11}烃类型。然而对该C_8至C_{11}烃类型仍假设相同的分子类别。在失活动力学中需要的集总组分见表5-15。

表5-14　芳烃碳原子数对环化失活速率的影响

芳烃碳原子数	相对的环化失活速率①	芳烃碳原子数	相对的环化失活速率①
C_6	0	C_9	1.0
C_7	1.0	C_{10}	2.0
C_8	1.0	C_{11}	14.0

① 相对于C_7芳烃的影响。

表5-15　失活组分

组分编号	组分名称	组分缩写	组分编号	组分名称	组分缩写
22	己　烷	P_6	11	C_8芳烃	A_8
21	甲基环戊烷	$5N_6$	10	壬　烷	P_9
20	环己烷	$6N_6$	9	C_9环戊烷	$5N_9$
19	苯	A_6	8	C_9环己烷	$6N_9$
18	庚　烷	P_7	7	C_9芳烃	A_9
17	C_7环戊烷	$5N_7$	6	癸　烷	P_{10}
16	C_7环己烷	$6N_7$	5	C_{10}环烷烃	N_{10}
15	甲　苯	A_7	4	C_{10}芳烃	A_{10}
14	辛　烷	P_8	3	十一烷	P_{11}
13	C_8环戊烷	$5N_8$	2	C_{11}环烷烃	N_{11}
12	C_8环己烷	$6N_8$	1	C_{11}芳烃	A_{11}

3. 确定动力学常数的数学

确定烃转化和失活速率的重整动力学的通用数学表达式分别如下所示：

$$\partial \overline{w}/\partial v = f_1(T, p_h, \overline{\alpha}, \overline{w}) \tag{5-10}$$

$$\partial \overline{\alpha}/\partial t = f_2(T, p_h, \overline{w})\overline{\alpha} \tag{5-11}$$

式中　$\overline{w}$——烃组成向量；

$\overline{\alpha}$——催化剂状态向量（即$\overline{\alpha}=1.0$表明周期初始的活性）；

v——催化剂体积分率；

t——投入生产的时间，s；

T——温度，K；

p_h——氢分压，kPa。

这组高度耦联的非线性偏微分方程描述反应器内的催化剂失活和烃转化。温度、$\overline{w}$和$\overline{\alpha}$均随反应器内催化剂体积分率v与投入生产的时间t而变化。同时，失活速率$\frac{\partial \alpha}{\partial t}$取决于烃的组成$\overline{w}$，以及转化速率$\frac{\partial w}{\partial v}$取决于催化剂状态$\overline{\alpha}$。这种与组成相关的老化计算方法与其他计算方法有显著的不同。

对这个复杂系统要直接求解将很困难。然而可利用转化和失活时间尺度的大大不同而将此问题予以分开解决。例如转化工艺典型的催化剂接触时间约为秒，而进行失活的时间约为天。所以，在催化剂接触时间尺度内 $\bar{\alpha}$ 是常数，方程(5-10)变成常微分方程

$$d\bar{w}/dv = f_1(T, p_h, \bar{w}, \bar{\alpha}) \tag{5-12}$$

在周期初始 $\bar{\alpha}=1$，于是

$$d\bar{w}/dv = f_1(T,\ p_h,\ \bar{w})\ [当\ t=0(周期初始)] \tag{5-13}$$

然而在处理失活问题时方程(5-11)必须与方程(5-12)联合求解。

按照定义，催化剂接触时间为催化剂体积除以在装置操作条件下反应器内反应物总的体积流率。此处催化剂体积包括孔隙，被定义为 $V=w_c/\rho_p(1-\varepsilon)$。

式中 V——催化剂体积，L；

w_c——催化剂质量，g；

ρ_p——催化剂颗粒密度，g/L；

ε——催化剂空隙率。

(1) 周期初始动力学的表述

重整系统周期初始的反应速率被虚拟单分子的13动力学集总组分变化的速率所描述。亦即集总组分变化的速率被一级质量作用动力学并应用于每一反应步骤具有相同的等温吸附所表示。

按照与方程(5-13)相同的形式，对一个活塞流固定床催化重整装置，推导了一个烃集总组分稳态的物料平衡。应用一个不解离的 Langmuir-Hinshelwood 吸附模型，通过对催化剂体积分率的微分 dv，稳态的物态平衡如下所示：

$$d\bar{w}/dv = \phi \bar{\bar{K}} \bar{w} \tag{5-14}$$

式中 $\bar{w}$——烃质量分率向量；

v——催化剂体积分率；

$\bar{\bar{K}}$——虚拟单分子选择性速率常数矩阵；

ϕ——包括吸附平衡效应的催化剂活性函数。

又

$$\phi = \frac{(pV/FRT)k_\phi}{[1 + K_h p_h + (pF_c/F)\bar{K}_w \bar{w}]} \tag{5-15}$$

式中 p——总压；

p_h——氢压；

V——总的催化剂体积[即 $V=w_c/\rho_p(1-\varepsilon)$]；

T——温度；

F——总的摩尔流率；

F_c——烃进料的质量流率；

$\bar{K}_w$——烃吸附平衡常数向量；

K_h——氢吸附平衡常数；

k_ϕ——“实时”(“real-time”)速率常数。

采用 w_j 为烃质量分率，被定义为无氢的基准，且

$$w_j = p_j F M_j / p F_c (1-h) \tag{5-16}$$

式中　p_j——集总组分 j 的分压；

M_j——集总组分 j 的相对分子质量；

h——以质量分率表示的 H_2 产率。一般 h 为 0.01～0.02，因此为了更加简化，可进一步假设 $1-h \approx 1$。

请注意：$\sum_{j=1}^{13} w_j = 1$ 式中 H_2 未包括在总和中，氢产率 h 可以从 13 个烃集总组分的氢原子平衡中反算而得。

$\bar{\bar{K}}$ 的元素具有 k_{ji}/k_ϕ 的形式，其中 k_{ji} 系第 i 个烃集总组分反应生成第 j 个烃集总组分时的反应速率常数。由于 k_ϕ 表示为某一重整反应的速率常数，则在 $\bar{\bar{K}}$ 中该元素为 $k_\phi/k_\phi = 1$。而 k_ϕ 可以任意选择，在 KINPTR 中它被选定为庚烷裂化为 P_5^- 时的不可逆反应速率常数。

各个的速率常数 k_{ji} 和 k_ϕ 遵守 Arrhenius 方程，可以由相关的一组参考条件所确定。Ramage 确定速率常数时有关的试验条件为 756K 和 1220kPa。于是其公式为

$$k = k^\circ \exp\left[-\frac{E}{R}\left(\frac{1}{T} - \frac{1}{756}\right)\right]\left(\frac{p_h}{1220}\right)^n \tag{5-17}$$

式中　k——或是 k_{ji} 或是 k_ϕ；

k°——在参考条件下的速率常数；

E——活化能；

n——在 H_2 中的反应级数。

对可逆反应，可逆的反应速率常数 k_{ij} 满足微观的可逆性并可用下式表示：

$$k_{ij} = k_{ji}(P_n) r_{ji} \exp[\Delta S_{ji}/R - \Delta H_{ji}/RT] \tag{5-18}$$

式中　ΔS_{ji}——在重整反应时计算所得的熵变化值；

ΔH_{ji}——在重整反应时计算所得的焓变化值；

r_{ji}——H_2 的化学计量常数。

此处每一集总组分的 ΔS_{ji} 和 ΔH_{ji} 由每一集总组分中的各个异构物的生成热和自由能计算而得。

上述方程可通过应用合适的试验数据以确定动力学参数 k_ϕ、E_ϕ、n_ϕ、k°_{ji}、E_{ji}、n_{ji}、$\overline{K}_w$ 和 K_h ❶。

方程(5－14)的虚拟单分子形式可用于将参数估计简化为选择性问题(确定 $\bar{\bar{K}}$)和活性问题(确定 ϕ)。这样将原来高难度的非线性问题简化为两个较简单的线性问题。由定义一个新的独立变量 τ(称为选择性时间)以完成这样的分开。因此

$$d\overline{w}/d\tau = \overline{\bar{\bar{K}}w} \tag{5-19}$$

式中

$$d\tau = \phi dv \tag{5-20}$$

方程(5－19)定义动力学问题的选择性。由于 $\bar{\bar{K}}$ 是需要确定的惟一参数。方程(5－19)能直接积分以给出

---

❶编者注：Ramage 在文献[32]中对符号 E_ϕ 及 n_ϕ 的意义未予解释。编者认为 E_ϕ 及 n_ϕ 可能系 E 及 ϕ 之误。

$$\bar{w}(\tau)=\bar{\bar{X}}\exp(\bar{\bar{\Lambda}}\tau)\bar{\bar{X}}^{-1}\bar{w}(o) \qquad (5-21)$$ ❶

式中 $\bar{\bar{X}}$——选择性矩阵 $\bar{\bar{K}}$ 的特征向量矩阵；

$\bar{\bar{\Lambda}}$——选择性矩阵 $\bar{\bar{K}}$ 的特性值的对角线矩阵；

$\bar{w}(o)$——烃进料组成向量。

如前所述，选择性速率常数矩阵 $\bar{\bar{K}}$ 包括一个元素为1，即 $k_\phi/k_\phi=1$。此性质使只依据组分数据就能确定 $\bar{\bar{K}}$ 的所有元素，而无需知道选择性时间 τ。

为了说明确定选择性常数矩阵的方法，首先必须表明在反应器床层的任何位置与 P_5^- 相关的 τ 是惟一的。可以 C_6 系统为例(见图5－22)来说明。

$$P_5^- \xleftarrow[k_\phi]{} \text{H(己烷)} \rightleftharpoons \text{MCP(甲基环戊烷)} \rightleftharpoons \text{CH(环己烷)} \rightleftharpoons \text{B(苯)} \qquad (5-22)$$

附注：在此例中的 k_ϕ 被定义为己烷裂化生成 P_5^- 时的实时速率常数。在此系统的选择性矩阵中此常数为1。因此方程(5－19)即 P_5^- 生成的方程变成

$$dP_5^-/d\tau=H \qquad (5-23)$$

在方程(5－23)中，贯穿整个己烷浓度 P_5^- 随 τ 单调地增加，即 P_5^- 惟一地与 τ 有关，方程(5－23)使选择性速率常数矩阵能适合于具有观测的 P_5^- 浓度作为自变量而所有的 C_6^+ 组成作为因变量的选择性区。

当估计选择性动力学参数时 τ 与 P_5^- 的关系式可由方程(5－21)确定。对于一套假设的速率常数 $\bar{\bar{K}}$，计算每一个组分数据点的 τ 使得从试验测得的 P_5^- 与从方程(5－21)估计的相等。选择性组分的分布作为 P_5^- 的函数就是按此产生的。正确的选择性矩阵 $\bar{\bar{K}}$ 对 P_5^- 以外的烃将尽量减少试验的与预测的分布间的偏差如图5－22所示。

① 反应器内烃的分布

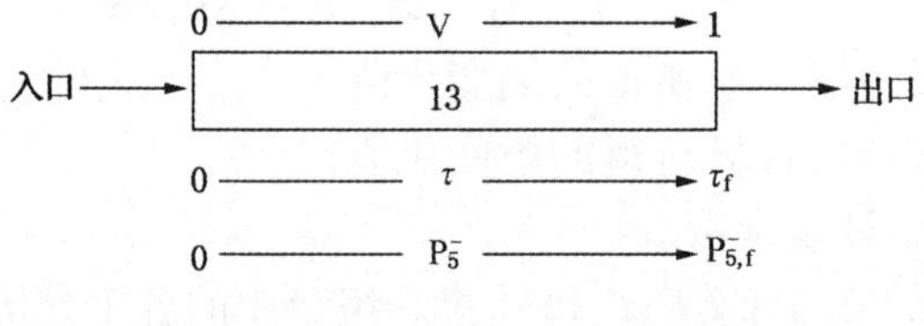

② 选择性转换：C_6 例子

$$d\tau=\phi dv \qquad \text{方程}(5-20)$$

$$dP_5^-=\omega_1 d\tau \qquad \text{方程}(5-23)$$

---

❶编者注：根据编者的理解，$\exp(\bar{\bar{\Lambda}}\tau)$ 应为：

$$\begin{pmatrix} 1 & 0 & 0 & \cdots\cdots & 0 \\ 0 & e^{-\lambda_1\tau} & 0 & \cdots\cdots & 0 \\ 0 & 0 & e^{-\lambda_2\tau} & \cdots\cdots & 0 \\ \cdots & \cdots & \cdots & \cdots & \cdots \\ 0 & 0 & 0 & \cdots\cdots & e^{-\lambda_{n-1}\tau} \end{pmatrix}$$

式中 $\lambda_1\sim\lambda_{n-1}$ 为 $\bar{\bar{K}}$ 的特征值。

③ 参数估计

解活性动力学问题 ϕ 时需对选择性转换方程(5-20)积分

$$\int_0^{\tau_f}\frac{1}{\phi}d\tau = \int_0^1 dv = 1 \qquad (5-24)$$

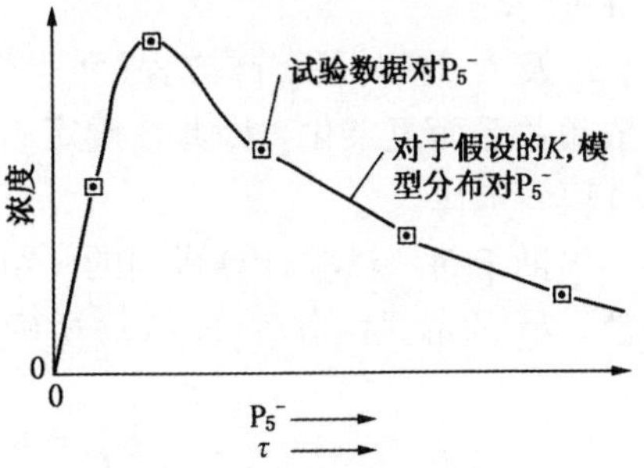

图 5-22　确定选择性动力学

当 v 定义为催化剂体积的分率时，积分式的右面从 $v=0$ 积分至 $v=1$(整个催化剂体积)，等于 1。积分式的左面系对整个反应范围内的选择性时间 τ 进行积分。τ_f 系在反应器出口($v=1$)P_5^- 产率等于 P_5^- 试验值时的选择性时间。τ_f 如前面所讨论的，可由方程(5-21)所确定。对方程(5-24)积分时需预先确定选择性动力学。对等温的重整反应，联合方程(5-15)与方程(5-24)得到

$$\frac{\overline{K_w}}{k_\phi}\int_0^{\tau_f}\frac{RTF_c}{V}\overline{w}d\tau + \frac{1}{k_\phi}\int_0^{\tau_f}\frac{RTF}{pV}d\tau + \frac{K_h}{k_\phi}\int_0^{\tau_f}\frac{RTF}{pV}p_h d\tau = 1 \qquad (5-25)$$

由于总的氢气摩尔流率 F_h 可以等价地表示为

$$F_h = Fp_h/p$$

于是方程(5-25)可以重新安排成线性的催化剂接触时间参数：

$$\overline{K_w}\cdot\overline{I_1} + I_2 + K_h I_3 = k_\phi \qquad (5-26)$$

式中

$$\overline{I_1} = \frac{F_c RT}{V}\int_0^{\tau_f}\overline{w}d\tau \qquad (5-27a)$$

$$I_2 = \frac{RT}{pV}\int_0^{\tau_f}Fd\tau \qquad (5-27b)$$

$$I_3 = \frac{RT}{V}\int_0^{\tau_f}F_h d\tau \qquad (5-27c)$$

为了确定活性参数 $\overline{I_1}$、I_2 及 I_3，必须对每一个试验进行计算。为了完成此工作，只需要选择性动力学和 τ_f。此处 τ_f 可通过利用在 $v=1$ 时的 P_5^- 试验值由方程(5-21)计算而得。注意不再需要其他的试验组成数据。于是，通过将 w 的选择性解[方程(5-21)]代入方程(5-27a)而确定 $\overline{I_1}$：

$$\overline{I_1} = \left(\frac{F_c RT}{V}\right)\overline{\overline{X}}\int_0^{\tau_f}\exp(\overline{\overline{\Lambda}}\tau)d\tau\overline{\overline{X}}^{-1}\overline{w}_o \qquad (5-28)$$

由于重整裂化反应是不可逆的，选择性速率常数矩阵 $\overline{\overline{K}}$ 包括一列 0。所以 $\overline{\overline{K}}$ 将经常提供一个 0 的本征值。令 λ_n 为矩阵 $\overline{\overline{\Lambda}}$ 中的一个元素，任意地指定为 0。实现 $\lambda_n=0$ 后，方程(5-28)的指数对角矩阵被逐项地积分。积分的结果以矩阵形式表示时：

$$\overline{I_1} = (F_c RT/V)\overline{\overline{X}}\overline{\overline{\Lambda}}^*[\overline{\overline{I}}^* - \exp(\overline{\overline{\Lambda}}\tau_f)]\overline{\overline{X}}^{-1}\overline{w}_o \qquad (5-29)$$

式中 $\bar{\bar{\Lambda}}^{*}$ 是对角矩阵，其元素是 $1/\lambda_1$、……$1/\lambda_{n-1}$、τ_f 及 $\bar{\bar{I}}^{*}$ 是对角矩阵，其元素是1、1……2。

I_2 及 I_3 的解析积分[方程(5-27b)和(5-27c)]由于 F 和 F_h 对组成有关，随之而对 τ 的依赖关系而复杂化。因此在确定 I_2 及 I_3 数值解时，可以运用一个五点的辛普生(Simpson)积分定律。

借助于每一试验计算得到的一组积分($\bar{I}_1$、I_2 和 I_3)方程(5-26)可用于确定 k_ϕ 及吸附系数。k_ϕ 的形式由方程(5-17)所确定。吸附系数与参考的试验条件相关联

$$K_{wi} = K^{\circ}_{wi}\exp\left[\frac{-H_{wi}}{R}\left(\frac{1}{T}-\frac{1}{756}\right)\right] \tag{5-30}$$

$$K_{h} = K^{\circ}_{h}\exp\left[\frac{-H_{h}}{R}\left(\frac{1}{T}-\frac{1}{756}\right)\right] \tag{5-31}$$

式中 H_{wi}——烃 i 组分的吸附热，kJ/mol；

H_h——氢的吸附热，kJ/mol；

K°_{wi}——烃 i 组分的指数前(Preexponential)吸附常数(基准条件下的参数)；

K°_{h}——氢的指数前吸附常数(基准条件下的参数)。

为了有效地确定周期初始重整动力学需要一整套试验的等温数据，它覆盖了广泛范围的原料组成和工艺条件。根据这些数据，可以按方程(5-21)确定选择性动力学。在已知选择性动力学的情况下，应用方程(5-26)和(5-27a)至(5-27c)以确定活性参数。此处需要强调的是：虚拟的单分子动力学的原始定义允许高度非线性问题[方程(5-14)]转换为两个线性问题[方程(5-21)及(5-24)]，不仅线性问题易于解决，同时由于减少了动力学参数之间的混淆不清的问题而使结果更正确。

(2) 失活动力学的表述

按照方程(5-12)的通用式，催化剂失活时烃的转化可用下式表示：

$$d\bar{w}/dv = \phi\bar{\bar{K}}(\bar{\alpha})w^{❶} \tag{5-32}$$

式中 α 系在生产时间 t 时的催化剂状态，系与周期初始重整动力学常数的比值，其值范围为从0~1。

$\bar{\bar{K}}(\bar{\alpha})$ 系失活速率常数矩阵。该矩阵的确定借助于 $\bar{\alpha}$ 对周期初始 $\bar{\bar{K}}$ 的修正。

根据催化化学，已知每一种反应类别(脱氢、异构化、环化和裂化)系在金属和酸性催化剂中心的不同组合上进行的。当催化剂老化时，其催化剂中心的失活速率是不同的，对每一种反应类别，假定失活似乎在自己独特的金属和酸性催化剂中心的组合上进行的，而不试图确定失活时金属和酸性催化剂中心间的相互影响。这样，失活可以概括为4种反应类别时的情况，形成一个4参数的催化剂状态向量，即

$\bar{\alpha} = [\alpha_D$(脱氢)α_I(环异构化)α_R(环化)α_C(裂化)]此外，假设这4个“中心”不能区分不同碳原子数的烃之间的差别。因此 $\bar{\alpha}$ 的应用与碳原子数无关，如图5-23所示。用 $\bar{\alpha}$ 对 $\bar{\bar{K}}$ 近似的修正即基于这种考虑[例如可参看方程(5-55)]。

---

❶编者注：编者认为(5-32)式中的 w 应改为 $\bar{w}$。

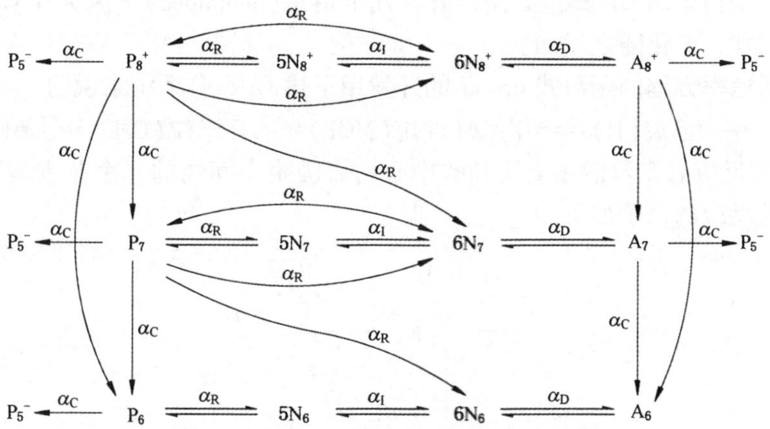

图 5-23 用催化剂状态向量修正的重整反应网络

在$\bar{\alpha}$被确定的情况下，每一个失活速率的函数形式 $d\bar{\alpha}/dt$ 就可以被确定。在重整条件下催化剂失活的主要原因是焦的生成，焦堵塞了催化剂的活性中心，并阻止进一步的重整反应。按照 Ramage 等人的机理；焦的生成是由于烯烃的存在，而烯烃系在重整反应时生成的中间物质，这些烯烃可以或者进一步生成产品或者进一步生成焦炭前身物。由于进料中的毒物、催化剂再生时的烧结以及技术开发时未考虑到的不适当的再生技术而造成失活。

Mobil 重整试验显示：由于生焦所致的老化速率是在催化剂床层任何位置局部组分的函数，并随在生产中的时间而变。纯 C_6 组分的混合物在新鲜的 Pt - Re 双金属重整催化剂上进行了在加速老化条件(低氢分压和高温)下的等温试验，甲基环戊烷 - 己烷原料在生产时间内的老化数据见图 5 - 24(a)。在约 1 天时间内，在床层内 15% 处苯的产率相当快地由最初的 55% 降至 12%。由于床层已失活，在床层内 15% 处不再进一步老化。然而在反应器终端，经 1 天老化后仍有显著的活性。活性随生产时间的增加而减少，因为严重老化的前身物的组分进入床层内的更远处。根据这些结果可以假定在等温试验中是分区式(bandwise)老化。

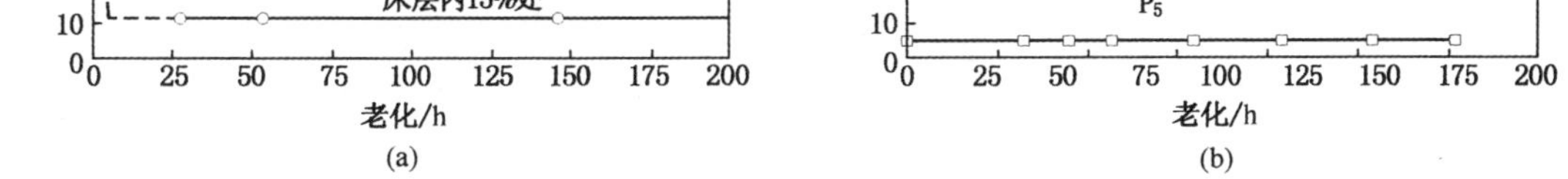

图 5 - 24 C_6 在 794K 等温、445kPa 烃分压、928.5kPa 氢分压时 Pt/Re 催化剂的老化

作进一步试验，以考察原料组分对催化剂老化的影响。原料为苯和环己烷，在相同条件下的老化数据如图 5 - 24(b)所示。此原料既不在反应器床层的初始部分也不在末端发生催化剂的老化。根据这些数据和其他类似的研究，得出老化是床层内局部组成的函数。

如前所述的周期初始的 C_8^+ 集总必需再分成几个集总(delumped)，因为在 C_8^+ 集总中随着碳原子数的增加，老化随之增加。

关于失活速率方程的函数式 $d\bar{\alpha}/dt$ 的开发用下述 C_6 组分系统来说明。

$$P_5^- \longleftarrow 己烷(H) \rightleftharpoons 甲基环戊烷(MCP) \rightleftharpoons 环己烷(CH) \rightleftharpoons 苯(B) \quad (5-33)$$

C_6 组分的反应顺序包括在金属和酸中心两者吸附中间物的几个基本步骤。甲基环戊烷生成环己烷反应的例子如下：

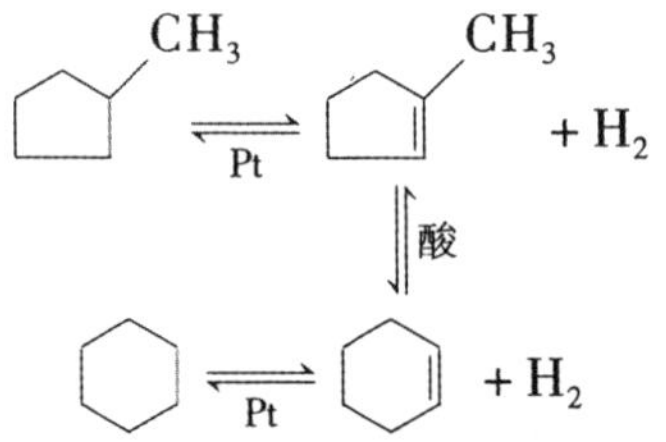

(5-34)

如前所述，催化剂老化是由于烯烃中间物进一步脱氢生成焦炭前身物。这些焦炭前身物进一步与其他的 C_6^+ 烃分子反应生成不可逆的焦炭聚合物。因此每一个吸附的分子可以反应或者生成需要的产物或者生成焦，如下所示：

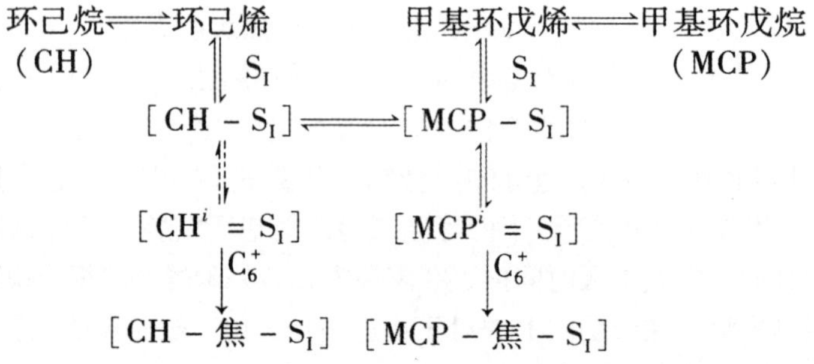

(5-35)

式中 MCP^i 和 CH^i——从 MCP(甲基环戊烷)和 CH(环己烷)生成的烯烃中间物；

S_I——环异构化中心(独特的酸——金属中心的组合)；

$[CH-焦-S_I]$和$[MCP-焦-S_I]$——被每一个中间物所生成焦炭堵塞的活性中心。

于是对反应有效的环异构化中心的数量是活性中心的总数减去这些被所生成焦堵塞的中心数。由于金属和酸中心对异构化以外的反应也起作用。从这些其他反应所生成的中间物吸附在中心上，使环异构化反应的活性中心数量减少而影响环异构化反应。由于异构化均独特地涉及金属和酸中心，从其他利用金属和酸中心反应所得的所有中间物如此也具有堵塞这些活性中心的可能性。可用图 5-25 来说明。

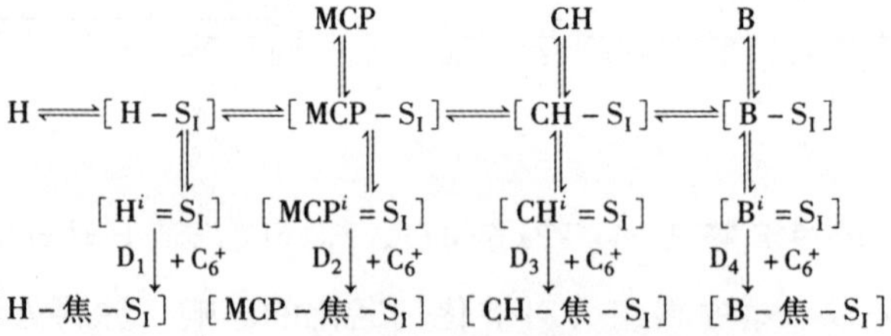

图 5-25 C_6 老化机理：环异构化中心失活

在周期初始动力学模型中，环异构化的周期初始速率常数隐含了总的活性环异构化中心的浓度。

$$K_{\mathrm{I}}^{\circ} = S_{\mathrm{I}}^{\circ} K_{\mathrm{I}} \tag{5-36}$$

式中　K_{I}°——在初始周期中的异构化速率常数；

S_{I}°——在初始周期中异构化中心的数量；

K_{I}——每一中心的异构化速率常数。

在催化剂老化的情况下，由于生成焦而使活性中心数量减少，从而降低了速率常数。

$$K_{\mathrm{I}}(t) = S_{\mathrm{I}}(t) K_{\mathrm{I}} \tag{5-37}$$

下列方程中所定义的参数 α_{I} 使任何时候环异构化活性中心的浓度与初始的中心浓度有关：

$$\alpha_{\mathrm{I}(t)} = \frac{S_{\mathrm{I}}(t)}{S_{\mathrm{I}}^{\circ}} = \frac{S_{\mathrm{I}}^{\circ} - [\text{生焦的 } S_{\mathrm{I}} \text{ 中心}]}{S_{\mathrm{I}}^{\circ}}$$

$$= \frac{S_{\mathrm{I}}^{\circ} - (\mathrm{H} - \text{焦} - \mathrm{S_I}) - (\mathrm{MCP} - \text{焦} - \mathrm{S_I}) - (\mathrm{CH} - \text{焦} - \mathrm{S_I}) - (\mathrm{B} - \text{焦} - \mathrm{S_I})}{S_{\mathrm{I}}^{\circ}} \tag{5-38}$$

式中　$[\mathrm{H} - \text{焦} - \mathrm{S_I}]$——从己烷中结焦的环异构化中心；

$[\mathrm{MCP} - \text{焦} - \mathrm{S_I}]$——从甲基环戊烷中结焦的环异构化中心；

$[\mathrm{CH} - \text{焦} - \mathrm{S_I}]$——从环己烷中结焦的环异构化中心；

$[\mathrm{B} - \text{焦} - \mathrm{S_I}]$——从苯中结焦的环异构化中心。

对环异构化的周期初始速率常数 K_{I}° 考虑失活的修正时将它的动力学方程乘以 α_{I}：

$$\alpha_{\mathrm{I}} = \frac{K_{\mathrm{I}}(t)}{k_{\mathrm{I}}^{\circ}} = \frac{S_{\mathrm{I}}(t)}{S_{\mathrm{I}}^{\circ}} \text{ 或 } K_{\mathrm{I}}(t) = \alpha_{\mathrm{I}} K_{\mathrm{I}}^{\circ} \tag{5-39}$$

通过对方程(5-38)的微分，有效活性中心减少的速率等于每一个被吸附的中间物在催化剂上聚集焦炭的速率之总和。

$$-S_{\mathrm{I}}^{\circ}\frac{\mathrm{d}\alpha_{\mathrm{I}}}{\mathrm{d}t} = \frac{\mathrm{d}[\mathrm{H} - \text{焦} - \mathrm{S_I}]}{\mathrm{d}t} + \frac{\mathrm{d}[\mathrm{MCP} - \text{焦} - \mathrm{S_I}]}{\mathrm{d}t} + \frac{\mathrm{d}[\mathrm{CH} - \text{焦} - \mathrm{S_I}]}{\mathrm{d}t} + \frac{\mathrm{d}[\mathrm{B} - \text{焦} - \mathrm{S_I}]}{\mathrm{d}t} \tag{5-40}$$

如前面所讨论的，焦炭聚集的速率与在气相中的组分浓度有关[方程(5-35)]。由环己烷中间物环异构化中心积焦的例子是：

$$[\mathrm{CH}] + \mathrm{S_I} \rightleftharpoons [\mathrm{CH} - \mathrm{S_I}] \rightleftharpoons [\mathrm{CH}^{i} = \mathrm{S_I}] + \delta\mathrm{H_2} \tag{5-41}$$

$$[\mathrm{CH}^{i} = \mathrm{S_I}] \xrightarrow{+\mathrm{C_6^+}} [\mathrm{CH} - \text{焦} - \mathrm{S_I}]$$

假设形成焦炭前身物的所有步骤是处于平衡状态，以及最后焦炭形成的步骤是不可逆的，则焦炭聚集的速率[根据方程(5-41)]可表示如下：

$$\frac{\mathrm{d}[\mathrm{CH}-焦-\mathrm{S_I}]}{\mathrm{d}t}=\frac{D[P_\mathrm{h}]^{-\delta}P_\mathrm{CH}\alpha S_\mathrm{I}^\mathrm{o}}{1+K_\mathrm{h}p_\mathrm{h}+(pF_\mathrm{c}/F)\bar{K}_\mathrm{w}\cdot\bar{w}} \tag{5-42}$$

式中 D 是失活速率常数，并且是温度和烃分压的函数。由于模型中的[CH－S]中心是 Langmuir-Hinshelwood 型，因此吸附项[即 $1+K_\mathrm{h}p_\mathrm{h}+(pF_\mathrm{c}/F)\bar{K}_\mathrm{w}\cdot\bar{w}$]与周期初始模型中的吸附项是一致的，如方程(5－42)所示。

在方程(5－33)的 C_6 系统中，从其他吸附中间物所形成的焦炭可写成同样的方程式。这样，活性环异构化中心浓度降低的总速率可以将个别焦炭生成步骤的解[与方程(5－42)类似]代入方程(5－40)而得到解。这样可表示为：

$$\frac{-\mathrm{d}\alpha_\mathrm{I}}{\mathrm{d}t}=\sum_{i=1}^{M}\frac{D_i[P_\mathrm{h}]^{-\delta_i}[P_i]\alpha_\mathrm{I}}{1+K_\mathrm{h}P_\mathrm{h}+(PF_\mathrm{c}/F)\bar{K}_\mathrm{w}\cdot\bar{w}} \tag{5-43}$$

式中 M——C_6 组分的总数。

按照相同的理论，环异构化失活速率的表达式能直接扩展至包括所有动力学集总(由表 5－15 所定义的)的效果：

$$\frac{-\mathrm{d}\alpha_\mathrm{I}}{\mathrm{d}t}=\sum_{i=1}^{22}\frac{D_i[P_\mathrm{h}]^{-\delta_i}\alpha_\mathrm{I}(P_i)}{1+K_\mathrm{h}P_\mathrm{h}+(PF_\mathrm{c}/F)\bar{K}_\mathrm{w}\cdot\bar{w}} \tag{5-44}$$

对 4 个 α 中的每一个 α 可写出类似的方程

$$\frac{-\mathrm{d}\alpha_\mathrm{i}}{\mathrm{d}t}=\sum_{i=1}^{22}\frac{D_{ij}[P_\mathrm{h}]^{-\delta_{ij}}\alpha_j(P_i)}{1+K_\mathrm{h}P_\mathrm{h}+(PF_\mathrm{c}/F)\bar{K}_\mathrm{w}\cdot\bar{w}} \tag{5-45}$$

[j = D(脱氢)、I(异构化)、R(环化)、C(裂化)]

式中 $\alpha_j=\left.\frac{K_i(t)}{K_i(t=0)}\right|_j$ j 系反应类别[1]。

方程(5－45)可改写成矩阵形式如

$$\frac{\mathrm{d}\bar{\alpha}}{\mathrm{d}t}=\frac{\phi}{k_\phi}\bar{A}\bar{D}^P\bar{P} \tag{5-46}$$

式中 $\bar{D}^P=\begin{pmatrix}D_{1\mathrm{D}}^P\cdots\cdots D_{22\mathrm{D}}^P\\ D_{1\mathrm{I}}^P\cdots\cdots D_{22\mathrm{I}}^P\\ D_{1\mathrm{R}}^P\cdots\cdots D_{22\mathrm{R}}^P\\ D_{1\mathrm{C}}^P\cdots\cdots D_{22\mathrm{C}}^P\end{pmatrix}$

以及 $D_{ij}^\mathrm{P}=D_{ij}(p_\mathrm{h})^{-\delta_{ij}}$，$\bar{P}$ 是失活动力学集总(表 5－15)的 22 组分分压的向量。

---

[1] 编者注：编者对 $\alpha_j=\left.\frac{K_i(t)}{K_i(t=0)}\right|_j$ 的表示方法存在疑问，是否应改为 $\alpha_j=\frac{K_j(t)}{K_j(t=0)}$

此处 $\bar{\bar{A}}$ 是对角矩阵，其元素系 α_D、α_I、α_R 和 α_C

$$\bar{\bar{A}}=\begin{pmatrix}\alpha_D & 0 & 0 & 0\\ 0 & \alpha_I & 0 & 0\\ 0 & 0 & \alpha_R & 0\\ 0 & 0 & 0 & \alpha_C\end{pmatrix} \tag{5-47}$$

将失活速率常数矩阵中的每一个组分 D_{ij}^P 校正至参考条件：

$$D_{ij}^P = D_{ij}^{o}\exp\left[\frac{-E_{ij}^d}{R}\left(\frac{1}{T}-\frac{1}{794}\right)\right]\left(\frac{P_{HC}}{344}\right)^{M_j}\left(\frac{P_h}{827}\right)^{-\delta_{ij}} \tag{5-48}$$

为了解此完整的老化模型，必须对方程(5－46)与方程(5－32)联解，即对下述完整的重整动力学表达式[方程(5－49)]进行解方程。

$$\frac{d\bar{w}}{dv}=\phi\bar{\bar{K}}(\bar{\alpha})\bar{w},\frac{d\bar{\alpha}}{dt}=\frac{\phi}{k_\phi}\bar{\bar{A}}\bar{\bar{D}}^P\bar{P} \tag{5-49}$$

4. 将动力学扩展至预测工艺和产品特性：进一步分离集总(delumping)

虽然 13 个烃集总能准确地代表烃的转化动力学，但为了失活动力学，必须进一步分离集总。此外，对一个能估计许多产品性质和工艺条件的有效的重整工艺模型，进一步分离集总具有重要的意义。这些需要估计的产品性质和工艺条件包括氢耗量、循环氢纯度及主要重整产物的性质如辛烷值和蒸气压。

下列三种类型的集总需要进一步分离：

(1) P_5^- 动力学集总分离成 $P_1\sim P_5$ 的轻气体组分；

(2) 烷烃动力学集总分离成异构烷烃和正构烷烃组分；

(3) C_8^+ 动力学集总按照分子类型分离成 C_8、C_9、C_{10} 和 C_{11} 组分。

为了详细说明重整工艺，经扩充后的 34 个集总组(如表 5－16 所示)是必需的，需要指出的是：该 34 个集总组对周期初始和失活动力学都是适应的。

P_5^- 集总的进一步分离可借助于 P_5^- 分布为 P_1、P_2、P_3、iP_4、nP_4、iP_5 和 nP_5 的分布关系式。

对每一个轻组分的分布关系式是：

$$P_i/P_5^- = A_{1i}+A_{2i}\times C_N+A_{3i}\times P_5^-+A_{4i}\times p_h+A_{5i}\times(1-X_p)+A_{6i}\times C_N\times(1-X_p)+A_{7i}\times C_N\times p_h+A_{8i}\times p_h\times X_p+A_{9i}\times C_N\times(1-X_p)\times p_h \tag{5-50}$$

式中 P_i——特定的轻气体组分的组成($i=1\sim7$)；

A_{ji}——对 i 组分的相关系数；

C_N——C_6^+ 产物的碳原子质量平均数；

p_h——重整反应器的氢分压；

X_p——在产物中的 C_6^+ 烷烃质量分率。

P_5^- 组成数据来源于 Ramage 的动力学数据库部分的研究，可用于确定相关系数 A_{ji}。开发了体现在 Ramage 的工艺模型中每一种重整催化剂的个别关系式组，而且包括了催化剂环境控制改变时调整轻气体分布的参数。

表 5-16 被进一步分离的集总组分

组分号	集总组分	组分号	集总组分
1	氢	18	甲苯
2	甲烷	19	异辛烷
3	乙烷	20	正辛烷
4	丙烷	21	C_8 环戊烷
5	异丁烷	22	C_8 环己烷
6	正丁烷	23	C_8 芳烃
7	异戊烷	24	异壬烷
8	正戊烷	25	正壬烷
9	异己烷	26	C_9 环戊烷
10	正己烷	27	C_9 环己烷
11	甲基环戊烷	28	C_9 芳烃
12	环己烷	29	C_{10}烷烃
13	苯	30	C_{10}环烷烃
14	异庚烷	31	C_{10}芳烃
15	正庚烷	32	C_{11}烷烃
16	C_7 环戊烷	33	C_{11}环烷烃
17	甲基环己烷	34	C_{11}芳烃
附加的烷烃分布集总 2-甲基戊烷 3-甲基戊烷 二甲基丁烷 2-甲基己烷		3-甲基己烷 二甲基戊烷 单甲基 C_7^+ 二甲基 C_6^+ 正 C_8^+	

开发了对 C_8^+ 集总和烷烃分布的半动力学的(semikinetic)进一步分离集总的方程。烷烃的分布被已知的平衡所约束。

(三) Ramage 的试验设计及参数估计

1. 试验设计

利用一个等温活塞流和固定床的重整中试装置(如图 5-26 所示)研制动力学数据。反应器是 U 形管形式,约装 70mL 催化剂。沿反应器长度设置了 5 个取样口,以确定在广泛的与催化剂接触时间范围内的组成。反应器安装浸在流化的砂浴中以保持等温条件。

在每一个取样口的反应混合物的在线色谱分析提供了通过催化剂床层的超过 300 个烃组分和氢的组成分布。样品测试系统如图 5-27 所示。

反应器出口的样品由 Perkin-Elmer 900 气相色谱仪分析。反应器出口的样品通过毛细管节流阀排放至热集合管。样品选择、管线清扫和气相色谱注入(injection)由 PDP8 计算机控制。除了反应器样品分析外，从分析气体和液体产品物料得到的总物料平衡。如此提供了对数据一致性的内部检验。

2. 周期初始的参数估计

用于开发周期初始动力学的数据由采用三种类型的工业催化剂 Pt/Al_2O_3、$Pt-Re/Al_2O_3$ 及 $Pt-Ir/Al_2O_3$ 的超过 300 个的物料平衡所组成。

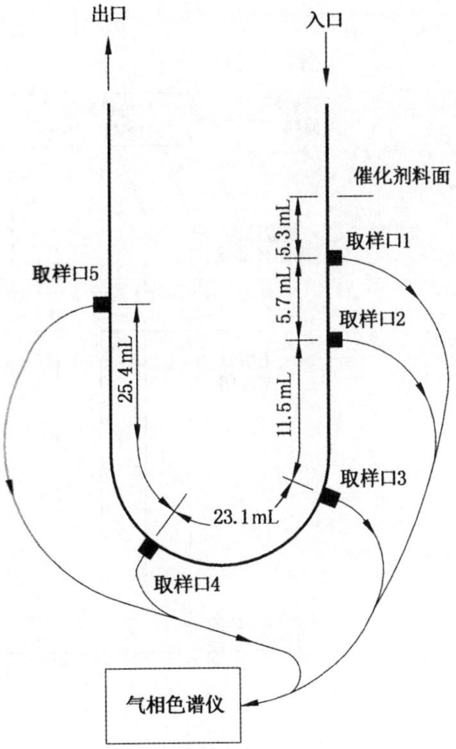

图 5-26 等温重整反应器

试验条件如下：

等温反应器温度为 727K、756K 和 794K（454℃、483℃和 521℃）

氢分压 827kPa、1220kPa 和 2619kPa

烃分压 138kPa、345kPa

液时空速 1～26

液时空速定义为新鲜液体原料的体积流率/催化剂体积

$$催化剂体积 = w_c/\rho_p(1-\varepsilon)$$

式中 w_c——催化剂质量，g；

ρ_p——催化剂颗粒密度，g/L；

ε——催化剂空隙率。

原料包括：

（1）下列三种 C_6 组分的混合物

己烷/甲基环戊烷/环己烷/苯 = 53%/19%/23%/5%

己烷/甲基环戊烷 = 25%/75%

环己烷/苯 = 50%/50%

（2）C_6～C_7 组分的石脑油

Kirkuk、中大陆及 Nigerian 原油

实沸点 322～366K（49～93℃）

（3）C_6～C_8 组分的石脑油

中大陆原油

实沸点 322～416K（49～143℃）

（4）C_6～C_{11} 组分的石脑油[1]

阿拉伯轻质、中大陆及 Nigerian 原油

实沸点 322～461K（49～188℃）

在每一个试验中采用 100% H_2 一次通过，不用循环 H_2。

---

[1] 编者注：Ramage 发表的文献[31]中为 C_6～C_{11} 组分的石脑油；而在发表的文献[32]中为 C_6～C_{12} 组分的石脑油。编者根据实沸点 461K（188℃）分析，可能 C_{11} 比较正确。

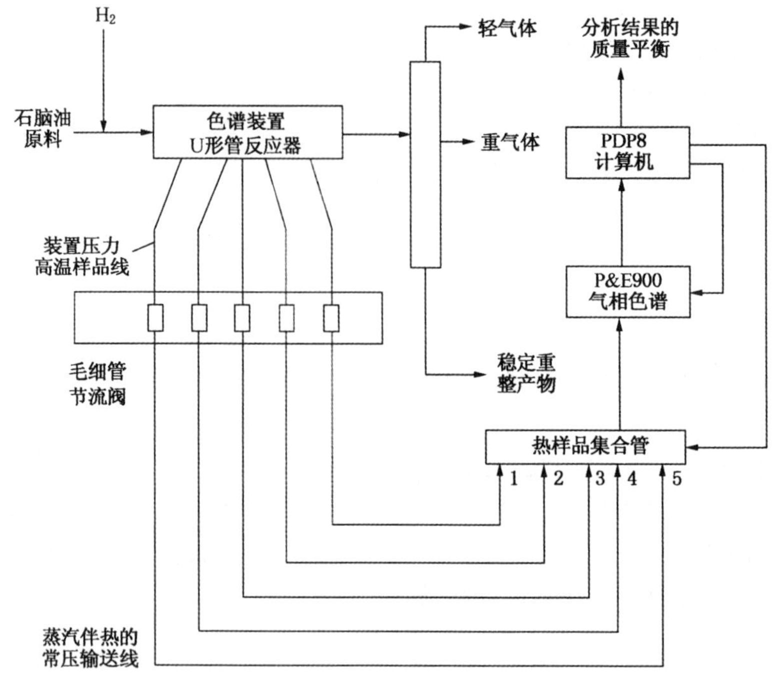

图 5-27 气相色谱样品测试仪

周期初始的选择性和活性动力学通过一组 22 个个别的参数估计问题而确定[1]。

这些个别的估计问题来自于：

① 通过正确的选择原料得到每一个碳原子的不耦联反应；

② 利用速率常数的数学形式；

③ 将一般的非线性问题转化为两个线性问题。

由于在每一步骤中需要确定的动力学参数不超过 5 个，因此，这种计算法减少了速率常数间的混淆不清问题。

拟合的程序是基于下列分块的(partitioning)13×13 选择性速率常数矩阵 $\overline{\overline{K}}$ 。

$$\overline{\overline{K}} \equiv \left(\begin{matrix} \begin{bmatrix} C_8^+ \\ \text{可逆的子集} \end{bmatrix} & [\ 0\ ] & [\ 0\ ] \\ \begin{bmatrix} C_8^+ \\ \text{裂化至 } C_7 \end{bmatrix} & \begin{bmatrix} C_7 \\ \text{可逆的子集} \end{bmatrix} & [\ 0\ ] \\ \begin{bmatrix} C_8^+ \\ \text{裂化至 } C_6 \end{bmatrix} & \begin{bmatrix} C_7 \\ \text{裂化至 } C_6 \end{bmatrix} & \begin{bmatrix} C_6 \\ \text{可逆的子集} \end{bmatrix} \\ [C_8^+ \rightarrow P_5^-] & [C_7 \rightarrow P_5^-] & [C_6 \rightarrow P_5^-] \end{matrix} \begin{pmatrix} 0 \\ 0 \\ 0 \\ 0 \end{pmatrix} \right) \tag{5-51}$$

对所有的 13 集总如表 5-13 所定义的。

---

[1] 编者注：Ramage 在发表的文献[31]中为 18 个个别的参数估计问题，而在发表的文献[32]中为 22 个个别的参数估计问题。编者暂按 22 个个别的参数估计问题考虑。

通常，每一个可逆子集是集中在 $\bar{\bar{K}}$ 的对角线上的 4×4 子矩阵，并包括在相同碳原子数组分间的可逆反应的速率常数，例如对下列 C_6 系统：

$$P_5^- \xleftarrow{1} 己烷 \underset{k_{11,10}}{\overset{k_{10,11}}{\rightleftharpoons}} 甲基环戊烷 \underset{k_{10,9}}{\overset{k_{9,10}}{\rightleftharpoons}} 环己烷 \underset{k_{9,12}}{\overset{k_{12,9}}{\rightleftharpoons}} 苯 \tag{5-52}$$

式中　$k_{11,10}$——甲基环戊烷生成己烷的开环反应的速率常数；

$k_{10,11}$——己烷生成甲基环戊烷的环化反应的速率常数。

该 C_6 的可逆子集为：

$$\begin{pmatrix} -k_{10,9}-k_{12,9} & k_{9,10} & 0 & k_{9,12} \\ k_{10,9} & -k_{9,10}-k_{11,10} & k_{10,11} & 0 \\ 0 & k_{11,10} & -1-k_{10,11} & 0 \\ k_{12,9} & 0 & 0 & -k_{9,12} \end{pmatrix} \tag{5-53}$$

对角线以下的常数可以由拟合动力学数据的参数所确定。对角线以上的参数由微观的可逆性计算而得[如方程(5－18)中所讨论的]其他的可逆子集具有相似的形式。剩下的非零的子矩阵代表不可逆的裂化反应。

正确的选择原料允许独立地确定每一个子矩阵，这样 C_6 子矩阵可以由只含 C_6 组分的原料所确定。1 个 C_6～C_7 原料允许确定 C_7 动力学。

在 $\bar{\bar{K}}$ 中的选择性参数由步骤 1～15 估计。借助于试验设计，方程(5－17)中的 $k°$、E、n 由各自的拟合程序所确定。一开始 k_{ij}^{o}(以及从微观可逆性求 k_{ji}^{o})在 756K(483℃)和 1220kPa H_2 分压的基准条件下，按下列 5 个步骤进行估计。

步骤 1：利用 C_6 原料数据($k_{13,11}^{o}=1$)拟合相对于己烷裂化至 P_5^- 速率系数的，在 C_6 可逆子矩阵中的选择性速率系数。

步骤 2：利用 C_6+C_7 石脑油数据拟合相对于庚烷裂化至 P_6^- 速率系数的，在 C_7 可逆子矩阵中的速率系数。

步骤 3：利用终馏点为 416K(143℃)和 461K(188℃)的石脑油数据，拟合相对于 P_8^+ 裂化至 P_7^- 速率系数的，在 C_8^+ 可逆子矩阵中的速率系数。

步骤 4：利用 C_6+C_7 石脑油数据，拟合 C_7 组分裂化成 P_6 及 P_5^- 的速率系数。对选择性矩阵中庚烷裂化至 P_5^- 的速率可任意地设定为 1，这样 $k_{\phi}=k_{13,7}$。通过本步骤可以确定己烷裂化相对于庚烷裂化的速率。可以将 C_6 和 C_7 的动力学建立在相同的基准上。

步骤 5：拟合 C_8^+ 组分裂化至 P_7、P_6 和 P_5^- 的速率系数。同样地利用终馏点为 416K(143℃)和 461K(188℃)的石脑油数据确定 P_8^+ 裂化相对于庚烷裂化的速率。

利用与步骤 1～5 相同的程序，通过步骤 6～10 拟合氢压反应级数(hydrogen pressure dependencies)n_{ji}。使用在 756K(483℃)及氢分压为 827 和 2619kPa 条件下确定 n_{ji} 的数据，利用氢分压为 1226kPa 及 727K(454℃)与 794K(521℃)条件下的数据，同样地通过步骤 11～15 拟合活化能 E_{ji}。这些措施完成了选择性矩阵 $\bar{\bar{K}}$ 的确定。

活性动力学按下列附加的 7 个步骤估计：

步骤 16：利用 756K(483℃)和氢分压为 1220kPa 的 C_6 数据，拟合在基准条件下的 C_6 吸附平衡常数(K_{wi}，K_h)。

步骤 17：利用在 727K(454℃)和 794K(521℃)时的 C_6 数据，拟合 C_6 的吸附热

($\Delta\bar{H}_w$)。

步骤 18：利用 C_6 和 C_7 原料的基准条件数据，拟合 C_7 基准条件下的吸附常数和实时活性速率常数 k_ϕ^0。

步骤 19：利用在 727K(454℃)和 794K(521℃)时的数据，拟合 C_7 吸附热和 k_ϕ 活化能。

步骤 20：由 827K(554℃)和 2619kPa 拟合实时速率常数 k_ϕ 的氢压参数(请注意：如果只确定 C_6 动力学，k_ϕ 是 C_6 裂化的速率常数，以及必须由与步骤 18～20 相似的步骤所确定)。

步骤 21：利用基准条件的数据拟合 C_8^+ 基准情况下的 C_8^+ 吸附常数。

步骤 22：利用在 727K(454℃)和 794K(521℃)的数据，拟合 C_8^+ 的吸附热。

依据此多步骤程序，用广泛范围的数据(包括条件与原料)评价动力学，而不用于参数的估计。通过定义一个合适的催化剂状态向量($\bar{\alpha}=\alpha_D$、α_I、α_R、α_C)，而与在周期初始时为 1 的有所不同，将周期初始动力学扩展至其他的催化剂和催化剂状态。为了对新催化剂的参数估计，开发了催化剂特性试验。

3. 失活动力学的参数估计

用于开发失活动力学的数据包括在等温固定床反应器的超过 50 个平衡的数据。试验条件是等温反应器的温度为 756K(483℃)和 794K(521℃)，氢分压为 551～1378kPa；烃分压为 137～344kPa 和液时空速为 1～26。

试验原料：

(1) 两个 C_6 混合组分(己烷/甲基环戊烷/环己烷/苯分别为 25%/75%/0%/0% 与 0%/0%/50%/50%)；

(2) C_6～C_7 组分的石脑油[中大陆实沸点 322～372K(49～99℃)馏程]；

(3) C_6～C_9 组分的石脑油[中大陆实沸点 322～416K(49～143℃)馏程]；

(4) C_6～C_{11}组分的石脑油[中大陆实沸点 322～455K(49～182℃)馏程]；

与作周期初始动力学一样，使用单程 H_2(100% 的 H_2 进料，不循环)。

在确定失活动力学时，为了减少表 5-15 中所列失活动力学集总组分的数量，得到了若干个观察结果并作出了假定。首先，所有六碳环的环烷烃(即 $6N_6$、$6N_7$、$6N_8$ 和 $6N_9$)对老化的影响可予以忽略。这些组分反应快，以及贯穿在床层中的平均浓度很低(见图 5-24)。第二、苯的老化系数为 0，因为试验研究表明，即使在苛刻的重整条件下，苯对催化剂的老化影响不显著。根据这些假定，老化时的集总组分数可减至 17 个。

通过一系列的 7 个独立的参数估计问题确定失活动力学，正如作周期初始动力学的情况一样，通过正确的选择原料，从每一个碳原子的解耦反应形成独立的估计问题。这样允许独立地确定速率常数矩阵 $\bar{\bar{D}}^P$[方程(5-46)]中的子矩阵。

以 C_6 组分为例

$$\bar{\bar{D}}^P=\begin{pmatrix} D_{19D}^P & D_{20D}^P & D_{21D}^P & D_{22D}^P \\ D_{19I}^P & D_{20I}^P & D_{21I}^P & D_{22I}^P \\ D_{19R}^P & D_{20R}^P & D_{21R}^P & D_{22R}^P \\ D_{19C}^P & D_{20C}^P & D_{21C}^P & D_{22C}^P \end{pmatrix} \tag{5-54}$$

式中 19 为 A_6，20 为 $6N_6$，21 为 $5N_6$，22 为 P_6。

根据上述的假定，失活速率常数矩阵[方程(5-54)]成为

$$\overline{\overline{D}}^{P} = \begin{pmatrix} 0 & 0 & D_{21D}^{P} & D_{22D}^{P} \\ 0 & 0 & D_{21I}^{P} & D_{22I}^{P} \\ 0 & 0 & D_{21R}^{P} & D_{22R}^{P} \\ 0 & 0 & D_{21C}^{P} & D_{22C}^{P} \end{pmatrix}$$

式中每一个速率常数 D_{ij} 被定义为相对于如方程(5-48)中所定义的参考条件。在该参考条件下，根据 C_6 纯组分数据确定 8 个参数 D_{ij}^{0}。

拟合在参考条件下的失活速率系数的步骤如下所示：

① 根据苯-环己烷和甲基环戊烷-己烷的进料数据确定 C_6 速率系数。

② 根据只含 C_6 和 C_7 组分的 C_6 ~372K(99℃)中大陆石脑油数据确定 C_7 速率系数。

③ 根据 C_6 ~416K(143℃)中大陆石脑油数据确定 C_8 和 C_9 速率系数。

④ 根据 C_6 ~455K(182℃)中大陆石脑油数据确定 C_{10} 和 C_{11} 速率系数。

一旦在参考条件下的失活速率系数被确定，根据 756K(483℃)和 794K(521℃)氢分压为 551 ~ 1378kPa 及烃分压为 137 和 344kPa 的数据确定活化能、氢分压和烃分压。

(四) R16H 双金属催化剂的 C_6 重整动力学

Mobil 公司开发了包括用于该公司重整装置在内的若干种工业催化剂的完整的重整动力学。由于 KINPTR 对 Mobil 公司的业务策略起作用，因此对该完整的重整动力学作为该公司的专利不宜作全面的介绍。现仅对用于 UOP 的 R16H Pt-Re-Al_2O_3 催化剂的 KINPTR C_6 动力学作为例子予以介绍。烃转化和失活方程[方程(5-45)和方程(5-49)]均可直接应用于 C_6 系统。对于 C_6 烃转化，方程(5-49)变为

$$d\bar{w}/dv = \phi \overline{\overline{K}}(\bar{\alpha})\bar{w} \tag{5-55}$$

式中 $\bar{w}$ 系 $6N_6$、$5N_6$、P_6、A_6、P_5^- 质量分率的向量。

C_6 系统失活时的选择性矩阵为

$$\overline{\overline{K}}(\bar{\alpha}) = \begin{pmatrix} -k_{10,9}\alpha_I - k_{12,9}\alpha_D & k_{9,10}\alpha_I & 0 & k_{9,12}\alpha_D & 0 \\ k_{10,9}\alpha_I & k_{9,10}\alpha_I - k_{11,10}\alpha_R & k_{10,11}\alpha_R & 0 & 0 \\ 0 & k_{11,10}\alpha_R & -\alpha_C - k_{10,11}\alpha_R & 0 & 0 \\ k_{10,9}\alpha_D & 0 & 0 & -k_{9,12}\alpha_D & 0 \\ 0 & 0 & \alpha_C & 0 & 0 \end{pmatrix} \tag{5-56}$$

式中每一个

$$k_{ji} = k_{ji}^{0}\exp\left[\frac{-E_{ji}}{R}\left(\frac{1}{T} - \frac{1}{756}\right)\right]\left(\frac{P_h}{1220}\right)^{n_{ji}} \tag{5-57}$$

如以前所讨论的，可逆的速率常数 K_{ij} 满足微观的可逆性

$$k_{ij} = k_{ji}(P_h)^{r_{ji}}\exp\left[\frac{\Delta S_{ji}}{R} - \frac{\Delta H_{ji}}{RT}\right] \tag{5-58}$$

C_6 系统的活性参数 ϕ 被定义为

$$\phi = \frac{(PY_C/FRT)k_\phi^0\exp\{(-E_\phi/R)[(1/T)-\frac{1}{756}]\}(P_h/1220)^{n_\phi}}{1+K_hP_h+(PF_C/F)\bar{K}_w\cdot\bar{w}} \tag{5-59}$$

式中 $\bar{K}_w$表示6N、5N、P、A和P_5^-的5个吸附系数。

$\bar{K}_w$的每一个元素是

$$K_{wi} = K_{wi}^0\exp\left[\frac{-\Delta H_{wi}}{R}\left(\frac{1}{T}-\frac{1}{756}\right)\right] \tag{5-60}$$

以及

$$K_h = K_h^0\exp\left[\frac{-\Delta H_h}{R}\left(\frac{1}{T}-\frac{1}{756}\right)\right] \tag{5-61}$$

通过对动力学失活方程的积分，确定失活参数α_j

$$\frac{-\mathrm{d}\alpha_j}{\mathrm{d}t} = \sum_{i=1}^{4}\frac{D_{ij}^p(P_h/827)^{-\delta_{ij}}(P_i)\alpha_j}{1+K_hP_h+(PF_C/F)\bar{K}_w\cdot\bar{w}} \tag{5-62}$$

式中 α_j代表α_D、α_I、α_R、α_C；

i代表对C_6组分($6N_6$、$5N_6$、P_6、A_6)所定义的参数。

同样，每一个

$$D_{ij}^P = D_{ij}^0\left(\frac{P_{HC}}{344}\right)^{M_{ij}}\exp\left[\frac{-E_{ij}^d}{R}\left(\frac{1}{T}-\frac{1}{794}\right)\right] \tag{5-63}$$

以及K_h和$\bar{K}_w$与方程(5-60)和方程(5-61)相同。

C_6系统的选择性参数和速率常数见表5-17，活性参数见表5-18，失活参数见表5-19。

1. 周期初始动力学的预测

R16H选择性和活性动力学系在一广泛范围的温度和压力内拟合。重整的选择性如图5-28和图5-29所示。该两图系绘制在反应参数范围内苯和己烷对P_5^-的关系曲线。

苯:环己烷=50:50混合物在756K(483℃)重整时压力的影响如图5-28所示。当压力由2620kPa降至1220kPa时，苯的选择性显著增加。事实上，在2620kPa，当P_5^-的产率超过10%时，己烷的产率超过苯的产率。此选择性行为可以从选择性速率常数中观察到。

756K(483℃)1220kPa时：

$$P_5^- \xleftarrow{1.0} \text{己烷} \underset{10.2}{\overset{0.29}{\rightleftharpoons}} \text{甲基环戊烷} \underset{31.2}{\overset{28.4}{\rightleftharpoons}} \text{环己烷} \underset{7.55}{\overset{1813}{\rightleftharpoons}} \text{苯}$$

756K(483℃)2620kPa时：

$$P_5^- \xleftarrow{1.0} \text{己烷} \underset{23.9}{\overset{0.34}{\rightleftharpoons}} \text{甲基环戊烷} \underset{327.9}{\overset{30.0}{\rightleftharpoons}} \text{环己烷} \underset{44.7}{\overset{1237}{\rightleftharpoons}} \text{苯}$$

表5-17 KINPTR对C_6系统的选择性参数[方程(5-56)和方程(5-57)]与速率常数[方程(5-58)]

反 应	k_{ji}^0	E_{ji}/(kJ/mol)	n_{ji}
环己烷⟶苯	1813	0	-1.5
环己烷⟶甲基环戊烷	312	81.5	-0.94
甲基环戊烷⟶己烷	10.2	-41.7	0.11

续表

反　应	$\Delta S_{ji}/R$	$\Delta H_{ji}/R$	r_{ij} ①
环己烷⇌苯	199.1	199.6	-2.8
环己烷⇌甲基环戊烷	-20.2	-13.9	0
甲基环戊烷⇌己烷	-39.6	60.6	+0.94

① 请注意化学计算值(-3、0、+1)与预期值之间略有差异。因此在拟合 C_6 动力学时需作较小的调整。但在拟合 C_7 的 C_8^+ 动力学时不需作这样的调整。

表 5-18　KINPTR 对 C_6 系统实时活性参数[方程(5-59)~方程(5-61)]及吸附常数

$k_\Phi^0(s^{-1})$	$E_\Phi/(kJ/mol)$	n_Φ
4.9	130.6	0.05
组　分	$k_{wi}\times10^3/(mol/gkPa)$	$\Delta H_{wi}/(kJ/mol)$
环己烷	2.3	-54.1
甲基环戊烷	16.5	-31.4
己　烷	9.7	-30.6
苯	8.8	-121.4
P_5^-	5.5	-82.0
组　分	K_h^0	ΔH_h
氢	0	0

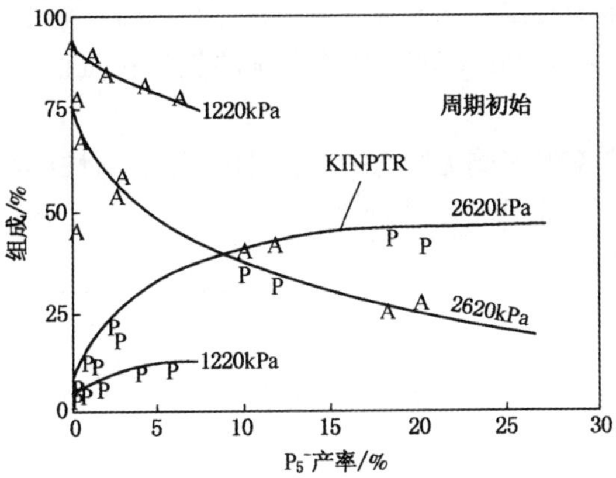

图 5-28　压力对 C_6 苯-环己烷进料在 756K(483℃)重整时的影响

A—苯；P—己烷

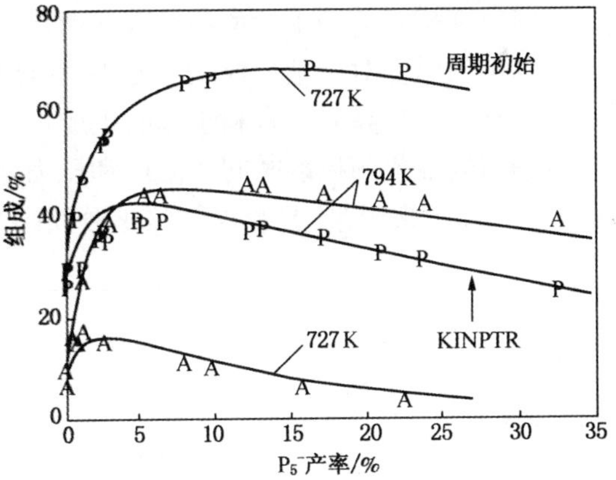

图 5-29　温度对 C_6 甲基环戊烷-己烷进料在 2620kPa 重整时的影响

A—苯；P—己烷

表 5-19　KINPTR 对 C_6 系统的失活参数[方程(5-62)和方程(5-63)]

组　　分	α_D	α_I	α_R	α_C
a. 指前因子 $D_{ij}^0\times10^5/(kPa^{-1}\cdot s^{-1})$				
环己烷	0	0	0	0
甲基环戊烷	1.83	1.66	0.41	0
己烷	0.85	0.81	0.23	0.17
苯	0	0	0	0

续表

组　　分	α_D	α_I	α_R	α_C
b. 活化能 E_{ij}^d/(kJ/mol)				
环己烷	0	0	0	0
甲基环戊烷	246.4	230.1	251.0	0
己烷	246.4	230.1	251.0	188.3
苯	0	0	0	0
c. 氢分压系数 δ_{ij}				
环己烷	0	0	0	0
甲基环戊烷	4	4	4	0
己烷	4	4	4	4
苯	0	0	0	0
d. 烃分压系数 M_{ij}				
环己烷	0	0	0	0
甲基环戊烷	1.45	1.45	1.45	0
己烷	1.45	1.45	1.45	1.45
苯	0	0	0	0

请注意由于环己烷脱氢的速率常数大，由原料组成在两种压力下得到的苯产率增加得非常快。环己烷转化成苯后，苯通过己烷生成 P_5^- 的逆向反应，使在反应范围内苯的产率降低。然而在较高压力下不利于脱氢的平衡和生成 P_5^- 的逆向反应速率常数增大，这样在转化范围内维持较低的苯产率和己烷的产量显著地较高。

可以得到温度对甲基环戊烷－己烷混合物在 2620kPa 重整时的影响的类似论证。如图 5－29 所示。较高温度有利于苯的生成。

在不同的催化剂接触时间，温度和压力对产率的影响见图 5－30～图 5－32。活性(以生成 P_5^- 气体量来衡量)是温度的强函数如图 5－30 和图 5－31 所示。

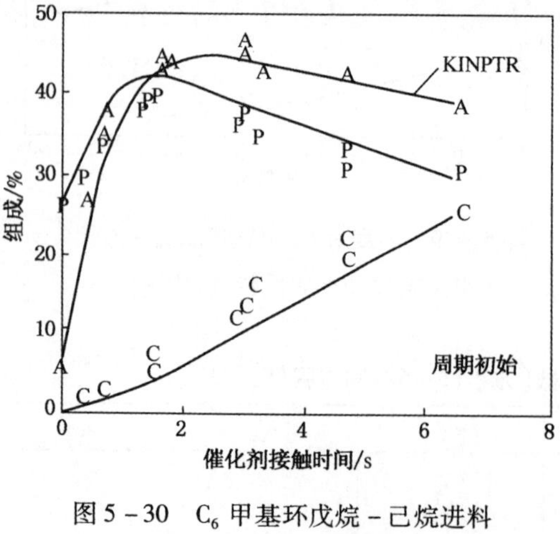

图 5－30　C_6 甲基环戊烷－己烷进料

在 794K(521℃)、2620kPa 重整时的组成分布

A—苯；P—己烷；C—P_5^-

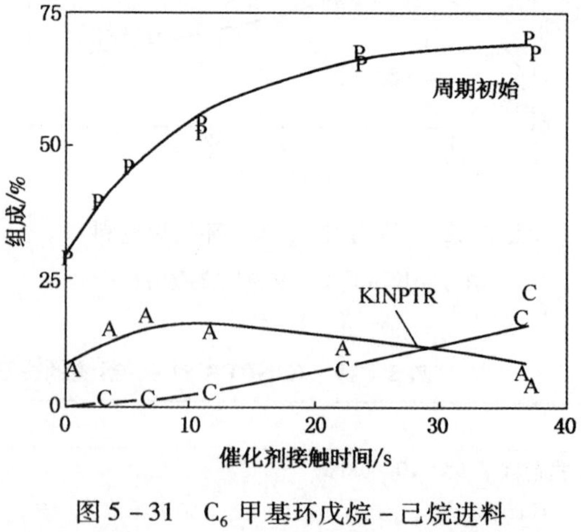

图 5－31　C_6 甲基环戊烷－己烷进料

在 727K(454℃)、2620kPa 重整时的组成分布

A—苯；P—己烷；C—P_5^-

再者，较高温度的操作有利于苯的生成。KINPTR 的活性预测作为压力的函数如

图5－32所示。较低压力的操作有利于苯的生成。

请注意在图5－30中，KINPTR对 P_5^- 的预测值较实测值为低。然而考虑到温度和压力对 C_6 系统的活性影响大以及事实上KINPTR系利用同一的 C_6 动力学以预测所有的重整进料(全馏程的石脑油、纯组分等)，因此，此预测值无疑是可接受的。

2. 失活动力学的预测

甲基环戊烷和己烷控制着 C_6 系统的失活。甲基环戊烷－己烷进料操作77h，催化剂已显著地失活，而环己烷－苯进料在相同条件下，甚至操作304h后基本上无失活❶。

如前所述，催化剂老化与组成非常有关。因此在操作时在已知时间内催化剂的状态随在活塞式流动反应器内的轴向距离而变化。如图5－33所示。在通过20%的催化剂床层和催化剂床层末端，苯和甲基环戊烷的组成是操作时间的函数。KINPTR可以预测反应器内催化剂状态的变化。

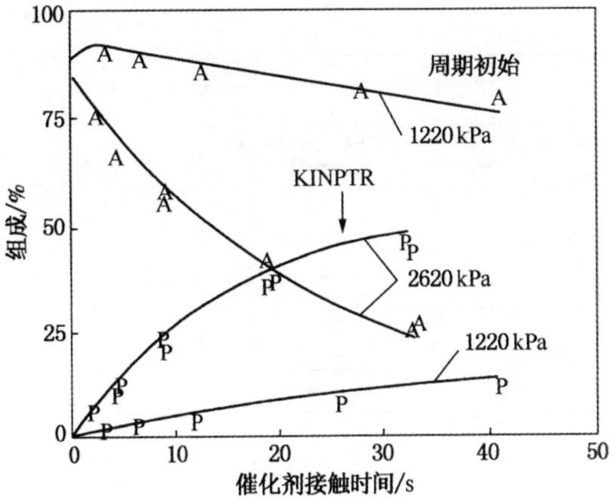

图5－32 C_6 苯－环己烷进料在756K(483℃)重整时的组成分布

A—苯；P—己烷

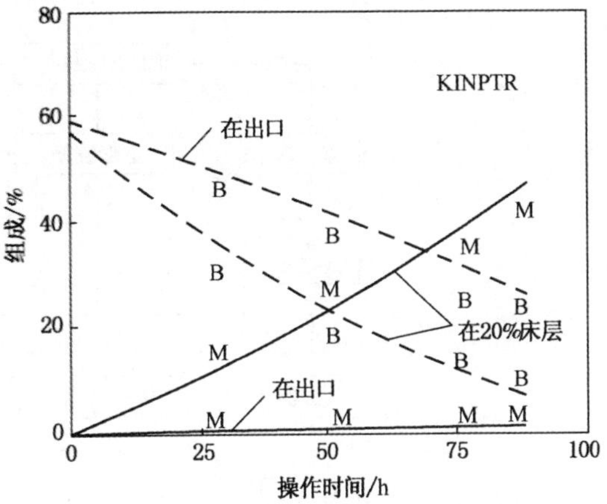

图5－33 甲基环戊烷－己烷进料在等温中型试验装置中催化剂状态向量变化率的数据

B—苯；M—甲基环戊烷

(五) 重整工艺模型的结构

1. C_7 和 C_8^+ 系统的动力学

C_7 和 C_8^+ 系统的动力学开发按如前所述开发 C_6 系统动力学时的类似程序进行。C_6、C_7 和 C_8^+ 动力学组成完整的重整动力学。然而该完整的动力学包含在重整工艺模型内用于模拟工业操作。基于这些动力学的质量和热量平衡，描述了工业绝热反应器的特性。模拟工业反应器所需的整套方程式见表5－20。

除了提供动力学的变化外，该工艺模型还预测产品的性质，如辛烷值、蒸气压、焓和其他的热力学性质。它还能预测广泛变化的设计配置(design configuration)如反应器的数量和循环策略。工艺模型的描述如图5－34所示。反应器和失活模块包括在作为模型心脏

❶编者注：Ramage在文献[32]中附有"失活时 C_6 系统的重整组成分布图"，但由于该图的一些曲线标注不清，且横座标缺乏催化剂接触时间的具体数值，因此编者未采用该图。

的动力学中。然而在图 5－34 中这些模块仅仅是总工艺模型的一小部分。

表 5－20　模拟工业反应器所需的方程式

1	烃质量平衡的微分形式	方程(5－49)
2	氢平衡	$h=\dfrac{\sum_{i=1}^{N}g_i(w_{io}-w_i)}{1-\sum_{i=1}^{N}g_iw_i}$
3	能量平衡的微分形式	$C_p(dT/dv)=(d\bar{w}/dv)\bar{H}(T)$
4	对集总的进一步分离时	方程(5－50)
5	催化剂失活	方程(5－46)

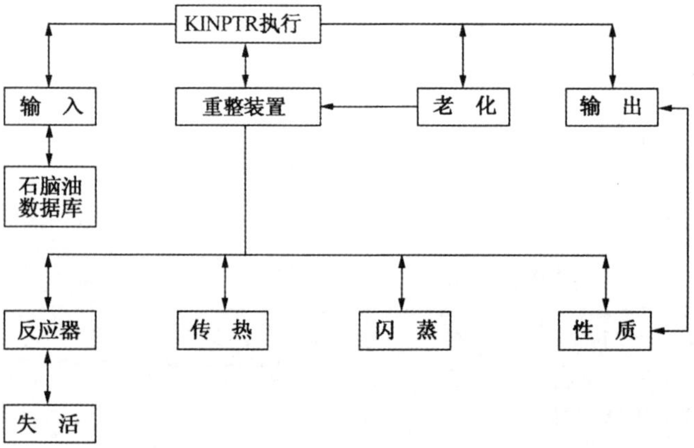

图 5－34　KINPTR 工艺模型描述(具有模块名称)

每一个模块在该工艺模型中完成了一个功能性操作。模块化由于通过消除了相同数学操作的多重编码以及实现了加入新的计算方法而对程序作最小的改动，从而减小了程序的规模。模块单元也具有一般的适用性以及不依赖于一个特定的计算机程序。因此许多这样的模块被用于 Mobil 其他的工艺模型。

重整工艺模型被设计用来预测许多反应器配置的操作，该模型可在具有循环或单程(无循环)操作的绝热或等温反应器的组合成 4 种模式中运转。在单程操作的情况下，气体组成必须随原料的信息而指定。

利用该模型时只需三种类型的输入：即原料特性、工艺配置及产品性质指标。对于原料特性，用户可以利用包含超过 200 个石脑油的详细组成数据的数据库。如果在数据库内没有该原料的特性，则需要气相色谱的原料组成。对于工艺配置，用户需指定反应器数量、循环气体分离器的条件、总的进料流率、催化剂类型和在每一反应器内填充的催化剂体积、反应器压力以及每一反应器的循环比。对产品性质指标，随着每一个产品的切割点，需要指定所有关键的辛烷值测定，此外需要指定蒸气压。

2. 对模块的描述

“输入(INPUT)”模块容纳用户指定的输入和为了详细的质量和能量平衡方程建立正

常的初始条件。

为了指定原料的特性，可以利用几种选择项之一：指定详细的气相色谱组成；调入石脑油数据库；根据一般的原料性质，如 PONA(%烷烃、烯烃、环烷烃和芳烃)和密度估计组成，或者利用石脑油数据库调合 7 种石脑油。

“重整装置(REFORMER)”模块构造用户需要的模拟和控制数值计算。它模拟工艺流程和检测“反应器”“闪蒸”“传热”“性质”模块之间所需的信息流。它也控制性质指标和循环气组成的收敛。

“反应器(REACTOR)”模块包含以前讨论的周期初始动力学。它通过质量和能量平衡的积分，计算经过每个反应器的温度和组成变化。当积分时，在“失活(DEACTIVATION)”模块(包括失活动力学)内不断地修改反应速率常数，以反映催化剂的失活。通过每一个反应器的组成变化是由 13 个动力学集总所确定的。在反应器床层的末端，13 个集总被分离成 34 个性质集总(表 5 - 16)，并送回“反应器”模块，此时开发了下一个反应器的入口条件。

“闪蒸(FLASH)”模块通过利用改进的赵 - 西特(Chao-Seader)法模拟重整装置的闪蒸分离器。对集总组分开发了 Chao-Seader 关系式必需的常数。此模块的输出确定液体产率和循环气的组成。

“传热(HEAT)”模块计算反应器内任何位置的物流的焓。同时也计算反应器内热交换时需要的热负荷。

“性质(PROPERTIES)”模块计算表 5 - 21 中所列所有产品的性质。通过基于集总组分的关系式计算这些性质。

表 5 - 21　“性质”模块计算的产品性质①

辛烷值			
研究法不加铅的辛烷值	(R+0)	蒸气压	
研究法加铅的辛烷值	(R+3)	初始蒸气压(IVP)	
马达法不加铅的辛烷值	(M+0)	雷氏蒸气压(RVP)	
马达法加铅的辛烷值	(M+3)	沸点分布	
不加铅的分配辛烷值		密　度	
(Distributed clear octane)	(D+0)	相对分子质量	
不加铅的汽油馏分头部辛烷值			
(Front end clear octane)	(FE+0)		

① 系 P_5^- 和 C_6^+ 液体性质的计算。

“老化(AGING)”模块控制催化剂失活方程的积分。

“输出(OUTPUT)”模块形成归纳输入数据、反应器操作条件、产品产率、液体产品性质、循环气组成和产氢的报告(表 5 - 22 ~ 表 5 - 25)，同时还形成温度和组成的分布。

此模型输入要求简单，对用户友好。一个典型的用户输入例子如表 5 - 22 所示，它包括了模型运转时所需的所有信息。在该例中，对两个石脑油混合物的原料信息通过石脑油数据库代码所产生。对指定的石脑油代码由“输入”模块所开发的详细组成见表 5 - 23，可以生成产率、温度和通过每个反应器 6 个点的辛烷值的输出选择项，工艺和反应器的条件归纳在表 5 - 24 中，以及全部的产率和产品性质见表 5 - 25。

表 5－22　KINPTR 情况 1 KINPTR 例题

输入类型	编辑的输入平台
文件→	1 KINPTR 例题　　200　　01
原料→	2900001 01000　　120～380 3900004 1500　　120～380
	4
	5
	6
	7
	8
	9
	10
	11
	12
	13
	14
工艺→	151000　4　1　7.00　96.00　354.70　98.00　1.30　0.0
反应器→	16 2 0.115　364.7　0.0　10.00　0.0 17 0 0.227 18 0 0.324 19 0 0.334
	20
	21
	22
	23
	24
	25
	26
	27
	28
	29
	30
	31
	32
	33
	34
	35

表 5-23　KINPTR 情况 1 KINPTR 例题[1]

石脑油名称	石脑油原料组成 初馏点~终馏点		对原油		对原始石脑油	
阿拉伯轻质(1974)	48.9~193.3℃(120~380°F)		23.24%(体积分数)		100.00%(体积分数)	
Nigerian(41772)	48.9~193.3℃(120~380°F)		29.90%(体积分数)		100.00%(体积分数)	
组　分	mol/h	mol%	bbl/d	%(体积分数)	lb/h	%(质量分数)
1. 氢	0.0	0.0	0.0	0.0	0.0	0.0
2. 甲烷	0.0	0.0	0.0	0.0	0.0	0.0
3. 乙烷	0.0	0.0	0.0	0.0	0.0	0.0
4. 丙烷	0.0	0.0	0.0	0.0	0.0	0.0
5. 异丁烷	0.0	0.0	0.1	0.0	0.7	0.0
6. 正丁烷	0.3	0.3	2.2	0.2	19.0	0.2
7. 异戊烷	1.0	1.0	7.5	0.8	68.7	0.6
8. 正戊烷	2.1	2.1	16.4	1.6	150.6	1.4
9. 异己烷	4.9	5.0	44.1	4.4	426.3	3.9
10. 正己烷	4.9	4.9	43.4	4.3	420.0	3.8
11. 甲基环戊烷	3.0	3.0	23.0	2.3	252.6	2.3
12. 环己烷	3.2	3.2	23.4	2.3	266.7	2.4
13. 苯	0.8	0.8	4.9	0.5	63.1	0.6
14. 异庚烷	4.2	4.2	42.1	4.2	423.3	3.8
15. 正庚烷	4.4	4.4	43.9	4.4	440.7	4.0
16. C_7 环戊烷	3.5	3.5	31.0	3.1	341.9	3.1
17. 甲基环己烷	5.9	6.0	51.6	5.2	582.4	5.3
18. 甲苯	2.4[2]	2.8	20.1	2.0	256.0	2.3
19. 异辛烷	4.5	4.6	50.0	5.0	517.2	4.7
20. 正辛烷	3.7	3.7	40.6	4.1	418.3	3.8
21. C_8 环戊烷	5.0	5.1	50.6	5.1	565.2	5.1
22. C_8 环己烷	5.2	5.2	50.7	5.1	583.8	5.3
23. C_8 芳烃	4.7	4.8	39.4	3.9	501.1	4.6
24. 异壬烷	4.9	5.0	60.1	6.0	630.6	5.7
25. 正壬烷	3.2	3.2	39.1	3.9	411.0	3.7
26. C_9 环戊烷	2.8	2.8	30.8	3.1	347.7	3.2
27. C_9 环己烷	5.1	5.2	55.6	5.6	645.2	5.9
28. C_9 芳烃	4.0	4.0	37.2	3.7	476.8	4.3
29. C_{10}烷烃	5.1	5.2	68.5	6.8	732.5	6.7
30. C_{10}环烷烃	3.4	3.4	41.2	4.1	479.8	4.4
31. C_{10}芳烃	1.6	1.6	15.4	1.5	207.4	1.9
32. C_{11}烷烃	2.9	3.0	42.5	4.2	461.0	4.2
33. C_{11}环烷烃	1.5	1.5	19.6	2.0	229.5	2.1
34. C_{11}芳烃	0.5	0.5	4.8	0.5	79.4	0.7
总计	98.7	100.0	1000.0	100.0	10998.5	100.0
异烷烃	m%					
2-甲基乙基己烷	2.0					
3-甲基乙基己烷	1.5					
二甲基乙基己烷	0.3					
2-甲基乙基庚烷	1.4					
3-甲基乙基庚烷	1.7					
二甲基乙基庚烷	0.8					
单甲基 C_8^+	8.4					
二甲基乙基 C_8^+	6.2					
正 C_8^+	14.2					

[1] 编者注：Ramage 在该表中所列石脑油原料的组成系阿拉伯轻质油和 Nigerian 两种石脑油混合物的组成，但未说明两者的混合比。

[2] 编者注：编者认为 Ramage 在该表中所列的甲苯 2.4mol/h 有误，应改为 2.8mol/h 则相应的总计尺应改为 99.1mol/h。

表 5－24 KINPTR 情况 1 KINPTR 例题①

工艺条件				
平均的反应器压力	2515kPa (364.7plb/m^2)(绝对压力)			
平均的氢分压	1899kPa (275.4plb/m^2)(绝对压力)			
分离器压力	2446kPa (354.7plb/m^2)(绝对压力)			
分离器温度	36.7℃(98.0°F)			
总循环比	12.4			
H_2 循环比	10.0			
重量空速	$1.91h^{-1}$			
液时空速	$1.30h^{-1}$			
C_5^+ 辛烷值苛刻度	101.9 R+3			
H_2O/HCl 比	5.0(摩尔比)			
石脑油性质				
相对密度(15.6℃)	0.7546			
平均相对分子质量	110.9			
中平均沸点	125.7℃(258.2℉)			
组成	%(体积分数)	%(质量分数)	%(摩尔分数)	
烷烃	50.06	46.55	46.60	
环烷烃	37.76	39.05	38.91	
芳烃	12.18	14.40	14.49	
ASTM 蒸馏/℃(℉)	AS－IS❶	C_6^+		
初馏点	77.2 (171)	88.3(191)		
10%	96.1(205)	100(212)		
30%	113.9(237)	113.3(236)		
50%	129.4(265)	130.6(267)		
70%	147.8(298)	148.3(299)		
90%	169.4(337)	170(338)		
终馏点	195.6(384)	195.6(384)		
雷氏蒸气压	14.5kPa (2.1lbf/in^2)(a)	9.7kPa (1.4lbf/in^2)(a)		
研究法辛烷值				
R+0	63.6	63.2		
R+3	81.6	81.3		
反应器数据	1	2	3	4
催化剂类型	R－16H	R－16H	R－16H	R－16H
负　荷				
%(体积分数)	11.5	22.7	32.4	33.4
m^3(ft^3)	0.59(20.7)	1.16(40.9)	1.65(58.3)	1.70(60.2)
kg(1000lb)	318(0.7)	590(1.3)	862(1.9)	862(1.9)
t/m^3/d	20.8×10^{-4}	40.9×10^{-4}	58.5×10^{-4}	60.4×10^{-4}
(t/10MBPD)	(3.3)	(6.5)	(9.3)	(9.6)
入口压力/kPa(lbf/in^2)(a)	2515(364.7)	2515(364.7)	2515(364.7)	2515(364.7)
入口温度/℃(℉)	487.7(909.9)	487.7(909.9)	487.7(909.9)	487.7(909.9)
出口温度/℃(℉)	448.8(839.9)	460.3(860.6)	475.4℃(887.8)	485.6 (906.1)
温差/℃(℉)	－38.9(－70)	－27.4(－49.3)	－12.3(－22.1)	－2.1(－3.8)
反应热 kJ/kg(Btu/1b)	－315.2 (－135.5)	－222.8(－95.8)	－100.5(－43.2)	－17.4(－7.5)
再加热/[GJ/h/(10^6Btu/h)]	1.58(1.5)	1.16(1.1)	0.53(0.5)	0.0(0.0)
入口蒸气黏度/CPS❶	0.0199	0.0199	0.0200	0.0202
入口蒸气密度/CF❷	0.3813	0.3676	0.3566	0.3490

① 用户指定具有绝热反应器和循环气的动力学模型，研究法不加铅的辛烷值指标是96.0。

---

❶ 编者注：Ramage 对 AS－IS 符号未说明其意义，根据编者分析：应为未经稳定的重整产物，宜用 C_5^+ 表示。

❷ 编者注：Ramage 所列入口蒸气黏度及密度的单位有问题，因此编者无法进行单位换算。

表 5-25 KINPTR 情况 1 KINPTR 例题[1]

产品辛烷值	R+0	R+3	M+0	M+3
C_5^+	96.0	101.9	86.0	92.1
C_6^+	97.2	102.4	86.9	92.7
产品辛烷值	D+0	D+3	FE+0	FE+3
C_5^+	92.6		80.4	
C_6^+	93.8		79.5	

产品性质	C_5^+	C_6^+
相对密度	0.7939	0.8121
相对分子质量	98.8	101.9
初始蒸气压	4.7	2.2
雷氏蒸气压	4.4	2.0
ASTM D—86 蒸馏/℃(℉)		
初馏点	53.3(128)	76.1(169)
10%	68.9(156)	86.1(187)
30%	91.7(197)	99.4(211)
50%	117.2 (243)	122.8(253)
70%	140(284)	143.3(290)
90%	167.2(333)	169.4(337)
终馏点	202.8(397)	203.3(398)

产品产率	%(体积分数)	%(质量分数)	%(摩尔分数)
C_5^+	81.7	85.9	96.5
C_6^+	73.7	79.3	86.2
戊　烷	8.0	6.7	10.2
丁　烷	6.0	4.6	8.7
干　气	12.0 当量燃料油	9.5	131.9
C_6^+ 中的烷烃	25.1	22.6	26.3
C_6^+ 中的芳烃	47.1	55.2	58.3
C_6^+ 中的环烷烃	1.4	1.4	1.6

其　他	
循环气占 C_5^+ 的%(体积分数)	1.3
循环气相对分子质量	7.6
循环气相对密度	0.264
H_2/[Nm^3/m^3(Nft^3/bbl)]	165(927)

组　分	当量燃料油	%(体积分数)		%(质量分数)		%(摩尔分数)		循环气组成	
		每组分	累积❶	每组分	累积❶	每组分	累积❶	(体积分数)%	(质量分数)%
氢	4.8			1.9	100.0	102.9	237.1 *	80.9	21.4
甲　烷	1.7			1.7	98.1	11.9	134.3	8.9	18.6
乙　烷	1.9			2.0	96.4	7.5	122.4	4.3	16.8
丙　烷	3.5	5.7	93.4	3.9	94.4	9.7	114.9	3.3	19.0
异丁烷		2.0	87.7	1.5	90.5	2.9	105.2	0.5	4.1
正丁烷		4.0	85.7	3.1	89.0	5.9	102.3 *	0.9	6.6
异戊烷		5.2	81.7	4.3	85.9 *	6.6	96.5	0.4	4.2
正戊烷		2.9	76.5 *	2.4	81.7	3.7	89.9	0.2	1.9

❶ 编者注：编者对“每组分”值与“累积”值之间存在稍有误差处标以 *。

续表

组分	当量燃料油	%(体积分数)		%(质量分数)		%(摩尔分数)		循环气组成	
		每组分	累积❶	每组分	累积❶	每组分	累积❶	%(体积分数)	%(质量分数)
异己烷		8.4	73.7	7.4	79.3	9.5	86.2	0.3	3.0
正己烷		4.1	65.3	3.6	71.9	4.6	76.7	0.1	1.0
甲基环戊烷		0.5	61.2*	0.5	68.3	0.7	72.1	0.0	0.1
环己烷		0.0	60.6	0.0	67.8*	0.1	71.4	0.0	0.0
苯		3.4	60.6	4.0	67.7	5.6	71.3	0.1	0.7
异庚烷		6.1	57.2	5.6	63.7	6.2	65.7	0.1	0.7
正庚烷		1.9	51.1	1.8	58.1*	1.9	59.5	0.0	0.2
C_7 环戊烷		0.4	49.2*	0.4	56.4*	0.5	57.6	0.0	0.0
甲基环己烷		0.1	48.7	0.1	55.9	0.1	57.1*	0.0	0.0
甲苯		11.6	48.6	13.4	55.8	16.1	56.9	0.1	0.8
异辛烷		2.7	37.0	2.6	42.4*	2.5	40.8	0.0	0.1
正辛烷		0.6	34.3	0.6	39.9	0.5	38.3	0.0	0.0
C_8 环戊烷		0.0	33.7*	0.0	39.3	0.0	37.8*	0.0	0.0
C_8 环己烷		0.0	33.6	0.0	39.3*	0.0	37.7	0.0	0.0
C_8 芳烃		15.8	33.6	18.2	39.2	19.0	37.7	0.0	0.5
异壬烷		0.9	17.8	0.8	21.0	0.7	18.7*	0.0	0.0
正壬烷		0.2	16.9*	0.2	20.2	0.2	17.9*	0.0	0.0
C_9 环戊烷		0.2	16.8	0.2	20.0	0.1	17.8*	0.0	0.0
C_9 环己烷		0.0	16.6*	0.0	19.8	0.0	17.6	0.0	0.0
C_9 芳烃		11.8	16.5	13.8	19.8	12.7	17.6*	0.0	0.1
C_{10}烷烃		0.1	4.7	0.1	6.0*	0.1	4.8	0.0	0.0
C_{10}环烷烃		0.0	4.6	0.0	5.8	0.0	4.7	0.0	0.0
C_{10}芳烃		3.7	4.6	4.5	5.8	3.8	4.7*	0.0	0.0
C_{11}烷烃		0.0	0.9*	0.0	1.3	0.0	1.0	0.0	0.0
C_{11}环烷烃		0.0	0.8	0.0	1.3	0.0	1.0	0.0	0.0
C_{11}芳烃		0.8	0.8	1.3	1.3	1.0	1.0	0.0	0.0
异构烷烃/%									
2-甲基乙基己烷		3.4							
3-甲基乙基己烷		2.6							
二甲基乙基己烷		1.5							
2-甲基乙基庚烷		1.8							
3-甲基乙基庚烷		2.3							
二甲基乙基庚烷		1.5							
单甲基 C_8^+		2.4							
二甲基 C_8^+		1.1							
正 C_8^+		0.8							

① 用户指定具有绝热反应器和循环气的动力学模型，研究法不加铅的辛烷值指标是96.0。

3. 逻辑结构图

该模型的逻辑结构图如图5-35所示，以一个典型的工业模拟为例说明逻辑流程。在此情况下，在整个催化剂周期内调整反应器入口温度以保持目标的辛烷值。此模型必须确定循环气体组成和所需的反应器入口温度，使辛烷值成为操作时间的函数。在模型迭代的开始，反应器进料组成的计算是基于用户指定的石脑油信息和假定的循环气体组成。藉助于一个假定的反应器入口温度，在每一个反应器范围内，对质量和能量平衡方程积分。在最末反应器的出口反应流出物被闪蒸以计算循环气体组成和校核收敛。计算适当切割的液体产物的辛烷值并校核收敛至目标值。重复所有的计算，直至循环气体组成和辛烷值同时收敛。此收敛解将提供在一特定操作时间内重整装置操作的全部信息。收敛后，投入生产的时间增加，失活动力学得到解答，烃转化动力学被适当地修改，以及重复此步骤。此模拟继续直至需要的温度超过了指定的周期末期的限制。

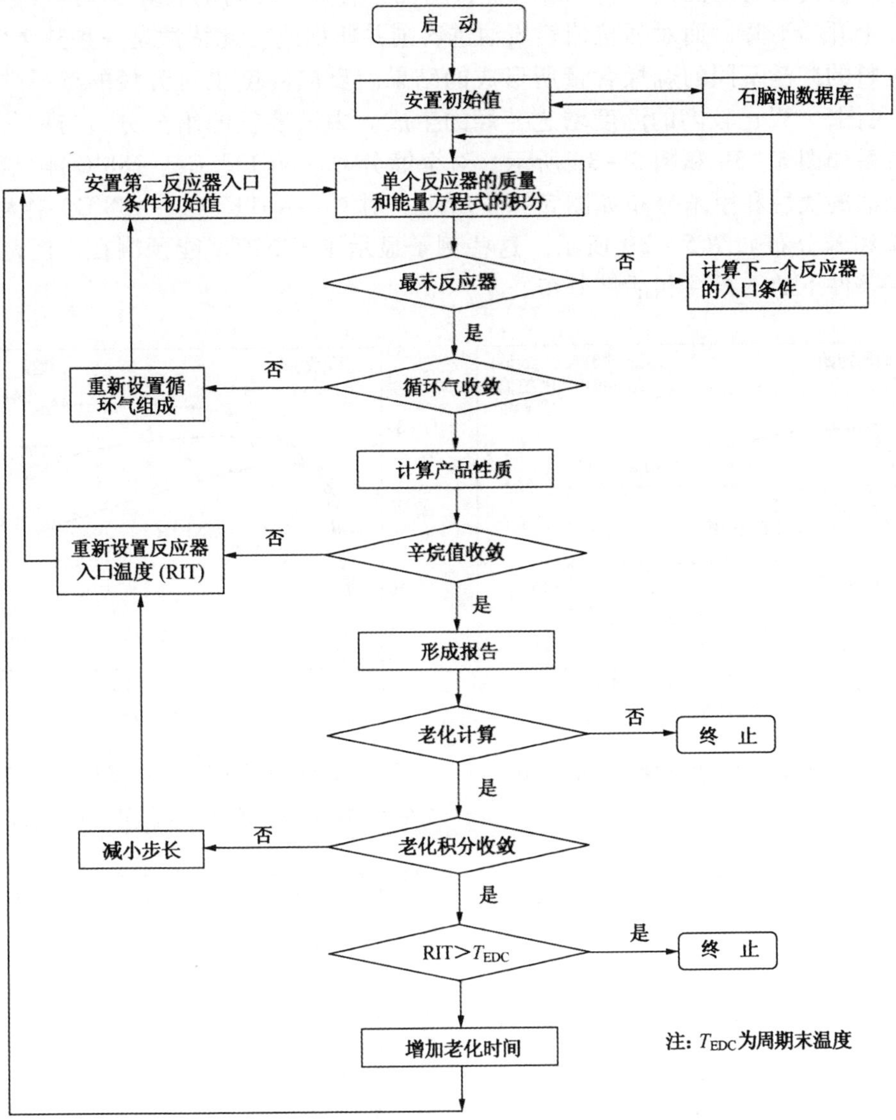

图 5－35 KINPTR 程序框图

（六）完整重整动力学的预测

现论证在广泛范围的条件和进料情况下 KINPTR 的准确性。KINPTR 的预测值将与从中试装置和工业重整装置的多种 R16H 的周期初始和老化的数据进行比较。中试装置的数据得自于绝热和等温的反应器。这些预测需要完整重整动力学，即在 KINPTR 中所有拟合的参数以及全套的质量与能量平衡。

1. 周期初始的预测

KINPTR 准确地预测全馏程石脑油重整的周期初始的选择性和活性。在图 5-36 中显示进料的类型(阿拉伯轻质油与 Nigerian 油)对芳烃选择性上有显著的影响。不出所料，含有较多环烷烃的 Nigerian 石脑油比含有较多烷烃的阿拉伯轻质油的石脑油生成更多的芳烃。需要指出的是：对 Nigerian 石脑油，在 P_5^- 较高的转化率时，C_8^+ 的芳烃产率实际上开始下降，而对阿拉伯轻质油进料则并非如此。此特性是一种热力学效应，系由于进料的广泛不同的烷烃含量所形成的结果。反应温度也对芳烃的选择性有显著的影响(见图5-37)。较高的温度增进芳烃的生成。中试装置的组分分布与催化剂接触时间的关系如图 5-38 和图 5-39 所示。对全馏分 C_6 ~461K(C_6 ~188℃)阿拉伯轻质油的石脑油的庚烷和甲苯分布如图 5-38 所示。对 C_6 ~461K(C_6 ~188℃)中大陆石脑油的己烷和苯分布如图 5-39 所示。这些例子显示了 KINPTR 能预测在广泛范围的压力和温度条件下的选择性和活性分布。

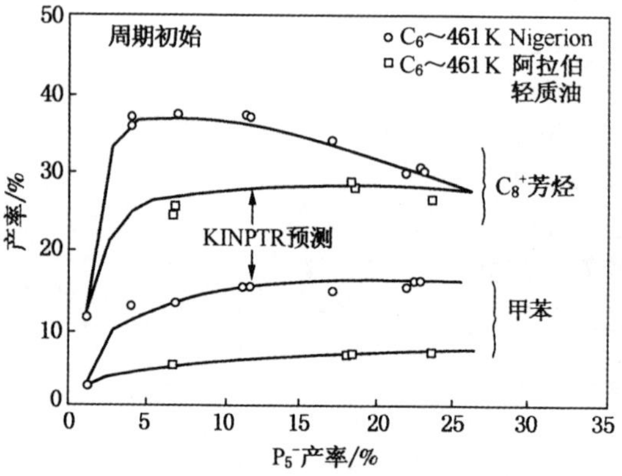

图 5-36 原料类型对芳烃选择性的影响

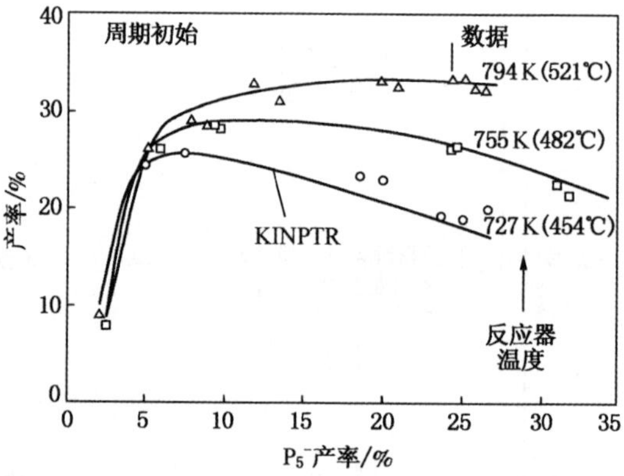

图 5-37 C_6 ~461K(C_6 ~188℃)中大陆馏分在 2757kPa 时，温度对 C_8^+ 芳烃选择性的影响

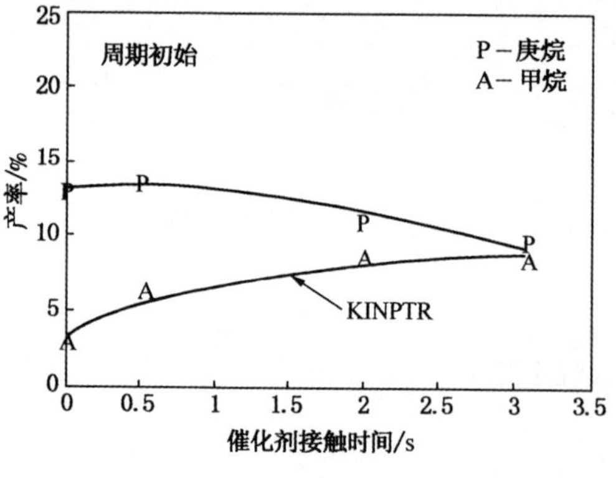

图 5-38 C_6 ~461K(C_6 ~188℃)阿拉伯轻质油馏分在 782K(509℃)2620kPa 等温重整时组成分布

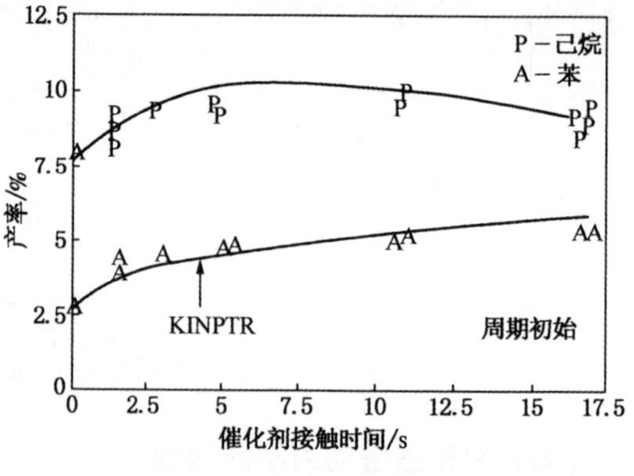

图 5-39 C_6 ~461K(C_6 ~188℃)中大陆馏分在 754K(481℃)等温重整时组成分布

作为工业模拟，KINPTR 选择性动力学确定重整产物的组成和重整产物达到目标辛烷

值时的总产率。从中试和工业装置得到的重整产物产率－辛烷值特性如图5－40(a)所示。从在Mobil重整装置广泛范围的工艺条件和石脑油进料质量得出的在一定的辛烷值时重整产物的产率有诸如25%的大变化。正如图5－40(b)所示，KINPTR能准确地指出在一广泛范围的辛烷值时的重整产物产率，包括汽油不加铅(gasoline lead phaseout)时的情况。

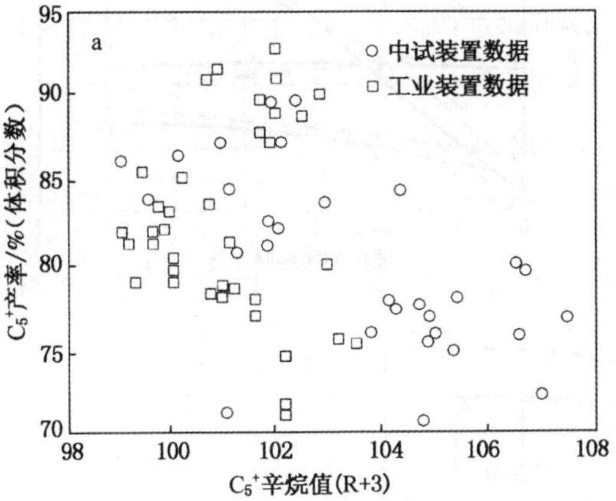

图5－40(a)　实测的重整产物产率－辛烷值数据

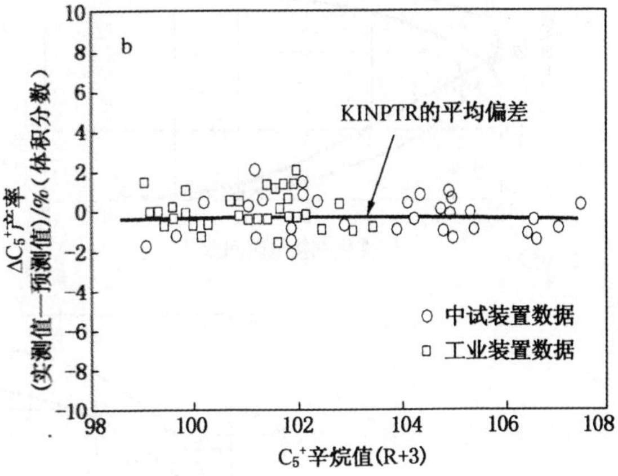

图5－40(b)　KINPTR产率预测值与实测值的比较

KINPTR实时活性动力学确定需要得到目标辛烷值时绝热反应器的入口温度，在一广泛范围的工艺条件下，KINPTR反应器入口温度预测的准确性如图5－41❶所示，其平均偏差为±3.8K，且无显著的偏差。考虑到在周期初始条件下催化剂活性的灵敏度和催化剂的初始状态(例如加氯化物)，这个准确度是很合理的。

2. 失活动力学预测

KINPTR失活模型可用于预测作为催化剂老化函数的在反应器任何位置的组成变化和活性。对等温重整，当老化时在床层内发生的选择性和活性变化率如图5－42和图5－43所示。由于在反应途径的初期出现了大浓度的五元环烷烃，使催化剂床层初始部分的老化较快于后部，正如在初始部分的催化剂失活时的环烷烃更进一步落到床层直至它们能反应。所以由于组成的变化率，使老化发生在稍微有点分区(bandwise)方式。

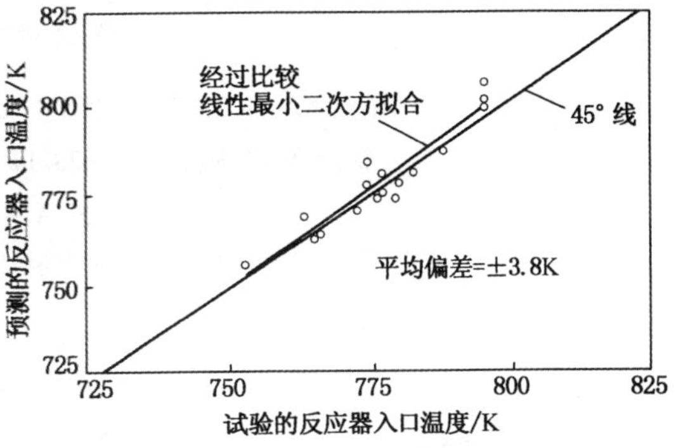

图5－41　KINPTR活性预测绝热中试装置数据

对于工业失活模拟，KINPTR失活模型用以预测周期时间(催化剂再生之间的时间)以及为了在操作期内维持重整产物的目标辛烷值所需的反应器入口温度。对大量的绝热中试装置和工业周期的周期时间预测如图5－44所示，在广泛的工艺条件，催化剂类型和周期时间(在生产中直至700天)的范围内KINPTR准确地预测数据，其偏差在±10%内。1个典型的工业周期预测如图5－45所示，KINPTR不仅预测总的周期时间，还预测温度老化

❶ 编者注：Ramage在该图中所绘制的45°线不正确。当所有试验的反应器入口温度＝预测的反应器入口温度时才是正确的45°线。

曲线的正常形状。此外 KINPTR 预测 C_5^+ 产率的损失(老化选择性的改变)具有 0.87 的标准偏差，且无显著的偏差。(图 5－46)❶。

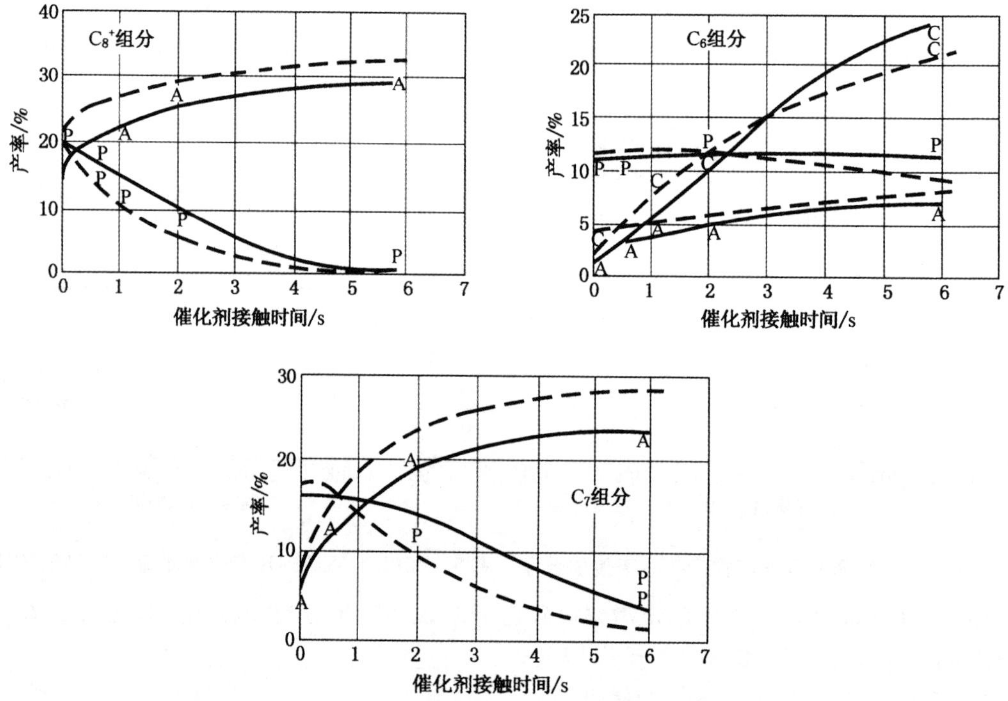

图 5－42　KINPTR 对中大陆 C_6～416K(C_6～143℃)石脑油馏分在 794K(521℃)928kPa H_2 压重整时等温老化预测

P—烷烃；A—芳烃；C—P_5^-

KINPTR 预测：---周期初始预测；— 106h 时预测

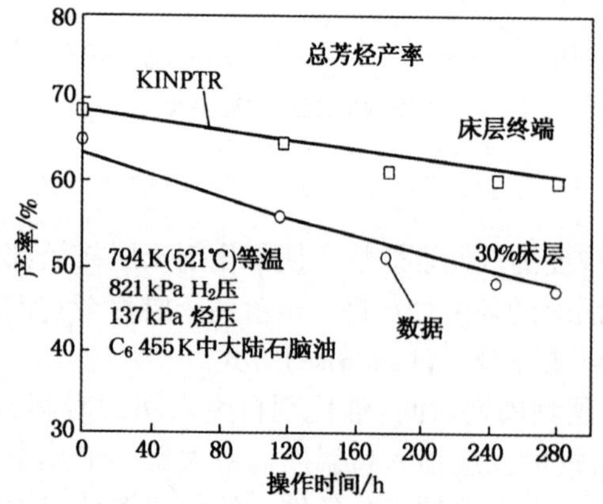

图 5－43　KINPTR 老化预测

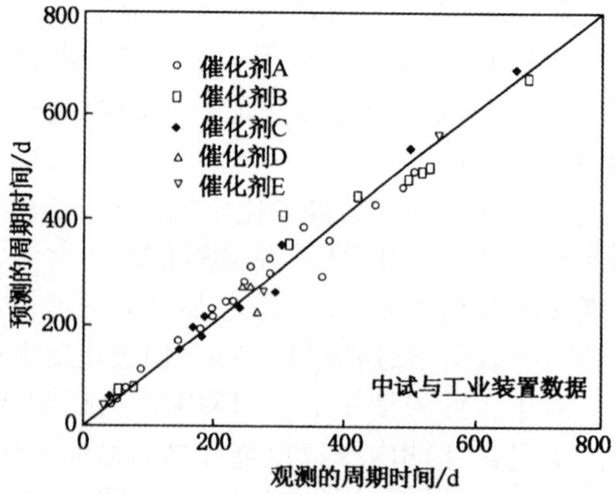

图 5－44　KINPTR 老化预测

❶ 编者注：Ramage 在绘制该图时误将纵座标“预测的 C_5^+ 产率损失”写成“预测的 C_5^+ 产率”，编者已予以纠正。

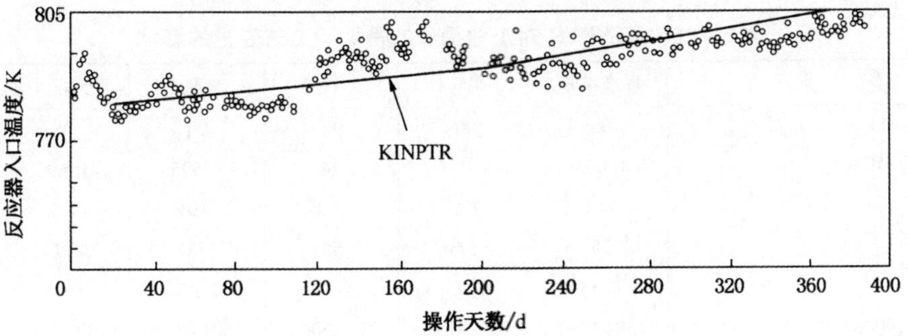

图 5－45　KINPTR 工业周期时间预测

平均的周期条件：2.3 液时空速，5.8 H_2 循环比 3685kPa。

中大陆 C_6 ～455K（C_6 ～182℃）石脑油，反应器入口温度系保证得到辛烷值为 100.4（R＋3）的产物

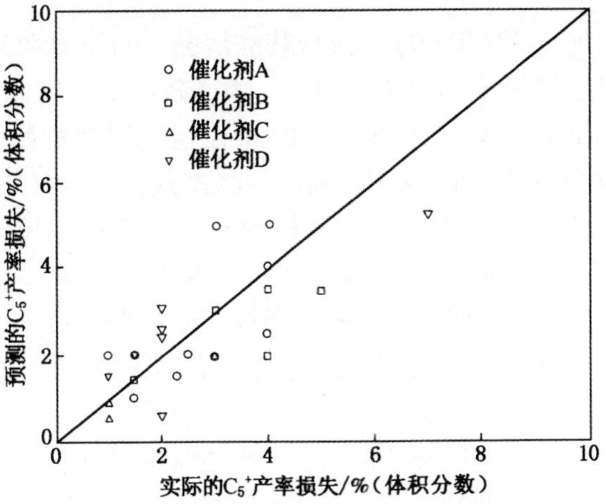

图 5－46　KINPTR 老化预测 C_5^+ 产率损失

3. 对工艺条件的灵敏度

对工业重整装置的 KINPTR 模拟（表 5－26）可用以说明工艺的灵敏度。在基准情况，一个全馏程的中大陆石脑油（含 55% 烷烃）重整在整个周期内得到恒定的 90（R＋0）辛烷值。在反应器压力 1695kPa 和 7.2H_2 循环比时，为了得到目标的辛烷值，预测周期初始时反应器入口温度为 759K（486℃）。失活模拟显示大约 1 年后达到的周期末期温度约为 798K（525℃）。在此情况下，周期初始的 C_5^+ 产率为 86%（体积分数）。此模型预测，经过整个周期，C_5^+ 的产率将下降 4.8%（体积分数）。

对于相同的进料和目标辛烷值，如果重整装置的压力加倍（情况 1）则周期初始的入口温度不受影响［即 760K（487℃）］。虽然周期初始的入口温度相同，但由于在较高压力下操作，使老化的速率显著地下降。KINPTR 预测，压力加倍则周期时间增至 3 倍和减少周期初始时 C_5^+ 产率至 83.8%（体积分数），此产率之改变是由于不利于芳烃的平衡。在这周期范围内 C_5^+ 产率降低了 4%（体积分数），此例子清楚地表明在以前所讨论的在周期时间与产率之间的权衡。

表 5-26 KINPTR 对工业操作的模拟：工艺变量的影响

变量	基准情况	情况 1	情况 2	情况 3	情况 4	情况 5
辛烷值(R+0)	90	90	98	90	98	98
反应器压力/MPa	1.695	3.051	1.695	1.695	1.695	1.695
H_2 循环比	7.2	7.2	7.2	10	7.2	7.2
烷烃/%	55	55	55	55	71	55
液时空速	1.43	1.43	1.43	1.43	1.43	0.70
周期初始温度/K(℃)	759(486)	760(487)	779(506)	758(485)	782(509)	768(495)
周期末温度/K(℃)	798(525)	791(518)	794(521)	797(524)	798(525)	797(524)
周期时间/d	385	1000	100	595	47.5	250
周期初始 C_5^+ 产率/%(体积分数)	86.0	83.8	79.5	85.9	74.2	79.5
周期末 C_5^+ 产率/%(体积分数)	81.2	79.8	76.6	81.3	70.9	73.7

如果目标辛烷值增加至98(R+0)，保持基准情况下的压力和 H_2 循环比(情况2)，则周期初始温度必须显著地增加至779K(506℃)。由于较高的温度和为了辛烷值需要较高的芳烃水平，周期时间减至100天。此98(R+0)操作造成周期初始的 C_5^+ 产率为79.5%%(体积分数)比基准情况低6.5%%(体积分数)，将辛烷值从90(R+0)增至98(R+0)需要的重整反应主要包括环化和裂化。由于环化和裂化的速率是相似的，比较高辛烷值的操作提供较低的 C_5^+ 产率。在此重整周期 C_5^+ 产率估计减少2.9%(体积分数)。

当 H_2 循环比较基准情况增加而保持其他变量不变(情况3)，则对周期初始的温度无影响。然而由于较低的烃分压，失活速率显著地下降，KINPTR 估计在达到798K(525℃)时周期时间为595天。这是由于在重整装置内出现更多的惰性物质减少了生成焦炭反应物的分压。在整个周期时间内高氢循环比的 C_5^+ 产率与基准情况下的相同，这是由于氢分压保持基本上相同。如以前所讨论的氢分压显著地影响芳烃平衡。当较高的氢循环比有利于较长的周期时间，但为了压缩附加的循环气，从而增加了公用工程的费用。这样在这种情况下存在着公用工程费用与周期时间之间的权衡。

如果阿拉伯轻质油的石脑油(71%烷烃)替代中大陆石脑油(55%烷烃)作为重整装置的进料，目标辛烷值为98(R+0)时(情况4与情况2相比较)周期初始的温度大约只增加3K。然而经过每个反应器床层的温度分布，对烷烃含量较多的原料由于吸热少，致使反应器床层的平均温度较高。由于阿拉伯轻质油的石脑油较中大陆石脑油含有较多的烷烃和较少的环烷烃，为了得到目标的辛烷值，需要附加的环化活性。如讨论目标的辛烷值影响时的论述，裂化也增加，造成较低的 C_5^+ 产率。增加环化的需要，导致在催化剂上五元环烷烃的较高浓度以及老化速率显著地增加。周期时间只有47.5天，以及周期初始的 C_5^+ 产率较情况2低5.3%(体积分数)。

情况5系目标的辛烷值为98(R+0)时空速降至 $0.7h^{-1}$ 时的情况。用此模型对情况5与情况2相比较的结果显示：由于增加催化剂体积，使入口温度降至768K(495℃)。由于较低的空速和温度，老化速率显著地减少，使周期时间是250天。周期初始的 C_5^+ 产率是79.5%，经过一个周期 C_5^+ 产率减少5.8%(体积分数)。

对这些情况的研究显示 KINPTR 的多功能性，可以依据周期时间、原料、产率、产品辛烷值和操作费用优化装置的操作。

（七）模型应用

KINPTR 在研究和工业装置评价中每年被利用数千次。该模型具有 4 个主要的用途：工业的监测、重整装置的诊断、优化和对研究开发的指导。

1. 监测的应用

该模型依据考虑到的典型实验工业化的广泛变化的操作条件、原料和产品辛烷值，提供操作参考以评价工业重整装置的操作。在重整生成物产率中的这些变量已在图 5－40（a）和（b）中观察到，在该图中模型有效地预测了产率的变量。作为监测的工具，该模型常规的用于估计重整生成物的产率和由于催化剂失活而造成的活性损失并与新鲜催化剂模型的估计相比较。当工业产率及（或）活性损失较模型不经济时，应作出催化剂再生的决定。一个典型的监测趋势（图 5－47）说明应用模型作为操作的参考❶。

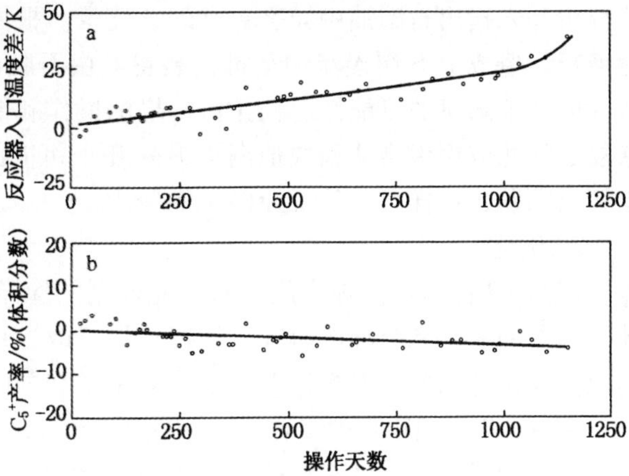

图 5－47　应用 KINPTR 监测工业装置与 KINPTR 周期初始时相比较的温度和产率变化

2. 重整装置诊断——工业实例

有时作常规的工业监测时从模型发现与所希望值相比较有显著的偏差，此时可成功地利用该模型作为诊断工具以寻找产生这些故障的位置。表 5－27是一个模型诊断受损的工业重整催化剂的例子。只操作 9 天后取得的工业数据与模型估计值相比较两者相当地合适。对一定的辛烷值，此产率被认为是正确的。需要的入口温度比期望值高 9K，但此并不足以需要作工业的校准。

表 5－27　KINPTR 对受损重整催化剂的诊断

变　量	工业数据	KINPTR	工业数据	KINPTR
操作天数	9	周期初始	27	周期初始
C_5^+ 辛烷值（R＋0）	95.1	95.1	83.6	83.6
C_5^+ 产率/%（体积分数）	75.0	76.0	75.5	84.4
平均的反应器入口温度/K（℃）	768（495）	759（486）	767（494）	726（453）

在 27 天时新鲜催化剂速率常数的分率

$$P_5^- \xleftarrow[0.4]{} \text{烷烃} \underset{0.01}{\rightleftharpoons} \text{环戊烷} \underset{0.5}{\rightleftharpoons} \text{环己烷} \underset{0.05}{\rightleftharpoons} \text{芳烃}$$

然而在操作 27 天时，工业数据与模型估计值的比较发生惊人的改变。当保持约相同的温度，重整生成物的辛烷值下降约 12 个单位至 83.6，但产率保持一定。在相同的辛烷值（83.6）下，模型预测入口温度降低 41K，而重整生成物产率增加 9%（体积分数），这种变动发出了催化剂显著受损的信号。因为在正常的操作下，催化剂将维持大于 6 个月。对

❶ 编者注：Ramage 在绘制该图时误将纵座标“反应器入口温度差”写为“反应器入口温度”，编者已予以纠正。

这种损害需考虑几种操作因素，其中之一是硫中毒。然而在标准的工业考查中并未发现在操作中有任何不正常的情况。此外在操作9天时与模型很好的吻合表明对催化剂的再生是满意的。

为了提供一个对此问题的更基本的诊断，该模型用于表征工业催化剂在操作27天时的状态。表示4个基本反应——裂化、环化、环异构化和脱氢的速率常数被调整至与工业操作一致。这个需要的变动如表5-27中的新鲜催化剂速率常数的分率所示。虽然所有的反应速率已被失活，但脱氢和环化主要依赖于催化剂的金属功能，接近于完全失活。这种分析清楚地指明铂金属的失活。寻找活性的故障集中于石脑油的予处理。虽然正常的石脑油分析并未指出石脑油中异乎寻常的含硫量。根据密闭试验检测到的予处理汽提塔的周期性液泛，造成H_2S缓慢流动至重整装置。由石脑油分析检测到的H_2S缓慢流动的周期性特性服从于随机的可能性。校正汽提塔的操作和催化剂再生，使希望的重整装置操作得到恢复。如此应用模型能很快地消除另外几个可能的因素(例如氯化物的环境控制)和有利于解决问题，这样可节省工业停工的费用。

3. 优化

KINPTR同时广泛地应用于对工业计划的指导和重整操作的优化。为了短期的炼油厂计划与原油供应和分配的研究，该模型用于改进线性规划的准确性。它还用于在炼油厂的约束内通过适当的选择操作条件以优化重整装置的经济性。

在Mobil短期规划的工作中，重整装置的目标如辛烷值目标及石脑油蒸馏切割点被由于应用大型线性规划的全部炼油厂操作所确定。该模型用于改进这些大型线性规划中的重整装置的表达式。由于在执行这些大型线性规划时需要很大的工艺信息矩阵。对每一个大型线性规划的运算，执行此高度非线性的动力学模型几千次是费时和不方便的。因此为了更有效地形成这些信息，对每一个Mobil重整装置在广泛的条件和原料范围内开发了动力学模型的许多关系式，这些包括大于25万个相关系数。自从20世纪70年代中期以来，此改进的大型线性规划的重整装置表达式成功地用于Mobil炼油厂的大型线性规划。

同时在Mobil世界范围的炼油厂系统中原油分配计划和优化是Mobil供应和分配计划集团的主要目标。对各个炼油厂进行适当的原油分配可使总的公司利益得到最大化。与炼油厂的大型线性规划相似，在原油供应和分配中的重整装置表达式的大型线性规划被改进。表5-28提供了重整装置的操作条件依赖于重整石脑油类型的灵敏度的例子。在加工环烷烃原料时较加工烷烃原料时在操作和辛烷值潜在结果上有显著的改进。这些操作的改进必须与原油费用的差价予以权衡。

表5-28 原料对重整操作的影响

原　料	在辛烷值98(R+0)时的周期初始		至794K(521℃)的周期
	温度/K(℃)	产率/%	时间/d
烷烃石脑油(70%烷烃)	778(505)	73.2	48
环烷烃石脑油(34%烷烃)	764(491)	86.3	148

最后，该模型与Mobil的工艺设备模型及经济分析程序耦联以建立对每一个Mobil重整装置的总的重整装置操作模型(Reformer Operations Model, ROM)。ROM可以研究工艺条件和设计设备配置对重整装置经济的影响。ROM计算质量和能量平衡、重整生成物产

率和对所有主要重整装置设备(压缩机、塔、换热器等)的公用工程消耗。经济分析可以对个别重整装置的利润进行优化，同时可以确定不同设备设计的设备配置对利润的影响。

4. 研究与开发导则

该模型也提供Mobil对重整的基本认识，因为它是基于基本的热力学和动力学反应，它广泛地应用于提供Mobil研究和开发成果的导则，尤其是在开发和评价新的重整工艺和催化剂研究方向方面的指导。这些可以减少昂贵的实验室试验的必要性。

可以利用该模型评价和开发新的工艺改进。参差的反应器入口温度使所有三个反应器的老化速率相等的观念被模型所评定。用模型模拟对此改进的好处进行量化，只需在一天内完成。而相应的试验显示要取得相同的效果需要数月的时间。为了对模型作最少的改进，确定了在三个反应器之中分开装置进料的好处。

同时失活动力学的开发指导Mobil开发新颖的、更稳定的重整催化剂。在1978年应用模型时发现：增加Re含量，增进催化剂的稳定性。这个发现出现在确定催化剂C的失活动力学时(见表5-29)。一开始催化剂A和B的失活动力学被确定。此两种催化剂具有不同的催化剂密度和Re含量(见表5-29)，如表5-29所说明的：催化剂B具有增进的稳定性。催化剂C基本上是与催化剂A相同的催化剂，只是Re含量较高。Mobil发现利用催化剂A(相同的催化剂密度、Pt含量和制造厂)的周期初始动力学和催化剂B(大致相同的Re含量)的失活动力学可以拟合用催化剂C时工业和中试装置的老化数据。

表5-29　工业重整催化剂的性质和老化速率

催　化　剂	A	B	C
Pt/%	0.375	0.35	0.375
Re/%	0.20	0.35	0.375
催化剂堆积密度/(kg/m^3)	513	624~641	513
催化剂类型	球型	挤压成型	球型
相对稳定性	基准	改进	改进
所用催化剂动力学			
周期初始	A	B	A
失　活	A	B	B

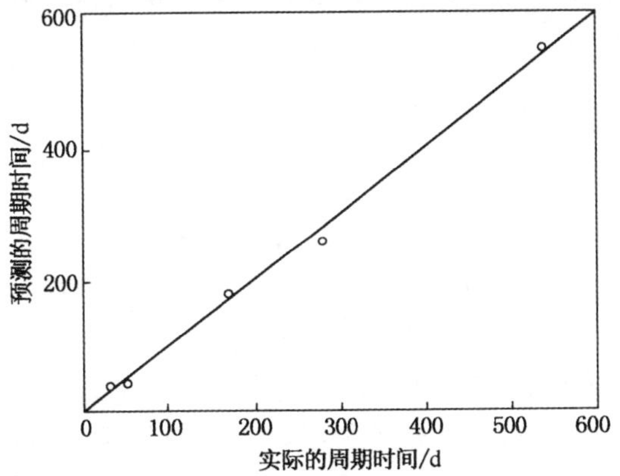

图5-48　KINPTR对催化剂C的周期时间预测

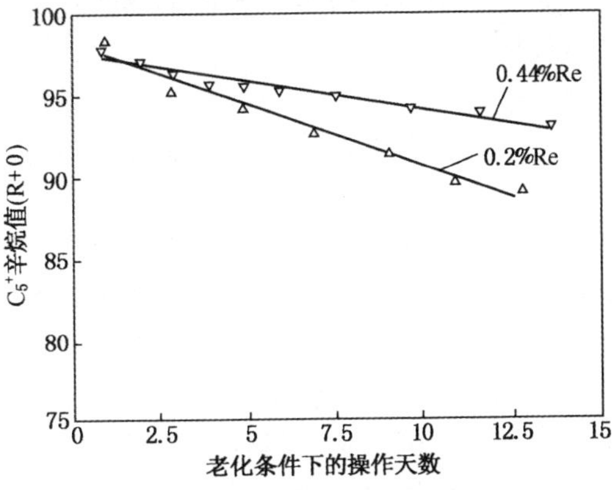

图5-49　试验证实的较高Re含量对催化剂稳定性的影响

已知极好的拟合数据(图5－48)Mobil研究者假定进一步增加Re含量将更进一步增进催化剂的稳定性。为了验证这个假设，制备了增加Re含量的一系列Pt－Re重整催化剂并在加速老化的条件下评价，如图5－49所示。增加Re含量，显著地降低了老化速率，肯定了从重整模型开发时的原先假设。最近开发的工业重整催化剂应用较高的Re含量，并声称增进了催化剂的稳定性。

(八)小结

由上述的介绍可见，Ramage的13集总催化重整反应动力学模型，确实不愧为是一个兼实用性与合理性的标志性模型，其原因是：

①该模型是建立在对重整反应机理、重整催化剂深入研究、深刻认识的基础上的。Ramage通过对单体烃或窄馏分的催化重整反应进行的大量研究后，发现芳构化选择性与烃类的分子类型和碳原子数之间的一些规律，此后都成为了后人进行催化重整反应动力学研究所一致公认和遵守的定律。

②完整。此前没有一个催化重整反应动力学模型像Ramage的13集总催化重整反应动力学模型那样完整。表现在：研究了催化剂失活动力学，模型预测中既考虑了周期初始的预测又考虑了失活动力学的预测；对动力学参数的确定，既介绍了实验设计又详细描述了其参数估计过程，尤其是参数估计，将反应速率常数矩阵如何分成几个子矩阵，一步步求解的步骤，都交待得非常清楚；在模型的应用方面，不仅对其模型中各模块的功能作了解释，而且还有例题，(实际是实例)。最后对模型的4个主要用途作了介绍，以便读者应用参考。难怪该模型在工业装置的研究开发、监测、诊断和优化中每年要被应用数千次。

③Ramage的研究结果表明了对于催化重整复杂体系的集总分族，按烃类的分子类型和碳原子数来进行分族是合适的。符合韦潜光等提出的集总理论，即每一化合物只属于一固定的集总，这些集总在动力学上可当作一独立的实体，并且服从一级反应模型的适合集总的条件。

④Ramage的13集总催化重整反应动力学模型的成功也表明了对于复杂反应体系的集总分族并不是愈多愈好，应在动力学参数与进料组成无关的前提下，使集总数目尽可能最少，各集总组分间的反应途径也最少，即以简单、实用、有效为目标，这才是集总分族的一般原则。

八、孙绍庄等人的16集总组分催化重整反应动力学模型

与国外相比，我国对催化重整集总反应动力学模型的研究起步较晚，始于20世纪80年代，Ramage的13集总催化重整反应动力学模型的成功研究，为我国的研究者们指明了方向，使我们少走了不少弯路，不少研究都是在Ramage研究结果的基础上，结合我国国情，根据我国催化重整工艺的特点和需要而研发的，有的并已在工业重整装置的设计、控制和操作条件的优化中得到了应用。同时这些研究成果也充实和丰富了集总理论和方法。从本小节起对国内开发的几个具有代表性的模型进行介绍。

1992年孙绍庄等人发表了16集总组分催化重整反应动力学模型[36~38]。

（一）该模型的集总组分数目

该模型开发者按下述思路，考虑模型的集总组分数目：

（1）根据 Ramage M P 的研究(参看图 5－20)：催化重整原料中 C_8、C_9 和 C_{10} 同类烃芳构化反应的规律非常相近，因此可将 C_8、C_9、C_{10} 同类烃按一个 C_8^+ 同类烃集总组分表示；

（2）当催化重整生产高辛烷值汽油时，仅将烷烃作为一个集总组分考虑是不妥的。因为在计算重整产物的辛烷值与对重整装置的操作进行优化时均需异构烷烃的组分数据。因此有必要将烷烃分成正构烷烃与异构烷烃二个集总组分考虑；

（3）将每一个 C_6、C_7、和 C_8^+ 烃类分别用正构烷烃、异构烷烃、五元环烷烃、六元环烷烃及芳烃 5 个集总组分表示；

（4）所有烷烃加氢裂化和芳烃加氢脱烷基反应生成的 $P_1 \sim P_5$ 产物用一个 P_5^- 集总组分表示。

因此，该模型具体的 16 集总组分为：

iP_6、nP_6、$5N_6$、$6N_6$、A_6；

iP_7、nP_7、$5N_7$、$6N_7$、A_7；

iP_8^+、nP_8^+、$5N_8^+$、$6N_8^+$、A_8^+；

P_5^-。

（二）该模型的反应数目

该模型开发者按下述思路，考虑模型的反应数目：

（1）正构烷烃的环化必须先经过生成五元环烷烃才能生成六元环烷烃，然后再生成芳烃；

（2）异构烷烃不直接环化；

（3）芳烃只进行加氢脱烷基反应，不进行芳环的加氢裂化反应。

因此，该模型的反应网络如图 5－50 所示。

该反应网络代表了下列 27 个反应：

① $nP_6 \rightleftharpoons iP_6$

② $nP_6 \rightleftharpoons 5N_6$

③ $5N_6 \rightleftharpoons 6N_6$

④ $6N_6 \rightleftharpoons A_6$

⑤ $nP_6 \longrightarrow P_5^-$

⑥ $iP_6 \longrightarrow P_5^-$

⑦ $nP_7 \longrightarrow iP_7$

⑧ $nP_7 \longrightarrow 5N_7$

⑨ $5N_7 \rightleftharpoons 6N_7$

⑩ $6N_7 \rightleftharpoons A_7$

⑪ $A_7 \longrightarrow A_6 + P_5^-$

⑫ $nP_7 \longrightarrow P_5^-$

⑬ $iP_7 \longrightarrow P_5^-$

⑭ $nP_7 \longrightarrow nP_6 + P_5^-$

⑮ $iP_7 \longrightarrow iP_6 + P_5^-$

⑯ $nP_8^+ \rightleftharpoons iP_8^+$

⑰ $nP_8^+ \rightleftharpoons 5N_8^+$

⑱ $5N_8^+ \rightleftharpoons 6N_8^+$

⑲ $6N_8^+ \rightleftharpoons A_8^+$

⑳ $A_8^+ \longrightarrow A_7 + P_5^-$

㉑ $A_8^+ \longrightarrow A_6 + P_5^-$

㉒ $nP_8^+ \longrightarrow P_5^-$

㉓ $iP_8^+ \longrightarrow P_5^-$

㉔ $nP_8^+ \longrightarrow nP_7 + P_5^-$

㉕ $nP_8^+ \longrightarrow nP_6 + P_5^-$

㉖ $iP_8^+ \longrightarrow iP_7 + P_5^-$

㉗ $iP_8^+ \longrightarrow iP_6 + P_5^-$

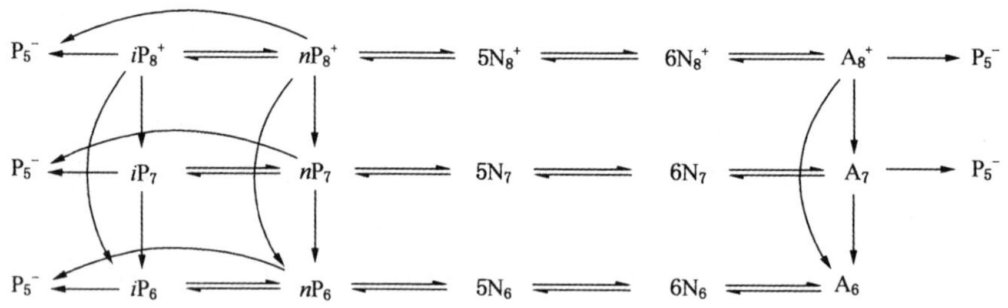

图 5-50 反应网络图

(三) 该模型的假设

该模型开发者在建立反应速率方程时作了下列假定:

(1) 所有反应均为一级反应;

(2) 催化重整的非均相反应按均相反应考虑;

(3) 反应速率常数与温度的关系符合 Arrhenius 方程;

(4) 同类的重整反应具有相同的压力指数。

因此，反应速率方程为:

$$\vec{r} = \vec{k}_o \times \exp(-\vec{E}/RT) \times p^{\vec{x}} \times \vec{a}$$

式中 $\vec{r}$——反应速率向量;

$\vec{k}_o$——频率因子向量;

$\vec{E}$——活化能向量;

R——气体普适常数;

T——温度;

p——总压;

$\vec{x}$——压力指数向量;

$\vec{a}$——组分浓度向量。

(四) 所作的试验研究

催化重整反应动力学试验是在 mR-80 型压力微型反应装置上进行的。

所用催化剂为 $Pt-Sn/Al_2O_3$ 催化剂，其表面积为 $205m^2/g$，其粒度为 40~60 目，催化剂中 Pt 含量为 0.375%、Sn 含量为 0.375%，装量为 0.25g。

反应条件为:

氢压	0.8~1.2MPa
温度	460~500℃
氢油摩尔比	10
空速	$3\sim12h^{-1}$

反应是在排除内外扩散条件下进行的。

由于催化剂对原料中的水分十分敏感，因此，原料先经5A分子筛干燥后密闭地进入反应系统；氢气先经5A分子筛干燥，再经装有Pt-Sn/Al_2O_3催化剂的反应器在350℃下使氢气中的微量氧与氢气作用生成水，再经5A分子筛干燥后进入反应系统。

由于对反应网络的参数估计采用分层估计的原理，即将整个反应网络分成C_6、C_7和C_8^+三个反应网络。因此C_6反应网络的试验原料采用正己烷、环己烷与苯以不同配比组成的混合物。C_7反应网络的试验原料采用正庚烷、甲基环己烷与甲苯以不同配比组成的混合物。C_8^+反应网络的试验原料采用正辛烷与八碳芳烃以不同配比组成的混合物。催化剂在一定条件下反应10h后，其活性与选择性已基本趋于稳定。因此反应动力学的数据系在反应10h后采集的。每个条件下的反应动力学数据以5个平行数据为准。在反应72h后，即更换新的催化剂。

（五）参数估计

催化重整是一个高度耦联的反应体系，而且反应网络中各个反应的动力学参数值相差较大，这些都给参数估计带来很大的困难。模型开发者对该模型的参数估计问题采取了下述措施：

(1) 按照分层估计的原理，将整个反应网络分成三层：即C_6反应网络、C_7反应网络（包括C_6和C_7的所有反应）与C_8^+反应网络（包括C_6、C_7和C_8^+的所有反应）。先估计C_6反应网络的动力学参数，再估计C_7反应网络的动力学参数，最后估计C_8^+反应网络的动力学参数，这样可减少每次估计的动力学参数的数目。在估计C_7反应网络的动力学参数时，可将已测得的C_6反应网络的动力学参数代入；C_7某些反应的压力指数可采用C_6同类型反应的数值。在估计C_8^+反应网络的动力学参数时，可将已测得的C_6、C_7反应网络的动力学参数代入；C_8^+某些反应的压力指数可采用C_6、C_7同类型反应的数值。

(2) 由于反应网络中的许多反应是可逆反应，为了减少参数估计的数目，只估计其正向反应的动力学参数，而对其逆向反应的动力学参数则由热力学平衡常数与正向反应动力学参数求得。

(3) 采用Marquadt法（即Marquadt修正的高斯-牛顿法）、最佳步长策略法及区域约束的参数估计法同时估计反应网络的动力学参数。各动力学参数都在用三种不同方法所得结果一致的基础上确定的。

各个反应的动力学参数的频率因子、活化能和压力指数见表5-30。

由试验所得出的在各温度T下的反应速度常数k，其$\ln k$值与$1/T$成直线关系（部分反应的$\ln k$与$1/T$的关系见图5-51）说明很符合Arrhenius关系式。

表5-30 各反应的频率因子活化能及压力指数

顺序号	反　应	频率因子	活化能/(kJ/mol)	压力指数
1	$nP_6 \longrightarrow iP_6$	0.149×10^{17}	219.34	0.370
2	$nP_6 \longrightarrow 5N_6$	0.102×10^{13}	161.91	-0.70
3	$5N_6 \longrightarrow 6N_6$	0.415×10^{26}	359.29	0.370

续表

顺序号	反　应	频率因子	活化能/(kJ/mol)	压力指数
4	$6N_6 \longrightarrow A_6$	0.621×10^{13}	159.40	0.0
			152.40	
5	$nP_6 \longrightarrow P_5^-$	0.262×10^{13}	188.53	0.433
6	$iP_6 \longrightarrow P_5^-$	0.262×10^{13}	188.53	0.433
7	$nP_7 \longrightarrow iP_7$	0.588×10^{16}	224.88	0.370
8	$nP_7 \longrightarrow 5N_7$	0.540×10^{11}	138.38	−0.70
9	$5N_7 \longrightarrow 6N_7$	0.188×10^{14}	155.58	0.370
		0.188×10^{11}		
10	$6N_7 \longrightarrow A_7$	0.230×10^{10}	94.08	0.0
11	$A_7 \longrightarrow A_6$	0.402×10^{10}	171.07	0.50
		0.462×10^{10}		
12	$nP_7 \longrightarrow P_5^-$	0.444×10^{10}	163.77	0.433
13	$iP_7 \longrightarrow P_5^-$	0.445×10^{10}	163.77	0.433
14	$nP_7 \longrightarrow nP_6$	0.135×10^{26}	377.57	0.433
15	$iP_7 \longrightarrow iP_6$	0.136×10^{26}	377.57	0.433
16	$nP_8^+ \longrightarrow iP_8^+$	0.213×10^{19}	262.44	0.371
17	$nP_8^+ \longrightarrow 5N_8^+$	0.130×10^{14}	172.90	−0.70
18	$5N_8^+ \longrightarrow 6N_8^+$	0.772×10^{14}	166.31	0.371
19	$6N_8^+ \longrightarrow A_8^+$	0.129×10^{16}	18.54	0.0
20	$A_8^+ \longrightarrow A_7$	0.101×10^{18}	274.81	0.5
		0.107×10^{18}		
21	$A_8^+ \longrightarrow A_6$	0.233×10^{17}	271.14	0.5
		0.223×10^{17}		
22	$nP_8^+ \longrightarrow P_5^-$	0.255×10^{19}	277.99	0.433
			279.99	
23	$iP_8^+ \longrightarrow P_5^-$	0.249×10^{19}	279.88	0.433
24	$nP_8^+ \longrightarrow nP_7$	0.119×10^{16}	243.48	0.433
25	$nP_8^+ \longrightarrow nP_6$	0.168×10^{15}	231.09	0.433
26	$iP_8^+ \longrightarrow iP_7$	0.417×10^{18}	280.95	0.433
27	$iP_8^+ \longrightarrow iP_6$	0.799×10^{17}	270.80	0.433

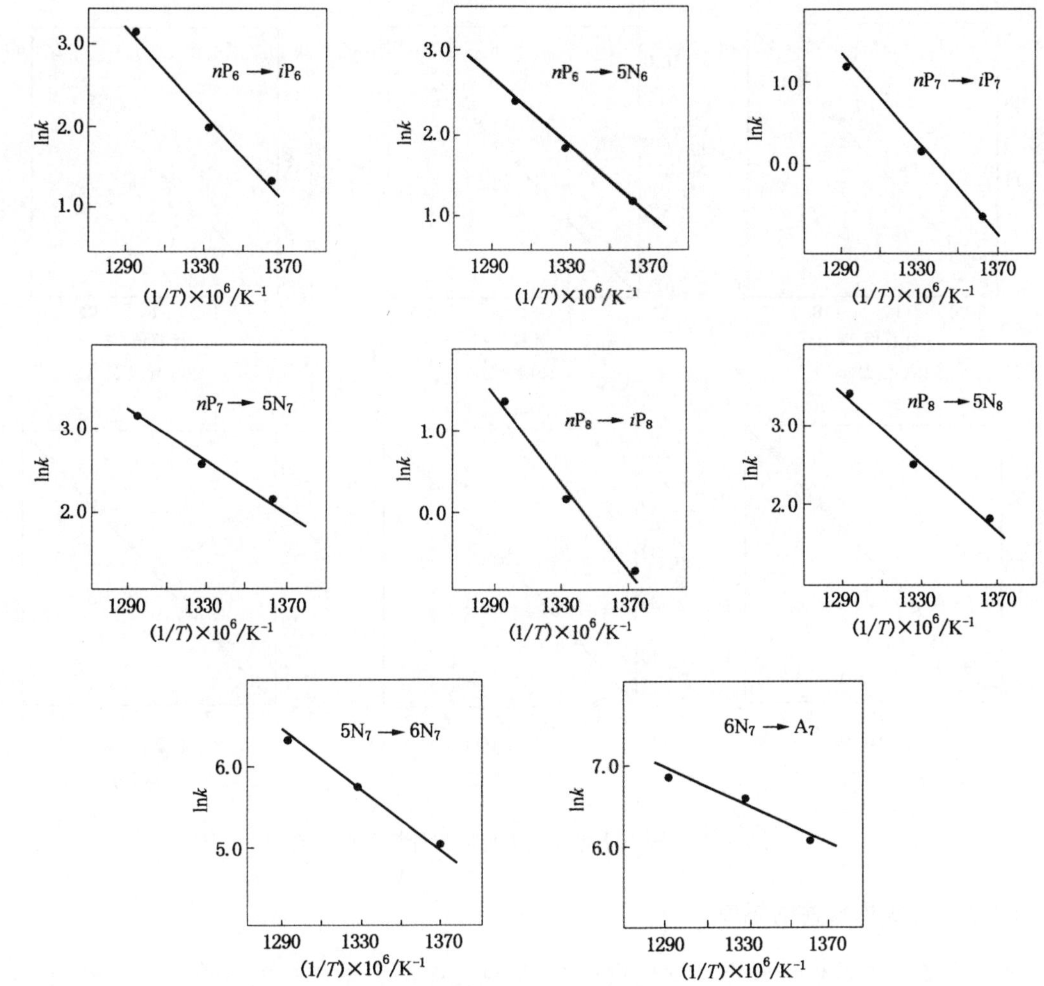

图 5－51 ln$k$ 与 $1/T$ 关系

（六）该模型的拟合能力

从表 5－31 和图 5－52 可以看出，在组分浓度变化比较大的范围内，模型的计算值与试验值能很好地拟合，说明没有系统偏差存在，所建立的模型是合理的。

表 5－31 某些烃类含量实验值与计算值的比较 %

序号	正己烷		异己烷		正庚烷		异庚烷		正辛烷		异辛烷	
	实验值	计算值	实验值	计算值	实验值	计算值	实验值	计算值	实验值	计算值	实验值	计算值
1	6.82	6.39	12.08	11.11	28.53	28.13	6.10	5.50	26.39	27.77	10.51	8.24
2	5.32	6.09	11.38	11.99	25.31	24.73	10.31	12.17	29.90	27.27	22.16	22.63
3	10.19	11.13	18.82	18.60	21.92	21.38	9.21	9.43	22.01	23.76	13.81	12.35
4	9.15	9.47	13.74	13.94	16.11	17.71	17.45	18.65	11.43	11.10	19.20	18.97
5					19.74	19.81	10.71	11.41	11.99	13.38	14.51	13.69
6					12.76	13.04	14.71	13.94	14.87	15.68	20.83	20.00
7					13.71	12.27	17.78	16.05				
8					12.51	11.65	15.88	14.47				

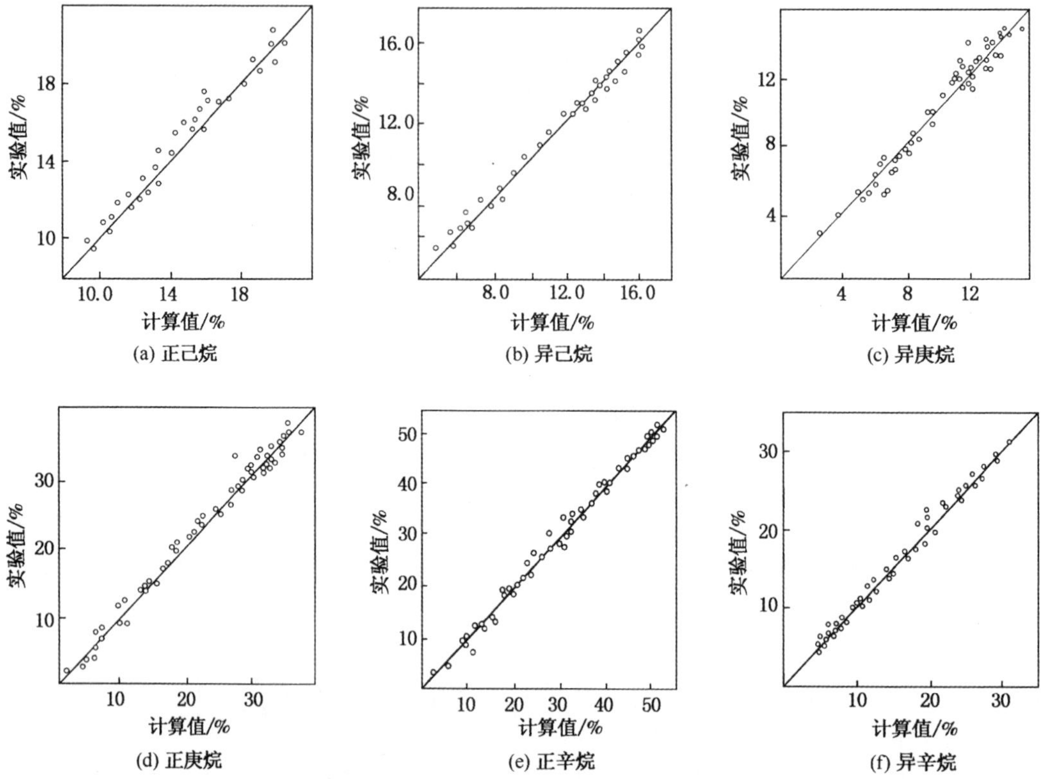

图 5-52 某些烃类含量实验值与计算值的拟合

(七)工业应用软件的编制

通过实验和参数估计确定了催化重整 16 集总反应动力学模型的各个动力学参数，并经实验室验证证明模型的计算值与实验值能很好的拟合。为要进一步的进行工业应用，本研究还进行了工业应用软件的编制工作。这是因为实验室反应器与工业实际装置存在很大差异，将实验室所得到的动力学参数直接用于工业装置必然会产生较大的偏差，为了校正这一偏差，通常采用设置装置因数及建立相应的反应器数学模型的方法予以解决，并在此基础上将已确立的催化重整 16 集总反应动力学模型与工业反应器模型相结合，编制能求取装置因数和预测产物分布等功能的工业应用软件。

1. 装置因数的设置和求取

由于实验室得到的催化重整 16 集总反应动力学模型是本征动力学模型，而实际工业装置中的反应过程还受到各种传递因素的影响，因此将实验室得到的本征动力学模型直接应用于工业装置的计算，必然会存在偏差，必须对模型参数进行修正，但因工业过程中传递因素对反应影响的复杂性，故到目前为此还很难从机理上对这些影响因素作准确而又详细的定性分析和定量计算，因此在实际应用中普遍采用经验的方法，即对各种影响因素综合用一些经验常数来校正工业实际与实验室结果之间的偏差，这些经验常数就被称为装置因数，它代表了实际工业装置的各类反应与本征的反应间的偏差，这种偏差包括传质、传热、流体流动等因素的影响，可以通过实际工业数据与模型的计算数据的偏差来求取。严格的讲装置因数的大小是会因温度、压力、物料流动等操作条件的变化而发生波动的，故往往是在每次计算时首先化几分钟求取一下在当时操作条件下的装置因数，以尽量做到装置因数的可靠正确。也有为了实际应用方便，就简化为同一套装置的装置因数不变，装置因数不受操作条件的影响，只有不同的装置才需另外求取装置因数。

针对催化重整16集总反应网络，该研究在装置因数的设置中作了如下的考虑：区分纵向和横向，纵向指的是裂化反应，相同碳数组分的同类反应采用同一装置因数修正；横向指的是同一碳数烃类间的反应，这些反应都是可逆反应，分别设置装置因数加以修正。为此对含有16个集总组分，27个反应的催化重整反应网络，共设置了23个装置因数。表5-32列出了装置因数与所修正的反应的对应关系。

表5-32　修正反应与装置因数对应关系

反应	装置因数	反应	装置因数	反应	装置因数
①	1	⑩	9	⑳	17
②	2	⑪	10	㉑	18
③	3	⑫，⑬	11	㉒，㉓	19
④	4	⑭，⑮	12	㉔	20
⑤，⑥	5	⑯	13	㉕	21
⑦	6	⑰	14	㉖	22
⑧	7	⑱	15	㉗	23
⑨	8	⑲	16		

在求取装置因数时，考虑到反应网络的偶联性，该研究采用了整体与局部相结合的计算方法。所谓整体计算，即是对所有装置因数同时进行计算，使其中大部分偏差得以校正，这样计算的优点是避免了反应网络偶联性的影响，缺点是校正的精度不很高。所谓局部计算，是对其中几个相关的装置因数进行计算，使相关组分间得以较精确的校正，以缓解精度高与偶联性强的矛盾，通过这种方法可以取得良好的计算结果。

2. 连续重整反应器模型

同一反应在不同类型的反应器中进行，必将产生不同的反应结果，故在建立了集总动力学模型后，还必须根据反应器的实际情况用反应工程的理论进行简化，建立反应器模型，才能将反应动力学模型用于工业装置的优化和模拟计算。

该研究针对引进UOP专利建立的连续重整装置的特点并结合反应工程理论，建立了连续重整反应器模型。该反应系统由四个叠置的径向反应器组成，催化剂通过重力而下移的同时与径向通过的反应物料发生反应。在此过程中，催化剂颗粒是按照一定的压降和速度向下移动，对于反应器床层内部的任何位置，从宏观上可以认为每一点的催化剂活性都是不随时间而变化的，因而催化剂的流动可看作是定态流动，即在催化剂床层的任一截面上，催化剂的性质均保持不变。在连续重整反应器的设计中有两个原则：一是物料在扇形筒内的浓度分布是均匀的；二是反应器内轴向反应温降远小于径向反应的温降而可忽略。按照上述原则，可取任一催化剂床层截面的薄层微元，因催化剂的性质不随时间而变，故可将其看作一固定床，并写出它的物料衡算式，再根据速率方程式，通过求解微分方程求出经过微元体后的组分浓度变化。以此类推直至求得整个反应器的浓度分布。同样根据热量平衡，不考虑散热损失，即反应温度变化仅与反应热效应有关，可得微元体径向温度变化的表达式，随之也可得到整个反应器的温度分布。

3. 催化重整工业应用软件

这里仅把具有求取装置因数和预测重整装置产物分布两个功能的工业应用软件作一介绍，读者可以此为例，根据需要进一步开发各种附加计算(如辛烷值计算)的软件。

该软件包括一个主程序和九个子程序，简单介绍如下：

Program main：主程序。主要进行单位换算，调用各子程序。

Subroutine model：反应器模拟计算程序。对四个反应器分别进行模拟计算。

Subroutine CH：对输入的原料及相应产物数据进行碳与氢平衡的计算。

Subroutine SP：修正装置因数子程序。

Subroutine Dgear：解微分方程子程序，用吉尔方法对反应器微元进行求解动力学微分方程式。

Subroutine Diffun：微分方程子程序，每一微元的动力学速率常数计算。

Subroutine SK：给每一个动力学速率常数乘以相对应的装置因数。

Subroutine CEC：平衡常数计算程序。

Subroutine SD：目标函数计算子程序，计算各组分的偏差平方和，计算目标函数大小，并确定装置因数的修正方向。

Subroutine Dat：列表输出子程序。

4. 工业验证

用上述编制的工业应用软件对国内两个石化厂的连续重整装置，通过采集的十几套工业数据进行了求取装置因数和预测产率分布的计算，结果表明装置因数的范围比较合理，模型的计算值和实际值拟合较好，两套装置各组分产率的最大绝对偏差平均值分别为(+0.45% ~ -0.37%)和(+0.36% ~0.50%)。表5-33a和表5-33b为某工业移动床重整装置一个工况下的操作条件和验证结果，所使用催化剂为Pt-Sn/Al_2O_3催化剂，说明所建的动力学模型合理可靠，编制的工业应用软件正确可行。

表5-33a 某移动床催化重整装置的主要操作条件

反应器	反应压力(绝压)/MPa	入口温度/℃
一反	0.998	505
二反	0.946	502
三反	0.895	505
四反	0.848	505

表 5-33b 某移动床催化重整装置的产率分布预测结果汇总表

组分	反应进料中各组分的流率/(kg/h)	最终反应生成物中各组分的流率/(kg/h)		误差①/%	各组分的产率/%(质量分数)		
		计算值	实际值		计算值	实际值	绝对偏差
nP_8^-	1490.39	46.45	146.62	-0.37	0.13	0.21	-0.08
iP_8^-	13092.65	46.16					
$5N_8^-$	5848.85	0.27	0.00	0.00	0.00	0.00	0.00
$6N_8^+$	4683.07	0.02					
A_8^+	1809.90	16928.0	17656.0	4.59	24.20	25.14	-1.04
C_5^-	15710.81	26940.0	27348.0	3.50	38.51	39.10	-0.59
nP_7	663.51	981.61	2485.0	-2.60	3.29	3.55	-0.26
iP_7	8815.21	1321.5					
$5N_7$	2852.46	3.15	73.20	-1.41	0.01	0.10	-0.09
$6N_7$	2054.58	1.97					
A_7	626.33	8214.2	8177.5	-0.49	11.74	11.69	0.05
nP_6	929.38	2069.4	4770.0	110.02	8.28	6.82	1.45
iP_6	4772.32	3725.7					
$5N_6$	2418.94	45.08	78.66	-1.33	0.07	0.11	-0.04
$6N_6$	203.48	3.36					
A_6	108.50	3952.3	3532.8	-12.25	5.65	5.05	0.60
H_6	4241.47	5671.6	5683.6	0.83	8.11	8.13	-0.02

①误差 = $\frac{\text{最终反应生成物中该组分流率的计算值}-\text{最终反应生成物中该组分流率的实际值}}{\text{反应进料中该组分的流率}-\text{最终反应生成物中该组分流率的实际值}}\times 100\%$

(八)小结

孙绍庄等人开发的催化重整16集总反应动力学模型，是在综合了国外Ramage等典型的催化重整集总反应动力学模型的优点，根据我国催化重整的具体情况和实验及参数估计条件而建立的，该模型的主要特点和创新点在于：

①它传承了Ramage等人建立的催化重整13集总反应动力学模型的简单、实用、有效的特色，但又在他的按烃类的分子类型(烷烃、环烷烃、芳烃)和碳原子数(六碳、七碳、八碳)的基础上将烷烃进一步分为正构烷烃和异构烷烃，以便可适用于不同目的(以生产芳烃或高辛烷值汽油为目的)的重整反应，具有更广泛的适应性和灵活性。

②通过将整个反应网络分成 C_6、C_7、C_8 三个子网络，分块进行实验测定和参数估计的方法，成功地解决了几十个参数的求取问题，与当时的国际先进水平如Froment等人的28集总催化重整反应动力学模型相比，他虽然建立了28集总的反应网络，却未能解决动力学参数的求取问题，为此，催化重整16集总反应动力学模型的成功开发，使原本在该研究领域落后了20多年的我国，进入了国际先进行列。此后，我国的催化重整集总反应

动力学模型的研究和应用，如雨后春笋迅速发展。

③根据所建模型还编制了工业应用软件，该软件能适用于移动床反应器，并用于多种操作形式，软件灵活性强，适用性广，通过对国内两个连续重整装置的工业验证，结果表明，模型具有很好的预测性和可靠性，对指导工业装置的离线调优等具有重要作用。

九、芳烃型连续重整27集总反应动力学模型

21世纪初，翁惠新等人发表了芳烃型连续重整27集总反应动力学模型的研究成果[45~47]。该研究的最大特点是以我国某石化厂的连续重整装置为研究对象，建模数据全部来自于该工业装置的实测数据，及根据该连续重整装置的需要，建立了芳烃型连续重整27集总反应动力学模型，并运用所建模型对该装置进行了模拟计算、对一些主要操作参数的影响进行了分析计算和对主要目的产物芳烃产率进行了优化计算等。整个开发过程表明：我国的催化重整集总反应动力学模型的研究又上了一个新台阶。

(一)集总组分与反应网络的确定

①根据所研究的装置的原料特点为重石脑油，C_{10}^+组分在原料中的含量很高，考虑到不同碳原子数烃类反应速率的差异，同时兼顾用户对裂化产物组成进行预测和优化的需要，将全部组分按碳原子数划分为 C_1 ~ C_{10}^+组分，（其它相应模型一般最高将碳原子数划分到 C_9^+）。并将 C_5 以上组分划分为烷烃、五元环烷烃、六元环烷烃和芳烃；

②为满足用户能对芳烃的详细组成进行预测的需要，除了将芳烃组成按碳原子数划分外，还根据芳环取代基的个数进一步将八碳芳烃细分为二甲苯和乙苯，将九碳芳烃细分为三甲苯、甲乙苯和丙苯；通过细分 A_9 芳烃，一方面有助于对所关心的二甲苯含量的预测，另一方面可以对三甲苯、甲乙苯和丙苯进行有效的预测，为下游的歧化、烷基化处理提供指导；

③基于催化重整反应过程是分子重排，转化生成芳烃并同时产生氢气的过程，在目前加氢工艺快速发展的情况下，重整氢气是重要的廉价氢气来源，为满足对氢气产率预测的需要，本研究将氢气单独分为一个集总。

这样，综上所述，可把重整物料(包括原料和产物)分为27个集总，详见表5-34。

表5-34 催化重整27集总动力学模型的集总分族

碳 数	烷 烃	环烷烃	芳烃	氢气
C_{10}^+	C_{10}^+烷烃类	C_{10}^+环烷烃类	C_{10}^+芳烃类	—
C_9	C_9烷烃类	C_9环烷烃类	丙苯、三甲苯、甲乙苯	—
C_8	C_8烷烃类	C_8五元环和六元环烷烃类	乙苯、二甲苯	—
C_7	C_7烷烃类	C_7五元环和六元环烷烃类	甲苯	—
C_6	C_6烷烃类	C_6五元环和六元环烷烃类	苯	—
C_5	C_5烷烃类	—	—	—

续表

碳　数	烷　烃	环烷烃	芳烃	氢气
C_4	C_4烷烃类	—	—	—
C_3	丙烷	—	—	—
C_2	乙烷	—	—	—
C_1	甲烷	—	—	H_2

根据重整反应机理建立的各集总组分之间相互转化的反应网络见图5－53，为使反应网络图简明清晰，在图5－53中仅列出了26个烃类集总组分的反应网络，氢集总在反应网络中不显示，而在反应动力学方程中专门用氢压项表示氢气对反应的影响。反应速率方程采用幂函数形式；烃类的重整反应按通常的一级反应处理；引入与催化剂积炭量相关的失活函数进而计算积炭量。

假设每一反应器的环轴截面催化剂、温度、以及各组分浓度分布均匀，且无返混现象，按理想的活塞流处理，则物料衡算及热量衡算方程如下所示：

$$\frac{dX}{dR_b}=\frac{2\pi RH}{\text{LHSV}\times V_{cat}}K_rX$$

$$\frac{dT}{dR_b}=\frac{2\pi RH}{\text{LHSV}\times V_{cat}}\Sigma\left(\frac{r_i\Delta H_i}{C_p\text{X}}\right)$$

式中　X——集总组分摩尔流量向量，kmol/h；

R_b——反应器床层半径，m；

π——圆周率，3.1416；

R——气体常数，8.314J/(mol·K)；

LHSV——液时空速，h^{-1}；

V_{cat}——催化剂装填体积，m^3；

K_r——反应速率常数矩阵，s^{-1}；

T——反应器床层温度，K；

r_i——i集总组分反应速率，kmol/s；

ΔH_i——i集总组反应热，J/mol；

C_p——集总组分的气相比热容向量，kJ/(kmol·K)。

综上所述可见，整个反应网络包括52个反应：21个烷烃裂化反应，15个芳烃裂化反应，5个环化反应、8个芳构化反应及3个环烷烃异构化反应。共有163个模型参数(其中有104个重整反应动力学参数，52个氢压指数，4个结焦反应动力学参数，3个失活常数)。

(二)动力学参数的确定

1. 分步确定法

该研究巧妙地运用了分步进行参数估计的方法，成功地完成了催化重整27集总反应动力学模型的163个动力学参数的估计。即将整个27集总的反应网络分成三个子网络来进行分步估计，三个子网络的划分及具体做法如下：

第一步：估计 $C_1 \sim C_9^+$ 子网络的动力学参数，而且在该反应网络中，环烷烃不分五元环和六元环，C_9^+ 芳烃也只作为一个集总考虑，这样共有 19 个集总，100 个模型参数，(详见图 5-53)，其中反应的活化能和氢压指数采用前人研究成果[31](该课题组 16 集总的研究结果共 62 个)，于是实际所需估计的参数就减少到了 38 个。

划分第一个子网络为 19 集总反应网络的依据或原因：

①由于 19 集总子网络是 27 集总反应网络中的一部分，故应仍保持 27 集总划分的总原则，即按不同碳原子数和不同烃类进行集总分族。与 27 集总相比的简化之处在于将全部组分按碳原子数划分为 $C_1 \sim C_9^+$ 组分；将 C_5 以上组分划分为烷烃、环烷烃和芳烃；对芳烃除了按碳原子数划分外，还根据芳环取代基的个数进一步将八碳芳烃分为二甲苯和乙苯，并认为二甲苯和乙苯之间没有相互转化。

②建立 19 集总子网络的目的，是为减少一次估计 27 集总参数过多而带来的难度和所估参数的不可靠性所进行的进一步简化，因此其简化不仅要合理而且要符合 27 集总反应网络参数估计的需要。现通过上述简化可一下子把需估的 163 个参数下降到仅需先估 38 个，不仅可大大降低一次参数估计过多的难度和提高所估参数的可靠程度，而与此同时，对于某些芳烃型重整装置，若原料较轻，C_{10}组分含量不多，对产物芳烃组成的预测要求也不高的话，则 19 集总反应网络完全可作为一独立的集总反应动力学模型应用，由此也大大提高了 27 集总反应动力学模型应用的灵活性。

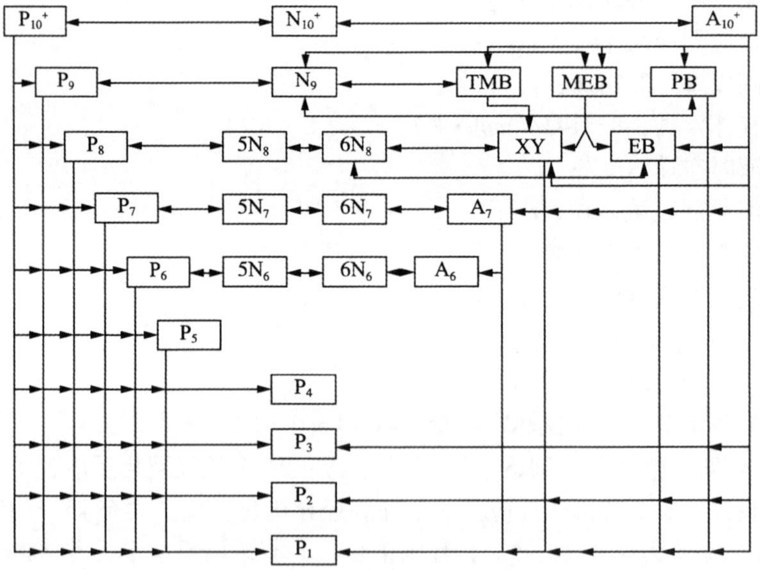

图 5-53 催化重整 27 集总反应网络

P_1—甲烷；P_2—乙烷；P_3—丙烷；P_4—C_4 烷烃；P_5—C_5 烷烃；P_6—C_6 烷烃；P_7—C_7 烷烃；P_8—C_8 烷烃；P_9—C_9 烷烃；P_{10}^+—C_{10}及以上烷烃；$5N_6$—C_6 五元环烷烃；$5N_7$—C_7 五元环烷烃；$5N_8$—C_8 五元环烷烃；$6N_6$—C_6 六元环烷烃；$6N_7$—C_7 六元环烷烃；$6N_8$—C_8 六元环烷烃；N_9—C_9 环烷烃；N_{10}^+—C_{10}及以上环烷烃；A_6—苯；A_7—甲苯；XY—二甲苯；EB—乙苯；TMB—三甲苯；MEB—甲乙苯；PB—丙苯；A_{10}^+—C_{10}及以上芳轻

第二步：估计$C_1 \sim C_{10}^+$子网络的动力学参数，其它同第一步，仅增加了C_{10}烷烃、环烷烃和芳烃三个集总，为22个集总，共有133个模型参数，（详见反应网络图5－53），而其中$C_1 \sim C_9$子网络的100个动力学参数已经求得，故实际所需估计的参数仅为33个。

建立22集总子网络的依据或原因同上，考虑到本研究对象的重整原料油为重石脑油，C_{10}及以上的烃含量高，为此将按碳原子数划分延伸到C_{10}^+，其它不变。这样即增加了C_{10}^+烷烃、环烷烃和芳烃三个集总，为22个集总。构成反应网络的反应机理同27集总反应网络。显然，对于原料较重的重整装置，C_{10}及以上组分含量较高，而对产物芳烃组成的预测要求不高的话，则22集总反应网络完全可作为一独立的集总反应动力学模型应用。

第三步：即是将22集总子网络中的环烷烃进一步分为五元环烷烃和六元环烷烃，将C_9芳烃进一步分为三甲苯、甲乙苯和丙苯，这样就比22集总又增加了5个集总，即是最终的27集总反应网络，（详见反应网络图5－53），共有163个动力学参数，而其中133个动力学参数在第一、二步中已经求得，故仅需估计30个参数即可完成整个反应网络的全部动力学参数的求取。

显然，如果说22集总反应网络与19集总反应网络相比，只是在按碳原子数的划分上进了一步的话（从C_9提升到C_{10}），那么，27集总反应网络与22集总反应网络相比，即是在按不同烃类的划分上大大前进了一步。

由上可见，分步估计参数的方法，大大减少了一次估计动力学参数的数目，使参数估计的难度大为下降，从而也使所得的模型参数的可靠性和正确性大为增加。与此同时也提供了模型独立和灵活应用的可能性。

2. 参数估计方法

为避免参数估计陷入局部极小，同时提高参数估计的数值稳定性及收敛速度，该研究在比较分析了多种参数估计方法的优缺点后，确定采用具有较好数值稳定性及快速收敛性的局部极小优化算法（BFGS算法）和全局优化算法（模拟退火算法）连用的形式进行参数估计。结果表明：两种优化算法混合连用的方法，相互取长补短既考虑到局部和全局，又兼顾了收敛的快速性和数值的稳定性等，有效地解决了本研究多参数估计的可靠性等问题，值得推广应用。两种优化算法混合连用的计算流程图见图5－54。

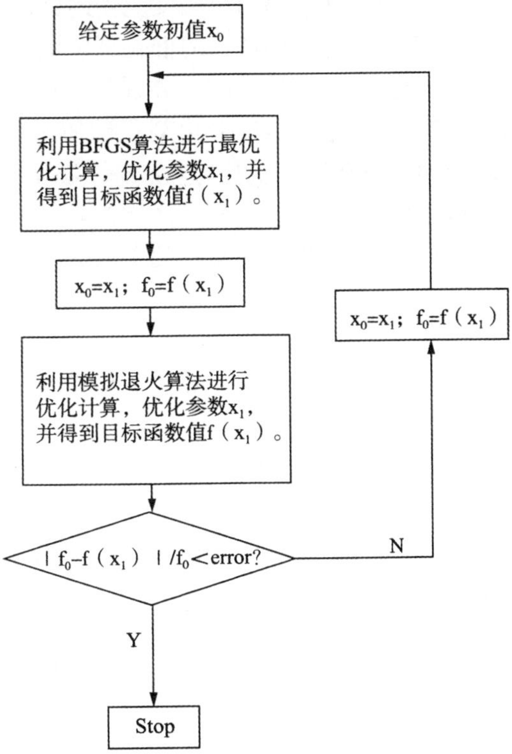

图5－54　混合优化流程图

（三）模型的工业验证和应用[48]

在求得了全部动力学参数，建立了催化重整27集总反应动力学模型后，接着研究者还进行了以下一系列的工作，以进一步验证模型的可靠性和为工业应用提供指导。

①对所求得的动力学参数的合理性进行

了分析讨论，结果表明所建的催化重整27集总反应动力学模型符合重整反应机理，所得的动力学参数正确可靠。

②工业验证：采用三套与估计动力学参数估计不同时段或不同操作条件下的工业实测数据，对所建的模型(包括两个子模型)进行了验证计算，以考察所估参数的可靠性和模型的外推性，结果表明：所建的27集总反应动力学模型不但能对重整产物组成、氢气产率及催化剂出口积炭量进行较准确的预测，而且能够准确预测苯、甲苯、乙苯、二甲苯、甲乙苯、三甲苯、丙苯及C_{10}^{+}以上芳烃的含量，其精度可满足工业要求，这对于芳烃型重整具有重要意义；三个集总反应动力学模型都能准确预测C_7以下各烷烃的详细组成、总芳烃量和出口氢气含量，故在不需要对芳烃组成进行详细预测时，可选择较为简化的模型。

③运用所建的催化重整27集总反应动力学模型，对本研究的芳烃型连续重整装置四个反应器内沿反应器床层的反应物分布、温度分布及催化剂床层的积炭分布等进行了模拟计算，得到的定量结果符合反应规律。

④运用所建的催化重整27集总反应动力学模型，计算了移动床连续重整四个反应器的进口温度、空速、氢烃比及催化剂停留时间等七个操作变量对反应的影响，所得结果可为优化操作提供指导。

⑤运用所建的催化重整27集总反应动力学模型，对芳烃型连续重整的主要目的产物芳烃的产率，进行了优化计算。参照模拟计算和对操作参数影响的计算结果，根据重整反应的特点，催化剂的装填量应按一反到四反的顺序增加；反应器进口温度对反应结果影响较大，特别是适当提高第四反应器的进口温度有利于芳烃产率的提高，于是通过优化计算结果表明：在一反到四反的催化剂装填比例为1:1.5:2.5:5.0，优化后的反应器进口温度从一反到四反逐渐升高，分别为一反502.93℃；二反505.71℃；三反520.78℃；四反537.02℃控制最终出口催化剂积碳质量分数不超过6.5%，其他反应及进料条件保持不变，优化计算结果表明：芳烃产率提高了0.98%，二甲苯产率提高了1.34%，氢气产率也略有增加。

详细计算结果可参阅有关文献。

(四)小结

从上述的介绍可见，催化重整27集总反应动力学模型具有明显的特色和优势。主要表现在：

①在集总组分的划分上。将按碳原子数的划分延伸到C_{10}^{+}，(其他模型一般都仅到C_9^{+})。通过对C_9与C_{10}^{+}的分别集总，可以对重整产物中的芳烃分布进行更精确的预测；在按不同烃类划分集总时，将A_9芳烃再细分为三甲苯、甲乙苯和丙苯三个集总，将A_8细分为二甲苯和乙苯。本模型对A_9芳烃的细分，既有助于对所关心的二甲苯含量的预测，又可以对三甲苯、甲乙苯和丙苯进行有效的预测，为下游的歧化、烷基化处理提供指导；本研究所建立的催化重整集总反应动力学模型对苯、甲苯、二甲苯、乙苯、三甲苯、丙苯、甲乙苯及A_{10}^{+}都能进行预测，对于芳烃型重整装置而言，在产品预测及在线控制上具有重要指导意义，同时也可为芳烃产品精细化生产提供依据。

②在参数估计方面。合理的利用了分层参数估计策略，大大的减少了单次参数估计的

数目。在单次参数估计时，采用 BFGS 算法与模拟退火算法并用的形式，避免了参数估计陷入局部极小，同时也提高参数估计的数值稳定性及收敛速度。这一切均有效的确保了所估参数的可靠性和正确性。

③建模的所有数据全部来自于国内某连续重整工业装置的实测数据。大大减少了实验工作量，缩短了模型开发周期，针对性强，实用性明显。

④模型方程中考虑了氢压和积炭失活的影响，使模型不仅可预测计算沿反应器催化剂床层的产物分布(包括氢气产率)、温度分布、同时还可计算沿催化剂床层的积炭分布，这不仅对重整反应有重要指导意义，而且可为重整催化剂再生方案的决策，提供重要依据。

⑤研究者运用所建模型对七个主要操作变量对反应的影响的计算，以及在此基础上对目的产物芳烃的优化计算，为模型的工业应用指出了方向，具有重要借鉴作用和实用价值。

十、国内其他代表性催化重整集总动力学模型

基于催化重整在石油炼制过程中的重要地位，对该过程的动力学研究也就十分引入关注，我国对集总动力学模型的研究虽然起步较晚，但对催化重整的集总动力学模型研究却是属于晚中较早的，并至今方兴未艾，除了上述两个较典型，而且有系统完整的研究和应用报道的外，另外还有一些颇具特色的催化重整集总动力学模型报道，因限于篇幅，本书只能作一简单介绍，需详细了解可参阅有关文献。

(一)解新安等人的 28 集总组分催化重整反应动力学数学模型

1995 年解新安、彭世浩和刘太极发表了 28 集总组分催化重整反应动力学数学模型[43,44]。

1. 该模型的集总组分

该模型具有下述 28 个集总组分❶：

iP_6、nP_6、$6N_6$、$5N_6$、A_6；

iP_7、nP_7、$6N_7$、$5N_7$、A_7；

P_8、ECH、DMCH、PCP、$5N_8$、EB、X；

P_9^+、$6N_9^+$、$5N_9^+$、A_9^+；

P_1、P_2、P_3、iP4、nP_4、iP_5、nP_5。

2. 该模型的反应网络

该模型的反应网络由下列 68 个反应方程所组成：

1）脱氢反应：

---

❶ 编者注：该模型开发者在所发表的文献[43]中将碳八环戊烷($5N_8$)分成 PCP 及 $5N_8^2$ 个集总组分，将碳八芳烃(A_8)分成 EB 及 A_8^2 个集总组分。编者认为上述集总组分的符号存在不妥之处。由于 PCP 亦属于 $5N_8$，因此当 PCP 作为一个单独的集总组分时，其余的 $5N_8$ 宜改称为“除 PCP 以外的 $5N_8$”，宜改用 $5N'_8$ 符号表示，该模型开发者既然将 A_8 分成 EB 及 X 2 个集总组分，则 X 不宜再用 A_8 符号表示，而宜用 X 符号表示。

① $6N_6 \rightleftharpoons A_6 + 3H_2$
② $5N_6 \rightleftharpoons A_6 + 3H_2$
③ $6N_7 \rightleftharpoons A_7 + 3H_2$
④ $5N_7 \rightleftharpoons A_7 + 3H_2$
⑤ $ECH \rightleftharpoons X + 3H_2$
⑥ $DMCH \rightleftharpoons EB + 3H_2$
⑦ $PCP \rightleftharpoons EB + 3H_2$
⑧ $5N'_8 \rightleftharpoons X + 3H_2$
⑨ $6N_9^+ \rightleftharpoons A_9^+ + 3H_2$
⑩ $5N_9^+ \rightleftharpoons A_9^+ + 3H_2$

2）异构化反应

⑪ $6N_6 \rightleftharpoons 5N_6$
⑫ $6N_7 \rightleftharpoons 5N_7$
⑬ $ECH \rightleftharpoons PCP$
⑭ $PCP \rightleftharpoons 5N'_8$
⑮ $5N'_8 \rightleftharpoons DMCH$
⑯ $DMCH \rightleftharpoons ECH$
⑰ $6N_9^+ \rightleftharpoons 5N_9^+$
⑱ $nP_7 \rightleftharpoons iP_7$
⑲ $nP_6 \rightleftharpoons iP_6$
⑳ $nP_5 \rightleftharpoons iP_5$
㉑ $nP_4 \rightleftharpoons iP_4$

3）脱氢环化反应

㉒ $nP_6 \rightleftharpoons 6N_6 + H_2$
㉓ $nP_6 \rightleftharpoons 5N_6 + H_2$
㉔ $iP_6 \rightleftharpoons 5N_6 + H_2$
㉕ $iP_6 \rightleftharpoons 6N_6 + H_2$
㉖ $nP_7 \rightleftharpoons 6N_7 + H_2$
㉗ $iP_7 \rightleftharpoons 6N_7 + H_2$
㉘ $nP_7 \rightleftharpoons 5N_7 + H_2$
㉙ $iP_7 \rightleftharpoons 5N_7 + H_2$
㉚ $P_8 \rightleftharpoons ECH + H_2$
㉛ $P_8 \rightleftharpoons DMCH + H_2$
㉜ $P_8 \rightleftharpoons PCP + H_2$
㉝ $P_8 \rightleftharpoons 5N'_8 + H_2$
㉞ $P_9^+ \rightleftharpoons 6N_9^+ + H_2$
㉟ $P_9^+ \rightleftharpoons 5N_9^+ + H_2$

4）加氢脱烷基反应

㊱ $6N_7 + H_2 \rightleftharpoons 6N_6 + P_1$
㊲ $5N_7 + H_2 \rightleftharpoons 5N_6 + P_1$
㊳ $ECH + H_2 \rightleftharpoons 6N_7 + P_1$
㊴ $DMCH + H_2 \rightleftharpoons 6N_7 + P_1$
㊵ $PCP + H_2 \rightleftharpoons 5N_7 + P_1$
㊶ $5N'_8 + H_2 \rightleftharpoons 5N_7 + P_1$
㊷ $6N_9^+ + H_2 \rightleftharpoons ECH + P_1$
㊸ $6N_9^+ + H_2 \rightleftharpoons DMCH + P_1$
㊹ $5N_9^+ + H_2 \rightleftharpoons PCP + P_1$
㊺ $5N_9^+ + H_2 \rightleftharpoons 5N'_8 + P_1$
㊻ $A_7 + H_2 \rightleftharpoons A_6 + P_1$
㊼ $X + H_2 \rightleftharpoons A_7 + P_1$
㊽ $A_9^+ + H_2 \rightleftharpoons X + P_1$

5）环烷烃加氢裂化反应

㊾ $6N_9^+ + 2H_2 \rightarrow$ 组成为 a 的 P_1、P_2、P_3、iP_4、nP_4、iP_5、nP_5、iP_6、nP_6、iP_7、nP_7 和 P_8 的混合物

㊿ $5N_9^+ + 2H_2 \rightarrow$ 组成为 a 的 P_1、P_2、P_3、iP_4、nP_4、iP_5、nP_5、iP_6、nP_6、iP_7、nP_7 和 P_8 的混合物

(51) $ECH + 2H_2 \rightarrow$ 组成为 b 的 P_1、P_2、P_3、iP_4、nP_4、iP_5、nP_5、iP_6、nP_6、iP_7 和 nP_7 的混合物

(52) $DMCH + 2H_2 \rightarrow$ 组成为 b 的 P_1、P_2、P_3、iP_4、nP_4、iP_5、nP_5、iP_6、nP_6、iP_7 和 nP_7 的混合物

㉝ $PCP + 2H_2 \rightarrow$ 组成为 b 的 P_1、P_2、P_3、iP_4、nP_4、iP_5、nP_5、iP_6、nP_6、iP_7 和 nP_7 的混合物

㉞ $5N'_8 + 2H_2 \rightarrow$ 组成为 b 的 P_1、P_2、P_3、iP_4、nP_4、iP_5、nP_5、iP_6、nP_6、iP_7 和 nP_7 的混合物

㉟ $6N_7 + 2H_2 \rightarrow$ 组成为 c 的 P_1、P_2、P_3、iP_4、nP_4、iP_5、nP_5、iP_6 和 nP_6 的混合物

㊱ $5N_7 + 2H_2 \rightarrow$ 组成为 c 的 P_1、P_2、P_3、iP_4、nP_4、iP_5、nP_5、iP_6 和 nP_6 的混合物

㊲ $6N_6 + 2H_2 \rightarrow$ 组成为 d 的 P_1、P_2、P_3、iP_4、nP_4、iP_5 和 nP_5 的混合物

㊳ $5N_6 + 2H_2 \rightarrow$ 组成为 d 的 P_1、P_2、P_3、iP_4、nP_4、iP_5 和 nP_5 的混合物

6）烷烃加氢裂化反应

㊴ $P_q^+ + H_2 \rightarrow$ 组成为 a 的 P_1、P_2、P_3、iP_4、nP_4、iP_5、nP_5、iP_6、nP_6、iP_7、nP_7 和 P_8 的混合物

㊵ $P_8 + H_2 \rightarrow$ 组成为 b 的 P_1、P_2、P_3、iP_4、nP_4、iP_5、nP_5、iP_6、nP_6、iP_7 和 nP_7 的混合物

㊶ $iP_7 + H_2 \rightarrow$ 组成为 c 的 P_1、P_2、P_3、iP_4、nP_4、iP_5、nP_5、iP_6 和 nP_6 的混合物

㊷ $nP_7 + H_2 \rightarrow$ 组成为 c 的 P_1、P_2、P_3、iP_4、nP_4、iP_5、nP_5、iP_6 和 nP_6 的混合物

㊸ $iP_6 + H_2 \rightarrow$ 组成为 d 的 P_1、P_2、P_3、iP_4、nP_4、iP_5 和 nP_5 的混合物

㊹ $nP_6 + H_2 \rightarrow$ 组成为 d 的 P_1、P_2、P_3、iP_4、nP_4、iP_5 和 nP_5 的混合物

㊺ $iP_5 + H_2 \rightarrow$ 组成为 e 的 P_1、P_2、P_3、iP_4 和 nP_4 的混合物

㊻ $nP_5 + H_2 \rightarrow$ 组成为 e 的 P_1、P_2、P_3、iP_4 和 nP_4 的混合物

㊼ $iP_4 + H_2 \rightarrow$ 组成为 f 的 P_1、P_2 和 P_3 的混合物

㊽ $nP_4 + H_2 \rightarrow$ 组成为 f 的 P_1、P_2 和 P_3 的混合物

3. 该模型开发者在建立反应速率方程时作了下述考虑

①对作为非均相催化反应的催化重整反应，忽略了其内外扩散阻力的影响；

②对非均相的催化重整反应按拟均相反应考虑，但对其反应速率常数予以一定的修正；

③由于催化重整反应速率常数不仅与反应温度有关，而且还受反应压力、催化剂活性、催化剂选择性以及反应器装置因数等因素的影响。因此该模型采用了一个修正的反应速率常数；

$$k = k_C \cdot \alpha \cdot \sigma_P \cdot \theta$$

式中　k——修正的反应速率常数；

k_C——与温度的关系符合 Arrhenius 方程的反应速率常数；

σ_P——压力影响因子；

α——催化剂选择性因子；

θ——催化剂活性因子。

④由于催化重整各个反应相对于烃组分呈简单的一级反应，而与氢分压呈指数关系，因氢烃比较大，且沿反应器轴向（对轴向反应器）或径向（对径向反应器）氢分压变化不大，因此整个反应体系可视为拟一级单分子反应体系；

⑤由于在催化重整反应操作条件下重整进料系处于气相状态，因此将反应速率方程中的组分浓度单位换算为气相摩尔分率；

⑥由于某一个重整产物往往由几个反应所产生，因此该产物的反应速率需综合这些反应而成。

设某一产物组成 i，其有关的反应为 m 个，则

$$r_i = \sum_{j=1}^{m} (a_{ij} r_{ij})$$

式中 r_i——i 组分的总反应速率；

r_{ij}——i 组分的第 j 个反应的反应速率；

a_{ij}——i 组分的第 j 个反应的化学计量系数。

(二)丁福臣的催化重整 17 集总反应动力学模型[39,40]

该模型的主要特点是：与 Ramage 所建模型相比，该模型将 C_9 单独集总。另外丁福臣等人还认为：由于正构烷烃与异构烷烃对辛烷值的贡献不同，因此在以生产汽油为目的时，应分别集总，但是正构烷烃异构化反应生成异构烷烃的速度很快，其转化程度受平衡常数制约，因此在反应过程中将正构烷烃与异构烷烃两个组分作为一个集总组分处理，而在反应完成后，再将其按平衡组成分割。正构烷烃转化为其他同分异构体时，主要生成单支链的异构化烷烃，因此将链烷烃分为正构链烷烃与单侧链异构烷烃两个集总。环烷烃异构化和脱氢反应速度很快，模型中将五元环与六元环合并为环烷烃集总。于是在此基础上提出了如图 5－55 所示的反应网络。

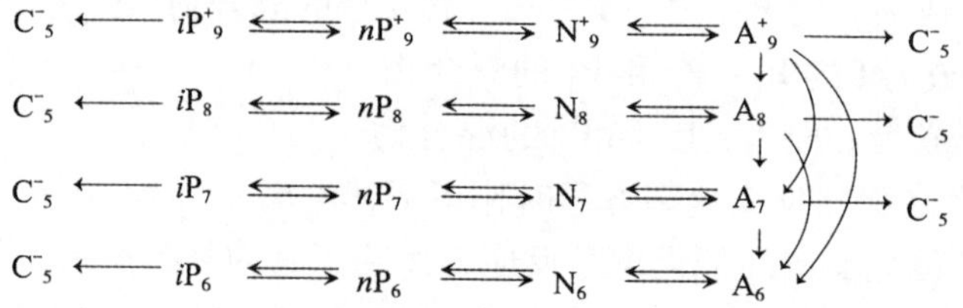

图 5－55 丁福臣 17 集总催化重整反应网络

(三)浙江大学等的催化重整 17 集总[41]和 20 集总反应动力学模型[42]

在考虑工业实际需要的情况下，不区分正异构烷烃，不区分五元、六元环烷烃，区分 C_8 和 C_9^+ 族组成及细分裂化产物的基础上，胡永有等人提出了如图 5－56 所示的催化重整 17 集总反应网络[41]。

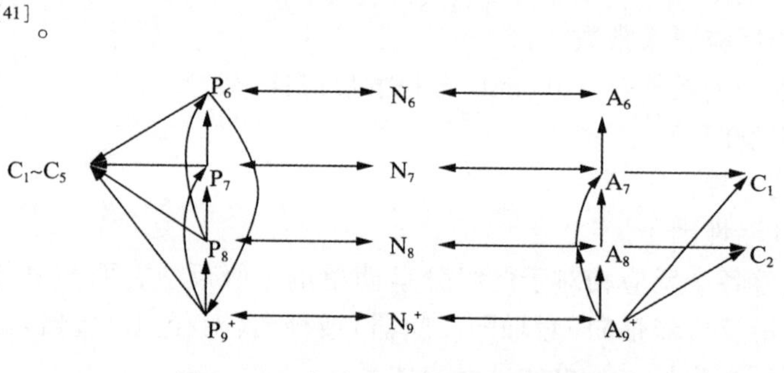

图 5－56 胡永有 17 集总反应网络

侯卫峰等[42]在原来 17 集总的基础上，细分 C_8 芳烃为乙苯、邻二甲苯、间二甲苯及

对二甲苯，同时考虑各裂化反应速率的差异，建立了催化重整 20 集总反应动力学模型，其反应网络如图 5－57 所示。

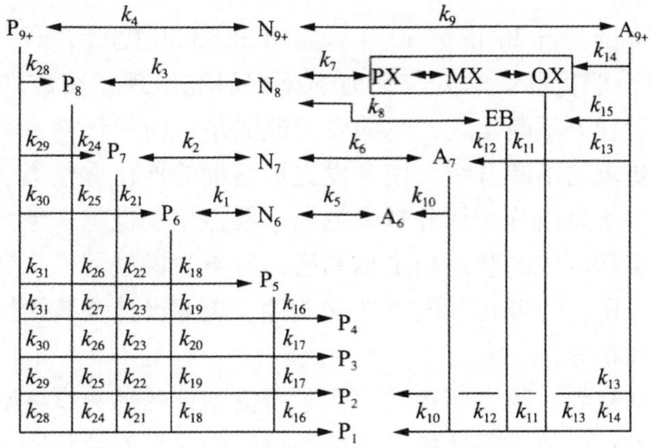

图 5－57　侯卫峰 20 集总反应网络

(四) 小结

由上述众多的集总反应动力学模型的建立过程中可见，建立一个催化重整集总反应动力学模型要经历如下几步：

第一步，把反应体系中所包含的数目众多的化合物按一定的原则(烃类的分子类型和碳原子数)进行集总分族，简化问题以利于模型处理。

第二步，根据反应机理，确定集总组分的反应网络，建立集总组分的反应动力学方程。

第三步，确定模型的动力学参数，进行模型的验证。

第四步，编制工业应用软件，模型的工业应用研究。

以上四步是建立集总反应动力学模型的必经之路，只不过因研究条件、应用需要等的不同，因此，所开发模型的数据来源、集总分族的角度、反应网络的简化程度及参数估计采用的方法等就各有特色和创新；也有的研究仅停留在实验室阶段而缺乏第四步。

从上述研究还可见：评价一个模型的优劣，不仅在于它的学术价值：能否正确揭示反应规律并给于定量的结果：还在于它的应用价值：模型能否有效的在指导过程的开发、放大、优化中发挥作用。

总而言之，自 20 世纪 50 年代末创建第一个催化重整集总反应动力学模型起，几十年来催化重整集总反应动力学模型随着催化重整工艺和工程技术的发展和计算机应用技术的高速发展而不断发展。至今，这类模型以重整反应器软件的形式仍然是催化重整反应工业应用的主要模型。自 20 世纪 80 年代起，我国开始自行研发集总反应动力学模型以来，相继研发出若干优秀催化重整的反应模型，并已应用于装置操作指导和优化及过程控制等方面，充实和丰富了集总理论和方法。这类模型的研发和应用至今方兴未艾。

第三节 催化重整分子尺度反应动力学模型简介

由第二节的介绍可见，自20世纪50年代末 R B Smith 提出了第一个催化重整四集总反应动力学模型[11]后，催化重整的反应动力学模型研究出现了突破性进展，各种集总反应动力学模型犹如雨后春笋不断出现，总的发展趋势是：由于计算机和现代分析技术的高速发展及对油品性质要求的不断升级，使开发更加精细的催化重整集总反应动力学模型成为可能和必要，因此，集总组分的划分越来越细，模拟精度也越来越高；此外，集总动力学模型的开发与工业实际应用的联系越来越紧密，有不少模型的模拟数据直接来自工业装置及在工业上得到了应用，为催化剂的遴选和改性、工业设计及装置操作的优化、流程模拟计算等提供了依据和指导。

但集总组分的越来越细，随之而来的问题是所需估计的动力学参数越来越多，给参数估计带来了很大的困难；此外，虽然集总划分的过程中尽可能地将动力学特性相似的组分划为一个集总，但当原料组成发生较大变化时，尤其是集总中各组分的比例有较大变化时，则集总反应动力学常数也将有较大变化。故严格的说，集总模型的动力学参数与进料组成是有关的，当进料组成发生变化时，应重新进行测定，当然这将使实验工作量大大增加。另一方面，随着科技的发展，环保要求的提高，石油加工过程技术水平也需要与时俱进提高到分子管理水平，以满足日益严格的动力燃料规范。由于集总反应动力学模型仅考虑的是各集总组分的反应，对集总中各组分的转化过程不可能进行详细解析，因而无法预测集总中各组分的具体组成，显然集总反应动力学模型的局限性使其难以适应新的发展要求，开拓新的方法，研究复杂反应体系分子尺度反应动力学成为了必然的趋势。

尽管如此，传统的集总反应动力学模型对于复杂反应系统反应动力学的解析还是起到了巨大的推进作用，它能够将高度偶联的化学反应转化成一个非偶联体系，解决了复杂反应系统动力学研究中所遇到的强偶联这一大困难，同时也提供了一个如何应付大量组分的方法，为更先进的复杂反应系统分子尺度反应动力学模型的研究奠定了基础。

本节分两大部分：第一部分对目前具有代表性的几种分子尺度反应动力学模型的研究方法作一简要介绍；第二部分介绍单事件法催化重整分子尺度反应动力学模型的建立。

一、分子尺度反应动力学模型建立方法简介

需要说明的是本部分介绍的分子尺度反应动力学模型建立方法均具有普遍指导意义，有的方法可能目前还尚未在催化重整过程中得到应用，还有待于进一步开发，这里作一介绍的目的是让读者对分子尺度反应动力学模型的建立思路有一大概的了解。

1. 结构化模型法

1989年，针对石油加工过程中原料组分数多而且繁杂的特点，美国加州大学的 D K Liguras 和 D T Allen 提出[13,14]了用一套虚拟分子代替实际繁杂的原料油组成。由于所有的正构烷烃都可以由 CH_3、CH_2 两类碳中心构成，而所有的异构烷烃可由 CH_3、CH_2 和 CH 三类碳中心构成，其他烃类也可看成是各种碳中心的组合。由碳原子和氢原子组成烃类化

合物可以看成是由各类碳中心和碳数的组合。以此为基础，通过族组成分析、质谱、核磁共振等分析数据便可将原料油转化为一组虚拟分子，具体方法如下：

①首先通过原料油的族组成分析确定其族组成，如烷烃、烯烃、环烷烃、芳烃等。

②然后通过质谱确定各族化合物中碳数分布，通过核磁共振、碳氢比等确定官能团的分布(即碳中心分布)，由此而确定结构参数的平均值如芳烃取代度、支化度等等。

③选择合适的虚拟分子，虚拟分子中族组成、碳数分布、官能分布等各结构参数的平均值要与实际原料油中各结构参数的平均值一致。

D K Liguras 和 D T Allen 在原料油模拟过程中，根据实际情况提出了一些约束条件和假定，具体为：

①对原料油的实际分析数据和质量平衡数据的要求。

②对环烷烃的结构进行了一些简化假定，提出环烷烃结构包括环戊烷、环己烷、二环环烷烃及三环环烷烃。

③对可能的芳烃结构假定为烷基苯、萘、三环及四环芳烃。

④每个烃分子最多含有四条支链。

⑤每条支链最多含有七个碳原子。

在原料油模拟过程中，尽管有原料油实际分析数据及实际情况的简化假定，仍会出现多值问题，即两套甚至以上不同的虚拟分子组能满足同一套约束条件。但 Liguras 和 Allen 的模拟工作表明[49]，几套不同的虚拟分子对于建立模型是等效的。原料油模拟过程中，虚拟分子个数的确定是比较重要的问题。当虚拟分子个数过少时，就会出现几个碳数被一个虚拟分子代表的问题，这样做的结果使得误差增大。但当一套虚拟分子的个数太大时，会使耗费的机时过长，甚至导致无法实现运算的情况发生。在具体选择过程中，需要保证虚拟分子的个数至少要满足每族化合物每个碳数要有一个虚拟分子代表，并适当增加冗余。在他们的工作中，合适的虚拟分子数为150。

在将复杂的原料油分子通过一组极少的虚拟分子代表后，复杂的原料油反应便可通过虚拟分子的反应来实现。这将极大的降低复杂原料油反应动力学研究的难度。

考虑到烃类化合物可以看成是由各类碳中心和碳数的组合，只要依据各类碳中心的反应特性，就可描述各类化合物的反应特性，而碳中心的反应特性又可用文献资料中纯化合物的数据来推得，这些纯化合物可称之为模型化合物(model compound)。基于正碳离子反应机理，首先通过合理简化将原料油分族，形成四种不同类别的化合物：正构烷烃、异构烷烃、环烷烃和烷基芳烃，烯烃化合物作为中间产物和最终产品来处理，而不作为原始反应物。然后，每一类化合物都可通过一组具有代表性的模型化合物来表征，这样就构成了基于碳中心和碳数的动力学模型，即 D K Liguras 和 D T Allen 的结构化模型(structural model)[13,14]。简而言之，结构化模型法处理石油加工过程复杂反应系统动力学时的思路就是：根据石油烃类模型化合物的反应特性；及动力学研究结果，得到各类碳中心的反应特性；在原料油分析的基础上，将原料油的复杂组成通过一组数量相对极少的虚拟分子来表示，而虚拟分子的反应结果在统计意义上能反映实际反应情况，得到各种数据和指标；由于虚拟分子也是通过碳中心和碳数来表示，虚拟分子的反应特性也就可以通过碳中心反应特性得到，利用模型化合物的所得到的碳中心反应特性，便可解决石油加工过程中的复杂反应系统反应动力学求解问题。

D K Liguras 和 D T Allen 提出了结构化模型法并首先将其应用于无定形催化剂上的催化裂化反应，在处理催化裂化反应过程中，采用了 25 个模型化合物的数据，模型的计算值与实验值拟合程度良好。研究还表明模型对碳数分布相当敏感，而对碳中心的分布不太敏感。因此，在确定油品裂化行为时，质谱分析也许比核磁共振(NMR)分析更有价值。通过模型计算出的产物也是以分子的形式出现的，由于引入了基团贡献法，因而可以计算出产物的各种性质，模型也因此不仅能利用纯化合物的反应数据，而且比以往的集总动力学模型具有更好的适应性和外推性。此后，D K Liguras 等人又将模型推广到沸石催化剂，对择形催化作用进行了讨论[50]。

该结构化模型对反应机理有较好的描述，采用模型化合物的数据去关联反应速率常数也提供了一种较好的研究思路，但是需要指出的是，对于石油加工过程的原料油来说，其中所含的组分成千上万，所包括的结构也远远不是简单的三类碳中心就能代替的，故还需要进一步明晰。

2. 蒙特卡罗法

蒙特卡罗(Monte Carlo)方法又称统计模拟法、随机抽样技术，是一种随机模拟方法，以概率和统计理论方法为基础的一种计算方法，利用“随机数”(random number)对“模型系统”(model system)进行模拟抽样以产生概率分布而得到问题的近似解。其基本思想是：当所求解问题是某种随机事件出现的概率，或者是某个随机变量的期望值时，通过某种“实验”的方法，以这种事件出现的频率估计这一随机事件的概率，或者得到这个随机变量的某些数字特征，并将其作为问题的解[15,16]。作为一种独立的计算机模拟方法，在 20 世纪 40 年代中期被提出来，并且很快在许多学科领域中都得到了广泛的应用和发展。

蒙特卡罗法在复杂反应系统动力学研究中的应用分两部分：原料模拟部分和反应模拟部分。针对复杂反应系统中参与反应组分众多而难以用常规方法分析处理的问题，通过美国 Delaware 大学的 M T Klein 等人提出用蒙特卡罗方法来生成大量的虚拟分子，并针对不同反应体系进行了一系列研究工作[51~56]。

根据蒙特卡罗法的思想，通过分析技术而得的原料油的性质就可以用蒙特卡罗方法转化为一套能反映其结构特性的虚拟分子，其目的是将原料油分子的间接信息变换为分子结构，要求既要能得到结构特性，又要能求出这些分子的质量分数，最终要确保所构造的分子集合的统计结构如基团浓度、结构参数、沸点等与实测一致，即重油分子系统(ensemble)与重油混合物具有等效性。其方法是将分子以若干特征(attributes)代表，当一个典型的重油分子只考虑碳、氢、硫三种元素时，即有以下九种特征：烷烃链长(paraffin length)；环烷环个数(number of naphthenic rings)；环烷烃、芳烃及沥青质的侧链数(number of sidechains)；环烷烃、芳烃及沥青质的侧链长度(length of sidechains)；芳烃、沥青质的芳环数(number of aromatic rings)；芳烃、沥青质的噻吩环数(number of thiophenic rings)；芳烃、沥青质中连在芳香核上的环烷环数(number of naphthenic rings on an aromatic core)；芳烃、沥青质侧链中的硫原子数(number of sulfur atoms in sidechains)；沥青质的层数(number of unit sheets)。每一特征的值由概率密度函数(probability density functions, pdf)构造，再通过对其的随机抽样生成一套分子，当一套优化的 pdf 函数确定后，一种给定进料的虚拟分子也就确定了。Pdf 函数的优化可通过加权的目标函数的最小化来求得，其目标函数如下式所示：

$$
\begin{aligned}
X^2 = & \left(\frac{MW_{\exp} - MW_{\text{pred}}}{0.05 \cdot MW_{\exp}}\right)^2 + \left(\frac{HtoC_{\exp} - HtoC_{\text{pred}}}{0.02 \cdot HtoC_{\text{pred}}}\right)^2 + \left(\frac{Halpha_{\exp} - Halpha_{\text{pred}}}{0.02}\right)^2 \\
& + \left(\frac{Harom_{\exp} - Harom_{\text{pred}}}{0.01}\right)^2 + \left(\frac{1}{\#Comps}\right)\sum_{i=1}^{\#Comps}\left(\frac{PinaWt_{\exp} + PinaWt_{\text{pred}}}{0.03}\right)^2 \\
& + \left(\frac{1}{\#Fracs}\right)\sum_{i=1}^{\#Fracs}\left(\frac{SimDis_{\exp} - SimDis_{\text{pred}}}{0.01}\right)^2 + \cdots
\end{aligned}
$$

上式中，第一项为平均相对分子质量，第二项为氢碳比，第三项为 α 氢，第四项为芳香环上的氢，第五项为 PINA 值(正构烷烃、异构烷烃、环烷径、芳烃的质量百分比)，第六项为模拟蒸馏数据，下标 exp 表示实验值，下标 pred 表示模型预测值。此目标函数可以根据处理对象的实际情况进行变化，例如对石脑油来说，可以使用 PINA 数据，但对于重油来说，用 SARA(饱和分、芳香分、胶质、沥青质)数据来代替显然是更为可行的方法。如果能得到核磁共振的数据，就可方便地加入到目标函数中去。

样本量增大可以增加虚拟分子的精度和准确度，但这需要耗费大量的机时，因此样本量目前一般不超过 10000。为了减少计算工作量，他们发现采用有序抽样法(ordered sampling technique)进行合理简化，在不丢失大量分子结构信息的前提下，10 ~ 100 个分子即可以很好地对原料油进行拟合[57]。

通过蒙特卡罗模拟将复杂的原料油转化为一组虚拟分子，即完成了原料模拟部分。这样一来，对原复杂原料油的反应动力学研究可以转到对得到的一组虚拟分子的反应动力学研究。

将原料油转化为虚拟分子以后，M T Klein 等人[58]又用蒙特卡罗方法对催化裂化过程进行了模拟。认为各种反应使混合物的组成发生变化，因而就改变了系统的状态。系统由初始状态(原料油)向各种状态进行随机游走，每一个虚拟分子会不会由某状态向另一状态游走取决于分子的转换概率(transition probability)，而转换概率是与分子结构有关的，是反应速率常数的函数。游走步长为单位反应时间 Δt，当反应时间一步步走到终点时，一种新的产物分子就生成了。这个过程要重复到每一个分子都发生反应，各种产物分子全部生成，系统的状态也就最后确定了。经过这样一个蒙特卡罗过程，便完成了虚拟分子的反应过程模拟。

经过蒙特卡罗原料油模拟和反应模拟，有效地回避了复杂反应系统的组分多和反应网络复杂两大难题，为复杂反应系统动力学研究提供了一条有效的途径。

对于石油加工中催化反应的蒙特卡罗模型需输入的参数一般有：原料油的分析数据、催化剂的硅铝比、微孔分布、载体与沸石比例等，输出为最后产物中每种分子的组成，这些信息可用来计算产品性质(芳香度、辛烷值、黏度等)，而且可以预测产物的总体性质，如模拟蒸馏曲线等。图 5 - 58 即为某重油的模型预测结果，其中曲线为模型的预测值，点为实验值。由图可见，模型在预测正构烷烃的分布时还是比较准确的，对于异构烷烃的预测则存在着一定的误差。

在 M T Klein 等人工作的基础上，我国华东理工大学的陆善祥等人[59]建立了较完整的核磁共振氢谱和碳谱的谱带归属指定，用以估计重油分子的结构基元和结构参数，并且对催化裂化过程进行了蒙特卡罗模拟。

借助于现代计算机的高效快速计算能力，通过蒙特卡罗方法可以模拟实验过程。在目前由于实验手段限制，无法跟踪每一个分子在反应中具体行为的情况下，借助计算机对实验进行蒙特卡罗模拟是一种省时省力的好办法。但是这种模拟并非反应的真实过程，而是通过撷取某些特征，经过简化之后对反应进行的考察，只有在简化得当的条件下，才会比较准确的反映过程的实际情况而不至于出现大的偏差。

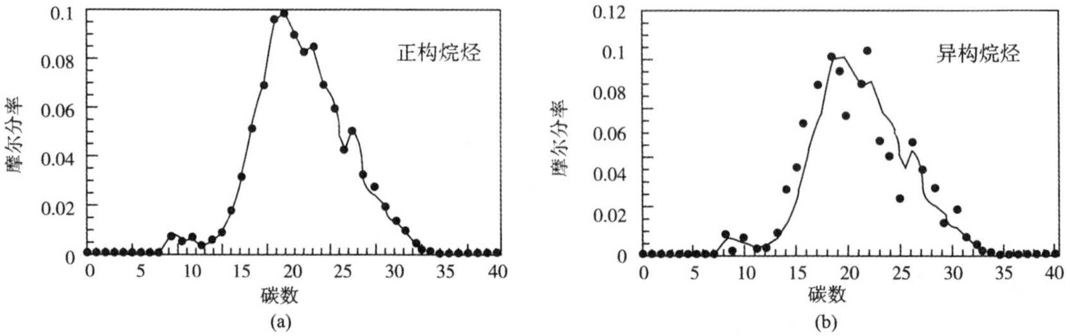

图 5－58 某重油组分中正构烷烃与异构烷烃的碳数分布

但是也应该看到，M T Klein 等人以及陆善祥等人的工作都需要用到一些价格相对昂贵的分析项目，这都是我国炼厂一般无法提供的，这就限制了蒙特卡罗方法的推广使用。另一方面，他们在构造原料油分子时所考虑的结构也较为简单，而对于象石油加工的催化反应来说，反应机理是相当复杂的，分子结构上的少许差异就能导致反应结果的大不相同，因此还必须借鉴其他方法来构造在结构上更为详细的分子。

3. 结构导向集总法

1992 年，Mobil 公司的 R J Quann 和 S B Jaffe[17] 等人开发了一种结构导向集总(Structure－Oriented Lumping，SOL)模型用于对复杂烃类混合物的组成、反应及性质进行描述。据文献报道，结构导向集总法已成功地运用于加氢过程[18]、催化裂化[19]和渣油转化过程[60]。

这种方法将烃类分子以向量来表示，每一个向量又由 22 个或者更多的分子结构片段特征构成，这些特征代表了分子的结构。如果对向量的特征考虑得较为全面的话，这种方法可以很好地构造各种各样的分子，而分子的结构也可以非常细致地表现出来，这与结构化模型法和蒙特卡罗模拟法的做法有着明显不同。

同一个结构向量可以代表许多具有相同结构基团的不同分子，尽管其结构基团所在的空间位置不同。这样处理方式有一个前提即假设认为空间异构体的化学、物理性质是相同的。

由于同一个向量代表了大量具有相同结构片段的立体异构体，故这种方法可以认为仍是集总，只不过是在分子尺度上的集总。这种用结构片段向量来表示分子的处理方法可以大幅度降低原料油的组分复杂性，将系统中的分子由数以百万计减少到几千。其虚拟分子从低级烷烃、环烷烃一直到 50～60 个碳的复杂芳烃结构，还包括通常反应开始时并不存在，而作为中间产物或一次反应产物的烯烃及环烯烃，另外还考虑了含硫、含氮、含氧化合物。

通过结构片段向量将复杂的原料油组分详细而又简洁明了地表示出来后，将考虑反应的表达方式。该方法对反应的处理方式是：在发生化学反应时，规定反应规则，利用已有的反应速率数据对反应进行计算。反应规则包括反应物选择规则和产物生成规则，这样，尽管分子的数量多达上千，但通过有限的反应规则就可以建立起整个反应网络。

图5-59为结构导向集总法在分子表示及反应处理时的例子，通过该方法简单地实现了复杂分子的表示及对应的反应表达。

中试结果和工业装置的数据表明，模型的预测能力是很强的。由于采用了宽范围的操作变量、进料组成及催化剂配方来回归动力学参数，因而可以在较为宽广的范围内预测产物产率、产物组成以及产品质量，并且可以预测工业操作中一些复杂现象如多稳态。

Mobil公司的SOL模型构思巧妙，而且已经工业化，是几种现代模型中较为出色的一种。但要注意到这与Mobil公司的强大实力是分不开的，首先要对原料油进行很完善的分析表征以确定各特征的值，这就需要很多较为昂贵的分析手段，除此之外还要有大量的实验室与工业数据去计算模型参数，这是Mobil公司若干年工作积累的成果。但由此带来的问题是，现在各炼油厂一般都不会加工单一品种的原油，而一旦原料发生变化，那些分析项目就要重新做一遍，就我国炼油厂来说显然难以做到。

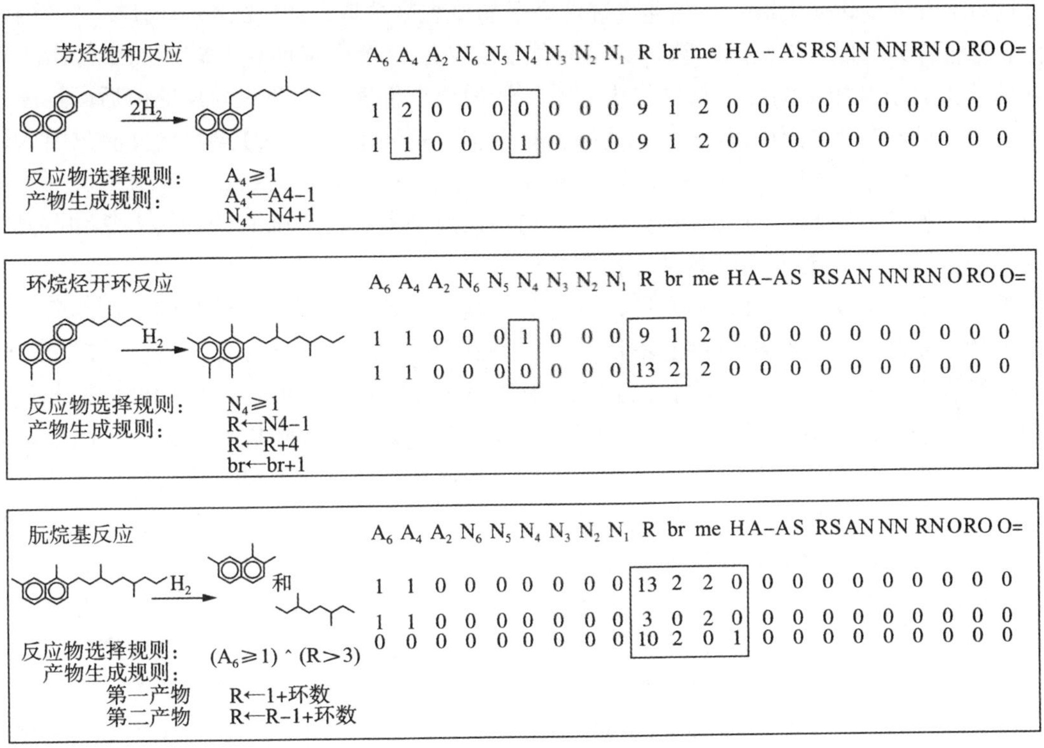

图5-59　结构导向集总中分子表示及反应规则示例

4. 单事件法

自20世纪80年代末以来，Froment等人开发的单事件(single-event)动力学模型[20~24]取得了较大的发展，特别是在酸催化复杂反应体系中得到了较为广泛的研究。该模型的特点是既要保留每个进料组分和中间产物反应历程的全部细节，又要尽量减少所求的参数。

单事件方法最初在加氢裂化和加氢异构化反应动力学研究中得到应用，Froment等人采用单事件方法对在Pt/US-Y催化剂作用下的烷烃和环烷烃加氢裂化及加氢异构化反应动力学进行了研究。其中 Baltanas 等[21]研究了正辛烷加氢异构反应动力学，虽然只估计了正构烷烃异构化为单支链烷烃反应单事件速率常数，但对单事件方法的应用进行了完整地论述。Svoboda 等[61]则进一步估计了正辛烷裂化反应和单支链异构化为多支链反应的单事件速率常数。由于叔碳正离子裂解为叔碳正离子反应非常快，2，2，4-三甲基戊烷在反应混合物中含量很低，所以 $k_{Cr}(t;\ t)$ 没有估计。Schweitzer 等[62]通过单事件方法研究了三相床中的烷烃加氢裂化反应动力学。通过模型化合物十六烷烃的实验估计了单事件速率常数，而后将其应用到费托合成油的加氢裂化反应中去，并得到验证。Martens 等[63]将单事件方法扩展到环烷烃的加氢裂化反应动力学研究中，其模型化合物为甲基环己烷、乙基环己烷和正丁基环己烷。Guillaume[64]和 Surla[65]将单事件方法应用到正丁烷异构化反应动力学研究中，并取得了良好的模拟结果。他们利用碳正离子反应机理，将反应分解为各基本反应步骤，通过计算机生成详细的反应网络，将基本反应步骤速率常数表达为单事件数和单事件速率常数之积。通过两种方法求取了单事件数：一是通过反应物生成中间络合物过程中全局对称数的变化来求取；二是通过统计因子的概念来求取，$n_e = \sigma_r/\sigma_{\neq} = S_f^{\neq}/S_r^{\neq}$。两者相比后者更容易实现计算机的运算。为了简化反应网络，将稳定性相对较差的甲基碳正离子和伯碳正离子及相关的反应从网络中剔除。认为单事件速率常数只与反应前后碳正离子种类有关，而与其他结构因素无关，例如，对于正丙基环戊烷(PCP)异构化反应只引入四个单事件速率常数，即 $\tilde{k}_{isom}(s;\ s)$、$\tilde{k}_{isom}(s;\ t)$、$\tilde{k}_{isom}(t;\ s)$ 和 $\tilde{k}_{isom}(t;\ t)$。为了进一步减少所需估计的参数数目，引入了热力学约束和一系列平衡假设。随着统计热力学和过渡状态理论的发展，指前因子已可通过计算直接获得。

随着单事件方法应用研究的发展，发现对于复杂高碳烃进料，有两个因素制约着单事件动力学的发展，一是分析条件的不足，难以得到分子级组成数据；二是组分数过于多，使计算机解常微分方程所耗费的机时过大。例如减压蜡油完整的反应网络包含多达 1800 万种碳正离子，1.26 亿反应步骤，1500 万速率决定步骤。所以在基本步骤反应网络基础上进行一定程度的集总非常必要。由于该集总是在详细反应网络基础上进行的，且计入了集总中组分所有的反应，所以仍保持单事件速率常数与进料组成无关的特点，该集总又称为后集总。采用后集总的方式需要在反应网络的基础上计算集总系数，由于生成完整的反应网络将耗费大量的机时，为此，有学者对其进行了改进。如 Martens 等[66]将具有相同热力学性质的碳正离子进行归类，推导了集总系数随碳原子数变化的关系，进而避免了生成庞大的反应网络。Valéry 等[67]通过侧链概念和递归方法直接计算出了集总系数。

Chavarria 等[68]研究了非理想的 Mo/Hβ-Al_2O_3 催化剂作用下的正十六烷加氢裂化和加氢异构化反应动力学。对于更为普遍的非理想加氢裂化反应，Chavarría 提出了单事件一集总杂化模型(SELPH)来研究其动力学。发生在酸中心上的反应用单事件速率常数描述，发生在金属中心上的反应用集总速率常数描述。这种方法能否保证所得的单事件速率常数与进料组成无关还值得怀疑。Kumar 等[69]研究了烷烃(C_{16}~C_{32})非理想加氢裂化和加氢异构化反应动力学。使用单事件方法研究了酸中心上发生的反应；金属中心上的脱氢速率根据形成双键的碳原子性质(伯、仲和叔碳原子)不同而分为 5 类，即(p-s)、(p-t)、(s-s)、(s-t)和(t-t)。该动力学一般化后可用于理想的加氢裂化和加氢异构化反应。

Narasimhan 等[70]研究了 Pt/H-USY 催化剂作用下的烷烃加氢转化在不同聚集状态下统一的单事件动力学模型。其将低压气相条件下得到的单事件动力学模型扩展到高压气相和液相条件。详细考察了烃类体相密度对物理吸附和质子化步骤的影响。

催化裂化反应是典型的酸催化复杂反应，且失活速度非常快，单事件方法在该反应中也得到了成功应用。WuFeng 等[71]首先用单事件方法研究了癸烷的催化裂化反应动力学。Dewachtere 等[72]将单事件方法应用到减压蜡油的催化裂化反应动力学的模拟上，并将其和工业反应器模型相结合，对工业数据进行了预测。Beirnaert 等[73]首次用单事件方法研究了在结焦失活条件下的催化裂化反应动力学，考虑了催化裂化主反应和结焦反应的相互影响。Moustafa 等[74]利用单事件方法研究了减压蜡油催化裂化结焦反应动力学。Roberto Quintana - Solórzano 等[75]用单事件方法研究了催化裂化反应的结焦动力学。而后 R. Quintana - Solórzano 等[76,77]又用单事件方法模拟了烷烃(环烷烃)和 1 - 辛烯混合进料下催化裂化反应，并根据模拟结果对催化裂化的反应途径和各反应途径的结焦贡献度进行了分析。

Martinis 等[78]用单事件方法研究了烷基化反应动力学。通过单事件概念、Evans - Polanyi 关系式、稳定化能和热力学约束将 3130 个参数减少到 14 个。根据过渡状态结构和反应物和产物结构相似的特点，推导了简洁的单事件数计算公式；同时提出稳定化能只与碳正离子的种类和碳原子数有关，而引入三个参数来计算碳正离子的稳定化能；失活函数通过催化剂表面活性中心的被 C_9^+ 烃覆盖率来表示，而没有引入经验的失活函数。在固定床中模拟结果显示，失活发生在一个很窄的区域，随着反应的进行，失活区域向前扩散，直至穿透整个催化剂床层，所得的穿透曲线与实验有较好的吻合。

甲醇制烯烃(MTO)也是一种典型的酸催化复杂反应。Park 等[79~81]用单事件方法对 ZSM - 5催化剂作用下的 MTO 反应动力学进行了模拟，并将单事件模型与反应器模型相结合，考察各组分沿反应器的分布，提出了 MTO 反应器的概念设计。Alwahabi 等[82]人也用单事件方法研究了 SAPO - 34 催化剂作用下的 MTO 反应动力学。由于 SAPO - 34 相对 ZSM - 5而言更容易结焦失活，他们用单事件方法对结焦反应动力学进行了模拟。

综上所述可见，分子尺度的反应动力学模型研究经各国学者的多年努力，已逐步形成了几种主要的大家公认的方法，有的并已在某些石油加工的复杂反应体系中应用，如加氢裂化、催化裂化、MTO 等，虽然用于催化重整的还不多见，但从这些方法的介绍中可见，建立分子尺度反应动力学模型的关键是如何从分子尺度上解决组分繁多的原料和产物的模拟及包含有众多的复杂反应过程的模拟，上述这些方法在其他石油加工催化反应过程的应用实例，对催化重整分子尺度反应动力学模型的研究具有十分重要的借鉴作用。2005 年国内翁惠新等[83]人在上述这些研究的基础上首先对单事件法催化重整反应动力学模型进行了研究，通过研究不仅成功建立了催化重整单事件反应动力学模型，开拓了单事件法的应用范围，同时也完善和优化了单事件方法。

二、单事件法催化重整分子尺度反应动力学模型的建立

分子尺度反应动力学模型是复杂反应系统动力学研究中继集总反应动力学模型后的又一重大突破，已成为复杂反应系统动力学发展的必然趋势。其中，单事件方法因能解析复杂反应系统的整个反应网络，又可将所需估计的参数减少到可处理的范围内而得到了广泛关注。本节对国内翁惠新等[83~86]人的单事件法催化重整反应动力学模型的建立过程作一

介绍。

(一)催化重整单事件法反应动力学模型的建立步骤

①进行模型化合物的催化重整实验。其目的不仅是为催化重整单事件反应动力学模型参数的估计及模拟计算提供必要的实验数据支持，而且还能为机理分析提供依据。为了使建立的催化重整单事件反应动力学模型更具有代表性和应用价值，本研究采用了国内某芳烃厂的 $Pt-Sn/Al_2O_3-Cl$ 双金属催化剂作为重整实验催化剂。

②在模型化合物催化重整反应实验和文献调查的基础上，对催化重整反应机理进行剖析。由于催化剂不同，反应条件不同，催化重整机理是有所不同的。例如裂解反应就有氢解和加氢裂化反应之分，烷烃的异构化有单金属功能途径和双功能途径之分，烷烃的环化反应也有单金属功能直接环化、单酸功能环化、单金属多烯途径环化以及双功能五元和六元环化之分。通过对催化剂分析、反应条件的比较及产物的分析，对催化重整反应机理作出分析，确定本研究催化重整反应按双功能机理进行，并把双功能反应机理作为催化重整单事件反应动力学研究的基础。

催化重整双功能反应机理具体可表述为：脱氢和加氢反应在金属活性中心上进行，而异构化、环化及裂化反应发生在酸活性中心上。金属中心脱氢反应生成的烯烃转移到酸中心上进行质子化生成正碳离子，而后发生一系列如氢转移、甲基转移、PCP 异构化、β 位断裂、环化、开环、扩环和缩环等正碳离子反应，生成的正碳离子通过去质子化反应生成烯烃，烯烃可以转移到金属中心进行加氢生成烷烃或环烷烃，或直接脱氢生成芳烃。金属中心上的反应处于拟平衡状态，速率决定步骤发生在酸中心上。

③以催化重整双功能反应机理为依据，构建催化重整反应网络生成流程图，并编制反应网络生成程序及生成催化重整反应网络数据库。

该部分是单事件反应动力学研究的核心，它包括如何将众多的各类分子和繁复的各个反应进行数字化表示，并能判断它等等，这将在下一节作进一步的展开。

④在反应网络数据库的基础上，建立催化重整单事件反应动力学模型。

⑤催化重整单事件反应动力学模型参数的估计和模拟计算。

(二)符号说明

在本节催化重整单事件反应动力学模型建立过程中使用的符号说明列于表 5－35。

表 5－35 符号说明

符号	说明	符号	说明	符号	说明
M	布尔邻接矩阵	k_B	波尔兹曼常数，1.38065×10^{-23} J/K	n_m	甲基碳原子数
m	矩阵元素	T	温度，K	n_p	伯碳原子数
G	布尔邻接矩阵对应矩阵	h	普朗克常数，6.6261×10^{-34} J·s	n_s	仲碳原子数

续表

符号	说明	符号	说明	符号	说明
g	矩阵元素	K	平衡常数	n_t	叔碳原子数
C	向量	ΔG	反应吉布斯自由能，J/mol	n_q	季碳原子数
c	向量元素	ΔH	反应焓，J/mol	p	压力，MPa
U	Golender's 势能向量	ΔS	反应熵，J/(mol·K)	C_{sat}	饱和吸附浓度
L	矩阵	R	气体常数，8.314J/(mol·K)	C_t	催化剂表面总酸量
l	单位矩阵	σ	对称数	E	活化能，kJ/mol
k	反应速率常数	n_e	单事件数	k_0	指前因子 mol·MPa/h

(三)催化重整单事件反应网络的生成[86]

如上所述，由于催化重整是典型的复杂反应系统，涉及到金属中心上的反应主要有烷烃脱氢、环烷烃脱氢、芳烃侧链脱氢、环己烯类化合物脱氢芳构化、烯烃类化合物加氢、芳烃加氢及氢解等反应；催化重整涉及酸中心上的基本反应步骤主要有质子化、去质子化、氢转移、甲基转移、PCP 异构化、β 位断裂、环化、开环、扩环及缩环等反应。整个反应的组分及中间体数目巨大，反应网络十分复杂，对应的由基本反应步骤构成的单事件反应网络就更加复杂。所以编制计算机程序并自动生成反应网络数据库就十分必要。

编制反应网络数据库自动生成计算机程序前，需要将反应组分以数字化的形式进行表示。在单事件法中即是通过布尔邻接矩阵(Boolean relation matrices)及借助辅助向量的情况下来表示各烃类分子、正碳离子和过渡态分子等，以实现各个分子的数字化；通过对其进行矩阵运算确定分子中各碳原子之间的相对位置，并归纳计算公式为下一步反应的数字化奠定基础。然后，结合催化重整反应机理，通过对分子布尔邻接矩阵的演算，实现催化剂中金属活性中心和酸活性中心上的各类基本反应的数字化。而反应网络数据库的编制即是为了能快捷地实现反应网络生成过程和速率方程构建过程中分子及反应的查找、比较和存储，这是建立单事件反应动力学模型所必不可少的。下面将就几个主要步骤作一些简单的说明：

1. 分子数字化

分子数字化可通过布尔邻接矩阵来实现。

①分子布尔邻接矩阵的具体构建方法。首先对分子中的碳原子进行随机编号；编号后，布尔邻接矩阵(M)的非主对角元素的值由碳原子 i 与碳原子 j 之间是否有化学键连接而决定，如果有化学键相连，则规定在布尔邻接矩阵中所对应的第 i 行和第 j 列相交处及第 j 行和第 i 列相交处的元素值为 1；如果没有化学键相连，则所对应的第 i 行和第 j 列相交处及第 j 行和第 i 列相交处的元素值为 0。也就是说，对于布尔邻接矩阵中的一个非主对元素 m_{ij}来说，当碳原子 i 与 j 之间存在 C—C 键时，m_{ij}为 1，否则为 0。布尔邻接矩阵

主对角元素的值由碳原子 i 的杂化状态而决定，当碳原子 i 为 SP^2 杂化时，布尔邻接矩阵主对角元素 m_{ii} 为 1，当碳原子 i 为 SP^3 杂化时，布尔邻接矩阵主对角元素 m_{ii} 为 0。

图 5－60 为异丙基苯正碳离子通过布尔邻接矩阵实现分子数字化表示的例子。1、2、3、4、5、6 和 7 号碳原子都为 SP^2 杂化碳原子，故其对应的布尔邻接矩阵主对角元素值为 1，而 8 和 9 号碳原子都为 SP^3 杂化碳原子，其对应的主对角元素值为 0；而非主对角元素值 m_{ij} 则根据 i 和 j 碳原子之间是否有键相连，取值 1 或 0。

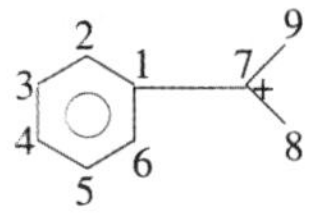

1	1	0	0	0	1	1	0	0
1	1	1	0	0	0	0	0	0
0	1	1	1	0	0	0	0	0
0	0	1	1	1	0	0	0	0
0	0	0	1	1	1	0	0	0
1	0	0	0	1	1	0	0	0
1	0	0	0	0	0	1	1	1
0	0	0	0	0	0	1	0	0
0	0	0	0	0	0	1	0	0

图 5－60　异丙基苯正碳离子布尔邻接矩阵

②分子唯一性确定。由于分子中的碳原子是通过随机方式进行编号的，同一分子可能对应着多个布尔邻接矩阵，故需要对分子的唯一性进行判别。但因分子中各碳原子的势能是一个定值，不随分子中碳原子编号方式不同而变化。故可采用分子的 Golender's 势能向量对分子的唯一性进行判别。避免了分子及反应在反应网络数据库中的重复存储。

③碳原子级数判断。由于分子布尔邻接矩阵的非主对角元素值反映了分子中各碳原子之间的连接情况，故可在其基础上，通过对矩阵各行或列的非主对角元素进行统计加和来判断各碳原子的级数。

④分子类型判断。通过分子布尔邻接矩阵不但能够判断分子中碳原子级数，还可以对分子种类进行判断。分子种类判断对于分子的分类存储、查找和比较有不可或缺的作用，同时通过分子种类判断，可有效提高反应网络生成速度，减少计算时间。

由催化重整反应物的特点，可知反应网络中可能出现 16 类反应组分，其分别为：链烷烃、链烯烃、链正碳离子(无双键)、链正碳离子(有一个双键)、五元环烷烃、六元环烷烃、五元环烯烃、六元环烯烃、五元环正碳离子(无双键)、六元环正碳离子(无双键)、五元环正碳离子(有一个双键)、六元环正碳离子(有一个双键)、芳烃、芳烃另带一个双键(芳烯烃)、芳烃正碳离子(无双键)和芳烃正碳离子(有一个双键)。以链烷烃为例，布尔邻接矩阵的主对角元素只有两个 1，且除主对角元素外，所有的 1 相加为 $2(n-1)$，n 为矩阵的阶数。催化重整中 16 种分子类型的具体判断规则见文献[86]详细介绍。

⑤碳原子相对位置判断：在分子数字化后，可通过对分子布尔邻接矩阵的操作实现基本反应步骤数字化。对于不同的反应，但在对分子布尔邻接矩阵进行操作前，需要对分子中不同碳原子之间的相对位置进行判断。

在分子布尔邻接矩阵的基础上，提取分子中各碳原子之间的纯连接布尔关系矩阵，通过对其进行布尔矩阵的运算可确定分子中各碳原子之间的相对位置，并归纳了计算公式，为反应数字化提供基础。

2. 反应数字化

由于分子已经通过布尔邻接矩阵进行了数字化表示，所以我们可以直接通过对布尔邻接矩阵进行演算便可将基本反应步骤进行数字化。

(1)金属中心反应

重整催化剂金属中心上发生的反应主要有加氢、脱氢和氢解反应，各反应步骤数字化条件及矩阵演算不可能在此一一介绍，现仅列出正庚烷脱氢生成1－庚烯的矩阵演算，读者可以此类推或详细可参阅文献[86]。

图5－61中，正庚烷1，2号碳原子脱氢生成1－庚烯，对应的矩阵演算为 $m_{11}=1$，$m_{22}=1$。

(2)酸中心反应。重整催化剂酸中心上发生的基本反应步骤主要有质子化、去质子化、氢转移、甲基转移、PCP异构化、β位断裂、环化、开环、扩环和缩环反应等，同样以1－庚烯在酸中心质子化生成2－庚碳正离子为例进行说明，图5－62中，1－庚烯的1号碳原子质子化，电荷转移到2号碳原子上，生成2－庚正碳离子，1号碳原子由 SP^2 杂化变为 SP^3 杂化，对应的矩阵演算为，$m_{11}=0$。

0	1	0	0	0	0	0
1	0	1	0	0	0	0
0	1	0	1	0	0	0
0	0	1	0	1	0	0
0	0	0	1	0	1	0
0	0	0	0	1	0	1
0	0	0	0	0	1	0

→

1	1	0	0	0	0	0
1	1	1	0	0	0	0
0	1	0	1	0	0	0
0	0	1	0	1	0	0
0	0	0	1	0	1	0
0	0	0	0	1	0	1
0	0	0	0	0	1	0

图5－61　正庚烷脱氢反应的矩阵演算

1	1	0	0	0	0	0
1	1	1	0	0	0	0
0	1	0	1	0	0	0
0	0	1	0	1	0	0
0	0	0	1	0	1	0
0	0	0	0	1	0	1
0	0	0	0	0	1	0

→

0	1	0	0	0	0	0
1	1	1	0	0	0	0
0	1	0	1	0	0	0
0	0	1	0	1	0	0
0	0	0	1	0	1	0
0	0	0	0	1	0	1
0	0	0	0	0	1	0

图5－62　1－庚烯质子化反应的矩阵演算

3. 反应网络数据库存储

综上可见，由网络生成程序产生的反应网络数据库应包括两部分，第一部分是反应组分数据库，第二部分是反应数据库。此两部分将分别进行存储。为了能方便快捷地构建反应速率方程，提高模型参数估计及模拟计算的速度，反应组分数据库和反应数据库中的存储内容应细化，以避免反应组分及反应判别比较过程中的重复计算。下面将分别介绍反应组分数据库和反应数据库中的存储内容及方式。

(1)分子存储

为了能直观而又方便快捷地实现反应网络生成过程及速率方程构建过程中的分子查找、比较及存储，本研究通过分子中碳原子数及分子类型的组合方式来命名各类分子存储数据库文件名。

分子在数据库中的存储内容应包含四部分：

①分子对应的布尔邻接矩阵，通过该布尔邻接矩阵可以计算得到该分子的所有特征。但为了提高反应网络生成过程及速率方程构建过程中分子唯一性判别速度，本研究还对其关键特征及计算耗时特征进行存储。

②分子的碳原子数，同时也是分子布尔邻接矩阵的秩。

③环碳原子位置，存储环碳原子位置可以避免分子开环、闭环、缩环及扩环反应时环碳原子的遍历查找定位，提高反应网络生成速度。

④分子的 Golender's 势能向量，Golender's 势能向量可以为分子唯一性判断提供可靠的依据，通过分子的 Golender's 势能向量计算过程介绍可知，Golender's 势能向量计算也是一个相当耗时的步骤，特别是其求逆计算过程，将其进行存储可有效的提高反应网络生成速度和速率方程构建速度。

通过上述对分子存储文件命名方式和分子存储内容的介绍，便可实现分子在反应网络数据库中存储。在分子存储的基础上，又可方便实现反应在反应网络数据库中的存储。

(2)反应存储

通过反应类型、反应组分碳原子数、第一生成物碳原子数及第二生成物碳原子数的组合方式来命名各类反应存储数据库文件名。

反应在数据库中的存储内容应包含三部分：

①反应本身，包括反应物、第一生成物及第二生成物。反应中涉及的各分子都按分子存储时的内容进行存储，也就是说反应本身的存储就相当于三个分子的存储。

②反应单事件速率常数，这对于反应参数估计和反应模拟计算是不可或缺的。

③反应的单事件数，这是构建反应速率方程的基础。

在分子及反应存储的基础上，通过反应网络生成程序便可得到完整的反应网络数据库。得到的反应网络数据库便是构建以基本反应步骤为基础的单事件反应速率方程的基础。

4. 反应网络生成

在确定了分子及反应数字化方法和反应网络数据库存储方案后，便可依据催化重整反应机理，编制反应网络自动生成的计算机程序。在给定了分子类型、反应类型和反应路径后，就可以生成一个完整的反应网络数据库。在生成反应网络数据库过程中，先读取代表反应物的矩阵，得到反应物分子的信息，然后按照反应机理进行反应。

对每一新生成的分子，都遍历对应反应组分数据库，根据 Golender's 势能向量判断其是否在数据库中进行了存储。若没有找到，便将其进行存储，并将以该分子为反应物的反应存储到反应数据库。一直将该过程进行循环直到没有新的分子生成为止。根据催化重整的反应机理以及上述反应网络生成方法，可以快速有效地生成催化重整的详细反应网络。生成反应网络的程序流程图如图 5－63 所示。通过执行反应网络生成程序，可得到催化重整的详细反应网络数据库，为单事件反应速率方程的构建提供基础。

(四)催化重整单事件反应动力学模型的建立

以基本反应步骤为基础的详细反应网络数据库的建立，标志着已将异常复杂的催化重整反应分解为相对简单的几类基本反应步骤，这是一个分解细化的过程。在细化分类的基础上，引入单事件概念，计入每一基本反应步骤的动力学即为单事件反应动力学。

1. 理论依据

单事件反应动力学的理论依据是反应过渡态理论。这个理论的基本观点是：当两个具有足够能量的反应物分子相互接近时，分子的价键要经过重排，能量要经过重新分配，才能变成产物分子，在此过程中要经过一个过渡状态，处于过渡状态的反应系统称为活化络合物。反应物分子通过过渡态的速率就是反应速率。

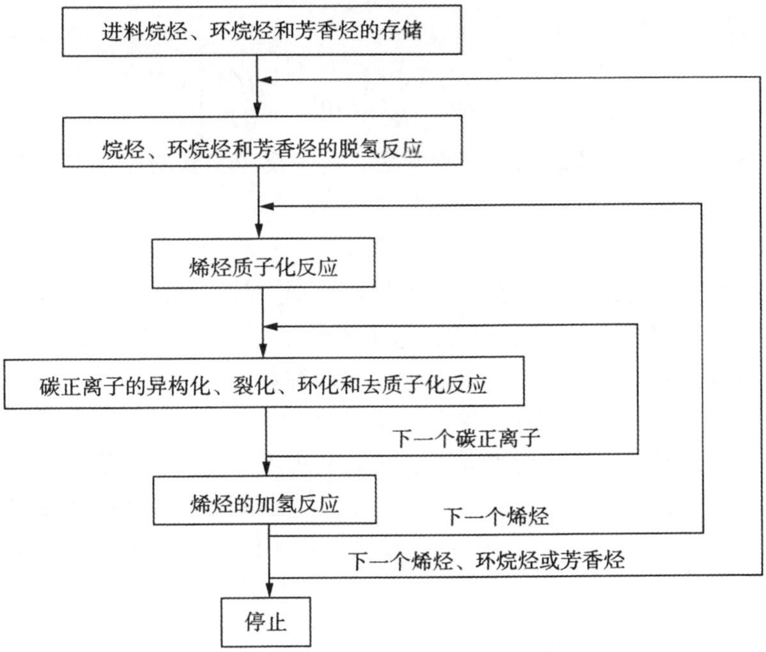

图 5－63　生成反应网络的程序流程图

过渡态理论的核心是通过势能面来讨论反应速率问题。此理论在原则上提供了一种只用反应物分子的某些基本物性，如大小、振动频率、质量等就可计算出某反应的反应速率的方法，故人们称它为绝对反应速率理论[87]。

2. 单事件方法

根据过渡状态理论，反应物经过过渡态化合物转变为产物，其速率常数可以表示为：

$$k = \frac{k_B T}{h} K^{\neq} = \frac{k_B T}{h} \exp\left(-\frac{\Delta G^{\neq}}{RT}\right) = \frac{k_B T}{h} \exp\left(\frac{\Delta S^{0\neq}}{R}\right) \exp\left(-\frac{\Delta H^{0\neq}}{RT}\right) \qquad (1)$$

在由反应物形成过渡状态络合物过程中，标准熵变可以分解为本征熵变与对称数变化熵变之和，即：

$$\Delta S^{0\neq} = \Delta \hat{S}^{0\neq} + \Delta S^{0\neq}_{\mathrm{sym}} \tag{2}$$

上式中对称数变化熵变为：

$$\Delta S^{0\neq}_{\mathrm{sym}} = \mathrm{R}ln\left(\frac{\sigma^{\mathrm{gl}}_{r}}{\sigma^{\mathrm{gl}}_{\neq}}\right) \tag{3}$$

其中全局对称数可表示为：

$$\sigma^{\mathrm{gl}} = \frac{\sigma_{\mathrm{ext}}\sigma_{\mathrm{int}}}{2^{\mathrm{n}}} \tag{4}$$

将式(2)和式(3)代入式(1)可以得到反应速率常数为：

$$k = \left(\frac{\sigma^{\mathrm{gl}}_{r}}{\sigma^{\mathrm{gl}}_{\neq}}\right)\frac{k_{\mathrm{B}}T}{h}\exp\left(\frac{\Delta \hat{S}^{0\neq}}{R}\right)\exp\left(\frac{\Delta H^{0\neq}}{-RT}\right)$$

令：

$$n_{\mathrm{e}} = \frac{\sigma^{\mathrm{gl}}_{\mathrm{r}}}{\sigma^{\mathrm{gl}}_{\neq}}$$

再令：

$$\tilde{k} = \frac{k_{\mathrm{B}}T}{h}\exp\left(\frac{\Delta \hat{S}^{0\neq}}{R}\right)\exp\left(-\frac{\Delta H^{0\neq}}{RT}\right)$$

n_{e} 即为单事件数；$\tilde{k}$ 即为单事件速率常数，基本反应步骤的速率常数为单事件数和单事件速率常数之积，即

$$k = n_{\mathrm{e}}\tilde{k}$$

需要说明的是，上列式中上下标≠和下标 r 分别为过渡态和反应物，式(3)中 $\sigma^{\mathrm{gl}}_{\mathrm{r}}$ 和 $\sigma^{\mathrm{gl}}_{\neq}$ 分别为反应物及过渡态的全局对称数，这个式子在逆反应中同样成立。而式(4)中 n 为分子中手性中心数，σ_{ext} 和 σ_{int} 分别为外部和内部对称数。

对于同一类基本反应步骤而言，单事件反应动力学常数不随分子空间结构而变。举例来说(见图 5-64)，当甲基庚烷的正碳离子发生甲基转移反应，甲基由 2 号碳向 3 号碳转移时，尽管反应物与产物均为仲碳离子，但由于其结构不同，因而它的基本步骤速率常数与甲基由 3 号碳向 2 号碳转移的并不相同。当引入了单事件动力学概念后，由于消除了空间结构的影响，就可以归结为统一的一个单事件速率常数了。故单事件方法可大幅度减少所需估计反应动力学参数。

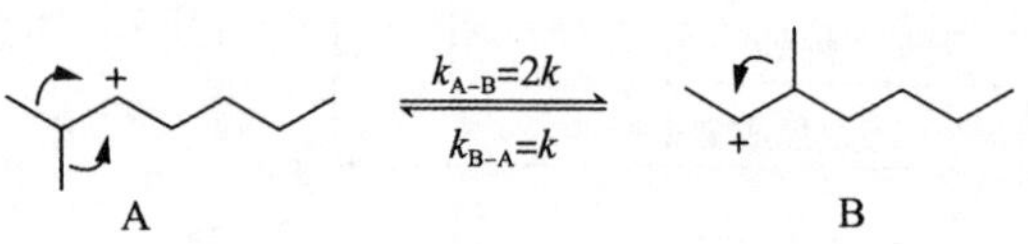

图 5-64 基本反应步骤的分解

3. 单事件数计算

根据单事件数的定义，单事件数等于反应物全局对称数与过渡态活化络合物全局对称数之比。故计算单事件数时需先计算反应物和过渡态活化络合物全局对称数。

分子全局对称数可通过式(4)进行计算。分子外部对称数可以通过分子所属点群来判断。以 2-甲基戊烷为例，其有三个三重内部旋转轴，无外部对称，也无手性，所以其全局对称数为 3^3。但采用式(4)计算全局对称数的方法只适合于人工有限数量的全局对称数计算，而对于催化重整这类复杂反应系统涉及的反应网络十分复杂，所需计算的单事件数

及全局对称数数目极其繁多，人工逐个进行计算是无法做到的，故必须通过该方法实现分子全局对称数的程序自动计算。由于采用了布尔邻接矩阵表示反应分子，而且通过 Golender's 势能向量对分子的唯一性进行判断，故本研究即是以已有的分子布尔邻接矩阵及其对应的 Golender's 势能向量为基础实现了全局对称数的程序化自动计算。（详见文献[86]对各类分子全局对称数的计算介绍）

在程序化自动计算各反应物及反应过渡态全局对称数的基础上，便可直接由单事件数定义得到基本反应步骤的单事件数。由于编制单事件反应网络自动生成程序时，嵌入了对各反应物，过渡态等的全局对称数进行计算的子程序，反应网络数据库生成时，已经自动计算并存储了各基本反应步骤的单事件数。在动力学解析时可直接调用相应的单事件数。

4. 速率方程

以气固催化反应理论和催化重整双功能反应机理为基础建立反应速率方程，由于本研究中催化重整实验是在消除内外扩散的条件下进行的，对于理想的双功能催化重整反应机理来说，反应的速率控制步骤为酸中心的反应。于是烷烃分子首先吸附在催化剂表面，而后进行脱氢，所得烯烃在酸中心质子化形成正碳离子，接着正碳离子进行一系列的异构化和裂化反应。其反应速率方程推导过程见文献[87]，经推导和整理后最终得到的各反应物的单事件反应动力学方程如下：

$$
\begin{aligned}
R_{P_i} &= \sum_k R^{\text{isom/Cr}}_{R_{ik}^+} + \sum_j R^{\text{Cr}}_{O_{ij}} \\
&= -\sum n_e \bar{k}_{\text{isom}}(m_{ik};\ m_{lo})\overline{K_{\text{Pr}}}(O_r;\ R_{ik}^+)C_t C_{\text{sat}}\left(\frac{\sigma_{O_r}}{\sigma_{R_{ik}^+}}\right)K_{\text{isom}}(O_{ij};\ O_r)\frac{K_{\text{DH,ij}}}{p_{H_2}}\frac{K_{L,i}p_i}{1+\sum_i K_{L,i}p_i} \\
&+ \sum n_e \bar{k}_{\text{isom}}(m_{lo};\ m_{ik})\overline{K_{\text{Pr}}}(O_r;\ R_{lo}^+)C_t C_{\text{sat}}\left(\frac{\sigma_{O_r}}{\sigma_{R_{lo}^+}}\right)K_{\text{isom}}(O_{lc};\ O_r)\frac{K_{\text{DH,lc}}}{p_{H_2}}\frac{K_{L,i}p_i}{1+\sum_i K_{L,i}p_i} \\
&- \sum n_e \bar{k}_{\text{Cr}}(m_{ik};\ m_{lo},\ O_{uv})\overline{K_{\text{Pr}}}(O_r;\ R_{ik}^+)C_t C_{\text{sat}}\left(\frac{\sigma_{O_r}}{\sigma_{R_{ik}^+}}\right)K_{\text{isom}}(O_{ij};\ O_r)\frac{K_{\text{DH,ij}}}{p_{H_2}}\frac{K_{L,i}p_i}{1+\sum_i K_{L,i}p_i} \\
&+ \sum n_e \bar{k}_{\text{Cr}}(m_{lo};\ m_{ik},\ O_{uv})\overline{K_{\text{Pr}}}(O_r;\ R_{lo}^+)C_t C_{\text{sat}}\left(\frac{\sigma_{O_r}}{\sigma_{R_{lo}^+}}\right)K_{\text{isom}}(O_{lc};\ O_r)\frac{K_{\text{DH,lc}}}{p_{H_2}}\frac{K_{L,i}p_i}{1+\sum_i K_{L,i}p_i} \\
&+ \sum n_e \bar{k}_{\text{Cr}}(m_{lo};\ m_{qr},\ O_{ij})\overline{K_{\text{Pr}}}(O_r;\ R_{lo}^+)C_t C_{\text{sat}}\left(\frac{\sigma_{O_r}}{\sigma_{R_{lo}^+}}\right)K_{\text{isom}}(O_{lc};\ O_r)\frac{K_{\text{DH,lc}}}{p_{H_2}}\frac{K_{L,i}p_i}{1+\sum_i K_{L,i}p_i}
\end{aligned}
$$

R_{Pi}方程式的说明：

R_{Pi}——烷烃反应速率。

①首先烷烃在催化剂表面吸附，吸附浓度 C_{Pi}为：

$$P_i(\text{gas}) \Leftrightarrow P_i(\text{adsorbed})$$

$$C_{P_i} = \frac{C_{\text{sat}}K_{Li}p_i}{1+\sum_i K_{Li}p_i}$$

式中　C_{sat}——饱和吸附浓度；

K_{Li}——吸附平衡常数；

②然后进行脱氢反应，催化剂表面烯烃 O_{ij}浓度为：

$$P_i(\text{adsorbed}) \Leftrightarrow O_{ij}(\text{adsorbed}) + H_2$$

$$C_{O_{ij}}=\frac{K_{DH,ij}C_{P_i}}{p_{H_2}}$$

式中 $K_{DH,ij}$——脱氢反应平衡常数。

③而后进行正碳离子质子化反应，其正碳离子 R_{iK}^+ 浓度为：

$$O_{ij}(\text{adsorbed})+H^+\Leftrightarrow R_{ik}^+$$

$$C_{R_{ik}^+}=K_{Pr}(O_{ij};\ R_{ik}^+)C_{O_{ij}}C_{H^+}$$

$$C_{H^+}\approx C_t$$

$$C_{R_{ik}^+}=K_{Pr}(O_{ij};\ R_{ik}^+)C_{O_{ij}}C_t$$

式中 K_{Pr}——正碳离子质子化反应平衡常数。

④进后即进行一系列的裂化反应和异构化等反应。考虑到催化剂酸中心上存在有分子碳数不变的异构化等反应及分子碳数变化的裂化反应，见下式：

$$R_{ik}^+\Leftrightarrow R_{lo}^+$$

$$R_{ik}^+\Leftrightarrow R_{qr}^++O_{uv}$$

故式中 R_{lo}^+ 即表示分子碳数不变的正碳离子，而 R_{qr}^+ 和 O_{uv} 则分别表示分子碳数比 R_{iK}^+ 小的正碳离子和烯烃分子。

⑤于是总的烷烃反应速率 R_{Pi} 应是以上这些反应的综合的结果，文中所列的即是经推导和整理后最终得到的反应物的反应速率方程。除上述的符号说明外，其中：小标 isom 表示异构化反应；Cr 表示裂化反应；其他符号可参见表 5-35 符号说明。详细推导可见参考文献[86]。

(五)参数估计及模拟计算

1. 参数估计方法

为避免参数估计陷入局部极小，同时提高参数估计的数值稳定性及收敛速度，本研究采用具有较好数值稳定性及快速收敛性的局部极小优化算法和全局优化算法连用的形式进行参数估计。

由于模拟退火算法具有计算过程简单、通用、鲁棒性强、适用于并行处理、可用于求解复杂的非线性优化问题等优点，故本研究采用该算法进行全局优化。

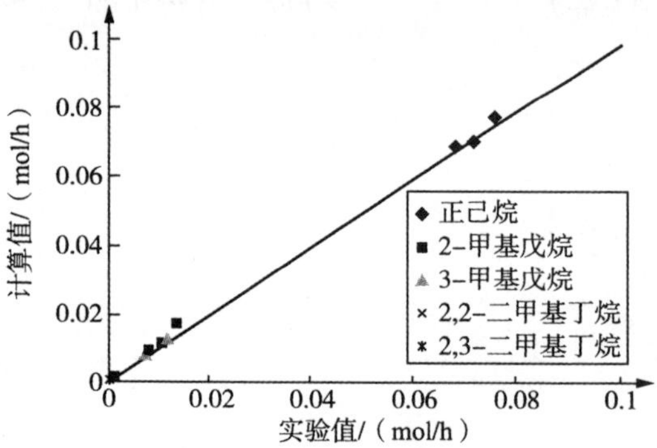

图 5-65 反应器出口摩尔流率的计算值与实验值比较

由于 BFGS 算法[88~91]具有较好数值稳定性及收敛速度快的优点，且是目前最成功的优化算法之一。为此本研究采用该算法进行局部极小优化计算。

常微分方程组采用特雷纳法[92]进行求解。

2. C_6 模型参数估计及模拟计算结果

为验证和考察所建的催化重整单事件反应动力学模型的可靠性和正确性，本研究以 C_6 催化重整反应实验数据为基础，运用上述参数估计方法估计了 C_6 催化重整反应网络的单事件反应速率常数(见表 5-36)，并将反应器出口摩尔流率的计算值与实验值进行了比较，见图 5－65。由图 5－65 可见，计算值与实验值吻合良好，实验误差很小。

表 5－36　六碳反应单事件微动力学参数

微动力学参数	指数前因素 k_0/(mol·MPa/h)	活化能 E/(kJ/mol)
k_{MS}(s: s)	1.6188e+8	31.93
k_{MS}(s: t)	4.4616e+8	27.43
k_{PCP}(s: s)	2.9746e+7	40.00
k_{PCP}(s: t)	2.0638e+7	38.54
k_{PCP}(t: t)	5.8688e+8	36.52
参数	平衡常数 K_0/MPa^{-1}	反应焓 ΔH_{ads}/(kJ/mol)
K_{LC6}	2.5126e－3	30.06

C_6 模型参数估计和模拟计算的结果，不仅表明了所得的活化能等动力学参数符合正碳离子反应机理，所建的催化重整单事件反应动力学模型正确可靠，同时也表明了所采用的参数估计方法：局部极小优化算法－BFGS 变尺度法和全局优化算法－模拟退火法连用的混合算法的可靠性。

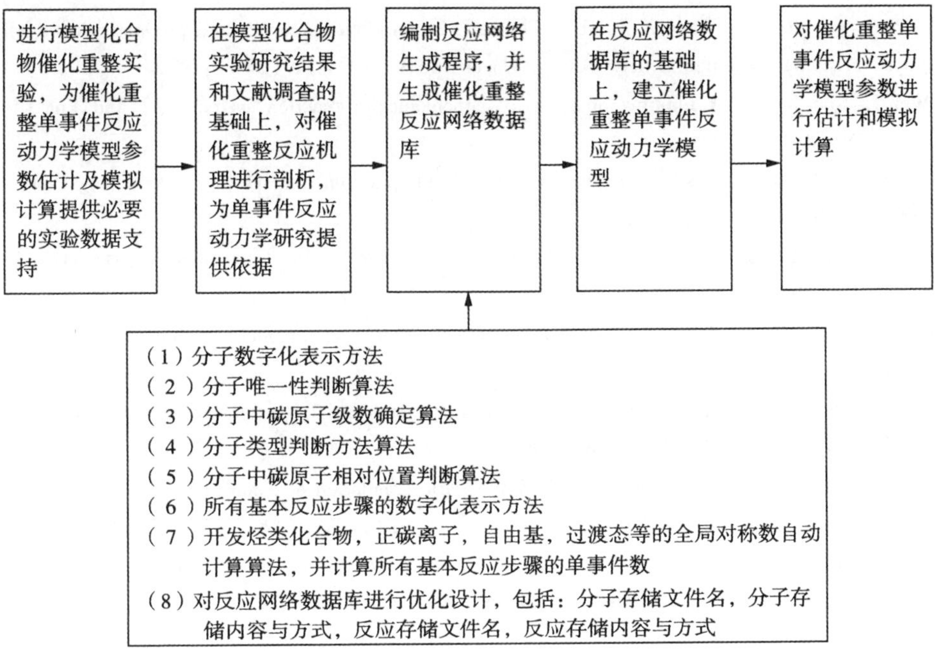

图 5－66　单事件反应动力学模型建立流程图

（六）小结

通过本节对建立复杂反应体系分子尺度反应动力学模型几种主要方法的简单介绍及尤其是催化重整单事件反应动力学模型建立过程的介绍，可以对分子尺度反应动力学模型的建立全过程有了清晰的了解。

(1)基于复杂反应体系的特点：参与反应的分子数及发生的反应数的高度复杂性，故建立分子尺度反应动力学模型的首要任务即是如何对此高度复杂系统进行合理和正确的模拟。从几种方法的介绍中可见，在现在一般都是通过数学手段，即运用数学工具对反应分子进行数字化；根据反应机理对各分子的反应进行数字化；通过数学计算得到反应结果。

(2)具体以催化重整单事件反应动力学模型建立过程为例，对单事件法分子尺度反应动力学模型的建立过程，可用图5-66表示。

参 考 文 献

[1] 侯祥麟主编. 中国炼油技术(第二版)[M]. 北京：中国石化出版社，2001

[2] 翁惠新，毛信军编. 石油炼制过程反应动力学[M]. 北京：烃加工出版社，1987

[3] 袁渭康，朱开宏编著. 化学反应工程分析[M]. 上海：华东理工大学出版社，1995

[4] M贝伦斯，H霍夫曼，A林肯著. 化学反应工程(第二版)[M]. 北京：中国石化出版社，1994

[5] A比索，R L卡贝尔编著. 化学工程放大——从实验室试验到成功的工业规模设计[M]. 北京：化学工业出版社，1992

[6] 周游编著. 化学反应器分析[M]. 北京：烃加工出版社，1986

[7] 周鲁，刘钟海. 复杂反应动力学基础[M]. 成都：成都科技大学出版社，1994

[8] 郑小平，胡山鹰，李有润等. 催化重整过程的数学关联模型[J]. 计算机与应用化学. 2001，18(3)：203~208

[9] McGreavy C, Lu M L, Wang X Z, et al. Characterization of the behavior and product distribution in fluid catalytic cracking using neural networks[J]. Chem Eng Sci. 1994, 49(24A): 4717~4724

[10] Wei J, Kuo J C W. A lumping analysis in raonomolecular reaction systems[J]. Ind Eng Chem Fundam. 1969, 8(1): 124~133

[11] Smith R B. Kinetic analysis of naphtha reforming with platinum catalyst[J]. Chem Eng Prog. 1959, 55(6): 76~88

[12] Jaffe S B. Kinetics of heat release in petroleum hydrogenation[J]. Ind Eng Chem Proc Des Dev, 1974, 13: 34~39.

[13] Liguras D K, Allen D T. Structural models for catalytic cracking. 1. model compound reactions[J]. Ind Eng Chem Res. 1989, 28(6): 665~673

[14] Liguras D K, Allen D T. Structural models for catalytic cracking. 2. reactions of simulated oil mixtures[J]. Ind EngChem Res. 1989, 28(6): 674~683

[15] Neurock M, Libanati C, Nigam A, et al. Monte Carlo simulation of complex reaction systems: molecular structure and reactivity in modeling heavy oils[J]. Chem Eng Sci. 1990, 45(8): 2083~2088

[16] McDermott J B, Libanati C, LaMarca C, et al. Quantitative use of model compound information: Monte Carlo simulation of the reactions of complex macromolecules [J]. Ind Eng Chem Res. 1990, 29(1): 22~29

[17] Quann R J, Jaffe S B. Structure - Oriented Lumping: describing the chemistry of complex hydrocarbon mixtures[J]. Ind Eng Chem Res. 1992, 31(11): 2483~2497

[18] Quann R J, Jaffe S B. Building Useful Models of Complex Reaction Systems in Petroleum Refining. Chem Eng Sci, 1996, 51(10): 1615~1635

[19] Christensen G, Apelian M R, Hickey K J, et al. Future directions in modeling the FCC process: an emphasis on product quality[J]. Chem Eng Sci. 1999, 54(13~14): 2753~2764

[20] Baltanas M A and Froment G F. Computer generation of reaction networks and calculation of product distributions

in the hydroisomerization and hydrocracking of paraffins on Pt – containing bifunctional catalysis[J]. Computer & chemical engineering. 1985, 9(1): 71 ~ 81

[21] Baltanas M A, Raemdonck K K V, Froment G F, et al. Fundamental kinetic modeling of hydroisomerization and hydrocracking on noble – metal – loadedfaujasites. 1. rate parameters for hydroisomeriztion [J]. Ind Eng Chem Res. 1989, 28(7): 899 ~ 910

[22] Astarita G, Sandler S I. Kinetic and Thermodynamic Lumping of Multicomponent Mixtures. Amsterdam: Elsevier, 1991

[23] Feng W, Vynckier E, Froment G F. Single – event kinetics of catalytic cracking[J]. Ind Eng Chem Res. 1993, 32 (12): 2997 ~ 3005

[24] Dewachtere N V, Santaella F, and Froment G F. Application of a single – event kinetic model in the simulation of an industrial riser reactor for the catalytic cracking of vacuum gas oil[J]. Chem Eng Sci. 1999, 54: 3653 ~ 3660

[25] 朱炳辰，翁惠新，朱子彬．催化反应工程[M]．北京：中国石化出版社，2000

[26] Krane H G, Gron A B, et al. Reactions in catalytic reforming of naphthas[M]. Fifth World Petroleum Congress, 1959

[27] Kmark W S. A Kinetic Simulation Model of the Powerforming Process[J]. AIChE National Meeting, Houston, 1972, 3: 72

[28] Jenkins J H, Stephens T W. Kinetics of catalytic reforming [J]. Hydrocarbon processing. 1980 (11): 163 ~ 167

[29] Wolff A, Kramarz . Kinetic models of catalytic reforming[J]. Chemistry and technology of fuels and oils. 1979, 15(12): 870 ~ 877

[30] Froment G F. The kinetics of complex catalytic reaction[J]. Chem Eng Sci. 1987, 42(5): 1073 ~ 1087

[31] Ramage M P, Graziazi K R, Development of Mobils'; Kinetic Reforming Model[J]. Chem Eng Sci. 1980, 35: 41 ~ 48

[32] Ramage M P, Graziazi K R, Schipper P H, et al. KINPTR(Mobil's Kinetic Reforming Model): A Review of Mobil's Industrial Process Modeling Philosophy. Advances in Chemical Engineering, 1987, 13

[33] Tarkar. Modeling and optimization of a catalytic naphtha reformer[D]. USA: Texas Tech university, 1996

[34] Jorge A J, and Eduardo V M. Kinetic Modeling of Naphtha Catalytic Reforming Reactions[J]. Energy & Fuels, 2000, 14(5): 1032 ~ 1037

[35] Jorge A J, Eduardo V M, and et al Modeling and Simulation of Four Catalytic Reactors in Series for Naphtha Reforming[J]. Energy &Fuels. 2001, 15(4): 887 ~ 893

[36] 翁惠新，孙绍庄，江洪波．催化重整集总动力学模型(1)[J]．化工学报．1994，45(4)：407 ~ 412

[37] 翁惠新，孙绍庄，江洪波．催化重整集总动方学模型(2)[J]．化工学报．1994，45(5)：531 ~ 537

[38] 翁惠新，孙绍庄，江洪波．催化重整集总动力学模型(3)[J]．化工学报．1994，45(5)：538 ~ 544

[39] 丁福臣，周志军，杨桂忠．十七集总催化重整反应动力学模型研究(Ⅰ)模型的建立[J]．石油化工高等学校学报．2002，15(1)：15 ~ 17

[40] 丁福臣，周志军，杨桂忠等．十七集总催化重整反应动力学模型研究(Ⅱ)工业装置模拟[J]．石油化工高等学校学报．2002，15(2)：22 ~ 25

[41] 胡永有，苏宏业等．工业重整装置建模与仿真[J]．高校化学工程学报．2003，17(4)：418 ~ 424

[42] 侯卫峰，苏宏业等．催化重整集总动力学模型的建立及其在线应用[J]．化工学报．2005，57(7)：1605 ~ 1611

[43] 解新安，彭士浩，刘太极．催化重整反应动力学模型的建立及其工业应用(1)[J]．炼油设计．1995，26(1)：49 ~ 51

[44] 解新安，彭士浩，刘太极．催化重整反应动力学模型的建立及其工业应用(2)[J]．炼油设计．1996，25(6)：44～47

[45] 周红军，石铭亮，翁惠新等．芳烃型催化重整集总反应动力学模型研究[J]．石油学报(石油加工)．2009，25(4)：545～550

[46] Z Hongjun, S Mingliang, W Huixin et al. Modeling and Simulation of Moving Bed Reactor for Catalytic Naphtha Reforming[J]. Petroleum Science and Technology. 2010, 28(7): 667～676

[47] 周红军，芳烃型连续重整集总反应动力学模型研究[D]．华东理工大学．2011

[48] 周红军、石铭亮、翁惠新等．芳烃型催化重整操作条件的分析及优化[J]．石 油学报(石油加工)：2010，26 (2)：257～263

[49] Allen D T. Structural models of catalytic cracking chemistry[A]. Astarita G, Sandler S I. Kinetic and thermodynamic lumping of multicomponent mixtures[C]. Amsterdam: Elsevier Science Publishers, 1991, 163～180

[50] Allen D T, Marathe P, Harding R. Catalyst - based descriptions of catalytic cracking chemistry[A]. Becker R E, Pericra C J. Computer - aided design of catalysts[C]. New York: Marcel Dekker Inc, 1993, 31～53

[51] Broadbelt L J, Stark S M, Klein M T. Computer generated pyrolysis modeling: on - the - fly generation of species, reactions, and rates[J]. Ind Eng Chem Res. 1994, 33(4): 790～799

[52] Broadbelt L J, Stark S M, Klein M T. Computer generated reaction networks: on - the - fly calculation of species properties using computational quantum chemistry[J]. Chem Eng Sci. 1994, 49(24B): 4991～5010

[53] Petti T F, Trauth D M, Stark S M, et al. CPU issues in the representation of the molecular structure of petroleum resid through characterization, reaction, and Monte Carlo modeling[J]. Energy & Fuels. 1994, 8(3): 570～575

[54] Trauth D M, Stark S M, Petti T F, et al. Representation of the molecular structure of petroleum resid through characterization and Monte Carlo modeling[J]. Energy & Fuels. 1994, 8(3): 576～580

[55] Joshi P V, Freund H, Klein M T. Directed kinetic model building: seeding as a model reduction tool[J]. Energy & Fuels. 1999, 13(4): 877～880

[56] Broadbelt L J, Stark S M, Klein M T. Computer generated reaction modeling: decomposition and encoding algorithms for determining species uniqueness[J]. Computers Chem Engng. 1996, 20(2): 113～129

[57] Campbell D M, Klein M T. Construction of a molecular representation of a complex feedstock by Monte Carlo and quadrature methods[J]. Applied Catalysis A: General. 1997, 160(1): 41～54

[58] Liguras D K, Neurock M, Klein M T, et al. Monte Carlo simulation of complex reactive mixture: an FCC case study[J]. AIChE Symposium series. 1989, 88(291): 68～75

[59] 龚剑洪，陆善祥，崔建．重油催化裂化反应动力学分子模型的研究[J]．石油炼制与化工．2000，31 (8)：53～57

[60] Jaffe S B, Howard Freund and william N. Olmstead. Extension of Structure - Oriented Lumping to Vacuum Residua[J]. Ind Eng Chem Res. 2005, 44 (26): 9840～9852

[61] Svoboda G D, Vynckier E, Debrabandere B, and Froment G F. Single - Event rate parameters for paraffin hydrocracking on a Pt/US - Y zeolite[J]. Ind Eng Chem Res. 1995, 34(11): 3793～3800

[62] Schweitzer J M, Galtier P, Schweich D. A single events kinetic model for the hydrocracking of paraffins in a three - phase reactor[J]. Chem Eng Sci. 1999, 54: 2441～2452

[63] Martens G G, Thybaut J W, and Marin G B. Single - event rate parameters for the hydrocracking of cycloalkanes on Pt/US - Y zeolite[J]. Ind Eng Chem Sci. 2001, 40(8): 1832～1844

[64] Guillaume D, Surla K, and Galtier P. From single events theory to molecular kinetics – application to industrial process modeling[J]. chem Eng Sci. 2003, 58: 4861 ~ 4869

[65] Surla K, Vleeming H, Galtier P. et al. A single events kinetic model: n – butane isomerization[J]. Chem Eng Sci. 2004, 59: 4773 ~ 4779

[66] Martens G G, and Marin G B. Kinetics for hydrocracking based on structural classes: model development and application[J]. AIChE. 2001, 47(7): 1607 ~ 1622

[67] Valéry E, Guillaume D, Schweich D, and et al. Kinetic modeling of acid catalyzed hydrocracking of heavy molecules: application to squalane[J]. Ind Eng Chem Res. 2007, 46(14): 4755 ~ 4763

[68] Chavarría J C, Ramírez J, Gonzále H, and Baltanas M A. Modeling of n – hexadecane hydroisomerization and hydrocracking reactions on a Mo/Hβ – alumina bi – functional catalyst, using the single event concept [J]. Catalysis Today. 2004, 98: 235 ~ 242

[69] Kumar H, and Froment G F. A generalized mechanistic kinetic model for the hydro isomerization and hydrocracking of long – chain paraffins[J]. Ind Eng Chem Res. 2007, 46(12): 4075 ~ 4090

[70] Narasimhan C S L, Thybaut J W, Marin G B, et al. A unified single – event microkinetic model for alkane hydroconversion in different aggregation states on Pt/H – USY – zeolite[J]. J Phys Chem B. 2006, 110 (13): 6750 ~ 6758

[71] Feng W, Vynckier E, Froment G F. Single – event kinetics of catalytic cracking[J]. Ind Eng Chem Res. 1993, 32(12): 2997 ~ 3005

[72] Dewachtere N V, Santaella F, and Froment G F. Application of a single – event kinetic model in the simulation of an industrial riser reactor for the catalytic cracking of vacuum gas oil[J]. Chem Eng Sci. 1999, 54: 3653 ~ 3660

[73] Beirnaert H C, Alleman J R, and Marin G B. A fundamental kinetic model for the catalytic cracking of alkanes on a USY zeolite in the presence of coke formation[J]. Ind Eng Chem Res. 2001, 40(5): 1337 ~ 1347

[74] Moustafa T M, and Froment G F. Kinetic modeling of coke formation and deactivation in the catalytic cracking of vacuum gas oil[J]. Ind Eng Chem Res. 2003, 42(1): 14 ~ 25

[75] Roberto Q S, Thybaut J W, Holemn A, et al. Single – event Microkinetics for coke formation in catalytic cracking[J]. Catalysis Today. 2005, 107 – 108: 619 ~ 629

[76] R Quintana – Solorzano, Thybaut J W, and Marin G B. A single – event microkinetic analysis of the catalytic cracking of (cyclo) alkanes on an equilibrium catalyst in the absence of coke formation[J]. Chem Eng Sci. 2007, 62: 5033 ~ 5038

[77] R Quintana – Solórzano, Thybaut J W, Marin G B, et al. Single – event microkinetics for coke formation during the catalytic cracking of (cyclo) alkane/1 – octene mixture[J]. Catalysis Today. 2007, 127: 17 ~ 30

[78] Martinis J M, and Froment G F. Alkylation on solid acids. Part 2. single – event kinetic modeling[J]. Ind Eng Chem Res. 2006, 45(3): 954 ~ 967

[79] Park T Y, and Froment G F. Kinetic modeling of the methanol to olefins process. 1. model formulation[J]. Ind Eng Chem Res. 2001, 40 (20): 4172 ~ 4186

[80] Park T Y, and Froment G F. Kinetic modeling of the methanol to olefins process. 2. experimental results, model discrimination, and parameter estimation[J]. Ind Eng Chem Res. 2001, 40(20): 4187 ~ 4196

[81] Park T Y, and Froment G F. Analysis of fundamental reaction rates in the methanol – to – olefins process on ZSM – 5 as a basis for reactor design and operation[J]. Ind Eng Chem Res. 2004, 43(3): 682 ~ 689

[82] Alwahabi S M, and Froment G F. Single event kinetic modeling of the methanol – to – olefins process on SAPO – 34[J]. Ind Eng Chem Res. 2004, 43 (17): 5098 ~ 5111

[83] 石铭亮，翁惠新．单事件方法在酸催化复杂反应动力学领域的研究进展[J] 化工进展，2008，27(7)：1017～1021

[84] 石铭亮，翁惠新，江洪波．催化重整单事件反应动力学模型(Ⅰ)反应网络的建立及单事件数的计算[J]．华东理工大学学报，自然科学版，2011，37(4)：396～403

[85] Mingliang Shi，Huixin Weng，Eika Weihua Qian and et al. Reforming of n－hexane over commercial Pt－Sn/Al_2O_3－Cl catalyst：experiment and kinetics Petroleum Scie nce and Technology. 2011，29(12)：1259～1265

[86] 石铭亮，复杂反应系统分子尺度反应动力学研究——催化重整单事件反应动力学模型的建立[D]．华东理工大学．2011

[87] 许越．化学反应动力学[M]．北京：化学工业出版社，2005

[88] Broyden C G. The Convergence of a Class of Double－rank Minimization Algorithms[J]. Journal of the Institute of Mathematics and Its Applications，1970，6：76～90

[89] Fletcher R. A New Approach to Variable Metric Algorithms[J]. Computer Journal，1970，13：317～322

[90] Goldfarb D. A Family of Variable Metric Updates Derived by Variational Means[J]. Mathematics of Computation，1970，24：23～26

[91] Shanno David F. Conditioning of quasi－Newton methods for function minimization[J]. Math. Comput，1970，24：647～656

[92] 魏朗，余强．现代最优化设计与规划方法[M]．北京：人民交通出版社，2005

第六章　催化重整催化剂

第一节　催化剂的组成、类型和性质

催化重整是以石脑油馏分（包括直馏石脑油、加氢裂化石脑油、焦化石脑油等）为原料，在催化剂和临氢条件下，使石脑油馏分或反应过程中生成的中间物分子结构重排的过程。该过程发生的主要化学反应包括六元环烷烃脱氢反应、五元环烷烃脱氢异构化反应、烷烃脱氢环化反应、烷烃异构化反应、氢解反应、加氢裂解反应和积炭反应等。这些反应在动力学和热力学方面的表现相差较大，但却同时进行。重整反应需要两种不同的活性中心：金属活性中心和酸性活性中心。这两种活性中心分别提供金属加氢、脱氢功能和酸性异构化功能，这就是重整催化剂的双功能特性。催化重整催化剂的双功能特性可以简述如下：① 金属功能催化烃类的加氢和脱氢反应。金属功能主要由 Pt 提供，它主要催化以下反应：环烷烃脱氢成芳烃、烷烃脱氢成烯烃、烯烃加氢。② 酸性功能催化烃类的重排反应。酸性功能由含氯氧化铝提供，含氯氧化铝提供的酸性功能通过正碳离子机理在异构化、环化和加氢裂解中起到结合或断开 C—C 键的催化作用。两种功能通过烯烃协同作用，烯烃是重整反应过程中的关键中间物。这两种活性中心对于重整反应无疑都是很重要的，任何一种活性中心的失活都会影响催化剂的性能。

重整催化剂主要由金属活性组元和载体组成。本节将介绍活性氧化铝载体的结构及其活性中心的形成原理，同时将催化剂按照金属组元进行了分类，主要介绍几种重要的工业化的重整催化剂的性能。

一、活性氧化铝载体

重整催化剂是负载型催化剂，一般均以活性氧化铝作为载体。活性氧化铝在重整催化剂中的主要作用是：① 作为催化剂的活性组成部分。重整催化剂是双功能催化剂，其催化功能之一的酸性功能由含卤素的氧化铝载体提供。氧化铝载体酸性对重整催化剂的性能影响很大。酸性过强，催化剂的加氢裂化活性会过强，影响重整的液体收率；酸性过弱，催化剂的活性会较低。② 分散贵金属。重整催化剂是贵金属催化剂，降低贵金属的用量可以明显降低催化剂的成本。贵金属本身的表面积很小，因此单独用贵金属作催化剂利用率较低。氧化铝载体的特点之一是比表面积较大，将贵金属负载在氧化铝载体上可以大大增加贵金属的表面积，即表面活性中心数目，从而提高催化剂的活性和选择性。此外在氧化铝载体与分散的贵金属之间存在较强的相互作用，可以使金属活性中心保持较高的热稳定性。③ 提高催化剂的容炭能力。反应过程中的积炭是重整催化剂失活的的主要原因之一。氧化铝载体大的比表面积可以大幅度提高催化剂的容炭能力。在反应过程中金属活性中心上生成的积炭前身物可以迁移至氧化铝载体上，在氧化铝载体上进一步生成积炭。对重整催化剂积炭部位的研究发现，金属活性中心上的积炭只占催化剂总积炭量的2% ~ 3%，绝大部分积炭是在氧化铝载体上。④ 提供工业催化剂所要求的机械强度和热稳定性。

（一）氢氧化铝及其在热处理时的变化

氢氧化铝是活性氧化铝的前身物，经过加热处理后形成氧化铝。氢氧化铝在文献上也称为水合氧化铝、含水氧化铝和氧化铝水合物，其化学组成为 $Al_2O_3 \cdot nH_2O$。氢氧化铝的变体种类较多，一般将其分为结晶型和无定形两大类。结晶型氢氧化铝依据所含结晶水的多少分为三水氧化铝和一水氧化铝。三水氧化铝的变体主要有三水铝石、湃水铝石和诺水铝石，其化学通式为 $Al(OH)_3$ 或 $Al_2O_3 \cdot 3H_2O$。一水氧化铝的变体主要有硬水铝石、薄水铝石和拟薄水铝石，其化学通式为 AlOOH 或 $Al_2O_3 \cdot H_2O$。另外一类无定形氢氧化铝是一种凝胶，结构中的水分子数不确定，含水量可以高达40%。

三水氧化铝的结构是由两层氧 A 和 B 堆积而成的准六方密堆积。两层氧堆积形成的八面体的中心有2/3被铝离子所占据。三种三水氧化铝的 A、B 层排列顺序不同，其中三水铝石氧层排列为 BAABBA(见图6-1)，湃水铝石和诺水铝石的排列分别为 BABABA 和 ABBABA[1]。

一水氧化铝的结构也是由紧密堆积的氧原子构成，铝原子位于氧原子组成的八面体的中间。硬水铝石和薄水铝石两种变体的区别是由于在 a 轴方向反向平行的 HO—Al—O 链组成的双分子的排列不同。薄水铝石的结构模型见图6-2。

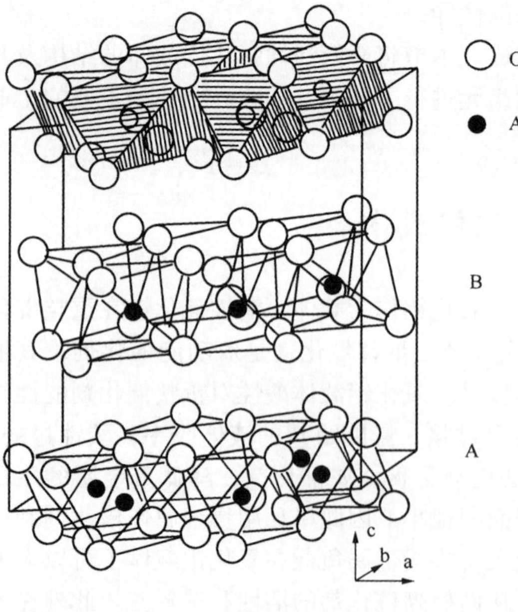

图6-1 三水铝石的结构模型[1]

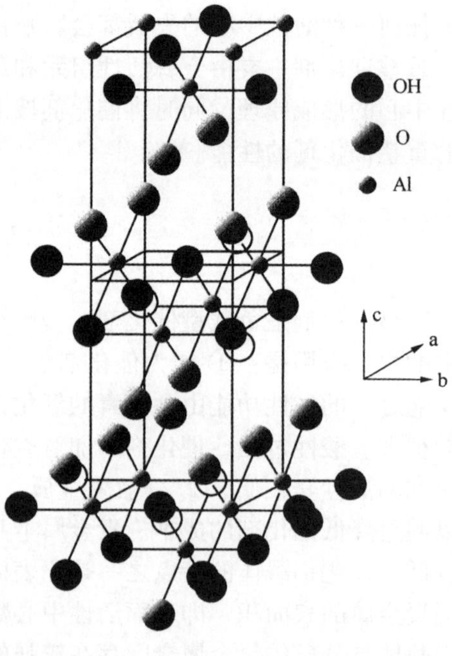

图6-2 薄水铝石的结构模型[1]

$\eta-Al_2O_3$ 载体的前身是湃水铝石。湃水铝石的晶粒大小约30~100nm，堆积松散，晶粒之间充满键合的水。因此其表面积较小，基本没有孔容。湃水铝石有触变性，研磨时会分离出部分水。在干燥和焙烧过程中，水分被脱除，孔结构形成。在焙烧过程中大晶粒分解成 $\eta-Al_2O_3$ 的小晶粒，从而增加氧化铝的表面积。

$\gamma-Al_2O_3$ 的前身是薄水铝石或拟薄水铝石。最常用于催化剂制备的是拟薄水铝石。薄水铝石有许多不同的形态，如针状、链状、舟形、菱形薄片状等；拟薄水铝石典型形态是皱折片晶。两种氢氧化铝典型的电镜图片见图 6-3[2,3] 和图 6-4[4]。

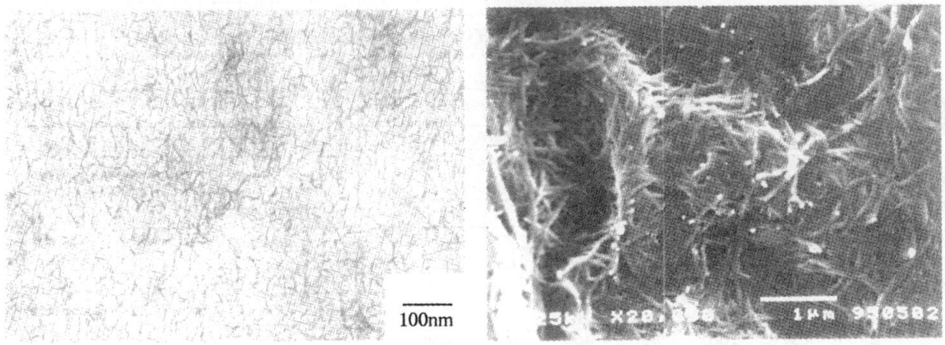

图 6-3　薄水铝石的电镜图片[2,3]

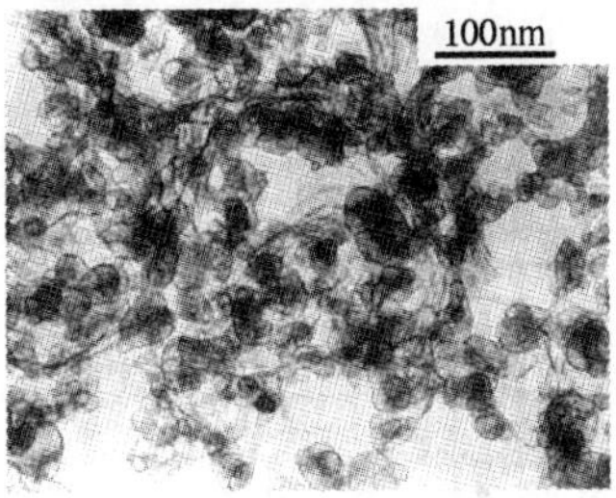

图 6-4　拟薄水铝石的电镜图片[4]

与薄水铝石相比，拟薄水铝石是一种低结晶的氧化铝水合物，含水量较高（约 19% ~ 22%，薄水铝石只有 15%），晶粒更小。在 110℃ 干燥拟薄水铝石可以得到薄水铝石。张明海等[5] 研究了拟薄水铝石向薄水铝石的转变，发现在转变过程中晶粒变大，结晶的完整性和有序度逐渐得到提高，六配位铝离子的数量逐渐减少。该研究还提出可以根据晶粒的大小来区分薄水铝石和拟薄水铝石，晶粒在 10nm 以下的是拟薄水铝石，50nm 以上的是薄水铝石，10 ~ 50nm 的称为中间态。在 30℃ 以下得到的拟薄水铝石是由直径为 2 ~ 3nm 的小晶粒组成的二次颗粒，具有很好的可塑性，这有利于成型得到强度好的氧化铝。

除硬水铝石外，所有的氢氧化铝经过适当的热处理，可以生成不同过渡晶相的氧化铝。在相变的过程中，结构水脱除，生成新的晶相，新的晶相长大至一定程度后晶格重排，从而发生相变。热处理的温度超过 1000℃，生成最稳定的晶相 $\alpha-Al_2O_3$。硬水铝石热处理时直接转变成 $\alpha-Al_2O_3$，没有过渡相。氢氧化铝热处理后的相变主要如图 6-5[6] 所示。

一般可以将图 6-5 中氧化铝的过渡相分为两大类：第一类为低温氧化铝，是热处理温度在 300 ~ 750℃ 之间生成的晶相，这部分晶相含有 1% ~ 2% 化学吸附水，主要有四种形态：$\rho-Al_2O_3$、$\gamma-Al_2O_3$、$\eta-Al_2O_3$、$\chi-Al_2O_3$；第二类为高温氧化铝，是热处理温度在 850 ~ 1000℃ 之间生成的晶相，这部分晶相含有 0.1% ~ 0.5% 化学吸附水，主要有三种形态：$\delta-Al_2O_3$、$\theta-Al_2O_3$、$\kappa-Al_2O_3$。在催化反应中使用最多的载体主要是 $\gamma-Al_2O_3$ 和 $\eta-Al_2O_3$，它们又被称为活性氧化铝。

在氢氧化铝的热处理过程中的脱水和相变过程可以用热重分析方法结合 X-射线对氧化铝的晶相分析进行表征。主要氢氧化铝和氧化铝典型的 X-射线的特征谱图见图 6-6。

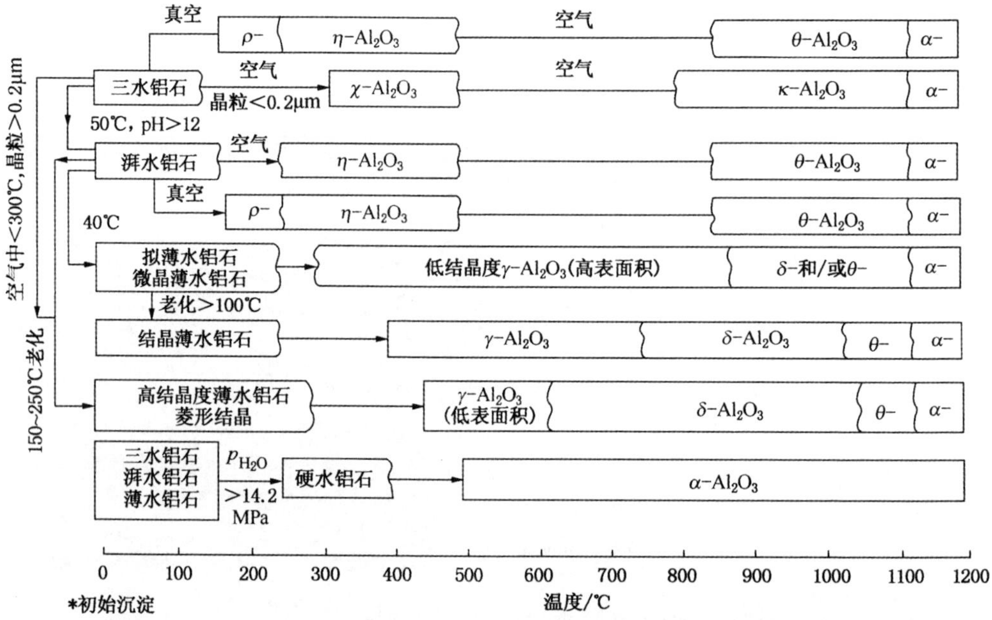

图 6-5 氧化铝的相变[6]

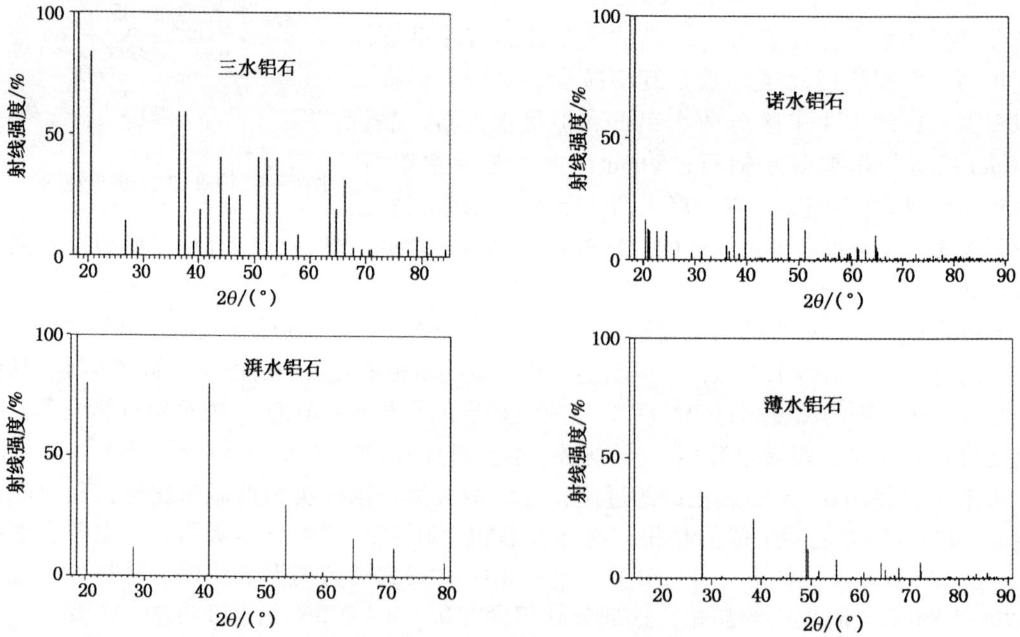

图 6-6 氢氧化铝和氧化铝的特征谱图

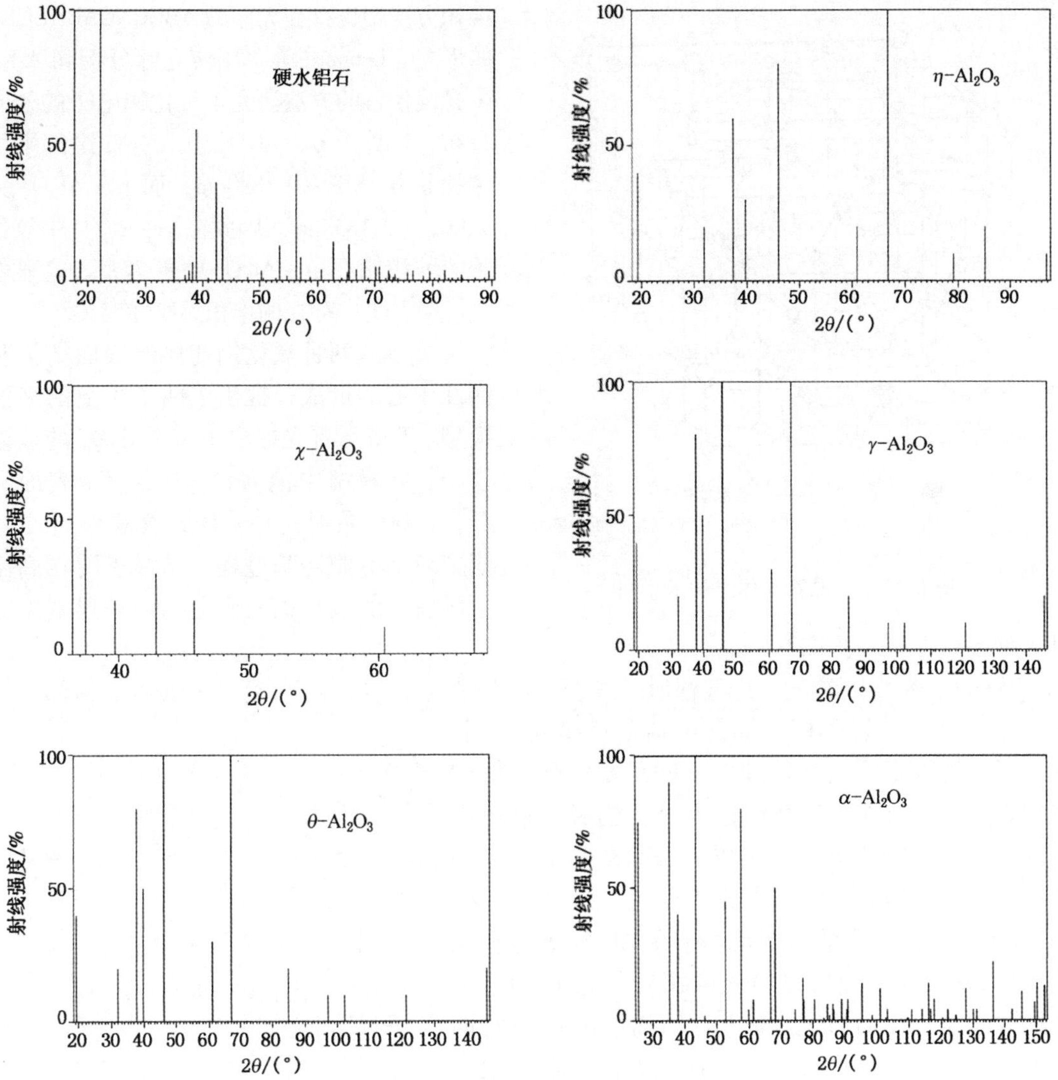

图6－6(续)　氢氧化铝和氧化铝的特征谱图

(二) γ－氧化铝和 η－氧化铝的表面结构

$\gamma-Al_2O_3$ 和 $\eta-Al_2O_3$ 均属于具有立方密堆积晶格的系列，晶格类似于尖晶石的结构，如图6－7所示[7]。这种结构化合物的通式为 A_2BO_4，其中A是三价阳离子，B是二价阳离子。尖晶石的晶格由氧离子按照立方密堆积的方式构成，堆积的顺序为ABCABC……。氧离子之间存在着八面体和四面体两种空隙，阳离子就存在于这两种空隙中。位于八面体的阳离子与6个氧离子连接，位于四面体的阳离子与4个氧离子连接。其晶胞中含有32个氧离子和24个阳离子。

但是 $\gamma-Al_2O_3$ 和 $\eta-Al_2O_3$ 是有缺陷的尖晶石结构。它们的晶胞也包含32个氧离子，但是只含有 $21\frac{1}{3}$ 个铝离子，因此都缺少 $2\frac{2}{3}$ 个铝离子。这些铝离子首先占据八面体位，再占据四面体位。$\gamma-Al_2O_3$ 氧原子的排列是规则有序的以ABCABC……的方式堆积；$\eta-Al_2O_3$ 氧原子

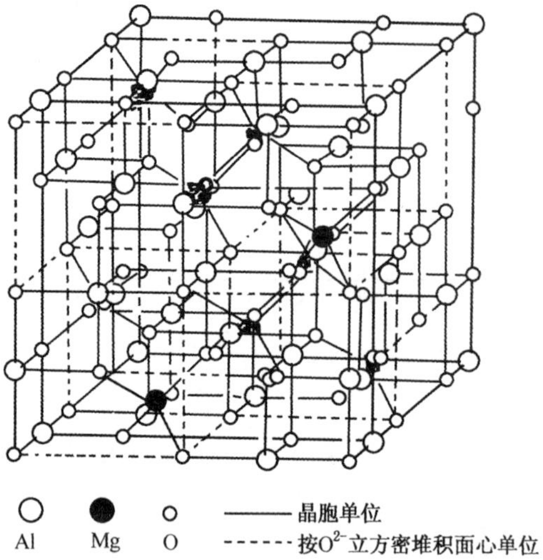

图 6－7 尖晶石晶体结构示意图

堆积方式中也存在无序的 ABCCACABABCBC 的形式。Leonard 等[8]用傅立叶分析和 AlKα 荧光线位移的方法研究了氧化铝电子的径向分布，计算出 $\gamma-Al_2O_3$ 中 Al—O 键的平均键长是 0.1818～0.1820nm，而 $\eta-Al_2O_3$ 为 0.1825～0.1838nm。因此在 $\gamma-Al_2O_3$ 中氧原子的堆积比在 $\eta-Al_2O_3$ 中更紧密。这显然与 $\eta-Al_2O_3$ 中存在的堆积无序性有关。

关于这两种氧化铝变体的表面结构和活性中心的形成曾提出了两个主要的表面模型。Peri[9]首先提出了 $\gamma-Al_2O_3$ 的表面模型，在模型中他假设 $\gamma-Al_2O_3$ 表面只存在(100)晶面，并采用计算机统计方法模拟表面的脱羟基过程，结果表明在高温干燥脱水的氧化铝表面上剩余的羟基主要以 5 种形式存在，见图 6－8。

从图 6－8 可以看出，这五种形式的羟基，分别与 0、1、2、3 或 4 个氧离子相邻。这些羟基所处的环境不同，局部电荷的密度也不同，从而可以解释不同温度处理后不同羟基红外光谱谱带的相对位置和强度。Peri 认为氧化铝脱水过程产生的由三个暴露的铝离子组成的表面缺陷可能是强的吸附中心，但需要进一步的证明。

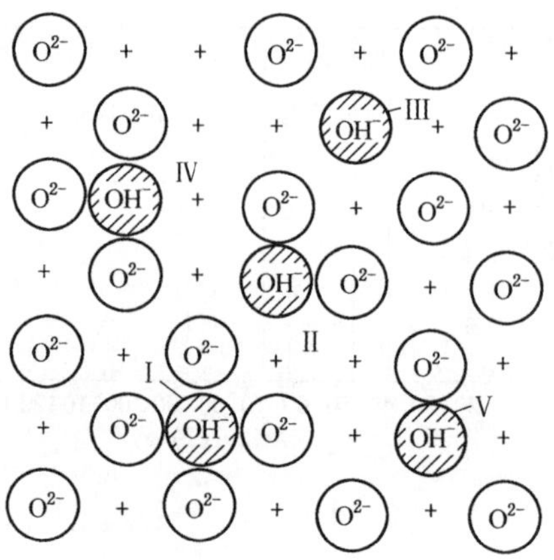

注：＋代表表面下一层的铝离子。

图 6－8 Al_2O_3 表面五种类型羟基的示意图[9]

Knözinger 等[10]的模型是基于在 Al_2O_3 表面存在类似尖晶石结构中的(111)、(110)、(100)的三种低指数晶面。在(111)晶面上，铝离子的排列有两种形式，称为 A 层和 B 层，这两层的区别在于铝离子在其中的分布。在 A 层中有 8 个铝离子分布在八面体位，另外 16 个分布在四面体位；B 层所有的铝离子都分布在八面体位(见图 6－9)。(110)晶面上铝离子也有两种排列形式，称为 C 层和 D 层。在 C 层中处于八面体位和四面体位的铝离子数目相同，D 层所有的铝离子都处于八面体位(见图 6－10)。(100)晶面上氧离子排列成正方形，所有的铝离子都只可能处于八面体位。

根据鲍林的静电价态理论，晶面的终端只可能是一层阴离子。对于氧化铝，这层阴离子是表面羟基。Knözinger 等[10]认为 $\gamma-Al_2O_3$ 表面存在五种类型的表面羟基，分别称为Ⅰa、Ⅰb、Ⅱa、Ⅱb、Ⅲ型，如图 6－11 所示。

从图 6－11 可以看出，Ⅰa 型羟基与一个单独的四面体位的铝离子配位，Ⅰb 型羟基与一个单独的八面体位的铝离子配位，Ⅱa 型羟基与一个八面体位和一个四面体位的铝离子配位，Ⅱb 型羟基与两个八面体位的铝离子配位，Ⅲ型羟基与三个八面体位的铝离子配位。这些表面羟基分别出现不同的晶面上，而且数目也各不相同。在(111)晶面A层上，可能存在Ⅰa、Ⅰb和Ⅱa型三种羟基，在B层上，可能存在Ⅱb和Ⅲ型两种羟基；在(110)晶面C层上，可能存在Ⅰa和Ⅱb型两种羟基；在(110)晶面D层和(100)晶面上，只存在Ⅰb型羟基。在(111)晶面A层上，Ⅱa型羟基出现的频次是Ⅰa型羟基的三倍；在(111)晶面B层上，Ⅱb型羟基出现的频次是Ⅲ型羟基的三倍。这些表面羟基的结构和表面电荷等总结在表6-1中。

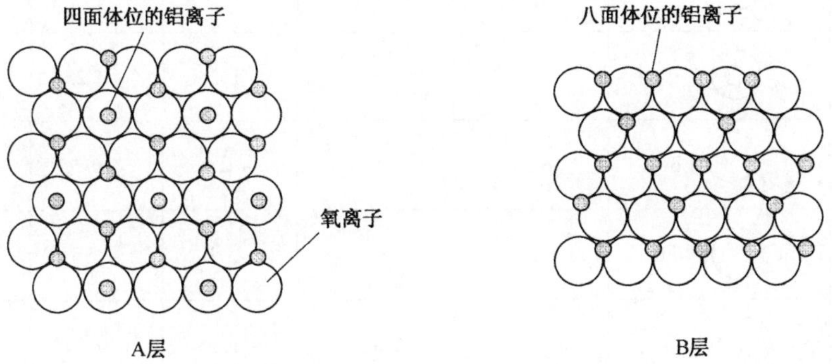

图6-9　(111)晶面离子排列示意

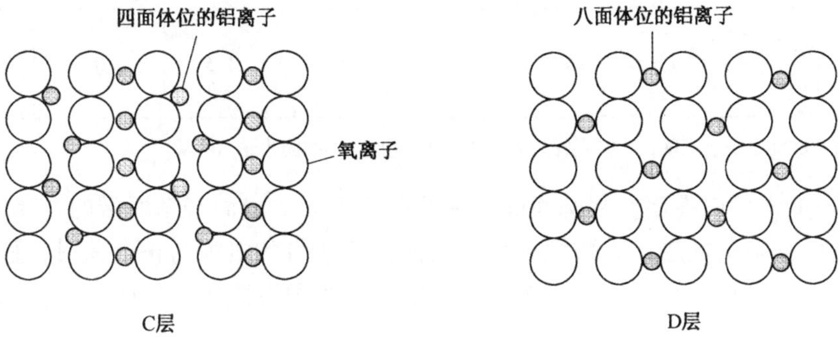

图6-10　(110)晶面离子排列示意

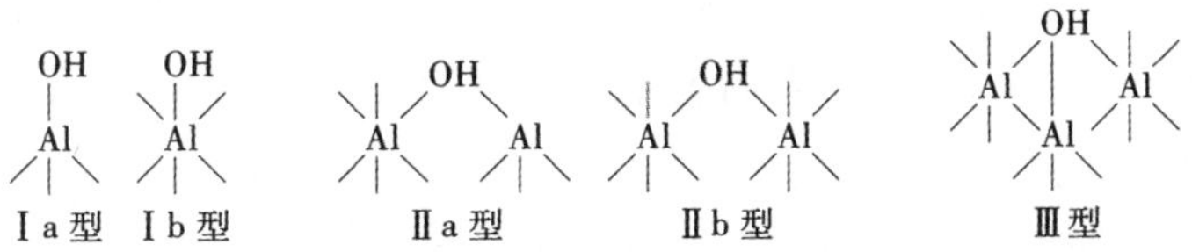

图6-11　$\gamma-Al_2O_3$ 表面羟基模型

表6-1　氧化铝表面羟基理想结构和表面电荷

晶面	层	结构①	表面阴离子配位数		O 净电荷	OH 净电荷	$\nu_{(OH)}/cm^{-1}$
			Al(Ⅵ)	Al(Ⅳ)			
(111)	B	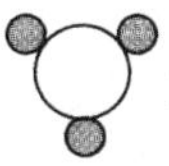 Ⅲ	3	—	-0.5	+0.5	3700~3710

续表

晶面	层	结构①	表面阴离子配位数		O 净电荷	OH 净电荷	ν(OH)/cm^{-1}
			Al(Ⅵ)	Al(Ⅳ)			
(111)	B	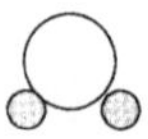 Ⅱb	2	—	-1.0	0	3740 ~ 3745
	A	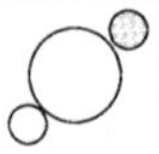 Ⅱa	1	1	-0.75	+0.25	3730 ~ 3735
	A	 Ⅰa	—	1	-1.25	-0.25	3760 ~ 3780
	A，B	 Ⅰb	1	—	-1.5	-0.5	3785 ~ 3800
(110)	C	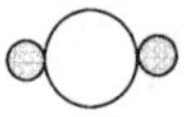 Ⅱb	2	—	-1.0	0	3740 ~ 3745
	C	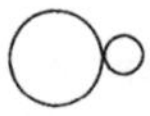 Ⅰa	—	1	-1.25	-0.25	3760 ~ 3780
	D	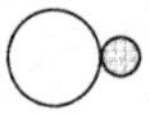 Ⅰb	1	—	-1.5	-0.5	3795 ~ 3800
(100)		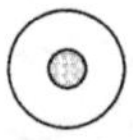 Ⅰb	1	—	-1.5	-0.5	3785 ~ 3800

① 大圆圈表示氧原子或羟基，小实心圆圈表示 Al(Ⅵ)，小空心圆圈表示 Al(Ⅳ)。

从表 6-1 中可以看出，羟基表面所带的电荷不同。表面羟基所带的电荷为负电荷时，显示碱性，而且电荷数越多，碱性越大；表面羟基所带的电荷为正电荷时，显示酸性，同样电荷数越多，酸性越大。因此，表面羟基的性质主要取决于它们的净电荷和配位数。

Knözinger 等的模型与 Peri 模型的区别在于后者在发展 $\gamma-Al_2O_3$ 的表面模型时只考虑了(100)面，在这样的晶面上实际只能存在同样的(上述 Ⅰb 型)羟基结构。而 Knözinger 等则考虑了三种不同晶面上表面羟基的不同成键性质，对五种羟基结构作出了新的解释；同时还认为 $\eta-Al_2O_3$ 与 $\gamma-Al_2O_3$ 在表面上不同晶面暴露的程度不同。$\eta-Al_2O_3$ 表面上存在较多的(111)面，而 $\gamma-Al_2O_3$ 表面上则出现较多的(110)面。由于不同晶面在表面暴露的程度不同，导致表面上不同结构的羟基的密度不同。

Knözinger 等的研究表明，在理想表面上按一定规律脱羟基所产生的阴离子空穴(Lewis 酸中心)和配位不饱和的氧原子(Lewis 碱中心)不等同于催化活性中心。因为实际测定的催化中心数要比这些中心数低 1 ~ 2 个数量级。通过 CO 化学吸附的信息推断，催化活性中心是一种特殊结构的缺陷中心，这种缺陷中心具有相连的阴离子空穴和一个相邻的 Ia 型羟基。这种几率很低的缺陷中心的产生是由于高温下脱羟基的不规则性所造成的。$\eta-Al_2O_3$与 $\gamma-Al_2O_3$ 在化学吸附和催化活性上的差别是由于缺陷中心的密度不同，在 $\gamma-Al_2O_3$上这种缺陷中心的密度相对较低。而两种氧化铝晶格中阳离子分布的不同以及氧原子堆积密度的不同是导致这种缺陷中心密度不同的原因。

（三）活性氧化铝的性质

1. 氧化铝的酸性和催化性能

氧化铝的酸性和催化活性与氧化铝预处理温度有关。Cauwelaert 等[11]研究了氧化铝焙烧温度对正－仲氢转化反应的影响，结果见图 6－12，氧化铝焙烧温度与其表面羟基密度的关系见图 6－13。

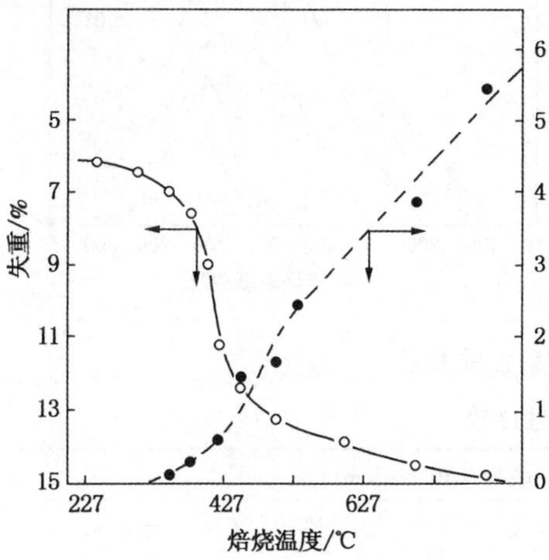

图 6－12 氧化铝焙烧温度与正－仲氢转化反应速率的关系

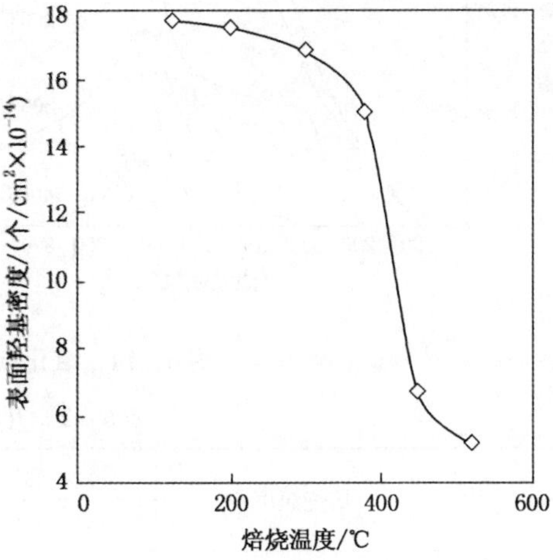

图 6－13 氧化铝焙烧温度与表面羟基密度的关系

从图 6－12 和图 6－13 中可以看出，处理温度达到 400～500℃，氧化铝的失重急剧增加，表面羟基密度急剧下降，正－仲氢转化反应的速率常数也大幅增加。氧化铝表面羟基的脱除是其产生催化活性的原因。

MacIver[12]用氨吸附和脱附的方法研究了 η－氧化铝与 γ－氧化铝的酸性与焙烧温度的关系。采用的两种氧化铝具有同样的化学组成以及很低的杂质含量；方法是将在不同温度下焙烧后的氧化铝在 25℃条件下进行氨吸附，然后在不同温度下进行抽真空脱附，测定脱附后仍保留在氧化铝上的吸附氨量，测定结果见图 6－14。图中横坐标为所用氧化铝样品的预处理温度，纵坐标表示经过 24h 抽空脱附后仍保留在氧化铝上的氨吸附量，各曲线上温度表示吸附氨的脱附温度，用来表征氧化铝酸性的强弱，酸性越强需要的脱附温度越高。假设在 25℃脱附后保留的氨量代表氨的化学吸附总量，即总酸性中心量。从图 6－14中可以看出，两种氧化铝在低温下 25℃预处理后实际上都是非酸性的。η－氧化铝在预处理温度趋近 100℃时出现酸性，而 γ－氧化铝酸性的出现要在 100℃以上。随着预处理温度的增加，两种氧化铝的酸性都快速增加。在这个上升阶段内 γ－氧化铝的总酸性等于或超过 η－氧化铝，但 η－氧化铝的酸性中心强度较高。预处理温度超过 500℃时，总酸性有所下降；强酸性中心量在 600℃附近存在一个最大值。在该研究中，根据氨脱附的温度将酸性中心人为地分为三组：脱附温度在 25～200℃之间的酸中心为弱酸，200～400℃之间为中强酸，400℃以上为强酸。几种不同载体酸性比较见表 6－2。

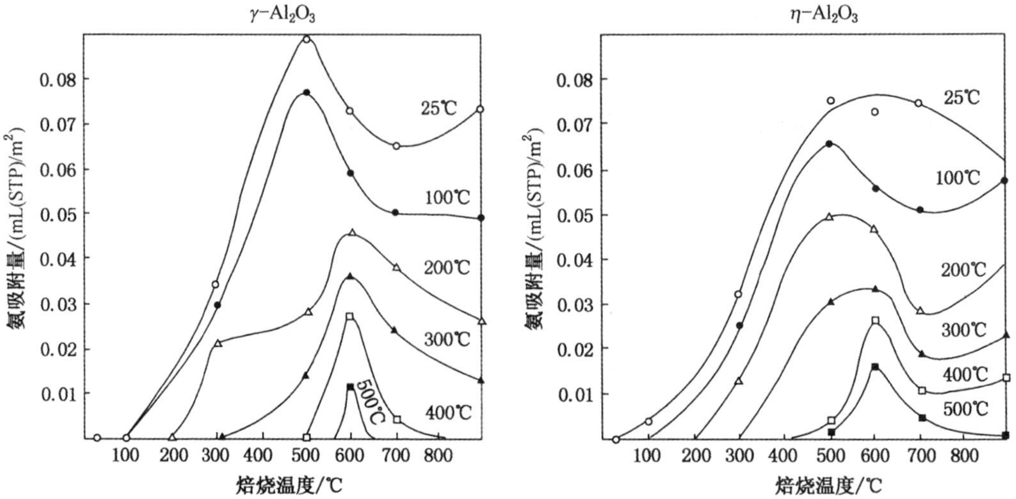

图6－14 氧化铝焙烧温度与酸性的关系

表6－2 几种载体的酸性比较

载 体	焙烧温度/℃	酸量/(10^4meq/m^2)			
		强 酸	中强酸	弱 酸	合 计
$\gamma-Al_2O_3$	500	0.4	11.8	27.2	39.4
$\eta-Al_2O_3$	500	1.3	20.5	11.7	33.5
$\gamma-Al_2O_3$	700	2.9	19.4	15.9	38.2
$\eta-Al_2O_3$	700	6.5	10.0	27.0	43.5
$\gamma-Al_2O_3$	900	0	15.3	27.6	32.9
$\eta-Al_2O_3$	900	7.6	14.7	13.5	35.5

注：500℃焙烧的$\gamma-Al_2O_3$和$\eta-Al_2O_3$比表面积分别为$204m^2/g$和$240m^2/g$。

从表6－2可以看到500℃预处理的$\gamma-Al_2O_3$主要具有弱酸性中心，而$\eta-Al_2O_3$则含有相当大量的中强和强酸性中心。处理温度提高到700℃，两种氧化铝的酸强度都有增加；温度再高$\gamma-Al_2O_3$酸强度下降而$\eta-Al_2O_3$酸强度增加。

在以上工作基础上MacIver等进一步研究了η和γ－氧化铝的催化性能[13]，试验表明对于1－戊烯的双键和骨架异构化、2，4－二甲基戊烷裂化以及对二甲苯异构化等酸催化的反应，η－氧化铝的活性均高于γ－氧化铝，说明二者酸中心强度的差别是导致催化活性不同的原因。

应该指出，除了晶体结构本身以外，氧化铝的制备方法，特别是杂质含量会对酸性和催化性能产生很大的影响。Parera曾采用四种工业氧化铝进行表面酸性和催化性能的研究[14]。发现纯度相近的η－氧化铝和γ－氧化铝相比，η－氧化铝的总酸性和甲醇脱水活性均高于γ－氧化铝。但它们之间的差别远不如杂质钠含量不同的两种γ－氧化铝之间的差别大。

2. 氧化铝的热稳定性

Russell等[15]的研究工作表明，三水铝石加热分解时在250～400℃区间比表面迅速增加，在400℃达到$330m^2/g$的最大值，此后随温度增加比表面逐渐下降；湃水铝石加热时得到类似结果，在300℃附近比表面积已达到最大值，随后逐渐下降。与三水氧化铝不同，胶态的薄水铝石加热时，直到800℃一直保持较稳定的高比表面积。这些结果表明，由拟薄水铝石生成的γ-氧化铝比由湃水铝石生成的η-氧化铝具有更高的热稳定性。

Винникова等[16]的工作更详细地研究了薄水铝石和湃水铝石热分解产物相组成和比表面积的变化。样品的制备方法是由硝酸铝与氨或铝酸钠与硝酸在恒定的pH值下并流混合沉淀，然后进行洗涤、老化和干燥。薄水铝石结构氢氧化物的沉淀是在pH值7~8和60℃以上进行，湃水铝石沉淀在pH值10~11和室温下进行。样品的热处理是在干燥的空气流中进行，处理时间为10小时。表6-3为试验的主要结果。

表6-3 焙烧温度对相组成和比表面积的影响

样品号	性质	焙烧温度/℃								
		100	200	300	400	500	600	750	900	1100
5	相组成	拟薄			γ		γ			
	$S/(m^2/g)$	313			320		305			
52	相组成	拟薄	拟薄	拟薄	γ	γ	γ	γ		
	$S/(m^2/g)$	260	250	253	255	255	243	210		
130	相组成	拟薄	拟薄	拟薄	γ	γ	γ	γ	γ	$\theta+\alpha$
	$S/(m^2/g)$	220	220	220	235	235	215	204	175	50
142-0	相组成	拟薄	拟薄	拟薄	γ	γ		γ	γ	$\theta+\alpha$
	$S/(m^2/g)$	225	242	237	246	245		240	195	40
26-0	相组成	拟薄		拟薄	γ	γ	γ			α
	$S/(m^2/g)$	125		125		160	155			
131	相组成	薄水	薄水		薄水+γ		γ	γ	γ	α
	$S/(m^2/g)$	30	30		75		70	75	74	
132	相组成	湃	湃+拟薄	拟薄+痕量湃	η	η	η	θ	θ	α
	$S/(m^2/g)$	5	395	402	390	330	240	150	120	10
137	相组成	湃	湃+痕量拟薄	η+痕量拟薄	η	η	η	η	θ	α
	$S/(m^2/g)$	30	100	425	450	335	240	166	106	9.7
141	相组成	湃	湃	η+痕量拟薄	η+痕量拟薄	η	η	η	θ	α
	$S/(m^2/g)$	90	405	430	410	310	210	200	120	11.5

注：表中'拟薄'代表拟薄水铝石，'湃'代表湃水铝石。131号薄水铝石样品是通过湃水铝石在高压釜中200℃水热处理10h制备。

从表6-3可见，薄水铝石转变为$\gamma-Al_2O_3$是发生在300~400℃温度区间，在低于750℃焙烧$\gamma-Al_2O_3$时，其比表面积基本保持不变。$\gamma-Al_2O_3$向$\theta-Al_2O_3$的转变发生在900℃以上，在1000℃以上时转变到α相。湃水铝石的分解开始于200℃，此时比表面积迅速增加，在300℃比表面积达到最大值400～430m^2/g；400～600℃焙烧后样品晶相为η－氧化铝，其比表面积随温度增加逐渐下降。在750～900℃区间η－氧化铝转变为θ相，在1100℃转变为α相。

根据以上结果作者指出，由于η－氧化铝转变为θ－Al_2O_3的相变温度比γ－Al_2O_3低100～150℃，同时由于η－氧化铝热稳定性较差，因此不应轻易选择η－氧化铝作为高温反应的催化剂或载体。

Маслянский等[17]也曾报道过γ－Al_2O_3和η－Al_2O_3比表面积与焙烧温度的关系。采用的样品是一种工业γ－Al_2O_3和一种由纯度很高的湃水铝石制备的、具有很高比表面积的η－Al_2O_3。从图6－15可以看出，在焙烧温度提高到650℃时γ－Al_2O_3保持基本恒定的比表面积（～230m^2/g），随后其比表面积缓慢下降。η－Al_2O_3初始比表面积较大，随着焙烧温度的提高其比表面积不断快速下降，在650℃时已经低于γ－Al_2O_3。这说明γ－Al_2O_3具有较好的热稳定性。除了焙烧温度以外，其他焙烧条件，如不同介质，特别是气氛中的水含量，对氧化铝的热稳定性也有明显影响。Шлегель等[18]曾报道了在同样温度下用马弗炉焙烧和在干空气流中焙烧对氧化铝比表面积的影响。所用的起始物是工业硝酸法氢氧化铝，结果见表6－4。可以看到，在马弗炉中焙烧的样品的比表面积明显低于干空气流中焙烧的样品。作者也考察了干空气流体积空速对比表面积的影响，发现体积空速高于1000h^{-1}时，样品的比表面积保持不变；但低于1000h^{-1}时比表面积下降。

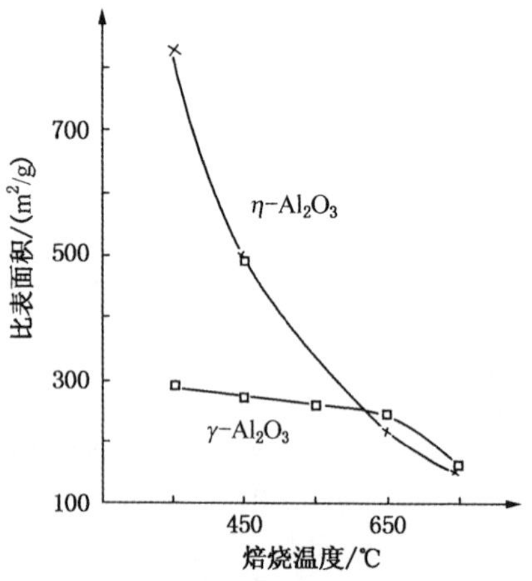

图6－15 焙烧温度对氧化铝比表面积的影响

表6－4 工业氢氧化铝焙烧后的比表面积

采样位置	不同热处理阶段后的比表面积/(m^2/g)		
	110℃干燥	马弗炉中650℃	空气流中650℃(体积空速＝1000h^{-1})
干燥前成型颗粒	250	180	270
	190	190	270
	180	210	310
	220	210	300
	190	250	330

表6－5为在不同介质中焙烧工业氢氧化铝的结果，这些介质包括干燥空气、干燥二氧化碳、湿空气以及湿空气与干燥二氧化碳的混合气体。其中湿空气的水含量为180g/m^3，加入湿空气中的二氧化碳量为80～85L/m^3。气体空速为1000h^{-1}。表6－5中的数据说明，在干燥的空气流和二氧化碳中焙烧可以得到同样的比表面积，但在湿空气流中焙烧使比表面积明显降低。

表 6-5　焙烧介质对氧化铝比表面积的影响[18]

焙烧介质	堆密度/(kg/L)	比表面积/(m^2/g)	计算的孔体积/(cm^3/g)
干空气	0.72	335	0.53
干 CO_2	0.72	335	0.53
湿空气	0.74	170	0.51
湿空气 + CO_2	0.72	270	0.53

3. 氧化铝的吸附性

氧化铝具有两性性质，在不同 pH 值的水溶液中其表面能形成不同的吸附位，与其他离子发生吸附或交换。在酸性介质中，氧化铝表面能形成 $AlOH_2^+$ 吸附位，呈正电性，能吸附阴离子。此时氧化铝是阴离子吸附剂；在碱性介质中，氧化铝表面能形成 AlO^- 吸附位，成为阳离子吸附剂。简要示意见图 6-16[6]。从图中可以看出，当溶液 pH >9 时，随着 pH 值增加，氧化铝对阳离子 Na^+ 的吸附量增加；当溶液 pH <9 时，随着酸性的增加，氧化铝对阴离子 Cl^- 的吸附量增加。

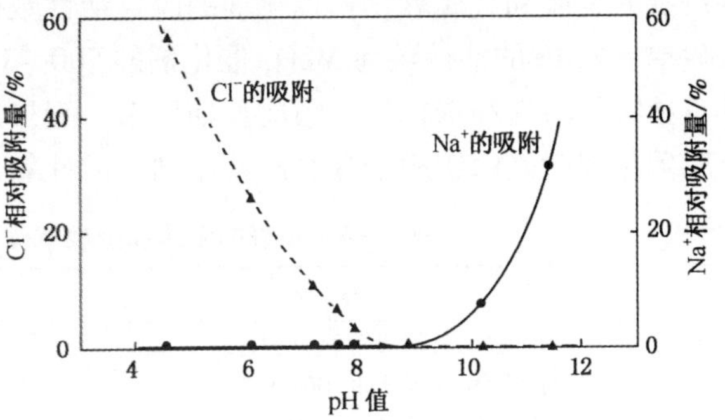

图 6-16　$\gamma-Al_2O_3$ 在不同 pH 值条件下对离子的吸附

4. 卤素对氧化铝酸性的影响

氧化铝本身只具有很弱的酸性，它可以比较容易地催化烯烃双键位移和醇脱水等反应，但不容易催化烃类的骨架异构化和加氢裂化等需要较强酸性催化的反应。

卤素的引入可以提高氧化铝的酸性。Webb[19]采用氨化学吸附进行的研究表明在氧化铝中加入氟氢酸提高了氧化铝的酸强度。Tanaka 等[20]的正丁胺滴定法测定结果表明氧化铝的酸性随 HCl 吸附量的增加而线性增加。Arena 等[21]的工作表明随氯含量的增加 $\gamma-Al_2O_3$ 的表面酸性增加，同时环己烯异构化生成甲基环戊烯的活性增加，两者之间有很好的对应关系。

关于卤素对氧化铝酸性影响的机理已经提出了一些看法[17,20,22,23]，但仍有待进一步深入研究。一般认为氧化铝表面存在的主要是 Lewis 酸中心，即使有质子酸(Brönsted 酸，可给出质子)中心存在，也是少量的，并表现为弱酸性[24,25,26]。Tanaba 等用红外光谱研究 HCl 处理的氧化铝时发现有新的羟基谱带出现，并且这些羟基以质子酸形式参与正丁烯的异构化反应[20]。因此，他们推论新产生的质子酸中心是由于吸附在表面的氯离子的诱导效应使临近的羟基离子化的结果。Gates[23]提出了类似的观点，并且将氧化铝酸性提高的机理图示如下：

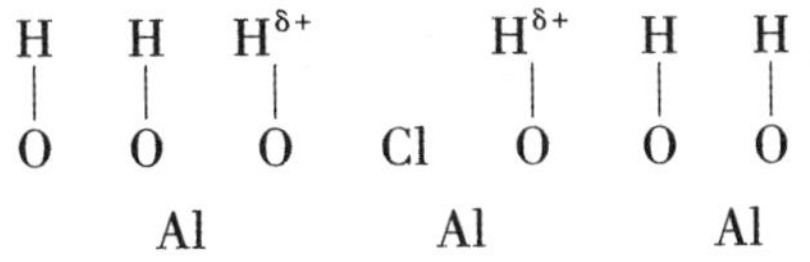

由于氯离子取代了一部分表面羟基，铝离子变为同两个不同的阴离子相连。氯离子的出现破坏了原有的电子对称性并从邻近的羟基吸引电子，使羟基上氢原子的正电性增加，即酸性提高。

在以氧化铝为载体的双功能重整催化剂中，氯是必不可少的一个重要组元。氯的引入使得重整反应中以生成正碳离子为中间步骤的烃类骨架异构和环化等有利的反应得以顺利进行；同时通过调节催化剂上的氯含量可以使催化剂的酸性达到最佳值，有利于提高催化剂的选择性和延长使用周期；在再生过程中氯对贵金属铂的再分散也起重要作用。

二、单金属催化剂的结构和性质

早期开发的重整催化剂是非贵金属催化剂。这种类型的催化剂主要含第ⅥB族金属元素的氧化物，如 MoO_3、Cr_2O_3 等。这类催化剂的活性远不如贵金属催化剂。表6－6为一些负载的金属和金属氧化物催化剂的脱氢活性数据。可以看到，负载于氧化铝或氧化硅－氧化铝上的Pt的活性约为 MoO_3 催化剂的500～1300倍，更远高于 Cr_2O_3 催化剂。由于铂具有独特的活性和选择性，因此长期以来一直被用作工业重整催化剂的主要活性组元。单金属催化剂就是由铂载于含有卤素助剂的活性氧化铝上组成。

表6－6　负载的金属和金属氧化物的环己烷脱氢活性[27]

催　化　剂	脱氢活性指数①/（μmol 苯/g 催化剂/s）
与 Al_2O_3 共胶的34% Cr_2O_3	0.5
与 Al_2O_3 共沉淀的10% MoO_3	3
5% Ni 载于 Al_2O_3 或 $SiO_2-Al_2O_3$	13
5% Co 载于 Al_2O_3	13
0.5% Ir 载于 Al_2O_3	190
1% Pd 载于 Al_2O_3	200
5% Ni 载于 SiO_2	320
1% Rh 载于 Al_2O_3	890
0.5% Pt 载于 Al_2O_3 或 $SiO_2-Al_2O_3$	1400～4000

① 用环己烷在微分床流动反应器中30min后测定，条件为：427℃，0.69MPa，H_2/HC（摩尔比）=6。预处理是在同样条件下，在氢气流中进行。

单金属重整催化剂铂含量范围一般为0.3%～0.6%。随着铂含量的增加，催化剂表面活性中心的数量也会增加，因此在提高催化剂的抗毒物冲击能力以及在同样积炭条件下延长反应运转周期方面具有一定的优越性。

（一）铂分散度对金属表面结构和反应性能的影响

在工业重整催化剂的制备中，铂被分散在氧化铝载体上形成很小的铂晶粒，从而使尽可能多的铂原子暴露在金属和载体表面形成活泼的催化作用中心。金属分散度的定义就是暴露在表面的金属原子数与催化剂中总原子数的比值。金属颗粒越小，暴露在表面的原子数就越多。如果假设催化剂中铂的晶粒是有5个暴露的面的立方体，第六个面是同载体接触[28]，立方体的一个边长是 d，则每克铂的表面积为：

$$S = 5/\rho d$$

式中　ρ——铂的密度。

上式表明了晶粒大小与暴露的表面积的关系。

颗粒大小不仅与暴露的表面积直接有关，而且理论与实验工作均表明，金属的小颗粒与大的晶粒相比在结构和性质上有明显的区别[29,30]。Полторак 等[31]曾计算了常规有序的、面心立方铂晶体的表面原子的配位数与晶粒大小的关系，结果列于表 6－7 中。图 6－17 为一个含 44 个铂原子的面心立方八面体，并标明了顶角、边和面上原子的配位数。

表 6－7 不同大小的有序铂晶体的性质

晶体边长		表面原子分数/%	晶体总原子数	不同配位数(x)的表面原子的数量			表面原子中边角原子分数/%	表面原子平均配位数
原子数	nm			角 x = 4	边 x = 7	面 x = 9		
2	0.55	100	6	6	0	0	100	4.00
3	0.895	95	19	6	12	0	100	6.00
4	1.10	87	44	6	24	8	79	6.94
5	1.375	78	85	6	36	24	64	7.46
6	1.650	70	146	6	48	48	53	7.76
7	1.925	63	231	6	60	80	45	7.97
8	2.20	57.5	344	6	72	120	39	8.12
9	2.475	53	489	6	84	168	35	8.23
10	2.750	49	670	6	96	224	31	8.31
11	3.025	45	891	6	108	288	28	8.38
12	3.30	42	1156	6	120	360	26	8.44
13	3.575	39	1469	6	132	440	24	8.47
14	3.850	37	1834	6	144	528	22	8.53
15	4.125	35	2255	6	156	624	21	8.56
16	4.40	33	2736	6	168	728	19	8.59
17	4.675	31	3281	6	180	840	18	8.62
18	4.95	30	3894	6	192	960	17	8.64

从表 6－7 可以看到，晶粒大小为 4.95nm 时，暴露在表面的金属原子分数即分散度为 30%，随晶粒减小表面原子的分数逐渐增加至 100%。同时，很重要的是随铂晶粒的减小低配位数的边、角原子在表面原子和总原子数目中所占的分数比例增加。这些配位不饱和的边、角原子，由于配位环境或电子性质的不同会对反应物与金属之间的化学吸附产生重要的影响。因此很可能它们就是催化作用的活性中心。这就是所谓的配位或电子效应，也是小晶粒与大的铂晶粒在性质上的重要区别之一。当晶粒大小超过 5nm 时，配位数为 9 的面原子在表面原子中的比例已超过 83%，表面原子的平均配位数已接近 9，此时表面的性质已基本与大的晶粒相同。

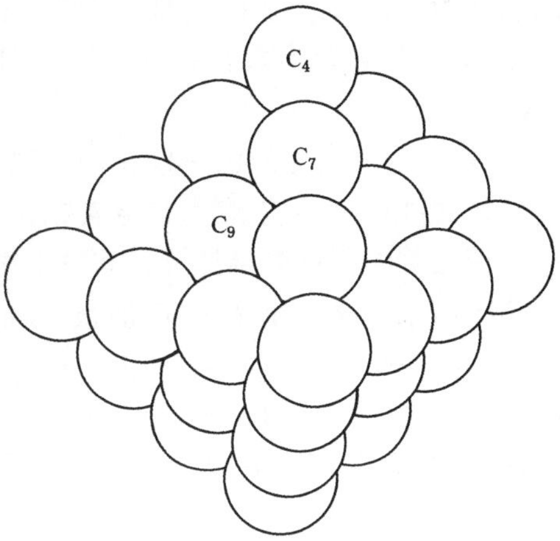

图 6－17 含 44 个原子的面心立方八面体
（标出了角、边和面原子的配位数）

以上的解释是立足于把微晶小颗粒看作为一种很小的、本质上类似于规整的大晶体的材料。实际上，在高度分散的催化剂上的微晶颗粒不可能是完全有序的、规整的结构。在这些不规整的微晶上除了存在着与大晶体中的原子配位数不同的中心以外，还可能存在一些在大晶体中不会出现的、特殊的原子集团。对于某些反应物分子来说，这些集团正是适合于它们“着陆”和进行反应的特殊活性中心。这就是所谓的集团效应。在这种效应中除了能量因素以外，几何因素也可能起主要作用。

关于金属分散度对反应性能的影响，Boudart 等[32]将第Ⅷ族金属上发生的反应分为两类：第一类是结构不敏感反应或容易进行的反应，其反应速率正比于总的金属表面积。在这类反应中，任何表面金属原子均是活性中心，活性中心的性质与晶粒大小以及配位环境无关。第二类是结构敏感反应或有苛刻要求的反应，其比活性(单位金属表面积或每个表面原子上的反应速率)随活性中心结构而改变。在这类反应中反应速率与金属表面积不成正比而取决于金属分散度和催化剂的制备方法。

在金属催化的反应中，涉及 C—H 键断裂或生成的反应(加氢 - 脱氢)一般是结构不敏感的。如环丙烷加氢生成丙烷的反应[32]、环己烷脱氢[33,34]和反向的苯加氢反应[35,36]等；此外金属催化的正己烷异构化[37]以及新戊烷异构化[38]等反应也表现为是结构不敏感的。涉及 C - C 键的反应和某些其他反应，如新戊烷[38]、甲基环戊烷[39]和乙烷[40,41]等烃类的氢解反应以及某些氧化反应[31]是结构敏感的反应。

结构敏感反应可能要求在催化剂表面上有一种特殊类型的活性中心，这种中心具有特殊的配位环境或一定大小的原子集团。Boudart 曾设想新戊烷的氢解是发生在三个铂原子组成的吸附位上[38]；Ponec 等对烷烃在 Pt - Au 合金催化剂上不同反应的研究认为，异构化反应可以在较小的集团甚至是一个中心上发生，脱氢环化需要较大的集团，而裂化反应则需要更大的集团[42,43]；Hardeveld 等[44]的研究也表明微晶上的一种含有五个原子的 B5 中心具有特殊的吸附性能。Somorjai 等[45,46]进行的单晶表面结构和反应性能研究表明在高 Miller 指数晶面上存在着原子“阶梯”(Steps)和阶梯上的“扭折”(Kinks)，它们是一些特殊的催化活性中心。在有阶梯的表面上可优先发生 C—H 和 H—H 键断裂的反应，而在有扭折的阶梯上除具有 C—H 和 H—H 键断裂的反应活性外，还具有 C—C 键断裂的反应活性。以上这些研究对于从原子水平上进一步阐明高分散铂催化剂的活性中心的本质都具有重要的参考价值。

此外，对于高分散的铂催化剂来说，表面铂活性中心的性质还与金属 - 载体之间的相互作用密切相关。可以设想，金属颗粒越小，载体的影响将越重要。Yao 等[47]进行的 Pt/Al_2O_3 催化剂的程序升温还原(TPR)工作表明随金属分散度提高催化剂上铂的还原温度提高，说明金属 - 载体间的作用加强。Zhang 等[48]采用 X - 射线光电子能谱测定的结果表明，负载于 γ - 氧化铝上的小于 1.5nm 的铂簇团显示出很强的缺电子性。作者认为这种缺电子性是来源于小的 Pt 颗粒与氧化铝表面上 Lewis 酸中心的强相互作用以及小的 Pt 簇团的本征电子特性。Davis 等[49,50]曾用这种缺电子性的变化解释烷烃脱氢环化反应中不同产物的选择性。

在工业重整催化剂的制备中实现铂的高度分散是至关重要的。Franck 等[51]研究发现，完全由金属功能控制的脱氢和加氢反应的反应速率正比于金属 Pt 的分散度，如图 6 - 18 所示。Matt 等[52]研究了铂晶粒大小对 Pt/Al_2O_3 催化剂脱氢环化性能的影响。结果见表 6 - 8。从表中可知，随铂晶粒减小，Pt/Al_2O_3 催化剂对正庚烷的反应活性提高，异构化反应减弱，加氢裂化反应的变化相应较小。

Kraft 等[34]也研究了不同分散度的 Pt/Al_2O_3 催化剂的反应性能。试验结果表明环己烷脱氢的比活性在不同铂分散度情况下保持恒定，即活性随铂表面积增加而增加，这与Franck 等的结果相一致；而正庚烷脱氢环化反应，在铂晶粒小于 3.0nm 的情况下，其活性不是简单地随铂表面积变化，而是与制备和结构的细节有关。如催化剂还原后在一定温度下用空气处理，虽然铂分散度有所提高，但脱氢环化活性反而降低。Козлов 等[53]研究了 Pt/Al_2O_3 催化剂上铂的分散度对正己烷脱氢环化的影响，结论是铂的最佳分散度相应于H: Pt≈0.7，分散度再提高时催化剂活性和稳定性降低。应该指出，重整催化剂上的脱氢环化反应是双功能催化的反应，其控制步骤是在酸性中心上的反应，因此研究金属分散度对脱氢环化反应的影响必须同时考虑酸功能的影响，目前在这方面尚缺乏更有说服力的数据。

表 6-8 铂晶粒大小对正庚烷重整产物组成的影响[52]

样品	平均晶粒大小/nm	未反应的正庚烷/%	脱氢环化/%	异构化/%	加氢裂化/%
1	1.0	3.0	38.5	9.0	52.2
2	1.2	3.5	34.0	10.6	55.0
3	3.3	4.6	26.8	14.2	54.4
4	7.3	7.0	21.6	21.7	49.7
5	15.8	9.8	17.7	24.3	48.2
6	45.2	23.4	16.2	28.9	46.1
7	无铂载体	74.0	0.4	0.1	98.1

Barbier 等[54~56]研究了金属分散度对重整催化剂积炭的影响，发现随铂分散度的提高，单位表面金属原子上的积炭量减少。这可能是由于积炭反应要求一种与氢解反应类似的相邻的原子集团中心的缘故。研究还表明随金属分散度提高，催化剂(金属+载体)上总的积炭量增加，两者几乎成正比。这是由于反应物在金属中心脱氢生成的烯烃转移到载体上发生聚合反应的结果。

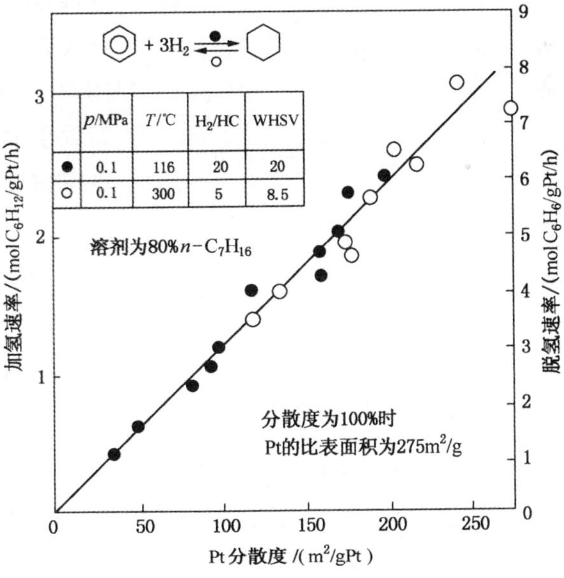

图 6-18 Pt 分散度对环己烷脱氢和苯加氢的影响[51]

(二) 催化剂的酸性功能

负载型铂催化剂的另外一个重要的性质是其酸性功能。保持催化剂的酸性功能和金属功能之间的平衡是维持催化剂最佳性能的关键。如果催化剂的金属功能太强，会过度氢解生成气体；如果酸性功能太强，会导致过度的加氢裂化和积炭。氧化铝载体本身的酸性较弱，可以通过加入不同含量的卤素进行调节和控制。一般采用的卤素是氟与氯。

氟和氯对催化剂酸性影响有不同的特点。一些研究[57~59]认为氟引入氧化铝后形成了强的 B 酸中心。Hirschler[60]发现用氢氟酸处理的氧化铝酸强度有很大的提高。Webb[19]发现氢氟酸处理的氧化铝酸性中心的数量并没有增加，但是酸强度显著增强。有研究[61]发现随着氟含量的增加，氧化铝的酸性先增加后降低。Corma 等[62]测定了含氟氧化铝表面酸强度的分布，发现氟含量在 2% ~4% 时总酸量和酸强度达到最大。Weber[63]发现含氟的Pt/Al_2O_3催化剂有更强的加氢裂化性能。前苏联[64]的研究认为，在汽油馏分重整时，只有当 Pt/Al_2O_3 催化剂氟含量小于 0.4% 时，重整产物的芳烃产率才随氟含量的增加而增加；当进一步提高氟含量时，催化剂加氢裂解的活性明显提高。因此工业催化剂 АП－56 中氟含量限制在 0.32%，使其具有最好的选择性。

氯对 Pt/Al_2O_3 催化剂的作用类似于氟，但是对催化剂酸性的影响较温和。现在的工业化催化剂基本上都用氯来替代氟。氯对催化剂的主要作用有两方面：一是调节催化剂表面的酸性，从而影响催化剂的性能；二是在催化剂再生过程中有助于再分散催化剂表面的 Pt 晶粒。Parera 等[65]研究认为氯有助于氢向氧化铝载体的溢流，从而更容易加氢积炭前身物，降低催化剂的积炭速率。该研究发现含氯量为 0.89% 的催化剂积炭速率最慢，因此存在一个最佳氯含量，通过活化氢溢流可以降低催化剂的积炭速率。另外 Pt/Al_2O_3 催化剂中氯的加入可以增强金属与氧化铝载体之间的相互作用[66]。试验表明，在高温含氧气氛中注入氯化剂有助于 Pt/Al_2O_3 催化剂上 Pt 晶粒的再分散和抑制 Pt 的烧结，见图 6－19；在氢气还原过程中注入氯化剂也可以抑制 Pt 的烧结[67,68]

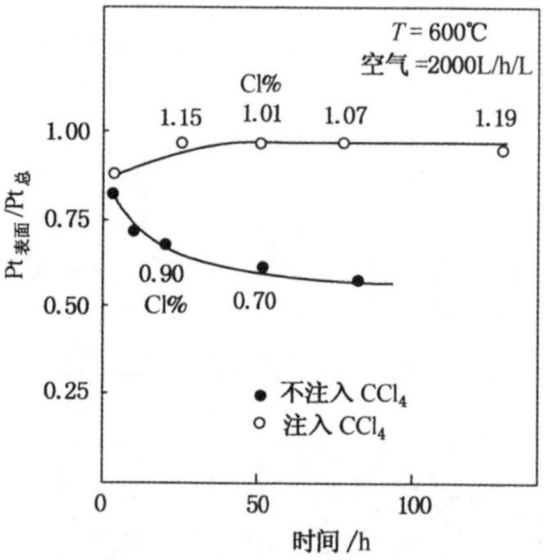

图 6－19　氯对 Pt 烧结的影响[68]

三、双(多)金属催化剂

(一) 铂铼催化剂的性质

1967 年铂铼双金属重整催化剂在美国 Chevron 公司的 El Paso 炼油厂首次实现了工业应用，这是催化重整催化剂研究开发中的一个重要突破。直到今日，铂铼系列重整催化剂仍然是半再生式工业重整装置中应用最广泛的主流催化剂。

与单铂催化剂相比，铂铼催化剂主要具有如下特点[69, 70]：

1. 催化剂的活性稳定性明显提高

图 6－20 中比较了两种铂铼催化剂与同样铂含量的单铂催化剂的活性稳定性。可以看到，在催速老化试验中保持产品研究法辛烷值为 102 的条件下，铂铼催化剂的提温速度远低于单铂催化剂。从运转周期长度比较，1969 年工业化的铼重整 B 型催化剂的活性稳定性约为单铂催化剂的四倍，1975 年工业化的铼重整 E 型催化剂的活性稳定性则超过单铂催化剂的 6 倍。据报道 1978 年工业化的 F 型催化剂的活性稳定性达到了单铂催化剂的 8 ~9 倍。

2. 催化剂的选择性稳定性明显提高

选择性稳定性是铂铼催化剂最重要的优点。图6-20中同时表示出铂铼催化剂的选择性稳定性与单铂催化剂的对比。随活性下降和反应温度的提高单铂催化剂的 C_5^+ 液体收率急剧下降，而铂铼催化剂的 C_5^+ 液体收率在整个运转周期内下降十分缓慢，甚至在运转中期还略有增加(见图中E型催化剂曲线)。

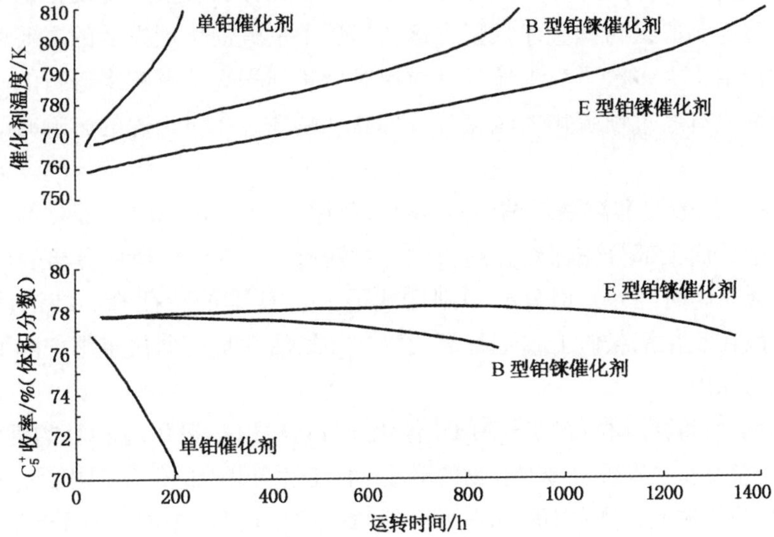

图6-20 单铂和铂铼催化剂的稳定性的比较[69]

评价条件：压力1.48MPa，RONC控制在102，原料油为中大陆重石脑油

3. 催化剂的抗积炭能力显著改进

图6-21表示出催化剂炭含量对选择性的影响。对于单铂催化剂，炭含量为14%时选择性(C_5^+ 收率)已经有非常大的下降；对于铂铼催化剂，在炭含量达到20%时，选择性仅有很小的降低。

4. 铂铼催化剂具有很强的氢解性能，开工时需要进行预硫化

在研究开发的初期[71]就发现铂铼催化剂与单铂催化剂不同，具有很强的氢解性能。采用石脑油进行重整试验时会产生大量的甲烷和乙烷等气态轻烃，同时在催化剂床层中发生强烈的放热。采用预硫化的方法可以有效地抑制开工时过量的氢解反应和放热效应。但在正常运转时又必须严格控制原料中的硫含量。原料中硫的存在会降低催化剂的活性、选择性及稳定性。

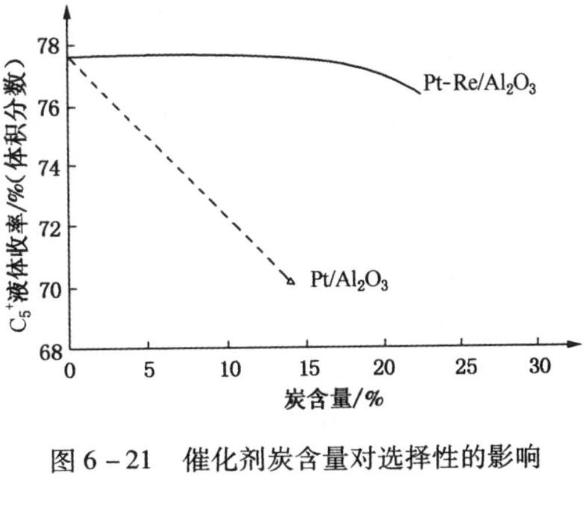

图6-21 催化剂炭含量对选择性的影响

尽管对于铂铼催化剂的优越性和特点已经有了明确的认识，但是关于铼在铂铼催化剂中存在的状态和改进催化剂稳定性的作用

机理仍然没有明确和统一的认识。大量的研究工作得出的试验结果和结论往往有很大差异或者是互相矛盾的。

关于铼的作用，Kluksdahl 在 Chevron 公司最初发表的专利中将 Pt - Re 催化剂稳定性提高的原因归结为生成高熔点的 Pt - Re 合金，抑制了铂的烧结[71]；Yermakov 等[72,73]提出的类似观点是铼可以将铂“锚定”在载体表面，从而防止铂的迁移和金属表面积的损失。以上作者所提出的铼的作用虽然可能存在，但尚不能充分和直接地说明铂铼催化剂稳定性改进的原因，因为一般认为积炭才是正常运转过程中重整催化剂失活的主要原因。

关于铼的作用，大多数研究工作是针对铼对催化剂积炭的影响来进行的。由于工业实践中铂铼催化剂只有经过预硫化才能充分发挥其优越性，在讨论铼的影响时必然也要考虑到硫的作用。

Johnson 等[74]用氟硼酸溶液浸渍经过 482℃还原的 Pt - Re/Al_2O_3 催化剂，发现大部分铼存在于溶液中，而大部分铂保留在残渣中。对残渣的 X - 射线衍射分析表明不存在金属铼或 Pt/Re 合金；同时红外光谱分析中则出现了 Re—O 键的特征峰。结论认为铼以正四价的氧化态分散在氧化铝载体上，这种氧化物的加氢活性是在催化重整中降低积炭和提高催化剂稳定性的原因。

Bertolacini 等[75]将共浸的 Pt - Re/Al_2O_3 催化剂与 Pt/Al_2O_3 和 Re/Al_2O_3 的机械混合物用于石脑油的催化重整试验，发现机械混合物的活性、稳定性与共浸的催化剂相同并远远优于单铂催化剂。运转后将机械混合物中不同颗粒大小的 Pt/Al_2O_3 和 Re/Al_2O_3 过筛分离，分析表明试验中没有发生任何的金属迁移，说明不存在铂铼之间的直接相互作用。试验还表明机械混合物中 Pt/Al_2O_3 部分上的积炭低于普通的单铂催化剂，说明机械混合物中的铼起到了脱除积炭前身物的作用。结论认为铼的助催化效应不需要铂铼之间的直接相互作用，在分开的颗粒上的铼可以使积炭前身物(如环戊烷)加氢开环生成对催化剂无害的烷烃。

此外，Kelley 等[76~78]采用离子散射光谱(ISS)、能量色散光谱(EDX)以及 X - 射线吸收光谱(XANES)等手段进行的研究也表明，在还原的工业类型铂铼催化剂中铼同铂之间没有重要的联系，铼主要以 Re^{4+} 状态广泛地分散在载体表面。

以上关于铼在催化剂中与铂没有直接相互作用，只是通过铼的加氢和加氢裂化(开环)作用减少积炭生成的观点与其他作者的一些试验结果相矛盾。Betizeau 等[79]的工作表明 Re/Al_2O_3 对于苯加氢和环戊烷氢解等反应的活性均低于 Pt/Al_2O_3 催化剂；Haining 等[80]的结果也表明在甲基环戊烷反应中纯 Re/Al_2O_3 的总反应速度和开环反应速度均明显低于 Pt/Al_2O_3 催化剂。此外 Blackham 等较早的工作[81]证明对于正庚烷脱氢环化反应，铼含量为5%的 Re/Al_2O_3 催化剂的活性明显低于铂含量为1%的 Pt/Al_2O_3 催化剂，同时后者比前者具有更高的脱甲基性能。Kubicka 等[82,83]的工作也表明负载于 γ - Al_2O_3 上的高分散度的铼只有很低的苯加氢活性，Re/γ - Al_2O_3 在 127℃的苯加氢活性比 Pt/γ - Al_2O_3 低约三个数量级。既然铼的加氢和加氢开环等反应活性远低于铂，那么就很难用与铂没有直接相互作用的铼的加氢性能来解释铼引入铂催化剂后对催化剂稳定性的显著改善作用。

虽然存在着不同意见，但多数研究者认为在 Pt - Re/Al_2O_3 双金属催化剂中铼与铂之间存在相互作用。这主要是基于对催化剂的程序升温还原(TPR)研究[84~89]、反应性能的研究[79,90~96]以及采用红外光谱和其他一些近代物理仪器对催化剂进行的研究[89,96~100]。

Biloen 等[96]采用无载体的 Pt_4Re 合金和以 SiO_2 为载体的单、双金属催化剂进行的研究表明铼引入到铂中导致强烈的氢解作用；对 Pt/SiO_2、Re/SiO_2 和 $Pt-Re/SiO_2$ 进行的光电子能谱以及 CO 吸附红外光谱研究表明，在双金属催化剂中暴露在表面的铂是以一种合金形式存在。此外，从光电子能谱 4d 电子结合能位移推断在双金属催化剂硫化时所有表面的铼被硫所覆盖，而铂与硫的结合很少。根据以上结果提出了 Re—S 将表面 Pt 分割稀释为有较少相邻铂原子的集团的模型：

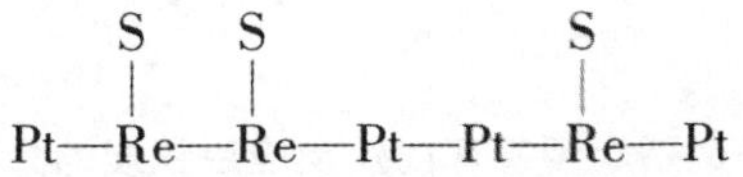

作者认为硫和铼的协同作用，主要是通过将 Pt 稀释和分割为较小的原子集团，使催化剂的选择性和稳定性得到了改进。

Sachtler 和 Shum 等在随后发表的文章中进一步阐述了这种观点并用于说明氧化铝为载体的铂铼催化剂稳定性改进的原因[101,90]。采用共浸的 $Pt-Re/Al_2O_3$ 催化剂和一种 Pt/Al_2O_3 和 Re/Al_2O_3 的机械混合物进行的试验表明二者有明显不同的催化性质。与机械混合的催化剂不同，共浸的催化剂在正己烷反应中显示出十分强的裂解性能。$Pt-Re/Al_2O_3$ 催化剂的这种催化性质与 Biloen 等[96]以及 Betizeau 等[79]报道的结果相一致，说明生成了合金或双金属簇团。作者认为在硫存在下，双金属颗粒中与硫相结合的铼抑制了表面含炭的沉积物进一步转化为有害的石墨碳。

Carter 等[102]进行的研究曾表明，与 $Pt-Ir/Al_2O_3$ 不同，在工业条件下长期运转的 $Pt-Re/Al_2O_3$ 催化剂的生焦量与单铂催化剂相比并没有减少。Somorjai 和 Zaera[103]采用高分辨率电子能量散失光谱(HREELS)对于暴露在烃分子中的具有催化活性的单晶表面的测定证明，表面是被近似单层的一种含炭沉积物所覆盖。在所研究的烃类转化条件下，这个覆盖层不是毒物，而是催化活性表面的重要组分。当加热至 100℃时，HREELS 观察到覆盖层在释放氢气的同时产生像 CH_2、CH 和 C_2H 等的分子碎片，但此时的表面仍保持催化活性。仅只在加热到 400℃之后，这些碎片才真正损失掉所有的氢，并生成使活性丧失的石墨覆盖层。Sachtler 等正是根据这些结果推论铼的作用不是降低催化剂的生焦速率，而是与化学吸附的硫一起，通过改变表面结构形态抑制了含炭的分子碎片转化为有害的石墨碳。

Augustine 等[104]采用正己烷反应和程序升温氧化(TPO)技术进一步研究了 Re、S 和 Cl 对 $Pt/\gamma-Al_2O_3$ 催化剂失活的影响。发现 Re 和 S 的共同引入不仅使积炭量减少，更明显的是积炭的 H/C 原子比要比 $Pt/\gamma-Al_2O_3$ 催化剂高得多。作者的结论认为高 H/C 原子比说明是化学吸附的硫抑制了起始生成的积炭重新组合为有害的准-石墨状的覆盖层。

Parera 等通过对 C_6 烃类在 Pt/Al_2O_3、Re/Al_2O_3、$Pt-Re/Al_2O_3$ 以及它们的硫化型催化剂上反应的研究对于 Re 和 S 的作用提出了不同的看法[92,105]。作者认为 Re 的作用是降低 Pt 的脱氢活性，使 C_6 烃类转化为易生焦的甲基环戊二烯的能力降低，从而减少生焦量（有利的影响），同时通过氢解作用增加低相对分子质量烷烃的生成量（不利的影响）。Re 的不利影响由于 S 的引入而部分地受到抑制。S 的作用是选择性地降低 Pt-Re 的加氢能力，减少气体烷烃生成量并增加苯和焦炭的生成量。虽然 S 起到增加焦炭量的作用，但 $Pt-Re-S/Al_2O_3$ 上的焦炭量仍低于 Pt/Al_2O_3。因此，$Pt-Re-S/Al_2O_3$ 对于选择性(苯)和稳定性(焦炭少)来说是最好的组合。

为了说明 $Pt-Re-S/Al_2O_3$ 催化剂稳定性改进的原因，Parera 等对 Pt/Al_2O_3、$Pt-Re/Al_2O_3$ 和 $Pt-Re-S/Al_2O_3$ 上的积炭进行了研究[106]。采用甲基环戊烷在 505kPa(5atm)、500℃、H_2/烃(摩尔比)=4、质量空速 $=4h^{-1}$的条件下进行 7h 的生焦试验表明，Pt/Al_2O_3 积炭量最高，其次为 $Pt-Re/Al_2O_3$ 和 $Pt-Re-S/Al_2O_3$。采用 TPO 方法对积炭进行分析和表征的结果列于表 6-9。

表 6-9 甲基环戊烷反应后积炭的分析

催化剂	催化剂上炭量/%	H/C	在 350℃以下燃烧的炭量/%
Pt/Al_2O_3	4.09	0.59	0.79
$Pt-Re/Al_2O_3$	1.77	0.52	0.13
$Pt-Re-S/Al_2O_3$	2.91	0.47	0.09

表 6-9 中 350℃以下燃烧的炭量代表在金属功能上的积炭量。可以看到在 $Pt-Re-S/Al_2O_3$上的积炭量高于 $Pt-Re/Al_2O_3$。但反应试验结果表明 $Pt-Re-S/Al_2O_3$ 的失活速率低于 $Pt-Re/Al_2O_3$。作者据此指出，对于积炭失活来说，比焦炭量更重要的是焦炭在催化剂功能上如何的分布。$Pt-Re-S/Al_2O_3$ 催化剂的金属功能上的焦炭量最低应该是其稳定性较高的原因。此外，与 Augustine 等[104]的结果不同，表 6-9 中数据表明 $Pt-Re/Al_2O_3$ 和 $Pt-Re-S/Al_2O_3$ 催化剂上积炭的 H/C 比低于单铂催化剂。作者的解释是由于 $Pt-Re/Al_2O_3$ 和 $Pt-Re-S/Al_2O_3$ 催化剂上的积炭的大部分是位于载体之上，这部分积炭的含氢量低于金属功能上积炭的含氢量。单铂催化剂的金属功能上积炭量较高，因此 H/C 比较高。Barbier 等[107]在后来发表的论文中也证实了 $Pt-Re/Al_2O_3$ 上积炭的 H/C 比低于 Pt/Al_2O_3 催化剂。

关于 Re 的作用还曾提出过另外的一些观点。例如 Жоров 等[108]和 Burch 等[109]根据试验结果认为 Re 引入 Pt 催化剂可以起到选择性加氢环戊二烯的作用，而后者是生成焦炭的前身物。Margitfalvi 等[110]在进行的程序升温脱附试验时发现，从 Re/Al_2O_3 上脱附的氢量约为从 Pt/Al_2O_3 上脱附量的一倍，认为 Re 的存在增加了催化剂上可利用的氢量，因而有利于氢解和表面含碳的覆盖层的加氢解聚等耗氢反应的进行。

到目前为止，关于 Re 的作用机理及其在催化剂表面存在状态的研究，已经积累了大量的实验材料，并提出了很多有重要参考价值的见解。当然，在这些实验材料和对其进行的解释中也存在着很多矛盾，说明在 Pt-Re 催化剂的实际应用和对它的理论认识之间仍然存在沟堑。这种理论认识有待于今后的工作去逐渐加深。

(二) 铂锡催化剂的性质

铂锡催化剂是继铂铼催化剂之后在工业上得到广泛应用的另一类重整催化剂。由于其在低压和高温条件下具有优异的反应性能，因此主要应用于低压连续再生式的重整装置。

锡和铅等第Ⅳ族金属与过渡金属铼和铱等不同，对各类重整反应没有活性。不仅如此，在一定条件下锡和铅对于铂的活性还起到毒化和抑制的作用。Белый 等[111]的工作表明，对于苯加氢脉冲反应，在 Pt/Al_2O_3 催化剂的环己烷产率已达到 100% 的同样条件下 $Pt-Sn/Al_2O_3$催化剂完全没有活性；对于环己烷脱氢反应，达到同样的苯产率时 $Pt-Sn/Al_2O_3$ 催化剂的反应温度比 Pt/Al_2O_3 催化剂要高 150～200℃。林励吾等[112]的环己烷脱氢动力学数据(表 6－10)同样说明锡对于铂的脱氢活性起抑制作用。关于锡对铂的活性的抑制作用在其他一些文献中也有报道[113～118]

表 6－10 不同催化剂环己烷脱氢动力学数据

催化剂	反应条件		初速度/[mol/(g cat·h)]
	温度/℃	压力/MPa	
Pt/Al_2O_3	400	0.98	0.499
非络合法 $Pt-Sn/Al_2O_3$	402	0.98	0.188
络合法 $Pt-Sn/Al_2O_3$	402	0.98	0.0081

此外，锡的抑制作用还表现为对各类重整反应的抑制程度不同。表 6－11 为采用流动循环法测定的正己烷不同转化路线的活性数据[115]。其中脱氢环化的产物为苯，C_5^- 环化生成甲基环戊烷，异构化代表正己烷的骨架异构，氢解产物为 C_1～C_5 的烷烃。

表 6－11 正己烷不同转化路线的速度对比

催化剂①	550℃的活性/[mol/(g Pt·h)]			
	脱氢环化	C_5^- 环化	异构化	氢 解
Pt/SiO_2	1.23	0.30	0.13	0.55
$(Sn+Pt)/SiO_2$	0.86	0.04	0.07	0.10

① Pt/SiO_2 含 Pt 2.2%，$(Sn+Pt)/SiO_2$ 含 Pt 1.9%、Sn 1.6%；600℃还原，反应压力 0.101MPa；反应 7h 后测定。

从表 6－11 可见在催化剂中引入锡后，氢解反应速度下降最为明显，导致脱氢环化反应的选择性的明显提高。对于氧化铝为载体的铂锡催化剂得到了类似的结果[118]，采用微分床，在 0.69MPa 和 470℃进行的正庚烷反应的活性测定表明，含 0.5% Pt 的催化剂在引入 1.5% 的 Sn 后正庚烷加氢裂化反应速度下降至 Pt 催化剂的 1/56，脱氢环化反应速度相对下降较慢，约下降至 Pt 催化剂的 1/13。

锡的引入虽然表现为对催化剂活性的一种抑制作用，但随着反应条件的变化，这种看似不利的因素可以向有利的方向转化。Völter 等[114]的工作表明锡的作用的发挥与反应条件有关，在缓和的条件下反应是受抑制的，而在苛刻的高温、低压条件下，铂锡催化剂的优越性得到充分的发挥，表现为活性、选择性和稳定性均明显地优于铂催化剂。图 6－22 为在 315℃和 500℃分别测定的环己烷脱氢活性和选择性。可以看到，在低温下(315℃)，随着铅或锡的引入脱氢活性逐渐下降，苯是惟一的产物；而在高温(500℃)条件下，适量铅或锡的引入有利于反应的进行，苯的生成量通过一个最大值。对于常压、500℃条件下的正庚烷转化反应也得到类似的结果(图 6－22)，适量铅或锡的引入使正庚烷转化率，特别是生成甲苯的选择性增加；但是如果将反应压力提高到 0.8MPa，则在 500℃条件下不能观察到双金属催化剂对正庚烷脱氢环化反应的有利影响，反应温度提高到 550℃后才显示出双金属催化剂的优越性。

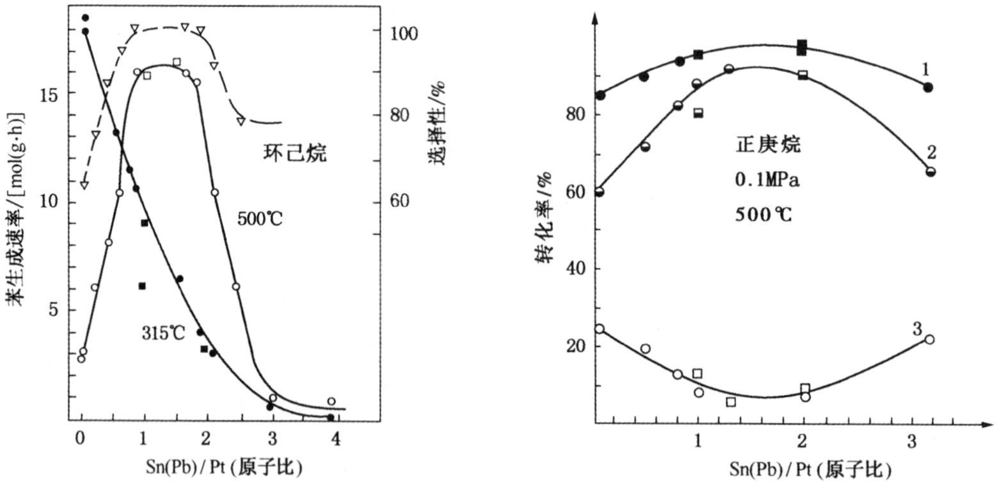

催化剂为 0.50% Pt/η－Al_2O_3　　　　催化剂为 0.35% Pt/η－Al_2O_3

□、■ Pb；○、● Sn；▽ 500℃时的选择性　　　　1—转化率,%；2—甲苯产率,%；3—裂解产物产率,%

图 6－22　锡和铅对催化剂环己烷脱氢和正庚烷脱氢环化反应的影响

铂锡催化剂在高温、低压的苛刻条件下的反应性能不仅优于单铂催化剂，而且优于其他类型的双金属催化剂[119]。图 6－23 表明，对于在常压和 520℃ 条件下的正庚烷脱氢环化反应，Pt－Sn 催化剂相对于其他催化剂来说具有更好的反应性能。图 6－24 中比较了 Pt－Sn 和 Pt－Re 催化剂在中试装置上的评价结果。可以看到，尽管 Pt－Re 催化剂是半再生式重整装置中使用的最佳催化剂，但是在低压、高温的苛刻条件下，Pt－Sn 催化剂的芳烃产率要比 Pt－Re 催化剂高出2% ~3%。

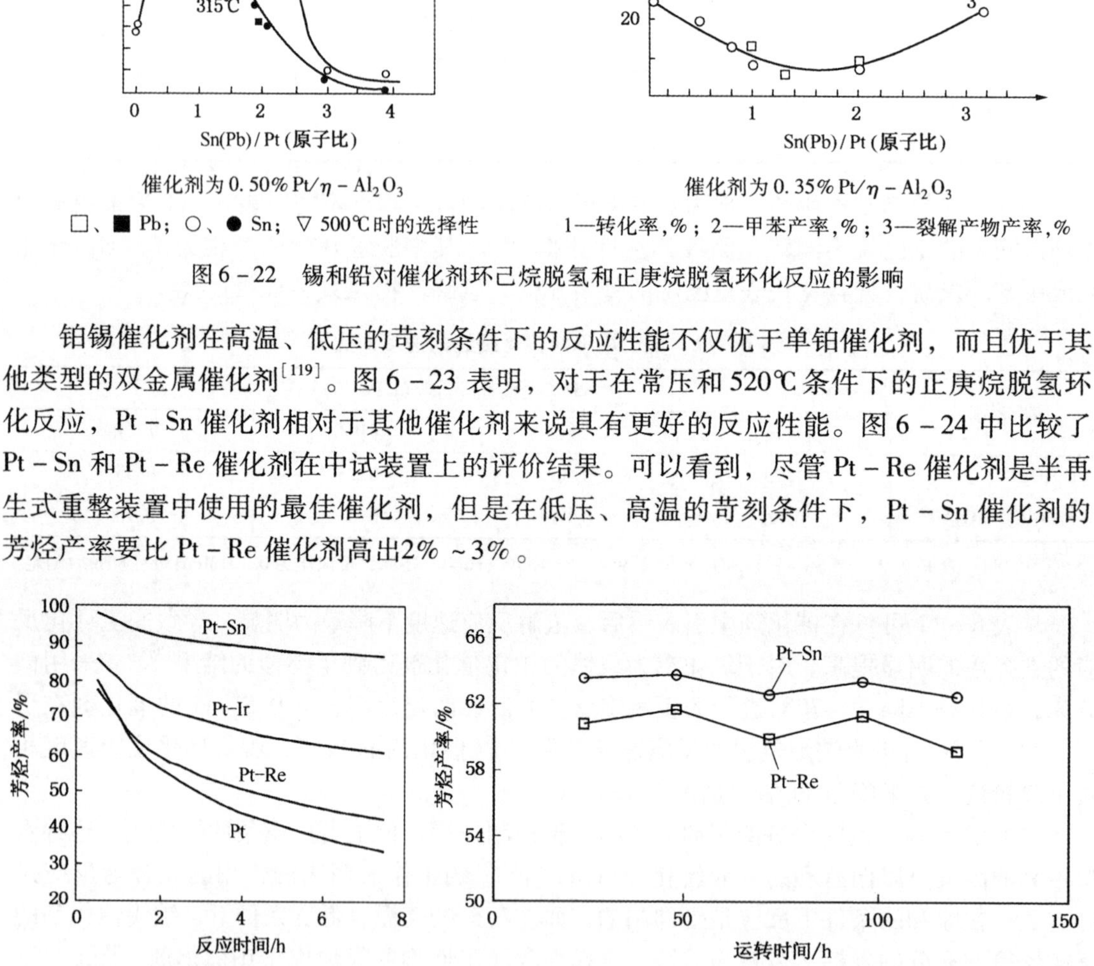

图 6－23　正庚烷脱氢环化反应结果
反应条件：温度 520℃，
压力 0.1MPa，WHSV = 2.0h^{-1}

图 6－24　铂锡和铂铼催化剂低压反应性能对比
原料：60 ~ 130℃直馏石脑油，$P/N/A$ = 54.4/40.5/5.1%
反应条件：WABT = 520℃，压力 0.69MPa，LHSV = 2.0h^{-1}

催化重整化学的基本规律表明，低压、高温的反应条件最有利于脱氢和脱氢环化等生成芳烃的反应，而 Pt－Sn 催化剂正是适合于在这种条件下使用的催化剂。

关于铂锡重整催化剂中锡的作用机理看法不一。主要的原因是对于锡在催化剂中存在的状态尚缺乏明确的认识。表 6－12 列出了用各种方法表征 Pt－Sn 催化剂中 Sn 的价态得到的一些结果。为简化起见，没有同时列出金属含量和制备方法，但从表 6－12 中已可以看出测定结果的多样性和对 Sn 的状态认识的不确定性。

实际上，表 6－12 中的很多测试都是在较高的金属含量下进行的。在工业重整催化剂中铂和锡的含量很低，一般均在 0.3% 左右，并处于高度分散的状态。对于这种负载于氧化铝上的低含量、高分散的锡的价态及其与铂的作用或结合的状态，采用检测催化剂金属状态的物理仪器进行表征是十分困难的任务，目前尚未得到很好的解决。程序升温还原(TPR)虽然是灵敏的检测技术，但只能根据氢消耗量得到一种平均价态。因此，关于锡在催化剂中存在的状态和作用还有待于进一步深入研究。

表 6－12　各种方法测定的 Sn 的价态①

作　者	测试方法	Sn 的价态	文　献
Bacaud 等	Mössbauer 谱	Ⅳ、Ⅱ、合金	113，120
章素等	Mössbauer 谱	Ⅳ、合金	121
章佩群等	Mössbauer 谱	Ⅳ、Ⅱ、合金	122
李永希等	Mössbauer 谱	Ⅳ、Ⅱ、合金	123，124
Kuznetsov 等	Mössbauer 谱	Ⅳ、Ⅱ、合金	125
Hobson 等	Mössbauer 谱	Ⅱ、合金	126
Muller 等	化学吸附	Ⅱ	127
Burch	TPR	Ⅱ	128，129
Dautzenberg 等	化学吸附	0	130
Lieske 等	TPR	Ⅱ、合金	131
Sexton 等	XPS，TPR	Ⅱ	132
石化院 303 组	XPS	0	118
Adkins 等	XPS	>0	133
Srinivasan 等	原位 XRD	合金	134
Balakrishnan 等	化学吸附，XPS	Ⅳ、Ⅱ	135
Macleod 等	TEM，EDX	合金	136

① 表中 XPS 代表光电子能谱，XRD 为 X－射线衍射，TEM 为透射电镜，EDX 为能量色散 X－射线分析；合金指与 Pt 生成合金。

已有的研究对于锡的作用的解释主要还是归因于集团(几何)效应和配位(电子)效应。

Davis 等[137]在进行正壬烷脱氢环化反应研究中发现，Sn 引入 Pt/Al_2O_3 后大大降低了二次环化到双环芳烃的速度。认为由于 Sn 的电子向 Pt 转移，减弱了 Pt 的缺电子性，从而使正壬烷一次环化生成的烷基芳烃的脱附速度增加，以至在未实现二次环化之前已经发生脱附。这种变化显然也有利于减少金属表面的积炭。

Dautzenberg 等[130]将锡的作用归因于集团效应。认为 Sn 与 Pt 生成合金，从而使相邻的 Pt 原子数减少。由于积炭反应需要至少含三个相邻 Pt 原子的活性中心[138]，这种活性中心浓度的降低使积炭生成速度下降。Biloen 等[96]在另一篇论文中认为 Sn 和 ReS 的作用十分相似，均起到分割表面 Pt 原子的作用，并将 Pt－Sn 表面的状况描述为：Pt－Sn－Sn－Pt－Pt－Sn－Pt。由于氢解反应也需要两个以上相邻 Pt 原子的活性中心，因此 Sn 的引入对氢解反应也起到抑制作用。

Völter 等[114,139]在讨论反应条件对 Pt - Sn 催化剂性能的影响时认为，在缓和的条件(低温、高压)下由于不发生积炭失活，第二金属仅仅起到抑制催化剂活性的作用；在苛刻条件下，积炭开始对催化剂起毒化作用，而这种毒化作用由于第二金属的存在发生变化。作者认为 Sn 并不减少催化剂的积炭，而是使积炭位置发生变化。由于配位效应，Pt - Sn对积炭前身物的吸附能力减弱，积炭前身物更容易脱附并迁移或扩散到载体上并生成积炭。这样，金属中心的生焦量减少，催化剂失活速率降低。此外 Sn 对于氢解的抑制也被解释为是几何效应使相邻的 Pt 原子数减少的缘故。

关于 Sn 等第Ⅳ族金属对 Pt/Al_2O_3 催化剂积炭部位的影响在其他文献中也有报道。表 6 - 13为采用程序升温氧化(TPO)法测定的烧炭峰温的数据，同时对比了积炭对单、双金属催化剂分散度的影响[17]。

表 6 - 13 Ⅳ族元素对 Pt/Al_2O_3 催化剂性质的影响

(铂含量 0.35%；$\Delta D = D_0 - D_k$)

催化剂中的质量分数/%		铂分散度 D			TPO 数据	
助　剂	炭	新剂 D_0	含炭剂 D_k	$\Delta D/D_0$	峰数	最大峰温/℃
—	1.2	0.83	0.39	0.53	2	380；460
2(Ge)	1.6	0.55	0.53	0.04	1	445
2(Sn)	1.9	0.50	0.50	0.00	1	450

可以看到，与新鲜催化剂相比，含炭的双金属催化剂的铂分散度没有减少，说明铂并没有被炭所覆盖；TPO 结果表明双金属催化剂的烧炭只有一个高温燃烧峰，而没有对应于铂部位的低温峰。这些结果说明催化剂稳定性的改进是由于锗或锡的引入阻止了金属活性位的积炭。作者认为这是由于第Ⅳ族金属使铂上的强吸附中心中毒的结果。

Beltramini 等[140,141]进行了单、双金属催化剂上正庚烷转化的活性、选择性和结焦性能的研究。TPO 试验也表明 $Pt - Sn/Al_2O_3$ 上的积炭是位于氧化铝上。作者认为双金属催化剂稳定性的提高不完全是由于生焦量较少，而重要的是控制有利于重整反应的活性中心上的生焦量。

Coq 等[142,143]研究了甲基环戊烷在 Pt - Sn 催化剂上的转化反应。认为对于 C—C 键的断裂反应，锡的作用与硫、碳相似，起到稀释铂表面的作用；随着锡含量增加芳构化反应通过一个最大值，而硫或碳则没有这种效应，这被解释为是由于 Sn 对 Pt 的电子性能的影响。

Burch[128,129]认为由于 Sn 与氧化铝载体的相互作用，Pt - Sn 重整催化剂中的 Sn 被稳定在二价 Sn 的状态，催化剂中不存在 Pt - Sn 合金，因此不能用几何效应说明催化剂的反应性能；认为 Sn 的作用是改变载体酸性和改变 Pt 的电子性质。在 Bacaut 等[113,120]的工作中也曾提出过 Sn 离子使氧化铝的强酸性中心中毒的观点。但这种观点也受到了一些作者的质疑[114, 140]。

(三) 铂铱系列催化剂

与其他助剂不同，Ir 是活性组元，有许多性能与 Pt 相似。McVicker 等[144]比较了单体

烃在 Pt/Al_2O_3 催化剂和 Ir/Al_2O_3 催化剂上的反应情况，结果发现 Pt/Al_2O_3 催化剂对环烷烃芳构化反应有更高的活性和选择性，而 Ir/Al_2O_3 催化剂对烷烃脱氢环化反应有更高活性和选择性 。

Carter 等[102]比较了 Pt - Ir/Al_2O_3 催化剂与单铂催化剂的活性和稳定性，结果见图 6 - 25。从图中可以看出，Pt - Ir/Al_2O_3 催化剂具有更高的活性和更好的活性稳定性。Sinfelt 等[145]研究了 Pt/Al_2O_3、Pt - Ir/Al_2O_3 和 Pt - Re/Al_2O_3 催化剂的活性稳定性，结果见图 6 - 26。从图中可以看出，Pt - Ir/Al_2O_3 催化剂具有最高的活性和最好的活性稳定性。

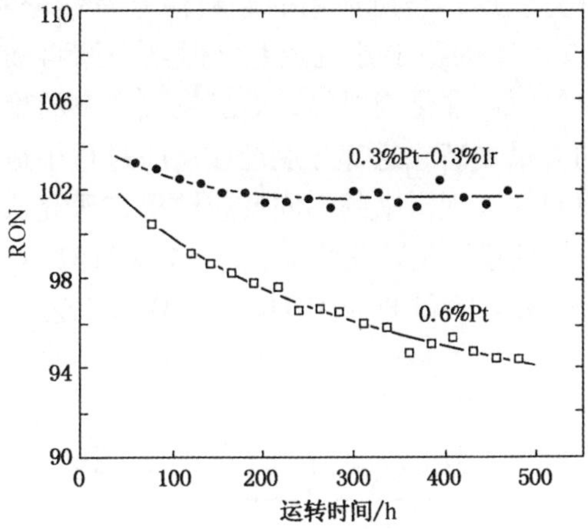

图 6 - 25 Pt - Ir/Al_2O_3 与 Pt/Al_2O_3 催化剂活性和稳定性的比较

注：评价原料油 $P/N/A$ = 47.3/42.2/10.5%（体积分数），初馏点/终馏点 = 50/200℃。反应条件：压力 1.46MPa、温度 487℃、质量空速 2.1h^{-1}、氢油摩尔比 6

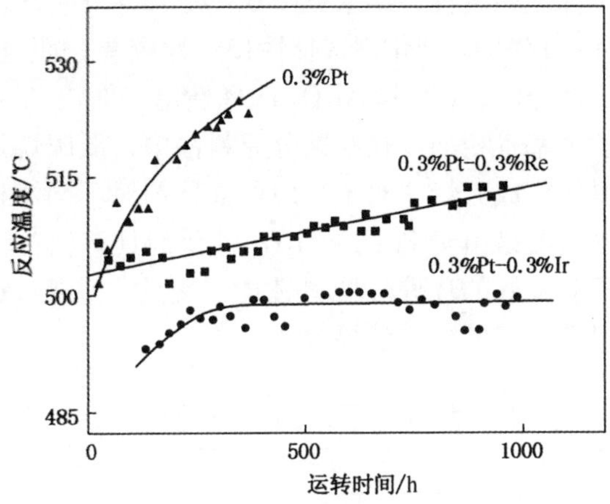

图 6 - 26 三种催化剂活性稳定性的比较[145]

注：评价原料油 $P/N/A$ = 43/45/12%（体积分数），初馏点/终馏点 = 99/171℃。反应条件：压力 1.46MPa、RONC = 100、质量空速 3h^{-1}、氢油摩尔比 6

此外，Carter 等[102]用正庚烷和甲基环戊烷作为模型分子研究了 Pt/Al_2O_3、$PtIr/Al_2O_3$ 和 $PtRe/Al_2O_3$ 催化剂的选择性，结果见表 6 - 14 和表 6 - 15。从正庚烷的反应结果可知，铂铱催化剂具有最好的脱氢环化选择性。对于甲基环戊烷的反应，与单铂催化剂相比，铂铱催化剂对苯的选择性较低，对 C_1 ~ C_6 烷烃的选择性较高；与铂铼催化剂相比，铂铱催化剂初始对苯和 C_1 ~ C_6 烷烃的选择性相同；但是进料 24h 后，铂铱催化剂对苯的选择性明显降低，对 C_1 ~ C_6 烷烃的选择性明显增高。这说明铂铱催化剂选择性的稳定性比铂铼催化剂要差。

表 6 - 14 不同催化剂正庚烷的反应结果

催 化 剂	脱氢环化速率 r_D/[mol/(h · g 催化剂)]	裂化速率 r_C/[mol/(h · g 催化剂)]	选择性 r_D/r_C
0.3% Pt - 0.3% Ir	0.051	0.092	0.55
0.3% Pt	0.021	0.050	0.42
0.3% Pt - 0.3% Re	0.031	0.070	0.44

表 6－15　不同催化剂甲基环戊烷的反应结果

催 化 剂	进料时间/h	转化率/%	苯选择性/%	$C_1 \sim C_6$ 烷烃选择性/%
0.3% Pt－0.3% Ir	0.5	42	71	29
	24	43	62	38
0.3% Pt	0.5	40	79	21
	24	17	66	34
0.3% Pt－0.3% Re	0.5	38	71	29
	24	36	76	24

采用不同馏程原料油作原料，进一步比较了 $Pt-Ir/Al_2O_3$ 和 $Pt-Re/Al_2O_3$ 催化剂的选择性稳定性，结果见图 6－27 和图 6－28。研究发现，当所使用的原料油是宽馏分时，$Pt-Ir/Al_2O_3$催化剂选择性稳定性较差，而且氢气产率的稳定性也较差；但是当原料油是窄馏分时，$Pt-Ir/Al_2O_3$ 选择性稳定性较 $Pt-Re/Al_2O_3$ 催化剂要好，而且氢气产率的稳定性也基本相当。在窄馏分原料油中，低碳烷烃的含量更高，这部分烷烃在反应过程中最难以转化成芳烃。对于这两种催化剂对不同馏程原料油表现出来的不同反应结果，研究认为这可能是由于 $Pt-Ir/Al_2O_3$ 催化剂具有相对较好的烷烃脱氢环化性能，$Pt-Re/Al_2O_3$ 具有相对较好的环烷烃脱氢性能。因此，认为 $Pt-Re/Al_2O_3$ 和 $PtIr/Al_2O_3$ 两段装填工艺可以得到很好的反应效果。

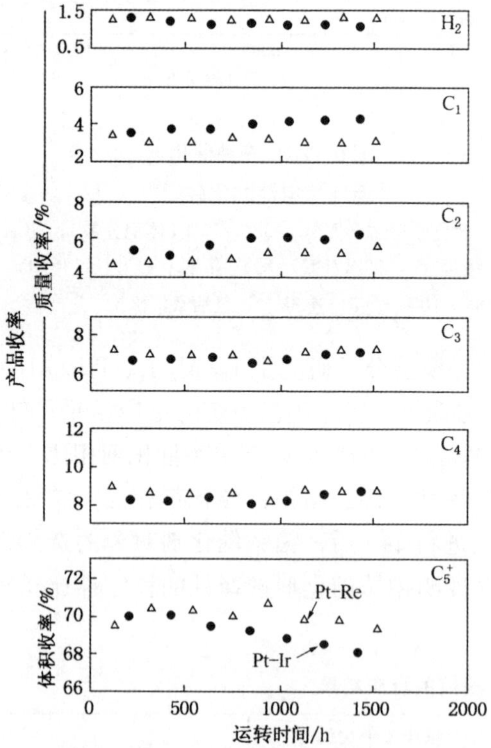

图 6－27　催化剂选择性稳定性的比较[102]

注：评价原料油 $P/N/A$＝69.7/18.5/11.8%（体积分数），初馏点/终馏点＝70/190℃。反应条件：压力 2.82MPa、RONC＝98

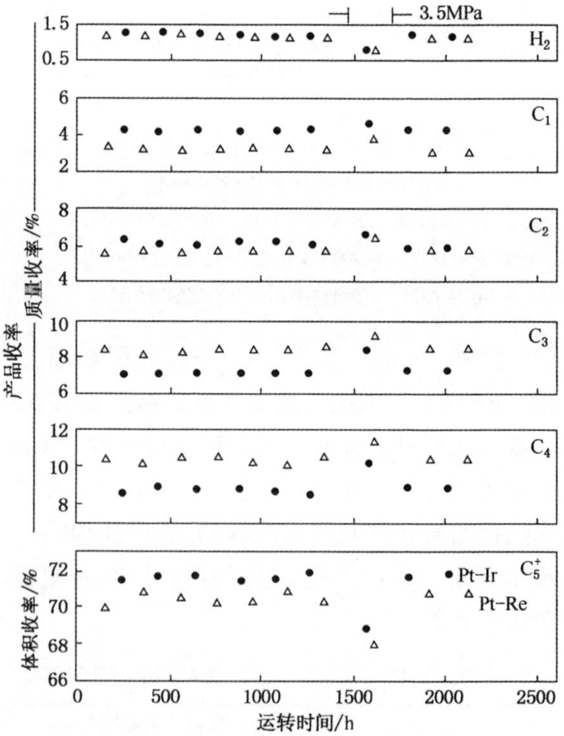

图 6－28　催化剂选择性稳定性的比较[102]

注：评价原料油 $P/N/A$＝69.7/18.5/11.8%（体积分数），初馏点/终馏点＝65/150℃。反应条件：压力 2.82MPa（其中 1460～1710h 之间压力为 3.5MPa）、RONC＝98

Barbier 等[55]研究了几种不同催化剂的积炭速率，结果见图 6－29。从图中可以看出，在相同的重整条件下，铂铱催化剂具有比单铂和铂锗催化剂低得多的积炭速率。Carter 等[102]也发现，在相同的苛刻度下，铂铱催化剂的积炭量只有铂铼催化剂的 40% 左右。

对于 Ir 组元在还原态催化剂中的存在价态，一般均认为是金属态，而且 Pt 与 Ir 之间形成合金，有较强的相互作用。Pt－Ir/Al_2O_3 催化剂的高活性和较好的稳定性主要是由于 Ir 有较强的氢解活性。Ir 的氢解活性明显高于 Pt，因此，在某些方面 Ir 与 Re 的作用类似。Ir 较强的氢解活性破坏了积炭前身物，防止了积炭前身物进一步脱氢形成积炭。因此，铂铱双金属催化剂的积炭速率明显要低。较强的氢解活性会导致反应的液体收率大幅下降。因此，单铱催化剂无法得到工业应用。但是铂铱双金属催化剂的选择性较好，这说明 Pt 与 Ir 之间的相互作用减弱了 Ir 的氢解活性，使催化剂同时具有较慢的积炭速率和较好的选择性。另外 Ir 的加入稀释了表面 Pt 原子，抑制了积炭反应的发生。为了抑制 Ir 的氢解活性，铂铱双金属催化剂在使用时要进行预硫化。

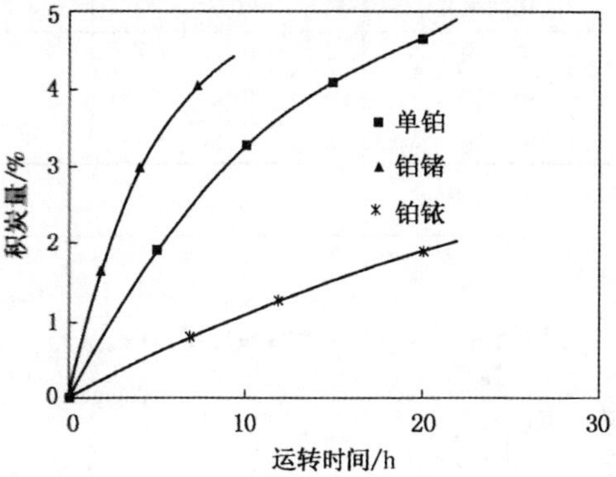

图 6－29　催化剂的积炭速率[55]

虽然铂铱双金属催化剂有良好的性能，但是 Ir 组元在催化剂处理和再生过程中容易聚集，严重影响催化剂的性能。Carter 等[102]研究了焙烧温度对铂铱双金属催化剂的影响，结果见表 6－16。从表中可以看出，焙烧温度从 270℃ 升至 500℃，单铱催化剂的 CO/M 和 H/M 原子比大幅降低，铂铱双金属催化剂也有所下降。单铂催化剂 500℃ 焙烧时 H/M 原子比还是能达到 1.0。这说明 Ir 组元抗烧结的能力较差，在高温焙烧过程中形成大的 IrO_2 晶粒，导致还原后出现大的 Ir 晶粒。由于 Pt 与 Ir 之间的相互作用抑制了铂铱双金属催化剂中 Ir 组元的积聚。Huang 等[146]发现除了焙烧温度外，催化剂上的氯含量也是影响 Ir 积聚的主要原因，氯含量越高，Ir 越不容易积聚。因此，铂铱双金属的性能与制备方法关系很大。防止铱金属聚集成为这类催化剂研究的重要内容。

表 6－16　焙烧温度的影响

催化剂	焙烧温度/℃	还原温度/℃	CO/M	H/M
0.3% Ir	270	500	1.8	2.5
	500	500	0.3	0.5
0.3% Pt－0.3% Ir	270	500	1.2	1.7
	500	500	0.8	1.2
0.3% Pt	500	500	0.8	1.0

（四）铂－其他金属催化剂

在铂催化剂中引入其他金属的研究时有报道，其中第ⅣA 族金属中的锗，也引起了人们的兴趣和关注。铂锗催化剂的性能基本上与铂锡催化剂类似，锗的作用也类似于锡组元，这在铂锡催化剂部分有论述。但铂锗催化剂有很好的抗硫性能。Borgna 等[147]

研究了几种工业催化剂的抗硫性能，催化剂的组成见表 6 - 17，结果见图 6 - 30 ~ 图 6 - 32。

表 6 - 17 催化剂的组成

催化剂编号	Pt/%	Ge/%	Sn/%	Cl/%
单 铂	0.53			0.95
铂 锗	0.35	0.24		0.81
铂 锡	0.26		0.30	0.90

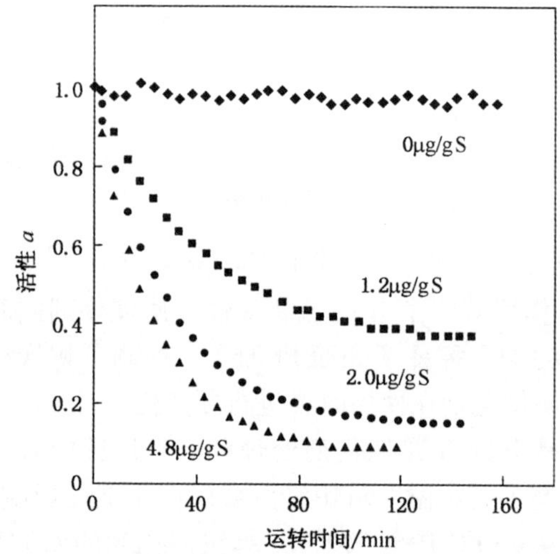

图 6 - 30 S 对 $Pt-Sn/Al_2O_3$ 环己烷脱氢活性的影响

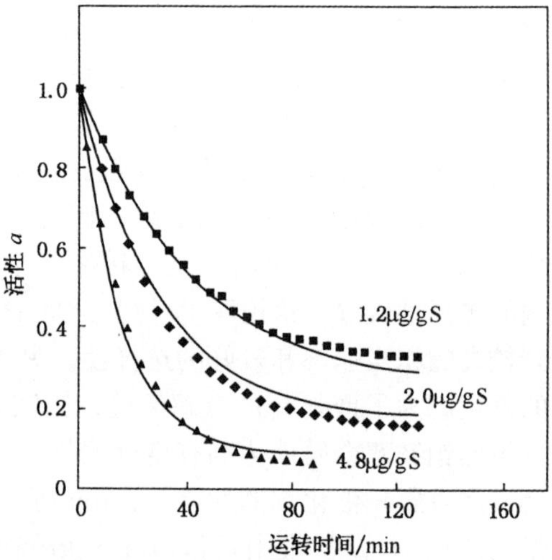

图 6 - 31 S 对 Pt/Al_2O_3 环己烷脱氢活性的影响

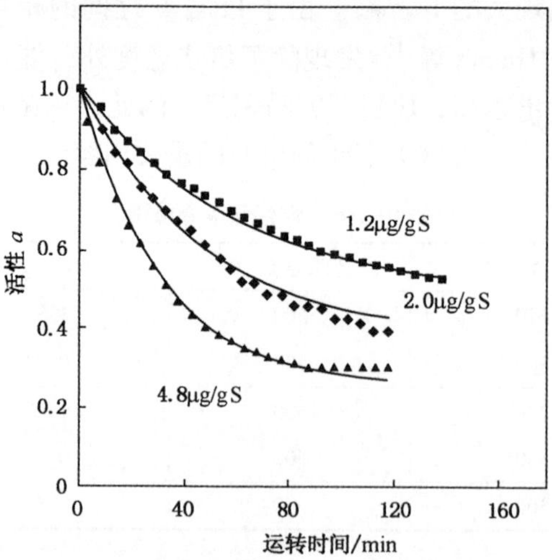

图 6 - 32 S 对 $Pt-Ge/Al_2O_3$ 环己烷脱氢活性的影响

从图 6 - 30 ~ 图 6 - 32 中可以看出，与 Pt/Al_2O_3、$Pt-Sn/Al_2O_3$ 催化剂相比，$Pt-Ge/Al_2O_3$ 催化剂具有更好的抗硫性能。认为这是由于 $Pt-Ge/Al_2O_3$ 催化剂形成 Pt - Ge 合金，减弱了 Pt—S 键的强度，从而减少了 Pt 上的不可逆吸附硫量。

第二节　催化重整催化剂的制备

一、氧化铝载体的制备

负载型石脑油重整催化剂所用的氧化铝载体主要是$\eta-Al_2O_3$或$\gamma-Al_2O_3$。随着重整工艺和催化剂制备技术的发展，逐渐用$\gamma-Al_2O_3$取代$\eta-Al_2O_3$。$\gamma-Al_2O_3$和$\eta-Al_2O_3$的制备过程包括氢氧化铝的制备、载体成型和热处理。

（一）氢氧化铝的制备

氧化铝载体的制备方法有很多种，基本的顺序都是先生产氢氧化铝，再经成型、焙烧等工序得到氧化铝载体。氢氧化铝的制备工序主要包括成胶、老化、洗涤和干燥等步骤。氧化铝载体的晶相及物理性质与其前身物氢氧化铝和后续的热处理过程关系很大。在氢氧化铝的制备过程中，原材料种类以及成胶和老化的操作参数，主要包括pH值、温度、时间及气氛等，对氢氧化铝的性质影响很大；氢氧化铝的热处理温度、时间及气氛对氧化铝的晶相及结构影响也较大。根据制备氢氧化铝原料的不同，可以将氢氧化铝的制备方法分为铝酸盐中和法、铝盐中和法、铝溶胶中和法和醇铝水解法。

1. 铝酸盐中和法

这种方法所使用的铝酸盐一般是偏铝酸钠，由于偏铝酸钠容易水解，因此溶液中必须要有过量的碱，其Na^+/AlO_2^-摩尔比(通常称为苛性比)>1，一般控制在1.2~1.4。制备时用酸(强酸如HNO_3、HCl、H_2SO_4等，弱酸如NH_4HCO_3、H_2CO_3等)或酸性化合物(如硫酸铝)的溶液加入到$NaAlO_2$中得到氢氧化铝沉淀。由$NaAlO_2$和酸中和反应得到的氢氧化铝在合适的pH值条件下经老化后可以得到拟薄水铝石。这种方法的基本原理如下：

$$AlO_2^- + H^+ + H_2O \longrightarrow Al(OH)_3 \quad \text{(用酸作为沉淀剂)}$$

$$2AlO_2^- + CO_2 + 3H_2O \longrightarrow 2Al(OH)_3 + CO_3^{2-} \quad \text{(用 } CO_2 \text{ 作为沉淀剂)}$$

$$3AlO_2^- + Al^{3+} + 6H_2O \longrightarrow 4Al(OH)_3 \quad \text{(用铝盐作为沉淀剂)}$$

图6-33为用$NaAlO_2$和$Al_2(SO_4)_3$生产$\gamma-Al_2O_3$的流程示意图。该法可以间歇或连续操作。

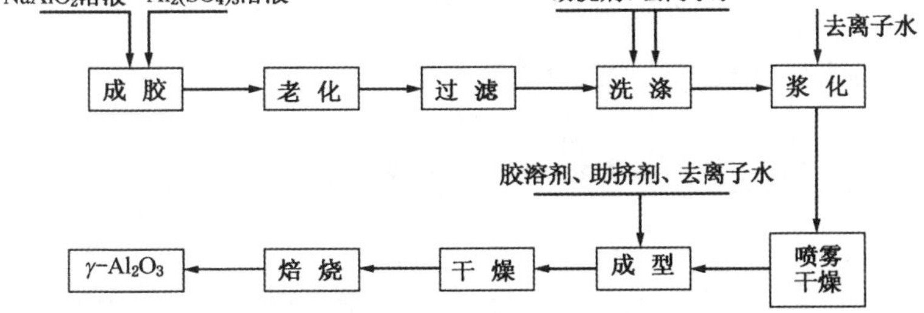

图6-33　$NaAlO_2$和$Al_2(SO_4)_3$生产$\gamma-Al_2O_3$流程示意图

成胶时必须先加入 $Al_2(SO_4)_3$，再加入 $NaAlO_2$ 并不停的搅拌保持溶液的 pH 值。间歇方式成胶时，也可以采用 pH 值摆动的方法，即 $Al_2(SO_4)_3$ 溶液和 $NaAlO_2$ 溶液分几次交替加入，使成胶时溶液的 pH 值由酸性到碱性交替变化。pH 值的交替变化可以使氢氧化铝粒子长大，得到大孔的氧化铝载体。

老化的目的是促使生成的氢氧化铝沉淀向晶形氢氧化铝转化，一定要保证一定的老化时间使这种转变完全。

洗涤的目的是除去 $Al_2(SO_4)_3$ 和 $NaAlO_2$ 带来的杂质 SO_4^{2-} 和 Na^+。Na^+ 容易洗净，只用去离子水就可以使它的含量低于 0.1%；SO_4^{2-} 相对难以洗净，需要加入一些碱性物质，如氨水或 Na_2CO_3 作为助洗剂，才能使其含量达到 1% 以下。因此由该法制备的 $\gamma-Al_2O_3$ 会含有一定的杂质。

2. 铝盐中和法

一般所用的铝盐是 $AlCl_3$，可以由三水铝石和盐酸反应制得。为了完全溶解三水铝石，盐酸要适当过量。通常要精制脱铁降低其中的铁含量。用碱或碱性化合物，通常是氨水与 $AlCl_3$ 反应，生成氢氧化铝沉淀，其原理为：

$$Al^{3+} + 3OH^- \longrightarrow Al(OH)_3$$

图 6-34 为采用铝盐中和法生产球形氧化铝载体流程示意图。

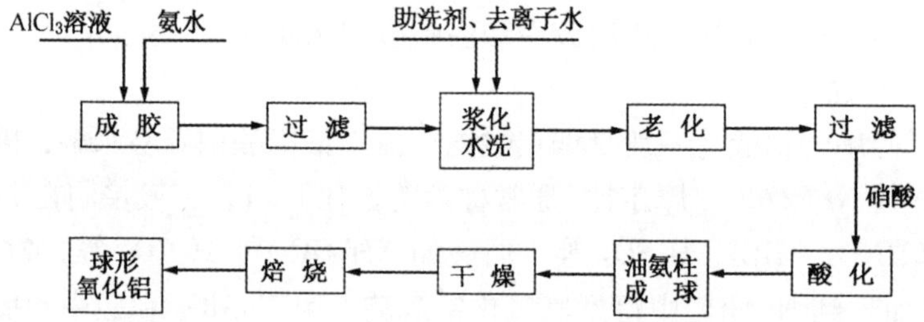

图 6-34 铝盐中和法制备氧化铝载体流程示意图

制备 $\gamma-Al_2O_3$ 时，成胶、浆化洗涤和老化的温度都控制在 60～70℃，pH 值控制在 7.0～8.0。制备 $\eta-Al_2O_3$ 时，控制成胶和老化的 pH 值和温度，使得到的氢氧化铝为湃水铝石或湃水铝石与诺水铝石的混合物。这种方法生产的氧化铝载体的纯度可以达到重整催化剂的要求。

3. 铝溶胶中和法

该法是环球油品公司(以下简称 UOP)开发的一种氧化铝制备和成型相结合的球形氧化铝制备技术[148,149]。其流程示意如图 6-35 所示。

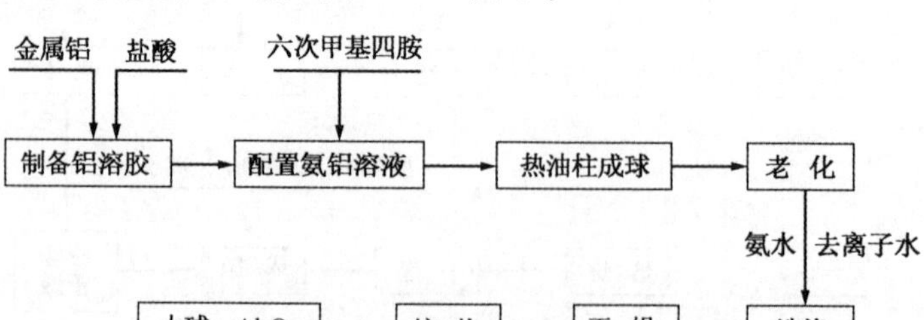

图 6-35 铝溶胶中和法生产氧化铝载体流程示意图

该法的特点是以金属铝和盐酸为原料制备铝溶胶，如果金属铝的纯度不够高，制备的铝溶胶还要经过脱铁精制的过程。在铝溶胶的制备过程中，将 Al/Cl 比或 Al 的浓度控制在一定的范围内，然后加入六次甲基四胺(HMT)，混合均匀制成胺铝溶胶液，再将该胺铝溶胶液滴入油柱中(约 90℃)成型。在热油柱中六次甲基四胺分解出 NH_3，与铝溶胶反应生成氢氧化铝凝胶球。湿球经过老化、洗涤、干燥、活化后得到适用于重整催化剂的高纯度氧化铝载体。

4. 醇铝水解法

在齐格勒法生产脂肪醇的过程中，首先合成烷氧基铝，水解后得到脂肪醇，副产物为氢氧化铝，其流程示意如图 6-36 所示。用这种方法生产氧化铝时，金属铝与乙烯、氢气生成烷基铝的反应是有选择性的，金属铝中所含的杂质可以很容易除去，所以得到的氢氧化铝纯度很高。

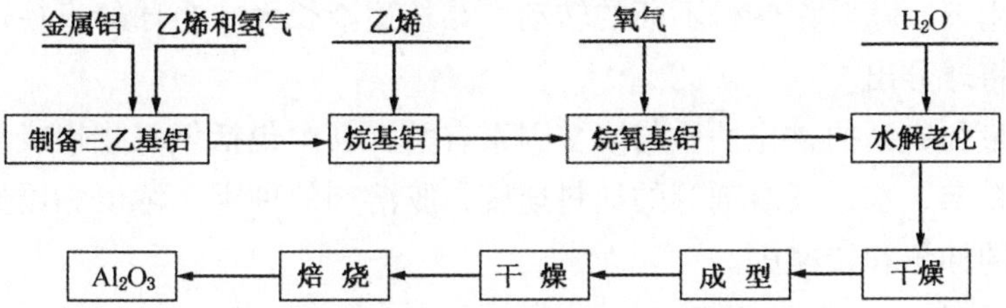

图 6-36　齐格勒法生产氧化铝载体流程示意图

此后，Condea 公司在此基础上开发了一种由低碳醇和金属铝连续生产氢氧化铝的工艺，示意如图 6-37 所示。该工艺的主要特点在于醇类可以循环使用，后续步骤与齐格勒法相同。这种方法制备的氢氧化铝纯度很高。

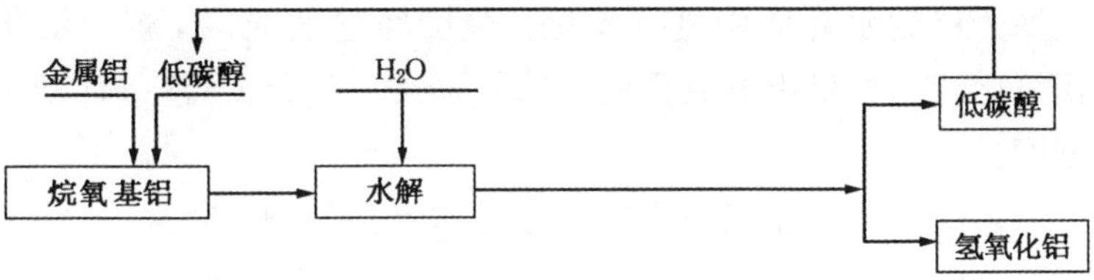

图 6-37　Condea 连续法生产氧化铝示意图

用 Condea 连续法生产氢氧化铝的关键在于低碳醇的回收利用。也曾有使用异丙醇铝与金属铝生产氢氧化铝的报道[150]。但是由于异丙醇与水形成共沸物，所以异丙氧基铝水解后只能得到异丙醇稀水溶液，异丙醇循环使用比较困难。由于制备成本高，一直没有实现工业化。段启伟等[151]利用异丙醇共沸物中所含有的水来水解三异丙氧基铝，这样在得到氢氧化铝的同时得到含水量小于 0.2% 的异丙醇，从而可以循环使用异丙醇。美国专利 USP4238372[152]研究了由醇铝法和沉淀法制备的 Al_2O_3 载体对重整催化剂性能的影响，发现醇铝法 Al_2O_3 载体制备的重整催化剂具有更好的稳定性。

(二)载体的成型

半再生催化重整使用固定床反应器，因此催化剂通常制备成直径 1 ~2mm 的小球或圆柱条；连续催化重整使用移动床反应器，为了便于循环，减少机械磨损，催化剂必须制成 1 ~2mm 的光滑小球。随着重整催化剂和载体制备技术的发展，载体的成型技术也有很大的发展。目前载体成型常用的方法有：压缩成型法、挤出成型法、转动造粒法、喷雾成型法和油中成型法等。对于重整催化剂载体成型，实验室和工业上应用最广泛的方法是转动造粒法、滴球法和挤出成型法。

1. 转动造粒法

转动造粒法是将氢氧化铝粉末逐渐用水或加适量的胶溶剂使其湿润而粘结成球，整个成型过程在一个围绕着倾斜轴旋转的滚球机中完成。氢氧化铝或氧化铝粉末逐渐加入到滚球机中，并用水湿润，或添加适量的胶溶剂，也可加入适量的晶核，在粉末强烈的吸水性和胶溶剂的作用下，随着滚球机不断的转动，晶核逐渐长大。当球的直径达到所要求的大小时，就可以将球分出。

滚球的质量和成品的物化性质与诸多因素有关，其中包括氢氧化铝或氧化铝粉末的物化性质；原料粉末、水、胶溶剂等的加料速度，胶溶剂的种类、浓度和用量，物料的加入位置；滚球机的仰角和转速等。

2. 滴球成型法

滴球成型法是一种球形氧化铝的制造技术。按照初始溶胶的性质不同和使氢氧化铝凝固的方式不同，可以分为油柱成型工艺和油氨柱成型工艺。

油柱成型工艺是利用胺铝溶胶(制备方法见“氧化铝制备”部分)可以自身凝胶化的特性，将胺铝溶胶滴入热油柱中，在界面张力的作用下形成球滴，球滴内的 HMT 在足够高的温度下分解出氨使球滴迅速凝胶化，形成半透明富有弹性的氢氧化铝凝胶小球。该小球在油介质，或先油介质后水介质中进行晶化，最后经过水洗、干燥、活化得到氧化铝小球。铝溶胶的铝氯比和铝含量影响氧化铝小球的强度；晶化温度、pH 值和时间影响氧化铝的晶粒和堆密度。

油氨柱成型工艺是将氢氧化铝粉末加适量的水和胶溶剂(通常为盐酸、硝酸等)进行充分的搅拌，得到黏度和固含量合适的氢氧化铝溶胶；将制备好的氢氧化铝溶胶滴入成型柱中。成型柱中上层是油层，下层是氨水层。油层的主要作用是使滴入的氢氧化铝溶胶成型，一般可以选用煤油、润滑油、机油等。选用的油与溶胶的界面张力要足够大以保证滴入的溶胶成球；氨水层与油层之间的界面张力要足够的小，使在油层中成球的溶胶球顺利地进入氨水层，并且不发生变形。为此在氨水层中需要加入少量的表面活性剂，例如高级脂肪酸及其盐类、高级醇或胺类等。溶胶球进入氨水层后，小球从表面开始逐渐向内部固化。固化的小球经过水洗、干燥、活化得到氧化铝小球。这种工艺制得的氧化铝小球的圆整度、均匀度、表面的光滑度不如油柱成型工艺生产的小球。

滴球成型法最早用于制备 $\gamma-Al_2O_3$ 小球。如果通过老化步骤形成湃水铝石，那么也能制备 $\eta-Al_2O_3$ 小球[153]。

3. 挤出成型法

挤出成型法主要用来生产条形氧化铝载体。该法的第一步是将拟薄水铝石或薄水铝石粉末与水、少量的胶溶剂(通常为硝酸或醋酸等)、少量的助挤剂(如田菁粉)等混捏均匀后形成膏状物料，其氧化铝含量一般在40%左右。第二步是将这种膏状物料用挤条机挤出成型，控制模具的形状和尺寸可以很容易的控制载体的形状和尺寸。随后将成型的载体进行养生、切粒、干燥、焙烧，从而得到最终的成型载体。重整催化剂载体的挤出条通常为1~2mm的圆柱体。挤条配方是挤出成型法的关键。

采用Condea公司Pural氢氧化铝进行的试验[154]表明，氢氧化铝起始颗粒的大小对成型载体的强度影响较大。当使用同样量的醋酸作为胶溶剂时，随颗粒粒度减小机械强度增加。为了达到一定的机械强度，对于起始颗粒较大的氢氧化铝原料则需要适当增加醋酸的用量。用同样颗粒大小($d_{50}=32\mu m$)的氢氧化铝进行的胶溶剂溶液酸度影响的试验表明，采用强无机酸和三氯乙酸胶溶，在代表H^+浓度的Hammett酸度函数$H_0>1$时，对颗粒的物性没有影响；当$0<H_0<1$时，随着H_0的降低，大孔消失，中孔体积变化不大，强度增加；当$H_0<0$时，大孔消失，同时中孔体积开始较明显的降低，强度不再增加，而当$H_0<-0.25$以后强度急剧下降。酸度过高导致颗粒在焙烧后产生很强的内应力，受压时容易开裂，因此强度降低。

成型方法并不能改变氧化铝前身物晶粒的大小，因此对氧化铝微孔(孔直径小于5nm)的影响很小，对其比表面积的影响也很小。但是成型方法对载体的大孔(孔直径大于50nm)影响较大，从而对载体的孔体积有影响。这是由于大孔是由二次粒子之间的空隙形成的。此外在成型前加入造孔剂(在焙烧过程中可以燃烧或分解)也可以调整载体的大孔比例[155,156]。

(三) 载体的热处理

无论是油中滴球成型还是挤出成型，氧化铝水合物成型之后，均需要经过干燥、焙烧过程。干燥过程的主要目的是除去成型颗粒中的物理结合水。由于成型的氧化铝水合物是多孔性物质，存在毛细现象，干燥时要采用分段缓慢干燥，使孔内的水分逐渐蒸发，避免降低成型颗粒强度。干燥过程完成之后，需要进行焙烧。氧化铝水合物焙烧的主要目的是：

(1) 通过热分解反应除去氧化铝水合物成型颗粒中的易挥发和易分解的组分及化学结合水。易挥发和易分解的组分包括挤出成型时加入的胶溶剂、助挤剂或油中成型携带的油及铵盐等。

(2) 焙烧过程是水合氧化铝载体发生相变的过程，在选定的条件下通过焙烧可以得到具有稳定的晶相、晶粒大小和一定孔结构及比表面积的氧化铝。

(3) 焙烧过程中发生的氧化铝微晶烧结，可以提高氧化铝载体的机械强度，适当改善孔分布。

焙烧温度和气氛中的水含量是氧化铝载体焙烧过程中最重要的操作参数，对氧化铝载体最终的晶相、比表面积、酸性和机械强度等都会产生影响。

二、催化剂的制备

(一)活性组元负载

负载型催化剂金属组元的引入通常有以下六种方法:

1. 蒸气凝聚法

在超真空条件下将金属蒸气凝聚于载体表面。该法主要用于制备纯净的模型催化剂,可获得单分散的金属晶粒体系,用于表面技术的表征,一般主要用于基础研究方面。

2. 沉淀法(Precipitation)

在浸渍过程中加入沉淀剂,使金属定向沉淀于载体表面。通常是将含尿素的金属有机酸或硝酸盐溶液与载体粉末搅拌成悬浮液,再升温至60~85℃,使尿素缓慢水解生成OH^-而使溶液的pH值均匀升高,当OH^-的浓度升高至一定时,金属(M)离子生成氢氧化物(M—OH)沉淀,M—OH与载体表面的羟基(S—OH)发生失水反应:M—OH+S—OH→H_2O+M—O—S。从而使金属离子定向沉积于载体表面。由于尿素均匀分散于浸渍液中,因此升温过程中溶液里的OH^-是均匀产生的,因而沉淀物均匀分布于载体上。由于生成沉淀的过程是可控制的,所以得到的晶粒较小而且操作也较简单。

3. 共胶法

也称为溶胶-凝胶法(Sol-Gel)。在载体的制备过程中,直接将含金属的盐溶液引入载体溶胶(如铝溶胶)中,载体成型后,金属就均匀分布于载体上。Pt-Sn/Al_2O_3制备的方法之一就是将锡盐溶液直接引入铝溶胶中,最终得到含氧化锡晶粒<10nm的载体[157]。

4. 锚定法(Anchoring)

用金属有机化合物或羰基化合物与氧化物载体表面发生反应,主要是金属的有机化合物或羰基配体与氧化物表面的羟基(—OH)进行配体交换反应,从而使金属定向锚定于载体表面。由于金属有机化合物或羰基化合物不稳定,浸渍时要在惰性气体(如N_2)的保护下进行,因此该法操作较复杂,使用较少。

5. 饱和浸渍法

又称无过剩溶液润湿浸渍法(Incipient Wetness Impregnation)或孔体积浸渍法(Pore Volume Impregnation)。该法主要用于金属前身物与氧化物载体的相互作用较弱的情况。操作时先用去离子水测定氧化物载体的饱和吸水率,然后按该饱和吸水率配制含金属前身物(通常为金属有机酸或硝酸盐)的水溶液,载体全部吸收该溶液。由于溶质与载体靠分子间作用力或氢键弱结合,浸渍后不宜洗涤,必须通过加热除去杂质,固定金属。用该法制备催化剂时,金属的负载量无限制,可以制备金属组元含量较高的催化剂(如加氢催化剂),从而达到增大活性中心数目,提高催化剂的活性的目的。

6. 平衡浸渍法(Equilibrium Impregnation)

该法主要用于金属前身物电解质能与氧化物载体表面发生强互相作用的情况。操作时按一定液固比(超过载体的饱和吸水率)配制含金属前身物电解质的水溶液,该水溶液中的电解质与载体表面发生吸附或化学反应,较长时间后达到平衡,从而将金属负载于载体上。用该法制备的催化剂金属晶粒较小(<10nm),而且操作较简单,是实验室与工业上

普遍采用的方法。

对于负载型重整催化剂，金属组元的引入虽然有时也采用共胶法和饱和浸渍法，但主要的制备方法是平衡浸渍法。以下主要论述平衡浸渍法的基本原理。

（二）平衡浸渍法

1. 氧化铝载体的表面吸附位的产生与调变

用于重整催化剂制备的氧化铝载体是两性化合物。当氧化铝载体处于电解质溶液中时，其表面羟基会依溶液的 pH 不同而被双向极化，原理如下：

$$Al—OH_2^+ \xrightleftharpoons{K_1^{int}} Al—OH + H_s^+ \tag{6-1}$$

$$Al—OH \xrightleftharpoons{K_2^{int}} Al—O^- + H_s^+ \tag{6-2}$$

$$H_s^+ \rightleftharpoons H_b^+ \tag{6-3}$$

Al—OH、$Al—O^-$、$Al—OH_2^+$ 分别代表中性、去质子化、质子化的表面羟基；H_s^+、H_b^+ 分别代表 $\gamma-Al_2O_3$ 表面和浸渍液中的氢离子；K_1^{int}、K_2^{int} 分别代表 $\gamma-Al_2O_3$ 表面质子化、去质子化反应的平衡常数。

由式(6-1)和式(6-2)有：

$$K_1^{int}=[Al—OH][H_s^+]/[Al—OH_2^+] \tag{6-4}$$

$$K_2^{int}=[Al—O^-][H_s^+]/[Al—OH] \tag{6-5}$$

当溶液的 pH 值为某一定值时，$Al—O^-$ 与 $Al—OH_2^+$ 的浓度相等，此时 $\gamma-Al_2O_3$ 表面的净电荷为零，相对应溶液的 pH 值称为 $\gamma-Al_2O_3$ 的等电点（Isoelectric Point），或零电荷点（Point of Zero Charge），该点对应的 pH 值简称为 *PZC* 值。

由式(6-4)和式(6-5)推导有：$PZC=(pK_1^{int}+pK_2^{int})/2$。对 $\gamma-Al_2O_3$ 而言，其 *PZC* 值一般在 7～9 之间。当溶液 pH > *PZC* 时，$Al—O^-$ 占主导地位，氧化铝表面带负电荷，可吸附带正电荷的离子；当溶液 pH < *PZC* 时，$Al—OH_2^+$ 占主导地位，表面带正电荷，可吸附带负电荷的离子。这样 Al_2O_3 表面羟基的极化形成了正、负离子吸附位。因此，通过调整溶液的 pH 值可以调整 Al_2O_3 表面的吸附位的性质与浓度。但是溶液 pH 值的提高或降低到一定程度时，都会导致 Al_2O_3 的溶解。图 6-38[158] 为 pH 值低于 *PZC* 的区域是阴离子吸附区，pH 值高于 *PZC* 的区域是阳离子吸附区；但在 pH 值远离 *PZC*，即 pH 值低于约 4.5 或高于 11 时，氧化铝的溶解度将快速增加。

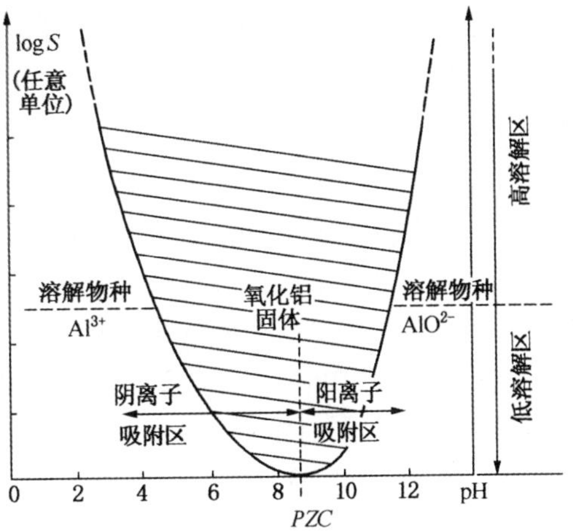

图 6-38　$\gamma-Al_2O_3$ 表面的吸附位形成示意图[158]

S—溶解度

2. H_2PtCl_6 与 Al_2O_3 表面的相互作用

根据 Brunelle 提出的静电吸附模型[158]，贵金属络合物在氧化铝表面的吸附，实际上是发生在溶液中的金属络合物离子同氧化铝表面带相反电荷的羟基之间的一种静电相互作用。如图 6－39 所示，在 pH 值低于 *PZC* 时可以发生阴离子吸附，如 $[PtCl_6]^{2-}$ 的吸附；在 pH 值高于 *PZC* 时可以发生阳离子吸附，如 $[Pt(NH_3)_4]^{2+}$ 的吸附。

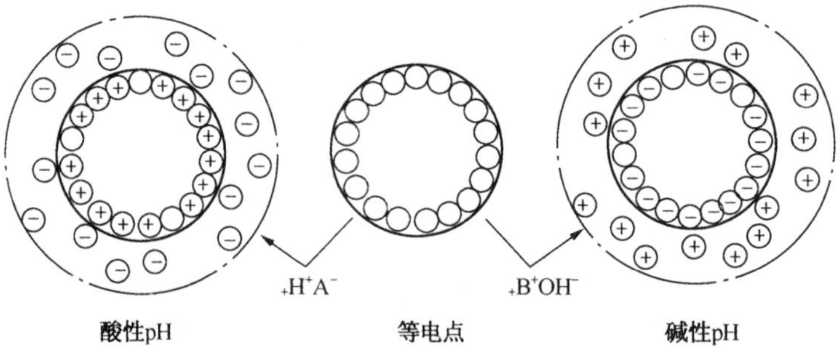

图 6－39 Brunelle 的静电吸附和离子交换模型

工业重整催化剂的制备通常采用 H_2PtCl_6 溶液为原料，在 pH < *PZC* 的条件下进行，因此 H_2PtCl_6 与氧化铝表面的相互作用可简单地表示为：

$$Al-OH_2^+ + [HPtCl_6]^- \longrightarrow Al-OH_2^+[HPtCl_6]^-$$

或

$$2Al-OH_2^+ + [PtCl_6]^{2-} \longrightarrow [Al-OH_2^+]_2[PtCl_6]^{2-}$$

Shelimov 等[159]曾采用 ^{195}Pt 核磁共振(NMR)测量了用酸性 H_2PtCl_6 溶液浸渍 $\gamma-Al_2O_3$ 后，在 $\gamma-Al_2O_3$ 表面上吸附的 Pt 的化合物的种类。发现除 $[PtCl_6]^{2-}$ 外还存在有 $[PtCl_5(OH)]^{2-}$。作者认为后者的产生是由于在起始溶液中存在 H_2PtCl_6 水合后产生的 $[PtCl_5(H_2O)]^-$，该水合物离子脱除一个质子后可得到 $[PtCl_5(OH)]^{2-}$。但是，如果将 $\gamma-Al_2O_3$ 事先用 HCl 处理，则表面将只有 $[PtCl_6]^{2-}$，而不再出现任何的水合的或含羟基的络合物。经过 150℃ 干燥后，甚至在 350℃ 热处理后，延伸 X 射线吸收精细结构(EXAFS)测试表明 Pt 的周围基本保持有 6 个 Cl。这种保持 $[PtCl_6]^{2-}$ 的能力也被 Raman 光谱和紫外可见光谱所证实，说明 Cl 的存在可以抑制含氧的配位络合物的生成。

与静电模型不同，Santacesaria 等[160]基于吸附平衡和动力学分析认为氯铂酸在 $\gamma-Al_2O_3$ 上的吸附是由于在酸性溶液中首先发生了氧化铝表面上铝的溶解，溶解后的 Al^{3+} 部分水解后可以同 $[PtCl_6]^{2-}$ 结合而重新吸附在氧化铝上。这一吸附模型需要氧化铝表面的一对酸碱中心的同时参加：

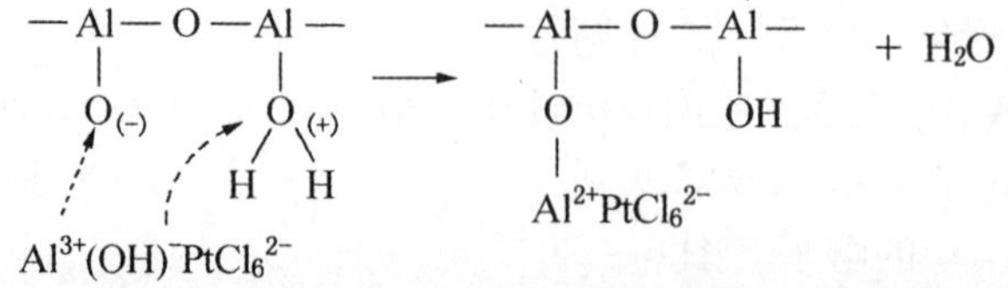

进一步的工作表明上述关于溶解铝与 Pt 络合物吸附的直接关系与一些试验结果不

符[161]。采用溶解度相差很大的不同晶相的氧化铝(α、γ、θ、η 等)进行的吸附试验表明，H_2PtCl_6 在不同氧化铝的单位表面积上的吸附量是相同的，与溶解度无关。

近年来，有关 Pt 在氧化铝表面的吸附性质的基础研究已经有了新的进展，采用修正的物理(静电)吸附模型模拟 Pt 吸附的试验数据已经得到较好的结果[161,162]；^{195}Pt NMR 和 EXAFS 等的应用[159,163~165]也为在分子水平上研究吸附作用的机理提供了有效的手段。

3. 竞争吸附剂

浸渍过程从宏观上看，是溶质分子向载体表面扩散然后在其表面发生吸附的过程，其扩散动力源于溶质的浓度差。当浸渍所用的 Al_2O_3 载体为颗粒状(包括小球、条、三叶草等形状)时，金属前身物的离子必须先沿颗粒孔隙扩散至颗粒内部，再与载体发生相互作用。当吸附过程受内扩散控制时，金属组元可能会在载体颗粒横截面上形成浓度梯度分布。为了使金属组元均匀地分布于载体颗粒上，需要使用竞争吸附剂。竞争吸附剂是与金属前身物吸附性能相近的化合物，当与金属前身物共浸时，它能够改变金属活性组元在载体颗粒上的分布。竞争吸附剂的作用原理如下：

$$S—O—A^+ + B^+(\text{竞争吸附剂}) \longrightarrow S—O—B^+ + A^+(\text{金属离子})$$

$$S—OH_2^+A^- + B^-(\text{竞争吸附剂}) \longrightarrow S—OH_2^+B^- + A^-(\text{金属离子})$$

当溶液中有竞争吸附剂 B^+ 或 B^- 存在时，反应可以向右进行，这样部分的 A^+ 或 A^- 金属离子被替换下来，使得吸附前沿的 A^+ 或 A^- 金属离子的浓度增大，从而使 A^+ 或 A^- 向颗粒内部的扩散动力增加。当竞争吸附剂和金属离子与氧化物表面的相互作用强弱相当时，可以使金属离子均匀分布于颗粒上。

在制备重整催化剂时，由于 $[PtCl_6]^{2-}$ 与 $\gamma-Al_2O_3$ 颗粒表面的相互作用较强，内扩散是控制步骤。为了得到金属沿颗粒径向分布均匀的催化剂，必须使用竞争吸附剂。重整催化剂制备时一般采用 HCl 作为竞争吸附剂，因为 HCl 还可以同时起到调节催化剂酸性的作用。HCl 的 Cl^- 可以同 $[PtCl_6]^{2-}$ 在表面发生交换反应，示意如下：

$$[PtCl_6]^{2-}_{Al} + 2Cl^-_{aq} \longrightarrow [PtCl_6]^{2-}_{aq} + 2Cl^-_{Al}$$

溶液中的 Cl^-_{aq} 被载体吸附(Cl^-_{Al})，并将吸附于 $\gamma-Al_2O_3$ 表面的 $[PtCl_6]^{2-}_{Al}$ 替换下来，进入颗粒表面附近的溶液中，导致 $\gamma-Al_2O_3$ 颗粒吸附前沿的 $[PtCl_6]^{2-}_{aq}$ 浓度增加，从而使 $[PtCl_6]^{2-}$ 离子有足够的扩散动力扩散至颗粒中心，达到均匀分布。

Castro 等[166]曾仔细研究了 H_2PtCl_6 和 HCl 在 $\gamma-Al_2O_3$ 表面的竞争吸附行为，结果见图 6-40。从图中可以看出，竞争吸附剂 HCl 的浓度对 Pt、Cl 在 $\gamma-Al_2O_3$ 表面的分布影响很大。当 HCl 的浓度达到 0.6mol/L 时，Pt、Cl 在 $\gamma-Al_2O_3$ 表面的分布很均匀；当 HCl 的浓度低于 0.6mol/L 时，Pt、Cl 在 $\gamma-Al_2O_3$ 表面的分布都不均匀。这说明 $[PtCl_6]^{2-}$、Cl^- 与 $\gamma-Al_2O_3$ 表面的相互作用较强，当吸附物种的数量不够时，$[PtCl_6]^{2-}$、Cl^- 优先吸附在 $\gamma-Al_2O_3$ 的外表面。因此当 Pt 的负载量一定时，可以通过调整 HCl 的用量使得吸附物种的数量足够，这样才能保证 Pt、Cl 在 $\gamma-Al_2O_3$ 表面的均匀分布。

除了盐酸，还可采用其他的竞争吸附剂[167~175]，其中包括无机酸、有机酸和各种盐类。竞争吸附剂与载体作用的强弱不同可以使金属在催化剂颗粒径向上呈不同的分布，主要有四种分布形式：均匀型、蛋壳型、蛋白型和蛋黄型。如用氢氟酸、乳酸、酒石酸和柠檬酸作竞争吸附剂时，H_2PtCl_6 可呈蛋黄分布。

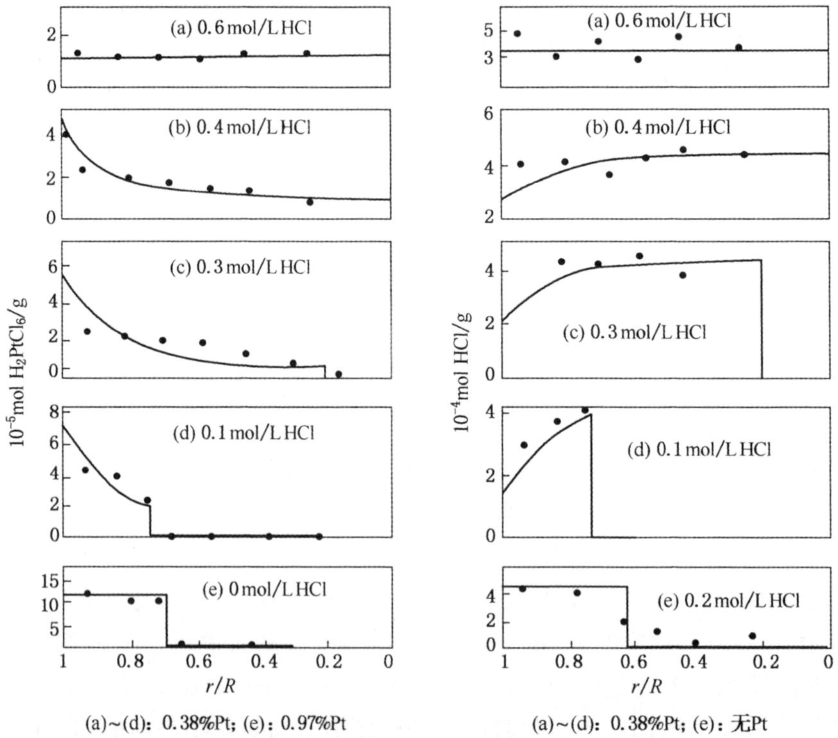

图 6-40 HCl 浓度对 H_2PtCl_6 和 HCl 在载体径向上分布的影响

4. 几种主要重整催化剂的制备方法

(1) Pt-Re/Al_2O_3 的制备

与单铂催化剂一样，在 Pt-Re/Al_2O_3 催化剂的制备中铂的前身物普遍采用 H_2PtCl_6。Re 的前身物可采用 Re 的无机化合物或有机化合物。

无机化合物主要包括铼的七氧化物、高铼酸盐和一些卤化物。常用的方法是采用 H_2PtCl_6 和 $HReO_4$ 水溶液浸渍 Al_2O_3，并用 HCl 做竞争吸附剂。铼的七氧化物本身容易挥发，但当 $HReO_4$ 浸渍在氧化铝上时，由于 Re 化合物与载体的相互作用或者价态的变化，即使在高温含氧气氛处理的条件下也不会导致催化剂上 Re 的损失[176,177]。

De Miguel 等[178]研究了 HCl 在 H_2PtCl_6 和 $HReO_4$ 浸渍 $\gamma-Al_2O_3$ 时的竞争吸附作用。试验表明三种化合物在 $\gamma-Al_2O_3$ 上的吸附均可以用 Langmuir 方程式表示，并且都有很大的吸附平衡常数值。采用适量的 HCl 可以使 Pt、Re 和 Cl 都达到径向的均匀分布。

此后，该研究小组[179]进一步报道了用 H_2PtCl_6 和 $HReO_4$ 在 HCl 存在下浸渍颗粒状 $\gamma-Al_2O_3$的试验结果。基于实验数据计算了扩散系数和吸附-脱附速度常数，建立了浸渍过程中 Pt、Re 的吸附和扩散过程的数学模型，使用建立的数学模型可以很好的预测 Pt、Re 在载体颗粒表面径向的分布。

除了共浸法外也可以采用分浸法制备 Pt-Re 催化剂[180,181]。为了改善金属间的相互作用，Barbier 等[182]报道了一种称为"催化还原法"的制备技术。该方法是将预先还原好的单金属 Pt/Al_2O_3 催化剂放置于 HCl 溶液中，用氮气吹扫除去溶液中的氧，然后通入氢气鼓泡。在不终止氢气的条件下将高铼酸盐加入到溶液中，反应一定时间后进行洗涤、过滤、干燥和还原。试验表明，采用这种方法制备的催化剂与共浸法制备的催化剂相比抗硫和抗积炭失活的能力均有所提高。

也曾报道过使用有机金属化合物 $Re_2(CO)_{10}$ 作为 Re 的前身物制备催化剂的方法[183,184]。制备时将羰基铼与载于氧化铝上的还原态的 Pt 在无水有机溶液中进行反应。为避免 Pt 的氧化，还需要采取惰性气体保护的措施。这种方法虽然可以制备出性能良好的催化剂，但由于需要使用非水溶液以及惰性气体保护等措施，很难用于实用的大批量工业制备。

(2) Pt - Sn/Al_2O_3 的制备

制备 Pt - Sn/Al_2O_3 催化剂，铂的前身物还是采用 H_2PtCl_6，Sn 的前身物主要采用 $SnCl_2$ 或 $SnCl_4$。催化剂的制备可以采用分浸或共浸法，也可以采用在 Al_2O_3 制备过程中先将 Sn 引入的方法即所谓的“溶胶 - 凝胶法”或“锡共沉淀法”。

锡共沉淀法[157,185,186]是将锡的氯化物溶于由金属铝与 HCl 制备的铝溶胶中，与六次甲基四胺混合后在热油柱中成型，然后经老化、水洗、干燥和焙烧等步骤后得到含锡的氧化铝小球。用这种方法制备的含锡载体中锡的分布均匀，其颗粒大小小于 10nm。

Sexton 等[132]的工作说明铂锡催化剂的制备方法对反应性能有明显影响。光电子能谱(XPS)的测定结果表明，以 $SnCl_4 \cdot 5H_2O$ 为原料，采用分浸法制备的 Sn 含量小于 1% 的催化剂，无论是在水溶液或是在丙酮溶液中浸渍，氧化铝表面的 Sn 的分布都是不均匀的，在氧化铝外表面上有过量的 Sn 的富集。与共沉淀法制备的催化剂相比，这些分布不均匀的催化剂的反应性能较差。

采用 $SnCl_2$ 为原料与 H_2PtCl_6 共浸时，浸渍液中生成红色的铂锡络合物，这种络合物只有在强酸性介质中和不含氧的气氛下才稳定。制备催化剂需要有过量的酸和在惰性气体保护下进行。Yurchenko 等[187]采用 Mössbauer 谱研究了 H_2PtCl_6 和 $SnCl_2$ 在 HCl 存在下，在丙酮溶液中生成的络合物。溶液的配制是在氩气气氛中进行。试验表明，新配制的溶液中含有 $[PtCl_2(SnCl_3)_2]^{2-}$ 和 $[PtCl_3SnCl_3]^{2-}$ 两种络合物，同时含 $SnCl_4$。随着放置时间增加，$PtSn_2$ 络合物逐渐向 PtSn 和零价 Pt 转变，溶液中逐渐出现黑色的 Pt 的沉淀。Lei Yuan Jin 的研究工作[188]表明以 H_2PtCl_4 或 H_2PtCl_6 同 $SnCl_2$ 生成的络合物浸渍氧化铝制备的烷烃脱氢催化剂和催化传感器具有优良的性能。作者认为这是由于采用络合物制备的催化剂中 Pt 和 Sn 紧密结合并存在强相互作用。但作者同时也指出这种络合物在弱酸性下放置时会析出沉淀，这是因为络合物被破坏和二价铂被二价锡还原的结果。当在较低氯离子浓度的络合物溶液中浸渍氧化铝时会发生铂的沉淀，因此在整个浸渍阶段保证络合物的稳定性是很重要的。也曾报道过直接采用铂锡络合物如 $[(C_2H_5)_4]_2[Pt(SnCl_3)_2Cl_2]$、$[(C_2H_5)_4]_3[Pt(SnCl_3)_5]$ 和 $H_4[Pt_3Sn_8Cl_{20}]$ 等作为起始化合物制备铂锡催化剂的方法[189]，氧化铝的浸渍是在丙酮溶液中进行，由于在起始化合物中已经存在铂锡组元之间的化学键，因此在催化剂中更容易产生组元之间的强相互作用。但这种方法主要用于基础研究。

近期的专利文献[190]报道了一种加强铂锡之间相互作用的方法，这种方法是在不接触空气和有氢气存在的情况下，将溶于有机溶剂的锡的有机化合物与还原态的 Pt/Al_2O_3 催化剂接触，经适当的后处理后可以得到性能良好的催化剂。也曾报道过先用 $SnCl_4$ 的己烷溶液浸渍氧化铝，样品经还原后再用 $PtCl_4$ 的醇溶液浸渍的方法，同样可得到铂锡之间有强相互作用的催化剂[191]。

(3) 其他双金属催化剂的制备

这里简要论述其他两种较为重要的工业催化剂 Pt - Ir/Al_2O_3[192] 和 Pt - Ge/Al_2O_3 催化

剂的制备。

$Pt-Ir/Al_2O_3$ 催化剂可以由 H_2PtCl_6 和 H_2IrCl_6 共浸或分浸制备。但是由于 Ir 在随后的处理过程中容易聚集形成大的金属晶粒，破坏催化剂的性能。因此，如何在浸渍过程中加强 Pt 和 Ir 之间的相互作用，防止处理过程中 Ir 的聚集是制备该催化剂的关键。许多研究人员在这方面进行了努力，如在催化剂中再引入第三金属组元，包括有 CrO_2、Si、Mg、Ca、Ba、Sr[193]等。

$Pt-Ge/Al_2O_3$ 性能与 $Pt-Sn/Al_2O_3$ 催化剂类似。而且 Ge 的化合物的化学性质也与 Sn 类似，因此可以用类似于 $Pt-Sn/Al_2O_3$ 催化剂的制备方法制备 $Pt-Ge/Al_2O_3$。Ge 的前身物可以使用氯化物、氧化物和金属有机化合物。专利 US3654184[194]中使用 H_2PtCl_6 和 GeO_2 作为前身物制备铂锗催化剂。认为 GeO_2 必须选择六方晶系结构，由于这种结构是惟一可溶的，但是其溶解度也不大。

（三）催化剂的处理

1. 干燥、活化和还原

干燥的主要目的是在低温下除去载体孔内的大部分水分，这种操作可能会引起孔内溶液中所含物质的移动，导致载体颗粒内金属前身物的再分散。但是对于重整催化剂，浸渍过程中金属前身物与载体之间的相互作用较强，因此在干燥过程中这种再分散作用可以忽略。然而干燥会改变载体表面吸附的 Pt 络合物的形式。在工业条件或类似条件下制备的催化剂浸渍后加热至 100℃以上时，与载体表面以静电相互作用的$[PtCl_6]^{2-}$会转变成含配位体氯和氧的络合物。用可见紫外光谱[170]检测表明存在$[PtCl_yOH_x]^{2-}$物种，用 EXAFS[195]方法检测到配位体含约两个氧原子的类似“$[PtCl_4O_2]$”的物种。

干燥后需要对催化剂进行活化，活化的主要目的是将金属前身物转化成相应的氧化物和调节催化剂上的氯含量。在空气中 500~600℃活化后$[PtCl_6]^{2-}$中的氯进一步被氧所替代，形成组成类似于$[PtO_xCl_y]$的物种，如 Lieske[170]提出的四配位的络合物$[PtO_2Cl_2]^{2-}$和 Berdala 等[195]提出的六配位络合物$[PtO_{4.5}Cl_{1.5}]$。

活化会改变催化剂上的氯含量[196,197]。干燥后催化剂上的氯含量越高，活化时氯流失越多，活化气氛中含水量越高，氯流失也越快。这种氯流失与氧化铝本身的持氯能力密切相关。为了减少氯的流失需要控制合适的活化条件，主要是活化温度和气氛。

活化条件不仅影响催化剂上的氯含量，而且对金属相的分散有显著的影响。Жарков 等[198]研究催化剂活化温度对 Pt/Al_2O_3 催化剂苯加氢活性的影响时，发现活化气氛中氯的存在导致活化温度对催化剂的性能影响不同。氯含量较低时，活化温度从 300℃提高到 600℃催化剂的活性持续下降；氯含量较高时，即使活化温度达到 600℃，催化剂活性也基本不下降。由于苯加氢活性与铂分散度直接有关，说明活化过程中氯的存在可以防止铂的烧结。Bournaoville 等[67]同样发现氯在氧化介质中对 Pt 的这种稳定作用。

助剂 Re、Sn、Ge 的引入加强了催化剂活化过程中 Pt 的抗烧结能力，提高了 Pt 分散度的稳定性。Зайдман 等[199]发现在单铂催化剂中引入助剂 Re、Sn 或 Cr 后，在 650℃空气流中焙烧时铂分散度的下降显著减少。Ерохина 等[200]发现 Re 有助于提高 $PtRe/Al_2O_3$ 的热稳定性。

催化剂还原的主要目的是将活化后的铂的化合物转变成高度分散的金属 Pt。还原过程要控制好还原温度、H_2 中的水含量及 H_2 纯度。单铂催化剂的还原温度与其活化温度有关[87]。程序升温还原试验结果表明，当催化剂的活化温度低于300℃时，在150℃就可以观察到最大的还原速度；活化温度在500～550℃之间时，最大还原速度时的温度提高到275℃。这可能是由于高温活化促进了金属氧化物与载体的相互作用。

还原过程中要严格控制 H_2 中的水含量。水含量过高会降低催化剂上的氯含量；但更主要的是使铂晶粒长大，降低金属分散度，从而影响催化剂的性能。Prestvik 等[201]研究了还原过程中水含量对 Pt－Re 催化剂性能的影响，发现还原时 H_2 中水含量为0.1mol%和0.5mol%时，甲基环己烷的转化率分别下降了5%和7%。认为这是由于还原 H_2 中水促使 Pt 积聚，降低了 Pt 的分散度。Жарков 等[196]发现湿氢气还原的单铂催化剂加氢活性下降，认为是这是由于铂分散度下降造成的。Völter 等[202]发现活化后的单铂催化剂与空气接触吸收水份后再还原时，铂分散度明显下降。这可能是由于还原时水的存在减弱了铂同载体的相互作用，使铂晶粒容易迁移，从而发生金属的烧结。

还原时 H_2 中的杂质含量，如 CO_2、CO、轻烃等的含量要严格控制。CO_2 和 CO 是催化剂的毒物，特别是 CO 与活性中心铂的相互作用较强，容易使催化剂中毒，催化剂上的铼与 CO 反应生成羰基铼，该化合物容易升华，使铼损失。轻烃，特别是 C_2^+ 烃类在催化剂还原过程中会发生氢解，生成积炭，覆盖在金属活性中心上；而且氢解过程会放出大量的热量，造成局部温度过高，使金属晶粒烧结，降低金属分散度。王世怀等[203]研究发现还原 H_2 中含有烃类会降低催化剂的活性。刘宇键等[204]研究了还原 H_2 中乙烷或丙烷对催化剂性能的影响，发现随着 H_2 中乙烷或丙烷含量的增加，催化剂对甲基环戊烷的转化率逐渐降低，催化剂对氢气的吸附量也逐渐降低，这说明还原 H_2 中含有乙烷或丙烷会影响催化剂的金属功能。中型评价结果表明，H_2 中含有乙烷或丙烷降低了催化剂的活性和稳定性。

Mills[205]等研究了还原压力对铂重整催化剂的影响，发现常压下还原的催化剂环己烷脱氢活性最高，随着还原压力的增加，催化剂环己烷脱氢活性明显下降，直至2.0MPa；当还原压力大于2.0MPa后，其影响很小。

2. 气相氯化

采用 HCl 为竞争吸附剂制备重整催化剂时，活化后的催化剂通常含过多的氯（>1.5%）。为了降低氯含量并使其在催化剂颗粒中均匀分布需要进行气相氯化。气相氯化是将含有一定比例的水蒸气和盐酸的空气在一定温度下通过催化剂，进行催化剂上氯含量的调节。由于一定温度下催化剂的平衡氯含量取决于 H_2O/HCl（摩尔比），因此通过控制 H_2O/HCl（摩尔比）可以将催化剂上的氯含量调节到预期值。气相氯化时也可以用 CCl_4、$CHCl_3$、$C_2H_4Cl_2$ 等代替氯化氢作为氯化剂。这些化合物在接近500℃的温度和过剩氧及水蒸气存在的条件下，在重整催化剂上反应生成 HCl 和 CO_2。除了调节催化剂氯含量以外，气相氯化还可以起到提高新鲜或再生催化剂的铂分散度的作用。

3. 预硫化

S 对重整催化剂的作用与第ⅣA 族金属（锗、锡、铅）类似。在单铂催化剂中引入少量的硫，虽然降低了催化剂的脱氢活性，但也降低了催化剂烷烃的氢解活性，提高了催化剂的选择性。Hayes 等[206]在苛刻条件下（510℃、0.7MPa、RON100）考察了硫的引入对单铂催化剂稳定性的影响，结果见图6－41。可以看出，向原料中加入含硫化合物可以显著降低催化剂的失活速率；同时也减缓了催化剂选择性的下降幅度。此时，硫成为提高催化剂活性稳定性和选择性稳定性的助剂。硫的这种积极作用在于它能降低催化剂的积炭速率。Wang 等[207]研究发现，铂的硫化物可以催化加氢双烯和环双烯，从而降低催化剂表面积

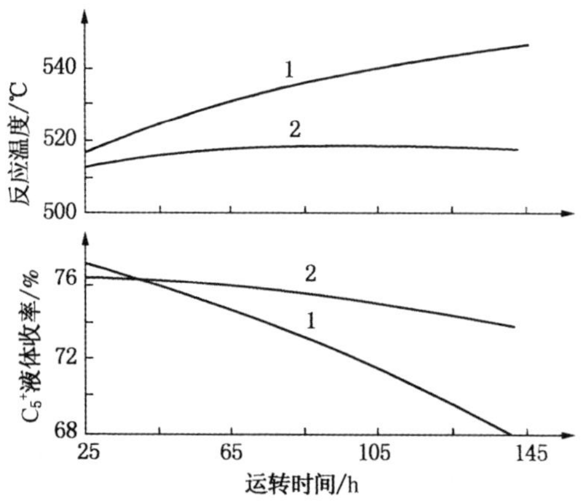

图6-41 硫对单铂催化剂稳定性的影响[206]
催化剂为0.75% $Pt/\gamma-Al_2O_3$
1—不含S；2—1200μg/gS

炭前身物的含量，降低催化剂的积炭速率。

对于Pt-Re系列重整催化剂，由于金属Re具有很强的氢解活性，因此新鲜铂铼催化剂使用前必须进行预硫化。所使用的硫化剂主要有硫化氢，甲基硫醇、二甲基二硫醇等。Apesteguia等[208]的工作表明硫化后0.58% Pt/Al_2O_3、0.3% Pt-0.3% Re/Al_2O_3和0.3% Pt-0.3% Ir/Al_2O_3催化剂上的硫含量约为0.03%，即接近于硫/金属原子比为0.5。硫阻塞了一部分金属活性中心，改变了金属活性中心上反应的相对速度。以上三种催化剂硫化后，环已烷脱氢速度分别降低了1.5倍、2.5倍和1.5倍，而乙烷氢解速度分别降低了240倍、400倍和75倍。因此，硫是选择性毒物，可以选择性地中毒重整催化剂较强的氢解活性中心。从热力学上分析，硫铼之间具有比硫铂之间高得多的亲和力，因此，硫首先选择性地吸附在Re上，硫的上量主要取决于催化剂上的Re含量。

含锗、锡和铅的双金属催化剂不需要硫化，因为这些金属抑制氢解反应。

第三节 半再生重整催化剂的发展

一、半再生重整催化剂的发展概况

(一) 国外半再生重整催化剂的发展

美国、前苏联、法国、德国等是世界上在催化重整技术发展方面占重要地位的国家，半再生重整装置在这些国家的炼油和石化工业中占据着很重要的地位。半再生式重整技术的核心是重整催化剂，这些国家对半再生重整催化剂的技术开发一直十分重视，催化剂性能不断改进，新的催化剂牌号也不断出现。现将美国油气杂志和近期有关文献报道的一些公司的主要半再生重整催化剂列于表6-18～表6-23[209~213]。

表6-18 UOP公司的半再生重整催化剂

牌 号	活性组元	载 体	堆密度/(g/mL)	工业化年代
R-56	Pt、Re	Al_2O_3条	0.833	1992
R-85	Pt	Al_2O_3条	0.657	
R-86，88	Pt、Re	Al_2O_3条	0.657	2001
R-98	Pt、Re、助剂	Al_2O_3条	0.657	2005
R-500	Pt、Re、助剂	Al_2O_3条	高堆密度	2010

表 6－19 BASF 公司的半再生重整催化剂①

牌 号	活性组元	载 体	堆密度/(g/mL)
E－801	Pt、Re	Al_2O_3 条	0.641
E－802	Pt、Re	Al_2O_3 条	0.641
E－803	Pt、Re	Al_2O_3 条	0.641

①原 Engelhard 公司开发的催化剂，2006 年 Engelhard 公司被 BASF 公司收购

表 6－20 Criterion 公司的半再生重整催化剂①

牌 号	活性组元	载 体	堆密度/(g/mL)
P－15	Pt	Al_2O_3 条	0.705
P－93，96	Pt	Al_2O_3 条	0.705
PR－9，11	Pt、Re	Al_2O_3 条	0.705
PR－8	Pt、Re	Al_2O_3 条	0.705
PR－15	Pt/Re＝1	Al_2O_3 条	0.705
PR－29	Re/Pt＞1	Al_2O_3 条	0.705
PR－30	Pe/Rt＞1	Al_2O_3 条	低密度

①2011 年起 Criterion 公司的重整催化剂业务和有关知识产权已被 Axens 公司收购

表 6－21 Exxon 公司的半再生重整催化剂

牌 号	活性组元	载 体	堆密度/(g/mL)
KX－120	Pt、Re	Al_2O_3 条	0.689
KX－130	Pt、Re	Al_2O_3 条	0.705
KX－160	Pt、Re	Al_2O_3 条	0.705
KX－170	Pt、Re	Al_2O_3 条	0.705

表 6－22 Axens 公司①的半再生重整催化剂

牌 号	活性组元	载体	堆密度/(g/mL)
RG－412	Pt	Al_2O_3 条	0.657
RG－482	Pt、Re	Al_2O_3 条	0.657
RG－492	Pt、Re	Al_2O_3 条	0.689
RG－532	Pt	Al_2O_3 条	0.657
RG－582	Pt/Re＝1/1、＋助剂	Al_2O_3 条	0.673
RG－682	Re/Pt＞1、＋助剂	Al_2O_3 条	0.689
RG－586	Pt/Re＝1/1、＋助剂	Al_2O_3 条	高密度
RG－686	Re/Pt＞1、＋助剂	Al_2O_3 条	高密度

①Axens 公司是由法国石油研究院(IFP)于 2001 年创立。该公司由 IFP 负责技术特许和服务的工业部与生产催化剂和吸附剂的 Procatalyse 公司合并而成。

表 6－23 Indian 公司的半再生重整催化剂

牌　号	活性组元	载体	堆密度/(g/mL)
IRC 1001	Pt	Al_2O_3 条	0.625
IRC 1002	低 Pt	Al_2O_3 条	0.625
IRC 2001	Pt、Re	Al_2O_3 条	0.625
IPR－3001	Pt、Re、助剂	Al_2O_3 条	0.673

(二) 我国半再生重整催化剂的发展

国内已工业化的重整催化剂的主要发展情况列于表 6－24。

表 6－24 我国半再生重整催化剂的发展

催化剂牌号	研制单位	活性组元	载　体	工业化年代
3651	RIPP	Pt	$\eta-Al_2O_3$ 压片	1965
1226		Pt	$\eta-Al_2O_3$ 压片	1971
高铂小球	RIPP	Pt	$\eta-Al_2O_3$ 小球	1973
3741		Pt、Re	$\eta-Al_2O_3$ 小球	1974
3752		Pt、Ir、Ce	$\eta-Al_2O_3$ 小球	1977
3741－乙		Pt、Re	$\eta-Al_2O_3$ 小球	1984
CB－5	FRIPP	Pt、Re	改性 $\gamma-Al_2O_3$ 小球	1985
CB－5B	FRIPP	Pt、Re、Ti	改性 $\gamma-Al_2O_3$ 小球	1992
CB－6	RIPP	Pt、Re	$\gamma-Al_2O_3$ 小球	1986
CB－7	RIPP	Pt、Re	$\gamma-Al_2O_3$ 小球	1990
CB－8	FRIPP	Pt、Re	改性 $\gamma-Al_2O_3$ 小球	1991
CB－9	RIPP	Pt、Re、X	$\gamma-Al_2O_3$ 小球	1997
CB－11	FRIPP	Pt、Re	改性 $\gamma-Al_2O_3$ 小球	1998
3932(CB－60)	RIPP	Pt、Re	$\gamma-Al_2O_3$ 挤条	1995
3933(CB－70)	RIPP	Pt、Re	$\gamma-Al_2O_3$ 挤条	1995
PRT－A	RIPP	Pt、Re、X	$\gamma-Al_2O_3$ 条	2002
PRT－C	RIPP	Pt、Re、X	$\gamma-Al_2O_3$ 挤条	2003
PRT－B	RIPP	Pt、Re、X	$\gamma-Al_2O_3$ 条	2002
PRT－D	RIPP	Pt、Re、X	$\gamma-Al_2O_3$ 挤条	2003

从国外和国内半再生催化剂的发展可以看出，半再生催化剂的发展主要集中在载体和金属组元两方面。在载体方面，载体的晶相、结构及形状均有改进；在金属组元方面，从单金属向双、多金属方面发展。

二、半再生重整催化剂发展的主要特征

催化重整工艺总的发展趋势是向热力学有利的方向发展，即降低反应压力、提高反应温度，同时又要求提高重整油收率和延长运转周期，以获得更好的经济效益。多年来，国内外半再生式重整催化剂的发展均是以提高催化剂的活性、选择性和稳定性为主要目标。

国内外半再生式重整催化剂的发展具有以下共同特点：

（一）氧化铝载体的改进

对于重整催化剂，好的载体应具有以下性质：①合适而稳定的晶相结构；②足够大的比表面和合适的孔结构；③低的杂质含量；④好的机械强度及热稳定性；⑤良好的传热及传质性能。载体性质的改进也主要是从这几个方面进行。

1. 载体晶相结构的改进

重整催化剂一般选用 Al_2O_3 为载体，早期使用 $\eta-Al_2O_3$ 作为催化剂的载体。$\eta-Al_2O_3$ 虽然比表面积大，但是其热稳定性较差，比表面积在使用过程中下降很快；而且在孔结构方面，孔径小且无集中孔；另外载体的酸性较强。因此逐渐被 $\gamma-Al_2O_3$ 所替代。$\gamma-Al_2O_3$ 的比表面积稍小，在 $200m^2/g$ 左右，但是其热稳定性较好，在使用过程中表面积损失较小，而且其孔径大且孔径较集中，有良好的传热和传质性能。因此选用 $\gamma-Al_2O_3$ 作载体的催化剂有较好的催化性能。

2. 载体孔结构的影响

$\gamma-Al_2O_3$ 载体的制备条件、处理条件不同，会形成不同的孔结构，也会对催化剂的性能有影响。合适的孔结构对于一个好的催化剂必不可少。孔径偏小的催化剂裂解性能增加，选择性和稳定性下降；孔径过大则活性偏低，机械强度差。对于重整催化剂，较适宜的孔径范围应集中在 4～10nm。

3. 载体酸性的控制

在烃类重整过程中金属功能和酸性功能协同作用。因此对酸性功能的控制十分重要。近期，美国 UOP 公司开发了用于固定床装置的新型催化剂 R－86。据报道 R－86 与R－56 催化剂不同之处在于前者使用了新型载体，该载体比 R－56 催化剂的载体堆密度低 15%，同时对载体的酸性进行了调变，使催化剂的金属功能与酸性功能进一步得到优化，保证了催化剂好的选择性和低的积炭速率，2001 年该催化剂开始在工业上使用。R－86 催化剂与 R－56 催化剂相比主要优势见表 6－25。

表 6－25　R－86 与 R－56 性能对比

项　目	R－86	R－56	项　目	R－86	R－56
催化剂活性	基准	基准	催化剂稳定性	基准	基准
C_5^+ 收率	基准＋1.0%（体积分数）	基准	催化剂再生性能	很好	很好

从表 6－25 可以看出，R－86 催化剂与 R－56 相比，主要改进在于其选择性方面。

(二) 贵金属铂含量逐渐减少

随着载体性质的改进和催化剂制备技术的提高，在保证催化剂的催化性能改进的前提下，催化剂的铂含量逐步减少。目前 PtRe 催化剂的铂含量基本在 0.20% ~ 0.30%之间。

但是 Pt 含量降低有一定限度，过低的 Pt 含量将导致催化剂稳定性变差，抵抗 S、H_2O 等干扰的能力下降。

(三) Re/Pt 比的增加

Pt - Re 双金属催化剂在降低催化剂 Pt 含量的同时，催化剂的 Re/Pt 比由等 Re/Pt 比向高 Re/Pt 比发展，Re/Pt 比由 1.0 提高到 2.0，甚至更高。高 Re/Pt 比催化剂在重整反应中进一步降低了金属上的结焦沉积物，从而使催化剂的稳定性有了更大的提高。以工业应用的 Pt - Re 催化剂为例说明这一特点。例如美国 UOP 公司的 R - 62 催化剂，铂含量为 R - 50 的 88%，但其相对稳定性却为 R - 50 的 1.6 倍，主要原因在于其 Re/Pt 比的提高。又如美国 Engerlhard 公司(2006 年被 BASF 公司收购)的 E - 803 的 Pt 含量仅为 E - 603 的 73.3%，而其稳定性却为后者的 1.8 倍，其原因也在于 E - 803 催化剂 Re/Pt 比的提高。Grau 等[214]在工业装置上研究了等铼铂比催化剂和高铼铂比催化剂上的积炭行为，两种催化剂积炭量与运转时间的关系见图 6 - 42。

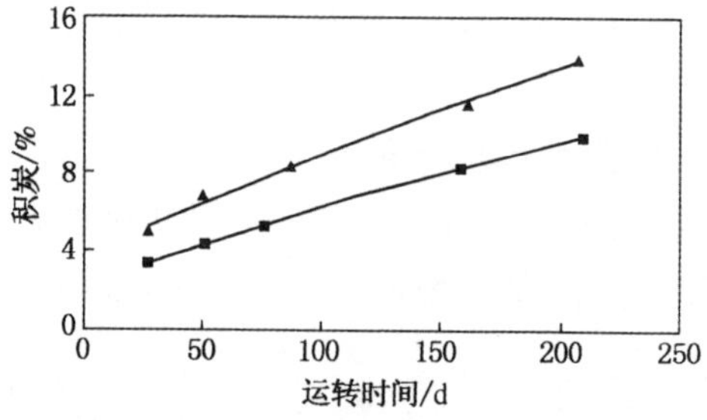

图 6 - 42 等铼铂比和高铼铂比催化剂工业积炭行为[214]

▲ 等铼铂比催化剂；■ 高铼铂比催化剂

从图 6 - 42 可以看出，等铼铂比催化剂的积炭量在运转过程中始终高于高铼铂比催化剂，而且随着运转时间的增加，二者的差距也越来越大。运转时间达到 200 多天时，等铼铂比催化剂的积炭量为 14.0%，高铼铂比催化剂的积炭量为 10.0%，只是前者的 71.4%。

但是随着 Re/Pt 比的提高，催化剂对硫的敏感性更强。对于 Re/Pt 原子比为 2 以上的铂铼催化剂，在正常操作条件下其进料中的 S 含量应该低于 0.25μg/g[215]。

(四) 金属组元向多金属方向发展

法国 Axens 公司[216~218]开发的 RG - 582、RG - 682 催化剂均是三金属半再生重整催化剂。这两种催化剂除了含有 Pt、Re 外，还含有另一助剂组元。Axens 认为金属活性过强会导致过度的氢解反应，降低 C_5^+ 液体收率。因此金属活性必须适中。如果以正己烷反应后的 C_5^- 产率来表示催化剂的氢解活性，等铼铂比催化剂的活性为 1.0，铂锡催化剂 <0.1，RG - 582 催化剂是 0.7。RG - 582 与双金属铂铼催化剂 RG - 482 相比，催化剂的活性和稳定性基本相当，选择性更好，C_5^+ 液体收率和 H_2 产率更高。中试试验结果见表 6 - 26。

表 6－26　RG－582 与 PtRe 催化剂中试结果

项　　目		Pt－Re 催化剂	RG－582
重整进料性质	初馏点/终馏点/℃	90.5/160	
	P/N/A/%（体积分数）	62/27/11	
反应条件	质量空速/h^{-1}	3.0	
	压力/MPa	0.97	
	产品 RONC	98	
反应结果	C_5^+ 液体收率/%	84.0	85.0
	H_2 产率/%	2.85	3.0
	相对稳定性	1.0	0.93

中试结果表明，RG－582 与铂铼催化剂相比，C_5^+ 液体收率可增加 0.5%，H_2 产率也可增加 0.15%，但相对稳定性稍差。

RG－682 是高铼铂比的催化剂，也含有第三金属组元。它与等铼铂比的 RG－582 相比，催化剂具有更好的活性、选择性，特别是稳定性更好。具体见表 6－27、图 6－43和图6－44。从表 6－27 可以看出，RG682 催化剂具有更高的活性、选择性和氢气产率。从图6－43和图 6－44 可以看出，催化剂 RG－682 具有更好的选择性稳定性和活性稳定性。

表 6－27　RG－682 与 RG－582 性能的对比

催 化 剂	RG－582	RG－682	催 化 剂	RG－582	RG－682
H_2 产率/%	基准	+0.06	反应温度/℃	基准	－3℃
C_5^+ 收率/%	基准	+0.6	相对稳定性	1.0	1.35
芳烃产率/%	基准	+1.0			

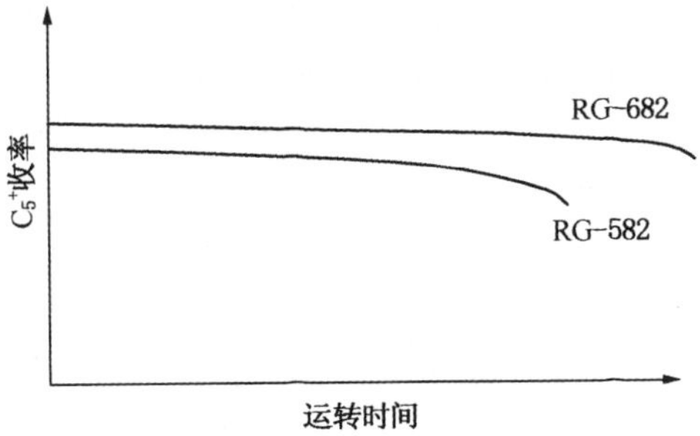

图 6－43　RG－682 和 RG－582 选择性稳定性的比较

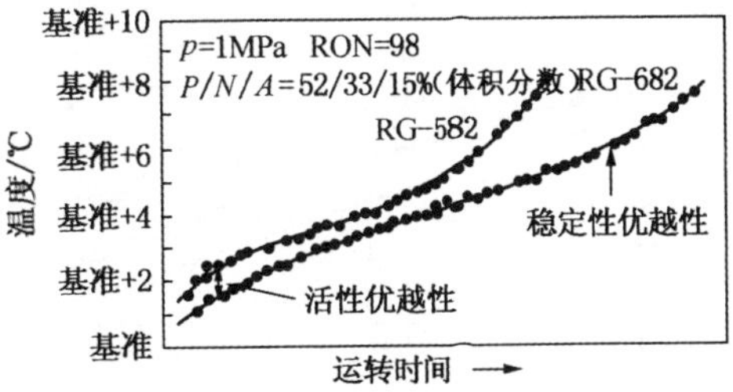

图 6－44　RG－682 和 RG－582 活性稳定性的比较

注：表 6－27 和图 6－43 中催化剂的评价条件均为：原料油 P/N/A＝52%/33%/15%（体积分数）。反应条件：压力 1.0MPa、RONC＝98、质量空速 3h^{-1}、氢油摩尔比 3。

UOP 公司于 2005 年和 2010 年先后实现了 R－98 和 R－500 催化剂的工业化。这两种催化剂均是在原来双金属铂铼催化剂的基础上引入了新的助剂，其目的主要是改进催化剂的选择性。最新的 R－500 催化剂使用了与 R－98 催化剂相同的助剂，但采用了新的挤条成型的高密度载体，从而在改进催化剂选择性的同时提高了催化剂的稳定性[211]（图6－45）。

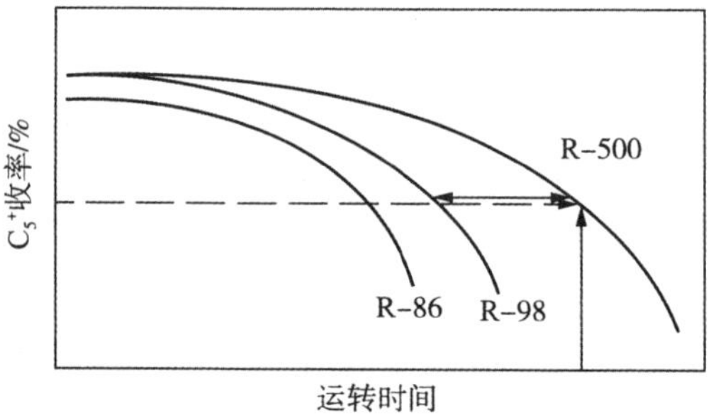

图6－45　相同进料量和辛烷值（RON＝94）条件下催化剂选择性和稳定性对比

R－500—多金属高密度；R－98—多金属低密度；R－86—双金属低密度

（五）非铼半再生重整催化剂的发展

UOP公司于1994年工业化了R－72催化剂[219]，该催化剂不含Re组元，而是用另外一种助剂来改善催化剂的催化性能。与R－62催化剂在物化性能和化学组成方面的区别见表6－28。

表6－28　物化性能和化学组成的比较

催化剂编号	R－62	R－72	催化剂编号	R－62	R－72
形　状	球形	球形	Pt/%	0.22	0.30
直径/mm	1.6	1.6	Re/%	0.44	
工业应用状态	还原态	还原态	其他助剂		含有
堆密度/（kg/m^3）	710	710			

与铂铼催化剂相比，R－72的特点主要有：①增加了链烷烃转化为芳烃的选择性、减少了五元环烷的开环反应。在相同的辛烷值下，C_5^+液体收率高1%（体积分数）～2%（体积分数）、氢气产率高10%～15%。见图6－46；②可降低重整生成油的雷氏蒸气压（RVP），允许掺合更多的C_4馏分，增加总收率；③稳定性稍差。图6－47表明无论是活性稳定性还是选择性稳定性R－72都低于Pt－Re催化剂。当它与铂铼催化剂分段装填时，适于装填在前部反应器内，既可以发挥其选择性好的长处，又可以弥补其稳定性的不足。

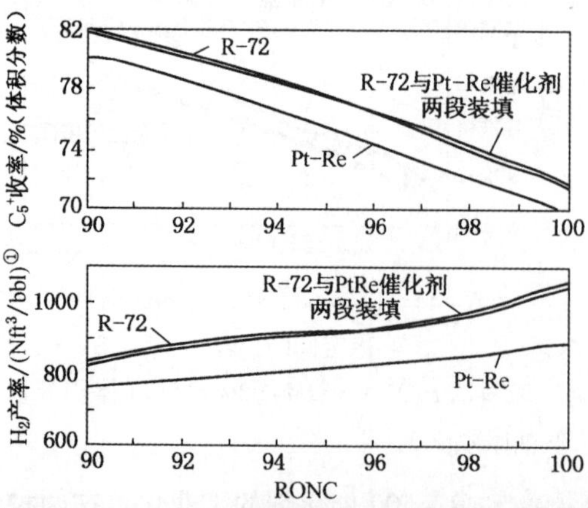

图6－46　R－72与铂铼催化剂选择性的比较[219]

① $1Nft^3/bbl＝0.178Nm^3/m^3$

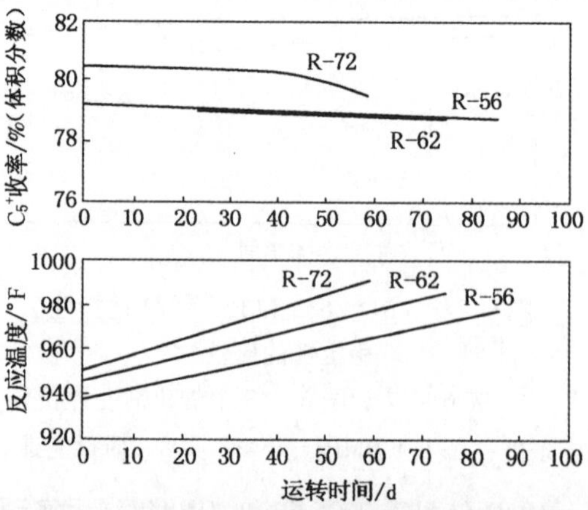

图6－47　R－72与铂铼催化剂稳定性的比较[219]

三、我国半再生重整催化剂的现有水平

我国在半再生重整催化剂的研究开发方面进行了大量工作，尤其是20世纪80年代以来，在载体改进、降低铂含量以及催化剂制备方法等方面取得了很大的进步，先后实现工业化的低铂含量的铂铼催化剂有CB－5、CB－6、CB－7、CB－8、3932、3933、CB－60、CB－70、CB－9、CB－11等工业牌号，除满足了国内需要外，还开始出口到国外。石油化工科学研究院（RIPP）最新研制成功和实现工业化的有PRT－A、PRT－C、PRT－B、PRT－D等PRT系列催化剂。上述催化剂中，除CB－8的铂含量为0.15%外，其他催化剂铂含量均在0.20%～0.30%之间。

（一）国产催化剂的性能

20世纪80年代，RIPP和抚顺石油化工科学研究院（FRIPP）开发的半再生重整催化剂在工业装置上得到广泛应用，这些催化剂在性能上达到了国外同类型催化剂的水平。RIPP在中型评价试验装置上比较了等铼铂比催化剂CB－6与国外同类型催化剂EA的性能，评价所用原料油初馏点/终馏点为77/155℃，芳潜为41.60%。评价分三阶段进行。初活性和恢复阶段的评价条件为：压力1.47MPa，H/HC（体积比）1200/1，空速2.0h^{-1}；催速老化的评价条件为：温度540℃，压力0.69MPa，H/HC（体积比）800/1，空速3.0h^{-1}。其结果见表6－29。

表6－29 CB－6与EA中型评价试验结果

催化剂		CB－6		EA	
评价阶段		液体收率/%	芳产/%	液体收率/%	芳产/%
初期活性	480℃	86.5	43.2	85.3	42.2
	500℃	81.3	48.0	79.9	47.1
催速老化	初值	81.7	57.6	79.7	55.0
	终值	84.5	52.0	84.3	48.3
	差值		－5.6		－6.7
恢　复	500℃	91.2	44.1	90.7	42.5
	520℃	84.2	49.9	83.5	48.1
积炭/%		7.2		7.9	

从表6－29中可以看出，在初期活性评价阶段，在相同的反应器入口温度下，国产催化剂CB－6的液体收率比国外同类型催化剂EA要高1.2%，芳烃产率高1.0%，这说明催化剂CB－6有更好的初期活性和选择性；在催速老化评价阶段，从芳产始末差值可以看出催化剂CB－6比EA有更好的稳定性，这一点从恢复阶段的反应结果也可以看出：恢复阶段催化剂CB－6的芳产要比EA高2%左右。运转后催化剂CB－6的积炭量比EA相对低约9%。1600多小时的寿命试验进一步验证了CB－6催化剂的活性、选择性和稳定性稍优于EA催化剂，试验结果见表6－30。

表 6-30 CB-6 与 EA 寿命试验平均结果

催化剂	WABT/℃	液体收率/%	芳烃产率/%	重整生成油 RONC
CB-6	491.2	83.9	46.7	96.0
EA	492.2	82.5	46.4	95.1
差 值	-1.0	+1.4	+0.3	+0.9

注：评价所用原料油初馏点/终馏点为60/140℃，芳潜为41.60%。评价条件为：压力1.47MPa，H/HC(体积比)1200/1，空速2.0h^{-1}。

从表6-30中可以看出，CB-6催化剂反应产物的辛烷值RONC要比EA高0.9个单位，而其加权平均床层温度WABT却低1℃，说明CB-6催化剂的活性要高；CB-6催化剂的液体收率要高1.4%，说明其选择性好。1600多小时寿命试验反应产物的RONC的平均值CB-6比EA高0.9个单位，说明CB-6催化剂具有更好的稳定性。

RIPP用寿命评价试验比较了高铼铂比国产CB-7催化剂与国外同类型EB催化剂的性能。2015h寿命试验的平均结果见表6-31。

表 6-31 CB-7 与 EB 的寿命试验平均结果

催化剂	液体收率/%	辛烷值产率①/%	运转后积炭/%	相对失活速率
CB-7	83.02	80.94	4.76	1.0
EB	82.05	80.32	5.58	1.15
差 值	+0.97	+0.62	-0.82	

注：评价所用原料油初馏点/终馏点为60/160℃，芳潜为44.05%。评价条件为：压力1.47MPa，H/HC(体积比)1200/1，空速2.0h^{-1}。

① 辛烷值产率=液体收率×RONC。

从表6-31中可以看出，在整个寿命试验过程中催化剂CB-7与EB的反应器入口温度保持一致，此时CB-7催化剂的辛烷值产率比EB要高0.62，说明CB-7的活性稍好；CB-7催化剂的液体收率比EB要高0.97%，说明CB-7的选择性更好；从运转后催化剂上的积炭量可知，催化剂CB-7具有更好的稳定性。

CB-7与国外同类型催化剂RA催化剂的性能对比见表6-32。评价所用原料油为大庆华北混炼直馏汽油，初馏点/终馏点为80℃/160℃，芳烃潜含量为42.54%。初活性和恢复阶段的评价条件为：压力1.47MPa，H/HC(体积比)1200/1，空速2.0h^{-1}；催速老化的评价条件为：温度530℃，压力0.69MPa，H/HC(体积比)500/1，空速2.0h^{-1}。

表 6-32 CB-7 与 RA 催化剂对比

原料油		大庆华北混炼80~160℃直馏汽油					
催化剂		CB-7			RA		
项 目		液体收率/%	芳烃产率/%	RONC	液体收率/%	芳烃产率/%	RONC
初期活性	500℃	79.0	50.9	99.5	79.3	50.2	98.2
	510℃	76.3	53.1	101.3	76.2	52.7	101.0
催速老化平均值		79.2	60.9		78.3	59.3	
恢复	510℃	86.3	50.2	93.4	85.1	48.6	93.2
	520℃	82.0	53.6	98.5	80.3	51.1	98.3

从表6－32可以看出，在初期活性评价阶段，催化剂CB－7的产品辛烷值和芳产均高于RA，液体收率基本相同，说明催化剂CB－7具有更好的初期活性。从催速老化评价阶段各项反应结果的平均值可以看出，CB－7的液体收率和芳产均高于RA，说明CB－7的稳定性更好。这一点从恢复评价阶段的反应结果也可以看出：CB－7的液体收率和芳产均高于RA。

20世纪90年代以来，国内科研人员又在载体的成型方法、形状、酸性和持氯能力方面进行了改进。此前国产催化剂均是采用油氨柱成型法生产的球形载体。该方法的工艺较复杂，成品收率低，生产成本较高。采用挤条成型的方法生产条形载体，工艺较简单，成品收率高。并且由于选择合适的胶溶剂和助挤剂而使条状载体具有好的压碎强度，此外在酸性方面也有所调变。RIPP生产的球形载体和条形载体的酸性对比见表6－33。

表6－33　载体酸性的比较

载体类型	总酸量/($mmolNH_3$/g催化剂)	酸强度分布/%		
		弱酸	中强酸	强酸
球形载体	0.3751	25.9	50.0	24.1
条形载体	0.3798	32.2	45.8	22.0

从表6－33中可以看出，两种载体总酸量基本相同，但是酸强度分布有差异，条形载体强酸量和中强酸量均减少，弱酸量增加。

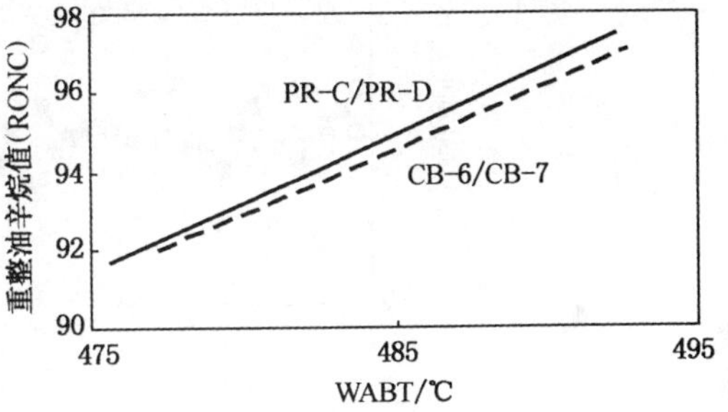

图6－48　WABT与重整油辛烷值的关系

RIPP的催化剂3932(CB－60)、3933(CB－70)使用的载体就是经过改进后的条形载体，3932(CB－60)、3933(CB－70)是催化剂的工业牌号，对应的实验室牌号分别为PR－C、PR－D。与球形载体催化剂CB－6/CB－7相比，PR－C/PR－D两段装填工艺有更高的活性、选择性和氢气产率。在四管绝热评价装置的对比试验结果见图6－48～图6－50。评价条件为：原料油为大庆华北混合油，初馏点/终馏点为84℃/156℃，族组成$P/N/A$＝53.94%/41.11%/4.95%。反应压力1.47MPa，体积空速$2.0h^{-1}$，一段/二段氢油摩尔比为(2.7～2.9)/(5.3～5.9)。

进入21世纪以来，RIPP在金属组元、制备方法和载体三方面对半再生重整催化剂进

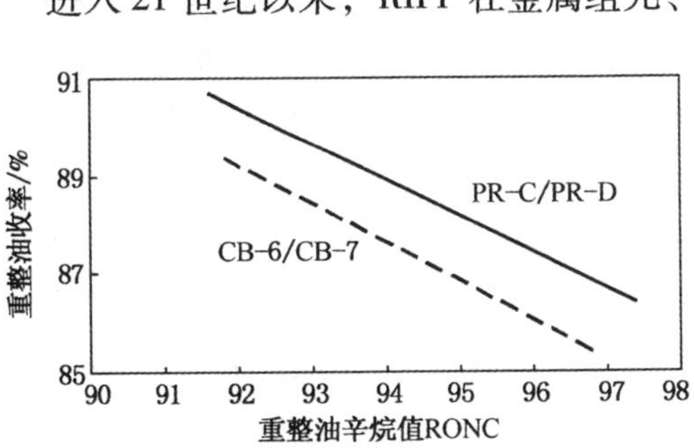

图6－49　重整油辛烷值与液体收率的关系

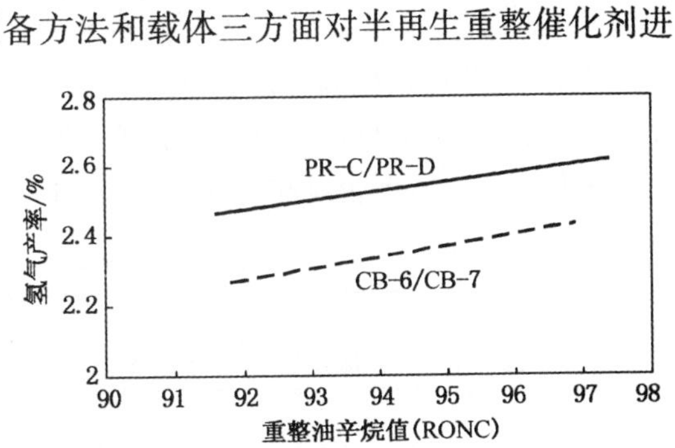

图6－50　重整油辛烷值与氢气产率的关系

行了改进。新金属组元的引入使催化剂的选择性更高、稳定性更好，制备方法的改进使得各金属组元在催化剂表面都能实现均匀分布，保证催化剂的性能。RIPP 开发的这类催化剂称为 PRT 系列催化剂。

用 EPM－8100Q 型电子探针分析仪测定了饱和浸渍方法和 RIPP 的专利方法[220]制备的催化剂各金属组元在催化剂表面的分布，见图 6－51 和图 6－52。

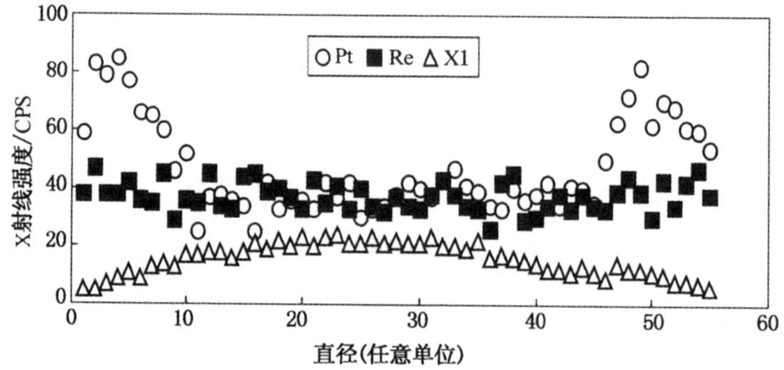

图 6－51　饱和浸渍法制备的催化剂金属组元在载体径向的分布

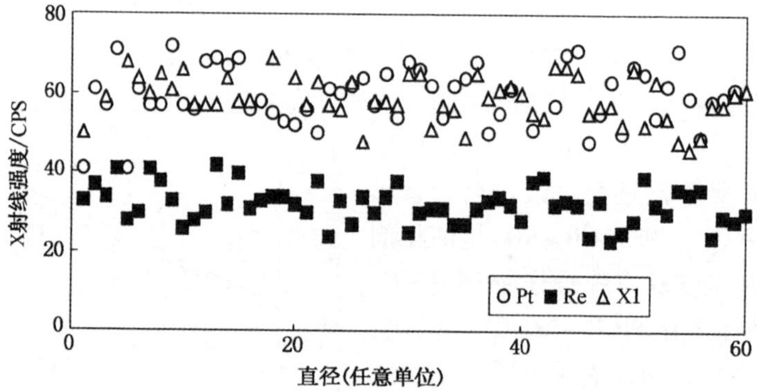

图 6－52　专利方法制备的催化剂金属组元在载体径向的分布

从图 6－50 和图 6－51 中可以看出，新专利方法制备的催化剂各金属组元在催化剂表面分布均匀，而用饱和浸渍的方法制备的催化剂金属组元 Pt 和 X1 在催化剂表面分布不均匀。

在中型装置上比较了等铼铂比催化剂 PRT－A 与 PR－C、高铼铂比催化剂 PRT－B 与 PR－D 催化剂的性能，所用原料油初馏点/终馏点为 84℃/163℃，芳烃潜含量为 42.29%。初活性评价阶段的评价条件为：温度 510℃，压力 1.47MPa，H/HC(体积比)1200/1，空速 2.0h^{-1}；催速老化的评价条件为：温度 530℃，压力 0.69MPa，H/HC(体积比)500/1，空速 2.0h^{-1}；恢复阶段的评价条件为：温度 520℃，压力 1.47MPa，H/HC(体积比)1200/1，空速 2.0h^{-1}。评价结果见表 6－34 与表 6－35。

表 6－34　PRT－A 与 PR－C 的性能对比

催化剂	PRT－A			PR－C		
项　目	液体收率/%	芳烃含量/%	芳烃产率/%	液体收率/%	芳烃含量/%	芳烃产率/%
初期活性	81.0	71.86	58.2	77.3	75.13	58.1
催速老化平均	81.8	78.38	64.1	79.7	75.56	60.2
恢　复	85.4	65.83	56.2	84.0	63.42	53.3
积炭/%	9.0			11.1		

表6-35　PRT-B与PR-D的性能对比

催化剂	PRT-B			PR-D		
项　目	液体收率/%	芳烃含量/%	芳烃产率/%	液体收率/%	芳烃含量/%	芳烃产率/%
初期活性	82.3	70.14	57.7	77.7	73.55	57.1
催速老化平均	81.9	77.80	63.7	80.8	74.48	60.2
恢　复	85.6	65.33	55.9	84.4	63.93	54.0
积炭/%	8.1			9.9		

从表6-34和表6-35中可以看出，无论是等铼铂比催化剂还是高铼铂比催化剂，引入新金属组元后，在初期活性评价阶段，重整油收率提高4%～5%，而芳含有所下降。说明新金属组元适当地降低了催化剂的初期活性，提高了催化剂的选择性。在催速老化评价阶段，PRT催化剂的液体收率较对应的PR催化剂高1%，芳含高3%，芳产高3个百分点以上，这说明PRT催化剂此时的活性和选择性均明显高于PR催化剂。在恢复阶段，PRT催化剂的液体收率、芳含和芳产也高于PR催化剂，说明PRT催化剂具有更好的稳定性。寿命试验催化剂的积炭量也可以说明这一点，具体见表6-36。

表6-36　寿命试验积炭量

催化剂	积炭/%	相对积炭速率/%	催化剂	积炭/%	相对积炭速率/%
PRT-A	5.4	73	PRT-B	4.1	69
PR-C	7.4	100	PR-D	5.9	100

从表6-36中可以看出，PRT-A的相对积炭速率较PR-C低27%，而PRT-B的相对积炭速率较PR-D低31%。因此，新金属组元的引入显著降低了催化剂的积炭速率，提高了催化剂的稳定性。

（二）国产催化剂的工业应用

由于国产催化剂的优异性能，已经基本取代国外催化剂，在国内重整装置上得到广泛应用。国产催化剂一般分为等铼铂比和高铼铂比两种催化剂，这两种催化剂既可以单独使用，也可以两段装填使用。两段装填工艺更能发挥等铼铂比催化剂和高铼铂比催化剂各自的特点，特别是与两段混氢工艺相结合。国产催化剂典型的工业装置运转数据见表6-37～表6-42。

表6-37　CB-6催化剂工业运转数据

运转周期	第一周期		
运转天数	185	338	340
重整进料初馏点/终馏点/℃	93/177	95/168	96/174
重整进料(*N*+*A*)/%	48.1	48.4	48.0
WABT/℃	481.0	490.0	495.1
体积空速/h^{-1}	2.04	2.04	2.04
平均压力/MPa	1.79	1.79	1.78
C_5^+ 重整油收率/%	87.8	85.5	82.9
C_5^+ 重整油 RONC	93.8	96.3	98.0

注：该装置为四个反应器全装CB-6催化剂生产高辛烷值汽油。

表6－37为CB－6催化剂用于生产高辛烷值汽油的工业试验结果。经过185天运转后进行的标定试验表明，在平均压力1.79MPa，床层481℃和空速$2h^{-1}$条件下，稳定汽油辛烷值达到93.8，收率达87.8%；运转至338天时床层温度为490℃，辛烷值则达到了96.3，C_5^+ 液体收率在85%以上。为了考察提温效果，在第340天将温度提高5℃，辛烷值增加到98，提高了1.7个单位，说明催化剂仍具有良好的反应性能。

表6－38 CB－6/CB－7工业运转数据

运转周期	第一周期	第二周期	运转周期	第一周期	第二周期
运转天数	299	215	分离器压力/MPa	1.42	1.42
重整进料初/终馏点/℃	83/150	84/149	总温降/℃	155.9	164.4
重整进料(*N*＋*A*)/%	53.7	53.6	脱戊烷油收率/%	87.0	88.8
WABT/℃	492.0	489.0	脱戊烷油芳含/%	64.42	63.36
体积空速/h^{-1}	1.83	1.91	芳烃产率/%	56.0	56.3

注：该装置为三个反应器，第一反应器装填CB－6，第二、第三反应器装填CB－7，生产BTX。

表6－38是CB－6/CB－7催化剂两段装填的工业应用试验结果。在第一周期运转299天时，在分离器压力1.42MPa，WABT492.0℃和空速$1.83h^{-1}$条件下，脱戊烷油芳含达到64.42%，收率达87.0%，说明用于芳烃的生产也能达到很好的效果。再生后第二周期215天的标定结果表明，在与第一周期299天分离器压力和体积空速基本相同、WABT下降3℃的情况下，脱戊烷油芳含下降近1%，收率增加1.8%，芳产也有所提高。说明经过再生后，催化剂依然保持很好的催化性能。

表6－39 CB－8催化剂和CB－11/CB－8的工业应用数据[221,222]

催化剂		CB－8	CB－11/CB－8
运转时间		第一周期初期标定	第一周期初期标定
重整进料芳潜/%		40.01	45.88
反应条件	WABT/℃	481.8	484.2
	分离器压力/MPa	0.96	1.0
	体积空速/h^{-1}	1.95	2.35
	气油体积比	1217	896(一段)/1548(二段)
反应结果	脱戊烷油收率/%	83.42	87.87
	芳烃产率/%	50.02	53.27
	芳烃转化率/%	125.0	116.1
	循环氢纯度/%(体积分数)	86.13	89.0

表6－39为CB－8以及CB－11/CB－8两段装填的工业应用试验结果。从标定结果可以看出，CB－8单独装填或CB－11/CB－8两段装填都可以用于芳烃的生产。

表6－40为PR－C/PR－D二段装填的工业运转数据。标定Ⅰ-1考察的是催化剂的初期性能，在WABT只有474.2℃下，稳定汽油的辛烷值达到94.9时，其收率达到91.0%，说明催化剂具有很好的初期活性和选择性。标定Ⅰ-2与Ⅰ-3考察催化剂运转430天后的催化性能和提温效果。比较标定Ⅰ-2与Ⅰ-1可以发现，在WABT基本相同、原料芳潜略低的情况下，稳定汽油的辛烷值仍达到92.0，芳烃含量达到60.07%，说明催化剂运转

430多天后，只损失了相当于2.9个辛烷值的活性，催化剂仍具有很好的活性，表明催化剂具有很好的稳定性。比较标定Ⅰ-2与Ⅰ-3可以发现，在其他条件基本相同、WABT提高了8.2℃的情况下，稳定汽油的辛烷值提高了2.6个单位，说明催化剂此时仍具有很好的提温效果。比较标定Ⅰ-3与Ⅰ-1可知，达到基本相同的稳定汽油辛烷值，标定Ⅰ-3的WABT高出7.7℃，这说明经过430多天的运转，催化剂的活性只损失了8℃，也说明了催化剂有很好的活性稳定性。标定Ⅱ-1是催化剂第一周期再生后的初期性能。与标定Ⅰ-1相比，稳定汽油的收率、芳含和辛烷值均有所提高，说明催化剂再生性能很好。

表6-40　PR-C/PR-D催化剂工业运转数据(1)

运转周期	第一周期			第二周期
标定编号	Ⅰ-1	Ⅰ-2	Ⅰ-3	Ⅱ-1
运转天数	33	433	435	749
重整进料初馏点/终馏点/℃	66/159	72/179	74/181	73/184
重整进料(*N*+*A*)/%	51.0	48.4	49.3	49.4
WABT/℃	474.2	473.7	481.9	477.1
体积空速/h^{-1}	2.21	2.11	2.14	2.10
高分压力/MPa	1.21	1.21	1.19	1.22
总温降/℃	184.6	155.8	161.3	168.0
稳定汽油收率/%	91.0	91.8	89.9	92.9
稳定汽油芳含/%	63.37	60.07	63.58	65.29
稳定汽油辛烷值(RONC)	94.9	92.0	94.6	95.2

表6-41　PR-C/PR-D催化剂工业运转数据(2)

时　间	第一周期初期		
标定编号	Ⅰ-1	Ⅰ-2	Ⅰ-3
重整进料初馏点/终馏点/℃	50.0/159.0	46.0/160.5	41.5/165.0
重整进料芳潜/%	17.78	17.98	18.68
体积空速/h^{-1}	1.53	1.53	1.74
WABT/℃	486.2	482.6	480.1
平均反应压力/MPa	1.2	1.2	1.4
稳定汽油收率/%	71.11		75.17
稳定汽油辛烷值(RONC)	98.0	94.9	91.4
芳烃产率/%	47.8		39.13
芳烃转化率/%	263.7		215.7

表6-41为PR-C/PR-D两段装填工艺低芳潜原料油的运转数据。从中可以看出，重整进料芳潜在18%左右，反应温度WABT达到486.2℃时，稳定汽油的辛烷值达到98.0，收率为71.11%，芳烃转化率达到263.7%；反应温度WABT达到482.6℃时，稳定汽油的辛烷值达到94.9。Ⅰ-1与Ⅰ-2相比，稳定汽油的辛烷值增加了3个单位，WABT增加了3.6℃，这说明催化剂具有十分良好的烷烃芳构化、异构化性能。反应温度WABT达到480.1℃时，稳定汽油的辛烷值达到91.4，收率为75.17%，芳烃转化率达到215.7%。

2002年底PRT-A/PRT-B催化剂及两段装填工艺开始工业应用试验，2003年初PRT-C/PRT-D催化剂及两段装填工艺开始工业应用试验。目前，这两套装置均运转正常，并进行了多次标定。PRT－A/PRT－B 工业应用试验的一些结果见表6－42。

表6－42 PRT－A/PRT－B 工业应用标定结果

标定编号	Ⅰ－1	Ⅰ－2	标定编号	Ⅰ－1	Ⅰ－2
运转天数	42	374	WABT/℃	478.5	475.2
重整进料初馏点/终馏点/℃	80/164	84/164	分离器压力/MPa	1.20	1.20
重整进料芳潜/%	40.17	47.75	重整油收率/%	88.17	91.11
重量空速/h^{-1}	2.02	2.03	重整油辛烷值(RONC)	95	94.8

Ⅰ－1 考察了催化剂的初期性能。从表中可以看出，在标定Ⅰ－1 的条件下，重整油的辛烷值达到95，收率达到88.17%。体现了 PRT－A/PRT－B 催化剂具有良好的初期活性和选择性。Ⅰ－2 是在催化剂运转了 374 天进行的，催化剂处于运转中期，在标定Ⅰ－2条件下，稳定汽油的辛烷值达到 94.8，稳定汽油收率达到 91.11%。这表明 PRT－A/PRT－B催化剂经过374 天的运转仍然具有良好的活性和选择性。与运转初期相比，在重整进料体积空速、反应压力、氢油体积比基本相同的条件下，重整进料的芳潜高 7.58%，WABT 低近 3℃，重整油液体收率高近 3%。这说明经过长周期运转后，催化剂仍保持良好的活性和选择性，证明催化剂具有良好的活性和选择性稳定性。

目前，国内运转的半再生重整装置共有 29 套，催化剂的供应商只有中国石化股份有限公司和美国环球油品公司，其中中国石化股份有限公司催化剂占总加工能力的 97%。中国石化股份有限公司半再生重整催化剂由 RIPP 和 FRIPP 研究开发，其中 RIPP 研究开发的催化剂占国内运转装置加工能力的 95%。RIPP 研究开发的 CB－6、CB－7、PR－C、PR－D 以及 PRT 系列催化剂已经在多套工业装置上成功的多次再生，取得了很好的效果；PR－C、PR－D 以及 PRT 系列催化剂都已经在国外装置上得到应用。

第四节 连续重整催化剂的发展

一、连续重整工艺对催化剂性能的特殊要求

由本书第四章可以了解到，提高温度和降低压力对于催化重整的主反应，即脱氢、脱氢异构和脱氢环化反应都是有利的，同时压力的降低也有利于抑制不希望发生的加氢裂化反应。连续重整工艺的低压、高温反应条件符合催化重整化学基本规律的要求。

连续重整工艺的条件不断向低压、高苛刻度方向发展。UOP 和 IFP 开发的连续重整工艺分离器的压力、氢油摩尔比越来越低，进料空速、重整产品辛烷值要求越来越高，催化剂的再生周期也相应缩短。连续重整工艺条件的发展对催化剂提出了特殊的要求，主要有以下几点：

(1) 连续重整工艺条件向超低压、高苛刻度条件发展，要求催化剂具有良好的低压、高温反应性能。近年来，为最大限度地增加经济效益，在提高催化剂选择性，即提高液体收率和氢气产率以及降低催化剂结焦速率等方面对催化剂提出了更高要求。

(2) 连续重整工艺要求催化剂具有良好的再生性能。催化剂烧焦速率要能够与反应部

分相匹配，烧焦不完全将可能导致在再生器氯化区内烧毁催化剂和设备。此外还要求催化剂具有良好的抗金属烧结性能和金属再分散性能。

（3）催化剂处于连续流动和输送状态。要求催化剂为球型，具有适当的堆密度、均匀的颗粒大小分布和颗粒圆度；要求催化剂具有良好的机械性能，特别是要求有高抗磨性能。

（4）连续重整催化剂的使用寿命的长短主要取决于催化剂持氯能力的降低程度、金属的烧结、载体的相变和毒物的污染等因素。催化剂的持氯能力与催化剂比表面积有直接关系。当比表面积下降到一定程度，催化剂上不能再保持足够的氯量，反应性能降低到经济上不合理时，即需要更换催化剂。反应苛刻度的提高导致催化剂结焦速率加快，催化剂烧焦频率增加，每年甚至可达 100 次以上。这就对催化剂的水热稳定性（主要指催化剂比表面积的稳定性和保持氯的能力）提出了更高的要求。近年来开发的新一代连续重整催化剂都强调具有高水热稳定性的特征。

二、国外连续重整催化剂的发展

表 6－43 为国外主要重整催化剂生产公司开发生产的连续重整催化剂[210,212,223,224]。

表 6－43　国外公司开发生产的连续重整催化剂

催化剂牌号	活性组分	开发公司	工业化年份
R－30/R－32/R－34	Pt－Sn	UOP	1974/1976/1988
R－132/134	Pt－Sn	UOP	1992/1993
R－162/164	Pt－Sn	UOP	1998
R－172/174	Pt－Sn－助剂	UOP	1996
R－232/234	Pt－Sn	UOP	1999
R－272/274	Pt－Sn－助剂	UOP	2002
R－264	Pt－Sn	UOP	2004
R－262	Pt－Sn	UOP	2007
R－254	Pt－Sn－助剂	UOP	2010
R－284	Pt－Sn－助剂	UOP	2010
CR－201/301/401	Pt－Sn	Axens	
CR－405	Pt－Sn	Axens	
CR－701/702	Pt－Sn	Axens	
CR－601	Pt－Sn－助剂	Axens	
CR－607	Pt－Sn－助剂	Axens	
CR－617	Pt－Sn－助剂	Axens	
CR－712	Pt－Sn	Axens	
AR－501	Pt－Sn	Axens	
AR－505	Pt－Sn	Axens	
AR－701	Pt－Sn－助剂	Axens	
AR－707	Pt－Sn－助剂	Axens	
PS－10/20	Pt－Sn	Criterion	1991
PS－30/40	Pt－Sn	Criterion	1998
PS－80	Pt－Sn	Criterion	2007

(一) UOP公司的连续重整催化剂

从表6-43可以看到，在连续重整催化剂的开发上，UOP公司具有最长的历史。历史上最先使用的连续重整催化剂是在半再生重整装置上使用的铂铼双金属催化剂，由于选择性欠佳，很快就被稳定性较差但选择性良好的铂-Ⅳ族金属(铂锗和铂锡)催化剂所代替。1974~1992年期间，连续重整催化剂开发除了在贵金属用量上逐渐降低外，其他方面没有什么实质性的进展。直到1992年4月UOP公司在葡萄牙Petrogal公司炼油厂实现了新一代连续重整催化剂R-132的工业化[225]，并在随后开发了同类型的低铂含量的R-134催化剂。新一代催化剂开发的历史背景主要是前面所述的连续重整工艺条件逐渐向高苛刻度发展。原有的R-30系列催化剂在较低操作苛刻度条件下，再生周期至少150次，可使用5年并保持与新鲜催化剂相当的活性和选择性。但是在现代的高苛刻度条件下，再生周期150次只不过相当于一年半或更短的时间。显然，在这样条件下催化剂寿命明显缩短。R-130系列催化剂在性能上的主要改进就是明显地提高了催化剂的水热稳定性，经过多次再生后仍能保持较高的催化剂比表面积，催化剂再生周期数可达300次以上，从而使催化剂寿命明显延长。图6-53为UOP公司提供的R-132/134与R-30系列催化剂工业运转中比表面积下降情况对比。R-132/134的数据点取自多套工业装置，图中R-30系列曲线为工业数据的回归曲线。

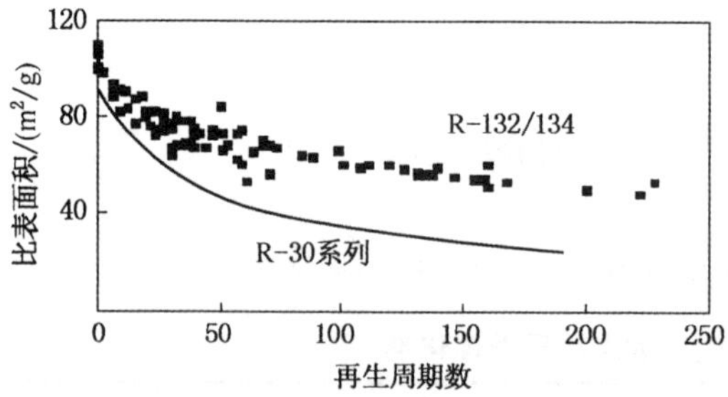

图6-53 再生周期数与比表面积的关系

R-132/134催化剂性能的另一改进是反应活性也有所提高，据报道，达到同样辛烷值时反应温度与R-30系列相比可降低5.5℃。同时，由于比表面积稳定性的提高，催化剂的氯保持能力明显提高，再生注氯量减少近1/2。表6-44为1998年NPRA会议上UOP公司发表的文章中总结的R-132/134与R-32/34对比的优点及相似性[226]。同时该文章还指出有3套装置使用R-132或R-134操作，时间已超过了5年。据报道，到2000年，使用R-132或R-134的装置总数已达100套以上。

1996年6月UOP公司将一个新的R-170系列的R-174催化剂首次在奥地利的一家炼油厂投入工业应用[226,227]。该催化剂被称为高产率催化剂，据说是通过改变催化剂载体的酸性而减少烷烃裂解活性并增加它们生成芳烃的环化反应性能。R-170系列与R-130系列催化剂的性质列于表6-45。

表6-44 R132/134与R32/34催化剂对比

优 点	相似性
寿命长：再生周期延长一倍	使用期内产率相同
较高的活性：5.5℃	适用于所有CCR重整装置
改进了氯保持能力	相同的再生条件
相同的机械性质	

表6-45 R-130和R-170系列催化剂的性质[228]

性 质	R-134	R-174
堆密度/(kg/m^3)	560	560
直径/mm	1.6	1.6
比表面积/(m^2/g)	205	205
Pt/%	0.29	0.29

表6－45说明，两系列催化剂的主要物性完全相同，同时，据报导两系列催化剂的表面积稳定性和积炭量也相当，但R－170系列的液体收率、氢气产率和芳烃产率增加。

首次使用R－174催化剂的工业装置有三个反应器和一个常压再生器，其典型的工业操作条件见表6－46，与R－134的工业运转结果比较见表6－47。可以看到，与R－134催化剂相比，R－174催化剂的液体收率提高1.2%（体积分数），氢气产率增加13m³/t。工业试验还表明，经过70个再生周期，催化剂比表面积为169m²/g，120周期后为157m²/g，说明R－174催化剂的表面积稳定性与R－130系列催化剂相当。

R－174催化剂的裂解性能降低导致其达到同样产品辛烷值时所需的反应温度增加。因此在选用此类催化剂时应对混合进料换热器和加热炉负荷是否满足要求进行评估。

表6－46 R－174工业应用操作条件

进料速率/(t/d)	2100	馏程(初馏点/50%/终馏点)/℃	95/124/175
P/N/A/%(体积分数)	57/32/11	反应器压力/MPa	0.85
密度/(g/mL)	0.750	RONC	101

表6－47 R－174工业应用试验结果

项　目	R－134原水平	R－174	项　目	R－134原水平	R－174
C_5^+液体收率/%(体积分数)	78.8	80.0	氢气产率/(m^3/t)	357	370

1998年工业化的R－160系列催化剂是一种高密度连续重整催化剂，其开发目的主要用于在提高处理量时受贴壁余量限制而再生能力不受限制的连续重整装置[227,228]。较高的密度有利于防止贴壁，但也导致产生较多的焦炭。所谓"贴壁"是指在径向反应器中由于工艺流体的高流量造成催化剂向中心管的停靠。由于贴壁的催化剂能变成高度结焦的催化剂，因此必须避免任何贴壁现象的发生。一般连续重整装置在设计时考虑了很大的贴壁余量。贴壁余量是在一定条件下允许的质量流量和实际的质量流量之间的相对差值，通常以允许的质量流量的一个百分数表示。当加工能力受贴壁余量限制时，较高的催化剂密度可以增加允许的质量流量，从而可以增加处理量。对于R－160系列催化剂，在其他条件相同情况下约可增加处理量10%。R－160系列催化剂的活性、选择性以及表面积的稳定性与R－130系列催化剂相同，机械强度优于R－30和R－130系列催化剂。R－160系列催化剂的主要性质见表6－48。

表6－48 催化剂的性质

性　质	R－164	R－162	性　质	R－164	R－162
形　状	球形	球形	Pt/%	0.29	0.375
直径/mm	1.6	1.6	颗粒压碎强度/N	70⁺	70⁺
堆密度/(kg/m³)	670	670			

关于催化剂的积炭量，虽然相对于催化剂重量的积炭量与R－130系列相当，但由于R－160系列的密度高约20%，因此总的焦炭量生成量相应增加。

表6－49为R－160与R－130系列催化剂性能比较的中试装置试验结果，表明活性、C_5^+液体收率和氢气产率与R－130系列相同。

表6－49 中试装置试验结果

项　　目	R－162	R－132	项　　目	R－162	R－132
WAIT/℃	512	512±3	氢气产率/(Nm^3/m^3)	272	276±6
C_5^+液体收率/%(体积分数)	78.9	79.1±0.5			

1998年6月R－162催化剂在不停工的情况下，采用催化剂置换的方法装填到欧洲的一套CCR铂重整装置中。该装置有四个反应器和一个常压再生器，操作条件为：压力1.22MPa，RONC102，体积空速3.41h^{-1}(超过装置设计值的55%)，氢烃摩尔比1.3。在上述条件下进行的工业标定试验结果见表6－50。据报道，这类催化剂适用于在提高处理量时受到贴壁条件限制，而在其他方面不受限制的炼油或芳烃生产装置。增加的焦炭量可以靠原有的再生器烧焦能力或适当增加燃烧区入口氧含量来解决。

表6－50 R－162工业反应性能(连续四天平均值)

项　　目	与R－132预期值比较	项　　目	与R－132预期值比较
C_5^+液体收率/%	+0.80	WAIT/℃	+8℃(活性更高)
氢气产率%	－0.16	待生剂含炭量/%	5.6
温降比	0.98		

1999年UOP公司推出了一个新系列——R－230系列连续重整催化剂[228]。UOP称这一系列催化剂是下一代、一个新催化剂家族的首批催化剂。R－230系列开发的主要目标就是减少催化剂的结焦速率，同时改进催化剂的选择性，提高C_5^+液体产品和氢气的收率。结焦速率的降低使炼油厂操作灵活性增加，可以在更高处理量或更高苛刻度下操作；对于再生能力有限制的装置也有可能通过催化剂的更换来消除瓶颈。R－230系列催化剂性能的改进据说是通过改变催化剂的酸性和氧化铝载体结构来实现的。表6－51说明R－230系列催化剂与R－130系列催化剂物理性质基本相同，但其起始比表面积为180m^2/g，低于R－130系列催化剂。虽然起始表面积低，但R－230系列的最终催化剂寿命与R－130系列相同（见图6－54）。

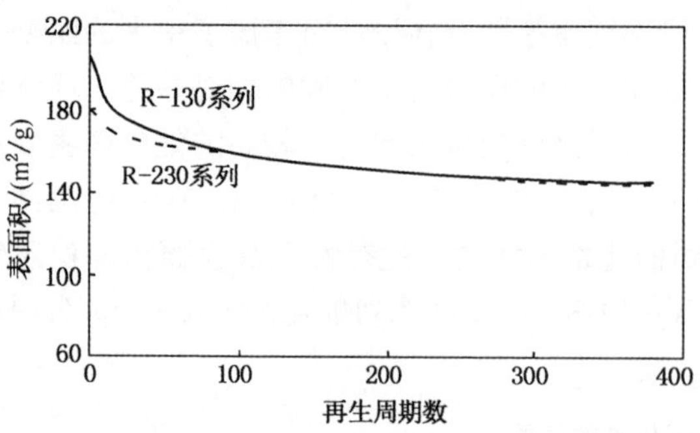

图6－54 R－230系列与R－130系列催化剂寿命的比较

表6－52为R－230系列与R－130系列主要性能对比。图6－55和图6－56为中试装置上R－234与R－134催化剂的液体收率、积炭和活性的对比试验结果。表6－53用几种方案说明了采用R－230系列催化剂的操作灵活性。

表 6-51　R-230 系列的物理性质

项　目	R-230 系列	R-130 系列
堆密度/(g/mL)	0.56	0.56
直径/mm	1.6	1.6
形状	球	球
比表面积/(m^2/g)	180	205

表 6-52　R-230 系列与 R-130 系列对比

优越性	相似性
积炭减少 25%，选择性改善，收率提高	相同的寿命 活性相当 相同的再生条件 相同的机械性能

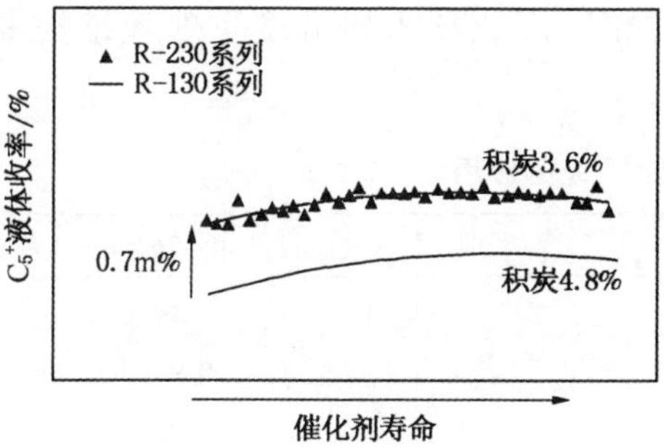

图 6-55　R-230 系列与 R-130 系列催化剂 C_5^+ 液体收率的比较

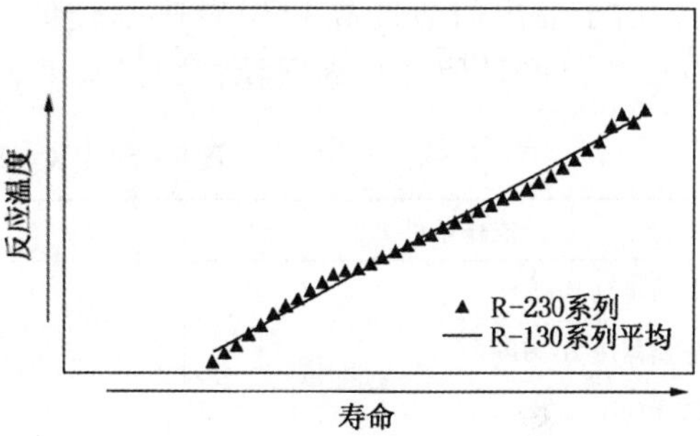

图 6-56　R-230 系列与 R-130 系列催化剂活性和稳定性的比较

表 6-53　R-230 系列操作灵活性

CCR 脱瓶颈	提高苛刻度	提高处理量
积炭减少 20%	RONC 增加 0.9	辛烷值-吨增加 12.5%
C_5^+ 产率增加 0.7%(体积分数)	C_5^+ 液体产率减少 0.4%(体积分数)	C_5^+ 液体产率增加 0.6%(体积分数)
H_2 产率增加 2.4%	H_2 产率增加 4.1%	H_2 产率增加 17%

继 R-230 系列之后是 2000 年推出的 R-270 系列催化剂[229]。该系列采用新的 R-200系列改进的载体配方和 R-174 的高产率配方，制备出低积炭、高液体收率催化剂。与 R-134 和 R-234 相比 R-274 催化剂的 C_5^+ 收率有明显提高(见图 6-57)。

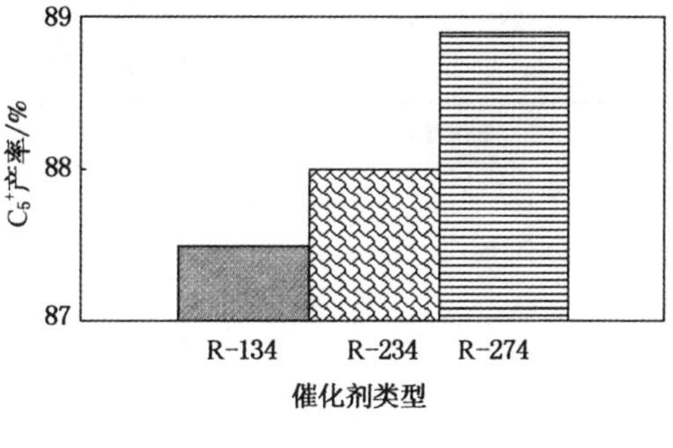

图 6-57　CCR 催化剂选择性的比较

据介绍，R-274 催化剂最适用于以下几种情况：

(1) 较贫的原料(烷烃含量 >55%)；

(2) 低干点原料(<170℃)；

(3) 高苛刻度操作(高 RONC)；

(4) 装置有额外的加热炉能力。

R-270 系列催化剂虽然在选择性上有明显提高，积炭速率也低于 R-130 系列催化剂，但其活性也明显低于 R-130 和 R-230 系列催化剂，导致其推广使用受到了限制。2004 年 UOP 公司推出了新一代高密度催化剂 R-264[230~232]。与 R-130 系列催化剂相比，R-264 采用了较高密度的氧化铝载体，同时对载体的孔结构进行了调整，减少了很小的孔所占的百分数并重新优化了催化剂金属和酸功能的平衡；R-264 的铂含量低于低密度的 R-134 催化剂，因而对于装填 R-134 催化剂的同一装置，换装 R-264 所需要的总铂量相同。

据报道，R－264 催化剂的活性高于 R－134 催化剂，积炭量要比 R－134 低 8%～10%，可以在相同的反应条件和较高处理量下操作，达到同样的产品辛烷值而不增加积炭量，同时由于密度比 R－134 催化剂高约 20%，减少了发生贴壁现象的可能性。表 6－54 和表 6－55 分别列出了两个炼厂使用 R－264 催化剂代替原有 R－134 催化剂的效果。其中炼油厂 A 原有装置受贴壁限制，换用 R－264 催化剂后处理量提高了 10%，产品辛烷值和收率保持在同样水平，炼油厂 B 原有装置受反应器入口温度限制，换用 R－264 催化剂后，由于催化剂活性高和积炭速率较低，使得在相同反应器入口温度下处理量提高了 7%，产品辛烷值和收率保持在同样水平。

表 6－54　R－264 在炼油厂 A 的应用

操作条件	R－134	R－264
进料量/(Mt/a)	1.64	1.80
分离器压力/MPa	0.25	0.25
C_5^+ RONC	105	105
WAIT	基准	+1.1℃
收率		
C_5^+/%	83.1	83.1
H_2/(m^3/m^3)	319	319
收益(百万美元/年)		
H_2 + 重整生成油	基准	+66.4
原料 + 公用工程	基准	－55.6
总收益	基准	+10.8

表 6－55　R－264 在炼油厂 B 的应用

操作条件	R－134	R－264
进料量/(Mt/a)	3.80	4.10
分离器压力/MPa	0.61	0.61
C_5^+ RONC	105	105
WAIT	基准	基准
收率		
C_5^+/%	88.5	88.6
H_2/(m^3/m^3)	258	258
收益(百万美元/年)		
H_2 + 重整生成油	基准	+115.7
原料 + 公用工程	基准	－90.2
总收益	基准	+25.5

继 R－264 催化剂之后，UOP 公司于 2007 年将同系列高铂含量的 R－262 催化剂投入

工业使用，据称主要设计用于高苛刻度操作和原料中杂质含量较高的装置[232]。

近年来，在CCR重整催化剂研制中UOP公司仍致力于提高催化剂的选择性，但力求在提高选择性的同时不牺牲和降低催化剂的活性[223]。2010年推出的R-254催化剂是在高选择性R-274催化剂基础上调整了铂、锡和第三金属的相对含量，在R-274高选择性基础上改善了催化剂活性，因而有可能比R-274得到更广范围的应用。R-284催化剂则在高密度催化剂基础上引入了第三金属，在保持高活性的同时使选择性得到提高，据称R-284催化剂在保持高催化剂活性的同时也是UOP公司所有CCR催化剂中能提供最高选择性的催化剂。

（二）Axens的连续重整催化剂

法国Axens连续重整工艺首先采用的催化剂是铂铱系列的多金属催化剂RG-451。这种催化剂的低压反应性能和选择性不如铂锡系列，机械性能也较差，但还是被沿用了10年以上。直到20世纪80年代才换用以法国炼制公司专利生产的CR-201铂锡催化剂。

CR-201催化剂是一种性能良好的连续重整催化剂，与半再生重整催化剂相比在相同条件下可得到更高的C_5^+收率(见图6-58)和氢气产率，催化剂水热稳定性良好(见图6-59)并具有较好的抗磨性能，但颗粒压碎强度较差。

20世纪90年代后期IFP和Procatalyse(催化剂制造厂)报道了一种新型的CR-401催化剂，该催化剂的典型性质列于表6-56[233]。表6-57中列出了一项“最小颗粒压碎强度”的指标。IFP认为在最初运转的3~6个月中，催化剂小碎片的产生主要来自压碎强度小于1.5kg的易碎颗粒。在这方面，CR-401比CR-201有了改进。在循环磨损试验中也表明CR-401的细粉和碎片生成量比CR-201要减少一倍。

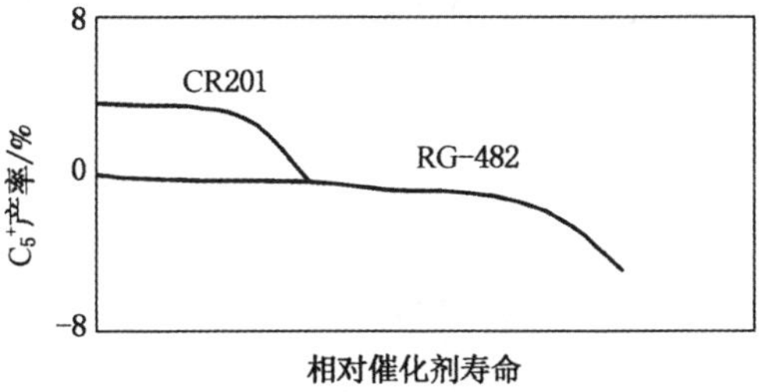

图6-58　催化剂性能对比

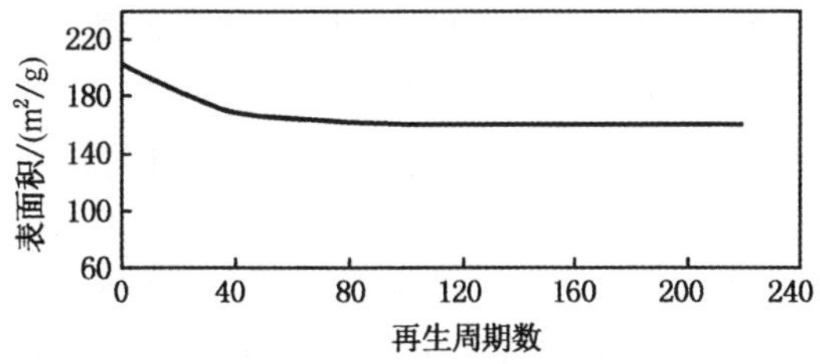

图6-59　CR-201的水热稳定性

表6-56　CR-401催化剂的性质

项　目	CR-401	项　目	CR-401
Pt含量/%	0.30	平均颗粒压碎强度/kg	>5
堆密度/(g/mL)	0.65	最小颗粒压碎强度/kg	1.5
比表面积/(m^2/g)	200	颗粒直径/mm	1.8

CR-401在中试装置上与CR-201的对比概括在表6-57中。

表 6－57　CR－401 与 CR－201 性能对比

(操作条件：RONC98～105，压力 0.3～0.7MPa，H_2/HC 摩尔比 1.5～3)

项　目	CR－201	CR－401	项　目	CR－201	CR－401
C_5^+ 产率/%	基准	+(0.2～0.8)	C_3+C_4/%	基准	－(0.3～0.9)
H_2 产率/%	基准	+(0.1～0.15)	活性改进/℃	基准	0～3
(C_1+C_2)/%	基准	=			

图 6－60 为在中试装置上进行的不同压力下这两种催化剂芳烃产率的对比试验，在超低压(0.3MPa)条件下，CR－401 的芳产比 CR－201 高 1% 。中试试验采用的条件为：原料中 环烷＋芳烃＝50%(体积分数)，重整产物辛烷值(RON)＝102，H_2/HC(摩尔比)＝2，压力范围 0.3～0.7MPa。

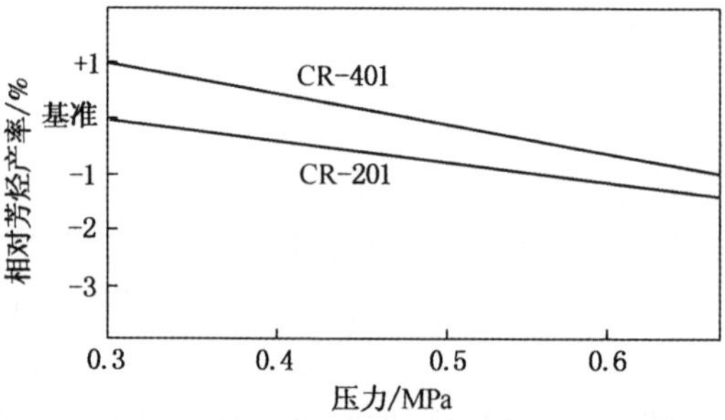

图 6－60　不同压力下 CR401 与 CR201 芳烃产率的比较

CR－401 的另一改进是保持氯的能力比 CR－201 明显提高，反应器中氯化物的损失可减少 50%，再生烧焦区氯化物损失减少 25% 。最新的报道增加一项重要内容，即中试结果表明与 CR－201 比较，CR－401 可减少积炭 20% ～25% 。

近年来 Axens 公司连续重整催化剂配方的改进，与半再生催化剂的改进一样，主要是在原有的双金属催化剂体系中引入了新的金属助剂以改善催化剂的选择性[224]。在研制中遇到的问题是在很多情况下新助剂的引入虽然改进了催化剂的选择性但由于焦炭产率增加导致催化剂稳定性下降。新开发的多助剂催化剂已解决了这一问题。图 6－61 显示出新一代多助剂的高密度催化剂 CR－601 与 CR－401 催化剂相比在选择性和稳定性上的改进。同样，中试结果表明，新开发的多助剂的低密度催化剂 CR－617 与老一代催化剂相比 C_5^+ 收率提高了 1% 。表 6－58 列出了 Axens 公司最近报道的适用于在低压和中压操作和用于生产汽油和芳烃装置的新家族催化剂。

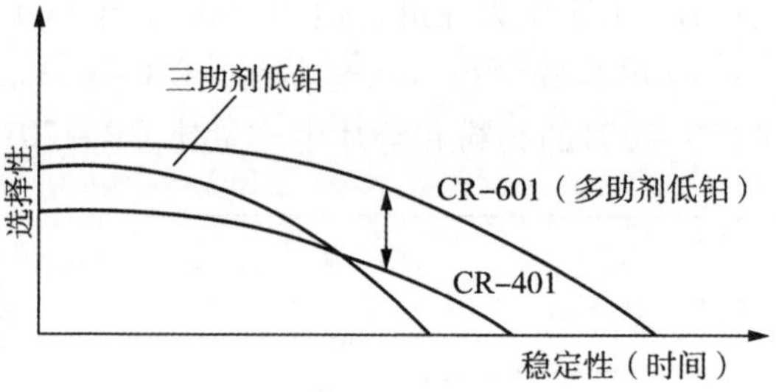

图 6－61　连续重整催化剂选择性和稳定性的改进

表 6－58　Axens 公司新的 CCR 重整催化剂家族

催化剂	活性组分	堆密度	应用	操作压力/MPa
CR－712	Pt 0.29%，双金属	低	非 Axens 装置	0.3～1.2
CR－617	Pt 0.29%，多助剂	低	非 Axens 装置	0.3～1.2
CR－601	Pt 0.25%，多助剂	高	生产汽油	0.3～0.6
CR－607	Pt 0.25%，多助剂	高	生产汽油	0.6～1.2
AR－701	Pt 0.30%，多助剂	高	生产芳烃	0.3～0.6
AR－707	Pt 0.30%，多助剂	高	生产芳烃	0.6～1.2

（三）其他公司和单位开发的连续重整催化剂

在 UOP 公司正式公开其新一代 R－130 系列催化剂之前，Engelhard 公司于 1991 年就在 NPRA 会议上报导了以高水热稳定性为主要特点的 E－1000 催化剂[234]。Criterion 公司的PS－10、PS－20 催化剂分别在 1991 和 1995 年投入工业应用[235,236]，1998 年又实现了 PS－40催化剂的工业化[237,238]。这些催化剂均强调具有高水热稳定性、耐磨性、良好的持氯能力和活性高等特点。此外，德国 LEUNA 厂和墨西哥石油研究院也开发了自己的连续重整催化剂并可作为商品出售[209]。

表 6－59 为 Criterion 公司开发的连续重整催化剂的物化性质。

表 6－59　Criterion 公司开发的连续重整催化剂

项　目	PS－10/20	PS－40	项　目	PS－10/20	PS－40
Pt/%	0.375/0.30	0.30	比表面积/(m^2/g)	180	185
Sn/%	0.30	0.30	孔体积/(mL/g)	0.79	0.79
Cl/%	1.0	1.0	压碎强度/N	53	53
堆密度/(g/mL)	0.56	0.56			

PS－40 与 PS－20 相比主要的改进是两个方面，一方面其积炭速率比 PS－20 减少了 30%～50%，另一方面是强度有了改善，最低颗粒压碎强度从 22N 提高到 33N。PS－40 的活性与 PS－20 相当，但在液体收率和氢气产率上有所提高。

2007 年 NPRA 年会上 Criterion 公司报道了一个新的 PS－80 连续重整催化剂，其铂含量与堆密度和 PS－40 催化剂相同，但活性提高，在达到同样产品辛烷值情况下反应温度可降低 5.5℃，产品收率不低于 PS－40 催化剂。与 PS－40 催化剂相比 PS－80 的另一优点是保持氯的能力有明显提高[212]。

三、我国连续重整催化剂的开发和工业应用

表 6－60 为我国自己开发研究的连续重整催化剂[239～248]。

表 6－60　我国开发的连续重整催化剂

实验室名称	工业牌号	首次工业应用年	主要特性
PS－Ⅱ	3861	1990	高活性、选择性、耐磨性
PS－Ⅲ	GCR－10	1994	同 3861，低贵金属含量
PS－Ⅳ	3961、GCR－100A	1996	新一代，高水热稳定性
PS－Ⅴ	GCR－100、3981	1998	同 3961，低贵金属含量
PS－Ⅵ	RC－011	2001	低积炭，高选择性，低贵金属量
PS－Ⅶ	RC－041	2004	低积炭，高活性，高选择性

1986 年第一个国产连续重整催化剂 3861 工业放大成功，经中法双方进行评价测试，法国 IFP 确认 3861 催化剂性能良好，可以用于引进的使用法国 IFP 技术的连续重整工业装置并承担合同指标的保证责任。1990 年在抚顺石油三厂引进的 400kt/a 连续重整装置上首次工业应用。此后，1994 年一个新的低铂含量的国产剂 GCR－10 也在广州石化总厂使用 UOP 技术的连续重整装置上实现了工业化。这两种国产催化剂在工业装置上都表现出

良好的活性、选择性和抗磨性能。近年来为适应连续重整工艺条件向高苛刻度发展的趋势，我国又开发出具有自己特色的新一代高水热稳定性催化剂 PS－Ⅳ(3961)和 PS－Ⅴ(GCR－100/3981)[241]。表 6－61 列出了工业生产的 3961 和 GCR－100 催化剂的典型物化性质分析数据。

表 6－61 催化剂性质(表中数据均为实测值)

项目	3961	GCR－100	项目	3961	GCR－100
Pt 含量/%	0.35	0.28	压碎强度/N	53	50
堆密度/(g/mL)	0.57	0.57	粒度(φ1.4～2.0mm)分布/%	99.6	99.9
比表面积/(m^2/g)	206	199			

1996 年 3961 催化剂首先在上海某石化公司 400kt/a 连续重整装置上进行了工业应用试验。试验前在实验室和中试装置上进行了 3961 与原使用的国外催化剂的性能对比。图 6－62 表示出在水热处理试验中 3961 和国外催化剂比表面积下降的趋势。图 6－63 为中试装置进行的反应性能评价结果。

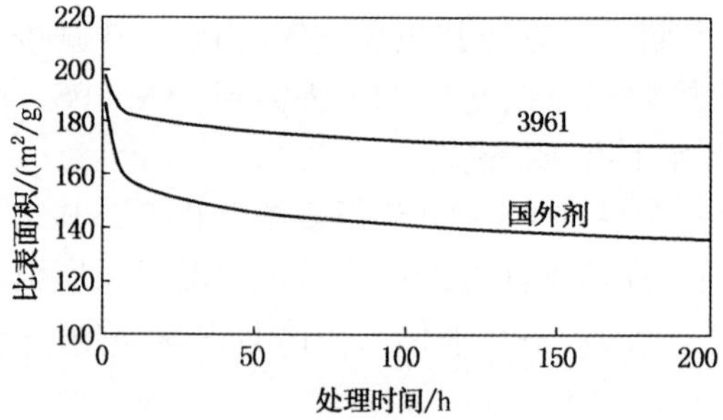

图 6－62 3961 催化剂与国外剂水热稳定性对比

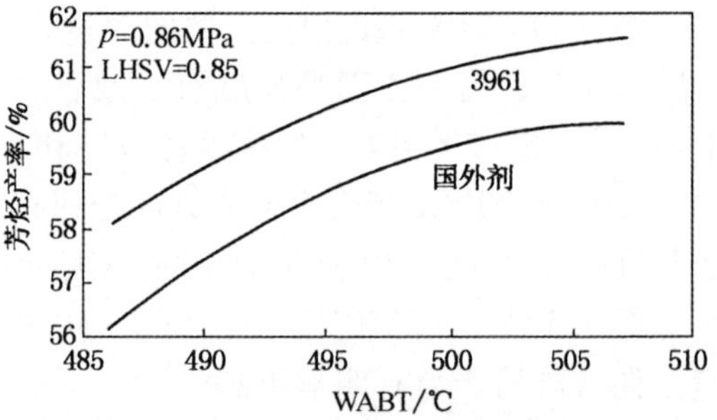

图 6－63 3961 催化剂与国外剂中试装置评价结果

在上海某石化公司进行的工业应用试验完全证实了实验室的结果。表 6－62 为经过 10 个月工业运转后进行的 3961 催化剂反应性能标定试验结果，同时列出了以前进行的国外催化剂的标定结果。

表 6－62 工业标定试验结果

项目		标 1	标 2	国外剂标定
原料	密度(20℃)/(kg/m^3)	734.7	734.5	735.5
	($N+A$)/%	41.55	41.67	42.06
操作条件	WABT/℃	489.5	489.0	492.2
	平均压力/MPa	0.86	0.86	0.86
	空速/h^{-1}	0.85	0.90	0.85
	H_2/HC(摩尔比)	3.97	3.7	3.64
结果	芳烃产率/%	60.2	59.6	58.9
	氢气产量/(Nm^3/t)	344	353	302

标定试验结果表明 PS－Ⅳ(3961)催化剂的活性高于原使用的国外催化剂。标1结果表明在温度相对低2.7℃的条件下，3961催化剂的芳烃产率比原使用的催化剂高1.3%；标2表明在处理量(空速)提高后，3961催化剂的反应结果仍优于国外剂在低处理量下的结果。两试验都表明3961催化剂的产氢量高于原使用催化剂。标定期间统计的细粉生成量仅为1.5kg/d，远低于装置设计值10.9 kg/d的指标，说明催化剂具有良好的机械强度。截止到2001年5月3961催化剂已正常运行4年半的时间，装置处理能力已提高到130%，反应性能优良，经过208个再生周期后催化剂比表面积仍保持在168m^2/g。图6－64表示出工业运转过程中3961与国外催化剂比表面下降的跟踪测试结果。

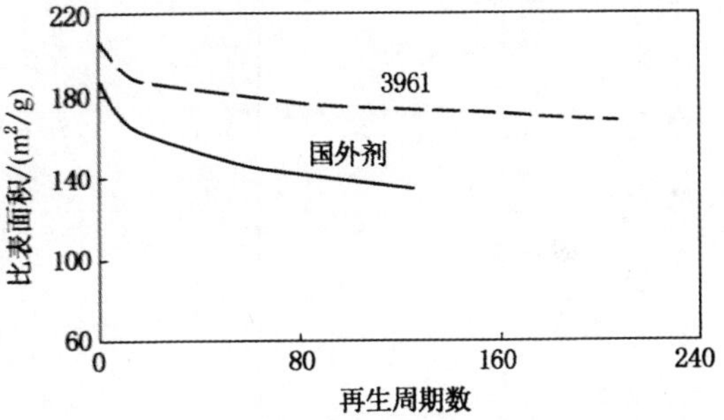

图6－64　工业装置催化剂比表面积下降趋势

PS－Ⅴ催化剂是继 PS－Ⅳ催化剂之后开发的新一代低贵金属含量催化剂，其性能与 PS－Ⅳ催化剂性能相当，但铂含量低。表6－63对比了 PS－Ⅴ、PS－Ⅳ以及国外20世纪90年代推出的B催化剂的反应性能。可以看到在相同原料和反应条件下 PS－Ⅴ的反应性能与 PS－Ⅳ相当，二者的芳烃产率均高于催化剂B。

PS－Ⅴ（GCR－100)催化剂于1998年5月在上海某石化公司引进的使用 UOP“CycleMax"再生技术的连续重整装置上首次工业应用，至2004年已正常运转6年多的时间。在装置运转一年时进行了满负荷标定。标定结果见表6－64。

表6－63　PS－Ⅴ与 PS－Ⅳ反应性能对比

(0.69MPa，530℃，原料 $P/N/A$＝55.70%/41.38%/2.92%)

项　目	液体收率/%	芳烃含量/%	芳烃产率/%
PS－Ⅴ	80.3	79.90	64.2
PS－Ⅳ	80.1	80.27	64.3
催化剂B	79.2	79.50	63.0

表6－64　PS－Ⅴ(GCR－100)工业试验标定结果

项　目	设计值	标定值	项　目	设计值	标定值
WABT/℃	497.7	490	C_5^+ RONC	100	100.7
体积空速/h^{-1}	1.98	1.98	芳烃产率/%	64.56	66.65
分离器压力/MPa	0.24	0.24	氢气产率/%	3.49	3.57
C_5^+ 收率/%	88.4	89.4			

从表6－64可以看到，在反应温度(WABT)比设计值低7.7℃的条件下，PS－Ⅴ(GCR－100)催化剂标定的产品辛烷值比设计值高0.7单位，C_5^+收率比设计值高1.0%，芳烃产率高2.09%，纯氢气产率也高于设计值。对催化剂的跟踪分析表明催化剂水热稳定性优良，经一年时间运转，其比表面积仍保持在174m^2/g。在一年多运转时间内催化剂

的粉尘生成量只有350kg，远低于设计值≯1090kg/a的指标。

PS－Ⅵ和PS－Ⅶ型催化剂是某石油化工科学研究院研究开发的新型连续重整催化剂[247]。由于引入了新的助剂并改进了制备方法，使催化剂选择性得到提高，积炭速率明显降低。表6－65为PS－Ⅵ催化剂与国外催化剂C的性质对比。

表6－65 催化剂性能对比

项　　目	PS－Ⅵ	催化剂C
堆密度/(g/mL)	0.56	0.56
比表面积/(m^2/g)	197	198
Pt/%	0.28	0.29
助　剂	Sn＋A＋B	Sn
磨损率/%	－3.1	基准
压碎强度/(N/粒)	＋14	基准
催化剂寿命	更长	基准
C_5^+收率	↑0.8%～1.0%	基准
积炭/%	↓25	基准

从表6－65可以看出，PS－Ⅵ催化剂主要通过加入助剂来改善催化剂的性能。其显著特点是催化剂的选择性提高，积炭速率下降25%。

PS－Ⅵ催化剂与国外催化剂C的反应性能对比试验结果见表6－66。

表6－66 反应性能对比试验结果

(条件：530℃，0.69MPa，$2h^{-1}$，原料$P/N/A$＝55.70/41.38/2.92%)

催化剂	液体收率/%	RONC	辛烷值产率/%	芳烃产率/%	催化剂积炭/%
PS－Ⅵ①	83.1	101.4	84.3	63.4	2.6
催化剂C②	82.1	101.4	83.2	62.7	3.5
①－②	1.0	0	1.1	0.7	－0.9

由表6－66可见，在相同反应条件下两催化剂的产品辛烷值相同，说明活性相当，但PS－Ⅵ催化剂的液体收率比对比剂高1.0%，辛烷值产率高1.1%，芳烃产率高0.7%，积炭速率降低了25.7%。2001年1月PS－Ⅵ催化剂通过了中国石化集团公司主持的专家评议，并于5月份开始在镇海某公司的1Mt/a连续重整装置上工业应用。工业试验的标定结果见表6－67。工业试验的结果验证了实验室的结论。表明PS－VI催化剂具有良好的活性、选择性和低的积炭速率。PS－Ⅶ型催化剂铂含量高于PS－Ⅵ，其抗杂质污染能力较强，更适用于进料杂质含量较高的，高苛刻操作条件的装置。

目前我国自己开发的PS系列连续重整催化剂已广泛地应用在包括IFP一代、Regen B、Regen C、UOP公司一代、二代和采用“CycleMax”再生技术的各种类型的连续重整装置上。表6－68为国产新型连续重整催化剂的推广使用情况。

表 6－67　PS－VI 与 R_1 参比剂工业标定结果比较

项　目	PS－VI(1)	R_1(2)	(1)－(2)
WABT/℃	496	500	－4
重整原料芳潜/%	42.08	43.34	－1.26
稳定汽油 RONC	102	101.8	+0.2
稳定汽油收率/%	88.19	86.87	+1.32
氢气产率/%	4.03	3.68	+0.35
积炭/%	2.16	2.93	－0.77

表 6－68　新型连续重整催化剂的推广使用(至 2011 年)

序号	用户	装置类型	能力/(kt/a)	催化剂	开工日期
1	上海石化	UOP 一代	400→500	PS－Ⅳ	1996
2	金陵石化	Axens Regen B	600	PS－Ⅳ	1997
3	辽阳化纤	UOP 二代	400→500	PS－Ⅳ	1998
4	兰州炼化	CycleMax	800	PS－Ⅳ	1998
5	高桥石化	CycleMax	600	PS－Ⅴ	1998
6	广州石化	UOP 一代	400	PS－Ⅴ	1999
7	吉化公司	UOP 二代	400	PS－Ⅴ	2000
8	天津石化	CyeleMax	600	PS－Ⅴ	2000
9	齐鲁石化	Axens Regen B	600	PS－Ⅴ	2001
10	长岭炼化	组合床	500	PS－Ⅴ	2001
11	镇海炼化	UOP 二代	1000	PS－Ⅵ	2001
12	大连石化	CyeleMax	600	PS－Ⅴ	2001
13	锦西石化	CyeleMax	600	PS－Ⅴ	2002
14	洛阳石化	Axens 一代	700	PS－Ⅵ	2002
15	乌石化	Axens RegenC	400	PS－Ⅴ	2002
16	扬子石化	UOP 一代	1390	PS－Ⅶ	2004
17	湛江东兴石油	CycleMax	500	PS－Ⅵ	2005
18	锦州石化	CycleMax	600	PS－Ⅵ	2005
19	燕山石化	UOP 二代	400	PS－Ⅵ	2005
20	抚顺石油三厂	Axens 一代	400	PS－Ⅵ	2006
21	茂名石化	CycleMax	1200	PS－Ⅵ	2006
22	华北石化	国产 CCR	800	PS－Ⅵ	2007
23	金陵石化Ⅱ	CyeleMax	1000	PS－Ⅵ	2008
24	和邦化学	CycleMax	800	PS－Ⅵ	2008
25	青岛大炼油	CyeleMax	1500	PS－Ⅵ	2008
26	广州石化Ⅱ	国产 CCR	1000	PS－Ⅵ	2009
27	福建炼化	CycleMax	1400	PS－Ⅵ	2009

续表

序号	用户	装置类型	能力/(kt/a)	催化剂	开工日期
28	延长集团	CycleMax	1000	PS-Ⅵ	2009
29	上海石化Ⅱ	CycleMax	1000	PS-Ⅵ	2009
30	哈尔滨炼厂	CycleMax	600	PS-Ⅵ	2009
31	华锦石化	CycleMax	500	PS-Ⅵ	2009
32	天津石化Ⅱ	CycleMax	1000	PS-Ⅵ	2009
33	庆阳石化	Axens Regen C2	600	PS-Ⅵ	2010
34	长庆石化	Axens RegenC2	600	PS-Ⅵ	2011
35	荆门石化	CycleMax	600	PS-Ⅵ	2011
36	高桥石化Ⅱ	CycleMax	800	PS-Ⅵ	2001
37	北海石化	国产 CCR	600	PS-Ⅵ	2011

参 考 文 献

[1] 史泰尔斯 A B 等著. 李大东等译. 催化剂载体与负载型催化剂[M]. 北京：中国石化出版社，1992

[2] Ohkita H, Kuramato S, Mizushima T, Kakuta N, Properties of alumina catalysts prepared from boehmite needles[M], Preparation of Catalysts Ⅶ. In: Delmon B, et al. eds. Elsevier Science B V, 1998. 745

[3] Gevert B S, Zhong S Y. Formation of fibrillar boehmite[J]. Journal of Porous Materials, 1999, 6: 63

[4] Lu J S, Gao L, Guo J K. Preparation and phase transition of superfine boehmite powders with different crystallinity[J]. Journal of Materials Science Letters, 2001, 20: 1873

[5] 张明海，叶岗，李光辉，俞芳. 薄水铝石和拟薄水铝石差异的研究[J]. 石油学报(石油加工)，1999，15(2)：29~32

[6] George J A, Abdullah M A, Jose M P, eds. Catalytic naphtha reforming: science and technology[M]. New York: Marcel Dekker, INC, 1995

[7] 唐有祺. 结晶化学[M]. 北京：高等教育出版社，1960. 201

[8] Leonard A J, Semaille P N, Fripiat J J. Structure and properties of amorphous silico-aluminas IV. Differentiation of η-and γ-aluminas[J]. Proc Brit Ceram Soc, 1969. 103

[9] Peri J B. A Model for the Surface of γ-Alumina[J]. J Phys Chem, 1965, 69: 220

[10] Knözinger H, Ratnasamy P. Catalytic aluminas: surface models and characterization of surface sites[J]. Catal Rev Sci Eng, 1978, 17(1): 31

[11] Cauwelaert F H V, Hall W K. Studies of the hydrogen held by solids. Part 17. The ortho-para H_2 Conversion and H_2-D_2 exchange reactions over a transition alumina[J]. Trans Faraday Soc, 1970, 66: 454

[12] MacIver D S. Catalytic aluminas I. Surface chemistry of eta and gamma alumina[J]. J Catal, 1963, 2(6): 485

[13] MacIver D S, Wilmot W H, Bridges J M. Catalytic Aluminas: Ⅱ. Catalytic Properties of Eta and Gamma Alumina[J]. J Catal, 1964, 3(6): 502~511

[14] Parera J M. Activation of Catalytic Alumina[J]. I E C, Prod Res Dev, 1976, (15) 4: 234~241

[15] Russell A S, Cochran N. Surface Area of Heated Alumina Hydrates[J]. I E C, 1950, 42(7): 1336~1340

[16] Винникова Т С, Дзисько В А, Кефели Л М, ПлЯсова Л М. Влияние Температуры и Структуры Гидроокиси на Вепичину Удельной Поверхности Активной Окиси Алюминия[J]. Кинетика и Катализ, 1968, 10(6): 1331 ~ 1341

[17] Маслянский Г Н, Шапиро Р Н. Каталитический Реформинг Бензинов [M]: Химия и Технология-Л.: Химия, 1985. 99

[18] Шлегель О А, Матвеева Т Л, Бушуева А Л, и д. Влияние условий сушки и прокаливания на физико-химические свойства окиси алюмия[J]. Хим Пром, 1973, 11: 852 ~ 855

[19] Webb A N. Hydrofluoric Acid and Acidity of Alumina[J]. I E C, 1957, 49(2): 261 ~ 263

[20] Tanaka M, Ogasawara S. Infrared Studies of the Adsorption and the Catalysis of Hydrogen Chloride on Alumina and on Silica[J]. J Catal, 1970, 16: 157 ~ 163

[21] Arena F, Frusteri F, Mondello N, Giordano N. Interaction Pathway of Chloride Ions with γ-Al_2O_3: Surface Acidity and Thermal Stability of the Cl/γ-Al_2O_3 System[J]. J C S. Faraday Trans, 1992, 88(22): 3353 ~ 3356

[22] Sterba M J, Haensel V. Catalytic Reforming[J]. I E C, Proc Res Dev, 1976, 15(1): Section C

[23] Gates B C, Katzer R J, Schuit G C A. Chemistry of Catalytic Processes[M]. Charpter 3. New York: McGraw-Hill, 1979

[24] Peri J B. Infrared Study of Adsorption of Ammonia on Dry γ-Alumina[J]. J Phys Chem, 1965, 69(1): 231 ~ 239

[25] Parry E P. An Infrared Study of Pyridine Adsorbed on Acidic Solids. Characterization of Surface Acidity [J]. J Catal, 1963, 2: 371 ~ 379

[26] Knözinger H, Kaerlein C P. A test for the Development of Protonic Acidity in Alumina at Elevated Temperatures[J]. J Catal, 1972, 25(3): 436 ~ 438

[27] Ciapetta F G, Dobres R M, Baker R W. Catalytic Reforming of Pure Hydrocarbons and Petroleum Naphthas[M]. In: Emmett P H ed. Catalysis. 1958, 6: 522

[28] Spenadel L, Boudart M. Dispersion of Plutinum on Supported Catalysts[J]. J Phys Chem, 1960, 64: 205

[29] Burton J J. Structure and Properties of Microcrystalline Catalysts[J]. Catalysis Review, 1974, 9(2): 209 ~ 222

[30] Bond G C. Small Particles of Platinum Metals[J]. Platinum Metals Review, 1975, 19: 126 ~ 134

[31] Полторак О М, Боронин В С. Митоэдрия как Новый Метод Изучения Активных чентров Кристаллических Катализаторов[J]. ЖФХ, 1966, 11: 2671

[32] Boudart M, Aldag A, Benson J E, Dougharty N A, Harkins C G. On the specific activity of platinum catalysts[J], J Catal, 1966, 6: 92

[33] Cusumano J A, Dembinski G W, Sinfelt J H. Chemisorption and catalytic properties of supported platinum[J]. J Catal, 1966, 5(3): 471 ~ 475

[34] Kraft M, Spindler H. Studies on Some Relations between Structural and Catalytic Properties of Alumina-Supported Platinum[C]. In: Proceedings of 4th Int Congr On Catal. 1971, 2: 286

[35] Taylor W F, Staffin K. Catalysis over Supported Nickel[J]. Trans Faraday Soc, 1967, 63: 2309

[36] Dorling T A, Moss R L. The structure and activity of supported metal catalysts: I. Crystallite size and specific activity for benzene hydrogenation of platinum/silica catalysts[J]. J Catal, 1966 5(1): 111-115

[37] Dautzenberg F M and Platteeuw J C. On the effect of metal particle size on the isomerization of n-hexane over supported platinum catalysts[J]. J Catal, 1972, 24: 364-365

[38] Boudart M, Aldag A W, Ptak L D and Benson J E , On the selectivity of platinum catalysts[J], J Catal, 1968, 11: 35

[39] Maire G, Corolleur C, Juttard D, Gault F G. Comments on a dispersion effect in hydrogenolysis of methylcyclopentane and isomerization of hexanes over supported platinum catalysts[J]. J Catal, 1971, 21: 250～253

[40] Taylor W F, Sinfelt J H , Yates D J C. Catalysis over Supported Metals. IV. Ethane Hydrogenolysis over Dilute Nickel Catalysts[J]. J Phys Chem, 1965, 69: 3857

[41] Carter J L, Cusumano J A , Sinfelt J H. Catalysis over Supported Metals V. The Effect of Crystallite Size on the Catalytic Activity of Nickel[J]. J Phys Chem, 1966, 70: 2257

[42] Ponec V. Selectivity in Catalysis by Alloys[J]. Catal Rev Sci Eng, 1975, 11(1): 41～70

[43] Van Schaik J R H, Dessing R P, Ponec V. Reactions of alkanes on supported Pt-Au alloys[J]. J Catal, 1975, 38: 273

[44] Van Hardeveld R , Hartog F. Influence of Metal Partical Size in Nickel-0n-Aerosil Catalysts on Surface Site Distribution, Catalytic Activity, and Selectivity[M]. Advance in Catalysis ed. EleyD D, et al, 22: 1971, 75～113

[45] Somorjai G A , Blakely D W. Mechanism of Catalysis of Hydrocarbon Reactions by Platinum Surfaces[J]. Nature, 1975, 258: 580～583

[46] Blakely D W , Somorjai G A. The Dehydrogenation and Hydrogenolysis of Cyclohexane and Cyclohexene on Stepped (High Miller Index) Platinum Surfaces[J]. J Catal, 1976, 42: 181～196

[47] Yao H C, Sieg M , Plummer, Jr H K. Surface interactions in the $Pt/\gamma\text{-}Al_2O_3$ system[J]. J Catal, 1979, 59: 365～374

[48] Zhang Z C , Beard B C. Agglomeration of Pt Particles in the Presence of Chlorides[J]. Appl Catal, 1999, 188: 229～240

[49] Burtron H D, Gary A W, Robert W N. Paraffin dehydrocyclization : V. The influence of Pt loading on the aromatic selectivity[J]. J Catal, 1976, 42: 238-246

[50] Burtron H D, Gary A W, John W , John P. Paraffin dehydrocyclization : VI. The influence of metal and gaseous promoters on the aromatic selectivity[J]. J Catal, 1976, 42: 247～256

[51] Franck J P, Martino G. Deactivation of reforming catalysts[M]. In: oudar J , Wise H, eds. Deactivation and Poisoning of Catalysts. New York: Marcel Dekker, 1985. 355

[52] Maat H J, Moscou L. A Study of the Influence of Platinum Crystallite Size on the Selectivity of Platinum Reforming Catalysts [C], Proc. 3rd Intern. Congr. Catalysis, Amsterdam, 1964, No 11.5, 1277～1285

[53] Kozlov N S, Ivankovich E F, Molodyanova V S. Relation of the Mechhanism of N - Hexane Dehydrocyclization On Alumina - Platinum Catalysts with the Degree of Dispersion of the Platinum [J], *Vestsi Akad. Navuk BSSR*, *Ser. Khim. Navuk(3)12 - 16(1978) Chem. Abstr. Abstr. No. 90101 V89 N.* 11, 1978

[54] Barbier J, Corro G. , Zhang Y, Bournonville J P , Franck J P. Coke formation on platinum-alumina catalyst of wide varying dispersion[J]. Appl Catal, 1985, 13: 245～255

[55] Barbier J. Deactivation of reforming catalysts by coking - a review[J]. Appl Catal, 1986, 23(2): 225～243

[56] Barbier J. Deactivation by coking[M]. in : Catalytic Naphtha Reforming[M]. 1994. 279～311

[57] Antipina T V. Nature of Cataltically Active Sites in Fluorided Alumina [J], J catal. , 1968, 12, (1): 108～109

[58] Matsuura K, Watanabe T, Suzuki A , Itoh J. Catalytic properties of BF_3-treated aluminas : V. Vapor-phase alkylation of toluene with ethylene using BF_3-treated aluminas[J]. J Catal, 1972, 26(1): 127

[59] Kerkhof F P J M, Oudejans J C, Moulijn J A , Matulewicz E R A. Structure and activity of fluorinated alumina. 2. Nature of the active site for 2-methylpropene oligomerization[J]. J Colloid Interf Sci, 1980, 77(1): 120

[60] Hirschler A E. The measurement of catalyst acidity using indicators forming stable surface carbonium ions [J]. J Catal, 1963, 2(5): 428

[61] Holm V C F , Clark A. The nature of catalytically active sites on fluorided alumina[J]. J Catal, 1967, 8(3): 286

[62] Corma A, Formes V , Ortega E. The nature of acid sites on fluorinated γ-Al_2O_3[J]. J Catal, 1985, 92(2): 284

[63] Weber A B R. Thesis[D]. University of Delft. Netherlands, 1957

[64] Маслянский Г Н. Автореф. докт. дисс[D]. Л.: ВНИИНефтехим, 1961

[65] Parera J M, Figoli N S, Jablonski E L, Sad M R , Beltramini J N. Optimum chlorine on naphtha reforming catalyst regarding deactivation by coke formation[M]. In: Catalysts Deactivation. Pro Int Symp, Anwerp: Oct. 1980. 571

[66] Primet M, Basset J M, Mathieu M V , Prettre M. Infrared study of CO adsorbed on Pt/Al_2O_3. A method for determining metal-adsorbate interactions[J]. J Catal, 1973, 29: 213

[67] Bournaoville J P and Martino G, Sintering of alumina supported platinum[M]. In Catalysts Deactivation, Pro Int Symp, Anwerp: Oct. 1980. 159

[68] Frank J P, Martino G. Deactivation and regeneration of catalytic reforming catalysts[M], In: Figueiredo, eds. Progress in catalyst deactivation. The Hague: Martinus Nijhoft, 1982. 355

[69] Hughes T R. Bimetallic Reforming Catalysts—Science and Technology[C]. 中美化学工程会议论文集, 1982, 2: 672 ~ 687

[70] Hughes T R, Jacobson R L, Tamm P W. Catalytic Processes for Octane Enhancement by Increasing the Aromatics Content of Gasoline[M]. In: Ward J W, eds. Catalysis 1987. 1988. 317 ~ 333

[71] Kluksdahl H E. Reforming a Sulfur-free Naphtha with a Platinum-Rhenium Catalyst[P]. US3415737, 1968

[72] Yermakov Yu I. Supported Catalysts Obtained by Interaction of Organometallic Compounds of Transition Elements with Oxide Supports[J]. Catalysis Reviews, 1976, 13: 77 ~ 120

[73] Yermakov Yu I. Supported Metallic Catalysts Prepared by Decomposition of Surface Organometallic Complexes[J]. J Mol Catal, 1980, 9: 13 ~ 40

[74] Johnson M F L and Le Roy V M. The state of rhenium in Pt/Re/alumina catalysts[J]. J Catal, 1974, 35(3): 434

[75] Betrolacini R J, Pellet R J. The function of rhenium in bimetallic reforming catalysis[M]. In: Delmon B , Froment G F, eds. Catalyst Deactivation. Proc 4th Int Symp, Anwerp. Amsterdam: Elsevier, 1980. 73

[76] Kelley M J, Freed R L , Swartzfager D G. Distribution of Pt and Re in Pt-Re:Al_2O_3 naphtha reforming catalysts[J]. J Catal, 1982, 78(2): 445 ~ 453

[77] Onuferko J H, Short D R , Kelley M J. X-ray absorption spectroscopy and x-ray photoelectron spectroscopy of Pt-Re:Al_2O_3 catalysts[J]. Appl Surf Sci, 1984, 19(1 ~ 4): 227 ~ 249

[78] Kelley M J , Dadyburjor. Bimetallic Stabilization Mechanisms[M]. In: Petersen E E , Bell A T eds.

Catalyst Deactivition. 1987. 125 ~ 147

[79] Betizeau C, Leclercq G, Maurel R, et al . Platinum-rhenium-alumina catalysts III. Catalytic properties [J]. J Catal, 1976, 45: 179 ~ 188

[80] Haining I H B, Kemball C , Whan D A. Reactions of n-Hexane and Methylcyclopentane on Alumina-supported Platinum-Rhenium Catalysts[J]. J Chem Soc, Faraday Trans, 1982, 78: 3089 ~ 3100

[81] Blackham A U, Beishline R R, Merrill L S. Rhenium as a Catalyst in Hydrocarbon Reforming Reactions [J]. I E C, 1965, 4(4): 269

[82] Kubicka H. The Specific Activity of Technetium, Rhenium, Ruthenium, Platinum, and Palladium in Catalytic Reactions of Benzene with Hydrogen[J]. J Catal, 1968, 12(3): 223 ~ 227

[83] Kubicka H, Okal J. Specific Activity of γ-Al_2O_3 Supported Rhenium for Hydrogenation and Hydrogenolysis of Benzene in Relation to Metal Concentration and Dispersity[J]. React Kinet Catal Lett, 1987, 34 (2): 433 ~ 438

[84] Webb A N. Reducibility of supported rhenium[J]. J Catal, 1975, 39: 485 ~ 486

[85] Bolivar C, Charcosset H, Fretty R, et al . Platinum-rhenium/alumina catalysts : I. Investigation of reduction by hydrogen[J]. J Catal, 1975, 39(2): 249 ~ 259

[86] Wagstaff N , Prins R. Alloy formation and metal oxide segregation in PtRe/γ-Al_2O_3 catalysts as investigated by temperature-programmed reduction[J]. J Catal, 1979, 59 (3): 434 ~ 445

[87] Isaacs B H, Petersen E E. The Effect of Drying Temperature on the Temperature-Programmed Reduction Profile of a Platinum/Rhenium/Alumina Catalyst[J]. J Catal, 1982, 77: 43 ~ 52

[88] Michel C G, Bambrick , Ebel R H. The roles of chlorine and sulfur in bimetallic Pt-Re/Al_2O_3 reforming catalyst[J]. Fuel Processing Technol, 1993, 35: 159 ~ 182

[89] Hilbrige F, Michel C, Haller G L. A XANES-TPR study of platinum-rhenium/alumina catalysts[J]. J Phys Chem, 1992, 96: 9893 ~ 9899

[90] Shum V K, Butt J B, Sachtler M H. The effects of rhenium and sulfur on the activity maintenance and selectivity of platinum/alumina hydrocarbon conversion catalysts[J]. J Catal, 1985, 96 (2): 371 ~ 380

[91] Shum V K, Butt J B, Sachtler M H. The effects of rhenium and sulfur on the activity maintenance and selectivity of platinum/alumina hydrocarbon conversion catalysts: Ⅱ. Experiments at elevated pressure [J]. J Catal, 1986, 99 (1): 126 ~ 139

[92] Parera J M, Beltramini J N, Querini C A, et al. The Role of Re and S in the Pt-Re-S/Al_2O_3 Catalyst[J]. J Catal, 1986, 99 (1): 39 ~ 52

[93] Augustine S M , Sachtler W M H. Variation of Catalytic Activity over Pt-Re/ γ-Al_2O_3[J]. J Phys Chem, 1987, 23: 5953 ~ 5956

[94] Godbey D J, Garin F , Somorjai G A. The hydrogenolysis of ethane over Re-Pt(111) and Pt-Re(0001) bimetallic crystal surfaces[J]. J Catal, 1989, 117(1): 144 ~ 154

[95] Jossens L W, Petersen E E. Fouling of a platinum-rhenium reforming catalyst using model reforming reactions[J]. J Catal, 1982, 76(2): 265 ~ 273

[96] Biloen P, Helle J N, Verbeek H, et al. The role of rhenium and sulfur in platinum-based hydrocarbon-conversion catalysts[J]. J Catal, 1980, 63(1): 112 ~ 118

[97] Bolivar C, Charcosset H, Fretty R, et al . Platinum-rhenium/alumina catalysts : Ⅱ. Study of the metallic phase after reduction[J]. J Catal, 1976, 45(2): 163 ~ 178

[98] Jothimurugesan K, Nayak A K, Mehta G K, et at. Role of Rhenium in Pt-Re-Al_2O_3 Reforming Cataly-

sis—An Integrated Study[J]. AICHE Journal, 1985, 31(12): 1997 ~ 2007

[99] Meitzner G, Via G H, Lytle F W, Sinfelt J H. Structure of bimetallic clusters. Extended x-ray absorption fine structure (EXAFS) of Pt-Re and Pd-Re clusters[J]. J Chem Phys, 1987, 87(11): 6354

[100] Rфnning M, Gjervan T, Prestvik R, et al. Influence of Pretreatment Temperature on the Bimetallic Interactions in Pt-Re/Al_2O_3 Reforming Catalysts Studied by X-Ray Absoption Spectroscopy[J]. J Catal, 2001, 204(2): 292 ~ 304

[101] Sachtler W M H. Selectivity and Rate of Activity Decline of Bimetallic Catalysts[J]. J Mol Catal, 1984, 25: 1 ~ 12

[102] Carter J L, McVinker G B, Weissman W, et al. Bimetallic catalysts; application in catalytic reforming [J]. Appl Catal, 1982, 3(4): 327 ~ 346

[103] Somorjai O A, Zaera F. Heterogeneous Catalysis on the Molecular Scale[J]. J Phys Chem, 1982, 86: 3070 ~ 3078

[104] Augustine S M, Alameddin G N, Sachtler W M H. The effect of Re, S, and Cl on the deactivation of Pt/γ-Al_2O_3 reforming catalysts[J]. J Catal, 1989, 115(1): 217 ~ 232

[105] Parera J M, Verderone R J, Querini C A. Coking on Bifunctional Catalysts[M]. Catal Deact. Delmon B. ed. Amsterdam: Elsevier 1987. 135 ~ 145

[106] Parera J M, Beltramini J N. Stability of Bimetallic Reforming Catalysts[J]. J Catal, 1988, 112(2): 357 ~ 365

[107] Barbier J, Churin E, Marecot P. Coking of Pt-Ir/Al_2O_3 and Pt-Re/Al_2O_3 Catalysts in Different Pressures of Cyclopentane[J]. J Catal, 1990, 126(1): 228 ~ 234

[108] Жоров Ю М, Панченков Г М, Карташев Ю Н. О Влиянии Добавок Рения на Гидрирующую Активность Алюмоплатиновых Катализаторов [J]. Кинетика и Катализ, 1980, 22 (5): 1341 ~ 1343

[109] Burch R, Mitchell A J. The role of tin and rhenium in bimetallic reforming catalysts[J]. Appl Catal, 1983, 6(1): 121 ~ 128

[110] Margitfalvi S, Göbölös E, Kwaysser M, et al. Role of Rhenium in Bimetallic Reforming Catalysts[J]. React. Kinet. Catal. Lett., 1984, 24(3 – 4): 315 – 321

[111] Белый А С, Дублякин В К, Фомичев Ю В, и д. Каталитические Свойства Системы (Pt-Sn)/Al_2O_3. React Kinet Catal Lett, 1977, 7(4): 461 ~ 466

[112] 林励吾，吴荣安，臧璟玲，姜炳南. 络合法铂锡催化剂的特性及脱氢性能研究[J]. 石油学报，1980, 1(3): 73 ~ 79

[113] Bacaud R, Bussiere P, Figueras F, Mathieu J P. Role of Tin in Platinum-Tin Reforming Catalysts[M]. In: Delmon B, et al, eds. Preparation of Catalysts[M]. 1976. 509

[114] Völter J, Lietz G, Uhlemann M, Hermann M. Conversion of Cyclohexene on Pt-Pb/Al_2O_3 and Pt-Sn/Al_2O_3 Bimetallic Catalysts[J]. J Catal, 1981, 68: 42 ~ 50

[115] Рындин Ю А, Лоран Ж, Кузнезов Б Н, и д. Особенности Привращения Углеводородов на Нанесенных Катализаторах, Полученных Разложеннием Поверхностых Комплексов Ⅰ [J]. Кинетика и Катализ, 1981, 22(3): 675 ~ 679

[116] Кузнезов Б Н, Ермаков Ю И, Рындин Ю А, и д. Особенности Привращения Углеводородов на Нанесенных Катализаторах, Полученных Разложеннием Поверхностых Комплексов Ⅲ[J]. Кинетика и Катализ, 1981, 22(5): 1200 ~ 1206

[117] Савостин Ю А, Ченец В В, Кожевникова Н Г, и д. О Роли Добави Олова к Алюмоплатиновым Катализаторам[J]. Хим. и Технол Топл и Масел, 1979, 1: 18~21

[118] 石油化工科学研究院303组. 铂锡催化剂中锡的表面状态及其作用[J]. 石油炼制, 1978, 11~12: 37~43

[119] 杨森年. 铂锡重整催化剂的研究和工业应用[M]. 侯祥麟主编. 中国炼油技术新进展. 北京: 中国石化出版社, 1998. 137~142

[120] Bacaud R, Bussiere P, Figueras F. Mössbauer spectra investigation of the role of tin in platinum-tin reforming catalysts[J]. J Catal, 1981, 69(2): 399~409

[121] 章素, 谢炳炎, 臧璟玲, 王广厚, 张健. 应用^{119m}Sn穆斯堡尔谱研究铂-锡体系催化剂[J]. 催化学报, 1980, 1(4): 253~259

[122] 章佩群, 邵涵如, 杨锡尧, 庞礼. Pt-Sn/γ-Al_2O_3重整催化剂的穆斯堡尔谱学研究[J]. 催化学报, 1984, 5(2): 102~105

[123] 李永希, 张永福, 夏元复. 共沉淀法Pt-Sn/γ-Al_2O_3催化剂中Sn的状态和行为的研究[J]. 催化学报, 1984, 5(4): 311~319

[124] Yong-Xi Li, Klabunde K J and Davis B H. Alloy formation in supported Pt-Sn catalysts: Mössbauer studies[J]. J Catal, 1991, 128(1): 1~12

[125] Kuznetsov V I, Belyi A S, Yurchenko E N, Smolikov M D, et al. Mössbauer spectroscopic and Chemical Analysis of the Composition of Sn-Containing Components of Pt-Sn/Al_2O_3(Cl) Reforming Catalyst[J]. J Catal, 1986, 99(1): 159~170

[126] Hobson M C, Goresh S L, Khare G P. A Mössbauer Spectroscopy Study of Platinum-Tin Reforming Catalysts[J]. J Catal, 1993, 142(2): 641~654

[127] Muller A C, Engelhard P A, Weisang J E. Surface study of platinum-tin bimetallic reforming catalysts [J]. J Catal, 1979, 56(1): 65

[128] Burch R, Platinum-tin reforming catalysts I. The oxidation state of tin and the interaction between platinum and tin[J], J Catal, 1981, 71(2): 348~359

[129] Burch R. Platinum-tin reforming catalysts II. Activity and selectivity in hydrocarbon reactions[J]. J Catal, 1981, 71(2): 360~372

[130] Dautzenberg F M, Helle J N, Biloen P, Sachtler W M H. Conversion of n-hexane over monofunctional supported and unsupported PtSn catalysts[J]. J Catal, 1980, 63(1): 119~128

[131] Lieske H, Völter J. State of tin in Pt-Sn/Al_2O_3 reforming catalysts investigated by TPR and chemisorption[J]. J Catal, 1984, 90(1): 96~105

[132] Sexton B A, Hughes A E, Foger K. An X-ray photoelectron spectroscopy and reaction study of Pt-Sn catalysts[J]. J Catal, 1984, 88(2): 466~477

[133] Adkins S R, Davis B H. The chemical state of tin in platinum-tin-alumina catalysts[J]. J Catal, 1984, 89(2): 371~379

[134] Srinivasan R, De Angelis R J, Davis B H. Alloy formation in Pt-Sn-alumina catalysts: In situ X-ray diffraction study[J]. J Catal, 1987, 106(2): 449~457

[135] Balakrishnan K, Schwank J. A chemisorption and XPS study of bimetallic Pt-Sn/Al_2O_3 catalysts[J]. J Catal, 1991, 127(1): 287~306

[136] Macleod N, Fryer J R, Stirling D, Webb G. Deactivation of bi- and multimetallic reforming catalysts: influence of alloy formation on catalyst activity[J]. Catal Today, 1998, 46(1): 37~54

[137] Davis B H, Westfall G A, Watkins J, Pezzanite J. Paraffin Dehydrocyclization Ⅳ. The Influence of Metal and Gaseous Promoters on the Aromatic Selectivity[J]. J Catal, 1976, 42(2): 247～256

[138] Clarke J K. Selectivity in Catalysis by Alloys[J]. Chem Revs, 1975, 75(3): 291～305

[139] Vølter J, Kürschner U. Deactivation of Supported Pt and Pt-Sn Catalysts in the Conversion of Methylcyclopentane[J]. Appl Catal, 1983, 8(2): 167～176

[140] Beltramini J, Trimm D L. Catalytic reforming of n-heptane on platinum, tin and platinum-tin supported on alumina[J]. Appl Catal, 1987, 31(1): 113～118

[141] Beltramini J, Trimm D L. Activity, selectivity and coking over mono- and bi-metallic reforming catalysts [J]. Appl Catal, 1987, 32(1): 71～83

[142] Coq B, Figueras F. Conversion of methylcyclopentane on platinum-tin reforming catalysts[J]. J Catal, 1984, 85(1): 197～205

[143] Coq B, Figueras F. Geometric and electronic effects in the conversion of methylcyclopentane on Pt-Sn catalysts[J]. J Mol Catal, 1984, 25(1～3): 87～98

[144] McVicker G B, Collins P J, Ziemiak J J. Model compound reforming studies: A comparison of alumina-supported platinum and iridium catalysts[J]. J Catal, 1982, 74(1): 156

[145] Sinfelt J H. Catalytic reforming of hydrocarbons[M], In: Anderson, John R, Boudart M, eds. Catalysis-Science and Technology. Vol. 1. Berlin, Heidelberg: Springer-Verlag, 1981. 257

[146] Huang Y J, Fung S C. The effect of chloride and water vapor on the Pt-Ir interaction and IrO_2 agglomeration in bimetallic Pt-Ir reforming catalysts[J]. J Catal, 1991, 131(2): 378

[147] Borgna A, Garetto T F, Monzon A, Apesteguia C R. Deactivation model with residual activity to study thioresistance and thiotolerance of naphtha reforming catalysts[J]. J Catal, 1994, 146(1): 69

[148] Hoekstra J. Spheroidal alumina[P]. US2620314, 1952

[149] Jasques R. Production of spheroidal alumina shaped articles[P]. US4273735, 1981

[150] Exxon Research Engineering Co. Preparation of eta alumina[P], GB844637(A), 1960

[151] 段启伟，戴隆秀等. 由烷氧基铝制备催化剂载体氧化铝. 石油炼制与化工[J], 1994, 25(3): 1～3

[152] Buss W C. Catalytic Reforming Catalyst[P]. US4238372, 1980

[153] Hayes J C. Method of preparing spheroidal eta-alumina particles[P]. US3887493, 1975

[154] Jiiratova K, Janacek L, Schneider P. Influence of aluminium hydroxide peptization on physical properties of alumina extrudates[M]. In: Poncelet G, Grange P, Jacobs P A, eds. Preparation of Catalysts Ⅲ. Amsterdam: Elsevier, 1983. 653～663

[155] Stiles A B, Catalyst Supports and Supported Catalysts[M]. Boston: Butterworth, 1987. 11

[156] Trimm D L, Stanislaus A. The control of pore size in alumina catalyst supports: A review[J]. Appl Catal, 1986, 21(2): 215

[157] Rausch R E. Platinum-Tin Uniformly Dispersed Hydrocarbon Conversion Catalyst and Process [P]. US3745112. 1973

[158] Brunelle J P. Preparation of catalysts by metallic complex adsorption on mineral oxides[J]. Pure Appl Chem, 1978(50): 1211～1229

[159] Shelimov B, Lambert J F, Che M, Didillon B. Initial Steps of the Alumina-Supported Platinum Catalyst Preparation: A Molecular Study by ^{195}Pt NMR, UV-Visible, EXAFS, and Raman Spectroscopy[J]. J Catal, 1999, 185(2): 462～478

[160] Santacesaria E, Carra S, Adami I. Adsorption of Hexachloroplatinic Acid on γ-Alumina[J]. I E C, Prod Res Dev, 1977, 16(1): 41 ~44

[161] Regalbuto J R, Navada A, Shadid S, et al. An Experimental Verification of the Physical Nature of Pt Adsorption onto Alumina[J]. J Catal, 1999, 184(2): 335 ~348

[162] Spieker W A, Regalbuto J R. A fundamental Model of Platinum Impregnation onto Alumina[J]. Chem Eng Sci, 2001, 56(11): 3491 ~3504

[163] Shelimov B, Lambert J F, Che M, Didillon B. Molecular-Level Studies of Transition Metal-Support Interactions during the First Steps of Catalysts Preparation: Platinum Speciation in the Hexachloroplatinate/Alumina System[J]. J Mol Catal, 2000, 158(1): 91 ~99

[164] Spieker W A, Liu J, Miller T, et al. An EXAFS Study of the Co-ordination Chemistry of Hydrogen Hexachloroplatinate (Ⅳ) 1. Speciation in aqueous solution [J]. Appl Catal, 2002, 232 (1-2): 219 ~235

[165] Spieker W A, Liu J, Hao X, et al, An EXAFS Study of the Co-ordination Chemistry of Hydrogen Hexachloroplatinate(Ⅳ) 2. Speciation of complexes adsorbed onto alumina[J], Appl Catal, 2003, 243(1): 53 ~66

[166] Castro A A, Scelza O A, Benvenuto E R, et al. Competitive adsorption of H_2PtCl_6 and HCl on Al_2O_3 in the preparation of naphtha reforming catalysts[M]. In: Poncelet G, Grange P, Jacobs P A, eds. Preparation of catalysts Ⅲ. Amsterdam-Oxford-New York: Elsevier, 1983. 47 ~56

[167] Aboul-Gheit A K. The role of additives in the impregnation of platinum and ruthenium on alumina catalyst [J]. J Chem Tech Biotechnol, 1979, 29: 480

[168] Maatman R W. How to Make a More Effective Platinum-Alumina Catalyst[J]. I E C, 1959, 51: 913

[169] Shyr Y S, Ernst W R. Preparation of nonuniformly active catalysts[J]. J Catal, 1980, 63(2): 425

[170] Lieske H, Lietz G, Spindler H, Volter J. Reactions of platinum in oxygen- and hydrogen-treated Pt/γ-Al_2O_3 catalysts: I. Temperature-programmed reduction, adsorption, and redispersion of platinum[J]. J Catal, 1983, 81(1): 8

[171] Haensel V. Alumina platinum catalyst and preparation thereof[P]. US2840532, 1958

[172] Zharkov B B; Maslyanskii G N; Rubinov A Z. Effect of the Manner of Preparation on the Catalytic Activity of Platinum-on-Alumina Catalyst[J], Kinet Katal., 1971 v12. N. 3, 754 –85

[173] Hegedus L L, Chou T S, Summers J C, Potter N M. Multicomponent chromatographic processes during the impregnation of alumina pellets with noble metals[M]. In: Delmon B, Grange P, Jacobs P A, Poncelet G, eds. Preparation of Catalysts Ⅱ, 1979: 171 ~183

[174] Heise M S, Schwarz J A. Preparation of metal distributions within catalyst supports[M]. In: Delmon B, Grange P, Jacobs P A and Poncelet G. Preparation of Catalysts Ⅳ. 1987: 1 ~13

[175] Kresge C T, Chester A W, Oleck S M. Control of metal radial profiles in alumina supports by carbon dioxide[J]. Appl. Catal., 1992, 81(2): 215

[176] Blom R H, Kline C H. Try Re in your Catalyst Formulas[J]. Hydrocarbon Process & Petroleum Refiner, 1963, 42(10): 132 ~134

[177] Yao H C, Shelef M. Surface Interaction in the System Re/γ-Al_2O_3[J]. J Catal, 1976, 44(3): 392 ~403

[178] De Miguel S R, Scelza O A, Castro A A, et al. Radial Profiles in Pt/ Al_2O_3, Re/γ-Al_2O_3, and Pt-Re/Al_2O_3[J]. Appl Catal, 1984, 9(3): 309 ~315

[179] Ardiles D R, De Miguel S R, Castro A A , Scelza O A. Pt-Re Catalysts: Study of the Impregnation Step [J]. Appl Catal, 1986, 24(1~2): 175~186

[180] Hayes J C. Hydrocarbon conversion with a trimetallic catalytic composite[P]. US 3775301, 1973

[181] Kluksdahl H E. Reforming with a platinum-rhenium catalyst[P]. US 3558477, 1971

[182] Barbier J, Marecot P , Pieck C L. Effect of the Metal-Metal Interaction on the Stability of Pt-Re/Al_2O_3-Cl Reforming Catalysts[M]. In: Bartholomew C H, Fuentes G A, eds. Catalyst Deactivation. Amsterdam: Elsevier, 1997. 327

[183] Antos G J. Hydrocarbon conversion with a superactive multimetallic catalytic composite [P]. US 4165276, 1979

[184] Antos G J. Hydrocarbon conversion with a superactive multimetallic catalytic composite [P]. US 4159939, 1979

[185] Mitsche R T, Hayes J C. Method of Catalyst Manufacture[P], US 3779947, 1973

[186] Rausch R E. Conversion of Hydrocarbons with a Superactive Acidic Bimetallic Catalytic Composite[P]. US 4032434, 1977

[187] Yurchenko E N , Kuznetsov V I. Mössbauer Spectroscopy Studies on the Complex Formation of H_2PtCl_6 and $SnCl_2$ in Acetone Solution[J]. React Kinet Catal Lett, 1983, 23(1~2): 113~117

[188] Lei Yuan Jin. Platinum-Tin Complexing and Its Application to Catalysis. Appl Catal[J], 1991, 72(1): 33~38

[189] Кузнецов Б Н, Дуплякин В К, Ковальчук В И, и д. Особенности Превращения Углеводородов на Нанесенных Катализаторах, Полученных Разложением Поверхностных Комплексов Ⅳ[J]. Кин и Кат, 1981, 22(6): 1484~1489

[190] Le Peltier F, Didillon B, Jumas J C, et al. Supported Bimetallic Catalyst with a Strong Interaction between a Group Ⅷ Metal and Tin, and Its Use in a Catalytic Reforming Process[P]. US 6605566, 2003

[191] Ермаков Ю И, и д. Закрепленные Комплексы на Окисных носиелях в Катализе [M], изд. Hayka. новосибирсk, 1980. 231~235

[192] Buss W C. platinum Iridium[P]. US 3554902, 1971

[193] Antos G J. Attenuated superactive multimetallic catalytic composite[P]. US 4312788, 1982

[194] Kenneth R, et al.. Reforming catalyst and method of manufacture [P]US 3654184, 1972

[195] Berdala J, Freund E , Lynch J. Environment of platinum atoms in a H_2PtCl_6/Al_2O_3 catalyst: influence of metal loading and chlorine content[J]. J Phys, 1986, 47: 269

[196] Жарков Б Б, Маслянский Г Н, Рубинов А З, и д. О Прокаливании и Восстановлении Алюмоплатиновых Катализаторов Риформинга в Следе Увлажненных Газов[J]. Ж ПХ, 1976, 1: 226~229

[197] Sivasanker S. Ramaswamy A V and Ratnasamy, Factors Controlling the Retention of Chlorine in Platinum Reforming Catalysts[M]. In : Delmon B, et al, eds. Preparation of Catalysts Ⅱ. 1979. 185~196

[198] Жарков Б Б, Маспянскпй Г Н, Антинина Т В ид . Вкн: Каталитические методы переработки углеводородов[M]. Л.: ВНИИНефехим, 1975: 54

[199] Zaidman N M, Sasvostin YU A, Kozhevnikova N G. A Systematic Approach to Studying the Effects of Promoters on the Properties of Platinum/Alumina(Reforming)Catalysts[J], Kinet. Katal.. 1980, V 21, n 6, 1564-69

[200] Ерохина К Д, Ряшенцева М. А., Измаилов Р. И. ид . Изв АН СССР. Сер хим, 1981,

9: 1953

[201] Prestvik R, Moljord K, Grande K , Holmen A. The influence of pretreatment on the metal function of a commercial Pt-Re/Al_2O_3 catalysts[J]. J Catal, 1998, 174(2): 119

[202] Völter J, Lieske H, Uhlemann M, et al. Platinum dispersity and rehydration of η-alumina in Pt/Al_2O_3 catalysts [J]. Z Anorg. Allg. Chem. 1979, 452, 5: 77~82

[203] 王世怀，刘耀芳，潘国庆，杨九金，金巍. 干燥和还原气中气相组成对重整催化剂金属功能的影响[J]. 石油炼制与化工，1996，27(5)：16~19

[204] 刘宇键，赵仁殿，濮仲英. 含烃氢气还原的铂铼重整催化剂的反应性能[J]. 石油学报(石油加工)，1998，14(4)：7~11

[205] Mills G A, Weller S, Cornelius E B. The state of platinum in a reforming catalyst[C]. Second Intern Congr on Catal, vol Ⅱ. Paris, 1960. 113

[206] Hayes J C, Mitsche R T, Pollitzer E L et al. Sulfur as a tool in catalysis[J], Preprints Am Chem Soc, Div Petrol Chem, 1974, 19(2): 334

[207] Wang T, Vazquez A, Kato A, et al. Sulfur on noble metal catalyst particles[J]. J Catal, 1982, 78(2): 306

[208] Apesteguia C, Barbier J. Effect de la sulfuration des catalyseurs Pt/Al_2O_3 sur la reaction d'hydrogénolyse du cyclopentane[J]. Bull Soc Chim France, 1982, 5~6(1): 165

[209] OGL International refining catalyst compilation – 2007[J]. Oil&Gas Journal, 2007, Oct. 1

[210] OGL International refining catalyst compilation – 2009[J]. Oil & Gas Journal, 2009, Sept 7

[211] Metro S, Polaniecki C. Maximizing flexibility and profitabbility with UOP's new R – 500Fixed – Bed Platforming catalyst[OL], http: //www. uop. com/maximizing – flexibility – profitabbility – uops – r500 – fixedbed – platforming – catalyst/2011

[212] Edgar MD, Phansalkar S S. New Reforming Catalysts Help Refiners Cope with Greater Demand for Gasoline[C]. NPRA, AM – 07 – 68, 2007

[213] Goff P – Y L, Bonneville J, Domergue B, et al. Increasing semi – regenerative reformer performance through catalytic solutions[OL], http: //www. axens. net/product/technology – licensing/10026/semi – reg – reforming. html

[214] Grau J M , Parera J M. Deactivation of Pt-Re/Al_2O_3 catalysts with different metallic charge[J]. Appl Catal, 1991, 70(1): 9~18

[215] Gallagher J P. Catalytic reforming with Rhenium-Platinum catalyst containing more rhenium than platinum[P]. US4356081, 1982

[216] Morse R W, Vance P W, Novak W J, Franck J P , Plumail J C. Improved reformer yield and hydrogen selectivity with tri-metallic catalysts[C]. NPRA, 1995, AM-95-33

[217] Ross J, Balancing octane and hydrogen with ULS fuels[J]. PTQ WINTER 2004. 49

[218] Jean F J, Pierre Y L G, Fabienne L P , Bruno D. Catalytic solutions for improved performance[J]. PTQ SPRING 2003. 27

[219] Haizmann R S, Moser M D , Wei D Y. UOP R-72 Staged loading for maximum reformer yields[C]. NPRA, 1995, AM-95-30

[220] 张大庆，孙作霖等. 一种多金属重整催化剂的制备方法[P]. 中国 ZL02121588. X，2004

[221] 孙逢铎. CB-8 重整催化剂的工业应用[J]. 石油炼制与化工，1998，29(8)：28

[222] 徐远国，孙逢铎. CB 系列重整催化剂的特点及工业应用[J]. 炼油设计，1998，28(5)：57

[223] Poparad A, Ellis B, Glover B, Metro S. REforming solutions for improved profits in an up - down world [C]. NPRA, 2011, AM - 11 - 59
[224] Bouzet B, cook j, Largeteau D, et al. Advances in naphtha processing for reformulated fuels production [C]. NPRA, 2010, AM - 10 - 148
[225] Gilsdorf N L, Doornbos A E, Gevelinger T J , Angelo C M D. Commercialization of High-Performance Continuous Reforming Catalyst[C]. NPRA, 1993, AM-93-10
[226] Wier M J, Elstein J U J , Schwake D. Strategies for Maximizing Profits from Catalytic Reforming Units [C]. NPRA, 1998, AM-98-36
[227] Beshears D. CCR Platforming Catalyst Selection Improves Unit Flexibility and Profitability[C]. NPRA, 2000, AM-00-59
[228] Gautam R, Bogdan P, Lichtscheidl J. Maximise Assets with Advanced Catalysts[J]. Hydrocarbon Engineering, April 2000: 38
[229] Sajbel P O, Wier M J. The Power of Platforming Innovation Delivered[J]. NPRA, 2001, AM-01-48
[230] Lapinski M P, Rosin R R, Anderle C J. Innovating for increased reforming capacity[J]. Hydrocarbon Engineering, 2004, Sept. 29 ~ 31
[231] Stine M. CCR Platforming process - Advancements and consideration of super - sized units [J]. Hydrocarbon Asia, 2006, May/Jun, 12 ~ 19
[232] Lapinski M P, Zmich J, Metro S, Chaiyasit N, et al. Increasing catalytic reforming yields[J], PTQ Catalysis, 2008, 23 ~ 25. http://www.eptq.com/view_topic.aspx? intContentID = 22&intTID = 37
[233] Clause D, Dupraz C, Franck J P. Continuing Innovation in CAT Reforming[C]. NPRA, 1998, AM - 98 - 39
[234] MacClong R, Sopko J S. New Reformer Catatlyst for Cyclic and Continuous Regeneration[C]. NPRA, 1991, AM - 91 - 29
[235] Edgar M D, Suchanek A J. Criterion Catalyst Moving Bed Reforming Catalysts[C]. NPRA, 1994, AM - 94 - 38
[236] Gray S, Schuman J J. Application of the Criterion PS - 20 Moving Bed Reforming Catalyst in the Shell Harberg Germany CCR Platformer 1995 to Date[C]. NPRA, 1999, AM - 99 - 41
[237] Edgar M D, Shaikh A. Gulf Coast Refiner's CCR Reformer Expansion Pivots Around Catalyst Change [C]. NPRA, 2000, AM - 00 - 21
[238] Gray S, Phansalkar S S, Fishcher M. Application of the Criterion PS - 40 CCR Catalyst at the ERE Refinery, Lingen, Germany[C]. NPRA, 2002, AM - 02 - 62
[239] 杨森年，李庆骏，张宜修. 国产连续重整催化剂的工业应用[J]. 石油炼制，1992，6，30 ~ 35
[240] 李国友，候特超，谢英奋等. GCR - 10 连续重整催化剂的工业应用[J]. 石油炼制与化工，1997，28(2)：1 ~ 4
[241] Yang Sennian. New Progress of Continuous Reforming Catalysts[J]. China Petroleum Processing and Petrochemical Technology, 1999, 1 ~ 2: 40
[242] 朱国宏，沈文华，侯辉暄等. 3961 连续重整催化剂的工业应用[J]. 石油炼制与化工，1999，30(2)：1 ~ 5
[243] 冷家厂，郭颀，杨森年. GCR - 100 型连续重整催化剂的工业应用[J]. 石油炼制与化工，2004，35(1)：39 ~ 42
[244] 潘锦程，马爱增，杨森年. PS - Ⅵ型连续重整催化剂的研究和评价[J]. 炼油设计，2002，32

(7)：53～55

[245] 马爱增，潘锦程，杨森年. 高铂型低积碳速率连续重整催化剂 PS－Ⅶ的研究和评价[J]，炼油技术与工程，2004，34(12)：45～47

[246] 潘茂华，马爱增. PS－Ⅵ型连续重整催化剂的工业应用试验[J]，石油炼制与化工 2003，34(7)：5～8

[247] 周明秋，陈国平，马爱增. PS－Ⅶ型连续重整催化剂的工业应用，石油炼制与化工[J]，2008，39(4)：27～30

[248] 马爱增，潘锦程，杨森年等. 低积碳速率连续重整催化剂的研发和工业应用[J]，石油炼制与化工，2012，43(4)：15～20

第七章　催化重整工艺

催化重整工艺的主要目的是将低辛烷值的石脑油转化成高辛烷值的汽油组分，或者生产高芳烃含量的化工原料，同时副产氢气。

1940 年美国 Mobil 石油公司在美国建成了世界上第一套催化重整装置，以氧化钼(或氧化铬)/氧化铝作催化剂，但因催化剂活性不高，操作周期太短，设备复杂，不久就被淘汰。从 1949 年 UOP 公司第一套铂重整装置工业化以后，由于采用了含铂催化剂，大大改善了催化剂的性能，催化重整得到了迅速的发展。

半个世纪来，催化重整技术不断发展，根据使用催化剂类型、工艺流程和催化剂再生方法的差别，相继出现了许多不同的重整工艺，如 Air Products and Chemicals 公司的胡德利重整(Houdriforming)，Amoco 公司的超重整(Ultraforming)，Exxon 公司的强化重整(Powerforming)，Chevron 公司的铼重整(Rheniforming)，UOP 公司的铂重整(Platforming)，IFP/Axens 公司的辛烷化(Octanizing)和芳构化(Aromizing)等[1]。

重整工艺包括重整反应、反应产物的处理和催化剂的再生等过程，反应机理及操作参数已分别在本书有关章节中作了论述，本章重点讲述与工艺流程相关的问题。原料石脑油在进行重整反应之前，要先进行预处理，除去硫、氮、水、砷、铅、铜及烯烃等杂质，并切割出适当馏分，这是催化重整装置中不可缺少的一部分，有关原料预处理的情况见本书第三章。

根据催化剂再生方式的不同，催化重整工艺主要有以下三种类型：

1. 半再生重整

采用轴向或径向固定床反应器，使用挤条形或球形催化剂，重整反应在反应器内的催化剂上进行。随着反应时间的增加，反应器内催化剂上的积炭逐渐增多，活性逐渐下降，到一定时间就要将装置停下来，使催化剂进行烧焦、氯化更新、干燥和还原等。为了维持较长操作周期，减低催化剂的积炭速度，反应苛刻度受到一定限制，反应压力和氢油比不能太低，产品辛烷值不能太高。铂铼双金属催化剂比其他催化剂具有更高的稳定性，已广泛地应用于半再生重整装置中。

2. 循环再生重整

反应器也是采用固定床结构，但多设一台反应器，在操作过程中，可以轮流有一台反应器切换出来，用阀与反应系统隔断，原位进行再生。由于催化剂可以在装置不停工的条件下轮流进行再生，能维持较长的操作周期，反应苛刻度可以较高。

3. 连续(再生)重整

采用移动床反应器，设有催化剂循环及连续再生系统。催化剂在反应器和再生器之间循环移动，反应后积炭的催化剂在再生器内连续进行再生，然后再送回反应器进行反应。由于催化剂连续进行再生，可以充分发挥和保持催化剂的活性，操作周期长，反应苛刻度可以大大提高，能够在较低反应压力和较小氢油比的条件下操作，增加重整生成油的辛烷值收率和芳烃产率。

第一节 催化重整工艺基本过程

一、工 艺 流 程

催化重整反应需要在一定温度、压力和催化剂作用的临氢条件下进行，工艺过程包括升压、换热、加热、临氢反应、冷却、气液分离及油品分馏等过程。为了增加氢分压以减少催化剂上积炭的副反应，设有循环氢压缩机使氢气在反应系统内循环。由于重整系吸热反应，物料通过绝热反应器后温度会下降，一般采用3~4台反应器，每台反应器前设有加热炉以维持足够的反应温度。重整工艺基本流程见图7－1。

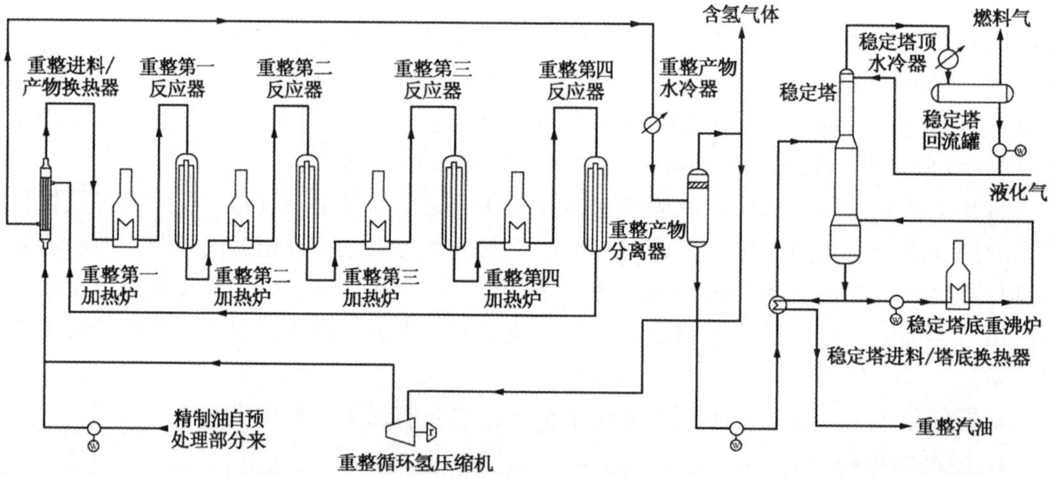

图7－1 重整工艺基本流程

原料精制石脑油用泵抽送进入装置后，与循环氢混合，然后进入混合进料换热器中与反应产物换热。换热后的物料经过第一加热炉(进料加热炉)加热到反应温度后进入第一反应器，然后依次经过第二加热炉(1号中间加热炉)、第二反应器、第三加热炉(2号中间加热炉)、第三反应器、第四加热炉(3号中间加热炉)、第四反应器。

从最后一台重整反应器出来的反应产物在混合进料换热器中与进料换热，然后经冷却器冷却并使其中油品冷凝后进入产物分离罐。罐顶分出含氢气体，一部分作为循环氢，用压缩机压缩并与原料混合后返回反应器；另一部分作为副产氢气直接或经压缩后送出装置。为了回收副产氢气中的轻烃和提高氢气纯度，常常将压缩后的含氢气体与用泵加压后的产物分离罐底液体在较高压力下混合冷却，通过气液再接触，使气中的轻烃溶于油中，达到新的平衡，然后再分离。

从产物分离罐底分出的液体用泵抽出，直接或经再接触后送往稳定塔(或脱戊烷塔)。塔顶气体经冷凝冷却后进入回流罐，罐顶出燃料气(有时返回上游与油再接触以回收其中的轻烃)，罐底出液化气，一部分作回流，一部分作产品。塔底液体一部分用泵抽出，经重沸炉加热后返回塔内给塔底供应热量，其余部分与塔进料换热再经冷却后，作为重整油产品送出装置。

重整催化剂的再生包括烧焦、氧氯化、干燥、还原等过程。半再生重整装置催化剂的再生在停工后进行，一般利用原有设备按原有流程原位进行(器内再生)，也可以送往催化剂制造厂进行(器外再生)；连续重整则在装置内专设的催化剂连续再生系统内进行。

二、工艺过程分析

(一) 重整反应

重整的主要反应是环烷脱氢和烷烃环化脱氢，一般是在0.35~1.5MPa、480~530℃、氢烃摩尔比2~8、体积空速1~3h^{-1}的临氢条件下进行。目前，重整采用的都是绝热反应器，反应过程中要吸收大量热量，因此物料反应后的温度会下降。为了补充热量，维持足够的反应温度，反应要分3~4段进行，物料在每段反应之前先在加热炉内加热。

原料石脑油进入第一反应器以后其中六元环烷脱氢等反应速度快的反应首先进行，这些吸热反应使反应物料进入反应器后温度急剧下降，反应器下部处于较低的温度条件下，从而影响反应速度，使这部分催化剂不能充分发挥作用。因此第一反应器不用太大，催化剂不宜多装，同时需要在反应器后设置较大的加热炉将反应物料重新加热到所需的反应温度。加热后的反应物料进入较大的第二反应器，使五元环烷烃进行脱氢异构反应，温度也会下降，但下降幅度减小。此后，反应物料再进入三、四段反应器时，容易进行的反应基本都已完成，烷烃环化脱氢等速度较慢的反应需要更大的反应空间，同时吸热的脱氢反应减少，放热的加氢裂化反应逐渐增加，反应器温降较小。因此，各段重整反应从前到后其加热炉负荷逐步减小，而反应器则逐步加大。

重整反应加热炉的热负荷除第一个加热炉(进料加热炉)与进料换热器的换热量有关外，后面三个加热炉(中间加热炉)的热负荷都是由各段反应的反应热决定的。反应器从前到后催化剂的装料比，三个反应器一般依次为15%、25%、60%，四个反应器一般依次为10%、15%、25%、50%。

关于重整反应分几段的问题，与反应苛刻度和进料组成有关，有的采用三段，有的采用四段，是一个技术经济问题，应根据辛烷值的要求和反应热的大小确定。反应段数多则反应器内床层温度变化范围小，对反应有利，但增加一段反应，投资要增加，经济上不一定合理。一般装置如果反应苛刻度不高，产品辛烷值(RON)不超过98，反应热在1000kJ/kg以下，可考虑用三段反应，大于此数最好采用四段反应。

重整装置各反应器内的主要反应及温降(以半再生重整为例)，见表7-1。

表7-1 重整装置各反应器内的主要反应及温降[2]

反应器名称	主要反应	组成变化	温降/℃
第一反应器	六元环烷脱氢，烷烃异构	环烷烃下降多，芳烃有增加	70~80
第二反应器	环烷脱氢，五元环烷异构脱氢及开环，C_7烷烃裂解	环烷烃继续下降，芳烃有增加，C_5~C_6有增加	30~40
第三反应器	烷烃脱氢环化，加氢裂化	C_7^+烷烃减少，芳烃增加	15~25
第四反应器	烷烃脱氢环化，加氢裂化	C_5~C_6先增加，后略有下降，芳烃增加	5~10

重整进料中各种烃类在各反应器内的转化率大致如表7－2所示。环己烷反应最快，基本在第一反应器内就完成，环戊烷大部分在第一和第二反应器内转化，而烷烃的转化则主要在第三和第四反应器内进行。

表7－2 重整进料中各种烃类在各反应器内的转化率 %

反应器名称	环己烷转化率	环戊烷转化率	烷烃转化率
第一反应器	95	39	7
第二反应器	3	35	7
第三反应器	0	9	13
第四反应器	1	4	12
总转化率	99	87	39

注：表中烷烃转化率不包括异构化。

重整反应器有轴向和径向两种结构形式，见图7－2。

轴向反应器为空筒式反应器，反应物料自上而下沿轴向通过，其大小由催化剂装量决定，与装置规模和反应空速有关。催化剂均匀装填在反应器内，催化剂床层下一般依次铺垫ϕ6mm、ϕ10mm和ϕ18mm三层磁球，各层厚度约为200～300mm，支撑着催化剂，防止催化剂从反应器内漏出。

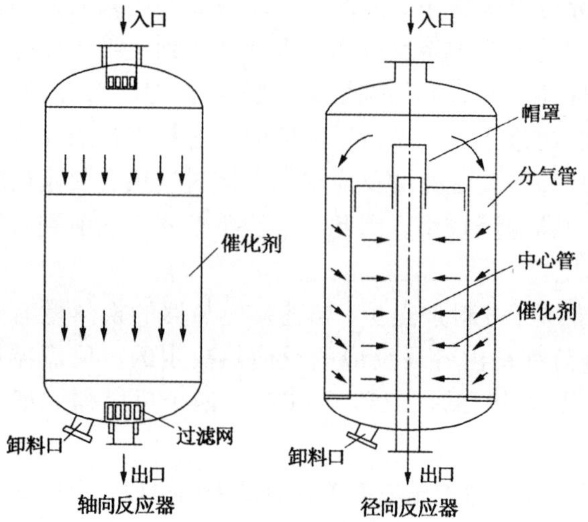

图7－2 反应器类型

轴向反应器设备结构很简单，但反应器长径比必须合适，一般不宜小于3，因为长径比太小，会加大反应器直径，增加反应器的壁厚和投资，同时气流分布不容易均匀，影响反应效率；但长径比太大也不好，它会增加催化剂床层的压降，并容易使催化剂破损。为了使物料在流过催化剂床层时有较好的接触效率，使气体分布均匀，每米催化剂床层压降小于5.6kPa是不可取的，但压降也不能太大，否则催化剂会产生破损，并增加床层的压降，每米催化剂床层压降大于23kPa是不合适的，一般认为每米催化剂床层压降10～20kPa比较适宜。

径向反应器内设有分气管、中心管(集气管)、帽罩等内构件，反应物料进入反应器后先分布到四周分气管(环形空间或扇形筒)内，然后径向流过催化剂床层，从中心集气管流出。与轴向反应器相比，径向反应器内部结构比较复杂，但气体流通面积比较大，径向流过床层厚度比较薄，由于流体阻力与流通面积的平方呈反比，与流通路程的长度呈正比，因此径向反应器物流通过反应器的压力降比轴向反应器小，有利于减小临氢系统的压力降。

径向反应器的运行操作效率在很大程度上取决于反应物流分布的均匀度，如果流体分布不均，将直接影响反应的转化率和产品的质量。反应物流通过分气管侧孔径向流过催化剂床层，并通过小孔进入中心管。在分气管和中心管中，由于物流沿轴向不断流入或流出，而形成变质量流动，从而影响物流的均布。影响径向反应器沿轴向均匀布气的主要因素有反应器结构参数和轴向流动形式、两主流道截面积比、反应器容积有效利用率和布气管开孔率以及反应操作条件等[3]。

径向反应器气体流动流体力学模型详见本书第八章。径向反应器气体分布管内静压与动能的分布规律可以大致用伯努利方程(能量守恒定律)表示。设 p、ρ、u、z 分别表示气体的静压力、密度、速度和位能，h 表示摩擦阻力，g 是重力加速度，根据伯努利方程列出流通面上下 1、2 两个点的能量关系：

$$\frac{p_1}{\rho g}+\frac{u_1^2}{2g}+z_1=\frac{p_2}{\rho g}+\frac{u_2^2}{2g}+z_2+h$$

由于上下两处垂直位能相差不大，气体密度变化也很小，忽略不计，则上式可简化为：

$$\frac{p_2-p_1}{\rho g}=\frac{u_1^2-u_2^2}{2g}-h$$

目前使用的大部分径向反应器，气体从上部进入反应器，分布到反应器内四周的气体分布管中，然后在不同层面径向流过催化剂床层，通过中心管壁小孔进入中心管(集气管)，最后从中心管底流出。物料在分气管和中心管内的流动都是变质量流动过程，如图 7－3 所示。

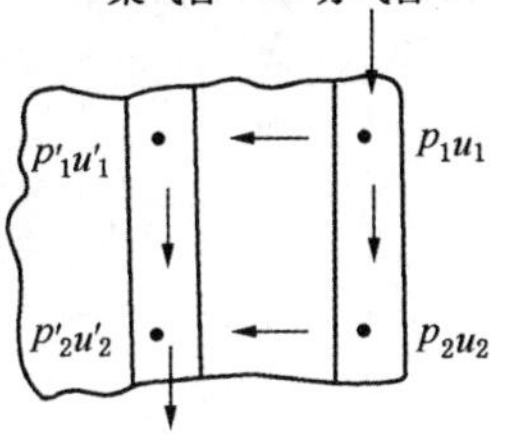

图 7－3　径向反应器气体流向

气体从顶部进入反应器分气管后，在不同高度径向流过催化剂床层，再从集气管流出，由于床层厚度上下一样，管壁小孔都是均匀分布，阻力基本相同，但分气管和集气管内的压力分布是不一样的，因而影响通过催化剂床层的气流分布。

分气管内自上而下气量逐渐减少，速度不断降低，即 $u_2<u_1$，摩擦阻力虽然沿流动方向逐渐增加，但动量交换效应要大于摩擦阻力效应，二者综合作用的结果，仍使静压沿流动方向增加，因而 $p_2>p_1$，即分气管内的静压力下大上小。

对于中心集气管，由于气量自上而下不断增加，管内气体速度也不断增加，即 $u'_2>u'_1$，动量交换效应与摩擦阻力效应的作用相同，从而使集气流道中的静压沿流动方向减小比较快，因而 $p'_2<p'_1$，即集气管内静压力下小上大。于是：

$$(p_2-p'_2)>(p_1-p'_1)$$

即分气管与集气管的压力差下部大于上部。如不考虑其他影响因素，下部流过的气体会比上部流过的多。这种不均匀的气流分布会使上下物流与催化剂的接触机会不相等，反应不完全，影响反应的转化率。

为了克服以上不均匀流动现象，可以考虑以下措施：

(1)扩大分气管和集气管的流动截面积，降低流速，使分气管与集气管的压差沿管长变化减小，从而改善气流分布状况。此法由于受设备空间的限制，不能完全解决问题。

(2)将分气管和集气管设计成变截面的锥形管，以维持管内流速使其变化不大，减少管内静压力的变化，国内外都有人做过这样的试验。例如，将中心管做成上小下大的锥形管，但结果并不理想，一方面因为制造困难，另一方面由于压差不能调节，气流分布受流量变化的影响，效果并不好。

(3)分气管和集气管上下采用不同的开孔率，用小孔阻力的变化补偿管内压力变化。如果设计正确，这种方法是有效的。但考虑到实际生产时流量有变动，不可能完全按照设计的条件运转，因此实行起来也有问题。

(4)增加中心管过孔的阻力，即减小开孔率，使其大大超过分气管和集气管内的压力变化，虽然上下开孔是均匀分布的，但由于通过孔的压降较大，上下床层压降的差别就可以忽略不计了。

一般设计采用上述第四种办法，即用减小中心集气管开孔率的办法来减小压力降的差别，以达到流体均匀分布的目的。这种方法最简单，实践证明效果也是好的。

以某炼油厂一台已生产多年的半再生重整装置反应器为例，反应器直径1.6m，切线高4.7m，中心管直径330mm，中心管开孔率1.54%。物流从反应器上边进来，通过扇形筒分气管进入催化剂床层，然后进入中心集气管从反应器底部出去。按实际标定数据，重整进料量17.64t/h，氢油体积比1460，平均压力1.27MPa，平均温度498℃，催化剂平均粒径ϕ2.5mm，物流通过反应器各部分压力降的核算结果见表7－3。

表7－3 径向反应器压降核算[4]

序号	项目	平均线速/(m/s)	压力降/kPa	压降分配/%
1	进口分配头		2.45	18.8
2	扇形筒小孔	0.66	0.01	0.1
3	催化剂床层	0.31	0.93	7.1
4	中心管外套筒小孔	2.90	0.03	0.2
5	中心管小孔	48.2	9.63	73.8
	合计		13.05	100.0

扇形筒(分气管)与中心管(集气管)内静压力变化情况，自上而下分成10段分别进行核算，各段静压差计算结果见表7－4。

表7－4 扇形筒与中心管各段静压力变化情况[4]

	段数(自上而下)	1	2	3	4	5	6	7	8	9	10
扇形筒	平均速度/(m/s)	15.5	13.9	12.4	10.8	9.3	7.7	6.2	4.6	3.1	1.6
	速度头差值/Pa(mmH_2O)(对入口)	72.6 (7.4)	134.3 (13.7)	193.2 (19.7)	243.2 (24.8)	284.4 (29.0)	317.7 (32.4)	345.2 (35.2)	363.8 (37.1)	375.6 (38.3)	379.5 (38.7)
	摩擦阻力/Pa(mmH_2O)(对入口)	36.3 (3.7)	65.7 (6.7)	88.3 (9.0)	106.0 (10.8)	117.7 (12.0)	126.5 (12.9)	131.4 (13.4)	134.3 (13.7)	135.3 (13.8)	136.3 (13.9)
	静压差/Pa(mmH_2O)(对入口)	37.3 (3.8)	68.6 (7.0)	105.0 (10.7)	137.3 (14.0)	166.7 (17.0)	191.2 (19.5)	213.8 (21.8)	229.5 (23.4)	240.2 (24.5)	243.2 (24.8)
中心管	平均速度/(m/s)	3.3	6.7	10.1	13.4	16.7	20.0	23.3	26.6	30.0	33.3
	速度头差值/Pa(mmH_2O)(对出口)	1765.1 (180.0)	1735.7 (177.0)	1686.6 (172.0)	1598.4 (163.0)	1475.8 (150.5)	1319.0 (134.5)	1127.7 (115.0)	902.2 (92.0)	639.4 (65.2)	333.4 (34.0)
	摩擦阻力/Pa(mmH_2O)(对出口)	112.8 (11.5)	112.8 (11.5)	111.8 (11.4)	109.8 (11.2)	106.0 (10.8)	99.0 (10.1)	88.3 (9.0)	73.5 (7.5)	54.9 (5.6)	30.4 (3.1)
	静压差/Pa(mmH_2O)(对出口)	1880.0 (191.7)	1848.3 (188.5)	1808.2 (184.4)	1708.2 (174.2)	1581.2 (161.3)	1417.9 (144.6)	1216.0 (124.0)	975.7 (99.5)	694.3 (70.8)	363.8 (37.1)

表7－3和表7－4中列出的静压力数据，综合表示在图7－4上。在中心管出口为零时，扇形筒与中心管的静压力可以分别从左右两个纵坐标中读出。

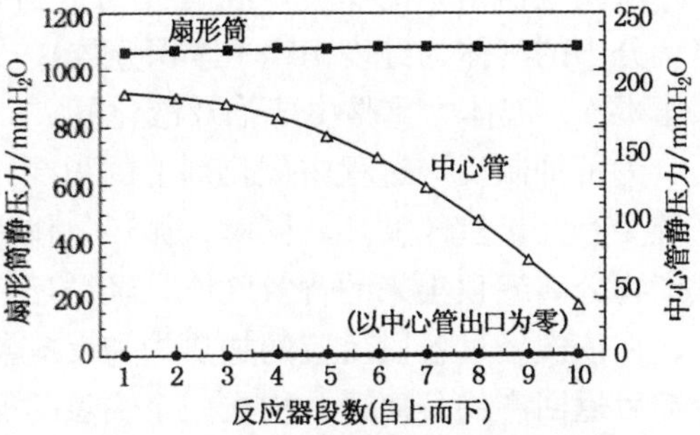

图7－4　径向反应器不同高度静压差图

注：$1mmH_2O=9.806Pa$

由表7－4和图7－4可以看出，气体在扇形筒和中心管内的静压力都是有变化的，特别是中心管的变化更为明显。扇形筒自上而下静压力逐渐增加，最大相差205.9Pa($21mmH_2O$)；中心管自上而下静压力逐渐减小，最大相差1.52kPa($154.6mmH_2O$)。因此，由于静压力的变化，扇形筒与中心管静压力差自上而下逐渐加大，最大相差1.72kPa($175.6mmH_2O$)，占整个反应器计算压力降(13.05kPa)的13.5%，上下压力降的比值为1－13.5%＝86.5%，由于流量与压差的平方根成正比，反应器上下流量的比为93%，即静压差对流量引起的误差为7%。在工业生产中，流量的分布还有其他一些因素的影响(例如催化剂粒度不均，装填结实程度不同，设备制造误差等)，物料绝对均布是很难做到的，反应器限制中心管开孔率以后，静压力差引起的误差对生产影响不大，如果再适当加大中心管的直径，情况还会更为改善。反应器的实测结果表明，反应器催化剂床层内同温面，上中下温度非常接近，相差不超过1℃，说明反应器上中下气流分布基本上是均匀的[4]。

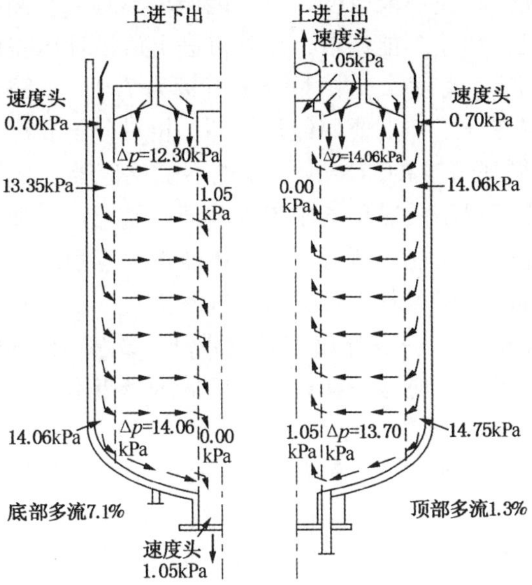

图7－5　反应器物流方向对气体均布的影响[5]

但是，这种方法是以增加阻力为代价来均匀分布流体的，虽然数值不大，但也不够合理，因此在有些新的连续重整工艺中，物流虽然仍从上面进入反应器扇形筒内，但中心管内收集的气体则由下出改为上出。这样，尽管扇形筒内自上而下静压力逐渐增加，但中心管内静压力自上而下也是逐渐增加，上下压力降相差很小，流量分布比较均匀，因而中心管的过孔阻力可以减少。同时由于反应物料从反应器顶上出去，反应器底部结构比较简单，底部空间有利于催化剂出料管的布置，减少催化剂的死区。

反应器物流上进下出和上进上出对流体分布的影响可以从图7－5中看出来，在相同操作条件下，图中左右分别表示两种不同的工况。反应器物料上进下出时，上部压力差12.30kPa，下部压力差14.06kPa，通过下部的物流比上部多(多7.1%)；改成上进上出后，上部压力差14.06kPa，下部压力差13.70kPa，通过下部的物流比上部少(少1.3%)，可以认为是很均匀了。

(二)氢气循环

从反应器出来的反应产物首先与进料换热，再经冷却后进入产物分离罐进行气液分离。分出的气体为纯度70%(体积分数)~90%(体积分数)的氢气(其他为C_1~C_4及少量C_5轻烃)，液体为重整生成油及液化气。

为了抑制反应过程中催化剂上的积炭，需要在反应过程中有较高的氢分压，为此反应系统要有大量氢气循环。同时，循环氢作为热载体，对改善反应器的温度分布也有好处。从产物分离罐顶出来的含氢气体，经循环氢压缩机压缩并与原料油混合后，与反应产物换热，在依次经过各段反应的加热炉和反应器之后，与原料换热，再经空冷器、水冷器冷凝冷却后返回产物分离罐，构成一个临氢的循环回路系统。

重整临氢系统中的氢气循环是重整反应最重要的部分，循环氢压缩机就是这部分的“心脏”，是装置运转正常与否的关键。规模较小的装置一般采用电动往复式压缩机，较大的装置采用汽动离心式压缩机。往复式压缩机一般为一级双缸式，短期可采用顶开进气阀的方法将气量调节为0%、25%、50%、75%、100%不同档次。离心式压缩机可以通过改变转速调节气量。

由于重整的氢气纯度是不固定的，开工初期和末期的气体密度不一样，对离心式压缩机的操作性能有很大影响，这一点在选用原动机时必须注意。根据离心式压缩机性能曲线，一定流量的压头是一定的，但进出口的压力差则会因为气体密度的不同而不同，需要通过改变转速进行调节，如果压缩机采用电动，转速不能改变，有可能循环不起来。例如某炼油厂重整采用了电动离心式循环氢压缩机，转速不能调节，压缩机进出口设计压差值为0.8MPa，正常操作时的循环氢纯度较低，气体密度大，相对分子质量为7.9，压缩机可以维持较高的压差，转没有问题，但是装置在开工初期要用纯氢循环，相对分子质量只有2~3，压缩机的压差值上不去而无法克服循环系统的压降，气体进不了反应器，压缩机反飞动线自动启动，气体循环不起来。为此不得不向循环气中掺入一部分氮气，增加气体密度以提高压缩机的压力差，才把装置开起来。在注入氮气后，气体能在反应系统正常循环，但人们担心，在不正常状态下，氮气可能会将氧气夹带进入氢气系统，安全上有风险。因此，在选用离心式压缩机作循环氢压缩机时，一般都用汽轮机带动，既安全防爆，又能改变转速，调节压差和流量；如选用电机带动，应考虑在开工时增加压降措施，或设置变频调速，在开工时通过改变转速来调整压头。

氢气从循环氢压缩机出来以后，依次通过进料换热器(管程)、各段反应的加热炉和反应器、进料换热器(壳程)、冷却器、产品分离器，再回到循环氢压缩机，构成一个循环氢系统回路。循环氢系统压力降的大小决定了循环氢压缩机的压差，直接影响压缩机的功率。由于循环氢压缩机的功率是压缩比的函数，压缩比不仅与压差有关，操作压力高低的影响也很大，因此，对于操作压力较低的催化重整，循环氢系统要求有较低的压力降，以免压缩机功率过大而不经济。以一套300kt/a半再生重整装置为例，早期采用单铂催化剂时反应压力比较高，临氢系统压力降一般为1.0MPa，循环氢压缩机轴功率为944kW；后来重整采用多金属催化剂，降低了反应压力，如果临氢系统压力降仍为1.0 MPa，不改变氢油比，循环氢压缩机轴功率将增加至1765kW，是原来的1.87倍，是很不经济的。但只要设备和管线设计得当，半再生重整临氢系统的压力降降至0.6MPa以下是不难做到的，此时循环氢压缩机功率可不增加而接近早期半再生重整的水平，详见表7-5。

表7-5 不同压力降对循环氢压缩机功率的影响[6]

装 置	高压半再生重整	低压半再生重整	低压半再生重整
循环氢系统压力降/MPa	1.0	1.0	0.6
压缩机入口压力/MPa(g)	2.4	1.1	1.3
压缩机出口压力/MPa(g)	3.4	2.1	1.9
压缩比	1.40	1.84	1.43
压缩机功率(效率按70%计)/kW	944	1765	1005
功率比	1.00	1.87	1.06

随着重整技术的发展，反应压力不断降低，循环氢系统压力降也不断减少。降低循环氢系统压力降，除了尽量减小氢烃比外，还采取了以下一些有效措施：

(1)采用径向反应器代替轴向反应器。由于催化剂床层减薄，压降成倍降低；

(2)采用大型单管程立式换热器代替多台普通U形管换热器。这是早期高压单铂重整与目前低压多金属重整最大的差别，压降减少了好几倍；

(3)增加加热炉炉管、空冷器和冷却器的并联流路。由于流速的降低而降低压降；

(4)优化管径。循环氢系统管线适当加大，可以降低压降；

(5)改进流程。采用两段混氢流程后，由于减少了通过进料换热器和一段、二段反应的氢气量，循环氢系统压降减少；

(6)设备布置紧凑，减少管线长度。既可减少压降又可降低投资。

重整装置典型的循环氢系统压力降如表7-6所示。

表7-6 典型的循环氢系统压力降[4] MPa

装 置	早期半再生重整(单铂)	目前半再生重整(多金属)	连续重整
反应器	0.24	0.10	0.08
加热炉	0.19	0.13	0.09
换热器	0.39	0.07	0.07
冷却器	0.09	0.07	0.01
管线及其他	0.11	0.06	0.05
合 计	1.02	0.43	0.30

(三)进料换热

重整进料与产物的换热器对临氢系统压降和热能的利用，都有着巨大的影响。重整进料换热器的热负荷一般占加热进料总热量的80%～85%，进料加热炉热负荷只占20%左右，因此换热的好坏对装置的能耗具有举足轻重的作用。早期重整装置采用4～6台普通卧式U形管换热器串联操作，传热效率低，压降高达0.2～0.4MPa，以后由于重整反应压力降低，这种换热器已不能适应需要。20世纪70年代初纯逆流单管程立式管壳换热器问世，一般装置只用1台换热器就代替了原来的多台换热器，开始时管长12m，以后增加到22m，总压降降低到0.07～0.08MPa(管程0.01～0.02MPa，壳程0.05～0.06MPa)，很好的解决了这一问题；同时由于纯逆流换热，没有错流的温差影响，提高了传热效率。为了在允许压降条件下有一个合理的传热系数，同时使进入管内的两相混合进料分布均匀，管程质量流速一般不小于50 kg/(m^2·s)，传热系数一般在0.23kJ/(m^2·℃)左右。

立式管壳式进料换热器换热情况举例如图7－6所示。冷流为进料与循环氢的混合物，入口98℃，自下而上地通过换热器管程进行加热，由气液两相变成全部气相，出口457℃。热流为反应产物，自上而下地流过换热器壳程进行冷却，入口504℃，出口121℃，接近出口处开始有液相生成。热端温差47℃，冷端温差23℃。

这种换热器除了纯逆流的工艺特点外，结构形式也比较特殊，进口有气液分配板，换热器内管程设有膨胀节。同时随着处理能力的提高需要加大挡板间距以降低压降，但由于挡板间距的加大，可能产生共振，为此需要设置特殊结构的挡板以防止设备振动。

由于进入进料换热器管程的物料是两相(液体石脑油和循环氢气)，必须在进入众多换热管之前进行均匀混合。常规重整装置循环气量大，压力高，石脑油与循环氢气一般在换热器前的管线中直接混合，混合物进入换热器后通过一个分配板进入管束；但新的连续重整装置，由于循环气量小，压力低，为了保证两相均匀分布，石脑油和氢气分别进入换热器，各自喷洒开以后再混合。液体石脑油从钻有很多小孔的喷头内喷出，与通过分配板的气体混合后再进入换热器管内。液体通过喷嘴的速度一般在6m/s左右，孔径小有利于液体雾化，但太小易于被脏物堵塞，这在操作中是必须避免的，因此如果前面没有过滤器，喷嘴孔径一般不小于6mm。

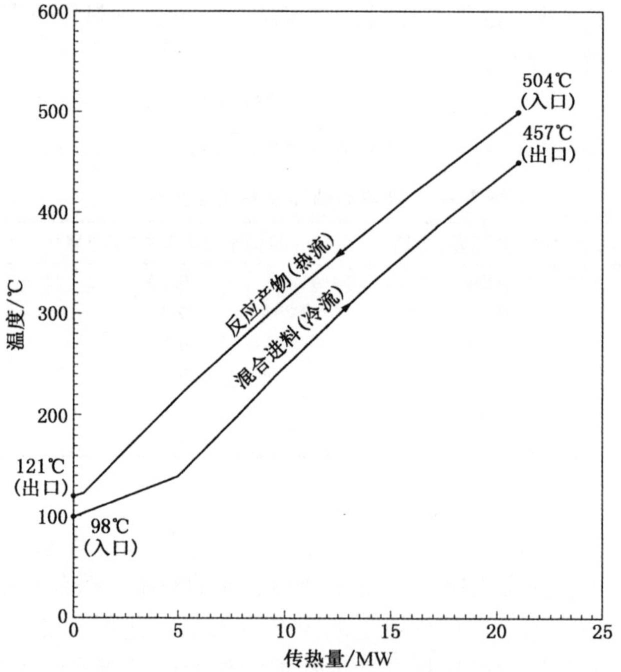

图7－6 立式换热器传热曲线实例

目前我国使用的最大立式换热器管长21.35m，直径1.905m，传热面积3952m^2，接近世界上最大的规格。进料换热器管程进料是石脑油和氢气的混合物，温度比较低，为两相流动状态，气液两相能否均匀混合进入换热器是影响换热效率的重要因素。由于这种设备高度有一定限制，直径也不能太大，因此，800kt/a以上的大型重整装置如果采用立式换热器，往往需要设置两台并联操作，这就需要改进液体进料与循环氢的混合结构，否则很容易造成偏流，严重影响换热效果。

两台进料换热器并联操作时，如果气液两相混合不均匀，进入各管内的气液分配比例可能不均，一旦一台换热器管内进入液体较多，就会增大阻力，使气体大量挤入另一台换热器内，两台换热器物料分配不均，造成偏流，使换热效率下降，这种情况还会愈演愈烈。表7-7中所列两台并联进料换热器(A，B)在偏流和正常情况下的实际操作数据就是一个典型的事例。换热器在偏流情况下换热量大大下降，两台换热器由于进料量的差异，换热温度差别很大，进料经过换热后总的出口温度比正常情况低了101℃，势必增加进料加热炉的热负荷，大大增加能耗，如果进料加热炉余量不大，则难于达到反应温度。因此改进进料喷嘴结构，改善气液混合状况以消除换热器的偏流现象十分重要。

表7-7　并联换热器换热温度

项　目	管程入口温度/℃		管程出口温度/℃		
	A换热器	B换热器	A换热器	B换热器	换热器总出口
偏流情况	73	101	290	373	327
正常情况	98	96	430	429	428

近年来有不少装置采用焊接板式换热器作重整进料换热器。板式换热器用焊接在一起的波纹板进行换热，换热效率比立式管壳式换热器高，使热端温差由50～60℃降低到30～40℃，进一步提高了传热效率。

以一套600kt/a连续重整装置为例，立式管壳式换热器与板式换热器的比较计算结果见表7-8。由表7-8可以看出，采用板式换热器与立式管壳式换热器相比，在同样换热条件下，由于传热系数增加，换热面积减小46%，体积小，重量轻；如将换热面积增加到立式换热器的73%，就可以多回收热量1.59MW，从而减少进料加热炉和反应产物冷却器的热负荷。

表7-8　立式管壳换热器与板式换热器的比较

项　目	立式管壳换热器	板式换热器	
热负荷/MW	50.21	50.21	51.80
热端温差/℃	49	49	39
壳程数	2	1	1
总传热系数/W/(m^2·℃)	270	502	499
总传热面积/m^2	4657	2499	3396
总压降/kPa	62.6	80.8	81.6
管长或设备长度/m	19.8	13.4	14.9
设备直径/m	1.52	1.96	2.05
设备重量/t	2×54.8	36.6	49.7

焊接板式换热器的另一个突出优点是能够满足设备大型化的需要。大型连续重整装置进料换热器传热面积很大，如采用传统立式管壳式换热器，往往需要用多台换热器并联而可能发生偏流影响传热的问题，采用焊接板式换热器一般只需要用一台设备，没有偏流的问题，可以简化流程和操作，近年来已广泛得到应用。

缠绕式换热器与焊接板式换热器的传热性能大体相当，最近也已开始在连续重整装置上使用。

(四) 反应物料加热

加热炉是控制重整反应条件十分重要的设备。由于重整反应是分段进行的，为了提升由于反应热而降低的物料温度，在每段反应之前都设有加热炉，因此加热炉数量比较多，并常常联合在一起。早期重整装置规模较小，多采用圆筒炉或联合箱式炉，目前一般采用多流路U形炉管(侧烧)或倒U形炉管(底烧)，如图7－7所示。炉管一般采用ϕ89mm或ϕ114mm规格，典型的管内质量流速为120～150kg/(m^2·s)。

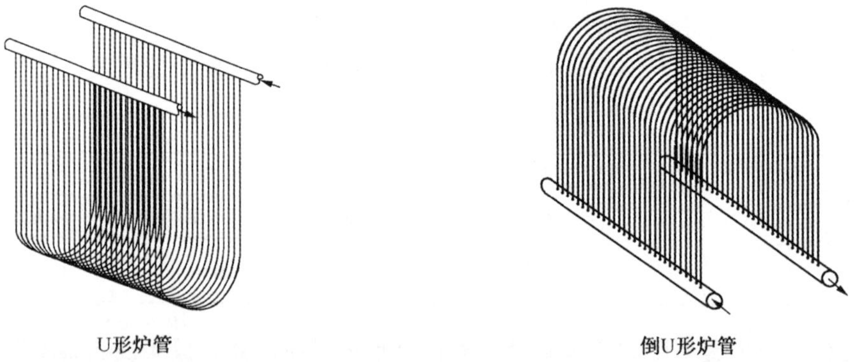

图7－7 重整加热炉的炉管和集合管

重整反应加热炉被加热物流为循环氢气和油气，体积流率很大，既要有利于加热又要求压力降小，因此存在着一个多流路炉管的设计问题，并联流路有时高达几十路。各个物流能不能保证分布均匀，是一个必须考虑的问题。

以一台加热介质总流量为204820kg/h的重整四合一加热炉为例，其入口和出口总管管径为750mm，炉管管径114mm×7.6mm，43路并联，四台加热炉炉管的流量分配情况计算结果见表7－9。

由表7－9计算结果可以看出，尽管炉管并联流路多达43路，但管内流量不均匀分配不超过2%，最高管壁温差不超过2.4℃，完全可以满足工业生产需要。

表7－9 多流路加热炉物流计算表

项　目	一　炉	二　炉	三　炉	四　炉
总流量/(kg/h)	204820	204820	204820	204820
入口温度/℃	455	475	484	505
出口温度/℃	543	543	543	543
出口压力/MPa(g)	1.05	0.97	0.92	0.85
相对分子质量	24.9	22.6	20.9	19.9
体积流率/(m^3/h)(出口条件)	47891	56709	64328	72539
热负荷/MW	20.11	15.53	13.34	8.70
炉管当量长度/m	26.10	20.30	20.30	15.30
总压降/MPa	0.0175	0.0172	0.0199	0.0187
每根炉管流量/(kg/s)				

续表

项　　目	一　炉	二　炉	三　炉	四　炉
平　均	1.3231	1.3231	1.3231	1.3231
最　大	1.3362	1.3377	1.3370	1.3384
最　小	1.3140	1.3125	1.3127	1.3109
最高管壁温度/℃				
在平均流量时	622.3	622.7	612.2	603.2
在最大流量时	620.9	621.4	611.2	602.4
在最小流量时	623.2	623.6	613.0	604.8

重整反应加热炉出入口温度都比较高，出口温度490～530℃，入口温度也在400℃以上，反应物料的加热都在辐射室内进行，而辐射室的热效率一般只有60%左右，从辐射室出来烟气温度在700℃以上，因此必须考虑加热炉的余热回收。典型加热炉的总热效率为90%，对流室利用的热量约占30%。

重整加热炉比较多，一般采用联合烟道将烟气集中起来，通过安装在一炉或二炉上部的对流室回收热量，用于发生蒸汽或加热其他物料。

重整加热炉余热回收最常用的方法就是利用对流室的热量发生蒸汽，为此需要设置一套余热锅炉系统，设置对流炉管、汽包、锅炉给水泵、循环热水泵及排污罐等。加热炉经余热回收后，热效率可达90%以上，对装置能耗有决定性影响。以一套400kt/a重整装置为例，利用余热发生蒸汽，可回收热量7.7MW，发生3.5MPa蒸汽9.7t/h。根据需要，利用对流室热量加热其他物料以回收热量也是可以考虑的。余热锅炉典型流程如图7－8所示。

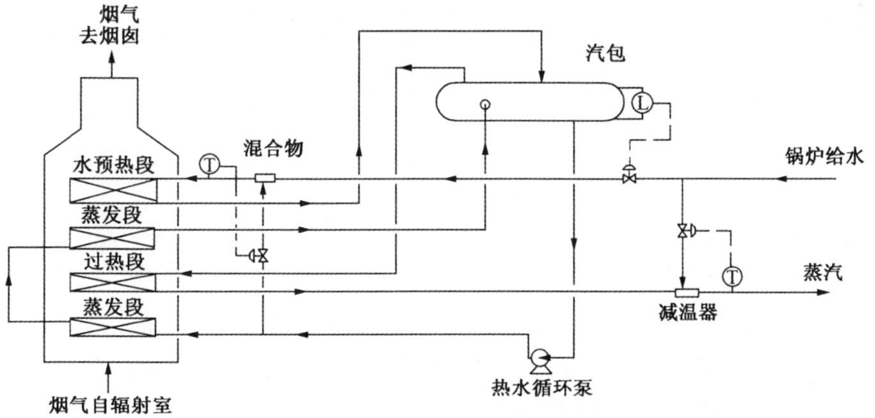

图7－8　重整余热锅炉典型流程

对流室自下而上分为蒸发段、过热段、蒸发段、水预热段(省煤器)四段，脱氧水与循环热水混合加热到一定温度后进入水预热段加热，然后进入汽包(汽水分离器)。汽包内的热水依次经过下部和上部两个蒸发段，被加热并部分汽化后返回汽包。汽包产生的蒸汽经过过热段加热和脱氧水减温至一定温度后送往管网供使用。

(五) 反应产物的处理

重整反应的产物需要进一步处理，分离成氢气、轻烃(燃料气与液化气)和重整油。

副产氢气从产物分离罐出来，一般用氢气压缩机(增压机)压缩后送出装置。随着重整技术的发展，重整反应压力越来越低，半再生重整产物分离罐的操作压力一般为1.0~1.3MPa，但新型连续重整产物分离罐的操作压力却只有0.24MPa，在这样低的压力下气液平衡，分离出的气体中会有大量的轻烃，既降低了氢气的纯度又减少了重整油的收率。为了回收含氢气体中的轻烃，一个比较简单的办法就是设置一个再接触罐，使重整油与含氢气体在高压条件下再接触，重新建立气液平衡，使含氢气体中轻烃溶解在油中。简单的再接触流程见图7-9。

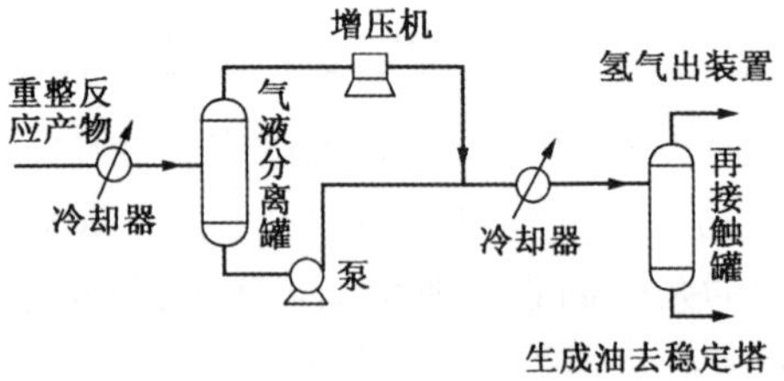

图7-9　简单的再接触流程

再接触的效果与操作条件有关，压力越高温度越低效果越好。由于提高压力会增加增压机的功率，因此一般选定氢气输送出装置的压力作为再接触的压力。重整产氢送出装置前一般都要通过增压机提高压力(到1.2~2.5MPa)才能进入工厂氢气管网，这往往就是氢气在装置内的最高压力，油气再接触就可以选在这样的压力下进行。为了降低再接触温度，油气在进入再接触罐以前先进行冷却，用水可冷却到38~40℃，如再用氨或其他冷冻剂则可冷却到0~4℃。以一套600kt/a连续重整装置(产品辛烷值RON102)为例，计算再接触压力和温度对氢纯度和轻烃回收量的影响见图7-10。

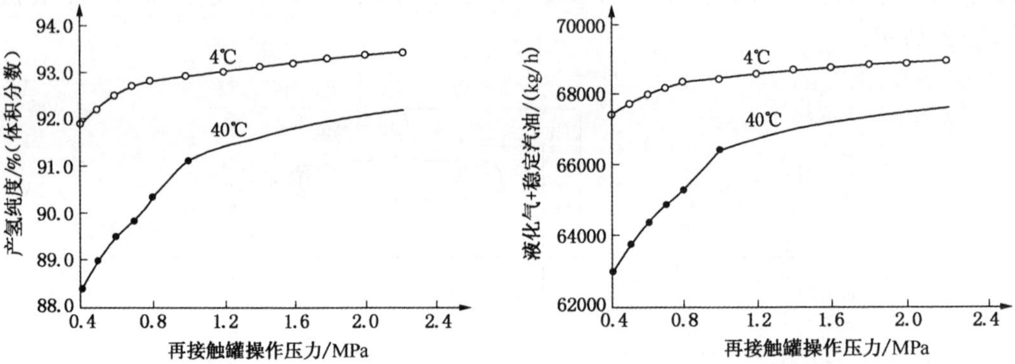

图7-10　再接触压力和温度对氢纯度和轻烃回收量的影响[7]

从图7-10可以看出，随着再接触压力的升高，产氢纯度提高，烃的回收量增加；温度降低也有同样的效果。在40℃温度下，压力在0.4MPa时，氢纯度为88.4%，稳定汽油与液化气总的液体产量为62934kg/h，占进料的83.9%，压力提高到2.2MPa时，氢纯度达到92.2%，总的液体产量提高到67635kg/h，占进料的90.2%。而在4℃条件下再接触，压力在0.4MPa时，氢纯度为91.9%，总的液体产量67411kg/h，占进料的89.9%；压力提高到2.2MPa时，氢纯度达到93.4%，总的液体产量达到68955kg/h，占进料的91.9%。从提高氢纯度和增加轻烃回收的观点，降温比提压更经济，具有更为明显的效果[7]。

对于一套400kt/a、操作压力为0.8MPa的连续重整装置，用于贫料和富料两种重整原料工况，在2.5MPa、0℃条件下再接触的氢气提纯效果见表7-10。

表7-10　再接触氢气提纯效果[8]

重整原料	贫料（$N+A=27.5\%$）		富料（$N+A=37.8\%$）	
	再接触前（循环氢）	再接触后（产氢）	再接触前（循环氢）	再接触后（产氢）
组成/%（体积分数）				
H_2	76.9	89.4	84.3	92.1
C_1	5.3	4.9	3.5	3.6
C_2	6.5	3.8	4.3	2.8
C_3	5.1	1.3	3.1	0.9
i-C_4	1.7	0.2	1.0	0.2
n-C_4	2.1	0.2	1.2	0.2
C_5^+	2.4	0.2	2.6	0.2
合　计	100.0	100.0	100.0	100.0
气体流率/(kg/h)	6940	3075	5854	2704

为了追求再接触的高效率，在工业装置上采用过一些不同的再接触流程。以一套1Mt/a连续重整装置为例，重整反应压力0.35MPa，重整产氢从产物分离罐出来经过2~3级压缩后达到2.1MPa左右，然后送出装置进入工厂氢气管网。在这种条件下，氢气再接触可以有多种流程，以下是四种再接触流程的方案探讨：

方案A——产物分离罐液体去二级出口罐，一级出口罐液体与二级出口罐液体混合后去稳定塔（见图7-11）。

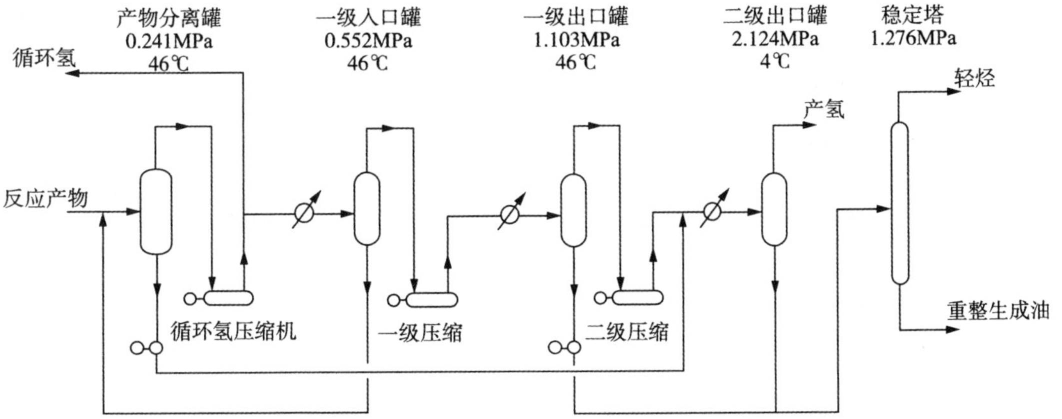

图7-11　方案A流程

方案B——产物分离罐液体去一级出口罐，一级出口罐液体去二级出口罐，二级出口罐液体去稳定塔（见图7-12）。

方案C——产物分离罐液体去二级出口罐，二级出口罐液体去一级出口罐，一级出口罐液体去稳定塔（见图7-13）。

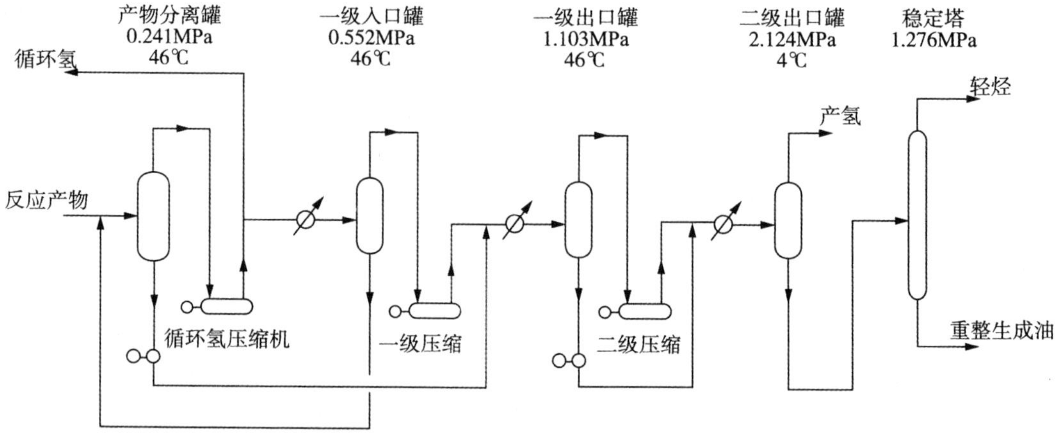

图 7-12 方案 B 流程

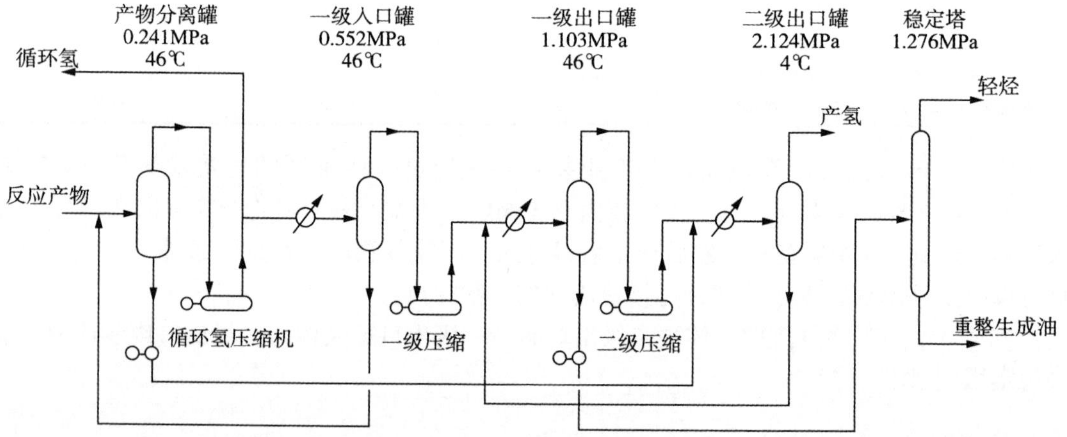

图 7-13 方案 C 流程

方案 D——产物分离罐液体去二级出口罐，二级出口罐液体去稳定塔，一级出口罐液体去产物分离罐(见图 7-14)。

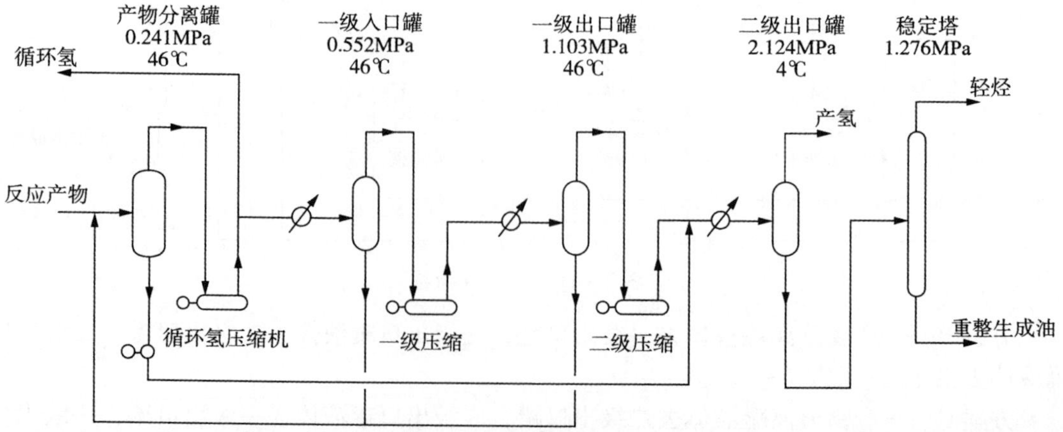

图 7-14 方案 D 流程

四个方案的计算结果见表7－11。如表7－11所示，四个方案略有差别，差别不是太大。方案A、B氢纯度较高，但重整生成油收率较低；方案C重整生成油收率较高，但氢纯度较低；方案D不仅氢纯度高，重整生成油收率高，而且还可以少用一台泵，是比较理想的方案。

表7－11　再接触流程方案比较

方　案	A	B	C	D
产氢纯度(H_2)/%	92.02	92.03	91.71	92.03
产氢流率/(kg/h)	11731	11723	12401	11723
液化气流率/(kg/h)	7759	7773	7372	7781
重整生成油流率/(kg/h)	99845	99840	99869	99865

为了满足后续加氢装置的需要，氢气在送出装置以前有时还要通过吸附方法脱除其中的氯化物。氯化物吸附罐一般设置两台，既可并联又可串联，可以两台也可单台操作，如图7－15所示。

两台氯化物吸附罐(A、B)，开始时按A－B次序串联操作，定期或不定期分析A罐出口氢气中的含氯量，当发现含氯量严重超标时，说明A罐吸附剂已失效，将其切出更换新的吸附剂，此时只用B罐一台操作，仍然能够满足要求。A罐更换新的吸附剂后再投入使用，改为B－A串联操作，同时注意监视B罐出口氢气中的含氯量。当B罐吸附剂严重失效后切出，用A罐操作，在B罐更换新的吸附剂后再投入使用，重新改为A－B串联操作。这样安排在装置生产的任何时间都可以切换吸附剂，不影响操作，同时吸附剂在卸出以前能充分发挥作用，保证操作的可靠性。

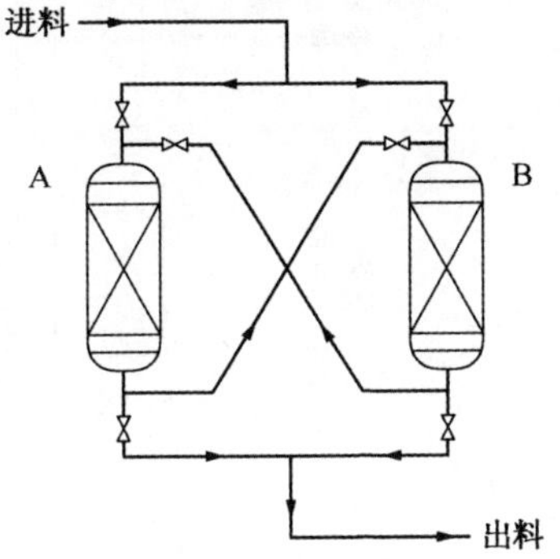

图7－15　氯化物吸附罐典型流程

从反应器及再接触出来的重整生成油中除C_6^+烃类外，还含有少量C_1～C_5轻烃，在送出装置以前，先要经过稳定塔(脱丁烷塔)或脱戊烷塔脱除这些轻组分。塔在压力下操作，塔顶出液化气或戊烷油和燃料气，塔底出稳定汽油或脱戊烷油。

稳定塔回流罐顶的气体中含有不少丙烷、丁烷和少量C_5^+组分，为了回收这部分烃类，稳定塔回流罐顶的气体不直接排入燃料气管网，而用稳定塔进料油吸收。目前工业上常用的有以下两种做法：

1. 稳定塔前吸收

在稳定塔前设一个液化气吸收罐，稳定塔回流罐顶气体单独用稳定塔进料油吸收，吸收后气体作燃料气(图7－16)。

2. 增压机一段吸收

稳定塔回流罐顶气体排入增压机一段出口，与重整产氢一起用稳定塔进料油吸收，未吸收气体去二段出口再接触罐进一步用油吸收，罐顶排出的是氢气，不出燃料气(图7－17)。

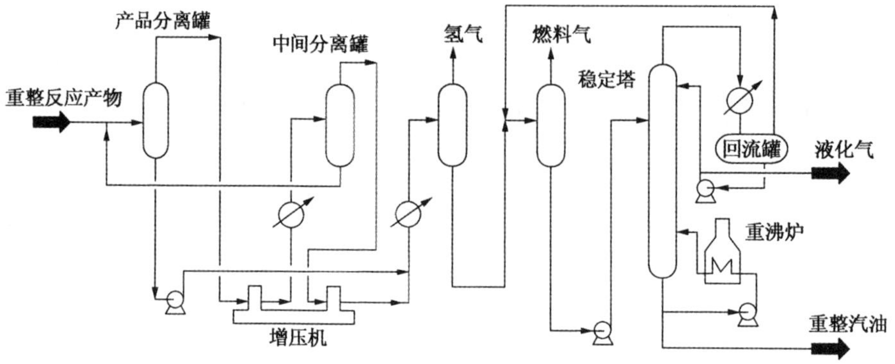

图 7-16　稳定塔前吸收流程

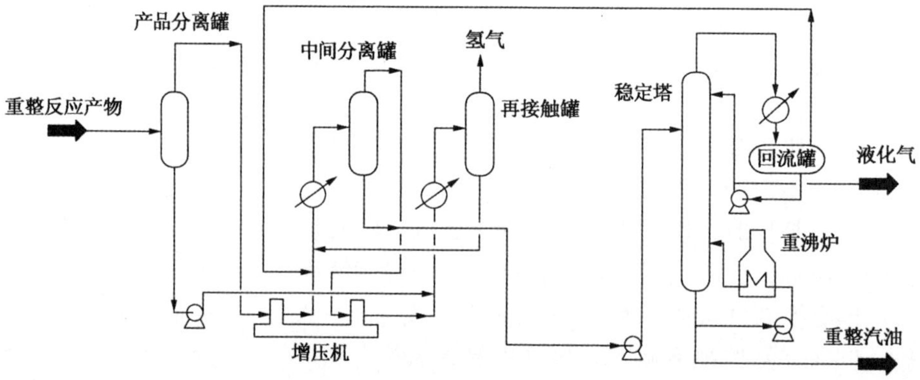

图 7-17　增压机一段吸收流程

以一套 600kt/a 连续重整为例，再接触温度 4℃，压力 2.0MPa，重整生成油脱戊烷塔(稳定塔)操作压力 0.93MPa，按稳定塔前吸收流程、增压机一段吸收流程和回流罐顶气体不吸收三种工况计算吸收效果见表 7-12 。计算结果表明，回流罐顶气体吸收与不吸收比较，多耗能 23～29kW，但可回收戊烷油(液化气)116～215kg/h 或 928～1720t/a，经济上是有利的。稳定塔前吸收流程比增压机一段吸收流程可多回收戊烷油 99kg/h 或 792t/a 的戊烷油，但需增加一个罐，能耗基本相同，氢气纯度略高，产量略低。

表 7-12　回流罐顶气体不同吸收方法的计算结果

项　　目	稳定塔前吸收流程	增压机一段吸收流程	回流罐顶气体不吸收
脱戊烷油产量/(kg/h)	64933	64936	64937
戊烷油产量/(kg/h)	3339	3240	3124
燃料气产量/(kg/h)	19	0	231
含氢气体产量/(kg/h)	6510	6626	6510
含氢气体纯度/%(体积分数)	92.70	92.52	92.70
氢气压缩机功率/kW	2888	2899	2888
重沸器热负荷/kW	3871	3865	3847

（六）催化剂的再生

半再生重整(固定床)催化剂装在反应器内不流动，催化剂再生时将反应系统置换干净，依次进行烧焦、氧氯化、干燥、还原等过程，基本按正常流程进行。再生的压力受供给空气条件的限制，一般不高于0.8MPa。

循环再生(固定床)工艺在正常生产过程中，轮流有一台反应器单独切换出来进行再生，为此要为催化剂再生增加管线和阀门，流程比较复杂。

连续重整(移动床)除了反应物料的基本工艺流程外，还设有催化剂的循环和连续再生系统，催化剂在反应器与再生器间连续流动，其流程因专利技术而异。

催化重整催化剂再生类型，应根据原料性质、产品要求和装置规模进行技术经济比较后确定。半再生重整流程简单，投资比较低，对于反应苛刻度要求不高的催化重整装置，是首先要考虑的方案。循环再生可以提高反应苛刻度，延长操作周期，但流程比较复杂，操作波动比较大，它的长处已被后来问世的连续重整所取代，近来已很少发展。连续重整适用于高苛刻度、贫原料和规模较大的催化重整装置，可以在低压、高苛刻度的条件下操作，操作平稳，周期长，产品收率高，但投资要高一些。

第二节　半再生重整工艺

固定床半再生重整是最普通的催化重整工艺，一般为3~4段反应，反应器并列布置。随着反应时间的增加，催化剂上的积炭逐渐增加，催化剂活性逐渐下降，为了维持反应的苛刻度就要逐步提高温度予以补偿；但随着温度的提高，加氢裂化反应会增加，因而液体收率、芳烃产率和氢纯度都会下降。随着催化剂上积炭的增加，一般运转一年左右装置就要停下来进行催化剂再生，以恢复催化剂的活性。如果反应苛刻度不高，操作周期可以长一些。重整反应条件要根据原料性质和产品质量要求确定，为了保证操作周期不小于一年，产品辛烷值(RON)不能太高，一般不超过98。

早期半再生重整反应条件比较缓和，反应压力2.5~3.5MPa，氢烃摩尔比为8左右。近年来，半再生重整进行了一系列改进，如采用容炭能力较强的双金属催化剂，从而能够在较低压力(1.5MPa左右)、中等氢油比及高空速下操作，同时改进设备和流程，降低了临氢系统压降，提高了产品的收率。

半再生重整催化剂在装置操作一个周期后停下来原位进行再生，再生压力约为0.8MPa，再生流程与反应流程相同。催化剂也可进行“器外再生”，即将其从反应器卸出，送往催化剂厂进行再生。催化剂经过多次再生以后，性能下降过多，达不到生产要求，就需要更换新的催化剂。

采用固定床半再生重整的工艺有铂重整(Platforming)、胡德利重整(Houdriforming)、铼重整(Rheniforming)、辛烷值化(Octanizing)和芳构化(Aromizing)等。Engelhard公司的麦格纳重整(Magnaforming)也属于这一类型。我国从20世纪50年代开始采用自行研制的重整催化剂，开发了自己的固定床半再生重整工艺。

一、铂 重 整

铂重整(Platforming)是UOP公司开发的石脑油重整工艺，最先使用含铂金属催化剂，为催化重整在工业上的广泛使用奠定了基础。开始使用单铂催化剂，以后使用铂铼双金属催化剂，并陆续开发了一些不同系列的催化剂，提高了催化剂的活性、选择性和稳定性。在使用铂铼双金属催化剂以后，降低了反应压力，提高了反应苛刻度，并对设备作了很多改进，如采用单管程立式换热器、径向反应器、四合一加热炉等，大大降低了临氢系统的压力降。

UOP铂重整工艺，既有半再生重整工艺也有连续重整工艺，使用的催化剂和操作条件不同。铂重整典型操作数据见表7－13。

表7－13 铂重整典型操作数据[9]

项 目	半再生重整	连续重整
有效开工时间/(d/a)	330	360
原 料		
烷烃/环烷/芳烃/%(体积分数)	63/25/12	63/25/12
初馏点/终馏点/℃	93/182	93/182
操作条件		
反应压力/MPa	1.4	0.35
C_5^+ 辛烷值	100	100
催化剂	R－86	R－274
产 率		
氢气/(Nm^3/m^3)	226	301
C_5^+/%	84.8	91.6

二、胡德利重整

胡德利重整(Houdriforming)是空气产品和化学品公司Houdry分部开发的工艺，用于生产辛烷值(RON) 80～100高辛烷值汽油组分或芳烃原料，总能力约10Mt/a。采用常规半再生模式，生产芳烃用四台反应器，生产汽油用三台反应器。催化剂为Pt/Al_2O_3或双金属。典型的操作条件是：温度482～537℃，压力1.0～2.7MPa，液时空速1～4h^{-1}，氢烃比3～6[1]。操作数据见表7－14。

表7－14 胡德利重整操作数据[1]

原料(石脑油)		产率(对原料)/%(体积分数)	
相对密度(15.6℃)	0.7686	烷 烃	21
馏程/℃	92～192	环 烷	2
组成(烷烃/环烷/芳烃)/%(体积分数)	43/38/19	芳 烃	77
产品辛烷值(RONC)	100		

三、铼重整

铼重整(Rheniforming)是Chevron公司开发的一种固定床半再生式石脑油催化重整工艺。它于1968年首次使用铂铼双金属催化剂，不仅活性得到改进，而且大大提高了催化剂的稳定性，增加了芳烃产率和氢产率，使半再生催化重整装置的发展进入一个新的阶段。其流程如图7-18所示。

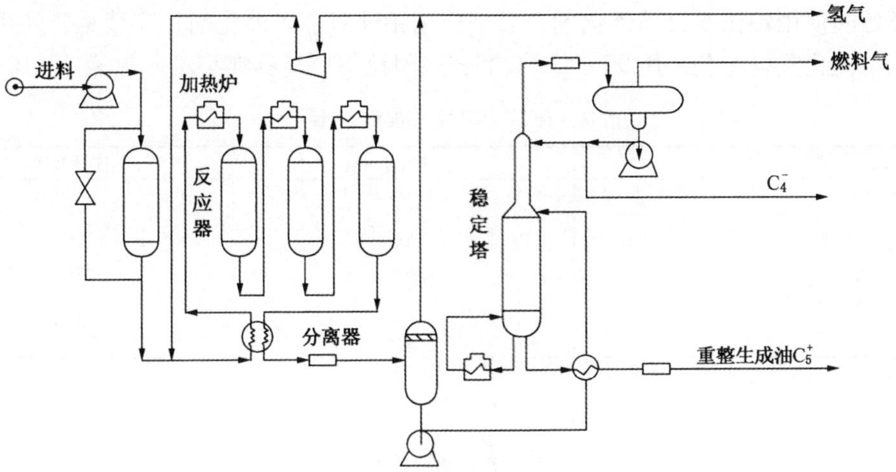

图7-18 铼重整工艺流程[1]

铼重整由一个硫吸附器，三台反应器，一个油气分离器和一台稳定塔组成。硫吸附器将重整进料中的硫含量降至0.2μg/g。采用铼重整F/H催化剂可以在低压下操作，氢烃比2.5~3.5，操作周期在6个月以上[1]。到1990年，采用铼重整的装置有73套，总能力超过40Mt/a[10]。典型操作数据见表7-15。

表7-15 铼重整操作数据[1]

原料(石脑油)			
类 型	加氢精制石脑油		加氢裂化石脑油
馏程/℃	92~117		92~202
组成(烷烃/环烷/芳烃)/%(体积分数)	68.6/23.4/8.0		32.6/55.5/11.9
硫/(μg/g)	<0.2		<0.2
氮/(μg/g)	<0.5		<0.5
操作条件			
反应压力/MPa	0.6	1.36	1.36
产品辛烷值(RONC)	98	99	100
产率(对进料)			
氢/%	3.1	2.5	2.9
C_5^+/%(体积分数)	80.1	73.5	84.7
芳烃/%(体积分数)	66.5	67.9	69.9
烷烃/%(体积分数)	32.4	31.2	27.5
环烷烃/%(体积分数)	1.1	0.9	2.6

四、辛烷值化和芳构化

辛烷值化(Octanizing)和芳构化(Aromizing)是法国石油研究院IFP(Axens)开发的石脑油重整工艺，用于生产高辛烷值汽油组分的称为辛烷值化，用于生产芳烃的称为芳构化。20世纪60年代开始工业化，70年代开始使用双金属催化剂并开发了连续重整工艺技术。固定床半再生重整装置操作压力一般为1.2～2.5 MPa，生产辛烷值RON为90～100的重整油，开始时使用铂铱双金属催化剂，后来使用铂铼双金属催化剂；连续重整使用铂锡催化剂。辛烷值化重整工艺采用90～170℃馏分轻阿拉伯原料的典型产率见表7－16。

表7－16　IFP重整典型产率[9]

项　目	半再生重整	连续重整
操作压力/MPa	1～1.5	＜0.5
辛烷值		
RONC	100	102
MONC	89	90.5
产率/%(原料)		
H_2	2.8	3.8
C_5^+	83	88

五、麦格纳重整

麦格纳重整(Magnaforming)是Engelhard公司开发的技术，其流程如图7－19所示。该工艺于1967年在美国首次工业化，将循环氢分段加入，以提高液收和改进操作性能。大约一半的循环氢进入前两个反应器，在缓和条件下操作；全部循环氢进入后部反应器，在苛刻条件下操作。循环氢的分流，降低了临氢系统的压力降，可以减少压缩机的功率。

在重整反应过程中，前面反应器是以环烷脱氢反应为主，反应较快，积炭较少，可以采用较大的空速和较小的氢油比，后面的反应器以烷烃脱氢环化反应为主，反应较慢，易于积炭，需要较小的空速和较大的氢油比。因此这一技术应用于半再生重整装置是比较合理的。麦格纳重整一般采用3～5个反应器，催化剂装量按反应器顺序递增；反应器入口温度前边低后边高；循环氢分成两路，一路从一反进入，另一路从三反进入。

Engelhard也曾将其用于与循环再生相结合，能将最后一个反应器断开，在装置不停工的条件下进行再生。

麦格纳重整初期使用单铂催化剂，后来采用E600和E800系列铂铼催化剂，很多装置还设有脱硫保护床，以降低重整进料中的硫含量。到1990年采用Engelhard重整技术的装置大约150套，总能力达到72Mt/a[1]。不同压力下麦格纳重整的产率见表7－17。

表7－17　麦格纳重整典型产率[1]

原料(石脑油)			
馏程/℃	67～207		
组成(烷烃/环烷/芳烃)/%(体积分数)	55.0/34.4/10.6		
操作条件			
反应压力/MPa	2.4	1.7	1.0
产品RONC	100	100	100

续表

产率(对原料)			
H_2/%	2.5	2.8	3.1
(C_1 ~ C_3)/%	8.5	6.1	4.0
(i-C_4 + n-C_4)/%(体积分数)	7.1	5.2	3.4
C_5^+/%(体积分数)	78.9	81.5	84.0

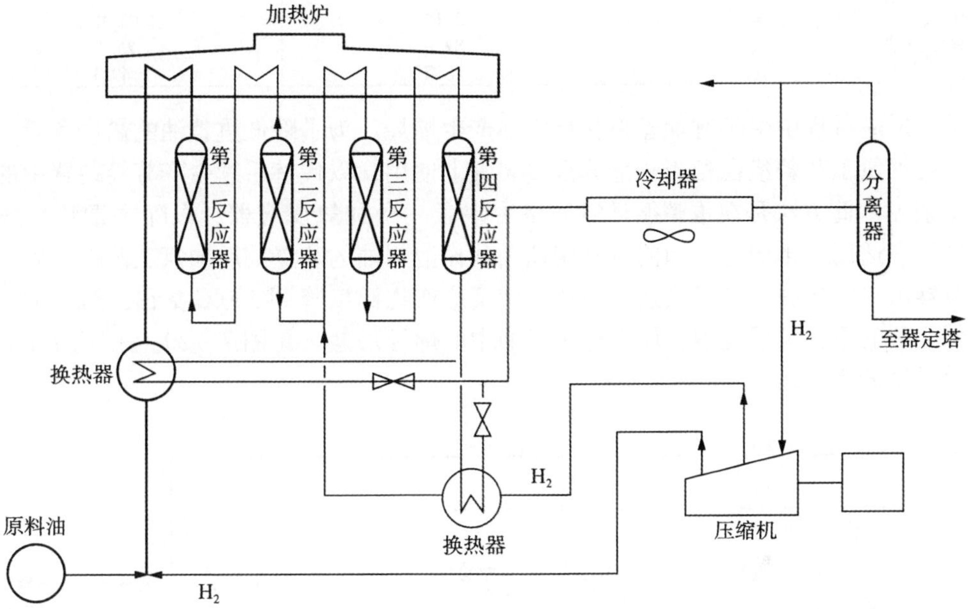

图 7－19　麦格纳重整工艺流程[1]

六、我国的半再生催化重整技术

20 世纪 50 年代我国开始进行催化重整催化剂及工程技术的研究和开发。60 年代初建成一套以生产芳烃为目的、规模 20kt/a 的催化重整试验装置，采用国产含铂催化重整催化剂。1965 年我国自行研究、设计和建设的第一套半再生催化重整工业装置投产。以后陆续建成了一批使用各种牌号国产双金属催化剂的催化重整工业装置，同时根据我国重整原料油的特性和产品要求，先后开发了原料预脱砷和产品后加氢等工艺技术，并在工业装置上采用了径向反应器、纯逆流立式换热器、多流路联合加热炉等高效设备，改进了工艺流程，减小了临氢系统的压力降，降低了能耗，提高了产品收率。典型工厂实际标定数据见表 7－18。

表 7－18　我国半再生催化重整操作数据实例

装　　置	AQ	HRB
原料(石脑油)		
馏程/℃	67 ~ 166	73 ~ 178
组成(烷烃/环烷/芳烃)/%	61.2/31.4/7.4	56.6/37.2/6.2
操作条件		
催化剂	CB－6/CB－7	CB－11/CB－8
一反入口温度/温降/℃	482/75	498/59

续表

装置	AQ	HRB
二反入口温度/温降/℃	487/47	498/46
三反入口温度/温降/℃	502/27	500/22
四反入口温度/温降/℃	505/24	500/14
体积空速/h^{-1}	1.81	2.0
氢油体积比	1205	一段978/二段1599
分离罐压力/MPa	1.25	1.0
产品辛烷值(RONC)	91.0	94.2
产率(对原料)/%		
H_2	2.15	2.48
稳定汽油	87.9	85.12
芳烃产率	48.7	49.1

重整反应过程中由于有加氢裂化反应而产生烯烃。为了降低重整油的烯烃含量，我国开发的后加氢工艺曾经在相当一部分重整装置上使用，以代替后续生产芳烃装置中的白土精制工艺[2]。此方法是在重整循环氢回路中串联一台加氢反应器，以除去重整生成油中的烯烃，它适用于生产芳烃和同时利用抽余油作溶剂油的装置。后加氢工艺将最后一台重整反应器出来的物料，经过换热器换热，使反应产物温度降到330℃左右，然后进入装有加氢催化剂的后加氢反应器，使重整生成油中的烯烃加氢，见图7-20。采用后加氢的脱烯烃效果见表7-19。

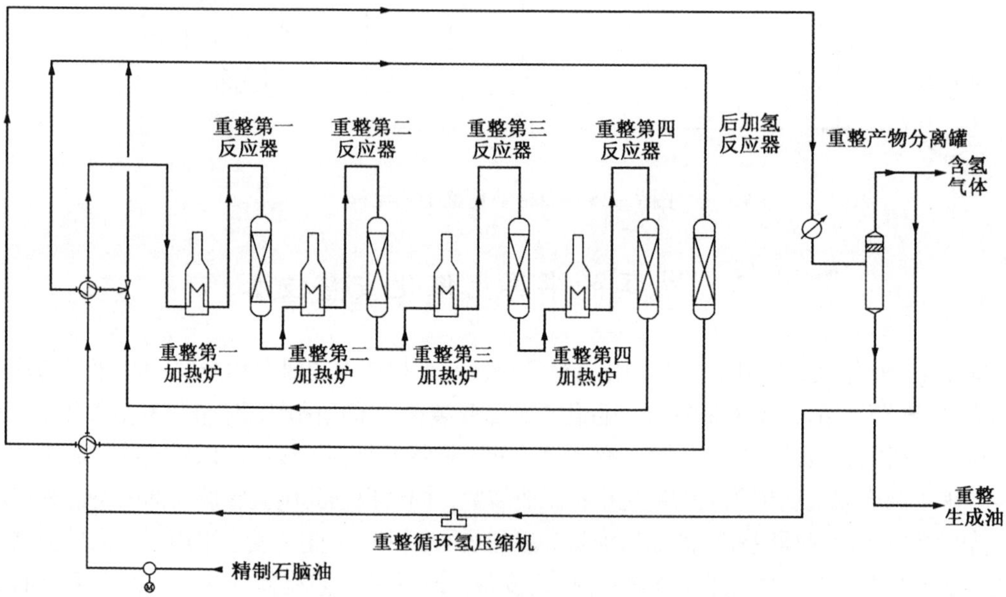

图7-20 后加氢工艺流程

表7-19 后加氢操作条件及效果[2]

后加氢催化剂	3641($Mo-Co-Al_2O_3$)	质量空速/h^{-1}	4.5
操作压力/MPa	1.61	加氢前重整生成油溴价/(g Br/100g)	0.7
操作温度/℃	330	加氢后重整生成油溴价/(g Br/100g)	<0.2

采用后加氢与在后续装置中设置芳烃白土精制相比，流程简单，操作方便，而且可以脱除整个重整生成油中的烯烃，但循环氢系统压降比较高，而且如果操作条件和催化剂选

择不当也会使部分芳烃加氢而造成芳烃损失。随着重整反应压力的降低，要求循环氢系统压力降进一步下降以降低能耗，后加氢由于要在循环氢系统中增加换热器和反应器，压力降要增加，因此现在已很少采用。

我国开发的两段混氢工艺已得到广泛应用，即将循环氢分成两部分，一部分按常规流程与重整原料混合进入前面反应器，另一部分则在第二或第三反应器的出口线上引入，进入后部系统，从而降低了系统的压力降，同时也有利于脱氢反应的进行。为了便于操作和降低能耗，两段混氢分别用两台循环氢压缩机压送氢气，并各自分别与反应产物换热后进入反应系统。两段混氢典型流程见图 7-21。

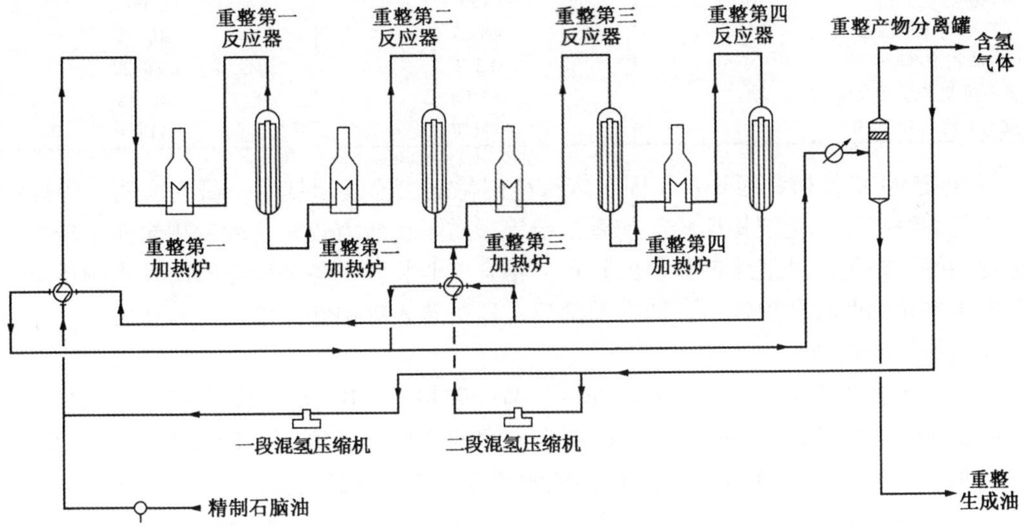

图 7-21　两段混氢流程

两段混氢与传统半再生重整一段混氢系统压降比较见表 7-20，反应效果比较见表 7-21。可以看出，在大致相同的操作条件下，两段混氢的系统总压降比一段混氢约减少 17%，总温降增加 21℃，汽油收率提高约 2%，说明两段混氢工艺对于节约能量和提高汽油收率都是有利的。

表 7-20　两段混氢与一段混氢系统压降比较[11]　MPa

名　　称	一段混氢	两段混氢	两段混氢压降减少
进料换热器与第一加热炉	0.27	0.19	0.08
第一反应器	0.01	0.01	0
第二加热炉	0.09	0.08	0.01
第二反应器	0.01	0.01	0
第三加热炉	0.07	0.07	0
第三反应器	0.02	0.02	0
第四加热炉	0.09	0.09	0
第四反应器	0.04	0.04	0
产品冷换设备	0.15	0.11	0.04
合计(系统总压降)	0.75	0.62	0.13

表 7-21 两段混氢与一段混氢的反应效果比较[11]

名称	一段混氢	两段混氢
反应压力/MPa	1.60	1.57
气油体积比	1175	688/1180
体积空速/h^{-1}	2.20	2.18
反应温度/℃(入口/温降)		
第一反应器	495/83.5	495/94
第二反应器	495/32	498/43.5
第三反应器	500/15.5	502/15.5
第四反应器	500/8.0	505/7.0
总温降/℃	139	160
加权平均床层温度/℃	483.7	484.1
C_6^+ 油收率/%	82.2	84.2
重整进料芳烃潜含量/%	38.98	40.38
重整芳烃转化率/%	111.7	113.1

20 世纪 90 年代初我国开发了固定床重整催化剂两段装填技术。研究表明，等铼铂比催化剂与高铼铂比催化剂相比较，前者抗硫等杂质干扰能力较好，后者积炭速率较慢，活性稳定性好。根据两种催化剂各自的特点，结合工业装置中各个反应器所发生的反应，研究开发了催化剂两段装填技术，即在前部反应器中装入等铂铼比催化剂，在后部反应器中装入高铼铂比催化剂。

图 7-22 和图 7-23 为 CB-6/CB-7 两段装填与 CB-6 单段装填工艺的比较[12]。图 7-22表明，在相同反应条件下，重整生成油的辛烷值相同，即活性相当，但 CB-6/CB-7两段装填比CB-6单段装填的重整液收率高。图 7-23 表明，在相同的反应条件下 CB-6/CB-7 两段装填工艺不仅重整液收率高，而且芳烃产率高，说明该工艺改进了重整芳构化反应的选择性。

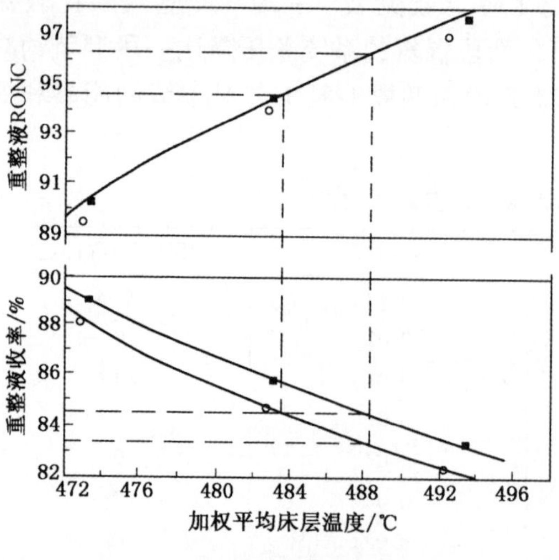

图 7-22 单段装填和两段装填工艺的中试数据比较

○ CB-6/CB-6/CB-6/CB-6;

■ CB-6/CB-6/CB-7/CB-7

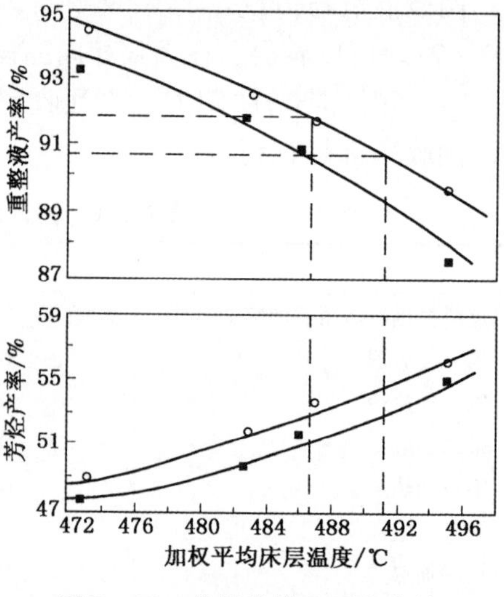

图 7-23 单段装填和两段装填工艺的中试数据比较

○ CB-6/CB-6/CB-7;

■ CB-6/CB-6/CB-6

中试和工业运转数据表明，用国产 CB－6/CB－7 催化剂两段装填比全部装填 CB－6 催化剂，重整生成油研究法辛烷值可提高 1.2～1.7 个单位，重整生成油收率可提高 1.0～1.5 个百分点，催化剂生产操作周期也可以延长[2]。

3932/3933 重整催化剂两段装填工艺在某厂 150kt/a 工业装置上，运转初期标定数据列于表7－22[13]。

表 7－22　重整催化剂两段装填工业典型数据[13]

原料性质	
密度(20℃)/(g/cm^3)	0.7351
馏程/℃	60～180
(环烷烃＋芳烃)/%	51.0
反应条件	
压力/MPa	1.20
加权平均床层温度/℃	474.2
氢烃摩尔比	6.6
液时空速/h^{-1}	2.2
标定结果	
C_5^+ 收率/%	91.0
C_5^+ RON	94.9
氢气产率/%	2.73

第三节　循环再生重整工艺

循环再生重整也是固定床形式，它与半再生重整不同之处是增加了一台轮换再生的备用反应器。反应器一般有 4～5 台，规格相同，轮流有一台反应器切换出来进行再生，其他反应器照常生产，催化剂经再生后重新投入运转。

循环再生重整工艺可在低压(小于 1.5MPa)和低氢烃比(摩尔比小于 5.0)条件下操作，C_5^+ 油收率和氢产率比较高，并可用于宽馏分重整，生产辛烷值(RON)高达 100～104 的重整油。操作周期随原料性质和产品要求而变，以保持系统中的催化剂具有较好的活性和选择性，每台反应器使用的间隔时间从不到一周到一个月不等。工艺流程见图 7－24，切

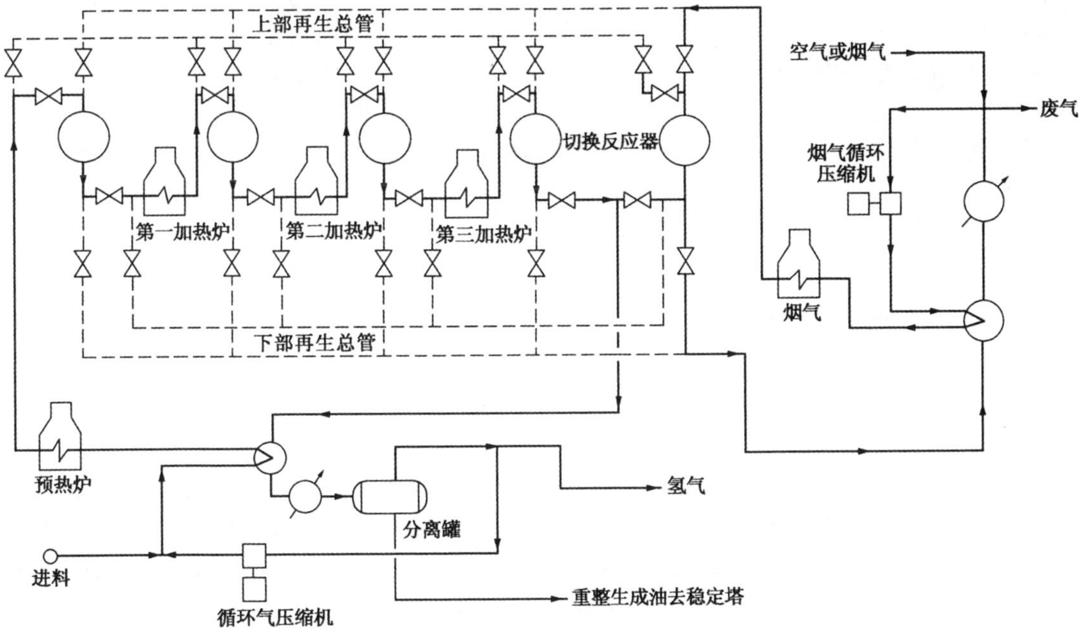

图 7－24　循环再生重整工艺流程[1]

换反应器内的催化剂就地连接单独的再生系统进行烧焦再生。

循环再生重整工艺的缺点是所有反应器都要频繁地在正常操作时的氢烃环境和催化剂再生时的含氧环境之间变换，这就要有很严格的安全措施，同时为了便于切换，每台反应器大小都一样，催化剂装量也相同，而各反应器在反应过程中的温度条件是不一样的，因而部分催化剂在反应过程中的作用发挥不充分。这一工艺每一台反应器都要能单独切出系统进行再生，所以流程比较复杂，合金钢管线和阀门比较多，设备费用较大。

过去一些原料较贫，而产品辛烷值又要求较高的大型装置采用过这项工艺。由于装置不必停工进行催化剂再生，可连续长周期运转，产品收率基本稳定。但在移动床重整(连续重整)开发成功以后，在新建的重整装置中已很少再采用循环再生工艺。

循环再生重整工艺有美国 Amoco 石油公司的超重整和 Exxon 公司的强化重整。

一、超 重 整

超重整(Ultraforming)是 Amoco 石油公司开发的重整工艺。它是最早实现在重整装置连续运转情况下，进行催化剂循环再生的重整工艺，它采用带有一台切换反应器的固定床循环再生系统，可用于替代任何一台需要再生的反应器，既可用于半再生也可用于循环再生。所有反应器均采用相同大小，但第一台反应器催化剂只装一半。

超重整使用一种高强度的能频繁再生的催化剂，它可在低压高苛刻度条件下操作，贵金属含量比较低。催化剂寿命预计循环再生为 4 年，半再生为 8 年。到 1980 年，全世界采用超重整的装置已有 39 套，总能力超过 21Mt/a，但以后已没有再新建这种工艺的装置[1]。超重整操作数据见表 7-23。

表 7-23 超重整操作数据[1]

原料(石脑油)	中　东	中部大陆	重加氢裂化
馏程/℃	102~187	77~182	107~192
组成(烷烃/环烷/芳烃)/%(体积分数)	68/19/13	52/35/13	25/36/39
产率(对进料)			
H_2/(Nm^3/m^3)	228	244	169
(C_1~C_4)/%	13.3	12.3	9.8
C_5^+/%(体积分数)	78.0	77.6	83.6
芳烃/%(体积分数)	68	78	84
RONC	99	103	106

二、强 化 重 整

强化重整(Powerforming)是 Exxon 公司开发的催化重整工艺，采用铂铱多金属催化剂。强化重整可以设计成既可以按半再生操作也可以按循环再生操作，即半再生装置的反应器系统通过切换反应器可以迅速变换成循环操作。强化重整采用 Exxon 公司的 KX 系列双金属催化剂，可用于低压和低氢烃比的条件，处理宽馏分原料。催化剂再生频率根据反应苛刻度和反应条件确定，两次停工之间时间能够长达 6 年。1969 年建成的两套 2.1Mt/a 装置，一年内合计开工563天，再生224次，平均两天半再生一次，比设计的平均20h再生周期的次数为少。典型产率见表7－24。到1984年，强化重整装置的总能力已超过56Mt/a[1]。

表7－24　强化重整的产品产率[1]

项　　目	半再生式	循环再生式
原料性质		
比重指数(°API)	57.2	57.2
烷烃/%(体积分数)	57.0	57.0
环烷烃/%(体积分数)	30.0	30.0
产品产率		
H_2/%	2.3	2.6
$(C_1 \sim C_4)$/%	13.1	11.2
C_5^+/%(体积分数)	78.5	79.1
RON	99	101

强化重整工艺流程如图7－25所示。

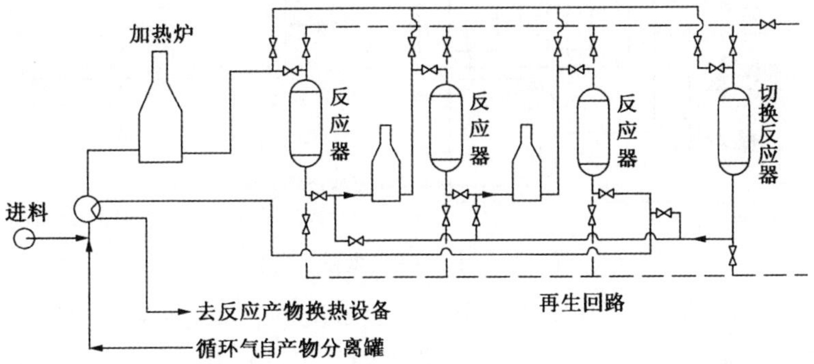

图7－25　强化重整工艺流程[1]

三、末反再生式重整

末反再生是将半再生和循环再生相结合的一种工艺，是Exxon公司在20世纪70年代开发出来的。在固定床重整的三台或四台反应器中，最后一台反应器中的催化剂装量约占总量的一半，主要进行烷烃环化脱氢反应，并伴有加氢裂化反应，因而积炭较快，使催化剂的活性和选择性下降。在半再生重整装置中反应能力下降时，前面几台反应器往往还具有相当高的活性，但因末反应器催化剂失活而只能一起停工再生。表7－25是早期重整各反应器催化剂上积炭量的实际分析数据举例，可以看出反应器积炭的一般规律，最末一台反应器的积炭量远远高于前边几台反应器的积炭量。

表7－25　催化剂上的积炭量[14]　　%

装　　置	一反	二反	三反(末反)
A	0.38	0.73	1.38
B	0.89	2.95	4.6
C	1.2	2.3	4.4
D	4.7	7.9	15.4

因此，如果加上一个再生系统，使最末一台反应器在装置生产的情况下单独切换出来进行催化剂再生，即末反再生，如图7-26所示，就可以延长开工周期，提高反应的苛刻度。在末反进行再生的过程中，前面的反应器可在暂时降低辛烷值的情况下继续生产。据报道，一年中由于末反再生影响，总辛烷值降低仅1%，但由于末反可中途再生，因而其入口温度可比前面反应器高，故总的产品辛烷值比半再生式重整可以提高约4个单位，运转周期可以增加一倍。

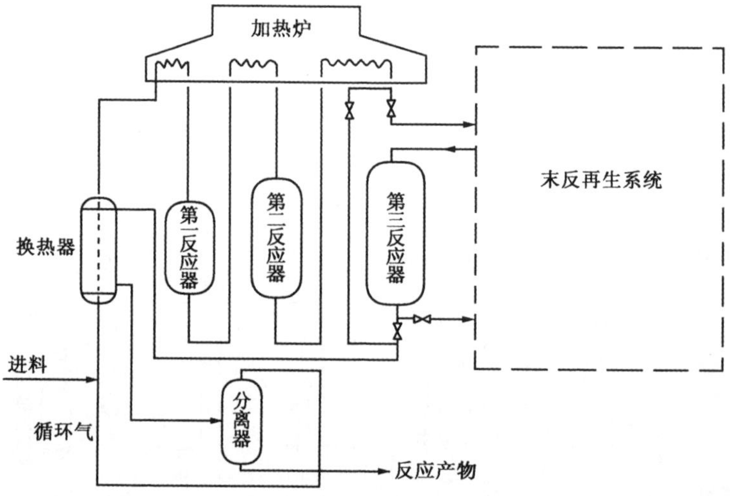

图7-26 末反再生重整工艺流程

日本某炼油厂于20世纪70年代建设了一套末反再生重整装置，共有三个反应器，空速2.0h^{-1}，反应温度500~530℃，压力1.23MPa，氢油体积比1000:1。末反应器催化剂的装入量为催化剂总容量的一半，入口温度比前面反应器高17~28℃。末反应器三个月再生一次，时间大约1~2天[14]。

第四节 连续重整工艺

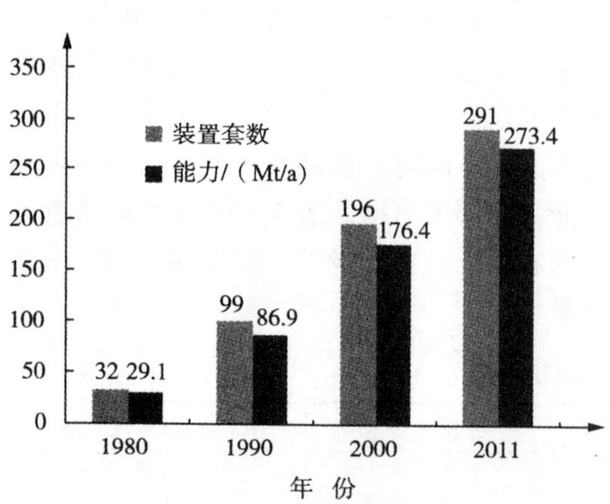

图7-27 连续重整能力及装置套数增长情况

连续重整，即催化剂连续再生(CCR)的重整工艺，采用移动床反应器，催化剂在反应器和再生器之间连续移动。由于催化剂上的积炭可以在重整反应不停工的条件下及时除掉，允许重整在苛刻度比较高的反应条件下操作，压力和氢油比比较低，产品收率比较高，而且周期长，操作比较稳定。

这项工艺自20世纪70年代初问世以来，发展很快，到2011年底全世界已建成连续重整装置291套，年加工能力达到273Mt。40年来全世界连续重整工业装置增长情况见图7－27。不同时间各种规模装置投产套数见表7－26。

表7－26　连续重整不同年代投产装置套数

装置规模/(Mt/a)	1971～1980年	1981～1990年	1991～2000年	2001～2011年
≤0.40	2	10	5	6
0.41～0.80	19	27	43	37
0.81～1.20	7	19	35	28
1.21～1.60	1	8	9	14
>1.60	3	3	5	10
合　计	32	67	97	95

我国第一套连续重整装置于1985年在上海建成投产，到2012年底全国已投产连续重整装置52套，总能力达48.53Mt/a，装置数已超过固定床半再生重整装置，总能力约占全国催化重整的87%。

一、基本工艺过程

（一）重整反应

反应部分的基本工艺流程与固定床半再生重整基本相同，只是反应压力比较低，氢烃比比较小。同时反应苛刻度往往比较高，产品辛烷值(RON)可高达105。连续重整反应压力早期0.88MPa，目前已降到0.35MPa，一般均采用铂锡催化剂。由于反应压力低和铂锡催化剂的优势，连续重整装置的液体收率大约可以比半再生重整装置提高5～8个百分点，这可以从图7－28中明显看出来。

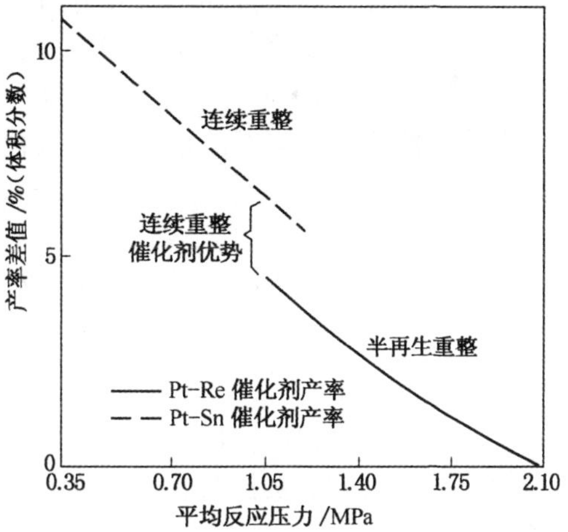

图7－28　反应压力及催化剂对收率的影响[15]

连续重整反应器一般采用径向结构，催化剂在反应器内依靠重力自上而下流动，反应物料从催化剂外侧环形分气空间(扇形筒)横向穿过催化剂床层，进入中心收集管内。作为移动床反应器，除了要求反应器上下物流分配均匀外，还要求不会发生催化剂不流动的“贴壁”现象。

积炭后的待生催化剂从最后一个反应器出来，进入再生系统进行烧焦、氧氯化、干燥和还原等过程，然后再返回反应系统。连续重整反应苛刻度高，但反应器却不需要像循环再生那样来回切换。由于正常操作期间催化剂活性一直维持在比较高的水平，重整生成油的芳烃含量比较高，氢产率和氢纯度也比较高，反应状况稳定。

连续重整催化剂不需要像半再生重整那样在开工初期注硫以钝化催化剂活性，但进料中含硫量过少时，随着反应苛刻度的提高，反应器内存在着积炭的危险性，反应器器壁的铁离子会与炭结合，炭链长大生成针状焦，严重时大量焦炭结在反应器内堵塞通道，阻碍催化剂的流动，甚至将反应器内构件顶坏，这种现象曾经在有些连续重整装置上发生过。实践证明，硫对反应器器壁的结焦也是很好的钝化剂。因此，现代连续重整一般都设有注硫设施，要求经常往经过加氢处理的进料中注硫，以保证重整进料中的硫含量不会过低(一般要求不低于0.2μg/g)。

重整进料需要脱硫，但含硫量又不能过低，这样就出现了既脱硫又加硫的现象。前边脱硫后边加硫看上去是个矛盾，但这是目前实际可行的方法，实行起来也很简单，因为现在还做不到在精制时将硫含量控制在0.2～0.5μg/g范围内，一般分析数据也做不到这么精确，只好先尽量将硫脱掉，以后注入0.2μg/g的硫，再分析硫的含量，如果硫含量仍小于0.5μg/g，说明符合重整要求，否则就停止注硫。

二甲基二硫DMDS是注硫最常用的硫化物，相对分子质量94，相对密度(d_4^{20})1.063，结晶点-84.7℃，常压下沸点109.6℃，含硫量68.1%。

(二)催化剂再生

为了适应较高苛刻度重整反应的需要，在连续重整装置中设置催化剂连续再生系统，使重整催化剂能够在反应部分不停工的条件下连续除掉反应过程中生成的积炭，及时恢复其性能，从而能够长期在接近新鲜催化剂的活性条件下操作。改进催化剂连续再生的技术，是发展连续重整的关键。

重整催化剂连续再生包括以下四个基本步骤：

烧焦——烧去催化剂上的积炭；

氧氯化——使金属铂氧化和分散并调整氯含量；

干燥——脱除催化剂上的水分；

还原——将铂金属由氧化态还原成金属态。

催化剂的连续再生系统前三个步骤在再生器内进行，最后一个步骤在反应器前的还原罐内进行。

1. 烧焦

烧焦是催化剂再生的第一个步骤。催化剂上的积炭与氧气化合生成二氧化碳和水并放出热量。

$$\text{焦炭} + O_2 \longrightarrow CO_2 + H_2O + \text{热量}$$

这一反应除去积炭，但产生的热量会使催化剂的温度升高，可能会损坏催化剂，所以必须加以控制。方法是控制燃烧过程的氧含量。高氧会提高燃烧的温度，低氧则会使燃烧速度减慢。

燃烧区有四个重要的操作参数，它们是：催化剂循环速率、燃烧区的氧含量、待生催化剂的炭含量和燃烧区的气体速率。操作人员为了保证全部积炭在燃烧区内烧完，必须选择好这四个操作参数。

2. 氧化氯化

催化剂在烧炭过程中有氯流失，并造成金属铂的聚结，因此第二个步骤是调整氯含量、氧化和分散催化剂上的铂金属。这些反应既需要氧气又需要氯化物。在氯化区中，含氧和氯化物的气体在高温下与烧完积炭的催化剂接触。

氯化物的调整反应可用下式表示：

$$氯化物 + O_2 \longrightarrow HCl + CO_2 + H_2O$$

$$HCl + O_2 \longrightarrow Cl_2 + H_2O$$

$$载体—OH + HCl \longrightarrow 载体—Cl + H_2O$$

氯化物对于保持催化剂的活性是必须的，但过多或过少对重整反应也不利。因此，加到催化剂上氯化物的量应当加以控制，方法是控制氯化物的注入量。

氧化和再分散的反应如下：

$$金属 + O_2 \xrightarrow{Cl_2} 氧化金属(分散)$$

金属在催化剂上分布愈均匀，则催化剂的金属功能发挥愈好。对金属氧化和再分散有利的条件是高氧浓度、长停留时间和适当的氯化物浓度。

3. 干燥

第三个步骤是从催化剂上脱除水分，这些水分是在催化剂烧焦步骤中产生的，通过干燥气体流过催化剂时将水分带出：

$$载体—H_2O + 干燥气体 \longrightarrow 载体 + 气体 + H_2O$$

高温、足够的干燥时间和适当的干燥气体流量，并确保气体分布均匀是干燥的必要条件。

4. 还原

第四个步骤就是将催化剂上的金属由氧化态变成还原态，以恢复催化剂的活性。催化剂在氢的存在下进行以下还原反应：

$$氧化态金属 + H_2 \longrightarrow 还原态金属 + H_2O$$

还原反应越完全越好。对这一反应有利的条件是高氢纯度、适当的还原气体流量和足够的还原温度。

（三）催化剂的输送

催化剂为了连续再生，必须从反应器输送到再生器，然后再返回反应器。催化剂的输送采用气体提升方式，设有一些催化剂输送设备，使催化剂能在半连续的基础上输送，其中包括催化剂收集罐、闭锁料斗、催化剂提升器及提升管、缓冲料斗以及特殊阀组等。催化剂输送用过程控制系统根据压差和催化剂料位自动控制。

催化剂由低点输送到高点是用气体通过提升器实现的，典型催化剂提升器采用双气流发送罐型式，结构见图7－29。提升气分成两股，一股为一次气，从提升器下部进入，用于补充提升气量；另一股为二次气，从提升器旁边进入，将需要提升的催化剂送入提升气流中。在所有操作情况下一次气和二次气的总量不变，以保证催化剂提升管内有一定的气体流速，过低不能满足提升催化剂的需要，过高会增加催化剂的磨损。由于二次气量要根据催化剂输送量的变化要求

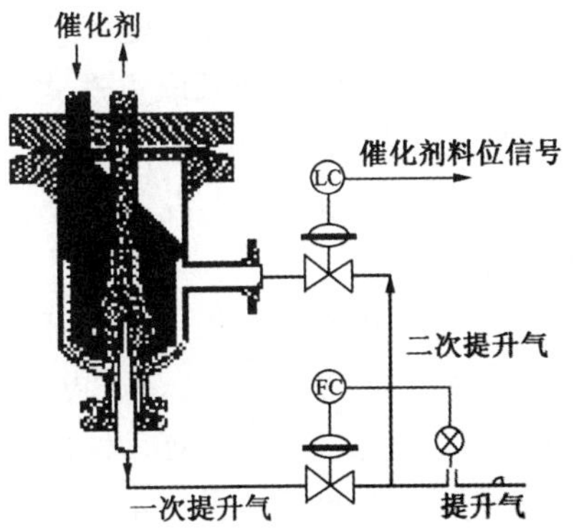

图7－29　催化剂提升器典型结构[16]

而变化，因此一次气量应根据二次气量的变化通过自动控制阀进行相应的调节。催化剂输送管压差的高低直接反映催化剂提升量的多少。

催化剂管式提升器也叫“L阀”，利用双气流发送罐的原理，同样用两股提升气进行控制，用管式代替罐式，已在一些连续重整装置上广泛应用。

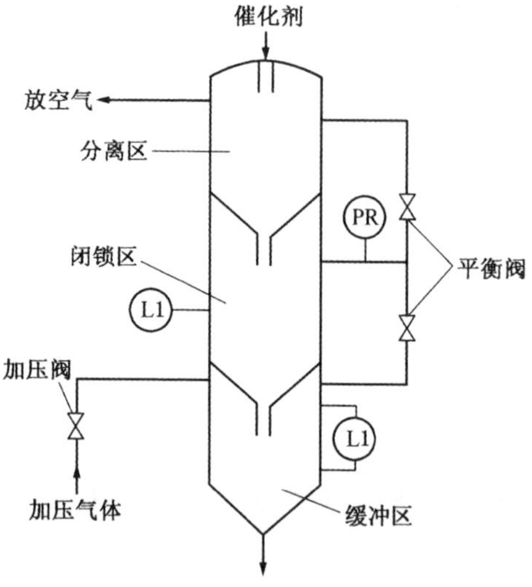

图7－30　闭锁料斗示意图

催化剂由低压向高压的输送需要通过闭锁料斗进行升压。一般闭锁料斗就是一个空罐，装料前先放空泄压，与上游低压催化剂输送管的压力平衡，再打开阀门使催化剂靠重力自动落入闭锁料斗中进行装料，以后再将闭锁料斗与低压催化剂输送管隔断，用气体充压，使其与下游的高压催化剂输送管压力平衡，再打开下部阀门使催化剂依靠重力自动从闭锁料斗落入下游催化剂输送管中进行卸料。以后再放空泄压重复装料工作，如此循环，使催化剂一批批地从低压系统输送到高压系统。

目前有的工艺为了省去催化剂管线上的阀门，将闭锁料斗从上到下分成分离、闭锁、缓冲三个区，如图7－30所示，其基本原理是一样的，即先开上部平衡阀，使分离区与闭锁区压力平衡，催化剂由分离区自动落入闭锁区，然后再关上部平衡阀、开下部平衡阀，使闭锁区与缓冲区压力平衡，催化剂由闭锁区自动落入缓冲区。缓冲区通过加压气体维持压力，下料管装有孔板保持料封，放空气由分离罐上排出。闭锁料斗有专门的操作程序，实际操作时程序自动控制准备、加压、卸料、泄压、加料等步骤，通过改变平衡压力将催化剂从低压区输送到高压区。

(四) 工艺技术

目前世界上连续重整主要有重叠式和并列式两类工艺，分别以美国UOP和法国IFP/Axens技术为代表。这两家工艺都采用绝热式径向反应器多段反应，并设有单独的催化剂连续再生系统，催化剂在反应器与再生器之间连续流动，在具体工艺流程、设备结构和控制方法上各有特点，最主要的差别是：

(1) UOP反应器采取重迭式布置，占地比较小，反应器间催化剂靠重力流动，不用气体提升，但设备和框架比较高；IFP/Axens反应器采取并列式布置，催化剂在反应器之间的输送用气体提升，设备高度较低，维修比较方便，但占地比较大，催化剂要多次用气体提升。

(2) UOP再生气采用热循环，流程比较简单，但设备和管线的材质要求比较高，再生气中水含量高；IFP/Axens再生气采用冷循环加干燥流程，设备比较多，但采用的都是普通材质，供应比较方便，且再生气中水含量低，有利于保持催化剂的比表面积。

(3) UOP的闭锁料斗设在再生器底部，再生压力比反应压力低；IFP/Axens的闭锁料斗设在再生器上部，再生压力比反应压力高，有利于催化剂的烧焦。

UOP于20世纪70年代初开发出来的第一代连续重整的反应压力为0.88MPa，催化剂再生采用的是常压再生工艺。20 世纪 80 年代末第二代连续重整工艺开始工业化，重整反应压力降到 0. 35MPa，催化剂再生采用加压再生工艺。20 世纪 90 年代初新的催化剂再生工艺 CycleMax 开始问世，进一步改进了催化剂再生工艺的流程和设备。UOP 连续重整一开始就采用适于连续再生的铂锡催化剂，与铂铼催化剂相比，稳定性较差但选择性较好。40 年来随着催化剂活性的提高和铂金属含量的降低，催化剂牌号不断更新。

UOP 开发的催化剂再生放空气氯吸附技术(Chlorsorb 工艺)用待生催化剂吸附方法代替碱洗回收再生放空气中的氯化物，可降低氯用量并省去碱洗设备，从 1998 年开始工业化，到 2008 年已投用 23 套，近年来已在新装置设计中推广使用。

IFP/Axems 于 20 世纪 70 年代初开发出来的连续重整反应压力 0. 8MPa 左右，再生器沿用半再生重整的再生条件和步骤，催化剂分批进入再生器进行再生，再生压力高于重整反应的压力。20 世纪 90 年开发出超低压连续重整 Regen B 工艺，反应压力 0. 35MPa，再生器改为移动床，催化剂连续进行再生。从 1995 年以后，陆续开发了 Regen C 和 Regen C2 催化剂再生工艺，对催化剂再生技术作了进一步的改进。IFP/Axens 连续重整开始时采用铂铼催化剂，以后改用铂锡催化剂，提高了选择性，催化剂也在不断更新。

既有固定床反应器又有移动床反应器和再生器的组合床重整工艺于 1989 年开始在工业装置上使用。根据重整装置前段反应积炭较少和后段反应积炭较多的特点，前端采用固定床反应器，后端采用移动床反应器并设置一套催化剂连续再生系统的组合床重整工艺，与半再生重整相比可提高反应的苛刻度，延长操作周期。我国自行开发的低压组合床催化重整技术也已实现工业化。这一工艺比连续重整投资略有减少，它对旧装置的改造和分期建设的工程具有一定的优势，可以将改造工程对生产的影响降至最小；但由于受前边固定床反应器的限制，反应压力不能太低(一般不低于 0. 8MPa)，氢烃比不能太小，因此重整产品收率比完全的连续重整要差一些。

我国开发的连续再生技术已于 2001 年成功应用在低压组合床重整装置上。在此基础上开发出的超低压连续重整装置于 2009 年首次成功建成投产，反应压力 0. 35MPa，反应器采用 2 × 2 并列与重叠相结合的布置方式。

我国开发的又一连续重整新工艺 - 逆流连续重整工艺，采用催化剂与反应物流逆向流动的新理念，改善反应条件，创立了新的操作简便的催化剂循环方法，于 2013 年成功实现了工业化，为连续重整工艺增加了新的模式。

二、重叠式连续重整

重叠式连续重整由美国 UOP 公司开发，第一套装置于 1971 年 3 月在美国建成投产，开始时采用“常压再生工艺”，反应压力 0. 88MPa，再生压力为常压。1988 年 11 月第一套称为“加压再生工艺”的连续重整装置投产，反应压力降至 0. 35MPa，再生压力增加到 0. 25MPa，大大提高了连续重整的效率。1996 年 3 月更新的连续重整工艺开始问世，取名为“CycleMax”，反应和再生压力与加压再生相同，但对再生工艺流程、设备和控制作了很多改进，如再生器内筛网改为锥形，改进催化剂输送系统结构，采用两段还原等。

重叠式连续重整典型操作参数发展情况见表 7 – 27。

表7-27 重叠式连续重整操作参数发展情况

年份	1971	1980	1990
反应压力/MPa	1.23	0.88	0.35
氢烃摩尔比	4~6	3~4	1~3
液时空速/h^{-1}	1.0~1.5	1.5~2.0	1.8~2.2
辛烷值(RONC)	95~98	100~103	101~104
催化剂再生规模/(kg/h)(lb/h)	91(200)	204~907(450~2000)	453~2041(1000~4500)
催化剂循环一周时间/d	30	7	3

到2011年底，全世界已建成重叠式连续重整工艺装置239套，总能力达到约230Mt/a(556万桶/天)。装置规模最小280kt/a，最大3.7Mt/a；催化剂再生规模最小91kg/h(200lb/h)，最大2721kg/h(6000lb/h)。全世界已建装置套数分布情况见表7-28。

表7-28 重叠式连续重整工艺装置套数

地区	常压再生工艺	加压再生工艺	CycleMax 工艺	装置总套数
美洲	43	3	21	67
欧洲	34	2	5	41
亚洲	35	16	55	106
非洲	12	2	8	22
澳洲	2	1	0	3
合计	126	24	89	239

我国从20世纪70年代末开始引进重叠式连续重整技术，至2011年底已有36套装置投产，其中常压再生工艺3套，加压再生工艺4套，CycleMax工艺29套。2012年又有3套装置投产。部分装置设计操作条件及产品收率见表7-29。

表7-29 重叠式连续重整设计条件及产品收率

装置	JS	YZ	LY	YS	GQ	LZ	WSH	HZ
规模/(kt/a)	400	1050	400	600	600	800	1000	2000
原料								
相对密度	0.739	0.743	0.751	0.733	0.733	0.730	0.738	0.760
馏程/℃	82~177		84~166	82~175	83~175	91~176		
组成/%								
烷烃	50.5	51.0	47.4	56.9	53.5	65.8	52.3	30.6
环烷	46.5	42.6	41.6	39.7	42.8	27.8	41.0	56.7
芳烃	3.0	6.4	11.0	3.4	3.7	6.4	6.7	12.7
操作条件								
反应压力/MPa	0.88	0.88	0.35	0.35	0.35	0.35	0.34	0.35
反应温度(WAIT)/℃	524	521	533	532	533	533	538	538
液时空速/h^{-1}	0.79	0.77	1.0	2.0	1.94	1.93	1.21	1.51
氢烃摩尔比	4	4.5	2.2	1.4	1.8	2.8	2.25	2.75
催化剂(设计)	R-32	R-32	R-34	R-134	R-34	R-134	R-234	R-234

续表

装　置	JS	YZ	LY	YS	GQ	LZ	WSH	HZ
再生工艺	常压	常压	加压	加压	CycleMax	CycleMax	CycleMax	CycleMax
再生规模/(kg/h)	454	910	450	454	454	680	1361	2043
产　品								
C_5^+ 辛烷值(RON)			105	100	100	102	105	106
C_5^+ 产率/%	79.2	79.5	91.3	89.6	89.3	87.1	85.3	88.1
芳烃产率/%	66.9	67.1				67.2	74.0	80.5
H_2 产率/%		2.86	4.15	3.78	3.97	3.79	4.17	4.19

(一) 常压再生工艺

UOP在20世纪70年代初首先推出的连续重整工艺，反应压力0.88MPa，采用的是常压再生流程。我国上海石化、扬子石化和广州石化早期建设的连续重整采用的就是这一工艺。再生系统由分离料斗、再生器、流量控制料斗、缓冲罐、还原区及有关管线、特殊阀组和设备组成，并由专用程序逻辑控制系统进行监测和控制。工艺流程见图7－31。

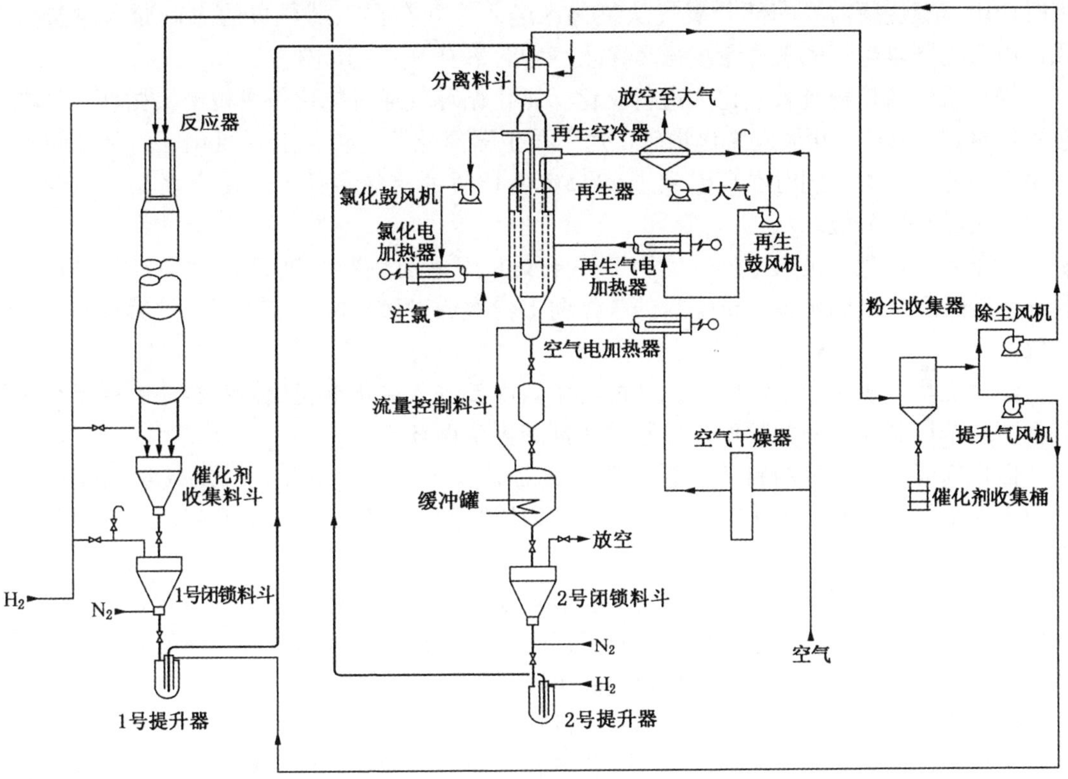

图7－31　常压再生流程[16]

为了保证催化剂在反应器与再生器之间安全输送，待生和再生催化剂各有一个闭锁料斗，规定了一系列程序步骤，包括准备、吹扫、卸料、加压、装料等。催化剂输送用程序逻辑控制系统通过仪表、定时器和阀门自动控制。

催化剂输送操作用两个程序逻辑控制器控制，一个控制待生催化剂，一个控制再生催化剂。整个系统催化剂的流动速率是由流量控制料斗设定的，它定时、连续、小批量的将再生器的催化剂输送到缓冲料斗，所有其他催化剂的输送都是用两个闭锁料斗根据料位要求来控制的。

重整反应后已积炭的待生催化剂从最后一个反应器底部出来，经催化剂收集罐进入1号闭锁料斗，降压并用氮气冲洗掉催化剂上的烃类气体以后，进入1号提升器，再用提升鼓风机压送的氮气将催化剂提升到再生器顶部的分离料斗中。催化剂在分离料斗内落下时，其中夹带的催化剂粉末被自下而上的循环氮气吹出，带到集尘器中进行回收。集尘器顶部气体经提升气鼓风机加压后循环回到1号提升器去提升催化剂。

脱除粉末后的待生催化剂，靠重力流经分离料斗下部的连接管道，分布到再生器内外环形筛网之间并向下移动，依次通过烧焦区、氯化区和干燥区。

待生催化剂进入再生器后，先在烧焦区内以高温低氧的条件烧掉催化剂上的积炭。燃烧气体由再生鼓风机经过电加热器送入燃烧区内，燃烧产生的废气和循环燃烧气体从燃烧区顶部排出，经过再生气冷却器后，部分气体放空，其余部分经再生鼓风机返回再生器。正常操作时开冷却器取走多余的热量，将再生器入口温度控制在477℃；电加热器只在开工时才用。燃烧所需要的部分氧气从氯化区进入，并在再生鼓风机的入口通入少量仪表风，用以控制再生气的氧含量。循环再生气中含氧0.8%～1.3%。

烧炭后的催化剂流入氯化区进行氯化。氯化循环气通过氯化鼓风机密闭循环，经电加热器加热到510℃，并加入氯化物后，送入再生器氯化区。催化剂在氯化区内补充烧焦过程中损失的氯化物，同时在高温和含氧15%～18%的富氧条件下，使金属充分氧化，并使大的铂晶粒再分散。

氯化后的催化剂进入干燥区，用经过干燥并用电加热器加热到538℃的仪表风干燥，脱除烧炭时所产生的水分。干燥后的气体向上依次通过氯化区、烧焦区，然后从再生气中排放。

经过烧焦、氯化和干燥的催化剂由再生器底部进入催化剂流量控制料斗，通过交替开关上下两个控制阀的开关频率，控制催化剂的再生循环量。

催化剂通过流量控制料斗到缓冲罐，然后进入2号闭锁料斗，用氮气吹扫除净氧气后，进入2号提升器。催化剂在2号提升器内用脱除凝液的重整氢提升到反应器顶部的还原区内。

在还原区内，用氢气将再生催化剂从氧化态还原为还原态。还原区是管壳式结构，利用反应物料的热量，将再生催化剂加热升温，完成催化剂的还原步骤。还原后的催化剂与还原气体一起进入反应器，完成催化剂的再生。

催化剂依靠重力自上而下，从第一个反应器依次通过各个反应器，直到从最后一个反应器底部再次出来，完成循环回路。催化剂在反应器之间和从反应器底部出来，都是通过8～14根对称布置的输送管下落以保证催化剂床层的均匀流动。

催化剂循环一周约一星期。催化剂在再生器内边移动边再生，烧炭氯化均各有自己的气体循环回路，用热风机鼓风循环，其典型操作条件见表7－30。

表 7－30　催化剂常压再生典型操作条件[2]

项　目	数　据	项　目	数　据
再生前催化剂含炭量/%	5.07	再生后催化剂含氯量/%	1.05
再生后催化剂含炭量/%	<0.02	烧焦区入口(479℃，340Pa) 氧含量/%	1.03
再生前催化剂含氯量/%	0.99	氧氯化区入口(511℃，331Pa) 氧含量/%	17.4

(二) 加压再生工艺

1988 年 UOP 公司号称第二代连续重整技术(加压再生工艺)开始工业化，对原有反应条件和再生工艺都作了很大改进。主要表现在：

(1) 反应压力降至 0.35MPa，提高反应苛刻度，增加产品收率，同时反应器内物料由上进下出改为上进上出结构，以改善气流分布和减少死区；

(2) 改进再生器结构，将再生器的操作压力由常压提高到 0.25MPa，提高催化剂再生能力，缩短催化剂循环周期；

(3) 闭锁料斗改为分区变压控制，催化剂管线上无阀操作，减少催化剂磨损和阀门的检修维护工作；

(4) 还原罐布置在闭锁料斗上面，用高纯度氢气作还原气，还原后气体排入产氢管网，不进入反应器，避免水分带入反应系统；

(5) 设置放空气洗涤塔，放空气经过碱洗后再排入大气，以改善环保条件。

我国 20 世纪 90 年代中期建设的辽阳、吉林、镇海、燕山连续重整装置采用的就是这项工艺，工艺流程见图 7－32。

待生催化剂从反应器最下部出来，靠重力通过收集器到提升器，然后用氢气提升至再生器顶部的分离料斗中。催化剂在分离料斗内用氢气吹出其中粉尘，含粉尘的氢气经粉尘收集器和除尘风机返回分离料斗。

再生器从上到下分成烧焦、氯化和干燥三个区域。待生催化剂从分离料斗落入再生器后先在两个圆柱形筛网的环形空间进行烧焦。烧焦用再生气含氧 0.5% ~0.8%，再生器入口温度 477℃。再生气用再生风机抽出，经过空冷器和电加热器后返回再生器。烧焦后的催化剂依次进入挡板结构的氯化区和干燥区。用于氯化过程的气体为来自干燥区的空气，注入氯化物后通过氯化区催化剂床层，进入再生器温度为 510℃。干燥区设在再生器最下部，干燥介质为经过干燥并经电加热器加热到 565℃的热空气。

氧化态再生催化剂在再生器底部用氮气置换后，送至闭锁料斗上部的催化剂还原段进行还原。还原用高纯度的氢气，用电加热器加热到 538℃。

还原后的再生催化剂落入闭锁料斗中，用专用控制系统按照自动程序操作，最后通过提升器将再生催化剂送入第一个反应器。催化剂在重叠式反应器中，靠重力从第一反应器落回到第四反应器，同时进行重整反应，从而构成一个催化剂循环回路。

(三) CycleMax 工艺

1996 年 UOP 公司新的催化剂再生工艺 CycleMax 开始问世，反应和再生操作条件与加压再生工艺相同，但在催化剂再生流程和设备上作了不少改进，使催化剂连续再生技术又有了新的提高，其主要特点是：

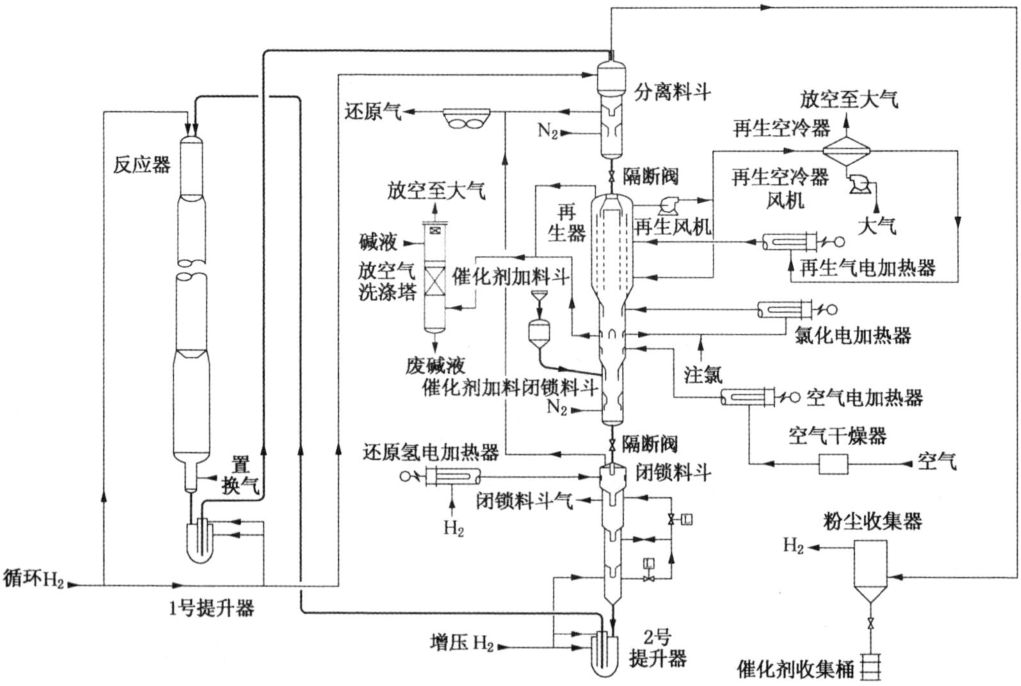

图 7-32 加压再生流程[16]

(1) 再生器内采用锥形筛网，防止部分催化剂在高温高水分条件下停留时间过长，以增加催化剂的寿命；

(2) 改进催化剂提升系统，用“L 阀”代替提升器，使用无冲击弯头，减少催化剂的磨损；

(3) 催化剂在反应器顶部的还原罐内分两段在不同温度下还原，改善还原条件，从而有利于保持催化剂性能并可直接使用不用提纯的重整氢作还原气；

(4) 增加一个加料斗，可以在不停工的条件下更换催化剂；

(5) 待生催化剂用氮气输送，取消一个氮包，减少 35 个仪表回路，简化粉尘收集系统。

我国高桥、兰州、天津、大连、锦西和镇海石化等厂的连续重整采用的就是这项工艺，工艺流程见图 7-33。

CycleMax 工艺的再生器分成烧焦、再加热、氯化、干燥、冷却五个区。催化剂进入再生器后，先在上部两层筛网之间进行烧焦，烧焦所用氧气由来自氯化区的气体供给，烧焦气氧含量 0.5% ~0.8%。烧焦后气体用再生风机抽出，经空冷器冷却(正常操作)或电加热器加热(开工期间)维持一定温度(477℃)后返回再生器。

烧焦后的催化剂向下进入再加热区，与来自再生风机的一部分热烧焦气接触，其目的是提高进入氯化区催化剂的温度，同时保证使催化剂上所有的焦炭都烧尽。

催化剂从烧焦和再加热区向下进入同心挡板结构的氯化区进行氧化和分散金属，同时通入氯化物。然后再进入干燥区用热干燥气体进行干燥。热干燥气体来自再生器最下部的冷却区气体和经过干燥的仪表风，进入干燥区前先用电加热器加热到 565℃。从干燥区出

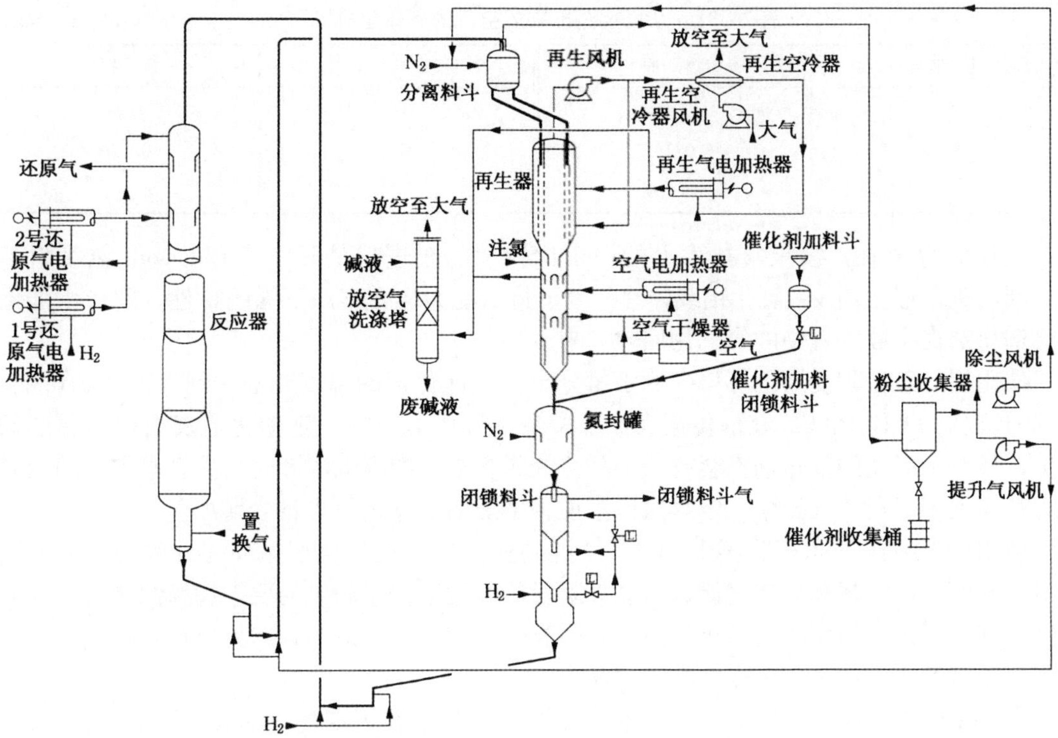

图 7-33 CycleMax 再生流程[16]

来的干燥空气，根据烧焦需要一部分进入氯化区，多余部分引出再生器。

催化剂从干燥区进入冷却区，用来自干燥器的空气进行冷却，其目的是降低下游输送设备的材质要求和有利于催化剂在接近等温条件下提升，同时可以预热一部分进入干燥区的空气。

干燥和冷却后的催化剂经过闭锁料斗提升到反应器上方的还原罐内进行还原。闭锁料斗分成分离、闭锁、缓冲三个区，按准备、加压、卸料、泄压、加料等五个步骤自动进行操作，缓冲区进气温度150℃。还原罐上下分别通入经过电加热器加热到不同温度的重整氢气，上部还原区377℃，下部还原区550℃。还原气体由还原罐中段引出。还原后的催化剂进入第一反应器。

重整催化剂在再生过程中需要注氯以弥补氯的损失。对于 CycleMax 催化剂再生工艺，氯的损失包括以下四个部分：

(1)放空气带走——大约占63%。

(2)还原气带走——大约占18%。

(3)反应产物带走——大约占9%。

(4)干燥区带走——大约占10%。

从再生器出来的放空气含有大量氯化物，其组成举例如表 7-31 所示，其中氯化氢含量为0.22%(体积分数)，即2200μL/L，相当于3575 mg/m³。按照我国的大气污染物综合排放标准[17]，氯化氢和氯气的最高允许排放浓度分别为100mg/m³ 和 65 mg/m³。因此放空气在排入大气以前先要除去氯化物以满足环保要求。传统的催化剂再生流程，再生放空气在放入大气以前先通过碱洗塔，脱除其中的氯化物，氯化物随同废碱液排掉。

表 7-31 从再生器出来放空气的气体组成[18] %(体积分数)

项目	数据	项目	数据
N_2	72.92	H_2O	11.24
O_2	0.36	HCl	0.22
CO_2	15.26		

近年来 UOP 在连续重整技术上的一个比较大的改进就是开发了 Chlorsorb 氯吸附工艺。利用重整催化剂 γ-氧化铝载体在低温下持氯能力比在高温下强的特性，用待生催化剂将催化剂再生放空气中的氯化物回收回来。

催化剂的氯吸附受周围环境中的水氯分子比、催化剂的温度和催化剂表面积的影响。水和 HCl 作为 OH^- 和 Cl^- 在催化剂表面上争夺活性中心。在一定催化剂表面积和温度条件下，任一水氯比的催化剂都会有一个平衡的氯含量，在降低温度时，尽管水和氯的吸附能力都增加，但对于气相中一定水氯比来说，平衡的催化剂氯含量会增加。

使用 Chlorsorb 技术回收再生放空气中氯的流程中，在催化剂循环的分离料斗下部设置氯吸附段，催化剂和放空气体进入氯吸附段的温度取决于脱氯的要求和腐蚀考虑。降低温度有利于脱氯，但要防止露点腐蚀，因为放空气中有水和氯化物，如果达到露点，将会引起严重腐蚀。烧焦气的露点大约是 88℃。

带 Chlorsob 脱氯工艺的 CycleMax 催化剂再生流程已在近期建设的大连、上海、惠州、延安、广西、辽化和乌石化等厂的连续重整装置上使用，其流程如图 7-34 所示。

从分离料斗出来的待生催化剂用分出的一股除尘风机气体预热。气体先用蒸汽加热到 138℃(102℃低温警报，93℃再生热联锁)，然后进入分离料斗下面的催化剂预热区，向上流过催化剂床层后与其余淘析气混合，催化剂则向下进入吸附段。从再生器出来的放空气体首先用来自再生空冷器风机经蒸汽加热到不低于 93℃的一股热空气冷却到 138℃，然后进入脱氯吸附区。放空气在吸附区中向上流过催化剂床层，其中氯化物从放空气中进入催化剂，脱除氯化物的放空气排入大气。

氯的吸附效果与吸附温度有直接关系。表 7-32 是 Chlorsorb 脱氯技术在开工后不久的一组实际操作数据，再生气经过吸附后排放气中氯化氢的含量在吸附温度 148℃以前的检测值为 0，在 158℃和 168℃时分别为 10.34 mg/m^3 和 16.15 mg/m^3，都大大低于国家标准规定排放量的允许值。在装置操作末期，催化剂持氯能力降低，氯的吸附效果会减少，专利商推荐的操作温度为 138℃。

表 7-32 吸附温度对再生放空气组成的影响[19]

组分	温度/℃			
	138	148	158	168
N_2/%(体积分数)	82.13	80.87	80.40	79.95
O_2/%(体积分数)	1.21	1.13	1.10	1.05
CO_2/%(体积分数)	16.66	18.00	18.50	19.00
HCl/(mg/m^3)	0	0	10.34	16.15

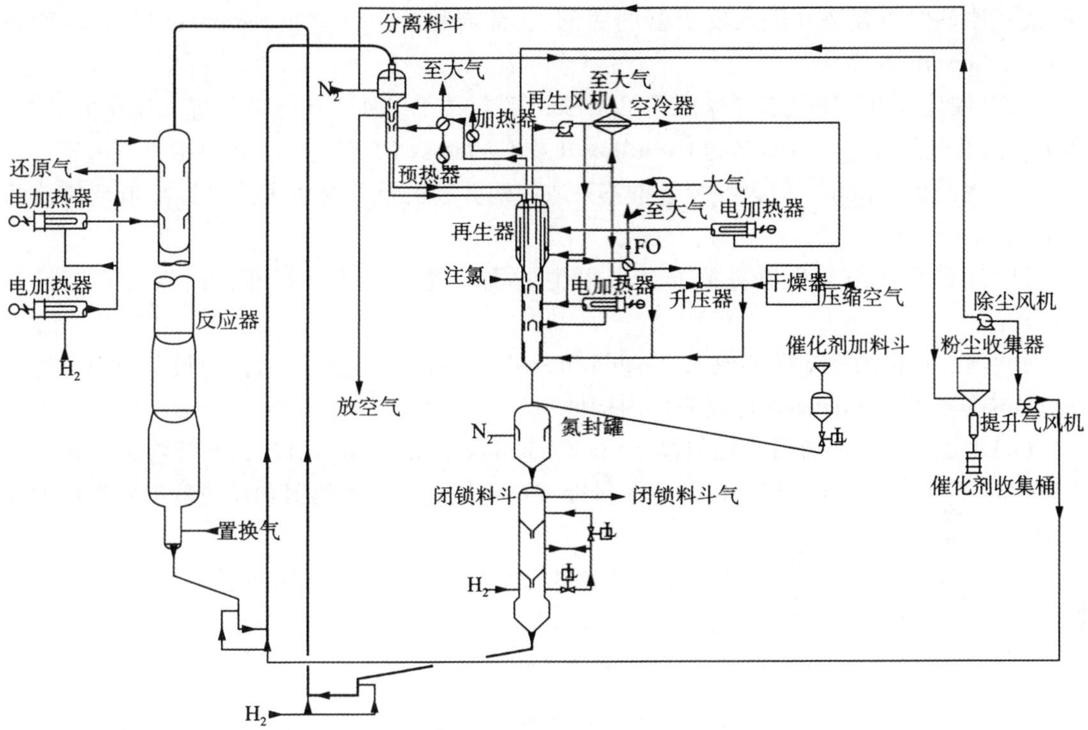

图7－34　带Chlorsorb的CycleMax再生流程

Chlorsorb工艺可通过待生催化剂回收再生放空气中97%～99%的氯化氢和100%的氯气，满足环保对排放气的要求，大大降低催化剂的注氯量，并免除了碱洗操作带来的腐蚀、堵塞和废碱液处理等问题。表7－33是几套装置现场检测的数据。

表7－33　Chlorsorb氯吸附回收率

用　　户	装置类型	入口HCl(体积)/(μL/L)	出口HCl(体积)/(μL/L)	HCl回收率/%
美国某炼油厂	CycleMax	1389～1486	30.1～30.6	97.8～97.6
加拿大某炼油厂	CycleMax	300～600	1～5	98.4～99.7
日本某炼油厂	CycleMax	1300～1700	30	97.7～98.2
泰国某炼油厂	CycleMax	1000～1200	10～40	97～99

采用Chlorsorb脱氯技术最重要的是要严格控制操作温度，温度过高会影响吸附效率，温度过低会引起酸露点腐蚀设备，一般要求操作温度约为138℃，并要求用93℃的热空气冷却再生放空气，而且要做好相关设备和管线的伴热。用蒸汽管或电热带伴热都要均匀覆盖整个表面，不能有保护不到的地方，要保证所有与放空气接触部位的温度均能符合要求。再生烧焦放空气冷却器是最容易引起腐蚀的设备，在放空气出口附近的壳壁和空气入口附近的管子都是容易发生腐蚀的地方。为防止低温冷凝腐蚀，氯吸附设124℃低温警报，116℃再生热联锁。同时，为了防止待生催化剂上的积炭在吸附区燃烧，吸附区出口温度也不能太高，设定204℃高温警报，218℃联锁。

Chlorsorb氯吸附技术除了应用于催化剂再生放空气以外，也可应用于还原区的排出氢气(还原氢作为置换气进入反应器的底部)，前者称为 RVG Chlorsorb 系统，后者称为 RZEG Chlorsorb 系统。

UOP 催化剂再生工艺近年来除了 Chlorsorb 脱氯技术以外，还适应装置大型化的需要，作了一些其他的改进，并命名为 CycleMax II 或 CycleMax III 工艺，主要包括以下内容：

(a)规模超过 2Mt/a 的大型装置推荐采取两两并列的重叠布置方式，以降低反应器的高度；

(b)闭锁料斗与再生器并列布置，再生催化剂提升进闭锁料斗，以降低再生设备高度；

(c)增加催化剂冷却循环模式(Cooldown mode)流程，防止停工时由于设备与催化剂冷却过程中体积变化不同而损坏反应器内构件；

(d)增加循环氢小流量少加热模式(Low flow low firing mode)流程，在反应系统短时停工重起时先引少量氢气循环，以防止大量冷气进入板式进料换热器和反应器引起设备温度骤变而损坏内构件。

采用 CycleMax 催化剂再生工艺连续重整装置实际操作数据举例如下。

(1)惠州石化

重整反应数据和催化剂再生条件见表 7－34 和表 7－35。

表 7－34 重整反应数据

原料性质		反应条件		产品收率	
密度(20℃)/(g/mL)	0.760	催化剂	FR－234	C_5^+ 收率/m%	89.9
馏程/℃		反应温度/℃		C_5^+ 产品/RONC	105
初馏	86.4	WAIT	521.7	芳烃产率/%	81.34
10%	106.7	总温降	330.4	氢气纯度/%(体积分数)	94.4
50%	126.5	体积空速/h^{-1}	1.53	纯氢产率/%	4.05
90%	153.8	氢油摩尔比	2.93		
终馏点	169.5	产物分离罐压力/MPa	0.24		
族组成/%					
烷烃	25.85				
环烷烃	68.54				
芳烃	5.62				

表 7－35 催化剂再生条件

催化剂再生速率/(kg/h)	2045	烧焦区床层峰值温度/℃	546
待生催化剂碳含量/%	5.2	再生催化剂碳含量/%	0.04
待生催化剂氯含量/%	0.9	再生催化剂氯含量/%	1.03
烧焦区氧含量/%(体积分数)	0.69	四氯乙烯注入量/(kg/d)	37.7
氯化区床层温度/℃	447	粉尘量/(kg/d)	4.1

(2)天津石化

重整反应条件及结果、催化剂再生系统操作条件及再生数据见表7-36～表7-39。

表7-36　重整反应条件

时　　间	2000年11月	2000年12月	2001年2月
进料中芳烃潜含量/%	45.2	48.83	49.67
一反入口温度/温降/℃	500/124.9	507/125.4	513/139.2
二反入口温度/温降/℃	500/74.5	507/74.1	513/82.6
三反入口温度/温降/℃	500/54.1	507/53.4	513/60.8
四反入口温度/温降/℃	500/36.0	507/36.3	513/45.1
总温降/℃	289.5	289.2	327.7
进料量/(kg/h)	45000	45000	54000
操作负荷/%	60	60	74
催化剂	GCR-100	GCR-100	GCR-100
空速(LHSV)/h^{-1}	0.7	0.7	0.84
氢油摩尔比	3.6	3.8	3.37

表7-37　重整反应结果

时　　间	2000年11月	2000年12月	2001年2月
RONC	102.8	103.3	104.1
C_5^+ 产率/%(体积分数)	78.5	83.3	91.08
C_6^+ 产率/%(体积分数)	74.6	78.4	85.6
纯氢产率/%	3.93	4.1	4.24
芳烃产率/%	69.2	74.01	76.36
苯/甲苯/C_8A 转化率/%	90/120/196	133/131/201	128/135/213
总转化率/%	153.1	151.56	153.73
循环氢纯度/%	87	88	90

表7-38　催化剂再生系统操作条件

项　　目	操作条件
还原温度(一段/二段)/℃	377/482
烧炭区入口温度/℃	477
氯化区入口温度/℃	510
干燥区入口温度/℃	550
烧炭区氧含量/%(摩尔分数)	0.8
淘析气流量/(Nm^3/h)	1750
闭锁料斗区催化剂装填量/kg	34.1
催化剂循环量/(kg/h)	680

表7-39　催化剂再生数据

项　　目	数　　据
待生催化剂含炭量/%	3.84
再生催化剂含炭量/%	0.06
待生催化剂含氯量/%	1.02
再生催化剂含氯量/%	1.22
注氯量/(kg/h)	0.7
催化剂粉尘产生量/(kg/d)	3.3

三、并列式连续重整

并列式连续重整由法国石油研究院IFP(现为Axens公司)开发，用于生产高辛烷值汽油组分的称为辛烷值化(Octanizing)，用于生产芳烃的称为芳构化(Aromizing)。IFP连续重整1973年在意大利开始工业化，反应器并列布置，反应压力0.8MPa左右，催化剂在再生器内分批进行再生，再生压力约0.96MPa。20世纪90年代初IFP新一代的连续重整工艺问世，反应压力降至0.35MPa，催化剂由分批再生改为连续再生，称为Regen B工艺，再生压力0.57MPa(略高于第一反应器的压力)。1995年以后推出的Regen C和Regen C2工艺，进一步改善了催化剂的再生技术，并采用性能较好的CR和AR系列催化剂。

到2004年底全世界已建成并列式连续重整工艺装置共48套，总能力约42.63Mt/a。产品辛烷值(RON)最低97，最高106，规模最大的1.9Mt/a，最小的一套只有80kt/a。这项技术从开始工业化到现在已有40年的历史，投产装置套数分布情况见表7-40。

表7-40 并列式连续重整工艺装置投产套数

地区	1977~1990年	1991~2000年	2000~2011年	合计
欧洲	4	8	2	14
美洲	0	3	1	4
亚洲	4	8	16	28
非洲	1	0	1	2
合计	9	19	20	48

我国从1985年开始引进并列式连续重整技术，到2011年底已有8套采用这项技术的装置投产，加工能力6.02Mt/a，设计操作条件及产品收率见表7-41。

表7-41 并列式连续重整设计条件及产品收率

装置	JL	QL	WQ	FJ	XT
规模/(Mt/a)	0.60	0.60	0.40	1.80	1.50
原料					
相对密度	0.737	0.743	0.723		0.727
馏程/℃	82~174	79~171			
组成/%					
烷烃	58.6	56.3	64.7	50.1	59.4
环烷	29.3	32.3	29.6	35.9	29.4
芳烃	12.1	11.4	5.7	14.0	11.2
操作条件					
反应压力/MPa	0.35	0.35	0.35	0.35	0.35
反应温度WAIT/℃	520		530	519	525
液时空速/h^{-1}	2.0	2.2	1.6	1.5	2.1
氢烃摩尔比	2.2	2.0	3.0	3.0	2.0
催化剂(设计)	CR-201	CR-201	CR-201	AR-501	CR-601
再生规模/(kg/h)	470	360	500	1800	1870
产品					
C_5^+ 辛烷值RON	102	102	104	105	102
C_5^+ 产率/%	90.5	90.3	81.5		88.3
芳烃产率/%			66.4	78.0	
H_2 产率/%	3.59	3.50	3.8	3.8	3.3

（一）分批再生工艺

IFP 早期开发的连续重整技术的反应系统流程与半再生基本相同，只是催化剂可以移动，反应压力降至 0.8MPa 左右，并模拟半再生重整催化剂再生流程设置单独的催化剂再生系统。这项工艺催化剂循环及连续再生系统的特点是：

(1)重整反应器为径向，并列布置，所有催化剂的提升均采用氢气；

(2)催化剂的再生是在再生器内于加压下分批进行的，再生器为固定床空筒结构，根据再生步骤变换再生气的操作温度和氧含量；

(3)再生气采取冷循环方式，用压缩机压送，并设有加热炉为再生器供热；

(4)催化剂输送管上装设专用阀门，按一定程序开关，并用气体分析数据监控。

我国抚顺石油三厂和洛阳石化总厂的连续重整装置改造前初次建设时采用的就是这项技术，工艺流程见图 7-35。

催化剂在各反应器和再生器之间循环流动。每台反应器上下各设一个催化剂料斗，在下部料斗下面设有催化剂提升器。待生催化剂从最末一台反应器底下出来，经过下部料斗和提升器提升到设在再生器上部的缓冲料斗，然后分批进入再生器。

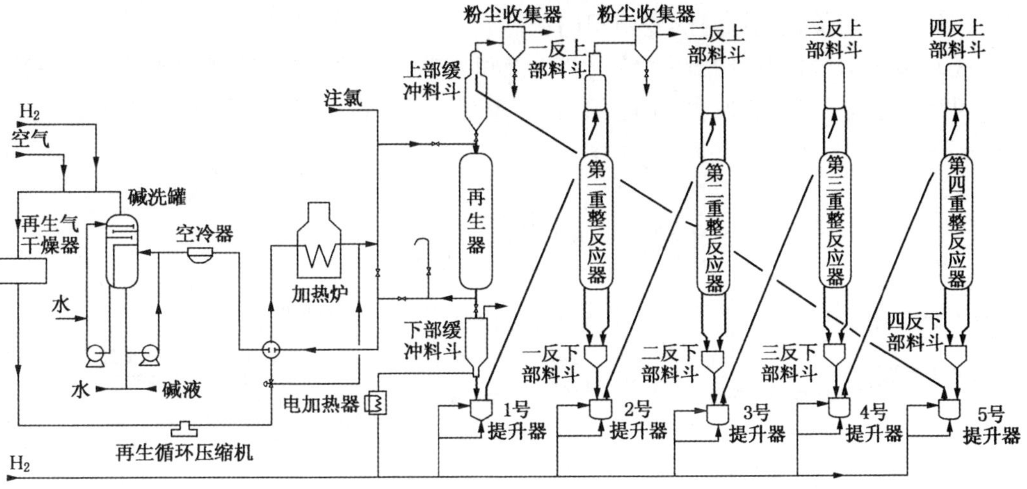

图 7-35 分批再生流程[16]

催化剂在再生器内依次进行装料和置换、加热和预氯化、一次烧焦、二次烧焦、氧化氯化、焙烧、冷却、吹扫、卸料等步骤的操作。再生器操作压力为 1.3MPa；一次烧焦、二次烧焦、氧化氯化和焙烧时的气体入口温度分别是 420℃、450℃、520℃和 525℃，气体中氧含量分别为 0.6%、0.6%、6%、8%；烧焦时气中含水 50～200μg/g，氧化氯化时气体中含水 1000～2000μg/g。再生器及换热器、空冷器、碱洗罐、干燥器、压缩机及再生气加热炉等设备构成再生气循环回路。从再生器底出来的气体，经换热、冷却后进入碱洗罐，碱洗后经干燥器干燥，然后用压缩机压送，经换热和加热炉加热后返回再生器。

催化剂的装卸、吹扫以及各再生阶段的切换操作，都是按照一定程序自动进行的，并用在线气体分析监控阀门开关以保证安全。再生器控制程序包括催化剂的装入、吹扫、加热、一次烧焦、二次烧焦、氧化氯化、焙烧、冷却、吹扫、卸出等步骤。

从再生器卸出的催化剂进入下部缓冲料斗在450℃条件下进行还原。还原后的再生催化剂经提升器用氢气提升到第一反应器的上部料斗，然后流入第一反应器。反应后催化剂从底部出来，经下部料斗到提升器，用氢气提升到下一个反应器的上部料斗，然后再进入下一个反应器。待生催化剂和再生催化剂各设有一个粉尘收集器以收集催化剂的粉末。再生器上下设有催化剂的专用阀门。

再生系统的设计能力一般按每天再生两批催化剂考虑，每批再生时间为12h，全部催化剂藏量再生一次需一周时间。

（二）Regen B 工艺

IFP 开发的连续再生重整工艺 Regen B 于 1990 年开始工业化，在原来分批再生工艺的基础上大大前进了一步。其主要特点是：

(1)重整反应压力由 0.8MPa 降低到 0.35MPa，再生器压力稍高于第一反应器；

(2)催化剂的再生由分批改为连续，再生器自上而下分成一段烧焦、二段烧焦、氧化氯化和焙烧等区；

(3)用电加热器代替加热炉加热再生气；

(4)减少了催化剂输送的专用阀门；

(5)设置氮气提升气循环系统，待生及再生催化剂的提升气体均由氢气改为氮气。

我国金陵石化和齐鲁石化的连续重整装置采用的就是这一技术，工艺流程见图 7-36。

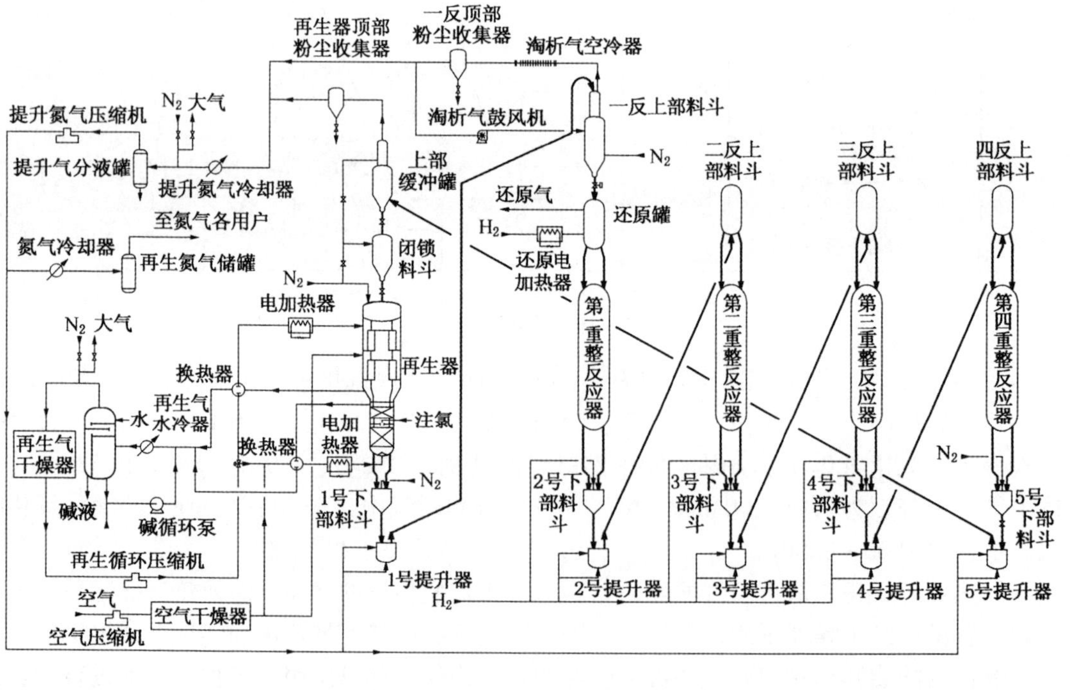

图 7-36 Regen B 再生工艺流程[16]

待生催化剂从最后一个反应器出来，用来自提升氮气压缩机的氮气提升到再生器上的上部缓冲料斗内，然后经过闭锁料斗进入再生器。催化剂在第一区即一段烧焦区内将大部分焦炭烧掉，然后进入二段烧焦区，在更高的温度下将剩余的焦炭烧净，然后再依次通过氧化氯化区和焙烧区。再生器压力 0.545MPa，一段烧焦区的气体入口温度为 420～440℃，二段烧焦、氧化氯化区和焙烧区的出口温度分别为 480～510℃，480～515℃和 500～520℃。一段烧焦区和焙烧区的气体入口含氧量分别为 0.5%～0.7%和 4%～6%，二段烧焦区控制出口含氧量为 0.25% 左右。

再生气从再生气压缩机出来分成两部分：主要的一部分经换热器和电加热器加热后为两段烧焦用；另一部分与空气混合，经换热器、电加热器加热后作焙烧气体，然后进入氧化氯化区并注入氯化物。从再生器出来的上下两股气体混合后进入洗涤塔，进行碱洗和水洗。再生气通过压缩机循环。再生系统压力用洗涤塔顶放空气控制。

焙烧后的催化剂从再生器出来，在氮气环境下用压缩机送来的氮气提升到第一反应器上面的上部料斗，催化剂淘析粉尘用鼓风机和粉尘收集器分离回收。淘析粉尘后的催化剂进入还原罐，在 0.495MPa 压力下用 480℃热氢气还原。还原后的再生催化剂依次通过四个反应器进行反应。催化剂由前一个反应器到后一个反应器用氢气提升。

连续重整 Regen B 工艺以齐鲁石化为例，其实际标定结果见表 7－42。

表 7－42　重整反应数据对比

项　　目	标定 1	标定 2	标定 3	设计值
原料性质				
馏程/℃	77～171	77～176	76～171	79～171
组成(烷烃/环烷烃/芳烃)/%	63.22/24.88/11.90	62.09/25.48/12.43	63.51/26.76/9.73	56.33/32.30/11.37
重整反应条件				
WAIT/℃	510	520	525	527
产物分离罐压力/MPa	0.27	0.27	0.27	0.23
体积空速/h^{-1}	1.72	1.72	1.72	
氢油摩尔比	2.06	2.10	2.03	2.2
重整反应结果				
C_6^+ 收率/%	86.69	86.15	84.97	85.90
芳烃产率/%	60.95	64.72	65.04	70.06
纯氢产率/%	3.52	3.83	3.96	3.66
辛烷值(RON)	98.5	100.0	100.5	102
催化剂再生				
催化剂循环量/(kg/h)	512	512	510	500～520
一段入口温度/℃	465	462	453	460
一段出口温度/℃	486	491	489	500
还原区温度/℃	463	463	463	480
一段入口氧含量/%（体积分数）	0.66	0.66	0.64	0.5～0.7
待生剂含炭量/%	3.47	4.27	5.04	4.0～6.0
再生剂含炭量/%	0.02	0.02	0.02	<0.1
待生剂含氯量/%	1.07	1.07	1.07	>0.9
再生剂含氯量/%	1.06	1.16	1.16	1.0～1.2

(三) Regen C 工艺

IFP/Axens 在进一步完善连续再生技术 Regen B 的基础上，开发了 Regen C 催化剂连续再生工艺。将焙烧气由再生循环气改为空气，氧氯化气单独放空，并改变了再生器烧焦控制条件与方式。催化剂循环和再生都是自动操作，催化剂连续进入再生器后，按一定程序依次进行两段烧焦，氧化氯化和焙烧，工艺流程如图 7 - 37 所示。

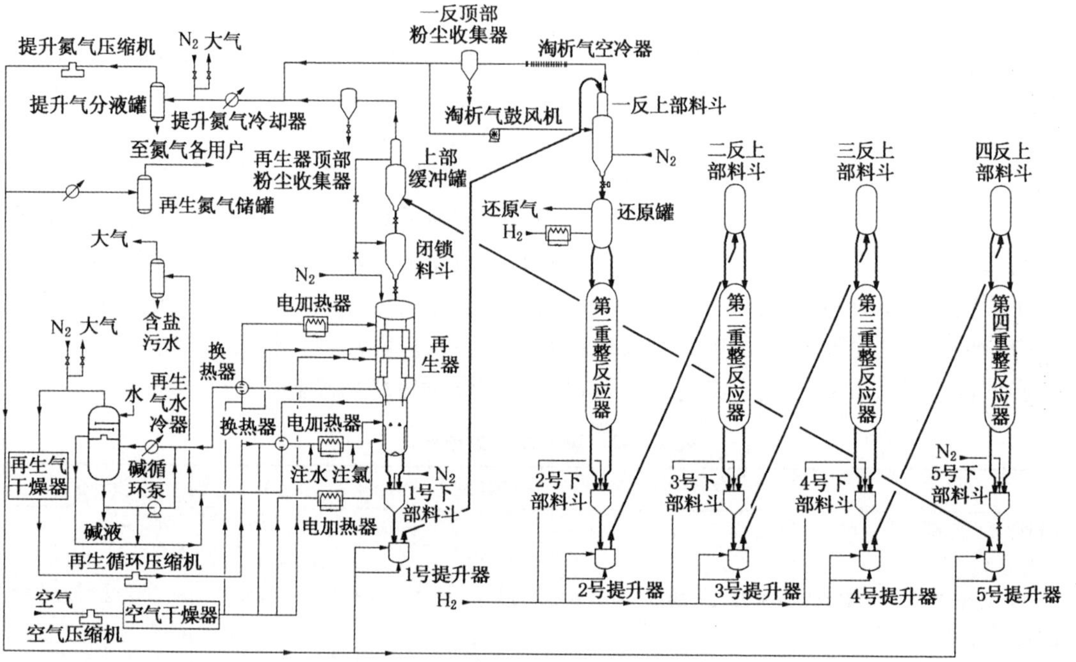

图 7 - 37　Regen C 再生工艺流程[16]

Regen C 再生器改进原有的催化剂再生技术，其特点是：

(1) 通过降低烧焦区的温度、湿度和时间的苛刻度延长催化剂的寿命；

(2) 改进氧气和空气调节系统，增加烧焦操作的可靠性；

(3) 通过优化氧氯化操作参数，使催化剂的性能更稳定；

(4) 由于将烧焦和氧氯化气体回路分开，改进了再生器操作的灵活性。

我国 2002 年投产的乌鲁木齐石化总厂连续重整装置采用的就是这项技术。该装置开工初期催化剂再生实际标定数据见表 7 - 43。

表 7 - 43　催化剂再生主要运行参数

再生部分	设计值	标定值
一段烧焦入口氧含量/%(体积分数)	0.8	0.6
二段烧焦入口氧含量/%(体积分数)	0.8	0.5
二段烧焦出口氧含量/%(体积分数)	0.4~0.8	0.4
氧氯化出口氧含量/%(体积分数)	10~20	9
一段烧焦循环气流量/(Nm^3/h)	9079	9450

续表

再生部分	设计值	标定值
焙烧循环气流量/(Nm^3/h)	721	775
一段烧焦入口温度/℃	470	480
氧氯化段入口温度/℃	510	495
焙烧段入口温度/℃	520	398
还原电加热器出口温度/℃	490	460
催化剂循环量/(kg/h)	480	480
还原氢流量/(Nm^3/h)	1800	1730
再生烧焦气空气压力/MPa	>0.8	0.9
烧焦段床层温度/℃	<555	500
待生剂炭/氯含量/%	—	2.84/1.16
再生剂炭/氯含量/%	—	0.05/1.20

经过一个阶段的实践，Axems 对 Regen C 流程又作了改进，称为 Regen C2，修改了再生部分的气体流程，氧化氯化气与焙烧气仍分开，但为了节省能耗，取消了单独的氧化氯化气放空罐，焙烧气体由空气改为空气与再生气的混合物，维持氧含量为 10% 左右，一段烧焦的氧气由再生气带入，用再生气氧分析仪和焙烧气氧分析仪串级控制，流程如图 7-38 所示。

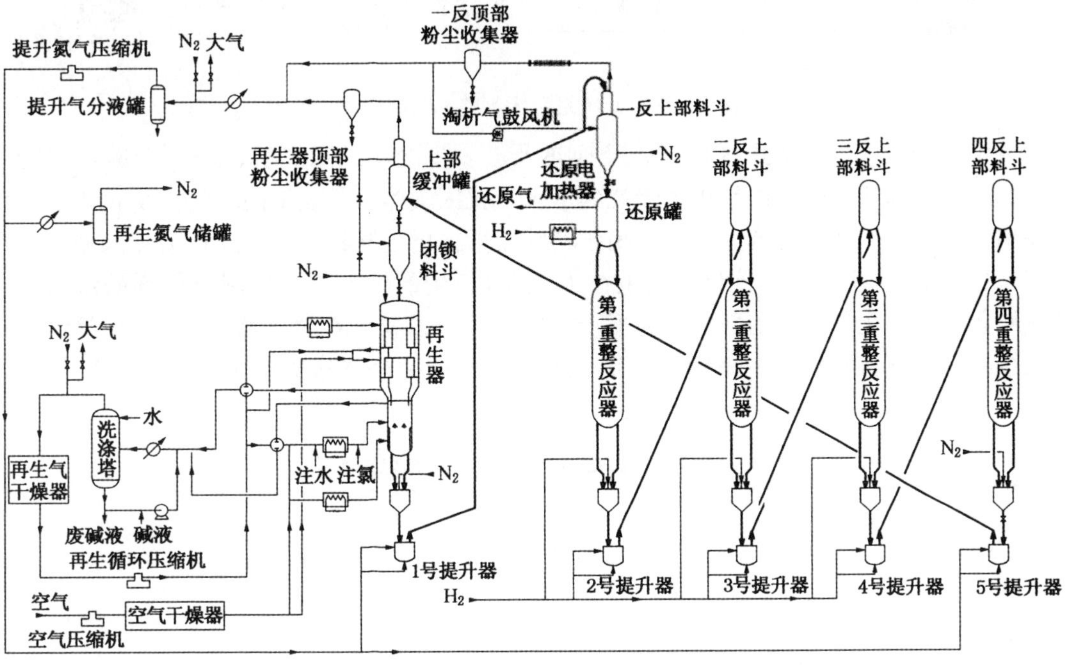

图 7-38　Regen C2 再生工艺流程

四、组合床工艺

组合床重整工艺前端采用固定床反应器，后部或最末一台反应器采用移动床反应器并设置一套催化剂连续再生系统，从20世纪80年代开始在一些半再生重整装置的改造工程中使用，UOP工艺的商业名称是Hybrid，IFP/Axens工艺的商业名称是Dualforming。

我国独立开发的一套称为低压组合床重整技术于2001年3月建成投产，重整一、二反应器采用半再生固定床重整工艺，使用高活性、高稳定性的铂铼重整催化剂，三、四反应器采用移动床连续重整工艺，使用新一代高选择性、高热稳定性的铂锡重整催化剂，并设有独特的催化剂连续再生系统，工艺流程见图7－39，主要操作数据见表7－44。

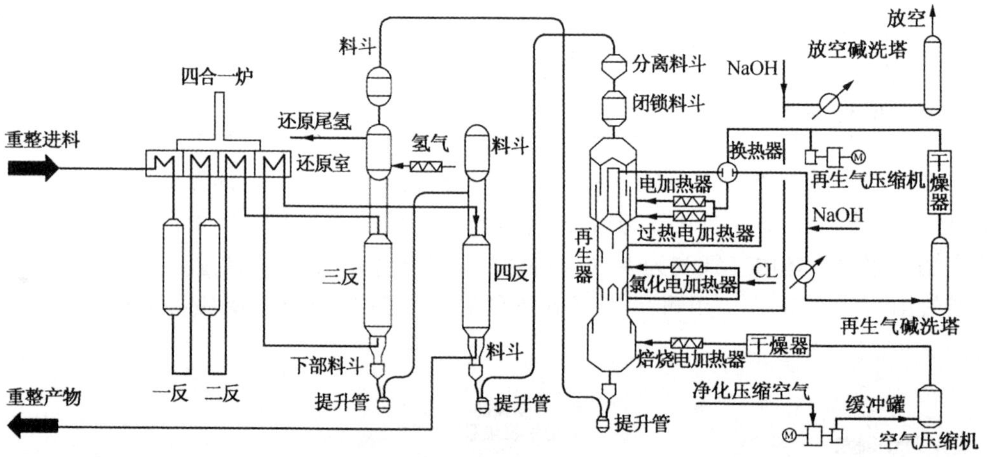

图7－39　低压组合床重整工艺流程[20]

再生气体从再生器烧焦区抽出，经换热及进一步冷却、碱洗后，进入干燥器进行干燥，然后再经加热后循环回到再生器烧焦区。氯化区气体因含氯较高，将其从再生器氯化区抽出，与再生循环气混合后碱洗。闭锁料斗布置在再生器的上方，设计为无阀输送，靠气流(气流由下往上流动，催化剂由上往下流动)产生的压力差来控制催化剂的流动，当气流停止时，催化剂的流动恢复。为配合闭锁料斗的设置，在再生器上部设置了缓冲区，用来缓冲从闭锁料斗批量下来的催化剂，使催化剂能完全连续地进入烧焦区、氯化区及焙烧区。

表7－44　低压组合床重整主要操作数据[20]

原料性质	
馏程/℃	36～165
组成(烷烃/环烷烃/芳烃)/%	60.76/27.71/11.53
操作条件	
催化剂	一、二反CB－7/三、四反GCR－100
反应器入口温度/℃	一、二反490/三、四反515
产物分离罐压力/MPa	0.75

续表

氢烃摩尔比	4.7
质量空速/h^{-1}	1.78
催化剂装填比例	11/18/25/46
再生器压力/MPa	0.916
产品性质及收率	
C_5^+ 辛烷值(RON)	100.8
C_5^+ 收率/%	87.05
纯氢产率/%	3.12

五、SINOPEC 的连续重整技术

中国石化开发出的首套超低压连续重整催化剂连续再生技术(SLCR 工艺)，于 2009 年成功应用在广州石化 1Mt/a 连续重整装置上，再生压力为 0.55MPa，再生规模为催化剂循环量 1135kg/h(重整反应压力 0.35MPa，重整苛刻度为 RONC104)，其再生技术具有如下特点：

(1)再生气体“干冷”循环：再生循环气体采用“干冷”循环流程，焙烧区及氯化区介质均采用纯空气，既抑制了催化剂比表面积下降速度、延长催化剂使用寿命，又保证了催化剂的氯氧化及干燥效果。

(2)一段烧焦、一段还原：再生器烧焦区设置成一段、并在内网关键位置增设保护措施，能确保再生器内部结构不易受损并能使催化剂烧焦彻底，再生器整体结构比较简单；还原室设置成一段，所需还原采用高纯氢。

(3)催化剂循环“无阀输送”：闭锁料斗采用“无阀输送”的催化剂循环方式，并布置于再生器上方，利用再生器上部的催化剂缓冲区同时作为高压区的气体缓冲区，使压力更加稳定、闭锁料斗操作更加平稳。

该连续重整再生技术工艺流程示意图见图 7-40。

我国新开发的连续重整工艺——逆流连续重整，于 2013 年 10 月在济南炼油厂成功地实现了工业化，该套装置设计规模 0.60Mt/a，反应压力 0.35MPa，产品辛烷值可根据反应温度调节，设计值 RON103。这是世界上第一套逆流连续重整装置，采用了与现有所有连续重整都不同的新的设计理念，催化剂与反应物流逆向流动，重整反应与催化剂的积炭匹配合理。催化重整反应包括环烷烃脱氢及烷烃环化脱氢等多种反应，难易程度不同，逆流连续重整改变了现有连续重整中积炭少活性高的催化剂与新鲜物料接触容易进行反应，而积炭多活性低的催化剂却难于进行反应的不合理状态。同时逆流连续重整还对催化剂循环方法进行了重大改革，不用闭锁料斗实现催化剂由低压向高压的流动，催化剂输送连续均匀，操作平稳方便。

逆流连续重整再生技术工艺流程示意图见图 7-41。

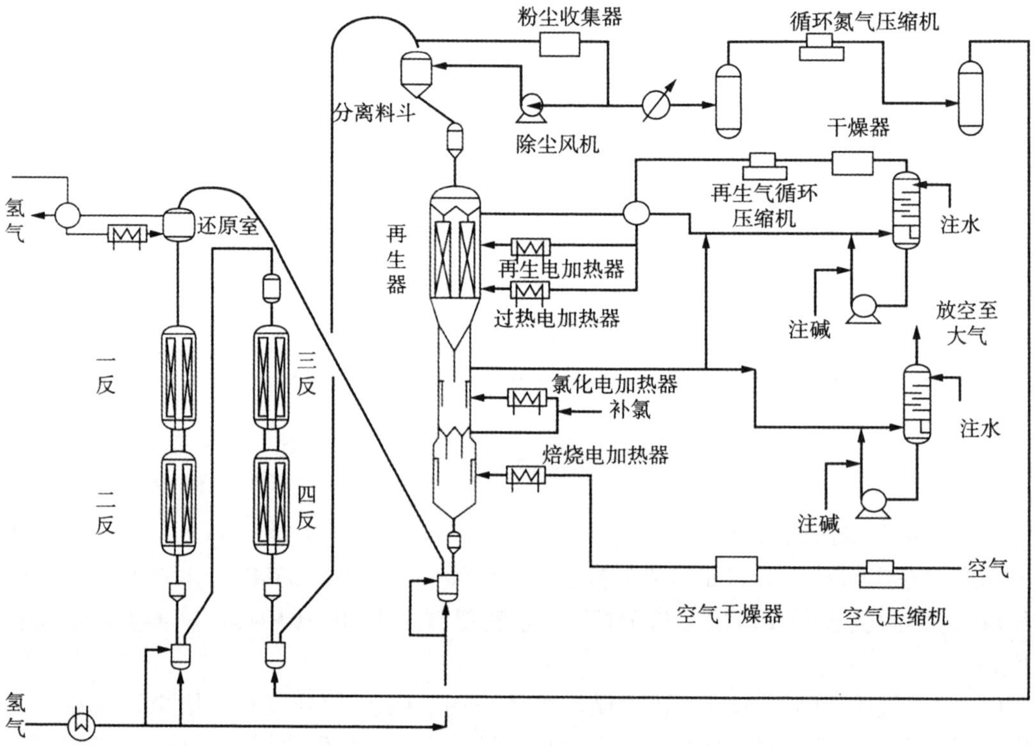

图 7-40　SLCR 连续重整工艺流程

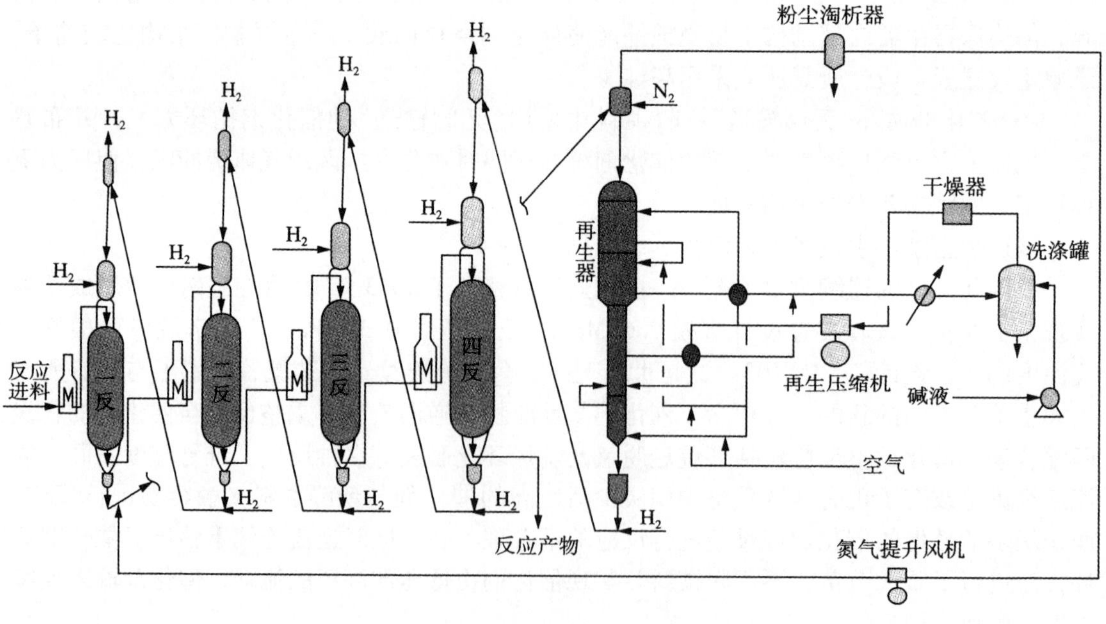

图 7-41　逆流连续重整工艺流程示意图

第五节　催化重整装置的扩能改造

催化重整的发展已有几十年的历史，早期建设的装置规模小，技术落后。为了适应工厂发展的需要，对这些装置进行扩建改造，消除“瓶颈”是我们经常面临的一项重要的任务。做好催化重整装置扩能改造工作需要根据重整装置的工艺特点，因地制宜的制定改造方案，充分利用现场的有利条件，花最少的钱取得最大的经济效果。

一、重整装置的特点分析

为了对催化重整装置进行改造，有必要对这种装置的技术特点作一些具体分析。从扩建改造的观点来看，催化重整装置具有一些与其他装置不同的特点，这表现在：

(1) 影响设备大小的因素不仅仅是装置的规模，而且与反应条件有关。反应压力、温度、空速和氢烃比的改变都会对设备大小产生影响，而反应条件又是由原料性质、催化剂性能和产品要求(辛烷值等)决定的，而且各种条件之间还可以相互补偿。因此同样规模的装置，设备大小不一定相同。

(2) 为了适应吸热反应的需要，催化重整一般包括 3 ~ 4 段反应，即反应器和反应加热炉各有 3 ~ 4 个，大小不等。反应器容积从前到后一个比一个大，前后相差约 5 倍，加热炉热负荷则从前到后一个比一个小，前后相差约 3 倍，这样就给改造工程的设备调配带来了灵活性。

(3) 不同的产品要求选取不同的原料馏程。生产高辛烷值汽油组分一般用 80 ~ 180℃ 馏分原料，生产三苯一般用 65 ~ 145℃ 馏分原料，如要生产 C_9 芳烃，原料干点一般提高到 165℃左右。原料馏程不同，工厂能提供原料的数量就有差别，从而也影响装置的规模。

(4) 近来，催化重整技术不断发展，催化剂不断更新，反应条件和工艺流程不断改进，例如半再生重整反应压力早期 2 ~ 3MPa，现在降到 1.5MPa 以下，连续重整的反应压力由早期的 0.8MPa 降到了 0.35MPa，开发出许多性能更好的催化剂，出现了不少高效设备，如焊板式进料换热器、表面蒸发空冷器等，工艺流程上也有不少改进。早期建设的装置与近期建设的装置在技术上有很大差别。

(5) 催化重整装置在炼油生产中处在一个承上启下的地位，不仅受到上游装置供应原料的制约，也对下游使用重整生成油和氢气的装置直接产生影响，因此减少施工对现有装置生产的影响也是做好装置改造工作的一项重要要求。为此需要合理安排施工工作，交叉作业，缩短现有装置的停工时间。尽量减少对现有设备的动改工作量，并争取改造工程在装置没有停下来之前就开始进行。

从以上催化重整装置技术特点的分析可以看出，这种装置的技术改造，特别是在扩大能力方面具有相当大的自由度，有很多工作要做。改得好不好差别很大。一套装置规模能够扩大到多大，很难简单的回答，因为原料、产品要求、反应条件、催化剂性能及技术路线等因素都有影响，原有设备调剂使用的灵活性也很大。因此，从某种意义上说，扩建改造规模只有大改小改的差别，无所谓行不行的问题。应当研究的是改多大和怎样改最合理，因地制宜、少投入多产出，这对设计工作的要求是很高的。

二、设备利用和改造的基本思路

早期扩能改造以半再生重整装置居多，现在有些连续重整装置也要求扩大规模。一套典型的半再生重整装置包括预处理和重整两部分，拥有设备约100台，其中反应器5台，压缩机3台，加热炉7台，塔3座，冷换设备30余台，泵20台，容器30余台。尽量利用原有设备，减少改动的工程量，是节约工程投资的关键。一般对重整装置利用原有设备的基本思路是：

1. 反应器

重整反应器，除了根据反应要求可适当调整空速外，可以根据反应器前小后大的特点，将原有的三、四反作一、二反用，新建三、四反或者在后边并联或串联一台反应器。如果原来只有三个反应器，可以在后边增加一台大的反应器作第四反应器，前边反应器不动。

2. 压缩机

重整循环氢压缩机可以通过调整氢油比、采用二段混氢流程等方法尽量保留原有压缩机，或者与压缩机制造厂商量对汽缸活塞作适当改动。必要时增加一台压缩机并联操作。氢气增压机是否需要改动要结合流程考虑，一般可以增加一台并联操作，两开一备。

3. 加热炉

扩能改造重整加热炉往往需要加大。原有的几台反应加热炉负荷不等，可以前后调剂使用，加长炉管或增加炉管根数，必要时要考虑新增1～2台加热炉。加热炉的改造比较复杂，往往是扩建工作的重点，要同时考虑增加热负荷、压降要求和现有设备条件等因素，加热炉的热负荷还要与进料换热器的换热量统筹考虑。

4. 塔

催化重整装置一般有三个塔，即预分馏塔、汽提塔和稳定塔，这些塔应当在挖潜、优化的基础上分别提出改造方案，有的可以通过降低回流比进行挖潜，有的需要增加塔板数，局部扩大或改用新型塔板或填料，差别太大的则需要更换新塔。

5. 冷换设备

通过计算合理地调整冷换设备的负荷，对现有冷换设备作出不动、调整使用或适当增补的不同选择。也可以考虑采用高通量管或表面蒸发空冷等高效设备以提高传热效率，减少占地。对于冷却系统，不是都要加大，可以适当调整热负荷，只加大空冷器或只加大水冷器，以尽量减少改动的工程量。

6. 泵

根据泵的特性曲线和需要流量逐台核实泵的规格，有的可以不动，有的可增加一台(两开一备)，有的可调换使用，少数情况需要以大换小或改变叶轮直径。

7. 容器

根据工艺核算情况分别处理，有的可以不动，有的需要调剂使用或新做，如将原有产品分离罐改作回流罐并新做一个产品分离罐等。

以上只是一些基本思路，实际上各厂条件不一样，可以有很多种不同的作法，做得好可以节约不少投资，否则则要多花钱。

三、技术方案

催化重整有半再生重整、连续重整、末反再生、组合式重整等多种模式，由于各厂情况不同，改造工作也不一定要限于一种模式。消除“瓶颈”的改造，主要还是应当立足于原有工艺技术，这样改造起来比较容易。

鉴于我国原有半再生重整装置的规模一般都不大，反应苛刻度不高，设备又比较陈旧，因此对这些装置的改造主要还是保留原有工艺，只是扩大能力，如将150kt/a扩大为300kt/a等。有的工厂已新建了规模较大的连续重整装置，则将原有半再生重整装置停下来，改作他用。连续重整装置的改造目的多半是扩大装置规模，为了减少改造的工程量，往往保留循环氢压缩机和催化剂再生系统设备不变，技术条件不作大的改动，填平补齐以消除装置中的“瓶颈”。

四、装置改造实例

1. 实例1[21]

某工厂有一套200kt/a半再生重整装置，生产辛烷值(RON)为96的重整生成油作下游芳烃装置原料。为了工厂发展的需要，拟扩建为500kt/a规模，前些年曾为此对改造方案进行了探讨，考虑了以下三个改造方案：

(1)方案一　将现有200kt/a半再生重整装置改造为500kt/a半再生重整装置；

(2)方案二　将现有200kt/a半再生重整装置改造为500kt/a组合床重整装置；

(3)方案三　将现有200kt/a半再生重整装置改造为500kt/a连续重整装置。

这三个方案预处理及稳定塔部分改造内容基本相同。根据现有预加氢催化剂的性能和现场情况，可将预加氢反应条件进行调整(降低氢油比，提高空速)，反应器、加热炉、压缩机均可利用旧有设备或稍加改造，只需新换预分馏塔和汽提塔及部分换热器、容器和泵。

这三个方案改造内容主要不同处是重整反应和催化剂再生部分：

(1)方案一　半再生重整，流程与操作条件与原装置相同，只是扩大规模。重整反应器可利用原三、四反作一、二反，新建三、四反。反应加热炉，原一、二、三、四炉分别用作一炉、四炉，新建一台二合一加热炉作二、三炉。原压缩机也可利用，新增一台重整循环氢压缩机和一台重整氢增压机。

(2)方案二　组合床重整，反应流程是一、二反为固定床，三、四反为移动床，新增催化剂再生系统。反应压力0.8MPa，氢油摩尔比4。原三、四反也可作一、二反用，新增三、四反和催化剂循环和再生系统。加热炉利旧和新增情况与方案一基本相同。此方案的特点是反应压力及氢油比较低，液收、芳产及氢产率均高于方案一。

(3)方案三　连续重整，反应压力0.35MPa，氢油摩尔比1.6。压缩机、加热炉利旧及新增内容与方案一、二基本相同，但四台反应器全部更换为移动床结构，并新增催化剂循环和再生系统。此方案的特点是反应压力更低，液收、芳产及氢产率均高于方案一和方案二，可生产较高辛烷值及高芳含的重整生成油，根据市场变化调节产品的手段更灵活，但改造工程量比较大，投资较高。

表7－45和表7－46分别列出了三个方案的操作条件、计算结果和物料平衡。可以看出三种改造方案中，在相同体积空速和反应苛刻度条件下，随着反应压力和氢烃比的逐渐降低，重整生成油液体收率和氢产率逐步增加。

表7－47列出了三个方案公用工程消耗及主要技术经济指标。

由于半再生重整需在较高的氢油比下操作，循环氢压缩机负荷比较大，因而蒸汽消耗量比较多。连续重整反应压力低，氢产率高，在同样氢气压缩压力(2.0MPa)条件下，重整氢增压机的负荷增加比较大，因而电耗量比较多。

表7－45　三个方案的操作条件及计算结果

项　　目	方案一	方案二	方案三
体积空速/h^{-1}	2.0	2.0	2.0
平均反应压力/MPa	1.2	0.80	0.35
产物分离罐压力/MPa	1.0	0.65	0.25
反应器入口温度/℃	500	515	519
氢油摩尔比	7	4	1.6
催化剂类型	Pt－Re	Pt－Re/Pt－Sn	Pt－Sn
C_5^+ 液体收率/%	84.76	88.18	91.03
纯氢产率/%	2.54	2.87	3.14
芳烃产率/%	58.15	60.19	62.59

表7－46　各方案装置物料平衡

物流名称	方案一		方案二		方案三	
	%	kt/a	%	kt/a	%	kt/a
进　料						
混合石脑油	117.0	585	117.0	585	117.0	585
(其中重整进料)	(100.0)	(500)	(100.0)	(500)	(100.0)	(500)
小　计	117.0	585	117.0	585	117.0	585
出　料						
重整汽油	84.76	423.8	88.18	440.9	91.03	455.2
含氢气体	7.30	36.5	6.70	33.5	6.30	31.5
(其中纯氢)	(2.54)	(12.7)	(2.87)	(14.4)	(3.14)	(15.7)
液化气	6.50	32.5	4.52	22.6	2.50	12.5
燃料气	1.44	7.2	0.60	3.0	0.17	0.8
轻石脑油	17.0	85.0	17.0	85.0	17.0	85.0
小　计	117.0	585	117.0	585	117.0	585

表7-47 各方案公用工程消耗及主要技术经济指标

项目	方案一	方案二	方案三
循环水/(t/h)	1000	1100	1200
3.5MPa蒸汽/(t/h)	45	35	13
1.0MPa蒸汽/(t/h)	-53	-43	-21
电/kW	2500	2900	5800
燃料/(t/h)	5.3	5.4	5.5
总成本/(万元/年)	57144	58255	59336
销售收入/(万元/年)	69736	73466	76309
旧设备利用率/%	75	75	72
建设投资/万元	15840	20440	23870
内部收益率(税后)/%	14.56	17.16	18.08
投资回收期/年	7.63	6.92	6.68

由于改造方案中部分设备可以利旧，与新建装置相比可节省投资，内部收益率比较高，但改造期间由于装置停工可能影响下游装置的生产。连续重整内部收益率最高，但改造工程量也最大。改造工程对全厂生产的影响，是决定扩建方案时必须考虑的一个问题。

2. 实例2

根据工厂发展需要，某半再生催化重整装置原设计重整进料200kt/a，拟扩大到300kt/a，相应配套的预处理进料由227.5kt/a扩大到412.4kt/a。反应器、压缩机等主要设备均维持不变。

改造后重整反应氢油比有所降低，但仍可满足需要。改造后进料馏分变轻，拔头油量增加，同时为使重整生成油辛烷值维持较高的水平以利于调合各种标号的汽油，拔头油不再进稳定塔，而另外新建一个小的拔头油汽提塔，脱硫后单独出装置。这样稳定塔负荷增加不多，由此该塔系统基本保持不变。

改造工程量主要包括：新增冷换设备7台，容器1台，泵4台，更换塔盘的塔1台，更换管束的换热器2台，改造加热炉4台(包括1台工厂闲置加热炉)，另由于原料中氯含量变化，新增预加氢脱氯反应器一台。这套装置是1997年改造的，改造工程投资只有1720万元。

该工程投产后运行良好，所有主要技术指标均达到设计要求。

3. 实例3

一套600kt/a连续重整装置扩建至800kt/a，近期已成功实现。

该装置技术方案不变，充分发挥现有设备潜力，在全面核算的基础上，进行填平补齐。

预处理部分反应器和压缩机大小可以满足扩建后的需要，不作大的变动。目前存在的问题是压降大，进料温度提高有困难，为此将进料加热炉炉管加长，并增加一台进料换热器，更换一台较大的脱氯反应器。

重整反应部分保留原离心式循环压缩机和三台往复式氢气增压机不变。催化剂再生设备也不动，但将原有的两台管壳式进料换热器更换为一台大型板式换热器。结合节能改造将加热炉热效率提高到92%，对加热炉进行改造，并更换燃烧器。将重整产物干式空冷更换为板式湿空冷，并增补氨冷设备。为适应下游抽提设备对原料中 C_5 含量的要求，对脱戊烷塔系统设备进行了改造。

整个改造工程投资约为6500万元。

参 考 文 献

[1] George J Antos. Catalytic Naphtha Reforming[M]. New York: Marcel Dekker, Lnc. 1995
[2] 侯祥麟. 中国炼油技术(第二版)[M]. 北京：中国石化出版社，2001
[3] 王金福. 重整径向反应器布气系统的流体力学行为及其优化设计[J]. 石油炼制与化工，1997，28(4)：47~52
[4] 石油化工部炼油设计院. 多金属重整设计问题探讨[J]. 炼油设计，1978，(2)：6~35
[5] 冀琳. 催化重整装置操作和设计中的几个新概念[J]. 石油炼制与化工，1997，28(8)：66
[6] 石油化工部炼油设计院. 催化重整设计的现状和问题[J]. 炼油设计，1975，5(5，6)：23
[7] 刘永芳. 再接触温度和压力对重整产氢纯度及轻烃回收的影响[J]. 石油炼制与化工，1999，30(6)：30~32
[8] 罗家弼. 当前重整工艺发展中的问题与讨论[J]. 石油炼制，1987，18(6)：22~31
[9] Special report refining processes 2002[J]. Hydrocarbon Processing, 2002, 81(11): 96
[10] Refining Handbook 90[J]. Hydrocarbon Process, 1990(11): 118
[11] 大庆石化总厂. 分段混氢重整新工艺的应用[J]. 石油炼制，1978，9(2)：1~4
[12] 张兰新，唐激扬，孟宪评. CB-6/CB-7催化剂两段重整工艺的研究[J]. 石油炼制，1993，24(1)：1~9
[13] 孙作霖，张大庆. 新型条状重整催化剂[J]. 石油炼制与化工，1996，27(8)：1~6
[14] 朱迪珠. 罗家弼. 重整装置的末反再生技术及在我国的应用[J]. 石油炼制，1986，17(8)：28~31
[15] Rober A Meyers. Handbook of Petroleum Refining Processes(Second edition)[M]. New York: McGraw-Hill, 1997
[16] 李成栋. 催化重整装置操作指南[M]. 北京：中国石化出版社，2001
[17] 中华人民共和国国家标准GB 16297—1996大气污染物综合排放标准[M]. 北京：中国标准出版社，1996：424
[18] 黄勇，高瑞民、张书勤，赵国旭. Chlorsorb氯吸附技术在连续重整装置的工业应用[J]，石油炼制与化工，2012，43(9)：62~65
[19] 纪传佳. Chlorsorb技术在连续重整催化剂再生系统的应用[J]. 广州化工，2009，37(6)：202~203
[20] 徐又春，阎观亮. 低压组合床催化重整装置的设计及考核[J]. 炼油设计，2002，32(1)：8~13
[21] 任建生，朱迪珠，罗家弼. 催化重整装置扩能改造方案探讨[J]. 石油炼制与化工，2000，31(8)：37~40

第八章　催化重整径向反应器的物料流动及数学模型

连续重整工艺均采用移动床径向反应器，反应器的顶部和底部分别设有催化剂的入口和出口，操作中催化剂床层靠重力向下移动，并连续不断地排出和加入，从而实现催化剂的连续再生和循环。

通常，径向反应器根据气体反应物流沿轴向主流道的流动情况可分为 Z 型和 Π 型两种，而反应物流在床层中沿半径方向的流动又有向心和离心之分，所以径向反应器反应物流的流动结构共有图 8 - 1 所示的向心 Π 型、向心 Z 型、离心 Π 型和离心 Z 型四种形式。

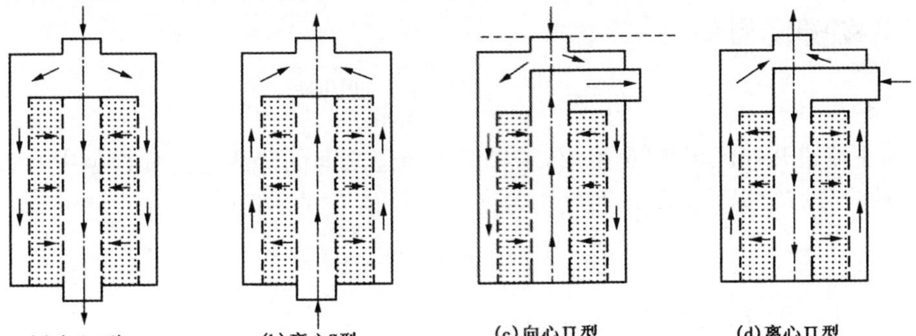

图 8 - 1　径向反应器的四种流动形式

对于移动床径向反应器，由于气体向心流动允许的最大气体流量大于离心流动时允许的最大流量，也就是说离心流动产生“空腔(Cavity)”易于向心流动产生“贴壁(Pinning)”，因此连续重整工艺中，移动床径向反应器多采用向心流动的形式。

第一节　气体流动流体力学模型

本节在分别分析径向移动床反应器主流道、催化剂床层及布气孔道流体力学行为的基础上，建立完整的移动床径向反应器流体力学数学模型，介绍模拟计算径向反应器数学模型的数学方法。借此可以模拟计算床层气相压力场及速度场、内外主流道压力和流速分布以及布气孔道的过孔气速和压降，因而可以揭示径向反应器内流体力学行为的内在规律。同时，采用该方法可以很方便地计算出不同反应器结构参数及操作条件下反应器内反应物流的流动状况，从而可以实现借助计算机进行移动床径向反应器的优化设计，并可为现有反应器优化操作条件的确定提供方便。

一、径向反应器轴向布气均匀度

径向移动床反应器由于其高通量、低压降及催化剂可实现连续再生等特性而广泛应用于石油化工、化学合成、能源、环境等领域，是石化重整过程的首选反应器形式。径向反应器的运行操作效率在很大程度上取决于反应物流沿反应器轴向分布的均匀度。如果流体沿轴向分布不均，一方面可直接影响反应的转化率、选择性以及产品的产量和质量；另一方面，也容易使移动床反应器出现“贴壁”及“空腔”现象，影响反应器的正常操作。因此，实现移动床径向反应器中反应物流沿轴向的均匀分布是该类反应器设计中的技术关键。由于径向反应器流体力学行为的复杂性，必须借助径向反应器流体力学数学模型，采用计算机数值模拟的方法以实现对径向反应器的优化设计和优化操作。

径向反应器轴向布气均匀度可根据反应器分流流道和集流流道之间的静压差粗略估算，也可根据中心管实际过孔气速的轴向分布数据计算得到。由于气体的径向通量与主流道之间静压差的平方根成正比，因而可以通过分别计算两主流道中动量交换和摩擦阻力所造成的静压变化，即可大致预测出径向反应器中轴向布气的均匀程度。如令 η_p 表示气流的轴向布气均匀度，则有

$$\eta_p = 1 - \sqrt{\frac{\max\Delta p - \min\Delta p}{\max\Delta p}} \tag{8-1}$$

式中 Δp 为主流道开孔区域相同轴向位置处两主流道之间的静压差。如根据中心管实际过孔气速的轴向分布数据计算轴向布气均匀度 η_v，可由下式计算得到

$$\eta_v = 1 - \max\left|\frac{\omega\varphi - \bar{v}}{\bar{v}}\right| \tag{8-2}$$

式中 ω——中心管开孔过孔气速，m/s；

φ——中心管开孔率；

$\bar{v}$——中心管壁附近气流的平均径向流速，m/s。

二、主流道变质量流模型

对主流道内反应气流的变质量流动过程可采用伯努利方程、全能量方程或者修正的动量方程来描述。为了工程计算方便，又能满足一定的计算精度，通常都采用修正的动量方程来描述分、集流流道内变质量流的流体力学行为。修正的动量方程形式为：

$$\frac{dp}{dz} + 2K\rho_g u\frac{du}{dz} \pm \frac{\lambda\rho_g u^2}{2D_e} = 0 \tag{8-3}$$

式中 p——主流道内的压力，Pa；

z——与分流流道流动方向一致的轴向坐标，m；

u——主流道中的气体流速，m/s；

D_e——主流道水力学直径，m；

ρ_g——气体密度，kg/m^3；

K——动量交换系数；

λ——气体流动摩擦阻力系数。

上式中第三项的 ± 符号中，分流流动时取“ + ”号，集流流动时取“ - ”号。动量交换系数 K 直接影响径向反应器分集流流道的静压分布，正确选取 K 值对精确计算径向反应器的轴向布气均匀度至关重要。清华大学金涌等采用较大规模的实验装置在工业条件下进行实验，回归得到的 K 值比较接近工业实际。实验研究表明，动量交换系数 K 主要与主流道中的动能相对变化量有关，其关联式为：

$$K_d = 0.684 + 0.0128(du/dz)/u \tag{8-4}$$

$$K_c = 1.135 + 0.0158(du/dz)/u \tag{8-5}$$

以上两式中 K 的下标 d 表示为分流流动，c 表示为集流流动。

修正的动量方程式(8 - 3)说明了主流道中流体压力的沿程变化与流体速度变化之间的定量关系，即主流道中的压力变化是由流体的动压变化和摩擦阻力损失引起的。由此可知，动压交换对压力变化的影响可分为两种情况：a. 对于分流流动，流体流速因侧向分流而不断减小，使流体的动压不断转化为静压，从而造成流体压力沿流动方向不断增大；b. 而对于集流流动，由于流体不断从侧向补进使流速不断增大，动压的不断增大需消耗体系的静压，从而造成流体压力沿流动方向不断减小。而摩擦阻力对压力的影响是单调的，即摩擦阻力损失总是使流体压力沿流动方向不断下降。

对于连续重整反应器，由于主流道中流体的动压交换对压力变化的影响远大于流动摩擦阻力的影响，两者叠加的结果使变质量流的分流流动的压力沿程增大，而使集流流动的压力沿流动方向下降较快(与恒质量流压力变化相比)。利用式(8 - 3)模拟计算径向反应器向心 Π 型和向心 Z 型两种情况，可得到图 8 - 2 的结果。由图可以看出，向心 Π 型流动时两主流道之间的压力差分布要比向心 Z 型时均匀得多。由于两主流道之间的压差也是由催化剂床层压降及气流过孔压降组成的，均匀的两主流道压差分布即意味着均匀的反应气流轴向分布，因此对轴向均匀布气而言，向心 Π 型流动优于向心 Z 型流动。

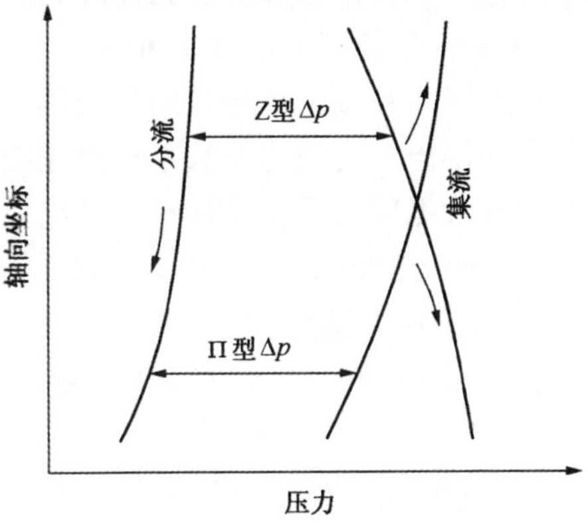

图 8 - 2　向心流动径向反应器主流道压力分布示意图

三、床层压降及布气系统过孔压降模型

在气固错流情况下，颗粒层中气体的压力变化主要是由其通过颗粒床层的阻力引起的。很多科学工作者对流体通过颗粒床层的压降进行过大量的研究。影响较大且得到工程界公认的有 Ergun 和 Eva 等人的工作。尤其 Ergun 公式在计算催化剂床层压降时得到广泛的应用。Ergun 公式的一般形式为：

$$-\frac{\Delta p}{\Delta z} = \frac{\alpha\mu(1-\varepsilon)^2 v}{d_p^2\varepsilon^3} + \frac{\beta\rho_g(1-\varepsilon)v^2}{d_p\varepsilon^3} \tag{8-6}$$

式中　v——过床物流表观速度，m/s；

ε——颗粒床层孔隙率；

ρ_g——气体密度，kg/m^3；

μ——气体黏度，Pa·s；

d_p——催化剂颗粒直径，m；

α，β——与床层颗粒性质有关的参数。

对于重整催化剂颗粒床层的 Ergun 公式的参数，清华大学化工系用真实重整催化剂在高温高压条件下通过实验关联得出了这两个参数，α 和 β 可分别取值 315.3 和 1.08。

布气管开孔率对径向反应器轴向均匀布气的影响很大，并且开孔率越小，布气效果越好。然而，事物有它的两重性。一方面，开孔率过小导致过孔压降很大，使反应器运行耗能大，操作费用增加。另一方面，开孔率过小也会使开孔密度随之减少而造成布气管附近布气的局部不均匀。因而，在工程实际中必须合理设计布气管的开孔率。布气管过孔压降 Δp_h 可由下式计算：

$$\Delta p_h = \zeta \frac{\omega^2 \rho_g}{2} \tag{8-7}$$

式中 ζ——实验测定的过孔压降阻力系数；

ω——气体过孔速度，m/s。

过孔阻力系数是描述径向反应器流体力学行为的一个重要参数，华东化工学院张成芳等人实验得出过孔阻力系数 ζ 和过孔速度与主流道速度的比值有关。清华大学王金福等人根据实验数据回归得到了计算过孔阻力系数 ζ 的两个关联式：

对于分流的情况： $$\zeta = 1.446 + 10^3 f/\exp[6.956(\omega/u)^{0.153}] \tag{8-8}$$

对于集流的情况： $$\zeta = 1.455 + 4.532 f/\exp[2.815(\omega/u)^{0.56}] \tag{8-9}$$

式中 f 为与孔径和布气管壁厚有关的校正系数，其数值由下式给出：

$$f = 1.11(\delta/d_0)^{-0.336} \tag{8-10}$$

图 8-3 和图 8-4 所示分别为分流和集流条件下过孔阻力系数的公式计算与实验结果的对比情况。

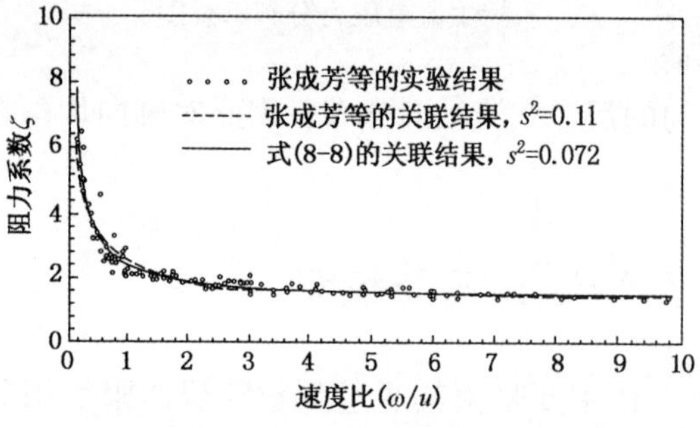

图 8-3 分流时的过孔阻力系数

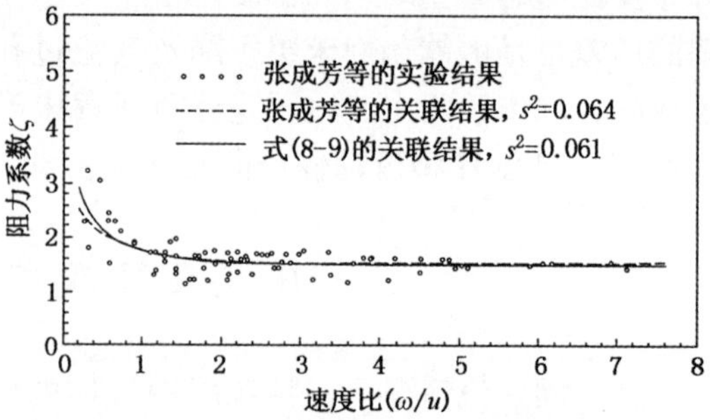

图 8-4 集流时的过孔阻力系数

四、一维流体力学模型

建立径向反应器整体流体力学模型可定量描述径向反应器结构、气体流量以及反应物流的流动形式与气流轴向布气均匀度之间的内在联系。如果忽略催化剂床层中反应气流的轴向流速，根据前面建立的主流道、过孔压降及床层压降模型即可建立径向反应器的一维流体力学模型。对于径向反应器，由于反应物流在床层内的流道截面积沿半径方向增大，因而径向流动速率 v 为变速率流动，且为催化剂床层半径坐标的函数：

$$v = \frac{F_1}{2\pi r}\frac{\mathrm{d}u_1}{\mathrm{d}z} \quad (8-11)$$

式中　F_1——中心管截面积，m^2；

u_1——中心管内气流速度，m/s；

r——反应器径向坐标，m；

z——轴向坐标(与分流流道流动方向一致)，m。

由于过床气速为变量，所以在用 Ergun 公式计算床层的径向压降 Δp_b 时应采用 Ergun 公式的积分形式，即：

$$\Delta p_b = \int_{r_1}^{r_2}\left(\frac{\beta\rho_g(1-\varepsilon)}{d_p\varepsilon^3}v^2 - \frac{\alpha\mu(1-\varepsilon)^2}{d_p^2\varepsilon^3}v\right)\mathrm{d}r \quad (8-12)$$

式中　r_1，r_2——催化剂床层的内、外缘半径，m；

r——反应器径向坐标，m。

式(8-12)中，向心流动时的径向流速 v 取负值。

通过对过孔压降与床层压降的和沿反应器轴向求导，然后与两主流道修正动量方程的差联立，即可得到一个关于主流道中气流轴向流速的非线性二阶微分方程。利用该方程即可定量描述径向反应器的流体力学行为。

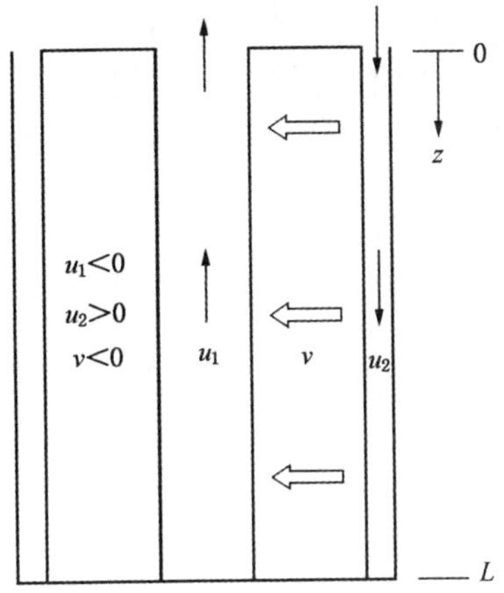

图8-5　径向反应器模型及边界条件示意

(一) 向心 Π 型径向反应器

根据图8-5所示的反应器流动模型，将主流道流动控制方程、过孔压降方程和催化剂床层压降方程联立即得到完整的向心 Π 型径向反应器的数学模型。结合过孔气速与集流流道中心管气速的关系：

$$\omega = -\frac{F_1}{2\pi r_1\varphi}\frac{\mathrm{d}u_1}{\mathrm{d}z} \quad (8-13)$$

式中　φ——主流道开孔率。

积分式(8-12)与过孔压降加和，代入式(8-11)和式(8-13)即可得到过孔压降与床层压降的和与中心管气速的函数关系，形式为：

$$p_2 - p_1 = \left[\frac{\rho_g F_1^2}{8\pi^2}\frac{\zeta}{r_1^2\varphi^2} + \frac{bF_1^2}{4\pi^2}\left(\frac{1}{r_1} - \frac{1}{r_2}\right)\right]\left(\frac{\mathrm{d}u_1}{\mathrm{d}z}\right)^2 + \frac{aF_1}{2\pi}\ln\frac{r_2}{r_1}\frac{\mathrm{d}u_1}{\mathrm{d}z} \quad (8-14)$$

式中　$a = \frac{\alpha(1-\varepsilon)^2\mu}{d_p^2\varepsilon^3}, b = \frac{\beta(1-\varepsilon)\rho_g}{d_p\varepsilon^3}$。

将分、集气流道的修正动量方程相减，并结合向心 Π 型径向反应器两主流道之间反应气流的连续方程：

$$F_1u_1 = -F_2u_2 \tag{8-15}$$

式中 F_2——扇形筒或环隙流道横截面积，m^2；

u_2——扇形筒或环隙流道内气流速度，m/s。

即可得到如下关系：

$$\frac{d(p_2-p_1)}{dz} = 2\rho_g\left(K_1 - K_2\frac{F_1^2}{F_2^2}\right)u_1\frac{du_1}{dz} - \frac{\rho_g}{2}\left(\frac{\lambda_1}{De_1}+\frac{\lambda_2}{De_2}\frac{F_1^2}{F_2^2}\right)u_1^2 \tag{8-16}$$

式中下标1表示中心管，2表示扇形筒或环隙流道。将式(8-14)对z求导，然后与式(8-16)结合，代入$u^* = u_1/u_{1,out}$和$z^* = z/L$无因次化后即得到一个关于中心管气速的无量纲非线性二次微分方程式，其形式为：

$$A\frac{du^*}{dz^*}\frac{d^2u^*}{dz^{*2}} + B\frac{d^2u^*}{dz^{*2}} + Cu^*\frac{du^*}{dz^*} + Du^{*2} = 0 \tag{8-17}$$

式中 $A = \frac{1}{4\pi^2}\left[\frac{\zeta}{r_1^2\varphi^2} + \frac{2b}{\rho_g}\left(\frac{1}{r_1}-\frac{1}{r_2}\right)\right], B = -\frac{a}{2\pi}\frac{L}{u_{1,out}}\frac{1}{F_1\rho_g}\ln\frac{r_2}{r_1}$

$$C = -2L^2\left(\frac{K_1}{F_1^2}-\frac{K_2}{F_2^2}\right), D = \frac{L^3}{2}\left(\frac{\lambda_1}{De_1F_1^2}+\frac{\lambda_2}{De_2F_2^2}\right)$$

式(8-17)中$u_{1,out}$为中心管的出口流速，L为径向反应器轴向开孔段的高度。求解微分方程式(8-17)的边界条件为：

$$\begin{cases} z^* = 0: & u^* = 1 \\ z^* = 1: & u^* = 0 \end{cases} \tag{8-18}$$

（二）向心Z型径向反应器

采用同样的处理方法，可得到向心Z型流动时径向反应器轴向布气行为的控制方程。对于向心Z型流动，反应器流动模型及其边界条件如图8-6所示。这时的分、集气流道的气流速度关系式不同于式(8-15),其形式变为：

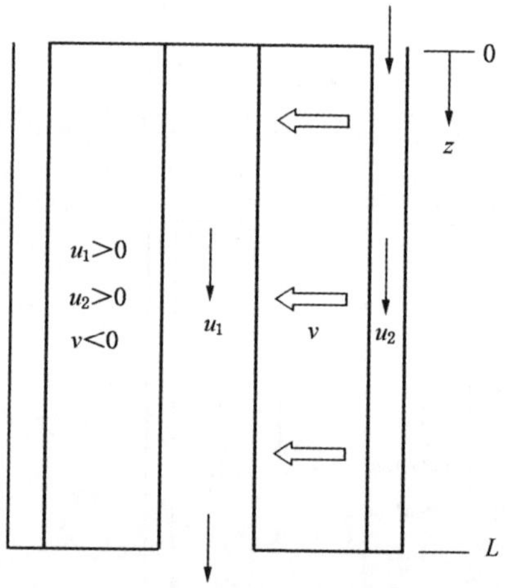

图8-6 向心Z型流动模型及边界条件示意

$$u_1F_1 = (u_{2,in} - u_2)F_2 \tag{8-19}$$

而推导得出的轴向布气控制方程，其形式为：

$$\left(A\frac{du^*}{dz^*}+B\right)\frac{d^2u^*}{dz^{*2}} + (Cu^*+D)\frac{du^*}{dz^*} + Eu^{*2} + F(1-u^*)^2 = 0 \tag{8-20}$$

式中 $u^* = u_1/u_{1,out}, z^* = z/L$

$$A = \frac{1}{4\pi^2}\left[\frac{\zeta}{r_1^2\varphi^2} + \frac{2b}{\rho_g}\left(\frac{1}{r_1}-\frac{1}{r_2}\right)\right], B = -\frac{a}{2\pi}\frac{L}{u_{1,in}}\frac{1}{F_1\rho_g}\ln\frac{r_2}{r_1}$$

$$C = -2L^2\left(\frac{K_1}{F_1^2}-\frac{K_2}{F_2^2}\right), D = 2L^2\frac{K_2}{F_2^2}$$

$$E = \frac{L^3}{2}\frac{\lambda_1}{De_1F_1^2}, F = -\frac{L^3}{2}\frac{\lambda_2}{De_2F_2^2}$$

二阶常微分方程式(8 -20)的边界条件为：

$$\begin{cases} z^* = 0: & u^* = 0 \\ z^* = 1: & u^* = 1 \end{cases} \tag{8-21}$$

微分方程式(8 -17)和式(8 -20)均为非线性二阶常微分方程，需采用数值方法求解。以上微分方程的解给出了中心管中的气流速度分布，根据式(8 -15)或式(8 -19)可计算出扇形筒(或环隙流道)中的气流速度分布。借助相关主流道、过孔流动及催化剂床层的流体力学模型，即可计算出主流道中的压力分布、床层压力和过床气速的径向分布以及过孔气速和压降等重要的反应器流体力学参数。然后，根据两主流道的压力及速度分布即可得到径向反应器轴向布气的均匀度。

五、二维流体力学模型

在径向反应器中，气体自分流流道分流后在催化剂颗粒层中向心或者离心的流动，并不是严格的一维径向流动，在开孔区上下两端都存在有明显的轴向流动。在径向移动床反应器中情况更为复杂，在颗粒的出、入口也存在轴向流动。在前面曾经提到，当径向气体流量足够大时，将对颗粒的移动产生影响，从而出现“贴壁”和“空穴”的现象，在径向反应器布气不均匀时更易发生这两种现象。因此，欲实现对径向反应器的优化设计和操作，建立径向反应器的二维流动模型是有必要的。

（一）催化剂床层二维流场模型

径向移动床反应器的物理模型如图 8 -7 所示，包括催化剂床层、中心和外部主流道以及侧向开孔的同心圆筒等部分。根据如图物理模型可建立相应的数学模型。数学模型中的主流道模型和过孔压降模型与前面介绍的一维反应器模型中所用到的完全一样。只需建立径向反应器催化剂床层的二维流场数学模型即可。

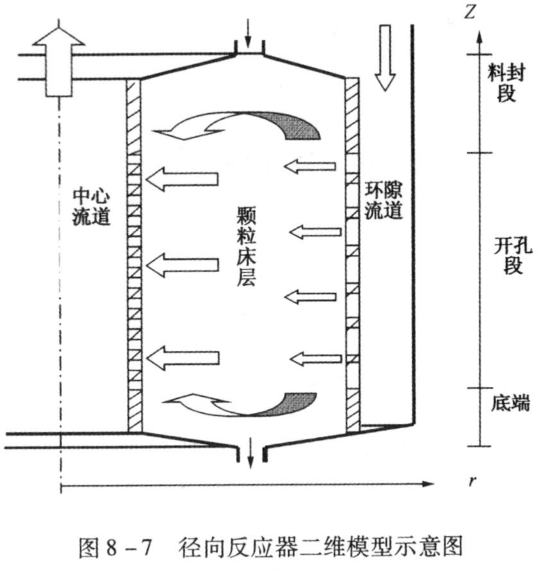

图 8 -7　径向反应器二维模型示意图

在气固错流情况下，颗粒层中气体的静压变化主要由其通过颗粒层的阻力引起，因此气体运动方程可以采用 Ergun 公式描述。如图 8 -7 所示，对径向移动床反应器采用柱坐标，由于颗粒层中气体的流动为轴对称流动，从而反应气流在催化剂床层中的流动为二维流动问题。因此，径向移动床反应器内催化剂床层中反应气流的压力场及速度场可以用下面给出的 Ergun 方程及连续性方程描述：

$$\frac{\partial p_b}{\partial r} = -\left(\frac{\beta\rho_g(1-\varepsilon)}{d_p\varepsilon^3}|v| + \frac{\alpha\mu_g(1-\varepsilon)^2}{d_p^2\varepsilon^3}\right)v \quad (8-22)$$

$$\frac{\partial p_b}{\partial z} = -\left(\frac{\beta\rho_g(1-\varepsilon)}{d_p\varepsilon^3}|u| + \frac{\alpha\mu_g(1-\varepsilon)^2}{d_p^2\varepsilon^3}\right)u \quad (8-23)$$

$$\frac{\partial u}{\partial z} + \frac{\partial v}{\partial r} + \frac{v}{r} = 0 \quad (8-24)$$

令式 $a = \frac{\alpha\mu_g(1-\varepsilon)^2}{d_p^2\varepsilon^3}$ 和 $b = \frac{\beta\rho_g(1-\varepsilon)}{d_p\varepsilon^3}$，式(8-22)和式(8-23)可以简记为:

$$\frac{\partial p_b}{\partial r} = -(b|v| + a)v \quad (8-25)$$

$$\frac{\partial p_b}{\partial z} = -(b|u| + a)u \quad (8-26)$$

式中 u——气体在床层中的轴向流速，m/s；

v——气体在床层中的径向流速，m/s。

方程(8-24)至(8-26)即组成了径向反应器催化剂床层气体流场的二维数学模型，只要物性参数和反应器结构参数已知，给定确切的边界条件，利用以上数学模型即可进行数值计算求解得到二维流场。

(二) 二维流场的边界条件

在颗粒床层内取过直径的纵剖面，其边界条件按如下方法确定:

(1) 固定边界处，速度(法线方向)为零，压力梯度为零，即:

$$\frac{\partial p}{\partial z} = 0 \text{ 或 } \frac{\partial p}{\partial r} = 0 \quad (8-27)$$

(2) 开孔段

$$\frac{\partial p}{\partial r} = -(a + b|v|)v \quad (8-28)$$

其中 v 由主流道控制方程决定。

(3) 催化剂出入口

$$\frac{\partial p}{\partial z} = -(a + b|u|)u \quad (8-29)$$

其中 u 由两反应器之间的压差决定。

(三) 模拟计算方法

由于径向移动床反应器数学模型的控制方程均为非线性方程，只能采用数值方法求解。另外，系统主流道内的压力和速度分布要影响床层气相的二维流动边界，而物流通过颗粒床层的流动状况又会反过来影响主流道的流体力学行为。因此，求解该数学问题具有一定的难度和很大的计算工作量。

求解二维流场的过程需同时计算流场的压力、径向速度和轴向速度三个变量，对边界条件比较敏感，因此建立稳定高效的求解二维流场的数值迭代方法非常必要。首先采用如图8-8所示的交错网格离散流场的控制方程，然后按如下方法推导迭代过程的校正公式。

设：流场的精确值为 u, v, p

迭代初场为 u^*, v^*, p^*

校正场为 u', v', p'

则有：$u = u^* + u'$, $v = v^* + v'$, $p = p^* + p'$

首先将动量方程(8-26)离散为：

$$p_N - p_C = -(a + b|u_n|)u_n\Delta z \quad (8-30)$$

为了推导迭代校正场方程，不妨假设迭代初场 u^*、v^*、p^* 也满足动量方程，即：

$$p_N^* - p_C^* = -(a + b|u_n^*|)u_n^*\Delta z \quad (8-31)$$

对上式进行拟线性化处理 $|u_n| = |u_n^*|$，然后方程(8-30)与方程(8-31)相减即得到由校正量构成的动量方程：

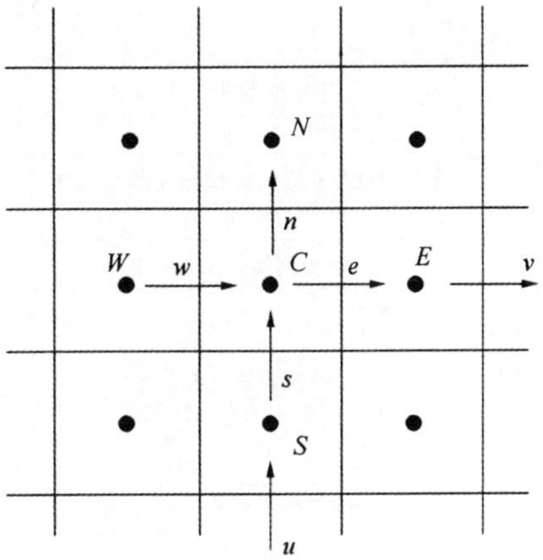

图 8-8　计算交错网格

$$p_C' - p_N' = (a + b|u_n^*|)u_n'\Delta z \quad (8-32)$$

由方程(8-32)可以求出校正速度场：

$$u_n' = (p_C' - p_N')/(a + b|u_n^*|)\Delta z \quad (8-33)$$

同理可以得到：

$$u_s' = (p_S' - p_N')/(a + b|u_s^*|)\Delta z \quad (8-34)$$

对方程(8-25)进行同样的处理可得：

$$v_e' = (p_C' - p_E')/(a + b|v_e^*|)\Delta r \quad (8-35)$$

$$v_w' = (p_W' - p_C')/(a + b|v_w^*|)\Delta r \quad (8-36)$$

现在再将连续方程(8-24)离散化，即：

$$\frac{u_n - u_s}{\Delta z} + \frac{v_e - v_w}{\Delta r} + \frac{v_e + v_w}{2r} = 0 \quad (8-37)$$

由于假设迭代初场满足动量方程，那么它就不一定同时满足连续方程，否则就已经求得了二维流场的精确解。因而，迭代场的连续方程会存在残差 S_m，即：

$$\frac{u_n^* - u_s^*}{\Delta z} + \frac{v_e^* - v_w^*}{\Delta r} + \frac{v_e^* + v_w^*}{2r} = S_m \quad (8-38)$$

以上两式相减，考虑初场、精确场和校正场之间的关系得：

$$\frac{u_n' - u_s'}{\Delta z} + \frac{v_e' - v_w'}{\Delta r} + \frac{v_e' + v_w'}{2r} = -S_m \quad (8-39)$$

最后代入校正速度场方程(8-33)～方程(8-36)，即可得到如下压力校正方程：

$$A_C p_C' - A_N p_N' - A_S p_S' - A_E p_E' - A_W p_W' = -S_m \quad (8-40)$$

上式中的系数分别为：

$$A_N = \frac{1}{(a + b|u_n^*|)\Delta z^2} \qquad A_S = \frac{1}{(a + b|u_s^*|)\Delta z^2}$$

$$A_E = \frac{1 + 0.5\Delta r/r}{(a + b|v_e^*|)\Delta r^2} \qquad A_W = \frac{1 - 0.5\Delta r/r}{(a + b|v_w^*|)\Delta r^2}$$

$$A_C = A_N + A_S + A_E + A_W$$

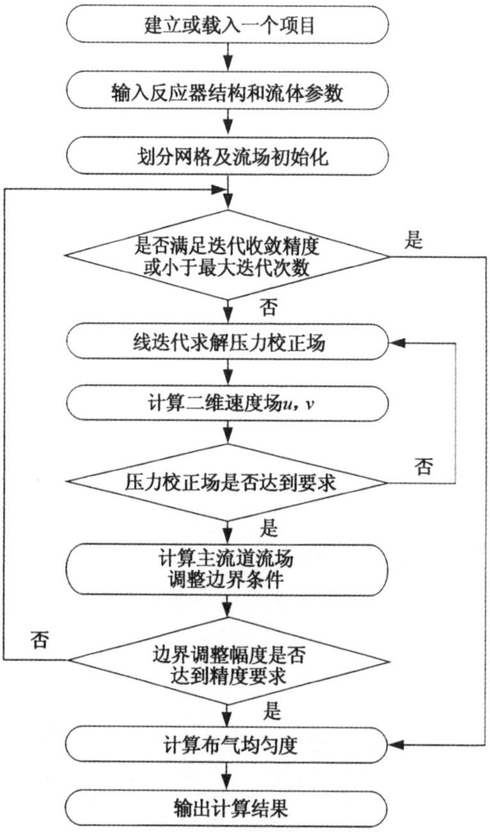

图 8-9 迭代计算流程图

根据初场 u^*，v^* 和 P^*，采用方程(8-40)进行迭代，求出校正压力场 p_{ij}'，然后更新压力场：

$$p_{ij} = p_{ij}* + p_{ij}' \quad (8-41)$$

根据以上求出的压力校正场，利用方程(8-25)和方程(8-26)求出新的速度场 u 和 v。根据新的速度场，进而计算出主流道的压力及速度分布，以及布气孔道的过孔气速及压降，然后用主流道和布气孔道的计算结果更新床层开孔段的边界条件，继续重复计算床层流场，直至迭代收敛为止，计算程序流程图如图 8-9 所示。

(四) 模拟计算结果

根据以上所建立的径向移动床反应器二维流体力学数学模型及采用所推导的数值迭代方法，可以方便地模拟计算给定结构尺寸参数及操作参数时径向移动床反应器的流体力学行为，并可根据给定的基本设计参数及操作条件进行径向反应器结构的优化设计，使催化剂床层内的气相流场尽量均匀，以保障所设计的反应器能够高效稳定地运行操作。图 8-10 和图 8-11 是根据向心 Π 型连续重整径向移动床反应器典型结构及操作参数计算得到的模拟结果。

由图 8-10 和图 8-11 可以直观地看出径向移动床反应器催化剂床层内的气相流场特

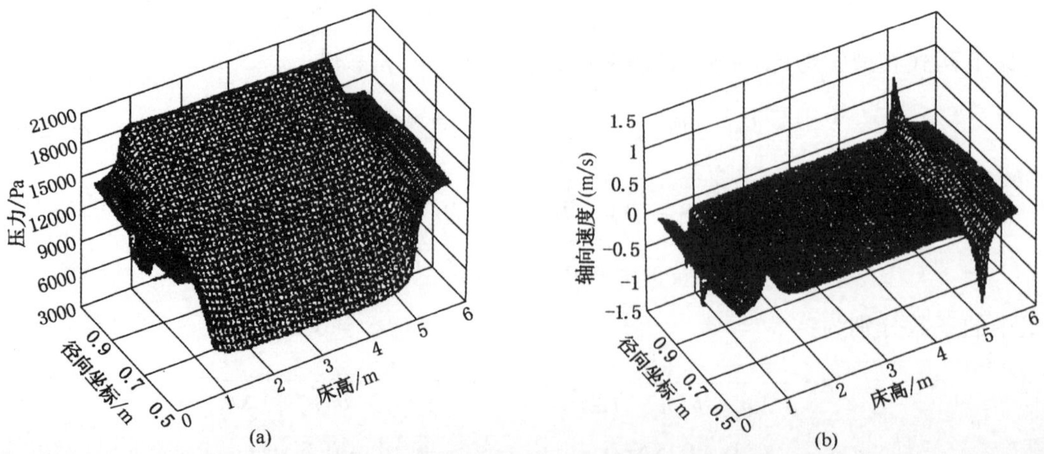

图 8-10 床层气体二维流场(a)压力分布及(b)轴向速度分布

征。由于反应物流沿半径方向向心流动，床层压力逆半径方向下降；物流在向心流动过程中随着流道变小而逐渐加速，从而亦使压力梯度逐渐增大。当反应器设计不合理时，会存在明显的端效应，在开孔段两端具有较大的轴向流动分速度，开孔端部的径向速度也存在较大不均匀性。因为不均匀流场不仅使得反应器效率降低，而且易产生不正常的“贴壁”和“空穴”现象。因此，这些均是在设计反应器时应该极力避免的。

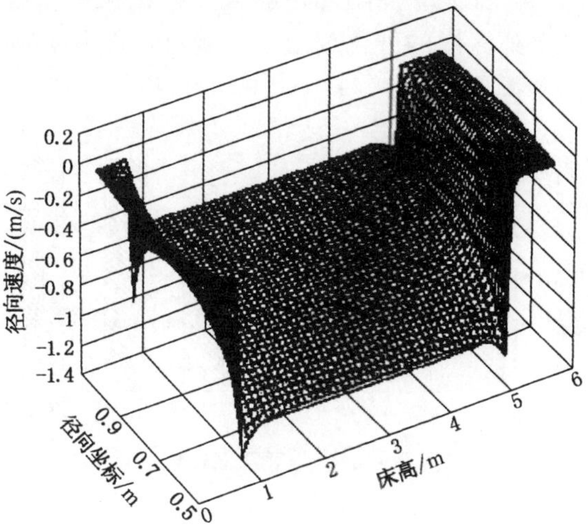

图 8－11　床层气体二维流场径向速度分布

第二节　催化剂颗粒运动模型

空腔(Cavity)和贴壁(Pinning)是移动床径向反应器特有的非正常操作现象。一旦发生空腔现象，径向反应器内的反应气流将发生短路，从而无法实现气固接触，使反应器效率大幅度下降；而当发生贴壁现象时，该区域的固体催化剂在反应器内停止移动，以致停止移动的催化剂结碳焦化成团，进一步发展会堵塞反应器的整个催化剂移动通道，从而导致反应器无法正常运行。如何避免移动床径向反应器内发生空腔和贴壁现象，不仅在反应器运行操作过程中需要注意，而且在反应器的设计过程中也必须加以考虑。

一、空腔及贴壁效应

在移动床径向反应器中，固体催化剂颗粒床层的移动方向与反应气体的流动方向互相垂直。当气流速度足够大时，这种气固错流将对颗粒的移动产生不利的影响。1979 年 Trambouze 在研究移动床径向反应器的放大规律时就注意到了这种气固的相互作用及其后果。图 8－12 为移动床中贴壁和空腔形成和发展过程的示意图。

大量的研究和工程实践表明，气固相互作用对颗粒床层移动的影响一般会出现空腔和贴壁两种不正常的操作状态。空腔形成的原因是气流曳力的作用。随着径向气体流速的增大，气体对固体颗粒的曳力增大，固体颗粒对气体分流管侧壁的正压力减小。当颗粒床层的正压力消失时，将在分流管壁面和颗粒层之间形成空腔。由于空腔的形成，使气流沿轴向的分布不均匀，大部分气体将从空腔中短路通过，气固的接触效率大幅度下降，使反应器无法正常操作。

对于催化剂床层气流的下游侧壁，气流曳力过大将会引发贴壁现象。随径向气体通量的增大，气流作用在固体颗粒上的曳力增大了颗粒对气体集流管的正压力，从而增大了颗粒在集流管壁面的摩擦阻力。如果摩擦阻力足够大，则颗粒在靠近壁面处停止向下移动，使床层产生贴壁现象。贴壁死区内的催化剂由于不能及时移出反应器而在床中积碳结焦成团，从而影响反应器的正常操作。

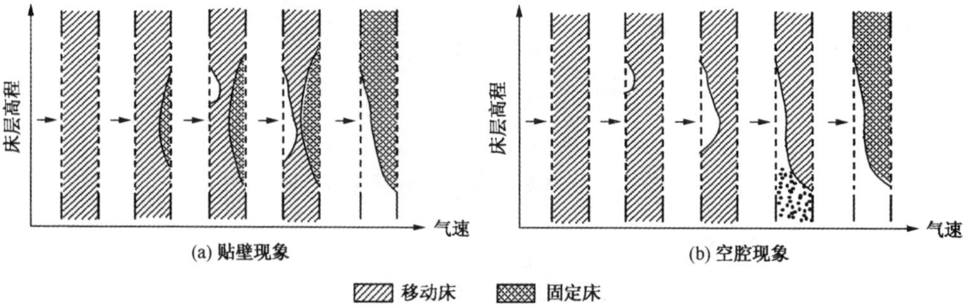

图 8－12 贴壁和空腔形成和发展过程示意图

由于反应器床层结构和颗粒物性的不同，随着气体流量的增大，可能首先在床层中出现空腔，也可能首先出现贴壁死区，或者二者同时出现。在文献中报道了很多确定移动床径向反应器出现贴壁或空腔现象时的径向气体流量上限值的预测方法。在此仅介绍应用散体力学的理论进行移动床径向反应器中颗粒运动数学模型的方法。

二、颗粒运动模型

根据散体力学理论建立催化剂床层的力平衡模型，从分析催化剂颗粒床层中的应力分布入手，认为颗粒层对气体分流管壁面的正压力随错流气流的增大而减小，当此压力等于零时床层中形成空腔；同时，颗粒层对气体集流管壁面的正压力随错流气量的增大而增大，当壁面对颗粒的摩擦阻力大于颗粒向下滑动的剪切力时，开始在颗粒层中形成贴壁死区。因而所建模型能够同时考察出现贴壁和空腔两种不正常操作现象的条件，并由此确定临界操作条件。

由于移动床中的催化剂形态及流动特性与颗粒散体相同，因而散体力学的基本理论也适用于移动床颗粒运动体系。宋续祺等应用此理论对移动床中颗粒的流动情况进行了详细地分析研究。在模型推导过程中，为使问题的分析简便，做如下假设：

① 颗粒移动床可作连续相处理；

② 移动床中空隙率为常数；

③ 气体流动为一维径向流动，无轴向流动分量；

④ 颗粒为不可压缩、无粘性散体。

设移动床径向反应器中颗粒层为内径 r_1 和外径 r_2 的环柱形，建立如图 8－13 所示的柱坐标系，用两个径向平面、两个圆柱面和两个垂直于 z 轴的平面，从颗粒床层中截取一个如图 8－13 所示的微元体积。将作用在微元体上的所有的力投影在 z 轴和 r 轴上，经简化整理后，得到两个力平衡微分方程式：

$$\frac{\partial \sigma_z}{\partial z}+\frac{\partial \sigma_{rz}}{\partial r}+\frac{\tau_{rz}}{r}=\rho_b g \tag{8-42}$$

$$\frac{\partial \sigma_r}{\partial r}+\frac{\partial \tau_{zr}}{\partial z}+\frac{\sigma_r-\sigma_\theta}{r}=\pm\frac{dp}{dr} \tag{8-43}$$

式中　σ_z，σ_r，σ_θ——轴向、径向和切向的正压力，Pa；

τ_{rz}，τ_{zr}——分别为轴、径向剪应力，Pa；

ρ_b——催化剂床层堆密度，kg/m^3；

g——重力加速度，m/s^2。

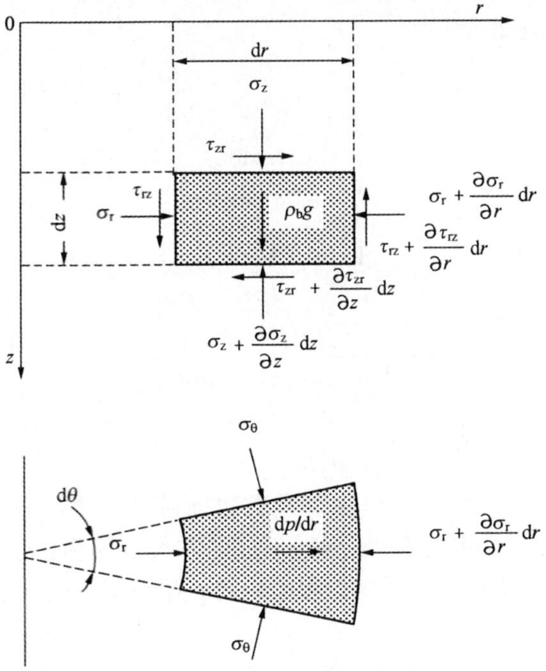

图 8－13　颗粒层中单元体力衡算示意图

根据力偶平衡可知，剪应力 $\tau_{rz}=\tau_{zr}$。式(8－43)的右侧为催化剂床层的压力梯度，当气体向心流动时取负号，当气体离心流动时取正号。

考虑在反应器内径向流道截面积的变化引起的流体静压与动压之间相互转化的作用，催化剂床层压降的计算方程变为：

$$\frac{dp}{dr}=\alpha\frac{\mu(1-\varepsilon)^2u_r}{d_p^2\varepsilon^3}+\beta\frac{\rho_g(1-\varepsilon)u_r^2}{d_p\varepsilon^3}\pm\frac{\rho_g}{2}\left|\frac{du_r^2}{dr}\right| \tag{8-44}$$

由于已假设反应气流沿反应器轴向均匀分布，则反应器内半径 r 处的径向流速为 $u_r=Q/(2\pi rL)$，式中 L 为催化剂床层高度，m；Q 为体积流率，m^3/s。因此，可以得到根据体积流率计算床层压降的关系式：

$$\frac{dp}{dr}=\alpha\frac{\mu(1-\varepsilon)^2}{d_p^2\cdot\varepsilon^3}\frac{Q}{2\pi rL}+\beta\frac{\rho_g(1-\varepsilon)}{d_p\varepsilon^2}\frac{Q^2}{4\pi^2r^2L^2}\pm\frac{\rho_gQ^2}{4\pi^2r^3L^2} \tag{8-45}$$

式(8－45)中右侧最后一项在气体向心流动时取正号，在气体离心流动时取负号。将式(8－45)代入式(8－43)即可得到移动床径向反应器内催化剂颗粒移动的数学模型。该模型为纯理论模型，不含待定参数。另外，构成数学模型的方程均为一阶线性微分方程，可以解析求解，因此所建模型使用方便。

为了方便对数学模型的解析求解，将所建模型方程无因次化，并进行合理的简化和给出其边界条件。首先引入如下无因次变量：

$$r^*=\frac{r}{r_2},z^*=\frac{z}{r_2},\sigma_z^*=\frac{\sigma_z}{\rho_bgr_2},\sigma_r^*=\frac{\sigma_r}{\rho_bgr_2},\sigma_\theta^*=\frac{\sigma_\theta}{\rho_bgr_2},\tau_{rz}^*=\frac{\tau_{rz}}{\rho_bgr_2}$$

将模型方程无因次化，并考虑移动床径向反应器的催化剂床层高度与床层径向厚度的比值已足够大，则可认为颗粒层中各项应力不沿 z 方向变化，因此可得到如下两个简化的一维线性微分方程：

$$\frac{d\tau_{rz}^*}{dr^*}+\frac{\tau_{rz}^*}{r^*}=1 \tag{8-46}$$

$$\frac{d\sigma_r^*}{dr^*}+\frac{\sigma_r^*-\sigma_\theta^*}{r^*}=\pm\frac{AQ^2}{r^{*2}}\pm\frac{BQ}{r^*}-\frac{CQ^2}{r^{*3}} \tag{8-47}$$

式中 $A=\alpha\frac{1}{4\pi^2L^2}\frac{\rho_g(1-\varepsilon)}{d_p\varepsilon^3}\frac{1}{\rho_b g r_2^2}$；

$B=\beta\frac{1}{2\pi L}\frac{\mu(1-\varepsilon)^2}{d_p\varepsilon^3}\frac{1}{\rho_b g r_2}$；

$C=\frac{\rho_g}{4\pi^2\rho_b g r_2^3 L^2}$。

方程(8-47)中等号右边前两项，离心流动时取正号，向心流动时取负号。由方程(8-46)和方程(8-47)组成的方程组因多出了一个因变量而是不封闭的。采用散体力学的基本理论即可将方程组封闭。颗粒层中的水平应力与垂直应力成正比，即：

$$\sigma_r^*=k\cdot\sigma_z^* \tag{8-48}$$

式中 k——侧压系数。

当颗粒层移动时，催化剂床层处于被动应力状态，这时的 k 值可根据下式确定：

$$k=\frac{1+\cos2\beta\sin\varphi}{1-\cos2\beta\sin\varphi} \tag{8-49}$$

式中

$$2\beta=90°+\delta-\cos^{-1}\frac{\sin\delta}{\sin\varphi} \tag{8-50}$$

式中 δ，φ——催化剂颗粒的壁摩擦角和内摩擦角，(°)。

由于颗粒床层的滑动在(r, z)平面内发生，则最大与最小主应力应存在于这一平面，而与之垂直的 σ_θ 等于中间主应力，即 σ_θ 为最大与最小主应力的平均值。根据散体力学分析，(r, z)平面的主应力 σ^* 为下列方程的根：

$$(\sigma_r^*/k-\sigma^*)(\sigma_r^*-\sigma^*)-f_i^2\sigma_r^{*2}=0 \tag{8-51}$$

式中 f_i 为床层颗粒的内摩擦系数，可由内摩擦角根据关系 $f_i=\mathrm{tg}(\varphi)$ 计算。对式(8-51)进行变量代换 $l=\sigma^*/\sigma_r^*$，使求解最大与最小主应力变为求解 l 的问题。同样 l_{max} 和 l_{min} 为下列方程的较大和较小的两个根：

$$(1/k-l)(1-l)-f_i^2=0 \tag{8-52}$$

所以有

$$\sigma_\theta^*=\frac{1}{2}(l_{max}+l_{min})\sigma_r^*=l\sigma_r^* \tag{8-53}$$

将式(8-53)代入式(8-47)即得到所建模型的封闭方程：

$$\frac{d\sigma_r^*}{dr^*}+(1-l)\frac{\sigma_r^*}{r^*}=\pm\frac{AQ^2}{r^{*2}}\pm\frac{BQ}{r^*}-\frac{CQ^2}{r^{*3}} \tag{8-54}$$

联立求解方程(8-46)和方程(8-54)即可得到颗粒床层在反应器内不同径向位置上的正压力和剪应力分布。分析催化剂床层边界处的各项应力平衡，可以得到催化剂床层内缘器壁的各项应力和外缘器壁的各项应力之间的相互关系。由力学原理可知，颗粒沿床壁面滑动的摩擦阻力为：

$$\tau_{rzp}^{*} = f_{p} \cdot \sigma_{rp}^{*} \qquad \tau_{rzw}^{*} = f_{w} \cdot \sigma_{rw}^{*} \tag{8-55}$$

式中，f 为催化剂颗粒与金属网壁的摩擦系数，其数值为颗粒外摩擦角的正切函数，即$f = \text{tg}(\delta)$。另外，式中下标 p 表示中心管外缘金属网壁面，w 表示床层外缘金属网壁面。

在移动床轴向 z 处对催化剂床层取厚为 dz 的微元体，在 z 方向建立力平衡方程，可得：

$$\frac{d\bar{\sigma}_{z}}{dz} = \rho_{b}g - \frac{2r_{2}\tau_{rzw} + 2r_{1}\tau_{rzp}}{r_{2}^{2} - r_{1}^{2}} = 0 \tag{8-56}$$

式中　$\bar{\sigma}_{z}$——轴向正压力在径向上的平均值，Pa。

将上式无因次化得：

$$1 - \frac{2\tau_{rzw}^{*} + 2r_{1}^{*}\tau_{rzp}^{*}}{1 - r_{1}^{*2}} = 0 \tag{8-57}$$

整理上式即得到催化剂床层内缘剪应力与外缘剪应力之间的定量关系：

$$\tau_{rzw}^{*} = \frac{1 - r_{1}^{*2}}{2} - r_{1}^{*}\tau_{rzp}^{*} \tag{8-58}$$

由式(8-55)可得催化剂颗粒层对床层内缘壁面的正压力与外缘壁面的正压力之间的定量关系：

$$\sigma_{rw}^{*} = \frac{1}{f_{w}}\left(\frac{1 - r_{1}^{*2}}{2} - r_{1}^{*}f_{p}\sigma_{rp}^{*}\right) \tag{8-59}$$

三、临界气体流量及床层应力分布

催化剂床层允许通过的最大临界气体流量和床层的应力分布情况可通过解析求解上面建立的数学模型得到。下面将分别介绍离心流动和向心流动时的求解过程。

（一）反应气流离心流动

在反应气流离心流动时，通过床层的临界气体流量和床层的应力分布可通过在下式的边界条件下

$$\begin{aligned} r^{*} &= r_{1}^{*}: \sigma_{r}^{*} = \sigma_{rp}^{*} \\ r^{*} &= r_{2}^{*}: \sigma_{r}^{*} = \sigma_{rw}^{*} \end{aligned} \tag{8-60}$$

积分式(8-54)并应用式(8-59)得到催化剂床层内壁面 $r^{*} = r_{1}^{*}$ 处的颗粒径向正压力为：

$$\sigma_{rp}^{*} = \frac{1}{2f_{p}r_{1}^{*} + 2f_{w}r_{1}^{*1-l}}\left\{1 - r_{1}^{*2} - 2f_{w}r_{1}^{*1-l}\left[\frac{AQ^{2}}{l}\left(\frac{1}{r_{1}^{*}} - r_{1}^{*l-1}\right) + \frac{BQ}{1-l}(r_{1}^{*l-1} - 1) - \frac{CQ^{2}}{1+l}\left(\frac{1}{r_{1}^{*2}} - r_{1}^{*l-1}\right)\right]\right\} \tag{8-61}$$

且

$$\tau_{rzp}^{*} = f_{p} \cdot \sigma_{rp}^{*} \tag{8-62}$$

在催化剂床层外壁面 $r^* = r_2^* = 1$ 处：

$$\sigma_{rw}^* = \frac{1}{2f_p r_1^{*l} + 2f_w}\left\{1 - r_1^{*2} + 2f_w r_1^*\left[\frac{AQ^2}{l}\left(\frac{1}{r_1^*} - r_1^{*l-1}\right) + \frac{BQ}{1-l}(r_1^{*l-1} - 1) - \frac{CQ^2}{1+l}\left(\frac{1}{r_1^{*2}} - r_1^{*l-1}\right)\right]\right\} \quad (8-63)$$

并且

$$\tau_{rzw}^* = f_w \cdot \sigma_{rw}^* \quad (8-64)$$

根据式(8－61)可以看出，随着径向气体流量的增大，颗粒床层对中心管壁面的正压力逐渐减小。若产生空腔的临界条件设为颗粒层对中心管壁面的正压力为零，则：

$$\sigma_{rp}^*\Big|_{Q=Q_0} = 0 \quad (8-65)$$

由式(8－61)和式(8－65)联立可解出颗粒床层中初始形成空腔时的临界气体流量 Q_0。颗粒层内部的应力分布可以由式(8－46)和式(8－54)联立求解，并应用边界条件式(8－60)得到。考虑到正应力不能为负值，则当 $Q \leqslant Q_o$ 时，床层的正应力分布为：

$$\sigma_r^* = \left(\frac{r^*}{r_1^*}\right)^{l-1}\sigma_{r1}^* + \frac{AQ^2}{l}\left[\left(\frac{r^*}{r_1^*}\right)^{l-1} - \frac{r_1^*}{r^*}\right]\frac{1}{r_1^*} + \frac{BQ}{1-l}\left[1 - \left(\frac{r^*}{r_1^*}\right)^{l-1}\right] + \frac{CQ^2}{1+l}\frac{1}{r_1^{*2}}\left[\left(\frac{r_1^*}{r^*}\right)^2 - \left(\frac{r^*}{r_1^*}\right)^{l-1}\right] \quad (8-66)$$

同时，床层的剪应力为：

$$\tau_{rz}^* = \frac{r^*}{2} - \frac{r_1^{*2} + 2r_1^*\tau_{rzp}^*}{2r^*}, r^* \geqslant \sqrt{r_1^{*2} + 2r_1^*\tau_{rzp}^*} \quad (8-67)$$

$$\tau_{rz}^* = \frac{r_1^{*2} + 2r_1^*\tau_{rzp}^*}{2r^*} - \frac{r^*}{2}, r^* < \sqrt{r_1^{*2} + 2r_1^*\tau_{rzp}^*} \quad (8-68)$$

而当 $Q > Q_0$ 时，床层内部的正应力及剪应力分别为：

$$\sigma_r^* = \frac{AQ^2}{l}\left[\left(\frac{r^*}{r_1^*}\right)^{l-1} - \frac{r_1^*}{r^*}\right]\frac{1}{r_1^*} + \frac{BQ}{1-l}\left[1 - \left(\frac{r^*}{r_1^*}\right)^{l-1}\right] + \frac{CQ^2}{1+l}\frac{1}{r_1^{*2}}\left[\left(\frac{r_1^*}{r^*}\right)^2 - \left(\frac{r^*}{r_1^*}\right)^{l-1}\right] \quad (8-69)$$

$$\tau_{rz}^* = \frac{r^* - r_1^*}{2r^*} \quad (8-70)$$

考虑靠近集气管处的颗粒，单位面积壁面对其向上的摩擦作用力为 $\sigma_{rw}^* \cdot f_w$，内部颗粒层对其向下的剪切力为 τ_{rzw}^*。当 $\sigma_{rw}^* \cdot f_w > \tau_{rzw}^*$ 时，此时集气管壁面处的颗粒将停止下移，产生贴壁现象。因而产生贴壁的临界气体流量可由式(8－46)和式(8－63)联合解出。将此值与前面计算出的空腔临界气量进行比较，即可判断空腔和贴壁现象哪一个先发生。

将解出的 Q_0 代入式(8－45)积分即得到此时床层总压降为：

$$\Delta P_o = \beta\frac{\rho_g Q_0^2}{4\pi^2 L^2}\frac{1-\varepsilon}{d_p\varepsilon^3}\left(\frac{1}{r_1} - \frac{1}{r_2}\right) + \alpha\frac{\mu(1-\varepsilon)^2}{d_p^2\varepsilon^3}\frac{Q_o}{2\pi L}\ln\frac{r_2}{r_1} - \frac{\rho_g Q_0^2}{4\pi^2 L^2}\left(\frac{1}{2r_2^2} - \frac{1}{2r_1^2}\right) \quad (8-71)$$

上式中的临界床层压降也可用下面的无因次形式表示：

$$\Pi_0 = \frac{f_p \Delta P_o}{\rho_b g(r_2 - r_1)} \tag{8-72}$$

采用以上模型可以很方便地预测催化剂颗粒床层的临界床层压降以及临界气体流量。图 8－14 是根据表 8－1 所列出的参数计算得到的床层径向正压力沿半径方向的分布情况，图中横轴为床层的无因次半径坐标，坐标 0.2 对应于颗粒床层半径内缘位置 r_1，1 对应半径外缘位置 r_2。

表 8－1　移动床径向反应器模拟计算参数

参　数	r_1/r_2	r_2/m	d_p/m	ρ_g/(kg/m³)	ρ_b/(kg/m³)	μ/Pa · s	ε	δ/(°)	φ/(°)
数　值	0.2	0.25	0.0018	1.25	625	$1.8 \cdot 10^{-5}$	0.35	26.5	30

由图 8－14 可以看到，当径向气体流量较小时，床层正应力沿半径方向逐渐递增，其径向分布比较平缓。当气体流量增加时，颗粒床层对集气流道壁面的正应力逐渐增大，而对分气中心管壁的正应力逐渐减小。当气体流量增至临界气体流量 Q_0 时，床层对中心管壁的正应力减至零。此刻即为床层发生空腔的初始阶段，其临界无因次床层压降 Π_0 为 0.601，临界气体流量为 1592m³/h。

图 8－15 为在相同条件下的床层颗粒间剪应力的径向分布。在较小气体流量时，剪应力在床层中存在一个零值最小点，该点对应床层轴向移动速度的最大值。随着气流流量的增加，剪应力的零值点逐渐向分气管壁靠近。分气管壁区的剪应力逐渐减小，而集气管壁区的剪应力逐渐增大。颗粒床层的轴向移动速度与床层剪应力成反比，因而，当气流速度较大时，分气管壁附近的颗粒移动速度较快，而集气管壁附近的颗粒移动速度较慢。

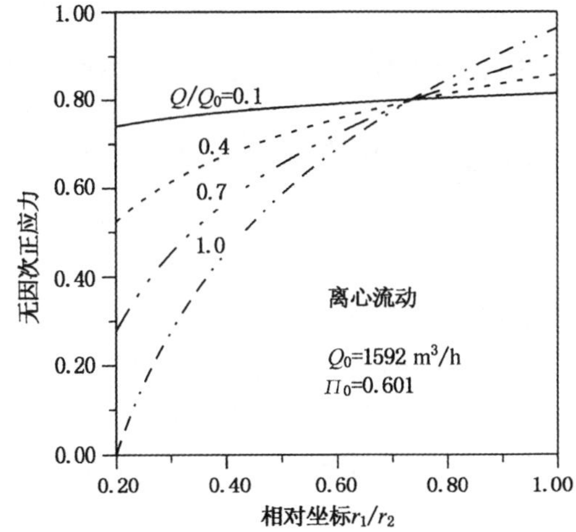

图 8－14　床层正应力径向分布

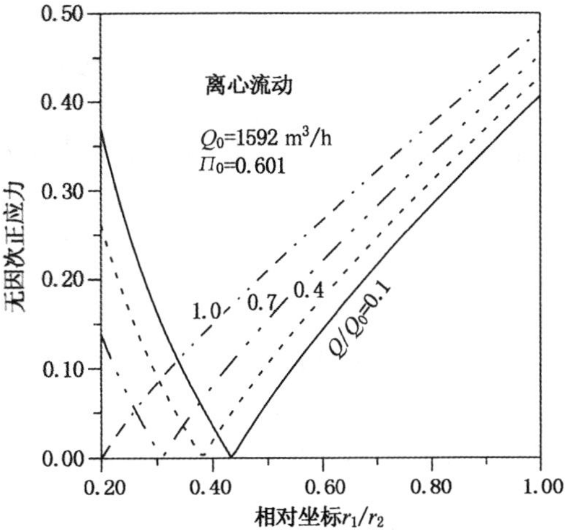

图 8－15　床层剪应力径向分布

（二）反应气流向心流动

对向心流动颗粒层中正应力和剪切应力的分布规律的分析同离心流动。应用边界条件式(8－60)和式(8－54)，得到气体向心流动时两壁面处的正压力和剪应力。

在 $r^* = r_1^*$ 处:

$$\sigma_{rp}^* = \frac{1}{2f_p r_1^* + 2f_w r_1^{*1-l}}\left\{1 - r_1^{*2} + 2f_w r_1^{*1-l}\left[\frac{AQ^2}{l}\left(\frac{1}{r_1^*} - r_1^{*l-1}\right) + \frac{BQ}{1-l}(r_1^{*l-1} - 1) + \frac{CQ^2}{1+l}\left(\frac{1}{r_1^{*2}} - r_1^{*l-1}\right)\right]\right\} \tag{8-73}$$

$$\tau_{rzp}^* = f_p \cdot \sigma_{rp}^* \tag{8-74}$$

在 $r^* = r_2^* = 1$ 处:

$$\sigma_{rw}^* = \frac{1}{2f_p r_1^{*l} + 2f_w}\left\{1 - r_1^{*2} - 2f_w r_1^*\left[\frac{AQ^2}{l}\left(\frac{1}{r_1^*} - r_1^{*l-1}\right) + \frac{BQ}{1-l}(r_1^{*l-1} - 1) - \frac{CQ^2}{1+l}\left(\frac{1}{r_1^{*2}} - r_1^{*l-1}\right)\right]\right\} \tag{8-75}$$

$$\tau_{rzw}^* = f_w \cdot \sigma_{rw}^* \tag{8-76}$$

催化剂床层内部沿径向的正压力和剪应力分布，同样也是从式(8-46)和式(8-54)并应用边界条件式(8-60)得到:

$$\sigma_r^* = r^{*l-1}\sigma_{rw}^* + \frac{AQ^2}{l}\left[\frac{1}{r_1^*} - r^{*l-1}\right] + \frac{BQ}{1-l}(r^{*l-1} - 1) + \frac{CQ^2}{1+l}\left(\frac{1}{r^{*2}} - r^{*l-1}\right) \tag{8-77}$$

$$\tau_{rz}^* = \frac{r^*}{2} - \frac{1 - 2\tau_{rzw}^*}{2r^*}, r^* \geqslant \sqrt{1 - 2\tau_{rzp}^*} \tag{8-78}$$

$$\tau_{rz}^* = \frac{1 - 2\tau_{rzw}^*}{2r^*} - \frac{r^*}{2}, r^* < \sqrt{1 - 2\tau_{rzw}^*} \tag{8-79}$$

若催化剂床层发生空腔的临界条件设为颗粒层对分气管壁面的正压力为零，则:

$$\sigma_{rw}^*\Big|_{Q=Q_0} = 0 \tag{8-80}$$

由式(8-75)和式(8-80)联立可解出颗粒层中初始形成空腔时的临界气体流量 Q_0。考虑靠近集气管处的颗粒，单位面积壁面对其向上的摩擦作用力为 $\sigma_{rp}^* \cdot f_p$，内部颗粒层对其向下的剪切力为 τ_{rzp}^*。当 $\sigma_{rp}^* \cdot f_p > \tau_{rzp}^*$时，此时集气管壁面处的颗粒将停止下移，产生贴壁现象。因而产生贴壁的临界气体流量 Q_0 可由式(8-46)和式(8-73)考虑贴壁发生的条件联合解出。

将解出的临界气速 Q_0 代入式(8-45)积分即得到此时床层总压降为:

$$\Delta p_0 = \beta\frac{\rho_g Q_0^2}{4\pi^2 L^2}\frac{1-\varepsilon}{d_p\varepsilon^3}\left(\frac{1}{r_1} - \frac{1}{r_2}\right) + \alpha\frac{\mu(1-\varepsilon)^2}{d_p^2\varepsilon^3}\frac{Q_o}{2\pi L}\ln\frac{r_2}{r_1} - \frac{\rho_g Q_0^2}{4\pi^2 L^2}\left(\frac{1}{2r_2^2} - \frac{1}{2r_1^2}\right) \tag{8-81}$$

将其无因次化表示，得如下形式:

$$\Pi_0 = \frac{f_p \Delta P_0}{\rho_b g (r_2 - r_1)} \tag{8-82}$$

当 $Q > Q_0$ 时，颗粒层中的正压力及剪应力分布为：

$$\sigma_r^* = \frac{AQ^2}{l}\left[\frac{1}{r_1^*} - r^{*l-1}\right] + \frac{BQ}{1-l}(r^{*l-1} - 1) + \frac{CQ^2}{1+l}\left(\frac{1}{r^{*2}} - r^{*l-1}\right) \tag{8-83}$$

$$\tau_{rz}^* = \frac{1 - r^{*2}}{2r^*} \tag{8-84}$$

采用以上气体向心流动时的颗粒移动模型可以预测催化剂颗粒床层的临界床层压降以及临界气体流量。图 8－16 是根据表 8－2 所列出的参数计算得到的床层的径向正应力沿半径方向的分布情况。

由图 8－16 可以看到，向心流动与前面的离心流动的情况恰好相反，当径向气体流量较小时，床层正应力沿半径方向逐渐递减。与离心流动的情况相同的是，向心流动时床层正应力的径向分布趋势在小流量条件下也比较平缓。当气体流量增加时，颗粒床层对集气流道侧壁的正应力逐渐增大，而对分气管壁的正应力逐渐减小。并且，其分布趋势也由平缓变得陡峭。当气体流量增至临界气体流量 Q_0 时，床层对扇形筒分气管壁的正应力减至零。此刻即可能在扇形筒附近产生空腔。对向心和离心流动进行比较时，除了比较其产生空腔现象时的临界流量 Q_0 外，也还需比较其产生贴壁现象时的临界流量 Q_0。

图 8－17 为相同条件下的床层颗粒间剪应力的径向分布。与离心流动的情况相同，在较小气体流量时，剪应力在床层中也存在一个零值最小点，该点对应床层轴向移动速度的最大值。随着气流径向流速的增加，剪应力的零值点逐渐向分气管扇形筒壁靠近。扇形筒壁附近的剪应力逐渐减小，而中心管壁附近的剪应力逐渐增大。当气流流量达到临界流量 Q_0 时，分气筒附近的剪应力也达到最小零值。根据模拟计算结果可以得出，在相同条件下，向心流动的临界气体流量要远大于离心流动的临界流量。这一点对于实际工程应用具有很重要的指导意义。

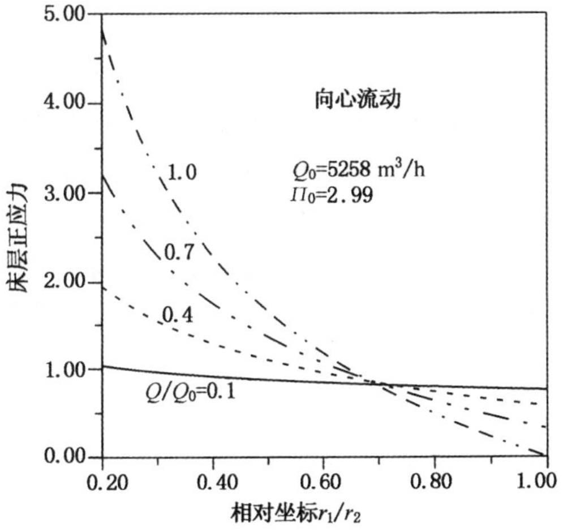

图 8－16　床层正应力径向分布

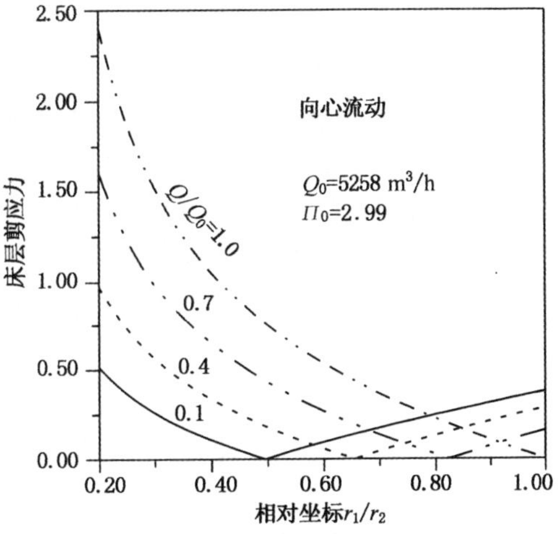

图 8－17　床层剪应力径向分布

第三节 径向反应器流体力学影响因素

一、影响轴向布气均匀度的主要因素

影响径向反应器轴向布气均匀度的主要因素有反应器结构参数如轴向流动形式、两主流道截面积比、反应器容积有效利用率和布气管开孔率以及反应器运行操作条件，包括物性参数如反应物流流量、流体的黏度和密度等。

(一) 主流道流动形式的影响

主流道流动形式对径向反应器轴向均匀布气效果影响较大。工业催化重整径向反应器的布气流道一般为动量交换控制型流动。在分流流道中，物流流速沿流动方向逐渐减小，由于动量交换效应使得静压沿流动方向逐渐增加，而摩擦阻力则使得静压沿流动方向逐渐减小，二者综合作用的结果使静压沿流动方向增加。而在集流流道中，动量交换效应和摩擦阻力效应的作用相同，从而使得集流流道中的静压沿物流流动方向减小较快。因此，Π 型流动时两主流道之间的压力差分布要比 Z 型流动时均匀的多，即 Π 型流动时的轴向布气效果要优于 Z 型流动。鉴于此，工业反应器应首选 Π 型流动的径向反应器。

(二) 流道截面积分配的影响

在一定物流流量条件下，主流道截面积的大小直接影响流道内的摩擦阻力大小和动压交换情况，也是影响径向反应器轴向布气均匀度的主要因素。合理地确定径向反应器分流流道和集流流道的截面积大小，是设计径向反应器布气系统的主要任务之一。Π 型流动存在一个最佳布气主流道截面积比，此时径向反应器轴向布气均匀度达到最佳。Z 型流动不存在这种最佳主流道截面积比。

(三) 开孔率和流量的影响

采用布气管低开孔率是实现径向反应器轴向均匀布气的主要手段之一。开孔率越小，布气效果越好。然而，事物有它的两重性。开孔率过小，过孔压降很大，反应器运行耗能大，操作费用增加。因而，在工程实际中，布气管的开孔率必须合理选取。另外，通过反应器的物流流量对轴向均匀布气也有一定的的影响，尤其是当布气管的开孔率较大时，反应物流流量对轴向布气均匀度的影响尤为显著。因此，在设计径向反应器的布气系统时，不能仅仅考虑反应器本身的结构及其参数，同时也必须与反应物流的流体力学参数及操作条件一起考虑。

二、影响临界气体流量的主要因素

移动床径向反应器出现“贴壁”和“空腔”现象时，一方面，催化剂床层颗粒不能正常移动到床外再生；另一方面，反应气流在轴向上的分布也会受到严重影响，使轴向布气不均匀度恶化。为保证径向移动床反应器的正常操作，深入探讨和分析气固错流移动床产生贴壁和空穴现象的内在规律，搞清影响径向移动床反应器临界操作条件的因素也是必不可少的。

影响径向反应器临界操作气速的主要因素包括反应器床层结构和催化剂颗粒参数。反应器床层结构的影响主要体现在反应器流动结构(向心还是离心流动)和床层径向厚度参数(例如床层内外半径的比值)两方面的影响。催化剂床层颗粒参数像床层堆比重、床层孔隙率、催化剂颗粒平均粒径和床层颗粒的内、外摩擦角都对临界操作条件有较大的影响。

图 8－18 是根据表 8－1 所给出的有关参数模拟计算得到的向心和离心两种流动情况下不同床层厚度即不同催化剂床层内外半径比时的产生空腔现象时的临界气体流量和临界无因次床层压降。从图中可以看出，向心流动时，临界操作流量明显大于离心流动的情况。尤其是在床层较厚的情况下，临界流量差别很大。相对半径为 0.2 时，其数值相差近 4 倍。随着床层变薄，两者的临界流量差别逐渐减小。另外，向心流动时，床层厚度对临界流量的影响较小，其影响程度小于5%。而离心流动时，床层厚度对临界流量的影响非常大，几近线性随着相对床层半径的增大向向心流动的临界流量值靠近。

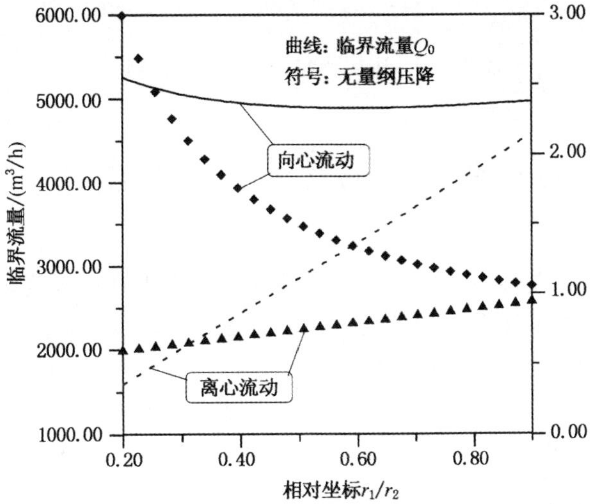

图 8－18　环隙床层厚度对临界操作流量的影响

催化剂床层参数对发生“贴壁”和“空腔”不正常操作时的临界操作流量的影响也是非常重要的。床层堆比重较大时，床层颗粒具有较大的重度，因而有利于催化剂颗粒靠自身重力的向下移动。因此，欲使堆比重较大的床层发生贴壁，则需要较大径向气体流量。较大的床层孔隙率对应着较大的床层气流通道，在一定气体流量条件下，其过床流速较小，因而过床压降也较小，也即气流对颗粒的作用力较小。因此，在一定条件下，大的床层孔隙率则具有较大临界操作流量，不易发生贴壁或空腔的非正常现象。

催化剂床层颗粒与反应器壁面的摩擦角对产生贴壁现象时的临界气体流量也有一定影响。一般情况下，临界操作流量随颗粒与壁面摩擦角的增大而减小，相反反应气流的无因次过床压降随之上升。

图 8－19 为催化剂床层颗粒平均粒径对产生贴壁现象时的临界操作流量和临界过床无因次压降的影响。因为床层颗粒平均粒径直接影响反应气流的过床压降，对气固两相间的相互作用具有一定的贡献，这在 Ergun 公式中可以明显地体现出来。由图可见，颗粒平均粒径对临界操作流量影响较大，而对无因次过床压降无明显影响。

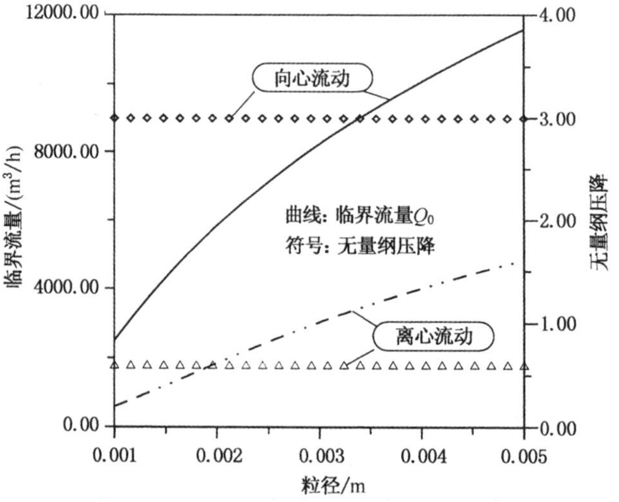

图 8－19　床层颗粒平均粒径的影响

第四节　径向反应器优化设计

如何实现径向反应器在轴向上的均匀布气并在床层内得到比较均匀的流场是设计该类反应器时的技术关键。由于在催化剂床层内侧的气流速度较大，属于比较敏感的区域，应重点考虑该区域径向流速的均布问题。根据以上分析，高效可靠的径向反应器的设计过程应分为以下两步进行。

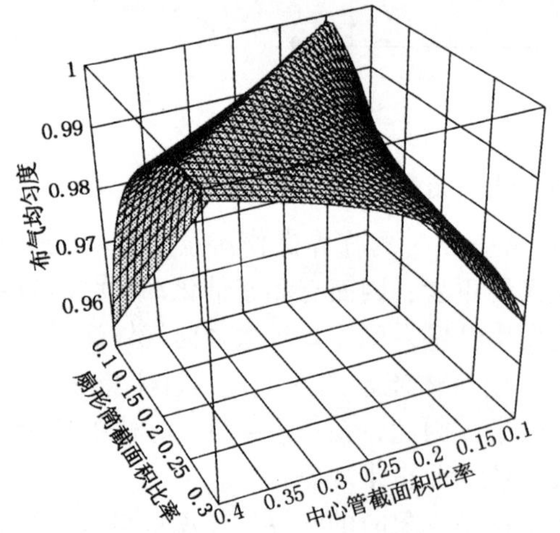

图 8－20　主流道截面积比对布报均匀度的影响

第一步，首先优化设计两主流道及床层截面积占反应器总截面积的分配比例，在轴向开孔段区域尽量实现均一的两主流道之间的压差分布。对于 Π 型流动，两主流道的截面积分配存在一个最佳值，在该最佳截面积分配条件下分流流道与集流流道的压差在轴向上的分布相对均一。从而为床层内气相径向速度的均匀分布提供了先决条件。图 8－20 为采用本章介绍的数学模型计算得到的主流道截面积对轴向布气均匀度的影响。图中中心管截面积比率为中心管截面积与反应器总截面积之比，扇形筒截面积比率为扇形筒或环隙流道的截面积与反应器总截面积之比，纵坐标为径向反应器的轴向布气均匀度。由图中结果可以得出结论，采用反应器流体力学数学模型设计径向反应器的布气系统确实是一种切实可行的优化设计方法。

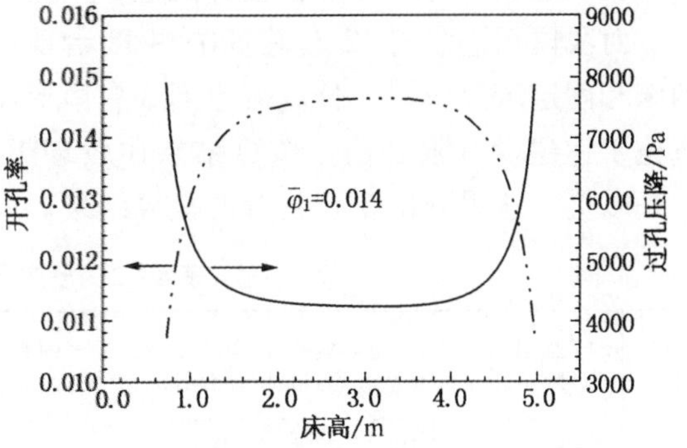

图 8－21　最佳开孔率及过孔压降轴向分布

第二步，采用变开孔率设计布气管系统，以解决床层两侧径向速度在轴向上分布不均匀的问题，特别是消除床层存在的端效应影响，最终完成径向反应器的优化设计。为了减小中心管开孔区两端的径向速度，应减小两端的开孔率以增大其过孔阻力。采用反应器流体力学数学模型试差迭代，即可得到使径向速度沿轴向均匀分布的最佳开孔率分布。图 8－21 为中心管采用变开孔率以消除开孔区端效应的设计结果。图 8－22为中心管采用如图 8－21 所示的变开孔率设计时得到的催化剂床层内气相径向速度的二维分布结果。模拟计算结果表明，采用变开孔率设计，可以很好地消除径向移动床反应器的端效应，在床层内侧的开孔段得到完全均一的径向速度分布。因此，如此设计的反应器将比较稳定可靠，并能进一步提高反应物流的过床通量。

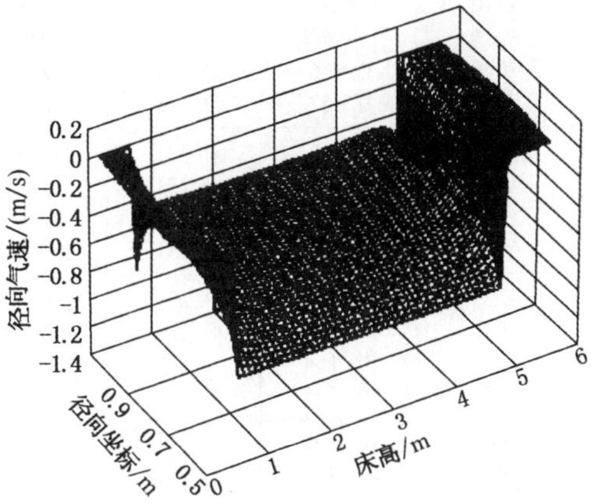

图 8－22　变开孔率设计时的气相径向流速分布

采用变开孔率控制实现径向反应器轴向均匀布气，可采用较大一些的开孔率，这样能有效地降低反应物流的过孔压降，减小反应器操作能耗。用布气管的变开孔率控制实现轴向均匀布气的方法适用于不同的流动型式。对动量交换型控制流道和摩阻控制型流道都同样有效。但是，采用变开孔率控制的布气系统，设计比较复杂，加工制造比较困难。

第五节　径向反应器软件在工业上的应用

一、径向反应器设计软件(FLOTU－Mbed1.0)

根据上述数学模型，采用精确稳定、收敛性良好的数学方法，中国石化工程建设有限公司与清华大学再次合作，完成了径向反应器设计软件(FLOTU－Mbed1.0)的编制、测试工作。该软件是在研究径向反应器主流道、床层气流及布气孔道流体力学的基础上，建立了完整的径向反应器流体力学数学模型后，开发的模拟床层二维流场的计算软件。该软件可以模拟计算床层气相压力和轴、径向速度的二维分布、计算内外主流道压力和流速分布及过孔气速和压降；可计算临界流量；并具有优化设计的功能。

对我国引进装置12套装置中共48台现役反应器进行了核算工作。反应器类型包括移动床和固定床反应器，分流流道形式有扇形筒和环隙两种，设计者包括UOP、IFP和中国石化工程建设有限公司。核算结果比较理想，压降范围是0.006～0.011MPa，均匀度在90%以上。这里列出6套装置的核算结果。反应器主要结构尺寸见表8－2。

表8－2　反应器主要结构尺寸

装置编号	反应器编号	处理量/(kg/h)	反应器内径×切线高/mm	扇形筒截面积/m^2	中心管内径/mm	中心管开孔长度/mm	中心管开孔率	扇形筒开孔率	扇形筒开孔长度/mm
A	R－1	59345	1800×4500	0.4798	709	3353	0.0189	0.231	3125
	R－2		2000×5000	0.5373		3810	0.019	0.231	3525
	R－3		2200×6400	0.5887		5144	0.0161	0.231	4800
	R－4		2600×8140	0.7026		7049	0.0399	0.231	6325
B	R－1	130028	2100×6575	0.5770	1129	5905	0.0123	0.231	5610
	R－2		2200×8050	0.6717		7050	0.0121	0.231	6675
	R－3		2300×9600	0.6954		7505	0.0128	0.231	7160
	R－4		2500×9900	0.7434		8991	0.0133	0.231	8355
C	R－1	95785	2100×6500	0.5490	1129	5410	0.0165	0.231	5175
	R－2		2150×7250	0.6190		6210	0.0167	0.231	5940
	R－3		2200×8100	0.6410		7049	0.016	0.231	6765
	R－4		2600×8700	0.745		7772	0.052	0.231	7160
D	R－1	89811	2000×4600	0.5307	1079	3543	0.018	0.231	3305
	R－2		2000×5550	0.5307		4496	0.0164	0.231	4275
	R－3		2100×6250	0.5961		5182	0.0157	0.231	4930
	R－4		2600×7600	0.7431		6629	0.046	0.231	6015
E	R－1	89777	2000×5300	0.5467	979	4229	0.0176	0.231	3985
	R－2		2200×5895	0.6		4763	0.0183	0.231	4460
	R－3		2400×7550	0.6		6325	0.0154	0.231	5985
	R－4		2900×8700	0.792		7620	0.0531	0.231	6810
F	R－1	284187	2.65×9.35	0.610516	1369	7963	0.0207	0.231	7626
	R－2		2.8×10.05	0.649905		9068	0.0212	0.231	8456
	R－3		2.9×11.5	0.669599		10058	0.0195	0.231	9661
	R－4		3.2×13.35	0.728681		12268	0.0658	0.231	11526

利用软件的模拟计算和临界速度计算功能，得到24台反应器的主要结果。汇总列于表8－3。

表8－3　反应器核算主要结果

装置编号	反应器编号	中心管过孔速度			流　　量			均匀度	总压降/Pa
		平均/(m/s)	最大/(m/s)	最大速度/平均速度	入口流量/(m^3/h)	临界流量/(m^3/h)	临界流量/平均流量		
A	R－1	34.76	38.75	1.11	18668	30619	1.64	0.979	7687
	R－2	43.18	53.49	1.24	26322	44162	1.68	0.974	9076
	R－3	44.46	50.35	1.13	32868	73931	2.25	0.967	8666
	R－4	16.99	28.03	1.65	40418	125313	3.10	0.935	6469
B	R－1	31.71	34.22	1.08	30530	55463	1.82	0.982	5708
	R－2	39.71	43.87	1.10	44607	78235	1.75	0.996	6474
	R－3	45.74	52.17	1.14	58074	94004	1.62	0.998	7509
	R－4	43.63	51.02	1.17	69832	128281	1.84	0.985	7926

续表

装置编号	反应器编号	中心管过孔速度			流　量			均匀度	总压降/Pa
		平均/(m/s)	最大/(m/s)	最大速度/平均速度	入口流量/(m^3/h)	临界流量/(m^3/h)	临界流量/平均流量		
C	R-1	32.35	41.75	1.29	32834	56250	1.71	0.991	5844
	R-2	39.45	51.90	1.31	45386	73499	1.62	0.990	6866
	R-3	44.03	57.96	1.31	54448	89433	1.64	0.992	7330
	R-4	14.5	25.40	1.75	63429	120087	1.89	0.994	6775
D	R-1	31.69	35.31	1.11	25761	33963	1.32	0.994	6261
	R-2	39.95	42.66	1.07	37294	48178	1.29	0.994	6729
	R-3	44.7	45.23	1.01	46159	61984	1.34	0.995	7267
	R-4	13.92	15.52	1.11	54964	101575	1.85	0.997	5649
E	R-1	32.68	41.22	1.26	28092	40085	1.43	0.999	6291
	R-2	39.23	51.99	1.33	39497	55391	1.40	0.995	7799
	R-3	42.76	59.6	1.39	48667	87290	1.79	0.993	7553
	R-4	13.68	24.23	1.77	57454	132026	2.30	0.965	7415
F	R-1	32.58	35.85	1.10	81485.7	275382	3.38	0.915	4167
	R-2	39.41	46.37	1.18	117344.5	378830	3.23	0.934	4485
	R-3	48.76	56.03	1.15	147621.6	484183	3.28	0.947	5448
	R-4	13.05	14.32	1.10	176851.8	694285	3.93	0.915	2350

从核算结果来看：所有反应器的均匀度绝大部分在92%以上，从软件计算结果来看，就时间顺序来说，后期设计的反应器的均匀度比前期的高，其结构设计越来越合理；但随着反应器规格大型化，均匀度有所下降，如F装置。

核算结果中的压降数值是指反应气体在反应器中的压降，即：不包括进、出口的压降。从所核算的24台反应器来看，除一个装置的第四反应器压降为0.011MPa外，其他反应器的压降均小于0.01MPa。

根据软件的编制特点和多台反应器的应用经验，总结出利用径向反应器设计软件(FLOTU-Mbed1.0)进行新设计的基本步骤如下：

（1）根据装置处理量和催化剂的装填量，初设反应器内径及切线高；

（2）初步确定中心管结构，包括中心管内、外径、开孔高度和开孔率；

（3）根据反应器内径和应用经验初设扇形筒结构尺寸、开孔高度、开孔率和扇形筒数量；

（4）初设扇形筒底部距反应器底部切线的距离；

（5）确定床层截面积；

（6）根据反应器内径和标准封头形式确定反应器底部结构尺寸；

（7）根据催化剂装填量、催化剂休止角、中心管和扇形筒结构以及反应器底部结构计算下料口和出料口位置；

（8）利用软件的优化功能设计并计算临界流量，得到在设定反应器内径和中心管结构条件下的最优化结果；

（9）检查优化结果中反应器的均匀度、压降是否符合设计要求，检查流场是否合理。如果优化后的结构性能很好，则考虑反应器的强度、结合经济性，确定经济合理的反应器结构。

(10) 如不合理，应改变中心管内、外径，重复步骤(2)~(9)；如果多次改变中心管结构，仍达不到设计要求，则考虑修改反应器内径，重复步骤(1)~(9)，直到取得合理结果为止。

(11) 根据调整后的结构，复核反应器性能，作为最终设计结果。

某集团公司原有的催化重整装置于1996年投产，其设计规模为150kt/a，生产高辛烷值汽油组分。采用固定床半再生式催化重整工艺。

由于全厂原油加工能力提高，也为了适应汽油质量升级换代的要求和满足即将实施的清洁燃料的要求，需对原有重整装置进行扩建改造。装置处理能力由改造前的150kt/a扩大为300kt/a。设计要求反应器轴向布气均匀度不小于92%、压降不大于0.02MPa。为了节约资金、利用原有设备，需对原有反应器进行精确核算。按原计划：将原有的第三反应器作为改造后的第二反应器、原有的第四反应器作为改造后的第三反应器。

径向反应器的核算与设计采用了《径向反应器CAD软件》。在设计过程中发现：将原有的三反作为改造后的二反，没有问题；但将原有的四反作为改造后的三反，则布气均匀度只有86%，达不到设计要求，因此，通过优化将中心管管径由ϕ350mm扩大为ϕ500mm，中心管开孔结构作相应变化，开孔率调整为0.0164，其余结构不动，布气均匀度可提高到96%，达到了设计要求；四反为新增设备，通过软件优化得到设备结构。

可见，通过软件的模拟计算，避免了设计中的盲目性，清除了可能存在的不合理设计而导致损失的隐患。

软件所需输入数据见表8-4，软件运行结果见表8-5。

利用径向反应器CAD软件进行设计时应注意以下几点：

(1) 软件计算临界速度是根据平均速度考虑的，而最大速度与平均速度之间存在差异。在实际设计时应考虑安全系数。

(2) 所计算反应器的压降范围是0.006~0.011MPa。在用该CAD软件进行设计时也应酌情考虑安全系数。考虑结焦问题，4反的安全系数应略大一些。

表8-4 输入数据表

项目	R-2	R-3(原结构)	R-3(新结构)	R-4
中心管开孔段长度(Hi_2)/m	2.501	3.9	4.15	4.248
扇形筒开孔段长度(Hif_2)/m	2.551	4.25	4.25	4.263
反应器内径(Rad)/m	1.4	1.6	1.6	2.2
中心管内径(Dmzh)/m	0.35	0.35	0.5	0.5
扇形筒截面积(AreaS)/m^2	0.2155	0.2289	0.2289	0.2953
中心管开孔段厚度(DeltZ)/m	0.006	0.006	0.006	0.006
扇形筒壁厚(Delts)/m	0.0012	0.0012	0.0012	0.0012
中心管开孔率(Phiz)	0.0204	0.0161	0.0164	0.0193
中心管开孔直径(HoleZ)/m	0.006	0.006	0.006	0.006
扇形筒开孔率(Phis)	0.239	0.239	0.239	0.239
扇形筒开孔直径(HoleS)/m	0.004	0.004	0.004	0.004
反应气体积流率(Qgas)/(m^3/s)	1.76	4.08	4.08	4.35
反应气密度(RhoG)/(kg/m^3)	7.59	4.0	4.0	3.76
反应气黏度(VisG)/Pa·s	0.0194	0.0207	0.0207	0.0207

表8－5　运行结果

反应器	反应器内径/mm	入口流量/(m^3/h)	临界流量/(m^3/h)	均匀度	总压降/MPa
R－2	1400	6336	13827	0.924	0.011
R－3	1600	14688	35098	0.960	0.009
R－4	2200	15660	50286	0.945	0.009
R－3（原结构）	1600	14688	35098	0.860	0.020

反应器中心管的开孔率越低，其布气均匀度越高，同时压降也相应增大，设计时应结合均匀度和压降考虑开孔率。

(3) 从软件计算结果来看，中心管占反应器截面积的比例越大，反应器的性能越好（见表8－4与表8－5），但设计中必须结合反应器的强度、经济性等综合考虑。

(4) 比较临界流量与操作流量，大部分的临界流量比操作流量大30%以上，只有两台反应器的比值小于30%。尤其四反的比值更大，大于80%。实际设计中应考虑这个安全量。同时应考虑反应器中最大速度与平均速度的关系，才能设计出合理可行的反应器。设计计算所得的临界流量与操作流量之比必须大于中心管最大过孔速度与中心管平均过孔速度之比，以确保反应器不产生“贴壁”或“空穴”现象。

(5) 反应器主流道和催化剂床层截面积之间存在一个最佳分配比例，可使反应器性能达到最佳。软件根据此原理设制了优化设计功能，这个功能对新设计反应器尤其重要，通过该功能可缩短工程设计周期，快捷地找到特定工况下合理的反应器结构。结合反应器的强度设计可得到满意的设计结果。

二、计算流体力学商业软件

计算流体力学(CFD)软件通过将流体力学基本方程离散化，密集计算的手段来仿真实际的流动现象，克服了理论上求解非线性偏微分方程的障碍和经验公式、实验的局限，可以预测流体的行为。利用它可直接模拟径向反应器内流场实际情况，准确描述流体流动的细节、预测流体产品的整体性能。

以某炼油厂的一台扇形筒结构径向反应器为例，用商业CFD软件进行模拟，研究该流体力学软件在径向反应器设计工作中的作用。反应器重要结构尺寸和工艺参数见表8－6。

表8－6　结构尺寸和工艺参数

项　目	数　据
结构尺寸	
反应器(内径×切线高)/mm	2400×7985
中心管：(内径×开孔段高)/mm	1020×6325
孔径/mm	6
扇形筒：截面积/(m^2/个)	0.02
开孔段高/mm	5985
工艺参数	
密度(入口/出口)/(kg/m^3)	1.845/1.762
黏度(入口/出口)/mPa·s	0.0194/0.0181
流量/(kg/h)	89777
催化剂GCR－10的性质	
粒径/mm	1.2～2.0
堆密度/(kg/m^3)	560
颗粒密度/(kg/m^3)	1.15

建立模型时，采用结构化网格，考虑到网格处理上的特点，在不影响计算精度和研究目的的前提下，对反应器进行以下的合理简化：

不考虑封头形状的影响；不考虑扇形筒壁厚的影响；忽略催化剂流动速度；中心管开孔当量成环缝；扇形筒等面积当量成圆环。

由于重整径向反应器具有周期对称的特点，为简化计算，在建模时只取包含一个扇形筒的扇形结构进行计算，然后做周期对称得到所需要的结果。

催化剂床层中流体流动的理论计算采用多孔介质模型，在多孔介质区域流动的模型是对纳维斯托克方程和通常应用于多孔区域流动的达西定律的推广。流体流动模型采用 $k-\varepsilon$ 湍动模型，壁面的处理：用薄壁方法，无滑移、光滑壁面。

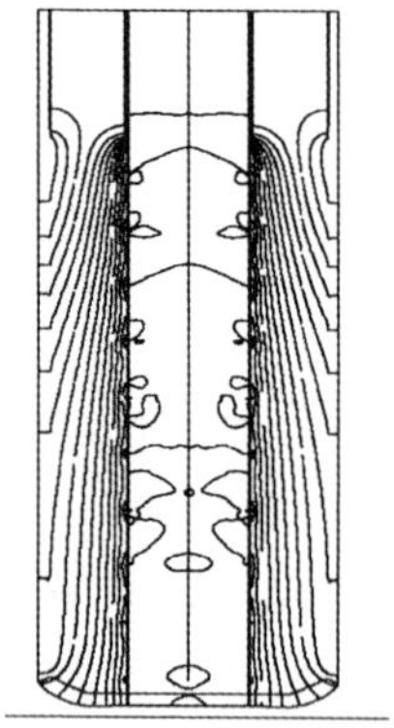

图 8－23　压力等值线图

压力场模拟结果如图 8－23 所示，由图中可以看出，压力梯度最大的位置在催化剂床层，而且在催化剂床层中不存在局部低压区。在中心管中、中心管开孔附近有局部低压区，形成多处小旋涡。

反应器轴向截面的速度矢量图(图 8－24)表明，气体经由扇形筒分配进入催化剂床层中，在催化剂床层中近似于平推流形式流动，速度大小基本一致，然后经由中心管开孔进入中心管中。气体过孔后形成明显的受制射流形状，在中心管及管的开孔附近的多个局部低压区形成旋涡。仍有部分气体通过催化剂顶部床层串入反应器上部无催化剂的空腔内，但是速度极小、量也极少。

反应器横截面流线视图(图 8－25)中浅灰色部分为扇形筒，黑色为工艺物流流动的迹线。迹线的疏密表示流动的趋势。从图中可以看出，扇形筒间不存在大的周向流动。

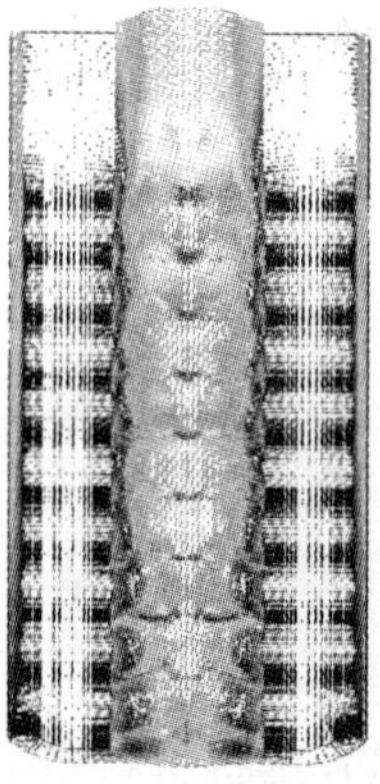

图 8－24　速度矢量图

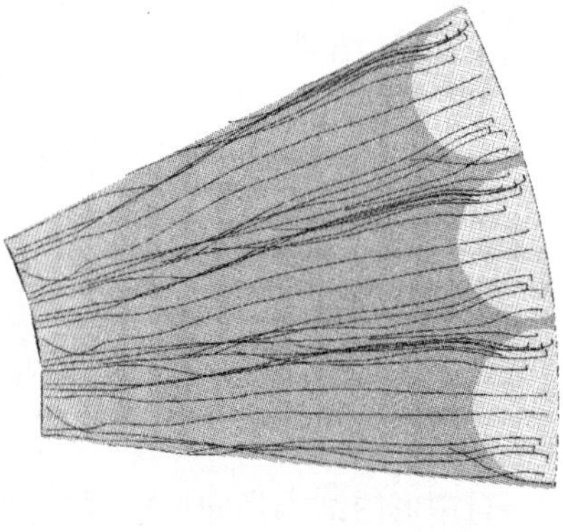

图 8－25　反应器横截面流线视图

从模拟结果可知 CFD 模拟软件能够解决径向反应器设计中的细部问题：

(1) 能够观察到扇形筒周围的气流分布情况，确定扇形筒结构及摆放位置的合理性；

(2) 清晰地观察到催化剂料层上部三角形空间(无催化剂部位)内是否有工艺气流的流入，从而可以合理设计催化剂堆积高度与中心管、扇形筒开孔的关系，避免气体透过催化剂进入到上部空间，造成结焦；

(3) 通过不同方案的比较，可以指导解决约翰逊网与中心管的位置关系，以使气体压力平衡达到最佳。

三、结　　论

两个软件互相弥补对方的不足、取长补短。工程设计人员配合使用两个软件可清楚、直观地看到反应器中流场的真实分布情况，可以准确预测流体产品的整体性质，避免了可能出现的设计失误，使所设计的反应器结构更具体、更可靠。对提高工程设计水平、节约投资，有着重要的作用。通过多项工程的设计和工程应用实践，可总结得到如下几点结论：

（1）径向反应器设计软件(Flotu - Mbed1.0)能够确定(解决)扇形筒截面积及开孔率、中心管结构尺寸(包括中心管尺寸、开孔高度和开孔率)、反应器内径及切线高和反应器底部封头结构。满足工艺设计、优化的基本要求，应用方便、迅速。

（2）径向反应器设计软件(Flotu - Mbed1.0)无法检查催化剂顶部有无工艺气流窜入或滞留、无法确定约翰逊网与中心管的相对位置是否合理，以及无法确定扇形筒结构及相对摆放位置的合理性。

（3）商业 CFD 模拟软件恰好弥补了径向反应器 CAD 软件的不足之处，能够解决径向反应器设计中的细部问题。只是应用起来比较繁琐。

（4）实际设计工作中，最好先用径向反应器设计软件(Flotu - Mbed1.0)进行结构设计，如果时间允许，再用 CFD 模拟软件检查反应器细节的合理性。

参 考 文 献

[1] Acrivos A, B D Babcock, R L Pigford. Flow distribution in manifolds[J]. Chem Eng Sci, 1959(10): 112 ~ 124

[2] Doyle F J, R Jackson , J C Ginestra. The Phenomenon of pinning in an annular moving bed reactor with crossflow of gas[J]. Chem Eng Sci, 1986(41): 1485 ~ 1495

[3] Genkin V S, V V Dil'man , S P Sergeev. The distribution of a gas stream over the height of a catalyst bed in a radial contact apparatus[J]. Int Chem Eng, 1973(13): 24 ~ 28

[4] Ginestra J C, R Jackson. Pinning of a bed of particles in a vertical channel by a crossflow of gas. Ind[J]. Eng Chem Fundam, 1985(24): 121 ~ 128

[5] Greskovich E J, J T O'bara. Perforated - pipe distributors[J]. IEC Proc Des & Dev, 1968(7): 593 ~ 595

[6] Pilcher K A, J Bridgwater. Pinning in a rectangular moving bed reactor with gas cross - flow[J]. Chem Eng Sci, 1990(45): 2535 ~ 2542

[7] Ponzi P R, L A Kaye. Effect of flow Maldistribution on Conversion and Selectivity in Radial Flow Fixed - Bed Reactors[J]. AIChE J, 1979(25): 100 ~ 108

[8] Song X, Z Wang, Y Jin, et al. Investigations on hydrodynamics of radial flow moving bed recators[J]. Chem Eng Technol, 1993 (16): 383 ~ 388

[9] Song X, Y Jin, Z Yu. Influence of outward radial gas flow on particle movement in an annular moving bed [J]. Powder Technology, 1994 , 79 (3): 249 ~ 256

[10] Suter D, A Bartroli, F Schneider, D W T Rippin, E J Newson. Radial flow reactor optimization for highly exothermic selective oxidation reactions[J]. Chem Eng Sci, 1990(45): 2169 ~ 2176

[11] 胡德铭，钱培良，李小娟. 国外催化重整工艺的主要进展[J]. 催化重整通讯，1996(1)：1 ~ 13

[12] 胡德铭，应江宁，曹坚. 法国石油研究院(IFP)芳烃生产[J]. 催化重整通讯，1997(2)：1 ~ 10

[13] 胡庆元，景山，王金福，金涌. 粗颗粒在负压差漏斗 - 立管系统悬料区特性[J]. 高校化学工程学报，2000，14 (3)：251 ~ 257

[14] 冀琳. 连续重整与半再生式重整选择之讨论[J]. 石油炼制与化工，1997 (9)：32 ~ 35

[15] 金 涌，俞芷青，孙竹范，彭秉璞. 流化床多管式气流分布器的研究[J]. 化工学报，1984 (3)：203 ~ 213

[16] 景山，胡庆元，王金福，金涌. 漏斗 - 立管系统悬料区的压降计算方法[J]. 高校化学工程学报，

2000，14 (4)：.320 ~ 323
[17] 景山，蒋攀亮，胡庆元，王金福，金涌．垂直稀相气力输送压降特征实验[J]，过程工程学报，2001，1 (1)：26 ~ 29
[18] 梁克民，冯辉．催化重整反应器的模拟与分析[J]．石油化工，1996 (25)：183 ~ 188
[19] 宋续祺，汪展文，金 涌．移动床径向反应器中流体力学行为的研究[J]．化工学报，1992 (3)：268 ~ 292
[20] 宋续祺，移动床径向反应器中气固两相流体力学行为的研究[D]．清华大学博士学位论文．北京：1993
[21] 宋续祺，金涌，龚美珊．移动床径向反应器的催化剂颗粒层中的应力分布和贴壁现象产生的条件[J]．高校化学工程学报，1993，7 (4)：352 ~ 356
[22] 宋续祺，金涌，俞芷清，汪展文．移动床径向反应器中气体离心流动对颗粒移动状况的影响[J]．化工学报，1993 (4) ：433 ~ 441
[23] 王金福，杜晓华，金涌，俞芷青．重整径向反应器布气系统的流体力学行为及其优化设计[J]．石油炼制与化工，1997(4)：47 ~ 53
[24] 王金福，汪展文，金涌，俞芷青．重整径向反应器变况流动布气系统模拟[J]．石油化工，1997 (9)：598 ~ 605
[25] 王金福，景山，王铁峰，金涌，马燮琦，高莉萍．径向移动床反应器流场特性及其数学模拟[J]．高校化学工程学报，1999，13 (5)：.435 ~ 441
[26] 徐懋生．径向流动反应器数学模拟[J]．华东化工学院学报，1987 (6)：737 ~ 741
[27] 袁忠勋．半再生催化重整装置工艺流程及设备的改进与探讨[J]．石油炼制与化工，1995，26 (4)：12 ~ 16
[28] 张士瑞，高海珊．IFP 连续重整技术的最新进展[J]．石油化工动态，1999 (5) ：32 ~ 34
[29] 张成芳，朱子彬，徐懋生等．径向反应器流体均布设计的研究[J]．化工学报，1979 (1) ：67 ~ 87
[30] 张成芳，朱子彬，徐懋生，朱炳辰．径向反应器流体均布设计的研究(I)[J]．化学工程，1980 (1)：98 ~ 112
[31] 张成芳，朱子彬，徐懋生，朱炳辰．径向反应器流体均布设计的研究(II)[J]．化学工程，1980 (2)：82 ~ 89
[32] 赵志海，刘耀芳．UOP 连续重整技术的演化[J]．石油化工动态，2000 (2)：35 ~ 40
[33] 朱子彬，张成芳，徐懋生．动量交换型径向反应器流体均布设计参数[J]．化学工程，1983 (5) ：46 ~ 56
[34] 高莉萍．径向反应器设计软件在工业上的应用[J]．石油炼制与化工，2002(1)：59 ~ 63
[35] 高莉萍．径向反应器的设计方法[J]．石油炼制与化工，2002 年增刊：62 ~ 65

第九章　连续重整催化剂循环系统

连续重整技术已成为石化领域催化重整过程的主流技术。与固定床半再生及循环再生重整工艺相比，催化剂连续再生重整技术具有明显优势，但连续工艺的实现是以配套稳定可靠的催化剂循环系统为前提的。在工业实践中，连续重整过程的催化剂循环均采用气力输送技术。

连续重整过程催化剂再生循环工艺以 UOP - CCR 和 IFP - CCR 催化剂循环流程最为典型，我国目前正在运转的连续重整装置均采用这两种催化剂循环流程。UOP 和 IFP 两种催化剂循环工艺的主要相同之处在于两者均采用气力提升技术，而不同之处主要体现在催化剂循环系统的整体布局、调节循环系统压力匹配的闭锁方案、提升器结构、循环量控制方案等方面。

UOP 连续重整技术自投入运行以来，其工艺虽几经改进及演变，但催化剂再生循环流程基本保持原有方式。由于 UOP 一直采取反应器上下叠置排列的设计方案，使反应再生体系只需要两套气力提升装置即可实现重整催化剂的闭路循环。UOP 催化剂再生循环的简要流程如图 9 - 1所示，新鲜催化剂依靠重力缓慢顺序向下移动，流出反应器的积炭失活待生催化剂经锁气罐脱气后进入 2 号提升器。然后，待生催化剂通过气力提升输送至催化剂再生系统，待生催化剂首先经烧炭和氯化处理，然后进行还原和干燥，之后经闭锁料斗进入 1 号提升器，再生恢复活性的催化剂通过气力提升输送至第一反应器。

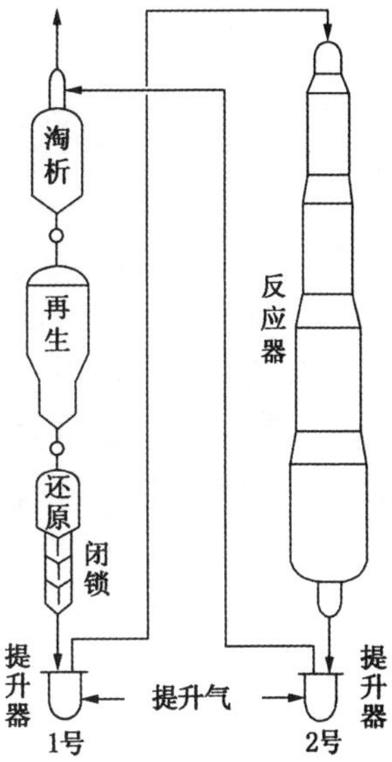

图 9 - 1　UOP 催化剂再生循环流程

另一类典型的连续重整工艺是法国 IFP 连续重整技术，其技术特点是四级反应器并列布置。催化剂再生循环系统与 UOP 工艺一样，也采用气力输送技术，IFP 工艺的催化剂再生循环流程如图 9 - 2 所示。

与 UOP 连续重整技术的发展过程类似，IFP 连续重整技术也一直处于改进、完善和变革之中。早期 IFP 连续重整工艺，提升气全部采用氢气，催化剂再生为分批式间歇过程，因此在再生器底部设有一个较大的积聚待生催化剂的缓冲罐。催化剂的循环是由计算机根据程序控制，催化剂提升过程往往也是不连续的。IFP 新的连续重整技术对催化剂再生循环系统作了较大的改进，再生反应器采用移动床实现了连续操作，催化剂的还原室移到一反顶部；在反应器之间用重整所产生的部分氢气作为提升气体，而在反应器与再生器之间改用氮气作为提升气体。改进后催化剂循环流程基本如图 9 - 2 所示。

IFP 连续重整催化剂循环系统没有采用 UOP 技术的闭锁料斗装置，而是采用锁料和锁气组合机械阀技术实现锁压和对催化剂循环过程的控制。

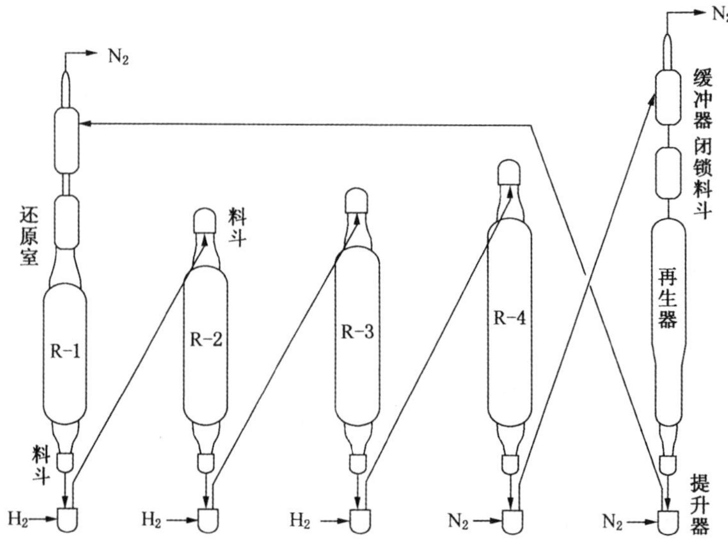

图 9-2 IFP 催化剂再生循环流程简图

第一节 气力输送技术和物料性质

气力输送是借助空气或其他气体在管道内的流动来输送干燥的散状固体粒子或颗粒物料的输送方法。空气流动常称为风，因而气力输送又称为风力输送，并简称为风送或风运。在气力输送管道中，混合介质是输送气体和粉粒物料，因而属于气固两相流。所以气力输送理论，主要是研究气固两相流的基本规律。管道内气体的流动直接给管内物料粒子提供移动所需能量，管内气体的流动则由管道两端的压力差来推动。

气力输送是自 19 世纪后半叶随着近代工业技术的发展而形成的一种科学技术。1883 年在俄国彼得堡港出现了第一台用来卸船仓散装粮食的气力吸粮机。1893 年英国也出现了固定式吸粮机。后来世界各地港口广泛采用气力输送装置来卸运粮食。自 19 世纪 Stuteveant 证明了固体颗粒可在空气气流中有控制的输送以后，气力输送技术逐渐得到开发。二战后，由于流态化技术的迅速发展，在工业中使用气力输送颗粒物料已成为普遍的方法。同时，在气力输送理论方面，也展开了大量的研究。近些年来，气力输送发展迅速，在粮食、水泥、粉煤灰、化工原料、面粉、型砂等各工业部门，得到广泛的应用。随着输送距离的增长，又发展了压送式气力输送装置。我国铸造部门最早采用气力输送的是长春汽车制造厂。1959 年我国进行了热气流烘砂的工艺实验，取得一定成果，1966 年又实验成功涡流式压送装置。在水泥和粉煤灰的输送方面，已广泛采用仓式泵进行远距离(达 2000m 以上)输送。

在石油化工领域，气力输送广泛应用于石化催化剂的制备过程和掺混过程、石化反应体系的催化剂装卸过程、连续重整工艺的催化剂循环过程等。气力输送原理和大量应用实践都充分证明，气力输送具有输送效率高、设备构造简单、维护方便且易于实现自动化，以及有利于环境保护等优点，是大规模工业生产过程应该优先考虑的固体散料输运方式。

尤其在石油化工领域的应用中，采用气力输送可将固体物料的输送过程与工艺流程相结合，从而减少工艺环节和设备，这样不仅可大幅度提高劳动生产率和降低生产成本，而且可保障生产过程安全和改善生产环境。

一、气力输送的优点

气力输送应用于连续重整过程的催化剂再生循环，主要体现出以下优点：

(1) 输送管道能够灵活地根据需要配置，从而使主要设备的平立面布置和整个生产工艺流程趋于紧凑合理；

(2) 输送系统完全密闭，系统压力可根据工艺需要任意调节，无粉尘逸出污染生产环境；

(3) 设备简单，占地面积小，可充分利用空间，设备投资省和维修简单；

(4) 运动部件少，维修保养方便，易于实现自动化；

(5) 输送物料不受气候和管路外部环境的影响，免受污损和混入有害杂质，保证催化反应工艺的要求；

(6) 输送管路易于与反应器及再生器等设备连接，易于实现系统压力、温度等工艺条件的匹配；

(7) 对于特殊的化学稳定性要求，可以采用比较稳定的气体作输送气。

然而，气力输送与其他机械方式相比，其动力消耗较大。此外，在气力输送过程中存在的管道磨损和输送物料的破碎及粉化问题也是在设计和应用中需引起注意的问题。

在气力输送系统的设计及操作过程中，需要考察的主要技术参数包括固体物料的输送能力、输送过程的耗气量、混合比、沿程压损等。合理确定气力输送过程的设计参数和操作条件，直接关系到输送过程的输送能力、能耗及对管道和被输送物料的磨损程度。

连续重整过程的催化剂循环系统所涉及的物料主要为输送气、催化剂颗粒和由它们组成的气固混合物。熟悉和了解相关物料的性质，对设计催化剂循环系统和实现其优化操作均非常重要。

二、输送气体的性质

连续重整过程催化剂循环系统一般采用氢气或氮气作气力输送的输送载体，表 9－1 给出了常况下空气、氢气和氮气的主要物理性质。不同于固态或液态物质，气体是可压缩的，其体积随着温度和压力的变化而膨胀或收缩。由于连续重整过程催化剂循环系统的压力并不高，因而输送气的状态可近似用理想气体状态方程描述。

表 9－1　空气、氢气和氮气的主要物理性质

名　称	分子式	密度 ρ(0℃，101.3kPa)/(kg/m^3)	比热容 c_p/[kJ/(kg·℃)]	黏度 μ/mPa·s	临界点		导热系数 λ/W/(m·℃)
					温度 T_c/℃	压力 p_c/kPa	
空　气		1.293	1.009	0.0173	－140.7	3768.4	0.0244
氢　气	H_2	0.0899	10.13	0.00842	－239.9	1296.6	0.163
氮　气	N_2	1.251	0.745	0.0170	－147.13	3392.5	0.0228

(一)理想气体状态方程

在波义尔(Boyle)、查理(Charle)和盖吕萨克(Gay-Lussac)所发现的理想气体行为规律的基础上，人们归纳出各种低压气体均服从同一个状态方程：

$$pV = nRT \tag{9-1}$$

式中 p, V, T——气体的压力(Pa)、体积(m^3)和温度(K)；

n——气体物质的量，mol；

R——气体常数，J/(mol·K)，数值为8.314。

理想气体状态方程忽略了气体分子之间的相互引力和气体分子所占的空间体积，因而气体的压力越低就越符合理想状态方程。当气体处于高压时，需对理想状态方程进行校正。根据理想气体状态方程处理物理化学问题时所导出的关系式，只要适当的加以修正即可应用于实际气体。因此，理想气体状态方程非常有用，用它可以进行许多低压下气体的计算。除了用其计算气体p, V, T, n之间的相互关系之外，还能用以求算气体的密度、相对分子质量等。

(二)输送气的密度

根据理想气体状态方程式，可以推导出输送气的密度关系式：

$$\rho = \frac{m}{V} = \frac{pM}{RT} \tag{9-2}$$

式中 ρ——气体密度，kg/m^3；

m——气体质量，kg；

M——输送气平均摩尔质量，kg/mol。

例如，常况下(0℃，101.3kPa)氢气和氮气的密度可根据式(9-2)计算得到：

$$\rho_{H_2} = \frac{pM}{RT} = \frac{101.3\times10^3\times2\times10^{-3}}{8.314\times273.1} = 0.089(kg/m^3)$$

$$\rho_{N_2} = \frac{pM}{RT} = \frac{101.3\times10^3\times28\times10^{-3}}{8.314\times273.1} = 1.249(kg/m^3)$$

(三)输送气状态变化过程

如输送气符合理想气体的行为规律，则在输送管线内输送气随流动的状态变化可根据理想气体状态方程及热力学规律进行预测。由于输送气在管线内的流动需要压差作驱动力，因此输送气状态不存在等压及恒容变化过程。因而，在此仅讨论等温及绝热变化过程。

1. 等温变化过程

当气力输送系统与环境保持很好的热交换时，输送气在流动过程中可实现恒温。这时，由于$pV=nRT=$常数，不同状态下输送气的体积与压力成反比，即$V_2/V_1=p_1/p_2$。在等温条件下，输送气从环境吸收热补充能量而对系统做膨胀功w，其数值为：

$$w = \int_{V_1}^{V_2} p\mathrm{d}V = nRT\ln\frac{V_2}{V_1} \tag{9-3}$$

2. 绝热变化过程

如果输送系统具有很好的保温措施而与环境隔热，则系统内输送气的变化为绝热过程。当忽略系统的机械功时，则在绝热过程中系统只能消耗内能来做膨胀功，即：

$$dU = -pdV \tag{9-4}$$

考虑内能变化可由等容热容 C_V 与温度变化的积表示，则式(9－4)又可写成：

$$nC_{V,m}dT = -\frac{nRT}{V}dV \tag{9-5}$$

根据热力学推导证明，等压热容与等容热容的差值应等于气体常数的数值，从而式(9－5)变为：

$$d\ln T = \frac{C_{V,m} - C_{p,m}}{C_{V,m}}d\ln V \tag{9-6}$$

为了书写方便，定义热容比 $C_{V,m}/C_{p,m} = \gamma$ 并在两状态之间积分上式，可得：

$$\frac{T_2}{T_1} = \left(\frac{V_1}{V_2}\right)^{\gamma-1} = \left(\frac{p_2}{p_1}\right)^{(\gamma-1)\gamma} \tag{9-7}$$

式(9－7)是在绝热过程中，气体从状态 1 变化到状态 2 其状态变量所应满足的关系方程式。理想气体在绝热过程中所做的膨胀功由下式给出：

$$w = \int_{V_1}^{V_2} -pdV = \frac{1}{\gamma - 1}(p_2V_2 - p_1V_1) \tag{9-8}$$

（四）管道内气体的流动

管道内气体的流动状态可分为层流和湍流，在一定条件下的流动状态可根据雷诺准数 *Re* 判断。一般情况下，当 $Re < 2300$ 时的流动为层流，而 $Re > 2300$ 时为湍流。如管道为 50mm，在常温常压条件下，$Re = 2300$ 时所对应的空气速度约为 0.7m/s。在气力输送系统中，输送气速均大于该临界值，因而均属湍流。

图 9－3 为管道内气体流动速度分布示意图。层流时，在管壁处的流速为零，管中心处流速最大，从中心至管壁流速呈抛物线分布；而气体处于湍流状态时，气流处于剧烈扰动中，其时均速度径向分布比层流时均匀。层流时的速度分布曲线可用抛物线函数描述，湍流时的速度分布至今尚无理论表达式，可采用以下经验式近似描述：

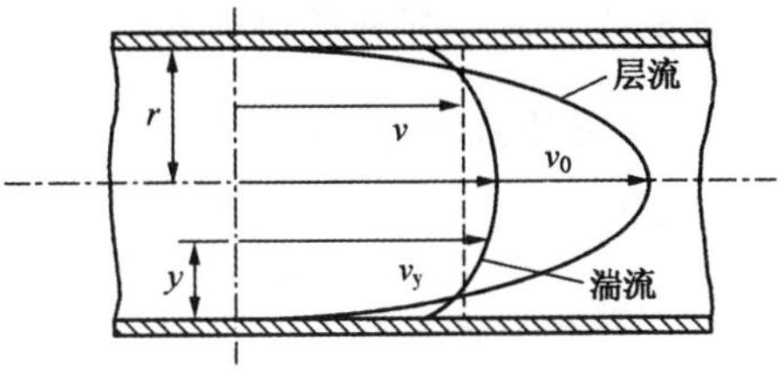

图 9－3　管道内气体速度分布

$$\left.\begin{aligned} \frac{v_y}{v_0} &= \left(\frac{y}{r}\right)^{1/7} \\ \frac{v}{v_0} &= 0.80 \sim 0.82 \end{aligned}\right\} \tag{9-9}$$

式中　v_0——管中心处最大气流速度，m/s；

y——离管壁的距离，m；

v_y——离管壁距离为 y 处的气流速度，m/s；

v——管内平均气流速度，m/s；

r——管道半径，m。

气固两相流是典型的非线性系统，气固两相流体力学是科学界的前沿研究课题，至今尚无真正的突破。因而，还没有办法对气固两相流作出科学定量的数学描述，人们只能依靠实验数据来进行工程设计和生产操作。

三、颗粒物料的性质

在气力输送的气固两相流中，颗粒物料的性质对两相流动状态、机理和输送参数均有很大影响。因此在介绍气力输送原理之前，先了解颗粒物料的性质。与气力输送过程直接相关的性质主要包括：

几何空间性质——粒径、空隙率、形状系数；

静力学性质——摩擦角、静压分布、黏附性；

动力学性质——流动性、终端速度等。

（一）密度和空隙率

颗粒物料的密度分为真实密度和堆积密度，分别用符号 ρ_s 和 ρ_b 表示。真实密度是指单位颗粒体积的物料质量，也即 ρ_s = 颗粒质量 m/颗粒体积 V。堆积密度是指颗粒物料在松散堆积状态下，单位堆积体积物料所具有的质量。如定义空隙率 ε 为固体颗粒之间的空隙体积与物料堆放体积之比，则真实密度与堆积密度之间存在如下关系：

$$\rho_b = (1 - \varepsilon)\rho_s \tag{9-10}$$

堆积密度和空隙率均为反映颗粒物料堆积紧密程度的参数，它们直接与颗粒的形状、粒度大小及其分布有关。颗粒物料的规则形状为球形，其他形状不规则的颗粒物料可用球形度来表示颗粒的规则程度。最早的球形度定义是由 Wadell 提出的，定义为和实际颗粒体积相等的球体的表面积 S_s 与颗粒的表面积 S_p 的比值：

$$\psi = S_s/S_p \tag{9-11}$$

球形度越小，表示颗粒的形状越不规则，而其堆积空隙率越大。

（二）粒度及粒度分布

颗粒状物质的最基本几何参数是粒度，它表示了颗粒的大小。对单一的球状颗粒，其直径大小就是粒度值，因此有时粒度也称为粒径。在使用上粒度和粒径具有相同的含义。除了粒度，粒度分布也是颗粒物料的一个重要参数。

经常使用沉降法测量细粉颗粒的粒径。沉降法是利用斯托克斯沉降原理来测定形状不规则颗粒的当量球径，其原理是根据颗粒的沉降速度计算得到颗粒的有效粒径：

$$d_e = \sqrt[3]{\frac{18\mu u_t}{\rho_s - \rho}} \tag{9-12}$$

式中 u_t——颗粒的沉降速度，m/s；

ρ，μ——液相密度和黏度，kg/m^3 和 Pa · s。

一般情况下，颗粒体系是由不同粒径的颗粒所组成。为了表述颗粒的粒度分布情况，通常采用给出颗粒体系中各粒度范围的质量占颗粒总质量的分率的方法。利用各种粒度分析方法均可得到颗粒粒度分布数据，由此可绘制出如图 9－4 所示的颗粒系统的粒度分布曲线。图9－4(a)为粒径的频率分布曲线，而图9－4(b)为累计粒径分布曲线。根据图中曲线数据可计算得到颗粒体系的众数径、中位径等各种平均粒径用以描述颗粒体系的粒度特征。表9－2中列出了工程中常用的平均粒径的定义及其计算方法。

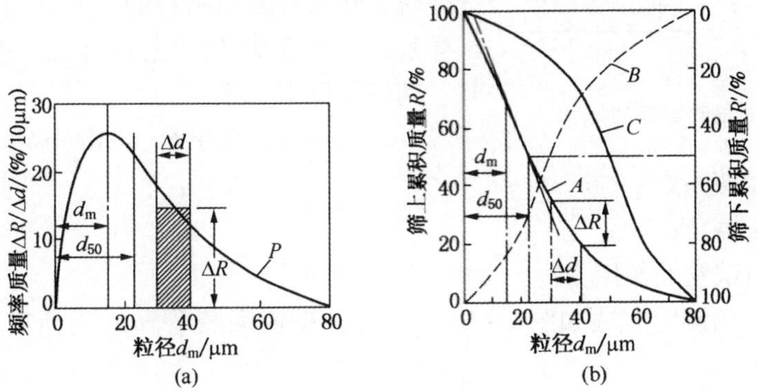

图9－4　粒度分布曲线

表9－2　颗粒体系平均粒径的定义及计算方法

名　称	计算公式	物理意义	适用领域
算术平均径	$d_1=\sum n_i d_i/\sum n_i$	各粒径的算术平均值	
几何平均径	$d_2=(d_1', d'_2, \cdots, d'_n)^{1/n}$	n个粒径乘积的n次方	
调合平均径	$d_3=\sum n/\sum(n_i/d_i)$	各粒径的调合平均值	
面积长度径	$d_4=\sum n_i d_i^2/\sum n_i d_i$	表面积总和除以直径总和	吸附
体面积平均径	$d_5=\sum n_i d_i^3/\sum n_i d_i^2$	全部颗粒的体积除以总面积	移动、反应、流动阻力
质量平均径	$d_6=\sum n_i d_i^4/\sum n_i d_i^3$	重量矩体积平均值	气力输送、燃烧、平衡
中位径	d_{50}	粒径分布累计值为50%所对应的粒径	分离、分级装置性能
众数径	d_m	粒径分布中频率最高的粒径	

(三)休止角和摩擦角

颗粒物料在流动和输送时要产生位移，因此颗粒之间、颗粒与管壁之间均存在摩擦作用。该摩擦作用，尤其是颗粒间的凝聚作用及颗粒与管壁之间的附着作用，决定了颗粒物料的流动性。表示颗粒物料静止及运动力学特性的重要物料参数之一是颗粒的各种摩擦角，如休止角、内摩擦角、壁摩擦角等。

颗粒物料堆积层的自由表面在静止平衡状态下，与水平面形成的最大夹角称为休止角ϕ_T。休止角根据测量方法不同分为注入角和排出角两种形式，前者通过在某一高度下将粉体颗粒注入到一无限大的平板上所形成；而后者是将粉体颗粒注入到某一有限直径的圆板上，当颗粒堆积到圆板边缘并由边缘排出时所形成的休止角，如图9－5所示。一般来讲，粒度分布均匀的颗粒所形成的两种休止角基本相同，而对于粒度分布宽的物料，排出角大于注入角。

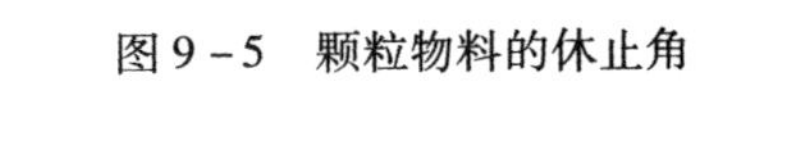

图9－5　颗粒物料的休止角

摩擦角分为内摩擦角和壁摩擦角，前者表示颗粒

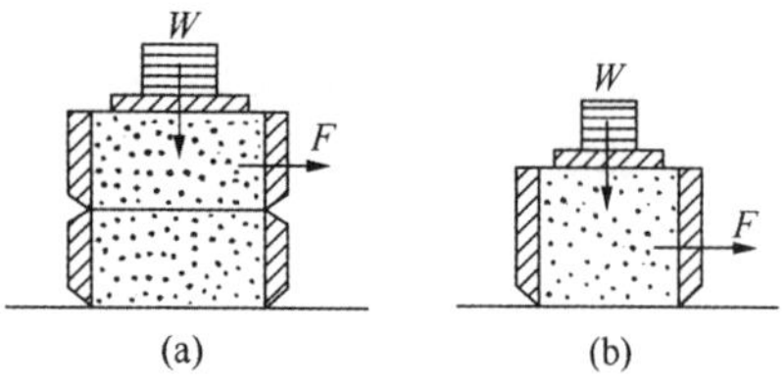

图 9-6 摩擦角测定剪切试验

内部之间的摩擦特性，后者表示颗粒与器壁之间的摩擦特性，摩擦角的正切值即为摩擦系数。内摩擦角和壁摩擦角的测量通过如图 9-6 所示的剪切试验得到。试验时，在试样盒中物料的上方加一荷重 W，固定下试样盒，加水平力 F 于上试样盒，当发生剪切移动时，则满足以下关系：

$$F = f_i W + F_0 = W\tan\phi_i + F_0 \qquad (9-13)$$

式中 f_i——内摩擦系数；

ϕ_i——内摩擦角；

F_0——空白试验的作用力。

壁摩擦角 ϕ_w 的测定方法如图 9-6(b) 所示。壁面摩擦系数 f_w 为所有水平力与全部法向力之比，即

$$f_w = \frac{F}{W + W_s + W_0} \qquad (9-14)$$

式中 W_s——颗粒重量；

W_0——环垫重量。

所以

$$\phi_w = \tan^{-1} f_w \qquad (9-15)$$

在设计颗粒物料储罐和气力输送装置时，壁摩擦角 ϕ_w 是很重要的物料参数，应尽量安排实验测量其确切数值。

(四) 粉体流动及静压分布

大多数气力输送装置，其输送物料均由料罐储存和发送，因而颗粒物料在料罐内的流动和压力分布，也是不容忽视的一个方面。

如果颗粒物料在料罐内能像液体那样，在不同高度上同时均匀地向下流动，如图 9-7(a) 所示，则称之为整体流。而如图 9-7(b) 所示的只在料罐的中心部分产生漏斗状的局部流动，在周围其他区域的物料停滞不动，此时称为漏斗流。漏斗流减少了料罐的有效空间，流动不稳定，速度不均匀，容易在罐内形成架拱。因此，料罐设计应保证其内部物料的流动为整体流。实现以上设计的关键是要根据颗粒物料的流动性质，主要是摩擦角和黏结性，合理选择料罐的锥顶角。对于自由流动颗粒物料，其向下流动由整体流变为漏斗流时的临界锥顶半角 θ_c' 与壁摩擦角 ϕ_w 具有如下关系：

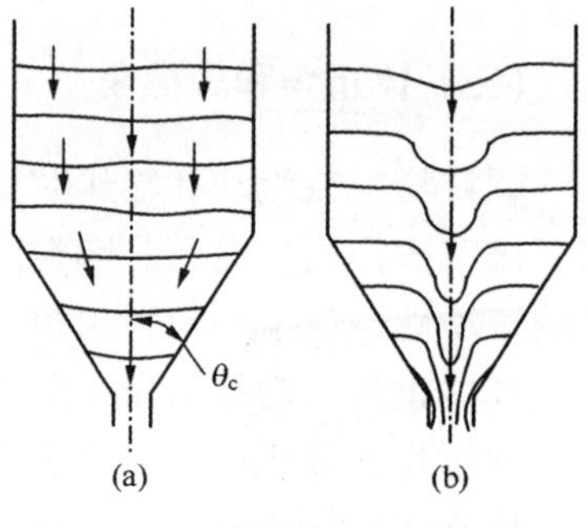

图 9-7 料罐内物料的流动状态

$$\theta_c' = 60\left(1 - \frac{\phi_w}{30}\right)^{2/3} \qquad (9-16)$$

当料罐的锥顶半角 θ_c 小于其临界值 θ_c' 时，物料在料罐内的流动将为整体流，否则就会出现漏斗流。

粉体物料从料罐出口的卸出流动与液体出流具有类似的规律，即其出流速度与 $\sqrt{gD_0}$ 成正比，D_0 为卸料出口直径，而流量则与 $D_0^{2.5}$ 成正比。

颗粒物料在料罐内的压力分布与液体不同，并不随着深度成正比地增加。在图9-8中，设圆筒截面积为 A，周边长为 U，任意深度 h 处颗粒的铅垂压力为 p_V，水平径向的侧压力为 p_r，作用在 dh 颗粒层上的诸力平衡时，则有：

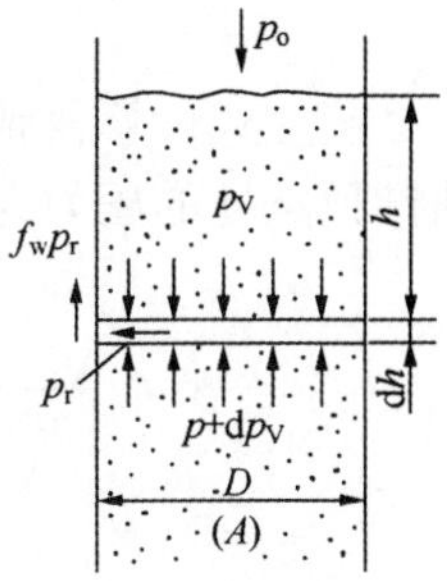

图9-8　颗粒层内的作用力

$$\rho_b A dh = A dp_V + f_w p_r U_d h \tag{9-17}$$

式中　ρ_b——颗粒物料的堆积密度，kg/ m^3；

f_w——粉体的壁摩擦系数。

上式中 p_V 和 p_r 之间的关系为 $p_r = K_p p_V$，式中 K_p 为侧压系数，即

$$K_p = \frac{1 - \sin\phi_i}{1 + \sin\phi_i} \tag{9-18}$$

设水力半径 $r = A/U$，则式(9-17)可写成：

$$dh = \frac{dp_V}{\rho_b - (f_w K_p / r) p_V} \tag{9-19}$$

利用边界条件 $h=0$ 时，$p_V = p_0$，积分式(9-19)得：

$$h = \frac{r}{f_w K_p}\left[\ln\left(\rho_b - \frac{f_w K_p}{r} p_0\right) - \ln\left(\rho_b - \frac{f_w K_p}{r} p_V\right)\right] \tag{9-20}$$

令 $C = f_w K_p / r, p_e = \rho_b / C$，整理上式得：

$$p_V = \frac{1}{C}[\rho_b - e^{-Ch}(\rho_b - Cp_0)] = p_e - (p_e - p_0)e^{-\rho_b h/p_e} \tag{9-21}$$

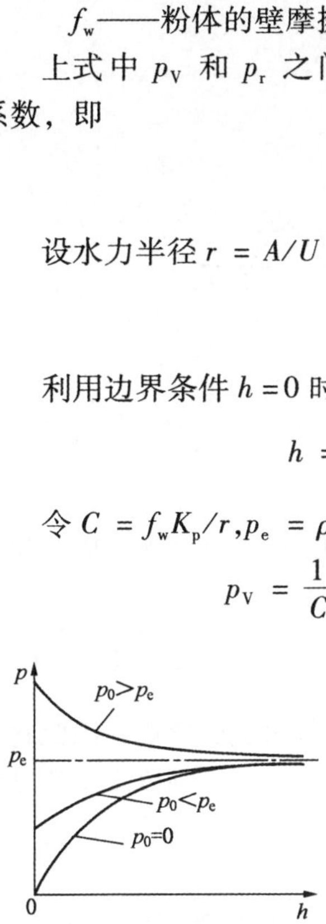

图9-9　直筒料罐内颗粒物料的压力分布

上式等号右边第一项是与深度无关的平衡压力 P_e，但该值与物料堆比重和料罐的水力半径有关。上式可由图9-9中各曲线表示，在各种初始条件(一定的 p_0 或料面对大气开放 $p_0=0$)下，直筒状料罐内，不同深度的粉体压力均以平衡压力 p_e 为其极限值。

锥形料罐中的粉体压力分布可按图9-10所示进行分析说明：取离锥顶距离为 y 处的微小料层 dy，则作用力平衡方程为：

$$A dp_g = A\rho_b dy + U\beta p_g \cos\theta_c \left(\frac{dy}{\cos\theta_c}\right) \tag{9-22}$$

式中　A——锥体截面积，$A = \pi(y\tan\theta_c)^2$，m^2；

U——锥体截面周长，$U = 2\pi y\tan\theta_c$，m；

β——壁面摩擦系数，数值为料层沿壁面方向的支撑力与粉体压力 p_g 之比，即

$$\beta = f_w(K_p\cos^2\theta_c + \sin^2\theta_c)$$

p_g——粉体压力，Pa。

令 $Y = y/H$，并利用边界条件 $Y = 1$ 时 $p_g = 0$，积分式(9-22)得：

$$p_g = \frac{\rho_b H}{\alpha - 1} Y(1 - Y^{\alpha-1}) \qquad (9-23)$$

式中 α——由锥顶半角和壁摩擦系数确定的常数，数值为

$$\alpha = 2\beta C\tan\theta_c = 2f_w C(K_p\cos^2\theta_c + \sin^2\theta_c)\tan\theta_c$$

按上式计算得到的压力分布图绘于图9-10中。由图9-10可以看出，在物料表面和圆锥顶点处的压力为零，而最大粉体压力出现在中间某深度处。

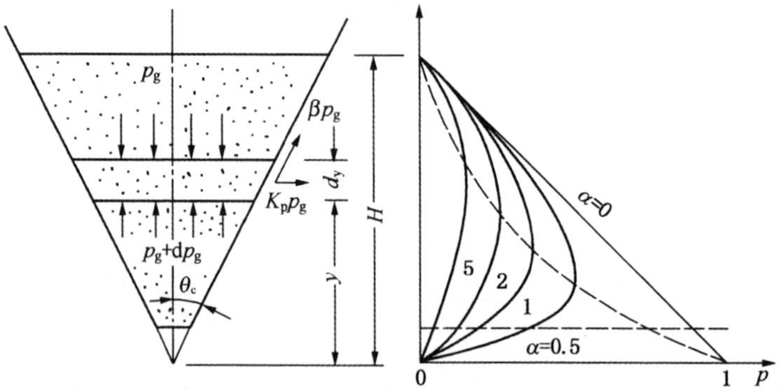

图9-10 锥形料罐内粉体的压力分布

四、气固混合物的性质

气固混合物的物理性质，包括混合物的浓度和密度，对两相流的运动状态、固体颗粒的运动速度以及输送管道内的压力损失，均有很大影响。

(一) 浓度

混合物浓度也称为料气混合比，是指两相流中固体物料量与气体量的比值。因此它可以作为输送量和输送状态的标准，是稀相气力输送的重要参数之一。混合物浓度一般可分为质量浓度、体积浓度和实际浓度三种。

1. 质量浓度

质量浓度 m 也简称为混合比，是指通过输送管道断面的固体物料的质量流量 q_{ms} 与气体质量流量 q_{mg} 之比，即：

$$m = \frac{q_{ms}}{q_{mg}} = \frac{q_{ms}}{\rho_g q_{Vg}} \qquad (9-24)$$

式中 q_{ms}——固体颗粒质量流量，kg/h；

q_{mg}——气体质量流量，kg/h；

q_{Vg}——气体体积流量，m^3/h；

ρ_g——气体密度，kg/m^3。

2. 体积浓度

体积浓度 m_o 是指固体物料的密实体积流量 q_{Vs} 与气体体积流量 q_{Vg} 之比，即：

$$m_o = \frac{q_{Vs}}{q_{Vg}} = \frac{q_{ms}}{q_{mg}}\frac{\rho_g}{\rho_s} = m\frac{\rho_g}{\rho_s} \qquad (9-25)$$

式中　ρ_s——管内物料的真实密度，kg/m^3。

由式(9－25)可知，体积浓度小于质量浓度。不论是质量浓度还是体积浓度，都是根据气体和物料的流量数据计算得到的，因此它不同于输送管内混合物的实际浓度。

在气流输送气固两相流的设计中，通常采用质量浓度作为设计已知参数。选择恰当的质量浓度 m 值是非常重要的。质量浓度 m 越大，越有利于增大输送能力。在规定的生产率条件下，m 值大所需消耗的气体量就小，因而功率消耗也小；同时，气体量小，所需的管道、分离除尘设备也可相应减小，从而节约材料投资。然而，若 m 值过大，则在悬浮状态下输送物料时易产生堵塞，且压力损失也会增大，要求采用高压风机。因而质量浓度 m 的数值受到风机性能、物料的物理性质、输送条件等因素的限制。在设计时应恰当地选择质量浓度 m，最可靠的方法是在实验基础上选择。

3. 实际浓度

实际浓度 m' 是指输送管中单位长度内的固体物料质量与气体质量之比，即：

$$m' = \frac{q_{ms}/v_s}{q_{mg}/v_g} = m\frac{v_g}{v_s} \tag{9-26}$$

式中　v_s——固体颗粒平均速度，m/s；

v_g——气体平均速度，m/s。

从式(9－26)中可以看出，因在气力输送中 $v_g > v_s$，所以 $m' > m$，即实际浓度大于质量浓度。对于细粉料的输送过程，因为颗粒的跟随性较好，可以认为气体速度与颗粒速度相近，从而可用质量浓度代替实际浓度。

（二）密度

气固混合物的密度在气力输送的两相流计算中，也是一个很重要的参数。一般将混合物密度分为流量密度和实际密度两种。

1. 流量密度

流量密度 ρ_m 是指两相流质量流量 q_m 与其体积流量 q_V 之比，即：

$$\rho_m = \frac{q_{ms} + q_{mg}}{q_{Vs} + q_{Vg}} = \frac{\rho_s q_{Vs} + \rho_g q_{Vg}}{q_{Vs} + q_{Vg}} \tag{9-27}$$

在式(9－27)中如忽略相对值较小的气体质量流量 q_{mg} 和固体物料的体积流量 q_{Vs} 时，则可简化为：

$$\rho_m = \frac{\rho_s q_{Vs}}{q_{Vg}} = m\rho_g \tag{9-28}$$

式(9－28)说明在质量浓度给定后，两相流的流量密度比近似等于气体密度比。

2. 实际密度

实际密度 ρ_m' 是指输送管中流动状态下混合物的密度，即单位长度输送管内混合物质量与其体积之比，即：

$$\rho_m' = \frac{q_{ms}/v_s + q_{mg}/v_g}{q_{Vs}/v_s + q_{Vg}/v_g} \tag{9-29}$$

在稀相低混合比的气力输送中，物料所占体积较小，因而(q_{Vs}/v_s)可忽略不计，而气体质量与固体颗粒质量相比也可忽略，因此上式可简化成为：

$$\rho_m' = \frac{q_{ms}/v_s}{q_{V_g}/v_g} = \rho_g m \frac{v_g}{v_s} = \rho_g m' \quad (9-30)$$

比较式(9－28)和式(9－30)可知，由于气力输送过程中 $v_g > v_s$，因而两相流实际密度大于流量密度。式(9－30)指出，实际密度等于气体密度的混合物实际浓度的倍数。在物理意义上，式(9－30)是指单位管长容积中悬浮着的颗粒群的质量，所以它是输送管中悬浮状态下颗粒群的密度 ρ_n，对管截面为 A 的输送管有

$$\rho_n = \rho_m' = \frac{q_{ms}}{Av_s} \quad (9-31)$$

第二节 气力输送基本原理

一、固体颗粒流态化现象

处于自然堆积状态下的固体颗粒之间存在内摩擦力，因而不具备流体的性质。然而，通过将流体作用于颗粒物料以消除颗粒之间的内摩擦力，也可使颗粒物料具有流体的性质。近代流态化技术是把固体散料悬浮于运动的流体中，使颗粒与颗粒之间脱离接触，从而消除颗粒间的内摩擦现象，达到固体颗粒流态化的目的。这种流化的颗粒床层，具有一般流体的流动特性，因此便称为流化床。

固体颗粒的流化过程如图 9－11 所示，气体通过分布板向上穿过颗粒床层，设气体的表观流速为 v，则在颗粒床层空隙中实际流速为 $v_o = v/\varepsilon$。由图 9－11 可以看到，随着气体流速的变化，颗粒床层将出现不同的状态。当气流速度较小时，床层受气流的作用力较小而保持原堆积静止状态，称为固定床。气流穿过固定床时，其床层压降 Δp 随气流速度 v 的增加而增大，如图9－11中的 AF 和 AF'所示。

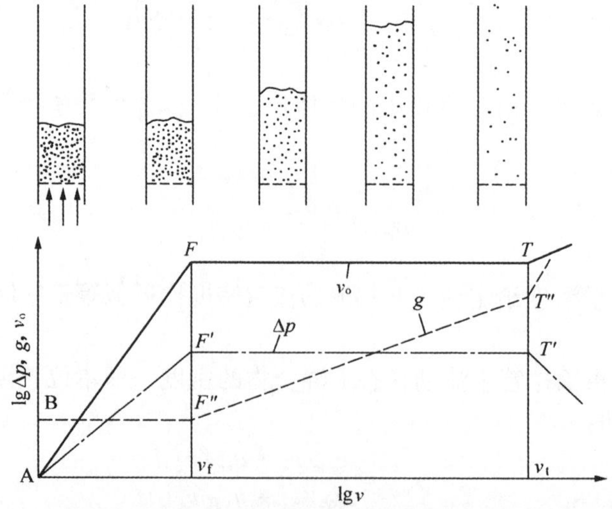

图 9－11 典型流态化过程

当气流速度 v 提高到起始流化速度 v_f 以上，颗粒床层开始流化，固定床转变为流化床。此时，气流穿过床层的压降与床层的自由重力基本相当，床层空隙率随气流速度增大而不断增加，同时床层的膨胀高度也不断增加，如图中 *F″T″*所示。另外，随着气体流量的增大，尽管床内气速增大，但流化床的不断膨胀使颗粒间的流通截面也随之增大，最后导致穿过床层的实际气速 v_0 维持不变，如图中 *FT* 所示。在此气速范围内，流化床内的气流压降并不因 v 的提高而变化。

当气流速度进一步增大至颗粒的终端悬浮速度 v_t 时，颗粒开始被气流夹带进入床层上方空间，使床层固体颗粒浓度急剧下降，造成床层压降明显减小。这时，系统由密相流态化转变为稀相流化以至到稀相悬浮气力输送。由此可见，稳定流化床只能在 v_f 和 v_t 之间形成，在 *T* 点之后，即转为稀相输送。

在稳定流化区域，流化床内的颗粒床层具有类似液体的性质。如图 9－12 中(a)所示，流化床层具有浮力，大而轻的物体受压极易进入床层，压力解除则又重新浮起。图 9－12 中(b)显示流化床层具有很好的流动性，当容器倾斜时，床层上表面仍保持水平。图 9－12 中(c)表示床层颗粒能像液体一样从侧壁开孔中流出。图 9－12 中(d)表示如果将料位不同的两个流化床连通时，固体颗粒将从高位流化床流向低位流化床，自动平衡床位高度。图 9－12 中(e)表示床层中两点间的压差大致等于这两点间的静压头。

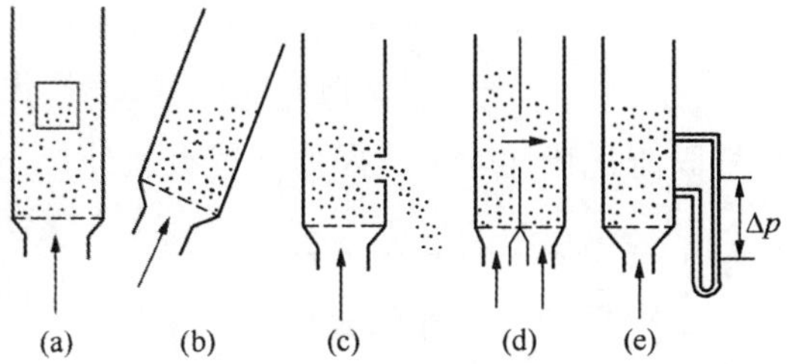

图 9－12

气固流化床中颗粒的粒度以及颗粒的表观密度与流化介质密度之差对流化特性有显著影响。Geldart (1973) 在大量实验的基础上，对流化颗粒进行了具有实用意义的系统分类。如图 9－13 所示，根据颗粒的粒度和气、固密度差，颗粒可分为 A、B、C、D 四类。

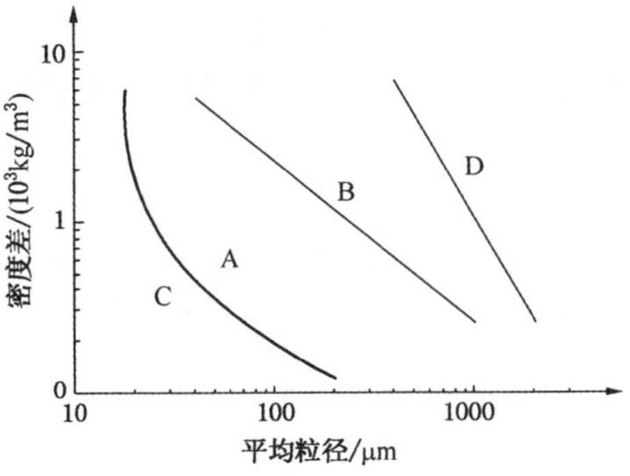

图 9－13　Geldart 颗粒分类法

A 类颗粒也称为细颗粒，它具有较小的粒度和表观密度，易于流化，其初始鼓泡速度明显高于初始流化速度，床层达到鼓泡流化之前明显膨胀。B 类颗粒也称为粗颗粒，其粒度及表观密度均较大。该类颗粒趋向于稳定的鼓泡流化状态，其初始鼓泡速度与初始流化速度相等。C 类颗粒属超细颗粒，一般平均粒径小于 20μm，因其具有较强的粘聚性，易产生沟流而难以流化。D 类颗粒属于过粗颗粒，通常其平均粒径在 0.6mm 以上。该类颗粒流化时易产生大气泡或节涌，难于流化，但适于喷动床操作。

气固流态化根据操作条件的不同具有多种流型。传统气固流态化局限于较低的操作气速，近年来高气速流态化的研究与应用得到了很大发展。对气固流态化由低气速到高气速的流型划分，不同的研究者提出了不同的观点。图 9－14 给出了几种具代表性的流型示意图。随着气速从零开始逐渐提高，固体颗粒床层如图 9－14 所示由固定床开始发生一系列的流型转变。

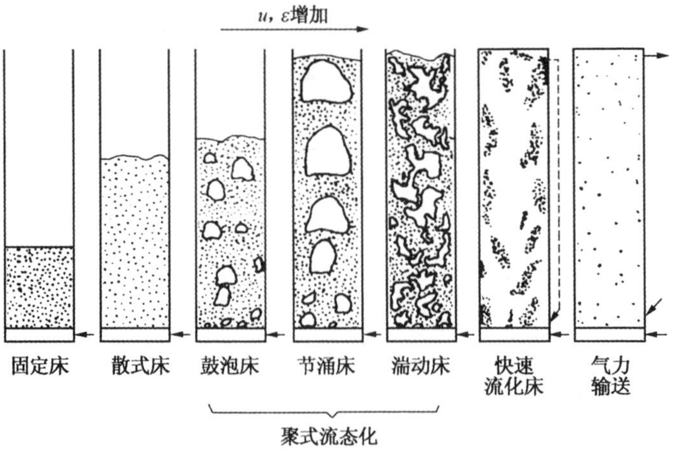

图 9－14　气固流态化中诸流型特征示意图

气固流化特性除了与操作气速有关外，还与固体颗粒的物理性质有关。Grace（1986）给出了一个如图 9－15 所示的能广泛应用且又简单明了的流态化流型分区相图，图中横坐标为无因次颗粒直径 $d_p^*[=(d_p\rho\Delta\rho g/\mu^2)^{1/3}]$，纵坐标为无因次气体速度 $u^*[=u(\rho^2/\Delta\rho g\mu)^{1/3}]$。图中不同的楔形区域代表不同的典型流态化流型的操作范围。当颗粒与气体性质一定时，随着气速的增加，床层将依次发生鼓泡流态化、湍动流态化、快速流态化和气力输送。流态化流型分区相图在流化床反应器设计和确定流化床操作条件时均有着重要应用和参考价值。

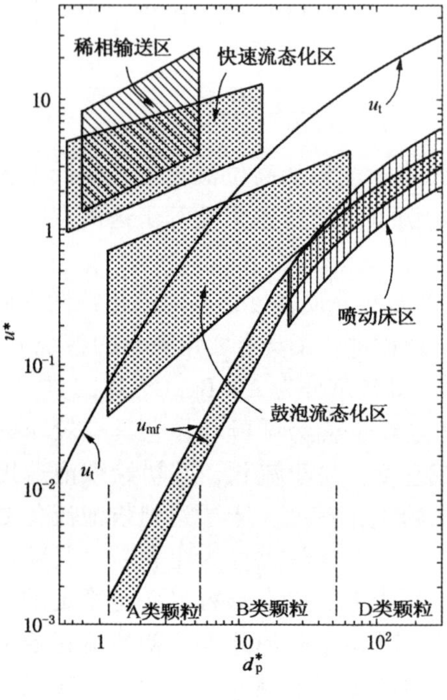

图 9－15　流态化流型分区相图

气固流态化属于典型的非线性复杂系统，至今尚无法采用确定性的数学模型进行定量描述。气固流态化的复杂性还体现在流化过程中经常出现一些不正常的现象，如图 9－16 所示的沟流、死床、节涌等。当气流分布不均或颗粒流动性很差时，床层的局部被气流吹通而产生沟流，由于气流短路导致大部分床层得不到流化处于死床状态，如图 9－16（a）所示。图 9－16中 1 为沟流，2 为死床，3 为节涌。如果床层较高，上升气泡不断长大，最后占据床层的整个截面，甚至床层被分成几节呈栓状腾涌，如图 9－16(c)所示。在节涌状态下，由于床层依靠气泡推升，床壁阻力大为增加，使床内压力波动幅度增大。

对于锥形流化床，由于截面积随高度而变化，使在不同高度上能存在相应的气流速度梯度。低部截面积小，故气速较大，能较好地使大颗粒流化；而顶部截面积大，气速较小，可防止细粉被气流夹带逸出。

二、气固悬浮流动分析

在稀相气力输送过程中，固体颗粒物料呈悬浮状态，比较均匀地分布在整个输送管道截面上。颗粒物料均匀地与管壁接触，其与管壁的摩擦阻力可根据类似于流体的沿程阻力系数 λ_s 来确定。颗粒体系能否实现均匀悬浮流动，主要由颗粒体系的终端速度、输送介质的湍流程度、气固相间作用力大小决定。

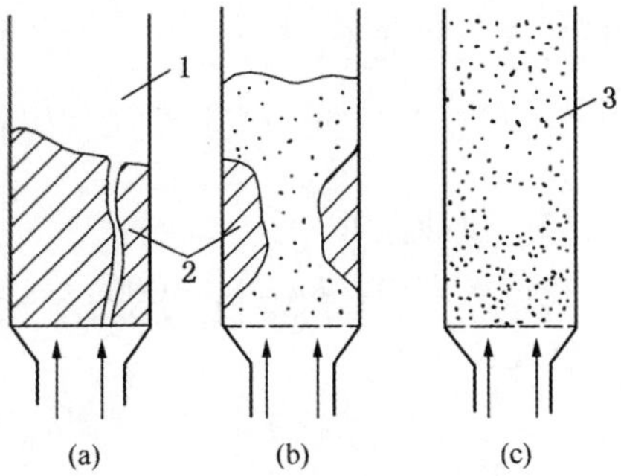

图 9－16　流态化的不正常流化现象

（一）颗粒终端速度

颗粒在流体中由于受到重力作用而产生沉降，在初始阶段应为匀加速运动。但由于颗粒与流体之间发生了相对运动，使颗粒受到流体对它产生的摩擦阻力作用。阻力的方向与颗粒的运动方向相反，速度越大，所产生的阻力也越大。因此，当颗粒沉降加速一段时间后，流体对颗粒的阻力将与颗粒的浮重（重力与浮力之差）达到平衡，此时颗粒将以等速降落，该速度称为颗粒的终端速度，以符号 U_t 表示。

稀相气力输送是一种重要的气力输送方式，颗粒物料在铅垂管道中呈悬浮状态，是稀相气力输送的特点。如果气流的上升速度等于颗粒的终端速度 U_t 时，固体颗粒就会悬浮于气流中。而当气流的上升速度大于 U_t 时，固体颗粒则被气流夹带产生上升运动，从而实现固体颗粒的稀相气力输送。

根据两相流体力学理论，可以推导得出单颗粒的终端速度表达式：

$$U_t = \left(\frac{4}{3}\frac{gd_p(\rho_s - \rho)}{\rho C_D}\right)^{1/2} \tag{9-32}$$

式中　g——重力加速度，m/s^2；

d_p——颗粒粒径，m；

ρ——流体密度，kg/m^3；

ρ_s——颗粒密度，kg/m^3；

C_D——曳力系数。

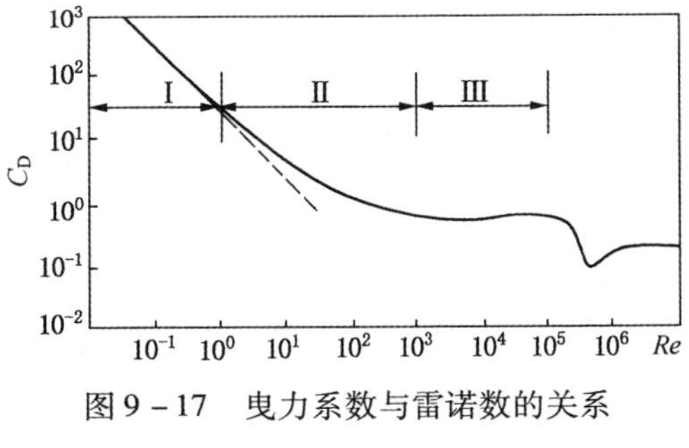

图 9－17　曳力系数与雷诺数的关系

曳力系数 C_D 是终端速度所对应的雷诺准数 $Re(=d_pU_t\rho/\mu)$ 的函数，其数值通过实验测量得到。图 9－17 中给出了球形颗粒的曳力系数 C_D 与雷诺准数 Re 的定量关系。根据图中曳力系数 C_D 随雷诺准数 Re 的变化曲线大致可以将其划分为滞流区、过渡区和湍流区三个区域。每个区域的 C_D 曲线可用相应的数学公式描述，将其代入终端速度表达式

(9－32)即可得出终端速度的近似计算式。下面分别给出各分区的曳力系数 C_D 及终端速度 U_t 的计算式：

(1) 滞流区Ⅰ

在该区域内，$Re<1$，气流属于层流，曳力系数 C_D 符合斯托克斯(Stokes)公式：

$$C_D = 24/Re \tag{9-33}$$

颗粒的终端速度为：

$$U_t = \frac{g(\rho_s - \rho)d_p^2}{18\mu} \tag{9-34}$$

(2) 过渡区Ⅱ

在该区域内，$Re=1\sim1000$，气流介于层流与湍流之间，曳力系数 C_D 符合阿连(Allen)公式：

$$C_D = 10/\sqrt{Re} \tag{9-35}$$

$$U_t = d_p\sqrt[3]{\frac{4g^2(\rho_s-\rho)^2}{225\rho\mu}} \tag{9-36}$$

(3) 湍流区Ⅲ

在该区域内，$Re>1000$，气流属于湍流，曳力系数 C_D 符合牛顿(Newton)公式：

$$C_D = 0.44 \tag{9-37}$$

$$U_t = \sqrt{\frac{3.03g(\rho_s-\rho)d_p}{\rho}} \tag{9-38}$$

严格地讲，气力输送过程中输送的物料是颗粒群而非单个颗粒，前者的曳力系数与颗粒群的固相浓度有很大关系，而球形颗粒与非规则颗粒的曳力系数也是不一样的。因此，实际体系的曳力系数 C_D 应考虑以上因素影响，在单颗粒曳力系数的基础上进行适当校正。对于气流输送过程，系统中形成了较为浓密的气固两相流，这时每个颗粒由于其周围颗粒的存在，所受到气流的曳力发生了变化。稀相输送过程颗粒群的曳力系数 C_D 可在单颗粒曳力系数 C_{Ds}的基础上，根据式(9－39)进行校正：

$$C_D/C_{Ds} = 1.68\varepsilon^{-0.253}\varepsilon(Re_r/Re_t)^{-1.213}(d_p/D)^{0.105} \tag{9-39}$$

式中 d_p 和 D 分别为颗粒平均直径和管路直径，$\bar{\varepsilon}$ 为平均气相含率，而 Re_r 和 Re_t 分别为根据气固相对速度和颗粒终端速度计算得到的相对雷诺数和终端雷诺数。

(二) 管道内颗粒的悬浮机理

由于输送管内的气流速度，随其径向位置而变化，因而处于不同位置上的颗粒所受气流的作用力也不相同。在稀相气力输送过程中，输送介质必须处于强湍流状态才具有输运固体物料的推动力；对于颗粒相，由于颗粒形状不对称，气流在颗粒上的作用力也会因此而造成颗粒的旋转。另外，由于颗粒间的摩擦和碰撞，使某些颗粒因此而加速，某些因此而减速。总之，固体颗粒运动也完全处于极不规则的湍动状态。

固体颗粒悬浮于气流之中是实现稀相气力输送的先决条件。在垂直管中输送时，颗粒物料的重力和气流的作用力在方向上相反。因此，当气流作用力(曳力 F_D 和浮力 F_f)与颗粒重力 F_g 平衡时，固体颗粒就会悬浮于气流之中，如图 9－18(a)所示。如果气流速度继续提高，则即可实现铅垂气力输送。在水平输送时，情况要复杂一些，由于颗粒重力的作用方向垂直于气流的流动方向，颗粒悬浮需由一个如图 9－18(b)所示的向上的合力来平衡。在复杂的气固两相流中，这一向上的合力来自如图 9－19 中所示的各种力：

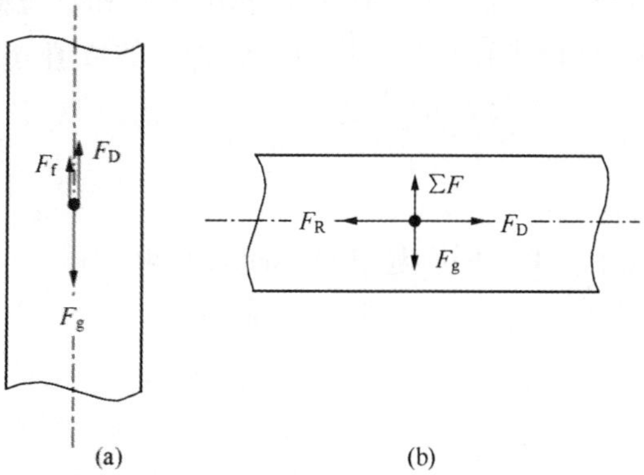

图 9－18　管道内固体颗粒的悬浮机理

（1）湍流气流中垂直分速度所产生的曳力，根据湍流理论侧向脉动速度值约为主气流平均速度的 10%～20%［图 9－19(a)］；

（2）处在管底部的颗粒，受到上、下压力差所产生的升力，该静压差由管内径向的速度梯度引起［图 9－19(b)］；

（3）颗粒周围的环流与气流合成而产生的 Magnus 效应作用力［图 9－19(c)］；

（4）由于颗粒形状不规则而产生的推力在垂直方向上的分力［图 9－19(d)］；

（5）由于管内上下颗粒浓度不均所产生的纵向浓度扩散力［图 9－19(e)］；

（6）由于颗粒间及与管壁发生碰撞而产生的向上的反作用力［图 9－19(f)］。

以上这些作用力的最终结果，导致颗粒能够在水平流动的气流中悬浮，并随气流在水平方向运动而实现气力输送。

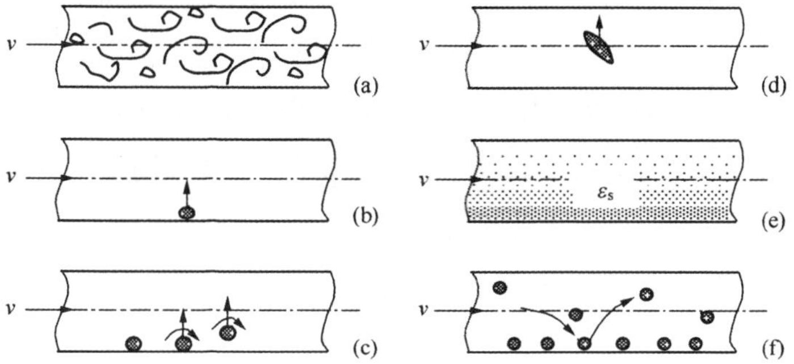

图 9－19　水平输送中使颗粒悬浮的各种力

（三）管道内颗粒群运动方程

颗粒群在管道内悬浮流动，其流体力学行为及气固相间作用力均相当复杂，从研究单颗粒与流体的相互作用出发以描述整个气固两相流，严格来讲尚不成熟。因此在研究过程中，人们通常把颗粒相也当作流体处理，即所谓拟流体方法。

在气力输送过程中，颗粒物料在加速段首先被气流逐步加速，经过一定距离的加速之后达到最终的恒定运动速度。在等速段中，颗粒相与气流间的滑落速度(v_g-v_s)所产生的曳力与颗粒群的运动阻力及重力相平衡，从而保持等速运动。在此首先建立管道内颗粒群的运动方程，然后对其在垂直输送和水平输送两种状态下加以讨论。

1. 作用力分析

倾斜管道内颗粒群的受力与运动情况如图 9－20 所示。从宏观上分析，颗粒群主要受

到气流推动力 R、管壁摩擦阻力 T_f 和颗粒群的自身重力 W 三种作用力。如对图 9-20 中的 Δl 段进行分析，则以上三种力的数值分别为：

（1）气流推动力 R

$$R = C_D A_s \rho_g \frac{(v_g - v_s)^2}{2} \tag{9-40}$$

式中 A_s——颗粒群总的迎风面积，m^2；

ρ_g——气体密度，kg/m^3。

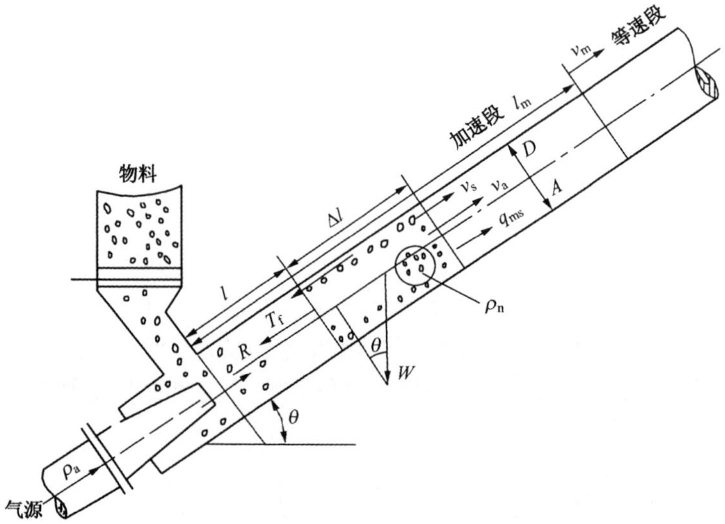

图 9-20 倾斜管中颗粒群的受力与运动示意图

为了推导方便，曳力系数 C_D 在滞流、湍流和过渡区均采用统一数学表达式，即

$$C_D = \frac{a}{Re^K} \tag{9-41}$$

对于滞流区、过渡区和湍流区，a 分别取值 24、10 和 0.44，K 分别取值 1、0.5 和 0。

（2）管壁摩擦阻力 T_f

$$T_f = \lambda_s \frac{\Delta l}{D} \rho_n \frac{v_s^2}{2} A \tag{9-42}$$

式中 A——输送管截面积，m^2；

ρ_n——颗粒群表观密度，kg/m^3；

λ_s——颗粒群阻力系数；

D——输送管径，m。

（3）颗粒群重力 W

$$W = g \frac{q_{ms}}{v_s} \Delta l \tag{9-43}$$

式中 g——重力加速度，m/s^2；

q_{ms}——颗粒质量输送量，kg/s。

如将式(9-40)中单颗粒的 C_D 用颗粒群表观曳力系数 C_n 表示，并假定系统的流动区域相同，即式(9-41)的 a 和 K 取相同的值，这时可得到

$$C_D = C_n\left(\frac{v_n}{v_g - v_s}\right)^K \tag{9-44}$$

式中　v_n——颗粒群的悬浮气流速度，m/s。

当微元段的颗粒群处于悬浮状态时，气流推动力 $C_nA_s\rho_g v_n^2/2$ 与颗粒群自身重力 $gq_{ms}\Delta l/v_s$ 相等，从而可得到颗粒群表观曳力的定量表达式：

$$C_n = g\frac{q_{ms}}{v_s}\Delta l/(A_s\rho_g v_n^2/2) \tag{9-45}$$

于是，即得到了不含曳力系数的气流推动力关系式：

$$R = g\frac{q_{ms}}{v_s}\Delta l\left(\frac{v_g - v_s}{v_n}\right)^{2-K} \tag{9-46}$$

2. 颗粒群的运动方程

根据牛顿第二定律 $\sum F = ma$，并考虑颗粒群重力在输送流动方向上的投影，则有 $M_s\mathrm{d}v_s/\mathrm{d}t = R - T_f - W\sin\theta$，将上面诸作用力关系式代入，则得倾斜角为 θ 的管道内颗粒群的运动方程：

$$\frac{1}{g}\frac{\mathrm{d}v_s}{\mathrm{d}t} = \left(\frac{v_g - v_s}{v_n}\right)^{2-K} - \frac{\lambda_s v_s^2}{2gD} - \sin\theta \tag{9-47}$$

式(9－47)即为颗粒群运动速度与运动时间之间的定量关系，用它既可计算加速段颗粒群运动速度随时间的变化，也可通过令方程左边等于零计算得出等速段的颗粒群运动速度。

在以等速气流 v_g 对均匀颗粒群加速的加速段中，对于颗粒群而言只有位变加速度，即 $\mathrm{d}v_s/\mathrm{d}t = v_s\mathrm{d}v_s/\mathrm{d}l$。因此，可根据式(9－47)建立颗粒群运动速度 v_s 与运动距离 l 之间的关系式：

$$\frac{1}{g}v_s\frac{\mathrm{d}v_s}{\mathrm{d}l} = \left(\frac{v_g - v_s}{v_n}\right)^{2-K} - \frac{\lambda_s v_s^2}{2gD} - \sin\theta \tag{9-48}$$

（1）对于水平管：$\sin\theta = 0$，则有

$$\frac{1}{g}v_s\frac{\mathrm{d}v_s}{\mathrm{d}l} = \left(\frac{v_g - v_s}{v_n}\right)^{2-K} - \frac{\lambda_s v_s^2}{2gD} \tag{9-49}$$

（2）对于垂直管：$\sin\theta = 1$，则有

$$\frac{1}{g}v_s\frac{\mathrm{d}v_s}{\mathrm{d}l} = \left(\frac{v_g - v_s}{v_n}\right)^{2-K} - \frac{\lambda_s v_s^2}{2gD} - 1 \tag{9-50}$$

三、气力输送状态相图

气力输送过程的两相流状态与设备和操作条件有关，其相互间的影响规律很复杂。定量描述气力输送过程机理和根据操作条件判断气固两相流状态，是很多专家学者长期追求的目标。数十年来，像韦尔朔夫(Welschof)、扎巴尔辛(Заборсин)、多布雷斯休(Dobrescu)等学者，在该领域做出了卓有成效的工作。将气力输送过程中气速与压损之间的相互关系规律标绘在二维图上，可以将气力输送过程的状态清晰地描绘出来。根据状态相图可以从某些侧面揭示气力输送过程的两相流规律。虽然该类相图还存在较大局限，涉及具体体系的数据还很少，但根据已有相图的原理和方法对认识和理解气力输送过程机理和规律

大有裨益。下面分别按垂直和水平两种输送系统予以讨论。

(一)垂直输送系统状态相图

根据实验所得到的垂直气力输送系统的状态相图如9－21所示。图中的横坐标为输送气流速度的对数坐标,纵坐标为单位管线上压力损失的对数坐标。图中的不同曲线则表示输送过程中,气固两相流的输送气速与压损的相互关系。不同相图状态下相对应的物料运动状态如图9－22所示。

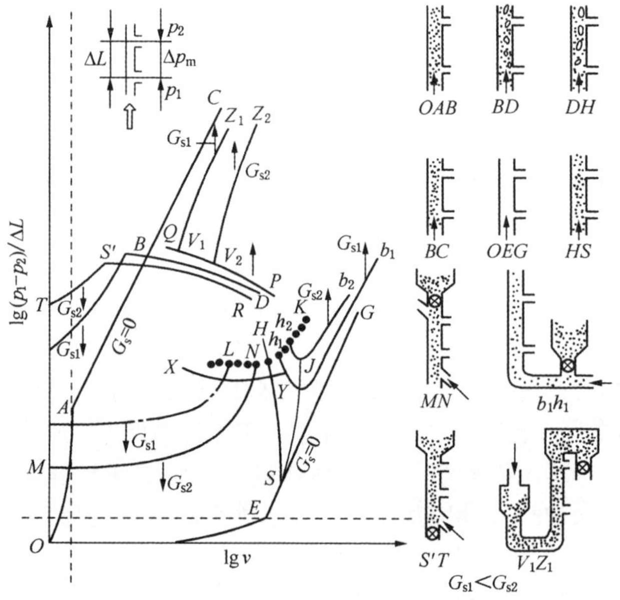

图9－21 垂直输送状态相图

由图9－21可以看出,相图被 *CBDHS* 连线划分为左右两部分。当气体和物料两相流动处在连线左边的状态,物料在气流内下沉,则气固两相流处于固料下沉区;而连线右边为向上输送区。与纵横坐标平行的两条虚线的左、下两侧为两相平衡区,即气体在 *A* 点或 *B* 点以后才穿过料层。

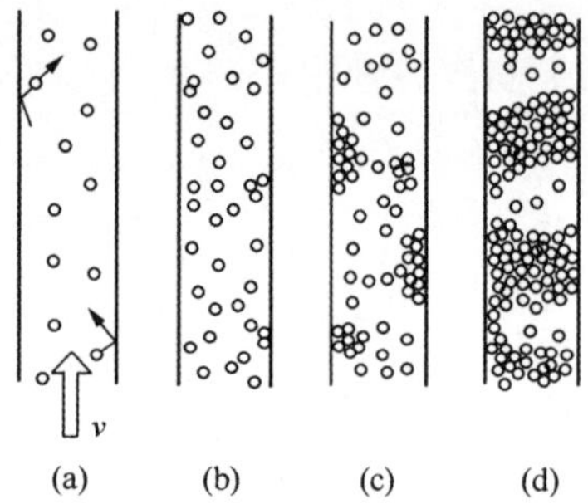

图9－22 垂直输送物料运动状态

1. 静止料层透气线 *OAB*——填充床

当气流速度自零开始不断增加时,气流经 *A* 点穿过静止的料层,随着气流速度的增加,直至 *B* 点处,物料仍未有活动,即物料流动速率 $G_s=0$。图中箭头方向表示颗粒物料的流动方向,*OAB* 即代表气流在静止料层中流动时的气速与压力损失的关系。

2. 料层松散线 *BD*——流化床流动

自 *B* 处增加气流速度,压损为一常数,但是由于料层开始膨胀,ΔL 增加,因而压力损失 $\lg(p_1-p_2)/\Delta L$ 开始沿 *BD* 减少,料层将随着气流速度增加而被剧烈地搅动,直至该线的终点 *D* 为止。如果气流的速度再增加,则由 *D* 点越过 *DH* 区域而到达 *H* 点。在 *DH* 区域内,输送状态极不稳定,对气流速度非常敏感,以致迄今尚未研究清楚。在 *H* 点重又呈现稳定状态，固体物料的浓度显著减少。

3. 稀释线 *HS*

从 *H* 点开始，随着气速的进一步增加，气流中物料浓度不断被稀释，因而压力损失显著减少。沿着 *HS* 线的变化，物料在气流中继续稀释，一直到 *S* 点为止，这时气流中仅剩下最大的颗粒。

4. 空载特性曲线 *OEG*

当气流速度稍微越过 *S* 点时，压力损失将沿 *OEG* 移动。由于气流速度 v 超过了物料中最大颗粒的悬浮速度 v_t，最大颗粒将以速度 $u=v-v_t$ 向上移动。由于仅存的最大颗粒也随气流运动，因此压力损失就表现为纯空气与管壁间的摩擦压损。所以 *OEG* 线便称为空载特性曲线。

5. 经济气流速度曲线 *SJ*

按上述 *HS* 和 *OEG* 两线推论，b_lh_1 和 b_2h_2 表示悬浮输送时，不同加料流率下气流速度与压力损失的关系曲线。b_lh_1 表示加料流率为 G_{s1} 时的曲线，运动状态相当于图 9－22(a)。b_2h_2 则是 G_{s2}时的关系曲线，运动状态相当于图 9－22(b)($G_{s1}<G_{s2}$)。这时，在 b_1h_1 和 b_2h_2 的直线部分，物料颗粒在管道中均匀分布，除个别颗粒冲击管壁外，物料随上升的气流被带走，在图 9－21 中用向上的箭头表示。

随着气流速度的降低，气流与管壁间的摩擦压损将减少。如果加料流率不变，处在气流中物料的速度减慢而浓度增加，遂使压损增加。当压损的增加和减少相平衡时，则 b_1h_1 和 b_2h_2 的直线部分逐渐偏离空载特性曲线而出现压力损失的最小值。这时的气流速度谓之经济气流速度 v_o。当气速在大于这一点前，物料在气流中的运动状态如 G_{s1} 时的图 9－22(a)和 G_{s2}时的图 9－22(b)。在小于这一点之后，物料虽仍维持悬浮在气流中呈向上输送，但物料颗粒在气流中已不再均匀分布。这一点，也就成为均匀分布的临界点，所以速度 v_o 又称为均匀分布输送临界速度。并且，当加料流率增大时，这个临界速度值也大。如果把不同加料流率 G_s 时的各经济速度 v_{c1}、v_{c2}、v_{cF}连接起来，则连线 *SJ* 就谓之经济速度曲线。

6. 噎塞速度和上行噎塞点轨迹 Hh_1h_2K

随着气流速度的进一步降低，物料的浓度迅速增加，物料在管道中的流动形态不再像图 9－22(a)、(b)那样均匀分布地悬浮输送。颗粒的运动出现了聚集状态，空隙不断减小，成为不稳定的悬浮输送。按不同的加料流率 G_{s1} 相应于图 9－22(c)、G_{s2} 相应于图 9－22(d)。

由于提升物料需要一定功耗，气流与颗粒间的摩擦压力损失大于因气速降低而减小的压损，使总的压力损失再次增大。曲线 b_1h_1 和 b_2h_2 经过压损的最小点后转为向上，分别趋近于 h_1 和 h_2 点。这时，如果气流速度再稍有减小的话，管道内就会全部充满物料，即管道被物料所噎塞。因而，h_1 和 h_2 称为“噎塞点”。噎塞点的气流速度谓之噎塞速度。并且，较高的加料流率(如 G_{s2})，其噎塞点(h_2)也在较高的气流速度及压力损失之下出现。在不同加料流率下进行垂直向上输送，所得到的噎塞点轨迹连线 Hh_1h_2K 则称之为上行噎塞点轨迹。

7. 沉积线 *MN* 与下行噎塞点轨迹 *HNL*

加料以流率 G_{s1} 或 G_{s2} 自上部引入，气体自下部向上流动。如果气流的速度小于物料的

悬浮速度 v_t，则物料下沉。由于物料的重力以及气体与颗粒间的摩擦而造成的压损，将自 M 或 A 开始随着气流速度的增加而增加。对应于 G_{s1} 的压力损失随气流速度而沿 MN 线变化，对应于 G_{s2} 的压力损失随气流速度而沿 AL 线变化。当到达 N 点和 L 点时，管道也为物料所噎塞，L 和 N 即为下行噎塞点。较大的加料流率 G_{s2} 的噎塞点 L 的气流速度比具有较小加料流率 G_{s1} 的噎塞点 N 的气流速度为低，这与上行噎塞的情况相反。噎塞点的连线 HNL 谓之下行噎塞点轨迹。上行噎塞点轨迹 Hh_1h_2K 和下行噎塞点轨迹 HNL 总称为噎塞速度线 LNK。

8. 不稳定栓流区 $H \sim D$

从物料噎塞管道时开始，流动形态很可能会转变为不易控制的栓状流，如图 9－22(d)所示。自噎塞点 H 到 D 点为止，谓之不稳定的栓流区。至今，人们对这种状态尚未做过充分研究。

9. 柱流区

位于物料开始运动的松散线 BD 以上，自 D 点开始，随着气流速度的降低，物料不再成栓流，而聚合为料柱，由气流的静压推动输送。并且对应于 G_{s1} 聚合为料柱的气流速度 v_1 比 G_{s2} 的 v_2 点小。

10. 稳定栓流区 XY 线

由柱流区 V_1Z_1、V_2Z_2 可以看出，物料流动速度极低，然而压力损失却极大。为了保持其低速，而又要降低其压损，可采取节制气流进入管道的方法，使料栓成为有控制的料栓流动。这样，便构成了人为的稳定的栓流区。很显然，在管道中料栓颗粒之间的摩擦大于物料与管壁之间的摩擦，物料的颗粒未被悬浮，因而稳定栓流区处于下行噎塞速度线 LNH 的下面，在 $ALHSE$ 范围内。随着气流进入管道的方法不同，而有不同的速度边界。

11. 柱状流起始线 QP 及 $S'R$

如果将上行起始线 QV_1V_2P 连接起来，谓之向上柱状流的起始线 QP。同样，把下行起始线 $S'R$ 连接起来，谓之下行柱状流起始线。两者均非常接近于料层松散线 BD。

（二）水平输送系统状态相图

水平气力输送系统状态相图与垂直输送系统无多大差异，简化后的相图如图 9－23 所示。图 9－24 为相应的物料运动状态图。由图可以看出，在加料流率较大时，如图 9－24(a′)～(i′)，显示出与垂直输送系统大致相仿的规律。因此便可以采用与图 9－21 相同的方法来认识和分析，对相图的说明也可以简化。

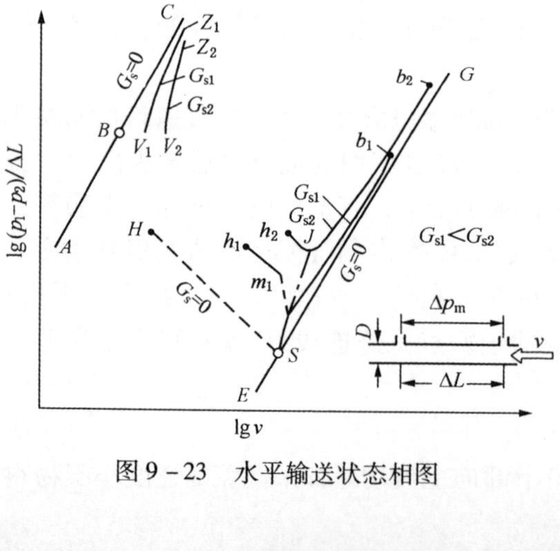

图 9－23 水平输送状态相图

1. 空载特性曲线 EG

即图 9－23 中的 EG 线。

2. 经济气流速度曲线 SJ

当物料在管道中，分别以加料流率 G_{s1} 和 G_{s2} 进入时，则气流速度与压损的关系，将分别按图 9－23 中曲线 b_1h_1 和 b_2h_2 变化。当气流速度降低时，压力损失出现最低点，以后压力损失重又增加，如果把不同加料速率下的最低压损点连接起来，则连线 SJ 便谓之经济气流速度线。其右侧对应于运动状态图 9-24(a)~(d)和(a′)~(d′)的流动形态。这时，气流速度较高，物料在水平管中飞动，其运动状态与垂直管中相类似呈均匀分布，如图 9-24(a)及(a′)；但大多数的试验，均观察到颗粒处于管道截面的下半部较多，如图 9-24(b)及(b′)。随着气流速度的降低，颗粒将沿管底跳跃，如图 9-24(c)及(c′)；当气流速度到达经济速度线 SJ 时，这时颗粒在水平管中已不再飞动跳跃，物料将沿管底滑动，相当于图 9-24(d)及(d′)。所以，经济速度 v_0 也称为水平管中飞动输送的临界速度。

3. 沉积速度线 Hh_1h_2

当气流速度越过经济速度线 SJ 时，进入 SJ 的左侧，运动状态出现明显变化。这时，气流速度只要稍微减少，物料将立即沉积在管底，输送情况变得异常复杂。在不同加料流率下，变化也不相同。从运动状态相图 9-23 中可以明显地看出，当加料流率较小时，物料在管道中的运动状态按图 9-24(e)~(h)变化；而当加料流率较大时，物料在管道中的运动状态按图 9-24(e′)~(i′)变化。其过程可按不同的加料流率说明如下：

在加料流率很小时($G_s \to 0$)，其过程按曲线 SH 变化。最早的沉积点发生在 S 点附近，S 点的气流速度是经济速度，几乎也是沉积速度。当气流速度降低时，颗粒在管底沉积，并占据一定的管道截面。因而，在管道剩余截面上，气流的真实速度在 SH 段上保持恒定，直至 H 点附近，管道被颗粒填充至相当程度后，只要极少量的颗粒，就足以堵塞管道的剩余截面，因而在管道中的气流运动变得不稳定。

在加料流率较小(G_{s1})时，其过程按曲线 b_1h_1 变化，与 $G_s \to 0$ 的情况大体相同。颗粒在 S 点上边附近的 m_1 点沉积而不再移动，如图 9-24(e)、(f)、(g)所示。点 m_1 的气流速度谓之沉积速度。由于沉积颗粒占据了一定的管道截面，减少了气流流通截面，提高了气流速度。当继续降低表观气流速度时，剩余截面的实际气速从 m_1 点至 h_1 的过程中并未降低，仍保持为一常数，未沉积的颗粒仍在剩余截面中被输送，直至 h_1 点附近，只要少量颗粒就足以栓塞管道剩余截面，使管道截面被物料所堵塞，如图 9-24(h)所示。H、h_1 点的气流速度谓之最后一个颗粒沉积的表观气流速度或表观沉积速度。

在加料流率较大时，其过程按曲线 b_2h_2 变化。管道中的物料在比 b_1h_1 较高的气流速度下开始聚集为移动的料堆而沿管底滑动，如图 9-24(d′)~(g′)所示。当气流速度降低至 h_2 点时，沙丘似的料堆沉积管底形成料栓，如图 9-24(h′)所示。因而，h_2 点的气流速度便谓之加料流率较高时的沉积速度。

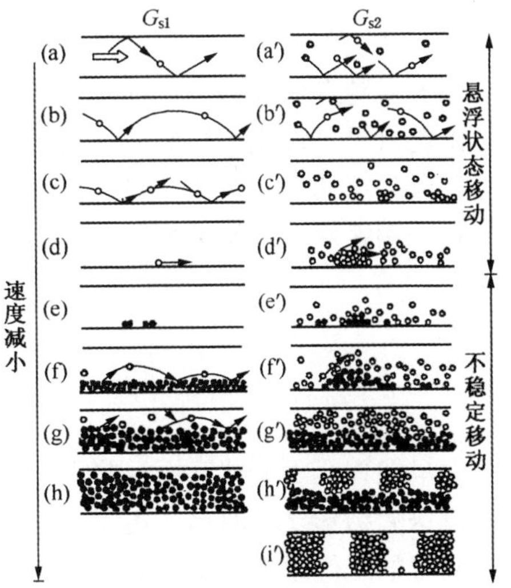

图 9-24　水平输送物料运动状态

连结 H、h_1、h_2 各点谓之沉积速度线。严格来讲，实际沉积速度线应为 Sm_1h_2。当加料流率很小时，开始沉积点在 S 点，最后一个颗粒的沉积点为 H 点；加料流率较小时，开始沉积点在 m_1 点，最后一个颗粒的沉积点为 h_1 点(它们的沉积速度实际上为同一值)。只有在加料流率较大时，开始和最终沉积点才为同一点 h_2 点。在实际装置中，一般均属于加料流率较大的情形。因此，通常把最后一个颗粒的沉积点的连线 H、h_1、h_2 谓之沉积速度线。

4. 栓流区 h_1V_1、h_2V_2

当气流速度从不稳定输送状态继续降低时，便出规栓流区如图 9 - 24(i′)所示，物料形成一段段料栓被气流推动输送。

5. 柱流区 V_1Z_1、V_2Z_2

当气流速度进一步降低时，料栓聚为料柱，由气流推动输送。不同加料流率下，料柱分别按 V_1Z_1、V_2Z_2 移动，其流动形态如图 9 - 24 所示。在 BC 的左边，料柱便不再移动。

第三节　发送装置

一、发送装置的工艺要求

连续重整过程中的催化剂循环系统主要由发送装置、管路、锁气罐、锁压罐(又称闭锁料斗)、气固分离罐等设备组成，其中发送罐是催化剂循环系统的重要关键设备之一。虽然催化剂循环过程是由气力输送实现的，但这里的气力输送与常规的气力输送在工作原理、操作条件、设计原则等方面存在很大不同。催化剂循环系统属于重整反应和催化剂再生反应过程的配套系统，因而受到反应过程工艺条件和操作条件的诸多限制，这给过程工艺和设备的设计和操作带来很大难度和复杂性。

常规气力输送的设计目标很明确：即以尽量小的气量输送尽量多的物料；而对于连续重整过程的催化剂循环系统，一般必须满足以下要求：

(1) 输送压降与重整反应器之间以及重整反应器和再生反应器之间的压降匹配；

(2) 输送过程具有很好的操作弹性，在输送压降变化不大的条件下催化剂输送量可任意调节；

(3) 解决催化剂的逆压差落料问题，在反应和再生过程中实现催化剂的闭路循环；

(4) 避免催化剂磨损，催化剂颗粒输送速度不宜过大。

由此可见，催化剂循环系统与常规气力输送相比具有明显的特殊性，因而常规气力输送过程所采用的发送装置一般无法满足以上特殊要求。因此，连续重整过程的催化剂循环系统均采用特殊形式发送装置。下面对目前已有连续重整装置常用的几种发送装置进行简单介绍。

二、罐式发送装置

在早期连续重整装置中，曾采用过套管罐式发送装置，其具体结构如图 9 - 25 所示。套管发送罐结构比较简单，主要由料罐主体、输送提升管、输送进气套管组成。套管罐式发送装置的工作原理，是靠套管进入的输送气流化提升罐入口处的颗粒而实现发送物料的目的。

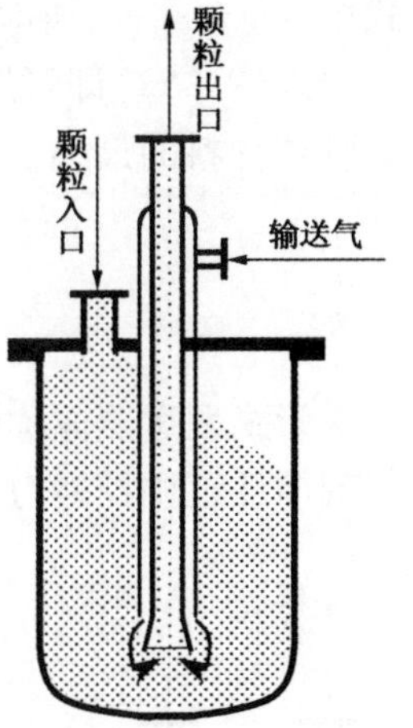

图9－25　套管发送罐示意图

套管罐式发送装置的优点是结构简单，缺点是无法灵活调节输送过程的固气比。运行时，当经过套管进入发送罐的输送气，其速度在提升管入口下部达到最小流化速度时，催化剂颗粒开始被提升向上输送。随着气速提高，催化剂的输送量也随之增大，但这一增大过程不是线性的。例如气速过大，在套管的出口处将会产生一定程度的空腔，反而会使颗粒的输送量下降。由此可知，套管罐式发送装置的结构在调节输送过程的固气比方面具有明显的缺陷，大量的工程实践也证明这种设计在灵活性和操作弹性方面存在不足。因此，对套管式发送罐结构进行改进而提出了一种新的设计，并在很多工业装置中得到了应用。而图9－25所示的结构设计已在新设计中被逐渐淘汰。

改进后的罐式发送装置常被称作双气流发送罐，它采用流态化原理，对输送过程的固气比调节控制能力大为提高，操作弹性得到很大程度的改善。双气流发送罐的具体结构如图9－26所示，其主体为圆柱状罐体，罐中央有一根端口为喇叭形的提升管，提升管下部为一次输送气喷嘴，发送罐下部和底部为夹套结构供二次输送气通过，二次气出口为一次输送气喷嘴周围的环隙。一次输送气和二次输送气分别通过一次气喷嘴和罐体夹套进入发送罐。

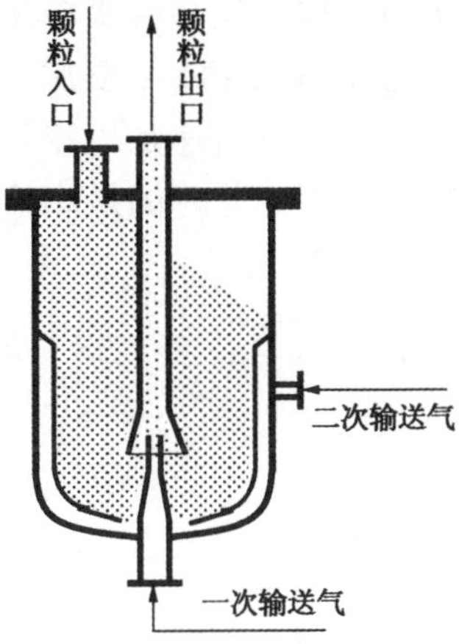

图9－26　双气流发送罐示意图

发送罐工作时，一次输送气经过伸入提升管喇叭口的喷嘴直接进入输送提升管，并不具备发送颗粒物料的功能，只是起到加速颗粒和输送物料的作用。在一次风喷嘴和提升管喇叭口下缘形成一个环形通道，发送罐中的物料则堆积在喇叭管下缘四周。当二次输送气通过夹套底部出口进入发送罐后，向上流动进入提升管，只有二次气到达一定量之后，环形通道内的物料才能被流化而进入提升管，从而达到发送物料的目的；如果仅有一次输送气或二次气流量不足以流化喇叭口附近的颗粒，则由于输送管入口周围的颗粒未被流化而不能形成连续输送。

根据以上分析，双气流发送罐发送物料的条件是输送提升管入口处的颗粒必须处于流化状态。因此，双气流发送罐稳定输送颗粒物料的最小二次输送气流量 Q_{g2min} 可利用流态化理论计算预测。由 Kwauk 散式流态化理论可知，对于不同压力条件下的初始流态速度满足

$$U_{mf} = U_{mf0}(p/p_0)^{\frac{1}{m}-1} \tag{9-51}$$

其中　p_0，p——分别为常压和操作压力，Pa；

m——输送气体膨胀系数，一般取值1.3 ～ 1.5；

U_{mf}，U_{mf0}——对应于压力 p 和 p_0 的最小流化气速，m/s。

因而最小二次输送气流量 Q_{g2min} 为：

$$Q_{g2min} = U_{mf} \times (r_L^2 - r_P^2) \tag{9-52}$$

式中 r_L，r_P——喇叭口下缘和一次气喷嘴半径，m。

式(9－52)即可用于计算当系统压力大于101.33kPa(1atm)时，双气流发送罐稳定输送颗粒物料的最小二次输送气流量 Q_{g2min}。

三、管式发送装置

管式发送器亦称作L阀发送器，其结构简单，制造成本低廉，同时也具有较好的催化剂循环量调控能力，在近几年建设的连续重整装置中也得到了比较多的应用。

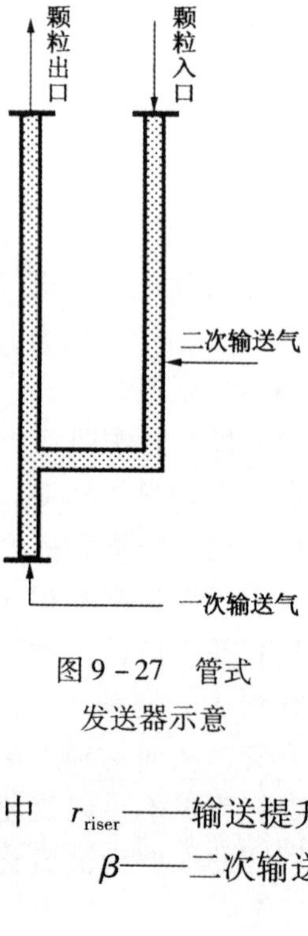

图9－27 管式发送器示意

管式发送装置如图9－27所示，由在输送提升管底部一侧连接一L形下料管构成。管式发送器底部水平管段的长度是一个重要的设计参数，过短或过长都会影响L阀的正常工作。一般情况下，对于重整过程的催化剂循环系统而言，L阀的水平段长度取300～600mm是合适的。另外，二次输送气的进气位置也很重要，不宜过低或过高，一般将二次气的进气位置定在L管拐角以上，其高度定为水平管长的四分之三左右。与双气流发送罐的工作原理相似，L阀发送器的一次输送气用于输送颗粒，二次输送气用于调节输送过程的固气比，也即调节催化剂的循环量。

L阀的工作原理基本与双气流发送罐一样，仅靠一次输送气无法发送颗粒物料。能否发送物料和发送物料的速率主要靠二次输送气流量控制，只有当向下分流的二次输送气流速足以流化水平管段中的颗粒时，L阀才具发送物料的功能。此时的最小输送二次气流量可根据式(9－51)和下式计算确定

$$Q_{g2min} = U_{mf} \times \pi r_{riser}^2 / \beta \qquad (9-53)$$

式中 r_{riser}——输送提升管的半径，m；

β——二次输送气向下分流的分配比例。

第四节 输送气速上下限与循环量控制

对于连续重整过程的催化剂循环系统，催化剂的循环速率必须与催化反应过程的再生周期匹配，因而做到对催化剂循环速率的灵活调节和控制无论对工程设计还是对生产操作都非常重要。催化剂循环系统的气力输送一般为垂直输送过程，其输送气速下限由噎塞速度决定，而催化剂磨损则是决定输送气速上限主要因素。

一、噎塞速度

在连续重整催化剂循环过程中，希望催化剂颗粒的运动速度尽量小，以减小催化剂的摩擦损耗。颗粒速度随输送气速的减小而减小，输送气速的下限即为噎塞发生时的气速，

因此实验确定或理论预测噎塞气速对指导连续重整催化剂循环系统的工程设计和生产操作具有重要意义。

噎塞速度被定义为气力输送过程中正常输送颗粒的最低气速，是颗粒输送操作过程中的重要参数之一。一旦输送装置发生噎塞，回复正常操作一般都非常麻烦，因而尽量避免噎塞现象的发生。

噎塞气速通常要大于输送过程颗粒群的终端速度，一般用发生噎塞时的表观气速 U_{ch} 表示。噎塞速度可通过实验测得，也可通过经验关联式预测。实验测量噎噻速度时，设法调节系统的固气比使得颗粒输送量 G_s 保持恒定，然后逐渐减小输送气速，当观察到输送过程的压降突然增大时，此时即意味着输送系统已发生噎塞现象，记录这时输送气的表观气速大小就是所测的噎噻速度 U_{ch}。噎塞速度 U_{ch} 与颗粒输送量 G_s 和输送系统的压力 p 密切相关。当压力 p 一定时，随颗粒循环量 G_s 的增加，噎塞速度 U_{ch} 也随之增加；当颗粒循环速率 G_s 一定时，随着系统压力 p 上升，噎塞速度 U_{ch} 随之下降。

国内外很多学者对于各种不同颗粒物料的噎塞速度做过大量实验研究，并总结归纳得到过一系列经验关联式。对于流化性质为 Geldart－D 类颗粒的重整催化剂，比较具有代表性的预测噎塞速度 U_{ch} 的关联式是由 Leung 和 Yang 等人报道的。研究者 Leung 等人报道的关联式形式为：

$$\frac{U_{ch}}{u_t} = 32.3\frac{U_s}{u_t} + \varepsilon_{ch} \tag{9-54}$$

式中 u_t——输送颗粒的终端速度，m/s；

U_s——颗粒物料的表观输送速度，m/s；

ε_{ch}——噎塞空隙率。

在噎塞发生时，空隙率 ε_{ch} 几乎与颗粒的粒径无关，而只取决于颗粒的密度。对于重整催化剂颗粒，可以用下式估算噎塞发生时的空隙率：

$$\varepsilon_{ch} = 3 \times 10^{-5}\rho_p + 0.91 \tag{9-55}$$

式中 ρ_p——输送颗粒的密度，kg/m^3。

研究者 Yang 等人发表的预测噎塞速度的关联式为

$$\frac{U_{ch}}{u_t} = 1 + \frac{U_s/u_t}{1-\varepsilon_{ch}} \text{及} \frac{2gD_t(\varepsilon_{ch}^{-4.7}-1)}{(U_{ch}-u_t)^2} = 6.81 \times 10^5\left(\frac{\rho_g}{\rho_p}\right)^{2.2} \tag{9-56}$$

式中 D_t——输送管直径，m；

ρ_g，ρ_p——输送气和输送颗粒的密度，kg/m^3。

通过与实验结果对比，表明 Leung 等人给出的关联式在较低的固气比时预测精度较好，而 Yang 等人的关联式则在较高的固气比时具有比较好的预测能力。如发生噎噻时的固气比 μ_{ch} 定义为

$$\mu_{ch} = 4G_s/(\pi Q_{ch} D_t^2) \tag{9-57}$$

则当固气比 $\mu_{ch} < 10$ 时，Leung 等人的关联式的预测误差一般在 20% 以内，但当固气比 $\mu_{ch} > 10$ 时，则误差较大。

由于 Yang 等人提出的关联式考虑了 ε_{ch} 随 G_s 变化，因此当固气比 $\mu_{ch}>10$ 时，式(9-55)的预测精度也能得到保证，使预测值与实验值吻合得较好。然而，Yang 式在固气比 $\mu_{ch}<10$ 时，其预测精度不如 Leung 等人给出的关联式。根据大量实验验证结果，建议在计算重整催化剂输送过程的噎塞速度 U_{ch} 时，如固气比 $\mu_{ch}<10$ 时，采用 Leung 等人的关联式；而当固气比 $\mu_{ch}>10$ 时，采用 Yang 等人给出的关联式。

二、输送气速与催化剂磨损

对于连续重整工艺中的催化剂循环系统，所输送的物料为价值昂贵的贵金属催化剂，因而尽量减少催化剂颗粒在循环过程的磨损消耗一直是人们追求的工程目标之一。鉴于此，在连续重整工艺催化剂循环系统的设计和操作过程中，不宜将输送效率和降低输送过程能耗作为主要的追求目标，而应将降低催化剂在输送过程的摩擦损失作为首要目标。

定义催化剂颗粒的磨损比 ξ 为单位时间内颗粒磨损量与颗粒输送量之比。以此来定量描述输送过程的颗粒磨损情况，即

$$\xi = \Delta W / W_{tr} \tag{9-58}$$

式中 ΔW——单位时间催化剂的磨损量，kg/s；

W_{tr}——单位时间输送的催化剂量，kg/s。

根据力学和摩擦学原理，催化剂的磨损比 ξ 应主要与催化剂颗粒的运动速度有关，并与颗粒的运动速度成幂指数关系，即

$$\xi = K\left(\frac{U_g/\varepsilon_g - u_t}{u_t}\right)^m \tag{9-59}$$

式中 K, m——磨损比例系数和磨损指数因子；

ε_g——系统的空隙率；

U_g，u_t——输送气表观气速和颗粒终端速度，m/s。

图 9-28 为在给定磨损比例系数、颗粒终端速度和体系空隙率时，模拟计算得到的催化剂颗粒磨损比结果。从式(9-58)和图9-28可以看出，随着输送过程颗粒输送速度的增大，磨损比也将增大，并且输送速度越大，磨损比增大的趋势也会明显增加。

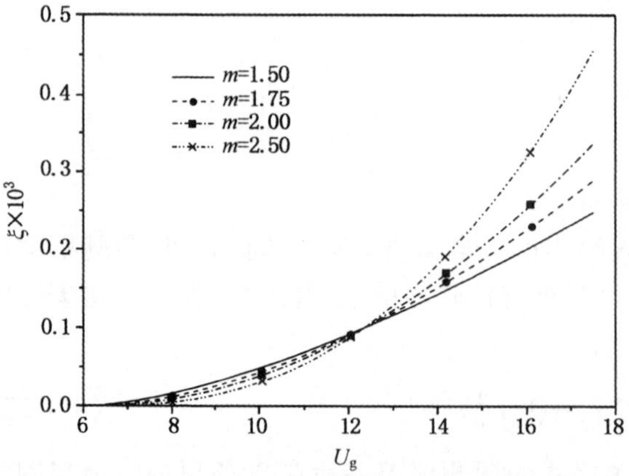

图 9-28 摩损比与气速和摩损指数因子的关系

考虑在实际生产过程中，应尽量减少重整催化剂因循环输送造成的磨损，因此气力输送应在尽可能低的输送气速下操作。大量实践表明，催化剂颗粒在输送过程的实际提升速度应小于 2m/s。否则，会使催化剂的磨损明显增大。

三、催化剂循环量控制

对于连续重整工艺的催化剂循环过程，仅靠调节输送气量不能满足灵活控制催化剂循环速率的工艺要求。正如本章第三节所介绍的内容，只有采用专门设计的发送装置，配合正确的操作方式和控制程序才能实现对催化剂循环量的灵活控制。如采用图9-26和图9-27给出的双输送气发送装置，二次气和一次气可相对独立地分别控制催化剂颗粒的定量发送和提升输送。

图9-29和图9-30分别给出了实验得到的一次输送气对采用流化发送罐和L阀发送器时催化剂循环量 G_s 的影响规律。结果表明，采用双输送气发送装置时，一次气的作用主要是提升输送颗粒物料，而对催化剂的输送量几乎没有影响。

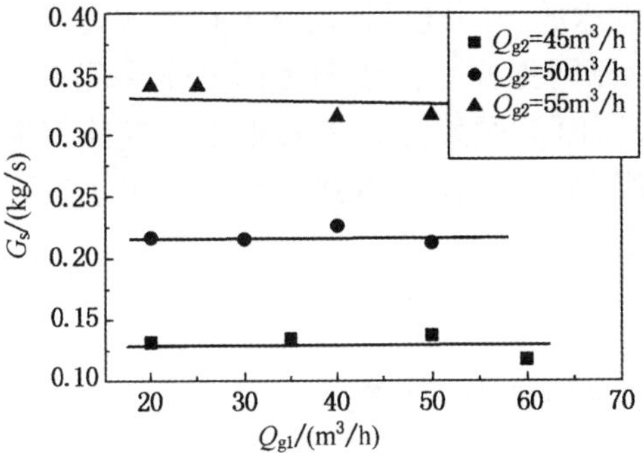

图9-29 流化发送罐一次气的影响

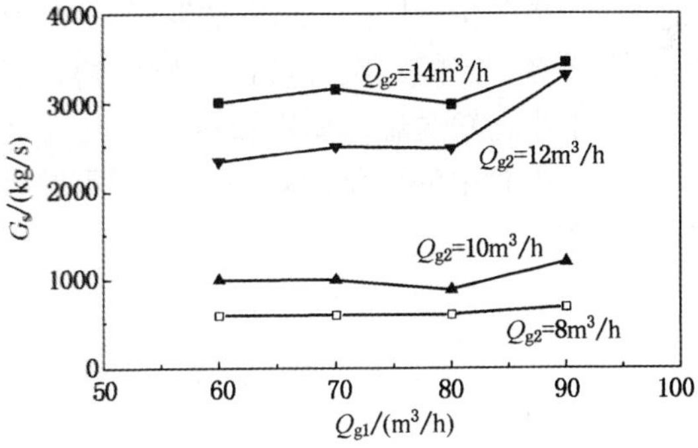

图9-30 L阀发送器一次气的影响

如采用流化发送罐时，提升输送管喇叭口处的流化状态和气流速度直接影响颗粒物料的发送速率。开始发送物料的最小二次气流量可由式(9-52)计算得到，而输送物料的速率与二次气通过提升管喇叭口外缘和一次气喷嘴构成环隙的速度有关。图9-31所示为实验得到的提升管喇叭口直径和二次气流量对催化剂颗粒循环速率的影响规律。实验中，提升管喇叭口直径分别为100mm和135mm，二次气流量变化范围为6~60m³/h。由图中可以看出，二次风量是影响颗粒输送量的关键因素。当二次气量小于某一特定值时，没有颗粒输送；随着二次气量的逐渐增大，颗粒输送量随之增大，并基本与二次气流量呈指数上升关系，即

$$Q_s = K(Q_{g2} - Q')^n \quad (9-60)$$

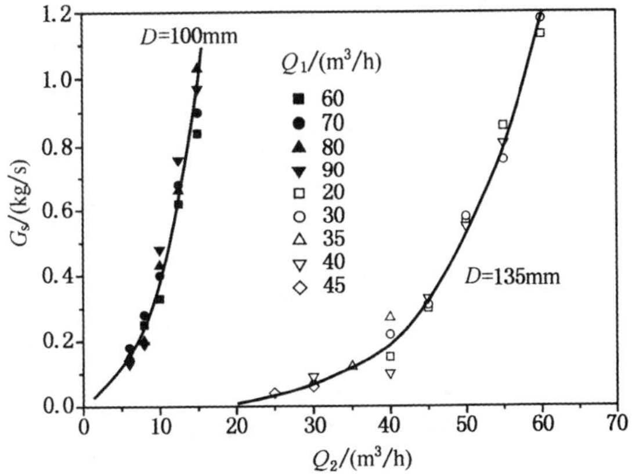

图9-31 喇叭口直径和二次气对颗粒循环量的影响

因此，工程中可以通过调节二次气流量来控制颗粒的输送量，随着二次气量的增大，流化的颗粒量和通过喇叭口环隙的颗粒量均增加，从而使得输送过

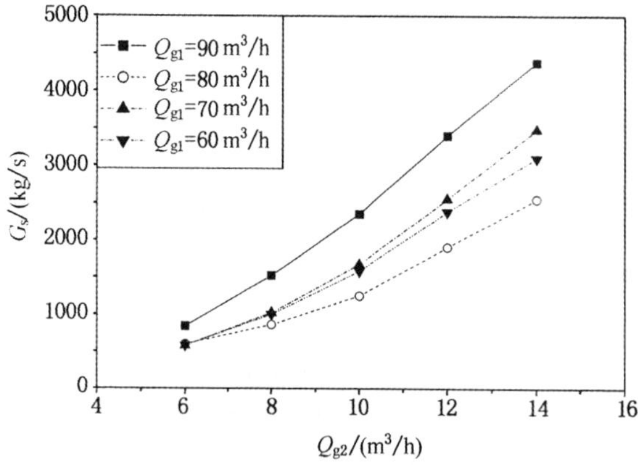

图 9－32 二次气对 L 阀颗粒循环量的影响

程的混合比增大。当喇叭口直径较小时，需要的二次气量较小，但对颗粒输送量的调控精度较差；反之，需要的二次气量较大，调控精度较好。

图 9－32 给出了实验得到的二次气量对 L 阀发送器催化剂循还量的影响规律。从图中可以看出，颗粒循环量随着一次输送气量的增加变化不大，主要是随着二次输送气量的增加而近似地线性增加。

对比图 9－31 和图 9－32 可以看出：L 阀发送器和流化发送器所需要的一次气量和二次气量不同。L 阀发送器所需要的用于输送的一次气量比流化发送罐大得多，而流化发送罐所需的二次气量比 L 阀大得多，其中原因主要是由于两者的操作原理不同所致。对于流化发送罐，要求颗粒首先被流化起来，而 L 阀发送器需要很小量气体就能流化 L 阀水平管中的催化剂颗粒。对于重整催化剂颗粒，这两种发送罐均表现出了良好的操作特性。

第五节 输送过程的压力损失

输送管道中的压降是气力输送过程的重要设计参数和操作参数，属于气力输送过程的重要考核指标之一。本节主要介绍重整催化剂循环系统中输送过程的沿程压力分布规律、输送压力损失的影响因素和输送过程压降的计算方法。

一、沿程压力分布规律

为了认识催化剂循环系统的气力输送沿程压力分布规律和定量确定输送过程的压力损失，清华大学景山等人在如图 9－33 所示的重整催化剂循环模拟实验台上进行了系统的实验研究。该实验装置主要由发送罐、催化剂储罐、计量罐、重量传感器、气固分离器、锁压罐等组成。输送管线为 ϕ57mm × 3.5mm 的不锈钢管，并由一段 45°倾角的斜管和两段垂直管组成。输送管总高度为 18.8m，总长度为 20.7m。输送管沿程共分布设置了 7 个测压口，其中下部垂直段 3 个，斜管段 2 个，上部垂直段 2 个。

实验过程中，催化剂循环速率采用美国 TSC 公司生产的 BSS－1K 型重量传感器在线测量，该传感器的输入与输出具有良好的线性关系，测量精度较高。压力数据则采用霍尼威尔公司出品的 24PC 系列差压型压力传感器，量程分为 0.1MPa 和 0.2MPa 两种。压力传感器输出的信号输入到 IPC5464 放大器中，然后通过 IPC5438 型 A/D 转换板接入计算机在线采集记录。

实验测量得到的输送管路中压力分布如图 9－34 所示。图中给出的是在出口为常压条件下整个输送管道中的沿程各测压点压力（表压）和管路长度坐标的关系。由实验结果可知，当颗粒循环量 G_s 相同时，随着总输送气量 $Q_{g1}+Q_{g2}$ 的增加，各测压点的压力均增加，但各压力曲线随高度的变化趋势是相同的，并且这一变化趋势可以明显地分为3段，即A段、B段和C段。A段对应于图9-33中输送管线底部的直管段，在此段的初始部分压力梯度较大，属于输送过程的加速段。在加速段，颗粒速度由零增大至某一恒定值，颗粒经过加速段后，基本以恒速运动，相应的压力梯度也为定值。图中B段对应于输送管线的两个弯头及斜管段，该段压力梯度比直管段大，但加大气速将会比较明显地减小该段的压力梯度。图中C段对应于输送管线顶部的直管段，由于在该段中颗粒基本以恒定速度运动，相对应的压力梯度为定值，在图中压力随高度的变化近似于直线，且该段的压力梯度与A段中恒速段部分的压力梯度相近。

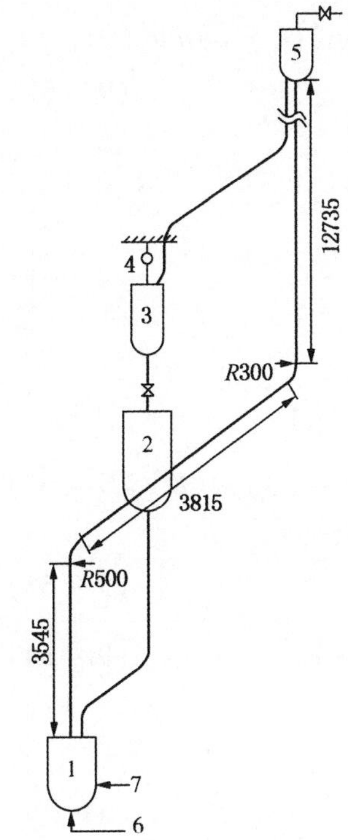

图9-33　气力输送实验台
1—发送罐；2—催化剂储罐；3—计量罐；4—重量传感器；5—气固分离器；6——次输送风；7—二次输送风

关于稀相输送管道中的压降问题，学术界已经进行了大量的理论与实验研究。研究结果表明，稀相输送的压降计算可采用修正后的单相流模型，一般情况下应用该模型模拟计算稀相输送的压降损失可以很好地满足工程应用的需要。以下介绍根据重整催化剂循环系统的设备特征，采用分段计算输送过程压力损失的方法。

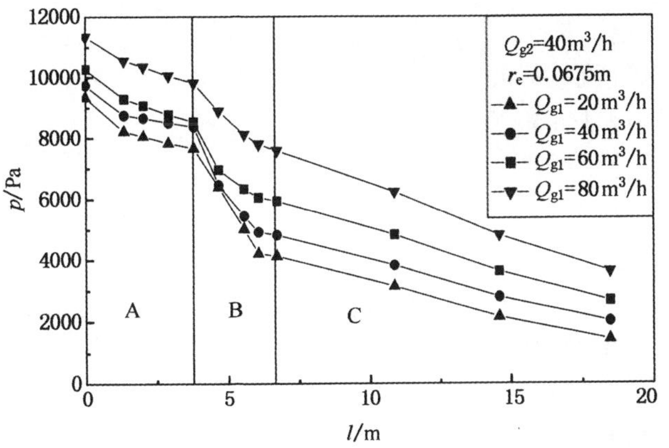

图9-34　沿程各测压点的压力（表压）分布规律

二、垂直立管的压力损失

（一）匀速段垂直立管

输送颗粒匀速运动时，垂直稀相输送过程直管段的压降 ΔP 主要由重力引起的压降加

上气固摩擦压降组成，即

$$\Delta_p = \Delta p_{st} + \Delta p_{fr} = [\varepsilon\rho_g + (1-\varepsilon)\rho_s]gh + 4f_g h\varepsilon\rho_g u_g^2/D + 4f_s h(1-\varepsilon)\rho_s u_s^2/D \tag{9-61}$$

其中 ρ_g，ρ_s——输送气和颗粒的密度，kg/m³；

u_g，u_s——输送气和颗粒群的实际速度，m/s；

f_g，f_s——气体和颗粒的摩擦阻力系数；

h，D——输送管高度和内径，m；

g——重力加速度，m/s²；

ε——输送过程的空隙率。

整理方程(9-61)，可以得到求解固相摩擦因子f_s的方程

$$f_s = \{\Delta p - [\varepsilon\rho_g + (1-\varepsilon)\rho_s]gh - 4f_g h\varepsilon\rho_g u_g^2/D\}/[4h(1-\varepsilon)\rho_s u_s^2/D] \tag{9-62}$$

式(9-61)中的ε和u_s是未知数，可通过建立以下方程组联立求解得到：

$$\varepsilon = 1 - 4G_s/(\pi\rho_s u_s D^2) \tag{9-63}$$

$$u_s = U_g/\varepsilon - 0.011\mu_s^{-0.1}u_t^{-0.34}\left(\frac{d_p}{D}\right)^{0.56}\left(\frac{\rho_g}{\rho_s}\right)^{-0.68}\left(\frac{U_g}{\varepsilon}\right)^{1.34} \tag{9-64}$$

式中 G_s——催化剂颗粒的循环速率，kg/s；

U_g，u_t——输送气表观速度和颗粒终端速度，m/s；

d_p——催化剂颗粒的粒径，m；

μ_s——输送过程的固气比。

以上方程组中的颗粒终端速度u_t和固气比μ_s用以下公式计算：

$$u_t = 1.74[d_p g(\rho_s - \rho_g)/\rho_g]^{0.5} \tag{9-65}$$

$$\mu_s = G_s/[(Q_{g1} + Q_{g2})pM/RT] \tag{9-66}$$

式中 p——输送系统的压力，Pa；

T——输送系统的和温度，K；

Q_{g1}，Q_{g2}——一次和二次输送气流量，m³/s；

R——气体常数(=8.314 J/mol/K)；

M——输送气平均相对分子质量。

(二)加速段垂直立管

对于加速段的压力损失，除了考虑输送颗粒匀速运动由重力引起的压降和气固摩擦所产生的压降外，还应加上加速颗粒过程所产生的压力损失，即

$$\Delta p = \Delta p_{st} + \Delta p_{fr} + \Delta p_{ac} \tag{9-67}$$

式中的最后一项由下式计算得到

$$\Delta p_{ac} = \frac{2G_s}{\pi D^2}\left(\frac{u_{sc}}{1-\varepsilon_c} - \frac{u_{s0}}{1-\varepsilon_0}\right) \tag{9-68}$$

上式中的下角标0和c分别对应输送管下端入口和加速段终止处的坐标位置。

加速段的长度l_c可用下式计算得到

$$l_c = \frac{u_{g0}^2}{2gB}\left[\ln\frac{A - 2u_{sc}/u_{g0} + B(u_{sc}/u_{g0})^2}{A} + \frac{1}{Z}\ln\frac{A-(1-Z)u_{sc}/u_{g0}}{A-(1+Z)u_{sc}/u_{g0}}\right] \tag{9-69}$$

式中　u_{g0}——输送气入口处的速度，m/s；

u_{sc}——加速终止时的颗粒群运动速度，m/s。

式中的缩略变量 A、B 和 Z 的定义为

$$A = 1 - (u_t/u_{g0})^2, B = 1 - \lambda_s u_t^2/2gD, Z = \sqrt{1 - AB}$$

式中　λ_s——颗粒的摩擦系数。

根据以上方程计算得到被输送颗粒的最大运动速度

$$u_{sm} = u_{g0}(1 - \sqrt{1 - AB})/B \tag{9-70}$$

在利用式(9－69)计算加速段长度时，一般取加速结束时的颗粒速度为最大运动速度的0.95倍，即 $u_{sc} = 0.95u_{sm}$。

三、斜管压力损失

在重整过程的催化剂循环系统中，为了实现将催化剂输送到不同高度和不同平面位置的设备中，通常需用斜置的输送管线连接这些设备。在工程实践中，为此目的输送管线一般都按45°角倾斜安装。

在倾斜安装的输送斜管内，因气固离析而存在颗粒涓流现象，使得单位长度上的压降比垂直管段要大一些。由于在倾斜安装的输送管内，因重力作用使管内存在明显的偏流，使气固两相流过程变得相当复杂，很难建立斜管输送过程的定量描述方程。然而庆幸的是，在如图9－33所示的实验装置中通过大量实验发现：在倾斜安装的输送管内单位长度上的压降与垂直管中单位长度上的压降之比基本为一常数。不同催化剂输送量条件下，实验测得的45°斜管内的压力梯度与垂直管内的压力梯度之比标绘于图9－35中。实验结果表明，45°斜管内的压力梯度与垂直管内的压力梯度之比大约为2.8，也即

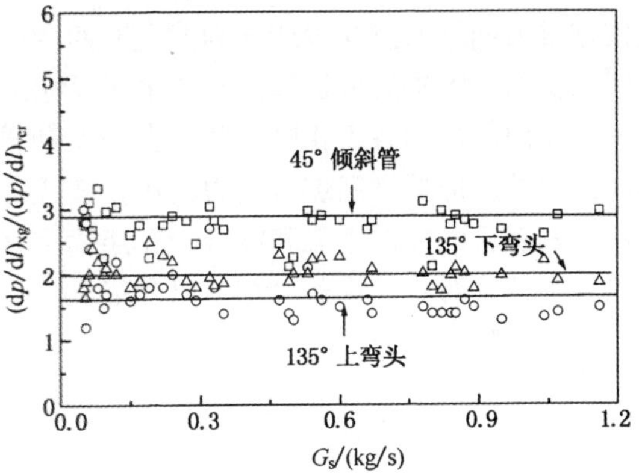

图9－35　斜管和弯头的当量压力梯度

$$\frac{(\mathrm{d}p/\mathrm{d}l)_{xg}}{(\mathrm{d}p/\mathrm{d}l)_{ver}} \approx 2.8 \tag{9-71}$$

四、弯头局部压力损失

在整个催化剂循环系统的输送管道中，通常需用一些连接弯头将不同高度和不同平面位置的设备连接在一起，从而实现将不同设备中催化剂颗粒互相输送或回流。在所用的弯头中，用得最多的是135°向上和135°向下的弯头。

像倾斜管内的气固两相流一样，经过弯头的气固两相流的压降计算也是非常困难和相当复杂的。因此，在工程实践中一般将它与相同流动条件下垂直管道中的压降进行比较，然后根据当量压降比值计算弯管处的压降。该方法在实际工程应用中比较方便实用。根据

图9－35中给出的上弯头和下弯头的压力梯度与垂直管道的压力梯度之比值的实验结果，135°上弯头的当量压力梯度为1.6，即

$$\frac{(dp/dl)_{sw}}{(dp/dl)_{ver}} \approx 1.6 \tag{9-72}$$

而对于135°下弯头，其当量压力梯度约为2.0，即

$$\frac{(dp/dl)_{xt}}{(dp/dl)_{ver}} \approx 2.0 \tag{9-73}$$

这样，利用式(9－71)～式(9－73)三个关系式，即可以很方便地计算得到整个输送管路上的输送压力损失。

第六节　锁气及锁压装置

连续重整过程是催化重整反应与催化剂再生反应的耦合过程。操作过程中，重整催化剂依靠重力向下通过迭置或并列放置的四台反应器和再生反应器。在诸反应器之间，则采用气力输送技术提升输运催化剂。由于反应工艺的需要，各级重整反应器内的压力以及再生反应器内的压力各不相同，甚至在一反和再生器之间的压差高达0.3MPa。为了实现在不同压力的反应器之间进行气力输送，甚或是逆压差输送，以及避免在存在压差的设备之间危险和有害气体的串流和混合，在连续重整过程的设备之间通常需安装锁气和锁压平衡装置。本节将对相关设备分别给以介绍。

一、锁　气　罐

顾名思义，锁气罐的作用就是封锁相邻设备之间的气流，防止相邻设备之间的气体物料通过催化剂管路互相串气和混合。在生产过程中，既要防止重整反应过程的反应物和产物与输送气之间的混合，更要绝对避免易燃易爆的氢和烃类气体与再生过程中含氧和含氯等危险气体之间的接触混合。为做到这一点，工程实践中在重整反应器和再生器底部的催化剂出口处或在其顶部的催化剂入口处均设计安装有不同结构形式的锁气装置。连续重整技术中采用的锁气装置，尽管结构形式不同，但基本原理是一样的，即均采用引入惰性气体的方法来阻隔相邻设备之间的气流，从而实现锁气的目的。

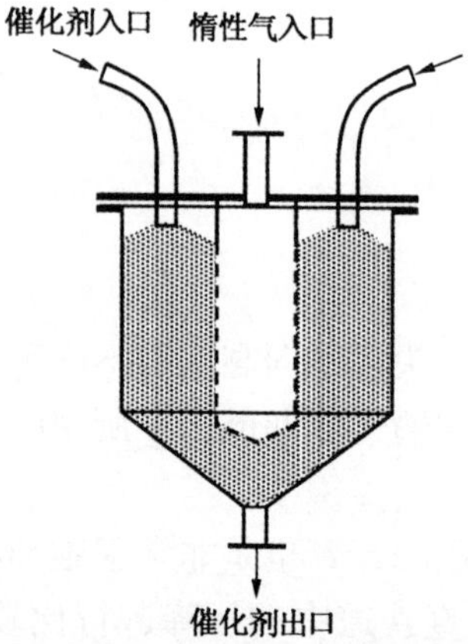

图9－36　集料锁气罐示意图

(一) 锁气罐结构

锁气罐因所处的工艺条件不同和所兼顾的其他功能各异，锁气罐的结构形式也是多种多样的。最常见的锁气罐结构形式有图9－36和图9－37两种。前者应用于反应器或再生器的催化剂下部出口为多管排料的情况，这种结构又同时用作反应器催化剂排料口的集料罐；而后者用在反应器或其他设备只有一个催化剂排料口的情况。

对于如图 9－36 所示兼具集料功能的锁气罐，其特点是催化剂颗粒的进料口很多，一般为 8～12 个，通常在锁气罐顶部环状均匀排列。用于锁气的惰性气体进口处在顶部中央，锁气罐内可设置多孔圆筒用于改善气流分布。不过如取消锁气罐中的布气筒，对锁气罐的锁气性能并没有明显影响。如图 9－37 所示的锁气罐结构比较简单，在罐体上下各有有关催化剂的入出口，而惰性气体的入口进口设计在底部也可设计在顶部，其实际作用并没有明显差别。

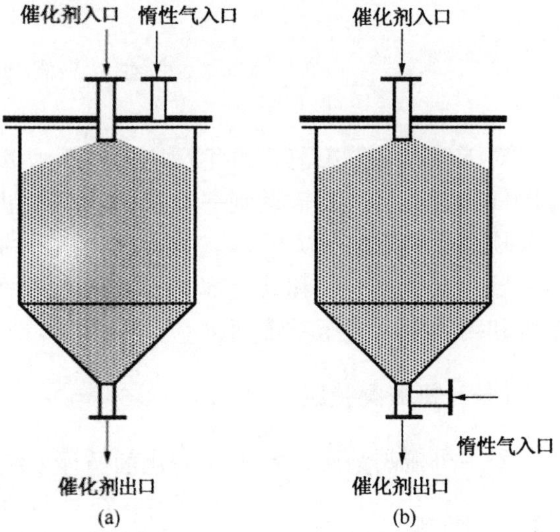

图 9－37　锁气罐示意图

（二）锁气罐工作原理

锁气罐的作用是避免相邻设备中的气流通过催化剂管路接触，锁气原理也很简单。正如图 9－39 所示，将高压惰性气体引入锁气罐，使罐内压力高于相邻两设备中的压力，这样惰性气体将分流流向相邻的设备，而相邻设备中的气体则不能流过锁气罐，从而达到锁气的目的。

为了起到安全锁气的作用，锁气罐中的压力 p_c 不仅要高于相邻较低压设备内的压力 p_1，而且也要高于相邻较高压设备内的压力 p_2。这时，锁气罐与相邻设备之间的压差靠锁压气流流过连接相邻设备的催化剂管路形成，因此在催化剂管路中的气固两相流满足由 Ergun 公式描述的压降规律，即当催化剂管路长度为 L(m)时，相应设备压力 p_i 对应于锁气罐压力 p_c 应有

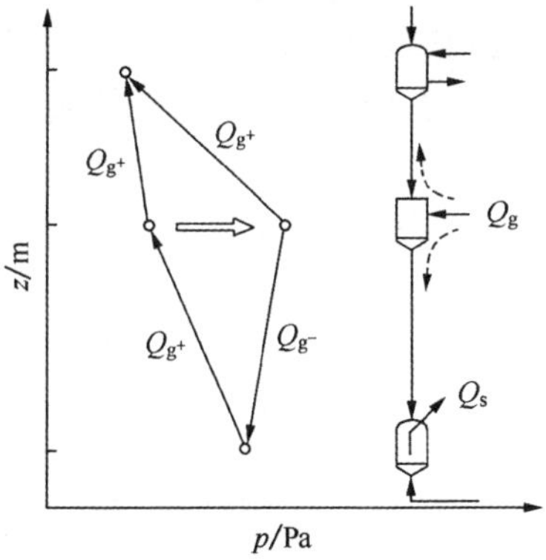

图 9－38　锁气罐工作原理示意图

$$\frac{p_c - p_i}{L} = 150\frac{(1-\varepsilon)^2}{\varepsilon^3}\frac{\mu_g U_g}{d_p^2} + 1.75\frac{(1-\varepsilon)}{\varepsilon^3}\frac{\rho_g U_g^2}{d_p} \tag{9-74}$$

式中　U_g——通过催化剂管路的表观气速，m/s；

μ_g——锁气气流的黏度，Pa·s；

ρ_g——锁气气流的密度，kg/m^3；

d_p——催化剂颗粒粒径，m。

根据式(9－73)即可计算得到产生已知压差所需的惰性气体通过催化剂管路的表观流速 U_{g+} 和 U_{g-}，然后乘上催化剂管路总的截面积 A_i，最后得到安全锁气所需的惰性气体流量：

$$Q_g = U_{g+}A_1 + U_{g-}A_2 \tag{9-75}$$

根据以上分析，连接锁气罐和相邻设备的催化剂管路越长、截面积越小，锁气罐的锁气和压力平衡效果越好，但这必须以保证在气固逆向流动时催化剂正常落料为前提。一般情况下，当相邻设备的压差不是很大时(比如小于 0.05MPa)，采用锁气罐来平衡压力是

可行的；而压差较大时，则需要采用专门的锁压装置来平衡压力。

二、锁压装置

对于连续重整工艺，再生反应器的压力低于催化重整反应器的压力。因此为了将再生好的催化剂从再生器输运到一反顶部的料斗里，必须将再生器下部提升器的压力提高或将一反顶部受料罐的压力降低。为实现这一目的，可在再生器和其下部的提升器之间接入锁压装置，或者在一反和其上部的受料罐之间增加锁压装置。常用的锁压装置有机械阀锁压系统和闭锁料斗锁压系统两种。

（一）机械阀锁压

采用机械阀锁压技术平衡催化剂循环系统的压力，实现催化剂从低压位向高压位的自由落料，在早期的连续重整装置使用比较普遍。机械阀锁压系统如图 9－39 中的示意图所示，即在需要锁压的地方串接一个料罐，在料罐催化剂的出入口各装配一对颗粒阀和气体阀。安装时颗粒阀在上，气体阀在下，以保证气体阀启闭时管路中无催化剂颗粒。

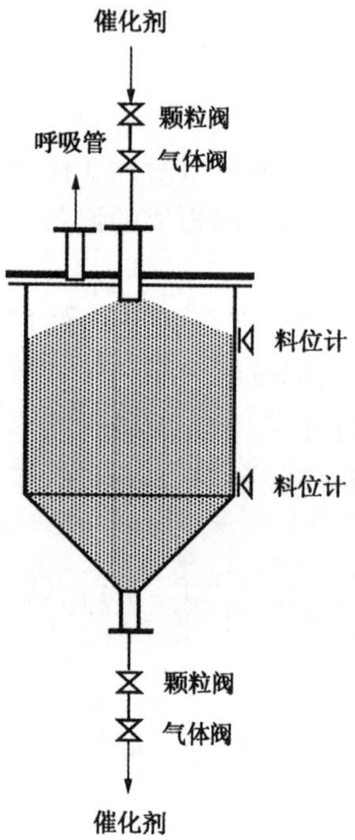

图 9－39　双阀锁压系统示意图

工作时，当料罐内的颗粒料位低于下料位计的高度，则先关闭料罐下面的颗粒阀和气体阀，然后顺序打开与上部设备连接的呼吸管上的阀门和料罐上面的气体阀和颗粒阀，这时锁压罐处于低压状态，上部料罐中的催化剂可以回落到锁压罐里，而锁压罐下面的双阀锁住了下面设备中的高压。当锁压罐中的料位达到上部料位计的位置，则首先顺序关闭与上部设备连接的呼吸管上的阀门和料罐上面的颗粒阀和气体阀，然后顺序开启与下部设备连接的呼吸管上的阀门和料罐下面的气体阀和颗粒阀，这时锁压罐处于高压状态，锁压罐中的催化剂则可以下落到锁压罐下面的高压位设备里。这样周而复始地连续操作，实现将低压处的催化剂下落至更高压力的设备里。

机械阀锁压具有锁压能力强，控制相对简单的优点，但在工程应用中也存在很多缺点。首先，在流过颗粒的管路上安装阀门，存在很大的难度，对阀门的性能和加工精度要求较高，通常需要高价进口阀门；再者，机械阀长期运行易出现故障，会影响连续和稳定生产。因此，目前新建装置大部分都采用无阀操作的锁压系统。

（二）闭锁料斗锁压

图 9－40 所示为闭锁料斗的结构示意图，上部与催化剂还原区相接，催化剂出料口设在下部。整个闭锁料斗被三个漏斗立管分割成四部分空间，最上部分作为催化剂还原区和催化剂储料缓冲空间，下面的三个空间则作为交替下料的催化剂料仓。催化剂必须通过圆锥漏斗和立管顺序流入下一个料仓。第 1 个和第 2 个以及第 2 个和第 3 个料仓之间用压力

平衡管相连，当压力平衡管阀门打开时，两个仓之间压力平衡，物料可以流落。当压力平衡管阀门关闭时，下部仓的压力高于上部仓的压力，此时催化剂的流落停止，形成悬料现象。

从宏观上看，催化剂在闭锁料斗中实现了沿着压力增大的方向流动，也就是说，闭锁料斗起到使催化剂在较高逆压差的条件下流落的作用，而且闭锁料斗还担负着控制催化剂循环量的作用。与双阀锁压系统相比，闭锁料斗在锁压过程中，催化剂颗粒输送管线不需阀门控制落料过程，实现了无阀锁压操作，这在技术上是一大进步。

三、无阀锁压原理

闭锁料斗的锁压功能主要由料斗内的三个立管实现，工作时一般只有一个立管为零压差而使其上的催化剂向下流落，而另外两个立管因存在锁压气向上流动产生较大的逆向压差。因此，闭锁料斗的锁压能力可以分析计算其中的漏斗－立管系统的锁压效果得到。

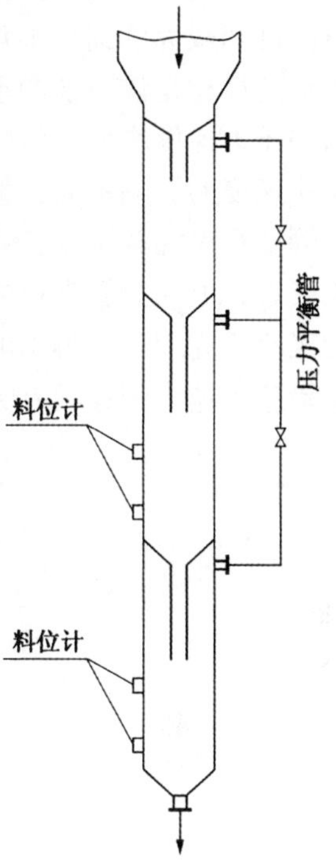

图 9－40　闭锁料斗示意图

（一）闭锁料斗的工作程序

当催化剂落入第一段立管下面的第 1 个料仓后，打开第 1 仓和第 2 仓之间压力平衡管上的阀门，使第 1 仓和第 2 仓之间的压差为零，因此催化剂依靠重力流落到第 2 仓。然后关闭第 1 仓和第 2 仓之间压力平衡管上的阀门，使 2 段立管形成悬料，再打开第 2 仓和第 3 仓之间压力平衡管的阀门，使两仓之间的压差为零，催化剂从第 2 仓依靠重力流落到第 3 仓，同时催化剂从闭锁料斗上部补充到第 1 仓。随后关闭第 2 仓和第 3 仓之间压力平衡管的阀门，使第 3 段立管悬料，打开第 1 仓和第 2 仓之间压力平衡管的阀门，使第 1 仓中的催化剂流落到第 2 仓中，同时第 3 仓的压力上升，使第 3 仓中的催化剂能够落入到下部的提升器中。闭锁料斗在逻辑程序的控制下，按一定周期循环进行准备、加压、卸料、降压、装料等操作，将催化剂定时定量输送到闭锁料斗下部的提升器中。

（二）闭锁料斗锁压能力的影响因素

影响漏斗－立管系统锁压能力的因素也就是闭锁料斗锁压能力的影响因素。漏斗－立管系统的最大锁压能力主要受到系统喷动流化的局限，一旦系统产生流化，则基本丧失锁压能力。根据气固两相流理论分析和实验验证可知，影响漏斗－立管系统锁压能力的主要因素有：

（1）漏斗内颗粒物料的高度；

（2）漏斗锥度角的大小；

（3）立管下端限流孔孔径；

（4）立管长度和直径。

在以上的影响因素中，漏斗内颗粒物料的高度和漏斗锥角的影响非常明显，较大的物料高度和较大的漏斗锥角对提高锁压能力有利。立管下端的限流孔孔径大小会影响物料的悬料特性，是该设备的重要设计参数，随着孔径的增大，悬料点所对应的表观气量和立管内的压力梯度增大，但限流孔径的变化对喷动特性没有明显的影响。立管长度对初始喷动流化速度的影响不大，但随立管长度的增加，漏斗－立管系统总的锁压能力明显提高。而立管直径对漏斗－立管系统的悬料操作区域有较大影响。虽然不同立管直径的初始喷动气量接近，但随立管直径的增大其悬料操作区的锁压能力减小。清华大学胡庆元等做了大量的实验研究工作，得出的主要影响规律如图9－41和图9－42所示。如对其他相关的实验结果感兴趣，请参阅有关参考文献。

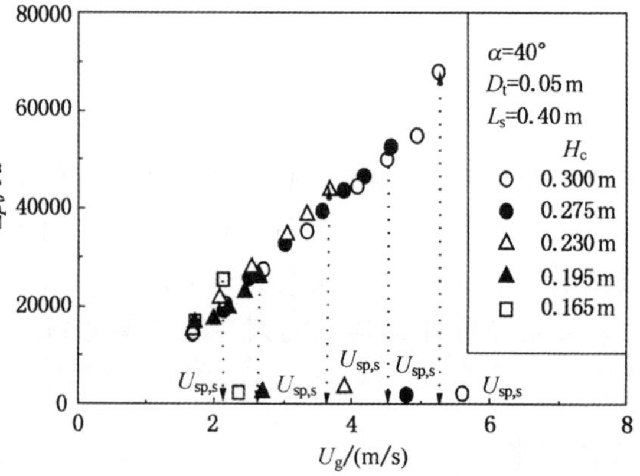

图9－41 料高对锁压能力的影响

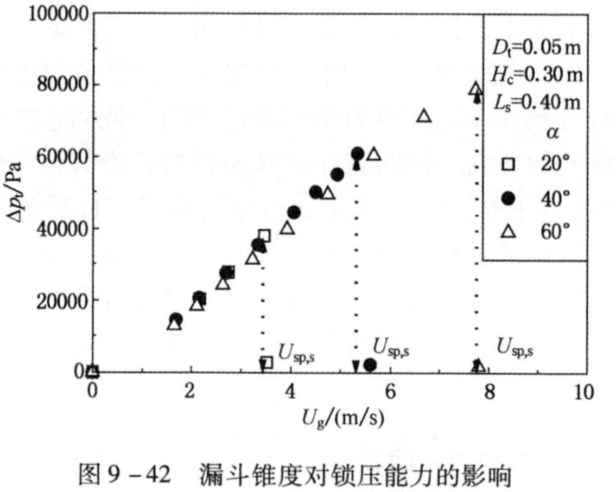

图9－42 漏斗锥度对锁压能力的影响

四、闭锁料斗的锁压能力

闭锁料斗正常操作必须在内部某段立管处于锁压状态时满足以下两个条件：

（1）流过立管的闭锁气必须大于一定流速，以使该漏斗－立管系统处于悬料状态；

（2）同时流过立管的闭锁气量又不能超过某一数值，以使该漏斗－立管系统不至于达到喷动流化状态。

以上即是闭锁料斗正常操作对应的锁压操作上下限。

（一）锁压操作区域下限的计算

当立管下端限流孔直径小于0.707倍的立管内径时，即 $D_i < 0.707D_t$，悬料将发生在限流孔口，整个立管将充满催化剂颗粒；否则，即 $D_i > 0.707D_t$，悬料将发生在立管内部，立管底部会出现空管现象。在 $D_i < 0.707D_t$ 的条件下，当基于限流孔直径半球面的表观气速大于最小流化速度时，即 $U_{bo} > U_{mf}$，立管内将发生悬料，这时的漏斗－立管系统才具备锁压功能。基于限流孔直径半球面的表观气速 U_{bo} 和基于立管截面积的表观气速 U_g 存在如下关系：

$$U_{bo} = 0.5(D_t/D_i)^2 U_g \tag{9-76}$$

当 $U_{b0} = U_{mf}$ 时，利用修正的 Ergun 公式，即可求出立管的最低锁压压差（$-\Delta p_m$）：

$$-\Delta p_m = \frac{300(1-\varepsilon)^2 \mu_g U_g}{\varepsilon^3 d_p^2}(D_i/D_t)^2 H \tag{9-77}$$

式中　H——立管长度，m。

而在 $D_i > 0.707D_t$ 时，当 $U_g > U_{mf}$ 时，在立管中也将发生悬料。此时立管最低锁压压差（$-\Delta p_m$）为：

$$-\Delta p_m = \rho_s(1-\varepsilon_{mf})gH \tag{9-78}$$

根据以上公式，即可近似计算确定闭锁料斗的锁压操作区域下限，包括闭锁气最小临界流量和最低锁压压差。

（二）锁压操作区域上限的计算

漏斗－立管系统中的闭锁气流一旦超过颗粒系统的初始喷动流化速度，则闭锁料斗即失去锁压功能，因而该点即可作为锁压操作区域的上限。实验研究表明，漏斗－立管系统的初始喷动流化速度 U_{sm} 与锥形床的最小流化速度 U_{mf} 基本一致。同时，当漏斗－立管系统喷动时，其漏斗部分产生的压降 Δp_{sp} 也基本与锥度及锥内料高相同的锥形床最大压降一致。

在漏斗－立管系统喷动之前，立管内的气速已经远大于颗粒的最小流化速度，但是由于立管上端锥形床的分流作用导致气速沿轴向很快衰减，使锥形床内的气速并未达到颗粒的最小流化速度。因此，锥形床内的颗粒仍会处于固定床阶段并对立管内的颗粒产生阻塞作用，使立管内的颗粒无法发生流化或整体向上运动。从而，漏斗－立管系统可以达到很高的锁压能力。

导致漏斗－立管系统内颗粒整体喷动流化的表观气体流量比对应立管中的最小流化气速的流量要大得多。预测喷动床体系初始喷动速度的经验公式很多，由 Mathur 和 Gishler 提出的关联式是比较简单和实用的，计算基于立管直径表观速度的初始喷动速度 U_{sm} 的关联式形式为：

$$U_{sm} = \frac{d_p}{D_b}\left(\frac{D_b}{D_t}\right)^{\frac{5}{3}}\sqrt{\frac{2gH_m(\rho_s-\rho_g)}{\rho_g}} \tag{9-79}$$

式中 H_m——漏斗喷动床中的料层高度，m；

D_b，D_t——分布为喷动床和立管的直径，m。

将求出的初始喷动流化速度作为锁压操作区域的闭锁气流上限，据此结合 Ergun 公式即可计算得到最大锁压能力。最大锁压能力($-\Delta p_{total}$)应为立管段产生的压降和底部为锥形的料仓产生的压降之和，即

$$-\Delta p_{total} = (-\Delta p_{st}) + (-\Delta p_{conic}) \tag{9-80}$$

立管段产生的压降为

$$-\Delta p_{st} = \left(150\frac{(1-\varepsilon)^2}{\varepsilon^3}\frac{\mu_g U_{sm}}{d_p^2} + 1.75\frac{(1-\varepsilon)}{\varepsilon^3}\frac{\rho_g U_{sm}^2}{d_p}\right)H \tag{9-81}$$

式中 H——立管长度，m。

而锥形床层中产生的压降为

$$-\Delta p_{conic} = \int_0^H\left(150\frac{(1-\varepsilon)^2}{\varepsilon^3}\frac{\mu_g U_g}{d_p^2} + 1.75\frac{(1-\varepsilon)}{\varepsilon^3}\frac{\rho_g U_g^2}{d_p}\right)dz \tag{9-82}$$

参 考 文 献

[1] Stoess, H A. Pneumatic conveying. 2nd Edition[M]. New York: John Wiley & Sons, 1983

[2] 金涌，祝京旭，汪展文，俞芷青．流态化工程原理[M]．北京：清华大学出版社，2001

[3] 黄松．气力输送[M]．上海：上海科技出版社，1984

[4] Kwauk M. Fluidization-idealized and bubbleless, with applications, Ellis horwood series in chemical engineering[M]. Science Press, Beijing: 1992. 13～21

[5] Leung L S, R J Wiles, D J Nicklin. Correlation for Predicting Choking Flowrates in Vertical Pnematic Conveying[J]. Ind Eng Chem Process Des Develop, 1971(10): 183

[6] Yang W C. Criteria for Choking in Vertical Pneumatic Conveying Lines[J]. Powder Technology, 1983(35): 143

[7] 李诗久，周晓君．气力输送理论与应用[M]．北京：机械工业出版社，1992

[8] Jing S, Q Y Hu, Y Bian, F Mei, JF Wang, Y Jin. Improved particle plug valve for Geldart-D powders [J]. Powder Technology, 2003, 131(1): 99～104

[9] Jing S, K Huang, Q Y Hu, J F Wang, Y Jin. Experimental study on vertical dilute phase gas conveying[J]. CHINESE J Chem Eng, 2003, 11 (1): 115～120

[10] Jing S, Q Y Hu, J F Wang, Y Jin. Experimental study on the hung-up regime of a hopper-standpipe system for a Geldart-D powder[J]. Chemical Engineering & Processing, 2003, 42(5): 337～350

[11] Jing S , Q Y Hu, J F Wang, Y Jin. Application of particle plug valve in a positive dilute gas-conveying system[J]. Powder Technology, 2002, 126(1): 96～101

[12] Jing S, G B Cai, S Huang, J F Wang, Y Jin. Incipient condition of hang-up in a long standpipe-hoper system for Geldart-D powders[J]. Chinese J of Chem Eng, 2001, 9(3)331～333

[13] Jing S, Q Y Hu, GB Cai, J F Wang, Y Jin. Introduction of particle plug valve[J]. Powder Technology, 2001, 115(1), 8～12

[14] Jing S, Q Y Hu, J F Wang, Y Jin. Fluidization of coarse particles in gas-solid conical beds[J]. Chemical Engineering and Processing, 2000, 39(4): 379～387

[15] 胡庆元, 景山, 王金福, 金涌. L阀在气力输送中的应用[J]. 化学反应工程与工艺, 2001, 17(3): 244~248

[16] 胡庆元, 景山, 王金福, 金涌. 粗颗粒在负压差漏斗-立管系统悬料区特性[J]. 高校化学工程学报, 2000, 14 (3): 251~257

[17] 景山, 胡庆元, 王金福, 金涌. 漏斗-立管系统悬料区的压降计算方法[J]. 高校化学工程学报, 2000, 14(4) : 320~323

第十章　催化重整操作参数

催化重整的操作参数是控制反应的独立条件，除了催化剂和原料性质以外，操作参数主要是指反应压力、反应温度、空速、氢烃比(氢油比)[1]。这些参数的改变将影响产品质量、产率和催化剂的失活速率。不仅如此，催化重整的操作参数还与装置的工程投资及操作费用密切相关，反映了技术水平的高低。

在一定催化剂性能条件下，催化重整操作参数的选择与调整决定于两个条件，一个是原料性质，一个是产品要求，这些是由工厂的实际情况决定的。也就是说，不同原料和产品要求的催化重整装置，应当选用不同的反应条件，而且这些条件之间在一定范围内可以互相补偿。例如，如果空速较高，就可以相应提高反应温度来达到同样的反应效果等。

催化重整操作参数及原料油性质对重整反应的方向性影响可用表 10－1 表示。

表 10－1　催化重整操作参数及原料油性质对反应的影响

操作参数		产品辛烷值	重整油收率	氢产率	积炭速率
反应压力 ↗		↘	↘	↘	↘
反应温度 ↗		↗	↘	↗	↗
空速 ↗		↘	↗	↘	↘
氢烃比 ↗		→	→	→	↘
原料油	芳烃潜含量↗	↗	↗	↗	↘
	初馏点↗	↗	↗	↗	↘
	终馏点↗	↗	↗	→	↗

催化重整采用金属和酸性双功能催化剂，金属功能催化加氢和脱氢反应，酸性功能催化异构化和裂化反应。催化剂要求这两种功能有一个恰当的平衡，任何一个功能的过高或过低都会影响催化剂的选择性和活性。促进各种反应的条件如表 10－2 所示。

表 10－2　促进重整主副反应的条件

反应	催化剂功能	温度	压力
环烷烃脱氢	金属	高	低
环烷烃异构	酸性	低①	—
烷烃异构	酸性	低①	—
烷烃脱氢环化	金属/酸性	高	低
加氢裂化	酸性	高	高
脱甲基	金属	高	高
芳烃脱烷基	金属/酸性	高	高

①低温有利于较高的异构/正构比，异构速度随着温度的增加而增加。

第一节　反应压力

反应压力是催化重整的基本操作参数，它影响产品收率、需要的反应温度以及催化剂的稳定性。催化重整的主要反应是产生氢气的环烷脱氢和烷烃环化脱氢，从热力学的观点分析，降低反应压力有利于向生成芳烃的反应平衡移动，对提高产品收率有利；但另一方面，反应压力降低后氢压下降，会增加催化剂上的积炭速率，影响催化剂的稳定性而缩短操作周期。

一套催化重整装置设有 3～4 台反应器，前后各反应器的压力是不一样的，工程上只能用平均反应压力来表示。根据催化剂装量的分配情况，最后一台反应器中的催化剂大约占整个催化剂装量的一半，其入口压力接近于平均压力，因此一般以最后一台反应器的入口压力代表反应压力。

反应压力变化对重整操作的影响以一套中压半再生重整装置为例，在原料 82～193℃ 馏分、氢烃比 5.5、辛烷值(RON)为 95 条件下的情况如图 10-1 所示。由图 10-1 可以看出，降低反应压力对提高 C_5^+ 重整油产率、氢产率和芳烃产率都是有利的，但催化剂的操作周期则会因积炭的增加而缩短。

用国产 PS-Ⅵ 催化剂，处理 *P/N/A* 为 66.27/23.81/9.92 的原料，在空速为 1.2h^{-1}、氢油摩尔比为 2.5、反应温度为 535℃ 的情况下，反应压力对反应结果的影响见表 10-3。

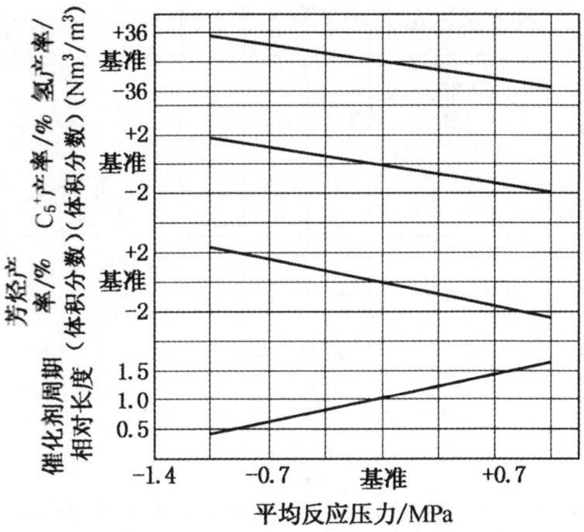

图 10-1　反应压力变化对重整操作的影响

由表 10-3 可见，随着反应压力的降低，芳烃产率、氢气产率、重整生成油的液体收率和辛烷值均增加，同时，催化剂的积炭速率也增加。

表 10-3　反应压力对重整反应结果的影响

平均反应压力/MPa(表压)	0.30	0.35	0.40
C_5^+ 产品研究法辛烷值	105.2	105.1	105
C_5^+ 产品液体收率/%	85.08	84.22	83.35
芳烃产率/%	72.70	71.90	71.06
纯氢产率/%	4.08	4.03	3.87
催化剂积炭速率/(kg/h)	70.6	68.7	66.9

用国产铂铼重整催化剂在三种不同压力下的中试结果如图 10-2 所示。这些结果表明，重整产品的收率与辛烷值有关，同时反应压力对 C_5^+ 收率、芳烃产率及氢产率的影响

十分明显。

催化重整包括各种不同的反应，以上表示的是一般的综合效应，实际上反应压力对各种反应的影响是不完全相同的，而且与催化剂的性能有关系。

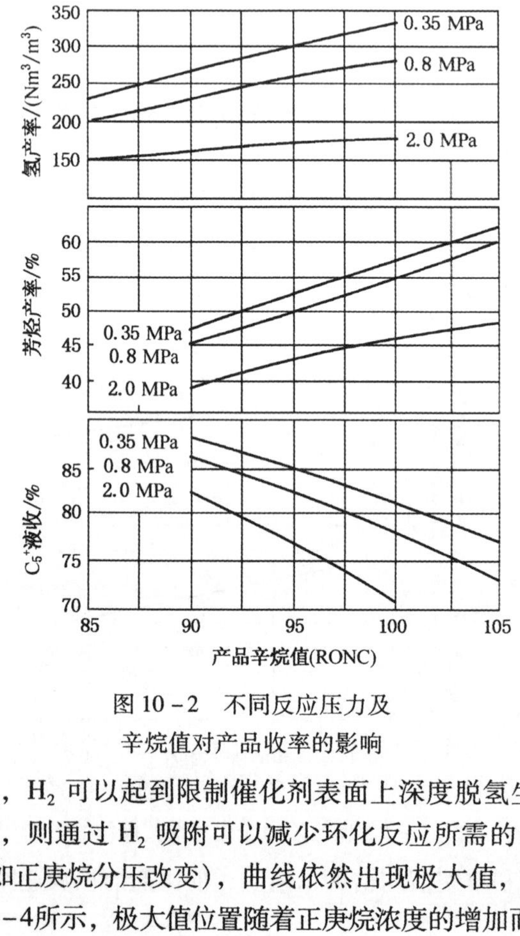

图 10－2 不同反应压力及辛烷值对产品收率的影响

反应压力对于重整催化剂上的脱氢环化反应的影响比较复杂[2]。图 10－3 为 Pt/Al_2O_3 催化剂，在 470℃、正庚烷分压为 0.22MPa 的条件下，脱氢环化相对反应速率与氢压的关系[3]。从图 10－3 可见，在铂分散度相同而积炭量不同的催化剂上，其脱氢环化速率不相同。积炭量低的催化剂，脱氢环化速率较高；对于积炭量相同而铂分散度不同的催化剂，则铂分散度高的催化剂具有更好的脱氢环化活性。虽然无论哪种情况的正庚烷脱氢环化生成芳烃的相对反应速率(r/r_0)与氢压关系的曲线均呈现出极大值，但是极大值所对应的氢压则因催化剂积炭量、铂分散度的不同而不同。图 10－3 表明，氢压低于某一数值时，随着氢压的降低，正庚烷脱氢环化生成芳烃的相对反应速率(r/r_0)不是增加而是下降，在氢压极低的情况下趋于零。这一现象可用氢的双重效应来解释。在低压范围内，H_2 可以起到限制催化剂表面上深度脱氢生成积炭前身物浓度的作用，而在高压范围内，则通过 H_2 吸附可以减少环化反应所需的中间物浓度。当催化剂上反应物浓度变化时(如正庚烷分压改变)，曲线依然出现极大值，但是极大值所对应的氢压将随之改变。如图 10－4所示，极大值位置随着正庚烷浓度的增加而右移，正庚烷分压由 0.05MPa 提高到 0.5MPa 时，曲线最高点相应的压力由约 0.8MPa 提高到约 1.5MPa，并且脱氢环化反应速率也有所下降。

$C_6 \sim C_{10}$烷烃的脱氢环化反应速率与氢压的关系如图 10－5 所示。它表明，对于 $C_6 \sim C_{10}$烷烃的脱氢环化反应，上述规律也适用。

单铂及不同类型双金属重整催化剂脱氢环化反应速率与氢压的关系如图 10－6 所示。图 10－6表明，氢压对 Pt/Re、Pt/Sn、Pt/Ir 双金属重整催化剂的脱氢环化反应速率影响的规律，大体与单铂催化剂相类似，只是曲线的最高点朝低压方向移动，如铂铱催化剂在 p_{H_2} 为 0.5MPa 时的相对反应速率最高，铂铼催化剂的最高相对反应速率所对应的压力低于铂铱催化剂，铂锡催化剂的最高相对反应速率所对应的压力最低，这表明在上述催化剂中，铂锡催化剂的低压反应性能最好，最适宜在低压下操作。

氢压对五元环烷芳构化(脱氢异构化)反应的影响如图 10－7 所示。从图 10－7 可见，对于单铂及铂铼、铂锡双金属重整催化剂而言，氢压对五元环烷脱氢异构化反应影响的规律与对链烷脱氢环化反应影响的规律类似，相对反应速率在某一氢压下出现极大值，而且三条曲线最高点所对应的氢压相同，约为0.5MPa左右。当氢压低于0.5MPa时，反应速率下降非常快，这是由于烷基环戊烷极易生成环戊二烯类积炭前身物而使脱氢异构生成芳烃的反应速率急剧下降的缘故。

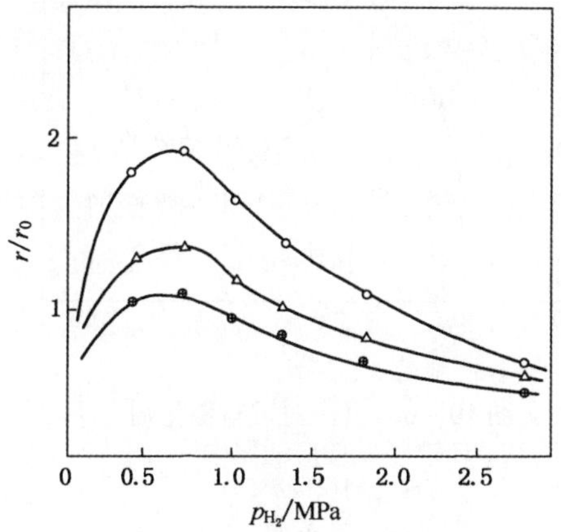

图10－3 脱氢环化相对反应速率与氢压的关系[3]

正庚烷：Pt/Al_2O_3；470℃；$p_{烃}=0.22MPa$；

r_0 为 p_{H_2} 在1.8MPa下的反应速率

○ Pt分散度1，积炭量1.5%；⊕ Pt分散度1，积炭量4.4%；△ Pt分散度0.4，积炭量1.5%

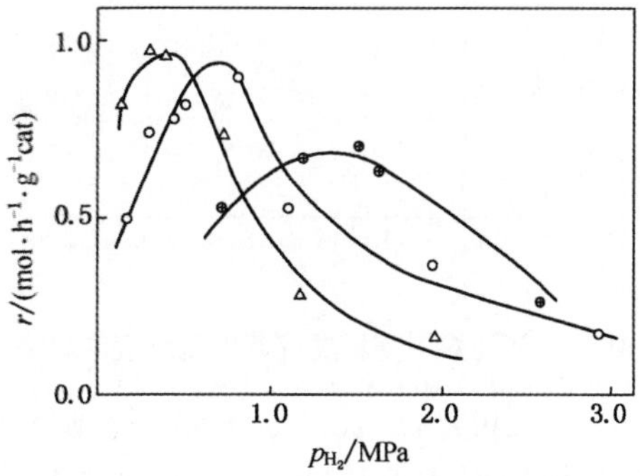

图10－4 不同烃压下脱氢环化反应速率与氢压的关系[3]

正庚烷；Pt/Al_2O_3；470℃；积炭量1.5%；

$p_{烃}$：△ 0.05MPa；○ 0.1MPa；⊕ 0.5MPa

重整催化剂上环烷脱氢反应是比较容易进行的，降低氢压操作也将有利于该类反应的平衡移动，但即使对环烷脱氢这类反应，压力的影响也仍是比较复杂的。图10－8所示的是几种重整催化剂上氢压对环烷脱氢反应的影响。试验所用的催化剂是积炭5%后的单铂及铂铱、铂铼、铂锡双金属重整催化剂，试验的氢压变化范围为0.4～1.8MPa。

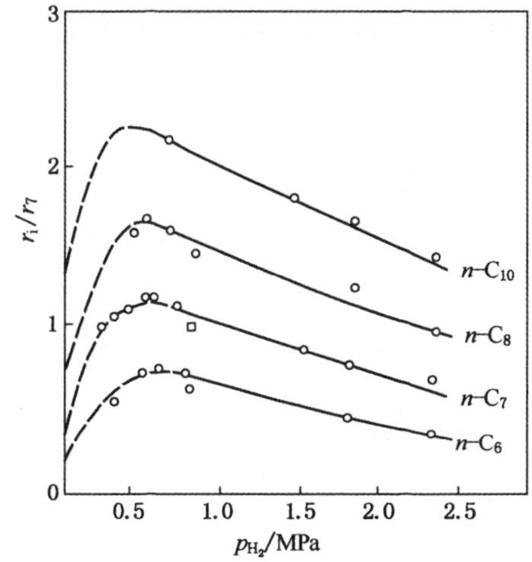

图10－5 C_6～C_{10}烷烃的脱氢环化反应速率与氢压的关系[3]

Pt/Al_2O_3；470℃；$p_{烃}=2MPa$；积炭量1.5%；

r_7 为 $p_{H_2}=0.8MPa$ 时 $n-C_7$ 的反应速率

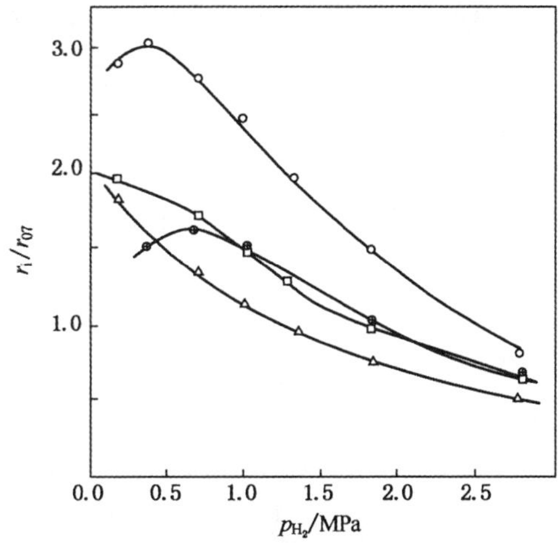

图10－6 单铂及不同类型双金属重整催化剂的脱氢环化反应速率与氢压的关系[3]

○ Pt/Ir；□ Pt/Re；⊕ Pt；△ Pt/Sn；

积炭量3%；正庚烷；470℃；$p_{烃}=0.22MPa$；

r_0 为Pt 0.6%、$p_{H_2}=1.8MPa$、$n-C_7$ 的反应速率

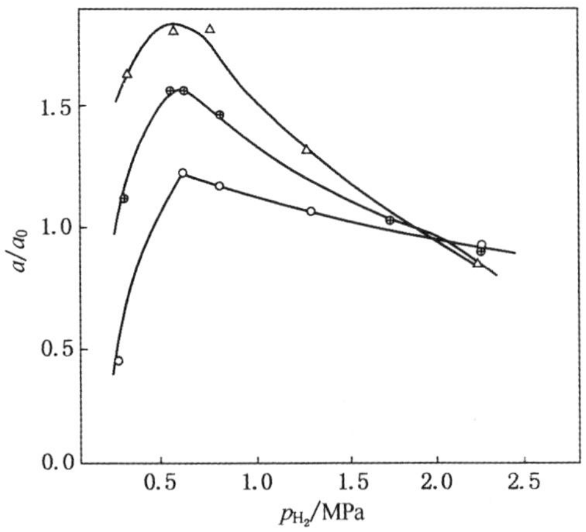

图 10-7 氢压对甲基环戊烷芳构化反应的影响[3]
Pt-M/Al_2O_3；积炭量 2.5%；470℃；
p_{H_2}=0.2MPa；a_0—p_{H_2}为 1.8MPa 时的活性；
○ Pt；⊕ Pt/Re=1∶1(原子比)；△ Pt/Sn=1∶1(原子比)

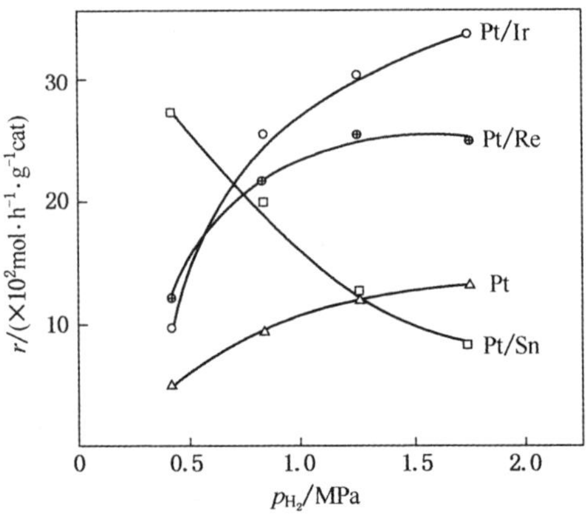

图 10-8 氢压对重整催化剂环烷脱氢反应的影响[3]
(催化剂积炭量 5%)

图 10-8 表明，氢压对单铂及铂铱、铂铼催化剂环烷脱氢反应速率影响的规律与铂锡催化剂的不同：单铂及铂铱、铂铼催化剂的环烷脱氢反应速率均是随着氢压的下降而降低，而铂锡催化剂则相反，是随着氢压的下降而提高。

压力对氢解反应的影响如图 10-9 所示。从图 10-9 可见，正己烷氢解选择性与氢压的关系因催化剂的不同而异：单铂催化剂的随着氢压的下降而提高；铂铼催化剂的随着氢压的下降而下降，其中 Re/Pt 原子比为 2 的比 Re/Pt 原子比为 1 的下降更明显；只有铂锡催化剂的氢解选择性极低，而且几乎不随氢压的变化而变化。

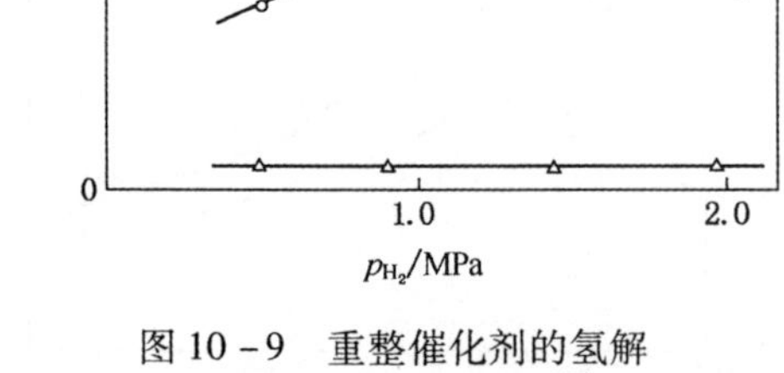

图 10-9 重整催化剂的氢解选择性与氢压的关系[3]
$n-C_6H_{14}+i-C_6H_{14}$；350℃；氢烃摩尔比=3；
□ Pt；○、● Pt/Re(催化剂中 Re/Pt 原子比分别为 1 和 2)；△ Pt/Sn

反应压力降低则催化剂上的积炭速率提高，失活速率加快。在处理直馏石脑油时，半再生重整催化剂的失活速率如以反应压力 2.8MPa 时为基准，则压力降至 2.1MPa 和 1.4MPa 时失活速率分别是它的 1.5 倍和 2.4 倍，压力越低失活速率越大。

连续重整反应压力对催化剂上积炭的影响如图 10-10 所示。在低压条件下，反应压力每降低 0.1MPa，相对积炭因素大约要提高 0.1。

催化重整的反应压力是反应的基本参数，也是重整技术先进性的一个标志。反应压力越低对提高重整产品的收率越有利；但反应压力越低，催化剂上的积炭速率增加，催化剂失活速度越快。为了克服这一对矛盾，技术开发工作从两个方面进行了大量工作，一方面是增加催化剂的容炭能力，减缓催化剂的失活速度，使得半再生重整的反应压力由初期的 1.8～3.5MPa 降低到 1.0～1.5MPa，操作周期仍能维持在一年以上；另一方面是开发出催化剂连续再生工艺，及时除去催化剂上的积炭，并逐步增加催化剂连续再生的能力，连续重整的反应压力初期降低到0.8~1.0MPa，以后又降低到0.35MPa，装置规模也越来越大。

反应压力的降低不仅取决于催化剂性能和再生技术的改进，还需要在工程技术上创造必要的条件，主要是压力降低以后，气体体积增大，临氢系统流速增加，压降增大，循环氢压缩机的功率增加，为此除了尽量减小氢烃比外，还需要采用低压降的设备和管路。

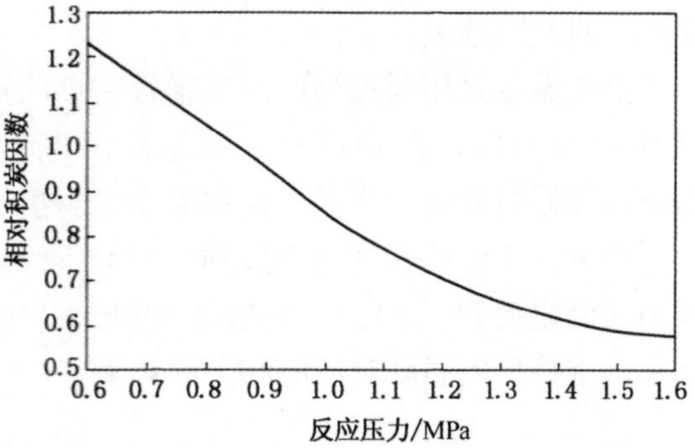

图10-10 反应压力对催化剂上积炭的影响

反应压力是在装置设计时确定的，操作时通过产物分离罐的压力进行控制，在反应压力为0.35MPa时，产物分离罐的压力为0.24MPa。在实际操作中，由于受设备设计条件的限制，反应压力调节的余地不大。

第二节 反应温度

在重整装置的实际操作中，反应压力、空速和氢烃比一旦确定以后，任意改变的可能性很小，但反应温度是需要随时控制的主要参数，要根据原料组成和产品辛烷值要求的不同，确定不同的反应温度。操作中随着催化剂活性的降低，为了保持产品的辛烷值不变，往往需要逐步提高反应温度。

适应重整操作的温度范围比较宽，提高温度可以提高重整生成油的辛烷值，但会降低其收率，并对催化剂的稳定性有一定影响。温度过高(例如大于543℃)，因为热反应大大增加，会降低重整油和氢气的收率和增加催化剂上的积炭速率，对设备材质影响也很大，一般不予考虑。

由于重整反应主要是吸热过程，各反应器出口温度比入口温度低，温差大小取决于反应热的大小，同时也与氢烃比有关，因为循环氢在反应器内也起着热载体的作用，载热体量大则温降减少。各反应器内反应情况不一样，温降也不一样(最低10℃左右，最高可能达到150℃)，前面的反应器主要是进行环烷脱氢反应，反应热比较大，温降比较大；后面的反应器是烷烃脱氢环化和加氢裂化反应，综合反应热比较小，温降比较小。同时同一个反应器内各点温度也不一样，因此很难用一点温度来代表反应温度。反应温度一般用加权平均入口温度(WAIT)或加权平均床层温度(WABT)来表示。

加权平均入口温度(WAIT)=各反应器催化剂装量分数与反应器入口温度乘积之和。

加权平均床层温度(WABT)=各反应器催化剂装量分数与反应器进出口平均温度乘积之和。

虽然WABT更准确地反映了催化剂的平均温度和反应条件，但计算起来比较麻烦。实际操作中为了方便起见，一般都用WAIT表示反应温度；特别是大多数重整装置各反应器均采用相同的入口温度，WAIT 就是反应器入口温度，无需进行计算。工业上加权平均反应器入口温度(WAIT)一般为 480 ~ 530℃。

反应器加权平均入口温度(WAIT)与加权平均床层温度(WABT)的差别既决定于反应热的多少，也与氢烃比的大小有关。反应热越大，氢烃比越小，则温差越大，WAIT 与 WABT 的差别越大。

反应温度是用来控制产品质量最主要的操作参数，每增加一个单位辛烷值需要提高反应温度(WAIT)，在 RON90 ~ 95 范围内为 2 ~ 3℃；RON95 ~ 100 范围内为 3 ~ 4℃[4]。增加空速或原料变贫、变轻，也都需要适当提高反应温度以维持产品辛烷值不变。

表 10 - 4 中列出了采用相同原料(原料族组成 $P/N/A$ = 66.27%/23.81%/9.92%)，用国产催化剂 PS - VI，在空速为 $1.2h^{-1}$、氢油摩尔比为 2.5、反应压力为 0.35MPa 的情况下，重整反应温度对反应结果的影响。

表 10 - 4 反应温度对重整主要反应结果的影响

WAIT/°C	521	526	531	536
WABT/°C	488	493	498	504
C_5^+ 产品研究法辛烷值	102	103	104	105
C_5^+ 产品液收/%	87.43	86.59	85.59	84.22
芳烃产率/%	69.48	70.38	71.18	71.90
其中：C_6A	4.33	4.86	5.46	5.21
C_7A	19.50	19.82	20.05	20.19
C_8A	26.69	26.74	26.75	26.73
C_9A	16.68	16.69	16.67	16.57
C_{10}^+A	2.28	2.27	2.25	2.20
纯氢产率/%	3.85	3.89	3.95	4.03
催化剂积炭速率/(kg/h)	38.0	45.2	54.9	68.7

由表 10 - 4 可见，随着反应温度升高，一方面重整产物辛烷值升高，芳产和氢产增加，另一方面液体收率降低，催化剂积炭速率加快。

值得注意的是，随着反应温度的升高，C_8 和 C_9^+ 芳烃产率变化不明显，芳烃产率的增加主要来源于 C_6 和 C_7 芳烃产率的增加，并且 C_6 芳烃增加幅度大于 C_7 芳烃。

重整生成油中的烯烃含量与反应温度的关系见表 10 - 5。由表 10 - 5 可见，重整产物中的烯烃主要是 C_6 烯烃，随着反应温度的升高而增加。

提高辛烷值就需要提高反应温度，在相同原料、反应压力和空速条件下生产不同辛烷值的产品，反应温度是不一样的。不同组成的原料进行重整反应，如果要求生产同等辛烷值的重整油，也应当采用不同的反应温度。图 10 - 11 和图 10 - 12 分别表示在一般半再生重整和连续重整反应压力和体积空速 $1.0h^{-1}$ 条件下，不同环状烃含量($N + 3.5A$)的原料生产不同辛烷值产品，所需的反应温度(WAIT)。可以看出，辛烷值越高，要求反应温度越高。在相同辛烷值条件下，原料油的环状烃含量越高，要求反应温度越低；原料油的环状烃含量越低，则要求反应温度越高。

表 10－5　反应温度对重整生成油中烯烃含量及其分布的影响

WAIT/℃	525	530	535	540
烯烃产率/%	1.33	1.41	1.55	1.71
其中 $C_4^=$	0.05	0.05	0.06	0.08
$C_5^=$	0.22	0.23	0.28	0.32
$C_6^=$	0.80	0.84	0.92	0.99
$C_7^=$	0.26	0.29	0.29	0.32

反应温度与催化剂的活性有关，在以下情况下需要进行调整：

(1)改变重整生成油的辛烷值；

(2)改变装置的处理量，从而改变了空速；

(3)处理不同性质的重整原料；

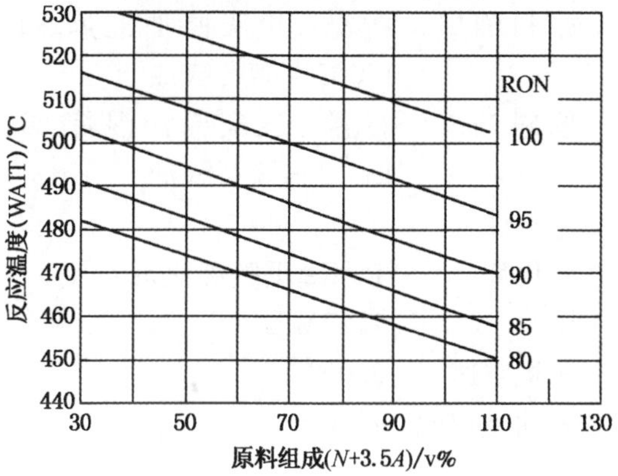

图 10－11　半再生重整原料组成对反应温度的影响

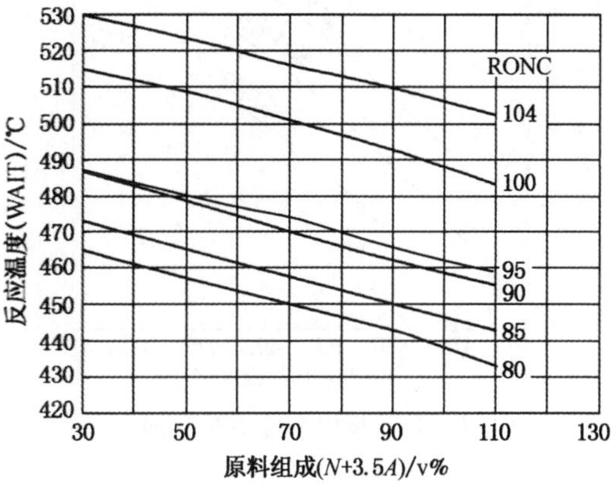

图 10－12　连续重整原料组成对反应温度的影响

(4)补偿由于催化剂老化活性逐步下降；

(5)补偿由于进料杂质对催化剂活性的损害。

如果原料中硫、氮、水和金属杂质含量偏高，影响催化剂的活性，应当先弄清原因，然后再采取相应的措施，一般不宜通过提高反应温度来补偿，否则可能会加剧催化剂的中毒失活。

提高反应温度有利于芳烃的生成和辛烷值的提高，但会降低生成油的收率和增加催化剂上的积炭。图 10－13～图 10－15 表示三种不同原料，在不同反应温度条件下，液体收率、芳烃产率和产品辛烷值的变化情况[1]。

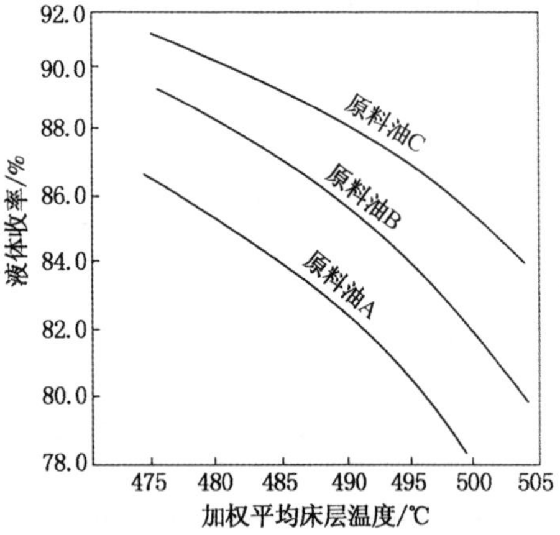

图 10-13 反应温度对液收率的影响[1]

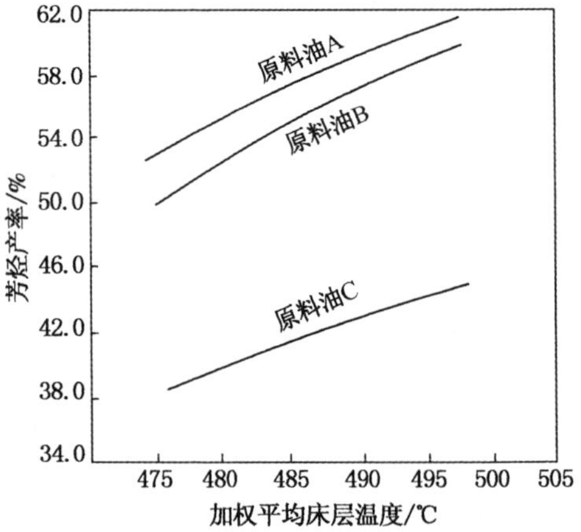

图 10-14 反应温度对芳烃产率的影响[1]

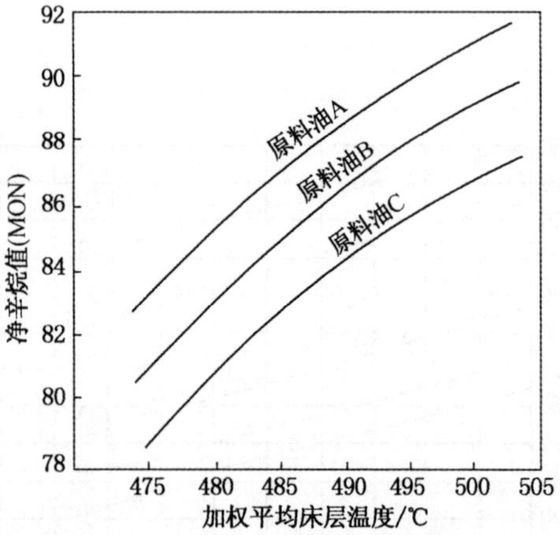

图 10-15 反应温度对重整油辛烷值的影响[1]

试验条件如下：

原料油

原料油 A	大庆 80～160℃直馏石脑油
原料油 B	新疆、长庆原油混炼 80～170℃直馏石脑油
原料油 C	新疆、长庆原油混炼 60～130℃直馏石脑油

反应条件

催化剂	Pt/Re 重整催化剂
压力	1.57MPa
体积空速	$2.0h^{-1}$
氢油体积比	1200

第三节 空　速

空速是重整反应的一个重要参数，说明反应物与催化剂接触时间的长短。它用每小时通过催化剂的石脑油进料量来计量，一般以液时空速即每小时液体体积空速(LHSV)或质量空速(WHSV)表示。

$$体积空速(LHSV)=\frac{进料的体积流率(m^3/h)}{反应器中催化剂的体积(m^3)}$$

$$质量空速(WHSV)=\frac{进料的质量流率(kg/h)}{反应器中催化剂的质量(kg)}$$

空速对产品的辛烷值有重要影响。增加进料量意味着提高空速，从而减少了物料在反应器中停留的时间，降低了反应的苛刻度，辛烷值会降低，但可以通过提高温度进行补偿。反之，在低空速条件下，物料在反应器中停留的时间增加，反应温度就应当低一些，以防止热反应过多影响重整生成油的收率。

如果采用 *P/N/A* 为 49.55/36.07/14.38 的原料，PS－VI 催化剂，在氢烃比为 2.65 和反应压力为 0.35MPa 情况下，体积空速对主要反应结果的影响见表 10－6。

表 10－6 体积空速对主要反应结果的影响

空速(LHSV)/h^{-1}	1.64	1.97
处理量/(kg/h)	125000	150000
WAIT/℃	523	529
C_5^+ 产品研究法辛烷值	102	102
C_5^+ 产品液收/%	90.47	90.71
芳烃产率/%	72.29	72.41
纯氢产率/%	3.58	3.61
催化剂积炭速率/(kg/h)	26.40	30.98

由表 10－6 可见，对于一套连续重整装置，反应器的尺寸已确定，增加处理量空速就决定了装置的处理量。空速从 1.64h^{-1}提高到 1.97h^{-1}，处理量扩大了 1.2 倍。在辛烷值保持不变的情况下，反应温度提高了 6℃，同时，积炭速率从 26.4kg/h 增加到 30.98kg/h。我们还可以注意到，空速对液体收率、芳产、氢产影响不太显著。因此，一套连续重整装置的反应器尺寸已确定，增加处理量使空速增加后还能否保持苛刻度不变的情况下正常运转，就主要取决于反应温度和再生器的能力。

图 10－16 表示催化重整装置在处理典型直馏石脑油时，为了保持相同的重整油辛烷值，如进料量变化，引起空速改变，应当对反应温度进行的校正。例如，装置反应器内催化剂的装量为 53.5t，在进料量由 96.3t/h 提高到 120.3t/h，质量空速由 1.8h^{-1}提高到 2.25h^{-1}时，由图 10－16 查得 WAIT 差值由－2℃增加到＋2.5℃，因此 WAIT 应当提高 2.5－(－2)＝4.5℃。

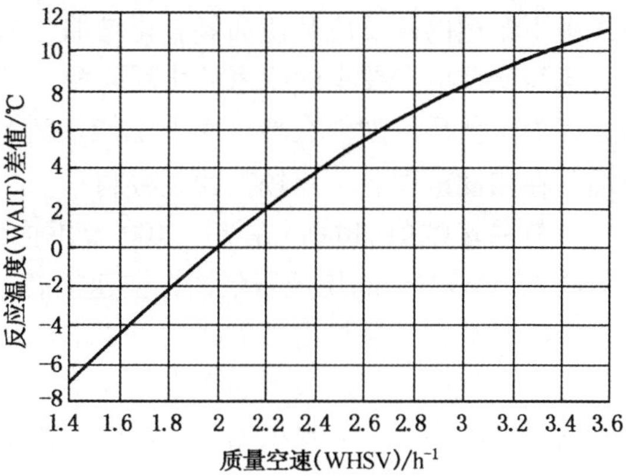

图 10－16 空速对反应温度的校正

为了减少加氢裂化和生焦反应，操作中要降低空速时，应当首先降低反应温度，然后再减少进料量；要提高空速时，首先增加进料量，然后再提高反应温度。

空速对芳烃转化率(芳烃产率与芳烃潜含量之比)的影响随反应深度的增加而增加。当芳烃转化率低于 100% 时，主要是环烷脱氢生成芳烃，反应很快，如空速变化不大，它对芳烃转化率影响不大。但芳烃转化率大于 100% 时，有一部分芳烃是由烷烃脱氢环化反应而得，空速影响比较明显。

以中原原油石脑油为例，原料馏程为 65～170℃，总芳烃潜含量为 51.7%，反应压力为 1.5MPa，空速的影响如图 10－17 和图 10－18 所示。在相同的反应温度条件下，空速降低则辛烷值增加，芳烃产率增加，但循环气中氢纯度降低，C_5^+ 液体收率减少。

空速高低决定反应器的大小。降低空速一般对反应是有利的，但反应器要大，要装入较多的催化剂，由于重整催化剂中含有贵金属铂，价格昂贵，对投资影响比较大。另一方面，由于空速与反应温度有关，为了生产一定辛烷值的产品，提高空速时需要提高反应温度，而温度又不宜过高，因此空速的提高受到一定限制。

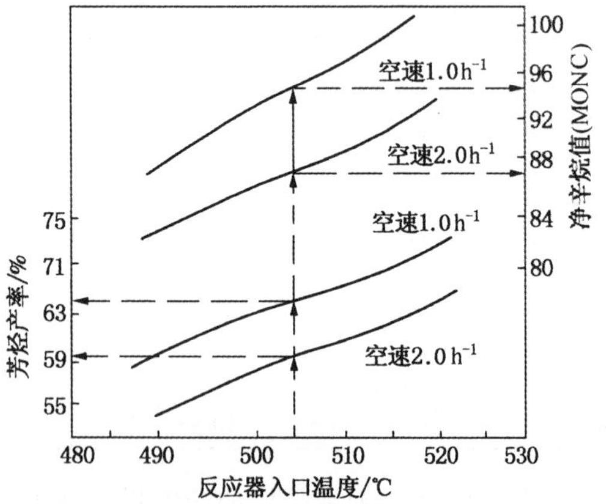

图 10-17 不同空速下反应温度对辛烷值及芳烃产率的影响[1]

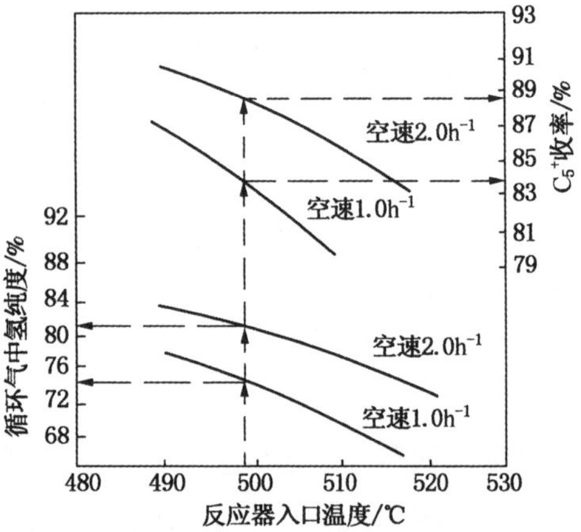

图 10-18 不同空速下反应温度对 C_5^+ 收率及循环气中氢纯度的影响[1]

目前一般工业装置采用的液体空速(LHSV)为 1.0~2.0h^{-1}。在 LHSV 低于 1.0h^{-1}时，会发生不希望的副反应和使加氢裂化增加，减少重整油的收率。选择空速时，要兼顾允许的加氢裂化反应和要求的脱氢环化反应两个方面。改变空速对芳构化和异构化一般不起作用，因为这些反应即使在高空速下也能接近平衡。从热力学考虑，C_6 烃等低相对分子质量馏分在相同范围内不比较重的烃有利[4]。

重整油辛烷值(RON)在 90~100 范围内，空速提高一倍时，一般要求反应器入口温度提高 15~20℃。高烷烃石脑油在空速提高一倍时，要求提高反应器入口温度 20~30℃，低烷烃石脑油在空速提高一倍时，只要求提高反应器入口温度 8~12℃[4]。

在正常生产时，反应器的大小已经确定，催化剂装量已不能随便改变，空速的高低取决于进料量的多少，它要根据工厂调度的要求决定，实际操作中一般不调节。

在原料组成 $P/N/A$=66.27/23.81/9.92，空速 1.2h^{-1}、氢油摩尔比 2.5、反应压力 0.35MPa 条件下，催化重整装置的催化剂按不同装填比分别装入四台反应器中，对反应的影响如表 10-7 所示。

表 10-7 催化剂装填比对重整反应的影响

催化剂装填比	12/18/25/45	15/20/25/40	20/24/26/30
WAIT/℃	536	536	536
WABT/℃	505	504	502
反应器温降/℃	291	291	289
一反	106	111	118
二反	81	82	83

续表

催化剂装填比	12/18/25/45	15/20/25/40	20/24/26/30
三反	65	62	58
四反	39	36	30
C_5^+ 产品液体收率/%	84.21	84.22	84.41
C_5^+ 产品芳烃含量/%	85.38	85.37	85.05
芳烃产率/%	71.90	71.90	71.79
纯氢产率/%	3.97	4.03	3.96
催化剂积炭速率/(kg/h)	69.1	68.7	65.4

由表10-7可以看出，催化剂装填比在上述实验范围内对各反应器温降的分布有明显影响，但对产品收率、芳烃产率、纯氢产率及催化剂积炭速率影响都很小。

第四节 氢 烃 比

为了保持催化剂的稳定性，催化重整反应需要有氢气循环以增加氢分压，它能起到从催化剂上将积炭前身物清除的作用，从而减小积炭的速度，同时使石脑油以较快的速度通过反应器，并使由于吸热反应产生的温降减少。

氢烃比表示循环氢量与重整进料量的比值，其定义为循环气中的纯氢与液体进料的摩尔比，即

$$\text{氢烃比}=\frac{\text{循环气中纯氢的摩尔流率(mol/h)}}{\text{液体进料的摩尔流率(mol/h)}}$$

为了方便起见，有时也用气油比或氢油比来表示循环氢量与重整进料量的比值，其定义为标准状态下循环气或其中的纯氢与液体进料的体积流率比，即

$$\text{气油比}=\frac{\text{循环气的体积流率}(\mathrm{Nm^3/h})}{\text{液体进料的体积流率}(\mathrm{m^3/h})}\quad\text{（标准状态）}$$

$$\text{氢油比}=\frac{\text{循环气中纯氢的体积流率}(\mathrm{Nm^3/h})}{\text{液体进料的体积流率}(\mathrm{m^3/h})}\quad\text{（标准状态）}$$

氢烃比的大小直接影响氢分压的高低，对反应的影响不是很大，但影响催化剂的积炭速度和催化剂的寿命。氢烃比大，虽然不利于芳构化，增加加氢裂化，但催化剂积炭速率减慢，操作周期增长。氢烃比减小，则氢分压降低，虽有利于环烷脱氢和烷烃的脱氢环化，但会增加催化剂上的积炭速率，降低催化剂的稳定性。

循环氢通过反应器时，还起着热载体的作用，氢烃比大小对催化剂的床层温度有影响。随着氢烃比的降低，在相同加权平均入口温度WAIT条件下，加权平均床层温度WABT减小，反应苛刻度降低。

氢烃比对催化重整主要反应结果的影响见表10-8。由表10-8可见，达到相同辛烷值时，随着氢烃比增加，液体收率、氢产和芳产略有下降，变化幅度不大。但是，随着氢烃比增加，催化剂的积炭大幅度减少，因而可以减小再生器规模。

图 10－19 和图 10－20 分别表示催化重整装置在处理直馏石脑油时，氢烃比对催化剂相对积炭因数和失活速度的影响，氢烃比越低催化剂相对积炭因数越大，失活速度越快。

表 10－8 氢烃比对催化重整主要反应结果的影响①

氢烃摩尔比	2.00	2.50	3.00
WAIT/℃	539	536	533
WABT/℃	505	504	504
C_5^+ 产品辛烷值(RON)	105	105	105
C_5^+ 产品液收/%	84.54	84.22	83.90
芳烃产率/%	72.18	71.90	71.65
纯氢产率/%	4.06	4.03	3.99
催化剂积炭速率/(kg/h)	80.8	68.7	59.7

① 催化剂 PS－VI，原料 $P/N/A$＝66.27%/23.81%/9.92%。

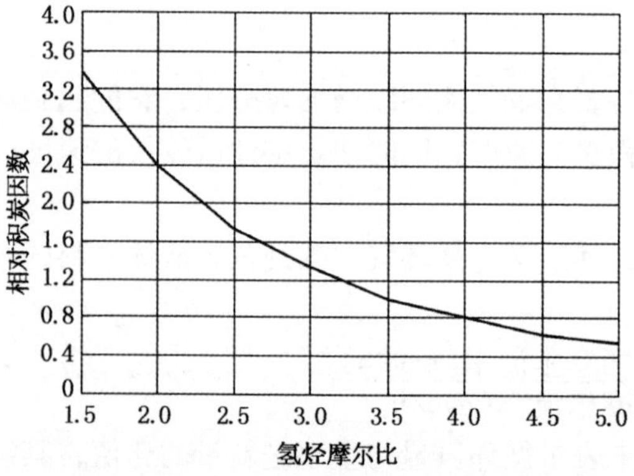

图 10－19 氢烃比与催化剂相对积炭因数的关系

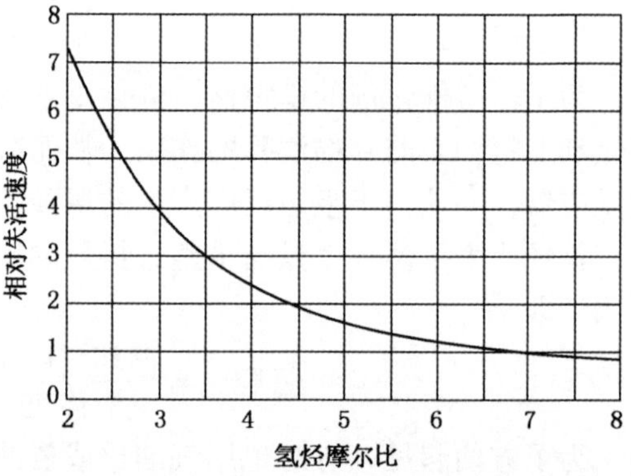

图 10－20 氢烃比与催化剂相对失活速度的关系

循环氢量决定了循环氢压缩机的大小和功率，而催化剂的积炭量又决定了催化剂再生设备的规模，因此氢烃比对工程投资和操作费用影响都比较大，是在装置设计时要考虑的重要参数。氢烃比大，有利于抑制催化剂积炭，延长催化剂操作周期，但设备投资多，能耗高，经济上不合理。因此，氢烃比的选择，应综合原料性质、反应苛刻度要求、催化剂的性能以及生产费用等因素确定。在原料油芳潜较高、反应苛刻度不高、反应条件比较缓和和催化剂容炭能力较强的条件下，可以选用较低的氢烃比，以减小循环氢压缩机的能力，节省能耗；反之，氢烃比应较高，以保证一定的操作周期。半再生重整氢烃比一般为 5～8，连续重整由于能及时除去催化剂上的积炭，氢烃比可以小一些，早期为 3 左右，现在已降到 1.5～2.0。

氢烃比是决定催化剂稳定性的重要因素，但对生成油性质影响不大。在一般操作范围内，氢烃比对产品质量和收率影响很小，不是需要经常调节的参数。根据辛烷值和原料组成的变化，催化剂积炭速率会有不同，将氢烃比维持在相应要求的最低水平，在经济上是合理的，是设计时必须认真考虑的问题，但在实际操作中由于受压缩机排量的限制，并为了尽量避免操作的波动，一般很少进行调节。

第五节　操作参数与原料性质的关系

重整原料一般为直馏石脑油、加氢裂化石脑油、加氢过的焦化石脑油、催化裂化石脑油和乙烯裂解石脑油的抽余油，包含 $C_6 \sim C_{11}$ 的各种烃(烷烃、环烷烃和芳烃)。

原料中族组成(PONA 值)是一项重要指标，反映了用它生产高辛烷值重整油的难易程度，对反应条件的影响比较大。P、O、N、A 分别代表重整原料中烷烃、烯烃、环烷烃和芳烃的百分含量，其中烯烃在进行重整反应之前已经除去，环烷烃和芳烃的百分含量(N 和 A)，是用来衡量原料贫富的指标，N 和 A 含量高 P 含量低的为富料，N 和 A 含量低 P 含量高的为贫料。有的用 $0.85N+A$、$N+A$、$N+2A$ 或 $N+3.5A$ 来表示，国内习惯以芳烃潜含量来表示。所谓芳烃潜含量，就是原料油中芳烃含量与 C_6^+ 环烷烃全部转化成芳烃的量之和。其计算方法见第二章。一个估算芳烃潜含量的方法是将环烷烃含量乘以转化系数加芳烃含量，对近三百个不同组成的原料进行计算的结果显示误差小于 0.5%，但原料含环戊烷时误差大一些。

$$芳烃潜含量\%(A_{潜}) = \alpha \cdot N + A$$

式中　α——芳烃转换系数，窄馏分 0.93，宽馏分 0.94；

N、A——原料中环烷烃和芳烃的含量,%。

PONA 值一般用质量分数表示，但有时会遇到体积分数，需要进行换算。对于汽油馏分的烃类组成，各类烃的换算系数为：烷烃 P 为 0.935，环烷烃 N 为 1.030，芳烃 A 为 1.167。例如某原料的体积分数组成：P50%，N 40%，A 10%，乘换算系数得出 $P=50\times0.935=46.75$，$N=40\times1.030=41.2$，$A=10\times1.167=11.67$，按照这一比例换算此原料的质量分数组成为：$P=46.93\%$，$N=41.36\%$，$A=11.71\%$。

随着重整技术的发展，重整生成油中的芳烃除了环烷烃脱氢产生的以外，一部分烷烃也可以脱氢环化产生芳烃，因此芳烃产率往往高于计算的芳烃潜含量。

原料中环烷烃与芳烃含量低的贫料，如沈北石脑油(环烷烃 22.6%，芳烃 4.9%，烷烃 72.5%)，用来生产高辛烷值产品比较困难，反应条件比较苛刻。原料中环烷烃与芳烃含量高的富料，如大港石脑油(环烷烃 45.9%，芳烃 4.4%，烷烃 49.7%)，用来生产高辛烷值产品比较容易，反应条件比较缓和，但脱氢反应吸收的反应热量比较大。

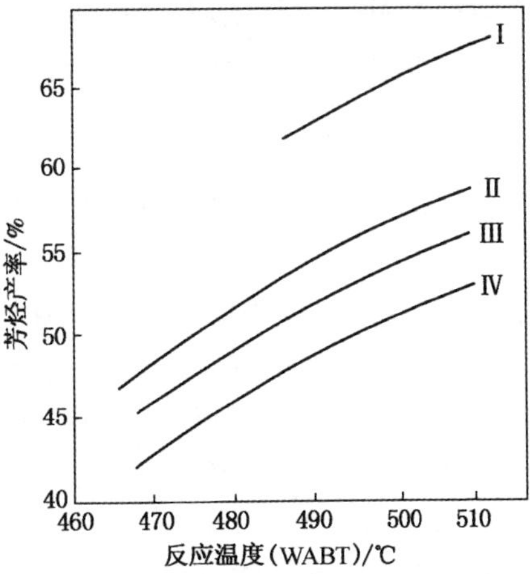

图 10-21　不同原料油反应温度与产率的关系

I—$N+2A=73.1\%$；II—$N+2A=60.4\%$；III—$N+2A=57.4\%$；IV—$N+2A=55.6\%$

图 10-21 ~ 图 10-23 表示不同组成原料油反应温度与芳烃产率、辛烷值以及液体收率的关系。由图可以看出，在相同平均床层温度条件下，芳烃潜含量大的原料油，其芳烃产率、辛烷值和液体收

率都比较高，而且不同温度下，不同原料的芳烃产率差距变化不大，但是辛烷值则不同，高温下差距大，低温下差距小。液体收率随着辛烷值的提高，差距加大。

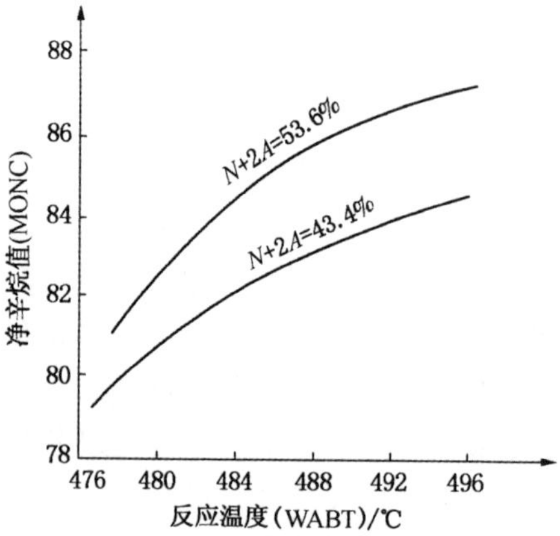

图 10-22　不同原料油反应温度与重整油辛烷值的关系

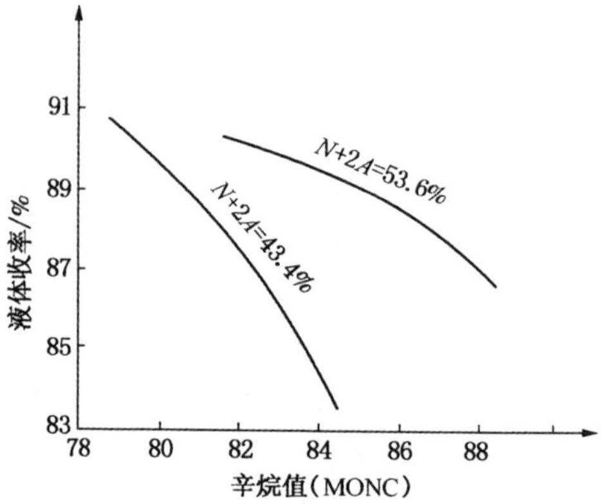

图 10-23　不同原料油重整油辛烷值与液体收率的关系

重整反应与原料油的组成和馏分轻重有关系。重整原料初馏点一般为 70～110℃，终馏点一般为 150～180℃。初馏点决定甲基环戊烷(沸点 72℃)和环己烷(沸点 80.7℃)的含量，影响苯的产量。低初馏点原料含有较多的 C_5^- 烷烃，不能转化成芳烃，辛烷值较低，因而要达到同样辛烷值比高初馏点原料的反应苛刻度要大。

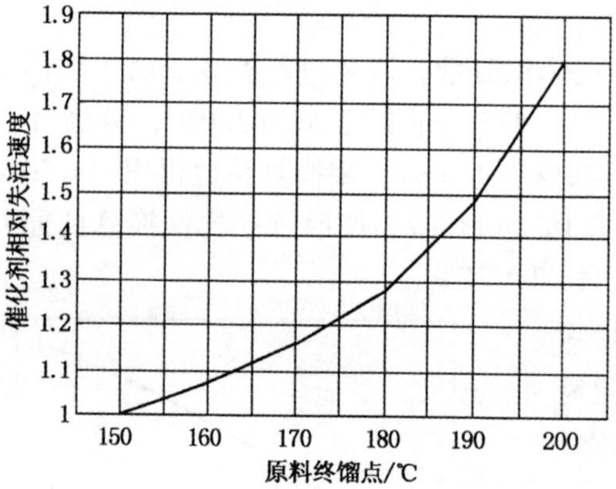

图 10-24　直馏石脑油终馏点对催化剂失活速度的影响

重整原料终馏点高，意味着馏分重，芳烃和环烷烃含量高，容易进行重整反应，但高沸点馏分中含有多环芳烃易于生焦，会加快重整催化剂的积炭速率，同时重整原料过重会使重整汽油的干点不合格，因此原料终馏点一般不应超过 180℃。从图 10-24 可以看出，重整原料馏分干点愈高，催化剂相对失活速度愈快，特别是 180℃以上的馏分影响更大。

图 10-25 和图 10-26 分别表示催化重整装置在处理典型直馏石脑油时，原料中 $A+0.85N$ 含量和中平均沸点对反应温度的影响。

由图 10-25 和图 10-26 可以计算出原料组成变化后的反应温度。例如，如果原来处理原料的 $A+0.85N$ 为 42%(体积分数)，中平均沸点为 130℃(工况 a)，改为处理 $A+0.85N$ 为 35%(体积分数)，中平均沸点为 122℃(工况 b)的原料后，反应温度变化值计算结果如表 10-9 所示。

表 10-9　原料性质对反应温度的影响

项　目	工况 a	工况 b	△=b-a
$(A+0.85N)$/%(体积分数)	42	35	-7
中平均沸点/℃	130	122	-8

续表

项　　目	工况 a	工况 b	△ = b - a
从图 10 - 25 查出 ΔWAIT/℃	-4.8	+0.7	+5.5
从图 10 - 26 查出 ΔWAIT/℃	-1.2	+0.8	+2.0
ΔWAIT 增加/℃			+7.5

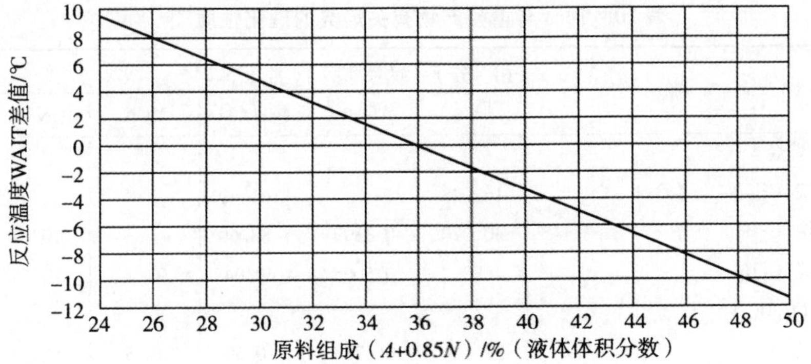

图 10 - 25　原料组成与反应温度的关系

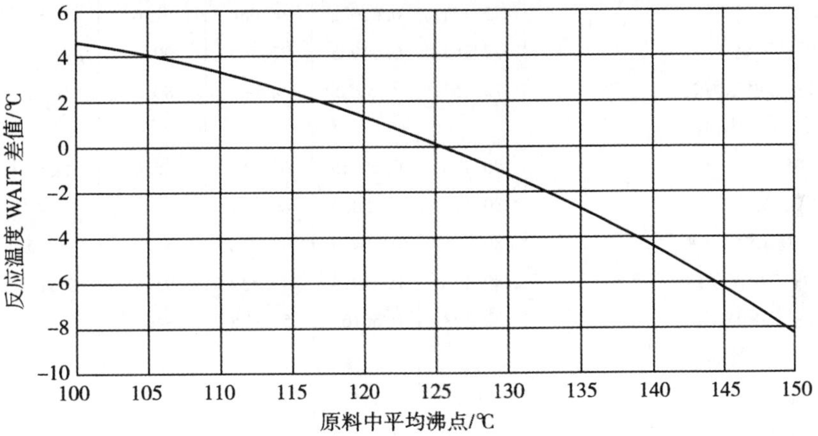

图 10 - 26 原料中平均沸点与反应温度的关系

从表 10 - 9 可见，当原料由工况 a 改变为工况 b 时，反应温度(WAIT)应当提高

$$5.5 + 2.0 = 7.5(℃)$$

原料性质的变化将改变反应温度，而反应温度的变化又将改变催化剂的失活速度。从图 10 - 27 中可以看出重整装置在处理直馏石脑油时，原料中 $N + A$ 含量变化对催化剂相对失活速度的影响。原料越富，其中 $N + A$ 含量越高，则催化剂相对失活速度越低。

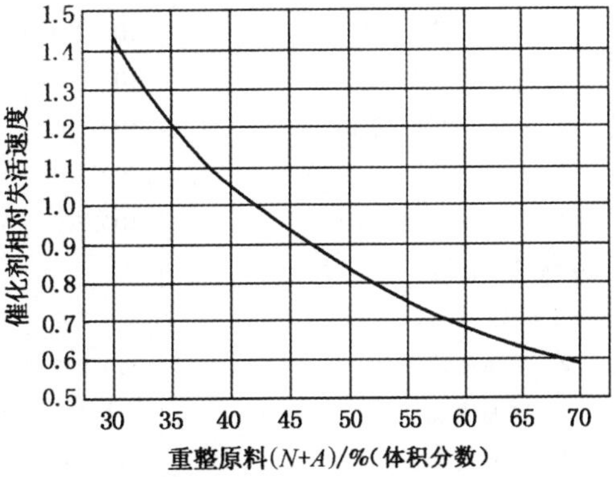

图 10 - 27　重整原料组成对催化剂失活速度的影响

第六节　操作参数与产品质量的关系

产品辛烷值是重整反应苛刻度的指标，对操作参数有着直接的影响。

重整油的辛烷值与其中的烃组成有关系，各有关烃的理化性质详见表10－10。

表10－10　与重整产物有关烃类的理化性质[6][7]

顺序号	名　称	相对分子质量	液体相对密度 d_4^{20}	常压下沸点/℃	辛烷值		
					MON	RON(纯)	RON(调合)
	$C_1 \sim C_3$ 烷烃						
1	甲　烷(CH_4)	16.043		-161.495			
2	乙　烷(C_2H_6)	30.070	0.3399	-88.60		107.1	
3	丙　烷(C_3H_8)	44.097	0.5005	-42.045	97.1	105.7	
	C_4 烷烃(C_4H_{10})						
4	正丁烷	58.124	0.5788	-0.50	89.6	94.0*	113*
5	异丁烷	58.124	1.5572	-11.72	97.6	>100*	122*
	C_5 烷烃(C_5H_{12})						
6	正戊烷	72.151	0.62622	36.064	62.6	61.8*	62*
7	2－甲基丁烷	72.151	0.61965	27.843	90.3	92.3*	100*
8	2，2－二甲基丙烷	72.151	0.5910	9.499	80.2	85.5	
	C_6 烷烃　(C_6H_{14})						
9	正已烷	80.178	0.65935	68.732	26.0	24.8*	19*
10	2－甲基戊烷	80.178	0.65313	60.261	73.5	73.4*	82*
11	3－甲基戊烷	80.178	0.66429	63.272	75.3	74.5	
12	2，2－二甲基丁烷	80.178	0.64914	49.731	93.4	91.8*	89*
13	2，3－二甲基丁烷	80.178	0.66162	57.978	94.3		
	C_7 烷烃　(C_7H_{16})						
14	正庚烷	100.205	0.68374	98.427	0	0.0*	0*
15	2－甲基己烷	100.205	0.67857	90.049	46.4	42.4	
16	3－甲基己烷	100.205	0.68711	91.847	55.8	52.0*	56*
17	3－乙基戊烷	100.205	0.69814	93.473	69.3	65.0	
18	2，2－二甲基戊烷	100.205	0.67383	79.191	95.6	92.8	
19	2，3－二甲基戊烷	100.205	0.69506	89.781	88.5	91.1*	88*
20	2，4－二甲基戊烷	100.205	0.67268	80.494	83.8	83.1*	
21	3，3－二甲基戊烷	100.205	0.69325	86.060	86.6	80.8*	
22	2，2，3－三甲基丁烷	100.205	0.69009	80.876		>100*	112*
	C_8 烷烃(C_8H_{18})						
23	正辛烷	114.232	0.70250	125.675		<0*	-18*
24	2－甲基庚烷	114.232	0.69790	117.653	23.0	20.6	
25	3－甲基庚烷	114.232	0.70580	118.932	35.0	26.8	
26	4－甲基庚烷	114.232	0.70461	117.715	39.0	26.7	

续表

顺序号	名称	相对分子质量	液体相对密度 d_4^{20}	常压下沸点/℃	辛烷值		
					MON	RON(纯)	RON(调合)
27	3-乙基己烷	114.232	0.71356	118.541	52.4	33.5	
28	2,2-二甲基己烷	114.232	0.69526	106.842	77.4	72.5	
29	2,3-二甲基己烷	114.232	0.71212	115.612	78.9	71.3	
30	2,4-二甲基己烷	114.232	0.70034	109.432	69.9	65.2	
31	2,5-二甲基己烷	114.232	0.69352	109.106	55.7	55.2	
32	3,3-二甲基己烷	114.232	0.70998	111.973	83.4	75.5*	72*
33	3,4-二甲基己烷	114.232	0.71921	117.731	81.7	76.3	
34	2-甲基-3-乙基戊烷	114.232	0.71930	115.655	88.1	87.3	
35	3-甲基-3-乙基戊烷	114.232	0.72740	118.266	88.7	80.0	
36	2,2,3-三甲基戊烷	114.232	0.71600	109.845	99.9		
37	2,2,4-三甲基戊烷	114.232	0.69191	99.238	100	100*	100*
38	2,3,3-三甲基戊烷	114.232	0.72617	114.765	99.4		
39	2,3,4-三甲基戊烷	114.232	0.71904	113.472	95.9		
40	2,2,3,3-四甲基丁烷	114.232		106.47			
	C_9 烷烃 (C_9H_{20})						
41	正壬烷	128.259	0.7176	150.818		<0*	-18*
42	2-甲基辛烷	128.259	0.7134	143.28			
43	3-甲基辛烷	128.259	0.7205	144.23			
44	4-甲基辛烷	128.259	0.7202	142.44			
45	3-乙基庚烷	128.259	0.7265	143.0			
46	4-乙基庚烷	128.259	0.7281	141.2			
47	2,2-二甲基庚烷	128.259	0.7105	132.7	60.5	50.3	
48	2,3-二甲基庚烷	128.259	0.7260	140.5			
49	2,4-二甲基庚烷	128.259	0.7153	132.9			
50	2,5-二甲基庚烷	128.259	0.7167	136.0			
51	2,6-二甲基庚烷	128.259	0.7089	135.22			
52	3,3-二甲基庚烷	128.259	0.7256	137.02			
53	3,4-二甲基庚烷	128.259	0.7314	140.6			
54	3,5-二甲基庚烷	128.259	0.7225	136.0			
55	4,4-二甲基庚烷	128.259	0.7256	135.2			
56	2-甲基-3-乙基己烷	128.259	0.7335	138.0			
57	2-甲基-4-乙基己烷	128.259	0.7235	133.8			
58	3-甲基-3-乙基己烷	128.259	0.7411	140.6			
59	2-甲基-4-乙基己烷	128.259	0.7400	140.4			
60	2,2,3-三甲基己烷	128.259	0.7295	133.61			
61	2,2,4-三甲基己烷	128.259	0.7156	126.55			
62	2,2,5-三甲基己烷	128.259	0.70719	124.093			
63	2,3,3-三甲基己烷	128.259	0.7375	137.69			
64	2,3,4-三甲基己烷	128.259	0.7392	139.06			

续表

顺序号	名　　称	相对分子质量	液体相对密度 d_4^{20}	常压下沸点/℃	辛烷值		
					MON	RON(纯)	RON(调合)
65	2，3，5-三甲基己烷	128.259	0.7219	131.35			
66	2，4，4-三甲基己烷	128.259	0.72379	130.66			
67	3，3，4-三甲基己烷	128.259	0.7454	140.48			
68	3，3-二乙基戊烷	128.259	0.75357	146.186	91.6	84.0	
69	2，2-二甲基-3-乙基戊烷	128.259	0.7348	133.84	99.5		
70	2，3-二甲基-3-乙基戊烷	128.259	0.7548	144.7			
71	2，4-二甲基-3-乙基戊烷	128.259	0.7379	136.70	96.6		
72	2，2，3，3-四甲基戊烷	128.259	0.75664	140.292	95.0	>100*	122*
73	2，2，3，4-四甲基戊烷	128.259	0.73893	133.029			
74	2，2，4，4-四甲基戊烷	128.259	0.71945	122.292			
75	2，3，3，4-四甲基戊烷	128.259	0.75471	141.567			
	C_{10}烷烃 （$C_{10}H_{22}$）						
76	正癸烷	142.286	0.73003	174.154		<0*	-41*
77	2-甲基壬烷	142.286	0.7264	167.03			
78	3-甲基壬烷	142.286	0.7334	167.8			
79	4-甲基壬烷	142.286	0.7322	165.7			
80	5-甲基壬烷	142.286	0.7326	165.1			
81	3-乙基辛烷	142.286	0.7399	166.5			
82	4-乙基辛烷	142.286	0.7381	163.67			
83	2，7-二甲基辛烷	142.286	0.7242	159.89			
84	2，2，6-三甲基庚烷	142.286	0.7238	148.95			
85	2，2，3，3-四甲基己烷	142.286	0.76444	160.34			
86	2，2，5，5-四甲基己烷	142.286	0.71873	137.47			
87	2，4-二甲基-3-异丙基戊烷	142.286	0.75828	157.06			
88	2，2，3，3，4-五甲基戊烷	142.286	0.78007	166.08			
89	2，2，3，4，4-五甲基戊烷	142.286	0.76701	159.31			
	$C_5 \sim C_6$ 环戊烷						
90	环戊烷 （C_5H_{10}）	70.135	0.74536	49.252	84.9	>100*	141*
91	甲基环戊烷 （C_6H_{12}）	84.162	0.74862	71.804	80.0	91.3*	107*
	C_7 环戊烷 （C_7H_{14}）						
92	乙基环戊烷	98.189	0.76645	103.467	61.2	67.2	
93	1，1-二甲基环戊烷	98.189	0.75446	87.482	89.3	92.3	
94	1，顺-2-二甲基环戊烷	98.189	0.77260	99.532			
95	1，反-2-二甲基环戊烷	98.189	0.75142	91.866			
96	1，顺-3-二甲基环戊烷	98.189	0.74477	90.770	73.1	79.2	
97	1，反-3-二甲基环戊烷	98.189	0.74878	91.722	72.6	80.6*	90*
	C_8 环戊烷 （C_8H_{16}）						
98	正丙基环戊烷	112.216	0.77631	130.961	28.1	31.2	
99	异丙基环戊烷	112.216	0.77651	126.429	76.2	81.1	

续表

顺序号	名 称	相对分子质量	液体相对密度 d_4^{20}	常压下沸点/℃	辛烷值		
					MON	RON(纯)	RON(调合)
100	1-甲基-1-乙基环戊烷	112.216	0.78091	121.529			
101	1-甲基-顺-2-乙基环戊烷	112.216	0.78520	128.061			
102	1-甲基-反-2-乙基环戊烷	112.216	0.7690	121.2			
103	1-甲基-顺-3-乙基环戊烷	112.216	0.767	121.1	59.8	57.6	
104	1-甲基-反-3-乙基环戊烷	112.216	0.767	121.1	59.8	57.6	
105	1, 1, 2-三甲基环戊烷	112.216	0.77250	113.734			
106	1, 1, 3-三甲基环戊烷	112.216	0.74823	104.895	83.5	87.7	
107	1, 顺-2, 顺-3-三甲基环戊烷	112.216	0.7792	123.0			
108	1, 顺-2, 反-3-三甲基环戊烷	112.216	0.7704	117.5			
109	1, 反-2, 顺-3-三甲基环戊烷	112.216	0.7535	110.41			
110	1, 顺-2, 顺-4-三甲基环戊烷	112.216	0.762	116.76			
111	1, 顺-2, 反-4-三甲基环戊烷	112.216	0.76343	116.737	79.5	89.2	
112	1, 反-2, 顺-4-三甲基环戊烷	112.216	0.74725	109.293			
	$C_6 \sim C_7$ 环己烷						
113	环己烷 (C_6H_{12})	84.162	0.77853	80.719	77.2	83.0*	110*
114	甲基环己烷 (C_7H_{14})	98.189	0.76937	100.934	71.1	74.8*	104*
	C_8 环己烷 (C_8H_{16})						
115	乙基环己烷	112.216	0.78790	131.795	40.8	45.6*	43*
116	1, 1-二甲基环己烷	112.216	0.78092	119.550	85.9	87.3	
117	1, 顺-2-二甲基环己烷	112.216	0.79625	129.739	78.6	80.9	
118	1, 反-2-二甲基环己烷	112.216	0.77599	123.428	78.7	80.9	
119	1, 顺-3-二甲基环己烷	112.216	0.76601	120.095	71.0	71.7	
120	1, 反-3-二甲基环己烷	112.216	0.78470	124.459	64.2	66.9	
121	1, 顺-4-二甲基环己烷	112.216	0.78283	124.330	68.2	67.2	
122	1, 反-4-二甲基环己烷	112.216	0.79253	119.358	62.2	68.3	
	$C_2 \sim C_3$ 烯烃						
123	乙烯 (C_2H_4)	28.054		-103.68	75.6		
124	丙烯 (C_3H_6)	42.081	0.5139	-47.72	84.9		
	C_4 烯烃 (C_4H_8)						
125	1-丁烯	56.108	0.5951	-6.25	80.8	97.4	
126	顺-2-丁烯	56.108	0.6213	3.718	83.5	100	
127	反-2-丁烯	56.108	0.6042	0.88			
128	异丁烯	56.108	0.5942	-6.896			
	C_5 烯烃 (C_5H_{10})						
129	1-戊烯	70.135	0.64048	29.959	77.1	90.9	
130	顺-2-戊烯	70.135	0.6556	36.932			
131	反-2-戊烯	70.135	0.6482	36.343			
132	2-甲基-1-丁烯	70.135	0.6504	31.154	81.9		
133	3-甲基-1-丁烯	70.135	0.6272	20.054			

续表

顺序号	名　　称	相对分子质量	液体相对密度 d_4^{20}	常压下沸点/℃	辛烷值		
					MON	RON(纯)	RON(调合)
134	2-甲基-2-丁烯	70.135	0.6623	38.558	84.7	97.3	
	C_6 烯烃　(C_6H_{12})						
135	1-己烯	84.162	0.67315	63.475	63.4	76.4*	96*
136	顺-2-己烯	84.162	0.68718	68.883			
137	反-2-己烯	84.162	0.67793	67.875	80.8	92.7	
138	顺-3-己烯	84.162	0.67988	66.441			
139	反-3-己烯	84.162	0.67709	67.079	80.1	94.0	
140	2-甲基-1-戊烯	84.162	0.67985	62.103	81.5	94.2	
141	3-甲基-1-戊烯	84.162	0.66743	54.168	81.2	96.0	
142	4-甲基-1-戊烯	84.162	0.66308	53.856	80.9	95.7	
143	2-甲基-2-戊烯	84.162	0.68648	67.299	83.0	97.8	
144	3-甲基-顺-2-戊烯	84.162	0.69319	67.694			
145	3-甲基-反-2-戊烯	84.162	0.69759	70.430	81.0	97.2	
146	4-甲基-顺-2-戊烯	84.162	0.66916	56.377	82.8	99.7	
147	4-甲基-反-2-戊烯	84.162	0.66860	58.602	82.6	98.0	
148	2-乙基-1-丁烯	84.162	0.68956	64.672	79.4	98.3	
149	2,3-二甲基-1-丁烯	84.162	0.67808	55.607	82.8		
150	3,3-二甲基-1-丁烯	84.162	0.65308	41.238	93.3		
151	2,3-二甲基-2-丁烯	84.162	0.70808	73.197	80.5	97.4	
	C_7 烯烃　(C_7H_{14})						
152	1-庚烯	98.189	0.69696	93.641	50.7	54.5*	65*
153	顺-2-庚烯	98.189	0.7071	98.41			
154	反-2-庚烯	98.189	0.7012	97.95	68.8	73.4	
155	顺-3-庚烯	98.189	0.7028	95.75			
156	反-3-庚烯	98.189	0.6981	95.67	79.3	89.8	
157	2-甲基-1-己烯	98.189	0.7029	92.00	78.8	90.7	
158	3-乙基-1-戊烯	98.189	0.6960	84.11	81.6	95.6	
159	4,4-二甲基-1-戊烯	98.189	0.68247	72.510	85.4		
160	2,3,3-三甲基-1-丁烯	98.189	0.70464	77.885	90.5		
	C_8 烯烃　(C_8H_{16})						
161	1-辛烯	112.216	0.71490	121.288	34.7	28.7	
162	顺-2-辛烯	112.216	0.7243	125.65	56.5	56.3	
163	反-2-辛烯	112.216	0.7199	125.0	56.5	56.3	
164	顺-3-辛烯	112.216	0.721	122.9			
165	反-3-辛烯	112.216	0.7152	123.3	68.1	72.5	
166	顺-4-辛烯	112.216	0.7212	122.55			
167	反-4-辛烯	112.216	0.7141	122.26	74.3	73.3	
168	2-甲基-1-庚烯	112.216	0.7205	119.3	66.3	70.2	
169	2,3-二甲基-2-己烯	112.216	0.7408	121.78	79.3	93.1	

续表

顺序号	名 称	相对分子质量	液体相对密度 d_4^{20}	常压下沸点/℃	辛烷值		
					MON	RON(纯)	RON(调合)
170	2，3－二甲基－顺－3－己烯	112.216	0.7128	105.43	88.0		
171	2，2，3－三甲基－1－戊烯	112.216	0.7352	108.31	85.7		
172	2，4，4－三甲基－1－戊烯	112.216	0.7150	101.44	86.5		
	C_6～C_7 芳烃						
173	苯 （C_6H_6）	78.114	0.87889	80.094			98*
174	甲苯 （C_7H_8）	92.143	0.86696	110.629		>100*	124*
	C_8 芳烃 （C_8H_{10}）						
175	乙基苯	106.168	0.86700	136.200	97.9	>100*	124*
176	邻二甲苯	106.168	0.88018	144.429	100		120*
177	间二甲苯	106.168	0.86415	139.118		>100*	145*
178	对二甲苯	106.168	0.86103	138.360		>100*	146*
	C_9 芳烃 （C_9H_{12}）						
179	正丙基苯	120.195	0.86202	159.241		>100*	127*
180	异丙基苯	120.195	0.86177	152.413		>100*	132*
181	1－甲基－2－乙基苯	120.195	0.88067	165.180			125*
182	1－甲基－3－乙基苯	120.195	0.86450	161.330		>100*	162*
183	1－甲基－4－乙基苯	120.195	0.86116	162.014			155*
184	1，2，3－三甲基苯	120.195	0.89436	176.116			118*
185	1，2，4－三甲基苯	120.195	0.87580	169.380			148*
186	1，3，5－三甲基苯	120.195	0.86516	164.743		>100*	170*
	C_{10} 芳烃 （$C_{10}H_{14}$）						
187	正丁基苯	134.222	0.86011	183.305	94.5	>100*	114*
188	异丁基苯	134.222	0.85310	172.789	98.0		
189	仲丁基苯	134.222	0.86205	173.336	95.7		
190	叔丁基苯	134.222	0.86648	169，148			
191	1－甲基－2－丙基苯	134.222	0.8736	184.97	92.2		
192	1－甲基－3－丙基苯	134.222	0.8609	182.01			
193	1－甲基－4－丙基苯	134.222	0.8584	183.42			
194	1－甲基－2－异丙基苯	134.222	0.8766	178.18	96.2		
195	1－甲基－3－异丙基苯	134.222	0.8610	175.08			154*
196	1－甲基－4－异丙基苯	134.222	0.8573	177.13	97.7		
197	1，2－二乙基苯	134.222	0.87994	183.458			
198	1，3－二乙基苯	134.222	0.86392	181.136	97.0		
199	1，4－二乙基苯	134.222	0.86194	183.787	95.2		
200	1，2－二甲基－3－乙基苯	134.222	0.8921	193.95	91.9		
201	1，2－二甲基－4－乙基苯	134.222	0.8745	189.52			
202	1，3－二甲基－2－乙基苯	134.222	0.8904	190.05			
203	1，2－二甲基－4－乙基苯	134.222	0.8763	188.24	95.9		
204	1，3－二甲基－5－乙基苯	134.222	0.8648	183.62			

续表

顺序号	名　称	相对分子质量	液体相对密度 d_4^{20}	常压下沸点/℃	辛烷值		
					MON	RON(纯)	RON(调合)
205	1，4-二甲基-2-乙基苯	134.222	0.8772	186.87	96.0		
206	1，2，3，4-四甲基苯	134.222	0.9052	205.09		>100*	146*
207	1，2，3，5-四甲基苯	134.222	0.8903	198.04			
208	1，2，4，5-四甲基苯	134.222	0.8875	196.84			
	萘　($C_{10}H_8$)						
209	萘	128.174		217.991			
	C_9 茚满　(C_9H_{10})						
210	2，3-二氢化茚(茚满)	118.179	0.9678	177.85	89.8		
	C_{10}茚满　($C_{10}H_{12}$)						
211	1-甲基-2，3-二氢化茚	132.206	0.942	190.6			
212	2-甲基-2，3-二氢化茚	132.206	0.944	191.4			
213	4-甲基-2，3-二氢化茚	132.206	0.970	205.5			
214	5-甲基-2，3-二氢化茚	132.206	0.948	202.0			
	C_9 茚　(C_9H_8)						
215	茚	116.163	0.9957	182.47			
	C_{10}茚　($C_{10}H_{10}$)						
216	1-甲基茚	130.190	0.973	199			
217	2-甲基茚	130.190	0.977	208			
218	3-甲基茚	130.190	0.975	205			
219	4-甲基茚	130.190	0.992	209			
220	5-甲基茚	130.190	0.980	207			
221	6-甲基茚	130.190	0.980	207			
222	7-甲基茚	130.190	0.992	209			

注：表中数据除 * 系取自参考文献[7]外，其他取自参考文献[6]。

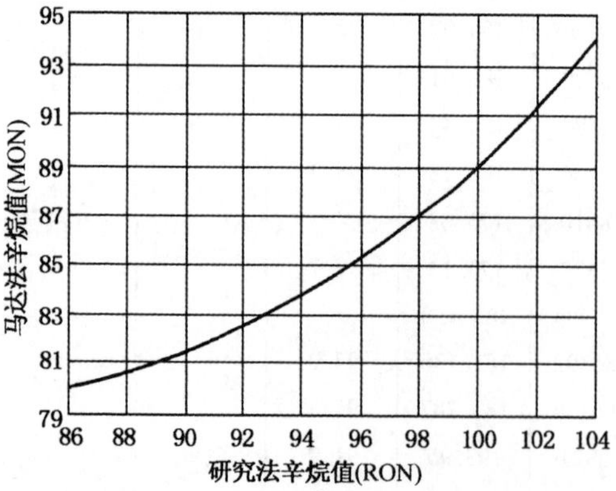

图 10-28　重整油研究法辛烷值与马达法辛烷值的关系[5]

重整油辛烷值一般用研究法辛烷值 RON 表示，重整油研究法辛烷值(RON)与马达法辛烷值(MON)的关系，可以大致从图 10-28 看出来。

重整油辛烷值越高，芳烃含量也越高，其关系可从图 10-29 和图 10-30 看出来。但由于辛烷值提高后产品收率往往会减少，同时催化剂上积炭速率增加，因此生产芳烃时辛烷值一般是要高一些，但也不是越高越好，需要根据装置情况具体分析。

重整油的辛烷值和收率是重整反应的重要指标，一般以 C_5^+ 组分为基准。根据生产需要，重整稳定塔有按塔底油蒸气压、脱丁烷和脱戊烷三种操作方式，对塔底出来的重整油组成有影响。生产汽油组分时，稳定塔按塔底油蒸气压或脱丁烷操作，作抽提原料时按脱戊烷操作。在稳定塔按脱丁烷操作时，塔底油就是 C_5^+ 组分，可以直接分析和计量。在稳定塔进行脱戊烷操作时，C_5 组分进入塔顶馏分，塔底油偏重，收率略低，辛烷值略高，C_5^+ 组分的辛烷值和收率可根据实际计量并按化验室组成分析数据计算。

重整油的辛烷值可以通过改变反应温度进行调整。图 10－31 表示在处理典型直馏石脑油时，改变重整油辛烷值（RON）应当对反应温度所作的校正。例如从图上查出 RON 为 96 和 100 时的 ΔWAIT 分别为 －4.5℃ 和 5.5℃，则 RON 由 96 提高到 100 时，反应温度（WAIT）应当提高 5.5－（－4.5）＝10℃。

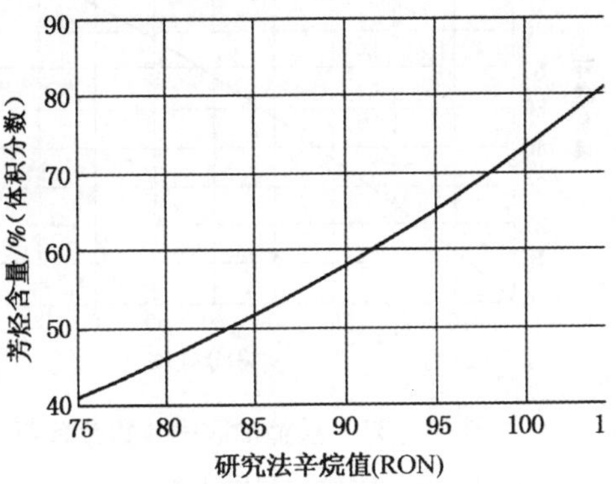

图 10－29　重整油辛烷值与芳烃体积含量的关系[5]

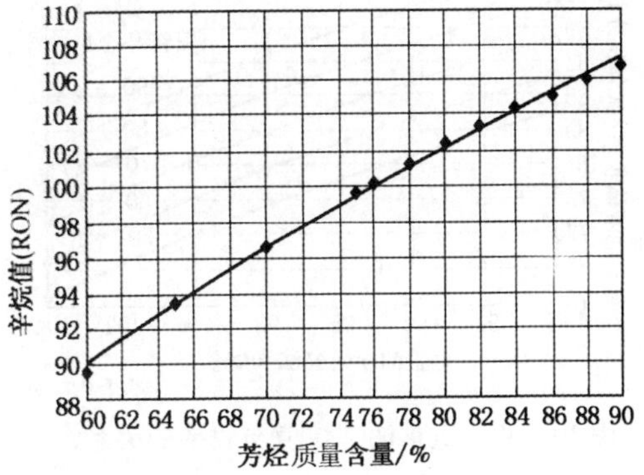

图 10－30　重整油辛烷值与芳烃质量含量的关系

在催化重整装置中，原料性质确定以后，重整油辛烷值的高低就决定了产品收率，因而是影响技术经济指标的关键因素。图 10－32 反映了一定条件下重整油辛烷值和原料组成与重整油收率之间的关系。生产汽油组分时，常以重整油辛烷值与收率的乘积（国外用辛烷值·桶为单位）作为评估指标；生产芳烃时，以芳烃产率（即芳烃含量与收率的乘积）作为评估的指标。

重整油收率国内一般都用质量分数计算，国外常用体积分数计算，体积分数与质量分数的一般关系见图 10－33。

提高重整反应的苛刻度，重整油辛烷值相应提高，但增加了催化剂的失活速度。图 10－34 和图 10－35 分别表示催化重整装置在处理直馏石脑油时，重整油辛烷值与催化剂相对积炭因数和失活速度的关系。重整油辛烷值越高，催化剂上积炭因数增加，催化剂的失活速度越快，特别是在高辛烷值条件下，对催化剂寿命影响很大。

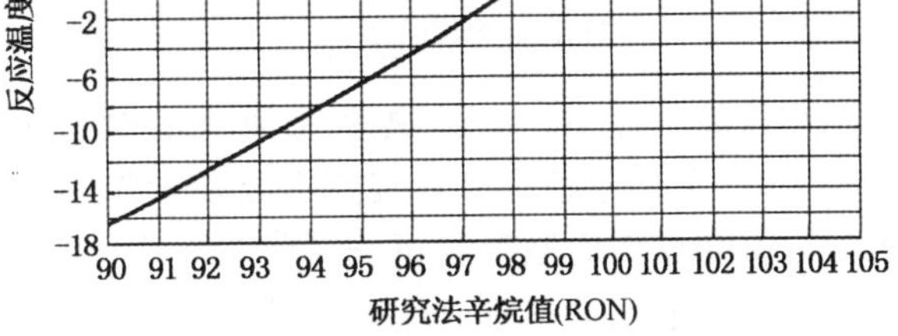

图 10－31　重整油辛烷值对反应温度的影响

对生产汽油组分来说，重整油的辛烷值直接反映重整产品的要求。由于产品辛烷值的高低影响产品收率，因此装置生产多少辛烷值的产品应当根据全厂实际需要确定。过低满足不了要求，使工厂汽油达不到标准，出不了厂；过高会降低产品收率，造成辛烷值过剩，又卖不出好价钱，影响工厂的经济效益。辛烷值(RON)由85提高到100，重整油的收率大约要降低13%(体积分数)[4]。

对于生产芳烃的重整装置来说，操作参数的选择着眼于芳烃产率要高，即重整油的收率与重整油中芳烃含量之乘积要高。

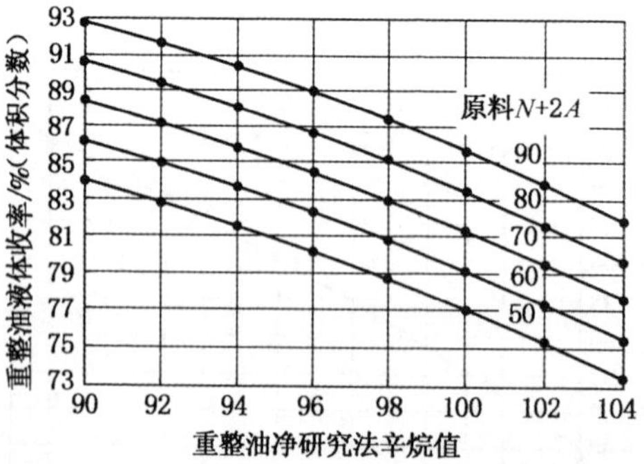

图10-32 重整油辛烷值与收率的关系[5]

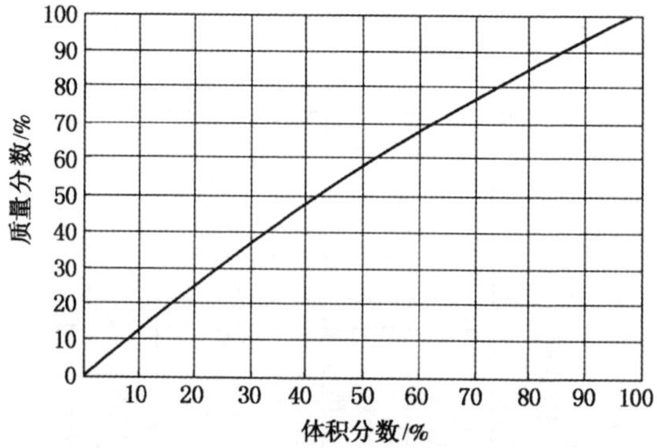

图10-33 重整油收率体积分数与质量分数的关系[5]

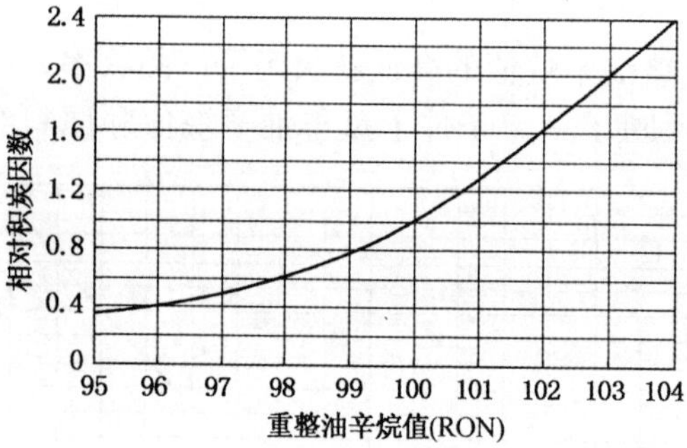

图10-34 重整油辛烷值与相对积炭因数的关系

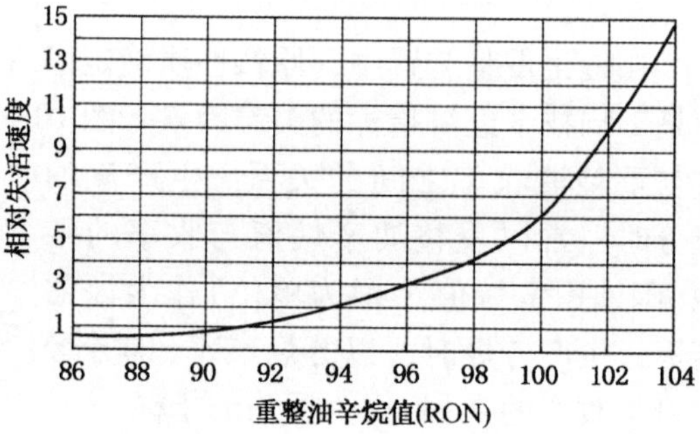

图10-35 重整油辛烷值与催化剂失活速度的关系

在目前条件下，生产高辛烷值汽油调合组分的重整装置产品辛烷值(RON)一般为95~102，生产芳烃的重整装置辛烷值RON要求高一些，连续重整一般为102~105，半再生重整受操作周期限制要低一些。

氢气是催化重整重要的副产品，其产率随反应压力的降低和重整油辛烷值的提高而增加，这从图10-2中可以明显的看出来。

以下是生产芳烃重整装置物料平衡及产品性质的一个实例。

某一400kt/a连续重整装置，以90%直馏石脑油和10%焦化石脑油为原料，重整进料中组成(烷烃/环烷/芳烃)为64.72/29.57/5.71，重整生成油的辛烷值(RON)为104，反应压力0.35MPa，质量空速1.6h^{-1}，氢烃比3.0，反应器入口温度528℃，产品质量收

率如下:

含氢气体 10.9%[纯度89.0%(摩尔分数)], 其中纯氢3.8%

燃料气 0.2%

液化气 6.4%

重整生成油 82.5%(族组成见表10-11)

表10-11 重整生成油组成 %

组成	烷烃	烯烃	环烷	芳烃
C_4	0.91	0.09		
C_5	4.87	0.45	0.10	
C_6	8.07	0.75	1.11	10.30
C_7	1.85	0.17	0.04	25.90
$C_8$①	0.14	0.01		30.03
C_9				13.52
C_{10}^+				1.69
合计	15.84	1.47	1.25	81.44

①在C_8芳烃中, 乙基苯(EB)占17.6%, 对二甲苯(PX)占18.6%, 间二甲苯(MX)占39.3%, 邻二甲苯(OX)占24.5%。

第七节 催化剂连续再生的操作参数

催化剂连续再生的任务，就是要控制好催化剂循环和再生的操作参数，在设备设计条件下将催化剂上的积炭烧干净，恢复催化剂的活性。

催化剂连续再生的操作取决于催化剂的循环量和催化剂上的积炭量。每套催化剂连续再生设备的循环量和烧焦能力在设计中已经作了规定，实际操作要受这些条件的限制。如果积炭量超过设计的烧炭能力，就应当调整重整反应的苛刻度，或者降低重整进料的流率。

再生器的压力是通过与反应部分设备的压差来自动进行控制的，设计过程中确定了反应部分设备的压力从而再生器的压力也被确定。一般讲，提高再生压力，将增加氧的分压，对烧焦是有利的。不同连续重整的再生器压力是不一样的，目前重叠式连续重整再生器的压力与重整反应的产物分离罐关联，规定是0.25MPa，并列式连续重整再生器的压力与第一反应器关联，约为0.55MPa。

催化剂连续再生过程因工艺技术的不同而有差别，但都包括烧焦、氧化氯化、干燥(焙烧)和还原四个基本过程。反应后的待生催化剂首先经过烧焦，除去积炭；然后在过氧的条件下注氯，调节催化剂上的氯含量，并氧化和分散催化剂上的铂金属；在离开再生器前进行干燥(焙烧)，脱除催化剂上的水分；最后在氢气条件下进行还原，将催化剂上的金属由氧化态变成还原态，完成催化剂的全部再生过程。

烧焦区的主要操作参数是催化剂循环速率、烧焦区的氧含量、待生催化剂的炭含量和烧焦区的气体流率。这些操作参数是互相关联的，一个参数的采用受到其他参数的限制，所有操作参数都要围绕同一个目的，就是要保证催化剂上的积炭能在烧焦区内烧干净；否则一旦让焦炭进入氧化氯化区，与过量氧气接触，将会引发高温，烧坏催化剂和设备，这是不允许的。操作人员应当根据待生催化剂的炭含量和烧焦区的气体流率，控制好催化剂循环速率和烧焦区的氧含量，保证再生后催化剂的含炭量不超过0.1%，颗粒中心无炭，并且基本没有整个黑球颗粒。

烧焦区氧含量一般为0.5% ~1.0%(摩尔分数)。高氧含量会提高烧焦的温度，损失催化剂的表面积。低氧会使烧焦减慢，从而可能使焦炭在烧焦区内不能完全烧干净。为了减少高温烧焦对催化剂性能造成的负面效应，烧焦区的氧含量在保证焦炭在烧焦区内完全燃烧的条件下，应当尽量减少。进入烧焦区的氧量，通过在线分析仪自动进行控制。在两段烧焦条件下，一段和二段入口氧含量均为0.6% ~0.8%(摩尔分数)，二段出口氧含量应不低于0.2%(摩尔分数)，表明催化剂上的炭通过烧焦区后已烧干净。

待生催化剂的炭含量是反应条件决定的，它是原料性质、产品辛烷值、进料流率、反应压力、温度和氢烃比的函数。对催化剂连续再生而言，待生催化剂含炭量一般应为3% ~7%，在这个范围内再生，催化剂的性能和寿命比较好。

为了控制住待生催化剂的炭含量，要注意维持积炭和烧炭速率的平衡，也就是说，重整反应条件改变，增加或者降低积炭速率，应相应改变催化剂再生条件，增加或降低烧炭速率。但这种改变不是需要立即进行的，因为改变反应条件对待生催化剂上炭含量的影响，往往要几天的时间才能反映出来。

烧焦区设有多点床层温度，它能很好的表示出烧炭的情况。高峰温度一般是在烧焦区顶部以下40%的地方，该处烧炭速率最大。烧焦区最后几点温度应当保持不变，说明烧炭已在烧焦区内完成。烧焦区的床层温度是入口氧含量、催化剂循环速率、待生催化剂含炭量和再生气体流率的函数。床层温度不论何时何处发现升高，说明烧炭速率增加。床层高峰温度最高不应超过593℃，过高温度会损坏催化剂和设备。

烧焦区床层高峰温度的增加是以下因素引起的：

(1)烧焦区氧含量增加；

(2)待生催化剂含炭量增加；

(3)催化剂循环量增加。

床层高峰温度位置下降，或床层底部温度增加是以下操作条件改变的结果：

(1)催化剂循环量增加；

(2)烧焦区氧含量减少；

(3)待生催化剂含炭量增加；

(4)烧焦区气体流率降低。

为了降低催化剂表面积衰减的速度，在保证积炭在烧焦区内完全烧干净的条件下，床层温度应当尽量降低。

催化剂在氧化氯化区中与氧和有机氯化物发生复合反应，以调整氯含量并氧化和分散催化剂上的铂金属。

高氧含量，合适的停留时间，适当的温度有利于金属的氧化和再分散，更好地发挥催化剂的金属功能。氧含量高对氧化有利，但由于这部分氧全部进入再生气的循环系统，因此必须与烧炭所消耗的氧平衡。氧化氯化的气体流量要考虑这一要求。

为了保持催化剂上酸性功能的活性，氯含量不能过高或过低，在氧化氯化区用氯化物的注入量控制。正常操作期间再生催化剂上的氯含量由催化剂类型确定，一般维持在0.9% ~1.3%范围内。

常用有机氯化物的性质见表10-12。

表10-12 常用有机氯化物的性质[6]

化合物	相对分子质量	沸点/℃	冰点/℃	相对密度(20℃)	氯含量/m%
全氯乙烯	165.8	120.6	-22.5	1.63	85.5
三氯乙烯	131.39	86.7	-73.0	1.46	81.4
1，1，1-三氯乙烷	133.41	74.1	-30.4	1.34	79.7
1，1，2-三氯乙烷	133.41	113.5	-36.5	1.44	79.7
顺二氯乙烯	96.94	60.3	-80.5	1.291	73.2
反二氯乙烯	96.94	48.4	-50.0	1.265	73.2
1，1-二氯乙烷	98.96	57.3	-97.6	1.175	71.7
1，2-二氯乙烷	98.96	83.6	-35.3	1.253	71.7

催化剂在干燥区内通过热的干燥气体将水分带走，高温、适当的干燥时间和一定的干燥气体流量是必要的条件，操作时应当予以关注。

为了将再生后催化剂载体上的水分完全清除掉，进入干燥(焙烧)区的气体(一般为空气或含氧8% ~12%的混合气)必须经过干燥并保持流量恒定。干燥用空气的含水量一般不超过5μg/g(相当于常压下露点-65℃)。

催化剂离开再生器以后必须通过还原罐在足够温度下与氢气反应，使金属由氧化态变成还原态。还原是催化剂再生的必要步骤，但它是在与再生器隔开的还原罐中进行的。

不同工艺催化剂再生各区入口气体典型操作温度：

烧焦区	480℃
氧化氯化区	510℃
干燥(焙烧)区	520℃或565℃
还原区	480℃或377/480℃(两段还原)

对于采用催化剂氯吸附工艺回收再生放空气中氯化物的连续重整装置，控制氯吸附的操作温度至关重要。温度低有利于氯的吸附，但温度过低会产生露点腐蚀，不容忽视，尤其在冬天寒流侵袭的时候更要注意。再生回路气体中的露点大约是88℃，要求放空气体的温度在任何部位都不低于138℃，低于100℃就要联锁。为了避免待生催化剂上的焦炭在吸附区燃烧，吸附区出口温度不能高于218℃，204℃设高温警报。

催化剂提升输送通过提升器来实现。提升气分两股进入提升器，一次气进入提升器的底部，保证催化剂提升管内提升气总量不变；二次气进入提升器的侧面催化剂入口管，用于控制催化剂的提升量，改变气量将相应增减催化剂的提升量。由于气体体积流率与其压力、温度和相对分子质量有关，为了保持实际提升气速度不变，在改变提升气时其流率应根据实际情况及时加以修正。提升管内的气体线速一般为2.5 ~3.0m/s。

催化剂的输送循环是通过催化剂的提升和重力作用来实现的，首先给定再生催化剂提升管压差的设定值，催化剂的循环速度将通过维持各料斗内催化剂的料位平稳而自动得到控制。

淘析气用于从循环催化剂中分出碎粒和粉尘，一般应当按设计流速保持恒定。流速太低会使碎粒和粉尘进入再生器并堵塞筛网，粉尘还会使提升发生问题。流速太高会使很多完整的催化剂颗粒与碎粒和粉尘一起带出。为了提高除尘效率，有必要在操作中进一步摸索经验，找寻最佳气体流速。

催化剂连续再生设备根据再生器下部催化剂含炭情况有“白烧”和“黑烧”两种操作方式。在第一次开工和再生操作不正常时，往往会面临再生器内烧焦区下面存在含炭催化剂的现象，这样就要采取“黑烧”方法，即干燥(焙烧)区和氧化氯化区只通氮气，不通空气，含氧气体只进入烧焦区，在烧焦区内将催化剂上的积炭烧掉，同时移动催化剂，一直到氧化氯化区和干燥(焙烧)区催化剂上不含炭时，才转入“白烧”，即按正常操作条件往干燥(焙烧)区通入空气。

参 考 文 献

[1] 侯祥麟主编．中国炼油技术(第二版)[M]．北京：中国石化出版社，2001

[2] Bournonville J P et al, Chemical Industries, 1988(31): 653

[3] 王君钰．重整操作压力降低对催化剂性能的影响[J]．石油炼制，1991，7：32~38

[4] George J Antos, Abdullah M Aitos, Jose' M Parera. Catalytic Naphtha Reforming [M]. Marcel Dekker, Inc. 1995

[5] Robert E Maples. Petroleum Refinery Process Economics. 2nd Editionl[M]. Penn Well corp. 2000

[6] 北京石油设计院．石油化工工艺计算图表[M]．北京：烃加工出版社，1985

[7] George J. Antos, Abdullah M. Aitos, Catalytic Naphtha Reforming (Second Edition)[M]. Marcel Dekker, Inc. 2004

第十一章 反应系统的环境控制

第一节 重整催化剂的水氯平衡控制

从重整催化剂的发展来看，催化剂的载体由高纯 γ - 氧化铝载体取代 η - 氧化铝，铂含量由高铂含量转变为低铂含量，催化剂的酸性组元由氟氯型转变为全氯型。催化剂制备技术的进步，使催化剂的性能不断提高，同时催化剂对反应环境的要求也更为苛刻。在正常操作情况下，重整催化剂的优良性能是否能够得到充分发挥的关键操作因素是水氯平衡控制。水氯平衡操作对重整催化剂的失活的影响；对催化剂的金属功能、酸性功能充分发挥的影响等问题是人们十分关注的问题。

一、积炭重整催化剂的炭分布和催化剂酸性功能的关系

在正常的反应环境和条件下，重整催化剂随着运转时间的增加，催化剂积炭量也随之升高，因此控制催化剂的积炭速率在正常范围之内是保证重整催化剂长周期运转的关键。为了控制好催化剂的积炭速率，了解炭在双功能重整催化剂上的分布状况和对催化剂反应性能的影响是十分重要的。

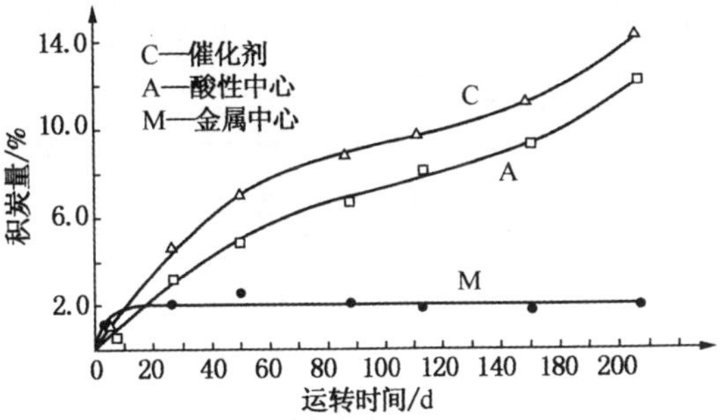

图 11－1 运转时间与积炭量的关系

C A Querini 等人对含炭铂铼重整催化剂的炭分布进行了详细的研究[1]。研究结果列于图 11－1。

图 11－1 表明，在双功能重整催化剂的金属活性中心上积炭很快，但数量较少，而且在整个运转周期中金属活性中心上积炭几乎不变；酸性中心的积炭量随运转时间的增加而升高，与催化剂上的积炭趋势相同，因此有效控制催化剂酸性中心的积炭速率在正常值是保证催化剂长周期运转的关键因素。

二、催化剂氯含量对重整反应的影响

重整反应要求重整催化剂具有双功能作用，既具有金属活性中心，又要具有酸性活性中心。Verderone 等人研究了重整催化剂氯含量对重整反应的影响[9]。现以一种等铂铼比催化剂为例来说明。

等铼铂比催化剂含铂 Pt0.3%、含铼 Re0.3%，载体为 $\gamma-Al_2O_3$，所用原料油族组成见表 11－1。其反应行为列于图 11－2～图 11～9。

表 11－1 原料油的族组成

组成/%	C_5	C_6	C_7	C_8	C_9	合计
烷 烃	1.55	11.61	15.72	73.85	12.46	65.19
环烷烃		7.81	13.55	1.62	0.16	22.94
芳 烃		2.56	3.00	5.26	1.05	11.87
总 计	1.55	21.98	32.07	30.73	13.67	100.00

原料油的密度 $d=720kg/m^3$，相对分子质量 =97，RON =69。

图 11－2 表示催化剂的氯含量对催化剂活性的影响。无论对新鲜催化剂还是对积炭催化剂，它们的活性均随催化剂上氯含量升高而增加，但催化剂上氯含量达到一定程度后，催化剂的活性趋于稳定，这表明催化剂的金属功能和酸性功能达到平衡状态，此时是催化剂的适宜氯含量，当然同时还需要考虑氯含量对催化剂选择性的影响。但是当催化剂的氯含量过高时(>1.2%)，催化剂裂解活性明显增强，辛烷值趋于下降。

新鲜催化剂上的氯含量与产品中芳烃含量的关系，与产品辛烷值的关系相似，如图 11－3所示。而积炭催化剂的情况略有变化，当催化剂上氯含量大于 0.8% 后，产品中芳烃含量随氯含量增大略有下降。但新鲜催化剂的氯含量在 0.8% ~1.0% 时，产品中芳烃含量变化不大，其氯含量的平衡点仍可以认为在 1.0% 左右。

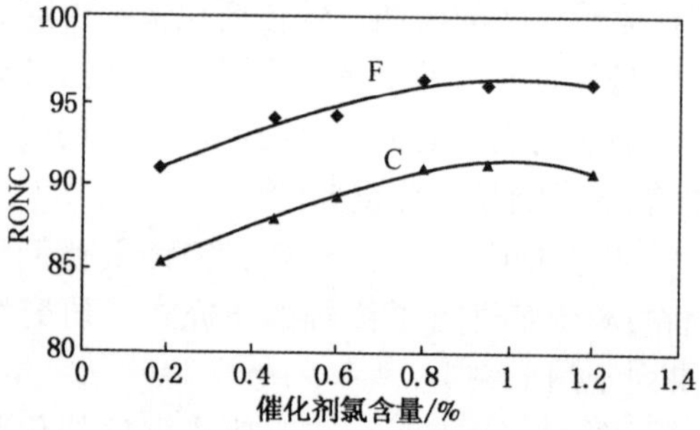

图 11－2 催化剂氯含量与产品辛烷值的关系
F—新鲜催化剂；C—积炭催化剂

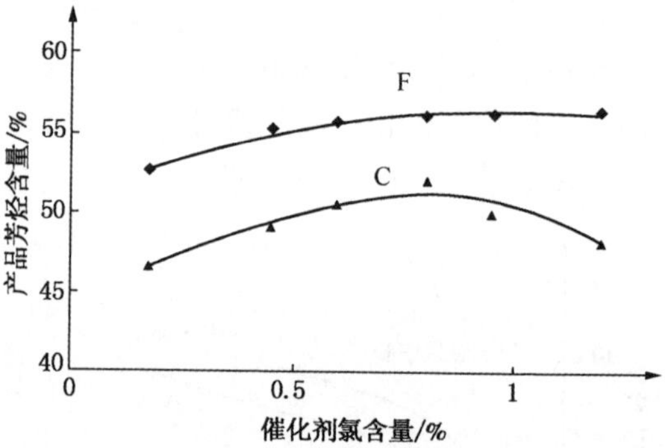

图 11－3 催化剂氯含量与产品芳烃含量的关系
F—新鲜催化剂；C—积炭催化剂

烷烃芳构化是重整诸多反应中反应速度最慢的反应，烷烃转化率和对芳烃的选择性是反映催化剂性能的重要参数。图 11－4 和图 11－5 中列出了催化剂氯含量对烷烃的转化率和对烷烃转化为芳烃的选择性的影响，其中烷烃转化率定义是原料中的 C_5^+ 烷烃总量扣除产品中的 C_5^+ 烷烃量后，与原料中的 C_5^+ 烷烃总量相除的分数；烷烃转化为芳烃的选择性定义是产品中的芳烃总量扣除原料中的芳烃和环烷烃转化为芳烃的量，与原料中 C_5^+ 烷烃总量减去产品中的 C_5^+ 烷烃量相除的分数。

图 11－4 表明，随着催化剂氯含量升高，C_5^+ 烷烃的转化率增大，在催化剂氯含量为 1.0% 时转化率趋于稳定。图 11－5 说明烷烃转化为芳烃的选择性，在低氯的情况下，积炭催化剂的选择性比新鲜催化剂高，在催化剂氯含量高于 0.8% 时新鲜催化剂的芳烃选择性优于积炭催化剂。

图 11－6 显示出新鲜催化剂氯含量对气体组成的影响，从图 11－6 中不难看出，气体

中甲烷含量与催化剂氯含量变化无关。这是因为甲烷是由金属活性中心的氢解反应生成的，与催化剂的酸性无关；而气体中 C_2 ~ C_4 组分是随氯含量升高而增多，这显然说明，C_2 ~ C_4 是由于酸性中心的加氢裂化反应生成的，所以它们呈同样的变化趋势。但是气体中的 C_3 组分在催化剂氯含量大于 0.8% 时，C_3 含量随催化剂氯含量进一步增大而趋于稳定，为此气体中 C_3 组成的变化规律可作为催化剂氯含量调整时的重要参考指标之一。

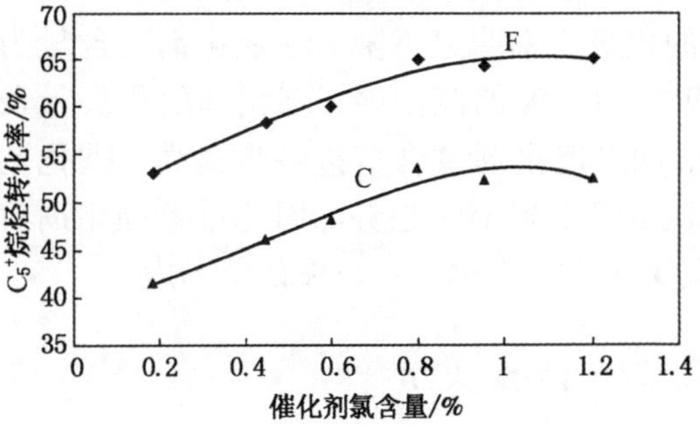

图 11 -4　催化剂氯含量与 C_5^+ 烷轻转化率的关系

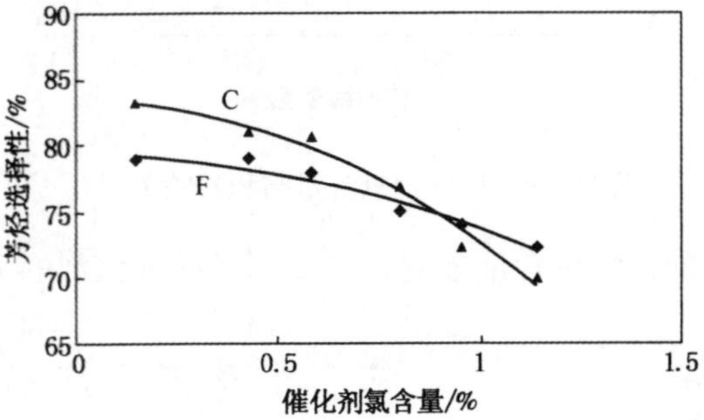

图 11 -5　催化剂氯含量与芳烃选择性的关系

图 11 -7 和 11 -8 中 X_5 和 X_7 分别表示产品中 C_5 烷烃或 C_7 烷烃与原料中相应碳数烷烃的比值。图 11 -7 表明随着催化剂氯含量的升高，X_5 的比值也相应增高，这是因为重质烷烃裂化生成 C_5 烷烃，而这部分烷烃又不能定量转化为芳烃，因此产品中 C_5 烷烃含量升高。但对于 X_7 的比值(见图 11 -8)，则完全相反，催化剂氯含量上升，X_7 的比值不仅小于 1，而且进一步下降，这说明反应前后 C_7 烷烃的量在明显变少，造成这种情况有两个原因，催化剂氯含量升高 C_7 烷烃加氢裂化加剧，另外芳构化反应也随之增加，使 C_7 烷烃减少。图 11 -8 显示出，当催化剂氯含量大于 0.8% 时，X_7 比值的下降趋势变缓，趋于稳定。

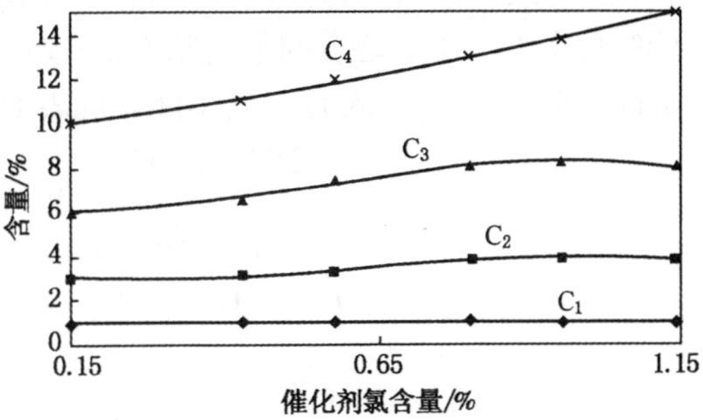

图 11 -6　新鲜催化剂氯含量与气体组成的关系

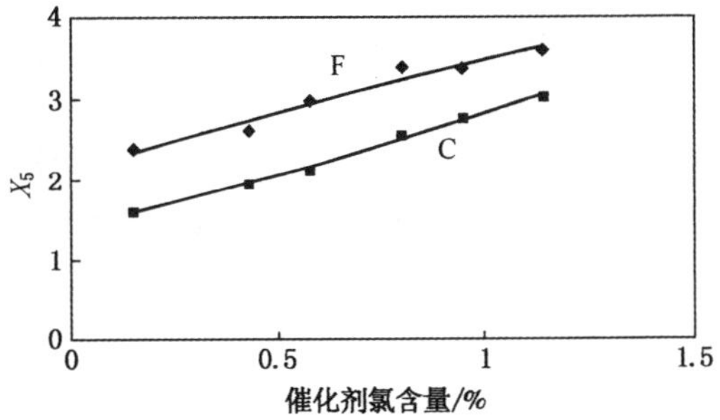

图 11 -7　催化剂氯含量与 X_5 的关系

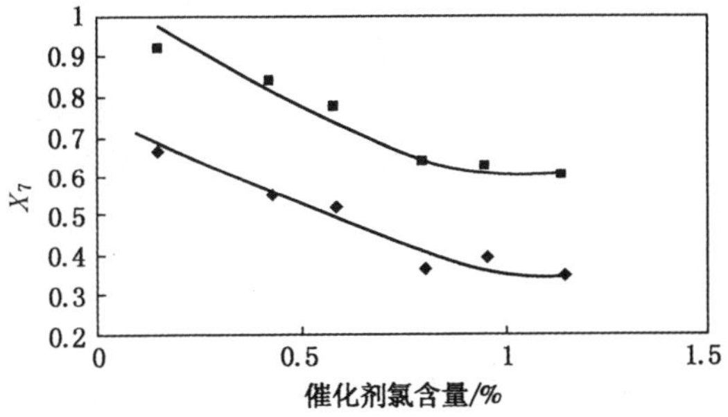

图 11 -8　催化剂氯含量与 X_7 的关系

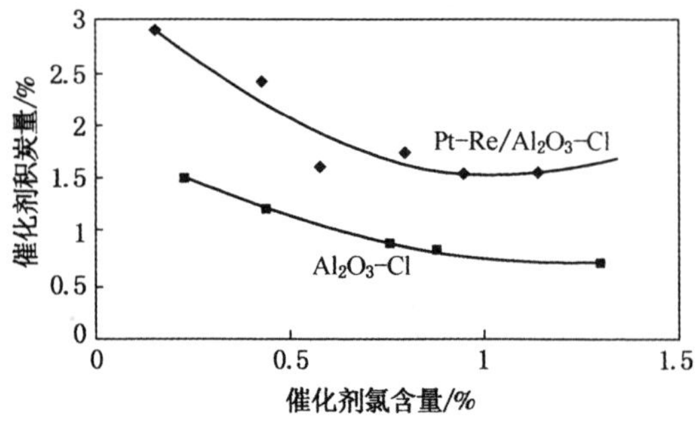

图 11－9　催化剂氯含量与积炭的关系

催化剂上的氯含量不仅影响催化剂的活性和选择性，而且对催化剂的活性稳定性有十分明显的影响，图 11－9 列出了催化剂的氯含量与催化剂积炭量的关系。由图 11－9 可以看到，催化剂的氯含量偏低时，催化剂的积炭较多，催化剂氯含量向 1% 接近时，催化剂的积炭速率明显下降。在催化剂氯含量为 0.9% ～1.1% 的范围内，催化剂的积炭量最低，如果催化剂氯含量进一步提高，催化剂积炭量又出现上升趋势。因此重整催化剂有它的适宜氯含量范围，本文列举的催化剂的适宜氯含量在 0.9% ～1.1% 的范围内。

三、重整催化剂水氯平衡的基本原理

具有双功能催化性质的重整催化剂，金属活性是由催化剂上的铂提供，酸性活性是由催化剂上的氯提供的。重整催化剂在使用过程中，催化剂上的氯是在不断地流失，同时又在不断地补充，处于动态的平衡状态。Castro 等人对重整催化剂的氯含量调节进行了较为深入的研究[29]。研究认为，氯在催化剂表面上的状态可用下列反应方程式来描述：

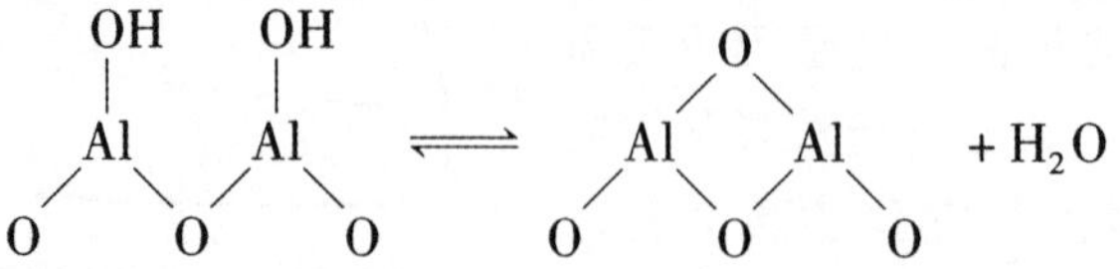

(11－1)

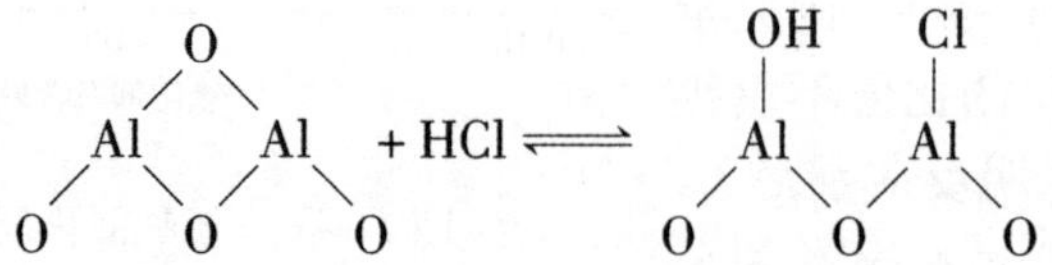

(11－2)

把方程(11－1)和方程(11－2)合并，可得到方程(11－3)。

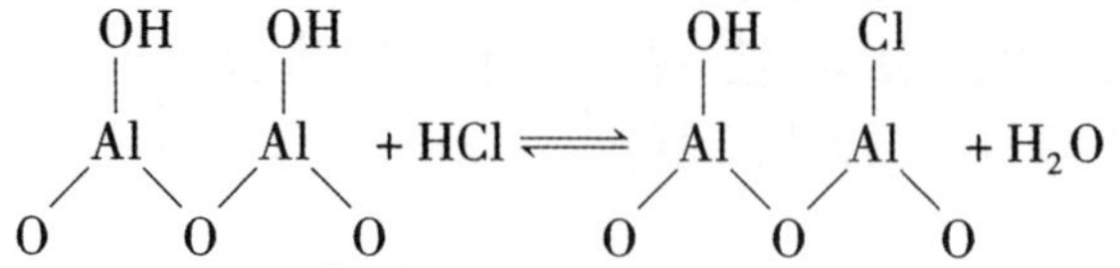

(11－3)

从上述方程可以看到，$\gamma-Al_2O_3$ 载体表面具有一定数量的羟基，这些羟基基团在一定温度和湿度的条件下，可以脱去部分水，而生成“氧桥”；“氧桥”又可与气氛中的 HCl 发生交换反应，使气氛中的氯与 $\gamma-Al_2O_3$ 载体表面羟基发生相互作用而被固定在氧化铝的表面上。这个反应是一个可逆反应，在一定温度和不同水氯摩尔比下可以相互转化，并达到平衡状态。也就是说，气相中氯含量高时催化剂上的氯含量就高，气相中水含量高时催化剂上的氯会流失。

方程(11－3)的平衡常数可用下式表示：

$$K = \frac{[H_2O][\,>\!Al\text{—}Cl\,]}{[HCl][\,>\!Al\text{—}OH\,]} \qquad (11-4)$$

定义 R 为水氯摩尔比，设：

$$R=\frac{[H_2O]}{[HCl]}$$

方程(11－4)就可以改写为方程(11－5)：

$$[\ \rangle Al—Cl\ ]=K\frac{1}{R}[\ \rangle Al—OH\ ] \tag{11-5}$$

设：$C_{Cl*}=[\ \rangle Al—Cl\ ]$并定义为催化剂的平衡氯含量

$$L=[\ \rangle Al—Cl\ ]+[\ \rangle Al—OH\ ]$$

L 值为氧化铝表面的羟基和氯含量的总和，此值相当于氧化铝不含氯时表面羟基的总数。

由此方程(11－5)可改写为：

$$C_{Cl*}=\frac{KL(1/R)}{1+K(1/R)} \tag{11-6}$$

方程(11－6)的右边共有三个变量：K、L、R，其中 R 为水氯摩尔比；K 为平衡常数。

当选定某种催化剂或氧化铝后，K 和 L 值只与温度有关，也就是说 K 和 L 仅仅是温度的函数，可用 $K=f(T)$、$L=f(T)$ 来表示。

当选定某种催化剂后，方程(11－6)的催化剂平衡氯含量 C_{Cl*} 值只与温度和水氯摩尔比有关。方程(11－6)可简化为：

$$C_{Cl*}=f(T、R)$$

当反应温度一定时，则

$$C_{Cl*}=f(R) \tag{11-7}$$

由方程(11－7)中可以看出：在催化剂选定后，当反应温度一定时，催化剂上的平衡氯含量只与气氛中的水氯摩尔比有关。也就是说在实际操作时，只要调节气氛中的水氯摩尔比就可改变催化剂上的平衡氯含量。由方程(11－6)可以了解到，气氛中水含量升高，R 值变大，方程(11－3)的反应向左移动，C_{Cl*} 值变小，即催化剂平衡氯含量变小；气氛中水含量下降，R 值变小，方程(11－3)的反应向右移动，C_{Cl*} 值变大，即催化剂平衡氯含量升高。

当在气氛中的水含量很小而注氯量正常时，R 值就很小，$K(1/R)$ 的值远大于1，因此可以认为：$K(1/R)=1+K(1/R)$；

方程(11－6)就可改写为：$C_{Cl*}=L$

这说明催化剂的最大氯含量等于 L。即催化剂的最大氯含量等于催化剂载体表面羟基的总和。由此可见，在系统十分干燥时，如果注氯量正常也会造成催化剂氯含量大大超过催化剂的要求值。

四、影响水氯平衡的因素

（一）洗氯和补氯

当催化剂上氯含量比要求值高时，就需要把催化剂上的氯洗掉；当催化剂上含氯量低

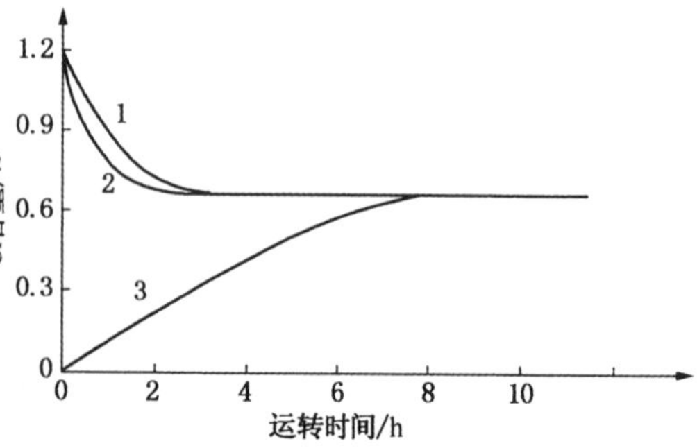

图 11－10 氯含量与温度和 R 值的平衡关系
1—$Pt(0.3)/Al_2O_3$；2—Al_2O_3(浸氯)；3—Al_2O_3

时，就需要将氯补充到催化剂上。图 11－10 显示了三种不同含氯量的催化剂和载体，在 500℃下，用 R(水氯摩尔比) = 80 的气体进行处理时的结果。图 11－10 中催化剂的载体和浸了氯的、未浸氯的氧化铝是同一型号的氧化铝(CK300)。

图 11－10 中的三条曲线说明，无论是含氯高的催化剂或载体，还是不含氯的催化剂或载体，在一定温度下用含一定量水和氯的气体(空气或其他气体)进行处理，均可达到其平衡氯含量。由于催化剂的载体和其他两种氧化铝是同一型号(指同一种方法制备的)，它们的平衡氯含量是相同的。起始氯含量较高的曲线 1 和 2 的样品氯被洗去；不含氯的曲线 3 的样品，在处理过程中氯被逐渐补充，最后达到平衡。三条曲线水氯处理的结果与方程(11－6)的预计情况一致。

但是必须注意，催化剂氯含量高时，需要洗去部分氯，其洗氯的速率虽然很快，但是也不要加大量的水使洗氯过快，造成各个反应器中催化剂氯含量再一次不平衡；而氯含量低时，要补充氯到氧化铝上的速率很慢。即氯流失容易，补氯则较困难，这点与工业上的实际操作情况是一致的。因此必须注意在实际操作中不要使催化剂的氯流失太多，以免补氯耗时太长，影响重整产品的辛烷值以及造成重整催化剂积炭量增加。

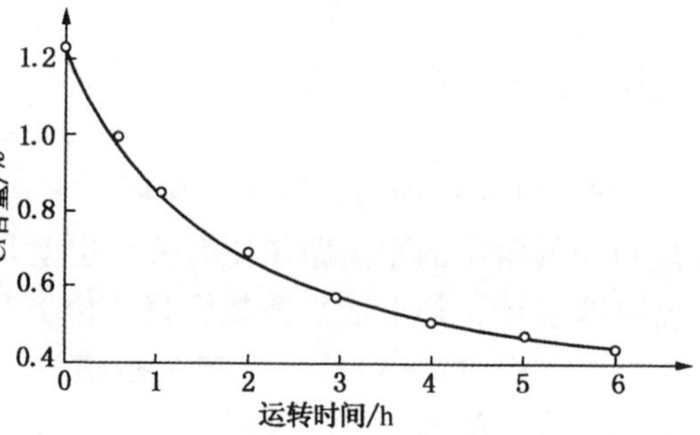

图 11－11 气中水对含铂催化剂氯含量的影响

(二) 气中水的影响

当反应温度一定时，催化剂或氧化铝上氯的流失，主要是气中水的作用。图 11－11 是一种含氯 1.25% 的 $Pt(0.38\%)/Al_2O_3$ 催化剂，在 500℃下用含水 4700μg/g 的空气进行处理的结果。

从图 11－11 可见，将含水为 4700μg/g 的气体于 500℃下通过时，催化剂在第 6h，氯流失率就达 66%，同时从曲线的斜率变化中可知，含氯高时氯留失速率大，含氯低时氯流失速率小。因此全氯型重整催化剂应尽量避免在高水的条件下运转。同时气中水含量过高时，会使铂晶粒长大，催化剂性能变差，而且无法在同一运转周期内恢复。

(三) 不同氧化铝品牌的影响

为了进一步了解不同方法(即不同牌号)生产的 $\gamma-Al_2O_3$ 的氯保持能力是否相同，可以从图 11－12 显示的结果就可了解到它的影响。

图 11－12 中列出了 5 种不同牌号的氧化铝和催化剂，在 500℃下其平衡氯含量与水氯摩尔比的关系。十分明显，在相同的水氯摩尔比的条件下，5 种不同牌号的氧化铝上的

平衡氯含量各不相同，而且差异较大。因此在使用重整催化剂时，必须按照生产厂或专利商(研究单位)提供的水氯平衡计算公式或相关的水氯平衡操作手册来指导操作，对不同系列的重整催化剂不能采用同样的计算公式。图 11－12 中，如按图所示的情况，曲线 1 的氯含量为 1% 时，曲线 5 在相同 R 值下含氯量只有 0.64%，显然要使曲线 5 的含氯量达 1% 时，相应的 R 值要大大下降。

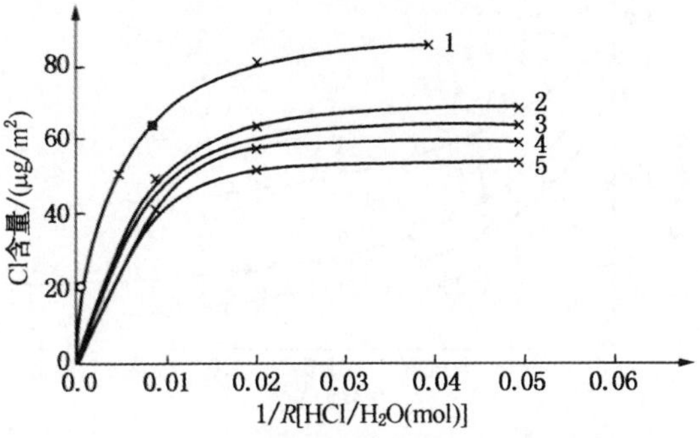

图 11－12　不同氧化铝对水氯平衡的影响

1—A10104－T 含氯氧化铝；2—SMR55 氧化铝；3—00－3P 氧化铝；4—CK300 氧化铝；5—Pt－Re/Al_2O_3

(四) 反应温度的影响

图 11－13 是反应温度对水氯平衡的影响。图中曲线 1、2、3 均是以 CK300 Al_2O_3 和用 CK300 Al_2O_3 制备的 Pt/Al_2O_3 催化剂或 Pt－Re/Al_2O_3 催化剂。将这些催化剂置于不同的水氯摩尔比的条件下，在 400℃、500℃、550℃ 观察水氯摩尔比与平衡氯含量的关系。

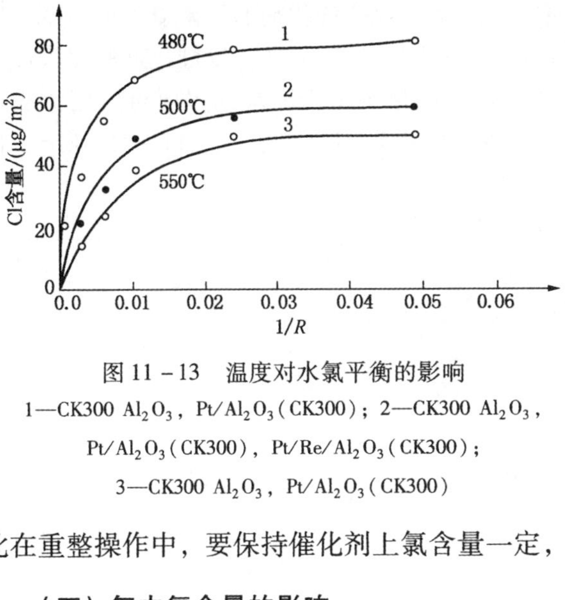

图 11－13　温度对水氯平衡的影响

1—CK300 Al_2O_3，Pt/Al_2O_3(CK300)；2—CK300 Al_2O_3，Pt/Al_2O_3(CK300)，Pt/Re/Al_2O_3(CK300)；3—CK300 Al_2O_3，Pt/Al_2O_3(CK300)

从三条曲线的规律可知：

(1) 只要氧化铝相同，在低载铂的情况下，催化剂的水氯平衡关系与载体氧化铝相同，即催化剂的持氯能力取决于氧化铝的性质；

(2) 当催化剂或氧化铝上氯含量需要保持一定值时，如反应温度低，则所需水氯摩尔比(R)要大；如反应温度高，则要采用较小的水氯摩尔比。这说明催化剂或氧化铝载体，在低温下氯保持能力强，而在高温下氯保持能力下降。因此在重整操作中，要保持催化剂上氯含量一定，则注氯量要随反应温度的升高而增大。

(五) 气中氯含量的影响

图 11－14 中的三条曲线是三种不同水氯摩尔比的条件下处理同一样品的试验结果，数据表明在处理 3h 后三条曲线均趋于平衡状态。从三条曲线相对比较来看，与图 11－13 结果相同，R 值小其平衡氯含量就高；R 值大其平衡氯含量则低。曲线 1 是由三条重合的曲线叠合而成，其三条曲线是在相同 R 值($R=40$)下，但气氛中的水含量不同。从曲线 1 不难看出，样品的平衡氯含量只与水氯摩尔比有关，而与氯浓度无关，换句话说，在工业运转中催化剂的氯含量与气相的水和氯的摩尔比有关，而与气相中的氯的含量无关。

鉴于这点，在工业装置上如果水含量很高时，在理论上是可以采用加大注氯量、保持水氯摩尔比不变的办法，使催化剂上氯不流失或少流失。但是这样做会引起装置腐蚀，同

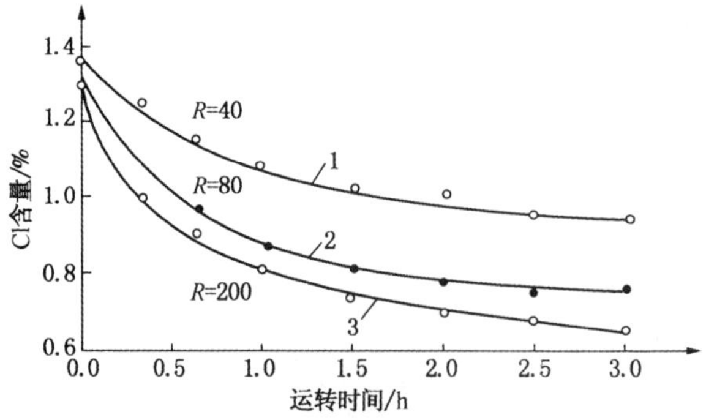

图 11-14 R 值对催化剂氯含量的影响

曲线1中 H_2O 含量分别为 80μg/g、250μg/g、550μg/g

时还会因气中水含量过高造成催化剂比表面积下降，铂晶粒变大，从而使催化剂性能变差。因此必须找出气中水含量较高的原因，并采用相应措施降低气中水含量，同时可以适当加大注氯量，以防催化剂的氯流失过多。如果造成气中水含量较高的原因不能很快找出，重整装置必须降温操作，以保护催化剂的性能不受损伤。

（六）比表面积的影响

当使用某种全氯型催化剂时，由于长期运转使催化剂积炭以及再生等影响，催化剂比表面积会逐渐下降。从前面讨论中已经知道催化剂上的氯含量可用以下公式表示：

$$C_{Cl*} = \frac{KL(1/R)}{1 + K(1/R)}$$

从上面公式中可以清楚看到，在某一反应温度下要保持催化剂的平衡氯含量不变，即 K 和 C_{Cl*} 均为常数，此时只有 L 和 R 是变量了。如在同一运转周期内设催化剂的比表面积不变，即 L 为常数，则 R 必定是一个定值。但是若催化剂由于积炭或多次再生使比表面积下降，则 L 值就要变小；要保持 C_{Cl*} 不变，则 R 值也要相应变小。图 11-15 列出了催化剂比表面积变化时，催化剂上氯含量与 R 值的关系。

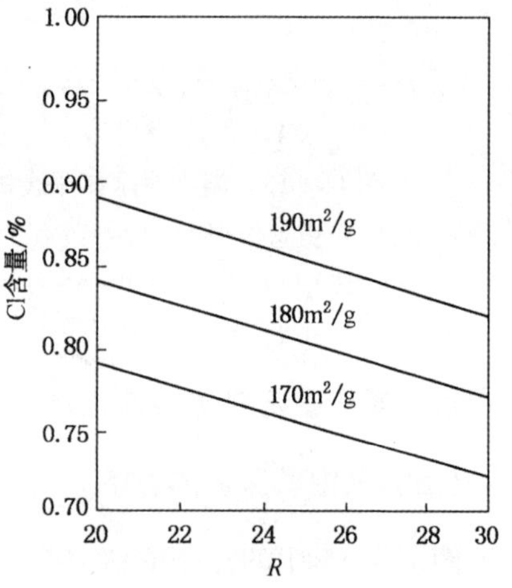

图 11-15 比表面积的影响

从图 11-15 中可知催化剂比表面积下降时，如果要保持催化剂上氯含量不变，就需要注入更多的氯，使 R 值下降，这点说明，催化剂比表面积下降使它保持氯的能力也随之下降。应该指出的是，国内固定床重整装置由于运转的苛刻度不高，产物的 RON 一般在 92～95 之间，因此都采用在同一运转周期内，不考虑因催化剂积炭而造成的比表面积下降的实际情况，注氯量保持在相同的水平上。随着清洁汽油的生产，有的炼油厂需要重整装置的生成油 RON 大于或等于 96，此时为保证运转中、后期的产品性质，需要考虑催化剂比表面积的变化，具体要求请见供应商提供的有关技术资料。

必须指出，不同牌号的新鲜催化剂，它们即使比表面相同，而保持氯的能力也会有很大差异，本节讨论的内容是指同一种催化剂比表面积变化的规律。为此需要再一次强调，不同供应商提供的催化剂，对水氯平衡的要求是不同的，应该很好阅读有关使用手册，并按要求操作。

综上所述，影响催化剂水氯平衡的因素有：氧化铝的种类、反应温度、水氯摩尔比、催化剂的比表面积等。当选定某种催化剂时，余下的影响因素只有后面三个：反应温度、水氯摩尔比和催化剂的比表面积；在运转苛刻度不太高的条件下，可以认为全周期催化剂的比表面积保持不变，这样在一定温度下操作时，只要调节水氯摩尔比就可以控制催化剂上的氯含量。

五、重整催化剂水氯平衡计算方法

前面已经介绍了氯对重整催化剂反应性能的影响及水氯平衡的基本原理。对使用某种催化剂的装置而言，由于催化剂已经选定，操作中影响催化剂上的氯含量的主要因素共有三个：反应温度(加权平均床层温度)、水氯摩尔比及催化剂表面积的变化。如果在具体操作中处理好这三者的关系，催化剂就可在要求的氯含量下平稳操作。

重整催化剂水氯平衡计算，主要是确定在工业运转的条件下，固定床重整装置中重整催化剂的实际氯含量。由于在计算过程中要使用工业装置的操作参数和分析结果，例如，加权平均床层温度(WABT)、进料量、原料油的平均相对分子质量、油中水含量、注氯量、循环气中的水含量和氯含量等，其中有一些分析结果很难取得准确的数据，因此各大公司在重整催化剂的水氯平衡计算的有关手册中推出了各自简化的计算方法，以达到简便、较可靠的获得重整催化剂的氯含量估算数据。应该指出，无论是哪一种简便的计算方法，其基本原理是一样的。本节主要介绍水氯平衡计算的基本方法，以利于能够在掌握基本原理的基础上，加深对各种计算方法的理解和掌握。

(一) 重整催化剂最适宜氯含量的确定

从前面的介绍中已了解到催化剂氯含量对其反应性能的影响，因此每种催化剂应有它对氯含量的要求。一般情况下氯含量的适宜范围在0.9%～1.1%。但是，当用户采用某种催化剂时应了解它对氯含量的具体要求，这些要求均是以实验室的研究结果和工业使用的经验而确定的。

为了讨论问题方便起见，以某种重整催化剂为例来说明水氯平衡的计算方法，该种催化剂氯含量控制的目标值为1.0%。

(二) 重整催化剂上氯含量的计算

据资料介绍，国内外各种牌号的重整催化剂的氯含量计算方法各不相同，计算的步骤和公式也不相同，但是详细分析其内容，不难发现它们的基本原理和要点是相同的。不同之处主要在于系统水和氯含量的计算方法。为了便于说明问题，这里不详细讨论各种具体方法，而把计算的基本原理介绍清楚，这样便于大家掌握。

当用户采用某种重整催化剂后，催化剂供应商会提供催化剂的使用手册，并且可以从手册中查到在基准温度下催化剂的氯含量与水氯摩尔比(R)的计算公式和相应的图表。使用这些公式和图表，可以按下述的基本公式进行计算：

$$Cl_T\% = Cl_{500℃}\% \times TCF \times SCF \tag{11-8}$$

式中　$Cl_T\%$——操作温度(WABT)为T℃时的催化剂氯含量；

$Cl_{500℃}\%$——基准温度为WABT＝500℃时催化剂的氯含量；

TCF——温度校正系数；

SCF——比表面积校正系数。

$Cl_{500℃}\%$为WABT=500℃时催化剂上的氯含量。它是作为温度校正系数的基准值，即如果实际操作温度WABT=500℃时，温度校正系数*TCF*=1。这个温度是人为规定的，它取决于研究催化剂氯含量计算公式时所取的基准温度。这里所取的基准温度为WABT=500℃，当然各公司可按自己的需要把基准温度定为480℃、490℃等均可。这样各公司会给出相应的*TCF*的计算公式或相应的图表。

按方程(11-8)进行计算时，$Cl_{500℃}\%$是水氯摩尔比的函数；*TCF*是操作温度的函数；*SCF*是催化剂比表面积的函数，而对新鲜催化剂而言*SCF*=1。方程(11-8)中的各项数值可由供应催化剂的公司提供的操作手册中找到相应公式或图表，进行计算或查表而得。

*TCF*和*SCF*查阅的图表，见图11-16和图11-17。

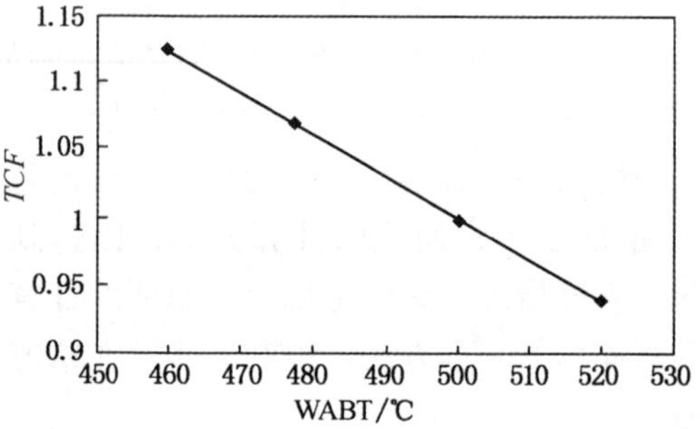

图11-16 WABT与*TCF*的关系

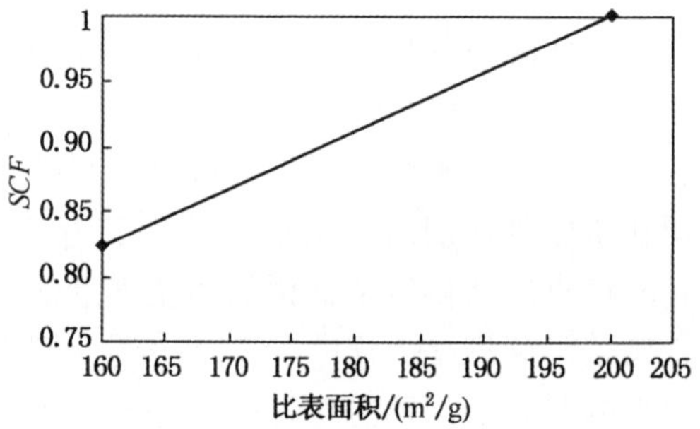

图11-17 比表面积与*SCF*的关系

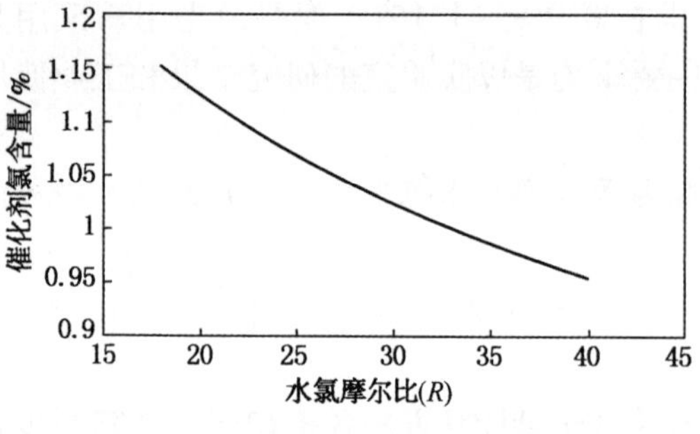

图11-18 水氯摩尔比与氯含量的关系

现举一些实例进行计算。

从重整催化剂的使用手册中查到以下公式和计算图(见图11-18)：

$$Cl_{500℃}\% = 113.5/(R^{0.233} \times 50.249)$$

(三) 水氯摩尔比*R*值的计算

对于水氯摩尔比的计算，不同专利商均有自己的计算方法，计算过程比较复杂。这里介绍一种较为简单的方法，供大家参考。

反应系统的水氯摩尔比可按下列公式计算：

$$R = [Y_R \times G + Y_F \times (M_F/18)]/[X_R \times G + X_F \times (M_F/35.5)] \qquad (11-9)$$

式中 X_F——整进料油中氯(包括注氯量)，μg/g；

Y_F——重整进料油中水(包括注水量)，μg/g；

X_R——循环气中氯，μL/L；

Y_R——循环气中水，μL/L；

M_F——重整原料油的平均相对分子质量；

G——气油摩尔比。

X_R 为实测值，但是由于气中氯的测定是很困难的，所以可采用经验公式 $X_R = 0.45 \sim 0.75X_F$ 估算。由于各装置情况不同，此值也会有所不同。Y_R 也是实测值，可以由循环气水分析仪上读取该数据；气水仪表失灵时，可以用 $Y_R = 3 \sim 5Y_F$ 进行估算。蒸发脱水塔底油的氯含量 $<0.5\mu g/g$ 时，可以忽略不计。

投入分子筛干燥罐时，Y_R 为分子筛出口气中水，X_R 气中氯为零；切出分子筛罐时，Y_R 为高分气中水含量，X_R 高分气中氯含量。

由于固定床重整装置有一段混氢和二段混氢工艺，因此注水、注氯也相应分成一段注入法和二段注入法，即一段水氯控制工艺和二段水氯控制工艺，本文着重介绍一段水氯控制工艺的计算方法以及简要介绍二段水氯控制工艺计算方法。

（四）计算实例

1. 一段水氯控制工艺的计算

【例1】 水氯摩尔比 R 的计算示例

已知：蒸发塔底油中水含量为 $5.5\mu g/g$；注水 $2\mu g/g$；气中水为 $24\mu L/L$；

注氯为 $1.5\mu g/g$；气中氯为 $0.75\mu L/L$；重整原料油的相对分子质量为 $M_F = 108$；

气油摩尔比为8；

解：

$$R = [Y_R \times G + Y_F \times (M_F/18)]/[X_R \times G + X_F \times (M_F/35.5)]$$
$$= [24 \times 8 + (2.0 + 5.5) \times (108/18)]/[0.75 \times 8 + 1.5 \times (108/35.5)]$$
$$= 22.4$$

【例2】 重整催化剂氯含量的计算

操作条件为：WABT = 480℃，其他条件同例1，催化剂的比表面积 $S = 200m^2/g$（第一次使用的新催化剂）。

按照例1的方法计算出 $R = 22.4$；

从手册中查到以下公式及数据：$Cl_{500℃}\% = 113.5/(R^{0.233} \times 50.249)$；

或从图11－18查出 $Cl_{500℃}$ 的数据：

$Cl_{500℃}\% = 113.5/(22.4^{0.233} \times 50.249) = 1.098\%$；

从图11－16和图11－17中分别查出：$TCF = 1.05$，$SCF = 1.0$；

$Cl_{480℃}\% = Cl_{500℃}\% \times (TCF \times SCF) = 1.098 \times (1.05 \times 1.0) = 1.15\%$。

从上计算可知该催化剂在 WABT = 480℃下运转，催化剂氯含量偏高。

综上所述，整个计算步骤为：

① 从已知条件计算水氯摩尔比 R；

② 从 R 求得基准温度下的催化剂氯含量；

③ 从 WABT 和催化剂的比表面积查得 TCF 和 SCF；

④ 将上述数据按公式(11－8)进行计算，即得到操作条件下的催化剂氯含量。

【例3】 注氯、注水量的计算

一般来讲，重整催化剂对环境中水的要求：

① 循环气中水含量在 $30\mu L/L$ 以上时，不要注水，要投运分子筛罐；

② 循环气中水含量在 $30\mu L/L$ 以下时，要切除分子筛罐，并在注氯的同时适量注水。

使用前例的重整催化剂，它要求反应环境的水含量在 20～30μL/L，现设定控制值为 25μL/L。

已知：反应温度 WABT = 480℃；脱水塔底油中水 $Y_F = 5$μg/g；油气摩尔比 $G = 8$；重整进料的平均相对分子质量 $M = 108$。

解：设注氯量为 X_i；注水量为为 Y_i

重整催化剂在 WABT = 480℃ 下运转时，氯含量应该是 1.0%；从图 11－16 和图 11－17可以查到 $TCF = 1.05$，$SCF = 1.0$。

$$Cl_{500℃}\% = Cl_{480℃}\% / (TCF \times SCF) = 1.0/(1.05 \times 1.0) = 0.952\%$$

从 $Cl_{500℃}\%$ 的数据，查图 11－18 可以得到水氯摩尔比应该控制在 $R = 40$。

循环气中氯按经验公式估算：$X_R = 0.45 \sim 0.75X_F$，取 $0.5X_F$；

循环气中水按经验公式估算：$Y_R = 3 \sim 5Y_F$，取 $Y_R = 3.5Y_F$

根据上述条件可以列出以下两个方程：

$$40 = [((5 + Y_j) \times 3.5) \times 8 + (5 + Y_j) \times (108/18)] / [0.5X_i \times 8 + X_i \times (108/35.5)]$$

解方程得到：$Y_j = 2.1$μg/g

$X_i = 0.9$μg/g

即应注氯 0.9μg/g，注水 2.1μg/g。

2. 二段水氯控制工艺的计算

重整反应是强烈的吸热反应。在反应的过程中，反应器中的催化剂床层会产生很大的温降，其总温降可达 150～350℃，因此重整装置一般采用 3～4 个反应器。通常第一、第二反应器的温降最大，当所有反应器的入口温度相同时，第一、第二反应器的催化剂床层加权平均温度比第三、第四反应器的加权平均温度低很多。对二段混氢工艺而言，其差值更大。如果采用一段注氯，催化剂氯含量计算是以四个反应器的 WABT 为基准进行计算的，计算结果是第一、第二反应器的催化剂氯含量偏高，而第三、第四反应器的催化剂氯含量则偏低。这对高苛刻度运转的装置是十分不利的，直接影响催化剂的选择性和运转周期。现举例说明如下：

【例 4】 某厂使用上述重整催化剂，有四个反应器，各反应器的温度分布列于表 11－2。

表 11－2 重整各反的温度

反 应 器	一 反	二 反	三 反	四 反
入口温度/℃	480	485	490	500
出口温度/℃	395	435	463	490

四个反应器的催化剂装填比是 1∶1.5∶2.5∶5；一段混氢，气油摩尔比 8；

原料油的相对分子质量为 108；脱水塔底油水含量 5μg/g；注氯 1μg/g，注水 2.1μg/g。

解：按照重整反应器的出、入口温度计算得到 WABT = 479.4℃；

$$R = [((5 + Y_j) \times 3.5) \times 8 + (5 + Y_j) \times (108/18)] / [0.5 \times 1.0 \times 8 + 1.0 \times (108/35.5)] = 34.2$$

$$Cl_{500℃}\% = 113.5/(R0.233 \times 50.249) = 0.99\%$$

按照 WABT 查图 11－16，得到 $TCF=1.05$；新催化剂，$SCF=1.0$

$Cl_{472℃}\%=Cl_{500℃}\%\times(TCF\times SCF)=0.99\times1.05\times1.0=1.04\%$

在一段混氢的条件下，四个反应器的催化剂平均氯含量是1.04%；

如果将一、二、三、四反应器分别进行计算，其结果列于表11－3。

表11－3 重整各反催化剂的氯含量

反应器编号	一 反	二 反	三 反	四 反
WABT/℃	437.5	460	475.6	495
TCF	1.183	1.113	1.062	1.005
催化剂氯含量/%	1.17	1.10	1.05	1.0

从上述计算中可以看到，在一段注氯的条件下，虽然总体上重整催化剂的氯含量控制在1.04%，基本符合重整催化剂的要求。但是各个反应器中的催化剂氯含量却出现了很大的差别，一反与四反催化剂氯含量的差别接近20%左右。很显然，这样大的氯含量差别，对重整装置催化剂整体水平的发挥是不利的。

仔细分析表11－3数据可以发现：如果将四个反应器分成一反和二反、三反和四反两个组，每个组两个反应器中的催化剂氯含量差别较小，因此将这两组反应器分别按照催化剂的氯含量控制值进行水氯平衡计算和操作，就可以实现四个反应器的催化剂氯含量比较均匀。

二段水氯控制的计算方法，其基本原理与一段水氯控制的计算方法相同。但是由于二段混氢，各段的混氢量是不同的；另一方面各段的注水和注氯量也各不相同；而且循环回各段循环气的含水和含氯是与各段注水和注氯的总量相关联，从而使水氯平衡的计算复杂化。为了应用方便，有关专利商会提供相应的计算方法或软件。

六、重整催化剂水氯平衡的判别和调整

催化重整装置的操作十分强调反应环境的控制，其中包括有毒物质和水氯平衡控制。在有毒物质得到良好控制的条件下，搞好水氯平衡是重整催化剂在运转过程中充分发挥催化剂水平的关键。

（一）重整催化剂水氯平衡的判别

重整催化剂水氯平衡的控制是要求重整装置操作人员通过调节注水量和注氯量，在反应系统循环气中水含量维持25μL/L左右的情况下，使重整催化剂的氯含量保持在(1.0±0.1)%。

工业装置在实际运转过程中有时会出现水氯平衡失调的情况。即运转中催化剂的氯含量偏离了0.9%～1.1%的范围。此时重整装置的各项技术参数会出现相应的变化，其中包括各反温降、产品辛烷值、循环气的组成、液化气产率、产品的收率和芳烃含量等。当催化剂氯含量偏离适宜范围时，通过对这些技术参数内在联系的分析 可以得到催化剂氯含量是偏高或偏低的信息。

在正常的操作条件下，为校核固定床重整催化剂的氯含量是否在合适的范围内，可以将重整装置的入口温度调整到490～500℃，在空速为$2.0h^{-1}$时，反应器入口温度每提高

3℃，测定重整生成油的辛烷值(RONC)能否提高1个单位，如果达不到1个单位，说明催化剂的氯含量偏离了适宜范围；如果重整生成油的辛烷值不到但接近1个单位时，说明催化剂的氯含量略低于适宜范围。在上述情况下，催化剂含氯量是偏高还是偏低，需要根据循环氢组成、液化气产率、各反应器的温降等情况进行综合分析和判断。

(二) 重整催化剂水氯平衡的调整

重整催化剂的金属功能和酸性功能之间的平衡，是通过调节注氯和注水量来控制的。

1. 注水

(1) 适宜水量

重整催化剂要求在反应系统的气氛中含有适量的水，以保证氯在催化剂上良好的分散和各反应器催化剂氯含量分布均匀。在重整反应系统中，水分压应保持在40~60Pa。相当于平均反应压力为1.47~1.67MPa的重整装置，循环气中水为20~35μL/L。

水除了上述功能外，在反应中它对环烷烃的开环反应和烷烃的脱氢环化反应都具有抑制作用，因此水对这两个反应的相对重要程度与原料油类型有关。对于环烷基原料油，环烷烃含量高，环烷烃的脱氢反应是主要反应，烷烃的脱氢环化反应次于环烷烃脱氢反应，因此循环气中水偏高一些，25~35μL/L较适宜；对于石蜡基原料油，在中、深度加工时，烷烃脱氢环化反应是十分重要的，因此循环气中水应低一些，20~25μL/L较适宜。

调节循环气中水的方法是在重整进料中注入适量的水，注入的介质通常为乙醇或脱离子水等。

(2) 系统太干

系统太干，是由于反应器混合进料的水含量太低，注水量不足的缘故。由此会造成氯在部分反应器的催化剂上积累，而另一部分催化剂氯含量偏低。重整装置会出现以下现象：

① 一反和四反的温降减少；

② 循环氢气纯度下降；

③ 循环气中甲烷含量升高，丙烷含量降低；

④ C_5^+液体收率总体上下降，初期C_5^+液体收率变化不明显，较长时间后则下降明显。

系统太干的纠正办法是提高注水量，使循环气中水达到要求。

(3) 系统太湿

系统太湿，也就是说循环气中水太高。由此会造成重整催化剂氯含量总体下降，但是在循环气中水升高的初期，循环气中的氯含量会短时间上升，然后随之降低。此时重整装置会出现以下现象：

① 一反温降先是明显增加，随后很快出现下降，其余各反的温降也随之下降；

② LPG产量和C_5^+液体收率减少；

③ 重整生成油辛烷值明显下降，氢气产率降低；

④ 系统提温效果差。

纠正办法是：

① 循环气中水如果超过 50μL/L 时，将反应器的入口温度降低到 480℃以下；

② 检查系统水含量高的原因，检查并调整蒸发脱水塔的操作；

③ 投用分子筛干燥罐，并适当加大注氯量；

④ 待循环气中水正常后，还需要进行一定时间的催化剂补氯操作，并视催化剂活性恢复情况适当提高反应温度，直至正常。

2. 注氯

（1）适宜氯含量

对于不同类型的原料油，可以控制在该范围的上限或下限，例如对石蜡基的原料油可以将催化剂氯含量控制在 1.1%；而环烷基的原料油控制在 0.9% ~1.0% 较为适宜。

在正常情况下，催化剂的氯保持能力会随催化剂的比表面积下降而减弱。催化剂在使用过程中，引起比表面积的下降的原因有二：一是催化剂的比表面积随再生次数的增加而下降；二是在高苛刻度运转过程中，运转中、后期催化剂因积炭量的增加引起比表面积下降。因此要根据催化剂比表面积的变化来提高注氯量，使催化剂的氯含量保持在要求的范围内，即相应降低水氯摩尔比。

应当注意的是：当催化剂需要进行氯含量调节时，不宜采用时注时停的间断注氯法，也不宜采用时多时少的波浪式注氯法，而应采用连续且均匀的连续注氯法。还应注意的是：调整注氯量时，每次调节的量最好不要大于 0.5μg/g。当需要作较大幅度的调整时，最好分步进行。调整注氯量时，要密切注意一反、四反的温降变化，因为一反、四反催化剂对水氯调整是比较敏感的。正常情况下，注氯量不宜较长时间大于 3μg/g。只有在集中补氯时，才采用大于 3μg/g 的补氯量。

（2）催化剂氯含量低

催化剂氯含量太低时，其活性会明显下降。一般而言，催化剂氯含量每下降 0.1%，反应器入口温度大约需要升高 3℃，即损失约 3℃的活性。在重整催化剂出现活性下降时，不要贸然提高反应温度来弥补损失的活性，否则会造成 C_5^+ 液体收率减少，催化剂积炭加快，影响催化剂运转周期。催化剂氯含量太低的现象是：

① 重整生成油辛烷值和芳烃含量下降，C_5^+ 收率略有下降；

② 循环氢纯度略有上升；

③ 液化气产量下降；

④ 提温效果不好，提高入口温度 3℃，辛烷值的提高小于 1 个单位。

催化剂氯含量低，可以采用如下措施去纠正：

① 首先查清催化剂氯含量低的原因是由于注氯不足，还是由于气中水含量太高；

② 如果原因是由于循环气中水含量高引起催化剂上的氯流失，可采用上述“系统太湿”部分的措施；

③ 如果原因是由于注氯量偏低，可增加注氯量，调整好水氯摩尔比。

（3）催化剂氯含量太高

重整催化剂氯含量太高会出现以下现象：

① 一反、四反温降明显下降，其他各反也有下降；

② C_5^+ 液体收率明显下降，严重时生成油颜色变深；

③ 液化气产率增加；

④ 循环氢气纯度下降，C_3、C_4 组分增多；

⑤ 生成油辛烷值或芳烃含量有所上升，但是在氯含量太高时辛烷值和芳烃含量会有较大幅度的下降。

催化剂氯含量高，可以采用降低注氯量，提高水氯摩尔比。

需要再次强调的是，如果重整装置出现水氯失调的情况，需要对装置出现的各种症状进行综合分析，对各种现象从重整反应机理的角度，找出其原因并采取相应措施，否则就可能作出与实际情况完全相反的结论。因为相同的现象不同原因的情况时有发生。例如：重整最后一个反应器的温降下降，这种情况可以由两种反应过于强烈引起的，一种是放热较强的加氢裂解反应增强，即催化剂的酸功能增强，导致温降下降；另一种是放热较强的氢解反应增强，即催化剂的金属功能增强，导致温降下降。显然对于这两种情况的处理上是绝然不同的，前者是由氯含量过高引起的，需要降低氯含量；后者是由氯含量过低引起的，需要提高氯含量。另一方面对每种情况还需要进一步进行分析，例如催化剂氯含量过高，导致出现这种情况的原因，可能是注氯量太高而气中水适宜；也可能注氯量适宜而气中水太干。总之，重整催化剂的氯含量的控制是重整装置平稳操作的关键控制因素，也是直接影响催化剂性能的良好发挥和运转周期的关键之一。因此在出现水氯控制失常时，一定要辨证地分析各种症状，以作出正确的判断并采取相应的措施。

七、连续重整装置的水氯平衡控制方法

虽然在连续重整、半再生重整和循环再生重整等工艺中，使用的重整催化剂的种类和品牌不尽相同，但是它们均具有两种不同的活性中心：金属活性中心和酸性活性中心。依其组成可归纳出如下共同特点：①金属功能主要由载于活性氧化铝上的 Pt 提供。②酸性功能主要由载于活性氧化铝上的氯提供。③适当添加第二或第三金属组分以改善重整催化剂的性能。这些共同特点决定了催化剂在金属功能和酸性功能之间进行平衡调节时，调节的基本原理、变化规律、影响因素等是相同或相似的。但是由于重整工艺不同，工业装置上对催化剂双功能性能的调节方法、手段和判断等方面也随之有明显的差别。

半再生重整和循环再生重整装置的反应系统中通常设有 3～5 个固定床反应器，装填在反应器内的催化剂在运转过程中不能经常性地定时采样，因此无法直接获得催化剂氯含量的分析数据。因此只能通过对装置的工艺运转数据(如反应温度、各反温降、循环气量、产品分布等)和产品、循环气等的分析数据进行综合分析来判断催化剂的氯含量是否处于要求的适宜值范围，并相应调节反应系统的注氯和注水操作。多年来催化剂供应商提供的催化剂操作手册包含有催化剂水氯平衡的简易计算方法，但是要求的分析项目较多，要求分析数据的准确度较高，如果一些关键分析项目(如进料水含量和循环气的水含量)的数据出现偏差，会造成误导催化剂的水氯平衡的调节，影响装置长周期稳定运转。

连续重整装置在运转过程中催化剂是不断移动的，而且反应和再生系统的操作均处于较低的压力，便于催化剂采样，而且采集催化剂样品的代表性也较好。因此连续重整装置可以通过采集的催化剂样品进行化学分析，直接得到催化剂的氯含量数据，为催化剂的水氯平衡操作提供直观的可靠依据。

连续重整的水氯平衡操作与半再生装置不同，在正常运转的条件下，催化剂的补氯操作在再生系统的氧氯化区完成，重整反应系统不进行注氯和注水操作。反应系统的水是由重整进料和循环回反应系统的催化剂带入，系统气氛中的氯是由进入反应器的催化剂，在水的作用下释放出一部分氯提供的，从而形成一个良性的水氯平衡，使反应系统催化剂的氯含量维持在适宜的范围内。当连续重整装置处于不同的运转模式时，它的水氯平衡操作也有所变化，其变化模式大致有以下情况：

1. 装置开工

①开工进油、反应系统干燥阶段：随着反应系统的升温，系统中的残存水和催化剂的吸附水逐步释放，循环气中水含量升高。进油后原料油也带入一部分的水，造成循环气中水含量进一步提高，此时随进油开始，进行反应系统的集中补氯操作，循环气中水也同时随产氢外排。随循环气中水含量的变化，相应调整注氯量。干燥阶段结束后，催化剂开始循环。

②催化剂黑烧阶段：催化剂随循环次数的增多，积炭量增加，待催化剂炭含量达到3%以上，再生系统开始黑烧操作。黑烧阶段，烧焦区进行催化剂烧焦操作，氧氯化区不进行氧化和补氯操作，反应系统维持注氯。

③催化剂白烧阶段：催化剂转入白烧时，氧氯化区开始进入空气和注氯操作，此时反应系统停止注氯，整个重整系统进入正常水氯平衡操作。

2. 催化剂停止循环

由于某些原因，再生系统发生热停车或冷停车，此时催化剂也相应停止循环。如果停车需要维持一段较长的时间，催化剂的水氯平衡操作需要进行调整。再生系统停车，氧氯化区也相应停止运转，为防止反应系统催化剂氯的流失，就要投运重整进料的注氯操作，直至再生系统重新投运。

3. 再生系统改黑烧

当重整系统发生某些特殊情况，如待生剂炭含量过高或待生剂混有高炭催化剂等，再生烧焦区可能出现催化剂烧焦不完全，需要将烧焦操作改为黑烧模式，此时水氯平衡操作也需要作相应调整。黑烧时氧氯化区不进空气，改进氮气，注氯操作也停止，为防止反应系统催化剂氯的流失，就要投运重整进料的注氯操作，直至再生系统改为白烧。

(1)在再生催化剂氯含量稳定的情况下，如果反应系统出现水含量偏高，将会出现以下可能的现象：

①再生催化剂的氯含量与待生催化剂的氯含量差值大于0.12%～0.15%；

②稳定塔塔顶出现明显腐蚀；

③氧氯化区出现催化剂补氯困难或增加注氯后，催化剂氯含量变化不敏感。

(2)造成反应系统水高的原因可能如下：

①重整进料水含量偏高；

②进入重整反应系统的循环催化剂的水含量升高。

(3)纠正反应系统水含量高的技术措施有：

①检查汽提塔的操作参数是否正常、操作是否平稳，及时采样分析重整进料水含量；

②检查再生系统催化剂干燥区的操作温度是否偏低，及时进行调整；

③检查再生系统催化剂干燥区的空气干燥器出口气体的水含量是否偏高，定期更换空气干燥剂。

第二节　金属器壁的积炭问题

近十多年来，连续重整(以下简称为 CCR)催化剂和工艺得到了很快的发展。反应压力下降到 0.35MPa；氢油摩尔比下降到 2～3；重整产品的辛烷值提高到 106。由此可见，CCR 重整装置的苛刻度大大提高，明显提高了重整装置的经济效益。同时，应注意的是：随重整装置反应苛刻度的提高，金属器壁的积炭趋势也相应增强。

一、概　　述

本节讲述的重整装置金属器壁积炭，是指在重整反应的条件下，重整装置高温部位的金属器壁产生的积炭，这些设备包括反应器、加热炉管、加热炉集合器、电加热器等，其中反应器壁的积炭最为严重，因此本节主要介绍重整反应器壁的积炭问题，并对其他设备的积炭情况进行简要的讨论。

自 1985 年我国第一套 CCR 装置投运以来，至 2012 年底已有 52 套 CCR 装置建成并投产，发生反应器壁积炭的重整装置已经有 13 套，其中反应压力为 0.85MPa 的装置 2 套；反应压力为 0.35MPa 的装置 11 套。据不完全统计，发生各类设备金属器壁积炭有 23 套次。在发生反应器壁积炭问题的 CCR 重整装置中，既有引进美国专利技术的装置，也有引进法国专利技术的装置。

在 20 世纪 90 年代中期，我国曾经有一套半再生式重整装置(以下简称为 SR)也发生过反应器壁的积炭现象，但是该装置没有出现第二次积炭，而且也未见到在 SR 重整装置上出现反应器壁积炭的国内外相关报道。

上述统计数据表明，重整装置的反应压力从 1.2MPa(SR 装置)大幅降低到 0.35MPa(CCR 装置)，CCR 装置出现反应器壁积炭的比率也随之升高。

二、反应器壁积炭的工艺特征及危害

(一) 反应器壁积炭的工艺特征

由于反应压力为 0.85MPa 和 0.35MPa 的 CCR 装置在工艺流程、反应苛刻度等方面有明显的不同，因此在出现反应器壁积炭时的工艺特征也有明显的区别。

1. 反应压力为 0.85MPa 装置反应器壁积炭的工艺特征

我国第一套引进美国专利技术的 CCR 装置，反应压力为 0.85MPa，于 1985 年 3 月 2 日投运。该装置重整催化剂从第四反应器移出时，催化剂经过第四反应器底部的一组下料管(无保温)进入催化剂计量料斗，并用高速吹扫气将催化剂的计量料斗与第四反应器隔离。催化剂经由一组特殊的阀门从计量料斗进入 1 号提升器，最后经过提升管，催化剂进入再生系统上部的缓冲料斗。装置运转至 204 天后，第四反应器的催化剂下料管出现堵塞，催化剂卸料不畅，需要人工敲打催化剂下料管才能维持催化剂的正常循环，这是装置出现反应器壁积炭的第一个特征，除此以外反应器壁金属积炭还有以下特征：

① 催化剂收集料斗的高速吹扫气的流量曲线明显变化；

② 第四反应器下部的催化剂下料管表面温度、部分管线表面温度变低；

③ 在某一时段催化剂粉尘量异常增多，尤其是细粉增多(见图 11－19)；

④ 催化剂计量料斗进出显延时报警；

⑤ 1 号提升器内出现炭块，甚至出现炭包裹催化剂颗粒的炭块；

⑥ 待生剂上的炭含量下降；

⑦ 芳烃产率或 RONC 略有下降；

⑧ 再生剂中出现“侏儒”球，说明有炭块或高炭含量(通常大于 7%)的催化剂颗粒进入再生系统，这部分颗粒在再生区内不能将炭全部烧尽，残余部分进入下一个催化剂处理区域——氧氯化区。氧氯化区是高温、高氧含量的操作环境，未烧尽炭的颗粒进入该区域后，残余炭得到充分的燃烧，造成局部高温，使得局部高温区周围的催化剂颗粒被高温烧结、转相(由 γ 相转变为 α 相)，颗粒缩小变成“侏儒”球，直径大约为 ϕ1.2mm(见图 11－20)。“侏儒”球很容易从待生剂中分辨出来，因为侏儒球已经没有活性，在黑色的待生剂中它呈现为灰白色的小球。

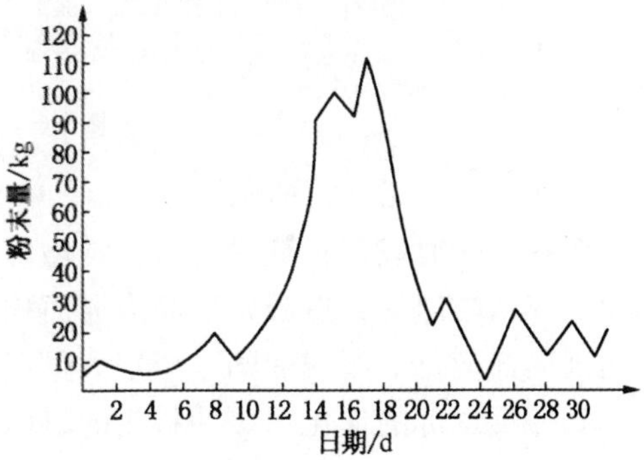

图 11－19　催化剂粉尘变化曲线

图 11－20　侏儒球与正常球的比较

反应压力为 0.85MPa 装置反应器壁积炭时，装置的芳烃产率、液体产品收率和反应器的床层温降等工艺参数变化不明显，难以作为积炭的指示性标志。上述提出的八点特征中催化剂收集料斗的高速吹扫气的流量曲线明显变化和第四反应器催化剂下料管表面温度变低和堵塞，是重要的装置积炭的指示性标志。

2. 反应压力为 0.35MPa 装置反应器壁积炭的工艺特征

某炼油厂从美国引进反应压力为 0.35MPa 的 CCR 装置，于 1996 年 7 月投产，运转 8 个月后停工检修，但反应器和再生器内的催化剂没有卸出，1997 年 4 月底检修结束开工。5 月初第二反应器出现温降下滑。至 6 月初，第二反应器的温降进一步下滑，第三反应器温降上升(见表 11－4 和图 11－21)。在此期间，重整系统仅间隙注入少量的硫。上述特征是反应压力为 0.35MPa 的 CCR 装置在基本不注硫的情况下出现的第一个重要特征。该类装置在出现反应器壁积炭时还伴有以下特征：

① 重整反应系统出现温降分布不正常时，芳烃产率、液体产品收率和产品辛烷值变化不明显；

② 1 号提升器提升量不正常或出现炭块；

③ 待生剂上的炭含量下降；

表 11－4　各反应器的温降分布情况

反应器编号	第一反应器	第二反应器	第三反应器	第四反应器
温降/℃	60	50～55	100～110	30～40

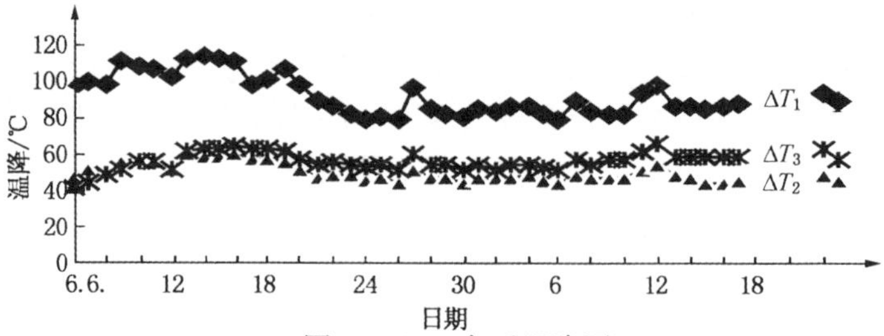

图 11-21　各反温降图

④ 再生剂中出现“侏儒”球；

⑤在某一时段催化剂粉尘量异常增多，尤其是细粉增多；这是由于扇形筒内被炭粉或催化剂碎颗粒填充，造成扇形筒流通面积大幅减少，反应器床层内汽流速度大大提高引起催化剂局部流化，磨损加剧，产生大量催化剂粉尘。

⑥一反顶部的催化剂缓冲料斗的料面不稳定。

⑦ 反应器压降突然上升，装置被迫停工。

（二）反应器壁积炭的危害

CCR 装置出现反应器壁积炭所造成的危害程度，与装置出现积炭的迹象后是否及时停工处理有关。通常由于对反应器壁积炭的危害性认识不足、反应器壁积炭判别有困难或生产需要装置不能停工等原因，致使装置未能得到及时处理，这样就会造成严重的危害和重大损失。

反应器壁积炭造成的危害主要表现在两个方面——催化剂大量损失和反应器、再生器内构件损坏。为了说明反应器壁积炭的危害程度，现以一套反应压力为 0.35MPa、处理能力为 0.4Mt/a 的 CCR 装置为例加以说明。该装置 1996 年 7 月投产，1997 年 9 月因反应器壁积炭而停工。停工清理时从四个反应器内清理出来的炭的数量见表 11-5。

表 11-5　反应器中清理出来的炭量

反应器编号	一　反	二　反	三　反	四　反	合　计
炭量/桶(200L)	10	26	9	9	54

表 11-5 中列出的四个反应器中的总炭量为 10.8m^3，实际上四个反应器里的积炭量远大于此数值。在从反应器中卸出催化剂时也夹带了不少的炭块和炭粉，在清理反应器内的炭块时还用大型水环泵进行小块炭和少量粉尘的处理，这部分炭块和炭粉没有计算在内。据统计，在装置停工前 6 个月至清理反应器后再次开工期间，共消耗催化剂 30 多吨。

反应系统内构件的损坏主要是催化剂下料管堵塞、扇形筒和中心管损坏。具体数量见表 11-6。

表 11-6　反应器内构件损坏情况

反应器编号	中心管损坏情况	扇形筒损坏/根	下料管堵塞数/根
一　反	下部 2 个小孔	17	9
二　反	无	12	4
三　反	无	4(另有 4 根变形)	无
四　反	无	无	无

从表 11－5 和表 11－6 的数据可以看出，积炭主要发生在第一、第二反应器，内构件的损坏也是第一、第二反应器最为严重。第一反应器催化剂下料管堵塞 9 根，扇形筒损坏 17 根；第二反应器催化剂下料管堵塞 4 根，扇形筒损坏 12 根。

第一反应器的扇形筒固定圈被扭断，20mm 厚的半圆形固定圈扭成 S 型（见图 11－22）。所有损坏的扇形筒的底部，几乎全部被沉积的炭胀破，如图 11－23 所示。大部分损坏的扇形筒的下部被从反应器壁生长出来的炭顶向反应器的中部，呈现为弯曲度不到 90° 的 L 型，如图 11－24 和图 11－25 所示。弯曲的扇形筒向反应器中部挤压，弯曲的扇形筒本身或扇形筒挤压时将硬炭块推向中心管造成中心管破损，这种情况已经在 2 套发生反应器积炭的 CCR 装置上出现。扇形筒的损坏除了上述的筒底破损和弯曲以外，还出现受自下向上的顶力造成皱折而损坏，见图 11－26 和图 11－27。

图 11－22　扇形筒固定圈损坏情况

图 11－23　扇形筒底部损坏情况

图 11－24　扇形筒弯曲损坏情况（一）

图 11－25　扇形筒弯曲损坏情况（二）

图 11－26　扇形筒皱折坏情况（一）

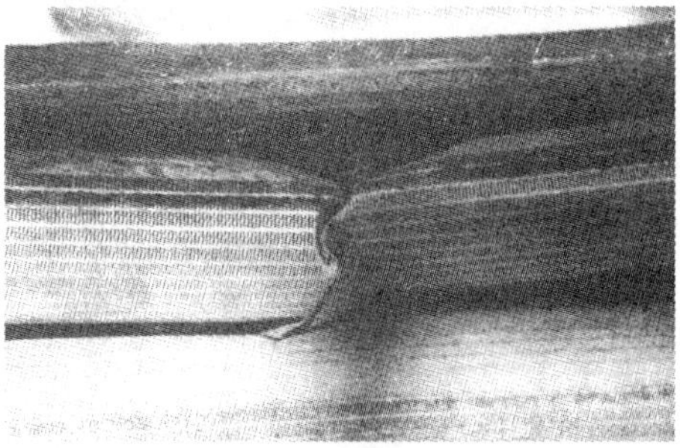

图 11－27　扇形筒皱折坏情况（二）

三、反应器壁积炭的原因

反应器内部的积炭从表观看可以分为：粉状炭和块状炭。部分的粉状炭和小块的块状炭可以在催化剂循环时被带出反应系统。块状炭又可以分为软炭块、硬炭块和软底炭。软炭块可以用手捻碎，颜色为暗黑色(见图11－28)；软底炭是指与反应器壁接触的炭呈现为有十分光滑的接触面的软炭，一定厚度的软炭层后过渡为硬炭；硬炭块有纯炭块和炭包催化剂的硬炭块(见图11－29)。

图11－28 软炭块样品

图11－29 硬炭块样品

将反应器内积炭的炭样进行元素分析，数据列于表11－7中。

表11－7 炭样的元素分析结果

元素/%	一反底部软质炭	一反底部硬质炭	元素/%	一反底部软质炭	一反底部硬质炭
C	98.84	98.25	Cr	0.0043	0.0029
H	0.65	0.68	Mo	0.0049	0.0052
Fe	0.3708	0.2140	Mn	0.0025	0.0016
Ni	0.0044	0.0051			

表11－7数据表明，无论是软炭还是硬炭，主要成分是碳，氢的含量很低只有0.65%～0.68%，碳氢比很高达到152/1。炭中所含有的金属元素都是反应器壁和内构件制造材料的基本元素，其中铁含量最高，占金属元素总量的93%～95%。这些数据表明，反应器中的积炭包含有制造反应器及内构件的金属材料。

对炭样和积炭催化剂进行透射电子显微镜(TEM)分析，列于图11－30和图11－31中。积炭催化剂的物化分析结果列于表11－8。

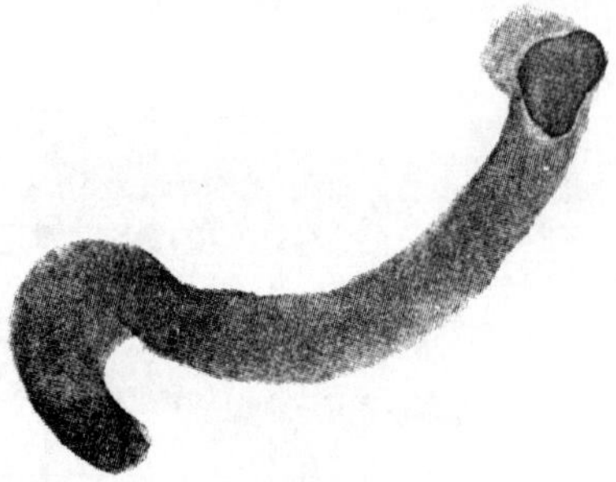

图11－30 炭样的TEM谱图

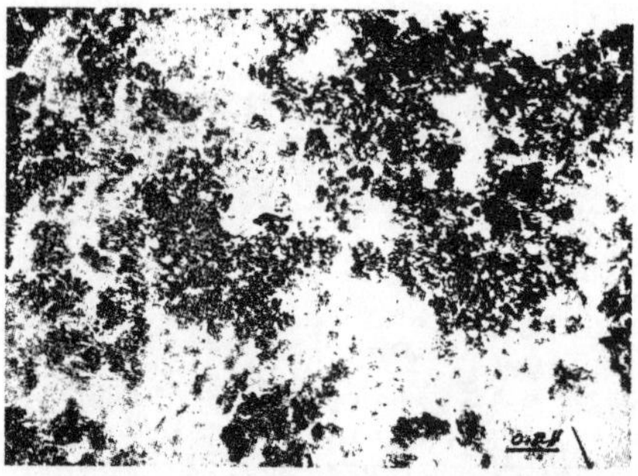

图11－31 积炭催化剂的TEM谱图

表 11-8 催化剂分析结果

样品名称	C/%	S/%	Cl/%	Pt/%	Sn/%	比表面积/(m^2/g)
待生剂	3.4	0.006	1.09			
再生剂	0.02	0.006	1.38			142
还原剂			1.20	0.29	0.30	143

表 11-8 和图 11-31 的结果表明，从积炭反应器内的催化剂样品的物化分析结果看，催化剂的 C、S、Cl、Pt、Sn 等的含量在正常范围以内，催化剂上沉积的炭的形态无异常。但是，炭块样品的 TEM 谱图显示，炭块的微观结构呈现为丝状炭结构，而且顶部有明显的黑点。对样品进一步用扫描电子显微镜的电子探针进行分析，结果显示：黑点部位是由 Fe、Ni、Cr 等组成的金属颗粒(见图 11-32)。

(一) 丝状炭的生成机理

通常炭的沉积是一个包含不同生长形式的复杂结构，如果将这些复杂结构进行分类的话，可以分为三大类：无定形炭、石墨炭和丝状炭[10~12]。对于金属器壁暴露在烃类的气氛中，这三种炭的相对生成速率与温度的关系列于图 11-33 中。

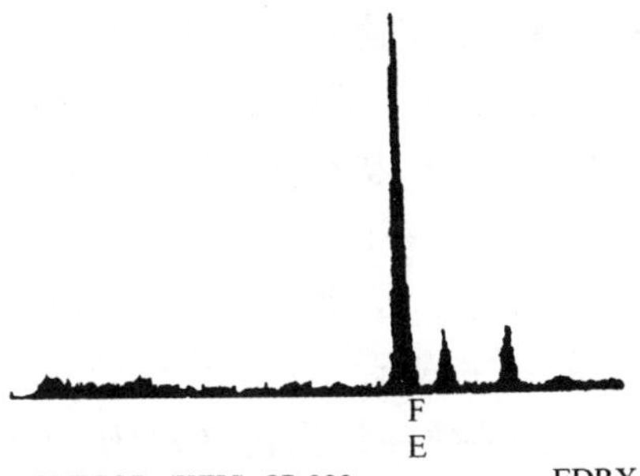

图 11-32 电子探针分析结果

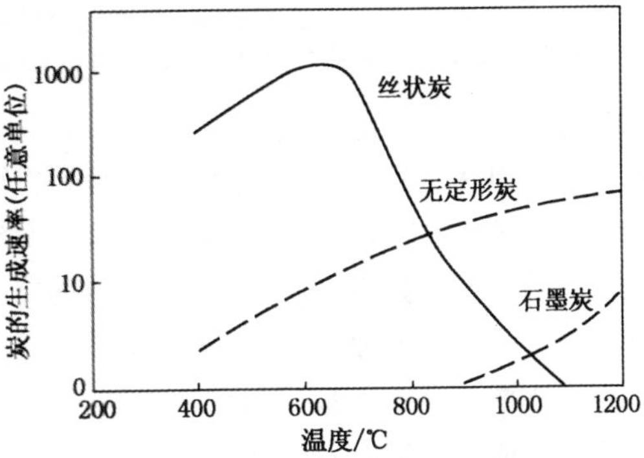

图 11-33 相对生炭速率与温度的关系

图 11-33 表明，在重整的反应条件下，金属暴露在烃的气氛中可能生成的炭是无定形炭和丝状炭，而丝状炭的生成速率比无定形炭快 100 倍。由此可见，在重整的反应条件下，发生反应器壁积炭主要是生成丝状炭。

通常丝状炭的宽度是比较一致的，在 50~100nm 的范围内，其形状通常是圆柱形，也观察到实心的[13]、空心的[14]和缠绕的或编织的[14](见图 11-34)。大部分丝状物有一小块金属颗粒，其直径与丝状物相同，并镶于沿长度相同的位置上，一般在丝状炭的顶部。这些位于丝状炭顶部的金属颗粒是丝状炭的成长中心[16,17]。

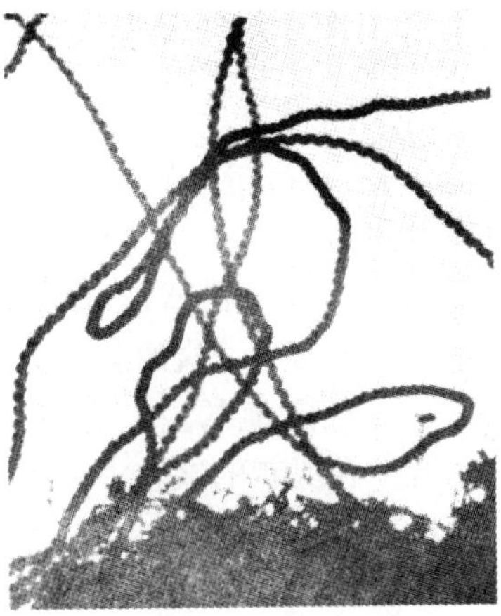

图 11-34 缠绕形的丝状炭

含碳气体，例如乙烷、一氧化碳、二氧化碳、苯、乙烯等，在一定的条件下可以在金属表面上(例如铁、镍、钴、铬等)形成丝状炭。由于含碳气体的种类不同及金属的种类也不相同，因此还没有一种生炭机理可以将所有研究报告中的试验结果全部解释清楚[18]。但是以下这种生炭机理是被大家普遍接受的[18]，该机理的简要示意图如图 11－35所示。首先，气相的烃类分子吸附在金属的表面；吸附的烃类分子经过一系列分解、脱氢反应，在金属表面生成炭原子；这些炭原子逐渐的溶入或渗入金属的晶粒间或金属的颗粒间；随着时间的推移，金属颗粒上生成的炭不断的向颗粒间转移[19]，并逐渐生成丝状炭，最后将金属颗粒推离金属母体。从理论上可以认为，金属表面所有的活性中心都可能发生上述反应。

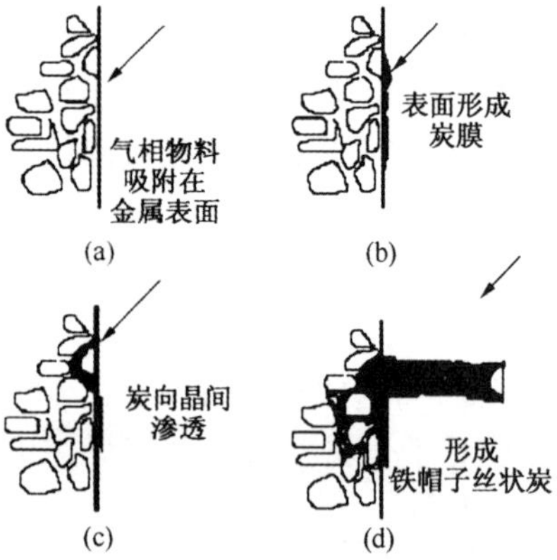

图 11－35　金属表面生炭机理示意图

在所述机理中，没有涉及烃类分子是如何吸附在金属表面的？也没有说明吸附的烃类是在什么样的活性中心上发生脱炭反应，脱炭反应的前身物又是什么等复杂的问题。由于金属的种类和组成各不相同，含碳气体的组成也有很大变化，因此回答这些复杂问题时难以用一种统一的机理模型来解释所有的反应和伴随的现象[18]。

Albert 等人[20]以 CO、CO_2、CH_4、H_2、H_2O 等作为含碳气体的组分，进行了在铁的表面丝状炭生成初期阶段的机理研究。他们将铁表面与含炭气体反应后，用扫描电子显微镜(SEM)对金属表面进行了观察，发现在铁的表面被大量的丝状炭所覆盖，这些丝状炭呈圆柱形，直径约为500nm，丝状炭顶部含有金属的晶粒。对铁的表面进行抛光，并用2%～3%的 nital 溶液(硝酸的甲醇溶液)进行腐蚀，处理后的样品用 SEM 进行观察，发现在铁颗粒的边缘有大的碳化铁(Fe_3C)生成，呈珠球状结构。由此认为，这种碳化铁显然是在丝状炭生成前形成的。这个结论与 Tsao[21]的研究结果相一致的。Tsao 利用纯的一氧化碳在903K 的温度下与铁进行反应，同时利用 Mossbauer 能谱进行炭的分析，结果列于图 11－36 中。

从图 11－35 中可以看到，碳化铁的生成先于游离炭，生成一定量的碳化铁后，游离炭才开始迅速生成；开始时碳化铁的生成速度也是比较快的，但是碳化铁累积到一定量后，就不再增加。Albert 还观察了在铁表面上生成丝状炭时，单位时间(min)单位质量的铁引起的炭的质量分数增加与反应时间的关系，结果列于图 11－37 中。从图中可知，炭的质量分数增加在反应初期增加十分迅速，达到一最大值后，炭的质量分数增加有小幅的下降，然后进入稳定值的阶段，质量分数增加不再提高。这种规律在所有的试验中多得到了相似的结果。

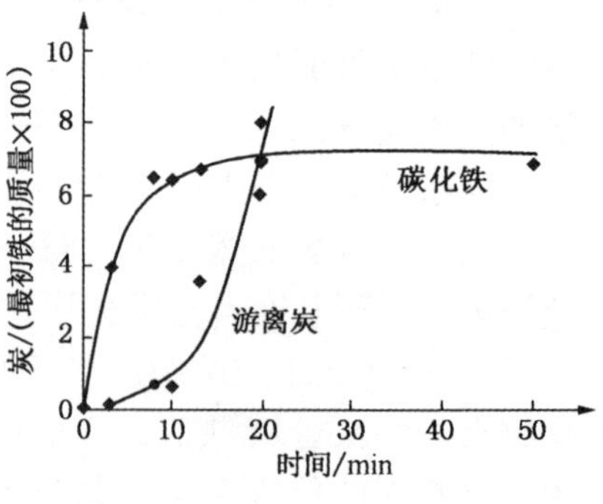

图 11－36　炭样分析结果

Buyanov[22－23]提出了烃类在铁的表面生成丝状炭的“碳化铁循环(Carbide cycle)”模型。碳化铁(Fe_3C)是烃类在金属表面发生分解反应的初期生成的，碳化铁在一定的条件下是处于亚稳状态，并在石墨碳覆盖的表面附近分解生成新的石墨碳。此时在石墨碳覆盖的颗粒表面很快达到平衡状态。碳化铁的浓度梯度是碳通过碳化铁颗粒扩散的驱动力。显然，这个丝状炭的生长模型不需要任何晶体的晶格，颗粒可能是液体[24]。在碳化铁颗粒上丝状炭的成核和生长示意图，列于图11－38中。在甲烷的气氛中，于680～800℃下，铁颗粒很快的被碳化生成碳化铁。在该条件下，碳化铁不稳定而分解，导致带炭粒子的过饱和，在颗粒表面出现石墨晶核[见图11－38(a)]。由于生成晶核需要克服高的激活屏障，其他石墨晶粒配置在石墨晶核的周围[见图11－38(b)]，然后在颗粒表面和甲烷之间的活泼的相互作用下，碳化铁的循环不断地被重复。在初期，石墨层在颗粒表面的堆积是以平行的方向进行的。在某一时刻，颗粒变为液体状，后部开始延伸，石墨层变形，由原来的平行堆积改变为中空结构[见图11－38(c)(d)]。随着毫微管(nanotube)的进一步生长，与颗粒接触的部分变窄，颗粒的尾部推向炭囊的内部[见图11－38(e)]，形成了类似竹子(Bamboo－like)的结构。石墨管的颈部变得更窄，在空腔内的颗粒碎片被切断，石墨层与颗粒表面接触的方向变成垂直的接触，由此使得金属与炭的接触面积变得很小，以致于在炭的溶解和石墨化速率(扩散后的沉积)之间难以保持平衡。多余的炭被排出，并形成另外的石墨晶粒。

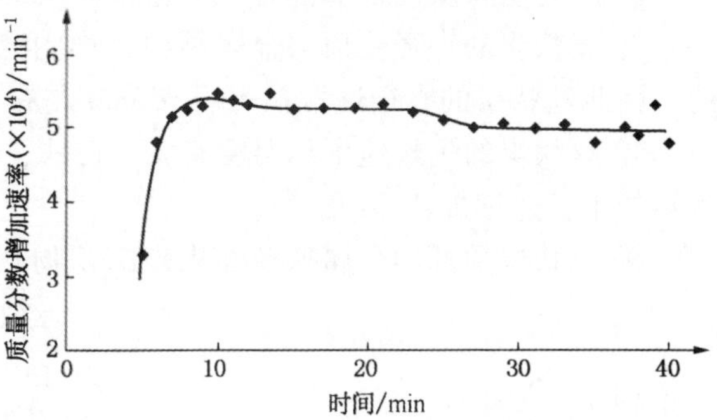

图11－37 质量分数增加与反应时间的关系

这些石墨晶粒沉积在已经生长了丝状炭的金属颗粒表面附近[见图11－38(f)]，并开始构筑下一个丝状炭的接点。

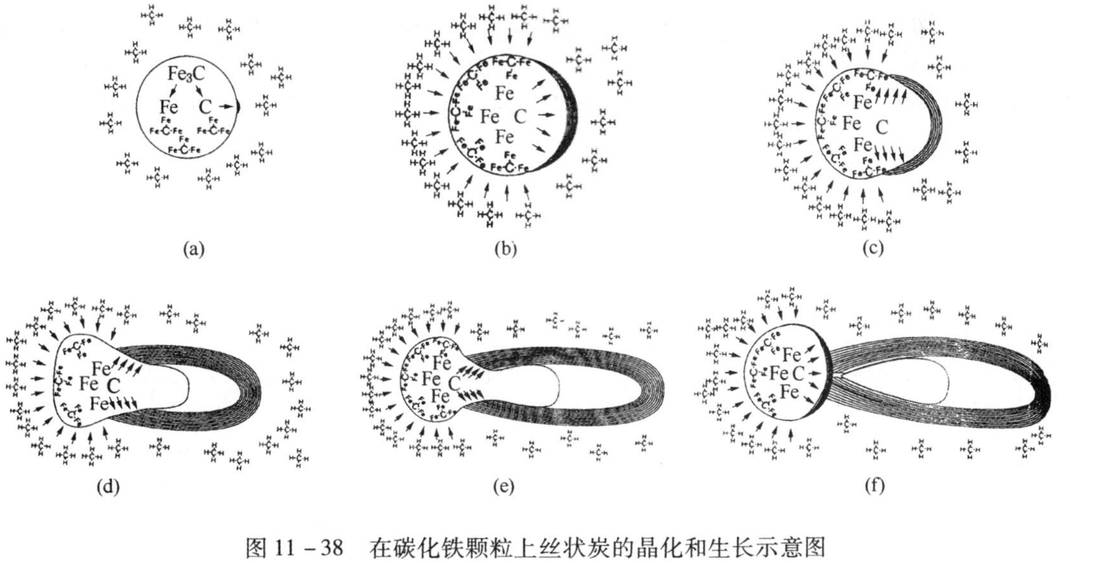

图11－38 在碳化铁颗粒上丝状炭的晶化和生长示意图

（二）丝状炭的特征

丝状炭是烃类在金属表面积炭的标志性产物，它具有以下的特征：

① 所有丝状炭的顶部都有一个金属颗粒；

② 丝状炭的直径受顶部金属颗粒大小的控制。在大部分情况下，金属颗粒是比较小的，因此丝状炭的直径通常在 50 ~ 100nm 左右[20]；

③ 丝状炭的生长速率与温度有关，在铁、镍和钴 - 乙炔系统中，温度升高 320℃，丝状炭的生长速率加快 20 倍[24]；

④ 丝状炭顶部的金属颗粒如果被沉积物全部包裹，丝状炭将会停止生长；生长中的丝状炭，顶部的金属颗粒未被沉积物包裹；

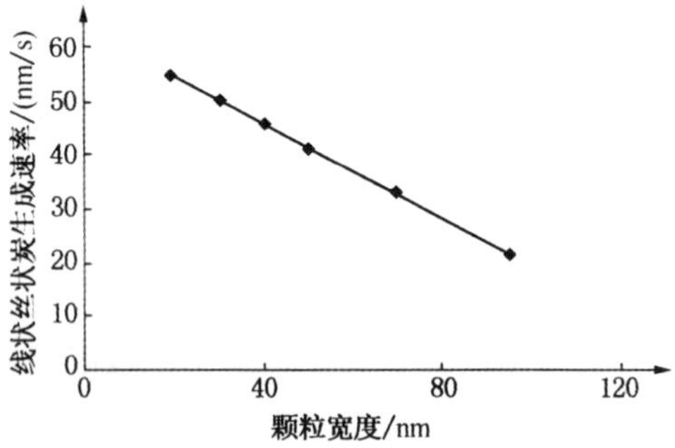

图 11 - 39　金属颗粒大小与炭生长速率的关系

⑤ 顶部金属颗粒的大小与线状丝状炭的生成速率有关[24]，如图 11 - 39 所示，金属颗粒越小，线状丝状炭的生成速率越快；

⑥ 脱离了金属母体的丝状炭仍然具有化学活泼性。将丝状炭的炭块置于微型反应器中，在重整的反应条件下进行反应，其结果列于图 11 - 40 和图 11 - 41 中。反应结果表明，脱离了母体的丝状炭与活性炭相比，有明显的催化脱氢和加氢裂解活性。在环己烷的脱氢反应中，活性炭的环己烷转化率仅为 0.4% ~ 1.5%，装置内积的炭活性高达 5.2% ~ 13.5%，二者相差 9 倍；对于正己烷的裂解产物 $C_1 \sim C_3$ 的产率，活性炭为 0%，没有活性，而丝状炭达到 0.7% ~ 6.8% 显现出明显的催化活性。由此可以认为，装置内一旦积炭，在重整反应条件下，会发生炭生炭的反应，从而加快装置内积炭的速度和积炭量。

Baker[24] 观察到：丝状炭顶部的金属颗粒，在丝状炭生长过程中出现的分裂的现象，如图 11 - 42 所示。从图 11 - 42A 和 B 中可以看到，由颗粒 A 生长的丝状炭，其金属颗粒的直径为 95nm；图 11 - 42C，颗粒 A 发生分裂；由图 11 - 42D 可以看到，分裂的颗粒(直径为 50 ~ 20nm)上丝状炭的生长情况。对图 11 - 42A ~ D 的图像和数据进行分析后得到，在颗粒 A(直径为 95nm)上，丝状炭的生长速率是 22.3nm/s，在颗粒 B(直径为 50nm)和颗粒 C(直径为 20nm)上，丝状炭的生长速率分别为 41.8nm/s 和 56.5nm/s。

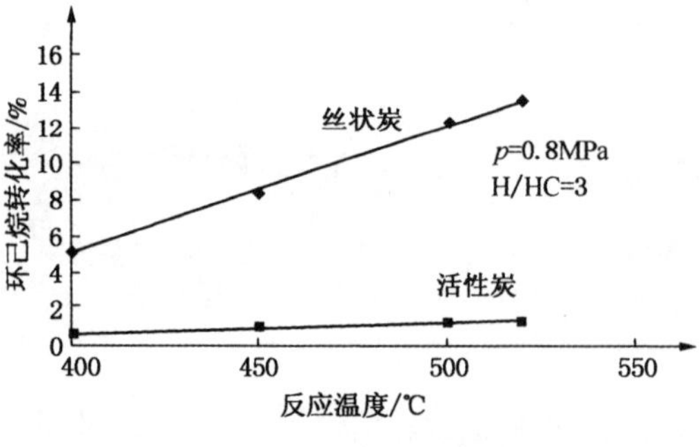

图 11 - 40　炭样的环己烷脱氢试验结果

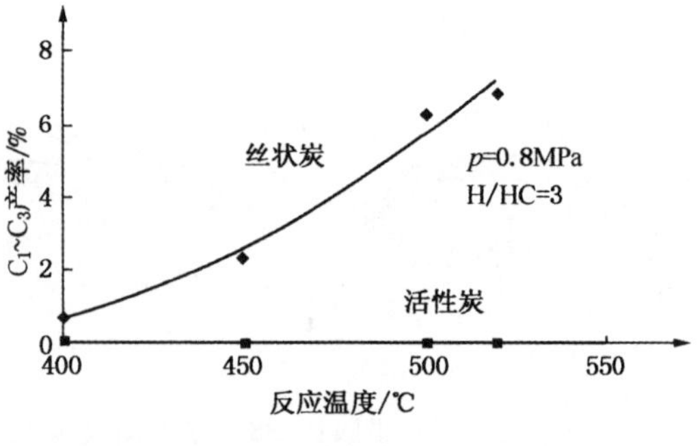

图 11 - 41　炭样的 $C_1 \sim C_3$ 产率

由上述丝状炭的特征可以看到，在金属器壁上产生一定数量的丝状炭后，如果未能及时采取相应的技术措施，积炭将会以较快的速度发展，并会产生严重的后果。

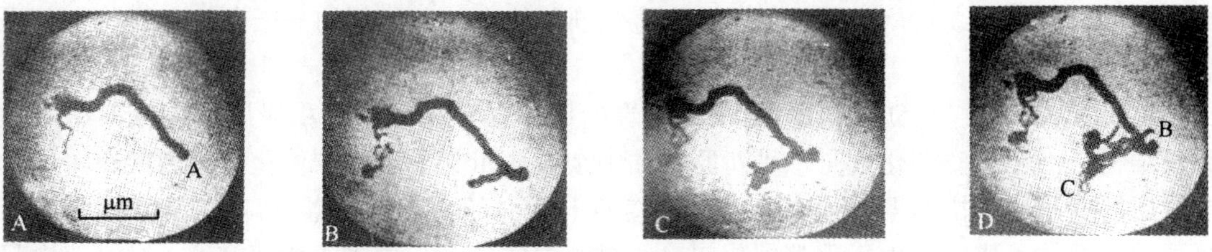

图 11－42　丝状炭铁颗粒分裂电子显微镜图

四、金属器壁积炭的抑制

金属器壁积炭会导致加工工艺中的管线、阀门、换热器、反应器等发生堵塞或损坏，轻者造成工业装置运转周期缩短，重者造成装置被迫停工或出现安全事故，因此对于抑制金属器壁积炭必须引起重视。

为了抑制金属器壁积炭，人们研究过向金属材料中添加氧化物、在金属表面增加涂层、对金属表面进行硫化处理等方法。

Baker[25]等人考察了在铁－镍中加入 SiO_2、Al_2O_3、TiO_2、WO_3、Ta_2O_5 和 MoO_3 等金属氧化物对抑制生长丝状炭的规律。研究发现，这些氧化物对铁－镍生长丝状炭都有抑制作用，但是它们起作用的机理不同。在 620℃以下，Al_2O_3 和 TiO_2 是提供了一个影响烃类吸附和分解的物理屏障；其他氧化物是减少了炭在金属颗粒表面的溶解能力，但不影响炭的扩散速率；SiO_2 是既减少炭的溶解能力，又减低了炭的扩散速度。虽然在试验中这些氧化物能够抑制丝状炭的生长，但是在实验中加入的添加物是氧化态的，如果加入到金属材料中是否能够保持原有形态，仍然起到相同的作用，这是需要解决的一个问题；另外，加入最少的量，达到最好的效果，在目前的试验条件下还无法进行考察；最后，这些氧化物加入到金属材料中以后，对材料的力学性能和结构性能的影响还不清楚。因此在工业实践中的应用，还为时尚早。

石脑油蒸汽裂解制乙烯装置也是一个长期受金属器壁积炭所制约的工业生产装置，Brown[26]等人提出在 Incoloy 800 的裂解炉管内壁利用气相沉淀法，在炉管高温(995℃)氧化的条件下将烷基硅氧化合物(如四乙基原硅酸酯)沉积在炉管壁上，形成一层很薄的无定形的氧化硅膜。试验结果表明，在炉管温度为 700～880℃时，炉管的积炭量可大幅下降(减少 10 倍)，当温度大于 900℃时，效果明显下降。

利用对工艺设备进行硫化的方法来抑制金属器壁积炭，在工业上已经有成熟的经验，如石脑油蒸气裂解制乙烯装置[27]，Bennett[28]等人对 25/20/Nb 不锈钢进行预先硫化和连续硫化，并在高温下考察了硫化对丝状炭生长的影响。结果表明，无论是使用噻吩、硫化氢、二氧化硫还是硫醇为硫化剂，对于 25/20/Nb 不锈钢而言，都具有抑制丝状炭生成的作用，硫化剂直接吸附在金属表面的吸附活性中心上或将 Fe_2O_3 转化为 Fe1－NS，阻止或减弱了金属表面对烃类的吸附，其中噻吩是最有效的添加物，因为噻吩的分子最大，吸附在金属表面对表面活性中心的阻隔效应最好；在 600℃下，无论是预先硫化还是连续硫化，在 Cr_2O_3 表面的烃类分解没有减少，这反映出，在 Cr_2O_3 表面的烃类分解的反应机理

与 Fe_2O_3 不同；连续硫化的效果，与带入硫化剂气体中的硫化剂的分压有关，硫化物分压愈高，效果愈好。

对 CCR 装置发生反应器积炭后，采集炭的样品其分析显示，积炭属于比较典型的丝状炭结构。由于重整催化剂是一种对原料油中杂质含量十分敏感的催化剂，因此在采取抑制金属器壁积炭的措施上必须十分谨慎。按照上述介绍，对金属器壁硫化是 CCR 装置可采取的重要技术措施。由于重整催化剂对原料油中的硫含量要求不大于 0.5μg/g，硫含量过高会造成重整催化剂中毒，硫含量太少会引起重整装置金属器壁积炭。为此，在重整装置进料的总硫含量控制上必须掌握：进料中硫的总含量尽量接近 0.5μg/g，但是不要超过 0.5μg/g 的原则。

五、重整装置出现反应器炭块后的处理

CCR 重整装置在出现反应器内积炭后，它所带来的经济损失少则数十万元，多则上千万元，因此装置一旦出现炭块，必须引起充分的重视。首先，对于收集到的炭块，应尽快联系有关部门进行必要的物化分析，并由此确定炭块形成的初步可能的原因，采取相应措施。

① 出现炭块后的首选处理方法是尽早停工处理。由于反应器内构件可能损坏，而且在处理前不能够详细了解内构件损坏的程度和数量，因此必须准备好足够的内构件(数量和规格)，同时要考虑好损坏部件的修复办法；另一方面，由于积炭时，部分催化剂被炭包裹，清出后无法使用。为此需准备好一定数量的催化剂。在做好准备工作的基础上，再停工检修。

② 由于反应器内有大量炭、少量硫化铁及油气，遇见空气易自燃。为此卸剂、清炭工作需在氮封条件下进行。同时准备好必要的清理工具，如大功率吸尘器等。

③ 清炭后必须对反应器内构件进行全面清扫，将扇形筒和中心管缝隙中的夹杂物清除干净。尤其要注意的是仔细检查四反中心管夹层缝隙中有无夹杂物，如果夹有杂物，必须在中心管内进行彻底吹扫，以防运转时引起压降不正常。

④ 由于反应器内的积炭附着在设备的壁上，它们都是进一步积炭的种子，因此最好在器内进行喷砂处理；

⑤ 如果全厂因生产需要或其他原因，CCR 装置暂时不能停工处理。此时需要注意以下几点：

(a) 在准确分析重整原料油硫含量的基础上，将重整进料硫含量调节到 0.45μg/g，并稳定长期注硫；

(b) 装置必须稳定操作，尽量不出现大的波动，如停电、停油泵或循环氢压缩机等；因为大的波动可能使得被炭块包裹着的催化剂床层倒塌，会使反应器下部的催化剂下料管堵塞或引起反应器压降上升；

(c) 密切注视装置的压降变化，定期测定各反应器压降；

(d) 在装置满足全厂最低要求的条件下，尽管能在较缓和的苛刻度下运转，防止积炭情况恶化过快，并造成更严重的内构件损坏。

六、重整装置其他部位的金属器壁积炭

在连续重整装置中，处于高温、含烃、临氢条件下的设备均有可能出现金属器壁积炭，但是各种设备所处的工艺条件和水力学条件不同，它们发生金属器壁积炭的几率、程度和生成炭的形态也会不同。同样的设备，由于操作不当、工艺条件变化情况不同，引发金属器壁积炭的速率也会有明显的差异，例如连续重整反应器，发生积炭的最短时间是开工进油后 28d，而最长的是装置连续运转 5 年后发生反应器积炭。重整反应器内发生器壁积炭有一个明显特征——积的炭几乎全部是丝状炭。

(一)电加热器积炭

连续重整装置临氢系统只有还原区有 1 ~ 2 台电加热器。在两段还原工艺中，一段还原电加热器出口气体分为二路，一路气体直接进入一段还原区，另一路进二段电加热器。据初步统计，我国至少已有 7 套 CCR 装置 8 次还原区出现温升、严重超温或电加热器因积炭过多而烧坏等情况。由于发现电加热器积炭的早晚程度不同，有的电加热器加热元件烧毁，有的被迫停工处理。电加热器中积炭的电子显微镜分析结果如图 11 - 43 ~ 图 11 - 45 所示。

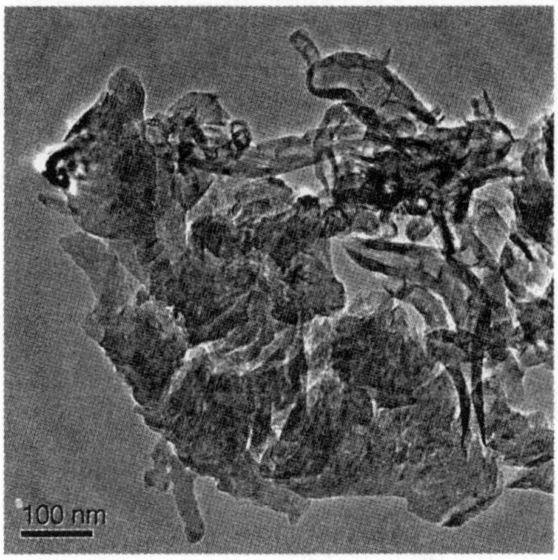

图 11 - 43　电加热器炭样电子显微镜图 A

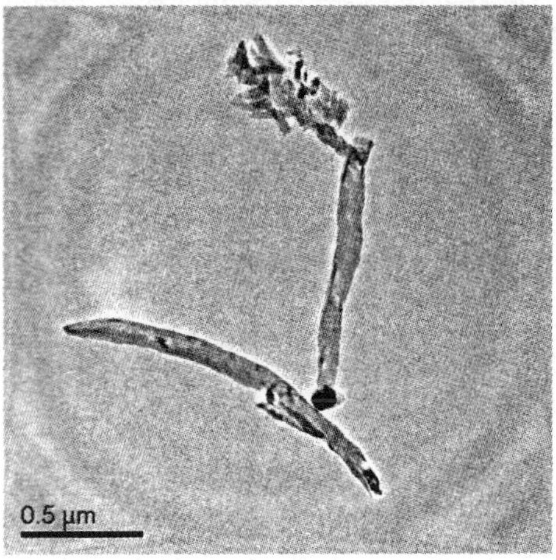

图 11 - 44　电加热器炭样电子显微镜图 B

从图 11 - 43 中可以看出，电加热器的炭样中大部分是丝状炭，但是还有其他形态的炭。图 11 - 44 显示，丝状炭的头部有金属颗粒，并且其尾部带有分叉，分叉上又出现众多的分支，显示出有继续生长的趋势。图 11 - 45 是对丝状炭头部的金属颗粒进行电子探针分析的结果，结果表明，其金属组分与本体材料相符。

上述结果表明，电加热器积炭与反应器积炭在形态上比较有明显的相似之处，前者大部分是丝状炭，后者全部是丝状炭，因此在生成积炭的机理上也会有相同之处。

1. 电加热器积炭过程中的现象

电加热器积炭过程中可能有如下的现象：

(1)装置开工阶段或初期，还原区催化剂床层出现严重超温，例如床层温升 >100℃；

(2)装置正常运转过程中，还原区催化剂床层出现小幅波动性温升，通常温升在3～10℃；

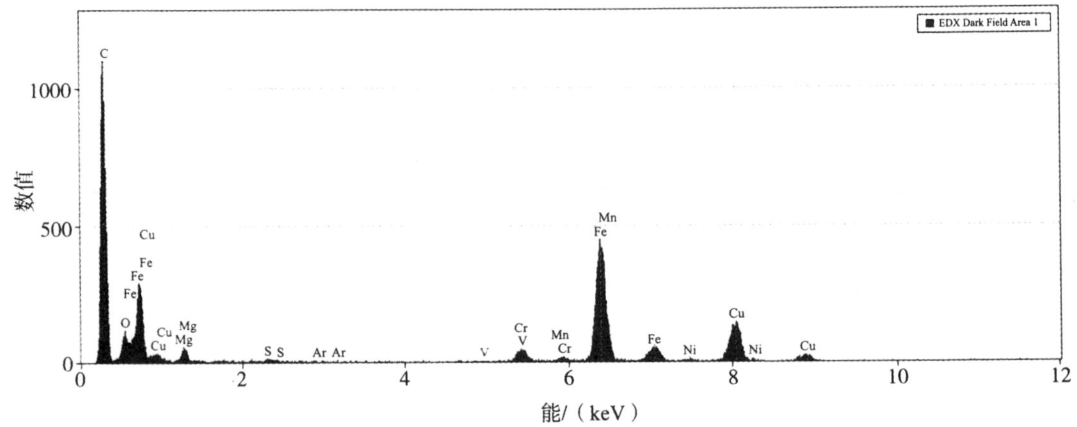

图 11－45　电加热器炭样的电子探针分析结果

(3)电加热器工作电流与正常工作值偏大，并有继续增大的趋势。

不同的连续重整装置还原区在正常操作情况下，分别以提纯氢或高纯氢为还原介质。使用高纯氢还原催化剂的电加热器不会发生积炭问题。而使用提纯氢为还原介质的装置，在装置进油开工初期，由于氢气增压机需要调节时间，提供提纯氢的油吸收工艺无法正常运转，需要另选氢源用作开工初期催化剂的还原介质。通常可选用的介质有高纯氢或制氢装置生产的氢气。如果选用制氢装置生产的氢气，而制氢装置生产的氢气先经过水封储罐，然后增压使用，由于氢气的水含量很高，不能满足还原氢的质量要求，因此有若干套装置选用重整循环氢作为开工初期催化剂的还原介质。

引起还原区电加热器积炭必须要有炭的来源，还原氢所带的烃类就是炭的唯一提供者。高纯氢和制氢装置生产的氢气只含有少量的甲烷，不会在加热过程中积炭；提纯氢在正常操作条件下含有少量的 C_3～C_5 烃类，经过聚集器的进一步脱烃，在还原区电加热器出口温度 377℃和 482℃ 的条件下只会生成少量的炭，不影响正常操作；重整循环氢由于重整高分压力低，只有 0.25MPa，循环氢带有大量的烃类，甚至含有一定数量的 C_8 烃类(包括苯、甲苯和二甲苯)，为电加热器的积炭提供了丰富的炭源。

以提纯氢为还原介质时，如果重整氢增压机操作波动、聚集器运转不正常，有可能将较多的轻烃带入还原区，会造成还原区催化剂床层出现 3～15℃的温升(国内，至少有 3 套装置出现过这种情况)，同时会引起电加热器积炭。

开工初期以重整循环氢为还原介质时，如果重整高分压力波动、聚集器不能正常运转，将会有较多的重质烃类进入还原区，造成还原区催化剂床层 100℃以上的温升，同时会加快电加热器内积炭的速率。

从上所述可以了解到：当还原介质带有较多烃类(尤其是芳烃类)时，首先与一段电加热器接触，在加热面上吸附，并引起积炭。由于加热面炭膜的生成，使传热系数下降，在保持出口温度不变的情况下，加热电流将会增大，加热管表面温度升高，同时加热管表面积炭也相应增多。随着时间的延续，炭膜增厚，加热管表面温度升高，炭原子溶入金属表面晶粒间隙的速率加快，并逐步形成丝状炭。一旦形成丝状炭，如图 11－33 所示，其生长速率远大于其他类型炭的生长速率，并可保持很长时间的炭生炭的活性(如图11－42所示)，从而使加热管的热阻迅速加大，最终导致加热元件的损坏。

2. 减少电加热器积炭的措施

为了防止或减少电加热器因积炭造成的损坏，建议采取以下措施：

(1)对于开工初期采用重整循环气作为还原介质的装置，建议在使用重整循环氢期间，电加热器出口温度控制在<350℃，以防止出现还原区催化剂床层超温，并减少电加热器积炭；

(2)定期检查还原介质的轻烃聚集器，检查轻烃排出口是否堵塞，排液阀是否灵敏，聚集元件是否失效，以防止或消除还原区催化剂床层温升，并减少电加热器积炭；

(3)定期检查电加热器的工作电流，注意是否出现电流偏高，并有进一步升高的趋势，并采取相应技术措施，例如：检查还原气聚集器是否正常，氢提纯单元操作是否平稳、操作参数是否偏离指标等。

(二)加热炉管和集合管积炭

加热炉和集合管是重整临氢反应系统温度最高的设备，理论上讲应该是最可能发生金属器壁积炭的部位。但是在工业实践中，发生加热炉管和集合管器壁积炭的情况并不多。据不完全统计，国内发生加热炉管积炭的装置有3套，共4次。

在发生金属器壁积炭的装置中，只有1套装置在集合管的盲管部位积有3～5cm厚的炭，其他装置在该部位只有少量的粉状炭。这些炭样经电子显微镜分析均为丝状炭。造成这种不同积炭情况的主要原因是由于金属表面钝化不够引起的，也就是说重整进料中硫含量的差别引起的。盲管部位积炭3～5cm厚的装置，其所有重整进料均经过脱硫保护床深度脱硫后进入重整反应系统，重整进料硫含量长期保持在≤0.1μg/g，使集合管的金属表面没有被硫钝化；同时集合管盲管部位温度高，气流速度相对较慢，停留时间较长。在这两个因素的作用下，造成集合管盲管部位严重积炭。其他重整装置的进料中硫含量均控制在0.35～0.5μg/g，集合管盲管部位基本不发生积炭，仅有加热炉管产生的少量炭粉被带入盲管。

发生的4次加热炉管积炭可分为两种情况：

①2次积炭分别发生在新的加热炉和旧加热炉中；

②另外2次发生在旧加热炉新增或更换的新炉管中。从统计上看，旧加热炉发生积炭的概率小，而新炉管(包括新增加热炉)发生积炭的概率大。

情况①积炭样品的电子显微镜图如图11－46和图11－47所示。

从图11－46和11－47中可以看出，虽然在积炭样品中发现有直线形的炭和螺旋形的炭，但是它们均属于丝状炭，具备丝状炭的所有性质，其形成机理基本相同。引起积炭的金属表面催化作用不但与金属材质有关，也与金属表面的结构有关，表面粗糙利于结焦的形成，而光滑的表面则有防止结焦的作用[30]。在现有的重整装置上，加热炉的材质和表面状态已经确定，因此抑制加热炉管金属表面积炭的关键是抑制金属表面活性。向重整进料注硫，使进料硫含量保持在0.35～0.5μg/g是重整装置抑制金属器壁积炭的唯一重要手段。情况①的2次加热炉炉管积炭，主要原因是长期重整进料低硫操作，甚至出现6个月停止注硫的情况，最终导致炉管积炭的发生。情况②炉管积炭样品的电子显微镜分析表明，在炭样中除了有丝状炭以外，还有如图 11-48 所示的片状炭。情况②新增加的炉管是配置在集合管物料入口的远端，使这部分炉管流量偏小，炉管内流速较慢，容易在炉管内表面引起积炭。

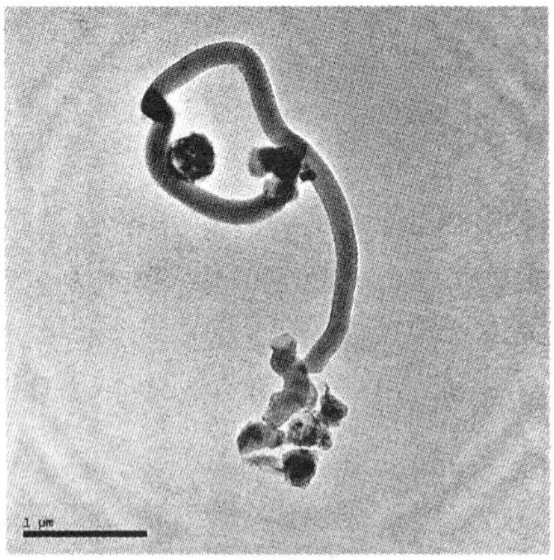

图 11-46 加热炉管积炭电子显微镜图 A

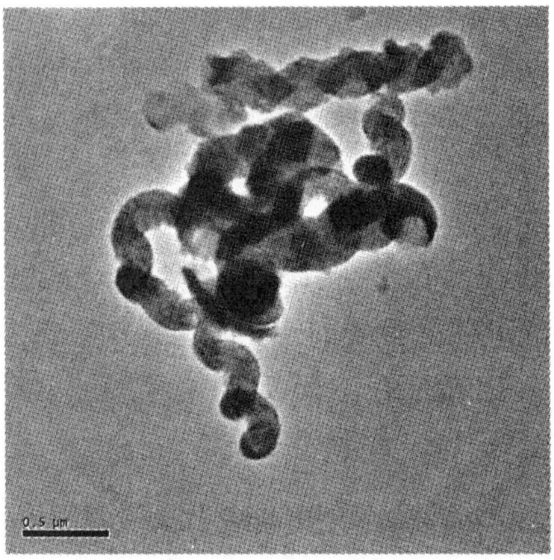

图 11-47 加热炉管积炭电子显微镜图 B

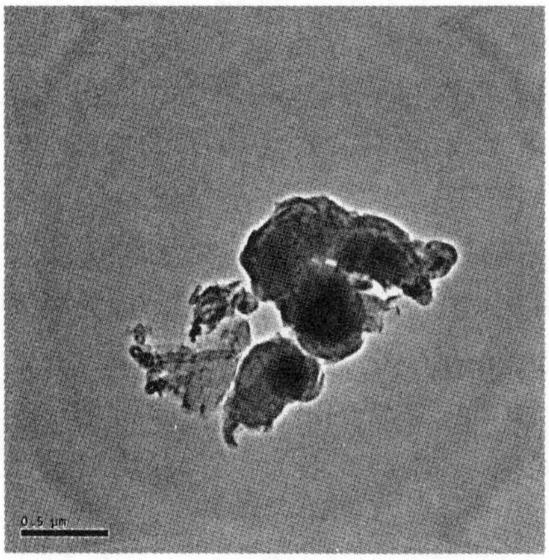

图 11-48 加热炉管积炭电子显微镜图 C

积炭初期主要形成无定形炭和石墨炭，随着炭膜的形成和增厚，炉管的传热系数变小，炉管表面温度升高，从而加快了积炭速率，同时炭膜中沉积的炭开始向金属表面的晶格渗透。如果没有足够的硫对金属表面进行钝化，一旦丝状炭生成，如图 11-33 所示，丝状炭的生成速率是各种类型的炭中速率最快的一种，对炉管的安全运行将会构成很大的威胁。某炼厂的重整装置在运转过程中，加热炉新增炉管的表面颜色失常，紧急停工后检查发现新增炉管已经基本堵死，严重积炭管段长度达到 3m。

正常运转的重整装置，在加热炉集合管盲区也会发现有少量的炭粉，这是由于加热炉管内气流速度大，生成的少量炭会被吹出持留在集合管盲管区，炭样分析结果如果是丝状炭，说明装置注硫偏低，局部区域有丝状炭生成。

防止积炭的主要技术措施是加强注硫操作。以下建议在防止加热炉管积炭方面可供参考。

①新装置或加热炉新换炉管的装置，开工时适当提高注硫量，可控制在 0.5~1.0μg/g；

②新装置或加热炉新换炉管的装置，正常运转期间，进料硫含量控制在 0.5μg/g 左右；

③加热炉扩能改造时，注意核算进料集合管远端加热炉管流量分配情况，因为有 2 次加热炉管积炭就发生在集合管入口远端的炉管中，其原因可能与炉管流速偏小有关。

参　考　文　献

[1] C A Querini, N S Figol. Applied Catalysis, 1989(52): 249 ~ 262

[2] J Barbier, P Marecot. Catalyst Deactivation[M]. Amsterdam: Elsevier, 1980. 53

[3] N S Figoli, J. N Beltramini. ACS Symp Ser, 1982, 202: 239

[4] B C Gates, J R Katzer , G C A. Schuit. Chemistry of Catalytic Processes[M]. New York: McGtaw - Hill, 1979. 184

[5] Z Paal, P Tetenyi. Catalysis(Vol. 5)[M]. London: Chemical Society, 1981. 80

[6] J H Sinfelt, H Hurwitz, J C Rohrer. J Phys Chem, 1962 (64): 892

[7] P. B. Weisz, Actes 2eme. Congr. Int Catal[R], Editions Technip, Paris: 1961, Tome1. 937

[8] M Chow, S H Park, W M H Sachtler. Appl Catal, 1985(19): 349

[9] Verdorone R J, Pieck C L, Sad M R, Parera J M. Infuence of chlorine content on the behavioar of Pt - Re/Al_2O_3 Catalyst for naphtha reforming[J]. Appl Catal, 1986, 21: 239

[10] Palmer H B, Cullis C F. Chemistry and physics of Carbon (Vol. 1)[M]. New York: Dakker, 1965. 265

[11] Baker R T K, Harris P S. Chemistry and physics of Carbon (Vol. 14) [M] . New York : Dakker, 1978. 83

[12] Gainey B W. U S Energy Research and Development Admin[R]. Report GA - A13982 UC - 77

[13] Hofe L J E, STERLING E, McCartney J T. Structure of the carbon deposited from carbon monoxide on iron, cobalt, and nickel[J]. J Phys Chem, 1955(59): 1153

[14] Oberlin A, Endo M Koyama, T. Filamentous growth of carbon through benzene decomposition[J]. J Crystial Growth 1976, 32: 335

[15] Boehm H P. Carbon from carbon Monoxide Disproportionation on Nickel and Iron Catalysts: Morphological studies and possible growth Mechanisms[J]. Carbon, 1973, (11): 583

[16] Baker R T K. Formation of Filamentous cabalt and chromium catalyzed decomposition of Acetylene[J]. J catalysis, 1973, (30): 86

[17] Baker R T K, chludzinski Jr J J. Filamentous carbon growth on nickel - iron surfaces[J]. J catalysis, 1980, (64): 464

[18] Alberto I Lacava, E Daniel Fernandez - Raone, Leslie L Isaacs, Maritza Caraballo. Effect of Hydrogen on the Iron - and Nickel - Catalyzed Formation of Carbon from Benzene. Coke Formation on Metal Surfaces [M]. New York: 1981. 89

[19] Baker R T K, Yates D J C. Filamentous Carbon Formation over Iron Surfaces. Coke Formation on Metal Surfaces[M]. New York: 1981. 1

[20] Albert Sacco JR, John C. Caulmare, Growth and Initiation mechanism of Filamentous Coke, Coke Formation on Metal Surfaces[M]. New York: 1981. 177

[21] Tsao, T. Kinetics of Dissociation of Carbon Monoxide on - Fe [D] . Carnegie - Mellon University, Ph. D. 1974.

[22] Buyanov R A, Chesnokov V V, Afanas'ev A D, Babenko V S. Kinet Katal, 1977, 18: 839

[23] Chesnokov V V, Buyanov R A. Russ Chem Rev, 2000, (69)623

[24] Baker R T K, Harris P S, Thomas R B, Waite R J. Formation of Filamentous Carbon from Iron, Cobalt and Chromium Catalyzed Decomposition of Acetylene[J]. J Cata, 1973, (30): 86 ~ 95

[25] Baker R T K, Chludzinski Jr. Filamentous Carbon Growth on Nickel - iron Surface: The Effect of Various Oxide Additives[J]. J Cata, 1980, (64): 646 ~ 748

[26] Brown D E, Clark J T K, Foster A I, Mccarroll J J, Sims M L. Inhibition of Coke Formation in Ethylene

Steam Cracking. Coke Formation on Metal Surfaces[M]. New York: 1981. 22

[27] Crynes B K, Albright L F. Ind Eng Chem Process Develop, 1969, (8): 25

[28] Bennett M J, Chaffey G H, Myatt B L, Silvesrter D R V. Inhibition by Sulfur Poisoning of the Heterogeneous Decomposition of Acetone. Coke Formation on Metal Surfaces. New York: 1981. 223

[29] Castro A A, Scelza O A, Baronetti G T, Fritgle M A, Parera T M, Appl Catal, 1983, 6: 347

[30] 张东明. 乙烯裂解炉结焦抑制技术研究[J]. 四川化工, 2009, 12, 2: 23~25

第十二章　催化重整装置的开、停工及事故处理

第一节　重整装置的开工

一、开 工 准 备

（一）原料油

为开工准备的原料油数量是否足够，质量是否合格，这是催化重整装置开工能否顺利进行的前提和保证。

1. 开工所需的精制重整原料油量

重整装置开工方式有顺向开工和逆向开工两种。顺向开工就是先开预分馏、预加氢单元，然后开重整单元，即按照工艺流程顺序开工；逆向开工则是先开重整单元，后开预加氢单元。

顺向开工一般不会出现精制重整原料油（以下简称精制油）量不足的问题。但是，对于采用逆向开工方式的装置，预先准备的精制油量是否足够，就成了关系到重整开工能否顺利进行并取得最后成功的问题。

确定重整装置逆向开工所需精制油量所要考虑的因素有：

（1）从重整进油到重整向预加氢开工提供足够氢气所需要的时间；

（2）从重整向预加氢装置引入氢气到预加氢装置能向重整提供合格精制油所需要的时间；

（3）精制油储罐中所储精制油的有效使用量；

（4）用于应变不可预测因素的精制油数量。

在一般情况下，至少必须准备足够使用20h以上的精制油量，才能满足逆向开工的需要。

2. 开工用原料油的选择

开工用重整原料油的质量要求包括馏分、烃类组成和杂质含量等方面。其中，对馏分的要求，一般与正常生产用原料油相同，正常生产用原料油的馏分要求因装置生产的目的产品不同而异，详见第二、第三章。

选择开工用原料油的基本原则如下：

（1）顺向开工一般采用直馏石脑油。

（2）逆向开工尽可能采用环烷烃含量高的油作为开工用原料油，因为环烷烃脱氢是很容易进行的反应，在重整进油初期的低苛刻度条件下，环烷烃含量高的原料油所产生的氢气量多，从而可以缩短从重整进油到重整向预加氢开工提供足够氢气所需要的时间。

原料油馏分范围必须根据装置设计要求进行准确的分馏，一般要尽量少含戊烷以下馏分，终馏点要严格控制[1~2]。

装置所用重整催化剂的类型、活性组分含量等的不同，对重整进料中杂质含量的要求有所不同。双、多金属重整催化剂对原料油杂质含量的要求比单铂催化剂的严格一些。同是铂铼重整催化剂，其对原料油杂质含量的要求也会随着铼铂比的变化而变化。例如对硫的敏感性随着铼铂比的提高而提高[3~6]。因此，每一种催化剂都有它特定的原料油杂质含量控制指标要求，其具体指标一般由催化剂专利商提供。

重整原料油杂质主要有砷、铅、铜、硫、氮、水等。关于这些杂质的来源及其对重整催化剂的毒性，在第二章中已有阐述。但考虑到在开工过程中对硫的控制有些特殊，因此有必要对它进一步讨论。

在催化重整运转条件下，硫和硫化合物生成硫化氢，它抑制加氢和脱氢反应，但不影响异构化和加氢裂化反应。在氢气气氛中，硫以硫化氢分压形式起作用，催化剂中毒为暂时性的、可逆性的；在有氧气氛中，例如在催化剂再生的烧炭过程中生成硫的氧化物，形成硫酸盐中毒，过去被认为这也是永久性的中毒，但现在已掌握了硫酸盐中毒催化剂的再生方法[7~21]。

关于重整原料油中硫含量的控制问题，在1971~1974年NPRA讨论会上每年都讨论，可见人们对这个问题的重视。在那时，尽管有不少人认为将重整进料中硫含量控制在1μg/g以下时，运转结果就很好[22~27]。但已有人指出了硫对催化剂性能危害的严重性：硫从1μg/g增加到3μg/g，催化剂老化速度增加了20%~30%[1]。

Frank和Martino的研究结果表明，对于双金属重整催化剂，重整进料中的硫含量最好控制为<1μg/g，对于高铼铂比的铂铼重整催化剂，则最好控制为<0.5μg/g[10]。

在开工阶段和一定的条件下，原料中存在或使用适当数量的硫可显著改善重整催化剂的性能。例如，在铂铼、铂铱等催化剂还原后用硫化物对其进行适当的预硫化，可抑制进油初期催化剂过强的金属活性，从而避免过度氢解放热，防止“飞温”发生，并使催化剂的稳定性得以提高，周期寿命得以延长[27~30]；对于连续重整装置，注入适量的硫，使重整进料保持硫含量为0.2~0.5μg/g，可以有效防止重整加热炉管、反应器内的金属器壁产生积炭[31]。

(二)开工用氢气

1. 开工用氢气的有害杂质

开工用氢气，特别是催化剂还原用氢气的杂质含量对催化剂的催化性能有严重的影响。必须严格控制的杂质主要有：

(1)碳的氧化物

碳的氧化物包括CO和CO_2。CO可以使重整催化剂中的铂生成羰基卤化物，例如Pt(CO_2)-Cl_2等，使这部分铂丧失催化作用。如果催化剂被CO中毒，则催化剂的脱氢功能减弱，因而产氢速率缓慢。

催化剂因CO中毒引起的活性降低的程度，取决于CO浓度和接触时间。

CO_2本身对催化剂并无毒性，但它在重整操作条件下可被氢还原成CO。因此，CO_2浓度也必须严格控制。控制CO_2浓度的实质是控制CO。

（2）水

水含量应当尽可能低。对于以 $\gamma-Al_2O_3$ 为载体的全氯型重整催化剂尤其要注意这一点，因为水含量越高，催化剂中的氯流失速率越大，对催化剂催化性能的影响也越大。

（3）氧

在重整开工过程中，氢气中的氧会全部变成水。可以认为，“氧害”的实质是“水害”。1mol 的氧生成 2mol 的水，氧与氢化合生成水时放出的热量也会产生危害。

（4）硫化氢

硫化氢会增强催化剂的加氢裂化反应活性和减弱催化剂的脱氢环化反应活性，表现为反应器温降和循环氢纯度下降。硫化氢还会引起设备腐蚀，与铁锈化合而产生硫化亚铁碎片，有可能被带到反应器，导致催化剂床层压降增大，还会在以后的催化剂再生过程中生成 SO_2 和 SO_3，乃至 SO_4^{2-} 而导致催化剂中毒，活性降低。

（5）烃类

用于催化剂还原的氢气中含有烃类，对催化剂是非常有害的。因为 C_2 以上的烃类在催化剂还原过程中会发生氢解、裂化、过度脱氢等反应，其产生的致密炭对催化剂的危害比正常的积炭大得多。同时，反应放出大量的热，可能致使金属活性组分晶粒被“烧结”，反应消耗氢气会使循环氢纯度降低。

用于催化剂还原的氢气中含有的烃类会使催化剂产生“烃还原”作用，使催化剂活性降低，选择性和稳定性变差[2]。所以，重整氢必须经过脱烃并达到允许的烃类含量指标后才能用于催化剂还原。

2. 对开工用氢气的质量要求

用于双、多金属重整催化剂还原的氢气，须达到氢纯度大于 99.5%、CO 和 CO_2 各须小于 10μL/L、氧和水各须小于 100μL/L 的要求。

如果采用重整氢，则必须经过脱烃和脱水，达到氢纯度大于 94%、C_2^+ 烃类含量小于 0.5%、硫化氢小于 1μL/L 的质量要求。

（三）重整装置首次开工用氢气和精制油的准备

双、多金属重整催化剂开工的基本条件，是必须有能满足催化剂开工要求的精制油和氢气。国内催化重整技术研究人员针对氢气和精制油来源困难的装置开工，开发了直馏石脑油制取重整开工用精制油和氢气的重整装置开工工艺专利技术[32]，并得到广泛应用[33~35]。

该工艺技术的基本原理是：选用单铂催化剂作为制氢催化剂，因而可用氮气开工，而且在保护剂的保护下可长期使用，采取环烷烃脱氢与自给加氢相结合的方法，在适当温度、压力、空速等条件下，先利用石脑油中的部分环烷烃在制氢催化剂作用下脱氢所产生的氢气，使石脑油在适当的条件下进行加氢精制，从而得到合格精制油，然后再用精制油制得可满足双、多金属重整催化剂还原和开工用的高纯度氢气。该工艺利用预加氢工艺流程，只增设一台制氢反应器、一个脱烃罐及其相应管线和切换阀。

制精制油的工艺流程如下：自石脑油罐或预分馏塔底来的石脑油馏分，经换热后依次进入预加氢加热炉、制氢反应器、预加氢反应器，预加氢产物经换热冷却后到产物分离器进行气液分离，自分离器底部出来的液体产物进入蒸发脱水塔，最后进入精制油罐。由分离器顶部出来的粗氢，一部分进预加氢增压机作为循环氢，剩余部分至燃料系统。

制精制油阶段结束后，将预加氢反应器切出系统，改为制氢工艺流程：自精制油罐来的精制油经换热后，进入预加氢加热炉和制氢反应器，反应产物经换热冷却后到产物分离器进行气液分离，自分离器顶部出来的粗氢(其氢纯度可达97.5%以上)，一部分作为循环氢，另一部分经脱除烃、硫、水等杂质后供重整催化剂还原和开工使用。

在制精制油阶段，操作条件可在下列范围内选择：制氢反应器入口温度370~390℃，压力0.8~2.5MPa，体积空速10~20h^{-1}；预加氢反应器入口温度300~340℃，体积空速2~4h^{-1}。制氢温度的控制，以制氢反应器出口温度不超过预加氢催化剂允许温度，所产氢气量能满足石脑油“自给”加氢需要为原则。

在制氢阶段，制氢反应器入口温度需提高到400~440℃，压力、空速也需进行适当调整。操作条件的确定与原料的环烷烃含量、产氢的质量和数量等因素有关。

(四) 化工试剂

在重整催化剂开工和运转过程中，采用的化工试剂主要有硫化物、氯化物、乙醇、分子筛、活性炭等。

1. 硫化物

对于半再生重整，硫化物用于铂铼、铂铱等重整催化剂开工过程中的预硫化，可采用的硫化物有H_2S、CS_2、乙基硫醇、二甲基硫化物等。通常采用二甲基二硫醚(DMDS)。在连续重整中，硫化物用于重整进料中补硫，旨在抑制加热炉、反应器、换热器等设备内金属器壁的积炭，一般采用DMDS。

2. 氯化物

以$\gamma-Al_2O_3$为载体、以氯为主要酸性组元的全氯型重整催化剂，进油初期的氯调整和运转过程中水氯控制都需要使用氯化物。常用氯化物及其性质见表12-1。

表12-1 常用氯化物及其性质

氯化物名称	分子式	相对分子质量	相对密度
1，2-二氯乙烷	$C_2H_4Cl_2$	99	1.253
1，1，1-三氯乙烷	$C_2H_3Cl_3$	133.5	1.339
四氯乙烯	C_2Cl_4	165.8	1.625

采用有机氯化物而不用无机氯化物，是因为液态有机氯化物很容易用排空罐或计量泵精确、安全地注入系统，而若采用HCl则较难避免注入点腐蚀问题和不安全情况的出现。从原理上来说，只要在接触催化剂以前能转化成HCl的有机氯化物都可选用。但是必须从毒性比较小、操作比较安全、容易使用而效果又比较好等方面综合考虑。

3. 乙醇

在重整开工和运转过程中的水氯控制，常用乙醇和纯水。规模小的装置，一般是注乙醇，利用它分子中的“OH^-”作为水的来源；规模大的装置一般注纯水。

二、开工方式

（一）确定开工方式的原则

确定开工方式的一般原则是：在质量符合重整开工要求的氢气来源容易的情况下，采用顺向开工方式；在有足够的合格氢气和精制油的情况下，采用逆向开工方式；在无重整开工用氢气和精制油的情况下，采用直馏石脑油制取重整开工用精制油和氢气的重整装置开工工艺专利技术时，也采用逆向开工方式。

（二）顺向开工方式

顺向开工方式具有如下优点：

① 预加氢的进料从一开始就使用石脑油，中间不存在切换原料油的操作变化问题，因而预加氢开工过程步骤比较简单，并可避免在预加氢与重整联合运转后，因预加氢原料油切换和操作条件改变的不适当而造成重整进料质量的波动；

② 可使汽提塔底油中水含量比较快地降到重整进料所要求的水平，从而使重整进油后能较快地进入正常运转阶段；

③ 预加氢有足够的调整操作时间，能够确保在重整进料的各项杂质含量指标完全合格后才开始重整进油。

（三）逆向开工方式

采用逆向开工方式开工的主要优点是能在缺少外供氢气的条件下开工，高纯度氢气的消耗量较少，约为顺向开工方式的40%～50%。

采用逆向开工方式开工的缺点是：重整开工的精制油用量较大；预加氢调整操作的时间受精制油储备量的限制；预加氢原料油存在由精制油切换为石脑油的操作变化，而造成重整进料质量波动的可能性。

三、催化剂装填

正确的催化剂装填是催化重整装置正常运转、充分发挥催化剂性能、获得良好操作性能和重整效果的重要因素之一。

（一）催化剂装填的一般原则和要求

① 要事先制定好一个周密的装剂方案。

② 要始终防止催化剂被杂质污染。为此，装剂必须在装置临氢系统特别是反应器经干燥、净化和严格检查后进行，并要求装剂的场地、设备、用具要干净，进入反应器内的操作人员穿戴整洁等。

③ 要采取各种防止催化剂受潮的有效措施。例如，装剂必须在晴天进行；装剂时必须往反应器内通入干燥的仪表风等。

④ 要力求装剂质量达到催化剂床层均匀、密实。

催化剂装填密度的均匀性，对反应器内气流分布和催化剂床层的温度分布有直接影响。如果催化剂装填密度不均匀，就将会直接影响转化率、选择性和稳定性[36,37]。因而不仅影响催化剂开工初期的反应性能，而且会使运转周期缩短。在装剂过程中做到催化剂在反应器内的料面均匀上升、各部分的床层厚度一致，是达到装填密度均匀的有效办法。

⑤ 在装剂前必须仔细检查反应器及其内构件的完好性、安装质量的可靠性，还要认真核查相关尺寸与设计数据的一致性。对发现的问题要进行彻底处理。另外，对于装剂设备的有效性和可靠性也要进行认真的检查。

（二）轴向反应器装填技术要求

轴向反应器装填催化剂的技术要求主要有：

① 催化剂床层下面和上面的填料层都必须严格按照要求装填。对于固定床反应器，在催化剂床层下面和上面都要铺设填料。下面的填料层用作支撑催化剂床层。上面的填料层用以防止催化剂床层在物流正向或逆向流动的操作时发生移动或扰动。

填料的性质必须满足如下要求：无催化作用；不含对催化剂有毒物质；热稳定性好；孔隙率小；耐压强度高；耐磨性能好；密度较大。此外，填料还应是价格低廉，来源容易。至于填料颗粒形状，则可以是球形，也可以是其他形状，主要以容易装填均匀、传质效率高、压降小和不易结垢等为要求。目前普遍采用的是球形填料。近年来，已开始应用装填时容易达到有序排列、传质效果优异的异形填料。

通常采用瓷球作为重整催化剂床层的填料。最好采用富铝瓷球或富铝红柱石(其氧化铝和氧化硅含量分别为66%和32%)。填料颗粒的大小和填料层的厚度，以能完全防止催化剂穿过和它所产生的压降尽可能小为原则。一般为2层，不超过3层，分别采用颗粒大小不同的填料。反应器底部大瓷球层的颗粒必须大于反应器出口收集器的孔缝隙，其装填高度应高于反应器出口收集器顶面100mm以上。上部为小瓷球层，其厚度宜为100～200mm，颗粒大小以能完全避免催化剂穿过和它本身不能流入大颗粒填料层为要求。每一层填料都要力求密实，并且均匀。

② 装剂开始时(当催化剂装填高度在300mm以内时)，必须特别注意控制好帆布管口离开小瓷球层表面的高度和催化剂的流量，以免催化剂下落的冲击力将小瓷球层冲出凹陷坑。最好在帆布管下端安装一个锥体或采用能够灵活控制催化剂流量的催化剂装填工具。

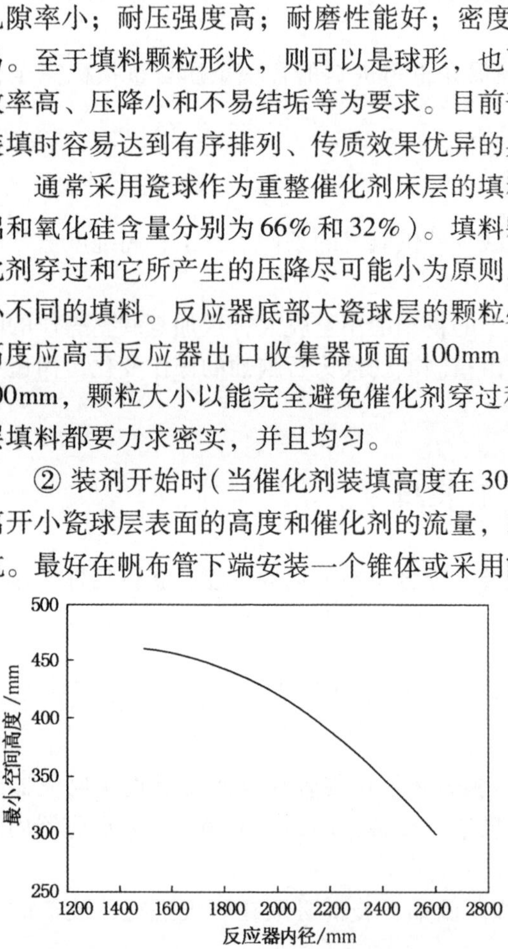

图12－1 最小空间高度与反应器内径的关系

③ 在催化剂装填过程中，必须尽量控制催化剂自由跌落的高度不大于1m。为了达到催化剂装填密度的均匀，最好在催化剂床层每上升0.5m左右时扒平一次。

④ 在催化剂床层顶部装填至少一层瓷球。最好是两层：紧靠催化剂的一层为小瓷球，厚度为100～150mm即可；在小瓷球层上面的一层为大瓷球层，其厚度应不小于100mm。催化剂床层顶部瓷球层的作用是固定催化剂床层、进一步改善物流分布和阻挡

固体杂质进入催化剂床层。

⑤ 从大瓷球表面至反应器入口分配器底端面的距离，称为“空间高度”。必须确保空间高度。如果空间高度不足，则顶部催化剂将会由于油气流入反应器后沿着圆周产生高速涡流而移动。最小空间高度依反应器内径的不同而异，两者的关系如图 12－1 所示。

⑥ 积垢可能会局部堵塞顶部填料层和催化剂的顶层，造成反应器内气流分布不均，甚至出现沟流。对于一段混氢的重整装置，第一反应器比较容易出现这种情况。对于采用两段混氢的重整装置，引入第二段混氢的反应器也有可能出现这种情况。在第一反应器和引入第二段混氢的反应器的催化剂床层顶部安装防垢篮，对于防止这种情况出现是必要的和有效的。

（三）径向反应器装填技术要求

径向反应器，特别是用于连续重整的径向反应器，装填的技术要求比较高。主要的装填技术要求是：

① 中心管和扇形筒不允许有能通过催化剂颗粒的孔存在。否则应采用惰性气体保护焊（例如氩弧焊）进行修补。

② 要认真检查核实中心管的安装是否牢固、可靠，是否完全符合设计和安装的技术要求，并用不锈钢丝网或石棉绳沿环向圆周缠绕垫紧，堵住中心管底部与其底座之间的缝隙，以防止催化剂落入缝中。

③ 扇形筒的支承圈必须平整。扇形筒不得弯曲，与反应器壁必须紧贴，不得存在大于催化剂颗粒的缝隙以防止催化剂轻易进到背面去。否则可能会因为此处催化剂积炭量高，使扇形筒变形、移位；对于半再生重整，则可能在催化剂再生烧炭时出现局部高温而被烧坏。

④ 扇形筒与底部膨胀圈之间的空隙也要用石棉绳紧密地填满，以防止催化剂由底部进入扇形筒与反应器壁之间的环形空间里。

⑤ 中部膨胀圈的松紧度必须适当，因为如果上得过紧，将会在以后停工过程中妨碍扇形筒因冷却而产生的正常收缩，导致扇形筒底部拉出支承圈。

⑥ 对于固定床反应器当催化剂装填量不足时，中心管帽罩和折流板裙体必须延长，满足封顶和预留催化剂沉降高度的基本要求。裙体的底边应与中心管第一排开孔持平，以保证气体通过反应器时均匀地分配和流动。

⑦ 在催化剂装到折流挡板裙体底部的高度时，先安装折流板裙体，然后装入用于防止气体短路的封顶和预留下沉的催化剂。封顶催化剂的高度不小于中心管外壁与挡板边裙之间距离的一半。对于球形催化剂以及顶部盖板，预留下沉催化剂的高度为床层高度的 2% 即可；对于条形催化剂，预留下沉催化剂的高度以床层高度的 3% 为宜。

⑧ 必须严格按照设计要求安装、检查进料分配器，以确保进入反应器的油气的分布和折流良好。

⑨ 在装填催化剂前必须封闭好所有扇形筒入口，以防止催化剂落入扇形筒内。装剂完毕后，在取下扇形筒入口封闭物时若有催化剂落入扇形筒内，必须清除干净，同时必须将折流板顶上的催化剂清除干净。

(四) 催化剂装填方法

重整催化剂装填的常用方法是先将催化剂由桶中转入到漏斗式容器中，然后用起重机吊到反应器顶上，对于移动床反应器的装填，必须经由装有筛网的漏斗将催化剂装入反应器中；对于固定床反应器的装填，通常是直接将催化剂卸入反应器中。用于装催化剂的漏斗式容器的出口安装有闸板阀，阀后管上接有一根可根据需要改变其长度的帆布管。

条形催化剂定向装填(Catalyst Oriented Packing)方法在国外应用广泛，在国内也有应用。定向装填可使条状催化剂在反应器内沿径向呈放射状规整排列，催化剂间隙较小，一般可使装填密度增加10% ~15%。采用催化剂定向装填方法装填条状催化剂的优点是:

① 装填相同质量的催化剂，反应器容积可缩小；
② 可大大减少催化剂床层的沉降；
③ 可减少由于沟流引起的气流分布不均匀情况。

(五)料位仪标定

对于连续重整装置，各反应器催化剂装填结束后，还要对反应器顶部容器(还原罐或缓冲罐、上部料斗)的料位仪进行标定。再生系统装填过程中要进行分离料斗、闭锁料斗、再生器缓冲区料位仪标定，具体方法应按照工艺专利商的要求进行。新建连续重整装置首次开工时，必须在专利商指导下或根据专利商提供的方法和步骤，标定闭锁料斗区装载量，且确保闭锁料斗的装载量达到设计范围。装置换剂时，应根据实际情况决定是否进行料位仪和闭锁料斗标定。

四、重整反应部分的开工

(一) 开工工艺对催化剂反应性能的影响

开工工艺技术主要包括开工程序、催化剂干燥、还原、硫化、进油等开工阶段的操作条件、介质质量要求及环境控制技术等。

1. 装剂前对重整临氢系统进行干燥和净化的必要性

国内的催化重整技术研究人员，在中型试验装置上进行了装剂前对重整临氢系统是否进行干燥和净化的对比试验。两套装置所用的催化剂是同一批制备的工业铂铼重整催化剂，采用的原料气、原料油、开工工艺条件也完全相同。结果表明，两者的反应性能有明显差异，并且随着苛刻度的提高而加大。在反应压力1.47MPa、体积空速2.0h^{-1}、氢油摩尔比7、反应温度为480℃的条件下，前者的芳烃产率比后者高1.8%；而当反应温度提高到500℃后，前者的芳烃产率比后者高2.6%。

对试验后催化剂的透射电镜(TEM)观察的形貌图比较见图12－2。

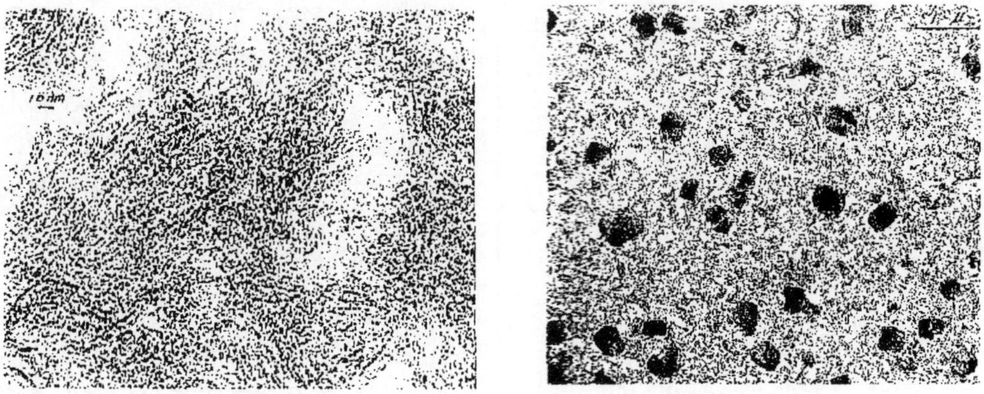

(a)（×300000）　　(b)（×15000）

图 12－2　对比试验后催化剂的 TEM 形貌图比较

(a) 对重整临氢系统进行了净化和干燥；(b) 对重整临氢系统不进行净化和干燥

从图 12－2 可见，重整临氢系统不进行干燥和净化的试验后催化剂存在污染物质。这表明装剂前对重整临氢系统进行干燥和净化是必要的。

实践证明，对于新装置，在重整反应器装填催化剂前，必须对重整临氢系统进行彻底的净化和干燥；对于旧装置，更应在换用新鲜的催化剂前对重整临氢系统进行净化和干燥；如果装置曾使用过高硫(3μg/g 以上)原料油，则必须彻底清除换热器、加热炉、反应器、分离器及有关管线残存的硫化物和烃类，以避免或减轻硫、烃、铁等有害物质对催化剂的污染。

2. 开工各阶段工艺条件、介质及其杂质对催化剂性能的影响

开工各阶段的工艺条件、环境控制指标，对于催化剂的活性、选择性、稳定性有重大影响。

（1）催化剂干燥阶段

早在 1965 年，国内的研究人员就考察过催化剂干燥所采用的介质和工艺条件对催化剂活性的影响[38]。其试验方法是：将活化后催化剂在空气中放置两天，让其吸收空气中的水分后，采用不同的条件进行干燥、还原，然后以环己烷为原料，在相同的反应条件下进行脱氢活性的对比评价。活性评价试验条件为：反应温度 380℃、空速 $8h^{-1}$、氢烃摩尔比 4，脱氢活性以环己烷转化为苯的产率表示，结果见表 12－2。

表 12－2　干燥介质对催化剂性能的影响

试验号	催化剂干燥的介质和工艺条件	环己烷脱氢活性/%
1	在 H_2 流中升温，2h 达 480℃，在 480℃恒温 3h	63.5
2	在干燥空气流中升温，2h 达 480℃，在 480℃恒温 3h 后，在干燥空气流中降温到 200℃，进行 N_2 吹扫置换，然后在 H_2 流中升温到 480℃，恒温还原 3h	90.5

从表 12－2 可见，干燥介质对催化剂的性能有显著影响。经过以空气为介质的干燥阶段后通氢气还原的催化剂，脱氢活性明显高于直接通氢气进行干燥、还原的催化剂。

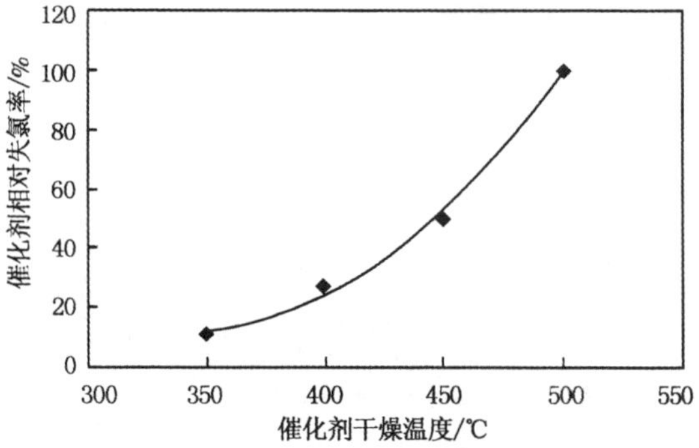

图 12－3 催化剂的相对失氯率与催化剂干燥温度的关系

试验用催化剂：工业生产的以 $\gamma-Al_2O_3$ 为载体的全氯型铂铼重整催化剂；

试验条件：压力 0.5MPa，气剂体积比 1000/1，干燥介质为氮气与空气的混合气，控制反应器入口水 1000μL/L，干燥过程时间 8h

催化剂干燥所采用的介质、工艺条件和环境湿度等因素影响铂分散状态，影响催化剂性能[39~48]。归根到底，是水对催化剂造成的影响。水导致催化剂上氯的流失，因而导致催化剂的金属分散情况变坏，而催化剂的氯流失又与催化剂干燥过程的工艺条件（尤其是温度）有关。如果以温度条件为 500℃的催化剂失氯量为基准，把其他温度条件下的催化剂失氯量对于 500℃条件的催化剂失氯量的百分数定义为相对失氯率，则相对失氯率与催化剂干燥温度的关系如图 12－3 所示。

图 12－3 表明，干燥过程温度对催化剂的相对失氯率的影响显著，温度越高，催化剂的相对失氯率越大。

反应器入口气中水及干燥过程时间对催化剂失氯率的影响如图 12－4 所示。试验所用的催化剂及干燥介质均与图 12－3 相同，试验条件中，除温度控制为 480℃外，其他条件与图 12－3 相同。

图 12－4 说明，催化剂的失氯率随着干燥过程时间的延长而提高；反应器入口水高，催化剂的失氯率也高。

反应器入口气中水对催化剂失氯率的影响如图 12－5 所示。除反应器入口水的控制指标不同外，试验所用的催化剂、干燥介质及试验条件均与图 12－3 完全相同。

在干燥过程中，反应器入口水对催化剂失氯率影响的严重性，从图 12－5 显而易见。

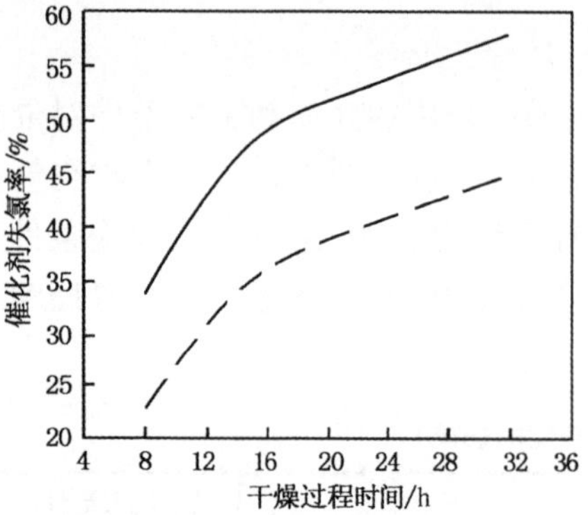

图 12－4 反应器入口气中水及干燥过程时间对催化剂失氯率的影响

——反应器入口 4000μL/L；

－－－反应器入口水 2000μL/L

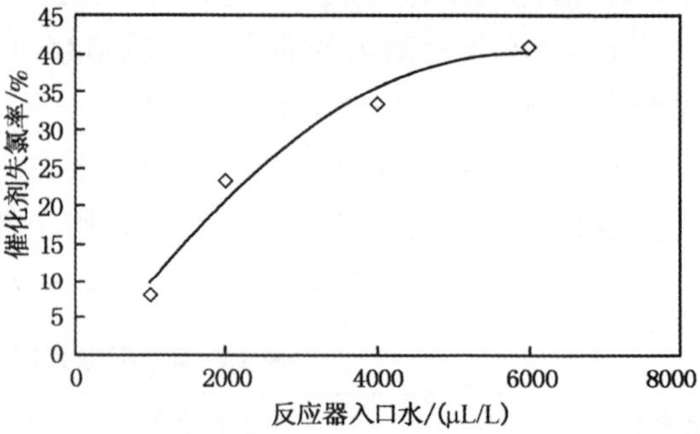

图 12－5 反应器入口气中水对催化剂失氯率的影响

在催化剂干燥阶段，水的来源主要有：ⓐ残存在反应器、换热器、容器及其管线等临氢系统“死角”里的水（简称“系统残存水”）；ⓑ催化剂的吸附水；ⓒ原料气中水；ⓓ对于旧装置开工，还有装置内残存的氢与原料气中氧化合生成的水，残存的烃与原料气中氧燃烧反应产生的水。

为了减少催化剂在催化剂干燥阶段的氯流失，必须针对水的来源采取有效措施。例如：针对水的ⓐ和ⓓ来源，采取在反应器装填催化剂前对装置临氢系统进行干燥和净化的办法；针对水的ⓑ来源，催化剂生产厂必须做好催化剂包装的密封、防潮，催化剂用户应避免在下雨天进行催化剂装填，做好催化剂装填过程的防潮等。

催化剂干燥的目的是要在尽可能减少催化剂氯流失的前提下，达到催化剂的尽可能干燥，为催化剂的良好还原奠定基础。

（2）催化剂还原阶段

① 催化剂还原介质的选择及其对催化剂性能的影响

以高纯度的氢气还原氧化态铂催化剂得到的铂金属具有更高的活性[49,50]。国内的研究人员研究了还原介质对双金属重整催化剂性能的影响。他们采用催速老化试验方法，在中型试验装置上考察了电解氢与重整氢还原对铂铼重整催化剂活性稳定性的影响。试验用的原料油烃族组成(%)为：烷烃55.30，环烷烃41.69，芳烃3.01。试验所用的原料气为工业重整装置在低温操作条件下的重整氢，其氢纯度为96.03%（体积分数），含甲烷1.35%（体积分数），C_2^+ 烃类2.62%（体积分数），水含量为90μL/L。试验条件为：初活性阶段的反应器入口温度480℃、500℃、520℃，反应压力1.5MPa，体积空速2.0h^{-1}，气油体积比1200/1；催老阶段的反应器入口温度为540℃，反应压力为0.7MPa，体积空速为3.0h^{-1}，气油体积比为800/1。试验的结果见图12－6和图12－7。

图12－6和图12－7表明，电解氢还原的催化剂活性和稳定性均优于重整氢还原的催化剂，在稳定性方面的优越性更为明显。

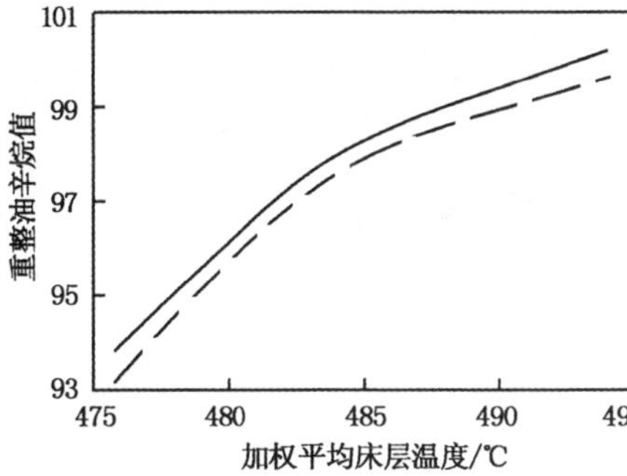

图12－6　电解氢与重整氢还原的催化剂的初活性比较

——电解氢还原；— —重整氢还原

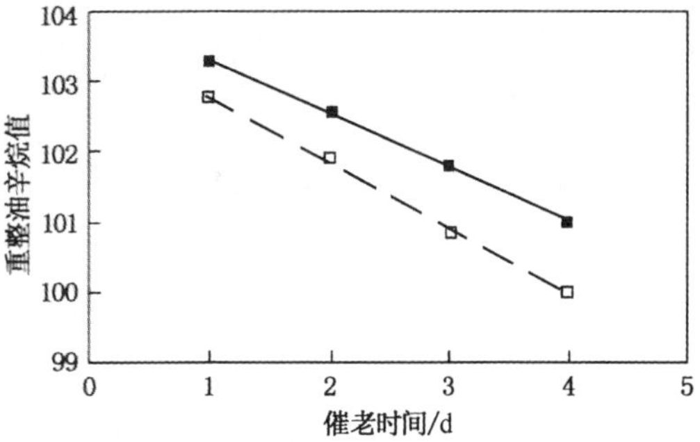

图12－7　电解氢与重整氢还原的催化剂的活性稳定性比较

■ 电解氢还原；□ 重整氢还原

重整氢还原的催化剂性能之所以明显不如电解氢还原的催化剂，主要是因为它含有烃类。国内研究人员考察了脱烃脱水的重整氢用于氧化态铂铼重整催化剂还原的反应性能与电解氢还原的催化剂的差异。试验方法及试验装置、催化剂及原料油同上，只是将重整氢脱烃脱水处理后才用于催化剂还原。经脱烃脱水后，氢纯度为98.27%（体积分数），含甲烷1.62%（体积分数），乙烷0.11%（体积分数），水含量<30μL/L。试验结果（见图12－8及图

12－9)表明：重整氢经过脱烃和脱水，使其 C_2 以上烃类含量低于0.5%(体积分数)和水含量低于30μL/L后，用于氧化态铂铼重整催化剂的还原，可获得接近于电解氢的效果。

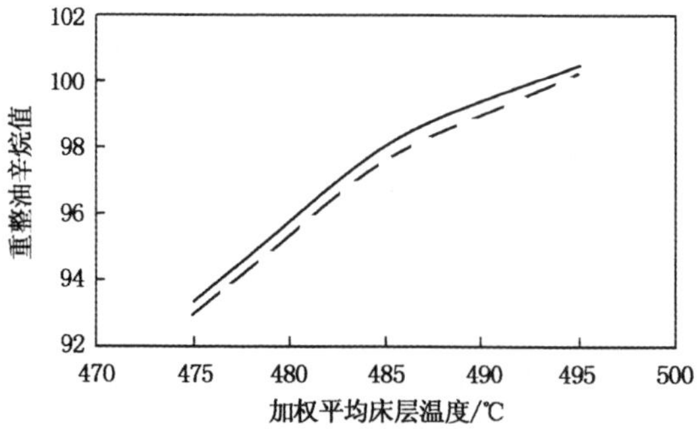

图12－8 脱烃脱水重整氢与电解氢还原催化剂的初活性比较

——电解氢还原的CB－6；

— — 脱烃脱水重整氢还原的CB－6

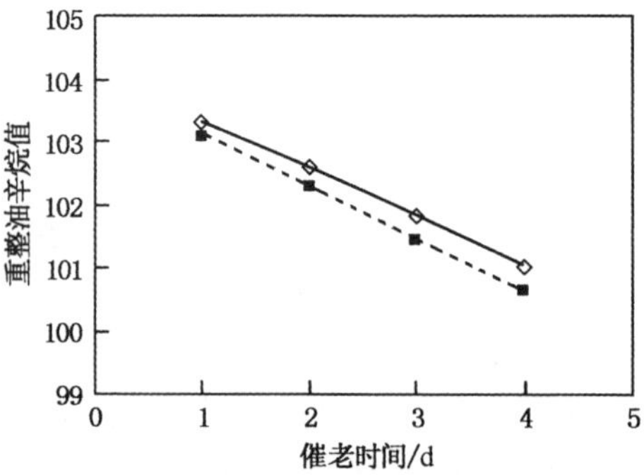

图12－9 脱烃脱水重整氢与电解氢还原催化剂的稳定性比较

◇ 电解氢还原的CB－6；

■ 脱烃脱水重整氢还原的CB－6

脱烃脱水重整氢已经用于氧化态铂铼重整催化剂的还原和开工，并获得了良好的工业实践经验[51,52]。

用膜分离技术提纯重整氢可使氢纯度提高到98%以上，其中 C_2 以上烃类极少。它的工业应用结果表明，用于氧化态铂铼重整催化剂的还原和开工的效果很好[53]。

国内催化重整技术研究人员开发的重整装置开工工艺专利技术[32]制取的氢气，用于氧化态双(多)金属重整催化剂的还原和开工的效果比重整氢优越，与电解氢相当(见图12－10和图12－11)。与传统方法比较，该技术具有投资少、安全性好、操作简单、操作费用低等特点[32~35]。目前，国内已有数十家炼油厂应用该技术。

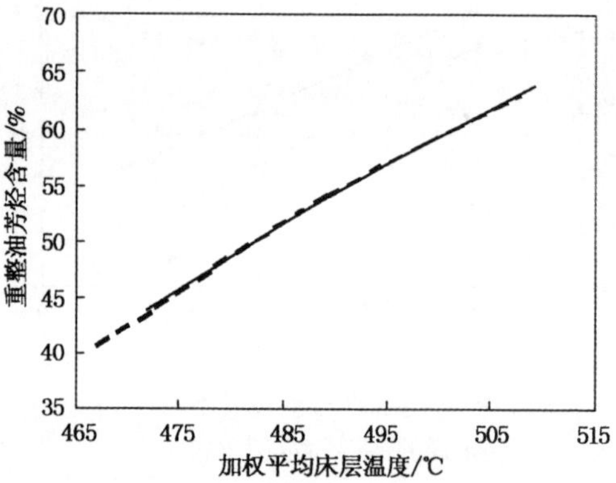

图12－10 重整装置开工工艺专利技术制备的氢气与电解氢还原催化剂的活性比较

—— 用电解氢还原；- - -用重整开工专利技术备的氢气还原原料油：$P/N/A$＝55.3%/41.7%/3.0%；催化剂：铂铼重整催化剂；试验条件：压力1.5MPa，空速 $2h^{-1}$，气油摩尔比7

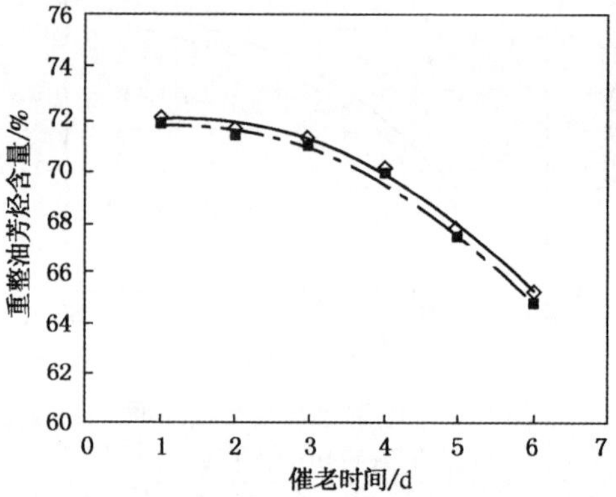

图12－11 重整装置开工工艺专利技术制备的氢气与电解氢还原催化剂的稳定性比较

◇ 用电解氢还原；■ 用重整开工专利技术制备的氢气还原原料油：$P/N/A$＝55.3%/41.7%/3.0%；催化剂：铂铼重整催化剂；试验条件：压力0.7MPa，空速 $3h^{-1}$，气油摩尔比4.6

② 催化剂还原用氢气中的烃类含量对催化剂性能的影响

含烃氢气还原催化剂会导致催化剂的表面结构改变，金属功能降低，使得催化剂的活性、选择性及稳定性变差。还原用氢气中的烃类含量越高，烃类分子的碳数越多，对催化剂性能的影响就越大[54]。

采用程序升温滴定法(TPT)测定不同烃类及不同烃含量的氢气还原的催化剂上金属的氢吸附量，可以表征催化剂还原用氢气中烃类含量对催化剂金属功能的影响[55~57]。图12-12是还原用氢气中的丙烷含量对铂铼重整催化剂金属功能的影响[54]。

从图12-12可见，催化剂上金属的氢吸附量，随着还原用氢气中丙烷含量的增加而下降。这表明，催化剂还原后铂金属表面积随着还原用氢气中丙烷含量的增加而减小。催化剂活性的高低与还原后铂金属表面积的大小有关，表面积越大活性越高[58]，催化剂活性的下降与铂晶粒增大有关[59]，因此铂金属表面积是影响催化剂性能的一个重要因素[60]。

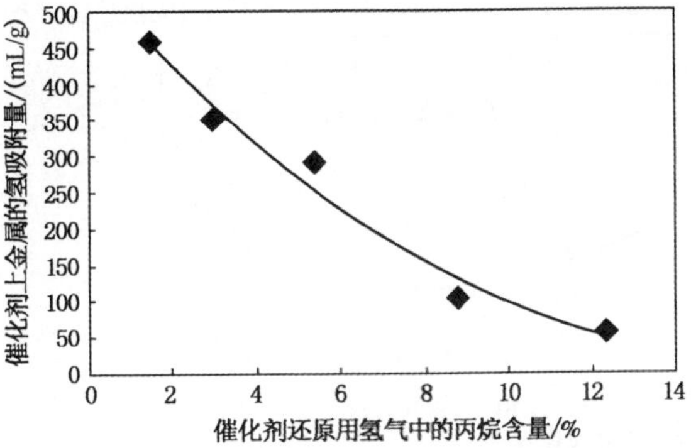

图12-12　还原用氢气中的丙烷含量对铂铼重整催化剂金属功能的影响

催化剂：工业铂铼重整催化剂，Re/Pt=2

六元环烷脱氢反应只由金属功能催化，因而常用来考察重整催化剂金属功能。不同烃类及不同含量的氢气还原的催化剂的环己烷脱氢活性比较，见图12-13。

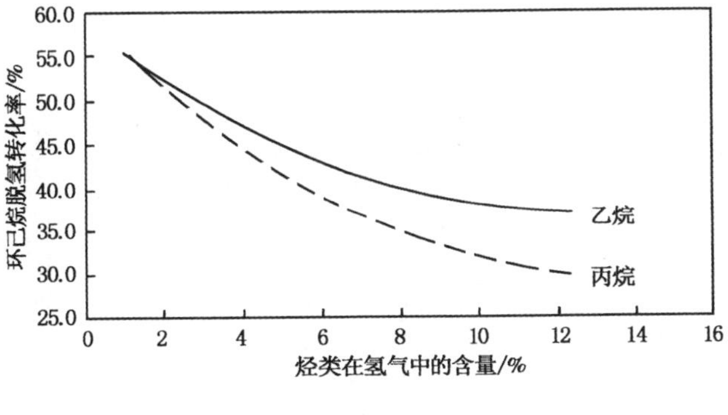

图12-13　不同烃类及不同含量的氢气还原的催化剂的环己烷脱氢活性比较

催化剂：铼铂比为2的工业铂铼重整催化剂；反应条件：常压，300℃

图12－13表明，乙烷和丙烷对催化剂的环己烷脱氢活性影响的规律相似。但是，丙烷对催化剂活性的影响程度比乙烷更严重。这说明，还原用氢气中的烃类对催化剂的环己烷脱氢活性的影响程度与烃类的碳数有关：碳数越多，影响越大。

催化剂还原用氢气中的烃类对催化剂的选择性也有明显的影响。采用脉冲催化色谱法，考察还原用氢气中丙烷含量对催化剂的甲基环戊烷异构脱氢生成苯选择性影响的研究结果如图12－14所示。

从图12－14可知，甲基环戊烷异构脱氢生成苯的选择性随着丙烷在氢气中含量的增加而明显变差。这说明，催化剂还原用氢中的丙烷含量对催化剂的异构脱氢性能有显著影响。

还原用氢气中的丙烷含量对催化剂脱氢环化反应性能的影响，见图12－15。

图12－15表明，苯产率随着催化剂还原用氢气中丙烷含量的增加而减少，说明催化剂的脱氢环化活性随着还原用氢气中丙烷含量的增加而降低。

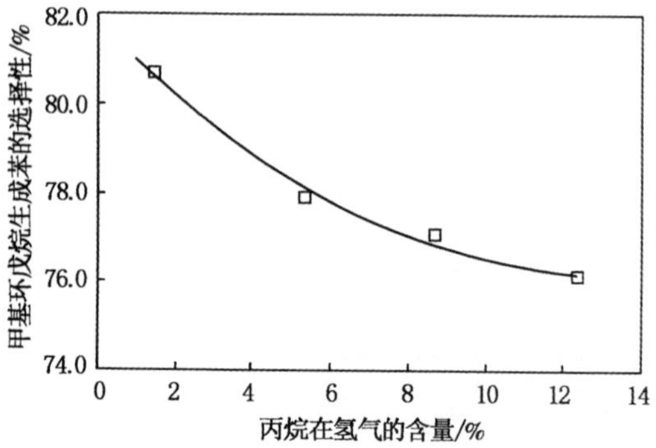

图12－14　还原用氢气中丙烷含量对催化剂的甲基环戊烷异构脱氢生成苯的选择性的影响
催化剂：铼铂比为2的工业铂铼重整催化剂；
反应条件：常压，400℃

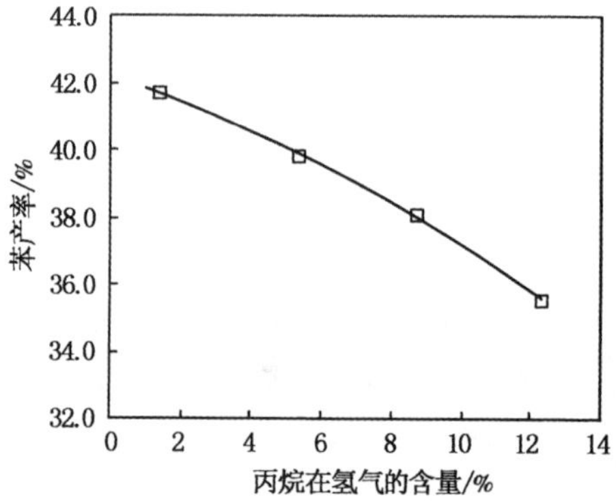

图12－15　还原用氢气中的丙烷含量对催化剂脱氢环化反应性能的影响
催化剂：铼铂比为2的工业铂铼重整催化剂；
原料：正己烷；反应条件：常压，480℃

透射电镜(TEM)测定结果证实，纯氢还原和含烃氢气还原的催化剂的金属分散情况是不同的。纯氢还原和含丙烷8.77%的氢气还原的催化剂的TEM形貌图对比，见图12－16。

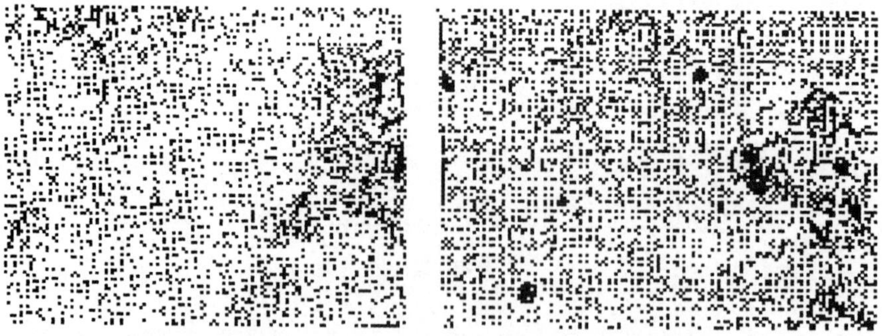

(a)　　(b)

图12－16　纯氢与含丙烷8.77%的氢气还原的催化剂的TEM形貌图对比
(a)纯氢还原的催化剂；(b)含丙烷8.77%的氢气还原的催化剂

图 12－16 表明，纯氢还原的催化剂金属颗粒分散较好。含丙烷 8.77% 的氢气还原的催化剂出现了粒径达 2～3nm 的铂晶粒，位于负载金属颗粒之处，呈现出了负载金属颗粒烧结的形态，也可能是活性中心被污染，因为尽管含烃氢气还原催化剂造成的积炭量不大，仍然会使较为活泼的金属活性中心产生积炭污染，当烃分子经金属活性位深度脱氢，形成致密的积炭而覆盖于其上时，就会对催化剂的表面造成类似的结构改变[54]。

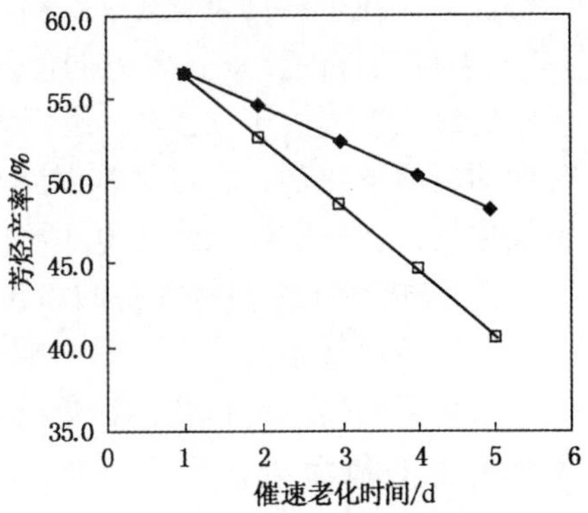

图 12－17 含烃氢气与纯氢还原催化剂的稳定性对比

◆ 还原介质为纯氢；□ 还原介质含乙烷 6.98%
催化剂：铼铂比为 2 的工业铂铼重整催化剂；
原料油组成：$P/N/A(\%)$ = 56.44/40.39/3.17；
反应条件：反应器入口温度 530℃，反应压力 0.69MPa，体积空速 2.0h^{-1}，气油体积比 500/1

还原用氢气中的烃类对催化剂的稳定性有显著的影响。含烃氢气与纯氢还原催化剂在中型装置上的稳定性的对比试验结果[63]如图12－17所示，还原和反应性能试验结束后的催化剂积炭量对比见表 12－3。

从图 12－17 可见，纯氢还原的催化剂的芳烃产率高于含乙烷 6.98% 的氢气还原的催化剂，而且随催老时间延长而下降的速率显著小于含乙烷 6.98% 的氢气还原的催化剂。这说明纯氢还原的催化剂的活性和选择性的稳定性显著优于含乙烷 6.98% 的氢气还原的催化剂。

从表 12－3 可见，与纯氢还原的催化剂比较，在还原结束时，含乙烷 6.98% 的氢气还原的催化剂炭含量高 0.1%，而在反应性能试验结束时却高 1.9%，相当于纯氢还原催化剂的 1.3 倍，说明含乙烷 6.98% 的氢气还原的催化剂的积炭速率较快、稳定性较差，这并非由两者还原阶段结束时在积炭量上的差异造成，而是由于用含烃气体还原时产生的炭对催化剂的危害更大，它还导致催化剂在运转过程中的积炭速率更快。这是因为，虽然"烃还原"产生的积炭很少，但却造成催化剂的铂表面积严重损失。

表 12－3 含烃氢气还原与纯氢还原的催化剂的积炭量对比

样品名称	还原结束时的积炭量/%	反应性能试验结束时的积炭量/%
纯氢还原的催化剂	0.0	6.1
含乙烷 6.98% 的氢气还原的催化剂	0.1	8.0

"烃还原"的危害，可能是含烃氢气还原的催化剂的稳定性显著劣于纯氢还原的催化剂的一个主要原因。Robert[61]认为，催化剂还原时微量的烃类与氧化态的铂反应，产生极为顽固的炭，不易除掉，使铂表面减少，从而严重影响催化剂的活性和选择性。他把此危害作用称为催化剂的"烃还原"。

Robert 提出，避免出现"烃还原"危害的办法，除了必须采用很纯的电解氢外，还要避免催化剂被烃类污染，为此，催化剂干燥须在氧化气氛和适当温度下进行。首先要将催化剂在含氧气体中加热到 371℃（700℉）以上，使铂变成氧化物，然后降低催化剂床层温度到 232～288℃（450～500℉），并维持在此温度下，除去体系中的氧之后，引入氢气使催化剂上的氧化铂变成为金属元素铂。Robert 认为，在氧化气氛中，氧化态的催化剂只要温度保持 232～288℃（450～550℉），铂就将保持为氧化态而免受"烃还原"的危害。这时，如有烃类存在也将被氧化除去，即使烃类变为沉积物附在催化剂上也会被烧掉。“氧化气氛”和温度条件的要求，要视催化剂和装置情况而定：若是新鲜催化剂、新装置，含氧气体中的氧浓度须大于0.1%，最好大于1%，温度为38～538℃(100～1000℉)；如果是运转后的失活催化剂，在经烧炭及氯化更新后，将温度降到232～288℃(450～550℉)，保持氧化气氛，氧浓度须大于0.1%，最好是2%～5%。

③ 催化剂还原用氢气中的水含量对催化剂性能的影响

还原用氢气中的水含量是影响催化剂还原效果的主要因素之一。在催化剂还原阶段，气中水含量越高，对催化剂性能的危害就越大。在催化剂还原条件下，“水害”在于它使催化剂上的氯流失，加速催化剂铂晶粒的凝聚、长大，从而使催化剂活性和稳定性降低[62～66]。

胡勇仁等[64～66]研究了还原用氢气中水含量对催化剂活性、选择性及稳定性的影响。试验用的是工业铂铼重整催化剂，其铂、铼、氯含量分别为0.22%、0.43%和1.20%。催化剂在氮气、400℃干燥1h后，分别用含水10μg/g(以下称为干燥氢气)和含水200μg/g、500μg/g、2000μg/g、6000μg/g的氢气在500℃下还原2h，然后进行硫化和在加压连续微反装置上，以正庚烷为原料进行催化剂性能评价试验。还原用氢气含水量对催化剂初活性的影响见图12－18，对选择性的影响见图12－19，干燥氢气与含水500μg/g氢气还原的催化剂的活性稳定性对比见图12－20。

图12－18和图12－19表明，催化剂还原用氢气含水量在10～6000μg/g范围内，正庚烷的转化率没有明显变化；正庚烷生成甲苯的选择性随着水含量的增加而降低，当还原用氢气中水超过500μg/g后，变化趋于平缓。这说明，催化剂还原用氢气的水含量对催化剂运转初期活性的影响不明显；氢气中水在500μg/g以内，运转初期的选择性随着水含量的增加而显著变坏，但在氢气中水超过500μg/g以后，继续变坏的趋势平缓。

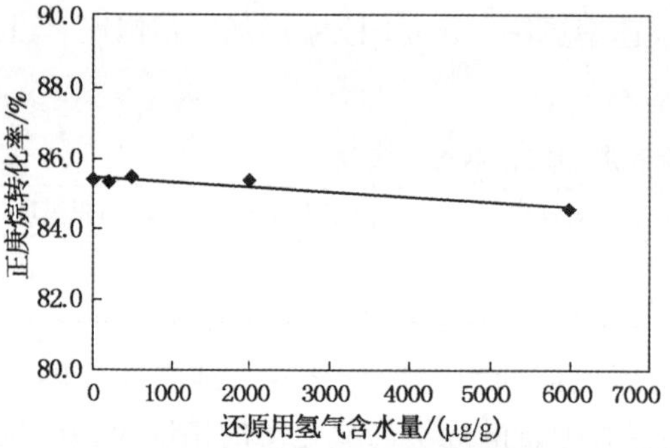

图12－18 还原用氢气含水量对催化剂初活性的影响

反应条件：反应温度500℃，反应压力1.0MPa，质量空速10h⁻¹，氢烃摩尔比5

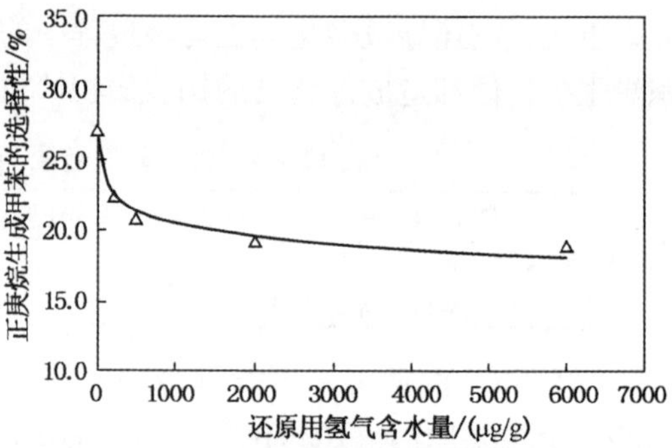

图12－19 还原用氢气含水量对催化剂选择性的影响

反应条件与图12－18相同

从图12－20可见，干燥氢气还原的催化剂的活性稳定性明显优于用含水500μg/g氢气还原的催化剂。

应当指出，在考虑工业重整装置开工中还原阶段的水对催化剂性能影响的时候，不能仅考虑催化剂还原用氢气中的水含量，还应考虑催化剂干燥阶段结束时催化剂残存的水，重整临氢系统的“死角”残存的水，置换用原料气带入的水，置换用原料气中氧与氢反应生成的水，催化剂金属组元还原反应产生的水等。严格地说，是指通过催化剂床层的水量。通常是控制反应器入口水或干燥器出口水。

④ 催化剂还原用氢气中的氧含量对催化剂性能的影响

在催化剂还原阶段，氧气的来源主要有：ⓐ置换后仍残存在装置临氢系统里的氧(以下简称“系统残存氧”)；ⓑ催化剂、干燥剂等残存的吸附氧(以下简称“残存吸附氧”)；ⓒ原料气中氧。在催化剂还原的条件下，系统里存在的一切氧气都将与氢气反应生成水。

氧造成重整催化剂活性下降，从本质上说是由水造成的，图 12－21 可以说明这一点[77]。

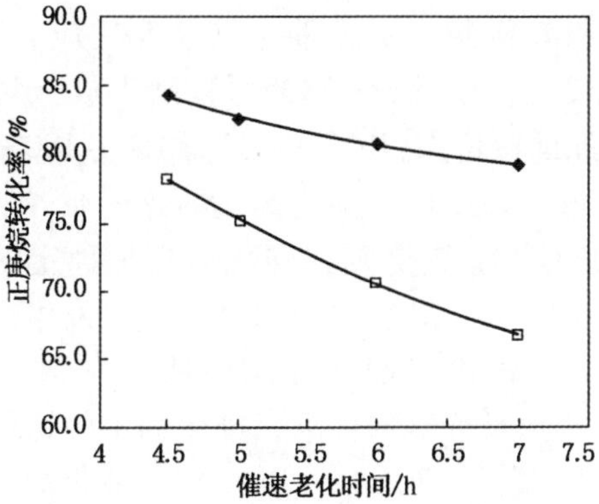

图 12－20 干燥氢气与含水 500μg/g 氢气还原催化剂的活性稳定性对比

◆ 干燥氢气(含水 10μg/g)；□ 含水(500μg/g)

反应条件：反应温度 520℃，反应压力 0.3MPa，质量空速 $10h^{-1}$，氢烃摩尔比 3

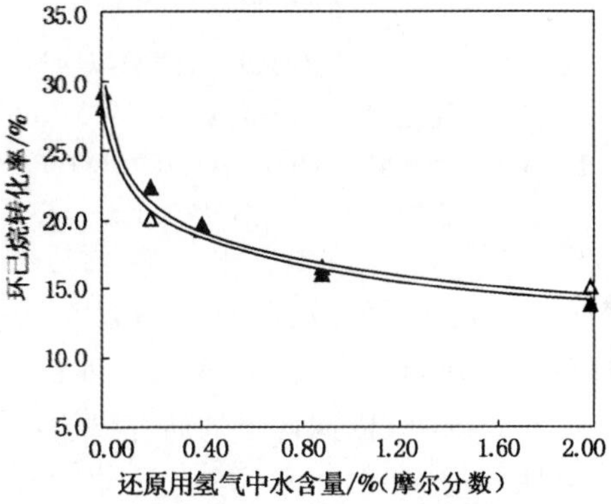

图 12－21 催化剂还原用氢气中氧和水含量对催化剂反应性能的影响

△ 氢气中含氧；▲ 氢气中添加与△等当量氧的水；单铂催化剂；

反应条件：常压 340℃

图 12－21 表明，无论是气体氧或水，只要含等当量的氧，对催化剂活性影响的程度就相当。由此可见，“氧害”的实质是“水害”。因此，催化剂还原介质中水含量对催化剂性能影响的规律和后果，理应适用于氧含量对催化剂性能的影响。

⑤ 催化剂还原阶段工艺条件对催化剂性能的影响

(a) 还原温度的影响

胡勇仁等[66]研究了还原温度对铂铼重整催化剂性能的影响。研究采用的是铼铂比为 2 的工业铂铼重整催化剂。催化剂在氮气、400℃干燥 1h 后，以干燥氢气为还原介质，分别在 300℃、400℃、450℃、500℃、600℃还原 2h，在相同的硫化量和硫化条件下进行预硫化，然后在加压连续微反装置上以正庚烷为原料进行催化剂性能评价。定义已转化的正庚烷对原料的百分数为正庚烷转化率，甲苯产率对正庚烷转化率的百分数为正庚烷生成甲苯的选择性，则正庚烷生成甲苯的选择性与催化剂还原温度的关系如图 12－22 所示。

图 12－22 表明，还原温度约为 480℃时，正庚烷转化为甲苯的选择性最好。这就是说，对于本试验用的催化剂而言，还原温度约为 480℃时，具有最好的烷烃芳构化反应性能。

催化剂的还原温度与催化剂的组成、制备工艺以及还原氢气的干燥程度等有关。例如铂铼重整催化剂，铼的含量、制备工艺中的焙烧温度、还原用氢气的干燥程度等对于铼的还原都有很大的影响[67~70]。Burch[67]从化学吸附发现：铼在氧化铝载体上，如不经过焙

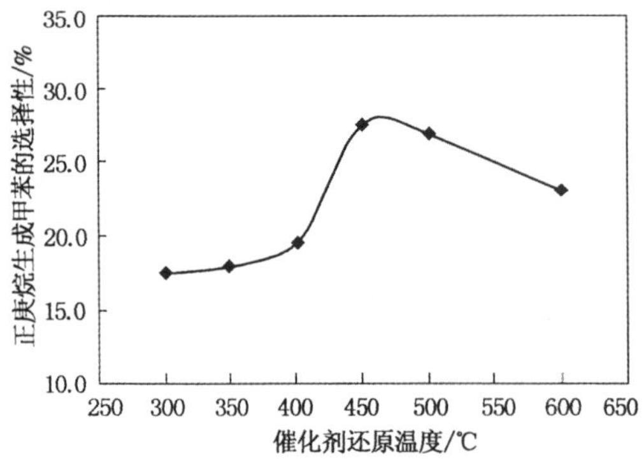

图 12-22 正庚烷生成甲苯的选择性与催化剂还原温度的关系

反应条件：反应温度 500℃，反应压力 1.0MPa，质量空速 $10h^{-1}$，氢烃摩尔比 5

烧，则通常以两种状态存在，一种是结晶的三维空间的七价铼(Re_2O_7)，另一种是分散度很大的二维空间的四价铼(ReO_2)。七价铼在 300～350℃下就很容易还原为金属铼；当有铂共存时，铂催化其还原作用，使还原温度下降到只需 160～180℃。但四价铼的还原则困难得多，必须采用“干”氢在 500℃才能缓慢进行还原，若氢气中含水，则还原几乎不可能[67,68]。有铂共存时，与四价铼也几乎没有相互作用，不能催化其还原反应[68,69]。如果仅在低温焙烧(330℃)，则生成一种易于还原的铼价态(Re^{7+})，只需 160～180℃即可将 $Pt-Re/Al_2O_3$ 催化剂上的铼还原；如果在 500℃以上焙烧则将转化为更加稳定的铼价态(Re^{4+})，还原就必须在较高温度下进行，其最大还原速度将要在 550℃左右发生。试验证明，催化剂中铼含量越低，则铼会与自由的氧化铝表面起作用而使 Re^{7+} 转变为 Re^{4+}。Johnson[68]依据自己的研究试验结果指出，在一般重整条件下，催化剂中的铼仅被还原到四价(Re^{4+})，而不能被还原到金属态。Kirlin 等[70]研究 $Pt-Re/Al_2O_3$ 催化剂还原的结果证明，在 500℃、0.1MPa、干燥氢气还原时，铼主要以 Re^{4+} 的价态形式存在；而在干燥氢气中引入 6000μg/g 水时，铼则被还原为零价，即金属态。

邵建忠等[71]研究了铂铼催化剂的化学状态与还原特性，证明了铂铼催化剂上铼主要以零价态 Re 存在。

Shyu 等[72]利用 X 射线光电子能谱(XPS)仪测量铂氧化物的化学位移差，确认催化剂中铂在低浓度时主要以氧化物形式存在，它们不易被还原。

谢有畅等[73]发现，当高比表面载体与某些盐类或氧化物混合后，在低于熔点的适当温度下焙烧，这些盐类或氧化物会在载体表面自发分散为“单分子层”，并有一个最大的单层分散容量(阈值)。当盐类或氧化物含量低于此阈值时，它们仅以单层分散相存在，而当含量高于阈值时，除有单层分散相外还有晶相存在。

杨骏英等[74]利用 TEM(透射电镜)、HOT(脉冲氢氧滴定)、XPS(X 射线光电子能谱)实验技术研究了不同含量 Pt 在 $\gamma-Al_2O_3$ 载体上的分散状态，以及 $Pt/\gamma-Al_2O_3$ 体系氧化还原过程中 PtO_2 及 Pt 的状态变化。结果表明，PtO_2 可在载体上单层分散，其最大单层分散容量(阈值)为 $0.0246gPtO_2/100m^2\gamma-Al_2O_3$，当 PtO_2 量超过阈值时，出现剩余 PtO_2 物相。单层分散在载体上的 PtO_2 能被 H_2 还原为分散度很高的 Pt。谢有畅等[73]的氢气还原试验结果表明，氧化物的单层分散相比晶相稳定，较难还原，但还原后所得金属的晶粒较小。

催化剂的还原也与催化剂的类型有关。Freel[75]在 $\eta-Al_2O_3$ 上浸渍 Pt、Re 和 Pt-Re，于 500℃通氢气还原，制得 Pt/Al_2O_3，Re/Al_2O_3，两者的机械混合物及 $Pt-Re/Al_2O_3$ 催化剂，分别进行氢和氧吸附及氢-氧滴定试验，并用 H_A、O_A、O_R、O_{NR}分别表示吸附氢量、吸附氧量、反应性吸附氧量、非反应性吸附氧量。结果表明：$Pt-Al_2O_3$ 催化剂的 H_A/Pt

约为0.8，铂晶粒的平均粒径是1.3nm；Re/Al_2O_3 在室温下未观察到氢吸附，但在500℃用氢还原2h后，在200℃进行氢吸附时，观察到不可逆的吸附氢（H/Re = 0.22）；Pt/Al_2O_3 和 Re/Al_2O_3 两者的机械混合物的 H_A/Pt、O_R/Pt、$O_A/(Pt+Re)$ 值与各自在单独情况下之和无显著差别；而 $Pt-Re/Al_2O_3$ 催化剂则 H_A/Pt 减少到0.3～0.6，O_R/Pt 和 $O_A/(Pt+Re)$ 分别增加到1.0～1.6和0.8～1.0。

综上所述，催化剂的还原温度与催化剂的类型、制备工艺、金属组元及其含量，以及还原用氢气的干燥程度等有关，必须通过试验来确定。

(b) 还原压力的影响

还原压力对催化剂的还原效果有显著影响[48,52,58]。还原压力对催化剂环己烷脱氢活性的影响[58]如图12-23所示。

从图12-23可见，在还原压力为1.4MPa以内，环己烷转化率随着催化剂还原压力的提高而不断显著降低。这说明，还原压力对催化剂的环己烷脱氢活性有显著影响。

还原压力对催化剂性能影响的程度，也与还原介质中的含水量有关[52]。还原压力及还原介质中含水量对催化剂环己烷脱氢活性的影响，见图12-24。

图12-24表明，在还原介质为干燥氢气的情况下，还原压力由常压提高到0.7MPa时，其环己烷转化率由73%下降到51%，下降幅度为22%。如果还原介质中含水量提高到1%时，下降幅度达33.5%。若还原介质中含水量进一步提高到3%时，则下降幅度进一步增大到38.7%。显然，还原压力越高，还原介质中含水量对催化剂环己烷脱氢活性的影响就越大。因此，催化剂还原压力低一些，对于催化剂性能的提高是有利的。在工业重整装置的开工中，催化剂还原必须在氢气循环压缩机所允许的较低操作压力下进行。

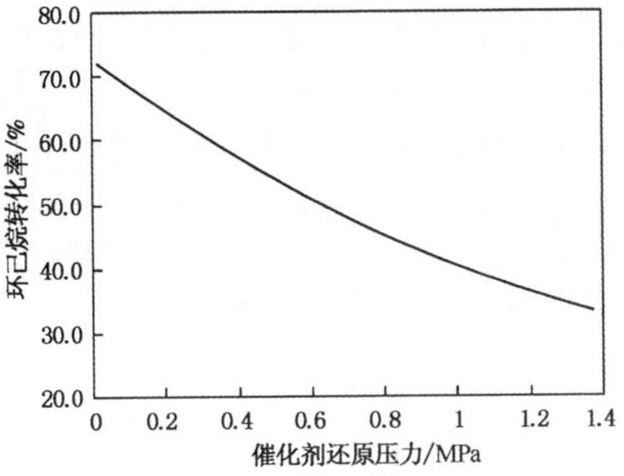

图12-23　催化剂还原压力对催化剂环己烷脱氢活性的影响

单铂催化剂；反应条件：常压340℃

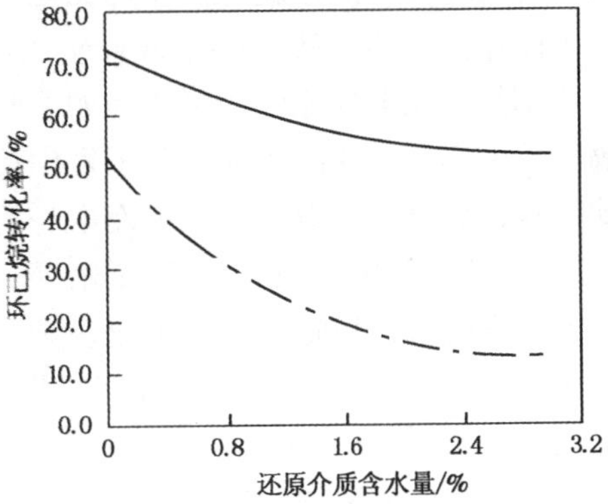

图12-24　还原压力及还原介质中含水量对催化剂环己烷脱氢性的影响

——在常压下还原的催化剂；

– – –在0.7MPa压力下还原的催化剂

(c) 气剂比、还原时间的影响

气剂比的大小，还原时间的长短，取决于温度和压力的高低。它们相互制约，又相互补充，但起主导作用的是温度和压力。

气剂比越大，越有利于传热、传质，也越有利于带走催化剂的水分，因而越有利于催化剂的还原，但它取决于压力和循环压缩机的能力。对于一套特定的工业重整装置的开工而言，循环压缩机的能力已定，反应器的催化剂装填量也已定，因此一旦确定了催化剂还原的压力，气剂比也就不可能改变了。

催化剂还原时间长短的确定与催化剂类型有关，也与所采用的还原工艺条件有关。单铂催化剂于常压氢气中在150℃就开始还原，在250℃时10min还原就基本完全[49]。双、多金属重整催化剂的还原比单铂催化剂难一些[38,76]。

（3）催化剂预硫化阶段

早在20世纪50年代就有人指出，预硫化可以延长重整催化剂的寿命。此后，便陆续有不少人对硫的作用问题进行研究和讨论[77,78]。

Sivasanker 等人[77]将硫化与不硫化的铂催化剂通入石脑油、正庚烷和环己烷进行对比试验，发现硫化后的催化剂积炭量要比不硫化的催化剂的积炭量少一半。

Ramaswamy[78]考察了硫对双金属重整催化剂的影响，对比了硫化与不硫化催化剂在化学吸附上的差异，试验结果见表12－4。

表12－4 硫化与未硫化催化剂的氢吸附量对比

样品名称	氢吸附量(H/M值)	样品名称	氢吸附量(H/M值)
硫化催化剂	0.13	仅还原未硫化的催化剂	0.64
使用过的硫化催化剂	0.36		

从表12－4可见，硫化催化剂要比未硫化催化剂的氢吸附量(H/M值)小，使用过的硫化催化剂比硫化催化剂的氢吸附量大一些，但仍比仅还原未硫化催化剂的氢吸附量小。Zaidman 等人[79]也得到了类似的结果。Ramaswamy 认为，这主要是硫阻挡了吸附中心，使用过的硫化催化剂比硫化催化剂的氢吸附量大一些，是由于在使用期间有一部分硫被从金属表面除去了的缘故。Ramaswamy 还认为，硫化后催化剂的脱氢活性远远低于仅还原而未硫化的催化剂的原因，可能是如下两者或其中之一：ⓐ环己烷脱氢可能需要有一个以上的活性中心，而硫的存在排除了发生反应所必须的某些在空间上有利的多重活性中心；ⓑ加入硫以后可能会改变金属表面本身的电子性能。新鲜催化剂在硫化后可以使其金属活性中心的脱氢活性下降到一个稳定水平，而未硫化的催化剂初始活性虽高，但反应物在催化剂上过度脱氢，导致催化剂迅速积炭、失活速率较快而稳定性差的后果。

① 硫化工艺条件对催化剂性能的影响

Павлихин[80]研究了硫化条件对催化剂的正庚烷芳构化活性和稳定性的影响。试验采用实验室制备的催化剂(其组成为含铂0.4%～0.45%，铼0.3%，氯1.2%～1.3%)，在氢气中520℃还原3h，在H_2S气流中硫化，但硫化温度和时间各不相同。反应性能对比评价试验的反应条件为：反应温度520℃，体积空速1.0h^{-1}，氢烃摩尔比4/1。原料为正庚烷。硫化温度为150℃时，硫化时间对催化剂性能的影响见图12－25；硫化时间为30min时，硫化温度对催化剂性能的影响，见图12－26。

从图12－25可以看出，当硫化温度为150℃时，硫化时间为30min的催化剂的芳烃产率最高，具有最好的活性。必须指出，在硫化温度、压力一定，硫化介质(H_2S)浓度也一定的情况下，采用一次通过方式进行硫化时，催化剂硫化量实际上是随着硫化时间的延长而增加。表面上看来，图12－25所说明的是硫化时间对催化剂反应性能的影响，但实际上是硫化量对催化剂反应性能的影响。

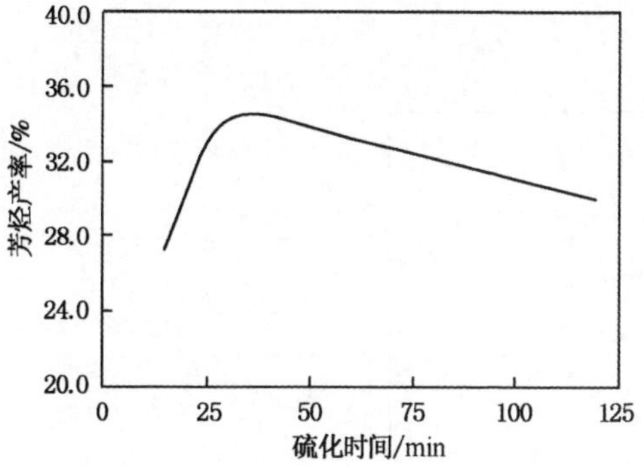

图 12－25　硫化时间对铂铼重整催化剂性能的影响

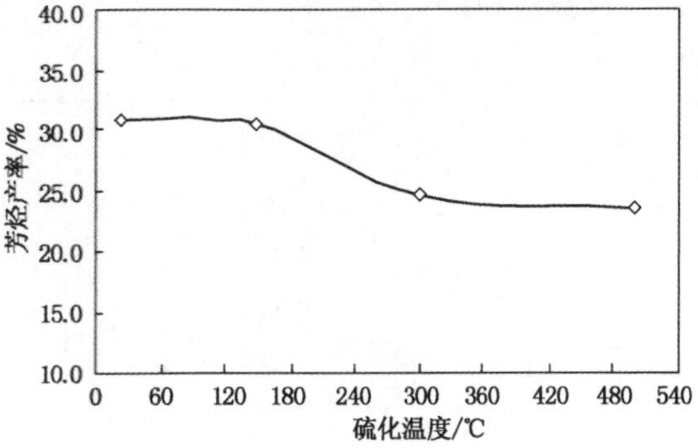

图 12－26　硫化温度对铂铼重整催化剂性能的影响

图 12－26 表明，硫化温度为 25℃及 150℃硫化的催化剂的反应性能接近，优于其他温度硫化的催化剂。

② 硫化剂及硫化量对催化剂反应性能的影响

Menon[81]研究硫对催化剂活性影响的研究结果表明，对于铂/氧化铝催化剂，环己烷转化为苯的反应及甲基环戊烷脱氢异构转化为苯的反应都受到了硫的抑制，裂解反应则有提高。而对于 Pt－Re 催化剂的情况则有所不同：虽然脱氢反应受到了抑制，但是脱氢环化及脱氢异构仍有促进，加氢裂化稍有削弱。这表明，在单铂与铂铼等双金属催化剂中，硫的作用有明显差异。他还用气体色谱脉冲滴定法和正戊烷在 300～380℃的氢解作为指示反应，研究了硫对铂/氧化铝催化剂的铂氢解活性的中毒作用，发现：只有当硫原子对外露铂原子之比大约为 1 时，氢解活性才降到零；只有使铂上可逆吸附硫超过不可逆吸附硫才能抑制氢解反应而加强异构化及芳构化反应；只有当所有的表面铂原子被硫覆盖时，才能有效地抑制氢解反应。

对于铂铼重整催化剂而言，硫吸附量与铼含量、铼铂比均有关。邵建忠[4]的研究结果证实，高铼含量的 $Pt-Re/Al_2O_3$ 催化剂能吸附更多的不可逆吸附硫与可逆吸附硫。不同铼铂比的铂铼催化剂经充分预硫化后，随着铼铂比增加，正庚烷脱氢环化选择性下降，异构化选择性上升；甲基环戊烷脱氢异构选择性上升，开环反应受到抑制。同时，随着铼铂比提高，催化剂的稳定性有更大的提高，催化剂上积炭量减少。

国内的研究人员采用工业生产的铼铂比为 2 的 CB－7 铂铼重整催化剂和工业重整原料油，以 DMDS 为硫化剂，在中型重整试验装置上进行了硫化量对反应性能影响的试验。反应性能评价采用初活性和催速老化两阶段试验方法：先在反应压力 1.47MPa、体积空速 $2.0h^{-1}$、气油体积比 1000/1、反应器入口温度 490～510℃条件下，考察硫化量对催化剂初期活性及选择性的影响，然后在反应压力 0.69MPa，体积空速 $3.0h^{-1}$，气油体积比 400/1，反应器入口温度 540℃条件下，考察硫化量对催化剂稳定性的影响。WABT 为 492℃的芳烃产率与硫化量的关系见图 12－27，重整油芳烃含量为 64%时的液体收率与硫化量的关系见图 12－28，在催速老化条件下运转 120h 的芳烃产率下降值与硫化量的关系见图 12－29。

图 12－27～图 12－29 表明，硫化量为 0.16%时，CB－7 铂铼重整催化剂的活性最

高，选择性和稳定性最好。

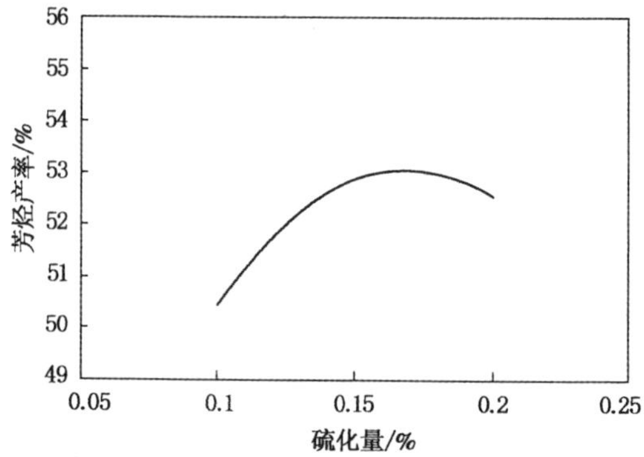

图 12－27 WABT 为 492℃时的芳烃产率与硫化量的关系

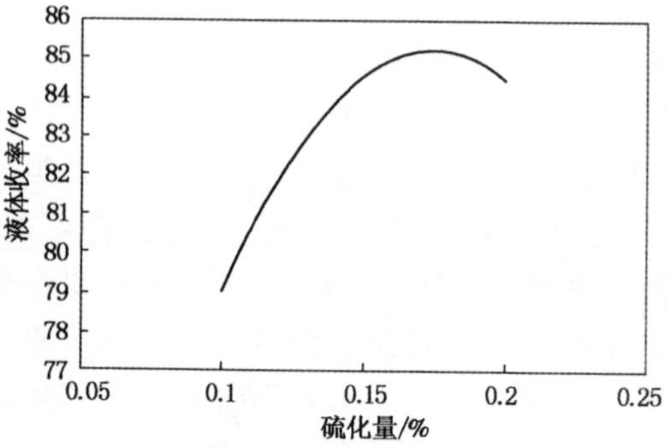

图 12－28 重整油芳烃含量为 64% 时的液收率与硫化量的关系

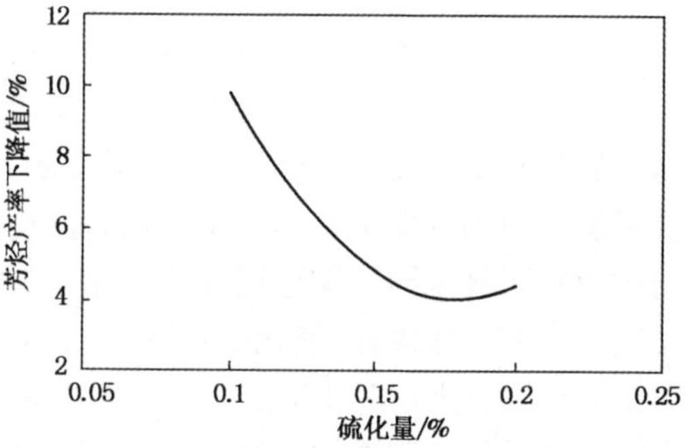

图 12－29 催速老化条件下运转 120h 的芳烃产率下降值与硫化量的关系

(二) 氧化态催化剂的开工

氧化态铂铼催化剂的工业开工，分为催化剂干燥、还原、硫化、进油及进油初期的水氯调整阶段。

国内的催化重整研究人员，在中型重整试验装置上考察了三种不同开工方法对催化剂反应性能的影响，研究了氧化态铂铼重整催化剂开工全过程的工艺条件、介质及环境控制等对催化剂性能的综合影响。试验的三种开工方法可简述为：

开工方法 A：氧化态催化剂，在氢气压力下进行干燥和还原，取消催化剂的预硫化，进含芳烃 65% 的重整生成油 4h 后，切换为重整原料油。

开工方法 B：氧化态催化剂，在氢气压力下干燥和还原，进行适当的预硫化后进重整原料油。

开工方法 C：氧化态催化剂用氮、氧混合气干燥，氢气压力下还原，进行适当的预硫化后进重整原料油。

三种开工方法的催化剂活性对比见图 12－30，选择性对比见图 12－31，稳定性对比见图 12-32。

从图 12-30、图 12-31 和图 12-32 可见，开工方法对催化剂活性、选择性及稳定性有显著的影响。用开工方法 C 开工的催化剂的初活性与开工方法 A 的相当，选择性优于开工方法 A，而且稳定性最好，它的全周期平均芳烃产率要比开工方法 A 和 B 高 3.2%～4.8%。

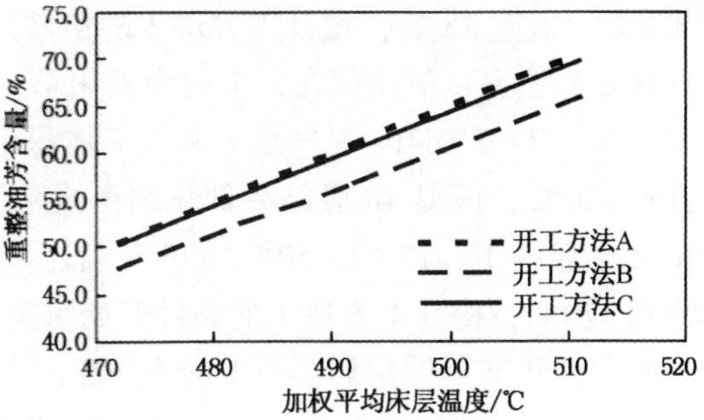

图 12-30 开工方法 A、B、C 的催化剂活性对比

目前，国内使用氧化态铂铼重整催化剂的装置开工时，普遍采用开工方法 C。这一开工工艺技术的可靠性，已在工业应用实践中得到了充分的证明。

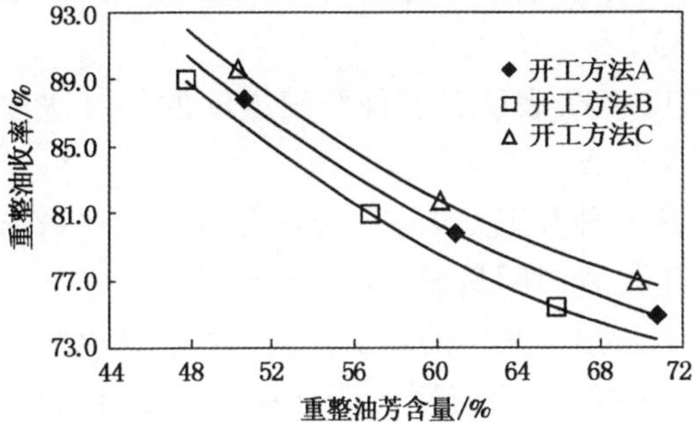

图 12-31 开工方法 A、B、C 的催化剂的选择性对比

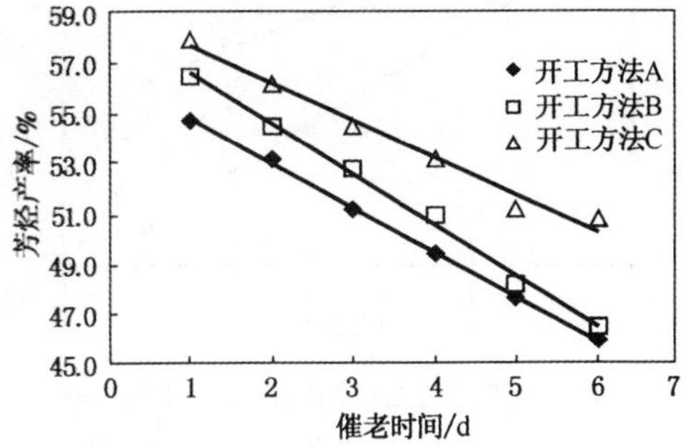

图 12-32 开工方法 A、B、C 的催化剂的稳定性对比

(三) 还原态催化剂的开工

1. 还原态铂锡催化剂的开工

锡在铂锡重整催化剂中是一种活性抑制组元，起改善选择性作用。因此，铂锡重整催化剂在开工过程中不必进行预硫化，开工过程比较简单。尽管如此，开工工艺技术同样对它的反应性能仍有显著影响。

国内的研究人员在中型重整试验装置上考察了开工方法对铂锡催化剂反应性能的影响，进行了五种不同开工方法的对比试验。这五种开工方法的要点如下：

开工方法Ⅰ：催化剂在开工前为氧化态；装置的临氢系统经干燥、净化后，反应器装填催化剂；在氢气压力下和反应器入口水≯50μL/L 时，开始以规定的温度程序和升温速率升温，分低温（常温～250℃）氢压（循环）、中温（250～460℃）氢气一次通过、高温（500℃）氢压（循环）三个阶段进行催化剂干燥和还原；还原结束后降温到 370℃；重整进油条件为温度 370℃，压力 1.5MPa，体积空速 2.0h^{-1}，气油体积比 1200/1。

开工方法Ⅱ：催化剂在开工前为氧化态；催化剂还原仅设 500℃（氢气循环）一个阶段，压力为 1.5MPa，气剂体积比为 2400/1；装剂前对装置临氢系统的要求、气中水控制指标及重整进油条件等，与开工方法Ⅰ相同。

开工方法Ⅲ：催化剂在开工前为还原态；装剂前对装置临氢系统的要求与开工方法Ⅰ

相同；在1.5MPa氢气压力和气剂体积比2400/1的条件下，以40～50℃/h的升温速率升到370℃，恒温2h后，按开工方法Ⅰ的条件开始重整进油。

开工方法Ⅳ：催化剂在开工前为氧化态；装剂前对装置临氢系统的要求与开工方法Ⅰ相同；在0.7～1.0MPa氮气压力和气剂体积比2400/1的条件下，以40～50℃/h的升温速率升到370℃，恒温4h后结束催化剂干燥阶段；在0.7～1.0MPa氢气压力和气剂体积比2400/1的条件下，以40～50℃/h的升温速率升到460℃，进行催化剂还原；还原结束后降温到370℃，按开工方法Ⅰ的条件开始重整进油。

开工方法Ⅴ：催化剂在开工前为还原态，介质、温度程序、工艺条件及环境控制指标等完全与开工方法Ⅱ相同。

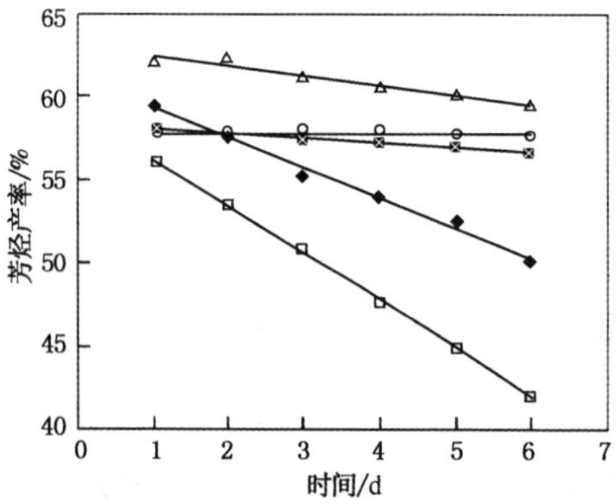

图12－33 开工方法对铂锡催化剂性能的影响
◆ 开工方法Ⅰ；□ 开工方法Ⅱ；△ 开工方法Ⅲ；⊠ 开工方法Ⅳ；○ 开工方法Ⅴ

五种开工方法的催化剂性能评价试验条件完全相同：温度540℃，压力0.69MPa，体积空速2.0h^{-1}，气油体积比700/1。评价结果见图12－33。

图12－33表明，五种开工方法的优劣次序为Ⅲ＞Ⅴ≈Ⅳ＞Ⅰ＞Ⅱ。

在这五种开工方法中，方法Ⅲ开工程序最简单，开工过程时间最短，氢气消耗量最少。

应当指出，其中的开工方法Ⅰ是经过反复试验确定，并经工业应用实践证明为适合于Pt－Ir－Al－Ce/η－Al_2O_3多金属重整催化剂开工的方法。但是，图12－33表明它并不适用于铂锡重整催化剂。这说明了开工方法研究的重要性，也说明了开工工艺必须与催化剂类型特点相适应。

开工方法Ⅴ与开工方法Ⅱ的升温程序、工艺条件及介质完全相同，惟一不同的是催化剂的初始状态：前者是还原态，后者是氧化态。从图12－33显而易见，前者的活性及稳定性明显优于后者。这说明了催化剂以还原态开工的优越性。

连续重整装置大多采用还原态铂锡催化剂。一般开工过程为：装剂结束后即可进行氮气置换、气密，再用合格的氢气置换、气密、升压后，检查气体循环流程正常，按规程启动循环压缩机全量循环。启动冷却系统，各重整加热炉按规程点火，并以40～50℃/h的升温速率向370℃升温；温度升到200℃以上后，开始以每2h一次的频率在系统各低点放水。

建立反应器下部催化剂收集器、上部容器(还原罐或缓冲区、上部料斗)吹扫气流量或压差。

当各反应器温度达到370℃左右时，调整好分离器压力，改好重整进料流程，开始以设计进料量的60%进油。进油后以20～30℃/h的升温速率向460～480℃升温，进行催化剂的脱水干燥和操作调整。当循环气中水含量低于一定水平时，重整反应温度可提高至所需温度。

重整进油的同时向反应系统注氯，进油初期的注氯量应根据重整循环气中水含量确定。催化剂再生系统进行白烧正常后，停止反应系统注氯。重整进油的同时向反应系统注入硫化物，并坚持长期稳定注硫，控制重整进料中的总硫含量为0.25~0.5μg/g，以钝化金属器壁，防止金属催化结焦。硫化物一般采用二甲基二硫醚。

2. 还原态铂铼催化剂的开工

还原态铂铼重整催化剂在重整装置开工时只需在氢压下升温、预硫化和重整进油简化了开工程序，缩短了开工时间。图12-34就是还原态铂铼重整催化剂的一种开工过程图解，已被工业实践证明是可靠的。

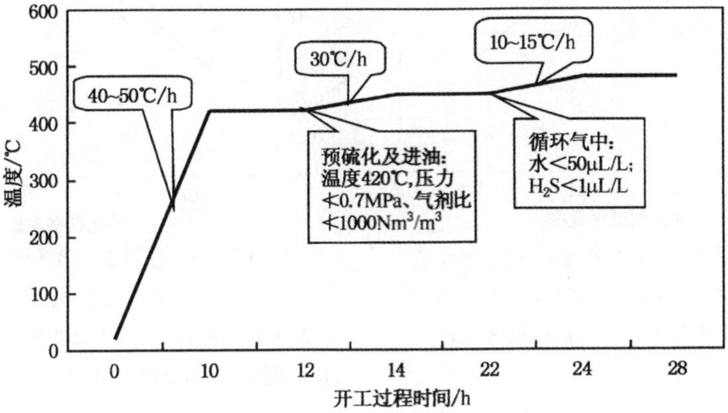

图12-34 还原态铂铼重整催化剂开工过程图解

必须注意，对于还原态催化剂，从包装、运输、储存，到装剂都必须尽可能避免或减少与空气的接触；装剂后的氮气置换应彻底，使系统内残存的 O_2 尽可能少；置换最好采用一次通过方式，并做好各低点的排空、吹扫。

(四) 开工初期的水氯平衡控制

水氯平衡控制问题是NPRA在1974年至1982年间每年都讨论的问题[82]。搞好水氯平衡是以 $\gamma-Al_2O_3$ 为载体的全氯型重整催化剂高水平、高效益、长周期运转的关键。

曹东学等[83,84]以正庚烷为原料，采用连续加压微反-色谱装置研究了氯含量对铂铼重整催化剂性能的影响。研究结果中，芳烃产率与催化剂氯含量的关系见图12-35，芳构化选择性与催化剂氯含量的关系见图12-36，催老阶段芳烃产率相对下降值与催化剂氯含量的关系见图12-37，催化剂积炭量与催化剂氯含量的关系见图12-38。

图12-35表明，随着催化剂氯含量的变化，芳烃产率出现了最大值。

从图12-36可以看出，随着催化剂氯含量的变化，芳构化选择性也出现了最大值，当氯含量为1.0%时，本试验所用催化剂的芳构化选择性最佳。

由图12-37可以看出，随着催化剂氯含量的变化，催速老化阶段芳烃产率相对下降值出现了最低点。催速老化阶段芳烃产率相对下降值最小，表明催化剂稳定性最好。说明氯含量对催化剂活性稳定性的影响，同样存在最佳氯含量。

从图12-38可见，随着氯含量的变化，催化剂的积炭量出现了最低值。这也说明，以 $\gamma-Al_2O_3$ 为载体的全氯型重整催化剂存在最佳氯含量。

在最佳氯含量下运转，催化剂的活性、选择性及稳定性最佳，积炭速率最慢。相反，若催化剂氯含量不适，将对重整装置的经济效益带来显著影响[83~87]。催化剂的氯含量每低于适宜值 0.1%，反应器入口温度大约需要提高 3℃，同时催化剂的运转周期缩短 20%。因此，必须十分重视重整进油初期的催化剂氯含量调整。

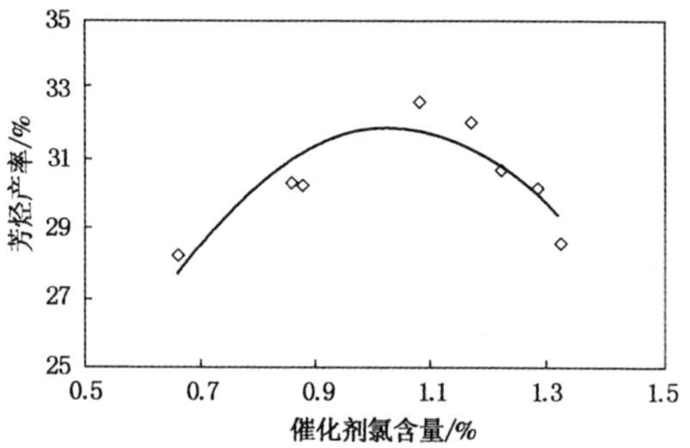

图 12-35　芳烃产率与催化剂氯含量的关系

等铼铂比催化剂，反应温度 500℃，反应压力 1.47MPa，体积空速 $2.0h^{-1}$，气油体积比 1200/1

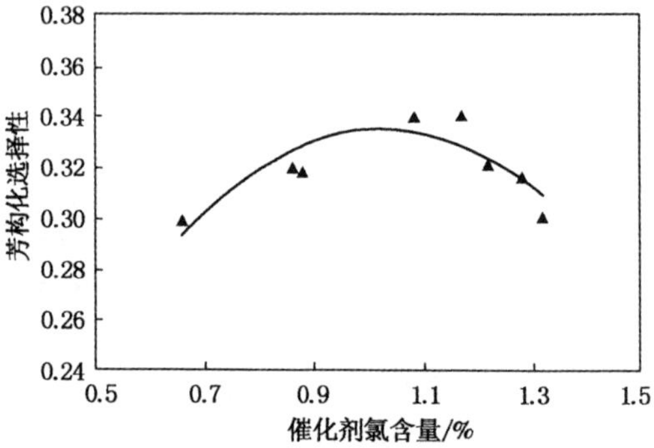

图 12-36　芳构化选择性与催化剂氯含量的关系

等铼铂比催化剂，反应温度 500℃，反应压力 1.47MPa，体积空速 $2.0h^{-1}$，气油体积比 1200/1

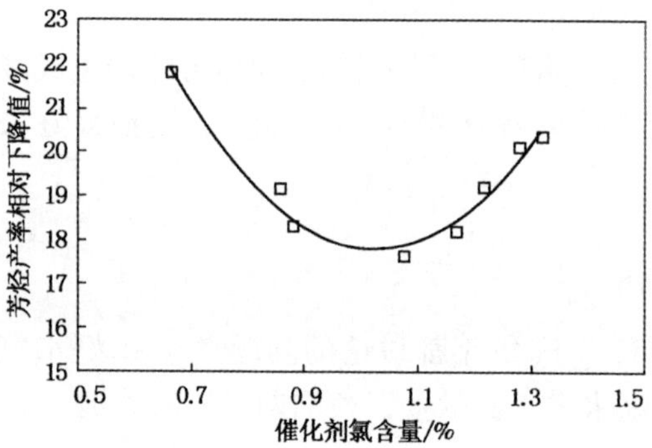

图 12-37　催速老化阶段芳烃产率相对下降值与氯含量的关系

等铼铂比催化剂，反应压力 0.69MPa，反应温度 530℃，体积空速 $2.0h^{-1}$，气油体积比 500/1。在上述条件下运转 6d

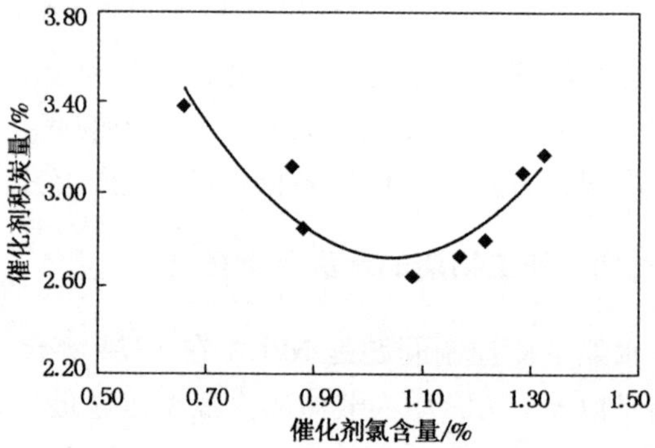

图 12-38　催化剂积炭量与催化剂氯含量的关系

等铼铂比催化剂，反应压力 0.69MPa，反应温度 530℃，体积空速 $2.0h^{-1}$，气油体积比 500/1。在上述条件下运转 6d

对于以 $\gamma-Al_2O_3$ 为载体的全氯型、氧化态、新鲜催化剂而言，在重整进油前的开工过程中，氯流失量可达 0.10%～0.20%；同时，进油初期的循环气中水较高，催化剂的氯流失速率较快，因而催化剂在此阶段的氯含量往往偏低。采用“集中补氯”的办法，可使催化剂的氯损失得到比较及时的弥补和较快达到适宜的氯含量范围。“集中补氯”须在进油后的 4h 内完成，补氯量一般为催化剂的 0.10%～0.20%。另一种办法是根据循环气中水含量调整注氯量和反应器入口温度，如表 12-5 所列。

表 12-5　进油初期水氯平衡控制

循环气中水含量/(μL/L)	补氯量/(μg/g)(对重整进料)	最高反应器入口温度/℃
>200	10~15	460
100~200	5~10	480
50~100	3~5	490
<50	进入正常水氯控制阶段	得到合格产品所需的温度

五、催化剂连续再生系统的开工

连续重整工艺是催化重整工艺发展的一个新阶段。这种新型工艺在工艺流程上与半再生重整工艺的最大区别和特点，是催化剂连续再生系统的设立。

再生是重整催化剂的必要阶段或步骤。在这个意义上说，连续重整催化剂与半再生重整催化剂是相同的。从再生的目的上说，连续再生与半再生也是相同的。但是，更应该重视的是连续再生与半再生的差异。

(一) 连续再生与半再生的差异

1. 连续再生与半再生模式不同

连续再生与半再生模式的比较如图 12-39 所示。

从图 12-39 可见，对于半再生式重整装置，随着运转时间的延长，因催化剂活性逐步下降而需要逐步提高反应温度(反应器入口温度)，以维持产品辛烷值不变，与此同时，其 C_5^+ 重整油收率随之下降。在收率下降 2%~3%，或反应器入口温度提高 20℃左右时，装置需要停工进行催化剂的再生。连续重整则不同，由于催化剂维持在接近于运转初期的催化剂反应性能下连续运转，因而在整个操作周期内的反应温度稳定，产品收率也稳定。

2. 再生开始时待再生催化剂的活性状态、炭含量不同

半再生重整催化剂再生时，积炭量已相当高，双金属重整催化剂的炭含量达 20%~30%，甚至更高[82]。但是连续重整，一般设计为待再生催化剂炭含量 4%~5%时进行再生。

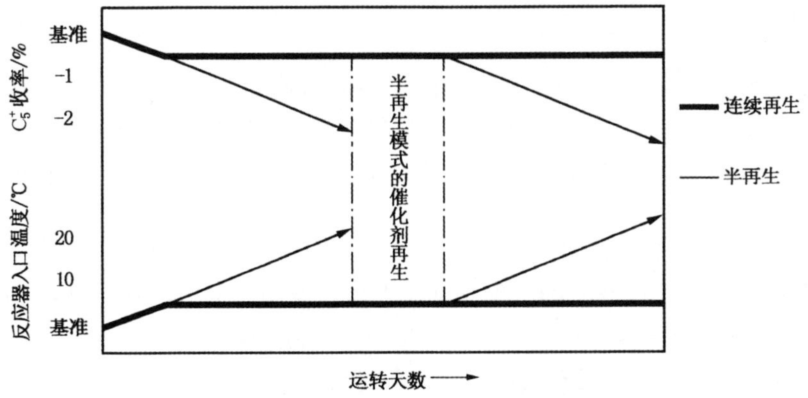

图 12-39　连续再生与半再生模式的比较

半再生与连续再生重整的待再生催化剂上的炭，在性质上也有差异。因为半再生与连续再生重整的反应压力显著不同，而重整催化剂的炭的C/H(碳氢比)比值与反应压力有关：反应压力越低，积炭的C/H比值越高[88]。C/H比不同，表明炭的性质有差异，它们的稠环芳烃、萘、烷基链等官能团有所不同。

3. 实现催化剂再生的工艺流程、设备不同

半再生重整的催化剂再生，一般是在原装置流程系统和原反应器内进行，或将含炭催化剂全部卸出进行器外再生。而连续重整的催化剂再生则是在重整反应系统外专门设立的催化剂再生系统，在专设的再生器内进行，催化剂再生系统的工艺流程和设备不同于原反应系统。

4. 催化剂再生的工艺条件、过程时间要求不同

各类型重整催化剂再生的方法步骤大同小异，一般包括烧炭、氯化、干燥(或称焙烧)、还原阶段(或称步骤)。但是催化剂再生的工艺条件、过程时间要求则因工艺类型的不同而异。半再生重整的催化剂再生，烧炭、氯化、干燥、还原阶段依次分阶段进行，各阶段的工艺条件变化范围较宽，过程时间较长，具有较大的灵活性，例如，催化剂烧炭阶段，温度一般从400℃开始，分为若干温度阶段进行；压力一般不低于0.4MPa，由于压力越高，越有利于烧炭，因而一般视装置具体情况而定，采用尽可能高的压力；烧炭介质的氧含量调节范围宽；烧炭过程时间一般长达数十小时。连续重整则催化剂再生的烧炭、氯化、干燥、还原阶段分别在再生器的烧炭(烧焦)区(段)、氯化区(段)、干燥(或称焙烧)区(段)和在第一重整反应器顶部的还原器(或称还原室)进行，催化剂在各区(段)的停留时间一般约为2h。

5. 催化剂再生过程控制的自动化程度和安全保障不同

半再生重整的催化剂再生过程，以手动操作为主，由操作人员根据现场实际情况(如各反催化剂床层温升等)控制催化剂再生的进程和工艺条件，烧焦前和含氧氮气切换为氢气前的氮气置换需要采样分析，必须满足安全要求。而不同专利技术的连续重整装置，催化剂连续再生系统均设置了催化剂循环和定量输送、催化剂完全再生、安全隔离以及粉尘收集系统，通过复杂的逻辑控制系统完成催化剂定量输送和完全再生，安全隔离及联锁系统保证装置的安全运行。

(二)催化剂连续再生系统开工

重整反应系统运行平稳后即可启动催化剂循环，首先要建立再生系统气体循环，根据专利商的要求建立各部位压差，启动催化剂循环。部分新建装置催化剂循环正常后需要在线标定闭锁料斗装载量。正常情况下，待生催化剂的炭含量达到3%，即可启动催化剂烧焦。

1. 催化剂连续再生系统开工原则步骤

催化剂循环和再生系统开工的详细步骤及参数控制由专利商提供。其原则步骤如下：

(1)再生系统氮气置换合格，在线分析仪表具备投用条件。

(2)启动风机或压缩机，建立气体流量和各部位压差。

(3)启动各电加热器，按规定程序和升温速率升温。

(4)启动催化剂循环，根据粉尘情况调整淘析气流量。

(5)采样分析待生催化剂炭含量大于3%。

(6)当各区域达到目标温度并稳定后，启动催化剂"黑烧"：停止催化剂循环，烧焦区引入空气，在线氧分析仪与空气流量串级，控制烧焦区入口氧含量，开始进行催化剂的烧焦；当空气流量降至起始流量的一半时，启动催化剂循环，根据操作曲线确定催化剂循环速率，调整各操作参数到控制指标。

(7)在催化剂循环和"黑烧"操作稳定的情况下，每2h一次连续采样分析再生剂炭含量小于0.2%且无黑芯球时，方可启动催化剂"白烧"：将燃烧空气缓慢切换至再生器下部。

(8)启动再生系统注氯，同时停止反应部分注氯，根据催化剂专利商的要求和再生剂氯含量分析数据调整再生注氯量，使再生剂氯含量达到和保持在控制指标。

(9)再生器维持正常条件操作，进入正常运转。

2. 催化剂再生正常和效果良好的关键

就再生系统工艺参数而言，确保催化剂再生正常和效果良好的关键是：

(1)催化剂循环速率必须适当。催化剂循环速率提高，则再生频率增加，表面积下降快，催化剂粉尘量增多；而催化剂循环速率太低，又将使催化剂积炭量增加，如果不能保证催化剂烧焦彻底，进入氯化区催化剂含炭量偏高，则将导致严重后果。

(2)再生气中氧含量必须适当，确保催化剂烧炭彻底(残炭低于0.2%)。过高的氧含量导致燃烧区峰温过高，会加速催化剂比表面积的损失；而氧浓度过低，烧焦不能在燃烧区完成，则可能出现氯化区超温，导致催化剂和设备损坏。

(3)氯化物的注入量必须适当，确保再生后催化剂的氯含量适宜。

(4)干燥空气含水量和干燥(焙烧)区温度必须达到设计指标，确保催化剂干燥效果良好。

(5)通过烧焦区的再生循环气流量必须大于设计值的90%，确保催化剂烧炭效率和效果。再生循环气流量低于设计值的90%时，应及时清理再生器中心网。

(6)催化剂还原介质的质量应满足要求。

第二节　重整装置的停工

一、正常停工

重整装置按照正常停工操作步骤进行的停工，通常称为正常停工。

对于半再生重整，随着运转时间的延长，为了维持产品的辛烷值不变，在原料油和其他操作条件不变的情况下，必须适当地提高反应温度。随着反应温度的提高，催化剂的积炭速率将随之加快，选择性也将随之变差，表现为在辛烷值不变的情况下，液体产品收率下降。当重整反应温度提高到极限，或者液体产品收率下降到在经济上已无利可图的时候，就要停工和进行催化剂的再生。一般认为，半再生重整的经济上合理的操作周期，应当在催化剂的活性损失20～25℃，或仅因反应温度的提高而导致的液体产品收率下降2%～4%时结束。

连续重整装置的正常停工，一般出于装置检修或生产计划的需要。

正常停工操作必须遵循下列原则：

① 对于半再生重整，当停工后催化剂需要再生时，应在停工前增加注氯量，使催化剂氯含量提高0.1%～0.2%。

② 重整单元的停工必须先于预加氢单元，以有利于保护好重整催化剂。

③ 重整反应系统与预加氢系统必须加盲板隔断，以防止预加氢系统中对重整催化剂有害的杂质窜入重整反应系统。

④ 塔、容器内油气用氮气置换后，再用蒸汽进行彻底的吹扫，同时各设备高低点放空要全部打开，以消灭死角。

⑤ 要严防蒸汽通入设备后因温度不均而造成的膨胀收缩致使设备管线破裂，同时还要防止进入设备的蒸汽因冷却成液体造成的真空损坏设备。

⑥ 严禁用蒸汽吹扫重整反应系统。

⑦ 凡需要进入检查的容器，在吹扫结束后必须与大气连通，打开人孔，各低点自然通风。与容器相连的氮气管线必须采用盲板隔离，进入容器前必须分析容器内氧含量满足安全要求。

⑧ 加热炉熄火后，要通入蒸汽吹扫，或打开人孔和防爆门自然通风。

⑨ 惰性气体与可燃气体界区必须加盲板隔断。

⑩ 停工前应备足下次开工用的精制石脑油。

二、紧急停工

紧急停工均由意外原因引起。例如，1949年11月，世界上首套铂重整装置的首次开工，仅3h便因反应器(冷壁)外壳局部过热而被迫紧急停工。1970年1月，欧洲某炼油厂的一套重整装置，在改用双金属重整催化剂时，首次开工后仅50h，也是因反应器(冷壁)外壳热敏漆变色而被迫紧急停工。停工后检查反应器时，发现三个反应器的内衬已全部烧坏。以上两个例子，表面上看来都是因为反应器外壳出现过热而被迫紧急停工的，但根本原因并不相同：前者是由于反应器的绝热(隔热保温)设计不当，是反应器设计技术问题，而后者则是由于催化剂硫化量不足，进油后出现了“飞温”。

我国某炼油厂的一套连续重整装置，因第二重整反应器压降突然升高到0.08MPa，不得不紧急停工。另一厂的一套半再生式重整装置，在投产后不到三年的时间内，因重整循环压缩机故障而非正常停工达32次，因加热炉炉管爆炸而紧急停工2次。

造成紧急停工的原因很多，常见的主要有：循环压缩机或重整进料泵断电，爆炸、起火，管线破裂或严重泄漏，重整进料/产物换热器泄漏等。

另外，如果循环压缩机是透平带动的，则蒸汽中断时，重整也势必要紧急停工；预加氢装置的紧急停工，通常会引起重整装置的紧急停工。

紧急停工总是和紧急事故直接有关。紧急停工是处理紧急事故的办法。然而，紧急停工方法的正确与否，对于紧急事故的后果有直接和重大影响。在事故发生时，如果处理不当和(或)不及时，就可能会产生严重后果，造成巨大损失。

紧急停工必须果断决策，及时进行，否则会造成更为严重的后果。下面一例可以说明这一点。

1990 年 7 月，某炼油厂的半再生重整装置，运转突然失常，催化剂活性骤降，预加氢的反应压力由 2.5MPa，不断下降到 1.5MPa 以下，气油体积比下降到 40 以下，与此同时，重整进料的硫含量上升到允许含量的 37 倍，砷含量也上升到允许含量的 27 倍。这种情况出现后，显然应该紧急停工处理。可是却未紧急停工，而是仍在 510℃ 下继续运转，直至预加氢的压力降低到 0.7MPa，气油比降低到 0，重整催化剂失活到了产氢量维持不了系统压力，重整产物分离器压力直线下降到 0.3MPa 时才停工。从运转开始失常到停工时的预加氢压力和气油比的变化见图 12－40，重整反应器入口温度和分离器压力变化见图 12－41，氢纯度变化情况见图 12－42。停工后重整催化剂的炭、氯、硫、砷、铁含量分析结果见表 12－6。

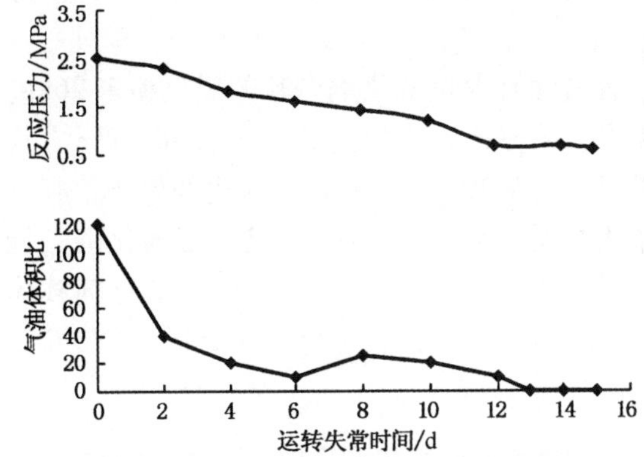

图 12－40　停工前预加氢压力和气油比的变化

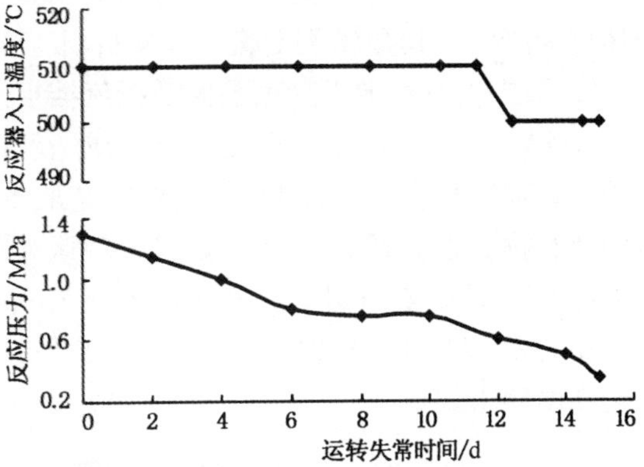

图 12－41　停工前重整反应器入口温度和压力的变化

表 12－6　停工后重整催化剂的炭、氯、硫、砷、铁含量分析结果

项　目	炭/%	氯/%	硫/%	砷/(μg/g)	铁/%
一反催化剂	23.0	0.44	0.02	87.2	0.11
二反催化剂	29.0	0.61	0.02	53.5	
三反催化剂	41.0	0.57	0.02		
四反催化剂	40.0	0.58	0.02		

图 12－40 至图 12－42 表明，这种情况并非催化剂的正常失活，必须紧急停工处理，不能贻误时机。

从表 12－6 可见：ⓐ催化剂的积炭量非常高，最高的达 41%；ⓑ催化剂的氯含量非常低，仅为 0.4%～0.6%，可能受到了高水含量进料的冲击；ⓒ一反催化剂的砷含量很高，二反催化剂的砷含量也不低，说明砷穿透了一反催化剂床层，也说明了砷中毒的严重性。催化剂炭含量如此高，烧炭是很危险的。氯含量太低，也不利于催化剂的再生。

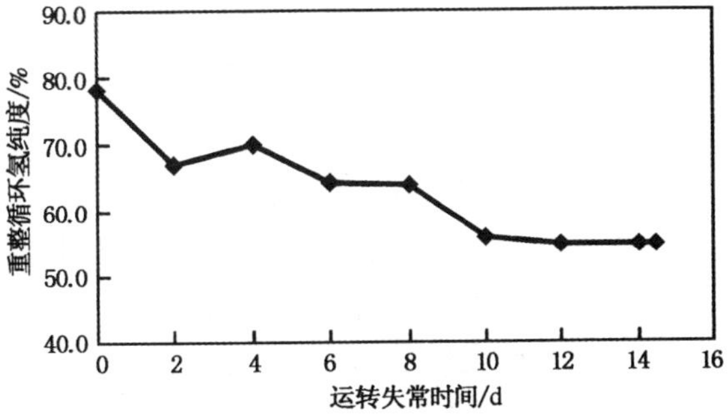

图 12－42　停工前重整循环氢纯度变化

紧急停工的方法步骤正确与否，对于紧急事故的后果有直接和重大影响。

20 世纪 90 年代中期，某厂的一套半再生重整装置发生了一次第三加热炉炉管破裂的事故。它是由于循环压缩机因蒸汽透平机富水泵故障导致自动停车后，未及时发现，因而未及时熄灭炉火和停止重整进料。在操作员例行的巡回检查中发现加热炉异常时才熄灭炉火、停止重整进料和进行紧急停工的其他操作。

(1) 停工后检查发现：

① 第 27 号炉管(末管)距离地面 1.5m 处有一宽 5～7mm、长 180mm 的裂口，该炉管的入口和出口端及管内塞满了瓷球，清理出瓷球 120kg。

② 第二重整反应器中心管底部有约 1/3 周长的缝隙，最宽处约 6cm，中心管顶端偏离中心约 95mm，与折流挡板固定的 12 个 M12 螺钉已断，中心管上升约 160mm。

③ 第二重整反应器的外筒上升约 900mm，上部严重变形、损坏(见图 12－43)，下部损坏更为严重，其金属条变脆，极易折断。

④ 第二反应器中心管顶端面及折流挡板上清出含有少量催化剂颗粒的黑色粉末 26kg。

⑤ 第二反应器底部的催化剂已结成坚硬焦块，据分析，焦块的碳含量为 56.49%，其中的催化剂颗粒含炭 47.24%。焦块的电子显微像(见图 12－44)中除了催化剂外还含有较多的片状物，根据其形态特征及 EDS 微区元素组成分析结果说明已形成了石墨化碳，催化剂部分除了元素 Al 外，还有 Ni、Cr、Si 等元素。X 光衍射鉴定结果表明，催化剂载体的晶相为 $\delta-Al_2O_3$。根据 $\gamma-Al_2O_3$ 转变为 $\delta-Al_2O_3$ 的相变温度判断，它受到了 880℃以上的高温冲击。

图 12－43 第二反应器上部约翰逊网筒损坏变形情况的照片

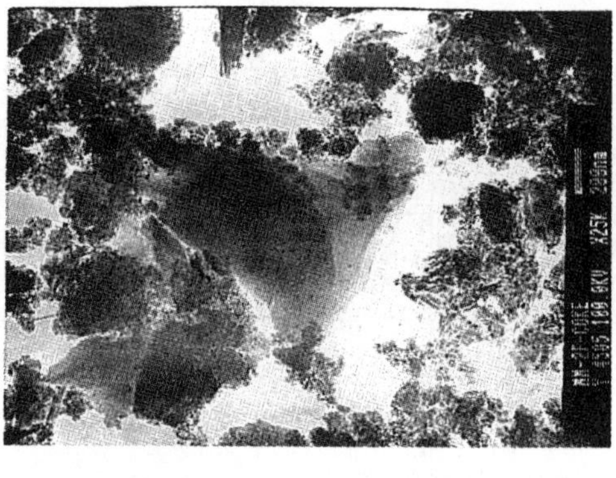

图 12－44 第二反应器底部的催化剂焦块的电子显微像

⑥ 第三反应器中心管顶端面及折流挡板上除有黑色粉末外，还有一些瓷球，反应器下部约翰逊网筒与反应器壁之间的环形空间积存着不少高积炭量的催化剂，并已造成约翰逊网筒朝反应器中心方向隆起、变形。

(2) 上述严重后果的产生，可能是因为：

① 当循环压缩机自动停车时，不是靠安全联锁系统控制自动熄灭重整加热炉炉火和停止重整进料，因而在循环压缩机自动停车后，不能及时熄灭炉火和停止重整进料，势必导致炉管及其管内物料超温，甚至出现炉管破裂。

② 炉管内物料温度尚未降到安全温度便从循环压缩机出口引入氮气，按正常流程吹

扫，结果把超高温物料吹扫到反应器内，在超高温、低空速及低氢分压下，使催化剂快速积炭，甚至结成焦块，金属凝聚，载体晶相变化。

③ 第三加热炉27号炉管突然破裂，系统必然由此裂口突然泄压，下游(第三反应器及其以后的设备、管线内)的物料高速逆向流动，而上游(第二反应器及其以前的设备、管线内)的物料高速正向流动，两股物料均经由此裂口排空。高温和流体力学的综合作用使反应器内构件严重损坏、变形。

对于此种情况，如果紧急停工处理方法作如下改变，相信会有利于减轻事故后果的严重性：在熄灭炉火和停止重整进料后，继续用蒸汽吹扫第三加热炉炉膛，同时也用蒸汽吹扫其他加热炉炉膛，待各炉出口温度降低到安全温度以下，并且待各反床层温度低于480℃时，才从重整循环压缩机入口引入氮气吹扫，从而避免残存在炉内的高温物料及处理过程将加热炉的热量带入各反催化剂。

装置被迫紧急停工时，重整系统应按下列程序进行：

①紧急降温，同时降低进料量或直接切断进料。

②气液分离罐低液面操作，将分离器油尽量减到稳定塔去。

③床层温度降到370～400℃，停止进料。

④加热炉熄火，系统自然降温。

⑤将系统内残油全部减入稳定塔，根据现场实际情况决定是否泄压和氮气置换。

若遇到无法紧急降温的事故，应立即停止进料并熄灭加热炉，同时向炉膛内喷射蒸汽冷却加热炉管，待炉膛温度降至490℃以下时用氮气吹扫。

第三节　事 故 处 理

制定紧急事故处理预案并对操作人员进行培训，是紧急事故处理的必要手段。事故处理的基本原则：在确保人身安全的前提下，保护好重整催化剂、关键设备和仪表，尽可能为快速恢复生产创造有利条件。一旦发生事故，应冷静分析、正确判断，及时上报，并迅速、有效地处理。事故处理不当，可能会造成更大损失。

一、断电事故处理

停电时采取的应急措施随停电情况的不同而差别很大，这主要取决于停电范围、停电对设备的影响程度及停电时间的长短。通常，装置一旦出现停电，处理的首选措施是确保装置能安全地处于备用状态，并且尽可能地避免对催化剂的损害。

1. 瞬间停电

① 立即启动停运的压缩机、泵和空冷风机。

② 将操作室仪表由自动改手动，并将加热炉主火嘴熄灭。

③ 调整各单元操作，逐步将工艺参数调整到正常范围。

④ 待平稳之后，仪表恢复自动控制。

2. 长时间停电

① 立即熄灭加热炉主火嘴和长明灯，关闭燃料气控制阀组的截止阀，确保加热炉熄火。

② 隔离各独立单元，防止物料互窜。

③ 切断进料与产品出料。

④ 注意做好大机组的隔离、保护工作。

⑤ 做好来电后恢复开工的相关准备工作。

3. 循环压缩机断电或蒸汽透平故障

一旦出现循环压缩机断电或蒸汽透平故障，必须火速进行处理。办法如下：

① 所有加热炉熄火，必要时用蒸汽通入炉膛降温至490℃以下；

② 若重整进料泵或控制阀无联锁，应立即手动切断重整进料，调整预加氢系统操作(生产精制油或正常停工)；

③ 关闭分离器的气体排出阀，防止反应系统物料流动并维持系统压力；

④ 按正常程序停工，隔断稳定塔；

⑤ 对于连续重整装置，应确保再生专用N_2压力、流量；

⑥ 再接触系统、余热锅炉系统进行必要的操作调整。

必须特别注意的是：①、②、③三项必须立即执行，越快越好，尽可能保护催化剂和设备。当压缩机突然停运时，炉管内流体停止流动，炉管内滞留的物料温度会急剧升高，一旦该物料进入反应器，可使催化剂严重受损。在循环压缩机停运后再次启动时，炉膛温度应低于490℃。如果炉膛温度高于490℃，可以用蒸汽吹扫炉膛，冷却加热炉管。

4. 重整进料泵断电或重整进料中断

如果重整进料不能及时恢复(备用泵不能及时启动)，处理办法是：

①重整循环压缩机以最大循环量循环；

②重整各加热炉立即熄火降温，同时向炉膛内喷射蒸汽冷却加热炉管；

③关闭重整高分所有出口阀，尽量维持系统压力；

④断电排除后，必须将反应器入口温度降低到450℃以下后，才能再次开始重整进料。最好是降低到420℃才再次开始重整进料。

二、爆炸、起火、管线破裂或严重泄漏事故处理

当出现爆炸、起火、管线破裂或严重泄漏情况时，所有加热炉必须熄火(如果加热炉或控制阀已无法接近，则用装置界区的燃料气切断阀)，同时立即停止重整进料。必要时可用分离器的安全阀加速泄压。如果炉管破裂，则不要把烟道挡板关死，也不要用蒸汽迫使火焰外冒，因为火在炉膛内燃烧比在炉膛外燃烧更为安全。

参 考 文 献

[1] NPRA Questions & Answers, Oil & Gas J, 1975, 73(20): 116

[2] NPRA Questions & Answers, Oil & Gas J, 1979, 77(21): 85

[3] 徐远国，孙逢铎. 不同Re/Pt比重整催化剂性能的研究[J]. 石油学报(石油加工)，1989，5(3)：15～24

[4] 邵建忠，王君钰，武迟等．铼铂比对重整催化剂反应性能与抗硫性能的影响[J]．石油学报(石油加工)，1991，7(4)：39~45

[5] 孙作霖，邵建忠，史佩芬等．Re/Pt 比 Pt-Re 重整催化剂性能的影响[J]．石油学报(石油加工)，1992，8(4)：55~62

[6] OGJ International refining - catalyst compilation - 1997 [J]. Oil & Gas Journal, 1997, 95(43): 43

[7] NPRA Questions & Answers, Oil & Gas J, 1973, 71(15): 88

[8] Apesteguia C R, Garetto T F, Borgna A. On the sulfur - aided metal - support interaction in Pt/Al_2O_3 - Cl catalysts [J]. Journal of Catalysis, 1987, 106(1): 73~84

[9] Le Quang N, Tsao Ying - Yen P, Wong Stephen S. Reactivation of noble metal - zeolite catalysts[P]. US, 4678764, Nov. 21, 1985

[10] Franck J P, Martino G. Deactivation and regeneration of reforming catalysts [J]. Applied Sciences, 1982, 54(Prog. Catal. Deact.): 355~397

[11] Berthelin M, Martino G, Institute Francaise du Petrole Private Communication, 1981

[12] Bonzel H P, Ku R, Adsorbate interactions on a platinum (110) surface, I. Sulfur and carbon monoxide [J]. Journal of Chemical Physics , 1973, 58(10): 4617~4624

[13] Rosynek M P, Strey F L, The nature of active sites on catalytic alumina: Information from site poisoning by sulfur - containing molecules[J]. Journal of Catalysis, 1976, 41(2): 312~321

[14] Chang C C, Infrared studies of SO_2 on γ - alumina [J]. Journal of Catalysis, 1978, 53(3): 374~385

[15] Datta A, Cavell R G, Tower R W, etal. Claus catalysis. 1. Adsorption of sulfur dioxide on the alumina catalyst studied by FTIR and EPR spectroscopy [J]. Journal of Physical Chemistry, 1985, 89(3): 443~449

[16] Mathieu M V, Primet M, Sulfurization and regeneration of platinum [J]. Applied Catalysis, 1984, 9(3): 361~370

[17] Melchor A, Garbowski E, Mathieu M V, etal. Sulfur poisoning of platinum/alumina catalysts. I. Determination of sulfur coverage by infrared spectroscopy [J]. Reaction Kinetics and Catalysis Letters, 1985, 29(2): 371~377

[18] Schay Z, Matusek K, Guczi L, The effect of pretreatment on fresh and spent Pt/Al_2O_3 and Pt - Re/Al_2O_3 reforming catalysts [J]. Applied Catalysis, 1984, 10(2): 173~184

[19] Garetto T F, Borgna A, Apesteguia C R, etal. Industrial regeneration of naphtha reforming catalysts contaminated by sulfate ions: the effect of sulfate level [J]. Ind. Eng. Chem. Res., 1992, 31 (5): 1283~1288

[20] 毛学军，孙作霖，张大庆．铂铼重整催化剂硫酸根污染的研究[J]．石油学报(石油加工)，2000，16(2)：25~32

[21] 张大庆，毛学军，孙作霖．铂铼重整催化剂硫酸根脱除方法及其工业应用[J]．炼油技术与工程，2003，33(2)：29~31

[22] NPRA Questions & Answers, Oil & Gas [J], 1971, 69(9): 56

[23] NPRA Questions & Answers, Oil & Gas [J], 1971, 69(11): 62

[24] NPRA Questions & Answers, Oil & Gas [J], 1972, 70(8): 52

[25] NPRA Questions & Answers, Oil & Gas [J], 1972, 70(19): 78

[26] NPRA Questions & Answers, Oil & Gas [J], 1972, 70(32): 50

[27] Hayes J C, Continuous low pressure catalytic reforming process with sulfur and halogen inclusion and water exclusion[P]. US 3448036, July 26, 1968

[28] Pollitzer E L, Hayes J C, Continuous low - pressure catalytic reforming process with sulfur inclusion, water exclusion and low space velocity[P]. US 3502573, June 16, 1969

[29] Hayes J C, Continuous low pressure catalytic reforming process with water and ammonia exclusion and programmed sulfur addition[P]. US, 3515665, July 17, 1969

[30] Pfefferle W C. Reaction chemistry of catalytic reforming. I. Role of sulfur[J]. Preprints - American Chemical Society, Division of Petroleum Chemistry (1970), 15(1): A21 ~ A24.

[31] 冀林. 催化重整装置操作和设计中的几个概念[J], 石油炼制与化工, 1997, 28(8), 66 ~ 67

[32] 赵仁殿, 史桐生, 冯敢等. 重整装置的开工方法[P]. 中国: ZL91100635.4, 1991 - 2 - 6

[33] 罗汉宏. 湛江东兴炼油厂催化重整装置投产[J]. 石油炼制与化工, 1994, 25(4): 68

[34] 袁忠勋. 半再生重整装置工艺流程及设备的改进与探讨[J]. 石油炼制与化工, 1995, 26(4): 12 ~ 16

[35] 付锦辉, 刘贞华, 金欣等. 催化重整装置粗汽油开工技术工业应用的若干问题[J]. 石油炼制与化工, 1998, 29(5): 4 ~ 7

[36] Ponzi P R, Kaye L A. Effect of flow maldistribution on conversion and selectivity in radial flow fixed - bed reactors [J]. AIChE Journal, 1979, 25(1): 100 ~ 108

[37] Chang H C, Calo J M, An analysis of radial flow packed bed reactors. How are they different? [J]. ACS Symposium Series (1981), 168(Chem. React.): 305 ~ 329

[38] 严可居. 关于双金属重整催化剂开工工艺的一些问题[J]. 石油炼制, 1985(2): 20 ~ 28

[39] Jacobson R L, McCoy C S, Rheniforming maximizes aromatics [J]. Hydrocarbon Processing (1966 - 2001), 1970, 49(5): 109 ~ 112

[40] Anon. A New Petroleum - Reforming Catalyst Offering High yield and Other Attactions Developed by Universal Oil Products Co[J]. Chem. Eng., 1968, 75(19): 41

[41] Sterba M J, Pollitzer E L, etal. Platforming Catalyst Proves Successful [J]. Oil & gas, 1968, 66(53): 140 ~ 146

[42] Jacobson R L, Kluksdahl H E, McCoy C S, etal. Platinum - rhenium catalysts: major new catalytic reforming development [G]. Proc. Div. Refining, Amer. Petrol. Inst. (1969), 49: 504 ~ 521

[43] Blue E M, Regenerable catalyst highlights new rheniforming process [J]. Hydrocarbon Processing (1966 ~ 2001), 1969, 48(9): 141 ~ 144

[44] Jacobson R L, McCoy C S, High severity Rheniforming Route to maximum aromatics [G]. Proceedings - American Petroleum Institute, Division of Refining (1970), 50: 324 ~ 339

[45] Nevison J A, Dalson M H, Mooi J. Catalytic reforming advances with E - 501 catalyst [G]. Proceedings - American Petroleum Institute, Division of Refining (1970), 50: 304 ~ 323

[46] Sutton E A, Commercial experience with recently developed platforming catalysts [G]. Proceedings - American Petroleum Institute, Division of Refining (1970), 50: 293 ~ 303

[47] 罗家弼. 催化重整装置脱硫脱水措施讨论[J]. 炼油设计, 1991(4): 16 ~ 21

[48] 刘耀芳, 潘国庆, 杨九金. 开工阶段影响 CB - 8 催化剂金属功能的因素[J]. 石油炼制, 1992 (9): 1 ~ 5

[49] Tae J L, Young G K. Redispersion of supported platinum catalysts [J]. Journal of Catalysis, 1984, 90 (2): 279 ~ 291

[50] Lamber R, Romanowski W. Dispersion changes of platinum supported on silica glass during thermal treatment in oxygen and hydrogen atmospheres [J]. Journal of Catalysis, 1987, 105(1): 213 ~ 226

[51] 刘新远, 曾兴元. 超低铂 CB - 8 重整催化剂的开工技术[J], 石油炼制, 1993, 24(8): 8 ~ 12

[52] 张钧. 影响全氯型铂铼催化剂运转的几个因素[J]. 石油炼制与化工, 1994, 25(4): 26 ~ 30

[53] 孔祥英. 用膜分离技术提浓重整氢气[J]. 石油炼制与化工, 1994, 25(12): 10 ~ 14

[54] 刘宇键, 赵仁殿, 濮仲英. 含烃氢气还原的铂铼重整催化剂的反应性能[J], 石油学报(石油加

工), 1998, 14(4): 7~11

[55] Charcosset H. The state of the metal phase in supported platinum - containing bimetallic catalysts Evidence provided by hydrogen - oxygen titration [J]. Platinum Metals Review, 1979, 23(1): 18~21

[56] Barbier J. Charcosset H., Gladys de Periera, etal, Determination of metallic surface areas of platinum - rhenium catalysts [J]. Applied Catalysis, 1981, 1(1 - 2): 71~80

[57] Bolivar C. Charcosset H., Frety R., etal, Platinum - rhenium - alumina catalysts: II. Study of the metallic phase after reduction [J]. Journal of Catalysis, 1976, 45(2): 163~178

[58] Mills G A, Weller S. Cornelius E B, The state of platinum in a reforming catalyst [C]. Actes intern. Congr. catalyse, 2e, Paris, 1960 (1961), 2: 2221~45

[59] Maat H J, Moscou L. The influence of platinum crystallite size on the selectivity of platinum reforming catalysts [C]. Proc. Intern. Congr. Catalysis, 3rd, Amsterdam 1964 (1965), 2: 1277~87

[60] 刘希尧. 工业催化剂测试表征[M]. 北京: 中国石化出版社, 1990

[61] Robert J. Catalyst Treatment Method[P]. GB, 1547731 Dec. 13, 1976

[62] Anabtawi J A, Redwan D S, Al - Jarallah A M, etal. Advances in the chemistry of catalytic reforming of naphtha [J]. Fuel Science & Technology International, 1991, 9(1): 1~23

[63] 石油三厂. 铂铼催化重整半工业试验[J]. 石油炼制, 1974(1): 4~12

[64] 胡勇仁, 张兰新, 辛勤等. 红外光谱研究 Pt - Re/Al_2O_3 重整催化剂的表面结构[J]. 物理化学学报, 1995, 12(1): 636~641

[65] 胡勇仁, 张兰新, 赵仁殿. 微量水对 Pt - Re/Al_2O_3 重整催化剂还原的影响 I. 催化性能的研究[J]. 石油学报(石油加工), 1996, 12(1): 17~22

[66] 胡勇仁, 张兰新, 赵仁殿等. 微量水对 Pt - Re/Al_2O_3 重整催化剂还原的影响 II. 红外光谱表征结果[J]. 石油学报(石油加工), 1996, 12(1): 23~32

[67] Burch Robert. The oxidation state of rhenium and its role in platinum - rhenium reforming catalysts [J]. Platinum Metals Review, 1978, 22(2): 57 - 60.

[68] Johnson M F, LeRoy V M, The state of rhenium in Pt/Re/alumina catalysts [J]. Journal of Catalysis, 1974, 35(3): 434~440

[69] McNicol B D, The reducibility of rhenium in Re on γ - alumina and Pt - Re on γ - alumina catalysts [J], Journal of Catalysis, 1977, 46(3): 438~440

[70] Kirlin P S, Strohmeier B R, Gates B C, The effect of carbon on the reducibility of rhenium in Pt - Re/Al_2O_3 catalysts [J]. Journal of Catalysis, 1986, 98(2): 308~316

[71] 邵建忠. Re/Al_2O_3 的 XPS 研究[J], 石油学报(石油加工), 1990, 6(3): 19~24

[72] Shyu J. Z, Otto K. Identification of platinum phases on γ - alumina [J]. Surface Science, 1988, 32(1 - 2): 246 - 252

[73] 谢有畅, 杨乃芳, 刘英骏等. 某些催化剂活性组分在载体表面分散的自发倾向[J]. 中国科学(B辑), 1982(8): 673~682

[74] 杨骏英, 严洪杰, 孙晓东等. Pt/Al_2O_3 体系氧化还原过程中 PtO_2 和 Pt 分散状态的研究[J]. 石油学报(石油加工), 1992, 8(3): 8~13

[75] Freel J. Chemisorption on platinum - rhenium - alumina [J]. Division of Petroleum Chemistry, 1973, 18(1): 10 - 14

[76] Mauldin, Charles H, Baird Jr, etal. Production of rhenium - containing reforming catalysts[P]. US, 4369129, January 18, 1983

[77] Sivasanker S, Ramaswamy A. V. Effect of sulfidation on the dehydrogenation activity of a bimetallic reforming catalyst [J]. Journal of Catalysis, 1975, 37(3): 553 - 554

[78] Ramaswamy A V. Ratnasamy Paul, Sivasanker, S, etal. Structure and catalytic properties of bimetallic reforming catalysts [G]. Proc. Int. Congr. Catal. , 6th, 1977, 2: 855 -62

[79] Zaidman N M, Krasilenko N P, Kefeli L M, etal. Crystallization of platinum on carriers: IV. Influence of preparation conditions on the degree of dispersion of platinum [J]. Kinetika i Kataliz , 1970, 11 (3), 741 ~6

[80] Изв. Вуз - Нефть и Газ, 1974, (2): 59 ~63

[81] Menon P G, Marin G B, Froment G F, Effect of sulfur poisoning on the hydrogenolysis activity of platinum in platinum - alumina catalysts [J]. Industrial & Engineering Chemistry Product Research and Development, 1982, 21(1): 52 -56

[82] Little D M, Catalytic Reforming [M]. 1985: 115 ~217

[83] 曹东学，铂铼重整催化剂的最佳氯含量[D]，北京：石油化工科学研究院，1999

[84] 曹东学，冯敢，任坚强等．铂铼重整催化剂的最佳氯含量[J]．石油炼制与化工，2000，31(9)：33 ~36

[85] Grau J M, Jablonski E L, Pieck C L, etal. Optimum Chlorine Content on a Commercially Operated PtRe/ Al_2O_3 - Cl Catalyst as a Function of the Specific Surface [J], Applied Catalysis, 1988, 36: 109 ~117

[86] 王安川．水 - 氯平衡对双金属重整催化剂性能的影响[J]．石油炼制，1990，(11)：29 ~34

[87] Verderone R J, Pieck C L, Sad M R, etal. Influence of chlorine content on the behavior of platinum - rhenium/alumina catalyst for naphtha reforming [J]. Applied Catalysis , 1986, 21(2): 239 ~50

[88] Figoli N S, Beltramini J N, Martinelli E E, etal. Prediction of catalyst stability in naphtha reforming [J]. Journal of Chemical Technology and Biotechnology (1979 - 1982), 1982, 32(3): 445 ~453

第十三章　催化重整催化剂的失活与再生及烧炭动力学

重整催化剂是催化重整过程的核心，重整过程的许多改进都与催化剂稳定性的改进有关。重整催化剂在使用过程中，在一定的操作条件下，常常因物理化学性质的变化而导致催化剂的活性和选择性降低，甚至导致催化剂严重失活。表 13－1 列举了几种导致催化剂失活的原因。

表 13－1　重整催化剂失活的原因[1]

序　号	失 活 原 因	可 逆 失 活	不可逆失活
1	积炭	√	
2	S、N 化合物中毒	√	
3	金属面积降低(烧结)	√	
4	载体面积降低(烧结)		√
5	氯含量降低	√	
6	重金属污染		√
7	催化剂颗粒破碎生成细粉	√	
8	设备腐蚀产物(细粉的沉积，硫化铁等屑状物)	√	

重整催化剂失活分为可逆失活和不可逆失活，又分别称为暂时失活和永久失活。从表 13－1 可以看出，催化剂积炭失活、S、N 化合物中毒失活、金属面积降低(烧结)导致失活以及因氯含量降低导致失活为可逆失活，可以采取必要的措施(如再生)使催化剂的性能得到恢复或部分恢复。而载体面积降低(烧结)导致失活和重金属污染中毒失活为永久失活，其影响是累积性的，采取再生的方法其活性得不到恢复，因此这种失活的催化剂必须淘汰而重新换用新鲜催化剂。

本章介绍有关重整催化剂失活的原因、影响因素以及再生的方法等方面研究进展的情况。

第一节　重整催化剂的积炭失活

一、重整催化剂积炭的表征

(一) 积炭的位置和定量分析

Barbier[2] 等人用程序升温氧化(TPO)技术研究了 Pt/Al_2O_3 催化剂上积炭燃烧的情况，其结果如图 13－1 和图 13－2 所示。从 Pt/Al_2O_3 催化剂进行程序升温氧化燃烧时生成 CO_2 的情况(见图 13－1)来看，在 300℃附近和 450℃附近分别出现 CO_2 的生成高峰，低温峰主要表示在金属中心部位上的积炭量，而高温峰则相当于酸性中心部位上的积炭量，从峰面积大小可看到催化剂上的积炭主要沉积在载体上。从苯加氢相对活性与时间的关系来看(见图13-2)，运转初期 Pt/Al_2O_3 催化剂活性下降幅度较大，主要是由于金属中心上积炭失活，而后期活性缓慢下降是由于酸性中心积炭失活。对于双金属催化剂如 Pt-Ir/Al_2O_3 或 Pt-Re/Al_2O_3 催化剂上积炭的 TPO 曲线就与 Pt/Al_2O_3 催化剂不完全相同，如图13-3和图13-4所示[3]。Pt-Ir/Al_2O_3 催化剂的金属中心上积炭极少，这与 Ir 组元氢解性能较强有关，它可使金属中心附近的积炭前身物裂解掉，而 Pt-Re/Al_2O_3 催化剂仍有与 Pt/Al_2O_3 催化剂相类似的曲线，但相对峰面积有变化，金属中心上积炭减少，而酸性中心上积炭增多。

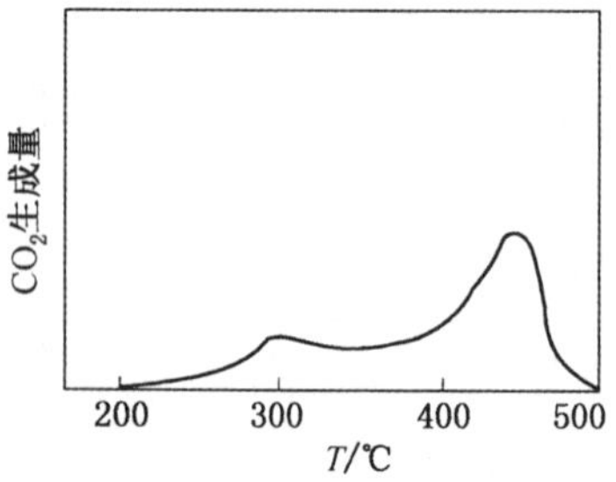

图13-1 积炭 Pt/Al_2O_3 TPO 谱图

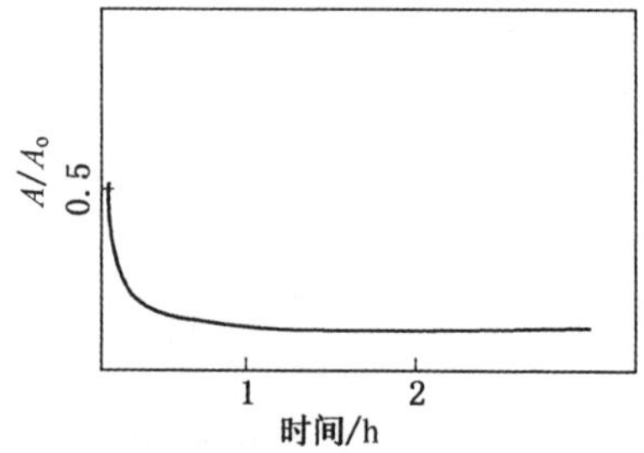

图13-2 Pt/Al_2O_3 苯加氢相对活性与时间的关系

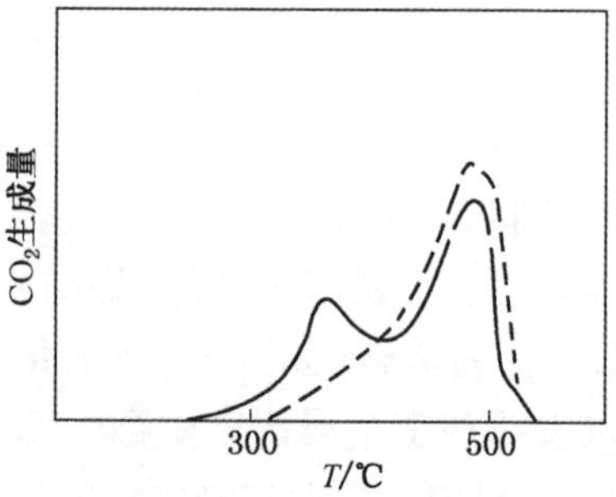

图13-3 积炭 Pt/Al_2O_3 和 Pt-Ir/Al_2O_3 TPO 谱图

——Pt/Al_2O_3；- - - Pt-Ir/Al_2O_3

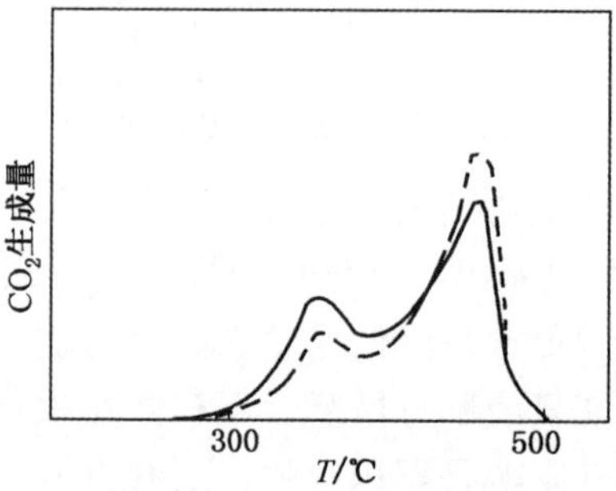

图13-4 积炭 Pt/Al_2O_3 和 Pt-Re/Al_2O_3 TPO 谱图

——Pt/Al_2O_3；- - - Pt-Re/Al_2O_3

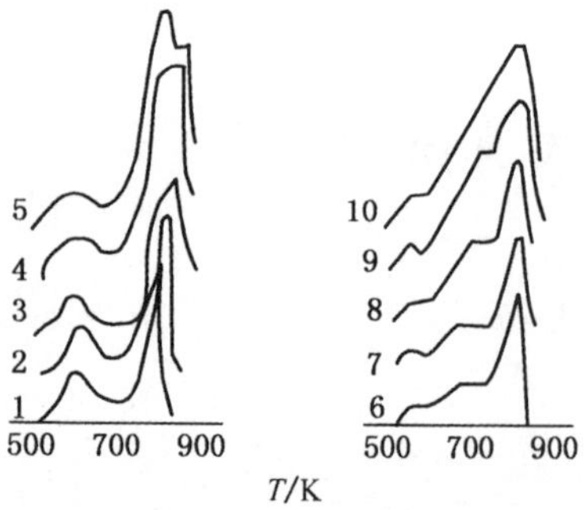

图13-5 不同运转天数下等 Re/Pt 比催化剂和高 Re/Pt 比催化剂的 TPO 谱图

等 Re/Pt 比催化剂：1—26天；2—49天；3—87天；4—161天；5—208天；

高 Re/Pt 比催化剂：6—26天；7—50天；8—75天；9—158天；10—210天

同为 Pt-Re/Al_2O_3 催化剂，但其 Re/Pt 比不同时，积炭部位情况也不一样[4]，表13-2为等 Re/Pt 比和高 Re/Pt 比两类催化剂随运转时间增长的积炭情况，这两类 Re/Pt 比催化剂 TPO 谱图见图13-5所示。可以看出，等 Re/Pt 比催化剂的 TPO 曲线上低温峰相当于623K(350℃)下的燃烧峰，其峰形几乎不随运转天数的增长而改变，高温峰则随运转时间增加而加大，除在873~923K(600~650℃)高温区有一最高峰外，当运转时间延长后，923~973K(650~700℃)处还有一小峰出现，它可能是受积炭自身聚合度不同造成的。对于高 Re/Pt 比催化剂的 TPO 曲线形状不同于等 Re/Pt 比催化剂，其低温峰温度更低，在 563K(290℃)附近，随运转时间增长，峰形不变；但其高温峰则出现两个分别处于 723～773K(450～500℃)以及 873～923K(600～650℃)温度区间，这两个峰相当于两类不同聚合度的积炭。如将 TPO 曲线下峰面积(%)分别乘以总的积炭量，从而可计算出金属中心或酸性中心上积炭量，如图 13－6 所示。从图 13－6 可见，高 Re/Pt 比催化剂在金属中心上的积炭低于等 Re/Pt 比催化剂，而在酸性中心上的积炭在运转 150d 内二者比较接近，当时间进一步增长时，等 Re/Pt 比催化剂上积炭增加较快。从以上分析可以得出如下结论：在反应初期重整催化剂上的积炭主要沉积于催化剂的金属中心上，随着运转时间增长，其酸性中心上的积炭逐渐增加，这两部位的积炭量是随催化剂中助剂组元性质及组元间配比而改变，高 Re/Pt 比催化剂比等 Re/Pt 比催化剂在金属中心及酸性中心上积炭均比较低，且易于燃烧。

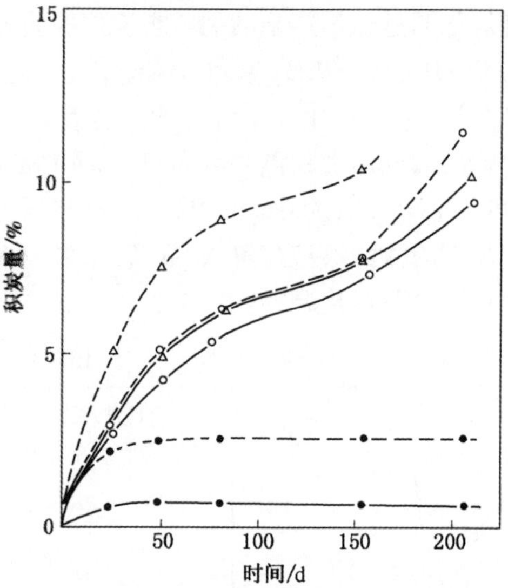

图 13－6 不同运转天数下等 Re/Pt 比和高 Re/Pt 比催化剂的积炭分布

△ 积炭总量；○ 酸性中心积炭；● 金属中心积炭；— —等 Re/Pt 比催化剂；——高 Re/Pt 比催化剂

表 13－2 等 Re/Pt 比和高 Re/Pt 比催化剂积炭量与运转时间的关系

项目 \ 催化剂	等 Re/Pt 比催化剂					高 Re/Pt 比催化剂				
运转时间/d	26	49	87	161	208	26	50	75	158	210
积炭/%	4.7	7.1	8.4	11.4	14.0	3.2	4.5	6.3	8.2	10.0

注：等 Re/Pt 比催化剂 Pt、Re 含量 0.30%；高 Re/Pt 比催化剂 Pt 含量 0.20%、Re 含量 0.40%。

（二）积炭的结构和组成

通过多种技术表征手段如 X 光衍射(X－ray Diffraction)、拉曼光谱(Raman Spectroscopy)、透射电镜(Transmission Electrom Microscopy)和电子能量损失能谱(Electron energy loss spectroscopy)[5,6]对积炭的催化剂进行研究表明，积炭在催化剂上的分布是不均匀的，且以不规则方式排列。同时发现积炭并不是以单层的形式在催化剂上沉积，而是从一开始积炭生成就是以三维的形式沉积(沉积物以晶化的预石墨或石墨化的积炭和聚合芳烃化合物的形式存在)，即使在高度积炭的催化剂上仍存在轻微积炭的区域。

可以通过分析催化剂上积炭燃烧后的产物以确定 H/C 比，进而对积炭的组成进行表征[7,8]。用程序升温氧化(TPO)测量催化剂烧焦过程中消耗的 O_2 和生成 CO_2 的量表明：Pt/Al_2O_3 催化剂上的积炭与 CH_x 化学式相对应，随着催化剂上金属功能与酸性功能比率的提高，x 也提高[8]，结果如表 13－3 所示。从表 13－3 可以看出，沉积在金属上积炭的 H/C 比大于沉积在载体上积炭的 H/C 比，这说明沉积在金属上的积炭不易脱氢；在铂含量相同情况下，随着时间的延长，催化剂积炭的 H/C 比下降；在其他条件相同时，随着铂含量的提高，催化剂积炭的 H/C 比增加。

用红外光谱 IR(Infrared Spectroscopy)[9,10]的方法对催化剂上的积炭进行研究表明：不管催化剂是新剂还是旧剂或者反应原料性质如何，总的结果说明积炭中存在芳香烃化合物的 C—H 键、—CH_2 基团(不饱合碳氢化合物的一个组成部分)和芳香烃化合物的环。用有机溶剂(如摩尔比为 4∶1 的苯 – 甲醇溶液)对催化剂上的积炭进行部分萃取[11]，积炭中可溶解的部分用气相色谱 – 质谱(Gas Chromatography – Mass Spectrometry)和质子核磁共振(Proton Nuclear Magnetic Resonance)进行表征，积炭中的不溶解部分和总积炭可以在用一定浓度的盐酸溶液溶解 Al_2O_3 后，采用 X 光衍射(XRD)进行分析，结果也证实了积炭中存在聚合芳烃化合物。

表 13 – 3　催化剂积炭的 H/C 比

催化剂	Pt/%	Pt 分散度/%	反应时间/min	反应原料	H/C
Pt	100		60	环戊烷 + 10% 环戊二烯	1.05
Al_2O_3			60	环戊烷 + 10% 环戊二烯	0.5
Pt/Al_2O_3	0.6	54	30	环戊烷	0.80
Pt/Al_2O_3	0.6	54	180	环戊烷	0.50
Pt/Al_2O_3	0.185	72	180	重整精制油	0.50
Pt/Al_2O_3	0.37	70	180	重整精制油	0.64
Pt/Al_2O_3	0.98	67	180	重整精制油	0.70

二、催化剂上积炭对各类重整反应的影响

各类重整反应会不同程度地产生积炭，积炭生成后也会对重整反应有不同程度的影响。

(一) 积炭对脱氢反应的影响

烷烃及环烷烃的脱氢反应速率极快，在一般重整反应条件下很快达到热力学平衡。Barbier[12]等人在反应压力为常压、反应温度为 300℃、重时空速 $57h^{-1}$、氢/烃摩尔比 = 5 的情况下，使环己烷脱氢，反应情况如图 13 – 7所示。从图 13 – 7曲线可见，开始几小时反应速率下降幅度很快，它说明反应开始时少量积炭主要沉积于金属中心上，抑制了脱氢反应。从表 13 – 4 中也可看到金属中心上所进行的苯加氢反应在少量积炭覆盖的情况下，就会使其失活，而当金属中心上的少量积炭被脱除后活性仍可恢复。

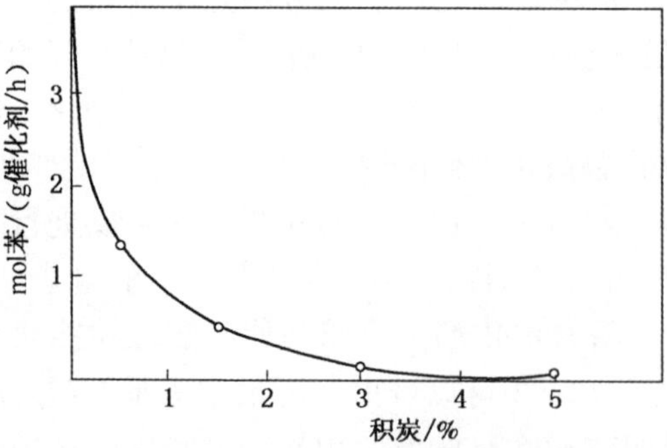

图 13 – 7　积炭对环己烷脱氢的影响

表 13－4　Pt/Al_2O_3 上积炭对苯加氢活性的影响[3]

催 化 剂	氧化温度/℃	积炭量/%	金属中心上炭/%	苯加氢活性/(mol/h/g)
Pt/Al_2O_3(新鲜)				0.02
Pt/Al_2O_3(积炭后)		1.9	0.2	0.002
	250	1.7	0.03	0.015
	300	1.7	0.00	0.02
	350	1.7	0.00	0.02

(二) 积炭对脱氢异构反应的影响

图 13－8 为甲基环戊烷在反应压力为 0.1MPa(10atm)、反应温度为 470℃、氢/烃摩尔比＝8 的情况下，使用 Pt/Al_2O_3 进行脱氢异构转化生成苯的反应。Franck[13] 等人认为积炭对此类反应的中毒作用要低于脱氢反应，这涉及到脱氢异构反应的控制步骤是在酸性中心上，而催化剂载体的表面积远大于铂金属表面积(如载体的表面积为 $200m^2/g$，而 Pt 为 $1\ m^2/g$ 催化剂)，所以少量积炭对这类反应的中毒并不像脱氢反应那么严重。图 13－9 为一定实验条件下积炭生成对正庚烷异构反应的影响[14]，可以看到当积炭为 0.6% 时，异构物产率下降到起始产率的 0.3 倍，而积炭从 0.6% 增至 1.2% 时，产率仅下降了一半，这是因为烷烃异构反应可以是单功能(铂金属活性中心上)反应机理，也可以为双功能反应机理(反应的控制步骤在酸性中心上)。因此在反应开始时，金属组元上少许积炭可使在金属中心上进行的异构反应失话，而酸性中心上仍可进行异构反应，当积炭逐渐增多时，对于在酸性中心上进行的此类反应也要受到影响，但其影响比较小，所以失活曲线变平。

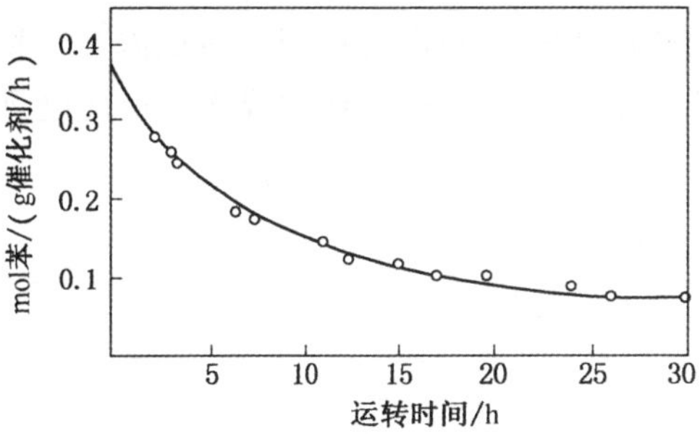

图 13－8　运转时间对甲基环戊烷脱氢异构的影响

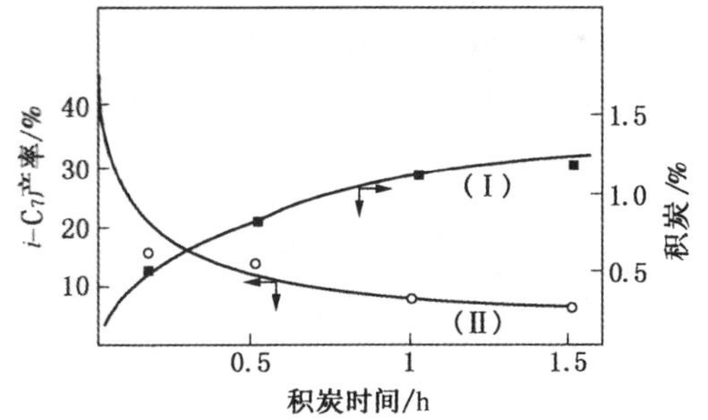

图 13－9　积炭沉积与时间(Ⅰ)及正庚烷异构(Ⅱ)受积炭影响

(三) 积炭对脱氢环化反应的影响

脱氢环化反应是重整反应中最复杂、最重要的反应，图 13－10 为正庚烷脱氢环化活性随时间的变化[14]，可以看到即使在 2.0MPa 压力下新鲜 Pt/Al_2O_3 催化剂上脱氢环化活性仍很高，但在开始几小时内其活性下降很快，然后其活性下降逐渐缓慢。Shum 等人[15] 认为催化剂金属中心积炭中毒是发生于反应初期，而在金属中心上的反应是整个反应的控制步骤，开始时活性下降很快，以后酸性中心上的积炭逐渐增加，脱氢环化活性虽有下降但比较平缓。

(四) 积炭对氢解反应的影响

积炭生成对氢解反应的抑制是最严重的，主要原因是由于氢解反应为一结构敏感反应，它需要合适的多原子铂簇团构成活性中心，催化剂上一旦有积炭产生，这类活性中心就可能部分地被覆盖，而不能再形成多原子集团，从而使氢解反应受抑制，其作用类似于合金或硫吸附[16~18]。单金属或双金属重整催化剂在使用前进行预硫化，是为了钝化易产生氢解反应的活性中心，催化剂在实际使用中少许积炭生成后也可以起到钝化作用，特别是对于金属晶粒中最活泼的高配位数的晶面上的原子[19]，则更易被积炭中毒，将最易产生氢解的活性中心进行钝化后，可提高催化剂的选择性。

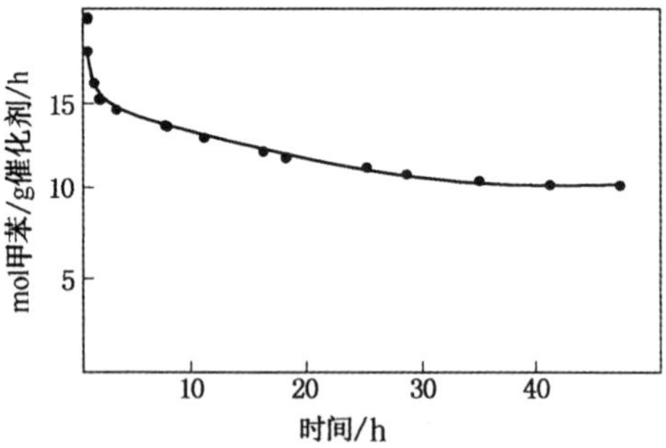

图 13－10 积炭对重整催化剂的正庚烷脱氢环化性能的影响

综上所述，对不同反应来讲，其受积炭影响的程度是不相同的。Barbier[20]曾在 Pt/Al_2O_3 上以不同纯烃进行多种反应，并观察积炭中毒的情况，见表 13－5 所示。从表 13－5 中所列结果同样地可以看到在金属中心上使 C—C 键断裂的氢解或脱烷基反应受积炭中毒的影响最严重，烷烃脱氢反应受积炭中毒的影响也较大，而异构反应在弱酸中心上进行时，受积炭影响较小。发生在酸性位上的反应，如果它们发生在高酸性位上，它们对积炭沉积的敏感性是比较高的。以甲苯歧化反应为例，1g 积炭可使 210g 催化剂失活，而2,2－二甲基丁烷进行异构反应时，1g 积炭仅使 30g 催化剂失活。

积炭这种毒物可以改变双功能重整催化剂的选择性，对不同反应表现出不同的毒性。在金属上，积炭优先占据氢解位，然后对氢解反应产生较大的毒害作用；在载体上，积炭在最强的酸性位上形成，强烈抑制歧化和脱氢环化反应，而正构烷烃的异构化反应受到的干扰就小得多。

表 13－5 在反应温度 430℃时积炭对催化剂上各类反应中毒程度①

原　料	反　应	中毒程度	机　理
正庚烷	脱氢	430	M
	裂化	300	B＋M
	异构	125	B＋M
	积炭生成	360	B＋M
甲基环己烷	脱氢	110	M
	积炭生成	720	B＋M
甲　苯	脱烷基	700	M
	歧化	210	A
	积炭生成	750	B＋M
2，2－二甲基丁烷	异构	30	A

① 中毒程度定义为每克沉积炭造成催化剂失活的克数。其中，M 为金属中心催化，A 为酸性中心催化，B 为双功能催化。

三、反应条件对积炭失活的影响

（一）原料性质的影响

催化重整原料油一般为直馏石脑油，为了应对原料油的不足，有些炼油厂为扩大原料油来源，将焦化石脑油、加氢裂化石脑油、催化裂化石脑油、煤液化石脑油、凝析油及乙烯裂解汽油抽余油也作为重整原料。原料油中轻重组分含量的多少与馏程有关。重整原料的馏程可根据目的产品的要求进行选择，原料油的干点高，重组分多，有利于多产芳烃，但使用馏程较宽，干点较高的原料油，生成的积炭必然要高。重整原料干点在204℃附近时，干点每升高1℃，催化剂的周期寿命下降1.6%～2.3%；而干点在216℃附近时，干点每升高1℃，催化剂的周期寿命下降2.1%～2.8%[21,22]，在更高温度下，催化剂的周期寿命下降的还要快。另外，在馏程相接近而分子结构组成不同时，积炭生成的数量也不一样。很低沸点范围的原料也可能产生较多的积炭。由于低沸点范围的原料含有较高含量的环戊烷化合物，而该类化合物为积炭前身物[23~27]。应该指出，某些烃类化合物的结构具有特殊的高积炭效应。Myers 等[23]证实诸如环戊烷、正十二烷烃和甲基萘等化合物容易生成积炭前身物。Zhorov 等[27]对导致积炭沉积的可能性的几种化合物进行了分类，结果如下（括号里的数值为以环已烷做参考值，化合物发生积炭沉积的可能性程度）：环已烷(1)＜苯(3)＜乙基苯(23)＜正已烷(35)＜壬烷(41)＜甲基环戊烷(130)＜茚(250)＜甲基环戊烯(370)＜环戊二烯(670)。

Parera[28]研究了在重整反应中有目的地在石脑油中分别混入10%的环烷烃、芳烃及正构烷烃，观察积炭生成的情况，如表13－6所示。

表13－6　不同烃类添加物对积炭生成的影响

环烷烃添加物	积炭/%	芳烃添加物	积炭/%	正构烷烃添加物	积炭/%
石脑油＋环戊烷	3.31	石脑油＋苯	2.76	石脑油＋C_5	2.95
石脑油＋环戊烯	4.96	石脑油＋甲苯	2.88	石脑油＋C_6	2.73
石脑油＋环戊二烯	15.04	石脑油＋正丙基苯	4.22	石脑油＋C_7	2.36
石脑油＋甲基环戊烷	2.83	石脑油＋茚	6.52	石脑油＋C_8	2.48
石脑油＋甲基环戊二烯	29.98	石脑油＋四氢萘	2.61	石脑油＋C_9	2.75
石脑油＋环已烷	2.37	石脑油＋萘	3.00	石脑油＋C_{10}	3.55
石脑油＋环已烯	2.50				

注：未加入添加物的石脑油积炭为2.33%。

由表13－6的结果可以看出，混入环戊二烯及甲基环戊二烯不饱和化合物时，生成积炭最多，芳烃中以混入茚生成积炭最多，因此可以认为原料油中所含的五员环化合物将是产生积炭的前身物。在正构烷烃中引入n-C_5及n-C_6烷烃所生成积炭反而高于引入n-C_7，这可能是因为n-C_5及n-C_6易于产生环戊烷及甲基环戊烷，然后生成环戊二烯类的积炭前身物。

(二) 反应温度的影响

提高重整反应温度有利于芳烃的生成和产品辛烷值的提高，但高温会加速加氢裂化、积炭等副反应的进行，从而使催化剂上的积炭量增加[29~33]，这是由于在高温下不饱和产物增加，而这些不饱和产物是积炭的前身物。

提高反应温度会加快积炭的石墨化程度[13,30,34]。Barbier 等认为随着反应温度的提高，积炭主要在载体上沉积并且积炭脱氢程度加重。但是，Pt/Al_2O_3 催化剂在不同反应温度、不同反应时间，但积炭量基本相当的情况下，积炭的性质无论是以 H/C 还是石墨化程度来衡量，都是一样的，结果如表 13－7 所示。而且，由于在积炭量一定的情况下，尽管反应温度不同，但金属的催化活性是相当的，因此反应温度的提高不能改变积炭在金属或载体上的位置。

表 13－7 不同反应温度对积炭性质的影响[29]

反应温度/℃	积炭/%	反应时间/min	H/C	苯加氢相对活性(a/a_0)	可萃取积炭/%	石墨化积炭/%
440	1.9	210	0.56	0.18	12	88
460	2.0	90	0.54	0.20	10	90
480	1.9	45	0.55	0.19	12	88

注：以环戊烷为反应原料，反应压力为常压，H_2/烃(摩尔比)＝2.33。

(三) 反应压力的影响

反应压力影响重整生成油的液体收率、芳烃产率、汽油质量和周期寿命。从热力学和动力学观点看，重整装置在尽可能低的反应压力进行操作对重整反应如环烷脱氢和烷烃的脱氢环化是很有利的，同时减少了加氢裂化反应，重整生成油收率提高。但是，随着反应压力的降低，催化剂上积炭加快，使得催化剂在这样的操作条件下变得不稳定[35]，催化剂的周期寿命缩短。提高反应压力有利于加氢裂化反应，使重整生成油收率降低，但催化剂上积炭减少，提高了催化剂的周期寿命。

Barbier 等[3,29,31,36]认为催化剂在高压下操作改变了积炭的位置和性质。随着反应压力提高，在积炭含量相当的情况下，积炭的 H/C 比降低，而且积炭的石墨化程度加重，这意味着积炭主要沉积在载体上，如表 13－8 所示。在高压下，沉积在金属上的积炭较少，并且对金属活性的毒害程度较低，如表 13－9 所示。

表 13－8 反应压力对积炭石墨化程度的影响[29]

反应条件			积炭/%	可萃取积炭/%	石墨化积炭/%
压力/MPa	温度/℃	时间/h			
3.0	440	10	0.5	8	92
1.0	440	0.5	0.6	25	75

注：实验使用 Pt/Al_2O_3 催化剂，反应原料为环戊烷。

操作压力提高对积炭的影响如同在单铂催化剂中加入 Re 或 Ir 一样：金属上积炭减少，催化剂的稳定性提高[3]。这就很好地解释了在相同失活速率条件下，双金属催化剂比单铂催化剂能在较低的压力下进行操作。

表 13-9　反应压力对金属活性受积炭毒害的影响[31]

反应压力/MPa	反应时间/min	苯加氢相对活性/(a/a_0)	金属上的积炭/%
3.0	900	0.70	0.8
1.0	360	0.35	1.4
0.1	60	0.18	2.8

(四) 进料空速的影响

Figoli 等人[37]使用 Pt(0.38%)/Al_2O_3 催化剂研究了温度、压力、空速(*WHSV*)和氢油比(H_2/HC)对催化剂积炭的影响，得出如下经验公式：

$$C = 4.99 \times 10^6 \times e^{(-8955/T)} \times p^{-0.94} \times WHSV^{-1.28} \times (H_2/HC)^{-1.33} \qquad (13-1)$$

式中　C——催化剂上的积炭总量,%；

T——反应温度，K；

p——反应压力，kg/cm^2；

WHSV——质量空速，h^{-1}；

H_2/HC——氢油摩尔比。

从式(13-1)可以看出，在反应温度、压力和氢油比不变时，空速降低，催化剂上的积炭量增加，而且积炭主要沉积在载体上[30,37]。同时，也可以看出，在反应温度和压力不变时，降低空速对催化剂积炭的影响同降低 H_2/HC 对催化剂积炭的影响基本相当。

进料空速对芳烃转化率的影响随反应深度的增加而增加，根据重整反应的特点，前面反应器是以环烷脱氢反应为主，反应速度较快，积炭较少，可以采用较大的空速，后面的反应器以烷烃脱氢环化和加氢裂化反应为主，反应较慢，易于积炭，需要较低的空速。

(五) 氢油比(H_2/HC)的影响

在反应温度、压力和空速不变时，氢油比降低，氢分压减少，有利于烷烃的脱氢环化和环烷脱氢，从公式 13-1 可以看出，催化剂上的积炭量增加，会缩短催化剂的周期寿命。氢油比提高，氢分压增加，能降低催化剂的失活速率，提高催化剂的稳定性，延长催化剂的周期寿命，而对生成油的性质影响不大。随着氢油比的增加，所带入到反应器的热量也增加，因此加权平均床层温度增加。根据重整反应的特点，大多数半再生重整装置现普遍采用两段混氢工艺，一部分循环氢按照常规流程与重整原料混合进入第一反应器，另一部分则在第三反应器的入口引入。前面反应器是以环烷脱氢反应为主，反应较快，积炭较慢，可以采用较低的氢油比(摩尔比 3~5)；后面的反应器以烷烃脱氢环化和加氢裂化反应为主，反应较慢，易于积炭，需要较高的氢油比(摩尔比 5~7)。而连续重整装置的氢油摩尔比一般为 2~3。

(六) 反应时间的影响

在正常的操作条件下，催化剂经过快速的初期积炭后，随着时间的延长，积炭缓慢增加。许多实验室试验和工业实践[30,38,39]表明积炭首先在金属上沉积，然后在载体上沉积。随着操作时间的延长，导致催化剂因积炭失活，这是由于多层积炭在催化剂上堆积使得孔道发生堵塞的结果[40~41]。

积炭是由多聚芳烃化合物组成[31,35]，这些化合物中的环数随着反应时间的延长而增加[35]，结果是积炭中氢含量降低[31,42]，积炭的石墨化程度加重[43]。如表13-10所示，反应时间与积炭、H/C比的关系[31]相吻合。

表13-10　反应时间与积炭、H/C比的关系

反应时间/min	积炭量/%	H/C	反应时间/min	积炭量/%	H/C
15	0.61	0.70	300	2.53	0.55
60	0.84	0.65	600	4.64	0.39
135	1.53	0.63			

四、催化剂性质对积炭的影响

(一)金属功能的影响

1. 金属分散度的影响

Van Brockhoven[44]等人发现在金属晶粒上产生积炭是需要多重金属-碳键，在大的金属晶粒上增加了生成较大铂原子集团的可能性，而且较大晶粒将使金属与载体之间相互作用减弱，更容易生成多重金属-碳键，大金属晶粒也有利于在氧化铝载体上生成积炭，因为它对环戊二烯这类积炭前身物起稳定作用。Somorjai[45]根据金属单晶的研究，提出在单晶上，在晶面和边角上都有Pt原子，晶粒越小边角上的Pt原子数目越多，而边角上Pt原子生成的积炭容易被氢脱除，同时也不易生成连续的石墨化积炭层，所以较小晶粒对抑制积炭是有利的。Davis[46]和Somorjai[47]等认为在金属晶粒上，与在边角上相比，积炭比较容易在晶面上生成。从电子效应的观点看，由于金属与载体的相互作用，在载体上拥有小晶粒的高分散金属常显示出缺电子特性。当金属晶粒变小时，电子会从金属向载体上迁移而导致高分散金属呈现缺电子的特性。图13-11为单位Pt原子上沉积的C原子数目与金属分散度的关系[38,48]，金属分散度越高，小晶粒越多，单位Pt原子上沉积的C原子数目就越低，因此积炭量降低。而在大铂晶粒上，容易生成积炭前身物[49]，因而使积炭量增加。

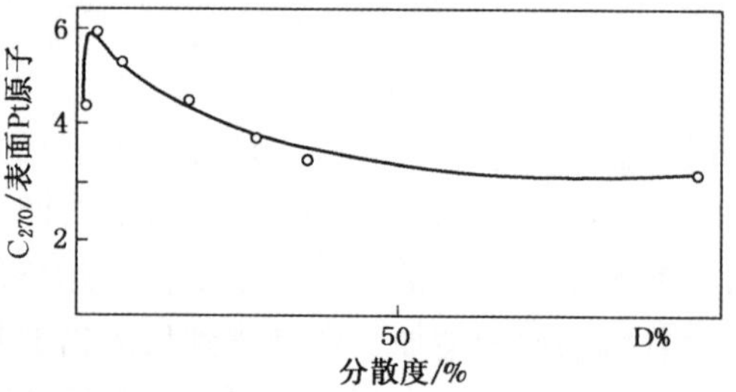

图13-11　单位Pt原子上沉积的C原子数目与金属分散度的关系

金属分散度也对催化剂(包括金属和载体)上的积炭沉积有影响，这是因为在金属分散好的催化剂上，积炭量相对较高。在某些情形下，催化剂上的积炭量同表面Pt原子数目近似成比例关系[38]。

积炭在金属上生成是一个结构敏感性反应。积炭对金属功能的毒害作用也取决于 Pt 金属的分散度。在相同积炭量的情况下，对于分散度较差的催化剂而言，积炭对金属活性的毒害作用较大[38]，这是因为在分散度较差的催化剂的金属中心上沉积了大量的轻的聚合芳烃化合物，而这些化合物是石墨化和毒性更大的积炭的前身物。

对于 Pt - Re/Al_2O_3 催化剂来讲，高 Re/Pt 比催化剂的铂分散度情况要好于等 Re/Pt 比催化剂，这已在程序升温氢氧滴定(TPT)的实验中得到证实，高 Re/Pt 比催化剂上积炭量低于等 Re/Pt 比催化剂，同样可以说明金属分散度与积炭有一定关联。因此在催化剂制备时要尽量使金属分散度提高，以抑制积炭生成，同时在使用过程中也应防止金属粒子的烧结，金属粒子逐步长大将产生促使积炭速率增加的趋势。

2. 铂(Pt)的影响

重整催化剂的金属功能在积炭反应中起着重要角色，首先通过 Pt 金属的催化脱氢特性产生烯烃，烯烃在载体上发生聚合，然后积炭沉积物进一步脱氢。氢可以通过逆向溢出效应从载体上迁移到金属上[2]。

在相同的 Pt 金属分散度下，随着 Pt 含量的提高，催化剂上的总积炭量增加[11,29,31,39]。然而，在反应温度 500℃下，以环戊烷为原料进行反应时，这种效应对积炭反应的影响是很小的。另外，随着 Pt 含量提高，催化剂积炭的 H/C 比也提高[11]。

3. 助剂组元的影响

(1) 金属助剂组元的影响

1967 年美国 Chevron 石油公司成功开发出第一个铂铼双金属催化剂以后，其他石油公司如美国 UOP、Exxon 等又开发了铂锡(Pt - Sn/ Al_2O_3)和铂铱(Pt - Ir/ Al_2O_3)系列催化剂，即将第二金属组元引入到 Pt/Al_2O_3 中来提高催化剂的稳定性。一般来讲，要使催化剂上积炭减少所采取的措施，不外乎是设法减少积炭前身物的产生或即使产生后也能设法破坏掉，其中包括将积炭前身物裂解为无毒害作用的低分子烃，或将含有双烯或多烯的积炭前身物加氢饱和掉。

在 Pt/Al_2O_3 催化剂中引入铼(Re)组元可以降低催化剂的积炭量，但增加了气体产率[2,50~51]。在相同反应条件下，高 Re/Pt 比催化剂(例如 0.2% Pt、0.4% Re)上的积炭量要低于等 Re/Pt 比催化剂(例如 0.3% Pt、0.3% Re)，并且前者的周期寿命要比后者提高 40%，因此前者的稳定性要好于后者[4]。

对于 Re 的作用，许多研究者提出了不同看法。Bertolacini 等[52~54]认为 Pt - Re/Al_2O_3 催化剂积炭较低是由于 Re 组元通过氢解作用破坏了积炭前身物。Zhorov[55]和 Bruch[56]等认为在高活性积炭前身物环戊二烯加氢生成环戊烯(低活性积炭前身物)时，Pt - Re 比单 Pt 要活泼的多。Parera[57,58]等认为 Re 的作用就是降低了 Pt 的脱氢活性，因此降低了催化剂的积炭量。

通过比较积炭后的 Pt - Re/Al_2O_3 和 Pt /Al_2O_3 催化剂的苯加氢活性，沉积在 Pt - Re 上的积炭与单 Pt 上的积炭相比，前者对金属的毒害作用要弱[2,50]，Davis 等[46,59]认为这是由于 Re 的引入调变了 Pt 的性质，改变了积炭的性质。沉积在 Pt - Re/Al_2O_3 和 Pt /Al_2O_3 催化剂上的积炭的性质是不同的，前者积炭的 H/C 比较低，表明前者的积炭过度脱氢[3,50]。

在 Pt/ Al_2O_3 催化剂中引入铱(Ir)组元也可以降低催化剂的积炭量[36,52,55]。通过加氢或氢解作用[55]，Pt - Ir 破坏了积炭前身物[60]，这是由于 Ir 促进了氢的溢出效应，使得金属表面的吸附氢增加，同时提高了积炭前身物加氢的机会，因此催化剂上的积炭降低。

在 Pt/Al_2O_3 催化剂中引入锡(Sn)组元[54,56,61]，它不同于 Re 及 Ir，它是一种抑制剂(attenuater)，自身没有氢解作用，但 Sn 引入 Pt/Al_2O_3 后，由于 Sn 与 Pt 的相互作用，调变了 Pt 的性质，使金属中心上的积炭量减少。

此外，马爱增[62]和张大庆[63]等的研究工作表明，在重整催化剂中引入适量的稀土金属组元，有利于改善催化剂的选择性和降低积炭量，提高了催化剂的活性稳定性。

(2) 非金属组元的影响

除上述金属助剂引入可抑制积炭生成外，引入硫组元到 $Pt-Re/Al_2O_3$ 催化剂内对提高其稳定性也甚为重要。Parera[51]和 Boudart[64]等人认为吸附 S 的金属活性中心也就是进行积炭反应以及氢解反应的场地，因此 $Pt-Re/Al_2O_3$ 预硫化是既有助于减少积炭的生成，又有利于抑制氢解反应。但是，预硫化作用对不同类型催化剂的影响并不相同。预硫化后的 Pt/Al_2O_3 催化剂上积炭反而增加，可能是由于催化剂上氢解中心被硫中毒后，使那些积炭前身物被破坏的机会减少，从而造成积炭增加。当在 Pt/Al_2O_3 催化剂中存在 Re 时，S 选择性地与 Re 结合形成 Re - S，通过几何效应，Re - S 将大的 Pt 簇团分割成较小的簇团[65~67]，所以抑制了积炭反应，使积炭量下降。

(二) 酸性功能(载体性质)的影响

在催化重整过程中，催化剂载体起着重要的作用，由于催化剂上积炭很大部分是在载体上，所以载体的性质极为重要。Barbier[2]考察了以环戊烷为反应原料，载 Pt 量相同的不同载体对催化剂积炭的影响，结果如表 13 - 11 所示。可以看出随着载体酸性变弱，积炭含量明显降低。在不同载体上载铂制成催化剂的积炭量并不相同，这说明催化剂的积炭量与载体的酸性相对应。

表 13 - 11 不同载体对催化剂积炭的影响

催化剂	Pt/Al_2O_3	Pt/TiO_2	Pt/SiO_2	Pt/MgO
积炭量/%	2.28	1.56	0.09	0.08

即使催化剂同为氧化铝载体，而其比表面及氯含量不同时，催化剂上积炭量也不相同，尤其是催化剂上氯含量的高低可直接影响积炭量，过量氯会加剧加氢裂化及积炭反应[68]。在反应温度 400℃，以蒽(并三苯)为原料，Barbier[31]考察了纯氧化铝经过氯或氢氧化钾改性后对积炭的影响，结果如表 13 - 12 所示。可以看出，随着氧化铝酸性的提高，积炭含量增加。

表 13 - 12 氧化铝酸性对积炭的影响

Al_2O_3	0.6% K	0.2% K	纯 Al_2O_3	0.5% Cl	1.0% Cl
酸性($mmolH^+/g \times 10^2$)	33.2	37.1	44.1	51.2	57.8
积炭量/%	0.10	0.28	0.50	0.76	1.14

要保持重整催化剂的积炭量最低，不同催化剂所需要的平衡氯含量是不同的。对 Pt/

Al_2O_3 和 Pt－Re/Al_2O_3 催化剂[69～71]，氯含量在0.7%～0.9%范围时，催化剂上积炭量最低，见图13－12所示。

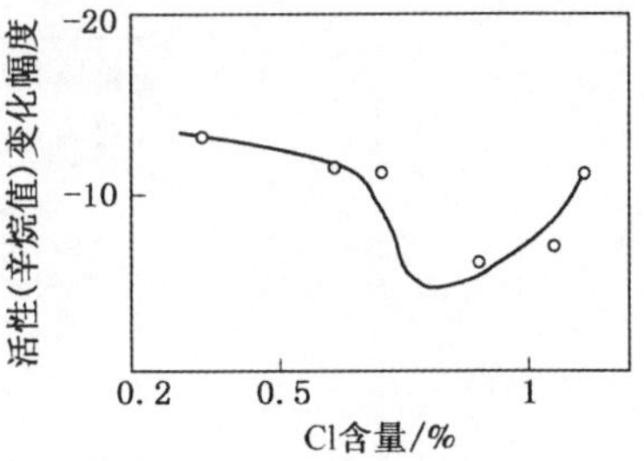

图13－12　Pt/Al_2O_3 催化剂失活与氯含量的关系

曹东学等[72]认为以 $\gamma-Al_2O_3$ 为载体的全氯型重整催化剂存在最佳的氯含量，在最佳氯含量的情况下运转，催化剂的活性最高、选择性和稳定性最好，积炭速率最低。铂铼重整催化剂的最佳氯含量随着铼/铂比的提高而提高，铼/铂比分别为1和2时的CB－6和CB－7新鲜催化剂的最佳氯含量分别为1.05%和1.11%。

对Pt－Ir/Al_2O_3[73]催化剂而言，氯含量在0.9%～1.1%范围时，催化剂上积炭量最低。

积炭的生成速率与催化剂表面上积炭前身物(不饱和碳氢化合物，主要是烯烃尤其五元环烯烃)的浓度有关。Parera[74]认为当 H_2 在Pt表面上被吸附分解后，迁移到载体上，这种溢出氢可以起到消除积炭前身物的作用，从而减少积炭的生成，这对提高催化剂稳定性是十分重要的。当催化剂上的氯浓度很小时，氢溢出也很少，不利于消除积炭前身物；氯浓度很大时，氯离子会置换掉表面上一部分羟基，载体表面上羟基变少，质子迁移也将减弱，所以对催化剂的氢溢出来讲，需要氯浓度保持最佳值，它将是消除积炭前身物的最佳情况。

五、重整催化剂的积炭生成机理

重整催化剂积炭包括金属上的积炭和载体上的积炭，因此研究催化剂的积炭生成机理就要弄清楚积炭是如何在金属和载体上沉积的。

在金属位上积炭的形成过程有两种典型的机理模型。第一种机理模型涉及到一系列的裂解反应和连续的脱氢反应导致碳原子的形成，这些原子(或部分加氢的中间物)结合形成石墨化和毒性较大的积炭[75～76]；第二种机理模型认为在金属表面上积炭的沉积是基于在金属表面生成不同类型含炭沉积物的聚合反应[38,51,75～77]。例如，大Pt晶粒提高了积炭沉积速率，这是由于这些大Pt晶粒对在反应中生成的环戊二烯(积炭前身物)具有较高的稳定能力[38]。

Gates[2,35,75,78]等认为在酸性位上积炭的形成过程被认为是基于在金属功能上产生的脱氢中间物在酸中心上发生聚合反应。Barbier[2]等研究了以环戊烷为原料的积炭反应，提出环戊烯发生缩合反应生成聚合芳烃(萘或分子更大的芳烃聚合)的机理。

重整反应是通过一些基本步骤进行的，例如直链烷烃转化为异构烷烃。首先是直链烷烃转化成烯烃，烯烃再异构成异构烯烃，最后转化成异构烷烃，然而伴随重整反应生成烯烃和芳烃类物质的同时，金属表面开始中毒，烯烃类物质和芳香烃能在金属上缓慢生成积炭，但是也能通过气相扩散和表面转移把它们传递到酸性中心上，在那里缓慢生成更为稳定的积炭。Myers[79]和Pareva[80]等研究了重整催化剂上积炭的形成机理，认为积炭的形成过程可用下面的图13－13和图13－14来说明。

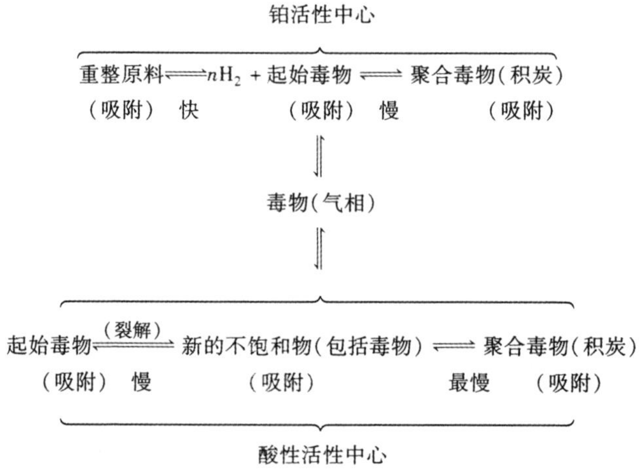

图 13-13 重整催化剂积炭生成过程

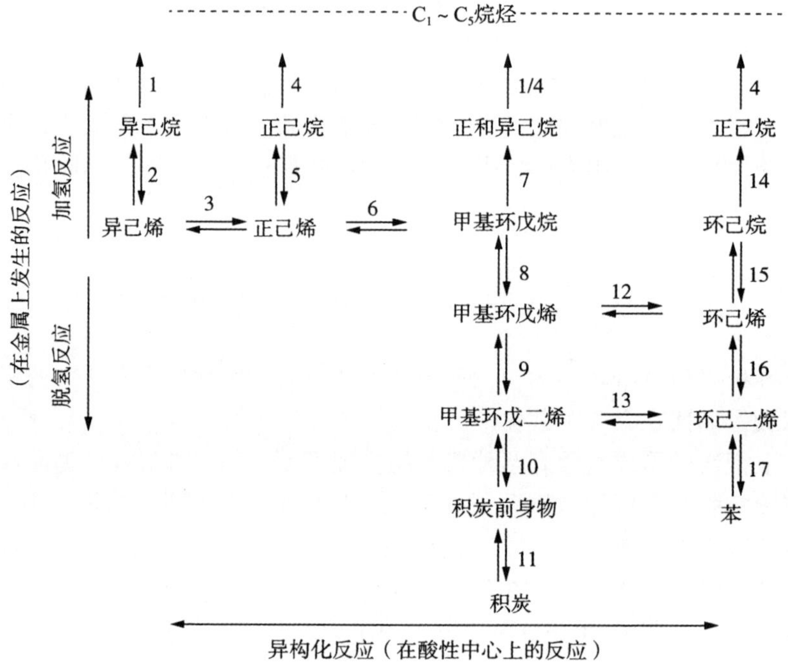

图 13-14 金属和酸性中心上积炭生成的网络图

实际上，在工业重整催化剂反应过程中，积炭是一个双功能控制过程。积炭开始是通过脱氢反应在金属微粒的晶面，边缘和角落上生成，然后在载体的表面上以炭化物的形式扩散，直到到达 Pt 和载体的界面。这些含炭物质在酸性位上开始发生聚合反应，并逐渐向石墨化方向转变。这些类似石墨化的物质在重整催化剂上进一步脱氢、聚合，生成多环芳烃结构，在积炭生成中充当积炭前身物[80]。

Biswas[81]等人对前人观点又提出了新的补充，认为金属中心上的积炭分为两类，一类是可逆性积炭，一类是不可逆积炭，两者间是可以转变的，也可以通过其他途径清除。

烃类 RH 经过一系列脱氢和 C—C 断裂等反应生成 CH_x，这些深度脱氢的积炭前身物在反应初期于金属中心上形成的积炭称为可逆性积炭，这种可逆性积炭可以被催化加氢除掉，可以经氢解生成气体产物消除，也可以迁移到酸性中心上继续反应。同时，作为可逆性积炭还可以在金属中心上进一步脱氢形成不可逆积炭或石墨化积炭。石墨性积炭虽然也能被催化加氢气化，但反应很慢，而当金属中心产生这种石墨性积炭时，其金属活性丧失，所以长时间运转催化剂的失活过程中，就存在着可逆性积炭向不可逆性积炭转化，因此对于催化剂失活问题不能仅从积炭数量上分析，应从质量上来考虑。在 Pt/Al_2O_3 催化剂内引入 Re 以后，可逆性积炭在一定条件下向不可逆石墨性积炭的转化受到抑制，虽然催化剂积炭总量高，但其活性并没有完全丧失。催化剂金属积炭关系[81]如图 13－15 所示。

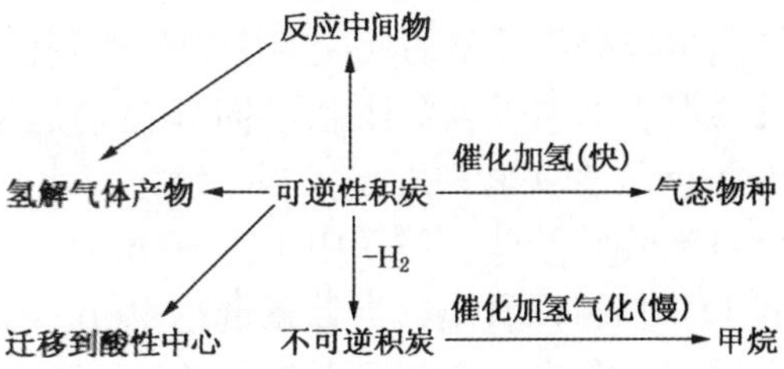

图 13－15　金属中心积炭关系

第二节　重整催化剂中毒和烧结失活

一、重整催化剂中毒失活

重整催化剂中毒是工业催化剂操作过程中最严重的问题之一，催化剂中毒后会导致催化剂的活性和选择性发生变化。催化剂中毒常见的类型是由于气相中或反应过程中生成的杂质导致，在这种情形下，毒物吸附在催化剂的活性位上，导致催化剂活性暂时或永久性失活。

（一）酸性中心毒物

重整催化剂的酸性功能主要靠催化剂上卤素组元提供，如氟、氯等电负性较强的元素都可以使氧化铝的酸性加强。现在，双或多金属重整催化剂几乎都为全氯型。催化剂酸性中心的主要毒物就是破坏酸性中心的物质，如能生成 NH_3、H_2O 以及含有碱金属或碱土金属的化合物。

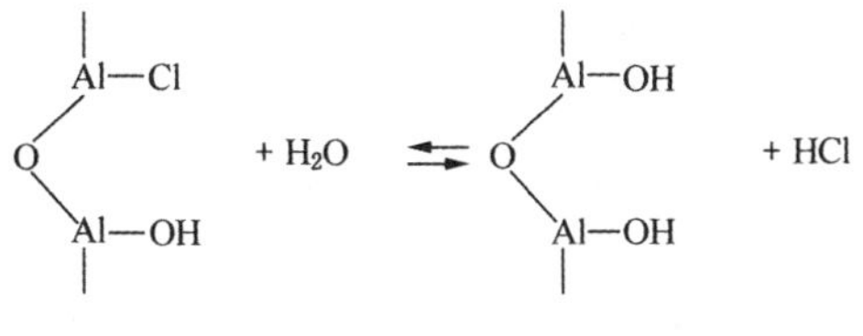
图 13－16　催化剂在高水含量下氯流失情况

1. 水的影响

在重整催化剂运转过程中，如果重整原料油中水含量过高，会洗掉催化剂上的氯（如图 13－16所示），使催化剂的酸性功能减弱而失活，并且使催化剂载体的结构发生变化，从而加速了催化剂上铂晶粒的聚集。

另外，氧及有机氧化物在重整条件下会很快变为水，所以必须避免原料中氧及有机氧化物的存在。

重整原料中水含量的高低对催化剂活性影响是比较明显的。Franck[82]考察了 Pt/Al_2O_3 催化剂以正庚烷为原料转化甲苯的反应，在反应温度 510℃时，发现催化剂的失活速度在原料油中水含量为 100μg/g 时要比含水 15μg/g 快 5 倍。

催化剂上的氯在运转过程中被系统中水洗去，为了维持水氯平衡就要不断补氯，氯的注入量取决于重整的反应温度和催化剂的物理化学性质，因为在高温下氯被水洗掉的情况更为严重，同时也要注意不同催化剂的特点，因为不同催化剂的氯保持能力有所不同。Bishera[89]在实验中发现，当系统进料水含量从32μg/g增加到300μg/g时，氯流失量将从13.4%增至39%。体系中水为100μg/g时补氯量有一定限度，结果如表13－13所示。由表13－13可以看出，当补氯量达40μg/g时，不但芳烃产率不能增加反而下降，同时积炭也增加，因此运转中保持催化剂上水氯平衡是极为重要的。

表13－13 补氯量对催化剂性能及积炭的影响

含水量/(μg/g)	补氯量/(μg/g)	液收/%	芳烃产率/%	催化剂积炭/%
100	0	80.0	55.6	3.95
100	20	76.3	56.2	3.96
100	40	73.0	53.9	5.44
100	60	70.1	50.9	5.77

试验条件：反应温度490℃，反应压力1.25MPa(12.5kg/cm^2)，氢/油摩尔比=7：1。

2. 氮化合物中毒

含氮化合物经常以有机化合物的形式存在，在重整反应条件下分解为NH_3，它们主要抑制催化剂的酸性功能，并在一定程度上改变Pt金属的性质，其毒性相当于一个分子的氨可引起0.1个铂原子中毒。在水存在下，由于NH_4Cl的生成使催化剂上的氯流失[13]，如图13－17所示。因此氮中毒主要是氮生成的氨与催化剂表面的酸性中心发生反应生成氯化铵，减少了催化剂表面的酸性中心的数量，从而使催化剂的金属功能与酸性功能失调，使催化剂性能变差。

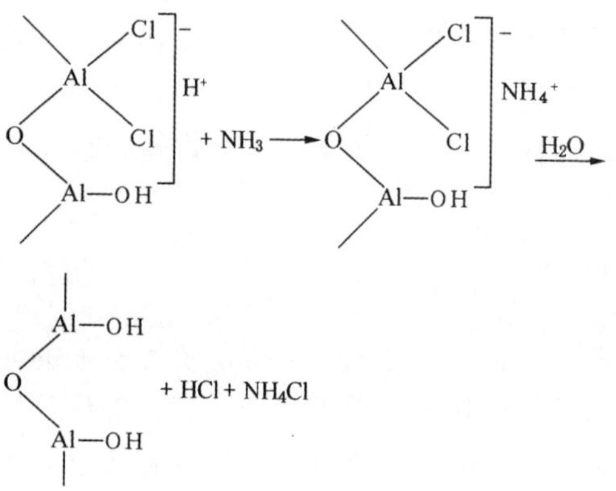

图13－17 NH_4Cl的形成导致催化剂氯流失过程

(1) 氮的主要来源

① 预加氢精制装置的设计压力偏低，不能适应原料油中氮含量的波动；原料中氮含量高时需要较高的反应压力。

② 重整混炼焦化汽油，由于焦化汽油氮含量较高，因此在混炼焦化汽油时必须将混合油的氮含量与预加氢装置的设计压力综合考虑，确定装置可以接受的混炼比。

③ 重整上游工艺采用含氮的缓蚀剂，带入重整原料中。

④ 重整系统窜入焦化汽油或其他高氮含量的油。

⑤ 预加氢催化剂活性降低或失活导致脱氮不彻底。

⑥ 预加氢进出料换热器发生内漏。

(2) 氮中毒的表现

① 氮中毒引起催化剂的积炭速度加快，催化剂的活性下降，使催化剂的周期寿命缩短。从图13－18氮中毒对催化剂失活的影响[13]可以看出，当原料中氮含量为2μg/g时，

为了维持97的辛烷值，需要提高适当温度来弥补催化剂活性的损失。

② 在重整反应条件下，NH_3 的存在在很大程度上对高分散的Pt催化剂的性能有较大的影响。Barbier[12]等考察了不同 NH_3 含量对不同分散程度的 Pt/Al_2O_3 催化剂苯加氢反应的影响，结果表明 NH_3 抑制苯加氢反应。在无 NH_3 中毒的催化剂上，苯加氢反应为一结构不敏感反应，而催化剂发生 NH_3 中毒后，苯加氢反应为一结构敏感反应。并且，NH_3 中毒后，小的Pt晶粒要比大的Pt晶粒失活速度更快。

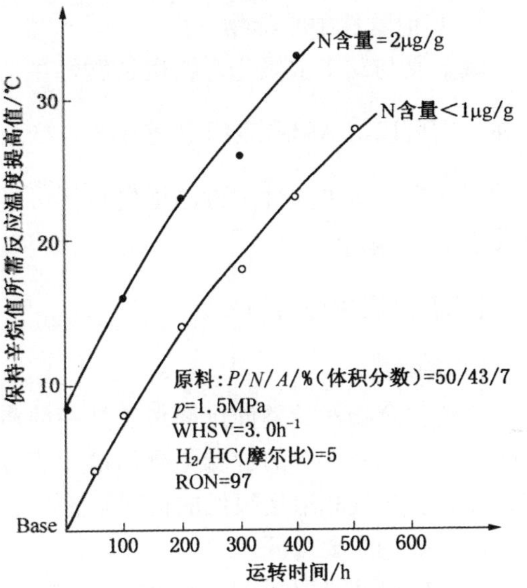

图13-18 催化剂失活速率与原料氮含量的关系

③ 重整反应温降增加，这是由于加氢裂解反应减少，随之氢耗减少以及产生的热量减少所致。Hettinger[84]分别在正庚烷中添加0.046%的 NH_3、正壬烷中添加0.2%的二乙胺、甲基环己烷中添加0.2%的二乙胺，考察氮化合物对催化剂反应性能的影响，发现氮化合物对催化剂的脱氢反应影响甚微，但对加氢裂解、异构化和脱氢环化反应有严重影响，这说明催化剂的酸性位与这些反应有关。

④ 氮中毒引起催化剂的酸性不足，使得重整循环气中 C_3、C_4 含量下降，循环氢纯度提高。

⑤ NH_3 中毒是暂时性的。Franck等[13]研究了在反应温度470℃、反应压力2.0MPa、H_2/HC 摩尔比为8的条件下，Pt/Al_2O_3 催化剂以正庚烷为原料转化甲苯的反应。当原料中引入37μg/g的氮化合物(丁基胺：$C_4H_9NH_2$)时，催化剂的脱氢环化活性急剧下降，一旦当毒物从原料中去除后，催化剂的活性很快得到恢复。

⑥ 生成的 NH_4Cl 白色粉状物沉积在重整装置的低温部位如冷却器、循环氢压缩机入口，堵塞管线，使系统压降增大。国内有些炼油厂由于重整原料中氮含量长期超标，导致在稳定塔内也发生铵盐结晶现象，影响塔的正常操作，为了维持生产被迫定期注水清洗铵盐。

(3) 氮中毒后的处理措施

① 重整催化剂被氮污染后，需要增加注氯量以保持催化剂的正常氯含量。在氮含量准确测定的基础上，适当提高补氯量。

② 在污染期间最好能降温操作，不能用提温的方法来保持生成油的辛烷值，因催化剂上酸性/金属功能之间处于不平衡状态，强化操作会增加催化剂的积炭量，缩短周期运转寿命。

③ 应尽快找出氮含量高的原因并及时排除，否则系统内生成的氯化铵将沉积在冷凝器、分离器、循环压缩机入口管线及稳定塔内，使冷却效果变差，甚至可导致压缩机损坏。

④ 为了防止在稳定塔及下游装置发生铵盐结晶现象和腐蚀问题，在重整高分和稳定塔之间增加液相脱氯设施。

3. 其他酸性中心毒物

碱金属与碱土金属化合物也是酸性中心的毒物，如 Na 在催化剂上是以 Na 盐的形式存在，它可以与 Al_2O_3 表面上羟基结合变成稳定的 $\gt Al—O—Na$ ，这样就使催化剂上结合的氯变少，这种酸性中毒的损失是不可逆的。因此一般情况下要严格控制催化剂上钠含量要小于 50μg/g。

（二）金属中心毒物

1. 硫中毒

含硫化合物对重整催化剂来说是一种典型的毒物，它可以导致催化剂失活。在重整反应条件下，几乎所有的含硫化合物都很容易生成 H_2S，它可以强烈地吸附于金属表面上，在含硫化合物气相浓度很低的情况下也会导致催化剂活性降低。

(1) 硫的主要来源

① 预加氢精制不合适，如预加氢催化剂活性降低或失活(包括活性差、实际反应温度偏低、积炭等因素)。

② 汽提塔效果变差。

③ 预加氢进料与反应产物的换热器或汽提塔进料与塔底出料的换热器发生内漏，造成部分物料短路。

④ 冷壁反应器发生短路。

⑤ 开工线(指不经过预加氢的反应器的进料线、物料从进料泵直接进入汽提塔)没有加盲板，阀门内漏。

(2) 重整催化剂的硫中毒

① 催化剂上硫吸附的性质和结构

为了更好地理解重整催化剂上硫中毒的过程，必须搞清楚化学吸附硫与铂金属表面结构的关系。吸附的硫原子的位置决定表面反应可利用的活性位数目[85]。硫在高配位的活性位上进行化学吸附，并且使临近的吸附位失活。在低硫覆盖量的情况下，化学吸附的硫优先堵塞了一些活性位，结果导致了某些选择性化学吸附和反应的发生。

吸附的硫分子使被吸附的金属表面失活，在这种情况下，其毒性(定义为一个硫原子使铂原子失活的数目)取决于受空间堵塞的金属原子数目。另一方面，化学吸附的硫与金属形成的化学键可以改变进行反应的金属原子的电子性质。

Bonzel[86] 和 Keleman[87] 分别在铂金属的 Pt(110)、Pt(100) 和 Pt(111) 晶面上采用 CO 吸附考察了硫的覆盖量(以下以 θ 表示)与 CO 的吸附结合能的关系，结果表明随着 θ 的增加，由于 CO 与 S 的相互作用，使 CO 的吸附结合能降低。McCarty[88] 通过研究在 Pt 金属表面上化学吸附硫的生成焓的变化，也证实了随着 θ 的增加，CO 的吸附结合能降低。Oudar[89] 采用 1,3 丁二烯加氢反应，在 Pt(110) 晶面上研究了硫吸附失活的情况，发现一个硫原子使一个氢解位中毒，但并没有改变发生在无硫吸附位上进行反应的机理。同时也发现 S 与金属的结合能降低了 15% ~20%。这表明硫对 1,3－丁二烯催化反应的失活行为取决于1,3－丁二烯的吸附强度和在金属表面上硫的浓度。通过研究Pt的低指数晶面上吸附硫层的结构，Oudar发现硫的覆盖量约为0.5[90]。

Biswas[14,91~93]等对吸附硫层在铂金属上的结构进行了广泛深入的研究，并提出了三个不同的与结构相关的中毒机理。

（a）在低硫覆盖量下（$\theta<0.2$），硫的强化学键改变了铂金属表面的化学性质，并减弱了它同吸附质间的相互作用。

（b）当$\theta=0.25$时，形成了一个规则的硫覆盖层；分子可以在铂表面上吸附，但是由于受到硫吸附层结构的影响而无法进行Langmuir－Hinshelwood反应。

（c）当$\theta=0.5$时，铂在化学性质上是惰性的。

通过研究硫在Pt/Al_2O_3和$Pt-Re/Al_2O_3$催化剂上的吸附，Menon等[94~96]提出在金属表面上存在可逆硫和不可逆硫，如下反应式所示。

$$Pt + H_2S \longrightarrow PtS_{不可逆} + H_2$$

$$PtS_{不可逆} + H_2S \longrightarrow PtS_{不可逆}S_{可逆} + H_2$$

$$Re + H_2S \longrightarrow ReS_{不可逆} + H_2$$

$$ReS_{不可逆} + H_2S \longrightarrow ReS_{不可逆}S_{可逆} + H_2$$

Apesteguia等[97]研究了硫在含氯的Al_2O_3和Pt/Al_2O_3上的吸附情况，发现在500℃时，H_2S在Al_2O_3上的吸附完全是可逆的。但是，在相同的条件下，在Pt/Al_2O_3上仅有一部分吸附硫快速地发生了脱附。他们也认为存在可逆硫和不可逆硫，不可逆硫是那些与金属发生作用的硫，而且不可逆硫的量与硫化的条件无关，如表13－14所示。硫化态催化剂上硫覆盖量θ在0.40~0.45范围，对$Pt-Re/Al_2O_3$和$Pt-Ir/Al_2O_3$而言，θ总是接近0.4[98]。

Apesteguia等[99]研究了Al_2O_3、Al_2O_3-Cl和Pt/Al_2O_3-Cl对H_2S的吸附位性质的影响，发现在Pt/Al_2O_3-Cl上硫覆盖量θ较低时，吸附主要发生在金属和Al_2O_3强的路易斯酸位上。同时也发现硫化对吸附在载体上氯的含量只有轻微的影响，这表明Cl—Al之间存在强的相互作用。

表13－14　Al_2O_3和Pt/Al_2O_3上总硫和不可逆硫①

H_2S含量（H_2-H_2S混合气）/%（体积分数）	Al_2O_3（含1%的氯）		Pt/Al_2O_3	
	S沉积总量/%	不可逆S总量/%	S沉积总量/%	不可逆S总量/%
8	0.120	0.004	0.172	0.026
3.5	0.091	0.006	0.151	0.029
1.5	0.085	0.004	0.121	0.028
0.5	0.059	—	0.084	0.025
0.02	0.029	0.003	0.055	0.028

① 不可逆硫是在500℃的氢气氛下吹扫30h后留在样品上的硫。

Apesteguia等[100]通过环戊烷氢解反应证实，硫改变了铂同其他吸附质之间的相互作用。硫吸附改变了氢解反应速度常数以及氢与环戊烷的吸附平衡数比值，证实了硫吸附对环戊烷吸附的影响远比对氢吸附的影响强烈。另一方面，他们还证实了硫与金属之间的相互作用提高了铂的亲电子特性，例如，相对于苯的吸附来说，甲苯的吸附量更大，因为甲苯是一个好的电子供体。

② 催化剂性质对硫中毒的影响

重整催化剂的特性如催化剂的类型、金属的分散程度、酸性和载体的性质等对同硫分子之间的相互作用有较大的影响，并且在不同程度上影响硫中毒的程度。

Barbier 等[95]发现在 Pt/Al_2O_3 和 Ir/Al_2O_3 上的硫吸附明显地对金属的电子性质敏感。当由于金属性质、载体和金属分散度导致电子缺乏时，金属就表现出吸附对于像硫一类化合物的能力降低。在 Pt/Al_2O_3 上的硫吸附结果表明，随着金属分散度的增加，总硫和可逆硫原子数目均与金属分散度分别呈现较好的线性增加关系，但是不可逆吸附硫的覆盖量维持一个常量，接近 0.45。然而，当 Pt 载在含氯量为 1.2% ~1.5% 的 $\gamma-Al_2O_3$ 载体上，随着 Pt 分散度的提高，$S_{不可逆}/Pt$ 的比值降低，说明大的金属晶粒比小晶粒表现出对硫吸附更强的敏感性。硫在 $Ir/\gamma-Al_2O_3$ 上的吸附是结构敏感性的，随着 Ir 分散度的提高，$S_{不可逆}/Ir$ 的比值增加，这说明小的 Ir 晶粒对硫吸附的敏感性较大。硫在 $Pt-Ir/\gamma-Al_2O_3$ 上的吸附表明，随着 Ir/Pt 比值的提高，吸附在金属上的不可逆硫增加。硫在金属催化剂上的化学吸附取决于金属的电子特性，而且像硫一样的受体在低电子亲和力的金属(Ir 的电子亲和力低于 Pt)上的吸附得到促进。

硫在 $Pt-Re/\gamma-Al_2O_3$ 上的吸附表明，S 强烈地同 Re 结合，抑制了金属 Re 的氢解活性，并且显著地使铂簇团变小[67,101]。由于 Re 金属的电子亲和力较低[102]，因此硫在金属 Re 上的吸附比在 Pt 上要强烈的多，致使大部分 Re 和一部分 Pt 处于硫化态。Re - S 键的强度较大，因此提高了 Pt 的电子亲和力，这使得硫在 Pt 上的吸附能力降低。

在 Pt 催化剂上，对 S 中毒的抵抗力可以用金属与载体间的相互作用来解释。随着金属分散度的提高和载体酸性变强，金属与载体之间的相互作用力强度提高，同时金属与硫之间的结合力变弱，硫的吸附在较缓和的条件下是可逆的[103]。Foger 等[104]认为在高酸性载体上引入小的 Pt 晶粒使得电子从金属上向载体上迁移，结果使金属表现出缺电子的特性，因此硫吸附能力降低，这种影响在小的金属晶粒上比较大。Gallezot 等[90]证实当 Pt 晶粒大小从 1nm 增长到 2nm 时，S 在 Pt 上的毒性(以苯加氢反应衡量)从 6.2 提高到 10。小的 Pt 晶粒对硫吸附的较大抵抗力是由于这些小晶粒具有与固体金属不同的电子特性。金属 - 载体间的相互作用和金属颗粒大小的影响均以相反的方式对负载金属的催化剂的电子性质起作用，在硫吸附下催化剂的反应活性是这两种因素共同作用的结果。

有些催化反应是结构敏感性的，并且只在一部分金属表面上进行。如果毒物吸附在特定的催化位上，并且在这些催化位上所发生反应的活性明显降低，那么这种中毒就是选择性的。Oudar 等[90]证实硫在 Pt(111)、Pt(100)、Pt(110)三个不同 Pt 晶面上的吸附化学计量是不同的，因此硫在 Pt 金属表面上的吸附是结构敏感性的。表 13 - 15 表明，硫在催化剂上的吸附对结构敏感性和结构不敏感性反应的反应速率和转化数(在单位时间内，单位活性中心进行转化的反应分子数)有影响[106]。随着硫覆盖量的增加，由于受到硫堵塞的影响，结构不敏感性反应的反应速率降低，但是其转化数却不受影响。另一方面，由于催化剂表面上可利用的金属簇团减少以及氢解反应所需的高配位 Pt 原子受到阻塞，因此氢解反应的转化数降低。这说明硫充当了一个路径选择性毒物[107~109]，对金属的加氢－脱氢功能的干扰不如对氢解功能厉害。因此在反应中通过控制硫的含量，可以改善催化剂的异构化反应、脱氢反应，甚至脱氢环化反应的选择性[108]。

表 13－15 硫化态和非硫化态 Pt/Al_2O_3、$Pt-Re/Al_2O_3$ 和 $Pt-Ir/Al_2O_3$ 催化剂的催化活性

催化剂	比活性/(mol/h mol 金属)×10^2				转化数/h^{-1}			
	a	b	c	d	a	b	c	d
Pt/Al_2O_3	13.7	150	2.54	3.9	2000	25×10^3	400	700
$Pt-S/Al_2O_3-A$	4.3	92	0.088	0.014	2150	46×10^3	44	7.1
$Pt-S/Al_2O_3-B$	5.1	78	0.105	0.014	2500	39×10^3	53	7.1
$Pt-S/Al_2O_3-C$	4.7	100	0.103	0.016	2300	52×10^3	52	8.1
$Pt-Re/Al_2O_3$	13.3	133	1.52	20.6	2400	25×10^3	280	3700
$Pt-Re-S/Al_2O_3$	13.3	133	1.52	20.6	2400	25×10^3	280	3700
$Pt-Re-S/Al_2O_3-D$	1.1	65	0.032	0.057				
$Pt-Re-S/Al_2O_3-E$	1.5	53	0.024	0.051				
$Pt-Ir/Al_2O_3$	23.0	312	7.6	99.0	2300	32×10^3	760	10000
$Pt-Ir-S/Al_2O_3-F$	7.8	204	0.6	1.4	2400	63×10^3	190	420

a—苯加氢反应，100℃；b—环己烷脱氢反应，300℃；c—环戊烷氢解反应，300℃；d—乙烷氢解反应，420℃；A～F—不同硫化条件。

由于 Pt/Al_2O_3 上的积炭和硫吸附具有相似的选择性提高效应，可以推论：硫吸附和积炭的生成都优先在氢解反应位上进行。Barbier 等[100]认为积炭生成和氢解反应有相同的结构敏感性。对 Pt/Al_2O_3 来说，提高 Pt 晶粒大小导致积炭生成和氢解反应活性的提高[111]。基于硫毒害氢解反应的能力，硫应该优先吸附在大的 Pt 晶粒上，这可以从前面指出的小的 Pt 晶粒对硫中毒的较强抵抗力得到证实[105]。Guenin 等[112]用环己烷脱氢反应(是一个结构敏感性反应)研究了 Pt 晶粒的大小和载体的酸性对 Pt/Al_2O_3 抵抗硫中毒的影响。催化剂的抗硫能力受载体酸性的影响要比受 Pt 晶粒的大小变化的影响大。当硫从反应物中去除后，催化剂的活性几乎恢复到起始活性的 50%，这是因为中毒的主要部分是由于活性位受到几何性堵塞，而抗硫性的不同主要与同载体发生相互作用的 Pt 晶粒的电子特性有关。催化剂对硫吸附的较强抵抗力是由于小的 Pt 晶粒的电子特性所致。金属与载体间的相互作用导致金属呈现缺电子特性，降低了其吸附受体化合物(如硫)的能力。

③ 硫对催化剂活性、选择性和稳定性的影响

许多研究者针对硫对催化剂的活性、选择性和稳定性的影响进行了广泛深入地研究。就催化剂的稳定性而言，以 $Pt-Re/Al_2O_3$ 催化剂为例，吸附在 Re 上的硫限制了石墨化积炭的生成[113]，而对 $Pt-Ir/Al_2O_3$ 催化剂，引入 Ir 后催化剂的活性较高，因此可以允许原料中存在一定含量的硫[114]。

Meerbott 等[115]的早期研究表明，当原料中的硫含量大于 0.03% 时，对 Pt/Al_2O_3 催化剂的芳烃产率有较大的影响。硫含量的提高有两个主要的影响：抑制芳烃的生成和加快催化剂的失活速率。Heinemann[116]和 Oblad[117]等证实硫的存在使得催化剂的脱氢反应活性降低，而裂解反应活性提高。适量的硫引入催化剂后可以改善催化剂的稳定性，Hayes 等[118]认为硫引入催化剂后，在进行烃类反应时会产生如下的复合物：$\mathrm{R—\underset{\underset{S}{|}}{Pt}—H}$，这类

复合物产生后降低了积炭等反应的活性，他们认为这是由于存在一种吸附现象：只有一部分可利用的 Pt 位因硫吸附而失活以及由于硫吸附的动态性质，这些失活位的特性经常发生改变。

在没有预硫化时，铂与烷基只能形成 R－Pt－H，从铂的配位情况看，与 Pt 结合的 R 仍可以继续脱氢生成烯烃，深度脱氢的烯烃就有可能进一步生成积炭前身物。如果有 S 吸附于 Pt 上，使 Pt 的配位数受到限制，R 生成积炭前身物的可能性就变小了。Biloen[119] 认为铂铼催化剂上硫与铼会产生如下的复合物：

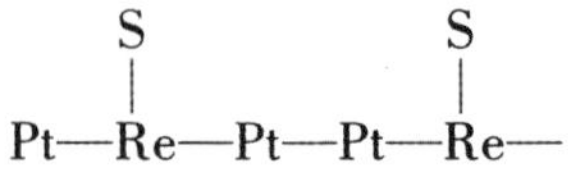

在这种情况下，通过簇团效应 Re－S 将 Pt 分隔，因此需要在多位铂中心进行的积炭反应就要受到限制。

Menon[94] 等的研究表明，对于单金属 Pt/Al_2O_3 催化剂，除不可逆硫外，必须要有一定量的可逆硫来抑制加氢裂解和提高芳构化反应，而对 $Pt-Re/Al_2O_3$ 催化剂而言，不可逆硫可达到目的，任何额外的硫将会使总催化活性降低。

重整催化剂进行适量的预硫化后对涉及的相关反应有不同的影响，其中氢解反应受硫吸附的影响较大[110,120,121]，过量的硫会降低脱氢环化反应的选择性[122,123]。Apesteguia 等[98] 考察了 Pt/Al_2O_3、$Pt-Re/Al_2O_3$ 和 $Pt-Ir/Al_2O_3$ 三种不同催化剂对硫中毒的敏感性，他们认为在相同的硫覆盖量的情况下，$Pt-Re/Al_2O_3$ 催化剂对硫中毒最敏感。由于金属 Re 的低电子亲和力特性，硫与铂结合同时，更强烈地与铼结合，这导致大部分 Re 和少部分 Pt 处于硫化态，因而抑制了金属 Re 的氢解反应活性[102]。在 Pt/Al_2O_3 上引入 Ir 提高了氢解反应受硫毒害的抵抗力。因此，他们得出结论认为硫的引入不仅影响了重整反应，而且还改变了金属功能的性质。另外，在工业条件下，$Pt-Re/Al_2O_3$ 仅能允许在原料中微量硫存在。

在工业开工初期，适量的硫引到某些催化剂(如 $Pt-Re/Al_2O_3$、$Pt-Ir/Al_2O_3$ 系列催化剂)上还能抑制反应初期的因过度氢解反应导致的“飞温”，催化剂预硫化后可以降低积炭反应的程度，改善催化剂的选择性和稳定性。$Pt-Sn/Al_2O_3$ 系列催化剂不需要预硫化，因为锡组元能起到与硫相当的抑制氢解作用。这些研究结果，都在工业应用实践中得到证实。

现在开发并在工业上使用的催化剂多为双或多金属重整催化剂，对硫的限制将会更为严格，要求重整原料油中硫含量控制在 0.5μg/g 以下。

需要强调的是：重整原料中过量硫连续存在时，对催化剂寿命而言是一个毒物，但控制一个合适的硫含量对改善催化剂的芳够化性能和稳定性是有益的。由于硫吸附和积炭生成发生在相同的活性位上，因此催化剂进行预硫化降低了沉积在金属上的积炭量。

④ 硫酸盐中毒

催化剂硫中毒的另一情况是催化剂发生硫酸盐中毒而失活。重整预加氢精制操作不当或因反应器、换热器等设备渗漏，或由于汽提塔操作中 H_2S 未被去除等原因，使重整进料中硫含量增高，这时重整系统中 H_2S 必然增多，过多的 H_2S 不但会损伤催化剂的金属活性中心，同时此部分 H_2S 在炉管等处还要与金属产生 FeS 鳞片状杂质沉积在管壁及反应器上部。当催化剂烧焦时，积存在炉管等内壁的 FeS 与氧作用生成二氧化硫和三氧化硫进入催化剂床层，在催化剂上生成亚硫酸盐和硫酸盐并强烈的吸附在铂及 Al_2O_3 载体上，减少了 Al_2O_3 表面的羟基数，促使金属晶粒长大，抑制金属的再分散，使催化剂的活性变坏，并难以氯化更新[124]。毛学军[125]等研究了硫酸根污染对重整催化剂性能的影响，结果表明：硫酸根不但抑制了催化剂的酸性和金属功能，同时加快了催化剂的失活速率，使芳构化活性与选择性大幅度下降。高铼铂比催化剂对硫酸根的敏感程度大于等铼铂比的催化剂。催化剂表面结构表征表明，硫酸根的形成并不导致铂晶粒长大，它对催化剂金属功能的抑制是由于部分被还原为硫化氢而使金属过硫化所致，硫酸根的形成引起了催化剂上氯含量下降，使催化剂表面 L 酸强度降低，造成催化剂补氯困难，但并不破坏载体的结构。孙逢铎[126]等在加压连续微反色谱装置上，用模型化合物正己烷、甲基环戊烷、和环己烷为原料，在硫酸盐含量不同(0.1%、0.5%、1.0%、1.5%)的铂铼钛催化剂上进行反应，结果表明，适量的硫酸盐能抑制催化剂的副反应，提高选择性；硫酸盐含量太高将大大降低催化剂的芳构化活性。

催化剂上一旦生成硫酸根后，脱除是比较困难的，可采用专利技术[127]来脱除硫酸根。

(3) 工业重整催化剂硫中毒后的具体表现

催化剂硫中毒后，铂的活性降低，通常表现为加氢裂解性能(酸性作用)相对比脱氢性能及脱氢环化性能(金属作用)强，具体有以下一些现象。

① 氢气产量降低。

② 重整循环气中氢浓度降低。

③ 加氢裂解性能加强，重整循环气中 C_3 和 C_4 含量增加，稳定塔液化气产量提高。

④ 硫具有较强的穿透能力，各反应器温降逐步减少，反应器的总温降减少。

⑤ 稳定汽油辛烷值和收率都下降。

⑥ 提高操作苛刻度后催化剂的活性仍较低(提温效果不明显)。

⑦ 催化剂积炭速率加快(稳定性降低)。

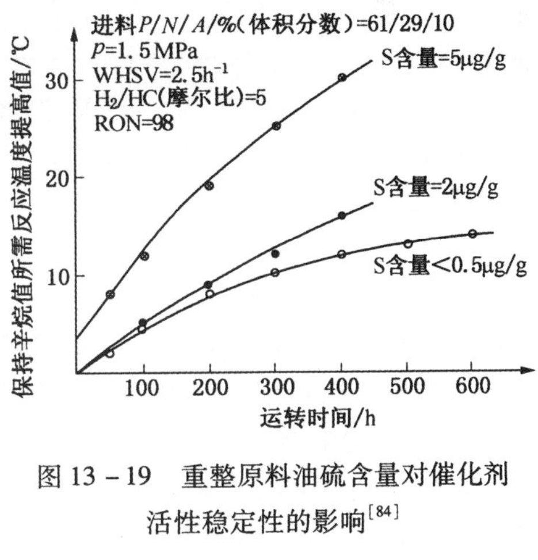

图 13-19　重整原料油硫含量对催化剂活性稳定性的影响[84]

从图 13-19 催化剂失活速率与原料油中硫含量的关系可以看出，硫含量越高，催化剂的活性下降越快。从图 13-20 重整原料硫含量对 C_5^+ 收率的影响可以看出，硫含量越高，催化剂的加氢裂解性能越强，C_5^+ 收率降低幅度越大。从图 13-21 硫中毒及其恢复情况可以看出，催化剂发生硫中毒后，芳烃转化率下降，随着硫从催化剂上慢慢释放出来，催化剂的活性逐渐恢复，芳烃转化率也随之慢慢恢复。

(4) 重整催化剂硫中毒后的处理措施

在重整反应条件下，一旦发现硫含量超高(通常要求重整原料中硫含量小于 0.5μg/g)，首先应将反应温度降到 480℃以下，找出硫高的原因，加以排除，以避免或减轻对催化剂活性的严重危害。硫高降温规则对现代重整过程极为重要，特别是高 Re/Pt 比重整催化剂对硫十分敏感，对硫的控制要求更加严格。表 13－16 为铂铼重整催化剂硫控制的基本规律。

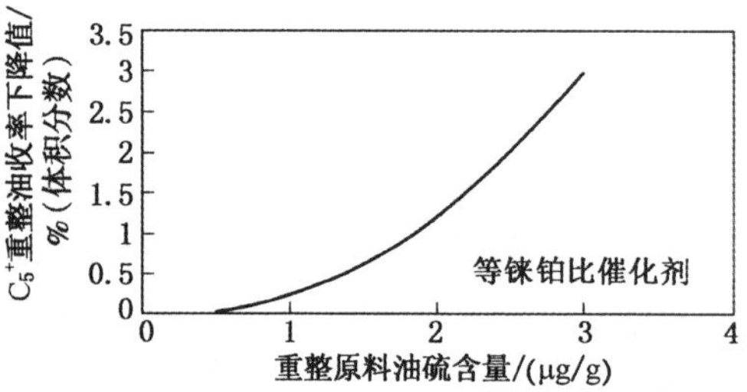

图 13－20 重整原料油硫含量对催化剂选择性的影响

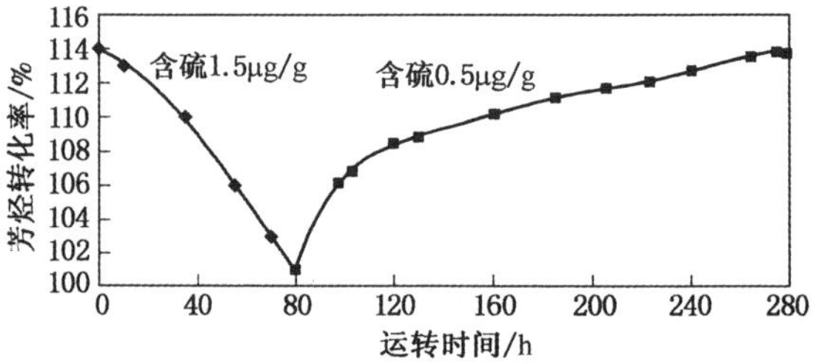

图 13－21 硫中毒及其恢复试验结果

表 13－16 铂铼重整催化剂硫控制的基本措施

重整原料油中硫含量/(μg/g)	循环气中硫含量/(μg/g)	相应处理措施
<0.5	<1.0	正常操作
0.5～1.0	1.0～2.0	(1) 没有液相脱硫的装置，需提高加氢精制深度，改善汽提塔操作，使油中硫 <0.5μg/g (2) 有硫控制设备的装置，应检查脱硫剂的效果，必要时更换新的脱硫剂，使油中硫 <0.5μg/g
1.0～3.0	2.0～6.0	重整反应器入口温度降低 10℃，查找原因加以消除
>3.0	>6.0	各反应器入口温度降到 480℃以下，迅速查找原因，尽快解决，必要时重整装置进行停工处理

发生硫污染的重整装置不要贸然再生，停工再生前必须进行高温热氢脱硫操作，直至重整高分采样 H_2S 含量 <0.5μg/g。硫腐蚀设备生成的硫化铁碎片易带入反应器内造成压降增大，尤其是第一反应器，必要时在催化剂烧焦后卸出催化剂进行过筛。

为了确保原料油中硫含量低的要求，Chevron 公司开发了一种硫脱除技术[128]，也就是在汽提塔后进重整反应器前装一脱硫罐，罐内装有特殊的硫吸收剂，它可使重整进料脱除部分有机硫和无机硫。国内的许多重整装置也采用了脱硫罐脱硫的措施。

2. 金属毒物中毒

重整催化剂常见的金属毒物为 As、Fe、Zn、Cu、Pb、Si 等，这些金属毒物能和金属 Pt 强烈结合形成非常稳定的化合物，造成不可逆的中毒。催化剂发生金属中毒后很难通过再生的方法消除，因此需要采取必要的措施防止催化剂同金属毒物接触。

(1) 金属毒物的来源

① 某些原油的直馏石脑油中含有较高的金属组分，如大庆和新疆原油中含砷、中东油中含钒等。

② 使用过被金属污染过的原料油罐。

③ 设备腐蚀。装置上金属零件的腐蚀，腐蚀物进入反应器内，铁是最普通的腐蚀物，其次是 Mo、Cr 及 Cu 等，这些腐蚀物对催化剂的污染仅次于有机金属的污染。腐蚀物常是以硫化物碎片的形式从加热炉、热交换器及预加氢精制装置进入重整反应器。这些碎片进入重整一反使压降增大、气流分配不均匀，催化剂再生时从这些碎片中释放出硫污染催化剂。

④ 使用脱硫剂或脱氯剂不当，造成重整原料油中锌、铜、钙等含量偏高。

⑤ 原料油罐切水不及时，常减压碱洗有误，罐底含碱的水窜入重整系统。

⑥ 原料加工过程中使用缓蚀剂、消泡剂等带入金属离子或含硅的化合物。

(2) 金属毒物的中毒机理及表现

金属毒物的吸附使得它吸附的表面失活，不同金属毒物的毒性(定义为：一个分子或原子的毒物使 Pt 原子中毒的数目)是不同的，其毒性取决于受几何性地堵塞的金属原子数目[108]。不同金属离子由于各自的电子结构对吸附的影响不同，导致其对催化剂的中毒程度也不同[129]。Barbier 等考察了几种金属离子在 Pt/Al_2O_3 催化剂上进行苯加氢反应时的毒性大小，结果如表 13－17 所示。不同的金属毒物对反应表现出不同的毒性，这说明金属毒物进行中毒反应是有选择性的[12]。

表 13－17　几种金属的电子结构和毒性[108,129]

金属种类	金属前身物	外围轨道的电子分布	毒　性
Na^+	NaCl	$2s^22p^6$	0
K^+	KCl	$3d^04s^0$	0
Ca^{2+}	$CaCl_2$	$3d^04s^0$	0
Ba^{2+}	$BaCl_2$	$5d^06s^0$	0
Fe^{2+}	$FeCl_2$	$3d^64s^0$	1.1
Cu^{2+}	$CuCl_2$	$3d^94s^0$	2.0
Zn^{2+}	$ZnCl_2$	$3d^{10}4s^0$	2.5
Ag^+	$AgNO_3$	$4d^{10}5s^2$	0.7
Sn^{2+}	$SnCl_2$	$4d^{10}5s^2$	7.6
Hg^{2+}	$Hg(N_3)_2$	$5d^{10}6s^0$	15
Pb^{2+}	$Pb(NO_3)_2$	$5d^{10}6s^2$	5.2

① 砷中毒。原料油中微量的有机砷化合物与催化剂接触后，砷强烈地吸附在金属铂上并生成 $PtAs_2$，使金属失去加氢脱氢功能。砷中毒首先发生在重整一反，当一反穿透后又会进入二反，以此递推。因此发生砷中毒时，一反平均床层温度会增加，二反温降增加，并且重整生成油产率及辛烷值都要下降，这种金属中心毒物是永久性毒物，被砷中毒后的催化剂不能用再生的方法来恢复其活性，因此，原料油中含砷量要严格控制在 1ng/g 以下。

国内某重整装置首次使用大庆石脑油为重整原料油时，砷含量在 1000ng/g 以上，经 40 天运转后，第一反应器温降为 0℃，第二反应器为 2℃，第三反应器为 7℃。铂催化剂

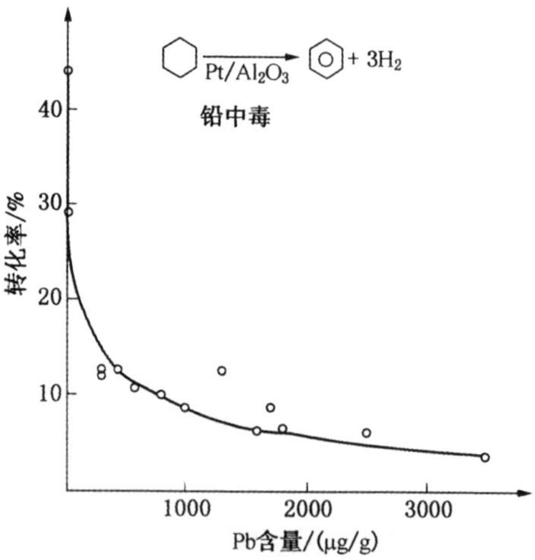

图 13-22 铅中毒对催化剂脱氢性能的影响

已完全丧失活性，经分析催化剂上砷含量第一重整反应器为0.15%，第二反应器为0.082%，第三反应器为0.04%，砷已经穿透一反，进入第二、三反应器，第三反应器所沉积的砷也已超过催化剂上所允许的砷含量0.02%。将失活的催化剂进行再生前后评价对比，结果表明：再生前后催化剂的活性几乎没有差别，说明不能用再生的方法恢复砷中毒催化剂的活性。因为砷中毒为不可逆中毒，中毒后必须更换新的催化剂。所以使用含高砷的石脑油，一般首先经过脱砷催化剂进行脱砷，使砷含量控制在200ng/g以下，然后再进入预加氢反应器，进行加氢精制，使石脑油中的砷含量达到重整原料油的要求，以防止催化剂发生永久性中毒。

② 其他金属毒物中毒。微量的重金属如铅、铜、锌、汞等沉积在催化剂表面上极易与铂结合，导致不可逆中毒。重金属对催化剂性能的改变，最明显的是使催化剂的脱氢性能变差。金属中毒后，第一反应器平均床层温度上升，温降明显变小，而第二反应器温降变大，但当毒物由第一反应器穿透进入第二反应器时，第二反应器温降又变小，生成油芳烃含量和辛烷值降低，循环气中氢浓度下降。

从图13-22可以看出，催化剂上铅的积存量达到约500μg/g时，环己烷的脱氢转化率(生成苯的活性)迅速下降至10%以下[13]。图13-23表明，催化剂上含有少量的Cu和Fe也会降低正庚烷的脱氢活性[13]。

以上的结果表明，金属毒物使催化剂中毒后，催化剂的脱氢和脱氢环化活性降低，Franck等[13]认为这是由于氢和烃类间的吸附竞争发生改变的结果。

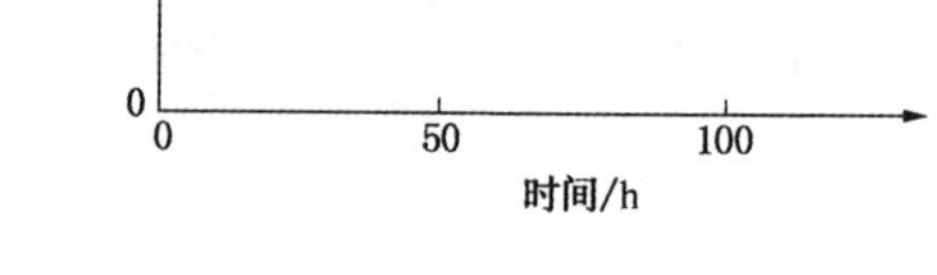

图 13-23 铜和铁对催化剂性能的影响

二、重整催化剂烧结失活

重整催化剂的长期稳定性取决于其金属功能和酸性功能的稳定性。烧结是由于高温导致催化剂活性面积损失的一种物理过程，根据重整催化剂催化活性位的类型，烧结可分为金属烧结和载体烧结。在金属位上，催化活性的损失主要是由于金属颗粒的长大和聚结造成的，其相反的过程称为金属的再分散(金属颗粒变小)；在载体上，高温操作导致比表面积降低(伴随着载体的孔结构发生变化)，导致酸性位活性降低。金属烧结是可逆的，可以通过一些适当的措施使金属获得再分散，但是，载体烧结是不可逆的，无法使其恢复活性。

重整催化剂在使用时，反应温度在470~530℃范围内，处在临氢的条件下，反应是吸热的，金属和载体发生烧结的可能性是非常小的[130]。另一方面，催化剂在氧化气氛下烧焦时，烧焦反应是放热的，并且在烧焦过程中产生水。由于在催化剂颗粒内会产生高温和水的存在，载体会发生烧结；金属处在高温和在氧化气氛下比在氢气气氛下有更易烧结的趋势。因此，重整催化剂烧焦是最容易发生烧结的一个过程。

影响金属烧结的因素很多，如催化剂组成、温度、环境气氛、氯含量以及载体的性质等都是非常重要的因素。

1. 催化剂组成对烧结的影响

双或多金属重整催化剂的稳定性要比单金属好的多，在一定程度上可以认为在单铂催化剂中引入第二金属改善了催化剂的烧结特性。Charcosset 等[131]认为在 Pt/Al_2O_3 催化剂上引入锗(Ge)、铱(Ir)可以降低 Pt 的烧结程度，提高了催化剂的稳定性，Franck 等[32]认为这可能是由于合金的形成以及载体与金属之间的相互作用导致载体发生改变的结果。

谢炳炎等[132]在氢气气氛下，用 TEM 考察了 Pt/Al_2O_3 和 $Pt-Sn/Al_2O_3$ 催化剂的烧结行为。实验结果表明，随着温度的提高，金属颗粒变大。当在 700℃ 处理 2h 后，发现 Pt/Al_2O_3 上的金属颗粒要比 $Pt-Sn/Al_2O_3$ 催化剂上的大，这说明 Sn 抑制了金属晶粒的烧结。另外，从催化剂的电子衍射特性来看，在 Pt/Al_2O_3 上只有 Pt 物种存在，而在 $Pt-Sn/Al_2O_3$ 催化剂上有几种 Pt－Sn 合金或复合物存在。这些结果表明，在高温还原过程中，Pt 和 Sn 之间的强相互作用抑制了金属的烧结。

在温度范围为 400～650℃ 的氧化气氛下，Re 在 $Pt-Re/Al_2O_3$ 催化剂上的分散由于高稳定性的 Re^{7+} 的存在而几乎不发生变化[133]。Callender 等[134]认为 $Pt-Re/Al_2O_3$ 催化剂在高温下发生烧结是因为不稳定的 Pt^{4+} 形成金属 Pt，然而 Re^{7+} 没有发生分解，因此仍保持分散状态。由此可以认为，在高温的氧化气氛下，$Pt-Re/Al_2O_3$ 催化剂金属分散度的变化主要是由于 Pt 金属分散发生变化所致。

Pieck 等[135]在研究 $Pt-Re/Al_2O_3$ 催化剂的烧结－再分散过程表明，总的金属分散度受烧结或再分散过程中存在的 Pt 的络合物的影响。这是因为，首先 Pt 的络合物被还原成金属晶粒，然后 Re 的氧化物在 Pt 晶粒处被还原，并生成 Pt－Re 簇团。因此，Pt 的分散度越高，Pt－Re 的分散度就越高。

2. 温度和气氛对烧结的影响

气氛的性质和处理温度对催化剂的烧结有较大影响。按照晶粒迁移机理的看法，温度是影响烧结的主要因素[136]，提高温度加速了晶粒在载体表面上移动、碰撞和聚结形成大颗粒，因而加快了催化剂的烧结。

Bournonville 等[137]研究了在空气和氢气气氛下 $Pt(0.6m\%)/Al_2O_3$ 催化剂的烧结情况。在空气气氛下，随着温度的提高和时间的延长，Pt 的表面积和催化剂上的氯含量都降低。当温度大于 700℃ 时，Pt 的表面积下降的更快，如图 13－24 所示。

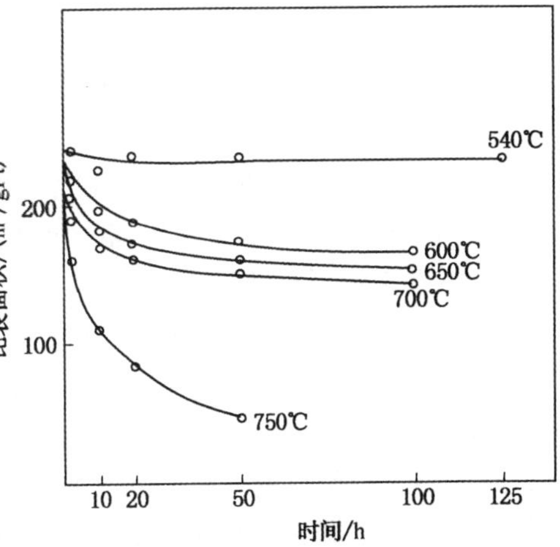

图 13－24　温度和时间对催化剂烧结的影响

在 650℃ 的空气气氛下，催化剂上的氯维持在约 1.0% 不变时，Pt 的表面积保持不变，说明没有烧结现象发生，这是烧结和再分散之间一种抑制作用的结果。在氩气气氛下，催化剂的烧结和氯流失速率非常快。然而，在氢气气氛下，不管催化剂上的氯是否维持不变，催化剂始终存在烧结现象，但在维持氯不变的情况下，其烧结速率相对低一些。在不同气氛下存在的不同烧结现象，Bournonville 等认为这是因为在催化剂表面上存在不同的 Pt 化合物和不同的迁移物种。在氧化气氛中有足够氯的存在下，氯铂 - 铝酸盐物种强烈地同氧化铝载体结合；在氢气气氛下，Pt 以原子、簇团或小晶粒的形式存在，这与 Pt 的分散度有关。氯的作用非常重要：在氧化气氛下，它作为一种分散剂；在氢气气氛下，它作为一种稳定剂。

Wanke 等[138]在氧化气氛下研究了 Pt/Al_2O_3 催化剂的烧结情况表明，当温度大于600℃时，催化剂的烧结现象才更明显。并且，随着 Pt 含量的提高，金属的分散度降低，烧结速率加快。

Ruckenstein 等[139]总结了铂在不同气氛下烧结的强弱顺序如下：O_2 > 空气 > H_2、N_2 > 真空。Hassan[140]等在 300 ~ 800℃范围内，研究了 $Pt/\gamma-Al_2O_3$ 催化剂在 H_2、N_2、O_2 和真空气氛下的烧结情况，Pt 金属的比表面积与烧结温度和气氛的关系，如图 13 - 25 所示。

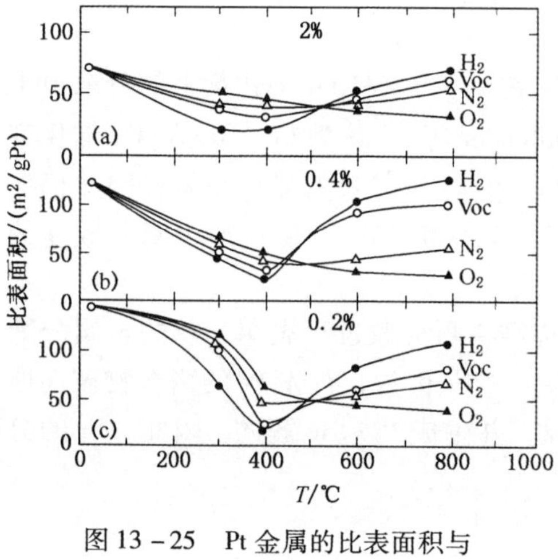

图 13 - 25　Pt 金属的比表面积与烧结温度和气氛的关系

● H_2；▲ O_2；○ 真空；△ N_2

从图中可以看出，在 400℃以下的各种气氛中，金属表面积随着处理温度的提高而降低。在 400℃以上，随着处理温度的提高，在 H_2、N_2 和真空气氛中，金属表面积增加。但在 O_2 气氛下，金属表面积一直降低，并且随着 Pt 含量的提高，金属表面积下降的更快，这说明提高 Pt 含量加重了 Pt 烧结的程度。Hassan 等还通过氢化学吸附等手段研究了不同气氛下 $Pt/\gamma-Al_2O_3$ 催化剂的烧结情况，结果如表 13 - 18所示。

从表 13 - 18 可以看出，在 400℃以下的 H_2、N_2 和 O_2 气氛中，H/Pt 降低，Pt 金属颗粒变大，这种现象在 H_2 气氛中更加明显。在 400℃以上的 H_2、N_2 气氛中，Pt 分散度(H/Pt)又增加，Pt 金属颗粒变小。而在 O_2 气氛中，Pt 分散度一直在降低，且 Pt 金属颗粒一直在变大。

Callender[134]等的研究发现，高分散度的 $Pt/\gamma-Al_2O_3$ 催化剂在温度为 620℃的含 O_2 为 8μg/g 的 N_2 气氛下发生了严重的烧结。然而，在其他相同的条件下，他们并没有在纯 N_2 气氛下发现烧结现象。

Sushumna 等[141]用传输电子显微镜(TEM)技术研究了 $Pt/\gamma-Al_2O_3$ 催化剂在温度为 300 ~ 800℃，H_2 和 O_2 交替的气氛下的烧结情况，发现了临近的颗粒聚结、晶粒迁移(1.5nm 小晶粒和 8nm 的大晶粒)、迁移接着聚结、大颗粒附近的小颗粒尺寸减小和消失、未受影响小颗粒附近的大颗粒尺寸减小、颗粒的碰撞和抑制聚结以及颗粒的碰撞 - 聚结 - 分离等现象。根据这些现象，提出了在重整催化剂上金属颗粒的烧结存在以下两个主要的机理。

表 13-18　不同气氛下的烧结温度与 Pt 分散度（H/Pt）和平均 Pt 颗粒大小 a_c 的关系

气　氛	温度/℃	Pt 含量/%					
		0.2		0.4		2.0	
		H/Pt	a_c/nm	H/Pt	a_c/nm	H/Pt	a_c/nm
N_2	300	0.456	2.0	0.236	4.2	0.175	5.5
	400	0.183	4.8	0.178	5.2	0.170	5.8
	600	0.212	4.2	0.186	4.9	0.178	5.7
	800	0.264	3.5	0.228	4.2	0.225	4.4
H_2	300	0.305	3.1	0.186	5.4	0.190	11.5
	400	0.081	10.0	0.103	10.3	0.106	12.1
	600	0.325	2.8	0.423	2.4	0.430	4.4
	800	0.420	2.2	0.505	2.0	0.507	3.5
O_2	300	0.476	1.9	0.281	3.3	0.211	5.0
	400	0.272	3.5	0.207	4.7	0.186	5.3
	600	0.171	5.5	0.145	6.7	0.144	7.0
	800	0.134	7.3	0.112	7.5	0.122	8.7

（1）金属颗粒短距离，带有方向选择性的迁移，然后进行碰撞和聚结，以及两个临近的颗粒间原子的直接迁移。

（2）少数不移动的相邻颗粒在原地长大。

Harris 等[142]用 TEM 研究了 $Pt/\gamma-Al_2O_3$ 催化剂在温度 700℃的空气气氛下的烧结情况，发现经过 8h 的处理，金属发生了快速烧结，金属的平均颗粒直径从 5nm 增加到 30nm。根据颗粒尺寸的分布范围和结构类型，所观测到的烧结情况与颗粒发生迁移和聚结的机理相吻合。很大一部分的颗粒表现出异常的快速增长，并且这些颗粒常常是成双成对的。在某些情形下，颗粒的快速增长是由于在两颗粒的边界处存在凹入的表面部分，这种凹入的部分在原子迁移机制中起着晶核形成中心的作用。

3. 氯对烧结的影响

重整催化剂在制备时引入了含氯的化合物，因此有必要研究氯化合物对烧结过程的影响。催化剂在焙烧和还原后，由于 Al_2O_3 载体的作用，催化剂上保留一定的氯含量。在讨论温度和气氛对催化剂烧结的影响时已经提到氯的作用：在氧化气氛下，它作为一种分散剂；在氢气气氛下，它作为一种稳定剂。

Straguzzi 等[143]发现 $Pt/\gamma-Al_2O_3$ 催化剂在氢气气氛下烧结后，通过在 500℃的空气气氛下处理很容易得到重新分散，这取决于烧结的时间和残留在催化剂上的氯含量高低。通过连续的在 H_2 气氛下烧结和在空气气氛下进行再分散的循环处理过程，最后 $Pt/\gamma-Al_2O_3$ 催化剂的 Pt 分散度慢慢的降低。这种倾向可以通过恢复催化剂的起始氯含量而得到逆转。Straguzzi 等对以上结果给出如下解释：载体提供了 Pt 原子定位所需要的活性位；这些活性位的浓度与氯含量有关。由于气氛中水的存在，当发生氯流失时，活性位遭到破坏，结果导致 Pt 的再分散能力受到影响。在烧结过程中，金属晶粒的尺寸变大，同时金属晶粒的数目减少，大金属颗粒附近的活性位的浓度不足以使载体上所有的 Pt 原子定位。当更多的氯添加到催化剂上时，产生了新的活性位并且重新建立了金属完全再分散的条件。

Lieske 等[144]研究了在氧和氯存在下，Pt 的烧结和再分散与生成表面络合物 $[PtO_2]_s$

和$[Pt^{IV}O_xCl_y]_s$有关。Pt晶粒再分散开始是通过具有氧化性质的氯侵蚀Pt的氧化物，结果形成了$[Pt^{IV}O_xCl_y]_s$络合物。氯是由氧化铝表面上的氯离子生成。$[Pt^{IV}O_xCl_y]_s$络合物是一种铂酸盐离子，它同氯离子一样可以在氧化铝表面上发生迁移，并在氧化铝表面上的适当中心上得到分散和被捕获。在氢还原时，$[Pt^{IV}O_xCl_y]_s$复合物生成了分散较好的金属Pt。另一方面，Pt的烧结是由于表面络合物$[PtO_2]s$和$[Pt^{IV}O_xCl_y]_s$在高温下分解生成Pt原子或小的簇团，然后它们快速地在氧化铝表面上发生迁移并在成核作用下形成大的Pt晶粒。

关于氯对$Pt/\gamma-Al_2O_3$催化剂的烧结与再分散的影响，Butt[145]等得出以下结论：

（1）无论是在载体上还是在气相中的氯对Pt的再分散都是必不可少的。在氧单独存在下，不能使Pt得到再分散[144]。

（2）在无氧的条件下，用气相中的氯（甚至在温度约350℃）处理会导致Pt的再分散[137]。

（3）合适的氯处理可以阻碍烧结，但是阻碍的程度大大取决于预处理的条件。在低温下，可以阻碍烧结，然而在高温下氯明显地导致Pt再分散速率的提高。

4. 载体的性质对烧结的影响

载体性质上的差异会影响金属与载体之间的相互作用力，因此必然要影响到金属的烧结行为。

在氧化气氛下，载体的性质对Pt的烧结起着重要作用。Wanke[148]研究了Al_2O_3、SiO_2和$SiO_2-Al_2O_3$等载体对烧结的影响，发现Pt/SiO_2和$Pt/SiO_2-Al_2O_3$催化剂上Pt的烧结受温度的影响远比Pt/Al_2O_3的大。这是由于Pt的再分散同金属和载体间的相互作用有关，而SiO_2和$SiO_2-Al_2O_3$与Al_2O_3相比，它们与金属间的相互作用较弱。$SiO_2-Al_2O_3$在氧化气氛下的行为同Al_2O_3在氢气气氛下的行为相似。

Primet等[147]认为在催化剂中引入氯提高了Al_2O_3的酸性，使得金属与载体间的相互作用加强，阻止了Pt晶粒的移动，因此金属烧结减弱。对于比表面积较小的载体，金属与载体的相互作用力减弱，因此金属容易烧结。

三、重整催化剂的烧结-再分散机理

Wanke等[138]研究了Pt/Al_2O_3催化剂的烧结-再分散情况，提出了如图13-26所示的机理模型。

在氧化气氛的处理过程中，Pt分散的变化受Pt^{4+}物种形成的控制[138,148,149]。载体-Pt^{4+}络合物的稳定性和流动性决定烧结或者再分散的发生。分散好的Pt/Al_2O_3催化剂在低温氧氛的处理过程中，Pt氧化物生成，随后还原使Pt恢复到好的分散状态。在高温下，体相的Pt氧化物是不稳定的。由于氧促进了Pt(如PtO_y)从金属颗粒移走，使得Pt在高温条件下的烧结速率加快。一部分PtO_y在氧化铝表面的特殊位上被捕获，而其余的PtO_y被金属晶粒捕获。经过高温氧化处理的Pt/Al_2O_3催化剂，在还原时生成一种双分散的Pt颗粒大小分布。其中，小的Pt簇团来源于在氧化铝表面的特殊位上被捕获的PtO_y。Pt在氧氛下的开始烧结温度取决于催化剂上的氯含量。含氯催化剂发生烧结需要较高的温度，在氧气中开始烧结的温度在600～650℃。

氯不仅使 Pt/Al_2O_3 催化剂稳定，而且对烧结催化剂的再分散是必不可少的。表面物种如 $Pt^{4+}O_yCl_x \cdot Al_2O_3$ 和 $Pt^{4+}Cl_x \cdot Al_2O_3$ 被认为再分散剂，这些物种在氧化铝表面上得到很好的分散，并在温度低于650℃的 O_2—Cl 或 Cl_2 气氛中处理时生成。在更高的温度下，这些物种是不稳定的，会发生烧结。

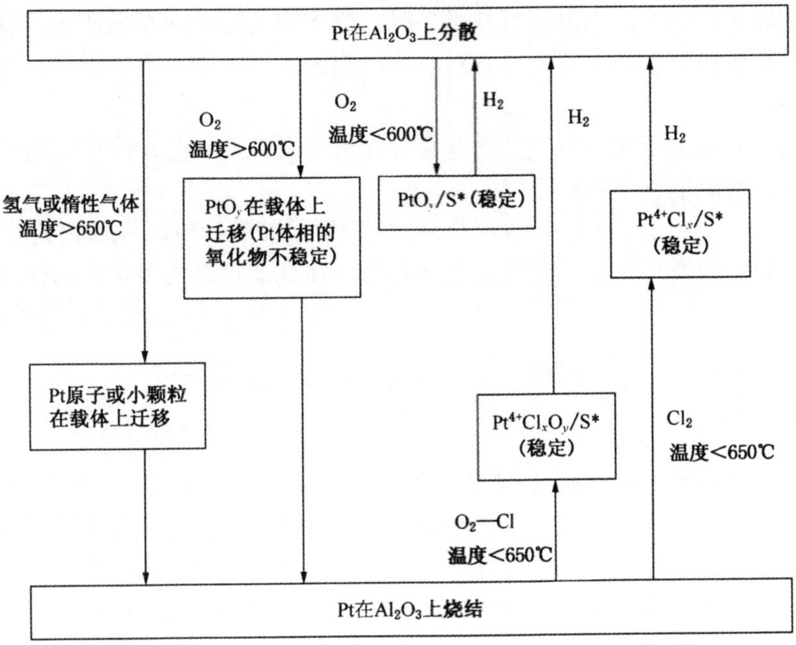

图13－26　Pt/Al_2O_3 在不同气氛下的烧结和再分散机理模型

四、烧结对重整反应的影响

催化剂烧结对重整反应的活性和选择性都有影响。Maat等[150]在反应压力1.37MPa、反应温度500℃、$H_2/n\text{-}C_7$ 摩尔比为5.3的反应条件下，研究了在惰性气氛下处理过的 Pt/Al_2O_3 催化剂的烧结对正庚烷重整反应活性和选择性的影响，结果如图13－26所示。尽管烧结对活性有些影响，但不如期望的结果那么明显。例如，当Pt的表面积降低98%时，转化率才降低25%。这一结果可能与不同大小晶粒的固有活性有关。

从图13－27可以看出，不同烧结程度对重整反应的选择性有不同的影响。烧结对异构化反应的影响较小，但对正庚烷的脱氢环化反应影响较大。

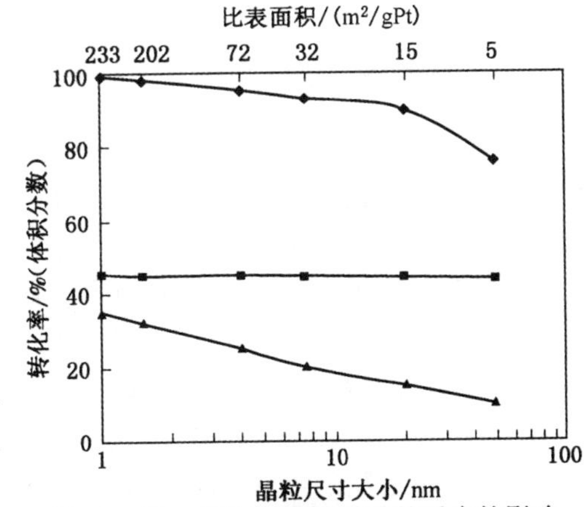

图13－27　催化剂烧结对重整反应的影响

▲脱氢环化；■异构化；◆ $n\text{-}C_7$ 转化率

金属颗粒的烧结导致金属的表面积降低也会影响重整反应活性和选择性的平衡。Lankhorst 等[151]在研究环己烷重整反应时发现，Pt 晶粒的增长会导致脱氢环化活性的轻微提高，而异构化活性降低。当催化剂也因积炭中毒时，这种影响将更加明显。Franck 等[32]指出在一套工业装置上，催化剂再生后因 Pt 没有得到很好的分散，烧结造成的影响最明显。催化剂的初期活性较低是由金属分散度低造成的，这影响了催化剂的加氢，脱氢，脱氢环化和氢解反应。

在催化剂烧焦过程中，当温度超高过多时，载体的结构可能发生变化，所担载的金属也要被烧结，金属烧结、晶粒长大后，对一些结构敏感反应就要产生影响，进而影响催化剂活性的发挥。

在催化剂还原时，所用的氢气如含有水分含量较高时，也会造成催化剂的烧结，降低金属的分散度，造成催化剂活性下降。

McVicker 等[152]在研究 Ir 的聚结对 $Pt-Ir/Al_2O_3$ 性能的影响时发现，随着 Ir 烧结程度的提高，正庚烷的脱氢环化速率或反应活性降低，并且催化剂的芳构化选择性变差。

第三节 重整催化剂的再生

在工业运转过程中，重整催化剂的活性和选择性会逐渐下降，重整产品的辛烷值降低，其原因是催化剂上生成的积炭堵塞了催化剂的活性位或催化剂的活性组分受杂质污染而中毒，或者催化剂在高温下金属活性组分晶粒聚集变大以及载体的孔结构发生变化而使金属和载体的表面积降低。重整催化剂如果因金属中毒或高温烧结而严重失活，则必须更换催化剂，通过再生的方法不能使失活的催化剂恢复活性。如果因积炭失去活性，可以通过烧焦、氯化更新、还原及硫化等过程，恢复催化剂的活性。

一、重整催化剂的正常再生

连续重整催化剂再生在有关移动床连续重整章节里介绍，这里主要介绍半再生重整催化剂的再生情况。

（一）重整催化剂的烧焦

催化剂的烧焦过程就是用含氧的氮气烧掉催化剂上积炭的过程。烧焦是催化剂再生过程中耗时最长的一个过程，它与烧焦温度、烧焦压力以及催化剂积炭的性质和含量等因素有关。

1. 烧焦温度的影响

催化剂上的积炭分为金属上的积炭和载体上的积炭，根据第一节的讨论，这两部分积炭的性质和含量是有区别的，金属上的积炭相对于载体上的积炭量要少且 H/C 比较高。根据这一区别，为了避免催化剂的烧结，可以分三个阶段进行烧焦，表 13 - 19 为铂铼催化剂的烧焦指标和要求。在烧焦过程中要严格控制好温度，实现稳定燃烧。由于 Pt 的催化性质和积炭富氢的缘故，第一阶段主要是烧掉金属上的积炭和部分载体上的积炭。第一阶段烧焦结束后，第二阶段主要是烧掉载体上的 H/C 比较低的积炭。烧焦过程中 N_2 连续补入系统并在重整产品分离器放空，以降低循环气中CO、CO_2、SO_2浓度。有时为了保证烧焦完全，进行第三阶段烧焦，将反应器入口温度升到480℃，同时提高系统气中氧含量大于5.0%（体积分数），烧去残炭。此时因催化剂上残炭很少，不会发生剧烈燃烧而超温。当反应器内燃烧高峰过后，温度会很快下降。如果反应器出入口温度相同或反应器出入口氧浓度不变，表明反应器内积炭已基本烧完。图13－28为某厂采用两段烧焦工艺的烧焦时间与各反应器的温升曲线。

表13－19　铂铼催化剂烧焦的操作指标和要求

烧焦阶段	入口温度/℃	升温速率/(℃/h)	一反入口氧浓度/%(体积分数)	温升控制/℃	N_2置换条件			结束标准
					CO_2/%(体积分数)	SO_2/(μL/L)	CO/(μL/L)	
一	400	40～50	0.5～1.0	≤60	>10	>5	>1000	各反温升均<5℃，末反出口O_2>0.8%(体积分数)，CO_2无明显增加
二	440	20	1.0～5.0	≤20	>10	>5	>1000	床层无温升，系统无氧耗，CO_2不增加
三	480	20～30	≥5.0	≤20	>10	>5	>1000	床层无温升，系统无氧耗，CO_2不增加

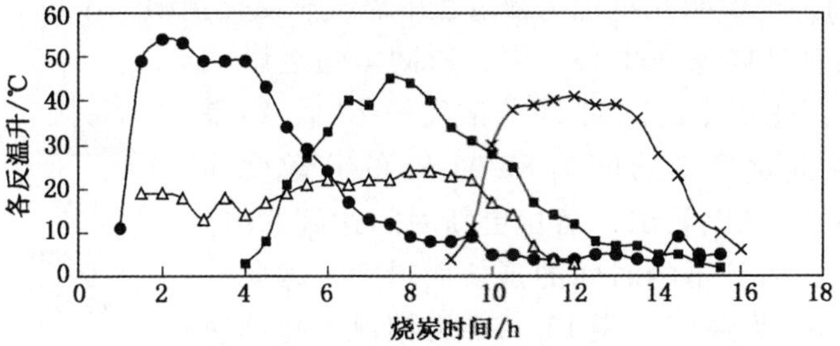

图13－28　烧焦时间与各反温升曲线

● 一反；■ 二反；△ 三反；× 四反

2. 烧焦压力的影响

由于压力提高，在控制相同氧浓度的情况下，实际上提高了氧的分压，以加快烧焦速度，缩短烧焦时间。另外，烧焦时再生气质量流量大，能及时将所产生的热量带出，减少床层温升，进而减少催化剂上金属的聚集。因此，在设备允许的情况下，可以适当提高烧焦时系统压力不小于0.5MPa，以加快催化剂烧焦速度。

（二）催化剂的氯化更新

在烧焦过程中，由于产生较多的水，在高温下，一则导致催化剂上氯的流失，再则使活性金属晶粒聚集。这样，既影响了催化剂的酸性功能，又影响了金属功能。因此催化剂在烧焦后，需要进行氯化更新，这是再生过程中很重要的一个步骤。催化剂在含氧气氛下，注入一定量的有机氯化合物，高温下使金属充分氧化，在聚集的铂金属表面上形成Pt—O—Cl，而自由移动，使得较大的金属晶粒再分散，并补充由于运转和烧焦时所损失的氯组分，以提高催化剂的性能。

氯化更新的效果与循环气中氧、氯和水含量及氯化温度、时间有关。一般循环气中氧浓度为>8mol%，控制合适的水氯摩尔比，温度490～510℃，时间6～8h。不同类型的重整催化剂由于其性质不同，因此在氯化时的补氯量也不同。在其他条件相同时，如果系统水含量偏高，就会导致催化剂上的氯含量和 Pt 的金属分散度偏低。氯化时要密切注意催化剂床层温度的变化，在高温时，如注氯过快，或催化剂上残炭太多，会引起燃烧，将损坏催化剂。氯化更新时还要防止烃类和硫污染。

氯化更新时，不同介质对重整催化剂的 Pt 分散度影响的程度不同，从而影响催化剂的性能。氯化更新后使 Pt 分散度达到最高的介质最好。国内科研人员考察了 N_2、空气和含适量氯化剂的空气等三种介质对 Pt 分散的效果，结果如图 13－29(图中以空气和氯化剂为介质时 Pt 的分散度为 1.0)所示。从图 13－28可以看出，在空气中加入氯化剂作为氯化更新介质时 Pt 的分散度能达到最大值。

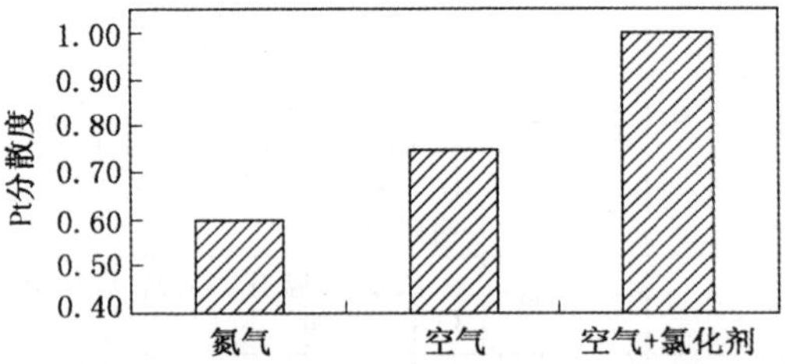

图 13－29 不同介质对 Pt 分散度的影响

Franck 等[13]提出了 Pt/Al_2O_3 催化剂氯化更新的机理过程，如图 13－30 所示。在氯化更新过程中，在 O_2、氯化剂和 $AlCl_3$ 的作用下，形成了 $PtCl_2(AlCl_3)_2$ 复合物，然后在载体上生成 $PtCl_2O_2$ 复合物，它可以还原为单分散的活性 Pt 簇团。这说明在氯化更新过程中氧气和氯化剂缺一不可。

氯化更新时间对具体操作也很重要，时间太短会影响氯化更新的效果。氯化更新时间对 Pt 分散度的影响，结果如图 13－31(图中氯化更新时间为 8h 时 Pt 的分散度为 100%)。从图 13－30 可以看出，氯化更新时间达到 8h 后 Pt 分散度达到最高，而且不随时间的延长而增加，因此确定氯化更新时间为 8h 为最好。表 13－20 为铂铼催化剂氯化氧化的典型工艺条件及控制指标。

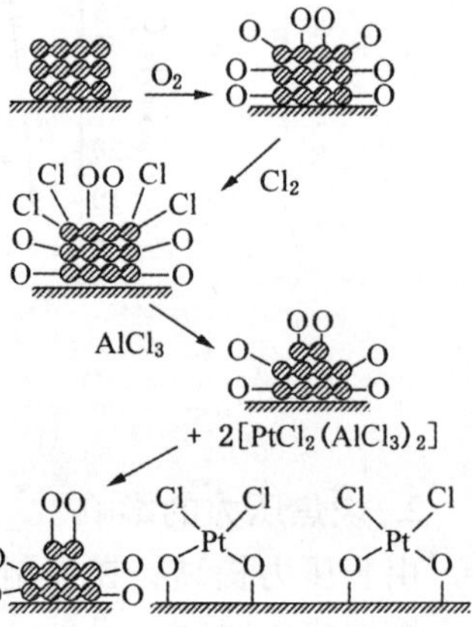

图 13－30 Pt/Al_2O_3 催化剂的氯化更新机理过程

(三) 催化剂的还原

氯化更新后的催化剂，必须用氢将金属组元从氧化态还原成金属态，催化剂才有良好的活性。以铂铼重整催化剂为例，还原过程中发生如下反应。

$$PtO_2 + 2H_2 \longrightarrow Pt + 2H_2O$$

$$Re_2O_7 + 7H_2 \longrightarrow 2Re + 7H_2O$$

催化剂还原时控制反应温度在 450～500℃，还原好的催化剂，铂晶粒小，金属表面积大，而且分散均匀。还原时必须严格地控制还原气中的水和烃。因为水会使铂晶粒长大和载体表面积减少，从而降低催化剂的活性和稳定性，所以必须严格控制还原气中水以及尽量吹扫干净系统中残存的氧。

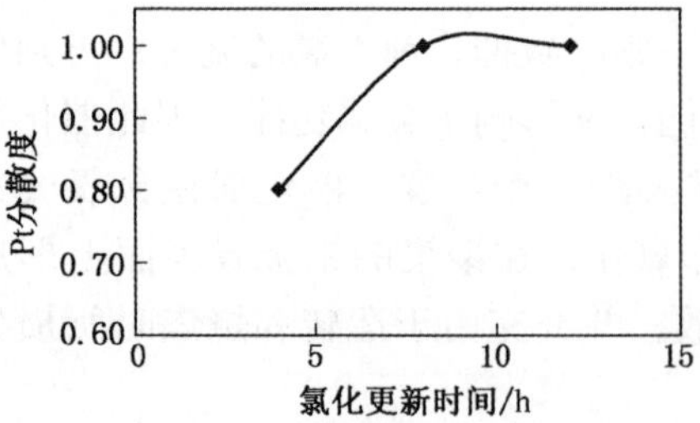

图 13－31 氯化更新时间对 Pt 分散度的影响

胡勇仁等[153]用铂含量为 0.22%，铼含量为 0.43%，氯含量为 1.20% 的铂铼催化剂的实验结果表明，干燥还原时有一个适宜的还原温度区450～

500℃，此时正庚烷转化的甲苯选择性和 C_5^+ 液收选择性最好；还原氢气中水大于或等于 500μg/g，催化剂的选择性和稳定性变坏。胡勇仁等[154]用双分子探针 NO 和 CO 竞争吸附红外光谱的实验结果表明，对铂铼催化剂，还原氢气中水为 6000μg/g 时，对铂氧化物的还原没有明显的影响，但抑制铼氧化物的还原，使铼在催化剂表面上的两类活性中心比例 NO1760/CO1850 值低于催化剂最佳催化剂性能对应值，结果导致催化剂正庚烷转化甲苯选择性、C_5^+ 液收选择性和稳定性变坏。除去系统生成的水，一定要在还原时投用再生好的分子筛。

表 13－20　铂铼催化剂氯化氧化的工艺条件及控制指标

阶　段	介　质	反应器入口温度/℃	高分压力/MPa	气剂体积比	气中氧/%(体积分数)	时间/h
氯　化	氮气＋空气	420～500	0.5	≥800	≥13	4
氧化更新	氮气＋空气	510～520	0.5	≥800	≥13	4

烃类(C_2^+)在还原时会发生氢解反应，所产生的积炭覆盖在催化剂的金属表面，影响催化剂的性能。同时由于氢解反应，产生大量热量，使催化剂局部表面过热而可能使催化剂烧结。由氢解所产生的甲烷，使还原氢浓度大大下降，不利于还原。但如增加重整氢的活性炭吸附处理设施，以除去其所含 C_2^+ 的烃类物质则达到用纯氢(电解氢)还原的同样效果，表现在还原时循环氢浓度保持高的水平。

(四) 催化剂预硫化

还原态的铂铼或铂铱系列重整催化剂，具有很高的氢解活性，如果不进行硫化，将在进油初期发生强烈的氢解反应，放出大量的反应热，使催化剂床层温度迅速升高，出现超温现象。一旦出现这种现象，往往会造成严重后果，轻则造成催化剂大量积炭，损害催化剂的活性和稳定性，重则烧坏催化剂和反应器。对催化剂进行硫化，目的在于抑制新鲜或再生后催化剂过度的氢解活性，以保护催化剂的活性和稳定性，改善催化剂初期选择性。

催化剂硫化时可使用二甲基二硫醚或二甲基硫醚(要求分析纯，纯度≥99%)等硫化剂。硫化量可根据催化剂上含铼或铱的含量、重整装置(新装置需多注一些)、以及催化剂上已含有的硫含量高低等因素决定。

催化剂还原结束，硫化条件符合要求后，切除在线水分仪和在线氢纯度仪，切除分子筛罐。调节并控制好注硫速度，按照计算好的硫化量把硫化剂在 1h 内均匀地注入各重整反应器，同时密切注意检测各反出口气中 H_2S，观察硫穿透时间及反应器温升等情况。注硫结束后重整继续循环 1h，使催化剂硫化均匀。

二、硫污染的重整催化剂再生

被硫化物污染的催化剂，必须先进行硫化物的脱除以免烧焦时催化剂为硫氧化物所中毒，否则不能使其活性得到很好地恢复。

在重整反应条件下，几乎所有的含硫化合物都很容易生成 H_2S，在合适的温度下，H_2S 很容易发生如下反应。

$$H_2S + Fe \rightleftharpoons FeS + H_2$$

以上反应取决于 H_2S 的浓度和反应温度，表 13－21 列出了不同温度下，FeS 形成时

需要 H_2S 在氢气中的最低含量。

表 13-21 FeS 形成时不同温度与 H_2S 最低含量的关系[13]

温度/℃	H_2S/(μg/g)	温度/℃	H_2S/(μg/g)
260	7	482	78
315	13	537	139
371	24	539	250
426	43	649	450

在重整反应的氢气气氛条件下，FeS 一旦生成后其形态是不会发生变化的。而在烧焦时，在 480～500℃温度下会发生如下的化学反应。

$$4FeS + 7O_2 \longrightarrow 2Fe_2O_3 + 4SO_2$$

$$2SO_2 + O_2 \longrightarrow 2SO_3$$

生成的 SO_3 同氧化铝载体发生作用后形成热稳定的铝硫酸盐，减少了载体表面的羟基浓度[155～158]。Franck 等[13]认为铝硫酸盐形成后会造成如下的严重后果：

(1) 阻碍了催化剂氯化更新过程中金属的分散；

(2) 在还原时，由于水的存在和硫酸铝盐还原生成 H_2S，这会导致催化剂发生严重烧结。在重整催化剂中，由于金属铂的存在，在特定的反应条件下，会发生如下反应[159,160]。

$$SO_4^{2-}/\text{载体} + Pt \underset{O_2,\ 480℃}{\overset{H_2,\ 500℃}{\rightleftharpoons}} S—Pt + O_2^-/\text{载体}$$

上式表明，在 500℃的还原的条件下，硫酸盐会造成金属铂中毒，影响催化剂的反应性能。

Berthelin[161]考察了在不同处理条件下催化剂的反应情况，重整原料油 *P/N/A*[%(体积分数)] = 51/29/10，S < 0.5μg/g，反应压力为 1.5MPa，H/HC(摩尔比) = 5，WHSV = 2.5h^{-1}，控制辛烷值 98。在硫酸盐存在的情况下，再生后催化剂的活性明显变差，如图 13-32 所示。而硫酸盐脱除后，再生后催化剂的性能得到很好地恢复，结果如图 13-33 所示。

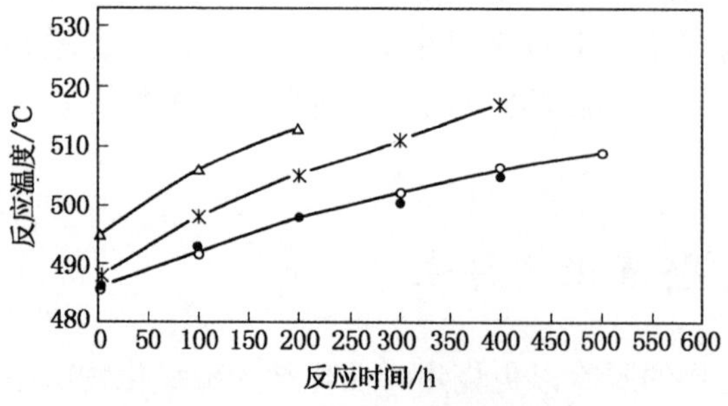

图 13-32 含硫催化剂的再生

△ 新鲜催化剂浸渍 0.8% 的硫作为硫酸盐(原料中没有添加硫)；○ 新鲜催化剂(原料中添加 5μg/g 的硫)；● 催化剂热氢脱硫后再生(原料中添加 5μg/g 的硫)；⁎ 催化剂常规再生(原料中添加 5μg/g 的硫)

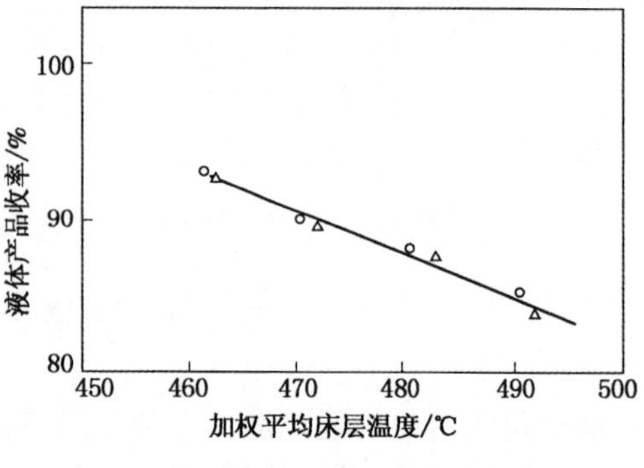

图 13-33 新鲜催化剂与再生后催化剂(脱硫酸盐)对比

○ 新鲜催化剂；△ 再生后催化剂

硫酸盐的另一个危害是影响催化剂的氯调节，如图 13－34 所示。当催化剂上的 S 含量约大于 0.1% 时，平衡氯含量降低，使得重整催化剂的酸性中心和金属中心失去平衡。这是因为硫酸盐在 Al_2O_3 载体上进行竞争吸附，使载体上的路易斯酸位受到堵塞。硫酸根含量越高，路易斯酸位的强度下降的幅度就越大。

因此，重整装置和催化剂受到硫污染后，在烧焦前必须将临氢系统中的硫及硫化铁除去，以免催化剂在再生时受亚硫酸盐及硫酸盐污染。典型的脱硫措施主要有三个，即临氢系统氧化脱硫、重整催化剂烧焦前高温热氢循环脱硫和催化剂还原后脱硫酸盐。

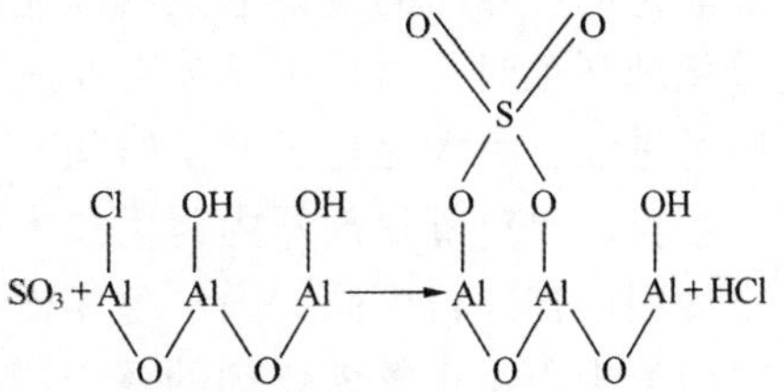

图 13－34　硫酸盐的形成阻碍了氯的调节[125]

氧化脱硫[162]是将重整加热炉和热交换器等有硫化铁的管线与重整反应器隔断，在加热炉炉管中通入含氧的氮气，在高温下一次通过，将硫化铁氧化成二氧化硫而排出。控制系统气中氧含量为 0.5 % ~1.0%（体积分数），压力大于 0.5MPa，控制最高温度不超过 500℃。当气中二氧化硫低于 10μg/g 时，将氧浓度提高到 5%，再氧化 2h 即行结束。烧硫过程见图 13－35。用此法脱除临氢系统的硫及硫化铁后再配合催化剂的热氢循环、氧化烧焦、氯化更新、还原及硫化等过程，几乎可以完全恢复催化剂的性能。

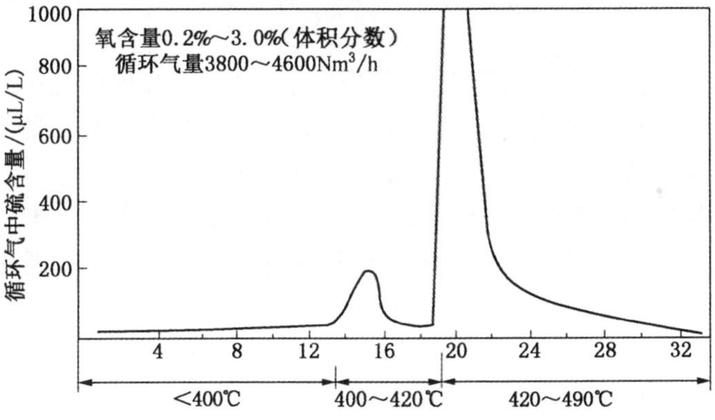

图 13－35　临氢系统硫化铁氧化过程中 SO_2 浓度的变化

重整催化剂高温热氢循环脱硫是在重整装置停止进油后，压缩机继续循环，在氢气气氛下将重整各反应器入口温度逐渐提到 510 ~520℃，重整系统压力控制在 0.5 ~1.0MPa，气剂体积比为 800 ~1500Nm³/(m³ · h)。循环气中氢在高温下与硫及硫化铁作用生成硫化氢，并通过分子筛吸附或碱洗的方法除去。当重整高分出口气中硫化氢小于 1μg/g 时，热氢循环即行结束。

重整催化剂发生较为严重的硫酸盐中毒后（如等铼铂比催化剂 SO_4^{2-} 含量 >0.4%，高铼铂比催化剂 SO_4^{2-} 含量 >0.2%），采用氧化脱硫和热氢脱硫的方法均达不到脱硫效果，必须通过合适的方法进行脱硫酸盐处理，如在热氢还原时，在氢气中加入一定量的含氯有机化合物，可以将催化剂上的硫酸根脱除，使催化剂的活性得以恢复，这种脱除硫酸根的方法已经在多套装置上得到了验证[163~165]。

三、重整催化剂器外再生技术

重整催化剂再生可分为两种，一是重整装置停工后催化剂不从重整反应器内卸出，直接在反应器内再生，简称器内再生；二是重整装置停工后催化剂从重整反应器内卸出，然后在催化剂厂专门的设备上完成催化剂烧炭、氯化更新、还原等步骤，简称器外再生，重整催化剂开工时不再采用氧化态而用还原态，催化剂装填反应器后经短时间的干燥和硫化后即可进油，大大缩短了开工时间。

半再生重整催化剂器内再生技术的应用已经十分成熟，已普遍在国内外半再生重整装置上使用。器外再生同器内再生相比有如下特点：

（1）半再生重整催化剂的整个器内再生过程大约需要10d左右(可依装置的具体情况而有所不同)，催化剂器内再生一般安排在装置检修期间进行，催化剂烧焦后进行检修或者装置检修完毕后再进行催化剂再生，这实际上影响了装置的开停工进度，拖延了开工时间。而催化剂器外再生和炼油厂检修可以同步进行，不影响装置的开工时间。另外，器外再生的重整催化剂多为还原态，大大简化了装置的开工程序，降低了开工的难度和复杂性，从而降低了装置的开工风险。

（2）同器内烧焦相比，催化剂器外烧焦时使用单独的装置，烧焦过程中产生的气体如H_2O、CO_2、CO和SO_2能及时排出系统，比表面几乎没有损失，氯流失相对较少，减轻了对重整装置设备的腐蚀。另外，催化剂上的SO_4^{2-}含量相对较低，可以有效地防止催化剂受到硫酸盐中毒。

（3）同器内烧焦相比，采用器外烧焦重整催化剂可以有效地避免因超温导致催化剂金属和载体的烧结现象。对于催化剂运转时间长、催化剂积炭含量高，器内再生时系统氮气压力或净化风压力偏低的炼油厂，最好选择器外再生技术。

（4）催化剂器外氯化更新，注氯均匀、容易控制。另外，器外烧焦后，可分析催化剂上的残氯，可定量计算注氯量，而器内氯化更新如不采样只能根据经验值进行注氯，无法保证氯化更新效果。因此，器外氯化更新更能保证催化剂的上氯量和铂金属的分散，有利于恢复催化剂的再生性能。

（5）有些炼油厂重整装置器内还原用氢质量无法保证。在炼油厂开工时催化剂还原经常受到因重整氢纯度低且含有C_2^+烃类(重整储氢)、制氢催化剂性能下降、分子筛使用效果差以及装置经氮气和氢气置换不彻底等不利因素的影响，催化剂的还原效果不理想，进而影响催化剂的性能，影响生产周期。采用不合格氢气(如氢纯度低于80%(体积分数))还原时对催化剂的周期寿命影响非常显著，开工后不久催化剂就出现活性明显不足的现象，在工业应用过程中有这样的先例。

催化剂器外还原由于使用单独的还原反应装置，还原时使用的是电解氢，纯度高达99.99%(体积分数)，没有小分子烃类杂质，而且分子筛可以在线再生，可以保证系统比较干燥，催化剂器外还原可以避免器内再生存在的不利因素，因此可以保证催化剂的还原质量进而保证催化剂的性能。对于那些用氢质量无法保证的炼油厂，有必要选择器外再生技术。

多家炼油厂重整催化剂器外再生后的工业应用情况表明，催化剂的运转情况良好，说明重整催化剂的器外再生技术是可行的。

对国内某炼油厂工业重整催化剂 CB－60（Pt 0.25%，Re 0.28%）、CB－70（Pt 0.22%，Re 0.46%），按照合适的器外再生条件进行了再生，并对再生前后催化剂的活性进行了评价。再生前后催化剂的有关分析及活性评价见表 13－22、表 13－23、表 13－24 和表 13－25。

从表 13－22 可以看出，经过器外烧焦后该厂的 CB－60、CB－70 催化剂的物化性能得到了很好的恢复。烧焦后催化剂上的残炭量均小于 0.2%，达到了指标要求。催化剂经过器外再生后其比表面积恢复到新鲜剂的水平，几乎没有损失。这主要是由于器外烧焦过程中催化剂所处的环境接近为无水气氛。

该厂在装置停工后由于热氢脱硫不彻底，三反 CB－70 催化剂在卸剂时曾经发生自燃现象，说明有 FeS 存在。从表 13－22 还可以看出，烧焦前 CB－70 催化剂上的硫含量较高，多达 0.237%，器外烧焦后硫含量仅为 0.03%，SO_4^{2-} 含量为 0.12%。这说明采用器外烧焦技术可以有效地防止催化剂发生硫酸盐中毒现象。

表 13－22　催化剂器外烧焦前后物化性质

项　目		CB－60	CB－70
催化剂烧焦前	C/%	11.2	20.5
	S/%	0.035	0.237
	比表面积/(m^2/g)	134	146
	孔体积/(mL/g)	0.32	0.25
催化剂烧焦后	C/%	0.02	0.18
	S/%	0.03	0.03
	SO_4^{2-}/%	0.11	0.12
	比表面积/(m^2/g)	190	189
	孔体积/(mL/g)	0.47	0.48

表 13－23 为器外再生后还原态 CB－60、CB－70 催化剂的物化性质。从分析数据可以看出，器外再生后还原态催化剂的各项指标均达到指标要求，说明催化剂进行器外再生的技术是可行的。

表 13－23　器外再生还原态催化剂的物化性质

项　目	CB－60	CB－70	项目/催化剂	CB－60	CB－70
Cl/%	1.25	1.23	SO_4^{2-}/%	0.10	0.11
C/%	0.01	0.011	比表面积/(m^2/g)	193	186
S/%	0.03	0.03	孔体积/(mL/g)	0.46	0.47

对器外再生后还原态催化剂 CB－60、CB－70 在实验室中型装置上进行了活性评价，评价结果见表 13－24。从表 13－24 的评价结果来看，器外再生后催化剂的芳烃转化率远高于再生前催化剂的芳烃转化率，这说明经过再生后催化剂的活性得到很好的恢复，器外

再生工艺是成功的。

表 13－24　器外再生还原态催化剂的活性评价

催化剂	状态	芳烃转化率/%
CB－60	器外再生前 器外再生后	88.5 126.6
CB－70	器外再生前 器外再生后	102.6 127.1

催化剂评价条件：反应器入口温度500℃，反应压力1.47MPa，空速2.0h^{-1}，H_2/HC(体积比)＝1200/1，原料油芳潜44.36%。

器外再生后的还原态催化剂CB－60/CB－70开工后工业应用初期反应情况，结果见表13－25。

从表13－25可以看出CB－60/CB－70催化剂经过器外再生后，工业应用初期反应情况良好，说明催化剂器外再生是成功的。

表 13－25　重整催化剂器外再生后初期反应情况

催化剂	CB－60/CB－70(新鲜)	CB－60/CB－70(再生)
重整装置规模/(kt/a)	200	200
重整进料质量空速/h^{-1}	1.5	1.5
一段混氢流量/(Nm^3/h)	12000	11920
二段混氢流量/(Nm^3/h)	11000	10540
一反入口温度/温降/℃	480/79	478/78
二反入口温度/温降/℃	480/36	480/36
三反入口温度/温降/℃	485/24	483/23
四反入口温度/温降/℃	485/15	485/15
总温降/℃	154	152
高分压力/MPa	1.05	1.05
循环氢纯度/%(体积分数)	89.5	89.2
重整原料芳潜/%	37.2	37.0
稳定汽油辛烷值(RON)	91.0	91.0

第四节　重整催化剂的烧焦动力学

烧焦动力学的研究对重整催化剂再生过程的模拟和设计是非常重要的，根据重整催化剂烧焦的特点，对影响重整催化剂烧焦的因素归纳如下：

（1）催化剂积炭的形态和类型。

（2）催化剂上的积炭量多少。

（3）烧焦过程的温度和循环气量。

（4）烧焦过程的系统压力。

（5）烧焦过程的补氧量或氧分压。

（6）系统残存的烃类总量等。

重整催化剂烧焦是一个复杂的过程，由于积炭分为金属上的积炭和载体上的积炭，并且这两种积炭的数量和 H/C 比有所不同，因此燃烧的情况就有所差别[166]，如下式所示。

$$\text{积炭(金属上)} + O_2 \xrightarrow{\text{低温}} CO + CO_2$$

$$\text{积炭(载体上)} + O_2 \xrightarrow{\text{高温}} CO + CO_2$$

一、铂锡重整催化剂烧炭动力学方程

刘耀芳等[167~170]研究了 R－32 和 3861 铂锡连续重整催化剂的积炭燃烧过程。R－32 和 3861 两种铂锡催化剂以 $\gamma-Al_2O_3$ 为载体，负载 0.38% Pt 和 0.32% ～0.37% Sn。积炭的 R－32 取自工业连续重整装置，炭含量为 4.8%。积炭的 3861 取自小型固定床重整装置，炭含量为 5.6%。催化剂原颗粒直径为 1.5～2.0mm，为了考察和避免烧炭过程中内扩散传质的影响：积炭的 R－32 经破碎后筛取 20～40 目和 100～150 目粒度作为试验样品。积炭的 3861 经破碎后筛取 40～60 目和 60～100 目，然后将 40～60 目研磨成大于 200 目的细粉，将大于 200 目和 60～100 目粒度的催化剂作为试验样品。

烧炭动力学方程的建立和研究过程如下：

①由于催化剂上沉积的积炭实质上是高度缩合的碳氢化合物，碳是积炭的主要成分。由于积炭燃烧过程中氢的氧化速率较碳快 1～2 倍，因此该研究以测试积炭中的燃烧行为表示催化剂上积炭的燃烧特性。

②烧炭动力学方程的假设。假设重整催化剂上积炭中碳的燃烧速率与碳含量为一级反应关系，与氧分压为 n 级关系，则

$$\frac{-\mathrm{d}c}{\mathrm{d}t} = kp_{O_2}^{n}C \qquad (13-2)$$

式中 C——催化剂上炭含量，%；

t——反应时间，min；

$p_{O_2}^{n}$——气相中氧分压，10^5Pa；

k——速率常数，$(10^5\text{Pa})^{-n}$/min；

n——常数。

③不同温度下的大量试验结果表明：重整催化剂上积炭中的碳在燃烧过程中，反应速率与碳含量成正比，但先后以三种不同的速率常数 k_1、k_2、k_3 进行反应。

同一条件下存在三种不同速率常数的反应，这意味着催化剂上存在三种燃烧性能不同

的Ⅰ、Ⅱ、Ⅲ类型的积炭。根据试验结果：①$k_1 >> k_3 > k_2$；②Ⅰ型炭数量很少，约0.25%左右，Ⅲ型炭数量约0.5%，其余皆为Ⅱ型炭。

关于试验中观察到的三种速率常数，可作如下的解释：催化剂内仍然裸露着的铂金属表面上沉积着积炭前身物和少量积炭，此为Ⅰ型炭，多半是比较容易再生的无定形炭。这些Ⅰ型炭量少，在烧焦过程中，受裸露铂的直接催化作用，燃烧速度快。催化剂中除Ⅰ型炭外均属Ⅱ型炭，以多层形式沉积在 Al_2O_3 载体表面和已被覆盖的铂金属表面上，它们多是不易再生的石墨化炭，薄层，片状，接近理想的石墨结构，表明它们基本平行于沉积的固体表面，是在烃分压降低、温度较高的条件下形成的。Ⅱ型炭量大，在燃烧过程中，它们不与裸露铂直接接触，所以燃烧速度较Ⅰ型炭慢得多，但由于裸露的铂的氧溢流作用，其燃烧速度比无铂存在的纯 Al_2O_3 载体上的积炭燃烧速度快得多。当大部分Ⅱ型炭被烧掉后，原来被覆盖着的铂金属逐渐裸露出来，催化剂上这时还残留着部分Ⅱ型炭，但与没有裸露铂存在时的特性已经不同，因此，称它们为Ⅲ型炭。Ⅲ型炭由于被覆盖的铂表面重新裸露出来，因此它们的燃烧速度远比Ⅱ型炭快，但不及Ⅰ型炭。

④在525℃，氧分压为1～25kPa下对R－32和3861催化剂的Ⅱ型和Ⅲ型炭进行大量的烧炭试验，得到Ⅱ型和Ⅲ型炭的燃烧速率与氧分压的关系为0.55级。

由于Ⅱ型和Ⅲ型炭占总积炭量的90%以上，因此积炭烧焦动力学方程为：

$$\frac{-\mathrm{d}c}{\mathrm{d}t} = kp_{O_2}^{0.55}C \tag{13-3}$$

⑤以空气为介质，在450～575℃不同恒温条件下对R－32和3861催化剂进行烧炭试验，由上述动力学方程得到 k_2 和 k_3 值。以 $\ln k$ 对 $1/T$ 作图，发现 $\ln k$ 与 $1/T$ 的线性关系较好，说明Ⅱ型和Ⅲ型炭的燃烧速率常数与温度关系遵循Arrhenius方程。

因此，对R－32和3861的Ⅱ型炭

$$k_2 = 3.0\times10^{10}\exp\left(\frac{-154.5\times10^3}{8.314T}\right) \tag{13-4}$$

对R－32的Ⅲ型炭

$$k_2 = 4.32\times10^{11}\exp\left(\frac{-165\times10^3}{8.314T}\right) \tag{13-5}$$

对3861的Ⅲ型炭

$$k_3 = 5.28\times10^{11}\exp\left(\frac{-168.3\times10^3}{8.314T}\right) \tag{13-6}$$

这些研究结果在进行计算机模拟计算时造成了一些困难，因此为了简化模拟计算，有必要建立一个单一连续的动力学方程，以描述积炭燃烧的全过程。

在对氧微分的固定床反应器内，以空气为介质，对20～150目颗粒的积炭R－32催化剂进行了烧炭研究，结果表明在450～570℃的恒温条件下，烧炭的全过程可用下列单一动力学方程来表示[171]：

$$\frac{-\mathrm{d}c}{\mathrm{d}t} = k_Tp_{O_2}^{0.55}C^{0.65} \tag{13-7}$$

其中速率常数 k_T 与温度的关系为：

$$k_T = 4.39\times10^{10}\exp\left(\frac{-166.15\times10^3}{8.314T}\right) \tag{13-8}$$

对上述动力学方程是否适用于工业上使用的直径为 ϕ0. 5mm ~ 1. 5mm 的小球状催化剂进行了研究，由于工业上原颗粒重整催化剂上积炭燃烧时存在内扩散传质阻力，在温度为 470 ~ 575℃时，其反应的有效因子为 0. 8 ~ 0. 4，为简化计算，取其平均值为 0. 6，因此原颗粒重整催化剂的烧炭速率常数为：

$$k_G = 0.6k_T \tag{13-9}$$

其烧炭动力学方程为：

$$\frac{-dc}{dt} = 0.6k_T p_{O_2}^{0.55} C^{0.65} \tag{13-10}$$

式中　k_T——上述细颗粒催化剂在消除内扩散阻力情况下所测得的速率常数。

二、铂铼重整催化剂烧炭动力学方程

本节主要讨论烧焦温度、压力和积炭量对烧焦的影响。

(一) 烧焦温度对烧焦速率的影响

重整催化剂烧焦是一个动力学反应，对温度比较敏感，适宜的烧焦温度对催化剂性能的恢复很重要。在气剂比、氧分压相同的条件下，国内研究人员在实验室用积炭量为 4. 0% 的 CB - 6 等铂铼比催化剂考察了烧焦温度对烧焦速率的影响，结果见表 13 - 26。

表 13 - 26　烧焦温度对烧焦速率的影响

烧焦温度/℃	烧焦速率 $R_c \times 10^7$/[mol C/(s · mL 催化剂)]	烧焦温度/℃	烧焦速率 $R_c \times 10^7$/[mol C/(s · mL 催化剂)]
380	0. 722	460	1. 247
420	0. 970		

从表 13 - 26 可以看出，随烧焦温度的提高烧焦速率加快。但是过高的烧焦温度会导致催化剂表面温度过高(由于积炭燃烧放热)而使催化剂的金属晶粒和载体烧结，特别是载体的烧结，为不可逆的，因此必须控制适宜的烧焦温度。

(二) 氧分压对烧焦速率的影响

烧焦时通常采用氮气与氧气的混合气作为烧焦介质，介质中的氧分压是烧焦过程中必须要控制的重要参数。氧分压过低烧焦速率较慢，烧焦时间较长，还会导致催化剂上的氯流失较大；氧分压过高烧焦速率很快，积炭燃烧的热量会使催化剂表面温度超高，催化剂出现过烧结，严重的会导致烧焦装置烧坏。在烧焦温度、气剂比相同的条件下，在实验室用积炭量为 4. 0% 的 CB - 6 催化剂考察了氧分压对烧焦速率的影响，结果见表 13 - 27。

表 13 - 27　氧分压对烧焦速率的影响

氧分压/MPa	烧焦速率 $R_c \times 10^7$/[mol C/(s · mL 催化剂)]	氧分压/MPa	烧焦速率 $R_c \times 10^7$/[mol C/(s · mL 催化剂)]
0. 11	1. 043	0. 195	1. 376
0. 165	1. 244		

从表 13 - 27 可以看出，随烧焦介质中氧分压的提高，烧焦速率逐渐加快，因此适当

地提高介质中的氧分压可以加快烧焦速度，缩短烧焦时间，这对于全氯型铂铼重整催化剂十分重要。要根据实际情况在不同的烧焦阶段控制不同的氧分压。

(三)积炭量对烧焦速率的影响

在烧焦温度、气剂比及氧分压相同的条件下，催化剂上的积炭量对烧焦速率也有影响。根据催化剂上的积炭量不同也要相应地调整烧焦温度、氧分压。在烧焦温度、氧分压相同的情况下，不同积炭量对催化剂烧焦速率的影响结果见表 13-28。

表 13-28 积炭量对烧焦速率的影响

积炭量/%	烧焦速率 $R_c\times10^7$/[mol C/(s·mL 催化剂)]	积炭量/%	烧焦速率 $R_c\times10^7$/[mol C/(s·mL 催化剂)]
1.40	0.4012	8.00	1.8807
2.63	0.667	11.50	2.5601
4.00	1.0434	14.1	3.0440

从表 13-28 以看出，在相同的烧焦条件下随着催化剂上的积炭量的增加，烧焦速率也会增加。

根据以上研究的结果，催化剂的烧焦速率方程可归纳为：

$$R_c = 5.9\times10^{-3}\times e^{-3450/T}\times C_c^{0.85}\times(p_{O_2}\times G/120)^{0.485} \tag{13-11}$$

式中 R_c——烧焦速率，mol C/(s·mL 催化剂)；

T——催化剂床层平均温度，K；

p_{O_2}——烧焦介质的氧分压，MPa(绝压)；

C_c——催化剂上的积炭浓度，mol C/mL 催化剂；

G——气剂体积比，$Nm^3/(m^3\cdot h)$；

这里必须指出，由于催化剂的载体、金属含量等的不同，导致催化剂上的积炭形态和类型不同，因此由实验结果推导出的催化剂烧焦速率方程也可能有所不同。

第五节 催化剂典型事故分析

一、重整催化剂锌、铜中毒

自从使用双金属催化剂后，对原料油中硫含量的要求严格，为了充分保证原料油中硫含量在 0.5μg/g 以下，许多炼油厂重整原料油除经加氢预精制外，在汽提塔后还设有脱硫保护床。脱硫保护床常使用氧化锌、镍锌和镍铜等脱硫剂，经验表明，应在脱硫罐后加过滤器等措施，以避免锌、铜等金属杂质进入重整反应器内，造成重整催化剂中毒。某厂重整装置设有一个氧化锌为脱硫剂的硫保护床，长期运转后发现重整催化剂床层温降减少，芳产下降，分析其原因，发现系因催化剂锌中毒所致，各反应器催化剂锌含量分别为：第一反应器为 1.5%，第二反应器 0.64%，第三反应器 0.17%，第四反应器 0.02%。将失活催化剂在脉冲微反上进行环已烷脱氢反应。结果如表 13-29 所示。

表 13-29　锌含量对催化剂环己烷脱氢活性的影响

锌含量/% \ 脱氢活性	250℃苯/环己烷/%	300℃苯/环己烷/%	370℃苯/环己烷/%
0	0.8/99.2	37.7/62.3	100/0
1.5	0/100	0.5/99.5	56.1/43.3
0.64	0.4/99.6	10.9/89.1	93.9/5.8
0.17	1.2/98.8	31.7/68.3	100/0
0.02	1.2/98.8	35.4/64.6	100/0

从表 13-29 可以看出，催化剂的脱氢活性随着催化剂上锌含量的增加而下降。催化剂上锌含量超过 0.5%，催化剂的脱氢活性大大下降，超过 0.2% 即有不利影响。

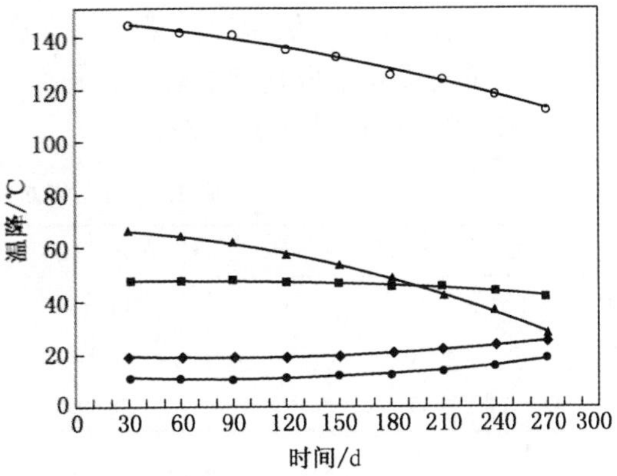

图 13-36　催化剂铜中毒对各反温降的影响
▲ 一反温降；■ 二反温降；◆ 三反温降；
● 四反温降；○ 总温降

某厂重整装置在汽提塔后装有一个镍铜型脱硫剂的脱硫罐，2003 年 10 月发现重整进料铜含量高达几十 ng/g，催化剂已经发生铜中毒。经过分析，汽提塔底油铜含量一直维持在 3～5ng/g，重整进料实际上在13～118ng/g 之间波动(重整进料一般要求铜含量要求 < 10ng/g)，铜是重整催化剂的毒物，为不可逆中毒，所以对催化剂活性影响很大，重整催化剂一反床层温降明显减少，结果如图 13-36 所示。厂方切除脱硫罐后分析，脱硫剂中氧化铜含量为 28.0%，而新脱硫剂中氧化铜含量为 30.6%，因此脱硫剂中的铜含量有明显的流失。

重整装置停工后，对重整一反、二反和三反催化剂采样分析表明确实有铜中毒的情况发生，如表 13-30 所示。重整催化剂上的 Cu 含量大于 0.04% 时，催化剂的脱氢活性会受到严重影响[13]。一反催化剂上的 Cu 含量明显偏高，因此，其活性下降很大，反应温降降低。二反催化剂上的 Cu 含量也偏离正常值，说明一反催化剂发生 Cu 穿透后进入二反。因此，鉴于金属中毒的不可逆特性，一反催化剂需要重新换剂，二反需要从催化剂床层上面撇掉一部分被 Cu 污染的催化剂。

表 13-30　重整催化剂铜含量分析

催化剂	位　置	Cu/%	催化剂	位　置	Cu/%
CB-6	一反上层	0.48	CB-6	二反上层	0.034
CB-6	一反下层	0.063	CB-7	三反上层	0.010

二、重整催化剂硫中毒

某炼油厂 0.15Mt/a 半再生重整装置使用 PR-C(Pt 0.25%，Re 0.28%)和 PR-D(Pt 0.22%，Re 0.46%)重整催化剂，该装置第一周期运转情况良好，第二周期由于原料油的变化，硫含量远超过设计值，最高达 1080μg/g(为设计值的 6 倍)，预加氢精制单元不能生产合格的重整原料。重整循环氢中 H_2S 最高时达 10μg/g，而且将重整反应温度提高

10℃，总温降及稳定汽油的辛烷值几乎没有变化，说明催化剂的活性受到严重影响，根据催化剂的反应情况分析，重整催化剂发生硫中毒，装置必须停工再生处理。

重整装置停油，引PSA氢气置换系统后将重整各反入口升到510℃进行第一次热氢脱硫，循环氢中H_2S最高达6.0μg/g，投入分子筛吸附硫化氢至出口$H_2S < 1$μg/g。热氢脱硫结束后，重整单元重新进油后的反应情况不理想。重整停油后再次进行热氢脱硫，脱硫时在重整一反和三反入口注入适量二氯乙烷，加快脱硫速度。但重整单元重新进油后的反应情况仍不理想，说明重整催化剂已基本失活，必须进行特殊处理。

催化剂再次经过热氢脱硫结束后，在产品分离罐压力为0.8MPa下分400℃、440℃、480℃三个阶段进行了催化剂的烧炭，每个烧焦阶段控制床层温升不超过30℃。烧炭结束后一、四反采样结果见表13－31。

表13－31 烧炭后催化剂的分析数据

反应器	一反	四反	反应器	一反	四反
催化剂	PR－C	PR－D	Cl%/%	0.46	1.06
S/%	0.71	0.008	C%/%	0.087	0.062
SO_4^{2-}/%	1.34	0.093			

从表13－31烧炭后催化剂的分析结果可以看出，一反催化剂在烧焦后SO_4^{2-}含量明显高于等铼铂比重整催化剂所允许的SO_4^{2-}含量(要求等铼铂比催化剂SO_4^{2-}含量<0.4%)，因此必须进行脱硫酸盐处理。

催化剂烧焦后按照常规方法进行氯化更新，并在480℃还原结束后将重整各反向525℃升温(床层达505～515℃)并恒温，然后在两小时内分四次向一、三反注入二氯乙烷，如表13－32所示。

表13－32 脱硫酸盐时二氯乙烷的注入量

反应器	一反	三反
催化剂	PR－C	PR－D
元素Cl/%	0.6	0.6
二氯乙烷(99.0%)/kg	7.8	26.5

注氯结束约2h，从重整循环氢中检测到6μg/g的硫化氢，说明脱硫酸根操作确实有效果。脱硫酸根操作结束后，按正常开工流程开工进油，装置运行恢复正常。催化剂硫污染前后及停工脱硫酸根处理后装置运行主要条件及结果见表13－33。

表13－33 装置运转条件及主要反应结果

运转阶段	硫污染前	硫污染后	脱除硫酸根后
反应器入口加权平均温度/℃	488	490	489
产品RON	90.6	69.1	91.2

反应条件：质量空速2.0h^{-1}，高分压力1.0MPa，氢油比约1200/1。

表13－33的数据表明，经脱硫酸根处理后，催化剂的活性达到硫污染前的水平。这说明，在高温的氢气气氛下，补入适量的有机氯化合物有利于脱除硫酸根，是受硫酸根污

染的铂铼催化剂得到有效再生的一个比较好的措施。

三、重整催化剂烧结失活

国内某炼油厂半再生重整装置在进行催化剂(CB-60、CB-70)烧焦时，由于离心压缩机突然停机，压缩机再次启动时一反炉膛温度仍很高，因此导致一反出现大幅度超温，出口温度最高达到540℃。对一反进行卸剂后，发现约1/6的催化剂颜色为白色。将一反催化剂中颜色为灰黑色催化剂与白色催化剂分开，分别对其进行物化性能和晶相的表征，结果见表13-34和图13-37。结果表明一反催化剂中灰黑色催化剂的条直径、强度、表面积、孔体积和晶相与正常催化剂相符合，而白色催化剂的条直径小于正常催化剂，强度增加，发生相变，晶相为$\alpha-Al_2O_3$，表面积和孔体积非常小，远远小于正常值，这与晶相结果相一致。同时由于表面积明显变小，Pt晶粒发生烧结，在晶相表征结果中能够观察到Pt晶相。催化剂载体的晶相由$\gamma-Al_2O_3$转变为$\alpha-Al_2O_3$，催化剂床层局部温度应该超过800℃。这说明一反催化剂在烧炭过程中发生局部超温，致使部分催化剂烧坏，而这部分催化剂通过过筛等方法不能分离出来，因此只能更换新催化剂。

一反卸剂完毕后，对反应器进行仔细检查，发现一反中心管局部两处发生烧坏，中心管上出现长6cm、宽3cm左右的裂缝，这很可能是由于烧焦过程中发生严重超温所致，具体见图13-38和图13-39。

表13-34 一反CB-60催化剂的物化性能

催化剂名称	条直径/cm	强度/(N/cm)	比表面积/(m^2/g)	孔体积/(cm^3/g)	晶 相
一反筛后样-黑①	1.66	103	181	0.45	$\gamma-Al_2O_3$
一反筛后样-白②	1.33	297	4	0.02	$\alpha-Al_2O_3+Pt$

① 一反筛后样-黑：一反催化剂中颜色为灰黑色的催化剂。

② 一反筛后样-白：一反催化剂中颜色为白色的催化剂。

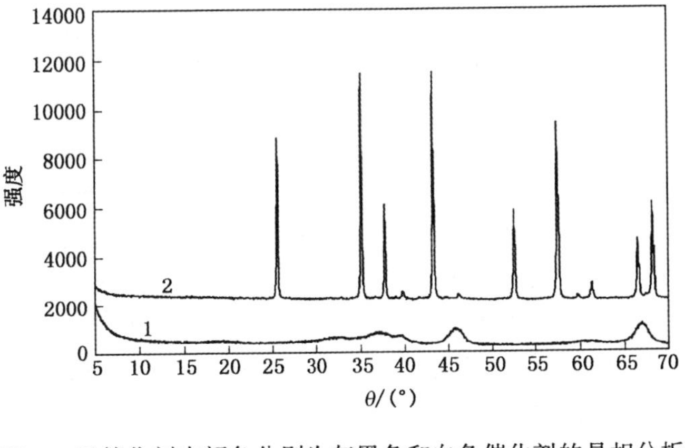

图13-37 一反催化剂中颜色分别为灰黑色和白色催化剂的晶相分析(XRD)

1——一反筛后样-黑；2——一反筛后样-白

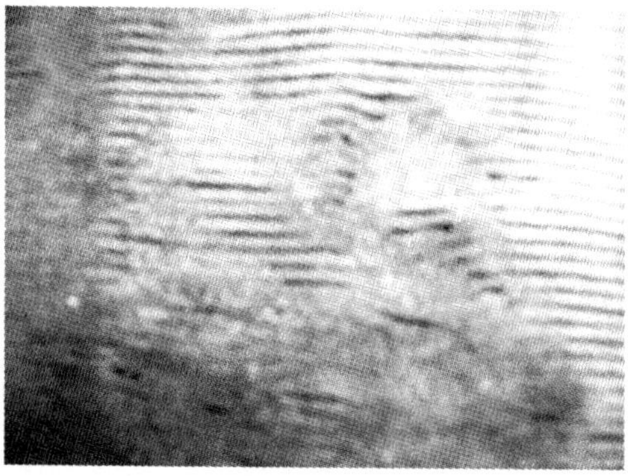

图 13-38 一反中心管局部烧坏情况(1)

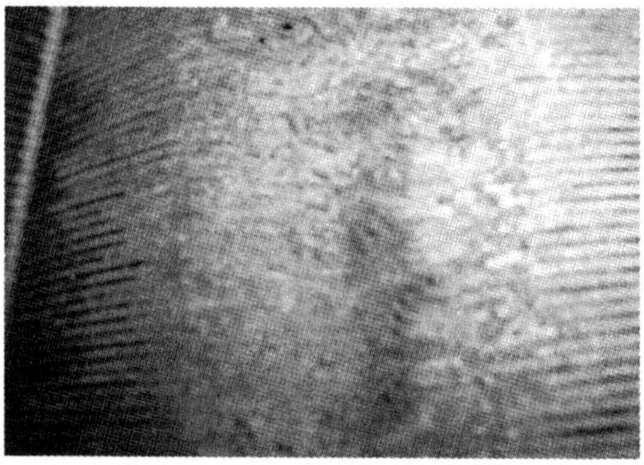

图 13-39 一反中心管局部烧坏情况(2)

四、重整催化剂氮污染失活

国内某 A 炼油厂 300 kt/a 半再生重整装置因预加氢催化剂器外再生不当，催化剂活性变差，加上原料油中氮含量偏高，导致重整精制油中氮含量大于 0.5μg/g。另外，由于车间判断失误，认为催化剂大量缺氯，长时间进行集中补氯 5μg/g，导致 PRT-C/PRT-D 重整催化剂氯含量偏高，加速催化剂积炭。在重整高分压力 1.15MPa，精制油芳潜 48.25%，进料量 35t/h，各反入口温度/温降分别为一反 486/95℃、二反 489/60℃、三反 490/41℃、四反 493/26℃的反应条件下，总温降 222℃，重整稳定汽油的辛烷值仅为 88。由此可见，重整催化剂的活性变差。重整离心压缩机原设计的排量应该在 60000Nm^3/h 左右，而实际显示排量最高为 35000Nm^3/h，氢油比明显低于设计值，这不仅导致各反温降偏高，而且导致催化剂加快积炭。重整装置停工后，打开离心压缩机时发现压缩机入口封头、主轴附近的一级、二级流道里存在大量灰黑色结垢，结垢能溶于热水并略显酸性，在 500℃焙烧 6h 后残留组分约为 20%。从表 13-35 对结垢采用 X 光荧光分析结果可见，结垢中主要是铵盐和铁锈。

表 13-35 离心压缩机结垢组成 %

项目	Cl	Fe_2O_3	N	SO_3	MnO	NiO	Cr_2O_3	CaO	SiO_2	Al_2O_3	MgO
组成	53.8	31.1	12.1	0.81	0.34	0.14	0.22	0.12	0.28	0.63	0.46

国内某 B 炼油厂一套半再生重整装置处理能力为 250kt/a，从 2009 年 11 月开始采用 PRT-C/PRT-D 催化剂以来，由于加工进口劣质含酸原油，预加氢原料多次出现超过装置设计的情况，如氮含量最高为 28μg/g(设计最高 2μg/g)，硫含量多在 400~800μg/g(设计最高 300μg/g)。在预加氢高分操作压力为 2.2MPa 的条件下重整进料中曾经出现高达 5.6μg/g 的氮，造成氮污染严重。重整稳定塔顶多次出现铵盐结晶现象，影响稳定塔操作，基本上是每月被迫注水一次。2011 年 8 月重整高分压力 1.20MPa，精制油芳潜 45.78%，重整进料量为 28t/h(质量空速 1.15h^{-1})，重整一、二段循环氢量 30900、26660Nm^3/h，各反入口温度/温降分别为：473/43℃、474/40℃、475/15℃、476/9℃，

总温降为107℃。从温降分布来看，一反温降偏低，有明显后移现象，说明一反催化剂明显失活，稳定塔底油RON在89左右。

2012年8月该重整装置停工检修，重整催化剂进行器外再生。停工检查时发现稳定塔内腐蚀严重，打开的5个人孔处都发现有灰黑色粉末以及明显的锈斑，但塔顶处人孔处锈斑最严重。塔内的浮阀塔盘也是如此，如图13－40所示。从这些现象可以推测出重整生成油中的氯、铵盐等超标，车间又多次进行了注水冲洗稳定塔，因此造成了稳定塔腐蚀严重。重整稳定塔塔底换热器也发生堵塞，有时外送稳定汽油受阻，铵盐结晶累积现象突出。

图13－40　稳定塔塔底人孔处塔盘和人孔封头腐蚀和铵盐结晶情况

为了彻底解决氮污染催化剂以及对装置平稳运转带来的问题，提出如下解决措施：

(1)控制预加氢原料中氮含量不超过设计值；

(2)采用脱氮反应效果好的预加氢催化剂；

(3)稳定塔顶回流罐增加切水包；

(4)稳定塔进料前增加脱除氯化铵的过滤器；

(5)稳定塔进料前增加液相脱氯设施。

参考文献

[1] J M Parera and N S Figoli. Deactivation and Regeneration of Naphtha Reforming Catalysts [J], Catalysis, 1990

[2] J Barbier. Deactivation of Reforming Catalysts by Coking[J]. Applied Catalysis, 1986, 23(2): 225～243

[3] J Barbier, E Churin and P Marecot. Coking of Pt－Ir/Al_2O_3 and Pt－Re/Al_2O_3 Catalysts in Different Pressures of Cyclopentante[J]. Journal of catalysis, 1990, 126(1): 228～234

[4] J M Grau and J M Parera. Deactivation of Pt－Re/Al_2O_3 Catalysts with different metallic charge [J]. Applied Catalysis, 1991, 70(1): 9～18

[5] D Espinat, E Freund, H Dexpert and G Martino. Localization and structure of carbonaceous deposits on reforming catalysts[J]. Journal of Catalysis, 1990, 126(2): 496～518

[6] T S Chang, N M Rodriguez, R T K Baker. Carbon deposition on supported platinum particles [J]. Journal of Catalysis, 1990, 123(2): 486～495

[7] N V Voikina, L A Makhlis, S L Kiperrnan, O K Bogdanova. Kinetics and Catalysis, 1974, 15: 657

[8] J Barbier, E Churin, J M Parera, J Riviere. Characterization of coke by hydrogen and carbon analysis[J]. Reaction Kinetics Catalysis Letters, 1985, 29(2): 323～330

[9] Donald Best , Bohdan W Wojciechowski. On identifying the primary and secondary products of the catalytic cracking of cumene[J]. Journal of Catalysis, 1977, 47(1) : 11 ~27

[10] D Eisenbach , E Gallei. Infrared spectroscopic investigations relating to coke formation on zeolites : I. Adsorption of hexene - 1 and n - hexane on zeolites of type Y [J]. Journal of Catalysis, 1979, 56 (3): 377 ~389

[11] J N Beltramini, E J Churin, E M Traffano , J H Parera. Influence of Pt concentration on activity and combustion of coke on Pt/Al_2O_3[J]. Applied Catalysis, 1985, 19 (1): 203 ~206

[12] J Barbier, A Morales, P Marecot, R Maurel. Influence of the dispersion of platinum and effect of poison on its activity and selectivity[J]. Bulletin of the Belgian chemical companie, 1979, 88: 569

[13] J P Franck , G Martino. Deactivation and Poisoning of Catalysts(J. Oudar and H. Wise, eds.), Martinus Nijhoff, The Hague, 1982.

[14] J Biswas, G M Bickle, P G Gray, D D Do, J Barbier. The Role of Deposited Poisons and Crystallite Surface Structure in the Activity and Selectivity of Reforming Catalysts[J] . Catalysis Review: Science and Engineering, 1988, 30(2): 161 ~247

[15] Victor K Shum, John B Butt, Wolfgang M H Sachtler. The dehydrocyclization - controlling site in bifunctional reforming catalysts[J]. Applied Catalysis, 1984, 11(1): 151 ~154

[16] J Völter , U Kürschner . Deactivation of supported pt and pt - sn catalysts in the conversion of methylcyclopentane [J]. Applied Catalysis, 1983, 8(2): 167 ~176

[17] Michael A Pacheco , Eugene E Petersen. Effect of pretreatment on Pt/Al_2O_3 and $Pt + Re/Al_2O_3$ catalyst deactivation[J]. Journal of Catalysis, 1985, 96(2): 499 ~506

[18] L W Jossens , E E Petersen. Fouling of a platinum - rhenium reforming catalyst using model reforming reactions[J]. Journal of Catalysis, 1982, 76(2): 265 ~273

[19] Somorjai G A. Active Sites in Heterogeneous catalysis[J]. Advances in catalysis, 1977, 26: 2

[20] W Molina, M Guisnet, J Barbier, N S Gnep, L Elassal. First Fanco - Venezuelan Congress, 1983

[21] Processing explored by Q & A[J]. Hydrocarbon Process, 1979 , 56(3): 151 ~162

[22] N S Figoli, J N Beltramini, E E Martinelli, P E Aloe , J M Parera . Influence of feedstock characteristics on activity and stability of Pt/Al_2O_3 - Cl reforming catalyst[J]. Applied Catalysis, 1984, 11(2): 201 ~215

[23] C G Myers, W H Lang, P B Weisz. Aging of Platinum Reforming Catalysts[J] . Industrial & Engineering Chemistry , 1961, 53(4): 299 ~302

[24] J N Beltramini, E E Martinelli, E J Churin, N S Figoli , J M Parera. Pt/Al_2O_3 - Cl in pure hydrocarbon reforming[J]. Applied Catalysis, 1983, 7(1): 43 ~55

[25] B J Cooper, D L Trimm. Catalyst Deactivation (B. Delmon and G. F. Froment, editors) [J]. Elsevier, Amsterdam, 1980: 63

[26] Yu M Zhorov, G M Panchenkov, Tu N Kovtaskov. Kinetics and Catalysis, 1980, 21: 580

[27] Y M Zhorov, G M Panchenkov. Kinetics of Platinum Catalyst Deactivation by Coke Deposits[J]. Kinetics and Catalysis, 1980, 21: 776 ~780

[28] J M Parera, R J Verderone, C A Querini. Catalyst Deactivation (B. Delmon and G. F. Froment, editors)[J]. Elsevier, Amsterdam, 1980: 73

[29] J Barbier, E Churin, P Marecot, J C Menezo. Deactivation by Coking of Platinum/Alumina Catalysts : Effects of Operating Temperature and Pressure[J]. Applied Catalysis, 1988, 36: 277 ~285

[30] J M Parera, N S Figoli, E M Traffano, J N Beltramini , E E Martinelli . The influence of coke deposition on the functions of a Pt/Al_2O_3 - Cl bifunctional catalyst [J]. Applied Catalysis, 1983, 5(1): 33 ~41

[31] J Barbier. In Catalyst Deactivation (B. Delmon and G. F. Froment, eds.) [J] . Elsevier, Amsterdam, 1987: 1

[32] J P Franck , G Martino. Deactivation of reforming Catalysts[M]. Deactivation and Poisoning of Catalysts (J. Oudar and H. Wise, eds.). Marcel Dekker, New York, 1985

[33] M E Levinter, L M Berkovich, T V Kurchatkina, N A Panfilov. Kinetics of coke formation in catalytic reforming. [Mathematical description for coke yield in reforming of naphtha fractions over platinized alumina catalyst] [J]. Kinetics and Catalysis, 1975, 16(3): 797

[34] P P Lankhorst, H C De Jongste, V Ponec. Catalyst Deactivation[J]. Studies in Surface Science and Catalysis, Elsevier, Amsterdam, 1980, 6: 43

[35] B C Gates, J R Katzer, G C A Schuit. Chemistry of catalytic processes [M] . New York: McGraw - Hill, 1979

[36] C L Pieck , J M Parera. Comparison of coke buring on catalysts coked in a commercial plant in the laboratory[J]. Industrial & Engineering Chemistry Research, 1989, 28(12): 1785

[37] N S Figoli, J N Beltramini, E E Marinelli, M R Sad , J M Parera.
Operational conditions and coke formation on Pt - Al_2O_3 reforming catalyst[J]. Applied Catalysis, 1984, 5(1): 19 ~ 32

[38] J Barbier, G Corro , Y Zhang, J P Bournonville , J P Franck . Coke formation on platinum - alumina catalyst of wide varying dispersion[J]. Applied Catalysis, 1985, 13(2): 245 ~ 255

[39] J N Beltramini, T J Wessel, R Datta. Deactivation of the Metal and Acid Functions of Pt/Al_2O_3 - Cl Reforming Catalyst by Coke Formation[J]. Studies in Surface Science and Catalysis, Elsevier, Amsterdam, 1991, 68: 119 ~ 126

[40] Hu Zi - Pu, D F Ogletree, M A Van Hove , G A Somorjai. Leed theory for incommensurate overlayers: Application to graphite on Pt(111) [J]. Surface Science , 1987, 180(2 - 3): 433 ~ 459

[41] J Biswas , D D Do. A unified theory of coking deactivation in a catalyst pellet[J]. The Chemical Engineering Journal , 1987, 36(3): 175 ~ 191

[42] J Barbier, E Churin, P Marecot. Characterization of coke deposited on bifunctional catalysts Pt/Al_2O_3[J] . Bulletin of the chemical company of France, 1987 (6): 910 ~ 916

[43] J Biswas, G M Bickle, P G Gray, D D Do. The Role of Crystallite Structure on
Mechanisms of Coke and Sulphur Poisoning in Catalytic Reforming[J]. Studies in Surface Science and Catalysis, Elsevier, Amsterdam, 1987, 34: 553 ~ 565

[44] E H Van Broekhoven, J W F M Schoonhoven , V Ponec. The influence of the metal particle size on the formation of multiple metal - carbon bonds[J]. Surface Science, 1985, 156(2): 899 ~ 910

[45] G A Somorjai. Active Sites in Heterogeneous Catalysis[J]. Advances in Catalysis, 1977, 26: 1 ~ 68

[46] S M Davis, F Zaera , G A Somorjai. The reactivity and composition of strongly adsorbed carbonaceous deposits on platinum. Model of the working hydrocarbon conversion catalyst[J]. Journal of Catalysis, 1982, 77(2): 439 ~ 459

[47] G A Somorjai, D W Blakely. Mechanism of catalysis of hydrocarbon reactions by platinum surfaces [J] . Nature, 1975, 258: 580 ~ 583

[48] J Barbier. Deactivation of reforming catalysts by coking[J]. Applied Catalysis, 1986, 23(2): 225 ~ 243

[49] P Marecot, E Churin, J Barbier. Coke deposits on Pt/Al_2O_3 catalysts of varying dispersities[J]. Reaction Kinetics and Catalysis Letters, 1988, 37(1): 233 ~ 237

[50] J M Parera , J N Beltramini. Stability of bimetallic reforming catalysts [J]. Journal of Catalysis, 1988, 112 (2): 357 ~ 365

[51] J Barbier, G Corro , Y Zhang, J P Bournville , J P Franck. Coke formation on bimetallic platinum/rhenium and platinum/iridium catalysts[J]. Applied Catalysis , 1985, 16(2): 157 ~ 167

[52] R J Bertolacini, R J Pellet, B Delmon. Catalyst Deactivation[C]. Proceedings of International Symposium (Elsevier, Amsterdam). 1980: 73

[53] J L Carter, G B McVinker, W Weissman, M S Kmak , J H Sinfelt. Bimetallic catalysts; application in catalytic reforming[J]. Applied Catalysis , 1982, 3(4): 327 ~ 346

[54] 王君钰,肖建良,袁为军,林洁. 双金属重整催化剂中 Re、Sn、Ir 组元作用的研究[J]. 石油学报(石油加工), 1989, 5(1): 61 ~ 69

[55] Yu M Zhorov, G M Panchenkov, Yu N Kartashev. Kinetics and Catalysis. 1981, 22: 1058

[56] R Burch , Alison J Mitchell. The role of tin and rhenium in bimetallic reforming catalysts[J]. Applied Catalysis , 1983, 6(1): 121 ~ 128

[57] J M Parera, J N Beltramini, C A Querini, E E Martinelli, E J Churin, P E Aloe , N S Figoli . The role of Re and S in the Pt – Re – S/Al_2O_3 catalyst[J]. Journal of Catalysis, 1986, 99(1): 39 ~ 52

[58] J M Parera, R J Verderone, C A Querini. Coking on Bifunctional Catalysts[J]. Studies in Surface Science and Catalyst, Elsevier, Amsterdam, 1987, 34: 135 ~ 145

[59] F M Dautzenberg, J N Helle, P Biloen , W M H Sachtler. Conversion of n – hexane over monofunctional supported and unsupported Pt – Sn catalysts [J]. Journal of Catalysis, 1980, 63(1): 119 ~ 128

[60] J C Rasser, W H Beindorff , J J F Scholten. Characterization and performance of platinum – iridium reforming catalysts [J]. Journal of Catalysis, 1979, 59(2): 211 ~ 222

[61] Zhang Tao, Zang Jingling, Lin Liwu. Relation Between Surface Structure and Carbon Deposition on Pt/ Al_2O_3 and Pt – Sn/ Al_2O_3 Catalysts[J]. Studies in Surface Science and Catalyst, Elsevier, Amsterdam, 1991, 34: 143

[62] 汪莹,马爱增. 铕对 Pt – Sn/γ – Al_2O_3 重整催化剂性能的影响[J]. 分子催化, 2003, 17(2): 151 ~ 155

[63] 张大庆. 高苛刻度下铂铼重整催化剂反应性能的评价[J]. 石化技术与应用, 2003, 21(2): 105 ~ 110

[64] M Boudart, A Aldag, J E Benson, N A Dougharty , C Girvin Harkins. On the specific activity of platinum catalysts[J]. Journal of Catalysis, 1966, 6 (1): 92 ~ 99

[65] W M H Sachtler. Selectivity and rate of activity decline of bimetallic catalysts[J]. Journal of Catalysis, 1984, 25(1): 1 ~ 12

[66] Victor K Shum, John B Butt , Wolfgang M H Sachtler. The effects of rhenium and sulfur on the activity maintenance and selectivity of platinum/alumina hydrocarbon conversion catalysts[J]. Journal of Catalysis, 1986, 96(2): 371 ~ 380

[67] V K Shum, J B Butt , W M H Sachtler . The effects of rhenium and sulfur on the maintenance of activity and selectivity of platinum/alumina hydrocarbon conversion catalysts : II. Experiments at elevated pressure [J]. Journal of Catalysis, 1986, 99(1): 126 ~ 139

[68] O Svajgl. The Effect of Chlorine and Water on Gasoline Reforming Over a Platinum Catalyst [J] . International Chemical Engineering, 1972, 12: 55

[69] J M Parera et al. Catalyst Deactivation(B. Delmon and G. F Froment, editors)[J]. Elsevier, Amsterdam, 1980: 571

[70] Andrew G Graham , Sieghard E Wanke. The sintering of supported metal catalysts : III. The thermal stability of bimetallic Pt – Ir catalysts supported on alumina [J]. Journal of Catalysis, 1981, 68(1): 1 ~ 8

[71] J M Grau, E L Jablonski, C L Pieck, R J Verderone , J M Parera . Optimum chlorine content on a com-

mercially operated Pt－Re/Al_2O_3－Cl catalyst as a function of the specific surface area [J]. Applied Catalysis, 1988, 36: 109～117

[72] 曹东学，冯敢，任坚强等．铂铼重整催化剂的最佳氯含量[J]．石油炼制与化工，2000，31(9)：33～36

[73] A Bishara, K M Murad, A Stanislaus, M Ismail, S S Hussian. Chlorine leaching and replenishing studies on a bimetallic reforming catalyst[J]. Applied Catalysis, 1983, 7(3): 337～349

[74] J M Parera. Spillover of Adsorbed Species(G M Pajonk, S J Teichner, J E Germain, eds.)[J]. Elsevier, Amsterdam, 1983: 101

[75] D L Trimm. Catalyst design for reduced coking[J]. Applied Catalysis, 1983, 5(3): 263～290

[76] A H Weiss, et al. Proceedings 8th International Congress on Catalysis, Berlin: 1984

[77] L Luck. Proceedings 8th International Congress on Catalysis, Berlin: 1984, 165

[78] J M Parera. Proceedings 8th International Congress on Catalysis, Berlin: 1984

[79] C G Myers, W H Lang, P B Weisz. Aging of Platinum Reforming Catalysts[J]. Industrial and Engineering Chemistry, 1961, 53(4)

[80] J M Parera, R J Verderone. In Catalyst Deactivation(B Delmon, G F Froment, editors)[J], Elsevier: Amsterdam, 1987: 135

[81] J Biswas, P G Gray, D D Do. The reformer lineout phenomenon and its fundamental importance tocatalyst deactivation[J]. Applied Catalysis, 1987, 32: 249～274

[82] J P Franck. Deactivation and Regeneration of Catalytic－Reforming Catalysts[J]. Institut Francais du Petrole, Rueil－Malmaison, France, 1985

[83] A Bishara, K M Murad, A Stanislaus, M Ismail, S S Hussian. Chlorine leaching and replenishing studies on a bimetallic reforming catalyst[J]. Applied Catalysis, 1983, 7(3): 337～349

[84] W P Hettinger, C D Keith, J L Gring, J W Teter. Hydroforming Reactions － Effect of Certain Cätalyst Properties and Poisons[J]. Industrial & Engineering Chemistry, 1955, 47(4): 719 ～ 730

[85] J Oudar. Sulphur－metal interactions[J]. Materials Science and Engineering, 1980, 42: 101～109

[86] H P Bonze, R Ku. Adsorbate interactions on a Pt(110) surface. I. Sulfur and carbon monoxide[J]. The Journal of Chemical Physics, 1973, 58(10): 4617～4624

[87] S R Kelemen, T E Fischer, J A Schwarz. The binding energy of CO on clean and sulfur covered platinum surfaces[J]. Surface Science, 1979, 81(2): 440～450

[88] Jon G McCarty, H Wise. Thermodynamics of sulfur chemisorption on metals: V. Alumina－supported iridium[J]. Journal of Catalysis, 1985, 94(2): 543～546

[89] J Oudar, S Pinol, C M Pradier, Y Berthier. 1, 3－Butadiene hydrogenation on single crystals of platinum: II. Sulfur poisoning of Pt(110)[J]. Journal of Catalysis, 1987, 107(2): 445～450

[90] J Oudar, H Wise. Deactivation and Poisoning of Catalysis[J]. New York: Marcel Dekker, 1985: 51

[91] J Oudar. Sulfur adsorption and poisoning of metallic catalysts[J]. Catalysis Reviews: Science and Engineering, 1980, 22(1): 171

[92] T E Fischer, S R Kelemen. Model experiments on the poisoning of Pt catalysts by sulfur[J]. Journal of Catalysis, 1978, 53(1): 24～34

[93] J A Schwarz, S R Kelemen. Adsorption－desorption kinetics of CO from clean and sulfur covered Ru (001)[J]. Surface Science, 1979, 87(2): 510～524

[94] P G Menon, J Prasad. The role of sulfur in reforming reactions on Pt－Al_2O_3 and Pt－Re－Al_2O_3 catalysts [J]. 6th International Congress on catalysis, London, 1977: 1077

[95] J Barbier, P Marecot, L Tifouti, M Guenin, R Frety. Thioresistance of supported metal catalysts: struc-

ture sensitivity of hydrogen sulphide adsorption on Pt/ Al_2O_3, Ir/Al_2O_3 and Pt - Ir/Al_2O_3 catalysts[J]. Applied Catalysis, 1985, 19(2): 375 ~ 385

[96] J M Parera, C R Aspesteguia, J F Plaza de los Reyes, T F Garetto. Sulfurization of Pt/Al_2O_3 - Cl catalysts[J]. Reaction Kinetics and Catalysis Letters, 1980, 15(2): 167 ~ 170.

[97] C R Apesteguia, J Barbier, J F Plaza De Los Reyes, T F Garetto, J M Parera. Sulfurization of Pt/Al_2O_3 - Cl catalysts: II. Accessible metal fraction[J]. Applied Catalysis, 1981, 1(3 - 4): 159 ~ 163

[98] C Apesteguia, J Barbier. Sulfurization of Pt/Al_2O_3, Pt - Re/Al_2O_3, Pt - Ir/Al_2O_3 catalysts[J]. Reaction Kinetics and Catalysis Letters, 1982, 19(3 - 4): 351 ~ 354.

[99] C R Apesteguia, S M Trevizan, T F Garetto. Sulfurization of Pt/Al_2O_3 - Cl catalyst: Ⅳ. Adsorption sites of H_2S on Al_2O_3, Al_2O_3 - Cl and Pt/Al_2O_3 - Cl[J]. Reaction Kinetics and Catalysis Letters, 1982, 20(1 - 2): 1 ~ 6

[100] C R Apesteguia, C E Brema, T F Garetto, A Borgna, J M Parera. Sulfurization of Pt/Al_2O_3 - - Cl catalysts: VI. Sulfur - platinum interaction studied by infrared spectroscopy[J]. Journal of Catalysis, 1984, 89(1): 52 ~ 59

[101] Michael A Pacheco, Eugene E Petersen. Reaction kinetics of methylcyclohexane dehydrogenation over a sulfided Pt + Re/Al_2O_3 reforming catalyst[J]. Journal of Catalysis, 1985, 96(2): 507 ~ 516

[102] W M H Sachtler, P Biloen. Pt - Re - S/Al_2O_3, A multimetal, multifunctional catalyst[J]. American Chemical Society, Division of Petroleum Chemistry, Preprints, 1983, 28: 482 ~ 490

[103] J Barbier et al, 9th Iberoamerican Symposium on Catalysis, Lisbon, 1984: 540

[104] K Foger, J R. Anderson. Reactions of neopentane and neohexane on platinum/Y - zeolite and platinum/silica catalysts[J]. Journal of Catalysis, 1978, 54(3). 318 ~ 335

[105] P Gallezot et al, 6th International Congress on Catalysis, London, 1977: 696

[106] C R Apesteguía, J Barbier. The role of catalyst presulfurization in some reactions of catalytic reforming and hydrogenolysis[J]. Journal of Catalysis, 1982, 78(2): 352 ~ 359

[107] P Biloen, J N Helle, H Verbeek, F M Dautzenberg, W M H Sachtler. The role of rhenium and sulfur in platinum - based hydrocarbon - conversion catalysts[J]. Journal of Catalysis, 1980, 63(1): 112 ~ 118

[108] J Barbier. Effect of Poisons on the Activity and Selectivity of Metallic Catalysts[J]. Deactivation and Poisoning of Catalysts, 1985: 109

[109] R Maurel, G Leclercq, J Barbier. Activity of metallic catalysts: IV. Influence of the nature of the support and effect of sulfur - containing poisons on two examples of "demanding reactions"[J]. Journal of Catalysis, 1975, 37(2): 324 ~ 331

[110] J Barbier, G Corro, Y Zhang, J P Bournonville, J P Franck. Coke formation on platinum - alumina catalyst of wide varying dispersion[J]. Applied Catalysis, 1985, 13(2): 245 ~ 255

[111] J. Barbier and P. Marecot. Effect of presulfurization on the formation of coke on supported metal catalysts[J]. Journal of Catalysis, 1986, 102(1): 21 ~ 28

[112] M Guenin, M Breysse, R Frety, K Tifouti, P Marecot, J Barbier. Resistance to sulfur poisoning of metal catalysts: Dehydrogenation of cyclohexane on Pt/Al_2O_3 catalysts[J]. Journal of Catalysis, 1987, 105(1): 144 ~ 154

[113] M J Sterba, E L Pollitzer. Platforming Catalyst Proves Successful[J]. Oil & Gas Journal, 1968, 66(53): 140

[114] John H Sinfelt, Berkeley Heights, Allan E Barnett et al. High severity reforming process with a Platinum - Iridium catalyst: U. S. A, 3835034[P], 1974 - 09 - 10

[115] W K Meerbott, Alan H Cherry, Benjamin Chernoff, James Crocoll, Julius D Heldman, Cyrill J Kaem-

merlen. Aromatics Manufacture over Platforming Catalyst [J] . Industrial & Engineering Chemistry , 1954, 46(10): 2026 ~ 2032

[116] Heinz Heinemann, Harold Shalit, W S Briggs. Houdriforming Reactions – Studies with Sulfur Compounds [J]. Industrial & Engineering Chemistry , 1953, 45(4): 800 ~ 802

[117] A G Oblad, H Shalit, H T Tadd. 53 Catalytic Technology in the Petroleum Industry[J]. Advances in Catalysis, 1957, 9: 510 ~ 530

[118] J C Hayes, R T Mitsche, E L Pollitzer, et al. Sulfur as a tool in catalysis[J]. American Chemical Society, Division of Petroleum Chemistry, Preprints, 1974, 19 (2): 334

[119] P Biloen, J N Helle, H Verbeek, et al. The role of rhenium and sulfur in platinum – based hydrocarbon – conversion catalysts[J]. Journal of Catalysis, 1980, 63(1): 112 ~ 118

[120] P A van Trimpont, G B Marin , G F Froment. Activities and selectivities for reforming reactions on unsulfided and sulfided commercial platinum and platinum – rhenium catalysts[J] . Applied Catalysis, 1985, 17(1): 155 ~ 160

[121] Robert W Coughlin, Akram Hasan , K Kawakami. Activity, yield patterns, and coking behavior of Pt and PtRe catalysts during dehydrogenation of methylcyclohexane : II. Influence of sulfur[J]. Journal of Catalysis, 1984, 88(1) : 150 ~ 162

[122] G M Bickle, J Biswas , D D Do . Role of Sulphur in Catalytic Reforming of Hydrocarbons on Platinum/Alumina[J]. Applied Catalysis, 1988, 36: 259 ~ 276

[123] Garry M Bickle , Jorge N Beltrramini , Duong D Do. Role of surfur in catalytic reforming of hydrocarbons on Pt – Re/Al_2O_3[J]. Industrial & Engineering Chemistry Research, 1990, 29(9): 1801 ~ 1807.

[124] 纪长青．重整催化剂脱硫酸盐的工业应用[J]．石化技术，2002，9(4)：210 ~ 213

[125] 毛学军，孙作霖，张大庆．铂铼重整催化剂硫酸根污染的研究[J]．石油学报(石油加工)，2000，16(2)：25 ~ 32

[126] 孙逢铎，徐远国．硫酸盐对重整催化剂性能的影响[J]．石油学报(石油加工)，1988，4(1)：39 ~ 45

[127] 孙作霖，张大庆，毛学军．一种重整催化剂上硫酸根的脱除方法：中国，98117895.2[P]. 1998 – 09 – 03

[128] A Bishara, K M Murad, A Stanislaus, M Ismail , S S Hussian . Chlorine leaching and replenishing studies on a bimetallic reforming catalyst[J]. Applied Catalysis, 1983, 7(3): 337 ~ 349

[129] J Barbier , R Maurel. Activity of metal catalysts. VI—Effect of the addition of some ions of metal on the activity and selectivity of Platinum on alumina[J]. Journal of physical chemistry, 1978, 75: 410 ~ 413

[130] J M Parera. Deactivation and Reneneration of Naphtha Reforming Catalysts[J]. Catalysis, 1992, 9: 65 ~ 125

[131] H Charcosset, R Frety, G Leclercq, B Moraweck, J Varloud. Platinum – iridium alloys supported by α – alumina. Dispersity and catalytic properties in n – heptane conversion[J]. Reaction Kinetics and Catalysis Letters, 1979, 10(4): 301 ~ 306.

[132] 谢炳炎，蔡海林，吴金荣等．Pt/Al_2O_3 和 Pt – Sn / Al_2O_3 模型催化剂烧结的电镜研究[J]．燃料化学学报，1986，14(4)：314 ~ 321

[133] T F Garetto. Actas Iberoamerican Symposium on Catalysis[J], Merida, Venezuela, 1986: 988.

[134] W L Callender, J J Miller. Proceedings, 8th International Congress on Catalysis [J]. Berlin, Dechema, Frankfurt – am – Main, 1984, 2: 491

[135] Carlos L Pieck, Estanislao L Jablonski , Jose M Parera . Sintering – redispersion of Pt – Re/Al_2O_3 during regeneration[J]. Applied Catalysis, 1990, 62(1): 47 ~ 60

[136] A Renouprez. Supported Platinum Catalysts - Small Angle X – Ray Scattering and Chemisorption[J]. Journal of Catalysis, 1974, 34: 411 ~ 422

[137] J P Bournonville, G Martino, B Delmon, et al. Catalyst Deactivation[J]. Studies in Surface Science and Catalysis, Elsevier, Amsterdam, 1980: 159 ~ 166

[138] S E Wanke. Catalyst Deactivation(E. E. Petersen and A. T. Bell, eds.)[J]. Marcel Dekker, New York, 1986: 65

[139] Y F Chu, E Ruckenstein. On the Sintering of Platinum on Alumina Model Catalyst[J]. Journal of Catalysis, 1978, 55: 281 ~ 298.

[140] Salah A Hassan, Fikry H Khalil, Farouk G El – Gamal. The effect of different atmospheres on the sintering of Pt/Al_2O_3 reforming catalysts [J]. Journal of Catalysis, 1976, 44(1): 5 ~ 14

[141] I Sushumna, E Ruckenstein. Events observed and evidence for crystallite migration in Pt/Al_2O_3 catalysts [J]. Journal of Catalysis, 1988, 109(2): 433 ~ 462

[142] P J F Harris. The sintering of platinum particles in an alumina – supported catalyst: Further transmission electron microscopy studies[J]. Journal of Catalysis, 1986, 97(2): 527 ~ 542

[143] G I Straguzzi, H R Aduriz, C E Gigola. Redispersion of platinum on alumina support[J]. Journal of Catalysis, 1983, 66(1): 171 ~ 183

[144] H Lieske, G Lietz, H Spindler, J Völter. Reactions of platinum in oxygen – and hydrogen – treated $Pt/\gamma - Al_2O_3$ catalysts: I. Temperature – programmed reduction, adsorption, and redispersion of platinum [J]. Journal of Catalysis, 1983, 81(1): 8 ~ 16

[145] J B Butt. Activation, Deactivation and Poisoning of Catalysys [J]. Academic Press, New York, 1988: 171

[146] S E Wanke, J L Figueiredo. Progress in catalyst deactivation[J]. Proceedings of NATO Advanced Study Institute on Catalyst Deactivation, 1982: 18 ~ 29

[147] M Primet, J M Basset, M V Mathieu, M Prettre. Infrared study of CO adsorbed on Pt/Al_2O_3. A method for determining metal – adsorbate interactions[J]. Journal of Catalysis, 1973, 29(2): 213 ~ 223

[148] P Birke, S Engels, K Becker, et al. Principles of Reactivation of Reforming Catalysts[J]. Chemical Technology, 1979, 31(9): 473 ~ 479

[149] J Barbier, D Bahloul, P Marecot. Effect of chloride on sintering of Pt/Al_2O_3 catalysts[J]. Catalysis Letters, 1991, 8(5): 327 ~ 333

[150] H J Matt, L Moscou. A study of the influence of platinum crystallite size on the selectivity of platinum reforming catalysts[C]. Proceedings of 3rd International Congress on Catalysis. 1965: 1277 ~ 1386

[151] P P Lankhorst, H C De Jongste, V Ponec. Particle Size and Carbon Deposition Effects in the Hexane Reforming Reactions[J]. Studies in Surface Science and Catalysis, 1980, 6: 43 ~ 52

[152] G B McVicker, J J Ziemiak. The effect of iridium agglomeration on the performance of platinum – iridium bimetallic catalysts: model compound and naphtha reforming studies[J]. Applied Catalysis, 1985, 14: 229 ~ 243

[153] 胡勇仁，张兰新，赵仁殿．微量水对 $Pt - Re/\gamma - Al_2O_3$ 重整催化剂还原的影响(催化性能的影响)[J]．石油学报(石油加工)，1996，12(1)：17 ~ 22

[154] 胡勇仁，张兰新，赵仁殿等．微量水对 $Pt - Re/\gamma - Al_2O_3$ 重整催化剂还原的影响(红外光谱表征结果)[J]．石油学报(石油加工)，1996，12(1)：23 ~ 32

[155] C R Apesteguia, T F Garetto, A Borgna. On the sulfur – aided metal – support interaction in Pt/Al_2O_3 – Cl catalysts[J], Journal of Catalysis, 1987, 106(1): 73 ~ 84

[156] D Duprez, M Mendez, J Little. Evaluation of a method for characterizing coked and sulphided Rh/

Al_2O_3 catalysts: study of the space and time dependence of sulphur deposition on Rh/Al_2O_3 in toluene steam reforming[J]. Applied Catalysis, 1986, 27(1): 145 ~ 160

[157] C H Bartholomew, P K Agrawal, J R Katzer. Sulfur poisoning of metals[J]. Advances in Catalysis, 1982, 31: 135 ~ 242

[158] T wang, A Vazquez, A Kato , L D Schmidt. Sulfur on noble metal catalyst particles[J]. Journal of Catalysis, 1982, 306(2): 306 ~ 318

[159] C L Pieck, E L Jablonski, R J Verderone , J M Parera . Selective regeneration of catalytic functions of Pt – Re – S/Al_2O_3 – Cl during coke burning[J]. Applied Catalysis, 1989, 56(1): 1 ~ 8

[160] M Wilde, T Stolz, W Grünert, et al. The effect of Sulfatsch wefel in Reforming catalysts [J]. Chemical Technology, 1988, 40(10): 419 ~ 422

[161] Jorge Norberto Beltramini. Regeneration of reforming catalysts[M]. Catalytic naphtha reforming(Science and Technology, edited by George J. Antos et al), 1995, 382 ~ 383

[162] 北京石油化工总厂东方红炼油厂．铂重整催化剂硫中毒及再生方法的探讨[J]. 石油炼制, 1977, 2: 13 ~ 19

[163] 王勇．CB – 6/CB – 7 催化剂硫酸盐中毒的处理[J]. 催化重整通讯, 1999(4): 90

[164] 张复利．3932、3933 重整催化剂硫中毒的处理[J]. 催化重整通讯, 2001(4): 76

[165] 张大庆，毛学军，孙作霖．铂铼重整催化剂硫酸根脱除方法及其工业应用[J]. 炼油技术与工程, 2003, 33(2): 29 ~ 31

[166] J N Beltramini, T J Wessel, R Datta. Kinetics of deactivation of bifunctional Pt/Al_2O_3 – Cl catalysts by coking[J]. Catalyst Deactivation Symposium, AIChE Meeting, Los Angeles, 1991, 37(6): 845 ~ 854

[167] 刘耀芳，杨朝合，杨九金等．铂锡重整催化剂再生过程的研究(1. 催化剂上焦炭燃烧过程的特征)[J]. 石油炼制, 1988, 19(11): 24 ~ 32

[168] 刘耀芳，杨朝合，杨九金等．铂锡重整催化剂再生过程的研究(2. 烧炭速度与氧分压的关系)[J]. 石油炼制, 1989, 20(5): 46 ~ 50

[169] 刘耀芳，杨朝合，杨九金等．铂锡重整催化剂再生过程的研究(3. 烧炭过程的动力学参数)[J]. 石油炼制, 1989, 20(9): 37 ~ 42

[170] 高劲松，卢春喜，吕瑾等．连续重整新型铂锡催化剂的表观烧炭动力学[J]. 炼油设计, 1999, 29(11): 41 ~ 45

[171] 潘国庆，王虹，刘耀芳等．连续重整移动床径向再生器中烧炭的数学模拟(1)—烧炭过程的动力学方程及数学模拟[J]. 炼油设计, 1995, 25(1): 42 ~ 52, 1995, 25(1): 42 ~ 52

第十四章　废重整催化剂回收贵金属

在石油工业及石油化学工业中，80%的加工过程都使用催化剂，催化剂和催化加工工艺已成为石油炼制和石油化学工业的核心技术。随着炼油工业的发展，以铂族元素为活性组分的催化剂的需求量不断增加。在炼油工业中，生产高辛烷值汽油和芳烃的催化重整工艺，使用的催化剂是以氧化铝为载体，以铂、铼或锡为活性组分的重整催化剂。

铂族元素是价格非常昂贵的贵金属，全球已知储量不到25kt，每年产量160～180t。

我国是铂族元素严重短缺的国家，最高年产量(2000年)仅有1.14t，进口铂族元素从1997年的8.5t，到2000年猛增至32t，已成为铂族元素进口最多的国家[1]。从资源的有效利用和降低生产成本考虑，废重整催化剂回收铂、铼等贵金属都是有重要意义的。表14－1为世界铂族金属资源。

表14－1　世界铂族金属资源　　t

国　家	已知储量		铂族其他金属资源	铂族金属总资源量
	铂	铂族六种金属		
美　国		31	9283	9300
加拿大	124	280	217	500
哥伦比亚	<30	<30	124	150
前苏联	1860	6200	6200	12400
南非共和国	10860	18000	46570	65000
总　计	12900	24600	62400	87000

第一节　废重整催化剂的主要杂质和前处理

一、废重整催化剂的主要杂质

在重整催化剂使用过程中，由设备和原料引入的杂质，会不断沉积在催化剂上，造成催化剂性能下降，甚至中毒而失去催化活性。造成催化剂中毒的主要杂质元素有：Fe、As、Pb、S等，此外，也发现有Ca、Mg、Na、Cu、Zn、P等杂质元素。这些杂质形成的化合物会堵塞催化剂的的微孔，改变催化剂表面性质和活性组分的形态，使催化剂的活性和选择性降低。

废重整催化剂回收贵金属时，应根据杂质的种类和形态，利用铂(或铼)与杂质化合物物理化学性质的差异，通过一定的处理和分离步骤，将贵金属与杂质分开，最终得到高纯度的铂金属和铼的化合物。

二、废重整催化剂的前处理

废重整催化剂的采样分析很重要，这关系到废重整催化剂中铂(或铼)准确含量的预测，是回收各个步骤物料衡算的基础，以及选择回收方法的依据。

废重整催化剂通常应进行如下预处理：

① 将废重整催化剂过筛，筛出瓷球等杂物。

② 选出大于 14 目的球状或条状废重整催化剂作为回收贵金属的原料。

③ 小于 14 目的细粉或灰尘单独保留和回收。

废重整催化剂按规定的采样方法，从装置上采出 5% 的样品，再从样品中分出 5%，即总量的 0.25% 作为分析样，把分析样分成四份，第一份为回收厂样，第二份为用户样，第三份为公证样，第四份为保留样，通过称重和分析，准确测定各组分的质量及贵金属含量，作为用户废重整催化剂中贵金属总量的依据。

第二节　废重整催化剂的回收贵金属的方法

重整催化剂主要有铂－锡/氧化铝和铂－铼/氧化铝两类。从废重整催化剂回收贵金属的方法主要有：湿法回收、气相法回收和火法回收。

一、湿法回收

湿法回收贵金属即冶金学的湿法治金法，是目前回收废重整催化剂贵金属的主要方法[2~6]。湿法回收主要有：载体溶解法、活性组分溶解法和全溶解法三种。

(一) 载体溶解法

载体溶解法又有酸法和碱法两种。

1. 酸法

用硫酸溶解废重整催化剂载体回收铂和铼是研究和实际应用较多的方法之一。由于硫酸价廉，消耗量少，挥发性小，与氧化铝反应生成硫酸铝比较容易，可在常压下溶解，设备投资少，在硫酸浓度小于 57% 时，铂不与硫酸发生化学反应，几乎全部留在残渣中，用通常的方法处理，即可得到纯的海绵铂。通常含铂废催化剂回收铂的工艺操作，都是先除碳，后溶解载体，但对没有除碳装置或批量小的含铂废催化剂，也可以先溶解载体，然后在常压有氧(空气)条件下燃烧除碳，如再加入适量助燃剂提高其发热值，就能实现自热焚烧脱除积炭。这种方法除碳设备小、操作也简便一些。

当然，对有除碳装置或批量大的含铂废催化剂，先除碳，后溶解载体的操作工艺更好。

在酸法中，也有采用盐酸溶解载体的，当采用盐酸溶解载体时，得到的氯化铝可作为生产聚合氯化铝的原料。

(1) 铂回收

①废催化剂研磨到 >80% 可过 100 目筛，在硫酸浓度 >5mol/L，固液比 1∶6(质量∶体积)反应温度 ≥95℃ 的条件下，反应 2h，Al_2O_3 的溶出率为 86.32%，铂回收率 ≥99.9%[7]，工艺流程见图 14－1。

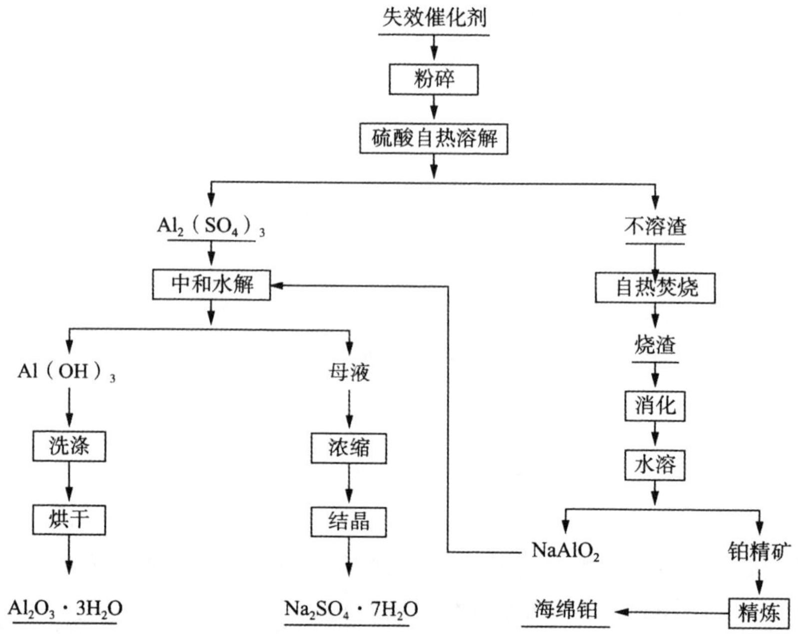

图 14-1 铂回收工艺流程图

②废 R-134、AR-405 催化剂经除碳、除硫处理后，在硫酸浓度 6mol/L，固液比为 220(g/L)，温度 100℃时反应 2~4h，降温至 60℃时，加入少量金属铝作还原剂，反应 10min，过滤，分离纯化后得海绵铂，铂回收率 >99%[8~10]。

③废铂催化剂在马弗炉中焙烧除去碳和水，研磨粉碎后，用浓度 25%~35% 的硫酸，按固液比 1:(6~7)(质量:体积)，溶解反应 2~4h，然后加入一定量的还原剂甲酸及 2~3倍的水，沉降过滤后，滤渣焙烧后用王水溶解，分离纯化后得海绵铂，铂回收率大于 98%[11]。

④含铂及铂锡铟/Al_2O_3 的废催化剂与 $KHSO_4$ 按质量比为 1/10，在 450℃条件下反应 3h，约 45% 的 Al 以 $KAl(SO_4)_2 \cdot 12H_2O$ 回收，其余以 $Al(OH)_3$ 回收，铂在反应残渣里，通过溶解、分离、纯化后得海绵铂，铂回收率达 98%[12]。

⑤含铂或铂、锡废重整催化剂，用硫酸溶解载体时，如加入少量的 HF 和 H_2O_2 在 60℃溶解时间可由 2~4h，缩短到 1h，其他操作不受影响[13]。

(2)铂、铼回收

废铂、铼催化剂回收铂、铼的方法有:

一次性全溶流程和分段溶解回收流程。

一次性全溶流程，先用硫酸溶解氧化铝载体，然后再加入盐酸和氧化剂将铂、铼转变成氯铂酸和高铼酸进入溶液，最后用离子交换树脂分离、回收铂和铼，这种方法铼回收率约为 80%，铂回收达 90%~95%，由于用于淋洗离子交换树脂吸附的铂、铼的淋洗剂价格较高，导致操作费偏高。

分段溶解回收流程，先用 NaOH 或 Na_2CO_3 将铼浸出，剩余催化剂用前述方法回收铂，这种方法铼的回收率达 90%，铂的回收率大于 98%，这种方法的优点是明显的。

①含铂 0.3%、含铼 0.3% 的 E-603HD 废重整催化剂，首先在温度 500℃下，通入蒸

汽和空气将废催化剂上的挥发物碳和硫焙烧除去，然后用球磨机研磨至粒度 70 ~ 140 目，将磨细的废催化剂放入回收反应釜中，在 90℃用 6mol/L 盐酸或王水浸渍 2h，过滤分出载体 Al_2O_3 后，滤液加入铁粉(或锌粉)选择性还原出铂金沉淀，过滤出铂金粉，用盐酸洗涤干燥后即得海绵铂。滤出铂金的滤液加入 Na_2S[或$(NH_4)_2S$]使铼以硫化物沉淀分离出来[14]。

②废铂铼催化剂焙烧除碳后，用硫酸: 盐酸: 水 =40 : 10 : 50 的混合溶液，按固液比 =1 : 5(质量 : 体积)，在温度≥100℃溶解，然后按 10 ~ 20g/L 废催化剂加入 $KClO_3$ 溶液进行氯化，最后用阴离子交换树脂选择性吸附铂、铼，再用 NaOH 溶液淋洗回收铂、铼。铂的回收率≥99%，铼的回收率≥98%[15]。

③废铂铼催化剂，用 2% Na_2CO_3 溶液或 4% NaOH 溶液 90℃浸渍 2h，然后加入硫酸亚铁在 60℃搅拌 10min 后进行过滤，滤液中的铼经离子交换树脂吸附、分离后，与硫化试剂反应，铼以硫化铼分出。铼的浸出率分别是 96% 和 95%。

过滤所得固体与碳酸钙、二氧化硅、氧化铁、焦炭及铅混合后，在电炉加热到 1400℃，燃烧 90min，冷却后粉碎成 1mm 颗粒，然后用硝酸溶液浸出铅，剩余固体加入盐酸和过氧化氢反应，可获得氯铂酸，铂回收率达 95.2% ~ 99.3%[16]。

④废铂铼催化剂和氯气、二甲基甲酰胺(DMF)、盐酸反应，铂和铼的反应物进入溶液，再进行铂、铼分离、纯化。铂回收率达 70% ~ 94%，铼回收率为 91% ~ 96%[17]。

⑤废铂铼催化剂(i)用王水按液 : 固 =5 回流 2.5h，或(ii)在液 : 固 =2 用 150W 微波处理 5min，最后铂以氯铂酸铵回收，回收率分别达 96.5% 和 98.3%，铼以高铼酸钾回收，回收率分别为 94.2% 及 98.9%[18]。

⑥废铂铼催化剂焙烧除碳后，用稀 Na_2CO_3 溶液浸渍，然后在浸渍液中加入 KCl，可得纯度 99.5% 的高铼酸钾结晶。残渣用硫酸、盐酸、氯酸钠、氯化钠水溶液在 110℃反应 4h，再用阴离子交换树脂吸附分离、稀盐酸淋洗、水合肼还原，可得海绵铂，铂回收率 >98%[19]。工艺流程见图 14 – 2。

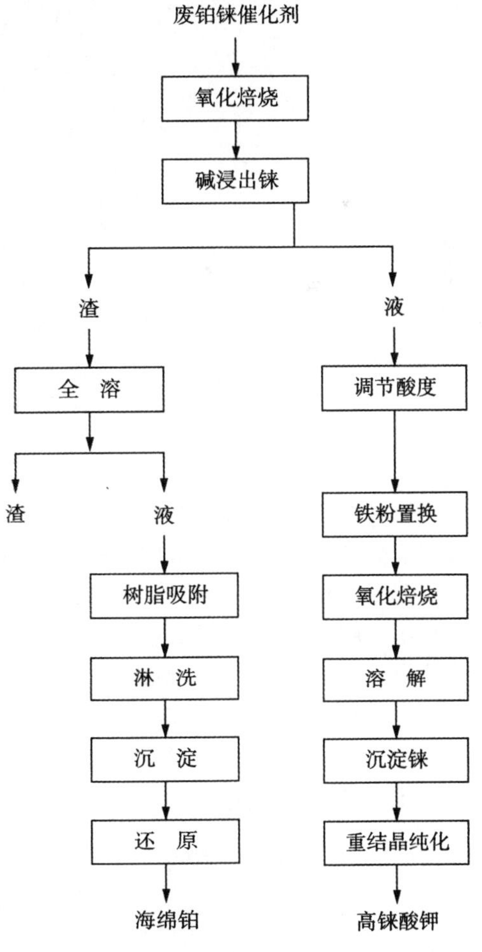

图 14 – 2　回收铂铼的工艺流程

2. 碱法

碱溶解氧化铝载体回收贵金属与拜尔法生产氧化铝工艺的原理是一样的，其过程是将废催化剂与 NaOH(或 KOH)溶液在加压条件下反应，使氧化铝转变成偏铝酸钠，用水浸处理后，偏铝酸钠变成稀溶液，而铂不与 NaOH 反应，存在于固体残渣中，固体残渣用盐酸和氧化剂处理，使铂应成氯铂酸 ，再通过选择性还原得铂粉，铂粉经王水溶解、氯化铵沉淀分离，焙烧即可得到纯海绵铂。

①将废催化剂研磨成0.1mm的细粉，然后和浓度为290gNaOH/L溶液在高压釜内，160℃反应1h，反应产物滤除偏铝酸钠后，残渣用水洗涤后，在75℃用盐酸、30% H_2O_2和Cl_2处理，将铂转变成氯铂酸，再用铁粉选择性还原得铂粉，铂粉用pH值为1.4的水溶液洗涤，干燥后，得纯度99.9%的铂[20]。

②含铂废催化剂和NaOH溶液在高压釜内、190℃、0.7MPa的条件下反应10h，冷却后，加入少量甲醛和$BaCl_2 \cdot 2H_2O$，过滤残渣用水洗涤后，用通常的纯化方法，可得到纯的海绵铂、铂回收率为99.7%[21]。

③含铂废催化剂，按NaOH: 废催化剂=1.2∶1混合后，在消化炉内，900℃反应7～8h，消化后的反应物用10倍(体积)水浸出30～40min，浸出二次后，铂回收率可达99.9%，铝回收率>90%，过滤残渣用盐酸和氯酸钠处理，使铂转变成氯铂酸，然后用铁粉(或锌粉)选择性还原得铂粉，铂粉用王水溶解，氯化铵沉淀，焙烧后得纯度99.95%～99.99%的海绵铂，铂回收率>97%[22]。回收工艺流程见图14-3。

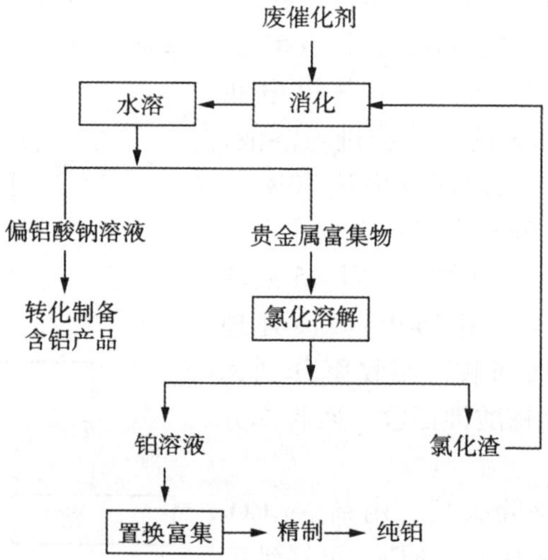

图14-3 铂回收工艺流程

④含铂废催化剂和NaOH在450℃焙烧后，加水和20%甲酸溶液处理，过滤残渣用通常方法处理，可得到高回收率的高纯海绵铂[23]。

⑤废铂催化剂除碳后，用配料摩尔比为1.2的NaOH与其在800℃烧结2h，然后用95℃水溶解10min，并加入一定量的沉淀剂甲酸后，氧化铝溶出率达98.10%，固体渣中铂富集了17.87倍[24]，所得固体用前述方法回收铂。

由于碱溶回收法中Al_2O_3和NaOH反应的温度在160℃以上，因此，需在高压釜内进行。但反应后产物黏度大，分离困难，而且，NaOH价格较高，消耗量大。这种方法铂回收率比较高，如果副产物偏铝酸钠有重要用途，也还是一种可以选用的方法。

(二)活性组分溶解法

浸渍法回收废重整催化剂的铂贵金属，其优点是基本不溶解催化剂载体，因此，副产物少、三废少。通过加入H_2O_2等氧化剂后，铂的回收率可达97%。这种方法的不足之处是：为避免载体 Al_2O_3 被过多的溶解，浸渍前废催化剂要进行高温焙烧处理，这不仅增加了设备投资和能耗，操作费用也会有所增加。

另外，也有用 NaCN 浸渍回收铂的研究，由于浸渍过程中有剧毒的 HCN 放出，这种方法的实用价值不大。

①R－32 废铂锡重整催化剂，在 1200℃焙烧 2h，然后在 70℃，用盐酸和 L 氧化剂，在固∶液比为 1∶6 的条件下浸渍 1h，浸出液用 N235 萃取剂萃取铂，用直接水解法精制铂金，铂的实际回收率达 97% 以上，铂的纯度为 99.98%[25]。

②含铂 0.62% 工业废催化剂，先在 600℃空气中焙烧 2h，然后通入 N_2 恒温 1h 后，通入 H_2 降温至室温。用 HCl(2.8mol)＋H_2O_2(1.2mol)＋NaCl(2.5mol)浸取液，在搅拌状态下处理催化剂 2h，过滤并洗涤沉淀，干燥后得海绵铂，铂的回收率为 97.5%[26]。

③将含铂废重整催化剂在 800℃焙烧至没有黑色为止，然后用盐酸、氯酸钠溶液浸渍三次，滤液用 40% 亚砜萃取，经 4 级萃取、2 级酸洗、4 级反萃，再用水合肼还原得海绵铂，铂的回收率为 97%，铂的纯度达 99.9%[27]。

④废铂锡重整催化剂，在 850℃焙烧 4h，然后在 95～105℃，用 3mol/L 盐酸和 0.9mol/L 硝酸混合液，在固液比为 1∶5 的条件下，回流浸渍 2h，滤液用离子交换树脂处理，将离子交换树脂在 600℃下灼烧，即得海绵铂，铂的回收率为 99.15%，铂的纯度达 99.9%[28]。工艺流程见图 14－4。

⑤废铂催化剂焙烧除碳后，在盐酸、水和氯酸钠溶液中，加热至 90℃搅拌浸渍 2.5h，浸渍残渣用 5% 盐酸淋洗，浸渍液用锌片还原处理得粗铂。粗铂用王水溶解，赶硝后加入氯化铵，所得氯铂酸铵还原后可得纯铂。铂回收率 >98%[29]。

⑥废铂催化剂 760℃焙烧除碳后，用次氯酸钠和氯化钠水溶液在 150℃搅拌浸渍 3h，然后用 NaOH 调节 pH 值至 9.0，除去沉淀后，用水合肼还原得海绵铂。铂回收率为 96.0%[30]。

⑦废铂催化剂焙烧除碳后，用次氯酸钠、硫酸、磷酸水溶液在 150℃搅拌浸渍 3h，用 NaOH 调节 pH 值为 8.0，除去沉淀后，用水合肼还原得海绵铂，铂回收率为 96.4%[31]。

⑧废铂或铂锡催化剂，用王水在 75℃浸渍 20～25min 后，过滤、滤液用中孔或大孔强碱离子交换树脂吸附分离，最后用 1mol/LNa_2SO_3 溶液淋洗，可回收 98% 的铂[32,33]。

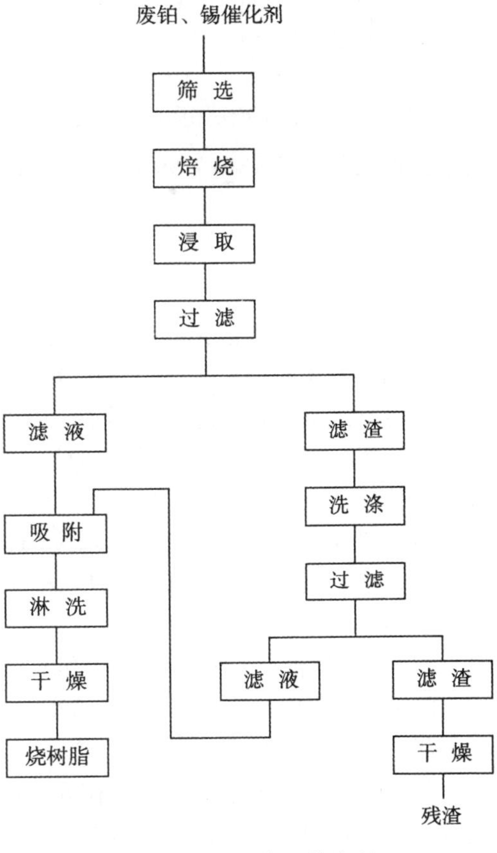

图 14－4　铂回收工艺流程

(三)全溶解法

对于以 r－Al_2O_3 为载体的废重整催化剂，在氧化剂存在下，使用一种或两种酸混合，可将催化剂载体和活性组分同时溶解进入溶液，然后再从溶液中提取铂，此法的优点是铂回收率高 >99%；铝回收率可达 98%，且易于工业化。不足之处是溶液黏性大，过滤困难、酸耗高，有时也会产生一些废液污染环境，处理成本偏高。

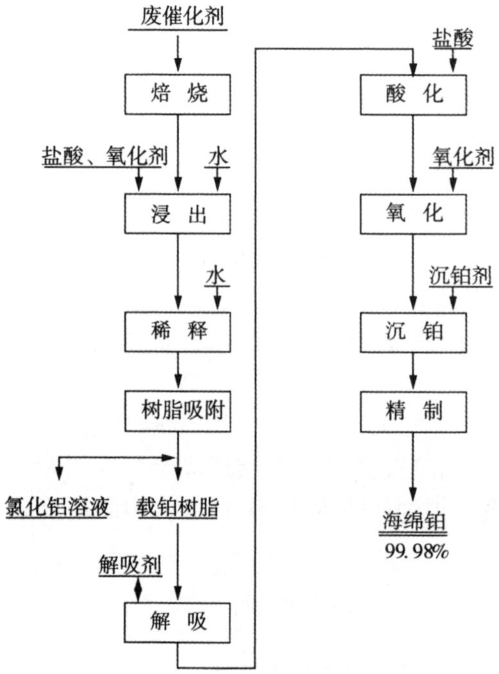

图 14－5 全溶解法铂回收工艺方法

①废铂锡重整催化剂，在马福炉内，600℃灼烧 3h，然后放入溶解器中，分 3 次加入浓盐酸进行溶解，在溶解后期加入少量 H_2O_2，溶解时间共 6h，过滤溶解液，滤液用二异辛基亚砜萃取 2 次，用盐酸反萃 2 次，含铂反萃液在 60℃用 5% 水合肼液还原，铂的实际收率为 97.7%[34]。

②含铂废催化剂，在 500～600℃焙烧除去表面炭，然后与硫酸，盐酸、氯酸钠、氯化钠水溶液混合，在 110℃反应 4h，过滤后，滤液用阴离子交换树脂处理，依次用 0.1mol/L 盐酸、20% 高氯酸淋洗离子交换柱，淋洗液用水合肼还原，得海绵铂，铂回收率为 96.64%～98.56%[35]。

③废重整催化剂加盐酸先浸出铝，然后加入氧化剂使铂溶解，生成三氯化铝和氯铂酸混合溶液，用阴离子交换树脂吸附，用碱液解吸，加入氨水后得氯铂酸铵沉淀，煅烧后得海绵铂，铂回收率达 98%～99%[36,37]。工艺流程见图 14－5。

二、气相法回收

气相回收废重整催化剂铂的方法有：气相挥发铂和气相挥发载体氧化铝两种。

气相挥发铂的方法是通过将废重整催化剂的铂选择性氯化，变成易挥发的氯化物，在低温下冷凝或吸收铂氯化物，再通过适当处理得到海绵铂。

气相挥发载体氧化铝法是将氧化铝转化成易挥发的三氯化铝，铂存留在残渣中，用通常方法处理残渣可得到海绵铂。

新近研究的用硫化铝和碳，与废催化剂一起在高温下反应，生产易挥发的低价硫化铝(Al_2S)，通过真空蒸馏使铂与废催化剂载体分离，这种方法在回收铂的同时，可以得到部分金属铝。

(1)废重整催化剂：①用 CO 和 Cl_2 混合物，在 350～550℃处理。或②混合 0.5%～10% 的 KCl、NaCl、$CaCl_2$、Naf、CaF_2，在 600～1200℃，通入氯气处理，铂转化成易挥发的氯化物与载体氧化铝分离[16～18]。

(2)含铂催化剂与碳混合，在 800℃通入氯气处理时，掺入少量光气($COCl_2$)，四氯化碳(CCl_4)或氯化亚硫酰氯($SOCl_2$)等反应 8h，载体氧化铝就会转化成 $A1Cl_3$ 挥发掉，铂存留在残渣中，用通常方法处理残渣可得到纯度 99% 的铂、铂的回收率≥97%[19～22]。

(3)硫化铝、氧化铝和碳在高温下发生如下反应:

$$2Al_2O_3 + Al_2S_3 + C = 3Al_2S + 6CO$$

$$3Al_2S = Al_2S_3 + 4Al$$

低价硫化铝(Al_2S)易挥发，铂不参与反应，存留在残渣中，在高温、高真空条件下，Al_2O_3 变成 Al_2S 被蒸出，一部分转变成金属铝，用通常方法处理残渣，可得到海绵铂。

例如，将废催化剂磨细到 106μm，与碳粉和硫化铝按一定比例混合，压团后放入碳坩埚中，在 1200 ~ 1400℃，真空度大于 666.7Pa 的条件下，反复蒸馏 4 次，铂的回收率大于 92%[23]。

气相法回收废重整催化剂铂的技术，虽然工艺简单，但存在着所用氯气、光气等腐蚀性强、毒性大、设备要求高等问题，目前还不具备用于工业生产的条件。

三、火法回收

废催化剂与熔剂、捕集金属一起熔炼时，铂会进入捕集金属熔体，载体氧化铝和熔剂形成易分离的炉渣，从而达到铂与氧化铝分离的目的。捕集金属有 Pb、Cu、Fe 和 Ni[24]。

这种方法用于汽车尾气催化剂回收 Pt、Pd、Rh 有好的结果，用于废重整催化剂回收铂没有竞争优势。

四、产品精制

(一)海绵铂精制

海绵铂用工水溶解后(使铂的浓度为 30g/L)，用 10% NaOH(一级)，调溶液 pH 至 2 ~ 3，加热至 50 ~ 60℃，在搅拌下缓缓加入水合肼(其用量为 lg Pt + 0.7 ~ 1mL)即出现黑色粉状铂的沉淀，加热使铂还原完全，然后，冷却、过滤，用稀盐酸及热水洗涤至无 Cl^-，烘干。即得高纯度的海绵铂产品，产品收率为 99.3% ~ 99.6%。

(二)铂黑精制

用王水先将铂黑溶解，然后用盐酸赶掉硝酸，将 150mL33% 的甲醛溶液加到含 Pt20g 的 80mLH_2PtCl_6 水溶液中(含 HCl)冷却到 -10℃，一边搅拌，一边把 420mL50% 的 KOH 水溶液滴加进去。注意温度 <6℃，滴加完后，加热至 55 ~ 60℃，再搅 30min，随后用倾析法弃去上面清液，充分水洗，迅速滤去水，在干燥器内干燥，得到纯的铂黑。

(三)氯铂酸溶液处理

1. 直接用于生产催化剂

如果废剂回收厂与催化剂生产厂距离不远，当氯铂酸溶液的杂质含量达到制备催化剂的要求时，可以不必将氯铂酸还原成海绵铂，直接稀释后即可使用。

2. 用还原剂还原

例如：在弱碱性条件下，加入水合肼可以将氯铂酸还原成海绵铂，然后过滤、洗涤，得到海绵铂产品。又如：也可以用锌粉从氯铂酸溶液中还原出铂，但其缺点是在还原产品铂黑中会带入少量还原剂锌粉。

3. 用氯化铵沉淀

在氯铂酸溶液中加入氯化铵溶液，得到氯铂酸铵沉淀，过滤、洗涤、干燥后，在焙烧炉中加热至800~900℃进行焙烧，得到海绵铂产品。

4. 铼的精制

从废催化剂中回收得到的铼一般以高铼酸溶液的形式存在，通过浓缩、富集以及与其他杂质离子分离，可以得到较高浓度和纯度的高铼酸。通过在低温条件下加入碱(如氢氧化钠、氢氧化钾或氨水等)进行沉淀，得到纯度更高的高铼酸钾、钠、铵盐固体产品，方便运输和储存，在需要制备催化剂的时候，可以再将高铼酸盐转换成高铼酸。

第三节 铂铼的技术指标及分析方法

一、技术指标

(一) 海绵铂的技术指标

海绵铂的技术指标见表14-2。

表14-2 海绵铂的质量指标 %

项目	海绵铂	Hpt-2(企业标准)	项目	海绵铂	Hpt-2(企业标准)
Pt		>99.95	Fe	0.012	<0.005
Pd	<0.03	<0.02	Ni	<0.001	<0.005
Rh		<0.02	Ca	0.008	<0.005
Iy		<0.02	Bb	0.003	<0.005
Au		<0.02	Si	0.02	<0.005
Ag	<0.001	<0.005	Zn	<0.001	<0.005
Cu	<0.001	<0.005			

(二) 高铼酸的企业标准

本标准(见表14-3)适用于以高铼酸钾为原料，经离子交换而制得的高铼酸产品。本产品适用于制备铂-铼重整催化剂。

表14-3 高铼酸的企业标准

项目	质量指标	试验方法
外观	无色透明液体	目测
产品浓度 Re/(mg/mL)	>55	
杂质含量/%		化学滴定法
K	<0.00005	
Na	<0.00005	
Ca	<0.00005	

续表

项　　目	质量指标	试验方法
外　观	无色透明液体	目测
Fe	<0.001	
Cu	<0.00005	
Zn	<0.00005	
Si	<0.0001	
Pb	<0.00001	
As	<0.00001	

二、分析方法

(1)测定浸入液中的铂和铼。化学比色法;

(2)测定高铼酸中的铼。化学滴定法;

(3)测定浸出液中的铝含量。EDTA 络合滴定法;

(4)测定溶液及剩余物中铂、铼及杂质含量。电感偶合等离子体发射光谱法(ICP/AES)、原子吸收光谱法、碳硫仪分析法;

(5)计算。在称量废剂或分析铂含量时，必须同时进行灼烧基的测定，作为计算废剂量的基准。

按下式计算 Pt 的浸出率:

$$\text{Pt 的浸出率} = \frac{A}{W \cdot T \cdot B} \times 100\%$$

式中　A——由浸出率中测得的 Pt 含量，g;

W——废剂物料的质量，g;

T——废剂物料的灼烧基,%;

B——废剂物料中以氧化铝为基准时 Pt 的含量,%。

按下式计算 Pt 或 Re 的回收率:

$$\text{Pt 或 Re 的回收率} = \frac{W_{Pt/Re}}{W \cdot T \cdot B} \times 100\%$$

式中　$W_{Pt/Re}$——得到的纯铂或纯铼产品质量，g;

W——废剂物料的质量，g;

T——废剂物料的灼烧基,%;

B——废剂物料中以氧化铝为基准时 Pt 或 Re 的含量,%。

第四节　各种回收方法对环境的影响及废物利用

从现有工艺技术的流程来看，回收方法所产生的三废(废气、废液、废渣)主要包括以下几种:

废气：一氧化碳、二氧化硫、硫化氢、氯化氢、氮氧化物等；

废液：盐酸、硫酸、氧化铝、硫酸铝、氨水、碱液等；

废渣：氧化铝废载体等。

此外，在处理废剂时易产生粉尘。为防止对人体的毒害，应采取有效的捕集、防尘和保护等措施，同时对所收集的含铂粉尘应做进一步的回收处理，避免含铂资源的浪费。

从环境保护的角度看：废气应通过适当处理后再进行排放；而废液中主要应考虑氯化铝和硫酸铝的回收利用；对于含微量贵金属的废渣载体，最好通过进一步加工处理，例如，做成催化裂化催化剂的助燃剂，从而达到贵金属的充分利用。

参 考 文 献

[1] 王淑玲. 贵金属资源及供需形势[J]. 中国矿业，2003，14(4)：10~14

[2] 于泳，彭胜，严加才. 铂族金属催化剂的回收技术进展[J]，河北化工，2011. 34(2)：50~55

[3] 周国平，王锐利，吴任超. 工业废催化剂回收贵金属工艺及前处理技术研究[J]. 中国资源综合利用. 2011. 29(8)：26~30

[4] 王金利，刘洋. 国内废催化剂中铂的回收及提纯技术[J]. 化学工业与工程技术，2011. 32(1)：20~24

[5] 赵桂良，高超，石劲智，刘志坚. 含铂废催化剂综合利用技术进展[J]. 中外能源. 2010. 15(3)：65~71

[6] 汪云华，吴晓峥，童伟锋. 铂族金属催化剂回收技术及发展动态[J]. 贵金属，2011. 32(1)：76~81

[7] 杨洪飚，何蔼平，刘时杰. 从换效载体催化剂回收铂的工艺研究[J]. 贵金属，2005. 26(4)：9~13

[8] Jae - Chun Lee，Jinki Jeong，硫酸溶解法从废石油催化剂中回收铂[J]. 中国资源综合利用，2002. 05：16~19

[9] Kim，Min - seuk；Kim. Eun - young Recovery of platinum and palladium from the spent petroleum catalysts by substrate dissolution in sulfuric acid Materials Transactions[J]. (2010)，51(10)：1927~1933

[10] Lee，Jae - chun et al. Sulfuric acid dissolution of carries for recovering platinum from spent petroleum catalysts[J]. Chawon Rissaikuring，2004，13(1)：14~21(Korean)

[11] 徐桂峰，张耀军. 一种含铂催化剂回收方法[J]. CN101036889A 2007. 9. 19

[12] Batista，Sebastiao Guedes，Jr，Afonso. Julio Carlos Processing of spent platinum - based catalysts via fusion with potassium hydrogenosulfate Journal of Hazardous Materials，(2010)，184(1 -3)，717 -723.

[13] Sa pin heiro，Ana Acacia et al. Recvery of platinum from spent catalysts in a fluoride - containing [J]. Hydrometallurgy，2004，74(1~2)：77~84(English)

[14] 钟点益. 从石油化学工业产生的废催化剂中回收贵金属[J]. 有色冶炼，1998(1)35~39

[15] 张方宇，王海翔，姜车等. 从废重整催化剂中回收铂、铼、铝等金属的方法[P]. CN 1342779. 2002. 04. 03

[16] 佐佐木康胜，副浩二. 从废催化剂回收铂和铼的方法[P]. CN 1769504. 2006. 5. 10

[17] Drobot N F. Kupriyanova TA. Rhenium and platinum recovery from platinum and rhenium catalysts used [J]. Theoretical Foundations of Chemical Engineering，(2009)，43(4)，539~543

[18] Jafarifar D，Daryanavard M R. Ultar fast microwave - assisted leaching for recovery of platinum from spent catalyst. Hydrometallurgy，[J](2005)，78(3~4，166~171

[19] 杨志平，李庸华，唐宝彬. 从废催化剂中回收铂铼的工艺研究[J]. 湿法冶金，1999. 70

(2)：9 ~ 13
[20] Laboda Sandor et al. Precess for the production of platinum of 99.9% purity at least from spent catalysts and /of from other used platinum. Hu 36867(Hungaray). 1985. 10. 28
[21] Schoedel Rainer(DD). Platinrueck gewinnung aus Desaktivierten multimetalltraegkatalysatoren. DD 251120. 1987. 11. 04
[22] 杨茂才等．从含 Pt 废催化剂中回收 Pt、Al 的新工艺[J]．贵金属，1996. 17(3)：20 ~ 24
[23] Gromov O G, Kunshina G B et al. Recovery of platinum and palladium from deactivated catalysts[J]. Zh Prikl Khim, 1999, 72(11)：1761 ~ 1764(Russian)
[24] 王明，戴曦，邬建辉．烧结—溶出法从废催化剂中回收铂[J]．贵金属，2011. 32(4)：6 ~ 15
[25] 孙葶庭．从失效催化剂中回收铂的工艺．贵金属，1996，17(2)：32 ~ 34
[26] 刘全杰，孙万付，杨俊等．一种从含有贵金属的废催化剂中回收贵金属的方法[P]. CN1448522. 2003. 10. 15
[27] 孟宪红，李悦，李英．废催化剂中金属的回收[J]．化工环保，1996，16(4)：199 ~ 201
[28] 范孝嫦，张敏敏，柏焰焰．从废催化剂中回收铂的方法[P]. CN 1114362. 1996. 01. 03
[29] 朱书全，张正红．氯酸钠氧化法从废氧化铝 - 铂催化剂中提取铂[J]．贵金属，2006，27(1)：6 ~ 9
[30] 王敏，段为宇，凌凤香．一种从含有贵金属的废催化剂中回收贵金属的方法[P]. CN101074458A. 2007. 11. 21
[31] 王敏，孙万付，凌凤香．一种从废催化剂中回收贵金属的方法[P]. CN101376923A. 2009. 3. 4
[32] Marinho, Roberta Santos, Nunes da Silva. Cristiano Recovery of platinum, tin and indium from spent catalysts in chloride medium using strong basic anion exchangeresins[J]. Journal of Hazardous Materials, (2011), 192(3), 1155 ~ 1160
[33] Marinho, Roberta Santos, Afonso. Julio Carlos Recovery of platinum from spent catalysts by liquid - liquid extraction in chloride medium[J]. Journal of Hazardous Materials, (2010), 179(1 ~ 3), 488 ~ 494
[34] 赵义云，席德立(清华大学)．用萃取法回收废催化剂中的铂[P]. CN 85100109. 1986. 07. 16
[35] 张方宇，李庸华，张邦安等．从废催化剂中回收铂族金属的方法[P]. CN 1123843A. 1996. 6. 5
[36] 傅建国．从石油重整废催化剂中回收铂[J]．中国有色冶金，2006. 4(2)：43 ~ 50
[37] 黄燕飞．空气—盐酸介质浸出法回收废铂催化剂中的铂[J]．中国物资再生，1997. 9：9 ~ 10
[38] Shojitoru. Method for Recovering platinum fdmily metal[P]. JP2301527. 1990. 12. 13
[39] Shojitoru. Recovering method for platinum group[P]. JP2301528. 1990. 12. 13
[40] Shojitoru. Recovering method for platinum group[P]. JP2301529. 1990. 12. 13
[41] Shojitoru. Method of Recovering platinum[P]. JP62280330. 1987. 12. 05
[42] Shojitoru. Method of Recovering PD[P]. JP62280332. 1987. 12. 05
[43] Shojitoru. Recovering mether for IR[P]. JP62280337. 1987. 12. 05
[44] Shojitoru. Recovering mether for RH[P]. JP62280338. 1987. 12. 05
[45] 吴国元，戴永年．催化剂中贵金属的低价硫化铝富集法[J]．中国有色金属学报，2003，13(6)：1570 ~ 1573
[46] 吴国元，戴永年．失效贵金属催化剂中贵金属的富集[J]．稀有金属，2002，26(3)：231 ~ 234

第十五章 过程自动控制及仪表

催化重整装置是以石脑油为原料，通过高温临氢反应生成重整生成油，作为高辛烷值汽油组分或芳烃原料的装置。因此它具有介质馏分轻、温度高、易燃、易爆、氢腐蚀等特点。在装置连续再生部分催化剂再生流路中，同时具有高温氢环境和高温氧环境，氢氧环境绝对的隔离是装置正常操作和安全操作所必须的。这种工况是该装置不同于其他炼油装置的一大特点。因此，自动控制的准确性、可靠性和安全性就格外重要。

随着催化重整工艺技术的不断发展，自动控制方案也在不断地发展和完善。温度、压力、流量、液位等单变量定值或串级控制仍占装置自动控制方案的主要部分，根据工艺流程的不同要求，目前还分别采用了下列控制方案：分程控制、超驰控制、汽化率控制、氮气包压差控制、定组分控制、交叉控制、温差控制、直接物料控制、三冲量控制等。

装置的安全联锁方案已经成熟和完善，主要包括加热炉的安全联锁、余热回收的安全联锁、压缩机的安全联锁、催化剂连续再生过程的安全联锁。这些安全联锁都是保证装置安全运转的重要措施。因此安全联锁的设备应先进、可靠、安全、速度快。由于催化剂连续再生部分对安全性和可靠性均要求很高，因此，催化剂连续再生部分有关变量的监测、控制、安全联锁等单独设置一套控制系统，采用高速度、高可靠性、冗余冗错的可编程控制器 PLC（Programmable Logic Controller）来实现。装置压缩机通常也单独设置一套控制系统。装置加热炉、余热回收和装置其它部分的安全联锁则纳入装置安全仪表系统 SIS（Safety Interlocking System）。

为过程自动控制服务的仪表发展速度非常快，新建装置中心控制设备均采用分散控制系统 DCS(distributed control system)。老装置也纷纷将常规二次仪表改造为 DCS。DCS 将过程检测、监视、控制、操作、数据处理等功能都集中在一个协调的、功能分散的计算机网络内，既发挥了计算机大容量、多功能、高速度的特点，又因为普遍选用了冗余技术和系统的危险性分散，大大地提高了系统的可靠性。DCS 的应用，为装置处于优化条件下长期平稳操作，保证产品质量，降低能耗，并获得较大的经济效益创造了条件，也为企业一体化管理奠定了基础。同时，DCS 的普遍应用，也为先进控制 APC(Advanced Process Control)创造了条件。许多软件公司已不断推出商品化的催化重整 APC 软件。APC 的应用将会更加充分地利用 DCS 的资源，进一步提高催化重整产品质量、产率，进一步降低能耗，而获得最大的经济效益。实践证明 APC 的应用是确保装置长周期、高效率和安全运行的一种有效策略。

过程控制的现场变送器和阀门定位器也随着 DCS 的普及和自动化仪表技术的提高，已普遍发展为智能型仪表。智能仪表设备管理系统(AMS)被普遍采用。催化重整装置近年来大都采用了智能变送器及智能阀门定位器。催化重整的现场仪表还有一些特殊的部分，例如在线分析仪表、放射性料位仪表、特殊控制阀门和测量管路安装等。

第一节　过程自动控制

一、反应系统的控制

(一) 反应系统温度、流量控制

经预处理后的重整原料在流量控制下按一定氢油比与循环氢混合进入进料换热器，与重整反应产物换热后依次进入炉-1、反-1、炉-2、反-2、炉-3、反-3、炉-4、反-4，反应产物在进料换热器内与重整进料换热后进入重整产物分离罐，见图15-1。

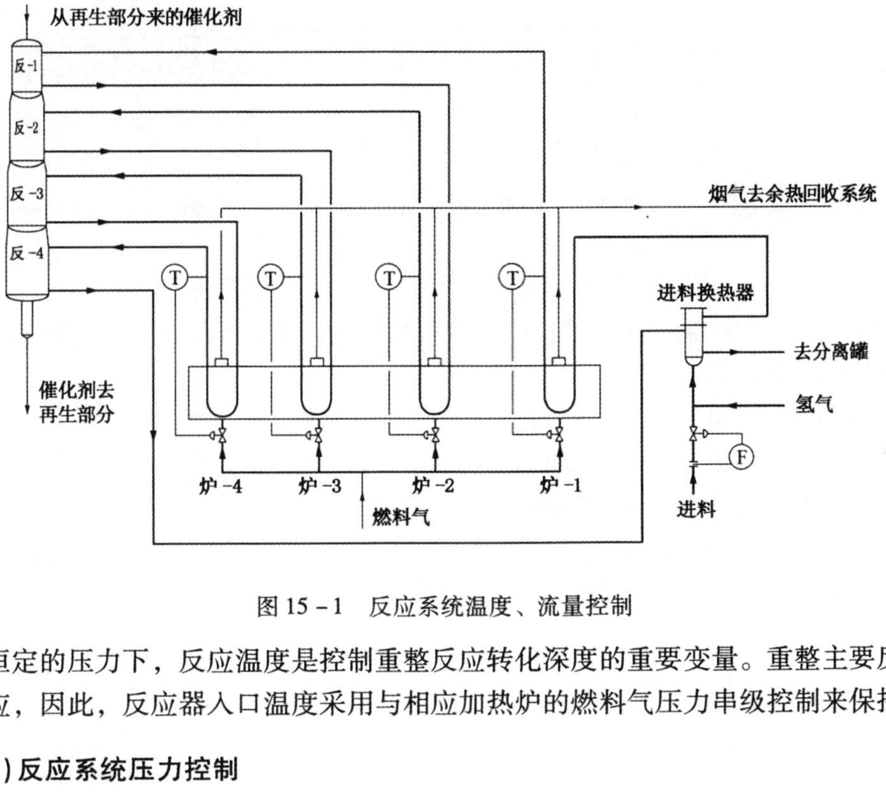

图15-1　反应系统温度、流量控制

在恒定的压力下，反应温度是控制重整反应转化深度的重要变量。重整主要反应均为吸热反应，因此，反应器入口温度采用与相应加热炉的燃料气压力串级控制来保持恒定。

(二) 反应系统压力控制

重整产物分离罐压力的恒定是整个重整反应系统压力恒定的标志，反应系统压力控制工程中常用的有两种。

1. 反应系统压力、再接触压力分程-超弛控制

该方案用于装置处理量较小，再接触压缩机采用往复式压缩机的工况。

如图15-2(a)所示，这是一个互相关联的复杂控制回路，P1是重整产物分离罐压力，同时又是增压机1的吸入口压力，P2是1号再接触罐压力，同时又是增压机2的吸入口压力，P3是2号再接触罐压力，P1、P2、P3都要求保持一定。

在工艺正常动态条件下，由于增压机的排气量大于重整反应产氢量，因此 V1 为关闭状态。整个系统的压力调节，首先是在重整产物分离罐至 2 号再接触罐之间，通过调节后一级高压气体返回线调节阀，内部互相调节和补偿以维持系统压力的平衡。工艺气体流则是由前向后逐级输送，通过 P3 控制 V3 开度向外供气。

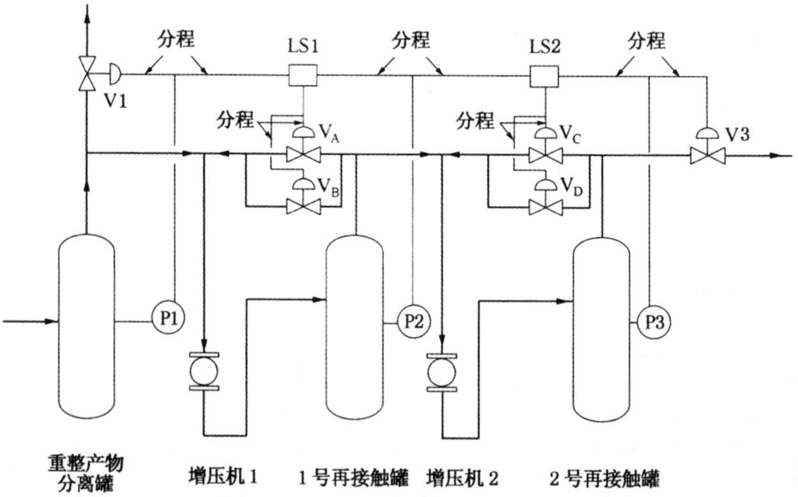

图 15－2(a)　反应、再接触压力分程－超弛控制

当系统压力异常超高，V3 开度已全开仍不能稳定系统压力时，工艺气体将按以下压力关联回路逐级逆向排放。

P3 异常超高，送出低信号至 LS2，增加 V_C、V_D 开度，直至全开。

P2 异常超高，送出低信号至 LS1，增加 V_A、V_B 开度，直至全开。

P1 异常超高，打开 V_1 至一定开度。

其中，LS2 选择二个输入信号中的低信号，控制 V_C、V_D，先打开小阀 V_D，后打开大阀 V_C。正常状态 LS2 选择 P2 控制 V_C、V_D 开度，压力异常超高状态，选择 P3 控制 V_C、

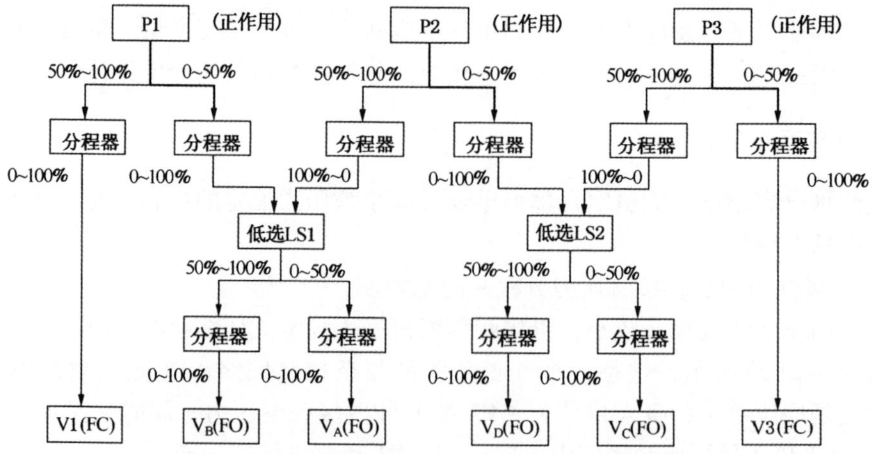

图 15－2(b)　反应、再接触压力分程－超驰控制信号关系图

注：FO 风停时调节阀开，FC 风停时调节阀关

V_D 开度。LS1 选择二个输入信号中的低信号，控制 V_A、V_B，先打开小阀 V_B 后打开大阀 V_A。正常状态 LS1 选择 P1 控制 V_A、V_B 开度，压力异常超高状态，选择 P2 控制 V_A、V_B 开度。

其相互间的信号关系见图 15－2(b)。

总之，当整个系统压力高时，V1 打开部分氢气放空，而当整个系统压力低时，关小或关闭 V3，减少或不向外送氢气。

这个控制方案既保证了重整反应系统压力，增压机吸入口和再接触压力的稳定，同时使氢气损失减小，纯度提高，烃回收率增加，是一个合理、先进的控制方案。大小两阀的应用增大了阀的调节范围。

在实施过程中，由于 P1、P2、P3 三个调节器均有可能处于开环状态，所以应加入抗积分饱和措施。

2. 反应系统压力、再接触压力分程、增压机转速控制和防喘振控制

该方案用于装置处理量较大、增压机为汽轮机驱动的离心式压缩机的工况。

如图 15－3 所示、这是一个互相关联的复杂控制回路。图中 P 为压力、F 为流量、PY 为分程器、X 为增压机防喘振控制器(包括入口压力低限、出口压力高限控制器)。XA、XB 的输入信号为主要变量，其中流量 F1、F2 都应用温度、压力补偿进行修正。增压机(一级、二级)由一台汽轮机驱动，汽轮机配置有转速仪。通常，防喘振控制器由压缩机生产厂配套设置。

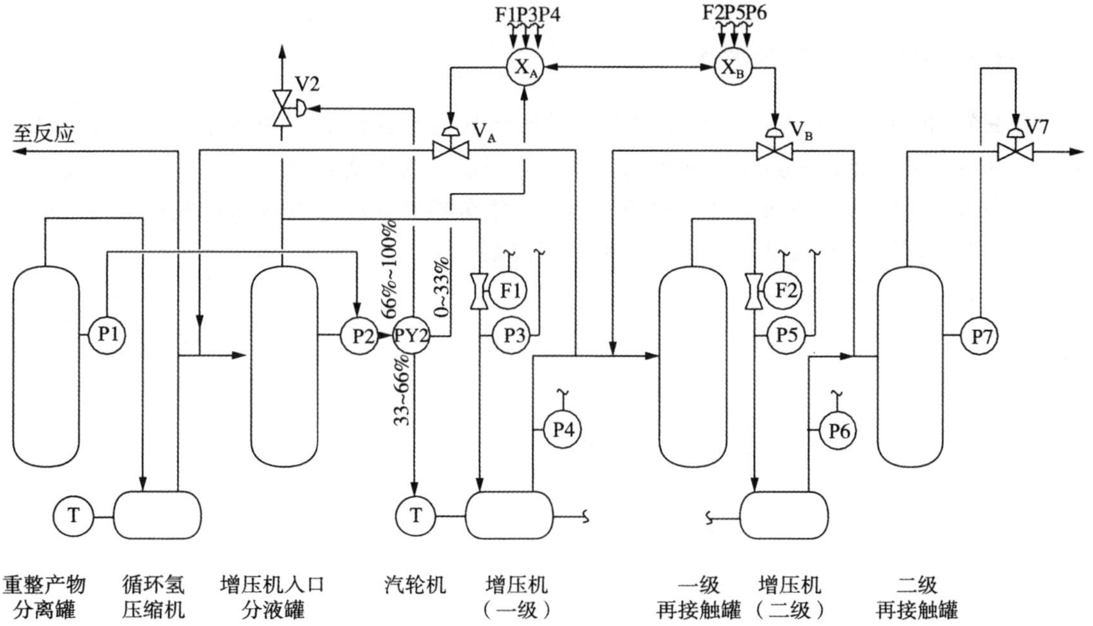

图 15－3　反应系统压力－再接触压力分程－增压机转速控制和防喘振控制

重整产物分离罐压力 P1 与增压机入口分液罐压力 P2 串级控制，P2 为三分程控制，P7 为二级再接触罐压力定值控制。

在工艺正常动态条件下，分程器 PY2 处于 P2 压力调节器输出 33% ~66% 的分程范围，用分程调节器输出信号同时调节增压机一级、二级的转速来保证 P1、P2 的稳定。与此同时由于二级再接触罐压力定值调节 P7 测量值随着增压机转速的变化而变化，因此 P7 调节器输出相应变化，V7 开度也相应变化，增加或减少外送氢气量来保证 P7 的稳定。

当系统压力异常超高，增压机转速增加到最高允许转速都缓解不了压力超高时，PY2 进入 P2 压力调节器输出 66% ~100% 的分程范围，打开放空阀 V2，并控制其开度。

当系统压力异常超低，增压机转速减少到最低允许转速都缓解不了压力超低时，PY2 进入 P2 压力调节器输出 0 ~33% 的分程范围，防喘振控制器 X_A、X_B 输出相应信号，打开防喘振阀 V_A、V_B，并控制其开度。

任何时候当防喘振控制器 XA、X4B 监测到操作点接近喘振控制线时，优先打开对应的防喘振控制阀，以防止喘振发生。

这个控制方案，同图 15 -2(a)一样，既保证了重整反应系统的压力、增压机入口和再接触压力的稳定，也保证了增压机的平稳运行，同时使氢气损失减小，纯度提高，烃回收率增加，是一个合理、可靠的控制方案。

二、塔 的 控 制

(一)分馏塔(精馏塔)的控制

分馏塔(精馏塔)控制的主要目的是在保证产品质量的同时，获得最大的产品收率。这就要求这类塔的热量平衡和物料平衡都应相对稳定。为了达到这一目的，几十年来，人们通过实践，不断的发展和提高，由传统典型的组分控制发展为直接物料平衡控制，又由直接物料平衡控制发展为改进型直接物料平衡控制。

1. 传统典型的组分控制

如图 15 -4 所示，这种传统、典型的控制方法是在塔顶压力恒定和塔底热量输入恒定

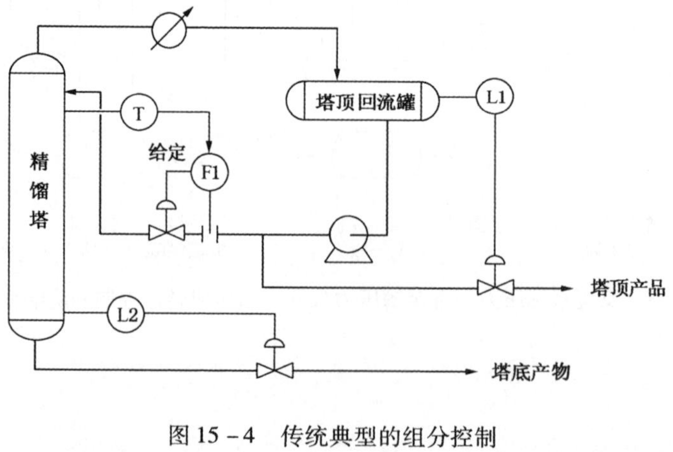

图 15 -4　传统典型的组分控制

(热输入量应保证塔底组分中所含塔顶组分最少)的条件下，用塔顶馏出物的温度T控制回流量F1，用塔顶回流罐液位L1控制塔顶产品抽出量。塔顶温度T直接影响塔顶馏出物的组分，是一个塔顶产品的间接质量指标。因此这种传统而典型的控制方法也可以称作组分控制。这种控制方案建立在单一的热量平衡基础上。由于塔顶温度T的恒定是靠外部冷回流流量的变化来调整，因此，外回流流量的变化就是热量的变化。当气候变化时，塔顶冷却器冷却效果变化，外回流温度随之变化，影响塔顶温度变化，破坏了热平衡，温度的变化改变了外回流F1的给定值，外回流量随之变化。由于温度回路和塔本身的操作滞后，使这一系列的变化过程缓慢和波动，直到建立新的热量平衡为止，短时间影响到塔顶产品质量。特别是当被分离的油品沸点越接近时，就越不易被分离，此时，必然用加大回流比的办法来提高分离精度，而回流量的加大，使热量平衡对产品质量的影响越敏感。所以，回流量的微小变化均将对塔顶温度产生较大的影响，从而影响到产品质量。实际操作中也证明，调整过程缓慢、操作不平衡，而且回流比越大，这种方案就越不实用。因此在20世纪70年代，国外在精密分馏中应用了直接物料平衡控制的方案。

2. 直接物料平衡控制

以催化重整脱戊烷塔为例，见图15－5和图15－6。

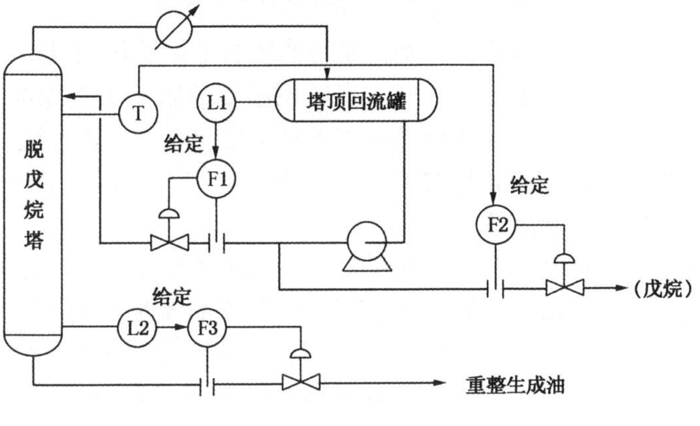

图15－5　直接物料平衡控制

脱戊烷塔塔顶产品为戊烷，塔底产品为脱去戊烷后的重整生成油。工艺过程要求塔顶戊烷不能夹带C_6和C_6以上的馏分，塔底油品要最大限度的少含C_5和小于C_5的组分。为了达到这个目标，在塔进料流量、塔顶压力、塔底热量维持恒定的条件下，图15－5中用塔顶温度控制塔顶产品抽出量(物料平衡控制)，用塔顶回流罐液位控制塔顶回流量(热量平衡控制)。塔顶温度控制实质是塔顶馏出物组分控制，塔顶温度与产品抽出量串级控制实质是物料平衡的控制过程。回流罐液位与回流流量串级控制的过程实质上是脱戊烷塔内部自身热量调整的过程，汽化物上升和液体回流就像飞轮的动力，相当于用热平衡创造了一个连续的物料循环分离的作用过程。因此，国外有些公司也将这类控制称作飞轮控制。它将塔的热平衡与物料平衡紧密地结合起来。当干扰出现，如一场暴雨使环境温度突变，空冷器出口冷却温度降低，外回流温度降低，塔内蒸汽量减少，回流罐液位下降，最终使外回流流量降低，促使塔顶温度回到给定值，塔的热平衡进入新的稳定状态。在这一瞬间，塔顶温度会有短暂变化，塔顶抽出产物流量也会有短暂的变化，但是由于外回流量较塔顶抽出流量大许多，温度回路本身又有较大的滞后，即液位－回流控制回路反应迅速灵敏，温度－抽出控制回路反应缓慢、滞后，所以热量平衡的短暂波动不会对物料平衡产生明显的影响。因此，不容易影响到塔顶产品的质量。回流比越大，这种控制方案优越性越明显。

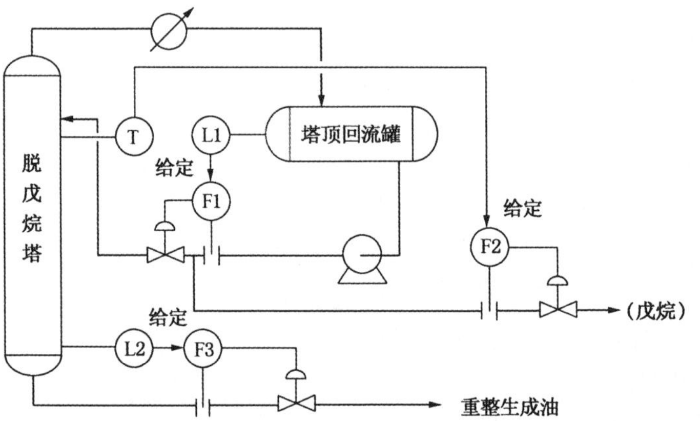

图 15－6 改进型直接物料平衡控制

在这种控制方法中，回流罐液位控制器是塔的物料平衡及热能量平衡的交叉点，要求它具有高增益、高精度、高灵敏度。这样，当塔顶温度控制要求塔顶馏出物流量变化时，液位控制器才会迅速感应到这个变化使外回流量迅速变化以满足塔顶温度控制的要求。但是这种方法同样又要求塔顶回流罐足够大，外回流量足够大，制约了液位控制的灵敏度，由此产生了直接物料平衡控制的改进型。

改进型直接物料平衡控制如图 15－6 所示。外回流流量 F1 测量元件由外回流管移至回流泵出口总管上。当塔的组分控制 T 变化时，塔顶产品流量控制 F2 变化，几乎同时在回流罐液位 L1 还没有感应到这个变化时，回流量 F1－F2 就相应变化，使组分控制 T 迅速回到预定值，弥补了方案一的不足，使直接物料平衡控制方案更加直接、灵敏、快捷、精度高，调节过程更加平稳。

在实施过程中也经常在图 15－5 的基础上，用 F1＋F2 来作为回流泵出口总管流量控制回流量，达到图 15－6 同样的目的。

催化重整装置中同类型的塔还有脱丁烷塔、重整油塔等。

3. 温差－直接物料平衡控制

这类控制通常用于分离沸程窄、要求产品纯度又很高的精馏塔，如苯塔、甲苯塔等。

苯塔是将芳烃中的苯分馏出来的精馏塔，通常在常压状态下操作。工艺过程要求优质苯的冰点大于 5.4℃，质量纯度大于 99.95%。为了达到这个指标，苯产品由塔顶第 4 层左右塔盘抽出，该层塔盘温度为苯的沸点温度，塔顶留出几层塔盘用于干燥脱水和提纯。由于高纯度苯沸程很窄，仅 1℃左右，而且苯与其他组分之间相对挥发度很小，因此组分的变化对温度的影响是不灵敏的，而塔的微小压力波动对温度的影响却很灵敏，因为微小的压力变化均会改变苯的沸点，所以采用与脱戊烷塔一样的温度控制方案满足不了要求。实际应用中普遍采用单温差控制方案，如图 15－7 所示。

温差控制的检测点是苯沸点温度处的塔盘和灵敏塔盘，其位置由工艺计算确定。所谓

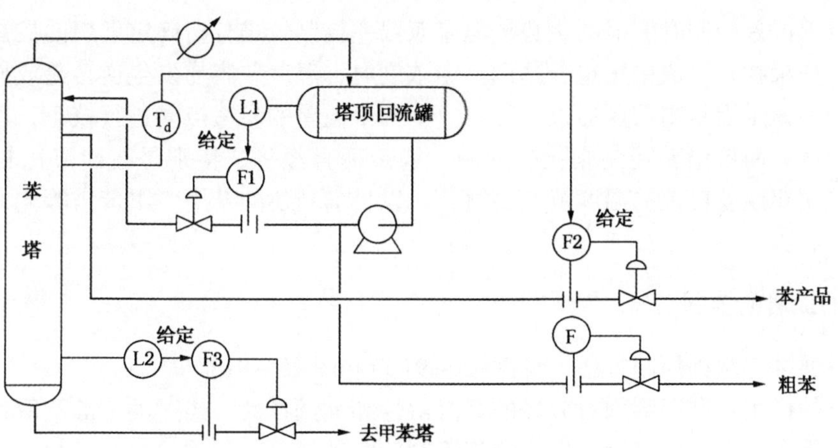

图 15－7　苯塔温差－直接物料平衡控制

灵敏塔盘即该层塔盘的温度对苯纯度的变化影响最灵敏，当温差变化较大时，产品纯度才有微小的变化，而当压力微小波动时，尽管各层塔盘温度随之发生变化，但温度变化的方向是一致的，而温差是个相对值使塔盘温度变化后的温差不变或变化很小从而克服了压力波动对苯产品质量的影响。

温差控制和直接物料平衡控制接合起来使该塔的控制方案更加完善，操作简易而平稳。因此该方案广泛被采纳。

4. 单温差和双温差控制

在 20 世纪 70 年代引进的催化重整装置中，曾有部分精馏塔，包括苯塔和甲苯塔采用了双温差控制代替单温差控制。但是 70 年代后，新引进装置中的精馏塔又由双温差改回为单温差控制。如图 15－8 所示，双温差控制是在单温差(精馏段)控制的基础上，增加了一个塔进料口下方塔段(提馏段)的温差检测点，并利用二个塔段的温差 T_d1 和 T_d2 的差值作为双温差的控制信号。从国外公司所作的研究和实验以及国内实践综合分析表明，单温差和双温差控制都可以成功的完成窄馏分油品的精密分馏。在塔的负荷变化较大时，双

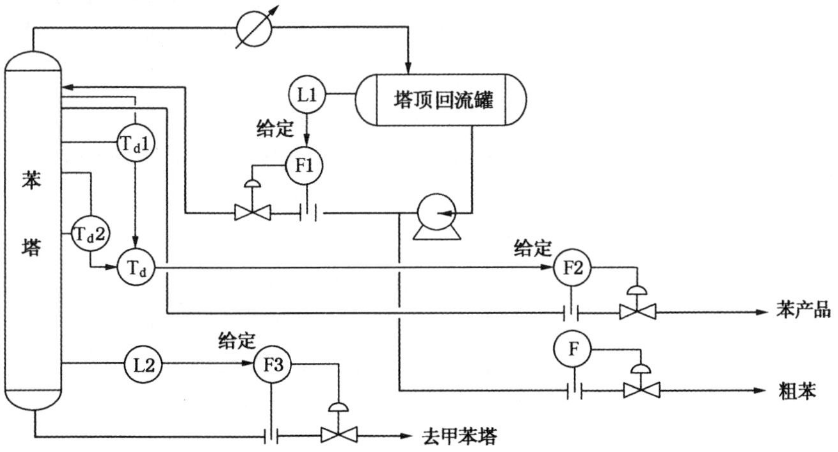

图 15－8　苯塔双温差－直接物料平衡控制

温差控制较单温差控制有明显的优势。但是双温差控制较难分析确定理想的控制点特别是上控制点，如果物料组成中重组分达到一定浓度时，温度差容易发生逆转造成操作的不稳定，而这种不稳定因素则需要通过改变上、下两个温差的参考点来进行校正，这给平衡操作带来了难度。而单温差控制则比较简单、稳定而且经济，特别是在回流比较低的情况下，单温差比双温差可控的温度范围要宽，所以目前新建的苯塔、甲苯塔等均采用单温差控制系统。

(二)抽提塔的控制

抽提塔通常有两种控制方法，见图 15 -9(a)和图 15 -9(b)。

抽提塔的作用是利用溶剂对芳烃的高溶解性和高选择性，经过液 - 液萃取过程，从重整生成油中提取芳烃，同时分离出不溶于溶剂的非芳烃。

图 15 -9(a)抽提塔的控制方案(一)，在国外芳烃抽提装置中应用广泛。从图中可以

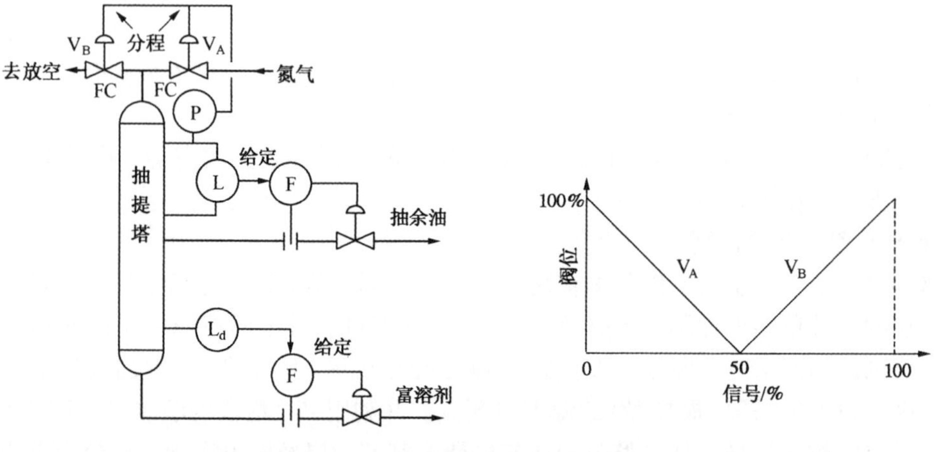

图 15 -9(a) 抽提塔的控制方案(一)

看出，抽提塔的压力采用了分程控制方案，当压力低于给定值时阀 V_B 关闭停止泄压，阀 V_A 打开用 N_2 补压。当压力高于给定值时，阀 V_A 关闭停止补压，阀 V_B 打开向放空罐泄压。同时塔顶液位与塔顶部侧面抽出抽余油流量串级控制，塔底界位与塔底抽出富溶剂流量串级控制。这个控制方案能使抽提塔的压力保持恒定，确保塔内各种组分在操作温度下处于液相状态而不发生汽化。同时也有助于抽提塔底界面的稳定，使塔底富溶剂平稳地压入汽提塔。

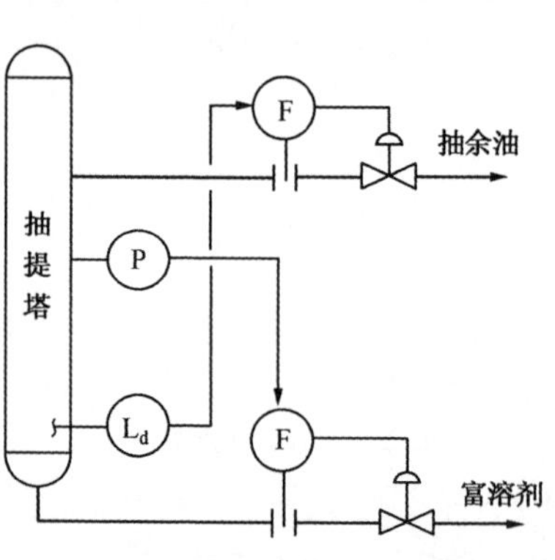

图 15 -9(b) 抽提塔的控制方案(二)

图 15 -9(b)抽提塔的控制方案(二)，多用于国内芳烃抽提装置。与方案(一)不同之处在于该抽提塔为全液相塔，液相的不可压缩性使维持该塔的压力恒定比方案(一)要难。实际应用中，由于塔底富溶剂量较塔顶非芳烃量要大很多，因此，采用塔的压力控制塔底富溶剂抽出量，较采用塔的压力控制塔顶非芳烃抽出量要灵敏得多。这种采用塔的压力控制塔底抽出量，塔底界位控制塔顶抽出量的方案，简称为交叉控制。

（三）回收塔底组分控制

回收塔用于分离混合芳烃和抽提溶剂。为了保证塔底贫溶剂中烃、水含量符合贫溶剂的质量要求，采用了绝对压力补偿－温度控制回路，也称组分控制，见图15－10。

组分控制的原理是基于温度和压力能够相互对应，对于一个恒定的组分，在恒定的压力下对应一个恒定的饱和温度。当过程压力变化时，要使组分恒定，就必须使温度随压力的变化而变化。为了维持该恒定的组分，采用单回路控制显然不能抵消压力变化对其产生的影响，因此，抽提回收塔底采用了组分控制原理。

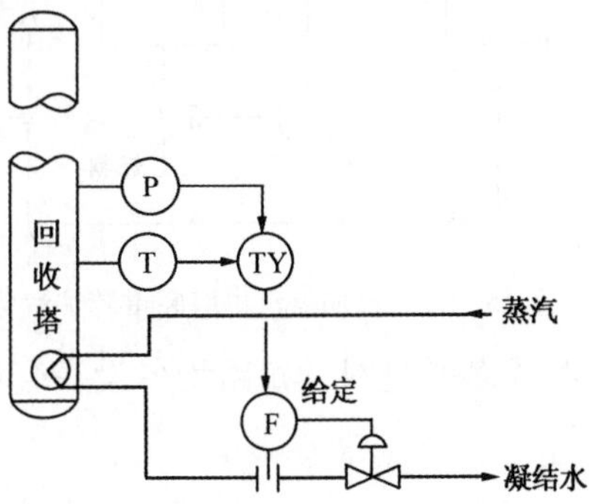

图15－10　回收塔底组分控制

实际应用中，由于环境温度对其有一定的影响，因此有时用温度差（补偿环境温度）替代图中的温度。但是环境温度变化对温度的影响相对于压力变化对温度的影响要小很多，实施起来又增加了复杂性，因此国内芳烃抽提装置多采用绝对压力－温度控制回路用以达到组分控制的目的。

三、加热炉的控制

催化重整装置加热炉主要包括：塔底重沸炉、进料加热炉、重整反应器入口加热炉以及烟气回收余热锅炉等几种类型。

（一）分馏塔底重沸炉的控制

重沸炉是提供塔底热源的加热炉，一般分馏塔通常采用控制加热炉出口温度的方法来控制其热量。由于催化重整装置中预分馏塔、预加氢汽提塔和稳定塔内处理物料为窄馏分油品，当汽化率和热负荷变化不大时，这种窄馏分油品温度几乎不变，而只有当汽化率和热负荷变化很大时，温度才会有很小的变化。所以，重沸炉出口温度不能灵敏地反映汽化量和重沸炉的供热量，使塔的操作很难平稳。

以加工初馏点～180℃馏分的150kt/a催化重整装置为例，预分馏塔重沸炉出口汽化率每变化5mol%热负荷增加或减少139kW，加热炉出口温度才变化1℃。汽提塔重沸炉出口物料汽化率每变化7mol%，热负荷增减244kW，加热炉出口温度才变化1℃。但对于处理初馏点～210℃馏分的催化重整稳定塔来说，重沸炉出口温度变化1℃汽化率只变化2.5mol%，而热负荷变化94kW。因此在窄馏分分馏塔塔底重沸炉的控制中，一般采用了控制炉出口物料汽化量的方案，而不采用炉出口温度控制方案。以预加氢汽提塔底重沸炉为例见图15－11。

偏心孔板适于检测汽液两相物流流量的变化。当重沸炉出口汽化率增加时，汽体量增加，偏心孔板前后压差相应增加，塔底热量也相应增加。因此控制偏心孔板前后的压差恒定，就能有效的控制塔底加热量的恒定，保证塔的平稳操作。偏心孔板前后压差值测量范围是采用最大差压法计算的。

在催化重整装置重沸炉汽化率控制偏心孔板的计算中β值（偏心孔板孔径与工艺管内

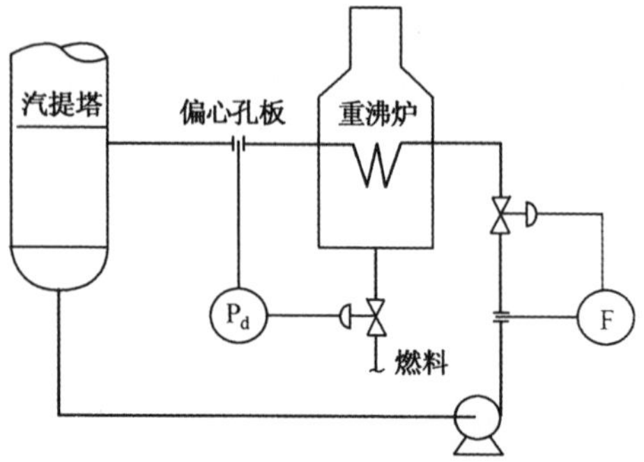

图 15－11 预加氢汽提塔底重沸炉汽化量控制

径之比)按经验一般取 0.7。同时需要指出的是，由于物流是两相流，检测元件是偏心孔板，因此，这种方法不能作为精确测量用，但用于控制回路的检测变量是可行的。实际操作中，该方法能灵敏地反映出炉出口汽化率的大小和变化。

（二）预加氢进料加热炉的控制

预加氢进料加热炉的控制见图 15－12。

如图 15－12 所示，加热炉进料为单变量流量控制。当处理量大时，图中单路进料可能变为两路或多路进料，每路均各设一套单变量流量控制。

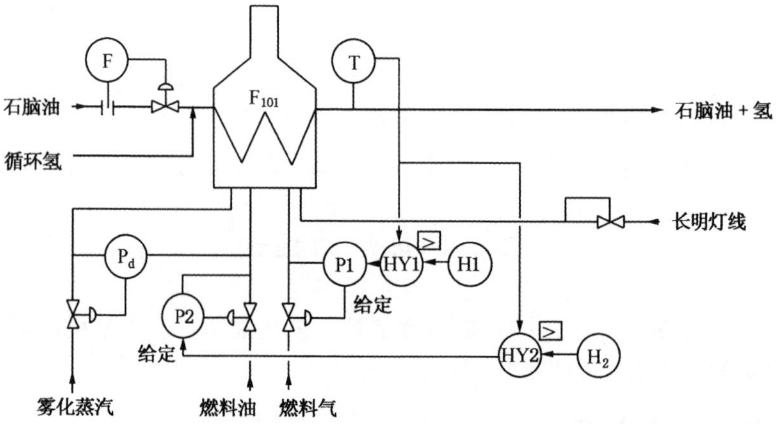

图 15－12 预加氢进料加热炉的控制

预加氢加热炉燃料系统有两种工况，一是烧燃料气，二是燃料气和燃料油混烧。当设计为混烧时，也可以单独烧燃料气或燃料油，燃料气分两路进炉，一路为长明灯，用自力式压力调节阀就地控制，另一路燃料气为压力控制 P1。燃料油除本身设有压力控制 P2 外，还设有雾化蒸汽与燃料油的压差控制 P_d。炉出口物料温度控制 T 分别与 P1 和 P2 串级，为了保证加热炉安全燃烧不至于因压力偏低而熄火，因此串级控制中加入了手操 H1、H2 和高选择器 HY1、HY2，正常情况下，H1、H2 低于 T 的输出值，该控制是 T 与 P1 和 T 与 P2 的串级控制。异常情况下，T 输出低于 H1、H2 串级控制主回路 T 的输出由安全值 H1、H2 代替，确保了加热炉在正常、安全范围内工作。当然，在采用 DCS 作为中心控制设备时，这一目标还可以用 DCS 的其他功能来实现。

与预加氢进料加热炉控制方案相同的还有脱戊烷塔底重沸炉、汽提塔底重沸炉，其中汽提塔底重沸炉出口物料的温度 T 用汽化量 P_d 控制代替。

通常，预加氢进料加热炉与其他塔底重沸炉如汽提塔底重沸炉、脱戊烷塔底重沸炉等共设一套烟气回收空气预热系统，进炉空气设遥控，炉膛顶设氧化锆氧量分析仪监测烟气中氧含量，根据氧含量大小，遥控进入加热炉的空气量，加热炉辐射室顶设压力控制，控制其烟道挡板开度，保证炉膛在设计压力下工作。

（三）重整反应器入口四合一加热炉的控制

四合一加热炉与前面所述预加氢进料加热炉控制方法相似。

（1）四合一炉的燃料一般只用燃料气。燃料气仍分两路进入各加热炉。每台加热炉出口(反应器入口)物料温度与进入该炉燃料气压力串级控制，也有不少装置采用每台加热炉出口温度调节与出、入口温度差调节进行低选后与进入该炉燃料气压力串级控制，并同预加氢进料加热炉一样，加入安全值和高选择环节。另一路长明灯管经总管分支后进入各加热炉，自力式压力现场调节仪在总管上设置。

（2）四个反应器的四个加热炉一般合为一体，但分别有各自的炉膛，共用对流段和烟道，无空气预热系统。炉膛顶仍各设氧化锆氧量分析仪监测烟气中氧含量。炉膛顶各设压力监测仪表，其测量值经选择开关或高选择器(DCS 内)选择一路控制共同的烟道挡板。

（3）四合一炉顶设蒸汽发生器，回收烟气余热。

（4）蒸汽发生器三冲量控制。蒸汽发生器位于催化重整装置四合一炉顶烟道上，控制方案见图 15－13。

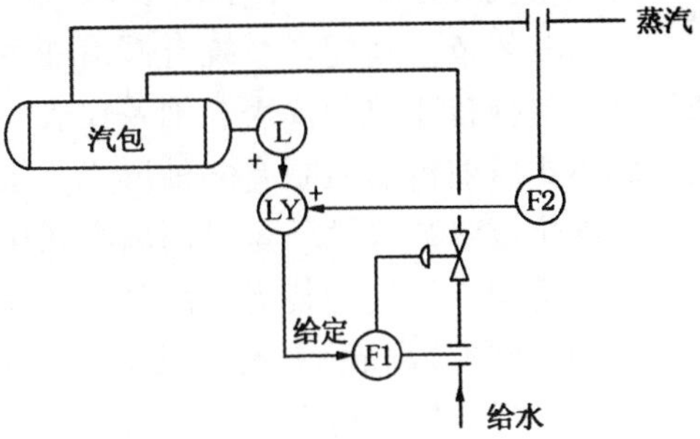

图 15－13　蒸汽发生器三冲量控制

维持汽包正常操作的主变量是汽包水位，汽包水位过高将导致汽液分离效果降低而造成汽包出口饱和蒸汽带水，汽包水位过低由于汽包容积小，水位变化很快，容易造成汽包干锅而使取热管爆裂，因此严格控制汽包水位在正常范围是十分重要的。

影响汽包水位的主要变量是蒸汽流量和给水流量。水位、蒸汽流量和给水流量统称三冲量(L、F1、F2)。当系统蒸汽负荷增大时，蒸汽流量增加引起汽包内压力减小，汽化强度增大，蒸发面以下汽泡增多，造成水位不仅不下降反而上升的“虚假水位”。为了克服“虚假水位”的影响，水位控制器输出回路 L 中引入了蒸汽流量前馈信号 F2，使水位控制回路产生一个令给水量 F1 与蒸汽量 F2 同方向变化的信号，减少或抵消了“虚假水位”可能引起的给水量调节误动作。同时水位控制与给水流量控制采用串级控制，给水流量控制作为水位串级控制回路中的副回路，可以超前于水位快速和有效地克服来自给水流量本身所产生的波动，减少了调节滞后时间，提高了调节品质，保证水包水位在正常范围内操作。这种控制方案是传统的汽包三冲量复杂控制，属于前馈加串级的控制系统。

四、压缩机的控制

催化重整装置压缩机主要包括：预加氢循环氢压缩机(一般为往复式)、重整循环氢压缩机(一般为离心式)、再接触压缩机(一般装置处理量小为往复式，装置处理量大为离心式)和氨压缩机。

(一) 往复式压缩机的控制

往复式压缩机适用于压力高，压缩比大，压缩流量较小的对象。往复式压缩机主要控制吸入口压力，吸入口压力的稳定是往复式压缩机操作平稳的关键。通常采用压缩机出入口旁通管调节方案，即用压缩机吸入口压力控制本机出口返回入口的旁通管的调节阀，参见图 15-2 中增压机 1、增压机 2 的控制方案。一般返回气体经过冷凝进入缓冲罐并分出凝液后，进入压缩机，以防止液体带入压缩机。这种方法的缺点是消耗一部分功，但因其实用，操作简便，在重整装置中普遍采用。与往复式压缩机配套的设备通常有润滑油系统、冷却水系统以及其相应的仪表，包括气量调节(负荷控制)，轴振动等，通常都由压缩机生产厂根据机组工况配套设置。

(二) 离心式压缩机的控制

离心式压缩机与往复式压缩机比较，有体积小、重量轻、占地少、流量大、供气均匀、运转平稳、运行率高，设备易损部件少，维护维修方便等优点，同时由于转速很高，可以用汽轮机直接带动，因此，比较安全，自动控制也比较容易实现。但投资比较高，配套系统比较复杂。其配套系统有润滑油系统，密封油系统，蒸汽及疏水系统以及相应的配套仪表，包括转速控制仪表、轴系仪表，各类现场仪表以及机组控制系统等。

离心式压缩机的控制有多种形式，主要根据其负荷大小和在工艺过程的作用不同而不同。就催化重整装置循环氢所用离心式压缩机而言，大量的氢气走的是大循环，只是由于催化重整是副产氢气的装置，部分氢气在压力控制下经再接触后送出，因此，压缩机吸入气量(重整产物分离罐)是有保证的，离心式压缩机特有的喘振问题在催化重整工况下基本不存在。但当增压机采用离心机时，防喘振问题依然存在，见图 15-3。

(三) 压缩机的安全联锁保护

由于压缩机本体是比较贵重的设备，而且在工艺过程中占有很重要的地位，因此无论往复式还是离心式压缩机均设有比较完善的安全联锁保护系统，通常由压缩机生产厂家随机配套提供。以离心式压缩机为例，安全联锁主要包括：

1. 允许启动条件

润滑油温度正常；

润滑油压力正常；

润滑油箱液位正常；

密封油高位油箱液位正常；

冷却水压力正常；

汽轮机具备开车条件。

2. 安全联锁停车条件(在重要的地方为防止仪表故障或误动作，采用三取二方案)

润滑油总管压力过低	三取二；
密封油高位油箱液位过低	三取二；
汽轮机转速过高	三取二；
压缩机吸入口分离罐液位过高	三取二；

压缩机高、低压侧支承轴承温度过高；
压缩机止推轴承温度过高；
压缩机径向轴承温度过高；
汽轮机前、后径向轴承温度过高；
汽轮机止推轴承温度过高；
压缩机高、低压侧轴振动过大；
压缩机轴位移过大；
汽轮机轴振动过大；
汽轮机轴位移过大；
汽轮机速关油压力过低；
汽轮机排气压力过高；
手动紧急停机按钮。
上述任何一个条件具备，压缩机将会联锁停机。

五、催化剂连续再生的控制和联锁

催化剂连续再生是催化重整发展中的新技术。现有国内连续再生工艺技术基本上由国外引进，主要有重叠式连续重整和并列式连续重整两种类型。由于连续重整工艺技术不断发展，与工艺装置紧密相关的自动控制系统相应地更新换代。其早期技术是催化剂在输送的过程中，靠阀门开启、关闭使催化剂流路通、断，机械式动作频繁，其控制设备有老式的微处理机、固体逻辑系统、半模拟盘显示等，目前已被淘汰。重叠式连续重整加压再生技术和 CycleMax 技术由于工艺流程上部分修改，控制部分也相应修改，主要有隔离系统、催化剂管线上阀组控制系统、相应程序和中控室内控制系统硬件的修改。但无论是加压再生技术还是 CycleMax 技术，其闭锁料斗控制的核心部分是基本相同的，均采用专用的以可编程电子控制系统为主体的控制系统来实现催化剂连续再生的输送、控制、报警和安全联锁。这套系统由专利商配套提供。并列式连续重整 RegenB、RegenC 技术的控制方案修改内容大体与重叠式连续重整相同，所不同的是中控室内控制系统可以由用户按其技术要求和控制程序自行选择硬件和编制软件。由于这套控制系统的特殊性，硬件通常也单独设置，不与 DCS 共用，采用单独的 PLC 来完成。

（一）重叠式连续重整催化剂再生系统自动控制和联锁

1. 常压再生技术自动控制

这是 20 世纪 70 ~ 80 年代的技术，现已淘汰，本文只作简要的描述。自动控制由三个完整的固体逻辑系统来完成。它们包括主控制器，用于监视、控制催化剂再生部分和两个闭锁料斗的操作；1 号闭锁料斗控制器用于待生催化剂的输送，程序步为 14 步，基本程序为：准备、吹扫、卸料、增压、装料；2 号闭锁料斗控制器，用于再生催化剂的输送，程序步为 17 步，基本程序为准备、吹扫Ⅰ、增压、卸料、吹扫Ⅱ、装料。

现场执行器为各类阀门，主要有 V 阀、B 阀、G 阀等三种，见图 15 - 14。V 阀为 V

型开口球阀，用于催化剂流路中控制固体颗粒，由于该阀阀芯与阀座之间有缝隙，可以大大减轻催化剂及阀芯阀座的磨损，并防止关阀时切碎催化剂，因此该阀不能封住气体。B阀成对的安装在催化剂流路中，用于气体密封，由于有催化剂流动，磨损严重，通常只能使用几个月。G阀用于所有气体双密封和放空的操作，该阀为单芯阀，有硬、软二个阀座，硬阀座有司太莱覆层。关阀时先是硬阀座关，然后是软阀座关，该阀维修工作量较小。上述程序主要控制这些阀门的开、关，用以完成氢环境和氧环境的隔离和催化剂的循环。催化剂的循环量由流量控制料斗进行控制，当上阀打开时，流量控制料斗装满催化剂，然后上阀关闭，下阀打开完成卸料，这样，流量控制料斗就不断地把小批量的催化剂定时从再生器输送到缓冲料斗。待生催化剂的提升用 N_2 气，有流量控制。再生催化剂的提升用 H_2 气也设有流量控制。催化剂的循环周期为7天一次。

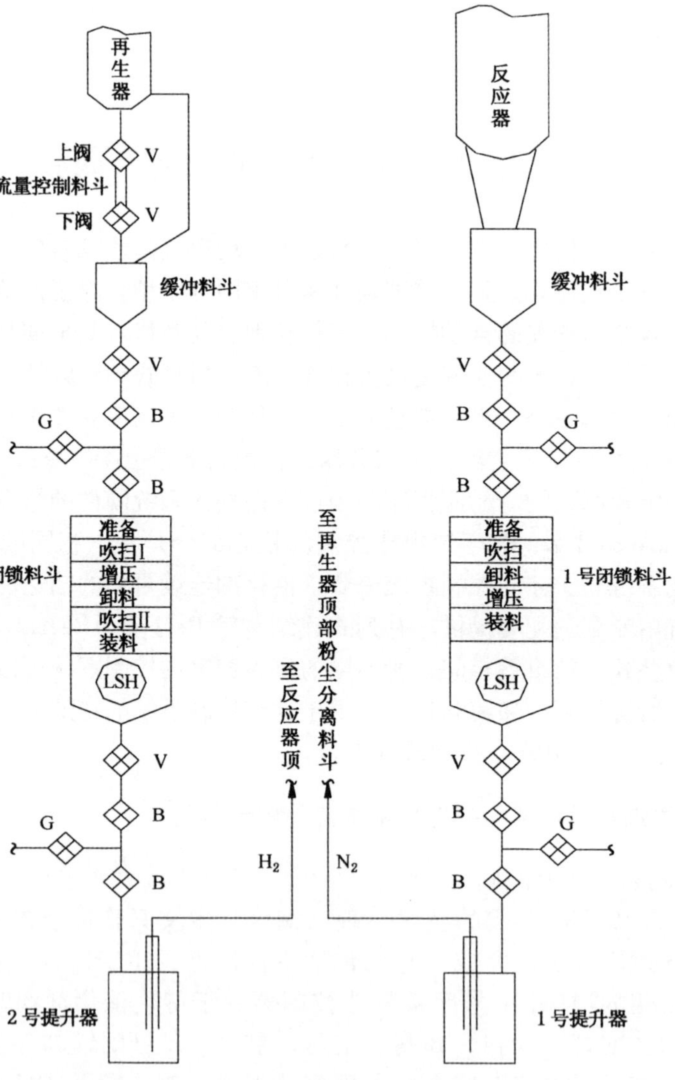

图15-14 常压再生技术自动控制半模拟盘

催化剂再生控制操作界面是一块半模拟盘，半模拟盘上设有各变量的报警和所有阀门的状态信息，以1号、2号闭锁料斗上下阀组为例(见图15－14)，每个阀均用一个包括4个灯的菱形符号表示，二个红灯和二个白灯，符号顶上和左侧的灯是由闭锁料斗控制器发出的操作指令灯，指示要求的阀位。在符号下方和右侧的灯，是由阀上位置开关返回的阀门位置灯，指示阀门的实际位置。红灯表示阀关，并且与流动管线垂直，白灯表示阀开，与流动管线平行。当阀的指令信号与实际位置信号(除阀动作时的瞬间外)不符时，或阀组配合不当时，均会联锁停车。

2. 加压再生技术自动控制

再生器工作压力0.25MPa。闭锁料斗控制系统是催化剂连续再生自动控制的重要部分，闭锁料斗控制系统控制流程简图见图15－15，闭锁料斗控制系统的主要功能有：

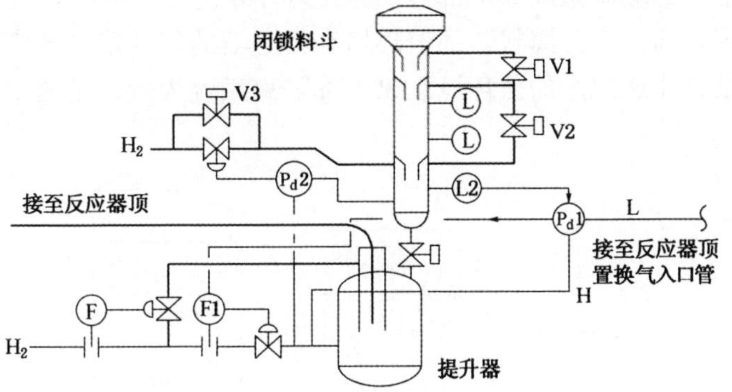

图15－15　加压再生闭锁料斗控制流程简图

① 安全地完成催化剂由反应器到再生器，再由再生器返回反应器的输送；

② 调整催化剂的流率；

③ 控制再生器的操作，包括化学药剂选择系统和电加热器的操作；

④ 控制隔离再生器的系统；

⑤ 自动停车；

⑥ 自动添加催化剂；

⑦ 状态和报警显示；

⑧ 与DCS通讯，并可以从DCS上进行操作显示、报警和打印。

这套系统在我国辽阳石化公司和燕山石化公司都已投入运行，并分别与HONEYWELL公司的TDC 3000系统、FOXBORO公司的I/A系统成功的通讯，通过DCS人机接口界面对催化剂再生进行监视、操作、报警、打印。这里重点介绍加压再生闭锁料斗控制系统催化剂连续再生控制三个主要的功能。

(1)催化剂的输送和催化剂循环量的控制

图15－15是催化剂连续再生闭锁料斗控制系统控制流程简图。如图所示，再生催化剂经闭锁料斗闭锁区输送至缓冲区，在这里料位L2的调节器与压差P_d1(再生二次提升气与反应器顶置换气之差)的调节器、再生二次提升气F1的调节器组成一个双串级的控制回路。当L2高时，输出增加，压差P_d1的给定值增加，P_d1输出增大，F1的给定值增大，催化剂的提升量增加，其中料位L2将允许在1个ΔL内波动，只有在L2超

越这个△L 时，L2 的变化才起作用，这使得再生催化剂的提升量均衡和稳定，这个流量实质就是催化剂的循环量。而待生催化剂的提升由反应器顶部料位来控制，当反应器顶部料位高时待生催化剂二次风增大，反之减小，这样完成了在反应器与再生器之间催化剂的连续循环。

(2)闭锁料斗控制程序

闭锁料斗控制系统把催化剂从再生器传送到再生催化剂提升料斗，通过闭锁料斗的闭锁区小批量的移动催化剂，闭锁料斗控制系统控制这个批量操作的顺序。

闭锁料斗控制系统的逻辑操作阀门为上平衡阀、下平衡阀和配合逻辑操作的补偿气阀，其基本逻辑步为 5 步，与 CycleMax 的闭锁料斗控制系统基本相同。

(3)隔离系统的控制

隔离系统包括上部隔离系统和下部隔离系统两个部分。

上部隔离系统隔离上部分离料斗的氢环境和再生器的氧环境，下部隔离系统隔离再生器的氧环境和闭锁料斗还原区的氢环境。以上部隔离系统为例，见图 15－16。

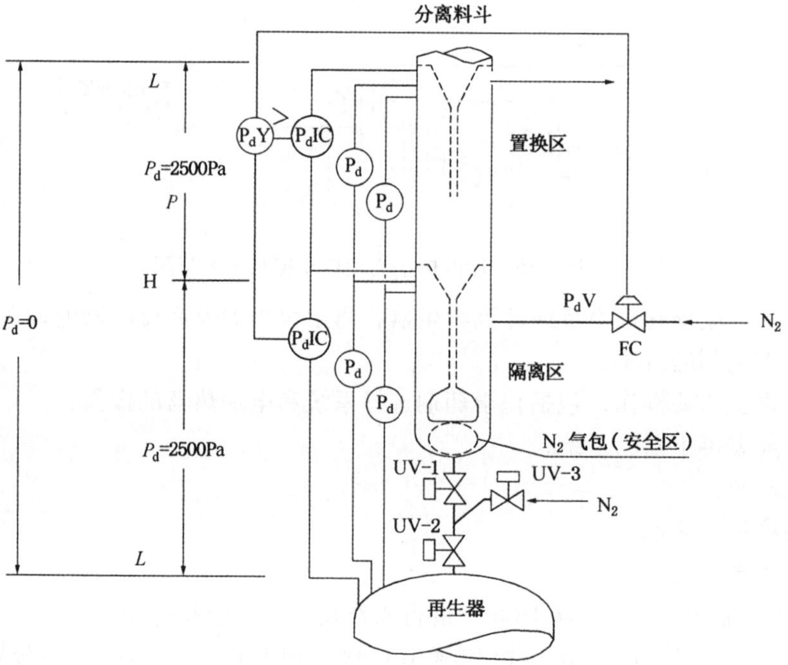

图 15－16　再生器上部隔离系统的控制

图 15－16 所示为再生器上部隔离系统。在分离料斗置换区、隔离区和再生器之间，设置二组各三套压差控制系统，取上、下各一组压差值经高选择器选择压差调节器(反作用)输出的高值控制进入隔离区的 N_2 量，在隔离区的下部形成一个无形的 N_2 气包，将两种环境隔离。

正常操作时上、下两组的压差值维持在 2.5kPa 左右，两组压差中间取源点压力高，上下取源点压力低，且上下取源点之间压差为零。同时，为确保安全，6 套压差组成 2 组压差低限三取二联锁控制系统，用以在压差异常时关闭 UV－1、UV－2 和打开 UV－3 充 N_2，确保氢、氧环境的绝对隔离。

常压再生工艺中，隔离系统是靠阀门的开关频繁动作来实现，而加压再生工艺中，则靠压差所形成的氮气包来进行隔离。因此，正常情况下 UV－1、UV－2 全开，UV－3 闭合，阀门不再频繁动作，从系统安全可靠，阀门寿命等来看，这项隔离技术显然较之早期技术要先进许多。

(4)闭锁料斗控制系统硬件构成

由图 15－17 可见，系统主要由阀门曲线计算机、一次 PLC、二次 PLC 和系统内操作界面所组成，系统与 DCS 的通讯通过 RS－232 接口连接，系统内操作界面主要用于系统调试和维护，装置运行时操作界面是 DCS 的 CRT。系统硬件全部是单一的、不冗余，主要原因是连续再生部分可以间隙停车。但是由于采用了一次 PLC(控制用)和二次 PLC(保护用)，系统又是极为安全的，因为一次 PLC 和二次 PLC 是不同厂家的产品，故障率不同，同时工作，互相监视，发现异常，即刻停车。

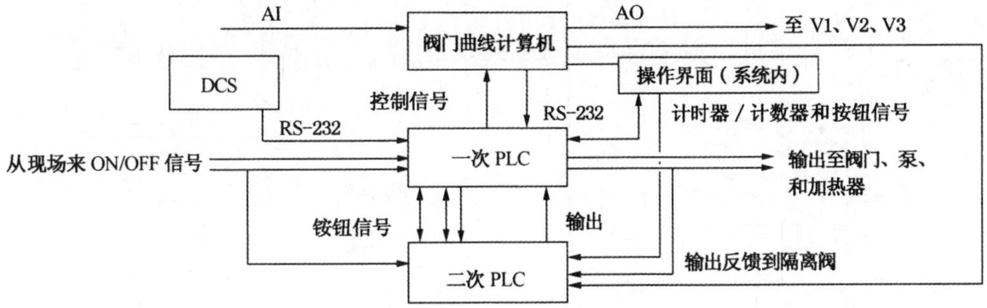

图 15－17　闭锁料斗控制系统方框图

3. CycleMax 连续再生自动控制和联锁

如图 15－18 所示，CycleMax 连续再生工艺在加压再生工艺的基础上做了不少修改，但是连续再生的重要控制设备－催化剂再生斗控制系统的主要控制技术和基本功能没有大的变化，只是随工艺变化而相应变化。而且控制方案、功能更加完善，硬件设置更加先进可靠。

催化剂再生控制系统主要功能是用来完成连续重整 CycleMax 催化剂连续再生部分的逻辑程序控制，催化剂流率控制以及安全联锁保护。

逻辑程序控制主要包括：催化剂循环率控制(包括闭锁料斗的顺序控制以及再生催化剂提升量的控制)、1 号催化剂添加料斗的顺序控制、2 号催化剂添加料斗的顺序控制、粉尘收集器的顺序控制等。安全联锁保护是为了确保催化剂在反应部分与再生部分安全的传送，确保重整部分的高压设备与再生部分的低压设备安全隔离，确保反应部分的氢环境与再生部分的氧环境安全隔离，以及确保再生过程中催化剂和设备的安全等，安全联锁包括紧急停车、冷停车、热停车、氮气污染停车等，其功能逻辑关系总貌见图 15－19。其中，P&ID 回路控制、闭锁料斗控制、提升管控制在控制 PES 内，其余在保护 PES 内。

(1)再生催化剂流率(循环量)的控制

催化剂再生控制系统中的催化剂流率控制着通过整个反应器和再生器的催化剂循环率，闭锁料斗控制系统中设有催化剂流率按钮用来启动和停止从闭锁料斗到反应器之间再生催化剂的传送。

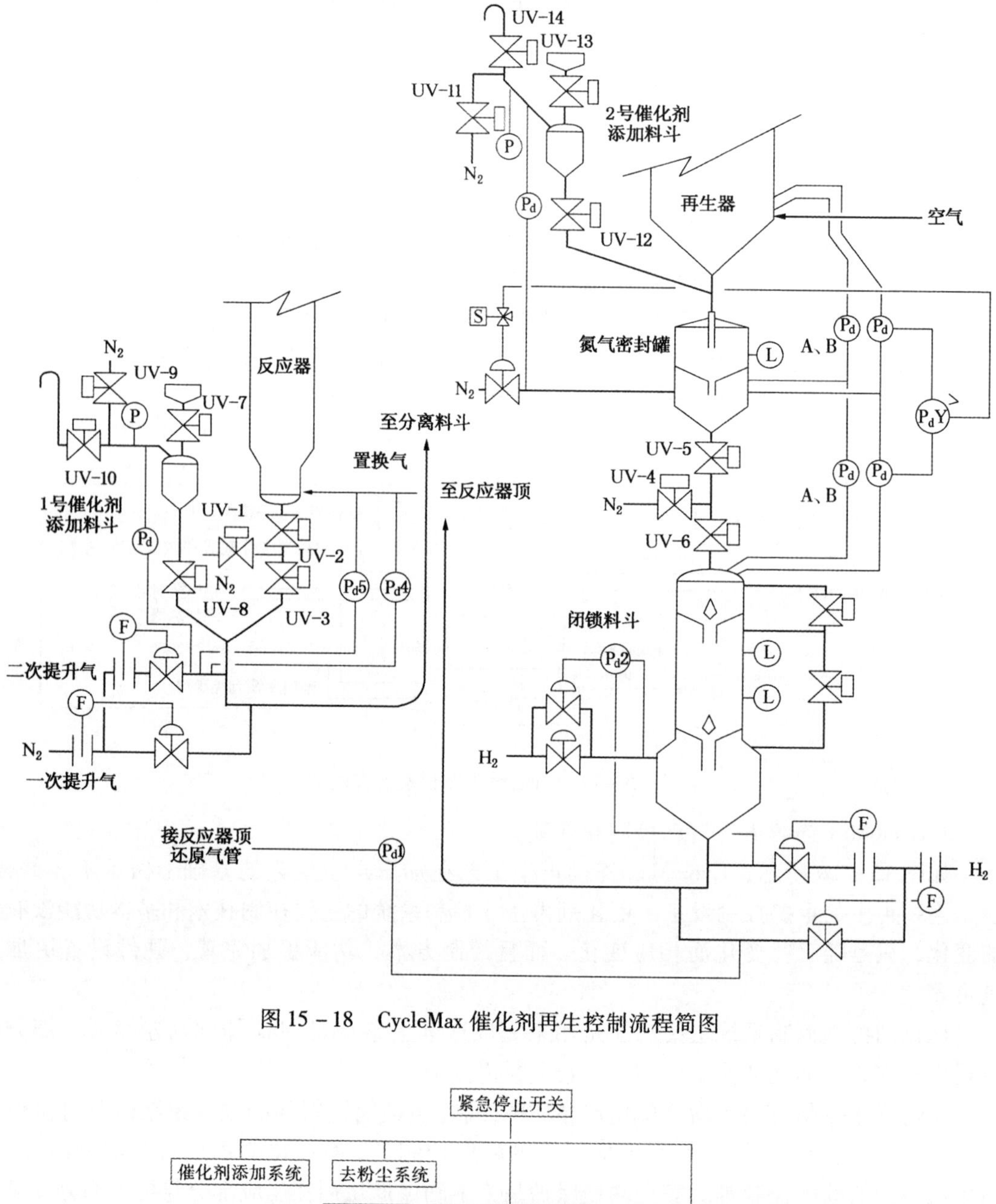

图 15-18 CycleMax 催化剂再生控制流程简图

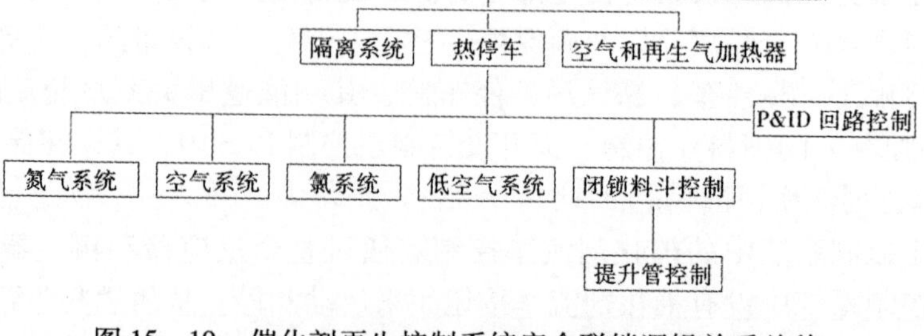

图 15-19 催化剂再生控制系统安全联锁逻辑关系总貌

由图 15－20 中可见，催化剂再生控制系统用催化剂循环率设定点产生再生催化剂提升管压差调节器 P_d1 的设定值，通过调整提升管压差调节器的设定值来调整催化剂循环率。然后，催化剂再生控制系统把催化剂循环率设定值与由闭锁料斗循环时间确定的实际平均催化剂循环率进行比较，并调整提升管压差调节器的设定值向上或向下，直到设定值与实际催化剂循环率一致。

再生催化剂和待生催化剂的提升都不再使用提升料斗而用管式提升器来替代，在管式提升器前后分别设有两组压差调节。如前所述，压差 P_d1 用于调整再生催化剂流率，而 P_d2 则用于控制闭锁料斗置换区与再生催化剂管式提升器提升气之间压差 P_d 的恒定。待生催化剂提升量控制主回路为反应器顶还原区料位，因此它将随再生催化剂提升量的变化而变化。与再生催化剂不同的是，待生催化剂管式提升器处还兼有氢环境、氧环境隔离的功能，因此设置了低选择器 P_dY，其输入是 P_d3 和 P_d4，P_d4 的目的是防止置换气体(H_2)往下流。图中低选择器 LY1 主要用于开车。

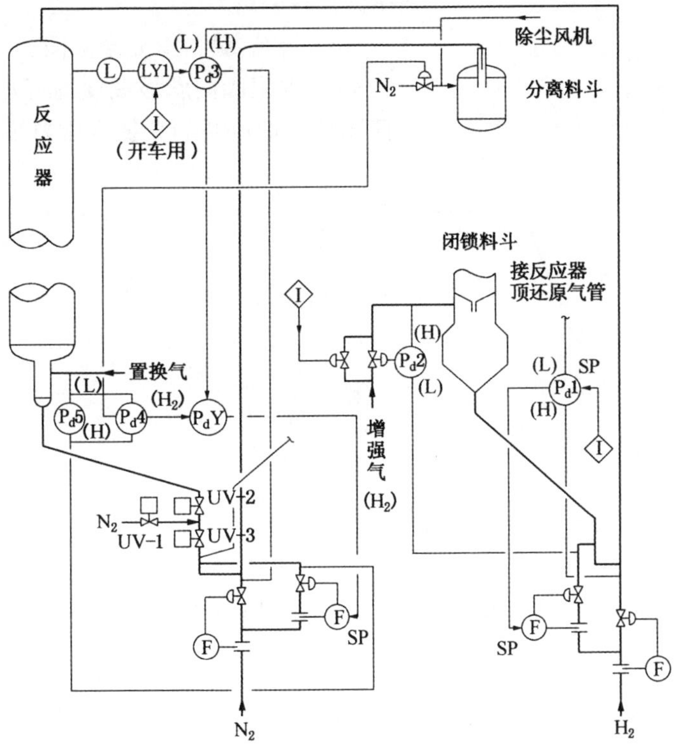

图 15－20　催化剂流率控制流程图

F—流量；L—料位；P_d—压差；LY—低选择器；SP—设定值；◇I—催化剂再生控制系统；(H)—高；(L)—低

近些年来，装置处理量不断增加，大处理量装置的重整反应器由 4 个重叠在一起改变为 2 组 2 个重叠在一起，因此控制方案上随之有些增加和变化，但基本控制原理不变。

(2) 催化剂再生控制系统中闭锁料斗控制程序

与加压再生技术功能基本一样，催化剂再生控制系统通过闭锁料斗的闭锁料斗区小批

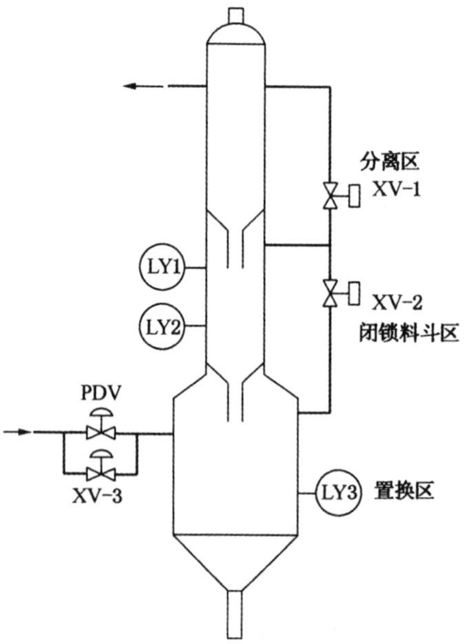

图 15－21 催化剂再生系统程控仪表简图

量地移动催化剂，把催化剂从再生器传送到再生催化剂管式提升器，催化剂再生控制系统控制这个批量操作的顺序。

见图 15－21，催化剂再生控制系统控制的逻辑操作阀门为上平衡阀 XV－1、下平衡阀 XV－2、补偿阀 XV－3，基本逻辑步为 5 步。

① 预备步

(a) 闭锁料斗闭锁区装满催化剂；

(b) 等待置换区料位低；

(c) 启动催化剂流量循环计时器。

② 加压步

(a) 根据阀门斜坡曲线图图 15－22，关闭上平衡阀 XV－1；

(b) 等待 XV－1 完全关闭；

(c) 根据阀门斜坡曲线图打开下平衡阀 XV－2 使闭锁区加压至与置换区压力相等。

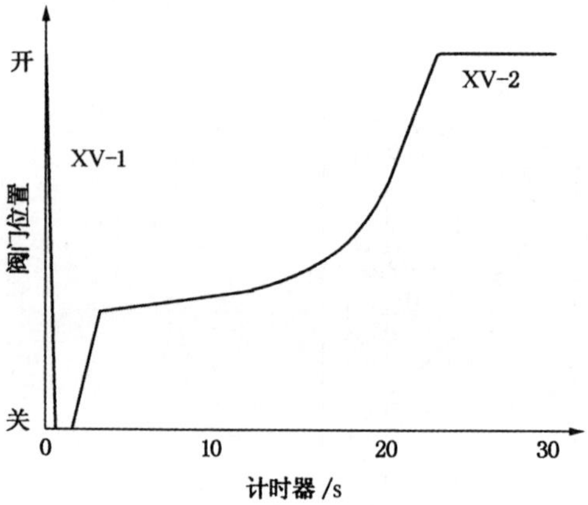

图 15－22 加压步阀门斜坡曲线图

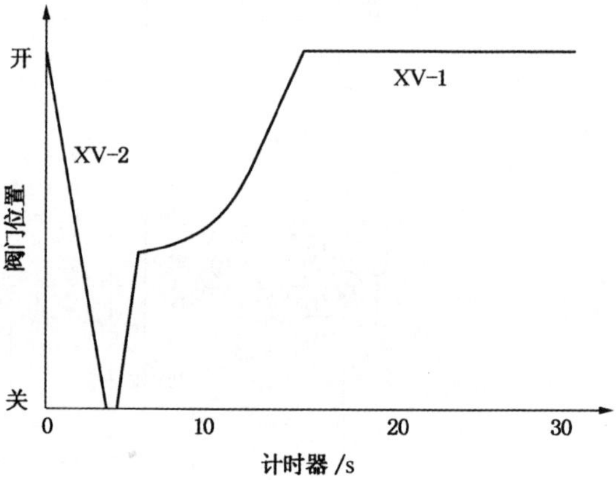

图 15－23 卸压步阀门斜坡曲线图

③ 卸料步

(a) 等着催化剂从闭锁料斗区移动到置换区；

(b) 等着当下闭锁料斗区 LY2 指示一个低料位时进入到下一步。

④ 卸压步

(a) 根据阀门斜坡曲线图 15－23 关下平衡阀 XV－2；

(b) 等着下平衡阀 XV－2 完全关闭后；

(c) 根据阀门斜坡曲线图 15－23 打开上平衡阀 XV－1；

(d) 使闭锁料斗区卸压至与分离区压力相等。

⑤ 装料步

(a) 催化剂从分离区装载至闭锁料斗区，此时置换区的压力高于闭锁区，因而托住了催化剂。

(b) 等着上部闭锁料斗区 LY1 指示一个高料位；

(c) 闭锁料斗循环计数器步进一个数；

(d) 进入下一周期的预备步；

(e) 完成闭锁料斗顺序控制一个循环周期。

(3) 补偿阀的控制

闭锁料斗程序执行的同时，补偿阀 XV－3 在催化剂再生控制系统控制下，按预定的模型开和关，其目的是维持闭锁料斗置换区与再生催化剂管式提升器提升气之间压差 P_d 的恒定(见图 15－24)。图中 I 代表催化剂再生控制系统中补偿阀斜坡曲线自适应控制功能，P_dC 在催化剂再生控制系统中执行。

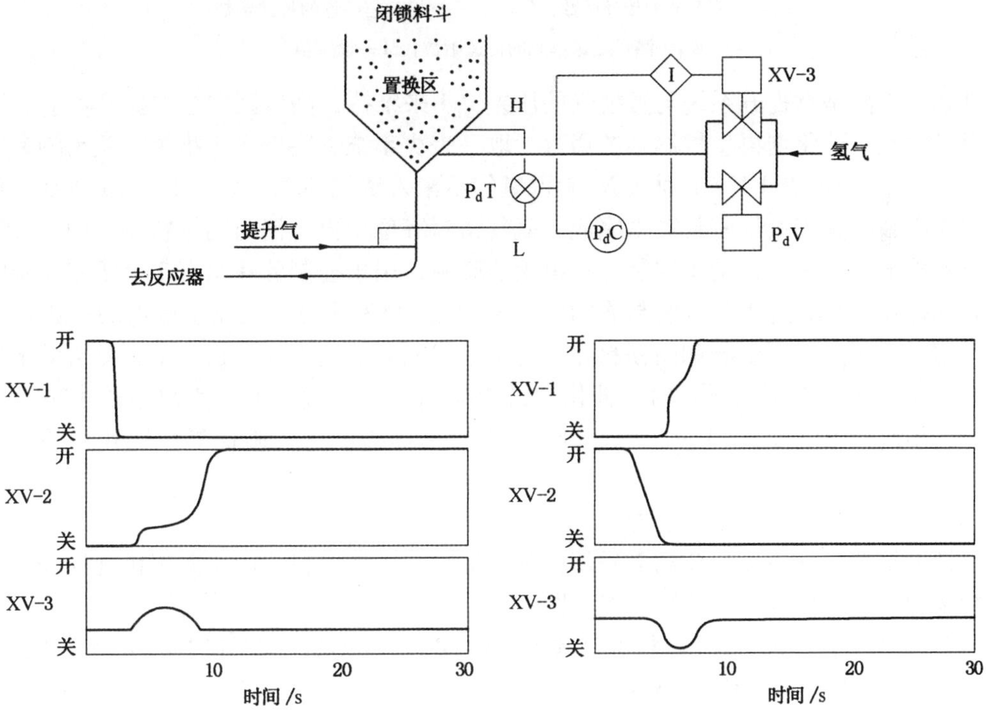

图 15－24　补偿阀斜坡曲线图

这个控制实质上是一个自适应的控制过程，自适应框图如图 15－25 所示。

当这个程序一次一次重复时，催化剂通过闭锁料斗批量移动，而程序的循环时间则指示了催化剂的流率，闭锁料斗区循环得越频繁，催化剂循环率越快。通过闭锁料斗区的催化剂流量反映了通过整个反应器和再生器的催化剂循环率。因此调整循环时间即调整了循环率。

(4) 隔离系统的控制

隔离系统有两个，再生催化剂隔离系统和待生催化剂隔离系统，每个隔离系统均有一个高压区，两个隔离阀，一个加压阀(N_2 气阀)和一个压差控制阀。

加压再生技术中，再生催化剂和待生催化剂均是采用氢气提升，而 CycleMax 再生技术中，再生催化剂为氢气提升，待生催化剂为氮气提升。如图 15－20 所示，待生催化剂

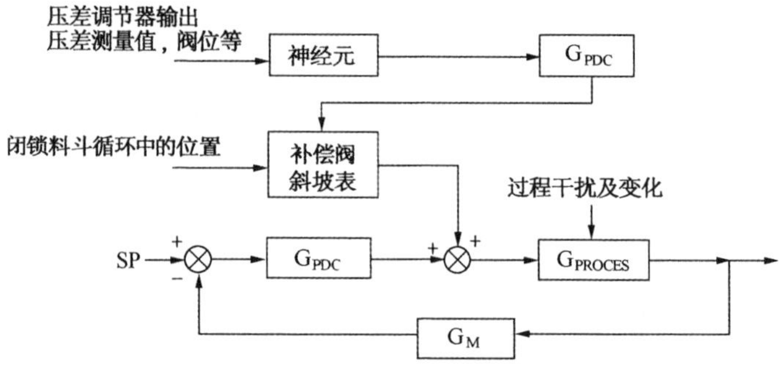

图 15-25 补偿阀斜坡曲线自适应框图

G_{PDC}—调节器的传递函数；G_{PROCES}—被控工艺过程的传递函数；

G_M—测量变送单元的传递函数；SP—设定值

氢、氧环境隔离是靠提升系统与置换气的压差 P_d4 来维持，高压区在管式提升器前。当压差低得异常时，催化剂再生控制系统通过二取一表决系统表决后发出指令，关闭隔离阀门 UV-2、UV-3，打开 UV-1 通入 N_2 确保氢气不窜入氧气环境。如图 15-18 所示，再生催化剂隔离系统是用氮气密封罐来完成，氮气密封罐位于再生器与闭锁料斗之间，各设有三组压差检测，其中一组用于控制，二组用于联锁，用于控制的一组有 2 个压差控制的输出经高选择器后控制进入氮气密封罐的氮气量(控制阀为 FC)，压差检测点的高压点为氮气密封罐，低压点为再生器和闭锁料斗。与其二代隔离系统相同，这二组压差通常维持在 2.5kPa 左右，当压差低低异常时，催化剂再生控制系统通过二取一表决系统表决后发出指令，关闭阀门 UV-5、UV-6、打开阀门 UV-4 通入氮气，确保氢环境和氧环境的绝对隔离。

(5) 催化剂自动添加系统的控制

包括 1 号催化剂添加料斗和 2 号催化剂添加料斗。添加料斗用于向催化剂提升线及氮气密封罐中添加催化剂，其流程位置见图 15-18。

每个添加料斗的现场均装有状态灯和 LOAD/OFF/UNLOAD 三个位置的手动开关，通过闭锁料斗控制系统控制装载阀 UV-7、UV-13，加压阀 UV-9、UV-11，放空阀 UV-10、UV-14 和卸载阀 UV-8、UV-12 的打开和关闭，自动完成添加催化剂的全过程。

(6) 电加热器的控制

共有四台电加热器，包括再生气加热器、空气加热器，1 号和 2 号还原气加热器。每台加热器均具有启动、停止、跳闸状态，其运行和供电电源状况均有显示，当工艺气体低流量、加热元件表面温度过高及装置停车发生时，加热器自动跳闸。

(7) 除尘及收集系统的控制

现场除尘器旁有一个手动开关，开关有 LOAD/OFF/UNLOAD 三个位置，手动操作此开关，通过催化剂再生控制系统按顺序自动从粉尘收集器中移去料尘。

(8) 安全联锁自动停车系统

包括手动紧急停车系统和 6 种自动停车系统，热停车、冷停车、污染氮停车、保护 PES 停车、还原加热器停车、再生器停车。

① 热停车。当再生部分的条件要求催化剂停止再生，但再生部分不需要降温冷却时

发生热停车。发生热停车的条件是：

(a) 再生器运行/停止按钮在停止位置；

(b) 再生催化剂隔离系统关闭；

(c) 待生催化剂隔离系统关闭；

(d) 通过空气加热器的流量低；

(e) 通过再生气加热器的流量低；

(f) 再生气加热器出口温度高；

(g) 再生器再生区出口温度高；

(h) 分离料斗料位低；

(i) 分离料斗料位高；

(j) 待生催化剂提升气流量低；

(k) 再生催化剂提升气流量低；

(l) 再生气氧分析仪采样流量低；

(m) 再生催化剂提升管温度高；

(n) 至置换气换热器的循环气流量低；

(o)自置换气换热器来的循环气温度高；

(p) 通过放空气洗涤塔的循环碱流量低；

(q) 闭锁料斗故障。

(r)再生废气氧含量高；

(s)闭锁料斗料位开关故障；

(t)反应器还原区床层温度高；

(u)再生燃料区温度高。

热停车出现时报警并引起下列动作，主要有开氮气阀，关空气阀，关小空气供气阀，关氯阀，停止氯注射泵，闭锁料斗停止循环，并关闭上、下平衡阀，停止催化剂提升并使再生催化剂提升管压差设定值为零，停止催化剂添加，若正在操作则停留在卸载步等。当热停车的有关参数和条件处理正常后，相对其他停车而言，系统比较容易重新启动并运行。

② 冷停车。当再生部分的条件要求催化剂停止再生、冷却再生部分及关闭隔离系统时发生冷停车。冷停车出现时报警并引起下列动作，主要包括开氮气阀，关空气阀，关小空气供气阀，关氯阀和停氯注射泵，闭锁料斗停止循环并关闭上、下平衡阀，停止催化剂提升，使再生催化剂提升管压差设定值为零，同时关闭两个 L 阀组上的二次提升气控制阀，停止催化剂添加并关闭四个阀，关闭待生催化剂隔离系统，关闭两个隔离阀然后打开加压阀，关闭再生催化剂隔离系统，关闭两个隔离然后打开加压阀，停再生气和空气加热器等。

③ 污染氮停车。CCR 氮气总管高污染(氢/烃和氧分析仪检测信号)时，发生污染氮停车。污染氮停车出现时报警并引起下列动作，主要包括：关氮气阀，关空气阀，关氯气阀和停氯注射泵，闭锁料斗停止循环并关闭平衡阀，停止催化剂提升，使再生催化剂提升管差压设定值为零，关闭两个 L 阀组上的二次提升气控制阀，停止催化剂添加并关闭四个阀，关闭待生催化剂隔离系统，关闭两个隔离阀然后打开加压阀，关闭再生催化剂隔离

系统，关闭两个隔离阀然后保留加压阀关闭状态，关闭去氮封罐置换的氮气控制阀，停再生气和空气加热器等。

④保护 PES 停车。当保护 PES 故障时发生保护 PES 停车，停车发生时报警并引起下列动作：冷停车，催化剂添加料斗系统关闭，粉尘收集系统关闭。

⑤还原气加热器停车。当还原气加热器流量低，反应器顶部催化剂还原区床层温度高，还原气加热器温度高以及还原气加热器在热停车时为避免还原区温度循环的非正常停车。

⑥再生器停车。当氮气污染，氮气总管压力低，控制器故障，紧急开关动作时发生。再生器停车发生时报警并引起下列动作：催化剂流量停止，空气流量停止，氯流量停止，低空气流量停止，空气加热器停止，再生气加热器停止，还原气加热器停止。

（9）催化剂再生控制系统硬件构成

系统方框图见图 15－26。

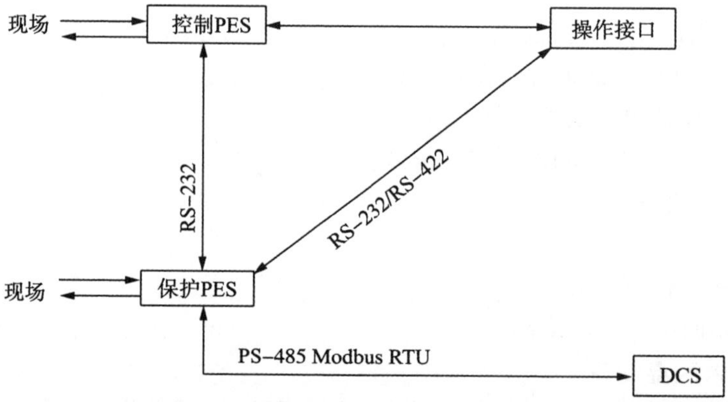

图 15－26 催化剂再生控制系统方框图

整套系统由控制 PES(Programmable Electronic System)、保护 PES、人机界面和相应的模件等组成，随着技术的不断发展，硬件选型会有变化，目前其系统大约规模如下：

I/O 类型	控制 PLC	保护 PLC	总计
模拟输入 AI	4 个	60 个	64 个
模拟输出 AO	7 个		7 个
离散量输入 DI	11 个	109 个	120 个
离散量输出 DO	3 个	60 个	63 个
串行接口		3 个	3 个

（10）催化剂再生控制系统与 DCS 的关系

催化剂再生控制系统早期通过 RS－232 接口，A－B 通信协议与 DCS 构成一个监控整体。近几年由于硬件变化，变更为通过 RS485 接口，Modbus RTU 通信协议与 DCS 构成一个监控整体。除紧急停车由辅助操作台上安装的硬开关实现外，其他的操作、显示、报警均在 DCS 操作站上进行。

① DCS 提供的操作指令

数值设定点：催化剂循环率设定。
开关功能：
再生器运行/停止；
催化剂流动　启动/停止；
再生催化剂提升线开/关；
氮气　开/关；
空气　开/关；
氯化物　开/关；
低空气阀　开/关；
再生电加热器　运行/停止；
1 号还原气电加热器　运行/停止；
2 号还原气电加热器　运行/停止；
空气电加热器　运行/停止；
待生催化剂隔离系统　打开/关闭；
再生催化剂隔离系统　打开/关闭；
补偿阀模式选择开关　开/关；
冷却模式　开/关。
② DCS 显示的状态信息主要包括：
数值/计数器显示：
催化剂循环率；
平均催化剂循环率；
闭锁料斗卸料时间；
闭锁料斗装料时间；
闭锁料斗循环计数器。
状态显示：
空气　开/关；
催化剂流动　开/关；
催化剂提升线　开/关；
冷却模式　开/关；
氯化物　开/关；
氮气　开/关；
低空气阀　开/关；
再生器　运行/停止；
加热器　运行/停止；
阀命令状态；
阀位状态；
隔离系统　开/关；
闭锁料斗料位　高；
闭锁料斗五步状态；

催化剂添加料斗状态。

③ DCS 主要报警信息

电源故障紧急停车;

热停车;

控制器故障;

过程变量报警;

长循环;

快装料;

慢装料;

快卸料;

慢卸料;

仪表标定旁路;

氯化物低流量;

电加热器故障;

阀 I/O 故障;

阀确认报警。

(二) 并列式连续重整催化剂再生系统自动控制和联锁

并列式连续重整早期批量再生技术于 20 世纪 70 年代初推向工业化应用,由于再生方法仍是批量方式,间歇操作,因此技术先进性不高,国内已建成的装置有两套。并列式连续重整 Regen B 再生技术开发于 80 年代初,到 90 年代,连续重整 Regen C 再生技术实现工业化。

Regen C 再生控制技术主要由催化剂输送控制(包括闭锁料斗控制和提升控制)、再生烧焦控制、事故中断处理和安全联锁构成。其中闭锁料斗控制(LHCS)和安全联锁(CCRESD)由再生专用控制系统 CCRCS 完成,催化剂提升,再生条件控制及事故中断处理由 DCS 实现。

1. 催化剂输送控制

(1) 闭锁料斗控制

闭锁料斗控制是并列式连续重整催化剂输送的关键环节,属有阀重力输送系统。详见图 15-27。

闭锁料斗系统是由料斗上下游分别设置的一组催化剂隔断球阀 UV-1 阀(或 UV-3 阀)和气体隔断阀 UV-2 阀(或 UV-4 阀)以及 4 台气体充泄压平衡阀 UV-7 ~ UV-10 阀和专用控制系统 LHCS 共同组成。

闭锁料斗控制系统控制程序主要由以下两段八步构成:

① 段:装料操作

(a) UV-9 阀开启泄压,预平衡操作使 $P2 \approx P1$ 时,关闭。

(b) UV-7 阀开启使 $P2 = P1$ 平衡,等待上部缓冲料斗 L1 高料位。

(c) 上部缓冲料斗高料位达到时 UV-2 阀开启,延时开启 UV-1 阀,闭锁料斗装料。

(d) 闭锁料斗高限 L_H 满罐,UV-1 阀关闭,延时关闭 UV-2 阀和 UV-7 阀,装

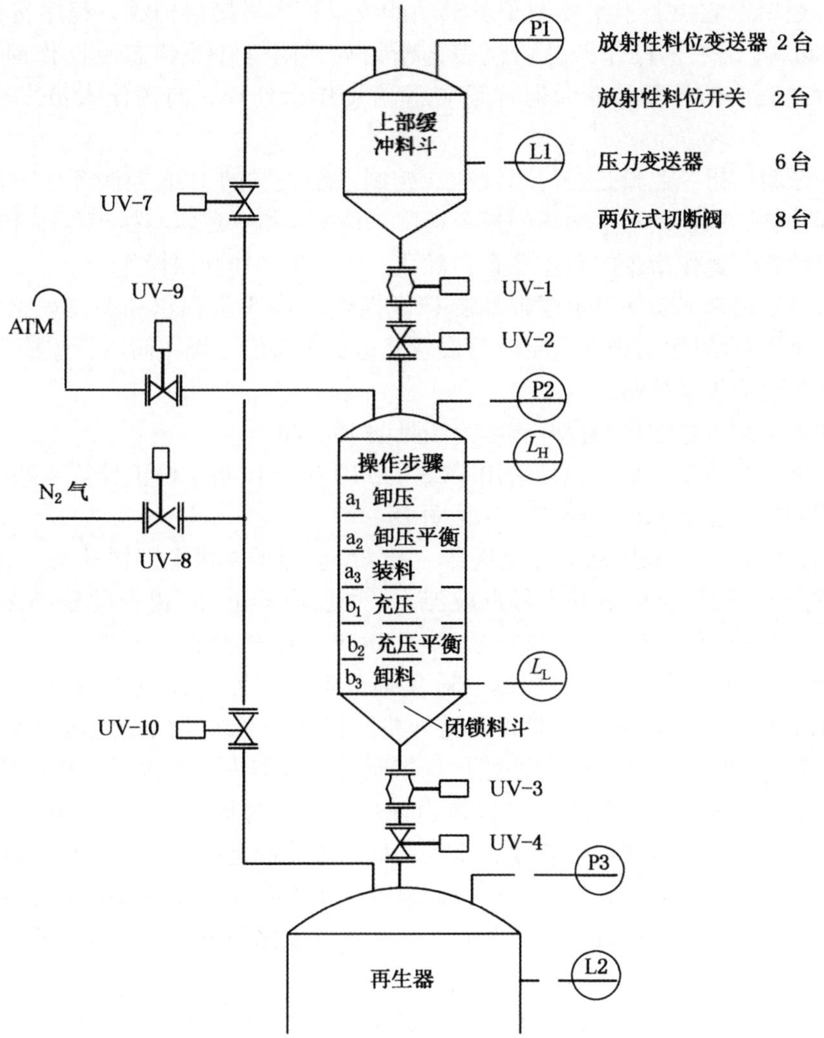

图 15－27　闭锁料斗控制系统

料结束。

② 段：卸料操作

（a）UV－8 阀开启，闭锁料斗充压，预平衡操作使 P2≈P3 时关闭。

（b）UV－10 阀开启使 P2＝P3 平衡，等待再生器顶部料位 L2 低料位。

（c）再生器上部低料位达到时 UV－4 开启，延时开启 UV3－阀，闭锁料斗卸料。

（d）闭锁料斗料位低限 L_L 空罐，UV3－阀关闭，延时关闭 UV－4 阀和 UV－10 阀，卸料结束。程序回到操作步骤①段，循环进行。

闭锁料斗的两台球阀 UV－1、UV－3 只起隔断催化剂作用，无气密要求。两台气体隔断阀 UV－2、UV－4 为特殊双阀段闸阀，起密封且隔离闭锁料斗作用，两类阀门都针对实际工况作了特殊设计和工艺处理，允许在管线充满催化剂条件下开关操作（按 8000 次/年），设有防卡防堵，耐磨和可吹扫措施。

闭锁料斗控制系统控制逻辑主要由三部分组成：

执行逻辑。它由若干组控制子逻辑功能块以积木搭接法构成，程序将按照启动命令(装料或卸料)，工艺操作条件、仪表诊断结果、阀门开关状态及操作时序自动运行。并对运行过程中的故障诊断及时序设置等信息作出处理，向操作人员发出报警及确认信息。

指令逻辑。指令逻辑是在与闭锁料斗控制系统关联的DCS控制器中，用上位系统的软件编程功能，以控制语言编写的指令程序。该操作指令逻辑与执行程序中的指令逻辑共同构成闭锁料斗操作指令的双重检查和确认，防止误动作和误操作。

画面显示逻辑。画面显示逻辑是在DCS操作站CRT上提供动态流程画面，操作及故障信息，子图自动/手动激活、定时器设置及运行等功能、操作简捷、监控直观。

(2)催化剂提升控制

并列式连续重整催化剂提升流程简图见图15-28。

催化剂提升控制系统主要是采用DCS的PID串级控制+修正计算+程控开关+中断处理程序构成的复杂PID程控链，详见图15-29。

并列式连续重整采用从1号反应器~4号反应器的4级上部缓冲料斗料位控制(LC)与5级并列提升器(再生器和1号反应器~4号反应器下部)提升差压串级控制(PDC)，通过各修正计算模块(CAL)和执行程序(CCR PROGM)及程控开关(SW)，使控制链上各环节能实现均匀调节，平衡控制，避免提升速度不匹配而发生提升中断，整个连续重整催化剂再生速率是由再生器底部提升差压控制器Master的设定值(HC)给定。

提升载气(N_2气或H_2气)分两路进入特制的提升器内，一次风即松动风由底部进入，提供克服催化剂重力的速度头，二次风由侧面吹入，为提升风。在总提升风量一定条件下，改变二次风量可改变提升管输送差压，从而改变催化剂提升量。鉴于催化剂在提升管内是以高速流体稀相输送，流体呈波动柱塞流且提升风量与催化剂输送量为非线性关系，故催化剂输送链工作的稳定与否是并列式连续重整催化剂再生操作的关键环节。

(3)热停车中断处理逻辑(SEQ)

为了使再生器在工况异常时能安全平稳操作，又不过频地触发催化剂连续再生停机联锁动作，在整个再生控制回路中共设有7个热停车中断处理控制模块，它们一般有两种触发方式：一是由重要的DCS检测信号异常触发；二是由相关的并列式连续重整停车联锁逻辑触发。其作用是当某一中断处理逻辑被触发时，它将对关联的PID控制回路实施强行操作，使该控制器从自动状态(AUTO)切换至手动方式(MAN)并令其输出为0%使调节阀关闭，进入休眠状态。当停机联锁状态解除或工艺条件恢复正常时，需人工手动将控制器重新投入。这种控制方案可以避免再生过多地冷停车，同时防止在恢复操作的过程中由于操作人员的疏忽或失误对设备和催化剂造成损坏。

并列式连续重整再生共设有以下7种功能的SEQ中断处理逻辑：

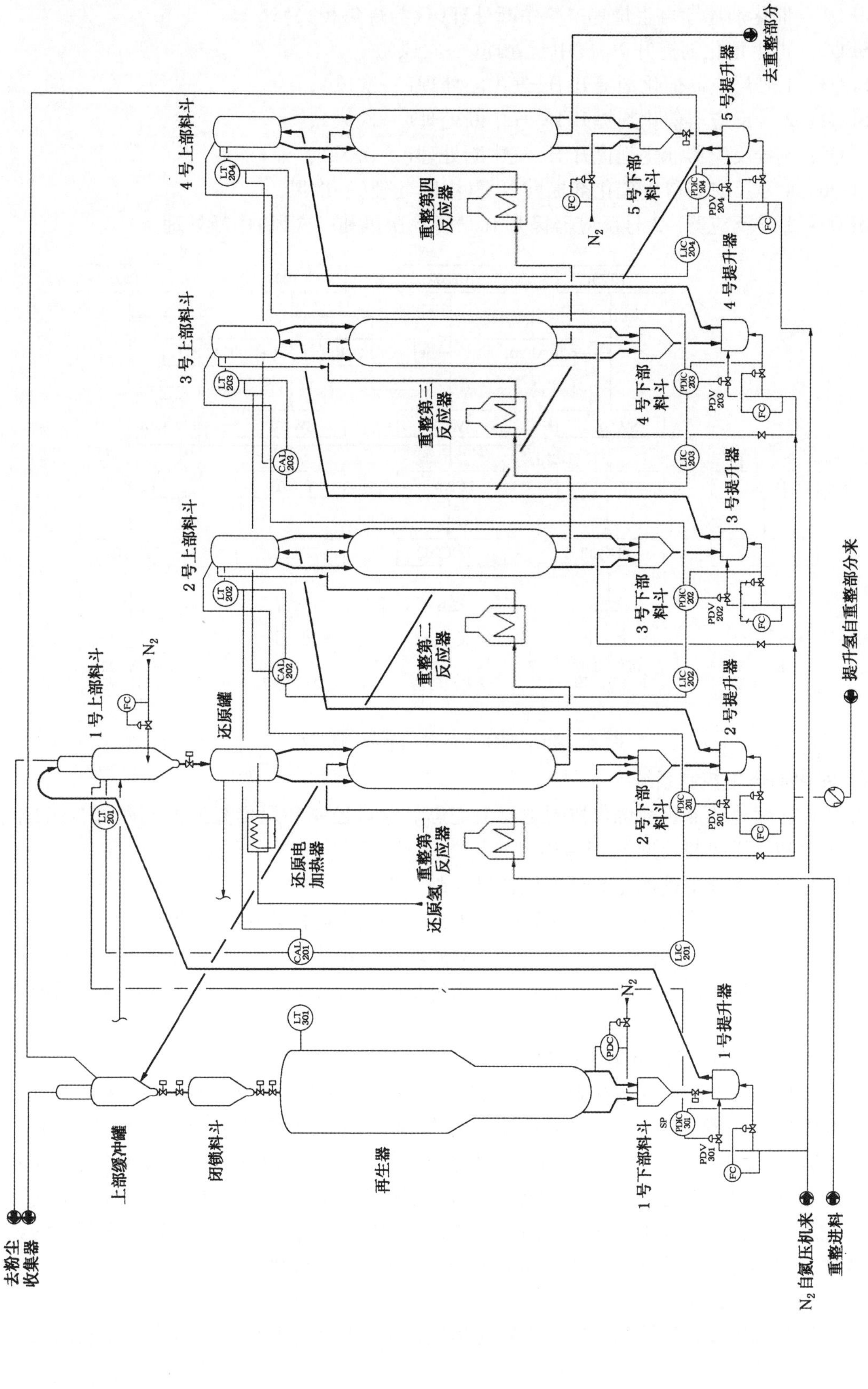

图 15-28　并列式连续重整催化剂提升流程简图

SEQ1：催化剂连续再生烧焦空气中断处理(仅与烧焦相关)；
SEQ2：再生催化剂提升 N_2 气中断处理(一次风)；
SEQ3：1 号反应器催化剂提升 H_2 气中断处理(一次风)；
SEQ4：2 号反应器催化剂提升 H_2 气中断处理(一次风)；
SEQ5：3 号反应器催化剂提升 H_2 气中断处理(一次风)；
SEQ6：4 号反应器待生催化剂提升 N_2 气中断处理(一次风)；
SEQ7：1 号反应器～3 号反应器提升 H_2 气(一次风和二次风)中断处理。

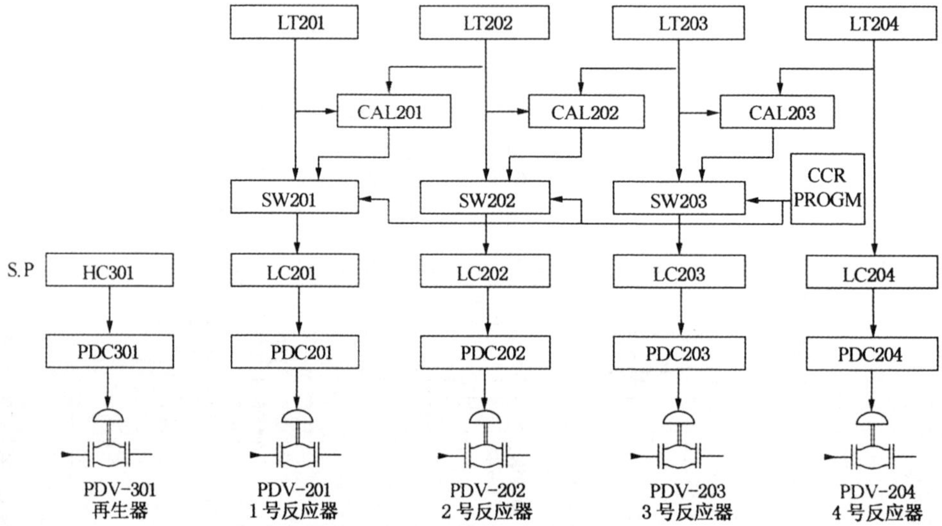

图 15－29 催化剂提升关联控制系统

2. 催化剂烧焦控制系统

并列式连续重整催化剂烧焦控制主要由烧焦氧含量控制和烧焦温度控制两部分组成，并辅以压力和差压控制。见图 15－30。

(1) 并列式连续重整催化剂烧焦氧含量控制

并列式连续重整采用其特有的两段烧焦工艺，分别由两段烧焦线上设置的 3 台氧分析控制回路实施精确控制和微量调节，使再生器两段烧焦床层分别操作在高碳低氧和低碳高氧条件下，确保催化剂完全烧焦且不超温，恢复催化剂表面活性、延长使用寿命、降低生产成本。

① 一段烧焦双重氧含量串级控制

再生循环气分两路进入再生器，主流路为一段烧焦气，约占流量的 89%～90%，另一支路气体进再生焙烧段，主氧含量控制器控制一段烧焦气体氧含量，使之稳定在 0.5%。其控制输出给定焙烧支路的副氧含量控制器，使其氧含量保持在 5%～6%，副氧含量控制器的输出再给定注入空气的流控回路。该控制方案的特点是不直接将补充空气注入一段烧焦气中，而是利用副氧控制回路的快速跟随响应减小一段烧焦气氧含量调节的纯滞后特性，达到均匀调节氧含量的目的，不会因氧含量的大幅波动造成超温。

② 二段烧焦氧含量控制

二段烧焦气体氧含量控制是以再生器烧焦气体出口氧含量控制器串级给定二段烧焦气

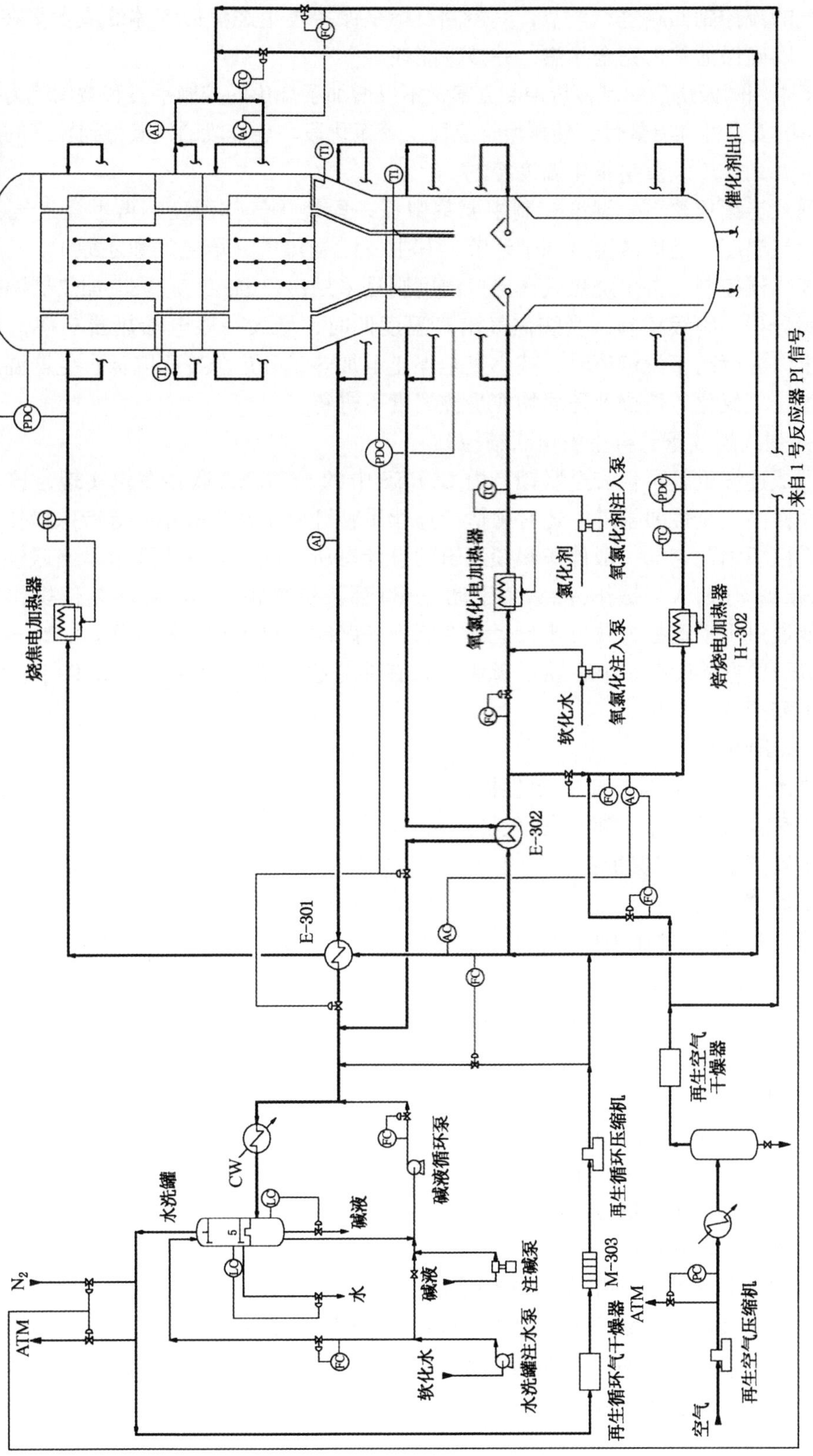

图 15-30　并列式连续重整烧焦控制简图

补氧空气的流控副回路进行调节，其控制目标是保持再生烧焦后气体的氧含量在0.2%～0.25%，以确保催化剂完全除焦，并减少能耗。

由于采用两段烧焦的氧含量控制方案，不仅增加了烧焦的控制手段和微调能力，同时保证了烧焦的安全性和有效性，使再生烧焦段、氧氯化段、焙烧段的氧量得到较好的分布。

(2) 并列式连续重整再生温度控制

并列式连续重整再生温度控制主要集中在一段烧焦气体温度、再生烧焦气体出口温度、焙烧气温度、还原区温度四个环节，其中一段烧焦气、焙烧气和还原 H_2 气三路温度是由电加热器控制，再生烧焦气体出口温度则是采用出口温控与一段电加热器温控和急冷线调节阀分程、串级控制，当烧焦气出口温度低时，增大一段电加热器功率，关闭急冷阀。当出口温度高于设定值时，减小直至停止电加热，开启急冷阀降低再生器温度。使催化剂再生、氧氯化、焙烧及还原均在受控温度下进行。

3. 并列式连续重整再生安全联锁控制

并列式连续重整再生安全联锁是由CCRCS中的CCRESD联锁逻辑实现，该系统除其有高可靠性高安全性要求外，还必须适应连续重整开停工及事故中断等特殊操作要求，具备可操作性。因此它与一般停车联锁逻辑的设计有所不同，其基本要求是当联锁系统投入自动方式时，任何人为操作(除紧急手动停车)都将被禁止，但在停车复位操作后，某些部位只能通过手动遥控方式分步投运，在联锁旁路时，可手动遥控操作。

CCRESD主要设有8个联锁逻辑块，另有部分联锁逻辑块在机组ESD中，它们分别执行以下安全联锁操作。

(1)CCRESD

反应区1号反应器上部 N_2 封保护；

反应区4号反应器下部 N_2 封保护；

再生器下部 N_2 封保护；

再生器烧焦保护；

连续重整 N_2 系统压力保护；

碱洗罐高水位停泵联锁；

碱洗罐碱液高位停泵联锁；

还原罐超温保护。

(2)ESD

连续重整循环气压缩机停车联锁；

连续重整空压机停车联锁；

连续重整氮气压缩机停车联锁；

淘析风机停车联锁。

4. 并列式连续重整再生控制系统配置

并列式连续重整再生控制系统由DCS，专用控制系统CCRCS和机组停车联锁系统ESD组合而成，它们之间以数据通讯为主，重要参数或状态通过硬接线点到点连接，系统基本配置图见图15－31。

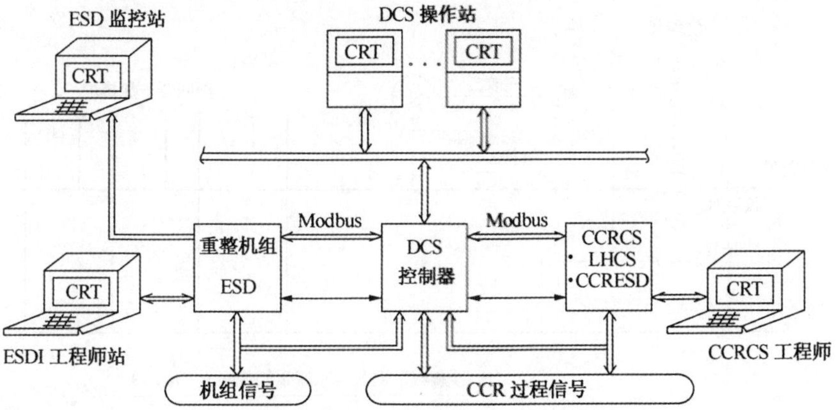

图 15－31 并列式连续重整再生控制系统配置图

六、加热炉安全联锁系统

催化重整装置安全联锁系统主要包括三个部分：催化剂连续再生、压缩机组和加热炉。前面相关章节已经对催化剂连续再生和压缩机机组的安全联锁进行了描述，本部分着重介绍加热炉的安全联锁。在安全联锁的设施中，通常为正常时带电、异常时断电。

（一）塔底重沸炉进料流量控制和安全联锁

塔底重沸炉一般为多路进料，为使每路流量恒定，在每路都设置了流量单变量定值控制。但是，由于各种原因，有时仍然存在着偏流，导致小流量炉管结焦的状况。经过实践，催化重整装置采取了如下措施。

① 每路流量单变量定值控制。

② 由多路进料中的两路或三路流量低低限组成二取二或三取二联锁停炉系统。

③ 每路流量低限报警。

④ 每路控制阀设置机械限位，保证最小开度。

⑤ 每路炉出口物料设置温度高限报警。

这些措施分别针对偏流、泵故障、仪表故障、调节阀故障等而设置，能有效的保证最小安全流量，又避免频繁停炉，提高安全性和可用性。

（二）氢气流量低低限联锁停炉

预加氢装置循环氢和催化重整装置循环氢均设有流量低低限(通常采用二取二或三取二)联锁停加热炉的安全措施，其目的是保证进入加热炉的物流中混氢氢气的流量，防止炉管结焦，其中催化重整装置循环氢流量低低限三取二联锁停加热炉的安全措施见图 15－32。

（三）催化重整四合一加热炉安全联锁系统

如图 15－32 所示，安全联锁用切断阀设在四合一炉燃料气及长明灯总管上，当蒸汽

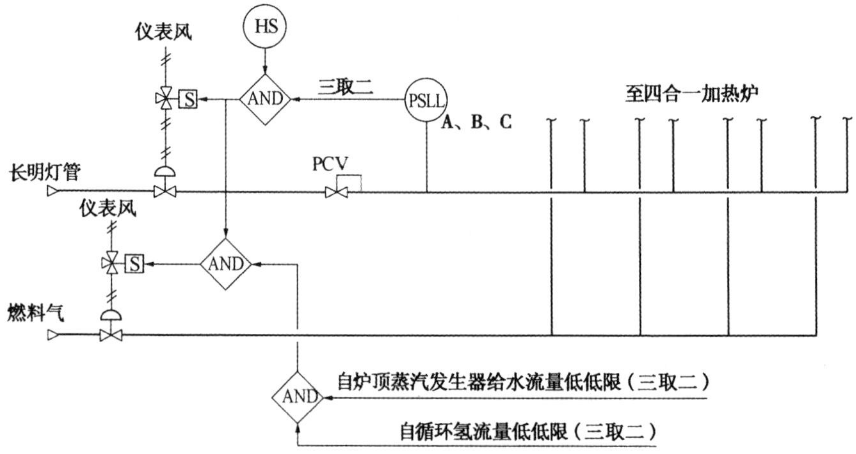

图 15-32　四合一加热炉安全联锁系统

发生器给水流量或循环氢流量低至联锁值时，发出信号，切断加热炉燃料气总管。此时，加热炉长明灯管仍然处于正常操作状态，只有在长明灯总管压力低低限三取二系统或紧急停车信号发出时，长明灯管和燃料气管才同时切断。在循环氢流量低至联锁值、切断加热炉燃料气总管的同时，自动切断重整进料也是必要的，这样可以防止压缩机停机时，进料油窜入压缩机氢气管线，给重新开工造成很大麻烦。

同时，进入每个加热炉的燃料气管线也设有各自的联锁。当各炉对应的炉出口工艺流体温度高高限或燃料气压力低低限时，该炉的燃料气切断，长明灯仍然处于正常操作状态。在具体设施中，近年来，通常燃料气总管和长明灯总管的切断阀为两阀串联，驱动每个切断阀的电磁阀为两个电磁阀组成的二取二系统。

(四) 塔底重沸炉安全联锁系统

塔底重沸炉燃料系统有两种工况，一是烧燃料气，二是燃料油和燃料气混烧。以加热炉燃料油和燃料气混烧为例，如图 15-33 所示。

1. 联锁切断燃料油的条件

雾化蒸汽压力低低限三取二系统；

多路进料流量低低限(二取二或三取二系统)；

长明灯管压力低低限(三取二系统)；

紧急停车按钮。

四个条件组成“与”门系统，只要满足其中一个条件，加热炉燃料油即切断。

2. 联锁切断燃料气的条件

多路进料流量低低限(二取二或三取二系统)；

燃料气压力低低限；

长明灯管压力低低限(三取二系统)；

紧急停车按钮。

四个条件组成“与”门系统，只要满足其中一个条件加热炉燃料气即切断。

3. 联锁切断长明灯管的条件

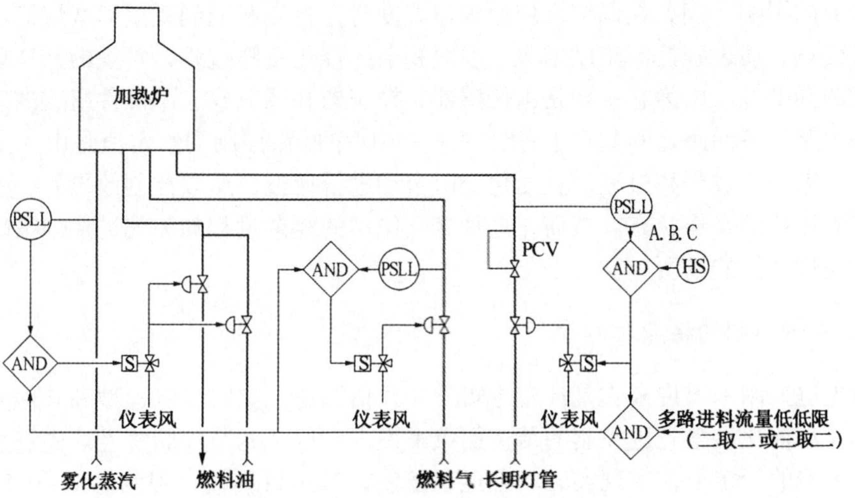

图 15－33　塔底重沸炉安全联锁系统

长明灯管压力低低限(三取二系统)；

紧急停车按钮。

二个条件组成“与”门系统，只要满足其中一个条件，加热炉即停炉即燃料油、燃料气、长明灯管全被切断。

在具体设施中，与图 15－32 四合一加热炉燃料气总管和长明灯总管相同，通常其燃料气管和长明灯管和燃料油进炉管上的切断阀为两阀串联，驱动每个切断阀的电磁阀为两个电磁阀组成的二取二系统。

七、先　进　控　制

20 世纪 90 年代分散型控制系统(DCS)已成为炼油化工等装置的主要控制设备，随着 DCS 的不断发展更新，功能越来越完善，给先进控制(Advanced Process Control 简称 APC)，优化过程操作，提高产品质量、产率，提高经济效益，创造了极为有利的条件。

许多软件公司不断推出石化过程包括催化重整，催化裂化等一系列商品化的 APC 软件，使先进控制策略的开发、应用正在迅速地发展。

(一) 先进控制在催化重整中的重要作用

催化重整过程是个复杂的过程，是由其反应动力学、催化剂上积炭、操作约束和过程变量交互作用的复杂因素引起的。过程变量的交互作用受反应器之间热平衡影响，一个变量改变同时引起其他变量的变化，而变化的差异也不一样。有些变量对变化的响应是瞬时的，而有些变量对变化的响应却缓慢。其结果，一个操作变量的变化总会导致别的变量的变化，这些变化的效果可能是正面的，也可能是反面的。除此以外，进料性质对重整反应和结焦也有影响。进料性质又决定于原油性质和上游装置的操作状况。这是难以测量和不可控制的，不断干扰催化重整过程控制和优化。

还有许多影响重整产品产值和生产成本的决策。在大多数情况下，任何一个决策都会产生多方面的影响。例如在调节反应器入口温度时，首先影响到重整油辛烷值、反应器温度分布等变量，使过程控制难度增大。面对复杂的催化重整过程，常规的PID单回路控制具有很大的局限性。因为它主要是由传感器、控制器和调节阀三个部件组成的单输入－输出的控制回路，各回路之间基本上各自独立。PID单回路控制的给定值是由人工事先给定的，不能根据生产过程和过程信息变化及时自动进行调整，所以控制效果差，不能保证工艺过程达到优化的操作状态。然而，这种交互作用的复杂过程却为先进控制策略提供了一个发挥其先进功能的场所。

（二）先进控制的特点

所谓先进控制一般说来它是涉及逻辑学、预估算法、实时控制模型和其他先进算法的控制策略。从催化重整先进控制的结构层级来说，它位于调节控制之上。先进控制通过改变调节控制器的给定值，实现实时动态过程控制，其运行周期一般为0.1～0.5min。它是在反映生产过程的动态模型和其他先进控制算法基础上，同时协调多个控制回路的相互关联，达到最佳的单元操作和经济目标的控制，不破坏生产过程和设备的约束，保证生产过程操作安全、可靠。

多变量模型预估控制(multivariable model predictive controls ，MPC)是催化重整中广泛应用的一种先进控制策略。

（三）先进控制的经济效益

由于先进控制是基于模型的实时动态控制，它能完成常规调节控制所不能完成的复杂控制。对于催化重整这样一个交互作用的多变量过程，使用多变量模型预估控制，能协调控制回路和多变量间的关系，使操作过程平稳，接近于过程约束，达到“卡边”操作，充分发挥装置、设备潜力、实现优化。避免故障，约束保护。同时控制精度高，保证产品质量和提高高价值产品产率。

广州石化总厂连续催化重整装置(400kt/a)1996年4月安装投用引进的Setpoint公司多变量预估控制软件SMCA和美国UOP公司重整反应辛烷值的计算模型，用于反应工段(包括加热炉、反应器、产品分离和气体压缩机)，实施辛烷值、反应器加权平均温度、反应压力、氢/油比及进料优化控制，取得良好的经济效益。据计算由于液体产品收率增加、辛烷值增加、反应压力降低、氢/油比下降、能耗下降和加热炉燃料减少等共创经济效益约340万元/年[1]。

葡萄牙彼得盖(Petrogal)炼油厂半再生重整装置[2]处理量为114.6m^3/h(约740kt/a)，采用多变量模型预估先进控制，每年可获80万美元收益，使用先进控制前后的主要性能/经济指标变化，如表15－1所示。

表15－1 主要经济指标增长

项　目	投用前	投用后	增　长	项　目	投用前	投用后	增　长
处理量/(t/d)	1925.2	2048.7	123.5	LPG产率/(t/加工日)	224.9	195	－29.9
重整油产率(进料)/%	76.2	77.4	1.2	H_2产量/(t/加工日)	186.7	216.6	29.9
重整油蒸气压	5.01	5.05	0.04	燃料气用量/(kg/t进料)	31.6	29.8	－1.8

正是由于催化重整先进控制的经济效益很好，近年来，得到广泛的应用。

（四）先进控制的主要控制功能和基本结构

1. 主要控制功能

催化重整先进控制的主要控制功能包括：重整油辛烷值控制，通过调节加权平均入口温度（WAIT）来控制重整油辛烷值，保持在目标辛烷值上；最大进料量控制，在操作单元约束和加热炉炉管温度约束下，最大限度提高进料量；氢－油比控制，把氢/油摩尔比控制在给定的目标值上。

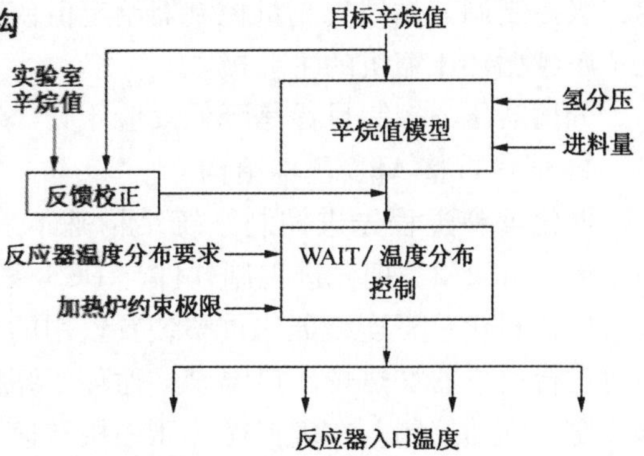

图 15－34　辛烷值控制策略

辛烷值控制。辛烷值是反应器加权平均入口温度（WAIT）、液体小时空速（LHSV）和进料性质的函数。由于 LHSV 是由反应器进料流量决定的，因此，反应器入口温度（或加热炉出口温度）是控制辛烷值的操作变量。图 15－34 表示辛烷值控制策略。在第一层级上 WAIT/温度分布保持在目标值上。控制作用优先保持目标 WAIT，当需要保持约束极限时，放松温度分布控制。加热炉管温度和燃料气阀门位置是主要的约束变量。Setpoint 公司多变量预估控制 SMC－IDCOM 动态控制 WAIT 和温度分布。并动态补偿干扰变量例如进料量对反应器入口温度的影响。

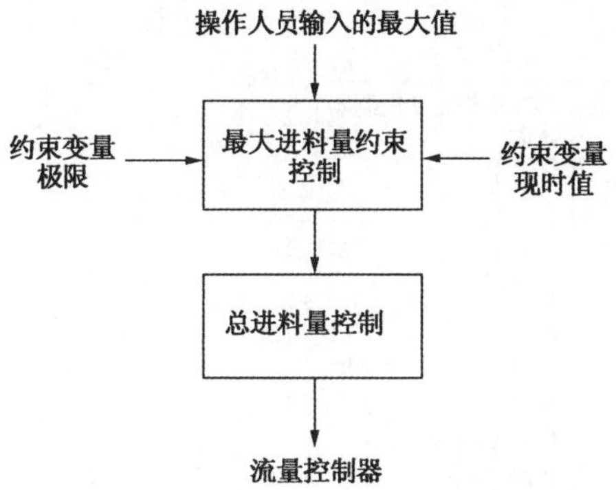

图 15－35　最大进料量控制策略

基于模型的辛烷值控制器预测主要干扰变量对产品辛烷值的影响，设定加权平均入口温度目标值。根据干扰变量的变化超前调节目标辛烷值。进料流量和氢分压是主要的干扰变量。当操作人员输入实验室产品辛烷值分析结果时，该模型根据实际辛烷值和目标辛烷值的差值计算校正值，校正目标 WAIT。

最大进料量控制 SMC－IDCOM 控制策略预测进料流量变化对约束变量的影响，并根据这种信息调节进料量以达到极限约束。最大进料量总的控制策略如图 15－35 所示。在第一控制层级上，是标准的 PID 算法控制总进料。再上一层级是采用 SMC－IDCOM 控制策略的约束控制器，约束变量的 SMC－IDCOM 模型预测进料量变化，使之平稳达到极限，而不超调。

氢/油摩尔比和压力控制如图 15－36 表示，在进料量变化和循环氢中氢纯度变化时，该控制保持氢/油比稳定，减少催化剂生焦。摩尔比控制功能的第一级调节压缩机吸入段的阀门，使循环气体流量保持在目标值上。

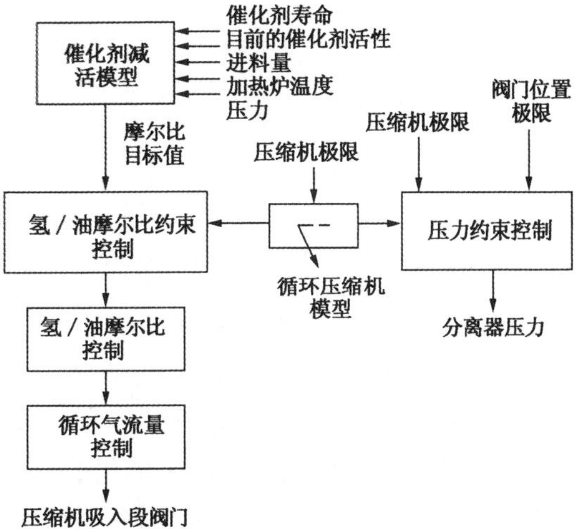

图 15－36　氢/油摩尔比控制策略

第二级控制调节循环气流量控制器给定值使摩尔比保持在目标值上，第三级约束控制器保证不超越循环压缩机的主要极限。

分离器压力控制目标是降低反应压力，增加重整汽油收率。

2. 催化重整 APC 基本结构

催化重整过程先进控制系统结构基本上是在 DCS 基础上通过接口软件和通讯网络、串行接口 RS232，把先进控制软件与 DCS 系统连接起来。下面介绍二种 APC 结构系统。

广州石化总厂连续催化重整装置投用的 Setpoint 公司 SMC－IDCOM 先进控制软件。分别对三台反应器加热炉出口温度，循环压缩机转速，产品分离器压力和重整进料等回路实施多变量预估控制。在确保循环压缩机转速、增压机入口压力、循环氢流量、加热炉出口温度等约束条件下，实现辛烷值、重整进料、氢/油比和产品分离器压力控制目标。其控制流程和系统结构框图见图 15－37 和图 15－38。多变量预估控制有多个输入和输出，它处理各控制回路之间的交互作用和各种约束，包括工艺过程和设备的安全约束，使多个控制变量都满足设定的目标要求。

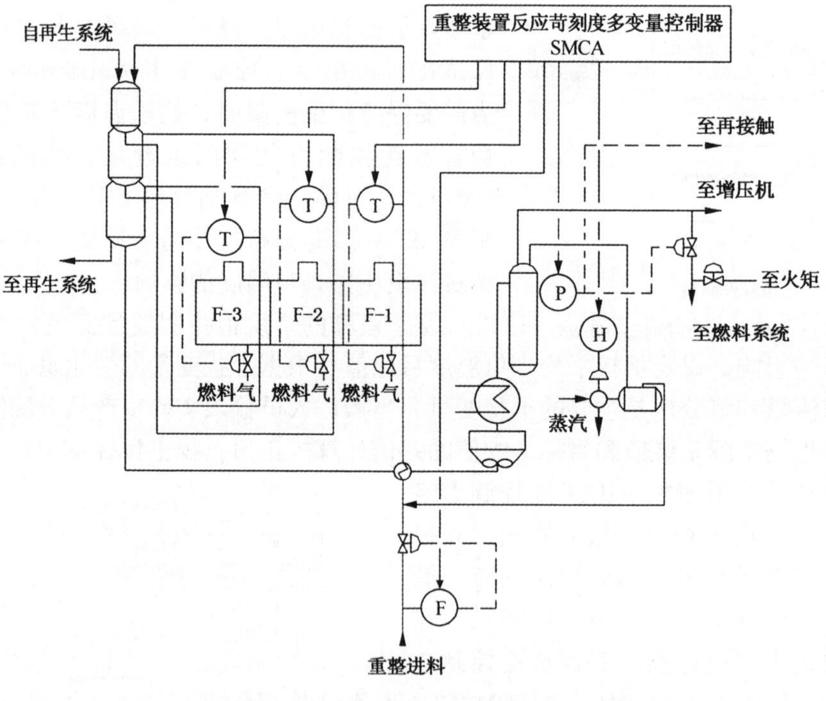

图 15－37　反应系统多变量控制框图

图 15－39 表示多变量预估控制系统结构，利用 TDC－3000 系统上的串行接口 PCSI、RS232 连线和 ONSPEC/Honeywell 的 PCSI 接口软件把 VAX4060 工作站操作系统与装置 TDC－3000 连接起来，实施 SMCA－IDCOM 多变量先进控制。

葡萄牙彼得盖炼油厂半再生催化重整装置利用 PC 机来实施先进控制。其先进控制流程如图 15－40 表示[2]。用二台 80486(66MHz，有 16MB RAM)PC 机来实施先进控制，用以太网作为二台 PC 机之间的通讯联接，采用串行的 RS232 通讯接口与 DCS 数据通讯，DCS 串行通讯线驱动器，操作人员接口和数据库装置在一个 PC 机上。而先进控制软件装

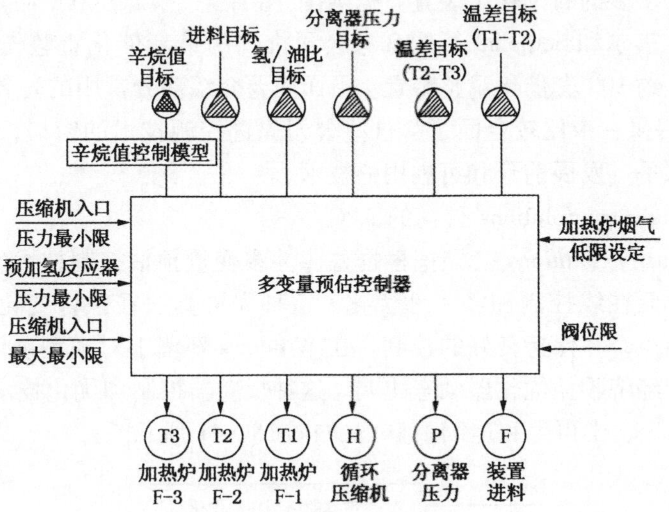

图 15－38 多变量预估控制器

置在另一台 PC 机上，其中包括 MPC 控制器、辛烷值预估模型和炉管表面温度预估模型。基础 PID 控制算法驻存在 DCS 中，每 60s 从 MPC 控制器获得一次新的给定值，有监视通讯状态和 PID 算法令牌。每 30s 刷新一次操作人员接口数据库中的过程数值。辛烷值模型每 10min 计算一次新的 WAIT 目标值。

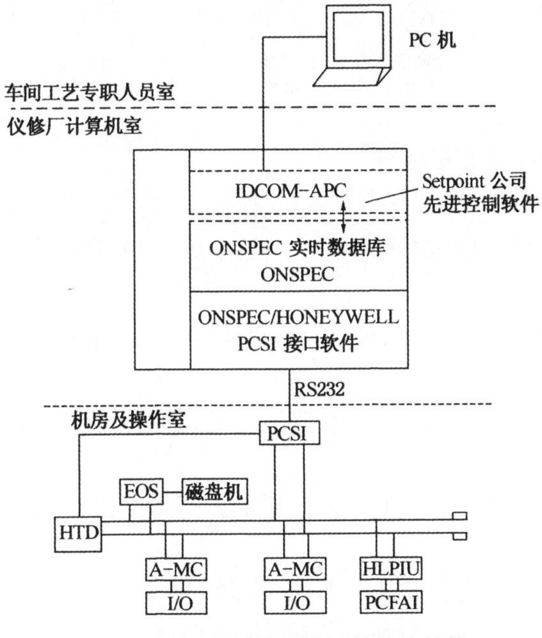

图 15－39 多变量预估控制系统结构

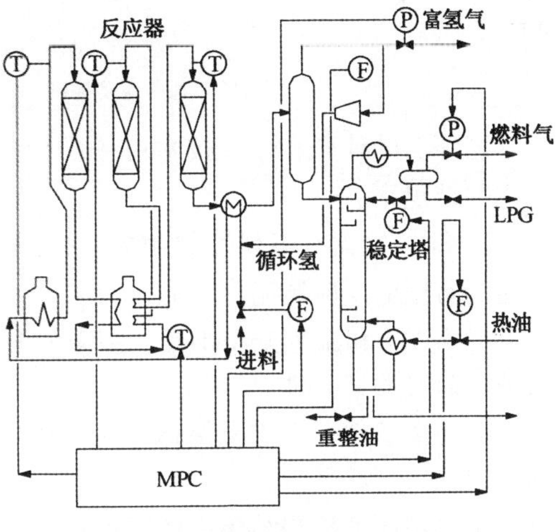

图 15－40 葡萄牙彼得盖炼油厂催化重整先进控制流程

（五）最新催化重整先进控制策略

20 世纪 90 年代以来很多软件公司推出一系列商品化的石油化工先进控制软件，广泛应用于世界上许许多多的石油化工装置。据美国“烃加工”杂志2005年底前的报道，美国ABB Simcon，霍尼韦尔和Setpoimt等约9家公司推出的最新催化重整先进控制(APC)软件，应用于世界上约100套催化重整装置。下面简要介绍部分常用的著名软件公司的催化重整APC软件，提供一个比较全面了解这些公司先进控制技术的窗口，和催化重整先进控制的世界先进水平、发展前景和可利用的技术。

1. Honeywell Industry Solntions 公司的APC[4,5]

Honeywell Industry Solntions 公司把根据鲁棒性多变量预估控制技术(RMPCT)的Profit控制器用于重整单元在线控制和经济性优化。这种先进算法在条件变化和模型出现误差时，所需的调整最小，并保持良好的控制。在Windows环境下对模型确认。多路Profit控制器能由上一层的经济收益优化器动态协调。这种反应器控制和优化技术可用于生产汽油和BTX的单元(再生、半再生和连续重整)。如图15-41所示。

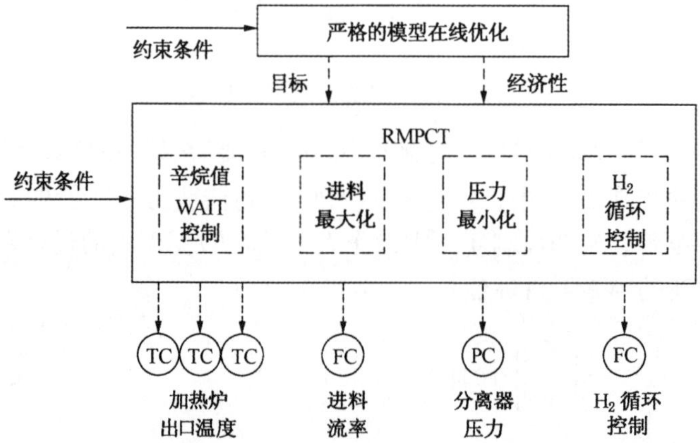

图15-41 HONEYWELL公司的APC

TC—温度控制；FC—流量控制；PC—压力控制

已证实的计算和建模技术可在线计算加权平均床温(WAIT)、产品辛烷值和RVP，及催化剂结焦率。

Profit控制器有下列控制功能：控制反应器入口温度，使WAIT稳定在一定范围，也可达到希望的反应器温度分布。

当WAIT和温度分布不是约束条件时，可控制辛烷值。控制器保护最高炉膛温度和加热炉负荷等约束条件。

在约束条件下，进料量达到希望目标的最大值，苛刻度与处理量的权衡由经济优化自动决定。

压力在压缩机与结焦率约束条件下保持最小。使重整油及H_2产率最大。

调整H_2循环量保持所选的目标稳定(H_2/进料、H_2分压或最大H_2循环量)。

对于在线优化和离线研究，使用基础动力学反应方程的严格动力学模型，可用来决定优化操作目标。

根据大量的调查，典型的经济收益为10~26美分/桶原料。典型的回收期为6~18个月。这些APC软件已在37个重整单元上使用，6个单元上为严格在线模型优化。

2. Aspen Technology 公司的 APC[3,4]

重整反应器苛刻度用 DMCplus 控制器保持稳定。反馈来自测出的或推定的辛烷值，同时不超过临界的水力学、机械和催化剂减活极限。一台 DMCplus 控制器处理苛刻度和积焦控制相互作用问题，同时考虑到催化剂减活。Aspen 重整推定特性软件包计算苛刻度，积焦率和加热炉管表面温度。分馏塔的优化控制回流，塔底温度和塔压，以符合重整油的 RVP 和塔顶产品组成的规格要求。如图 15－42 所示。

连续重整再生器的控制可降低燃烧区峰值温度。

Aspen Plus 优化器使用考虑了反应器催化剂减活和有关工艺过程设备的 Aspen Catref 严格催化重整动力学模型来计算优化目标，以达到单元或全装置的最大获利。Aspen Catref 严格模拟反应器和氢气循环回路。作为 Aspen Plus 优化器单元操作模型家族的一个成员，Aspen Catref 能容易地包括在有加热炉、稳定塔模型的全流程中形成全催化重整全面集合摸型。Aspen Catref 重整动力模型对于规划/线性规划矢量生成，进料和催化剂的选择，消除瓶颈，优化和在线操作性能显示也可起到重要作用。炼油人员能把预估的情况与实际操作性能比较，诊断问题，确认机械效率趋向和瓶颈。优化模型是"自保持稳定"的，它在线自动刷新关键模型参数，保持准确的过程模型。

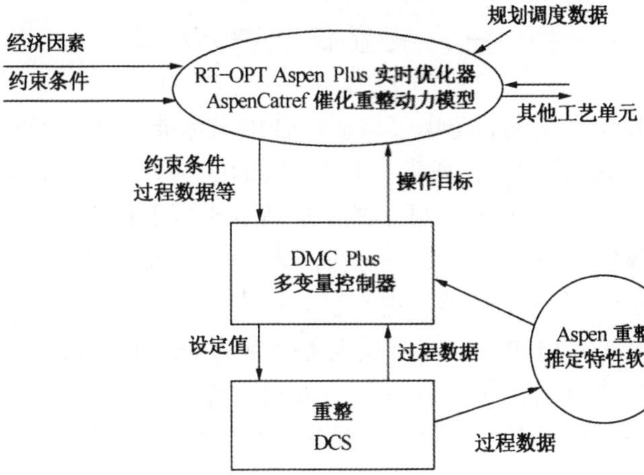

图 15－42　Aspen Technology 公司的 APC

Aspen Plus 优化器软件特点是它是开放方程建模系统和鲁棒性顺序二次规划 SQP 解算器的组合，能同时解算，优化反应器和全流程。优化的解决定优化操作条件的轨迹，使从当前时刻直至催化剂再生的总的收益最大。

典型的经济效益为 10～40 美分/桶进料。回收期通常小于 12 个月。

AspenTech 技术在 28 套重整装置上安装，5 套使用 Aspen 推定特性软件包，6 套为实时闭环优化，5 套用了 AspenCatref(离线或在线)。

3. Invensys Performance Solutions 公司的 APC[4]

采用 Connoisseur 多变量预估控制系统。所有的控制器均在此控制系统中组态。不需要额外的软件或介面。其模型适应方法减少更换催化剂的再次测试。如图 15－43 所示。

典型的收益为 10～30 美分/桶进料。回收期在几个月内。控制器已在 20 个重整装置上安装，其中一个使用了过程磁共振分析仪(MRA)连续进行进料烃族分析和产品辛烷值或组成分析。

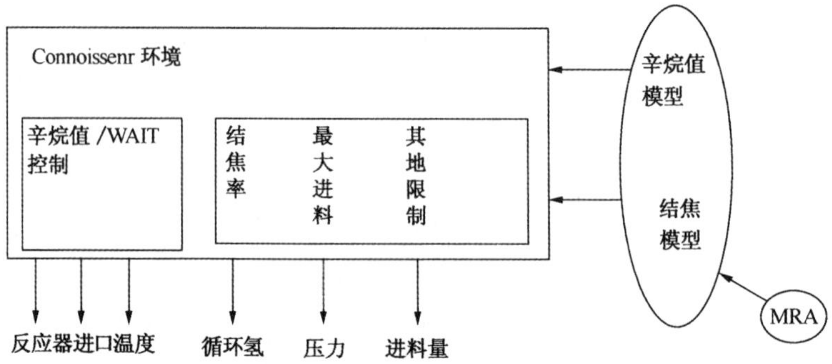

图 15 - 43 Invensys Performance Solutions 公司的 APC

第二节 仪表选择和安装

一、装置仪表概况

装置区为爆炸危险场所仪表的防爆等级应符合国家标准(GB 50058—92)“爆炸和火灾危险环境电力装置设计规范”规定，通常没有 H_2 气的区域为 2 区 ⅡB 级 T3 组，有氢气的区域为 2 区 ⅡC 级 T3 组，一些特殊区域如地下罐等为 1 区 ⅡB 或 ⅡC 级 T3 组。

催化重整装置主体仪表通常为本质安全型仪表。主要包括温度变送器、压力变送器、差压变送器、浮筒液位(界位)变送器、电/气转换器、电/气阀门定位器等。在线分析仪表、现场直接作用式开关、电磁阀、安全仪表等通常为隔爆型仪表。

在国内引进装置中热电偶、热电阻通常均为法兰连接型(水介质可除外)。流量测量以节流装置为主，配差压变送器。催化剂料位采用放射性料位变送器、料位开关及电容料位计。执行机构通常为气动薄膜式、气缸活塞式，所配调节阀根据工艺条件不同而不同，包括单、双座调节阀，蝶阀，旋转阀，球阀等。催化剂管线上的阀门为特殊球阀和 V 型球阀。用于调节的执行机构与电/气转换器配套使用，需要设定位器的执行机构，设置气动阀门定位器。近年来，用于调节的执行机构也常直接与电/气阀门定位器配套使用。

装置在线分析仪表包括：氢纯度分析仪、氢/烃分析仪、气中水分析仪、氧分析仪、便携式氧分析仪等。

二、在线分析仪表

(一) 氢纯度和氢/烃分析仪

通常在重整循环氢管线上安装一台氢纯度分析仪，在连续再生氮气总管上安装一台氢/烃分析仪并内置一个分析氧气的检测器，在测量氮气中氢/烃含量的同时测量氮气中氧气含量。由于重整最基本的反应是六元环烷脱氢反应，除生成目的产品芳烃外，副产大量的氢气。因此，氢气纯度的变化，是重整脱氢反应深度的标志。而连续再生中，氮气主要是氢、氧环境隔离用氮气包的来源，氮气如果被氢气、烃和氧气污染，将会引起再生部分污染氮停车。因此氢纯度和氢/烃分析仪在催化重整装置中都是非常重要的。

通常氢纯度和氢/烃分析仪分析采用热导式，热导式是基于各类气体导热系数不同、而氢气相对过程气中的其他烃类气体具有高得很多的导热性的特点而制作的。因此检测过程气的导热性，通过导热性与氢纯度的关系，自动检测出氢气含量(即纯度%)。而氧分析仪通常采用磁动力机械式氧气分析原理。

通常氢纯度分析仪的热导池是一个密封并绝热得很好的金属体，内部有两个分离的通路，一路为样品气，一路为参考气。样品气路为连续采样，而参考气路可以是连续的，也可以是不连续而密封在热导池内。热导池内样品气和参考气路中均各带一对热敏电阻丝，4个电阻丝组成一个惠斯顿电桥，当样品气与参考气 H_2 纯度相同时，电桥处于平衡状态(H_2 的初始值)，当样品气中 H_2 浓度增加时，电桥处于不平衡状态输出一个相应信号，通过信号转换和线性化处理等，分析仪输出一个与测量范围相对应的4～20mA. DC标准信号。实际应用中氢纯度分析仪多采用隔爆型，测量范围50%～100%

氢/烃分析仪测量原理与氢纯度分析仪相同，只是样品气的组成不一样要求也不一样，在重叠式连续重整催化剂再生部分，氢/烃分析仪样品气与分析仪输出对应关系如下：

样品气组成	分析仪输出
15% HC－85% N_2	0(4mA. DC)
100% N_2	50%(12mA. DC)
1% H_2－99% N_2	100%(20mA. DC)

其中 N_2 气与 H_2 气热导率相差甚大，标准状态下 H_2 气热导率比 N_2 气热导率约大6～7倍，因此能比较精确的监测出 N_2 中 H_2 含量。实际应用中氢/烃分析仪多采用隔爆型，精度2%，校验用零气为100% N_2，校验用量程气为含0.9%～1.0% H_2 的 N_2。氧分析仪精度±1%，测量范围0～5% O_2，检验用零气为100%的 N_2，检验用量程气为含5% O_2 的 N_2。

(二)气中微量水分析仪

催化重整装置通常使用二种微量水分析仪，一种是电解式，一种是振动晶体式。

1. 电解式气中微量水分析仪

仪器主要由气路系统、电解池、二次仪表等组成，其核心部分为电解池。电解池由光洁度较高的不锈钢壳体及内芯组成，内芯是在聚乙烯绝缘柱上平行地绕二根铂丝作为电极，两极间绕玻璃丝。整个电极及玻璃丝上涂有五氧化二磷，电解池由仪器内温度控制器控制恒温在40℃。当被分析的样品气进入电解池内，样品中的水即被电解池中的五氧化二磷吸出，电解池的电极上加有直流电压，水被电解成 H_2 和 O_2，并随样品气放出，根据法拉第定律，电解电流的大小正比于水含量的多少。这种仪器测量范围可分为五挡：0～10、0～30、0～100、0～300、0～1000μL/L，基本误差5%～10%，隔爆型，输出4～20mA. DC标准信号。由于仪器在测定氢气中的水分时，会发生“氢效应”，即电解所生成的氧与被测的氢再次结合成水，并再次被电解。使仪器指示偏高，产生附加误差，因此该原理检测误差较大。

2. 晶体振荡式气中微量水分析仪

仪器主要由现场单元、干燥器、控制器等所组成。其测量原理是通过监测吸湿性敏感石英晶体高频振动频率的变化，对水分进行在线检测。石英晶体被轮流置于样品气体和参比气体中，周期为30s，其中参比气体是将样品气体通过分子筛干燥器几乎彻底去除其中的微量水后得到的。为了延长检测器寿命，仪器可选用对称周期这种功能，即用30s时间使样品气通过检测器，然后换成干燥的参比气9.5min，这样使检测器暴露在污染物的时间缩小到最短，使其在参比周期中从检测器中除去挥发性污染物。仪器内置水分发生器，其发生器标准水分值常规为20μL/L，低值约3μL/L，可以对仪器进行自动校验，提高仪器检测精度。仪器测量范围0～1000μL/L可调。视测量范围不同，精度1μL/L或读数的10%取大。该仪器性能可靠，对水分的变化反应灵敏，控制器内用微处理器进行控制，具有数据处理数据显示等功能，同时还可带RS－485的通信接口，仪器输出4～20mA. DC标准信号，仪器通常为隔爆型。

（三）氧分析仪

1. 加热炉用氧化锆氧量分析仪

加热炉烟气通常用氧化锆氧量分析仪测量烟气中氧含量，氧化锆材料是一种固体电解质，它是在纯氧化锆中掺入一定量的氧化钇或氧化钙在高温条件下烧成的稳定氧化锆，它在650℃以上的高温条件下，是氧离子的良好导体。利用氧化锆电解质可构成如下的测氧电池。

Pt，Po(空气) || $ZrO_2 \cdot Y_2O_3$ || P(烟气)，Pt

其中$ZrO_2 \cdot Y_2O_3$是用氧化钇稳定的氧化锆电解质，一般做成管状。Po和P分别是空气中和烟气中的氧含量，Pt为两个用铂涂制在氧化锆管内外表面的电极。在高温操作条件下两个电极之间的电位差同存在于两个电极和电解质界面处的氧气分压比的对数成正比，测出这个电位差，则得出氧含量的大小。

通常氧化锆氧量分析仪由探头(氧化锆管，加热器热电偶)和二次仪表组成，加热器主要保证氧化锆探头在恒定的高温下工作，以确保测量的准确性，仪器供电通常为220V. AC，输出4～20mA. DC标准信号至中央控制室。

2. 催化剂连续再生用氧分析器

重叠式连续重整再生通常采用特殊氧分析仪，特殊氧分析仪器工作原理与加热炉用氧量分析仪器一样，采用氧化锆测量氧含量，由于催化剂连续再生的特殊要求，仪器内置采样气流量开关(热电阻)型，采样流量低限时输出接点信号使催化剂连续再生停车，该仪器由其专利商与指定生产厂商合作开发，专用于重叠式连续重整催化剂连续再生。仪器包括探头、检测器(内置流量开关)，控制器和二次仪表。探头和检测器中接触测量介质部分的材质通常为Inconel 600或哈氏合金C，近年来改为316SS，置于现场的控制器输出4～20mA. DC线性隔离信号，仪器测量范围0%～2% O_2。仪器安装时，要求采样探头与工艺主管(水平管)保持2°的倾斜角度，使采样冷凝液流回工艺管道，采样探头带30°的切口，背流向安装，见图 15－44。

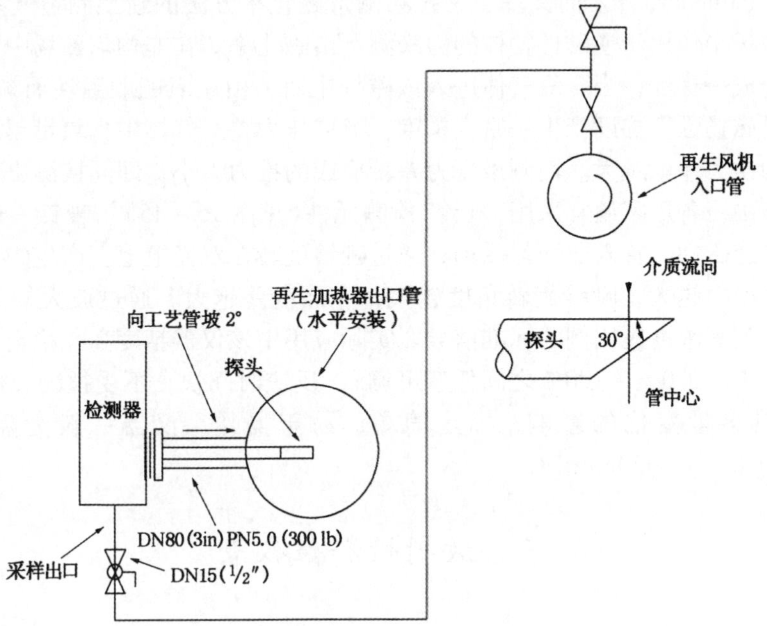

图 15－44　特殊氧分析仪采样系统安装简图

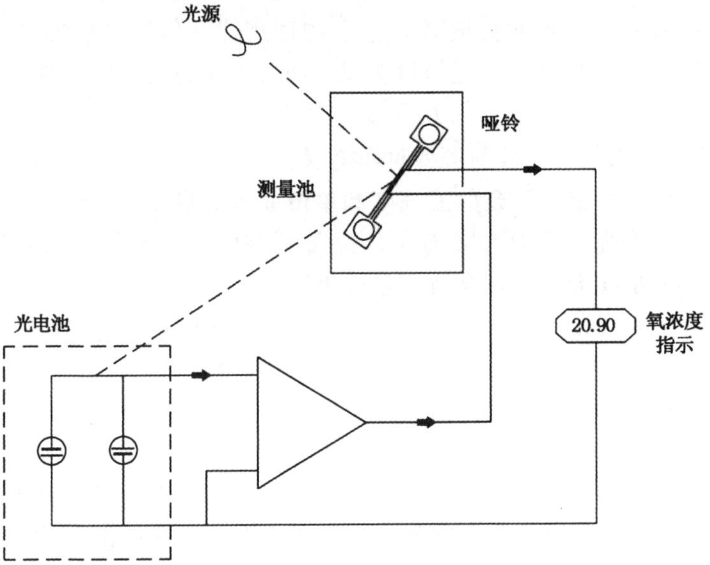

图 15－45　哑铃球磁动力式检测器原理

通常该仪器配置远程校验装置，在需要时可对仪器进行自动校验。

并列式连续重整再生用氧分析仪采用磁氧式分析仪。磁氧式分析仪有多种，常用的有两种，一种是热顺磁式氧气分析仪，该仪器工作原理是建立在氧气是一种顺磁性气体，其体积磁化率比其他气体大很多，而且体积磁化率随温度的升高而急剧下降的基础上。这种测量原理对被测气体的纯净度有较强的依赖性，对其被测气流的性质变化也很敏感，致使分析仪的稳定性较差，需经常标定和维护。另一种是磁动力机械式氧气分析仪，该仪器主要采用了曼第(Muoday)开发而又基于法拉第测量磁化率方法的新型测量气室，即通过测量在非均匀磁场中作用于逆磁性物体的力来测量出磁化率。在非均匀磁场中，磁场强度在一定方向上形成一梯度，当含氧气体进入该磁场中时，由于氧的顺磁性而被磁场所吸引，使含氧气体沿磁场强度梯度产生一密度梯度，形成压力差。气体中含氧量越高，顺磁性越大，所形成的压力差就越大。而测出压力差转换成的推力大小，即间接测出了气体中氧含量。具体实施中，各厂家通常采用“哑铃”检测元件(见图15-45)。哑铃中通入氮气，使哑铃呈微弱的逆磁性，置入非均匀磁场，通过哑铃旋转在双光电池上产生的光强度差，检测上述推力。推力越大，哑铃旋转角度越大，光强度差越大。通过放大器、线性化处理后，输出一个与氧浓度成比例的标准信号。实际应用中该仪器精度高，稳定性好，量程范围宽(在0%~1%到0%~100%之间任意可调)，反应时间快，不受被测介质中其他组分热导系数、热容量变化的影响，标定简单，易于操作。仪器一般为隔爆型，供电24V. DC，输出信号4~20mA. DC。

三、放射性料位仪表

(一)工作原理

在催化重整装置中使用的放射性料位仪表为γ射线料位仪表。γ料位计的工作原理是基于当射线穿过物质时，其强度会被减弱这个物理规律。射线强度的减弱遵从e指数规律。一束初始强度为I_o的射线，穿过厚度为d、密度为ρ的物质后，剩余的射线强度为

$$I = I_o \times e^{-\mu \times \rho \times d}$$

式中 μ——质量吸收系数，与放射源的种类有关。

从上面的公式可以看出，剩余射线强度和单位面积质量$\rho \times d$有关。大多数情况下，ρ的变化很小，剩余射线强度主要和d有关。设备的壁厚和保温等，只起到恒定的减弱作用。只要放射源活度足够大，就不会对测量产生影响。

基于这种原理，射线仪表作为非接触式仪表，常用于测量固体料位，粘稠性物料的液位等场所，并具有很高的安全性、可靠性以及免维护特性。

(二)放射源

放射源为放射性同位素，催化重整用料位计的放射源γ射线是从原子核中发出来的电磁波。原子核从能量较高的状态转为能量较低的状态时，多余的能量就以电磁辐射的形式放出，形成γ射线源。放出来的γ射线都有确定的能量，以兆电子伏特(MeV)表示，兆电子伏越大，表示γ射线的穿透能力越强。

放射性同位素的原子核在单位时间里衰变的数目称为放射性强度，或放射性活度，它的单位是居里(Ci)。在现行的法定计量单位中，放射性活度的单位是贝克勒耳(Bq)。它们的换算关系为：1mCi=37MBq。

由于放射源不断地发出射线，其强度就要逐渐衰减。不同的放射源衰减的快慢不一样。这种衰减速度用半衰期($T_{1/2}$)来表示。放射源衰减服从指数规律：

$$I = I_o \times 2^{-t/T_{1/2}}$$

式中　I_o——初始的放射性强度；

I——经过时间 t 以后的放射性强度。

催化重整常用的两种放射源的半衰期及射线能量如表 15－2 所示。

表 15－2　两种放射源的半衰期及射线能量

	Co－60	Cs－137
射线能量/MeV	1.25	0.66
半衰期/a	5.27	30.17

由此可以看出，半衰期即是射线强度减少一半所需的时间，但并不就是仪表的寿命，也不是半衰期到了就要更换放射源，更换与不更换放射源取决于探测器接收到的计数率是否已低于设计计数率下限。通常放射性仪表的使用寿命为 10 年左右。

放射源形式包括点源和棒源两种：

（1）铯－137(Cs－137)是粉末状物质，必须用玻璃或陶瓷高温固化成固体颗粒，然后封装在不锈钢壳中，只能做成点源，无法做成棒源，当检测连续量时，只能用≥2 个点源组成棒源，给标定和线性化带来一定的难度。

（2）钴－60(Co－60)则是金属，既可做棒源也可做点源，棒源是连续的不间断的，可根据容器尺寸的各种变化将棒源强度的分布做相应的变化，使探测器收到的信号是一个纯粹的线性信号，由于棒源的分布是按设备设计计算好的，输出信号是线性，所以用棒源的测量系统不必做多点或实物标定，只要测一个零点(空罐)就行了，但一次性安装不太方便。

催化重整料位开关通常选用 Cs－137 点源，料位连续量可采用 Co－60 棒源，也可采用 2 个或多个 Cs－137 点源组成的棒源。

（三）探测器

探测器的功能是把 γ 射线强度信号转换成电信号，再经转换器转换为 4～20mA 标准信号。工业同位素仪表包括 γ 射线仪表使用探测器主要有三种即 G－M 计数管(盖革－弥勒计数管，简称盖革计数管)、电离室和闪烁计数器等三种，催化重整 γ 料位计通常使用盖革计数管或闪烁计数器二种。

盖革计数管为一个玻璃外壳的密封管，内有金属圆筒状的阴极和圆筒轴线上细金属丝(钨丝或钼丝)状的阳极，管内充以惰性气体并加其他少量气体。当两电极加上电压，γ 射线穿过计数管时，在计数管的负极上产生了次级电子，电子使管内的气体发生电离，产生正负离子，正负离子分别向负、正两极运动，在阴极上产生电脉冲，脉冲的大小取决于正离子的总电荷。盖革计数管结构简单，制造容易，价格低廉，使用方便，输出脉冲高(几伏甚至几十伏)，对电源电压，计数电路都没有很高的要求。因此，虽然其计数效率低，检测路径不可调，所需放射源强度大，但仍应用广泛。

闪烁计数器与盖革计数管相比，闪烁计数器对 γ 射线的探测效率高(约比盖革计数管高 10 倍)，分辨时间短，所需的放射源强度为盖革计数管的 1/10，但由于闪烁计数器在制作和使用上要求高，即成本高，价格贵，虽然使用广泛，但还不能完全代替盖革计数管。闪烁计数器的基本原理以碘化钠(NaI)为例简述如下：γ 射线通过 NaI 晶体时，由于光电、散射、电子对等效应产生次级电子，在次级电子的作用下，晶体中的电子受到激发，当被激发的电子从激发态返回基状时，就发出可见光。于是，γ 射线在晶体中损失的能量就转换为闪烁光的能量。不可见的 γ 射线通过闪烁晶体后就转换成可见的闪烁光，这种能量的转换是通过晶体中所谓的“激活中心”来进行的，NaI 中的激活中心是渗入晶体中心少量杂质“铊”。由于是光敏元件，切忌暴露在强光下，同时，晶体表面要特别注意保护，切勿污染，擦毛或碰伤。使用时，应防止大的温度突变和剧烈振动。

（四）γ 料位计的配置和安装

γ 料位计由放射源、探测器和二次仪表组成，二次仪表输出 4～20mA. DC 标准信号。由于放射源自然随机衰变的规律，射线仪表是一种基于统计概率的测量仪表。当工艺要求的精度越高，时间响应越小时，仪表或探测器就需要测得越多的有效计数率。但是射线是对人体有伤害的，各国都有放射性物质的管理标准，而且不能超过国家标准条例。因此，在配置 γ 料位计测量系统时，一定要根据设备的尺寸，计算射线穿过设备壁，保温层等物质后，探测器接收到的计数率大小，同时考虑安全问题。为了安全与降低成本，射线路径(射线从放射源到探测器的路径)要求越简单越好。由于计数率的大小取决于放射源的种类、强度和探测器的灵敏度，即灵敏度越高的探测器所需的放射源强度就越小，安全性越好。当然高灵敏度的探测器也越贵，但考虑到今后废源的回收费用随着环保的发展而增高，选择高灵敏度探测器是明智的。

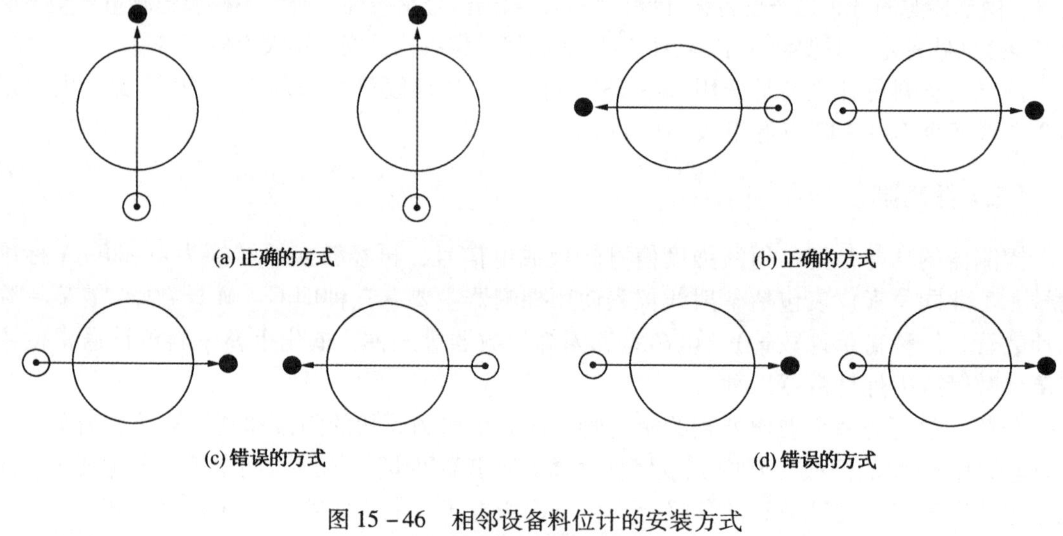

图 15－46　相邻设备料位计的安装方式

● 探测器；⊙ 放射源

由于料位计生产厂家不同，其安装方式、安装要求等也不同，现场安装应根据产品说明书进行。

当多台料位计在相邻设备安装时，安装不当会造成交互干扰，如图 15－46。

当在同一设备的相同高度垂直安装一台料位开关和一台料位测量仪表(连续量)时，交互干扰也是值得注意的重要问题见图 15－47。

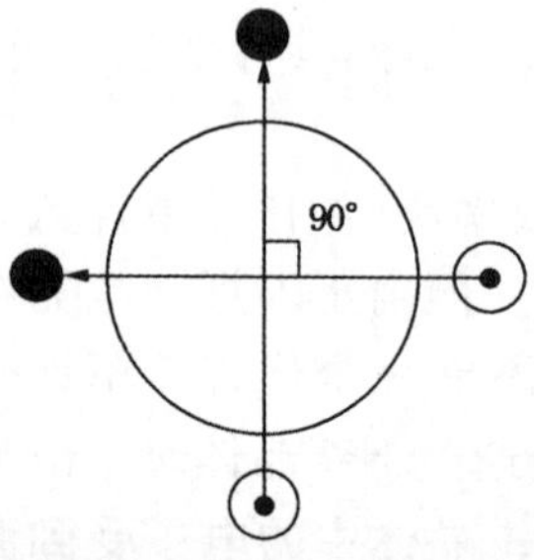

图 15－47　同一设备、相同高度二台料位计的安装

在订购这类料位仪时应经过精心计算和周密的考虑，使其 γ 射线的散射量所产生的干扰控制在允许误差范围内，不致引起

连续量的误读数和开关量的误动作。

另外，γ 料位计在计算、制造、配置、运输、安装、使用各个环节都应符合相关的国家标准，在保证人身安全的同时，满足工艺生产的要求。

四、特殊阀门

催化重整连续再生装置由于输送的物料为催化剂颗粒，又有氢氧环境隔离等特殊问题，因此相应采用了部分特殊阀门。重叠式连续重整所采用特殊阀门包括球阀、V 型球阀和 O－T 阀。并列式连续重整采用的特殊阀门包括球阀和双阀段闸阀。

（一）球阀

球阀主要用于介质中有催化剂粉尘的场合。国内引进重叠式连续重整装置中，通常使用专利商推荐的生产厂商生产的产品，由于使用的这些产品是按专利商的要求生产，因此使用安全、可靠，特别是用于闭锁料斗的上、下平衡阀，是再生操作中的关键阀门，它需要按照程序和所要求的特定曲线开、关阀门。因此确保这些球阀的性能和质量至关重要。这类阀门特点如下。

1. 阀体

采用加强型中间分体的法兰式阀体，全通径设计，其通径内孔光滑如镜，这样既可以消除因变径而产生的介质逆流及对冲现象，并且还可以避免介质流动时将价格昂贵的催化剂磨擦进而粉化，同时也最大程度地降低高磨蚀性催化剂对阀门内部的损坏。阀体采用 316SS 不锈钢制造，可以应用于较大的热转移工况，延长使用寿命。

2. 球体

采用整体式的球和阀杆，与阀体一样采用 316SS 不锈钢材料制造球体表面镀 Stellite。由于球体和阀体采用相同的材料，使两者有相同的热膨胀系数，因此各工况下温度的变化不会影响其球阀的性能，在常温下具有的可靠密封，在高温条件下同样可靠。而且球体表面镀 Stellite，使球体的表面硬度提高，在催化剂粉尘高磨蚀的工况下，这个硬度还能保证阀门部件的使用寿命。

3. 阀座

设有防颗粒结构的阀座增强器，阀座后背腔用弹性石墨件填满，双向密封，有效的防止长期使用条件下催化剂粉尘在密封座表面和背部的累积。阀座材质由 Stellite 合金或 316SS 表面镀 Stellite 制作，因此阀座与其他部件具有相匹配的热膨胀系数，且耐磨蚀，完全满足催化剂再生工况的要求。

根据所使用位置的不同要求，球阀配置与之要求相适应的气动弹簧复位式活塞执行机构和其他辅件，包括阀门定位器、位置开关、快开阀、过滤减压阀、电磁阀等，对于闭锁料斗的上、下平衡阀，其执行机构和相应辅件应使球阀全行程关闭时间≤2s。

（二）V 型球阀

这是一种带有 V 型切口的球阀，在重叠式连续重整装置中主要用于催化剂流路中控制固体颗粒的流通，例如作为隔离系统三阀组的一部分，安装在再生催化剂和待生催化剂流经的垂直管道上。这种阀把球型阀的牢固性和转角式阀的有效性结合在一起，在开有V型槽口的球体和球体密封之间的剪切作用促成了一种平滑无阻塞的操作，特别适用于固体物料。该阀的阀体一般为316SS，球体表面堆焊司太莱合金，密封为司太莱硬密封，带密封保护环和相应密封用弹簧，可用垫片厚薄来调整V型球位于阀体的中心并使V型球与金属密封之间的间隙保持在一定范围内，这种结构可以大大减轻催化剂及阀芯、阀座的磨损，防止关阀时切碎催化剂，同时，使正反向最大允许泄漏率保持在所要求的水准上，满足N_2气隔离的要求。

(三) O－T阀(Overtravel阀)

这类阀用于重叠式连续重整1号、2号催化剂添加料斗的放空阀和粉尘收集器的放空阀，全装置共3个。该阀安装在水平管段，阀杆向上，阀后管线在该阀上方。阀体为碳钢，阀芯为司太莱合金，密封为硬密封加软密封二级密封，泄漏等级6级。硬密封与阀芯一样，材质为司太莱合金，软密封为具有改进机械性能的新特氟龙材料，故障关(FC)型。最大行程时间，阀开5～10s，阀关10s。当阀关闭时，在弹簧作用下，阀芯紧紧地压在阀座上，产生一个过度行程(Overtravel)，起到锁紧的作用。由于该阀使用在带催化剂颗粒和粉尘的场所，而且要求密封性很好，泄漏等级高，因此磨损较为严重。通常寿命都不长，因此一般需要备件作支持。

近年来，O－T阀已被前面所述球阀替代，球阀阀体球体和阀座均为316SS，同样可以满足工艺操作的需要。

五、现场仪表安装的特殊要求

催化重整现场常规仪表的安装与其他炼油装置基本相同，主要包括孔板应有一定的前后直管段。介质为气相(包括气中带液的介质，例如循环氢)时，应在水平管顶取压，变送器置于取压点上方。介质为液相时，在水平管水平位置(国内装置多在下45°)取压，变送器置于取压点下方，测量管路不应有液袋，且越短越好。重沸器的热源为蒸汽时，其重沸器出口凝结水管上的孔板、调节阀必须在同一水平管上安装，而且从重沸器凝结水管出口处到孔板、调节阀所处的水平管必须保证一定的垂直高度。其目的在于保证孔板、调节阀在全液相状态下工作。罐顶、容器顶或塔顶的氮封设施，包括氮封阀、自力式阀、调节阀等，均应高于罐顶、容器顶或塔顶，不允许为操作方便将这些阀置于这些设备侧面，其目的是保证这些阀所连接的管道中不积液，以确保氮封到位。烃类管线上安装的热电偶或温度计为法兰连接，而且一般安装在水平管的管顶。催化重整现场仪表安装的特殊部分主要在催化剂连续再生，特殊仪表如料位计的安装已在前面介绍。下面介绍几个典型的特殊测量管路的安装。

(一) 重叠式连续重整

1. 压差测量管路的安装

采用放大测量管路尺寸，测量管路向上与水平线夹角≥45°的方法，测量含催化剂粉尘介质的压差或压力。以再生器、氮封罐与闭锁料斗之间压差变送器为例，见图15－48。

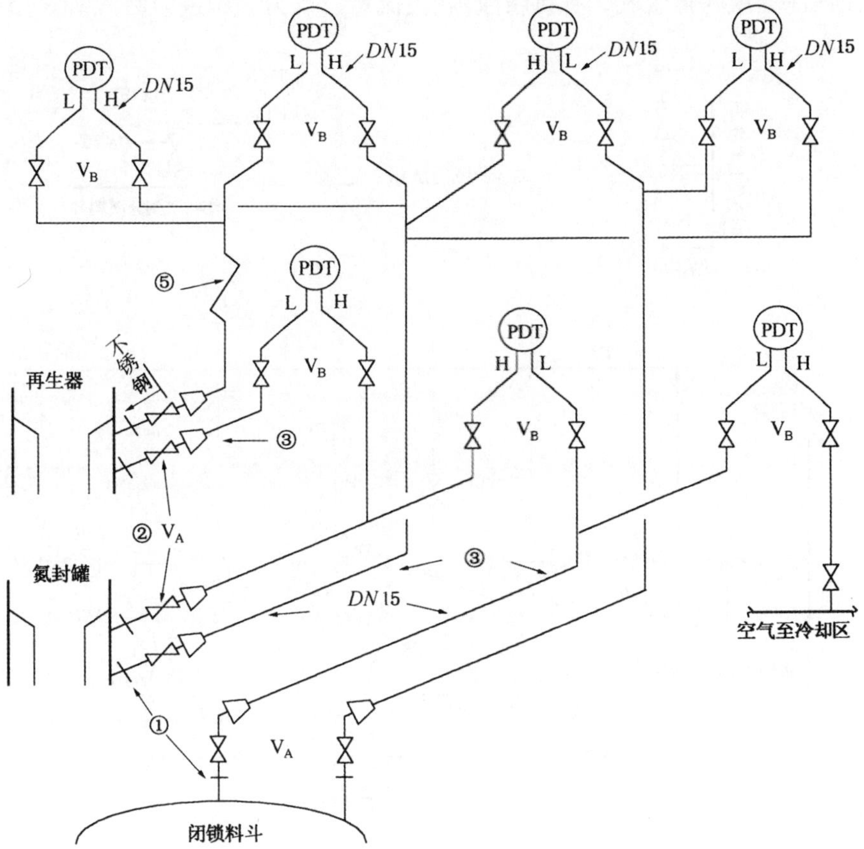

图 15-48 压差测量管路的安装

这个方案的特点是:

① 所有的取压口均为法兰，除闭锁料斗在其顶部取压外，其他取压点均斜上与设备侧壁成45°的夹角，材质同设备。

② 取压的阀门 V_A 为 *DN*25 闸阀，其中阀 A 材质原为低合金钢，近些年改为不锈钢。阀 B 材质为碳钢，并且当变送器与取压点在同一平台时阀 B 可以取消。

③ 所有的引压管原为 *DN*25，近些年改为 *DN*15。与水平线的夹角≥45°，不允许有水平管段。

④ 阀 V_A 后至变送器的测量管路材质为碳钢。

⑤ 在所有测量管路垂直部分设置膨胀弯。

⑥ 从安全考虑，高低压之间不允许设平衡阀。

实际应用中，PDT 与取压点很不易在同一平台，因此阀 B 不易取消。类似这种安装方式，在该装置中还有不少，其主要目的是防止催化剂粉尘窜入测量管路，产生测量误差。测量管路≥45°的夹角和 *DN*15(*DN*25)的测量管路，足以使可能进入测量管路中的催化剂粉尘下落回工艺设备中。

2. 带氮气反吹的测量管路

采用氮气反吹方案，主要用于测量高温有腐蚀介质的流量、压差、压力和液位。以再生空冷器前后(介质为再生气，有氯腐蚀)相关流量、压力、压差为例，见图15－49。

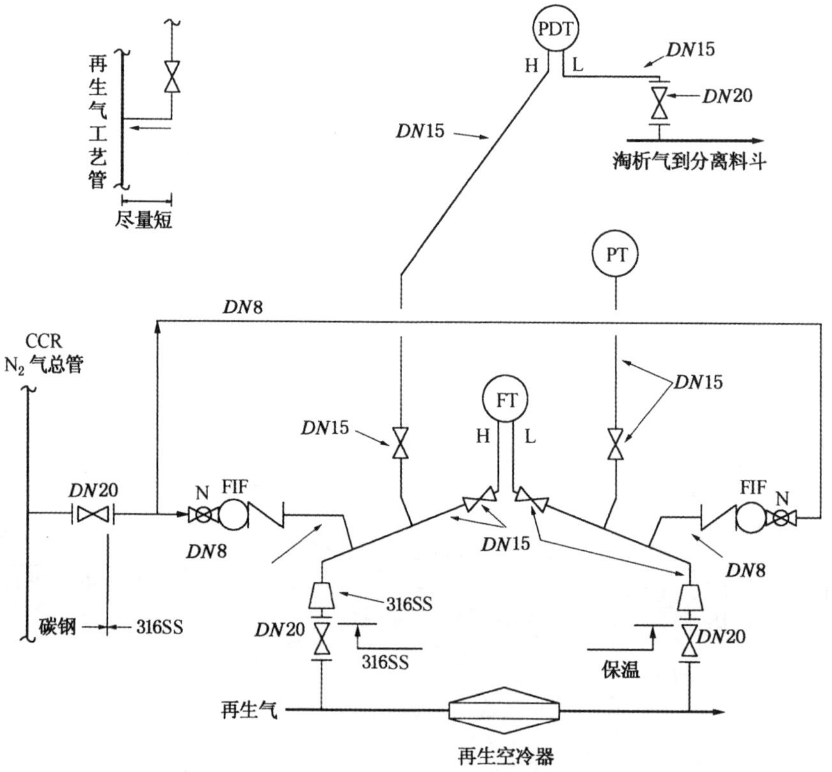

图15－49 带氮气反吹的测量管路

这个方案的特点是：

① 变送器PDT、PT、FT均安装在检测点上方，测量管路坡度≥8%，不能有液袋。

② 当工艺为水平管时，在管顶取压。当工艺管为竖管时取压在管侧，要求取压口向工艺管下坡，且越短越好。

③ 采用氮气反吹，高、低压侧分别装有玻璃转子流量计FIF，流量计入口带流量调节旋纽N，流量计出口带单向阀，流量计正常流量控制在2500mL/min。

④ 测量管路材质除氮气总管取压口和一次阀为碳钢外，其余均为316SS或相当材质，管路尺寸如图所示。

⑤ 根部一次阀采用法兰阀，二次阀采用截止阀。

(二) 并列式连续重整

与重叠式连续重整相比较，并列式连续重整在特殊安装部分略有不同。即在含有催化剂颗粒的取压口处，如设备料腿安装一个特殊的取压口组件，见图15－50。

特殊取压口组件中，底座环，取压环，催化剂滤筒材质与所在位置工艺管材质相同，一般为1.25Cr－0.5Mo－Si，其他部分材质为0Cr18Ni10Ti。其催化剂滤筒内径与所在工艺管内径应相同，表面应光滑、无毛刺。仪表测量管路取压口采用法兰，从取压口至变送器的测量管路与重叠式连续重整类似，不同点在于①没有≥45°的要求，②测量管路尺寸为*DN*15或*DN*20。在并列式连续重整中，这样的取压口共9套，包括8套压差仪表，1套分析仪表。

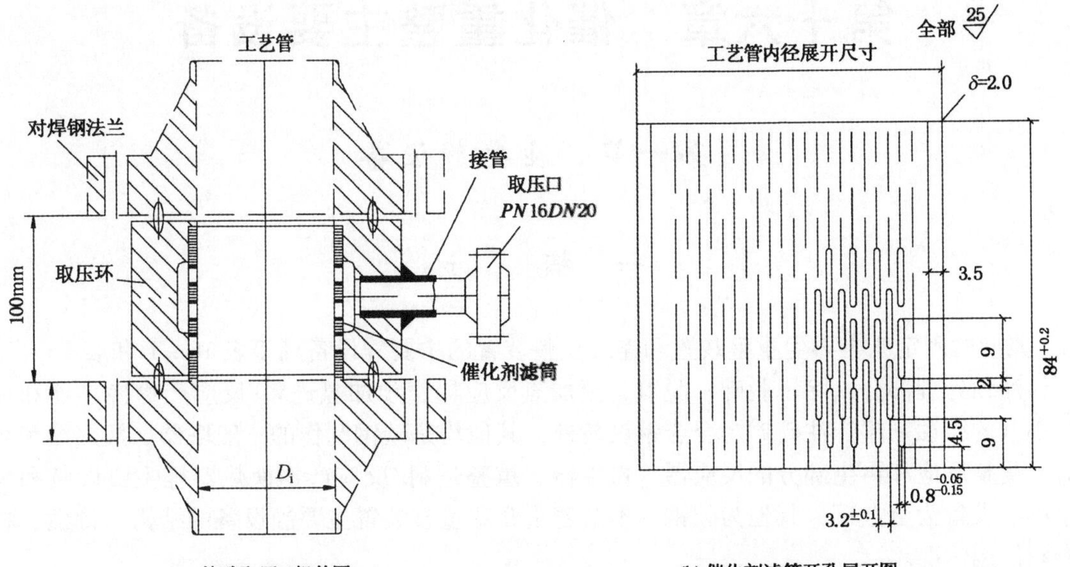

(a) 特殊取压口组件图

(b) 催化剂滤筒开孔展开图
开孔均布，开孔率为 39.5%(18%)，尺寸 mm

图 15－50　特殊取压口组件图

参　考　文　献

[1]　俞金寿．工业过程先进控制[M]．北京：中国石化出版社，2002

[2]　M P C M. Van Wijck et al. Implementing reformer advunced controlon PC platforms[J]. Hydrocarbon Processing，1997，76(8)：91～95

[3]　Advanced Control and Information Systems99[J]. Hydrocarbon Processing，1999，78(9)：94

[4]　Advanced Control and Information Systems Handbook－2003[J]. Hydrocarbon Processing，2003，82(9)

[5]　Advanced control and Information systemis Handbook－2005[J]. Hydrocarbon Processing，2005，84(9)

第十六章　催化重整主要设备

第一节　主要静设备

一、概　　述

典型的固定床半再生重整装置和连续重整装置的主要静设备列于表16－1和表16－2。原料油预处理部分，除了脱砷、脱氯、预加氢反应器、预加氢进料/反应产物换热器和一些小型的缓蚀剂罐、注硫罐为合金钢设备外，其他均是碳钢制作的一般塔器、换热器和容器。重整反应和再生部分的反应器、再生器、重整进料/反应产物换热器等主要设备和少量小型设备为合金钢，其他为碳钢。本节着重介绍重整装置主要静设备的结构、特性、材料和使用情况。

表16－1　典型的半再生重整装置主要静设备表

序号	名称	操作条件		主体材质
		温度/℃	压力/MPa	
1	预加氢(脱砷、脱氯)反应器	340	2.5	15CrMoR＋0Cr18Ni10Ti(00Cr17Ni14Mo2)
2	预分馏塔	179	0.43	碳钢
3	预加氢进料/反应产物换热器	管340 壳300	2.3 2.7	管箱15CrMoR＋0Cr18Ni10Ti(00Cr17Ni14Mo2) 管子0Cr18Ni10Ti(00Cr17Ni14Mo2)壳程15CrMoR
4	预加氢进料/反应产物换热器	管240 壳200	2.2 2.8	碳钢
5	重整第一反应器	488	1.6	1.25Cr－0.5Mo－Si或2.25Cr－1Mo
6	重整第二反应器	493	1.5	1.25Cr－0.5Mo－Si或2.25Cr－1Mo
7	重整第三反应器	498	1.4	1.25Cr－0.5Mo－Si或2.25Cr－1Mo
8	重整第四反应器	503	1.3	1.25Cr－0.5Mo－Si或2.25Cr－1Mo
9	重整进料/反应产物换热器	管410 壳478	1.7 1.25	1.25Cr－0.5Mo－Si或2.25Cr－1Mo
10	二段混氢进料/反应产物换热器	管411 壳478	1.7 1.25	1.25Cr－0.5Mo－Si或2.25Cr－1Mo
11	稳定塔	顶72 底213	1.45 1.5	碳钢

表 16－2　典型的连续重整装置主要静设备表

序号	名称	操作条件		主体材质
		温度/℃	压力/MPa	
1	预加氢(脱砷、脱氯)反应器	340	2.5	15CrMoR＋0Cr18Ni10Ti(00Cr17Ni14Mo2)
2	预分馏塔	179	0.43	碳　钢
3	预加氢进料/反应产物换热器	管 340 壳 300	2.3 2.7	管箱 15CrMoR＋0Cr18Ni10Ti(00Cr17Ni14Mo2) 管子 0Cr18Ni10Ti(00Cr17Ni14Mo2)壳 15CrMoR
4	预加氢进料/反应产物换热器	管 240 壳 200	2.2 2.8	碳　钢
5	还原段	530	1.2	1.25Cr－0.5Mo－Si 或 2.25Cr－1Mo
	重整第一反应器	530	0.49	1.25Cr－0.5Mo－Si 或 2.25Cr－1Mo
	重整第二反应器	530	0.44	1.25Cr－0.5Mo－Si 或 2.25Cr－1Mo
	重整第三反应器	530	0.39	1.25Cr－0.5Mo－Si 或 2.25Cr－1Mo
	重整第四反应器	530	0.35	1.25Cr－0.5Mo－Si 或 2.25Cr－1Mo
6	重整进料/反应产物换热器	管 461 壳 509	0.56 0.32	1.25Cr－0.5Mo－Si 或 2.25Cr－1Mo
7	置换气换热器	管 509 壳 316	0.32 0.37	1.25Cr－0.5Mo－Si 或 2.25Cr－1Mo
8	再生器	565	0.25	0Cr17Ni12Mo2(0Cr18Ni10Ti)
9	再生空冷器	管 517 壳 400	0.25 0.0018	0Cr17Ni12Mo2
10	还原气换热器	管 206 壳 255	1.23 0.59	15CrMoR
11	放空气洗涤塔	42	0.03	碳　钢
12	催化剂加料斗	常温	常压	不锈钢
13	催化剂闭锁料斗	常温	0.6	不锈钢
14	分离料斗	88	0.26	碳　钢
15	闭锁料斗	149	0.5	碳　钢
16	粉尘收集器	62	0.33	碳　钢
17	脱戊烷塔	顶 89 底 231	1.03 1.15	碳　钢

二、反　应　器

催化重整装置中的反应器有预加氢(脱砷、脱氯)反应器和各种形式的重整反应器。

(一) 预加氢反应器

为了满足重整催化剂对进料油中的硫、氮、砷、铅、铜等有害杂质的要求，根据原料油中杂质含量的不同，有选择地设置脱砷反应器、脱氯反应器和预加氢精制反应器。

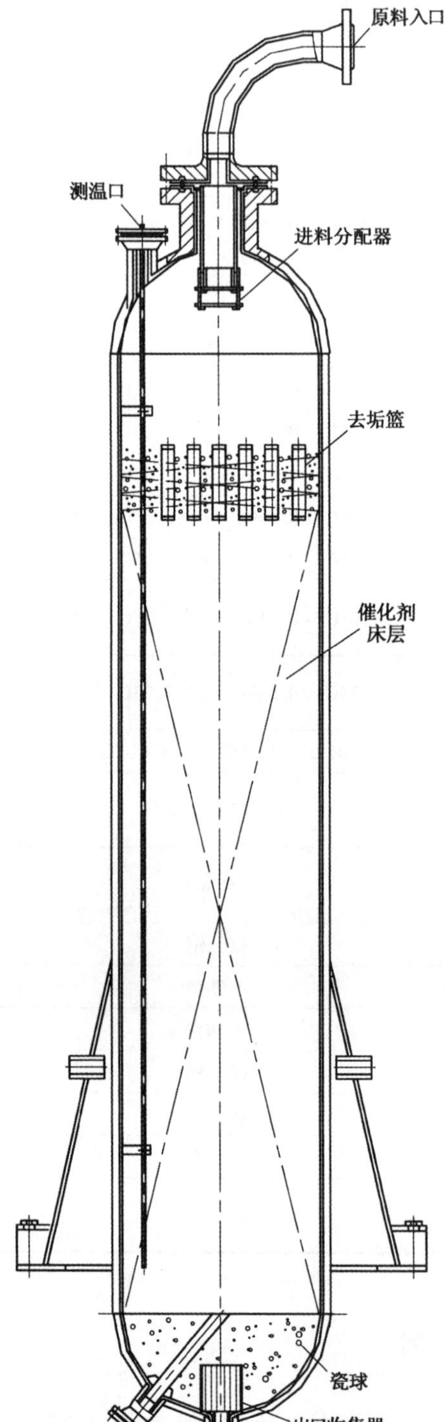

图 16-1 预加氢反应器

在预加氢精制反应器中可发生脱硫(硫化物转化成 H_2S)、脱氮(转化成 NH_3)、脱氧(转化成 H_2O)、脱金属、脱氯化物和烯烃饱和反应。在脱砷反应器中,原料油中的砷与催化剂(如钼镍催化剂或专用的脱砷剂)接触,转化成不同的金属砷化物(如 NiAs)留在催化剂中而被脱除。在脱氯反应器中,氯化物与脱氯剂反应生成氯盐而被脱除。

随着我国炼制含硫原油的日益增多,在作为重整原料的直馏石脑油或焦化石脑油中,硫含量越来越高,在反应器中生成的 H_2S 含量也随之提高,这就加重了设备的腐蚀,因而目前所建重整装置的预加氢反应器,主体材质基本上采用以 Cr-Mo 钢为基材的不锈钢复合钢板,内部构件大体相同,都是轴向反应器。入口处装有进料分配器,床层上部通常设有去垢篮,催化剂床层上下均装填不同规格的瓷球,出口处装有出口收集器等,如图 16-1 所示。

进料分配器的作用是把进料均匀地分配到整个床层上并避免进料直接冲刷催化剂床层。预加氢反应器进料为气态,在设计进料分配器时,考虑的主要问题是如何防止气流冲刷催化剂床层,避免床层中形成中间高四周低或四周高中间低的现象,达到床层上表面平整的目的。

进料中常常含有污垢、杂质或腐蚀产物,这些微粒会浮盖在床层上表面,堵塞油气通道,增加床层压降,严重时造成停车事故。去垢篮的作用是增加油气进入床层的流通面积(通常为 3~4 倍反应器内径的横截面积)和提供一定的容积,以储存一定量的脏物而不致于堵塞油气通道,导致床层压降增加,从而延长了反应器的操作周期。去垢篮通常采用焊接条缝筛网(约翰逊网)或金属丝网制成直径 ϕ130mm 或 ϕ160mm、长 400mm 或 600mm 的若干个圆筒形篮子,均匀等间距地布置在各个同心圆上,放在催化剂床层的顶部,埋在瓷球之中。

出口收集器的作用是提供反应产物流出通道,防止催化剂流失。它需要支撑瓷球、承受催化剂净重产生的压头和床层压差。出口收集器可用一块钢板制圆筒和顶部盖板焊成骨架,在圆筒的周边开若干长条形孔，顶部盖板上钻若干个圆孔，在骨架外面捆上一层（或两层）金属丝网或焊上一层焊接条缝筛网。出口收集器需选择合适的金属丝网（或筛网）规格，以提供合适的流通面积，避免催化剂流失，同时也应避免因流通面积过小造成催化剂阻塞、阻力增加致使反应器压降过大。

（二）重整反应器

1. 分类

重整反应器按内部器壁上有无隔热衬里可分为冷壁和热壁两种形式；按油气在反应器内的流动方向可分为轴向和径向两种形式；按催化剂在反应器内是否流动可分为固定床和移动床两种形式。20 世纪 80 年代以后，反应器已很少采用甚至不用冷壁式而普遍采用热壁式。

重整反应器的设计温度一般为 545℃，连续重整反应器的设计温度较高，而设计压力较低，尤其是近代连续重整反应器的设计压力更低。由于重整反应器的设计温度较高，我国在 20 世纪 60 ~ 70 年代建设的半再生重整装置，因缺乏耐高温抗氢腐蚀的Cr – Mo 低合金钢，重整反应器内壁采用隔热衬里来降低器壁温度，从而壳体采用碳钢制造，即冷壁形式。80 年代以后，耐高温抗氢钢基本实现了国产化，因此，反应器壳体采用了 Cr – Mo 低合金钢制造，即热壁反应器。

在装置规模较小催化剂装填量较少的半再生重整装置中，反应器床层高度较低，通常采用内件结构简单、制造安装容易的轴向反应器。随着装置规模从早期的 0. 1 ~0. 2Mt/a，逐步扩大到目前的0. 3 ~ 0. 8Mt/a 甚至到 2. 2Mt/a，重整反应器需要装填的催化剂越来越多，重整反应器的直径（或容积）越来越大，床层越来越高，特别是第三、第四反应器的直径更大，床层更高；另外，随着重整反应压力的降低，要求反应器（和系统）的压力降要小；第三，从重整油气与催化剂的反应特征来看，油气通过催化剂床层的流通路径无需太长，便可满足反应要求，从而在现代重整装置中大量采用径向反应器。

2. 冷壁反应器

冷壁反应器的结构见图 16 –2。反应器内衬隔热衬里之后，在操作情况正常和衬里完好的条件下，器壁温度一般低于 200℃，器壁的设计温度通常取为 250℃，并在外壁涂高温变色漆，壳体材料选用碳钢，以节省投资。当器壁温度低于 250℃时，外壁涂漆是蓝色的，超过 250℃，外壁涂漆就由蓝变白，说明内部衬里已经损坏，高温油气已从损坏的隔热衬

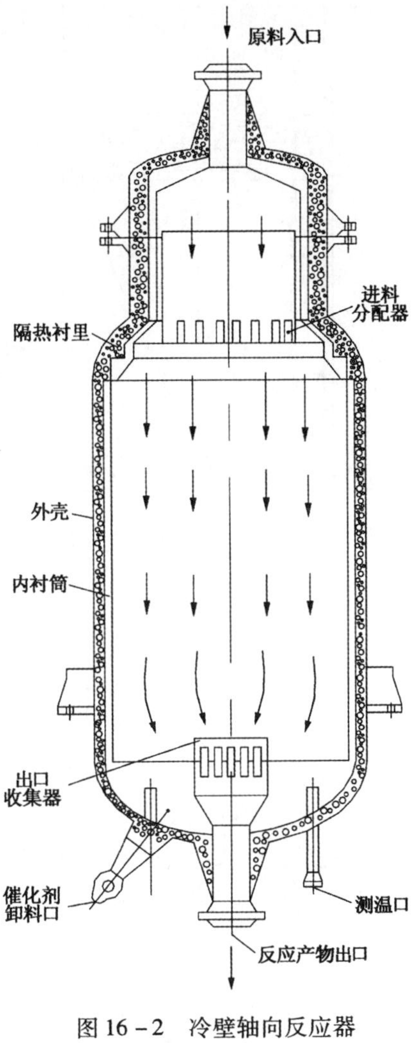

图 16 –2　冷壁轴向反应器

里处串到器壁，造成器壁超温，若不及时修理，长期在超温下运行时，用碳钢制造的壳体将可能受到氢腐蚀或造成局部高热应力区，最终导致器壁破裂，这是使用冷壁反应器最为关注的问题。生产中使用的冷壁反应器，在油气进出口的法兰与接管连接处，由于衬里较薄，隔热效果差，变色漆变白，经常处于超温下运行，给安全生产带来了严重的威胁，因而有的设计者使用了能耐高温和氢腐蚀的低合金钢法兰和接管。而筒体和封头上发生超温的现象较少，只有当衬里的施工质量不好、操作波动大或隔热衬里损坏时才会发生器壁超温。为了防止油气冲刷隔热衬里，在冷壁反应器内安装了不锈钢的内衬筒。

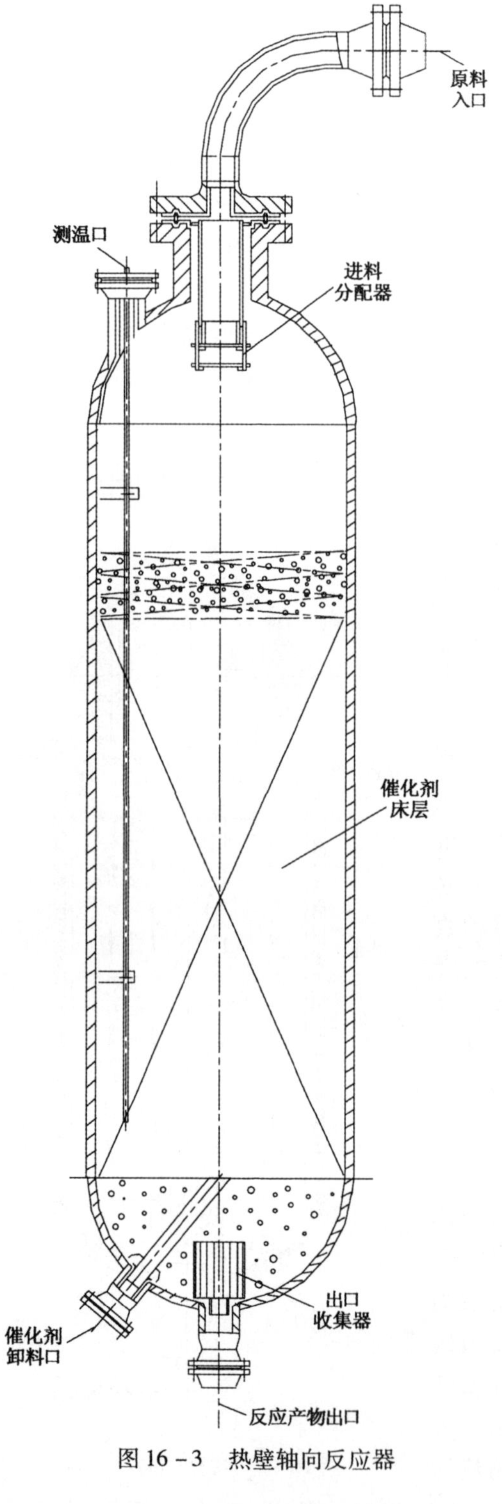

图 16-3 热壁轴向反应器

反应器器壁一旦超温，设备安全便受到威胁。隔热衬里一旦损坏，只有待装置停车并卸出催化剂后才能修补，而且现场施工比较麻烦，质量不好控制。20 世纪 80 年代以后，我国 Cr-Mo 低合金钢材的生产技术、产品质量和供应已逐步解决，国内许多容器制造厂已掌握了制造 Cr-Mo 低合金钢设备的各项技术，且成本增加不多，因而不再采用冷壁反应器。

冷壁反应器的进料分配器和出口收集器的使用功能与预加氢反应器类似。

3. 热壁反应器

热壁反应器的的结构见图 16-3 ~ 图 16-6，它们分别用于固定床和移动床，有轴向反应器和径向反应器。热壁反应器的壳体直接接触高温油气和氢气，能耐氢的腐蚀。重整反应器的操作温度约 530℃，固定床重整反应器的操作压力 1.5 ~ 2.0MPa，连续重整反应器的操作压力为 0.35 ~ 0.8MPa，根据这样的操作条件，受压件材料按图 16-18纳尔逊(Nelson)曲线“临氢作业用钢防止脱碳和微裂的操作极限”可选用 1Cr-0.5Mo、1.25Cr-0.5Mo-Si 或 2.25Cr-1Mo 三种低合金钢中的任一种均能满足抗氢腐蚀的要求，但有报道称 1Cr-0.5Mo 和 1.25Cr-0.5Mn-Si 钢长期在高于 441℃ 使用时，在反应器开口焊缝热影响区粗晶区存在潜在裂纹危险，因此现已不推荐使用，所以重整反应器当今普遍使用2.25Cr－1Mo低合金钢。

4. 轴向反应器

轴向反应器因其反应物沿筒体轴向流动而得名，其内部结构如图16－2和图16－3所示，入口处设置进料分配器，催化剂床层的上部和下部装填瓷球，在出口处安装出口收集器。油气从入口进入，经进料分配器入床层成轴向流动，和催化剂发生反应，之后通过出口收集器流出。进料分配器和出口收集器的作用与要求和预加氢反应器一样。

5. 径向反应器

径向反应器因其反应物沿筒体径向流动而得名，其内部结构见图16－4～图16－6。有固定床和移动床两种形式，在固定床中催化剂是不流动的，而在移动床中催化剂是沿轴向流动的。固定床重整径向反应器(见图16－4)内件有进料分配器、中心管、活动帽罩和扇形筒等。催化剂装填在中心管和扇形筒之间的环形空间，床层上面装填瓷球或废催化剂，床层下面装填瓷球，油气从上部入口经进料分配器进入，通过四周扇形筒径向流经催化剂床层，与催化剂发生反应后进入中心管，最后从中心管下部流出。连续重整(移动床)均采用径向反应器(见图16－5和图16－6)，设有催化剂入口、催化剂输送管、中心管、扇形筒(或外筛网和套筒)、催化剂出口等。油气从上部(或侧面)入口进入，通过四周扇形筒(或外筛网)径向流经催化剂床层，与催化剂发生反应后进入中心管，最后从中心管下部(见图16－6)或上部(见图16－5)流出。催化剂从上部催化剂入口进入，通过催化剂床层，由下部催化剂出口流出。

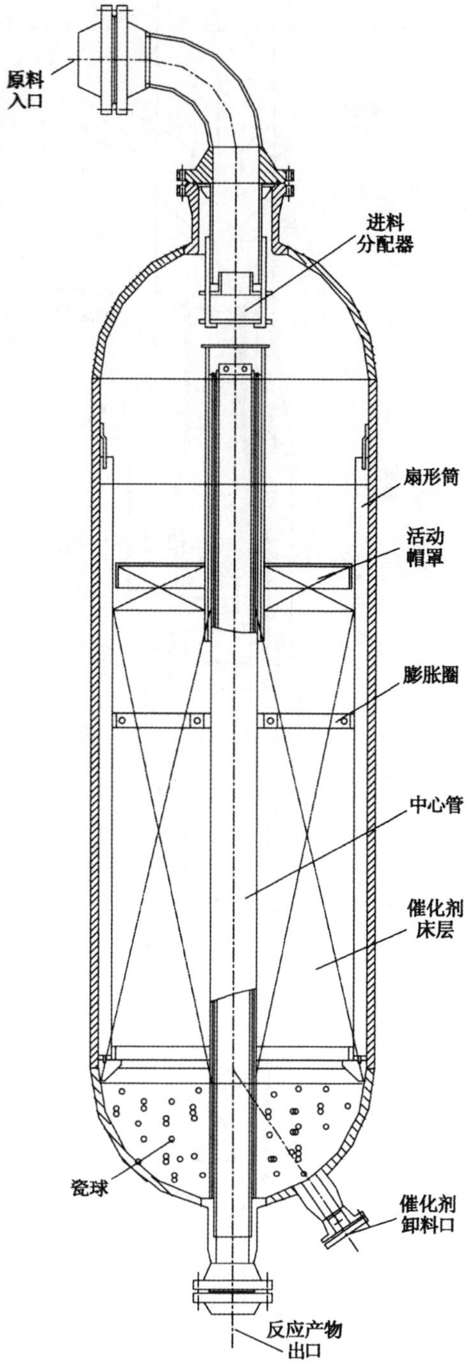

图16－4　热壁径向反应器

径向反应器与轴向反应器的不同之处是在反应器中心设置了一根中心管，在器壁设置若干根扇形筒(或一个大型外筛网)以及它们的连接件，实现油气径向均匀流动，主要特点和功能介绍如下。

(1) 中心管

各种形式的径向反应器都有一根中心管，它由开孔圆筒、外网(外包金属丝网或焊接条缝筛网)和上下连接件(吊耳、盖板、支承座等)组成(见图16－7)。内部开孔圆筒通常用

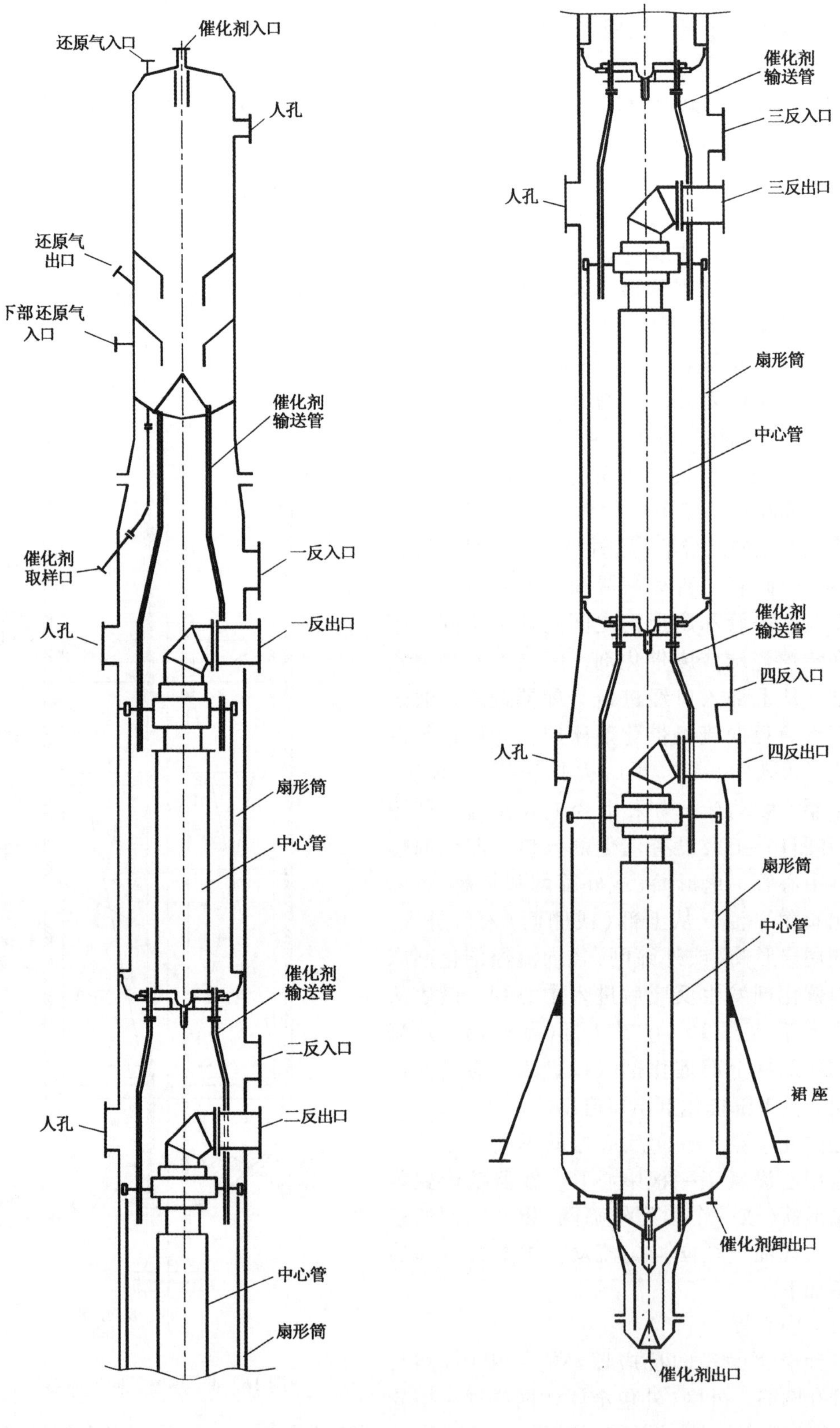
还原气入口
催化剂入口
人孔
还原气
出口
下部还原气
入口
催化剂
输送管
催化剂
取样口
一反入口
人孔
一反出口
扇形筒
中心管
催化剂
输送管
二反入口
人孔
二反出口
中心管
扇形筒
催化剂
输送管
三反入口
人孔
三反出口
扇形筒
中心管
催化剂
输送管
四反入口
人孔
四反出口
扇形筒
中心管
裙 座
催化剂卸出口
催化剂出口

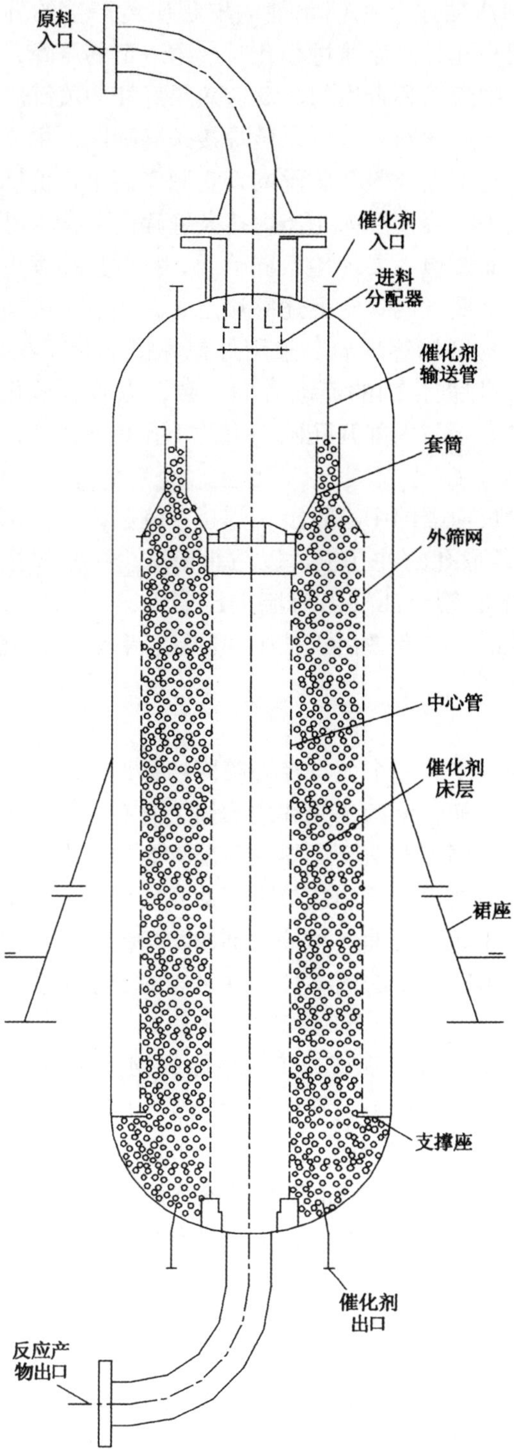

图 16－6 大型外筛网反应器

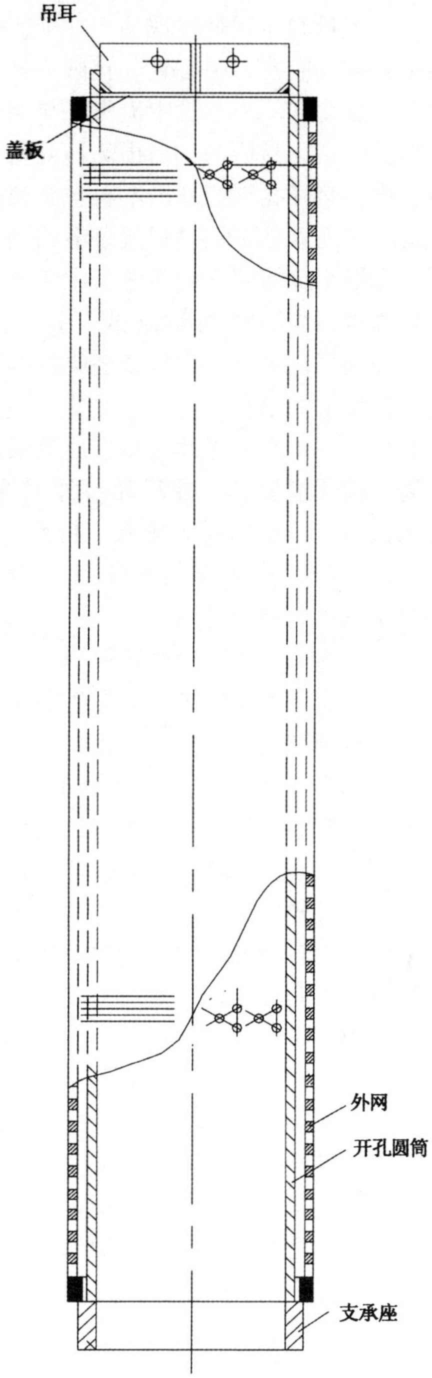

图 16－7 中心管

6～10mm厚的不锈钢板卷焊而成，承受催化剂床层压差和催化剂的堆积质量产生的静压头。内部圆筒上根据工艺要求开设一定数量的小孔，气流通过小孔时产生一定的压降，孔的大小、数量和布置是实现油气在催化剂床层中流动是否均匀、反应效果好坏的关键。对固定床重整反应器，中心管开孔圆筒外可以包金属丝网，也可以包焊接条缝筛网，主要目的是防止催化剂从中心管中流失。早期的中心管都是外包金属丝网，它制作简单，价格便宜，但强度低、易堵塞、易损坏、催化剂易流失。鉴于国内生产焊接条缝筛网的技术已经成熟，中心管开孔圆筒外已不再包金属丝网，而改包一层焊接条缝筛网。特别是连续重整反应器，中心管外必须包焊接条缝筛网，因为金属丝网除了上述弊病之外，还由于表面不够平整光滑，致使催化剂在床层中流动不畅、易磨损等现象。采用外包焊接条缝筛网时，需注意焊接条缝筛网的缝隙(或开孔)方向必须与催化剂的流动方向一致，以减少催化剂的堵塞和磨损。另外，焊接条缝筛网的支撑杆必须与内部开孔圆筒上的小孔相互错开，不得挡住内筒上的小孔。

此外，在重叠式连续重整反应器最末一台反应器的中心管上，焊接条缝筛网与内部开孔圆筒之间还增加了一层1.2mm厚的冲满长条形孔的冲孔板，以防止或减少一旦焊接条缝筛网损坏时，催化剂从最末一台反应器的中心管经油气出口流进压缩机或产品中。此时，在确定中心管内部开孔圆筒上的开孔面积时，应考虑由于被中间冲孔板和焊接条缝筛网的双层遮挡而要相应加大。

(2) 扇形筒和大直径外筛网

径向反应器的周边有均匀布置若干扇形筒或安装一个大直径外筛网两种形式。扇形筒可从反应器顶部人孔放入或取出，便于维修和更换，但两个相邻扇形筒之间有一个小小的死角，不利于油气和催化剂的流动。大直径外筛网不能从反应器内取出，制造厂在焊接反应器顶封头与筒体最后一道焊缝前就要装入反应器内，给制造带来不便，使用中一旦损坏很难修理，这是一个较严重的缺陷，但它有利于床层中油气和催化剂的均匀流动。在固定床和连续重整径向反应器中，普遍采用的是扇形筒，仅法国某公司在过去的连续重整反应器中采用过大直径外筛网，现也改用扇形筒。

扇形筒有两种结构形式，一是用1.2mm(或1.5mm甚至2.0mm)厚的钢板冲制而成，另一是用焊接条缝筛网制成。冲孔板用得较普遍，焊接条缝筛网使用较少。用不锈钢板冲制的扇形筒，在开孔区内需冲若干排，每排若干个长13mm、宽1.0mm的长条孔(各排孔心距为3.2mm)，冲孔数量很大，冲孔公差要求较严。为防止催化剂流入扇形筒背后，要求扇形筒背部和器壁之间要紧贴。为此，对扇形筒的直线度、扭曲度和背部形状均有严格的要求。连续重整反应器用扇形筒，顶部还带有D字形的升气管和密封板或填料密封结构，升气管和密封板的配合间隙和公差要求严格，制造难度大。

大直径外筛网(见图16-6)的基本构件是焊接条缝筛网，外筛网缝隙均匀，与催化剂接触面光洁平整，筛网缝隙方向与催化剂流动方向一致，有利于催化剂流动，可减少催化剂磨损。大直径外筛网由于直径大，刚度相对较小，成形组装困难，尺寸公差不好控制，制造难度大。

焊接条缝筛网广泛用于预加氢反应器、重整反应器和再生器等设备内件上，如去垢篮、分配器、床层支承、中心管、扇形筒，大直径外筛网、出口收集器、过滤器等。焊接条缝筛网是由支撑杆和V形筛条在一台专用的筛网焊接机上通过接触焊焊制而成。它具有表面光洁平整、缝隙均匀、开孔率大、接头牢固、机械强度高、刚性好、不易堵塞、不易变形等特点，是金属丝网的优良替代品。广泛用于石油、化工、煤炭、医药、食品等行业。

6. 连续重整反应器

一个装置中的连续重整反应器多数为四台(少数为三台)串联操作，其布置有重叠式、并列式和两两重叠+并列三种型式。重叠式布置的反应器之间的催化剂靠反应器之间的压差和自身的势能，实现自上而下流动，不需要专用提升系统和提升设备。并列式布置的反应器之间的催化剂流动靠一套专用提升系统来完成。

(1) 重叠式反应器

重叠式反应器的每一台反应器内件均由一根中心管、8～15 根催化剂输送管、布置在器壁的若干扇形筒和连接中心管与扇形筒的盖板组成，见图 16－8。催化剂和油气在反应器内的流向见图 16－8。催化剂从还原段通过催化剂输送管进入一反的中心管和扇形筒之间的催化剂床层，靠势能缓慢地向下流动，直至反应器底部，然后经底座上的引导口，通过催化剂输送管进入二反。照此，直至催化剂进入末反下部的催化剂收集器，最后从催化剂出口流出。

油气从反应器入口进入，通过布置在器壁的扇形筒顶部 D 字形升气管均匀地流入扇形筒中，然后径向流过催化剂床层，进入中心管，从反应器上部出口流出。此外，在中心管上部膨胀节外面还设有一夹套，在夹套上部周围方向开设若干通气孔，夹套下部(位于盖板之下)是用焊接条缝筛网制作的圆筒，一小部分油气进入夹套上的通气孔，再从盖板下部的焊接条缝筛网进入催化剂床层，防止催化剂向中心管聚集，避免形成死区。为了同样的目的，把通气孔设置在盖板上，是当前采用的另一种形式。早期的重叠式重整反应器，油气出口设在中心管的底部，即所谓上进下出，近期的反应器油气出口设在中心管的上部，即所谓上进上出，这样的改进更有利于油气在床层中的均匀分配。

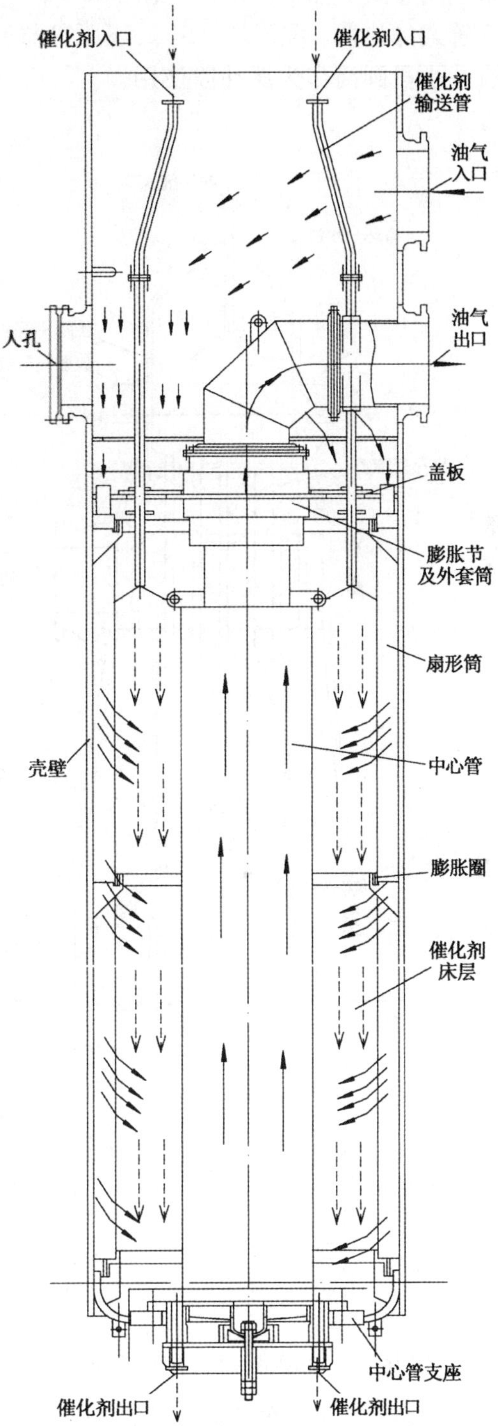

图 16－8　重叠式反应器中部物流示意图[1]

重叠式反应器的顶部有过多种形式。主要区别是设不设催化剂还原段和何种形式的还原段。把催化剂还原段放在反应器的顶部，便于反应再生系统的布置，但增加了反应器的总高，对制造、运输不利。过去还原段采用列管式加热器的形式(见图16-9)[1]，现在直接用高温还原气加热催化剂，省去了列管式加热器(见图16-5)。还原段与反应器分别布置或不设还原段时，在反应器顶部有一小段圆筒作为缓冲段使用。

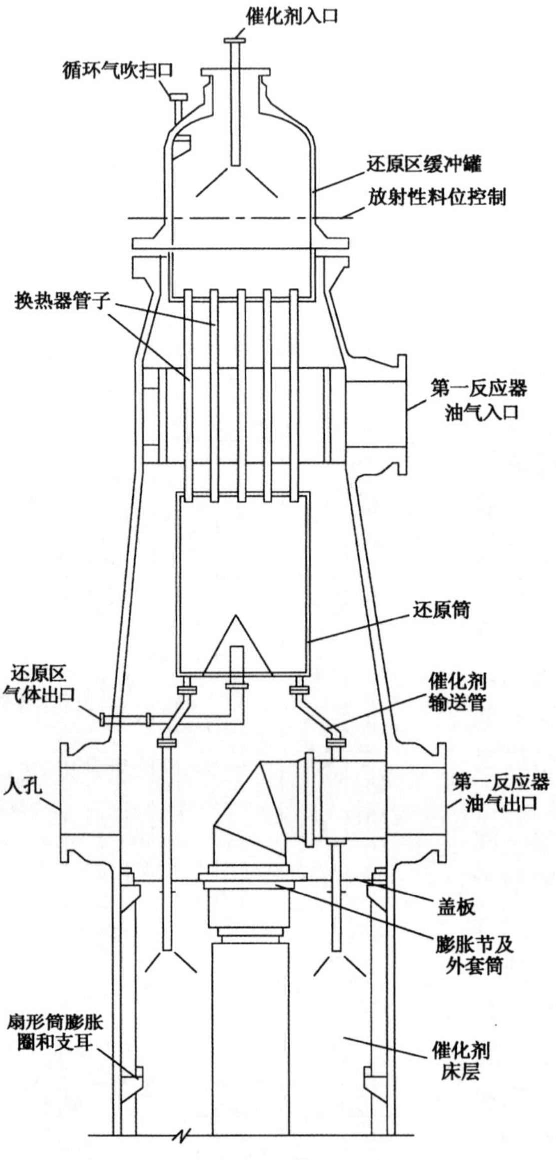

图16-9 重叠式反应器顶部结构示意图[1]

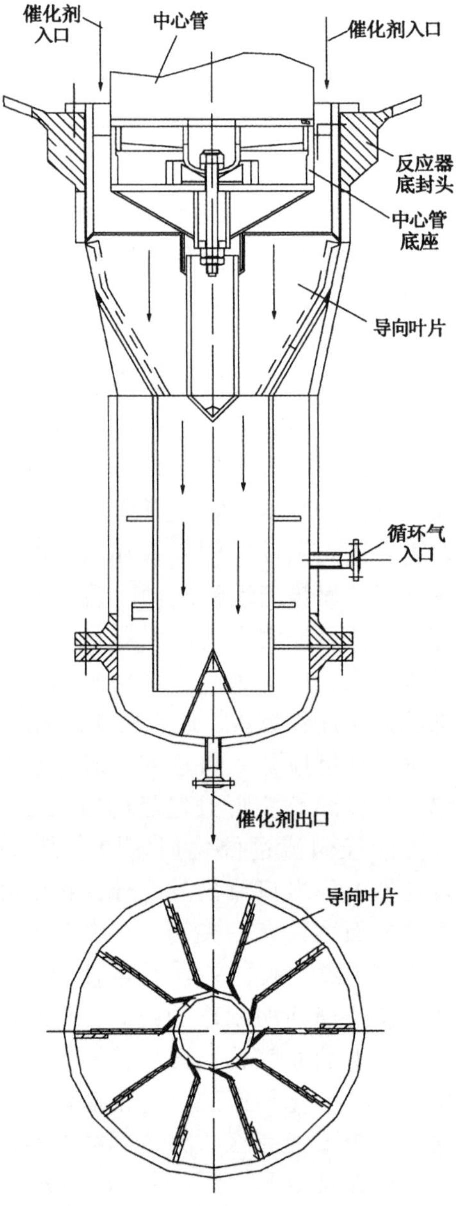

图16-10 重叠式反应器底部收集器[1]

重叠式反应器的最末一级反应器，在底部设有催化剂收集器和引出口(见图16-10)，在中心管底部支座上设置有用8个或10个隔板分成的环形催化剂出口，早期下面锥形段也用导向叶片分割成同样数量的小区，相互对应，引导催化剂从下部流出，近期已取消导向叶片，改用两段锥筒+圆筒形内件。

(2) 并列式反应器

并列式反应器是指装置中的几台反应器独立并联布置，串联操作，其内件由中心管、大直径外筛网(或若干扇形筒)、套筒、盖板、催化剂进出口及催化剂输送管组成(见图16－6)。催化剂从顶部催化剂入口进入，经输送管进入中心管和外筛网(或扇形筒)之间的催化剂床层，向下流动，从底部催化剂出口流出。油气从原料入口进入，经进料分配器进入大直径外筛网(或扇形筒)与反应器器壁之间的环形空间，然后径向流过催化剂床层，进入中心管，从下部反应器出口流出。

三、再　生　器

再生器分固定床和移动床两种类型。

(一) 固定床再生器

半再生式重整催化剂采用就地再生，即催化剂不必从反应器内卸出，就在反应器内再生，反应器也就是再生过程的再生器。有的公司的连续重整再生器也使用过类似固定床式的再生器，催化剂以分批方式进行再生。再生器分成两段，每一段下部设有锥形筛网和催化剂流通口组成的支撑床。待生催化剂分批定量的装入再生器中，按程序依次对催化剂进行烧焦、氧氯化和焙烧干燥。再生完一批后，催化剂从再生器中一次卸出，然后再重新装入下一批待生催化剂进行再生。

(二) 移动床再生器

最近采用的移动床再生器有一段烧焦和两段烧焦两种形式。它们具有径向烧焦段、轴向氧氯化段和干燥段，内部结构设计和布局区别较大，现简要说明如下。

1. 一段烧焦再生器

一段烧焦再生器的结构形式如图16－11，催化剂从顶部催化剂入口进入外筛网和内筛网之间的环形空间，在这里进行烧焦，烧焦后的催化剂下流到氯化区进行补氯，然后继续下流到干燥区，干燥后入冷却区进行冷却，最后从下部催化剂出口流出，经闭锁料斗到提升器，催化剂再从提升器提升到反应器顶部的还原段。

催化剂在再生器内的烧焦、氯化、干燥和冷却是由从外部通入的各种介质在器内完成的。在上段的烧焦区，从烧焦区入口通入含有一定量空气的高温氮气，绕过设置在入口处的弧形挡板，从四周均匀地径向进入催化剂床层，烧去催化剂上的积炭，燃烧之后的气体进入内网并向上流动，从顶部烧焦气出口流出。下部再加热气入口也是引入含有一定量空气的高温氮气，进一步烧去从上部来的催化剂上的积炭。含氯化物气体从氯化气入口进入外套筒与器壁之间的环形空间，往上流动，然后翻转向下进入内外套筒之间的环形空间，再翻转向上与催化剂逆流接触，完成催化剂的氯化。干燥气体从干燥气入口进入套筒与器壁之间的环形空间，先向下流，然后翻转向上与催化剂逆流接触，完成催化剂干燥。冷却气体从冷却气入口进入套筒与器壁之间的环形空间，也是先向下流，然后翻转向上与催化剂逆流接触，完成催化剂冷却。

烧焦区内件主要由内外两层圆筒形焊接条缝筛网构成，烧焦是在同一内构件里完成的。筛网缝隙(开孔)均匀、表面光滑，催化剂流动畅通，烧焦均匀。氯化、干燥和冷却各

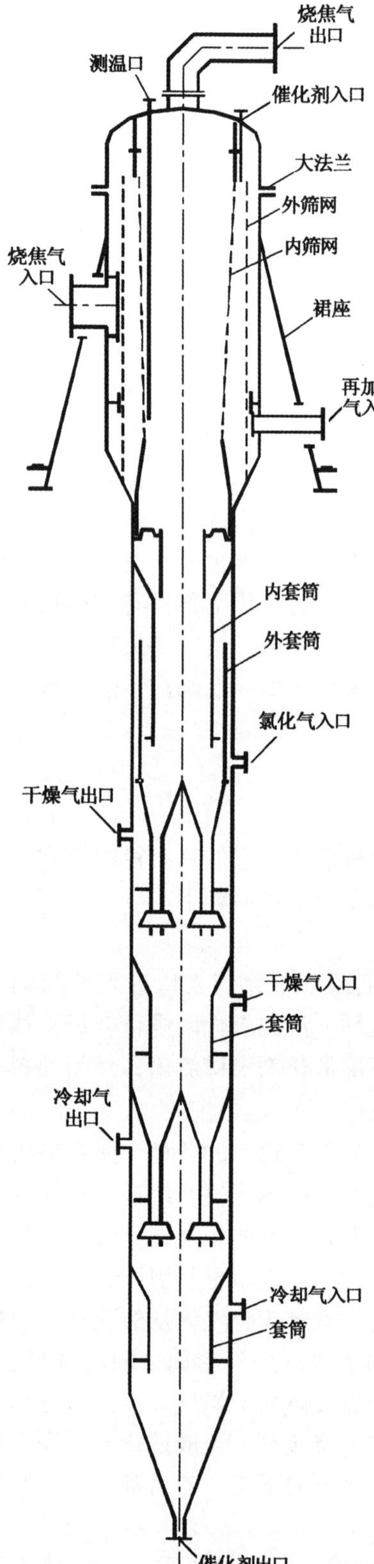

图 16－11　一段烧焦再生器

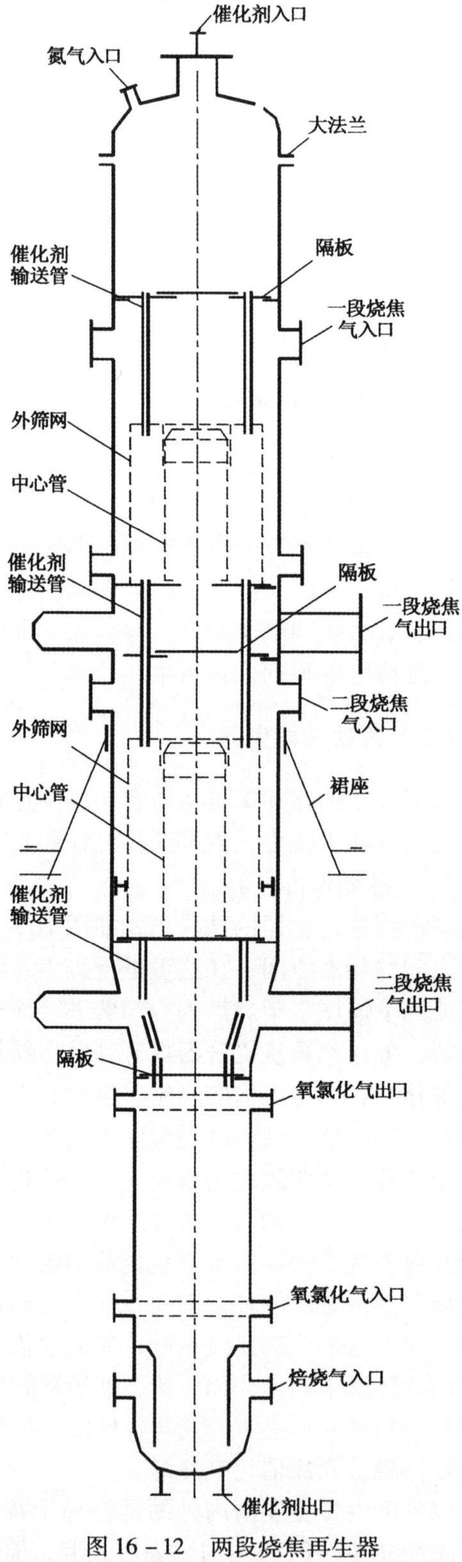

图 16－12　两段烧焦再生器

区的内件主要是以锥形圆筒构成，气流在向上流动与催化剂逆流接触过程中实现氯化、干燥和冷却的目的。

2. 两段烧焦再生器

两段烧焦再生器的结构见图 16－12。催化剂从顶部催化剂入口进入缓冲区，然后经催化剂输送管进入第一个中心管和外筛网之间的环形空间，再经催化剂输送管下流到第二个中心管和外筛网之间的环形空间，之后再从催化剂输送管先后下流到氧氯化轴向床层和干燥轴向床层，最后催化剂从催化剂出口管进入下部料斗。

催化剂在再生器内完成烧焦、氧氯化和干燥。在主烧焦区的一段烧焦气入口通入含有一定量空气的高温再生气，进入两隔板之间的空间，下流到外筛网与器壁之间，径向进入催化剂床层，烧去催化剂上的积炭，燃烧之后的再生气进入中心管向下流动，从一段烧焦气出口排出。在第二段烧焦区，二段烧焦气从二段烧焦气入口进入下一个外筛网与器壁之间的空间，再径向进入催化剂床层，完成最终烧焦，之后再生气体下流到下部两隔板之间的空间，从二段烧焦气出口流出。含氯化物气体从氧氯化段的氧氯化气入口进入，经由焊接条缝筛网制成的升气管向上流动，与催化剂逆流接触，完成催化剂的氯化。干燥气体从下部焙烧气入口进入，之后翻转向上流动，也与催化剂逆流接触，完成催化剂干燥。干燥气与氧氯化气混合一道从氧氯气出口排出。

烧焦区内件有两段，每段均是由外筛网、中心管、盖板和底板构成的径向流动床层，完成催化剂的烧焦。氧氯化和干燥分别是氧氯化气和焙烧气在与催化剂逆向流动的两个轴向床层中，完成氯化和干燥。

四、换　热　器

重整装置中使用较多的换热器有浮头式、U 形管式和固定管板式，此外还有一些比较特殊的单管程纯逆流列管式换热器和板式换热器，其中较为重要的合金钢换热器有预加氢进料/反应产物换热器，重整进料/反应产物换热器，置换气换热器和还原气换热器等(见表 16－1 和表 16－2)。这些换热器均在高温临氢条件下操作，有的操作介质还含有 H_2S 和氯化物，需使用 Cr－Mo 合金钢和不锈钢。

(一) 预加氢进料/反应产物换热器

预加氢装置中的预加氢进料/反应产物换热器通常为数台单壳程 U 形管式换热器或数台双壳程 U 形管式换热器串联使用，管程走反应产物，壳程走进料。管程的操作介质中含有氢和 H_2S，温度高时，存在 H_2 和 H_2S 腐蚀，因此临近反应产物出口的换热器，管箱采用 1Cr－0.5Mo (15CrMoR) ＋ 0Cr18Ni10Ti (00Cr17Ni14Mo2) 复合钢板，换热管采用 0Cr18Ni10Ti(00Cr17Ni14Mo2) 无缝钢管；壳程走原料油和氢气，操作温度较管程低，硫化物还未反应生成 H_2S，因而高温部位的换热器的壳程，有时只考虑氢腐蚀，采用 15CrMoR 钢材不带复合层。操作温度较低的换热器均采用碳钢制造。

(二) 重整进料/反应产物换热器

重整装置反应系统的操作压力，特别是现代连续重整反应系统的操作压力较低，为了

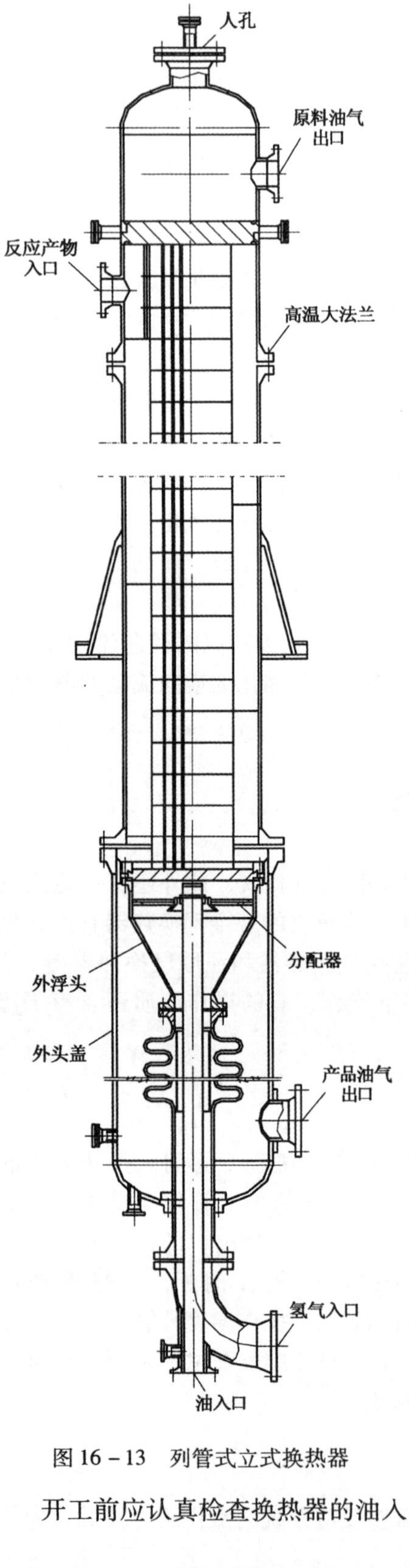

图 16-13 列管式立式换热器

降低循环氢压缩机的负荷，节省动力，要求反应系统的压力降要小，即反应器、换热器和管线的压力降总和要小；要回收反应产物的热量，就必然要提高换热器的传热效率和增大传热面积。要实现压力降小传热效率高的目标，重整进料/反应产物换热器通常采用单台(或双台并联)、单管程、纯逆流结构。为此，在国内已经建成投产或正在建设的大中型重整装置中，普遍选用大型列管式立式换热器(见图 16-13)、板壳式换热器[见图 16-14 中(a)、(b)]或缠绕管式换热器(见图 16-15)。板壳式换热器较列管式立式换热器具有传热系数高、热端温差更小、占地面积小等特点，回收更多的热量，减少了第一重整加热炉的热负荷。但制造难度大，一次性投资较高，维修难。近期，我国在板壳式换热器研究开发工作中已取得了明显的成效，并在许多新建的工业装置中得到应用。缠绕管式换热器的特性介于列管式和板壳式之间，具有回收热量大、热端温差小的特点。

1. 列管式立式换热器

列管式立式换热器在我国早期建设的重整装置中使用了单台(或双台并联)的传热面积为 320～3952m^2 的立式换热器，可以满足 0.1～0.8Mt/a 重整装置的需要。列管式立式换热器可在国内制造，价格便宜，结构牢固可靠，维修较方便。列管式立式换热器由上部管箱，上端固定管板，带有一对高温大法兰的壳体、管束、外头盖和带有膨胀节、分配器的外浮头组成。

典型的列管式立式换热器的结构见图 16-13，从重整最末一台反应器出来的高温反应产物从壳程上部进入，往下流经若干折流板与换热管换热之后进入外头盖，从产品油气出口流出。原料分成油和氢气两股物料，分别从油入口和氢气入口进入，油通过中间液体进料管上部的分配头喷出，氢气通过盘式分配器，两股流体在浮动管板前端均匀混合之后进入换热管内，一直上流，与壳程热流逆流换热之后进入管箱，从原料油气出口进入第一重整加热炉。当传热面积小时，冷端只有一个开口，油和循环氢气进入换热器之前，先在管道上混合，后进入外浮头端，没有专用的油分配头，只有盘式分配器。开工前应认真检查换热器的油入口分配头的安装是否正确，膨胀节的定位拉杆是否松开，此外还必须将油入口管线中的焊渣、泥沙等脏物彻底清除干净，以避免堵塞分配头小孔，产生大的压差，降低进料量，带来不均匀分配。

设计大型列管式立式换热器，除了要作两相流的传热计算外，还需解决好换热器的整体结构布置、预防振动、油气入口处的气液分配，热补偿和高温大法兰的结构及其密封等问题。

（1）上端固定管板和高温大法兰

一般说来，需要抽出管束进行检修的U形管式、浮头式或其他可抽芯的换热器，管板均放在两个法兰之间，而立式换热器则把管板和大法兰分开放在两处，管板放在上端，与壳体焊死固定，可拆卸法兰放在离开固定管板一段距离的下端壳体上。这是当换热器壳体直径较大，温度较高时，为避免管箱大法兰和壳程大法兰与管板之间，由于温度不同，温差较大，产生膨胀量不一而导致法兰与管板连接处的密封垫泄漏而采取的对策，同时大法兰下移之后，还可适当降低大法兰的操作温度，减少泄漏的几率。

（2）管束

传热面积为3952m^2的立式换热器，换热管长度为21.35m管束重量达72t，占换热器总重量的2/3。过去使用的立式换热器中，大多数管束都是可抽的，有利于制造厂组装和管板与壳体连接焊缝的检查。但当高温大法兰发生泄漏时，需要拆开大法兰更换垫片，而整台换热器安装就位后，要从上面把管束抽出来是一件很艰难的事。我国曾有过个别立式换热器，采用过没有上部那对高温大法兰，管束不能抽出的结构。从立式换热器在我国的使用情况来看，管壳程均走干净的汽油和氢气，一般不会因为管束受到腐蚀或结垢，需要拆卸这对大法兰抽出管束进行清洗，因此管束不一定要设计成可抽结构。

（3）外头盖下端油气入口

为了检查和修理外浮头上的分配器、膨胀节等零部件，首先拆去外头盖法兰与外头盖侧法兰和封头上的凸缘与油气入口管上法兰的连接螺栓（见图16－13），卸下外头盖，便可检查、维修膨胀节，再进一步拆开浮头法兰与勾圈的连接螺栓，便可检查分配器。下端油气入口法兰与封头上的凸缘的连接结构有两种形式可供选择。一种为单面密封结构，它的结构简单，使用可靠，不易泄漏，适合混合油气进口直径较小时使用。在拆卸外头盖时，油气进口法兰可通过焊在封头上的凸缘内孔。另一种为双面密封结构，它需要内外两面（管壳程）同时密封，容易泄漏，在加工密封面时需要采取相应的措施，它适合混合油气进口直径较大，油气进口法兰难以通过凸缘内孔时使用。

（4）分配器

换热器传热效果的好坏，除整体结构布置、管束的长径比、折流板布局等因素外，每根换热管内的介质流量分配是否均匀，也是一项十分重要的因素，一旦有的换热管内出现量少或无量的情况，换热管的传热作用便降低或丧失，同时会出现各根管子的管壁温度不同、膨胀量不一、受力状况恶化的不利情况，因而设计一个好的分配器是十分重要的。

生产中常用的分配器有两种形式，一是如图16－13所示，液体从中心管进入，在中心管的上端设置有沿圆周均匀分布若干小孔的分配头，液体以较高速度从孔中喷出。另一股为循环氢气，从氢气入口进入，通过开有若干小孔的盘式分配器，与从中心分配头喷出的液体均匀混合，然后在浮动管板端进入每根换热管内。另一种形式是油和循环氢气在进入换热器之前，先在管道上混合，从油气入口进入外浮头，通过盘式分配器，最后进入换热管内。前者适用于大负荷、后者适用于小负荷的换热器。

(5) 振动

在管壳式换热器，特别是在壳体直径较大、介质为气体的大型列管式立式换热器中，在壳程进口，折流板缺口和流体横流换热管时容易激起管子振动或声振动，导致换热管撞击折流板孔而被切断，换热管的疲劳破坏，高的噪音污染或增大壳程液体阻力降等现象。流体诱导振动的主要原因为：流体横向从管外绕过管子流动时产生的卡曼旋涡频率、紊流抖振主频率与管子最低固有频率之比大于0.5，或流体横流速度大于流体发生弹性不稳定时的临界横流速度时，可能会发生管束振动；卡曼旋涡频率或紊流抖振主频率与声音驻波频率之比在0.8~1.2范围内时，可能会发生声振动。在设计列管式立式换热器中，为降低壳程压降，需加大折流板间距，但大到一定程度时就会产生振动，这是不允许的。为解决振动问题，需采用折流板缺口处无换热管的折流板结构(NTIW型)，并在两折流板之间设置2~3个支撑板，以减小换热管的无支撑长度，提高换热管的固有频率，消除振动。

防振措施：根据立式换热器的结构布置和工艺参数进行工艺计算，在满足工艺传热和压降要求的前提下，采用通用的传热计算程序初步核算，检查是否有发生振动的可能，若有，再用专用的防振动计算程序进行详细计算。若无相关计算程序，可参照GB 151—1999《管壳式换热器》附录E管束振动进行校核，检查是否有导致上述发生振动的工况，若有，采取调整管子和折流板布置、在管束上设置与换垫管长度方向平行的纵向防振板等相应的防振措施，消除振动。

(6) 热膨胀

立式换热器的管束长达21.35m，管程进出口，壳程进出口以及管壳程的温差均较大，需要考虑由于管壳程温差产生的管束和壳体热膨胀量不同，并给予合适的补偿。根据工艺参数和传热计算，计算出换热管各段的管壁温度和相应的壳体壁温，确定管束和壳体的热膨胀差值，从而确定需要考虑的补偿量，选取下端的膨胀节。实际工程设计中，在确定膨胀节的补偿量时，还需考虑事故状态以及制造组装中存在的偏差，然后确定一个较大的补偿量。

(7) 高温大法兰及其密封

大型立式换热器的高温大法兰，内径已接近2m，操作温度约500℃，法兰密封是一大难题。换热器安装就位之后，一旦法兰泄漏，要从近30m高处抽出20多米长、重达五六十吨的管束来更换垫片，十分困难。因而设计者必须十分重视这对大法兰的每个细节，采取确保大法兰不泄漏的相应措施。从设计上除了考虑法兰的强度、刚度、合适的密封垫外，还对大法兰增加了一道唇形密封焊接结构，并对制造和检验提出了较为严格的要求，实践证明，采取双保险措施后效果较好。

2. 板壳式换热器

板壳式换热器的示意图见图16-14中(a)和(b)，它由外壳和板束两大部件组成。板束由若干板片叠置焊接制成，每块板片用0.8~1.2mm厚不锈钢板冲压或爆炸成型，板片上开设各种不同形式的流道。板片两侧各通一股流体(相当于管壳式换热器的壳程或管程)，两股流体在板束的上下端(或两侧)进出，并与进出口相通。外壳是用耐热抗氢钢制成的受压圆筒，在外壳与板束间充满循环气体或反应产物，以平衡板束压力，降低板束压差。重整最末一台反应器的反应产物通过板壳式换热器的上部反应产物入口进入板束的一程，经换热后从下部反应产物出口流出，原料油和循环气两股物流分别从下端液体进口和循环气进口进入板壳式换热器，经均匀混合之后进入板束的另一程，与高温油气换热之后从上部混合物料出口流出。

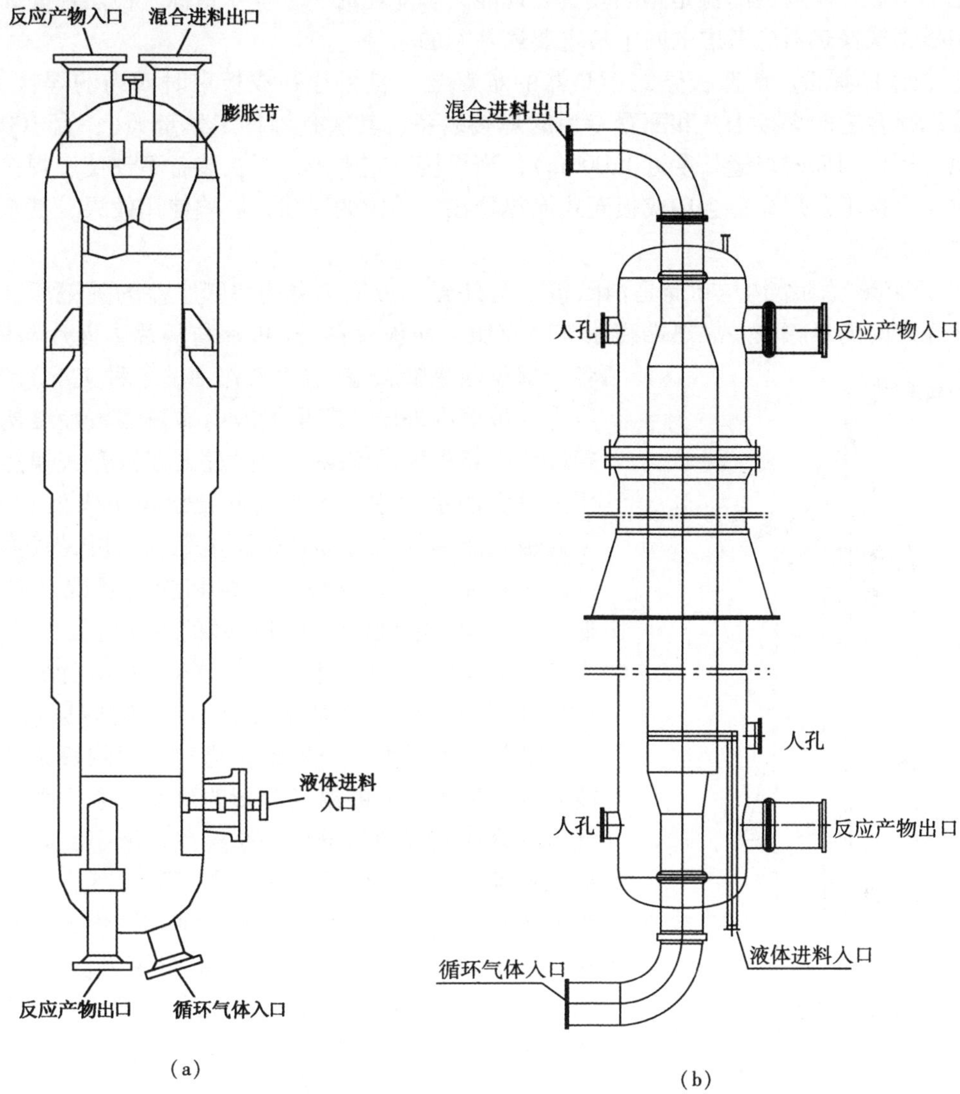

图 16－14　板壳式换热器示意图

(1)外壳

板壳式换热器与列管式立式换热器外壳的操作条件类同，所用材料相同，仅在结构上有些差异。列管式立式换热器的热端和冷端，出于制造和检修的需要，在外壳的上端和下端各设置一对大法兰，板壳式换热器有的仅在外壳的上端设置一对大法兰，有的没有大法兰。

(2)板束

在国内已投产的重整装置中所用的板壳式换热器的板束有两种类型，其区别在于，板束两端的流道、布局及其相连的油气进出口的位置和结构差异较大，而板束的主体均采用若干板片叠置焊接制成。

板壳式换热器的板束在设计、制造和使用中重点关注的技术关键有如下几个方面：

① 板片的流道形式和尺寸是制造商的专有技术，与板壳式换热器的传热性能和压降

密切相关，是板壳式换热器的关键核心技术所在，传热性能是直接表明板换技术水平的一个最基本参数，压降的高低是影响装置处理能力和能耗的一个重要指标。传热性能和压降是选用板壳式换热器应考虑的两个最重要最基本的条件。

② 板束的焊接。制造板壳式换热器的难点之一是板片制成板束时四周的焊接工作，首先是选择合适的焊接工艺和配置专用的焊接装备，其次是焊接工作量大(一台 10000m^2 的板换，板束四周的焊缝长度近 11000m)，当焊接工艺不当、焊接装备不到位、焊接时未严格执行焊接工艺规程都会造成板壳式换热器在使用中的泄漏，影响使用效果，甚至造成装置非计划停工。

③ 板束热端的结构与布局是消除板束与外壳、板束自身的热膨胀差的关键所在，板束与外壳之间的热膨胀差靠热端膨胀节来克服，而板束自身(板片与板片，板片与侧板)各个部位因热膨胀差(包含操作中的各种工况)产生的应力和板束内外压差产生的应力靠热端板片结构与焊接接头牢靠程度来解决。国内过去在板壳式换热器使用上发生的事故中，多半在此处出现了失效和泄漏，因此板束热端的结构布局和焊接是制造板壳式换热器的又一技术难点。冷端的结构和受力状况与热端类似，由于操作温度低，出现失效的机率比较少见。

④ 冷端入口分配器。冷端油气入口分为原料油和循环气两股流体分别从下端油入口和循环气入口进入，油气进入板束时分配是否均匀是影响板束传热性能以及板束各部分的温度分布的重要因素。循环气为气态，容易实现均匀分配，原料油是液态，在大面积板壳式换热器(一台 10000m^2 的板壳式换热器横截面约为 2m×2.4m)中，要实现液态油均匀地分配到板束的整个横截面上，设计一个好的分配器是非常重要的。目前在我国使用的板壳式换热器原料油入口分配器有两种，一是在板束下端两侧对应板束入口各设置一根开有很多小孔的喷淋棒，另一个是在板束下端设置一个分配头或一根分配管(或设置 U 型、H 型分配管)。

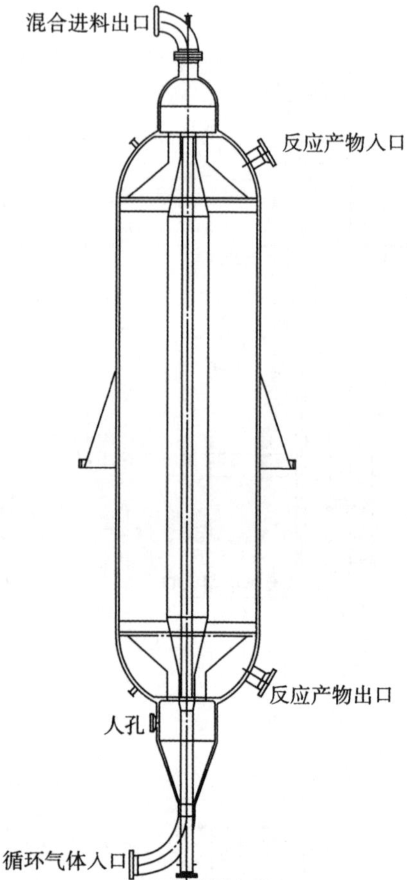

图 16-15 缠绕管式换热器示意图

3. 缠绕管式换热器

缠绕管式换热器的总体结构见图 16-15，它是近几年在重整装置上使用的又一种国产大型换热器。它由外壳和管束两大部件组成。管束是由多根多层缠绕换热管组成，一根换热管长度达几十米，比普通换热器的换热管都长的很多，可制成单台传热面积近万平米的换热器。热端温差与板壳式换热器相当，由于绕管的特殊形态，可吸收膨胀差，因此，热端和冷端均不设置膨胀节。同时，流体流经这样形状的换热管也不易引起振动。外壳选材和制造要求与板壳式换热器一样，它没有壳体大法兰。

五、粉尘收集器

在连续重整装置的反应再生系统中，大颗粒催化剂从料斗或缓冲罐进入再生器或反应器后循环使用，含尘气流从料斗或缓冲罐顶部进入粉尘收集器。从粉尘收集器中收集含铂催化剂尘粒，用以回收贵重金属铂。

粉尘收集器有不同的结构形式，见图16－16和图16－17。粉尘收集器是一种气固分离的新型过滤器，是利用离心力、重力、惯性截面扩散、筛分等作用从气体中分离粉尘（弥散颗粒）的技术。

图16－16是由一级小型旋风分离器和二级滤管过滤器组成的，采用两级回收的粉尘收集器。含粉尘气流从入口管沿内壁切向进入外旋式、低阻力降的旋风分离器，利用含尘气流的旋转流动，使粉尘在重力、惯性、离心力的作用下达到与气流分离的目的。经一级旋风分离器分离之后，90% 5μm以上的粉尘可被收集下来。初步净化后的净化气体，从旋风分离器出口管排出，进入旋风分离器的外部空间。含微粒气流再通过由若干微孔过滤管组成的过滤器，将含尘气体中的极细粉尘过滤下来。滤管容易堵塞，堵塞后需要反吹，因此，在上部设置了带程序控制的反吹系统。当滤管压降达到一定值（如10kPa）时便自动反吹，反吹气体使粉尘从滤管上清除，然后又继续运行。在下部设有松动风入口，有利于粉尘的排出。经过两级回收之后，90% 2μm以上的粉尘可被回收。这种形式的收集器，除尘效果好，但压降稍大。

图16－17所示收集器仅有若干根过滤管，结构较简单，是生产中常用的形式之一。

根据粉尘收集器的操作温度，过滤元件有布袋和粉末冶金过滤管两种，温度高时选用粉末冶金过滤管，温度低时可选用布袋。

六、主要设备选材

重整装置的预加氢部分和重整反应再生部分，在高温临氢条件下操作的设备选材应当满足耐高温和抗氢腐蚀的要求。预加氢部分还含有硫和硫化氢腐蚀介质，还需考虑高温和低温硫化氢腐蚀。再生部分的再生器，在烧去催化剂表面积炭时有CO、CO_2和氯化物等腐蚀气体产生，这就有可能造成奥氏体不锈钢在氯化物溶液中的应力腐蚀开裂。下面分别论述重整装置主要设备用材应具有的基本性能以及结合装置特点需要考虑的一些特殊问题。

（一）基本性能

（1）较高的室温强度。对于受压元件通常是以钢材的屈服强度和抗拉强度作为强度设计的依据。为了适应各种压力容器承受压力的需要，确保元件的安全性，同时考虑经济性，所用钢材必须具有较高的屈服强度和抗拉强度。

（2）足够的蠕变极限和持久强度。对于设计温度已进入材料蠕变范围的受压元件通常是以钢材的高温蠕变极限和持久强度作为强度设计的依据，选用蠕变极限和持久强度高的钢材不仅可以保证在高温条件下的安全运行，还可以减少壁厚。

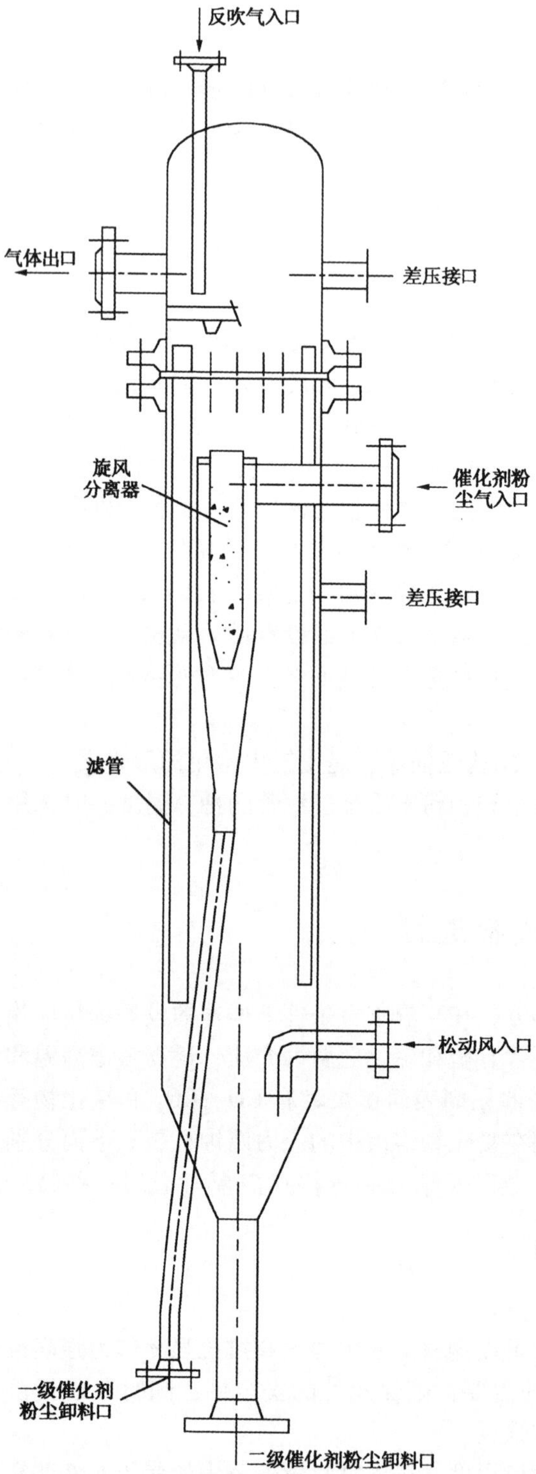

图 16－16　旋风分离器加滤管型粉尘收集器

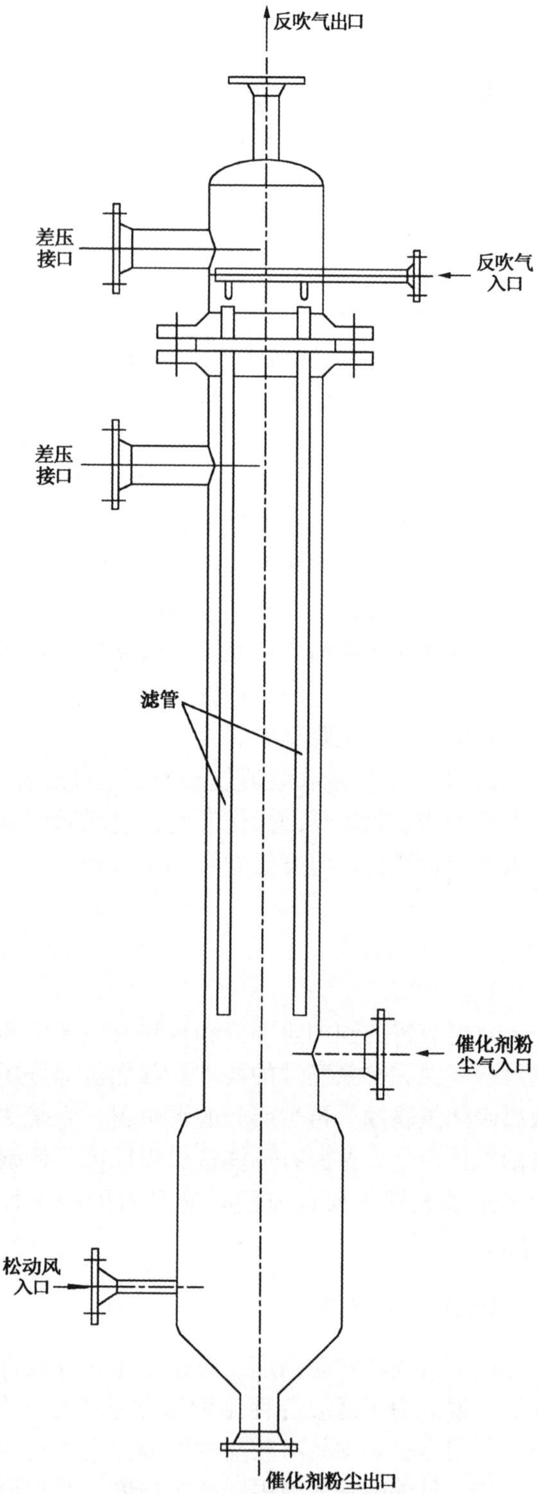

图 16－17　滤管型粉尘收集器

（3）良好的韧性。只有在具有足够韧性的情况下，压力容器才能在正常工作和开停工条件下承受外加载荷而不致发生脆性破坏。在选择材料时，必须防止片面追求钢材的强度而忽视韧性的倾向。

（4）具有良好的抗氢性能。确保长期在高温临氢状态下操作的压力容器，能安全地运行，不致于因氢损伤而发生破坏。

（5）具有良好的抗回火脆化性能。确保长期在315~595℃范围内操作的2.25Cr-1Mo钢制压力容器不致因回火脆化而发生脆性破坏。

（6）具有良好的抗硫腐蚀能力，以确保长期在高温或低湿H_2S腐蚀环境下操作的压力容器，不致于因H_2S腐蚀而导致设备失效。

（7）良好的加工工艺性能和焊接性能。以满足压力容器在制造过程中的冷热加工成型和焊接过程的需要。

（二）腐蚀

重整装置的操作介质中分别含有氢、硫化氢和氯化物等腐蚀介质，对设备可能会产生相应的腐蚀，现就这些类型的腐蚀分述如下。

1. 氢腐蚀

（1）氢腐蚀机理

在高温高压条件下，侵入钢中的氢与钢中的渗碳体（Fe_3C）和不稳定碳化物析出的碳起化学反应生成甲烷，导致钢材破裂的现象，称为氢腐蚀。即：

$$2H_2 + Fe_3C \longrightarrow 3Fe + CH_4$$

$$C + 2H_2 \longrightarrow CH_4 \text{ 或 } C + 4H \longrightarrow CH_4$$ [2]

生成甲烷的化学反应在晶界上进行，它在钢中的扩散能力很小，没有能力从钢材中扩散出去，在钢材缺陷部位聚集，在孔穴处生长且连接起来，形成局部高压，造成应力集中，导致微观孔隙发展，以致形成内部裂纹，使钢材强度和延性显著降低，最后导致材料破裂。氢腐蚀不是突然发生的，先要经过一段孕育期，在此期间钢材性能无明显变化，然后才发展成氢腐蚀。氢腐蚀一旦发生，便无法消除，是不可逆的。

影响氢腐蚀敏感性最关键的因素是钢材的化学成分、操作温度、暴露期间的氢分压和应力水平。

（2）临氢压力容器器壁中的氢浓度

处于临氢状态下操作的压力容器，氢气通过容器金属表面的物理吸附、化学吸附、氢分子的分解、氢原子的溶解和氢在晶格内扩散等过程而进入钢中，氢在钢中的平衡浓度与氢分压的平方根成正比，与温度成一指数关系，随着压力和温度的升高而增加。2.25Cr-1Mo钢在临氢状态下的平衡溶解氢浓度可用下式[3]来计算：

$$C = 134.9p^{1/2}\exp^{-3280/T} \qquad (16-1)$$

式中　C——平衡氢浓度，μL/L；

p——氢分压，MPa；

T——温度，K。

表16-3列出的2.25Cr-1Mo钢制临氢压力容器器壁中平衡溶解氢浓度是在表中所列的操作氢分压和操作温度条件下，按式（16-1）计算出来的。

表 16-3 钢中平衡溶解氢浓度

容器名称	温度/℃	氢分压/MPa	氢浓度/(μL/L)
重整热壁反应器	503	2.0	2.79
重整热壁反应器	530	0.8	2.05
重整冷壁反应器	250	2.0	0.36

(3) 纳尔逊(Nelson)曲线

临氢压力容器在较低温度(≤200℃)下，即使压力较高(甚至达69MPa)，如加氢裂化装置中的冷高压分离器、合成氨装置中冷壁氨合成塔外壳，选用较高强度的碳锰钢作为受压件，不会因压力高而发生氢腐蚀。而高温、临氢、压力不高的重整反应器用碳素钢制造就会产生氢腐蚀。美国 API RP 941“临氢作业用钢防止脱碳和微裂的操作极限”(图16-18)[4]，通常称为纳尔逊(Nelson)曲线，该图中显示了各种 Cr-Mo 钢的抗氢性能。根据容器的操作温度和操作氢分压便可从纳尔逊曲线中选取相应的用钢。钢材氢腐蚀的速度随压强和温度的升高而加快。这是因为压强增加，促进了氢气在钢材中溶解，而温度的升高则增加氢气在钢中的扩散速度及钢材脱碳反应速度。通常钢材产生氢腐蚀有一个起始温度和起始压强，它是衡量钢材抵抗氢腐蚀的两个指标。起始温度是指在一定的压强下开始发生氢腐蚀的温度，低于这个温度不是没有氢腐蚀发生，而是氢与钢中的碳反应速度很慢，以至于孕育期长到超过了设备的正常使用寿命。起始压强是指在一定温度下开始发生氢腐蚀的压强，低于该压强时，钢中平衡溶解氢浓度较低，也不会发生氢腐蚀。

从图 16-18 中可知，抗氢钢均是含有一定量的铬和钼的钢种，抗氢性能随钢中铬钼含量的增加而提高，临氢压力容器常用的钢种有 1Cr-0.5Mo、1.25Cr-0.5Mo-Si、2.25Cr-1Mo、2.25Cr-1Mo-0.25V、3Cr-1Mo、3Cr-1Mo-0.25V 等。在 API RP941 中还可选用0.5Mo 钢，它是一种仅含 Mo 的抗氢钢，由于它的焊接性能较差和易发生石墨化倾向而且出现过多台容器发生氢腐蚀失效的案例，目前已基本不能采用，在曲线中已被取消。为提高含钼钢的组织稳定性，在钢中加入铬元素，可显著地提高钢的热稳定性，当钢中的铬含量超过1%时，石墨化倾向明显降低。在铬钼钢中加入钒、铌、钛和硼等形成碳化物的元素，可进一步提高钢的蠕变极限和组织稳定性，同时也显著地提高钢材的抗氢性能。

在纳尔逊曲线中，容器操作工况处于实线的上部时表示会发生氢腐蚀，处于实线的下部时不会发生氢腐蚀，处于虚线的上部时表示会发生表面脱碳。每种牌号的钢材，发生氢腐蚀的温度和压力有一个组合关系。当操作氢分压或操作温度低于某一临界值时，氢腐蚀便不会产生，反之便有产生氢腐蚀的危险。

在工程设计实践中，用纳尔逊曲线选用钢材时，尚需在操作温度和操作氢分压的基础上增加一定的裕量作为选材条件，例如有的工程公司对操作温度增加28℃，操作氢分压增加0.35MPa。

(4) 合金元素对抗氢性能的影响

要防止在某一温度和压力条件下工作的临氢压力容器发生氢腐蚀，就要尽量减少和避免在钢材中生成甲烷，这就需要在钢材中添加一些能形成强碳化物或提高碳化物稳定性的合金元素。下面着重说明铬、钼、钒等元素对铬钼钢抗氢性能的作用。

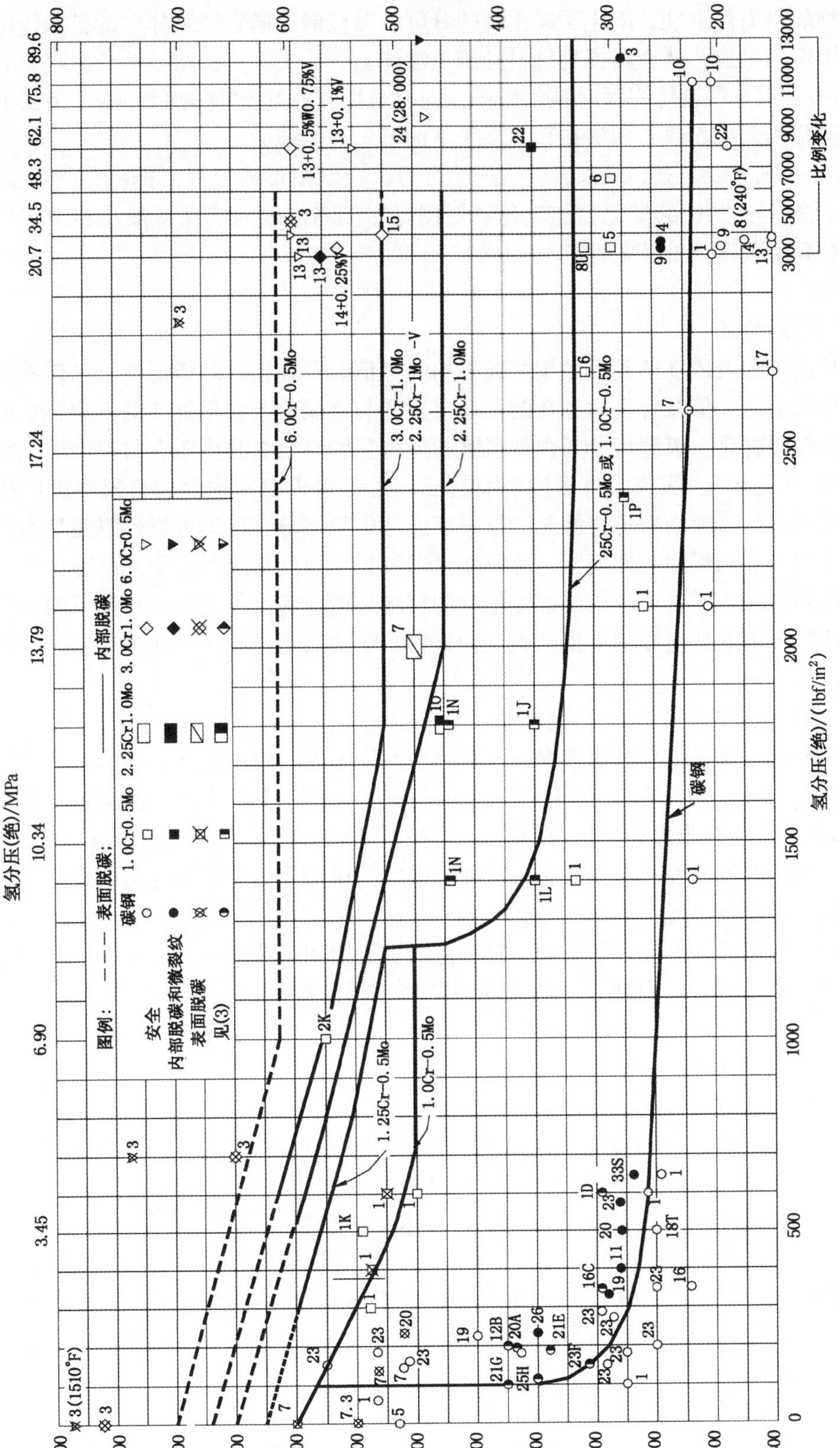

图16-18　临氢作业用钢防止脱碳和微裂的操作极限

① 铬——在低碳合金钢中的铬主要存在于渗碳体(Fe_3C)中。溶于渗碳体中的铬，提高了碳化物的热力稳定性，阻止了碳化物的分解，并减弱了碳在铁素体中的扩散作用，这就减少了甲烷的生成，从而可提高钢材的抗氢蚀能力。

② 钼——钼对铁素体有固溶强化作用，同时也能提高碳化物的稳定性。钼在钢中形成特殊的碳化物，从而改善钢材在高温高压下的抗氢蚀的能力。

③ 钒——钒与碳、氮、氧都有极强的结合力，在钢中形成极稳定的碳化物(V_4C_3)及氮化物(V_4N_3)。这些钒的碳化物和氮化物使钢材在较高温度时仍保持细晶粒组织，大大增加钢材在高温高压下的抗氢性能。

2. 氢脆

(1) 氢脆的特征

氢脆是钢中的氢浓度达到导致钢材破裂的临界值时，在接近环境温度下出现的开裂现象。由于氢的来源、氢在合金中存在的状态以及它与金属交互作用性质的不同，氢可通过不同机制使金属脆化。氢脆可分为内部氢脆与环境氢脆。前者是由于在材料冶炼或零件加工制造过程中(如焊接)吸收了过量的氢而造成；后者则是由于构件在含氢环境中使用时吸收了氢所造成。氢脆尚有可逆性氢脆与不可逆性氢脆之分。所谓可逆性氢脆是指材料经低速变形变脆后，如果卸载并停留一段时间再进行正常速度形变时，原先已脆化的材料的塑性可以得到恢复。通常中、高档强度钢材的轻度环境氢脆及低含氢量状况下的内部氢脆具有可逆性。不可逆性氢脆则是指已脆化的材料，卸载后再进行正常速度形变时，其塑性不能恢复。

(2) 可逆性氢脆

可逆性氢脆是氢脆中普遍而重要的一种类型。高强度钢对可逆性氢脆非常敏感。当材料含有微量处于固溶状态的氢(无论是材料中原来含有的，或者是服役过程从环境介质中吸收的)，在低于屈服强度的静载荷作用下，经过一段时间后，材料内部的拉应力区可能出现裂纹，裂纹逐步扩展并导致断裂。这种在低应力作用下由氢引起的延滞断裂现象，称为延滞氢脆或可逆性氢脆。

氢致延滞断裂过程也包含孕育期、裂纹稳定扩展期和快速断裂三个阶段。外加应力超过氢临界应力时，所加应力越大，孕育期便越短，裂纹传播的速度便越快，断裂时间提前。材料发生延滞氢脆时，除断面收宿率降低外，其他常规力学性能没有异常变化。工程上的氢脆很大一部分属于这类氢脆。

延滞氢脆具有如下特点：

① 延滞氢脆只在一定温度范围内出现。高强钢的敏感温度在 -100 ~ 150℃之间；

② 材料的延滞氢脆只有在慢速加载试验时才能显示；

③ 可逆性。在低应力慢速应变试验期间尚未超越裂纹生成孕育期的样品，卸载停留一段时间后，其氢脆便消退。同样，如果将试验温度降至临界温度下限以下，或者升至临界温度上限以上，氢脆也可以消除。相反的过程将导致氢脆的重现。但是如果在承载期间材料已出现氢脆微裂纹，则无论形变和温度如何改变，甚至进行消氢处理，都不能使材料的塑性和韧性再度恢复。

(3) 氢脆的控制

氢脆的预防和控制，一方面要阻止氢自环境介质进入金属和除去金属中已含有的氢，另一方面是改变材料对氢脆的敏感性。

阻止氢进入金属，可以采取涂(堆焊)保护层的方法。对氢脆敏感性的材料，在焊接之后应及时进行消氢或中间消除应力热处理，以除去钢材中的氢。关于合金材料对氢脆敏感性，这涉及材料的化学成分、金相组织结构和强度水平。对容器用钢而言，随着碳、锰、硫和磷等元素的增加而提高钢的氢脆敏感性，并且随着钢材强度水平的提高而加剧。铬、钼、钨、钛、钒和铌等碳化物形成元素，能细化晶粒，提高钢的韧性和塑性，对降低氢脆敏感性是有利的。钙或稀土元素的加入，由于使钢中 MnS 夹杂物形状圆滑、颗粒细化、分布均匀，从而降低了钢材的氢脆倾向。促进回火脆化的杂质元素，如砷、锡和锑对氢脆抗力则是有害的。

材料的强度水平对氢脆敏感性有着重要的影响，氢脆敏感性随着钢材强度的提高而增高，强度高于 700MPa 的钢材便具有较明显的氢脆敏感性，因此氢脆成为高强钢应用中一个十分引人注目的问题。为了改善材料对氢脆的抗力，通常需要进行焊后消除应力热处理。钢材金相组织对氢脆敏感性大致按下列顺序递增：球状珠光体、片状珠光体、回火马氏体、贝氏体、未回火马氏体。

3. H_2S 腐蚀

干燥的 H_2S 在较低的温度(如低于 250℃)下，对钢材无腐蚀作用。在高温条件下，H_2S 才会发生腐蚀，且随着温度的升高和 H_2S 浓度的增加而加剧。高温 H_2S 腐蚀为均匀腐蚀，在选材时，根据容器的操作温度和 H_2S 浓度选择一种合适的材料即可。低温湿 H_2S 腐蚀则是一种局部的硫化物应力腐蚀开裂，它的破坏形式与高温 H_2S 腐蚀是另一种截然不同的形态，因此，对材料的要求也是天壤之别。

(1) 高温 H_2S 腐蚀

原油中存在各种硫和硫化物，但只有活性硫和活性硫化物才能与金属进行化学反应。含硫原料在预加氢反应中，生成活性硫化氢，造成反应系统中设备和管线的高温硫化氢腐蚀。

碳素钢和不锈钢的腐蚀率根据设备的操作温度和硫化氢浓度(体积分数或摩尔分数)从高温 H_2S/H_2 腐蚀曲线(图 16－19 或图 16－20)中查得[4]。对公称成分为 5Cr－0.5Mo、9Cr－1Mo 和 12Cr 钢材，根据操作温度和硫化氢浓度从参考文献[4]中查取。当腐蚀率超过 0.3mm/a 时，宜选用不锈钢，当壁厚较厚时，也可选用复合钢板或内壁堆焊不锈钢耐蚀材料。

(2) H_2S-H_2O 或湿 H_2S 环境下的应力腐蚀开裂 SSCC。

当压力容操作介质的液相中含有水，且具备下列条件之一时属于湿 H_2S 应力腐蚀环境[5]，在该环境下容器用材应考虑防止应力腐蚀开裂 SSCC 的问题。

① 水中溶解的 H_2S 超过 50μg/g；

② 水中溶有 >1μg/g 的硫化物，且溶液的 pH <4.0；

③ 水中溶有少量 H_2S，其 HCN 含量超过 20μg/g，且其溶液的 pH >7.6；

④ 气相中的 H_2S 分压 $>3.43\times10^{-4}$MPa(绝压)。

钢材在该环境中的腐蚀反应过程表示如下[6]：

$$H_2S \longrightarrow H^+ + HS^-$$
$$HS^- \longrightarrow H^+ + S^{2-}$$

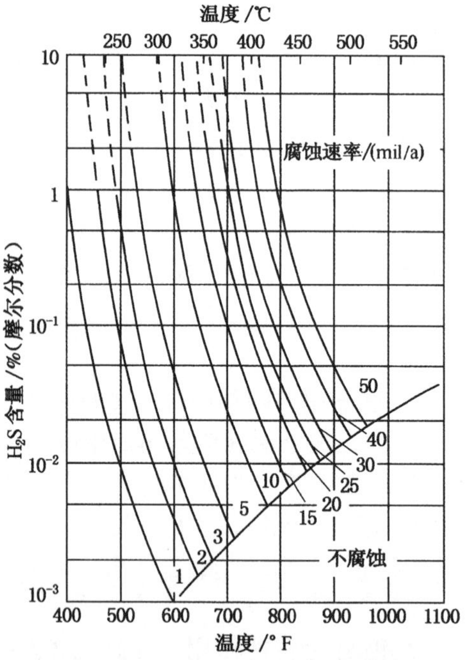

图 16－19 温度和 H_2S 含量与碳钢(在轻油中)高温 H_2S/H_2 腐蚀速率的关系

轻油是指石脑油、汽油、煤油、轻柴油

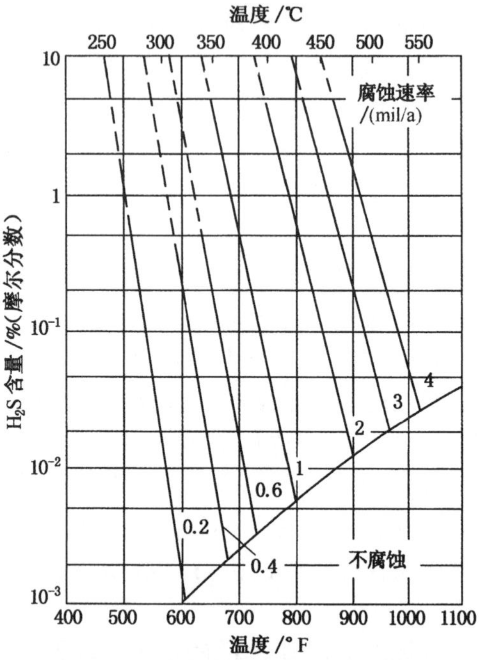

图 16－20 温度和 H_2S 含量与 18Cr－8Ni 奥氏体不锈钢高温 H_2S/H_2 腐蚀速率的关系

注：图中查出的年腐蚀率为 mil/a，乘以 0.0254 后则换算为 mm/a。

阳极反应 $Fe \longrightarrow Fe^{2+} + 2e$

$$Fe^{2+} + HS^{-} \longrightarrow FeS\downarrow + H^{+}$$

$$\text{或 } Fe^{2+} + S^{2-} \longrightarrow FeS\downarrow$$

阴极反应

$$2H^{+} + 2e \longrightarrow 2H \longrightarrow H_2\uparrow$$

$$\hookrightarrow 2H(\text{渗入金属内部})$$

总反应

$$Fe + H_2S \longrightarrow FeS\downarrow + H_2\uparrow$$

$$\hookrightarrow 2H(\text{渗入金属内部})$$

从反应过程可知，硫化氢在水溶液中离解出的氢离子，从钢材表面得到电子后还原成氢原子。氢原子之间有较大的亲和力，易结合形成氢分子排出。然而，介质中的硫化物、氰化物(氯离子)等削弱这种亲和力，部分抑制了氢分子的形成，这样一来原子半径极小的氢原子就很容易渗入到钢材内部并溶入晶格中。固溶于晶格中的氢有很强的游离性，在一定条件下将导致材料的脆化和氢损伤。因此，湿 H_2S 环境除了可以造成过程设备的均匀腐蚀外，更重要的是引起一系列与钢材渗氢有关的腐蚀开裂。一般认为，湿 H_2S 环境中的开裂有氢鼓泡(HB)、氢致开裂(HIC)、硫化物应力腐蚀开裂(SSCC)、应力导向氢致开裂(SOHIC)四种形式。

① 氢鼓泡(HB)。腐蚀过程中析出的氢原子向钢中扩散，在钢材的非金属夹杂物、分层和其他不连续处易聚集形成氢分子，由于氢分子直径较大难以从钢材组织内部逸出，从而形成巨大的内压，导致周围组织屈服，形成表面层下的平面孔穴结构称为氢鼓泡。它的分布与钢板表面平行。它的发生无需外加应力，与材料中的夹杂物等缺陷密切相关。

② 氢致开裂(HIC)。在氢气压力的作用下，不同层面上的相邻氢鼓泡裂纹相互连接，形成阶梯状特征的内部裂纹称为氢致开裂，开裂有时也可扩展到金属表面。HIC 的发生也无需外加应力，一般与钢中高密度、大平面夹杂物或合金元素在钢中偏析所产生的不规则微观组织有关。

③ 硫化物应力腐蚀开裂(SSCC)。湿 H_2S 环境中腐蚀产生的氢原子渗入钢材内部，固溶于晶格中，使钢材脆性增加，在外加拉应力或残余应力作用下形成的开裂，叫做硫化物应力腐蚀开裂。工程上有时也把受拉应力的钢材及合金在湿 H_2S 及其他硫化物腐蚀环境中产生的脆性开裂统称为硫化物应力腐蚀开裂。SSCC 通常发生在中高强度钢材中或未经焊后热处理的焊缝及其热影响区等硬度较高的部位。

④ 应力导向氢致开裂(SOHIC)。在应力引导下，在夹杂物或缺陷处因氢聚集而形成的小裂纹叠加并沿着垂直于应力方向(即钢板的厚度方向)发展导致的开裂称为应力导向氢致开裂。这种开裂在一例胺吸收塔爆炸事故中首次得到确认，其典型特征是裂纹沿之字形扩展。有人认为，它也是 SSCC 的一种特殊形式。SOHIC 也常发生在焊缝热影响区及其他高应力集中区，与通常所说的 SSCC 不同之处是，它对钢中的夹杂物比较敏感。应力集中常引起裂纹状缺陷或应力腐蚀裂纹。据报道，在多个开裂案例中都曾观测到 SSCC 和 SOHIC 并存的情况。以上四种氢损伤形式中，SSCC 和 SOHIC 是最具危害性的开裂形式。

钢材对硫化物开裂敏感性和钢的强度、应力水平以及环境的氢浓度有关。提高钢材强度或增加应力水平，开裂就更可能出现。虽然，含硫化氢的水溶液是产生开裂所必要的，但开裂并不只是发生在液体中，在气相中亦会出现，因为冷凝水产生了适合于引起 SSCC 的环境。环境的 pH 值越低，开裂的倾向越大。

利用图 16－21[7] 可以方便地判断在 H_2S 环境中，H_2S 分压是否超过了 3.43×10^{-4}MPa。

例如：(a) 在一个含 H_2S 浓度为 0.01%(摩尔分数)、总压为 7MPa 的系统中，其 H_2S 分压超过了 3.43×10^{-4}MPa(图 16－21 中的 A 点)。

(b) 在一个含 H_2S 浓度为 0.005%(摩尔分数)、总压为 1.4MPa 的系统中，其 H_2S 分压未超过 3.43×10^{-4}MPa(图 16－21 中的 B 点)。

耐蚀材料：一般情况下可选用硫和磷含量低以及硬度也低的镇静碳钢或不锈钢或复合钢板，当介质中含有氯离子时，不能选用单相奥氏体型不锈钢。

4. 应力腐蚀

金属材料的应力腐蚀开裂，是指在静拉伸应力和腐蚀介质的共同作用下导致的腐蚀破裂。它与单纯由应力造成的破坏不同，这种腐蚀在极低的应力条件下也能发生；它与单纯

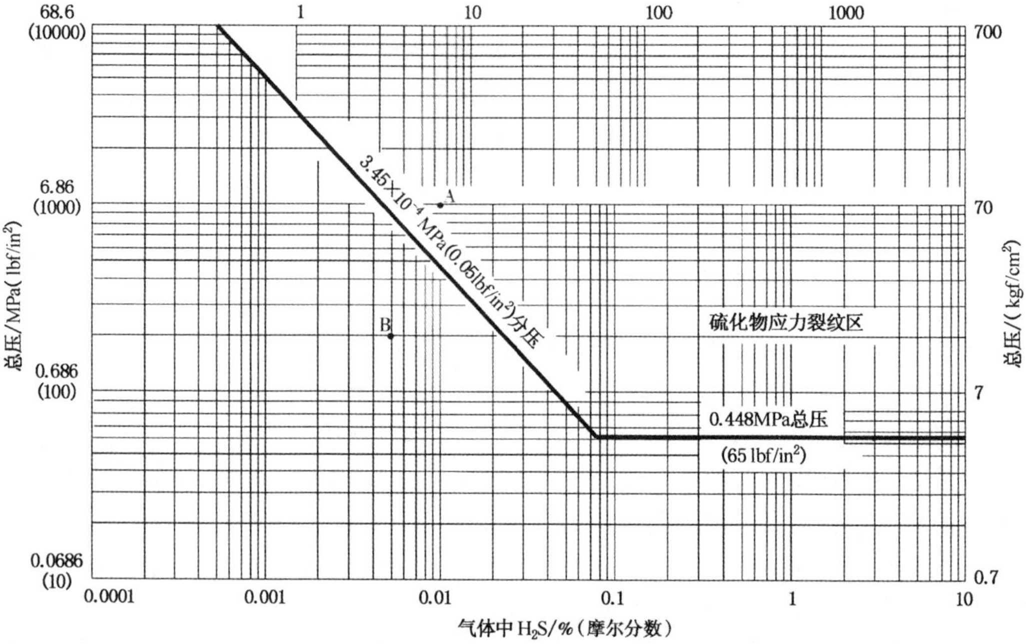

图 16-21 湿硫化氢环境判别图

由腐蚀引起的破坏也不相同，腐蚀性极弱的介质也能引起应力腐蚀破裂。它往往是没有变形预兆，进展迅速的突然断裂，容易造成严重的事故。因此它是危害性很大的一种腐蚀破坏形式。

金属材料发生应力腐蚀的特征，可从以下四方面来说明：

(1) 应力。产生应力腐蚀的应力主要是其中的静态部分，它可以是外加载荷或装配力(例如拧螺栓的力、胀接力等)引起的应力，也可以是构件在加工、热处理、焊接等过程中产生的内应力。不论来源如何，导致应力腐蚀破裂的应力必须有拉伸应力的成分，压缩应力是不会引起应力腐蚀破裂的。此外，这种应力通常是比较微小的。如果不是在腐蚀环境中，这样小的应力不会使构件发生机械性的破坏。构成破坏的应力值要根据材料、腐蚀介质等具体情况来确定。

(2) 腐蚀介质。不是所有介质都能引起应力腐蚀，也不是所有材料在应力腐蚀介质中都会发生应力锈蚀，只有当介质和材料构成某种组合时才会发生应力腐蚀。引起应力腐蚀的常见介质见表 16-4。

表 16-4 常见的应力腐蚀介质

材 料	介 质
普通钢	氢氧化物溶液；含有硝酸盐、碳酸盐、硫化氢的水溶液；海水，硫酸-硝酸混合液；溶化的锌、锂；热的三氯化铁溶液；液氨
奥氏体不锈钢	酸性和中性的氯化物溶液；海水；熔融氯化物；热的氟化物溶液；热的氢氧化物溶液

(3) 材料。一般认为，极纯的金属不会产生应力腐蚀破坏。只有在合金或含有杂质的

金属中才会发生。例如：纯铜在氢氧化铵溶液中不发生应力腐蚀，但只要其中含有0.004%的磷，就有产生应力腐蚀的可能性；纯铁在硝酸盐中能耐腐蚀，但工业纯铁的应力腐蚀现象就很明显。因此，在工业上应用的各种材料差不多都具有应力腐蚀敏感性，而且其成分、组织、热处理等对它的敏感性有很大的影响。

（4）破坏过程。金属材料的应力腐蚀破坏过程一般可分为以下几个阶段：

① 孕育阶段。这是在应力腐蚀裂纹产生以前的一段时间（孕育期），为裂纹的成核作准备。

② 裂纹稳定扩展阶段。在应力和腐蚀介质的联合作用下，裂纹缓慢地扩展。

③ 裂纹失稳扩展阶段。这是最后发生的机械性破坏。

不是所有的应力腐蚀过程都能明显地观察到这几个阶段。如果材料表面具有足以引起应力腐蚀裂纹的缺陷，则它一开始就会进入扩展阶段而不需要孕育期；还有些材料对应力腐蚀很敏感，裂纹一旦成核后，就以很快的速度扩展，几乎没有裂纹稳定扩展期。

（三）抗氢钢

在预加氢部分和重整部分的反应器、换热器和分离器等设备的操作介质通常是氢气或氢气占很大比例的混合油气，而且工艺过程又多是在高温条件下进行的，例如重整反应器的操作压力为0.5～2.0MPa，温度为530℃。因此这些设备不但需要解决高温下的强度问题，还需要解决氢腐蚀问题。

氢气在温度低于200℃和压力低于69MPa的条件下，对普通碳素钢是不会发生氢腐蚀的，但在温度较高和压力较低的条件下也会对碳素钢产生氢腐蚀。钢材氢腐蚀的速度随压强和温度的升高而加快。钢材发生氢腐蚀的起始温度和起始压强见图16－18（纳尔逊曲线）。

钢材抗氢性能的好坏，主要取决于钢材中合金元素的含量，它随着钢中铬、钼含量的增加而提高。碳钢仅限于在一定的温度和压力范围内使用，随着温度和压力的逐渐提高，应依次选用合金含量逐步增高的，公称成分为1Cr－0.5Mo、1.25Cr－0.5Mo－Si和2.25Cr－1 Mo等钢材。但重整反应器等容器在使用2.25Cr－1 Mo等铬钼钢时，会产生回火脆性，这就要求我们了解回火脆性的特性及防止措施。

（四）Cr－Mo钢的回火脆性

钢材长期在某一温度范围内操作而产生的冲击韧性下降（或韧脆转变温度升高）现象称为回火脆性。

1. Cr－Mo钢回火脆化的一般特性

（1）Cr－Mo钢回火脆化发生在315～595℃的温度范围内，接近这个温度范围的上限时，脆化速度高，接近这个温度范围的下限时，脆化发展缓慢。炼油工业中的重整反应器等临氢压力容器就正好长期操作在这一温度范围内，故这一现象引起了人们的极大关注。

（2）脆化材料和非脆化材料的差别，仅表现在缺口冲击韧性和韧脆转变温度的不同，而拉伸性能无明显差别。回火脆化的程度一般是靠韧脆转变温度的升高来表明的。回火脆化对上平台冲击功仅有轻微的影响。

（3）大量试验表明，在压力容器常用的Cr－Mo钢种中，含Cr量为2%～3%的Cr－

Mo 钢回火脆化倾向最严重。

(4) 在 P(磷)、Sb(锑)、Sn(锡)、As(砷)微量不纯元素含量高的情况下，脆化倾向特别显著，多量的 Si 和 Mn 对脆化具有促进作用。

(5) 钢材不论是脆化状态，还是韧性状态，其金属组织用一般显微镜观察看不出有什么差别。奥氏体晶粒度粗大的，脆化敏感性高。脆化敏感性的程度，按金相组织马氏体、贝氏体、珠光体的顺序依次降低。

(6) 脆化是可逆的。严重脆化了的材料，在 593℃(1100℉)以上加热一段时间便可脱脆。

2. 回火脆化与化学成分的关系

通过大量的研究工作发现，2.25Cr－1Mo 钢的回火脆化敏感性，主要取决于钢中 P、Sb、Sn 和 AS 杂质元素的含量。通常降低钢材脆化敏感性的方法是尽可能降低杂质元素含量。

伯拉斯柯托(Bruscato)提出了预计焊缝金属脆化敏感性的关联系数[3]：

$$X = (10P + 5Sb + 4Sn + As) \times 10^{-2} \qquad (16-2)$$

(在国外标准和技术文件中，通常表示为 $\overline{X}$)

式中，X 为焊缝金属回火脆化敏感性系数，各元素单位为 μg/g。

当把 X 系数与 Mn、Si 含量之和相关联时，显示出与手工焊缝熔敷金属的脆化敏感性有很好的关联性，X 系数和 Si + Mn 含量都高时，脆化敏感性很高。X 系数大于 15，Si + Mn 含量大于 1.4% 的手工焊熔敷金属，经分步冷却脆化处理后，夏比 V 冲击功为 54J 时相应的转变温度增量明显加大。

日本渡边等人从对板材和锻件所做的试验研究工作中提出了一个与 X 系数相似的回火脆化敏感性系数，考虑到 Sb 在 2.25Cr－Mo 锻件和钢板中的含量通常较低(≤0.003%)，As 的影响相对较小，因此提出了用 J 系数来预测钢材的脆化敏感性。

$$J = (Si + Mn) \times (P + Sn) \times 10^{4} \qquad (16-3)$$

式中，J 为钢材回火脆化敏感性系数，各元素的含量以百分数给出。

日本宫野等人对大量的 2.25Cr－1Mo 钢进行了脆化敏感性试验，并将试验结果和对应的 J 系数绘制成图表(图 16－22)，从图中可以看出，回火脆化敏感性随着 J 系数的增加而加大。

3. 防止产生回火脆化的措施

回火脆化在生产中逐渐为人们所了解，并积累了大量的经验。普遍认为回火脆化是由于微量有害元素 P、Sb、Sn、和 As 沿奥氏体晶界产生偏析所致，其中 P 的影响最大，另外 Si、Mn 元素对脆化起促进作用。因此，控制钢材中的 Si、Mn 含量和微量有害元素含量是防止产生回火脆化的基本措施，同时开发出了简易的评定钢材回火脆化倾向的方法。

(1) 回火脆化的评定方法

回火脆化表现为夏比 V 冲击功值的下降，通常采用脆化前后的韧脆转变温度差，即图 16－23 中的 ΔTr 来表示。

要比较和检测钢材的脆化程度，最符合实际的方法是在脆化温度范围内进行等温时效处理，但需要长达几万小时的时间，工程上是难以实现的。现在普遍采用美国通用电气公司开发，经美国 SOCAL 公司改进，在短时间内进行的使钢材产生一定程度脆化的模拟法，即分步冷却(Step cooling)法。其程序如图 16-24 所示，此图称为“SOCAL No1”[3]。

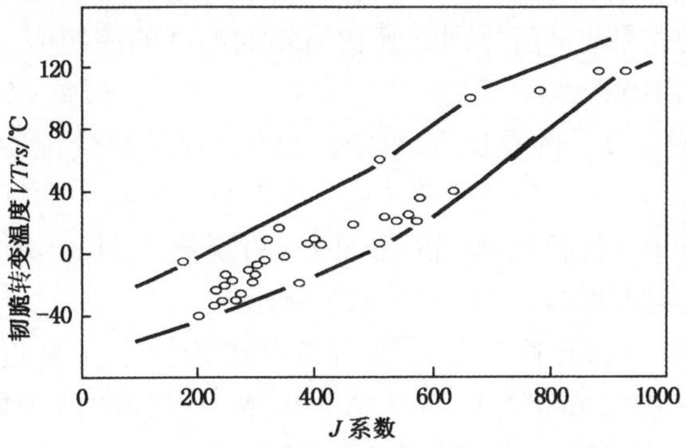

图 16-22　J 系数与韧脆转变温度 VTrs 的关系

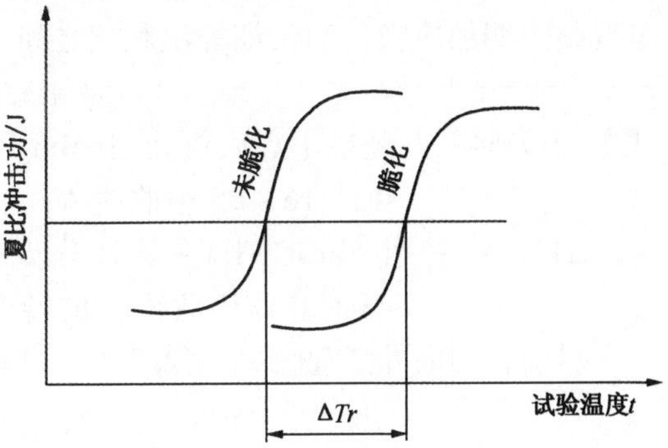

图 16-23　脆化的图式说明

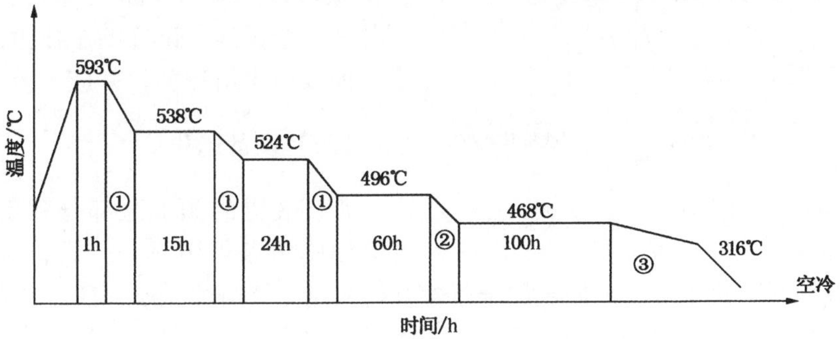

图 16-24　分步冷却脆化处理程序

冷却速率：① -5.6℃/h；② -2.8℃/h；③ -28℃/h

(2) 控制回火脆化倾向的措施

根据对 Cr-Mo 钢回火脆化的试验研究、结合我国当前钢厂的炼钢技术能力和压力容器制造厂的生产条件和技术水平，通常采用以下方法来防止 Cr-Mo 钢在使用中产生的脆化问题。

① 控制钢材的回火脆化敏感性系数 J 和焊缝金属的回火脆化敏感性系数 X

目前很多工程公司对 2.25Cr-1Mo 钢采用下列控制指标：

$$J = (Si + Mn)(P + Sn) \times 10^4 \leqslant 120 \quad (16-4)$$

式中元素以其百分数含量代入，如 0.15% 以 0.15 代入；

$$X = (10P + 5Sb + 4Sn + As) \times 10^{-2} \leqslant 15 \times 10^{-6} \quad (16-5)$$

式中元素以 10^{-6} 含量代入，如 0.01% 以 100×10^{-6} 代入。

此外，尚应限制硫含量小于 0.010%。

当然，这些要求不是一成不变的。在最早发现 Cr-Mo 钢回火脆化现象时，曾要求 $J \leqslant 250$，$X \leqslant 25 \times 10^{-6}$。现在国内外相关工程公司，根据自己的经验，其要求也有所不同。

② 控制钢材和焊缝金属的脆性转变温度

通过对钢材和焊缝金属的加速脆化处理，看其脆化倾向。通常以分步冷却前后转变温

度增加值 ΔVTr54(见图 16－25)来衡量钢材及焊缝金属脆化倾向的程度，此值越大，意味着脆化倾向越明显。钢材操作若干年后，预计的转变温度如式(16－6)所示，其中 x 系数是调整短期加速脆化和长期等温脆化之间的差别，y 值是钢材脆化后转变温度的控制值。

$$VTr54 + x\Delta VTr54 \leqslant y(℃) \tag{16-6}$$

式中 VTr54——经最小焊后热处理(Min PWHT)后的夏比 V 冲击功为 54J 时的转变温度，见图 16－25 中曲线 A；

ΔVTr54——经 Min PWHT＋S C(分步冷却)脆化处理后(曲线 B)的夏比 V 冲击功为 54J 时相应于曲线 A 的转变温度增量，如图 16－25 所示。

目前，国内外工程公司对 2.25Cr－1Mo 钢回火脆化后转变温度的要求也趋于接近，例如 ASTM A－387/A－387M－99(2001)中要求 $VTr54 + 2.5\Delta VTr54 \leqslant 10℃$。

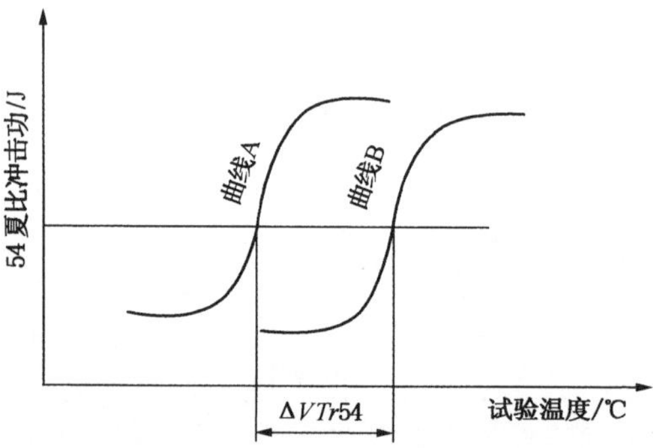

图 16－25 冲击功与试验温度的关系曲线

图 16－25 中曲线 A、曲线 B 各取 8 个(也有取 6 个的)适当的试验温度进行夏比 V 冲击试验，曲线 A、曲线 B 在每个试验温度下各需 3 个试样，试样的总数为(3×8×2)48 个，曲线应平滑完整，并应有上下平台值。

(五) 设备选材

重整装置的预加氢部分和反应再生部分在高温临氢条件下操作，设备选材应当满足耐高温和抗氢腐蚀的要求。预加氢部分还含有硫和硫化氢腐蚀介质，还需考虑高温和低温硫和硫化氢腐蚀。再生部分的再生器，在烧焦时有 CO、CO_2 和氯化物等腐蚀气体产生，在确定再生器的材料时，应注意到烧焦生成气对钢材的腐蚀和氯化物溶液对奥氏体不锈钢的应力腐蚀开裂。

从纳尔逊曲线可知，钢材抗氢性能的好坏，主要取决于钢材中合金元素的含量。碳钢仅限于在一定的温度和压力范围内使用，随着温度和压力的逐渐提高，应依次选用合金公称成分含量逐渐增高的 1Cr－0.5Mo、1.254Cr－0.5Mo－Si 和 2.25Cr－1Mo 钢等。

1. 预加氢反应器和预加氢进料/反应产物换热器

预加氢反应器和预加氢进料/反应产物换热器的操作压力约为 2MPa，操作温度约为 370℃，根据这样的操作条件和操作介质，国内外公司通常选用公称成分为 1Cr－0.5Mo 钢。又由于预加氢反应器和预加氢进料/反应产物换热器的操作介质中含有 H_2S，需要考虑高温 H_2S 腐蚀。根据 H_2S 含量及操作温度，从 H_2S 腐蚀曲线中可查出腐蚀率，以此来确定预加氢系统高温部位的选材，如选用 0Cr13、0Cr18Ni10Ti 或 00Cr17Ni14Mo2 等不锈钢材料。从充分发挥 15CrMo 钢的强度和不锈钢的耐蚀性以及从节省投资等综合考虑，预加氢反应器及预加氢进料/反应产物换热器壳体选用 0Cr13(0Cr18Ni10Ti 或 00Cr17Ni14Mo2)＋15CrMoR 复合钢板是比较恰当的。0Cr13 钢的线膨胀系数与 15CrMo 钢接近，受热时在复合钢板界面产生的温差应力小，但耐蚀性不如 0Cr18Ni10Ti(00Cr17Ni14Mo2)，可焊性不好。0Cr18Ni10Ti 或 00Cr17Ni14Mo2 钢虽然存在在 370℃时与 15CrMo 钢的线膨胀系数不同而产生的温差应力，但随着这些年来复合钢板制造工艺的改进和制造技术的提高，复合钢板界面的贴合率和剪切强度有了大幅度改善，界面结合率可以达到100%，界面剪切强度远远高于200MPa，只要供应的复合钢板性能符合设计技术条件，可以承受1000℃以上高温冲压封头和其他的热加工，不会由于温差应力大而使得复合钢板在加工和使用过程中出现分层和鼓泡现象。

在一些公司的预加氢进料中，还含有微量的氯化物，在有凝结水出现的低温环境中，氯化物会离解产生氯离子，造成奥氏体不锈钢的应力腐蚀开裂，此时可选用能防止微量氯离子产生应力腐蚀开裂的00Cr17Ni14Mo2 + 15CrMoR 复合钢板和00Cr17Ni14Mo2 换热管。低温部位的预加氢进料/反应产物换热器同时会出现低温湿 H_2S 腐蚀环境，宜选用低强度的Q245R、10号换热管等材料，加上防腐层，不宜选用18－8型奥氏体不锈钢。如选用Q345R，需控制钢材的碳当量和S、P含量，设备进行消除应力热处理，控制钢材和焊接接头的硬度等。

2. 重整反应器及重整进料/反应产物换热器

重整反应器及重整进料/反应产物换热器等设备的操作压力约为0.5～2.0MPa，操作温度约530℃。根据这样的操作条件和操作介质，从纳尔逊曲线可知，选用公称成分为1Cr－0.5Mo、1.25Cr－0.5Mo－Si或2.25Cr－1Mo钢材均可。但这些设备几乎不用1Cr－0.5Mo钢而是普遍采用1.25Cr－0.5Mo－Si或2.25Cr－1Mo钢。这是因为1Cr－0.5Mo钢中，铬含量低，在约545℃设计温度下的许用应力偏低。更为重要的是，由于铬含量低，设备长期在此高温下操作时，碳化物从晶内析出到晶界以及由于低熔点杂质和微量元素偏析而使晶界结合力下降，当结晶晶粒内部与晶界的原子结合力之差较大，且在高温下钢材发生变形，伴随着产生应力释放，在应力集中区(如开口接管与其他形状不连续处)由于应力释放所引起的变形量超过了晶界的变形能力时，就导致了晶界的开裂。在生产中曾有过报道，采用1Cr－0.5Mo或1.25Cr－0.5Mo－Si钢制造的反应器或管线，长期在500℃以上的条件下操作，应力集中区出现了裂纹。因此，最近国内外在重整反应器类高温临氢设备中，实际上已很少甚至不选用1Cr－0.5Mo钢。

1.25Cr－0.5Mo－Si钢具有高温强度高、抗氢性能好、回火脆化不敏感，可焊性好和造价低等优点，但高应力区存在产生高温裂纹的危险，在作了一系列改进之后，1.25Cr－0.5Mo－Si钢在重整反应器类高温设备上应用还是可行的。改进1.25Cr－0.5Mo－Si钢的措施如下：

① 降低形成弱化晶界元素的含量，如P含量 $<0.012\%$，Sn含量 $<0.015\%$。

② 提高焊后热处理温度。就最佳综合力学性能来讲，1.25Cr－0.5Mo－Si钢的焊后热处理温度采用675℃是比较合适的，但为了较彻底消除残余应力，宁可强度(在满足钢材标准规定的强度指标条件下)储备少一点，避免高温裂纹的产生，将焊后热处理温度采用690℃或更高是恰当的。

③ 在设计受压壳体的结构时，尽量减少应力集中区，如开口接管采用翻边对接补强，连接过渡处采用一定的圆角，不采用不连续结构。

④容器的操作温度超过441℃(825°F)时，应选用强度级别较低的SA387Gr1CL1。

1.25Cr－0.5Mo－Si钢的回火脆化倾向是存在的，但其脆化量较小，且不明显。回火脆化量的大小与微量元素(特别是P)含量的多少，X 系数的高低有关。有的公司要求对1.25Cr－0.5Mo－Si钢进行回火脆化进行评定，而有的公司只要求控制 J 系数和 X 系数，且把S、P和Sn含量控制在一定的水平即可。另外，现已发现在纳尔逊曲线安全区内使用的1.25Cr-0.5Mo-Si钢，出现了氢损伤，其原因之一是微量元素偏高，*X*系数过高(达31.5μg/g)。因此，在使用1.25Cr-0.5Mo-Si钢时，应对*X*系数提出较严的要求。

从抗氢角度考虑，重整反应器等高温临氢设备选用2.25Cr-1Mo钢显得裕量偏大。但由于2.25Cr-1Mo钢的抗高温蠕变裂纹的能力好，且温度>500℃时的许用应力比1.25Cr-0.5Mo-Si高，所以在设计压力较高、容器直径较大、壳体壁厚较厚时，选用2.25Cr-1Mo钢是合适的。虽然2.25Cr-1Mo钢的回火脆性较大，对材料中的杂质元素和微量元素含量限制较严，制造要求也高，但随着炼钢技术的日益提高，制造技术的日趋完善，现在用2.25Cr-1Mo钢材制造的容器，满足抗回火脆性要求已是一项成熟的技术。

综上所述，重整反应器类高温设备用钢，不宜选用1Cr-0.5Mo钢和选用2.25Cr-1Mo钢较好。

3. 再生器

为了保持催化剂在最佳性能条件下操作，催化剂表面的积炭需要在再生器内烧掉，并在再生器内完成氧氯化和干燥等工序，恢复催化剂活性性能。再生器的操作温度高(550℃)，并含有氯化物等腐蚀气体，烧焦时又产生各类碳氧化物，一旦再生器的温度出现在露点之下，便会形成氯化物等的水溶液，对奥氏体不锈钢造成应力腐蚀开裂，因此国外某公司对再生器主体材料曾一度选用价格较贵的能抗应力腐蚀开裂的Incoloy800(Cr33Ni25)钢，现已改用316型(0Cr18Ni12Mo2)或321型(0Cr18Ni10Ti)钢。而另一家国外公司则一直选用0Cr18Ni10Ti或0Cr18Ni12Mo2型钢。主要措施是设计再生器内件的结构时不能有死角，同时在操作上采取措施，避免再生器的温度低于露点，防止氯化物水溶液的形成和积聚，从而避免发生应力腐蚀开裂，达到降低用材等级的目的。

4. 预加氢分馏塔和塔顶回流罐

在预加氢装置，分馏塔上部、塔顶冷凝器、空冷器和塔顶回流罐等容器中含有H_2S，且操作温度会低于露点，如果出现本节六(二)3(2)条中湿H_2S环境，设备就有可能出现SSCC或SOHIC开裂。前已述及SSCC和SOHIC与钢的强度、应力水平及环境的pH值有关。通常在预加氢装置的分馏塔和塔顶回流罐中的H_2S浓度不高，操作压力较低，选用强度级别较低的钢，如Q245R，限制材料的碳当量和焊缝热影响区的硬度低于200HBW即可，不宜选用强度级别较高的钢，如Q345R。若选用Q345类钢材时，就应采取避免发生硫化物应力腐蚀开裂和应力导向氢致开裂的措施。此外，在回流罐下部有H_2S水溶液存在，它会电离成H^+和S^{2-}，S^{2-}与器壁反应生成Fe_3S，易腐蚀容器，因而回流罐无论是选用Q245R还是Q345R，均宜在容器下部涂环氧树脂类涂料或衬耐酸水泥衬里，防止H_2S水溶液腐蚀。

第二节 加 热 炉

催化重整装置中的油品蒸馏和重整反应其所需的热量由加热炉提供，因此在装置中常常可以见到庞大的炉群，原料预处理部分和重整反应部分一般有7~8台加热炉。

催化重整装置中的管式炉是直接见火的加热设备。燃料在管式炉的辐射室内燃烧，释放出的热量通过辐射传热和对流传热传递给炉管，再经过传导传热和对流传热传递给管内的被加热介质。管式炉的盘管要承受高温、压力和介质腐蚀；而且介质是易燃、易爆的油和氢气。与本装置中其他设备完全不同的是管式炉内的热传递是通过炉管管壁进行的。由于需要足够的传热温差，加上内膜热阻、焦垢层热阻、管壁金属热阻和各种受热不均匀性的作用，管壁金属温度一般要比管内介质高几十到一百多度。管式炉中的盘管直接见火，任何泄漏都可能造成爆炸或火灾，这也是非见火设备不能相比的。

管式加热炉是连续运转的，它的运行是否平稳将影响全装置的长周期操作。

在重整装置中，管式炉的主要特点表现为加热温度高，传热能力大。如果由于设计和操作不当而使炉温局部过高，就会发生管内流体结焦、炉管烧穿、炉衬烧塌等事故，从而迫使装置停工检修；反之，如果设计和操作不当而使炉温过低或局部过低，则管内流体达不到工艺所需的温度，直接影响装置的处理量。重整装置中加热炉数量众多，特别是大型、高温、高传热强度的管式炉，其选型、设计、操作的好坏对装置的正常生产、燃料的节约和经济效益的提高十分重要。据国内近几年开工投产的重整装置投资数据统计，加热炉的投资约为全装置的12%～18%，由此可见，加热炉在重整装置中占有举足轻重的地位，是重整装置中的核心设备之一。

重整装置的加热炉按用途可分为三类：预加氢进料加热炉、各种塔底重沸炉、重整反应进料加热炉。

一、炉　　型

（一）预加氢进料加热炉和塔底重沸炉

预加氢进料加热炉和塔底重沸炉一般采用炼油厂常用的对流－辐射型圆筒炉（图16－26）。加热炉的对流段炉管为水平管。“下部”对流管由于靠近加热炉的辐射段，受到炉膛火焰和高温烟气的强烈辐射，为避免局部过热，一般对流段的下部三排炉管为光管，其他各段均采用高效传热的翅片管或钉头管。

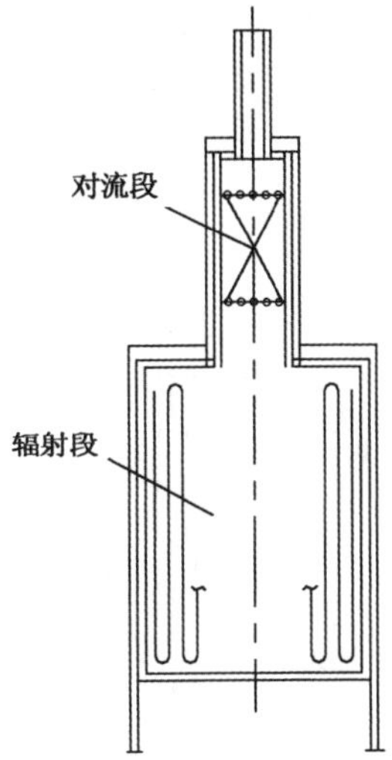

图16－26　对流－辐射型圆筒炉

加热炉的辐射段炉管为靠墙布置的立管，直接接受火焰和炉墙的高温辐射。工艺介质先经加热炉的对流段预热，然后经转油线进入辐射段加热到工艺所要求的温度。

一般采用的燃烧器为气体燃烧器或油－气联合燃烧器。气体燃烧器温控灵敏调节方便灵活；油－气联合燃烧器温控响应速度比气体燃烧器慢一点。对于预加氢进料加热炉，由于工艺的出炉温度要求较为严格，出炉的温度偏差较小，要求温度控制响应快，常常采用气体燃烧器。塔底重沸炉出炉温度的范围较宽，一般可采用油－气联合燃烧器。

预加氢进料加热炉的管材比较特殊，由于管内被加热介质中含有一定量的H_2+H_2S，对炉管有腐蚀。常规的选材为抗H_2+H_2S腐蚀的Cr5Mo或06Cr9Ni10。预加氢炉一般为2～4路，管内流速一般为 300～500kg/(m^2·s)。

塔底重沸炉的炉管材质为碳钢，一般选用 10 号钢或 20 号钢石油裂化管。重沸炉管路一般为 2～4 路，管内流速一般为 730～980kg/(m^2·s)。

、对于多路进料的加热炉，流量过低容易形成偏流，严重时，炉管局部过热，造成炉管破裂或事故。因此在操作上必须重视各路流量的调节和控制。

对于一般的加热炉，炉膛温度控制其实质就是加热炉的燃烧控制，在常规的控制系统中，一般将加热炉的炉膛温度作为副参数，被加热介质的总出口温度为主参数构成与燃料油、燃料气阀门的串级调节回路。

加热炉支路出口温度控制的常规方法是，在各支路入口上安装各自的流量变送器和控制阀，用炉出口汇合后的温度来调节加热炉的燃料量。这种调节方法，只能将加热炉总出口温度保持在规定的范围内，而各支路的出口温度会有变化，某一路炉管有可能局部过热而结焦。为了改善和克服这种情况，对于多流路的加热炉也可采用支路均衡控制，其调节方法为：保持通过加热炉的总流量一定，而允许支路流量有微小变化；各支路的出口温度自动与炉总出口温度比较，通过公式计算自动调节各支路的进料流量，维持各支路的温度均衡。但各路的流量不能低于该流路的流量限制。

（二）重整反应加热炉

重整反应部分的加热炉与重整反应器是一一对应的，有几台反应器就有几台加热炉，一般为 3～4 台。对于规模较小的重整装置，重整反应加热炉一般采用结构比较简单的圆筒炉；对大型重整装置则采用炉管压降较小、辐射室联合在一起的箱式加热炉。

重整反应加热炉是炉群中的核心，资料统计，其投资占加热炉炉群总投资的 60% 左右。国内外的工程公司对重整反应加热炉作了大量的工作，分别推出自己公司的炉型和结构，主要有以下两种形式：

1. 立式圆筒炉

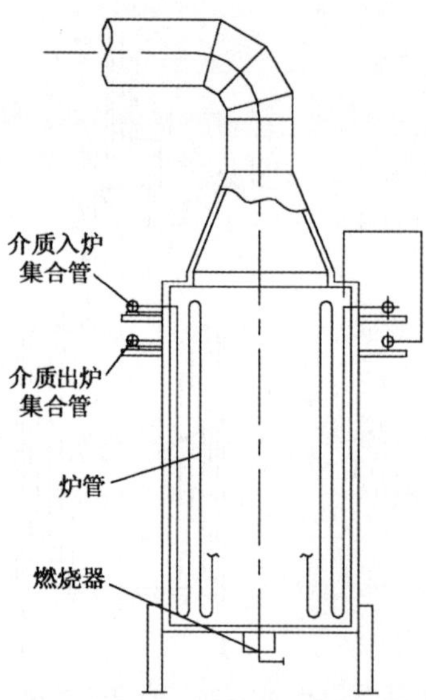

图 16－27　纯辐射型立式圆筒炉

在早期的重整装置中重整反应加热炉通常采用纯辐射型立式圆筒炉(图 16－27)。这种炉型一般用于处理量较小的 150～300kt/a 半再生重整装置，炉内管线呈立管多路并联，辐射顶部设计两圈大口径集合管，炉内出入口管线与该环形集合管连接。燃烧器布置在炉底。炉型特点为：

① 炉管多路并联；

② 压降比箱式加热炉大；

③ 燃烧器布置在底部，可以油、气混烧，一般烧气居多；

④ 单炉排烟温度较高，其热效率低。需将排放的高温烟气引入余热回收系统进行热量回收；

⑤ 单台炉子结构简单，建造周期短，投资小。

2. 箱式加热炉

随着催化重整工艺技术的进步，重整反应加热炉的结构也发生了重大变化。低压重整能更好地发挥催化剂的效能，因此降低系统压力已成为现代催化重整的发展方向。采用低压操作的工艺要求重整反应加热炉的压降要小。

重整反应加热炉管内介质体积流量大，允许压降小，出炉温度高。加热炉的炉管一般设计为多路炉管并联。多台燃烧器联合供热。早期的立式圆筒型加热炉在结构上已不能满足大型化的工艺要求。为此，设计上出现了大型联合箱式炉。

① 辐射室的设计

大型重整反应加热炉的典型设计是将三台或四台加热炉合并为一台大型的箱式加热炉，中间用火墙隔出三间或四间辐射室，以避免温度相互干扰。每间的炉管为多路并联，一般设计 20～45 路支管甚至更多。各支管的出入口与炉外的大型集合管相连。辐射室的高温烟气进入一个公用的对流室，在对流室产生装置所需的中压蒸汽。燃烧器则根据炉管的排列特点进行特殊布置，有的在炉底，有的在侧墙布置。这种炉型适用于大处理量(400kt/a 以上)的重整装置。

辐射室内的炉管，可按 Y 型、竖琴式、正 U 型和倒 U 型排列。不同的炉管排列具有不同的特点。

(a) Y 型排列

辐射室内的炉管按 Y 型排列(图 16－28 和图 16－29)，此种炉管的排列特点为：

ⓐ 燃烧器底烧时，可烧油也可烧气；燃烧器侧烧时，宜烧气；

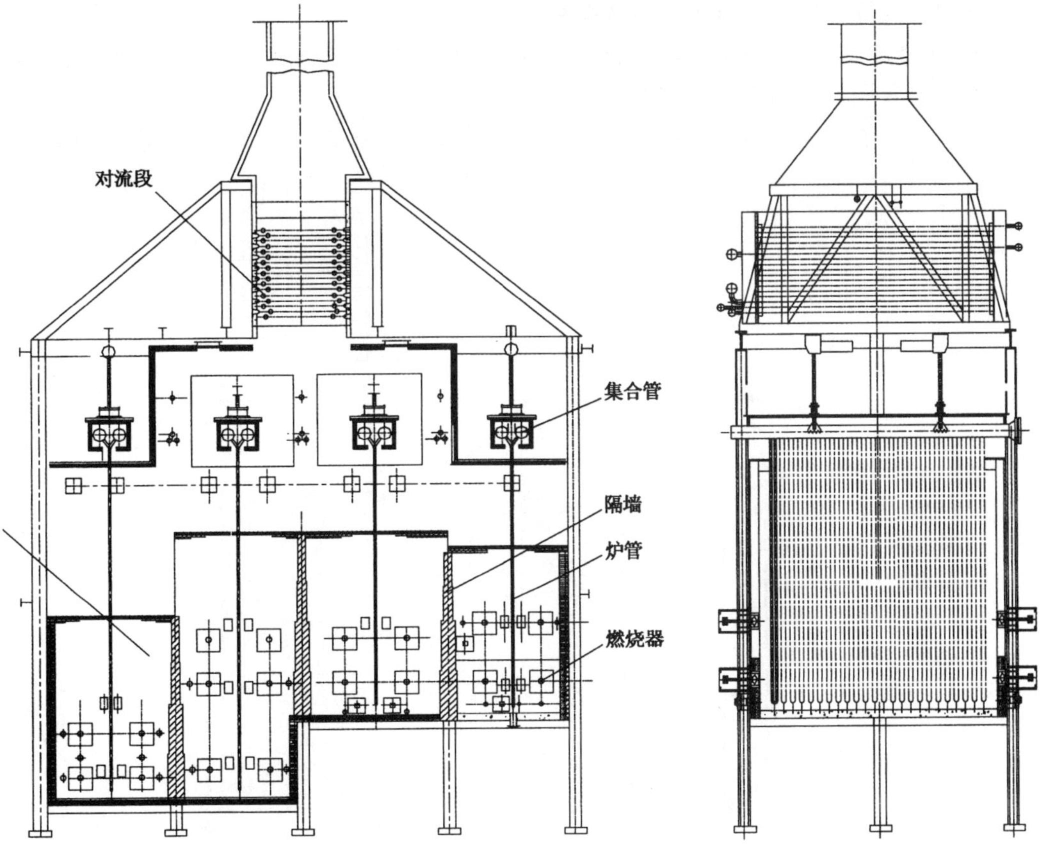

图 16－28　辐射管 Y 型排列四合一重整反应加热炉

ⓑ 集合管位于辐射室顶部，管内的滞留杂物不容易清出；

ⓒ 炉管采用急弯弯管相连，管内压降较大；

ⓓ 炉管排列紧凑，炉体占地面积较小；

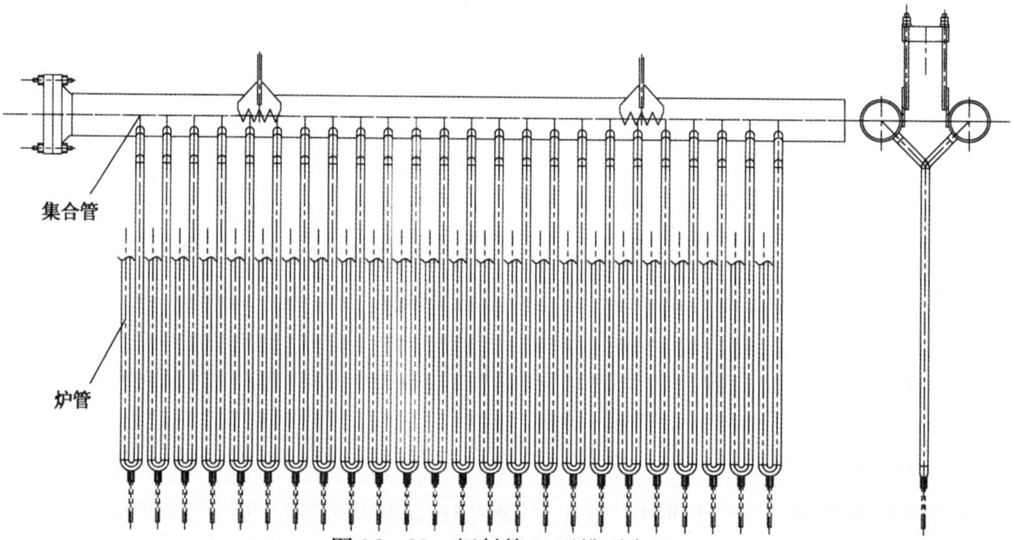

图 16－29　辐射管 Y 型排列布置

ⓔ 钢结构投资较小。(b) 竖琴式排列

炉管按竖琴式排列－顶底双侧集合管(图 16－30 和图 16－31)，此种炉管排列的特点为：

ⓐ 适用底烧，可用于油、气混烧；

ⓑ 集合管位于辐射室顶部和底部，管内的滞留杂物易清出，可通过炉底集合管排放；

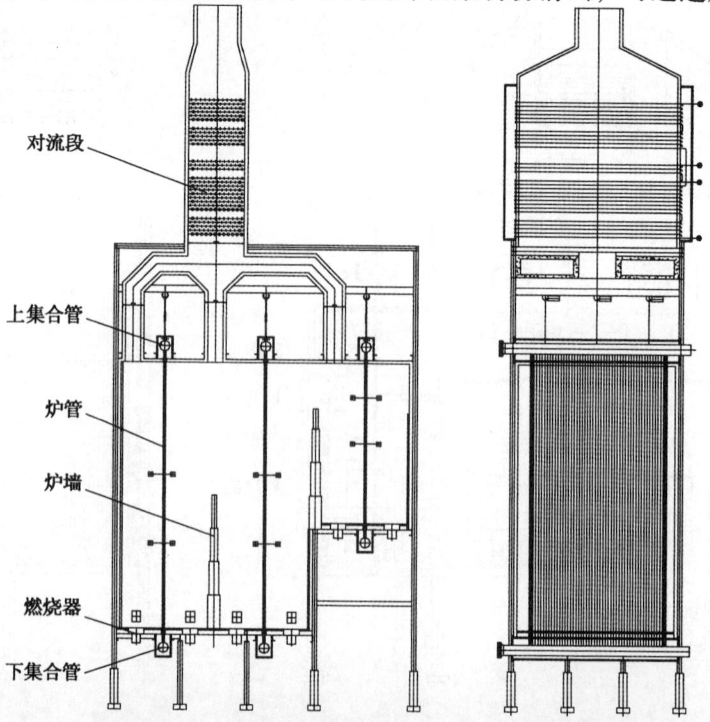

图 16－30　辐射室炉管竖琴式排列三合一重整加热炉

ⓒ 炉管为竖琴式连接，管内压降较小；

ⓓ 适用于较大的装置；

ⓔ 集合管由辐射室顶部的弹簧吊挂，易于吸收管系的膨胀；

ⓕ 由于有上下两组集合管，管系设计、施工较复杂；

ⓖ 占地较大；

ⓗ 建设投资较大。

(c) 正U型排列

炉管按正U型排列(图16－32和图16－33)此种炉管排列的特点为：

ⓐ 适宜于侧烧气体燃烧器；

ⓑ 燃烧器设置在加热炉侧墙上，沿加热炉高度方向多层布置，炉管表面热强度较均匀。适合高大的炉膛；

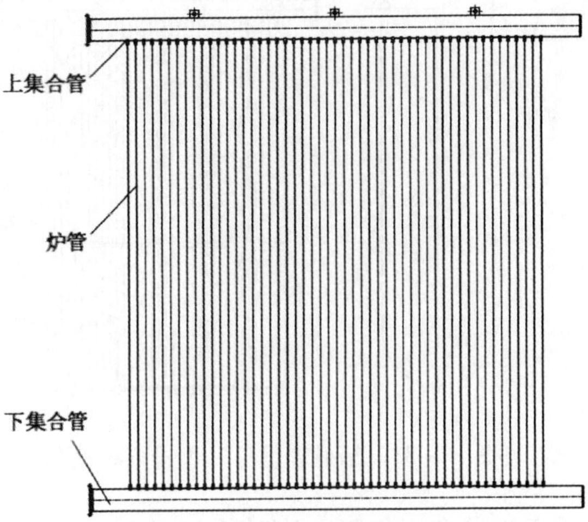

图16－31　辐射管呈竖琴式排列布置

ⓒ 集合管位于辐射室顶部，管系由集合管顶部的弹簧吊挂，炉顶钢框架承力较大；

ⓓ 管系由大曲率半径的弯管在炉内相连，管内压降较小。但管内的滞留杂物不易清出；

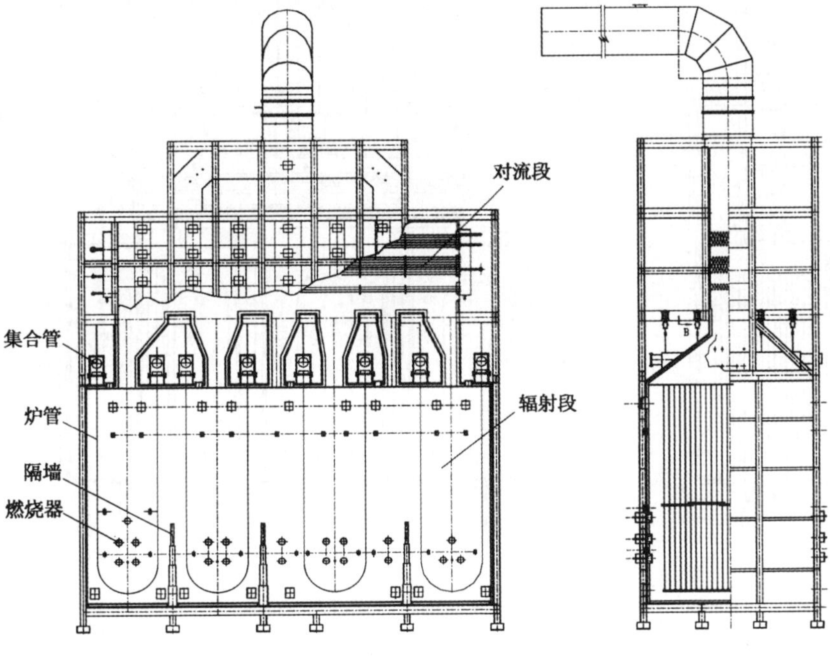

图16－32　正U型炉管排列四合一重整反应加热炉

ⓔ 占地较大；

ⓕ 建设投资较大；

ⓖ 适合大型重整装置。

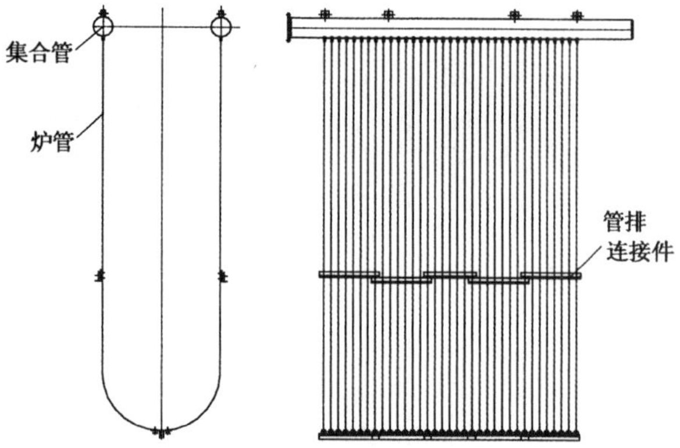

图 16－33 辐射管呈正 U 型排列布置图

(d) 倒 U 型排列

炉管按倒 U 型排列(图 16－34 和图 16－35)，此种炉管排列的特点为：

ⓐ 适用于底烧，可油气混烧；

ⓑ 集合管位于辐射室底部，管内滞留杂物容易清出；

ⓒ 管系由大曲率半径的弯管在炉内连接，管内压降小；

ⓓ 集合管在炉底，炉管位于集合管上，且为炉外单独支承，钢结构投资较正 U 型炉省；

ⓔ 燃烧器安装在炉底，炉管表面热强度的分布不如正 U 型炉均匀；

ⓕ 炉管不宜太高，太高容易失稳，且固定困难；

ⓖ 适用于中大型重整装置。

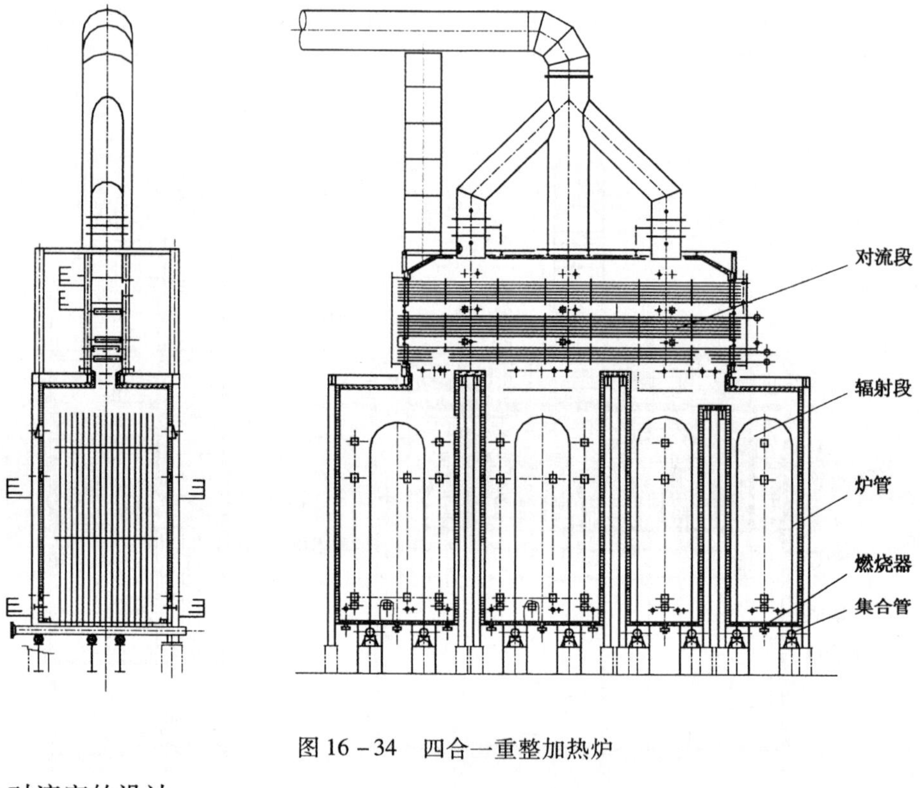

图 16－34 四合一重整加热炉

② 对流室的设计

重整反应加热炉高温烟气出辐射室的温度通常为 770℃ 上下。高温烟气引入加热炉对流段的余热锅炉用于产生蒸汽。

对于中大型重整反应加热炉，其余热锅炉的预热段、蒸发段、过热段，通常设在辐射室顶部的对流室(图 16－36)，烟囱设在对流室顶部，这种布置与烟气的流动方向一致，利用烟囱的抽力将烟气排出，可不用烟气引风机，而且充分利用辐射顶部的空间，布置紧凑，占地面积小。所发生的蒸汽供给本装置压缩机使用。这种布置钢材总耗量少，装置能量利用合理，是最为经济合理的布置，为国内外同类装置普遍采用，加热炉的排烟温度小于190℃，加热炉热效率可达90%以上。

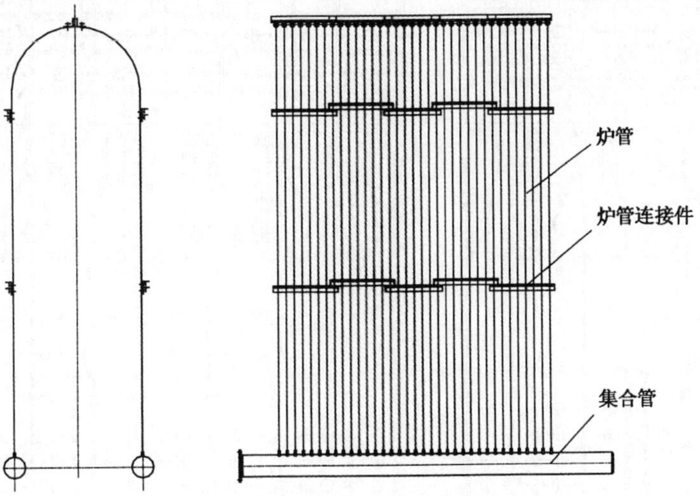

图16-35　辐射管呈倒U型排列布置图

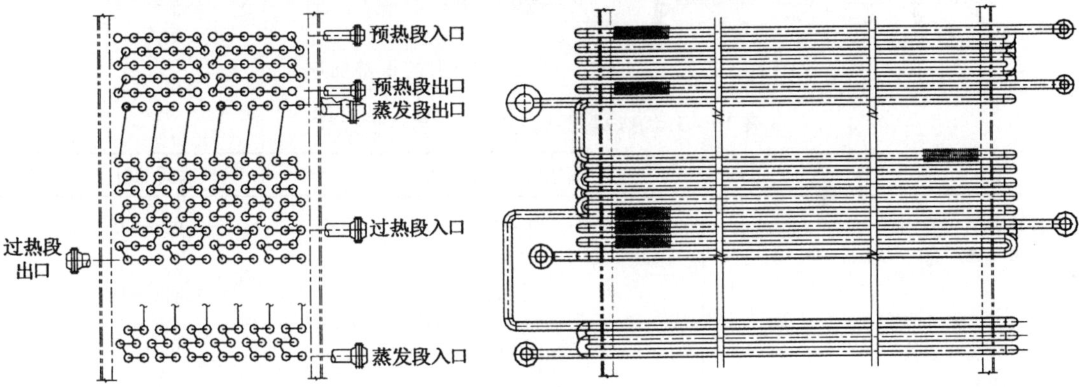

图16-36　余热锅炉的预热段、蒸发段、过热段

(三)双面辐射技术的应用

处理量在1.20Mt/a以下的重整反应炉多采用“四合一”、“三合一”的形式，即四个或三个加热炉的辐射室在一个辐射段箱体内。处理量在1.40Mt/a以上的重整反应炉则发生了较大的变化。炉体从合一走向分离，多采用“三加一”或“二加二”形式。

一般小负荷重整反应炉的辐射盘管多采用单面辐射形式，只有热负荷最大的一段进料加热炉在U型管的内外侧均设置燃烧器，采用了双面辐射的炉型。在1.20Mt/a以上的重整反应炉设计时，如果继续采用单面辐射形式，炉体结构将会变得较大。对于2.00Mt/a以上的重整反应炉，炉体将会放大一倍以上。显然，单面辐射的形式不适应大型化的需要。近几年，大型重整广泛采用了双面热辐射(图16-37)的传热技术。从表16-5辐射

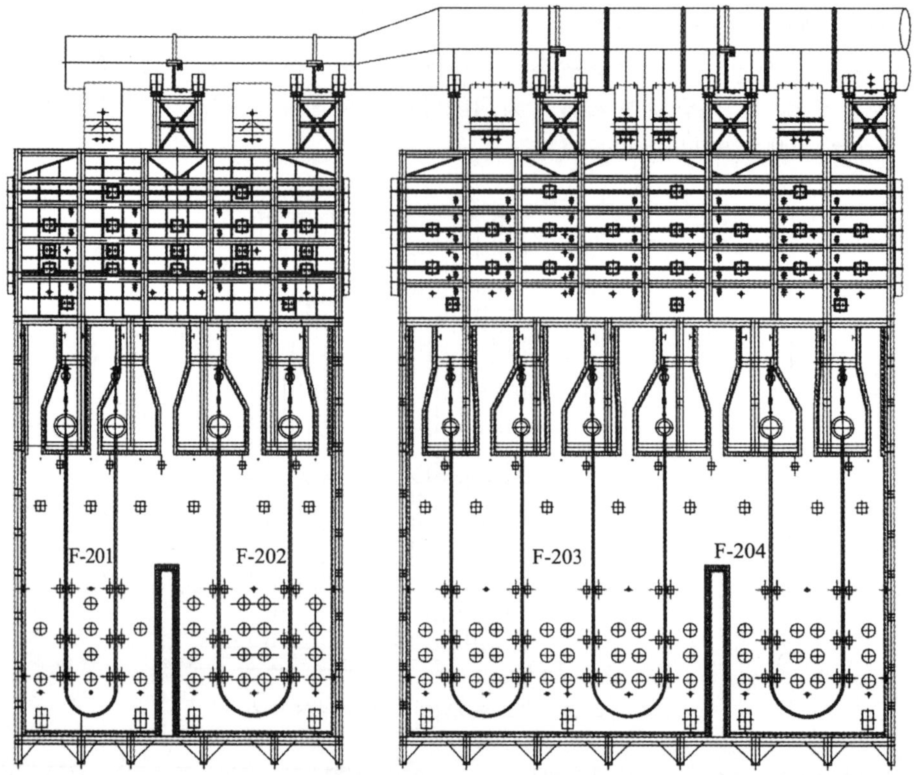

图 16－37 “二加二”式双面热辐射的重整加热炉

表 16－5 沿炉管圆周的辐射传热特性比较

项 目	一面辐射，一面反射	双面辐射
直接辐射率	0.419	每面 0.419
反射率	0.143	—
合计	0.562	双面 0.838
管排有效吸收因数	0.838	1.316
最高热强度/平均热强度	1/0.562＝1.78	1/0.838＝1.19
最高热强度/最小热强度	1/0.312＝3.21	1/0.672＝1.49
炉管表面利用率	56.2%	83.8%

注：本表为管心距为 2 倍炉管外径；单排管沿炉管圆周的辐射传热特性比较。

传热特性比较中可以看到双面辐射炉型有以下的优点：

1. 平均热强度高

与单面辐射炉型相比，双面辐射炉型在同样的最高允许炉管热强度下，平均热强度是单面辐射的 1.4～1.5 倍。

2. 压降最小

由于单排管双面辐射的平均热强度是单面辐射的 1.5 倍，其水力长度一般就只有单面辐射的$\frac{1}{1.5}=0.66$，即在管内流速相同的条件下，其压降仅是单面辐射的 66%。

3. 管材利用率高、一次投资最小

重整反应炉的炉管为铬钼合金钢，提高炉管的利用率是减少投资的关键之一。从表16－6可以看出，双面辐射的炉管表面利用率是83.8%，而单面辐射仅有56.2%。采用单排管双面辐射的炉型，同比单排管单面辐射的炉型，其辐射盘管投资可减少33%左右。

在同样热负荷、同样炉管面积的条件下，双面辐射炉管的热强度峰值较单面辐射炉管低，有利于对辐射炉管进行相对均匀的加热，提高了传热的有效性，避免(或缓解)了炉管因局部过热引起的结焦甚至烧穿。采用双面辐射加热炉，燃烧器布置在炉管两侧，高温烟气可在炉管两侧呈湍流流动，明显改善烟气在辐射室的不均匀分布，使传热更均匀。双面辐射强化传热技术将是大型化重整加热炉的发展趋势。

二、重要工艺参数的确定

(一) 支管流速与压降

质量流速是选择支管管径的主要依据。设计取值不当将影响加热炉的平稳安全操作。重整反应炉管内介质为纯气相，过高的设计流速，会导致管内压降增大。而速度太低，会导致内膜传热系数降低、形成浪费，还可能造成操作中的安全隐患。工程设计经验证明，质量流速宜在90～200kg/(m^2·s)之间。

(二) 集合管截面积

在重整反应加热炉的炉管系统设计中，集合管的设计是非常重要的一项内容，集合管设计应遵循以下原则：

① 应使介质在各支管(炉管)间分布均匀；

② 便于加工制造及安装；

③ 满足机械设计的要求。

集合管直径选择是否合适，决定了炉管系统内介质的流量是否均匀，分布不均将导致介质偏流而出现事故。

集合管内流体走向有两种形式，如图16－38所示。支管的偏流情况和集合管截面积与支管总面积之比密切相关。

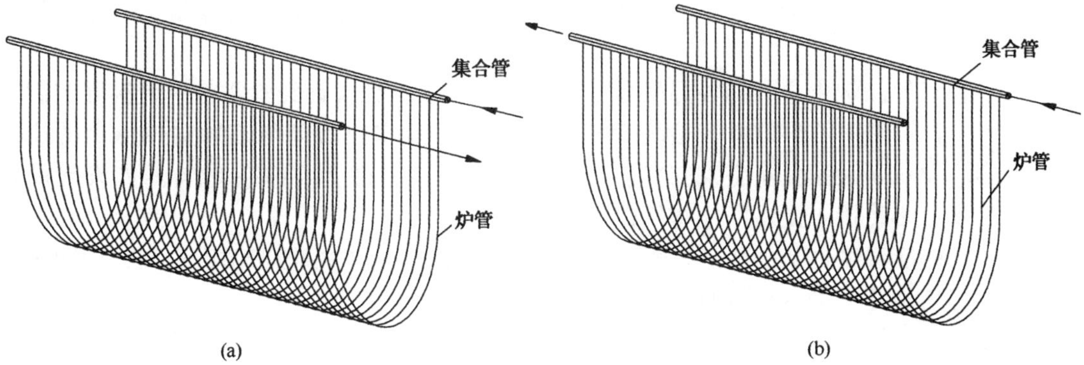

图16－38　集合管介质流向

应用流体力学模拟计算软件，分别对(a)、(b)两种形式和不同集合管截面积与支管截面积比进行了1号和35号管之间的流量偏差分析计算，结果见表16－6。

表16－6 炉管流量分布

集合管截面积/支管总截面积	第1根管与平均流量之间的偏差/%		第35根管与平均流量之间的偏差/%	
	(a)	(b)	(a)	(b)
0.11	142.72	－60	－49.4	271.27
0.246	39.315		－15.398	
0.437	12.496	－21.636	－4.612	30.985
0.683	5.060		－2.050	
0.984	2.360	－4.628	－0.997	1.254
1.339	1.231		－0.531	
2.213	0	－0.993	0	1.254

从表16－6可知，当集合管截面积与支管总面积比达到0.984时，(a)型第1根支管及第35根支管的流量与平均流量之间的偏差分别仅为2.360%和－0.997%，也就是说各路支管的流量是比较均匀的，当比值为1.339时，流量偏差仅为1.231%和－0.531%。在设计上一般把此比值定为0.9～1.5，作为选择集合管直径的依据。模拟计算显示集合管(a)型流向优于(b)型，因此工程设计上一般采用(a)型。

(三)辐射管平均热强度

炉管表面平均热强度的取值范围因辐射管排的受热方式不同，而在较大范围内变化；同时炉管材质所允许的最高金属管壁温度，管内的内膜温度对所选取的炉管表面热强度起关键作用。另外，炉管表面平均热强度的高低，也将影响加热炉的建设投资。

对于重整反应加热炉，当采用单面辐射管时，炉管表面平均热强度一般取20000～33000W/m^2。当采用双面辐射炉管时，炉管表面热强度的不均匀系数降低，因此，炉管表面平均热强度可高一些。

(四)挡墙温度与辐射室的热效率

挡墙温度是指隔墙上方的温度，即高温烟气从辐射室进入对流室的温度。工艺介质仅在辐射室加热的加热炉为纯辐射加热炉。从传热的角度看，重整反应进料加热炉也可以视为纯辐射加热炉。炉膛产生的高温烟气通过炉顶烟道送入对流段的余热锅炉，利用烟气余热发生蒸汽。

对于箱式加热炉来说，挡墙温度是一个重要参数。工程设计经验常将挡墙温度控制在720～850℃，辐射室的热效率一般为55%～62%，对流室热负荷与辐射室热负荷的比例比较合理。而对于大型化重整加热炉，辐射室的热效率一般为60%～62%。如设计的挡墙温度过高，必将投入更多的钢材用以回收烟气热量。

另外，挡墙温度也是加热炉操作中的一个重要参数，操作中挡墙温度过高，说明火焰太猛烈，容易烧穿炉管、管板及损坏炉衬材料。

三、炉管选材

(一) 辐射室内分支炉管的材料选择

分支炉管的材料选择与管内被加热的介质、温度、压力有关；重整反应炉管内介质为烃类+氢气，炉出口温度为420~553℃，压力为0.3~0.53MPa，在这种条件下，抗氢耐热钢通常优先选择Cr5Mo和Cr9Mo钢。Cr5Mo和Cr9Mo的化学成分、许用应力和温度限制见表16-7~表16-9。

表16-7　Cr5Mo、Cr9Mo化学成分　%

钢的牌号	C	Si	Mn	S	P	Cr	Mo
Cr5Mo	≤0.20	≤0.75	0.40~0.70	≤0.035	≤0.035	4.0~6.5	0.45~0.65
Cr9Mo	≤0.20	≤1.00	0.35~0.65	≤0.035	≤0.035	8.0~10.0	0.90~1.20

表16-8　Cr5Mo、Cr9Mo许用应力[8]　MPa

材质		许用应力		
	ASTM	500℃	550℃	600℃
Cr5Mo	P5	74	41.2	23
Cr9Mo	P9	75	54	26

表16-9　Cr5Mo、Cr9Mo的温度限制　℃

材质		最高使用温度	抗氧化温度	极限设计金属温度	临界下限温度
Cr5Mo	ASTM A335 P5	600	650	650	820
Cr9Mo	ASTM A335 P9	650	705	705	825

炉管材料的确定受到最高管壁温度的限制，因此应对炉管的最高管壁温度进行详细计算，计算方法详见SH/T3037或API530标准。一般最高管壁温度小于600℃时，采用Cr5Mo，而最高管壁温度大于600℃可选用Cr9Mo。

(二) 集合管材料的选择

集合管通常设置在炉外的保温箱内，它与炉内支管相连，通过它将被加热介质送入炉内各支管，加热后导入另一根集合管将被加热介质送出加热炉引至反应器。集合管的管壁温度接近管内介质温度，它的最高壁温低于炉内各支管的管壁温度，材料可选择1¼Cr-0.5Mo(P11)或Cr5Mo(P5)。1¼Cr-0.5Mo、Cr5Mo许用应力见表16-10。这种材料在集合管的使用温度范围内具有良好的机械性能，并且抗氢耐热。

表16-10　1¼Cr-0.5Mo、Cr5Mo许用应力

材质	许用应力/MPa		
	500℃	550℃	600℃
1¼Cr-0.5Mo(P11)	78	37	16
Cr5Mo(P5)	74	41.2	23

从表 16－9 中可见，温度在 500～550℃，对 P11 与 P5 的机械性能差不多。目前广泛采用 P11，当采用该材料时，应对材料中的 S、P、Sn 等微量元素加以限制，防止出现材料的脆化。从价格上来看 P11 比 P5 的便宜。如果集合管受力复杂，介质温度较高，也可采用 P5。

（三）对流段管材的选择

在对流段余热锅炉中，各段工艺参数如表 16－11 所示。

表 16－11 工艺参数

项目	过热段	蒸发段	预热段
出口温度/℃	约 450	约 260	约 220
压力/MPa	3.9	3.9	3.9

各段管材的确定主要取决于各段的管壁金属温度和管内介质压力。最高管壁金属温度由计算得出，材料根据计算分段选取。

过热段出口温度为 450℃左右，炉管的管壁温度已超过碳钢的允许使用温度，常选用 1¼Cr－0.5Mo 或 Cr5Mo，蒸发段和预热段的出口温度为 200～260℃，材质可选用碳钢。

四、炉管支承件的选材和设计原则

常见的炉管支承件是管架和管板。除两端管板可采用钢板焊制外，其他炉管支承件均在炉内，一般为铸造件。炉管支承件应根据其设计温度、设计荷载、许用应力和烟气腐蚀性进行选材和设计。

（一）设计温度

炉内的炉管支承件直接暴露在烟气中，通常按其所在部位的烟气温度再加上温度裕量作为设计温度。辐射室和遮蔽管段部位的炉管支承件按烟气出辐射室的温度加 100℃作为设计温度，且不得低于 870℃[9]；而对流室中的炉管支承件按其接触的较高的烟气温度加 55℃。

炉管支承件根据其设计温度和钒＋钠的腐蚀等因素按表 16－12[10]选材。

表 16－12 选材

材质	最高使用温度/℃	材质	最高使用温度/℃
碳钢	430	25Cr－12Ni	980
RQTSi－4.0	600	25Cr－20Ni	1100
RQTSi－5.0	750	50Cr－50NiNb	>649
18Cr－8Ni	800		（且燃料中含钒＋钠 $>100\times10^{-6}$）

（二）设计荷载

炉管支承件承受的荷载与其支承方式有关。支承水平管的中间管板或管架，其静荷载应按多点连续梁确定，且应承受炉管热膨胀时由于摩擦力产生的瞬时水平推力，计算摩擦荷载的摩擦系数一般取0.3；辐射室炉管的吊钩或吊架的静荷载应按其所吊的炉管、管件及管内充水重的1.5倍计，没有摩擦水平推力。

（三）许用应力

支承件在设计温度下管架最大许用应力应不超过下列各值[9]：

1. 对静荷载

① 抗拉强度的1/3；

② 屈服强度(0.2%残余变形)的2/3；

③ 10000h产生1%蠕变时平均应力的50%；

④ 10000h发生断裂时平均应力的50%。

2. 对静荷载加摩擦荷载

① 抗拉强度的1/3；

② 屈服强度(0.2%残余变形)的2/3；

③ 10000h产生1%蠕变时的平均应力；

④ 10000h发生断裂的平均应力。

对于铸件，许用应力应乘以0.8的铸造系数。许用应力值见SH/T 3036《一般炼油装置用火焰加热炉》的附录D。

辐射室内的炉管连接件的安装位置如图16-33所示。根据辐射室的工况条件，连接件的材质为06Cr25Ni20。其特点是耐高温且强度高。

对流段炉内的中间管板则根据不同部位的烟气温度分段选材。常规的设计为：位于烟气高温段的管板材质为06Cr25Ni12，低温段的材质为RQTSi-5.0或RQTSi-4.0。由于RQTSi-5.0或RQTSi-4.0已经停产了，采购它们比较困难，加之随着重整加热炉的大型化，对流管板的宽度越来越大，要求管板提供更大的承载力。近几年的设计，在靠近辐射段出口处的高温段，管板多已采用06Cr25Ni20，在这部分以上的各个管段均为06Cr25Ni12。

炉管支承件的厚度应根据强度计算确定。

五、辐射室管系的热膨胀

辐射室管系由炉外集合管与炉内的支管组成。在管系的设计中，除了满足传热的要求，还应考虑炉内每根炉管及炉外相连管线的热膨胀。某厂在烘炉时，有物体将加热炉这一侧自由移动端卡住，管线热膨胀反向位移，致使反应器顶端倾斜。实际生产操作中重整炉介质出炉温度一般在550℃左右，管线的热膨胀不可忽视。

热膨胀来自两部分，一是炉内管线即各个支管自身的热膨胀，另外是来自集合管和外部工艺管线的热膨胀。

炉内管线的热膨胀主要靠支管来吸收，支管被设计成可自由移动的结构，在必要的位置上设有导向结构和管排连接结构，使支管按照设计规定的方向自由膨胀。对于上部悬挂式的管排受热后将向炉底自由膨胀。而底部支承的管排受热后将向炉顶自由膨胀。

集合管是炉内支管与炉外工艺管线的连接部件，因此炉内支管的膨胀和工艺管线的膨胀对它均有影响。为了补偿集合管及其相连管线的热膨胀，一般将整个管系设计成可以自由移动的结构，集合管的设置通常有三种形式。

① 集合管置于辐射室顶部外侧；

② 集合管置于辐射室底部外侧；

③ 集合管位于加热炉的顶－底双侧。

每种结构形式对吸收热膨胀都有特殊的考虑。特点如下：

集合管置于辐射室顶部外侧(图 16－32)，特点是管系受热部分处于悬垂状态，利于炉管热膨胀和受热变形，同时通过安装时冷预紧措施，还能吸收一部分来自工艺转油线的水平膨胀；集合管采用恒力弹簧吊挂，能吸收部分转油线的垂直热膨胀。采用这种结构，整个管系悬挂在炉顶大梁上，增加了辐射室钢结构的复杂性，增大了钢结构的截面尺寸。

集合管置于辐射室底部外侧(图 16－34)，其特点是避免了辐射室上部的复杂结构；不需采用恒力弹簧吊挂；通过安装时的冷预紧可吸收部分来自工艺转油线的水平热膨胀；下部支承改善了炉体的受力形式。采用这种结构，管系受热部分在加热过程中易产生变形，必须采取定位措施；且这种形式决定了辐射盘管高度不宜太高，因而限制了辐射炉管的有效长度；由于是下部支承，这种形式不能吸收来自转油线的垂直位移。

顶－底双侧集合管(图 16－30)管系为顶部吊挂，通过安装时冷预紧措施，能吸收一部分来自工艺转油线的水平膨胀；但上下集合管对与之相连的直线状支管有较大的约束，当炉内的支管受热膨胀不一致时容易产生较大的附加应力。

六、燃 烧 器

燃烧器是加热炉的关键设备之一，其好坏直接影响热量在炉内的分布和传递。对燃烧器的要求不仅应满足供热还应满足环保要求。燃烧器的设计和选用应满足以下条件。

(一) 燃烧器应与燃料特点相适应

根据不同的燃料，选择不同类型的燃烧器。由于炼油厂自产燃料油，又有副产燃料气，重整装置中的圆筒炉普遍采用油－气联合燃烧器。所用的燃料油大多是高黏度的减压渣油，因此，必须选用雾化效果好的油喷嘴与其相适应。

炼油厂重整装置的重整反应进料加热炉，一般使用混有本装置的副产气作燃料。该燃料中有时氢含量较高，火焰传播速度快，容易回火。因此，大多采用外混式，而不应选用预混式或半预混式的燃料气喷嘴，以免回火影响正常操作，甚至造成事故。

当燃料改变时，往往需要对原用气体燃烧器进一步核算。特别是燃料由气体改为液化气时，常常需要更换燃烧器，并增设液化气气化设备和拌热管线，将液化气气化后送至气体燃烧器进行燃烧。

（二）燃烧器应满足加热炉的工艺要求

燃烧器的放热量应满足加热炉热负荷的要求。在不同的装置中，燃烧器的操作参数（燃料性质和压力、雾化蒸汽的压力和温度）不完全一样，设计通用燃烧器时。一般以较低的操作参数作为设计计算的依据，以保证燃烧器在较差的工况下运行时能达到额定能量。确定燃烧器数量时，其总能量比加热炉所需燃料供热量多20% ~25%，以便在个别燃烧器停运检修时，仍能保证加热炉的操作负荷不致下降。

设计和布置燃烧器时还应保证炉管不致局部过热，燃烧器的火焰应稳定不飘动，不舔炉管。且不应使火焰过分靠近炉管。

设计和布置燃烧器的另一个要求就是要使炉管表面热强度均匀。炉管表面热强度的均匀与否直接影响加热炉的处理量、操作周期和炉管寿命。根据不同的炉型和工艺条件，需要采用不同的燃烧器，并进行合理布置。对于特殊的加热炉燃烧器还应采用分区布置，通过分区调节的方法来控制加热满足工艺要求。

（三）燃烧器应与炉型相匹配

加热炉的炉型与燃烧器是密切相关的。不同的炉型要求不同的燃烧器与之匹配。如果燃烧器与炉型不匹配，将影响操作，甚至难以满足工艺要求。对于炉膛较高大的加热炉，一般采用圆柱型火焰的燃烧器，集中布置在炉底或侧墙上。对于炉膛高度不高炉膛深度有限的加热炉，不宜采用火焰太长的燃烧器。为保证热强度沿炉管分布均匀，应采用能量较小的燃烧器均匀布置。对于炉膛较高的加热炉，宜采用细长火焰的燃烧器。一般认为火焰长度为炉管高度的2/3较合适。

大型加热炉，需要用大能量的燃烧器，以减少燃烧器的数量，便于操作维护和自动控制。

例如：正U型重整反应加热炉，其燃烧器为侧墙布置，炉内火焰为水平状。它应具有如下特点：

① 要有一定的火焰直径，最大为两倍的喷嘴直径，且火焰应刚直有力；

② 要有一定的火焰长度，两侧的燃烧器对峙燃烧时，火焰尖端要有一定距离，火焰不能触及炉管；

③ 较低的 NO_x 产物。

（四）燃烧器应满足节能和环保要求。

燃烧器是加热炉的供能设备，它应该满足既节约能源又符合环保的要求。前者要求燃烧器尽可能地减少自身能耗，并在尽可能少的过剩空气量下达到完全燃烧。后者指的是能实现低氧燃烧。燃烧器也是污染源，燃烧产生的 SO_3 和 NO_x 会污染大气，SO_3 还会造成加热炉低温部位的腐蚀。为了满足环境保护方面的要求，宜采用低 NO_x 燃烧器。

1. NO_x 的产生。在燃烧过程中，NO_x 可以三种方式产生[11]：

①瞬时或直接转化（瞬发 NO_x），在烃基燃烧过程的早期阶段，由空气中的 N_2 生成 NO_x 产物。

② 热转化(热 NO_x)一般表现为分子氮(N_2)转化成 NO_x，这一转化过程取决于转化温度，高温有利于热 NO_x 反应。

③ 燃料中化学氮转化(燃料 NO_x)，由燃料中的氮转化成 NO_x。

为了降低烟气中 NO_x 的含量，减少对大气的污染，燃烧器需采用特殊设计和措施减少 NO_x 的生成量。

2. 分级配风低 NO_x 燃烧器

分级配风燃烧器属于低 NO_x 燃烧器。分级配风燃烧器通过限制燃烧反应区温度来限制热 NO_x 产生。通过提供一个燃料富余区，在该区内燃料的有机氮能转化成分子氮，从而减少燃料 NO_x 生成。

分级配风燃烧器在两个独立的燃烧区内完成燃烧。即初级燃烧区和二级燃烧区。空气被分别引入燃烧区，每一区内的火焰温度不会接近普通标准燃烧器内的温度。燃烧发生在两个不同的阶段。这种燃烧器由此被称作分级配风燃烧器。图 16－39 是典型的分级配风燃烧器。

在初级燃烧区中，一部分空气和燃料进入初级燃烧区。在该区中由于没有足够的空气，许多燃料未被点燃。这种不完全燃烧导致火焰温度低于普通标准燃烧器。火焰外缘的热量通过热辐射向周围传递。较低的火焰温度及有限的氧浓度有助于降低热 NO_x 生成。在燃料富余(还原)条件下，由于燃料分子分解，限制了燃料 NO_x 的产生。由燃料氮生成的部分氮原子能结合成氮分子(N_2) 而没有氧化成 NO_x。

在二级燃烧区(二级)中，另一部分剩余空气被引入初级燃烧的燃烧气流中，燃烧在二级燃烧区内完成(多数情况下位于燃烧器砖的外侧)。由于初始燃烧阶段的热损失，火焰外缘的热量继续通过热辐射不断地向周围传递，火焰温度不会接近标准燃烧器中的温度。

分级供风燃烧器与普通标准燃烧器相比，该种燃烧器火焰最高温度可降低 100℃ 左右，NO_x 生成量可减少 30% ~35%。该种燃烧器用于烧燃料油时需要多个进风调节挡板，操作控制较为复杂。

3. 分级配燃料的低 NO_x 燃烧器

分级配燃料的燃烧器归类于低 NO_x 燃烧器。该燃烧器通过限制燃烧反应区的温度来限制 NO_x 产物。

分级配燃料的燃烧器在两个独立的燃烧区内完成燃烧。燃料被分别引入燃烧区，任一燃烧阶段的火焰温度不会接近标准燃烧器内的温度。燃烧在两个阶段完成。该种燃烧器由此称作分级燃料燃烧器。图 16－40 为典型的分级燃料燃烧器。

在初级燃烧区中，将部分燃料和全部助燃烧空气引入初级燃烧区。燃料的燃烧在过量的空气中完成，过量的空气降低了火焰温度，火焰外缘的热量通过热辐射向周围传递。

在二级燃烧区中，剩余燃料被引入燃烧区与来自初级区的剩余空气完成燃烧。火焰外缘的热量继续通过热辐射向周围传递，火焰温度不会接近标准燃烧器中的温度。分级供应燃料燃烧器与普通标准燃烧器相比，该种燃烧器火焰最高温度可降低 120℃ 左右，NO_x 生成量可减少55%～60%。

4. 烟气再循环低NO_x燃烧器

将烟气再循环引入到燃烧气体中，惰性的烟气冷却火焰，降低氧分压，并减少氮氧化物排放，当使用分级燃烧的燃烧器时，烟气再循环可进一步降低这种排放。烟气再循环一般可采用两种方法，即外部烟气再循环和内部烟气再循环。

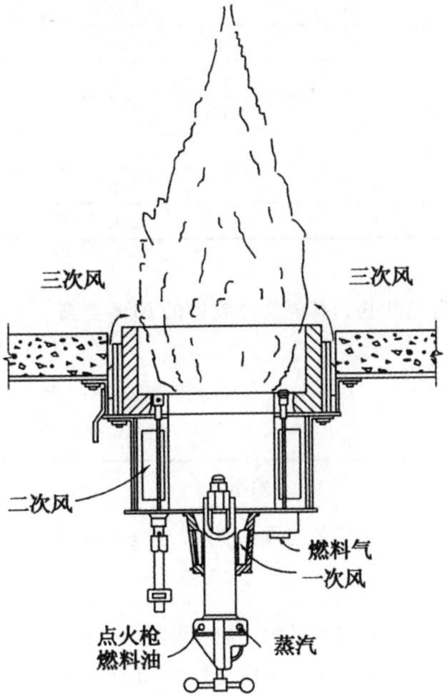

图16－39　典型的分级配风燃烧器[11]

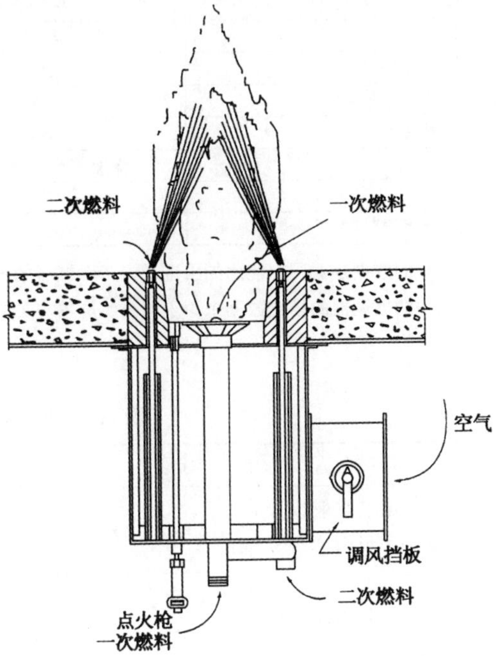

图16－40　典型的分级燃料燃烧器[11]

外部烟气再循环时，利用引风机将烟气从加热炉引出（通常在对流段下游）并返回到燃烧器中。

内部烟气再循环时，利用燃烧空气或燃料气流产生的低压区将炉膛内的烟气引入燃烧器的燃烧区。

烟气再循环燃烧器与普通燃烧器相比，进入燃烧空气中的烟气再循环量会影响火焰的稳定性。内部烟气再循环的燃烧器必须注意，避免出现类似于预混燃烧器中出现的回火等问题。

重整反应炉一般烧气，燃烧器多采用分级燃料的燃烧器。

较之常用的标准普通燃烧器，当采用了空气分级或燃料分级＋烟气循环等燃烧技术以后，可有效的降低氮氧化物的生成量。表16－13列出了各种环保型低NO_x燃烧器的参考数值。

（五）火焰检测技术的应用

对炼油厂加热炉运行过程中的HSE愈来愈受重视，由此燃烧器火焰的检测显现出其重要性。某厂重整加热炉在开工过程中就遇到过燃烧器熄火闪爆事故，重整装置中加热炉数量多，加强燃烧器的火焰检测更引起了炼厂管理、操作人员的高度重视。

1. 相关标准

我国目前已出台与燃烧器火焰检测相关的标准，其提出的要求见表16－14。由表16－14可见，我国标准与国外标准相近。

表16－13 不同形式的燃烧器 NO_x 的排放值 mg/Nm³[ppm(体积分数)]

烧气过剩空气系数15%		
燃烧器的形式	采用环境空气时	采用预热空气
标准燃烧器	225 (110)	312 (152)
低 NO_x 空气分级燃烧器	158 (77)	218 (106)
低 NO_x 燃料分级燃烧器	124 (61)	171 (83)
超超低 NO_x 燃烧器	48 (20)	65 (30)
烧油过剩空气系数25%		
标准燃烧器	575 (280)	793 (386)
低 NO_x 空气分级燃烧器	431 (240)	595 (290)

注：1. 本表的数据是对国内使用的引进或国产燃烧器的统计值；

2. 其中烧油的燃烧器的排放数据来源于国外燃烧器。如果燃料中含有氮化物，其燃烧产物中的NOx会高于上表中的数据。

表16－14 火检的设置

序 号	标准名称	标准号	相关条款	要求
1	石油化工企业设计防火规范[12]	GB 50160—2008	5.7.8	烧燃料气的加热炉应设长明灯，并宜设置火焰检测器
2	石油工业用加热炉安全规程[13]	SY 0031—2004	9.6.1	具备电力供应条件的加热炉应设置燃烧器熄火报警装置。火筒式加热炉应设置加热段低液位报警装置；管式加热炉应设置炉膛超温报警装置
3	燃油(气)燃烧器安全技术规则[14] 总则第二条 本规则适用于各类燃油(气)锅炉用燃烧器，其他用途用燃烧器可参照本规则执行	TSG ZB001—2008	第三章，第14条	在其《安全与控制装置》中的第十四条：燃烧器应当设有火焰检测装置，并且符合以下要求： a) 能够验证火焰是否存在 b) 火焰检测装置的安装位置，能够使其不受外部信号的干扰 c) 在点火火焰和主火焰分别设有独立的火焰检测装置的场合，点火火焰不能影响主火焰的检测
4	美国API标准			燃烧系统的设计应尽可能降低火焰熄灭的可能性。可以通过提供可靠的燃料系统、稳定可靠的长明灯及燃烧器燃料压力控制手段得以实现。如果长明灯燃料气的来源不可靠或者在火焰有可能熄灭的情况下，应该设置火焰监视设备。有多个火焰检测器时，应设置相应的逻辑功能实现紧急停车。即任何一个检测器显示燃烧器熄火后应立刻报警，当燃烧器熄火的个数达到用户设定值时应自动触发紧急停车功能，且火焰熄灭后不允许再次自动点火。若长明灯具备单独的燃料气系统，一般不需要再设置火焰检测器

2. 常用的火焰检测设备

国内炼油厂加热炉上常用的火焰检测设备主要有两类。一类是直观监视燃烧器火焰情况，主要类型为工业电视，由人通过监视设备看到的图像判断火焰是否燃烧。另一类属于非直观检测类，主要类型有红外火焰检测器、紫外火焰检测器、离子火焰检测器三种，通过给出电子信号自动判断火焰是否熄灭。

(1)高温工业电视火焰监视器

高温工业电视火焰监视器是设置在炉壁上可监视炉内所有燃烧器燃烧状况的彩色工业电视监视系统，主要由输像系统(镜头、潜望镜管、摄像机等)、运动系统、控制系统等组成。控制室的操作人员可以在监视屏幕上看到炉内燃烧器燃烧火焰的真实图像，操作人员根据图像及时处理、调整发现的问题。高温工业电视是目前国内炼厂应用最广泛的火焰监测手段。该火焰监视方法最大的缺陷是不能够实现自动报警和连锁功能，需要操作人员对监视器的屏幕进行观察识别。

目前设计单位与科研单位联合开发了具有报警功能的高温(防爆)电视监控系统，可直接观察炉膛内情况，而且可对各个燃烧器单独进行监视。一旦检测到某个燃烧器火焰熄灭，即可输出实时报警信号，并可将报警前后2min的画面录制下来，供分析研究使用。

(2)红外火焰检测器

红外火焰检测器属于非接触式的火焰检测设备，它采用传感器原理，响应红外光谱的波长，通常响应的波长范围为760～1700nm，根据检测目标火焰产生红外线强度及火焰闪烁频率来确定火焰是否存在。当任何一个火焰熄灭后，可立即给出报警信号。

红外火焰检测器可以单独检测燃烧器长明灯火焰或主火焰，且更适合于液体燃料、重油火焰和惰性气体含量较大的燃料的火焰检测。这是因为液体燃料燃烧产生的红外线强度高，气体燃料燃烧产生的红外线强度低，而且红外线不易被粉尘颗粒、水蒸气和其他燃烧产物吸收。红外火焰检测器只能检测单独火焰，如果长明灯火焰和主火焰都要检测，每个燃烧器就需要安装2台红外检测器。

(3)紫外火焰检测器

紫外火焰检测器也属于非接触式火焰检测设备。它采用传感器原理，响应紫外光谱的波长(范围在400nm以下，主要在300nm附近)，检测目标火焰产生紫外线强度及火焰闪烁频率来确定火焰是否存在。当任何一个火焰熄灭后，可立即给出报警信号，当达到设定个数燃烧器火焰熄灭后可进一步给出信号触发安全联锁。

紫外火焰检测器稳定性好，灵敏度高，抗干扰能力强，可单独检测燃烧器长明灯火焰或主火焰。与红外检测器不同的是，紫外火焰检测器更适用于干净的气体燃料工况，因为气体燃料燃烧产生的紫外线强度高，液体燃料燃烧产生的紫外线强度低，且紫外线容易被水蒸气、粉尘颗粒等吸收。

紫外火焰检测器只能检测单独火焰。如果长明灯火焰和主火焰都要检测，每个燃烧器就需要安装2个紫外检测器。

(4)离子火焰检测器

离子火焰检测器主要由探头(离子导电杆)、检测电缆和信号处理箱组成，属直接接触型火焰检测装置。工作时，探头的探针深入火焰区，利用燃料高温汽化时产生电离特性，解离成正负离子，在极化电压形成的电场中，正负离子向各自相反的电极移动，形成离子流，导通电极，发出火焰建立信号，该信号经阻抗转化，放大器放大(110 ~ 1000 倍)便获得可测量的电信号。放大处理后的信号送入 DCS，当任何一个火焰熄灭后，可立即给出报警信号。

离子火焰检测器属于直接接触式，工作时探针时刻处于高温区，易受污染，它通常适合于较为洁净的燃料气。工程上用它检测长明灯火焰。离子火焰检测器虽然单体价格相对较低，但其有效使用寿命较短，因此后期使用和维护的工作量及费用还是比较大的。离子棒在国内两个厂的使用过程中，业主反映投用一段时间后，相继失去信号响应，离子火焰检测器还需要进一步完善。

3. 火检报警

目前国内各个炼油厂的设计一般是长明灯熄灭则报警，甚至给出强烈报警。提醒操作人员查明原因及时处理，保证设备完好运行。美国某公司规定：长明灯熄灭报警，同时规定熄灭率大于 50%，立即联锁停炉。法国某公司规定：长明灯熄灭报警，熄灭率大于 50% 时，如果炉膛温度低于 600℃，则联锁停炉。

七、吹 灰 器

重整装置中的部分加热炉需要烧重质燃料油，对流段炉管积灰是不可避免的，目前国内的吹灰器常用的有三种形式，特点如下。

(一) 蒸汽吹灰器

蒸汽吹灰器仍然是最为常用的吹灰设备，由于它结构简单，便于操作，目前仍然广泛应用在欧美国家的加热炉上。一般常见为伸缩式蒸汽吹灰器。利用高压蒸汽直接对积灰表面进行吹扫清除积聚在炉管表面的积灰。其特点是安全可靠。

(二) 声波清灰器

声波清灰技术是利用声波发生器把一定强度的声波送入运行中的加热炉的对流段中，通过声能量的作用，使空气分子与粉尘颗粒产生振荡，破坏和阻止粉尘粒子在炉管表面沉积，使粘附在炉管表面的粉尘颗粒处于悬浮流化状态，借助烟气流动和扰动流将其带走或使其自动脱落。

声波清灰器在炼油加热炉上的应用为周期运行，间歇操作，工作时间一般为 30s，可以手动或自动运行。

(三) 激波除灰器

在炉外一个特殊的容器中使可燃气体中产生爆燃，剧烈爆燃的气体在容器内瞬时升压，并产生压缩波，通过管线将冲击激波引入加热炉的对流段，辐射至积灰的炉管表面，通过调整和控制产生的激波强度，使积聚在炉管表面上的积灰在足够强度的激波冲击下碎裂，最终脱离炉管表面。

激波除灰器在电站和锅炉行业应用较多，炼油炉上应用较少，每次清灰大约30min。

值得注意的是，对于声波清灰器和激波除灰器在设计上和选用时应充分对其进行安全评估，因为低频声波和爆燃冲击波泄漏均危害人身安全，为此除应充分考虑该设备的安全性外，在使用中还应对人身进行必要的安全防护。

八、耐火材料

重整反应加热炉的辐射室炉墙以前多为砖砌结构，施工周期较长，施工困难大，隔热效果较差，后来过渡至采用轻质衬里，这种材料可塑性强，可用于各种形状复杂的场合，抗气流的冲刷能力强，便于施工。

近年来又出现了耐火陶瓷纤维衬里。陶瓷纤维炉衬最大的特点是耐热隔热性能好。在同等条件下可获得最薄最轻的炉墙。炉墙外壁温度低，散热损失小。

陶瓷纤维炉衬具有以下特点：

① 耐高温，陶瓷纤维一般由 Al_2O_3 构成，使用温度可达1260℃；

② 重量轻，密度为128kg/m^3，为轻质耐火砖墙的1/3，重质耐火砖墙的1/14；

③ 热导率低，陶瓷纤维毡的热导率见表16－15。用此材料可降低所需耐火材料的设计厚度，一般为轻质砖墙的1/2，重质耐火砖墙的1/4[1]。使用陶瓷纤维炉衬可以大大减轻钢结构的承重；

表16－15　陶瓷纤维毡(喷涂陶瓷纤维)的热导率

体积密度/(kg/m^3)	在平均温度t℃下的热导率/[W/(m·K)]				
	$t=204$	$t=427$	$t=649$	$t=871$	$t=1093$
96	0.062	0.120	0.211	0.332	0.493
128	0.058	0.105	0.179	0.273	0.395

④ 热容小，为轻质耐火砖墙的1/4，重质耐火砖墙的1/21，有利于快速升温、降温；

⑤ 由于陶瓷纤维炉衬为多孔柔性耐热材料，还具有耐震动、吸音等特点。

陶瓷纤维成本较高，因此，炉墙高温向火面一般采用高温陶瓷纤维毡而背衬采用低温陶瓷纤维毡或矿渣棉板的复合结构，以节省投资。陶瓷纤维炉衬不能承受机械载荷，在加热炉炉墙的某些部位和喷嘴处，炉墙结构都需特殊设计。例如。喷嘴的外壳结构应加强，并支承于炉外壳的壁板上。另外，陶瓷纤维不耐高速气流冲刷，气流速度高的部位，往往不采用此种材料。

需要注意的是陶瓷纤维炉衬怕水浸泡，浸水之后体积缩小，炉衬变形乃至坍塌。因此在施工和正常生产期间应注意防范。

目前，国外设计的重整炉均采用陶瓷纤维复合层，向火面的热面层为耐温1260℃、容重128kg/m^{3}针刺纤维毡，背衬为耐温870℃、容重96kg/m^{3}的针刺纤维毡，这种结构需要层层施工，纤维毡需用保温钉固定，暴露在炉膛内部的保温钉端部需用陶瓷螺帽或小块陶瓷纤维毡覆盖，以避免热量通过金属保温钉在钢板外壁形成高温热点。这种结构施工质量要求较高，国内设计并投产使用的重整炉，耐火隔热结构曾经采用过用喷涂陶瓷纤维或陶瓷纤维可塑料。向火面热面层为耐温1260℃的高铝纤维，背衬层为耐温870℃以上的普铝纤维，施工方便，速度快，可用于形状复杂的部位。它施工周期短，隔热效果好，现场实测炉外壁温度通常在60℃左右，散热损失小，得到了用户的欢迎。

对流段的温度低于600℃，此段烟气流速较大，气流冲刷严重。衬里采用陶粒－蛭石－高铝水泥结构。生产实践证明采用这种衬里材料，炉体外壁温度通常低于80℃，是既经济、隔热性能又好的材料。

近几年来，炉衬结构又有了新的发展。

1. 组合炉衬的应用

为了充分发挥各种材料的性能，目前辐射段，对流段和炉底的衬里结构发生了变化，不再是单一的材料，而是不同材料的组合。

(1)辐射段炉壁组合炉衬

以往的设计，辐射段常常采用陶瓷纤维。近几年发现，辐射段炉壁因烟气露点腐蚀造成的损坏时有发生。为了阻止酸性气体穿透陶瓷纤维在低温段冷凝，通常采用陶瓷纤维折叠块＋阻气不锈钢箔的特殊结构。新的设计采用了陶瓷纤维折叠块＋浇注料的组合结构，这一特有的结构在工程应用中被证实非常有效。

(2)辐射段炉底组合炉衬

加热炉的炉底采用耐火砖＋憎水性纤维板＋隔热耐火浇注料。

(3)对流段的组合炉衬

对流段炉衬采用憎水性纤维板＋隔热耐火浇注料。中国石化工程建设有限公司(SEI)研发了高强度低导热率的浇注料，在相同的炉衬厚度条件下，其外壁温度可比普通浇注料降低15℃左右。这种材料被用于加热炉的对流段和辐射段。

2. 改进加热炉出现热点部位的炉衬结构

加热炉炉壁上易出现热点的部位常见于看火门、泄压门、燃烧器周圈与壁板连接位置、对流弯头箱等。这些部位的热点长期以来困扰着生产部门。设计人员为此进行了诸多改进，对于看火门、泄压门部位，采用了与门孔配套的陶纤真空成型块，减少了门孔四周裸露的缝隙从而避免热点。对于燃烧器周圈与壁板连接部位，多采用垫设陶瓷纤维编织带或高效绝热材料，降低该区域的温度。

对流段的弯头箱也时有超温现象，对于弯头箱这样特殊部位，必要时可采用定制的陶瓷纤维真空成型块包裹裸露的弯头，以减少散热损失。

长期以来，衬里锚固件给炉壁带来的热点是最难于消除的，纵观国内外炼油加热炉，这种热点比比皆是。为减少这种热点SEI开发了陶瓷＋金属组合保温钉。

上述技术已在近几个工程中应用，效果显著，使加热炉的热点温度明显降低。

九、余热回收系统

用于重整装置中的烟气热回收的方案很多，其设计和选用的一般原则为：

① 选用的方案技术上应是安全可靠，且能满足长周期运转的要求；经济上一般要求三年内回收基建投资。余热回收方案的选用应通过详细的技术经济比较来决定。

② 选用的余热回收方案应能满足环保的要求。

③ 选用余热回收方案时，应首先考虑充分利用对流室的受热面降低排烟温度。排烟温度与对流室末端被加热的工艺介质温度之差应按经济温差确定，一般情况下，对流室采用钉头管时为90～120℃，采用翅片管时为60～90℃。烟气侧换热面的低温露点腐蚀和积灰堵塞问题是决定余热回收方案的关键因素，在选用余热回收方案、确定设计参数和结构时均应给予充分的重视。

在重整装置的炉群中，反应进料加热炉烟气出辐射室的温度为750～850℃，一般采用余热锅炉进行热量回收，并产生装置所需的中压蒸汽，最终排烟温度为190℃以下。

预处理进料加热炉和塔底重沸炉，对流室的排烟温度为280～360℃。这部分烟气热量需要回收利用，一般将此烟气集中收集，并导入空气预热器与冷空气换热，产生燃烧器所用的热空气。排烟温度为130℃以下，热效率可达92%以上。

目前常用的空气预热器有管式、扰流子式和热管式等多种形式。根据不同的工况条件，设计者往往有不同的选择。

（一）管式空气预热器的特点

管式空气预热器(图16－41)为列管式结构，空气与烟气分别进入管程和壳程进行垂直交错换热。列管可用钢管、铸铁管或玻璃管。根据烟气高温硫腐蚀及露点腐蚀程度来确定采用单一式列管或组合式列管。耐露点腐蚀钢管、合金铸铁管和硼硅玻璃管都耐低温露点腐蚀，但受热面积灰和堵塞问题需在设计时予以解决。

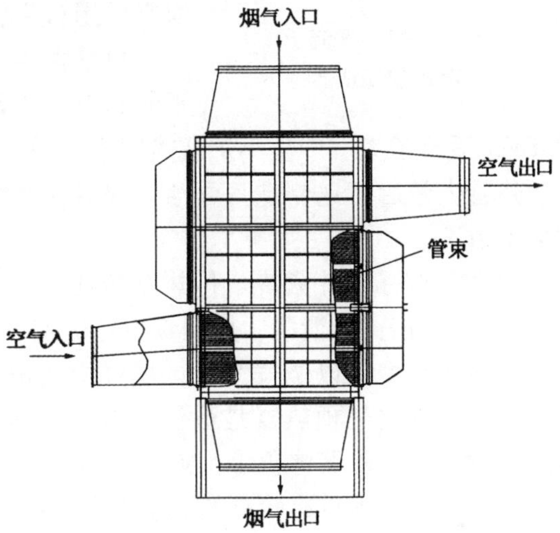

图16－41　管式空气预热器

管式预热器一般采用二组或三组，最后一组应采用易检修或可更换的结构。根据使用经验，烟气走壳程，空气走管程可减少管内积灰。反之则增大烟气侧阻力，甚至堵塞通道。烟气走壳程可便于吹灰和冲洗。

本方案结构简单，技术成熟，可回收500℃以内烟气余热。缺点是传热效率低、结构庞大、钢材耗量大。

（二）扰流子式管式空气预热器的特点

为了强化传热在传热管的内部增设扰流装置所形成的换热器，称之为扰流子式管式空气预热器，设备结构简图见图16－42，单管图见图16－43。

本方案结构简单，技术成熟，可回收500℃以内烟气余热。传热效率较高。缺点是气体的流动阻力较大，钢材耗量大。

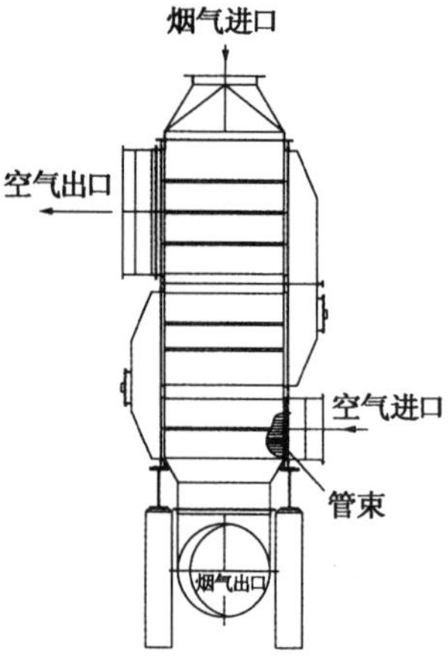

图 16－42 扰流子管式空气预器

(三) 水－钢热管预热器

水－钢热管预热器是由多个传热单管组成，烟气侧与空气侧用隔板密封，防止气体窜漏，结构形式见图 16－44。

水－钢热管以水为工质，单管结构如图 16－45 所示，该管在真空条件下封装了传热工质，工作时，高温烟气将管底的工质加热，工质在高真空下受热汽化上升，在管顶放出汽化热将管外的空气加热，该工质冷凝再次回流到管底，如图 16－45 所示。

为了进一步强化传热，冷端(空气侧)常常采用翅片管，热端(烟气侧)在烧气时一般采用翅片管，烧油或油气混烧时宜采用钉头管或齿形翅片管，并应设置吹灰装置。

热管常用管径有 $\phi25$、$\phi32$、$\phi42$、$\phi51$ 等。热管可水平倾斜 10°放置或垂直放置。热管预热器设计负荷从 0.1～10MW，适合于大、中、小炉余热回收应用。

热管失效后可送制造厂再生。单管可以定期取出清洗。

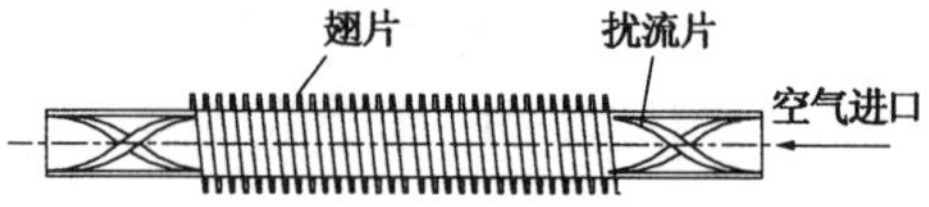

图 16－43 扰流子单管图

本方案具有设计紧凑、传热系数比管式预热器高 2～5 倍，无泄漏，用钢量少等优点。

重整装置主要以烧气为主，烟气中灰份含量极少，热管空气预热器是最佳选择，它具有传热效率高，预热器体积小，施工周期短，检维修方便等特点。

由于热管要求具有较高的真空度和较严格的密封技术和高纯度的工作液体，在使用几个周期后，必须对所用的热管进行复查和维护。失效的管束应及时更换，以确保该预热器高效地回收烟气余热。

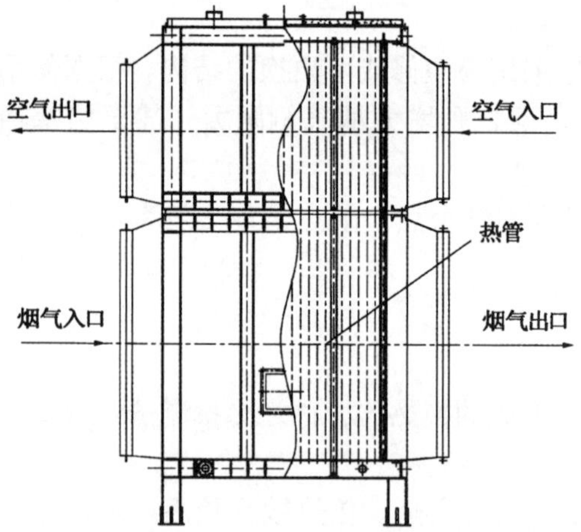

图 16－44 热管预热器

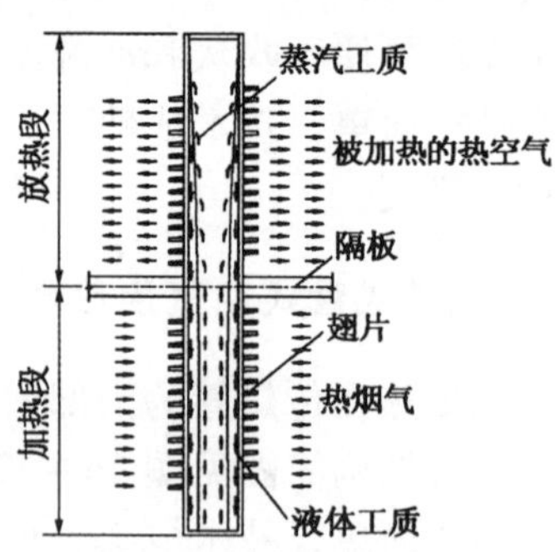

图 16－45 热管工作原理图

(四)铸铁预热器

铸铁预热器并不是近期出现的新技术，典型的结构见图 16－46。但长期以来，该技术几乎没有得到发展，究其原因主要是与其他形式预热器相比它过于笨重。研究对比发现：铸铁预热器板片的厚度只有小于等于 6mm 才有竞争力，这需要高超的铸造技术。

2009 年国内成功开发研制了新型的耐烟气低温腐蚀的高效铸铁空气预热器，设计了新型的双向板片结构和特殊的齿形，并在金属材料中加入了微量合金元素，铸铁预热器板片厚度可以做得很薄，单位质量的预热器传热面积大，预热器的总质量轻。特殊形状的翅片还获得最小的气体流动阻力，微量合金元素的加入不但提高了板片的强度而且提高了耐蚀能力。其技术水平已经达到了国际同类产品的水平。

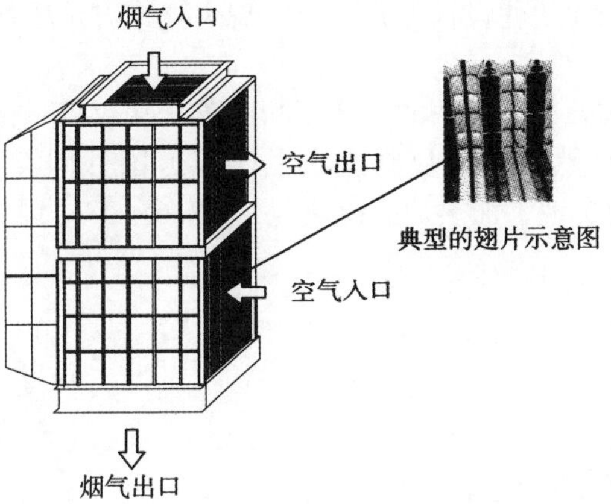

图 16－46　典型的铸铁预热器

为了确保新材料能够适应空气预热器的工作温度变化工况及离线后及时水冲洗时的温度急剧变化，进行了大量的试验，使设计的预热器可以承受 600℃高温下急速水冷却的冷热急剧变化，图 16－47 为快速火焰加热后急速水冷却的试验情况。试验结果证明换热元件没有出现裂纹，翅片完好无脱落。

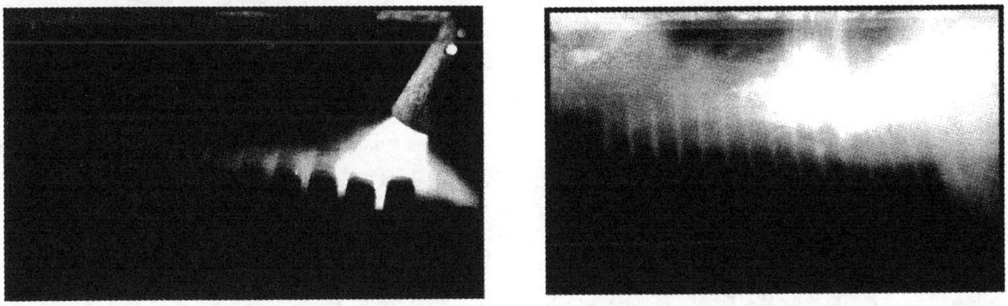

图 16－47　换热元件耐冷、热急变实验

铸铁双向翅片空气预热器与其他类型的预热器相比具有以下的特点：

①板片双面具有翅片，比表面积大，传热效率高，结构紧凑。

②空气侧与烟气侧的不连续翅片采取错列式并列排布，翅片的排列形式具有扰流的作用，可强化流体的湍流状态，在强化换热的同时具有一定的自清洁能力。

③换热元件有较好的热震稳定性，可离线后及时进行水冲洗，有效缩短维护时间，提高设备在线率。

④抗露点腐蚀能力较好，低温腐蚀速率较小，使用寿命长。可进一步降低排烟温度，排烟温度达 120～130℃，有的厂用到了 110℃。（暂不推荐 110℃的排烟温度，过低的排烟温度会造成大量的含酸冷凝水出现，需要进一步处理。）

十、模块化制造设计

自 20 世纪 80 年代末以来，国内工程公司开始接触加热炉模块化设计，经过加热炉工程师们的不懈努力，模块化设计目前已经成为加热炉设计的主流方式。重整装置中的加热炉，不仅实现了圆筒炉的模块化设计方式，也实现了立式方炉辐射段分片、对流段分块的模块化设计方式。

经过近几年的工程实践，对模块的设计不断完善，从仅仅只做对流段模块，发展到现在的全炉模块化。我国加热炉的模块制造水平已接近国外同类模块的水平。国内几套 2Mt/a 以上的连续重整均实现了加热炉的模块化，图 16－48～图 16－58 为建造时的部分图片。

图 16－48 圆筒炉辐射段模块经工厂制造车运达现场

图 16－49 圆筒炉辐射段现场组装

图 16－50 辐射室顶模块安装

图 16－51 圆筒炉对流段模块安装

图 16－52　加热炉模块安装全景

图 16－53　双辐射室圆筒炉对流段组装之一

图 16－54　双辐射室圆筒炉对流段组装之二

图 16－55　重整四合一加热炉辐射段组装

图 16－56　重整四合一加热炉对流段模块

图 16－57　重整四合一加热炉对流段组装

加热炉模块化缩短了施工工期，节省了人工，保证了整体安装质量，降低了生产成本。模块化制造的优势主要体现在：

图16-58 某厂重整芳烃联合装置共11台加热炉模块化制造现场组装

①工厂化预制，能减少场地占用，节约了现场临时施工用地；

②工厂化预制，能够更大限度地使用自动焊、自动车床等自动化设备，节约了更多的人力投入，也节省了大量资金；

③工厂化预制，能够使大量的焊接工作在车间或地面进行，减少了高空作业的危险性，改善了人员的工作环境。提高了人员工作的安全性；

④工厂化预制，能有效地控制尺寸偏差，提升了加热炉的制造精度，进而提高了加热炉整体安装质量；

⑤工厂化预制，能使加热炉本体的制造与土建基础施工，同时开工，当土建施工结束后，加热炉的模块就可进入现场进行安装，与传统的施工建造方法相比可缩短工期1/3~2/3；

⑥模块预制可以集中使用施工现场的吊车，节省起重台班费用。

2004年某厂重整芳烃联合装置中的二甲苯炉采用这种方法进行辐射室、对流室模块化制造，经现场安装组对，施工工期节约2个月，质量验收一次合格率100%。2010~2011年中国石油四川某厂重整芳烃联合装置共11台加热炉，均采用此种工法进行施工，节约工期4个月，安装质量一次验收合格率100%。

目前，这种建造模式已被大多数用户接受，国内多个炼厂均采用了这种建造模式，对比国外的重整加热炉，其质量已经达到国外同类加热炉的制造水平。

十一、余热回收系统中的露点腐蚀[15]

(一)露点腐蚀的危害

长期以来，酸露点腐蚀严重影响炼油装置加热炉设备，尤其是余热回收系统的长周期安全运行。

1. 腐蚀设备，造成安全隐患

一般炼油加热炉的燃料多为炼油厂自产的减压渣油或炼厂瓦斯。当燃料中含有大量硫时，燃烧产物中出现了硫化物。在加热炉和余热回收系统中，高温烟气穿过孔隙率较高的耐火材料(例如陶瓷纤维毯、毡和模块)在低温的炉壁板上冷凝出酸性冷凝液，对金属材料和炉衬保温钉产生破坏性的腐蚀。国内的重整加热炉相继在2005~2009年出现了露点腐蚀现象，酸露点腐蚀对管式空气预热器管板的破坏见图16-59。同样，当含酸的烟气在钢烟囱壁板(图16-60和图16-61)或空气预热器(图16-62)冷壁上产生酸性冷凝液时，也会产生不同程度的腐蚀。烟气酸露点腐蚀是加热炉的一种特殊现象。

2. 酸露点腐蚀制约加热炉热效率的进一步提高

2001年国内7家炼油厂大于12MW的加热炉实际平均热效率为85.5%，2006年提高到87.8%。2009年以后重整加热炉的热效率提高到91%以上。为了保证预热器烟气侧冷端不受露点腐蚀，通常低温余热回收系统冷端金属壁温的设计值须在烟气露点温度以上至少15℃。因此，烟气露点腐蚀制约了最终排烟温度的进一步降低，制约了加热炉热效率的提高。

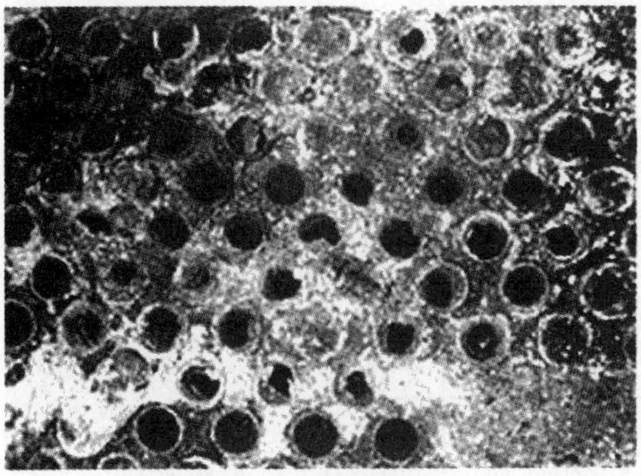

图 16－59　预热器管板严重腐蚀

图 16－60　重整加热炉炉墙腐蚀损坏

图 16－61　重整加热炉炉墙腐蚀损坏

图 16－62　热管预热器管外腐蚀

3. 影响炼油厂生产运行

露点腐蚀已经严重威胁到加热炉的安全生产。遭到烟气酸露点腐蚀的加热炉及余热回收系统，轻则需要调整工艺操作，牺牲热效率；重则被迫停工，需要维修和更换损坏严重的设备或部件，影响生产，造成较大的经济损失。

(二)露点腐蚀原理及影响因素

1. 烟气酸露点腐蚀原理

随着加工原油的劣质化，燃料油或燃料气中均含硫，燃料燃烧后，其中的硫全部生成 SO_2。由于燃烧室中有过量的氧气存在，SO_2 再与氧化合形成 SO_3。在炼油加热炉中，通常有 1%～3% 的 SO_2 进一步转化成 SO_3。当烟气温度降到 400℃以下，SO_3 将与燃烧产物中的水蒸气化合生成硫酸蒸气，其反应式如下：

$$SO_3 \uparrow + H_2O \xrightarrow{<400℃} H_2SO_4 \uparrow \tag{16-7}$$

当烟气温度降低到露点时，炉子尾部低温金属表面上就会发生硫酸露点腐蚀。与此同时，硫酸液体还会黏附烟气中的灰尘形成不易清除的酸性黏灰，腐蚀设备且堵塞烟气流动通道，影响换热效果。

2. 影响露点腐蚀的因素

过剩空气量和燃料中的硫含量是影响烟气露点温度的重要因素。此外，露点温度还会随烟气中水蒸气含量的增多而升高。烟气凝结液中硫酸浓度对换热面腐蚀的速度影响较大。如图 16－63 中所示，浓度为 50% 左右的硫酸对碳钢材料的腐蚀速率最大。

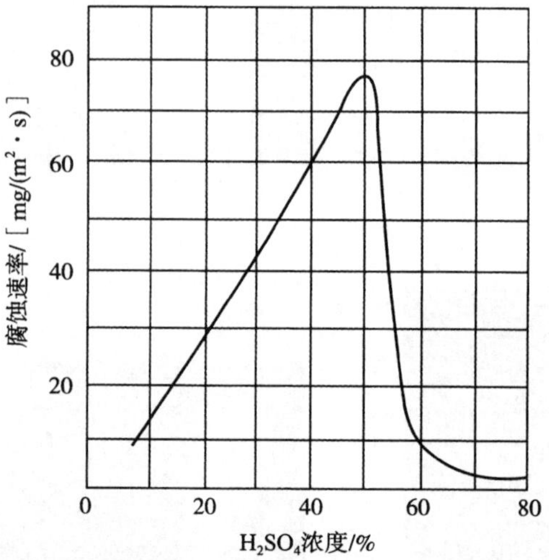

图 16－63 硫酸浓度对碳钢腐蚀速率的影响(恒壁温)

接触烟气的热交换面上的结露是在相当长的时间内进行的。烟气中的硫酸蒸气和水蒸气在遇到冷面时开始冷凝成硫酸液体，随着硫酸的冷凝，此后烟气中硫酸和水蒸气的浓度都有所降低(但前者降低较多，后者降低较少)，烟气的露点也有所下降。在恒壁温条件下，不同浓度的硫酸对碳钢的腐蚀速率是不同的。

(三)露点温度的计算方法

1. 各个研究机构给出的露点温度计算方法

各国的学者对烟气露点温度的计算进行了大量的研究，尽管如此，大家均没推导出一个精确的公式。多个研究机构根据经验给出了相近的计算公式。由于考虑的因素不同，计算结果存有差异，计算方法如下，供大家参考选用。

(1)前苏联 1973 锅炉机组热力计标准方法[16]：

$$t_{sld} = t_{ld} + \frac{\beta \sqrt[3]{S^x}}{1.05^{a_h A^x}} \tag{16-8}$$

式中 t_{sld}——露点温度，℃；

t_{ld}——纯水蒸汽露点，℃；

S^x——燃料折算硫分，%；

A^x——燃料折算灰分，%；

a_h——飞灰份额%；

β——与出口的过剩空气系数有关的系数，标准一般取125。

（2）穆勒曲线[16]

$$t_{sld} = 116.5515 + 16.06329\lg V_{SO_3} + 1.05377(\lg V_{SO_3})^2 \quad (16-9)$$

式中　V_{SO_3}—烟气中SO_3百万分率。

（3）Halstead 曲线[16]

$$t_{sld} = 113.0219 + 15.0777\lg V_{H_2SO_4} + 2.0975(\lg V_{H_2SO_4})^2 \quad (16-10)$$

式中　$V_{H_2SO_4}$—烟气中H_2SO_4蒸气百万分率。

（4）A. G. Okkes 公式[16]

$$t_{sld} = 10.8809 + 27.6\lg p_{H_2O} + 10.83\lg p_{SO_3} + 1.06(\lg p_{SO_3} + 2.9943)^{2.19} \quad (16-11)$$

式中　p_{H_2O}——烟气中水蒸气的分压，Pa；

p_{SO_3}——烟气中硫蒸气的分压，Pa。

另种形式：

$$t_{sld} = 203.25 + 27.6\lg p_{H_2O} + 10.83\lg p_{SO_3} + 1.06(\lg p_{SO_3} + 8)^{2.19} \quad (16-12)$$

式中　p_{H_2O}——烟气中水蒸气的分压，Pa；

p_{SO_3}——烟气中硫蒸气的分压，Pa。

（5）Verhoff & Branchero 估算公式[16]

$$1000/(t_{sld} + 273.15) = 1.78425 + 0.0269\lg p_{H_2O} - 0.1029\lg p_{SO_3} + 0.032\lg p_{H_2O}\lg p_{SO_3} \quad (16-13)$$

还有一种形式：

$$1000/(t_{sld} + 273.15) = 2.9882 - 0.13761\lg p_{H_2O} - 0.267\lg p_{SO_3} + 0.03287\lg p_{H_2O}\lg p_{SO_3} \quad (16-14)$$

式中　p_{H_2O}——烟气中水蒸气的分压，Pa；

p_{SO_3}——烟气中硫蒸气的分压，Pa。

（6）日本电力研究所估算公式[16]

$$t_{sld} = 20\lg V_{SO_3} + a - 80 \quad (16-15)$$

式中　a——与烟气中水分有关的常数，当水分体积为5%、10%、15%时，a分别取184、194、201；

V_{SO_3}——烟气中SO_3百万分率。

（7）Haase & Borgmann 估算[16]

$$t_{sld} = 255 + 27.6\lg p_{SO_3} + 10.87\lg p_{H_2O} \quad (16-16)$$

式中　p_{H_2O}——烟气中水蒸气的分压，Pa；

p_{SO_3}——烟气中硫蒸气的分压，Pa。

（8）H. A. Bapahoba 公式[16]

$$t_{sld} = 186 + 20\lg\phi_{H_2O} + 26\lg\phi_{SO_3} \quad (16-17)$$

式中　ϕ_{H_2O}、ϕ_{SO_3}——烟气中水蒸气和硫的体积分数,%。

(9)FRNC5 的计算方法

$$\ln(K_p) = \frac{12.12}{T_p} \times \left[1 - 0.942^{T_p} + 0.0702^{T_p^2} - (0.0108^{T_p}) \times \ln(1000^{T_p}) - \frac{0.0013}{T_p}\right] \tag{16-18}$$

$$K_p = \frac{p_{SO_3}}{p_{SO_2} \times \sqrt{p_{O_2}}} \tag{16-19}$$

$$T_{dew} = 203.25 + 27.6\log(p_{H_2O}) + 10.83\log(p_{SO_3}) + 1.06[\log(p_{SO_2}) + 8]^{2.19} \tag{16-20}$$

式中　T_{dew}——计算露点温度,℃;

p_{SO_3}——SO_3 的分压, Pa;

p_{SO_2}——SO_2 的分压, Pa;

p_{H_2O}——H_2O 的分压, Pa;

p_{O_2}——O_2 的分压。

2. 推荐的线算图

对于正在运行的加热炉的烟气露点,推荐图[7] 16－64 给出的快速计算法,它根据燃料的含硫量、烟气采样的分析数据求得较为准确的露点值,考虑了较多的影响因素。

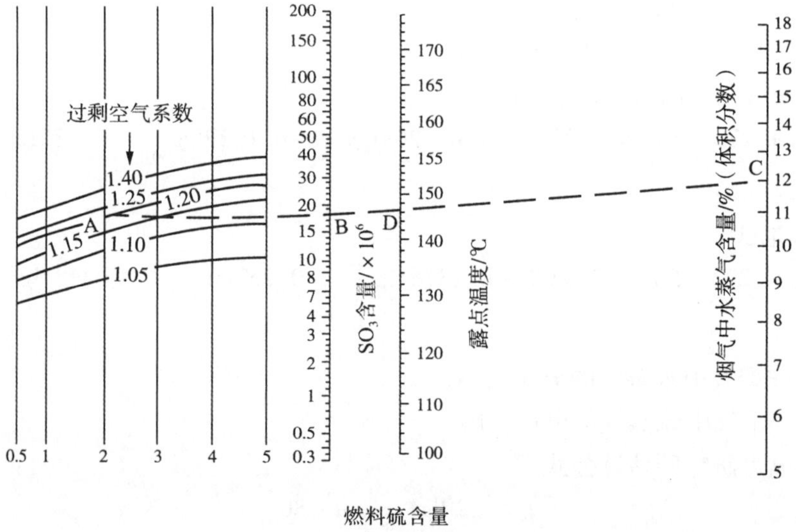

图 16－64　烟气露点温度线算图[9]

(本算图用法:根据燃料硫含量(质量)和过剩空气系数得到点 A,由 A 画水平线与 SO_3 含量线交于 B,根据烟气中水蒸气含量(体积)得到点 C,连 BC 两点即可得露点温度 D。)

使用燃料气时,可用下式将 H_2S 含量换算为 S 含量(%)。

$$S = 0.94H_2S\frac{V_{油}}{V_{气}} \tag{16-21}$$

式中　H_2S——燃料气中的 H_2S 含量,%;

$V_{油}$、$V_{气}$——分别为 1kg 油和 1kg 气燃烧后的烟气体积,m^3(标准状态)/kg。

3. 工程用估算曲线

国外学者[9]也对燃料油含硫量与烟气露点温度的关系做了分析和对比,如图 16－65 ~ 图 16－67 中的曲线。从图 16－65 中曲线可以查出烟气的露点温度。从图 16－66和图 16－67

中的试验数据可以看出，来自工业炉及工业锅炉等的绝大多数露点温度实测值，都处于图 16-65 曲线的下方，图 16-65 中的曲线有充足的安全度，已被 API、ISO 等多项标准所引用，用于工程估算。

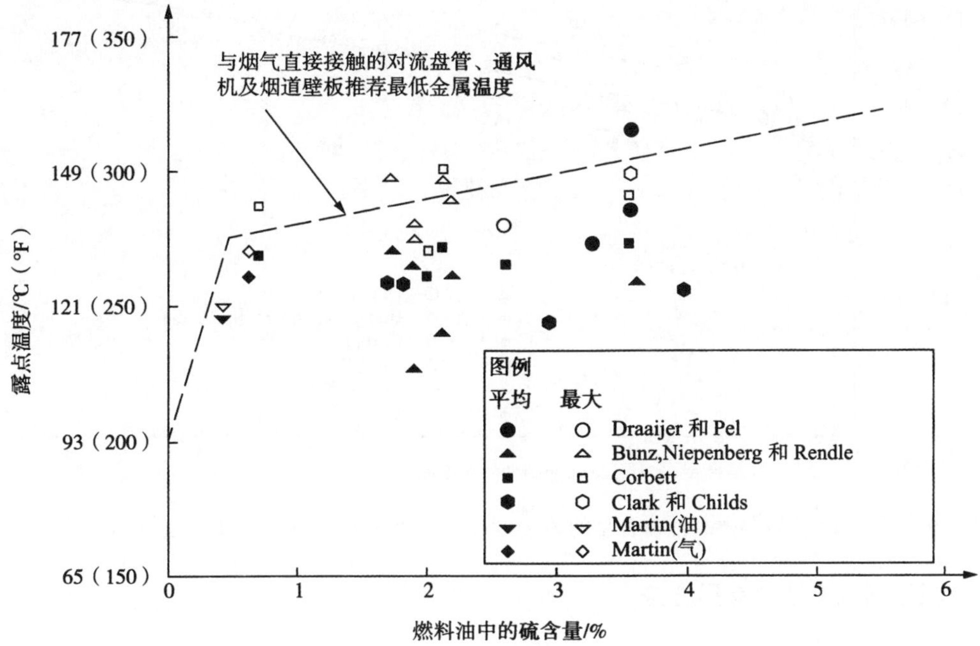

图 16-65　烟气露点温度与燃料油含硫量的关系（来自工业炉的实验数据）

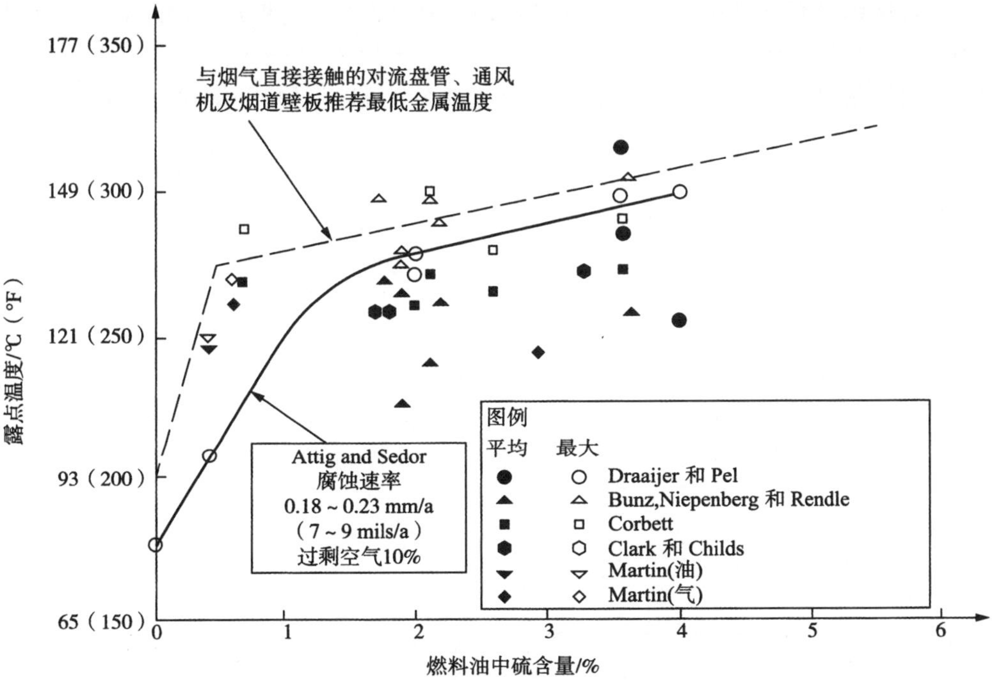

图 16-66　烟气露点与燃料油硫含量的关系（来自工业锅炉和文献的实验数据）[9]

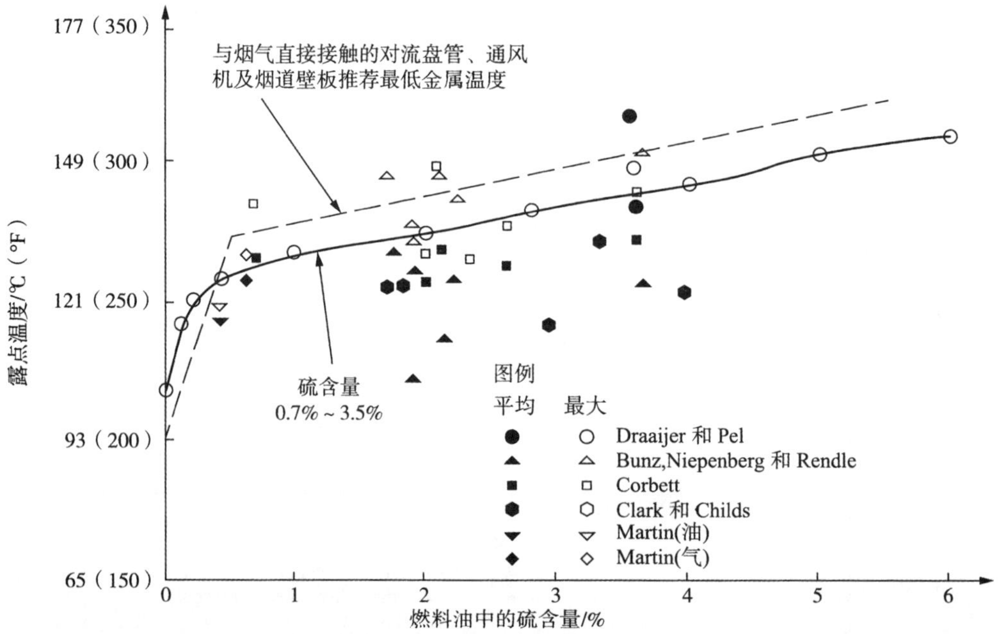

图 16－67 烟气露点与燃料油硫含量的关系(来自工业炉和能源技术公司的实验数据)[9]

(四)减缓烟气腐蚀的常用方法

1. 开发耐腐蚀材料

①通过在换热设备金属表面涂非金属抗腐蚀材料设置阻隔层，阻止金属表面接触烟气冷凝液。目前国内已有研究对管式空气预热器钢管外表面(烟气侧)涂非金属防腐层的方法，试用取得了初步成果。

②开发研制耐腐蚀的金属材料。图 16－68 是 J F Barkley 对几种钢材进行挂片低温腐蚀实验的结果，其中低合金 Corten 钢的抗低温露点腐蚀性能较好，而多数高铬镍钢在抗低温露点腐蚀方面还不如碳钢，有的反而更差。

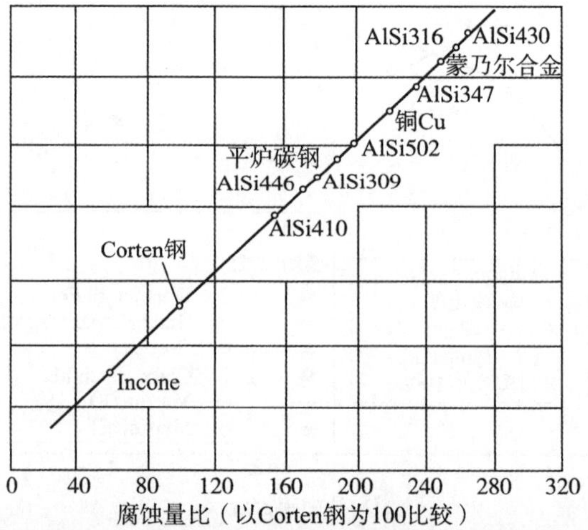

图 16－68 几种材料的耐腐蚀性能试验结果[8]

国内研制的 ND 钢（现行国家标准《钢制压力容器》GB150 附录 H 中，钢号为 09CrCuSb）也有同样的耐低温露点腐蚀性能，在炼油管式炉的空气预热器上得到广泛使用。研究人员曾经作过抗硫酸腐蚀对比试验，硫酸浓度 50%（体），浸泡 6h 的腐蚀速率列于表 16－16。

表 16－16　50%硫酸浸泡(6h)腐蚀速率　mg/(cm^2 · h)

钢种	09CrCuSb	碳钢	Cast 日本	CRIA 日本
腐蚀速率	7.3	103.5	63	13.4

除此之外，SEI 近年同研究机构协作，研究应用耐烟气酸露点的低合金铸铁作为基本材料制成空气预热器，延长其使用寿命。腐蚀试验数据表明，研发的新材料有良好的抗腐蚀性能。新开发的材料是在铸铁材质中加入了微量合金，使它具有较好的抗腐蚀性能。对比数据见图 16－69。在铸铁件中硅、磷含量允许高于碳钢等钢材多倍。在电化学腐蚀中硅使铁进入稳定的钝化区；而磷对促使锈层非晶态转变具有独特的作用。微量合金的加入提升了该材料的耐蚀性能。从试验结果分析，新开发的铸铁材料在实验的各种条件下，腐蚀速率均低于对比材料，尤其在 100～160℃抗露点腐蚀的效果是非常明显的。

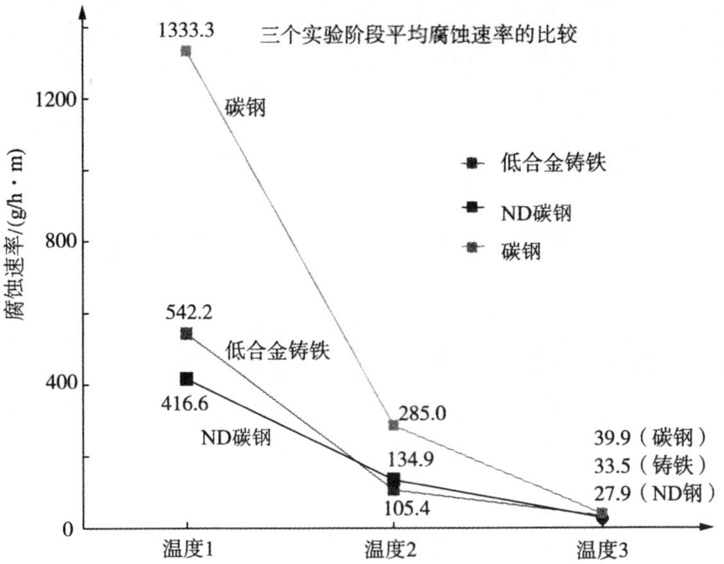

图 16－69　几种材料的腐蚀速率对比[17]

含有微合金铸铁预热器在某厂应用，其排烟温度 110℃，一个操作周期下来，经检查基本没有明显减薄，达到设计要求（见图 16－70）。

2. 提高冷端换热面壁温

冷端换热面指暴露于烟气中的最冷表面。图 16－71 提供了不同硫含量下烟气接触部件的推荐最低金属温度。提高入预热器的空气温度可以提高预热器冷端换热面的壁温，防止形成冷凝液产生露点腐蚀。最常用的方法是设立冷空气旁通风道，也有利用装置低温热源将冷空气预热，如利用蒸汽－空气预热器先将空气加热到 60～80℃后，再进烟气－空

图 16－70 一个检修周期，没有腐蚀

气预热器，或两种方法共用。有的公司还在空气侧安装空气回流器，用以提升预热器冷端壁温度。

考虑到炉子负荷有波动，尾部换热面壁温经常变化等因素，可在预热器冷端金属上安装壁面热电偶，操作中一般控制预热器冷端金属温度高于露点温度 15℃（一般炼油装置用火焰加热炉[9]规定 8～14℃）。

提高壁温的方法虽然可以有效的防止预热器冷端的酸露点腐蚀，但减少了回收的热量，是以牺牲部分热效率为代价的。

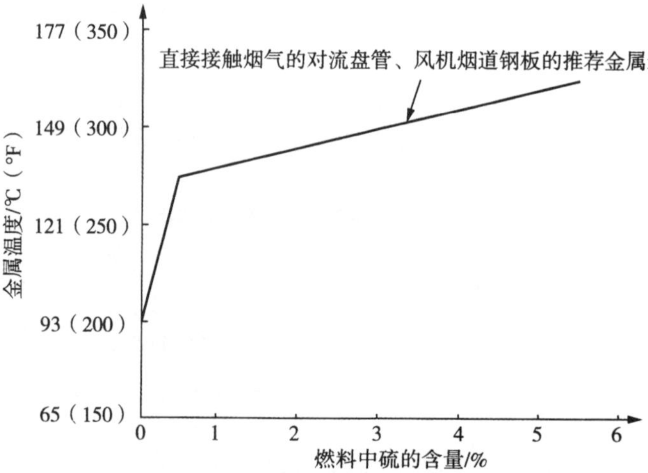

图 16－71 推荐的最低金属温度

3. 使用低硫燃料或将燃料脱硫，降低烟气露点温度

我国炼油厂通常使用减压渣油作为燃料油，硫含量常在 0.3% 以上。烧油的炼油装置加热炉，排烟温度都在 170℃以上。目前将渣油脱硫后作为加热炉的炉用燃料的代价太高。目前大部分炼厂均采用气体燃料，在使用燃料气的炼油厂，燃料气一般都经过脱硫，常规脱硫后燃料 气的硫含量为 30～50μg/g，理论热效率可达到 90% 左右；

当加热炉采用气体燃料(天然气或其他燃料气)时，对燃料气进行深度脱硫，使产品气体硫含量小于 15μg/g，则可使露点温度减低至 100～110℃，烟气换热后的排烟温度可降低到 130℃以下。

十二、加热炉炉管常见损伤形态

加热炉的炉管在苛刻的条件下运转，直接见火，长时间的运行会损伤炉管。加热炉的操作人员应时时刻刻关注加热炉炉管的运行状态。本节介绍加热炉炉管几种常见的损伤形式。

（一）常见的炉管损伤

炉管损坏常见的形态是：壁厚减薄、变形、破裂、鼓包、内外腐蚀等，图 16－72～图 16－76 收集了各种炉管损坏的实例照片。

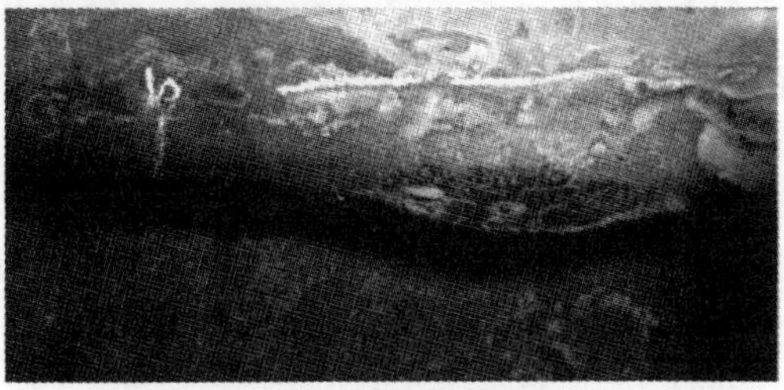

图 16－72　蠕涨的炉管

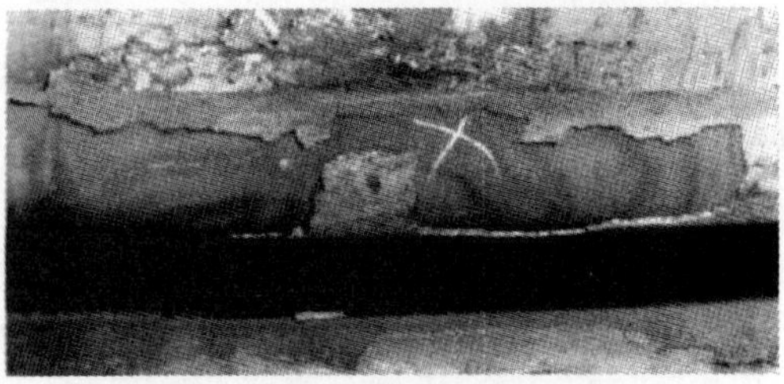

图 16－73　炉管外表面氧化脱皮

图 16－74　炉管的鼓包和开裂

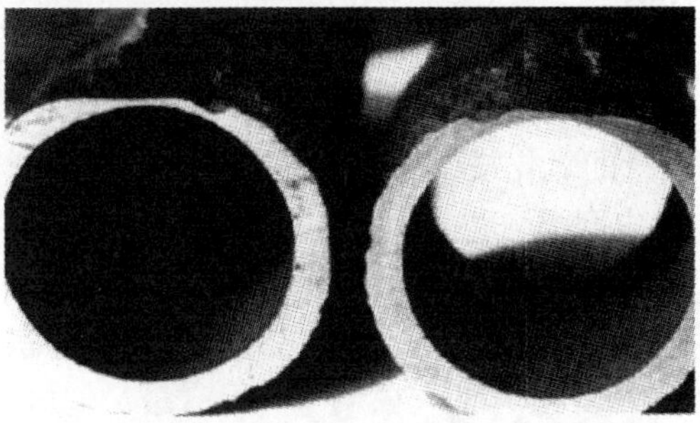

图 16－75　炉管的外部腐蚀

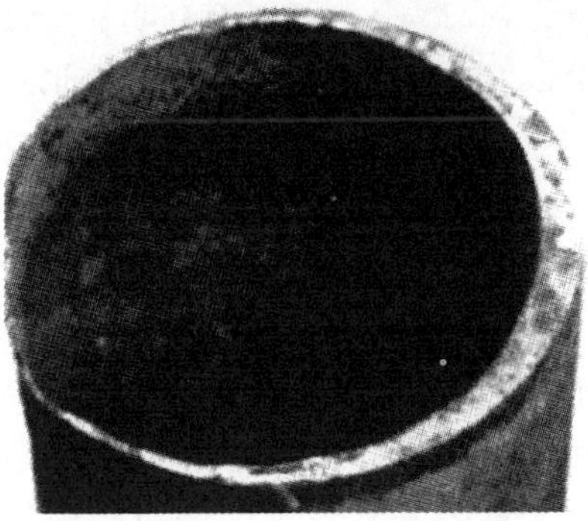

图 16－76　向火面严重腐蚀减薄

（二）损伤原因分析

炉管的损坏对于加热炉来说是严重的危害，轻者壁厚减薄，使用寿命减少；重者炉管破裂，造成停炉，装置停产；更严重的将引发爆燃，甚至伤及操作人员。为此，加热炉的操作人员应严密关注在用加热炉炉管的运行状态，发现异常应尽快处理。

炉管损坏的原因较多，往往是多种原因综合作用的结果，如传热恶化，局部过热，火焰舔管，管内结焦；管内介质含有某些腐蚀性介质，发生管内腐蚀；燃料中某种物质，经燃烧后产生的腐蚀性物质对炉管形成外部腐蚀等等。上述图片给出了炉管各种腐蚀的案例。炉管损坏的原因复杂，其腐蚀的特点也各不相同，设备工程师应根据所获得的具体信息，具体问题具体分析。为防止和减轻炉管的损坏，应该注意到以下几方面的问题。

1. 腐蚀

炉管内外的腐蚀类型都是常见的，从机理上讲炉管管内侧的腐蚀，与一般设备材料的腐蚀没有本质上的差别。

2. 传热恶化

传热恶化可能是因为燃烧器离炉管太近，也可能发生在对流室最下排的“热遮蔽管”上。为改善传热，可以调整燃烧火焰，重新布置或更换燃烧器，重新布置炉管，把油品温度低的入口管安排到过热区，在必要时，甚至在过热区的炉管的向火面上覆盖一层耐火材料。

3. 炉管外壁氧化减薄

某炼油厂一台(立管圆筒)的辐射炉管在曾操作数年后因管壁减薄全部更换，并将换下来的管子切开后，没有发现管内腐蚀，管内也没有结焦，减薄的程度不但每根辐射炉管不一样，而且同一根炉管在不同高度上、不同角度处(向火或是背火)都不一样，炉管表面附有大量的氧化皮，这是典型的炉管外表面的高温氧化减薄现象。

4. 管内磨损

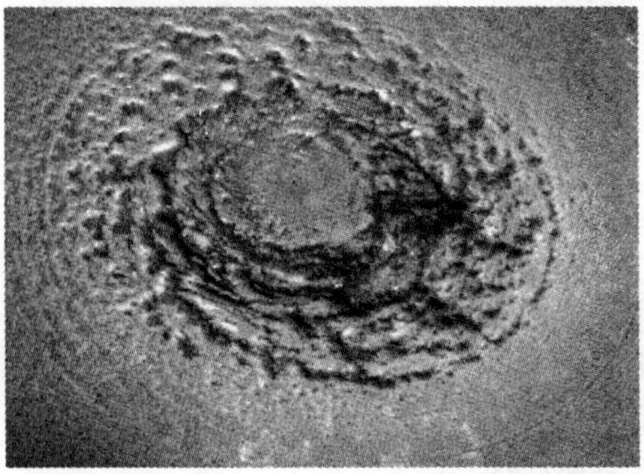

图 16－77　法兰盖中心处冲蚀的浅坑

重整装置四合一炉出口集合管盲法兰的内部磨损是重整装置的一个特殊的现象，2000 年某厂连续重整装置第一周期检修期间，发现集合管大法兰盖中心部位有 4～15mm 的冲蚀凹坑，2002 第二次检修期间，拆下的四块出口盲板表面有明显金属光泽，并在中心部位有经过冲蚀引起的变形。2005 年第三次检修期间，出口转油线集合管法兰盖中心处出现旋涡状的凹坑，其中最严重的是 F201 出口，中心处发生较为严重的冲蚀凹坑，如图 16－17 所示。

对法兰盖的表面观察，发现有沙砾状突起，表面有逆时针旋转片状切割痕迹，伴有少量颗粒。经检查发现：在每根集合管盲端都发现催化剂粉末和少量催化剂颗粒，集合管表面和盲法兰表面显现出金属光泽。初步判断四合一炉出口盲板产生的凹坑，是由于高温油气经过辐射段的大 U 形炉管，切向高速进入集合管产生旋转冲刷管壁，在夹带少量的催化剂颗粒的旋转气流冲击下，作用在法兰盖内侧，形成凹坑。为此，对设计进行改进，修改集合管尾部的长度，并增加气流防涡板，有效地减少了涡流冲刷，延长了法兰的使用周期。

第三节　主要转动设备

催化重整装置中的转动设备主要包括压缩机、风机和泵，压缩机是其中最重要的设备。

一、压缩机在催化重整装置中的用途

在催化重整装置中，一般有以下几种用途不同的氢气压缩机：

(1) 预加氢补充氢压缩机

将部分重整产出的氢气加压后送至预加氢系统，用以补充预加氢反应所耗的氢气。

(2) 预加氢循环氢压缩机

用以保持预加氢反应系统的氢气循环。

(3) 重整循环氢压缩机

用以保持重整反应系统的氢气循环。

(4) 重整氢增压机

用以将重整产出的氢气加压后送至其他加氢装置应用。

除了重整循环氢压缩机由于流量大而压差小适宜采用离心式压缩机以外，其余一般采用往复式压缩机。但随着催化重整装置规模进一步向大型化发展，重整氢增压机有必要采用离心式压缩机以减小压缩机占地面积和增加运行可靠性。

二、往复式压缩机

(一) 往复式压缩机的一般特点

往复式压缩机适用于吸气量小于 $450m^3/min$ 以下的情况。它们最适合于低排量、高压力的工作。每级的压缩比通常小于3.5∶1，更高的压缩比会使压缩机的容积效率和机械效率下降。排气温度也限制压缩比的增高。

预加氢的循环氢压缩机由于进出口压差小，一般采用一级压缩，压缩比在1.5左右。而预加氢的补充氢压缩机根据氢气来源不同采用一到二级压缩。重整氢增压机根据催化重整工艺的不同，采用一级到二级压缩，在连续重整装置中，一般采用二级压缩。再生系统的空压机和氮压机一般都不超过二级压缩。

往复式压缩机顾名思义，其运动部件除了曲轴以外都是作往复运动的，气流流动也是带脉动性质的，容易造成某些运动部件的损坏，例如气阀弹簧和阀片、压力填料和活塞环等。因此往复式压缩机不能长周期运行，一般需要备用压缩机。有一台操作，一台备用的；也有二台操作，一台备用的。

往复式氢气压缩机要求采用对称平衡型或对置式结构，其他用途的压缩机也应尽量采用对称平衡型。对于一级压缩的氢压机，有采用二个气缸对称布置的；也有一侧为气缸，另一侧为虚拟缸的。

为了防止催化重整装置中的催化剂受到润滑油的污染，要求装置中的往复式压缩机采用无油润滑。

1. 转速及活塞线速度

有油润滑压缩机的活塞平均线速度控制在4.5m/s以下，而无油或少油润滑的压缩机则控制在4.0m/s以下，大型的甚至可以更低一些。

对大型压缩机而言，电动机的转速一般采用300r/min、333r/min或375r/min，对中、小型压缩机可采用500甚至600r/min转速的电动机。

2. 气体载荷及活塞杆净载荷(综合载荷)

气体载荷是由作用于活塞两侧面气体压差产生的力；而活塞杆综合载荷是气体载荷和惯性力的代数和。惯性力是由往复运动部件质量的加速度产生的力。

最大许用气体载荷是制造商对压缩机静止部件(如机身、中体、气缸和连接螺栓)所允许承受连续运转的最大的力。

氢压机的实际计算气体载荷在任何规定的工况下，包括可能出现的最低进口压力及最高出口压力(安全阀调定压力)，应不超过制造商规定的最大许用气体载荷，并在额定工况下留有5%～10%的余量。同样，实际计算的活塞杆综合载荷也不应超出最大许用活塞杆综合载荷，并应留有10%以上的余量。

实际计算的气体载荷最大值一般不等于实际计算的活塞杆综合载荷，并且最大值出现的相位角也不相同。

3. 压缩机各级的排气温度

在压缩机的数据表中，可以看到有绝热排气温度和预期排气温度两种。

绝热排气温度是假设气体在气缸内的压缩过程为绝热过程时得到的排气温度。而预期排气温度是实际压缩过程的排气温度。

预期的排气温度取决于介质组分、气缸的输入功率、压缩比、气缸尺寸、冷却通道表面积和冷却液流速等因素。一般来说，有以下特征：

① 氢压机单级的预期排气温度要高于绝热排气温度；

② 无油或少油润滑的氢压机，级的预期排气温度要高于有油润滑的氢压机；

③ 对于大功率、大压缩比和大尺寸气缸，预期的排气温度与绝热排气温度的温差会稍大，而对于小功率、小压缩比、小尺寸的气缸，此温差会小一些。合适的冷却液流速及换热面积会降低此温差。

制造商应在其数据表中明确给出每级的预期排气温度和绝热排气温度。美国石油学会标准(API-618)[18]中明文规定，对于富氢(相对分子质量≤12)的预期排气温度不超过135℃，其他气体预期排气温度应不大于150℃。过高的排气温度会降低润滑油的黏度，使气缸的润滑性能恶化。对于无油润滑的压缩机来说，则会降低填料、活塞环等易损件的寿命。

4. 反向角的概念和尾杆的应用

当曲轴每转一周，活塞杆受力方向会发生变化(由拉力变压力或相反)，在十字头销引起反向载荷，即在十字头销和轴瓦之间存在反向作用，反向作用持续时间所对应的曲柄角度称为反向角。

维持一定的反向角是为了保证十字头销和轴瓦之间维持充分的润滑。根据 API—618 的规定，反向角应不小于 15°，而且其反向载荷的综合峰值至少为相反方向实际综合载荷的 3%。

为了满足上述对反向角的要求，在那些流量小、压缩比小、活塞杆直径 d 与气缸直径 D 之比大的循环氢压缩机和石油化工装置压缩机上采用尾杆结构(即在活塞的两侧均有活塞杆，通常称盖侧的活塞杆为尾杆)。尾杆可以降低活塞力，增大反向角。

(二) 往复式氢压机的结构特点和材料

往复式压缩机由机身(曲轴箱)、曲轴、连杆、十字头、中间连接体、气缸、活塞、活塞杆、压力填料、气阀及卸荷器等部件组成，典型的结构如图 16 - 78 所示。

在系统中还包括每级气缸进出口的缓冲罐、级间冷却器和分液罐以及机身润滑油站、气缸和填料的注油器和软化水站等部件。

在 API—618 的附录中对压缩机主要零部件材料的选择提供了一般的要求，具体选择哪种材料还要结合制造商的标准以及买方或工程公司的意见确定。制造商在数据表中应提供压缩机主要零部件的材质供买方确认。

API—618 中又规定，如果材料暴露在含硫化氢的介质中，那么要执行美国腐蚀工程师协会(NACE MR0175)[7]标准，即与气体接触的碳钢或低合金钢类承压零件，材料的屈服限不应超过 620MPa，硬度不得大于 HRC22，对于沉淀硬化不锈钢和其他非奥氏体不锈钢来说，屈服限可适当提高到 880MPa，硬度不大于 HRC34。但活塞杆表面、阀片和弹簧例外，因为过低的硬度对这些零件是不合适的。

1. 机身

机身(图 16 - 79)一般由高牌号的铸铁浇铸而成。为了提高加工精度，将其毛坯置于高精度的座标镗床中一次加工完成。国外设计的压缩机机身在驱动端使用双轴承结构，为的是可以承受单支承(外侧轴承)电动机转子作用在机身上的外力。采用这种结构的目的：一是为了降低电动机的制造成本；二是为了减少曲轴与电动机转子连接偏差(不同心度)所产生的不匀衡力。

2. 曲轴

曲轴(图 16 - 80)与电动机大多采用刚性法兰连接，大型压缩机的曲轴采用高强度的合金钢锻造，小型的则采用普通碳钢锻造。曲轴经热处理消除应力，轴颈和曲拐部分经过精密磨削与抛光。为了保证质量，加工后的曲轴要经过超声和着色探伤检查，以确保其内部和表面无缺陷。在某些压缩机的曲轴上加配重可以减少活塞作用在曲轴上的不平衡力。

3. 连杆

连杆一般采用模锻制造，其材质与曲轴大体相同，结构断面成工字形(图 16 - 81)。

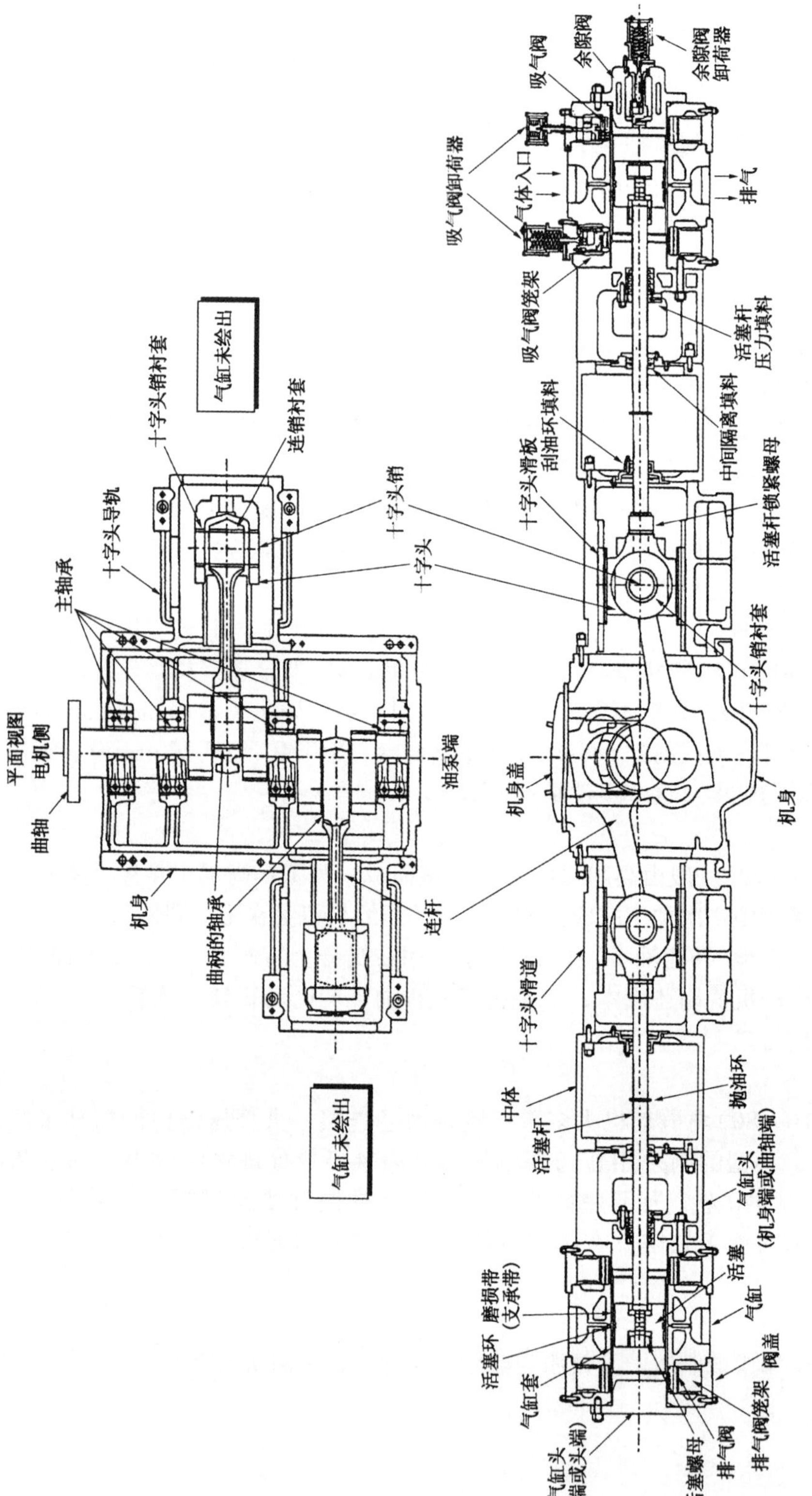

图16-78 往复式压缩机剖面图

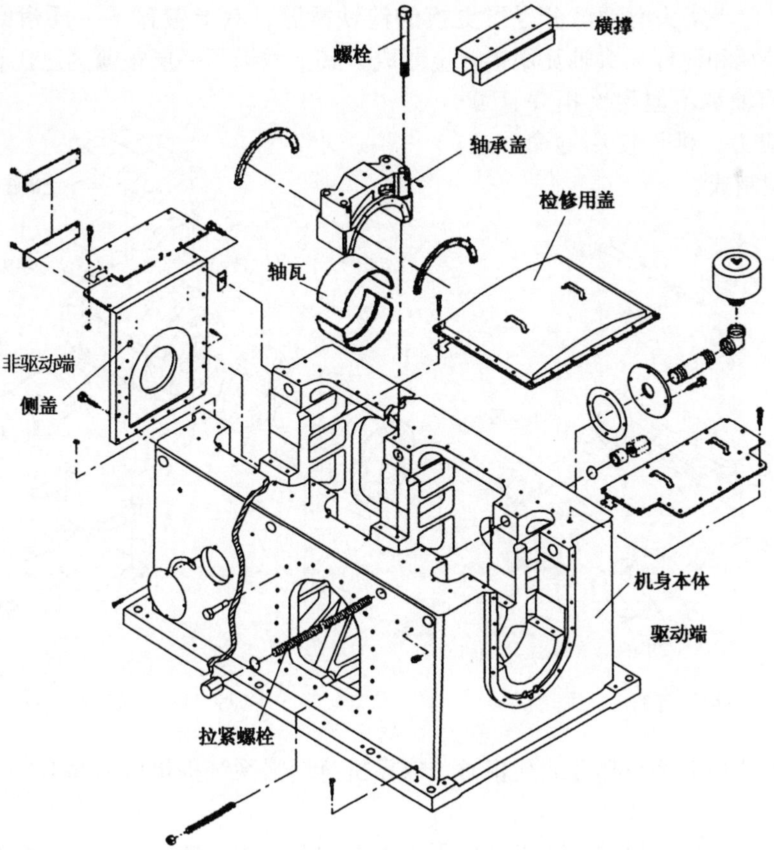

图 16－79　机身

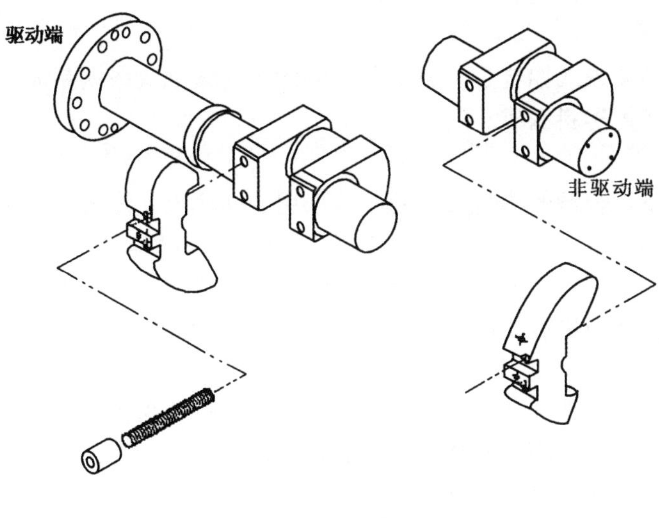

图 16－80　曲轴与配重

4. 十字头和轴承

中、小型压缩机的十字头一般采用灰铸铁铸成，大型的采用铸钢或球墨铸铁铸成(图 16－82)。十字头滑动部分是可更换的铸铁滑履，其上覆盖了一层耐磨的巴氏合金。主轴承的轴瓦和连杆大头轴瓦用铝合金制成，其上敷设了一层很薄的巴氏合金，这种称之为薄壁瓦的轴承不但耐磨损并且可以承受很高的应力，延长使用寿命。连杆小头瓦用青铜制成。

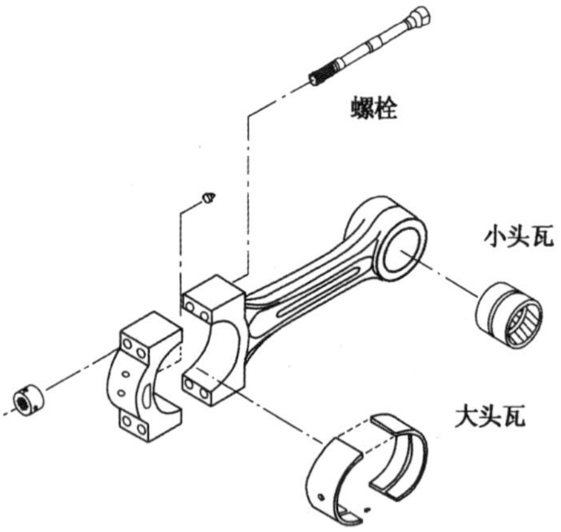

图 16－81　连杆

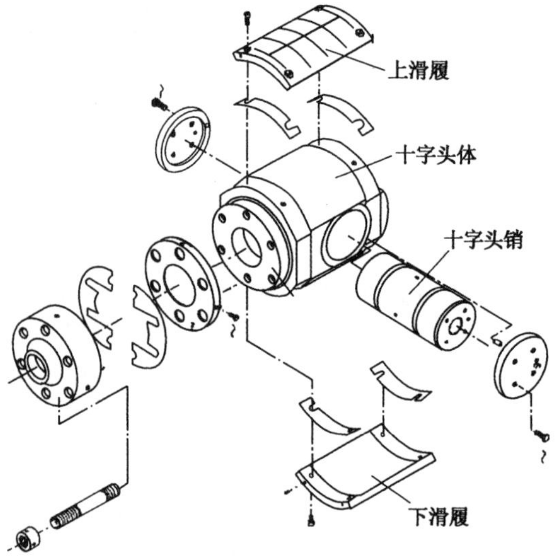

图 16－82　十字头

主轴承、连杆和十字头都有油孔相通，依靠机身润滑系统提供压力润滑。

5. 气缸

低压气缸一般由铸铁制成，中压气缸用铸钢或球墨铸铁浇铸，而高压气缸则采用碳钢锻造。铸造气缸的气体通道必须光洁无型砂等铸造残留物存在，否则在使用过程中，这些残留物会进入气缸中而损坏活塞、气阀等部件。

6. 活塞和活塞支承环

活塞一般采用球墨铸铁或铝合金，但高压缸的活塞为铸钢或锻钢制成。活塞环和支承环均采用填充石墨的四氟塑料制成。

7. 活塞杆

活塞杆用高碳钢或合金钢的棒料加工而成，采用表面淬火、渗氮或喷涂硬质合金等加工工艺使其表面硬度达到 HRC50 以上，螺纹采用滚压加工以提高其使用寿命。此外，活塞杆的表面光洁度也要求很高。大中型压缩机的活塞杆与活塞、十字头采用液压涨紧螺栓连接；小型的由于条件受限也有使用扭力扳手的。

8. 进排气阀

进排气阀是压缩机重要部件之一，它们的好坏直接影响压缩机的工作性能。在氢压机上有三种气阀可供选择：环状阀、网状阀和菌状阀(图 16－83)。目前国内大多数催化重整使用的氢压机都选用环状阀或网状阀。环状阀结构简单，流通面积大，适用于在中低压范围内使用。

网状阀在结构上与环状阀的区别在于阀片各环连在一起，呈网状，并有缓冲片，阀片与缓冲片不需要导向块即能很好地导向，避免了导向块与阀片之间的摩擦。缓冲片可减小阀片对升程限制器的冲击，从而延长气阀的寿命。

菌状阀的结构特点是流通阻力小，即流过气阀的压力损失小，缺点是在同等面积的阀座上布置的菌状阀的流通面积相对于上述两种阀片要小，为此要适当提高气阀的升程。菌状阀适宜在高压和超高压场合下使用。

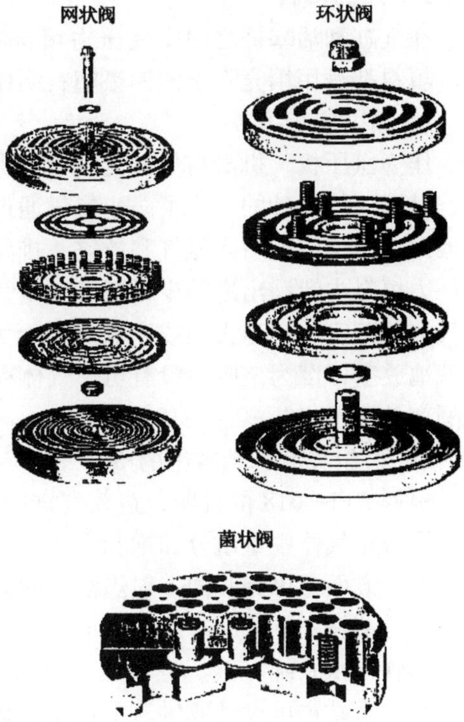

图 16－83　气阀

环状阀和网状阀的阀片用不锈钢制成，近来一种新型的塑料阀片替代了不锈钢阀片，塑料阀片质轻，强度大，耐冲击寿命长，密封性能好。菌状阀芯也是用高强度的塑料制成，弹簧则用 17－4PH 的沉淀硬化不锈钢丝制作。

9. 卸荷器

调节压缩机流量的卸荷器（图 16－84）都是用电磁阀控制压缩风操纵的。卸荷器有塞式和指式两种。指式是指卸荷器的爪子在卸荷状态下像手指一样压在进气阀的阀片上，使阀片不能随气体的流动而动作。多用于环状阀和网状阀，要求每一个进气阀安装一个卸荷器。塞式卸荷器的阀芯类似于截止阀的阀芯，它一般安装在气缸的进气通道上。在卸荷状态下，阀芯是打开的，使气缸的进气通道与气缸腔是连通的，正常操作时，阀芯将进气通道与气缸腔隔断。塞式用于菌状阀居多，并可作为余隙调节用。

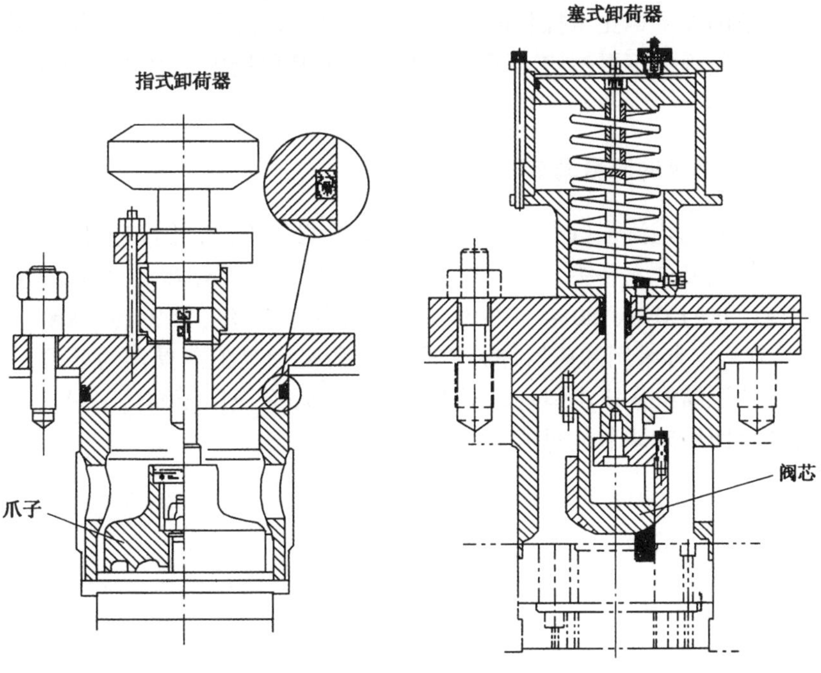

图 16－84　卸荷器

10. 压力填料

在气缸和活塞杆之间安装压力填料的目的是为防止加压的工艺气从活塞杆处泄漏出去。填料都是用填充石墨的四氟塑料制作。填料的数量和类型由压力和用途确定。

11. 中间连接体

作为氢压机，机身与气缸之间都必须采用双室结构的中间连接体，这是为了收集易燃、易爆气体设计的。为了防止氢气通过压力填料泄漏到大气中去或进入机身内，在连接体的两个腔室中要引入氮气和放空、排凝等管线，氮气要注入压力填料和中间填料中去，从压力填料中泄漏出来的少量氢气和氮气被引入一个集气罐中，集气罐与火炬线相连。靠近气缸的腔室放空至火炬或高点放空至大气(根据环保要求而定)；而与机身相邻的腔室可就地放空，因为该腔内没有可燃气体存在(图 16 - 85)。这种方式所使用的氮气量很小，而隔离效果最好。

12. 气缸夹套和填料函的冷却

根据 API—618 的说明，进入气缸冷却夹套中的冷却水温度要高于吸气温度 6℃，这是为了防止气体中重组分和饱和水析出，尤其对循环氢压缩机的正常操作会造成有害的影响。另一方面考虑到我国一般炼油厂的循环冷却水质很差，水在夹套中尤其在填料函的水腔中容易结垢，造成冷却质量的下降，从而影响机组的正常运行，为此，要设立一套闭式循环的软化水系统。

软化水站也可设计成供若干台压缩机共同使用。有关水站的布置及要求见图 16 - 86 所示。以整体提供的水站放置在一层地面上，而水箱应放置在二层平台上。

13. 往复式压缩机的润滑油系统

往复式压缩机的润滑油系统(图 16 - 87)除主油泵外都安装在一个单独的底座上。通常主油泵由压缩机的主电机通过曲轴驱动。压缩机启动前向主轴承和十字头供油是依靠由单独电机驱动的辅助油泵，正常操作时由主油泵供油。由此不需要设高位油箱。

主油泵启动时应确保不要抽空，可设置灌泵线或其他措施。另外，油冷器中润滑油压应大于冷却水水压。

(三) 往复式压缩机的流量调节

往复式压缩机的工艺流程(图 16 - 88)往往要求调节流量，例如重整氢增压机在一级压缩后，有部分氢气要进入一级入口，然后再回到二级进行压缩。压缩机的流量调节可依靠吸气阀的卸荷器进行 0%、50%、100% 或 0、25%、50%、75% 和 100%(随气缸的配置而定)几级调节，也有采用卸荷器加调节余隙容积来满足工艺操作的要求。更进一步调节流量的措施是从压缩机末级出口通过调节阀控制冷却后返回压缩机一级入口缓冲罐。也有采用逐级设置返回线来调节流量的方法。

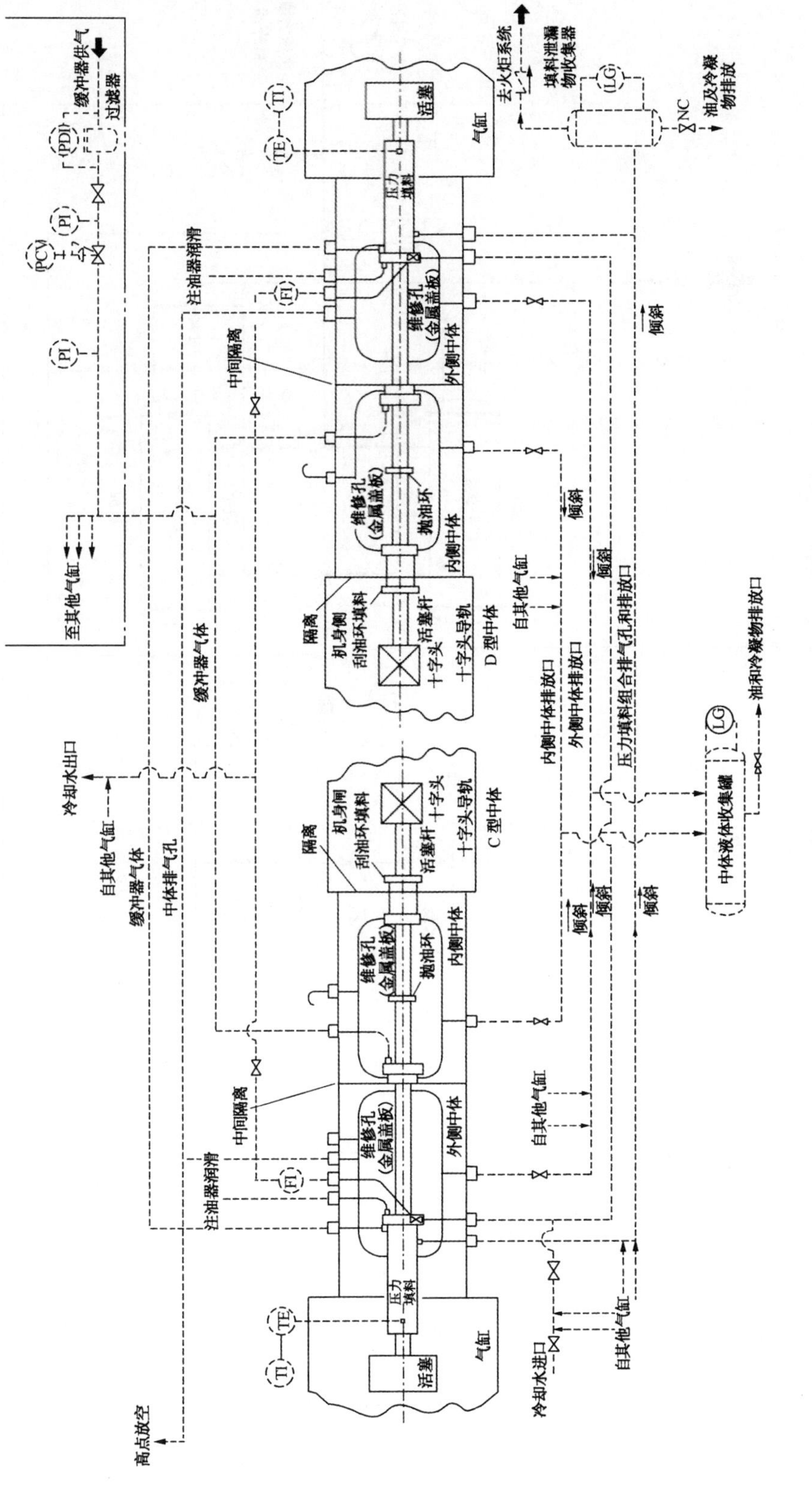

图16-85　双室中体充气、放气和排凝典型布置图

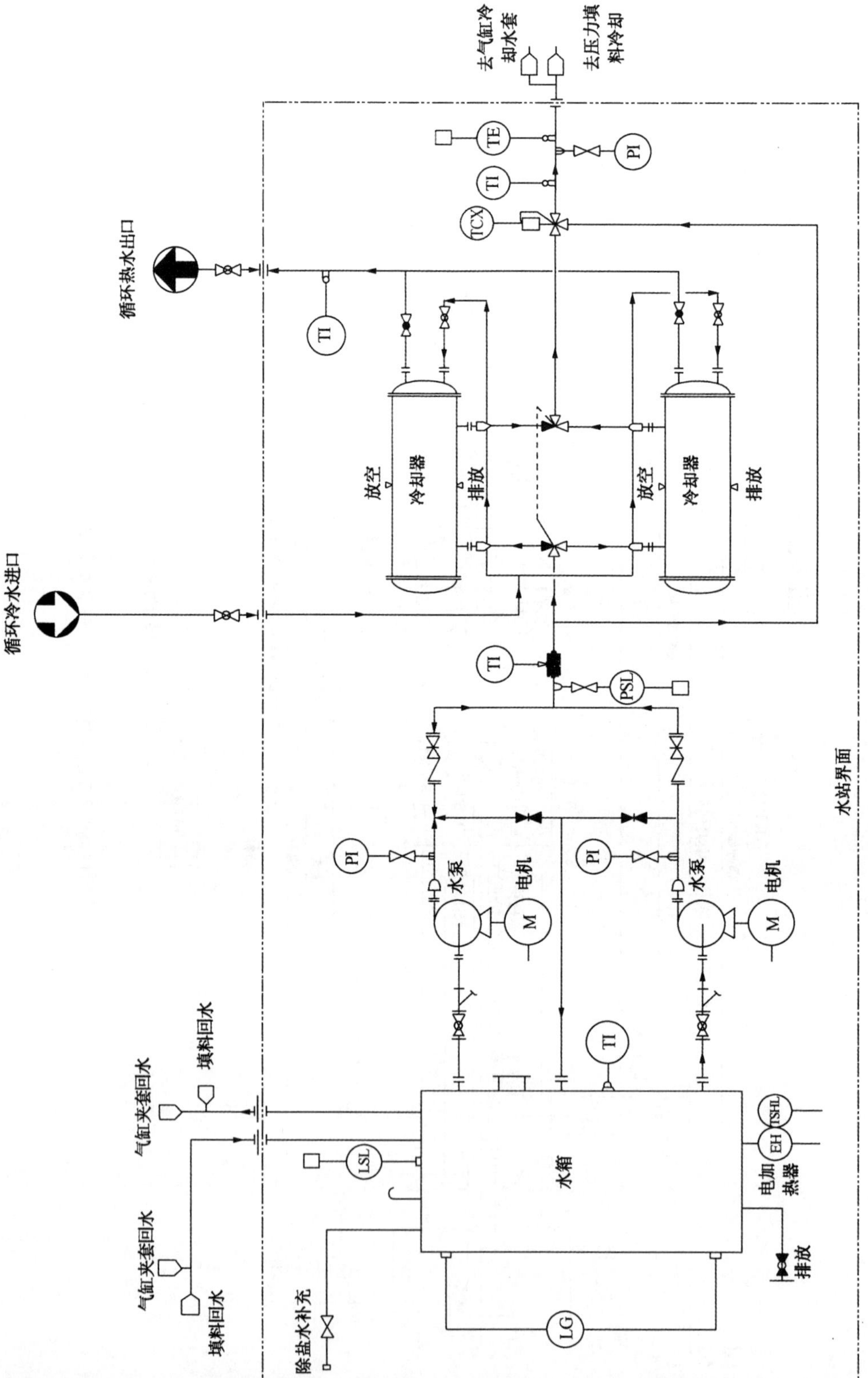

图16-86 往复式压缩机软化水系统

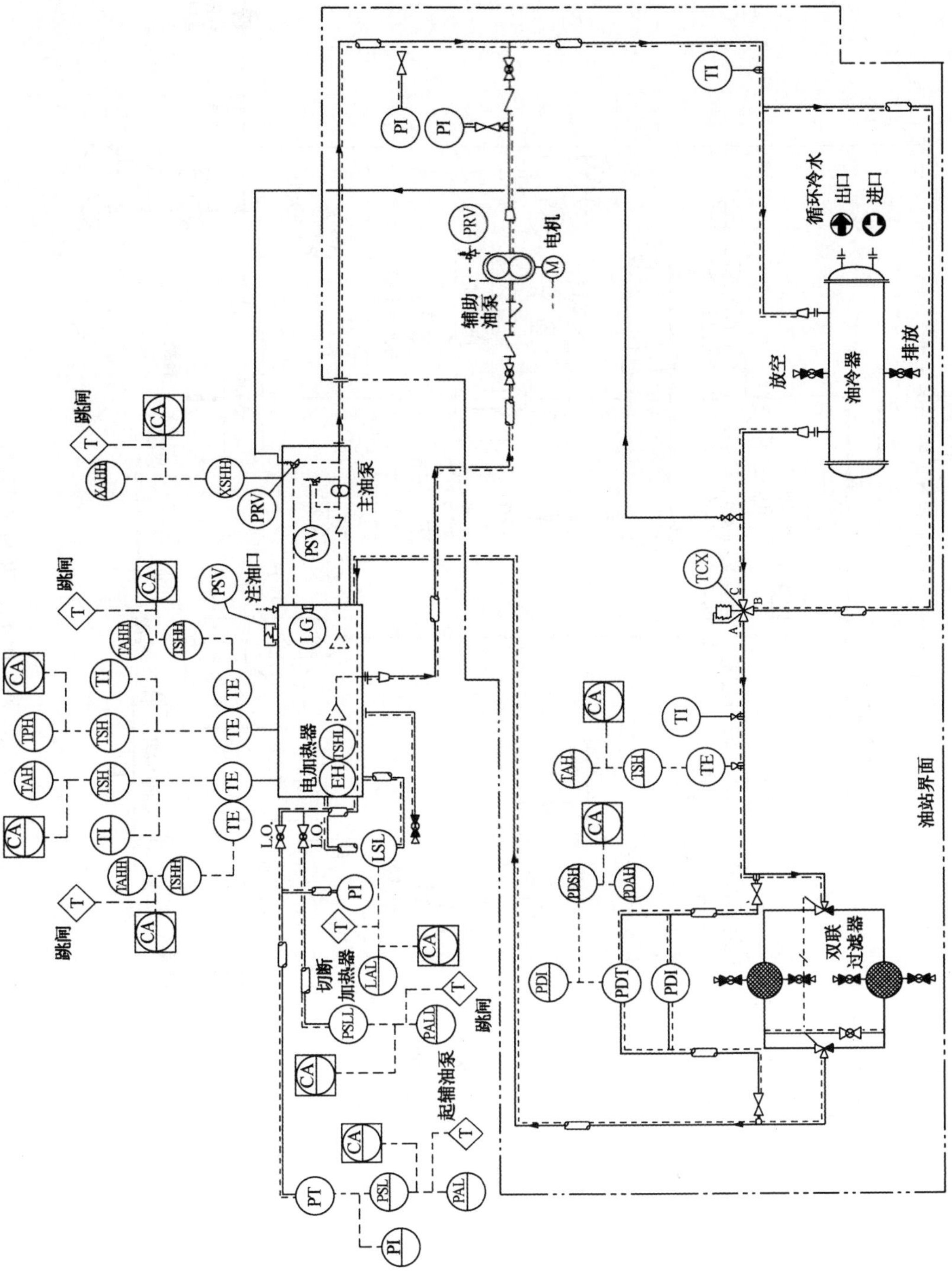

图 16-87　机身润滑油系统

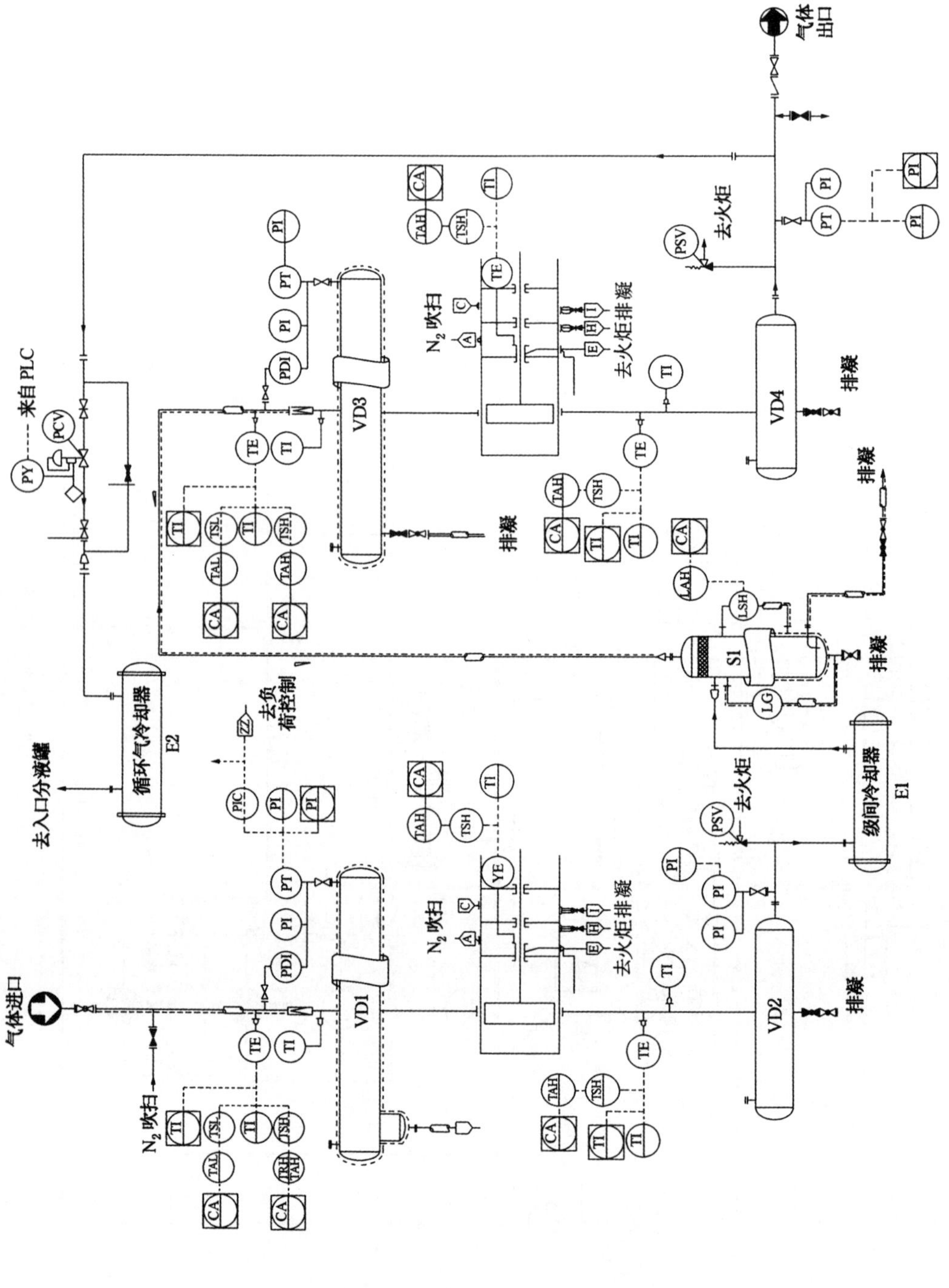

图16-88 往复式压缩机工艺流程

上述依靠卸荷器进行有级调节，再通过返回线调节达到无级调节，这种调节把高压级的氢气向低压级排放，损失了部分能量很不经济。奥地利贺尔碧格公司(Hoerbiger)推出了一种无级调节的称之为HYDROCOM系统，这种系统利用计算机控制卸荷器的动作，使吸气阀按规定的要求延迟关闭达到无级调节流量的作用，而没有损失功率。在国内催化重整装置的增压机和加氢装置的补充氢压缩机上已得到广泛应用。

(四) 往复式压缩机对工艺配管的要求

往复式压缩机的工艺配管是一个必须予以高度重视的问题，众所周知，由于往复式压缩机的特性决定气体在管路中的流动是脉动的。如果管路设计不当或者压缩机进出口缓冲罐过小都会造成管路振动和增加噪音。在API—618中，对进出口缓冲罐的大小和管路中气体压力的脉动不均匀度都作出了明确的规定，而且按照规定，工艺管线必须经过声学模拟分析和机械应力分析，确保管路中气体压力的脉动不均匀度低于标准的规定(必要时可在管路中设置孔板)。气体的脉动频率、管路的自振频率和压缩机的激振频率必须相互错开。需要用相应的计算机程序对压缩机管路进行分析。

(五) 往复式压缩机对基础的要求

由于活塞以及其他部件的交替运动，产生了方向和大小周期性变化的激振力(惯性力)，这些力和静载荷一样在设计基础时应充分考虑。

根据激振力及其产生的力矩平衡情况，往复式压缩机可以放置在钢结构平台上、楼板上或混凝土上。大、中型压缩机通常采用大块式(或墙式)混凝土结构。

压缩机各处的振动速度根据国家标准应尽量控制在4~7mm/s，而基础顶面的振动速度控制小于6.3mm/s。

三、离心式压缩机

(一) 催化重整装置中离心式压缩机的一般特点

离心式压缩机适用于吸气量为25~3000m^3/min的情况。作为重整氢循环压缩机来说，处理量一般都在12000m^3/h以上。由于循环氢含富氢，相对分子质量较小，单级叶轮传递的能量头小，所以循环氢压缩机要求转速高，级数多，这是氢压机的特点之一。虽然根据API—617[19]中的规定，当氢分压超过1.38MPa(表压)时，机壳采用钢质径向剖分结构，即圆筒型结构。但为了安全起见；我国催化重整装置中的循环氢压缩机大都是圆筒型结构。

转子叶轮顶尖的圆周速度最好控制在280m/s以下，这是因为过高的速度会导致离心力的增加，从而影响叶轮所受的应力。

重整氢循环压缩机一般不设备机，这是因为离心式压缩机除轴承和轴端密封外，几乎无相互接触的磨擦，即使轴承和密封等磨擦付之间也是用油膜隔开的，所以其转动部分能长周期无故障地工作，加上现代的离心式压缩机具有完善的监测、诊断和控制仪表，因此不需要备机。这也是离心式压缩机在操作上优于往复式压缩机的一个方面。但是从价格上来说，离心式压缩机比往复式压缩机要贵得多。

（二）离心式循环氢压缩机的结构特点和材料

如上所述，离心式循环氢压缩机都是采用圆筒型壳体结构的。其结构主要由内筒体、机壳、轴承、密封和联轴器等部件(图 16－89)所组成。此外，在系统中还包括润滑油站、密封油站、油气分离器、密封高位油罐和紧急停车高位油箱等部件。

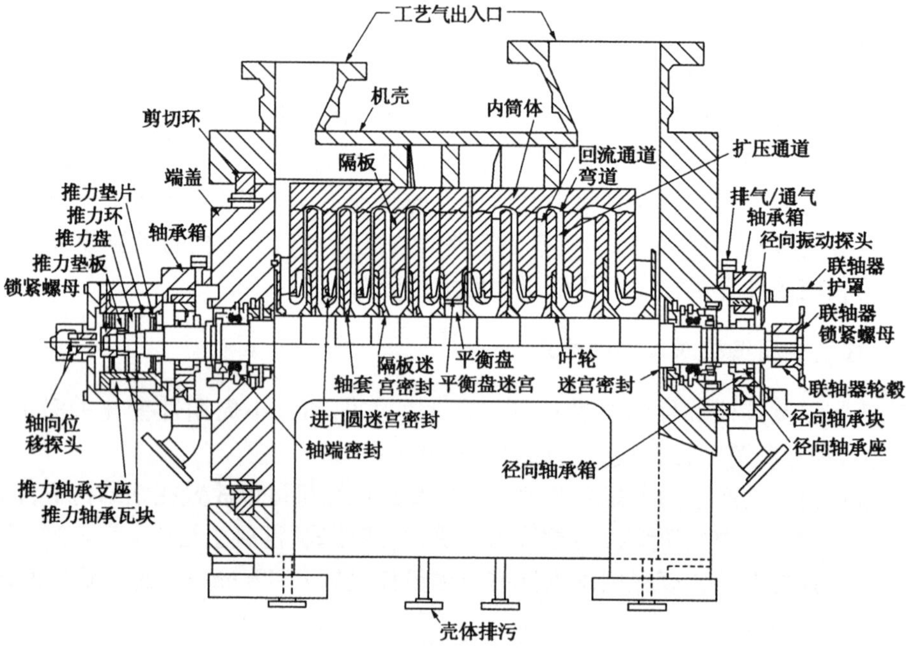

图 16－89　离心式压缩机剖面图

1. 内筒体

内筒体是离心式压缩机的心脏部分，它由转子和定子两大部分组成。众所周知，离心式压缩机主要依据转子的高速转动，将气体加速，增加动能，然后将高速流动的气体通过定子部分的扩压器和弯道，将气体的流速降下来，使其转变为压力能(势能)并导入下一级叶轮，故离心式压缩机是一种高速旋转的机器，尤其对相对分子质量小的氢气介质来说，为了要得到一定的势能(或称压力能)，转速要高级数也要多。

(1) 转子部分

转子部分(图 16－90)包括叶轮、主轴、轴套(级间轴套和轴端轴套)和平衡盘。叶轮是转子的主要部件，气体通过叶轮获得动能；平衡盘主要用于减少由于叶轮两侧压力差所产生的推力。也有采用背靠背的叶轮布置方式来平衡差压，从而取消平衡盘。转子在出厂前都要经过动平衡试验，以确保压缩机在正常运行时转子振动值在允许范围内。

(2) 定子部分

定子部分可分为进气段、隔板(包括扩压段、弯道和导流叶片)、蜗室和级间密封(迷宫式密封)。定子为轴向剖分结构(图 16－91)，上半部与下半部用螺栓连接形成筒体，转子则放置在它的中间。此外，两半部分各部件又在轴向位置上用螺栓固定起来形成两个半圆筒体，便于拆卸。

图 16－90　转子

图 16－91　定子

2. 机壳

机壳为一圆筒形壳体，两端的头盖用螺栓与它连接，它们都是用锻钢制成的。轴端密封和轴承都是安装在两个头盖内的。

3. 轴承

径向轴承(图 16－92)承受转子重量，止推轴承承受转子在轴向上不平衡力(平衡盘把大部分轴向力平衡掉了)。由于离心式压缩机是高速轻载旋转机械，皆采用压力润滑的油膜轴承。为了消除油膜振荡的不良影响，都采用多油楔调心瓦块。止推轴承有金斯伯雷型(图 16－93)，这种轴承的瓦块支撑在调整垫板上，使得所有的瓦块都能随着止推环的变形自动调整位置，从而使分布在各瓦块上的力更均匀。

4. 轴端密封

轴端密封是防止气体从压缩机两侧轴伸出处泄漏的重要部件。在氢压机中使用的主要有机械密封(图 16－94)、浮环密封(图 16－95)和干气密封(图 16－96)。机械密封与离心泵所使用的相似，它是依靠动环和静环的端面引成的油膜阻止气体向大气侧泄漏。油站

图 16－92　径向轴承

提供密封油，这种密封最高使用压力达 5.0MPa 左右，密封产生的污油量(与气体接触的油)较少。超过 5.0MPa 特别是超过 12.0MPa 的密封，一般都使用浮环密封。浮环密封也是利用浮环与轴套之间形成的油膜达到密封的作用。它的结构简单，使用压力高，早期我国加氢裂化装置和重整氢循环压缩机都使用浮环密封。它的缺点是污油量大。对于高、中压的循环氢压缩机来说，由于润滑油和密封油压力相差甚远，又为了防止密封污油污染润滑油，有必要将润滑油站和密封油站分开。干气密封是近几十年来发展起来的一种新型密封装置，它依靠动环(表面为硬质合金)端面上的螺旋形槽与静环(石墨环)形成微小的气隙,从而阻止气体的泄

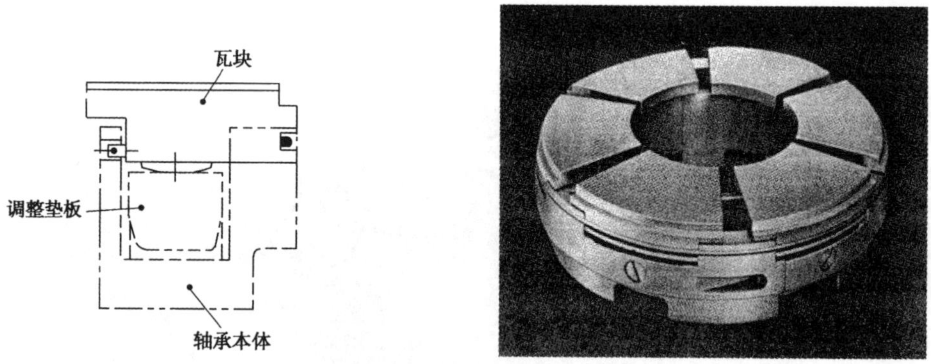

图 16－93　止推轴承

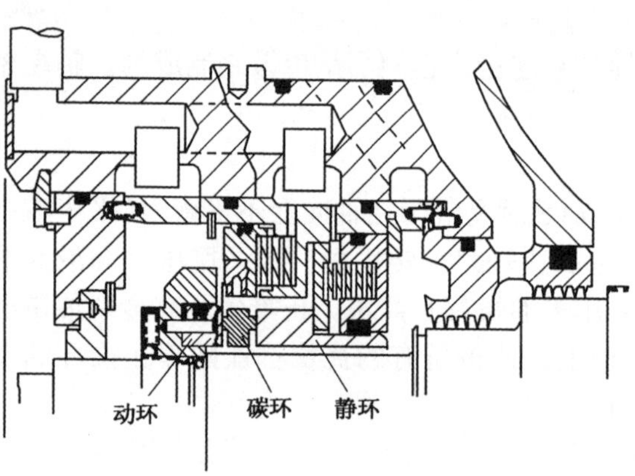

图 16－94　机械密封

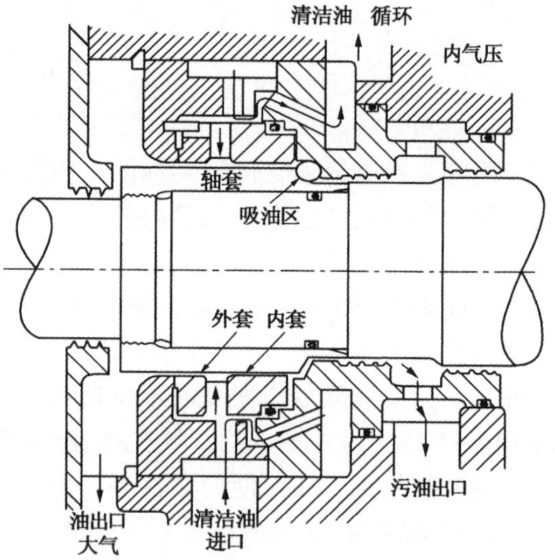

图 16－95　浮环密封

漏(有微量泄漏存在)。动环在转动中与静环是不接触的,由于气隙中的气体介质黏度小,所耗功率和发热量都非常小,不需要密封油装置(有一套干气控制系统),对润滑油不会造成危险,也不会污染介质本身,在国外发展很快。近年来在我国的一些离心式压缩机中也得到了广泛应用。

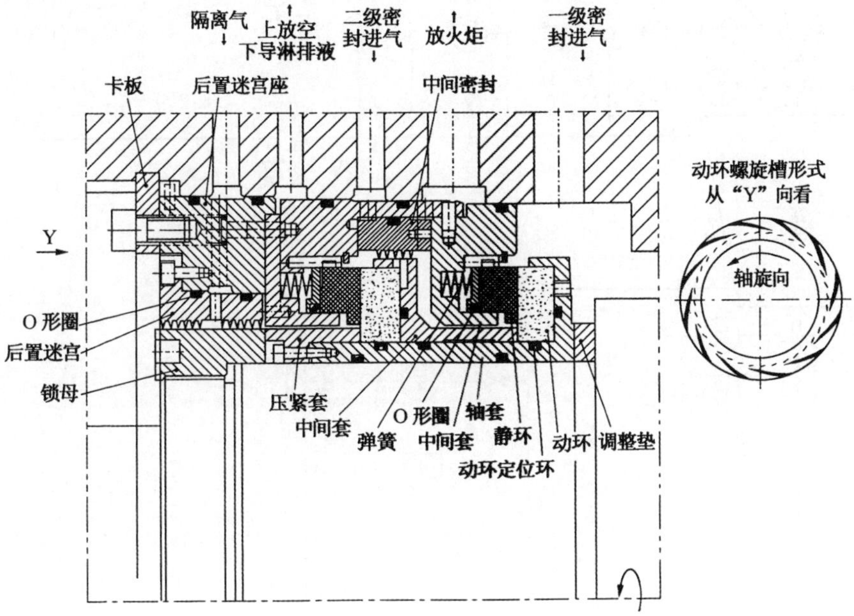

图 16－96 干气密封

5. 材料选择

离心式压缩机主要零部件的材料在 API—617 标准的附录中列出了较详细的要求,供用户或设计单位选用。

与往复式压缩机一样,在 API—617 标准中对与含硫化氢介质的工艺气相接触的零件材料在屈服限和硬度方面都有规定。

(三) 离心式压缩机的工艺流程及配管要求

离心式压缩机的工艺流程部分(图 16－97)最主要的是防喘振系统。众所周知,离心式压缩机在特定的压差情况下,入口流量减少到某一定量时,叶轮不能连续输送介质,形成喘振。喘振会损坏压缩机,防止压缩机喘振最有效的方法是设置一套防喘振系统。防喘振系统的核心是防喘振控制器和防喘振调节阀,该阀受出入口压力和入口流量(必要时可进行温度补偿)的调节,在喘振发生前能迅速打开此阀,使出口介质返回入口,避免喘振的发生。但是对循环氢压缩机来说,也不一定非要设置防喘振系统不可,因为它们是循环工作,一般不会发生喘振。因此,催化重整装置的离心式循环氢压缩机一般不设该系统。

在压缩机的入口应设置过滤器,防止从管路中带入固体粒子(如焊渣、锈皮等杂质)。对于浮环密封来说,封油的控制就要复杂一些,封油压力依靠密封高位油罐的恒定液位来控制的。相对来说,机械密封尤其是干气密封(图 16－98)的控制就要简单一些。重整循环氢压缩机的干气密封通常采用双端面的串联密封。在工艺侧的密封称为主密封;在大

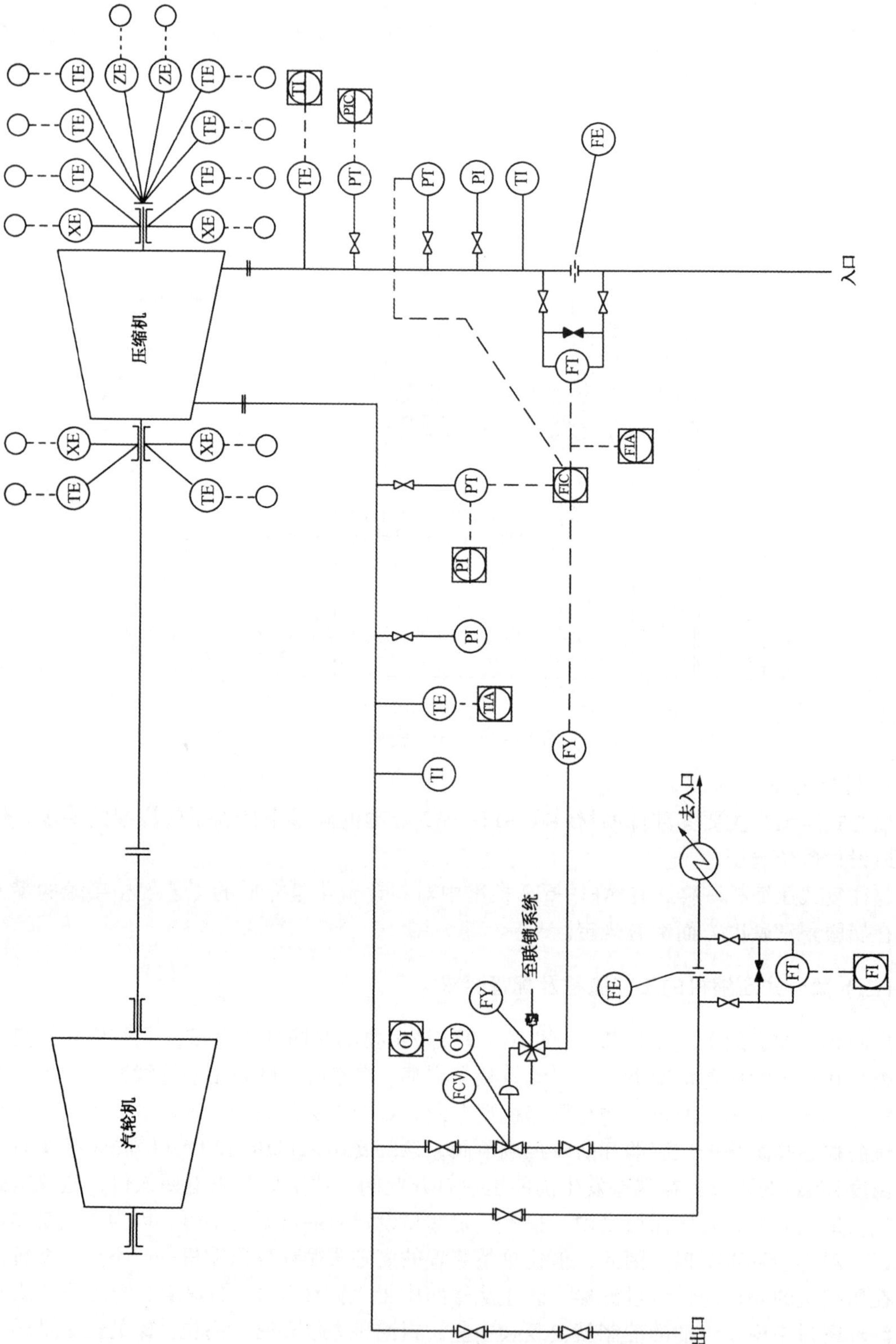

图16-97 离心式压缩机工艺流程

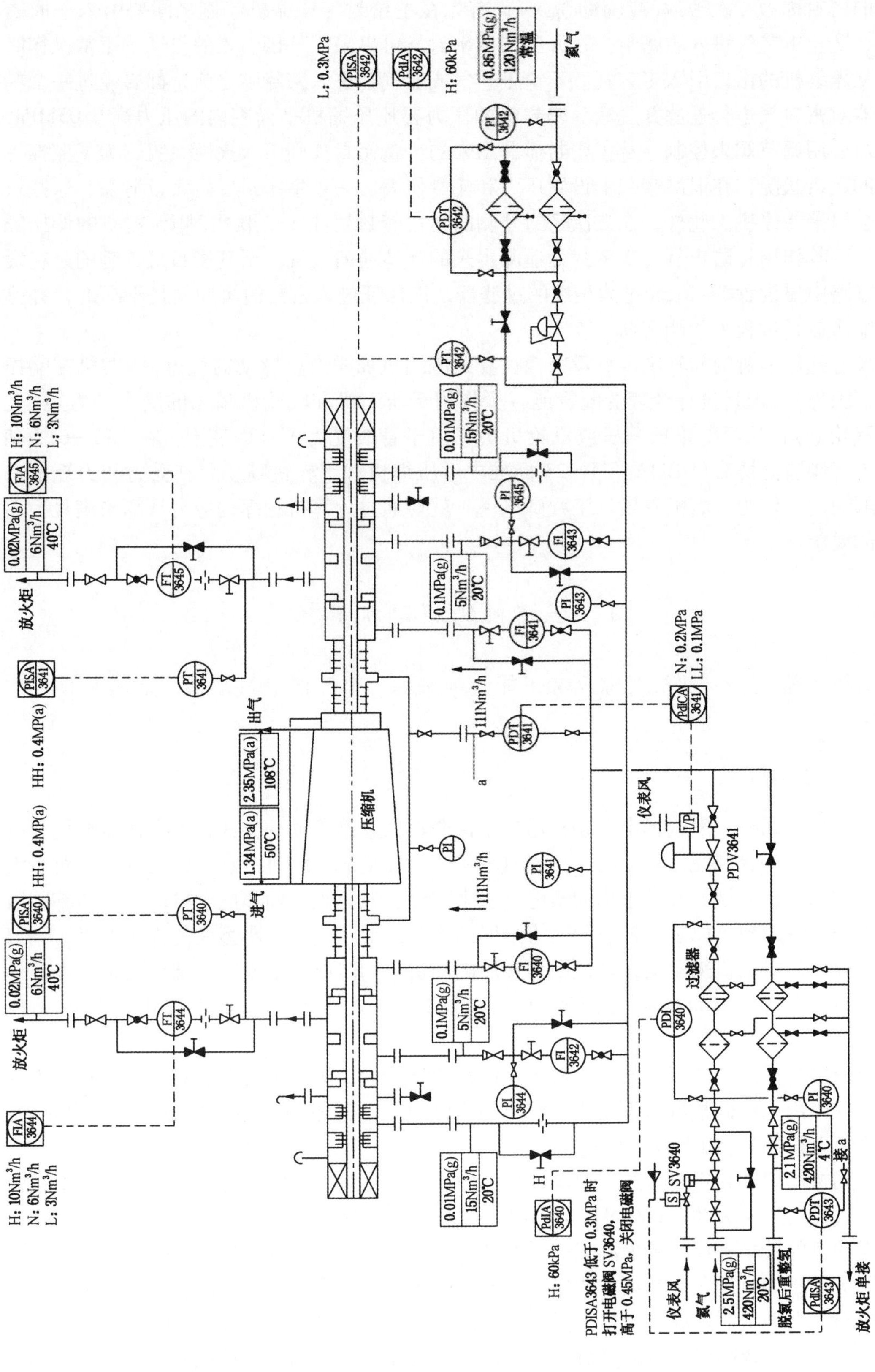

图 16-98　典型的干气密封系统图

气侧的密封称为二次密封(或辅助密封)。首先在主密封与压缩机腔体之间要引入一股密封气，防止工艺气进入主密封。在开工初期密封气可以采用外部引入的氮气；正常操作时可以从压缩机的出口引入工艺气。不论工艺气或氮气在进入密封腔之前，都要经过一个精过滤器对密封气进行过滤并脱液。密封气的压力要比压缩机平衡腔内的压力高0.05MPa，因此需要用调节阀来控制。从主密封泄漏出来的少量密封气则引入火炬系统，为了监控主密封的运行状况，在泄漏管线上设置压力和流量仪表。一旦主密封发生大量泄漏，这些仪表就会报警并停机。此外，在二次密封外侧的迷宫密封处注入一股0.3MPa左右的低压隔离氮气，其作用是防止从二次密封处泄漏出来的气体通向大气。干气密封最关键的是在缓冲气管路中要设置1～3μm过滤精度的过滤器，以保证进入密封的缓冲气是干净的，并且在压缩机运行过程中不能间断。

离心式压缩机的配管中虽然没有像往复式压缩机那样产生脉动的气流(压缩机在喘振状态下除外)，但是设计合理的配管能减少作用于压缩机和汽轮机嘴子的受力和力矩(尤其是汽轮机)，从而防止压缩机或汽轮机机壳由于管线受力不当而变形。在API—617和美国电气制造商协会(NEMA)SM-23标准中对压缩机和汽轮机嘴子允许受力和力矩都有明确的规定，作为一名配管设计工程师来说，就要通过计算机程序的应力计算来满足上述标准的要求。

四、压缩机的驱动机选择

选择压缩机的驱动机要综合考虑能量的来源、全厂的蒸汽平衡、余热回收等多种因素。

(一) 电动机

往复式压缩机一般选择由电动机通过刚性联轴器直接驱动的方式，也有在压缩机和电动机之间加入一台减速齿轮箱的。使用汽轮机驱动往复式压缩机的在我国很少见。对于大型往复式压缩机来说，都是选择同步电动机来驱动，这是因为同步电动机的超前功率因数对电网的功率因数可以进行补偿，改善电网的作业。对于一些中小型往复式压缩机，一般都是选择异步电动机来驱动，这是因为异步电动机比同步电动机便宜，结构简单，也容易操作，只要电网已有足够的补偿能力，大型的往复式压缩机也可选择用异步电动机来驱动。

目前国内外生产的同步电动机都是无刷励磁结构的，励磁机直接安装在同步电动机的主轴上，采用可控硅整流器将交流电整定为直流电。这样不但使整个电动机的结构紧凑，而且避免电刷(指有刷励磁)磨损。

电动机的启动转矩要合适，要满足加速要求，避免过大的电流脉动、轴系扭转/横向响应及过大的转速波动，要有足够的功率满足所有的工况。

电动机的转矩不仅要考虑满载荷下的转矩特性，还要考虑起动情况下的转矩要求。这主要取决于压缩机型式、卸载方式以及惯性矩的大小等，另外还有电动机制造商对起动时间的限制。电动机制造商应提供各类电动机的起动曲线以符合压缩机起动的要求。

氢压机所选择的电动机在防爆等级上比一般烃类加工所用的电动机要高。从价格和操作、维护方面考虑，选择增安型电动机比较合理，但是由于增安型电动机在启动时会产生火花，据国外报道，这类电动机曾发生过多起事故，因此为了保证增安型电动机的运行可靠性，重新修订了老版的使用标准。除了在启动前要向机壳内充以惰性气体或不含危险气体的空气，并像正压外壳型电动机那样安装有检测和报警、联锁仪表，在满足启动条件的情况下才能启动电动机。电动机在运行过程中和停机时是不需要充气的。此外，修订后的新标准在设计、制造、测试和验收等方面都比以往标准要严格，认证手续也相当繁琐，这也推高了这类电动机的采购成本。对于一些大中型电动机来说，也可选择正压通风型电动机，一些小型电动机可选择隔爆型电动机。

大型电动机的冷却有两种方式：一种采用风冷，另一种为水冷。在我国一些电机制造厂生产的大部分为水冷式电动机。水冷就要求循环水水质要高，否则冷却效果就会随运转时间的加长而降低；其次要有漏水保护措施，一旦水箱泄漏，冷却水进入电枢中会造成事故。

（二）汽轮机

离心式压缩机通常都是用汽轮机通过干式迭片联轴器直接驱动的。这是因为汽轮机具有变速功能，对改变离心式压缩机的操作工况十分有利。也有采用电动机和增速齿轮箱来驱动离心式压缩机的，此时可采用变频器来改变电动机的转速达到调速的目的。

汽轮机有背压式和凝汽式之分。背压式汽轮机结构简单，凝汽式汽轮机的结构就要复杂一些，因为它包含了抽空系统，表面冷凝器及其液位控制和凝结水泵等一系列设备。这二种汽轮机的蒸汽及疏水系统见图 16 - 99 和图 16 - 100。如何选择要视全厂的蒸汽平衡而定。此外，从获得能量的方式上汽轮机又可分为两大类，即冲动式和反动式(图 16 - 101)。对于冲动式，蒸汽在喷嘴或静叶中完全膨胀，动叶中不再有压降；而反动式，蒸汽在静叶和动叶中都有压降。不管是哪一类，蒸汽总是通过速度的降低，把动能转化为机械能，从而实现蒸汽和转子之间的能量传递。

五、压缩机的控制系统

控制系统是关系到压缩机能否正常操作的关键，往复式压缩机的控制比较简单，它只是一些压力、温度、流量和液位的测量和显示以及一些关键参数的报警和停机联锁控制。而离心式压缩机由于有许多控制回路，例如防喘振控制、汽轮机的调速控制等，其控制系统较往复式压缩机复杂。随着微电子技术的迅猛发展，压缩机的控制系统也由传统型的控制仪表向计算机集散控制仪表方面发展。

采用计算机集散控制系统提高了控制系统的可靠性，调查统计资料表明压缩机的故障大部分是由于仪表的误动作造成的，因此提高控制仪表的可靠性是很重要的。在设计压缩机控制系统时在重要的部件选择上需要考虑冗余，例如电源、中央处理器(CPU)、可变程序控制器(PLC)和汽轮机超速保护等方面不但采用双冗余配备，甚至采用三冗余(三取二)的设计方案，使得压缩机的控制系统更为可靠，保证压缩机能长周期运行。

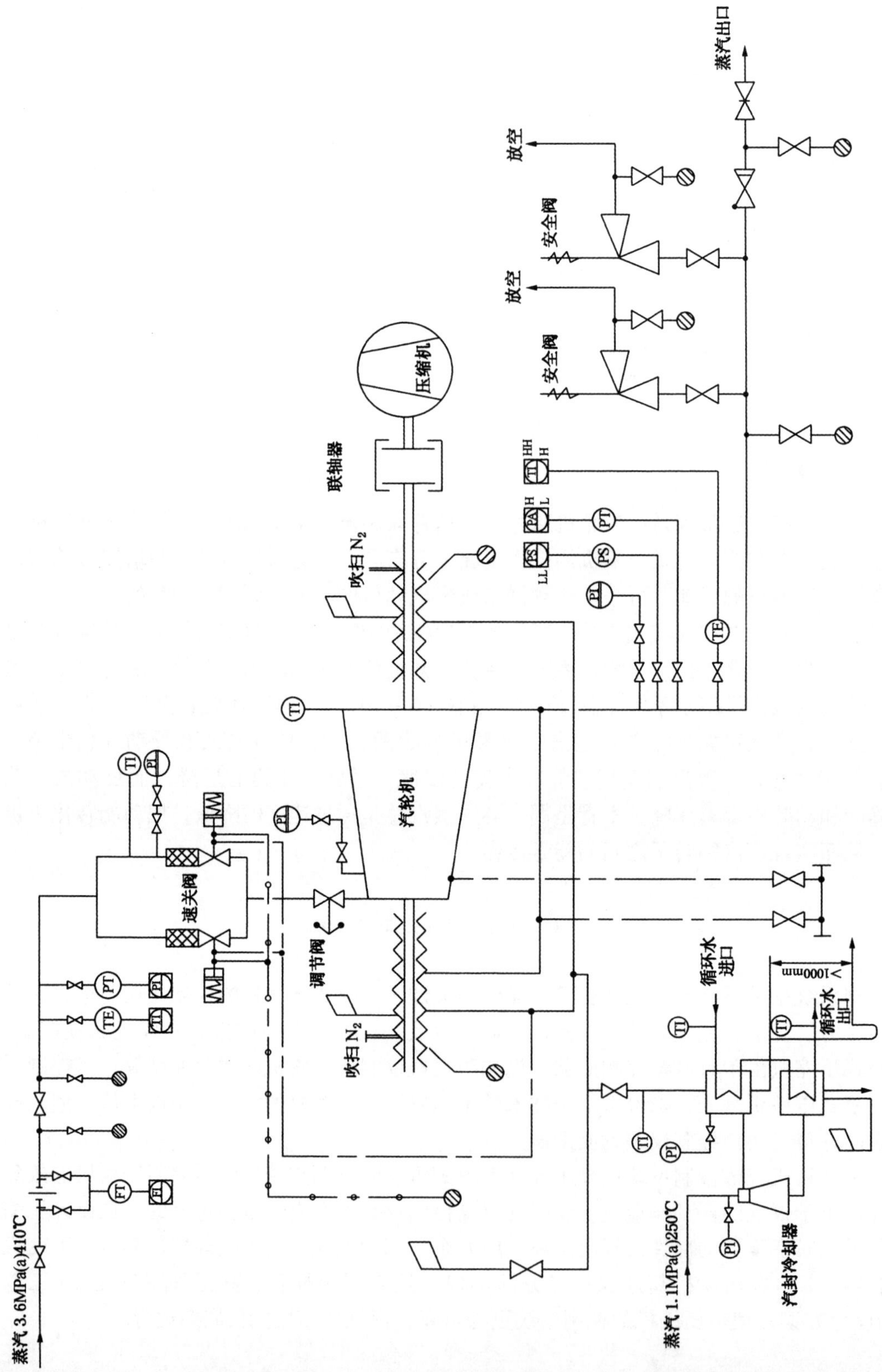

图 16-99 背压式汽轮机蒸汽及疏水系统图

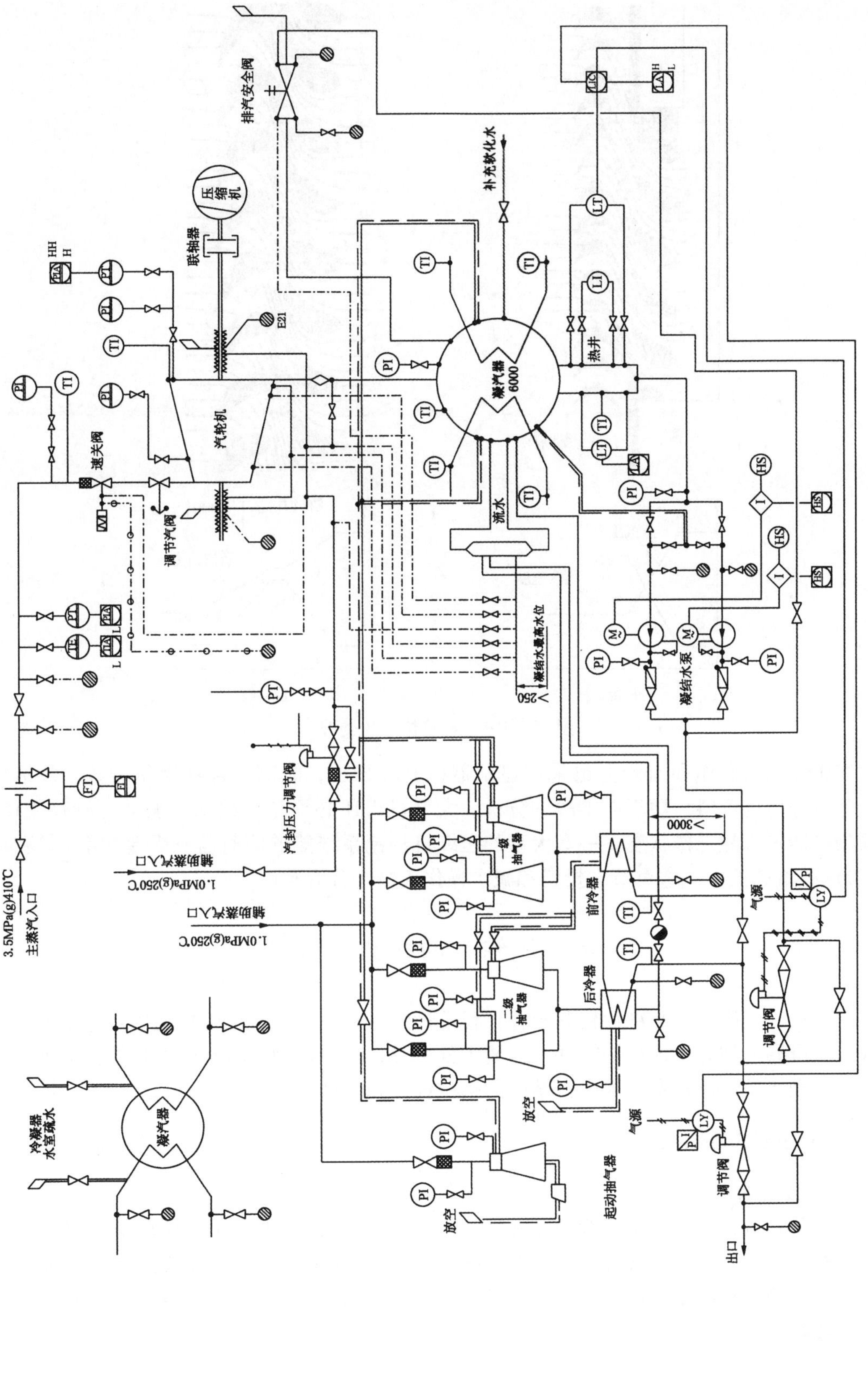

图16-100 凝汽式汽轮机蒸汽及疏水系统图

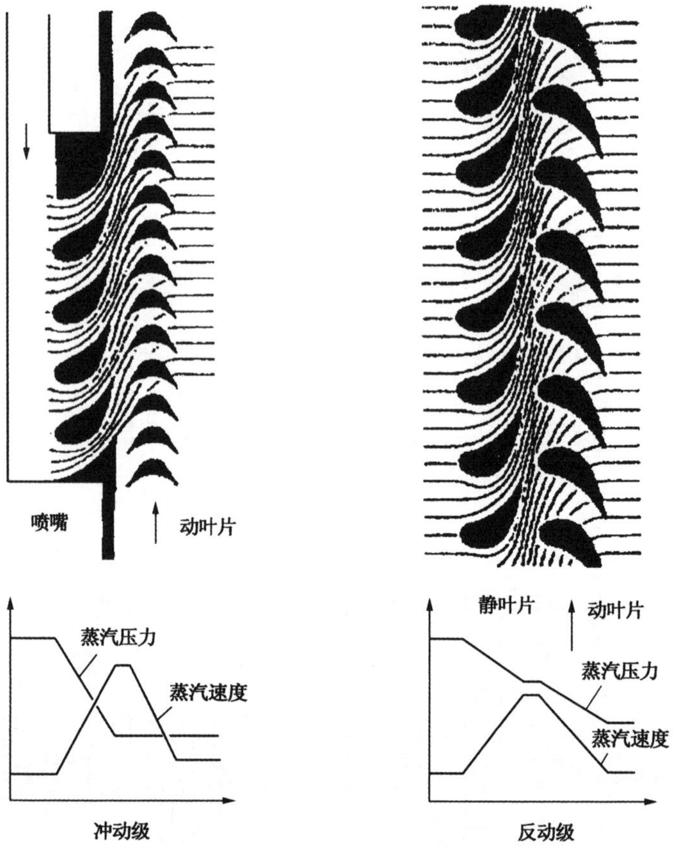

图 16－101 汽轮机叶片类型

在压缩机的操作和监测上也采用显示器(CRT)显示，能储存各种操作参数，包括报警、停机等历史资料，便于对事故的分析。大型机组还必须与在线动态振动分析仪相接，可预测机器未来的工作状态。一套大型的压缩机控制系统能够同时监测多台(离心式和往复式)压缩机的工作。这对节省投资和减少操作人员十分有利。

六、压缩机的热力计算

在进行工艺研究、经济评估和装置工程设计时，常常需要对压缩机功率及操作条件进行快速而可靠的估算。这类估算并不需要十分精确，因为在询价时制造商将根据询价单中所列举的操作条件及技术要求进行精确的机械设计和工程设计。

(一) 往复式压缩机

1. 级数的确定

氢气压缩机每级压缩比一般控制在2∶1～3.5∶1，更高的压缩比会使压缩机的容积效率和机械效率下降。排气温度也限制压缩比的增高。过高的排气温度会降低润滑油的黏度，使气缸的润滑性能恶化。此外，高温下氢气与润滑油的混合物，如果与空气接触也容易引起爆炸。

如前所述，按目前催化重整装置的设计参数，重整氢增压压缩机、预加氢循环氢压缩机和预加氢补充氢压缩机一般为一级压缩至二级压缩。

2. 排气温度

往复式压缩机的排气温度可按绝热压缩公式计算

$$T_d = T_s\left(\frac{p_d}{p_s}\right)^{\frac{k-1}{k}} \qquad (16-22)$$

式中　p_d、p_s——压缩机每级排气和吸气压力，MPa；

T_d、T_s——压缩机每级排气和吸气温度，K；

k——绝热指数。

$$k = \frac{C_p}{C_v}$$

C_p、C_v——等压和等容比热，kJ/(kg·K)。

考虑到氢压机的预期排气温度要比绝热排气温度高，绝热排气温度控制在130℃以下为宜。

3. 功率计算

(1) 往复式压缩机的理论功率按下式计算：

$$\sum N = 16.67\sum\left\{p_s V_s \frac{k}{k-1}[\varepsilon_a^{\frac{k-1}{k}} - 1]\frac{Z_s + Z_d}{2Z_s}\right\} \ \text{kW} \qquad (16-23)$$

式中　V_s——压缩机每级实际吸气量，m^3/min；

ε_a——包括进、排气阀压力损失在内的每级实际压缩比；

Z_s、Z_d——在吸气和排气状态下氢气的压缩性系数，见表16－17。

$$\varepsilon_a = \frac{p_d}{p_s(1-a_1)(1-a_2)}$$

式中　a_1、a_2——相对压力损失系数，见图16－102[20]；

表16－17　进、出口状态下氢气的压缩性系数

压力/MPa(绝对压力)	压缩性系数 Z_s、Z_d	压力/MPa(绝对压力)	压缩性系数 Z_s、Z_d
≤1.0	1.0	≤12.0	1.06
1.0～≤3.0	1.01	≤14.0	1.07
3.0～≤4.0	1.02	≤16.0	1.09
4.0～≤6.0	1.03	≤18.0	1.10
6.0～≤8.0	1.04	≤20.0	1.12
8.0～≤10.0	1.05		

(2) 往复式压缩机的轴功率和驱动机功率

① 轴功率

考虑压缩机的机械效率和传动效率，则压缩机的轴功率 N_s 为

$$N_s = \frac{N}{\eta_g \cdot \eta_c} \ \text{kW} \qquad (16-24)$$

式中　N——理论功率，kW；

η_g——机械效率，对大中型压缩机，取 $\eta_g = 0.90 \sim 0.95$；对小型压缩机，取 $\eta_g = 0.85 \sim 0.90$；

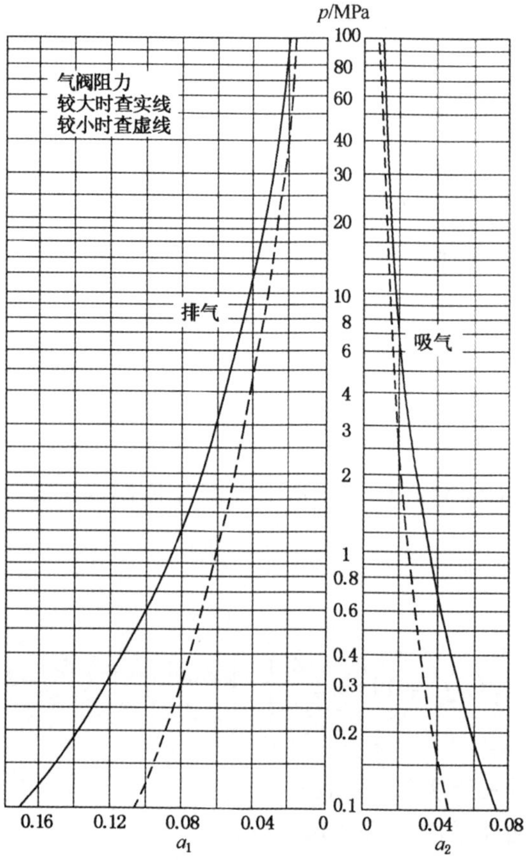

图 16-102 不同公称压力下的相对压力损失系数

η_c——传动效率，对皮带传动，取 $\eta_c=0.96\sim0.99$；对齿轮传动，取 $\eta_c=0.97\sim0.99$；直联，取 $\eta_c=1.0$。

② 驱动机功率

考虑到压缩机运转时负荷的波动、吸气状态的变化、冷热水温的变化以及压缩机泄漏等因素，会引起功率的增加，驱动机应留有 10% ~25% 的储备功率，选用的驱动机功率为：

$$N_d = (1.1 \sim 1.25)N_s(\mathrm{kW})$$

大中型压缩机 N_d 取小值；小型压缩机 N_d 取大值。

4. 确定往复式压缩机的尺寸

（1）气缸直径

单位时间内气缸的理论吸气容积，称为气缸行程容积，以 V_t(m^3/min)表示：

$$V_t = \frac{V}{\lambda} \qquad (16-25)$$

式中 V——压缩机换算到吸气状态下的排气量，m^3/min；

λ——排气系数，估算时按 0.75 ~ 0.83 选取。

一般氢压机活塞杆不贯穿，双作用。气缸的行程容积按下式计算：

$$V_t = \frac{\pi}{4}(2D^2 - d^2)SnI(\mathrm{m^3/min}) \qquad (16-26)$$

式中 D——气缸直径，m；

d——活塞杆直径，m；

S——活塞行程，m；

n——曲轴转数，1/min；

I——同级气缸数。

活塞杆直径、活塞行程和转数按制造商样本中的同类产品选取。

（2）气体载荷

$$F_{max} = \frac{\pi}{4}[D^2p_d - (D^2 - d^2)p_s] \times 10^3(\mathrm{kN})$$

按制造商提供的样本，选择合适载荷的压缩机。要留有 5% ~10% 的余地。

（3）冷却水的估算，往复式压缩机的用水量主要由四部分组成：

① 气缸夹套和压力填料冷却用水。这部分水主要由软化水闭路循环水系统供给，但

软化水需用循环水冷却，每列按 3～5t 水估计；

② 油站冷却器用水 W，按下式计算：

$$W = \frac{(0.8 \sim 1.1)N}{100} (\mathrm{t}) \tag{16-27}$$

式中　N——压缩机额定功率，kW。

③ 级间气体冷却器和后冷器用水，气体冷却器的用水量可采用以下公式估算：

$$Q = W_h C_{p,h}(T_{h1} - T_{h2})/3600 \tag{16-28}$$

式中　Q——冷却器的热载荷，kW；

W_h——气体质量流量，kg/h；

$C_{p,h}$——气体的定压比热容，kJ/(kg·K)；

T_{h1}、T_{h2}——气体的入口和出口温度，K。

$$W_c = \frac{0.86 \times Q}{T_{c2} - T_{c1}} \tag{16-29}$$

式中　W_c——冷却水量，t；

T_{c2}、T_{c1}——冷却水出入口温度，K。

主电动机冷却用水，按 $(1.2 \sim 1.4) \times 8.6 \times 10^{-3} N$ 计算，单位 t。

通过上述初步估算，可以大致确定压缩机的大小和水、电、气的消耗量等工程初步设计资料，至于精确设计由制造商提供。

（二）离心式压缩机

1. 排气温度

离心式压缩机的排气温度按多变压缩计算

$$T_d = T_s \varepsilon^{\frac{m-1}{m}} \tag{16-30}$$

式中　T_d、T_s——压缩机出入口温度，K；

ε——压缩比；

$$\varepsilon = p_d / p_s$$

p_d、p_s——压缩机出入口压力，MPa(绝对压力)；

m——多变指数。

气体的绝热指数 k 和多变效率 η_p 在图 16－103[14] 中可以查取。在选用估算时，多变效率可在图 16－104 中查得。

2. 多变能量头

对压缩机来说，能量头的概念相当于泵的扬程概念。离心式压缩机的多变能量头按下式计算：

$$h_p = \frac{m}{m-1} ZRT_s (\varepsilon^{\frac{m-1}{m}} - 1) \tag{16-31}$$

式中　h_p——多变能量头，kJ/kg；

R——气体常数，kJ/(kg·K)；

Z——压缩系数。

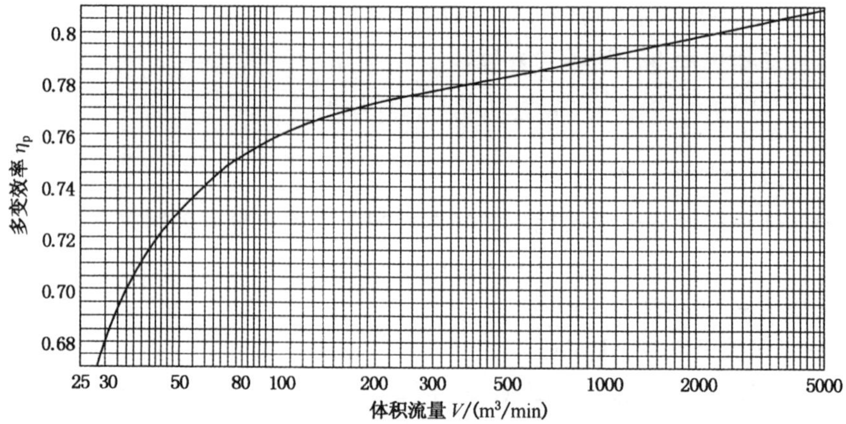

图 16－103　离心压缩机的多变效率

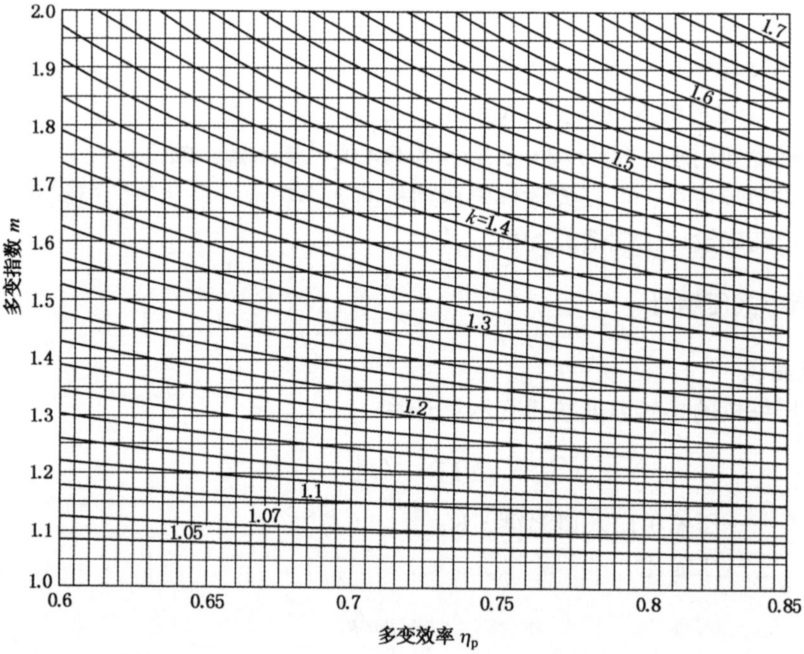

图 16－104　多变指数和绝热指数的关系

3. 离心式压缩机的功率

（1）理论功率

$$N = 16.67 P_s V_s \frac{m}{m-1}(\varepsilon^{\frac{m}{m-1}} - 1)/\eta_p (\mathrm{kW}) \tag{16-32}$$

式中　V_s——入口体积，m^3。

（2）轴功率

$$N_s = \frac{N}{\eta_g \cdot \eta_c} \tag{16-33}$$

式中　η_g——机械效率；

$N > 2000\text{kW}$，$\eta_g = 0.97 - 0.98$；

$N = 1000 \sim 2000\text{kW}$，$\eta_g = 0.96 - 0.97$；

$N < 1000\text{kW}$，$\eta_g = 0.94 = 0.96$。

η_c——传动效率。

直接传动，$\eta_c = 1.0$；

齿轮增速箱传动 $\eta_c = 0.93 \sim 0.98$。

（3）驱动机功率

$$N_d = (1.10 \sim 1.25) N_s$$

4. 级数的确定

离心式压缩机的机壳最多能布置 6 ~ 9 级叶轮，单级叶轮通常可以产生 30 ~ 36kJ/kg 的多变压头，为此大致可以求得叶轮数。

叶轮直径决定压缩机的规格尺寸，它与压缩机进口状态下的进气量有关。叶轮直径 $\phi 400 \sim 1200\text{mm}$，其最大进气流量大约为 $4.67 \sim 42.07\text{m}^3/\text{s}$。

循环氢压缩机一般为一段压缩。

5. 蒸汽消耗量的估算

如前所述，离心式压缩机一般由汽轮机驱动，此时估算蒸汽耗量尤为重要：

$$G = \frac{3600 N_d}{\Delta H \eta_i \cdot \eta_g} \tag{16-34}$$

式中　G——蒸汽耗量，kg/h；

N_d——汽轮的额定功率，kW；

ΔH——蒸汽焓降，kJ/kg；

η_i——汽轮机效率，取 $\eta_i = 0.60 \sim 0.75$；

η_g——机械效率，$\eta_g = 0.985$；

6. 凝汽式汽轮机的表面冷凝器耗水率估算

$$W_c = \frac{(60 \sim 70) G}{1000} (\text{t/h})$$

七、催化剂再生系统的风机

在连续催化重整装置中的催化剂再生系统有两种再生技术，一种再生回路采用热循环。另外一种再生回路采用冷循环。此时，在再生热循环系统中有 4 台鼓风机，即：

（一）再生风机

用于再生器的热循环，这台风机操作温度高达 516℃，压力 0.25MPa(g) 左右，出入口差压不大，输送介质主要为 N_2 和 CO_2。由于该风机操作温度高，因此主轴、叶轮及其紧固件皆采用耐高温的 INCONEL 600 合金材料；机壳和机盖采用美国钢铁协会(AISI)316 奥氏体不锈钢制作(见图 16－105)。为了防止高温介质从轴封处泄漏出来，轴封采用碳环密封，中间通入 N_2。轴承与常规风机一样采用滚珠轴承，用风扇冷却，整个机体用隔热材料覆盖。入口接管设有膨胀节能有效地吸收管线的位移，防止机壳变形。

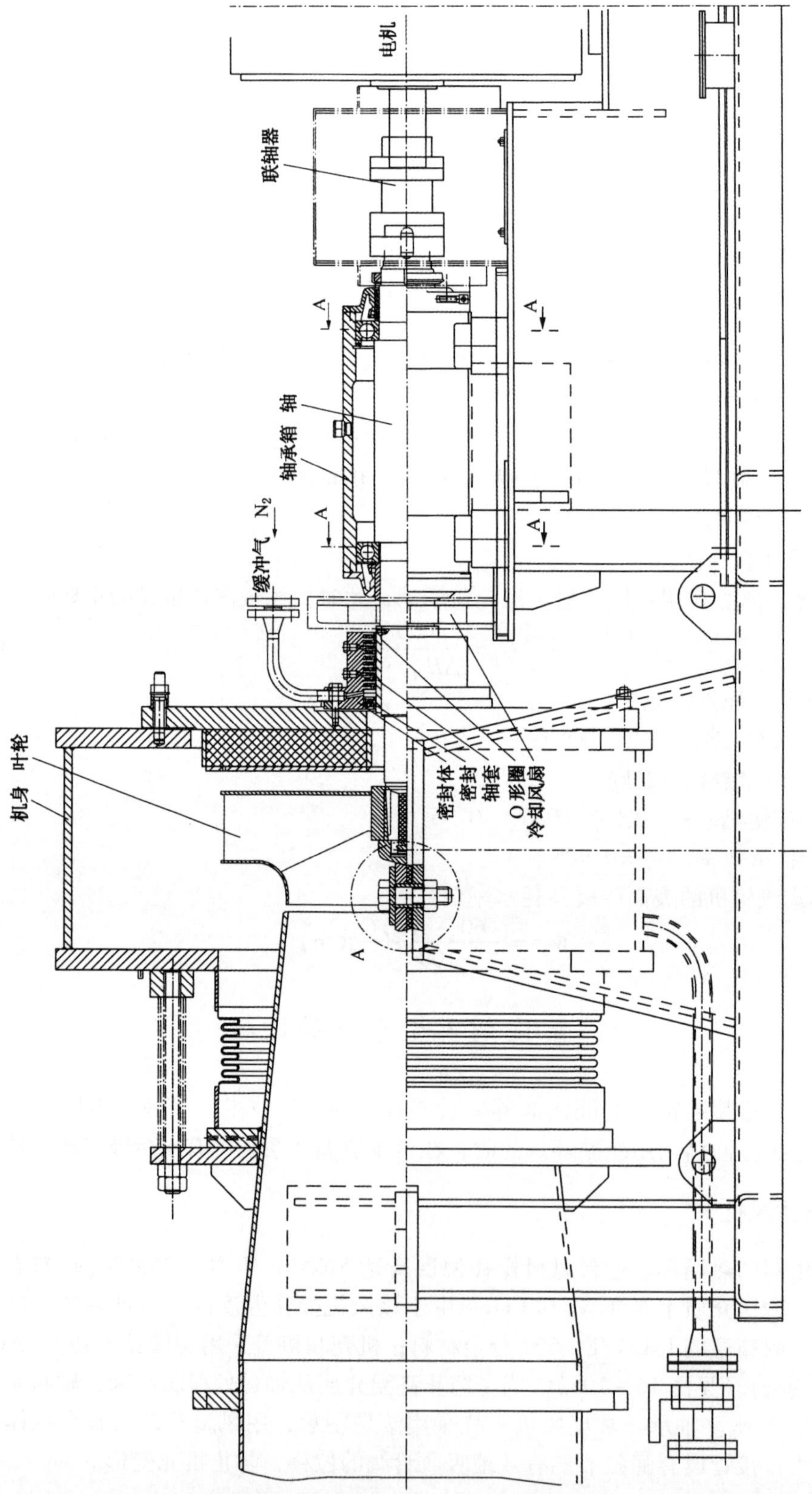

图16-105 再生风机剖面图

（二）提升风机

将来自再生器顶部粉尘收集器的 N_2 通过提升风机输送到待生催化剂的提升线使待生催化剂从反应器底部进入再生器的上部。

（三）除尘风机

提升到再生器顶部的待生催化剂中含有一些催化剂粉尘，通过除尘风机经淘析器将粉尘分离出来。

（四）再生空冷器风机

用于再生空冷器的冷却。

在冷循环再生回路中没有高温再生风机，以下列 4 台压缩机和鼓风机代之：再生气循环压缩机、空气压缩机、提升气压缩机和淘析气风机。

参　考　文　献

[1] 李成栋编著．催化重整装置技术问答[M]．北京：中国石化出版社，1997
[2] 章燕谋．锅炉与压力容器用钢[M]．西安：西安交通大学出版社，1984
[3] 李世玉主编．压力容器设计工程师培训教程[M]．北京：新华出版社，2005
[4] 加工高硫原油重点装置主要设备设计选材导则[M]．北京：中国石化出版社，2002
[5] Materials Resistant to Sulfide Stress Cracking in Corrosive Petroleum Refining Environments NACE Standard RM 0103 - 2005
[6] 王维宗等．湿硫化氢环境中腐蚀失效例及对策[J]．石油化工腐蚀与防腐，2001(2)
[7] Sulfide Strees Cracking Resistent Metallick Materials for Oilfield Equipment NACE Standard MR 0175 - 2001
[8] 炼油厂加热炉炉管壁厚计算[M]．北京：中国石化出版社，2003
[9] 一般炼油装置用火焰加热炉[M]．北京：中国石化出版社，2013
[10] 钱家麟主编．管式加热炉[M]．北京：中国石化出版社，2005
[11] API PUBL 535 Burners for Fired Heaters in General refinery Services，1995. 7
[12] 石油化工企业设计防火规范 GB 50160—2008
[13] 石油工业用加热炉安全规程 SY 0031—2004
[14] 燃油(气)燃烧器安全技术规则 TSG ZB001—2008
[15] 刘长爱．烟气酸露点腐蚀对炼油加热炉及余热回收系统的危害与防治[J]．石油化工设备技术，2010(5)
[16] 李钧，阎维平，高宝桐，李春．电站锅炉烟气算露点温度的计算[J]．锅炉技术 2009，40(5)：(期)
[17] 蔡建光等．新型铸铁双向翅片空气预热器的应用[J]．石油化工设备技术，2011
[18] API Standard 618 Reciprocating Compressors for petroleum，Chemical，and Gas Industry Services. 4th Edifion.，Washington：1995
[19] API Standard 617 Axial and Centrifugal Compressors and Expander-compressors for Petroleum，Chemical and Gas Industry Services. 7th Edition. Washington，2002
[20] 石化规划设计院编，压缩机工艺计算[M]．北京：石油化学工业出版社，1978

第十七章　芳烃抽提与抽提精馏

苯(B)、甲苯(T)、二甲苯(X)是生产聚苯乙烯、尼龙、涤纶等重要石油化工产品的基础原料。20 世纪 60 年代以来，BTX 的生产主要来自催化重整生成油以及蒸汽裂解制乙烯副产的裂解加氢汽油。催化重整生成油是芳烃和非芳烃的混合物，必须从中分离出各种纯的芳烃才能满足工业需要。工业上常用精馏法分离液体混合物，但它们难以用来分离纯芳烃，原因之一是相同碳数的烷烃、环烷烃和芳烃之间的沸点差很小，采用普通精馏无法得到高纯度的芳烃产物，原因之二是芳烃和许多非芳烃都形成共沸物，从而影响芳烃的精馏分离。

从催化重整或裂解加氢汽油中分离 BTX，主要有液 - 液抽提法(通常所说的芳烃抽提)和抽提精馏法(ED，又名萃取精馏)，其中液液抽提法仍占很大的比重。液液抽提工艺的芳烃质量好、回收率高、对原料的适应性好，比较适合同时分离高纯度的 BTX。液液抽提法最早采用液体 SO_2 为溶剂，于 1941 年建成工业装置。1952 年 UOP 公司和 DOW 化学品公司共同开发了以二甘醇为溶剂的 Udex 法，并成功实现商业应用，由此推动了芳烃抽提技术的迅速发展。继 Udex 之后，以环丁砜为溶剂的 Sulfolane 抽提法首先由 Shell 公司开发成功，后经 UOP 得到进一步发展。由于该工艺采用的溶剂性能优异、工艺流程合理，因此得到了广泛的工业应用。20 世纪 60 ~ 70 年代，各国还推出了另外几种芳烃抽提工艺，如：1960 年德国鲁奇公司开发的以 *N* - 甲基吡咯烷酮为溶剂的 Arosolvan 法；1967 年法国石油研究院 IFP 开发的以二甲亚砜为溶剂的 DMSO 法；1971 年意大利 SNAM 公司开发的以 *N* - 甲酰基吗啉为溶剂的 Formex 法；1972 年德国 Krupp 公司采用同一溶剂开发的 Morphyex 法等，所述四种方法各有特色，都得到了一定的应用，但所建工业装置数量较少。

溶剂的性能是芳烃抽提的关键因素。为改进芳烃抽提工艺，世界各国探索了上百种有机溶剂或混合溶剂，研究了分子结构对溶剂性能的影响，研究了在有机溶剂中加入无机盐的影响，以及用水作抽提溶剂的可能性等。但这些研究均未取得突破，因此至今也未能工业应用。

随着塑料、合成纤维和合成橡胶的飞速发展，苯和二甲苯的需求量不断增长，而甲苯和 C_9 芳烃的需求量却变化不大。同时，由于催化重整和蒸汽裂解反应深度的不断提高，重整生成油和蒸汽裂解汽油的芳烃含量也不断上升，非芳烃含量相应下降。面对芳烃需求和原料组成的变化，如果都采用液液抽提法，往往技术上显得不够经济，而抽提精馏法作为分离芳烃的另一种选择，特别是抽提精馏分离苯，引起了人们的广泛关注。

重整装置生产的高辛烷值汽油一般含有 5% ~ 10% 的苯。一方面，纯苯是重要的化工原料，具有较好的市场需求；另一方面，随着环保对燃料质量要求的提高，国内从 2003 年 7 月起全面限制汽油中苯含量小于 2.5%(体积分数)，欧洲Ⅲ类燃油标准还要求小于 1.0%(体积分数)。因此，开发投资低、操作费用低的苯抽提技术，具有显著的经济效益和社会效益。

与液液抽提相比，抽提精馏工艺具有流程简单、投资省、操作费用低等优点，比较适合从富含苯的窄馏分原料中回收纯苯[1,2]。

表17－1列出了工业应用较多的液液抽提和抽提精馏方法、工业化年代、开发商及工业装置的套数等。

表17－1　几种工业芳烃抽提工艺

方　法	溶　　剂	方法名称	开发商	工业化时间	工业装置套数①
液液抽提法	二(三)甘醇(DEG，TEG)	Udex	UOP/DOW	1952	49
	四甘醇(TTEG)	Tetra	Union Carbide	1968	50
	环丁砜(Sulfolane)	Sulfolane	Shell/UOP	1961	155
	N－甲基吡咯烷酮(NMP)	Arosolvan	Lurgi	1962	12
	二甲亚砜(DMSO)	IFP	IFP	1967	5
抽提精馏法	*N*－甲酰基吗啉(NFM)	Morphylane	Uhde	1969	65
	N－甲基吡咯烷酮(NMP)	Distapex	Lurgi		
	环丁砜复合溶剂	SED	RIPP	2001	50

① 截止到2012年的不完全统计数据。

第一节　液液抽提

一、工艺原理

(一) 溶剂的基本特性和要求

芳烃抽提是利用溶剂对芳烃和非芳烃溶解能力的差异而将芳烃抽提出来的一种工艺。抽提所得的混合芳烃再进行精馏分离，进而得到纯苯、甲苯和二甲苯等。抽提的流程都基本相同或相似，而过程的经济性包括产品的纯度、收率、消耗等指标在很大程度上都取决于溶剂的性能。

一个好的工业抽提溶剂应具备如下的一些特性：

① 对芳烃的选择性要好，有利于提高芳烃的纯度；

② 对芳烃溶解能力大，以利于降低溶剂比和操作费用；

③ 与抽提原料的密度差大、不易乳化，以保证在抽提塔内轻重两相的水力学流动特性；

④ 与芳烃的沸点差大，以便与溶剂分离；

⑤ 热稳定性及化学稳定性好，以确保芳烃不被降解物质所污染；

⑥ 两相界面张力要大，以利液滴聚集和分层；

⑦ 蒸汽压低，减少操作中的溶剂消耗；

⑧ 黏度小、凝点低，有利于抽提过程的传热与传质；

⑨ 无毒、无腐蚀性，便于操作和设备材质选取；

⑩ 价廉易得。

事实上，一种溶剂要完全满足上述要求是非常困难的，因此尽管有机溶剂的种类非常繁多，但真正在工业上得到应用的却很少。表 17 – 2 列出了几种已被工业上采用的芳烃抽提溶剂的一般性质[3~11]。

表 17 – 2　几种工业抽提溶剂的一般性质

溶　剂	相对分子质量 M	相对密度 d_4^{20}	沸点/℃	凝点/℃	黏度/mPa·s	150℃汽化热/(kJ/kg)	分解温度/℃
N – 甲基吡咯烷酮	99.13	1.03	206	–24	0.97	493	
N – 甲酰基吗啉	115.14	1.15	244	21	2.7(70℃)	401	230
环丁砜	120.16	1.26	287	28	2.5	514	220
二甲亚砜	78.13	1.10	189	18		552	120
四甘醇	194.24	1.16	327	–5	4.0	456	237
三甘醇	150.18	1.12	288	–7	3.5	656	206

（二）溶剂的溶解性与选择性

在溶剂所有性能中，溶解性和选择性是最基本的，通常采用一定温度下烃类在溶剂中无限稀释的活度系数(γ)的倒数来代表溶剂对烃的溶解能力，而采用非芳烃与芳烃活度系数之比的对数来表示溶剂的选择性。表 17 – 3 和表 17 – 4 列出了几种常用溶剂的溶解性和选择性数据。

表 17 – 3　以甲苯和正庚烷表示的溶解能力和选择性

项目 \ 溶剂	溶解能力($1/\gamma_{甲苯}$)				选择性 $\lg(\gamma_{正庚烷}/\gamma_{甲苯})$			
	25℃	50℃	100℃	150℃	25℃	50℃	100℃	150℃
N – 甲基吡咯烷酮			0.55				0.69	
N – 甲酰基吗啉	0.35	0.37	0.41		1.24	1.13	0.94	
环丁砜	0.24	0.26	0.30	0.33	1.38	1.26	1.09	0.97
二甲亚砜	0.20				1.33			
四甘醇	0.28	0.31	0.36	0.40	1.16	1.08	0.91	0.75
三甘醇			0.18	0.19			0.80	0.61

表 17 – 4　以苯和正己烷表示的溶解能力和选择性

项目 \ 溶剂	溶解能力($1/\gamma_{苯}$)			选择性 $\lg(\gamma_{正己烷}/\gamma_{苯})$		
	25℃	60℃	100℃	25℃	60℃	100℃
N – 甲基吡咯烷酮			0.71	1.10	0.94	0.81
N – 甲酰基吗啉	0.47	0.51	0.54	1.25	1.10	0.96
环丁砜	0.38	0.41	0.43	1.48	1.29	1.12
二甲亚砜	0.29	0.44	0.48	1.34	1.11	0.90
四甘醇	0.35	0.40	0.44	1.12	1.00	0.88
三甘醇	0.21	0.24	0.27	1.11	0.98	0.87

由表 17 – 3 和表 17 – 4 数据可知：溶解能力顺序依次为：N – 甲基吡咯烷酮 > N – 甲酰基吗啉 > 四甘醇 > 环丁砜 > 二甲亚砜 > 三甘醇。对 BTX 的分离，所选择的溶剂在适当的操作温度下，其溶解能力在 0.25 ~ 0.40 的范围内为最佳。

选择性的优劣次序依次为：环丁砜 > 二甲亚砜 > N – 甲酰基吗啉 > 四甘醇 > 三甘醇 >

N－甲基吡咯烷酮。

溶剂对芳烃的溶解能力与温度、溶剂含水量等因素有关系。温度越高，溶解能力越大。溶剂含水量越高，溶解能力越低。

当溶剂与芳烃和非芳烃形成两个液相时，溶剂对芳烃的溶解能力也可采用分配系数 K 来表示，K 值越大，意味着溶剂对芳烃的溶解能力越强。K 定义如下：

$$K = \frac{x_{EA}}{x_{RA}} \tag{17-1}$$

式中，x_{EA}、x_{RA}分别表示平衡时，抽提相和抽余相中芳烃的质量浓度分数。不同的溶剂，K 值不同，组分相同的体系，K 值也随温度和浓度变化。溶剂对芳烃的溶解能力最强，其次是环烷烃，对链烷烃的溶解能力最小。对芳烃、烷烃和环烷烃的同族溶解能力随相对分子质量的增大而降低。图 17－1 和图 17－2 标绘了烃类在环丁砜和 N－甲基吡咯烷酮中的相对溶解度关系。

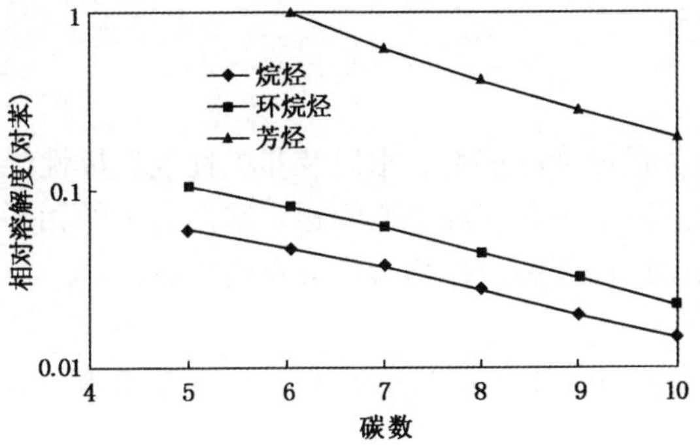

图 17－1　烃在环丁砜中的相对溶解度(50℃，含水 1%)

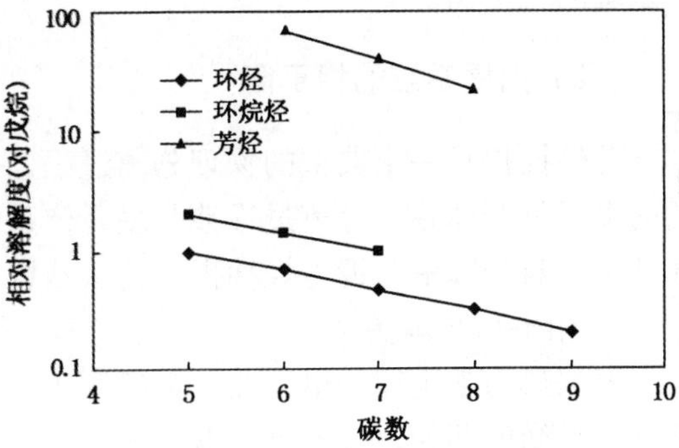

图 17－2　烃在 N－甲基吡咯烷酮中的相对溶解度(25℃，含水 20%)

溶剂的选择性也可用类似精馏过程相对挥发度的形式来表示：

$$\beta = \frac{\dfrac{x_{EA}}{x_{EN}}}{\dfrac{x_{RA}}{x_{RN}}} = \frac{x_{EA} \cdot x_{RN}}{x_{RA} \cdot x_{EN}} \tag{17-2}$$

式中，x_{EA}、x_{EN}分别表示平衡时抽提相中芳烃和非芳烃的浓度分数；x_{RA}、x_{RN}分别表示平衡时抽余相中芳烃和非芳烃的浓度分数。β 值越大，抽提分离越容易实现，反之越难。当 $\beta = 1$ 时，无法用抽提进行分离。

综合选择性、溶解能力、热稳定性等重要因素，以环丁砜为最佳，其次为 N－甲酰基吗啉和四甘醇。

(三) 抽提过程原理

液液抽提工艺主要是利用溶剂对烃类各组分的溶解度不同和对相对挥发度影响的不同从烃类混合物中分离出纯芳烃。当溶剂和原料油在抽提塔接触时，溶剂对芳烃和非芳烃进行选择性溶解形成组分不同和密度不同的两个相。由于密度不同，使两相能在抽提塔内进行连续逆流接触。两相组分不同，一相是溶解芳烃的溶剂相(分散相)，另一相是非芳烃为主的抽余油相(连续相)。所得溶剂相进入抽提蒸馏塔(或汽提塔),在该塔中将芳烃与非芳烃彻底分离,抽提蒸馏塔顶底分别得到回流芳烃和含高纯度芳烃的第二富溶剂;回流芳烃返回抽提塔底,第二富溶剂则进入回收塔内(或汽提塔下段)进行汽提蒸馏后得到高纯度的混合芳烃和贫溶剂;抽余油相则进入抽余油水洗塔内进行水洗后得到非芳烃产品。

在抽提塔操作中,抽提速度与接触面积成正比,抽提塔的结构以及分散相和连续相的选择,应有利于扩大两相的接触面积;浓度差是推动抽提进行的主要动力,采用逆流式抽提,加大溶剂比,有利于增加浓度差;增加两相的运动速度,减小相边界上液体层的厚度,有利于传质;保证必要的抽提时间,以达到要求的芳烃收率。

压力对抽提塔平衡的影响可基本忽略,但对溶剂与芳烃的进一步分离有影响。温度对抽提过程的影响很大。提高温度,能增强溶剂对芳烃的溶解能力,但同时也增大了对非芳烃的溶解性,使选择性下降。

要更深入理解和掌握浓度、温度、压力等因素对抽提过程的影响,就必须研究有关抽提系统的相平衡。

(四)抽提系统的相平衡

芳烃抽提是一个典型的物理分离过程,涉及强极性的溶剂、水以及非极性或弱极性烃类的多元复杂体系,分离过程涉及多元体系的液液平衡和气液平衡问题。掌握有关的相平衡理论,对于理解掌握芳烃抽提工艺、装置的设计计算和操作均有十分重要的意义。

1. 相平衡基本关系

根据热力学定律知道:在一定温度 T、压力 p 下处于平衡状态的两相,逸度相等。对于气液平衡的两相,$f_i^V = f_i^L$,即:

$$y_i\phi_i p = x_i\gamma_i p_i^0\phi_i^0 \exp\left(\frac{1}{RT}\int_{p_i^0}^{p} V^L \mathrm{d}p\right) \qquad (17-3)$$

在低压下也可以简化为:

$$y_i p = x_i p_i^0 \gamma_i \qquad (17-4)$$

液液两相达平衡时应满足:

$$x_i^{\mathrm{I}}\gamma_i^{\mathrm{I}} = x_i^{\mathrm{II}}\gamma_i^{\mathrm{II}} \qquad (17-5)$$

式中 f_i^V、f_i^L——组分 i 的气相和液相逸度;

ϕ_i、ϕ_i^0——组分 i 在系统状态及饱和状态下气相逸度系数;

x_i、y_i——组分 i 的液相及气相摩尔分率;

γ_i——液相组分 i 的活度系数;

R——气体常数;

Ⅰ、Ⅱ——平衡的两个液相。

γ_i 为组分 i 的活度系数,用于描述液相的非理想行为,γ_i 是计算强极性体系气液和液液相平衡的关键。常用的以局部浓度概念为基础的活度系数模型如 NRTL[12]、UNIQUAC[13]、UNIFAC[14]以及 LEMF[15]模型等均可用来关联极性体系的相平衡数据,四个模型的关联精度相差不大。我国科研单位对甘醇类、环丁砜、NFM 等溶剂的相平衡行为进行了深入的研究,认为对环丁砜芳烃抽提系统,用二元配偶参数预测多元气液平衡特别是多元液液平衡时,采用 LEMF 模型精度较高,而对含水量较高的甘醇类抽提系统,

UNIQUAC 模型的预测精度较高，对 NFM 溶剂系统两个模型预测精度差别不大。

LEMF 模型：

$$\ln\gamma_i = \frac{\sum_j x_j S_{ji} G_{ji}}{\sum_k x_k G_{ki}} + \sum_j \frac{x_j G_{ij}}{\sum_k x_k G_{kj}}\left(S_{ij} - \frac{\sum_m x_m S_{mj} G_{mj}}{\sum_k x_k G_{kj}}\right) \tag{17-6}$$

其中：

$$\begin{aligned} G_{ij} &= \exp(-C_{ij}S_{ij}) \\ S_{ij} &= a_{ij} + b_{ij}/T \\ C_{ij} &= C_{ji} = -1.0 \\ S_{ii} &= 0 \\ G_{ii} &= 1 \end{aligned} \tag{17-7}$$

式(17-7)中 a_{ij}，b_{ij}为待估模型参数。

UNIQUAC 模型：

$$\ln\gamma_i = \ln\frac{\phi_i}{x_i} + \frac{Z}{2}q_i\ln\frac{\theta_i}{\phi_i} - q_i\ln t_i - q_i\sum_j \theta_j\tau_{ij}/t_j + L_i + q_i - \frac{\phi_i}{x_i}\sum_j x_j L_j \tag{17-8}$$

其中，$\theta_i = q_i x_i / q_t$　　　$q_t = \sum q_k x_k$

$\phi_i = r_i x_i / r_t$　　　$r_t = \sum r_k x_k$

$L_i = Z/2(r_i - q_i) + 1 - r_i$　　　$t_i = \sum \theta_k \tau_{ki}$

$\tau_{ij} = \exp(a_{ij} + b_{ij}/T)$　　　(17-9)

$Z = 10$

式(17-9)中 a_{ij}、b_{ij}为待估参数，Z 为配位数。

为了估计 LEMF、UNIQUAC 的模型参数 a_{ij} 和 b_{ij}，必须借助溶剂-烃类、溶剂-水、烃-烃、烃-水之间不同二元体系的基础相平衡数据，对互溶二元系，采用气液相平衡数据(VLE)，对于部分互溶系，则采用互溶度数据(LLE)，必要时增加部分多元系的相平衡数据估计和校正模型参数值。

2. 基础相平衡数据[16~21]

在芳烃抽提中涉及的烃类多达 200 多个单体烃，一一研究这些烃类与溶剂及水的相平衡行为是不大可能的，往往都是选择一些有代表性的烃类进行研究。有关甘醇、环丁砜溶剂体系的相平衡基础数据在文献中报道较多，但不够系统和全面，而且有的数据之间出入较大。为了开发芳烃抽提系统的相平衡数据库，我国科研单位选取了 20 个具有代表性的烃、5 种有机溶剂和水，系统测定了各组分之间的基础相平衡数据，这些组分包括烷烃(正丁烷、正戊烷、正己烷、正庚烷、正辛烷、正壬烷、正癸烷)、环烷烃(环戊烷、甲基环戊烷、环己烷、二甲基环戊烷、甲基环己烷、二甲基环己烷)、芳烃(苯、甲苯、乙苯、对二甲苯、间二甲苯、邻二甲苯、三甲苯)和溶剂(二甘醇、三甘醇、四甘醇、环丁砜、N-甲酰基吗啉、水)。基础相平衡数据包括二元气液平衡、二元互溶度、多元气液和多元液液平衡数据。测定和关联这些基础相平衡数据，可以更好地理解、掌握芳烃抽提工艺。

(1) 四甘醇体系

在四甘醇抽提温度100～150℃范围内，苯、甲苯与溶剂之间基本是完全互溶的，因此应采用气液相平衡数据，而非芳烃及C_8以上的芳烃是部分互溶的，因此应采用互溶度数据。图17－3、图17－4标出了苯、甲苯与四甘醇的$Tx\gamma$(温度、摩尔组成、活度系数)数据，图17－5和图17－6标出了烷烃及环烷烃与四甘醇的互溶度平衡数据。

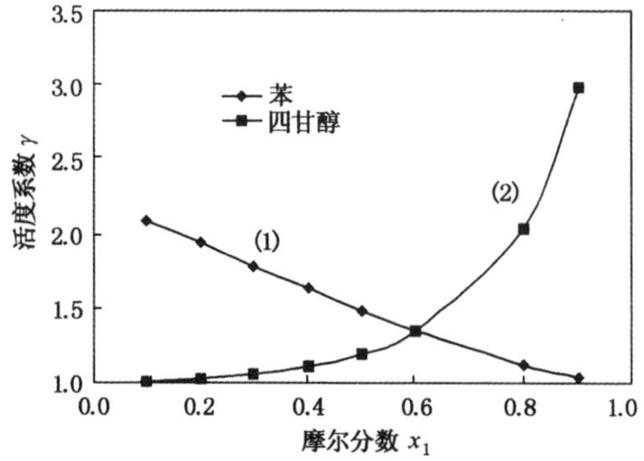

图17－3 100℃苯(1)－四甘醇(2)$Tx\gamma$相平衡数据

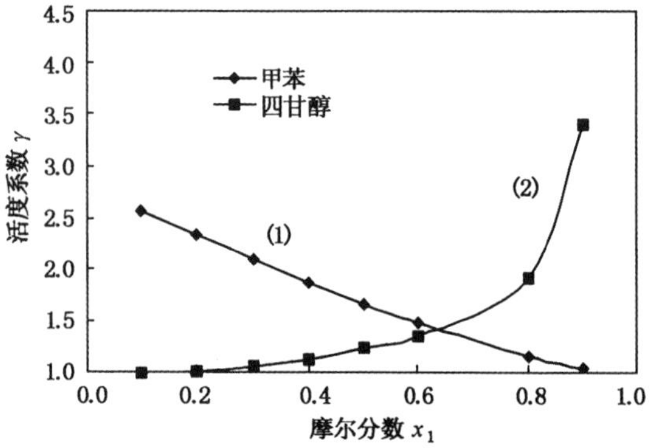

图17－4 100℃甲苯(1)－四甘醇(2)$Tx\gamma$相平衡数据

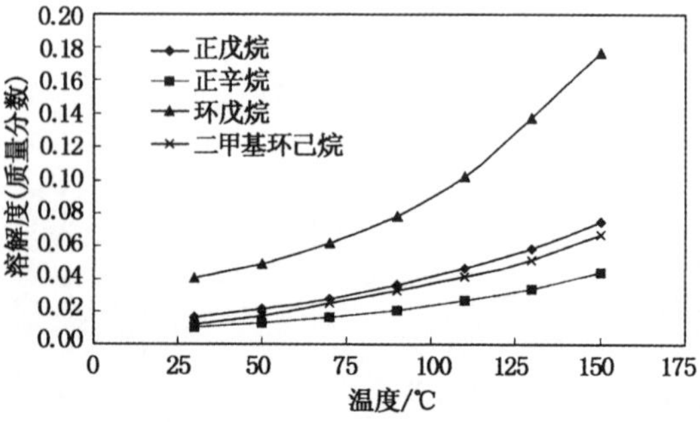

图17－5 烃类在四甘醇中的溶解度与温度的关系

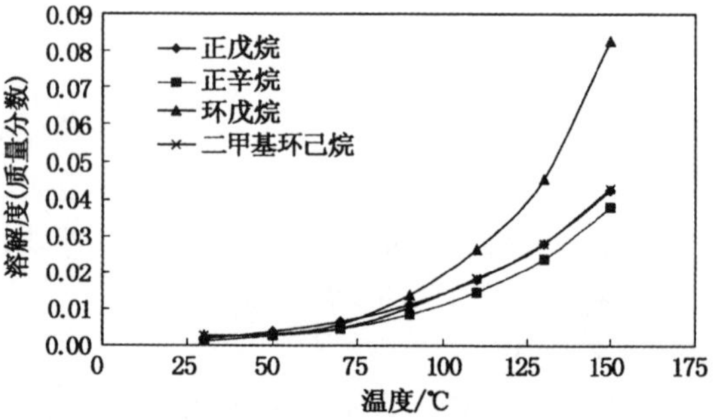

图17－6 四甘醇在烃类中的溶解度与温度的关系

(2) 环丁砜体系

在环丁砜抽提使用的60～100℃温度范围，芳烃与环丁砜是完全互溶的，因此芳烃与环丁砜之间采用汽液相平衡数据。而烷烃和环烷烃与环丁砜则是部分互溶的，因此采用溶解度数据。表17－5、表17－6和图17－7、图17－8标绘了部分相平衡数据。

表17－5 环丁砜(1)－苯(2)等压气液相平衡数据

x_1/mol	y_1/ mol	p/kPa	x_1/mol	y_1/ mol	p/kPa
0.7973	0.0054	101.0	0.4644	0.0014	101.0
0.7178	0.0036	101.0	0.3636	0.0010	101.0
0.6391	0.0024	101.0	0.2505	0.0008	101.0
0.5614	0.0020	101.0	0.1575	0.0006	101.0

表17－6 环丁砜(1)－甲苯(2)等温(60℃)气液相平衡数据

x_1/mol	y_1/ mol	p/kPa	x_1/mol	y_1/ mol	p/kPa
0.8944	0.0072	6.07	0.4039	0.0019	15.56
0.8003	0.0042	9.33	0.2989	0.0017	16.62
0.7004	0.0030	11.65	0.1939	0.0015	17.40
0.6019	0.0024	13.50	0.0988	0.0012	17.99
0.4977	0.0021	14.50			

(3) N - 甲酰基吗啉体系

在使用的抽提温度范围内，N - 甲酰基吗啉与芳烃之间完全互溶，与烷烃和环烷烃为部分互溶。图 17 - 9 ~ 图 17 - 12 标绘了互溶二元系苯 - NFM 和邻二甲苯(OX) - NFM 体系的 $Tx\gamma$ 数据。图 17 - 13 ~ 图 17 - 16 标绘了 4 个部分互溶二元系的溶解度数据。

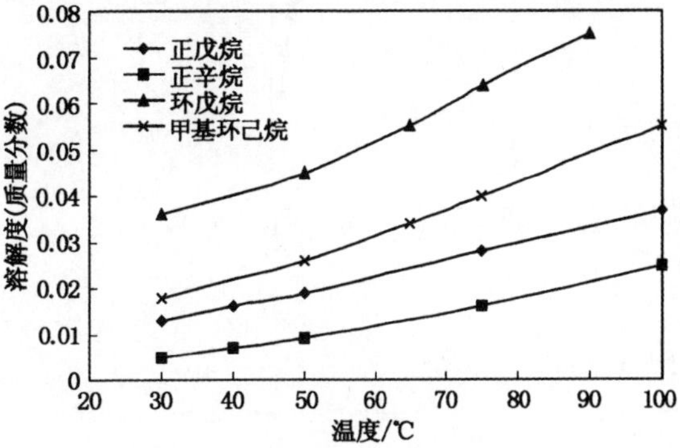

图 17 - 7　烃在环丁砜中的溶解度与温度的关系

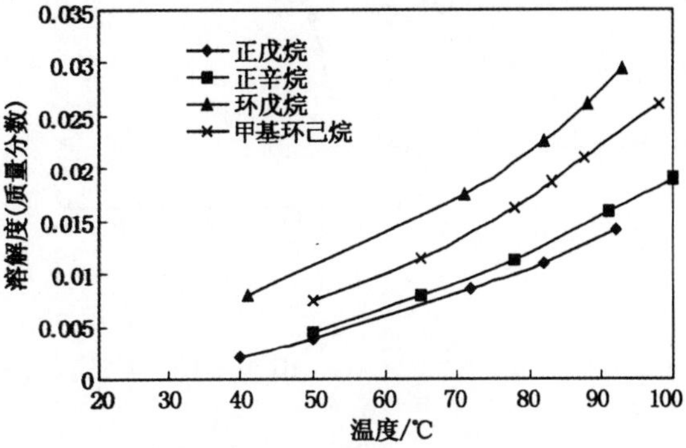

图 17 - 8　环丁砜在烃中的溶解度与温度的关系

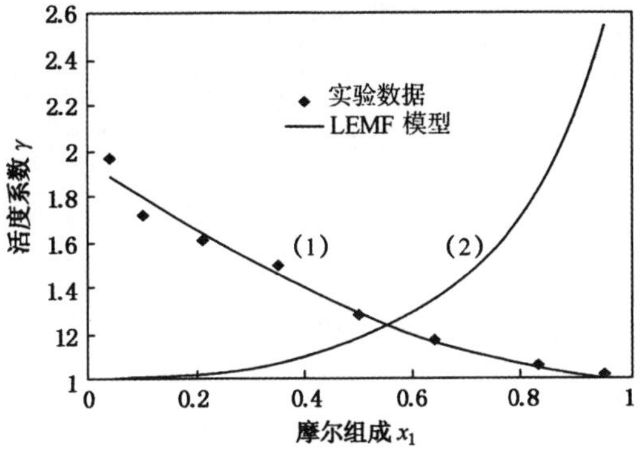

图 17 - 9　25℃苯(1) - NFM(2)活度系数 - 组成标绘

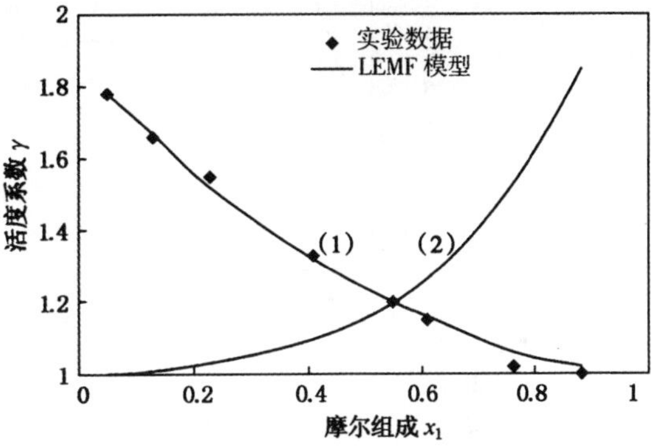

图 17 - 10　55℃苯(1) - NFM(2)活度系数 - 组成标绘

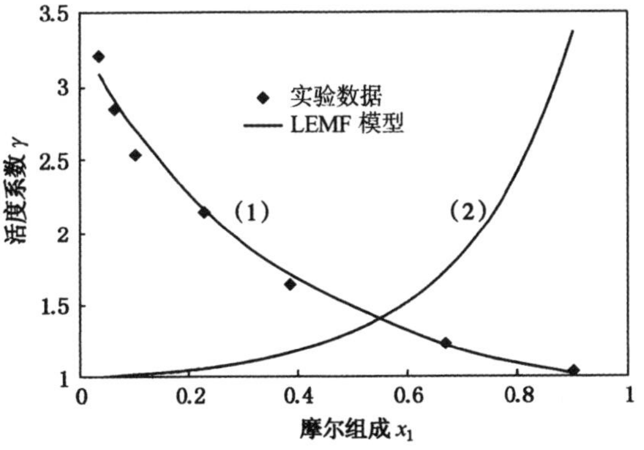

图 17 - 11　55℃邻二甲苯(1) - NFM(2)活度系数 - 组成标绘

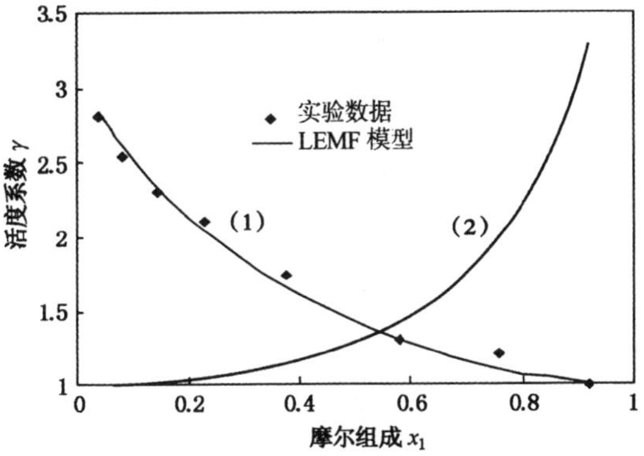

图 17 - 12　70℃邻二甲苯(1) - NFM(2)活度系数 - 组成标绘

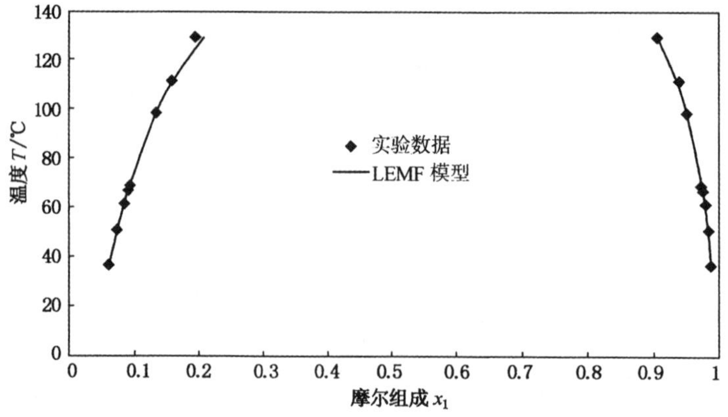

图 17－13　$n-C_5(1)-NFM(2)\ T-x_1$ 标绘

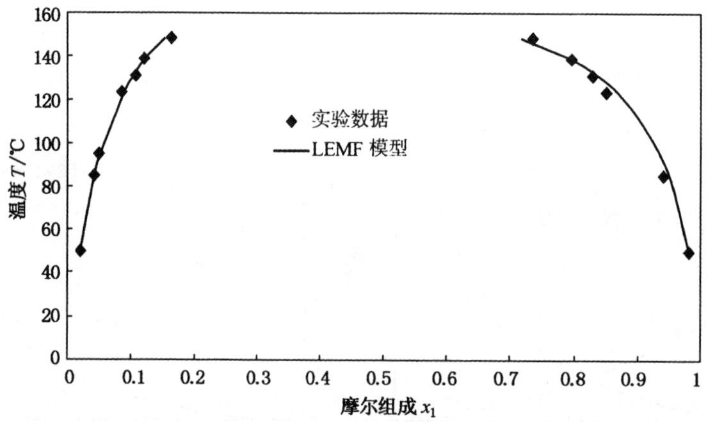

图 17－14　$n-C_9(1)-NFM(2)\ T-x_1$ 标绘

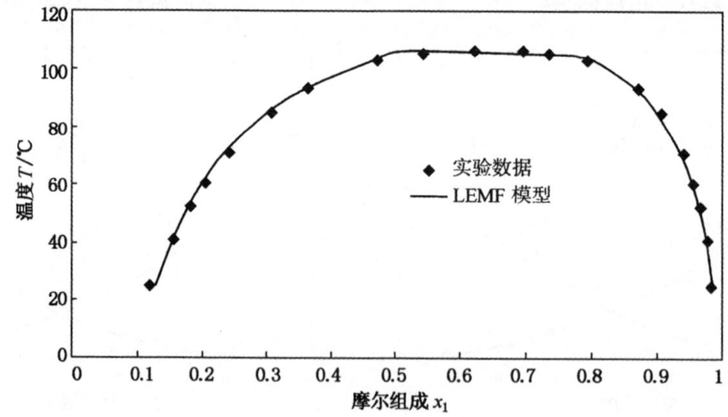

图 17－15　$C_5H_{10}(1)-NFM(2)\ T-x_1$ 标绘

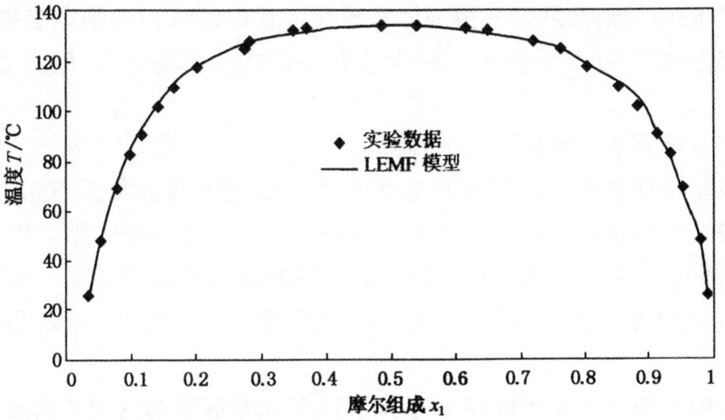

图 17-16　DMCH(1)-NFM(2) $T-x_1$ 标绘

由图 17-9～图 17-16 可见，所有实验数据与模型关联结果都有良好的一致性。

3. 相平衡的关联及预测[18,19]

(1) 二元气液平衡(VLE)数据的关联及模型参数的估值

利用二元 $Tx\gamma$ 数据估算模型参数的目标函数为：

$$F = \sum_{i=1}^{N}(1 - \gamma_1^{cal}/\gamma_1^{exp})/N \tag{17-10}$$

cal、exp 分别表示计算和实验，N 为实验点数。

采用加速的单纯形法从芳烃-溶剂体系 $Tx\gamma$ 数据分别进行了模型参数 a_{ij}、b_{ij}的估值计数，得到各体系的模型参数。由图 17-9～图 17-12 标绘的结果可见：应用获得的 LEMF 模型参数 a_{ij}和 b_{ij}反回去计算已知温度、组成下的活度系数，其结果与原来的实验值均吻合良好。

利用二元 $PTxy$(压力、温度、液相摩尔组成、气相摩尔组成)和 PTx 数据估算模型参数时，分别采用下面的目标函数：

$$F = \sum_{i}^{N}\left\{\frac{P_i - P_i^m}{\sigma_{Pi}^2} + \frac{(T_i - T_i^m)^2}{\sigma_{Ti}^2} + \frac{(x_{1i} - x_{1i}^m)^2}{\sigma_{x1i}^2} + \frac{(y_{1i} - y_{1i}^m)^2}{\sigma_{y1i}^2}\right\} \tag{17-11}$$

$$F = \sum_{i}^{N}\left\{\frac{(P_i - P_i^m)^2}{\sigma_{Pi}^2} + \frac{(T_i - T_i^m)^2}{\sigma_{Ti}^2} + \frac{(x_{1i} - x_{1i}^m)^2}{\sigma_{x1i}^2}\right\} \tag{17-12}$$

式(17-11)和式(17-12)中，σ_{Pi}、σ_{Ti}、σ_{x1i}、σ_{y1i}等分别表示压力、温度、液相和气相组成的标准偏差，m 表示各物理量的随机测定值。为消除实验的随机误差，可选用最大似然法进行模型参数的估值。

(2) 二元液液平衡(LLE)数据的关联及模型参数的估值

二元液液平衡数据又称互溶度数据，用其估算模型参数的目标函数为：

$$F = \sum_{j=1}^{N}\sum_{i=1}^{2}\left(1 - \frac{x_{ij}^{I}\gamma_{ij}^{I}}{x_{ij}^{II}\gamma_{ij}^{II}}\right)^2/N \tag{17-13}$$

可采用加速的单纯形法从烃－溶剂体系的互溶度数据(Tx)对模型参数进行计算估值，得到相应的模型参数。对二元体系，利用已获得的模型参数一般都能够很好地再现实验数据。

(3) 多元气－液及液－液相平衡的预测

利用二元系相平衡数据获得的模型参数对多元液液及多元体系气液相平衡数据的预测，对芳烃抽提装置的过程模拟、设计和操作均具有十分重要的作用。我国科研单位利用建立的相平衡数据包，对甘醇类、环丁砜及 N－甲酰基吗啉溶剂与烃、水多元体系的 VLE 和 LLE 进行了深入研究。表 17－7、表 17－8 和图 17－17、图 17－18 标绘了具有代表性的数据。

通常采用分配系数的平均预测误差 Q 来表征多元液液平衡的预测精度。Q 定义为：

$$Q = \left[\sum_{i=1}^{Nc} \sum_{j=1}^{Nd} \left| \frac{K_i^{\exp} - K_i^{\mathrm{cal}}}{K_i^{\exp}} \right|_j / (Nc \times Nd) \right] \times 100 \qquad (17-14)$$

其中：

$$K_i = x_i^{\mathrm{II}} / x_i^{\mathrm{I}} = \gamma_i^{\mathrm{I}} / \gamma_i^{\mathrm{II}} \qquad (17-15)$$

K_i 为组分 i 的分配系数；x_i^{I}、x_i^{II} 分别表示组分 i 在第Ⅰ相和第Ⅱ相的摩尔分数；γ_i^{I}，γ_i^{II} 分别表示组分 i 在第Ⅰ相和第Ⅱ相的活度系数，Nc、Nd 分别表示组分数和连接线数。

表 17－9 列出了几个典型多元体系液液相平衡组成的平均绝对误差及 Q 值。表 17－10 列出了一个典型三元系的气液相平衡组成的实验值及预测值。

表 17－7 120℃正庚烷(1)－苯(2)－四甘醇(3)(含水 5.0%)液液相平衡

组分	x^{I}		x^{II}	
	实验值	预测值	实验值	预测值
1	0.8970	0.9060	0.0190	0.0280
2	0.0700	0.0760	0.0250	0.0220
3	0.0330	0.0180	0.9560	0.9500
1	0.7170	0.7270	0.0230	0.0310
2	0.2430	0.2430	0.0720	0.0760
3	0.0400	0.0300	0.9050	0.8930
1	0.5430	0.5450	0.0230	0.0330
2	0.4100	0.4020	0.1270	0.1390
3	0.0470	0.0530	0.8500	0.8280
1	0.3490	0.3540	0.0310	0.0360
2	0.5550	0.5470	0.2070	0.2220
3	0.0960	0.0990	0.7620	0.7420
1	0.2440	0.2540	0.0360	0.0380
2	0.6030	0.6040	0.2660	0.2800
3	0.1530	0.1420	0.6980	0.6820
1	0.1420	0.1770	0.0480	0.0400
2	0.5590	0.6280	0.3520	0.3400
3	0.2990	0.1950	0.6000	0.6200

表 17-8　50℃正己烷(1)-苯(2)-环丁砜(3)液液相平衡

组　分	x^{I}		x^{II}	
	实验值	预测值	实验值	预测值
1	0.9167	0.9184	0.0217	0.0252
2	0.0790	0.0771	0.0555	0.0575
3	0.0043	0.0045	0.9228	0.9173
1	0.8081	0.8150	0.0252	0.0326
2	0.1848	0.1766	0.1199	0.1290
3	0.0071	0.0084	0.8549	0.8384
1	0.6993	0.6959	0.0358	0.0433
2	0.2860	0.2877	0.2100	0.2088
3	0.0147	0.0164	0.7542	0.7480
1	0.6030	0.5906	0.0433	0.0556
2	0.3740	0.3805	0.2854	0.2788
3	0.0231	0.0289	0.6712	0.6655
1	0.5164	0.4953	0.0575	0.0704
2	0.4474	0.4571	0.3556	0.3436
3	0.0363	0.0476	0.5869	0.5860
1	0.4599	0.4372	0.0704	0.0819
2	0.4891	0.4984	0.3972	0.3843
3	0.0510	0.0644	0.5324	0.5337
1	0.3915	0.3761	0.0860	0.0964
2	0.5252	0.5349	0.4388	0.4273
3	0.0832	0.0890	0.4752	0.4763

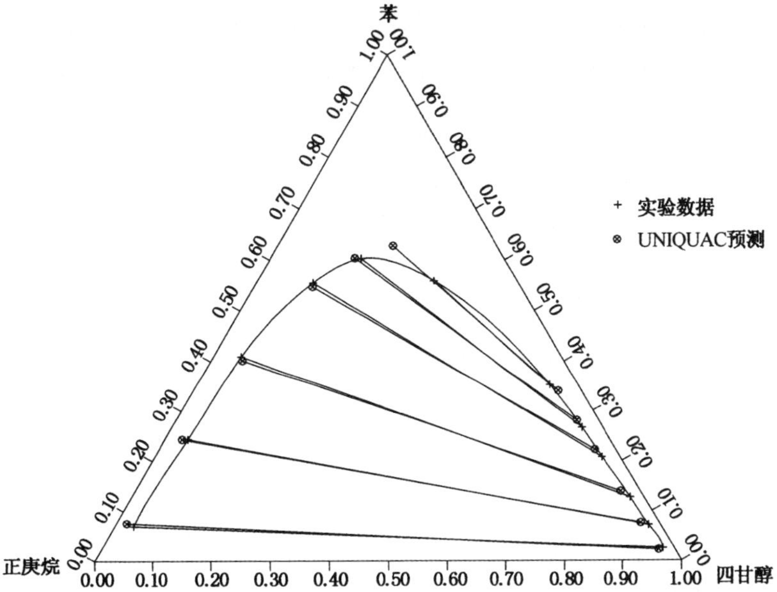

图 17-17　120℃正庚烷(1)-苯(2)-四甘醇(3)(含水5.0%)液液相平衡

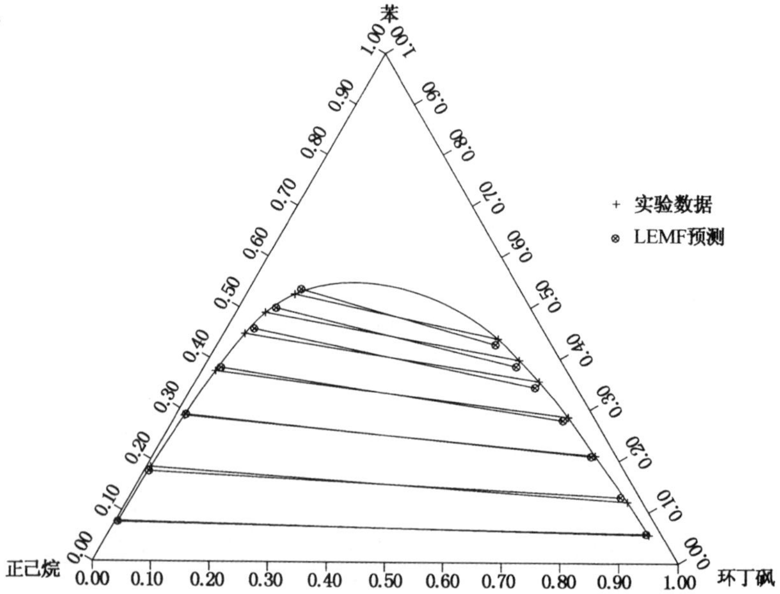

图 17-18 50℃正己烷(1)-苯(2)-环丁砜(3)液液相平衡

表 17-9 多元液液相平衡组成及 Q 值预测误差

体　　系	平均误差			总平均误差	Q
	x_1	x_2	x_3	x	
145℃正庚烷(1)-苯(2)-三甘醇(9.0%水)(3)	0.0060	0.0043	0.0093	0.0065	16.4
120℃正庚烷(1)-苯(2)-四甘醇(5.0%水)(3)	0.0094	0.0127	0.0204	0.0142	20.6
100℃正己烷(1)-甲苯(2)-四甘醇(5.0%水)(3)	0.0039	0.0246	0.0232	0.0172	10.0
50℃正己烷(1)-苯(2)-环丁砜(3)	0.0106	0.0073	0.0055	0.0078	14.6
50℃环己烷(1)-苯(2)-环丁砜(3)	0.0120	0.0035	0.0130	0.0095	13.8
60℃正庚烷(1)-甲苯(2)-*N*-甲酰基吗啉 (3)	0.0100	0.0130	0.0100	0.0110	8.9

表 17-10 101kPa 下正己烷(1)-苯(2)-环丁砜(3)等压气液平衡

温度 T/℃	液相组成/mol		气相组成/mol				气相组成误差 $\times10^{-2}$	
	x_1	x_2	y_1^{exp}	y_1^{cal}	y_2^{exp}	y_2^{cal}	y_1	y_2
71.5	0.0612	0.2110	0.7511	0.7652	0.2488	0.2345	-1.41	1.43
73.1	0.0750	0.3263	0.6303	0.6444	0.3696	0.3553	-1.41	1.43
91.2	0.0220	0.2480	0.4660	0.5073	0.5339	0.4917	-4.13	4.22
81.8	0.0350	0.2350	0.6170	0.6361	0.3825	0.3633	-1.91	1.92
78.0	0.0450	0.2230	0.7060	0.7004	0.2938	0.2991	0.56	-0.53
74.6	0.0485	0.2233	0.6853	0.7163	0.3146	0.2833	-3.10	3.13
74.2	0.0629	0.3201	0.6232	0.6258	0.3767	0.3739	-0.26	0.28
72.9	0.1083	0.4464	0.5670	0.5582	0.4329	0.4415	0.88	-0.86
72.6	0.0548	0.1957	0.7373	0.7714	0.2626	0.2282	-3.41	3.44

由表 17－9 可见，对所列出的体系，质量组成的总平均误差在 0.0065～0.0172 之间，分配系数 Q 的百分误差为 8.9～20.6，因此可认为，多元液液相平衡组成的实验值与模型预测值具有良好的一致性。由表 17－10 数据可见，模型对多元气液相平衡也有良好的预测精度。

一般来说，在中、低压下，采用局部组成活度系数模型从二元系的气－液平衡数据预测多元气－液平衡数据能得到满意的结果，然而，由于模型本身的局限性，目前还很难满意地进行气－液及液－液平衡之间的相互预测。对于二甘醇、三甘醇溶剂芳烃抽提系统来说，在工业操作范围内，溶剂－芳烃二元系有不少具有上临界互溶温度(T_{Cs})，而二元数据只有互溶度，这就不可避免地要从二元液－液平衡预测多元气－液平衡，当预测温度超过 T_{Cs} 的多元液－液平衡时，存在如何进行参数值外推的问题。因此，在预测多元流体相平衡时，注意到模型参数对温度的依赖性，同时发现引入临界互溶温度概念之后，对预测气－液及液－液平衡的精度有明显的提高。

二、几种抽提工艺[22～26]

(一) 甘醇溶剂抽提工艺

1952 年，美国 UOP 和 DOW 化学公司开发成功了以二甘醇(DEG)为溶剂的 Udex 芳烃抽提工艺，在此基础上又陆续对工艺进行了改进，并推出了与二甘醇同系列的三甘醇(TEG)和四甘醇(TETRA)溶剂。我国科研单位从 20 世纪 50 年代后期开始，系统地开展了甘醇类溶剂芳烃抽提工艺的研究，先后开发成功了二甘醇、三甘醇及四甘醇抽提工艺，特别是简化的甘醇类溶剂抽提工艺，已得到了广泛的工业应用。

图 17－19 和图 17－20 分别标绘了甘醇类溶剂抽提工艺四塔和五塔流程示意图。目前以二甘醇及三甘醇为溶剂的 Udex 流程，已很少使用了，其基本流程与图 17－19 相似，但还包括芳烃水洗和水分馏系统。

在图 17－19 所示的流程中，抽提原料从抽提塔的下部进入，系统的循环溶剂和回流芳烃分别从抽提塔顶部和底部进入，经过多级逆流液液抽提，抽余油从抽提塔顶排出，进入抽余油水洗塔，以系统的循环水对抽余油进行水洗，回收少量溶剂，水洗后的抽余油作为副产品，送出装置。抽提塔底的富溶剂自压进入抽提蒸馏－汽提塔，在塔顶经过一级或两级闪蒸后，进入抽提蒸馏－汽提塔内进行汽提蒸馏。塔顶蒸出物及闪蒸的气相物流一起经冷凝冷却后进入回流芳烃罐，经油水分离，油相作为回流芳烃返回抽提塔底。塔底得到含水的贫溶剂循环回抽提塔顶。抽提蒸馏－汽提塔侧线气相抽出物，经冷凝冷却后进入芳烃罐，进行油水分离，油相作为芳烃产品，送精馏系统进行苯、甲苯和二甲苯的分离。回流芳烃罐及芳烃罐分出的水，一部分用作抽余油水洗水，洗后水返回到回流芳烃罐。芳烃罐和回流芳烃罐的水最终作为汽提水，经换热后进入汽提塔底作为汽提介质。汽提塔底一小股溶剂分出，送入溶剂再生塔进行减压蒸馏再生，再生后的溶剂返回系统。

图 17－20 所示的流程为甘醇类溶剂抽提的五塔流程，其特点是将抽提蒸馏与汽提塔

分开了，这样有利于操作和控制，便于保证芳烃和非芳烃产品的质量。

表 17-11~表 17-13 分别列出了典型的原料性质、抽提的主要操作参数及技术指标。

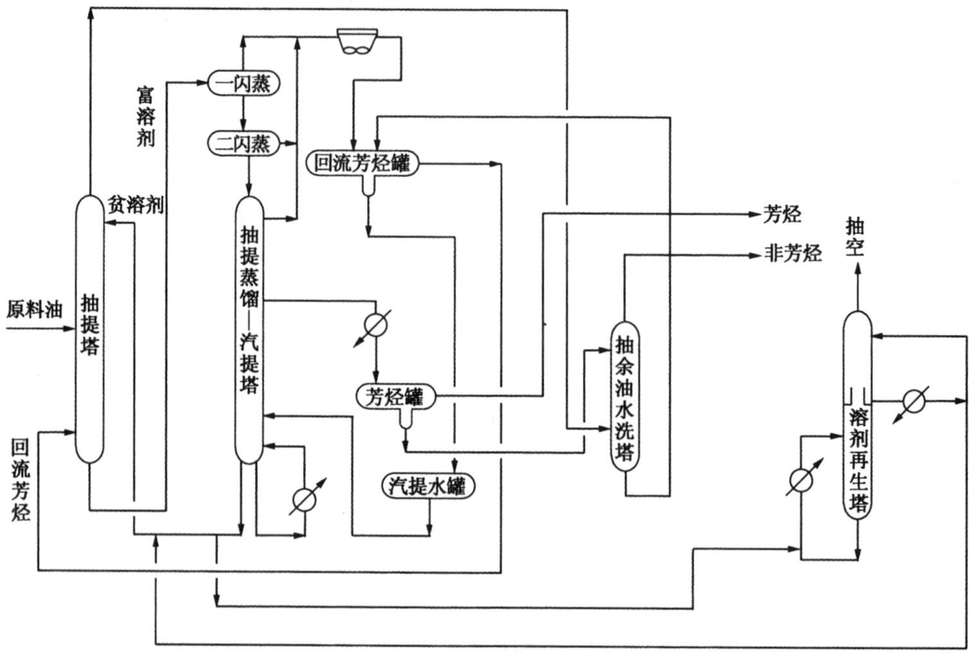

图 17-19 甘醇类溶剂抽提四塔流程

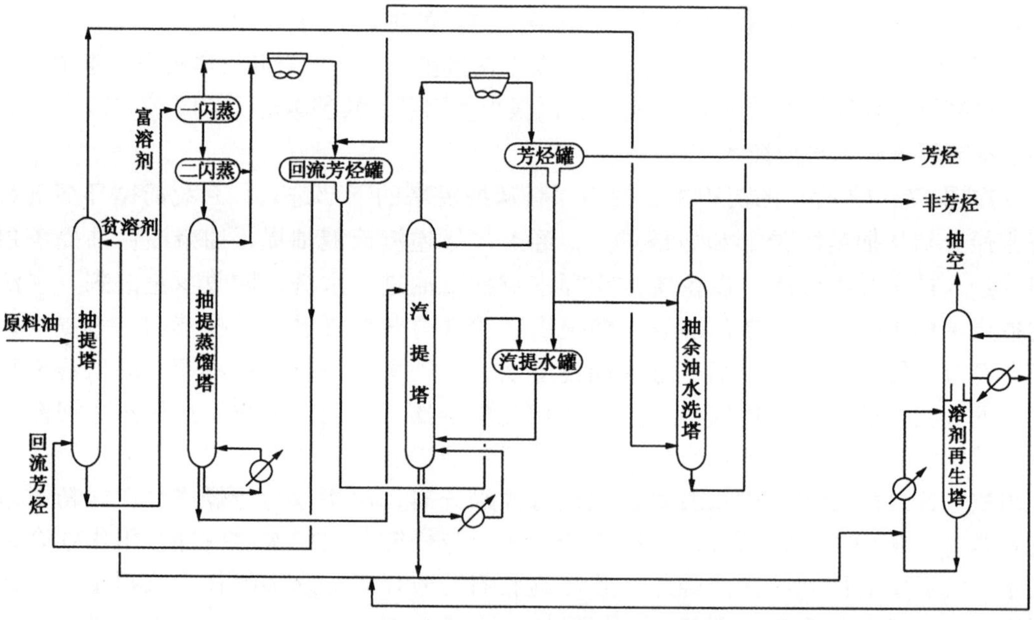

图 17-20 甘醇类溶剂抽提五塔流程

表 17－11 典型的重整抽提原料油性质

项目	数据	项目	数据
密度(20℃)/(g/cm³)	0.7622	90%	146
溴值/(gBr/100g)	0.89	干点	174
馏程/℃		组成/%	
初馏点	69	烷烃	50.0
10%	83	环烷烃	2.0
50%	103	芳烃	48.0

表 17－12 甘醇类溶剂抽提主要操作参数

项目	二甘醇	三甘醇	四甘醇
抽提塔压力/MPa	0.8	0.8	0.8
抽提塔顶温度/℃	145	120	120
抽提塔底温度/℃	140	110	110
溶剂比(对进料)	16.0	10.4	6.2
回流比(对进料)	1.16	0.83	0.8
贫溶剂含水量/%	8.6	6.3	5.0
抽提蒸馏塔底压力/MPa			0.04
抽提蒸馏塔顶温度/℃			102
抽提蒸馏塔底温度/℃			126
汽提塔底压力/MPa	0.05	0.04	0.05
汽提塔顶温度/℃	118	85	86
汽提塔底温度/℃	147	143	148
汽提塔侧线温度/℃	122	110	
汽提水量/%	1.9	2.7	4.3

表 17－13 甘醇类溶剂抽提工艺主要技术指标

项目	二甘醇	三甘醇	四甘醇
芳烃回收率/%			
苯	99.8	99.8	99.9
甲苯	98.7	99.2	99.5
二甲苯	87.6	95.0	97.0
苯结晶点/℃	5.35	5.40	5.40
公用工程消耗(以原料计，相对值)			
冷却水	100	79.1	67.2
电	100	73.9	67.7
蒸汽	100	81.8	70.9
溶剂消耗/(kg/t 原料)	0.5～1.0	0.4～0.8	0.2～0.5

由表 17－12 和表 17－13 的数据可见，甘醇类溶剂抽提工艺按二甘醇、三甘醇、四甘醇的次序，溶剂比显著减小，过程的能耗和溶剂消耗也减小，而芳烃的回收率逐渐提高。由于甘醇类溶剂抽提流程都基本一样，因此，由二甘醇改三甘醇、四甘醇或由三甘醇改四甘醇的改造工程量都相当小，而溶剂的升级换代可产生明显的经济效益。目前，国内已基本淘汰了二甘醇和三甘醇抽提装置，国外尚有一定数量的三甘醇抽提装置仍在运行。

对于重整生成油的芳烃抽提，四甘醇抽提工艺具有芳烃产品质量好、收率高、能耗低、溶剂价廉易得，对设备腐蚀性小等优势，因此仍不失为一种较好的芳烃抽提工艺。

(二) 环丁砜溶剂抽提工艺

1961 年，Shell 公司推出了以环丁砜为溶剂的芳烃抽提工艺(Sulfolane)，由于其投资低、芳烃产品质量好、收率高等特点，自从第一套工业装置投产以来，该工艺得到了广泛的工业应用。国内于 20 世纪 80 年代初，开始致力该工艺的研究与开发，在有关研究单位和工程设计单位的密切配合下，于 80 年代末期开发成功了改进的以环丁砜为溶剂的抽提工艺(SAE)，并很快得到了推广应用。图 17 -21 标绘了环丁砜抽提工艺的流程示意图。

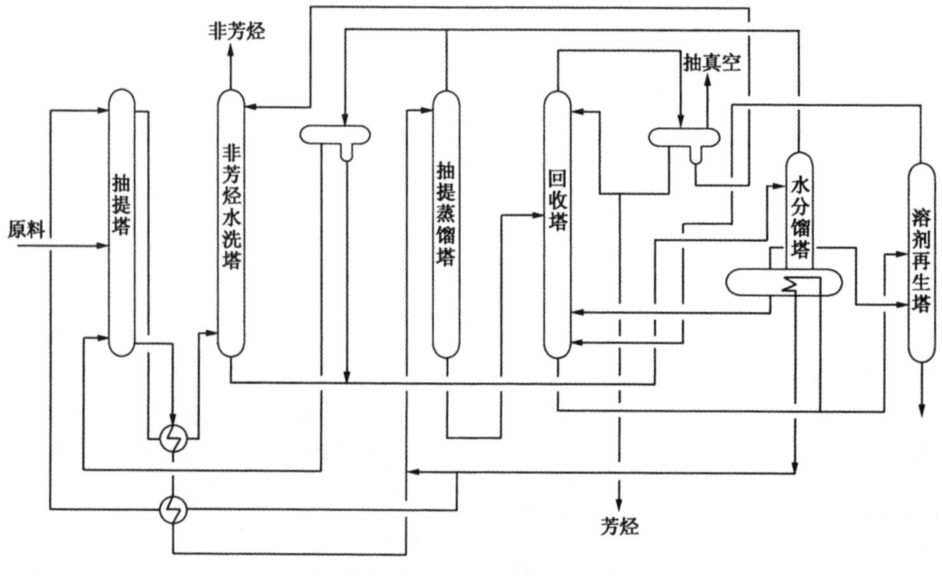

图 17 -21 环丁砜抽提流程

抽提原料用泵送入抽提塔中下部，贫溶剂由塔顶进入抽提塔，从汽提塔顶出来的回流芳烃则进入塔底。原料与溶剂在抽提塔内经过多级逆流接触，进行芳烃与非芳烃的分离。

从抽提塔顶出来的抽余油进入水洗塔，用系统的循环水洗去其中夹带的少量溶剂后送出装置。抽提塔底溶解了大量芳烃的第一富溶剂与贫溶剂换热后进入抽提蒸馏塔顶部，进行抽提蒸馏提馏操作，除去非芳烃，塔顶出来的含非芳烃和芳烃馏出物经冷凝冷却后进入回流芳烃罐，将油水分离，油作为回流芳烃打回抽提塔底。抽提蒸馏塔底富含芳烃的第二富溶剂送至回收塔中部，在塔内进行减压、汽提蒸馏，将芳烃与溶剂分开，塔顶馏出物经过冷凝冷却后进入芳烃罐，经油水分离，一部分油作为回流打入回收塔顶，其余的油就是芳烃产品，送至下游精馏装置。芳烃罐分出的水作为水洗水，被送往抽余油水洗塔。回收塔底出来的贫溶剂作为水汽提塔底热源，与汽提水换热、再与第一富溶剂换热后循环回抽提塔顶，完成溶剂循环。抽余油水洗塔底水与回流芳烃罐分出水合并进入水汽提塔，进行提馏操作除去水中微量非芳烃，水汽提塔顶馏出物则混入抽提蒸馏塔顶馏出物中，水汽提塔下部水蒸气送至溶剂再生塔底，进行减压、水蒸气蒸馏，与进入溶剂再生塔中部的溶剂一起从塔顶出来，而后进入溶剂回收塔底，水汽提塔底含溶剂的水也进入回收塔底，一起作汽提介质。溶剂再生塔底不定期排渣。

此外，为保持循环溶剂的酸碱度稳定，防止设备腐蚀，还需定期从回流芳烃罐加入一定量的单乙醇胺。

环丁砜抽提工艺操作数据分列于表 17 - 14 和表 17 - 15。

表 17 - 14　抽提原料的性质

项　目	$C_6 \sim C_7$ 馏分	$C_6 \sim C_8$ 馏分	项　目	$C_6 \sim C_7$ 馏分	$C_6 \sim C_8$ 馏分
相对密度(20℃)	0.7776	0.8345	芳烃含量/%	60.5	83.7
馏程/℃			苯	17.5	45.1
初馏点		67	甲　苯	42.3	28.8
终馏点		167	二甲苯	0.7	9.7
溴值/(g Br/100g 油)	2.5	<1.0	碳九芳烃		0.1
硫含量/(μg/g)	<1.0	<1.0			

表 17 - 15　主要工艺操作数据

项　目	$C_6 \sim C_7$ 抽提	$C_6 \sim C_8$ 抽提	项　目	$C_6 \sim C_7$ 抽提	$C_6 \sim C_8$ 抽提
抽提塔温度/℃			回收塔压力/MPa(绝)	0.035 ~ 0.045	0.035 ~ 0.045
塔　顶	70 ~ 80	80 ~ 100	回收塔底温度/℃	175 ~ 180	175 ~ 180
塔　底	55 ~ 65	65 ~ 85	芳烃回收率/%		
溶剂比(对进料)	2.5 ~ 3.5	3.5 ~ 5.0	苯	约 100.0	约 100.0
回流比(对进料)	0.3 ~ 0.5	0.6 ~ 0.9	甲　苯	99.5 ~ 99.9	99.3 ~ 99.8
贫溶剂含水量/%	<1.0	<1.0	二甲苯		97.0 ~ 98.0
提馏塔压力/MPa(绝)	0.2 ~ 0.3	0.15 ~ 0.25	芳烃中非芳烃含量/(mg/kg)	100 ~ 300	300 ~ 800
提馏塔底温度/℃	175 ~ 180	175 ~ 180	苯的结晶点/℃	> +5.40	> +5.40

由表 17 - 15 可见，环丁砜抽提工艺，抽提温度为 70 ~ 100℃，溶剂比 3.0 ~ 4.5，溶剂回收的残压为 0.035 ~ 0.045MPa，温度为 175 ~ 180℃，苯、甲苯、二甲苯的回收率分别达 100%、99.5% 和 97% ~ 98%，其综合技术指标优于其他抽提工艺。

(三) 其他溶剂抽提工艺

目前，世界上溶剂抽提轻芳烃的工艺主要有 5 种，除前述 2 种外，还有以二甲亚砜为溶剂的 DMSO 抽提工艺、NMP 为溶剂的抽提工艺 Arosolvan 法和 NFM 为溶剂的抽提工艺 Formex 法三种，装置总数不超过 20 多套。

1960 年德国鲁奇公司开发的 Arosolvan 法，所用溶剂 NMP 对芳烃有很高的溶解能力，但选择性差，后来经改进，采用 NMP 和乙二醇的混合溶剂，提高了溶剂的选择性，明显地改进了过程的经济性。乙二醇的用量和原料芳烃含量有关，一般为 10% ~ 20%，芳烃含量越低时，乙二醇比例可低一些。该过程抽提在常温常压下进行，溶剂比为(4 ~ 5):1，原料不必脱去戊烷，因而简化了流程。

Arosolvan 法工业装置产品纯度为：苯中非芳烃含量 < 40μg/g，甲苯中非芳烃 < 160μg/g，二甲苯中非芳烃 < 200μg/g。芳烃的回收率分别为：苯 99.9%，甲苯 99%，二甲苯 95%，C_9 芳烃 60%。

法国石油研究院(IFP)开发的 DMSO 法，自 1967 年首次工业化以来，在全世界仅建设了为数不多的几套装置，其中一套建在我国辽阳，能力为 160kt/a。该法采用 DMSO 为抽提溶剂，加有 6% ~ 10% 的水以提高选择性，还采用丁烷或戊烷为反洗溶剂，基本流程为抽提 - 反抽提 - 蒸馏。由于该工艺流程相对较复杂，且采用的反洗液丁烷或戊烷消耗量较大，DMSO 本身的热稳定性也不甚理想，因此该法的应用受到很大限制。

三、工艺操作因素分析

芳烃抽提过程的影响因素很多，概括为三要素：原料油(抽提进料)、溶剂和采用的手段(设备、操作条件等)。在溶剂和设备结构选定后，操作条件就起着重要的作用。

在抽提工艺中，溶剂的水含量和抽提操作温度，在决定恰当的选择性和溶解度上起了重要的调节作用。保证产品纯度的具体手段是回流比，保证芳烃回收率的手段是溶剂比。适当的回流比、溶剂比和必要的抽提塔塔板数是保证抽提工艺正常操作的重要手段。

(一) 原料油性质的影响

溶剂对烃类的溶解能力按族组成排序，则芳烃 > 烯烃 > 环烷烃 > 烷烃；如果按同一族的烃类而言，则碳原子数愈少，溶解能力愈大。由此可引出族选择性和轻重选择性两个概念。溶剂对烃类的选择性顺序：芳烃 > 烯烃 > 环烷烃 > 烷烃；而在同一族里，则溶剂对原子数少的烃的选择性大于碳原子数多的烃类，这就是所谓的轻重选择性。

一般说来，随着溶剂中含水量的增加，溶解能力下降，选择性升高；随着温度的升高，溶解能力增加，选择性下降。

在抽提原料油中，通常烯烃含量较低，主要为芳烃和饱和烃。重整脱戊烷油中 BTX 含量一般为 40% ~70%，其中苯 8% ~12%，甲苯 16% ~28%，二甲苯 16% ~30%。裂解加氢汽油中 BTX 含量一般为 60% ~85%，其中苯 35% ~45%，甲苯 15% ~26%，二甲苯 10% ~14%。除了芳烃以外，剩余的就是饱和烃(包括环烷烃和烷烃)。重整脱戊烷油中环烷烃只占饱和烃 1/8 左右；裂解加氢汽油中环烷烃的量却要占饱和烃的一半以上。

二甘醇溶剂对芳烃与环烷烃的选择性差别比对芳烃与烷烃的选择性差别小。根据相平衡估算，分离芳烃与环烷烃，抽提塔需要 24 ~30 块理论板；而分离芳烃与烷烃，抽提塔只需要 12 块理论板。所以溶剂抽提分离重整脱戊烷油和裂解加氢汽油是有区别的。

(二) 溶剂比的影响

自抽提塔底流出的抽出液为芳烃和少量轻质非芳烃在溶剂中的饱和溶液。在一定操作条件下，芳烃回收率是随溶剂量大小而变动的。当抽提原料油中芳烃和回流芳烃(或反洗液)全部溶解时，芳烃回收率为 100%，这时所需之溶剂为最大溶剂量，溶剂中将溶解较多的非芳烃，从而影响芳烃的纯度。当溶剂量过小时，抽余油中芳烃含量将随溶剂量的减少而增加，这样就降低了芳烃的回收率。根据这个简单的的推理，溶剂比定义为 L。

$$L = S/P_E(1 + R) \tag{17-16}$$

式中 S——溶剂量，t/h；

P_E——芳烃产量，t/h；

R——回流比(回流芳烃量/芳烃量)。

由二甘醇抽提 $C_6 \sim C_8$ 馏分重整油工业装置有关数据，经整理绘制出溶剂比与芳烃回收率的关系见图 17 -22；另外还列出 $C_6 \sim C_8$ 馏分重整油二甘醇抽提中型试验数据有关溶剂比与芳烃回收率的关系见图 17－23。

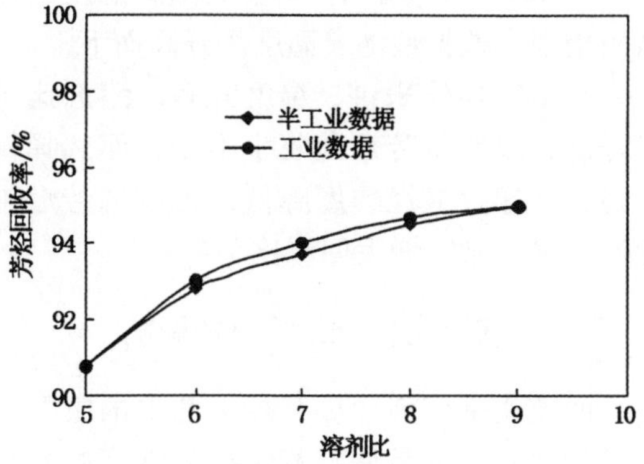

图 17－22 二甘醇抽提溶剂比与芳烃回收率的关系

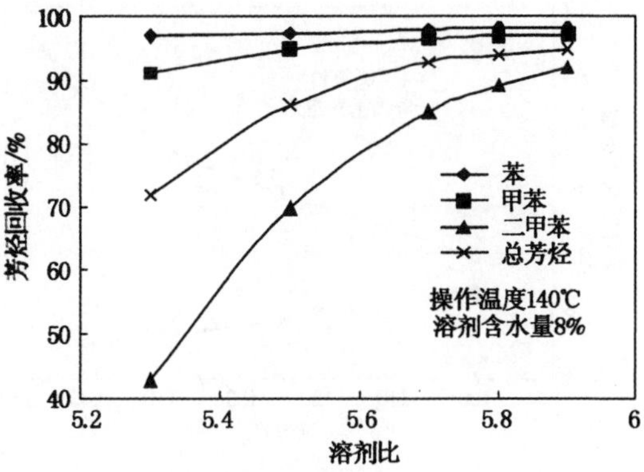

图 17－23 二甘醇抽提宽馏分溶剂比与芳烃回收率的关系

从图 17－22 和图 17－23 可看出，当溶剂比较小时，芳烃回收率随溶剂比变化明显，当溶剂比增大到一定程度时，芳烃回收率变化很小，这对工业装置的长期平稳操作是有利的。原因是由于富溶剂中允许易于分离的轻质芳烃存在，利用抽提蒸馏作用来分开，当溶剂比增大时，回流芳烃中芳烃含量下降，但回流芳烃中芳烃含量的下降又能反过来使富溶剂含油量下降(即溶解度下降)，从而抵消了溶剂比变化的影响。但是要追求过高的芳烃回收率，则需要增大较多的溶剂比，会带来经济上的不合理。

(三) 溶剂含水量的影响

在芳烃抽提装置中，几乎都用水作为第二溶剂来调节溶解能力和选择性之间的关系。例如二甘醇溶剂抽提芳烃工艺就在溶剂中加入 5%～10% 的水来获得适宜的溶解能力和选择性的。图 17－24 列出了 100℃温度下，正庚烷－甲苯－含水二甘醇体系的溶解能力和选择性随溶剂中含水量变化的关系。

从图 17－24 上看出溶解能力随着二甘醇中水含量的增加而下降，选择性则随二甘醇中水含量的增加而升高；反则反之。

从工艺角度来讲，溶剂含水量增加，溶解能力下降就需要加大溶剂比，才能保持芳烃回收率不变，而选择性上升则可提高芳烃产品纯度或降低回流比保持芳烃纯度不变。

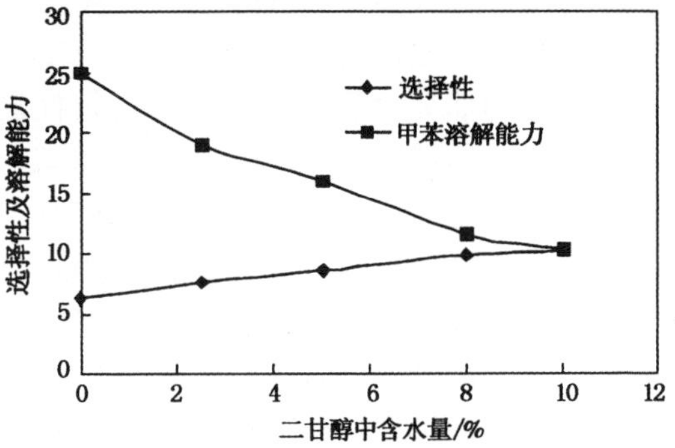

图 17－24 二甘醇溶解能力－选择性与溶剂中水含量的关系

(四) 温度的影响

现有溶剂抽提芳烃工业装置的操作温度差别不大，二甲亚砜抽提温度接近常温，环丁砜抽提温度则在 50～100℃，而甘醇类溶剂抽提温度在 100～150℃，重要原因在于低温下溶剂黏度大不利于流体输送和质量传递。图 17－25 列出了二甘醇溶剂含水 8%(质量)时，正庚烷－甲苯－含水二甘醇三元体系的溶解能力和选择性随温度变化的关系。

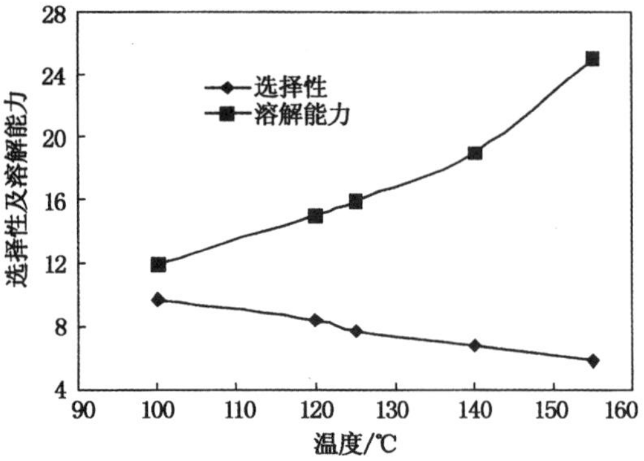

图 17－25 含水 8% 二甘醇溶解能力－选择性与温度的关系

从图 17－25 看出溶解能力随着温度的升高而增强，选择性随着温度的升高而下降。

从工艺操作来讲，温度升高，溶剂比可以降低，以保持芳烃回收率不变，而选择性下降，将导致芳烃纯度降低，为保持芳烃纯度不下降，则需增大回流比。

（五）回流比(或反洗比)的影响

回流比是溶剂抽提芳烃工艺中的主要操作参数之一，它是调节芳烃产品纯度的重要手段。抽提塔底打回流与精馏塔顶打回流有些相似，回流将起到纯化作用，抽提塔内是油相与溶剂相逆流接触，逐板进行溶解与反溶解，使芳烃与非芳烃分离，同时也使轻重非芳烃得到一定程度的分离。这样在抽提塔底就得到溶解了大量芳烃和少量轻质非芳烃的富溶剂，在抽提蒸馏部分富溶剂中这些轻质非芳烃就比较容易分离出来。因此，一般来讲，回流比太大，芳烃产品纯度高；但回流比大也有不利的影响，一是增大热能消耗，二是要增大溶剂比，来保持芳烃回收率不变。回流比与溶剂比是有其内在联系的、且有一定依赖性的两个调节手段，是调节芳烃产品纯度和保持适当芳烃回收率的最重要的参数。

（六）压力的影响

一般来讲，压力对液－液抽提本身无明显影响。但是，在操作温度下必须让抽提塔内所有化合物均保持液态，不产生气泡。若产生气化，会影响抽提操作，降低传质效率。

（七）抽提蒸馏操作的影响

二甘醇、三甘醇、四甘醇、环丁砜溶剂抽提芳烃工艺过程，实际上为液－液抽提和抽提蒸馏的联合过程，因此，二甘醇抽提工艺的抽提蒸馏－汽提塔和三甘醇、四甘醇、环丁砜抽提工艺的抽提蒸馏(或提馏塔)塔是抽提系统的一个重要组成部分。由于抽提塔底出来的富溶剂中溶解了大量芳烃，同时也溶解了一定数量的非芳烃(如正己烷、甲基环戊烷、碳七异构烷烃、环己烷以及甲基环己烷等)，要把这些非芳烃与芳烃中的苯分离，靠一般蒸馏是比较困难的。利用溶剂能改变芳烃与非芳烃的相对挥发度，将富溶剂送至抽提蒸馏塔进行抽提蒸馏操作，就可以顺利地把芳烃与非芳烃分离开。为了加强抽提蒸馏作用，环丁砜抽提过程有时还在富溶剂中加入二次溶剂(部分贫溶剂)，进一步加大芳烃与非芳烃的相对挥发度，以提高芳烃产品纯度。

（八）汽提水用量的影响

在汽提塔底加入汽提水，目的在于把芳烃从溶剂中分离出来，同时获得稳定含水量的贫溶剂，以循环使用。一方面水蒸气起到降低分压的作用，另一方面芳烃与水能形成低共沸物，有利于芳烃的蒸出。

轻芳烃(苯、甲苯、二甲苯)与水生成共沸物，它们的共沸点和组成见表17－16。

表17－16　芳烃与水共沸物沸点和组成

体　系	共沸点/℃	共沸物中水含量/%	体　系	共沸点/℃	共沸物中水含量/%
苯－水	69.3	8.83	二甲苯－水	92	35.8
甲苯－水	84.1	13.5			

汽提水用量的多少，以保证汽提塔底出来的贫溶剂中芳烃含量小于1‰为宜。通常认为应略大于共沸物含水量，一般为贫溶剂量的2%～4%。汽提水量太少将增加贫溶剂中的芳烃含量，影响抽提操作，增加抽余油中的芳烃含量，降低芳烃回收率；汽提水用量太多，将增大汽提塔底重沸器的热负荷，增加能耗。

总之，芳烃抽提过程中工艺操作影响较多，前面所述只是一般的定性分析，各因素之间的定量关系，在芳烃抽提工艺过程模拟系统中才能定量地表达出来。

(九) 操作要点和注意事项

溶剂抽提芳烃工艺过程是一种物理分离过程，是液液抽提和抽提蒸馏的联合过程，一般操作条件比较缓和，危险性小。但是，由于操作影响因素繁多，且相互制约，要实现高水平操作运转是存在不少困难的。正如前面所述，溶剂抽提芳烃过程，尽管影响因素多，可概括为三要素：原料油(抽提进料)、溶剂和采用的手段(设备和操作条件)。因此，操作要点和注意事项就是掌握好三要素，使其处于最佳状态。

1. 把握住原料油性质的变化

目前，重整脱戊烷油中芳烃含量一般不超过70%，且苯含量低，在抽提塔内逆流操作时不至于出现完全互溶(混相不分层)，通常含有少量烯烃，在溶解能力强的溶剂抽提过程中可在回流芳烃中出现烯烃积累，严重时会影响到芳烃含量；裂解加氢汽油中芳烃含量可高达80%～90%，且苯含量可高达45%左右，非芳烃有一半以上为环烷烃，还含有少量烯烃，因而，通常采用循环部分抽余油到原料油中，控制抽提塔进料中芳烃含量为70%左右，以保证抽提塔内正常操作，不出现混溶现象，若不注意抽提进料中芳烃含量的控制，将破坏抽提塔内正常操作，出现混溶不分层现象。此外，在溶解能力很强的溶剂抽提过程中，还可在回流芳烃中出现烯烃和环烷烃的积累，严重时会影响到芳烃产品质量。例如在环丁砜抽提过程中就采用加二次溶剂到富溶剂中来提高抽提蒸馏的效果；加三次溶剂或部分回流芳烃到抽提进料中，以减少烯烃和环烷烃的积累，达到改善芳烃产品质量的目的。这一点在环丁砜溶剂抽提芳烃过程处理高芳烃含量原料油时，特别值得注意。

2. 保持溶剂质量良好

溶剂质量良好是保证抽提装置长期正常运转的基本条件。但是，由于溶剂在抽提装置内处于一定温度下操作，溶剂产生老化现象、颜色变深，有酸性物质生成，溶剂呈酸性，以致腐蚀设备。为解决此问题，在工业装置上采取了三项措施。

(1) 从抽提系统取出一部分溶剂进行再生，除去杂质，再生后的溶剂返回抽提系统，通常要求装置内运转溶剂在5～7天内全部再生一次。

(2) 用单乙醇胺加入抽提系统调节溶剂的酸碱度，保持溶剂的中性或弱碱性。

(3) 溶剂、原料、回流罐等贮罐采用惰性气保护，隔绝空气。

溶剂的氧化受到许多因素的影响。当然，首先是溶剂自身的热、化学稳定性，其次是外界条件的影响如温度、酸碱度、铁离子及氧等。溶剂自身的热、化学稳定性正如前所述，是选择抽提溶剂时首先要考虑的。操作时要注意的是外界条件的影响，根据多年来的研究和工业生产积累的经验知道，常用抽提溶剂在碱性条件下可减轻老化；在酸性条件下可加速老化；在微量氧和铁离子存在下可加速老化。因此，在装置开工前，应该特别注意清除设备内的铁锈，尽可能保持装置内的洁净，并及早投用惰性气保护系统。即使如此，由于装置内残存有的铁锈和带入的微量氧气，装置内运转的溶剂，颜色很快就会变深，酸度迅速降低，所以应及时加入单乙醇胺调节溶剂的酸碱度至中性或弱碱性，并同时以最大量进行溶剂再生，直至溶剂颜色变浅后，方可降低溶剂再生量至正常量。

另外，还应该指出，目前，多数溶剂再生均采用减压蒸馏法，环丁砜抽提装置的回收塔也在减压下操作，一旦设备密封性能差，则就大大增加氧气与溶剂接触的机会，增大溶剂老化的可能性。为保护好溶剂，则需要特别注意减压设备密封性的检查，千万不可大意，否则后果是很严重的。

3. 严防溶剂发泡跑损

工业上无论甘醇类溶剂抽提装置、还是环丁砜溶剂抽提装置的蒸馏部分(抽提蒸馏和汽提塔)都发生过溶剂发泡跑损现象，且此现象多发生在溶剂老化严重的情况下，大大加大了溶剂的损耗。环丁砜抽提装置通常在提馏塔入塔前的富溶剂中加入消泡剂(聚甲基硅油，相对分子质量达数万的大分子物质)来预防溶剂发泡，在处理裂解加氢汽油时更需要注意，正常注入量为1～3mg/kg溶剂。有的甘醇类溶剂抽提装置也加消泡剂。在溶剂老化时，常常要多加单乙醇胺调节酸碱度，形成一些可溶性铁等杂物，溶剂比较脏，抽提塔内也易于生成乳浊液而降低效率，严重时蒸馏也可以发泡跑溶剂。此外，在水蒸气作汽提剂的汽提塔(或回收塔)内，由于水量变化过大，有时也会发生暴沸、冲塔而跑损溶剂，这也是在操作时应注意的问题。

4. 注意抽提蒸馏作用的充分发挥

如前所述，溶剂抽提芳烃工业过程是液液抽提和抽提蒸馏的联合过程，对溶解能力很强的溶剂抽提过程来说，抽提蒸馏的作用显得更为重要。一般情况下，在抽提塔内易于将重质非芳烃分离掉，抽提塔底出来的富溶剂中仍溶解了轻质非芳烃(如C_5～C_7烷烃和C_5～C_7环烷烃)，需要进入抽提蒸馏塔以除去这些轻质非芳烃。抽提塔底出来的富溶剂是一定温度、压力下的烃和溶剂的饱和溶液，抽提蒸馏塔一般在常压下操作，若温度高于饱和溶液的泡点，则会发生闪蒸，为保证抽提蒸馏作用的充分发挥，需要控制闪蒸量。例如环丁砜抽提过程为提高芳烃产品质量，有时在富溶剂中加入二次溶剂(使之成为不饱和溶液)来增大非芳烃与芳烃的相对挥发度，有时适当提高提馏塔的压力；甘醇类溶剂抽提芳烃过程，通常是调整温度、压力之间的关系，将富溶剂进行一次或两次绝热闪蒸后，进入抽提蒸馏塔进行抽提蒸馏操作，保证芳烃产品的高纯度，若温度过高而不注意控制绝热闪蒸量，就等于取消了抽提蒸馏条件，芳烃产品纯度急剧下降。

四、抽提过程的重要设备——抽提塔

应该指出，在芳烃抽提过程中，除溶剂、抽提工艺流程的布局外，抽提设备也是很重要的因素。液液抽提过程中主要设备之一就是抽提塔。近40年来，由于原子能工业和稀有金属元素抽提工业的发展，抽提设备也有较大的进展。工业上已应用的抽提设备有填料抽提塔、筛板抽提塔、脉冲抽提塔、转盘抽提塔及梅尔混合沉降抽提塔等。甘醇类和环丁砜溶剂抽提芳烃过程中大多数都使用筛板抽提塔。中国在溶剂抽提过程中几乎都使用筛板抽提塔，下面重点介绍筛板抽提塔。

1958年我国科研单位开始筛板抽提塔的研究，先后用塔径32mm、100mm的筛板抽提塔考察了几何尺寸(包括筛孔直径、孔间距、板间距)、分散相、连续相对筛板塔板效率的影响；并且考察了筛板塔的操作弹性和测定了二甘醇有关体系的筛板塔板效率；在1m直径筛板塔内进行冷模试验，观察了连续相的分布并放大成功了1m直径筛板塔在半工业试验装置上使用。在1963年为建设100kt/a二甘醇溶剂抽提工业装置提供了筛板抽提塔的设计数据，1965年获得成功。在此基础上，进行了多升液管放大试验，也于1966年取得结果，下面将部分试验结果和放大规律进行简要介绍。

(一) 筛板几何尺寸及两相流速对筛板塔板效率的影响

1. 塔板间距对塔板效率的影响

以甲苯-苯甲酸-水三元体系考察了水利学条件相同的情况下，板间距为150mm、200mm、300mm、400mm时，筛板塔板效率的变化情况。数据说明当板间距由150mm增加到200mm时，塔板效率增加很多。但当板间距由200mm增加到300mm时，塔板效率增加不多。再增加塔板间距，则塔板效率几乎不再增加。这说明单位塔高的分离能力在明显降低，因此，过多增加板间距是没有意义的。一般来讲，筛板塔是靠筛板提供液体分散和聚集完成传质过程，因此，正常操作要求塔板间距为分散相的分散提供推动力、为分散相与连续相的混合、分离提供空间。在试验过程中观察到当板间距为150mm时，分散相分散形成液滴过程尚未完成，与连续相混合接触时间不够，传质进行不充分，因此，塔板效率明显偏低，差别较大。而板间距在200mm以上时，分散相液滴形成、混合、聚集都已完成，塔板效率较高，再增加板间距对塔板效率将不会发生明显的影响。在考虑到工业上的安装、检修的需要，塔板间距以300mm较为合理。

2. 筛孔直径、孔间距对塔板效率的影响

筛孔通常按等边三角形排列，一般筛孔直径以2~5mm为宜。筛孔直径过大，会出现分散情况不好，对二甘醇体系，筛孔直径6mm时，筛板上无液层；筛孔直径过小，容易造成筛孔堵塞。二甘醇体系有关试验表明：筛孔直径由3mm增加至4.5mm时，对筛板效率未见明显影响。因此筛孔直径在4.5mm左右为宜。界面张力大的体系筛孔直径还可以大一些，如环丁砜系统，筛孔直径可采用6.0~7.0mm。孔间距一般要求大于2.5倍筛孔直径。对界面张力大的体系，液滴直径也大，要求孔间距也大，反之，则孔间距可以小一些。只要保证分散情况良好，对塔板效率就无明显的影响。

3. 分散相流速对塔板效率的影响

试验数据表明，当连续相流速一定或溶剂比一定时，塔板效率均随分散相过筛孔线速度的增加而提高。试验过程中可清楚地看到，当分散相过筛孔线速度不断增加时，分散相形成的液滴直径就不断变小、即单位体积液体的表面积增大，也就是分散相与连续相传质接触表面积增大，塔板效率增高。但当分散相流速达到某一数值而等于分散相液滴在连续相中的最大沉降速度时，就产生了严重的返混，甚至分散相被连续相带走(既液泛现象)。也就是说塔板效率随分散相过孔线速度增加到最高点后，会出现下降趋势，这就是极限，既所谓分散相过筛孔最大允许线速。总的来说，分散相过孔线速愈大，塔板效率就愈高。此外，分散相过筛孔线速愈高，设备生产能力愈大，同一处理量下所需之抽提塔直径愈小。因此，在可能条件下，尽可能采用高的分散相过筛孔线速下操作是合理的，是有意义的。

4. 连续相流速对塔板效率的影响

在分散相过筛孔线速度一定的情况下，连续相流速愈大，也就是溶剂比愈小，则塔板效率愈低。在芳烃抽提过程中溶剂比通常都比较大，溶剂作分散相，原料油作连续相，这时，即使分散相过筛孔线速在较高的情况下操作，连续相流速仍然很小，对分散相液滴大小、形状、运动状态不会产生强烈影响。因此，连续相流速只是影响塔板效率的独立变量之一。

在直径100mm，塔板间距为250mm，筛孔直径4.5mm，开孔率为6.5%的筛板抽提塔中，以含水5%的二甘醇作分散相，在100℃温度下，测定了正庚烷－甲苯－二甘醇(含水5%)三元体系的塔板效率，仅将一组数据列于表17－17。

表17－17　筛板抽提塔的塔板效率

溶剂比	分散相过筛孔线速度/(cm/s)	塔板效率/%
6.9	7.1	20.1
10.4	7.5	21.4
12.9	7.3	26.8

另外，在直径32mm筛板抽提塔中测定甘醇类溶剂的相同体系，也得到了基本相同的塔板效率数据。

(二) 筛板抽提塔的操作弹性

筛板抽提塔的处理能力和操作弹性取决于分散相过筛孔线速度，在二甘醇抽提装置中分散相流量远大于连续相流量，而且两相密度差也大，因此连续相流速对操作弹性不会有显著的影响。以脱芳烃的重汽油和甲苯作为连续相，以含水二甘醇作为分散相，在筛板抽提塔内考察了分散相过筛孔所允许的线速度范围。当过筛孔线速度太低时，分散情况不良。过筛孔线速度太高时，会引起分散相液滴的严重返混，致使液滴不易聚集，在这样的操作情况下，分散相过筛孔时，夹带一部分连续相，有时还会引起两相界面不清，并出现细小液滴，造成抽提塔液泛。在正常操作时，分散相过筛孔喷射2～3cm的距离后，就形成较均匀的液滴。部分试验结果列于表17－18。

表17－18　分散相过筛孔线速范围(操作温度130～150℃，含水8%的二甘醇)

连续相芳烃含量/%	0	50	80	100
连续相密度/(g/mL)	0.642		0.742	0.782
分散相密度/(g/mL)	1.031	—	1.008	0.982
两相密度差/(g/mL)	0.389	0.303	0.266	0.200
两相界面张力/(N/m)	5×10^{-3}			3×10^{-3}
分散相过筛孔速度/(cm/s)	12～22	20	10～17	10～15
分散相液层高度/cm	0.5～1.2	1.5～2.0	0.5～1.2	0.5～1.2

从表 17－18 数据和试验观察结果，还可以得出以下结论：

① 非芳烃与溶剂之间的界面张力较芳烃与溶剂之间的界面张力为大。连续相的芳烃含量愈高，两相间的界面张力愈小。

② 在溶剂达到良好分散时，分散相的最低过筛孔线速与两相界面张力有关，界面张力愈大，则最低过筛孔线速愈高。

③ 分散相液滴直径随过筛孔线速的增加而减小。在同样的过筛孔线速时，界面张力愈大，液滴也愈大。筛孔直径对液滴无明显影响。

④ 分散相的最高过筛孔线速取决于液泛点。分散相液滴直径愈小，愈容易引起液滴返混现象，液滴不易聚集。因此，以芳烃作为连续相的最高过筛孔线速较以非芳烃为连续相时为低。

（三）筛板上分散相液层高度

研究筛板上分散相液层的高度对于筛板塔的设计和操作有重要作用。一般采用如下的关联式计算：

$$h = h_r + h_o + h_c \tag{17-17}$$

$$h_r = \frac{4r}{d_o \Delta\rho} \tag{17-18}$$

$$h_o = \frac{1.82 V_o^2 \rho_o}{2g\Delta\rho} \tag{17-19}$$

$$h_c = \frac{C V_c^2 \rho_c}{2g\Delta p} \tag{17-20}$$

式中　h——分散相液层高度，m 液柱；

h_r——界面张力所引起的液层高度，m 液柱；

h_c——连续相过升液管阻力所引起的液层高度，m 液柱；

h_o——分散相过筛孔所引起的液层高度，m 液柱；

r——两相界面张力，N/m；

d_o——筛孔直径，m；

ρ_o——分散相密度，kg/m^3；

ρ_c——连续相密度，kg/m^3；

$\Delta\rho$——两相密度差，kg/m^3；

V_o——分散相过筛孔线速，m/s；

V_c——连续相过升液管线速，m/s；

g——重力加速度，9.82m/s^2；

C——阻力系数，1.5～4.5。

通过大量的试验观测得知，当液层为清液无泡沫或少泡沫时，采用以上公式计算值与试验值基本上是符合的，只有当分散相流速过大，导致液层波动较大、不易测量准确时才出现较大偏差。事实上，筛板抽提塔内多数筛板上的液层均为清液层无泡沫或少泡沫，所以，用上述公式计算筛板上的液层高度是比较可靠的，能够满足工业生产的需要。

(四) 筛板抽提塔的放大规则

筛板抽提塔直径放大后，能否影响塔板效率？一般来说，分散相的分散情况和连续的流动情况会影响筛板效率。根据有关文献报道和试验结果，分散相分散情况和塔的直径无关。在一定的过筛孔线速条件下，在筛孔直径、孔间距、板间距一定时，当小塔能达到的分散程度，大塔也能达到同样的分散程度。曾在1m直径的冷模中测定了连续相的分散速度，结果证明连续相流动情况良好，并无死角现象。另外，在直径32mm和100mm的不同筛板抽提塔中测定甘醇类溶剂的同一体系，也得到了基本相同的效率数据。因此，可以判断，抽提塔直径放大后，塔板效率是不会受到显著影响的。

总的来讲，筛板抽提塔的放大规则是等板效率放大。即筛板抽提塔在塔直径放大时，塔板效率保持不变。它要求：

① 筛孔直径、孔间距、板间距保持不变；

② 筛孔按等边三角形均匀排列；

③ 分散相过筛孔线速、连续相流速在同一溶剂比下保持一样；

④ 升液管的安排，塔径在1.5m以下升液管用单流式，塔径1.5～2.5m升液管采用双流式，直径2.5m以上的塔，升液管考虑用多流式。多流式筛板塔相邻两层塔板间互相对应的筛孔面积与升液管之比需保持一样，这样才能保证连续相流动均匀，不致影响塔板效率。

按上述规则推荐的100kt/a处理能力二甘醇抽提的筛板塔设计数据如表17－19所示。

表17－19 二甘醇抽提筛板塔的主要设计数据

项目	二甘醇抽提	项目	二甘醇抽提
塔板间距/cm	30	塔板上筛孔开孔率(对塔截面积)/%	
筛孔直径(d_0)/mm	4.5	1～15层(自下而上)	7.0
孔间距	$3d_0$	16～50层	6.0
分散相允许流速/(cm/s)		51～60层	5.0
塔顶	12～22	原料油进料位置(层数自下而上)	10，20，30
塔底	8～7	塔板效率/%	20～25
升液管截面积/%	5～8		

在二甘醇筛板抽提塔研究工作的基础上，还陆续提出了三甘醇、四甘醇、环丁砜等溶剂抽提塔的设计数据，都在工业上得到了广泛应用。

国内清华大学等单位在萃取设备和传质基础理论方面也进行了大量的工作[27]。他们认为环丁砜抽提装置萃取塔采用一般的大孔筛板，虽然具有结构简单、制造成本低、不易堵塞和处理量大的优点，但在塔径较大的情况下，流体分布不均匀，传质效率低。因此，开发了一种内弯弧形筋片扁环填料，并进行了环丁砜芳烃抽提过程冷模和热模试验研究，结果表明此种新型填料的传质效率比大孔筛板塔高30%以上。在此基础上，他们还对ϕ1.0m的工业装置进行了技术改造，使抽余油中芳烃含量有所下降，而塔的处理能力提高了10%[28]。但由于芳烃抽提的溶剂是在系统中循环使用，一方面微量环丁砜本身有降解、聚合的趋向，另外原料中的少量烯烃也可能产生聚合，导致溶剂系统容易脏污，因此，填料塔在长期工业运转中效率的稳定性如何还需要积累更多的经验。

五、芳烃抽提过程模拟[29,30]

化工过程模拟始于20世纪50年代后期，但是真正开展工作还是在FORTRAN、ALGOL、COBOL等高级计算机语言相继问世的60年代。1968年科学模拟公司（SCISIM Co）推出了第一个商业性的流程模拟系统，由于缺乏开发经验，又没有接受大量计算实例的考验，加上用户也没有接受过化工过程模拟的训练等原因，推广应用十分困难。随着流体相平衡性质研究的深入和数据库的发展，物性数据库在70年代有了长足的发展，并成为流程模拟系统的一个子系统，而且具有对物性数据进行检验、校核和关联的功能，使流程模拟的可靠性有了更坚实的基础。70年代末、80年代初科学模拟公司、ASPEN技术公司和凯姆谢尔公司分别推出了PROCESS系统、ASPEN PLUS和DESIGN Ⅱ，以及新版的PROCESS系统。这些系统全部采用序贯模块法，但在流程拓扑、循环物切断和收敛方法选择等方面为用户提供了方便，在实用方面向前跨进了一大步。但可靠性仍需进一步提高，一方面致力于开发更精确的物性计算方法，以扩展通用流程模拟系统的功能；另一方面又与化工企业合作开发专用流程模拟系统，如ASPEN技术公司和凯洛格公司合作开发的合成氨流程模拟系统，用于指导现有装置操作和新装置的设计。1980年我国科研单位开始了芳烃抽提专用流程模拟系统的研制，1983年开发成功了以甘醇类溶剂抽提芳烃工艺过程专用流程模拟系统AREXSIM，1986年又开发成功了环丁砜溶剂抽提芳烃工艺过程专用流程模拟系统SULEX，并陆续用于指导现有装置操作，为老装置改造和新装置的设计提供详细的设计基础资料，取得了明显的经济效益。1992年又将自行开发的模拟系统中的相平衡数据包与ASPEN PLUS实现了对接，从而使芳烃抽提的过程模拟更加方便、灵活。

对溶剂抽提芳烃工艺过程专用流程模拟系统来讲，从所介绍的抽提工艺流程可以知道，它应该包括抽提塔、抽提蒸馏－汽提塔（或抽提蒸馏塔和汽提塔）、闪蒸罐、水洗塔、油水分离器和溶剂再生塔等得计算，其中包含对具有22个化合物（20个烃、溶剂和水）的非理想多组分液－液和汽－液相平衡的预测。它可以模拟计算溶剂抽提芳烃工艺过程中的各部分操作，定量的反映各工艺条件：包括抽提温度、溶剂含水量、溶剂比、回流比、原料组成、以及各单元操作各部分物料流率和组成之间的相互关系，并能预测抽提塔、抽提蒸馏塔和汽提塔的每块理论板的组成及温度，以及溶剂的工艺损耗等。

苯塔、甲苯塔和二甲苯塔等精馏塔的模拟计算，直接应用一般通用流程模拟系统如ASPEN PLUS进行，则可得到比较满意的模拟计算结果，在这里就不作介绍。

（一）AREXSIM和SULEX模拟系统

AREXSIM和SULEX模拟系统的核心是非理想多组分液－液和汽－液相平衡计算以及非线性方程组的求解。它包括的组分有烷烃（$C_4 \sim C_{10}$）、环烷烃（环戊烷、甲基环戊烷、环己烷、二甲基环戊烷、甲基环己烷、二甲基环己烷）、芳烃（苯、甲苯、乙苯、对二甲苯、间二甲苯、邻二甲苯、碳九芳烃等）、溶剂（二甘醇、三甘醇、四甘醇、环丁砜）和水等25个化合物。

由于芳烃抽提工艺过程涉及大量多元汽－液及液－液相平衡问题，因其高度非理想性，尽管现在公开发表的活度系数模型很多，但适应性很强的还不多。因此，在研究芳烃抽提有关相平衡关系时，主要针对 NRTL、UNIQUAC、LEMF 及 Wang-Chao 四种模型。大量的研究结果表明，对以环丁砜为溶剂的芳烃抽提过程，LEMF 模型的适应性优于其他模型；而对以甘醇类为溶剂的芳烃抽提过程，则以 UNIQUAC 模型较佳。

1. 主要单元操作的数学模型

从芳烃抽提工艺流程不难看出，对于这样一种抽提过程的模拟，应该包括两种形式的平衡计算，一种是计算多级多组分液－液(或汽－液)平衡，如抽提、抽提蒸馏－汽提、含水溶剂的蒸馏等单元操作；另一种则是计算单级多组分液－液(或汽－液)平衡，这包括有绝热闪蒸、水洗、液－液分层(油与含水溶剂分成两相)等单元操作。相对而言，单级多组分液－液平衡(或汽－液平衡)的计算较为简单，故在这里仅对多级多组分液－液(或汽－液)平衡并结合抽提工艺中两个最关键的单元：抽提塔和抽提蒸馏－汽提塔的计算进行讨论。

(1) 抽提塔

多级多组分液－液抽提计算方法至今还不象多组分蒸馏那样成熟。主要原因在于液－液两相间的分配系数由两相活度系数求得，而活度系数是两相组成的高度非线性函数，这样就给抽提工艺计算数学模型的建立带来困难，常常使各种数学模型对于不同体系不完全适应，而影响计算过程的收敛性。AREXSIM 模拟系统研制过程中，曾对改进的松弛法、虚拟平衡法和 2N 牛顿法的适应性进行考察，感到松弛法几乎对初值没有要求，但收敛速度慢，而 2N 牛顿法对初值要求高、收敛速度快，虚拟平衡法介乎两者之间。

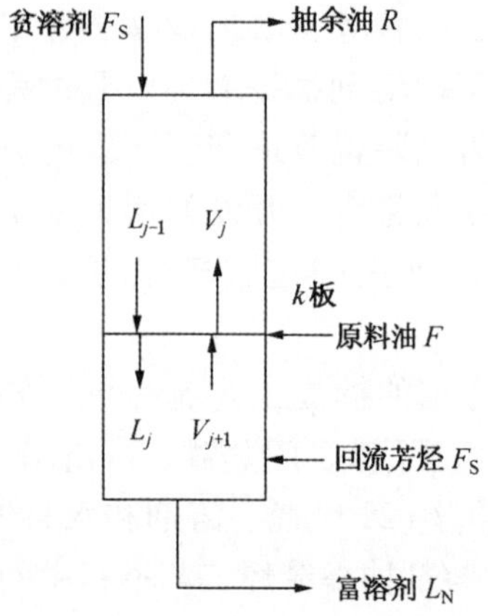

图 17－26 抽提塔模拟示意图

由于芳烃抽提过程几乎接近恒温操作，所以抽提塔的计算仅列出物料平衡和相平衡方程(需要时也可加上焓平衡方程)。

抽提塔各进出物料如图 17－26 所示。由此可以推导出计算的数学模型。

物料平衡式(对任意塔板)

$$L_{j-1} - L_j - V_j + V_{j+1} = -F_j \tag{17-21}$$

$$L_{j-1}X_{i,j-1} - L_j x_{i,j} - V_j Y_{i,j} + V_{j+1}Y_{i,j+1} = -F_j Z_{i,j} \tag{17-22}$$

分子加和方程

$$\sum_{i=1}^{C} X_{i,j} - 1 = 0;\ \sum_{i=1}^{C} Y_{i,j} - 1 = 0 \tag{17-23}$$

相平衡方程

$$\frac{\gamma_{i,j}^{L}}{\gamma_{i,j}^{V}} = K_{i,j} = \frac{Y_{i,j}}{X_{i,j}} \tag{17-24}$$

其中：$j=1, 2, \cdots, N$；$i=1, 2, \cdots, C$

若抽提系统共有 C 个组分，在有 N 块理论塔板的塔中则需要解 $C\times N$ 个方程的方程组。

将式(17－24)代入式(17－22)中得

$$L_{j-1}X_{i,j-1}-(L_j+V_jK_{i,j})X_{i,j}+V_{j+1}K_{i,j+1}X_{i,j+1}=-F_jZ_{i,j} \quad (17-25)$$

$$2\leqslant j\leqslant N-1$$

对第一块板($j=1$)，$L_0=0$ 得

$$-(L_1+V_1K_{i,1})X_{i,1}+V_2K_{i,2}X_{i,2}=-F_SZ_{i,S} \quad (17-26)$$

对第 N 块板($j=N$)，$V_{N+1}=0$ 得

$$L_{N-1}X_{i,N-1}-(L_N+V_NK_{i,N})X_{i,N}=-F_RZ_{i,R} \quad (17-27)$$

不是进料板，则 $F_jZ_{i,j}=0$

联合式(17－25)～式(17－27)，得到三对角矩阵式

$$\begin{bmatrix} B_1 & C_1 & & & & \\ A_2 & B_2 & C_2 & & & \\ & \vdots & & & & \\ & A_j & B_j & C_j & & \\ & & \vdots & & & \\ & & A_{N-1} & B_{N-1} & C_{N-1} \\ & & & A_N & B_N \end{bmatrix}\begin{bmatrix} X_{i,1} \\ X_{i,2} \\ \vdots \\ X_{i,j} \\ \vdots \\ X_{i,N-1} \\ X_{i,N} \end{bmatrix}=\begin{bmatrix} D_1 \\ D_2 \\ \vdots \\ D_j \\ \vdots \\ D_{N-1} \\ D_N \end{bmatrix} \quad (17-28)$$

式中　$B_1=-(L_1+V_1K_{i,1})$；

$C_1=V_2K_{i,2}$；

$D_1=-F_SZ_{i,S}$；

$A_j=L_{j-1}$；

$B_j=-(L_j+V_jK_{i,j})$；

$C_j=V_{j+1}K_{i,j+1}$；

$D_j=-F_jZ_{i,j}$；

$A_N=L_{N-1}$；

$B_N=-(L_N+V_NK_{i,N})$；

$D_N=-F_RZ_{i,R}$。

计算过程中用以下公式修正抽余相流速 V_j：

$$V_j^{\tau}\sum Y_{i,j}\rightarrow V_j^{\tau+1} \quad (17-29)$$

用虚拟平衡概念修正平衡常数 $K_{i,j}$。

① 用经归一的抽出相组成 $X_{i,j}$ 估算抽出相的活度系数 $\gamma_{i,j}^{L}(X_{i,j}^{\beta})$ 以及老的抽余相活度系

数 $\gamma_{i,j}^{V}(Y_{i,j}^{\beta-1})$ 近似的修正平衡常数：

$$K_{i,j} = \gamma_{i,j}^{L}(X_{i,j}^{\beta})/\gamma_{i,j}^{V}(Y_{i,j}^{\beta-1}) \tag{17-30}$$

② 重算抽余相组成：

$$Y_{i,j}^{\beta} = K'_{i,j}X_{i,j}^{\beta} \tag{17-31}$$

③ 用归一后新的抽余相组成估算抽余相活度系数，并修正平衡常数：

$$K_{i,j} = \gamma_{i,j}^{L}(X_{i,j})/\gamma_{i,j}^{V}(Y_{i,j}^{\beta}) \tag{17-32}$$

通过上述方程式的求解，可以计算出抽提塔内各板的温度、流量以及组成分布。

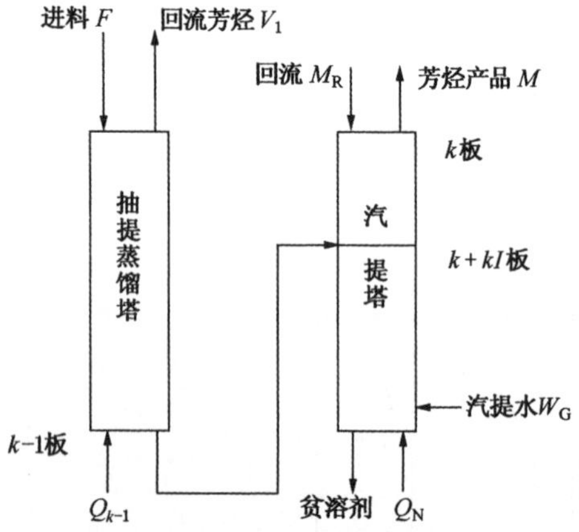

图 17-27 抽提蒸馏塔和汽提塔模拟示意图

(2) 抽提蒸馏-汽提塔(回收塔)

抽提蒸馏-汽提塔在芳烃抽提过程中是生产芳烃产品和回收溶剂的一个重要部分。从前述工艺流程知道，抽提蒸馏-汽提塔有两种类型，一是由上半部为抽提蒸馏段和下半部为汽提段叠合起来的复杂塔，另一类则为两个独立的塔，即抽提蒸馏塔和汽提塔(也称溶剂回收塔)联立而成。

上述两种不同类型的塔，由于结构不同，计算上稍有差异。第一类与一般较复杂的非理想体系蒸馏塔解法相同，而第二类则不能直接解三对角矩阵，必须进行一些数学处理，消去三对角区外项，使其成为三对角矩阵，然后才能求解。下面就以第二类为例进行说明。

以图 17-27 表示抽提蒸馏塔和汽提塔，由此导出它们的数学模型。主要包括物料平衡、相平衡和焓平衡三大部分。

① 物料平衡

$$L_j = F + V_{j+1} - V_1 \tag{17-33}$$

$$1 \leqslant j \leqslant k-2$$

$$L_j = F - V_1 \tag{17-34}$$

$$j = k-1$$

$$L_j = M_R + V_{j+1} - M \tag{17-35}$$

$$k \leqslant j \leqslant k+kI-1$$

$$L_j = L_{K-1} + V_{j+1} + M_R - M \tag{17-36}$$

$$k+kI \leqslant j \leqslant N-1$$

$$L_{N-1} - L_N - V_N = -V_G \tag{17-37}$$

$$j = N$$

模拟系统有 C 个组合($1 \leqslant i \leqslant C$)

$$L_{j-1}X_{i,j-1} - (L_j + V_jK_{i,j})X_{i,j} + V_{j+1}K_{i,j+1}X_{i,j+1} = 0 \quad (17-38)$$

$$i = 1,2,\Lambda,C;2 \leqslant j \leqslant k-2;\ k+1 \leqslant j \leqslant k+kI-1$$

$$k+kI+1 \leqslant j \leqslant N-1$$

对第一块板：

$$-(L_1 + V_1K_{i,1})X_{i,1} + V_2K_{i,2}X_{i,2} = -FZ_{i,1} \quad (17-39)$$

对第 $k-1$ 块板：

$$L_{k-2}X_{i,k-2} - (L_{k-1} + V_{k-1}K_{i,k-1})X_{i,k-1} = 0 \quad (17-40)$$

对第 k 块板：

$$-(L_k + MK_{i,k})X_{i,k} + V_{k+1}K_{i,k+1}X_{i,k+1} = -M_RZ_{i,k} \quad (17-41)$$

对第 $k+kI$ 块板：

$$L_{k-1}X_{i,k-1} + L_{k+kI-1}X_{i,k+kI-1} - (L_{k+kI} + V_{k+kI}K_{i,k+kI})X_{i,k+kI} \quad (17-42)$$

$$+ V_{k+kI+1}K_{i,k+kI+1}X_{i,k+kI+1} = 0$$

对第 N 块板：

$$L_{N-1}X_{i,N-1} - (L_N + V_NK_{i,N})X_{i,N} = -W_GZ_{i,G} \quad (17-43)$$

② 汽－液平衡

抽提蒸馏塔和汽提塔均在常压下操作，因此，气相近似地服从理想气体定律，故气－液平衡常数为：

$$K_{i,j} = Y_{i,j}/X_{i,j} = \gamma_{i,j}p_{i,j}^0/p_j \quad (17-44)$$

式中　p_j——j 板总压；

$\gamma_{i,j}$——活度系数；

p^0——纯化合物的饱和蒸气压，由安妥因公式计算。

③ 焓平衡

由全塔总物料平衡式(17－33)可得焓平衡式：

$$L_jh_j = Fh_F + V_{j+1}H_{j+1} - V_1H_1 \quad (17-45)$$

$$1 \leqslant j \leqslant k-2$$

将式(17－33)代入式(17－45)得：

$$V_{j+1} = [F(h_j - h_F) + V_1(H_1 - h_1)]/(H_{j+1} - h_j) \quad (17-46)$$

$$1 \leqslant j \leqslant k-2$$

同理

$$V_{j+1} = [M_R(h_j - h_{MR}) + M(H_k - h_j)]/(H_{j+1} - h_j) \quad (17-47)$$

$$k \leqslant j \leqslant k + kI - 1$$

$$V_{j+1} = [F(h_j - h_F) + M_R(h_j - h_{MR}) + M(H_k - h_j) + V_1(H_1 - h_j)]/(H_{j+1} - h_j) \tag{17-48}$$

$$k + kI \leqslant j \leqslant N - 1$$

联立式(17－38)~式(17－43)可得矩阵式：

$$\begin{bmatrix} B_1 & C_1 & & & & & & & & \\ A_2 & B_2 & C_2 & & & & & & & \\ & \vdots & & & & & & & & \\ & A_{k-1} & B_{k-1} & & & & & & & \\ & & & B_k & C_k & & & & & \\ & & & A_{k+1} & B_{k+1} & C_{k+1} & & & & \\ & & & \vdots & & & & & & \\ & & A_k & O & A_{k+kI} & B_{k+kI} & C_{k+kI} & & & \\ & & & & & \vdots & & & & \\ & & & & & A_j & B_j & C_j & & \\ & & & & & & \vdots & & & \\ & & & & & & A_N & B_N & & \end{bmatrix} \begin{bmatrix} X_1 \\ X_2 \\ \vdots \\ X_{k-1} \\ X_k \\ X_{k+1} \\ \vdots \\ X_{k+kI} \\ \vdots \\ X_j \\ \vdots \\ X_N \end{bmatrix} = \begin{bmatrix} D_1 \\ D_2 \\ \vdots \\ D_{k-1} \\ D_k \\ D_{k+1} \\ \vdots \\ D_{k+kI} \\ \vdots \\ D_j \\ \vdots \\ D_N \end{bmatrix} \tag{17-49}$$

式中 A、B、C 所代表的符号与式(17－28)相似。由式(17－49)可看出，$C_{k-1}=0$，而 A 移到 $k+kI$ 行，则三对角矩阵式在 $k+kI$ 行多出了一项，因此不能用 Thomas 法求解 $X_{i,j}$。为此必须用消元法将($A_k=L_{k-1}$)消去，将整个方程组化为三对角矩阵，然后用 Thomas 法解出各板的液相组成。从图 17－27 知道：第 $k-1$ 块板的液相流量进入 kI 块板[$1 \leqslant kI < (N-k)$]，则求解过程如下。

首先用 Thomas 法解三对角矩阵，当消到第 $k+kI$ 行时，矩阵式(17－49)化成

$$\begin{bmatrix} 1 & p_1 & & & & & & & & \\ & 1 & p_2 & & & & & & & \\ & & \vdots & & & & & & & \\ & & 1 & & & & & & & \\ & & & 1 & & p_k & & & & \\ & & & & & 1 & p_{k+1} & & & \\ & & & & & & \vdots & & & \\ & & AA & O & \cdots & O & 1 & p_{k+kI} & & \\ & & & & & & & \vdots & & \\ & & & & & & A_j & B_j & C_j & \\ & & & & & & & \vdots & & \\ & & & & & & & A_N & B_N & \end{bmatrix} \begin{bmatrix} X_1 \\ X_2 \\ \vdots \\ X_{k-1} \\ X_k \\ X_{k+1} \\ \vdots \\ X_{k+kI} \\ \vdots \\ X_j \\ \vdots \\ X_N \end{bmatrix} = \begin{bmatrix} q_1 \\ q_2 \\ \vdots \\ q_{k-1} \\ q_k \\ q_{k+1} \\ \vdots \\ q_{k+kI} \\ \vdots \\ D_j \\ \vdots \\ D_N \end{bmatrix} \tag{17-50}$$

式中 $p_1=C_1/B_1$；$q_1=D_1/B_1$；$AA=A_k/(B_{k+kI}-A_{k+kI}P_{k+kI-1})$；

$$p_{k-1}=0;\ P_j=C_j/(B_j-A_jP_{j-1}),\ \begin{pmatrix} 2 \leqslant j \leqslant k-2 \\ k \leqslant j \leqslant k+kI \end{pmatrix}$$

$$q_j=(D_j-A_jq_{j-1})/(B_j-A_jP_{j-1}),\ (2\leqslant j\leqslant k+kI)$$

将矩阵式中 $k-1$ 行等式两边同乘以 $-AA$，在与第 $k+kI$ 行逐项相加，即可将第 $k+kI$ 行最左端项消去，等式右端项 q_{k+kI} 化成 $q_{k+kI}-AAq_{k-1}$。然后可按 Thomas 法连续求解各板组成。

通过上述方程式的联立求解，可以计算出塔内各板的温度、流量以及组成分布，从而为设计及操作优化提供所需基础数据。

符号说明

L——液相或提取项流量，kmol/h；

V——汽相或提余项流量，kmol/h；

X——液相或提取项组成，摩尔分率；

Y——汽相或提余项组成，摩尔分率；

γ——活度系数；

K——平衡常数；

F——进料流量，kmol/h；

Z——进料组成，摩尔分率；

W——水流量，kmol/h；

C——组分数；

N——理论板数；

h——液相焓，kJ/kmol；

H——气相焓，kJ/kmol；

角标

L——液相或提取相；

V——气相或提余相；

γ，β——迭代次数。

脚标

i——组分号；

j,N,k,kI——塔板号；

s——溶剂相；

R——回流。

2. 模拟计算实例三则

现将二甘醇抽提、三甘醇抽提和环丁砜抽提工艺标定数据与模拟系统预测结果的一些主要数据分别列于表 17－20～表 17－26。

表 17－20　抽提－汽提部分主要操作条件

项　目	标－4		标 15－I	
	操作数据	模拟预测值	操作数据	模拟预测值
溶剂名称	二甘醇	二甘醇	三甘醇	三甘醇
溶剂比(对原料)	15.3	15.3	9.7	9.7
回流比(对原料)	1.22	1.22	1.104	1.1
贫溶剂含水量/%	7.7	7.7	7.0	7.0
抽提温度/℃	140.0	140.0	137	135.6
富溶剂中含油量/%	9.40	9.29		13.80
汽提塔底压力/kPa	138	138	186	186
汽提塔底温度/℃	147.0	145.1	152.0	151.2
汽提水用量(对贫溶剂)/%	3.0	3.29	3.1	3.27

表 17 – 21 物料平衡及芳烃回收率

项 目	标 – 4		标 15 – I	
	操作数据	模拟预测值	操作数据	模拟预测值
总物料平衡/%				
进 料	100.0	100.0	100.0	100.0
芳 烃	34.6	34.78	45.9	44.67
抽余油	62.8	65.24	54.1	55.39
损 失	2.6	–0.02		–0.06
芳烃回收率/%	93.8	93.94	93.06	92.65
苯回收率	100.0	99.91	100.0	99.93
甲苯回收率	98.0	99.35	99.96	99.69
二甲苯回收率	86.2	86.72	96.43	97.15

表 17 – 22 标 – 4 各主要物流组成 %

组 分	抽提进料	回流芳烃		芳 烃		抽余油	
		操作数据	模拟预测值	操作数据	模拟预测值	操作数据	模拟预测值
烷 烃							
C_6	27.67		5.43		0.0002	42.28	42.5
C_7	20.37		0.31			31.12	31.23
C_8	9.85		0.02			15.05	15.10
C_9							
环 烷		13.5		0			
MCP	3.26		6.49		0.0010		4.78
CH	0.40		1.25		0.0009	8.10	0.53
C_7	0.59		0.29		0.0004		0.91
C_8	1.00		0.07		0.0001		1.53
芳 烃							
C_6	8.53		43.5	24.1	23.8	0.00	0.12
C_7	16.12	86.5	31.6	45.5	46.9	0.46	0.161
C_8	10.92		10.6	26.7	27.4	2.25	2.223
C_9	1.30		0.4	3.7	1.8	0.74	1.027

注：MCP – 甲基环戊烷；CH – 环己烷。

表 17 – 23 标 15 – I 各主要物流组成 %

组 分	抽提进料	回流芳烃		芳 烃		抽余油	
		操作数据	模拟预测值	操作数据	模拟预测值	操作数据	模拟预测值
烷 烃							
C_5	2.65		12.80	0	0.0010	4.57	4.57
C_6	21.04		10.25		0.0009	39.12	38.19
C_7	17.63		0.93		0.0002	33.19	31.84
C_8	6.67		0.58			11.63	12.04
C_9	1.93					3.03	3.48
C_{10}	0.14	34.6		0		0.14	0.25
环 烷							
MCP	0.20		2.73		0.0005	0.40	0.13
CH	1.08		3.41		0.0006	1.66	1.90

续表

组　分	抽提进料	回流芳烃		芳　烃		抽余油	
		操作数据	模拟预测值	操作数据	模拟预测值	操作数据	模拟预测值
C_7	0.47		0.38		0.0007	0.63	0.86
C_8	0.20		0.03		0.0001	0.19	0.36
芳　烃							
C_6	6.35	23.0	25.28	15.4	14.3	0.0	0.0083
C_7	15.56	25.8	28.19	35.8	35.0	0.0	0.0865
C_8	14.99	14.0	12.64	34.8	32.7	0.8	0.7706
C_9	11.09	2.6	3.29	14.0	18.0	4.53	5.5055

表 17-24　环丁砜抽提装置进料组成　%

碳原子数	烷　烃	环烷烃	芳　烃
C_5	0.13	1.24	—
C_6	14.03	1.74	17.50
C_7	13.55	0.88	42.25
C_8	6.83	0.91	0.66
C_9	0.28		
总量	34.82	4.77	60.41

表 17-25　环丁砜抽提操作条件

设　备	项　　目	操作条件	
		实际值	模拟值
抽提塔	塔顶压力(绝压)/MPa	0.6	0.6
	温度/℃		
	塔顶	65.0	65.9
	塔底	49.0	49.1
	进料量/(t/h)	8.67	8.67
	回流量/进料量	0.40	0.40
	溶剂量/进料量	3.1	3.1
	溶剂含水量/%	0.83	0.83
抽提蒸馏塔	塔顶压力(绝压)/MPa	0.251	0.251
	温度/℃		
	塔顶	116.0	117.0
	塔底	178.0	178.8
	第二溶剂量/进料量	0.34	0.34
回收塔	塔顶压力(绝压)/MPa	0.047	0.047
	温度/℃		
	塔顶	73.0	73.3
	塔底	174.5	172.8
	回流量/产品量	0.41	0.41
	汽提水量/溶剂量	0.019	0.019

表 17－26 环丁砜抽提产品实际值与预测值比较

项　目	实际值	预测值
芳烃回收率/%		
苯	100	100
甲　苯	99.93	99.86
二甲苯	97.56	97.21
芳烃纯度/%	99.92	99.97
抽余油中芳烃含量/%	0.11	0.20

从表 17－20～表 17－26 数据可以看出模拟系统之模拟计算值与实际工业操作数据有良好的一致性。

前面所述，我国科研单位研制、开发的 AREXSIM 和 SULEX 模拟系统，近十几年来，在中国已广泛用于指导现有芳烃抽提工业生产装置的优化操作、故障诊断以及老装置的改造和新装置的设计，获得了显著效果。

（二）利用 ASPEN PLUS 进行芳烃抽提的过程模拟

自行开发的专用过程模拟系统虽然具有计算速度快、收敛性能好等特点，但只适用于固定的流程。对于工艺流程的任何改动，如换热流程的改动、物流的改变等，都需要修改计算程序，因此应用受到一定限制。我国科研单位将所建立的各种溶剂的芳烃抽提相平衡数据包安装在 ASPEN PLUS 上，利用通用流程模拟系统强大的计算功能，可进行各种工艺流程的研究、优化，大大提高了芳烃抽提模拟系统的应用范围，不仅可完成各种流程的液液抽提工艺的模拟计算，还可进行抽提蒸馏过程的模拟计算，在近年国内多套芳烃抽提、抽提蒸馏装置的设计和指导操作中发挥了极为重要的作用。

第二节　抽提精馏

一、工艺原理

抽提精馏分离芳烃工艺是利用选择性溶剂从富含芳烃的窄馏分中直接提取某种高纯度芳烃。原料首先进行预分馏，切除轻、重组分，留下中心馏分送去抽提精馏。在抽提精馏过程中，通过加入选择性溶剂，提高目的芳烃和其他组分间的相对挥发度 α，从而使精馏分离成为可能。溶剂和原料馏分在抽提精馏(ED)塔接触形成气液两相，由于溶剂与芳烃的作用力更强，使非芳烃富集于气相，于塔顶排出；芳烃组分富集于液相并被提纯，于塔底排出。富集芳烃的液相进入溶剂回收塔，在塔内进行芳烃与溶剂的分离，贫溶剂循环使用。

（一）抽提精馏基本概念

分离芳烃的原料主要有重整油、裂解加氢汽油和煤焦油等。在这些原料中，不仅含有与芳烃沸点相近的非芳烃，而且某些非芳烃可以与芳烃形成各种共沸物，表 17－27 和表 17－28 列出了几种非芳烃与苯、甲苯形成的共沸物性质。

表 17－27　含苯二元共沸物[31]

烃组分	纯组分沸点/℃	共沸物沸点/℃	共沸物组成/%（苯）
正己烷	68.7	68.5	4.7
甲基环戊烷	71.8	71.4	9.3
2，2－二甲基戊烷	79.3	75.8	46.3
环己烷	80.8	77.7	51.8
2，2，3－三甲基丁烷	80.9	76.6	49.7
2，4－二甲基戊烷	80.5	76.6	50.5
2，3－二甲基戊烷	89.8	79.2	79.5
正庚烷	98.4	80.1	99.3
2，2，3－三甲基戊烷	99.2	80.1	97.7
苯	80.1	—	—

表 17－28　含甲苯二元共沸物[31]

烃组分	纯组分沸点/℃	共沸物沸点/℃	共沸物组成/%（甲苯）
乙基环戊烷	103.5	103.0	7
1，1，3－三甲基环戊烷	104.5	103.8	16
1，2，4－三甲基环戊烷	109.5	107.0	39
1，2，3－三甲基环戊烷	110.5	108.0	42
2，3，4－三甲基戊烷	113.5	109.0	60
2－甲基庚烷	117.6	110.3	82
1，3－二甲基环己烷	120.1	110.6	96
甲　苯	110.63	—	—

对于烃类混合物，在常压范围内气相可作为理想气体处理，通过精馏方法分离关键组分 i、j 的难易程度可以用相对挥发度 α_{ij} 表征：

$$\alpha_{ij} = \frac{y_i/x_i}{y_j/x_j} = \frac{\gamma_i p_i^{\circ}}{\gamma_j p_j^{\circ}} \tag{17-51}$$

式中，x 为液相摩尔分数，y 为气相摩尔分数，γ 为液相活度系数，p° 为纯组分饱和蒸气压。相对挥发度 α 越远离 1，越有利于精馏分离。在恒沸组成时两组分相对挥发度为 1，通过普通精馏方法无法实现恒沸溶液的分离。在式（17－51）中，p_i°/p_j° 在通常温度范围内基本不变，改变相对挥发度的惟一途径就是通过加入溶剂来改变其活度系数比 γ_i/γ_j。加入选择性溶剂后，原料溶液的组分、组成均发生了变化，分子间相互作用改变，因而也使原料组分的活度系数比值发生变化，从而使相对挥发度 α_{ij} 尽可能远离 1，有利于精馏分离。这就是抽提精馏的基本原理。

图 17－28 表示常压时苯－环己烷共沸物（苯的质量分数 51.8%）体系加入不同浓度环丁砜溶剂后的活度系数及相对挥发度的变化情况。随着环丁砜浓度的增加，环己烷活度系数 γ_i 增加快，苯活度系数 γ_j 增加缓慢，结果使 α_{ij} 增大，可实现苯和环己烷的精馏分离。

（二）抽提精馏溶剂的性能

溶剂的性能对抽提精馏过程的技术经济起着决定性作用。归纳起来，对溶剂主要有下列几个方面的要求：

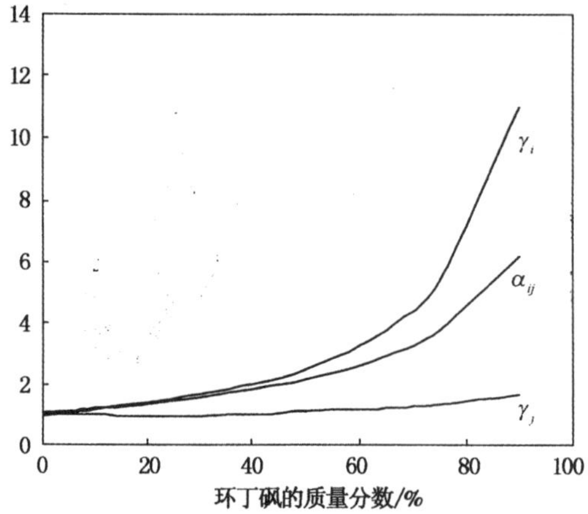

图 17-28 环丁砜浓度对苯和环己烷活度系数及相对挥发度的关系
i，j代表环己烷、苯，体系除溶剂基的组成为苯 51.8%

① 溶剂有良好的选择性，能使待分离组分的活度系数增大，提高其相对挥发度。

② 对于待分离组分是一种良好的溶剂，在精馏操作条件下不出现液液两相分离，否则抽提精馏塔易暴沸，操作不稳定。

③ 与待分离组分有足够的沸点差，利于用精馏方法回收溶剂，循环使用。

④ 溶剂热稳定性强，无腐蚀性，与组分不发生化学反应，从生产安全考虑是比较安全的。

⑤ 从经济上考虑，溶剂应价廉易得。

实际上，一个有机溶剂要很好地满足上述要求并不容易，因此，适合工业应用的溶剂，往往是在经过多方面综合权衡后作出选择的。在抽提精馏分离芳烃领域，被普遍接受的有机溶剂主要有 N-甲基吡咯烷酮(NMP)、N-甲酰基吗啉(NFM)、环丁砜(SUL)等。在无法选出理想的单一溶剂的情况下，筛选适当的助溶剂，与主溶剂配伍形成复合溶剂，可能使某些困难迎刃而解。

从以上抽提精馏溶剂选择的要求来看，最关键最根本的是溶剂的选择性问题。一般认为，应该使待分离组分的相对挥发度增大到 2 以上才可认为是一种较理想的溶剂。表 17-29 是不同溶剂存在时，甲基环己烷-苯体系的相对挥发度。由表中数据可见，加入几种溶剂后，甲基环己烷和苯的相对挥发度由无溶剂时的 0.81 提高到 2 以上，表中所列几种溶剂按选择性递减顺序依次为含水环丁砜、环丁砜、环丁砜-COS、N-甲酰基吗啉、N-甲基吡咯烷酮。

表 17-29 不同抽提精馏溶剂下甲基环己烷-苯体系①的相对挥发度

溶　剂	溶剂量/%	泡点温度/℃	相对挥发度
无溶剂		80	0.81
N-甲基吡咯烷酮	87.8	140	2.3
N-甲酰基吗啉	87.8	131	3.3
环丁砜	87.8	121	4.2
环丁砜-0.8%水	87.8	113	4.7
环丁砜-10% COS	87.8	125	3.6

① 溶剂、甲基环己烷、苯的质量比为 87.8：0.1：12.1，系统压力 101kPa。

溶剂的溶解能力是抽提精馏溶剂另一个重要的性能指标。尽管待分离组分在溶剂中有不同的溶解能力，但在抽提精馏操作条件下应避免出现液液两相分离，因为一旦在塔板上形成两个液相，溶剂浓度低的液相容易闪蒸暴沸，使抽提精馏塔不能稳定操作。因此在抽提精馏塔应保持足够的溶剂比，使得待分离组分溶解于溶剂中形成单一液相，在汽液传质状态下操作。溶剂的溶解能力越大，保持单液相操作的溶剂比就越小，过程的能耗就越低。图 17-29 是不同溶剂-苯-2-甲基己烷三元体系溶解度曲线。曲线 1 溶剂为纯环丁砜，曲线2溶剂为含10%助溶剂COS的环丁砜。曲线以内为分层区，两个液相，曲线外为单液相区。图中环丁砜加入助溶剂COS后，分层区减小，说明复合溶剂的溶解能力较环丁砜有所提高。下面通过举例进一步说明溶剂溶解能力改善对抽提精馏过程的影响。比如对于苯含量70%的苯-2-甲基己烷二元混合物，逐渐加入溶剂，在图中表现为直线FS轨迹。对曲线1（纯环丁砜溶剂），FC、GS为单液相，CG为液液分层区。对曲线2（环丁砜-COS复合溶剂），FD、ES为单液相，DE为液液分层区。FC或FD区尽管为单液相区，但溶剂浓度低选择性不好，因此实际上抽提精馏工作区在GS或ES段。E、G点分别为复合溶剂、环丁砜作为抽提精馏溶剂的最低浓度。E、G点的溶剂质量分数分别为78.2%和87.4%，相应的环丁砜-COS复合溶剂、环丁砜的抽提精馏最小溶剂比S/F分别为3.6和6.9。可见复合溶剂溶解能力改善后，大大降低了溶剂比，从而降低过程能耗。

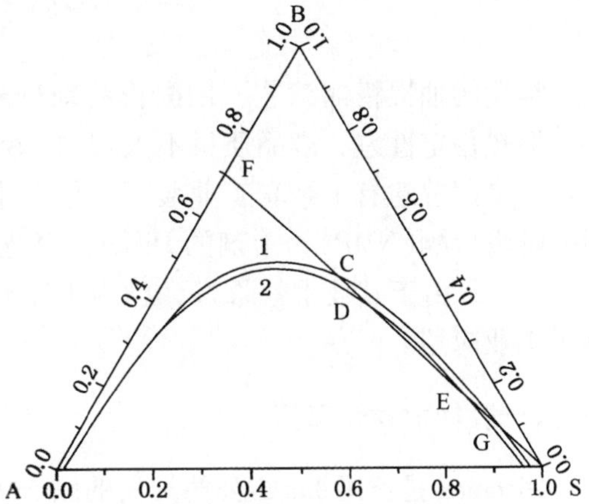

图17-29　溶剂-苯-2-甲基己烷三元溶解度曲线（90℃，质量分数）

A—2-甲基己烷；B—苯；S_1—环丁砜；S_2—环丁砜-10% COS

（三）影响抽提精馏分离的因素

对于抽提精馏操作过程而言，各种因素对分离效果的影响可归结为两方面作用：一是对相平衡产生影响，从而影响相对挥发度及分离效果；二是对过程的稳定性、可操作性产生影响，一个不稳定的过程，很难达到预期的分离效果。以下将从这两个方面定性讨论温度、压力、溶剂比和回流比的影响。

从对相平衡的影响来看，随着温度升高，溶剂的选择性降低，不利于分离。但温度升高，溶剂溶解能力提高，单液相区变大，有利于避免液液相分离，操作稳定。

提高系统压力，对待分离组分相对挥发度影响不大，但抽提精馏塔容易产生两个液相，不利于稳定操作。

提高溶剂比，抽提精馏塔塔板上的溶剂浓度提高，不仅提高了溶剂的选择性，同时有利于避免液液相分离，使操作更稳定。但是对一定的抽提精馏塔操作而言，过大的溶剂比不仅增加了过程能耗，同时液相负荷过大，也容易造成液泛。

抽提精馏塔顶回流的作用是回收溶剂，由于溶剂与待分离组分沸点差较大，一般仅需较小的回流比。与普通精馏不同，提高抽提精馏回流比不利于原料组分的分离。这是因为回流比提高后，降低了溶剂浓度，不仅使溶剂选择性降低，同时容易产生液液两相，使操作不稳定。因此在有效回收溶剂的前提下，应尽量维持小回流比。

二、几种抽提精馏工艺

早期的抽提精馏工艺，用酚作溶剂分离苯或甲苯。酚的选择性好，沸点高，价廉易得，但热稳定性差，产品质量不太理想(苯结晶点≯5.1℃，纯度约99.4%)，20世纪60年代在美国曾建有十余套工业装置，但后来都逐渐被淘汰。70年代，德国开发了以*N*-甲基吡咯烷酮(NMP)为溶剂的Distapex工艺和以*N*-甲酰基吗啉(NFM)为溶剂的Morphylane工艺，由于其技术效果好，已为工业界所采用。近年来，国内开发的SED工艺也得到了工业应用。

(一) Distapex 工艺

Distapex是德国Lurgi公司开发的以NMP为溶剂的抽提精馏工艺。据统计，已建成12套工业装置，主要用于从煤焦油和裂解加氢汽油中回收纯苯，也有用于从催化重整液中回收C_8芳烃或甲苯。

1. 工艺流程

该工艺包括原料预分馏和抽提精馏。原料首先经过预分馏，切取芳烃含量不低于60%~70%的窄馏分作为ED的进料。ED部分的工艺流程如图17-30[32]所示。

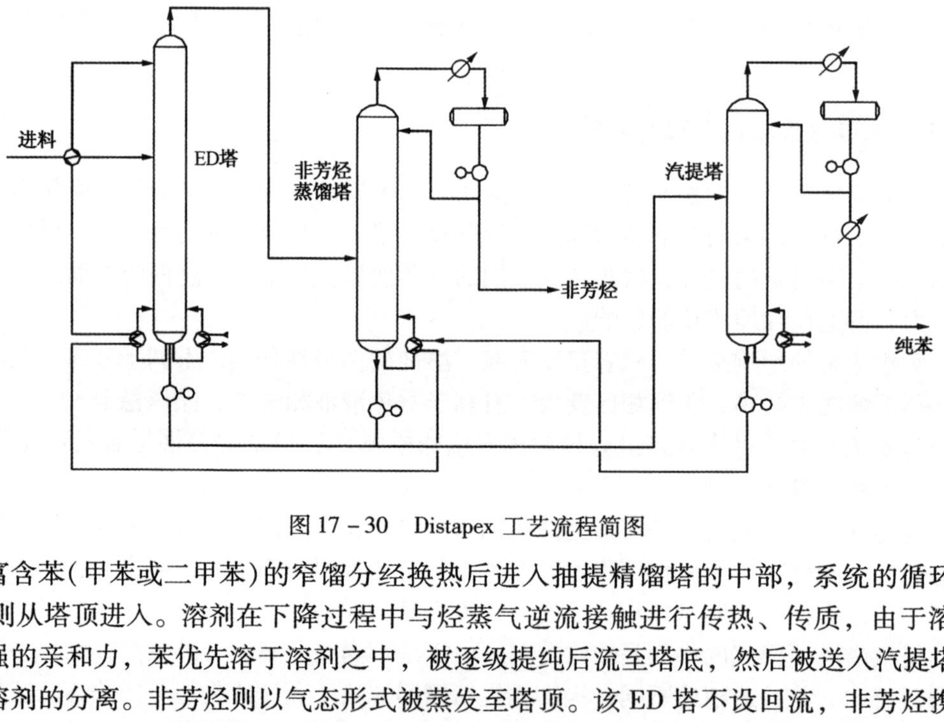

图17-30 Distapex工艺流程简图

富含苯(甲苯或二甲苯)的窄馏分经换热后进入抽提精馏塔的中部，系统的循环溶剂NMP则从塔顶进入。溶剂在下降过程中与烃蒸气逆流接触进行传热、传质，由于溶剂对苯较强的亲和力，苯优先溶于溶剂之中，被逐级提纯后流至塔底，然后被送入汽提塔进行苯和溶剂的分离。非芳烃则以气态形式被蒸发至塔顶。该ED塔不设回流，非芳烃携微量溶剂一起进入非芳烃蒸馏塔。非芳烃蒸馏塔以系统的循环溶剂作为热源，塔顶蒸汽经冷凝冷却后部分回流，部分作为非芳烃产品送出装置。富溶剂在汽提塔中进行减压蒸馏，塔顶苯蒸汽经冷凝冷却后，一部分作为回流，一部分作为产品送出装置，系统溶剂从汽提塔底出来，经过换热后循环至抽提精馏塔。

2. 主要技术指标

对不同的原料，该工艺芳烃回收率一般为95% ~99%。原料中非芳烃含量越低，收率越高，如煤焦油粗苯馏分。反之，芳烃回收率越低。芳烃产品质量及公用工程消耗指标分别列于表17 -30和表17 -31[31]。

表17 -30　Distapex产品质量

项　目	苯	甲　苯	二甲苯
纯度/%	99.95	99.8	99.8
非芳烃含量/(μg/g)	50 ~300	300 ~1000	300 ~1000
结晶点/℃	5.50	—	—
溴值/(g/100mL)	最大0.01	—	—
沸点范围/℃	最大0.4	最大0.6	—
密度(15℃)/(g/mL)	0.882 ~0.886	0.870 ~0.872	0.865 ~0.875
外　观	透明，无色	透明，无色	透明，无色

表17 -31　Distapex公用工程消耗(按每t芳烃计)

项　目	苯馏分	甲苯馏分	二甲苯馏分
蒸汽[1.2 ~1.6MPa(g)]/t	0.8	0.9	1.0 ~1.2
冷却水/m^3	23.7	29.5	40 ~50
电力/kW·h	5.5	6.3	7 ~9
溶剂损失/kg	0.03	0.03	0.03

由表17 -30可见，Distapex工艺的产品纯度及其他质量都比较好，但未提及芳烃中的有机氮含量问题。因为NMP是一个含氮的有机溶剂，即使在溶剂分解温度以下操作，产品含有机氮的问题往往也难于避免。如果对芳烃中有机氮含量有严格的限制，可考虑采用常温下的白土精制。

由表17 -31数据可见，采用Distapex工艺处理苯馏分、甲苯馏分和二甲苯馏分时，公用工程消耗随原料的变重而显著增大。在原料中芳烃含量相近的情况下，生产1t二甲苯的蒸汽消耗是1t苯的1.25 ~1.5倍，究其原因，是因为NMP沸点为206℃，随着芳烃沸点的升高，NMP与芳烃分离的能耗也会显著增大，即溶剂回收的难度加大，因此，Distapex工艺比较适合处理较轻的苯馏分。

NMP作为抽提精馏的溶剂，虽然溶解性较大，但选择性相对较差，因此，原料预分馏时，进料馏分应尽量窄。如目的产物为苯时，进料中不应含有甲苯，并尽量减少沸点范围在苯和甲苯之间的非芳烃，特别是甲基环己烷。甲基环己烷含量越高，为保证相同的苯纯度，消耗将显著上升。如果目的产物为二甲苯时，C_9的含量应小于0.1%。

(二) Morphylane工艺

德国Koppers公司开发的Morphylane工艺，采用NFM为溶剂。据统计，到2012年全世界已投入运行及正在建设的装置数达65套。九十年代，我国科研单位也开展了以NFM为溶剂的抽提精馏工艺的研究，使以*N*-甲酰基吗啉为溶剂的抽提精馏工艺得到了进一步发展。

1. 工艺流程

Morphylane抽提精馏部分的工艺流程如图17 -31[33]所示。

抽提精馏原料经换热后进入抽提精馏塔的中部，循环溶剂 NFM 则从塔顶进入。溶剂在下降过程中与烃蒸气逆流接触进行传热、传质。经过抽提精馏，富含芳烃的溶剂自塔底抽出，送入汽提塔进行芳烃与溶剂的分离。汽提塔底贫溶剂经过热交换后，返回抽提精馏塔循环使用。抽余油含少量溶剂，需经水洗再送出装置。洗后水用原料处理，回收少量溶剂。处理后的水返回水系统循环使用，处理水洗水的原料则送回抽提精馏塔进行芳烃分离。

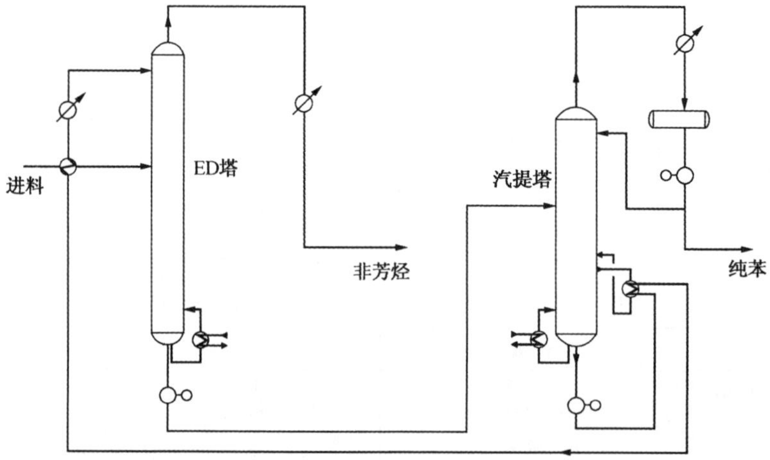

图 17-31 Morphylane 工艺流程示意图

由于 NFM 溶剂遇水容易水解，生成吗啉和甲酸，吗啉的常压沸点为 128.4℃，在汽提过程中部分吗啉会随芳烃一起被蒸发出来，从而造成芳烃含碱性氮，生成的甲酸还会腐蚀设备。因此，Koppers 公司后来对上述流程进行了改进，不采用原料洗涤，而是在 ED 塔顶设少量非芳烃回流，来回收微量溶剂。由于 NFM 溶剂的选择性明显优于 NMP，Morphylane 法能从相应的馏分中同时获得两种芳烃，如苯/甲苯或甲苯/二甲苯，产品纯度符合要求，但公用工程消耗高于两种芳烃分别抽提精馏的方案。

近年来，Krupp Wood[34] 又提出了同时制取苯甲苯的新流程，其主要做法是：先将原料进行预分馏，切取苯馏分和甲苯馏分，然后将两个馏分进入同一个抽提精馏系列，苯馏分进入 ED 塔的下部，甲苯馏分送入 ED 塔上部，经过抽提精馏和芳烃与溶剂的分离后得到高纯度苯甲苯混合物，再通过精馏分离，得到苯、甲苯产品。由于苯馏分和甲苯馏分的进料位置得到了最优化，难分离的重质非芳烃随甲苯馏分进入 ED 塔的上部，在此区域溶剂浓度最高，选择性最好，重非芳烃容易被蒸发出去，因此保证了甲苯的高纯度。而含轻质非芳烃的苯馏分进入 ED 塔的下部，因轻非芳烃很容易除去，因此不仅不影响芳烃的纯度，还保证了苯的回收率。

90 年代以来，我国科研单位对 Morphylane 工艺的一些弱点，即芳烃回收率偏低、溶剂回收苛刻度高，提出了一种改进的流程[35]，主要是在流程中增加了一台溶剂闪蒸罐，通过闪蒸将贫溶剂中的芳烃进一步净化，从而既降低了溶剂回收的真空度和温度，又进一步提高了芳烃的回收率。

2. 主要技术指标

以重整生成油或裂解加氢汽油 C_7 ~ C_8 馏分为原料时，甲苯、二甲苯的收率和纯度列于表 17-32，公用工程消耗列于表 17-33[36~38]。

表 17-32　Morphylane 产品纯度及收率

项　目	甲　苯	二甲苯	项　目	甲　苯	二甲苯
高收率方案			高纯度方案		
纯度/%	>99.9	98.0	纯度/%	99.9	99.5
收率/%	99.0	99.3	收率/%	94.6	95.5

表 17-33　Morphylane 公用工程消耗(按每 t 芳烃计，不含预分馏)

项　目	消耗指标	项　目	消耗指标
热量/10^6kJ	0.92	冷却水/m^3	
电力/(kW·h)	11.5	溶剂损失/kg	<0.03

我国开发的以 NFM 为溶剂的 ED 工艺，用于处理苯含量为 80% 的 C_6 馏分，工业装置主要技术指标列于表 17-34 和表 17-35。

表 17-34　NFM 抽提精馏分离苯产品收率及质量(实际生产数据)

项　目	指　标	项　目	指　标
回收率/%	99.8	酸洗比色	≤1
质量指标		硫含量/(μg/g)	<1
结晶点/℃	≥5.40	氮含量/(μg/g)	<0.5
非芳烃含量/%	≤0.03		

表 17-35　NFM 抽提精馏分离苯公用工程消耗(设计值)

项　目	消耗指标/t 进料	项　目	消耗指标/t 进料
中压蒸汽/t	0.60	冷却水/m^3	25.1
电力/kW·h		溶剂损失/kg	<0.02

3. 主要工艺参数的影响

我国科研单位开发了 NFM 抽提精馏分离芳烃的过程模拟系统，采用模拟计算对 NFM 抽提精馏工艺的溶剂比、溶剂中烃含量等重要参数对抽提精馏的结果进行了研究，结果见表 17-36 和表 17-37。

原料 1 苯含量为 96%，甲基环己烷含量为 0.4%；原料 2 苯含量为 80%，甲基环己烷含量为 1.7%。

表 17-36　溶剂比对试验结果的影响

原　料	溶剂比	苯产品纯度/%	抽余油中苯量/%	苯收率/%
1	2.5	99.96	33.26	97.92
	3.0	99.97	11.36	99.50
	3.5	99.97	7.77	99.67
	4.0	99.97	7.24	99.70
	4.5	99.98	7.99	99.67
2	2.9	99.83	5.81	98.46
	4.0	99.96	5.38	98.58
	4.5	99.97	5.70	98.49
	5.0	99.99	5.67	98.50

由表17-36可见，对甲基环己烷含量低的原料1，在保证苯产品纯度基本相同的条件下，抽余油中苯含量的变化趋势先是随溶剂比的增加而显著下降，溶剂比增大到3.0后，基本保持不变或略有上升。因此，适当的溶剂比为3.5~4.0。

对甲基环己烷含量较高的原料2，在保证抽余油中苯含量基本相同时，苯的纯度随着溶剂比的增加而增加。溶剂比为2.9时，苯纯度仅为99.83%，当溶剂比增大至4.0时，苯纯度已达到99.96%。为了保证苯产品的纯度及收率，溶剂比不能太小，适宜的溶剂比为4.0~5.0。

为了降低回收塔底的温度，回收塔在减压下操作。当回收塔操作压力一定时，贫溶剂中苯含量不仅决定着塔底的操作温度，而且对苯的回收率也有影响。

表17-37 贫溶剂苯含量对试验结果的影响

溶剂中苯含量/%	回收塔底温度/℃	苯回收率/%	抽余油中苯含量/%
3.2	170	96.76	43.73
1.5	186	99.70	7.24
1.25	190	99.72	7.09

由表17-37可见：贫溶剂苯含量在1.25%~1.5%时，回收塔底温度低于190℃，在此温度下，溶剂基本不会分解，苯的回收率也变化不大。随着贫溶剂中苯含量的进一步增加，回收塔塔底温度降低，这虽然对于降低溶剂的分解有利，但会显著降低苯的回收率，因此，实际操作需要维持贫溶剂中适当的苯含量。

(三) SED-Ⅰ工艺[35,39~42]

Distapex和Morphylane工艺与液液抽提相比，虽然流程简单、操作费用低，但芳烃收率偏低、溶剂回收条件苛刻，且一般不适用于重整油苯抽提。重整汽油C_6馏分中苯含量一般在25%~40%(质量分数)，如果采用单一的极性溶剂如NMP、NFM或环丁砜(SUL)作为抽提精馏溶剂，在ED塔内容易形成两个液相，造成ED塔内剧烈沸腾甚至冲塔现象，使ED塔难以稳定操作。

为了解决芳烃含量低的原料的抽提精馏问题，我国科研单位从增加溶剂的溶解性、降低溶剂回收的苛刻度入手，进行了大量的试验及模拟计算研究，筛选出了一种较为理想的助溶剂(COS)，并最终开发了SUL-COS复合溶剂的SED-Ⅰ工艺。

采用环丁砜-COS的复合溶剂，显著增强了溶剂对C_6馏分的溶解能力，避免ED塔出现两个液相，ED塔操作稳定，易于控制。同时由于加入了助溶剂，还有效降低了溶剂回收塔的操作苛刻度，提高了苯的回收率。

1. 溶剂的特点

助溶剂COS是一种不含硫、氮的有机溶剂，该助溶剂本身以及与常用芳烃抽提溶剂配伍具有如下特点：

① 沸点适中，与SUL或NFM配伍性好；

② 配伍后的复合溶剂溶解性能大大改善，对选择性影响不大；

③ 热稳定性好，在使用的温度范围不分解；

④ 价格便宜。

正是由于SUL-COS复合溶剂优异的综合性能，奠定了SED-Ⅰ工艺的产品质量好、收率高的基础，既能用于高芳烃的原料，也可用于芳烃含量较低的原料。

2. 工艺流程及设备

SED－Ⅰ工艺流程如图17－32所示。

该工艺主要包括：原料预分馏和抽提精馏。重整脱戊烷油经预分馏，塔顶得富集苯的C_6馏分，塔底得到C_6^+馏分。C_6^+馏分直接作为无苯清洁汽油调合组分。C_6馏分作为抽提精馏的进料，从抽提精馏塔(ED塔)的中部进入，循环溶剂从塔上部进入，经过抽提精馏，塔顶非芳烃蒸汽经过冷凝冷却后部分回流入ED塔顶部，部分作为非芳烃产品出装置，若烯烃含量满足要求可考虑直接作为6号溶剂油，若烯烃含量偏高，则经加氢或白土处理后作为6号溶剂油。从ED塔底出来的富溶剂进入溶剂回收塔(RC塔)，经过减压蒸馏后，回收塔苯蒸汽经冷凝后，一部分回流入塔，一部分作为苯产品出装置，塔底贫溶剂大部分经过换热后作为贫溶剂直接循环回ED塔上部，一少部分则经过溶剂再生后回到系统。

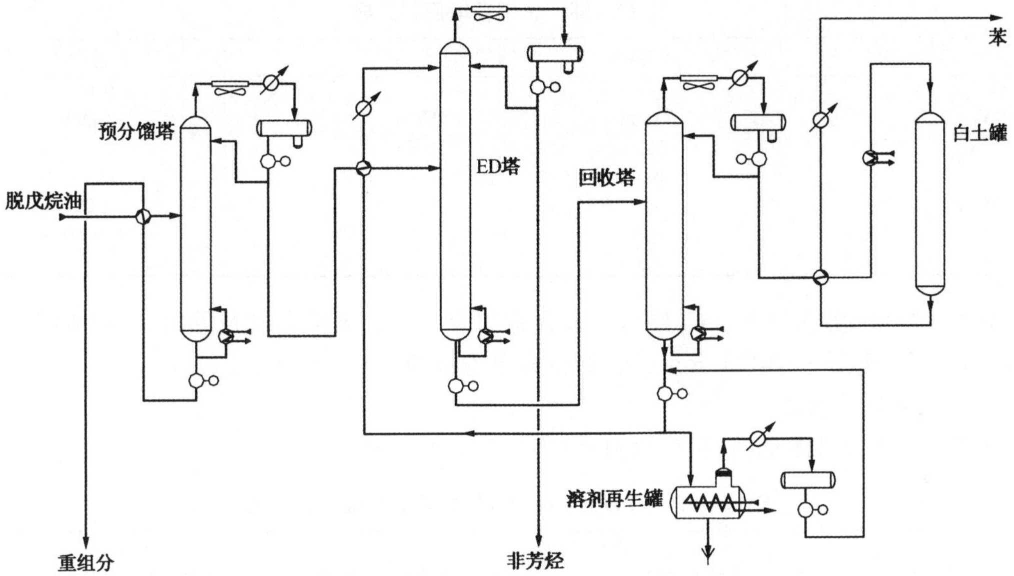

图17－32 SED－Ⅰ分离纯苯及溶剂油工艺流程示意图

SED－Ⅰ工艺的核心设备是ED塔和溶剂回收塔，二者均为汽液传质设备。一般选择操作弹性较大的浮阀塔和压降小的筛板塔。为避免在ED塔内形成因气－液－液三相对传质性能的影响，也可采用填料与浮阀的复合塔结构。

(1) 预分馏塔

其作用是将原料中待分离的芳烃馏分进行切割，得到抽提精馏的进料，同时获得高辛烷值汽油组分。

(2) ED塔

该塔是利用溶剂分离芳烃和非芳烃的主要设备，分上、中、下三段。上段为溶剂回收段，中段为抽提精馏段，下段为芳烃提浓段。为保证塔板的传质效率和操作弹性，一般分3～4段进行设计。溶剂与进料烃类在塔内进行多级抽提精馏，塔内为汽液两相操作。塔顶得到非芳烃，塔底得到富含芳烃的富溶剂。

(3) 溶剂回收塔

其作用是将贫溶剂与芳烃彻底分离。来自抽提精馏塔塔底的富溶剂在此塔内进行减压蒸馏，分离得到芳烃与贫溶剂。塔底贫溶剂经过换热后，循环回抽提精馏塔。

(4) 溶剂再生罐

在较高真空度下减压蒸馏脱除溶剂中的聚合物及其他杂质，保证溶剂的质量。

(5) 白土罐

其主要作用是脱出苯产品中可能存在的微量烯烃。由于从回收塔顶出来的苯产品的纯度已非常高，只有 10^{-6}级的烯烃含量，因此，白土的寿命一般较长。

3. 操作参数的影响

(1) 原料

典型的连续重整脱戊烷油经过精馏切割后，得到的 C_6 馏分即抽提精馏的原料列于表 17－38。

表 17－38　抽提精馏原料组成

组　分	含量/%	组　分	含量/%
烷　烃		C_7	0.62
C_5	1.88	MCH	70μg/g
C_6	56.06	芳　烃	
C_7	5.47	C_6	32.25
环烷烃		C_7	0.02
C_5	0.64	合　计	100.00
C_6	3.06		

由表 17－38 数据可见，C_6 馏分中苯含量约为 32%，属低苯含量原料。与苯难于分离的 MCH 仅为 70μg/g，MCH 含量低，对分离更为有利。

(2) 主要操作参数

SED－Ⅰ工业装置的主要工艺操作参数列于表 17－39。

表 17－39　SED－Ⅰ抽提精馏回收苯主要操作参数

塔　名	项　目	操作参数
抽提蒸馏塔	助溶剂含量/%	8～25
	溶剂/原料	3.5～4.5
	回流/产品	0.0～0.5
	贫溶剂入塔温度/℃	95～110
	贫溶剂中苯含量/%	0.01～0.1
	塔顶压力/MPa	0.12～0.2
	塔顶温度/℃	80～120
	塔底温度/℃	160～178
回收塔	富溶剂入塔温度/℃	160～178
	回流/产品(质量)	1.5～2.0
	塔顶压力(绝)/ MPa	0.04～0.05
	塔底温度/℃	170～178

由表 17－39 数据可看出：助溶剂含量一般为 8%～25%，溶剂比为 3.5～4.5，采用无水操作，溶剂回收部分采用减压蒸馏，残压为 0.04～0.05MPa，塔底温度为 170～178℃，溶剂回收的条件相当缓和。

(3) 溶剂比的影响

溶剂比是影响抽提精馏效果的重要因素之一。当循环溶剂中助溶剂含量为19%时，不同溶剂比对苯产品纯度及抽余油中苯含量的影响列于表17－40。

表17－40　溶剂比对抽提精馏结果的影响

溶剂比	苯产品纯度/%	抽余油中苯含量/%
3.1	99.96	1.02
3.8	99.97	0.45
4.1	99.98	0.26
5.0	99.98	0.20

由表17－40可见，在保证苯产品纯度基本相同时，溶剂比在3.1～4.1之间变化时，抽余油中苯的含量随溶剂比的升高而降低，溶剂比大于4.1以后，再增大溶剂比对降低抽余油中的苯含量已无明显作用。因此，适宜的溶剂比为3.8～5.0。

(4) 助溶剂含量的影响

复合溶剂中助溶剂含量是影响抽提精馏效果的另一重要因素。助溶剂的作用主要有三个方面：一是增加溶剂对烃类的溶解能力，避免在抽提精馏塔内产生两个液相，从而起到稳定操作的作用；二是降低回收塔底溶剂的热强度，避免环丁砜分解而污染产品；三是降低贫溶剂中苯的含量，达到提高收率的目的。当回收塔操作压力一定时，贫溶剂中苯含量是由助溶剂含量和塔底的操作温度决定的，操作温度因受环丁砜热分解所限制，一般应控制低于180℃。因此，贫溶剂中苯含量主要靠助溶剂含量进行调节。当回收塔底常压操作、溶剂比为4.1时不同助溶剂含量的影响列于表17－41。

表17－41　助溶剂含量对抽提精馏结果的影响

助溶剂含量/%	回收塔底温度/℃	苯产品纯度/%	苯回收率/%
5	178	99.99	91.2
10	177	99.98	95.5
19	176	99.98	99.5
22	174	99.96	99.6

由表17－41可见，回收塔在常压下操作，并保持苯的纯度不低于99.95%的条件下，随着助溶剂含量的增加，回收塔底的操作温度可以适当降低，而苯的回收率(基于抽提进料)逐渐增加，特别是助溶剂含量由5%增至19%时，苯回收率由91.2%迅速提高到99.5%，这充分显示了助溶剂提高收率的作用。由表17－41也可看出，过度增加助溶剂含量，对进一步提高收率无明显的作用，相反对苯的纯度会造成不利的影响。这主要是由于助溶剂的量太大后，溶剂的选择性下降所致。因此，适宜的助溶剂含量为10%～18%。

值得强调的是，在工业上，回收塔虽采用减压操作，由于塔顶苯蒸气的冷凝受冷却水温度的限制，真空度不能太高，塔底合理的残压为0.06～0.08MPa，因此如果不加入助溶剂，贫溶剂中不得不允许残留2%～3%的苯，这样抽提精馏的苯收率就会很低。可见，助溶剂的加入对提高苯收率起着重要作用。

(5) 溶剂的再生

溶剂在系统中循环，必须进行再生以保持系统的洁净，那么采用复合溶剂以后，溶剂的再生是否存在困难呢？事实上，仍然可采用减压蒸馏进行再生。表17－42列出了操作温度与残压的关系。

表 17－42 溶剂(含 15%助溶剂)再生温度与压力的关系

操作压力(绝)/MPa	再生温度/℃	冷凝液泡点温度/℃
0.0039	164	66
0.0046	168	70
0.0052	172	74
0.0059	176	76
0.0066	179	80

由表 17－42 数据可见，在合理的残压下，采用一次蒸发的方法进行溶剂的再生，再生温度可控制在 180℃以下，蒸发物可以采用水冷，不会造成沸点较低的助溶剂的挥发损失。

4. SED 的过程模拟

将复合溶剂抽提精馏相平衡数据包安装到 Aspen Plus 流程模拟软件上，利用该软件模拟计算抽提精馏过程，与试验结果的对比列于表 17－43 和表 17－44 中。

表 17－43 模拟计算与试验温度值的对比

溶剂比	ED 塔顶温度/℃		ED 塔底温度/℃		回收塔顶温度/℃		回收塔底温度/℃	
	计算	试验	计算	试验	计算	试验	计算	试验
3.1	74	73	127	131	80	79	172	175
3.8	74	73	132	136	80	79	172	176
4.1	74	74	133	138	80	80	172	176
5.0	74	74	136	141	80	79	172	176

表 17－44 苯纯度及抽余油中苯含量计算值与试验值的对比

溶剂比	苯产品纯度/%		抽余油中苯含量/%	
	计算	试验	计算	试验
3.1	99.95	99.96	0.80	1.02
3.8	99.95	99.97	0.47	0.45
4.1	99.96	99.98	0.38	0.26
5.0	99.96	99.98	0.26	0.20

由表 17－43 可见，在考察的试验范围内，抽提精馏塔、回收塔各部温度的计算值与试验结果基本吻合，最大绝对偏差为 4～5℃。由表 17－44 还可进一步看出，苯的纯度、抽余油中苯含量的模拟计算值与试验结果也均吻合良好，证实了所开发的过程模拟系统的可靠性。因此，可以用来为工业装置提供可靠的设计基础数据。

5. 主要技术指标

SED－Ⅰ工艺适用于从重整汽油、裂解加氢汽油以及焦油粗苯中回收苯产品，其工业装置主要技术指标列于表 17－45。

由表 17－45 的结果可见：SED－Ⅰ工业装置上生产的苯产品满足 GB 3405—2011 优级品标准，苯抽提收率达到 99.7%以上，从单位苯产品的能耗指标来看，SED－Ⅰ工艺较适于处理裂解加氢汽油等苯含量高的原料，具有能耗低的优势。

表 17-45　SED-Ⅰ工艺主要技术指标

项　目	工况 1	工况 2
原料	重整汽油 C_6 馏分	裂解加氢汽油 C_6 馏分
原料中苯含量/%	25.1	75.6
苯产品纯度/%	99.99	99.94
苯结晶点/℃	5.47	5.47
苯抽提回收率/%	99.7	99.8
抽余油中苯含量/%	0.1	0.6
每吨苯产品公用工程消耗		
冷却水/t($\Delta t=10$℃)	23	22
电/kW·h	40	13
蒸汽/t	1.65	0.70

(四)SED-Ⅱ工艺

SED-Ⅰ只适用于单苯抽提过程，在处理裂解加氢汽油、焦油粗苯等苯含量高的原料时，具有流程简单、投资省、能耗低的优势，但处理连续重整汽油时，由于抽提原料苯含量低、烯烃含量较高，该工艺存在能耗较高、白土寿命较短的问题。为了拓宽 SED 技术的适用范围，并进一步降低能耗，国内科研单位在 SED-Ⅰ的研发基础上进行了改进，推出了 SED-Ⅱ工艺。SED-Ⅱ工艺采用含水环丁砜为溶剂，适用于苯抽提、两苯(BT)抽提和三苯(BTX)抽提过程，具有流程简单、能耗低的特点，自 2005 年以来，已有 20 多套工业装置投产运行。

1. 工艺流程

图 17-33 所示为 SED-Ⅱ苯抽提工艺流程。与 SED-Ⅰ工艺相比，主体流程相同，改进之处在于溶剂采用含水环丁砜，流程增加了水循环系统和苯蒸发塔，苯蒸发塔侧线采出苯产品。原料为重整汽油 C_6 馏分，经预热后进入抽提蒸馏塔中部，循环溶剂从塔顶进入，经过萃取精馏，塔顶得到抽余油产品(非芳烃)，塔底得到含高纯苯的富溶剂。富溶剂进入溶剂回收塔，该塔在减压下操作，塔顶采出苯，塔底的贫溶剂经换热后循环使用。抽提蒸馏塔回流罐及回收塔回流罐的分水包收集水经过水泵升压后作为汽提水，与贫溶剂换热后进入溶剂再生罐。小股贫溶剂进入溶剂再生罐在汽提水的作用下进行减压汽提再生，罐顶汽相返回溶剂回收塔塔底，机械杂质及溶剂降解物存留在罐底，不定期排渣，以保持系统溶剂的洁净。溶剂回收塔顶苯进入白土罐脱除微量烯烃，然后进入苯蒸发塔进行蒸馏，塔顶全回流，侧线采出合格苯产品出装置，塔底重馏分间歇送往上游 C_6 切割塔。苯蒸发塔采用贫溶剂为热源，以充分回收溶剂余热，降低能耗。

SED-Ⅱ采用含水环丁砜为溶剂，对芳烃的选择性高，可以同时抽提两苯或者三苯，工艺流程如图 17-34 所示。抽提原料由从抽提精馏塔(ED 塔)的中部进入，循环溶剂从塔上部进入，经过抽提精馏，塔顶非芳烃蒸汽经过冷凝冷却后部分回流入 ED 塔顶部，部分作为非芳烃产品出装置。从 ED 塔底出来的富溶剂进入溶剂回收塔(RC 塔)，经过减压蒸馏后，回收塔顶得到混合芳烃产品，送往下游芳烃精馏单元进一步分离得到苯、甲苯产品。回收塔底贫溶剂大部分经过换热后循环回 ED 塔上部，少部分贫溶剂进入溶剂再生罐在汽提水的作用下进行减压汽提再生，罐顶汽相返回回收塔塔底，机械杂质及溶剂降解物存留在罐底，不定期排渣，以保持溶剂系统洁净。

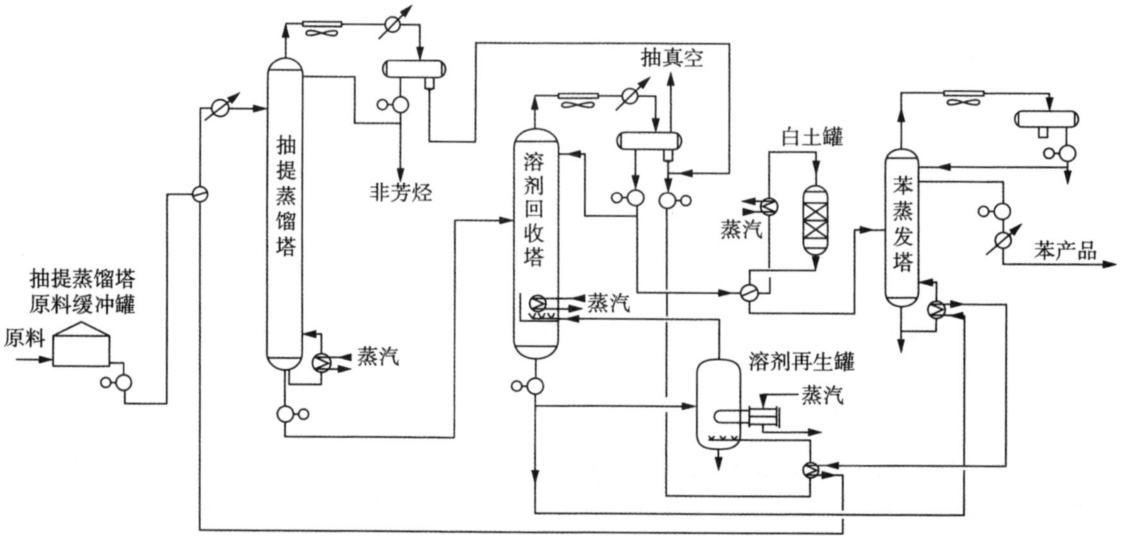

图 17－33 SED－Ⅱ苯抽提工艺流程

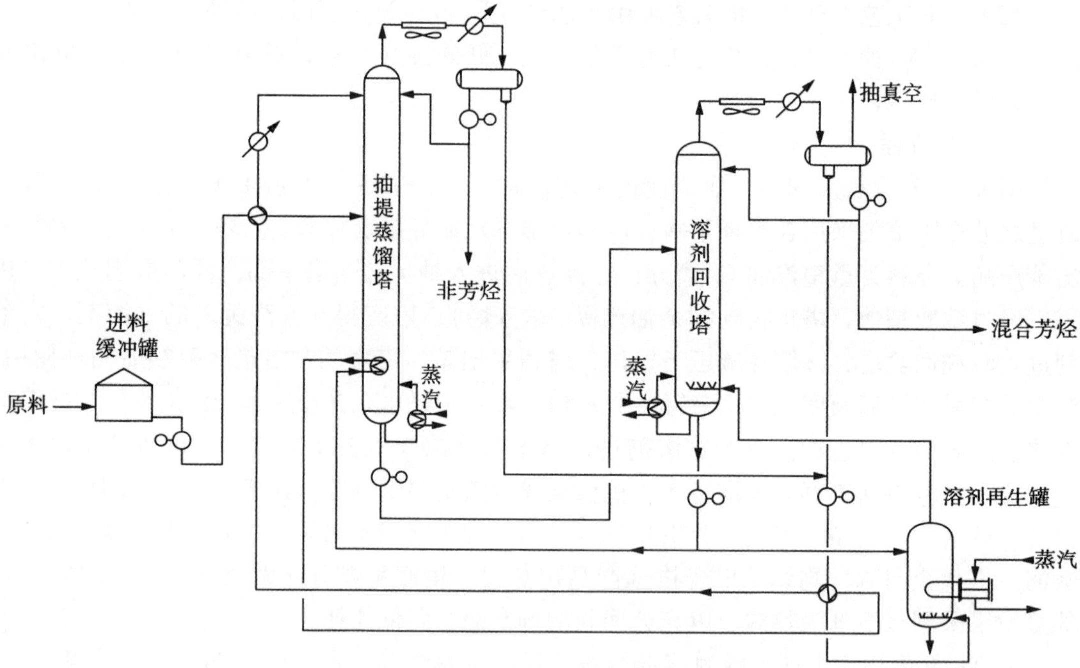

图 17－34 SED－Ⅱ苯/甲苯抽提工艺流程

2. 主要技术指标

SED－Ⅱ工艺可应用于同时抽提三苯过程，但工业上应用最多的是苯抽提蒸馏和苯/甲苯抽提蒸馏，工业装置主要操作参数列于表17－46。

表17－46　SED－Ⅱ工艺主要操作参数

项　目	苯工况	苯/甲苯工况
溶剂比(质量)	3.0～4.5	3.5～5.5
ED塔顶压力(绝)/MPa	0.04～0.10	0.04～0.10
ED塔顶温度/℃	85～95	105～115
ED塔回流比（R/D）	0.3～0.5	0.3～0.8
溶剂回收塔顶压力(绝)/MPa	0.05～0.07	0.04～0.06
溶剂回收塔底温度/℃	172～178	172～178
溶剂回收塔回流比(R/D)	0.5～0.7	0.6～0.8

SED－Ⅱ工艺应用于重整汽油抽提蒸馏苯装置时，大幅降低了回收塔回流比，从而降低了装置能耗，同时苯蒸发塔可有效脱除白土精制过程副产的重组分，在保证苯产品酸洗比色合格的前提下，大幅延长了白土使用寿命。表17－47对比了两套规模及原料性质相当的苯抽提装置工业应用结果，SED－Ⅱ苯抽提工艺在保持苯产品质量与SED－Ⅰ工艺相当的情况下，苯收率略有提高，能耗降低了约24%，溶剂工艺消耗大幅降低，白土消耗大幅降低，节能降耗效果显著。

表17－47　SED苯抽提工艺技术指标对比

项　目	SED－Ⅰ	SED－Ⅱ
装置规模/KMTA	220	220
抽提原料	连续重整 C_6 馏分 苯含量25%	连续重整 C_6 馏分 苯含量27%
苯产品质量	GB 3405—2011 石油苯－545	GB 3405—2011 石油苯－545
苯收率/%	99.7	99.8
抽提综合能耗/（kg标油/t原料）	43.5	33.0
溶剂工艺消耗/（g/t原料）	<10	<1
白土消耗/（kg/t苯产品）	0.5	0.06

SED－Ⅱ工艺也适于苯/甲苯抽提蒸馏装置，工业装置主要技术指标列于表17－48。由表17－48数据可见：SED－Ⅱ工艺在苯和甲苯的纯度不低于99.96%和99.91%的情况下，回收率达到99.8%以上，处理每吨原料消耗0.41t蒸汽，达到了世界先进水平[43,44]。

表 17-48 SED-Ⅱ苯甲苯抽提工艺主要技术指标

项　目	工况 1	工况 2
原料	重整汽油 $C_6 \sim C_7$ 馏分	裂解加氢汽油 $C_6 \sim C_7$ 馏分
苯产品纯度/%	99.97	99.96
甲苯产品纯度/%	99.91	99.91
苯抽提回收率/%	99.8	99.9
甲苯抽提回收率/%	99.9	99.9
蒸汽消耗/(t/t 原料)	0.41	0.41

第三节　芳烃精馏

催化重整生成油经抽提后得到的混合芳烃(B.T 或 B.T.X)需要再经过白土精制和精馏，方可生产出苯、甲苯和混合二甲苯或邻二甲苯、乙苯等合格产品。目前大多数芳烃生产装置均以生产苯、甲苯和混合二甲苯产品为主，只有少数装置也同时生产邻二甲苯和乙苯产品。

一、轻芳烃的主要物性数据

轻质芳烃的纯化合物包括苯、甲苯、乙苯、对二甲苯、间二甲苯、邻二甲苯等，与它们沸点最近的芳烃是异丙苯和正丙苯。它们的物性数据列于表 17-49。

从表 17-49 中沸点数据看到：苯与甲苯沸点差为 30.52℃；甲苯与乙苯沸点差为 25.47℃；邻二甲苯与异丙苯沸点差为 7.98℃，它们之间用精馏方法分离并不困难。而间二甲苯与邻二甲苯沸点差只有 5.31℃，用精馏方法分离比较困难。至于乙苯与间二甲苯沸点差只有 2.16℃，用精馏方法分离出乙苯是非常困难的，大概需要 400 块塔板的精馏塔在回流比 100 的条件下操作，才能得到高纯度的乙苯产品。

表 17-49 轻质芳烃主要物性数据[5]

化合物名称	苯	甲苯	乙苯	对二甲苯	间二甲苯	邻二甲苯	异丙苯	正丙苯
分子式	C_6H_6	C_7H_8	C_8H_{10}	C_8H_{10}	C_8H_{10}	C_8H_{10}	C_9H_{12}	C_9H_{12}
相对分子质量	78.12	92.14	106.17	106.17	106.17	106.17	120.20	120.20
常压沸点/℃	80.10	110.62	136.19	138.35	139.10	144.41	152.39	159.22
结晶点/℃	+5.53	-94.91	-94.98	13.26	-47.87	-25.18	-96.04	-99.50
临界温度/℃	288.94	318.57	343.94	343.0	343.82	357.07	357.8	365.15
临界压力/kPa	4898	4109	3609	3511	3541	3733	3209	3200
临界密度/(kg/m^3)	302	292	284	280	282	288	280	273
临界压缩因子	0.271	0.264	0.263	0.260	0.260	0.263	0.263	0.265
偏心因子	0.212	0.2566	0.3011	0.3243	0.3311	0.3136	0.3353	0.3444
蒸气压/kPa								

续表

化合物名称	苯	甲苯	乙苯	对二甲苯	间二甲苯	邻二甲苯	异丙苯	正丙苯
20℃	10.02	2.91	—	—	—	—	—	—
40℃	24.37	7.89	2.86	2.65	2.52	2.04	1.47	—
60℃	52.19	18.52	—	—	—	—	—	3.12
80℃	101.0	38.82	16.77	15.62	15.10	12.66	9.67	7.63
100℃	180.0	74.17	—	—	—	—	20.67	—
120℃	300.3	131.3	64.21	60.37	58.94	50.64	40.26	32.94
140℃	473.6	218.1	—	—	—	—	72.64	60.30
160℃	712.8	345.0	184.4	174.9	172.1	150.5	122.9	103.4
摩尔热容/[J/(mol·℃)]								
20℃	134.1	154.9	184.5	180.3	180.4	183.3	—	211.0
60℃	142.4	169.0	197.3	193.3	198.0	202.0	220.5	228.4
100℃	152.6	181.5	213.2	208.3	212.9	216.2	229.6	245.6
140℃	167.4	196.9	229.0	224.2	227.9	230.6	260.0	262.8
160℃	175.1	205.4	237.0	232.2	235.6	237.9	270.8	271.3
汽化潜热/(kJ/mol)								
60℃	31.84	36.03	40.38	40.67	41.24	41.61	43.56	44.80
80℃	30.78	34.96	39.28	39.57	40.12	40.54	42.42	43.67
120℃	28.37	32.63	36.94	37.20	37.59	38.24	39.89	41.13
160℃	25.47	29.99	34.31	34.54	34.66	35.68	36.96	38.20
液体密度/(kg/m^3)								
20℃	877.4	867.0	867.7	864.2	869.0	884.7	862.1	861.3
60℃	836.6	829.3	831.8	828.9	833.7	850.3	828.6	827.0
100℃	792.5	790.3	795.2	791.6	796.2	814.0	793.2	792.1
140℃	744.1	748.8	756.7	751.6	756.1	775.3	755.4	755.9
表面张力/(N/m)								
20℃	0.0301	0.0285	0.0293	0.0281	0.0291	0.0303	0.0283	0.0290
60℃	0.0237	0.0239	0.0250	0.0240	0.0248	0.0261	0.0243	0.0249
100℃	0.0188	0.0195	0.0208	0.0200	0.0206	0.0219	0.0204	0.0210
140℃	0.0142	0.0152	0.0168	0.0161	0.0165	0.0179	0.0167	0.0172
黏度/mPa·s								
20℃	0.638	0.580	0.666	0.642	0.615	0.809	0.780	0.857
60℃	0.381	0.373	0.426	0.410	0.404	0.501	0.479	0.521
100℃	0.255	0.264	0.300	0.288	0.289	0.345	0.326	0.353
140℃	0.184	0.200	0.226	0.232	0.217	0.254	0.240	0.257
导热系数/[W/(m·K)]								
20℃	0.146	0.143	0.135	0.136	0.136	0.137	0.134	0.132
60℃	0.132	0.128	0.123	0.127	0.127	0.128	0.121	0.124
100℃	0.119	0.116	0.111	0.117	0.117	0.118	0.111	0.115
140℃	0.108	0.105	0.101	0.107	0.107	0.108	0.100	0.106

二、芳烃产品的质量标准

石油苯、甲苯、混合二甲苯产品质量规格有国家标准，中国的国家标准编号分别为GB 3405—2011、GB 3406—2010和GB 3407—2010，参见表17－50～表17－52。

表17－50 石油苯的质量标准

项目		质量指标		试验方法
		石油苯－535	石油苯－545	
外观		透明液体，无不溶水及机械杂质		目测①
颜色(铂－钴色号)	不深于	20	20	GB/T 3143 ASTM D1209②
纯度/%	不小于	99.80	99.90	ASTM D4492
甲苯/%	不大于	0.10	0.05	ASTM D4492
非芳烃/%	不大于	0.15	0.10	ASTM D4492
噻吩/(mg/kg)	不大于	报告	0.6	ASTM D1685 ASTM D4735③
酸洗比色		酸层颜色不深于1000mL稀酸中含0.20g重铬酸钾的标准溶液	酸层颜色不深于1000mL稀酸中含0.10g重铬酸钾的标准溶液	GB/T 2012
总硫含量/(mg/kg)	不大于	2	1	SH/T 0253④ SH/T 0689
溴指数/(mg/100g)	不大于	—	20	SH/T 0630 SH/T 1551⑤ SH/T 1767
结晶点(干基)/℃	不低于	5.35	5.45	GB/T 3145
1，4－二氧己烷/%		由供需双方商定		ASTM D 4492
氮含量/(mg/kg)		由供需双方商定		SH/T 0657 ASTM D 6069
水含量/(mg/kg)		由供需双方商定		SH/T 02467 ASTM E 1064
密度(20℃)/(kg/m^3)		报告		GB/T 2013 SH/T 0604
中性试验		中性		GB/T 1816

①将试样注入100mL玻璃量筒中，在(20±3)℃下观察，应是透明、无不溶水及机械杂质。对机械杂质有争议时，用GB/T 511方法进行测定，结果应为无。

②在有异议时，ASTM D 1209为仲裁方法。

③在有异议时，ASTM D 4735为仲裁方法。

④在有异议时，SH/T 0253为仲裁方法。

⑤在有异议时，SH/T 1551为仲裁方法。

表 17 - 51　石油甲苯的质量标准

项　目		质量指标		试验方法
		Ⅰ号	Ⅱ号	
外观		透明液体，无不溶水及机械杂质		目测①
颜色(Hazen 单位铂 - 钴色号) 不深于		10	20	GB/T 3143 ASTMD1209②
密度(20℃)/(kg/m^3)		—	865 ~ 868	GB/T 2013③ SH/T 0604
纯度/%	不小于	99.9	—	ASTM D 6526
烃类杂质含量 苯含量/% C_8 芳烃含量/% 非芳烃含量/%	 不大于 不大于 不大于	 0.03 0.05 0.1	 0.10 0.10 0.25	GB/T 3144 ASTM D 6526④
酸洗比色		酸层颜色不深于 1 000mL 稀酸中含 0.2g 重铬酸钾的标准溶液		GB/T 2012
总硫含量/(mg/kg)	不大于	2		SH/T 0253⑤ SH/T 0689
蒸发残余物/(mg/100mL)	不大于	3		GB/T 3209
中性试验		中性		GB/T 1816
溴指数/(mg/100g)		由供需双方商定		SH/T 0630 SH/T 1551 SH/T 1767

①将试样注入 100mL 玻璃量筒中，在(20 ± 3)℃下观察，应透明、无不溶水及机械杂质。对机械杂质有争议时，用 GB/T 511 方法进行测定，结果应为无。

②有争议时，以 ASTM D1209 为仲裁方法。

③有争议时，以 GB/T 2013 为仲裁方法。

④有争议时，以 ASTM D6526 为仲裁方法。

⑤有争议时，以 SH/T 0253 为仲裁方法。

表 17 - 52　石油混合二甲苯的质量标准

项　目	质量指标		试验方法
	3℃混合二甲苯	5℃混合二甲苯	
外　观	透明液体，无不溶水及机械杂质		目测①
颜色(Hazen 单位 铂 - 钴色号) 不溶于	20		GB/T 3143
密度(20℃)/(kg/m^3)	862 ~ 868	860 ~ 870	GB/T 2013② SH/T 0604

续表

项　　目	质量指标		试验方法
	3℃混合二甲苯	5℃混合二甲苯	
馏程/℃			GB/T 3146③
初馏点　不低于	137.5	137	
终馏点　不高于	141.5	143	
总馏程范围　不大于	3	5	
酸洗比色	酸层颜色不深于1 000mL稀酸中含0.3g重铬酸钾的标准溶液	酸层颜色不深于1 000mL稀酸中含0.5g重铬酸钾的标准溶液	GB/T 2012
总硫含量/(mg/kg)　不大于	2		SH/T 0253④ SH/T 0689
蒸发残余物/(mg/100mL)　不大于	3		GB/T 3209
铜片腐蚀	通过		GB/T 11138
中性试验	中　性		GB/T 1816
溴指数/(mg/100g)	供需双方商定		SH/T0630 SH/T 1551 SH/T 1767

①将试样注入100mL玻璃量筒中，在(20±3)℃下观察，应透明、无不溶水及机械杂质。对机械杂质有争议时，用GB/T 511方法进行测定，结果应为无。

②有争议时，以GB/T 2013为仲裁方法。

③有争议时，以蒸馏法为仲裁方法。

④有争议时，以SH/T 0253为仲裁方法。

三、芳烃精制

芳烃产品中对烯烃含量有严格的限制，体现在溴指数和酸洗比色指标上有相应的严格要求。要生产合格的芳烃产品，必须进行芳烃精制，脱除其中的烯烃。目前工业上应用的脱烯烃方法有以下三种：白土精制、分子筛催化和选择性加氢精制。

目前国内外大多数装置采用白土精制脱除重整生成油中的烯烃[45]。白土精制用的颗粒白土是经过活化处理的，含水量一般为3.5%～6.5%，粒度通常为8～16目或30～60目，国内的白土产品主要有临安、鄂州和抚顺等地产的NC－01、JH－01等系列。白土精制是在非临氢、液相反应条件下，烯烃通过白土的酸性活性中心发生吸附和烷基化、叠合反应，生成高沸点组分，被白土吸附或者在后续精馏单元脱除。白土精制工艺流程见图17－35。混合芳烃经换热和加热后进入

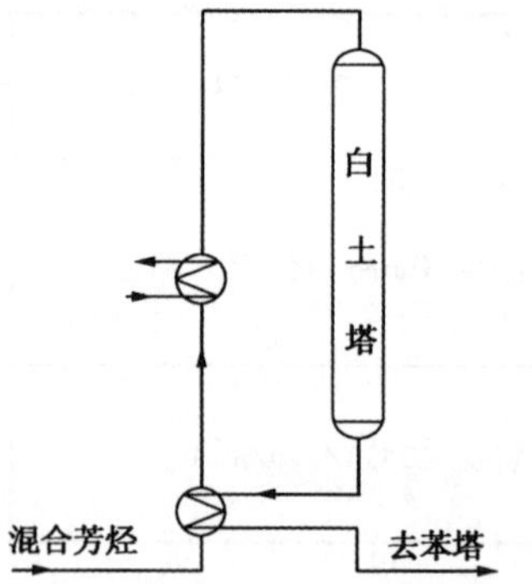

图17－35　芳烃白土精制流程

白土塔，进行固液接触，使烯烃产生迭合，并大部分吸附在颗粒白土表面，从白土塔底出来的混合芳烃与进料换热后送至苯塔进行精馏。白土精制的操作条件：温度175～200℃，压力1.0～1.5MPa，空速为1.0h^{-1}左右。重整生成油经过溶剂抽提后得到的混合芳烃产品仅含微量烯烃，溴指数一般在100mgBr/100g以下，采用白土精制脱除烯烃，白土寿命约1～2年。由重整生成油直接精馏切割的二甲苯馏分中含有少量烯烃，采用白土精制也可以有效脱除烯烃，但白土使用寿命短，一般为1～2个月，尤其是随着重整装置反应苛刻度的不断提高，二甲苯馏分中的烯烃随之增加，导致白土失活加快，有的装置需要1～2周更换一次白土，生产成本和环保压力过大，其应用受到一定限制。

由于白土不能再生，失活白土需要填埋处理，由此带来较大的环境压力。近些年来，国内外研究机构纷纷开展了分子筛催化剂替代白土的研究开发工作，其原理及工艺流程与白土精制相同，但催化剂可再生，更利于环保[46-49]。国外代表性的催化剂有UOP公司的Y型分子筛脱烯烃剂[46]、ExxonMobil石油公司的MCM-22分子筛脱烯烃剂[47]，单程处理能力较白土高4～6倍。国内上海石化研究院开发的DOT-100脱烯烃剂已成功工业应用，催化剂单程寿命是白土的7～8倍[50]。

选择性加氢精制脱除烯烃的方法是在临氢条件下，利用催化剂选择性加氢饱和重整生成油中的烯烃。与前述两个方法相比，此方法可以兼顾生产芳烃产品和非芳烃溶剂油方案，但设备投资高，有一定芳烃损失。国外典型的选择性加氢精制脱烯烃工艺有UOP的ORP工艺、Axens公司的Arofining工艺，反应条件缓和，芳烃损失小于0.5%[51]。国内中科院山西煤化所开发的含贵金属的加氢催化剂成功用于重整生成油C_6馏分加氢精制，中国石化抚顺石油化工研究院开发的选择性加氢脱烯烃催化剂HDO-18应用于C_6馏分和C_6～C_8馏分加氢精制，芳烃损失小于0.5%[52]。

四、芳烃精馏工艺

芳烃精馏工艺流程取决于混合芳烃的组成和要求的产品种类，可分为苯、甲苯或苯、甲苯、混合二甲苯或苯、甲苯、混合二甲苯、邻二甲苯或苯、甲苯、乙苯、混合二甲苯、邻二甲苯几类，从而可有二塔、三塔、四塔和五塔流程多种。目前中国以生产苯、甲苯和混合二甲苯的装置占大多数，即三塔流程占大多数，因此以下仅简单叙述三塔流程，流程示意图见图17-36。

经过白土精制的混合芳烃进入苯塔中部，苯塔顶馏出物经冷凝冷却后入回流罐，回流罐底设有分水包以除去微量水，油全部用泵打回苯塔塔顶作回流，当回流中非芳烃增多时，可排出一小部分(拔顶苯)至抽提回流芳烃罐或抽提原料罐，以保证苯产品的高质量。苯产品从苯塔侧线液相抽出经冷却后送产品检验罐。苯塔底物用泵送至甲苯塔中部，甲苯塔顶馏出物经冷凝冷却后入回流罐，一部分打回塔顶作回流，另一部分为甲苯产品送入甲苯产品检验罐。甲苯塔底液用泵送至二甲苯塔中部，二甲苯塔顶馏出物经冷凝冷却后入回流罐，部分作回流打回塔顶，其余为混合二甲苯产品送产品罐。二甲苯塔底物为重芳烃，经冷却后送出装置。苯、甲苯、二甲苯塔的主要操作条件见表17-53，产品性质见表17-54。

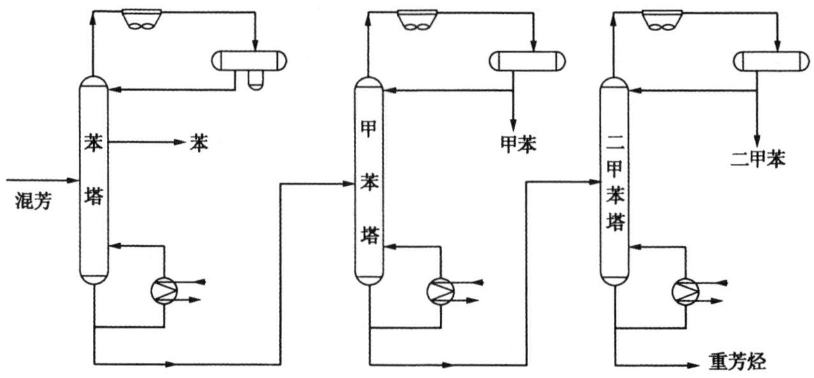

图 17－36　芳烃精馏工艺流程

表 17－53　芳烃精馏工艺条件

项　　目	苯　　塔	甲苯塔	二甲苯塔
塔顶压力/MPa(g)	0.02～0.05	0.02～0.05	0.02～0.05
进料温度/℃	90～100	140～150	160～165
塔顶温度/℃	85～92	115～125	140～150
侧线温度/℃	83～91		
温差/℃	2～4	2～5	
塔底温度/℃	140～150	160～165	170～180
回流比(对产品)	2～7	2～4	1.5～3
实际塔板数/℃	44～60	40～54	40～54

表 17－54　芳烃精馏产品的质量

项　　目	苯	甲　　苯	二甲苯
密度(20℃)/(kg/m³)	877～880	866～868	862～869
馏程范围/℃	79.8～80.3	110.4～110.9	137.5～142.5
酸洗比色/号	<1	<2	<7
硫含量/(mg/kg)	<2	<2	<3
结晶点/℃	5.2～5.5		
烃类杂质含量/%			
苯		<0.05	
甲　苯	0.05		<0.10
二甲苯		<0.10	
非芳烃	<0.10	<0.25	<0.25

中国生产的石油苯大多数为优级品和一级品，也有少部分为合格品；石油甲苯多数为优级品；石油混合二甲苯多数为优级品，但有3℃和5℃混合二甲苯之分。

此外中国还有少数工厂也生产邻二甲苯和乙苯产品。由于乙苯与对二甲苯沸点差仅为2.16℃，精馏分离相当困难，分离乙苯的精馏塔需要300～400块实际塔板(通常两塔或三塔串联)，回流比为90～100，方可得到纯度大于99.5%的乙苯产品，乙苯收率大于90%。间二甲苯与邻二甲苯沸点差为5.31℃，分离邻二甲苯的精馏塔也需要90～150块实际塔板，回流比为7～14，方可得到纯度大于98%的邻二甲苯产品，邻二甲苯收率大于85%。

五、芳烃精馏中的温差控制

苯塔和甲苯塔系生产高纯度苯和甲苯产品，通常要求苯产品中甲苯小于0.05%～0.10%，甲苯产品中含苯或二甲苯均小于0.05%～0.10%，要达到这样高的产品纯度，对精馏塔的设计和操作都提出了很高要求。目前，苯塔一般设计为44～60块实际塔板，甲苯塔塔板数为40～54。此外，两塔均采用温差控制方案来保证产品质量。所谓温差控制就是采用塔内相隔一定塔板数的两块塔板上的温度差来实现产品质量控制，其中一块塔板组成比较恒定，作为参比温度点，另一块塔板温度对产品质量的变化比较敏感，作为灵敏温度点，通过维持两板温差恒定来控制产品质量。温差控制常用于苯塔、甲苯塔、乙烯塔、丙烯塔等精密精馏塔，其本质上是压力补偿后的温度控制，以消除压力波动对产品质量的影响。在精密精馏过程中，尽管塔的压力控制在很小范围波动，但产品纯度要求非常高，组成变化引起的温度变化比压力变化引起的温度变化小的多，微小的压力波动也会造成明显的效应。如苯、甲苯分离，压力变化6.7kPa，苯的沸点变化2℃，已超过质量指标的规定，而这样的压力波动是完全可能发生的，因此需要考虑补偿压力微小波动的影响。当压力波动时，各板温度的变化方向是一致的，两板间的温度差变化非常小，因此可采用温差作为被控变量，保持产品纯度符合要求。温差控制实施的关键在于选择适当的参比温度点和灵敏温度点。通常情况下，苯塔设有48块塔板，苯产品从44块(自下而上)板抽出，进料口为24块板，控制34块板(灵敏板)与44块板(参考温度点)的温差；甲苯塔设有43块板，甲苯产品从43块板(顶)出，进料口为24块板，控制35块板(灵敏板)与43块板(参考温度点)的温差。苯塔与甲苯塔的温差控制有两种控制流程。一是回流控制方案，又称热量平衡控制方案，采用温差与塔顶回流量串级控制；二是物料平衡控制方案，采用温差与塔顶产品采出量串级控制。两种方案均是可行的。

参　考　文　献

[1] K. Lackner, G. Emmerich. Higher Octane, Less Benzene[J]. Hydrocarbon Processing, 1988, 67(10): 67～68

[2] Gerhard. Recovery of High－purity Aromatics, New Process Technologies Improve Economy[C]. 27th DG-MK Symposium. 1982

[3] 程能．溶剂手册[M]．北京：化学工业出版社，1994

[4] Marsden C, Mann S. Solvents Guide[M]. London: Cleaver－Hume Press Ltd, 1963: 200～203

[5] 卢焕章等．石油化工基础数据手册[M]．北京：化学工业出版社，1982：544～551

[6] 马沛生．石油化工基础数据手册续编．北京：化学工业出版社，1983：1080～1097

[7] Weissnerger A. Organic Solvents[M]. New York: Wiley, 1971: 467

[8] Mukhopadhyay M. Ind. Eng. Chem. Process Des. 1982, 21(4): 636

[9] Choffe B et al. Hydrocarbon Processing. 1966, 45(5): 188

[10] Cinelli E. Hydrocarbon Processing. 1972, 51(4): 141

[11] 孙宗海，瞿国华，张溱芳．石油芳烃工艺与技术[M]．北京：化学工业出版社，1986：112～134

[12] Renon, H., Prausnitz, J. M., AIChE J., 1968, 14: 135

[13] Abrams DS, Pransnitz J M. AIchE J, 1975, 21: 116

[14] Frendenslund, A. AIChE J., 1975, 21: 1086

[15] Meria JM, Tassios. IECProcess Des 1973, 12: 67

[16] Rawat BS, Prasad G. J. J Chem Eng Data, 1980, 25(3): 227

[17] Raphael M. Defre, etc. J. Appl. Chem. Biotechnol. 1976 , 26(9): 469 ~ 487

[18] 曾安平. 环丁砜体系多元液液相平衡数学模型及参数估值方法的研究[D]. 北京: 石油化工科学研究院, 1984

[19] 王正旺. 环丁砜芳烃抽提系统相平衡数据的测定及关联[D]. 北京: 石油化工科学研究院研究, 1987

[20] 朱军. NFM 芳烃抽提系统相平衡数据的测定及关联[D]. 北京: 石油化工科学研究院研究, 1995

[21] Bachan S. Rawat, et al. J. Chem. Tech. Biotechnol. 1980, 30(10), 557.

[22] The C. Lo, et al. Handbook of Solvent Extraction. New York: John Wiley & Sons Inc. , 1983: 523 ~ 545

[23] 李族光. 芳烃的生产和应用[C]. 中国石油化工总公司企业第二期总工程师进修班文集, 1985: 97 ~ 133

[24] 李族光, 范俊华. 石油炼制. 1986, 17(8): 16

[25] 侯祥麟. 中国炼油技术新进展[M]. 北京: 中国石化出版社, 1998

[26] 赵仁殿. 芳烃工学[M]. 北京: 中国石化出版社, 2001

[27] 费维扬, 戴猷元. 化学工程. 1992, 20(3): 15

[28] 费维扬, 温晓明. 化工进展. 1998, (4): 28 ~ 30

[29] 郭绍新. 用虚拟平衡概念计算液 - 液萃取分离的改进收敛方法[C]. 化学工程学会报告会, 1981

[30] 张晶. 抽提、抽提蒸馏过程的模拟软件[D]. 北京: 石油化工科学研究院, 1989

[31] 孙宗海, 瞿国华, 张溱芳. 石油芳烃生产工艺与技术[M]. 北京: 化学工业出版社, 1986: 141 ~ 142

[32] 日本石油学会: 石油炼制工艺方法手册(日), 第一册, 1973; 第二册, 1976

[33] Refining Handbook Issue. Hydrocarbon Processing, 1980, 59(9) : 177 ~ 206

[34] M 莱瑟等, 纯苯和纯甲苯的生产方法. 中国, CN 1169413A. 1998

[35] 田龙胜, 唐文成, 赵明等. 利用萃取精馏分离芳烃的方法. 中国. ZL 99108038. 1999

[36] Manfred Stein. Recover Aromatics with NFM[J]. Hydrocarbon Processing, 1973, 52(4): 139

[37] Klaus Lackner. Hydrocarbon Processing, 1982, 61(9): 186 ~ 187

[38] Klaus Lackner. N - formyl Morpholine, the Solvent for Aromatics Recovery and its Ranges of Applicability [C]. International Symposium. March 1980

[39] 田龙胜, 唐文成. 萃取精馏分离纯苯及溶剂油的研究[J]. 石油炼制与化工, 2001, 32 (7): 5

[40] 林晓峰, 宋仕运, 张守运等. 苯抽提蒸馏技术的工业应用[J]. 化工进展, 2003, 22(9): 925 ~ 928

[41] 李炜. 环丁砜抽提蒸馏制苯工艺的工业应用[J]. 炼油技术与工程, 2006, 36(5): 16 ~ 19

[42] 陈寻成, 唐文成. 环丁砜抽提蒸馏工艺在海南炼化苯抽提装置的应用[J]. 石油炼制与化工, 2007, 38(10): 12 ~ 15

[43] 张志良, 肖庆伟. SED 芳烃抽提工艺的工业应用[J]. 石油炼制与化工, 2008, 39(4): 41 ~ 45

[44] 孔德金, 杨为民. 芳烃生产技术进展[J]. 化工进展, 2011, 30(1): 16 ~ 25

[45] 臧高山, 马爱增. 重整混合芳烃中烯烃的脱除技术现状及发展趋势[J]. 石油炼制与化工, 2012, 43(1): 101 ~ 106

[46] Sachtler, Adriaan J W, Barger, et al. Removal of trace olefins from aromatics hydrocarbons. US, 4795550. 1989

[47] 布朗 S H, 赫尔顿 T E, 沃纳 A P. 降低芳族物流中的溴值反应性杂质[P]. CN1184286C. 2005

[48] 施力, 于海江. 一种脱除芳烃中微量烯烃的催化剂[P]. CN101433856A. 2009

[49] 孔德金, 王雨勃, 郭宏利. 重整生成油非临氢脱烯烃方法[P]. CN101993714A. 2011

[50] 霍道勤. DOT - 100 重整油脱烯烃催化剂的工业化应用[J]. 石油化工技术与经济, 2013, 29(1): 42 ~ 44

[51] 曹祥. 重整生成油选择加氢脱烯烃[J]. 炼油技术与工程, 2010, 40(1): 18 ~ 21

[52] 樊宏青. HDO - 18 选择性加氢脱烯烃催化剂的工业应用[J]. 当代化工, 2010, 39(1): 51 ~ 54

第十八章　催化重整工艺中的分析技术

分析作为工艺过程中原料及产物的质量监控手段，与仪表共称为“工艺的眼睛”，在生产和科研工作中起着极其重要的作用。对于催化重整工艺而言，多年的生产和科研实践表明，分析的重要性尤为突出。从装置的开工，到装置的正常运转，从原料的精制，到产物的性质分析，每一个环节都需要分析的保障。究其原因，主要是由于重整催化剂多为贵金属催化剂，如铂、铼等，这些催化剂不但价格昂贵，而且对于硫、氮、氯、砷、铅、铜等多种微量杂质极为敏感，极易中毒而丧失催化活性。如果原料或中间产物的指标控制不好，导致催化剂中毒，将会给企业造成严重的经济损失。

重整工艺中涉及到的分析项目很多，既有微量或痕量杂质的分析，也有常量组成的分析，既有气体分析，也有油品分析，还有催化剂的分析。采用科学的采样技术，选择正确的分析方法，利用性能优良的分析仪器，严格把握每个环节的操作细节，才能够确保样品的代表性和数据的可靠性，为工艺人员提供有价值的参考数据。

第一节　主要分析项目及采样方法

一、主要分析项目

据统计，催化重整工艺中所涉及的分析项目多达数十项。现将主要的分析项目按工艺流程列于表18－1和表18－2。

表18－1　预加氢部分的分析项目

分析项目＼样品名称	预分馏塔进料	预分馏塔底油	预分馏塔顶气	汽提塔底油	循环氢
常压馏程	√	√	√	√	
密　度	√	√		√	
气体组成			√		√
烃族组成(PONA)	√			√	
硫含量	√			√	
氮含量	√			√	
氯含量	√			√	
砷含量	√			√	
铜含量	√			√	
铅含量	√			√	
水含量				√	√
硫化氢					√
氢纯度					√

表 18－2 重整部分的分析项目

分析项目＼样品名称	重整进料	重整生成油	循环氢
常压馏程	√	√	
密　度	√	√	
气体组成			√
PONA	√	√	
RON	√	√	
MON	√	√	
硫含量	√		
氮含量	√		
氯含量	√		
砷含量	√		
铜含量	√		
铅含量	√		
水含量	√		√
溴　价	√	√	
硫化氢			√
氯化氢			√
氢纯度			√

上述所列分析项目，在装置运行的不同阶段的分析频次不同。一般而言，装置开工阶段的分析频次要远远大于正常运行阶段的分析频次。

除上述所列分析项目外，还涉及多项催化剂再生阶段的控制分析项目，如催化剂的碳含量、氯含量、铂锡等贵金属含量等。

二、采样过程中的注意事项

采样过程是分析工作的第一步，也是极其重要的一步。若采集的样品缺乏代表性，则后续的分析过程再严谨、再科学，分析结果再准确，对工艺过程而言，也是缺乏指导意义的，甚至可能产生误导作用。

如前所述，重整工艺中的分析项目既包括了气体分析、汽油分析，也包括了轻烃分析和催化剂分析，采样位置、采样要求和采样难度大不相同。下面简要说明各种样品采样过程中的注意事项。

(一) 气体样品的采样

采样环节是影响气体样品分析数据准确性的重要因素，必须保证采集的样品具有代表性、组分无损失，盛放容器的内壁呈惰性，不会对样品中的组分造成吸附而导致组分含量发生变化。

为了保证采集的样品具有代表性，采样前应通过内路循环或“放气”的办法充分置换采样管线及控制阀，并用待测气体多次置换采样容器。

盛样容器一般采用铝箔气袋或小钢瓶。许多炼油厂采用球胆取样，主要原因是球胆的价格较低且采样过程容易控制。需要注意的是：球胆具有一定程度的吸附性和渗透性，会引起样品组成的变化，对于常量组分的分析，采用球胆取样后必须马上分析；对于微量杂质组分的分析，不能使用球胆取样，应使用铝箔取气袋。

高于常压的气体样品，必须用不锈钢耐压钢瓶取样。样品压力应在钢瓶的承受压力之内。取样前，应将取样钢瓶用样品气置换干净。

气体样品采样后必须尽快分析，以减少组分含量的变化。

（二）轻烃样品的采样

为了减少样品中轻组分的损失，轻烃样品的采集最好使用采样钢瓶。需要注意的是：为了保证安全，所采液态烃样品的体积不应超过钢瓶体积的80%。

对于带压的轻烃试样，分析时可以将采样钢瓶直接连接到与色谱进样口相连的高压液体进样阀进样分析。对于含少量 C_2、C_3 的轻烃液体试样，如果接近常压，也可以用加金属网套的密闭玻璃采样器采样，进样时需将采样器和进样注射器低温冷冻后迅速抽取一定量的试样注入色谱系统，也可以使用带锁定头的密闭进样针取样分析。

（三）汽油样品的采样

从重整工艺的流程上看，预加氢原料、重整原料、重整生成油以及分馏后的重整汽油或芳烃产物等均需进行分析。总的来说，要求样品必须具有代表性。但是，由于分析的项目不同、目的不同，实际上对于采样过程的要求也不尽相同。

1. 预加氢原料的采样

对于预加氢原料而言，从装置的设计需求出发，需要分析馏程、密度、组成及其中的杂质含量，采样点一般在原料储罐。采样时必须严格按照标准规范的要求，分别采集油罐的上、中、下三个部位的样品，再按等比例进行调合，得到有代表性的罐储样品。

2. 精制油的采样

对于预加氢精制油，即重整原料而言，需要分析馏程、密度、组成及杂质含量（硫、氯、氮、砷、铅、铜及水含量），而且各种杂质含量的分析尤为重要，因为杂质含量的高低直接影响到催化剂的活性及稳定性，需要密切监控，特别是在装置的开工初期，分析频次较高。若精制油的杂质含量不合格，则不能进入重整装置。

精制油的采样点一般设在汽提塔的底部出口管线上、邻近换热器的管线上或重整进料泵的入口管线上。采样前，要充分置换采样管线，至少需要放出采样管线死体积的5倍液体，使采出的样品能够代表装置内物料的情况。所用盛样瓶，均需预先清洗干净。由于待测杂质的性质、含量不同，对容器的要求也有所不同。下面就一些需要特别注意的问题进行说明，供重整分析人员参考：

（1）对于砷含量的分析，为了避免因容器器壁吸附或脱附引起测定结果偏低或偏高的现象，采样前应对容器进行彻底清洗。若用玻璃瓶采样，需事先将采样瓶用铬酸洗液浸泡24h以上，然后用水冲洗干净，再用稀碱液清洗，以中和器壁的酸性组分，最后用蒸馏水冲洗干净，烘干备用。采样时，先用油样多次涮洗，置换充分后正式进行采样。采样后必须及时分析，以减小因器壁吸附或脱附对测定结果产生的影响。

（2）对于水含量的分析，影响测定结果的主要因素是容器或环境中的水分，采样过程较难控制，需要一些采样技巧。所用采样器皿，均需事先进行干燥。采样时，一方面要进行多次置换，另一方面，要尽量避免油样接触空气，即：需要在无气泡条件下采样。采样后要及时进行测定，以防止空气中的水分对测定结果产生干扰。

对于其他项目的分析，只要保证采样管线置换充分、采样瓶预先洗净并用油样置换充分，即可确保样品具有代表性。

第二节 重整原料及产物的组成分析

重整原料油和生成油的组成分析数据，是重整工艺的基础数据。重整原料油的组成数据是判断原料优劣的主要指标，而重整生成油的组成数据则是判断催化剂性能、重整工艺条件及产品质量的重要技术指标。

气相色谱具有很强的分离能力，特别适合于分析石油馏分这种非常复杂的混合物的组成，应用于催化重整工艺原料和产物的组成分析，主要包括：重整原料油和生成油的碳数族组成分析、单体烃分析和单体芳烃的分析。

一、重整原料和产物的碳数族组成(CPNA)分析

通过对重整原料油碳数和类型的组成分析，可以获知原料油中环烷烃的含量以及芳烃的含量，据此可计算芳烃的潜含量，预测重整的效果。

根据烃类化合物的保留特性，采用13X分子筛作固定相的色谱柱，可以很好地实现环烷烃和链烷烃的分离。由于13X分子筛孔径的特点，同碳数的烃类化合物中，环烷烃先于链烷烃流出色谱柱而实现分离，芳烃的保留较强，苯在C_8烷烃之后流出，甲苯在C_9烷烃之后流出，二甲苯及C_9以上芳烃由于保留时间很长，甚至无法出峰，因而很难检测。

早期的分析方法中，均直接采用13X分子筛作色谱固定相，火焰离子化检测器检测。稍后发展了采用多孔层填充柱来分析重整原料油中环烷烃含量的方法。方法是将粒径小于2μm的13X分子筛涂渍到一定的色谱载体上，获得的固定相装填成色谱柱进行分析测定。由于填充柱的柱效较低，分离能力差，对于芳烃往往不能获得很好的色谱峰，因此，应用受到了一定限制，一般仅限于测定初馏点~145℃的重整原料油的组成。芳烃的含量必须采用另外的强极性柱测定。20世纪80年代发展的13X多孔层开管柱，其色谱柱效有了很大提高，链烷烃和环烷烃获得了很好的分离，且C_6~C_9的芳烃也获得很好的色谱峰。

多孔层开管柱(PLOT柱)是一种特殊类型的毛细管柱，它具备毛细管柱高柱效、分离能力强的特点，同时，又有较大的色谱柱容量，允许较大的进样量。采用动态涂渍法制备的多孔层13X分子筛不锈钢毛细管柱，可以测定初馏点~180℃的重整原料油及生成油的组成[1]。

色谱柱的制备采用预先研磨成细粉的13X分子筛，经5%氢氧化钾溶液浸泡后，选择2~5μm的颗粒，经高温活化后制成10%的悬浊液用于柱的涂渍。色谱柱涂渍采用动态涂渍法，先使毛细管内充满0.5%的有机胶水溶液，再在一定氮气的压力下用13X分子筛悬浊液置换出有机胶水溶液，继续排出多余的13X分子筛悬浊液，并通氮气直至吹干。

色谱柱使用前先通氮气采用程序升温的方式将色谱柱温升至400℃以上进行老化。测定时采用氢气作载气，一定量的样品随载气一起经汽化室导入多孔层13X分子筛毛细管柱，样品中各组分按照碳数和环烷烃、链烷烃、芳烃的顺序分离，采用火焰离子化检测器检测。典型色谱条件见表18-3，典型的色谱图见图18-1。

方法的定量一般采用面积归一化法进行。

该方法与传统的填充柱相比，色谱柱效有很大的提高，$C_6\sim C_9$ 芳烃有极好的色谱峰，对于不含 C_{10}芳烃的生成油，可直接测定其饱和烃和芳烃的含量，由于 C_8 芳烃出峰与 C_{11} 环烷烃和链烷烃位于同一区域，因此对于初馏点 ~180℃的重整原料油以及含较多 C_{10}芳烃的生成油，测定结果还必须结合单体芳烃的测定结果加以校正。由于烯烃组分在 13X 分子筛柱上无规律的出峰会干扰测定，因此该类型色谱柱不能用于含较多烯烃组分的样品的测定。

表 18-3　多孔层 13X 分子筛毛细管柱测定原料油的色谱条件

色谱柱	不锈钢柱，柱长 20m，内径 0.35mm，内涂层为小于 3μm 的 13X 钾型分子筛	燃　气	氢气(25 ~ 30mL/min)
		助燃气	空气(400mL/min)
汽化室温度	250℃	补偿气	氮气(25mL/min)
色谱柱升温程序	初温 170℃，初时 0min，程升速率 10℃/min，终温 400℃，保持 25min	载　气	氢气(5mL/min)
检测器	火焰离子化检测器(FID)	分流比	50:1
温　度	300℃	进样量	0.2μL

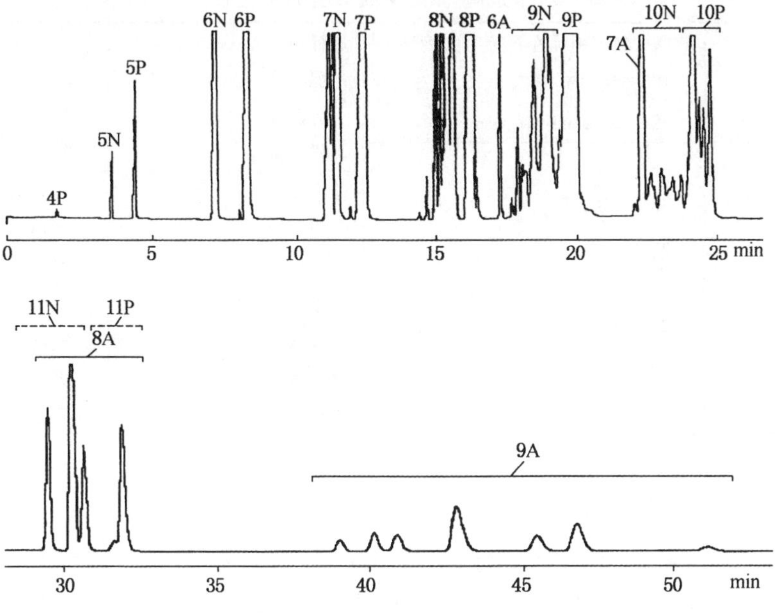

图 18-1　13X 分子筛 PLOT 柱分析重整汽油色谱图

样品分析时，一般采用氢气作载气，这是因为分子筛对组分有较强的吸附作用，色谱峰的流出时间较长，采用氮气作载气，由于氮气的最佳线速度比氢气小很多，使得出峰时间延长，峰展宽严重，影响分离和定量，而氢气可以在较大的线速下使用，缩短出峰时间。由于 13X 分子筛固定相对烃类有较强的吸附作用，因此为使组分流出，色谱柱温一般采用程序升温的方式，色谱柱箱温度须升至 400℃。

由于分子筛固定相极易吸收水分，因此采用该方法分析样品前，应对色谱柱进行一次空白运行，以去除色谱柱内吸附的水分。

该方法要求色谱柱箱温度至少升至 400℃，对仪器要求较高。色谱柱的制备由于采用了动态涂渍法，成功率低，制备重复性差，在一定程度上限制了方法的应用。

二、重整原料和产物的单体烃组成分析

(一) 方法原理

重整原料油和生成油的单体烃组成测定法(Detailed Hydrocarbon Analysis)[2]是测定汽油馏分的详细烃组成的方法，可以给出单个组分的含量信息。重整原料油的单体烃数据是工艺计算的基础数据，根据某些特征化合物的含量可通过工艺计算软件包计算出合适的工艺参数。

单体烃组成测定法采用一根柱效很高的高分辨毛细管色谱柱对组分进行分离，火焰离子化检测器检测。样品中的化合物经色谱柱分离为单个的色谱峰，根据每一个色谱峰的保留时间或保留指数对组分定性，面积归一化法定量，可以获得每一个色谱峰对应的组分的含量。根据单体烃组分含量，可进一步计算样品的碳数族组成(CPNA)数据。

目前，常用的单体烃分析的实验条件见表 18-4。

表 18-4 汽油单体烃组成分析的实验条件

色谱柱	PONA 测定用弹性石英毛细管柱	进样口	
固定相	100% 甲基硅酮	温 度	230℃
尺 寸	50m × 0.2mm × 0.5μm	分流比	200: 1
色谱柱升温程序		样品量	0.2 ~ 1.0μL
初始温度	35℃ ±0.5℃	检测器	火焰离子化(FID)
平衡时间	5min	温 度	250℃
初温停留时间	15min	燃 气	氢气(~30mL/min)
升温速率	2℃/min	助燃气	空气(~350mL/min)
		补偿气	氮气(~30mL/min)
最终温度	200℃	载 气	氮气
终温停留时间	10min	平均线速	~12cm/s(35℃)

(二) 定性和定量方法

用于汽油单体烃分析的色谱柱都采用交联 100% 甲基硅酮(OV-1)固定相的弹性石英毛细管柱。由于固定相为典型的非极性固定相，烃类化合物在 OV-1 色谱柱上按照沸点顺序分离，沸点越低，出峰时间越早，根据色谱峰的保留时间，可以计算出相应的保留指数，与标准库中的保留指数相比较，即可对组分定性。

对于恒温过程，组分的保留指数可采用式(18-1)计算：

$$I_{iso} = 100 \times N + 100 \times \frac{\lg t'_{R(A)} - \lg t'_{R(N)}}{\lg t'_{R(N+1)} - \lg t'_{R(N)}} \tag{18-1}$$

式中 I_{iso}——化合物 A 的保留指数；

$t'_{R(N)}$和$t'_{R(N+1)}$——碳数为 N 和 $N+1$ 的正构烷烃的调整保留时间。化合物 A 的调整保留时间 $t'_{R(A)}$刚好介于两者之间。

调整保留时间由式(18-2)计算：

$$t'_{R(A)} = t_{R(A)} - t_0 \tag{18-2}$$

式中 $t_{R(A)}$——组分的保留时间；

t_0——测定的死时间，即不被保留的组分通过色谱系统的保留时间，通常以甲烷的保留时间来表示。

对于恒温过程，组分保留指数仅与色谱固定相的类型和温度有关，为一常数，而与色谱柱的尺寸及流量无关。因此组分恒温过程的保留指数可以作为组分的定性依据。

对程序升温过程来说，组分保留指数与组分的保留温度成正比，对于线性程序升温过程来说，组分的保留温度与保留时间成正比，因此，线性程序升温过程的保留指数可由式(18－3)来表示：

$$I_{prog} = 100 \times N + 100 \times \frac{t_{R(A)} - t_{R(N)}}{t_{R(N+1)} - t_{R(N)}} \tag{18-3}$$

程序升温过程的保留指数与色谱固定相类型、色谱柱初温、升温速率、载气流速、色谱柱尺寸等因素有关，因此，采用程序升温过程的保留指数对组分进行定性时，为保证定性的准确性，采用的色谱条件必须与建立定性数据库时完全一致。

性能重复稳定的色谱柱，是获得可重现的定性结果的关键。在单体烃分析中广泛采用的标准 PONA 分析用色谱柱为 50m 长、内径 0.20mm、液膜厚度为 0.5μm 的 100% 甲基硅酮弹性石英毛细管柱。为保证难分离物质对的分离以及定性结果的可移植性，标准化的 PONA 分析柱对色谱柱的柱效、分离度和极性都有特殊的要求。一般要求色谱柱理论塔板数大于 4500 块/m，2－甲基庚烷和 4－甲基庚烷 35℃时的分离度大于 1.35，甲苯和 2,3,3－三甲基戊烷的保留指数之差介于 0.4±0.4。

图 18－2 和图 18－3 分别为典型的重整原料油和重整生成油的单体烃测定色谱图。沸点小于正壬烷的组分的色谱保留指数列于表 18－5。

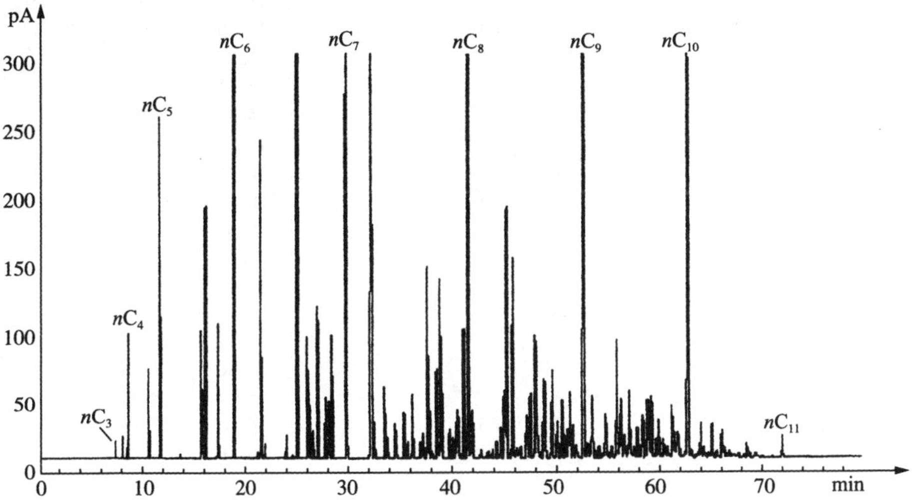

图 18－2 重整原料油单体烃分析色谱图

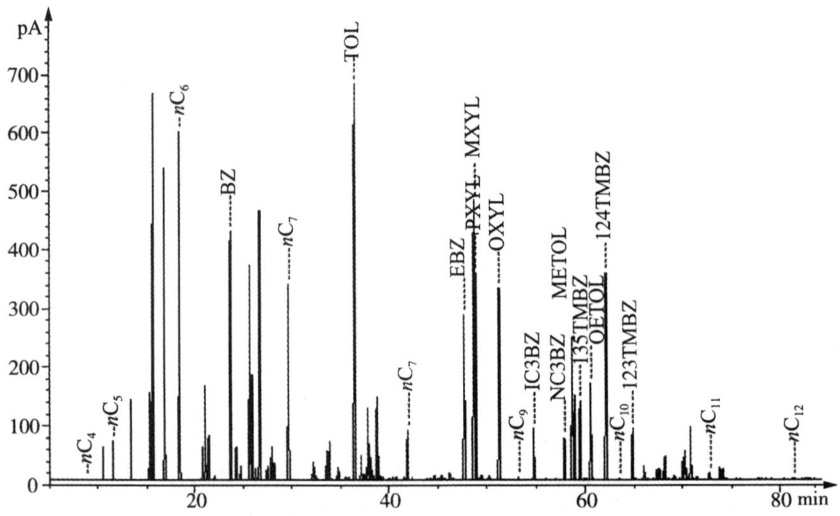

图 18－3 重整生成油单体烃分析色谱图

表 18－5 C_2～C_9 组分的色谱保留指数

化合物	英文及缩写	保留时间/min	调整保留时间/min	Kovats 保留指数(35℃)	线性保留指数
甲 烷	Methane	6.91	0.00	100.0	
乙 烷	Ethane	7.13	0.22	200.0	
丙 烷	Propane	7.50	0.50	300.0	
异丁烷	Isobutane	8.06	1.15	366.0	
正丁烷	*n*－Butane	8.54	1.63	400.0	
2，2－二甲基丙烷	2，2－DMC3	8.79	1.88	414.5	
异戊烷	Isopentane	10.31	3.40	474.8	
正戊烷	*n*－Pentane	11.27	4.36	500.0	
2，2－二甲基丁烷	2，2－DMC4	13.09	6.18	535.3①	
环戊烷	CYC5	15.02	8.11	563.1①	572.3②
2，3－二甲基丁烷	2，3－DMC4	15.11	8.20		573.1②
2－甲基戊烷	2－MC5	15.42	8.50		575.8②
3－甲基戊烷	3－MC5	16.59	9.68		586.2②
正己烷	*n*－Hexane	18.15	11.23		600.0
2，2－二甲基戊烷	2，2－DMC5	20.54	13.62		621.2
甲基环戊烷	MCYC5	20.83	13.92		623.8
2，4－二甲基戊烷	2，4－DMC5	21.18	14.27		626.9
2，2，3－三甲基丁烷	2，2，3－TMC4	21.79	14.87		632.3
苯	Benzene	23.39	16.48		646.5
3，3－二甲基戊烷	3，3－DMC5	23.99	17.07		651.8
环己烷	CYC6	24.46	17.54		655.9
2－甲基己烷	2－MC6	25.43	18.52		664.6
2，3－二甲基戊烷	2，3－DMC5	25.65	18.73		666.5
1，1－二甲基环戊烷	1，1－DMCYC5	26.00	19.09		669.6
3－甲基己烷	3－MC6	26.47	19.55		673.7
顺－1，3－二甲基环戊烷	*c*－1，3－DMCYC5	27.25	20.34		680.7
反－1，3－二甲基环戊烷＋3－乙基戊烷	*t*－1，3－DMCYC5＋3－EC5	27.59	20.67		683.7
反－1，2－二甲基环戊烷	*t*－1，2－DMCYC5	27.91	21.00		686.6
2，2，4－三甲基戊烷	2，2，4－TMC5	28.06	21.15		687.9
正庚烷	*n*－Heptane	29.43	22.52		700.0
甲基环己烷＋顺－1，2－二甲基环戊烷	MCYC6＋*c*－1，2－DMCYC5	31.94	25.02		720.6

续表

化 合 物	英文及缩写	保留时间/min	调整保留时间/min	Kovats保留指数（35℃）	线性保留指数
2，2-二甲基己烷	2，2-DMC6	32.08	25.17		721.8
1，1，3-三甲基环戊烷	1，1，3-TMCYC5	32.24	25.33		723.1
乙基环戊烷+2，5-二甲基己烷	ECYC5+2，5-DMC6	33.30	26.39		731.8
2，4-二甲基己烷+2，2，3-三甲基戊烷	2，4-DMC6+2，2，3-TMC5	33.56	26.65		733.9
1，反-2，顺-4-三甲基环戊烷	1，tr2，cis4-TMCYC5	34.33	27.42		740.2
3，3-二甲基己烷	3，3-DMC6	34.46	27.55		741.3
1，反-2，顺-3-三甲基环戊烷	1，tr2，cis3-TMCYC5	35.23	28.31		747.5
2，3，4-三甲基戊烷	2，3，4-TMC5	35.55	28.64		750.2
甲苯+2，3，3-三甲基戊烷	Tolene+2，3，3-TMC5	36.11	29.20		754.8
2，3-二甲基己烷	2，3-DMC6	36.82	29.91		760.6
2-甲基-3-乙基戊烷+1，1，2-三甲基环戊烷	2-M-3EC5+1，1，2-TMCYC5	37.02	30.11		762.3
2-甲基庚烷	2-MC7	37.53	30.62		766.4
2，6-二甲基庚烷+C_9环烷烃	2，6-DMC7+C_9-N	45.11	38.20		830.9
乙基环己烷+正丙基环戊烷	ECYC6+NC3CYC5	45.36	38.44		833.0
未确定的C_9环烷烃	Unidentified C_9-N	45.64	38.73		835.6
1，1，3-三甲基环己烷+2，5-二甲基庚烷	1，1，3-TMCYC6+2，5-DMC7	45.98	39.06		838.5
3，5-二甲基庚烷+3，3-二甲基庚烷+环烷烃	3，5-DMC7+3，3-DMC7+N	46.17	39.25		840.2
未确定的C_9环烷烃	Unidentified C_9-N	46.26	39.35		841.1
未确定的C_9环烷烃	Unidentified C_9-N	46.41	39.50		842.4
未确定的C_9环烷烃	Unidentified C_9-N	46.55	39.63		843.6
未确定的C_9环烷烃	Unidentified C_9-N	46.71	39.80		845.0
乙苯	Ethyl Benzene	47.34	40.43		850.6
2，3，4-三甲基己烷	2，3，4-TMC6	47.47	40.56		851.7
未确定的C_9环烷烃	Unidentified C_9-N	47.70	40.78		853.7
未确定的环烷烃	Unidentified C_9-N	48.04	41.14		856.9
未确定的环烷烃	Unidentified C_9-N	47.78	44.21		852.7
2，3-二甲基庚烷+3，4-二甲基庚烷	2，3-DMC7+3，4-DMC7	48.23	41.32		858.5
间二甲苯	*m*-Xylene	48.31	41.40		859.2
对二甲苯	*p*-Xylene	48.43	41.52		860.2
4-乙基庚烷+环烷烃	4-EC7+N	48.71	41.80		862.7
4-甲基辛烷	4-MC8	49.03	42.11		865.5
2-甲基辛烷	2-MC8	49.12	42.21		866.4
3-乙基庚烷	3-EC7	49.22	42.31		867.2
3-甲基辛烷	3-MC8	49.90	42.98		873.2
未确定的环烷烃	Unidentified N	50.20	43.29		875.9
未确定的环烷烃	Unidentified N	50.31	43.40		876.9
未确定的环烷烃	Unidentified N	50.44	43.53		878.1
未确定的环烷烃	Unidentified N	50.62	43.71		879.6
邻-二甲苯	*o*-Xylene	50.88	43.97		881.9
1，1，2-三甲基环己烷	1，1，2-TMCYC6	51.11	44.20		883.9
未确定的环烷烃	Unidentified N	51.39	44.48		886.5
未确定的环烷烃	Unidentified N	51.63	44.71		888.5
未确定的链烷烃	Unidentified N	51.89	44.98		890.9
未确定的环烷烃	Unidentified N	52.13	45.22		893.0
未确定的环烷烃	Unidentified N	52.23	45.32		893.9
正壬烷	*n*-Nonane	52.92	46.01		900.0

① 由 $n-C_4$ 和 $n-C_5$ 外推而得。

② 由 $n-C_6$ 和 $n-C_7$ 外推而得。

组分的定量一般采用归一化法进行。组分含量由式(18－4)计算。

$$\omega_i = \frac{A_i \times B_i}{\sum_{i=1}^{n}(A_i \times B_i)} \times 100 \tag{18-4}$$

式中 ω_i——组分 i 的质量分数,%;

A_i——i 组分峰的面积;

B_i——i 组分的相对质量校正因子;

n——色谱峰总峰数。

由于烃类组分在火焰离子化检测器上的质量校正因子都接近于1，因此，在简化计算中，各组分的含量直接用色谱峰面积百分数来表示。

采用专用的分析软件，可以对得到的单体烃结果进行进一步的分类计算，从而获得样品碳数族组成数据(PONA值)。采用单体烃结果计算汽油的PONA值与传统的采用13X分子筛色谱柱相比，操作简单，色谱柱的重复性好，仪器不采用高温，测定方便，因而得到了非常广泛的应用。

(三)方法现状和发展趋势[3]

在气相色谱发展的早期，测定汽油的单体烃组成是一件非常困难的事情。首先，色谱柱的分离能力很低，分离得到的色谱峰的数目很有限，色谱峰的重叠严重，很难得到单个组分的含量。其次，由于仪器条件的限制，分析的稳定性较差，分析结果与标准库的结果往往无法对应，影响定性。另外，由于仪器的自动化程度低，数据处理非常繁琐，获得一个样品的结果有时需要一两天的时间。

毛细管色谱柱的飞速发展首先使色谱柱的分离能力大大提高，特别是弹性石英毛细管柱的发展，可以获得极高的柱效，对于汽油馏分样品，一根50m的毛细管柱可以分离得到几百个色谱峰，同时由于色谱柱制备技术的不断发展，用户很容易获得商品化的色谱柱，色谱柱制备的重复性有极大改善，相同规格的色谱柱上同一组分的保留指数相差可在0.5个单位以内，这使得采用已知保留指数数据库定性非常方便可靠。

计算机技术的应用使得定性过程实现了自动化，极大地提高了工作效率。专用的汽油组成分析软件与色谱工作站联用可以非常方便地处理结果数据，使得数据处理过程变得快速简单，同时还可以根据单体烃的结果进一步计算得出样品的其他物性数据，如辛烷值[4]、密度、折光率、饱和蒸气压、平均相对分子质量[5]等，提高了分析结果的信息量和利用率。

尽管标准PONA测定用色谱柱的柱效很高，但是，由于汽油组分十分复杂，不可能将汽油中的所有组分完全分离，特别是沸点大于正壬烷的组分，不可避免地存在许多重叠峰。为此，人们进行了一些方法的改进，希望获得更好的分离效果。一种方法是采用100m×0.25mm×0.5μm的色谱柱[6]，希望通过增加柱长来增加色谱柱的总柱效，从而获得更好的分离。但是随着色谱柱长的增加，单次分析时间加长，完成一次分析需100min以上，增加了分析成本。

近年来，随着色谱柱制备技术以及色谱仪器技术的发展，人们提出了快速色谱的概念，由于色谱柱的柱效和色谱柱内径的平方成反比，因此采用内径为0.1mm或更小的细径色谱柱，可以获得很高的柱效。因而在保证柱效的前提下，可以采用较短的色谱柱，同时分析时间大大缩短。有文献报道采用内径 0.10mm、柱长 20m 的 OV－1 色谱柱分析重整原料油，在半小时内即可完成，分离效果与采用 50m 长、0.20mm 内径的 OV－1 毛细管柱相当。而采用 50m 长、0.2mm 内径的色谱柱完成一次分析至少需 80min。

图 18－4 是采用 40m 长，内径为 0.1mm 的细径毛细柱分析重整原料油的色谱图。分析采用了氢气作载气，正十二烷的保留时间约为 33min，分离得到了 249 个色谱峰，其分离的效果与采用 100m 长，内径 0.25mm 的色谱柱的分离效果相当，时间仅为采用 100m 长色谱柱的约四分之一，大大提高了分析的效率。

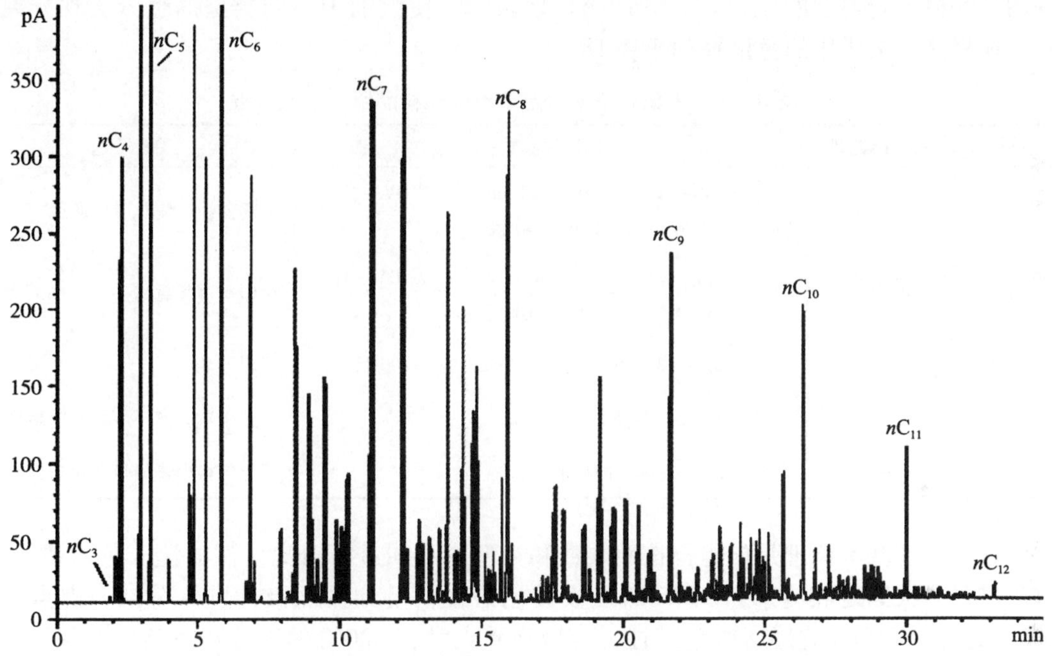

图 18－4　采用 40m×0.1mm 色谱柱分析重整原料油的色谱图

采用细径的毛细管柱进行分析对色谱仪提出了更高的要求。首先，采用细径毛细管柱，对色谱进样系统要求很高。色谱进样系统必须能满足提供 700kPa（100 lbf/in^2）以上的柱前压，而在如此高的压力下，对系统的气密性提出了更高要求。由于细径色谱柱的柱容量更小，要求采用更小的进样量，即更大的进样分流比，一般要求（400∶1）～（800∶1）或更大，在采用大分流比时，必须保证分流进样不失真，即没有分流带来的样品歧视现象，这也对进样系统提出了更高的要求。其次，由于完成一次分析的时间大大缩短，使得色谱峰之间的保留时间的间隔很小，往往在几秒钟内。为保证准确定性，对仪器测定时保留时间的重复性有很高的要求。随着色谱技术的发展，目前先进的色谱仪均采用了色谱系统全程电子流量控制技术，使得色谱柱流量控制精度大大提高，可获得很好的保留时间的重复性。另外，快速分析对检测器的要求也较高，要求检测器有很快的响应，能够分辨相隔很近的色谱峰。经实验证明具有先进电子流量控制和快速响应控制器的色谱系统，测定的定性定量重复性可以满足快速测定的需求。

近年来，色谱仪器不断向小型化、智能化和快速分析的方向发展，采用细径色谱柱进行分析，可以大大缩短单次分析的时间，从而提高分析的效率，应是单体烃分析发展的方向之一。

三、多维色谱法测定重整原料油和生成油的组成

多维色谱系统是将性质不同的色谱柱联合使用来实现某种特定分离测定的方法。一根色谱柱只分离某种特定组分，将两根或多根色谱柱相结合可以获得所需的分离结果。ASTM D5443 给出了一种采用多维气相色谱法测定不含烯烃的汽油馏分组成的方法。方法采用了 5 根不同类型的色谱柱，利用阀切换技术，使汽油中不同类型的组分实现分离测定。现将该方法所用的色谱柱列于表 18-6。

表 18-6 多维色谱法测定重整汽油样品所用的色谱柱

色谱柱	固定相类型	色谱柱参数	用　途
柱 1	OV-275	柱长 3m，内径 2.0~2.1mm，30% OV-275，Chromasorb WAW 担体(60~80 目)	保留芳烃，使非芳烃通过
柱 2	OV-101	柱长 4m，内径 1.8~2.0mm，4%~5% OV-101，Chromasorb WAW 担体(80~100 目)	按照沸点分离芳烃
柱 3	Tenax	柱长 0.16~0.18m，内径 2.5mm，80~100 目	吸附芳烃
柱 4	13X 分子筛	柱长 1.8m，内径 1.6~2.0mm	按照碳数分离环烷烃和链烷烃
柱 5	Platinum	柱长 0.2~6cm，内径 1.6mm	通氢气将少量烯烃转化为饱和烃

该方法的基本原理是使组分按照碳数和类型的不同进行分离。试样注入色谱系统后，首先进入一根固定相为 OV-275 的强极性色谱柱，组分按照极性顺序分离，沸点小于 200℃的链烷烃和环烷烃通过色谱柱，芳烃和沸点大于 200℃的组分在色谱柱中保留。链烷烃和环烷烃进入含金属铂的色谱柱，在这里如果样品中含少量的烯烃，将加氢成为饱和烃。饱和烃组分继续进入 13X 分子筛填充柱，链烷烃和环烷烃按照碳数和类型分离。芳烃组分经过 OV-275 色谱柱后经 Tenax 吸附柱吸附富集，进入含固定相 OV-101 的非极性色谱柱，组分按照沸点进行分离。沸点大于 200℃的组分作为反吹峰测定。所有组分经 FID 检测器检测，校正因子归一化法定量。不同类型组分的相对质量校正因子列于表 18-7。典型的样品色谱图见图 18-5。

表 18-7 不同碳数及类型组分的相对质量校正因子(FID)①

碳　数	链烷烃	环烷烃	芳　烃	碳　数	链烷烃	环烷烃	芳　烃
3	0.916			8	0.890	0.874	0.827
4	0.906			9	0.888	0.874	0.835
5	0.899	0.874		10	0.887	0.874	
6	0.895	0.874	0.811	11	0.886	0.874	
7	0.892	0.874	0.820				

①甲烷校正因子 = 1。

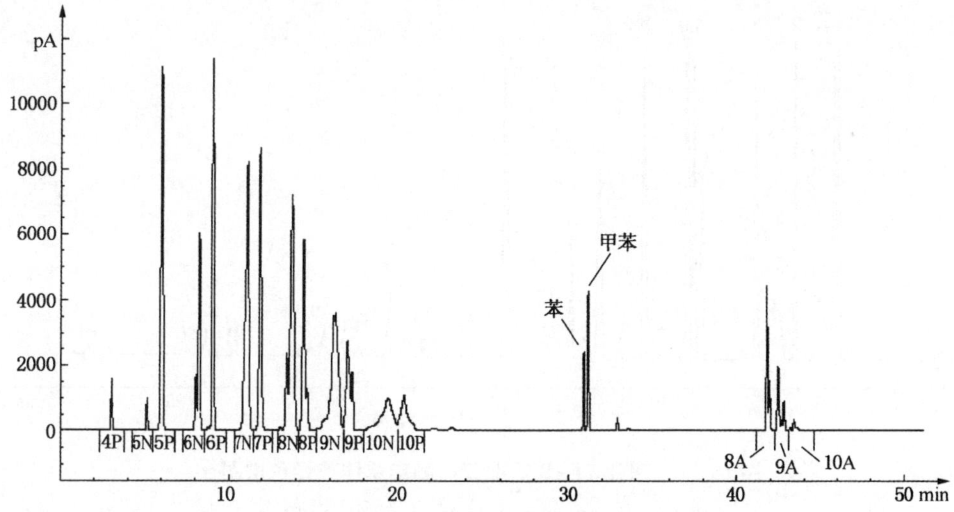

图 18－5　多维色谱法分析重整原料油的典型色谱图

该方法由于按照组分的碳数和类型进行分离，避免了单体烃组分分离不完全带来的定性误差，但无法给出更为详细的单体烃组成数据。同时，由于试样中的烯烃经过加氢饱和后作为饱和烃检测，因此，方法只能用于不含或含极少量烯烃的试样的分析，否则，测定结果会有较大误差。

ASTM D6839[8]的方法是在 D5443 分离原理的基础上增加了烯烃的吸附阱和醇醚化合物吸附阱，主要是用于成品汽油的测定，同时也可兼顾重整原料及产物的分析。由于用于实现该方法的色谱系统的构造十分复杂，硬件成本高，相应的维护成本较高，目前，国内部分炼油厂购置了该种专用分析系统，其应用还不是十分广泛。

四、芳烃含量的分析

最简便的测定重整原料和产物中芳烃含量的方法是采用一根强极性的色谱柱，使得样品中的非芳烃组分先于芳烃从色谱柱中流出而分离芳烃，采用火焰离子化检测器检测[9]。

早期大多采用聚乙二醇(PEG20M)作固定相的填充柱进行单体芳烃的分离，但填充柱的柱效较低。现多采用交联或键合聚乙二醇(如 INNOWax、Wax 等)或以硝基苯甲酸封端的改性聚乙二醇(FFAP)作固定相的弹性石英毛细管柱来进行单体芳烃的分析，该类型的色谱柱的惰性很好，采用交联技术制得的交联 FFAP 毛细管柱，有很好的惰性和热稳定性，对芳烃的分离效果很好。图 18－6 为采用 50m 长的 FFAP 毛细管柱在 100℃恒温条件下获得的重整生成油芳烃的分离色谱图，相应的色谱条件见表 18－8。各芳烃组分列于表 18－9。

表 18－8　用 FFAP 毛细管柱测定芳烃的色谱条件

色谱柱	FFAP 弹性石英毛细管柱	燃　气	氢气(25～30mL/min)
尺　寸	50m×0.2mm×0.5μm	助燃气	空气(400mL/min)
汽化室温度	250℃	补偿气	氮气(25mL/min)
色谱柱温度	100℃	载　气	氮气
检测器	FID	柱前压	84kPa
温　度	300℃	分流比	200∶1

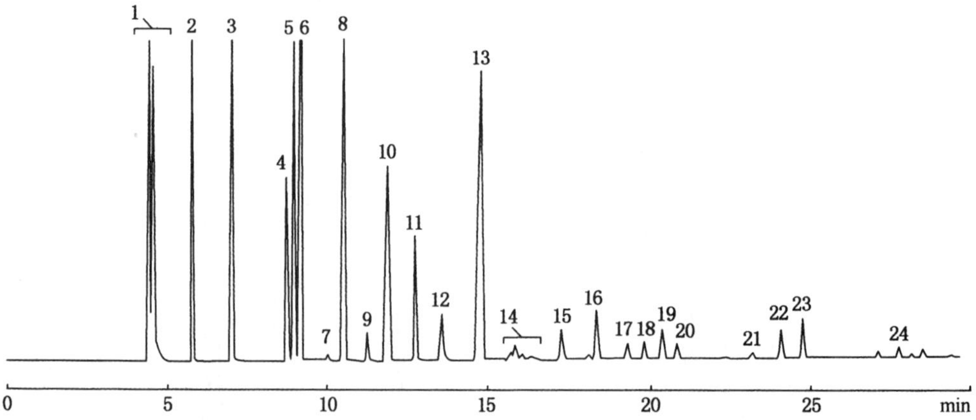

图 18－6　采用 FFAP 毛细管柱测定单体芳烃色谱图

表 18－9　200℃前重整汽油中的芳烃组分

序　号	组分名称	序　号	组分名称
1	非芳烃	13	1，2，4－三甲苯
2	苯	14	碳十芳烃
3	甲苯	15	1，3－二甲基－5－乙基苯
4	乙苯	16	1，2，3－三甲基苯
5	对－二甲苯	17	1，4－二甲基－2－乙基苯
6	间－二甲苯	18	1，3－二甲基－4－乙基苯
7	异丙苯	19	1，2－二甲基－4－乙基苯
8	邻－二甲苯	20	茚满
9	正丙苯	21	1，2－二甲基－3－乙基苯
10	1，3＋1，4－甲基乙基苯	22	1，2，4，5－四甲基苯
11	1，3，5－三甲基苯	23	1，2，3，5－四甲基苯
12	1，2－甲基乙基苯	24	1，2，3，4－四甲基苯

第三节　重整原料的杂质含量分析

重整原料预精制过程的任务就是脱除原料中的有害物质，具体而言就是脱除硫、氮、氯、氧等非烃化合物及砷、铅、铜等有机金属化合物，以保护重整催化剂的活性，保证催化剂有较长的使用寿命。以下分别介绍各种杂质元素含量的分析方法。

一、硫含量的分析

目前，国内外所用的硫含量分析方法多种多样。常用的适合于测定预精制前的重整原料中总硫含量的方法主要有：燃灯法[10]、微库仑法[11][12]、紫外荧光法[13][14]、X－射线荧光光谱法等，也可以选用燃烧离子色谱法。对于重整进料精制油而言，常用紫外荧光法或微库仑法测定其中的硫含量；若具备条件，也可以利用燃烧离子色谱法及等离子体质谱法(ICP－MS 法)进行分析。

（一）燃灯法（GB/T 380—88）

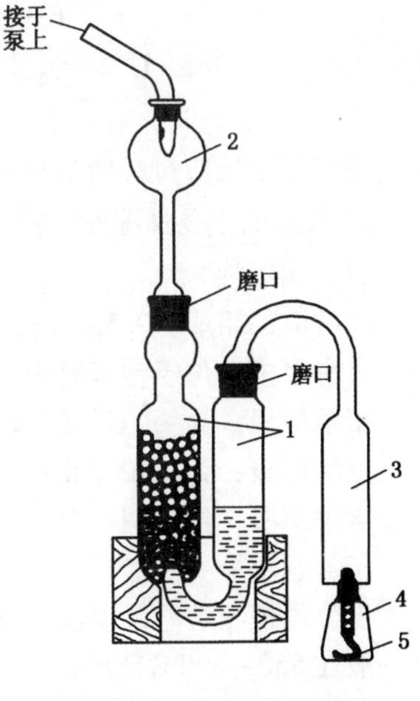

图 18－7　燃灯法硫含量测定装置示意图

1—吸收器；2—液滴收集器；3—烟道；4—燃烧灯；5—灯芯

燃灯法测定油品中硫含量的装置如图 18－7 所示。

方法的基本原理是：样品中的硫元素，在测定装置的灯中完全燃烧，生成 SO_2 气体。将生成的 SO_2 气体通过过量的碳酸钠水溶液进行吸收，反应后剩余的碳酸钠再用已知浓度的盐酸溶液回滴。

上述几步反应表示如下：

$$R—S + O_2 \longrightarrow SO_2 \uparrow$$

$$SO_2 + Na_2CO_3 \longrightarrow Na_2SO_3 + CO_2 \uparrow$$

$$Na_2CO_3 + 2HCl \longrightarrow 2NaCl + H_2O + CO_2 \uparrow$$

利用样品的质量、所消耗的盐酸溶液的体积和浓度，进行计算即可得到样品的硫含量。

影响燃灯法测定结果的准确性的因素很多，如：样品是否能够完全燃烧、SO_2 的转化率、NO_x 等酸性物质的干扰、燃烧速度及火焰状况的控制、加入每个测定器内的 Na_2CO_3 溶液的量是否一致、SO_2 的吸收效率、周围环境中是否含硫等都对测定结果有直接的影响。由于上述干扰因素的存在，致使燃灯法的灵敏度受到限制，一般不适用于测定硫含量小于 100μg/g 的样品。

在重整工艺中，燃灯法可用于测定精制前的重整原料中的硫含量。

（二）微库仑法

1. 方法原理

SH/T 0253 和 ASTM D3120 所述方法即是轻质油品中硫含量的微库仑测定方法。图 18－8 为该方法的工作流程示意图。

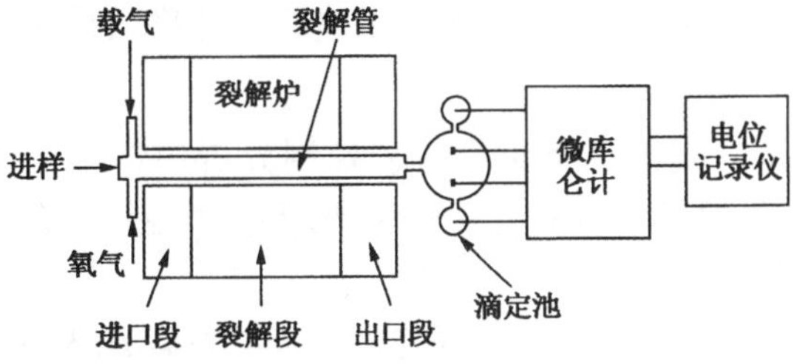

图 18－8　微库仑法测定硫含量的工作流程示意图

方法的工作原理简述如下：

用恒速进样器将试样送入石英裂解管中，在高温、富氧条件下，试样中的硫元素绝大部分转化为 SO_2 气体（少部分转化为 SO_3 气体）；反应气由载气带入滴定池，SO_2 与滴定池内的 I_3^- 发生反应，使 I_3^- 的浓度降低；参比－测量电极对指示出这一浓度变化，并将信号传送给放大器，由放大器输出一个相应的电压信号到电解电极对，在阳极上电生出滴定剂 I_3^- 以补充 SO_2 所消耗的 I_3^-，直至电解液中 I_3^- 恢复到原始浓度。

上述几步反应可表示如下：

$$R—S + O_2 \longrightarrow SO_2 + SO_3 + CO_2 + H_2O$$

$$I_3^- + SO_2 + 2H_2O \longrightarrow SO_4^{2-} + 3I^- + 4H^+$$

$$3I^- \longrightarrow I_3^- + 2e$$

测定整个反应过程所消耗的电量，根据法拉第电解定律即可求出试样的硫含量。

2. 仪器的主要情况及工作条件

(1) 滴定池

电解液的组成：0.5g/L 碘化钾、0.6g/L 迭氮化钠、5mL/L 冰乙酸。

参考电极：位于参考臂内，为一根浸于由碘饱和的电解液中的铂丝。

指示电极：为一铂片或铂丝，浸于滴定池主室的电解液中。

电解阳极：为一铂片或铂丝，浸于滴定池主室的电解液中。

电解阴极：位于阴极臂内，浸于阴极臂内的电解液中。

(2) 裂解炉

可分段控制炉温，以满足样品汽化过程和氧化裂解反应过程的不同温度要求。汽化温度一般在 550 ~ 800℃ 范围内，而氧化裂解反应的温度一般在 800 ~ 1000℃ 范围内。

(3) 微库仑计

可测量出参考 - 指示电极对的电位差，并将该电位差与给定偏压相比较，再将比较后的差值放大，加到电解电极对上，使之电解出 I_3^-。

3. 试验步骤

(1) 仪器的准备工作

包括升温、清洗电解池、平衡仪器、调节气体流量等操作。

(2) 仪器的校准

由于样品的氧化裂解反应程度、SO_2 与 SO_3 的化学平衡问题以及 SO_2 与 I_3^- 的滴定反应效率问题等因素的影响，样品中的硫含量与根据法拉第定律计算得到的硫含量之间存在一定偏差，故需要利用标准样品进行仪器校准，即测定标准样品的转化率。校准时，应使用与试样浓度相近的标准样品。

(3) 试样的测定及硫含量的计算

在与标准样品完全相同的操作条件下测定试样，所得测定结果要进行转化率的修正。

4. 该方法与其他方法的比较及发展现状

微库仑法是国内外常用的硫含量分析方法，因而也是重整工艺控制分析中常用的方法。和燃灯法及 X 射线荧光法相比，其灵敏度较高，一般情况下，检测下限可达0.5μg/g。

近年，由于分析工作者对微库仑硫含量测定方法的进一步研究，改善了样品的燃烧状况，实现了较大进样量，使得方法的灵敏度大大提高，检测下限大幅度降低。目前，方法所能达到的检测下限约为 0.02μg/g[15,16]。

对于重整工艺而言，微库仑法既可以用来测定精制前的重整原料中的硫含量，也可以用来测定精制油的硫含量，同时还可用来测定循环氢中的硫含量。特别是有了新型的高灵敏度的微库仑硫含量测定方法以后，对于精制油等低硫含量的样品测定已显得比较容易了。

（三）紫外荧光法

1. 方法原理

1993 年轻质油品中硫含量的紫外荧光测定方法首次被批准为 ASTM 标准方法，即 ASTM D5453—93。2000 年，与 ASTM D5453—93 等效的中国石油石化行业标准方法 SH/T 0689—2000也颁布实施。该方法的工作原理如图 18－9 所示。

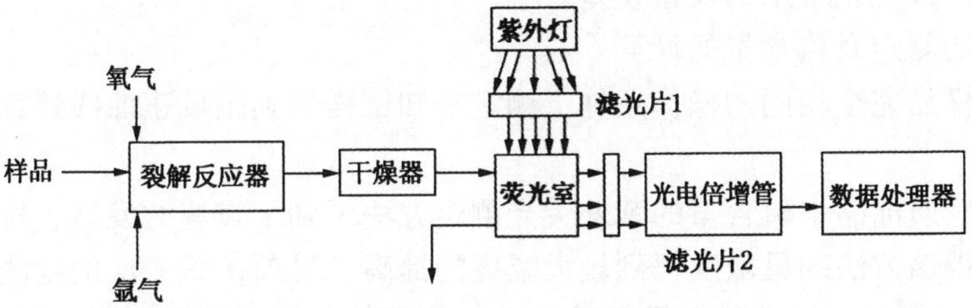

图 18－9　紫外荧光法的工作原理示意图

样品被引入裂解反应器后，在高温和氧气存在的条件下充分燃烧，其中的硫元素定量地转化为 SO_2 气体（少部分转化为 SO_3 气体）；反应气经干燥器脱水后进入荧光室，在此基态的 SO_2 分子受到紫外光的照射，因吸收部分光能而转变为激发态（SO_2^*）；由于激发态的 SO_2^* 分子不稳定，会在短时间内以发射荧光的方式释放多余的能量并返回基态。上述反应过程可表示如下：

$$R—S + O_2 \longrightarrow SO_2 + SO_3 + CO_2 + H_2O$$

$$SO_2 + h\nu \longrightarrow SO_2^*$$

$$SO_2^* \longrightarrow SO_2 + h\nu'$$

式中　h——普朗克常数；

ν——激发光的频率；

ν'——SO_2 特征荧光的频率。

在操作条件一定的情况下，样品中的硫元素转化为 SO_2 的转化率一定，SO_2 分子发射荧光的效率一定，该荧光信号的强度与样品中的总硫含量成正比，故可通过检测 SO_2 特征荧光信号的强度实现样品中总硫含量的测定。

2. 仪器的主要情况

仪器主要由进样器、裂解炉、紫外荧光检测器、控制电路及数据处理部分组成。如图 18－9 所示，裂解炉的温度控制分为一段、两段或三段，不同厂家的仪器有所不同。汽化段的温度一般在 550～800℃范围内，而燃烧段的温度一般控制在 850～1050℃范围内。所用的氧气和氩气流量以保证样品氧化完全为目的，不同形式的燃烧管、不同的进样量有所不同。光信号的接收方式均为光电倍增管，并用微电流放大器进行放大处理，放大倍数依据待测样品的硫含量大小而定。

3. 主要的试验操作

（1）仪器的准备工作

包括升温、气体流量调节、电路参数设置、仪器稳定等操作。

(2) 仪器的校准

由于样品的氧化反应程度、SO_2 与 SO_3 的化学平衡以及 SO_2 的发光效率等因素的影响，一般情况下，并没有固定的计算公式来计算样品中的硫含量，而需要利用标准样品建立校正曲线，再根据校正曲线，进行未知样品硫含量的计算。需要注意的是，建立校正曲线时，应使用与待测样品硫含量相近且基质相似的标准样品，并使标样硫含量包含待测样品的硫含量，而且，要经常进行校正，因为低含量样品的测量数据的波动较大，经常校正可以避免校正曲线变化带来的校正误差。

(3) 试样的测定及硫含量的计算

在与标准样品完全相同的操作条件下测定未知试样，利用校正曲线计算，得到待测样品的硫含量。

近几年，轻质油品中硫含量的紫外荧光测定方法得到了较快的发展，特别是大进样量技术的发展使得该方法的灵敏度得到较大幅度的提高，目前，该方法的检测下限已经可以达到0.05μg/g。但是，对于低含量样品而言，背景信号经常会影响该方法的分辨率，因而会影响测定结果的准确度，故测定时应加以注意。

对于重整工艺的控制分析而言，可以利用紫外荧光法测定原料精制前后的硫含量，在有合适的气体硫含量标样的情况下，也可用该方法直接测定循环氢中的硫含量。

(四) X 射线荧光光谱法

不同元素的 X 射线荧光的能量是不同的，是特定元素的特有属性。当 X 射线管产生的原级 X 射线辐射到试样上时，其中的硫元素就会产生相应的特征 X 射线荧光(常用的硫元素的特征谱线：波长为0.5373nm(5.373Å)、能量为2.3keV)，且所产生的硫 X 射线荧光的强度与硫含量成正比，故可以通过测定硫 X 射线荧光的强度，得到硫含量。

硫含量的 X 射线荧光光谱法划分为两大类，即：波长色散 X 射线荧光光谱法(WDXRF)和能量色散 X 射线荧光光谱法(EDXRF)，相关的分析仪器也分为两大类。表18－10给出了可用于轻质油样硫含量分析的 X 射线荧光标准分析方法。

表18－10　轻油硫含量的 X 射线荧光光谱法

方法类型	方法类型	ASTM 方法	测量范围	国内标准方法	适用范围
波长色散 X 射线荧光法(WDXRF)	WDXRF	D 2622－10	3～16000mg/kg	GB/T 11140—2008	石油产品
	WDXRF	D 6334－07	15～940 mg/kg		汽油
	单波长 WDXRF	D 7039－07	2～500 mg/kg	SH/T 0842—2010	汽油、柴油
能量色散 X 射线荧光法(EDXRF)	EDXRF	D 4294－10	17mg/kg～5%	GB/T 17040—2008	石油产品
	偏振的 EDXRF	D 7220－12	6～50 mg/kg		汽油、柴油
	低背景计数器 EDXRF	D 7212－07	7～50 mg/kg		汽油、柴油

两类分析方法或仪器的主要差异在于是否使用分光晶体对荧光 X 射线进行分光。WDXRF 方法使用了分光晶体，而 EDXRF 没有使用分光晶体。比较 ASTM D2622[17] 和 D4294[18] 两种经典的 X 射线荧光光谱法可知，波长色散 X 射线荧光光谱法所用仪器的成本较高，仪器的分辨率较高，相邻元素的干扰程度较小，仪器的灵敏度较高，低硫含量分析结果的可靠性较好；能量色散 X 射线荧光光谱法的主要优势在于仪器价格较便宜，因

而在硫含量高于0.05%的样品分析工作中应用更为普遍。

ASTM D7039[19,20]单波长色散X射线荧光光谱法(MWDXRF法)与经典的D2622方法相比较，MWDXRF方法的各方面性能均占有明显优势，如：仪器的分辨率高、受干扰程度小、灵敏度高、稳定性好、测定结果准确性高、仪器价格便宜，故在油品硫含量分析中的应用越来越普及。单波长色散X射线荧光分析仪的各方面性能之所以比较优异，主要原因在于仪器使用了两块“聚焦型的分光晶体”，一块晶体用于原级X射线的分光和聚焦，以便在提高激发光强度的同时，降低原级X射线的总强度；另一块晶体用于硫荧光X射线的分光和聚焦，以便在有效接收硫荧光X射线的同时，降低相邻谱线的干扰程度。此外，由于仪器的光路系统还采取了抽真空的方式，有效降低了空气中氩气对检测过程的干扰，在分析过程中也不需要氦气吹扫。这种特殊的结构设计，有效降低了背景信号强度、提高了硫荧光X射线强度，因而提高了仪器的信噪比；由于使用了小功率的X射线管，大幅降低了仪器的制造成本。图18-10为单波长色散X射线荧光分析仪的结构示意图。

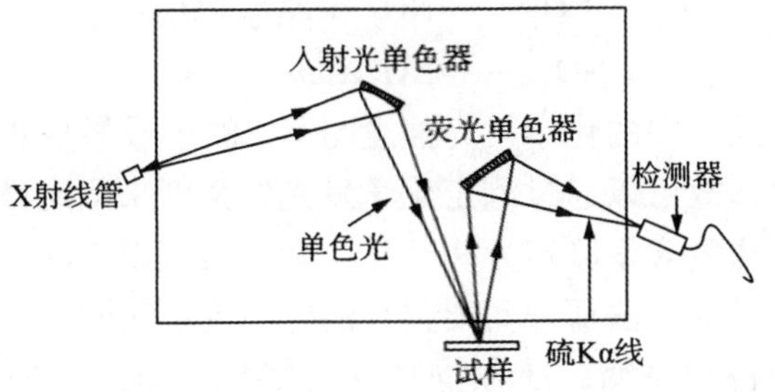

图18-10 单波长色散X射线荧光分析仪结构示意图

与经典的能量色散X射线荧光光谱法(ASTM D4294)相比较，D7220[21]方法所用的入射光基本上属于单色化的X射线，因而仪器的信噪比得到了一定程度的提高，方法的低含量分析性能得到了一定的改善；D7212[22]方法在D7220方法的基础上，又使用了低背景的正比计数器，因而方法的性能得到了进一步的改善，低硫含量分析结果的可靠性更高。

综上所述，随着科学技术的发展，WDXRF和EDXRF两大类X射线荧光光谱法均在不断地发展，方法的检测下限不断降低，重复性及再现性不断改善。两类方法虽然均不能直接用于测定重整进料精制油的硫含量，但是有可能适用于预加氢进料中硫含量的分析，主要决定于样品硫含量的高低及所用分析仪的性能优劣，因为不同厂家仪器的分辨率及稳定性等性能差别很大。总体而言，ASTM D7039方法、D7212方法和D7220方法均可满足预加氢进料硫含量的分析要求；对于硫含量较高(建议高于500 mg/kg)的预加氢进料，可以选用D4294方法；而D2622方法由于仪器的成本较高，实际应用较少。对于重整预加氢进料等类型的轻质油样，建议优先选择ASTM D7039方法进行硫含量的分析。

二、氮含量的分析

目前，国内外常用的氮含量分析方法主要有克氏法[23]和化学发光法[24,25]等。对于重整原料而言，因其氮含量较低，一般小于10μg/g，故不宜用克氏法测定；对于精制油样品，目前最好的测定方法是化学发光法。

氮含量的化学发光测定法是20世纪70年代末发展起来的，在随后的20多年中，该方法发展很快，并逐渐取代了克氏法等其他方法成为最重要的、最常用的氮含量测定方法。在ASTM方法中，ASTM D4629和ASTM D5762分别是轻质油品和重质油品的氮含量测定标准方法，相对应的我国石油石化产品的标准方法为SH/T 0657和SH/T 0704。

对于重整工艺的控制分析而言，所用的氮含量测定方法为SH/T 0657(等效于ASTM D4629)，该方法的大致原理如图18-11所示。当样品由进样器送入高温裂解反应器后，经氧化裂解，其中的氮元素定量地转化为NO气体。反应气由载气携带，经干燥脱水后进入化学发光反应室，在此与来自臭氧发生器的臭氧气体发生反应，部分NO气体转化为激发态的NO_2^*气体。由于NO_2^*分子不稳定，要向基态跃迁，在此跃迁过程中，会以光子的形式释放能量。光信号由光电倍增管接受并放大，即可以转换为与发光强度成正比的电信号。整个反应过程可表示如下：

$$R—N + O_2 \longrightarrow NO + NO_2 + CO_2 + H_2O$$

$$NO + O_3 \longrightarrow NO_2^* + NO_2 + O_2$$

$$NO_2^* \longrightarrow NO_2 + h\nu$$

在一定的条件下，反应中的化学发光强度与NO的生成量成正比，而NO的量又与样品中的总氮含量成正比，故可以通过测定化学发光的强度来测定样品的总氮含量。

与克氏法和微库仑法氮含量测定方法相比，化学发光法具有很多突出的优点：第一，操作简便，该方法既不像克氏法那样需要很长的样品处理时间，也不像微库仑法那样需要进行复杂的电解池的准备和平衡，所以操作非常简便；第二，分析速度快，因为NO和O_3的化学发光反应速度很快，氮化物转化为NO的速度也比较快，故化学发光法的分析速度很快，轻质样品的单次测定周期一般在3min之内，实际的信号出峰时间仅在30s左右；第三，灵敏度高、检测下限低，较好的常压化学发光氮含量测定仪器的检测下限可达到0.2μg/g，而较好的减压化学发光氮含量测定仪器的检测下限可达到0.05μg/g；第四，方法的抗干扰性能强，对于微库仑法而言，样品中的硫、氯元素会对氮含量的测定结果产生较大的影响，使测定结果偏低，而化学发光法则不受硫、氯元素的干扰。

在重整工艺的控制分析工作中，精制前后的重整原料中的氮含量均可以用化学发光法进行测定。需要注意的是，必须利用与待测样品含量接近的标样(至少两个以上不同浓度的标样)制作校正曲线，并使标样的氮含量范围包含待测样品的氮含量，而且，要经常进行校正，因为低含量样品的测量数据的波动较大，经常校正可以避免校正曲线变化带来的校正误差。

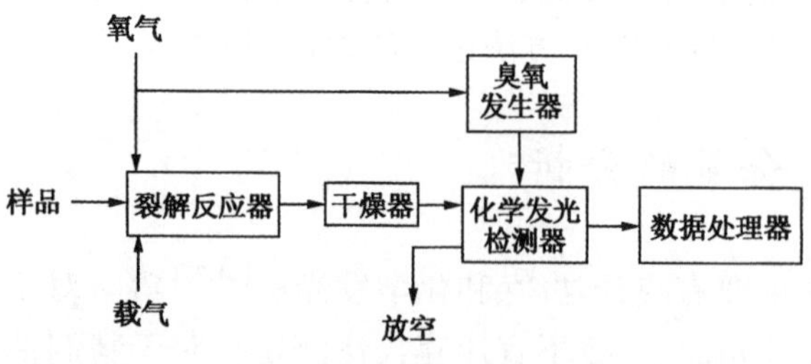

图18-11 化学发光方法的原理示意图

三、氯含量的分析

目前，适合于测定重整原料及精制油中氯含量的分析方法有两种，即：氧化微库仑法[26,27,28]和燃烧离子色谱法[29]。这两种方法的样品转化原理相同，都是将油样中的氯元素通过燃烧方式转化为HCl，主要区别在于Cl^-的检测原理不同；若使用性能较好的仪器，两种方法的氯含量检测下限均有可能达到0.1mg/L。

(一)微库仑法

如图 18－8 所示，将样品送入石英裂解管内，在高温并有氧气存在的条件下，其中的氯元素转化为 HCl 气体，进入滴定池后，变为 Cl^-，并与滴定池内的 Ag^+ 发生反应，使 Ag^+ 的浓度降低；参比－测量电极对指示出这一浓度变化，并将信号传送给放大器，由放大器输出一个相应的电压信号到电解电极对，在阳极上电生滴定剂 Ag^+ 以补充 Cl^- 所消耗的 Ag^+，直至电解液中 Ag^+ 恢复到平衡浓度。所发生的化学反应可用反应式表示如下：

$$R—Cl + O_2 \longrightarrow HCl + CO_2 + H_2O$$

$$Cl^- + Ag^+ \longrightarrow AgCl\downarrow$$

$$Ag \longrightarrow Ag^+ + e$$

根据进样量和所消耗的电量，按照法拉第电解定律，即可计算出样品的总氯含量。

方法所用的参考电极为 Ag/AgCl 电极，电解液为 70%～75% 的冰乙酸溶液。

由于 Cl^- 和 Ag^+ 的沉淀反应速度较慢，不如 SO_2 气体和 I_3^- 的反应速度快，故微库仑法测定氯含量的分析速度比测定硫含量的速度稍慢。

实际操作过程中，应注意以下两点：第一，始终使电极浸泡在电解液中，避免暴露在空气中被氧化而钝化。第二，注意使滴定池避光，因为光线会使 AgCl 镀层分解而干扰测定过程。

(二)燃烧离子色谱法

燃烧离子色谱法是近几年发展起来的一种新型元素分析技术，主要用于测定样品中的硫含量及各种卤素的含量，ASTM D7359 方法即是用于测定芳烃中总氟、总氯、总硫含量的标准分析方法。图 18－12 为燃烧离子色谱法的工作原理示意图。

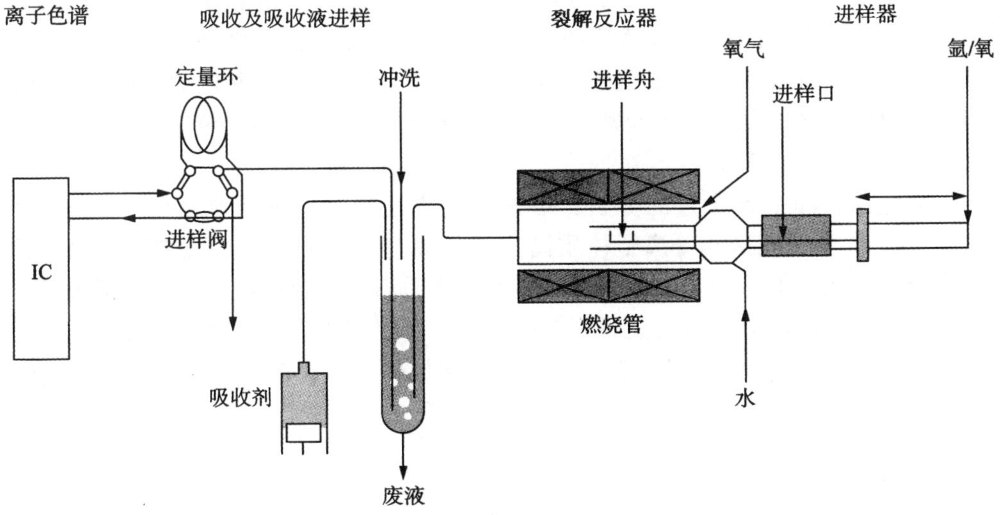

图 18－12　燃烧离子色谱分析仪工作原理示意图

如图18－12所示，将已知量的试样放入进样舟内，再将进样舟缓慢地推入到燃烧管的高温区(900～1100℃)，试样会在高温、富氧条件下发生氧化裂解及水解反应，其中的硫元素生成SO_2及少量的SO_3气体，卤素生成HX或X_2气体；当混合气体进入盛有一定体积吸收剂的吸收管后，SO_x被吸收液中的H_2O_2氧化成SO_4^{2-}，卤素均转化为X^-；当反应、吸收过程结束后，一定量的吸收液会通过进样阀自动注入到离子色谱仪内，经过色谱柱分离、电导检测器检测后，分别得到吸收液中F^-、Cl^-和SO_4^{2-}的含量，再根据试样的进样量、吸收剂体积、离子色谱的进样量等，计算得到试样中总氟、总氯、总硫含量。试样中各种元素的含量，需要利用相应的标准溶液，在相同试验条件下的测定结果，建立校正曲线，进行校正计算得到。

对于氟、氯、硫元素的分析，选用电导检测器即可，所用阴离子分离柱应保证待测离子的有效分离；若需要分析碘含量，最好增配电化学检测器。

ASTM D7359方法给出的氟、氯、硫元素的检测下限为0.1mg/kg，基本可以满足重整进料精制油中总硫、总氯含量的分析要求。若所用仪器的灵敏度欠佳，不能满足精制油的分析需求，可以采取多次燃烧，集中进行离子色谱检测的方法，以提高仪器的低含量分析水平。

对于氯含量、硫含量的分析，与微库仑法相比，燃烧离子色谱法的主要优点是省去了相对繁琐的滴定池操作，且可以实现多元素的同步分析。对于氯含量的分析，因为采取了先分离、后逐一元素单独检测的分析程序，燃烧离子色谱法的测定结果更为准确可靠，为实际的总氯含量；而微库仑法中，由于Br^-、I^-也可与Ag^+发生沉淀反应，且溴、碘元素只能部分地转化为Br^-、I^-，故所谓的总氯含量测定结果实际上包含了氯元素的贡献及部分溴、碘元素的贡献，除非样品中不含溴、碘元素。

四、砷含量的分析

对于重整催化剂而言，最大的毒物莫过于砷化物。因为砷和铂有很大的亲合力，能迅速和铂反应形成PtAs合金，从而破坏催化剂的金属功能，使催化剂永久性失活。此外，砷元素还很容易和催化剂的酸性组分氯反应，生成$AsCl_3$，导致催化剂的酸性功能降低。鉴于砷对重整催化剂的毒害作用非常大，工艺上对重整原料中砷含量的要求也非常严格，一般要求砷含量不大于1ng/g。

对于重整原料油中砷含量的分析，可选用的方法有分光光度法[30,31]、原子吸收法、微库仑法[32]、原子荧光法和等离子体质谱法等几种。由于进行了适当浓缩，前四种方法的检测下限都可达到1 ng/g。比较而言，等离子体质谱法的灵敏度最高，不需要进行样品预处理将石脑油样品转化为水溶液后再进行检测，可以实现有机样品的直接测定，检测下限可以达到0.1ng/g，能够较好地满足精制油中痕量砷、铅、铜、汞元素含量的同时分析要求。

(一) 分光光度法

常用的石脑油及重整原料油中砷含量的分光光度测定方法有两种，即：硼氢化钾－硝酸银分光光度法(SH/T 0629)和Ag－DDC法(SH/T 0167)。前者不用吡啶等毒性大、异味大的溶剂。

1. 硼氢化钾－硝酸银分光光度法(SH/T 0629—1996)

(1) 方法原理

用硫酸和过氧化氢萃取试样中的砷。加热破坏萃取液中的有机砷，将其转化为五价无机砷。在酒石酸介质中，用硼氢化钾发生砷化氢。除去砷化氢中的杂质后，用硝酸银－聚乙烯醇－乙醇溶液吸收，形成黄色银溶胶。在410nm处测定吸光度。

(2) 主要仪器

分光光度计：带1cm比色皿。

砷化氢发生及吸收装置，如图18－13所示。

(3) 试验步骤

① 取样。参考表18－11用量，移取合适体积的试样于分液漏斗中。

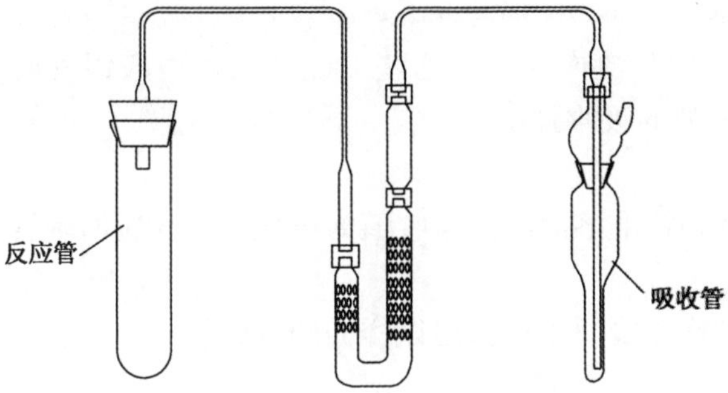

图18－13　砷化氢发生及吸收装置示意图

表18－11　SH/T 0629方法的参考取样量

砷含量/(ng/g)	取样量/mL	吸收液体积/mL
≤5	500	3
>5～20	300	5
>20～60	100	5
>60～200	30	5
>200	≤10	5

注：当砷含量大于200ng/g时，可不萃取，直接取样于三角瓶中，加10mL过氧化氢和30mL硫酸溶液，混合后在电炉上加热。

② 萃取。向分液漏斗中加入5mL过氧化氢和15mL硫酸溶液，剧烈震荡5min，静置分层，分出下层酸液于100mL三角瓶中。再加入5mL过氧化氢和15mL硫酸溶液，剧烈震荡5min，静置分层，收集酸液。用15mL水再萃取一次，并收集萃取液。

③ 消解。将盛有酸液的三角瓶放在电炉上加热，至剩余液为2～3mL时停止，冷至室温。沿瓶壁加少量水，冷至室温。加1～2滴甲基橙指示剂，滴加氨水溶液中和至刚刚变黄色。将溶液转移至反应管内。

④ 工作曲线的绘制。用不同浓度的砷标准溶液的吸光度(扣空白)为纵坐标，相应的砷含量为横坐标，绘制校正曲线。

分析试样的同时测定校正曲线。

⑤ 试样的测定。在试样溶液的反应管中加入6mL酒石酸溶液，用上述方法测定试液的吸光度。同时测定空白样品的吸光度值。由校正曲线计算砷含量。

⑥ 方法的精密度。在95%的置信水平下，精密度满足表18－12数据。

表18－12　SH/T 0629方法的精密度

ng/g

砷含量	重复性	再现性
1～5	1.0	2.5
5～20	2.0	5.0
>20	0.1倍平均值	0.25倍平均值

2. 二乙基二硫代氨基甲酸银(Ag - DDC)分光光度法(SH/T 0167)

该方法是轻质油品中砷含量分析的经典方法。其实验过程及反应原理大致如下:

(1)砷化物的萃取和消解

所用方法和实验步骤与SH/T 0629方法相同。

(2)将五价砷转化为三价砷

向发生瓶内加入适量的水和异丙醇,摇匀;加入适量的碘化钾溶液和氯化亚锡溶液,摇匀后放入冰水浴中进行一定时间的反应。此步完成后,五价砷将转化为三价砷。

(3)三价砷的还原和 AsH_3 的吸收

先将一定量的二乙基二硫代氨基甲酸银 - 吡啶溶液放入 AsH_3 吸收管内,并在吸收管的磨口上部放置一些脱脂棉,如图18 - 14所示。再从冰水浴中取出 AsH_3 发生瓶,加入适量的锌粒后,马上将发生瓶与吸收管相连,并用水封方法防止漏气。此过程中,三价砷将被金属锌缓慢还原为 AsH_3 气体,而生成的 AsH_3 也会及时的被吸收液吸收。

(4)比色测定

将反应得到的吸收液混匀后放入1cm比色池内,以二乙基二硫代氨基甲酸银 - 吡啶溶液为参比液,用分光光度计测定520nm处的吸收强度。

(5)砷含量的计算

标准工作曲线:以扣除空白后的各种砷标准溶液的净吸收值为纵坐标、相应的砷含量为横坐标,绘制工作曲线。

根据试样的净吸收强度,利用标准工作曲线即可计算出试样的砷含量。

(6)方法的灵敏度及注意事项

当样品处理量为500mL时,方法的检测下限可达到1ng/g。

方法的分析周期约为4h,操作比较繁琐,所用溶剂的毒性和气味都比较大,故操作应尽量在通风柜中进行,以免人员中毒。

需要注意的是:测定之前,应将所用器皿全部用洗液浸泡、清洗干净。

(二)原子吸收法

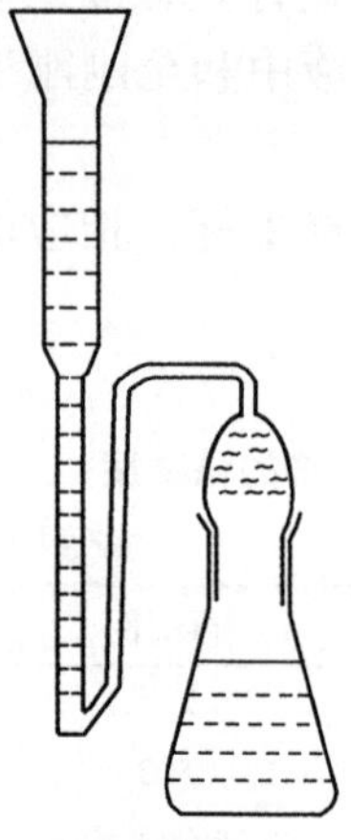

图18 - 14 AsH_3 发生及吸收装置示意图

石墨炉原子吸收方法测定汽油中砷含量的操作过程主要包括以下几个步骤:

1. 工作曲线的绘制

砷标准溶液的配制:配制砷浓度分别为0.05μg/g、0.1μg/g、0.2μg/mL的砷标准溶液,并使标准溶液中含有500μg/mL左右的硝酸镁。

根据仪器的具体情况,选择最佳的操作条件,并在此条件下测定各标准溶液的吸收值。砷元素的特征吸收波长为193.7nm。

以各标准溶液的吸收值为纵坐标,对应的砷浓度为横坐标,绘制工作曲线。

2. 砷化物的萃取

油样先用碘 - 甲苯溶液氧化,再用1%的硝酸溶液进行萃取。所用的碘 - 甲苯溶液一般为1g碘/100mL甲苯。萃取过程简述如下:

取一定体积的油样于分液漏斗中，加入0.5mL碘－甲苯溶液，充分震荡后，静置片刻，加入1%的硝酸溶液10mL，再震荡1min；静止分层后将下层酸液收集于50mL的石英烧杯中；再用1%的硝酸溶液10mL萃取一次，合并两次萃取液。

3. 萃取液的处理

向烧杯中加入0.1mL的硝酸镁溶液(1g/100mL)后，将烧杯置于电热板上加热，缓慢蒸干溶液。

用适量的1%硝酸溶液进行溶解，并定量转移至10mL容量瓶中，再用1%硝酸溶液稀释至刻度，得到处理后的样品试液。

4. 样品试液的测定

在所选定的操作条件下，测定试液的吸收值。根据工作曲线，计算出试液的砷浓度。

5. 样品砷含量的计算

根据所取油样的体积、试液的砷浓度、空白试液的砷浓度，即可计算出油样的砷含量。

上述砷含量测定方法，当取样量在250mL左右时，检测下限可达到1ng/g。单个样品两次平行测定时间约需2h。需要注意的是，取样量要控制在样品的绝对含砷量在1μg左右，以保证样品试液的砷浓度落在工作曲线的范围内。

(三) 微库仑法

直到今日，砷含量的微库仑测定方法的应用还不是很广泛，相应的方法也还未成为标准方法，这或许是因为该方法还不够成熟，或许是因为砷含量的确难以准确测定。无论如何，对于以直馏汽油为主的重整原料而言，用微库仑法测定砷含量还是比较方便而快速的，是可行的。

1. 微库仑法测定砷含量的工作原理

图18－15所示为As－1型砷含量测定仪的示意图。

仪器的工作原理简述如下：

用85%的硫酸溶液萃取试样中的砷化物，萃取液放入砷化氢发生瓶中。在电炉上加热发生瓶至瓶口处飘浮SO_3白烟，使有机砷化物转变为五价无机砷。

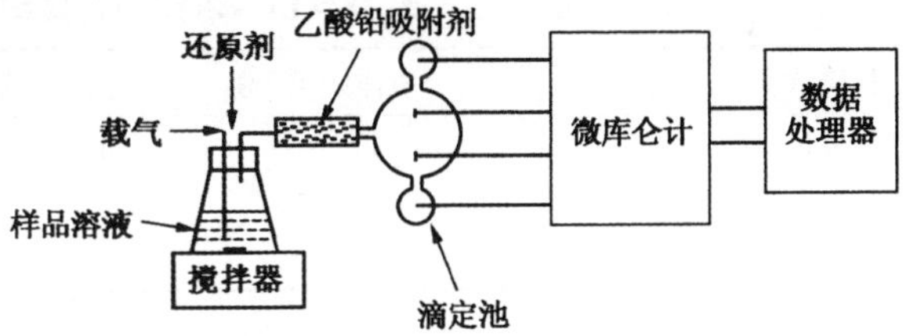

图18－15 微库仑法测定砷含量的工作原理示意图

用硫脲溶液将五价砷还原为三价砷，再用硼氢化钠溶液将三价砷还原为砷化氢，并引入含有复合溴化钾电解液的微库仑滴定池中，砷化氢与滴定剂发生下列反应：

$$AsH_3 + 3I_2 + 2H_2O \longrightarrow AsO_2^- + 7H^+ + 6I^-$$

$$AsH_3 + 8IBr_2^- + 4H_2O \longrightarrow AsO_4^{3-} + 11H^+ + 4I_2 + 16Br^-$$

测量/参比电极对指示出这一变化，并将该变化的信号输送到微库仑放大器，由放大器输出一个相应的电压于电解电极对，在阳极上发生氧化反应：

$$2I^- \longrightarrow I_2 + 2e$$

$$AsO_2^- + 2H_2O \longrightarrow AsO_4^{3-} + 4H^+ + 2e$$

$$4Br^- + I_2 \longrightarrow 2IBr_2^- + 2e$$

以补充砷化氢所消耗的滴定剂。计量补充滴定剂所需要的电量，根据法拉第电解定律，可求出试样中砷含量。

2. 仪器主要部分的结构和作用

（1）滴定池

由测量电极对和电解电极对组成。测量电极为一铂片，浸入滴定池主室的电解液中；参比电极是一根铂丝，插于含糊状物的侧臂参比室内。电解阳极是同测量电极一样的铂片，也浸入滴定池主室电解液中；电解阴极是一根铂丝，浸入电解池阴极臂电解液中。参比电极和测量电极、电解阳极和电解阴极分别通过多孔板隔离。整个滴定池放在接地良好的滴定池箱内。

（2）乙酸铅吸附剂的作用

用于吸附 H_2S 等能与滴定剂反应的还原性气体，以减小对 AsH_3 测定的干扰。

（3）放大器及数据处理装置

可测量出测量/参比电极对的电位，并将该电位与给定偏压相比较，再将比较后的差值放大，最后将相应的电流加到电解电极对，使之产生 I_3^- 及 IBr_2^- 滴定剂。可进行分析参数的设定或输入，并可显示和打印分析结果。

3. 电解液的配制方法

将0.07g溴化钾溶于800mL去离子水中，再加入150mL冰乙酸、50mL浓硫酸和0.5g碘，混合均匀。

4. 需要注意的问题

① 样品采集后，必须及时测定。

② 不同砷含量样品的取样量可参见表18－13。

表18－13 不同砷含量样品的取样量

试样砷含量/(ng/g)	取样体积/mL	试样砷含量/(ng/g)	取样体积/mL
<10	100～50	100～1000	10～2
10～50	50～20	>1000	1
50～100	20～10		

(四)原子荧光法

原子荧光是原子蒸气受具有特征波长的光源辐射后，其中一些自由原子被激发跃迁到较高能态，然后去活化回到某一较低能态而发射出特征光谱的物理现象。波长与激发光波长相同的原子荧光称为共振荧光，此类荧光在原子荧光分析中最为常用。

各种元素都有其特定的原子荧光光谱，通过测定原子荧光强度，利用校正计算方法，可以测得试样中待测元素的含量。原子荧光强度 I_f 与激发光强度 I_0 及原子荧光量子效率 Φ 有关，即：$I_f = \Phi I_0$；对于低浓度溶液，原子荧光强度 I_f 与待测元素的浓度 C 成正比关系，可表述为：$I_f = kC$。

氢化物发生－原子荧光分析技术(HG－AFS)是具有中国知识产权的分析技术，已在很多行业的痕量分析工作中得到了广泛应用，可分析的元素包括：As、Sb、Be、Ge、Se、Pb、Te、Sn、Cd、Zn及Hg等十余种元素。

原子荧光光度计的主要组成部分包括：进样系统、氢化物发生系统、原子化器、分光系统、检测器和数据处理系统。

对于重整预加氢进料或重整精制油样品中砷含量的分析，分析过程相同，取样量大小略有差异。分析步骤简述如下：

1. 样品预处理方法

取适量石脑油样品，用 10～15mL 85% 硫酸和 2 mL 过氧化氢混合液分两次进行萃取，再用 5～10mL 纯水萃取一次。将萃取液收集于锥形瓶中。取样量决定于砷含量高低，对于重整精制油样品，可取 100mL；如果砷含量高于 100μg/kg，取 10mL 即可。

将盛有萃取液的锥形瓶放在电热板上加热，控制加热温度，蒸发掉水分后缓慢升温，进行酸消解，直至瓶口冒白烟后，再继续加热 1h，将各种形态的砷化物全部转化为砷酸，同时除掉大部分的硫酸。同时处理空白样品。

2. 预还原反应

将上述消解后的溶液定量转移至 100mL 容量瓶内，加入 20mL 预还原剂(5% 硫脲 - 5% 抗坏血酸混合溶液)，用水定容；混匀后静置反应 2h 左右，将砷酸转化为亚砷酸。

3. 工作曲线的建立

利用高浓度的砷标准溶液配制砷含量分别为 0μg/g、2μg/g、4μg/g、8μg/g、10μg/g、20 μg/kg 的系列标准溶液，用 5%(体积分数)盐酸作为稀释液；定容前，加入适量的硫脲/抗坏血酸混合溶液。令预还原反应充分进行。

在优化的、稳定的仪器工作条件下，以 5%(体积分数)盐酸为载流、2% KBH_4 溶液(含 0.5% NaOH)为还原剂，将标准溶液中的亚砷酸还原为 AsH_3；产生的 AsH_3 及 H_2 一同进入原子化器，AsH_3 在氩氢焰中转化为 As 原子，在受到光源辐射后，发射出 As 原子荧光，荧光信号用光电倍增管检测并转换为电信号；逐一测定预还原后的系列标准溶液，即可建立 As 荧光强度与 As 含量的关系曲线。图 18 - 16 为氢化物发生系统的示意图，氢化物的发生反应如式(18 - 1)及式(18 - 2)所示，AsH_3 的原子化过程如式(18 - 3)所示。图 18 - 17 为原子荧光光度计的光路系统示意图。

$$BH_4^- + 3H_2O + H^+ \longrightarrow H_3BO_3 + 8H\cdot \quad (18-1)$$

$$6H\cdot + AsO_2^- + H^+ \longrightarrow AsH_3 + 2H_2O \quad (18-2)$$

$$2AsH_3 \longrightarrow 2As + 3H_2\uparrow \quad (18-3)$$

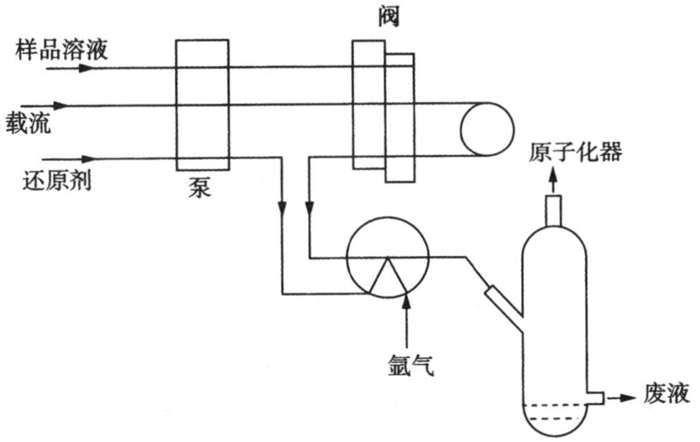

图 18 - 16　氢化物发生系统示意图

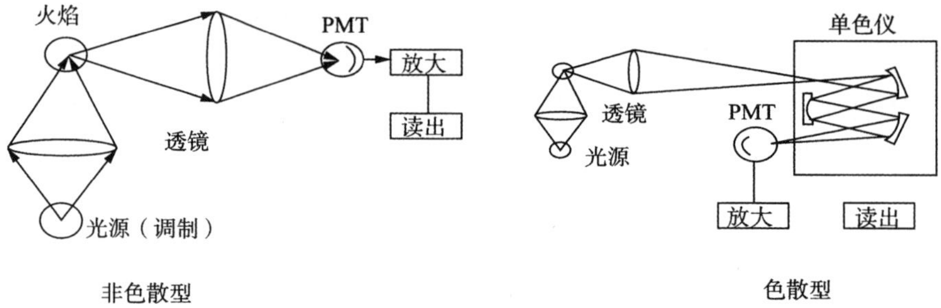

图 18－17 原子荧光光度计的光路系统示意图

4. 试样溶液的测定

在与标准溶液相同的实验条件下测定空白溶液、试样溶液的荧光信号强度，利用试样溶液的净荧光强度及校正曲线，即可得到试样溶液的砷浓度，再结合试样的取样量，即可得知未知油样的砷含量。

目前的氢化物发生－原子荧光分析仪已经实现了从进样过程、荧光信号检测到数据处理的全过程自动化，也可以实现多元素的同时测定。氢化物发生－原子荧光分析方法具有原子化效率高、谱线简单、光谱干扰小、无基体干扰、灵敏度高、多元素同时测定等多方面的优势。对于石脑油样品而言，砷含量的检测下限优于 0.1μg/kg，能够较好地满足重整工艺的控制要求。

(五)等离子体质谱法

等离子体质谱方法(ICP－MS)是近二十年发展起来的痕量元素分析技术，主要用于无机多元素的定量分析。图 18－18 为等离子体质谱仪的工作原理示意图。

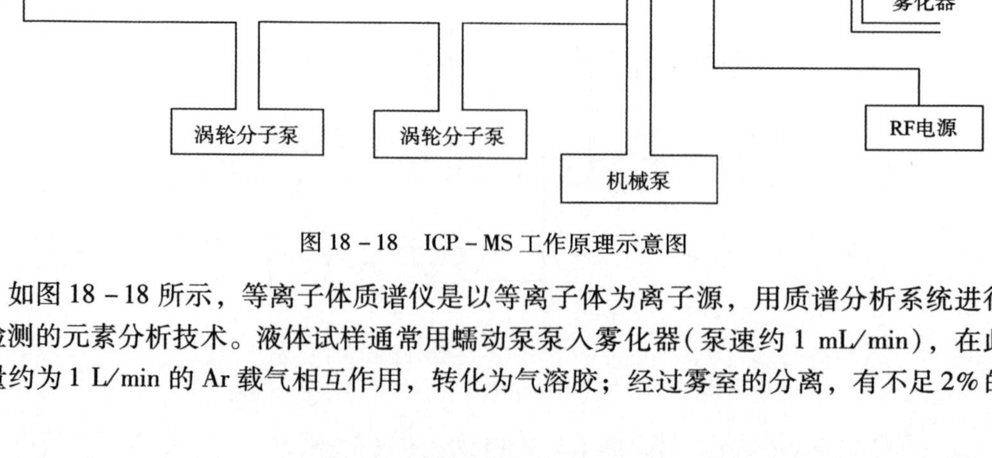

图 18－18 ICP－MS 工作原理示意图

如图 18－18 所示，等离子体质谱仪是以等离子体为离子源，用质谱分析系统进行离子检测的元素分析技术。液体试样通常用蠕动泵泵入雾化器(泵速约 1 mL/min)，在此与流量约为 1 L/min 的 Ar 载气相互作用，转化为气溶胶；经过雾室的分离，有不足 2% 的小气溶胶雾滴被载气带入氩等离子体炬；等离子体的高温（约 10000 K）使样品去溶剂化、汽化、解离并电离，部分离子经过质谱接口［真空度为 133 ~ 266Pa（1 ~ 2torr）］导入后续的质谱分析系统。在真空系统内，正离子经过离子光学系统［真空度约为 0.133Pa（10^{-3} torr）］后被拉出，进入四级杆质量分析器［真空度约为 1.33×10^{-4}（10^{-6} torr）］后按照质核比进行分离。检测器将离子转换成电脉冲，后由积分电路进行计数，电脉冲的大小与样品中待测元素的浓度有关。用校正曲线法进行定量。

ICP - MS 技术已经在很多领域的分析工作中得到了较好的应用。该技术具有很多突出优势，如：灵敏度高，水溶液样品的检测下限可能优于 ng/L（ppt）；线性范围宽，可达到 9 个数量级；可以实现多元素分析；可以实现有机溶液的直接进样分析；易于与其他分离技术实现联用分析，如：GC - ICP - MS 方法、HPLC - ICP - MS 方法等。

对于重整预加氢进料或重整精制油中重要的痕量杂质元素，如：As、Pb、Cu、Hg 等，可以采取有机溶液直接进样的方式进行 ICP - MS 分析，不需要通过复杂的样品预处理将石脑油样品转化为水溶液，测定过程简单方便。

有机溶液直接进样测定轻质油样中痕量元素含量方法的分析过程简述如下：准确称取有代表性的试样，用不含待测元素的二甲苯或航煤等空白溶剂稀释约 10 倍；为了补偿不同试样因物性差异导致的进样效率差异所引起的测量误差，可在稀释液中定量加入内标元素；准确称取稀释液的总质量，稀释液中试样的含量及内标元素的含量均用重量法计算。以同样方式制备系列标准溶液，所用的原标准溶液为油基质的标准溶液。待仪器状态稳定后，采用自吸入或蠕动泵进样方式，分别测试系列标准溶液，得到各种待测元素的离子强度与相应元素含量的数学关系；试样稀释液以同样的方式进行测试，得到其中各种待测元素的离子强度；根据校正曲线、试样稀释倍数及内标元素的回收率等分别进行各种元素的相关计算，即可得到试样中各种待测元素的含量结果。

五、铜、铅、汞含量的分析

重整原料中铜、铅、汞等金属含量超标时，会造成催化剂永久性失活，因而是重整工艺需要控制的重要指标。目前，灵敏度最高的痕量元素分析方法是等离子体质谱法（ICP - MS方法），可以实现石脑油中痕量元素的同时直接测定，检测下限能够满足重整工艺对精制油中痕量元素的分析要求。除此之外，铜、铅、汞等痕量元素的含量测定还可以选用灵敏度稍低的原子光谱分析方法，但多数情况下需要进行样品的预处理，以实现待测元素的富集及基体消除。

（一）铜含量测定方法

UOP 962[33] 方法规定了利用干灰化法进行油样预处理，用火焰原子吸收光谱法（FAAS）或等离子体发射光谱法（ICP - AES）进行检测的汽油及石脑油中铜含量的测定方法。该方法的定量检测下限约为 5μg/kg，灵敏度和精密度可以满足重整进料中铜含量的分析要求；样品分析周期约为 4h。该方法的基本原理及实验要点简介如下。

① 干灰化油样。准确称取待测油样 100g 左右于 250mL 石英烧杯中；将烧杯放在位于通风柜内的电热板上，缓慢加热以蒸发样品，并保持样品温度不致沸腾；当油样基本挥发

完毕，升高电热板温度至400℃左右，进行炭化，直至停止冒烟；再将烧杯转入500℃的马弗炉内，进行烧炭(至少2h)，直至炭质残余物被烧尽。

② 溶解灰分。令灰化完毕的烧杯冷却至室温，用移液管向其中加入7mL纯水、3.8mL浓盐酸、1.2mL浓硝酸、2滴氢氟酸，将烧杯置于电热板上，缓慢加热约10min，令溶液缓慢沸腾；取下烧杯，令其冷却至室温。

注意：所用的水及各种酸，纯度均应符合要求，不会带入明显的试剂空白。

③ 溶液转移及定容。用水将烧杯中的溶液定量转移至25mL容量瓶中并稀释至刻度。若用ICP-AES方法测定，稀释过程中，还可以定量加入选定的内标元素。

④ 试液中铜元素的测定。预处理过程得到的试样溶液，可以选用ICP-AES方法测定，也可以选用空气-乙炔焰AAS方法进行测定。选用324.754 nm谱线，利用校正曲线法进行定量，注意扣除相应的试剂空白。

对于重整进料中的痕量铜，除了UOP 962方法外，还可以选用ASTM D6732[34]方法。该方法为直接进样的石墨炉原子吸收光谱法(GF-AAS方法)，要求所用检测器具有背景校正功能，使用基体匹配的有机铜标准溶液建立校正曲线以计算待测石脑油样品中的铜含量。

此外，石脑油中的痕量铜，也可以通过先氧化，再用酸萃取，将含铜化合物转移至水相，最后利用GF-AAS方法进行测定。该方法用无机铜化合物的酸性标准溶液进行校正计算。方法的灵敏度能够满足重整进料对铜含量的控制分析要求。

(二)铅含量测定方法

UOP 952[35]方法规定了利用GF-AAS方法测定汽油及石脑油中痕量铅的方法。该方法的工作原理为：先用碘的甲苯溶液将石脑油中的有机铅氧化为水溶性的无机铅，再用稀硝酸将铅化合物萃取到水相；用磷酸二氢铵和硝酸镁作为基体改进剂，以提高铅元素的挥发温度，避免原子化前的挥发损失，用GF-AAS方法测定萃取液中的铅含量，外标法进行定量计算。该方法的适用范围为10~400μg/L，通过改变取样体积或萃取液的稀释比例，测定范围可以进一步拓宽，灵敏度基本可以满足重整工艺的要求。该方法的实验要点简介如下。

① 有机铅的氧化。移取适量待测油样于分液漏斗中，加入1mL 3%碘的甲苯溶液，震荡0.5min后，静止10min，令氧化反应继续进行。

② 无机铅的萃取。移取50mL 10% HNO_3溶液于上述分液漏斗中，震荡反应10min后，静止分层。

③ 标准溶液的配制。配制15μg/L、30μg/L的10% HNO_3介质的无机铅标准溶液。使用前配制。

④ 改进剂溶液的配制。配制含有0.1% HNO_3、1% $NH_4H_2PO_4$、100mg/L $Mg(NO_3)_2$的混合改进剂水溶液。

⑤ 按照表18-14的实验条件进行空白测定及标准溶液测定，建立校正曲线；测定萃取液，得到待测油样的铅含量。

表 18-14　GF-AAS 方法的测定条件

分析波长	283.3nm
狭缝宽度	0.7nm
背景校正	开
试样体积	20μL
基体改进剂	5μL 10% $NH_4H_2PO_4$ 和 0.06% $Mg(NO_3)_2$
干燥温度程序	第 1 步　140℃　30s　250mL/min 氩气流量 第 2 步　150℃　20s　250mL/min 氩气流量 第 3 步　200℃　10s　250mL/min 氩气流量
灰化温度程序	第 4 步　850℃　20s　250mL/min 氩气流量
原子化温度程序	第 5 步　1500℃　5s　250mL/min 氩气流量
除残温度程序	第 6 步　2400℃　2s　250mL/min 氩气流量

与 UOP 952 类似的方法也有文献报道，差别之一在于所用的氧化剂不同，除了 UOP952 方法中选用的碘外，还有用溴或过氧化氢作为氧化剂的研究，萃取用酸多选用稀硝酸；差别之二在于采用的石墨炉升温程序有所不同，主要表现在干燥及灰化阶段，不同的检测系统得到的最佳实验条件可能会存在一定差别。

(三)汞含量测定方法

可用于石脑油中痕量汞测定的较为灵敏的分析方法主要包括等离子体质谱法(ICP-MS)、直接测汞仪方法及原子荧光光谱法(AFS)等。其中，ICP-MS 方法的灵敏度最高，且可以实现有机试样的直接进样分析及多元素同步分析，分析原理及实验要点可参考砷含量分析中的有关章节；测汞仪方法也可以实现有机试样的直接进样分析，而 AFS 方法则必须将汞元素转化为水溶液后才能进行检测。

1. 燃烧-金汞齐捕集-冷蒸气原子吸收光谱法

与湿法预处理、光谱法检测的汞含量分析方法相比，1990 年代出现的燃烧-金汞齐捕集-冷蒸气原子吸收光谱法具有明显优势，不仅缩短了分析周期，也大幅度减小了样品预处理带来的分析误差，故此类方法在痕量汞的分析方面具有非常重要的意义。ASTM D7623[36]方法是应用此种工作原理测定原油中总汞含量的标准方法，适用的测量范围为 5~400μg/L；UOP938[37]方法用于测定液体烃类物质中的痕量汞，给出的测量范围为 0.1~10000 μg/L。与此类分析方法配套的代表性分析仪器为日本仪器公司(NIC)生产的 SP-3D 型汞分析仪，该仪器在痕量汞的分析方面得到了广泛应用。

燃烧-金汞齐捕集-冷蒸气原子吸光谱法测定样品中痕量汞的基本原理为：通过燃烧的方式将样品中的汞分解成气态汞，汞蒸气在载气的携带下进入汞捕集器并与其中的金混合形成金汞齐；加热汞捕集器，令金汞齐受热分解，释放出的汞蒸气被载气带入原子吸收检测器，检测元素汞在 253.7 nm 处的特征吸收强度，利用外标法进行定量计算。

利用 UOP938 方法测定石脑油等强挥发性油样中的痕量汞时，应注意以下几点：

① 由于汞元素很容易与多种金属元素结合形成金属汞齐，为了保证样品的代表性，不能用金属容器采集样品，应使用预先用酸清洗过的玻璃容器装盛样品，且采样后应尽快

测定；测试前应将油样低温保存，以减小元素汞及其化合物的挥发损失。

② 所用的样品舟及添加剂等均需要在700℃高温下预先煅烧2h，以消除干扰。

③ 所用添加剂B为Al_2O_3，作为分散剂使用，用于减少油样的挥发损失；添加剂M为40% $Ca(OH)_2$和60% Na_2CO_3混合物，用于减小酸性气体对汞检测过程的干扰。当试样中含硫时，需要使用两种添加剂。

④ 仪器的主要工作参数如下：

样品裂解温度	850℃
汞补集温度	150℃
汞释放温度	700℃

⑤ 测定标准溶液及未知样品时，均应扣除空白值。

⑥ 应根据待测样品的大致汞含量选定测量范围，选用合适浓度的汞含量标准溶液，可采取变化进样量的方式测定标准溶液，建立校正曲线。所用标准溶液为氯化汞的酸性水溶液，其中半胱氨酸的浓度为10mg/L。

⑦ 测定石脑油等轻油样品时，在将样品舟推至高温段前，需停留5min，令挥发性物质缓慢挥发，如图18－19所示。

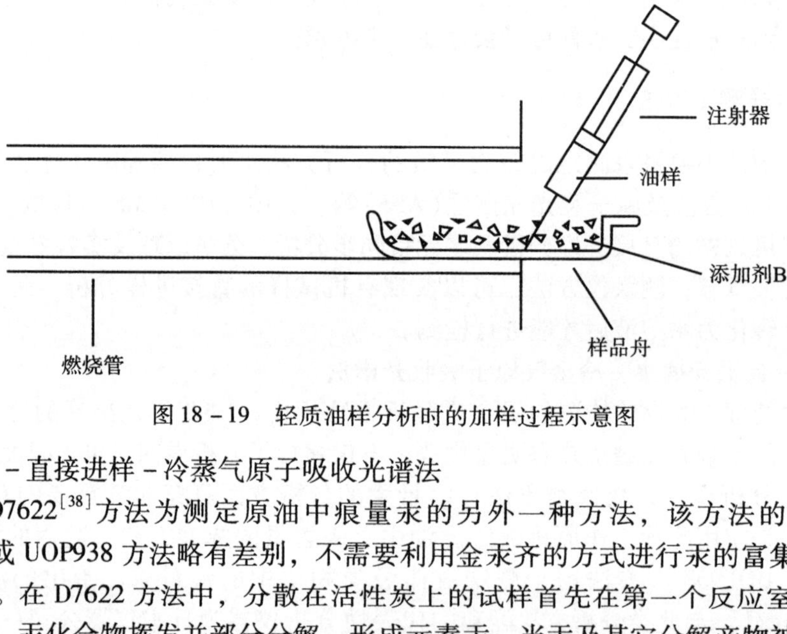

图18－19 轻质油样分析时的加样过程示意图

2. 燃烧－直接进样－冷蒸气原子吸收光谱法

ASTM D7622[38]方法为测定原油中痕量汞的另外一种方法，该方法的工作原理与D7623方法或UOP938方法略有差别，不需要利用金汞齐的方式进行汞的富集，而是还原后直接检测。在D7622方法中，分散在活性炭上的试样首先在第一个反应室内被加热至300～500℃，汞化合物挥发并部分分解，形成元素汞；当汞及其它分解产物被空气带入原子化器的第二个反应室后，在700～750℃的温度下，在镍铬丝的还原作用下，汞化合物被还原为汞蒸气，其他有机物被烧尽；当含有汞蒸气的混合气体通过吸收池(750℃)时，汞的特征吸收峰(253.65nm)被检测。所用仪器为塞曼效应－冷蒸气原子吸收光谱仪，仪器的灵敏度较高。

D7622方法推荐的汞含量测定范围为5～350 μg/L，也可用于测定石脑油等轻质油样中的痕量汞。该方法的代表性仪器为俄罗斯Lumex公司生产的RA－915型测汞仪。

3. 原子荧光光谱法

利用湿法消解，将油样中的汞转化为水溶液后，可以利用氢化物发生－原子荧光光谱法进行测定。为了避免汞元素的损失及污染，可选用微波消解方法进行样品预处理，消解试剂一般用浓硝酸及过氧化氢；对于预处理得到的水溶液，进行原子荧光检测时，多选用硼氢化钠的碱性溶液作为还原剂，进行在线还原后，用冷蒸气原子荧光方法检测。

六、水含量的分析

精制前的重整原料中，水含量一般在 μg/g 级，且水含量的高低和原料的保存环境、保存时间等因素都有关系。在南方潮湿环境下较长时间保存的原料中的水含量必然大于在干燥环境下保存的原料中的水含量。

对于精制前的重整原料、精制油的水含量都适合的测定方法是电量法/卡尔费休滴定法[39,40]，即通常所指的库仑/卡尔·费休滴定法。对于水含量较高的精制前的重整原料，还可以用容量/卡尔·费休滴定法进行测定。下面简要介绍库仑/卡尔·费休滴定方法。

（一）库仑/卡尔·费休方法测定水含量的基本原理

卡尔·费休方法测定水含量的原理是利用卡尔·费休反应来测定水含量。可以用下面的反应式来表示广义的卡尔·费休反应：

$$H_2O + I_2 + SO_2 + ROH + 3R_1N \longrightarrow (R_1NH)SO_4R + 2(R_1NH)I$$

式中　ROH——醇类物质(如：甲醇、乙醇、异丙醇等)；

R_1N——有机碱类物质(如：咪唑、胺、醇胺、酰胺类物质等)。

广义的卡尔·费休反应的含义为：在由有机碱类和醇类物质组成的非水溶液中，在 SO_2 大大过量的前提下，H_2O 分子和 I_2 分子将以 1∶1 的比例发生反应，故可以用 I_2 来滴定溶液中的水，从而实现测定样品中水含量的目的。根据所用碱类物质和醇类物质的不同，广义的卡尔·费休反应的具体表现形式是多种多样的。

对于库仑/卡尔·费休滴定方法而言，上述反应中，所需要的滴定剂(I_2)是通过电化学的方法产生的，并通过测定滴定过程所消耗的电量，根据法拉第电解定律，计算得到试样中的水含量。

（二）库仑/卡尔·费休水含量测定仪器的工作原理

库伦/卡尔·费休水分测定仪的示意图如图 18－20。

仪器由电解池单元、磁力搅拌器及主机等几部分组成。

电解池单元由电解电极对、测量电极对、电解液、搅拌子、干燥器、进样口等几部分组成。主机部分由电解过程控制系统、测量过程控制系统、搅拌控制系统(有的仪器搅拌器自控)、数据处理系统和结果输出系统等几部分组成。

在平衡状态下，电解液中碘的浓度恒定在一个很低的水平(对应于测量电极对间的一个极化电流水平)，池内处于无水状态。当含水试样进入电解液后，立即发生卡尔·费休反应，引起电解液中碘浓度的降低，致使电解池失去平衡；测量电极对将此变化的信号输出给放大器，放大器再将放大后的信号输出给电解电极对，使 I^- 在电极阳极被氧化为 I_2 ($2I^- - 2e \longrightarrow I_2$)，以补充水分消耗的 I_2；当进入池内的水分被反应完全后，电解池重又恢复平衡状态。测定整个过程电生碘所消耗的电量，根据法拉第电解定律和加入的试样的

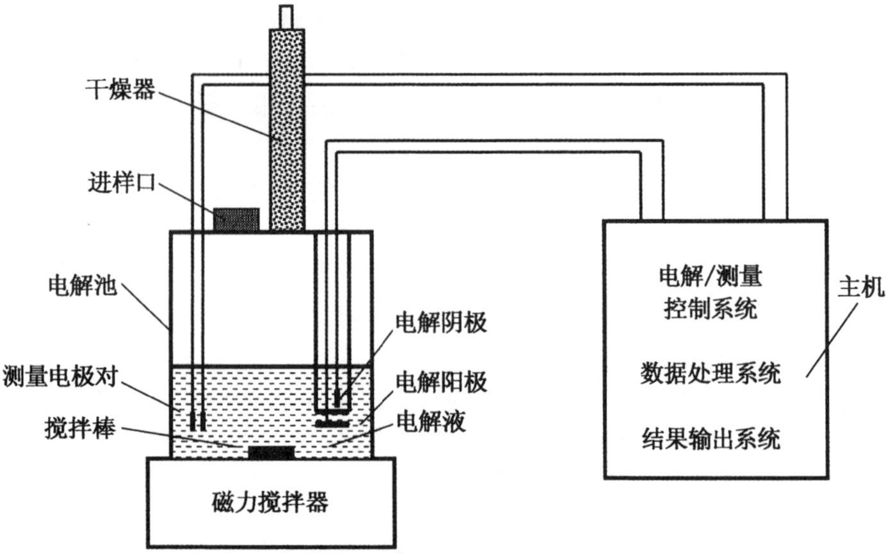

图 18-20 库仑/卡尔·费休水分测定仪示意图

量，即可得出试样中的含水量。

水含量的计算公式如式(18-5)所示：

$$水含量(\%) = \frac{18Q}{2 \times 96500 W_s} \times 100 \tag{18-5}$$

式中 Q——电解过程所消耗的电量，C；

W_s——试样的进样量，g；

18——水的摩尔质量，g/mol；

2——一个水分子反应所需要的电子转移数；

96500——法拉第常数，C/mol。

（三）水分测定时的注意事项

为了获得有代表性的、准确的水分测定结果，以指导工艺操作，必须在以下几个环节的操作方面特别加以注意。

1. 采样要有代表性

如前所述，采样前，要充分置换装置的采样管线，使采出的样品能够代表装置内物料的水含量。所用采样器皿，均需事先进行干燥，且绝对避免用醛酮溶剂清洗，以免有副反应发生。采样时，应尽量避免接触空气，采样后要及时进行测定，以防止空气中的水分对测定结果产生干扰。

2. 选用合适的计量方法

推荐使用称重的方法来确定样品量，以避免用样品体积代表进样量所造成的计量误差。

第四节　重整工艺中的气体分析

一、气体组成的分析

重整装置中气体组成的分析主要包括开工用氢气纯度测定、循环氢中氢含量测定和$C_1\sim C_5$烃类组成测定、以及氮气开工置换气和催化剂再生气的组成测定等。氢气纯度及循环氢中的氢含量是工艺开工的重要指标，烃类气体的组成数据是工艺控制过程能量交换及物料平衡的重要参数。准确测定气体组成对重整装置开工具有重要意义。

由于需要测定的组分包括了非烃气体及烃类气体多种组分，很难采用一根色谱柱完成所有组分的分析。早期人们一般是分别测定非烃气体和烃类组分，采用2~3台色谱仪来完成。配有多个检测器的多维色谱可以在一台仪器上一次完成所有气体组成的分析，但系统的构造较为复杂，使用及维护的要求较高。近年发展了快速多通道并行微型色谱仪，可在3min内完成单次样品的分析，但仪器的造价高，还未得到普及。

（一）多维色谱法测定气体组成

气体中包含的$C_1\sim C_5$烃类组分和氢气、氧气、氮气等非烃气体，无法在一根色谱柱上实现全分离。多维色谱法采用一系列的切换阀和多根色谱柱，使样品中的不同组分在特定的色谱柱及检测器上进行分离测定，分离测定在一台仪器上完成。

美国环球化学公司标准方法UOP—539采用的多维气体组成分析系统在20世纪八九十年代得到了非常广泛的应用。该系统采用了2个十通阀、2个六通阀、5根不同类型的色谱柱，因此习惯上被称为“四阀五柱系统”。系统采用了氢气和氮气双载气和双热导检测器，可以一次进样分析气体样品中的氢气、氮气、氧气、一氧化碳、二氧化碳、$C_1\sim C_5$烃类组分的含量，样品中C_6及以上组分作为一组峰测定[1]。系统的气路示意图见图18－21。该系统适合于各种炼油厂气的组成分析，重整工艺开工气态烃组成测定、氢气纯度测定、循环氢组成测定、氮气开工置换气及催化剂再生气组成测定等均可在此系统上完成。

样品气进入色谱系统后首先分为两路，一路随氮气载气进入一根13X分子筛色谱柱，在此色谱柱上氢气最先出峰，经热导检测器检测。待氢气出峰后将其余组分反吹出色谱系统。另一路样品随氢气载气首先进入一根0.6m长的癸二腈色谱柱，C_5烯烃及C_6以上组分在此保留，其余组分进入9m长的癸二腈色谱柱，$C_3\sim C_5$组分在此保留并分离，其余组分进入有机多孔高聚物Porapak Q色谱柱，C_2组分和CO_2保留并分离，O_2、N_2、CH_4和CO进入13X分子筛色谱柱实现分离。通过切换阀，使得C_5烯和C_6以上组分、$C_3\sim C_5$组分、C_2和CO_2、以及O_2、N_2、CH_4和CO依次流出色谱系统，热导检测器检测。典型的操作条件见表18－15，典型色谱图见图18－22。

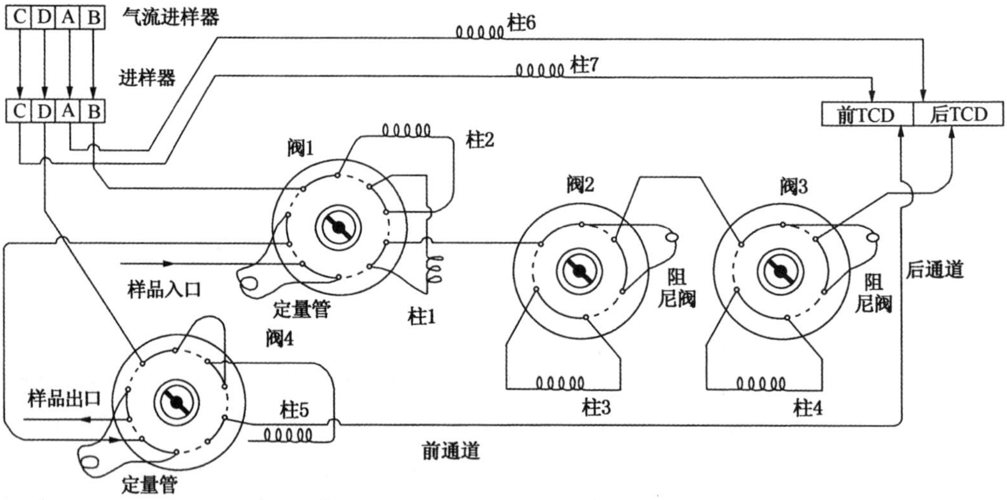

图 18－21 多维色谱测定炼油厂气色谱系统示意图

表 18－15 多维色谱法测定炼油厂气组成的分析条件

色谱柱	内径 3.2mm(⅛in)不锈钢管
柱 1	长 0.6m, 20% 癸二腈/Chromasorb PAW(60～80 目)
柱 2	长 9m, 20% 癸二腈/Chromasorb PAW(60～80 目)
柱 3	长 1.8m, 有机多孔高聚物 Porapark Q (80～100 目)
柱 4	长 3m, 13X 分子筛(40～60 目)
柱 5	长 1.2m, 13X 分子筛(40～60 目)
柱 6、7	2% OV－101/Chromasorb PAW (60～80 目)
阀室温度	85℃
进样口温度	60℃
色谱柱温度	50℃
检测器温度	100℃
载气流速	30mL/min
定量管	0.25mL

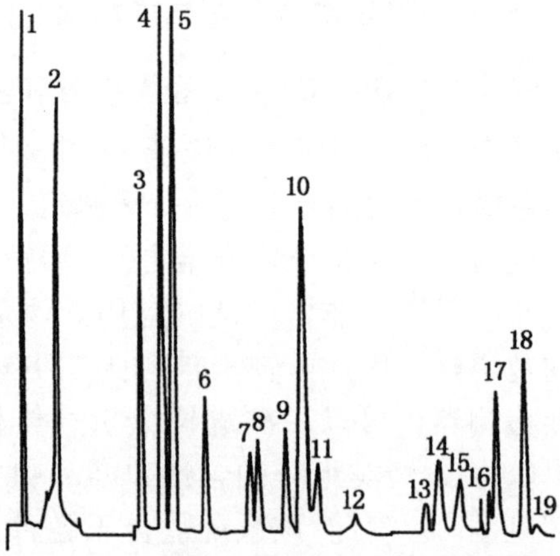

图 18－22 多维色谱测定炼油厂气典型色谱图

1—H_2；2—$C_5^=$、C_6^+；3—C_3^o；4—$C_3^=$；5—i-C_4^o；6—n-C_4^o；7—n-$C_4^=$；8—i-$C_4^=$；9—2-反-$C_4^=$；10—i-C_5^o；11—2－顺－$C_4^=$；12—n－C_5^0；13—CO_2；14—$C_2^=$；15—C_2^o；16—O_2；17—N_2；18—CH_4；19—CO

组分定量采用校正因子归一化法。校正因子可以采用可靠的文献值，也可以采用已知浓度的标准气测定。由于采用了双载气，氢气的校正因子可以通过测定氮气载气上纯氢的响应值和氢气载气上纯氮的响应值，经计算求得。

该方法有较好的精密度，氢气含量大于 80% 时，标准偏差为 0.3%，C_6 以上组分含量大于 3% 时，测定标准偏差为 0.2%，其余组分测定的标准偏差不大于 0.1%。

（二）新型炼油厂气分析系统测定气体组成

新型炼油厂气分析系统也是一种多维色谱测定炼油厂气的分析系统，与前述“四阀五柱”系统相比，系统配置更加简化，使用更加灵活。系统的气路流程示意图见图 18－23[41]。

分析系统由三根色谱柱、一个十通阀、一个六通阀、一个热导检测器和一个火焰离子化检测器组成。样品经十通阀和六通阀分两路进入色谱系统。柱 1 为 Porapak Q 柱，用于分离 CO_2，并通过阻尼柱进入检测器，柱 2 为 5A 分子筛柱用于分离 O_2、N_2、CH_4 和 CO，柱 3 为 Al_2O_3 毛细柱，用于分离 $C_1 \sim C_5$ 烃类组分。

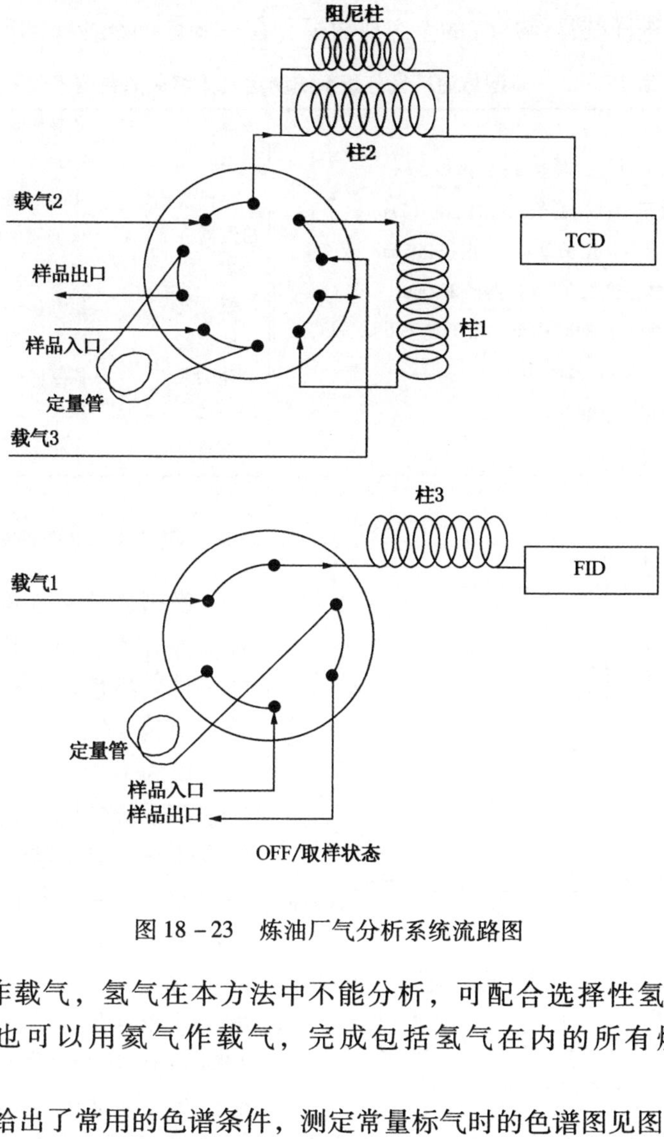

图 18－23　炼油厂气分析系统流路图

方法以氢气作载气，氢气在本方法中不能分析，可配合选择性氢气分析仪完成炼厂气的全分析；也可以用氦气作载气，完成包括氢气在内的所有炼油厂气组分的全分析。

表 18－16 中给出了常用的色谱条件，测定常量标气时的色谱图见图 18－24。

通过设定可以使两个通道的响应信号显示在一张色谱图上，因此根据甲烷在两个通道的色谱峰面积，采用校正因子归一化法即可对两通道的所有组分进行定量。

该分析系统与经典“四阀五柱”炼油厂气分析仪相比节省了阀件、简化了系统，因而使系统的可靠性增加，成本下降，同时采用毛细管烃分析柱和 FID 检测器后，还使系统对烃类组分的分离和检测范围得到极大的改善，是一种值得推广的专用分析仪。

近几年，各仪器厂家推出了各自的快速炼厂气全分析系统，方法的分析思路均与这套系统相类似，为实现组分的全分析，通常会增加一个用于分析氢气含量的通道和检测器，其他通道的分离，采用13X分子筛柱测定O_2、N_2、CH_4和CO，高分子小球Porapak Q或Hayesep Q色谱柱分析CO_2和H_2S，Al_2O_3毛细管柱分析C_1～C_5烃类组分，实现分析全过程的系统配置为四个切换阀和六根色谱柱的“四阀六柱”系统。在此基础上，增加一根短的非极性柱用于反吹样品中C_6以上的重烃组分，以缩短组分在Al_2O_3色谱柱上的流出时间，从而缩短全分析的时间，实现这一分析过程的色谱配置，又被称为“五阀七柱”系统。这些系统可以一次进样获得炼厂气的全组成数据，在一些炼油企业得到了应用。

表18－16 新型炼油厂气分析系统测定气体组成的色谱条件

色谱柱		检测器	热导检测器(TCD)
色谱柱1	Porapak Q柱，柱长3m，内径2mm	温　度	250℃
色谱柱2	5A分子筛柱，柱长2m，内径1.2mm	参比气流量	50mL/min
色谱柱3	氧化铝柱，柱长20mm，内径0.5mm	检测器	火焰离子化(FID)
色谱柱4	阻尼柱，柱长0.3m，内径2.2mm	温　度	250℃
色谱柱升温程序	初温50℃，初时0min，程升速率6℃/min，终温120℃，终时5min	燃　气	氢气(～30mL/min)
		助燃气	空气(～350mL/min)
		补偿气	氮气(～30mL/min)
六通阀	1.6mm(1/16in)	载　气	氢气
十通阀	1.6mm(1/16in)	平均线速	～40cm/s

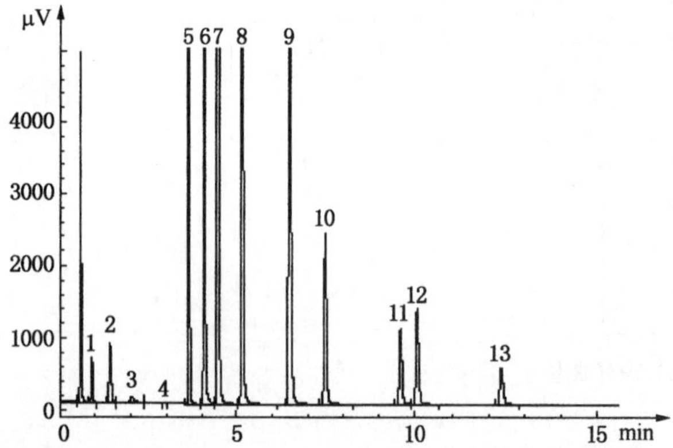

图18－24 新型炼油厂气分析系统分析常量标气的色谱图

1—二氧化碳；2—氮气；3—甲烷；4—一氧化碳；5—甲烷；6—乙烷；7—乙烯；8—丙烷；9—丙烯；10—正丁烷；11—正丁烯；12—异丁烯；13—1,3－丁二烯

(三)微型色谱仪测定气体组成

微型色谱是近年来基于色谱分析技术与芯片微加工技术结合发展起来的一种新型色谱分析系统，具有多通道、快速、便携的特点，炼厂气分析周期仅为160s。

该系统的原理是采用多通道并行的方式进行不同类型的组分的分析。传统的多维色谱是使待分析混合组分依次进入串联在一起的多根不同类型的色谱柱，组分在特定的色谱柱上分离，并依次流出色谱系统进行检测。在时间上组分依次出峰，很难实现快速分析。多通道并行色谱是让试样同时进入多个通道中不同类型的色谱柱，在各色谱柱中只有特定的组分实现分离，其余组分反吹出系统，信号由多检测器同时采集，将各通道的分离信息结合计算，即可获得样品中全部组分的分析结果。由于多个通道的分离和检测是同时进行的，因此，可以使分析的时间大大缩短。

采用芯片微加工技术制成的微型色谱，采用了高效的色谱柱从而可实现快速分离，加工制成的微型热导池具有很快的响应，可以满足快速检测的要求。表18－17为仪器的配置及参数[42,43]。

微型色谱由于同时提供了四个不同类型的分析通道，因而可以根据不同的样品类型设计不同的分析方案，如只需测定氢气的纯度，则只需在通道 A 上进行。

表 18-17 仪器配置参数

	通道 A	通道 B	通道 C	通道 D
分析组分名称	H_2、O_2、N_2、CH_4、CO	CO_2、乙烷、乙烯	C_3 ~ C_5 饱和烃和 C_3、C_4 烯烃	C_5 烯烃和 C_6 以上组分
色谱柱类型	多孔层开管柱(PLOT)			壁涂渍开管柱(WCOT)
分析柱柱长/m	10	8	10	10
预柱柱长/m	2	1	1	
内径/mm	0.32	0.32	0.32	0.15
预柱固定相	13X 分子筛	PoraPLOT Q	Al_2O_3	
分析柱固定相	5A 分子筛	PoraPLOT U	Al_2O_3	OV-1
涂层厚度/μm	20	10	8	2
反吹时间/s	8	7	4	3
分析时间/s	160			

微型色谱由于采用了芯片加工集成技术，使其体积很小，具有“微型”的特点，其大小仅为一台计算机主机大小，两通道配置的微型色谱重量仅约 5kg，配上内置气瓶和电池，可以直接拿到现场取样分析，并可以实现现场实时、在线分析，有广阔的应用空间。

二、循环氢的组成及杂质分析

(一) 氢纯度及烃类组成的分析

循环氢的组成分析包括开工用氢气纯度测定和循环氢的含量和组成测定。在上一节中，已经介绍了几种常用的气体组成测定方法，均可用于测定氢气的含量。也可采用下列较为简单的方法，但这些方法限于氢气含量测定，当需测定其他组分时，必须结合其他仪器和方法来完成组分的全分析。

1. 用分子筛柱色谱方法测定开工用氢气纯度

对于氢气、氧气和氮气的分离和测定，一般均采用分子筛作固定相的色谱柱，包括 5A 和 13X 分子筛，组分的检测采用热导检测器。使用 1 ~ 3m 长、内径为 2mm 的分子筛色谱柱，柱温为 50℃下，即可将氢气组分与其他组分分离。

分子筛色谱柱在使用前，应在 260℃下老化，色谱柱经长期使用吸收载气和样品中的水以及一些较重的组分，会使色谱柱柱效降低，这时需对色谱柱重新进行老化以获得较高的柱效。

测定氢气可以采用氮气或氩气作载气，尽量避免使用氦气，不能使用氢气作载气。由于氦气和氢气的导热系数接近，采用氦气作载气，使得氢气的检测灵敏度低，并且氢气在一定浓度范围内会出现倒峰或 W 型峰等不规则峰，影响定量。

氢气为最先流出色谱系统的组分，采用一个十通阀，可以在氢气出峰后将其余的组分反吹出色谱系统。连接示意图见图 18-25。氢气组分定量采用外标法。可以通过测定一系列不同浓度的氢气标准样品获得氢气含量测定的标准曲线，也可直接采用纯氢样品来测定氢气的响应因子。在有些情况下，当氢气含量接近 100% 时，氢气含量的标准曲线会发生一定的弯曲，即超出了检测器响应的线性范围。采用更小体积的定量管，会对此情况有所改善。为尽量减小测定的误差，应尽量采用与样品气含量接近的标准气绘制氢气的标准曲线或测定响应因子。

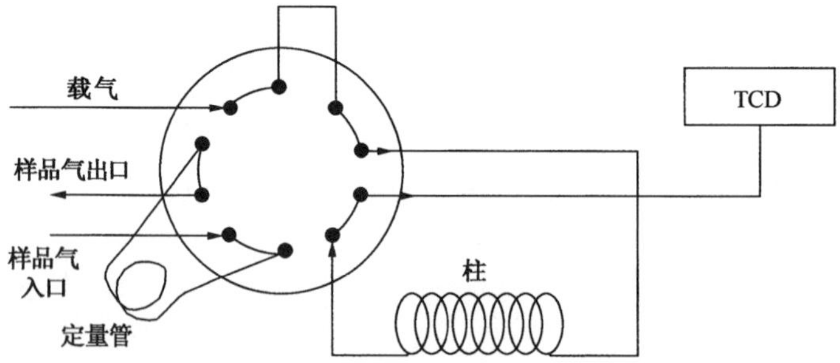

图 18-25　氢气纯度测定色谱连接示意图

2. 用选择性氢气分析仪测定氢气纯度[44]

采用气相色谱法测定氢气含量，用于氢含量接近 100% 的高含量气样分析时，往往容易使热导检测器超线性，从而造成定量失真。工业生产上应用较多的热导式氢分析仪虽然具有稳定性好，不易毒化等特点，但因它无预分离系统，当实际气样组成与标定气组成偏离较大时，所得结果与真值会有很大出入。

石油化工科学研究院开发了一种选择性氢含量分析仪。它利用了特殊的膜分离技术，使样品经过一选择性氢分离器，样品中的部分氢会按比例定量透过选择性氢分离膜进入另一侧，被载气带入检测器检测，而其余组分经过样品池后放空，避免了重组分对检测器的污染和对测定的干扰。由于仅有少量氢气分子定量进入检测器被检测放大，因而避免了高含量氢气组分进入检测器后引起的超线性，可测定 1% ~100%(体积分数)浓度范围的氢气的含量，提高了定量的可靠性和适用范围。

该仪器样品测试时间短，单次样品分析时间约 3min 左右，也可以直接连接在装置上，实现在线氢气含量监测。

3. C_1 ~ C_5 气态烃组成的测定

气态烃的组成分析主要有重整循环氢、脱戊烷塔顶气、稳定塔顶气、汽提塔顶气的组成分析等。

对于循环氢中的烃类组成测定，可以采用前面介绍的几种分析系统方便地实现。如果仅需测定烃类组成，也可采用一根色谱柱来完成。

分析 C_1 ~ C_5 气态烃可以采用非极性色谱柱，如角鲨烷、100% 甲基硅酮(OV-1、SE-30)等色谱固定相的色谱柱。烃类组分在色谱柱上完全按照沸点顺序分离，可以采用热导检测器或火焰离子化检测器检测。

气体分析一般采用六通阀或十通阀进样。进样量决定于采用的定量管的容量，一般为0.2~2mL。定量采用校正因子归一化法，扣除氢气等非烃组分含量。采用热导检测器时，各组分有不同的校正因子。采用火焰离子化检测器，各组分的质量校正因子非常接近，可直接采用面积归一化结果。

采用非极性的色谱柱分析气态烃组成时，有些组分无法分离或分离不完全，影响定量，如乙烷与乙烯、丙烷与丙烯、正丁烯与异丁烯等。为此必须采用特殊类型固定相的色谱柱，如25% 顺丁烯二酸二丁酯柱(8m)、25% 顺丁烯二酸二丁酯柱(8m)与25% β,β' -氧二丙腈柱(3m)串联柱以及20% 癸二腈柱(9m)等。采用这些色谱柱，丙烷和丙烯得到了很好的分离，在癸二腈柱上，正异丁烯也获得了较好的分离。

随着色谱制备技术的发展，采用 Al_2O_3 做固定相的多孔层开管柱(PLOT)在气态烃的分离分析上获得了很好的效果[45]。该种色谱柱具备了毛细管柱的极高柱效和对气态烃分离的极好的选择性，C_5 之前的烃类组分可以获得完全分离，不仅可以用于分析常量的气态烃组成，还特别适合于测定聚合级的乙烯、丙烯中的微量烃类杂质。表 18-18 为采用 50m 长的 Al_2O_3 PLOT 柱测定气态烃的典型色谱条件，色谱图见图18-26。

表 18-18 Al_2O_3 PLOT 柱分析烃类组分典型色谱条件

色谱柱	Al_2O_3 PLOT 柱，柱长 50m，内径 0.53mm	检测器	FID
进样阀	1.6mm(1/16in)六通阀，50℃	温度	250℃
定量管	200~500μL	燃气	氢气(35mL/min)
色谱柱升温程序	初温 80℃，初时 5min，程升速率 20℃/min，终温 160℃，终时 10min	助燃气	空气(400mL/min)
		补偿气	氮气(25mL/min)
		载气	氢气或氮气(5mL/min)
		分流比	(5:1)~(10:1)

测定时采用火焰离子化检测器检测，校正因子归一化法定量，计算时扣除氢气等非烃组分的含量。

(二) 循环氢中水含量分析

循环氢中的水含量，是重整反应系统的一项非常重要的控制指标，它标志着系统运行状态的正常与否，影响着重整产物的分布情况。循环氢中的水含量过高，会导致催化剂上的氯大量流失，若补氯不够，则催化剂的酸性功能下降，进而导致催化剂的选择性变差；反之，循环氢中的水含量过低时，若不及时补水或减少注氯，将会导致催化剂的酸性功能过强，表现为裂化反应加剧、氢纯度下降、C_5^+ 液收减少、催化剂上的积炭速度加快、催化剂的寿命缩短等。

综上所述，及时准确的提供循环氢中的水含量数据是保证水氯平衡操作的前提，特别是在装置的开工初期，更需要分析人员密切注意气中水含量的变化，使工艺人员及时调整注氯速度。

目前，比较适合且应用较多的测定重整循环氢中水含量的方法为露点仪法，所用的仪器分为在线式露点仪和便携式露点仪两种，采样点位置大多选在重整高压分离器或

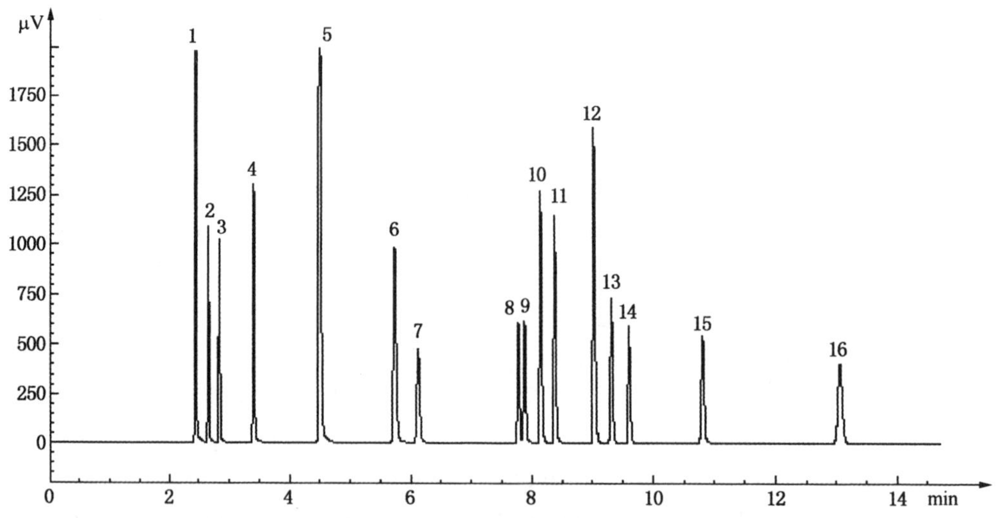

图 18-26　Al_2O_3 PLOT 柱分析烃类组分典型色谱图

1—甲烷；2—乙烷；3—乙烯；4—丙烷；5—丙烯；6—异丁烷；7—正丁烷；8—反-2-丁烯；9—正丁烯；10—异丁烯；11—顺-2-丁烯；12—异戊烷；13—正戊烷；14—1,3-丁二烯；15—戊烯；16—正己烷

其出口管线。在开工初期，因水含量较高、酸性气体含量稍高的可能性大，为保护价格昂贵的在线式水分测定仪，人们常使用价格相对较低的便携式露点仪来进行循环氢中水含量的测定；当气中水含量接近正常范围后(几十 μg/g)，在线式水分测定仪开始投入使用。另一方面，由于重整装置为临氢装置，被测介质主要由氢气及少量轻烃物质组成，故无论是在线式露点仪，还是便携式露点仪，均要求具备防爆功能，以确保测定过程及装置的安全。

所选用的露点仪，可以是 Al_2O_3 薄膜电容式露点仪，也可以是镜面式露点仪或电化学式露点仪，但总体来看，选用 Al_2O_3 薄膜电容式露点仪的情况较多。

需要注意的有以下几点：首先，为了得到准确的、可反映重整循环氢实际情况的水含量数据，采样点的位置与循环氢系统间的距离必须尽量缩短。第二，对于使用便携式露点仪的情况，测定前必须进行充分的气体置换，以使样品的水含量接近循环氢系统内的水含量；对于使用在线式露点仪的情况，必须保证采样管线内的气体与循环氢系统能够实时地进行有效的循环。第三，采取必要的措施，减少露点仪探头被烃类物质污染的可能性，保证所测水含量的真实准确。

(三) 循环氢中硫含量分析

重整循环氢中的硫化物主要是重整过程中生成的硫化氢气体，其含量一般低于 1μL/L，很少高于 5μL/L。通过监测循环氢中硫化氢含量的变化，可以间接地了解精制系统操作是否正常，也可以及时发现诸如换热系统泄露、脱硫罐脱硫剂性能下降等设备故障。

循环氢中的硫含量，可以利用前述的几种硫含量测定方法测定得到，也可以使用硫化氢检测管、硫化氢便携式测定仪进行现场半定量或定量分析。工业上最常用的是硫化氢检测管方法。采样点一般设在重整高压分离器的气体出口管线上。采样时，首先要进行采样管线的充分置换，随后，还要进行采样器皿的彻底置换，使采集出来的气样能够代表装置内的物料的真实情况。

1. 检测管方法

若选用检测管的方法测定硫化氢，可以选用专用的检测管采样器采样，也可以利用玻璃针筒注射器(100mL)。测定步骤简要说明如下：

将装置的采样口阀门打开，进行采样管线的吹扫，待置换充分后，调节流出的气体流量至100～300mL/min(为了确保采样的代表性，可在采样口处设置分流管线)；

将检测管两端的熔封折断，然后将检测管的一端插入采样器的进气嘴，并使检测管上的箭头方向指向采样器；

将检测管的另一端与装置的采样口管线对接后，立即拉动注射器的柱塞，并控制采样速度在100～300mL/min范围内，当拉至100mL刻度时，将检测管从采样口取下，读出变色的位置，即可得到气样中硫化氢的含量；重复测定几次，取平均值作为测定结果。

使用检测管方法时，有以下几方面的问题需要注意：

① 要注意检测管的测量范围，应选用合适量程范围的检测管，以获得较高的灵敏度。

② 要注意检测管的有效期限问题，过期的检测管绝对不能使用。

③ 压力校正的问题：在海拔较高地区使用检测管时必须进行压力校正。气样中硫化氢的真实含量应为实测结果乘以压力校正因子(见表18－19)。

表18－19　压力校正因子

海拔高度/m	1524	2743	3800	4724	5486	6096
压力校正因子	1.2	1.4	1.6	1.8	2.0	2.2

④ 可采用增加或减小取气量的方法来扩大检测管的测量范围，如：当测定重整循环氢中的硫化氢含量时，由于含量很低，可采取通数百mL的气样，来提高测量的准确度。

2. 硫含量分析仪方法

若选用硫含量分析仪测定循环氢中的硫含量，需要注意以下两个问题：

① 要保证样品采集后，及时进行测定，以减少因容器器壁吸附导致的硫含量偏低的程度。

② 若选用微库仑方法测定硫含量，可以使用液体标准样品进行仪器校准；若选用氧化－紫外荧光法或氢解－光电比色法测定硫含量，则需要使用含量相近的硫标准气体进行仪器校准，这一点往往是较难做到的，因为几个μL/L的硫标准气体既难配制，又难保存，故影响了紫外荧光法和光电比色法在气体样品硫含量测定方面的应用。

(四) 循环氢中氯含量分析

重整循环氢中的氯化物主要是重整过程中生成的氯化氢气体，其含量一般低于1μL/L，很少高于5μL/L。通过监测氯化氢含量的变化，可以知道精制系统操作是否正常，还可以了解催化剂上氯的流失情况是否正常。当循环氢中的氯化氢含量过高时，会在低温部位与氨反应生成氯化铵固体，发生管道堵塞现象。

循环氢中的氯含量，可以通过采样后利用微库仑氯含量测定方法测定，也可以使用氯化氢检测管进行半定量分析。工业上最常应用的是氯化氢检测管方法，操作方法和注意事项与前述的硫化氢检测管方法相似。

第五节 重整催化剂的分析

装置运行一段时间后，重整催化剂的反应活性及选择性会因积炭、中毒、金属沉积、结构变化等原因逐渐降低甚至丧失，故必须进行催化剂的再生操作，使其活性及选择性得到恢复。另一方面，当装置在运转过程中出现异常现象时，如出现产物分布恶化、氢纯度下降、液收下降等现象时，也可能需要通过催化剂的分析结果来查找原因。对于连续重整装置而言，催化剂的分析是重整工艺控制分析中重要的内容之一，是指导催化剂再生操作的重要依据。

重整催化剂的分析项目包括：催化剂的碳含量、氯含量、硫含量、活性金属含量、污染金属含量的分析，以及催化剂的比表面、孔分布、粒度分布、压碎强度等物化指标的分析。

一、催化剂碳含量分析

重整催化剂的碳含量是反映催化剂的活性，表征催化剂的使用情况的重要指标之一，特别是对于连续重整工艺尤为重要，是指导催化剂再生条件控制的重要依据。下面简要介绍催化剂碳含量的测定方法。

（一）经典的管式炉燃烧/碱吸收测定法

催化剂上的碳含量可以用比较经典的管式炉燃烧方法测定，方法的大致原理如下：

通过将一定量的催化剂样品放入1000℃左右的高温管式炉内，通入氧气，令积炭物质完全燃烧，转化为二氧化碳，并用氢氧化钾溶液吸收。根据测得的被吸收的二氧化碳气体的量、催化剂样品的取样量，再将温度对体积的影响加以校正，即可得到催化剂样品的积炭含量。

上述催化剂积炭含量的经典分析方法，除设备造价低这一突出优点外，存在着许多明显的不足之处，如：无法避免反应过程中生成的其他酸性气体(硫氧化物、氮氧化物、氯化氢等)的干扰，故测定结果经常偏高；操作繁琐，精密度不够高。

（二）高温燃烧－红外吸收测定法

高温燃烧－红外吸收法是测定催化剂碳含量的常用方法。顾名思义，该方法是将含碳的催化剂样品，通过高温燃烧，使碳元素转化为二氧化碳气体，再利用红外吸收的方法进行检测，最终得到催化剂的总碳含量。

红外吸收法测定催化剂的碳含量，根据所采用的燃烧方式，又可划分为两种不同的方法，其一是利用管式炉进行燃烧(炉温一般在1300℃左右)，其二是利用高频感应炉进行燃烧(炉温一般在1600℃左右)。配套的商品仪器亦划分为两类，即高频感应炉燃烧/红外吸收碳含量测定仪、管式炉燃烧/红外吸收碳含量测定仪。

上述两种红外吸收碳含量测定方法相比较，高频感应炉/红外吸收法的优点是分析速度快，缺点是只适合测定无机材料样品，不适合测定有机材料样品；管式炉/红外吸收方法的优点是，有机或无机材料样品均可测定，缺点是分析周期相对较长。

无论使用哪种方法进行重整催化剂碳含量的测定，均需要注意以下几点：

① 样品测定之前，应先将样品研细，再进行干燥脱水；

② 需要用含量相近、基质相近的标准样品进行仪器的校准，以确保测定结果的准确可靠；

③ 选用合适的助熔剂或助燃剂；

④ 准确测定并扣除空白值。

二、催化剂氯含量分析

氯元素是重整催化剂不可缺少的活性组分，是催化剂的酸性组元，氯含量的大小是重整催化剂的一个重要指标。

多年来，人们用来测定重整催化剂氯含量的方法有多种，其中包括：比色法、容量滴定法、电位滴定法、离子选择性电极法、微库仑法、离子色谱法及 X 射线荧光法等。以下简要介绍几种常用的方法。

（一）电位滴定法

1. 方法概述

以玻璃电极为参比电极、银电极为指示电极，用硝酸银标准溶液滴定一定量的处理液中的氯离子，按照电位的“突跃”点（二阶微商法）判断滴定终点。根据硝酸银标准溶液的消耗量，即可计算出处理液的氯离子含量，进而得到催化剂样品的总氯含量。

2. 仪器

滴定过程中所用的仪器包括：电位滴定仪、磁力搅拌器等。

（二）离子选择性电极法

（1）方法原理

方法的原理大致如 SH/T 0343—92 方法所述。试样中的氯经氢氧化钠溶液抽提后，用氯离子选择性电极测定试液中的氯离子，采用标准加入法定量测定。

（2）仪器及试剂

离子计、氯离子选择性电极、饱和甘汞电极等。

氯化钠（光谱纯）、氢氧化钠、硝酸等。

（3）样品的预处理

准确称取一定量的预先研细的试样于烧杯中，加入一定量的氢氧化钠溶液，煮沸数十分钟后，冷却，再用硝酸溶液调节 pH 至 6～8，最后转移至容量瓶中并定容。

（4）试样及空白溶液的测定

将氯离子选择性电极与饱和甘汞电极和离子计相连。用水洗涤电极直至在水中的空白电位达到要求。擦净电极上的水滴后，将电极插入待测试液中，搅拌 3min、静置 2min 后，读取电位值 E_1。用微量注射器加入一定量的标准溶液，经搅拌、静置后，再读取电位值 E_2。

空白溶液的测定与试液的测定过程类似。

(5) 测定并计算试样在 850℃条件下的灼烧基。

(6) 计算试样的氯含量(公式略)。

(三) 离子色谱法

离子色谱法是测定水溶液中氯离子含量的常用方法之一，当然可以用来测定催化剂中的氯含量，只不过需要将催化剂样品进行前处理，将氯元素转化为氯离子的形式，再进行测定。

样品前处理的方法大致如下：称取一定量的预先研细的催化剂样品于压力溶弹的聚四氟乙烯杯中，加入适量的 1:1 氨水，将溶弹密封后放在 180℃左右的烘箱中恒温数小时；将溶弹从烘箱中取出，冷却至室温后打开，用玻璃漏斗将试液滤入烧杯中；在电炉上加热烧杯，将试液浓缩，冷却后转移至容量瓶中，并用淋洗液稀释至刻度，该溶液即可直接进行离子色谱测定。

(四) 波长色散 X 射线荧光光谱法

可以看出，上述几种氯含量的测定方法均是基于氯离子的测定，而 X 射线荧光法则与此完全不同。

1. 波长色散 X 射线荧光光谱方法测定元素含量的工作原理

X 射线荧光光谱分析方法，是利用由 X 射线管发出的一次 X 射线照射试样，再把试样反射出的二次 X 射线(X 射线荧光)进行分光，只取出目的元素的 X 射线荧光；由于所得到的目的元素的 X 射线荧光的强度与该元素的含量有定量关系，故可以进行目的元素的定量分析。

图 18-27 为波长色散 X 射线荧光分析仪的结构示意图。

2. 主要仪器及试剂

X 射线荧光光谱仪：日本理学 ZSX100 型或其他具有同样性能的仪器。

压片机：最大压力为 30t。

压片模具及铝制样盒(直径为 25mm)。

氯化钠：光谱纯

3. 标准样品的制备及校正曲线的建立

制备标准样品和测定校正曲线是 X 射线荧光方法测定元素含量的前提和基础，但并非是需要经常重复的工作。只要待测样品基质变化不大、元素含量不超出校正曲线的有效范围、仪器的硬件及工作环境变化不大，则不需要经常测定校正曲线。

(1) 标准样品的制备方法

选用试剂级的氧化铝作载体，用光谱纯的氯化钠作溶质，制备一系列不同浓度的氯含量标准样品，氯含量范围为 0.10% ~1.90%。

制备前，需将氯化钠和氧化铝置于烘箱中，于 120℃下干燥处理 2h。制备时，按预先

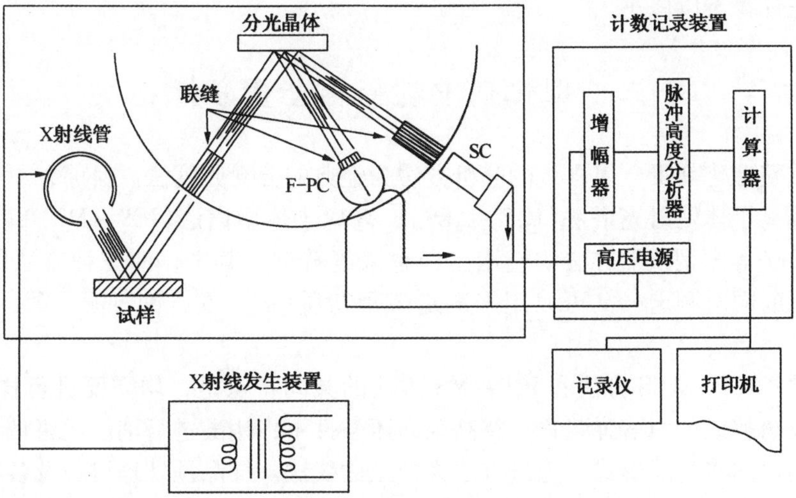

图 18－27　波长色散 X 射线荧光分析仪示意图

计算好的比例称取氧化铝载体于研钵中，再定量加入预先配制好的氯化钠溶液，研磨混匀近干后置于马福炉中，于 600℃高温下煅烧 2h。

称取制备好的氯标准样品约 1.5g，放入铝制样品盒中，利用压片模具，在压片机上用 5t 的压力压制成直径为 25mm 的圆片标样。用同样的方法将不同含量的氯标准样品都制备成圆片标样。

（2）校正曲线的测定

参考表 18－20 的仪器工作条件，将制备好的不同浓度的氯含量标准样品圆片逐一进行测定，即可得到不同氯含量标准样品的氯特征谱线强度。计算机进行基体校正计算和回归计算，得到基体校正系数、回归系数以及以谱线强度为纵坐标、氯含量为横坐标的校正曲线。

表 18－20　氯含量测定条件

分析线	2θ	靶　材	激发电压	激发电流	分光晶体	探测器	测量时间
K_α	92.86	Rh	50kV	50mA	TAP	P.C	40s

校正曲线测定制作完成后，立即测定标准化样品，其信息用于以后的仪器校正。

4. 催化剂样品的测定

催化剂样品在测定之前，需先进行研磨、烘干，再制成圆片样品，取样量和制备方法与标准样品的情况完全相同。

催化剂样品的测定条件与校正曲线制作时的条件完全相同，测定结果由仪器自动给出。

5. 干扰因素的影响问题

经各种干扰实验考察，上述重整催化剂氯含量的 X 射线荧光测定方法，对于铂－铼和铂－锡系列的重整催化剂而言，当铂、锡、铼含量分别小于 0.5% 时，对氯元素的测定基本无影响。主要的影响来自于基体效应，通过使用基质相同或近似的标准样品，仪器可通过基体校正计算予以修正。

三、催化剂中贵金属含量分析

较早的重整催化剂贵金属含量的分析方法为经典的分光光度法。目前，原子吸收光谱法(AAS)、等离子体发射光谱法(ICP－AES)、等离子体质谱法(ICP－MS)和X－射线荧光光谱法(XRF)等大型仪器方法的应用已经越来越普遍。其中，前三种方法既可以实现不同金属组元的同时测定，又可以用来测定微量杂质(硅、铁、钠、铜、钙、镁、锌等)元素的含量。

AAS方法、ICP－AES方法和ICP－MS方法的共同特点是，均需要进行样品预处理，即：利用微波消解或压力溶弹装置，在高温高压条件下，用酸进行消解，将催化剂样品转化为可直接测定的水溶液形式。定量方法为校正曲线法。样品预处理过程及各种标准溶液的配制过程耗时费力且占据了绝大部分时间，相对而言，上机测定速度非常快。

除了上述几种方法以外，重整催化剂中铂铼锡等金属组元的含量还可以利用XRF方法测定。由于不需要进行繁琐的样品预处理，只需要进行简单的压片制样，故测定过程快速而简单。需要考虑的是进行合理的基体及相关元素间的相互影响的校正，以减小基体及元素间的干扰，保证测定结果的准确可靠。

四、催化剂砷含量分析

将催化剂样品处理成水溶液后，可以利用分光光度法、原子吸收法、原子荧光法和等离子体质谱法等进行测定，以得到催化剂样品中的砷含量。需要注意的是，样品中存在的大量金属物质可能会严重影响测定结果的准确性，故必须采取适当方法减小或消除干扰。

第六节　重整工艺中的在线分析仪器简介

重整工艺过程中常用的在线分析仪器包括：在线氢纯度分析仪、在线水含量分析仪等。有些研究部门或炼油厂，还设置了在线辛烷值分析仪，以监测产品质量的变化。

一、在线氢纯度分析仪

氢纯度的高低反映脱氢反应进行的程度，说明催化剂的选择性(即脱氢活性)好坏。氢纯度越高，催化剂的选择性越好，温降越大；反之，氢纯度下降、循环气中烃类物质含量增大，表明裂化反应加剧、催化剂的选择性变差，液体产品的收率将会下降。总之，分析氢纯度，可有助于了解重整反应进行的程度，为正确调整操作参数提供重要的依据。

在线氢纯度分析仪用于实时监测重整循环氢中氢纯度的变化。目前，重整装置上配置的氢纯度在线分析仪，多为热导检测器型氢分析仪，其安装位置一般在重整高压分离器附近，所分析的气体为高压分离器出口的气体。为保证分析数据的准确，应按照仪器厂家的要求，定期进行仪器校正，且所用标准气的氢纯度应和待测气样的氢纯度接近。

二、在线水含量分析仪

由于水含量对于重整工艺具有极其重要的意义，不论是循环氢中的水含量，还是重整进料中的水含量，均能在一定程度上反映系统的“干”或“湿”。特别是开工期间，气中水含量的变化，是决定注氯量的重要依据。准确及时地给出水含量的大小，是保证装置正常运转的必不可少的分析数据。

重整装置中应用的在线水含量分析仪分为在线气中水分析仪和在线油中水分析仪。

在线气中水分析仪，用于实时地监测循环氢中水含量的变化，以保证及时切换分子筛干燥器，保护催化剂免受水分的影响。所用的在线仪器的工作原理有几种，如：依据水含量的变化能够影响氧化铝薄膜的电容值变化原理制成的气中水含量测定仪（即露点仪）、依据水含量的变化能够影响化学电池的电流变化原理制成的气中水含量测定仪等，而经典的镜面式露点仪则不适合作为在线仪器应用在工业装置上。应用较多的是电容式的露点仪。电化学式露点仪的测量范围较窄，不适合测定水含量大于1000μL/L的气样，故在开工初期不能投入使用。相比之下，电容式的露点仪的测量范围较宽，一般为 $-100\sim20$℃，相应的水含量范围为 <1μL/L ~ 2.3%（体积分数）。和氢纯度分析仪的情况相同，气中水分析仪的安装位置一般也在重整高压分离器附近，所分析的气体为高压分离器出口的气体。为了保护仪器的传感器免受污染，延长仪器的使用寿命，实际应用中，应注意尽可能地将油气分离完全，必要时可设置小型气液分离器及减压装置，以使油气分离完全。

在线油中水分析仪，用于实时地监测重整原料中水含量的变化，作为预加氢系统产物的质量监控手段，提供瞬时信息，以指导工艺操作。仪器的工作原理大多为电容式的水分测定仪，所显示的水含量数据可通过装置的DCS系统直接呈现给工艺人员。

三、在线辛烷值分析仪

重整工艺的目的之一，就是生产高辛烷值汽油组分，作为炼油厂的成品汽油的调合组分来源。从某种程度上讲，重整汽油的辛烷值可以用来衡量重整工艺的总体水平。

近几年，由于计算机技术和化学计量学方法的发展进步，使得近红外光谱仪器在在线油品质量分析方面得到了较广泛的应用，而近红外光谱法在线辛烷值测定仪器和技术是其中最有代表性的成功应用。仪器和方法的原理及性能指标简介如下：

（一）测量原理

同前所述，当油品的组成和结构发生变化时，油品的物化性质（如辛烷值）和近红外光谱也会随之改变，即组成变化或性质变化与光谱变化是相关的。收集在组成和辛烷值变化方面有代表性的大量样品，采用标准分析方法测定其辛烷值，并使用化学计量学方法将油品的辛烷值变化情况与光谱变化情况进行关联，建立光谱数据与辛烷值数据之间的函数关系(即校正模型)，根据待测样品的近红外光谱和校正模型，即可计算出待测样品的辛烷值。

(二) 仪器的主要结构

图 18－28 为 CCD 在线近红外油品分析仪的结构示意图。

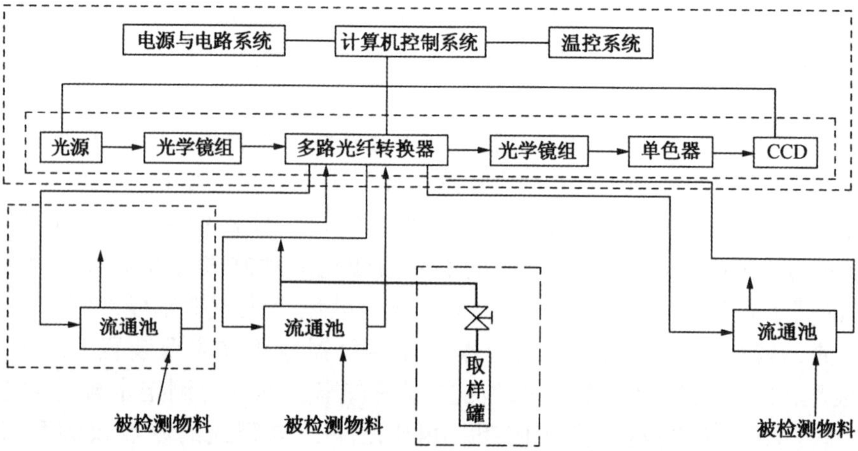

图 18－28 CCD 在线近红外油品分析仪结构示意图

由图 18－28 可见，仪器主要由光谱仪系统、电源电路与控制系统、光纤及其附件与检测流通池系统、防爆系统、样品前处理系统、模型界外样品抓样系统、实时光谱测量和化学计量学软件系统等部分组成。

在线测量时，直接将仪器的光纤探头放入装置的待测物流中，或令待测物流通过流通池。由于采用了光谱信号的光纤传输方式及多路光信号的切换技术，故能够实现一台光谱仪器对多点待测物流的快速测量，也可实现对一些复杂的、危险环境中的样品的实时测量。将光谱仪器的测量结果传送到装置的 DCS 系统上，可最终实现实时分析指导操作调整的目的。

目前，利用在线近红外光谱仪测定样品的辛烷值，测量的准确度可达到 0.3 个辛烷值单位，重复性可达到 0.2 个单位。

综上所述，分析工作对于催化重整工艺具有非同寻常的重要意义，分析数据直接关系着装置操作条件的控制、催化剂性能的发挥，以及产品分布的情况等。一句话，分析数据的可靠与否，直接关系到重整装置工艺水平的高低，关系到企业的经济效益。为了获得准确可靠的分析数据，分析人员首先要熟悉工艺流程，了解采样口及样品的具体情况，利用科学的采样方法，采取有代表性的样品；其次，要选择合适的分析方法，性能优异的分析仪器，来保证数据的准确可靠。

配合重整工艺人员，做好工艺过程中的控制分析，是工艺的需要，也是分析人员的职责。分析人员必须严谨、细致、科学地把握每个采样环节和分析环节，确保样品的代表性和数据的可靠性。

参 考 文 献

[1] 杨翠定，顾侃英，吴文辉．石油化工分析方法[M]．北京：科学出版社，1990
[2] SH/T 0714—2002. 石脑油中单体烃组成测定法(气相色谱法)
[3] 李长秀，刘颖荣，杨海鹰，陆婉珍．气相色谱法测定汽油烃类组成分析技术的应用现状与发展．色谱[J]，2004，22(5)：521
[4] 李长秀，杨海鹰，王征．一种新的汽油辛烷值的气相色谱测定方法．色谱[J]，2003，21(1)：81
[5] 李长秀，王征，杨海鹰．汽油多项物性参数的一种预测方法．石油炼制与化工[J]，2004，35(5)：68
[6] ASTM D6729 - 04. Standard Test Method for Determination of Individual Components in Spark Ignition Engine Fuels by 100 Metre Capillary High Resolution Gas Chromatography
[7] ASTM D5443 - 04. Standard Test Method for Paraffin, Naphthene, and Aromatic Hydrocarbon Type Analysis in Petroleum Distillates Through 200 C by Multi - Dimensional Gas Chromatography
[8] ASTM D6839 - 02. Standard Test Method for Hydrocarbon Types, Oxygenated Compounds and Benzene in Spark Ignition Engine Fuels by Gas Chromatography
[9] SH/T 0166—92. 重整原料油和生成油中 $C_6 \sim C_9$ 芳烃含量测定法(气相色谱法)
[10] GB/T 380—88. 石油产品硫含量测定法(燃灯法)
[11] ASTM D3120 - 03. Standard Test Method for Trace Quantities of Sulfur in Light Liquid Petroleum Hydrocarbons by Oxidative Microcoulometry
[12] SH/T 0253—92. 轻质石油产品中总硫含量测定法(电量法)
[13] ASTM D5453 - 93. Standard Test Method for Determination of Total Sulfur in Light Hydrocarbons, Motor Fuels and Oils by Ultraviolet Fluorescence
[14] SH/T 0689—2000. 轻质烃及发动机燃料和其他油品的总硫含量测定法(紫外荧光法)
[15] 杨德凤，何沛．一种元素分析仪用燃烧管．中国专利，01102238.8，2004
[16] 杨德凤，何沛．Determination of Sulfur Content at PPb Level by Oxidative Microcoulometry Method in Light Oils.《China Petroleum Processing & Petrochemical Technology》，2002(2)：47
[17] ASTM D2622 - 10. Standard Test Method for Sulfur in Petroleum Products by Wavelength Dispersive X - ray Fluorescence Spectrometry
[18] ASTM D4294 - 10. Standard Test Method for Sulfur in Petroleum and Petroleum Products by Energy Dispersive X - ray Fluorescence Spectrometry
[19] ASTM D7039 - 07. Standard Test Method for Sulfur in Gasoline and Diesel Fuel by Monochromatic Wavelength Dispersive X - ray Fluorescence Spectrometry
[20] SH/T 0842—2010. 汽油和柴油中硫含量的测定(单波长色散 X 射线荧光光谱法)
[21] ASTM D7220 - 12. Standard Test Method for Sulfur in Automotive, Heating, and Jet Fuels by Monochromatic Energy Dispersive X - ray Fluorescence Spectrometry
[22] ASTM D7212 - 07. Standard Test Method for Low Sulfur in Automotive Fuels by Energy - Dispersive X - ray Fluorescence Spectrometry Using a Low - Background Proportional Counter
[23] GB/T 9170—88. 润滑油及燃料油中总氮含量测定法(改进的克氏法)
[24] ASTM D4629 - 12. Standard Test Method for Trace Nitrogen in Liquid Petroleum Hydrocarbons by Syringe/Inlet Oxidative Combustion and Chemiluminescence Detection
[25] SH/T 0657—2007. 液体石油烃中痕量氮测定法(氧化燃烧和化学发光法)
[26] R. Belcher,《Instrumental Organic Elemental Analysis》[M]，1977
[27] 周佩珊，袁双印，张金锐．电量法测定轻质石油产品中的氯含量．分析化学[J]，1981，7

[28] ASTM D5808 –09a. Standard Test Method for Determining Chloride in Aromatic Hydrocarbons and Related Chemicals by Microcoulometry
[29] ASTM D7359 –08. Standard Test Method for Total Fluorine, Chlorine and Sulfur in Aromatic Hydrocarbons and Their Mixtures by Oxidative Pyrohydrolytic Combustion followed by Ion Chromatography Detection
[30] SH/T 0629—1996. 石脑油中砷含量测定法(硼氢化钾 –硝酸银分光光度法)
[31] SH/T 0167—92. 重整原料油中砷含量测定法(分光光度法)
[32] 张金锐. 微库仑分析的原理及应用[M]. 北京：石油工业出版社，1984
[33] UOP 962 –98. Copper in Gasoline and Naphtha by Flame – AAS or ICP – AES
[34] ASTM D6732 –04. Standard Test Method for Determination of Copper in Jet Fuels by Graphite Furnace Atomic Absorption Spectrometry
[35] UOP952 –97. Trace Lead in Gasolines and Naphthas by GF – AAS
[36] ASTM D7623 –10. Standard Test Method for Total Mercury in Crude Oil Using Combustion – Gold Amalgamation and Cold Vapor Atomic Absorption Method
[37] UOP938 –00. Total Mercury and Mercury Species in Liquid Hydrocarbons
[38] D7622 –10e1. Standard Test Method for Total Mercury in Crude Oil Using Combustion and Direct Cold Vapor Atomic Absorption Method with Zeeman Background Correction
[39] ASTM D6304 –04. Standard Test Method for Determination of Water in Petroleum Products, Lubricating Oils, and Additives by Coulometric Karl Fisher Titration
[40] SH/T 0246—92. 轻质石油产品中水含量测定法(电量法)
[41] 杨海鹰，刘晓微. 中国专利，00246161.7，2001
[42] 王亚敏，杨海鹰. 气相色谱仪多通道并行快速分析炼厂气方法的研究. 分析仪器[J]，2003 (4)：41
[43] 王亚敏，杨海鹰. 多通道并行气相色谱在裂解气分析中的应用. 石油化工[J]，2004，33 (5)：467
[44] 杨海鹰，陈国华. 中国专利，02252814.8，2003
[45] GB/T 3391—2002. 工业用乙烯中烃类杂质测定法(气相色谱法)

第十九章　催化重整技术经济分析

技术经济分析对催化重整发展具有重要意义。催化重整的经济效益直接影响到催化重整的存在价值，在这一问题上的困惑曾经在相当长的一段时间里影响到我国催化重整工业的发展；通过技术经济分析寻找提高催化重整经济效益的途径，将会使催化重整更好地发挥其效能。

我国催化重整从20世纪50年代开始研究，60年代就实现了工业化，但在80年代以前，由于我国汽油辛烷值要求不高，长期停留在MON 70的水平，没有利用催化重整提高汽油辛烷值的需要，而根据当时不合理的产品价格，生产高辛烷值汽油组分没有经济效益，因此催化重整工业发展不快，一般只用来生产芳烃，再加上原料来源不多，使我国催化重整的发展受到很大限制。

进入20世纪90年代以后，我国汽油标准提高，辛烷值由MON 70提高到RON 90以上，单靠催化裂化汽油满足不了需要，特别是清洁燃料对硫和烯烃含量有严格限制，催化重整生成油是理想的汽油调合组分，有无重整油调合组分往往成为炼油厂汽油能否出厂的关键因素，随着市场对重整产品需求量的增加，产品价格趋向合理，同时作为生产芳烃的主要工艺，催化重整的重要性和经济性日益显现出来。

催化重整的经济性反映了这项技术在社会和市场中的地位，对提高企业的经济效益起着重要的作用，它与原料和产品性质、反应条件、工艺和工程技术有关，涉及投资、成本、能耗等各个方面。

第一节　投资分析

一、建设投资组成

建设催化重整项目需要投入资金。根据我国目前的实际情况，工程建设项目投入总资金由建设投资、流动资金、建设期利息和固定资产投资方向调节税组成[1]。在工程概算中，建设投资包括以下四部分：

1. 固定资产投资

（1）工程费用

包括全部工程的设备购置费、安装工程费和建筑工程费。

（2）固定资产其他费用

包括土地征用费、工程监理费、勘察设计费、引进设备和压力容器检验费、联合试运转费、施工机构迁移费等。

2. 无形资产投资

包括专利使用费、土地使用权出让金等。

3. 其他资产投资(递延资产投资)

包括生产准备费、出国人员费用、银行担保费等。

4. 预备费

包括基本预备费、价差预备费等。

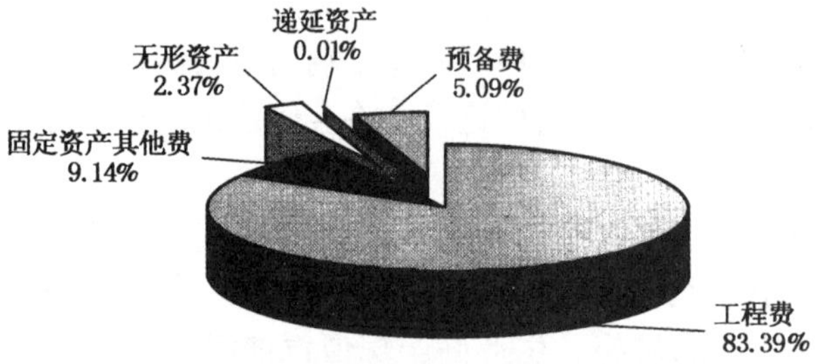

图 19－1 催化重整建设投资概算分析

催化重整装置的建设投资与装置规模、原料性质、产品要求、工艺技术和现场条件有关。

催化重整装置建设投资中各种投资费用的比例，以一套600kt/a 连续重整概算为例，如图 19－1 所示。

由图 19－1 可以看出，装置建设投资中，工程费是主体，占 83.39%，固定资产其他费占 9.14%，无形资产占 2.37%，其他资产占 0.01%，预备费占 5.09%。

二、工程费用分析

工程费用是建设投资中的主要部分和计算基础，约占建设总投资 80%～85%，是影响投资高低的决定性因素。工程费用中各项工程费用的分配比例各个项目不尽相同，但相差不是很大，以一套600kt/a 连续重整为例，各种动、静设备费用占 44.9%，管道占 9.1%，仪表占 13.6%，土建占 12.5%，催化剂占 16.6%，其他占 3.3%，如图 19－2 所示。

从技术工作的角度，降低投资主要是要降低工程费用。工程费用中各种设备费用大约占 40%～50%，其次是仪表、土建、催化剂和管道，各占 10%～20%。对设计者来说，首先要想办法降低设备费用，要让设备少一些、小一些、造价低一些，同时尽量减少占地面积以节约管道和土建投资。降低催化剂仪表费用对重整装置也有重要的意义。

在重整装置的设备中，投资最大的是加热炉和氢气压缩机，它们各占设备总投资的 30%左右；其次是冷换设备和电器设备，各占设备投资的 10%～12%。反应器只占设备总投资的 5%，对投资影响不大，但反应器的大小并不只是影响设备费用，其中催化剂的费用是反应器设备费的 3 倍左右，不容忽视。

按工艺过程划分，以一套400kt/a 并列式连续重整为例，工程费用中重整(重整反应及产品处理)占 62.1%，预处理(预分馏和预加氢)占 13.6%，催化剂再生占 24.3%，如图 19－3 所示。

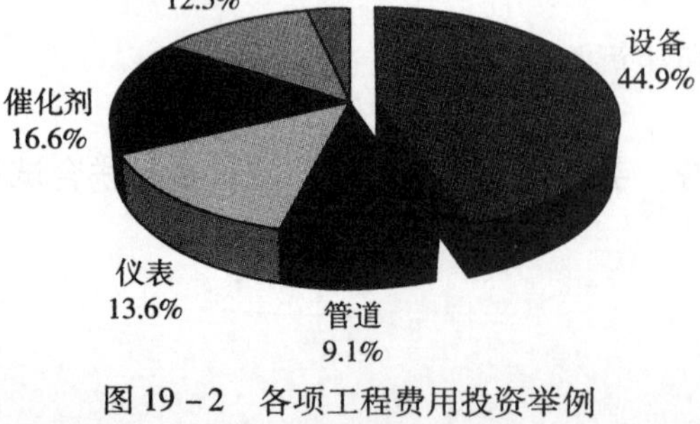

图 19－2 各项工程费用投资举例

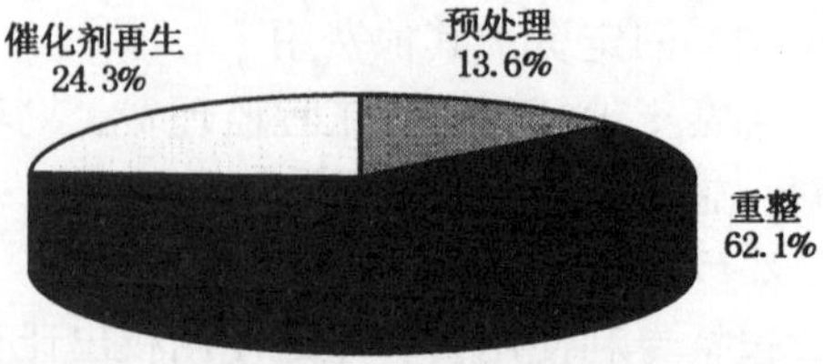

图 19－3 按工艺过程划分的工程费用分配

连续重整装置中催化剂再生部分的设备投资与预处理部分差不多，但仪表费则高很多，在上述实例中仪表费用大约占催化剂再生部分投资的37%。由于仪表费受规模的影响较小，再加上重整装置规模与催化剂再生部分规模并非同比增加，因此重整装置规模越大，催化剂再生部分投资所占比例越小。

表19－1为几套典型催化重整装置中工程费用的概算情况。这几套装置代表了不同的类型，规模不相同，建设时间也不一样，但各项工程的投资比例相差不是太大，可以大致看出一般的规律。

表19－1 典型催化重整装置工程费用估算

装 置	KL		WL		JX		JM	
装置规模/(kt/a)	300		400		600		600	
装置类型	半再生		连续重整(并列式)		连续重整(重叠式)		连续重整(重叠式)	
原料组成(*P*/*N*/*A*)/%	54.7/36.0/9.3		64.7/29.6/5.7		51.8/39.1/8.1		52.76/35.91/11.33	
重整油辛烷值 RON	95		104		102		103	
工程费用	万元	%	万元	%	万元	%	万元	%
静设备	2100	11.8	4421	15.8	5089	15.5	6692	16.1
机泵	2997	16.8	4669	16.7	5021	15.3	5410	13.0
加热炉	2773	15.6	2833	10.1	4403	13.4	4716	11.4
管道	1741	9.8	2631	9.4	2513	7.7	3797	9.1
电器	948	5.3	1793	6.4	1726	5.3	1842	4.4
仪表	2681	15.1	4294	15.3	4959	15.1	5639	13.6
催化剂	1798	10.1	4172	14.9	4593	14.0	6893	16.6
土建	1885	10.6	2573	9.2	3376	10.3	5207	12.5
其他	870	4.9	606	2.2	1116	3.4	1334	3.3
合计	17793	100	27992	100	32796	100	41530	100
建设年代	2000		2001		2001		2010	

三、影响投资的主要因素

催化重整装置设备多，流程长，投资比较高，节约投资对重整工业的发展有重要意义。

降低投资牵涉的问题很多，不是很容易做到的。项目招标、工程管理、采购和建设对投资都有很大影响。从工程技术角度来看，以下几个问题不应忽视。

1. 原料性质与装置规模

重整装置一般包括预处理、重整及产品处理等部分，装置规模按重整进料量计算，实际装置进料（预处理进料）中一般还含有轻石脑油（拔头油），大约比重整进料量多15%～20%。

重整装置规模按中国的习惯，以年加工吨位计算，装置每小时或每天的进料流率与年开工小时数有关，每年检修一次按8000h(333天)计算，2~3年检修一次按8400h(350天)计算。西方装置规模按日加工的体积流率BPSD(桶/工作日)表示，按不同进料油密度和年开工时间换算年加工原料重量稍有不同，一般10000桶/天重整装置相当于400kt/a左右，600kt/a装置约为15000桶/天。

建设装置首先要确定的就是装置规模，由于规模对投资影响比较大，应当根据实际需要实事求是地慎重确定。对于技术条件相同，装置规模不同的A、B两套装置，如建设范围相同，其投资关系可以大致用下式表示[2]：

$$\frac{C_A}{C_B} = \left[\frac{Q_A}{Q_B}\right]^x$$

式中，C表示投资，Q表示规模，x是朗格指数。

上述方程式在对数坐标图上是一条直线，直线的斜率是x(也称投资规模指数，一般而言，无抽提的宽馏分重整装置为0.62，带抽提的宽馏分重整装置为0.7，带抽提的窄馏分重整装置为0.75)。但在对数坐标纸上描画实际投资数据时，并不总是呈现出直线。这一现象表明，装置的投资指数值可能随着能力大小而变化，同时也意味着装置之间除规模之外还在其他方面存在差异。

同样规模的重整装置，其预处理及产品处理部分的进料量不一定相同。预处理的进料量与原料性质有关，需要切割馏分的宽窄和有多少杂质需要除去，决定了预处理的内容和规模。例如直馏石脑油在进入重整装置以前先要除去其中的轻石脑油，因此预处理部分的进料量一般要比重整部分大10%~20%，而加氢裂化石脑油在进入重整装置时其馏程和杂质含量一般都能满足重整要求，可以考虑这部分石脑油不进入预处理部分，预处理部分规模可以大大减小。产品处理部分的进料量则与产品的要求有关系，生产汽油组分和生产芳烃流程不同，前者只需要经过稳定或脱丁烷即可送出装置，而后者往往要分割成多个馏分。不同装置的设备进料量可能不一样。

重整原料的性质对重整反应部分设备的大小也有重要影响，原料中芳烃潜含量高则比较容易满足产品要求，空速可以比较大，反应温度比较低，积炭比较少，因而反应器、循环氢压缩机以及催化剂再生部分的规模都可以比较小，反之设备就要比较大。

2. 产品要求

重整产品的处理由于对产品要求的不同，流程长短和设备多少常常有很大的差别，因此对投资也有很大影响。除了后续配套装置以外，重整装置内的产品处理要考虑以下几个问题：

(1)重整生成油要不要设脱戊烷、脱己烷或脱庚烷塔，以适应生产不同产品的需要

(2)要不要设C_4/C_5分离塔，将液化气与戊烷分开

(3)重整产氢送到哪里去，要压缩到多少压力，是否需要提纯和脱氯。

为了处理产品，增加一个塔就要相应增加回流罐、回流泵、冷凝器、重沸器等设备，而氢气压缩到多少压力又关系到氢气增压机是几段的问题，这些都对投资有影响。

3. 技术方案

装置采用的各种技术方案对投资的影响有正负两种可能性。有些技术的改进对降低投资是有利的，例如采用先进催化剂，简化流程，紧凑布置设备，采用高效换热设备、联合加热炉、联合烟道等，既提高了技术水平又降低了投资。另外有些技术改进，其目的是提

高产品收率或者节能，是不是能降低投资就不一定，大多数情况下投资要增加，但综合经济效益是有利的。例如连续重整，与半再生重整相比，反应压力降低，产品收率增加，技术水平比较高，但多了一套催化剂再生系统，投资要增加不少，用在这个项目上是否合理应当根据具体条件通过技术经济比较后确定。

从技术经济的观点，重整反应采用几段不应当是一个固定的模式，需要根据反应苛刻度和进料组成进行比较后确定。一般苛刻度 RON 高于 98 的应当采用四个反应器，否则采用三个反应器也是可以的。

某厂拟新建一套 400kt/a 连续重整装置，以焦化及直馏石脑油为原料，其族组成（*P*/*N*/*A*）为 71.4%/22.4%/6.2%，生产 RON 98 高辛烷值汽油组分，采用不同反应器个数的反应条件及产品收率见表 19－2。

表 19－2　不同反应器个数的反应比较

方　案	A	B	方　案	A	B
反应器个数	3	4	C_5^+ 重整油收率/%	88.42	89.06
质量空速(WHSV)/h^{-1}	1.90	2.22	氢产率/%	3.25	3.31
氢烃摩尔比(H_2/HC)	1.5	1.5	催化剂积炭/%	5.26	5.03
反应温度(WAIT)/℃	514	501.5			

从表 19－2 中 A、B 两个方案的比较可以看出，采用四个反应器与三个反应器相比，催化剂装入量由于空速的提高减少 18%，费用减少 430 万元，同时重整油收率增加 0.64%，但需要增加加热炉和反应器，要多花投资 730 万元。两个方案在技术上都是可行的，但经济上需要权衡轻重，以决定取舍。

一套重整装置的催化剂用量一般都有数十吨，催化剂中含有贵金属铂，价格十分昂贵，重整催化剂的费用包括催化剂制造费和铂金费用两部分，按近期国产催化剂价格计算，1t 催化剂价值在 120 万元左右，一套装置催化剂的费用高达数千万元，约占装置总投资的 1/10，因此减少催化剂费用对降低投资具有重要意义。催化剂含铂量的多少对催化剂价格具有重要影响，例如 3861 和 3981 重整催化剂的铂含量分别为 0.38% 和 0.28%，两种催化剂每吨含铂量相差 1kg，按当前国际市场价每千克铂约需人民币 30 万元，40t 催化剂的差价就近千万元，是一笔不小的费用。

4. 新建与扩建

利用老装置扩能改造，充分挖掘现有设备的潜力，对节约投资是十分有利的，在有条件的地方应当优先予以考虑。例如上世纪末将一套 400kt/a 连续重整装置扩建到 500kt/a，每年增加 100kt 处理能力，花费投资不到 5000 万元（工程费 3600 万元），而当时新建一套 100kt/a 半再生重整装置，估计投资在 9000 万元左右，扩建与新建相比，投资大约可以节省一半。当然，扩建与新建相比究竟能节省多少钱，与具体条件有关，不是所有装置都具备同样的条件。

5. 设备国产化

重整装置流程长，设备多，设备价格高低对投资影响很大。在目前条件下国产设备一般比引进设备便宜得多，因此应当优先考虑采用国产设备。目前国内设备制造能力已具备相当高的水平，重整装置绝大部分设备都可以由国内供应。设备国产化是节约投资的重要途径，具有重要的经济效益和社会效益。

第二节 能耗分析

一、能耗分布情况

催化重整装置消耗能量的设备有60～70台，以一套半再生催化重整装置为例，正常操作时要同时消耗能量的共45台设备，包括加热炉8台，各种冷却器16台，压缩机4台，泵17台，是一套能耗比较大的装置。连续重整消耗能量的设备还要多一些，同时反应苛刻度高，反应热大，能耗会更高一些，因此注意节能具有重要意义。

催化重整装置的能耗以重整部分进料为计算基础。不同装置由于包含的内容不同，产品处理深度的差异，能耗指标会有差别，例如原料性质有好有坏，产品辛烷值有高有低，产品品种有多有少，产氢压缩压力的要求有高有低，这些对能耗都有重要影响。

以下通过两个实例对催化重整的能耗进行分析。

1. 半再生催化重整装置

以一套300kt/a半再生催化重整装置为例，重整原料初馏点88℃，终馏点167℃，烷烃/环烷/芳烃含量分别为55.2/35.9/8.9%，C_5^+重整生成油辛烷值(RON)95，氢气增压至2.0MPa送出装置，装置用水503.4t/h，用电1637.1kW，消耗燃料气2548kg/h，蒸汽除自用外产出7.21t/h，其公用工程消耗指标见表19－3。

表19－3 半再生重整装置公用工程消耗指标(对重整进料)

项目	循环水/(t/t)	电/(kW/t)	燃料气/(kg/t)	3.5MPa蒸汽/(t/t)	1.0MPa蒸汽/(t/t)	脱盐水/(t/t)	凝结水/(t/t)
预分馏	0.64	2.97	5.95				
预加氢	2.53	6.12	8.88				
重整	10.26	34.57	53.12	0.499	-0.691	0.515	-0.033
共计	13.43	43.66	67.95	0.499	-0.691	0.515	-0.033

按照“石油化工设计能耗计算标准”[3]规定的能源折算值计算，该装置能源消耗为73.10kg标油/t重整进料，详见表19－4。其中，预处理部分能耗17.5kg标油/t重整进料，重整部分能耗55.6kg标油/t重整进料。

表19－4 半再生重整装置能耗指标(对重整进料)

项目	循环水/(kg标油/t)	电/(kg标油/t)	燃料气/(kg标油/t)	3.5MPa蒸汽/(kg标油/t)	1.0MPa蒸汽/(kg标油/t)	脱盐水/(kg标油/t)	凝结水/(kg标油/t)	能耗/(kg标油/t)	
								合计	%
预分馏	0.06	0.77	5.95	—	—	—	—	6.78	9.28
预加氢	0.25	1.59	8.88	—	—	—	—	10.72	14.66
重整	1.03	8.99	53.12	43.91	-52.52	1.19	-0.12	55.60	76.06
共计	1.34	11.35	67.95	43.91	-52.52	1.19	-0.12	73.10	100.00
%	1.83	15.53	93.95	60.07	-71.85	1.63	-0.16		100.00

2. 连续重整装置

以一套1Mt/a重叠式连续重整装置为例，原料为直馏石脑油、焦化石脑油和加氢裂化石脑油的混合物，原料中烷烃/环烷/芳烃含量分别为53.1%/40.3%/6.6%，C_5^+ 重整生成油辛烷值RON105，氢气增压至2.1MPa送出装置，装置用水447t/h，用电3795kW，消耗燃料8123kg/h，蒸汽49.55 t/h(自产38.40 t/h)，其公用工程消耗指标见表19－5。

表19－5　连续重整装置公用工程消耗指标(对重整进料)

项　目	循环水/(t/t)	电/(kW/t)	燃料/(kg/t)	3.5MPa蒸汽/(t/t)	1.0MPa蒸汽/(t/t)	脱盐水/(t/t)	加热凝结水/(t/t)	透平凝结水/(t/t)
预处理	3.00	6.10	10.85	—	0.033	0.003	－0.036	—
重整	1.31	21.2	59.58	0.045	0.018	0.065	－0.016	－0.370
催化剂再生	0.04	5.85	—	—	0.005	—	－0.005	—
共 计	4.35	33.15	70.43	0.045	0.056	0.068	－0.057	－0.370

根据“石油化工设计能耗计算标准”[3]规定的能源折算值计算，该装置能源消耗为86.04kg标油/t重整进料，详见表19－6。其中：预处理部分14.98 kg标油/t重整进料，重整及催化剂再生部分71.06标油/t重整进料。

表19－6　连续重整装置能耗指标(对重整进料)

项　目	循环水/(kg标油/t)	电/(kg标油/t)	燃料/(kg标油/t)	3.5MPa蒸汽/(kg标油/t)	1.0MPa蒸汽/(kg标油/t)	脱盐水/(kg标油/t)	加热凝结水/(kg标油/t)	透平凝结水/(kg标油/t)	能耗/(kg标油/t) 合计	能耗/(kg标油/t) %
预处理	0.30	1.59	10.85	—	2.51	0.01	－0.28	—	14.98	17.41
重整	0.13	5.51	59.58	3.93	1.37	0.15	－0.12	－1.35	69.20	80.43
催化剂再生	0.00	1.52	—	—	0.38	—	－0.04	—	1.86	2.16
共 计	0.43	8.62	70.43	3.93	4.26	0.16	－0.44	－1.35	86.04	100.00
%	0.50	10.02	81.86	4.57	4.95	0.18	－0.51	－1.57		100.00

连续重整装置由于多了催化剂再生部分，同时反应苛刻度比较高，一般能耗要比半再生(固定床)重整装置高。按中国石化“炼油厂能量消耗计算与评价”(2003年版)的规定，从2005年开始，重整装置中预处理和重整部分(流程仅到重整油脱戊烷塔)的能耗定额，固定床重整为80kg标油/t，连续重整为100kg标油/t，分别是常减压蒸馏装置能耗定额的7.27倍和9.09倍。

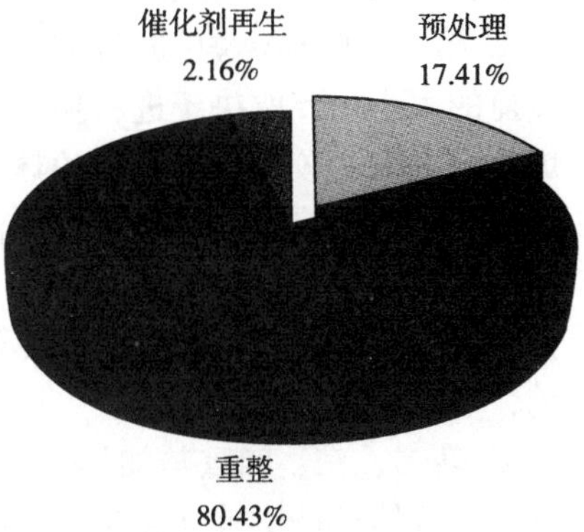

图19－4　重整装置能耗分配图

从表19－6能耗的计算结果可以看出，催化重整装置的能耗主要是燃料(占81.86%)，其次是电(占10.02%)，蒸汽用量虽然也不少，但由于自产蒸汽量大，因此正常操作时用量很少，有的装置还要外送。

按工艺过程划分，装置能耗如图 19-4 所示。

装置能耗主要在重整部分，重整反应、氢气增压与油品分馏加在一起，占整个装置能耗的 80.43%，预处理(预加氢和预分馏)占 17.41%，催化剂再生部分能耗并不大，只有 2.16%。

二、能耗的具体分析

催化重整装置的能耗与原料性质、产品要求、工艺流程、设备效率和装置规模有关，一般规模越小、原料越差、要求产品辛烷值越高，外送氢气压力越大，产品种类越多，则能耗越大。

典型连续重整装置的能耗计算结果如表 19-6 所示，大致反映了重整装置能耗的一般情况。催化重整装置消耗能量最多的地方是：加热炉消耗大量燃料；循环氢压缩机消耗大量蒸汽；重整氢增压机消耗大量电或蒸汽。

现仍以上述 1Mt/a 连续重整装置为例，进一步分析其中各项能耗的内容，以寻找重整装置节能的具体途径。

1. 燃料

燃料是重整装置最大的能耗，占装置总能耗的 81.86%，因此也是节能好坏的关键因素。

一套重整装置有 7~8 台加热炉，包括重整反应加热炉、预加氢进料加热炉和各分馏塔的重沸炉，数量之多在炼油和石油化工装置中是比较少见的。加热炉多，燃料消耗比较大，一套 1Mt/a 连续重整装置每年燃料消耗量将近 70kt，燃料用量大约占进料量的 7%，因此减小加热炉的热负荷并提高其热效率以降低燃料耗量，对降低能耗具有重要的意义。

节省燃料首先要考虑尽量降低加热炉的热负荷，同时对加热炉本身而言，选用较好的燃烧器，改善燃烧条件，控制合理的烟气氧含量，减少炉管结垢和积灰，以及加强炉壁隔热，减少热损失都是非常重要的。

(1) 重整反应加热炉

重整反应加热炉消耗燃料最多，占整个装置能耗的 66.9%，它包括两种不同的情况：

① 第一重整加热炉(进料加热炉)。消耗 15.2% 的燃料，占整个装置能耗的 12.4%，其负荷的大小主要取决于进料换热器换热的程度。如果进料与产品能够多换一些热量，加热炉入口温度比较高，加热炉的热负荷就会降低，燃料用量就会减少。进料换热器换热量的多少与采用换热器的结构和传热面积有关，采用单管程立式换热器代替常规换热器，大大提高了换热效率，最近普通使用的焊接板式换热器又进一步减小热端温差，增加换热量。用板式换热器代替管壳式换热器，投资要增加，但入炉温度可提高十几度，增加回收热量，节省燃料，降低能耗。

② 第二、三、四重整加热炉(中间加热炉)。消耗 66.5% 的燃料，占整个装置能耗的 54.4%，目的是补偿重整反应吸收的热量，这是工艺需要，是必须保证供给的。反应苛刻度越高，反应热越大，加热炉有效热负荷越大。因此这几台加热炉节能的主要手段，不是降低加热炉的热负荷，而是烟气余热回收，提高加热炉的热效率。

重整反应加热炉不但热负荷大，而且入炉加热物料的温度比较高，物料不进对流室而直接进辐射室加热，辐射室热效率只有60%左右，因此对流室热量必须考虑利用，以提高加热炉的热效率。目前最普遍采用的方法是用于发生蒸汽，1Mt/a连续重整的反应加热炉烟气余热回收可发生3.5MPa蒸汽约38t/h，可使加热炉总热效率达到90%。如要求将热效率提高到92%，则需要将烟道气的排烟温度降低到120~130℃，燃料气的含硫量要降低到20μg/g以下，以防止露点腐蚀。

（2）预加氢进料加热炉

预加氢进料加热炉消耗4.6%的燃料，占整个装置能耗的3.8%。预加氢反应热很小，可以忽略不计，加热炉热负荷的大小取决于进料换热器换热的程度。如果进料与产品能够多换一些热量，加热炉入口温度比较高，加热炉的热负荷就会降低，燃料用量就会减少。为了减小错流对换热温差的影响，进料换热器一般采用4~6台。

（3）分馏塔的重沸炉

分馏塔的重沸炉消耗13.7%的燃料，占整个装置能耗的11.2%。重整装置的汽提塔、稳定塔或脱戊烷塔等的塔底温度200~250℃，一般采用重沸炉加热，稳定塔或脱戊烷塔有时也采用重沸器用3.5MPa蒸汽加热。重沸炉的热负荷取决于塔的回流量，在满足塔的分馏要求的条件下，尽量减少回流量对节能是有利的。增加塔的塔板数，可以减小回流比，从而可以降低重沸炉的热负荷，但要增加塔的投资。

有的预分馏塔也采用重沸炉供热，其热负荷与分馏要求有关，既“拔头”又“去尾”的预分馏塔，其重沸炉的燃料量约为单纯“拔头”预分馏塔燃料用量的2.2倍。因此，重整原料的“去尾”应当尽量在上游装置的分馏塔内完成，进装置重整原料的终馏点应按需要予以控制。

预加氢进料加热炉和重沸炉被加热物料的温度不是很高，一般先进对流室然后进辐射室，排出的烟气用空气预热器回收热量，热效率可达90%以上。

2. 蒸汽

催化重整是一个产汽和用汽的大户。产汽是利用重整反应加热炉对流室中烟气的余热发生蒸汽，回收烟气余热的能量占总装置能耗的1/3。用汽的地方最主要的是循环氢压缩机和增压机的透平，一般用3.5MPa蒸汽作动力。预分馏塔、C_4/C_5分离塔、重整油塔底重沸器一般也用3.5 MPa或1.0 MPa蒸汽作热源。

循环氢压缩机用汽量是由循环氢量和临氢系统的压降决定的，用汽量为自产蒸汽量的51%，能耗约占总能耗的16.9%。循环氢量决定于催化剂上允许的积炭速度，而积炭速度又与反应的苛刻度有关，因此不同的反应苛刻度应选用不同的氢烃比。在生产相同辛烷值油品时，贫原料需要较大的循环气量，富原料可采用较小的循环气量。例如一套连续重整装置，在处理不同原料和生产不同辛烷值产品时，在保持同样积炭量的条件下可以选用不同的氢烃比，表19-7就是一个实例。

由表19-7可以看出，同一套装置在相同原料和催化剂作用下，生产辛烷值不同的产品时，温度和氢烃比应当是不相同的。特别是氢烃比的改变，对循环氢的流率影响很大。

减小循环氢压缩机功率，除了合理确定循环氢流量以外，还要减少循环氢循环回路的压力降，这就需要采用径向反应器、单管程立式换热器等低压降设备，增加加热炉和空冷器的并联流路，以及适当增大管径和减少管线长度。

表 19-7 相同原料不同辛烷值产品的氢烃比

原料组成(烷烃/环烷烃/芳香烃)/%	52.2/40.0/7.8	
原料馏程/℃	82~167	
产品辛烷值 RON	104.7	102.0
反应压力/MPa	0.35	0.35
反应器入口温度/℃	537	521
质量空速/h^{-1}	1.25	1.25
氢烃摩尔比	2.06	1.50
C_5^+ 产率/%	85.6	89.0
H_2 产率/%	3.96	3.76

重整氢气增压机用汽量占装置用汽量的 49%，占装置总能耗的 20.9%。节能的主要途径是根据工厂氢气管网的压力恰当决定气体压缩压力，压力越高则压缩比越高，能耗越大。连续重整反应压力低，产氢量大，这一问题更加突出。

为了适应重整产氢量的变化，重整氢气增压机在排量恒定的情况下，往往要有一部分氢气在各段进出口之间循环，这样就造成一些能量的浪费。现在已有工厂在重整氢气增压机上安装 HOERBIGER 无级调量设备，采用这套设备可以根据工艺参数直接调节压缩机的进气量，从而可以取消循环气体，节省能量，但这需要增加一些投资。

蒸汽的另一个用途就是作重沸器的热源。塔底重沸器的蒸汽用量，取决于塔的回流量和进料温度，这与塔的分割要求、理论塔板数和进料换热温度有关。回流量小，塔进料温度高，塔底重沸器蒸汽用量就比较少。

3. 电

重整装置电的耗能量占总耗能量的 10%，主要包括以下几方面的内容。

(1)压缩机与鼓风机

重整压缩机用电量与采用的动力有关，较小装置的压缩机多采用电动，用电量是重要的能耗来源，1Mt/a/以上的大装置重整循环氢压缩机和增压机多采用汽轮机带动，用电较少。压缩机用电主要是预加氢循环氢压缩机，重整和催化剂再生各种鼓风机也要用相当一部分电，压缩机和鼓风机用电量占总电耗量的 33.5%。

预加氢循环氢压缩机的功率与循环氢流率成正比，在满足工艺需要的条件下尽量减小氢烃比是降低压缩机负荷减少电耗量的主要途径。

(2)泵

在实例中，泵的用电量占装置总用电量的 19.7%。泵节能的主要途径是要选择合适的扬程，否则大量的能量都白白的消耗在出口阀上。过高的扬程可以通过切削叶轮直径的方法来解决。另一个要注意的是要选用效率较高的泵，以减少功率的浪费，市场上供应的泵效率从 20%~30% 到 70%~80% 不等，选用不同的泵能耗差别可能很大。

(3)空冷器

催化重整装置中存在大量 100~150℃ 低温热源，要用空冷器冷却，这对能量来说是一个浪费，如何利用低温热源是一个减少能耗的重要课题。空冷器的负荷取决于工艺过程和热的回收利用程度，例如从反应器出来的重整产物温度很高，带有大量热量，如果能在换热器中与进料多换一些热量，则不但可以减少进料加热炉的负荷，又可以降低空冷器的负荷，能耗可以大大减小。

就空冷器设备本身来说，电机需要耗电，约占总用电量的33.4%，根据冷却温度采用变频调速或调节风机叶轮角度，有利于节省电能。

(4)电加热器

电加热器用电占总用电量的13.4%，主要是用在催化剂再生部分。

催化剂再生的能耗主要是在电耗上，除了电加热器外还有再生风机、除尘风机和提升风机。不同工艺技术能耗有差别，再生1kg催化剂耗能(1.2~3.3)$\times 10^4$kJ，再生能耗占全装置能耗比例不是太大，一般为2%左右。

4. 冷却水

在充分使用空冷器的条件下，装置内还有水冷却器8台，再加上压缩机和泵的冷却用水，总用水量将近450t/h，循环水的消耗占装置总能耗的0.5%。采用蒸发空冷，用除盐水循环喷在空冷器上，代替水冷却器，可以节省用水量。

三、节能的主要途径

根据以上分析可以看出，催化重整的能耗牵涉的因素比较多，总起来说，节能的主要途径应当是：

1. 优选原料

尽可能采用芳烃潜含量高的原料，从而可以用比较缓和的重整反应条件，生产辛烷值和芳烃含量较高，收率也较高的重整生成油。同时注意控制原料的馏程和杂质含量，可以简化预处理的流程和操作条件，对节能有利。

2. 慎重确定反应苛刻度

重整生成油的辛烷值是确定反应条件的一个重要指标，对能耗有重要影响，应当根据需要及时加以调整。太低不能满足产品的需要，太高则提高了反应的苛刻度，增加了能耗，同时影响产品收率和催化剂的寿命。

3. 选择合适的催化剂

选择活性、选择性和稳定性高的催化剂，可以使重整反应在比较低的温度，比较小的氢烃比的条件下操作，对节能是有利的。

4. 改善操作条件

(1) 合理确定氢气压送压力

重整产生的氢气往往要通过增压机送出装置，所耗功率是由重整所产氢气的气量和压差决定的。氢气是宝贵的副产品，有多少都应当回收，因此压缩气量是不能减少的。节能的主要途径是根据氢气所需送达地点的压力(一般为工厂氢气管网的压力)恰当决定气体压缩压力，这对重整装置的能耗有很大的影响。注意避免将氢气压力压高了又自动减压的不合理现象。

(2) 加强换热，回收热量

设计中要充分考虑热量的回收利用，特别是加热炉余热的回收和换热流程的优化。增加换热量就减少了加热炉或加热器的热负荷，特别是增加重整进料与反应产物换热器的换热量对降低能耗有重要意义。降低烟气排烟温度并控制住烟气中的含氧量是提高加热炉热效率的主要方法。为了提高加热炉的热效率，烟气余热必须回收，根据其温位及现场需要，可用来发生蒸汽、加热油品或预热空气。

(3) 降低循环氢压缩机功率

循环氢压缩机功率一般都比较大，是对能耗有重要影响的设备。循环氢的功能是增加氢分压，降低催化剂上的积炭，同时在反应过程中发挥热载体的作用。循环氢流量增加对反应有好处，但量过大则作用很小，且由于循环氢流量增加，临氢系统压降增加，循环氢压缩机功率增加更多，因此氢烃比过大是不经济的。

(4) 优化分馏塔的操作

催化重整一般有三个塔，即预分馏塔、汽提塔和稳定塔(或脱戊烷塔)，其能耗主要取决于回流比。回流比大则塔底重沸炉热负荷要大，塔顶冷却器热负荷也要大，能耗就大。因此，在保证分馏要求的条件下，回流比不宜选得太大。在保证同样分割度的条件下，理论塔盘数多则回流比可以减小，因此采用高效塔盘，增加塔盘数对节能是有利的。

(5) 提高设备效率

采用高效塔盘、新型换热器和空冷器，高效机泵以及自动变频调速设备等，可以直接提高设备运转效率，是降低能耗的重要途径。因此有必要随时注意吸取工业上的创新成果，改造旧设备，节省能耗，提高效益。

第三节　成本分析

一、成本估算

催化重整的总成本费用包括以下内容：

(1)原料费，根据装置石脑油进料量及其价格计算。

(2)辅助材料费，包括催化剂和化学药剂消耗的费用。

(3)燃料动力费，根据水、电、蒸汽、燃料、氮气、压缩空气的用量及价格计算。

(4)工资及福利费，人员工资及福利费用。

(5)制造费用，包括折旧费、修理费和其他制造费。

(6)管理费用，无形资产及开办费摊销、其他管理费，一般为分摊费用。

(7)财务费用，流动资金借款利息和长期借款利息。

(8)营业费用，按营业费用(销售收入)的0.5%～2%考虑。

以一套600kt/a重叠式连续重整装置为例，按中国石化投资项目效益测算基准价格(2010版)(布伦特原油离岸价基准为80美元/桶)计算装置的总成本费用，如表19－8所示。

表 19－8　连续重整装置成本估算表

序　号	成本项目	单价/(元/t)	耗量/(10kt/a)	成本费用	
				万元/a	%
1	原料			360094	91.61
	石脑油	5557	64.8	360094	
2	辅助材料			487	0.12
	预加氢催化剂	160000	0.00044	70	
	重整催化剂(铂除外)	340000	0.00102	347	
	脱氯剂	30000	0.0011	33	
	四氯乙烯	35000	0.00106	37	
3	燃料和动力			20454	5.20
	循环水	0.5	536	269	
	锅炉给水	12	17.6	211	
	软化水	10	3.6	36	
	燃料	3198	5.92	18932	
	3.5MPa 蒸汽	195	1.6	312	
	1.0MPa 蒸汽	180	－16	－2880	
	电①	0.6	5680	3408	
	净化风②	0.2	600	120	
	氮气②	0.5	92	46	
4	工资及福利费			116	0.03
5	制造费用			5976	1.52
	折旧费			3437	
	修理费			2539	
6	管理费用			473	0.12
7	财务费用			155	0.04
8	营业费用			5318	1.36
	共　计			393073	100

①电单位为度；

②净化风和氮气单位为 Nm^3。

制造成本包括原料费 、辅助材料费 、燃料动力费、工资及福利费和制造费用，在表 19－8的实例中为38127 万元，占总成本的98.49%。扣除原料费以后的加工费为27032万元/年，按重整原料量为基础计算，每吨重整原料的加工费(包括折旧费和修理费)为417.18 元。

二、影响成本的因素

从表 19－8 可以看出，原料费是成本费中最主要的因素，占总成本费的91.61%，其他所有加工、制造、管理等费用占总成本还不到10%，因此原料石脑油价格的高低对重整装置成本有着决定性的影响。

重整装置使用的原料石脑油大部分都是由本工厂上游装置提供的，作为中间产品，内部结算价格有一定的不确定性。再加上高辛烷值汽油组分和氢气产品，都是工厂下游装置的原材料，作为中间产品确定价格也有人为因素，因此在进行重整装置技术经济评价时，往往按全厂有无本装置采用“有无比对”方法进行分析。在这种条件下，只计算加工和折旧、大修的费用，不包括原料费用，如图19－5所示。重整装置对企业成本的影响主要体现在加工费上。

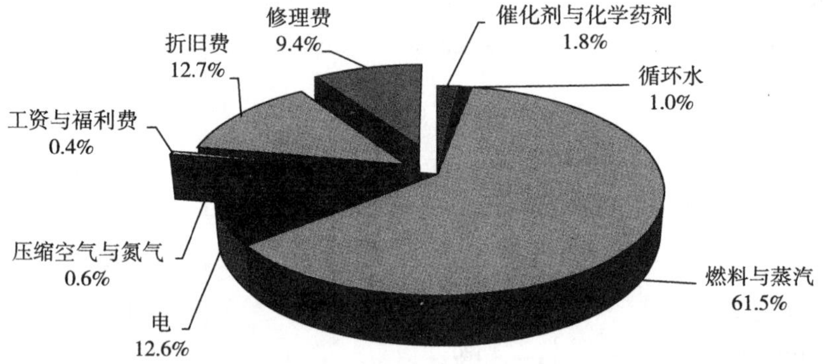

图19－5 加工成本费用分配

从图19－5可以看出，对加工成本影响最大的是燃料和蒸汽。因为加热炉余热副产蒸汽，多余蒸汽外送，蒸汽的费用是负值，因此成本主要是消耗在燃料上。加工费中影响第二大的就是电，主要消耗在压缩机上。消耗燃料和电的影响因素在能耗分析的一节中已经讨论过了。有的厂用液化气作燃料是不经济的，从节约成本出发，燃料应尽量采用廉价的燃料油或燃料气，避免使用价格昂贵的液化气。

成本计算中，折旧费和修理费随投资的变化而变化，工资及福利费则与装置定员有关。

第四节 技术经济效益

一、重整装置的经济评价

催化重整以低辛烷值低芳烃含量的石脑油为原料，生产高辛烷值高芳烃含量的重整生成油，以一套连续重整装置实际生产数据为例，用80～167℃馏分石脑油为原料，生产的重整生成油辛烷值RON为103.4，其中含苯10.0%，甲苯20.5%，二甲苯26.0%，C_9^+芳烃28.2%，非芳烃占15.3%，作为高标号汽油组分或进一步用来提取苯、甲苯和二甲苯等芳烃产品，具有很好的社会效益。副产氢气也是宝贵的化工资源。

50年来我国催化重整工业从无到有从小到大，特别是近三十年来发展很快，几乎所有的炼油厂都有了催化重整装置，有些工厂还不只一套，主要是因为催化重整在以下三个方面适应了社会的需要：

(1) 适应高辛烷值和清洁燃料需要

重整油辛烷值高，硫和烯烃含量极低，是很好的汽油调合组分；

(2) 适应芳烃和聚酯工业发展的需要

生产苯、甲苯、二甲苯，特别是二甲苯产量高，是生产聚酯的重要原料；

(3) 适应加氢工艺发展的需要

副产氢气是炼油工业加氢工艺需要的重要材料。

尽管在过去计划经济条件下，由于产品价格不尽合理，使得重整装置在经济上有没有效益，在很长一段时间内曾经有争议，但从社会需求来说，为了保证炼油厂出厂汽油符合清洁燃料的要求，重整油往往是不可缺少的组分，二甲苯和氢气的大量需求更突显重整装置的重要性。

20 世纪 90 年代以来，随着市场价格的合理调整，催化重整装置经济效益的问题已经得到解决。一些催化重整装置的经济评价说明，其经济效益在石油化工装置中是比较好的。

催化重整的经济效益可以从两个方面得到证明，一个是从本身的角度看，以重整装置的投入产出进行分析；另一个是从整个企业的角度出发，按“有无对比”方法，对企业建设重整装置前后经济效益进行分析。

以表 19-8 所评价的一套 600kt/a 重叠式连续重整装置为例，按设计计算每吨重整原料的加工费为 417.18 元，加上管理费、财务费和营业费 91.76 元，合计生产和销售的成本费用为 508.94 元/吨重整原料。按照表 19-9 所示该装置的物料平衡及计算价格计算，进出物料的价差为 171752 万元/年，平均每加工 1 吨重整原料可获毛利 2650.49 元，扣除加工费 508.94 元后盈余 2141.55 元，如再扣除按产品计算的流转税(增值税、消费税、城建税和教育费附加等)1629.00 元，则装置利润总额为 512.55 元/吨重整原料。

表 19-9　进出装置物料及价格

物　　料	数量/(kt/a)	单价/(元/吨)	总价/(万元/年)	备　　注
进　料				
石脑油	648	5557	360094	石脑油由厂内上游装置提供，价格不含消费税
合　计	648		360094	
出料				
RON 102 汽油组分	521.3	8637	450247	按汽油价增加辛烷值推算，含消费税
氢气	55.0	8615	47383	参照有关企业价
液化气	67.5	4870	32873	
燃料气	4.2	3198	1343	按燃料油价计算
合　计	648		531846	

注：以上价格基准为布伦特原油离岸价 80 美元/桶。

以上只是一个简单的计算，说明单纯从重整装置来看，也是有经济效益的。

由于重整装置是一个中间加工过程，原料来自上游装置，产品也不是直接拿到市场上去出售，价格和税金都不好确定。投资建设重整装置后对企业的石脑油资源重新进行了分配，企业的加工流程发生变化，影响整个企业的效益。因此为了客观地看待建设重整装置的经济效益，正确评价催化重整装置的主要经济指标，往往是用“有无对比法”按全厂计算进行分析。按照这种方法评价重整装置，计算出来的项目投资内部收益率(项目寿命期内的内部投资回收率) IRR 一般都在 12% 以上，投资回收期为 6 ~ 7 年，说明重整装置具有较好的经济效益。

以下列举的是前几年新建重整装置经济效益评价的几个计算实例。

【实例 1】 某厂由于缺少高辛烷值组分，70 号汽油占汽油总产量的 73%，大量滞销，而且不能满足当时汽油升级换代的需要，为此着手建设一套催化重整装置。装置规模为 300kt/a，生产辛烷值(RON)为 95 的汽油调合组分，从而使全厂汽油平均辛烷值(RON)由 74.8 提高到 90.6，基本满足生产需要。新建重整装置采用半再生工艺，以直馏和焦化石脑油以及加氢重石脑油为原料，总投资 23916 万元，其中建设投资 22994 万元，建设后企业新增销售收入 9528 万元，新增总成本 4477 万元，新增利润总额 5074 万元，新增投资利润率 21.21%，增量内部收益率 19.84%，投资回收期 6.26 年。

【实例 2】 某厂为了满足汽油升级换代的需要，同时为下游 PX 装置提供更多原料，建设了一套连续重整装置，以直馏和加氢精制焦化石脑油为原料，生产辛烷值(RON)为 104 的重整生成油，装置规模为 400kt/a，采用 IFP Regen C 工艺技术，总投资 36172 万元，其中建设投资 34436 万元，建设后企业新增销售收入 30190 万元，新增总成本 7399 万元，新增利润总额 4723 万元，新增投资利润率 13.06%，增量内部收益率 14.59%，投资回收期 7.47 年。

【实例 3】 某厂为了适应汽油新标准的需要，充分利用本厂已有的石脑油资源，以直馏和加氢精制焦化石脑油以及加氢改质石脑油为原料，建设了一套 600kt/a 连续重整装置，生产辛烷值(RON)为 102 的汽油调合组分。装置建成后全厂平均汽油辛烷值(RON)由 87.9 提高到 92.4，全部满足汽油对辛烷值的要求，而且还可以生产一部分 93 号和 97 号汽油，并使汽油中的烯烃含量大大减少。这套装置采用 UOP CycleMax 工艺技术，总投资 42746 万元，其中建设投资 42038 万元，建设后企业新增销售收入 17977 万元，新增总成本 3692 万元，新增利润总额 7898 万元，新增投资利润率 18.48%，增量内部收益率 17.22%，投资回收期 6.58 年。

二、提高经济效益的途径

1. 优化工艺条件

重整工艺条件直接影响产品收率的高低，对装置的经济效益有举足轻重的作用。

(1) 改善原料性质

原料性质对反应结果影响比较大，芳烃潜含量较高的原料有利于生产高辛烷值的重整油产品，产品收率比较高。原料馏分轻重也有重要影响，提高原料的初馏点可以减少戊烷和甲基环戊烷的含量，而增加终馏点则可以增加芳烃的潜含量，这些对重整反应都是有利的。例如某厂原来重整原料的初馏点是 71℃，终馏点是 166℃，以后将初馏点改为 93℃，终馏点改为 193℃，在同样进料量和产品辛烷值条件下，C_5^+ 收率提高 1.2%(体积分数)，氢气产率增加 18%，每立方米进料增加毛利 3.84 美元[4]。

(2) 更新催化剂

对产品收率影响最大的是催化剂，高性能的催化剂具有较好的活性、选择性和稳定性，可以提高重整生成油和氢气的产率，因此催化剂的更新换代对提高重整装置的经济效益具有重要意义。例如UOP在2000年初推出的R－230系列催化剂，改进了催化剂的基质结构和金属/酸的平衡，性能明显优于R－130催化剂，具有较高的产品收率和较低的积炭产率，提高了重整装置的灵活性。以一套产品RON为99的800kt/a连续重整为例，只是简单的将催化剂由R－134换成R－234，即使不改变操作条件，即可提高C_5^+收率0.6%（体积分数），提高氢气产率6.2Nm^3/m^3，每天增加经济效益4000美元[5]。

（3）降低反应压力

催化重整反应压力是反映重整技术水平的一个重要标志。压力越低，则重整油和副产氢气的产品收率越高；但催化剂因积炭而失活的问题也越严重。催化剂的更新换代为降低反应压力和提高产品收率创造了条件。

催化重整工业化初期采用单铂催化剂，性能较差，反应压力为2.5～3 MPa。20世纪70年代开始采用双金属催化剂，容碳能力提高，反应压力降到1.5MPa左右。连续重整由于可以在装置不停工的条件下将催化剂上的积炭烧掉，能使反应压力进一步降低，初期连续重整压力降到0.8MPa左右，同时采用选择性较好的铂锡催化剂，使催化重整生成油收率提高5%～7%，芳烃产率提高约5%，氢气产率提高约50%。近些年连续重整反应压力进一步降到了0.35MPa，重整油和芳烃产率又提高约2%，氢产率又提高约10%，明显反映出降低反应压力对提高产品收率带来的好处。

降低反应压力需要在催化剂研制、工艺流程、设备结构及管线布置等方面做很多工作，近些年来在这方面都有了不少新的进展，例如采用低压降的立式换热器、径向反应器、多流路加热炉等。

（4）及时调整反应苛刻度

重整油的辛烷值是重整反应苛刻度的标志，它直接影响着重整油的收率，辛烷值越高重整油收率越低。辛烷值（RON）每提高一个单位，重整油收率大约降低1%～2%，因此产品的辛烷值应当慎重确定，并根据需要及时调整。

一般生产芳烃的重整装置要求有最大的芳烃产率，辛烷值比较高；而生产高辛烷值汽油组分的重整装置则应根据全厂汽油调合所需的辛烷值要求确定，重整反应苛刻度不宜过高要求，否则影响产品收率，经济上不合算。

催化重整是炼油厂中惟一可以在较大范围内调节汽油辛烷值的生产装置，这对炼油厂调整出厂汽油规格，满足市场需要，有着重要的意义。重整汽油辛烷值（RON）可以在90～105之间任意调整，只要改变反应温度就能实现。但辛烷值越高则重整油收率越低，积炭越多，能耗越高，生产成本越高，因此在满足市场需要的前提下，应当尽量在低苛刻度条件下操作。

（5）油气再接触

重整产氢升压后与油再接触以回收夹带的烃类，对低压重整提高氢纯度和增加重整油收率有着重要的意义。提高压力和降低温度进行再接触都可以回收轻烃，降温比提压的效果更好。

以一套600kt/a连续重整为例[6]，在2.2MPa压力下，再接触温度从40℃降到4℃，重整油收率增加1320kg/h，氨压缩机功率增加424kW，每年可增加经济收入726万元，而所增加氨冷冻系统投资不到150万元，因此经济上是合理的。

又例如一套300kt/a半再生重整装置[7]，再接触压力2.2MPa，再接触温度由40℃降低至0℃，每年可多回收汽油和液化气分别为3600t和4100t，但需增加氨冷冻系统一次性工程投资约200万元，并且需消耗电和循环水分别约200kW和150t/h。每年可增加产品收入约2460万元，而水、电的公用工程消耗仅为163万元，在不考虑其他维护费用条件下该部分的投资在装置正常开工后两个月内即可全部回收，因此采用冷冻再接触的经济效益是非常明显的。但对一些装置规模不大并且后部有再吸收可能的工艺过程，效果要大大减少，采用冷冻系统不一定经济。

2. 降低公用工程消耗

降低重整装置的公用工程消耗，减少燃料、蒸汽和电的用量，对提高经济效益具有重要意义，为此需要重点关注提高加热炉的热效率，加强换热器的换热效果，降低氢烃比和临氢系统压降，合理确定产氢的输出压力，优化分馏塔的回流比等，有关情况在本章第二节中已作了详细分析。

3. 产品的合理利用

产品的合理处理和利用也是增强重整经济效益的一个重要方面。根据我国目前的实际情况，以下几个问题值得注意。

(1) 氢的利用

含氢气体是重整重要的副产品，既是宝贵的化工原料，也是炼油厂中加氢装置的重要氢源。但是有些重整装置副产氢气没有得到合理的利用，而是作为燃料气烧掉，大大影响装置的经济效益。当前高油价下，每吨纯氢的价值将近2万元；而当作燃料烧，1t价值就只有3000多元，相差好几倍，因此氢气是否得到合理利用对重整装置的经济效益影响很大。

在利用重整氢气的时候，氢气纯度常常是一个有争议的问题。重整氢气纯度虽然不很高，但其中除氢气外只含有$C_1 \sim C_5$轻烃。加氢装置操作压力一般都比重整装置操作压力高，重整氢气进入加氢装置后有相当一部分轻烃会溶于油中，因此重整氢的纯度对加氢的影响不像制氢氢气那么大。

重整氢气不经提纯直接提供加氢精制装置使用是可行的。对于加氢裂化装置，由于产生轻烃的反应平衡关系，使用较高氢气纯度比较有利，一般重整氢气可先提纯或与制氢的氢气混合后再进入加氢裂化装置。

(2) 重整生成油脱丁烷

催化重整在用于生产高辛烷值汽油时，重整生成油一般均经过稳定塔脱除轻烃后送出装置。稳定塔有两种操作方式，一种是按照汽油规格要求的蒸气压进行操作，直接生产蒸气压合格的汽油，这样汽油中除含有一部分丁烷外，还会不可避免地带入一部分丙烷；另一种是按照脱丁烷的要求操作，从稳定塔底出来的重整油中使丁烷含量降至1%以下，当然也就不会有丙烷，汽油蒸气压在出装置后再按照需要用掺入丁烷的方法进行调整。

在38℃条件下丙烷和丁烷的蒸气压分别为1.45MPa和0.35MPa，相差4倍，再加上相对分子质量的差别，1kg丙烷对汽油蒸气压的影响相当于4～5kg丁烷的影响。因此稳定塔用脱丁烷的方法操作，以后再掺入丁烷，则汽油中因不含有丙烷，可以增加丁烷含量，从而增加汽油产量。这样在汽油规格允许的条件下，可以最大量的生产汽油，经济上是有利的。由于丁烷的辛烷值比较高(RON在90以上)，因此多掺入丁烷对改善汽油的辛烷值也有好处。就重整装置而言，由于重整生成油在出装置前把丙烷、丁烷都拔掉了，重整油收率减少，蒸气压也低，似乎有些吃亏，但从全厂整体的角度来看，先脱除丙丁烷再按汽油蒸气压的要求掺入丁烷，可以增加汽油产量，提高全厂的经济效益。

(3) 抽提苯

催化重整在生产芳烃时一般用 60 ~ 145℃ 馏分(生产 BTX)或 60 ~ 165℃ 馏分(生产 C_6 ~ C_9 芳烃)作重整原料。

为了减少汽油中的苯含量，更好地满足生产清洁燃料的需要，除了可以将重整原料的初馏点提高，不让 C_6 馏分进重整以外，还有一个办法就是从重整生成油中切取 C_6 馏分进行苯抽提。重整生成油先切取 C_6 馏分进行低温加氢脱除烯烃，然后进行溶剂抽提或抽提蒸馏，将烷烃与芳烃分开，芳烃作苯产品，烷烃可直接作为 6 号溶剂油，这样既解决了汽油中含苯的问题，又生产出比较值钱的苯和 6 号溶剂油产品，经济效益比较好。

4. 提高设备效率

提高设备效率对减少建设费用和降低生产成本都具有重要意义，因此它是提高技术经济效益的一个重要方面。

催化剂活性的提高使反应能够在较高的空速下进行，这样就可以降低催化剂的用量，减小反应器的尺寸。例如 PS – VI 催化剂与 PS – V 相比，积炭速率降低 20%，使连续重整装置可以在不增加反应器和再生器能力的条件下提高处理量，从而提高装置的经济效益。

采用高效塔盘能大大提高塔的设备能力，增加理论塔盘数，减小塔径，有利于提高技术经济效益，特别是在扩建装置时经常考虑采用这种办法。

采用高通量换热管制作重沸器，可以成倍的提高传热效率，使设备大大减小。但由于价钱比较贵，需要进行综合比较，对于大型设备常常是很有利的。

第五节 半再生重整与连续重整的经济比较

半再生重整和连续重整都是经常采用的催化重整技术。连续重整反应压力低，产品收率高，但多了一套催化剂连续再生设备，投资比较高。因此究竟选用半再生还是连续重整的问题，应当根据综合经济评价确定。不同装置规模、原料性质和产品苛刻度对不同形式的催化重整其经济性是不一样的。装置的规模越大，原料越差，产品辛烷值要求越高，采用连续重整的优越性越大。反之，如果装置规模较小，原料较好，产品辛烷值要求较低，采用连续重整不经济，则要优先选择半再生重整工艺。

连续重整催化剂再生的规模是由催化剂上的积炭量决定的，它与重整装置的规模有关系，但并不完全取决于它，反应苛刻度的高低也有很大影响。

反应苛刻度越高，连续重整越有利。在产品辛烷值 RON 98 以下而且规模又不太大的装置，采用半再生重整技术往往是比较经济的，应当首先予以考虑，辛烷值再高就很难保证操作周期在一年以上，满足不了生产的需要，就要采用连续重整工艺。当然，这和原料的贫富也很有关系，原料越贫用半再生重整工艺生产高辛烷值产品越困难。

装置规模越大，连续重整越有利。催化剂再生部分的投资是一个不小的数字，有没有催化剂连续再生设备，投资差别比较大，但再生规模大小对投资的影响并不是太大。因此，催化剂再生部分的投资在连续重整装置总投资中所占的比例，一般都随着装置规模的增大而减小。装置规模加大后，连续重整因再生增加的投资不多，产品销售收入增加不少，经济上更为有利。

连续重整装置的经济规模是多少，与装置的具体条件有关系。以下结合一个具体的实例，用 REF－SIM 软件进行分析计算加以说明[8]。

计算基准条件：

原料石脑油组成(*P/N/A*)/%	58.80/25.21/15.69	
反应条件	半再生重整	连续重整
平均反应压力/MPa(g)	1.2	0.35
氢烃摩尔比(一段/二段)	3.5/7.0	2.0
体积空速/h^{-1}	2.2	2.0
催化剂类型	Pt－Re	Pt－Sn

反应苛刻度对 C_5^+ 收率和对氢气产率的影响分别见图 19－6 和图 19－7。

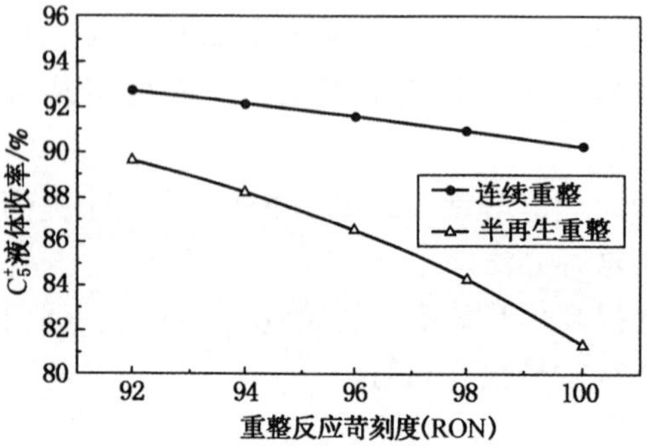

图 19－6 不同工艺反应苛刻度对 C_5^+ 收率的影响

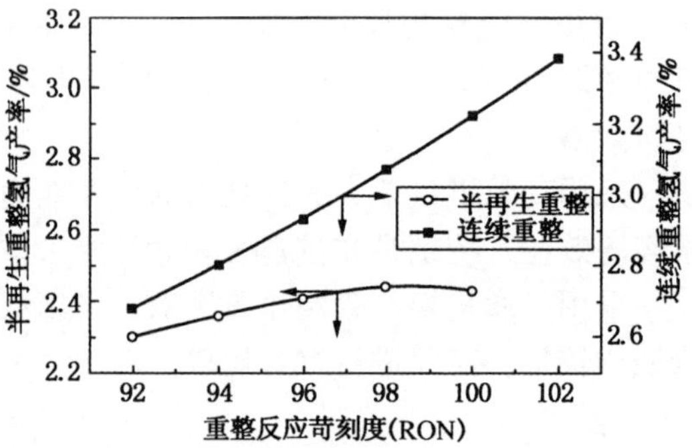

图 19－7 不同工艺反应苛刻度对氢气产率的影响

由图 19－6 可以看出，连续重整的 C_5^+ 液体收率比半再生重整高。随着反应苛刻度的增加，C_5^+ 液体收率都呈逐步下降趋势，但连续重整下降比较缓慢，半再生重整下降比较快，二者的 C_5^+ 液体收率差值随反应苛刻度的提高而加大。

由图 19－7 可以看出，连续重整的氢气产率也是比半再生重整高。氢气产率随反应苛刻度变化，连续重整氢气产率随反应苛刻度的增加几乎呈线性增加，半再生重整在 RON 较低时，氢气产率虽然也随反应苛刻度的增加而增加，但增幅逐步减小，当 RON 超过 99 时，氢产率呈下降趋势，这是因为高苛刻度下裂解反应增加，耗氢量增加。由图 19－7 可以看出，连续重整对增产氢气的作用是非常明显的，在 RON 为 96 的条件下，连续重整的氢气产率比半再生重整高 24%。氢气纯度由 90% 提高到 95%。

在辛烷值(RON)为 95 和 97 两种工况下，按照以上反应条件和 20 世纪末的投资和价格水平，用有无对比法进行经济效益计算的结果如表 19－10 和表 19－11 所示。

从表 19－10 和表 19－11 可以看出，随着装置规模的增大，连续重整和半再生重整的投资利润率和内部收益率等主要技术经济指标都逐步上升，其中连续重整上升得更快。以 RON 97 为例，装置规模从 300kt/a 增加到 500kt/a，连续重整内部收益率从 13.13% 提高到16.79%，增加了3.66%，而半再生重整内部收益率从13.24%提高到15.97%，仅增加2.73%，说明装置规模对连续重整经济性的影响更大。

表19-10　产品辛烷值RON为95时的经济效益对比

规　模	300kt/a		400kt/a		500kt/a	
重整工艺	连续重整	半再生重整	连续重整	半再生重整	连续重整	半再生重整
新增税后利润/（万元/年）	1182	1238	2298	2104	3189	2830
投资利润率/%	4.84	6.20	7.94	8.62	9.64	9.91
内部收益率/%	10.21	11.07	11.86	12.28	13.52	13.60

表19-11　产品辛烷值RON为97时的经济效益对比

规　模	300kt/a		400kt/a		500kt/a	
重整工艺	连续重整	半再生重整	连续重整	半再生重整	连续重整	半再生重整
新增税后利润/（万元/年）	2192	1872	3538	2939	4803	3846
投资利润率/%	8.96	9.38	12.22	12.04	14.52	13.48
内部收益率/%	13.13	13.24	15.08	14.56	16.79	15.97

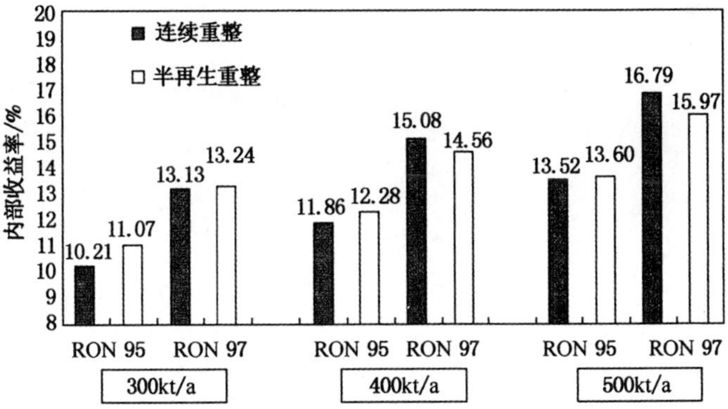

图19-8　不同装置规模经济效益比较

不同规模和辛烷值条件下的内部收益率比较表示在图19-8中。以内部收益率作为装置经济性评价指标来衡量，在RON为95和97两种工况的条件下，连续重整和半再生重整400kt/a规模是一个转折点，RON为95时，半再生重整的内部收益率略高于连续重整，而当RON为97时，连续重整的内部收益率则超过半再生重整。也就是说，在这种条件下，小于300kt/a的装置，半再生重整具有明显的优越性；大于500kt/a的装置，连续重整的经济性更好；400kt/a的装置，低苛刻度（RON ≤95）半再生重整比较好，高苛刻度

(RON ≥97)连续重整更为优越。

近年来我国经济已发展到一个新的水平，对重整油辛烷值的要求越来越高(RON 一般都在 100 以上)，装置规模也越来越大(新建装置一般都在 600kt/a 以上)，建设连续重整装置在技术经济上具有明显的优势，现有半再生重整装置中已有相当一部分被新建的连续重整所代替。

参 考 文 献

[1] 傅家骥，仝允恒．工业技术经济学[M]．北京：清华大学出版社，2002

[2] 吴辉译．石油炼制工艺与经济(第二版)[M]．北京：中国石化出版社，2002

[3] 中华人民共和国国家标准 GB/T 50441—2007，石油化工设计能耗计算标准．2007

[4] M. J. Wier. Strategies for Maximizing profits from Catalytic Reforming Units, NPRA 1998 Annual Meeting

[5] D. Beshears. CCR Platforming Catalyst Selection Improves Unit Flexibility and Profitability, NPRA 2000 Annual Meeting

[6] 刘永芳．石油炼制与化工，1999，30(6)：30

[7] 任建生．石油规划设计，2000，20(9)

[8] 任建生．炼油设计，1999，38(3)

第二十章 安全健康和环境保护

保证人身、财产安全与保护生态环境免遭破坏，是以人为本思想的具体体现，是所有炼油装置必须考虑的头等大事。对于具有较大事故潜在性的催化重整装置更是如此。

催化重整是在临氢、高温和有压力条件下操作的。所加工的原料和生产的产品，都具有易燃、易爆的特点，有些产品如苯、二甲苯还对人体有较大的毒性。由于这些因素的存在，一旦如因设计不周、施工质量不好、操作不当、维护检修不及时而出现事故，其后果将是十分严重的。随着石油化工的发展和对高辛烷值汽油及芳烃需求的增加，催化重整装置的规模也趋向大型化。现在不少单套装置的规模已超过2Mt/a。装置大型化必将对装置安全性提出更高的要求。

催化重整装置的运转，难免会对环境带来不利影响。例如挥发性烃类对大气的污染，机泵噪声产生的公害，废水、废催化剂的产生等。在各种环保法规对环境要求日益严格的情况下，依靠技术进步，尽量减少污染物的产生和采取适当的防治措施保护生态环境，是在催化重整装置设计和运转中，必须慎重考虑的。

与催化重整有关的主要职业安全健康、环境保护法规和标准见附录。

第一节 安全健康

一、危险因素分析

“安全第一，预防为主”是一般生产装置奉行的安全方针。要做到预防为主，就必须对装置的危险因素有较清晰的了解。催化重整装置的危险因素，大致有两类：一类与自然条件有关如地震、雷电等，另一类则与工艺介质、操作条件有关。本节只论述后一类。

催化重整装置的危险因素主要有以下几种：

（一）火灾危险

催化重整装置中的工艺介质较多，它们的火灾危险参数见表20-1[1]

表20-1 催化重整装置工艺介质的火灾危险参数

工艺介质	沸点/℃	闪点/℃	自燃着火点/℃	工艺介质	沸点/℃	闪点/℃	自燃着火点/℃
石脑油馏分	40~180	<28	510~530	乙苯	135.19	15	462
氢	-252		510	硫化氢	-60.4		260
苯	80.1	-11.1	538	乙烷	-88.6	< -50	515
甲苯	110.6	4.5	552	丙烷	-42.05	-104	450
对二甲苯	138.37	27	530	丁烷	-0.5	-60	287
间二甲苯	139.12	29	530	二甲基二硫	109.6	24.4	339
邻二甲苯	144.41	31	460				

从表20－1中可以看出，多种工艺介质的闪点<28℃，按照我国防火规范对可燃液体火灾危险性分类，属于火灾危险性较大的甲类易燃液体。

催化重整装置的典型操作温度为480～530℃，这一温度超过多数工艺介质自燃点。此外，催化重整原料预加氢催化剂硫化用的供硫剂二甲基二硫，其闪点只有24.4℃，也是一种易燃介质。油品中的硫或硫化物与碳钢材质的设备接触会产生硫铁化物(包括FeS、FeS_2、Fe_3S_4等)。硫铁化物与空气中的氧反应会释放大量热量，热量积累到一定程度将会自燃从而引起火灾事故。如果设备内还存有爆炸性混合气体，将会导致后果更严重的火灾爆炸事故。因硫化铁自燃而引起的火灾事故在我国炼厂检修时曾多次发生，因此对有硫铁化物存在可能的设备，在开启检修前必须采用清洗、钝化或清洗与钝化相结合的方法对硫铁化物进行快速、高效的处理，处理过程必须做到无腐蚀、无污染、方便操作和低成本。从上述情况可以看出催化重整装置是一个火灾潜在性较大的装置。

(二) 爆炸危险

催化重整装置中的工艺介质为烃类和氢气，都具有爆炸危险，各种介质的爆炸极限见表20－2[2]。

表20－2 催化重整装置工艺介质的爆炸极限

工艺介质	爆炸极限/%(体积分数)		工艺介质	爆炸极限/%(体积分数)	
	下限	上限		下限	上限
氢(常压，20℃)	4	75.9	间二甲苯	1.1	6.4
苯	1.4	6.75	乙苯	0.99	6.7
甲苯	1.27	6.75	液化石油气	1	15
对二甲苯	1.1	6.6	汽油	1.4	7.6
邻二甲苯	1.1	6.4	硫化氢	4.3	45.5

从表20－2可知氢具有很宽的爆炸极限。氢在空气中的扩散速度很快，约为2m/s，氢还具有较大的爆炸能量，约为2.02kg TNT/m^3。因此对氢的防爆要特别引起重视。

(三) 毒害危险

催化重整装置生产的苯、甲苯、二甲苯等和装置使用的一些化学药剂如全氯乙烯，均对人体有毒害作用。各国对这些物质在工作环境空气中的允许浓度，均有明确规定，见表20－3[3]。

表20－3 工作环境空气中有害物的允许浓度 *TWA*(时间加权平均允许浓度)

有害物质	日本		美国		俄罗斯	中国
	μg/g	mg/Nm^3	μg/g	mg/Nm^3	mg/Nm^3	mg/Nm^3 (GBZ 21—2007)
苯	25	80	10	30	20	6
甲苯	100	375	100	375	50	50
二甲苯	100	435	100	435	50	50

续表

有害物质	日本		美国		俄罗斯	中国
	μg/g	mg/Nm^3	μg/g	mg/Nm^3	mg/Nm^3	mg/Nm^3 (GBZ 21—2007)
乙　苯			100	435		100
液化石油气	1000	1800	1000	1800		1000
汽　油					300	300
硫化氢	10	15	10	15	10	10①
二硫化碳	10	30	10	30		5
氯	1	3	1	3	1①	1①
氯化氢						7.5①
全氯乙烯	50	335	50	335		200

① 为最高允许浓度。

苯是毒性较大物质。液体苯有脱脂作用，可被皮肤吸收而中毒。苯蒸气被人吸进后很快被肺吸收，然后进入血液，其作用类似一种麻醉剂，轻者引起头晕、头痛，重者会出现昏迷直至死亡。人在含有20000μg/g苯的空气中工作5～10min便有致命危险。近年来的研究报告认为苯会使染色体畸变，诱导白血病的发生，美国已把苯列为可疑的人类致癌物。我国有关标准也把苯列为极度危害物质。

甲苯低浓度时有刺激作用，高浓度时有麻醉作用。甲苯对皮肤的刺激作用比苯强，吸入甲苯对中枢神经的作用也比苯强，但对造血系统的作用小于苯。在甲苯蒸气浓度为100～200μg/g的环境中工作8h，就会出现疲惫、恶心、错觉、活动失灵、全身无力、嗜睡等症状。

二甲苯的毒性比苯、甲苯小，但对皮肤和粘膜的刺激性比苯强。高浓度的二甲苯蒸气除损害黏膜、刺激呼吸道外，还有兴奋、麻醉作用，甚至造成出血性肺水肿而死亡。

在催化重整原料预加氢过程中，原料中的硫被加氢变成硫化氢。硫化氢属于极度危害物质，硫化氢中毒事件在我国职业性急性中毒事件中居第二位，仅次于一氧化碳中毒。其致死浓度为1000mg/m^3，对人体的危害影响见表20－4。我国工业企业设计卫生标准规定在工作环境空气中的允许浓度为10mg/m^3。因此对硫化氢毒害的防护，不能掉以轻心。

表20－4　硫化氢(H_2S)对人的毒害影响

H_2S浓度/(μg/g)	接触时间	对人的毒害影响
0.13	鼻吸	闻到臭味
10	8h	工作场所阈限值
50～100	1h	刺激黏膜
150～200	15min	嗅觉麻痹
200～300	1h	严重刺激黏膜
500～700	0.5h	昏迷
900	数分钟	可能致死
1000	数分钟	致死

催化重整反应操作与催化剂再生时，均需使用有机氯化物如全氯乙烯、三氯乙烷等。这些氯化物也具有毒性，对皮肤有脱脂作用；对眼睛、呼吸道黏膜有刺激作用；吸入其蒸气或吞服，会损害中枢神经，产生眩晕、昏迷、失去知觉，甚至死亡。

(四) 静电危险

液体流动时，会因摩擦而产生静电。液体的电阻率越大，产生的静电越多。一般认为在电阻率 $10^{10} \sim 10^{15}\Omega \cdot cm$ 时会产生危险的静电，而在 $10^{13}\Omega \cdot cm$ 时最危险。如果在 $10^{6}\Omega \cdot cm$ 以下，即可视为无静电荷集积。催化重整装置主要工艺介质的电阻率见表 20 - 5[4]。

表 20 - 5 催化重整装置主要工艺介质的固有电阻

工艺介质	电阻率/Ω·cm	工艺介质	电阻率/Ω·cm
汽油馏分	$5.9 \times 10^{13} \sim 1.7 \times 10^{14}$	甲　苯	2.5×10^{13}
苯	1.6×10^{13}	二甲苯	2.8×10^{11}

从表 20 - 4 可以看出，催化重整装置几种主要工艺介质的电阻率，大都在 $10^{13} \sim 10^{14}\Omega \cdot cm$ 之间，容易产生和积聚静电，一旦发生放电现象，容易引起事故。

(五) 腐蚀危险

腐蚀不仅使生产设施的寿命缩短，对环境造成污染，还经常构成对安全的威胁。均匀性腐蚀一般腐蚀速率较低，而且容易检查，危险性相对小一些。一些局部性腐蚀如孔蚀，应力腐蚀破裂等，常常是突发性的，可能引起着火，爆炸事故，造成意外危险。因此除了考虑经济损失以外，腐蚀对安全的威胁亦不能轻视。

催化重整装置中的腐蚀因素主要有三种：

1. 氢蚀[5]

钢铁在高温(>232℃)高压富氢介质中所发生的氢蚀有三种形式：

(1) 脱碳

高温高压氢在钢表面离解成原子氢，原子氢渗入钢中把碳化物还原生成甲烷，使钢基体的平均碳含量降低。在氢分压≥1.37MPa，温度高于 220℃(但不是太高)的条件下，氢蚀所引起的脱碳主要是内部脱碳；当氢分压 <1.37MPa 或温度较高时(例如 >560℃)则主要发生表面脱碳。

(2) 氢裂纹和氢开裂

钢脱碳过程中形成的甲烷不能扩散到金属外面而在金属的孔洞或晶界处积累形成很高的局部压力，导致产生裂纹，使钢的机械强度、塑性和韧性降低。小裂纹合并成大裂缝就称为氢开裂。

(3) 氢鼓泡

氢腐蚀可呈鼓泡形式使金属破坏。高温氢鼓泡与低温氢鼓泡外观相似但机理不同。高温氢鼓泡是钢暴露于富氢介质中产生的；引起低温氢鼓泡的氢不来自工艺介质，而是由钢表面发生的电化学反应释放出来的。高温氢鼓泡的气体是甲烷，而低温氢鼓泡的气体是纯氢。

2. 硫化氢腐蚀

催化重整原料中的硫，经加氢后转变为硫化氢。硫化氢在低温（<90℃）和有水存在的环境中，会对钢产生应力腐蚀破裂。破裂的最敏感温度为20～50℃。随着钢的强度和硬度增加，硫化氢破裂敏感性增大。

硫化氢能与铁反应生成FeS而引起腐蚀。温度260℃以上时，随着温度的提高，钢腐蚀速率加快。大约在399℃左右达到一个峰值。温度进一步增加，腐蚀速率降低。腐蚀产物FeS是脆性片状物，介质流速越高，FeS膜越易脱落使界面不断更新，腐蚀也就进一步加剧。

3. 氯化氢腐蚀

有些催化重整原料油中含有氯。在催化重整的运转过程中催化剂上的氯可能流失，为了保持催化剂的活性，需要保持操作环境中的水、氯平衡，为此需向操作系统补充加入有机氯化物。另外，在催化剂的再生过程中，为了使金属在催化剂上保持良好的分散状态，也有“氯化更新”这一步骤。这些情况都会使设备和管线受到HCl和Cl的腐蚀。HCl在有水存在的情况下，会使奥氏体不锈钢产生应力腐蚀，更需特别注意。

（六）核辐射危险

在连续重整装置中，有固体催化剂的输送和贮存。因此在反应器顶部，再生部分的分离料斗、闭锁料斗等处，常设置有核放射性料位计，放射源采用Co^{60}或Cs^{132}。在正常情况下，放射源处于有屏蔽作用的箱内，不会造成危害，但如对核放射源的使用或防护措施不当，也会带来核辐射伤害。

（七）窒息危险

在催化重整装置中，常使用氮气作为吹扫或泄漏试验的介质。氮气本身虽然并无毒性，但人在含有高浓度氮气的容器或区域中工作，呼吸的空气中氧含量不足，会迅速使人窒息，产生疲倦、意识模糊甚至死亡。因此严禁进入或把头伸入含有高浓度氮气的容器，也不能站在以高速从容器放空阀或控制阀排出氮气较近的区域。

重整装置中很多设备都与氮气管线连通，如果有人在设备内工作，连接管线上的阀门泄漏，容易引起窒息事故。因此，在进入设备前，必须用盲板将设备与氮气管线隔断，再严格取样分析设备内的气体，保证合格后才能进入。

特别应强调指出的是如果有人已进入含高浓度氮气的容器中意识开始变得模糊时，不允许单独一个人在没有任何防护措施的情况下去进行救助。应该迅速通入新鲜空气，由两个配戴安全防护罩的人以最快速度将患者从容器中救出，不然会出现连续死亡的恶性后果。

二、安全健康措施

所有炼油企业都要把安全卫生放在经营战略的重要地位来考虑。安全健康措施的基本目标应是：无事故、无害于人的健康、无损于财产和环境。

美国职业安全健康管理局（OSHA）对事故致因提出了如图20－1模型。

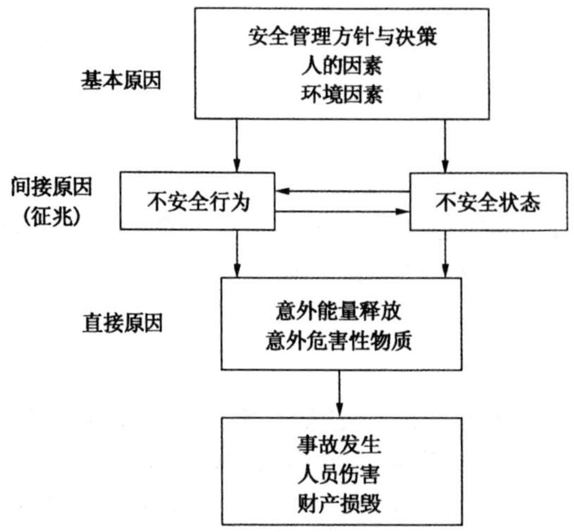

图 20-1 OSHA 事故致因模型

OSHA 事故致因模型认为事故产生的原因通常是复杂的，一个事故往往有多个前导事件。细致的事故分析可归结为三个原因层次：事故产生的直接原因是人或物接收了不能被接受的能量或危害性物质；而这是由于一种或多种不安全行为或不安全状态或两者的组合而造成的，这是间接原因；间接原因是由基本原因——不良的管理方针与决策或人与环境的因素导致的。这一模型表明安全管理上的缺陷是事故发生的根本原因。因此，加强管理自然是防止事故发生的首要措施。

针对催化重整装置潜在危险性较大的特点，从技术上需要采取的安全健康措施主要有如下几方面。

(一) 对装置的安全设计进行系统评价分析

对催化重整这样工艺复杂，危害风险较大的装置宜从设计阶段开始即进行安全评价和系统风险分析。装置的安全评价内容应包括：

1. 工艺过程的本质安全

包括化工过程、化学反应工程、传热传质过程的安全。即保证在设计条件下应能正常运转，即使多少有些偏离，也能将其安全处理并使其恢复正常。

2. 设备的本质安全

设备的设计、选型、质量。

3. 安全操作系统

自控仪表系统，紧急停工系统。

4. 外部防护系统

包括消防、可燃气体及火灾控制，泄压系统，安全间距，危险区域划分，耐火保护、防火堤等。

目前国际上已开发了几十种风险分析方法。每种分析方法的原理、目标、应用条件、适用的评价对象、工作量均不尽相同，各有其特点和优缺点。

目前比较常用的安全评价和风险分析方法主要有以下几种：

(1)危险性和可操作性研究法(HAZOP 法，Hazard and Operability Study)；

(2)事故类型及影响分析法(FMEA 法，Failure Mode and Effect Analysis)；

(3)故障树分析法(FTA 法，Fault Tree Analysis)；

(4)故障假设分析法(What - If 法)；

(5)检查表法(Check - List 法)。

对石油化工装置来说，最常用的是 HAZOP 法，这种方法的基础是已经完成、不会再有重大修改的工艺及控制流程图(P&ID 图)。首先将工艺流程按设备或管段分为若干节点，针对每一节点选择重要的工艺参数(如温度、压力、流量、液位、组成等)，指出该参数的允许值，通过导向词分析操作中可能出现的与允许值的偏离，确定该偏离值出现的原因及可能产生的后果，评估设计中已考虑的安全措施是否充分可行，要否增加其他安全措施。这种评价、分析方法比较简单易行，但易受评价分析人员主观因素的影响，因此要求参与评价分析的人员必须熟悉装置并有丰富的知识和实践经验。评价分析小组的成员一般应包括工艺、仪表、设备、管道和操作工程师。

图 20－2 为 HAZOP 法分析流程图。表 20－6 为 HAZOP 分析导向用词。

表 20－6　HAZOP 分析导向用词

内　容	可能造成的影响
流　量	
多	流量增加到设计值以上
少	流量减少到设计值以下(如果最终状态是不流动，可以不考虑)
无	在要求流动的状态下断流
反流	非设计要求的反方向流动
压　力	
高	压力提高到设计值以上，一般引起安全阀起跳，否则由于超压会使应力超限
低	压力降低到设计值以下(对流相可能有影响) 可以降低到全真空或部分真空
温　度	
高	温度提高到设计值以上，可能引起应力超限 可能引起相变化和改变化学反应速度等
低	温度降低到设计值以下(对流相可能有影响) 可能引起冻结或增加黏度
液　位	
高	液位提高到设计值以上，可能引起漫溢或超装 对于充液系统不用考虑
低	液位降低到设计值以下，可引起气体穿透 对气体系统不用考虑
组　成	
改　变	正常流体性质(适合工艺要求)改变 考虑由于上游发生故障而引起的进料变化 考虑由于再生等原因引入了不合适的流体 流体中出现超出设计规格的杂质或毒物
操　作	
开　工	按计划停工后的开工(不包括第一次开工)
停　工	正常停工和紧急停工
计划作业	催化剂/干燥剂的再生，装料/卸料等
维　修	
能　力	考虑正常检修的要求 分析保温和气体放空措施是否适当

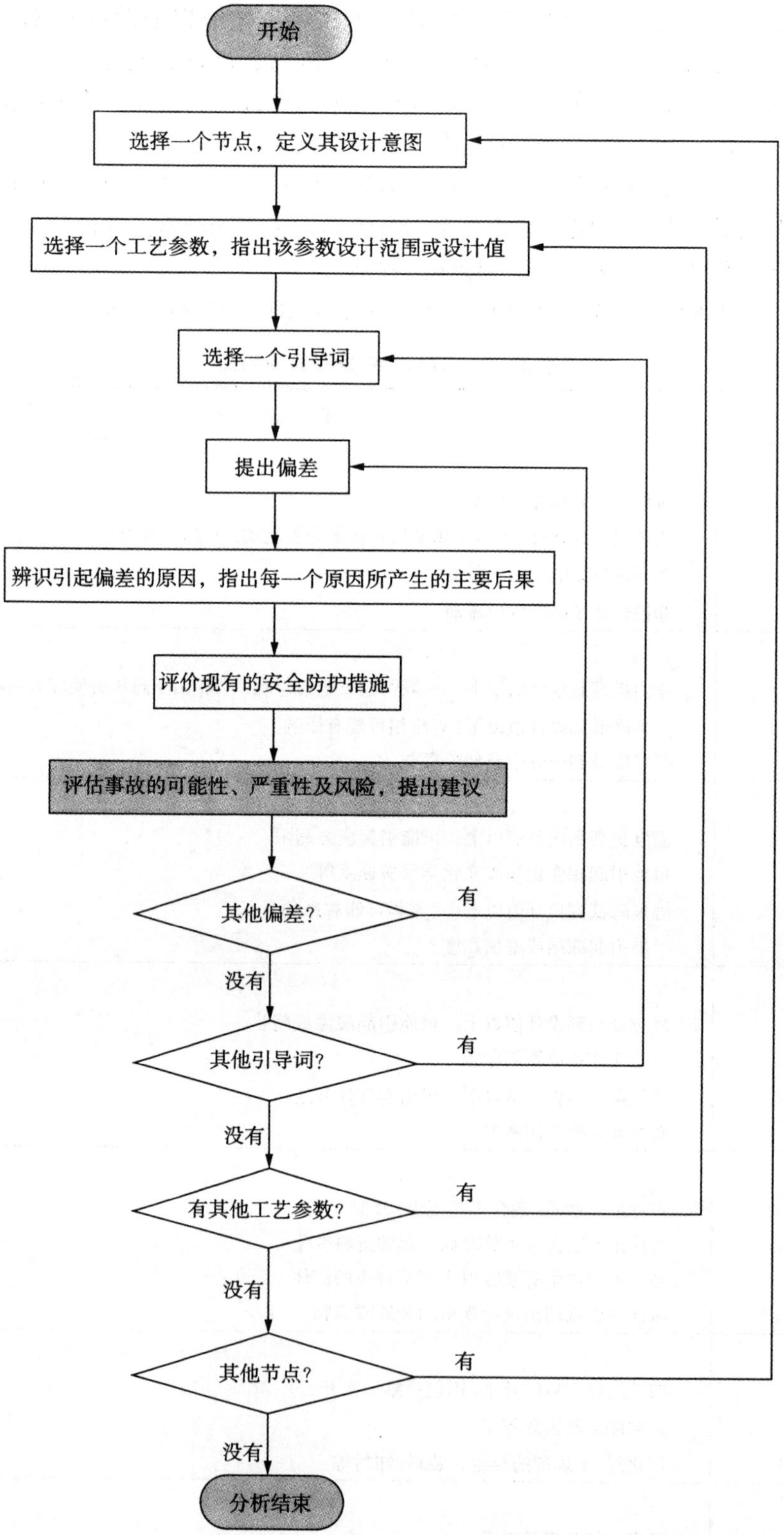

图 20－2　HAZOP 分析流程图

HAZOP 研究不仅在新装置的详细设计阶段时应用，美国有些州的法律规定，石油化工装置每 5 年应进行一次。2012 年我国国家安监总局，国家发改委等有关部门已联合下发《关于开展提升危险化学品领域本质安全水平专项行动的通知》，规定要求逐步推行化工生产装置每 3 ~ 5 年开展一次 HAZOP 分析。

（二）正确的平面布置

装置平面布置是否得当，对减少事故发生和一旦事故发生时，减少次生危害的发生，控制灾害范围的扩大和迅速扑灭事故，起着十分关键的作用。装置布置除了必须考虑施工、生产、检修的要求和满足防火、防爆、卫生等规范的强制性规定外，对危险设备的分区，风向对设备、建筑物位置的影响，道路的布置等与安全有关的因素，必须考虑周到。

（三）对毒害的防治措施

1. 尽量选用毒性低的化学药剂

催化重整装置中需要使用多种化学药剂。在能达到同样作用的前提下，应尽量选用毒性低的化学药剂，以减少对职工健康的危害。例如为调节水氯平衡用的注氯剂，如选用 1,2 - 二氯乙烷，在装置空气中的时间加权平均允许浓度是 $7mg/m^3$；如用全氯乙烯代替，则此值可提高到 $200mg/Nm^3$，安全性大为改善。又如预加氢催化剂预硫化用的硫化剂，过去常用二硫化碳，不仅易燃、易爆，而且短时间接触允许浓度为 $5mg/m^3$，现在改用二甲基二硫化物，则毒性低，我国卫生标准中，对其短时间接触允许浓度未作规定。

2. 加强对有毒物质泄漏的防范

由于苯有致癌作用，一些工程公司的设计标准严格规定在处理含苯 0.5% 以上的物流时，所用泵必须配置双端面机械密封或者用屏蔽泵；对含苯物流的取样、放空必须采用密闭系统，并设专门残液收集罐。这些措施同样适用于 C_7 ~ C_9 芳烃含量 25% 以上的物流。

硫化氢是剧毒物质。一些工程公司的设计标准严格规定对含硫化氢 $\geq 10\mu g/g$ 的物流取样时，必须采用密闭系统。在放空带压含硫化氢液体时，需有专设的系统处理在泄压时放出的硫化氢气体。我国的规定更为严格，要求对所有可燃气体和油品的放空与取样都采用密闭系统。

（四）正确选用设备和管道的材料

催化重整装置很多设备和管道是在临氢、高温或在有腐蚀性介质的条件下操作。根据工艺介质性质、温度、压力、流速等因素，选择满足耐腐蚀，强度及可加工性（如可焊性、机械加工性）好的材料，对预防事故发生十分重要。催化重整设备如何选用合适材料，详见本书第十六章。

根据炼油厂事故原因统计分析表明，设备和管道泄漏是引发事故的重要原因之一，因而对高温高压设备和管道密封材料的选用，必须严格要求。

（五）设置能适应操作变化的安全系统

装置在长期的操作过程中，难免出现偏离正常的运转状态而超温、超压。设置能适应操作变化的安全系统，就可化险为夷，避免事故发生。这种安全系统包括：

1. 压力泄放系统

用于将系统内的超高压力排至系统外部，使系统压力恢复正常。催化重整装置常用的泄压设施为安全阀。由于催化重整装置超压泄放的介质大多为烃类和氢气，因此与安全阀联接的必须是密闭系统。为了防止液体介质进入全厂放空系统，安全阀放空总管必须经气液分离罐后再进入全厂放空系统。

2. 报警设施

报警设施用以迅速显示各种工艺参数的异常情况，使操作人员得以及时采取措施防止异常情况的进一步恶化，从而避免事故的发生。可靠而且完善的报警设施，会大大降低事故发生率。

3. 逻辑控制和联锁保护系统

在催化重整装置中，对一些关键设备(如氢压机、加热炉)和容易产生危险的系统，需要设置逻辑控制和联锁保护系统。例如连续重整反应系统的介质为氢气和烃类，而催化剂再生系统则在含氧气氛中操作，万一这两种介质互串，可能引发爆炸事故。为了保证二者安全隔离，对氮气隔离罐和闭锁料斗的操作，设置了逻辑控制和联锁保护系统，详见本书第十五章。

4. 机械设备的状态监测和故障诊断

机械设备的状态监测和故障诊断，近年来已发展成为新的学科，在现代化的石油化工生产得到了应用。常用的状态监测和故障诊断技术有：振动监测技术、红外测温与成像技术、超声波测厚技术、噪声监测技术、气体泄漏监测技术、润滑系统和液压系统的磨损腐蚀监测技术等。这些技术的应用，对防止事故发生和保证长周期运转起了良好的作用。

(六) 防静电措施

静电是潜在的危险点火源。因静电而产生的火灾和爆炸事故，在国内外的石油化工厂和化工厂屡见不鲜。因此各国对静电的防范都十分重视。

防静电措施很多，但针对催化重整装置来说，适用的主要有两种：

1. 控制流速

静电荷的产生与液体流速和管径密切相关。在管径相同时，流速越大，产生的静电越多；如流速相同，则管径越大，产生的静电也越多。实验表明，油品在管道中流动所产生的静电，近似与油品流速的二次方成正比，德国化学工业协会通过实验对限制静电产生的控制流速，提出了如下公式[6]：

$$u^2 d = 0.8 \qquad (20-1)$$

式中 u——允许最大流速，m/s；

d——管径，m。

该协会对油品按管径推荐的防静电控制流速见表20-7[7]。

表 20-7　油品管道输送防静电控制流速推荐值

管径/cm	1	2.5	5	10	20	40	60
最大流速/(m/s)	8	4.9	3.5	2.5	1.8	1.3	1.0

当将催化重整产品送入中间储罐时，应从储罐下部进入，控制其初始流速不大于1m/s，直至液面高出进油口0.2m以上，再提高至正常流速。利用流速减慢时静电消散显著的特点，可以考虑在管道末端加缓冲器，对电阻率在$10^{12}\Omega\cdot m$以上的液体物料，可用下式计算缓冲器的直径[6]：

$$D_H = D_R\sqrt{2u} \qquad (20-2)$$

式中　D_H——缓冲段管道直径，m；

D_R——输送管道直径，m；

u——液体流速，m/s。

油料经管线送入容器或储罐时，带入一定的静电荷，这些静电荷向器壁及液面集中泄漏消散，需要一定时间才能完成。因此，在输送停止后立即采样或检尺是不安全的。需要静置一段时间才允许进行上述操作。我国国家标准“防止静电事故通用导则”GB 12158—90对静置时间的规定见表20-8。

表 20-8　储罐装油后防静电要求静置时间　min

液体导电率/(S/m)①	储罐容积/m³			
	<10	10～<50	50～<5000	>5000
$>10^{-8}$	1	1	1	2
$10^{-8}\sim10^{-12}$	2	3	20	30
$10^{-12}\sim10^{-14}$	4	5	60	120
$<10^{-14}$	10	15	120	240

① 1 S/m = 100Ω·m。

2. 静电接地

静电接地是消除导体上静电简单而又有效的方法，是防静电危害最基本的措施。催化重整装置内，凡加工、储存、运输中能够产生静电的设备和管道应连成一个连续的导电整体并加以接地。静电接地连接系统的电阻是衡量静电荷导出通路良好与否的依据，其值应小于100Ω。

此外在可能存在静电场所作业的人员，不应穿丝绸或合成纤维的衣服，不应戴金属戒指和手镯。

（七）建筑物、构筑物的防火、防爆

催化重整装置的泵和压缩机宜采用露天布置。如必需设置压缩机房时，则宜采用通风良好的敞开式或半敞开式厂房，保证有良好的通风与泄压条件。

对承重的框架、管架以及塔的裙座，应具有耐火性能，以防止在短期火灾时间内，因其强度降低、变形破坏而使受灾程度加大。如这些构筑物为钢结构，则应按防火规范要求

高度，包覆各种耐火材料。

装置仪表室的门、窗，均应开在背向装置的一侧，以减少灾害损失。

(八) 电气设备安全

催化重整装置内的工艺介质大多属易燃、易爆物质。因此，装置区域内的大部分地区为爆炸危险环境，必需严格按照爆炸危险区域划分等级选用电气设备和仪表。

为了防止电气设备漏电，防止雷击时高电位的危害造成人员触电危险和引起火灾或爆炸，对电气设备和一些其他设备要按规范做好各种安全接地，包括安全保护接地、工作接地、过电压保护接地等。

为了减轻因突然停电造成的损失，有时要选择装置内的一些机泵，设置自启动装置，当重新来电时能很快有条不紊地恢复正常生产，减少停电损失。

(九) 消防措施

在装置的四周要设置环状消防水管道。消火栓或消防水炮主要布置在装置四周。消火栓的间距不宜超过60m。因此，当大型催化重整装置的宽度超过120m时，宜在装置内检修道路边增设消火栓。高于15m的框架和塔区平台，应设消防给水竖管。

用蒸汽灭火，简单易行，灭火效果好。装置内宜设置一些固定式(如在加热炉回弯头箱、炉膛)和半固定式(如在塔区平台、泵区)蒸汽灭火系统。

为了防止火灾蔓延，在容易泄漏或在事故状态下容易破裂而流出油品的设备区周围设置围堰，围堰的排水口应设置水封。

一般火灾总是由小到大，操作人员使用小型灭火器扑灭初期火灾，或控制火势以赢得消防队到达时间，对扑灭火灾事故具有十分重要的作用。因此，在装置内应备有小型干粉型或泡沫型灭火器。在仪表控制室，机柜内应备有卤代烷型或二氧化碳型灭火器。

控制室内必须设有可靠的火灾报警系统。

(十) 设置气体浓度监测报警仪表

气体浓度监测报警仪表用以及早发现气体泄漏和积聚情况以防止发生灾害。为达此目的，关键是要选择最有效的位置进行监测。

催化重整装置经常设置的是可燃气体和硫化氢气体浓度监测仪。可燃气体监测仪装于压缩机区等易泄漏地点，硫化氢浓度监测仪则装于预加氢设备区。

(十一) 配备个人防护用具

催化重整装置内有多种具有刺激性和麻醉性毒性的介质，有的甚至是致癌可疑物，如苯。这些毒物都是通过呼吸或与皮肤接触危害人体的。在正常情况下介质都在密闭系统中进行操作，不与操作人员接触。但在事故处理和开、停工等特殊情况下，操作人员容易触及这些介质。为了保证操作人员的安全和健康，配置个人防护器具是不可缺少的防护手段。个人防护器具包括：

(1) 呼吸器官防护器具，包括防尘口罩，防毒口罩、防尘面罩、防毒面具，空气呼吸器等。

（2）头部及面部防护器具，包括安全帽、面罩、眼罩等。

（3）防噪声器具，包括防噪声耳塞，防噪声耳罩等。

（4）防护服包括酸碱防护服、静电防护服等。

身体接触有毒介质时，常用的救护方法是立即进行冲洗，因此，必须设置必要的冲洗设施，例如洗眼器、冲淋喷头等。

第二节　环境保护

工业革命以后，人类的各种生产和生活活动，给地球的生态环境造成了严重破坏。保护环境以使人类可持续发展已成为全世界人民的共识。催化重整装置是生产清洁汽油组分的主要装置，其产品可为减少汽车排放尾气对大气的污染起重要作用。但装置在生产过程中，难免也要产生一些污染物质和对环境不利的公害，如噪声等。尽管和其他炼油装置相比，催化重整装置对环境的危害相对较小，但其治理也不容忽视。

一、主要污染源和主要污染物

催化重整装置主要污染源的位置见图20－3～图20－5。

催化重整装置的污染源有四种类型，即污水、废气、废渣和噪声。

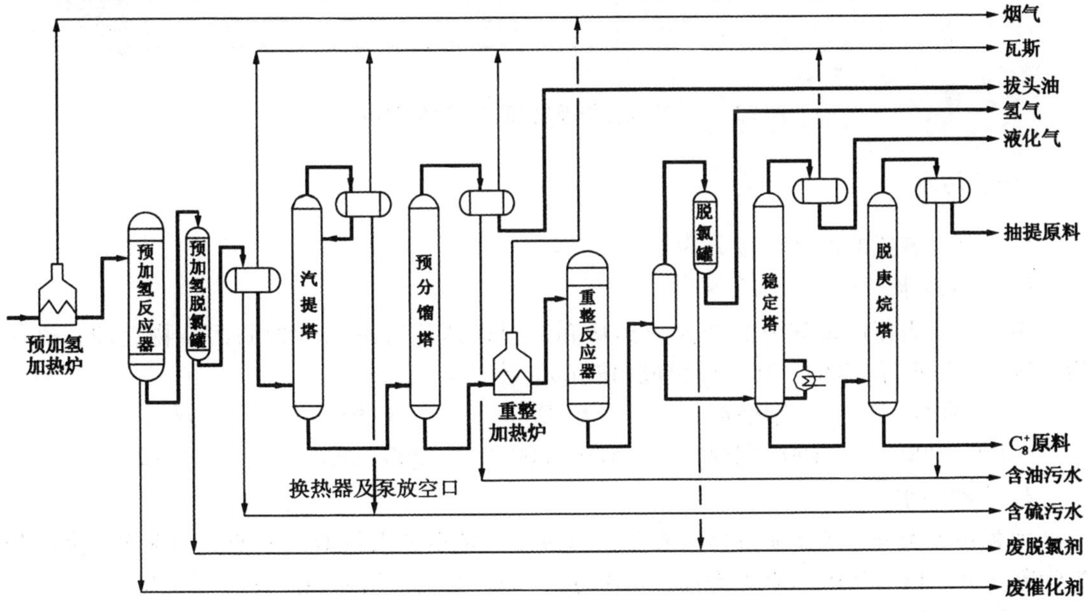

图20－3　重整部分污染源示意图

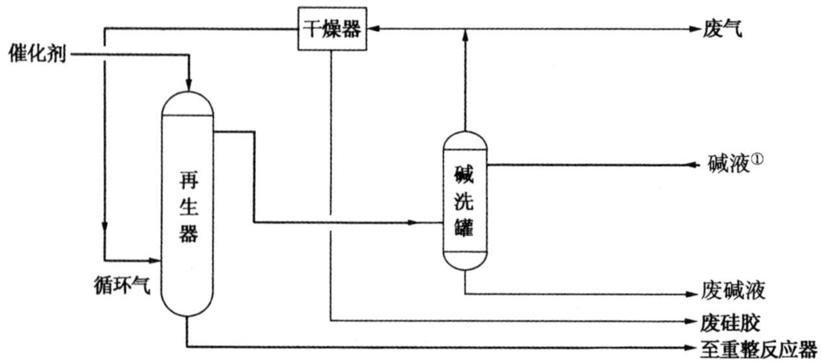

图 20-4 催化剂再生系统污染源示意图

①当采用固体脱氯剂或 Chlorsorb 工艺脱氯时则无废碱液

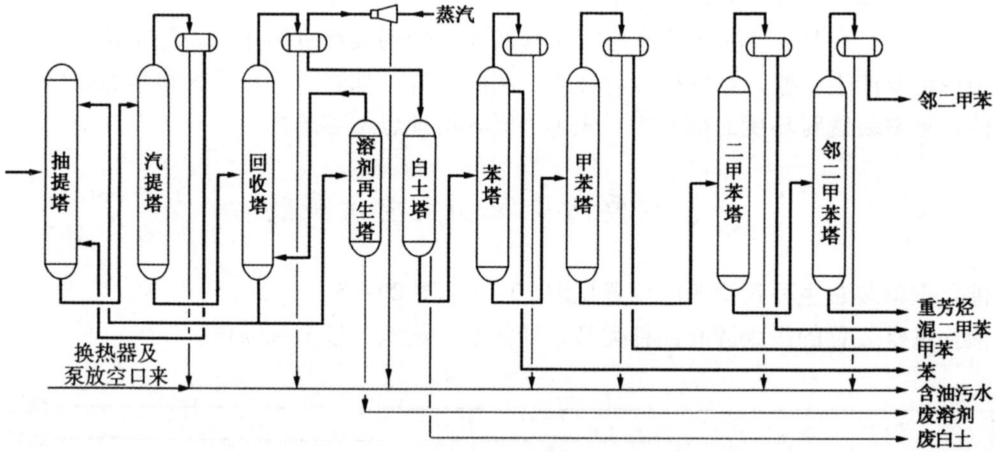

图 20-5 芳烃抽提及精馏部分污染源示意图

(一) 污水

催化重整装置的污水可区分为：

1. 含硫污水

主要来源为预加氢部分的产品分离罐和汽提塔顶回流罐。所含的污染物有油、硫化物、氨氮、BOD 和 COD。其估计组成(按 μg/g 计)为：

石油类	硫化物	BOD	COD	氨氮
100~200	150~2000	100~200	300~500	200~1000

2. 含油污水

主要来源为分馏塔及换机器区和泵区排放口，抽空器水封槽以及地面冲洗水，大部分为间断排放。所含污染物主要为油、BOD 和 COD。其估计组成(按 μg/g 计)为：

石油类	BOD	COD
100~200	100~200	100~300

在芳烃抽提部分的含油污水中还有少量溶剂如环丁砜或三乙二醇醚、四乙二醇醚等，

一般都进行回收。

3. 含碱污水

连续重整催化剂再生时，产生含氯酸性气体，有些重整装置用含 10% NaOH 的碱液洗涤气体，使其中和，产生的废水，即为含碱废水，其估计 pH 值为 8～9。

4. 生活污水

主要来自生活设施排水，一般为间断排放。所含主要污染物为 BOD 和悬浮物。

（二）废气

催化重整装置排放的废气主要有以下几种：

1. 加热炉燃烧烟气

其主要污染物 SO_x、NO_x、CO_2 及颗粒物（PSP）。

2. 催化剂再生烧焦排出的烟气

其主要污染物为 CO_2、CO、NO_x。

这种气体含有少量 HCl 和 Cl_2，氯化物的浓度根据催化剂及其使用时间的不同，变化范围从 500μg/g 到 2500μg/g。我国大气污染物综合排放标准 GB 16297—1996 中对 HCl 和 Cl_2 的最高允许排放浓度规定如下：

HCl 质量浓度　　100mg/m^3；

Cl_2 质量浓度　　65mg/m^3。

因此对这种气体必须经处理合格后才能向大气排放。

3. 无组织排放出的烃类蒸气

这是指装置内机泵、设备、阀门，管线等产生的泄漏和检修、取样放空时产生的烃类气体。这种跑、冒、滴、漏式的污染，虽然每个点的量看似不大，但由于点数很多，必须给以重视。

各种废气排出的污染物中，SO_x、NO_x 是形成酸雨的根源；烃类蒸气在紫外线的作用下会促进臭氧的生成和形成光化学烟雾；而 CO_2 则是形成温室效应的主要气体。

（三）废渣和废液

催化重整装置产生的废渣和废液主要有：

（1）预加氢废催化剂；

（2）催化重整废催化剂或催化剂粉尘；

（3）废脱砷剂；

（4）废脱氯剂；

（5）废白土；

（6）废碱液；

（7）抽提溶剂再生时排出的溶剂降解物。

上述各种废渣和废液，均为间断性产生。这些废渣，不同程度的带有各种污染环境的有害杂质如砷化物、硫化物、氯化物、烃类等。

(四) 噪声

催化重整装置内的噪声源较多，噪声强度大，以中、低频噪声为主，主要有下列几种：

1. 加热炉噪声

是比较强的一种噪声，其声压级有的高达100dB(A)以上，以低频噪声为主，一般由下列几方面噪声组成：

(1)燃料及雾化蒸汽在燃烧器内喷射发出的噪声；

(2)燃料在炉内燃烧发出的噪声；

(3)空气预热系统中的风机和风道的噪声；

(4)燃料调节阀节流噪声。

2. 压缩机噪声

压缩机的噪声主要由气体动力噪声和压缩机部件的机械噪声组成，呈宽频特性，但以低频为主，其噪声级与功率有关，有的高达95dB(A)以上。

3. 空冷器噪声

空冷器的噪声主要是由冷却风机及空气通过管束时的节流而引起的，以低频噪声为主，其噪声级一般在90dB(A)左右，高的也有超过100dB(A)的。

4. 泵噪声

泵的噪声由两部分组成：

(1) 电机噪声

包括电机的电磁性噪声、尾部风扇引起的空气动力性噪声及机械噪声。

(2) 泵内物料流动所激发的噪声

离心泵的噪声一般为90~95dB(A)，但大型离心泵的噪声，亦有超过100dB(A)的。

5. 调节阀噪声

调节阀在进行压力或流量控制时，会因流速变化而产生振动噪声和气穴噪声，这种噪声具有宽频特性。

6. 管道噪声

管道由于管径或流向的突变，会产生湍流噪声。其噪声级不高，一般不超过90dB(A)，但因其产生的范围较广而需引起注意。

7. 放空噪声

是由带压气体高速从放空管排出及突然降压引起周围气体扰动所产生的气体动力噪声。在催化重整装置，除再生气体的排空噪声外，一般只在装置开、停工或事故处理时才出现。

当人们长期在强噪声环境下工作时，会明显的出现听觉损伤。这种听觉损伤有暂时性的和永久性的，与噪声强度和处于噪声环境中的时间长短有关。噪声还对神经、心脏和消化系统等产生不良影响，会引起人们心情烦躁，容易疲劳，注意力不集中，影响工作质量，容易发生事故。

根据我国“工作场所有害因素职业接触限值第二部分 物理因素”规定，工作场所操作人员每工作5天，每天连续接触噪声8h，噪声声级卫生限值为85dB(A)。根据"石油化工噪声控制设计规范(SH/T 3146—2004)"的规定，对于操作人员每天接触噪声不足8h的场合，可根据实际接触噪声的时间，按接触时间减半，噪声声级卫生限值增加3dB(A)的原则，确定其噪声声级限值(见表20-9)，但最高限值不得超过115dB(A)。

表20-9 工作地点噪声声级卫生限值

日接触时间/h	卫生限值/dB(A)	日接触时间/h	卫生限值/dB(A)
8	85	1/2	97
4	88	1/4	100
2	91	1/8	103
1	94	最高不得超过115dB(A)	

二、环境保护措施

环境保护措施的目标，是对已产生的污染，经过治理达到政府规定的排放标准。排放标准有两类，即由国家统一规定的一般排放标准和由工厂建设地区政府根据当地污染情况作出的特别排放标准，后者比前者更为严格。

催化重整装置采取的环境保护措施主要有如下几种。

(一)污水治理和污水防渗

催化重整装置排出的各种污水量不大，所含污染物与其他炼油装置类似，因此在装置内一般不单独设置污水处理设施，而是按全厂划分的污水系统，分别送往全厂污水处理设施进行处理。

为了防止对地下水的污染，国家环保部门新近要求对新建炼油装置必须采取防渗措施。目前国家尚未颁布炼油装置的防渗设计规范和标准，各设计单位都是根据环境评价要求和各自的工程设计经验进行防渗设计。一般采取的防渗措施主要有：

(1)防渗区域的划分。根据可能泄漏的污染物性质，将装置区划分为非污染防治区、一般污染防治区和重点污染防治区，对不同防治区域分别采取防渗措施；

(2)管道尽可能在地上敷设，以使污染物的泄漏能早发现、早治理；

(3)对必须在地下敷设的污水/污油管线，适当提高材质等级并加强内、外防腐设计；

(4)对可能污染地区的地面做硬化处理并采取防裂措施；

(5)对油品、化学药剂和污水/污油的储罐基础采用塑料膜(如HDPE膜)防渗。

(二)对废气的防治措施

1. 减少加热炉烟气污染的措施

加热炉烟气是催化重整装置中排放量最大的废气。减少其对大气污染的措施主要有：

(1)优化全装置的热能利用，尽量减小加热炉负荷，节约燃料，这是减少加热炉烟气排放量的根本措施。

(2)采用低硫燃料，并且优先采用气体燃料。因为气体燃料的燃烧特性好、空气/燃料比小、火焰温度均匀、不易出现局部高温，可以降低 NO_x 的生成。

(3)采用低 NO_x 燃烧喷嘴。

(4)采用集合烟道，将多个加热炉的烟气集中到高烟囱排放。烟囱高度要保证污染物最大落地浓度不超过规定的目标值。

采用高烟囱排放，在确定烟囱高度后，还需注意正确确定烟囱出口内径。烟囱出口内径应保证烟气出口速度不小于烟囱高度处平均风速的1.2倍，以使烟气在烟囱出口能实现正常的抬升[8]。

按照我国国家标准"工业炉窑大气污染物排放标准"GB 9078—1996，加热炉烟囱 SO_2 的排放限值如表20－10。

表20－10 加热炉 SO_2 排放限值

污染物	标准级别	1997年前安装的加热炉	1997年1月1日起新、改、扩建的加热炉
		排放浓度/(mg/m³)	排放浓度/(mg/m³)
SO_2	1	1200	禁排
	2	1430	850
	3	1800	1200

2. 对催化剂连续再生排出气体的治理措施

为了消除此种排放气中所含的HCl和 Cl_2 对大气的污染，在催化重整装置内一般采取下列措施[9~11]：

(1)设置专用的碱洗设施，再生排放气经碱洗合格后排入大气。这种方法的缺点是：

①再生气中的氯不能回收利用；

②耗用碱液，所产生的废碱液需要进行处理；

③对设备和管线有腐蚀，易造成泄漏；

④当循环碱液中盐浓度过高时，易堵塞设备和管线，影响装置正常操作；

⑤与其他脱氯措施相比，流程较复杂，投资相对较高。

(2)采用Chlorsorb脱氯技术。UOP公司在1997年推出了新的再生气脱氯技术，命名为Chlorsorb。这一技术的基本原理是利用待生催化剂对氯化物的吸附功能来脱除再生放空气中的氯化物，使其达到排放标准，回收的氯化物可循环使用。其系统流程见图20－6。

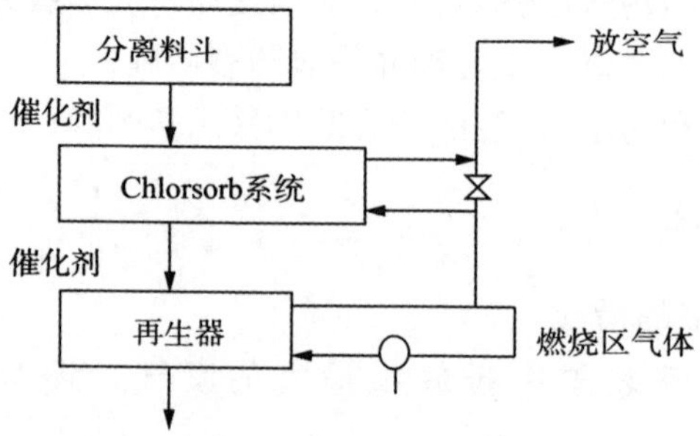

图20－6 Chlorsorb系统流程

与传统的碱洗技术相比，Chlorsorb技术具有下列优点：

①工艺流程简单，可节省工程投资45%左右；

②部分氯化物可回收利用，装置的补氯量可减少50%～60%；

③不消耗碱液，也无需废碱液处理设施。

由于再生排放气中既含氯化物，又含有水蒸气，因此在操作中必须采取措施保证Chlorsorb系统的设备和管线任何一点的温度都在再生排放气的露点以上，否则会引起严重的腐蚀。在实际操作中一般保持不低于138℃。

催化重整催化剂在长期运转中其比表面积和活性必然会逐渐下降，从而也影响待生催化剂的持氯能力，因此在操作后期必须加强对放空气体中氯化物含量的检测，防止放空气中污染物超标。

(3)采用固体脱氯剂[12]。中国石化石油化工科学研究院(RIPP)开发了一种GL－1固体脱氯剂，已在国内某个连续重整装置上工业应用，取代了原有的碱洗工艺，取得了良好效果。

GL－1固体脱氯剂不含污染重整催化剂的组分，不会对催化剂的活性产生不良影响，具有强度高、不泥化、不易结块、易于装卸、穿透性氯容高等优点，其物化性质见表20－11。

表20－11　GL－1脱氯剂的物化性质

项　目	数　值	项　目	数　值
(直径×长度)/(mm×mm)	Φ(3～4)×(5～10)	强度/(N/cm)	≥100
堆密度/(g/mL)	0.70±0.05	穿透氯容/%	≥35

GL－1脱氯剂已在工业装置上连续运转6个月，脱氯器出口放空气中氯化物含量最高为12μg/g，远低于国家排放标准的规定(＜61.4μg/g)，但脱氯剂的有效寿命尚有待长期考察。

3. 对烃类蒸气污染的防治措施

(1)加强密封，特别是各种转动设备的密封，尽可能减少跑、冒、滴、漏现象。

(2)各种取样和主要放空应采用密闭系统，不允许随地排放。

(3)采用内浮顶罐以减少损失和减轻其对大气的直接污染。由于苯类产品对橡胶制品的溶涨性能较强，此类内浮顶罐的密封材料不能采用橡胶制品，宜选用涂氟塑料的尼龙布制造。

(三)对废渣的治理措施

催化重整装置产生的各种废渣，其性状差异很大，必须分别对待处理：

1. 预加氢废催化剂

一般进行择地掩埋处理，也可送废催化剂处理厂进行金属回收。

2. 废重整催化剂

重整催化剂含有贵金属铂，因此废重整催化剂都送专门的催化剂铂回收厂进行铂回收处理。

3. 废脱砷剂、废脱氯剂和废白土

此类废渣含有砷化合物或氯化合物、烃类等有毒或有害杂质，应该用化学或物理方法进行无害化处理后才能进行掩埋。直接掩埋会引起对地下水、土壤的二次污染。

4. 抽提溶剂降解物

抽提溶剂的降解物数量很小，一般采用焚烧处理。

(四) 噪声的防治

噪声的防治，一般可从声源、声的传播途径和个人保护三方面进行。

1. 降低声源的噪声

(1)采用低噪声设备。例如采用低噪声电动机、低噪声风机和低噪声调节阀等。

(2)对噪声源进行屏蔽，以吸收或隔离噪声。如对电动机、加热炉火嘴设置隔声罩等。对一些发热的机械设备，隔声罩的设计必须慎重考虑其通风散热要求。

(3)设置消音器。在气体动力机械的进出口管道和气体或蒸汽放空口设置消音器，可以有效的降低噪声。消音效果一般为10~50dB(A)。消音器有多种形式，如阻性消音器、抗性消音器、共振消音器、微孔消音器和小孔消音器等。有的适用于中、高频噪声，有的适用于低、中频噪声。根据噪声源的频谱特性，选用适当形式或进行适当组合使用。消音器的阻力损失，应控制在系统正常运行的允许范围内。

(4)采用减振或隔振措施、提高安装精度以减小动力机械设备的振动噪声。

2. 噪声传播的控制

(1)噪声随距离而衰减，亦可设置屏障物，阻断或屏蔽一部分噪声的传播。利用这一特性，在主要噪声源设备的周围，布置一些朝向有利于隔声的建筑物，可以阻挡部分噪声的传播，改善装置环境。

(2)利用声源的指向性控制噪声。如蒸汽发生器，高压容器的排气放空口，合理选择其排空方向，就可减小噪声对装置环境的污染。

3. 噪声的个人防护

对只短时间暴露在噪声不达标环境中的操作人员，使用个人噪声防护用具，是有效而又经济的措施。耳塞和隔声耳罩是常用的个人防护用具。

附录　与催化重整有关的主要职业安全卫生、环境保护法规和标准索引

一、职业安全卫生

1. 中华人民共和国劳动法
2. 中华人民共和国安全生产法
3. 中华人民共和国职业病防治法
4. 中华人民共和国消防法
5. 工厂安全卫生规程
6. 爆炸危险场所安全规定

7. 压力容器使用登记管理规则
8. 压力管道安全管理与监察规定
9. 防止静电事故通用导则(GB 12158—1990)
10. 液体石油产品静电安全规程(GB 13348—1992)
11. 工业企业设计卫生标准(GBZ 1—2010)
12. 工作场所有害因素职业接触限值第一部分，化学因素(GBZ 21—2007)
13. 职业性接触毒物危害程度分组(GB 5044—85)
14. 爆炸和火灾危险环境电力装置设计规范(GB 50058—92)
15. 石油化工企业设计防火规范(GB 50160—2008)

二、环境保护

1. 中华人民共和国环境保护法
2. 中华人民共和国大气污染防治法
3. 中华人民共和国水污染防治法
4. 中华人民共和国固体废物污染环境防治法
5. 中华人民共和国环境噪声污染防治法
6. 中华人民共和国节约能源法
7. 环境空气质量标准
8. 锅炉大气污染物排放标准(GB 13271—2001)
9. 大气污染综合排放标准(GB 16297—96)
10. 污水综合排放标准(GB 8978—96)
11. 工业企业厂界噪声标准(GB 12348—90)
12. 石油化工噪声控制设计规范(SH/T 3146—2004)
13. 工作场所有害因素职业接触限值第二部分，物理因素(GBZ 2. 2—2007)

参考文献

[1] 陈冠荣等．化工百科全书(第三卷)．第一版．北京：化学工业出版社，1997
[2] 上海化工轻工供应公司编．化学危险品实用手册．第一版．北京：化学工业出版社，1992
[3] 侯芙生等．炼油工程师手册．第一版．北京：石油工业出版社，1995
[4] 玉置明善(日)等．化工装置工程手册．第一版．北京：兵器工业出版社，1991
[5] 化工部化工机械研究院编．腐蚀与防腐手册．第一版．北京：化学工业出版社，1990
[6] 周忠元，田维金等．化工安全技术．第一版．北京：化学工业出版社，1993
[7] 田兰，曲和鼎等．化工安全技术．第一版．北京：化学工业出版社，1984
[8] 刘天齐主编．石油化工环境保护手册．第一版．北京：烃加工出版社，1990
[9] Patrick O Sajbel. NPRA Annual Meeting，AM－01－48，2001
[10] 张方方．新型放空气脱氯技术在连续重整装置中的应用．炼油技术与工程，2009，No7 Vol 39
[11] 黄勇等．Chlorsorb 氯吸附技术在连续重整装置的工业应用．石油炼制与化工，2012，No9 Vol 43
[12] 张秋平．催化重整过程中的脱氯工艺技术．炼油技术与工程．2012 No3 Vol 42

我国第一套催化重整和芳烃抽提装置
（大庆炼油厂，1965年）

反应器重叠布置的连续重整装置
（中国石油锦西石化公司）

半再生催化重整装置（中国石化北京燕山分公司）

反应器并列布置的连续重整装置
（中国石化齐鲁分公司）

多金属催化重整和芳烃抽提联合装置（中国石油大连石化公司，1977年）

组合床催化重整装置
（中国石化长岭分公司，2001年）

催化重整装置加热炉

200万吨/年大型连续重整装置
（中国海油惠州炼化分公司）

催化重整装置反应器

芳烃联合装置（中国石化天津分公司）

芳烃抽提蒸馏装置（上海赛科石化公司）

芳烃抽提装置
（扬子石化-巴斯夫公司）

首套国产化连续重整装置
（中国石化广州分公司，2009年）

逆流连续重整装置
（中国石化济南分公司，2013年）

连续重整催化剂(左：氧化态，右：还原态)

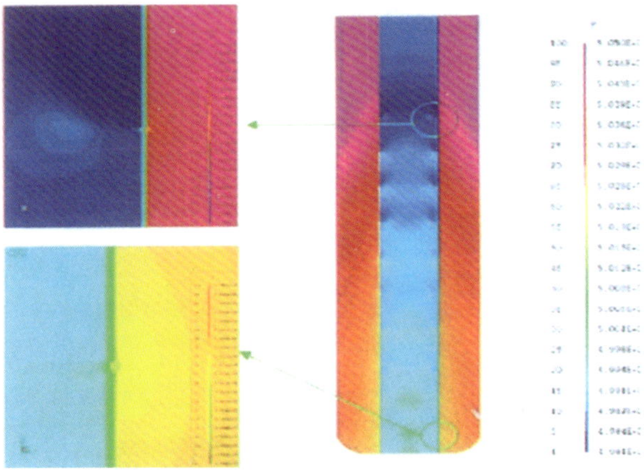

重整反应器轴向截面的压力云图

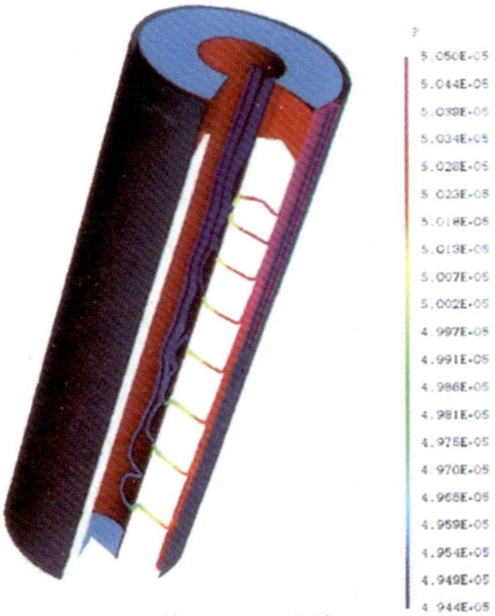

重整反应器流线图

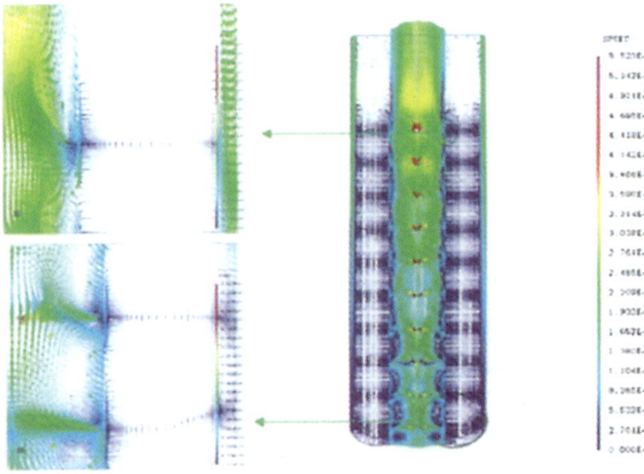

重整反应器轴向截面的速度矢量图

连续重整装置PDS模型